❏ 命題の逆，対偶，裏

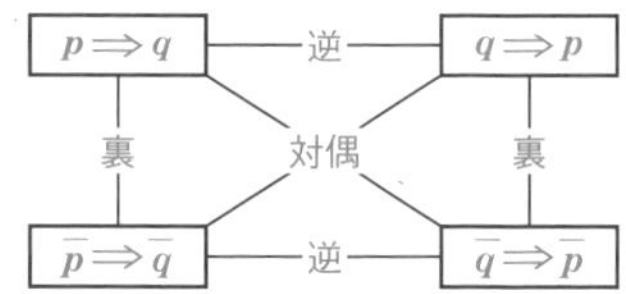

命題の真偽とその対偶の真偽は一致する。

3　2次関数

1　2次関数とグラフ

❏ 2次関数のグラフ

▷ $y=a(x-p)^2+q$ $(a \neq 0)$ のグラフ

頂点 $(p,\ q)$，軸が直線 $x=p$ の放物線

$a>0$ なら下に凸，$a<0$ なら上に凸

▷ $y=ax^2+bx+c$ $(a \neq 0)$ のグラフ

右辺を平方完成して

$$y=a\left(x+\frac{b}{2a}\right)^2-\frac{b^2-4ac}{4a}$$

頂点 $\left(-\dfrac{b}{2a},\ -\dfrac{b^2-4ac}{4a}\right)$，軸が直線 $x=-\dfrac{b}{2a}$ の放物線

$a>0$ なら下に凸，$a<0$ なら上に凸

❏ 平行移動，対称移動

▷平行移動

x 軸方向に p，y 軸方向に q の平行移動で

点 $(a,\ b) \longrightarrow (a+p,\ b+q)$

グラフ $y=f(x) \longrightarrow y=f(x-p)+q$

▷対称移動

	x 軸	y 軸	原点
点 $(a,\ b)$	$(a,\ -b)$	$(-a,\ b)$	$(-a,\ -b)$
グラフ $y=f(x)$	$y=-f(x)$	$y=f(-x)$	$y=-f(-x)$

2　2次関数の値の変化

❏ 関数の最大・最小

▷ 2次関数 $y=ax^2+bx+c$ の最大・最小

平方完成して $y=a(x-p)^2+q$ の形にする。

$a>0$ のとき　$x=p$ で最小値 q，最大値はない

$a<0$ のとき　$x=p$ で最大値 q，最小値はない

▷ 2次関数 $y=ax^2+bx+c$ $(h \leqq x \leqq k)$ の最大・最小

$a>0$ (下に凸) の場合。

① 定義域の内に頂点があるとき
頂点で最小。頂点から遠い端点で最大。

② 定義域の外に頂点があるとき
頂点に近い端点で最小。遠い端点で最大。

❏ 2次関数の決定

おく。

3　2次方程式と2次不等式

❏ 2次方程式の実数解の個数

2次方程式 $ax^2+bx+c=0$ の判別式 $D=b^2-4ac$ に対し，この2次方程式が

異なる2つの実数解をもつ　$\Longleftrightarrow D>0$

ただ1つの実数解 (重解) をもつ $\Longleftrightarrow D=0$

実数解をもたない　$\Longleftrightarrow D<0$

❏ 2次関数 $y=ax^2+bx+c$ のグラフと x 軸

2次関数 $y=ax^2+bx+c$ のグラフを C，2次方程式 $ax^2+bx+c=0$ の判別式を D とすると

$D>0 \Longleftrightarrow C$ は x 軸と異なる2点で交わる

$D=0 \Longleftrightarrow C$ は x 軸と1点で接する

$D<0 \Longleftrightarrow C$ は x 軸と共有点をもたない

❏ 2次不等式

▷ $ax^2+bx+c>0$，$ax^2+bx+c<0$ の解

2次方程式 $ax^2+bx+c=0$ が，異なる2つの実数解 $\alpha,\ \beta$ をもち $\alpha<\beta$ とする。$a>0$ の場合

$ax^2+bx+c>0$ の解は　$x<\alpha,\ \beta<x$

└→ $\geqq$ なら　$x \leqq \alpha,\ \beta \leqq x$

$ax^2+bx+c<0$ の解は　$\alpha<x<\beta$

└→ $\leqq$ なら　$\alpha \leqq x \leqq \beta$

▷ $(x-\alpha)^2>0$，$(x-\alpha)^2<0$ の解

$(x-\alpha)^2>0$ の解は　α 以外のすべての実数

$(x-\alpha)^2 \geqq 0$ の解は　すべての実数

$(x-\alpha)^2<0$ の解は　ない

$(x-\alpha)^2 \leqq 0$ の解は　$x=\alpha$

❏ 放物線と x 軸の共有点の位置

放物線 $y=f(x)$ が x 軸と $x=\alpha,\ \beta$ $(\alpha \leqq \beta)$ で共有点をもつとすると，$a>0$ のとき

$\alpha>k,\ \beta>k \Longleftrightarrow D \geqq 0$，(軸) $>k$，$f(k)>0$

$\alpha<k,\ \beta<k \Longleftrightarrow D \geqq 0$，(軸) $<k$，$f(k)>0$

$\alpha<k<\beta \qquad \Longleftrightarrow f(k)<0$

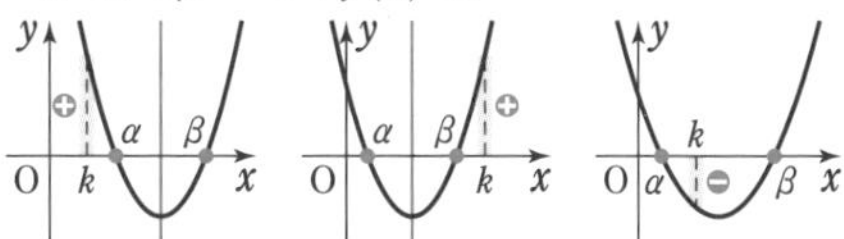

4　図形と計量

1 三　角　比

❏ 三角比の定義，相互関係

▷三角比の定義

$\sin\theta=\dfrac{y}{r}$，$\cos\theta=\dfrac{x}{r}$，

$\tan\theta=\dfrac{y}{x}$

▷三角比の相互関係

$\sin^2\theta+\cos^2\theta=1$，

$\tan\theta=\dfrac{\sin\theta}{\cos\theta}$，$1+\tan^2\theta=\dfrac{1}{\cos^2\theta}$

▷$180°-\theta$，$90°\pm\theta$ の三角比

$\sin(180°-\theta)=\sin\theta$

$\cos(180°-\theta)=-\cos\theta$

$\tan(180°-\theta)=-\tan\theta$

$\sin(90°\pm\theta)=\cos\theta$

$\cos(90°+\theta)=-\sin\theta$，$\cos(90°-\theta)=\sin\theta$

$\tan(90°+\theta)=-\dfrac{1}{\tan\theta}$，$\tan(90°-\theta)=\dfrac{1}{\tan\theta}$

2 三角形への応用

❏ 正弦定理

△ABC の外接円の半径をRとすると

$\dfrac{a}{\sin A}=\dfrac{b}{\sin B}=\dfrac{c}{\sin C}=2R$

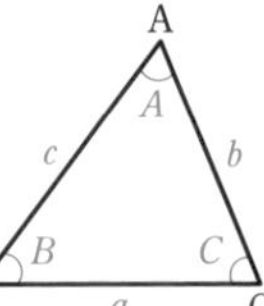

❏ 余弦定理

$a^2=b^2+c^2-2bc\cos A$

$b^2=c^2+a^2-2ca\cos B$

$c^2=a^2+b^2-2ab\cos C$

$\left(\begin{array}{l}a=b\cos C+c\cos B,\ b=c\cos A+a\cos C,\\ c=a\cos B+b\cos A\end{array}\right)$

❏ 三角形の辺と角の関係

辺と角の大小関係

$a<b \iff A<B$	$A<90° \iff a^2<b^2+c^2$
$a=b \iff A=B$	$A=90° \iff a^2=b^2+c^2$
$a>b \iff A>B$	$A>90° \iff a^2>b^2+c^2$

三角形の成立条件　$|b-c|<a<b+c$

❏ 三角形の面積

▷2 辺とその間の角

△ABC の面積をSとすると

$S=\dfrac{1}{2}bc\sin A=\dfrac{1}{2}ca\sin B=\dfrac{1}{2}ab\sin C$

▷3 辺（ヘロンの公式）

△ABC の面積をSとし，$2s=a+b+c$ とおくと　$S=\sqrt{s(s-a)(s-b)(s-c)}$

▷三角形の内接円と面積

△ABC の面積をS，内接円の半径をrとすると　$S=\dfrac{1}{2}r(a+b+c)$

5　データの分析

❏ データの代表値

▷平均値 $\overline{x}$　$\overline{x}=\dfrac{1}{n}(x_1+x_2+\cdots\cdots+x_n)$

▷最頻値（モード）

データにおける最も個数の多い値。度数分布表に整理したときは，度数が最も大きい階級の階級値。

▷中央値（メジアン）

データを値の大きさの順に並べたとき中央の位置にくる値。データの大きさが偶数のときは，中央の 2 つの値の平均値。

❏ 箱ひげ図

データの最小値，第 1 四分位数 Q_1，中央値，第 3 四分位数 Q_3，最大値を，箱と線（ひげ）で表現する図。

❏ 分散と標準偏差

▷偏差　変量xの各値と平均値との差

$x_1-\overline{x}$，$x_2-\overline{x}$，……，$x_n-\overline{x}$

▷分散　偏差の 2 乗の平均値

$s^2=\dfrac{1}{n}\{(x_1-\overline{x})^2+(x_2-\overline{x})^2+\cdots\cdots+(x_n-\overline{x})^2\}$

▷標準偏差　分散の正の平方根　$s=\sqrt{\text{分散}}$

▷分散と平均値の関係式　$s^2=\overline{x^2}-(\overline{x})^2$

❏ 相関係数

変量x, yの標準偏差をそれぞれs_x, s_yとし，xとyの共分散［すなわち，$(x-\overline{x})(y-\overline{y})$ の総和］をs_{xy}とすると，相関係数rは　$r=\dfrac{s_{xy}}{s_x s_y}$

$-1\leqq r\leqq 1$ で，rが 1 に近いほど正の相関が強く，-1 に近いほど負の相関が強い。相関がないとき，rは 0 に近い値をとる。

❏ 仮説検定

得られたデータをもとに，ある主張が正しいかどうかを仮説を立てて判断する手法。

チャート式® 解法と演習 数学 I+A

チャート研究所　編著

はじめに

CHART
（チャート）
とは 何？

C.O.D.(*The Concise Oxford Dictionary*) には，CHART—— Navigator's sea map, with coast outlines, rocks, shoals, *etc.* と説明してある。

海図——浪風荒き問題の海に船出する若き船人に捧げられた海図——問題海の全面をことごとく一眸の中に収め，もっとも安らかな航路を示し，あわせて乗り上げやすい暗礁や浅瀬を一目瞭然たらしめるCHART！

——昭和初年チャート式代数学巻頭言

本書では，このCHARTの意義に則り，下に示したチャート式編集方針で

問題の急所がどこにあるか，その解法をいかにして思いつくか

をわかりやすく示すことを主眼としています。

チャート式編集方針

1
基本となる事項を，定義や公式・定理という形で覚えるだけではなく，問題を解くうえで直接に役に立つ形でとらえるようにする。

▶

2
問題と基本となる事項の間につながりをつけることを考える——問題の条件を分析して既知の基本事項を結びつけて結論を導き出す。

▶

3
問題と基本となる事項を端的にわかりやすく示したものが **CHART** である。
CHART によって基本となる事項を問題に活かす。

問.

君の成長曲線を描いてみよう。

まっさらなノートに、未来を描こう。

新しい世界の入り口に立つ君へ。
次のページから、チャート式との学びの旅が始まります。
1年後、2年後、どんな目標を達成したいか。
10年後、どんな大人になっていたいか。
まっさらなノートを開いて、
君の未来を思いのままに描いてみよう。

好奇心は、君の伸びしろ。

君の成長を支えるひとつの軸、それは「好奇心」。
この答えを知りたい。もっと難しい問題に挑戦してみたい。
数学に必要なのは、多くの知識でも、並外れた才能でもない。
好奇心があれば、初めて目にする公式や問題も、
「高い壁」から「チャンス」に変わる。
「学びたい」「考えたい」というその心が、君を成長させる力になる。

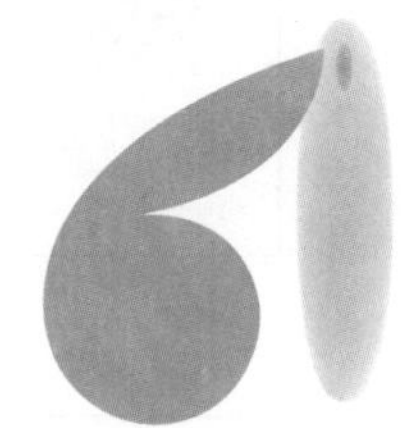

なだらかでいい。日々、成長しよう。

君の成長を支えるもう一つの軸は「続ける時間」。
ライバルより先に行こうとするより、目の前の一歩を踏み出そう。
難しい問題にぶつかったら、焦らず、考える時間を楽しもう。
途中でつまづいたとしても、粘り強く、ゴールに向かって前進しよう。
諦めずに進み続けた時間が、1年後、2年後の君を大きく成長させてくれるから。

その答えが、
君の未来を前進させる解になる。

本書の構成

章トビラのページ

各章の始めに SELECTSTUDY と例題一覧を掲載。SELECTSTUDY は目的に応じて例題を選択しながら学習する際に使用。例題一覧は，各章で掲載している例題の全体像をつかむのに役立つ。問題ごとの難易度の比較などにも使用できる。

基本事項のページ

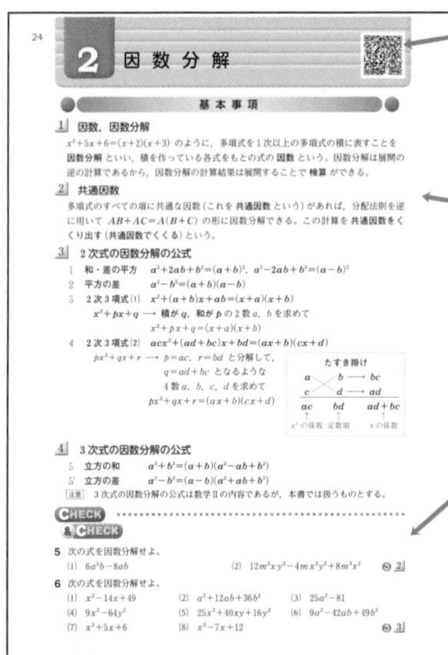

24

2 因数分解

基本事項

1 因数，因数分解

$x^2+5x+6=(x+2)(x+3)$ のように，多項式を 1 次以上の多項式の積に表すことを **因数分解** といい，積を作っている各式をもとの式の **因数** という。因数分解は展開の逆の計算であるから，因数分解の計算結果は展開することで **検算** ができる。

2 共通因数

多項式のすべての項に共通な因数（これを **共通因数** という）があれば，分配法則を逆に用いて $AB+AC=A(B+C)$ の形に因数分解できる。この計算を **共通因数をくくり出す**（**共通因数でくくる**）という。

3 2 次式の因数分解の公式

1 和・差の平方 $a^2+2ab+b^2=(a+b)^2$，$a^2-2ab+b^2=(a-b)^2$

2 平方の差 $a^2-b^2=(a+b)(a-b)$

3 2 次 3 項式 (1) $x^2+(a+b)x+ab=(x+a)(x+b)$

x^2+px+q ⟶ 積が q，和が p の 2 数 a，b を求めて $x^2+px+q=(x+a)(x+b)$

4 2 次 3 項式 (2) $acx^2+(ad+bc)x+bd=(ax+b)(cx+d)$

px^2+qx+r ⟶ $p=ac$，$r=bd$ と分解して，$q=ad+bc$ となるような 4 数 a，b，c，d を求めて $px^2+qx+r=(ax+b)(cx+d)$

たすき掛け

a ╳ b ⟶ bc

c ╳ d ⟶ ad

ac （x^2 の係数） bd （定数項） $ad+bc$ （x の係数）

4 3 次式の因数分解の公式

5 立方の和 $a^3+b^3=(a+b)(a^2-ab+b^2)$

5' 立方の差 $a^3-b^3=(a-b)(a^2+ab+b^2)$

注意 3 次式の因数分解の公式は数学Ⅱの内容であるが，本書では扱うものとする。

CHECK & CHECK

5 次の式を因数分解せよ。

(1) $6a^2b-8ab$ (2) $12m^2xy^2-4mx^2y^2+8m^3x^2$ → 2

6 次の式を因数分解せよ。

(1) $x^2-14x+49$ (2) $a^2+12ab+36b^2$ (3) $25a^2-81$

(4) $9x^2-64y^2$ (5) $25x^2+40xy+16y^2$ (6) $9a^2-42ab+49b^2$

(7) x^2+5x+6 (8) $x^2-7x+12$ → 3

デジタルコンテンツ

各節の例題解説動画や，学習を補助するコンテンツにアクセスできる（詳細は，$p.6$ を参照）。

基本事項

教科書の内容を中心に，定理・公式や重要な定義などをわかりやすくまとめた。

また，教科書で扱われていない内容に関しては解説・証明などを示した。

CHECK & CHECK

基本事項で得た知識をチェックしよう。

わからないときは ↻ に従って，基本事項を確認。答は巻末に掲載している。

例題のページ

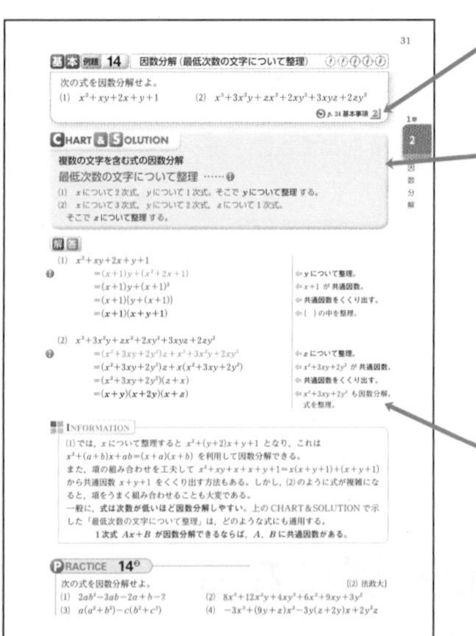

31

基本 例題 14 因数分解（最低次数の文字について整理）

次の式を因数分解せよ。

(1) $x^2+xy+2x+y+1$ (2) $x^3+3x^2y+zx^2+2xy^2+3xyz+2zy^2$

→ p.24 基本事項 2

CHART & SOLUTION

複数の文字を含む式の因数分解

最低次数の文字について整理 ……❶

(1) x について 2 次式，y について 1 次式。そこで y について整理 する。

(2) x について 3 次式，y について 2 次式，z について 1 次式。そこで z について整理 する。

1章 2 因数分解

解答

(1) $x^2+xy+2x+y+1$

❶ $=(x+1)y+(x^2+2x+1)$ ⇐ y について整理。

$=(x+1)y+(x+1)^2$ ⇐ $x+1$ が共通因数。

$=(x+1)\{y+(x+1)\}$ ⇐ 共通因数をくくり出す。

$=(x+1)(x+y+1)$ ⇐ { } の中を整理。

(2) $x^3+3x^2y+zx^2+2xy^2+3xyz+2zy^2$

❶ $=(x^2+3xy+2y^2)z+x^3+3x^2y+2xy^2$ ⇐ z について整理。

$=(x^2+3xy+2y^2)z+x(x^2+3xy+2y^2)$ ⇐ $x^2+3xy+2y^2$ が共通因数。

$=(x^2+3xy+2y^2)(z+x)$ ⇐ 共通因数をくくり出す。

$=(x+y)(x+2y)(x+z)$ ⇐ $x^2+3xy+2y^2$ も因数分解。式を整理。

INFORMATION

(1) では，x について整理すると $x^2+(y+2)x+y+1$ となり，これは $x^2+(a+b)x+ab=(x+a)(x+b)$ を利用して因数分解できる。

また，項の組み合わせを工夫して $x^2+xy+x+x+y+1=x(x+y+1)+(x+y+1)$ から共通因数 $x+y+1$ をくくり出す方法もある。しかし，(2) のように式が複雑になると，項をうまく組み合わせることも大変である。

一般に，**式は次数が低いほど因数分解しやすい**。上の CHART & SOLUTION で示した「最低次数の文字について整理」は，どのような式にも通用する。

1 次式 $Ax+B$ が因数分解できるならば，A，B に共通因数がある。

PRACTICE 14[©]

次の式を因数分解せよ。 〔(2) 法政大〕

(1) $2ab^2-3ab-2a+b-2$ (2) $8x^3+12x^2y+4xy^2+6x^2+9xy+3y^2$

(3) $a(a^2+b^2)-c(b^2+c^2)$ (4) $-3x^3+(9y+z)x^2-3y(z+2y)x+2y^2z$

フィードバック・フォワード

関連する例題番号や基本事項を示した。

CHART & SOLUTION,
CHART & THINKING

問題の重点や急所はどこか，問題解法の方針の立て方，解法上のポイントとなる式は何かを示した。特に，CHART & THINKING では，考え方の糸口を示し，何に着目して方針を立てるかを説明した。

解答　自学自習できるようていねいな解答。

解説図も豊富に取り入れた。

解答の左側に ❶ がついている部分は解答の中でも特に重要な箇所である。CHART & SOLUTION，CHART & THINKING の対応する ❶ の説明を振り返っておきたい。

基本 例題　基礎力を固めるための例題。教科書で扱われているタイプの問題が中心。
重要 例題　教科書ではあまり扱いのないタイプの問題や，代表的な入試問題が中心。
補充 例題　他科目の範囲など，教科書では扱いのない問題や，入試準備には不可欠な問題。

難易度　例題はタイトルの右に，PRACTICE，EXERCISES は問題番号の肩に示した。
　　①…教科書の例レベル
　　②…教科書の例題レベル
　　③…教科書の節末，章末レベル
　　④…入試の基本～標準レベル
　　⑤…入試の標準～やや難レベル

POINT　定理や公式，重要な性質をまとめた。
INFORMATION　注意事項や参考事項をまとめた。
ピンポイント解説　つまずきやすい事柄について，かみ砕いてていねいに解説した。
PRACTICE　例題の反復練習問題が中心。例題が理解できたかチェックしよう。

コラムのページ

CHART NAVI　CHART & SOLUTION や CHART & THINKING を読むことの重要性，効果，解答の書き方のポイントなどについて扱った。
ズーム UP　考える力を特に必要とする例題について，更に詳しく解説。重要な内容の理解を深めるとともに，**思考力**，**判断力**，**表現力**を高めるのに有効なものを扱った。
振り返り　複数の例題で学んだ解法の特徴を横断的に解説した。解法を判断するときのポイントについて，理解を深められる。
まとめ　いろいろな場所で学んできた事柄を読みやすくまとめた。定理や公式をどのように使い分けるかなども扱った。
STEP UP　教科書で扱われていない内容のうち，特に注意すべき事柄を扱った。

EXERCISES のページ

各項目に，例題に関連する問題を取り上げた。難易度により，A 問題，B 問題の 2 レベルに分けているので，目的に合わせて取り組む問題を選ぶことができる。
A問題　その項目で学習した内容の反復練習問題が中心。わからないときは ! に従って，例題を確認しよう。
B問題　応用的な問題。中にはやや難しい問題もある。HINT を参考に挑戦してみよう。
HINT　主にB問題の指針となるものを示した。

Research＆Work のページ

各分野の学習内容に関連する重要なテーマを取り上げた。各テーマについて，例題や基本事項を振り返りながら解説した。また，基本的な問題として **確認**，やや発展的な問題として **やってみよう** を掲載した。これらの問題に取り組みながら理解を深めることができる。日常・社会的な事象を扱ったテーマや，デジタルコンテンツと連動する内容を扱ったテーマもある。更に，各テーマの最後に，仕上げ問題として **問題に挑戦** を掲載した。「大学入学共通テスト」につながる問題演習として取り組むこともできる（詳細は，$p.489$ を参照）。

デジタルコンテンツの活用方法

本書では，QR コード*からアクセスできるデジタルコンテンツを豊富に用意しています。これらを活用することで，わかりにくいところの理解を補ったり，学習したことを更に深めたりすることができます。

■ 解説動画

本書に掲載しているすべての例題（基本例題，重要例題，補充例題）の解説動画を配信しています。

数学講師が丁寧に解説 しているので，本書と解説動画をあわせて学習することで，例題のポイントを確実に理解することができます。

例えば，

- 例題を解いたあとに，その例題の理解を確認したいとき
- 例題が解けなかったときや，解説を読んでも理解できなかったとき

といった場面で活用できます。

数学講師による解説を **いつでも，どこでも，何度でも** 視聴することができます。解説動画も活用しながら，チャート式とともに数学力を高めていってください。

■ サポートコンテンツ

本書に掲載した問題や解説の理解を深めるための補助的なコンテンツも用意しています。

例えば，関数のグラフや図形の動きを考察する例題において，画面上で実際にグラフや図形を動かしてみることで，視覚的なイメージと数式を結びつけて学習できるなど，より深い理解につなげることができます。

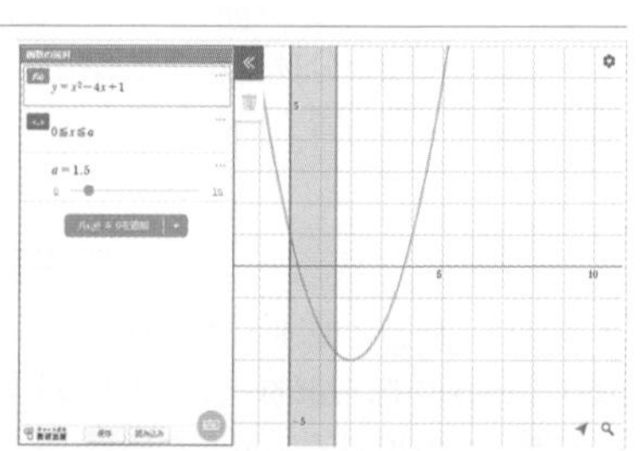

<デジタルコンテンツのご利用について>

デジタルコンテンツはインターネットに接続できるコンピュータやスマートフォン等でご利用いただけます。下記の URL，右の QR コード，もしくは「基本事項」のページにある QR コードからアクセスできます。

https://cds.chart.co.jp/books/104i2l0q58

※追加費用なしにご利用いただけますが，通信料はお客様のご負担となります。Wi-Fi 環境でのご利用をおすすめいたします。学校や公共の場では，マナーを守ってスマートフォンなどをご利用ください。

---

* QR コードは，（株）デンソーウェーブの登録商標です。

※ 上記コンテンツは，順次配信中です。

CONTENTS

数　学　I

数　学　A

問題数（数学 I）
① **例題 157**（基本 123，重要 26，補充 8）
② **CHECK & CHECK 53**
③ **PR 157，EX 132**（A問題 75，B問題 57）
④ **Research & Work 23**
（①，②，③，④の合計　**522** 題）

問題数（数学A）
① **例題 138**（基本 98，重要 37，補充 3）
② **CHECK & CHECK 35**
③ **PR 138，EX 118**（A問題 76，B問題 42）
④ **Research & Work 10**
（①，②，③，④の合計　**439** 題）

※ Research & Work の問題数は，確認（Q），やってみよう（問），問題に挑戦 の問題の合計。

コラムの一覧

C …CHART NAVI, ま …まとめ, 振 …振り返り, S …STEP UP, ズ …ズーム UP を表す。

数学 I

数学 A

本書の活用方法

■ 方法1「自学自習のため」の活用例

週末・長期休暇などの時間のあるときや受験勉強などで，本書の各ページに順々に取り組む場合は，次のようにして学習を進めるとよいでしょう。

第1ステップ……**基本事項のページを読み，重要事項を確認。**
問題を解くうえでは，知識を整理しておくことが大切である。
CHECK & CHECK の問題を解いて，知識が身についたか確認するとよい。

第2ステップ……**例題に取り組み解法を習得，PRACTICE を解いて理解の確認。**

① まず，**例題を自分で解いてみよう。**
➡ 何もわからなかったら，CHART & SOLUTION, CHART & THINKING を読んで糸口をつかもう。

② CHART & SOLUTION, CHART & THINKING を読んで，**解法やポイントを確認**し，自分の解答と見比べよう。
〈$+\alpha$〉**INFORMATION** や **POINT** などの解説も読んで，応用力を身につけよう。
➡ ポイントを見抜く力をつけるために，CHART & SOLUTION, CHART & THINKING は必ず読もう。また，解答の右の ⇦ も理解の助けになる。

③ **PRACTICE** に取り組んで，そのページで学習したことを**再確認**しよう。
➡ わからなかったら，CHART & SOLUTION, CHART & THINKING をもう一度読み返そう。

第3ステップ……**EXERCISES のページで腕試し。**
例題のページの勉強がひと通り終わったら取り組もう。

■ 方法2「解法を調べるため」の活用例（解法の辞書としての使い方）

どうやって解いたらいいかわからない問題が出てきたときは，同じ（似た）タイプの例題があるページを本書で探し，**解法をまねる** ことを考えてみましょう。

同じ（似た）タイプの例題があるページを見つけるには
目次（$p.7$）や **例題一覧**（各章の始め）を利用するとよいでしょう。

大切なこと 解法を調べる際，解答を読むだけでは実力は定着しません。
CHART & SOLUTION, CHART & THINKING もしっかり読んで，その問題の急所やポイントをつかんでおく ことを意識すると，実力の定着につながります。

■ 方法3「目的に応じた学習のため」の活用例

短期間で取り組みたいときや，順々に取り組む時間がとれないときは，**目的に応じた例題を選んで学習する** ことも1つの方法です。

詳しくは，次のページの CHART NAVI「**章トビラの活用方法**」を参照してください。

章トビラの活用方法

本書（黄チャート）の各章のはじめには，右ページのような **章トビラ** のページがあります。ここでは，章トビラの活用方法を説明します。

❶ 例題一覧

例題一覧では，その章で取り上げている例題の種類（**基本**，**重要**，**補充**），タイトル，難易度（$p.5$ 参照）を一覧にしています。

黄チャートには，教科書レベルから入試の標準レベルまで，幅広いレベルの問題を収録しています。章によっては多くの問題があり，不安に思う人もいるかもしれませんが，これだけの問題を収録していることには理由があります。

まず，数学の学習では，公式や定理などの基本事項を身につけるだけでなく，その知識を活用し，問題が解けるようになることが求められます。教科書に載っているような問題はもちろん，多くの入試問題も，**基本となる問題の積み重ねによって解けるようになるのです**。また，基本となる考え方の理解だけでなく，具体的な問題をどう解いていくかについての理解を深めることも大切です。

黄チャートでは，問題１つ１つに対してていねいに解説していますから，基本となる考え方や問題の解き方を無理なく身につけることができます。

このように，幅広いレベル，多くのタイプの問題を収録しているため，負担に感じるかもしれません。そのような場合には，例えば，

基本を定着させたいとき　⟶　基本例題 を中心に学習
応用力を高めたいとき　⟶　重要例題 を中心に学習
苦手な分野を克服したいとき　⟶　苦手な分野の 基本例題 のうち，難易度 ①，② を中心に学習

のように，目的に応じて取り組む例題を定めることで，効率よく学習できます。

❷ SELECT STUDY

更に，章トビラでは，SELECT STUDY という３つの学習コースを提案しています。

- スタンダードコース
- パーフェクトコース
- 大学入学共通テスト準備・対策コース

（※ 数学A第４章は，受験直前チェックコース）

これらは編集部が独自におすすめする，目的別の例題パッケージです。目的や学習状況に応じ，それに近いコースを選んで取り組むことができます。

以上のように，章トビラも活用しながら，黄チャートとともに数学を学んでいきましょう！

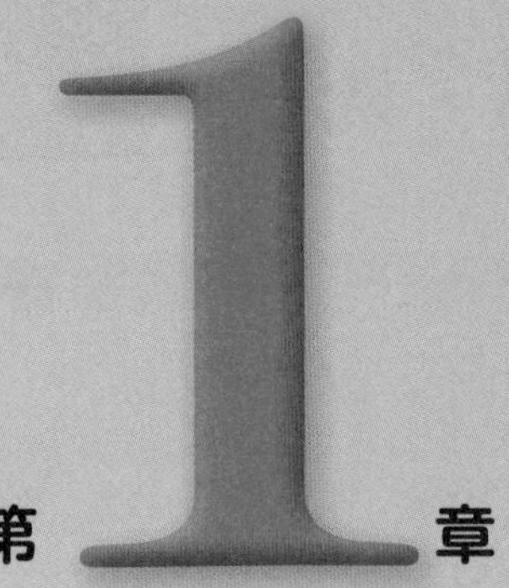

第1章

数学I

数と式

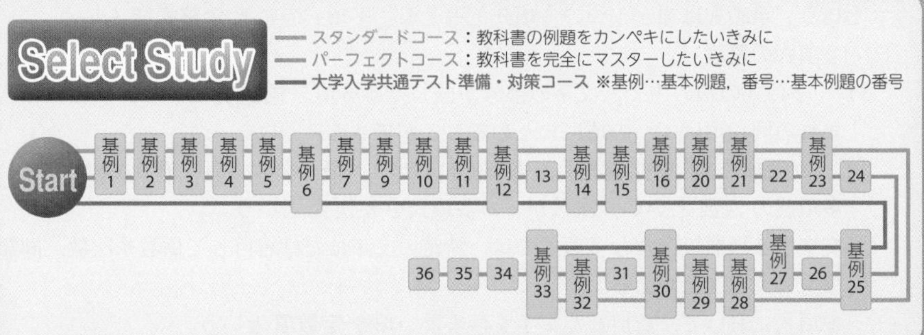

■ 例題一覧

	種類	番号	例題タイトル	難易度
1	基本	1	多項式の整理	1
	基本	2	多項式の加法・減法	2
	基本	3	多項式の乗法	1
	基本	4	式の展開（2 次式の展開の公式利用）	1
	基本	5	式の展開（3 次式の展開の公式利用）	2
	基本	6	式の展開（おき換え）	2
	基本	7	式の展開（組み合わせの工夫）	2
	重要	8	式の展開（組み合わせ・おき換え）	3
2	基本	9	因数分解（基本）	1
	基本	10	因数分解（たすき掛け）	2
	基本	11	因数分解（3 次式の公式利用）	2
	基本	12	因数分解（おき換え）(1)	2
	基本	13	因数分解（おき換え）(2)	3
	基本	14	因数分解（最低次の文字について整理）	2
	基本	15	因数分解（2 元 2 次式）	2
	基本	16	因数分解（対称式・交代式）	3
	重要	17	やや複雑な因数分解 (1)	4
	重要	18	やや複雑な因数分解 (2)	4
	重要	19	因数分解（3 次式）	3

	種類	番号	例題タイトル	難易度
3	基本	20	循環小数の分数表示など	2
	基本	21	平方根を含む式の計算	1
	基本	22	$\sqrt{A^2}$ の根号のはずし方	2
	基本	23	分母の有理化	2
	基本	24	3 項からなる平方根の積，分母の有理化	3
	基本	25	平方根と式の値 (1)	3
	基本	26	平方根と式の値 (2)	3
	基本	27	整数部分，小数部分	3
	基本	28	2 重根号	3
4	基本	29	1 次不等式の解法	2
	基本	30	連立不等式の解法（1 次）	2
	基本	31	文字係数の不等式	3
	基本	32	1 次不等式と文章題	3
	基本	33	1 次不等式の整数解	3
	基本	34	絶対値を含む方程式・不等式（基本）	2
	基本	35	絶対値を含む方程式（場合分け）	3
	基本	36	絶対値を含む不等式（場合分け）	3

1 多項式の加法・減法・乗法

基本事項

1 多項式

① **単項式と多項式**

数や文字およびそれらを掛け合わせた式を **単項式** という。単項式において，数の部分をその単項式の **係数** といい，掛けた文字の個数をその単項式の **次数** という。数だけの単項式の次数は 0 である。ただし，数 0 の次数は考えない。

また，単項式の和として表される式を **多項式** といい，各単項式をその多項式の **項** という。単項式は項が 1 つの多項式と考える。多項式のことを **整式** ともいう。

② **多項式の整理**

[1] 多項式の項の中で，文字の部分が同じである項を **同類項** という。多項式に含まれる同類項は 1 つの項にまとめることができる。

[2] 同類項をまとめて整理した多項式において，最も次数の高い項の次数を，その多項式の **次数** といい，次数が n の多項式を **n 次式** という。

文字を 2 種類以上含む多項式では，特定の文字にだけ着目して係数や次数，同類項を考えることがある。

多項式において，着目した文字を含まない項を **定数項** という。

[3] 多項式をある文字について，

項の次数が低くなる順に整理することを **降べきの順** に整理する

項の次数が高くなる順に整理することを **昇べきの順** に整理する　という。

一般に，降べきの順に整理することが多い。

例　多項式 $2xy^2+3x^2y^2-xy+4$ を整理すると

x について降べきの順 …… $3y^2x^2+(2y^2-y)x+4$

y について降べきの順 …… $(3x^2+2x)y^2-xy+4$

2 計算の基本法則

多項式の加法・乗法は，次の法則を基本として行われる。

	加　法	乗　法
交換法則	$A+B=B+A$	$AB=BA$
結合法則	$(A+B)+C=A+(B+C)$	$(AB)C=A(BC)$
分配法則	$A(B+C)=AB+AC$	$(A+B)C=AC+BC$

3 多項式の加法・減法

① 和 $\boldsymbol{A+B}$ は，A と B の項をすべて加え，同類項があればまとめて整理する。

② 差 $\boldsymbol{A-B}$ は，$\boldsymbol{A+(-B)}$ と考え，B の各項の符号を変えて A に加える。

③ **縦書きの計算**

右のように，同類項をそろえて縦書きに計算してもよい。
このとき，欠けている次数の項をあけておく。

$$\begin{array}{r} 2x^2 \qquad -3 \\ +)\ -x^2+5x+3 \\ \hline x^2+5x \quad \end{array}$$

4 指数法則

① a をいくつか掛けたものを a の **累乗** という。a を n 個掛けたものを $\boldsymbol{a^n}$ で表し，a の $\boldsymbol{n}$ **乗** という。また，a^n における n を，a^n の **指数** という。

② **指数法則**　m，n を正の整数とする。

1　$\boldsymbol{a^m\times a^n=a^{m+n}}$　　2　$\boldsymbol{(a^m)^n=a^{mn}}$　　3　$\boldsymbol{(ab)^n=a^nb^n}$

補足　$(-1)^n=\begin{cases} 1 & (n\text{ が偶数のとき}) \\ -1 & (n\text{ が奇数のとき}) \end{cases}$

5 2次式の展開の公式

1　**和の平方**　$\boldsymbol{(a+b)^2=a^2+2ab+b^2}$

1′　**差の平方**　$\boldsymbol{(a-b)^2=a^2-2ab+b^2}$

2　**和と差の積**　$\boldsymbol{(a+b)(a-b)=a^2-b^2}$

3　**1次式の積(1)**　$\boldsymbol{(x+a)(x+b)=x^2+(a+b)x+ab}$

4　**1次式の積(2)**　$\boldsymbol{(ax+b)(cx+d)=acx^2+(ad+bc)x+bd}$

6 3次式の展開の公式

5　**和の立方**　$\boldsymbol{(a+b)^3=a^3+3a^2b+3ab^2+b^3}$

5′　**差の立方**　$\boldsymbol{(a-b)^3=a^3-3a^2b+3ab^2-b^3}$

6　**立方の和**　$\boldsymbol{(a+b)(a^2-ab+b^2)=a^3+b^3}$

6′　**立方の差**　$\boldsymbol{(a-b)(a^2+ab+b^2)=a^3-b^3}$

注意　3次式の展開の公式は数学Ⅱの内容であるが，本書では扱うものとする。

CHECK & CHECK

1 次の単項式の係数と次数をいえ。また，[ ] 内の文字に着目するとどうか。

(1) $2abx^2$　$[x]$　(2) $-6xyz^2$　[y と z]　(3) $-a^3bc$　[a と c]　→ 1

2 次の式を，x について降べきの順に整理せよ。

(1) x^2-2x^3-3x+5　(2) $3xy-x^2+y^2-2x-y+6$　→ 1

3 $A=5x^3-2x^2+3x+4$，$B=3x^3-5x^2+3$ であるとき，次の計算をせよ。

(1) $A+B$　(2) $A-B$　→ 3

4 (1) 次の計算をせよ。

(ア) $x^4\cdot x^5$　(イ) $(a^3)^2$　(ウ) $(-2xy^2)^3$　(エ) $(-ab)^2(-2a^3b)$　→ 4

(2) 次の式を展開せよ。

(ア) $(4x-3y)^2$　(イ) $(2a+3b)(a-2b)$　→ 5

例題ページの構成について

このページでは，本書（黄チャート）のメインである，**例題ページ** の構成について説明します。右のページの基本例題 1 を例として見てみましょう。

❶ 例題文，フィードバック・フィードフォワード

例題ページでは，その項目で身につけてほしい重要な内容を取り上げています。

また，例題文の右下に p.12 基本事項 1 のように，フィードバック・フィードフォワードとして，関連する例題番号や基本事項を示しています。前の内容に戻って復習したいときや，更に実力を高めたいときに参考にしてください。

❷ CHART&SOLUTION，CHART&THINKING

ここには，

- 問題の急所や重点はどこにあるか
- 解法をいかにして思いつくか

といった，問題を解くためのアプローチ方法が書かれています。チャート式において，CHART&SOLUTION や CHART&THINKING が最も真価を発揮している部分です。例えば，右のページの基本例題 1 では

多項式の整理　**同類項をまとめ，降べきの順に整理**

といったことがポイントになります。また，続けて「(1)　x に着目 ⟶ y は定数と考えて……」のように，具体的な考え方が示してあります。ここを読むことで，例題の内容が確実に押さえられるので，必ず読むようにしましょう。

なお，CHART&THINKING では，考え方の糸口を示し，何に着目して方針を立てるかを説明しています。みなさんが，自ら考えてみることも意識しましょう。

大事なことは，すぐに解答を見ないことです。問題につまずいた場合であっても，まずは CHART&SOLUTION や CHART&THINKING を見てください。問題を解く手助けになります。

❸ 解答

例題の解答では，最終の答の数値だけでなく，途中の記述も確認しましょう。

また，解答を読んでもわかりにくいときは，CHART&SOLUTION や CHART&THINKING に戻って解き方や考え方から理解しましょう。

❹ INFORMATION などの解説

解答の後や側注に，**INFORMATION**，**POINT**，**ピンポイント解説**がある例題もあります。その例題に関連する内容や補足がありますので，合わせて読むとより理解が深まります。

❺ PRACTICE

PRACTICE には，例題の反復問題があります。この問題を解くことで，例題が理解できたかどうか確かめることができます。

例題ページの内容をしっかり読み，1つ1つの例題について理解を深めましょう。

基本 例題 1 多項式の整理

次の多項式の同類項をまとめて整理せよ。また，[　]内の文字に着目したとき，その次数と定数項をいえ。

(1) $-2x+3y+x^2+5x-y$ 　$[x]$

(2) $a^2b^2-ab+3ab-2a^2b^2+4a-5b-3a+1$ 　$[a$ と $b]$，$[b]$

p. 12 基本事項 1

CHART & SOLUTION

多項式の整理　同類項をまとめ，降べきの順に整理

(1) $\boldsymbol{x}$ に着目 ⟶ $\boldsymbol{y}$ は定数 と考えて，x について降べきの順に。

(2) $\boldsymbol{b}$ に着目 ⟶ $\boldsymbol{a}$ は定数 と考えて，b について降べきの順に。

解答

(1) $-2x+3y+x^2+5x-y$ 　⇦ 同類項に着目。

$=x^2+(-2+5)x+(3-1)y$ 　⇦ 同類項をまとめる。

$=\boldsymbol{x^2+3x+2y}$ 　⇦ x について降べきの順に。

よって，$\boldsymbol{x}$ **に着目すると，次数は 2，定数項は** $\boldsymbol{2y}$

(2) $a^2b^2-ab+3ab-2a^2b^2+4a-5b-3a+1$ 　⇦ 同類項に着目。

$=(1-2)a^2b^2+(-1+3)ab+(4-3)a-5b+1$ 　⇦ 同類項をまとめる。

$=\boldsymbol{-a^2b^2+2ab+a-5b+1}$

⇦ 4 次の項 … $-a^2b^2$
2 次の項 … $2ab$
1 次の項 … a，$-5b$
定数項 … 　1
の順に整理。

よって，$\boldsymbol{a}$ **と** $\boldsymbol{b}$ **に着目すると，次数は 4，定数項は 1**

また，b について降べきの順に整理すると

$$-a^2b^2+(2a-5)b+(a+1)$$

よって，$\boldsymbol{b}$ **に着目すると，次数は 2，定数項は** $\boldsymbol{a+1}$

INFORMATION　多項式の整理

1 つの文字について項の次数の高い方から順に並べる ⟶ **降べきの順** に整理
1 つの文字について項の次数の低い方から順に並べる ⟶ **昇べきの順** に整理
次数の大小は，ふつう「高い」，「低い」で表される。

PRACTICE 1[①]

次の多項式の同類項をまとめて整理せよ。また，[　]内の文字に着目したとき，その次数と定数項をいえ。

(1) $5y-4z+8x^2+5z-3x^2-6y+x$ 　$[x]$

(2) $p^3q+pq^2-2p^2-q^3-3p^3q+4q^3+5$ 　$[p$ と $q]$，$[q]$

基本 例題 2 多項式の加法・減法

$A=2x^2+5xy-4y^2$，$B=x^2+5y^2$，$C=-x^2+3xy$ のとき
$P=3A-2(A+2B)-3C$ を計算したい。次の問いに答えよ。
(1) P を A，B，C の最も簡単な式で表せ。
(2) (1)の結果を利用して，P を x，y で表せ。

p.12, 13 基本事項 2，3

CHART & SOLUTION

括弧のはずし方 ( ) 内の各項の係数の符号は
+(　　) はそのまま，−(　　) は符号変え
(1) $-2(A+2B)$ であるから，**符号を変えて ( ) をはずし**，式を整理する。……❗

解答

(1) $P=3A-2(A+2B)-3C$
❗ $=3A-2A-4B-3C$
$=(3-2)A-4B-3C$
$=\boldsymbol{A-4B-3C}$

⇦ $-2(A+2B)$
$=-2A-2\cdot 2B$
⇦ 同類項をまとめる。

(2) $P=A-4B-3C$
$=(2x^2+5xy-4y^2)-4(x^2+5y^2)-3(-x^2+3xy)$
❗ $=2x^2+5xy-4y^2-4x^2-20y^2+3x^2-9xy$
$=(2-4+3)x^2+(5-9)xy+(-4-20)y^2$
$=\boldsymbol{x^2-4xy-24y^2}$

⇦ 複雑な式は，(1)のように**簡単な式に整理してから代入**すると計算がスムーズ。
⇦ **−( ) は符号変え**
⇦ 同類項をまとめる。

INFORMATION 縦書きの計算，括弧のはずし方

1. 3つ以上の多項式の加法・減法を **縦書き** による方法で計算するときは，加法（足し算）だけで行う。例えば，上の例題 2 (2) は
$P=A-4B-3C=A+(-4B)+(-3C)$
として，まず $-4B$，$-3C$ を計算し，同類項を縦にそろえて右のようにする。

$$
\begin{array}{rrrr}
A= & 2x^2 & +5xy & -4y^2 \\
-4B= & -4x^2 & & -20y^2 \\
+)\ -3C= & 3x^2 & -9xy & \\
\hline
P= & \boldsymbol{x^2} & \boldsymbol{-4xy} & \boldsymbol{-24y^2}
\end{array}
$$

2. { } の中に更に ( ) がある場合は，**内側の ( ) からはずす**（下の PRACTICE 2 (2) 参照)。

PRACTICE 2❷

$A=2x^3+3x^2+5$，$B=x^3+3x+3$，$C=-x^3-15x^2+7x$ のとき，次の式を計算せよ。
(1) $4A+3(A-3B-C)-2(A-2C)$　　(2) $4A-2\{B-2(C-A)\}$

基本 例題 3 多項式の乗法

次の式を展開せよ。

(1) $(-2x^2y)^2(2x-3y)$　　(2) $(3x-y)(x^2+xy+y^2)$

(3) $(3x+x^3-1)(2x^2-x-6)$

p.12, 13 基本事項 2, 4

CHART & SOLUTION

多項式の乗法　分配法則を繰り返し利用 ……❶

(1) **指数法則** を利用して，まず $(-2x^2y)^2$ を計算。

指数法則　$a^m \times a^n = a^{m+n}$，$(a^m)^n = a^{mn}$，$(ab)^n = a^n b^n$　（m，n は正の整数）

(2), (3) は式をまとまりとしてとらえることが大切。

(2) 2 つの（ ）の一方を 1 つの文字におき換えた形で分配法則を用いる。ただし，おき換えは頭の中で。

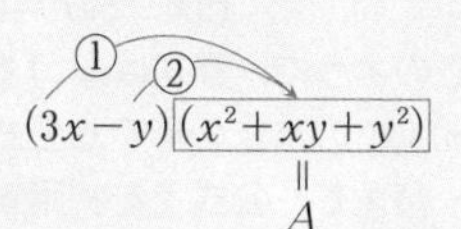

(3) （ ）の中をあらかじめ **降べきの順** に整理しておくと，展開したとき項が順序よく並び，同類項を見つけやすい。

解答

(1) $(-2x^2y)^2(2x-3y)=(-2)^2x^4y^2(2x-3y)=4x^4y^2(2x-3y)$　⇦ **指数法則**

$=4x^4y^2\cdot 2x+4x^4y^2(-3y)$　⇦ **分配法則**

$=\boldsymbol{8x^5y^2-12x^4y^3}$

(2) $(3x-y)(x^2+xy+y^2)$　⇦ $x^2+xy+y^2=A$ とおいて **分配法則** を利用。$(3x-y)A=3xA-yA$

❶ $=3x(x^2+xy+y^2)-y(x^2+xy+y^2)$

$=3x^3+3x^2y+3xy^2-x^2y-xy^2-y^3$

$=\boldsymbol{3x^3+2x^2y+2xy^2-y^3}$　⇦ 同類項をまとめ，x について降べきの順に。

(3) $(3x+x^3-1)(2x^2-x-6)$

$=(x^3+3x-1)(2x^2-x-6)$　⇦（ ）内を降べきの順に。

❶ $=x^3(2x^2-x-6)+3x(2x^2-x-6)-(2x^2-x-6)$　⇦ **分配法則**

$=2x^5-x^4-6x^3+6x^3-3x^2-18x-2x^2+x+6$　⇦ **分配法則**

$=\boldsymbol{2x^5-x^4-5x^2-17x+6}$　⇦ 同類項をまとめて降べきの順に。

別解

(2)
$$\begin{array}{rrrr} & 3x^3 & & \\ \end{array}$$

```
        3x  − y
×)  x² + xy + y²
─────────────────────
   3x³ − x²y
         3x²y − xy²
                3xy² − y³
─────────────────────
   3x³ + 2x²y + 2xy² − y³
```

(3)

```
        x³        + 3x − 1
×)    2x² − x − 6
──────────────────────────────
      2x⁵       + 6x³ − 2x²
           − x⁴       − 3x² +   x
                 − 6x³       − 18x + 6
──────────────────────────────
      2x⁵ − x⁴        − 5x² − 17x + 6
```

別解 (3) **縦書きの計算**

$x^3+3x-1=A$ とおくと

⇦ $A\times 2x^2$

⇦ $A\times(-x)$

⇦ $A\times(-6)$

inf. 縦書きの計算では，降べきの順に整理し，欠けている次数の項の場所をあけておく。

PRACTICE 3❶

次の式を展開せよ。

(1) $(a^2b)^2(a+4b-2c)$　(2) $(3a-2b)(2x+3y)$　(3) $(3t+2t^3-4)(t^2-5-3t)$

基本 例題 4　式の展開（2次式の展開の公式利用）

次の式を展開せよ。

(1) $(a+2)^2$　(2) $(5x-2y)^2$　(3) $(2x-3)(2x+3)$

(4) $(p-7)(p+6)$　(5) $(2x+3y)(3x-4y)$　(6) $(-a+2b)(a+2b)$

p.13 基本事項 5

CHART & SOLUTION

展開の公式を利用（p.13 5 参照）

例えば(2)では，p.13 の公式 1′ $(\boldsymbol{a}-\boldsymbol{b})^2=\boldsymbol{a}^2-2\boldsymbol{ab}+\boldsymbol{b}^2$ で，$a=5x$，$b=2y$ とすると

$$(5x-2y)^2=(5x)^2-2(5x)(2y)+(2y)^2$$

このように，最初は（　）を使って計算すると間違いを防ぐことができる。

(6) このままの形でも公式 4 を利用して展開できるが，それぞれの（　）の項の順序を入れ替えて，公式 2 を利用する方がスムーズである。

解答

(1) $(a+2)^2=a^2+2\cdot a\cdot 2+2^2$
$=\boldsymbol{a^2+4a+4}$

⇐ $(a+b)^2=a^2+2ab+b^2$

(2) $(5x-2y)^2=(5x)^2-2\cdot 5x\cdot 2y+(2y)^2$
$=\boldsymbol{25x^2-20xy+4y^2}$

⇐ $(a-b)^2=a^2-2ab+b^2$

(3) $(2x-3)(2x+3)=(2x)^2-3^2$
$=\boldsymbol{4x^2-9}$

⇐ $(a+b)(a-b)=a^2-b^2$

(4) $(p-7)(p+6)=p^2+(-7+6)p+(-7)\cdot 6$
$=\boldsymbol{p^2-p-42}$

⇐ $(x+a)(x+b)=x^2+(a+b)x+ab$

(5) $(2x+3y)(3x-4y)=2\cdot 3x^2+\{2\cdot(-4)+3\cdot 3\}xy+3\cdot(-4)y^2$
$=\boldsymbol{6x^2+xy-12y^2}$

⇐ $(ax+b)(cx+d)=acx^2+(ad+bc)x+bd$

(6) $(-a+2b)(a+2b)=(2b-a)(2b+a)$
$=(2b)^2-a^2$
$=\boldsymbol{4b^2-a^2}$

⇐ それぞれの（　）の項の順序を入れ替える。

⇐ $-a^2+4b^2$ としてもよい。

INFORMATION　分配法則

多項式の乗法は，分配法則を用いると，必ず計算できる。例えば，公式 4 は

$$(\boldsymbol{ax}+\boldsymbol{b})(\boldsymbol{cx}+\boldsymbol{d})=ax(cx+d)+b(cx+d)=a\cdot cx^2+a\cdot dx+b\cdot cx+b\cdot d$$
$$=\boldsymbol{acx^2+(ad+bc)x+bd}$$

PRACTICE 4[1]

次の式を展開せよ。

(1) $(2x+3y)^2$　(2) $(3a-4b)^2$　(3) $(x+2y)(x-2y)$　(4) $(t+3)(t-5)$

(5) $(2a+5b)(a-3b)$　(6) $(3x-4y)(5y+4x)$　(7) $(3p+4q)(-3p+4q)$

基本 例題 5 式の展開（3 次式の展開の公式利用）

次の式を展開せよ。

(1) $(2x+3)^3$　　(2) $(3x-2y)^3$

(3) $(x+3)(x^2-3x+9)$　　(4) $(2a-1)(4a^2+2a+1)$

p.13 基本事項 6

CHART & SOLUTION

展開の公式を利用（p.13 6 参照）

$$(a+b)^3=a^3+3a^2b+3ab^2+b^3$$

$$(a-b)^3=a^3-3a^2b+3ab^2-b^3$$

マイナスの位置に注意

$$(a+b)(a^2-ab+b^2)=a^3+b^3$$

$$(a-b)(a^2+ab+b^2)=a^3-b^3$$

同符号　異符号　関係なくプラス　同符号

解答

(1) $(2x+3)^3=(2x)^3+3(2x)^2\cdot 3+3\cdot 2x\cdot 3^2+3^3$
$=\mathbf{8x^3+36x^2+54x+27}$

⇐ $(a+b)^3=a^3+3a^2b+3ab^2+b^3$

(2) $(3x-2y)^3=(3x)^3-3(3x)^2\cdot 2y+3\cdot 3x(2y)^2-(2y)^3$
$=\mathbf{27x^3-54x^2y+36xy^2-8y^3}$

⇐ $(a-b)^3=a^3-3a^2b+3ab^2-b^3$

(3) $(x+3)(x^2-3x+9)=(x+3)(x^2-x\cdot 3+3^2)$
$=x^3+3^3=\mathbf{x^3+27}$

⇐ $(a+b)(a^2-ab+b^2)=a^3+b^3$

(4) $(2a-1)(4a^2+2a+1)=(2a-1)\{(2a)^2+2a\cdot 1+1^2\}$
$=(2a)^3-1^3=\mathbf{8a^3-1}$

⇐ $(a-b)(a^2+ab+b^2)=a^3-b^3$

INFORMATION　公式 5, 6 の証明

公式 5, 6 の証明

$$(a+b)^3=(a+b)(a+b)^2=(a+b)(a^2+2ab+b^2)$$
$$=a^3+2a^2b+ab^2+a^2b+2ab^2+b^3=a^3+3a^2b+3ab^2+b^3$$
$$(a+b)(a^2-ab+b^2)=a^3-a^2b+ab^2+a^2b-ab^2+b^3$$
$$=a^3+b^3$$

公式 5′, 6′ のマイナスの位置が不安な場合は，上の式の b に $-b$ を代入することで導くことができる。例えば

$$(a-b)^3=\{a+(-b)\}^3=a^3+3a^2(-b)+3a(-b)^2+(-b)^3$$
$$=a^3-3a^2b+3ab^2-b^3$$

PRACTICE 5❷

次の式を展開せよ。

(1) $(3x+y)^3$　　(2) $(-m+2n)^3$

(3) $(4x+3y)(16x^2-12xy+9y^2)$　　(4) $(3a-b)(9a^2+3ab+b^2)$

基本 例題 6 式の展開（おき換え）

次の式を展開せよ。

(1) $(a-b-c)^2$　　(2) $(x^2+x+2)(x^2+x-3)$

(3) $(x-2y+3z)(x+2y-3z)$

基本 4, 重要 8

CHART & SOLUTION

項が多い式の展開　共通な式はまとめておき換え

項が多くて展開の公式が使えないように見えても，繰り返し出てくる式に着目して，それを 1 つの文字におき換えてみると公式が使えることが多い。

(1) $a-b=A$　(2) $x^2+x=A$　(3) $2y-3z=A$　とおき換えて展開する。

実際には，おき換えるつもりで，（　）でくくりながら計算する。

解答

(1) $(a-b-c)^2=\{(a-b)-c\}^2$

$=(a-b)^2-2(a-b)c+c^2$

$=a^2-2ab+b^2-2ac+2bc+c^2$

$=\boldsymbol{a^2+b^2+c^2-2ab+2bc-2ca}$

⇐ $a-b=A$ とおくと $(A-c)^2=A^2-2Ac+c^2$

⇐ **輪環の順** に整理すると，式が見やすい。（$a \to c \to b \to a$）

(2) $(x^2+x+2)(x^2+x-3)$

$=\{(x^2+x)+2\}\{(x^2+x)-3\}$

$=(x^2+x)^2-(x^2+x)-6$

$=(x^4+2x^3+x^2)-x^2-x-6$

$=\boldsymbol{x^4+2x^3-x-6}$

⇐ $x^2+x=A$ とおくと $(A+2)(A-3)=A^2-A-6$

⇐ 結果は **降べきの順** に。

(3) $(x-2y+3z)(x+2y-3z)$

$=\{x-(2y-3z)\}\{x+(2y-3z)\}$

$=x^2-(2y-3z)^2=x^2-(4y^2-12yz+9z^2)$

$=\boldsymbol{x^2-4y^2-9z^2+12yz}$

⇐ 〰〰 と - - - で，$2y$，$3z$ の符号の違いに注目。$2y-3z=A$ とおくと $(x-A)(x+A)=x^2-A^2$

POINT

次の展開式はよく使うので，公式として覚えておこう！

$$(\boldsymbol{a+b+c})^2=\boldsymbol{a^2+b^2+c^2+2ab+2bc+2ca}$$

(1) でこの公式を用いると

$(a-b-c)^2=a^2+(-b)^2+(-c)^2+2a(-b)+2(-b)(-c)+2(-c)a$

$=a^2+b^2+c^2-2ab+2bc-2ca$

PRACTICE 6❷

次の式を展開せよ。　［(4) 京都産大］

(1) $(x-y+z)^2$　(2) $(2a+3b-5c)^2$　(3) $(a^2+3a-2)(a^2+3a+3)$

(4) $(x^2+3x+2)(x^2-3x+2)$　(5) $(x+y+z)(x-y-z)$

基本 例題 7 式の展開(組み合わせの工夫)

次の式を展開せよ。

(1) $(x+2y)^2(x-2y)^2$　　(2) $(x^2+y^2)(x+y)(x-y)$

(3) $(a-b)^2(a^2+ab+b^2)^2$

基本 4,5, 重要 8

CHART & SOLUTION

積の組み合わせを工夫する

単純に前から順に展開したのでは計算が煩雑になる。しかし，積の組み合わせ(掛ける順番)を工夫すると，計算がスムーズになる。……❗

(1) $A^2B^2=(AB)^2$ であることを利用し，$\{(x+2y)(x-2y)\}^2$ と考えると，$p.13$ の公式2 $(a+b)(a-b)=a^2-b^2$ が使える。

(2) $x+y$ と $x-y$ に着目すると，$p.13$ の公式2が使えるので，後ろの 2 つの積から先に計算するとよい。

(3) $p.13$ の公式6′ $(a-b)(a^2+ab+b^2)=a^3-b^3$ を利用する。

解答

❗ (1) $(x+2y)^2(x-2y)^2=\{(x+2y)(x-2y)\}^2$
$=\{x^2-(2y)^2\}^2$
$=(x^2-4y^2)^2$
$=(x^2)^2-2\cdot x^2\cdot 4y^2+(4y^2)^2$
$=\boldsymbol{x^4-8x^2y^2+16y^4}$

⇦ $A^2B^2=(AB)^2$
⇦ $(A+B)(A-B)=A^2-B^2$
⇦ $(A-B)^2=A^2-2AB+B^2$

❗ (2) $(x^2+y^2)(x+y)(x-y)$
$=(x^2+y^2)(x^2-y^2)$
$=(x^2)^2-(y^2)^2$
$=\boldsymbol{x^4-y^4}$

⇦ $(A+B)(A-B)=A^2-B^2$ を繰り返し利用。

(3) $(a-b)^2(a^2+ab+b^2)^2$
❗ $=\{(a-b)(a^2+ab+b^2)\}^2$
$=(a^3-b^3)^2$
$=(a^3)^2-2a^3b^3+(b^3)^2$
$=\boldsymbol{a^6-2a^3b^3+b^6}$

⇦ $A^2B^2=(AB)^2$
⇦ $(A-B)^2=A^2-2AB+B^2$

PRACTICE 7❷

次の式を展開せよ。

(1) $(2a+3b)^2(2a-3b)^2$　　(2) $(x^2+4)(x-2)(x+2)$

(3) $(a+1)^2(a^2-a+1)^2$

重要 例題 8 式の展開（組み合わせ・おき換え）

次の式を展開せよ。 ［(3) 大阪工大］

(1) $(x^2-3x+1)(x-1)(x-2)$　　(2) $(x+1)(x^2+x+1)(x^2-x+1)^2$

(3) $(a-b)^3(a+b)^3(a^2+b^2)^3$

基本 6, 7

CHART & THINKING

複雑な式の展開

1 積の組み合わせを工夫　2 まとめておき換え

複雑な式の展開を効率よく行うために，どのような工夫をすればよいか考えてみよう。

(1) $(x-1)(x-2)$ を計算すると x^2-3x+2 となり，**共通の式** x^2-3x が現れる。

(2) $x+1$ や x^2+x+1，x^2-x+1 という式があるから，$p.13$ の公式 6 $\boldsymbol{(a+b)(a^2-ab+b^2)=a^3+b^3}$ を利用するにはどのように式を組み合わせるのがよいだろうか？

(3) 3 つの（　）の指数は同じ 3 であることに注目。$\boldsymbol{A^3B^3C^3=(ABC)^3}$ として，まず ABC の部分を計算しよう。続いて，$p.13$ の公式 5′ $(a-b)^3=a^3-3a^2b+3ab^2-b^3$ を利用する。

解答の側注に示したように，**おき換え** を利用して計算を進めるのもよい。

解答

(1) $(x^2-3x+1)(x-1)(x-2)$

$=\{(x^2-3x)+1\}\{(x^2-3x)+2\}$

$=(x^2-3x)^2+3(x^2-3x)+2$

$=x^4-6x^3+9x^2+3x^2-9x+2$

$=\boldsymbol{x^4-6x^3+12x^2-9x+2}$

⇐ $x^2-3x=A$ とおくと $(A+1)(A+2)=A^2+3A+2$

⇐ 結果は整理する。

(2) $(x+1)(x^2+x+1)(x^2-x+1)^2$

$=(x+1)(x^2-x+1)\times(x^2+x+1)(x^2-x+1)$

$=(x^3+1)\{(x^2+1)^2-x^2\}$

$=(x^3+1)(x^4+x^2+1)$

$=(x^7+x^5+x^3)+(x^4+x^2+1)$

$=\boldsymbol{x^7+x^5+x^4+x^3+x^2+1}$

⇐ $x^2+1=A$ とおくと $(x^2+x+1)(x^2-x+1)=(A+x)(A-x)=A^2-x^2$

⇐ **降べきの順** に整理。

(3) $(a-b)^3(a+b)^3(a^2+b^2)^3$

$=\{(a-b)(a+b)(a^2+b^2)\}^3$

$=\{(a^2-b^2)(a^2+b^2)\}^3=(a^4-b^4)^3$

$=\boldsymbol{a^{12}-3a^8b^4+3a^4b^8-b^{12}}$

⇐ $\boldsymbol{A^3B^3C^3=(ABC)^3}$

⇐ $(a^4-b^4)^3=(a^4)^3-3(a^4)^2b^4+3a^4(b^4)^2-(b^4)^3$

PRACTICE 8 ③

次の式を展開せよ。 ［(5) 武庫川女子大，(6) 名古屋経大］

(1) $x(x-2)(x-3)(x+1)$　　(2) $(x+1)(x-1)(x-2)(x-4)$

(3) $(x-y)^2(x+y)^2(x^2+y^2)^2$　　(4) $(a-b+c)^2(a+b-c)^2$

(5) $(x-2)(x+1)(x^2+2x+4)(x^2-x+1)$　　(6) $(2x+1)(x+2)(2x-1)(x-2)$

EXERCISES　1 多項式の加法・減法・乗法

A

1❷ (1) $2x^2-3x+1$ との和が x^2+2x になる式を求めよ。
(2) $5x^2-2xy+y^2$ から引くと $8x^2-5xy+5y^2$ になる式を求めよ。 →2

2❷ 次の(1)は計算をせよ。(2)～(6)は式を展開せよ。
(1) $2a^2b\times(-3ab)^2\times(-a^2b^2)^3$　(2) $(x^3+x-3)(x^2-2x+2)$
(3) $(6x-7y)(3x+2y)$　(4) $(3-2a)(4a^2+6a+9)$
(5) $(2a+c-b)(2a+b-c)$　(6) $(x^2-3x+6)(2x^2-6x-5)$
→ p.13 4, 3, 4, 5, 6

3❷ $(x^3-4x^2+3x-1)(x^2-5x+2)$ を展開したときの x^4 および x^3 の係数を求めよ。 →3

4❷ 次の式を簡単にせよ。
(1) $(2x+y)^2+(2x-y)^2$　(2) $(2x+y)^2-(2x-y)^2$
(3) $(a-b)^2+(b-c)^2+(c-a)^2$　(4) $(a+b)^3-(a-b)^3$ →4, 5

B

5❸ ある多項式から $-2x^2+5x-3$ を引くところを，誤ってこの式を加えたので，答えが $-4x^2+13x-6$ になった。正しい答えを求めよ。 →2

6❸ $(2x+3y+z)(x+2y+3z)(3x+y+2z)$ を展開したときの xyz の係数を求めよ。〔立教大〕 →3

7❸ 次の式を簡単にせよ。ただし，n は自然数とする。
(1) $2(-ab)^n+3(-1)^{n+1}a^nb^n+a^n(-b)^n$
(2) $(a+b+c)^2-(a-b+c)^2+(a+b-c)^2-(a-b-c)^2$ → p.13 4, 6

8❸ 次の式を展開せよ。
(1) $(a-b+c-d)(a+b-c-d)$
(2) $(x^2+xy+y^2)(x^2-xy+y^2)(x^4-x^2y^2+y^4)$ 〔沖縄国際大〕
(3) $(x-1)(x^4+1)(x^3+x^2+x+1)$
(4) $(a+b+c)(a^2+b^2+c^2-ab-bc-ca)$
(5) $(a+b+c)(a+b-c)(a-b+c)(-a+b+c)$ →7, 8

HINT

2 (4)，4 (4)　$p.13$ の 3 次式の展開の公式を用いる。
5 「ある多項式」をAとおくと　$A+(-2x^2+5x-3)=-4x^2+13x-6$　まず，Aを求める。
6 式を展開して，すべての項を求める必要はない。3 つの括弧の中の項をどのように掛け合わせると xyz の項が現れるかに注目。
7 (1) 各項を ●a^nb^n の形にする。$(-1)^{n+1}=(-1)^n\cdot(-1)^1=-(-1)^n$
(2) $a+b=A$，$a-b=B$ とおいて計算する。
8 (2)，(3) 積の組み合わせを工夫する。 (5) おき換えと組み合わせを工夫する。

2 因数分解

基本事項

1 因数，因数分解

$x^2+5x+6=(x+2)(x+3)$ のように，多項式を 1 次以上の多項式の積に表すことを **因数分解** といい，積を作っている各式をもとの式の **因数** という。因数分解は展開の逆の計算であるから，因数分解の計算結果は展開することで **検算** ができる。

2 共通因数

多項式のすべての項に共通な因数（これを **共通因数** という）があれば，分配法則を逆に用いて $AB+AC=A(B+C)$ の形に因数分解できる。この計算を **共通因数をくくり出す（共通因数でくくる）** という。

3 2 次式の因数分解の公式

1 **和・差の平方** $\boldsymbol{a^2+2ab+b^2=(a+b)^2,\ a^2-2ab+b^2=(a-b)^2}$

2 **平方の差** $\boldsymbol{a^2-b^2=(a+b)(a-b)}$

3 **2 次 3 項式 (1)** $\boldsymbol{x^2+(a+b)x+ab=(x+a)(x+b)}$

$\boldsymbol{x^2+px+q}$ ⟶ **積が $\boldsymbol{q}$，和が $\boldsymbol{p}$** の 2 数 a，b を求めて

$x^2+px+q=(x+a)(x+b)$

4 **2 次 3 項式 (2)** $\boldsymbol{acx^2+(ad+bc)x+bd=(ax+b)(cx+d)}$

px^2+qx+r ⟶ $p=ac$，$r=bd$ と分解して，

$q=ad+bc$ となるような

4 数 a，b，c，d を求めて

$px^2+qx+r=(ax+b)(cx+d)$

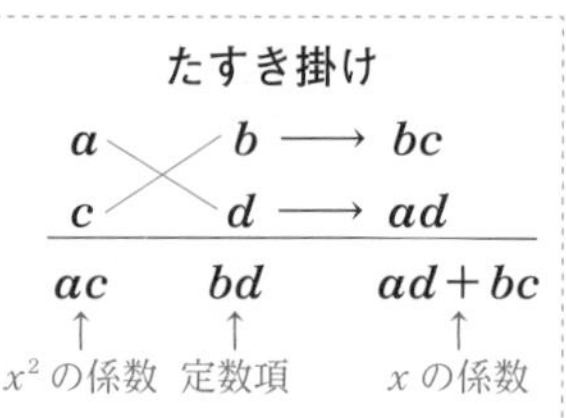

4 3 次式の因数分解の公式

5 **立方の和** $\boldsymbol{a^3+b^3=(a+b)(a^2-ab+b^2)}$

5′ **立方の差** $\boldsymbol{a^3-b^3=(a-b)(a^2+ab+b^2)}$

注意 3 次式の因数分解の公式は数学 II の内容であるが，本書では扱うものとする。

CHECK & CHECK

5 次の式を因数分解せよ。

(1) $6a^2b-8ab$ (2) $12m^2xy^2-4mx^2y^2+8m^3x^2$ → 2

6 次の式を因数分解せよ。

(1) $x^2-14x+49$ (2) $a^2+12ab+36b^2$ (3) $25a^2-81$

(4) $9x^2-64y^2$ (5) $25x^2+40xy+16y^2$ (6) $9a^2-42ab+49b^2$

(7) x^2+5x+6 (8) $x^2-7x+12$ → 3

基本 例題 9 因数分解（基本）

次の式を因数分解せよ。

(1) $(a+b)x-(a+b)y$ (2) $(a-b)^2+c(b-a)$ (3) $2x^3-12x^2+18x$

(4) $x^2-3x-40$ (5) $x^2+7xy-30y^2$

p. 24 基本事項 2, 3

CHART & SOLUTION

因数分解 まず，**共通因数をくくり出す** 次に，**公式を利用**

(1)〜(3) 各項に共通な因数を見つける。(2) では符号に注意。$\boldsymbol{ma+mb=m(a+b)}$

また，因数分解には，次の公式を利用する。

① $\boldsymbol{a^2+2ab+b^2=(a+b)^2}$，$\boldsymbol{a^2-2ab+b^2=(a-b)^2}$ ⟵ 和・差の平方

② $\boldsymbol{a^2-b^2=(a+b)(a-b)}$ ⟵ 平方の差

③ $\boldsymbol{x^2+(a+b)x+ab=(x+a)(x+b)}$
　　　和　　　積

(4) $x^2\underline{-3}x\underline{-40}$ ⟶ 足して $\underline{-3}$，掛けて $\underline{-40}$ となる 2 数を見つけ，③ を利用。

解答

(1) $(a+b)x-(a+b)y=\boldsymbol{(a+b)(x-y)}$

(2) $(a-b)^2+c(b-a)=(a-b)^2-c(a-b)$
$=(a-b)\{(a-b)-c\}$
$=\boldsymbol{(a-b)(a-b-c)}$

(3) $2x^3-12x^2+18x=2x(x^2-6x+9)$
$=\boldsymbol{2x(x-3)^2}$

(4) $x^2-3x-40=x^2+\{5+(-8)\}x+5\cdot(-8)$
$=\boldsymbol{(x+5)(x-8)}$

(5) $x^2+7xy-30y^2=x^2+(-3y+10y)x+(-3y)\cdot 10y$
$=\boldsymbol{(x-3y)(x+10y)}$

⇦ $(a+b)x-(a+b)y$ 共通因数は $a+b$

⇦ $b-a=-(a-b)$ とすると，共通因数は $a-b$

⇦ 共通因数は $2x$

⇦ 公式 ①（差の平方）

⇦ 足して -3，掛けて -40 となるのは 5，-8

⇦ 足して $7y$，掛けて $-30y^2$ となるのは $-3y$，$10y$

INFORMATION 因数分解はできるところまで分解する

(1)，(2) では，**おき換え** を利用するとわかりやすい。

(1) $a+b=\boldsymbol{A}$ とおくと $(a+b)x-(a+b)y=\boldsymbol{A}x-\boldsymbol{A}y=\boldsymbol{A}(x-y)=(a+b)(x-y)$

また，(3) では，途中の式 $2x(x^2-6x+9)$ も $2x^3-12x^2+18x$ の因数分解には違いないが，ここで計算をやめて答えとしてはいけない。**因数分解はできるところまで分解する** のが原則である。

PRACTICE 9[1]

次の式を因数分解せよ。

(1) $a(x+1)-(x+1)$ (2) $(a-b)xy+(b-a)y^2$ (3) $4pqx^2-36pqy^2$

(4) x^2-8x-9 (5) $x^2+5xy-14y^2$ (6) $4a^2-2a+\dfrac{1}{4}$

基本 例題 10 因数分解（たすき掛け）

次の式を因数分解せよ。

(1) $2x^2-7x+3$　　(2) $6x^2-xy-12y^2$

(3) $3ax^2+(6-a^2)x-2a$

p. 24 基本事項 3

CHART & SOLUTION

因数分解 $\boldsymbol{acx^2+(ad+bc)x+bd=(ax+b)(cx+d)}$

$\boldsymbol{a, b, c, d}$ **の発見には たすき掛け**

$px^2+qx+r \longrightarrow$ 右の **たすき掛け** の計算により

$\boldsymbol{p=ac,\ q=ad+bc,\ r=bd}$

を満たす 4 数 a, b, c, d を求めて

$px^2+qx+r=(ax+b)(cx+d)$

(2) は y を書き忘れないように。

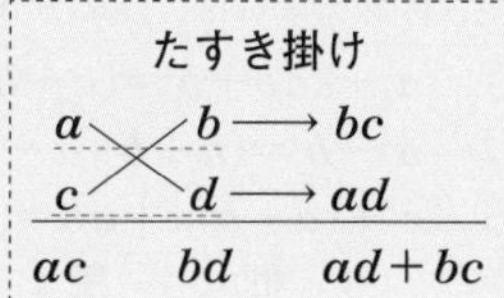

解答

(1) $2x^2-7x+3$
$=\boldsymbol{(x-3)(2x-1)}$

$$\begin{array}{lll} 1 & -3 \longrightarrow & -6 \\ 2 & -1 \longrightarrow & -1 \\ \hline 2 & 3 & -7 \end{array}$$

(2) $6x^2-xy-12y^2$
$=\boldsymbol{(2x-3y)(3x+4y)}$

$$\begin{array}{lll} 2 & -3y \longrightarrow & -9y \\ 3 & 4y \longrightarrow & 8y \\ \hline 6 & -12y^2 & -y \end{array}$$

(3) $3ax^2+(6-a^2)x-2a$
$=\boldsymbol{(3x-a)(ax+2)}$

$$\begin{array}{lll} 3 & -a \longrightarrow & -a^2 \\ a & 2 \longrightarrow & 6 \\ \hline 3a & -2a & 6-a^2 \end{array}$$

ピンポイント解説　たすき掛けの因数分解の考え方

たすき掛けの因数分解における，a, b, c, d の見つけ方をみてみよう。

(1) x^2 の係数 2 を 1×2　　$\longleftarrow (-1)\times(-2)$ は考えなくてよい。

定数項 3 を 1×3 または $(-1)\times(-3)$ と分解すると，次の組み合わせが考えられる。

[1] $$\begin{array}{lll} 1 & 1 \longrightarrow & 2 \\ 2 & 3 \longrightarrow & 3 \\ \hline & & \times 5 \end{array}$$

[2] $$\begin{array}{lll} 1 & 3 \longrightarrow & 6 \\ 2 & 1 \longrightarrow & 1 \\ \hline & & \times 7 \end{array}$$

[3] $$\begin{array}{lll} 1 & -1 \longrightarrow & -2 \\ 2 & -3 \longrightarrow & -3 \\ \hline & & \times -5 \end{array}$$

[4] $$\begin{array}{lll} 1 & -3 \longrightarrow & -6 \\ 2 & -1 \longrightarrow & -1 \\ \hline & & \bigcirc -7 \end{array}$$

$ad+bc=-7$ となるのは [4] であるから，$2x^2-7x+3=(x-3)(2x-1)$ と因数分解できる。なお，a, b, c, d が正の数のときは，$ad+bc>0$ から [1]，[2] の場合は起こらない。つまり，候補は [3]，[4] のみに絞られることに気づくと早い。

(2) では，(1) より更に多くの組み合わせの候補が考えられるが，$\begin{array}{ll} 1 & y \\ 6 & -12y \end{array}$ や $\begin{array}{ll} 2 & 2y \\ 3 & -6y \end{array}$ のように，横に並んだ 2 数が 1 以外の共通の約数をもつような場合を考える必要はない。もし，例えば $6x-12y$ を因数にもつとすると，もとの式は全体を 6 でくくり出せるはずだからである。

PRACTICE 10②

次の式を因数分解せよ。

(1) $3x^2-10x+3$　　(2) $3x^2+5x+2$　　(3) $3a^2+5a-2$

(4) $4a^2-7a-15$　　(5) $6p^2+7pq-3q^2$　　(6) $abx^2+(a^2-b^2)x-ab$

基本 例題 11 因数分解（3次式の因数分解の公式利用）

次の式を因数分解せよ。

(1) $8x^3+27y^3$　　(2) $64x^3-1$　　(3) $54x^3+16$

p.24 基本事項 4

CHART & SOLUTION

3次式の因数分解

因数分解の公式を利用

(3) まず，共通因数をくくり出す。
$54=\mathbf{2}\cdot 27,\ 16=\mathbf{2}\cdot 8$

同符号　異符号

$\boldsymbol{a^3+b^3=(a+b)(a^2-ab+b^2)}$

関係なくプラス

$\boldsymbol{a^3-b^3=(a-b)(a^2+ab+b^2)}$

同符号　異符号

解答

(1) $8x^3+27y^3=(2x)^3+(3y)^3$
$=(2x+3y)\{(2x)^2-2x\cdot 3y+(3y)^2\}$
$=\boldsymbol{(2x+3y)(4x^2-6xy+9y^2)}$

⇦ $4x^2-6xy+9y^2$ は，これ以上因数分解できない。

(2) $64x^3-1=(4x)^3-1^3$
$=(4x-1)\{(4x)^2+4x\cdot 1+1^2\}$
$=\boldsymbol{(4x-1)(16x^2+4x+1)}$

⇦ $16x^2+4x+1$ は，これ以上因数分解できない。

(3) $54x^3+16=2(27x^3+8)$
$=2\{(3x)^3+2^3\}$
$=2(3x+2)\{(3x)^2-3x\cdot 2+2^2\}$
$=\boldsymbol{2(3x+2)(9x^2-6x+4)}$

⇦ 共通因数2をくくり出す。

⇦ $9x^2-6x+4$ は，これ以上因数分解できない。

INFORMATION

与えられた多項式を因数分解する場合，特に断りがない限り，**因数の係数は有理数**（p.41 参照）**の範囲とする**。例えば，積が1，和が ±1 となる有理数は存在しない。
よって，公式 $a^3+b^3=(a+b)(a^2-ab+b^2)$，$a^3-b^3=(a-b)(a^2+ab+b^2)$ の右辺の因数 a^2-ab+b^2，a^2+ab+b^2 は，これ以上因数分解できない。
前の項目で学習した式の展開とは異なり，**因数分解は常にできるわけではない**。

PRACTICE 11❷

次の式を因数分解せよ。

(1) x^3-27　　(2) $64a^3+125b^3$　　(3) x^4+8x

基本例題 12　因数分解（おき換え）(1)

次の式を因数分解せよ。

(1) $(x+1)^2-(x+1)-2$　　(2) $a^2+2ab+b^2-c^2$

(3) $(x+y-1)(x+y+3)-5$

基本 9

CHART & SOLUTION

複雑な式の因数分解　まとめておき換えて公式適用

繰り返し出てくる式を 1 文字でおき，公式を利用。

(1) $x+1$ が 2 度出てくるから，$x+1=\boldsymbol{A}$ とおくと

$(x+1)^2-(x+1)-2=A^2-A-2$

(2) 前の 3 項は和の平方の形。式を変形して $(a+b)^2-c^2$

$a+b=\boldsymbol{A}$ とおくと $(a+b)^2-c^2=A^2-c^2$

(3) $x+y$ が 2 度出てくるから，$x+y=\boldsymbol{A}$ とおくと

$(x+y-1)(x+y+3)-5=(A-1)(A+3)-5=A^2+2A-8$

解答

(1) $(x+1)^2-(x+1)-2=\{(x+1)+1\}\{(x+1)-2\}$

$=\boldsymbol{(x+2)(x-1)}$

⇐ おき換えは頭の中で。
A^2-A-2
$=(A+1)(A-2)$

(2) $a^2+2ab+b^2-c^2=(a^2+2ab+b^2)-c^2$

$=(a+b)^2-c^2$

$=\{(a+b)+c\}\{(a+b)-c\}$

$=\boldsymbol{(a+b+c)(a+b-c)}$

⇐ $A^2-c^2=(A+c)(A-c)$

(3) $(x+y-1)(x+y+3)-5=(x+y)^2+2(x+y)-8$

$=\{(x+y)-2\}\{(x+y)+4\}$

$=\boldsymbol{(x+y-2)(x+y+4)}$

⇐ $(A-1)(A+3)-5$
$=A^2+2A-8$
$=(A-2)(A+4)$

INFORMATION

(1) と (3) は，まず展開して整理すると，(1) x^2+x-2，(3) $x^2+2xy+y^2+2x+2y-8$ これを因数分解することも可能であるが，上のようにおき換えを利用した方がスムーズである（(3) は *p.* 32 基本例題 15 参照）。

また，(3) では，最初の括弧内を 1 つの文字でおき換える方法もある。すなわち $x+y-1=A$ とおくと，$x+y+3=(x+y-1)+4=A+4$ であることから

(与式)$=A(A+4)-5=A^2+4A-5=(A-1)(A+5)=(x+y-2)(x+y+4)$

PRACTICE 12❷

次の式を因数分解せよ。

(1) $(x+y)^2-4(x+y)+3$　　(2) $9a^2-b^2-4bc-4c^2$

(3) $(x+y+z)(x+3y+z)-8y^2$　　(4) $(x-y)^3+(y-z)^3$

CHART&SOLUTION, CHART&THINKING を読もう！
―共通キーワードに着目

これまで学習した例題の CHART&SOLUTION, CHART&THINKING には，共通のキーワードが出てきていることに気づいたでしょうか。

例えば，基本例題 6，12 では

共通な式は まとめておき換え（例題 6）
まとめておき換え て公式適用（例題 12）

のように「まとめておき換え」という共通するキーワードが出てきています。基本例題 6 は式の展開の問題，基本例題 12 は因数分解の問題で，一見異なるタイプの問題ですが，問題文の式を見るとそれぞれに「共通な式」が見つけられるため，まとめておき換えて計算を進める，という解答方針が立つわけです。

これらを踏まえ，次のページの基本例題 13 を見てみましょう。(1) には，x^2+x という共通の式があり，まとめておき換えるという解法が考えられます。また，仮に解法が思いつかなくても，CHART&SOLUTION には「まとめておき換え」と書かれていますので，基本例題 6，12 と同じような解法を使うことがわかり，これまでの学習内容を思い返しながら，新しい例題にも効率よく取り組めます。

このように，**CHART&SOLUTION を読むことで**，1 つ 1 つの例題に対して適切な解法が身につくだけでなく，**似た解法を用いる他の例題にも関連付けて学習できます。**

また，**CHART&SOLUTION を意識して学習を進めると，学習した内容を整理しながら身につけることができます。**

例えば，例題 3 ～ 8 はすべて「次の式を展開せよ。」という問題ですが，解法として用いる性質や公式は同じではありません。例題 9 ～12，更にこれから学ぶ例題 13～18 の因数分解の問題でも同様です。

また，重要例題 8（$p.22$）のように，CHART&THINKING としてアプローチ方法を説明している例題があります。CHART&THINKING では，着眼点を示し，どう解き進めるかをみなさんが自ら考えられるようにしています。例えば，この例題 8 (2) では，「$x+1$ や x^2+x+1，x^2+x-1 という式があるから」という，問題の着眼点をもとに，どのように式を組み合わせるのがよいか考えてみましょう。このような**試行錯誤を繰り返すことで，解法のポイントを見抜く力も高められるのです。**

このように，CHART&SOLUTION，CHART&THINKING はチャート式で学習するすべての人の手助けとなるものがたくさん盛り込まれています。数学を学ぶことは決して易しい道ではありませんが，是非，チャート式で学習して，“自分で考える人”になってください。

基本 例題 13 因数分解（おき換え）(2)

次の式を因数分解せよ。 ［(1) 近畿大］

(1) $(x^2+x-1)(x^2+x-5)+3$　　(2) x^4+x^2-2

(3) $4a^4-17a^2b^2+4b^4$

基本 12，重要 17, 18

CHART & SOLUTION

複雑な式，複 2 次式の因数分解

まとめておき換えて公式適用

繰り返し出てくる式を 1 文字でおき，公式を利用。

(1) x^2+x が 2 度出てくるから，$x^2+x=A$ とおくと

$$(\text{与式})=(A-1)(A-5)+3=A^2-6A+8=(A-2)(A-4)$$

x の式に戻して，更に因数分解する。

(2) $x^2=A$，(3) $a^2=A$，$b^2=B$ とおくと，2 次式になる。

ax^4+bx^2+c の形で，$\boldsymbol{x^2=A}$ とおくと，A の 2 次式 aA^2+bA+c となる。このような式 ax^4+bx^2+c を x の **複 2 次式** という。

なお，複 2 次式の因数分解には，$p.35$ 重要例題 17 (1)のパターンもあるので参考にするとよい。

解答

(1) $(x^2+x-1)(x^2+x-5)+3$

$=\{(x^2+x)-1\}\{(x^2+x)-5\}+3$

$=(x^2+x)^2-6(x^2+x)+8$

$=(x^2+x-2)(x^2+x-4)$

$=\boldsymbol{(x-1)(x+2)(x^2+x-4)}$

⇐ $x^2+x=A$ とおくと $(A-1)(A-5)+3$ $=A^2-6A+8$ $=(A-2)(A-4)$

⇐ 最後まで因数分解する。

別解 $(x^2+x-1)(x^2+x-5)+3$

$=(x^2+x-1)\{(x^2+x-1)-4\}+3$

$=(x^2+x-1)^2-4(x^2+x-1)+3$

$=\{(x^2+x-1)-1\}\{(x^2+x-1)-3\}$

$=(x^2+x-2)(x^2+x-4)$

$=\boldsymbol{(x-1)(x+2)(x^2+x-4)}$

⇐ $x^2+x-1=A$ とおくと $A(A-4)+3$ $=A^2-4A+3$ $=(A-1)(A-3)$

(2) $x^4+x^2-2=(x^2)^2+x^2-2$

$=(x^2-1)(x^2+2)$

$=\boldsymbol{(x+1)(x-1)(x^2+2)}$

⇐ おき換えは頭の中で。 A^2+A-2 $=(A-1)(A+2)$

(3) $4a^4-17a^2b^2+4b^4=4(a^2)^2-17a^2b^2+4(b^2)^2$

$=(a^2-4b^2)(4a^2-b^2)$

$=\boldsymbol{(a+2b)(a-2b)(2a+b)(2a-b)}$

⇐ $4A^2-17AB+4B^2$ $=(A-4B)(4A-B)$

PRACTICE 13③

次の式を因数分解せよ。 ［(2) 専修大］

(1) $(x^2-5x)^2+8(x^2-5x)+16$　　(2) $(x^2-2x-16)(x^2-2x-14)+1$

(3) x^4-2x^2-8　　(4) $x^4-10x^2y^2+9y^4$　　(5) $16a^4-b^4$

基本 例題 14　因数分解（最低次数の文字について整理）

次の式を因数分解せよ。

(1) $x^2+xy+2x+y+1$　　(2) $x^3+3x^2y+zx^2+2xy^2+3xyz+2zy^2$

p. 24 基本事項 2

CHART & SOLUTION

複数の文字を含む式の因数分解

最低次数の文字について整理 ……!

(1) x について2次式，y について1次式。そこで **y について整理** する。

(2) x について3次式，y について2次式，z について1次式。
そこで **z について整理** する。

解答

(1) $x^2+xy+2x+y+1$

! $=(x+1)y+(x^2+2x+1)$　⇐ y について整理。

$=(x+1)y+(x+1)^2$　⇐ $x+1$ が共通因数。

$=(x+1)\{y+(x+1)\}$　⇐ 共通因数をくくり出す。

$=\boldsymbol{(x+1)(x+y+1)}$　⇐ { } の中を整理。

(2) $x^3+3x^2y+zx^2+2xy^2+3xyz+2zy^2$

! $=(x^2+3xy+2y^2)z+x^3+3x^2y+2xy^2$　⇐ z について整理。

$=(x^2+3xy+2y^2)z+x(x^2+3xy+2y^2)$　⇐ $x^2+3xy+2y^2$ が共通因数。

$=(x^2+3xy+2y^2)(z+x)$　⇐ 共通因数をくくり出す。

$=\boldsymbol{(x+y)(x+2y)(x+z)}$　⇐ $x^2+3xy+2y^2$ も因数分解。式を整理。

INFORMATION

(1)では，x について整理すると $x^2+(y+2)x+y+1$ となり，これは
$x^2+(a+b)x+ab=(x+a)(x+b)$ を利用して因数分解できる。
また，項の組み合わせを工夫して $x^2+xy+x+x+y+1=x(x+y+1)+(x+y+1)$
から共通因数 $x+y+1$ をくくり出す方法もある。しかし，(2)のように式が複雑になると，項をうまく組み合わせることも大変である。
一般に，**式は次数が低いほど因数分解しやすい**。上の CHART＆SOLUTION で示した「最低次数の文字について整理」は，どのような式にも通用する。

1次式 $Ax+B$ が因数分解できるならば，A，B に共通因数がある。

PRACTICE 14②

次の式を因数分解せよ。　[(2) 法政大]

(1) $2ab^2-3ab-2a+b-2$　　(2) $8x^3+12x^2y+4xy^2+6x^2+9xy+3y^2$

(3) $a(a^2+b^2)-c(b^2+c^2)$　　(4) $-3x^3+(9y+z)x^2-3y(z+2y)x+2y^2z$

基本 例題 15 因数分解（2元2次式）

次の式を因数分解せよ。

(1) $x^2+xy-2y^2+4x+5y+3$　　(2) $3x^2+4xy+y^2+x-y-2$

基本 10

CHART & SOLUTION

2元2次式の因数分解

1つの文字について整理して，たすき掛け

(1), (2) x, y のどちらについても2次式である。解答では，**x について整理** して，x の2次3項式を導き，**たすき掛け** の因数分解をしている。

なお，(2) では y^2 の係数が1であるから，y について整理すると考えやすい。 ⟶ 別解 1

解答

(1) $x^2+xy-2y^2+4x+5y+3$

$=x^2+(y+4)x-(2y^2-5y-3)$ 　⇐ x について整理。

$=x^2+(y+4)x-(y-3)(2y+1)$ 　⇐ たすき掛け

$=\{x-(y-3)\}\{x+(2y+1)\}$ 　⇐ たすき掛け Ⓐ

$=\boldsymbol{(x-y+3)(x+2y+1)}$

Ⓐ
$$\begin{array}{ccccc} 1 & \searrow\!\!\!\!\nearrow & -(y-3) & \longrightarrow & -y+3 \\ 1 & & 2y+1 & \longrightarrow & 2y+1 \\ \hline 1 & & -(y-3)(2y+1) & & y+4 \end{array}$$

Ⓑ
$$\begin{array}{ccccc} 1 & \searrow\!\!\!\!\nearrow & y+1 & \longrightarrow & 3y+3 \\ 3 & & y-2 & \longrightarrow & y-2 \\ \hline 3 & & (y+1)(y-2) & & 4y+1 \end{array}$$

(2) $3x^2+4xy+y^2+x-y-2$

$=3x^2+(4y+1)x+y^2-y-2$ 　⇐ x について整理。

$=3x^2+(4y+1)x+(y+1)(y-2)$ 　⇐ たすき掛け

$=\{x+(y+1)\}\{3x+(y-2)\}$ 　⇐ たすき掛け Ⓑ

$=\boldsymbol{(x+y+1)(3x+y-2)}$

(2) の 別解 1　y^2 の係数が1であるから，**y について整理** してもよい。

(与式) $=y^2+(4x-1)y+3x^2+x-2$

$=y^2+(4x-1)y+(x+1)(3x-2)$

$=\{y+(x+1)\}\{y+(3x-2)\}$

$=\boldsymbol{(x+y+1)(3x+y-2)}$

$$\begin{array}{ccccc} 1 & \searrow\!\!\!\!\nearrow & x+1 & \longrightarrow & x+1 \\ 1 & & 3x-2 & \longrightarrow & 3x-2 \\ \hline 1 & & (x+1)(3x-2) & & 4x-1 \end{array}$$

→ 1，1 の組み合わせなのでらく。

別解 2　2次の3つの項を先に因数分解する方法。

(与式) $=(3x^2+4xy+y^2)+(x-y)-2$

$=(x+y)(3x+y)+(x-y)-2$

$=\{(x+y)+1\}\{(3x+y)-2\}$

$=\boldsymbol{(x+y+1)(3x+y-2)}$

$$\begin{array}{ccccc} x+y & \searrow\!\!\!\!\nearrow & 1 & \longrightarrow & 3x+y \\ 3x+y & & -2 & \longrightarrow & -2x-2y \\ \hline (x+y)(3x+y) & & -2 & & x-y \end{array}$$

PRACTICE 15❷

次の式を因数分解せよ。　〔(1) 石巻専修大〕

(1) $x^2+3xy+2y^2+2x+3y+1$　　(2) $2x^2+5xy+2y^2-3y-2$

(3) $2x^2-3xy+y^2+7x-5y+6$　　(4) $2x^2-3xy-2y^2-5x+5y+3$

基本 例題 16 因数分解（対称式・交代式）

次の式を因数分解せよ。［(2) 鹿児島経大］

(1) $a(b+c)^2+b(c+a)^2+c(a+b)^2-4abc$

(2) $x(y^2-z^2)+y(z^2-x^2)+z(x^2-y^2)$

基本 14, 15

CHART & SOLUTION

対称式・交代式の因数分解

1つの文字について降べきの順に整理する

どの文字についても次数は同じ。**どれか1つの文字に着目して整理**する。……!

(1) ●a^2+●a+●　(2) ●x^2+●x+●

解答

(1) $a(b+c)^2+b(c+a)^2+c(a+b)^2-4abc$

$=a(b+c)^2+b(c^2+2ca+a^2)+c(a^2+2ab+b^2)-4abc$

! $=(b+c)a^2+\{(b+c)^2+2bc+2bc-4bc\}a+bc^2+b^2c$

$=(b+c)a^2+(b+c)^2a+bc(b+c)$

$=(b+c)\{a^2+(b+c)a+bc\}$

$=(b+c)(a+b)(a+c)$

$=\boldsymbol{(a+b)(b+c)(c+a)}$

a について降べきの順に整理する。

⇐ ●a^2+●a+●

⇐ $(b+c)$ が共通因数。

⇐ これを答えとしてもよい。

⇐ 輪環の順に整理。

(2) $x(y^2-z^2)+y(z^2-x^2)+z(x^2-y^2)$

! $=(-y+z)x^2+(y^2-z^2)x+yz^2-y^2z$

$=-(y-z)x^2+(y+z)(y-z)x-yz(y-z)$

$=-(y-z)\{x^2-(y+z)x+yz\}$

$=-(y-z)(x-y)(x-z)$

$=\boldsymbol{(x-y)(y-z)(z-x)}$

x について降べきの順に整理する。

⇐ ●x^2+●x+●

⇐ $(y-z)$ が共通因数。

⇐ これを答えとしてもよい。

⇐ 輪環の順に整理。

INFORMATION

3つの文字についての式は，なるべく **輪環の順** に書くようにすると式が見やすく，書き落としや間違いを防ぐことができる。

和：$a+b \longrightarrow b+c \longrightarrow c+a$

差：$a-b \longrightarrow b-c \longrightarrow c-a$

積：$ab \longrightarrow bc \longrightarrow ca$

PRACTICE 16[3]

次の式を因数分解せよ。［(4) 旭川大］

(1) $a^2b+ab^2+a+b-ab-1$　(2) $x^2(y-1)+y^2(1-x)+x-y$

(3) $a^2(b-c)+b^2(c-a)+c^2(a-b)$

(4) $a^2(b+c)+b^2(c+a)+c^2(a+b)+2abc$

STEP UP 対称式・交代式

1 対称式

2つの文字 a，b についての式で，文字 a と b を入れ替えても，もとの式と同じ式になるものを，a と b の **対称式** という。同様に，a，b，c についての式で，どの2つの文字を入れ替えても，もとの式と同じ式になるものを，a，b，c の対称式という。例えば，

a，b の対称式には，$a+b$，ab，a^2+b^2，a^3-ab+b^3 などがあり，

a，b，c の対称式には，$a+b+c$，abc，$a^2+b^2+c^2$ などがある。

また，a，b の対称式のうちの　$a+b$，ab

a，b，c の対称式のうちの $a+b+c$，$ab+bc+ca$，abc

を，それぞれの **基本対称式** という。

対称式には，次の2つの性質があることが知られている。

① **すべての対称式は基本対称式で表すことができる。**

例　$a^2-ab+b^2=(a+b)^2-3ab$，$a^3+b^3=(a+b)^3-3ab(a+b)$

$a^2+b^2+c^2=(a+b+c)^2-2(ab+bc+ca)$

このことは，式の値を求めるときによく利用される。

② **a，b，c の対称式が $a+b$，$b+c$，$c+a$ のどれか1つを因数にもつならば，他の2つも因数にもつ。**

例　$(b+c)a^2+(c+a)b^2+(a+b)c^2+2abc=(a+b)(b+c)(c+a)$

2 交代式

どれか2つの文字を入れ替えると，もとの式と符号だけが変わる式を **交代式** という。例えば，$a^3-a^2b+ab^2-b^3$ において，a，b を入れ替えると

$b^3-b^2a+ba^2-a^3=-a^3+a^2b-ab^2+b^3=-(a^3-a^2b+ab^2-b^3)$

となり，もとの式と符号だけ変わる（もとの式の -1 倍になる）から，a，b の交代式である。

交代式には，次の2つの性質があることが知られている。

③ **a，b の交代式は，$a-b$ を因数にもつ。**

例　$a^2-b^2=(a-b)(a+b)$，$a^3-b^3=(a-b)(a^2+ab+b^2)$

④ **a，b，c の交代式は，$(a-b)(b-c)(c-a)$ を因数にもつ。**

例　$a(b^3-c^3)+b(c^3-a^3)+c(a^3-b^3)=(a-b)(b-c)(c-a)(a+b+c)$

②，④ は，例題 16 (1)，(2) の結果からもわかるし，対称式や交代式を因数分解するときの手掛かりとなる。

inf.　一般に ①，② が成り立つことを証明することは高校数学の範囲では難しいが，③，④ は数学Ⅱで学習する「因数定理」を用いることによって証明できる。

重要 例題 17 やや複雑な因数分解 (1)

次の式を因数分解せよ。

(1) x^4+x^2+1　　(2) a^6-b^6

基本 13

CHART & SOLUTION

複2次式の因数分解　$(\quad)^2-(\quad)^2$ の形を作る ……❗

(1) 単に $x^2=A$ とおいても，A^2+A+1 となりこれ以上因数分解できないパターン。このようなときは，与式を平方の差の形に変形することを考える。
まず，4次の項 x^4 と定数項1に注目すると

$$x^4+1=\begin{cases}(x^4+2x^2+1)-2x^2=(x^2+1)^2-2x^2\\(x^4-2x^2+1)+2x^2=(x^2-1)^2+2x^2\end{cases}$$

の2通りの変形方法が考えられる。そして，これらと与式の2次の項 x^2 を整理したときに **平方の差** の形になる方を選べばよい。
ここでは，上の方をとって

$$x^4+x^2+1=x^4+1+x^2=(x^2+1)^2-2x^2+x^2$$
$$=(x^2+1)^2-x^2$$

(2) a，b の複2次式ではないが，$a^3=A$，$b^3=B$ とおくと，A，B の2次式になる。

解答

(1) x^4+x^2+1
$=(x^4+2x^2+1)-x^2$
❗ $=(x^2+1)^2-x^2$
$=\{(x^2+1)+x\}\{(x^2+1)-x\}$
$=\boldsymbol{(x^2+x+1)(x^2-x+1)}$

⇐ $x^4+x^2+1=(x^4-2x^2+1)+3x^2=(x^2-1)^2+3x^2$ では，平方の差の形にならない。

⇐ { } 内を整理。

❗ (2) $a^6-b^6=(a^3)^2-(b^3)^2$
$=(a^3+b^3)(a^3-b^3)$
$=(a+b)(a^2-ab+b^2)(a-b)(a^2+ab+b^2)$
$=\boldsymbol{(a+b)(a-b)(a^2+ab+b^2)(a^2-ab+b^2)}$

⇐ $A^2-B^2=(A+B)(A-B)$

⇐ 立方の和・差の因数分解の公式。

別解　$a^6-b^6=(a^2)^3-(b^2)^3$
$=(a^2-b^2)(a^4+a^2b^2+b^4)$
$=(a^2-b^2)\{(a^4+2a^2b^2+b^4)-a^2b^2\}$
$=(a^2-b^2)\{(a^2+b^2)^2-(ab)^2\}$
$=(a+b)(a-b)\{(a^2+b^2)+ab\}\{(a^2+b^2)-ab\}$
$=\boldsymbol{(a+b)(a-b)(a^2+ab+b^2)(a^2-ab+b^2)}$

⇐ $A^3-B^3=(A-B)\times(A^2+AB+B^2)$

⇐ $a^4+a^2b^2+b^4$ は複2次式なので，平方の差の形に変形。

⇐ { } 内を整理。

PRACTICE 17④

次の式を因数分解せよ。

(1) x^4-3x^2+1　　(2) x^4+5x^2+9

(3) a^6+7a^3-8　　(4) x^8-1

重要 例題 18 やや複雑な因数分解 (2)

次の式を因数分解せよ。 〔(1) 札幌大，(2) 大阪経大〕

(1) $(x^2+3x+5)(x+1)(x+2)+2$

(2) $(x-1)(x+2)(x-3)(x+4)+24$

基本 7, 13

CHART & THINKING

複雑な因数分解 ① 積の組み合わせを工夫 ② まとめておき換え

(1) $(x+1)(x+2)$ を先に展開すると，x^2+3x+2 となり，x^2+3x が 2 度現れる。これをおき換えて考えればスムーズに展開できる。

(2) 掛けてある 4 つの 1 次式を 2 つずつ組み合わせ，それぞれの展開式の $x^2+●x$ の部分が同じになるようにしたい。⟶ 定数項 -1，2，-3，4 の和が等しくなるように 2 式ずつのペアを作ろう。

解答

(1) $(x^2+3x+5)(x+1)(x+2)+2$

$=(x^2+3x+5)(x^2+3x+2)+2$

$=\{(x^2+3x)+5\}\{(x^2+3x)+2\}+2$

$=(x^2+3x)^2+7(x^2+3x)+12$

$=\{(x^2+3x)+3\}\{(x^2+3x)+4\}$

$=\boldsymbol{(x^2+3x+3)(x^2+3x+4)}$

(2) $(x-1)(x+2)(x-3)(x+4)+24$

$=\{(x-1)(x+2)\}\times\{(x-3)(x+4)\}+24$

$=(x^2+x-2)(x^2+x-12)+24$

$=\{(x^2+x)-2\}\{(x^2+x)-12\}+24$

$=(x^2+x)^2-14(x^2+x)+48$

$=\{(x^2+x)-6\}\{(x^2+x)-8\}$

$=(x^2+x-6)(x^2+x-8)$

$=\boldsymbol{(x-2)(x+3)(x^2+x-8)}$

⇦ $(x+1)(x+2)$ を展開。

⇦ $x^2+3x=A$ とおくと
$(A+5)(A+2)+2$
$=A^2+7A+12$
$=(A+3)(A+4)$

⇦ これ以上因数分解できない。

⇦ 共通な式が出るように掛ける組み合わせを考える。

⇦ $x^2+x=A$ とおくと
$(A-2)(A-12)+24$
$=A^2-14A+48$
$=(A-6)(A-8)$

⇦ x^2+x-6 は因数分解できる。

INFORMATION

x についての 2 次式 ax^2+bx+c が更に 2 つの 1 次式に因数分解できるか，できないかを判断することは，この段階では難しいが，$\boldsymbol{b^2-4ac}$**=(整数)**^{2} となっているときは，更に因数分解できる。

例えば，(2) では，x^2+x-6 は，$1^2-4\cdot1\cdot(-6)=25=5^2$ から，更に因数分解できるが，x^2+x-8 は，$1^2-4\cdot1\cdot(-8)=33\neq$(整数)^2 から，これ以上因数分解できない (詳しくは，数学 II で学習する)。

PRACTICE 18④

次の式を因数分解せよ。

(1) $(x+1)(x+2)(x+4)(x+5)-10$　　(2) $(x^2-4x+3)(x^2-12x+35)-9$

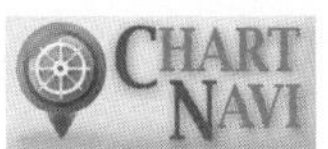

重要例題の取り組み方

重要例題の内容は，教科書の節末問題や入試問題のレベルであり，なかなかすんなりと解けない場合もあると思います。

しかし，重要例題は，実はそれまでに学んだ基本例題の内容を用いていることが多く，複数の基本例題の解法を組み合わせた内容になっていることも多いです。

前ページの重要例題 18 を例に，基本例題で学んだ内容がどのように使われているかを具体的に確認し，今後の重要例題の取り組み方を考えてみましょう。

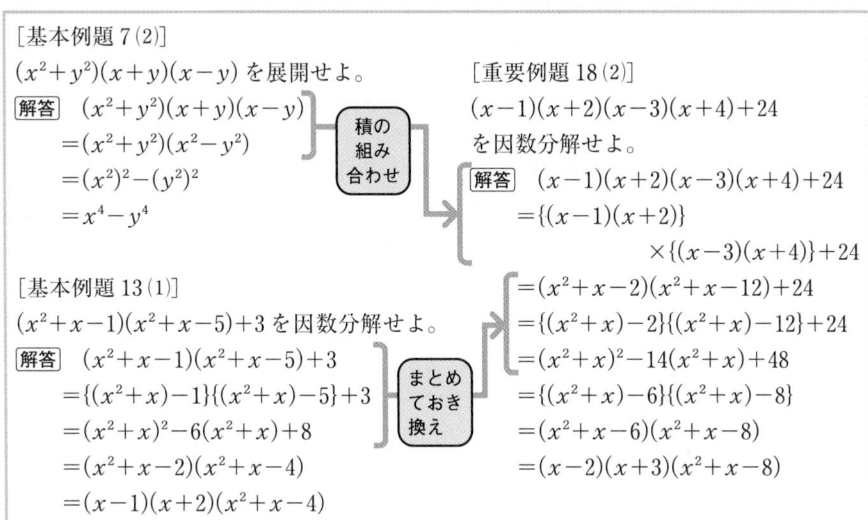

[基本例題 7 (2)]

$(x^2+y^2)(x+y)(x-y)$ を展開せよ。

解答 $(x^2+y^2)(x+y)(x-y)$

$=(x^2+y^2)(x^2-y^2)$

$=(x^2)^2-(y^2)^2$

$=x^4-y^4$

[基本例題 13 (1)]

$(x^2+x-1)(x^2+x-5)+3$ を因数分解せよ。

解答 $(x^2+x-1)(x^2+x-5)+3$

$=\{(x^2+x)-1\}\{(x^2+x)-5\}+3$

$=(x^2+x)^2-6(x^2+x)+8$

$=(x^2+x-2)(x^2+x-4)$

$=(x-1)(x+2)(x^2+x-4)$

[重要例題 18 (2)]

$(x-1)(x+2)(x-3)(x+4)+24$

を因数分解せよ。

解答 $(x-1)(x+2)(x-3)(x+4)+24$

$=\{(x-1)(x+2)\}$

$\times\{(x-3)(x+4)\}+24$

$=(x^2+x-2)(x^2+x-12)+24$

$=\{(x^2+x)-2\}\{(x^2+x)-12\}+24$

$=(x^2+x)^2-14(x^2+x)+48$

$=\{(x^2+x)-6\}\{(x^2+x)-8\}$

$=(x^2+x-6)(x^2+x-8)$

$=(x-2)(x+3)(x^2+x-8)$

このように，重要例題の問題を解くには，基本例題の解法がきちんと身についていることが大切です。また，重要例題 18 のように，複数の基本例題の内容が含まれていることも少なくありません。

本書では，「解けなかったとき，復習したいとき」に関連する例題番号（フィードバック ⟲）を掲載しています。問題が解けなかったときには，フィードバックで関連する例題の解法を確認し，その解法を重要例題のどの部分で用いるのかを考えながら取り組んでみましょう。

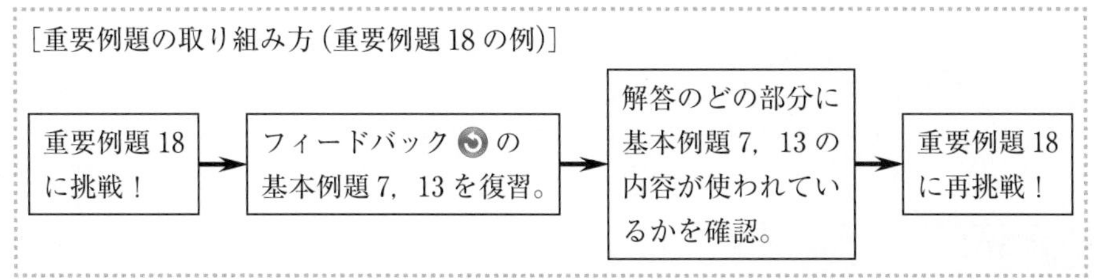

[重要例題の取り組み方（重要例題 18 の例）]

重要例題 18 に挑戦！ → フィードバック ⟲ の基本例題 7，13 を復習。 → 解答のどの部分に基本例題 7，13 の内容が使われているかを確認。 → 重要例題 18 に再挑戦！

重要 例題 19 因数分解（3次式）

(1) $a^3+b^3=(a+b)^3-3ab(a+b)$ であることを用いて，$a^3+b^3+c^3-3abc$ を因数分解せよ。

(2) $x^3-3xy+y^3+1$ を因数分解せよ。

基本 11

CHART & SOLUTION

3次式の因数分解

(1) 組み合わせを工夫して共通因数を作る。

まず，a^3+b^3 について $a^3+b^3=(a+b)^3-3ab(a+b)$ を用いて変形すると

$$a^3+b^3+c^3-3abc=(a+b)^3-3ab(a+b)+c^3-3abc$$

次に，$(a+b)^3+c^3$ について，$a+b$ を1つの文字とみて

$$(a+b)^3+c^3=\{(a+b)+c\}\{(a+b)^2-(a+b)c+c^2\}$$

また，$-3ab(a+b)-3abc=-3ab(a+b+c)$ であるから，共通因数 $a+b+c$ が現れる。

(2) $1=1^3$ と考えると，(1)の結果が利用できる。

解答

(1) $a^3+b^3+c^3-3abc$

$=(a^3+b^3)+c^3-3abc$ ⇐ まず，a^3+b^3 を変形。

$=(a+b)^3-3ab(a+b)+c^3-3abc$ ⇐ $3ab$ が共通因数。

$=(a+b)^3+c^3-3ab(a+b)-3abc$ ⇐ $A^3+c^3=(A+c)(A^2-Ac+c^2)$

$=\{(a+b)+c\}\{(a+b)^2-(a+b)c+c^2\}-3ab\{(a+b)+c\}$

$=(a+b+c)(a^2+2ab+b^2-ac-bc+c^2)-3ab(a+b+c)$ ⇐ $(a+b+c)$ が共通因数。

$=(a+b+c)(a^2+2ab+b^2-ac-bc+c^2-3ab)$

$=\boldsymbol{(a+b+c)(a^2+b^2+c^2-ab-bc-ca)}$ ⇐ 輪環の順。

(2) $x^3-3xy+y^3+1$ ⇐ $1=1^3$ と考えると，(1)の結果が利用できる形に変形できる。$a\to x$，$b\to y$，$c\to 1$ と考える。

$=x^3+y^3+1^3-3\cdot x\cdot y\cdot 1$

$=(x+y+1)(x^2+y^2+1^2-xy-y\cdot 1-1\cdot x)$

$=\boldsymbol{(x+y+1)(x^2-xy+y^2-x-y+1)}$

POINT

(1)の結果は利用されることもあるので，公式として覚えておくとよい。

$$\boldsymbol{a^3+b^3+c^3-3abc=(a+b+c)(a^2+b^2+c^2-ab-bc-ca)}$$

また，これから，対称式 $a^3+b^3+c^3$ は，

$$(a+b+c)^2=a^2+b^2+c^2+2ab+2bc+2ca$$

を利用すると，次のように基本対称式で表されることもわかる。

$$a^3+b^3+c^3=(a+b+c)\{(a+b+c)^2-3(ab+bc+ca)\}+3abc$$

PRACTICE 19③

次の式を因数分解せよ。

(1) $x^3+3xy+y^3-1$　　(2) $x^3-8y^3-z^3-6xyz$

まとめ 因数分解の手順の見つけ方

多項式の積の展開は，分配法則を繰り返し利用すれば，複雑な式でも必ず展開することができる。しかし，因数分解は手順を考えずに計算を進めていくと行き詰まってしまうことも多い。
ここでは，因数分解の手順の見つけ方を優先度の高い順にまとめてみた。これらを意識しながら因数分解を考えるとよい。

(1) 共通因数をくくり出す。

すべての項に **共通な因数** があれば，まず最初に **くくり出す**。

例　$6a^2b-8ab=2ab(3a-4)$　C&C 5 (p.24)

項の組み合わせの工夫 によって共通因数が作り出せるかを考える。

例　$(a-b)^2+c(b-a)=(a-b)^2-c(a-b)=(a-b)(a-b-c)$　基本 9

(2) まとめておき換えて公式を適用する。

例　$a-b=A$，$c+d=B$ とおくと　$(a-b)^2-(c+d)^2=A^2-B^2=(A+B)(A-B)$
$x+1=A$ とおくと　$(x+1)^2-3(x+1)-10=A^2-3A-10=(A+2)(A-5)$
$x^2=A$ とおくと　$x^4-x^2-6=A^2-A-6=(A+2)(A-3)$　基本 12, 13

項の組み合わせの工夫によっておき換えが適用できるかを考える。

例　$a^2+b^2-c^2-2ab=(a^2-2ab+b^2)-c^2=(a-b)^2-c^2$　基本 12

(3) 最低次数の 1 つの文字について整理する。

2 つ以上の文字を含む複雑な式では，この方針が最も有効な手段になることが多い。

例　y について整理すると共通因数 $(x+1)$ が現れる。

$x^2+xy+2x+y+1=(x+1)y+(x^2+2x+1)=(x+1)y+(x+1)^2$　基本 14

a について整理すると共通因数 $(b-c)$ が現れる。

$$a^2(b-c)+b^2(c-a)+c^2(a-b)=(b-c)a^2-(b^2-c^2)a+b^2c-bc^2$$
$$=(b-c)a^2-(b-c)(b+c)a+bc(b-c)$$
基本 16

“たすき掛け” が必要となる場合も多い。

例　$x^2+xy-2y^2+4x+5y+3=x^2+(y+4)x-(y-3)(2y+1)$　基本 15

(4) おき換えでうまくいかない複 2 次式は，$(\quad)^2-(\quad)^2$ の形に変形する。

例　$x^4+x^2+1=(x^4+2x^2+1)-x^2=(x^2+1)^2-x^2$　重要 17

(5) 最後に，「カッコの中は，これ以上因数分解ができないか」を確認する。

因数分解では可能な限り分解すること。

なお，分数が係数の場合，例えば

$$x^2+x+\frac{1}{4}=\left(x+\frac{1}{2}\right)^2 \text{ と } x^2+x+\frac{1}{4}=\frac{1}{4}(4x^2+4x+1)=\frac{1}{4}(2x+1)^2$$

といった複数の答えが考えられるが，どちらも正解である。　PRACTICE 9 (6)

EXERCISES　2 因数分解

A

9❷ 次の式を因数分解せよ。

(1) $(a^2-b^2)x^2+b^2-a^2$　(2) $x^2-40x-84$　(3) $8x^2-14x+3$

(4) $18a^2b^2-39ab-7$　(5) $abx^2-(a^2+b^2)x+ab$　→ 9, 10

10❷ $x=199$, $y=-98$, $z=102$ のとき, $x^2+4xy+3y^2+z^2$ の値を求めよ。

〔京都産大〕 → 9

11❷ 次の式を因数分解せよ。

(1) $2x^3+16y^3$　(2) $(x+1)^3-27$　→ 11

12❷ 次の式を因数分解せよ。

(1) $2x^2-xy-y^2-x+y$　〔常葉学園大〕

(2) $3x^2+y^2+4xy-7x-y-6$　〔北海道薬大〕

(3) $3x^2+5xy-2y^2-x+5y-2$　〔京都産大〕

(4) $x^2-2y^2-z^2+3yz-xy$　〔広島女学院大〕

→ 15

B

13❸ 次の式を因数分解せよ。

(1) $(a+b+c)^3-a^3-b^3-c^3$　〔愛知学泉大〕

(2) $(a^2-1)(b^2-1)-4ab$　〔岐阜女子大〕

→ 16, 19

14❸ $a^3b-ab^3+b^3c-bc^3+c^3a-ca^3$ を因数分解せよ。　〔横浜市大〕

→ 16

15❸ $a^3+3a^2b+3ab^2+b^3+2ca^2+4abc+2cb^2+ac^2+bc^2$ を因数分解せよ。

〔摂南大〕 → $p.13$ 6, 14

16❹ 次の式を因数分解せよ。

(1) $4x^4-15x^2y^2-4y^4$　(2) $48x^4-243$ 〔武蔵大〕　(3) $8x^6+63x^3-8$

(4) x^4+4　(5) $x^4-7x^2y^2+y^4$　→ 13, 17

HINT

10 x, y, z の値を直接代入して計算するのは大変。因数分解した式を作り出す。

13 (1) $\{(a+b+c)^3-a^3\}-(b^3+c^3)$ とし, 3 次式の因数分解の公式 ($p.24$) を用いて, 共通因数を見つける。

(2) 与式を展開して, 1 つの文字について整理するか, または, 項を適当に組み合わせて, **平方の差** の公式を適用。

14 どの文字に着目しても次数は同じ (3 次)。文字 a について整理する。

15 最低次の文字について整理して公式を利用する。

16 (3) $x^3=A$ として, A の 2 次式の因数分解を考える。続いて, 3 次式の因数分解の公式 ($p.24$) を用いる。

(4), (5) 単に $x^2=A$, $y^2=B$ とおくと, (4) A^2+4, (5) $A^2-7AB+B^2$ となり因数分解できない。そこで, 適当に項を補って $(\quad)^2-(\quad)^2$ **の形** にもち込む。

3 実　数

基 本 事 項

1 実　数

① **実数の分類**

- 実数
  - 有理数
    - 整数　(0, ±1, ±2, ±3, ……)
    - 有限小数　$\left(\dfrac{1}{2}=0.5\right.$ など$\left.\right)$
    - 循環小数　$\left(\dfrac{1}{3}=0.333\cdots\cdots=0.\dot{3}\right.$ など$\left.\right)$
  - 無理数　循環しない無限小数　($\sqrt{2}=1.4142\cdots\cdots$ など)

（循環小数と循環しない無限小数をあわせて 無限小数）

$\dfrac{\text{整数}}{\text{整数}}$ の形に表されるのが有理数，表されないのが無理数である。

循環小数は，循環する部分の初めと終わりの数字の上に ˙ (ドット) をつけて表す。

inf. 整数でない **既約分数** $\dfrac{m}{n}$ が有限小数であるか，循環小数であるかは，次のことを利用するとわかる。なお，既約分数とは分母と分子の最大公約数が 1 である分数のことである。　分母 n の素因数が 2, 5 だけからなれば，有限小数である。
分母 n の素因数に 2, 5 以外のものがあれば，循環小数である。

② **数の範囲と四則**　自然数の範囲では減法と除法が，整数の範囲では除法が，必ずしも可能ではない (例えば，整数どうしの商が整数とは限らない) のに対して

2 つの有理数の和，差，積，商は常に有理数
2 つの実数の　和，差，積，商は常に実数

すなわち，**有理数や実数の範囲では四則計算がいつでもできる。**

注意　除法では，0 で割ることは考えないものとする。

2 数直線と絶対値

① **実数と数直線**　直線上に基準となる点Oをとって数 0 を対応させ，単位の長さ 1 と正の向きを定めることにより点と実数を対応させた直線を，**数直線** という。ここで，点Oを **原点** という。数直線では，1 つの実数に 1 つの点が対応している。
また，数直線上で，点Pに実数 a が対応しているとき，a を点Pの **座標** といい，座標が a である点Pを $\mathbf{P}(\boldsymbol{a})$ で表す。
実数の大小関係は，数直線上では点の左右の位置関係で表される。

② **絶対値**　原点 O(0) と点 P(a) の間の距離を $|\boldsymbol{a}|$ で表す。

$$|a|=\begin{cases} a & (a\geqq 0 \text{ のとき}) \\ -a & (a<0 \text{ のとき}) \end{cases}$$

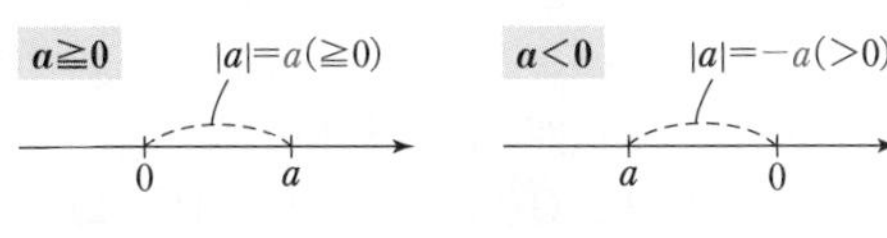

③ **2 点間の距離**
2 点 P(a), Q(b) 間の距離は

$$|b-a|$$

a≦b
a　b−a　b
P　Q

b<a　[=−(b−a)]
b　a−b　a
Q　P

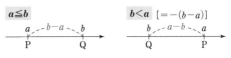

3 平方根

① **定義**　2 乗すると a になる数を，a の **平方根** という。$a>0$ のとき，a の平方根は正と負の 2 つあり，そのうち正の数を $\sqrt{a}$ で表す。負の数は $-\sqrt{a}$ である。$a=0$ のとき，$\sqrt{0}=0$ と定める。

② **性質**　1　$a \geqq 0$ のとき　$(\sqrt{a})^2=a$，$\sqrt{a} \geqq 0$

2　$\sqrt{a^2}=\begin{cases} a & (a \geqq 0 \text{ のとき}) \\ -a & (a<0 \text{ のとき}) \end{cases}$　すなわち　$\sqrt{a^2}=|a|$

③ **公式**　$a>0$，$b>0$，$k>0$ のとき

1　$\sqrt{a}\sqrt{b}=\sqrt{ab}$　　2　$\dfrac{\sqrt{a}}{\sqrt{b}}=\sqrt{\dfrac{a}{b}}$　　3　$\sqrt{k^2a}=k\sqrt{a}$

補足　$\sqrt{2}$，$\sqrt{3}$，$\sqrt{5}$，$\sqrt{7}$ の近似値

語呂合わせで覚えておこう。

ひと夜ひと夜に人見ごろ
$\sqrt{2}=1.41421356\cdots\cdots$

人並におごれや
$\sqrt{3}=1.7320508\cdots\cdots$

富士山ろくオーム鳴く
$\sqrt{5}=2.2360679\cdots\cdots$

菜に虫いない
$\sqrt{7}=2.6457513\cdots\cdots$

4 2重根号

$a>0$，$b>0$ のとき　$\sqrt{(a+b)+2\sqrt{ab}}=\sqrt{a}+\sqrt{b}$

$a>b>0$ 　のとき　$\sqrt{(a+b)-2\sqrt{ab}}=\sqrt{a}-\sqrt{b}$

解説　$a>0$，$b>0$ のとき

$$a+b+2\sqrt{ab}=(\sqrt{a})^2+2\sqrt{a}\sqrt{b}+(\sqrt{b})^2=(\sqrt{a}+\sqrt{b})^2$$

$\sqrt{a}+\sqrt{b}>0$ であるから　$\sqrt{a+b+2\sqrt{ab}}=\sqrt{a}+\sqrt{b}$

$a>b>0$ のとき

$$a+b-2\sqrt{ab}=(\sqrt{a})^2-2\sqrt{a}\sqrt{b}+(\sqrt{b})^2=(\sqrt{a}-\sqrt{b})^2$$

$\sqrt{a}-\sqrt{b}>0$ であるから　$\sqrt{a+b-2\sqrt{ab}}=\sqrt{a}-\sqrt{b}$

$A=B^2$，$B>0$
↓
$\sqrt{A}=B$

CHECK & CHECK

7 次の分数を小数 (有限小数，循環小数) で表せ。

(1) $\dfrac{23}{4}$　(2) $-\dfrac{1}{6}$　(3) $\dfrac{80}{11}$　(4) $\dfrac{877}{666}$　1

8 (1) 次の値を求めよ。

(ア) $|-2|$　(イ) $|-7+3|$　(ウ) $|-4|-|6|$　(エ) $|\pi-5|$

(2) 次の 2 点間の距離を求めよ。

(ア) P(3)，Q(8)　(イ) P(−2)，Q(5)　(ウ) P(−1)，Q(−4)　2

9 次の式を $\sqrt{}$ を含まない形にせよ。

(1) $\sqrt{(-7)^2}$　(2) $\sqrt{8}\sqrt{2}$　(3) $\dfrac{\sqrt{245}}{\sqrt{5}}$　3

基本 例題 20 循環小数の分数表示など ⊘⊘⊘⊘⊘

(1) 次の循環小数を分数で表せ。

(ア) $2.\dot{4}\dot{2}$　　(イ) $0.\dot{3}4\dot{2}$　　(ウ) $3.2\dot{6}$

(2) $\dfrac{9}{37}$ を小数で表したとき，小数第 50 位の数字を求めよ。 p.41 基本事項 1

CHART & SOLUTION

循環小数の分数表示

x=(循環小数) とおき，循環部分を消す

(1) 例えば，循環小数 $x=0.\dot{1}$ は，小数部分が 1 桁ずつ繰り返しているから，$10x$ と x の差を考えて，右のように計算すると $9x=1$

よって $x=\dfrac{1}{9}$ これと同様に考える。

$$\begin{array}{rr} 10x=1.11\cdots\cdots \\ -)\quad x=0.11\cdots\cdots \\ \hline 9x=1 \end{array}$$

(ウ) $x=3.2\dot{6}$ とおいて $10x=32.\dot{6}$ から $10x-x$ を計算してもよいが，分子に小数が出てきてしまう。$100x-10x$ を計算する方がスムーズ。

(2) 循環小数に表し，何個の数字が繰り返し現れるかを調べる。k 個の数が繰り返し現れるなら，50 を k で割った余りに注目。

解答

(1) (ア) $x=2.\dot{4}\dot{2}$ とおくと，右の計算から

$x=\dfrac{240}{99}=\mathbf{\dfrac{80}{33}}$

$$\begin{array}{rr} 100x=242.4242\cdots\cdots \\ -)\quad x=\ \ 2.4242\cdots\cdots \\ \hline 99x=240 \end{array}$$

⇐ 循環部分が 2 桁 ⟶ 両辺を 100 $(=10^2)$ 倍。

⇐ 辺々を引くと，循環部分が消える。

(イ) $x=0.\dot{3}4\dot{2}$ とおくと，右の計算から

$x=\dfrac{342}{999}=\mathbf{\dfrac{38}{111}}$

$$\begin{array}{rr} 1000x=342.342342\cdots\cdots \\ -)\quad x=\ \ 0.342342\cdots\cdots \\ \hline 999x=342 \end{array}$$

⇐ 循環部分が 3 桁 ⟶ 両辺を 1000 $(=10^3)$ 倍。

(ウ) $x=3.2\dot{6}$ とおくと，右の計算から $x=\dfrac{294}{90}=\mathbf{\dfrac{49}{15}}$

$$\begin{array}{rr} 100x=326.66\cdots\cdots \\ -)\ 10x=\ \ 32.66\cdots\cdots \\ \hline 90x=294 \end{array}$$

⇐ $10x-x$ を計算すると，$9x=29.4$ から $x=\dfrac{29.4}{9}=\dfrac{294}{90}=\mathbf{\dfrac{49}{15}}$

(2) $\dfrac{9}{37}=0.243243\cdots\cdots=0.\dot{2}4\dot{3}$

よって，小数点以下で 243 の 3 個の数字が循環する。

$50=3\cdot16+2$

であるから，小数第 50 位は 243 の 2 番目の数字で **4** である。

⇐ 243 を □ とすると $0.\underbrace{\square\square\cdots\cdots\square}_{16\text{個}}\underbrace{24}_{2\text{個}}$

PRACTICE 20❷

(1) 次の循環小数を分数で表せ。

(ア) $0.\dot{7}$　　(イ) $3.\dot{7}\dot{2}$　　(ウ) $1.\dot{2}1\dot{6}$

(2) $\dfrac{10}{7}$ を小数で表したとき，小数第 100 位の数字を求めよ。

基本 例題 21 平方根を含む式の計算

次の式を計算せよ。

(1) $2\sqrt{48}-3\sqrt{27}+\sqrt{72}$　　(2) $(\sqrt{5}+\sqrt{2})^2$

(3) $(\sqrt{3}+3\sqrt{2})(2\sqrt{3}-\sqrt{2})$　　(4) $(6+2\sqrt{3})(\sqrt{3}-1)$

p. 42 基本事項 3

CHART & SOLUTION

$\sqrt{2}$, $\sqrt{3}$, $\sqrt{5}$ などを文字のように考えて計算。$(\sqrt{a})^2$ が出てきたら，a とする。

(1) 公式 $\sqrt{k^2a}=k\sqrt{a}$ $(a>0,\ k>0)$ を用いて，$\sqrt{\ }$ の中の数字をできるだけ小さくする。
(与式)$=2\sqrt{4^2\cdot 3}-3\sqrt{3^2\cdot 3}+\sqrt{6^2\cdot 2}=2\cdot 4\sqrt{3}-3\cdot 3\sqrt{3}+6\sqrt{2}$
$\sqrt{3}=a$, $\sqrt{2}=b$ とすると $8a-9a+6b$ の計算。

(2) $\sqrt{5}=a$, $\sqrt{2}=b$ とすると $(a+b)^2$ の計算。

(3) $\sqrt{3}=a$, $\sqrt{2}=b$ とすると $(a+3b)(2a-b)$ の計算。

(4) $6+2\sqrt{3}=2(\sqrt{3})^2+2\sqrt{3}=2\sqrt{3}(\sqrt{3}+1)$ と変形すると，$(a+b)(a-b)$ の計算が見えてくる。

解答

(1) $2\sqrt{48}-3\sqrt{27}+\sqrt{72}=2\sqrt{4^2\cdot 3}-3\sqrt{3^2\cdot 3}+\sqrt{6^2\cdot 2}$
$=2\cdot 4\sqrt{3}-3\cdot 3\sqrt{3}+6\sqrt{2}$
$=8\sqrt{3}-9\sqrt{3}+6\sqrt{2}=\mathbf{6\sqrt{2}-\sqrt{3}}$

⇦ $a>0$, $k>0$ のとき $\sqrt{k^2a}=k\sqrt{a}$

(2) $(\sqrt{5}+\sqrt{2})^2=(\sqrt{5})^2+2\sqrt{5}\sqrt{2}+(\sqrt{2})^2$
$=5+2\sqrt{10}+2=\mathbf{7+2\sqrt{10}}$

⇦ $(a+b)^2=a^2+2ab+b^2$

(3) $(\sqrt{3}+3\sqrt{2})(2\sqrt{3}-\sqrt{2})=2(\sqrt{3})^2+5\sqrt{2}\sqrt{3}-3(\sqrt{2})^2$
$=2\cdot 3+5\sqrt{6}-3\cdot 2$
$=6+5\sqrt{6}-6=\mathbf{5\sqrt{6}}$

⇦ $(a+3b)(2a-b)=2a^2+5ab-3b^2$

(4) $(6+2\sqrt{3})(\sqrt{3}-1)=2\sqrt{3}(\sqrt{3}+1)(\sqrt{3}-1)$
$=2\sqrt{3}\{(\sqrt{3})^2-1^2\}$
$=2\sqrt{3}(3-1)=\mathbf{4\sqrt{3}}$

⇦ $(a+b)(a-b)=a^2-b^2$　なお，$6\sqrt{3}-6+6-2\sqrt{3}=4\sqrt{3}$ のように計算してもよい。

PRACTICE 21[1]

次の式を計算せよ。

(1) $\sqrt{27}-5\sqrt{50}+3\sqrt{8}-4\sqrt{75}$　　(2) $(\sqrt{11}-\sqrt{3})(\sqrt{11}+\sqrt{3})$

(3) $(2\sqrt{2}-\sqrt{27})^2$　　(4) $(3+4\sqrt{2})(2-5\sqrt{2})$

(5) $(\sqrt{10}-2\sqrt{5})(\sqrt{5}+\sqrt{10})$　　(6) $(1+\sqrt{3})^3$

基本 例題 22 $\sqrt{A^2}$ の根号のはずし方

(1) $a>0,\ b<0$ のとき，$\sqrt{a^4b^2}$ の根号をはずして簡単にせよ。

(2) (ア)～(ウ)の場合について，$\sqrt{x^2}+\sqrt{(x-2)^2}$ の根号をはずして簡単にせよ。

(ア) $x<0$　　(イ) $0\leqq x<2$　　(ウ) $2\leqq x$

p.42 基本事項 3

CHART & SOLUTION

$\sqrt{A^2}$ のはずし方　場合分け　$\sqrt{A^2}=|A|=\begin{cases} A & (A\geqq 0) \\ -A & (A<0) \end{cases}$

$(\sqrt{●})^2=●$ であるが，$\sqrt{●^2}=●$ ではない。$\sqrt{A^2}$ で $A<0$ のときは，$\sqrt{A^2}=-A$ と，マイナスがつくことに要注意。**$\sqrt{A^2}$ は，A にあたる文字の符号を調べて変形する。**

例　$A=-3<0$ のとき，$\sqrt{A^2}=\sqrt{(-3)^2}=-(-3)=3>0$ であって

$\sqrt{A^2}=\sqrt{(-3)^2}=-3<0$ ではない。

解答

(1) $\sqrt{a^4b^2}=\sqrt{(a^2b)^2}=|a^2b|$

$a>0,\ b<0$ から　$a^2b<0$

よって　$|a^2b|=-a^2b$　すなわち　$\sqrt{a^4b^2}=\boldsymbol{-a^2b}$

(2) $P=\sqrt{x^2}+\sqrt{(x-2)^2}=|x|+|x-2|$ とする。

(ア) $x<0$ のとき，$x-2<0$ であるから

$P=-x-(x-2)=\boldsymbol{-2x+2}$

(イ) $0\leqq x<2$ のとき，$x\geqq 0,\ x-2<0$ であるから

$P=x-(x-2)=\boldsymbol{2}$

(ウ) $2\leqq x$ のとき，$x>0,\ x-2\geqq 0$ であるから

$P=x+(x-2)=\boldsymbol{2x-2}$

⇦ $\sqrt{(文字式)^2}$ は，$\sqrt{A^2}=|A|$ のように，絶対値をつけてはずすクセをつけるとよい。

⇦ $\begin{cases} |x|=-x \\ |x-2|=-(x-2) \end{cases}$

⇦ $\begin{cases} |x|=x \\ |x-2|=-(x-2) \end{cases}$

⇦ $\begin{cases} |x|=x \\ |x-2|=x-2 \end{cases}$

ピンポイント解説　(2) の場合分けの背景

(2) について　$\sqrt{x^2}=|x|=\begin{cases} x & (x\geqq 0) \\ -x & (x<0) \end{cases}$

$\sqrt{(x-2)^2}=|x-2|=\begin{cases} x-2 & (x\geqq 2) \\ -(x-2) & (x<2) \end{cases}$

それぞれ 2 通りずつの場合分けが必要であり，まとめると右の図のように 3 通りの場合分けになる。

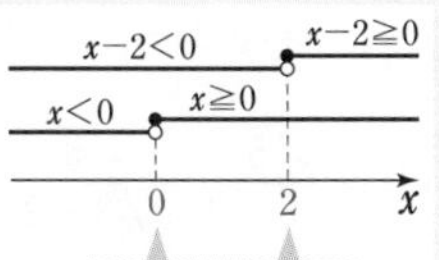

$\sqrt{A^2}$ すなわち $|A|$ では，$A=0$ となる値が場合分けのポイントとなる ことに注意。

PRACTICE 22②

次の式の根号をはずして簡単にせよ。　〔(3) 類 福岡工大〕

(1) $\sqrt{(2-\pi)^2}$　　(2) $\sqrt{a^2b^6}$ $(a<0,\ b>0)$

(3) $\sqrt{x^2-2x+1}-\sqrt{x^2+4x+4}$

基本 例題 23 分母の有理化

次の式を，分母を有理化して簡単にせよ。

(1) $\dfrac{4}{3\sqrt{8}}$　(2) $\dfrac{1}{1+\sqrt{2}}+\dfrac{1}{\sqrt{2}+\sqrt{3}}$　(3) $\dfrac{\sqrt{5}}{\sqrt{3}+2}-\dfrac{\sqrt{5}}{\sqrt{3}-2}$

基本 21

CHART & SOLUTION

分母の有理化

$(\sqrt{a})^2=a$，$(\sqrt{a}+\sqrt{b})(\sqrt{a}-\sqrt{b})=a-b$ を利用

分母・分子に同じ数を掛ける

分母に $\sqrt{}$ を含む式を，分母に $\sqrt{}$ を含まない形に変形することを分母の **有理化** という。

(1) 分母が $k\sqrt{a}$ の形なら，分母・分子に $\sqrt{a}$ を掛ける。$\sqrt{8}=2\sqrt{2}$ であるから，分母・分子に $\sqrt{2}$ を掛ければよい。

(2) 先に通分して $(1+\sqrt{2})(\sqrt{2}+\sqrt{3})$ を分母にすると計算が煩雑。そこで，まず，**各項の分母を有理化** する。

(3) 分母が $\sqrt{3}+2$，$\sqrt{3}-2$ であるから，この場合は**「通分する」**という考えで計算することにより，分母が有理化される。

解答

(1) $\dfrac{4}{3\sqrt{8}}=\dfrac{4}{3\cdot2\sqrt{2}}=\dfrac{2}{3\sqrt{2}}=\dfrac{2\times\sqrt{2}}{3\sqrt{2}\times\sqrt{2}}=\dfrac{2\sqrt{2}}{3\cdot2}=\boldsymbol{\dfrac{\sqrt{2}}{3}}$

⇐ まず，$\sqrt{}$ の中の数字を小さくする。

(2) $\dfrac{1}{1+\sqrt{2}}+\dfrac{1}{\sqrt{2}+\sqrt{3}}$

$=\dfrac{\sqrt{2}-1}{(\sqrt{2}+1)(\sqrt{2}-1)}+\dfrac{\sqrt{3}-\sqrt{2}}{(\sqrt{3}+\sqrt{2})(\sqrt{3}-\sqrt{2})}$

$=\dfrac{\sqrt{2}-1}{2-1}+\dfrac{\sqrt{3}-\sqrt{2}}{3-2}$

$=\sqrt{2}-1+\sqrt{3}-\sqrt{2}=\boldsymbol{\sqrt{3}-1}$

⇐ $1+\sqrt{2}$ は $\sqrt{2}+1$ として，$\sqrt{2}-1$ を分母・分子に掛けると，**分母が正になる**。$\sqrt{2}+\sqrt{3}$ も同様。

(3) $\dfrac{\sqrt{5}}{\sqrt{3}+2}-\dfrac{\sqrt{5}}{\sqrt{3}-2}=\dfrac{\sqrt{5}(\sqrt{3}-2)-\sqrt{5}(\sqrt{3}+2)}{(\sqrt{3}+2)(\sqrt{3}-2)}=\dfrac{-4\sqrt{5}}{3-4}$

$=\boldsymbol{4\sqrt{5}}$

⇐ この場合の通分は，結局分母を有理化していることになる。

PRACTICE 23②

次の式を，分母を有理化して簡単にせよ。〔(5) 関東学院大〕

(1) $\dfrac{3\sqrt{2}}{2\sqrt{3}}-\dfrac{\sqrt{3}}{3\sqrt{2}}+\dfrac{1}{2\sqrt{6}}$　(2) $\dfrac{1}{\sqrt{3}-\sqrt{2}}$　(3) $\dfrac{\sqrt{3}+\sqrt{2}}{2\sqrt{3}-\sqrt{2}}$　(4) $\dfrac{-27+\sqrt{7}}{5-3\sqrt{7}}$

(5) $\dfrac{\sqrt{3}-\sqrt{2}}{2\sqrt{3}+\sqrt{6}}+\dfrac{\sqrt{3}+\sqrt{2}}{2\sqrt{3}-\sqrt{6}}$　(6) $\dfrac{1}{1+\sqrt{2}}-\dfrac{2}{\sqrt{2}+\sqrt{3}}+\dfrac{1}{\sqrt{3}+2}$

基本 例題 24　3 項からなる平方根の積，分母の有理化

(1)　$(2+\sqrt{3}+\sqrt{7})(2+\sqrt{3}-\sqrt{7})$ を計算せよ。

(2)　$\dfrac{1}{2+\sqrt{3}+\sqrt{7}}$ の分母を有理化せよ。

基本 23

CHART & THINKING

1　まとめておき換え　　2　2 回の有理化の操作

(1)　前後の（　）の中で同じ式 $2+\sqrt{3}$ を A とおくと　$(A+\sqrt{7})(A-\sqrt{7})=A^2-7$

(2)　分母に $\sqrt{3}$ と $\sqrt{7}$ があるから，1 回では有理化できない。最初の有理化で分母の $\sqrt{\ }$ を 1 つにするには，分母の 2，$\sqrt{3}$，$\sqrt{7}$ のどの 2 つをまとめるのがよいかを考えよう。

$$(\sqrt{●}+\sqrt{▲}+\sqrt{■})(\sqrt{●}+\sqrt{▲}-\sqrt{■})=(\sqrt{●}+\sqrt{▲})^2-(\sqrt{■})^2$$
$$=●+▲-■+2\sqrt{●▲}$$

であるから，●+▲−■ の部分が 0 となるようにまとめる 2 数を決めるとよい。

解答

(1)　$(2+\sqrt{3}+\sqrt{7})(2+\sqrt{3}-\sqrt{7})$
$=\{(2+\sqrt{3})+\sqrt{7}\}\{(2+\sqrt{3})-\sqrt{7}\}$
$=(2+\sqrt{3})^2-(\sqrt{7})^2=(4+4\sqrt{3}+3)-7=\mathbf{4\sqrt{3}}$

⇐ おき換えは頭の中で。
$(A+\sqrt{7})(A-\sqrt{7})$
$=A^2-(\sqrt{7})^2$

(2)　$\dfrac{1}{2+\sqrt{3}+\sqrt{7}}=\dfrac{2+\sqrt{3}-\sqrt{7}}{\{(2+\sqrt{3})+\sqrt{7}\}\{(2+\sqrt{3})-\sqrt{7}\}}$

⇐ まず，(1) の要領で。

$=\dfrac{2+\sqrt{3}-\sqrt{7}}{(2+\sqrt{3})^2-(\sqrt{7})^2}=\dfrac{2+\sqrt{3}-\sqrt{7}}{4\sqrt{3}}$

$=\dfrac{(2+\sqrt{3}-\sqrt{7})\sqrt{3}}{4\sqrt{3}\cdot\sqrt{3}}=\mathbf{\dfrac{3+2\sqrt{3}-\sqrt{21}}{12}}$

⇐ 更に **分母の有理化の操作**。

ピンポイント解説　先を見通して計算しよう

(2) のように，分母が 3 項からなるときは，1 回の操作では有理化できないから，2 回目の有理化の操作が簡単になるような工夫が必要となる。
分母の $2+\sqrt{3}+\sqrt{7}$ のどの 2 つをまとめて考えるかで，次の 3 通りが考えられる。

①　$\{(2+\sqrt{3})+\sqrt{7}\}\{(2+\sqrt{3})-\sqrt{7}\}=(2+\sqrt{3})^2-(\sqrt{7})^2=4\sqrt{3}$

②　$\{(2+\sqrt{7})+\sqrt{3}\}\{(2+\sqrt{7})-\sqrt{3}\}=(2+\sqrt{7})^2-(\sqrt{3})^2=8+4\sqrt{7}$

③　$\{(\sqrt{3}+\sqrt{7})+2\}\{(\sqrt{3}+\sqrt{7})-2\}=(\sqrt{3}+\sqrt{7})^2-2^2=6+2\sqrt{21}$

これを見ると，① だけが項が 1 つとなり，2 回目の有理化の操作が簡単になることがわかる。
したがって，分母が $\sqrt{●}+\sqrt{▲}+\sqrt{■}$ の形をしているとき，●+▲=■ となるものがあるかどうかに着目して組み合わせを考えるとよい。

PRACTICE 24③

(1)　$(\sqrt{2}+\sqrt{3}+\sqrt{5})(\sqrt{2}+\sqrt{3}-\sqrt{5})$ を計算せよ。

(2)　$\dfrac{1}{\sqrt{2}+\sqrt{3}+\sqrt{5}}$ の分母を有理化せよ。

基本 例題 25　平方根と式の値 (1)

$x=\dfrac{1-\sqrt{2}}{1+\sqrt{2}}$，$y=\dfrac{1+\sqrt{2}}{1-\sqrt{2}}$ のとき，次の式の値を求めよ。

(1)　$x+y$，xy　　(2)　$3x^2-5xy+3y^2$

基本 23

CHART & SOLUTION

x，y の対称式

基本対称式 $x+y$，xy で表す

(1)　$x+y$ は，x，y をそれぞれ有理化してから加えてもよいが，通分すると同時に **分母が有理化** される。

(2)　x，y の値をそのまま代入しては計算が煩雑。
　$3x^2-5xy+3y^2$ は **x，y の対称式**（x と y を入れ替えても同じ式）
　⟶ **基本対称式 $x+y$，xy で表される**（$p.34$ 参照）……❗
　⟶ (1) を利用

解答

(1)　$$\boldsymbol{x+y}=\frac{1-\sqrt{2}}{1+\sqrt{2}}+\frac{1+\sqrt{2}}{1-\sqrt{2}}$$
$$=\frac{(1-\sqrt{2})^2+(1+\sqrt{2})^2}{(1+\sqrt{2})(1-\sqrt{2})}$$
$$=\frac{(3-2\sqrt{2})+(3+2\sqrt{2})}{-1}=\boldsymbol{-6}$$

$$\boldsymbol{xy}=\frac{1-\sqrt{2}}{1+\sqrt{2}}\cdot\frac{1+\sqrt{2}}{1-\sqrt{2}}=\boldsymbol{1}$$

⇐ x と y は互いに逆数となっている。

(2)　(1) より，$x+y=-6$，$xy=1$ であるから

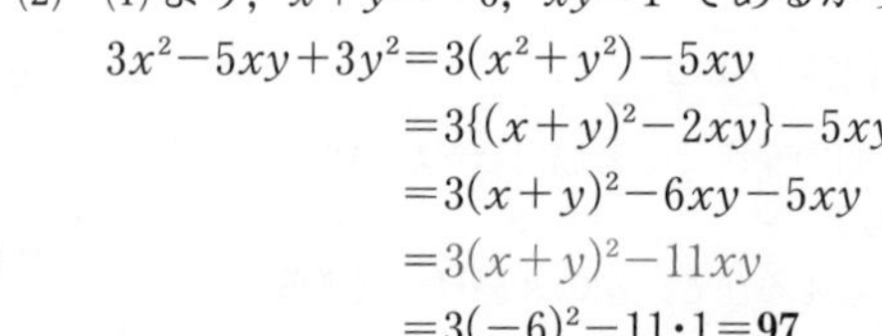

$$3x^2-5xy+3y^2=3(x^2+y^2)-5xy$$
$$=3\{(x+y)^2-2xy\}-5xy$$
$$=3(x+y)^2-6xy-5xy$$
❗ $$=3(x+y)^2-11xy$$
$$=3(-6)^2-11\cdot 1=\boldsymbol{97}$$

⇐ (1) が利用できる形に変形する。

⇐ 基本対称式で表す。

POINT

対称式を基本対称式で表した次の式は，多くの場面で用いられるので，覚えておこう。

$\boldsymbol{x^2+y^2=(x+y)^2-2xy}$　　⟵ $(x+y)^2=x^2+2xy+y^2$

$\boldsymbol{x^3+y^3=(x+y)^3-3xy(x+y)}$　　⟵ $(x+y)^3=x^3+3x^2y+3xy^2+y^3$

PRACTICE 25❸

$x=\dfrac{\sqrt{2}+\sqrt{3}}{\sqrt{2}-\sqrt{3}}$，$y=\dfrac{\sqrt{2}-\sqrt{3}}{\sqrt{2}+\sqrt{3}}$ のとき，次の式の値を求めよ。

(1)　$x+y$，xy　　(2)　x^2-xy+y^2

基本 例題 26 平方根と式の値 (2)

(1) $x=\dfrac{\sqrt{7}-\sqrt{3}}{2}$, $y=\dfrac{\sqrt{7}+\sqrt{3}}{2}$ のとき，x^3+y^3 の値を求めよ。

(2) $x+y+z=0$, $xy+yz+zx=-10$, $xyz=4\sqrt{3}$ のとき，$\dfrac{x}{yz}+\dfrac{y}{zx}+\dfrac{z}{xy}$ の値を求めよ。

基本 25

CHART & SOLUTION

対称式は基本対称式で表す ……❗

x, y　（2文字）の基本対称式 …… $\boldsymbol{x+y}$, $\boldsymbol{xy}$

x, y, z　（3文字）の基本対称式 …… $\boldsymbol{x+y+z}$, $\boldsymbol{xy+yz+zx}$, $\boldsymbol{xyz}$

(1) $x^3+y^3=(x+y)^3-3xy(x+y)$ を利用（$p.48$ POINT 参照）。

(2) $x^2+y^2+z^2=(x+y+z)^2-2(xy+yz+zx)$ を利用（$p.20$ POINT 参照）。

解答

(1) $x+y=\dfrac{2\sqrt{7}}{2}=\sqrt{7}$, $xy=\dfrac{(\sqrt{7})^2-(\sqrt{3})^2}{4}=\dfrac{7-3}{4}=1$

❗ よって　$x^3+y^3=(x+y)^3-3xy(x+y)$

$=(\sqrt{7})^3-3\cdot1\cdot\sqrt{7}=7\sqrt{7}-3\sqrt{7}$

$=\boldsymbol{4\sqrt{7}}$

別解　$x^3+y^3=(x+y)(x^2-xy+y^2)$

$=(x+y)\{(x+y)^2-3xy\}$

$=\sqrt{7}\{(\sqrt{7})^2-3\cdot1\}$

$=\boldsymbol{4\sqrt{7}}$

(2) $\dfrac{x}{yz}+\dfrac{y}{zx}+\dfrac{z}{xy}=\dfrac{x^2+y^2+z^2}{xyz}$ …… ①

❗ ここで　$x^2+y^2+z^2=(x+y+z)^2-2(xy+yz+zx)$

$=0^2-2\cdot(-10)=20$

①に代入して　$\dfrac{x}{yz}+\dfrac{y}{zx}+\dfrac{z}{xy}=\dfrac{20}{4\sqrt{3}}$

$=\boldsymbol{\dfrac{5\sqrt{3}}{3}}$

⇐ $xy=\dfrac{\sqrt{7}-\sqrt{3}}{2}\cdot\dfrac{\sqrt{7}+\sqrt{3}}{2}=\dfrac{(\sqrt{7})^2-(\sqrt{3})^2}{2^2}$

⇐ 3次式の因数分解。$p.24$ 基本事項 4

⇐ $\dfrac{x}{yz}+\dfrac{y}{zx}+\dfrac{z}{xy}=\dfrac{x^2}{x\cdot yz}+\dfrac{y^2}{zx\cdot y}+\dfrac{z^2}{xy\cdot z}$

⇐ $\dfrac{\overset{5}{\cancel{20}}}{\cancel{4}\sqrt{3}}=\dfrac{5\cdot\sqrt{3}}{\sqrt{3}\cdot\sqrt{3}}$

PRACTICE 26❸

(1) $x=\dfrac{\sqrt{2}+1}{\sqrt{2}-1}$, $y=\dfrac{\sqrt{2}-1}{\sqrt{2}+1}$ のとき，x^3+y^3 の値を求めよ。

(2) $a=\sqrt{3}+\sqrt{2}$ のとき，$a+\dfrac{1}{a}$, $a^3+\dfrac{1}{a^3}$ の値をそれぞれ求めよ。

(3) $x+y+z=xy+yz+zx=2\sqrt{2}+1$, $xyz=1$ のとき，$\dfrac{x}{yz}+\dfrac{y}{zx}+\dfrac{z}{xy}$ の値を求めよ。

基本 例題 27 整数部分，小数部分

$1+\sqrt{5}$ の整数部分を a，小数部分を b とするとき，次の値を求めよ。

(1) a，b　　(2) $b+\dfrac{1}{b}$，$b^2+\dfrac{1}{b^2}$

基本 25

CHART & SOLUTION

実数 x の整数部分，小数部分

整数部分 …… $n \leqq x < n+1$ を満たす整数 n

小数部分 …… $x-$(x の整数部分) …… ❗

(1) まず a を求める。$\sqrt{4}<\sqrt{5}<\sqrt{9}$ すなわち $2<\sqrt{5}<3$ を利用。

(2) $b=x$，$\dfrac{1}{b}=y$ とおくと，対称式 $x+y$，x^2+y^2 の値。

対称式は，基本対称式 $x+y$，xy で表されるから

$\boldsymbol{x^2+y^2=(x+y)^2-2xy}$ ($p.48$ POINT 参照) を利用する。

解答

(1) $2<\sqrt{5}<3$ であるから，$\sqrt{5}$ の整数部分は 2

よって，$1+\sqrt{5}$ の整数部分は　$\boldsymbol{a=1+2=3}$

❗ 小数部分は　$b=(1+\sqrt{5})-a=(1+\sqrt{5})-3=\boldsymbol{\sqrt{5}-2}$

⇐ $\sqrt{5}=2.236\cdots\cdots$ ($p.42$ 参照)

(2) (1)から　$b+\dfrac{1}{b}=\sqrt{5}-2+\dfrac{1}{\sqrt{5}-2}$

$=\sqrt{5}-2+\dfrac{\sqrt{5}+2}{5-4}=\boldsymbol{2\sqrt{5}}$

⇐ $\dfrac{1}{\sqrt{5}-2}=\dfrac{\sqrt{5}+2}{(\sqrt{5}-2)(\sqrt{5}+2)}$

よって　$b^2+\dfrac{1}{b^2}=\left(b+\dfrac{1}{b}\right)^2-2b\cdot\dfrac{1}{b}$

$=(2\sqrt{5})^2-2\cdot1=\boldsymbol{18}$

⇐ $\boldsymbol{x^2+y^2=(x+y)^2-2xy}$

INFORMATION

$p.48$ POINT の式で $y=\dfrac{1}{x}$ とおくと，$xy=1$ から

$$x^2+\frac{1}{x^2}=\left(x+\frac{1}{x}\right)^2-2,\qquad x^3+\frac{1}{x^3}=\left(x+\frac{1}{x}\right)^3-3\left(x+\frac{1}{x}\right)$$

一般に，$x^n+\dfrac{1}{x^n}$ は $x+\dfrac{1}{x}$ の多項式で表すことができる。

PRACTICE 27❸

$1+\sqrt{10}$ の整数部分を a，小数部分を b とするとき，次の値を求めよ。

(1) a，b　　(2) $b+\dfrac{1}{b}$，$b^2+\dfrac{1}{b^2}$

ズーム UP 整数部分・小数部分の問題

例題 27 で整数部分と小数部分を次のように求めたら，不正解と言われました。どこが間違いなのでしょうか？

不正解とされた解答

$\sqrt{5}=2.236\cdots\cdots$ であるから　$1+\sqrt{5}=3.236\cdots\cdots$

よって，整数部分は $a=3$，小数部分は $b=0.236\cdots\cdots$ である。

整数部分・小数部分の問題では，まず整数部分から求めよう

上の解答では，整数部分については 3 で正しいが，小数部分の「0.236……」は数学的に正確な表現とは言えない。

小数部分を正確に求めるには，
(数)＝(整数部分)＋(小数部分) であることから

(小数部分)＝(数)−(整数部分)

として求めなければならない。

左ページの解答でも，整数部分 a をまず求め，小数部分 b を $b=(1+\sqrt{5})-a$ から導いている。

なお，整数部分を求めるために，右の inf. に示した程度の近似値は覚えておくとよいだろう。

inf. 覚えておきたい近似値
$\sqrt{2}\fallingdotseq 1.414$
$\sqrt{3}\fallingdotseq 1.732$
$\sqrt{5}\fallingdotseq 2.236$
$\sqrt{6}\fallingdotseq 2.449$
(覚え方について，$p.42$ も参照。)

小数部分を求めるときは，まず整数部分を求めてから
(小数部分)＝(数)−(整数部分)　で求めましょう。

整数部分が求めにくいときの対処法

■ の値が大きいとき，$\sqrt{■}$ の近似値は簡単にはわからない。
そのようなときは，$n^2\leqq ■<(n+1)^2$ ……① となるような自然数 n を見つけて，各辺の平方根を考えるとよい。
このとき，① は $n\leqq\sqrt{■}<n+1$ となり，$\sqrt{■}$ の整数部分は n であることがわかる。

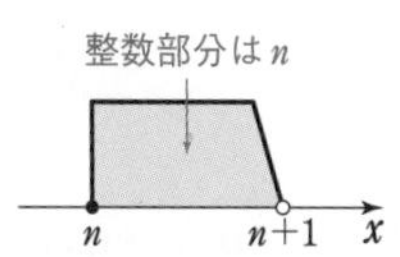

例えば，$\sqrt{13}$ の整数部分が 3 であることは，次のようにして求められる。

$3^2<13<4^2$ から　$\sqrt{3^2}<\sqrt{13}<\sqrt{4^2}$　　よって　$3<\sqrt{13}<4$

inf. 一般に，「**$0\leqq x<y$ ならば $\sqrt{x}<\sqrt{y}$**」，「**$\sqrt{x}<\sqrt{y}$ ならば $0\leqq x<y$**」が成り立つ。

なお，$\sqrt{13}$ の整数部分が 3 であるからといって，$2\sqrt{13}$ の整数部分は $2\times3=6$ ではない！
正しくは，$2\sqrt{13}=\sqrt{52}$ として，$\sqrt{52}$ の整数部分を求める。
$7^2<52<8^2$ から　　$7<\sqrt{52}<8$
よって，$\sqrt{52}$ すなわち $2\sqrt{13}$ の整数部分は 7 である。

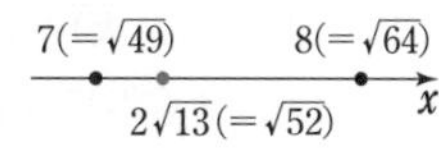

$7<2\sqrt{13}<8$ であるから，$2\sqrt{13}$ の整数部分は 7

なるほど。平方根を含む数の値を調べるには，2 乗した値を考えることも有効なのですね。

基本 例題 28　2重根号

2 重根号をはずして，次の式を簡単にせよ。

(1) $\sqrt{4+2\sqrt{3}}$　(2) $\sqrt{5-\sqrt{24}}$　(3) $\sqrt{9+4\sqrt{2}}$　(4) $\sqrt{3-\sqrt{5}}$

p. 42 基本事項 4

CHART & SOLUTION

2重根号　中の $\sqrt{\ }$ を $2\sqrt{\ }$ の形に

$\sqrt{p\pm2\sqrt{q}}$ の 2 重根号のはずし方

$a+b=p$，$ab=q$（和が p，積が q）となる 2 つの自然数 a，b を見つけて

$$\sqrt{p+2\sqrt{q}}=\sqrt{(a+b)+2\sqrt{ab}}=\sqrt{a}+\sqrt{b}\quad（ただし，a>0,\ b>0）$$

$$\sqrt{p-2\sqrt{q}}=\sqrt{(a+b)-2\sqrt{ab}}=\sqrt{a}-\sqrt{b}\quad（ただし，a>b>0）$$

(1) $a+b=4$，$ab=3$ となる 2 つの自然数 a，b を見つける。

(2)～(4) は，まず中の $\sqrt{\ }$ の前が **2 となる** ように変形する。

解答

(1) $\sqrt{4+2\sqrt{3}}=\sqrt{(3+1)+2\sqrt{3\cdot1}}=\sqrt{(\sqrt{3}+\sqrt{1})^2}$
$=\sqrt{3}+\sqrt{1}=\boldsymbol{\sqrt{3}+1}$

⇐ $a+b=4$，$ab=3$ から $a=3$，$b=1$

(2) $\sqrt{5-\sqrt{24}}=\sqrt{5-2\sqrt{6}}=\sqrt{(3+2)-2\sqrt{3\cdot2}}$
$=\sqrt{(\sqrt{3}-\sqrt{2})^2}=\boldsymbol{\sqrt{3}-\sqrt{2}}$

⇐ $\sqrt{24}=\sqrt{2^2\cdot6}=2\sqrt{6}$

⇐ $\sqrt{2}-\sqrt{3}$ としないように。

(3) $\sqrt{9+4\sqrt{2}}=\sqrt{9+2\sqrt{8}}=\sqrt{(8+1)+2\sqrt{8\cdot1}}$
$=\sqrt{8}+\sqrt{1}=\boldsymbol{2\sqrt{2}+1}$

⇐ $4\sqrt{2}=2\sqrt{2^2\cdot2}=2\sqrt{8}$

(4) $\sqrt{3-\sqrt{5}}=\sqrt{\dfrac{6-2\sqrt{5}}{2}}=\dfrac{\sqrt{(5+1)-2\sqrt{5\cdot1}}}{\sqrt{2}}$
$=\dfrac{\sqrt{5}-\sqrt{1}}{\sqrt{2}}=\boldsymbol{\dfrac{\sqrt{10}-\sqrt{2}}{2}}$

⇐ $\sqrt{\dfrac{a}{b}}=\dfrac{\sqrt{a}}{\sqrt{b}}$ $(a>0,\ b>0)$
分母に $\sqrt{\ }$ をつけ忘れないこと。

⇐ 分母を有理化。

INFORMATION

(2) を $\sqrt{5-2\sqrt{6}}=\sqrt{(2+3)-2\sqrt{2\cdot3}}=\sqrt{(\sqrt{2}-\sqrt{3})^2}=\sqrt{2}-\sqrt{3}$ とするのは誤り。
($\sqrt{5-2\sqrt{6}}>0$，$\sqrt{2}-\sqrt{3}<0$ から，これらが等しくないことがわかる。)

2 重根号の中が差の形のときは，

$$\sqrt{5-2\sqrt{6}}=\sqrt{(2+3)-2\sqrt{2\cdot3}}=\sqrt{(\sqrt{3}-\sqrt{2})^2}=\sqrt{3}-\sqrt{2}$$

のように $\sqrt{(大)}-\sqrt{(小)}$ の形にしておけばミスを防ぐことができる。

なお，2 重根号は必ずはずせるとは限らない。例えば，2 重根号 $\sqrt{2+2\sqrt{2}}$ は，和が 2，積が 2 となる 2 つの自然数は存在しないから，はずすことができない。

PRACTICE 28③

2 重根号をはずして，次の式を簡単にせよ。　〔(3) 東京海洋大〕

(1) $\sqrt{7+2\sqrt{6}}$　(2) $\sqrt{9-2\sqrt{14}}$　(3) $\sqrt{11+4\sqrt{6}}$　(4) $\sqrt{4-\sqrt{15}}$

EXERCISES　　3 実　数

A

17❷ x が次の値をとるとき，$|x+2|+|x-2|$ の値を求めよ。

(1) $x=3$　　(2) $x=1$　　(3) $x=-4$　　(4) $x=\sqrt{2}$

→ p.41 2

18❸ 次の式を計算せよ。

(1) $(2+\sqrt{3}-\sqrt{7})^2$　　(2) $(1+\sqrt{2}+\sqrt{3})(1-\sqrt{2}-\sqrt{3})$

(3) $(\sqrt{2}+1)^3+(\sqrt{2}-1)^3$　　(4) $\dfrac{1}{2+\sqrt{5}}+\dfrac{1}{\sqrt{5}+\sqrt{6}}+\dfrac{1}{\sqrt{6}+\sqrt{7}}$

→ 21, 23, 24

19❷ 次の計算は誤りである。① から ⑥ の等号の中で誤っているものをすべてあげ，誤りと判断した理由を述べよ。

$$8\underset{①}{=}\sqrt{64}\underset{②}{=}\sqrt{2^6}\underset{③}{=}\sqrt{(-2)^6}\underset{④}{=}\sqrt{\{(-2)^3\}^2}\underset{⑤}{=}(-2)^3\underset{⑥}{=}-8$$

〔宮崎大〕

→ 22

20❸ $x=\sqrt{2}+\sqrt{3}$ のとき，$x^2+\dfrac{1}{x^2}$，$x^4+\dfrac{1}{x^4}$，$x^6+\dfrac{1}{x^6}$ の値を求めよ。〔立教大〕

→ 25, 26, 27

B

21❸ 次の場合について，$-\sqrt{(-a)^2}+\sqrt{a^2(a-1)^2}$ の根号をはずし，簡単にせよ。

(1) $a\geqq 1$　　(2) $0\leqq a<1$　　(3) $a<0$

→ 22

22❹ (1) $\dfrac{1}{1+\sqrt{2}+\sqrt{3}}+\dfrac{1}{1+\sqrt{2}-\sqrt{3}}-\dfrac{1}{1-\sqrt{2}+\sqrt{3}}-\dfrac{1}{1-\sqrt{2}-\sqrt{3}}$ を簡単にせよ。〔法政大〕

(2) $a\bigstar b=\sqrt{\dfrac{a}{a-b}+\dfrac{a+b}{a}}$ で定義する。$(\sqrt{6}+1)\bigstar 2$ を分母に根号を含まない数で表せ。

→ 24, 28

23❹ $a=2-\sqrt{3}$ とするとき，次の値を求めよ。

(1) a^2-4a+1　　(2) a^3-6a^2+5a+1

24❹ $x+y+z=2\sqrt{3}$，$xy+yz+zx=-3$，$xyz=-6\sqrt{3}$ のとき，$x^2+y^2+z^2$，$x^3+y^3+z^3$ の値をそれぞれ求めよ。

→ 26

HINT

20　$p.13$ の 3 次式の展開の公式および，$p.50$ INFORMATION 参照。

22　(1) 前後 2 項ずつ通分して計算する。

23　(1) $a-2=-\sqrt{3}$ と変形して両辺を 2 乗すると，根号が消えるので計算がらくになる。
(2) $a^3=a^2\cdot a$ として a^2 に (1) の結果を代入するなどして，与式を a の 1 次式で表す。

24　次の公式を利用する（$p.20$ POINT，$p.38$ POINT 参照）。

$$(a+b+c)^2=a^2+b^2+c^2+2ab+2bc+2ca$$
$$a^3+b^3+c^3-3abc=(a+b+c)(a^2+b^2+c^2-ab-bc-ca)$$

4　1次不等式

基本事項

1　不等式の性質

0　$A<B,\ B<C$ ならば　$A<C$

1　$A<B$ ならば　$A+C<B+C,\ A-C<B-C$

2　$A<B,\ C>0$ ならば　$AC<BC,\quad \dfrac{A}{C}<\dfrac{B}{C}$

3　$A<B,\ C<0$ ならば　$AC>BC,\quad \dfrac{A}{C}>\dfrac{B}{C}$

不等式では，両辺に同じ負の数を掛けたり，両辺を同じ負の数で割ったりすると，不等号の向きが変わる。

注意　以下，不等式に含まれる文字は，特に断らない限り実数を表す。

2　不等式と式の値の範囲

$k<x<l,\ m<y<n$ ならば

①　**$k+m<x+y<l+n$**　　②　**$k-n<x-y<l-m$**

解説　①　$A<B,\ B<C$ ならば $A<C$ であることを利用する。

$k<x<l$ から　$k+y<x+y<l+y$

$m<y$ から　$m+k<y+k$

$y<n$ から　$y+l<n+l$

よって　$k+m<x+y<l+n$

②　$x-y=x+(-y)$ であり

$m<y<n$ から　$-n<-y<-m$

よって，① から

$k+(-n)<x+(-y)<l+(-m)$

すなわち　$k-n<x-y<l-m$

$$\begin{array}{rl} & k<\ x\ <l \\ +) & m<\ y\ <n \\ \hline & k+m<x+y<l+n \end{array}$$

$$\begin{array}{rl} & k<\ x\ <l \\ -) & m<\ y\ <n \\ \hline & k-m<x-y<l-n \end{array}$$

辺々を引いてはいけない。次のように加える。

$$\begin{array}{rl} & k<\ x\ <l \\ +) & -n<-y<-m \\ \hline & k-n<x-y<l-m \end{array}$$

3　不等式の解法

①　**1次不等式**

不等式のすべての項を左辺に移項して整理したとき，左辺が x の1次式になる不等式を，x についての**1次不等式** という。

x についての不等式において，不等式を満たす x の値を，その不等式の **解** といい，不等式のすべての解を求めることを，その不等式を **解く** という。

②　**1次不等式の解法**

[1]　x を含む項を左辺に，定数項を右辺に移項して，$ax>b,\ ax\leqq b$ などの形に整理する。

[2]　x の係数 a で両辺を割る。

$ax>b$ の解は　$a>0$ のとき　$x>\dfrac{b}{a},\quad a<0$ のとき　$x<\dfrac{b}{a}$

③　**連立不等式**

いくつかの不等式を組み合わせたものを **連立不等式** といい，それらの不等式を同時に満たす x の値の範囲を求めることを，連立不等式を **解く** という。

④　**連立不等式の解法**

[1]　それぞれの不等式を解く。

[2]　それらの解の **共通範囲** を求める。

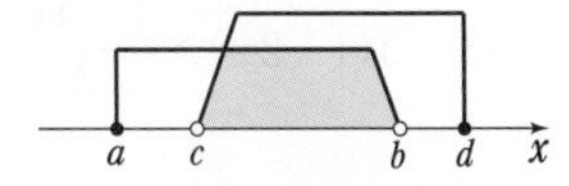

このとき，**数直線** を利用するとわかりやすい。

解説　上の図のように $a \leqq x < b$，$c < x \leqq d$ の $\leqq$ と $<$ を区別するために，本書では，●┌ と ○┌ を用いた。●┌ は • の点が範囲に含まれることを示し，○┌ は ◦ の点が範囲に含まれないことを示す。

4　絶対値を含む方程式，不等式

①　$\boldsymbol{a \geqq 0}$ **のとき**　$\boldsymbol{|a|=a}$，　$\boldsymbol{a<0}$ **のとき**　$\boldsymbol{|a|=-a}$

絶対値の中の正負によって場合分けをすれば，絶対値をはずして解くことができる。

②　$\boldsymbol{c>0}$ **のとき**　**方程式** $\boldsymbol{|x|=c}$ **を満たす** $\boldsymbol{x}$ **の値は**　$\boldsymbol{x=\pm c}$

不等式 $\boldsymbol{|x|<c}$ **を満たす** $\boldsymbol{x}$ **の値の範囲は**　$\boldsymbol{-c<x<c}$

不等式 $\boldsymbol{|x|>c}$ **を満たす** $\boldsymbol{x}$ **の値の範囲は**　$\boldsymbol{x<-c,\ c<x}$

注意　②「$x<-c$，$c<x$」は，$x<-c$ と $c<x$ を合わせた範囲を表す。

解説　②　$|x|$ は，数直線で実数 x を表す点と原点との距離を表す。

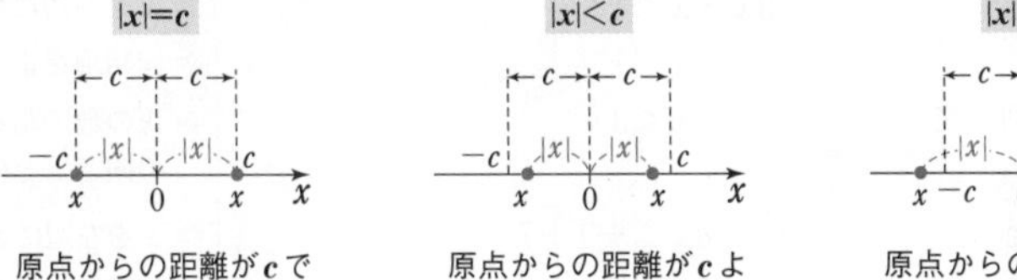

原点からの距離が c であるような点は，$-c$ と c の2つある。

原点からの距離が c より小さい点は，$-c$ と c の点の内側にある。

原点からの距離が c より大きい点は，$-c$ と c の点の外側にある。

CHECK & CHECK

10　$a<b$ のとき，次の 2 数の大小関係を調べて，不等式で表せ。

(1)　$a+3$，$b+3$　(2)　$a-2$，$b-2$　(3)　$5a$，$5b$

(4)　$-4a$，$-4b$　(5)　$2a$，$a+b$　→ 1

11　次の不等式を解け。

(1)　$x+3<2$　(2)　$2x \geqq 5$　(3)　$-3x \leqq 4$　→ 3

12　次の 2 つの不等式を同時に満たす x の範囲を求めよ。

(1)　$x>0$，$x \leqq 3$　(2)　$x<-3$，$x \leqq -4$　(3)　$x+2 \geqq 0$，$x-1>0$

→ 3

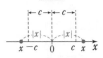

13　次の等式，不等式を満たす x の値または x の値の範囲を求めよ。

(1)　$|x|=4$　(2)　$|x|<1$　(3)　$|x| \geqq 1$　→ 4

基本 例題 29　1次不等式の解法

次の不等式を解け。

(1)　$3x<12-x$　　(2)　$2x-7\leqq 4x-1$

(3)　$3(1-2x)>\dfrac{1-3x}{2}$　　(4)　$x+0.6\geqq 0.2x-1$

p.54 基本事項 3

CHART & SOLUTION

1次不等式の解法

① $ax>b$，$ax\leqq b$ などの形に整理する

② a の符号に注意して割る

x の項を左辺に，定数項を右辺に移項して同類項をまとめ，x の係数で割る。

負の数で割ると，不等号の向きが変わる ことに注意する。……!

(3), (4)　係数が分数や小数のときは，両辺に同じ数を掛けて，整数の係数に直してから解くとスムーズ。

解答

(1)　移項すると　$3x+x<12$

すなわち　$4x<12$

両辺を 4 で割って　$\boldsymbol{x<3}$

⇦ x を左辺に移項。

⇦ 同類項をまとめる。

⇦ 正の数で割ると，不等号の向きはそのまま。

(2)　移項すると　$2x-4x\leqq -1+7$

すなわち　$-2x\leqq 6$

! 両辺を -2 で割って　$\boldsymbol{x\geqq -3}$

⇦ x を左辺に定数を右辺に。

⇦ 同類項をまとめる。

⇦ 負の数で割ると，不等号の向きが変わる。

(3)　両辺に 2 を掛けて　$6(1-2x)>1-3x$

左辺を展開して　$6-12x>1-3x$

移項して整理すると　$-9x>-5$

! 両辺を -9 で割って　$\boldsymbol{x<\dfrac{5}{9}}$

⇦ 左辺は $2\cdot3(1-2x)$

⇦ $-12x+3x>1-6$

⇦ 負の数で割ると，不等号の向きが変わる。

(4)　両辺に 10 を掛けて　$10x+6\geqq 2x-10$

移項して整理すると　$8x\geqq -16$

両辺を 8 で割って　$\boldsymbol{x\geqq -2}$

⇦ $10x-2x\geqq -10-6$

⇦ 正の数で割ると，不等号の向きはそのまま。

PRACTICE 29❷

次の不等式を解け。

(1)　$4x+5>3x-2$　　(2)　$9-x\leqq 2x-3$　　(3)　$\dfrac{4-x}{2}>7+2x$

基本 例題 30 連立不等式の解法（1次）

次の不等式を解け。

(1) $\begin{cases} 5x-1 \leqq 2x+6 \\ 3x+2<4x+1 \end{cases}$　　(2) $\begin{cases} x-3>4x+1 \\ 4(x+1)<2x+1 \end{cases}$

(3) $4x+3 \leqq 5x \leqq x-4$

p.54, 55 基本事項 3，基本 29

CHART & SOLUTION

連立不等式の解法

① それぞれの不等式を解く

② 数直線を利用して，それらの解の共通範囲を求める

(3) 不等式 $A \leqq B \leqq C$ は，「$A \leqq B$ かつ $B \leqq C$」が成り立つことであるから，連立不等式 $\begin{cases} A \leqq B \\ B \leqq C \end{cases}$ と同じ意味である。

解答

(1) $5x-1 \leqq 2x+6$ から　$3x \leqq 7$　　よって　$x \leqq \dfrac{7}{3}$ …①

$3x+2<4x+1$ から　$-x<-1$　　よって　$x>1$　…②

①と②の共通範囲を求めて　　$\boldsymbol{1<x \leqq \dfrac{7}{3}}$

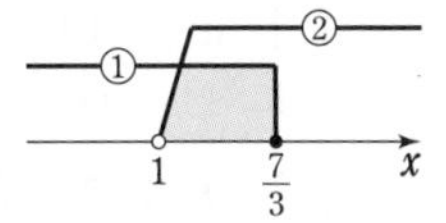

(2) $x-3>4x+1$ から　$-3x>4$　　よって　$x<-\dfrac{4}{3}$ …①

$4(x+1)<2x+1$ から　$4x+4<2x+1$

整理すると　$2x<-3$　　よって　$x<-\dfrac{3}{2}$ …②

①と②の共通範囲を求めて　　$\boldsymbol{x<-\dfrac{3}{2}}$

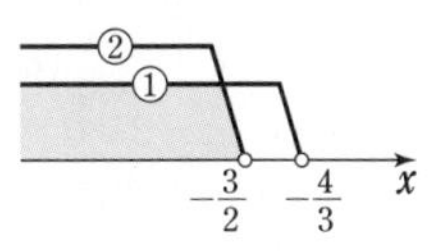

(3) $4x+3 \leqq 5x$ から　$-x \leqq -3$　　よって　$x \geqq 3$　…①

$5x \leqq x-4$ から　$4x \leqq -4$　　よって　$x \leqq -1$ …②

①と②の共通範囲はないから，この連立不等式の **解はない**。

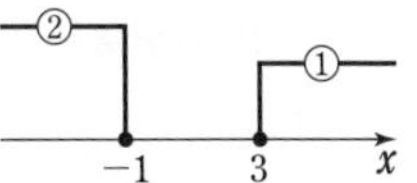

INFORMATION

(1)~(3) は，ともに①と②を列記したものを答えとしてはいけない。必ず，解答のように共通範囲を表す不等式を書くこと。共通範囲がない場合は，「**解はない**」と答える。

PRACTICE 30❷

次の不等式を解け。

(1) $\begin{cases} 4x+1<3x-1 \\ 2x-1 \geqq 5x+6 \end{cases}$　　(2) $\begin{cases} 2x+3>x+2 \\ 3x>4x+2 \end{cases}$

(3) $2(x-3)+5<5x-6 \leqq \dfrac{3x+4}{3}$

基本 例題 31 文字係数の不等式

a を定数とする。次の不等式を解け。

(1) $ax+2>0$　　(2) $ax-6>2x-3a$

基本 29

CHART & THINKING

文字係数の不等式　割る数の符号に注意

(1) 「$ax+2>0$ から　$ax>-2$　両辺を a で割って　$x>-\dfrac{2}{a}$」では誤り！

a が正の数のときは上の解答でよいが，負の数のとき不等号の向きはどうなるだろうか？
また，$a=0$ のときは両辺を a で割るということ自体ができない。
不等式 $Ax>B$ を解くときは，$A>0$，$A=0$，$A<0$ で場合分けをする。(2) も同様。

解答

(1) $ax+2>0$ から　$ax>-2$

← まず，$Ax>B$ の形に。次に，$A>0$，$A=0$，$A<0$ で場合分け。

[1] **$a>0$ のとき**　$x>-\dfrac{2}{a}$

[2] **$a=0$ のとき**，不等式 $0\cdot x>-2$ はすべての実数 x に対して成り立つから，**解はすべての実数。**

← $a=0$ のときは，不等式に $a=0$ を代入して検討する。すべての実数 x に対して $0\cdot x=0$ である。

[3] **$a<0$ のとき**　$x<-\dfrac{2}{a}$

(2) $ax-6>2x-3a$ から　$ax-2x>-3a+6$

よって　$(a-2)x>-3(a-2)$

[1] $a-2>0$ すなわち **$a>2$ のとき**
両辺を正の数 $a-2$ で割って　$x>-3$

← $a-2$ は正の数なので，不等号の向きはそのまま。

[2] $a-2=0$ すなわち **$a=2$ のとき**
不等式 $0\cdot x>-3\cdot 0$ には **解はない。**

[3] $a-2<0$ すなわち **$a<2$ のとき**
両辺を負の数 $a-2$ で割って　$x<-3$

← $a-2$ は負の数なので，不等号の向きは逆になる。

INFORMATION ―― 不等式 $Ax>B$ の解

[1] $A>0$ のとき　$x>\dfrac{B}{A}$ （不等号の向きは変わらない）

[2] $A=0$ のとき　$B\geqq 0$ ならば　解はない
$B<0$ ならば　解はすべての実数

[3] $A<0$ のとき　$x<\dfrac{B}{A}$ （不等号の向きが逆になる）

例
- $0\cdot x>5$ … 解はない
- $0\cdot x>0$ … 解はない
- $0\cdot x>-5$ … 解はすべての実数

注意　不等式が $Ax\geqq B$ の場合は，$A=0$ のとき
「$B>0$」ならば解はない，「$B\leqq 0$」ならば解はすべての実数となる。

PRACTICE 31③

a を定数とする。次の不等式を解け。

(1) $ax-1>0$　　(2) $x-2>2a-ax$

基本 例題 32 1次不等式と文章題

Aの箱の重さは95g，Bの箱の重さは100gである。1個12gの球が20個あり，これらをAとBに分けて入れたところ，Aの箱の方が重かった。そこでAの箱からBの箱に球を1個移したところ，今度はBの箱の方が重くなった。最初，Aの箱には何個の球を入れたか。

基本 30

CHART & SOLUTION

文章題の解法

① **変数を適当に定め，関係式を作って解く**

② **解が問題の条件に適するかどうかを吟味**

最初，Aの箱の球をx個としたときのAとBの重さを比較した関係式を作る。
次に，Aの箱の球を1個減らし，Bの箱の球を1個増やしたときの重さを比較した関係式を作る。こうしてできる2つの不等式を連立させて解けばよい。
なお，**xは自然数**であることに注意する。

解答

最初，Aの箱にx個の球を入れたとすると

A，Bの重さを比較して

$$95+12x>100+12(20-x)$$

整理して　$24x>245$　　よって　$x>\frac{245}{24}$ ……①

Aの箱から1個減らし，Bの箱に1個増やしたとき

A，Bの重さを比較して

$$95+12(x-1)<100+12(21-x)$$

整理して　$24x<269$　　よって　$x<\frac{269}{24}$ ……②

①と②の共通範囲を求めて　$\frac{245}{24}<x<\frac{269}{24}$

xは自然数であるから　$x=11$

したがって，最初Aの箱に入れた球は**11個**である。

⇐ Bは$(20-x)$個

⇐ Aの方が重い。

⇐ Aは$(x-1)$個，Bは$(20-x+1)$個

⇐ Bの方が重い。

⇐ $\frac{245}{24}\fallingdotseq10.2$，$\frac{269}{24}\fallingdotseq11.2$

⇐ 解の吟味。

PRACTICE 32[3]

(1) 兄弟が合わせて52本の鉛筆を持っている。いま，兄が弟に自分が持っている鉛筆のちょうど$\frac{1}{3}$をあげてもまだ兄の方が多く，更に3本あげると弟の方が多くなる。兄が初めに持っていた鉛筆の本数を求めよ。

(2) A地点から5km離れたB地点まで行くのに，初めは毎時5kmの速さで歩き，途中から毎時10kmの速さで走ることにする。B地点に着くまでの所要時間を42分以下にしたいとき，毎時10kmの速さで走る距離を何km以上にすればよいか。

基本 例題 33　1次不等式の整数解

(1)　不等式 $6x+8(6-x)>7$ を満たす2桁の自然数 x の個数を求めよ。

(2)　不等式 $5(x-1)<2(2x+a)$ を満たす x のうちで，最大の整数が6であるとき，定数 a の値の範囲を求めよ。

基本 29, 32

CHART & THINKING

1次不等式の整数解

数直線を利用

まずは，与えられた不等式を解く。

(1)　2桁の自然数 ⟶ $x \geqq 10$　これと不等式の解を合わせて，条件を満たす整数 x の値の範囲を $10 \leqq x \leqq n$ の形に表す。この不等式を満たす整数の個数は？

(2)　不等式の解は $x<A$ の形となる。数直線上で A の値を変化させ，$x<A$ を満たす最大の整数が6となるのは A がどのような値の範囲にあるかを考えよう。⟶ $x=6$ は $x<A$ を満たすが，$x=7$ は $x<A$ を満たさないことが条件となる。

解答

(1)　$6x+8(6-x)>7$ から　$-2x>-41$　　⇐ 展開して整理。

ゆえに　$x<\dfrac{41}{2}=20.5$　　⇐ 不等号の向きが変わる。

x は2桁の自然数であるから　　⇐ 解の吟味。

$10 \leqq x \leqq 20$

求める自然数の個数は

$20-10+1=$ **11（個）**

(2)　$5(x-1)<2(2x+a)$ から　$x<2a+5$ ……①　　⇐ 展開して整理。

①を満たす x のうちで最大の整数が6となるのは

$6<2a+5 \leqq 7$　　⇐ $6<2a+5<7$ とか $6 \leqq 2a+5 \leqq 7$ などとしないように。等号の有無に注意する。

のときである。

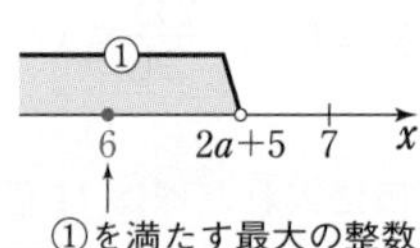

ゆえに　$1<2a \leqq 2$

よって　$\boldsymbol{\dfrac{1}{2}<a \leqq 1}$

⇐ $a=1$ のとき，不等式は $x<7$ で，条件を満たす。$a=\dfrac{1}{2}$ のとき，不等式は $x<6$ で，条件を満たさない。

PRACTICE 33③

(1)　不等式 $x+\dfrac{1}{6}>\dfrac{5}{3}x-\dfrac{9}{2}$ を満たす正の奇数 x をすべて求めよ。

(2)　不等式 $5(x-a) \leqq -2(x-3)$ を満たす最大の整数が2であるとき，定数 a の値の範囲を求めよ。

ズーム UP 不等式の整数解の問題における注意点

例題 33 (1) で，求める整数の個数は 20−10=10 (個) ではないのですか？

不等式を満たす整数の個数の求め方

m，n が整数で $m<n$ のとき，$m \leqq x \leqq n$ を満たす整数の個数は　$n-(m-1)=\boldsymbol{n-m+1}$ **(個)**　である。

+1 がつくことに注意

例　$10 \leqq x \leqq 20$ を満たす整数の個数は　$20-(10-1)=20-10+1$ (個)

……，9，10，11，……，20

$20-9=20-(10-1)$

整数解に関する条件を満たす定数の値の範囲

例題 33 (2) で，不等号に等号がつく場合とつかない場合の違いがわかりにくいです。どのように考えればよいですか？

例　(1)　$2 \leqq x \leqq a$ を満たす整数がちょうど 3 個となるためには，最大の整数 4 が含まれて，5 が含まれないような a の値の範囲を定めればよい。

a の値を変化させながら整数の個数を調べてみると，次のようになる。

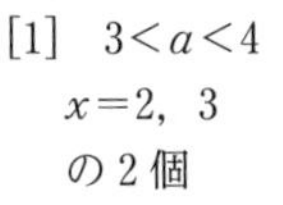
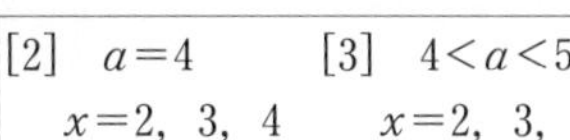
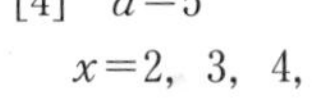

[1]　$3<a<4$	[2]　$a=4$	[3]　$4<a<5$	[4]　$a=5$	[5]　$5<a<6$
$x=2$，3	$x=2$，3，4	$x=2$，3，4	$x=2$，3，4，5	$x=2$，3，4，5
の 2 個	の 3 個	の 3 個	の 4 個	の 4 個

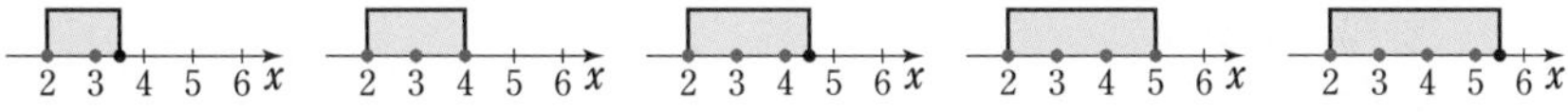

[1]～[5] から，適する a の値の範囲は $4 \leqq a<5$ であることがわかる。

注意　$x \leqq a$ に等号がついているので，$a=4$ のとき $x \leqq 4$ であるから $x=4$ も含まれる。

(2)　$2 \leqq x<a$ を満たす整数がちょうど 3 個 ($x=2$，3，4) となるためには，a の値を変化させながら整数の個数を調べてみると，次のようになる。

[1]　$3<a<4$	[2]　$a=4$	[3]　$4<a<5$	[4]　$a=5$	[5]　$5<a<6$
$x=2$，3	$x=2$，3	$x=2$，3，4	$x=2$，3，4	$x=2$，3，4，5
の 2 個	の 2 個	の 3 個	の 3 個	の 4 個

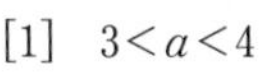
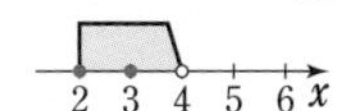

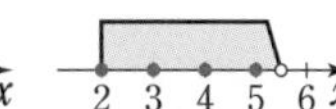

[1]～[5] から，適する a の値の範囲は $4<a \leqq 5$ であることがわかる。

注意　$x<a$ に等号がついていないので，$a=4$ のとき $x<4$ であり，$x=4$ は含まれない。

例題 33 (2) のように不等式を満たす最大 (または最小) の整数を考える場合は，a がちょうどその端点の値をとるときを具体的に考えて，等号の有無をきちんと判断するようにしましょう。

1章 4 1次不等式

基本 例題 34 絶対値を含む方程式・不等式（基本）

次の方程式・不等式を解け。

(1) $|2-x|=4$　(2) $|2x+1|=7$　(3) $|x-2|<4$　(4) $|x-2|>4$

p.55 基本事項 4

CHART & SOLUTION

絶対値を含むときは，**場合分け** をして絶対値記号をはずすのが基本であるが，この例題の(1)～(4)の右辺はすべて正の定数であるから，次のことを利用して解く。

$c>0$ のとき　方程式 $|x|=c$ を満たす x の値は　$x=\pm c$
不等式 $|x|<c$ を満たす x の値の範囲は　$-c<x<c$
不等式 $|x|>c$ を満たす x の値の範囲は　$x<-c,\ c<x$

解答

(1) $|2-x|=|x-2|$ であるから　$|x-2|=4$

よって　$x-2=\pm 4$

すなわち　$x-2=4$ または $x-2=-4$

したがって　$\boldsymbol{x=6,\ -2}$

⇐ $|-A|=|A|$
⇐ $x-2=X$ とおくと $|X|=4$ よって $X=\pm 4$

(2) $|2x+1|=7$ から　$2x+1=\pm 7$

すなわち　$2x+1=7$ または $2x+1=-7$

したがって　$\boldsymbol{x=3,\ -4}$

⇐ $2x=6$ または $2x=-8$

(3) $|x-2|<4$ から　$-4<x-2<4$

各辺に 2 を加えて　$\boldsymbol{-2<x<6}$

⇐ $x-2<\pm 4$ は誤り！

(4) $|x-2|>4$ から　$x-2<-4,\ 4<x-2$

したがって　$\boldsymbol{x<-2,\ 6<x}$

⇐ $x-2>\pm 4$ は誤り！

INFORMATION

$|b-a|$ は数直線上の 2 点 A(a)，B(b) 間の距離ととらえることができるから（p.41 参照），$|x-2|$ は 2 点 A(2)，P(x) 間の距離を表す。よって，等式 $|x-2|=4$ と例題(3)，(4)の不等式を満たす x の値や範囲は，次の図のように表すことができる。

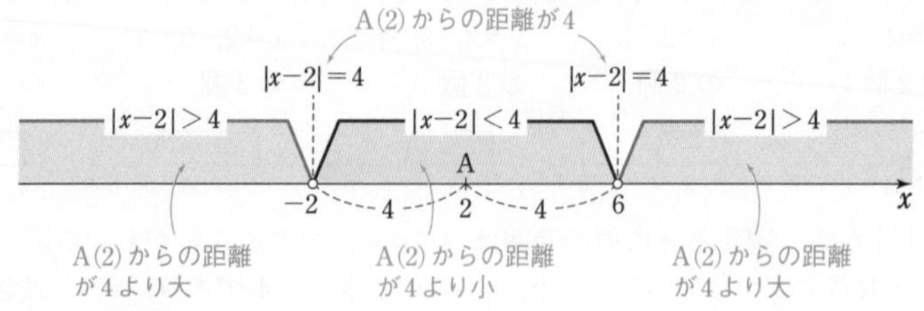

PRACTICE 34②

次の方程式・不等式を解け。

(1) $|2x-3|=5$　(2) $|x-3|>2$　(3) $3|1-x|\leqq 2$

基本 例題 35 絶対値を含む方程式(場合分け) ②②②②②

次の方程式を解け。
(1) $|3x+8|=5x$　　(2) $|x+1|+|x-1|=2x+8$

基本 22

CHART & SOLUTION

絶対値は　場合分け

(1) $|\ \ |=$(正の定数) ではないから，**基本例題 34** (1), (2) のようには解けない。そこで

$a \geqq 0$ **のとき** $|a|=a$,　$a<0$ **のとき** $|a|=-a$

により，場合分けをして絶対値記号をはずす。

⟶ **絶対値記号内の式** $3x+8$ **が** 0 **となる** x **の値が場合の分かれ目** になる。

なお，得られた解が **場合分けの条件を満たすかどうか** を必ずチェックすること。……❗

(2) 2つの絶対値記号内の式 $x+1$，$x-1$ が 0 となる x の値は，それぞれ -1，1 であるから，$x<-1$，$-1 \leqq x<1$，$1 \leqq x$ の3つの場合に分ける。

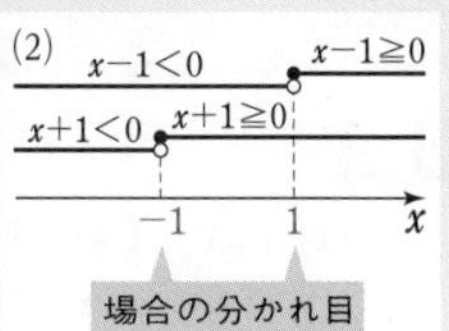

解答

(1) [1] $3x+8 \geqq 0$ すなわち $x \geqq -\dfrac{8}{3}$ のとき

方程式は　$3x+8=5x$　　これを解いて　$x=4$

❗ これは $x \geqq -\dfrac{8}{3}$ を満たす。

⇐ $|\ \ |$内の式$\geqq 0$ の場合。
$|3x+8|=3x+8$

[2] $3x+8<0$ すなわち $x<-\dfrac{8}{3}$ のとき

方程式は　$-(3x+8)=5x$　　これを解いて　$x=-1$

❗ これは $x<-\dfrac{8}{3}$ を満たさない。

⇐ $|\ \ |$内の式<0 の場合。
$|3x+8|=-(3x+8)$
↑ マイナスをつける

したがって，方程式の解は　**$x=4$**

(2) [1] $x<-1$ のとき　$-(x+1)-(x-1)=2x+8$

⇐ $x+1<0$，$x-1<0$

❗ これを解いて　$x=-2$　　これは $x<-1$ を満たす。

[2] $-1 \leqq x<1$ のとき　$(x+1)-(x-1)=2x+8$

⇐ $x+1 \geqq 0$，$x-1<0$

❗ これを解いて　$x=-3$　これは $-1 \leqq x<1$ を満たさない。

[3] $1 \leqq x$ のとき　$(x+1)+(x-1)=2x+8$

⇐ $x+1>0$，$x-1 \geqq 0$

❗ 整理すると $0 \cdot x=8$ となり，これを満たす x は存在しない。

したがって，方程式の解は　**$x=-2$**

inf. (1) $|3x+8| \geqq 0$ から　$5x \geqq 0$　すなわち　$x \geqq 0$　　よって，$3x+8 \geqq 0$ であるから $3x+8=5x$　と進めてもよい。このように，**$|A| \geqq 0$ の利用** が役立つ場合もある。

PRACTICE 35③

次の方程式を解け。
(1) $|x-3|=2x$　　(2) $|x|+2|x-1|=x+3$

基本 例題 36 絶対値を含む不等式（場合分け）

次の不等式を解け。

(1) $|2x-4|<x+1$　　　(2) $|x-2|+2|x+1|\leqq 6$

基本 35

CHART & SOLUTION

絶対値は　場合分け

基本例題 35 と同様，場合分けで絶対値記号をはずして解く。
絶対値記号内の式が 0 となる x の値が場合の分かれ目。
(2) 2 つの絶対値記号内の式が 0 となる x の値は 2，-1
よって，$x<-1$，$-1\leqq x<2$，$2\leqq x$ の 3 つの場合に分けて解く。

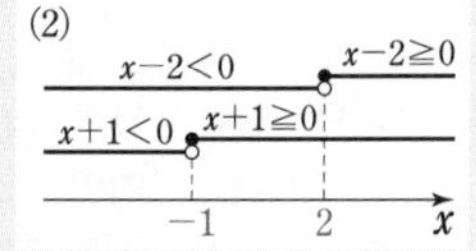

解答

(1) [1] $2x-4\geqq 0$ すなわち $x\geqq 2$ のとき，不等式は

$2x-4<x+1$　　よって　$x<5$

$x\geqq 2$ との共通範囲は　$2\leqq x<5$ …… ①

[2] $2x-4<0$ すなわち $x<2$ のとき，不等式は

$-(2x-4)<x+1$　すなわち　$-2x+4<x+1$

よって　$x>1$

$x<2$ との共通範囲は　$1<x<2$ …… ②

不等式の解は ① と ② を合わせた範囲で

$1<x<5$

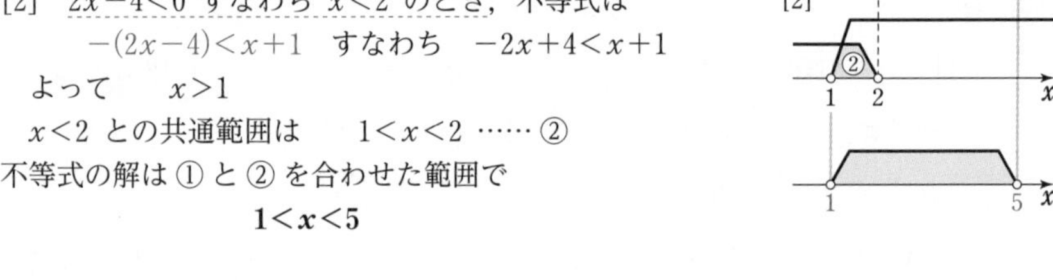

(2) [1] $x<-1$ のとき，不等式は

$-(x-2)-2(x+1)\leqq 6$

よって　$-3x\leqq 6$　　ゆえに　$x\geqq -2$

$x<-1$ との共通範囲は　$-2\leqq x<-1$ …… ①

[2] $-1\leqq x<2$ のとき，不等式は

$-(x-2)+2(x+1)\leqq 6$

よって　$x\leqq 2$

$-1\leqq x<2$ との共通範囲は　$-1\leqq x<2$ …… ②

[3] $2\leqq x$ のとき，不等式は　$x-2+2(x+1)\leqq 6$

よって　$3x\leqq 6$　　ゆえに　$x\leqq 2$

$2\leqq x$ との共通範囲は　$x=2$ …… ③

不等式の解は ①〜③ を合わせた範囲で　**$-2\leqq x\leqq 2$**

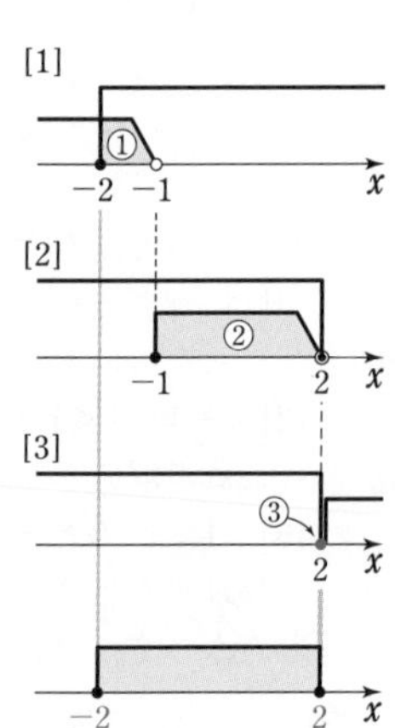

PRACTICE 36③

次の不等式を解け。　　［(1) 千葉工大］

(1) $|3x-4|<2x$　　(2) $3|x+1|\geqq x+5$　　(3) $3|x-3|+|x|<7$

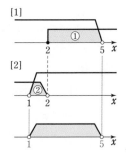

「共通範囲」か？「合わせた範囲」か？

例題 36 は，「共通範囲」を求める場面と「合わせた範囲」を求める場面があって複雑です。**例題 36** (1) をもとに，その違いについて見てみましょう。

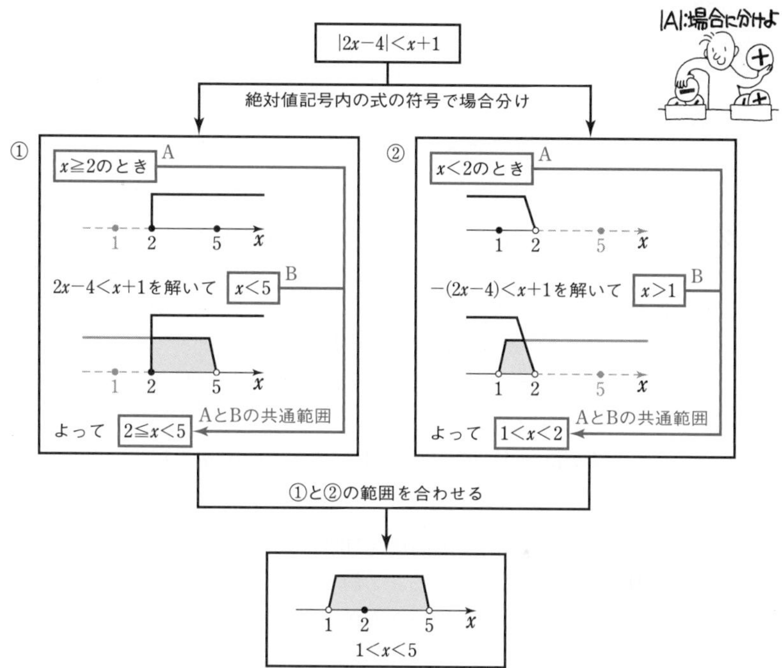

まず，絶対値記号をはずすために，実数全体を 2 つの場合 (① と ②) に分ける。
① と ② は，それぞれAを満たす範囲である。このAの範囲において絶対値記号をはずした不等式を解いて，解Bを得る。

AとBは「Aの条件を満たす範囲内で考えた解がB」の関係であり，AとBがともに成立 (すなわち「AかつB」が成立) しなければならない。⟶ **共通範囲** を求める。

一方，① と ② は「実数全体を 2 つに分けた」のだから，① と ② のいずれか一方が成立 (すなわち「① または ②」が成立) すればよい。⟶ **合わせた範囲** を求める。

絶対値を含む方程式・不等式は，次の流れで解きましょう。
　場合分けをして解く ⟶ その解のうち，場合分けの条件を
　満たすものを求める ⟶ 各場合の解を最後に合わせる

注意　「p かつ q」　を満たす範囲は p と q の共通範囲
　　　「p または q」を満たす範囲は p と q を合わせた範囲
を押さえておこう (「かつ」と「または」について，詳しくは第 2 章で学習する)。

EXERCISES　　4 1次不等式

A

25❷ 2つの数 a, b の値の範囲が $-2 \leqq a \leqq 1$, $0<b<3$ のとき，$\frac{1}{2}a-3b$ のとりうる値の範囲を求めよ。 → p.54 1, 2

26❷ 次の不等式を解け。

(1) $5(x-3)<3(2x-5)$　　(2) $0.2x-7.1>-0.5(x+3)$

(3) $\begin{cases} \dfrac{3x+4}{3}-\dfrac{x-2}{2}>x-\dfrac{1}{6} \\ -2(x-2)<x-5 \end{cases}$　　(4) $-\dfrac{2x+1}{6}<\dfrac{x+1}{2}<\dfrac{1}{4}x+\dfrac{1}{3}$

(5) $|5x-9| \leqq 3$　　(6) $\sqrt{(x-2)^2}>4$ → 29, 30, 34

27❷ 次の(1), (2)における不等式Ⓐを，順に①，②，③の式に変形し，③をⒶの解として導いた。解③は正しいか正しくないかを答えよ。正しくない場合は，Ⓐ⟶①，①⟶②，②⟶③のうちどの変形が正しくないかをいえ。ただし，a は実数の定数とする。

(1) Ⓐ：$\sqrt{2}x+3>2x+1$,　①：$(\sqrt{2}-2)x>-2$,　②：$x>\dfrac{-2}{\sqrt{2}-2}$,
③：$x>\sqrt{2}+2$

(2) Ⓐ：$a^2|x|-1<a^2-|x|$,　①：$(a^2+1)|x|<a^2+1$,　②：$|x|<1$,
③：$-1<x<1$ → 29, 34

28❸ あるデパートの友の会の会費は2000円で，会員はこのデパートの品物を7%引きで買うことができる。1個500円の品物を買うとき，何個以上買うと，友の会に入会して買った方が，入会せずに買うより合計金額が安くなるか。ただし，消費税は考えない。 → 32

29❸ x についての連立不等式 $\begin{cases} x>3a+1 \\ 2x-1>6(x-2) \end{cases}$ の解が，次の条件を満たすような定数 a の値の範囲を求めよ。 〔神戸学院大〕

(1) 解が存在しない。　　(2) 解に2が含まれる。

(3) 解に含まれる整数が3つだけとなる。 → 30, 33

B

30❹ ある物質を水で溶かした1%，5%，10%の水溶液がある。これら2種または3種の水溶液を混ぜ合わせて，7.3%の水溶液を100g作る場合，1%水溶液は何gまで使用することが可能か。また，10%水溶液の使用にはどのような制限があるか。 〔名城大〕 → 32

31❹ 次の方程式・不等式を解け。

(1) $||x-2|-1|=3$　　(2) $|2x-3| \leqq |3x+2|$ → 35, 36

HINT

30　1%，5%，10%の水溶液の使用量をそれぞれ xg, yg, zg とすると
$0.01x+0.05y+0.1z=7.3$, $x+y+z=100$, $x \geqq 0$, $y \geqq 0$, $z \geqq 0$　まず，文字を1個消去。

31　絶対値記号内の式が0になる x の値が場合の分かれ目。

数学I

集合と命題

Select Study

— スタンダードコース：教科書の例題をカンペキにしたいきみに

— パーフェクトコース：教科書を完全にマスターしたいきみに

— 大学入学共通テスト準備・対策コース ※基例…基本例題，番号…基本例題の番号

Start — 基例37 — 基例38 — 39 — 基例40 — 基例41 — 基例42 — 基例43 — 基例44 — 基例45 — 46

■ 例題一覧

	種類	番号	例題タイトル	難易度
5	基本	37	2つの集合と要素	2
	基本	38	不等式で表される集合	2
	基本	39	集合の要素の決定	3
	基本	40	3つの集合と要素	2
6	基本	41	命題の真偽	1
	基本	42	必要条件・十分条件	1
	基本	43	対偶を利用した命題の証明	2
	基本	44	背理法による証明	2
	基本	45	$\sqrt{3}$ が無理数であることの証明	3
	基本	46	有理数と無理数の関係	3
	補充	47	「すべて」と「ある」の命題の否定	3

5 集 合

基本事項

1 集合

① **集合と要素**　数学では，範囲がはっきりしたものの集まりを **集合** といい，集合を構成している１つ１つのものを，その集合の **要素** という。

要素　$\boldsymbol{x \in A}$　x が集合 A の要素であるとき，x は集合 A に **属する** といい，記号で $\boldsymbol{x \in A}$ と表す。

$\boldsymbol{x \notin A}$　x が A の要素でないことを $\boldsymbol{x \notin A}$ と表す。

② **集合の表し方**　集合を表すには，次の２つの方法がある。

(ア) **要素を１つ１つ書き並べる**

(イ) **要素の満たす条件を示す**

例えば，２から８までの偶数全体の集合を A とすると，次のような表し方がある。

(ア) $\boldsymbol{A=\{2,\ 4,\ 6,\ 8\}}$（↑ 要素の列挙）

(イ) $\boldsymbol{A=\{2n \mid 1 \leqq n \leqq 4,\ n}$ **は整数**$\boldsymbol{\}}$（↑ 要素の代表　↑ n の満たす条件）

また，集合の要素の個数が多い場合や，無限に多くの要素がある場合には，省略記号 …… を用いて次のように表すことがある。

200 以下の正の偶数全体の集合　$\{2,\ 4,\ 6,\ \cdots\cdots,\ 200\}$

正の奇数全体の集合　$\{1,\ 3,\ 5,\ \cdots\cdots\}$

③ **包含関係**　$\boldsymbol{A \subset B}$　$\boldsymbol{x \in A}$ **ならば** $\boldsymbol{x \in B}$ が成り立つとき，A は B の **部分集合** であるという。このとき，A は B に **含まれる**，または B は A を **含む** という。なお，A 自身も A の部分集合である。すなわち $A \subset A$ が成り立つ。

$\boldsymbol{A=B}$　A，B の要素がすべて一致しているとき，A と B は **等しい** という。$A=B$ が成り立つことは，「$A \subset B$ かつ $B \subset A$」が成り立つことと同じである。

④ **空 集 合**　$\boldsymbol{\varnothing}$　要素が１つもない集合。**空集合はすべての集合の部分集合**。

⑤ **共通部分**　$\boldsymbol{A \cap B}$　A と B のどちらにも属する要素全体の集合。

和 集 合　$\boldsymbol{A \cup B}$　A と B の少なくとも一方に属する要素全体の集合。

共通部分　$\boldsymbol{A \cap B \cap C}$　A，B，C のどれにも属する要素全体の集合。

和 集 合　$\boldsymbol{A \cup B \cup C}$　A，B，C の少なくとも１つに属する要素全体の集合。

例　$A=\{1,\ 2,\ 3\}$，$B=\{1,\ 3,\ 5,\ 6\}$，$C=\{1,\ 3,\ 4\}$ のとき

$A \cap B=\{1,\ 3\}$

$A \cup B=\{1,\ 2,\ 3,\ 5,\ 6\}$

$A \cap B \cap C=\{1,\ 3\}$

$A \cup B \cup C=\{1,\ 2,\ 3,\ 4,\ 5,\ 6\}$

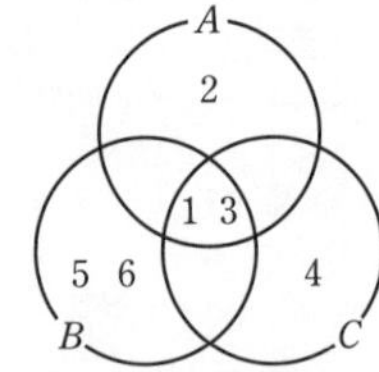

⑥ **補集合**　$\overline{A}$　[1]　**全体集合 U** の部分集合 A に対して，A に属さない U の要素全体の集合。

[2]　$A\cap\overline{A}=\varnothing$，$A\cup\overline{A}=U$，$\overline{\overline{A}}=A$

[3]　$A\subset B$ ならば $\overline{A}\supset\overline{B}$

[2]

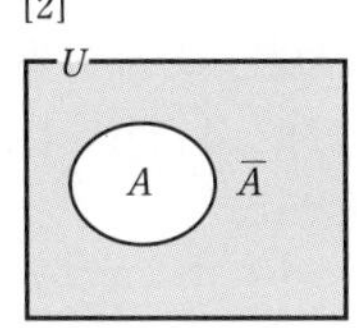

[3] $A\subset B$ のとき

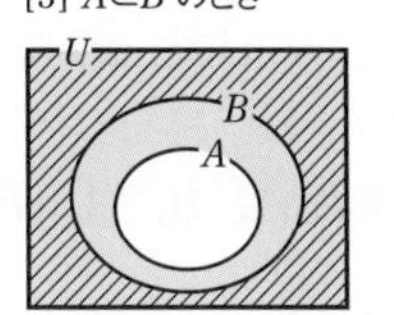

⑦ **ド・モルガンの法則**　$\overline{A\cup B}=\overline{A}\cap\overline{B}$，$\overline{A\cap B}=\overline{A}\cup\overline{B}$

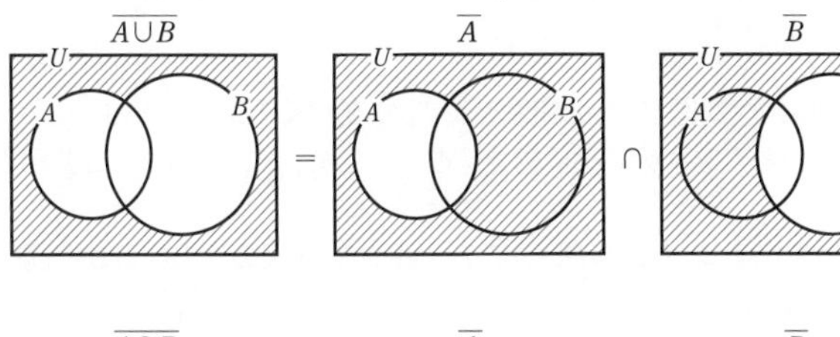

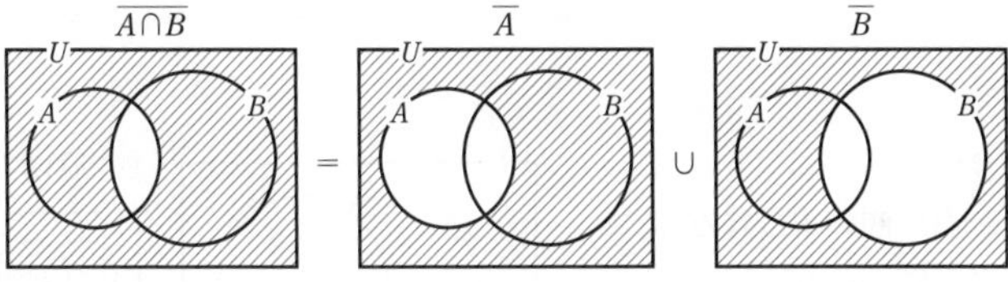

CHECK & CHECK

14　集合 $A=\{8,\ 12\}$，$B=\{4n\,|\,1\leqq n\leqq 6,\ n$ は整数$\}$ について

(1)　集合 B を，要素を書き並べて表せ。

(2)　集合 A，B の間に成り立つ関係は A □ B である。□ の中に記号 $\subset$ または $\supset$ または $=$ を入れよ。　1

15　$A=\{x\,|\,x$ は 36 の正の約数$\}$，$B=\{x\,|\,x$ は 10 以下の自然数$\}$ のとき，集合 $A\cap B$ を，要素を書き並べて表せ。　1

16　$U=\{1,\ 2,\ 3,\ 4,\ 5,\ 6,\ 7\}$ を全体集合とする。U の部分集合 $A=\{1,\ 3,\ 5\}$，$B=\{2,\ 5,\ 6\}$ について，次の集合を求めよ。

(1)　$A\cap B$　　(2)　$A\cup B$　　(3)　$\overline{A}$　1

17　$U=\{1,\ 2,\ 3,\ 4,\ 5,\ 6,\ 7,\ 8,\ 9\}$ を全体集合とする。U の部分集合 $A=\{2,\ 4,\ 6,\ 7\}$，$B=\{1,\ 2,\ 3,\ 5,\ 6\}$，$C=\{1,\ 3,\ 6,\ 7,\ 8\}$ について，次の集合を求めよ。

(1)　$A\cap B$　　(2)　$\overline{A}\cup\overline{B}$

(3)　$A\cap B\cap C$　　(4)　$A\cup B\cup C$　1

基本 例題 37 2つの集合と要素 ②②②②②

(1) $U=\{1, 2, 3, 4, 5, 6, 7\}$ を全体集合とする。U の部分集合 $A=\{1, 4\}$, $B=\{2, 4, 5, 6\}$ について，集合 $\overline{A}\cap B$, $A\cup\overline{B}$, $\overline{A\cup B}$ を求めよ。

(2) 全体集合 $U=\{x \mid 1\leqq x\leqq 10,\ x$ は整数$\}$ の部分集合 A, B について，$A\cap B=\{3, 6, 8\}$, $\overline{A}\cap\overline{B}=\{4, 5, 7\}$, $A\cap\overline{B}=\{1, 10\}$ とする。このとき，集合 A, B, $A\cup B$ を求めよ。

p.68 基本事項 1

CHART & SOLUTION

集合の要素

ベン図の活用

集合に関する問題は，**ベン図**（集合の関係を表す図）**をかく**とわかりやすい。……❶

(1) まず，$A\cap B$ の要素を求めて図に書き込む。そして，A, B の残りの要素を書き込んでいく。

(2) 要素のわかっている集合 $A\cap B$, $\overline{A}\cap\overline{B}$, $A\cap\overline{B}$ が図のどの部分かを調べて，その要素を図に書き込んでいく。

解答

(1) $A\cap B=\{4\}$

❶ よって，右の図のようになり

$\overline{A}\cap B=\{2, 5, 6\}$

$A\cup\overline{B}=\{1, 3, 4, 7\}$

$\overline{A\cup B}=\{3, 7\}$

❶ (2) $U=\{1, 2, 3, \cdots\cdots, 10\}$

条件から，右の図のようになり

$A=\{1, 3, 6, 8, 10\}$

$B=\{2, 3, 6, 8, 9\}$

$A\cup B$

$=\{1, 2, 3, 6, 8, 9, 10\}$

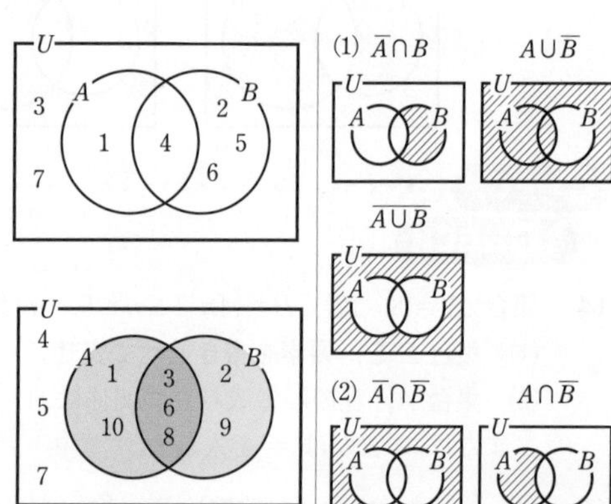

PRACTICE 37②

(1) $U=\{1, 2, 3, 4, 5, 6, 7, 8\}$ を全体集合とする。U の部分集合 $A=\{2, 5, 6\}$, $B=\{1, 3, 5\}$ について，集合 $A\cap\overline{B}$, $\overline{A}\cup B$ を求めよ。

(2) 1桁の自然数を全体集合 U とし，その2つの部分集合 A, B について，$\overline{A}\cap B=\{3, 9\}$, $A\cap\overline{B}=\{2, 4, 8\}$, $\overline{A}\cap\overline{B}=\{1, 5, 7\}$ が成り立つとき，集合 A, B を求めよ。

基本 例題 38 不等式で表される集合

実数全体を全体集合とし，$A=\{x|-2\leqq x<6\}$，$B=\{x|-3\leqq x<5\}$，
$C=\{x|k-5\leqq x\leqq k+5\}$（$k$ は定数）とする。
(1) 次の集合を求めよ。
(ア) $A\cap B$ (イ) $A\cup B$ (ウ) $\overline{B}$ (エ) $A\cup\overline{B}$
(2) $A\subset C$ となる k の値の範囲を求めよ。

p.68 基本事項 1

CHART & SOLUTION

不等式で表された集合の問題　数直線を利用

集合の要素が不等式で表されているときは，集合の関係を **数直線を利用** して表すとよい。
その際，端の点を含む（≦，≧）ときは●
含まない（<，>）ときは○
で表しておくと，等号の有無がわかりやすくなる（p.55 参照）。
例えば，$P=\{x|2\leqq x<5\}$ は右の図のように表す。

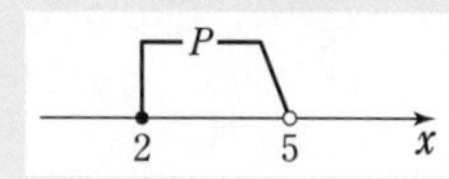

解答

(1) 右の図から

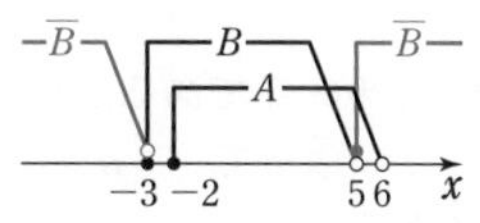

(ア) $\boldsymbol{A\cap B=\{x|-2\leqq x<5\}}$
(イ) $\boldsymbol{A\cup B=\{x|-3\leqq x<6\}}$
(ウ) $\boldsymbol{\overline{B}=\{x|x<-3,\ 5\leqq x\}}$
(エ) $\boldsymbol{A\cup\overline{B}=\{x|x<-3,\ -2\leqq x\}}$

⇦ 補集合を考えるとき端の点に注意する。
○の補集合は●
●の補集合は○

(2) $A\subset C$ となるための条件は
$k-5\leqq -2$ …… ①
$6\leqq k+5$ …… ②
が同時に成り立つことである。
① から　$k\leqq 3$　② から　$1\leqq k$
共通範囲を求めて　$\boldsymbol{1\leqq k\leqq 3}$

C
A
x
k−5 −2 6 k+5

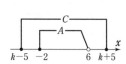

⇦ $k=1$ のとき
$C=\{x|-4\leqq x\leqq 6\}$
$k=3$ のとき
$C=\{x|-2\leqq x\leqq 8\}$
であり，ともに $A\subset C$ を満たしている。

INFORMATION

(2) において，$C'=\{x|k-5<x<k+5\}$ であるとき，
$A\subset C'$ となるための条件は　$k-5<-2$　かつ　$6\leqq k+5$
すなわち，$1\leqq k<3$ となる。等号の有無に注意しよう。

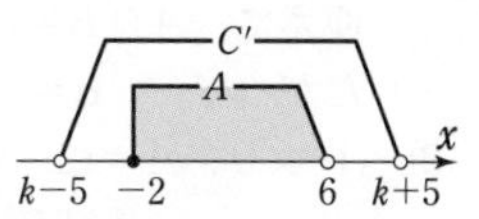

PRACTICE 38❷

実数全体を全体集合とし，$A=\{x|-1\leqq x<5\}$，$B=\{x|-3<x\leqq 4\}$，
$C=\{x|k-6<x<k+1\}$（k は定数）とする。
(1) 次の集合を求めよ。
(ア) $A\cap B$ (イ) $A\cup B$ (ウ) $\overline{A}$ (エ) $\overline{A}\cup B$
(2) $A\subset C$ となる k の値の範囲を求めよ。

基本例題 39　集合の要素の決定

整数を要素とする 2 つの集合 A, B を $A=\{2,\ 5,\ a^2\}$,
$B=\{4,\ a-1,\ a+b,\ 9\}$ とする。また, $A\cap B=\{5,\ 9\}$ とする。
(1) 定数 a, b の値を求めよ。
(2) $A\cup B$ を求めよ。　〔類　広島修道大〕　p.68 基本事項 1

CHART & THINKING

集合の要素の決定　$x\in A\cap B$ ならば $x\in A$ かつ $x\in B$

(1) 集合 A, B の共通部分 $A\cap B$ は, A, B それぞれの部分集合であるから,
　$A\cap B$ の要素 5 について　$5\in A$ かつ $5\in B$
　$A\cap B$ の要素 9 について　$9\in A$ かつ $9\in B$
である。このうち, $5\in A$ および $9\in B$ であることはわかっているから, 残りの $9\in A$ かつ $5\in B$ が成り立つための条件を考えよう。

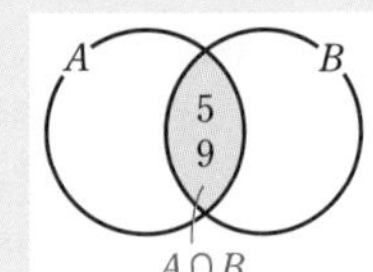

(2) (1)の結果を利用する。

解答

(1) $A\cap B=\{5,\ 9\}$ より, $9\in A$ であるから
　$a^2=9$ ……①　　よって　$a=\pm3$
　同様に, $5\in B$ であるから
　$a-1=5$ ……②　または　$a+b=5$ ……③
　② から　$a=6$　　これは ① を満たさず, 不適。
　[1] $a=3$ のとき, ③ から　$3+b=5$
　　よって　$b=2$
　　このとき　$A=\{2,\ 5,\ 9\}$, $B=\{4,\ 2,\ 5,\ 9\}$
　　ゆえに, $A\cap B=\{2,\ 5,\ 9\}$ となり, 適さない。
　[2] $a=-3$ のとき, ③ から　$-3+b=5$
　　よって　$b=8$
　　このとき　$A=\{2,\ 5,\ 9\}$, $B=\{4,\ -4,\ 5,\ 9\}$
　　ゆえに, $A\cap B=\{5,\ 9\}$ となり, 適する。
　したがって　$\boldsymbol{a=-3,\ b=8}$
(2) (1)より, $A=\{2,\ 5,\ 9\}$, $B=\{4,\ -4,\ 5,\ 9\}$ であるから
　$\boldsymbol{A\cup B=\{-4,\ 2,\ 4,\ 5,\ 9\}}$

⇐ 条件から $5\in A$, $9\in B$ はわかっている。

⇐ 以下, ③ の条件を考える。

⇐ 求めた a の値に対し, 条件を満たすかどうか確認する。
2 も $A\cap B$ の要素となり, 条件に適さない。

PRACTICE 39③

整数を要素とする 2 つの集合 $A=\{2,\ 6,\ 5a-a^2\}$, $B=\{3,\ 4,\ 3a-1,\ a+b\}$ がある。
また, $A\cap B=\{4,\ 6\}$ とする。
(1) 定数 a, b の値を求めよ。
(2) $A\cup B$ を求めよ。

基本 例題 40　3つの集合と要素

全体集合を $U=\{a, b, c, d, e, f, g, h, i\}$，その部分集合 A，B，C をそれぞれ $A=\{a, b, c, d\}$，$B=\{b, d, f, h\}$，$C=\{c, d, e, f\}$ とする。このとき，次の集合をそれぞれ求めよ。

(1) $A\cup B$，$\overline{A\cup C}$，$\overline{A\cap B}$

(2) $A\cup B\cup C$，$(A\cup C)\cap B$，$\overline{(A\cap B)\cup C}$　〔追手門学院大〕

p.68 基本事項 1，基本 37

CHART & SOLUTION

集合の要素

ベン図の活用

2つの集合の要素を考える（基本例題 37）ときと同様に，3つの集合の要素を考えるときもベン図をかくとわかりやすい。

3つの集合 A，B，C の要素をベン図に書き込むときは，

まず，$A\cap B\cap C$，次に $A\cap B$，$B\cap C$，$C\cap A$ の順に書いていくとスムーズである。

解答

(1) $A\cap B\cap C=\{d\}$，$A\cap B=\{b, d\}$

$B\cap C=\{d, f\}$，$C\cap A=\{c, d\}$

よって，右の図のようになり，

$\boldsymbol{A\cup B=\{a, b, c, d, f, h\}}$

$\boldsymbol{\overline{A\cup C}=\{g, h, i\}}$

$\boldsymbol{\overline{A\cap B}=\{a, c, e, f, g, h, i\}}$

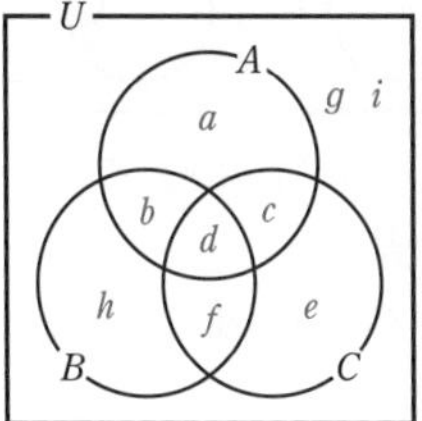

(2) 図から

$\boldsymbol{A\cup B\cup C=\{a, b, c, d, e, f, h\}}$

$\boldsymbol{(A\cup C)\cap B=\{b, d, f\}}$

$\boldsymbol{\overline{(A\cap B)\cup C}=\{a, g, h, i\}}$

inf. 次の等式を**分配法則**という。

$(A\cap B)\cup C=(A\cup C)\cap(B\cup C)$

$(A\cup B)\cap C=(A\cap C)\cup(B\cap C)$

別解 (2) $(A\cup C)\cap B$ を求めるときには，分配法則 $(A\cup C)\cap B=(A\cap B)\cup(B\cap C)$ を利用して考えてもよい。

⇐ $(A\cap B)\cup C=\{b, c, d, e, f\}$

PRACTICE 40②

集合Uを1から9までの自然数の集合とする。Uの部分集合 A，B，C について，次のことが成り立っている。

$B=\{1, 4, 8, 9\}$，$A\cup B=\{1, 2, 4, 5, 7, 8, 9\}$，

$A\cup C=\{1, 2, 4, 5, 6, 7, 9\}$，$A\cap B=\{4, 9\}$，$A\cap C=\{7\}$，$B\cap C=\{1\}$，

$A\cap B\cap C=\varnothing$

(1) 集合 A を求めよ。

(2) 集合 $\overline{B}\cap\overline{C}$ を求めよ。

EXERCISES　5 集合

A

32❷ $\{0,\ 1,\ 2\}$ の部分集合をすべて書け。 → p.68 1

33❷ A を有理数全体の集合，B を無理数全体の集合，空集合を $\varnothing$ と表す。次の $\square$ の中に集合の記号 $\in$，$\ni$，$\subset$，$\supset$，$\cup$，$\cap$ の中から適するものを入れよ。

(1) $A\ \square\ \{0\}$　　(2) $\sqrt{28}\ \square\ B$

(3) $A=\{0\}\ \square\ A$　　(4) $\varnothing=A\ \square\ B$　〔類 センター試験〕

→ p.68 1

34❸ $U=\{x\,|\,x$ は 15 以下の正の整数$\}$ を全体集合とする。U の部分集合 A，B，C について，$A=\{x\,|\,x$ は 3 の倍数，$x\in U\}$，$C=\{2,\ 3,\ 5,\ 7,\ 9,\ 11,\ 13,\ 15\}$ であり，$C=(A\cup B)\cap(\overline{A\cap B})$ が成り立っている。

(1) 集合 A を要素を書き並べる形で表せ。

(2) 斜線部分が集合 C を表している図として最も適当なものを，次の⓪～③の中から1つ選べ。

⓪
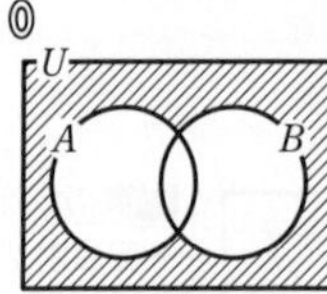

①
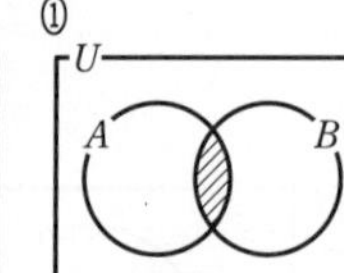

②
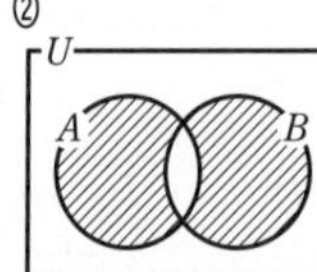

③
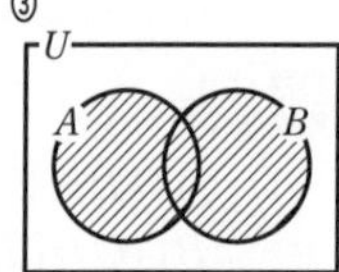

(3) $A\cap B=A\cap\overline{C}$ であることに注意して，集合 $A\cap B$ を要素を書き並べる形で表せ。

(4) 集合 B の要素の個数と，B の要素のうち最大のものを求めよ。

〔類 共通テスト〕 → 37, 39

B

35❸ 次の実数の部分集合に関する問いに答えよ。〔(1) 流通科学大〕

(1) 2つの集合 $A=\{3,\ 5,\ a^2+5a+13\}$，$B=\{a-1,\ a+2,\ |a|,\ a^2+2a+4\}$ について，$A\cap B=\{3,\ 7\}$ であるように，a の値を定め，$A\cup B$ を求めよ。

(2) $A=\{x\,|\,|x|<2\}$，$B=\{x\,|\,|x-a|<3\}$ とする。$A\cap B=A$ となるための a に関する条件を求めよ。

(3) $C=\{x\,|\,|x|\leqq b,\ x$ は整数$\}$ のとき，(2) の A に対して $\overline{A}\cap C$ の要素の個数が 4 個であるように，b の値の範囲を定めよ。 → 38, 39

36❹ 9 で割り切れる整数全体の集合を A，15 で割り切れる整数全体の集合を B とする。$C=\{x+y\,|\,x\in A,\ y\in B\}$ とするとき，C は 3 で割り切れる整数全体の集合と一致することを示せ。〔東京女子大〕 → p.68 1

HINT

34 (4) (2)，(3) の結果を利用して $\overline{A\cup B}$ の要素を求めるとよい。

35 (2)，(3) **絶対値を含む不等式** ($p.55$)

$c>0$ のとき，不等式 $|x|<c$ を満たす x の値の範囲は $-c<x<c$

36 3 で割り切れる整数全体の集合を D として $C\subset D$，$C\supset D$ を示す。

6 論理と集合

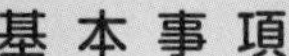

基本事項

1 命題と条件

文や式で表された事柄で，正しい（**真** である）か正しくない（**偽** である）かが定まるものを **命題** という。また，文字 x を含んだ文や式で，文字に値を代入することで真偽が定まるものを，x に関する **条件** という。2つの条件 p，q について，「**p ならば q**」すなわち $\boldsymbol{p \Longrightarrow q}$ の形で表される命題では，p を **仮定**，q を **結論** という。

また，「p ならば q　かつ　q ならば p」を $\boldsymbol{p \Longleftrightarrow q}$ と書く。

注意　以下，「命題が真であることを証明する」を単に「命題を証明する」と表現している。

2 条件と集合

条件 p を満たすもの全体の集合を P，条件 q を満たすもの全体の集合を Q とする。このとき，次のことが成り立つ。

「$\boldsymbol{p \Longrightarrow q}$ **が真**」$\Longleftrightarrow$ $\boldsymbol{P \subset Q}$

「$\boldsymbol{p \Longleftrightarrow q}$ **が真**」$\Longleftrightarrow$ $\boldsymbol{P = Q}$

$p \Longrightarrow q$ が偽であるとは，P の中に q を満たさない要素（Q からはみ出す要素）が少なくとも1つあるということである。そのはみ出す要素を **反例** という（右図参照）。

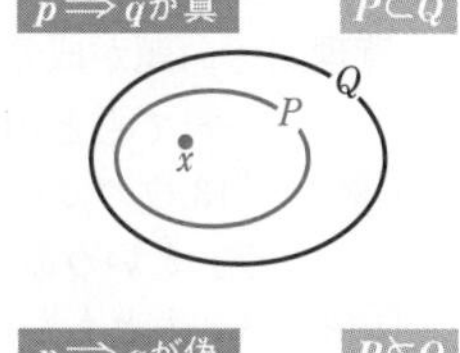

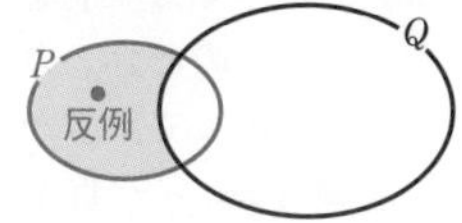

3 必要条件と十分条件

2つの条件 p，q において

① $p \Longrightarrow q$ が真であるとき　　q は p であるための　**必要条件**

p は q であるための　**十分条件**

② $p \Longrightarrow q$ と $q \Longrightarrow p$ がともに真である（$p \Longleftrightarrow q$ が成り立つ）とき

q は p（p は q）であるための　**必要十分条件**

このとき，p と q は互いに **同値** であるという。

補足　① q は p から **必然的に導かれる結論** ⟶ q は p であるための **必要条件**

p は q が成り立つには **十分な仮定** ⟶ p は q であるための **十分条件**

ととらえると理解しやすい。

そこで，これを重（十）要と覚えておこう。　　**（十分）⟹（必要）**

4 集合と必要条件・十分条件

条件 p，q を満たすもの全体の集合を，それぞれ P，Q とすると，次のことが成り立つ。

「$p \Longrightarrow q$ が真」$\Longleftrightarrow$ $\boldsymbol{P \subset Q}$ $\Longleftrightarrow$ **p は q の十分条件，q は p の必要条件**

「$p \Longleftrightarrow q$ が真」$\Longleftrightarrow$ $\boldsymbol{P = Q}$ $\Longleftrightarrow$ **p と q は互いに同値**

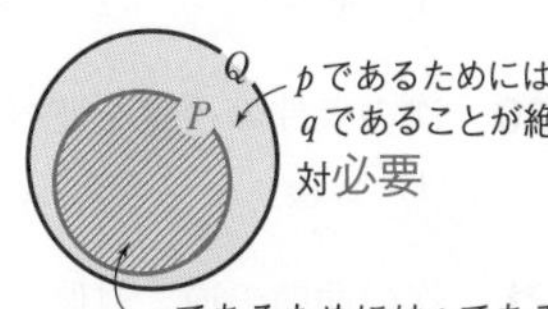

5 条件の否定

条件 p の **否定**（p でない，という条件）を $\overline{p}$ で表す。$\overline{\overline{p}}$，すなわち，$\overline{p}$ の否定は，明らかに p である。また，条件 p，q について次のことが成り立つ。

$\overline{p \text{ かつ } q}$（「$p$ かつ q」の否定）　$\Longleftrightarrow$　$\overline{p}$ または $\overline{q}$

$\overline{p \text{ または } q}$（「$p$ または q」の否定）$\Longleftrightarrow$　$\overline{p}$ かつ $\overline{q}$

6 逆・対偶・裏

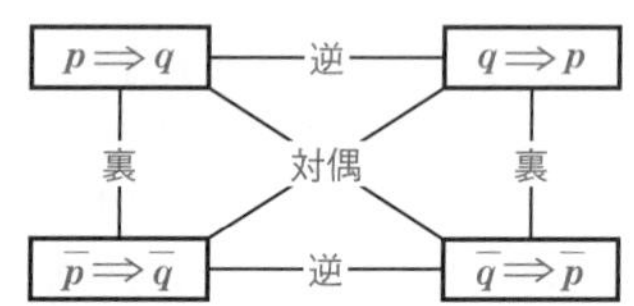

① 命題 $p \Longrightarrow q$ に対し

$q \Longrightarrow p$ を　**逆**，　$\overline{q} \Longrightarrow \overline{p}$ を　**対偶**，

$\overline{p} \Longrightarrow \overline{q}$ を　**裏**　という。

② **命題の真偽とその対偶の真偽は一致する。**

命題の真偽とその逆，裏の真偽は必ずしも一致しない。

7 背理法

背理法　命題が成り立たないと仮定すると矛盾が導かれることを示し，そのことによってもとの命題が真であることを証明する方法。

例　「13 枚のカードを A，B，C の 3 人で分けるとき，少なくとも 1 人は 5 枚以上もらう」という命題を背理法で証明する。

証明　「3 人とももらうカードは 5 枚より少ない」と仮定すると，3 人それぞれが，最も多くカードをもらう場合は　A：4 枚，B：4 枚，C：4 枚
このとき，カードの合計は 12 枚にしかならず，“13 枚” に矛盾する。
よって，誰か 1 人は 5 枚以上もらう。

命題 $p \Longrightarrow q$ が真であることを証明する場合に，仮定から順に推論を進め，結論を導く証明方法を **直接証明法** という。これに対し背理法や対偶を利用する証明のように，仮定から間接的に結論を導く証明法を **間接証明法** という。

CHECK & CHECK

18　次の ①～③ のうち，命題であるものを選び，その真偽を答えよ。

① 100 は大きい数である。　② 28 の正の約数の個数は 6 である。

③ 自然数 n が 4 の倍数かつ 6 の倍数であれば，n は 24 の倍数である。　→ 1

19　実数 x に対し $x^2=4$ であるための (1) 必要条件であるが十分条件でないもの (2) 十分条件であるが必要条件でないもの (3) 必要十分条件であるものを，次の ①～③ からそれぞれ選べ。

① $x=2$　② $x=-2$ または $x=2$　③ $|x|>0$　→ 3

20　次の条件の否定を述べよ。

(1) $x \geqq y$　(2) $x \leqq 2$ または $x>4$　(3) $x \neq 1$ かつ $y \neq 1$　→ 5

21　次の命題の逆，対偶，裏を述べよ。

$x+y \leqq 4$ ならば「$x \leqq 2$ または $y \leqq 2$」である　→ 6

基本 例題 41 命題の真偽

次の命題の真偽を調べよ。ただし，(2)，(3) は集合を用いて調べよ。

(1) 実数 a，b について，$a^2=b^2$ ならば $a=b$

(2) 実数 x について，$|x|<3$ ならば $x<3$

(3) 実数 x について，$x<1$ ならば $|x|<1$

p.75 基本事項 1，2

CHART & SOLUTION

命題の真偽

1 真をいうなら証明　偽をいうなら反例

2 含まれるなら真　　はみ出すなら偽

実数の集合を扱うときは，数直線を利用して調べるとよい。

(2)，(3) 条件 p，q を満たすもの全体の集合を，それぞれ P，Q とする。

「$p \Longrightarrow q$ が真」$\Longleftrightarrow$ $P \subset Q$ が成り立つ

「$p \Longrightarrow q$ が偽」$\Longleftrightarrow$ $P \subset Q$ は成り立たない

解答

(1) $a=-1$，$b=1$ のとき $a^2=b^2$ であるが，$a=b$ でない。
よって，命題は **偽**

(2) $P=\{x \mid |x|<3\}$，$Q=\{x \mid x<3\}$ とする。
$P=\{x \mid -3<x<3\}$ であるから，
$P \subset Q$ が成り立つ。
よって，命題は **真**

(3) $P=\{x \mid x<1\}$，$Q=\{x \mid |x|<1\}$ とする。
$Q=\{x \mid -1<x<1\}$ であるから，
$P \subset Q$ は成り立たない。
よって，命題は **偽**

⇦ 反例は $a=2$，$b=-2$ などでもよい。

⇦ 絶対値を含む不等式 ($p.55$)
$c>0$ のとき
$|x|<c \Longleftrightarrow -c<x<c$

⇦ 問題文に「集合を用いて」と書いてなければ
偽：反例 $x=-2$
などと答えてもよい。

INFORMATION

例えば，(1) で，$a=1$，$b=1$ のとき成り立つから真，とするのは **誤り！**
「$p \Longrightarrow q$ が真」をいうには，条件 p を満たすすべてのものが条件 q を満たすことを示す必要がある。逆に，命題が成り立たない例（反例）が 1 つでもあれば偽となる。

PRACTICE 41①

次の命題の真偽を調べよ。ただし，(2)，(3) は集合を用いて調べよ。

(1) 実数 a，b について，$a<1$，$b<1$ ならば $ab<1$

(2) 実数 x について，$|x|>2$ ならば $x>2$

(3) 実数 x について，$|x+2|<1$ ならば $|x|<3$

基本 例題 42　必要条件・十分条件

x, y は実数とする。次の □ に当てはまるものを，下の (ア)～(エ) から選べ。

(1) $xy=0$ は $x=0$ であるための □。

(2) $xy\neq 0$ は $x\neq 0$ であるための □。

(3) $xy>1$ は $x>1$ であるための □。

(4) △ABC の 3 辺が等しいことは，△ABC の 3 つの角が等しいための □。

(ア) 必要十分条件である　(イ) 必要条件であるが十分条件ではない

(ウ) 十分条件であるが必要条件ではない

(エ) 必要条件でも十分条件でもない

p.75 基本事項 3

CHART & SOLUTION

条件の見分け方　まず $p \Longrightarrow q$ の形に書く

必要条件か十分条件かの判定は，$p \Longrightarrow q$ と $q \Longrightarrow p$ の真偽を調べればよい。

$p \overset{○}{\Longrightarrow} q$，$p \overset{×}{\Longleftarrow} q$ ： **p は十分条件**

$p \overset{×}{\Longrightarrow} q$，$p \overset{○}{\Longleftarrow} q$ ： **p は必要条件**

$p \overset{○}{\Longrightarrow} q$，$p \overset{○}{\Longleftarrow} q$ ： **p は必要十分条件**

○ は真
× は偽

注意して

解答

(1) $xy=0 \Longrightarrow x=0$ は 偽 （反例：$x=1$, $y=0$）
　$x=0 \Longrightarrow xy=0$ は 真　よって　(イ)

(2) $xy\neq 0 \Longrightarrow x\neq 0$ は 真
　$x\neq 0 \Longrightarrow xy\neq 0$ は 偽 （反例：$x=1$, $y=0$）
　よって　(ウ)

(3) $xy>1 \Longrightarrow x>1$ は 偽 （反例：$x=y=-2$）
　$x>1 \Longrightarrow xy>1$ は 偽 （反例：$x=2$, $y=-1$）
　よって　(エ)

(4) p：△ABC の 3 辺は等しい　q：△ABC の 3 つの角は等しい　とする。
　($p \Longrightarrow q$) △ABC において　AB=BC=CA
　　AB=BC から　∠C=∠A　　BC=CA から　∠A=∠B
　　よって　∠A=∠B=∠C　　ゆえに，$p \Longrightarrow q$ は 真
　($q \Longrightarrow p$) △ABC において　∠A=∠B=∠C
　　∠A=∠B から　BC=CA　　∠B=∠C から　CA=AB
　　よって　AB=BC=CA　　ゆえに，$q \Longrightarrow p$ は 真　したがって　(ア)

(1) $xy=0 \underset{○}{\overset{×}{\rightleftarrows}} x=0$

(2) $xy\neq 0 \underset{×}{\overset{○}{\rightleftarrows}} x\neq 0$

(3) $xy>1 \underset{×}{\overset{×}{\rightleftarrows}} x>1$

(4) $p \underset{○}{\overset{○}{\rightleftarrows}} q$

PRACTICE 42①

文字はすべて実数とする。次の □ に当てはまるものを，上の例題の (ア)～(エ) から選べ。

(1) $x=2$ は $x^2-5x+6=0$ であるための □。

(2) $ac=bc$ は $a=b$ であるための □。

(3) $a=b$ は $a^2+b^2=2ab$ であるための □。

基本 例題 43 対偶を利用した命題の証明

文字はすべて実数とする。対偶を考えて，次の命題を証明せよ。

(1) $x+y=2$ ならば「$x\leqq 1$ または $y\leqq 1$」

(2) $a^2+b^2\geqq 6$ ならば「$|a+b|>1$ または $|a-b|>3$」

p.76 基本事項 6

CHART & SOLUTION

対偶の利用

命題の真偽とその対偶の真偽は一致することを利用

(1) $x+y=2$ を満たす x，y の組 (x, y) は無数にあるから，直接証明することは困難である。そこで，対偶が真であることを証明し，もとの命題も真である，と証明する。

条件「$x\leqq 1$ または $y\leqq 1$」の否定は 「$x>1$ かつ $y>1$」

(2) 対偶が真であることの証明には，次のことを利用するとよい。

$A\geqq 0$，$B\geqq 0$ のとき $A\leqq B$ ならば $A^2\leqq B^2$ （p.118 INFORMATION 参照。）

解答

(1) 与えられた命題の対偶は

「$x>1$ かつ $y>1$」ならば $x+y\neq 2$

これを証明する。

$x>1$，$y>1$ から $x+y>1+1$ すなわち $x+y>2$

よって，$x+y\neq 2$ であるから，対偶は真である。

したがって，もとの命題も真である。

(2) 与えられた命題の対偶は

「$|a+b|\leqq 1$ かつ $|a-b|\leqq 3$」ならば $a^2+b^2<6$

これを証明する。

$|a+b|\leqq 1$，$|a-b|\leqq 3$ から $(a+b)^2\leqq 1^2$，$(a-b)^2\leqq 3^2$

よって $(a+b)^2+(a-b)^2\leqq 1+9$

ゆえに $2(a^2+b^2)\leqq 10$

よって $a^2+b^2\leqq 5$ ゆえに，対偶は真である。

したがって，もとの命題も真である。

⇐ $p \Longrightarrow q$ の対偶は $\overline{q} \Longrightarrow \overline{p}$

⇐ $x>a$，$y>b$ ならば $x+y>a+b$ （p.54 不等式の性質）

⇐ $|A|^2=A^2$

⇐ $a^2+b^2\leqq 5$ と $5<6$ から $a^2+b^2<6$

POINT

条件の否定 条件 p，q の否定を，それぞれ $\overline{p}$，$\overline{q}$ で表す。

$\overline{p\text{ かつ }q} \Longleftrightarrow \overline{p}\text{ または }\overline{q}$　　$\overline{P\cap Q}=\overline{P}\cup\overline{Q}$

$\overline{p\text{ または }q} \Longleftrightarrow \overline{p}\text{ かつ }\overline{q}$　　$\overline{P\cup Q}=\overline{P}\cap\overline{Q}$

PRACTICE 43②

文字はすべて実数とする。次の命題を，対偶を利用して証明せよ。

(1) $x+y>a$ ならば「$x>a-b$ または $y>b$」

(2) x についての方程式 $ax+b=0$ がただ1つの解をもつならば $a\neq 0$

基本 例題 44 背理法による証明

(1) a, b は有理数で, $b \neq 0$ とする。$\sqrt{2}$ が無理数であることを用いて, $a+b\sqrt{2}$ が無理数であることを証明せよ。

(2) $\sqrt{6}$ が無理数であることを用いて, $\sqrt{2}+\sqrt{3}$ が無理数であることを証明せよ。

p.76 基本事項 7

CHART & SOLUTION

証明の問題　直接がだめなら間接で　背理法

与えられた仮定から直接結論へ導くことが困難なときは, **背理法** が有効。

背理法で証明する手順

1 仮定はそのままにして ((1) では,「$\sqrt{2}$ が無理数である」), **結論を否定する** ((1) では,「$a+b\sqrt{2}$ は無理数でない」とする)。……!

2 計算や推論により, **矛盾** を導く。……!

(1) では, $\sqrt{2}$ が有理数の和・差・積・商の形で表されてしまうという矛盾を導く。なお, 実数は有理数と無理数に分けられるから, 無理数であることを否定すると有理数になる。

解答

! (1) $a+b\sqrt{2}$ が無理数でないと仮定すると, $a+b\sqrt{2}$ は有理数である。$a+b\sqrt{2}=c$ (c は有理数) とおくと, $b \neq 0$ から

$$\sqrt{2}=\frac{c-a}{b}$$

! a, b, c は有理数であるから, $\frac{c-a}{b}$ も有理数となり, $\sqrt{2}$ が無理数であることに矛盾する。

ゆえに, $a+b\sqrt{2}$ は無理数である。

(2) $\sqrt{2}+\sqrt{3}$ が無理数でないと仮定すると, $\sqrt{2}+\sqrt{3}$ は有理数である。$\sqrt{2}+\sqrt{3}=r$ (r は有理数) とおいて, 両辺を 2 乗すると　$5+2\sqrt{6}=r^2$

変形して　$\sqrt{6}=\frac{r^2-5}{2}$

r は有理数であるから, $\frac{r^2-5}{2}$ も有理数となり, $\sqrt{6}$ が無理数であることに矛盾する。

ゆえに, $\sqrt{2}+\sqrt{3}$ は無理数である。

inf. **有理数の和・差・積・商は常に有理数** (p.41) であるが, 無理数の和・差・積・商は無理数とは限らない。例えば,

$(1+\sqrt{2})+(1-\sqrt{2})=2$

$(2+\sqrt{2})-(1+\sqrt{2})=1$

$(1+\sqrt{2})\times(1-\sqrt{2})=-1$

$3\sqrt{2}\div\sqrt{2}=3$

など。

⇐ $\sqrt{6}$ を導き出すために両辺を 2 乗する。

PRACTICE 44❷

$\sqrt{2}+\sqrt{3}$ が無理数であることを証明せよ。ただし, $\sqrt{2}$, $\sqrt{3}$ がともに無理数であることは知られているものとする。

基本 例題 45 $\sqrt{3}$ が無理数であることの証明

命題「n は整数とする。n^2 が3の倍数ならば，n は3の倍数である」は真である。これを利用して，$\sqrt{3}$ が無理数であることを証明せよ。 基本 44

CHART & SOLUTION

証明の問題　直接がだめなら間接で　背理法

$\sqrt{3}$ が無理数でない（有理数である）と **仮定** する。このとき，$\sqrt{3}=r$（r は有理数）と仮定して矛盾を導こうとすると，「$\sqrt{3}=r$ の両辺を2乗して，$3=r^2$」となり，ここで先に進めなくなってしまう。そこで，自然数 a，b を用いて $\sqrt{3}=\frac{a}{b}$（既約分数）と表されると仮定して **矛盾** を導く。

解答

$\sqrt{3}$ が無理数でないと仮定する。

このとき $\sqrt{3}$ はある有理数に等しいから，1以外に正の公約数をもたない2つの自然数 a，b を用いて $\sqrt{3}=\frac{a}{b}$ と表される。

ゆえに　　$a=\sqrt{3}b$

両辺を2乗すると　　$a^2=3b^2$ ……①

よって，a^2 は3の倍数である。

a^2 が3の倍数ならば，a も3の倍数であるから，k を自然数として $a=3k$ と表される。

これを①に代入すると

$9k^2=3b^2$　　すなわち　　$b^2=3k^2$

よって，b^2 は3の倍数であるから，b も3の倍数である。

ゆえに，a と b は公約数3をもつ。

これは，a と b が1以外に正の公約数をもたないことに矛盾する。

したがって，$\sqrt{3}$ は無理数である。

⇐ **既約分数**：できる限り約分して，a と b に1以外の公約数がない分数。

inf. 2つの整数 a，b の最大公約数が1であるとき，a と b は **互いに素** であるという（数学A参照）。

⇐ 下線部分の命題は問題文で与えられた真の命題である。なお，下線部分の命題が真であることの証明には対偶を利用する。

INFORMATION

例題で真であるとした命題「n^2 が3の倍数ならば，n は3の倍数である」の **逆も真** である。また，命題「n^2 が偶数（奇数）ならば，n は偶数（奇数）である」および，**この逆も真** である。これらの命題が真であること，および逆も真であるという事実はよく使われるので，覚えておこう。

PRACTICE 45③

命題「n は整数とする。n^2 が7の倍数ならば，n は7の倍数である」は真である。これを利用して，$\sqrt{7}$ が無理数であることを証明せよ。

基本 例題 46 有理数と無理数の関係

(1) a, b は有理数とする。$a+b\sqrt{2}=0$ のとき，$\sqrt{2}$ が無理数であることを用いて，$a=b=0$ であることを証明せよ。

(2) $(1+\sqrt{2})x+(-2+3\sqrt{2})y=10$ を満たす有理数 x, y の値を求めよ。

基本 44

CHART & THINKING

(1) 直接証明するのは難しいから，**背理法**を利用しよう。結論の否定は「$a\neq0$ または $b\neq0$」であるが，この仮定からスタートする必要はない。$a+b\sqrt{2}=0$ という式に注目し，最初の仮定を見極めよう。

(2) $\sqrt{2}$ について整理して，(1)の結果を利用する。このとき，前提条件「**x, y は有理数，$\sqrt{2}$ は無理数**」を書くことを忘れないよう注意。

解答

(1) $b\neq0$ と仮定すると　　$\sqrt{2}=-\dfrac{a}{b}$

a, b は有理数であるから，右辺の $-\dfrac{a}{b}$ は有理数である。

左辺の $\sqrt{2}$ は無理数であるから，これは矛盾している。

よって　$b=0$　　$a+b\sqrt{2}=0$ に $b=0$ を代入して　$a=0$

したがって　　$a=b=0$

(2) 与式を変形して　　$(x-2y-10)+(x+3y)\sqrt{2}=0$

x, y は有理数であるから，$x-2y-10$, $x+3y$ は有理数であり，$\sqrt{2}$ は無理数である。

ゆえに，(1)の結果から　　$x-2y-10=0$, $x+3y=0$

これを解いて　　$\boldsymbol{x=6}$, $\boldsymbol{y=-2}$

⇐ $a+b\sqrt{2}=0$ から $b\sqrt{2}=-a$
両辺を $b(\neq0)$ で割ると
$\sqrt{2}=-\dfrac{a}{b}$

⇐ このことから，最初の仮定は $b\neq0$ だけでよい。

⇐ $\sqrt{2}$ について整理。

⇐ **この断りは重要。**
詳しくは右ページ参照。

POINT 有理数と無理数

a, b, c, d を有理数，$\sqrt{l}$ を無理数とすると

① $\boldsymbol{a+b\sqrt{l}=0}$ 　のとき　$\boldsymbol{a=b=0}$

② $\boldsymbol{a+b\sqrt{l}=c+d\sqrt{l}}$ 　のとき　$\boldsymbol{a=c}$, $\boldsymbol{b=d}$

ここで，「a, b, c, d は有理数」という条件に注意しよう。この条件がないと，例えば①では $a=b=0$ 以外に $a=\sqrt{l}$ (無理数)，$b=-1$ も $a+b\sqrt{l}=0$ を満たしてしまう。

PRACTICE 46[③]

$\sqrt{3}$ は無理数である。$\dfrac{7+a\sqrt{3}}{2+\sqrt{3}}=b+9\sqrt{3}$ を満たす有理数 a, b の値を求めよ。

解答の書き方のポイント

高校の数学における試験では，最後の答えを記すだけでは不十分で，「最後の答えにたどり着くまでに，どう考えていったのかの道筋を解答に書き示す」ことが必要です。

それには，各過程の式がどのようにして導かれるのかを，文章（日本語）や，場合によっては図も交えて示し，論理の流れが見える解答を書くことが大切です。

しかし，文章といっても，式と式の間を「よって」や「ゆえに」のような接続詞で結んでいけばよい，というわけではありません。式などが導かれる理由を，「……であるから」のように，具体的に記述した方がよい場合もあります。いくつか例を見てみましょう。

[基本例題 33 (1)]　不等式 $6x+8(6-x)>7$ を満たす 2 桁の自然数の個数を求めよ。

不十分な解答例

$6x+8(6-x)>7$ から　　$-2x>-41$

ゆえに　　$x<\dfrac{41}{2}=20.5$

よって　　$10\leqq x\leqq 20$　　　ゆえに　　11 個

記述の際の注意点
「よって」だけではなく，
「x は 2 桁の自然数であるから」
も書いておきたい。

解説　「よって」だけでは，$x<20.5$ から $10\leqq x\leqq 20$ がどのように導かれるかが不明確です。このような問題では，「(問題文の) どの条件を用いて解を導いたか (解の吟味をしたか)」の根拠をきちんと記述するようにしましょう。

[基本例題 46 (2)]　$(1+\sqrt{2})x+(-2+3\sqrt{2})y=10$ を満たす有理数 x，y の値を求めよ。

不十分な解答例　与式を変形して

$(x-2y-10)+(x+3y)\sqrt{2}=0$

ゆえに　　$x-2y-10=0$，$x+3y=0$

これを解いて　　$x=6$，$y=-2$

記述の際の注意点
「ゆえに」だけでなく，
「x，y は有理数であるから，
$x-2y-10$，$x+3y$ は有理数であり，$\sqrt{2}$ は無理数である。」
も書いておきたい。

解説　この問題では，基本例題 46 (1) の結果を用いていますが，この結果には前提条件があります。その条件を満たしていることをきちんと書いておくと，「(1) の結果を用いている」ことが正確に伝わります。

例題の解答は「解答中で述べておきたい記述」も含めたものとなっていますし，CHART＆SOLUTION や CHART＆THINKING，解答の副文，INFORMATION などで，解答を書く際の注意点について説明している場合もあります。**解答を書く力（表現力）** を高めるためにも，それらをしっかり読むようにしましょう。

また，読むだけでなく，実際に自分で解答を書くことも大切です。解答を書く際は，**「どのような記述にすれば，解答を読む人にわかってもらえるか」** を常に意識するように心がけましょう。目安として，**「自分の周りの人に説明したときに，（論理的に）つまずかずに理解してもらえるような解答」** を目指して書くようにするとよいでしょう。

自分の帽子は何色？ ―背理法の活用―

3つの赤の帽子と2つの白の帽子があります。
前から1列に並んだA，B，Cの3人に，この中から赤，白いずれかの帽子をかぶせ，残りの帽子は隠します。
このとき，3人は自分がどの色の帽子をかぶっているかわかりませんが，BにはAの帽子，CにはA，Bの2人の帽子が見えているものとします。また，3人は，自分の帽子が3つの赤の帽子と2つの白の帽子の中から選ばれていることを知っているとします。
その後，一番後ろのCから1人ずつ順に，自分の帽子の色を尋ねました。すると，BとCは「わからない」と答えましたが，それを聞いたAは「わかった。赤だ！」と答えました。誰の帽子も見られないAは，なぜわかったのでしょうか。

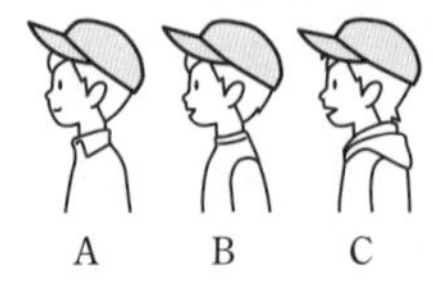

●背理法を活用して考えてみよう！

「もし ○○ と仮定すると矛盾する。だから ○○ ではない」
（△△でない） （△△だ）

という考え方が **背理法** になります。

帽子のかぶせ方は，全部で7通りあります（右表の ①～⑦）。
まず，Cの答えから，次のように考えることができます。

“もしAとBが白の帽子と仮定すると（右表の ⑦），
白の帽子は2つしかないから，Cは自分が赤の帽子とわかるはず。
これはCの「わからない」という答えに矛盾するから，
「AとBはともに白の帽子」ではない（右表の ⑦ ではない）。”

ことがわかります。

	A	B	C
①	赤	赤	赤
②	赤	赤	白
③	赤	白	赤
④	赤	白	白
⑤	白	赤	赤
⑥	白	赤	白
⑦	白	白	赤

さて，残る可能性は，表の ①～⑥ です。
そして，Bの答えから，次のように考えることができます。

“もしAが白の帽子と仮定すると（右表の ⑤，⑥），
AとBはともに白の帽子ではないから，BはAの帽子を見ることで自分が赤の帽子とわかるはず。これはBの「わからない」という答えに矛盾するから，Aは白の帽子ではない（右表の ⑤，⑥ ではない）。
したがって，**Aは赤の帽子である**（右表の ①～④ いずれかである）。”

このようにして，Aは自分が赤の帽子であることがわかったのです。

STEP UP 鳩の巣原理（部屋割り論法）

「…… が少なくとも 1 つ存在する」ということを証明するのに，

「n 室の部屋に $n+1$ 人を入れると，2 人以上入っている部屋が少なくとも 1 室はある。」

という事実を利用する方法がある。これを **鳩の巣原理** または **部屋割り論法** という。

例えば，5 人の人がいれば同じ血液型の人が必ずいる。これは，血液型は A，B，O，AB の 4 種類しかないことからわかる。また，1 年は 1 月から 12 月までしかないから，13 人の人がいれば生まれた月が同じ人が必ずいることになる。

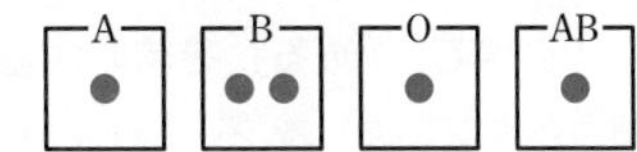

例 1 から 50 までの整数の中から相異なる 26 個の数をどのように選んでも，和が 51 になる 2 つの数の組が必ず含まれていることを示せ。

解答 和が 51 になる 2 つの数の組は，次の 25 組ある。

(1, 50), (2, 49), (3, 48), ……, (25, 26)

選んだ 26 個の数をこの 25 組に入れると，2 個入る組が少なくとも 1 つある。
つまり，和が 51 になる 2 つの数の組が必ず含まれている。

数を 26 個選ぶから，2 つの数の組を 25 個作るのがポイントである。次の問題では点を 5 個とるから，部屋を 4 つ作ればよいという見当がつくだろう。

例 1 辺の長さが 2 の正三角形の内部に，5 個の点を任意にとったとき，そのうちの 2 点で，距離が 1 以下のものが少なくとも 1 組存在することを示せ。

解答 右図のように，各辺の中点を結んで正三角形の内部を 4 つの部分 ①～④ に分ける。ただし，△DEF の 3 辺は ④ の部分に含めるとする。
①～④ のうち，2 個以上の点が入る部分が少なくとも 1 つあり，その部分に入る 2 点間の距離は 1 以下となる。
したがって，題意は示された。

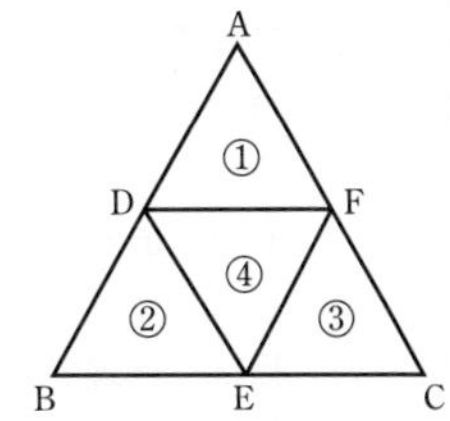

他にも，分数 $a=\frac{m}{n}$ (m, n は整数で $n>0$) が無限小数になるとき，a は循環小数であること …… (★) も鳩の巣原理で示される。

問題

(1) A さんと B さんはアルバイトでともに週 4 日勤務している。このとき，A さんと B さんがともに勤務する日が毎週少なくとも 1 日あることを示せ。

(2) 上の (★) を示せ。 (問題 の解答は解答編 $p.44$ にある)

補充 例題 47 「すべて」と「ある」の命題の否定

次の命題の否定を述べよ。また，その真偽を調べよ。
(1) すべての素数 p について，p は奇数である。
(2) ある実数 a，b について $(a+b)^2 \leqq 0$

基本 41

CHART & SOLUTION

「すべて」「ある」を含む命題の否定

すべて と ある を入れ替えて，結論を否定 ……❗

$\overline{\text{すべての}\,x\,\text{について}\,p}=\text{ある}\,x\,\text{について}\,\overline{p}$

$\overline{\text{ある}\,x\,\text{について}\,p}=\text{すべての}\,x\,\text{について}\,\overline{p}$

また，全体集合を U，条件 p を満たす x 全体の集合を P とすると，次のことが成り立つ。

$P=U$ のとき 「すべての x について p である」は 真

$P\neq\varnothing$ のとき 「ある x について p である」は 真

解答

❗ (1) 否定：**ある素数 p について，p は偶数である。**
2 は素数であるから **真**

(1) もとの命題は偽。

❗ (2) 否定：**すべての実数 a，b について $(a+b)^2>0$**
$a=b=0$ のとき，$(a+b)^2=0$ となるから **偽**

(2) もとの命題は真。

INFORMATION 「すべて」「ある」の命題とその否定

1. **すべての x，ある x**
「すべての x について p」を
「任意の x について p」，「常に p」など，
また「ある x について p」を
「適当な x について p」，「少なくとも 1 つの x について p」など
という表現で，それぞれ用いることがある。
2. **命題 A とその否定 $\overline{\text{A}}$ の真・偽は逆転する。**
A：真 ⟶ $\overline{\text{A}}$：偽， A：偽 ⟶ $\overline{\text{A}}$：真

PRACTICE 47③

次の命題の否定を述べよ。また，その真偽を調べよ。
(1) 少なくとも 1 つの自然数 n について $n^2-2n-3=0$
(2) 任意の実数 x，y に対して $x^2+2xy+y^2>0$

A

37❷ x, y は実数とする。次の各条件を「かつ」,「または」を用いてそれぞれ表せ。また，その否定も「かつ」,「または」を用いてそれぞれ表せ。

(1) $(x+5)(3y-1)=0$　　(2) $(x-2)^2+(y+7)^2=0$　→ p.76 5

38❷ 実数 x, y が $(x-y)^2<2$ を満たすとき，x と y は近いということにする。x, y, z を実数とするとき，次の命題の真偽を調べよ。〔類 専修大〕

(1) x と y が近く，y と z が近ければ，x と z は近い。

(2) x と y が近ければ，$x+z^2$ と $y+z^2$ は近い。

(3) 0 が x, y の両方に近くなければ，$x^2+y^2\geqq 4$ が成り立つ。→ 41

39❷ 次の (1)～(6) の文中の空欄に当てはまるものを，下の選択肢 ①～④ のうちから1つ選べ。ただし，x, y はともに実数とする。

(1) 「$x>0$」は「$x\geqq 0$」のための［　］。

(2) 「$x=0$」は「$x^2+y^2=0$」のための［　］。

(3) 「$xy=0$」は「$x=0$ かつ $y=0$」のための［　］。

(4) 「$x^2+y^2=1$」は「$x+y=0$」のための［　］。

(5) 「すべての x について $xy=0$ である」は「$y=0$」のための［　］。

(6) 「$(xy)^2$ が無理数である」は「x または y が無理数である」のための［　］。

［選択肢］ ① 必要十分条件である

② 十分条件であるが必要条件ではない

③ 必要条件であるが十分条件ではない

④ 必要条件でも十分条件でもない　〔慶応大〕→ 42

40❷ 整数 a, b, c に関する次の命題の逆と対偶を述べ，それらの真偽を述べよ。

「$a^2+b^2+c^2$ が奇数ならば a, b, c のうち少なくとも1つは奇数である」

→ 43

41❷ 命題「$p \Longrightarrow q$」について，条件 p を満たすものの集合を P, 条件 q を満たすものの集合を Q とする。命題「$p \Longrightarrow q$」が真であるとき，その対偶について，［　］が成り立つ。空欄に当てはまるものを，次の ①～④ のうちから1つ選べ。〔西南学院大〕

① $\overline{P}\subset Q$　② $\overline{P}\subset\overline{Q}$　③ $\overline{Q}\subset P$　④ $\overline{Q}\subset\overline{P}$　→ 43

42❷ 有理数と無理数の和は無理数であることを証明せよ。〔浜松大〕→ 44

B **43**❸ 三角形に関する条件 p, q, r を次のように定める。

p ：3つの内角がすべて異なる　　q ：直角三角形でない

r ：45° の内角は1つもない

条件 p の否定を $\overline{p}$ で表し，同様に $\overline{q}$, $\overline{r}$ はそれぞれ条件 q, r の否定を表すものとする。このとき，□ に当てはまるものを，それぞれの選択肢から選べ。

(1) 命題「$r \Longrightarrow (p$ または $q)$」の対偶は「ア□ $\Longrightarrow \overline{r}$」である。

［選択肢］ ⓪ (p かつ q)　① ($\overline{p}$ かつ $\overline{q}$)

② ($\overline{p}$ または q)　③ ($\overline{p}$ または $\overline{q}$)

(2) 命題「(p または q) $\Longrightarrow r$」に対する反例となっている三角形は イ□ と ウ□ である。

［選択肢］ ⓪ 直角二等辺三角形　① 内角が 30°, 45°, 105° の三角形

② 正三角形　③ 3辺の長さが 3, 4, 5 の三角形

④ 頂角が 45° の二等辺三角形

(3) r は (p または q) であるための エ□。

［選択肢］ ⓪ 必要十分条件である

① 必要条件であるが，十分条件ではない

② 十分条件であるが，必要条件ではない

③ 必要条件でも十分条件でもない

〔類 センター試験〕 ➲ 41, 42, 43

44❸ (1) 次の命題の真偽を調べよ。ただし，a, b は整数とする。

(ア) a^2+b^2 が偶数ならば，ab は奇数である。

(イ) a^2+b^2 が偶数ならば，$a+b$ は偶数である。

(2) x は実数，a は正の定数とする。$2<x<3$ が $a<x<2a$ の十分条件となるような a の値の範囲を求めよ。 ➲ 38, 41, 43

45❸ n は整数とする。

(1) n^2 が5の倍数ならば，n は5の倍数であることを証明せよ。

(2) $\sqrt{5}$ が無理数であることを証明せよ。 ➲ 45

46❸ (1) a, b, c, d を有理数，x を無理数とするとき，

「$a+bx=c+dx$ ならば，$a=c$ かつ $b=d$」

が成り立つことを証明せよ。

(2) $(p+\sqrt{2})(q+3\sqrt{2})=8+7\sqrt{2}$ を満たす有理数 p, q $(p<q)$ の値を求めよ。

➲ 46

HINT

43 (2) ⓪～④ について，条件 p, q, (p または q), r を満たすかどうか調べる。

(3) 対偶を利用。また，(2) の結果も利用する。

44 (1) (イ) 対偶を利用する。$a^2+b^2=(a+b)^2-2ab$ にも注意。

(2) 集合を利用して考える。

45 (1) 対偶を利用する。 (2) (1) を利用する。

46 (2) (1) を利用する。

第3章

数学Ⅰ

2 次関数

Select Study

— スタンダードコース：教科書の例題をカンペキにしたいきみに
— パーフェクトコース：教科書を完全にマスターしたいきみに
— 大学入学共通テスト準備・対策コース　※基例…基本例題，番号…基本例題の番号

Start → 基例48 → 基例49 → 基例50 → 基例51 → 基例52 → 基例53 → 基例54 → 基例55 → 基例59 → 基例60 → 基例61 → 基例62 → 基例63 → 基例64 → 基例65 → 基例66 → 基例67 → 基例68 → 基例69 → 70 → 基例75 → 基例76 → 基例77 → 基例78 → 79 → 基例80 → 基例83 → 基例84 → 基例85 → 86 → 基例87 → 基例88 → 基例89 → 90 → 基例91 → 92 → 基例93 → 基例94 → 基例95 → 基例96 → 基例97 → 98 → 99

■ 例題一覧

	種類	番号	例題タイトル	難易度
7	基本	48	1 次関数の値域，最大値・最小値	2
	基本	49	1 次関数の決定 (1)	3
	基本	50	2 次関数のグラフの位置関係	1
	基本	51	2 次関数のグラフ	2
	基本	52	2 次関数の係数の符号とグラフ	3
	基本	53	グラフの平行移動 (1)	2
	基本	54	グラフの平行移動 (2)	2
	基本	55	グラフの対称移動	1
	重要	56	1 次関数の決定 (2)	3
	重要	57	関数の作成	4
	補充	58	ガウス記号を含む関数のグラフ	4
8	基本	59	2 次関数の最大・最小	2
	基本	60	定義域に制限がある場合の関数の最大・最小	2
	基本	61	最大・最小から係数の決定 (1)	2
	基本	62	最大・最小から係数の決定 (2)	3
	基本	63	定義域の一端が動く場合の関数の最大・最小	3
	基本	64	グラフが動く場合の関数の最大・最小	3
	基本	65	定義域全体が動く場合の関数の最大・最小	3
	基本	66	最大・最小の文章題 (1)	2
	基本	67	最大・最小の文章題 (2)	2
	基本	68	2 次関数の決定 (1)	2
	基本	69	2 次関数の決定 (2)	2
	基本	70	放物線の平行移動と方程式の決定	3
	重要	71	最大・最小から係数の決定 (3)	4
	重要	72	条件つきの最大・最小 (1)	3
	重要	73	2 変数関数の最大・最小	4
	重要	74	4 次関数の最大・最小	5
9	基本	75	2 次方程式の解法 (因数分解，平方根)	1
	基本	76	2 次方程式の解法 (解の公式)	2
	基本	77	方程式の解から係数の決定	2
	基本	78	実数解をもつ条件 (1)	2
	基本	79	実数解をもつ条件 (2)	3
	基本	80	2 次方程式の応用	2
	重要	81	方程式の共通解	4
	重要	82	絶対値を含む 2 次方程式	3
10	基本	83	2 次関数のグラフと x 軸の共有点	2
	基本	84	文字係数の放物線と x 軸の共有点	2
	基本	85	放物線が x 軸から切り取る線分の長さ	3
	基本	86	放物線と直線の共有点	3
11	基本	87	2 次不等式の解法 (1)	1
	基本	88	2 次不等式の解法 (2)	1
	基本	89	2 次不等式の応用 (解の判別)	2
	基本	90	2 次不等式の解から係数決定	3
	基本	91	不等式が常に成り立つ条件	2
	基本	92	ある変域で不等式が常に成り立つ条件	3
	基本	93	連立不等式の解法 (2 次)	2
	基本	94	連立不等式の応用 (2 次)	2
	基本	95	連立不等式の応用 (解の判別)	3
	基本	96	2 次方程式の解の存在範囲 (1)	2
	基本	97	2 次方程式の解の存在範囲 (2)	3
	基本	98	2 次方程式の解の存在範囲 (3)	3
	基本	99	2 次方程式の解の存在範囲 (4)	3
	重要	100	絶対値を含む 1 次関数のグラフ	3
	重要	101	絶対値を含む 2 次関数のグラフ	3
	重要	102	絶対値を含む 2 次不等式	3
	重要	103	文字係数の 2 次不等式の解	3
	重要	104	条件つきの最大・最小 (2)	4
	重要	105	連立不等式が整数解をもつ条件	4

7 関数とグラフ

基本事項

1 関　数

① **関数**　2つの変数 x, y の間にある関係があって，x の値を定めるとそれに対応して y の値がただ1つ定まるとき，y は x の **関数** であるという。y が x の関数であることを，文字 f などを用いて $\boldsymbol{y=f(x)}$ と表す。また，x の関数を，単に **関数 $\boldsymbol{f(x)}$** ともいう。関数 $y=f(x)$ において，x の値 a に対応して定まる y の値を $\boldsymbol{f(a)}$ と書き，$f(a)$ を関数 $f(x)$ の $x=a$ における **値** という。

② **定義域・値域**　関数 $y=f(x)$ において，変数 x のとりうる値の範囲，すなわち x の変域を，この関数の **定義域** という。
また，x が定義域全体を動くとき，$f(x)$ がとる値の範囲，すなわち y の変域を，この関数の **値域** という。

③ **最大値・最小値**　関数 $y=f(x)$ の値域に最大の値があるとき，これを $f(x)$ の **最大値** といい，値域に最小の値があるとき，これを **最小値** という。

2 関数のグラフ

① **座標平面**　平面上に座標軸を定めると，平面上の点Pの位置は，2つの実数の組 $(a,\ b)$ で表される。この $(a,\ b)$ を点Pの **座標** といい，$\mathbf{P}(\boldsymbol{a},\ \boldsymbol{b})$ と書く。また，座標軸の定められた平面を **座標平面** という。

第2象限 (−, +)　第1象限 (+, +)
第3象限 (−, −)　第4象限 (+, −)

更に，点 $(a,\ b)$ の x 座標 a と y 座標 b の符号が
　[1] (+, +)　[2] (−, +)　[3] (−, −)　[4] (+, −)
の部分，すなわち，座標軸で分けられた座標平面の4つの各部分を **象限** といい，それぞれ **第1象限**，**第2象限**，**第3象限**，**第4象限** という。なお，座標軸上の点はどの象限にも属さない。

② **グラフ**
点 $(\boldsymbol{a},\ \boldsymbol{b})$ が関数 $\boldsymbol{y=f(x)}$ のグラフ上にある $\Longleftrightarrow$ $\boldsymbol{b=f(a)}$

3 $y=ax+b$ のグラフ

① **$\boldsymbol{a\neq0}$ のとき　1次関数 $\boldsymbol{y=ax+b}$ のグラフ**
傾きが a，y 軸上の切片（y 切片）が b の直線。
　$\boldsymbol{a>0}$ のとき　右上がり　　**$\boldsymbol{a<0}$ のとき　右下がり**
このグラフを簡単に **直線 $\boldsymbol{y=ax+b}$** という。
また，$y=ax+b$ を **直線の方程式** という。

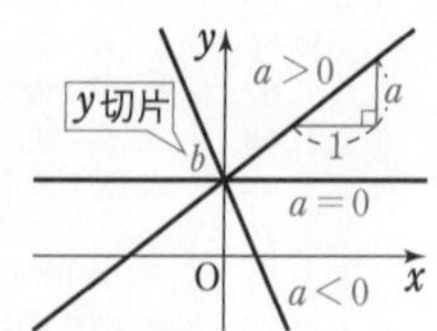

② **$\boldsymbol{a=0}$ のとき　$\boldsymbol{y=b}$ のグラフ**
傾きが 0，y 切片が b の，x 軸に平行な直線。
なお，関数 $y=b$ は1次関数ではない。$y=b$ のような関数を **定数関数** という。

4 2次関数のグラフ

① **2次関数**　y が x の2次式で表される関数を x の **2次関数** といい，一般に
$\boldsymbol{y=ax^2+bx+c}$ **(**$\boldsymbol{a, b, c}$ **は定数，**$\boldsymbol{a\neq 0}$**)** の形で表される。
また，そのグラフは **放物線** で，$y=ax^2+bx+c$ を **放物線の方程式** という。

② **2次関数** $\boldsymbol{y=ax^2}$ **のグラフ**

[1]　軸が **y 軸** (**直線 $x=0$**)，頂点が **原点** の **放物線**。

[2]　**$a>0$** のとき　**下に凸**，　**$a<0$** のとき　**上に凸**

③ **2次関数** $\boldsymbol{y=a(x-p)^2+q}$ **のグラフ**

[1]　$y=ax^2$ のグラフを x 軸方向に p，y 軸方向に q だけ平行移動した放物線。

[2]　軸は **直線 $x=p$***，頂点は **点 $(p,\ q)$**

④ **2次関数** $\boldsymbol{y=ax^2+bx+c}$ **のグラフ**

[1]　$y=ax^2$ のグラフを平行移動した放物線。

[2]　**平方完成** すると　$\boldsymbol{y=a\left(x+\frac{b}{2a}\right)^2-\frac{b^2-4ac}{4a}}$

軸は **直線** $\boldsymbol{x=-\frac{b}{2a}}$，頂点は **点** $\boldsymbol{\left(-\frac{b}{2a},\ -\frac{b^2-4ac}{4a}\right)}$

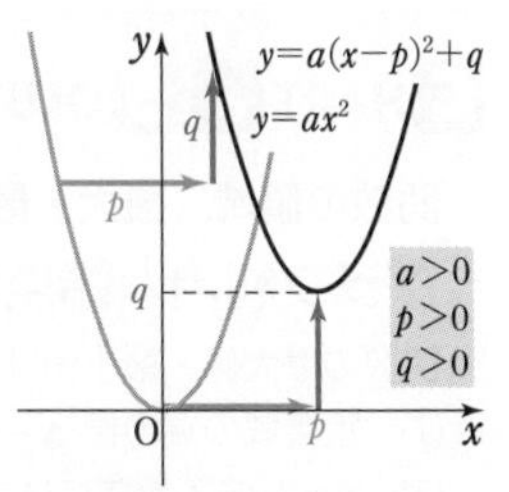

*直線 $x=p$ とは，点 $(p,\ 0)$ を通り，y 軸に平行な直線である。

5 グラフの移動

① **平行移動**　x 軸方向に p，y 軸方向に q だけ平行移動すると

点 $\boldsymbol{(a,\ b)}$　$\longrightarrow$ $\boldsymbol{(a+p,\ b+q)}$

グラフ $\boldsymbol{y=f(x)}$ $\longrightarrow$ $\boldsymbol{y-q=f(x-p)}$ すなわち $y=f(x-p)+q$

② **対称移動**　x 軸，y 軸，原点に関して対称移動すると

		x 軸	**y 軸**	**原点**
点 $\boldsymbol{(a,\ b)}$	$\longrightarrow$	$\boldsymbol{(a,\ -b)}$	$\boldsymbol{(-a,\ b)}$	$\boldsymbol{(-a,\ -b)}$
グラフ $\boldsymbol{y=f(x)}$	$\longrightarrow$	$\boldsymbol{-y=f(x)}$	$\boldsymbol{y=f(-x)}$	$\boldsymbol{-y=f(-x)}$

解説　②　平面上で，図形上の各点を，直線または点に関して対称な位置に移すことを **対称移動** という。

CHECK & CHECK

22　関数 $f(x)=-2x+1$ について，次の値を求めよ。

(1)　$f(3)$　　(2)　$f(0)$　　(3)　$f(-1)$　　(4)　$f(1-a)$　1

23　次の式を $y=a(x-p)^2+q$ の形に変形 (平方完成) せよ。

(1)　$y=x^2-4x+3$　　(2)　$y=3x^2+6x-1$　　(3)　$y=2x^2-3x+2$　4

24　(1)　放物線 $y=x^2$ を，x 軸方向に -1，y 軸方向に2だけ平行移動して得られる放物線の方程式を求めよ。

(2)　放物線 $y=-2x^2+1$ を，原点に関して対称移動して得られる放物線の方程式を求めよ。

4, 5

基本 例題 48　1次関数の値域，最大値・最小値

次の関数の値域を求めよ。また，最大値，最小値があれば，それを求めよ。

(1)　$y=x+2$ $(0\leqq x\leqq 3)$

(2)　$y=4-2x$ $(-1\leqq x<2)$

p. 90 基本事項 1，3

CHART & SOLUTION

関数の値域，最大・最小

グラフ利用　端点に注目

関数の最大値・最小値は，グラフをかいて判断する。……❶

(1)　定義域の端の値 $x=0$，$x=3$ のときの y の値 を求める。

(2)　$x=2$ は定義域には含まれないが，(1)と同様に $x=-1$，$x=2$ のときの y の値 を求める。

解答

(1)　関数 $y=x+2$ において

　　$x=0$ のとき　$y=2$，　$x=3$ のとき　$y=5$

❶　グラフは図の実線部分であり，その **値域は　$2\leqq y\leqq 5$**

また，**$x=3$ で最大値 5，$x=0$ で最小値 2** をとる。

(2)　関数 $y=4-2x$ において

　　$x=-1$ のとき　$y=6$，　$x=2$ のとき　$y=0$

グラフは図の実線部分であり，その **値域は　$0<y\leqq 6$**

また，**$x=-1$ で最大値 6** をとり，**最小値はない**。

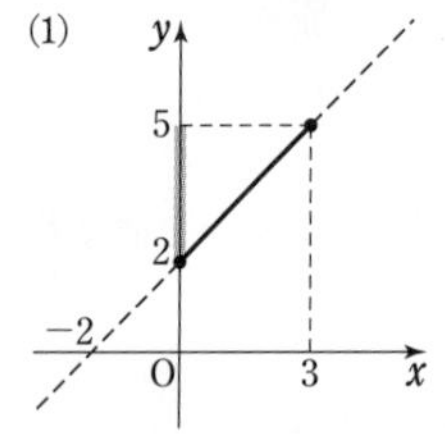

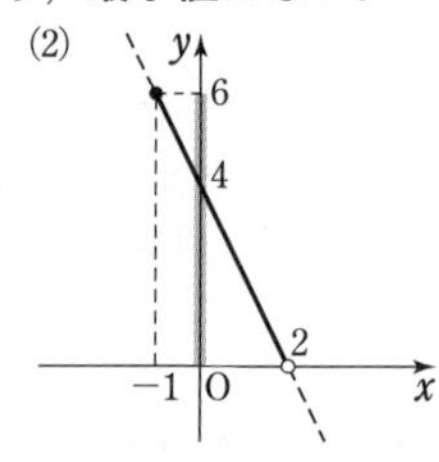

⇦ 傾きは 1 で右上がり。

⇦ 傾きは −2 で右下がり。

⇦ **「最小値 0」は誤り。** $x=2$ は定義域に含まれていないから，最小値を答えることができない。したがって，「最小値はない」とする。

INFORMATION　関数の最大・最小

1. 「関数 $y=f(x)$ の最大値，最小値を求めよ」という場合，問題文に特に示されていなくても，**最大値，最小値を与える x の値も示しておく** ようにしよう。
2. 値域が決まっても，最大値や最小値が **必ずあるとは限らない**。

PRACTICE 48❷

次の関数の値域を求めよ。また，最大値，最小値があれば，それを求めよ。

(1)　$y=-2x+3$　$(-1\leqq x\leqq 2)$　　(2)　$y=\dfrac{2}{3}x-1$　$(0<x\leqq 2)$

基本 例題 49 1次関数の決定 (1)

(1) 1次関数 $f(x)=ax+b$ について，$f(-1)=4$ かつ $f(2)=2$ であるとき，定数 a，b の値を求めよ。

(2) 関数 $y=ax+b$ $(2\leqq x\leqq 5)$ の値域が，$-1\leqq y\leqq 5$ となるように，定数 a，b の値を定めよ。ただし，$a<0$ とする。

p.90 基本事項 2，3，重要 56

CHART & SOLUTION

1次関数 $y=ax+b$ の決定問題

a，b の連立方程式を解く，傾き a の符号に注意

(2) $a<0$ に注意して，定義域と値域の両端の値の対応を調べる。……!

解答

(1) $f(-1)=a\cdot(-1)+b=-a+b$，$f(2)=a\cdot 2+b=2a+b$

$f(-1)=4$ であるから　$-a+b=4$ ……①

$f(2)=2$ であるから　$2a+b=2$ ……②

①，② を解くと　$\boldsymbol{a=-\frac{2}{3}}$，$\boldsymbol{b=\frac{10}{3}}$

(2) $a<0$ であるから，この関数は x の値が増加すると，y の値は減少する。

! よって　$x=2$ のとき　$y=5$，$x=5$ のとき　$y=-1$

ゆえに　$2a+b=5$，$5a+b=-1$

これを解くと　$\boldsymbol{a=-2}$，$\boldsymbol{b=9}$

これは $a<0$ を満たす。

(1) この問題は，$y=f(x)$ のグラフが2点 $(-1,\ 4)$，$(2,\ 2)$ を通る直線を求めよ，ということと同じである。

(2)
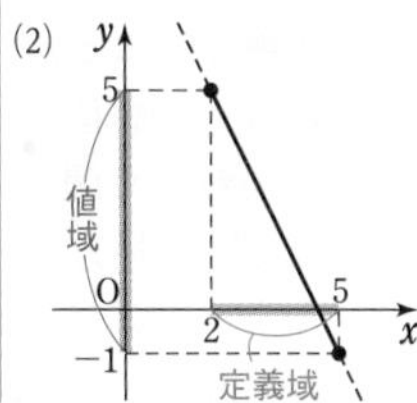

INFORMATION

(2) のような場合は，1次関数 $y=ax+b$ の特長である

$a>0$ のとき，x の値が増加すると，y の値も増加する。

$a<0$ のとき，x の値が増加すると，y の値は減少する。

を使って，値域の両端の値をとる x の値を決める。$a<0$ の条件がない場合については，$p.101$ 重要例題 56 参照。

PRACTICE 49[3]

次の条件を満たすように，定数 a，b の値を定めよ。

(1) 1次関数 $f(x)=ax+b$ について，$f(0)=-1$ かつ $f(2)=0$ である。

(2) 1次関数 $y=ax+b$ のグラフが2点 $(-1,\ 2)$，$(3,\ 6)$ を通る。

(3) 関数 $y=ax+b$ の定義域が $-3\leqq x\leqq 1$ のとき，値域が $1\leqq y\leqq 3$ となる。ただし，$a>0$ とする。

基本 例題 50　2次関数のグラフの位置関係

次の2次関数のグラフは，2次関数 $y=2x^2$ のグラフをそれぞれどのように平行移動したものかを答えよ。また，それぞれのグラフにおける軸と頂点を求めよ。

(1) $y=2x^2+1$　　(2) $y=2(x+2)^2$　　(3) $y=2(x-4)^2+2$

p. 91 基本事項 4

CHART & SOLUTION

2次関数 $y=a(x-p)^2+q$ のグラフ

$y=ax^2$ のグラフを x 軸方向に p，
y 軸方向に q だけ平行移動
軸は 直線 $x=p$，頂点は 点 $(p,\ q)$

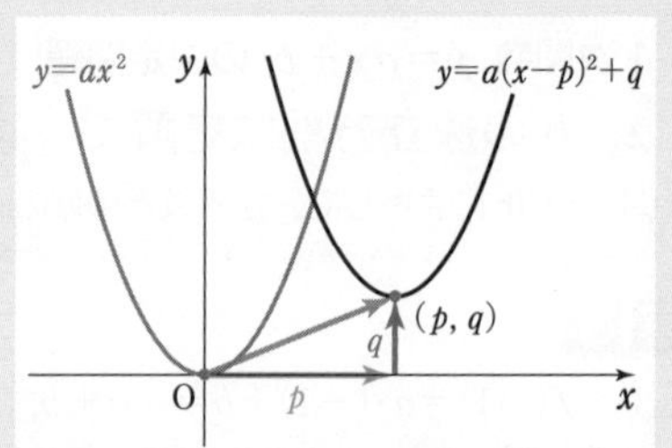

(1)～(3) はすべて $y=2(x-p)^2+q$ の形。
⟶ $y=2x^2$ のグラフを 平行移動したグラフ。
よって，p，q を求めればよい。
(2) $x+2=x-(-2)$　すなわち　$y=2\{x-(-2)\}^2$ とする。

解答

(1) **y 軸方向に1だけ平行移動したもの。**
軸は y 軸（直線 $x=0$），頂点は 点 $(0,\ 1)$

⇐ $p=0$ つまり，x 軸方向には移動していない。

(2) 与えられた関数の式を変形して　$y=2\{x-(-2)\}^2$
よって，**x 軸方向に -2 だけ平行移動したもの。**
軸は 直線 $x=-2$，頂点は 点 $(-2,\ 0)$

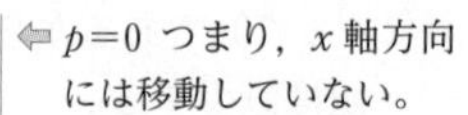

⇐「2だけ平行移動」**ではない！**
$x+2=x-(-2)$ と考える。

(3) **x 軸方向に4，y 軸方向に2だけ平行移動したもの。**
軸は 直線 $x=4$，頂点は 点 $(4,\ 2)$

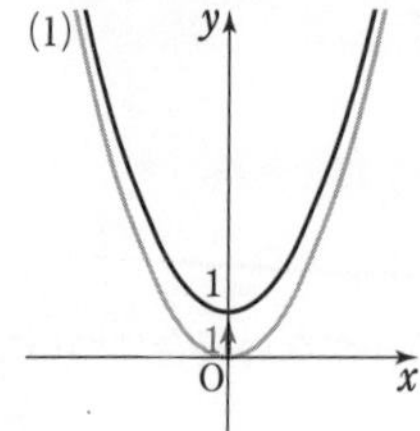

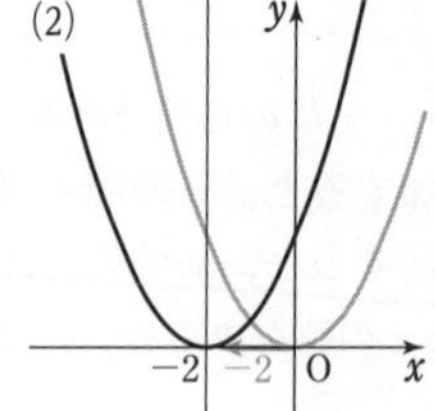

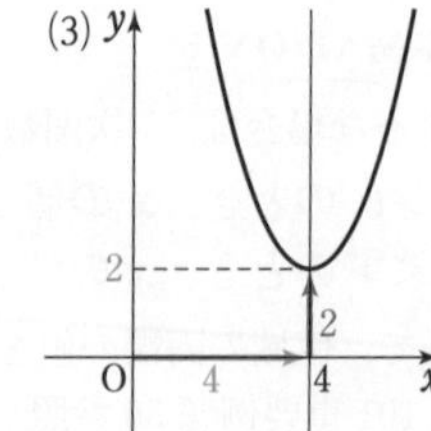

PRACTICE 50[1]

2次関数 $y=-3(x+2)^2-4$ のグラフは，2次関数 $y=$ ア□ x^2 のグラフを，x 軸方向にイ□，y 軸方向にウ□だけ平行移動したものであり，軸は直線 $x=$ エ□，頂点は点（オ□，カ□）である。

基本 例題 51　2次関数のグラフ　①①①①①

次の2次関数のグラフをかけ。また，その軸と頂点を求めよ。

(1)　$y=x^2+4x+3$　　　(2)　$y=-2x^2+6x-1$

p.91 基本事項 4，基本 50

CHART & SOLUTION

2次関数のグラフ

平方完成して 基本形 $y=a(x-p)^2+q$ に変形 ……!

軸は 直線 $x=p$，　頂点は 点 $(p,\ q)$

一般に，2次式 ax^2+bx+c を $a(x-p)^2+q$ の形に変形することを **平方完成** するという。なお，$y=a(x-p)^2+q$ の形を，本書では2次関数の **基本形** とよぶことにする。

基本形 $y=a(x-p)^2+q$ のグラフの書き方は

① 頂点 $(p,\ q)$ を原点とみて，$y=ax^2$ のグラフをかく。

② y 軸との交点の y 座標も忘れずに記入する。

平方完成に関する注意点について，次ページのピンポイント解説も参照。

解答

(1)　$x^2+4x+3=(x+2)^2-2^2+3$

! よって　$y=(x+2)^2-1$

したがって，グラフは **右の図** のようになる。

また，**軸は 直線 $x=-2$，**

頂点は 点 $(-2,\ -1)$

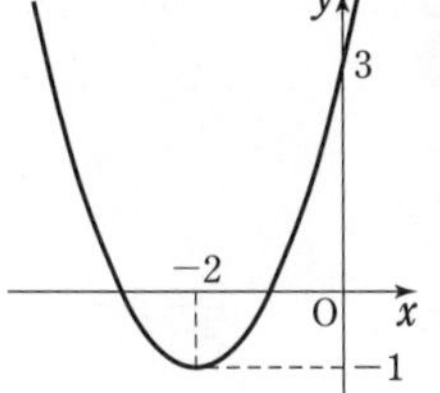

⇐ 〜〜 を変形。

⇐ 点 $(-2,\ -1)$ を頂点とみて，$y=x^2$ のグラフをかく。

(2)　$-2x^2+6x-1=-2(x^2-3x)-1$

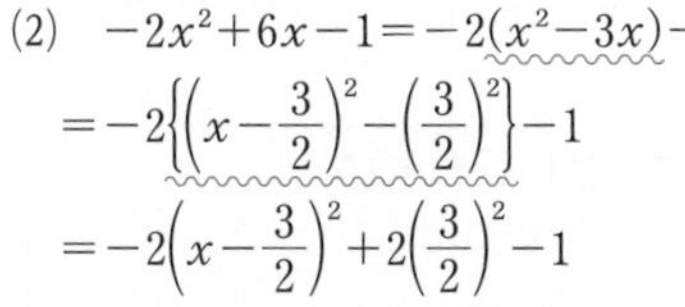

$$=-2\left\{\left(x-\frac{3}{2}\right)^2-\left(\frac{3}{2}\right)^2\right\}-1$$

$$=-2\left(x-\frac{3}{2}\right)^2+2\left(\frac{3}{2}\right)^2-1$$

! よって　$y=-2\left(x-\dfrac{3}{2}\right)^2+\dfrac{7}{2}$

したがって，グラフは **右の図** のようになる。

また，**軸は 直線 $x=\dfrac{3}{2}$，頂点は 点 $\left(\dfrac{3}{2},\ \dfrac{7}{2}\right)$**

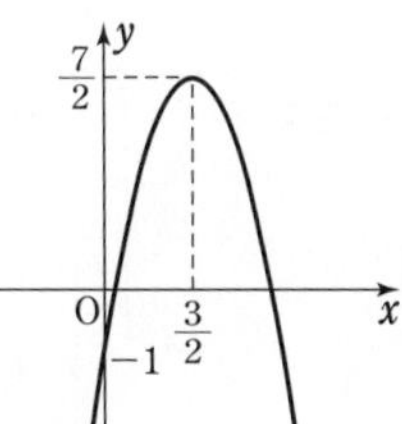

⇐ $-2x^2+6x$ を -2 でくくる。

⇐ 〜〜 を変形。計算ミスをしないように，{ } を使うとよい。

⇐ { } をはずすとき，-2 を掛け忘れないこと。

⇐ 点 $\left(\dfrac{3}{2},\ \dfrac{7}{2}\right)$ を頂点とみて，$y=-2x^2$ のグラフをかく。

PRACTICE 51 ②

次の2次関数のグラフをかけ。また，その軸と頂点を求めよ。

(1)　$y=x^2-4x$　　(2)　$y=-x^2+3x-2$　　(3)　$y=2x^2+8x+12$

(4)　$y=-2x^2+10x-7$　　(5)　$y=3x^2-5x+1$　　(6)　$y=-\dfrac{1}{3}x^2+2x+1$

ピンポイント解説　平方完成するときの注意点

2 次関数の問題では，軸や頂点の座標を調べたり，最大値・最小値を求めたりするとき（$p.107$～）に，平方完成する場面がよく出てくる。平方完成する際に起こしやすいミスをいくつか示しておくので，これらを確認し，正確に 2 次式の平方完成ができるようにしておきたい。

$-\frac{1}{2}x^2+4x-3$ の平方完成

［正しい計算］

$$-\frac{1}{2}x^2+4x-3=-\frac{1}{2}(x^2-8x)-3 \quad \text{Ⓐ}$$

$$\downarrow \text{Ⓑ}$$

$$=-\frac{1}{2}\{(x-4)^2-4^2\}-3$$

$$\downarrow \text{Ⓒ}$$

$$=-\frac{1}{2}(x-4)^2+\frac{1}{2}\cdot4^2-3$$

$$=-\frac{1}{2}(x-4)^2+5$$

Ⓐ　x^2，x を含む項を x^2 の係数 $-\frac{1}{2}$ でくくる。

Ⓑ　$x^2-8x=\left(x-\frac{8}{2}\right)^2-\left(\frac{8}{2}\right)^2$

Ⓒ　{　} をはずす。このとき，{　} 中の各項に $-\frac{1}{2}$ を掛ける。

Ⓐ の変形で起こしやすいミス（赤字のところが間違い）

①　$-\frac{1}{2}x^2+4x-3$

$=-\frac{1}{2}(x^2+4x)-3$

②　$-\frac{1}{2}x^2+4x-3$

$=-\frac{1}{2}(x^2+8x)-3$

$-\frac{1}{2}$ をくくり出すから，(　) 内の x の係数は 4 に -2 を掛けた数にする必要がある。-2 を掛け忘れたり（①），2 を掛けたり（②）しないように！

Ⓑ の変形で起こしやすいミス
（赤字のところが間違い）

$-\frac{1}{2}(x^2-8x)-3$

$=-\frac{1}{2}\{(x-4)^2+4^2\}-3$

4^2 を引くところで，
4^2 を加えてしまわないように！

Ⓒ の変形で起こしやすいミス
（赤字のところが間違い）

$-\frac{1}{2}\{(x-4)^2-4^2\}-3$

$=-\frac{1}{2}(x-4)^2-4^2-3$

{　} をはずすとき，$-\frac{1}{2}$ を掛けるのを忘れないように！

平方完成する際は，1 行ずつていねいに書くようにしよう。
また，平方完成した結果を展開して，もとの式に一致するかどうかを確認すると，計算ミスを防ぐことができる。

基本 例題 52　2 次関数の係数の符号とグラフ

2 次関数 $y=ax^2+bx+c$ のグラフが右の図で与えられているとき，次の値の符号を調べよ。

(1) a　(2) b　(3) c

(4) b^2-4ac　(5) $a-b+c$

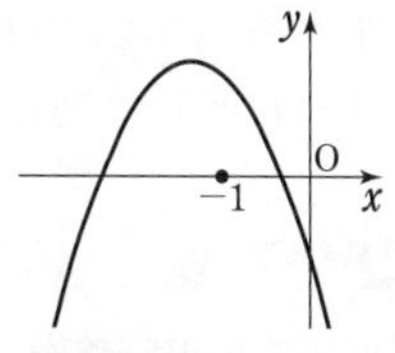

p.91 基本事項 4，基本 51

CHART & THINKING

グラフから情報を読み取る

式の値は直接求めることができない。
「上に凸か，下に凸か」，「軸や頂点の位置」，
「y 軸との交点の位置」などに着目して，
式の値の符号を調べよう。

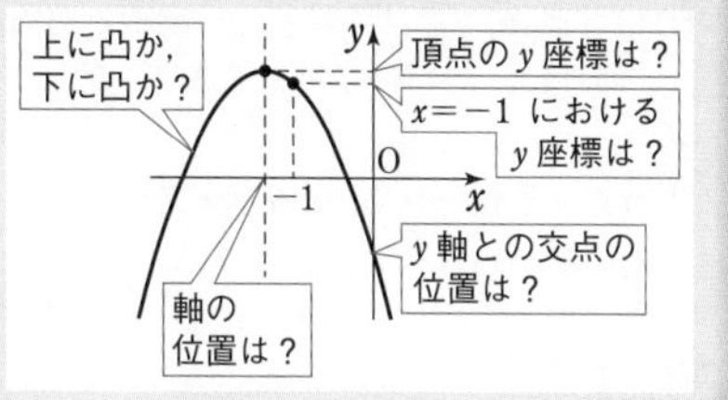

解答

$$ax^2+bx+c=a\left(x+\frac{b}{2a}\right)^2-\frac{b^2-4ac}{4a}$$

よって，放物線 $y=ax^2+bx+c$ の軸は 直線 $x=-\dfrac{b}{2a}$，
頂点の y 座標は $-\dfrac{b^2-4ac}{4a}$，y 軸との交点の y 座標は c である。

また，$x=-1$ のとき　$y=a(-1)^2+b(-1)+c=a-b+c$

(1) グラフは上に凸の放物線であるから　$\boldsymbol{a<0}$

(2) 軸が $x<0$ の部分にあるから　$-\dfrac{b}{2a}<0$

　(1) より，$a<0$ であるから　$\boldsymbol{b<0}$

(3) グラフが y 軸の負の部分と交わるから　$\boldsymbol{c<0}$

(4) 頂点の y 座標が正であるから　$-\dfrac{b^2-4ac}{4a}>0$

　(1) より，$a<0$ であるから

　　$-(b^2-4ac)<0$　すなわち　$\boldsymbol{b^2-4ac>0}$

(5) $a-b+c$ は，$x=-1$ における y の値である。

　グラフから，$x=-1$ のとき　$y>0$

　すなわち　$\boldsymbol{a-b+c>0}$

⇐ ax^2+bx+c
$=a\left(x^2+\dfrac{b}{a}x\right)+c$
$=a\left\{\left(x+\dfrac{b}{2a}\right)^2-\left(\dfrac{b}{2a}\right)^2\right\}+c$
$=a\left(x+\dfrac{b}{2a}\right)^2-a\left(\dfrac{b}{2a}\right)^2+c$
$=a\left(x+\dfrac{b}{2a}\right)^2-\dfrac{b^2-4ac}{4a}$

⇐ $\dfrac{b}{2a}>0$

⇐ 放物線 $y=ax^2+bx+c$ について，**x 軸と異なる 2 点で交わる ⟺ $b^2-4ac>0$** が成り立つ（p.139 以降を参照）。

PRACTICE 52③

右の図のような 2 次関数 $y=ax^2+bx+c$ のグラフについて，次の値の正，0，負を判定せよ。

(1) a　(2) b　(3) c

(4) b^2-4ac　(5) $a+b+c$　(6) $a-b+c$

基本 例題 53 グラフの平行移動 (1)

放物線 $y=2x^2+6x+7$ …… ① は，放物線 $y=2x^2-4x+1$ …… ② をどのように平行移動したものか。

p.91 基本事項 5，基本 50，51

CHART & SOLUTION

グラフの平行移動

頂点の移動に着目 …… ❶

～「は」，～「を」などの「てにをは」に注意

① は移動後，② は移動前の放物線である。
①，② は x^2 の係数がともに 2 で一致しているから，平行移動によって 2 つの放物線を重ねることができる。
よって，それぞれの頂点の座標を調べる。① の頂点「は」，② の頂点「を」どのように移動した点であるかを考えればよい。

解答

① を変形すると　$y=2\left(x+\dfrac{3}{2}\right)^2+\dfrac{5}{2}$

よって，放物線 ① の頂点をAとすると

$$A\left(-\frac{3}{2},\ \frac{5}{2}\right)$$

② を変形すると　$y=2(x-1)^2-1$

よって，放物線 ② の頂点をBとすると　$B(1,\ -1)$

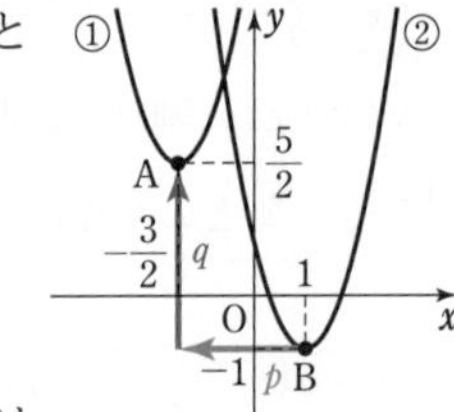

❶ 点Bを x 軸方向に p，y 軸方向に q だけ平行移動したときに点Aに重なるとすると

$$1+p=-\frac{3}{2},\quad -1+q=\frac{5}{2}$$

これを解いて　$p=-\dfrac{5}{2}$，$q=\dfrac{7}{2}$

したがって，放物線 ① は，放物線 ② を

x 軸方向に $-\dfrac{5}{2}$，y 軸方向に $\dfrac{7}{2}$ だけ平行移動したものである。

①：$2(x^2+3x)+7$
$=2\left\{\left(x+\dfrac{3}{2}\right)^2-\left(\dfrac{3}{2}\right)^2\right\}+7$
$=2\left(x+\dfrac{3}{2}\right)^2-2\left(\dfrac{3}{2}\right)^2+7$

②：$2(x^2-2x)+1$
$=2\{(x-1)^2-1^2\}+1$
$=2(x-1)^2-2+1$

⇐ 点A「は」，点B「を」どのように移動した点か。

別解 (後半)
頂点の座標の差は
$-\dfrac{3}{2}-1=-\dfrac{5}{2}$，
$\dfrac{5}{2}-(-1)=\dfrac{7}{2}$
よって，x 軸方向に $-\dfrac{5}{2}$，y 軸方向に $\dfrac{7}{2}$ だけ平行移動したものである。

PRACTICE 53❷

(1) 放物線 $y=-x^2+3x-1$ は，放物線 $y=-x^2-5x+2$ をどのように平行移動したものか。

(2) 放物線 $y=3x^2-6x+5$ は，どのように平行移動すると放物線 $y=3x^2+9x$ に重なるか。

基本 例題 54 グラフの平行移動 (2)

放物線 $y=x^2-4x$ を，x 軸方向に 2，y 軸方向に -1 だけ平行移動して得られる放物線の方程式を求めよ。

$p.91$ 基本事項 5，基本 53

CHART & SOLUTION

グラフの平行移動

$y=f(x)$ のグラフを x 軸方向に p，y 軸方向に q 平行移動すると

$y=f(x) \longrightarrow y-q=f(x-p)$ すなわち $y=f(x-p)+q$

x の代わりに $\boldsymbol{x-p}$，y の代わりに $\boldsymbol{y-q}$ とおく。

別解 頂点の移動先を考える。x^2 の係数は不変。

解答

求める方程式は　$y-(-1)=(x-2)^2-4(x-2)$

すなわち　$\boldsymbol{y=x^2-8x+11}$

⇐ $\begin{cases} x \text{ に } x-2 \\ y \text{ に } y-(-1) \end{cases}$ を代入。

別解　放物線 $y=x^2-4x$
すなわち $y=(x-2)^2-4$ の頂点 $(2,\ -4)$ を平行移動すると，$(2+2,\ -4-1)$ すなわち $(4,\ -5)$ となるから，移動後の放物線の方程式は

$\boldsymbol{y=(x-4)^2-5}$

$(y=x^2-8x+11$ でもよい$)$

⇐ 頂点の移動に着目。

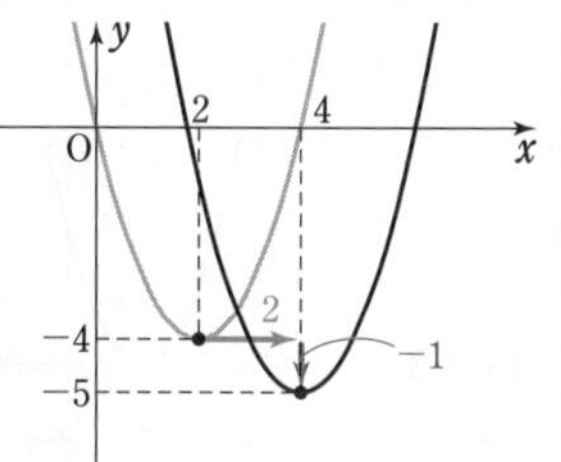

注意 $y=a(x-p)^2+q$ の形を最終の答えとしてよい。なお，本書では，右辺を展開した $y=ax^2+bx+c$ の形も記した。

INFORMATION — グラフの平行移動 (x 軸方向に p，y 軸方向に q)

$y=f(x)$ のグラフ上の点 $(X,\ Y)$ が点 $(x,\ y)$ に移動するとき，$x=X+p$，$y=Y+q$ から

$X=x-p$，$Y=y-q$

点 $(X,\ Y)$ は $y=f(x)$ 上にあるから $Y=f(X)$ が成り立つ。この式の X に $x-p$ を，Y に $y-q$ を代入すると，移動後の曲線の方程式

$\boldsymbol{y-q=f(x-p)}$　⇐ $\boldsymbol{y+q=f(x+p)}$ ではない！

すなわち $y=f(x-p)+q$ が得られる。

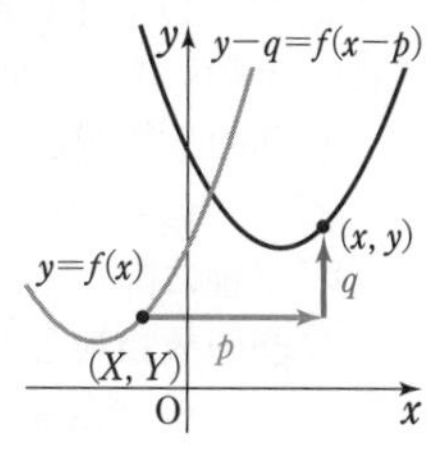

PRACTICE 54②

(1) 次の直線および放物線を，x 軸方向に -3，y 軸方向に 1 だけ平行移動して得られる直線および放物線の方程式を求めよ。

(ア) 直線 $y=2x-3$　　(イ) 放物線 $y=-x^2+x-2$

(2) x 軸方向に 2，y 軸方向に -1 だけ平行移動すると放物線 $y=-2x^2+3$ に重なるような放物線の方程式を求めよ。

基本 例題 55 グラフの対称移動

放物線 $y=2x^2-4x+3$ を，次の直線または点に関して，それぞれ対称移動して得られる放物線の方程式を求めよ。

(1) x 軸　　(2) y 軸　　(3) 原点

p.91 基本事項 5

CHART & SOLUTION

$y=f(x)$ のグラフの対称移動

x 軸 に関する対称移動　$\boldsymbol{y}$ を $\boldsymbol{-y}$ におき換えて

$-y=f(x)$　すなわち　$y=-f(x)$

y 軸 に関する対称移動　$\boldsymbol{x}$ を $\boldsymbol{-x}$ におき換えて　$y=f(-x)$

原点 に関する対称移動　$\begin{cases} x \text{ を } -x \\ y \text{ を } -y \end{cases}$ におき換えて

$-y=f(-x)$　すなわち　$y=-f(-x)$

解答

(1) $-y=2x^2-4x+3$

すなわち　$\boldsymbol{y=-2x^2+4x-3}$

(2) $y=2(-x)^2-4(-x)+3$

すなわち　$\boldsymbol{y=2x^2+4x+3}$

(3) $-y=2(-x)^2-4(-x)+3$

すなわち　$\boldsymbol{y=-2x^2-4x-3}$

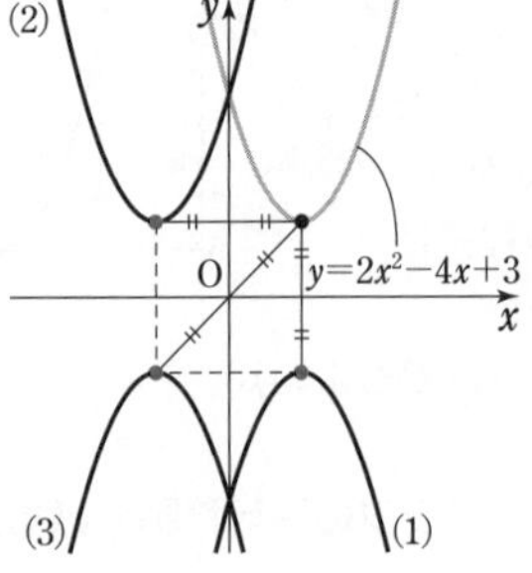

別解　放物線 $y=2x^2-4x+3$ すなわち $y=2(x-1)^2+1$ は頂点が点 $(1,\ 1)$ で下に凸である。

(1) x 軸に関して対称移動すると，頂点は点 $(1,\ -1)$ で上に凸の放物線となるから

$\boldsymbol{y=-2(x-1)^2-1}$　($y=-2x^2+4x-3$ でもよい)

(2) y 軸に関して対称移動すると，頂点は点 $(-1,\ 1)$ で下に凸の放物線となるから

$\boldsymbol{y=2(x+1)^2+1}$　($y=2x^2+4x+3$ でもよい)

(3) 原点に関して対称移動すると，頂点は点 $(-1,\ -1)$ で上に凸の放物線となるから

$\boldsymbol{y=-2(x+1)^2-1}$　($y=-2x^2-4x-3$ でもよい)

⇐ y を $-y$ に。

⇐ x を $-x$ に。

⇐ x を $-x$ に，y を $-y$ に。

inf. 2次関数 $y=ax^2+bx+c$ のグラフは，頂点の位置と x^2 の係数で決まる。よって，別解 のように頂点を対称移動させ，a の正負を考えて求めてもよい。

PRACTICE 55①

放物線 $y=-2x^2+3x-5$ を，次の直線または点に関して，それぞれ対称移動して得られる放物線の方程式を求めよ。

(1) x 軸　　(2) y 軸　　(3) 原点

重要 例題 56　1次関数の決定 (2)

関数 $y=ax-a+3$ $(0\leqq x\leqq 2)$ の値域が $1\leqq y\leqq b$ であるとき，定数 a，b の値を求めよ。

基本 49

CHART & THINKING

グラフ利用　端点に注目

1次関数とは書かれていない。また，1次の係数 a の符号がわからないから，グラフが右上がりか，右下がりかもわからない。このようなときは，**a が正，0，負の場合に分けて** 考えてみよう。

⟶ $a>0$ のときグラフは右上がり，$a<0$ のときグラフは右下がり。

$a>0$，$a=0$，$a<0$ の各場合において値域を求め，それが $1\leqq y\leqq b$ と一致する条件から a，b の連立方程式を作り，解く。

このとき，得られた a の値が **場合分けの条件を満たしているかどうか確認** することを忘れずに。

解答

$x=0$ のとき　$y=-a+3$，　$x=2$ のとき　$y=a+3$

[1] $a>0$ のとき

この関数は x の値が増加すると y の値も増加するから，$x=2$ で最大値 b，$x=0$ で最小値 1 をとる。

よって　$a+3=b$，$-a+3=1$

これを解いて　$a=2$，$b=5$

これは $a>0$ を満たす。

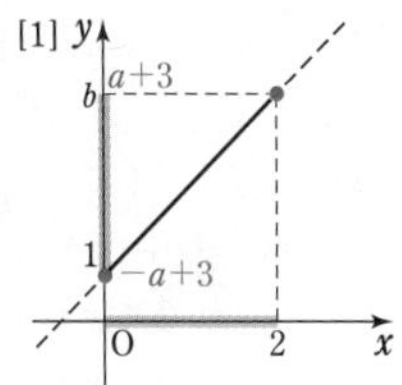

[2] $a=0$ のとき

この関数は　$y=3$

このとき，値域は $y=3$ であり，$1\leqq y\leqq b$ に適さない。

⇐ $a=0$ の場合を忘れないように。

⇐ 定数関数

[3] $a<0$ のとき

この関数は x の値が増加すると y の値は減少するから，$x=0$ で最大値 b，$x=2$ で最小値 1 をとる。

よって　$-a+3=b$，$a+3=1$

これを解いて　$a=-2$，$b=5$

これは $a<0$ を満たす。

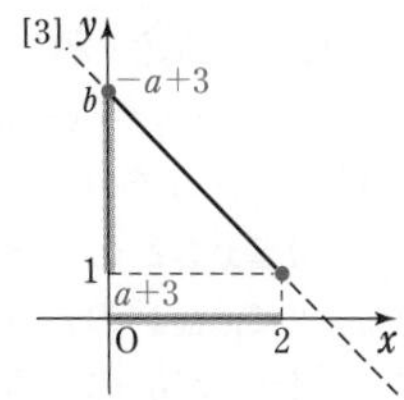

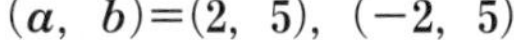

[1]～[3] から　$(\boldsymbol{a},\ \boldsymbol{b})=(2,\ 5),\ (-2,\ 5)$

PRACTICE 56③

(1) 定義域が $-2\leqq x\leqq 2$，値域が $-2\leqq y\leqq 4$ である1次関数を求めよ。

(2) 関数 $y=ax+b$ $(b\leqq x\leqq b+1)$ の値域が $-3\leqq y\leqq 5$ であるとき，定数 a，b の値を求めよ。

重要 例題 57 関数の作成

図のような1辺の長さが2の正三角形ABCがある。点Pが頂点Aを出発し，毎秒1の速さで左回りに辺上を1周するとき，線分APを1辺とする正方形の面積yを，出発後の時間x(秒)の関数として表し，そのグラフをかけ。
ただし，点Pが点Aにあるときは $y=0$ とする。

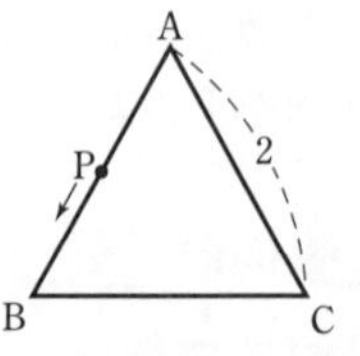

CHART & SOLUTION

変域によって式が異なる関数の作成

場合分けの境目の値を見極める

① xの変域はどうなるか ⟶ $0 \leqq x \leqq 6$

② 面積の表し方が変わるときのxの値は何か ⟶ $x=2,\ 4$

点Pが辺BC上にあるときのAP^2の値は，**三平方の定理** から求める。

解答

$y=AP^2$ であり，条件から，xの変域は　$0 \leqq x \leqq 6$

[1] $x=0,\ x=6$ のとき　点Pが点Aにあるから　$y=0$

[2] $0<x \leqq 2$ のとき　点Pは辺AB上にあって　$AP=x$
よって　$y=x^2$

[3] $2<x \leqq 4$ のとき　点Pは辺BC上にある。
辺BCの中点をMとすると，$BC \perp AM$ であり　$BM=1$
よって，$2<x \leqq 3$ のとき　$PM=1-(x-2)=3-x$
$3<x \leqq 4$ のとき　$PM=(x-2)-1=x-3$
ここで　$AM=\sqrt{3}$
ゆえに，$AP^2=PM^2+AM^2$ から　$y=(x-3)^2+3$

[4] $4<x<6$ のとき　点Pは辺CA上にあり，$PC=x-4$，
$AP^2=(AC-PC)^2$ から
$y=(x-6)^2$

[1]～[4] から

$0 \leqq x \leqq 2$ のとき　$y=x^2$
$2<x \leqq 4$ のとき　$y=(x-3)^2+3$
$4<x \leqq 6$ のとき　$y=(x-6)^2$

グラフは **右の図の実線部分** である。

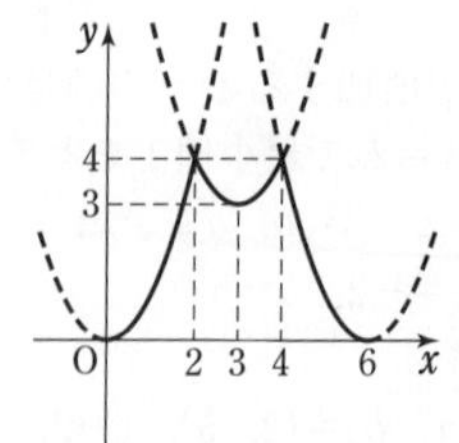

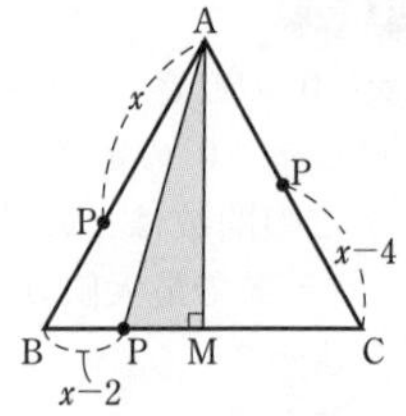

⇦ 結局 $2<x \leqq 4$ のとき $PM=|x-3|$

⇦ 頂点 $(3,\ 3)$，軸 $x=3$ の放物線。

⇦ $\{2-(x-4)\}^2=(6-x)^2$
$=(x-6)^2$
頂点 $(6,\ 0)$，軸 $x=6$ の放物線。

⇦ $x=0,\ y=0$ は $y=x^2$ に，$x=6,\ y=0$ は $y=(x-6)^2$ に含まれる。

PRACTICE 57[4]

1辺の長さが1の正方形ABCDがある。点Pが頂点Aを出発し，毎秒1の速さでA→B→C→D→Aの順に辺上を1周するとき，線分APを1辺とする正方形の面積yを，出発後の時間x(秒)の関数で表し，そのグラフをかけ。ただし，点Pが点Aにあるときは $y=0$ とする。

補充 例題 58 ガウス記号を含む関数のグラフ

$[a]$ は実数 a を超えない最大の整数を表すものとする。

(1) $[\sqrt{5}]$, $[1]$, $\left[-\dfrac{4}{3}\right]$ の値を求めよ。

(2) 関数 $y=[x]$ $(-2 \leqq x \leqq 3)$ のグラフをかけ。

CHART & SOLUTION

定義が与えられた問題

定義に忠実に従って考える

(1) $[a]$ は，実数 a を超えない最大の整数を表すから，実数 a を **数直線** に表して考える。

(2) (1)から，次のことがわかる。

n を整数とすると　$\boldsymbol{n \leqq x < n+1}$ ならば　$\boldsymbol{[x]=n}$

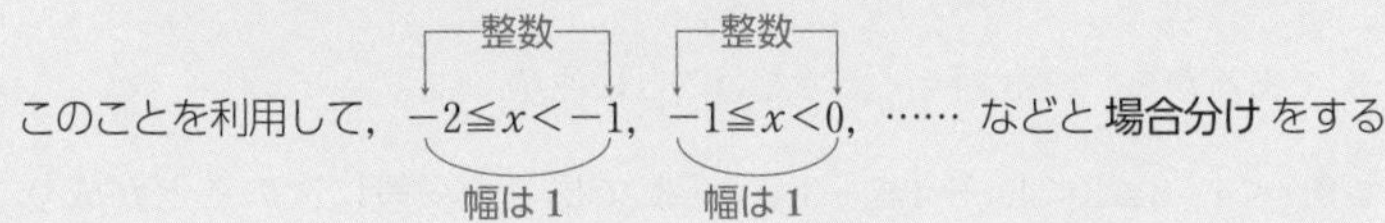

このことを利用して，$-2 \leqq x < -1$，$-1 \leqq x < 0$，…… などと **場合分け** をする。

解答

(1) $\sqrt{5}$, 1, $-\dfrac{4}{3}$ を数直線上に表すと，次の図のようになる。

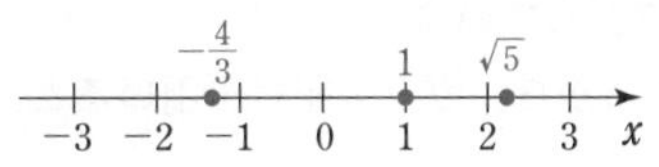

⇐ $2 \leqq \sqrt{5} < 3$, $1 \leqq 1 < 2$, $-2 \leqq -\dfrac{4}{3} < -1$

よって　$[\sqrt{5}]=\mathbf{2}$, $[1]=\mathbf{1}$, $\left[-\dfrac{4}{3}\right]=\mathbf{-2}$

(2)
$-2 \leqq x < -1$ のとき　$y=-2$
$-1 \leqq x < 0$ のとき　$y=-1$
$0 \leqq x < 1$ のとき　$y=0$
$1 \leqq x < 2$ のとき　$y=1$
$2 \leqq x < 3$ のとき　$y=2$
$x=3$ のとき　$y=3$

よって，グラフは **右の図** のようになる。

(2)

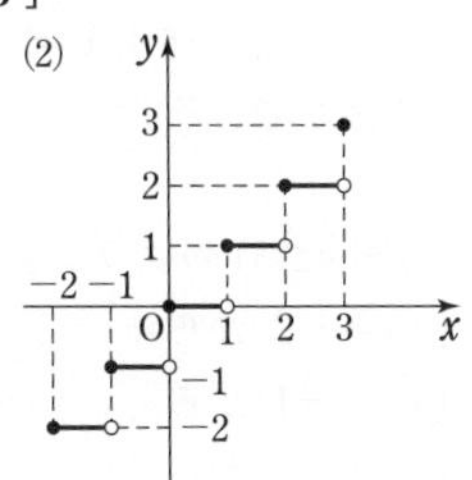

⇐ 各場合はいずれも $a \leqq x < b$ の形であるから，グラフの左端を含み（•印），右端を含まない（◦印）。

PRACTICE 58[4]

$[a]$ は実数 a を超えない最大の整数を表すものとする。

(1) $\left[\dfrac{1}{\sqrt{3}}\right]$, $\left[-\dfrac{1}{2}\right]$, $\dfrac{[-1]}{2}$ の値を求めよ。

(2) 関数 $y=2[x]$ と $y=[2x]$ のグラフを $-1 \leqq x \leqq 2$ の範囲でかけ。

STEP UP ガウス記号

前ページの補充例題 58 に書かれているように，実数 a に対して，実数 a を超えない最大の整数を $[\boldsymbol{a}]$ と表すことがある。この記号 [ ] を **ガウス記号** という。この「a を超えない最大の整数」という表現を，「a より大きくない最大の整数」または「a 以下の最大の整数」と読み替えると意味がわかりやすい。

例えば，$[3.7]$ は，3.7 以下の最大の整数，すなわち $n \leqq 3.7$ を満たす最大の整数 n を答えればよいから，数直線で表すと右の図のようになり，$[3.7]=3$ である。また，$[3]$ は，3 以下の最大の整数，すなわち $n \leqq 3$ を満たす最大の整数 n で，右上の図から $[3]=3$ である。
同様に，$[-3.7]$ は，$n \leqq -3.7$ を満たす最大の整数 n で，右の図から $[-3.7]=-4$ である。

inf. $-3.7<-3$ であるから，$[-3.7]=-3$ でないことに注意。

上の例から，$3 \leqq 3.7<4$，$3 \leqq 3<4$，$-4 \leqq -3.7<-3$ であり，一般に次のことが成り立つ。

実数 x に対して，n を整数とするとき

$$n \leqq x < n+1 \iff [x]=n$$

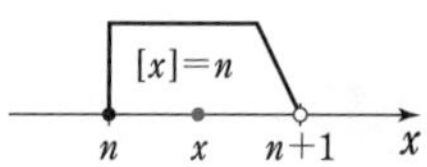

ここで，$p.50$ 基本例題 27 において，$1+\sqrt{5}$ の整数部分を a，小数部分を b とすると $b=(1+\sqrt{5})-a$ で表されることを学習している。
$2 \leqq \sqrt{5}<3$ より $3 \leqq 1+\sqrt{5}<4$ であるから，ガウス記号を用いると，
$a=[1+\sqrt{5}]=3$ と表される。
したがって，小数部分 b は $b=(1+\sqrt{5})-[1+\sqrt{5}]$ のように表される。
一般に，実数 x に対して，ガウス記号を用いると，その整数部分は $[x]$ で表されるから，小数部分は $x-[x]$ と表すことができる。

例　関数 $y=x-[x]\ (-2 \leqq x \leqq 3)$ のグラフをかいてみよう。

$-2 \leqq x<-1$ のとき，$[x]=-2$ から　$y=x+2$
$-1 \leqq x<0$ のとき，$[x]=-1$ から　$y=x+1$
$0 \leqq x<1$ のとき，$[x]=0$ から　$y=x$
$1 \leqq x<2$ のとき，$[x]=1$ から　$y=x-1$
$2 \leqq x<3$ のとき，$[x]=2$ から　$y=x-2$
$x=3$ のとき，$[x]=3$ から　$y=3-3=0$

よって，グラフは右の図のようになる。

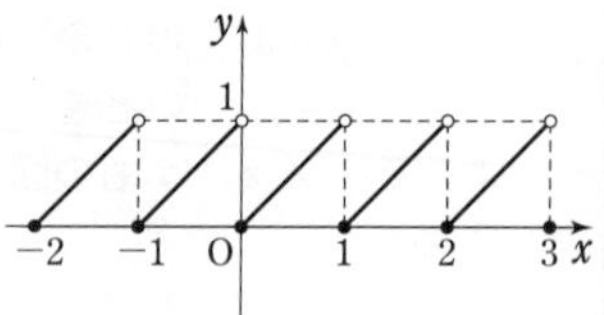

上の例のグラフから，関数 $y=x-[x]\ (-2 \leqq x \leqq 3)$ の値，すなわち，$x-[x]$ の値は 0 以上 1 未満の値が繰り返されることがわかり，このことから，実数 x の小数部分が $x-[x]$ で表されることが理解できる。

EXERCISES　　7 関数とグラフ

A

47 ❸ 関数 $y=ax+b$ $(1\leqq x\leqq 2)$ の値域が $3\leqq y\leqq 4$ である。

(1) $a>0$ のとき，定数 a，b の値を求めよ。

(2) $a<0$ のとき，定数 a，b の値を求めよ。　→ 49

48 ❸ ある学校で，清掃のためプールの水を完全に抜くことにした。ただし，ポンプで毎分一定の量を排水するものとする。

t	100	300	600
V	370	ア□	120

排水を開始してから t 分後におけるプールの水の残量を V m^3 とするとき，表のような結果が得られた。

(1) 表の ア□ にあてはまる数を求めよ。

(2) 排水開始前のプールの水の量は イ□ m^3 である。また，排水を開始してからちょうど ウ□ 分後に完全に水がなくなる。　→ 49

49 ❷ 放物線 $y=2x^2+ax+b$ を x 軸方向に 2，y 軸方向に -3 だけ平行移動したところ，放物線 $y=2x^2$ と重なった。定数 a，b の値を求めよ。

→ 53, 54

50 ❷ 2次関数 $y=x^2-4x+3$ のグラフ C と点 A$(0,\ -1)$ について，次の (1)，(2) のグラフが表す2次関数を求めよ。

(1) C を x 軸方向に平行移動したもので，点Aを通るグラフ

(2) C を y 軸方向に平行移動したもので，点Aを通るグラフ　→ 54

B

51 ❸ 2次関数 $y=ax^2+bx+c$ のグラフをコンピュータのグラフ表示ソフトを用いて表示させる。このソフトでは，図の画面上の [A]，[B]，[C] にそれぞれ係数 a，b，c の値を入力すると，その値に応じたグラフが表示される。

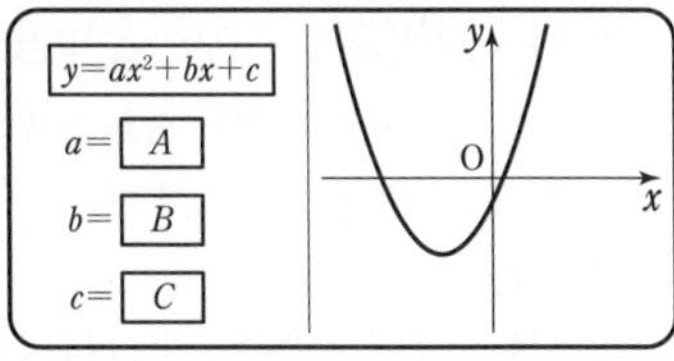

いま，[A]，[B]，[C] にある値を入力すると，上の図のようなグラフが表示された。

(1) a，b，c の符号を答えよ。

(2) a，c の値を変えずに，b の値だけを変化させるとき，変化するものを次の中からすべて選べ。

① 放物線の頂点の y 座標の符号　② 放物線と y 軸との交点の y 座標

③ 放物線の軸 $x=p$ について p の符号

④ 放物線と x 軸の共有点の個数　→ 52

52 ❸ ある放物線を x 軸方向に 1，y 軸方向に -2 だけ平行移動した後，x 軸に関して対称移動したところ，放物線 $y=-x^2-3x+3$ となった。もとの放物線の方程式を求めよ。　→ 53, 54, 55

HINT　52　**逆の平行移動** を考える。

STEP UP 身近にある放物線

2次関数のグラフである放物線は，わたしたちの身近なところにも多く存在している。そのような例をいくつか見てみよう。

［例1］ 斜めに投げ上げられた物体の軌跡

キャッチボールをするとき，ボールの軌道は放物線を描く。また，離れたところからホースを使って草木に水をやるときの水の軌道も放物線となる。なお，16～17世紀のヨーロッパでは，大砲の砲弾を命中させようと，その軌道が盛んに研究されていた。

［例2］ 同心円と平行線

右のような，同じ間隔で描いた同心円と平行線でできた図の中には，いくつもの放物線がかくれている。
そのうちの1つを赤色で塗ってあるが，他の部分も色を変えながら塗っていくと，放物線からなるきれいな模様ができ上がる。

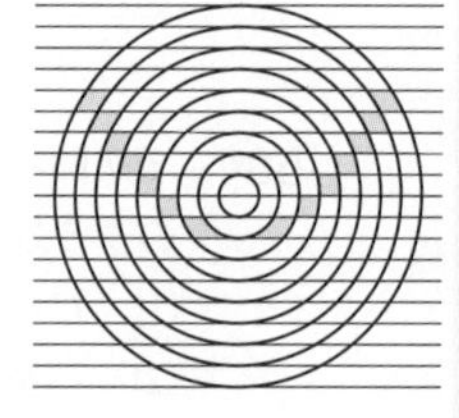

［例3］ 点光源からの光と平面

懐中電灯などから発せられた光は円錐状に広がっていくが，右のような角度で照らすと，照らされた部分のふちが放物線になる。
これは，円錐を母線に平行になるように切ったときの切り口に放物線が現れることから起きる現象である。

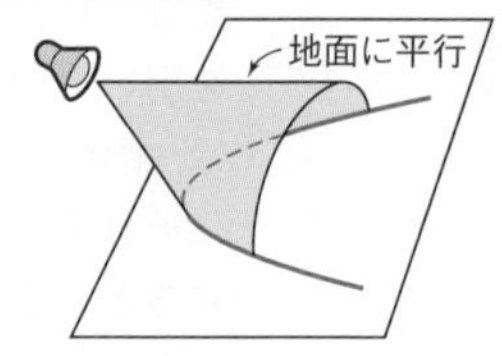

［例4］ パラボラアンテナ

放物線を英語でパラボラ (parabola) という。
衛星放送受信用のパラボラアンテナの面は，放物線をその軸を中心に1回転してできる面の形をしている。
このような面には，回転軸に平行に進んできた電波がこの面で反射するとき，そのすべてがある1点を通過するという性質がある。この点は放物線の「焦点（しょうてん）」と呼ばれる。
この性質を利用したものには，パラボラアンテナの他にも懐中電灯や電波望遠鏡などがある。

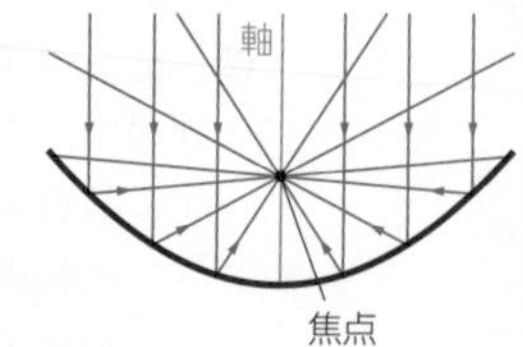

8 2次関数の最大・最小と決定

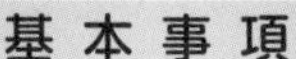

1 2次関数の最大・最小

2次関数 $y=a(x-p)^2+q$ は

① $\boldsymbol{a>0}$ のとき $\boldsymbol{x=p}$ で **最小値 $\boldsymbol{q}$，最大値なし**

② $\boldsymbol{a<0}$ のとき $\boldsymbol{x=p}$ で **最大値 $\boldsymbol{q}$，最小値なし**

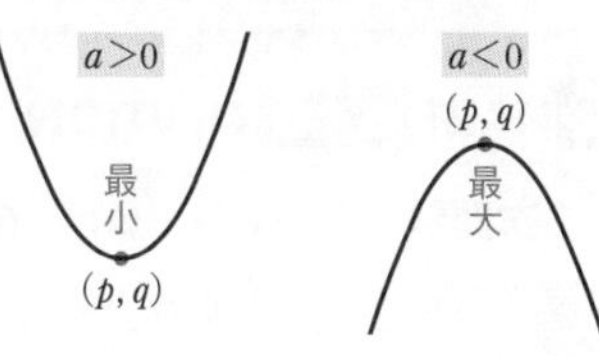

2 定義域に制限がある場合の関数の最大・最小

関数 $y=a(x-p)^2+q$ $(h\leqq x\leqq k)$ の最大・最小は，軸 $x=p$（頂点の x 座標）が定義域に対してどの位置にあるかによって，次のようになる。（下の図は $a>0$ のとき）

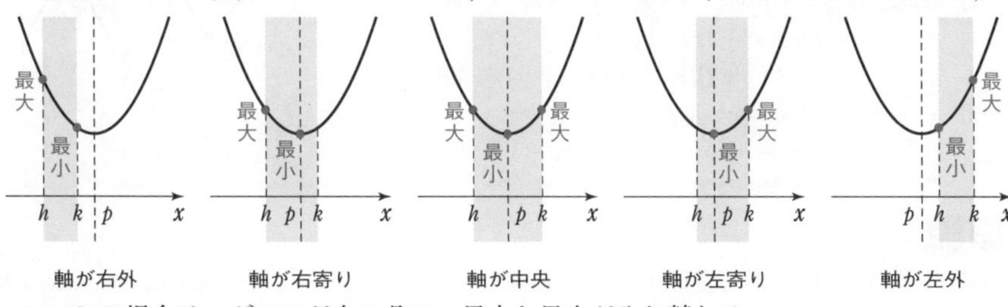

$a<0$ の場合は，グラフが上に凸で，最大と最小が入れ替わる。

3 2次関数の決定

① 最大値，最小値が与えられた場合 ② 頂点や軸に関する条件が与えられた場合	$\boldsymbol{y=a(x-p)^2+q}$	（基本形）
③ グラフ上の3点が与えられた場合	$\boldsymbol{y=ax^2+bx+c}$	（一般形）
④ x 軸との2つの交点が与えられた場合	$\boldsymbol{y=a(x-\alpha)(x-\beta)}$	（分解形）

を利用して，係数を決定する。

解説 x 軸との交点の座標 $(\alpha,\ 0)$，$(\beta,\ 0)$ が与えられているときは，因数分解した形，すなわち $y=a(x-\alpha)(x-\beta)$ を利用するとよい（$p.139$ 1 参照）。

CHECK & CHECK

25 次の2次関数に最大値，最小値があれば，それを求めよ。

(1) $y=x^2-3$ (2) $y=-2x^2+1$ (3) $y=3(x-2)^2+5$ → 1

26 2次関数 $y=ax^2+bx-1$ のグラフが，2点 $(1,\ 0)$，$(-2,\ -15)$ を通るように，定数 a，b の値を定めよ。 → 3

27 次の連立方程式を解け。

$2a-b+c=8$，$a-2b-3c=-5$，$3a+3b+2c=9$ → 3

基本 例題 59　2次関数の最大・最小

次の2次関数に最大値，最小値があれば，それを求めよ。

(1)　$y=2x^2+4x+1$　　(2)　$y=-x^2+2x+3$

p.107 基本事項 1

CHART & SOLUTION

2次関数 $y=ax^2+bx+c$ の最大・最小

基本形 $y=a(x-p)^2+q$ に変形 ……❶

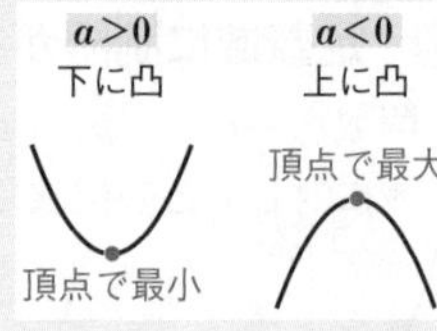

実数全体を定義域とする2次関数は

$a>0$ のとき，**頂点で最小値をとり，最大値はない。**

$a<0$ のとき，**頂点で最大値をとり，最小値はない。**

(1), (2)の式の平方完成は，次の通りである。

(1)　$2x^2+4x+1=2(x^2+2x)+1$

$=2\{(x+1)^2-1^2\}+1=2(x+1)^2-2+1$

(2)　$-x^2+2x+3=-(x^2-2x)+3$

$=-\{(x-1)^2-1^2\}+3=-(x-1)^2+1+3$

解答

(1)　$y=2x^2+4x+1$ を変形すると

❶　$y=2(x+1)^2-1$

グラフは下に凸の放物線で，頂点は点$(-1,\ -1)$である。

よって，**$x=-1$ で最小値 -1** をとる。

また，yの値はいくらでも大きくなるから，**最大値はない。**

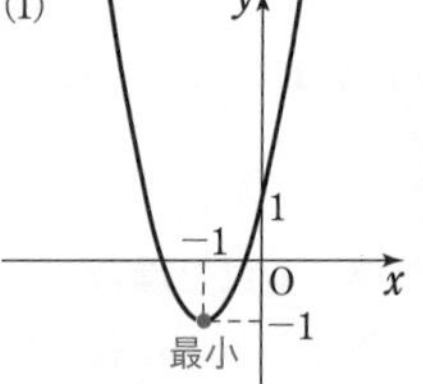

(2)　$y=-x^2+2x+3$ を変形すると

❶　$y=-(x-1)^2+4$

グラフは上に凸の放物線で，頂点は点$(1,\ 4)$である。

よって，**$x=1$ で最大値 4** をとる。

また，yの値はいくらでも小さくなるから，**最小値はない。**

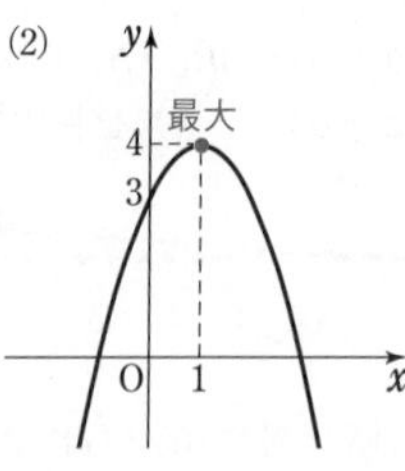

左の解答は，ていねいな書き方をしているが，実際の答案では，基本形への変形を示したら，すぐに答えを書いてもよい。
また，グラフを示さなくてもよい。
ただし，最大値や最小値がない場合は「最大値(最小値)はない」と明記する。
また，問題文に特に示されていなくても，最大値，最小値を与えるxの値も示しておくようにしよう。

PRACTICE 59❷

次の2次関数に最大値，最小値があれば，それを求めよ。

(1)　$y=x^2-2x-3$　　(2)　$y=-2x^2+x$

(3)　$y=3x^2+4x-1$　　(4)　$y=-2x^2+3x-5$

基本 例題 60　定義域に制限がある場合の関数の最大・最小 ②②②②②

次の関数に最大値，最小値があれば，それを求めよ。

(1)　$y=x^2-2x+2$　$(-1 \leqq x \leqq 2)$　　(2)　$y=-x^2+4x-1$　$(0<x \leqq 1)$

p.107 基本事項 2，基本 59，重要 74

CHART & SOLUTION

定義域に制限がある場合の関数の最大値・最小値

グラフ利用　頂点と端点に注目 ……❗

① 基本形 $y=a(x-p)^2+q$ に変形してグラフをかき，与えられた定義域に対する軸の位置を確認する。

② 軸が定義域内 ⟶ 頂点と定義域の両端の y 座標を比較する。
　軸が定義域外 ⟶ 定義域の両端の y 座標を比較する。

(2) $x=0$ は定義域に含まれないことに注意。

解答

(1) $y=x^2-2x+2$ を変形すると

$$y=(x-1)^2+1$$

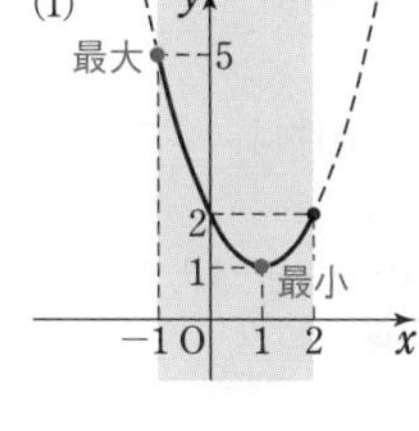

関数 $y=x^2-2x+2$ $(-1 \leqq x \leqq 2)$ のグラフは，頂点が点 $(1,\ 1)$ で，下に凸の放物線の一部である。

⇐ 頂点は点 $(1,\ 1)$，軸 $(x=1)$ は **定義域内**。

⇐ $x=-1$ のとき　$y=5$，$x=2$ 　のとき　$y=2$

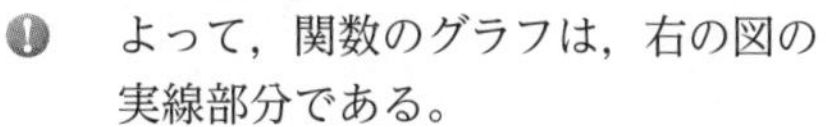

❗ よって，関数のグラフは，右の図の実線部分である。

したがって　　**$x=-1$ で最大値 5，**
　　　　　　　$x=1$ 　で最小値 1 をとる。

⇐ **端**

⇐ **頂点**

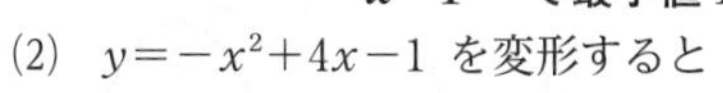

(2) $y=-x^2+4x-1$ を変形すると

$$y=-(x-2)^2+3$$

関数 $y=-x^2+4x-1$ $(0<x \leqq 1)$ のグラフは，頂点が点 $(2,\ 3)$ で，上に凸の放物線の一部である。

⇐ 頂点は点 $(2,\ 3)$，軸 $(x=2)$ は **定義域の右外**。

⇐ $x=0$ のとき　$y=-1$，$x=1$ のとき　$y=2$

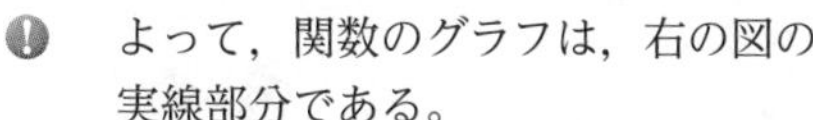

❗ よって，関数のグラフは，右の図の実線部分である。

⇐ 左端の $x=0$ は定義域に含まれない。

したがって　　**$x=1$ で最大値 2** をとり，
　　　　　　　最小値はない。

⇐ **端**

⇐ 「**最小値 −1**」は誤り。

PRACTICE 60②

次の関数に最大値，最小値があれば，それを求めよ。

(1)　$y=3x^2-4$　$(-2 \leqq x \leqq 2)$　　(2)　$y=2x^2-4x+3$　$(x \geqq 2)$

(3)　$y=x^2-4x+2$　$(-2<x \leqq 4)$　　(4)　$y=-x^2-6x+1$　$(0 \leqq x<2)$

基本 例題 61　最大・最小から係数の決定 (1)

関数 $y=-x^2+6x+c$ $(1\leqq x\leqq 4)$ の最小値が 1 となるように，定数 c の値を定めよ。また，そのときの最大値を求めよ。

基本 60

CHART & SOLUTION

最大・最小から係数決定　グラフ利用　頂点と端点に注目

まず，**基本形**に変形してグラフをかき，軸が定義域のどの位置にあるかを確認する。$1\leqq x\leqq 4$ における最小値を求め，(最小値)$=1$ とおいた c の方程式を解く。

解答

$y=-x^2+6x+c$ を変形すると

$$y=-(x-3)^2+c+9$$

⇐ 頂点は点 $(3,\ c+9)$，軸 $(x=3)$ は**定義域内の右寄り**。

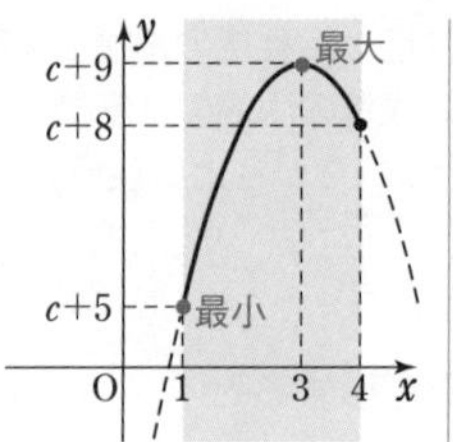

右の図から，$1\leqq x\leqq 4$ の範囲においてこの関数は

$x=3$ で最大値 $c+9$　⇐ 頂点

$x=1$ で最小値 $c+5$　⇐ 左端

をとる。

最小値が 1 となるための条件は　$c+5=1$　⇐ (最小値)$=1$

よって　$\boldsymbol{c=-4}$

また，$\boldsymbol{x=3}$ **で最大値** $c+9=-4+9=\boldsymbol{5}$ をとる。　⇐ $c=-4$ を代入。

INFORMATION

2 次関数のグラフ(放物線)は軸に関して対称であるから

下に凸 ⟶ 軸から遠いほど y の値は大きい

上に凸 ⟶ 軸から遠いほど y の値は小さい

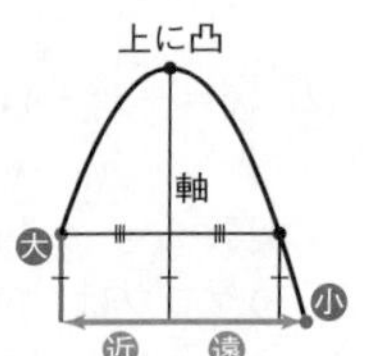

この例題のグラフは上に凸で，軸 $x=3$ の位置は，定義域の中央である $x=\dfrac{5}{2}$ よりも右寄りにある。

よって，両端のうち軸より遠い $x=1$ で最小となる。

このように考えれば，実際にグラフをかかずに最大・最小を判断することもできる。PRACTICE 61 の解答参照 (解答編 $p.65,\ 66$)。

PRACTICE 61❷

次の関数の最大値が 7 となるように，定数 c の値を定めよ。また，そのときの最小値を求めよ。

(1)　$y=3x^2+6x+c$ $(-2\leqq x\leqq 1)$　　(2)　$y=-2x^2+12x+c$ $(-2\leqq x\leqq 2)$

基本 例題 62 最大・最小から係数の決定 (2)

$a>0$ とする。関数 $f(x)=ax^2-2ax+b$ $(0\leqq x\leqq 3)$ の最大値が 9，最小値が 1 のとき，定数 a，b の値を求めよ。

基本 61

CHART & THINKING

2次関数の最大・最小　基本形 $y=a(x-p)^2+q$ で考える

最大・最小の問題であるから，まずは **基本形** に変形しよう。軸の位置がわかったら，次にグラフの概形をかいてみよう。その際，前ページの INFORMATION のように，

グラフが **上に凸か・下に凸か**　　**軸と定義域の端点との距離**

を意識するようにしよう。

解答

$f(x)=ax^2-2ax+b$

$=a(x^2-2x)+b$

$=a(x^2-2x+1^2-1^2)+b$

$=a(x-1)^2-a+b$

⇐ まず，基本形に変形。

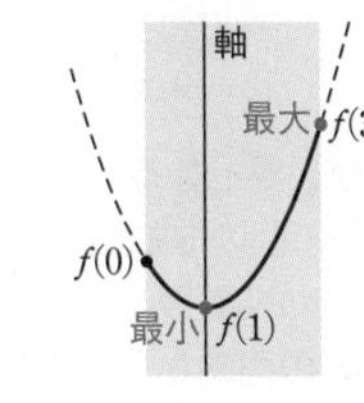

$y=f(x)$ のグラフは下に凸の放物線となり，$0\leqq x\leqq 3$ の範囲で $f(x)$ は，$x=3$ で最大値，$x=1$ で最小値をとる。

⇐ 頂点は点 $(1,\ -a+b)$，軸 $(x=1)$ は定義域内の左寄り。

⇐ 軸から遠い端で最大，頂点で最小。

$f(3)=3a+b$，$f(1)=-a+b$ であるから

$3a+b=9$，$-a+b=1$

これを解くと　　$\boldsymbol{a=2}$，$\boldsymbol{b=3}$

これは $a>0$ を満たす。

⇐ a の条件の確認。

INFORMATION　$a>0$ の条件がない場合

上の例題で「$a>0$」という条件がない場合は，x^2 の係数 a のとる値によって，グラフの形が変わってくる。そのため，$\boldsymbol{a=0}$ **(直線)**，$\boldsymbol{a<0}$ **(上に凸の放物線)** の場合も考える必要がある。⟶ $p.128$ EXERCISES 61 参照。

$a=0$ のとき，$f(x)=b$ (一定) となり条件を満たさない。

$a<0$ のとき，$y=f(x)$ のグラフは右の図のようになり，$x=1$ で最大，$x=3$ で最小となる。

よって　　$-a+b=9$，$3a+b=1$

これを解いて　　$a=-2$，$b=7$

これは $a<0$ を満たす。

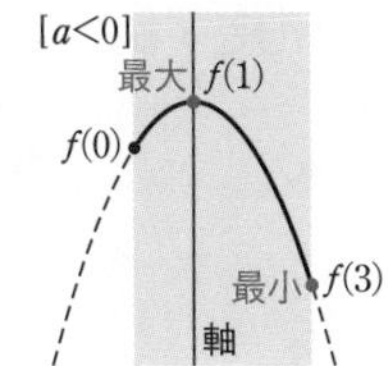

以上により，上の例題で「$a>0$」という条件がない場合，答えは「$a=2$，$b=3$ または $a=-2$，$b=7$」となる。

PRACTICE 62③

$a>0$ とする。関数 $f(x)=ax^2-4ax+b$ $(1\leqq x\leqq 4)$ の最大値が 4，最小値が -10 のとき，定数 a，b の値を求めよ。

基本 例題 63 定義域の一端が動く場合の関数の最大・最小

a は正の定数とする。$0 \leqq x \leqq a$ における関数 $f(x)=x^2-4x+5$ について

(1) 最大値を求めよ。　　(2) 最小値を求めよ。

p.107 基本事項 2，基本 60

CHART & SOLUTION

定義域の一端が動く場合の2次関数の最大・最小

軸と定義域の位置関係で場合分け

定義域が $0 \leqq x \leqq a$ であるから，文字 a の値が増加すると定義域の右端が動いて，x の変域が広がっていく。

したがって，a の値によって，最大値と最小値をとる x の値が変わるので **場合分け** が必要となる。

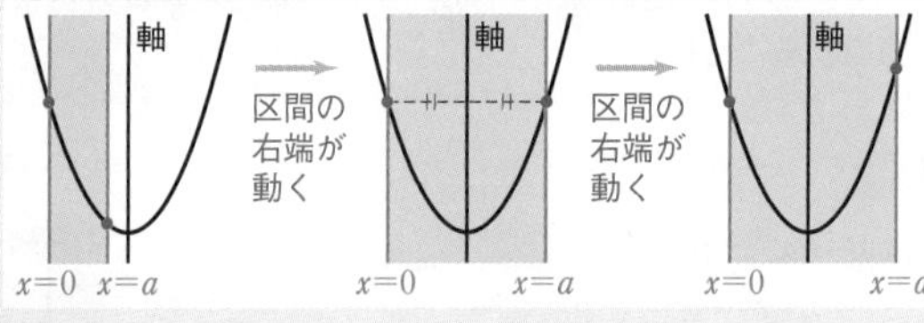

(1) $y=f(x)$ のグラフは下に凸の放物線であるから，軸からの距離が遠いほど y の値は大きい（p.110 INFORMATION 参照）。

よって，**定義域 $0 \leqq x \leqq a$ の両端から軸までの距離が等しくなる（軸が定義域の中央に一致する）ような a の値が場合分けの境目となる。**

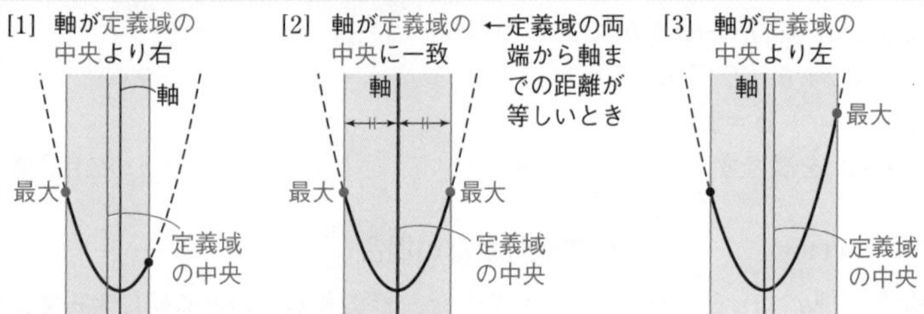

(2) $y=f(x)$ のグラフは下に凸の放物線であるから，軸が定義域 $0 \leqq x \leqq a$ に含まれていれば頂点で最小となる。よって，**軸が定義域 $0 \leqq x \leqq a$ に含まれるか含まれないかで場合分けをする。**

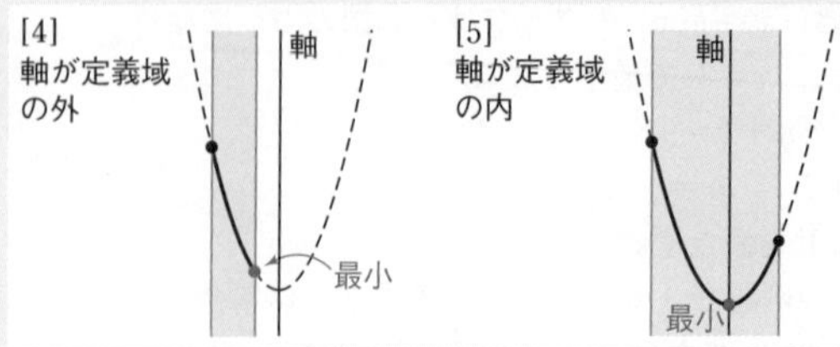

解答

$f(x)=x^2-4x+5=(x-2)^2+1$

この関数のグラフは下に凸の放物線で，軸は直線 $x=2$ である。

⇐ 基本形に変形。

(1) 定義域 $0 \leqq x \leqq a$ の中央の値は $\frac{a}{2}$ である。

[1] $0<\frac{a}{2}<2$ すなわち $0<a<4$ のとき

図[1]から，$x=0$ で最大となる。

最大値は　$f(0)=5$

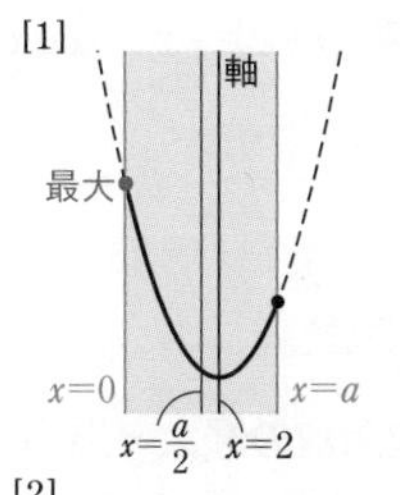

[1]軸が定義域の中央 $x=\frac{a}{2}$ より右にあるから，$x=0$ の方が軸より遠い。
よって　$f(0)>f(a)$

[2] $\frac{a}{2}=2$ すなわち $a=4$ のとき

図[2]から，$x=0$，4 で最大となる。

最大値は　$f(0)=f(4)=5$

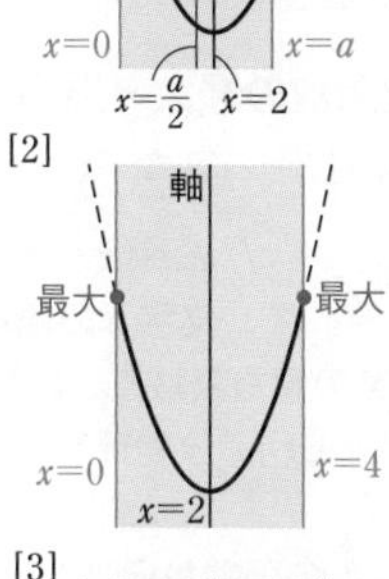

[2]軸が定義域の中央 $x=\frac{a}{2}$ に一致するから，軸と $x=0$，$a(=4)$ との距離が等しい。
よって　$f(0)=f(a)$
最大値をとる x の値が 2 つあるので，その 2 つの値を答える。

[3] $2<\frac{a}{2}$ すなわち $4<a$ のとき

図[3]から，$x=a$ で最大となる。

最大値は　$f(a)=a^2-4a+5$

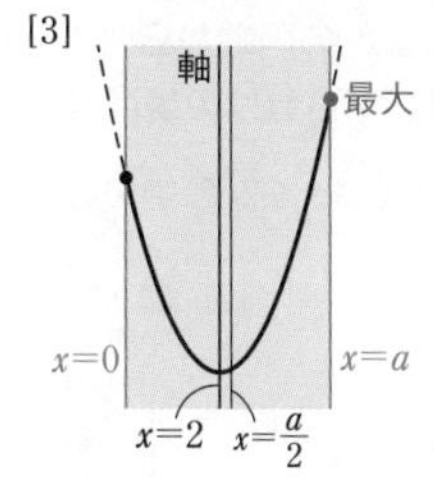

[3]軸が定義域の中央 $x=\frac{a}{2}$ より左にあるから，$x=a$ の方が軸より遠い。
よって　$f(0)<f(a)$

[1]～[3] から

$0<a<4$ のとき $x=0$ で最大値 5
$a=4$ のとき　$x=0$，4 で最大値 5
$a>4$ のとき
$x=a$ で最大値 a^2-4a+5

⇦ 答えを最後にまとめて書く。

(2) 軸 $x=2$ が定義域 $0 \leqq x \leqq a$ に含まれるかどうかを考える。

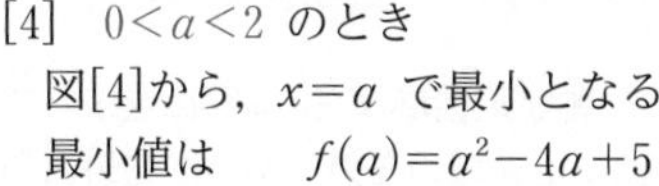

[4] $0<a<2$ のとき

図[4]から，$x=a$ で最小となる。

最小値は　$f(a)=a^2-4a+5$

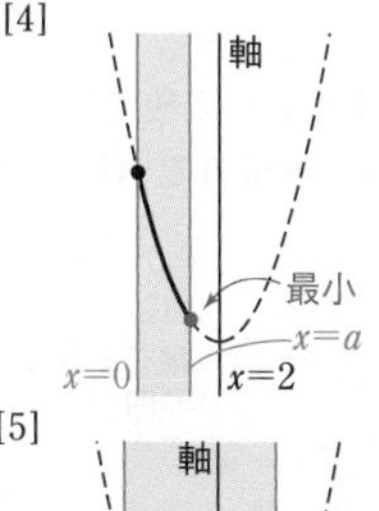

[4]軸が定義域の右外にあるから，軸に近い定義域の右端で最小となる。

[5] $2 \leqq a$ のとき

図[5]から，$x=2$ で最小となる。

最小値は　$f(2)=1$

[5]軸が定義域内にあるから，頂点で最小となる。

[4]，[5] から

$0<a<2$ のとき
$x=a$ で最小値 a^2-4a+5
$a \geqq 2$ のとき　$x=2$ で最小値 1

⇦ 答えを最後にまとめて書く。

PRACTICE 63③

a は正の定数とする。$0 \leqq x \leqq a$ における関数 $f(x)=-x^2+6x$ について

(1) 最大値を求めよ。　　(2) 最小値を求めよ。

3章 8 2次関数の最大・最小と決定

基本 例題 64 グラフが動く場合の関数の最大・最小

aは定数とする。関数 $f(x)=x^2-2ax+a$ $(0\leqq x\leqq 2)$ について

(1) 最大値を求めよ。　　(2) 最小値を求めよ。

p.107 基本事項 2，基本 60, 63，重要 71

CHART & SOLUTION

係数に文字を含む2次関数の最大・最小

軸と定義域の位置関係で場合分け

まず，**基本形** に変形すると　$f(x)=(x-a)^2-a^2+a$

このグラフの軸は直線 $x=a$ で，**文字 a の値が変わると軸(グラフ)が動き**，定義域によって最大値と最小値をとる x の値も変わる。したがって，軸の位置で **場合分け** が必要となる。

(1) $y=f(x)$ のグラフは下に凸の放物線であるから，軸からの距離が遠いほど y の値は大きい。

よって，**定義域 $0\leqq x\leqq 2$ の両端から軸までの距離が等しくなる** (**軸が定義域の中央に一致する**) **ような a の値が場合分けの境目となる。**

このaの値は，定義域 $0\leqq x\leqq 2$ の中央の値で　$\dfrac{0+2}{2}=1$

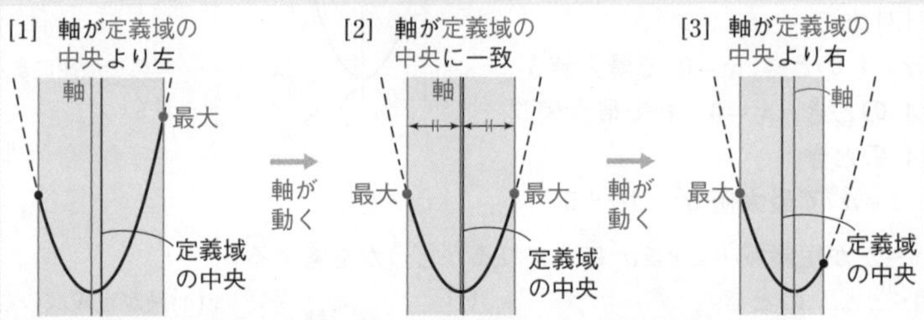

(2) $y=f(x)$ のグラフは下に凸の放物線であるから，**軸が定義域 $0\leqq x\leqq 2$ に含まれていれば頂点で最小となる。含まれていないときは，軸が定義域の左外にあるか右外にあるかで場合分けをする。**

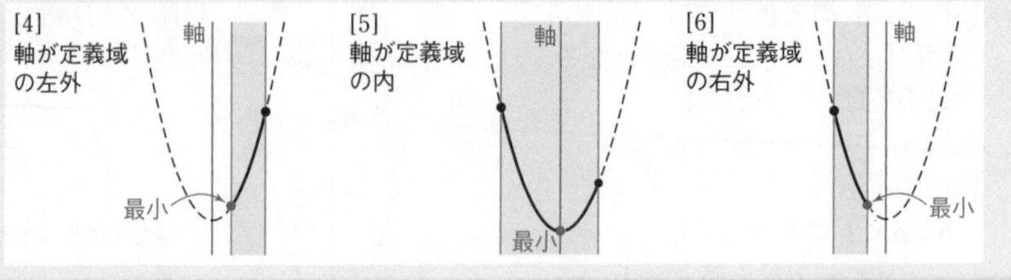

解答

$f(x)=x^2-2ax+a=(x-a)^2-a^2+a$

この関数のグラフは下に凸の放物線で，軸は直線 $x=a$ である。

⇦ 基本形に変形。

(1) 定義域 $0 \leqq x \leqq 2$ の中央の値は 1 である。

[1] $a<1$ のとき

図[1]から，$x=2$ で最大となる。

最大値は

$$f(2)=2^2-2a\cdot 2+a=4-3a$$

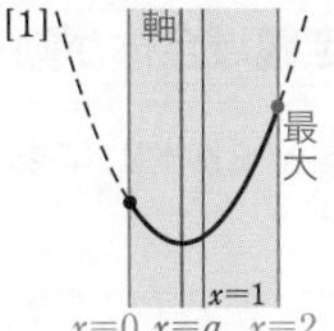

[1]軸が定義域の中央 $x=1$ より左にあるから，$x=2$ の方が軸より遠い。
よって　$f(0)<f(2)$

[2] $a=1$ のとき

図[2]から，$x=0$，2 で最大となる。

最大値は　　$f(0)=f(2)=1$

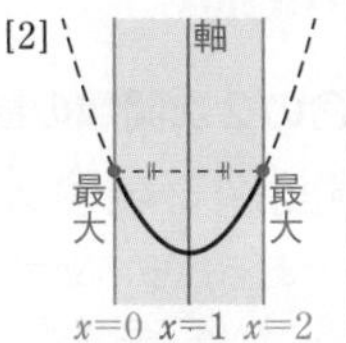

[2]軸が定義域の中央 $x=1$ に一致するから，軸と $x=0$，2 の距離が等しい。
よって　$f(0)=f(2)$

[3] $1<a$ のとき

図[3]から，$x=0$ で最大となる。

最大値は　　$f(0)=a$

[3]軸が定義域の中央 $x=1$ より右にあるから，$x=0$ の方が軸より遠い。
よって　$f(0)>f(2)$

[1] ~ [3] から

$a<1$ のとき　$x=2$ で最大値 $4-3a$
$a=1$ のとき　$x=0$，2 で最大値 1
$a>1$ のとき　$x=0$ で最大値 a

⇦ 答えを最後にまとめて書く。

(2) [4] $a<0$ のとき

図[4]から，$x=0$ で最小となる。

最小値は　　$f(0)=a$

[4]軸が定義域の左外にあるから，定義域の左端で最小となる。

[5] $0 \leqq a \leqq 2$ のとき

図[5]から，$x=a$ で最小となる。

最小値は　　$f(a)=-a^2+a$

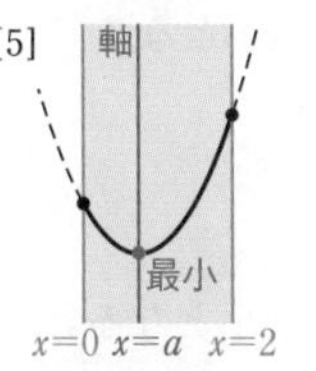

[5]軸が定義域内にあるから，頂点で最小となる。

[6] $2<a$ のとき

図[6]から，$x=2$ で最小となる。

最小値は　　$f(2)=4-3a$

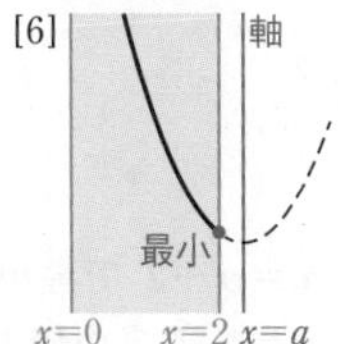

[6]軸が定義域の右外にあるから，定義域の右端で最小となる。

[4] ~ [6] から

$a<0$ のとき　　$x=0$ で最小値 a
$0 \leqq a \leqq 2$ のとき　$x=a$ で最小値 $-a^2+a$
$a>2$ のとき　　$x=2$ で最小値 $4-3a$

⇦ 答えを最後にまとめて書く。

PRACTICE 64③

a は定数とする。関数 $f(x)=3x^2-6ax+5$ $(0 \leqq x \leqq 4)$ について

(1) 最大値を求めよ。　　(2) 最小値を求めよ。

基本 例題 65 定義域全体が動く場合の関数の最大・最小 ⊘⊘⊘⊘⊘

a は定数とする。$a \leqq x \leqq a+2$ における関数 $f(x)=x^2-2x+2$ の最小値を求めよ。

➲ p.107 基本事項 2，基本 60, 63, 64

CHART & SOLUTION

定義域全体が動く場合の 2 次関数の最大・最小

軸と定義域の位置関係で場合分け

定義域が $a \leqq x \leqq a+2$ であるから，文字 a の値が増加すると定義域全体が右へ移動する。
また $(a+2)-a=2$ であるから，定義域の **幅が 2 で一定**。
軸の位置が **[1] 定義域の右外** **[2] 定義域内** **[3] 定義域の左外** にある場合に分けて考える。

解答

$f(x)=x^2-2x+2=(x-1)^2+1$

⇐ 基本形に変形。

この関数のグラフは下に凸の放物線で，軸は直線 $x=1$ である。

[1] $a+2<1$ すなわち
$a<-1$ のとき
図[1]から，$x=a+2$ で最小となる。最小値は
$f(a+2)=a^2+2a+2$

[1]軸が定義域の右外にあるから，定義域の右端で最小となる。

[2] $a \leqq 1 \leqq a+2$ すなわち
$-1 \leqq a \leqq 1$ のとき
図[2]から，$x=1$ で最小となる。
最小値は　$f(1)=1$

⇐ $1 \leqq a+2$ から $-1 \leqq a$

[2]軸が定義域内にあるから，頂点で最小となる。

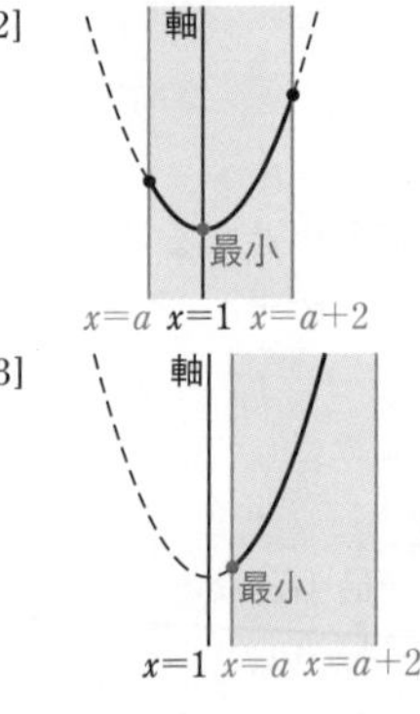

[3] $1<a$ のとき
図[3]から，$x=a$ で最小となる。
最小値は
$f(a)=a^2-2a+2$

[3]軸が定義域の左外にあるから，定義域の左端で最小となる。

[1] ~ [3] から

$a<-1$ のとき　$x=a+2$ で最小値 a^2+2a+2
$-1 \leqq a \leqq 1$ のとき　$x=1$ で最小値 1
$a>1$ のとき　$x=a$ で最小値 a^2-2a+2

⇐ 答えを最後にまとめて書く。

PRACTICE 65③

a は定数とする。$a \leqq x \leqq a+1$ における関数 $f(x)=x^2-10x+a$ について

(1) 最大値を求めよ。　(2) 最小値を求めよ。

基本 例題 66 最大・最小の文章題 (1)

BC=18, CA=6 である直角三角形 ABC の斜辺 AB 上に点Dをとり，Dから辺 BC, CA にそれぞれ垂線 DE, DF を下ろす。△ADF と △DBE の面積の合計が最小となるときの線分 DE の長さと，そのときの面積を求めよ。

基本 60

CHART & SOLUTION

文章題の解法

最大・最小を求めたい量を式で表しやすいように変数を選ぶ

DE$=x$ とすると，相似な図形の性質から △ADF，△DBE は x の式で表される。
また，**xのとりうる値の範囲** を求めておくことも忘れずに。

解答

DE$=x$ とし，△ADF と △DBE の面積の合計を S とする。

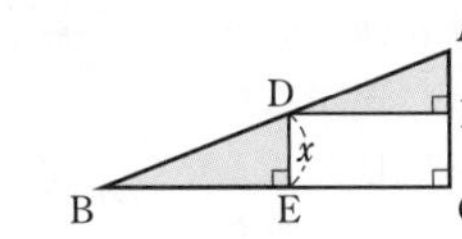

0<DE=FC<AC であるから　⇐ (辺の長さ)>0

$0<x<6$ ……①　⇐ x のとりうる値の範囲。

AF$=6-x$

△ABC∽△ADF であり，△ABC：△ADF$=6^2:(6-x)^2$　⇐ 相似比が $m:n$ ⟶ 面積比は $m^2:n^2$

△ABC$=\frac{1}{2}\cdot18\cdot6=54$ であるから　⇐ 三角形の面積は $\frac{1}{2}\times$(底辺)$\times$(高さ)

$$\triangle\text{ADF}=\frac{(6-x)^2}{6^2}\cdot54=\frac{3}{2}(6-x)^2$$

同様に，△ABC∽△DBE であり　△ABC：△DBE$=6^2:x^2$

よって　$\triangle\text{DBE}=\frac{x^2}{6^2}\cdot54=\frac{3}{2}x^2$

したがって，面積は

$$\begin{aligned}S&=\triangle\text{ADF}+\triangle\text{DBE}\\&=\frac{3}{2}\{(6-x)^2+x^2\}\\&=3(x^2-6x+18)\\&=3(x-3)^2+27\end{aligned}$$

① において，Sは $x=3$ で最小値 27 をとる。
よって，**線分 DE の長さが 3 のとき面積は最小値 27** をとる。

別解 長方形 DECF の面積を T とすると，T が最大になるとき S は最小となる。
DF$=3(6-x)$ から
$T=x\cdot3(6-x)$
$=-3(x-3)^2+27$
$0<x<6$ から，$x=3$ で T は最大値 27 をとる。
よって，**線分 DE の長さが 3 のとき**，S は **最小値**
$\frac{1}{2}\cdot6\cdot18-27=$**27**
をとる。

PRACTICE 66❷

AC=BC, AB=6 の直角二等辺三角形 ABC の中に，縦の長さが等しい 2 つの長方形を右の図のように作る。2 つの長方形の面積の和が最大になるように作ったとき，その最大値を求めよ。

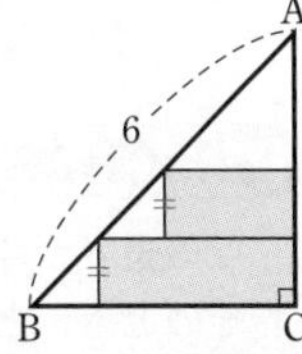

基本 例題 67　最大・最小の文章題 (2)

座標平面上で，点Pは原点Oを出発して，x 軸上を毎秒1の速さで点 (6, 0) まで進み，点Qは点Pと同時に点 (0, −6) を出発して，毎秒1の速さで原点Oまで進む。この間にP，Q間の距離が最小となるのは出発してから何秒後か。また，その最小の距離を求めよ。

基本 66

CHART & SOLUTION

$\sqrt{f(x)}$ の最大・最小　平方した $f(x)$ の最大・最小を考える

t 秒後のP，Q間の距離を d とすると，三平方の定理から $d=\sqrt{f(t)}$ の形になる。ここで $d>0$ であるから，$d^2=f(t)$ が最小のとき d も最小となる。

解答

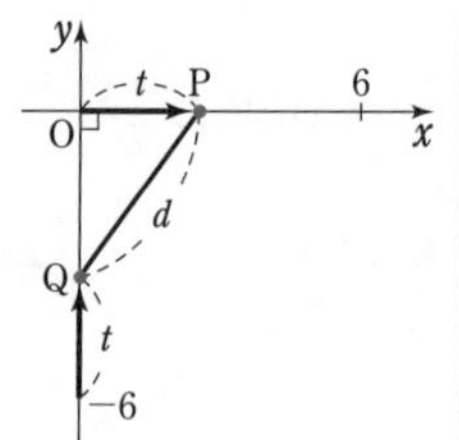

出発してから t 秒後のP，Q間の距離を d とする。P，Qは6秒後にそれぞれ点 (6, 0)，(0, 0) に達するから

$0 \leqq t \leqq 6$ ……①

← t のとりうる値の範囲。

このとき，$OP=t$，$OQ=6-t$ であるから，三平方の定理により

← 点Qの y 座標は　$t-6$

$$d^2=t^2+(6-t)^2$$
$$=2t^2-12t+36$$
$$=2(t-3)^2+18$$

← 基本形に変形。

① において，d^2 は $t=3$ で最小値 18 をとる。

← 軸 $t=3$ は ① の範囲内。

$d>0$ であるから，d^2 が最小となるとき d も最小となる。

← この断りは重要！

よって，**3秒後** にP，Q間の距離は最小になり，**最小の距離は**

$\sqrt{18}=3\sqrt{2}$

INFORMATION　d の大小は d^2 の大小から

例題では，$d=\sqrt{a^2+b^2}$ の根号内の a^2+b^2 を取り出して，まずその最小値を求めている。これは $d>0$ で d が変化するなら，d が最小のとき d^2 も最小になるからである。

右のグラフから，

$A \geqq 0$，$B \geqq 0$，$d \geqq 0$ のとき $A \leqq d \leqq B \iff A^2 \leqq d^2 \leqq B^2$

つまり，**$d \geqq 0$ のとき d の大小は d^2 の大小と一致する。**

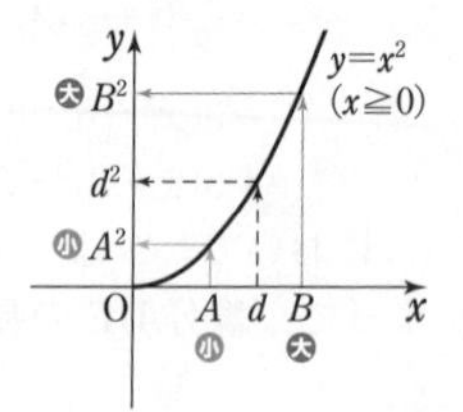

PRACTICE 67❷

周の長さが 40 cm である長方形において，対角線の長さの最小値を求めよ。また，そのとき，どのような長方形になるか。

基本 例題 68 2次関数の決定 (1)

次の条件を満たす2次関数を求めよ。
(1) グラフの頂点が点 $(1,\ 3)$ で，点 $(0,\ 5)$ を通る。
(2) グラフの軸が直線 $x=-1$ で，2点 $(-2,\ 9)$，$(1,\ 3)$ を通る。
(3) $x=-3$ で最小値 -1 をとり，$x=1$ のとき $y=31$ である。

p.107 基本事項 3

CHART & SOLUTION

2次関数の決定　頂点，軸 の条件が与えられたときは
基本形 $y=a(x-p)^2+q$ からスタート

(1) $y=a(x-1)^2+3$　(2) $y=a(x+1)^2+q$　を利用して係数を決定する。
(3) 定義域に制限がないので，「$x=-3$ で最小値 -1 をとる」⟶ 頂点が点 $(-3,\ -1)$ で下に凸 ⟶ $y=a(x+3)^2-1$ $(a>0)$ と表される。

解答

(1) 頂点が点 $(1,\ 3)$ であるから，求める2次関数は
$$y=a(x-1)^2+3$$
と表される。グラフが点 $(0,\ 5)$ を通るから
$$5=a(0-1)^2+3 \qquad これを解くと \qquad a=2$$
よって　$\boldsymbol{y=2(x-1)^2+3}$　($y=2x^2-4x+5$ でもよい)

⇦ $x=0$ のとき $y=5$
⇦ $5=a+3$ から。

(2) 軸が直線 $x=-1$ であるから，求める2次関数は
$$y=a(x+1)^2+q$$
と表される。グラフが2点 $(-2,\ 9)$，$(1,\ 3)$ を通るから
$$9=a(-2+1)^2+q,\quad 3=a(1+1)^2+q$$
整理して　$a+q=9,\ 4a+q=3$
これを解くと　$a=-2,\ q=11$
よって　$\boldsymbol{y=-2(x+1)^2+11}$　($y=-2x^2-4x+9$ でもよい)

⇦ $x=-2$ のとき $y=9$,
$x=1$ のとき $y=3$
⇦ 辺々を引くと　$-3a=6$
よって　$a=-2$
ゆえに
$q=9-(-2)=11$

(3) $x=-3$ で最小値 -1 をとるから，求める2次関数は
$$y=a(x+3)^2-1\ (a>0)$$
と表される。$x=1$ のとき $y=31$ であるから
$$31=a(1+3)^2-1 \qquad これを解くと \qquad a=2$$
これは $a>0$ を満たす。
よって　$\boldsymbol{y=2(x+3)^2-1}$　($y=2x^2+12x+17$ でもよい)

⇦ 最小値をもつ ⟶ $a>0$

注意　$y=a(x-p)^2+q$ の形を最終の答えとしてよい。なお，本書では，右辺を展開した $y=ax^2+bx+c$ の形も記した。

PRACTICE 68❷

次の条件を満たす2次関数を求めよ。
(1) グラフの頂点が点 $(1,\ 3)$ で，点 $(-1,\ 4)$ を通る。
(2) グラフの軸が直線 $x=4$ で，2点 $(2,\ 1)$，$(5,\ -2)$ を通る。
(3) $x=3$ で最大値10をとり，$x=-1$ のとき $y=-6$ である。

基本 例題 69　2次関数の決定 (2)

2次関数のグラフが次の3点を通るとき，その2次関数を求めよ。

(1)　$(-1,\ -2)$，$(2,\ 7)$，$(3,\ 18)$

(2)　$(-1,\ 0)$，$(2,\ 0)$，$(1,\ 1)$

p.107 基本事項 3

CHART & SOLUTION

2次関数の決定　頂点，軸の条件がないときは

一般形 $y=ax^2+bx+c$ からスタート

通る点が $(\alpha,\ 0)$，$(\beta,\ 0)$ のときは

分解形 $y=a(x-\alpha)(x-\beta)$ からスタート

(1)　グラフ上の3点が与えられた場合は，**一般形** からスタート。

$y=f(x)$ とすると，$-2=f(-1)$，$7=f(2)$，$18=f(3)$ が成り立つ。

(2)　通る点に x 軸との交点 $(-1,\ 0)$，$(2,\ 0)$ が含まれているので，**分解形** からスタート。

$\longrightarrow$ $\boldsymbol{y=a(x+1)(x-2)}$ と表される。

解答

(1)　求める2次関数を $y=ax^2+bx+c$ とする。

グラフが3点 $(-1,\ -2)$，$(2,\ 7)$，$(3,\ 18)$ を通るから

$$\begin{cases} a-b+c=-2 & \cdots\cdots ① \\ 4a+2b+c=7 & \cdots\cdots ② \\ 9a+3b+c=18 & \cdots\cdots ③ \end{cases}$$

②−① から　$3a+3b=9$

すなわち　$a+b=3$　……④

③−② から　$5a+b=11$　……⑤

④，⑤ を解いて　$a=2$，$b=1$

これらを ① に代入して　$c=-3$

したがって，求める2次関数は　$\boldsymbol{y=2x^2+x-3}$

(2)　グラフは x 軸と2点 $(-1,\ 0)$，$(2,\ 0)$ で交わるから，求める2次関数は　$y=a(x+1)(x-2)$

と表される。グラフが点 $(1,\ 1)$ を通るから　$1=-2a$

これを解くと　$a=-\dfrac{1}{2}$

したがって，求める2次関数は

$$\boldsymbol{y=-\frac{1}{2}(x+1)(x-2)} \quad \left(y=-\frac{1}{2}x^2+\frac{1}{2}x+1 \text{ でもよい}\right)$$

⇦ $\boldsymbol{y=f(x)}$ **のグラフが点 $\boldsymbol{(s,\ t)}$ を通る $\Longleftrightarrow$ $\boldsymbol{t=f(s)}$**

⇦ ① ～ ③ の c の係数はすべて1であるから，c が消去しやすい。

inf.

連立3元1次方程式の解法

1 消しやすい1文字を消去する。

2 残りの2文字の連立方程式を解く。

3 1 で消去した文字の値を求める。

PRACTICE 69②

2次関数のグラフが次の3点を通るとき，その2次関数を求めよ。

(1)　$(-1,\ 7)$，$(0,\ -2)$，$(1,\ -5)$　　(2)　$(1,\ 4)$，$(3,\ 0)$，$(-1,\ 0)$

振り返り　2次関数の決定の問題で使う式

例題 68，**69** の問題文は，どちらも「2次関数を求めよ」ですが，問題によってはどの式からスタートすればよいか，迷ってしまいます。

基本形，一般形，分解形のどれを使うか，正しく選択しないと，計算に手間がかかってミスも起こりがちです。どのような場面にどの形を使うのがよいか，考えてみましょう。

まず，2次関数の式の形について整理しよう。

① 基本形　$y=a(x-p)^2+q$　⇦ 平方完成された形
② 一般形　$y=ax^2+bx+c$　⇦ 展開された形
③ 分解形　$y=a(x-\alpha)(x-\beta)$　⇦ 因数分解された形

それでは，それぞれの特長を見ていこう。

① 基本形の特長：頂点の座標や軸の方程式がわかる。

例題 68 のように，**頂点や軸の条件** が与えられたときは，① **基本形からスタート** するとよい。また，2次関数の最大・最小に関する条件は，見方を変えると頂点や軸の条件になることに注意しよう。

y　軸の方程式
$x=p$
q
頂点の座標
$(p,\ q)$
O　p　x

② 一般形の特長：通る3点がわかっているときに有効。係数 a，b，c の連立方程式を解く。

例題 69 (1) のように，放物線が **通る3点の座標** が与えられたときは，② **一般形からスタート** するとよい。通る点の座標を代入し，a，b，c の連立3元1次方程式を解く。

⇦ 例えば3点の座標が与えられたとき，① の $y=a(x-p)^2+q$ からスタートしてしまうと，p の2次式を含む連立方程式を解くことになり，計算が煩雑になる。

③ 分解形の特長：放物線と x 軸の交点の座標がわかる。

例題 69 (2) のように，**放物線と x 軸との交点** が条件に含まれる場合は，③ **分解形からスタート** するとよい。② **一般形** を使ってもよいが，方程式を解く計算は分解形の利用の方がらくである。

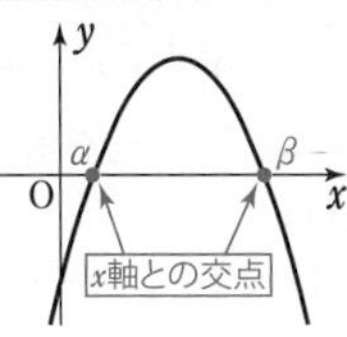

与えられた条件をもとに，答えを求めやすい形はどれか，を見極めてスタートすることが大切です。
また，①～③ のどれを利用しても，方程式を解くことになります。一般に，方程式の数が少ない方が計算はらくなことが多いので，① (基本形) か ③ (分解形) からスタートできないかを考えて，無理なら ② (一般形) からスタートするという流れで判断してもよいでしょう。

基本 例題 70　放物線の平行移動と方程式の決定

次の条件を満たす放物線の方程式を，それぞれ求めよ。

(1)　放物線 $y=2x^2$ を平行移動した曲線で，2 点 $(1,\ -1)$，$(2,\ 0)$ を通る。

(2)　放物線 $y=-x^2+2x+1$ を平行移動した曲線で，原点を通り，頂点が直線 $y=2x-1$ 上にある。

基本 68, 69

CHART & SOLUTION

放物線の平行移動

平行移動によって x^2 の係数は不変

x^2 の係数はそのままで，問題の条件により，基本形または一般形を利用する。

(1)　移動後の頂点や軸が与えられていないから，**一般形** からスタート。
平行移動しても x^2 の係数は変わらず 2 である。

(2)　頂点に関する条件が与えられているから，**基本形** からスタート。
頂点 $(p,\ q)$ が直線 $y=2x-1$ 上にある $\Longleftrightarrow$ $q=2p-1$

解答

(1)　求める放物線の方程式を $y=2x^2+bx+c$ とする。
放物線が 2 点 $(1,\ -1)$，$(2,\ 0)$ を通るから

$$b+c=-3,\quad 2b+c=-8$$

これを解いて　$b=-5,\ c=2$

よって，求める方程式は　$\boldsymbol{y=2x^2-5x+2}$

(2)　求める放物線の頂点が直線 $y=2x-1$ 上にあるから，頂点の座標は $(p,\ 2p-1)$ と表される。
よって，求める方程式は

$$y=-(x-p)^2+2p-1$$

と表される。
放物線が原点 $(0,\ 0)$ を通るから

$$0=-(0-p)^2+2p-1 \quad すなわち \quad p^2-2p+1=0$$

ゆえに　$(p-1)^2=0$　　これを解いて　$p=1$

よって，求める方程式は

$$\boldsymbol{y=-(x-1)^2+1} \ (y=-x^2+2x \text{ でもよい})$$

⇦ 頂点や軸の位置はわからないから，**一般形** で考える。

inf.　x 軸との交点 $(2,\ 0)$ が含まれているので，分解形 $y=2(x-2)(x-\beta)$ からスタートしてもよい。

⇦ 頂点の座標を利用するから，**基本形** で考える。

inf.　(1) は $y=2(x-p)^2+q$，(2) は $y=-x^2+bx$ として，問題の条件から，未知数 p，q，b を求めることもできる。

PRACTICE 70③

(1)　放物線 $y=x^2-3x-1$ を平行移動して 2 点 $(1,\ -1)$，$(2,\ 0)$ を通るようにしたとき，その放物線の頂点を求めよ。

(2)　放物線 $y=\dfrac{1}{2}x^2$ を平行移動した曲線で，点 $(1,\ 5)$ を通り，頂点が直線 $y=-x+2$ 上にある放物線の方程式を求めよ。

重要 例題 71 最大・最小から係数の決定 (3)

関数 $f(x)=x^2-2ax+a^2+2a-3$ がある。ただし，$0\leqq x\leqq 1$ とする。

(1) $f(x)$ の最小値 m を定数 a を用いて表せ。

(2) $f(x)$ の最小値が 0 となるような定数 a の値を求めよ。 基本 64

CHART & SOLUTION

係数に文字を含む 2 次関数の最大・最小

軸と定義域の位置関係で場合分け

(1) $f(x)=(x-a)^2+2a-3$ から，軸は直線 $x=a$ である。軸の位置が

[1] 定義域の左外 **[2] 定義域内** **[3] 定義域の右外** にある場合に分ける。

(2) (1)の結果を利用する。なお，場合分けの条件を忘れないように。

解答

(1) $f(x)=(x-a)^2+2a-3$ であるから，与えられた関数のグラフは下に凸の放物線で，軸は直線 $x=a$ である。

[1] $\boldsymbol{a<0}$ **のとき**

$x=0$ で最小値 $\boldsymbol{m=f(0)=a^2+2a-3}$

[2] $\boldsymbol{0\leqq a\leqq 1}$ **のとき**

$x=a$ で最小値 $\boldsymbol{m=f(a)=2a-3}$

[3] $\boldsymbol{1<a}$ **のとき**

$x=1$ で最小値 $\boldsymbol{m=f(1)=a^2-2}$

(2) $f(x)$ の最小値が 0 となるのは，(1) において $m=0$ となるときである。

[1] $a<0$ のとき　$m=0$ であるから　$a^2+2a-3=0$

よって　$(a-1)(a+3)=0$　ゆえに　$a=1,\ -3$

$a<0$ を満たすものは　$a=-3$

[2] $0\leqq a\leqq 1$ のとき　$m=0$ であるから　$2a-3=0$

これを解いて　$a=\dfrac{3}{2}$

これは $0\leqq a\leqq 1$ を満たさない。

[3] $a>1$ のとき　$m=0$ であるから　$a^2-2=0$

これを解いて　$a=\pm\sqrt{2}$

$a>1$ を満たすものは　$a=\sqrt{2}$

[1]～[3] から　$\boldsymbol{a=-3,\ \sqrt{2}}$

⇦ 軸と定義域の位置関係で考える。

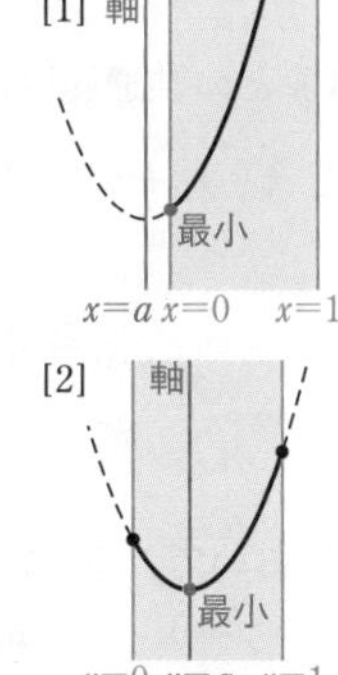

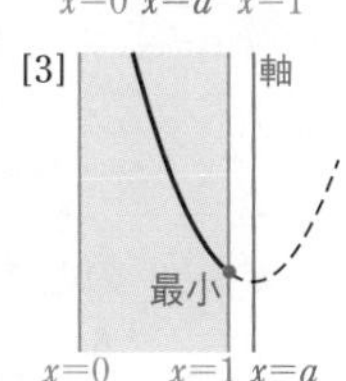

PRACTICE 71④

関数 $f(x)=-x^2-ax+2a^2\ (0\leqq x\leqq 1)$ について，最大値が 5 となるとき，定数 a の値を求めよ。 〔類 国士舘大〕

重要 例題 72 条件つきの最大・最小 (1)

$x \geqq 0$, $y \leqq 0$, $x-2y=3$ のとき，x^2+y^2 の最大値および最小値を求めよ。

基本 60，重要 104

CHART & SOLUTION

条件の式

文字を減らす方針でいく ……❶ 変域にも注意

一見，2変数 x, y の最小問題であるが，条件の式を変形すると $x=2y+3$
これを x^2+y^2 に代入すると $x^2+y^2=(2y+3)^2+y^2$ となる。
これは y の2次式であるから，**基本形に変形** すると最大値と最小値を求められる。
ここで，消去する文字の条件 $(x \geqq 0)$ を，残す文字 (y) の条件におき換えておくように。

解答

$x-2y=3$ から $x=2y+3$ …… ①

$x \geqq 0$ であるから $2y+3 \geqq 0$ よって $y \geqq -\dfrac{3}{2}$

$y \leqq 0$ との共通範囲は $-\dfrac{3}{2} \leqq y \leqq 0$ …… ②

❶ また
$$x^2+y^2=(2y+3)^2+y^2$$
$$=5y^2+12y+9$$
$$=5\left\{\left(y+\frac{6}{5}\right)^2-\left(\frac{6}{5}\right)^2\right\}+9$$
$$=5\left(y+\frac{6}{5}\right)^2+\frac{9}{5} \quad \cdots\cdots ③$$

② において，③ は
$y=0$ で最大値 9,
$y=-\dfrac{6}{5}$ で最小値 $\dfrac{9}{5}$
をとる。

x^2+y^2
最大
9
$\frac{9}{4}$
$\frac{9}{5}$
最小
O
y
$-\frac{3}{2}$
$-\frac{6}{5}$

① から
$y=0$ のとき $x=3$
$y=-\dfrac{6}{5}$ のとき $x=2\left(-\dfrac{6}{5}\right)+3=\dfrac{3}{5}$

したがって，$\boldsymbol{x=3}$，$\boldsymbol{y=0}$ **で最大値 9,**
$\boldsymbol{x=\dfrac{3}{5}}$，$\boldsymbol{y=-\dfrac{6}{5}}$ **で最小値** $\boldsymbol{\dfrac{9}{5}}$ をとる。

⇦ **消去する文字 x の条件 $(x \geqq 0)$ を，残す文字 y の条件 $\left(y \geqq -\dfrac{3}{2}\right)$ におき換えておく。**
①：**x を消去する。**
消去する文字は係数が 1 か −1 のものを選ぶとよい。

⇦ 基本形に変形。

inf. y を消去する場合は
$y=\dfrac{1}{2}(x-3)$ $(0 \leqq x \leqq 3)$
から
$x^2+y^2=x^2+\dfrac{1}{4}(x-3)^2$
$=\dfrac{5}{4}\left(x-\dfrac{3}{5}\right)^2+\dfrac{9}{5}$
となる。

inf. 設問で要求されていなくても，**最大値・最小値を与える x，y の値は示しておく** ようにしよう。

PRACTICE 72❸

(1) $x+2y=3$ のとき，x^2+2y^2 の最小値を求めよ。
(2) $2x+y=10$ $(1 \leqq x \leqq 5)$ のとき，xy の最大値および最小値を求めよ。

［(2) 常葉学園大］

重要 例題 73　2 変数関数の最大・最小

x, y を実数とするとき，$x^2-4xy+7y^2-4y+3$ の最小値を求め，そのときの x, y の値を求めよ。

基本 59

CHART & SOLUTION

前の例題のような x と y の間の関係式(**条件式** という)がないから，この例題の x と y は互いに関係なくすべての実数値をとる変数である。難しく考えず，まず，**y を定数と考えて**，式を x の 2 次関数とみる。そして

基本形　$a(x-p)^2+q$　に変形する。

そして，更に残った定数項 q (y の 2 次式)も

基本形　$b(y-r)^2+s$　に変形する。

ここで，次の関係を利用する。

実数 X, Y について $X^2\geqq 0$, $Y^2\geqq 0$ であるから，

aX^2+bY^2+k ($a>0$, $b>0$, k は定数) は　　(実数)$^2\geqq 0$

$X=Y=0$ で 最小値 k をとる。

解答

$$x^2-4xy+7y^2-4y+3$$
$$=\{(x-2y)^2-(2y)^2\}+7y^2-4y+3$$
$$=(x-2y)^2+3y^2-4y+3$$
$$=(x-2y)^2+3\left\{\left(y-\frac{2}{3}\right)^2-\left(\frac{2}{3}\right)^2\right\}+3$$
$$=(x-2y)^2+3\left(y-\frac{2}{3}\right)^2+\frac{5}{3}$$

x, y は実数であるから

$$(x-2y)^2\geqq 0,\quad \left(y-\frac{2}{3}\right)^2\geqq 0$$

したがって，$x-2y=0$, $y-\dfrac{2}{3}=0$　すなわち

$x=\dfrac{4}{3}$, $y=\dfrac{2}{3}$ で最小値 $\dfrac{5}{3}$ をとる。

⇐ y を定数と考え，x について平方完成。

inf. **x を定数と考えて**平方完成すると次のようになるが，結果は同じ。

$$7y^2-4(x+1)y+x^2+3$$
$$=7\left\{y-\frac{2(x+1)}{7}\right\}^2-\frac{4(x+1)^2}{7}+x^2+3$$
$$=\frac{1}{7}\{7y-2(x+1)\}^2+\frac{3}{7}\left(x-\frac{4}{3}\right)^2+\frac{5}{3}$$

POINT

2 変数 x, y の関数の最小値　$a(x,\ y$ の式$)^2+b(y$ の式$)^2+k$

a, b, c, d, e, k を定数として

$$\boldsymbol{a(x+cy+d)^2+b(y+e)^2+k}\qquad (a>0,\ b>0)$$

と変形できるなら，**$x+cy+d=0$, $y+e=0$ で最小値 k** をとる。

PRACTICE 73④

x, y を実数とする。$6x^2+6xy+3y^2-6x-4y+3$ の最小値とそのときの x, y の値を求めよ。　〔類　北星学園大〕

重要 例題 74　4次関数の最大・最小　⑤

$1 \leqq x \leqq 5$ のとき，x の関数 $y=(x^2-6x)^2+12(x^2-6x)+30$ の最大値，最小値を求めよ。

基本 60

CHART & SOLUTION

4次式の扱い

共通な式はまとめておき換え　変域にも注意

$p.30$ の4次式の因数分解で学習したように，x^2-6x が2度出てくるから，
$x^2-6x=t$ とおくと $y=t^2+12t+30$ と表され，t の2次関数の最大・最小問題として考えることができる。
ここで注意すべき点は，**t の変域は，x の変域 $1 \leqq x \leqq 5$ とは異なる** ということである。
$1 \leqq x \leqq 5$ における x^2-6x の値域が t の変域になる。

解答

$x^2-6x=t$ とおくと

$t=(x-3)^2-9 \ (1 \leqq x \leqq 5)$

x の関数 t のグラフは図[1]の実線部分で，t の変域は

$-9 \leqq t \leqq -5$ ……①

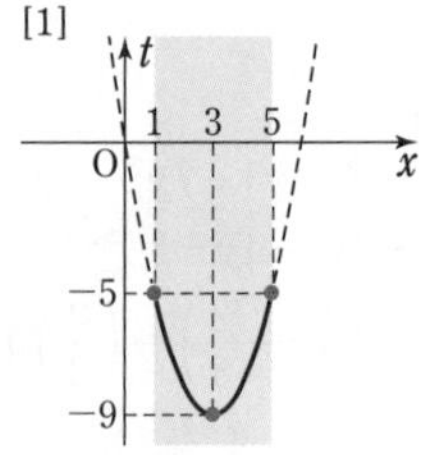

[1] グラフは下に凸で，軸 $x=3$ は定義域 $1 \leqq x \leqq 5$ の中央にあるから，t は
$x=1, 5$ で最大値 -5
$x=3$ 　　で最小値 -9
をとる。

y を t の式で表すと

$y=t^2+12t+30=(t+6)^2-6$

①における t の関数 y のグラフは図[2]の実線部分である。

①において，y は

$t=-9$ で最大値3

$t=-6$ で最小値 -6 　をとる。

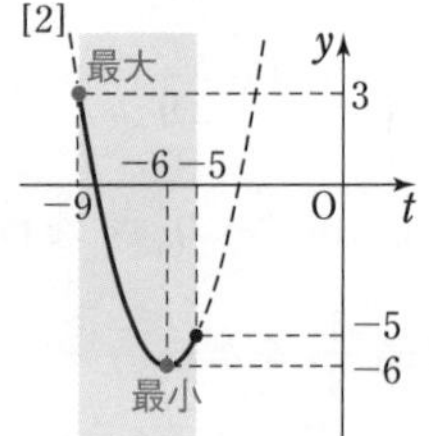

[2] グラフは下に凸で，軸 $t=-6$ は定義域 $-9 \leqq t \leqq -5$ の右寄りにあるから，y は
$t=-9$ で最大値
$t=-6$ で最小値
をとる。

$t=-9$ のとき

図[1]から　　$x=3$ ……②

$t=-6$ のとき　　$x^2-6x=-6$

すなわち　　$x^2-6x+6=0$

これを解いて　$x=3 \pm \sqrt{3}$ ……③

②，③は $1 \leqq x \leqq 5$ を満たす。

以上から

$x=3$ で最大値3，$x=3 \pm \sqrt{3}$ で最小値 -6 をとる。

inf. 関数は x の式で与えられているから，最大値・最小値をとる変数の値も x で答える。

PRACTICE 74⑤

(1) 関数 $y=x^4-8x^2+1$ の最大値，最小値を求めよ。

(2) $-1 \leqq x \leqq 3$ のとき，関数 $y=(x^2-2x)(6-x^2+2x)$ の最大値，最小値を求めよ。

EXERCISES　　8 2次関数の最大・最小と決定

A

53❸ k は定数とし，2次関数 $y=x^2+4kx+24k$ の最小値を $m(k)$ とする。

(1) $m(k)$ を k の式で表せ。

(2) $m(k)$ を最大にする k の値と，$m(k)$ の最大値を求めよ。

〔類 東京情報大〕 ➡59

54❷ 次の①～④の関数のうち，$x=2$ で最大値をとるものを2つ選び，更にその関数の最大値と最小値を求めよ。

① $y=-3x+4$ $(0\leqq x\leqq 2)$　　② $y=x^2+3$ $(-1\leqq x\leqq 2)$

③ $y=-2x^2+8x-3$ $(-1\leqq x\leqq 5)$　　④ $y=3(x+1)(x-3)$ $(-2\leqq x\leqq 2)$

➡48, 60

55❸ a は定数とする。関数 $y=2x^2+4ax$ $(0\leqq x\leqq 2)$ の最大値，最小値を，次の各場合について，それぞれ求めよ。

(1) $a\leqq -2$　(2) $-2<a<-1$　(3) $a=-1$　(4) $-1<a<0$　(5) $a\geqq 0$

➡64

56❸ 2次関数 $f(x)=-x^2+2x$ の $a\leqq x\leqq a+2$ における最大値，最小値は a の関数であり，これをそれぞれ $F(a)$, $G(a)$ と表す。この関数 $F(a)$, $G(a)$ のグラフをかけ。

➡65

57❸ 1辺の長さが 10 cm の正三角形の折り紙 ABC がある。辺 AB 上の点 D と辺 AC 上の点 E を，線分 DE と辺 BC が平行になるようにとる。線分 DE で折り紙を折るとき，三角形 ADE のうち，四角形 BCED と重なり合う部分の面積を S とする。S が最大となるのは線分 DE の長さが ア□ cm のときであり，このとき $S=$ イ□ cm² である。

〔青山学院大〕 ➡66

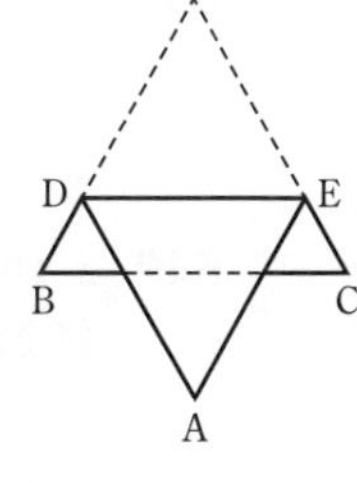

58❷ 次の連立方程式を解け。

(1) $\begin{cases} x+y+z=6 \\ 3x-y-3z=0 \\ x-2y+5z=1 \end{cases}$

(2) $\begin{cases} \dfrac{1}{x}+\dfrac{2}{y}+\dfrac{1}{z}=9 \\ \dfrac{1}{x}-\dfrac{2}{y}+\dfrac{3}{z}=9 \\ \dfrac{1}{x}+\dfrac{1}{y}-\dfrac{3}{z}=-9 \end{cases}$

➡69

59❸ 2次関数のグラフが次の条件を満たすとき，その2次関数を求めよ。

(1) 頂点が放物線 $y=x^2-3x$ の頂点と一致し，点 $(0,\ 9)$ を通る。

(2) 頂点が x 軸上にあり，2点 $(2,\ 3)$, $(-1,\ 12)$ を通る。

(3) 放物線 $y=x^2-3x+4$ を平行移動したもので，点 $(2,\ 8)$ を通り，その頂点は放物線 $y=-x^2$ 上にある。

〔(2) 追手門学院大〕 ➡68, 70

EXERCISES　8　2次関数の最大・最小と決定

B

60④ A社はチョコレートを販売している。販売個数 y 個（y は1以上の整数）は，販売価格 p 円（1個当たりの値段）に対して次で定められる。

$$y=10-p$$

(1) A社の売上が最大となる販売価格 p の値，および，そのときの販売個数 y の値を求めよ。ただし，売上とは販売価格と販売個数の積とする。

(2) y 個のチョコレートの販売にかかる総費用 $c(y)$ は，$c(y)=y^2$ で表される。このとき，A社の利益（売上から総費用を引いた差）が最大となる販売価格 p の値，および，そのときの販売個数 y の値を求めよ。

(3) (2)において，総費用 $c(y)$ が変化し，$c(y)=y^2+20y-20$ となったとき，A社の利益が最大となる販売価格 p の値，および，そのときの販売個数 y の値を求めよ。 〔早稲田大〕 →66

61④ $-1\leqq x\leqq 2$ の範囲において，x の関数 $f(x)=ax^2-2ax+a+b$ の最大値が3で，最小値が -5 であるとき，定数 a，b の値を求めよ。 〔近畿大〕

→62, 71

62④ 2次関数 $y=x^2+ax+b$ が，$0\leqq x\leqq 3$ の範囲で最大値1をとり，$0\leqq x\leqq 6$ の範囲で最大値9をとるとき，定数 a，b の値を求めよ。 →62, 71

63③ (1) $x+3y=k$ のとき，x^2+y^2 の最小値は4である。定数 k の値を求めよ。

(2) $x\geqq 0$，$y\geqq 0$，$2x+y=8$ のとき，xy の最大値と最小値を求めよ。

→72

64④ $x\geqq 0$，$y\geqq 0$ のとき，x，y の関数 $f(x,\ y)=x^2-4xy+5y^2+2y+2$ の最小値を求めよ。また，このときの x，y の値を求めよ。 〔北星学園大〕

→73

65⑤ 次の関数に最大値，最小値があれば，それを求めよ。

(1) $y=-2x^4+4x^2+3$　　(2) $y=(2x^2-3x+2)(-2x^2+3x-1)+1$

→74

HINT

57 線分DEの長さを x cm とすると $0<x<10$ である。$0<x\leqq 5$ と $5<x<10$ で場合分け。

58 (2) $\dfrac{1}{x}=X$，$\dfrac{1}{y}=Y$，$\dfrac{1}{z}=Z$ とおいて，X，Y，Z の連立方程式を解く。

60 (2)，(3) y の値は整数であることに注意。

61 単に「関数」とあるから，$a=0$，$a>0$，$a<0$ の場合に分けて考える。

62 まず基本形に変形。軸と定義域 $0\leqq x\leqq 3$，$0\leqq x\leqq 6$ との位置関係で場合分け。

63 (1) 条件式を変形して $x=k-3y$　これを x^2+y^2 に代入して，y の2次関数で表す。

(2) $x\geqq 0$，$y=-2x+8\geqq 0$ から $0\leqq x\leqq 4$ における最大値，最小値を求める。

64 まず，y を定数と考えて x について整理し，基本形に変形。

65 (1) $x^2=t$　(2) $2x^2-3x=t$ とおく。ともに t の変域に注意。

9 2次方程式

基本事項

1 2次方程式 $ax^2+bx+c=0$ の解法（a，b，c は実数，$a \neq 0$）

① **因数分解による解法**

$ax^2+bx+c=(px+q)(rx+s)$ のとき，方程式 $(px+q)(rx+s)=0$ の解は，

$px+q=0$ または $rx+s=0$ から　　$\boldsymbol{x=-\frac{q}{p},\ -\frac{s}{r}}$

② **平方根を利用した解法**

方程式　$x^2=a$ $(a>0)$ の解は　　$\boldsymbol{x=\pm\sqrt{a}}$

③ **2次方程式の解の公式**

[1]　$b^2-4ac \geqq 0$ のとき，方程式 $ax^2+bx+c=0$ の解は　　$\boldsymbol{x=\frac{-b\pm\sqrt{b^2-4ac}}{2a}}$

[2]　$b'^2-ac \geqq 0$ のとき，方程式 $ax^2+2b'x+c=0$ の解は　$\boldsymbol{x=\frac{-b'\pm\sqrt{b'^2-ac}}{a}}$

補足　③ [2] の公式は，[1] で $b=2b'$ とした場合である。

2 2次方程式の係数と実数解

2次方程式 $ax^2+bx+c=0$ について，b^2-4ac を **判別式** といい，$\boldsymbol{D}$ で表す。

2次方程式 $ax^2+bx+c=0$ の実数解とその個数については，判別式 $D=b^2-4ac$ の符号によって，次のようにまとめられる。

$D=b^2-4ac$	$D>0$	$D=0$	$D<0$
実数解	$x=\frac{-b\pm\sqrt{b^2-4ac}}{2a}$ 異なる2つの実数解	$x=-\frac{b}{2a}$ 重解（実数解）	実数解はない
実数解の個数	2個	1個	0個

注意　上の表から「$D \geqq 0 \iff$ 2次方程式が実数解をもつ」が成り立つ。
また，x の係数が $b=2b'$ のとき $D=(2b')^2-4ac=4(b'^2-ac)$ から，D の代わりに $\frac{D}{4}=b'^2-ac$ の符号を調べてもよい。

CHECK & CHECK

28　次の2次方程式を解け。

(1)　$(x-1)(x+2)=0$　　(2)　$x(x+1)=0$　　(3)　$x^2=\frac{8}{9}$　　→ 1

29　次の2次方程式の実数解の個数を求めよ。

(1)　$x^2+3x-2=0$　　(2)　$4x^2-20x+25=0$　　(3)　$2x^2-x+1=0$　　→ 2

基本 例題 75　2次方程式の解法（因数分解，平方根の利用）

次の2次方程式を解け。

(1)　$x^2+10x+24=0$　　(2)　$3x^2+10x+3=0$

(3)　$4x^2+8x-21=0$　　(4)　$16x^2-3=0$

p.129 基本事項 1

CHART & SOLUTION

2次方程式の解法

1　$AB=0$ ならば $A=0$ または $B=0$　の利用

2　$A^2=B$ $(B>0)$ ならば $A=\pm\sqrt{B}$　の利用

(1)～(3)　左辺を因数分解。

(4)　$x^2=B$ の形にして　$x=\pm\sqrt{B}$

解答

(1)　左辺を因数分解して

$(x+4)(x+6)=0$

よって　$\boldsymbol{x=-4,\ -6}$

⇐ $x+4=0$ または $x+6=0$

(2)　左辺を因数分解して

$(x+3)(3x+1)=0$

よって　$\boldsymbol{x=-3,\ -\dfrac{1}{3}}$

$$\begin{array}{ccc} 1 & 3 & \to 9 \\ 3 & 1 & \to 1 \\ \hline 3 & 3 & 10 \end{array}$$

⇐ $x+3=0$ または $3x+1=0$

(3)　左辺を因数分解して

$(2x-3)(2x+7)=0$

よって　$\boldsymbol{x=\dfrac{3}{2},\ -\dfrac{7}{2}}$

$$\begin{array}{ccc} 2 & -3 & \to -6 \\ 2 & 7 & \to 14 \\ \hline 4 & -21 & 8 \end{array}$$

⇐ $2x-3=0$ または $2x+7=0$

(4)　$x^2=\dfrac{3}{16}$ であるから

$$\boldsymbol{x=\pm\sqrt{\frac{3}{16}}=\pm\frac{\sqrt{3}}{4}}$$

別解　左辺を因数分解して　$(4x+\sqrt{3})(4x-\sqrt{3})=0$

よって　$\boldsymbol{x=\pm\dfrac{\sqrt{3}}{4}}$

⇐ $16x^2=(4x)^2$，$3=(\sqrt{3})^2$ であるから $a^2-b^2=(a+b)(a-b)$ を利用。

PRACTICE 75①

次の2次方程式を解け。

(1)　$x^2-3x+2=0$　　(2)　$2x^2-3x-35=0$　　(3)　$12x^2+16x-3=0$

(4)　$14x^2-19x-3=0$　　(5)　$5x^2-3=0$　　(6)　$(2x+1)^2-9=0$

基本 例題 76 2次方程式の解法（解の公式）

解の公式を利用して，次の2次方程式を解け。

(1) $2x^2-5x+1=0$ (2) $9x(2x+1)=2$

(3) $2\sqrt{6}x^2+12x+3\sqrt{6}=0$ (4) $(x+2)^2+4(x+2)-1=0$

p.129 基本事項 1

CHART & SOLUTION

2次方程式の解法 1 因数分解 2 解の公式

2次方程式の解の公式

[1] $b^2-4ac \geqq 0$ のとき，方程式 $ax^2+bx+c=0$ の解は $x=\dfrac{-b\pm\sqrt{b^2-4ac}}{2a}$

[2] $b'^2-ac \geqq 0$ のとき，方程式 $ax^2+2b'x+c=0$ の解は $x=\dfrac{-b'\pm\sqrt{b'^2-ac}}{a}$

(2), (3) 簡単に因数分解できないようなら，解の公式を利用するとよい。

(3), (4) x の係数が2の倍数の形のとき ⟶ [2] の公式を利用。

(3) x^2 の係数は有理数の方が扱いやすい ⟶ 両辺を $\sqrt{6}$ で割る。

(4) $x+2=A$ とおき換えて，A の2次方程式を解く。x の値は $x=A-2$ から求める。

解答

(1) $x=\dfrac{-(-5)\pm\sqrt{(-5)^2-4\cdot2\cdot1}}{2\cdot2}=\dfrac{5\pm\sqrt{17}}{4}$

⇐ $x=\dfrac{-b\pm\sqrt{b^2-4ac}}{2a}$

(2) 整理すると，$18x^2+9x-2=0$ であるから

$$x=\frac{-9\pm\sqrt{9^2-4\cdot18\cdot(-2)}}{2\cdot18}=\frac{-9\pm\sqrt{225}}{36}=\frac{-9\pm15}{36}$$

よって $x=\dfrac{6}{36},\ -\dfrac{24}{36}$ すなわち $x=\dfrac{1}{6},\ -\dfrac{2}{3}$

⇐ 因数分解すると

6	−1 ⟶ −3
3	2 ⟶ 12
18	−2 9

$(6x-1)(3x+2)=0$

(3) 両辺を $\sqrt{6}$ で割ると $2x^2+2\sqrt{6}x+3=0$

よって $x=\dfrac{-\sqrt{6}\pm\sqrt{(\sqrt{6})^2-2\cdot3}}{2}=\dfrac{-\sqrt{6}\pm0}{2}=-\dfrac{\sqrt{6}}{2}$

⇐ $b=2b'$ 型で $b'=\sqrt{6}$

⇐ 因数分解すると $(\sqrt{2}x+\sqrt{3})^2=0$

(4) $x+2=A$ とおくと，$A^2+2\cdot2A-1=0$ であるから

$$A=\frac{-2\pm\sqrt{2^2-1\cdot(-1)}}{1}=-2\pm\sqrt{5}$$

よって $x=A-2=-4\pm\sqrt{5}$

⇐ $b=2b'$ 型で $b'=2$

⇐ $x+2=A$ から。

PRACTICE 76❷

次の2次方程式を解け。

(1) $2x^2+3x-7=0$ (2) $3x^2-12x+10=0$ (3) $\dfrac{x^2}{6}+\dfrac{x}{3}-\dfrac{1}{4}=0$

(4) $6(x^2+4)=25x$ (5) $\sqrt{2}x^2-4x+2\sqrt{2}=0$ (6) $8(x-1)^2+2(x-1)-15=0$

基本 例題 77 方程式の解から係数の決定

(1) 2 次方程式 $x^2+ax-a^2=0$ の解の 1 つが -2 であるとき，定数 a の値を求めよ。

(2) 2 つの 2 次方程式 $px^2+qx+2=0$，$x^2-px+q=0$ が，ともに $x=1$ を解にもつとき，定数 p，q の値を求めよ。

重要 81

CHART & SOLUTION

方程式の解

$x=\alpha$ が解 $\Longleftrightarrow$ $x=\alpha$ を代入して方程式が成り立つ ……❗

(1) $x=-2$ を方程式に代入 ⟶ a に関する 2 次方程式ができる。

(2) $x=1$ を 2 つの方程式それぞれに代入 ⟶ p，q の連立方程式ができる。

解答

(1) $x=-2$ が与えられた方程式の解であるから

❗ $(-2)^2+a(-2)-a^2=0$

すなわち $a^2+2a-4=0$

これを解いて $\boldsymbol{a=\dfrac{-1\pm\sqrt{1^2+4}}{1}=-1\pm\sqrt{5}}$

(2) 2 次方程式であるから $p\neq0$

$x=1$ が与えられた方程式 $px^2+qx+2=0$ の解であるから $p\cdot1^2+q\cdot1+2=0$

すなわち $p+q+2=0$ ……①

$x=1$ が与えられた方程式 $x^2-px+q=0$ の解でもあるから $1^2-p\cdot1+q=0$

すなわち $-p+q+1=0$ ……②

①−② から $2p+1=0$

よって $\boldsymbol{p=-\dfrac{1}{2}}$ これは $p\neq0$ を満たす。

①+② から $2q+3=0$

よって $\boldsymbol{q=-\dfrac{3}{2}}$

⇐ $x=-2$ を代入すると成り立つ。

⇐ a^2 の係数を正に。

⇐ a の係数が 2 ⟶ $2b'$ 型

⇐ 問題文に「**2 次**」方程式と明記されているので，**(x^2 の係数)$\neq$0** である。単に「方程式」と書かれたら，(x^2 の係数)$=0$ の場合（1 次方程式）もある（$p.58$ 参照）。

⇐ 加減法。
代入法で解く場合は
② から $q=p-1$ ……③
① に代入して $p=-\dfrac{1}{2}$
③ に代入して $q=-\dfrac{3}{2}$

PRACTICE 77❷

(1) $x=12$ が 2 次方程式 $x^2-x+a=0$ の解であるとき，a の値ともう 1 つの解を求めよ。 〔福岡工大〕

(2) 2 次方程式 $x^2+(a+4)x+a-3=0$ の解の 1 つが a であるとき，他の解を求めよ。

(3) 方程式 $ax^2+bx+1=0$ が 2 つの解 -2，3 をもつとき，定数 a，b の値を求めよ。

基本 例題 78 実数解をもつ条件 (1)

(1) 2次方程式 $x^2+(2k-1)x+k^2-3k-1=0$ が実数解をもつように，定数 k の値の範囲を定めよ。

(2) 2次方程式 $3x^2+8x+k=0$ が重解をもつように，定数 k の値を定め，そのときの重解を求めよ。

p.129 基本事項 2

CHART & SOLUTION

2次方程式の実数解の個数と判別式の符号の関係

異なる2つの実数解をもつ $\Longleftrightarrow D>0$ ⎫ 実数解

ただ1つの実数解（重解）をもつ $\Longleftrightarrow D=0$ ⎭ をもつ $\Longleftrightarrow D\geqq 0$

実数解をもたない $\Longleftrightarrow D<0$

(1) 単に「**実数解をもつ**」条件は 「$D>0$ または $D=0$」すなわち $\boldsymbol{D\geqq 0}$

(2) x の係数が $b=2b'$ のとき，$D=(2b')^2-4ac=4(b'^2-ac)$ から $\dfrac{D}{4}=b'^2-ac$

D と $\dfrac{D}{4}$ の符号は一致するから，D の代わりに $\boldsymbol{\dfrac{D}{4}}$ **の符号を調べてもよい。**

また，$ax^2+bx+c=0$ が重解をもつとき，その重解は $\boldsymbol{x=-\dfrac{b}{2a}}$

解答

(1) 2次方程式の判別式を D とすると

$$D=(2k-1)^2-4\cdot1\cdot(k^2-3k-1)=8k+5$$

2次方程式が実数解をもつための条件は $D\geqq 0$ であるから

$$8k+5\geqq 0$$

よって $\boldsymbol{k\geqq -\dfrac{5}{8}}$

⇦ $(2k-1)^2-4(k^2-3k-1)=4k^2-4k+1-4k^2+12k+4=8k+5$

(2) 2次方程式の判別式を D とすると

$$\frac{D}{4}=4^2-3\cdot k=16-3k$$

2次方程式が重解をもつための条件は $D=0$ であるから

$$16-3k=0$$

よって $\boldsymbol{k=\dfrac{16}{3}}$

また，重解は $\boldsymbol{x}=-\dfrac{8}{2\cdot3}=\boldsymbol{-\dfrac{4}{3}}$

⇦ $D=0$ のときの重解は $x=-\dfrac{b}{2a}$

PRACTICE 78❷

(1) 2次方程式 $2x^2+3x+k=0$ の実数解の個数を調べよ。

(2) 2次方程式 $4x^2+2(a-1)x+1-a=0$ が重解をもつように，定数 a の値を定め，そのときの重解を求めよ。

基本 例題 79 実数解をもつ条件 (2)

(1) x の 2 次方程式 $(m-2)x^2-2(m+1)x+m+3=0$ が実数解をもつように，定数 m の値の範囲を定めよ。

(2) x の方程式 $(m+1)x^2+2(m-1)x+2m-5=0$ がただ 1 つの実数解をもつとき，定数 m の値を求めよ。

基本 78

CHART & SOLUTION

方程式が実数解をもつ条件

(2 次の係数)$\neq 0$ ならば 判別式 D の利用

(1) 「2 次方程式」が実数解をもつための条件は $D \geqq 0$

(2) 単に**「方程式」**とあるから，$\boldsymbol{m+1=0}$ (1 次方程式) の場合と $\boldsymbol{m+1\neq 0}$ (2 次方程式) の場合に分ける。

解答

(1) 2 次方程式であるから　$m-2\neq 0$　よって　$m\neq 2$

2 次方程式の判別式を D とすると

$$\frac{D}{4}=\{-(m+1)\}^2-(m-2)(m+3)=m+7$$

⇐ $2b'$ 型であるから，$\dfrac{D}{4}=b'^2-ac$ を利用する。

2 次方程式が実数解をもつための条件は $D \geqq 0$ であるから

$m+7\geqq 0$

よって　$m\geqq -7$　ゆえに　$\boldsymbol{-7\leqq m<2,\ 2<m}$

⇐ $m\neq 2$ かつ $m\geqq -7$

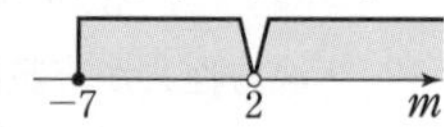

(2) [1] $m+1=0$ すなわち $m=-1$ のとき　$-4x-7=0$

よって，ただ 1 つの実数解 $x=-\dfrac{7}{4}$ をもつ。

[2] $m\neq -1$ のとき

方程式は 2 次方程式で，判別式を D とすると

$$\frac{D}{4}=(m-1)^2-(m+1)(2m-5)=-m^2+m+6$$

⇐ 判別式が使えるのは，2 次方程式のとき。

2 次方程式がただ 1 つの実数解をもつための条件は $D=0$ であるから　$-m^2+m+6=0$

⇐ 2 次方程式が重解をもつ場合である。

よって　$(m+2)(m-3)=0$

これを解いて　$m=-2,\ 3$

これらは $m\neq -1$ を満たす。

以上から，求める m の値は　$\boldsymbol{m=-2,\ -1,\ 3}$

PRACTICE 79③

(1) x の 2 次方程式 $(a-3)x^2+2(a+3)x+a+5=0$ が実数解をもつように，定数 a の値の範囲を定めよ。

(2) x の方程式 $kx^2+2\sqrt{10}\,x-k-7=0$ がただ 1 つの実数解をもつとき，定数 k の値を求めよ。また，そのときの方程式の解を求めよ。　[(2) 類 大阪産大]

基本 例題 80 2次方程式の応用

右の図のように，BC＝20 cm，AB＝AC，∠A＝90° の三角形 ABC がある。辺 AB，AC 上に AD＝AE となるように 2 点 D，E をとり，D，E から辺 BC に垂線を引き，その交点をそれぞれ F，G とする。長方形 DFGE の面積が 20 cm^2 となるとき，辺 FG の長さを求めよ。

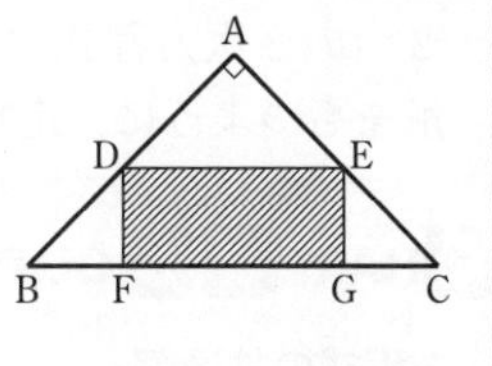

基本 66

CHART & SOLUTION

文章題の解法

① 等しい関係の式で表しやすいように，変数を選ぶ

② 解が問題の条件に適するかどうかを吟味

FG＝x として，長方形 DFGE の面積を x で表す。そして，面積の式を ＝20 とおいた，x の 2 次方程式を解く。最後に，求めた x の値が，x のとりうる値の条件を満たすかどうか忘れずに確認する。

解答

FG＝x とすると，0＜FG＜BC であるから

$0<x<20$ ……①　　⇐ 定義域

また，DF＝BF＝CG であるから　　⇐ ∠B＝∠C＝45° であるから，△BDF，△CEG も直角二等辺三角形。

2DF＝BC－FG

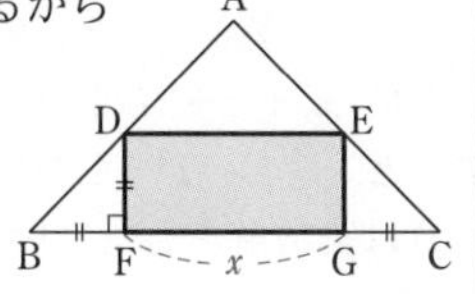

よって　$DF=\dfrac{20-x}{2}$

長方形 DFGE の面積は　$DF\cdot FG=\dfrac{20-x}{2}\cdot x$

ゆえに　$\dfrac{20-x}{2}\cdot x=20$

整理すると　$x^2-20x+40=0$　　⇐ x の係数が偶数 ⟶ $2b'$ 型

これを解いて　$x=-(-10)\pm\sqrt{(-10)^2-1\cdot 40}$

$=10\pm 2\sqrt{15}$

ここで，$0<2\sqrt{15}<8$ から　　⇐ 解の吟味。$0<2\sqrt{15}=\sqrt{60}<\sqrt{64}=8$

$10-8<10-2\sqrt{15}<20,\ 2<10+2\sqrt{15}<10+8$

よって，この解はいずれも ① を満たす。

したがって　**FG＝$10\pm 2\sqrt{15}$ (cm)**　　⇐ 単位をつけ忘れないように。

PRACTICE 80②

連続した 3 つの自然数のうち，最小のものの平方が，他の 2 数の和に等しい。この 3 数を求めよ。

重要 例題 81　方程式の共通解

2 つの 2 次方程式 $2x^2+kx+4=0$, $x^2+x+k=0$ がただ 1 つの共通の実数解をもつように，定数 k の値を定め，その共通解を求めよ。

基本 77

CHART & SOLUTION

方程式の共通解

共通解を $x=\alpha$ として方程式に代入

2 つの方程式の共通解を $x=\alpha$ とすると，それぞれの式に $x=\alpha$ を代入した $2\alpha^2+k\alpha+4=0$, $\alpha^2+\alpha+k=0$ が成り立つ。これを α, k についての連立方程式とみて解く。「**実数解**」という条件にも注意。

解答

共通解を $x=\alpha$ とすると

$2\alpha^2+k\alpha+4=0$ ……①，　$\alpha^2+\alpha+k=0$ ……②

①−②×2 から　$(k-2)\alpha+4-2k=0$

すなわち　$(k-2)\alpha-2(k-2)=0$

よって　$(k-2)(\alpha-2)=0$

ゆえに　$k=2$ または $\alpha=2$

[1]　$k=2$ のとき

2 つの方程式は，ともに $x^2+x+2=0$ ……③ となる。

その判別式を D とすると　$D=1^2-4\cdot1\cdot2=-7$

$D<0$ であるから，③ は実数解をもたない。

よって，$k=2$ は適さない。

[2]　$\alpha=2$ のとき

② から　$2^2+2+k=0$　　よって　$k=-6$

このとき，2 つの方程式は

$2x^2-6x+4=0$ ……①′，　$x^2+x-6=0$ ……②′

となり，①′ の解は $x=1$, 2　②′ の解は $x=2$, -3

よって，確かにただ 1 つの共通の実数解 $x=2$ をもつ。

[1]，[2] から　**$k=-6$，共通解は $x=2$**

⇐ $x=\alpha$ を代入した ① と ② の連立方程式を解く。

⇐ α^2 の項を消す。

⇐ 共通の実数解が存在するための必要条件であるから，逆を調べ，十分条件であることを確かめる。

⇐ $ax^2+bx+c=0$ の判別式は　$D=b^2-4ac$

⇐ $2(x-1)(x-2)=0$, $(x-2)(x+3)=0$

INFORMATION

この例題の場合，連立方程式 ①，② を解くために，次数を下げる方針で α^2 の項を消去したが，この方針がいつも最も有効とは限らない。
下の PRACTICE 81 の場合は，定数項を消去する方針の方が有効である。

PRACTICE 81[4]

x の方程式 $x^2-(k-3)x+5k=0$, $x^2+(k-2)x-5k=0$ がただ 1 つの共通解をもつように定数 k の値を定め，その共通解を求めよ。

重要 例題 82 絶対値を含む 2 次方程式

次の方程式を解け。
(1) $x^2-2|x|-3=0$ 〔福島大〕 (2) $x^2+|x-2|=4$

基本 35, 75

CHART & SOLUTION

絶対値を含む方程式 絶対値記号をはずす

$$|x|=\begin{cases} x & (x\geqq 0) \\ -x & (x<0) \end{cases} \qquad |x-a|=\begin{cases} x-a & (x\geqq a) \\ -(x-a) & (x<a) \end{cases}$$

絶対値記号内の式が 0 となる x の値が場合の分かれ目。
得られた解が場合分けの条件を満たすかどうか必ず吟味する。……❗

解答

(1) [1] $x\geqq 0$ のとき $x^2-2x-3=0$ ⇐ 場合の分かれ目は $x=0$
左辺を因数分解して $(x+1)(x-3)=0$
よって $x=-1,\ 3$
❗ このうち，$x\geqq 0$ を満たすものは $x=3$ ⇐ この確認を忘れずに。
[2] $x<0$ のとき $x^2+2x-3=0$
左辺を因数分解して $(x-1)(x+3)=0$
よって $x=1,\ -3$
❗ このうち，$x<0$ を満たすものは $x=-3$ ⇐ この確認を忘れずに。
以上から，求める解は $\boldsymbol{x=\pm 3}$ ⇐ 解をまとめる。

別解 $|x|=t\ (\geqq 0)$ とおくと，$t^2=|x|^2=x^2$ であることから
与えられた方程式は $t^2-2t-3=0$
左辺を因数分解して $(t+1)(t-3)=0$
$t\geqq 0$ であるから $t=3$ $|x|=3$ から $\boldsymbol{x=\pm 3}$

(2) [1] $x-2\geqq 0$ すなわち $x\geqq 2$ のとき $x^2+x-2=4$ ⇐ 場合の分かれ目は $x-2=0$ から $x=2$
整理して $x^2+x-6=0$
左辺を因数分解して $(x-2)(x+3)=0$
よって $x=2,\ -3$
❗ このうち，$x\geqq 2$ を満たすものは $x=2$ ⇐ この確認を忘れずに。
[2] $x-2<0$ すなわち $x<2$ のとき $x^2-(x-2)=4$
整理して $x^2-x-2=0$
左辺を因数分解して $(x+1)(x-2)=0$
よって $x=-1,\ 2$
❗ このうち，$x<2$ を満たすものは $x=-1$ ⇐ この確認を忘れずに。
以上から，求める解は $\boldsymbol{x=-1,\ 2}$ ⇐ 解をまとめる。

PRACTICE 82③

次の方程式を解け。
(1) $x^2-|x|-20=0$ (2) $x^2-2|x+1|=2$

EXERCISES　9　2次方程式

A

66❷ 次の2次方程式を解け。〔(2) 広島国際学院大，(3) 日本歯大〕

(1) $\frac{1}{5}x^2-\frac{1}{12}x-\frac{1}{30}=0$　(2) $0.1x^2+0.3x-2=0$

(3) $x^2-\sqrt{2}x-4=0$　(4) $2(x-2)^2-3(x-2)-1=0$

→ 75, 76

67❸ 次の連立方程式を解け。

(1) $\begin{cases} x+y=3 \\ x^2+y^2=17 \end{cases}$　(2) $\begin{cases} x^2-xy-2y^2=0 \\ x^2+xy-y=1 \end{cases}$

68❷ 2次方程式 $x^2-2x-8=0$ の2つの実数解のうち，小さい方の解は，x の2次方程式 $x^2-4ax+a^2+12=0$ の解の1つになる。このとき，a の値を求めよ。→ 77

69❷ x の2次方程式 $x^2+(m-8)x+m=0$ が重解をもつとき，定数 m の値は ア□ または イ□ であり，$m=$ア□ のときの重解を x_1，$m=$イ□ のときの重解を x_2 とすると，$x_1+x_2=$ウ□，$x_1x_2=$エ□ である。ただし，ア□ < イ□ とする。〔名古屋商大〕→ 78

70❸ x に関する方程式 $kx^2-2(k+3)x+k+10=0$ が実数解をもつような負でない整数 k をすべて求めよ。→ 79

71❷ 正方形がある。この正方形の縦の長さを 1 cm 長くし，横の長さを 2 cm 短くして長方形を作ったところ，その面積が正方形の面積の半分になったという。このとき，正方形の1辺の長さは □ cm である。

〔愛知工大〕→ 80

B

72❹ m を0でない実数とする。2つの2次方程式 $x^2-(m+1)x-m^2=0$ と $x^2-2mx-m=0$ がただ1つの共通解をもつとき，m の値は ア□ であり，そのときの共通解は $x=$イ□ である。→ 81

73❹ a，p は定数とする。次の x についての方程式の実数解を求めよ。

(1) $a^2x-2=4x-a$　(2) $(p^2-1)x^2+2px+1=0$

〔(1) 九州東海大〕→ 31, 79

HINT

67 (2) まず，第1式の左辺を因数分解。$AB=0$ のとき $A=0$ または $B=0$

72 共通解を α とおいて，α と m の連立方程式を解く。$m\neq 0$ に注意。

73 (1) $mx=n$ の形にして，$m=0$ と $m\neq 0$ の場合に分ける。

(2) x^2 の係数 p^2-1 が $=0$ と $\neq 0$ の場合に分ける。後者の場合，左辺が因数分解できる。

10 2次関数のグラフと x 軸の位置関係

基本事項

1 2次関数のグラフと x 軸の共有点の座標

2 次関数 $y=ax^2+bx+c$ のグラフと **x 軸の共有点の x 座標** は，2 次方程式 **$ax^2+bx+c=0$ の実数解** で与えられる。

特に，2 次関数 $y=a(x-\alpha)(x-\beta)$ のグラフは，$\alpha \neq \beta$ のとき x 軸と 2 点 $(\boldsymbol{\alpha},\ \mathbf{0})$，$(\boldsymbol{\beta},\ \mathbf{0})$ を共有する。

2 2次関数のグラフと x 軸の位置関係

2 次関数 $y=ax^2+bx+c$ のグラフと **x 軸の位置関係** は，2 次方程式 $ax^2+bx+c=0$ の判別式を $\boldsymbol{D=b^2-4ac}$ とすると

$D>0 \iff$ 異なる 2 点で交わる
$D=0 \iff$ 1 点で接する
（以上 2 つをまとめて）**$D \geqq 0 \iff$ 共有点をもつ**
$D<0 \iff$ 共有点をもたない

式が $y=ax^2+2b'x+c$ の形のときは，$D=b^2-4ac$ の代わりに $\dfrac{D}{4}=b'^2-ac$ の符号を調べてもよい（$p.133$ 基本例題 78 参照）。

$D=b^2-4ac$	$D>0$		$D=0$		$D<0$	
グラフ	$a>0$	$a<0$	$a>0$	$a<0$	$a>0$	$a<0$
x 軸との位置関係	異なる 2 点で交わる $\left(\dfrac{-b\pm\sqrt{D}}{2a},\ 0\right)$		1 点で接する $\left(-\dfrac{b}{2a},\ 0\right)$		共有点をもたない	
（共有点の座標と個数）	2 個		1 個		0 個	

CHECK & CHECK

30 次の 2 次関数のグラフと x 軸の共有点の座標を求めよ。

(1) $y=5x^2-4$　　(2) $y=(x-2)(2x+3)$

(3) $y=(x+1)^2-4$　　(4) $y=x^2-6x+1$　→ 1

31 次の 2 次関数のグラフと x 軸の共有点の個数を求めよ。

(1) $y=x^2+5x+1$　　(2) $y=4x^2-3x+5$　　(3) $y=x^2+8x+16$　→ 2

基本 例題 83　2次関数のグラフと x 軸の共有点

次の ①～③ の2次関数のグラフについて，下の問いに答えよ。

① $y=6x^2+x-12$　② $y=-9x^2+24x-16$　③ $y=3x^2-5x+4$

(1) ①～③ のグラフと x 軸の共有点の個数を，それぞれ求めよ。

(2) (1) において共有点をもつ場合，その座標を求めよ。

p. 139 基本事項 1，2

CHART & SOLUTION

$y=ax^2+bx+c$ $(a\neq 0)$ のグラフと x 軸の共有点

1 個数は $D=b^2-4ac$ の符号から

2 座標は $ax^2+bx+c=0$ の実数解から

$D>0 \iff$ 共有点が 2個
$D=0 \iff$ 共有点が 1個
（以上 $D\geqq 0 \iff$ 共有点を もつ）
$D<0 \iff$ 共有点が 0個

解答

(1) $y=0$ とおいた2次方程式の判別式を D とする。

① $D=1^2-4\cdot 6\cdot(-12)=1+288=289$
$D>0$ から，グラフと x 軸の共有点の個数は **2個**

② $D=24^2-4\cdot(-9)\cdot(-16)=576-576=0$
$D=0$ から，グラフと x 軸の共有点の個数は **1個**

③ $D=(-5)^2-4\cdot 3\cdot 4=25-48=-23$
$D<0$ から，グラフと x 軸の共有点の個数は **0個**

⇐ $b=2b'$ ならば
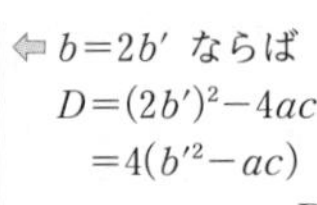
$D=(2b')^2-4ac$
$=4(b'^2-ac)$
であるから，$\dfrac{D}{4}$ の符号を調べてもよい。

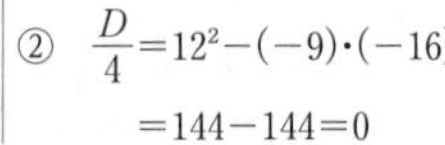
② $\dfrac{D}{4}=12^2-(-9)\cdot(-16)$
$=144-144=0$

(2) (1) から，共有点をもつのは ①，② である。

① 2次方程式 $6x^2+x-12=0$ を解く。
$(2x+3)(3x-4)=0$ から　$x=-\dfrac{3}{2},\ \dfrac{4}{3}$
よって，共有点の座標は　$\left(-\dfrac{3}{2},\ 0\right)$，$\left(\dfrac{4}{3},\ 0\right)$

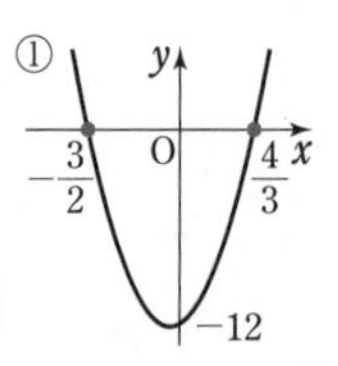

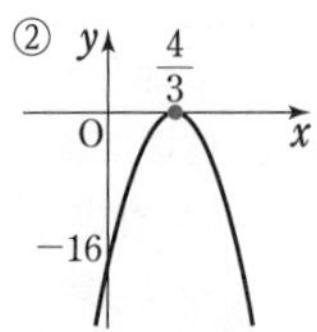

② 2次方程式 $-9x^2+24x-16=0$ を解く。
$9x^2-24x+16=0$ から　$(3x-4)^2=0$
ゆえに　$x=\dfrac{4}{3}$ (重解)
よって，共有点の座標は　$\left(\dfrac{4}{3},\ 0\right)$

inf. ② 2次方程式 $9x^2-24x+16=0$ の重解は $x=-\dfrac{b}{2a}$ を利用して $x=-\dfrac{-24}{2\cdot 9}=\dfrac{4}{3}$ としてもよい。

PRACTICE 83②

次の2次関数のグラフと x 軸の共有点の個数，および共有点があるものはその座標をそれぞれ求めよ。

(1) $y=9x^2-6x+1$　(2) $y=x^2-x+1$　(3) $y=3x^2-8x-1$

基本 例題 84 文字係数の放物線と x 軸の共有点

k は定数とする。放物線 $y=x^2-2x+2k-4$ と x 軸の共有点の個数を，k の値によって場合分けをして求めよ。

p.139 基本事項 2

CHART & SOLUTION

$y=ax^2+bx+c$ $(a \neq 0)$ のグラフと x 軸の共有点

個数は $D=b^2-4ac$ の符号から

放物線と x 軸の共有点の個数であるから，前の例題と同様に $D=b^2-4ac$ $\left(b=2b' \text{ なら } \frac{D}{4}=b'^2-ac\right)$ の符号 によって場合分けする。……❗

この D が k の式で表される。

別解 $y=(x-1)^2+2k-5$ と変形して，頂点の y 座標 $2k-5$ の符号から調べてもよい。

解答

2 次方程式 $x^2-2x+2k-4=0$ の判別式を D とすると

$$\frac{D}{4}=(-1)^2-1\cdot(2k-4)=-2k+5$$

⇐ $b=2b'$ 型

放物線 $y=x^2-2x+2k-4$ と x 軸の共有点の個数は

❗ $D>0$ すなわち $k<\frac{5}{2}$ のとき **2 個** ⇐ $-2k+5>0$

$D=0$ すなわち $k=\frac{5}{2}$ のとき **1 個** ⇐ $-2k+5=0$

$D<0$ すなわち $k>\frac{5}{2}$ のとき **0 個** ⇐ $-2k+5<0$

別解 $y=(x-1)^2+2k-5$ であるから，この放物線は下に凸で頂点Pの y 座標は $2k-5$ である。

頂点Pが x 軸の下側にあるとき，共有点の個数は 2 個である。

よって $2k-5<0$ すなわち $k<\frac{5}{2}$ のとき **2 個**

頂点Pが x 軸上にあるとき，共有点の個数は 1 個である。

よって $2k-5=0$ すなわち $k=\frac{5}{2}$ のとき **1 個**

頂点Pが x 軸の上側にあるとき，共有点の個数は 0 個である。

よって $2k-5>0$ すなわち $k>\frac{5}{2}$ のとき **0 個**

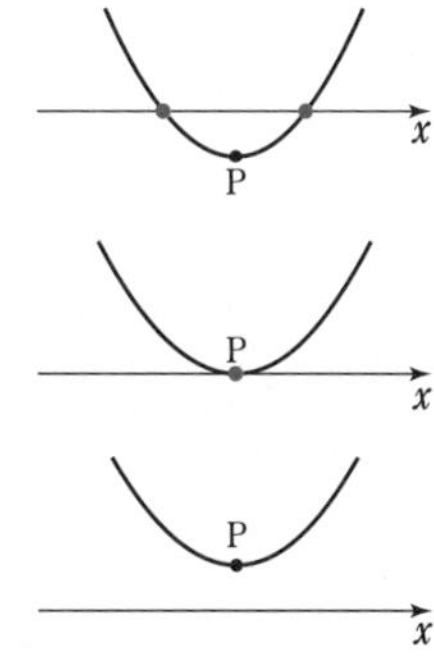

PRACTICE 84❷

a は定数とする。放物線 $y=2x^2+3x-a+1$ と x 軸の共有点の個数を求めよ。

基本 例題 85 放物線が x 軸から切り取る線分の長さ

(1) 2 次関数 $y=-x^2+3x+3$ のグラフが x 軸から切り取る線分の長さを求めよ。

(2) 2 次関数 $y=x^2-2ax+a^2-3$ のグラフが x 軸から切り取る線分の長さは，定数 a の値に関係なく一定であることを示せ。

基本 83

CHART & SOLUTION

2 次関数のグラフが x 軸から切り取る線分の長さ とは
　グラフが x 軸と **異なる 2 つの共有点をもつ** ときの，
　2 つの共有点で区切られた x 軸の一部分の長さ
のことである。つまり，グラフと x 軸の共有点の x 座標が α，β で $\alpha<\beta$ とすると，切り取る線分の長さは $\boldsymbol{\beta-\alpha}$

(2) (1) と同様に求め，**長さに a が含まれないこと** を示す。

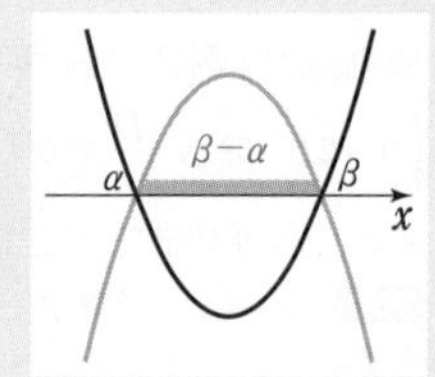

解答

(1) $-x^2+3x+3=0$ を変形して　$x^2-3x-3=0$

これを解くと　$x=\dfrac{3\pm\sqrt{21}}{2}$

よって，x 軸から切り取る線分の長さは

$$\frac{3+\sqrt{21}}{2}-\frac{3-\sqrt{21}}{2}=\boldsymbol{\sqrt{21}}$$

(2) $x^2-2ax+a^2-3=0$ を x について解くと

$$x=-(-a)\pm\sqrt{(-a)^2-1\cdot(a^2-3)}$$
$$=a\pm\sqrt{3}$$

よって，x 軸から切り取る線分の長さは

$$(a+\sqrt{3})-(a-\sqrt{3})=2\sqrt{3}$$

したがって，定数 a の値に関係なく一定である。

$ax^2+bx+c=0$ の判別式を $D=b^2-4ac$ とすると

(1) $D=3^2-4\cdot(-1)\cdot3$
$=21>0$

(2) $\dfrac{D}{4}=(-a)^2-(a^2-3)$
$=3>0$

であるから，(1), (2) とも x 軸と共有点を 2 個もつ。

(2) $y=(x-a)^2-3$ であるから，a の値が変わると **グラフは x 軸に平行に動く**。よって，x 軸から切り取る線分の長さは a の値に関係なく一定である。

INFORMATION　グラフが x 軸から切り取る線分の長さ

関数 $y=ax^2+bx+c$，$\boldsymbol{a>0}$ のグラフが x 軸から切り取る線分の長さを l とする。
$D=b^2-4ac>0$ のとき，$ax^2+bx+c=0$ の解を α，$\beta\ (\alpha<\beta)$ とすると

$$l=\beta-\alpha=\frac{-b+\sqrt{D}}{2a}-\frac{-b-\sqrt{D}}{2a}=\frac{\sqrt{D}}{a}$$

と表すことができる。なお，上の例題 (2) については，$p.171$ も参照。

PRACTICE 85[3]

次の 2 次関数のグラフが x 軸から切り取る線分の長さを求めよ。

(1) $y=4x^2-7x-11$　　(2) $y=-4x^2+4ax-a^2+9$（ただし，a は定数）

基本 例題 86 放物線と直線の共有点 ①①①①①

放物線 $y=x^2-3x+3$ と直線 $y=2x-a$ がある。

(1) $a=1$ のとき，2つのグラフの共有点の座標を求めよ。

(2) 2つのグラフの共有点がただ1つであるように定数 a の値を定めよ。

(3) 2つのグラフが共有点をもたないように定数 a の値の範囲を定めよ。

p.139 基本事項 2，基本 84

CHART & SOLUTION

放物線と直線の共有点

(1) 放物線 $y=ax^2+bx+c$ と直線 $y=mx+n$ の共有点の座標は，

連立方程式 $y=ax^2+bx+c$，$y=mx+n$ の実数解 で与えられる。

(2), (3) y を消去してできる2次方程式 $ax^2+bx+c=mx+n$ が

重解をもつとき，放物線と直線は **接する** といい，その共有点を **接点** という。また，その直線を放物線の **接線** という。

実数解をもたないとき，放物線と直線は **共有点をもたない。**

解答

$y=x^2-3x+3$ ……①，$y=2x-a$ ……② とする。

①，② から，y を消去すると　$x^2-3x+3=2x-a$

整理して　$x^2-5x+a+3=0$ ……③

(1) $a=1$ のとき，③ は　$x^2-5x+4=0$

よって　$(x-1)(x-4)=0$

これを解いて　$x=1,\ 4$

② から　$x=1$ のとき　$y=1$，

$x=4$ のとき　$y=7$

ゆえに，共有点の座標は　$(1,\ 1)$，$(4,\ 7)$

(2) 2次方程式 ③ の判別式を D とすると

$$D=(-5)^2-4\cdot1\cdot(a+3)=-4a+13$$

2つのグラフがただ1つの共有点をもつための条件は，③ が重解をもつことであるから

$D=0$ すなわち $a=\dfrac{13}{4}$

(3) 2つのグラフが共有点をもたないための条件は，③ が実数解をもたないことであるから

$D<0$ すなわち $a>\dfrac{13}{4}$

inf. 放物線と直線の位置関係

[1] 異なる2点で交わる $\Leftrightarrow D>0$

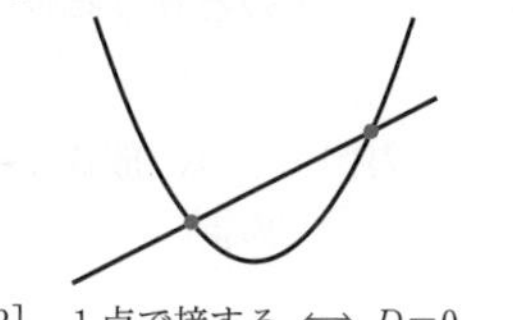

[2] 1点で接する $\Leftrightarrow D=0$

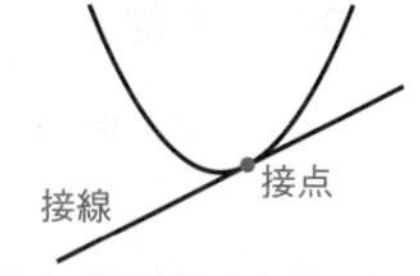

[3] 共有点をもたない $\Leftrightarrow D<0$

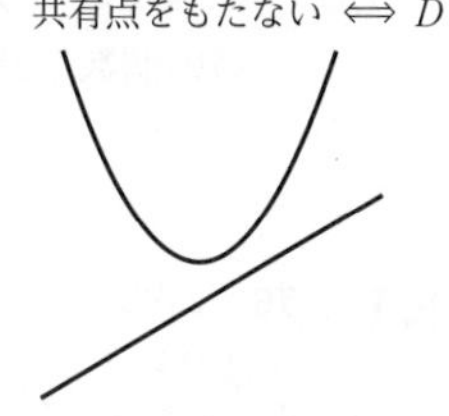

PRACTICE 86③

a は定数とする。放物線 $y=x^2-2x+a$ について

(1) 直線 $y=2x$ と接するように a の値を定めよ。

(2) 直線 $y=2x+3$ と共有点をもたないように a の値の範囲を定めよ。

EXERCISES　10　2次関数のグラフと x 軸の位置関係

A

74❷ 放物線 $y=x^2-ax+a+1$ が x 軸と接するように，定数 a の値を定めよ。また，そのときの接点の座標を求めよ。 ➡84

75❷ 2次関数 $y=x^2-2x+a$ のグラフが，次の条件に適するように，定数 a の値の範囲を定めよ。また，(2) では共有点の座標も求めよ。

(1) x 軸との共有点の個数が2個　　(2) x 軸との共有点の個数が1個

(3) x 軸との共有点の個数が0個 ➡84

B

76❸ グラフの頂点が点 $(2,\ -3)$ で，x 軸から切り取る線分の長さが6である2次関数を求めよ。〔山梨学院大〕

➡85

77❸ $y=2x^2-4x+5$ のグラフ G を y 軸方向に k だけ平行移動したグラフを H とする。グラフ H が x 軸と異なる2点で交わるとき，その2点の間の距離は $\sqrt{{}^{ア}\square(k+{}^{イ}\square)}$ である。よって，グラフ H を x 軸方向に平行移動して，$2\leqq x\leqq 6$ の範囲で x 軸と異なる2点で交わるようにできるとき，k のとりうる値の範囲は ${}^{ウ}\square\leqq k<{}^{エ}\square$ である。〔類　共通テスト〕 ➡85

78❸ 2つの放物線 $y=x^2-x+1$，$y=-x^2-x+3$ の2つの共有点の座標を求めよ。 ➡86

79❹ 放物線 $y=\dfrac{1}{2}x^2$ は，x 軸方向に ${}^{ア}\square$，y 軸方向に ${}^{イ}\square$ だけ平行移動すると，直線 $y=-x$ と直線 $y=3x$ の両方に接する。 ➡54, 86

80❹ a は定数とする。2つの関数 $y=x^2-4$ と $y=a(x+1)^2$ のグラフの共有点の個数を調べよ。〔類　東京学芸大〕

➡86

HINT

76　2次関数のグラフが軸に関して対称であることを利用して，x 軸との交点の x 座標を求める。

77　(前半)　グラフ H と x 軸の共有点の x 座標を求める。
(後半)　$2\leqq x\leqq 6$ について，$6-2=4$ であることに着目。

78　共有点の x 座標は，2次方程式 $x^2-x+1=-x^2-x+3$ の実数解である。

79　平行移動した放物線の方程式と2本の直線の方程式から，y を消去して得られる2次方程式の判別式をそれぞれ D_1，D_2 とすると　$D_1=0$ かつ $D_2=0$

80　(共有点の座標)＝(連立方程式の実数解) であるから，y を消去した方程式 $x^2-4=a(x+1)^2$ の実数解の個数を調べればよい。ただし，この方程式が2次方程式でない場合があることに注意する。

11 2 次不等式

基本事項

1 2次関数のグラフと2次不等式の解

2 次方程式 $ax^2+bx+c=0$ の判別式をD，$D\geqq 0$ の場合の実数解を α，$\beta\,(\alpha\leqq\beta)$ とすると，**x^2 の係数 a が正** である 2 次不等式の解は次のようにまとめられる。

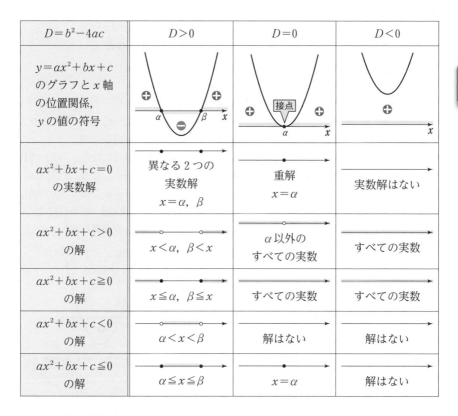

$D=b^2-4ac$	$D>0$	$D=0$	$D<0$
$y=ax^2+bx+c$ のグラフと x 軸の位置関係，y の値の符号	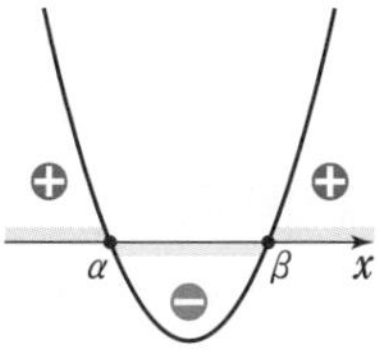 ⊕ ⊖ ⊕ α β x	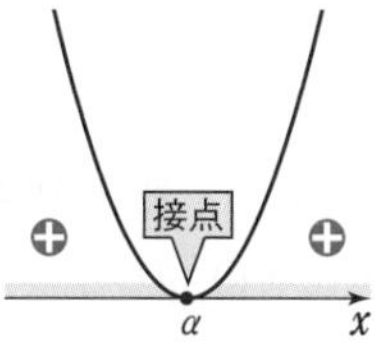 接点 ⊕ ⊕ α x	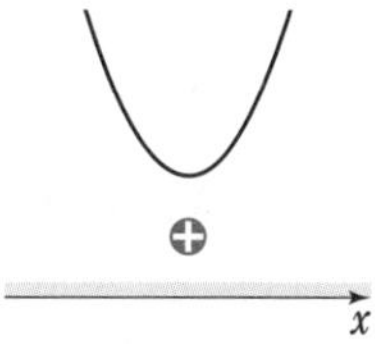 ⊕ x
$ax^2+bx+c=0$ の実数解	異なる 2 つの実数解 $x=\alpha,\ \beta$	重解 $x=\alpha$	実数解はない
$ax^2+bx+c>0$ の解	$x<\alpha,\ \beta<x$	α 以外のすべての実数	すべての実数
$ax^2+bx+c\geqq 0$ の解	$x\leqq\alpha,\ \beta\leqq x$	すべての実数	すべての実数
$ax^2+bx+c<0$ の解	$\alpha<x<\beta$	解はない	解はない
$ax^2+bx+c\leqq 0$ の解	$\alpha\leqq x\leqq\beta$	$x=\alpha$	解はない

特に，左辺が因数分解された 2 次不等式の解は次のようになる。

不等式	解
$(x-\alpha)(x-\beta)>0$	$x<\alpha,\ \beta<x$
$(x-\alpha)(x-\beta)\geqq 0$	$x\leqq\alpha,\ \beta\leqq x$
$(x-\alpha)(x-\beta)<0$	$\alpha<x<\beta$
$(x-\alpha)(x-\beta)\leqq 0$	$\alpha\leqq x\leqq\beta$

不等式	解
$(x-\alpha)^2>0$	α 以外のすべての実数
$(x-\alpha)^2\geqq 0$	すべての実数
$(x-\alpha)^2<0$	解はない
$(x-\alpha)^2\leqq 0$	$x=\alpha$

2 常に成り立つ不等式

$a \neq 0$, $D=b^2-4ac$ とすると

① 常に $ax^2+bx+c>0$
$\iff a>0$ かつ $D<0$

①′ 常に $ax^2+bx+c \geqq 0$
$\iff a>0$ かつ $D \leqq 0$

② 常に $ax^2+bx+c<0$
$\iff a<0$ かつ $D<0$

②′ 常に $ax^2+bx+c \leqq 0$
$\iff a<0$ かつ $D \leqq 0$

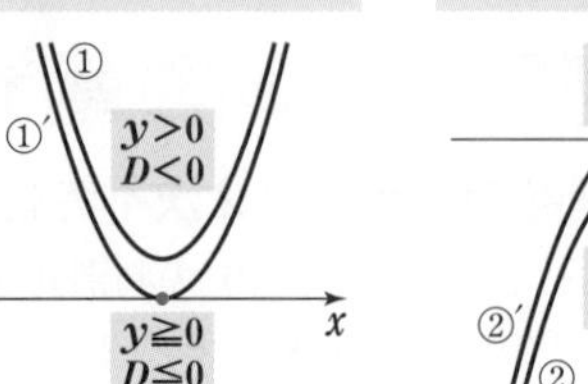

(ただし，$y=ax^2+bx+c$ とする)

補足 すべての実数 x について常に成り立つ不等式を，**絶対不等式** という。

3 2次関数のグラフと x 軸の共有点の関係

$f(x)=ax^2+bx+c$ $(a \neq 0)$, $D=b^2-4ac$ とする。$a>0$ のとき，$y=f(x)$ のグラフと x 軸の共有点の x 座標 α, β $(\alpha \leqq \beta)$ について，次のことが成り立つ。

① $\alpha>k$, $\beta>k \iff D \geqq 0$, (軸の位置)$>k$, $f(k)>0$ [$a<0$ なら $f(k)<0$]

② $\alpha<k$, $\beta<k \iff D \geqq 0$, (軸の位置)$<k$, $f(k)>0$ [$a<0$ なら $f(k)<0$]

③ $\alpha<k<\beta \iff f(k)<0$ [$a<0$ なら $f(k)>0$]

$k=0$ とすると ① α, β とも正 ② α, β とも負 ③ $\alpha<0<\beta$ の条件になる。
(α, β が異符号)

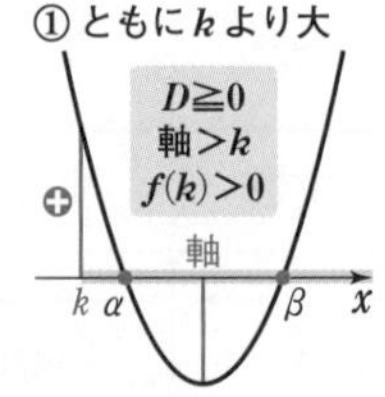

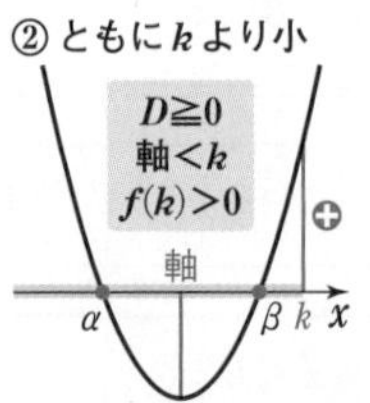

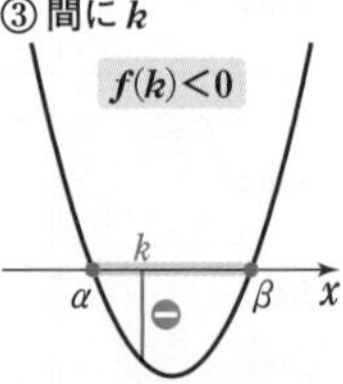

補足 (軸の位置)$>k$ は，軸が $x>k$ の範囲にあることを簡単に書いたものである。

CHECK & CHECK

32 次の2次不等式を解け。

(1) $(x-1)(x-2)>0$　　(2) $(2x+3)(x-4) \leqq 0$

(3) $(x+3)^2 \geqq 0$　　(4) $(x-2)^2 \leqq 0$

→ 1

33 次の2次不等式が，すべての実数 x について常に成り立つかどうか調べよ。

(1) $2x^2-3x+1<0$　　(2) $2x^2-4x+2 \geqq 0$

(3) $2x^2-5x+4 \leqq 0$　　(4) $2x^2-6x+4>0$

→ 2

基本 例題 87　2次不等式の解法 (1)

次の2次不等式を解け。

(1)　$x^2-x-6\geqq 0$　　(2)　$12x^2-5x-3>0$

(3)　$9x^2-6x-1<0$　　(4)　$-x^2+4x-2\geqq 0$

p.145 基本事項 1

CHART & SOLUTION

2次不等式の解法　x 軸との共有点を調べ，グラフから判断

2次関数のグラフをかいて，グラフが x 軸より上側または下側にある x の値の範囲を読み取る。

1　x^2 の係数 a が正になるように，不等式を $ax^2+bx+c>0$，$ax^2+bx+c\leqq 0$ などの形に整理する。

2　不等号を等号＝におきかえた2次方程式を解き，方程式の実数解 α，β $(\alpha<\beta)$ をグラフにかき込む。

3　グラフから不等式の解を求める。

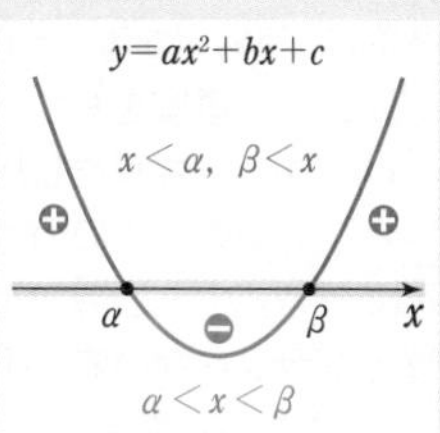

解答

(1)　$x^2-x-6=0$ から　$(x+2)(x-3)=0$

これを解くと　　$x=-2,\ 3$

よって，不等式 $x^2-x-6\geqq 0$ の解は

$$x\leqq -2,\ 3\leqq x$$

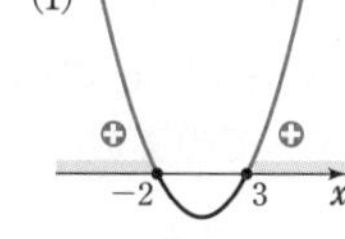

(2)　$12x^2-5x-3=0$ から　$(3x+1)(4x-3)=0$

これを解くと　　$x=-\dfrac{1}{3},\ \dfrac{3}{4}$

よって，不等式 $12x^2-5x-3>0$ の解は

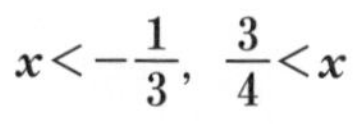

$$x<-\frac{1}{3},\ \frac{3}{4}<x$$

(2)（グラフ：$-\frac{1}{3}$，$\frac{3}{4}$，x）

(3)　$9x^2-6x-1=0$ を解くと　$x=\dfrac{1\pm\sqrt{2}}{3}$

よって，不等式 $9x^2-6x-1<0$ の解は

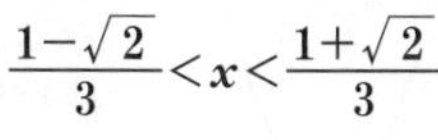

$$\frac{1-\sqrt{2}}{3}<x<\frac{1+\sqrt{2}}{3}$$

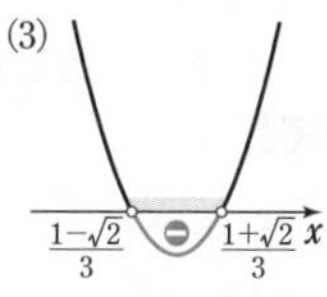

(4)　両辺に -1 を掛けて　$x^2-4x+2\leqq 0$

$x^2-4x+2=0$ を解くと　$x=2\pm\sqrt{2}$

よって，不等式 $-x^2+4x-2\geqq 0$ の解は

$$2-\sqrt{2}\leqq x\leqq 2+\sqrt{2}$$

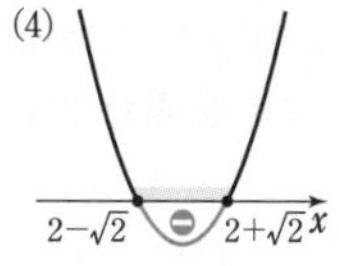

inf. 次のことを利用して解いてもよい。
$\alpha<\beta$ のとき
$(x-\alpha)(x-\beta)>0$ の解は
$x<\alpha,\ \beta<x$
$(x-\alpha)(x-\beta)<0$ の解は
$\alpha<x<\beta$

別解 (1)　$(x+2)(x-3)\geqq 0$ から　$x\leqq -2,\ 3\leqq x$
(2)　$(3x+1)(4x-3)>0$ から　$x<-\dfrac{1}{3},\ \dfrac{3}{4}<x$

⇐ まず，2次の係数を正にする。不等号の向きが変わる。

PRACTICE 87

次の2次不等式を解け。

(1)　$x^2-4x-12\geqq 0$　　(2)　$6x^2-5x+1>0$　　(3)　$-x^2-x+2\geqq 0$

(4)　$x^2-2x-2\leqq 0$　　(5)　$4x^2-5x-3<0$　　(6)　$2x-3>-x^2$

基本 例題 88　2 次不等式の解法 (2)

次の 2 次不等式を解け。

(1)　$x^2-8x+16>0$　　(2)　$4x^2+4x+1\leqq 0$

(3)　$x^2-4x+8\geqq 0$　　(4)　$-3x^2+12x-13\geqq 0$

p. 145 基本事項 1

CHART & SOLUTION

特殊な 2 次不等式　不等式の左辺を基本形に

本問は，不等号を等号＝におき換えた 2 次方程式の解が

(1), (2)　重解をもつ　($D=0$)

(3), (4)　実数解をもたない　($D<0$)

タイプである。この場合

1　不等式の左辺の 2 次式を平方完成する。

2　**グラフをかいて，不等式の解を求める。**

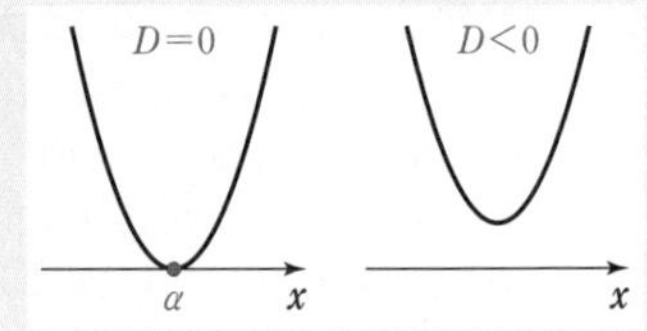

解答

(1)　$x^2-8x+16=(x-4)^2$ であるから，

不等式は　$(x-4)^2>0$

よって，不等式 $x^2-8x+16>0$ の解は

4 以外のすべての実数

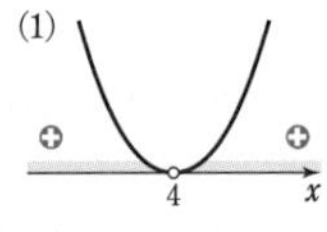

⇐ **$D=0$** の場合，左辺の式を **基本形に。**

⇐ グラフが x 軸の上側にある範囲を答える。

(2)　$4x^2+4x+1=(2x+1)^2$ であるから，

不等式は　$(2x+1)^2\leqq 0$

よって，不等式 $4x^2+4x+1\leqq 0$ の解は

$$\boldsymbol{x=-\frac{1}{2}}$$

⇐ (1) と同様，**基本形に。**

⇐ グラフが x 軸の下側にあるか x 軸と接する範囲を答える。

(3)　$x^2-4x+8=(x-2)^2+4$ であるから，

不等式は　$(x-2)^2+4\geqq 0$

よって，不等式 $x^2-4x+8\geqq 0$ の解は

すべての実数

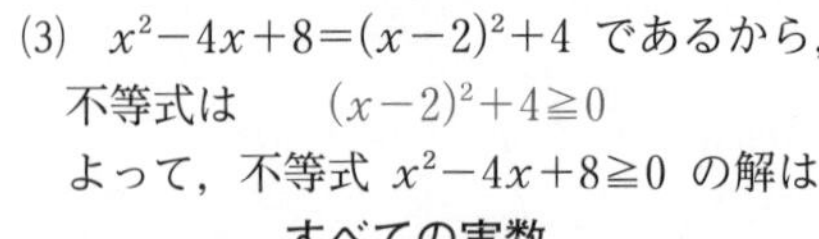

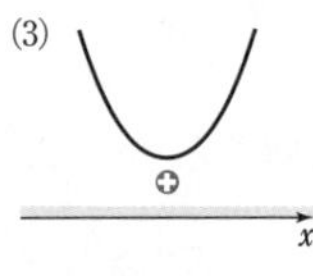

(4)　不等式の両辺に -1 を掛けて

$$3x^2-12x+13\leqq 0$$

$3x^2-12x+13=3(x-2)^2+1>0$ であるから，$3x^2-12x+13\leqq 0$ を満たす実数 x は存在しない。

よって，不等式 $-3x^2+12x-13\geqq 0$ の　**解はない**

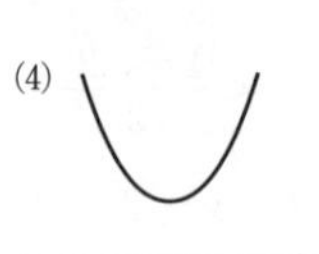

別解

(3)　$\dfrac{D}{4}=(-2)^2-1\cdot 8$

$=-4<0$

x^2 の係数が正であるから，この 2 次不等式の解はすべての実数。

(4)　$\dfrac{D}{4}=(-6)^2-3\cdot 13$

$=-3<0$

x^2 の係数が正であるから，解はない。

PRACTICE 88[1]

次の 2 次不等式を解け。

(1)　$x^2+2>2\sqrt{2}\,x$　　(2)　$-2x^2+12x-18\geqq 0$

(3)　$2x^2-8x+13>0$　　(4)　$-2x^2+3x-6>0$

振り返り　2次不等式はグラフと関連付けて解く

$p.145$ の基本事項 1 にあるように，2次不等式の解はパターンが多いですが，すべて覚えなくてはならないのでしょうか？

2次不等式を解く際のポイントは

簡単な図をかいて確認する（グラフをイメージする）こと

です。グラフと x 軸の上下関係を利用すれば，パターンを覚える必要はありません。慣れないうちはミスをしやすいので，最初は図をかいて考えましょう。以下，間違った答え方の例を挙げておきます。

基本例題 87 (1)　$x^2-x-6 \geqq 0$ を解け。

【間違い①】　$(x+2)(x-3) \geqq 0$ から　　$x \geqq -2,\ 3$

【間違い②】　$(x+2)(x-3) \geqq 0$ から　　$-2 \leqq x \leqq 3$

【間違い③】　$(x+2)(x-3) \geqq 0$ から　　$x \leqq 3,\ -2 \leqq x$

⟶【間違い①】は，方程式 $x^2-x-6=0$ の解 $x=-2,\ 3$ を求めるのと同じように考えてしまっているのがミスである。

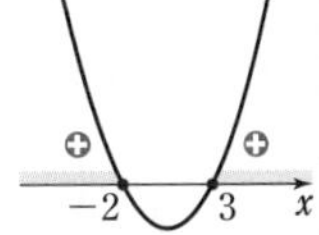

正しい解は，右の図のようなグラフをかいて，グラフが x 軸の上側にあるか x 軸と交わる範囲に注目し　$\boldsymbol{x \leqq -2,\ 3 \leqq x}$　のように求める。

【間違い②】は，$(x+2)(x-3) \leqq 0$ の解を求めてしまっていること，

【間違い③】は，-2 と 3 の大小関係を逆にしてしまっていることがミスである。

また，次のような間違いもしないようにしたい。

例　$x(x-1)<0$ を解け。

【間違い④】　両辺を x で割って　　$x-1<0$

よって　　$x<1$

⟶ $x>0$ であると勝手に決めて両辺を割ってはダメ。

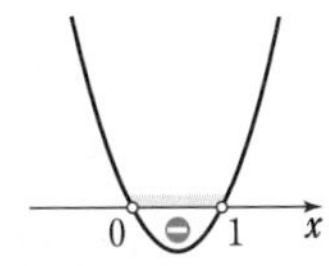

正しい解は，右の図のようなグラフをかいて，グラフが x 軸の下側にある範囲を求めて　$\boldsymbol{0<x<1}$

基本例題 88 (3)　$x^2-4x+8 \geqq 0$ を解け。

【間違い⑤】　$\dfrac{D}{4}=(-2)^2-1\cdot 8=-4<0$ …… Ⓐ　　　よって，解はない。

⟶ Ⓐからわかるのは，$y=x^2-4x+8$ のグラフが x 軸と共有点をもたないことであり，不等式 $x^2-4x+8 \geqq 0$ が解をもたないことではない。このような勘違いをしないように。

正しい解は，$x^2-4x+8=(x-2)^2+4$ から，右の図のようなグラフをイメージして

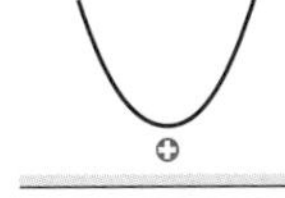

すべての実数（グラフは x 軸の上側にある）

基本 例題 89　2次不等式の応用(解の判別)

(1)　2次方程式 $x^2+(a-3)x-a+6=0$ が実数解をもたないような，定数 a の値の範囲を求めよ。

(2)　x の2次方程式 $x^2+8mx+7m^2+1=0$ の実数解の個数を求めよ。

基本 78, 87

CHART & SOLUTION

2次方程式の解の判別　$D=b^2-4ac$ の利用

異なる2つの実数解をもつ $\iff D>0$

ただ1つの実数解(重解)をもつ $\iff D=0$

実数解をもたない $\iff D<0$

同様な問題は基本例題78でも扱った($p.133$ 参照)。ここでは，解答の中に2次不等式が出てくるものを扱う。

解答

(1)　2次方程式の判別式を D とすると

$D=(a-3)^2-4\cdot1\cdot(-a+6)=a^2-2a-15=(a+3)(a-5)$

2次方程式が実数解をもたないための条件は $D<0$ であるから　$(a+3)(a-5)<0$

したがって　$\boldsymbol{-3<a<5}$

(2)　2次方程式の判別式を D とすると

$\dfrac{D}{4}=(4m)^2-1\cdot(7m^2+1)=9m^2-1=(3m+1)(3m-1)$　⇐ $b'=4m$

$D>0$ となるのは　$(3m+1)(3m-1)>0$　⇐ 異なる2つの実数解

これを解いて　$m<-\dfrac{1}{3},\ \dfrac{1}{3}<m$

$D=0$ となるのは　$(3m+1)(3m-1)=0$　⇐ 重解

これを解いて　$m=\pm\dfrac{1}{3}$

$D<0$ となるのは　$(3m+1)(3m-1)<0$　⇐ 実数解をもたない

これを解いて　$-\dfrac{1}{3}<m<\dfrac{1}{3}$

以上により　$\boldsymbol{m<-\dfrac{1}{3},\ \dfrac{1}{3}<m}$ のとき　**2個**

$\boldsymbol{m=\pm\dfrac{1}{3}}$ のとき　**1個**

$\boldsymbol{-\dfrac{1}{3}<m<\dfrac{1}{3}}$ のとき　**0個**

PRACTICE 89 ②

x の2次方程式 $x^2+(2k-1)x-3k^2+9k-2=0$ の実数解の個数を求めよ。

基本 例題 90　2次不等式の解から係数決定

(1)　x についての2次不等式 $x^2+ax+b \geqq 0$ の解が $x \leqq -1$, $3 \leqq x$ となるように，定数 a, b の値を定めよ。

(2)　x についての2次不等式 $ax^2-2x+b>0$ の解が $-2<x<1$ となるように，定数 a, b の値を定めよ。

基本 87

CHART & SOLUTION

2次不等式の解から係数決定

2次関数のグラフから読み取る

(1) $y=x^2+ax+b$ のグラフが $x \leqq -1$, $3 \leqq x$ のときだけ x 軸を含む上側にある。
⟺ 下に凸の放物線で2点 $(-1,\ 0)$, $(3,\ 0)$ を通る。

(2) $y=ax^2-2x+b$ のグラフが $-2<x<1$ のときだけ x 軸の上側にある。
⟺ 上に凸の放物線で2点 $(-2,\ 0)$, $(1,\ 0)$ を通る。

解答

(1)　条件から，2次関数 $y=x^2+ax+b$ のグラフは，$x \leqq -1$, $3 \leqq x$ のときだけ x 軸を含む上側にある。
すなわち，下に凸の放物線で2点 $(-1,\ 0)$, $(3,\ 0)$ を通るから

$$1-a+b=0,$$
$$9+3a+b=0$$

これを解いて　　$\boldsymbol{a=-2,\ b=-3}$

(2)　条件から，2次関数 $y=ax^2-2x+b$ のグラフは，$-2<x<1$ のときだけ x 軸の上側にある。
すなわち，上に凸の放物線で2点 $(-2,\ 0)$, $(1,\ 0)$ を通るから

$$a<0$$
$$0=4a+4+b \quad \cdots\cdots ①$$
$$0=a-2+b \quad \cdots\cdots ②$$

①, ② を解いて　　$\boldsymbol{a=-2,\ b=4}$
これは $a<0$ を満たす。

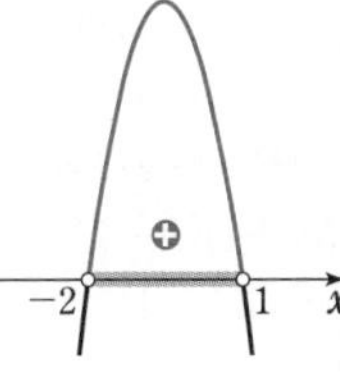

別解 (1)　$x \leqq -1$, $3 \leqq x$ を解とする2次不等式の1つは　$(x+1)(x-3) \geqq 0$
左辺を展開して
　$x^2-2x-3 \geqq 0$
x^2 の係数は1であるから，$x^2+ax+b \geqq 0$ の係数と比較して
　$\boldsymbol{a=-2,\ b=-3}$

inf.　2つの2次不等式 $ax^2+bx+c<0$ と $a'x^2+b'x+c'<0$ の解が等しいからといって，直ちに $a=a'$, $b=b'$, $c=c'$ とするのは誤りである。対応する3つの係数のうち，少なくとも1つが等しいときに限って，残りの係数は等しいといえる。例えば，$c=c'$ であるならば，$a=a'$, $b=b'$ といえる。

PRACTICE 90③

x についての2次不等式 $ax^2+9x+2b>0$ の解が $4<x<5$ となるように，定数 a, b の値を定めよ。

基本 例題 91 不等式が常に成り立つ条件（絶対不等式）

(1) すべての実数xについて，不等式 $x^2-ax+2a>0$ が成り立つように，定数aの値の範囲を定めよ。〔東京電機大〕

(2) すべての実数xに対して，不等式 $kx^2+(k+1)x+k\leqq 0$ が成り立つような定数kの値の範囲を求めよ。

p.146 基本事項 2

CHART & SOLUTION

定符号の2次式

常に $ax^2+bx+c>0 \iff a>0,\ D<0$ ……!

常に $ax^2+bx+c\leqq 0 \iff a<0,\ D\leqq 0$

(1) x^2 の係数は $1>0 \longrightarrow$ $\boldsymbol{D<0}$ であるaの条件を求める。

(2) 単に「**不等式**」とあるから，$\boldsymbol{k=0}$ **の場合**（2次不等式でない場合）も考えることに注意。
$k\neq 0$ の場合，$\boldsymbol{k<0}$ **かつ** $\boldsymbol{D\leqq 0}$ であるkの条件を求める。

解答

(1) $x^2-ax+2a=0$ の判別式をDとする。
x^2 の係数は正であるから，常に不等式が成り立つ条件は

! $D<0$

ここで　$D=(-a)^2-4\cdot1\cdot2a=a^2-8a=a(a-8)$

$D<0$ から，求めるaの値の範囲は　$\boldsymbol{0<a<8}$

⇐ 下に凸の放物線が常にx軸より上側にあるための条件と同じ（p.146 基本事項 2 参照）。

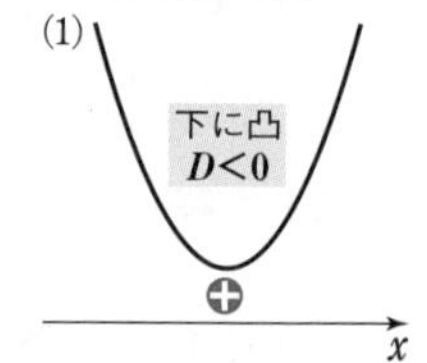

(2) $kx^2+(k+1)x+k\leqq 0$ ……① とする。

[1] $k=0$ のとき，①は　$x\leqq 0$
これはすべての実数xに対しては成り立たない。

[2] $k\neq 0$ のとき，2次方程式 $kx^2+(k+1)x+k=0$ の判別式をDとすると，すべての実数xに対して，①が成り立つための条件は

! $k<0$ かつ $D\leqq 0$

ここで　$D=(k+1)^2-4\cdot k\cdot k=-3k^2+2k+1$
$=-(3k+1)(k-1)$

$D\leqq 0$ から　$(3k+1)(k-1)\geqq 0$

よって　$k\leqq -\dfrac{1}{3},\ 1\leqq k$

$k<0$ との共通範囲をとると　$k\leqq -\dfrac{1}{3}$

以上から，求めるkの値の範囲は　$\boldsymbol{k\leqq -\dfrac{1}{3}}$

(2)[2] 上に凸の放物線がx軸と共有点をもたない，または，x軸と接する条件と同じ。

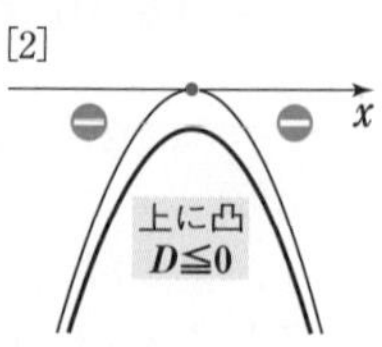

PRACTICE 91②

すべての実数xについて，不等式 $(a-1)x^2-2(a-1)x+3\geqq 0$ が成り立つように，定数aの値の範囲を定めよ。

ズーム UP 常に成り立つ不等式（絶対不等式）

どうして「すべての実数 x について常に $ax^2+bx+c>0 \iff a>0$ かつ $D<0$」なのでしょうか。不等号の向きに迷ってしまうことがあります。

2 次の絶対不等式は x^2 の係数と判別式 D の条件を考える

2 次不等式が常に成り立つ条件を考えるときには，2 次関数のグラフが有効である。
2 次関数 $y=ax^2+bx+c$ のグラフと x 軸の位置関係は，a の正負と 2 次方程式 $ax^2+bx+c=0$ の判別式 D の値によって，次の 6 通りに分類できる。

$D=b^2-4ac$	$D>0$	$D=0$	$D<0$
グラフ $(a>0)$	①	②	③
グラフ $(a<0)$	④	⑤	⑥

この分類で，常に $y>0$ すなわち $ax^2+bx+c>0$ $(a \neq 0)$ がすべての実数 x に対して成り立つ（関数の値 y が常に正，すなわちグラフが常に x 軸より上側にある）のは ③ の場合だけであるから，**$a>0$ かつ $D<0$** が必要十分条件であることがわかる。

同様に考えて，$ax^2+bx+c \leqq 0$ $(a \neq 0)$ が常に成り立つのは，⑤，⑥ の場合であるから，**$a<0$ かつ $D \leqq 0$** が必要十分条件とわかる。
このように，不等式が常に成り立つためには，グラフがどうなっていればよいかを考え，そこから x^2 の係数の正負と判別式 D の条件が $D<0$ か $D \leqq 0$ かを判断するようにしよう。

絶対不等式だけでなく，2 次不等式の問題ではグラフの利用が基本です。迷ったらグラフに戻って考えましょう。

inf. 単に「不等式 $ax^2+bx+c>0$ が絶対不等式」と書かれている場合，$a=0$ のときは 2 次不等式にはならないことに注意しよう。
このとき，$bx+c>0$ が常に成り立つための条件は，$b=0$ かつ $c>0$ となる。
したがって

$ax^2+bx+c>0$ がすべての実数 x について成り立つ
$\iff$ 関数 $y=ax^2+bx+c$ のグラフが常に x 軸の上側
$\iff$ $(a=b=0$ かつ $c>0)$ または $(a>0$ かつ $b^2-4ac<0)$

基本 例題 92 ある変域で不等式が常に成り立つ条件

$0 \leqq x \leqq 2$ の範囲において，常に $x^2-2ax+3a>0$ が成り立つように，定数 a の値の範囲を定めよ。

基本 64

CHART & THINKING

x^2 の係数は正。「常に $x^2-2ax+3>0$ が成り立つ」ことから，図 1 のように単に $D<0$ とするのは間違い！「$0 \leqq x \leqq 2$ の範囲」となっているから，$D>0$ で図 2 のような場合も起こりうる。

「ある変域で $f(x)>0 \iff$（変域内の最小値）>0」

と考えてみよう。文字を含む 2 次関数の最小値はどのように求めればよかっただろうか。⟶ $p.114$ 基本例題 64 参照。

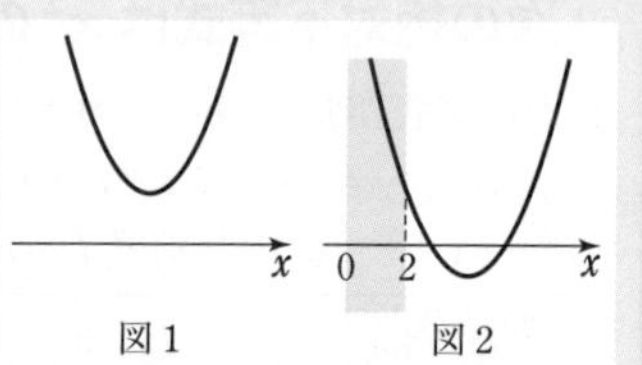

図 1　　図 2

解答

$f(x)=x^2-2ax+3a$ とする。

求める条件は，$0 \leqq x \leqq 2$ の範囲における関数 $y=f(x)$ の最小値が正であることである。

$f(x)=(x-a)^2-a^2+3a$ であるから，$y=f(x)$ のグラフは下に凸の放物線で，その軸は直線 $x=a$ である。

[1] $a<0$ のとき

$f(x)$ は $x=0$ で最小となる。

よって　$f(0)=3a>0$　　これは $a<0$ を満たさない。

[2] $0 \leqq a \leqq 2$ のとき

$f(x)$ は $x=a$ で最小となる。

よって　$f(a)=-a^2+3a>0$　　すなわち　$a^2-3a<0$

これを解くと，$a(a-3)<0$ から　$0<a<3$

これと $0 \leqq a \leqq 2$ の共通範囲は　$0<a \leqq 2$　……①

[3] $2<a$ のとき

$f(x)$ は $x=2$ で最小となる。

よって　$f(2)=4-a>0$　　ゆえに　$a<4$

これと $2<a$ の共通範囲は

$2<a<4$　……②

求める a の値の範囲は，①と②を合わせて　$\boldsymbol{0<a<4}$

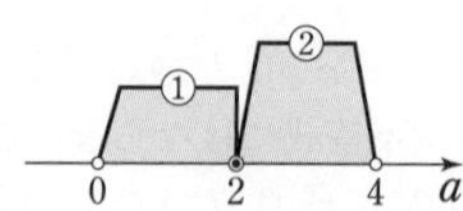

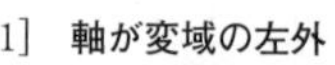

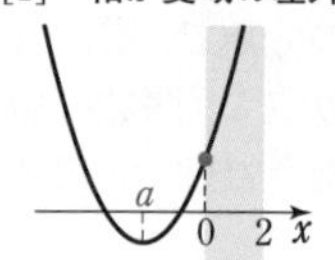

[2]　軸が変域の内部

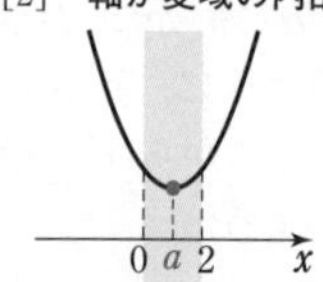

[3]　軸が変域の右外

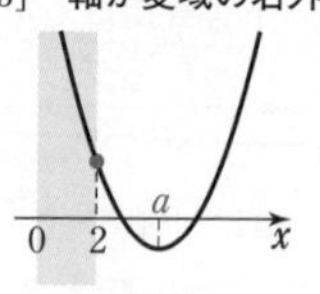

PRACTICE 92③

$f(x)=x^2-2ax-a+6$ について，$-1 \leqq x \leqq 1$ で常に $f(x) \geqq 0$ となる定数 a の値の範囲を求めよ。

基本 例題 93 連立不等式の解法（2 次）

次の連立不等式を解け。

(1) $\begin{cases} 3x+1>0 \\ 3x^2+x-10 \leqq 0 \end{cases}$　　(2) $\begin{cases} x^2-4x+1 \geqq 0 \\ -x^2-x+12>0 \end{cases}$

基本 30, 87, 重要 105

CHART & SOLUTION

連立不等式の解法

① それぞれの不等式を解く

② 数直線を利用して，それらの解の共通範囲を求める

考え方は，既に学習した連立 1 次不等式（$p.57$）と同じ。

(1) 2 番目の不等式 ⟶ まず，左辺を因数分解する。

(2) $-x^2-x+12>0$ ⟶ 2 次の係数を正にするため両辺に -1 を掛ける。

⟶ **不等号の向きが変わる** ことに注意。

解答

(1) $3x+1>0$ を解いて　$x>-\dfrac{1}{3}$ …… ①

$3x^2+x-10 \leqq 0$ から　$(x+2)(3x-5) \leqq 0$

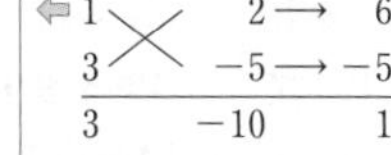

よって　$-2 \leqq x \leqq \dfrac{5}{3}$ …… ②

①と②の共通範囲を求めて

$$-\frac{1}{3}<x \leqq \frac{5}{3}$$

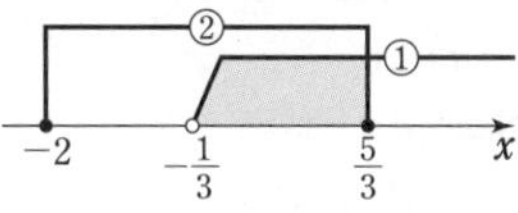

(2) $x^2-4x+1=0$ を解くと

$x=2 \pm \sqrt{3}$

⇦ $x=-(-2) \pm \sqrt{(-2)^2-1 \cdot 1}$

よって，$x^2-4x+1 \geqq 0$ の解は

$x \leqq 2-\sqrt{3}$，$2+\sqrt{3} \leqq x$ …… ①

$-x^2-x+12>0$ の両辺に -1 を掛けて

$x^2+x-12<0$

⇦ 不等号の向きが変わる。

ゆえに　$(x-3)(x+4)<0$

よって　$-4<x<3$ …… ②

①と②の共通範囲を求めて

$$-4<x \leqq 2-\sqrt{3}$$

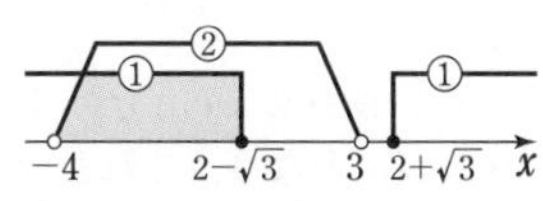

⇦ $1<\sqrt{3}<2$ から
$0<2-\sqrt{3}<1$,
$3<2+\sqrt{3}<4$

PRACTICE 93②

次の不等式を解け。　［(2) 千葉工大］

(1) $\begin{cases} x^2>1+x \\ x \leqq 15-6x^2 \end{cases}$　　(2) $2 \leqq x^2-x \leqq 4x-4$　　(3) $\begin{cases} x^2+3x+2 \leqq 0 \\ x^2-x-2<0 \end{cases}$

3章 11 2次不等式

基本 例題 94 連立不等式の応用（2次）

周囲の長さが 20 cm の長方形の面積を $9\,\mathrm{cm}^2$ 以上，$21\,\mathrm{cm}^2$ 以下にするには，どのようにすればよいか。

基本 80, 93

CHART & SOLUTION

文章題の解法

① 大小関係を式で表しやすいように変数を選ぶ
② その変数のとりうる値の範囲を求める
③ 解が問題の条件に適するかどうかを検討

長方形の 1 辺の長さを x cm として，問題の条件を表す不等式を作る。このとき，x の変域に注意。

解答

長方形の 1 辺の長さを x cm とすると，他の辺の長さは $(10-x)$ cm となる。

⇐ 長方形の縦と横の長さの和は 10 cm

$x>0$ かつ $10-x>0$ から　$0<x<10$ ……①

⇐ x の変域を調べる。

条件から　$9 \leqq x(10-x) \leqq 21$

$9 \leqq x(10-x)$ から　$x^2-10x+9 \leqq 0$

ゆえに　$(x-1)(x-9) \leqq 0$

よって　$1 \leqq x \leqq 9$ ……②

$x(10-x) \leqq 21$ から　$x^2-10x+21 \geqq 0$

ゆえに　$(x-3)(x-7) \geqq 0$

よって　$x \leqq 3,\ 7 \leqq x$ ……③

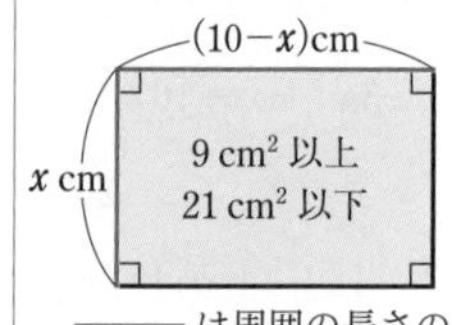

—— は周囲の長さの半分で 10 cm

①，②，③ の共通範囲を求めると

$1 \leqq x \leqq 3$　または　$7 \leqq x \leqq 9$

⇐ ① を考えることにより，**解の吟味** になっている。

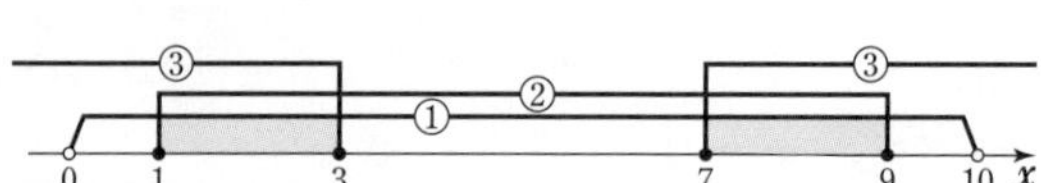

したがって，長方形の短い方の辺の長さを

1 cm 以上 3 cm 以下

にすればよい。

⇐ 長方形の長い方の辺で答えるなら 7 cm 以上 9 cm 以下となる。

inf. 長方形の長くない方の辺の長さを x cm とすると，$x>0$，$10-x>0$，$x \leqq 10-x$ の共通範囲から，① は $0<x\leqq 5$ となり，これと ②，③ の共通範囲を求めて $1 \leqq x \leqq 3$ としてもよい。

PRACTICE 94②

半径 4 m の円形の池の周りに，同じ幅の花壇を造りたい。花壇の面積が $9\pi\,\mathrm{m}^2$ 以上かつ $33\pi\,\mathrm{m}^2$ 以下になるようにするには，花壇の幅をどのようにすればよいか。

〔西南学院大〕

基本 例題 95 連立不等式の応用（解の判別）

2 次方程式 $x^2+x+k=0$, $x^2+kx+1=0$ がともに実数解をもつような k の値の範囲は ア□，少なくとも一方が実数解をもつような k の値の範囲は イ□ である。

基本 78, 93

CHART & SOLUTION

2次方程式の解の判別

実数解をもつ $\Longleftrightarrow$ $D \geqq 0$

2 つの 2 次方程式の判別式を順に D_1, D_2 とすると

(ア) ともに実数解をもつ $\longrightarrow$ $D_1 \geqq 0$ **かつ** $D_2 \geqq 0$

$\longrightarrow$ $D_1 \geqq 0$ と $D_2 \geqq 0$ の共通範囲 ……❗

(イ) 少なくとも一方が実数解をもつ $\longrightarrow$ $D_1 \geqq 0$ **または** $D_2 \geqq 0$

$\longrightarrow$ $D_1 \geqq 0$ と $D_2 \geqq 0$ を合わせた範囲 ……❗

解答

2 次方程式 $x^2+x+k=0$ …… ①, $x^2+kx+1=0$ …… ② の判別式をそれぞれ D_1, D_2 とすると

$$D_1=1-4k, \quad D_2=k^2-4=(k+2)(k-2)$$

⇦ 2 次方程式が 2 つある場合，判別式を D_1, D_2 などとして区別する。

(ア) ①, ② がともに実数解をもつための条件は

$$D_1 \geqq 0 \text{ かつ } D_2 \geqq 0$$

$D_1 \geqq 0$ から　$1-4k \geqq 0$

よって　$k \leqq \dfrac{1}{4}$ …… ③

$D_2 \geqq 0$ から　$(k+2)(k-2) \geqq 0$

よって　$k \leqq -2$, $2 \leqq k$ … ④

❗ ③ と ④ の共通範囲を求めて

$$\boldsymbol{k \leqq -2}$$

③∩④（共通部分）

(イ) ①, ② の少なくとも一方が実数解をもつための条件は

$$D_1 \geqq 0 \text{ または } D_2 \geqq 0$$

❗ ③ と ④ の範囲を合わせて

$$\boldsymbol{k \leqq \frac{1}{4},\ 2 \leqq k}$$

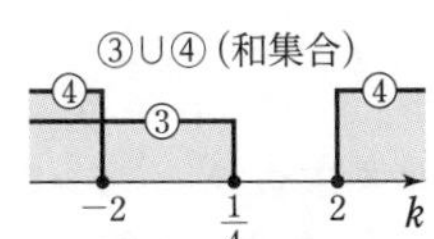

別解 (イ) ①, ② がともに実数解をもたない条件は
$D_1<0$ かつ $D_2<0$
ゆえに，
$k>\dfrac{1}{4}$ かつ $-2<k<2$
から　$\dfrac{1}{4}<k<2$ …… Ⓐ
よって，Ⓐ の範囲以外，すなわち $\boldsymbol{k \leqq \frac{1}{4},\ 2 \leqq k}$ ならば，①, ② の少なくとも一方は実数解をもつ。

PRACTICE 95❸

2 つの 2 次方程式 $x^2-x+a=0$, $x^2+2ax-3a+4=0$ について，次の条件を満たす定数 a の値の範囲を求めよ。

(1) 両方とも実数解をもつ　　(2) 少なくとも一方が実数解をもたない

(3) 一方だけが実数解をもつ

基本 例題 96 　2次方程式の解の存在範囲 (1)

2次方程式 $x^2-(a-1)x+a+2=0$ が次のような解をもつとき，定数 a の値の範囲を求めよ。

(1) 異なる2つの正の解　　(2) 正の解と負の解

p.146 基本事項 3

CHART & SOLUTION

2次方程式の解と0との大小　グラフをイメージ

D，軸，$f(0)$ の符号に着目

方程式 $f(x)=0$ の実数解は，$y=f(x)$ のグラフと x 軸の共有点の x 座標で表される。
$f(x)=x^2-(a-1)x+a+2$ とすると，$y=f(x)$ のグラフは下に凸の放物線である。

(1) $D>0$，(軸の位置)>0，$f(0)>0$　　(2) $f(0)<0$　……❗

を満たすような a の値の範囲を求める。なお，(2)で $D>0$ を示す必要はない。
下に凸の放物線が負の値をとるとき，必然的に x 軸と異なる2点で交わる。

解答

$f(x)=x^2-(a-1)x+a+2$ とすると，$y=f(x)$ のグラフは下に凸の放物線で，その軸は直線 $x=\dfrac{a-1}{2}$ である。

⇐ 軸は $x=-\dfrac{-(a-1)}{2\cdot1}$

(1) 方程式 $f(x)=0$ が異なる2つの正の解をもつための条件は，$y=f(x)$ のグラフが x 軸の正の部分と，異なる2点で交わることである。よって，$f(x)=0$ の判別式を D とすると，次のことが同時に成り立つ。

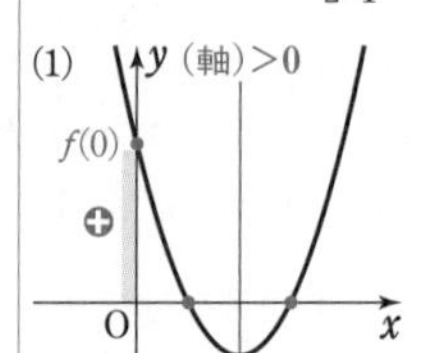

❗ [1] $D>0$　[2] 軸が $x>0$ の範囲にある
[3] $f(0)>0$

[1] $D=\{-(a-1)\}^2-4\cdot1\cdot(a+2)=a^2-6a-7$
$=(a+1)(a-7)$　　$D>0$ から　$(a+1)(a-7)>0$

よって　$a<-1$，$7<a$　……①

[2] $\dfrac{a-1}{2}>0$ から　$a>1$　……②

[3] $f(0)=a+2$　　$f(0)>0$ から　$a+2>0$

よって　$a>-2$　……③

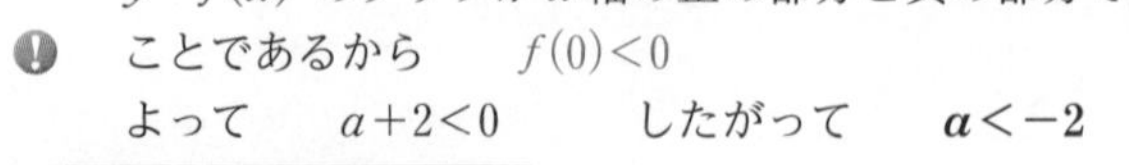

①，②，③の共通範囲を求めて　$\boldsymbol{a>7}$

(2) 方程式 $f(x)=0$ が正の解と負の解をもつための条件は，$y=f(x)$ のグラフが x 軸の正の部分と負の部分で交わることであるから　$f(0)<0$ ❗

よって　$a+2<0$　　したがって　$\boldsymbol{a<-2}$

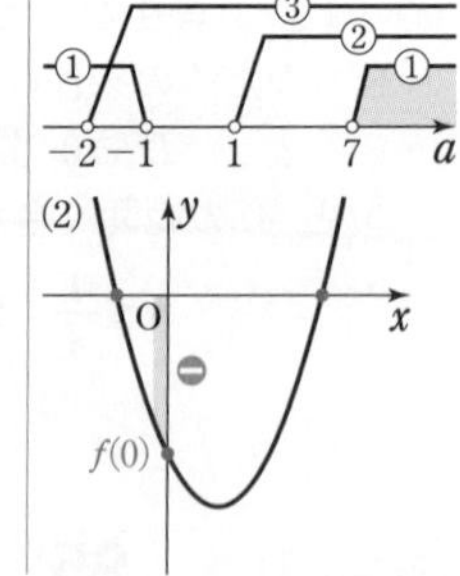

PRACTICE 96❷

実数を係数とする2次方程式 $x^2-2ax+a+6=0$ が，次の条件を満たすとき，定数 a の値の範囲を求めよ。〔類 鳥取大〕

(1) 正の解と負の解をもつ。　　(2) 異なる2つの負の解をもつ。

2次方程式の解の存在範囲

例題 96 の理解を深めるために，CHART&SOLUTION の内容を詳しく見てみましょう。

まず，条件を満たすグラフをかく

方程式の解をグラフと x 軸の共有点の条件に言いかえると，(1) の場合

・グラフが x 軸と異なる 2 点で交わる

・2 点は x 軸の正の部分にある

の 2 つとなる。

問題にとりかかる前に，まずは右の図のように条件を満たすグラフをかくことから始めよう。

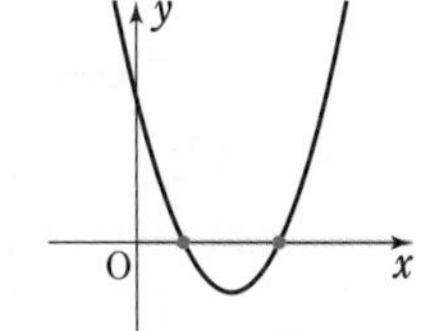

次に，グラフの条件を式で表す

[1]　$D>0$ …… グラフが x 軸と異なる 2 点で交わる。

[2]　**軸が $x>0$ の範囲にある** …… 軸が y 軸より右にある。

[3]　$f(0)>0$ …… $x=0$ での y 座標が正である。

これらをすべて満たすことが重要で，3 つのうち 1 つでも欠けると，次のようになってしまい，間違った条件で解答してしまうことになる。

◆[1]，[2] は満たすが，[3] を満たさない。
つまり　$f(0)\leqq 0$

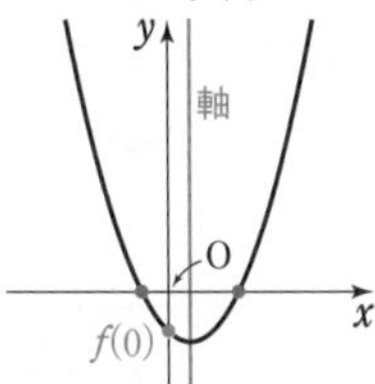

x 軸の負の部分または $x=0$ で交わってしまう。

◆[1]，[3] は満たすが，[2] を満たさない。
つまり　(軸の位置)<0

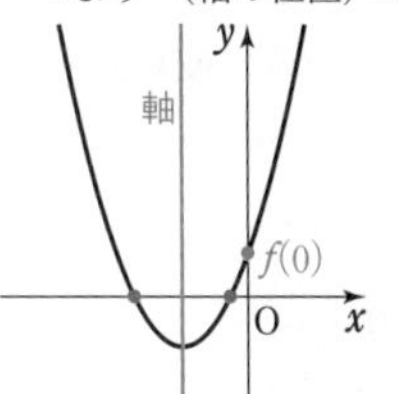

2 点とも x 軸の負の部分で交わってしまう。

◆[2]，[3] は満たすが，[1] を満たさない。
つまり　$D\leqq 0$

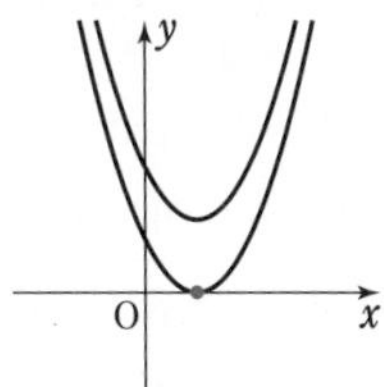

x 軸と共有点をもたない，または x 軸と接する。

なるほど。解の存在範囲の問題はグラフをイメージすること，[1]，[2]，[3] の 3 つの条件が重要なことがわかりました。

$f(0)<0$ だけで OK？　$D>0$ や軸の条件は？

$f(0)<0$ ということは $x=0$ のときの y 座標は負である。このとき，右の図のように，下に凸の放物線は必ず x 軸と異なる 2 点で交わる。よって，$D>0$ を条件に加えなくてもよい。また，交点の x 座標を α，β $(\alpha<\beta)$ とすると，$f(0)<0$ であるとき，軸の位置に関係なく $\alpha<0<\beta$ で，軸の条件も加えなくてよい。

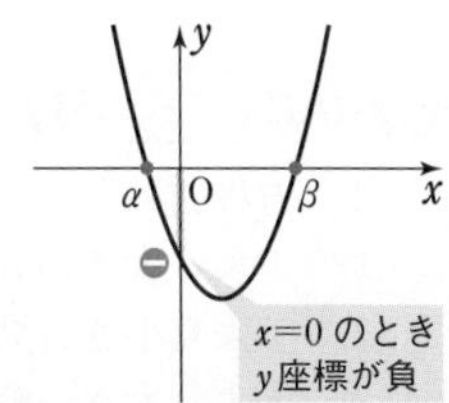

基本 例題 97　2次方程式の解の存在範囲 (2)

2次方程式 $x^2-2(a-4)x+2a=0$ が次の条件を満たすとき，定数 a の値の範囲を求めよ。〔類 摂南大〕

(1) ともに2より大きい異なる2つの解をもつ。

(2) 2より大きい解と2より小さい解をもつ。

基本 96

CHART & SOLUTION

2次方程式の解と k との大小　グラフをイメージ

D，軸と k との大小，$f(k)$ の符号に着目

基本例題96は解と0との大小関係を考えたが，ここでは0以外の数2との大小関係を考える。しかし，グラフ利用の基本方針は変わらない。

$f(x)=x^2-2(a-4)x+2a$ とすると，$y=f(x)$ のグラフは下に凸の放物線。

(1) $D>0$，(軸の位置)>2，$f(2)>0$　(2) $f(2)<0$

を満たすような a の値の範囲を求める。

解答

$f(x)=x^2-2(a-4)x+2a$ とすると，$y=f(x)$ のグラフは下に凸の放物線で，その軸は直線 $x=a-4$ である。

⇐ 軸は $x=-\dfrac{-2(a-4)}{2\cdot1}$

(1) 方程式 $f(x)=0$ がともに2より大きい異なる2つの解をもつための条件は，$y=f(x)$ のグラフが x 軸の $x>2$ の部分と，異なる2点で交わることである。よって，$f(x)=0$ の判別式を D とすると，次のことが同時に成り立つ。

[1] $D>0$　[2] 軸が $x>2$ の範囲にある　[3] $f(2)>0$

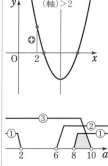

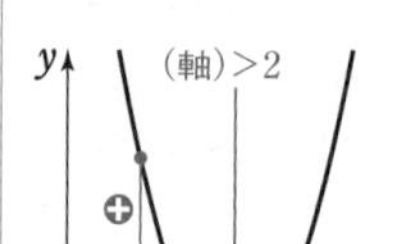

[1] $\dfrac{D}{4}=\{-(a-4)\}^2-1\cdot2a=a^2-10a+16=(a-2)(a-8)$

$D>0$ から　$(a-2)(a-8)>0$

よって　$a<2,\ 8<a$ ……①

[2] $a-4>2$ から　$a>6$ ……②

[3] $f(2)>0$ から　$20-2a>0$　よって　$a<10$ …③

①，②，③ の共通範囲を求めて　$\boldsymbol{8<a<10}$

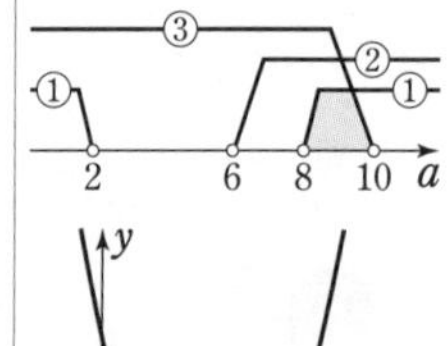

(2) 方程式 $f(x)=0$ が2より大きい解と2より小さい解をもつための条件は，$y=f(x)$ のグラフが x 軸の $x>2$ の部分と $x<2$ の部分で交わることであるから　$f(2)<0$

よって　$20-2a<0$　したがって　$\boldsymbol{a>10}$

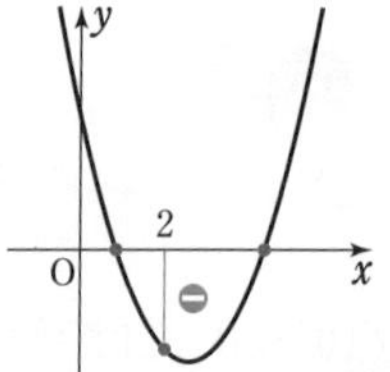

PRACTICE 97③

2次方程式 $x^2-2ax+a+7=0$ について考える。次のものを求めよ。

(1) 1より大きい異なる2つの解をもつための a の値の範囲

(2) 1より小さい異なる2つの解をもつための a の値の範囲

(3) 1より大きい解と1より小さい解をもつための a の値の範囲

基本 例題 98 2 次方程式の解の存在範囲 (3)

2 次方程式 $x^2-2(a-1)x+(a-2)^2=0$ の異なる 2 つの実数解を α, β とするとき，$0<\alpha<1<\beta<2$ を満たすように，定数 a の値の範囲を定めよ。

〔類 立教大〕 基本 96, 97

CHART & SOLUTION

2 次方程式の解が 2 数 p, q の間　グラフをイメージ

$f(p)$, $f(q)$ の符号に着目

$f(x)=x^2-2(a-1)x+(a-2)^2$ とすると，$y=f(x)$ のグラフは下に凸の放物線で，右の図のようになる。
解の存在範囲が $0<\alpha<1$, $1<\beta<2$ となるようにするには，$f(0)$, $f(1)$, $f(2)$ の符号に着目する。右の図から

$$f(0)>0 \text{ かつ } f(1)<0 \text{ かつ } f(2)>0 \quad \cdots\cdots !$$

を満たすような a の値の範囲を求めればよい。

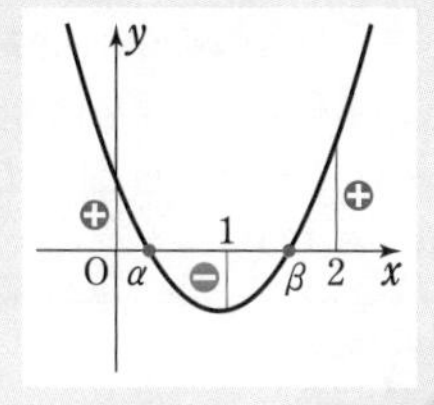

解答

$f(x)=x^2-2(a-1)x+(a-2)^2$ とする。
$y=f(x)$ のグラフは下に凸の放物線であるから，
$0<\alpha<1<\beta<2$ となるための条件は

! $f(0)>0$ かつ $f(1)<0$ かつ $f(2)>0$

である。

ここで　$f(0)=(a-2)^2$

$f(1)=1-2(a-1)+(a-2)^2=a^2-6a+7$

$f(2)=4-4(a-1)+(a-2)^2=a^2-8a+12$
$=(a-2)(a-6)$

であるから
$$\begin{cases}(a-2)^2>0 & \cdots\cdots ① \\ a^2-6a+7<0 & \cdots\cdots ② \\ (a-2)(a-6)>0 & \cdots\cdots ③\end{cases}$$

① から　2 以外のすべての実数　…… ④
② から　$3-\sqrt{2}<a<3+\sqrt{2}$　…… ⑤
③ から　$a<2$, $6<a$　…… ⑥

④, ⑤, ⑥ の共通範囲を求めて

$$3-\sqrt{2}<a<2$$

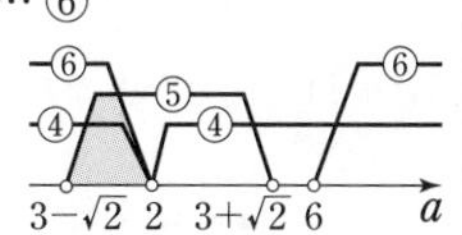

⇐ グラフをイメージする。
⇐ 3 つの条件がすべて必要。例えば，$f(0)>0$ でなく，$f(0)<0$ とすると，$y=f(x)$ のグラフは，次の図のようになり，適さない。

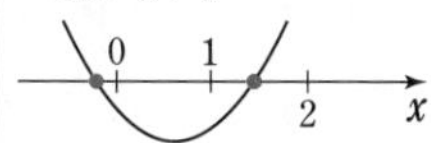

⇐ $a^2-6a+7=0$ の解は $a=3\pm\sqrt{2}$

3章 11 2 次不等式

PRACTICE 98③

2 次方程式 $x^2-a^2x-4a+2=0$ の異なる 2 つの実数解を α, β とするとき，$1<\alpha<2<\beta$ を満たすように，定数 a の値の範囲を定めよ。

基本 例題 99 2次方程式の解の存在範囲 (4)

2次方程式 $x^2-2ax-a+2=0$ が $0<x<3$ の範囲に異なる2つの実数解をもつような定数 a の値の範囲を求めよ。〔類 鳥取環境大〕

基本 96, 97

CHART & THINKING

基本例題 **96**, **97** では，異なる2つの実数解が「ともに正 (0より大きい)」や「ともに2より大きい」問題であった。本問は「ともに0より大きい」かつ「ともに3より小さい」問題である。基本例題 **96** や **97** と同じように，グラフをイメージしながら必要な条件を導き出そう。

⟶ 右の図をもとに，D，軸の位置，$f(0)$，$f(3)$ の条件を考えよう。

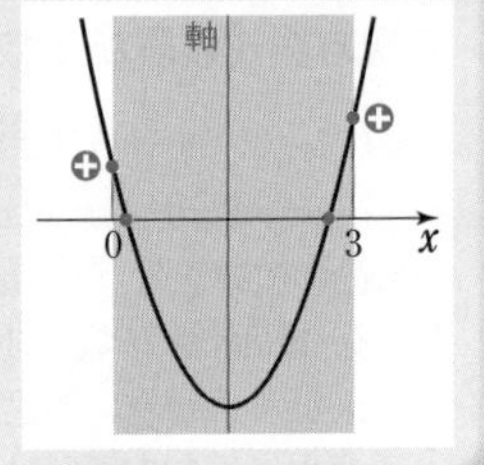

解答

$f(x)=x^2-2ax-a+2$ とすると，$y=f(x)$ のグラフは下に凸の放物線で，その軸は直線 $x=a$ である。

方程式 $f(x)=0$ が $0<x<3$ の範囲に異なる2つの実数解をもつための条件は，$y=f(x)$ のグラフが x 軸の $0<x<3$ の部分と異なる2点で交わることである。

よって，$f(x)=0$ の判別式を D とすると，次のことが同時に成り立つ。

[1] $D>0$　　[2] 軸が $0<x<3$ の範囲にある

[3] $f(0)>0$　　[4] $f(3)>0$

[1] $\dfrac{D}{4}=(-a)^2-1\cdot(-a+2)=a^2+a-2=(a+2)(a-1)$

$D>0$ から　$(a+2)(a-1)>0$

よって　$a<-2,\ 1<a$ ……①

[2] $0<a<3$ ……②

[3] $f(0)=-a+2$　　$f(0)>0$ から　$-a+2>0$

よって　$a<2$ ……③

[4] $f(3)=3^2-2a\cdot3-a+2=-7a+11$

$f(3)>0$ から　$-7a+11>0$　よって　$a<\dfrac{11}{7}$ …④

①～④の共通範囲を求めて　$\mathbf{1<a<\dfrac{11}{7}}$

⇦ 軸は $x=-\dfrac{-2a}{2\cdot1}$
放物線 $y=px^2+qx+r$ の軸は直線 $y=-\dfrac{q}{2p}$

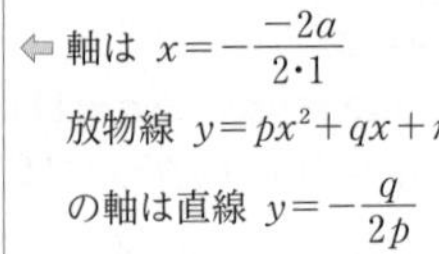

⇦ [2]，[3]，[4] 軸の位置，端点 $x=0,\ 3$ での $f(x)$ の符号に注目。

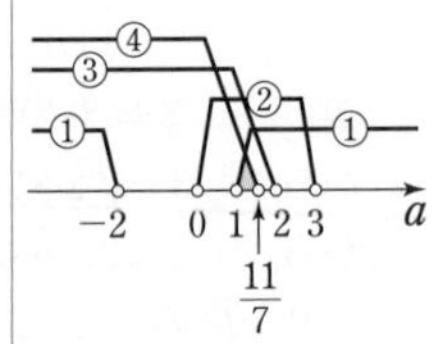

PRACTICE 99③

2次方程式 $x^2+ax-a^2+a-1=0$ が $-3<x<3$ の範囲に異なる2つの実数解をもつような定数 a の値の範囲を求めよ。

振り返り　2次方程式の解の存在範囲で使う条件

解の存在範囲の問題は，さまざまなパターンがあって，どの条件を使えばよいか混乱してきました。

2次関数のグラフと関連付けて，必要な条件の式を見極めることがポイントです。

例題 96～99 の問題解決のための条件は，次の3パターンに分けられる。
ここで，2次方程式を $ax^2+bx+c=0$ $(a>0)$ とし，$f(x)=ax^2+bx+c$ とする。

1 **例題 96 (1)，97 (1)：p より大きい (小さい) 異なる2つの解をもつ**
例題 99：　$p<x<q$ の範囲に異なる2つの解をもつ

→ [1] 判別式 D の符号，[2] 軸の位置，[3] 範囲の端の値での符号　が解決条件。

例えば，**例題 97 (1)** では，解をもつ範囲が $x>2$ であるから（↑端の値は2）

[1]　判別式 D の符号：$D>0$
[2]　軸の位置：軸が $x>2$ の範囲にある
[3]　範囲の端の値での符号：$f(2)>0$　　となる。

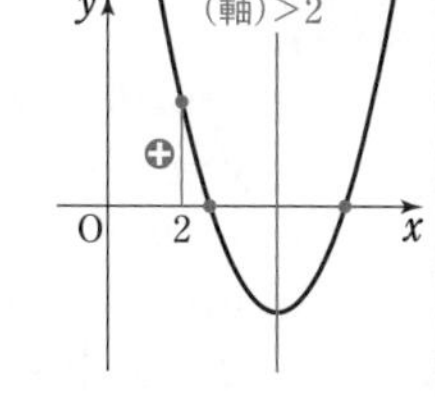

例題 99 では，範囲が $0<x<3$ であるから　←端の値は0，3

[1]　$D>0$　　　[2]　軸が $0<x<3$ の範囲にある
[3]　$f(0)>0$　　[4]　$f(3)>0$　　←端の値での符号の条件は2つ

となる。

2 **例題 96 (2)，97 (2)：p より大きい解と p より小さい解をもつ**

→ $f(p)<0$　が解決条件である。
$f(p)<0$ の場合，グラフは必ず x 軸と異なる2点で交わるから，$D>0$ を条件に加えなくてよい。軸の位置の条件も不要である。
例題 97 (2) では，2より大きい解と2より小さい解をもつから，$f(2)<0$ が条件となる。

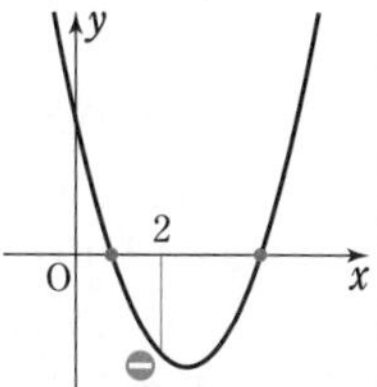

3 **例題 98：$p<x<q$ の範囲と $q<x<r$ の範囲に解を1つずつもつ**

→ $f(p)>0$ かつ $f(q)<0$ かつ $f(r)>0$　が解決条件である。
例題 98 では，$0<x<1$，$1<x<2$ の範囲に解を1つずつもつから，$f(0)>0$ かつ $f(1)<0$ かつ $f(2)>0$ が条件となる。
なお，**$f(p)f(q)<0$ のとき，2次方程式 $f(x)=0$ は $p<x<q$ の範囲に解を1つもつ**。これは，$f(p)$ と $f(q)$ が異符号であることからわかる。

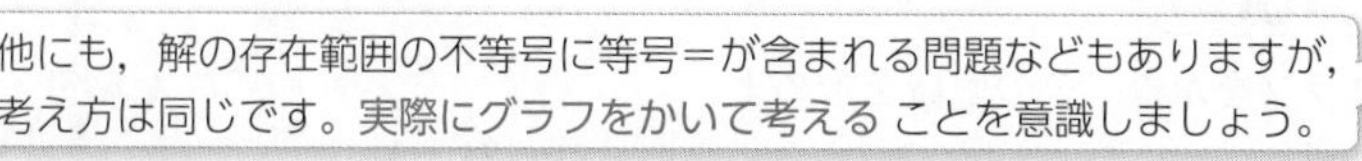

他にも，解の存在範囲の不等号に等号＝が含まれる問題などもありますが，考え方は同じです。実際にグラフをかいて考える ことを意識しましょう。

重要 例題 100　絶対値を含む 1 次関数のグラフ

次の関数のグラフをかき，その値域を求めよ。

(1)　$y=|2x-6|$　$(1\leqq x\leqq 4)$　　(2)　$y=|x|+|x-1|$

⊃ 基本 35

CHART & SOLUTION

絶対値　場合に分ける

$A\geqq 0$ のとき $|A|=A$，$A<0$ のとき $|A|=-A$

絶対値のついた関数のグラフをかくには，まず，**| |内の式=0** となるような変数 x の値で場合を分けて| |をはずす。

(1)　$2x-6=0$ すなわち $x=3$ が場合の分かれ目であるから，$x\geqq 3$，$x<3$ で場合分けする。

(2)　$x=0$ と $x-1=0$ から $x=0$ と $x=1$ が場合の分かれ目。$x<0$，$0\leqq x<1$，$1\leqq x$ の 3 つの場合に分ける。

解答

(1)　$2x-6\geqq 0$ すなわち $x\geqq 3$ のとき

$y=2x-6$

$2x-6<0$ すなわち $x<3$ のとき

$y=-(2x-6)=-2x+6$

よって，$y=|2x-6|$　$(1\leqq x\leqq 4)$ のグラフは **右の図の実線部分** である。

したがって，値域は　　$\boldsymbol{0\leqq y\leqq 4}$

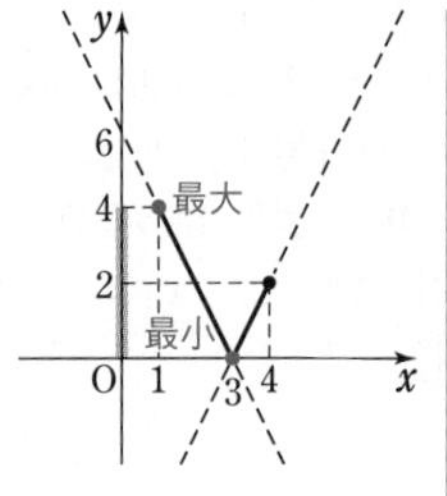

⇐ $x=1$ のとき　$y=4$
　$x=3$ のとき　$y=0$
　$x=4$ のとき　$y=2$

(2)　$x<0$ のとき

$y=-x-(x-1)=-2x+1$

$0\leqq x<1$ のとき

$y=x-(x-1)=1$

$x\geqq 1$ のとき

$y=x+(x-1)=2x-1$

よって，$y=|x|+|x-1|$ のグラフは **右の図の実線部分** である。

したがって，値域は　　$\boldsymbol{y\geqq 1}$

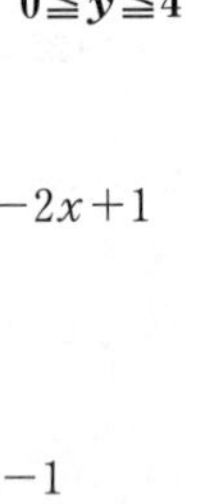
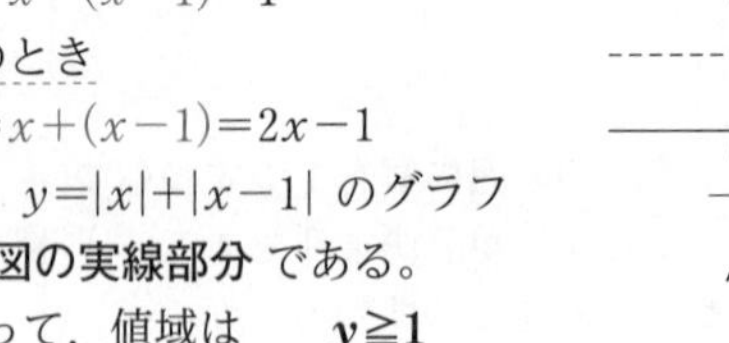

inf. (1)のような $y=|f(x)|$ のグラフは
$f(x)\geqq 0$ のとき $y=f(x)$
$f(x)<0$ のとき $y=-f(x)$
であるから，$y=f(x)$ のグラフで **x 軸より下側の部分を x 軸に関して対称に折り返したもの** になる。

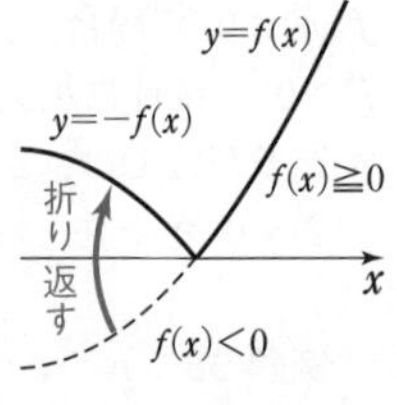

(2)のように複数の| |がつく場合や PRACTICE 100 (4)のように，右辺の一部分に| |がつく場合には，この方法は適用できない。

PRACTICE 100③

次の関数のグラフをかき，その値域を求めよ。

(1)　$y=-|x+1|$　　(2)　$y=|x|-|2x-1|$

(3)　$y=|2x+4|$　$(-3\leqq x\leqq 1)$　　(4)　$y=|x|+1$　$(-3<x\leqq 2)$

重要 例題 101　絶対値を含む 2 次関数のグラフ

次の関数のグラフをかけ。

(1)　$y=x^2-4|x|+2$　　　　(2)　$y=|x^2-4|$

重要 100

CHART & SOLUTION

絶対値　場合に分ける

$A\geqq 0$ のとき　$|A|=A$，$A<0$ のとき　$|A|=-A$

前ページの重要例題 100 と解答方針は同じ。絶対値のついた関数のグラフをかくには，
｜　｜内の式＝0 となるような変数 x の値で場合を分けて｜　｜をはずす。

(1)　$x\geqq 0$，$x<0$ で場合分け。

(2)　$x^2-4=(x+2)(x-2)$　　よって，場合の分かれ目は　$x=-2$，2

解答

(1)　$x\geqq 0$ のとき

$y=x^2-4x+2$

$=(x-2)^2-2$

$x<0$ のとき

$y=x^2-4(-x)+2$

$=x^2+4x+2$

$=(x+2)^2-2$

よって，グラフは **右の図の実線部分** である。

グラフの対称性にも注目。
関数を $y=f(x)$ とすると，(1)，(2) ともに $f(-x)=f(x)$ の形
⟶ グラフは **y 軸に関して対称。**

inf. (2) のような $y=|f(x)|$ のグラフは，$y=f(x)$ のグラフで x 軸より下側の部分を x 軸に関して対称に折り返して得られる（$p.164$ inf. 参照）。

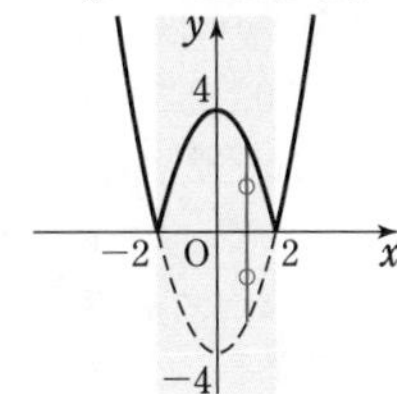

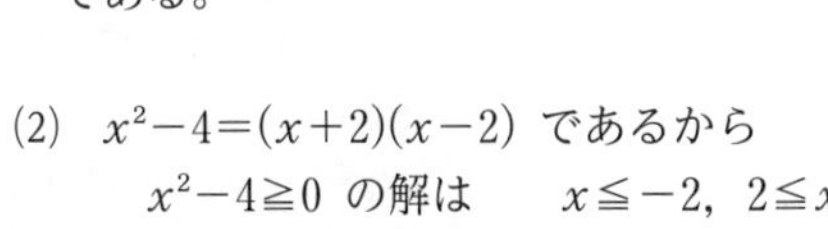

(2)　$x^2-4=(x+2)(x-2)$ であるから

$x^2-4\geqq 0$ の解は　　$x\leqq -2$，$2\leqq x$

$x^2-4<0$ の解は　　$-2<x<2$

$x\leqq -2$，$2\leqq x$ のとき

$y=x^2-4$

$-2<x<2$ のとき

$y=-(x^2-4)=-x^2+4$

よって，グラフは **右の図の実線部分** である。

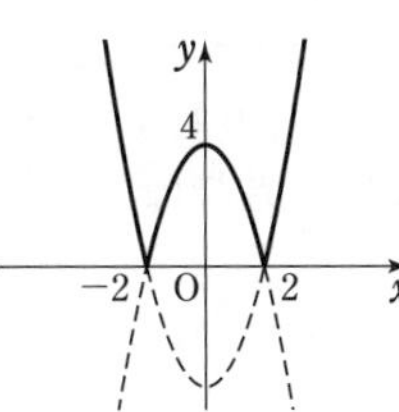

⇦ 場合分けしてかいたグラフが途中でつながらなくなってしまうことは起こらない。もし，そのようなことが起こってしまったら計算を見直そう。

PRACTICE 101 ❸

次の関数のグラフをかけ。

(1)　$y=x^2-3|x|+2$　　　　(2)　$y=|2x^2-4x-6|$　　〔類　富山県大〕

(3)　$y=|x+1|(x-2)$

重要 例題 102　絶対値を含む 2 次不等式

不等式 $|x^2-2x|>2-x$ を解け。　〔類 摂南大〕

基本 36, 重要 101

CHART & SOLUTION

絶対値を含む不等式　場合に分ける

$A \geqq 0$ のとき $|A|=A$, $A<0$ のとき $|A|=-A$

場合分けして絶対値をはずし，2 次不等式を解く。

別解　グラフの上下関係に注目して解を求める。inf. 参照。

解答

[1]　$x^2-2x \geqq 0$ すなわち $x \leqq 0,\ 2 \leqq x$ のとき

与えられた不等式は　$x^2-2x>2-x$

すなわち　$x^2-x-2>0$　よって　$(x+1)(x-2)>0$

これを解いて　$x<-1,\ 2<x$

$x \leqq 0,\ 2 \leqq x$ との共通範囲(*)は　$x<-1,\ 2<x$　…… ①

[2]　$x^2-2x<0$ すなわち $0<x<2$ のとき

与えられた不等式は　$-(x^2-2x)>2-x$

すなわち　$x^2-3x+2<0$　よって　$(x-1)(x-2)<0$

これを解いて　$1<x<2$

$0<x<2$ との共通範囲は　$1<x<2$　…… ②

求める解は，① と ② を合わせた範囲であるから

$$x<-1,\ 1<x<2,\ 2<x$$

(*)場合分けの条件と不等式の解の共通範囲をとる。

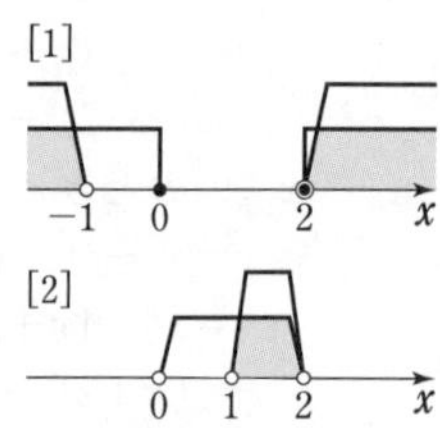

⇐ 共通範囲，合わせた範囲については $p.65$ 参照。

別解　$y=|x^2-2x|$ は

$x \leqq 0,\ 2 \leqq x$ のとき　$y=x^2-2x$

$0<x<2$ のとき　$y=-(x^2-2x)=-x^2+2x$

よって，$y=|x^2-2x|$ のグラフと $y=2-x$ のグラフは右の図のようになる。グラフの交点の x 座標は

$x \leqq 0,\ 2 \leqq x$ のとき

$x^2-2x=2-x$ から　$x=-1,\ 2$

$0<x<2$ のとき

$-x^2+2x=2-x$ から　$x=1$

求める解は，$y=|x^2-2x|$ のグラフが $y=2-x$ のグラフの上側にある x の値の範囲である。

よって，図から　$x<-1,\ 1<x<2,\ 2<x$

inf.　不等式 $f(x)>g(x)$ の解 ⟺ $y=f(x)$ のグラフが $y=g(x)$ のグラフより上側にある x の値の範囲。

⇐ $x^2-x-2=0$ から $(x+1)(x-2)=0$

⇐ $x^2-3x+2=0$ から $(x-1)(x-2)=0$　$0<x<2$ から $x=2$ は適さない。

PRACTICE 102③

不等式 $|x^2-4| \leqq x+2$ を解け。

重要 例題 103 文字係数の 2 次不等式の解

次の x についての不等式を解け。ただし，a は定数とする。

$$x^2-(a^2+a)x+a^3 \leqq 0$$

基本 31, 87, 88，重要 105

CHART & SOLUTION

係数に文字を含む 2 次不等式

2 次方程式の解の大小関係に注意して 場合分け

左辺は因数分解できて　$(x-a)(x-a^2) \leqq 0$

$\alpha<\beta$ **のとき**　$(x-\alpha)(x-\beta) \leqq 0 \Longrightarrow \alpha \leqq x \leqq \beta$

ここでは α，β がともに a の式で表されるから，**a と a^2 との大小関係** で場合が分かれる。……!

解答

不等式から　$x^2-(a^2+a)x+a^3 \leqq 0$

したがって　$(x-a)(x-a^2) \leqq 0$　……①

! [1]　$a<a^2$ のとき

$a^2-a>0$ から　$a(a-1)>0$

よって　$a<0$，$1<a$

このとき，① の解は　$a \leqq x \leqq a^2$

! [2]　$a=a^2$ のとき

$a^2-a=0$ から　$a(a-1)=0$

よって　$a=0$，1

$a=0$ のとき　① は $x^2 \leqq 0$ となり　$x=0$

$a=1$ のとき　① は $(x-1)^2 \leqq 0$ となり　$x=1$

! [3]　$a>a^2$ のとき

$a^2-a<0$ から　$a(a-1)<0$

よって　$0<a<1$

このとき，① の解は　$a^2 \leqq x \leqq a$

以上から　**$0<a<1$ のとき　$a^2 \leqq x \leqq a$**

$a=0$ のとき　$x=0$

$a=1$ のとき　$x=1$

$a<0$，$1<a$ のとき　$a \leqq x \leqq a^2$

⇦ たすき掛けを利用すると

1	$-a$	→	$-a$
1	$-a^2$	→	$-a^2$
1	a^3		$-(a^2+a)$

⇦ a の値を ① に代入。**$(x-\alpha)^2 \leqq 0$ を満たす解は $x=\alpha$ のみ。**

$0 \leqq x \leqq 0$ は $x=0$，$1 \leqq x \leqq 1$ は $x=1$ を表すから，解は

$0 \leqq a \leqq 1$ のとき　$a^2 \leqq x \leqq a$

$a<0$，$1<a$ のとき　$a \leqq x \leqq a^2$

と書いてもよい。

3章 11 2 次不等式

PRACTICE 103 ③

次の x についての不等式を解け。ただし，a は定数とする。

$$x^2-3ax+2a^2+a-1>0$$

〔法政大〕

重要 例題 104　条件つきの最大・最小 (2)

x, y が $x^2+2y^2=1$ を満たすとき，$2x+3y^2$ の最大値と最小値を求めよ。

重要 72

CHART & THINKING

条件の式　文字を減らす方針でいく　変域にも注意

$p.124$ 重要例題 72 は条件式が 1 次式であったが，2 次式の場合も方針は同じ。

条件式を利用して，**文字を減らす方針でいく**。このとき，次の 2 点に注意しよう。

[1]　x, y のどちらを消去したらよいか？

⟶ $2x+3y^2$ の x は **1 次**，y は **2 次**である。$x^2+2y^2=1$ から $y^2=(x$ の式$)$ として y を消去する。
（2 次↗　↖2 次）

[2]　残った文字の変域はどうなるか？

⟶ 問題文には x, y の変域が与えられていないが，**(実数)$^2 \geqq 0$** を利用すると，消去する y の変域 $(y^2\geqq 0)$ から x の変域がわかる。

解答

$x^2+2y^2=1$ から　　$y^2=\frac{1}{2}(1-x^2)$　…… ①

$y^2\geqq 0$ であるから　　$1-x^2\geqq 0$　　すなわち　　$x^2-1\leqq 0$

$(x+1)(x-1)\leqq 0$ から　　$-1\leqq x\leqq 1$　…… ②

よって　　$2x+3y^2=2x+\frac{3}{2}(1-x^2)=-\frac{3}{2}x^2+2x+\frac{3}{2}$

$$=-\frac{3}{2}\left(x-\frac{2}{3}\right)^2+\frac{13}{6}$$

この式を $f(x)$ とすると，② の範囲で

$f(x)$ は　　$x=\frac{2}{3}$　で最大値 $\frac{13}{6}$

$x=-1$　で最小値 -2

をとる。また，① から

$x=\frac{2}{3}$　のとき　　$y^2=\frac{1}{2}\left(1-\frac{4}{9}\right)=\frac{5}{18}$

よって　　$y=\pm\frac{\sqrt{10}}{6}$

$x=-1$ のとき　　$y^2=0$　　よって　　$y=0$

したがって　　$(x,\ y)=\left(\frac{2}{3},\ \pm\frac{\sqrt{10}}{6}\right)$ で**最大値** $\frac{13}{6}$

$(x,\ y)=(-1,\ 0)$　で**最小値** -2

⇦ **y を消去する。**

⇦ **消去する文字 y の条件 $(y^2\geqq 0)$ を，残る文字 x の条件 $(-1\leqq x\leqq 1)$ におき換える。**

⇦ 基本形に変形。

$-\frac{3}{2}x^2+2x+\frac{3}{2}$

$=-\frac{3}{2}\left(x^2-\frac{4}{3}x\right)+\frac{3}{2}$

$=-\frac{3}{2}\left\{\left(x-\frac{2}{3}\right)^2-\left(\frac{2}{3}\right)^2\right\}+\frac{3}{2}$

$=-\frac{3}{2}\left(x-\frac{2}{3}\right)^2+\frac{13}{6}$

inf. 設問で要求されていなくても，**最大値・最小値を与える x, y の値は示しておく**ようにしよう。

PRACTICE 104 ④

x, y が $2x^2+y^2-4y-5=0$ を満たすとき，x^2+2y の最大値と最小値を求めよ。

重要 例題 105　連立不等式が整数解をもつ条件

x についての不等式 $x^2-(a+1)x+a<0$, $3x^2+2x-1>0$ を同時に満たす整数 x がちょうど 3 つ存在するような定数 a の値の範囲を求めよ。　〔摂南大〕

基本 33, 93, 重要 103

CHART & SOLUTION

連立不等式　数直線を利用

不等式の左辺を見ると，2 つとも **因数分解できる。**

$x^2-(a+1)x+a<0$ は文字 a を含むから，重要例題 103 と同様，**a の値によって場合を分けて** 解を求める。

解の共通範囲に含まれる整数値の考察には，**数直線** の利用が有効である。

解答

$x^2-(a+1)x+a<0$ から　$(x-a)(x-1)<0$

よって

$a<1$ のとき　$a<x<1$

$a=1$ のとき　$(x-1)^2<0$ から　解なし　……①

$1<a$ のとき　$1<x<a$

$3x^2+2x-1>0$ から　$(x+1)(3x-1)>0$

よって　$x<-1$, $\dfrac{1}{3}<x$　……②

①, ② を同時に満たす整数 x がちょうど 3 つ存在するのは $a<1$ または $a>1$ のときである。

[1]　$a<1$ のとき

右の図から, $a<x<-1$ の範囲の整数が -2, -3, -4 であればよい。

よって　$-5 \leqq a < -4$

[2]　$a>1$ のとき

右の図から, $1<x<a$ の範囲の整数が 2, 3, 4 であればよい。

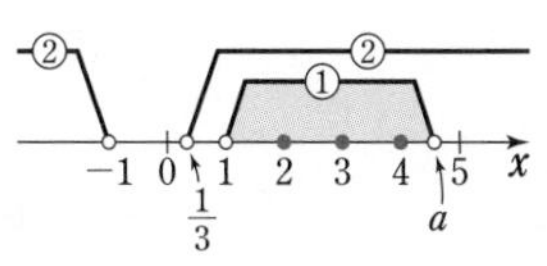

よって　$4<a \leqq 5$

以上から　$\boldsymbol{-5 \leqq a < -4,\ 4 < a \leqq 5}$

⇦ 1 ╳ $-a \to -a$，1　$-1 \to -1$；1　a　$-(a+1)$

⇦ $(x-1)^2$ は常に 0 以上。

⇦ $\dfrac{1}{3}<x<1$ には整数は含まれない。

⇦ $a=-5$ のとき, ① は $-5<x<1$ となり, $x=-5$ が含まれず条件を満たす。
$a=-4$ のとき, ① は $-4<x<1$ となり, $x=-4$ が含まれず条件を満たさない。
($p.61$ ズーム UP 参照。)

PRACTICE 105④

(1)　不等式 $2x^2-3x-5>0$ を解け。

(2)　(1)の不等式を満たし，同時に，不等式 $x^2+(a-3)x-2a+2<0$ を満たす x の整数値がただ 1 つであるように，定数 a の条件を定めよ。　〔成城大〕

3章 11 2次不等式

まとめ　2次不等式の解法

基本の確認となるが，2 次不等式の解法のパターンをまとめておく。
以下，$a>0$ とし，$D=b^2-4ac$ とする。

$D>0$ のとき

2次方程式　$ax^2+bx+c=0$ の2つの解を α，β $(\alpha<\beta)$ とすると
$ax^2+bx+c>0$ の解は　$x<\alpha$，$\beta<x$
$ax^2+bx+c<0$ の解は　$\alpha<x<\beta$

パターンA　**ax^2+bx+c が簡単に因数分解できる。**

α と β は，因数分解した左辺の形から一目でわかるので，答案は
「$(x+2)(x-1)<0$ から $-2<x<1$」のように簡単にしてよい。　基本 87 (1)，(2)

パターンB　**ax^2+bx+c が簡単に因数分解できない。**

α と β は，2 次方程式の解の公式を用いて求めることになるので，
答案は「$x^2-2x-2=0$ を解くと　$x=1\pm\sqrt{3}$
よって，$x^2-2x-2<0$ の解は $1-\sqrt{3}<x<1+\sqrt{3}$」のようになる。　基本 87 (3)，(4)

$D=0$ のとき

パターンC　**ax^2+bx+c が $(\quad)^2$ の形に因数分解できる。**

任意の実数 A について $A^2\geqq 0$，$A\neq 0$ のとき $A^2>0$ を利用すると，
答案は「$x^2-2x+1=(x-1)^2\geqq 0$　よって，$x^2-2x+1\leqq 0$ の解は $x=1$」
のようになる。　基本 88 (1)，(2)

$D<0$ のとき

パターンD　**ax^2+bx+c が $a(x-p)^2+q$ $(q>0)$ の形に変形できる。**

常に $(x-p)^2\geqq 0$ であることを利用。答案は「$x^2-6x+10=(x-3)^2+1>0$
よって，$x^2-6x+10>0$ の解はすべての実数」のようになる。　基本 88 (3)，(4)

参考　フローチャート
与えられた 2 次不等式が 4 つのパターンのどれにあたるかは，右のフローチャートにしたがって考えるとよい。

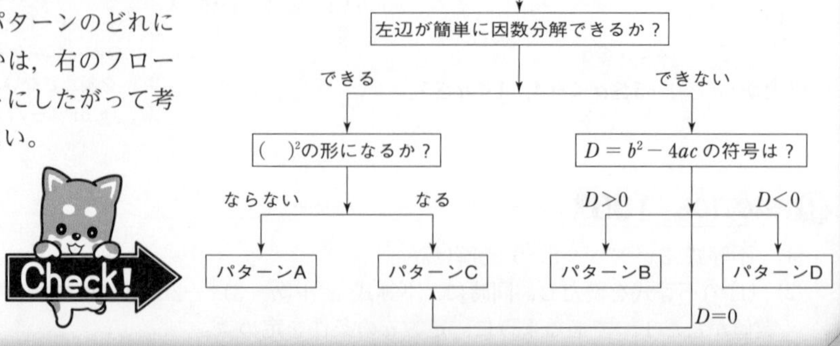

STEP UP 2次方程式の解と係数の関係とは？

2次方程式 $ax^2+bx+c=0$ の2つの解を α, β とするとき

$$\boldsymbol{\alpha+\beta=-\frac{b}{a},\quad \alpha\beta=\frac{c}{a}}$$

が成り立つ。これを2次方程式の **解と係数の関係** という（数学Ⅱの内容）。

証明▶ 2次方程式の解の公式 $x=\dfrac{-b\pm\sqrt{b^2-4ac}}{2a}$ から

$$\alpha+\beta=\frac{-b+\sqrt{b^2-4ac}}{2a}+\frac{-b-\sqrt{b^2-4ac}}{2a}=-\frac{b}{a}$$

$$\alpha\beta=\frac{-b+\sqrt{b^2-4ac}}{2a}\cdot\frac{-b-\sqrt{b^2-4ac}}{2a}=\frac{(-b)^2-(b^2-4ac)}{4a^2}=\frac{c}{a}$$

これを用いると，基本例題85や基本例題96を，次のように計算して解くこともできる。

基本例題85 (2)

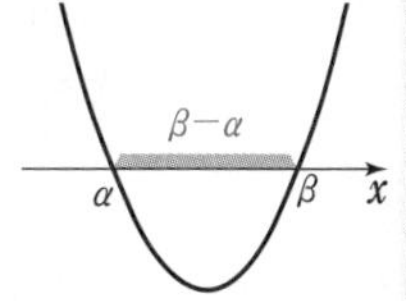

$y=x^2-2ax+a^2-3$ のグラフと x 軸の交点の x 座標は，2次方程式 $x^2-2ax+a^2-3=0$ の実数解である。

この2次方程式の判別式について　$\dfrac{D}{4}=(-a)^2-(a^2-3)=3>0$

よって，この方程式は異なる2つの実数解をもつ。

この2つの解を α, β $(\alpha<\beta)$ とすると，2次方程式の解と係数の関係から

$$\alpha+\beta=2a,\quad \alpha\beta=a^2-3$$

ゆえに，このグラフが x 軸から切り取る線分の長さは

$$\beta-\alpha=\sqrt{(\beta-\alpha)^2}=\sqrt{(\alpha+\beta)^2-4\alpha\beta}=\sqrt{(2a)^2-4(a^2-3)}=\sqrt{12}=2\sqrt{3}$$

したがって，定数 a の値に関係なく一定である。

基本例題96 (1)

$f(x)=x^2-(a-1)x+a+2$, $f(x)=0$ の判別式を D とすると，2次方程式 $f(x)=0$ が異なる2つの解をもつから　$D>0$

ここで $D=\{-(a-1)\}^2-4(a+2)=(a+1)(a-7)$ であるから　$a<-1$, $7<a$ ……①

このとき，2次方程式 $f(x)=0$ の実数解を α, β とすると，2次方程式の解と係数の関係から　$\alpha+\beta=a-1$, $\alpha\beta=a+2$

$\alpha>0$, $\beta>0$ となるための条件は $\alpha+\beta>0$, $\alpha\beta>0$ であるから

$\alpha+\beta=a-1>0$ より　$a>1$ ……②

$\alpha\beta=a+2>0$ より　$a>-2$ ……③

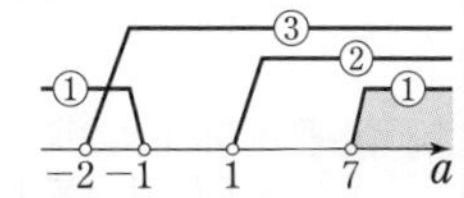

①，②，③の共通範囲を求めて　$a>7$

参考　実数 α, β について「$\alpha>0$ かつ $\beta>0$ $\Longleftrightarrow$ $\alpha+\beta>0$ かつ $\alpha\beta>0$」の証明

$\Longrightarrow$ は明らかに成り立つ。以下，$\Longleftarrow$ について示す。

$\alpha\beta>0$ から「$\alpha>0$ かつ $\beta>0$」または「$\alpha<0$ かつ $\beta<0$」

このうち，$\alpha+\beta>0$ を満たすものは「$\alpha>0$ かつ $\beta>0$」よって $\Longleftarrow$ も成り立つ。

EXERCISES　11 2次不等式

A

81❷ 関数 $y=mx^2-4(m+1)x+m+3$ のグラフは，定数 m の値によらず常に x 軸と共有点をもつことを示せ。 →91

82❸ すべての実数 x に対して，$ax^2+2bx+1>0$ となるための実数 a，b の条件を求めよ。 →91

83❸ a，b を定数とし，$x^2-5x+6\leqq 0$ ……①，$x^2+ax+b<0$ ……② とする。①，② を同時に満たす x の値はなく，① または ② を満たす x の値の範囲が $2\leqq x<5$ であるとき，$a=$ア□，$b=$イ□ である。 →90, 93

84❸ 2次方程式 $2x^2-3ax+a+1=0$ の1つの実数解が $0<x<1$ の範囲にあり，他の実数解が $4<x<6$ の範囲にある。このとき，定数 a の値の範囲を求めよ。 →98

85❸ $a\geqq 0$ とする。方程式 $ax^2+(a+7)x+2a-7=0$ の異なる2つの実数解がともに $-3<x<3$ の範囲にあるような定数 a の値の範囲を求めよ。
〔類 立命館大〕 →99

B

86❹ 4次不等式 $2x^4-11x^2+5>0$ を解け。 →13, 74, 87

87❹ x についての次の3つの2次方程式がある。ただし，a は定数とする。

$$x^2+ax+a+3=0,\quad x^2-2(a-2)x+a=0,\quad x^2+4x+a^2-a-2=0$$

(1) これらの2次方程式がいずれも実数解をもたないような a の値の範囲を求めよ。

(2) これらの2次方程式の中で1つだけが実数解をもつような a の値の範囲を求めよ。 〔類 北星学園大〕 →95

88❹ a を0でない実数の定数とする。x の方程式 $ax^2+2(a-2)x+2a-7=0$ が異なる2つの負の実数解をもつような a の値の範囲を求めよ。
〔類 関西学院大〕 →96

89❹ (1) 関数 $y=|x^2-x-2|-2x$ のグラフをかけ。

(2) 方程式 $|x^2-x-2|=2x+k$ の異なる実数解の個数を調べよ。 →101

HINT

86 **x の複2次式 ⟶ $x^2=t$ とおく**と，t の2次不等式に帰着できる。

87 (1) まず，それぞれの方程式が実数解をもたないための a の条件を求める。

88 関数 $y=ax^2+2(a-2)x+2a-7$ のグラフが x 軸の負の部分と異なる2点で交わると考えればよい。$a>0$，$a<0$ の場合に分ける。

89 (1) **絶対値記号内の式の符号で場合分け**。まず，$x^2-x-2\geqq 0$，$x^2-x-2<0$ を解く。

(2) 方程式を $|x^2-x-2|-2x=k$ とし，(1)のグラフと直線 $y=k$ の共有点の個数を調べる。

第4章

数学I

図形と計量

Select Study

— スタンダードコース：教科書の例題をカンペキにしたいきみに
— パーフェクトコース：教科書を完全にマスターしたいきみに
— 大学入学共通テスト準備・対策コース　※基例…基本例題，番号…基本例題の番号

Start — 基例106 — 107 — 基例108 — 基例109 — 基例111 — 基例112 — 基例113 — 114 — 基例120 — 基例121 — 基例122 — 基例123 — 基例124 — 基例125 — 126 — 127 — 128 — 基例131 — 基例132 — 133 — 基例134 — 基例135 — 基例136 — 基例137 — 基例138

■ 例題一覧

	種類	番号	例題タイトル	難易度
12	基本	106	直角三角形と三角比	1
	基本	107	三角比の応用問題	3
	基本	108	三角比の相互関係（鋭角）	2
	基本	109	$90°-\theta$ の三角比の利用	2
	重要	110	特別な角の三角比	3
13	基本	111	鈍角の三角比の値と式の変形	2
	基本	112	三角方程式の解法	2
	基本	113	三角比の相互関係（$0°\leqq\theta\leqq180°$）	2
	基本	114	2直線のなす角	3
	重要	115	三角比の対称式の値	3
	重要	116	三角比の等式と値	4
	補充	117	三角比を含む不等式の解法	4
	補充	118	2次の三角方程式・不等式	4
	補充	119	三角比の2次関数の最大・最小	5
14	基本	120	正弦定理の利用	2
	基本	121	余弦定理の利用	2
	基本	122	三角形の解法（1）	2
	基本	123	三角形の解法（2）	2
	基本	124	三角形の最大角	2
	基本	125	鈍角（鋭角）三角形となる条件	3
	基本	126	測量の問題（平面）	3
	基本	127	測量の問題（空間）	3
	基本	128	三角形の内角の二等分線の長さ（1）	3
	補充	129	三角形に関する等式の証明	3
	補充	130	三角形の形状決定	3
15	基本	131	三角形の面積	2
	基本	132	多角形の面積	2
	基本	133	三角形の内角の二等分線の長さ（2）	3
	基本	134	円に内接する四角形の面積（1）	2
	基本	135	円に内接する四角形の面積（2）	3
	基本	136	三角形と外接円・内接円の半径	2
	基本	137	立体の切り口	3
	基本	138	正四面体の高さと体積	3
	重要	139	正四面体と球	3
	重要	140	三角形の面積の最小値	3
	重要	141	四面体上の折れ線の最小値	3

 三角比の基本

基本事項

1 正弦・余弦・正接

① **定義**　右の図のような ∠POQ が鋭角 (すなわち $0° < \angle POQ < 90°$) である直角三角形 POQ において，∠POQ の大きさを θ とすると

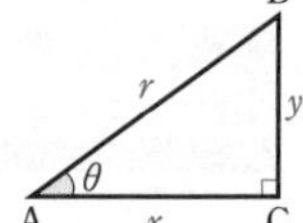

$$\sin\theta = \frac{PQ}{OP},\quad \cos\theta = \frac{OQ}{OP},\quad \tan\theta = \frac{PQ}{OQ}$$

(sine 正弦)　(cosine 余弦)　(tangent 正接)

② 右の図の直角三角形 ABC において

$$y = r\sin\theta = x\tan\theta,$$

$$x = r\cos\theta = \frac{y}{\tan\theta},\quad r = \frac{y}{\sin\theta} = \frac{x}{\cos\theta}$$

補足　**正弦 (sin)，余弦 (cos)，正接 (tan) の覚え方**

それぞれの頭文字 s，c，t の筆記体を，着目している角に合わせて書いて分母 ⟶(分の) 分子とする。

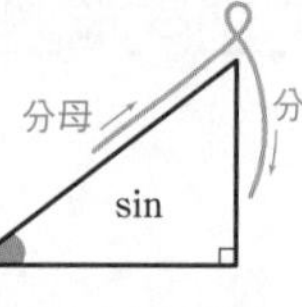

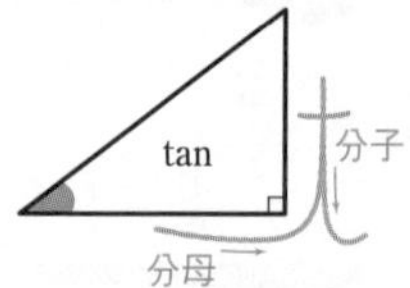

2 三角比の相互関係 (1)

θ は鋭角，すなわち $0° < \theta < 90°$ とする。

1　$\tan\theta = \dfrac{\sin\theta}{\cos\theta}$　2　$\sin^2\theta + \cos^2\theta = 1$　3　$1 + \tan^2\theta = \dfrac{1}{\cos^2\theta}$

3 90°−θ の三角比

θ が鋭角，すなわち $0° < \theta < 90°$ のとき

$$\sin(90° - \theta) = \cos\theta,\ \cos(90° - \theta) = \sin\theta,\ \tan(90° - \theta) = \frac{1}{\tan\theta}$$

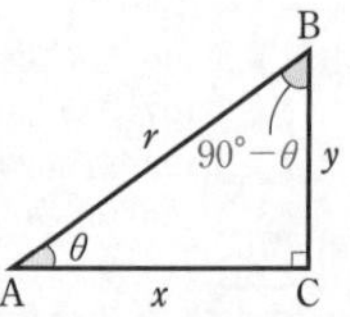

CHECK & CHECK

34　図のような直角三角形 ABC において，$\sin\theta$，$\cos\theta$，$\tan\theta$ の値を求めよ。　1

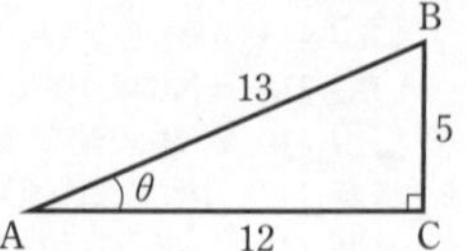

35　巻末の三角比の表を用いて，次のような θ を求めよ。

(1)　$\sin\theta = 0.5592$　(2)　$\cos\theta = 0.3090$　(3)　$\tan\theta = 1.6003$　1

36　次の三角比を 45° 以下の角の三角比で表せ。

(1)　$\sin 58°$　(2)　$\cos 76°$　(3)　$\tan 80°$　3

基本 例題 106 直角三角形と三角比

図のような三角形 ABC において，次のものを求めよ。

(1) $\sin\theta$，$\cos\theta$，$\tan\theta$ の値

(2) 線分 AD，CD の長さ

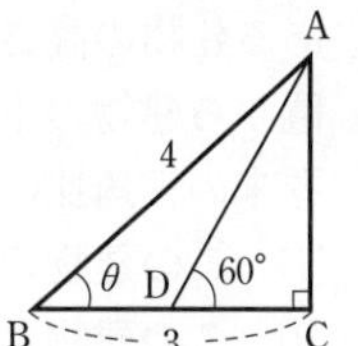

p.174 基本事項 1，重要 110

CHART & SOLUTION

基本は直角三角形

(1) △ABC は ∠C=90° の直角三角形であるから，三角比の定義（p.174 基本事項 1 ①）から求められる。**三平方の定理** を利用して，辺 AC の長さを求めておく。

(2) 直角三角形 ADC において，∠ADC=60° の三角比を考える。

解答

(1) $\boldsymbol{\cos\theta=\frac{BC}{AB}=\frac{3}{4}}$

また，三平方の定理から　$AC=\sqrt{4^2-3^2}=\sqrt{7}$

よって　$\boldsymbol{\sin\theta=\frac{AC}{AB}=\frac{\sqrt{7}}{4}}$，$\boldsymbol{\tan\theta=\frac{AC}{BC}=\frac{\sqrt{7}}{3}}$

(2) 直角三角形 ADC において

$\sin 60^\circ=\frac{AC}{AD}$ から　$\boldsymbol{AD}=\frac{AC}{\sin 60^\circ}$

$=\sqrt{7}\div\frac{\sqrt{3}}{2}=\frac{2\sqrt{7}}{\sqrt{3}}=\boldsymbol{\frac{2\sqrt{21}}{3}}$

$\tan 60^\circ=\frac{AC}{CD}$ から　$\boldsymbol{CD}=\frac{AC}{\tan 60^\circ}=\frac{\sqrt{7}}{\sqrt{3}}=\boldsymbol{\frac{\sqrt{21}}{3}}$

⇦ $AC^2+BC^2=AB^2$ から $AC=\sqrt{AB^2-BC^2}$

(2) AD：CD：AC $=2:1:\sqrt{3}$ から求めてもよい。なお，最終の答は分母を有理化しておく。

POINT　30°，45°，60° の三角比

右の表の三角比の値はよく使うので **必ず覚えよう**。

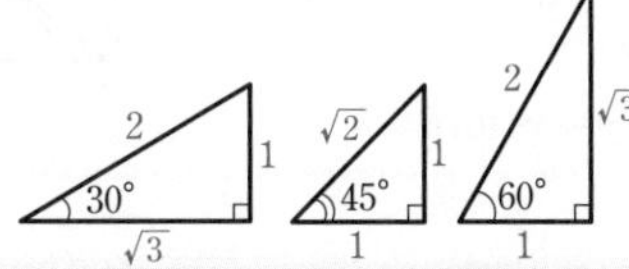

θ	30°	45°	60°
sin	$\frac{1}{2}$	$\frac{1}{\sqrt{2}}$	$\frac{\sqrt{3}}{2}$
cos	$\frac{\sqrt{3}}{2}$	$\frac{1}{\sqrt{2}}$	$\frac{1}{2}$
tan	$\frac{1}{\sqrt{3}}$	1	$\sqrt{3}$

PRACTICE 106[1]

右の図において，線分 AB，BC，CA の長さを求めよ。

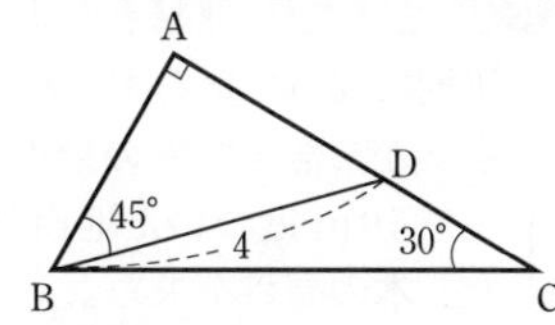

4章 12 三角比の基本

基本 例題 107 三角比の応用問題

ある建物の高さを測るため，その建物から 10m 離れた地点で高さ 1.5m の位置から建物の上端Pの仰角を測ったところ 65° であった。
巻末の三角比の表を利用して，次の問いに答えよ。
(1) この建物の高さを求めよ。ただし，1m 未満を四捨五入せよ。
(2) この建物から 15m 離れた地点から，上と同様に測った点Pの仰角の大きさを求めよ。

p.174 基本事項 1，基本 106

CHART & THINKING

測量の問題 直角三角形を見つける

(1) まず，図をかく。右の図で，直角三角形 PSQ に着目して辺 SQ (10 m) と鋭角 ∠PSQ (65°) ⟶ 辺 PQ の長さが求められる。
(2) 建物から 15 m 離れた地点を図に追加して考えてみよう。(1) で長さを求めた辺 PQ を含む直角三角形を見つけられるだろうか？

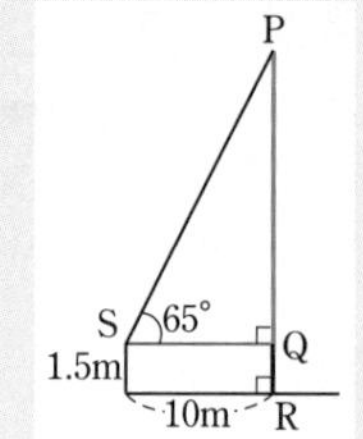

解答

(1) 右の図において

$$PQ = SQ\tan 65° = 10 \cdot 2.1445 = 21.445$$

よって $PR = PQ + QR = 21.445 + 1.5 = 22.945 \fallingdotseq \mathbf{23}$ **(m)**

(2) (1) から $\tan\theta = \dfrac{PQ}{TQ} = \dfrac{PQ}{UR} = \dfrac{21.445}{15} = 1.42\cdots\cdots$

よって，三角比の表から $\theta \fallingdotseq \mathbf{55°}$

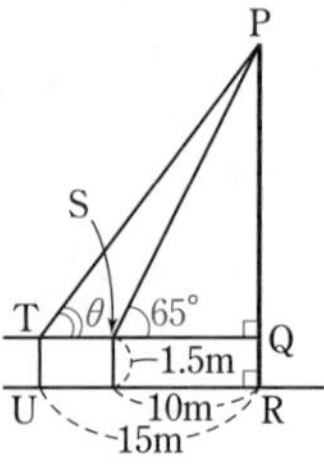

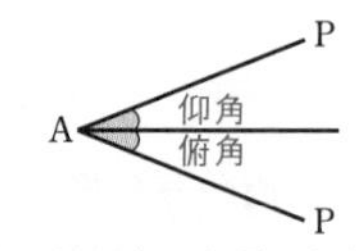

点Aから点Pを見るとき，AP と水平面とのなす角を，Pが水平面より上にあるとき **仰角**(ぎょう)，下にあるとき **俯角**(ふ) という。

注意 ≒は「ほぼ等しい」ことを表す記号である。

POINT 直角三角形 ABC と三角比

三角比の定義の式 $\sin\theta = \dfrac{y}{r}$，$\cos\theta = \dfrac{x}{r}$，$\tan\theta = \dfrac{y}{x}$

は，必要に応じて変形して使われる。

$$\boldsymbol{y = r\sin\theta,\ x = r\cos\theta,\ y = x\tan\theta}$$

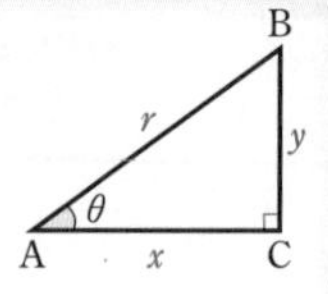

PRACTICE 107③

平地に立っている木の高さを知るために，木の前方の地点Aから測った木の頂点の仰角が 30°，Aから木に向かって 10m 近づいた地点Bから測った仰角が 45° であった。木の高さを求めよ。

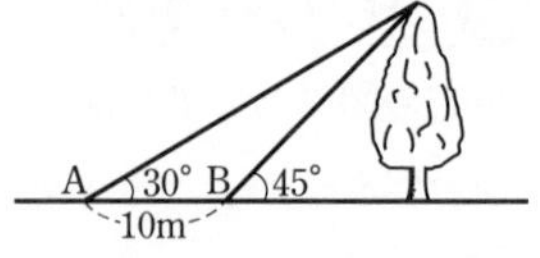

基本 例題 108 三角比の相互関係（鋭角）

θ は鋭角とする。

(1) $\sin\theta=\dfrac{2}{\sqrt{13}}$ のとき，$\cos\theta$ と $\tan\theta$ の値を求めよ。

(2) $\tan\theta=\dfrac{\sqrt{5}}{2}$ のとき，$\sin\theta$ と $\cos\theta$ の値を求めよ。

p.174 基本事項 2

CHART & SOLUTION

三角比の相互関係

① $\tan\theta=\dfrac{\sin\theta}{\cos\theta}$　② $\sin^2\theta+\cos^2\theta=1$　③ $1+\tan^2\theta=\dfrac{1}{\cos^2\theta}$

(1) $\sin\theta$（または $\cos\theta$）が与えられたときは，公式を ② ⟶ ① の順に用いる。

(2) $\tan\theta$ が与えられたときは，公式を ③ ⟶ ① の順に用いる。

解答

(1) $\sin^2\theta+\cos^2\theta=1$ から　　⇦ 公式 ②

$$\cos^2\theta=1-\sin^2\theta=1-\left(\frac{2}{\sqrt{13}}\right)^2=1-\frac{4}{13}=\frac{9}{13}$$

$\cos\theta>0$ であるから　$\cos\theta=\sqrt{\dfrac{9}{13}}=\dfrac{3}{\sqrt{13}}$　　⇦ 鋭角の三角比の値はすべて正。

また　$\tan\theta=\dfrac{\sin\theta}{\cos\theta}=\dfrac{2}{\sqrt{13}}\div\dfrac{3}{\sqrt{13}}=\dfrac{2}{3}$　　⇦ 公式 ①

(2) $1+\tan^2\theta=\dfrac{1}{\cos^2\theta}$ から　　⇦ 公式 ③

$\dfrac{1}{\cos^2\theta}=1+\left(\dfrac{\sqrt{5}}{2}\right)^2=1+\dfrac{5}{4}=\dfrac{9}{4}$　　よって　$\cos^2\theta=\dfrac{4}{9}$　　⇦ $\cos^2\theta=\dfrac{1}{1+\tan^2\theta}$ として $\tan\theta$ の値を代入してもよい。

$\cos\theta>0$ であるから　$\cos\theta=\sqrt{\dfrac{4}{9}}=\dfrac{2}{3}$

また　$\sin\theta=\tan\theta\times\cos\theta=\dfrac{\sqrt{5}}{2}\times\dfrac{2}{3}=\dfrac{\sqrt{5}}{3}$　　⇦ 公式 ① を変形して利用。

inf. 直角三角形を利用して考える。図の赤字は三平方の定理から求められる。

(1) 図から　$\cos\theta=\dfrac{3}{\sqrt{13}}$，$\tan\theta=\dfrac{2}{3}$

(2) 図から　$\sin\theta=\dfrac{\sqrt{5}}{3}$，$\cos\theta=\dfrac{2}{3}$

(1)
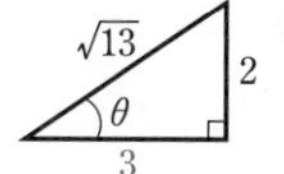

(2)
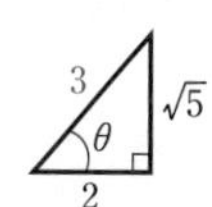

PRACTICE 108②

θ は鋭角とする。$\sin\theta$，$\cos\theta$，$\tan\theta$ のうち 1 つが次の値をとるとき，各場合について残りの 2 つの三角比の値を求めよ。〔類 北里大〕

(1) $\sin\theta=\dfrac{5}{13}$　(2) $\cos\theta=\dfrac{2}{3}$　(3) $\tan\theta=2\sqrt{2}$

基本 例題 109　$90°-\theta$ の三角比の利用

(1)　次の等式が成り立つことを証明せよ。

(ア)　$\sin^2 40°+\sin^2 50°=1$　　　(イ)　$\tan 13° \tan 77°=1$

(2)　△ABC の ∠A，∠B，∠C の大きさを，それぞれ A，B，C で表すとき，等式 $\cos\dfrac{A+B}{2}=\sin\dfrac{C}{2}$ が成り立つことを証明せよ。

p.174 基本事項 3

CHART & SOLUTION

$90°-\theta$ の三角比

$$\sin(90°-\theta)=\cos\theta,\ \cos(90°-\theta)=\sin\theta,\ \tan(90°-\theta)=\frac{1}{\tan\theta}$$

(1)　(ア)　$40°+50°=90°$　　(イ)　$13°+77°=90°$ に着目。

(2)　A，B，C は三角形の 3 つの内角 ⟶ $A+B+C=180°$

よって，$\dfrac{A+B}{2}=\dfrac{180°-C}{2}=90°-\dfrac{C}{2}$ となり，**$90°-\theta$ の三角比** の公式が使える。

解答

(1)　(ア)　$\sin 50°=\sin(90°-40°)=\cos 40°$ であるから

$$\sin^2 40°+\sin^2 50°=\sin^2 40°+\cos^2 40°=1$$

⇐ $\sin(90°-\theta)=\cos\theta$

⇐ $\sin^2\theta+\cos^2\theta=1$

(イ)　$\tan 77°=\tan(90°-13°)=\dfrac{1}{\tan 13°}$ であるから

$$\tan 13° \tan 77°=\tan 13°\cdot\frac{1}{\tan 13°}=1$$

⇐ $\tan(90°-\theta)=\dfrac{1}{\tan\theta}$

(2)　$A+B+C=180°$ であるから　　$A+B=180°-C$

よって

$$\cos\frac{A+B}{2}=\cos\frac{180°-C}{2}=\cos\left(90°-\frac{C}{2}\right)=\sin\frac{C}{2}$$

⇐ $\cos(90°-\theta)=\sin\theta$

INFORMATION　等式 $P=Q$ が成り立つことの証明方法　(数学Ⅱ)

1　P か Q の一方を変形して，他方を導く。　$P=P'=\cdots\cdots=Q$

2　$P-Q$ を変形して，0 となることを示す。　$P-Q=P'-Q'=\cdots\cdots=0$

3　P と Q のそれぞれを変形して，同じ式を導く。　$P=P'=\cdots=R$，$Q=Q'=\cdots=R$

上の例題では，(1)，(2)ともに 1 の方法によって証明している。

PRACTICE 109②

(1)　$\cos^2 15°+\cos^2 30°+\cos^2 45°+\cos^2 60°+\cos^2 75°$ の値を求めよ。

(2)　△ABC の ∠A，∠B，∠C の大きさを，それぞれ A，B，C で表すとき，等式 $\left(1+\tan^2\dfrac{A}{2}\right)\sin^2\dfrac{B+C}{2}=1$ が成り立つことを証明せよ。

重要 例題 110 特別な角の三角比

頂角Aが36°，BC=1 の二等辺三角形 ABC がある。この三角形の底角Cの二等分線と辺 AB との交点をDとする。

(1) 線分 DB，AC の長さを求めよ。

(2) (1)の結果を用いて，$\cos 36°$ の値を求めよ。

〔類 神戸学院大〕 基本 106

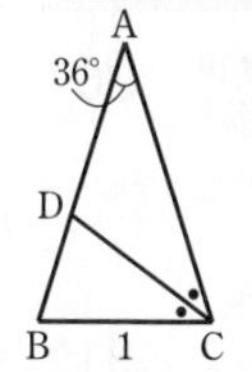

CHART & SOLUTION

(1) 図をかいて角の大きさを調べると，△ABC∽△CDB（2角が等しい）がわかる。
DB=x とおき，相似な三角形の辺の比を利用 して方程式を作る。

(2) $\cos 36°$ の値を求めるから，36° の内角をもつ 直角三角形 を作る。

解答

(1) $\angle ACB=(180°-36°)\div 2=72°$ であるから

$\angle DCB=72°\div 2=36°$

△ABC と △CDB において

$\angle BAC=\angle DCB=36°$，$\angle ACB=\angle CBD=72°$

よって　△ABC∽△CDB

ゆえに，$\dfrac{BC}{AB}=\dfrac{DB}{CD}$ から　$BC\cdot CD=AB\cdot DB$ ……①

AD=CD=BC=1 であり，DB=x とおくと

AB=AD+DB=$1+x$ であるから，① は

$1^2=(1+x)x$　　よって　$x^2+x-1=0$

これを解いて　$x=\dfrac{-1\pm\sqrt{5}}{2}$

$x>0$ であるから $x=\dfrac{-1+\sqrt{5}}{2}$ すなわち $\mathbf{DB}=\dfrac{\sqrt{5}-1}{2}$

また　$\mathbf{AC}=AB=1+x=\dfrac{\sqrt{5}+1}{2}$

(2) 辺 AC の中点をEとすると，△DCA は二等辺三角形であるから　DE⊥AC

(1) から　AD=1，$AE=\dfrac{1}{2}AC=\dfrac{\sqrt{5}+1}{4}$

よって　$\cos 36°=\dfrac{AE}{AD}=\dfrac{\sqrt{5}+1}{4}$

(1)

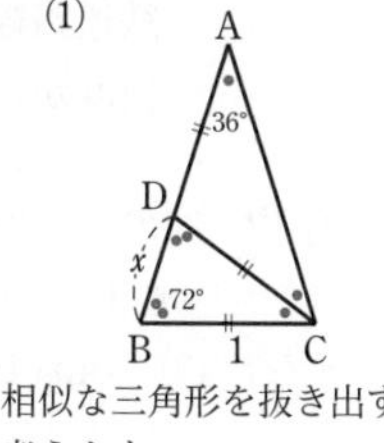

相似な三角形を抜き出すと考えやすい。

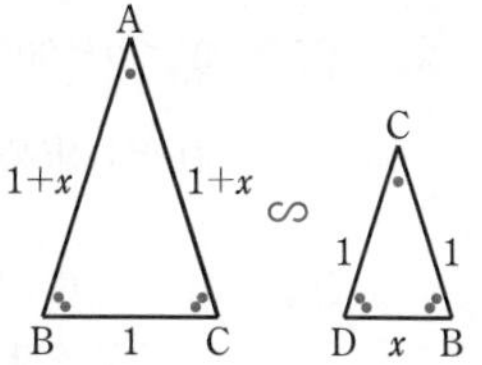

(2)

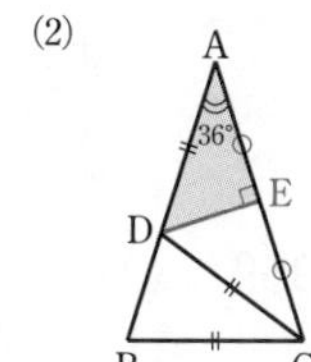

PRACTICE 110③

右の図を利用して，次の値を求めよ。

$\sin 15°$，　$\cos 15°$，　$\tan 15°$

$\sin 75°$，　$\cos 75°$，　$\tan 75°$

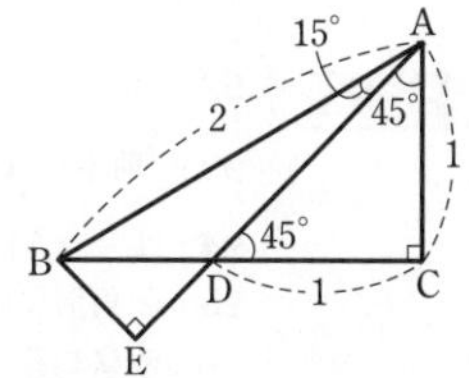

A

90❸ AB=13，BC=15，CA=8 の△ABC において，点Aから辺BCに垂線ADを下ろす。このとき，次の値を求めよ。

(1) BDの長さ　(2) $\sin\angle B$　(3) $\tan\angle C$　➲106

91❷ 道路や鉄道の傾斜具合を表す言葉に勾配（こうばい）がある。「三角比の表」を用いて，次の問いに答えよ。

(1) 道路の勾配には，百分率（%，パーセント）がよく用いられる。百分率は，水平方向に100m進んだときに，何m標高が高くなるかを表す。ある道路では，23%と表示された標識がある。この道路の傾斜は約何度か。

(2) 鉄道の勾配には，千分率（‰，パーミル）がよく用いられる。千分率は，水平方向に1000m進んだときに，何m標高が高くなるかを表す。ある鉄道路線では，18‰と表示された標識がある。この鉄道路線の傾斜は約何度か。　➲107

92❷ 次の式を簡単にせよ。

(1) $(\cos\theta+2\sin\theta)^2+(2\cos\theta-\sin\theta)^2$　$(0°<\theta<90°)$

(2) $\tan(45°+\theta)\tan(45°-\theta)\tan 30°$　$(0°<\theta<45°)$　➲109

B

93❸ $0°<\theta<90°$ で，$\tan\theta=3$ のとき，$\cos\theta$，$\dfrac{1-\sin\theta}{\cos\theta}+\dfrac{\cos\theta}{1-\sin\theta}$ の値を，それぞれ求めよ。　〔類　東亜大〕　➲108

94❸ (1) 右の図を利用して，$\sin 18°$ の値を求めよ。

(2) 右の図を利用して，$\sin 22.5°$，$\cos 22.5°$，$\tan 22.5°$ の値を求めよ。　➲110

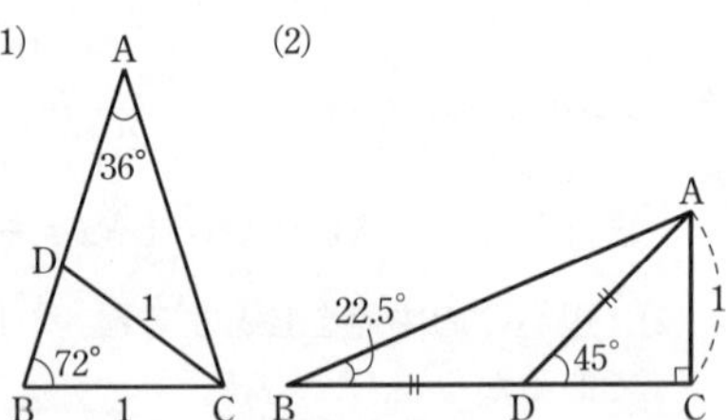

95❹ △ABC において，$\angle A=\alpha$，$\angle B=\beta$，$\angle C=90°$ とするとき，次の不等式が成り立つことを証明せよ。

(1) $\sin\alpha+\sin\beta>1$　(2) $\cos\alpha+\cos\beta>1$　➲p.174 1

HINT

92 (2) $(45°+\theta)+(45°-\theta)=90°$ から $45°+\theta=90°-(45°-\theta)$

93 （前半） $1+\tan^2\theta=\dfrac{1}{\cos^2\theta}$ を利用。

94 (1) △ABC∽△CDB を利用する。

95 三角形において，**2辺の長さの和は他の1辺の長さより大きい**（p.195 4 参照）。すなわち BC+CA>AB を利用。

13 三角比の拡張

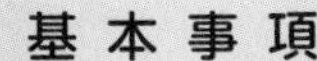

1 座標を用いた三角比の定義

①，③ の図において，$\angle \mathrm{AOP}=\theta$ となる点 $\mathrm{P}(x,\ y)$ をとる。

① **定義** $0^\circ \leqq \theta \leqq 180^\circ$ とする。

$$\sin\theta=\frac{y}{r},\quad \cos\theta=\frac{x}{r},\quad \tan\theta=\frac{y}{x}\ (\theta\neq 90^\circ)$$

② **三角比の符号**

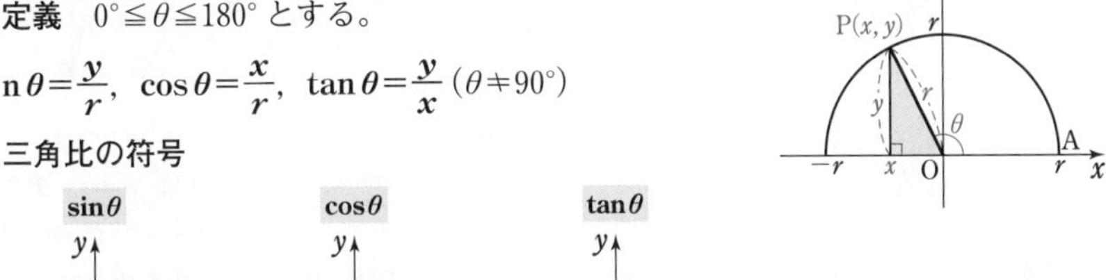

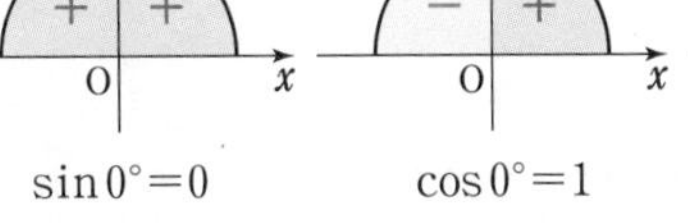

$\sin 0^\circ=0$	$\cos 0^\circ=1$	$\tan 0^\circ=0$
$\sin 90^\circ=1$	$\cos 90^\circ=0$	$\tan 90^\circ$ なし
$\sin 180^\circ=0$	$\cos 180^\circ=-1$	$\tan 180^\circ=0$

補足 例えば $\cos\theta$ の図では，① の点 P が第 1 象限 $(0^\circ<\theta<90^\circ)$ にあるならば $\cos\theta$ の符号が正，第 2 象限 $(90^\circ<\theta<180^\circ)$ にあるならば $\cos\theta$ の符号が負であることを意味する。

③ **半径 1 の半円を用いた定義**

$$\sin\theta=y$$
$$\cos\theta=x$$
$$\tan\theta=\frac{y}{x}\ (\theta\neq 90^\circ)$$

$0^\circ\leqq\theta<90^\circ$　　$90^\circ<\theta\leqq 180^\circ$

④ **三角比の値の範囲**

$0^\circ \leqq \theta \leqq 180^\circ$ のとき

$0\leqq\sin\theta\leqq 1$，$-1\leqq\cos\theta\leqq 1$，$\tan\theta\ (\theta\neq 90^\circ)$ はすべての実数値をとる。

2 $180^\circ-\theta$，$90^\circ+\theta$ の三角比

① **$180^\circ-\theta$ の三角比** $(0^\circ\leqq\theta\leqq 180^\circ)$

$$\sin(180^\circ-\theta)=\sin\theta$$
$$\cos(180^\circ-\theta)=-\cos\theta$$
$$\tan(180^\circ-\theta)=-\tan\theta\ (\theta\neq 90^\circ)$$

② **$90^\circ+\theta$ の三角比** $(0^\circ\leqq\theta\leqq 90^\circ)$

$$\sin(90^\circ+\theta)=\cos\theta$$
$$\cos(90^\circ+\theta)=-\sin\theta$$
$$\tan(90^\circ+\theta)=-\frac{1}{\tan\theta}\ (\theta\neq 0^\circ,\ \theta\neq 90^\circ)$$

解説 ② は ① と $p.174$ 3「$90^\circ-\theta$ の三角比」の公式を用いて次のように証明できる。

$90^\circ+\theta=180^\circ-(90^\circ-\theta)$ であるから

$$\sin(90^\circ+\theta)=\sin\{180^\circ-(90^\circ-\theta)\}=\sin(90^\circ-\theta)=\cos\theta$$
$$\cos(90^\circ+\theta)=\cos\{180^\circ-(90^\circ-\theta)\}=-\cos(90^\circ-\theta)=-\sin\theta$$
$$\tan(90^\circ+\theta)=\tan\{180^\circ-(90^\circ-\theta)\}=-\tan(90^\circ-\theta)=-\frac{1}{\tan\theta}$$

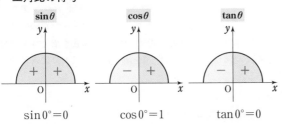

3 等式を満たす θ

角 θ の三角比の値から，角 θ $(0^\circ \leqq \theta \leqq 180^\circ)$ を求めることができる。

① $\sin\theta = s$ を満たす θ　② $\cos\theta = c$ を満たす θ　③ $\tan\theta = t$ を満たす θ

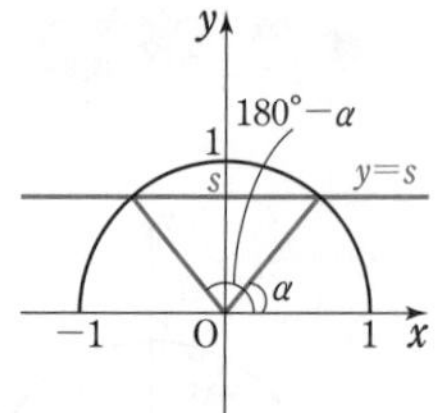

$0 \leqq s < 1$ なら $\theta = \alpha$，$180^\circ - \alpha$
$s = 1$ なら $\theta = 90^\circ$

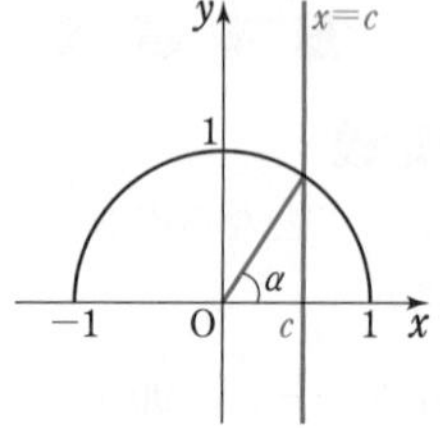

$-1 \leqq c \leqq 1$
θ は $\theta = \alpha$ のただ1つ

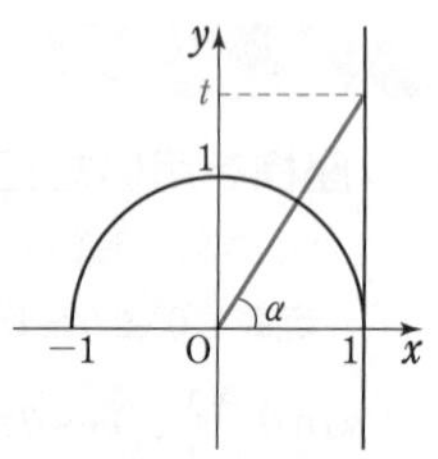

$t \neq 0$ のとき
θ は $\theta = \alpha$ のただ1つ
$t = 0$ なら $\theta = 0^\circ$，180°

解説　未知の角の三角比を含む方程式を **三角方程式** といい，方程式を満たす角を求めることを **三角方程式を解く** という。三角方程式を解くには，1 ③ にあるような，半径1の半円を利用する。

4 三角比の相互関係 (2)

$0^\circ \leqq \theta \leqq 180^\circ$ とする。ただし，$\tan\theta$ では $\theta \neq 90^\circ$ とする。

1　$\tan\theta = \dfrac{\sin\theta}{\cos\theta}$　2　$\sin^2\theta + \cos^2\theta = 1$　3　$1 + \tan^2\theta = \dfrac{1}{\cos^2\theta}$

5 直線の傾きと正接

傾き m の直線と x 軸の正の向きとのなす角を θ $(0^\circ < \theta < 180^\circ)$ とすると

$m = \tan\theta$ $(\theta \neq 90^\circ)$

$m = 0$ のときは，$\theta = 0^\circ$ とすると，$m = \tan\theta$ が成り立つ。

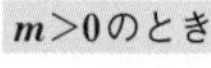

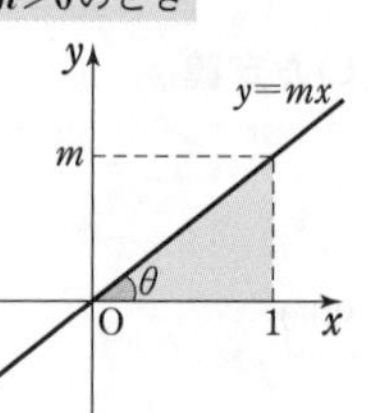

m<0のとき

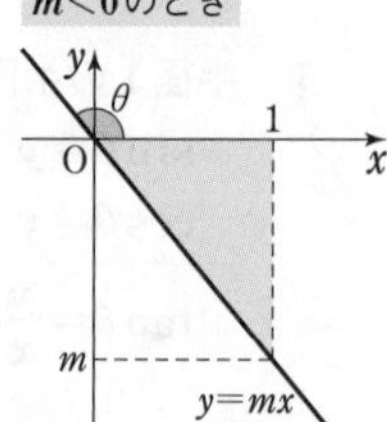

CHECK & CHECK

37　次の角の正弦，余弦，正接を求めよ。

(1)　135°　(2)　150°　1

38　次の三角比を，それぞれ 0° 以上 90° 以下の角の三角比で表せ。また，その値を巻末の三角比の表を用いて求めよ。

(1)　$\sin 111^\circ$　(2)　$\cos 155^\circ$　(3)　$\tan 173^\circ$　2

39　次の直線と x 軸の正の向きとのなす角を求めよ。

(1)　$y = -x$　(2)　$y = \sqrt{3}x$　(3)　$y = -\dfrac{1}{\sqrt{3}}x$　5

基本 例題 111 鈍角の三角比の値と式の変形

(1) $\cos 135^\circ \times \sin 120^\circ \times \tan 150^\circ \div \cos 60^\circ$ の値を求めよ。

(2) $\sin 80^\circ + \cos 110^\circ + \sin 160^\circ + \cos 170^\circ$ の値を求めよ。

p.181 基本事項 1, 2

CHART & SOLUTION

鈍角の三角比の扱い 直接，値を求めるか，鋭角の三角比に直す

(2) $80^\circ = 90^\circ - \underline{10^\circ}$，$110^\circ = 90^\circ + \underline{20^\circ}$，$160^\circ = 180^\circ - \underline{20^\circ}$，$170^\circ = 180^\circ - \underline{10^\circ}$
に着目して，各項を 10°，20° の三角比で表す。……❶

解答

(1) $(\text{与式}) = -\dfrac{1}{\sqrt{2}} \times \dfrac{\sqrt{3}}{2} \times \left(-\dfrac{1}{\sqrt{3}}\right) \div \dfrac{1}{2} = \boldsymbol{\dfrac{1}{\sqrt{2}}}$

別解 $\cos 135^\circ = \cos(180^\circ - 45^\circ) = -\cos 45^\circ$
$\sin 120^\circ = \sin(180^\circ - 60^\circ) = \sin 60^\circ$
$\tan 150^\circ = \tan(90^\circ + 60^\circ) = -\dfrac{1}{\tan 60^\circ} = -\dfrac{\cos 60^\circ}{\sin 60^\circ}$

よって，与式は

$(-\cos 45^\circ) \times \sin 60^\circ \times \left(-\dfrac{\cos 60^\circ}{\sin 60^\circ}\right) \div \cos 60^\circ = \cos 45^\circ = \boldsymbol{\dfrac{1}{\sqrt{2}}}$

(2) $(\text{与式}) = \sin(90^\circ - 10^\circ) + \cos(90^\circ + 20^\circ) + \sin(180^\circ - 20^\circ) + \cos(180^\circ - 10^\circ)$

❶ $= \cos 10^\circ - \sin 20^\circ + \sin 20^\circ - \cos 10^\circ$

$= \boldsymbol{0}$

別解 (1)
$\cos 135^\circ = \cos(90^\circ + 45^\circ) = -\sin 45^\circ$
$\sin 120^\circ = \sin(90^\circ + 30^\circ) = \cos 30^\circ$
$\tan 150^\circ = \tan(180^\circ - 30^\circ) = -\tan 30^\circ$
$\cos 60^\circ = \cos(90^\circ - 30^\circ) = \sin 30^\circ$
として計算してもよい。

INFORMATION 鋭角の三角比に直す公式の覚え方

$180^\circ - \theta$，$90^\circ + \theta$ の三角比の公式は，丸暗記するのではなく，図と関連付けて理解しよう。下の図の点Pの座標に注目することで，公式を導くことができる。

$180^\circ - \theta$ の三角比

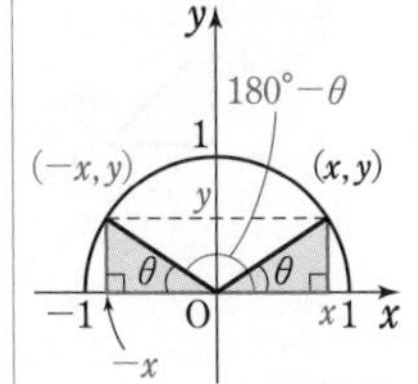

$\sin(180^\circ - \theta) = y = \sin\theta$
$\cos(180^\circ - \theta) = -x = -\cos\theta$
$\tan(180^\circ - \theta) = \dfrac{y}{-x} = -\tan\theta$

$90^\circ + \theta$ の三角比

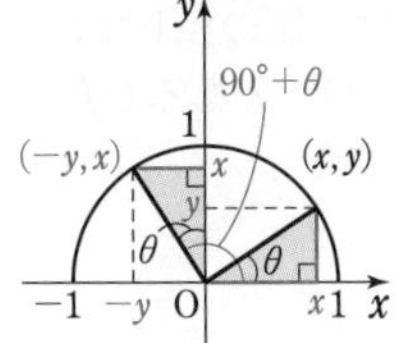

$\sin(90^\circ + \theta) = x = \cos\theta$
$\cos(90^\circ + \theta) = -y = -\sin\theta$
$\tan(90^\circ + \theta) = \dfrac{x}{-y} = -\dfrac{1}{\tan\theta}$

PRACTICE 111❷

(1) $\sin 75^\circ + \sin 120^\circ - \cos 150^\circ + \cos 165^\circ$ の値を求めよ。

(2) $\sin 160^\circ \cos 70^\circ + \cos 20^\circ \sin 70^\circ$ の値を求めよ。 〔(2) 東北芸工大〕

基本 例題 112 三角方程式の解法

$0^\circ \leqq \theta \leqq 180^\circ$ のとき，次の等式を満たす θ を求めよ。

(1) $\sin\theta=\dfrac{1}{2}$　　(2) $\cos\theta=-\dfrac{\sqrt{3}}{2}$　　(3) $\tan\theta=-1$

p.182 基本事項 3，補充 117

CHART & SOLUTION

三角方程式 $\sin\theta=s$，$\cos\theta=c$，$\tan\theta=t$ は **原点を中心とする半径1の半円を利用** して解く（詳細は，ピンポイント解説 を参照）。

1 次の直線と半円の **図をかいて**，次の点 P，T の位置をつかむ。
　$\sin\theta=s$ なら，直線 $y=s$ と半円の交点 P,
　$\cos\theta=c$ なら，直線 $x=c$ と半円の交点 P,
　$\tan\theta=t$ なら，直線 $y=t$ と直線 $x=1$ の交点 T（OT と半円の交点が P）

2 A(1, 0) として，∠AOP の大きさを求める。 ←30°，45°，60° などの三角比を用いる。

解答

(1) 半径1の半円周上で，y 座標が $\dfrac{1}{2}$ となる点は，図の2点 P，Q である。
求める θ は，∠AOP と ∠AOQ であるから　　$\boldsymbol{\theta=30^\circ,\ 150^\circ}$

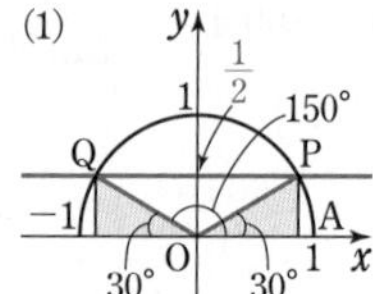

(1) sin は P，Q の y 座標
Q　P　1　1　$\frac{1}{2}$　30°　30°　$\frac{1}{2}$　$\frac{\sqrt{3}}{2}$　O　$\frac{\sqrt{3}}{2}$　A

(2) 半径1の半円周上で，x 座標が $-\dfrac{\sqrt{3}}{2}$ となる点は，図の点 P である。
求める θ は，∠AOP であるから
$\boldsymbol{\theta=150^\circ}$

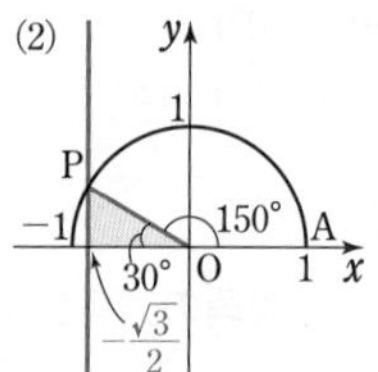

(2) cos は P の x 座標
P　$\frac{1}{2}$　1　30°　O　$\frac{\sqrt{3}}{2}$

(3) 直線 $x=1$ 上で，y 座標が -1 となる点を T とすると，直線 OT と半径1の半円の共有点は，図の点 P である。
求める θ は，∠AOP であるから
$\boldsymbol{\theta=135^\circ}$

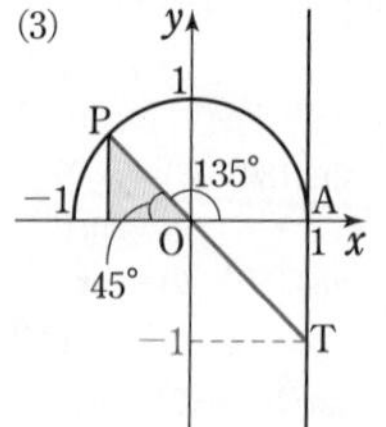

(3) tan は点 T(1, m) の y 座標 m

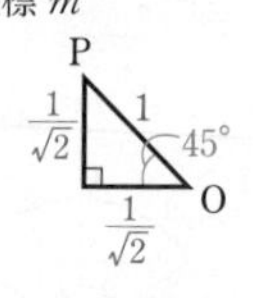

inf. 解答では説明を含めて詳しく書いているが，次のように簡単に答えてよい。

(1) $\sin\theta=\dfrac{1}{2}$ $(0^\circ \leqq \theta \leqq 180^\circ)$ から　　$\theta=30^\circ,\ 150^\circ$

(2) $\cos\theta=-\dfrac{\sqrt{3}}{2}$ $(0^\circ \leqq \theta \leqq 180^\circ)$ から　　$\theta=150^\circ$

(3) $\tan\theta=-1$ $(0^\circ \leqq \theta \leqq 180^\circ)$ から　　$\theta=135^\circ$

ピンポイント解説　三角方程式の解法

一般に，三角方程式や後で学ぶ三角比を含む不等式を解くには，**原点を中心とする半径1の半円を利用**する。

半径1の半円を用いた三角比の定義は次のようなものであった。

$$\sin\theta=y,\ \cos\theta=x,\ \tan\theta=\frac{y}{x}\ (\theta\neq 90^\circ)$$ （$p.181$ **基本事項 1** ③ 参照）

したがって，A(1, 0) とすると，$0^\circ\leqq\theta\leqq180^\circ$ のとき

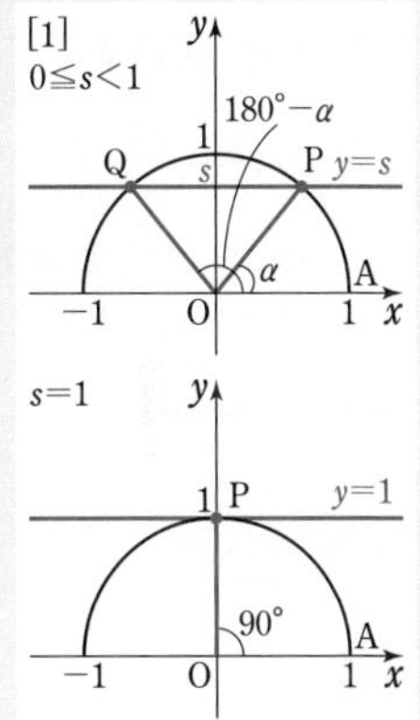

[1]　$\sin\theta=s$ の方程式を解くには，y 座標が s となる半円周上の点を見つければよい。
すなわち，x 軸に平行な直線 $y=s$ と半円との共有点を考える。
$0\leqq s<1$ のとき，右の図のように共有点は P，Q の2点存在する。したがって，$\angle AOP=\alpha$ とすると，求める角は $\theta=\alpha,\ 180^\circ-\alpha$ の2つである。
$s=1$ のとき，半円との共有点は点 P(0, 1) だけであるから，求める角は $\theta=90^\circ$ である。
$s<0$ または $1<s$ のとき，半円との共有点はないから，方程式の解はない。

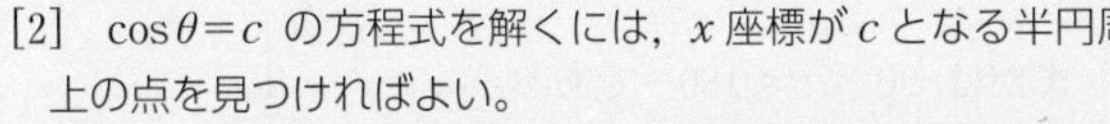

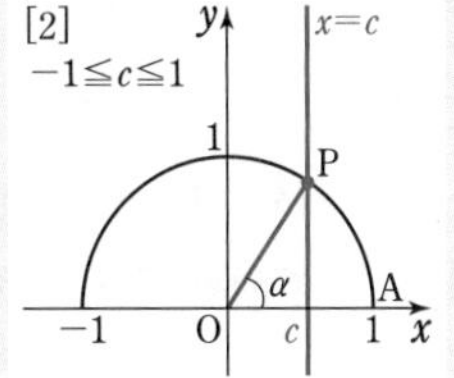

[2]　$\cos\theta=c$ の方程式を解くには，x 座標が c となる半円周上の点を見つければよい。
すなわち，y 軸に平行な直線 $x=c$ と半円との共有点を考える。
$-1\leqq c\leqq1$ のとき，右の図のように共有点 P はただ1つ存在する。したがって，$\angle AOP=\alpha$ とすると，求める角は $\theta=\alpha$ だけである。
$c<-1$ または $1<c$ のとき，半円との共有点はないから，方程式の解はない。

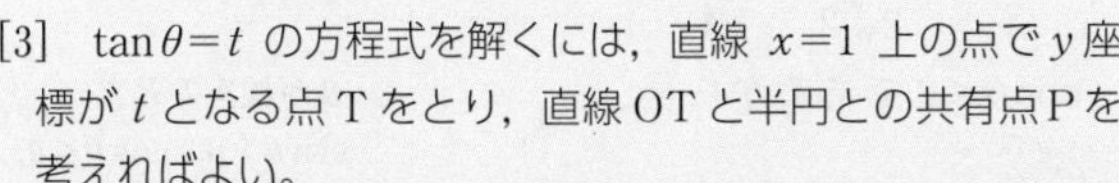

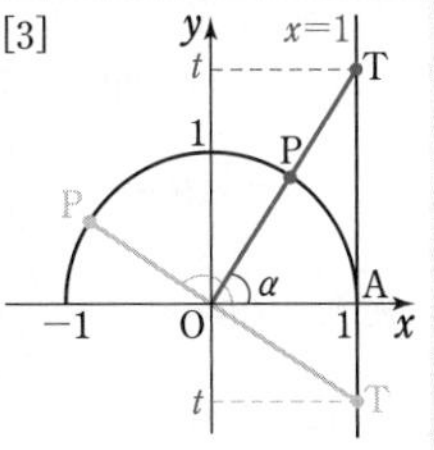

[3]　$\tan\theta=t$ の方程式を解くには，直線 $x=1$ 上の点で y 座標が t となる点 T をとり，直線 OT と半円との共有点 P を考えればよい。
$t\neq0$ のとき，右の図のように共有点 P はただ1つ存在する。したがって，$\angle AOP=\alpha$ とすると，求める角は $\theta=\alpha$ だけである。
$t=0$ のとき，半円との共有点は点 (1, 0) と点 (−1, 0) の2つ存在するから，求める角は $\theta=0^\circ,\ 180^\circ$ である。

PRACTICE 112②

$0^\circ\leqq\theta\leqq180^\circ$ のとき，次の等式を満たす θ を求めよ。

(1)　$\sin\theta=1$　　(2)　$\cos\theta=\frac{1}{2}$　　(3)　$\tan\theta=\sqrt{3}$

(4)　$2\sin\theta=\sqrt{2}$　　(5)　$\sqrt{2}\cos\theta+1=0$　　(6)　$\sqrt{3}\tan\theta+1=0$

基本 例題 113 三角比の相互関係（$0^\circ \leqq \theta \leqq 180^\circ$）

$0^\circ \leqq \theta \leqq 180^\circ$ とする。$\sin\theta=\dfrac{1}{3}$ のとき，$\cos\theta$ と $\tan\theta$ の値を求めよ。

〔岡山理科大〕 p.182 基本事項 4，基本 108

CHART & SOLUTION

三角比の相互関係

① $\tan\theta=\dfrac{\sin\theta}{\cos\theta}$　② $\sin^2\theta+\cos^2\theta=1$　③ $1+\tan^2\theta=\dfrac{1}{\cos^2\theta}$

これらの相互関係は鋭角の場合と同じ。よって，解答の方針は基本例題 108（p.177）と同じ。
$\sin\theta$ が与えられたときは，公式を ② ⟶ ① の順に用いる。

ただし，$0^\circ \leqq \theta \leqq 180^\circ$ のとき $\sin\theta=\dfrac{1}{3}$ を満たす θ は 2 つあり，

θ が鈍角のとき　$\cos\theta<0$，$\tan\theta<0$

であることに注意。

解答

$\sin\theta=\dfrac{1}{3}$ から，$0^\circ<\theta<90^\circ$ または $90^\circ<\theta<180^\circ$ である。

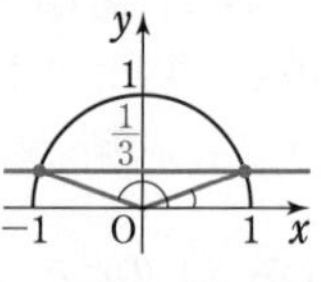

$\sin^2\theta+\cos^2\theta=1$ から

$$\cos^2\theta=1-\sin^2\theta=1-\left(\frac{1}{3}\right)^2=\frac{8}{9}$$

[1]　$0^\circ<\theta<90^\circ$ のとき，$\cos\theta>0$ であるから

$$\cos\theta=\sqrt{\frac{8}{9}}=\frac{2\sqrt{2}}{3}$$

また　$\tan\theta=\dfrac{\sin\theta}{\cos\theta}=\dfrac{1}{3}\div\dfrac{2\sqrt{2}}{3}=\dfrac{1}{2\sqrt{2}}=\dfrac{\sqrt{2}}{4}$

⇐ **θ が鋭角のとき $\sin\theta>0$，$\cos\theta>0$，$\tan\theta>0$**

[2]　$90^\circ<\theta<180^\circ$ のとき，$\cos\theta<0$ であるから

$$\cos\theta=-\sqrt{\frac{8}{9}}=-\frac{2\sqrt{2}}{3}$$

また　$\tan\theta=\dfrac{\sin\theta}{\cos\theta}=\dfrac{1}{3}\div\left(-\dfrac{2\sqrt{2}}{3}\right)=-\dfrac{1}{2\sqrt{2}}=-\dfrac{\sqrt{2}}{4}$

⇐ **θ が鈍角のとき $\sin\theta>0$，$\cos\theta<0$，$\tan\theta<0$**

[1]，[2] から

$$(\cos\theta,\ \tan\theta)=\left(\frac{2\sqrt{2}}{3},\ \frac{\sqrt{2}}{4}\right),\ \left(-\frac{2\sqrt{2}}{3},\ -\frac{\sqrt{2}}{4}\right)$$

PRACTICE 113 ❷

$0^\circ \leqq \theta \leqq 180^\circ$ とする。$\sin\theta$，$\cos\theta$，$\tan\theta$ のうち 1 つが次の値をとるとき，各場合について残りの 2 つの三角比の値を求めよ。

(1)　$\cos\theta=-\dfrac{2}{3}$　　(2)　$\sin\theta=\dfrac{2}{7}$　　(3)　$\tan\theta=-\dfrac{4}{3}$

基本 例題 114　2直線のなす角

(1) 直線 $y=-\frac{1}{\sqrt{3}}x$ ……① と x 軸の正の向きとのなす角 α，直線 $y=\frac{1}{\sqrt{3}}x$ ……② と x 軸の正の向きとのなす角 β をそれぞれ求めよ。
また，2直線①，②のなす鋭角を求めよ。ただし，$0°<\alpha<180°$，$0°<\beta<180°$ とする。

(2) 2直線 $y=-\sqrt{3}x$，$y=x+1$ のなす鋭角 θ を求めよ。 p.182 基本事項 5

CHART & SOLUTION

直線の傾きと正接

直線 $y=mx$ と x 軸の正の向きとのなす角を θ とすると

$$m=\tan\theta \ (0°\leqq\theta<90°,\ 90°<\theta<180°)$$ …… !

(1) 2直線のなす角は，$\alpha>\beta$ のとき $\alpha-\beta$ である。求めるのは鋭角であるから，**$\alpha-\beta>90°$ ならば $180°-(\alpha-\beta)$** が求める角度である。

(2) まず，2直線と x 軸の正の向きとのなす角を求め，2直線のなす鋭角をグラフから判断する。

解答

! (1) $\tan\alpha=-\frac{1}{\sqrt{3}}$，$0°<\alpha<180°$ から　$\boldsymbol{\alpha=150°}$

! $\tan\beta=\frac{1}{\sqrt{3}}$，$0°<\beta<180°$ から　$\boldsymbol{\beta=30°}$

ゆえに，2直線①，②のなす角は

$$\alpha-\beta=150°-30°=120°>90°$$

よって，求める鋭角は　$180°-120°=\boldsymbol{60°}$

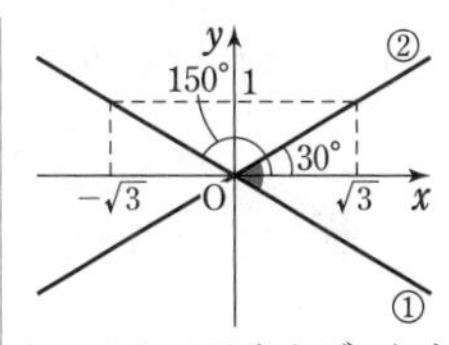

⇐ $\alpha-\beta>90°$ ならば，なす鋭角は $180°-(\alpha-\beta)$

(2) 2直線 $y=-\sqrt{3}x$，$y=x+1$ の $y>0$ の部分と x 軸の正の向きとのなす角を，それぞれ α，β とすると，$0°<\alpha<180°$，$0°<\beta<180°$ で

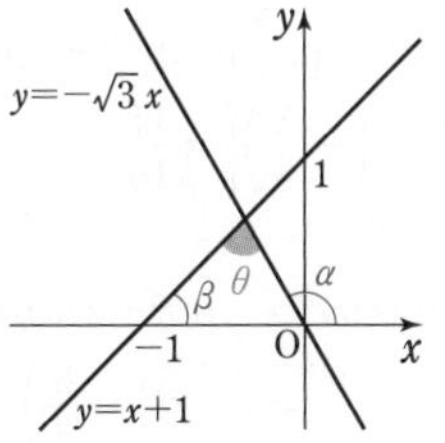

⇐ $y=x+1$ の傾きは $y=x$ と同じで 1

! $\tan\alpha=-\sqrt{3}$，$\tan\beta=1$

よって　$\alpha=120°$，$\beta=45°$

⇐ $\tan 120°=-\sqrt{3}$
$\tan 45°=1$

図から，求める鋭角 θ は $\theta+\beta=\alpha$ から

$$\boldsymbol{\theta}=\alpha-\beta=120°-45°=\boldsymbol{75°}$$

PRACTICE 114③

次の2直線のなす鋭角 θ を求めよ。

(1) $y=-x+1$，$y=-\frac{1}{\sqrt{3}}x$　　(2) $y=\sqrt{3}x-2$，$y=\frac{1}{\sqrt{3}}x+\frac{1}{\sqrt{3}}$

重要 例題 115 三角比の対称式の値

$0° \leqq \theta \leqq 180°$，$\sin\theta+\cos\theta=\frac{1}{2}$ のとき，次の式の値を求めよ。

(1) $\sin\theta\cos\theta$　　(2) $\sin^3\theta+\cos^3\theta$　　(3) $\sin\theta-\cos\theta$

〔大阪経大〕 基本 25, 113

CHART & THINKING

対称式は基本対称式で表す （p.48 参照）

$\sin\theta$ と $\cos\theta$ の対称式の値は，基本対称式 $\sin\theta+\cos\theta$，$\sin\theta\cos\theta$ の値を利用して求める。

(1) $\sin\theta+\cos\theta=\frac{1}{2}$ の形のままでは，$\sin\theta\cos\theta$ を求められない。
かくれた条件 $\sin^2\theta+\cos^2\theta=1$ を活用するには，条件の等式をどう変形するとよいだろうか？

(2) $\sin^3\theta+\cos^3\theta$ は対称式であるから，基本対称式で表してもよいが，$\sin^2\theta+\cos^2\theta=1$ の利用も有効。公式 $\boldsymbol{a^3+b^3=(a+b)(a^2-ab+b^2)}$ を利用して変形してみよう。

(3) (1)と同様に，$\sin^2\theta+\cos^2\theta=1$ を利用するためにはどうすればよいかを考えよう。
また，(1)の結果を利用して $\sin\theta-\cos\theta$ の符号について考えよう。

解答

(1) $\sin\theta+\cos\theta=\frac{1}{2}$ の両辺を 2 乗すると

$$\sin^2\theta+2\sin\theta\cos\theta+\cos^2\theta=\frac{1}{4}$$

ゆえに　$1+2\sin\theta\cos\theta=\frac{1}{4}$

よって　$\sin\theta\cos\theta=\boldsymbol{-\frac{3}{8}}$ ……①

⇐ $\sin\theta+\cos\theta$ の値が与えられているとき，両辺を 2 乗することで $\sin\theta\cos\theta$ の値を求めることができる。

(2) (1)の結果を利用して

$$\sin^3\theta+\cos^3\theta=(\sin\theta+\cos\theta)(\sin^2\theta-\sin\theta\cos\theta+\cos^2\theta)$$
$$=\frac{1}{2}\left\{1-\left(-\frac{3}{8}\right)\right\}=\boldsymbol{\frac{11}{16}}$$

⇐ $\sin^3\theta+\cos^3\theta$
$=(\sin\theta+\cos\theta)^3$
$-3\sin\theta\cos\theta$
$\times(\sin\theta+\cos\theta)$
を利用してもよい。

(3) (1)の結果を利用して

$$(\sin\theta-\cos\theta)^2=\sin^2\theta-2\sin\theta\cos\theta+\cos^2\theta$$
$$=1-2\cdot\left(-\frac{3}{8}\right)=\frac{7}{4}$$

$0° \leqq \theta \leqq 180°$ のとき $\sin\theta \geqq 0$ であり，① から　$\cos\theta<0$
よって，$\sin\theta-\cos\theta>0$ であるから

$$\sin\theta-\cos\theta=\sqrt{\frac{7}{4}}=\boldsymbol{\frac{\sqrt{7}}{2}}$$

⇐ $\sin\theta\cos\theta=-\frac{3}{8}<0$，$\sin\theta \geqq 0$ であるから $\cos\theta<0$

PRACTICE 115③

$0° \leqq \theta \leqq 180°$，$\sin\theta+\cos\theta=t$ のとき，次の式の値を t の式で表せ。

(1) $\sin\theta\cos\theta$　　(2) $\sin^3\theta+\cos^3\theta$　　(3) $\sin^4\theta+\cos^4\theta$

重要 例題 116 三角比の等式と値

$0°<\theta<180°$ とする。$4\cos\theta+2\sin\theta=\sqrt{2}$ のとき，$\tan\theta$ の値を求めよ。

〔大阪産大〕 基本 113

CHART & SOLUTION

三角比の計算　かくれた条件 $\sin^2\theta+\cos^2\theta=1$ を利用

$\tan\theta$ の値は $\sin\theta$，$\cos\theta$ の値がわかると求められる。そこで

かくれた条件　$\sin^2\theta+\cos^2\theta=1$

を利用して，$\sin\theta$，$\cos\theta$ についての連立方程式 $4\cos\theta+2\sin\theta=\sqrt{2}$，$\sin^2\theta+\cos^2\theta=1$ を解く。⟶ $\cos\theta$ を消去し，$\sin\theta$ の 2 次方程式を導く。

解答

$4\cos\theta+2\sin\theta=\sqrt{2}$ を変形して

$$4\cos\theta=\sqrt{2}-2\sin\theta \quad \cdots\cdots ①$$

$\sin^2\theta+\cos^2\theta=1$ の両辺に 16 を掛けて

$$16\sin^2\theta+16\cos^2\theta=16 \quad \cdots\cdots ②$$

① を ② に代入して

$$16\sin^2\theta+(\sqrt{2}-2\sin\theta)^2=16$$

整理して　$10\sin^2\theta-2\sqrt{2}\sin\theta-7=0$

ここで，$\sin\theta=t$ とおくと　$10t^2-2\sqrt{2}t-7=0$

これを解いて　$t=\dfrac{\sqrt{2}\pm6\sqrt{2}}{10}$ (＊)

よって　$t=-\dfrac{\sqrt{2}}{2}$，$\dfrac{7\sqrt{2}}{10}$

$0°<\theta<180°$ であるから　$0<t\leqq1$

これを満たすのは　$t=\dfrac{7\sqrt{2}}{10}$

すなわち　$\sin\theta=\dfrac{7\sqrt{2}}{10}$

① から　$4\cos\theta=\sqrt{2}-2\cdot\dfrac{7\sqrt{2}}{10}=-\dfrac{2\sqrt{2}}{5}$

ゆえに　$\cos\theta=-\dfrac{\sqrt{2}}{10}$

したがって　$\tan\theta=\dfrac{\sin\theta}{\cos\theta}=\dfrac{7\sqrt{2}}{10}\div\left(-\dfrac{\sqrt{2}}{10}\right)=\mathbf{-7}$

⇦ $4\cos\theta+2\sin\theta=\sqrt{2}$ を条件式とみて，**条件式は文字を減らす方針** で $\cos\theta$ を消去する。

(＊)　2 次方程式 $ax^2+2b'x+c=0$ の解は
$$x=\frac{-b'\pm\sqrt{b'^2-ac}}{a}$$

inf. **$\sin\theta$，$\cos\theta$ どちらを消去？**
$\sin\theta$ を消去して $\cos\theta$ について解くと，$0°<\theta<180°$ から $\cos\theta=\dfrac{\sqrt{2}}{2}$，$-\dfrac{\sqrt{2}}{10}$ の 2 つが得られるが，$\cos\theta=\dfrac{\sqrt{2}}{2}$ のときは $\sin\theta<0$ となり適さない。この検討を見逃すこともあるので，$\cos\theta$ を消去して，符号が一定 $(\sin\theta>0)$ の **sin を残す** 方が，解の吟味の手間が省ける。

PRACTICE 116④

$0°\leqq\theta\leqq180°$ の θ に対し，関係式 $\cos\theta-\sin\theta=\dfrac{1}{2}$ が成り立つとき，$\tan\theta$ の値を求めよ。

補充 例題 117 三角比を含む不等式の解法

$0^\circ \leqq \theta \leqq 180^\circ$ のとき，次の不等式を満たす θ の範囲を求めよ。

(1) $\cos\theta > -\dfrac{\sqrt{3}}{2}$　　　(2) $\tan\theta \geqq -1$

基本 112

CHART & SOLUTION

三角比を含む不等式の解法　まず ＝ とおいた方程式を解く

まず，(1) $\cos\theta = -\dfrac{\sqrt{3}}{2}$，(2) $\tan\theta = -1$ を解く。……❗

次に，下記の座標に注目して，不等式を満たす θ の範囲を考える。

sin の不等式 …… 半径 1 の半円上の点 P の y 座標
cos の不等式 …… 半径 1 の半円上の点 P の x 座標
tan の不等式 …… 直線 $x=1$ 上の点 T の y 座標

(2) **$\tan\theta$ については，$\theta \neq 90^\circ$** であることに注意する。

解答

(1) 図において，$\cos\theta$ は P の x 座標であるから，x 座標が $-\dfrac{\sqrt{3}}{2}$ より大きくなる θ の範囲を求める。

❗ まず，$\cos\theta = -\dfrac{\sqrt{3}}{2}$ を満たす θ を求めると　$\theta = 150^\circ$

よって，図から求める θ の範囲は

$$0^\circ \leqq \theta < 150^\circ$$

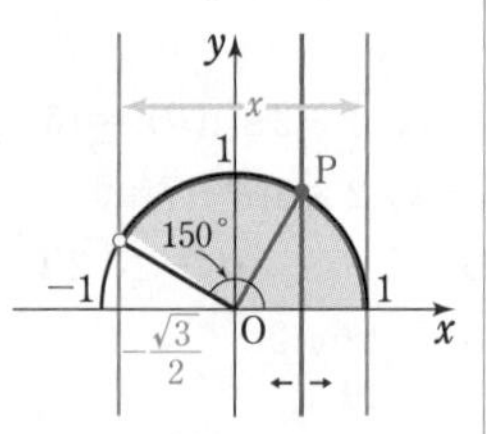

(1) P の x 座標が $-\dfrac{\sqrt{3}}{2}$ より大きくなるのは，P が半円の周上で，直線 $x = -\dfrac{\sqrt{3}}{2}$ より右側にある場合。すなわち θ が 0° 以上 150° より小さい場合。

(2) 図において，$\tan\theta$ は直線 $x=1$ 上の点 T の y 座標で表されるから，点 T の y 座標が -1 以上である θ の範囲を求める。

❗ まず，$\tan\theta = -1$ を満たす θ を求めると　$\theta = 135^\circ$

よって，図から求める θ の範囲は

$$0^\circ \leqq \theta < 90^\circ,\ 135^\circ \leqq \theta \leqq 180^\circ$$

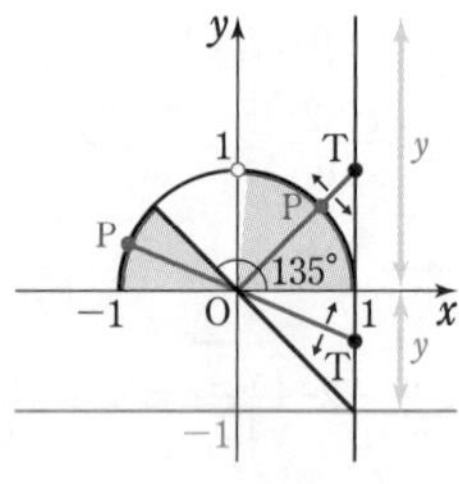

(2) T の y 座標が -1 以上になるような P の存在範囲を正確に求める。
$\tan\theta$ では $\theta \neq 90^\circ$ であるから
$0^\circ \leqq \theta \leqq 90^\circ$
と 90° に等号をつけないように注意する。

PRACTICE 117④

$0^\circ \leqq \theta \leqq 180^\circ$ のとき，次の不等式を満たす θ の範囲を求めよ。

(1) $\sin\theta > \dfrac{\sqrt{3}}{2}$　　(2) $\cos\theta \leqq \dfrac{1}{2}$　　(3) $\tan\theta < \sqrt{3}$

(4) $2\sin\theta \leqq \sqrt{2}$　　(5) $\sqrt{2}\cos\theta + 1 > 0$　　(6) $\tan\theta + \sqrt{3} \geqq 0$

補充 例題 118　2次の三角方程式・不等式

$0^\circ \leqq \theta \leqq 180^\circ$ のとき，次の方程式・不等式を解け。

(1)　$2\cos^2\theta + 5\sin\theta = 4$　　(2)　$2\sin^2\theta + 3\cos\theta < 0$

基本 112, 補充 117

CHART & THINKING

三角比で表された2次の方程式・不等式　1つの三角比で表す

かくれた条件 $\sin^2\theta + \cos^2\theta = 1$ を利用して，$\sin\theta$ または $\cos\theta$ いずれか1種類の三角比の方程式・不等式に直して解く。

(1)　$\cos^2\theta$ があるから，$\sin^2\theta + \cos^2\theta = 1$ を $\cos^2\theta = 1 - \sin^2\theta$ と変形して代入すると $\sin\theta$ だけの式になる。ここで $\sin\theta = t$ とおくと t についての2次方程式に帰着できる。その際，**t の変域に注意** しよう。

(2)　(1)と同様に考える。$\sin^2\theta + \cos^2\theta = 1$ をどのように利用すればよいだろうか？

解答

(1)　$\sin^2\theta + \cos^2\theta = 1$ より，$\cos^2\theta = 1 - \sin^2\theta$ であるから

$$2(1 - \sin^2\theta) + 5\sin\theta = 4$$

整理して　$2\sin^2\theta - 5\sin\theta + 2 = 0$　　⇐ $\sin\theta$ の2次方程式。

$\sin\theta = t$ とおくと，$0^\circ \leqq \theta \leqq 180^\circ$ から　$0 \leqq t \leqq 1$ ……①　　⇐ $0^\circ \leqq \theta \leqq 180^\circ$ のとき $0 \leqq \sin\theta \leqq 1$

このとき，与えられた方程式は　$2t^2 - 5t + 2 = 0$　　⇐ $(2t-1)(t-2) = 0$

これを解くと　$t = \dfrac{1}{2},\ 2$

① を満たすのは　$t = \dfrac{1}{2}$　すなわち　$\sin\theta = \dfrac{1}{2}$

よって，求める解は　**$\theta = 30^\circ,\ 150^\circ$**

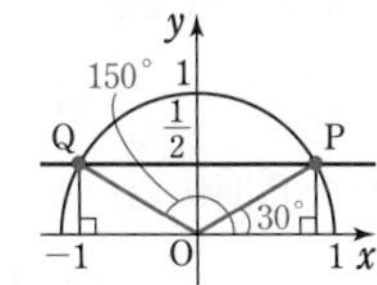

(2)　$\sin^2\theta + \cos^2\theta = 1$ より，$\sin^2\theta = 1 - \cos^2\theta$ であるから

$$2(1 - \cos^2\theta) + 3\cos\theta < 0$$

整理して　$2\cos^2\theta - 3\cos\theta - 2 > 0$　　⇐ $\cos\theta$ の2次不等式。

$\cos\theta = t$ とおくと，$0^\circ \leqq \theta \leqq 180^\circ$ から　$-1 \leqq t \leqq 1$ ……②　　⇐ $0^\circ \leqq \theta \leqq 180^\circ$ のとき $-1 \leqq \cos\theta \leqq 1$

このとき，与えられた不等式は　$2t^2 - 3t - 2 > 0$　　⇐ $(2t+1)(t-2) > 0$

これを解くと　$t < -\dfrac{1}{2},\ 2 < t$

② との共通範囲を求めると

$$-1 \leqq t < -\frac{1}{2} \quad \text{すなわち} \quad -1 \leqq \cos\theta < -\frac{1}{2}$$

よって，求める解は　**$120^\circ < \theta \leqq 180^\circ$**

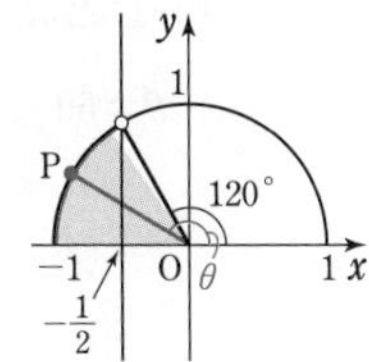

PRACTICE 118④

$0^\circ \leqq \theta \leqq 180^\circ$ のとき，次の方程式・不等式を解け。

(1)　$2\sin^2\theta - \cos\theta - 1 = 0$　　(2)　$\sqrt{2}\cos^2\theta + \sin\theta - \sqrt{2} = 0$

(3)　$2\sin^2\theta - 3\cos\theta < 0$　　(4)　$\tan^2\theta + (1 - \sqrt{3})\tan\theta - \sqrt{3} \leqq 0$

補充 例題 119 三角比の 2 次関数の最大・最小

$0^\circ \leqq \theta \leqq 180^\circ$ のとき，$y=\sin^2\theta+\cos\theta-1$ の最大値と最小値を求めよ。また，そのときの θ の値を求めよ。〔釧路公立大〕 基本 60, 112，重要 74

CHART & SOLUTION

三角比で表された 2 次式　1 つの三角比で表す　定義域に注意

前ページと同様に考える。

1. y の式には sin（2 次）と cos（1 次）があるから，消去するのは sin である。**かくれた条件 $\sin^2\theta+\cos^2\theta=1$** を利用して，$y$ を cos だけの式で表す。
2. $\cos\theta$ を t でおき換える。このとき，**t の変域に注意**。……❗
   $\cos\theta=t$ とおくと，$0^\circ \leqq \theta \leqq 180^\circ$ のとき　$-1 \leqq t \leqq 1$
3. y は t の 2 次式 ⟶ 2 次関数の最大・最小問題に帰着（$p.109$ 参照）。
   2 次式は基本形に変形　　最大・最小は頂点と端点に注目
   で解決。

解答

$\sin^2\theta+\cos^2\theta=1$ より，$\sin^2\theta=1-\cos^2\theta$ であるから　⇦ $\sin\theta$ を消去。

$$y=\sin^2\theta+\cos\theta-1=(1-\cos^2\theta)+\cos\theta-1$$
$$=-\cos^2\theta+\cos\theta$$

❗ $\cos\theta=t$ とおくと，$0^\circ \leqq \theta \leqq 180^\circ$ から　$-1 \leqq t \leqq 1$ ……①

y を t の式で表すと

$$y=-t^2+t=-\left(t-\frac{1}{2}\right)^2+\frac{1}{4}$$ ⇦ 基本形に変形。

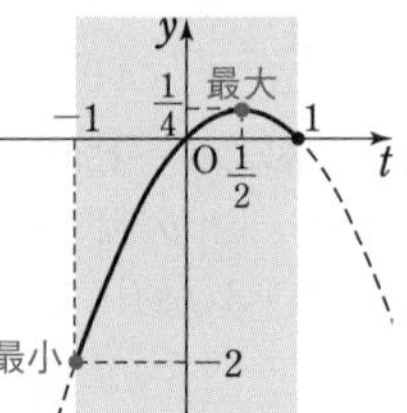

① の範囲において，y は

$t=\dfrac{1}{2}$ で最大値 $\dfrac{1}{4}$，　⇦ 頂点

$t=-1$ で最小値 -2 をとる。　⇦ 端点

$0^\circ \leqq \theta \leqq 180^\circ$ であるから

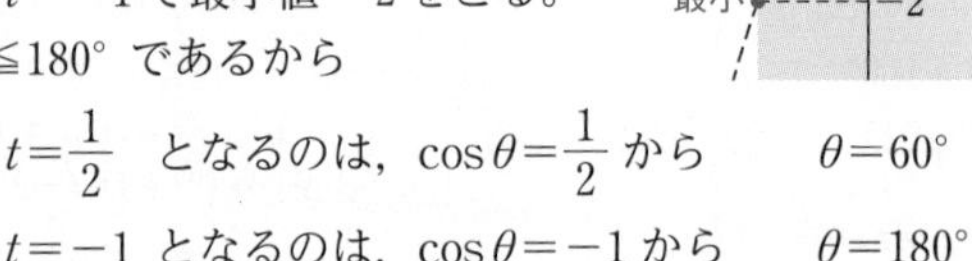

$t=\dfrac{1}{2}$ となるのは，$\cos\theta=\dfrac{1}{2}$ から　$\theta=60^\circ$

$t=-1$ となるのは，$\cos\theta=-1$ から　$\theta=180^\circ$

⇦ 三角方程式を解き，最大値，最小値をとる t の値から θ の値を求める。

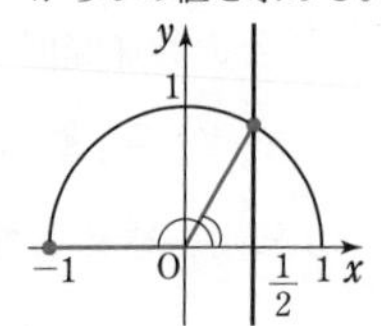

よって　**$\theta=60^\circ$ で 最大値 $\dfrac{1}{4}$，$\theta=180^\circ$ で 最小値 -2**

PRACTICE 119⑤

$0^\circ \leqq \theta \leqq 180^\circ$ のとき，次の関数の最大値，最小値を求めよ。また，そのときの θ の値を求めよ。

(1) $y=\cos^2\theta-2\sin\theta-1$　　(2) $y=2\tan^2\theta+4\tan\theta-1$

EXERCISES　13 三角比の拡張

A

96❷ 次の式を簡単にせよ。

(1) $(\cos 110^\circ-\cos 160^\circ)^2+(\sin 70^\circ+\cos 70^\circ)^2$

(2) $\tan^2\theta+(1-\tan^4\theta)(1-\sin^2\theta)$ → p.181 2, p.182 4, 111

97❸ 次の三角比の値を，小さい順に並べよ。

(1) $\sin 35^\circ$，$\sin 70^\circ$，$\sin 105^\circ$，$\sin 140^\circ$，$\sin 175^\circ$

(2) $\sin 29^\circ$，$\cos 29^\circ$，$\tan 29^\circ$ 〔(2) 摂南大〕 → 111

98❸ $0^\circ \leqq \theta \leqq 180^\circ$，$\cos\theta=-\dfrac{1}{3}$ のとき，$\sin\theta\tan\theta+\dfrac{\cos\theta}{\tan\theta}$ の値を求めよ。

→ 113

99❸ 原点を通り，直線 $y=x$ となす角が 15° である直線は 2 本引ける。これらの直線の方程式を求めよ。 → 114

B

100❹ $0^\circ \leqq \theta \leqq 180^\circ$ とする。$\sin\theta+\cos\theta=\dfrac{1}{\sqrt{5}}$ のとき，次の式の値を求めよ。

(1) $\tan^3\theta+\dfrac{1}{\tan^3\theta}$　　(2) $\sin^3\theta-\cos^3\theta$ → 115

101❹ $0^\circ \leqq \theta \leqq 180^\circ$ とする。$10\cos^2\theta-24\sin\theta\cos\theta-5=0$ のとき，$\tan\theta$ の値を求めよ。 → 116

102❹ $0^\circ \leqq \theta \leqq 180^\circ$ とする。次の方程式を解け。

(1) $2\sin^2\theta-5\cos\theta+1=0$　　(2) $2\cos^2\theta+3\sin\theta-3=0$

(3) $\sin\theta\tan\theta=-\dfrac{3}{2}$　　(4) $\sqrt{2}\sin\theta=\tan\theta$ → 118

103❹ $0^\circ \leqq \theta \leqq 180^\circ$ のとき，$y=\sin^4\theta+\cos^4\theta$ とする。$\sin^2\theta=t$ とおくと，$y=$ ア☐ t^2- イ☐ $t+$ ウ☐ と表されるから，y は $\theta=$ エ☐ のとき最大値 オ☐，$\theta=$ カ☐ のとき最小値 キ☐ をとる。 → 60, 119

HINT

100　まず，(1) $\tan\theta+\dfrac{1}{\tan\theta}$，(2) $\sin\theta-\cos\theta$ の値を求める。
$\sin\theta-\cos\theta$ は $(\sin\theta-\cos\theta)^2$ の値から求める。

101　条件式に $\tan\theta$ が現れていない。$\cos\theta=0$ は条件式を満たさないから　$\cos\theta\neq 0$
よって，条件式の両辺を $\cos^2\theta$ で割ってみる。
$p.189$ 重要例題 116 のように，$\sin\theta$，$\cos\theta$ を求めてもよいが，ここでは直接 $\tan\theta$ を求める方がスムーズ。

102　(1)〜(3)　$\sin^2\theta+\cos^2\theta=1$ を利用して，$\sin\theta$，$\cos\theta$，$\tan\theta$ のどれか **1 つの三角比で表す**。

103　$\sin^2\theta+\cos^2\theta=1$ を利用して，y を $\sin\theta$ だけの式で表す。$\sin^2\theta=t$ とおくと，y は t の 2 次関数となる。t の値の範囲に注意。

14 正弦定理と余弦定理

基本事項

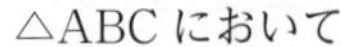

△ABC において

辺 BC，CA，AB の長さをそれぞれ a，b，c，

∠A，∠B，∠C の大きさをそれぞれ A，B，C

で表すことにする。

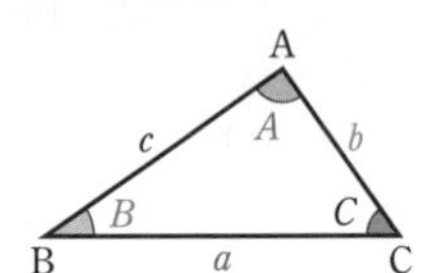

1 正弦定理

△ABC の外接円の半径を R とすると

$$\frac{a}{\sin A}=\frac{b}{\sin B}=\frac{c}{\sin C}=2R$$

すなわち

$$a=2R\sin A,\ b=2R\sin B,\ c=2R\sin C$$

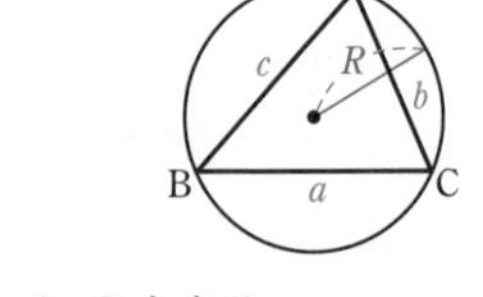

解説 上の関係式を比の形で書くと，$a:\sin A=b:\sin B=c:\sin C$ となる。
この比の関係を，$a:b:c=\sin A:\sin B:\sin C$ と書くこともある。

2 余弦定理

△ABC について

$$a^2=b^2+c^2-2bc\cos A,\ b^2=c^2+a^2-2ca\cos B,\ c^2=a^2+b^2-2ab\cos C$$

余弦定理から次の等式が導かれる。

$$\cos A=\frac{b^2+c^2-a^2}{2bc},\ \cos B=\frac{c^2+a^2-b^2}{2ca},\ \cos C=\frac{a^2+b^2-c^2}{2ab}$$

3 三角形の辺と角の大小関係

① $A<90^\circ \iff a^2<b^2+c^2$ ⟵ ∠A が鋭角であるための条件

$A=90^\circ \iff a^2=b^2+c^2$ ⟵ ∠A が直角であるための条件

$A>90^\circ \iff a^2>b^2+c^2$ ⟵ ∠A が鈍角であるための条件

解説 ① $0^\circ<A<90^\circ \iff \cos A>0$，$A=90^\circ \iff \cos A=0$，
$90^\circ<A<180^\circ \iff \cos A<0$ であるから，余弦定理により成り立つ。

② 三角形の 2 辺の大小関係は，その向かい合う角の大小関係と一致する。

$$a<b \iff A<B,\ a=b \iff A=B,\ a>b \iff A>B$$

特に，三角形の最大の辺に向かい合う角は，その三角形の最大の角である。

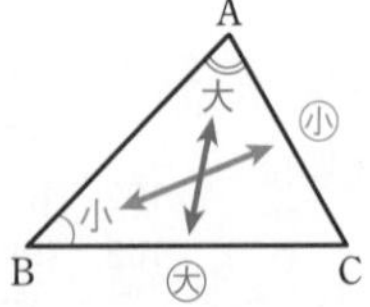

4 三角形の成立条件

3つの数 a, b, c を3辺の長さとする三角形が存在するための必要十分条件は

$$\boldsymbol{a<b+c,\ b<c+a,\ c<a+b} \quad \cdots\cdots ①$$

がすべて成り立つことである。

これを1つの式にまとめると

$$\boldsymbol{|b-c|<a<b+c} \quad \cdots\cdots ②$$

とも表すことができる。

また，$\boldsymbol{a}$ **が最大数**，すなわち $b<a$, $c<a$ である場合は，① のうち $b<c+a$, $c<a+b$ は常に成り立つから

$$\boldsymbol{a<b+c} \quad \cdots\cdots ③$$

だけが成り立てばよい。

解説 **「三角形の2辺の長さの和は，他の1辺の長さより大きい」**（詳しくは数学Aで学習する）ことから ① の条件が導かれている。① の条件はわかりやすいが，3つの式が同時に成り立つことを確認する必要がある。

② について，$b<c+a$, $c<a+b$ から　$b-c<a$, $c-b<a$

すなわち $\pm(b-c)<a$ であることから　$|b-c|<a$

$a<b+c$ と合わせて，$|b-c|<a<b+c$ と書き表すことができる。

なお，$|b-c|<a<b+c$, $|c-a|<b<c+a$, $|a-b|<c<a+b$

は，すべて同じことである。

② の条件は ① と比べ1つの式ですむが，絶対値を含む式となり扱いにくいときもある。一方，③ の条件は非常にシンプルである。最大の辺がわかる場合は ③ を利用するとよい。

注意 ①，② のいずれの条件にも「$a>0$, $b>0$, $c>0$」の条件を追加する必要はない。例えば，① が成り立つとき，$a<b+c$ と $b<c+a$ の辺々を加えて　$a+b<a+b+2c$

よって　$0<2c$　ゆえに　$c>0$

同様にして，$a>0$, $b>0$ を示すことができる。

また，② が成り立つとき，$|b-c| \geqq 0$ から　$a>0$

$b \geqq c$ のとき，② から　$b-c<b+c$　よって　$c>0$　$b \geqq c$ から　$b>0$

$b<c$ のとき，② から　$c-b<b+c$　よって　$b>0$　$c>b$ から　$c>0$

CHECK & CHECK

40 △ABC において，外接円の半径を R とするとき，次のものを求めよ。

(1) $C=120°$, $R=4$ のとき　c

(2) $A=45°$, $B=60°$, $a=2$ のとき　b と R　↻ 1

41 (1) △ABC において，$b=3$, $c=\sqrt{2}$, $A=45°$ のとき，a を求めよ。

(2) △ABC において，$a=5$, $b=7$, $c=8$ のとき，B を求めよ。　↻ 2

42 △ABC の3辺の長さが次のようなとき，角 A は鋭角，直角，鈍角のいずれであるか。

(1) $a=5$, $b=4$, $c=3$　　(2) $a=8$, $b=6$, $c=5$　↻ 3

基本 例題 120 正弦定理の利用

△ABC において，外接円の半径を R とする。次のものを求めよ。

(1) $B=60^\circ$，$C=75^\circ$，$b=2\sqrt{6}$ のとき　R と a

(2) $A:B:C=1:2:9$，$R=1$ のとき　c

p.194 基本事項 1

CHART & SOLUTION

正弦定理 $\dfrac{a}{\sin A}=\dfrac{b}{\sin B}=\dfrac{c}{\sin C}=2R$

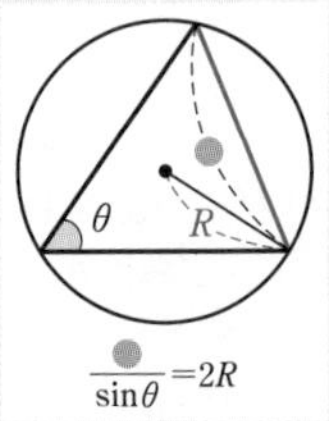

三角形の 1 辺の長さと 2 角の大きさ が与えられたときは，**正弦定理** を用いて残りの辺の長さを求めることができる。

(1) 外接円の半径 ⟶ 正弦定理を適用
$A+B+C=180^\circ$（三角形の内角の和は 180°）も利用。

(2) 内角の比と $A+B+C=180^\circ$ からそれぞれの内角の大きさが求められる。

解答

(1) 正弦定理により　$\dfrac{2\sqrt{6}}{\sin 60^\circ}=2R$

よって　$\boldsymbol{R}=\dfrac{1}{2}\cdot\dfrac{2\sqrt{6}}{\dfrac{\sqrt{3}}{2}}=\boldsymbol{2\sqrt{2}}$

また　$A=180^\circ-(B+C)$
$=180^\circ-(60^\circ+75^\circ)=45^\circ$

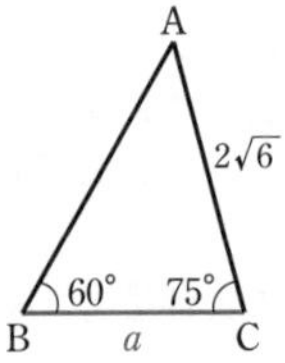

⇐ $\dfrac{b}{\sin B}=2R$

⇐ $R=\dfrac{1}{2}\cdot\dfrac{2\sqrt{6}}{\sin 60^\circ}$ で $\sin 60^\circ=\dfrac{\sqrt{3}}{2}$

⇐ a を求めるために まずは A を求める。

正弦定理により　$\dfrac{a}{\sin 45^\circ}=\dfrac{2\sqrt{6}}{\sin 60^\circ}$

よって　$\boldsymbol{a}=\dfrac{2\sqrt{6}\sin 45^\circ}{\sin 60^\circ}=\dfrac{2\sqrt{6}\cdot\dfrac{1}{\sqrt{2}}}{\dfrac{\sqrt{3}}{2}}=\boldsymbol{4}$

⇐ a の値は $a=2R\sin A$ から $a=2\cdot 2\sqrt{2}\cdot\sin 45^\circ$ $=4\sqrt{2}\cdot\dfrac{1}{\sqrt{2}}=4$ と求めてもよい。

(2) $A:B:C=1:2:9$ と $A+B+C=180^\circ$ から

$C=\dfrac{9}{1+2+9}\times 180^\circ=\dfrac{3}{4}\times 180^\circ=135^\circ$

正弦定理により　$\dfrac{c}{\sin 135^\circ}=2\cdot 1$

⇐ $\dfrac{c}{\sin C}=2R$

よって　$\boldsymbol{c}=2\cdot 1\cdot\sin 135^\circ=2\cdot\dfrac{1}{\sqrt{2}}=\boldsymbol{\sqrt{2}}$

PRACTICE 120❷

△ABC において，外接円の半径を R とする。$A=30^\circ$，$B=105^\circ$，$a=5$ のとき，R と c を求めよ。

基本 例題 121 余弦定理の利用

△ABC において，次のものを求めよ。

(1) $A=60^\circ$，$b=2$，$c=3$ のとき　a

(2) $a=1$，$b=\sqrt{5}$，$c=\sqrt{2}$ のとき　B

(3) $a=2$，$b=\sqrt{6}$，$B=60^\circ$ のとき　c

p.194 基本事項 2，重要 141

CHART & SOLUTION

余弦定理　$a^2=b^2+c^2-2bc\cos A$　$\cos A=\dfrac{b^2+c^2-a^2}{2bc}$　など

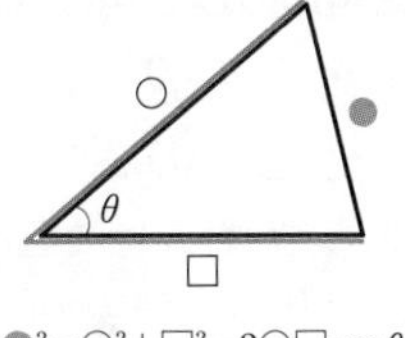

(1) 三角形の 2 辺の長さとその間の角の大きさが与えられたとき

(2) 三角形の 3 辺の長さが与えられたとき

⟶ 余弦定理 を用いて，残りの辺の長さや角の大きさを求めることができる。

(3) C がわからないから，$c^2=a^2+b^2-2ab\cos C$ は使えない。b，B に着目して $b^2=c^2+a^2-2ca\cos B$ を使うと，c の 2 次方程式が得られる。$c>0$ に注意。

解答

(1) 余弦定理により

$$a^2=2^2+3^2-2\cdot2\cdot3\cos60^\circ$$
$$=4+9-2\cdot2\cdot3\cdot\frac{1}{2}=7$$

$a>0$ であるから　$\boldsymbol{a=\sqrt{7}}$

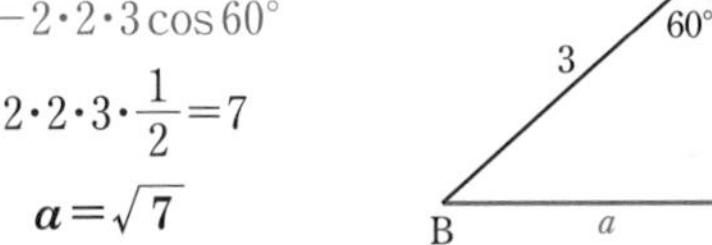

⇐ $a^2=b^2+c^2-2bc\cos A$

(2) 余弦定理により

$$\cos B=\frac{(\sqrt{2})^2+1^2-(\sqrt{5})^2}{2\cdot\sqrt{2}\cdot1}=-\frac{1}{\sqrt{2}}$$

よって　$\boldsymbol{B=135^\circ}$

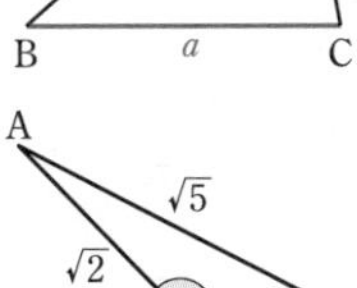

⇐ $\cos B=\dfrac{c^2+a^2-b^2}{2ca}$

(3) 余弦定理により　$(\sqrt{6})^2=c^2+2^2-2c\cdot2\cos60^\circ$

よって　$6=c^2+4-4c\cdot\dfrac{1}{2}$

整理して　$c^2-2c-2=0$

これを解いて　$c=1\pm\sqrt{3}$

$c>0$ であるから　$\boldsymbol{c=1+\sqrt{3}}$

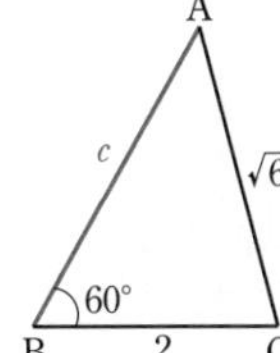

⇐ $b^2=c^2+a^2-2ca\cos B$

⇐ 解の公式から $c=-(-1)\pm\sqrt{(-1)^2-1\cdot(-2)}$

PRACTICE 121❷

△ABC において，次のものを求めよ。

(1) $c=3$，$a=4$，$B=120^\circ$ のとき　b

(2) $a=\sqrt{21}$，$b=4$，$c=5$ のとき　A

(3) $b=\sqrt{2}$，$c=3$，$C=45^\circ$ のとき　a

基本 例題 122　三角形の解法 (1)

次の各場合について，△ABC の残りの辺の長さと角の大きさを求めよ。

(1)　$a=\sqrt{3}$，$B=45°$，$C=15°$　　　(2)　$b=2$，$c=\sqrt{3}+1$，$A=30°$

基本 120, 121

CHART & SOLUTION

三角形の辺と角の決定

2角と1辺　⟶　正弦定理
2辺とその間の角　⟶　余弦定理　……❗

まず，条件に沿った図をかき，位置関係をきちんとつかむことが重要。

(1)　最初に $A+B+C=180°$ からAを求め，正弦定理から b を求める。

(2)　最初に余弦定理から a を求める。

解答

(1)　$\boldsymbol{A}=180°-(B+C)=\mathbf{120°}$

❗ 正弦定理により　$\dfrac{\sqrt{3}}{\sin 120°}=\dfrac{b}{\sin 45°}$

よって　$\boldsymbol{b}=\dfrac{\sqrt{3}\sin 45°}{\sin 120°}=\boldsymbol{\sqrt{2}}$

余弦定理により　$(\sqrt{3})^2=(\sqrt{2})^2+c^2-2\sqrt{2}\,c\cos 120°$

$c^2+\sqrt{2}\,c-1=0$ を解いて　$c=\dfrac{-\sqrt{2}\pm\sqrt{6}}{2}$

$c>0$ であるから　$\boldsymbol{c}=\dfrac{\boldsymbol{\sqrt{6}-\sqrt{2}}}{\mathbf{2}}$

(2)　余弦定理により

❗ $a^2=2^2+(\sqrt{3}+1)^2-2\cdot 2(\sqrt{3}+1)\cos 30°$

$=4+(4+2\sqrt{3})-2\sqrt{3}(\sqrt{3}+1)=2$

$a>0$ であるから　$\boldsymbol{a}=\boldsymbol{\sqrt{2}}$

余弦定理により

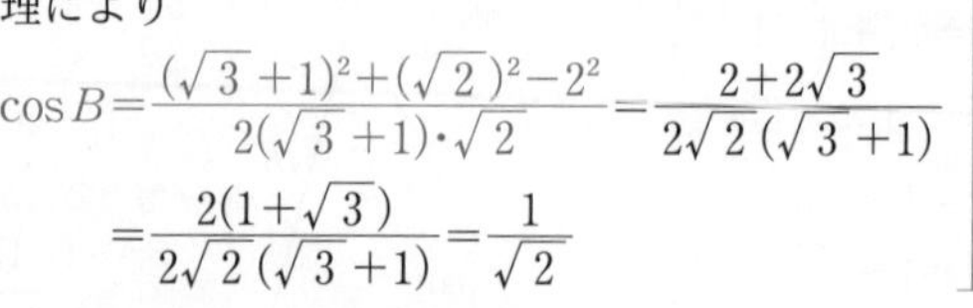

$$\cos B=\frac{(\sqrt{3}+1)^2+(\sqrt{2})^2-2^2}{2(\sqrt{3}+1)\cdot\sqrt{2}}=\frac{2+2\sqrt{3}}{2\sqrt{2}(\sqrt{3}+1)}$$

$$=\frac{2(1+\sqrt{3})}{2\sqrt{2}(\sqrt{3}+1)}=\frac{1}{\sqrt{2}}$$

ゆえに　$\boldsymbol{B}=\mathbf{45°}$

よって　$\boldsymbol{C}=180°-(A+B)=\mathbf{105°}$

別解 (1)（後半）
$b^2=c^2+a^2-2ca\cos B$ を用いると
$c^2-\sqrt{6}\,c+1=0$ から
$c=\dfrac{\sqrt{6}\pm\sqrt{2}}{2}$
$B>C$ であるから　$b>c$
よって　$\boldsymbol{c}=\dfrac{\boldsymbol{\sqrt{6}-\sqrt{2}}}{\mathbf{2}}$

別解 (2)（後半）
$\dfrac{a}{\sin A}=\dfrac{b}{\sin B}$ を用いると
$\sin B=\dfrac{b\sin A}{a}=\dfrac{1}{\sqrt{2}}$
ゆえに　$B=45°$，$135°$
$a<b<c$ であるから，
∠C が最大角。
よって　$\boldsymbol{B}=\mathbf{45°}$

⇐ $\sqrt{3}+1$ で約分できるように変形。

inf. 与えられた三角形の辺や角から，残りの辺や角の大きさを求めることを**三角形を解く**という。

PRACTICE 122❷

次の各場合について，△ABC の残りの辺の長さと角の大きさを求めよ。

(1)　$A=60°$，$B=45°$，$b=\sqrt{2}$　　　(2)　$a=\sqrt{2}$，$b=\sqrt{3}-1$，$C=135°$

ズーム UP 正弦定理と余弦定理のどちらを適用するの？

正弦定理も余弦定理も，辺の長さや角の大きさを求めることができて，問題によっては，どれを使えばよいのかわからなくなることがあります。判断する方法はあるのですか？

適用できる定理の見極め

まず，正弦定理と余弦定理を適用してみよう。

(1) を図示すると右の図のようになるから

$$\frac{\sqrt{3}}{\sin 120^\circ}=\frac{b}{\sin 45^\circ}=\frac{c}{\sin 15^\circ} \quad \cdots\cdots ①$$

$$(\sqrt{3})^2=b^2+c^2-2bc\cos 120^\circ \quad \cdots\cdots ②$$

$A+B+C=180^\circ$ から A は求められる。

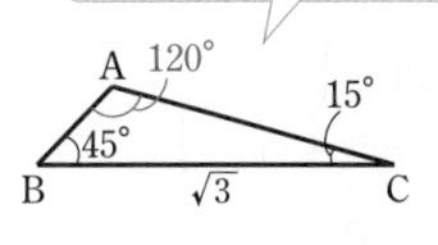

これらの式を見て，b，c のうちすぐに値が求められるものはどちらだろうか？

① の $\dfrac{\sqrt{3}}{\sin 120^\circ}=\dfrac{b}{\sin 45^\circ}$ の部分から，b が求められる。

これと ② から，c についての 2 次方程式を解く，という方針を立てればよいことがわかる。

⇐$\sin 15^\circ$ の値がわからないため，① から c を求められない。

(2) では，正弦定理 $\dfrac{a}{\sin 30^\circ}=\dfrac{2}{\sin B}=\dfrac{\sqrt{3}+1}{\sin C}$ の式からは，a，B，C のいずれも求められない。このようなときは余弦定理を使うことが有効である。

迷うときは，**両方の定理を使った式を書いてみるとよいでしょう**。解答の道筋が見えてきます。

どちらも適用できる場合

(2) では，a を求めた後，余弦定理，正弦定理のどちらを使っても B を求められる。

正弦定理を適用する場合，計算量は少なくてすむことが多いが，sin の値から，角の大きさは鋭角と鈍角の 2 通りが考えられ，答えとして正しいものを調べる必要がある。

⇐$\sin B=\dfrac{1}{\sqrt{2}}$ を満たす B は，45°，135° の 2 通り。

一方，余弦定理を適用する場合，cos の値から角の大きさは 1 通りに定まる。しかし，正弦定理を使う場合よりも計算が煩雑になりがちである。

このように，解法それぞれに特徴があるので，どちらが有利になるかを理解しておく必要がある。

上で説明した **正弦定理・余弦定理それぞれの解法の利点や欠点を押さえておきましょう**。

基本 例題 123 三角形の解法 (2)

△ABC において，$B=30°$，$b=\sqrt{2}$，$c=2$ のとき，A，C，a を求めよ。

基本 120, 121

CHART & SOLUTION

三角形の 2 辺と 1 対角が与えられたときは，三角形が 1 通りに定まらないことがある。
余弦定理を使うと，a の 2 次方程式となり，2 通りの値が得られる。
別解 正弦定理で C を求め，等式 $\boldsymbol{a=b\cos C+c\cos B}$ (下の POINT 参照)を利用。

解答

余弦定理により　$(\sqrt{2})^2=2^2+a^2-2\cdot 2a\cos 30°$

よって　$a^2-2\sqrt{3}a+2=0$　　ゆえに　$a=\sqrt{3}\pm 1$

[1] $\boldsymbol{a=\sqrt{3}+1}$ のとき

$$\cos C=\frac{(\sqrt{3}+1)^2+(\sqrt{2})^2-2^2}{2(\sqrt{3}+1)\cdot\sqrt{2}}=\frac{2(\sqrt{3}+1)}{2\sqrt{2}(\sqrt{3}+1)}=\frac{1}{\sqrt{2}}$$

よって　$\boldsymbol{C=45°}$

ゆえに　$\boldsymbol{A}=180°-(B+C)=180°-(30°+45°)\boldsymbol{=105°}$

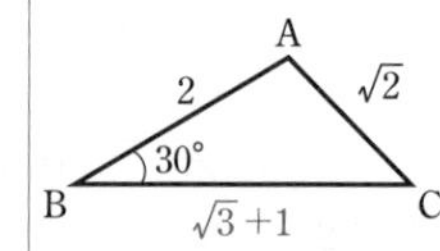

[2] $\boldsymbol{a=\sqrt{3}-1}$ のとき

$$\cos C=\frac{(\sqrt{3}-1)^2+(\sqrt{2})^2-2^2}{2(\sqrt{3}-1)\cdot\sqrt{2}}=\frac{-2(\sqrt{3}-1)}{2\sqrt{2}(\sqrt{3}-1)}=-\frac{1}{\sqrt{2}}$$

よって　$\boldsymbol{C=135°}$

ゆえに　$\boldsymbol{A}=180°-(B+C)=180°-(30°+135°)\boldsymbol{=15°}$

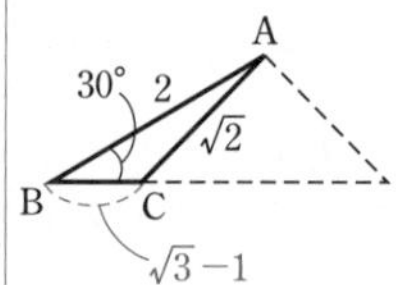

別解 正弦定理により　$\dfrac{\sqrt{2}}{\sin 30°}=\dfrac{2}{\sin C}$

よって　$\sin C=\dfrac{1}{\sqrt{2}}$

$0°<C<180°-B=150°$ から　$C=45°$ または $135°$

[1] $\boldsymbol{C=45°}$ のとき　$\boldsymbol{A}=180°-(30°+45°)\boldsymbol{=105°}$

$\boldsymbol{a}=2\cos 30°+\sqrt{2}\cos 45°\boldsymbol{=\sqrt{3}+1}$

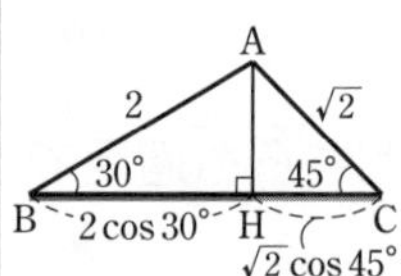

⇐ BC=BH+CH

[2] $\boldsymbol{C=135°}$ のとき

$\boldsymbol{A}=180°-(30°+135°)\boldsymbol{=15°}$

$\boldsymbol{a}=2\cos 30°-\sqrt{2}\cos(180°-135°)$

$=2\cos 30°+\sqrt{2}\cos 135°\boldsymbol{=\sqrt{3}-1}$

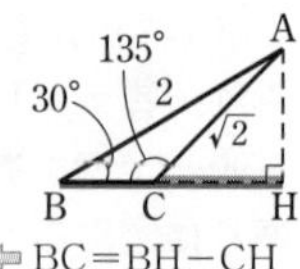

⇐ BC=BH−CH
$=2\cos 30°-\sqrt{2}\cos\angle ACH$

POINT

△ABC において，下の等式が成り立つ。この等式を **第 1 余弦定理** といい，既に学習した余弦定理を **第 2 余弦定理** ということがある。

$$\boldsymbol{a=b\cos C+c\cos B,\ b=c\cos A+a\cos C,\ c=a\cos B+b\cos A}$$

PRACTICE 123❷

△ABC において，$C=45°$，$b=\sqrt{3}$，$c=\sqrt{2}$ のとき，A，B，a を求めよ。

まとめ　三角形の解法のまとめ

△ABC の 6 つの要素（3 辺 a, b, c と 3 角 A, B, C）のうち，三角形をただ 1 通りに決めるためには，少なくとも 1 つの辺を含む次の 3 つの要素が条件として必要である。

[1]　**1 辺とその両端の角**　　[2]　**2 辺とその間の角**　　[3]　**3 辺**

これらの条件から，他の 3 つの要素を求めるとき，条件に応じた定理の使用法などを整理しておこう。

[1]　1 辺とその両端の角（a, B, C の条件から，b, c, A を求める）

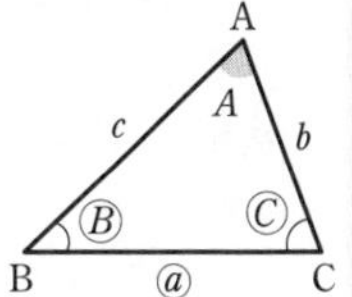

1. $\boldsymbol{A}=180^\circ-(B+C)$ から　$\boldsymbol{A}$
2. 正弦定理 $\dfrac{a}{\sin A}=\dfrac{\boldsymbol{b}}{\sin B}=\dfrac{\boldsymbol{c}}{\sin C}$ から　$\boldsymbol{b}$, $\boldsymbol{c}$

inf. 両端の角に限らず，1 辺と 2 角の条件のときも，同じようにして求めることができる。

[2]　2 辺とその間の角（b, c, A の条件から，a, B, C を求める）

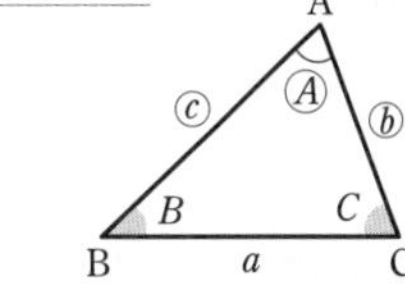

1. 余弦定理 $\boldsymbol{a}^2=b^2+c^2-2bc\cos A$ から　$\boldsymbol{a}$
2. 余弦定理 $\cos\boldsymbol{B}=\dfrac{c^2+a^2-b^2}{2ca}$ から　$\boldsymbol{B}$
3. $\boldsymbol{C}=180^\circ-(A+B)$ から　$\boldsymbol{C}$

[3]　3 辺（a, b, c の条件から，A, B, C を求める）

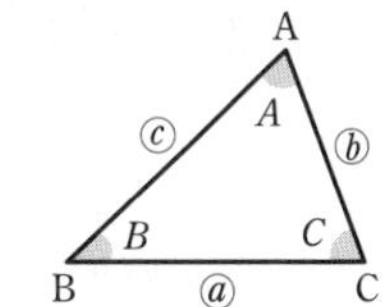

1. 余弦定理 $\cos\boldsymbol{A}=\dfrac{b^2+c^2-a^2}{2bc}$ から　$\boldsymbol{A}$
2. 余弦定理 $\cos\boldsymbol{B}=\dfrac{c^2+a^2-b^2}{2ca}$ から　$\boldsymbol{B}$
3. $\boldsymbol{C}=180^\circ-(A+B)$ から　$\boldsymbol{C}$

inf. [2] の 2，[3] の 2 で正弦定理 $\dfrac{a}{\sin A}=\dfrac{b}{\sin B}$ から，$\sin B$ の値を求めてもよいが，B の値が 2 つ導かれ，その吟味が必要となる（$p.199$ **ズーム UP** 参照）。

inf. **2 辺と 1 対角** の条件が与えられた場合，三角形は 1 通りに決まるとは限らない（$p.200$ 参照）。
例えば，a, b, A の条件から，c, B, C を求める場合，

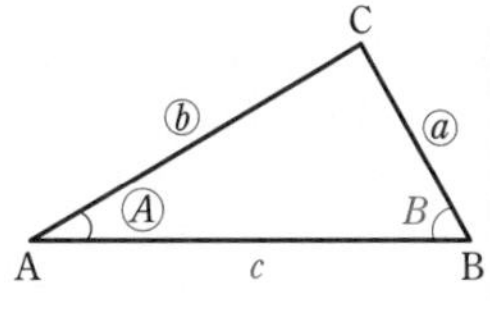

① **余弦定理** $a^2=b^2+c^2-2bc\cos A$ から，c の 2 次方程式を作って解き，c を求める。

② **正弦定理** $\dfrac{a}{\sin A}=\dfrac{b}{\sin B}$ から，B を求める。

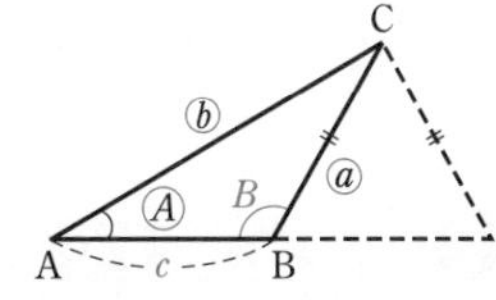

の方法が考えられるが，いずれの場合も得られる値がただ 1 つに決まるとは限らない。
一方のみが適する場合もあるし，両方とも適する場合（右の図参照）もあるので，吟味が必要となる。

4章　14　正弦定理と余弦定理

基本 例題 124 三角形の最大角

△ABC において，次が成り立つとき，この三角形の最も大きい角の大きさを求めよ。

(1) $\dfrac{a}{13}=\dfrac{b}{8}=\dfrac{c}{7}$　　(2) $\sin A：\sin B：\sin C=1：\sqrt{2}：\sqrt{5}$

p.194 基本事項 3，基本 121

CHART & SOLUTION

三角形の辺と角の大小関係

$a<b \iff A<B$　最大辺の対角が最大角 ……❗

比例式は $=k$ とおき，a，b，c を k で表して余弦定理を利用し，角の大きさを求める。

(1) $a>b>c$ であるから，最大辺は BC で最大角は ∠A である。

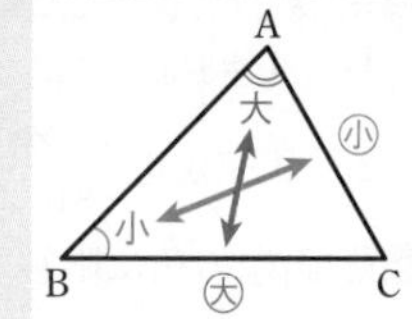

解答

(1) $\dfrac{a}{13}=\dfrac{b}{8}=\dfrac{c}{7}$ の値を $k\,(k>0)$ とおくと

$a=13k$，$b=8k$，$c=7k$

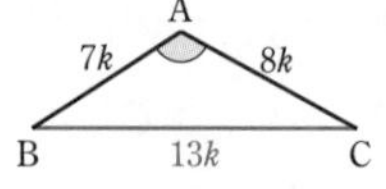

❗ 辺 BC が最大の辺であるから，その対角の ∠A が最大の角である。

余弦定理により

$$\cos A=\frac{(8k)^2+(7k)^2-(13k)^2}{2\cdot 8k\cdot 7k}=\frac{-56k^2}{2\cdot 8\cdot 7k^2}=-\frac{1}{2}$$

よって，最大の角の大きさは　**$A=120°$**

(2) 正弦定理により

$a：b：c=\sin A：\sin B：\sin C$

よって　$a：b：c=1：\sqrt{2}：\sqrt{5}$

ゆえに，$k\,(k>0)$ を用いて

$a=k$，$b=\sqrt{2}k$，$c=\sqrt{5}k$

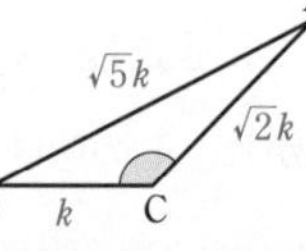

❗ と表されるから，辺 AB が最大の辺で，その対角の ∠C が最大の角である。

余弦定理により

$$\cos C=\frac{k^2+(\sqrt{2}k)^2-(\sqrt{5}k)^2}{2\cdot k\cdot \sqrt{2}k}=\frac{-2k^2}{2\sqrt{2}k^2}=-\frac{1}{\sqrt{2}}$$

したがって，最大の角の大きさは　**$C=135°$**

> inf. $\dfrac{a}{x}=\dfrac{b}{y}=\dfrac{c}{z}$ の形の式を **比例式** という。この比の関係を $a：b：c=x：y：z$ と書くこともあり，このときの $a：b：c$ を a，b，c の **連比** という。

> inf. 正弦定理から $\sin A=\dfrac{a}{2R}$，$\sin B=\dfrac{b}{2R}$，$\sin C=\dfrac{c}{2R}$
> したがって
> $\sin A：\sin B：\sin C$
> $=\dfrac{a}{2R}：\dfrac{b}{2R}：\dfrac{c}{2R}$
> $=a：b：c$

PRACTICE 124❷

△ABC において，$\sin A：\sin B：\sin C=5：16：19$ のとき，この三角形の最も大きい角の大きさを求めよ。

基本 例題 125 鈍角（鋭角）三角形となる条件

△ABC において，$a=4$，$b=5$ とする。

(1) 辺の長さ c の値の範囲を求めよ。

(2) △ABC が鈍角三角形のとき，辺の長さ c の値の範囲を求めよ。

p.194, 195 基本事項 3，4

CHART & SOLUTION

三角形の成立条件　$a<b+c,\ b<c+a,\ c<a+b$

辺と角の関係

∠A が鋭角 $\iff a^2<b^2+c^2$

∠A が直角 $\iff a^2=b^2+c^2$

∠A が鈍角 $\iff a^2>b^2+c^2$

(1) 三角形の成立条件，(2) 鈍角三角形となる条件 から c の値の範囲を求める。
(2) では，∠B が鈍角の場合と ∠C が鈍角の場合があることに注意する。

解答

(1) 三角形の成立条件から

$4<5+c,\ 5<c+4,\ c<4+5$

整理して　$-1<c,\ 1<c,\ c<9$

共通範囲を求めて　$\boldsymbol{1<c<9}$ ……①

(2) 辺 BC は最大辺ではないから，∠A は最大角ではない。
すなわち，∠A は鈍角ではない。

[1] ∠B が鈍角のとき

$b^2>c^2+a^2$ から　$5^2>c^2+4^2$

よって　$c^2<9$

$c>0$ であるから　$0<c<3$ ……②

[2] ∠C が鈍角のとき

$c^2>a^2+b^2$ から　$c^2>4^2+5^2$

よって　$c^2>41$

$c>0$ であるから　$c>\sqrt{41}$ ……③

②，③ を合わせた範囲は　$0<c<3,\ \sqrt{41}<c$ ……④

よって，求める c の値の範囲は，①，④ の共通範囲で

$\boldsymbol{1<c<3,\ \sqrt{41}<c<9}$

別解 (1) 三角形の成立条件から
$|a-b|<c<a+b$
よって
$|4-5|<c<4+5$
ゆえに　$\boldsymbol{1<c<9}$
(p.195 4 ② 参照)

[1] ∠B が鈍角

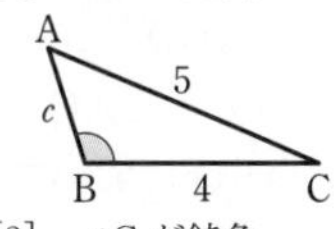

[2] ∠C が鈍角

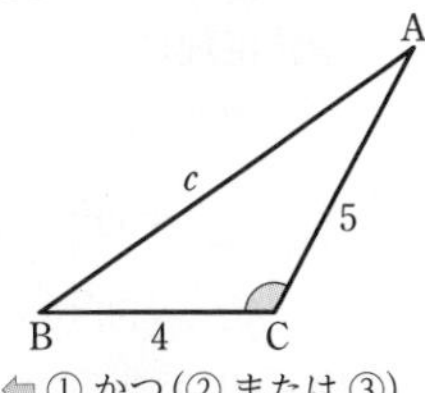

⇐ ① かつ（② または ③）

POINT
鈍角三角形 $\iff$ 内角の どれか 1 つ が鈍角
鋭角三角形 $\iff$ 内角の すべて が鋭角

PRACTICE 125③

3 辺の長さが 3，5，x である三角形が鋭角三角形となるように，x の値の範囲を定めよ。

基本 例題 126 測量の問題(平面)

100 m 離れた 2 地点 A，B から川を隔てた対岸の 2 地点 P，Q を計測したところ，図のような値が得られた。

(1) A，P 間の距離を求めよ。

(2) P，Q 間の距離を求めよ。

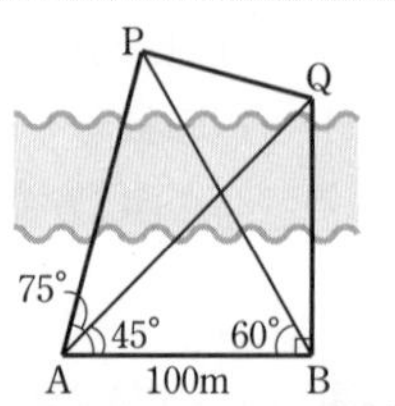

基本 107, 120, 121

CHART & THINKING

距離や方角(線分や角) 三角形の辺や角としてとらえる

図の中のどの三角形に注目して，正弦定理や余弦定理を適用するのがよいかを考えよう。

(1) △ABP において ∠APB=45° から，正弦定理を用いて求める。

(2) △ABQ は直角二等辺三角形であるから AQ=$100\sqrt{2}$ (m)
これと(1)の結果から，どの三角形に注目したらよいだろうか？

解答

(1) △ABP において　∠APB=180°−(∠PAB+∠PBA)
=180°−(75°+60°)=45°

正弦定理により　$\dfrac{\text{AP}}{\sin 60^\circ}=\dfrac{100}{\sin 45^\circ}$

よって　$\text{AP}=\dfrac{100}{\sin 45^\circ}\cdot\sin 60^\circ=100\cdot\sqrt{2}\cdot\dfrac{\sqrt{3}}{2}$

$=\mathbf{50\sqrt{6}}$ **(m)**

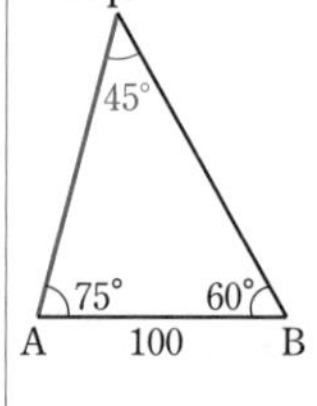

(2) △ABQ は，∠AQB=45° であるから，直角二等辺三角形。

よって　AQ=$100\sqrt{2}$ (m)

△APQ において　∠PAQ=∠PAB−∠QAB
=75°−45°=30°

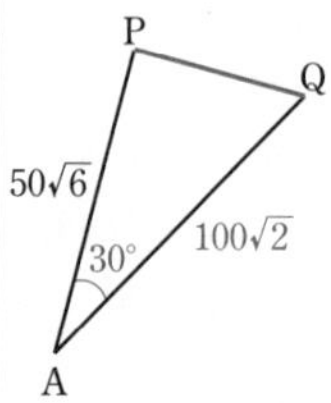

余弦定理により

$$\text{PQ}^2=(50\sqrt{6})^2+(100\sqrt{2})^2-2\cdot 50\sqrt{6}\cdot 100\sqrt{2}\cos 30^\circ$$

$$=50^2\left\{(\sqrt{6})^2+(2\sqrt{2})^2-2\cdot\sqrt{6}\cdot 2\sqrt{2}\cdot\frac{\sqrt{3}}{2}\right\}$$

$$=50^2(6+8-12)=50^2\cdot 2$$

⇐ 50^2 でくくって計算を簡単に。

PQ>0 であるから　PQ=$\mathbf{50\sqrt{2}}$ **(m)**

PRACTICE 126③

50 m 離れた 2 地点 A, B から川を隔てた対岸の 2 地点 P, Q を計測したところ，図のような値が得られた。このとき，P，Q 間の距離を求めよ。

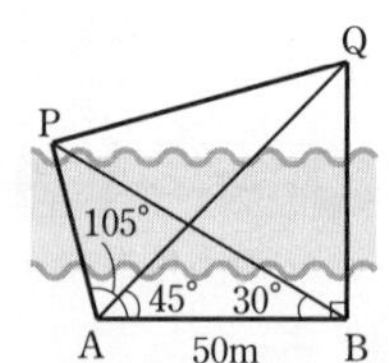

基本 例題 127 測量の問題(空間)

右の図のように電柱が 3 点 A, B, C を含む平面に垂直に立っており, 2 つの地点 A, B から電柱の先端 D を見ると, 仰角はそれぞれ 60°, 45° であった。A, B 間の距離が 6 m, ∠ACB=30° のとき, 電柱の高さ CD を求めよ。ただし, 目の高さは考えないものとする。

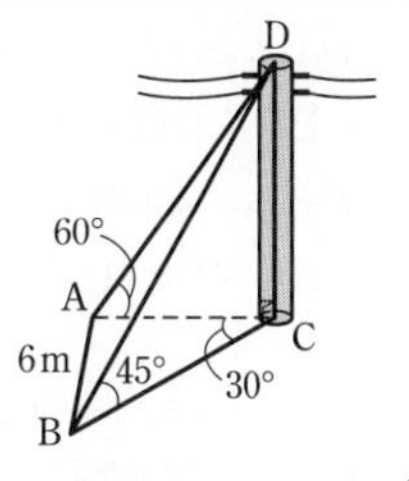

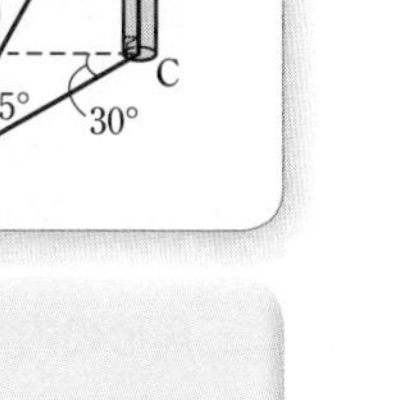

基本 126

CHART & SOLUTION

距離や方角(線分や角) 三角形の辺や角としてとらえる

空間の問題も, 三角形を取り出して, 平面と同じように考える。
電柱の高さ CD を h m とおいて AC, BC を h で表し, △ABC に余弦定理を用いる。

解答

電柱の高さ CD を h m とおく。

直角三角形 ACD において

$\tan 60^\circ = \dfrac{h}{\mathrm{AC}}$ から

$$\mathrm{AC} = \frac{h}{\tan 60^\circ} = \frac{h}{\sqrt{3}} \ (\mathrm{m})$$

⇐ 電柱と 3 点 A, B, C を含む平面は垂直であるから ∠ACD=90° 同様に ∠BCD=90°

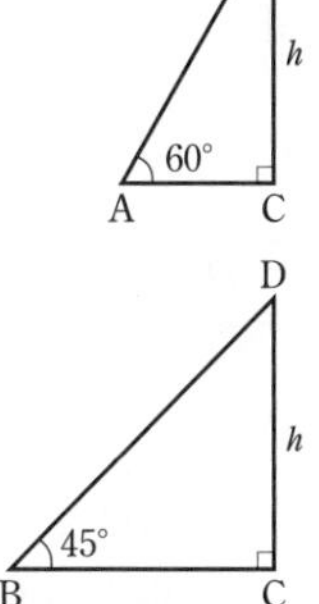

直角三角形 BCD において

$\tan 45^\circ = \dfrac{h}{\mathrm{BC}}$ から

$$\mathrm{BC} = \frac{h}{\tan 45^\circ} = h \ (\mathrm{m})$$

△ABC において, 余弦定理により

$$6^2 = \left(\frac{h}{\sqrt{3}}\right)^2 + h^2 - 2\cdot\frac{h}{\sqrt{3}}\cdot h\cos 30^\circ$$

⇐ $\mathrm{AB}^2 = \mathrm{AC}^2 + \mathrm{BC}^2 - 2\mathrm{AC}\cdot\mathrm{BC}\cos C$

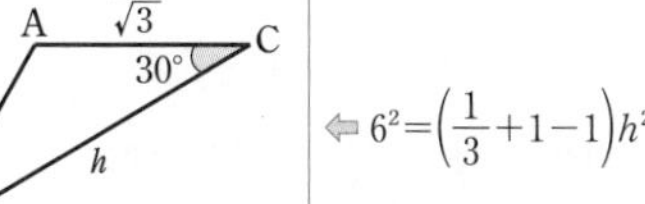

ゆえに $\quad 6^2 = \dfrac{h^2}{3} + h^2 - \dfrac{2}{\sqrt{3}}h^2\cdot\dfrac{\sqrt{3}}{2}$

⇐ $6^2 = \left(\dfrac{1}{3} + 1 - 1\right)h^2$

よって $\quad h^2 = 3\cdot 6^2$

$h>0$ であるから $\quad h = 6\sqrt{3}$

したがって $\quad$ **CD=$6\sqrt{3}$ (m)**

⇐ 高さは約 10.4 m

PRACTICE 127③

水平な地面の地点 H に, 地面に垂直にポールが立っている。 2 つの地点 A, B からポールの先端を見ると, 仰角はそれぞれ 30° と 60° であった。また, 地面上の測量では A, B 間の距離が 20 m, ∠AHB=60° であった。このとき, ポールの高さを求めよ。ただし, 目の高さは考えないものとする。

基本 例題 128 三角形の内角の二等分線の長さ (1)

(1) $\triangle$ABC において，$\angle$A の二等分線が辺 BC と交わる点をDとするとき，BD：DC＝AB：AC が成り立つことを証明せよ。

(2) $\triangle$ABC において，BC＝6，CA＝5，AB＝7 とし，$\angle$A の二等分線と辺 BC の交点をDとする。(1) を利用して線分 AD の長さを求めよ。

基本 120, 121

CHART & SOLUTION

三角形の内角の二等分線の長さ

1 余弦定理の利用　　2 面積の利用

三角形の内角の二等分線については，(1) のような性質がある。この性質を利用して，(2) では余弦定理を使って AD の長さを求める。

2 **面積の利用** は，後で学習する（$p.214$ 基本例題 133 参照）。

解答

(1) $\angle A=2\theta$，$\angle ADB=\alpha$ とすると，$\triangle$ABD と $\triangle$ACD において，正弦定理により

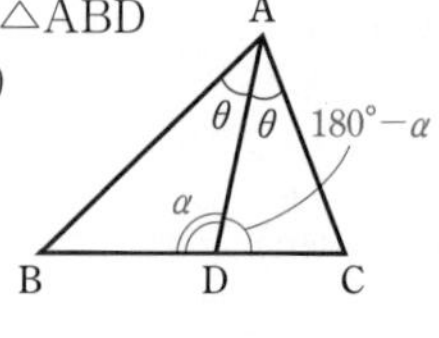

$$\frac{BD}{\sin\theta}=\frac{AB}{\sin\alpha},$$

$$\frac{DC}{\sin\theta}=\frac{AC}{\sin(180^\circ-\alpha)}$$

$\sin(180^\circ-\alpha)=\sin\alpha$ であるから，これらを変形すると

$$BD=\frac{\sin\theta}{\sin\alpha}AB,\ DC=\frac{\sin\theta}{\sin\alpha}AC$$

よって　　BD：DC＝AB：AC

(2) 線分 AD は $\angle$A の二等分線であるから，(1) より

BD：DC＝AB：AC

BC＝6，CA＝5，AB＝7 から　　$DC=\frac{5}{2}$

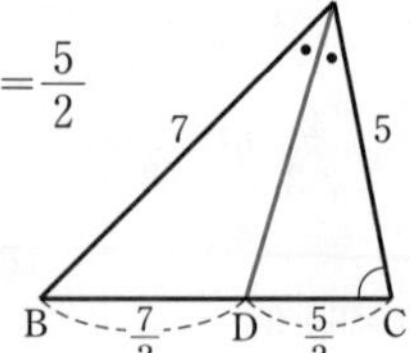

$\triangle$ABC において，余弦定理により

$$\cos C=\frac{6^2+5^2-7^2}{2\cdot6\cdot5}=\frac{12}{2\cdot6\cdot5}=\frac{1}{5}$$

$\triangle$ADC において，余弦定理により

$$AD^2=5^2+\left(\frac{5}{2}\right)^2-2\cdot5\cdot\frac{5}{2}\cdot\frac{1}{5}=\frac{105}{4}$$

AD＞0 であるから　　$\mathbf{AD=\frac{\sqrt{105}}{2}}$

別解 (1)

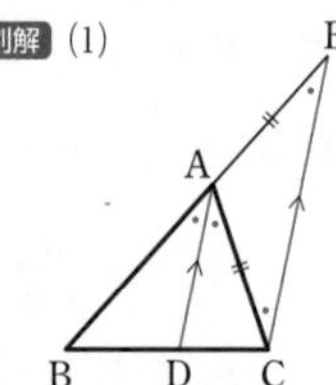

図において，AD∥EC とすると，$\angle AEC=\angle BAD=\angle CAD=\angle ACE$ から

AE＝AC

よって

BD：DC＝BA：AE
＝AB：AC

⇐ BD：DC＝7：5 から

$$DC=\frac{5}{7+5}BC$$

inf. cos は角が大きいほど値が小さくなるので，本問では $\cos C$ を求めた。

⇐ $AD^2=AC^2+DC^2-2AC\cdot DC\cos C$

PRACTICE 128③

AB＝6，BC＝4，CA＝5 の三角形 ABC の $\angle$B の二等分線が辺 AC と交わる点をDとするとき，線分 BD の長さを求めよ。

補充 例題 129 三角形に関する等式の証明 ⊘⊘⊘⊘⊘

△ABC において，次の等式が成り立つことを証明せよ。

(1) $a\sin A\sin C+b\sin B\sin C=c(\sin^2 A+\sin^2 B)$

(2) $a(b\cos C-c\cos B)=b^2-c^2$

⟲ $p.194$ 基本事項 1，2

CHART & SOLUTION

三角形の辺や角の等式　辺だけの関係に直す

等式の証明は $p.178$ INFORMATION の 1 ～ 3 の方法がある。(1) は 3 の方法，(2) は 1 の方法で証明しよう。

(1) 正弦定理から導かれる $\sin A=\dfrac{a}{2R}$ など（R は外接円の半径）を，左辺と右辺それぞれに代入する。

(2) 余弦定理から導かれる $\cos C=\dfrac{a^2+b^2-c^2}{2ab}$ などを左辺に代入する。

解答

(1) △ABC の外接円の半径を R とすると，正弦定理により

$$a\sin A\sin C+b\sin B\sin C$$
$$=a\cdot\frac{a}{2R}\cdot\frac{c}{2R}+b\cdot\frac{b}{2R}\cdot\frac{c}{2R}=\frac{c(a^2+b^2)}{4R^2}$$
$$c(\sin^2 A+\sin^2 B)=c\left\{\left(\frac{a}{2R}\right)^2+\left(\frac{b}{2R}\right)^2\right\}=\frac{c(a^2+b^2)}{4R^2}$$

したがって，与えられた等式は成り立つ。

別解　△ABC の外接円の半径を R とすると，正弦定理により

$$a=2R\sin A,\quad b=2R\sin B,\quad c=2R\sin C$$

よって　(左辺)$=2R\sin^2 A\sin C+2R\sin^2 B\sin C$

$$=2R\sin C(\sin^2 A+\sin^2 B)$$
$$=c(\sin^2 A+\sin^2 B)=(\text{右辺})$$

したがって，与えられた等式は成り立つ。

(2) 余弦定理により

$$a(b\cos C-c\cos B)=ab\cos C-ac\cos B$$
$$=ab\cdot\frac{a^2+b^2-c^2}{2ab}-ac\cdot\frac{c^2+a^2-b^2}{2ca}$$
$$=\frac{(a^2+b^2-c^2)-(c^2+a^2-b^2)}{2}=b^2-c^2$$

したがって，与えられた等式は成り立つ。

⇦ 辺だけの関係に直す。

⇦ $\sin A=\dfrac{a}{2R}$，$\sin B=\dfrac{b}{2R}$，$\sin C=\dfrac{c}{2R}$ を代入。

inf. 別解 では，角だけの関係に直してうまくいったが，数学Ⅰの範囲では，a，b，c を $\sin A$ などの角だけの関係に直しても，その後の変形の知識が不十分でうまくいかないことがある。そのため，辺だけの関係にもち込む方がスムーズであることが多い。

⇦ $\cos C=\dfrac{a^2+b^2-c^2}{2ab}$，$\cos B=\dfrac{c^2+a^2-b^2}{2ca}$ を代入。

PRACTICE 129③

△ABC において，次の等式が成り立つことを証明せよ。

(1) $(b-c)\sin A+(c-a)\sin B+(a-b)\sin C=0$

(2) $c(\cos B-\cos A)=(a-b)(1+\cos C)$

補充 例題 130　三角形の形状決定

次の等式を満たす △ABC はどのような形をしているか。〔佐賀大〕

(1) $c\cos B=b\cos C$　　(2) $a\sin A+b\sin B=c\sin C$

補充 129

CHART & SOLUTION

三角形の辺や角の等式　辺だけの関係に直す

(1) は余弦定理，(2) は正弦定理により，条件の式を辺だけの関係に直す。
なお，三角形の形状は，その三角形がただ一通りに定まるように的確に答える。

解答

(1) 余弦定理により，与えられた等式は

$$c\cdot\frac{c^2+a^2-b^2}{2ca}=b\cdot\frac{a^2+b^2-c^2}{2ab}$$

よって　$\dfrac{c^2+a^2-b^2}{2a}=\dfrac{a^2+b^2-c^2}{2a}$

両辺に $2a$ を掛けて

$$c^2+a^2-b^2=a^2+b^2-c^2$$

ゆえに　$2c^2=2b^2$　すなわち　$c^2=b^2$

$b>0$，$c>0$ であるから　$c=b$

よって，△ABC は

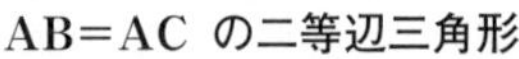

AB=AC の二等辺三角形

参考　角だけの関係に直すと，正弦定理から
$c=2R\sin C$
$b=2R\sin B$
これらを与式に代入し，整理すると　$\tan B=\tan C$
よって　$B=C$
しかし，いつもこのようにうまくいくとは限らない。

(2) △ABC の外接円の半径を R とすると，正弦定理により

⇐ R の断りを忘れないようにする。

$$\sin A=\frac{a}{2R},\ \sin B=\frac{b}{2R},\ \sin C=\frac{c}{2R}$$

これらを条件の式に代入して

$$\frac{a^2}{2R}+\frac{b^2}{2R}=\frac{c^2}{2R}$$

⇐ 辺だけの関係に直す。

両辺に $2R$ を掛けて　$a^2+b^2=c^2$

よって，△ABC は **∠C=90° の直角三角形**

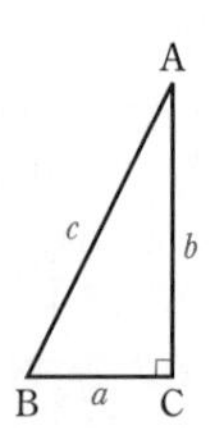

INFORMATION　三角形の形状の答え方

三角形の形状を答えるとき，単に，「二等辺三角形」とか「直角三角形」だけでは，解答として不十分である。等しい辺や直角である角も必ず示しておくようにする。
上の解答では

(1) AB=AC　　(2) ∠C=90°

でそれを示している。

PRACTICE 130[3]

次の等式を満たす △ABC はどのような形をしているか。

(1) $b\sin^2A+a\cos^2B=a$　　(2) $\dfrac{a}{\cos A}=\dfrac{b}{\cos B}=\dfrac{c}{\cos C}$　〔松本歯大〕

EXERCISES　14 正弦定理と余弦定理

A

104❷ 三角形 ABC において，$\sin A : \sin B : \sin C = 3 : 5 : 7$ とするとき，比 $\cos A : \cos B : \cos C$ を求めよ。〔東北学院大〕 ➲120, 121, 124

105❸ 四角形 ABCD において，$AB=8$，$BC=5$，$CD=DA=3$，$A=60°$ のとき，対角線 BD の長さは，ア□ である。また，△ABD の外接円の半径 R は，$R=$イ□ となる。更に，$\cos C=$ウ□ であるから，角Cの大きさは，エ□° である。〔昭和女子大〕 ➲120, 121

106❸ (1) △ABC において，次のものを求めよ。〔(イ) 京都産大〕

(ア) $A=60°$，$c=1+\sqrt{6}$，$a+b=5$ のとき　a

(イ) $A=60°$，$a=1$，$\sin A=2\sin B-\sin C$ のとき　b，c

(2) △ABC において，$b=2$，$c=\sqrt{5}+1$，$A=60°$ のとき，C は鋭角，直角，鈍角のいずれであるかを調べよ。〔類 岡山理科大〕

➲122

107❸ 近くの公園に円形のプールがある。ある日，このプールの広さを測定しようと考え，私と友人は巻尺とチョークを持って出かけた。プールの縁の 3 ヵ所にチョークで印を付け，それぞれを A，B，C とした。AB，BC，CA の水平距離を測定すると，それぞれ 9 m，6 m，12 m であった。

(1) ∠ABC の正弦，余弦，正接の値を求めよ。

(2) このプールの面積を求めよ。〔類 鳥取大〕 ➲108, 126

108❸ △ABC において，辺 BC の中点を M とするとき，等式 $AB^2+AC^2=2(AM^2+BM^2)$ (中線定理) を証明せよ。

B

109❸ △ABC において，∠BAC の二等分線と辺 BC の交点をDとする。$AB=5$，$AC=2$，$AD=2\sqrt{2}$ とする。〔類 防衛大〕

(1) $\dfrac{CD}{BD}$ の値を求めよ。　(2) $\cos\angle BAD$ の値を求めよ。 ➲128

110❸ △ABC において，次の等式が成り立つことを証明せよ。

$$(b^2+c^2-a^2)\tan A=(c^2+a^2-b^2)\tan B$$

➲129

111❹ 鋭角三角形である △ABC の頂点 B，C から，それぞれの対辺に下ろした垂線を BD，CE とする。$BC=a$，∠A の大きさを A で表すとき，線分 DE の長さを a，A を用いて表せ。なお，線分 PQ に対し $\angle PRQ=90°$ ならば，点Rは線分 PQ を直径とする円周上にあることを使ってよいものとする。

HINT

109　(2) △ABD と △ACD に余弦定理を用いる。その後，(1)の結果を利用。

110　$\tan\theta=\dfrac{\sin\theta}{\cos\theta}$，正弦定理，余弦定理を用いて，左辺と右辺をそれぞれ変形する。

111　$\angle BDC=\angle BEC=90°$ より，4 点 B，C，D，E は線分 BC を直径とする円周上にあるから，正弦定理が利用できる。

15 三角形の面積，空間図形への応用

基本事項

1 三角形の面積

① 2辺とその間の角　$S=\frac{1}{2}bc\sin A=\frac{1}{2}ca\sin B=\frac{1}{2}ab\sin C$

② 3辺　$2s=a+b+c$ とすると

$$S=\sqrt{s(s-a)(s-b)(s-c)}$$　（ヘロンの公式）

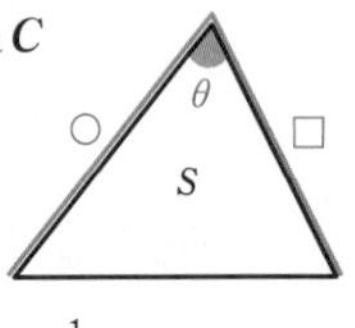

$S=\frac{1}{2}\times○\times□\times\sin\theta$

解説　② ヘロンの公式の証明は，$p.211$ 参照。

2 三角形の内接円と面積

① 三角形の3辺すべてに接する円を，その三角形の **内接円** という。

② △ABC の面積 S は，内接円の半径を r とすると

$$S=\frac{1}{2}r(a+b+c)$$

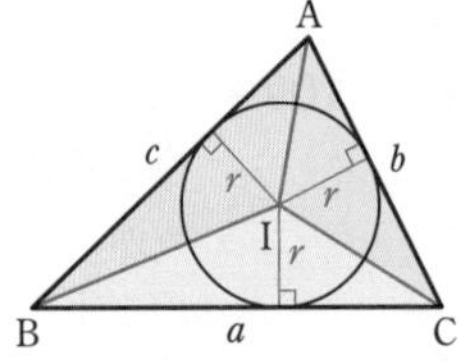

解説　② 内接円の中心を I とすると，点 I から 3 辺に下ろした垂線の長さはすべて r であるから

$S=△\mathrm{IBC}+△\mathrm{ICA}+△\mathrm{IAB}$

$=\frac{1}{2}ar+\frac{1}{2}br+\frac{1}{2}cr=\frac{1}{2}r(a+b+c)$

3 空間図形の計量

空間図形から適当な平面を取り出して，三角比を適用する。また，円柱，円錐，角柱，角錐では，底面積と高さと体積の関係なども利用する。

底面積を S，高さを h とすると

円柱，角柱の体積　$V=Sh$　　**円錐，角錐の体積**　$V=\frac{1}{3}Sh$

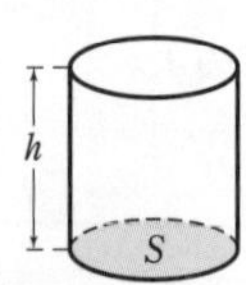

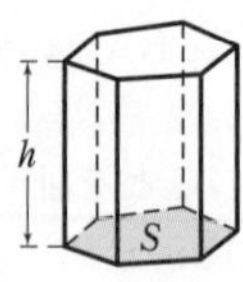

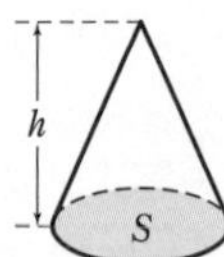

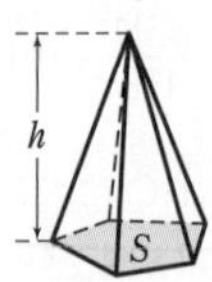

CHECK & CHECK

43　下の図の三角形 ABC，平行四辺形 ABCD の面積を求めよ。　1

(1)

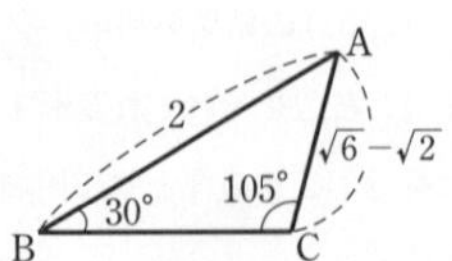

(2)

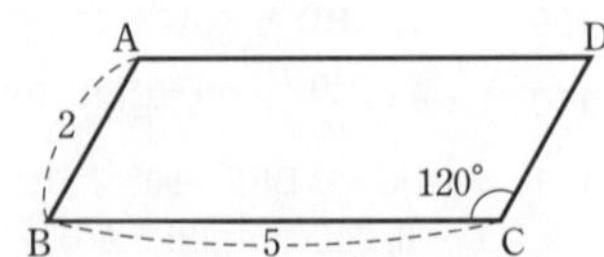

STEP UP ヘロンの公式

3 辺の長さが与えられたとき，△ABC の面積 S を求めるには

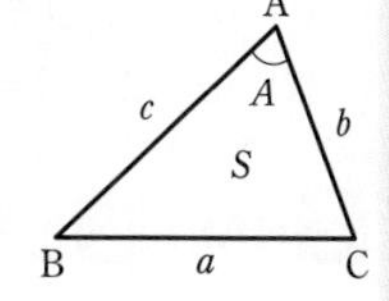

① **余弦定理を用いて，$\cos A$ を求める。**

② **$\sin^2 A+\cos^2 A=1$ から，$\sin A$ を求める。**

③ **面積の公式 $S=\dfrac{1}{2}bc\sin A$ に代入する。**

の手順で計算すればよい (p.212 基本例題 131 (1) 参照)。

この面積 S を，3 辺の長さ a，b，c で表した結果が **ヘロンの公式** である。

ヘロンの公式　　△ABC の面積 S は

$2s=a+b+c$ とすると

$$S=\sqrt{s(s-a)(s-b)(s-c)}$$

証明▶ 余弦定理により，$\cos A=\dfrac{b^2+c^2-a^2}{2bc}$ であるから

$$\begin{aligned}\sin^2 A&=1-\cos^2 A=(1+\cos A)(1-\cos A)\\&=\left(1+\frac{b^2+c^2-a^2}{2bc}\right)\left(1-\frac{b^2+c^2-a^2}{2bc}\right)\\&=\frac{2bc+b^2+c^2-a^2}{2bc}\times\frac{2bc-b^2-c^2+a^2}{2bc}\\&=\frac{(b+c)^2-a^2}{2bc}\times\frac{a^2-(b-c)^2}{2bc}\\&=\frac{(a+b+c)(-a+b+c)(a-b+c)(a+b-c)}{4b^2c^2}\end{aligned}$$

ここで，$a+b+c=2s$ とおくと

$$-a+b+c=2(s-a),\ a-b+c=2(s-b),\ a+b-c=2(s-c)$$

したがって　　$\sin^2 A=\dfrac{4s(s-a)(s-b)(s-c)}{(bc)^2}$

$\sin A>0$ であるから　　$\sin A=\dfrac{2\sqrt{s(s-a)(s-b)(s-c)}}{bc}$

よって　　$S=\dfrac{1}{2}bc\sin A=\dfrac{1}{2}bc\cdot\dfrac{2\sqrt{s(s-a)(s-b)(s-c)}}{bc}$

$$=\sqrt{s(s-a)(s-b)(s-c)}$$

例　3 辺の長さが 3，6，7 のとき，$2s=3+6+7=16$ から　　$s=8$

よって　　$S=\sqrt{8(8-3)(8-6)(8-7)}=\sqrt{8\cdot5\cdot2\cdot1}=4\sqrt{5}$

inf.　ヘロンの公式を用いると，三角形の面積を 3 辺の長さから直接求めることができるが，必ずしも，計算がスムーズになるとは限らない。ヘロンの公式の利用が有効なのは，3 辺の長さが整数であるなど，$\sqrt{\ \ }$ の中が比較的計算しやすいときである。与えられた辺の長さによっては，上記 ① ⟶ ② ⟶ ③ の手順で計算した方がスムーズな場合もある (p.220 基本例題 137 参照)。

基本 例題 131 三角形の面積 ②②②②②

△ABC において，面積を S で表す。次のものを求めよ。

(1) $a=4$, $b=5$, $c=6$ のとき $\cos A$, S

(2) $a=2$, $B=150°$, $S=\sqrt{3}$ のとき b

p.210 基本事項 1

CHART & SOLUTION

△ABC の面積 S

$$S=\frac{1}{2}bc\sin A=\frac{1}{2}ca\sin B=\frac{1}{2}ab\sin C$$

(1) 余弦定理により $\cos A$ を，更に $\sin A=\sqrt{1-\cos^2 A}$ と上の公式から S を，それぞれ求める。

(2) 上の公式から c を求め，余弦定理により b を求める。

解答

(1) 余弦定理により

$$\cos A=\frac{5^2+6^2-4^2}{2\cdot5\cdot6}=\frac{45}{2\cdot5\cdot6}=\mathbf{\frac{3}{4}}$$

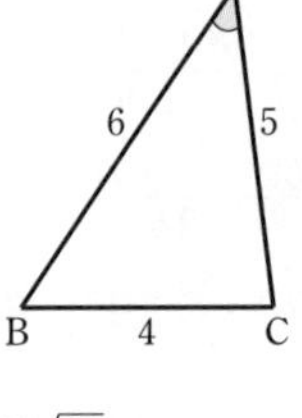

$\sin A>0$ であるから

$$\sin A=\sqrt{1-\cos^2 A}=\sqrt{1-\left(\frac{3}{4}\right)^2}=\frac{\sqrt{7}}{4}$$

よって $S=\frac{1}{2}bc\sin A=\frac{1}{2}\cdot5\cdot6\cdot\frac{\sqrt{7}}{4}=\mathbf{\frac{15\sqrt{7}}{4}}$

別解 (1)（後半）
ヘロンの公式を用いると，
$2s=4+5+6$ から $s=\frac{15}{2}$
よって
$$S=\sqrt{s(s-a)(s-b)(s-c)}=\sqrt{\frac{15}{2}\cdot\frac{7}{2}\cdot\frac{5}{2}\cdot\frac{3}{2}}=\frac{15\sqrt{7}}{4}$$

(2) $S=\frac{1}{2}ca\sin B$ から

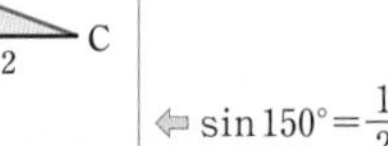

$$\sqrt{3}=\frac{1}{2}c\cdot2\sin150°$$

よって $c=\frac{\sqrt{3}}{\sin150°}=2\sqrt{3}$ ⇐ $\sin150°=\frac{1}{2}$

余弦定理により

$$b^2=(2\sqrt{3})^2+2^2-2\cdot2\sqrt{3}\cdot2\cos150°=28$$

⇐ $\cos150°=-\frac{\sqrt{3}}{2}$

$b>0$ であるから

$$\mathbf{b}=\sqrt{28}=\mathbf{2\sqrt{7}}$$

PRACTICE 131②

△ABC において，面積を S で表す。次のものを求めよ。ただし，(2) は鈍角三角形ではないものとする。

(1) $a=11$, $b=7$, $c=6$ のとき $\cos B$, S

(2) $a=\sqrt{2}$, $c=\sqrt{6}$, $S=\sqrt{2}$ のとき b, C

基本 例題 132 多角形の面積

次のような図形の面積 S を求めよ。

(1) AB=6, BC=10, CD=5, ∠B=∠C=60° の四角形 ABCD

(2) 1 辺の長さが 1 の正八角形

基本 131

CHART & THINKING

(1) まずは右のように図をかいてみよう。

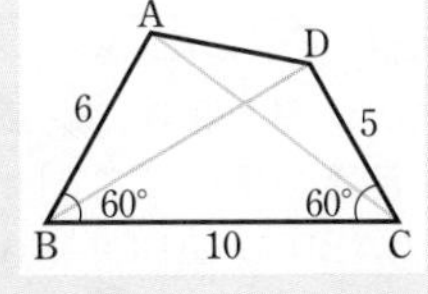

多角形の面積 は **いくつかの三角形に分割** するのが基本方針だが，対角線 AC，BD のどちらで分割するのがよいだろうか？

AC で分割 ⟶ △ABC に余弦定理を用いると，線分 AC の長さは求められるが，△DAC の面積はすぐにはわからない。

BD で分割 ⟶ △BCD は BC：CD=2：1， ∠BCD=60° に注目すると，∠DBC の大きさや線分 BD の長さがわかる。これを利用して △ABD の面積を求めてみよう。

(2) 正八角形の外接円の中心Oを通る対角線で 8 つの三角形に分割すればよい。

解答

(1) △BCD において，BC=10，CD=5，∠C=60° から

∠BDC=90°，∠DBC=30°

$BD=BC\sin 60°=5\sqrt{3}$

△ABD において　∠ABD=∠ABC−∠DBC=30°

よって，求める面積は

$$S=\triangle BCD+\triangle ABD$$
$$=\frac{1}{2}\cdot 5\cdot 5\sqrt{3}+\frac{1}{2}\cdot 6\cdot 5\sqrt{3}\sin 30°=\mathbf{20\sqrt{3}}$$

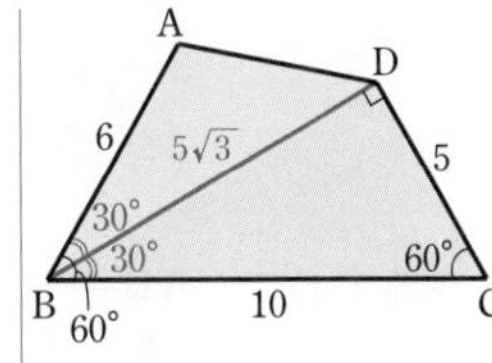

(2) 正八角形の外接円の中心を O，1 辺を AB とすると

AB=1，∠AOB=360°÷8=45°

OA=OB=a とすると，△OAB において，余弦定理により

$$1^2=a^2+a^2-2a\cdot a\cos 45°$$

⇦ 合同な 8 個の三角形に分ける。

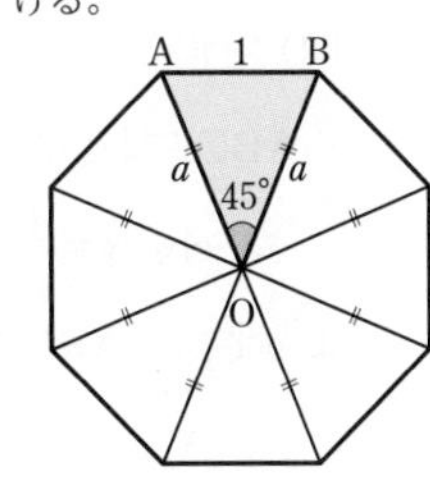

整理して　$1=(2-\sqrt{2})a^2$

ゆえに　$a^2=\dfrac{1}{2-\sqrt{2}}=\dfrac{2+\sqrt{2}}{2}$

よって，求める面積は

$$S=8\triangle OAB=8\cdot\frac{1}{2}a^2\sin 45°=\mathbf{2(\sqrt{2}+1)}$$

⇦ a^2 のまま代入する。

PRACTICE 132❷

次のような図形の面積を求めよ。

(1) AD∥BC，AB=5，BC=6，DA=2，∠ABC=60° の四角形 ABCD

(2) AB=2，BC=$\sqrt{3}+1$，CD=$\sqrt{2}$，B=60°，C=75° の四角形 ABCD

(3) 1 辺の長さが 1 の正十二角形

基本 例題 133 三角形の内角の二等分線の長さ (2)

$\angle A=120^\circ$, AB=3, AC=1 である △ABC の ∠A の二等分線が辺 BC と交わる点をDとするとき，線分 AD の長さを求めよ。 〔千葉工大〕

基本 128, 131

CHART & SOLUTION

三角形の内角の二等分線の長さ

① 余弦定理の利用　② 面積の利用

p.206 基本例題 128 と同様に，**① 余弦定理の利用** の方針で解いてもよいが計算が煩雑（別解 参照)。ここでは **② 面積の利用** の方針で解く。三角形の面積の公式と △ABD＋△ADC＝△ABC を利用し，AD の長さを求める。……❗

解答

AD$=x$ とする。

△ABD＋△ADC＝△ABC から

❗ $$\frac{1}{2}\cdot 3\cdot x\sin 60^\circ+\frac{1}{2}\cdot x\cdot 1\sin 60^\circ=\frac{1}{2}\cdot 3\cdot 1\sin 120^\circ$$

← $\frac{1}{2}\cdot 3x\cdot\frac{\sqrt{3}}{2}+\frac{1}{2}\cdot x\cdot\frac{\sqrt{3}}{2}=\frac{1}{2}\cdot 3\cdot\frac{\sqrt{3}}{2}$

両辺を $\frac{1}{2}\cdot\frac{\sqrt{3}}{2}$ で割る。

よって　$3x+x=3$

ゆえに　$x=\frac{3}{4}$

すなわち　**AD$=\frac{3}{4}$**

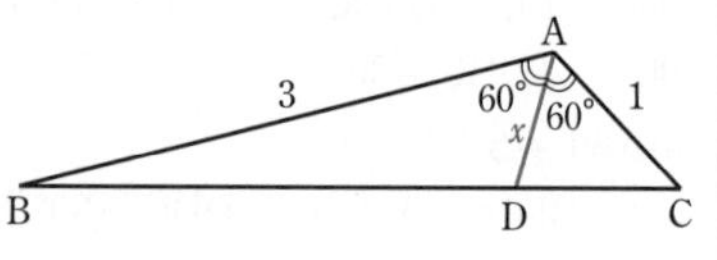

別解 △ABC において，余弦定理により

$$BC^2=3^2+1^2-2\cdot 3\cdot 1\cos 120^\circ=9+1-2\cdot 3\left(-\frac{1}{2}\right)=13$$

← $BC^2=AB^2+AC^2-2AB\cdot AC\cos A$

BC>0 であるから　$BC=\sqrt{13}$

BD : DC＝3 : 1 であるから　$BD=\frac{3}{4}BC=\frac{3\sqrt{13}}{4}$

← **角の二等分線の性質 BD : DC＝AB : AC**

△ABC において，余弦定理により

$$\cos B=\frac{3^2+(\sqrt{13})^2-1^2}{2\cdot 3\cdot\sqrt{13}}=\frac{7}{2\sqrt{13}}$$

← $\cos B=\frac{BA^2+BC^2-AC^2}{2BA\cdot BC}$

よって，△ABD において，余弦定理により

$$AD^2=3^2+\left(\frac{3\sqrt{13}}{4}\right)^2-2\cdot 3\cdot\frac{3\sqrt{13}}{4}\cdot\frac{7}{2\sqrt{13}}=\frac{9}{16}$$

← $AD^2=BA^2+BD^2-2BA\cdot BD\cos B$

AD>0 であるから　**AD$=\frac{3}{4}$**

PRACTICE 133③

AB=3, AC=2, ∠BAC=60° の △ABC において，∠A の二等分線と BC との交点をDとするとき，線分 AD の長さを求めよ。 〔南山大〕

STEP UP 三角形の内角の二等分線の長さ

△ABC において，∠A の二等分線が辺 BC と交わる点をDとし，
$AC=b$，$AB=c$，$BD=p$，$CD=q$
とおくと
$$\mathbf{AD^2=bc-pq}$$
が成り立つ。

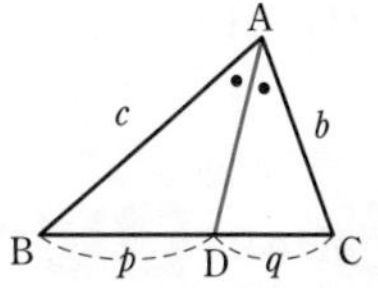

証明▶ $\angle BAD=\angle CAD=\theta$，$AD=x$ とおく。
AD は ∠A の二等分線であるから
$c:b=p:q$　すなわち　$bp=cq$ …… ①
ここで，△ABD と △ACD において，余弦定理により
$$\cos\theta=\frac{c^2+x^2-p^2}{2\cdot c\cdot x},\ \cos\theta=\frac{b^2+x^2-q^2}{2\cdot b\cdot x}$$
これから　$\dfrac{c^2+x^2-p^2}{2cx}=\dfrac{b^2+x^2-q^2}{2bx}$
分母を払って　$b(c^2+x^2-p^2)=c(b^2+x^2-q^2)$
整理して　$(b-c)x^2=b^2c-bc^2+bp^2-cq^2$
$=bc(b-c)+bp\cdot p-cq\cdot q$
① から　$(b-c)x^2=bc(b-c)+cq\cdot p-bp\cdot q$
$=bc(b-c)-pq(b-c)$
$=(b-c)(bc-pq)$
$b\neq c$ のとき，両辺を $b-c$ で割って　$x^2=bc-pq$ …… ②
$b=c$ のとき，△ABC は二等辺三角形であるから　$p=q$
このとき，△ABD において，三平方の定理から，
$x^2=c^2-p^2$ が成り立ち，② に含めることができる。

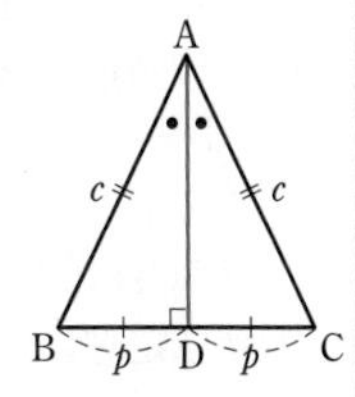

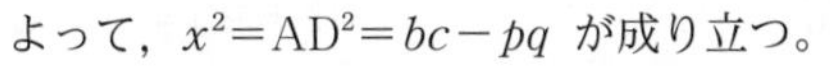
よって，$x^2=AD^2=bc-pq$ が成り立つ。

前ページの基本例題 133 をこの式を用いて解いてみよう。

別解 △ABC において，余弦定理により
$BC^2=3^2+1^2-2\cdot3\cdot1\cos120^\circ=13$
$BC>0$ であるから　$BC=\sqrt{13}$
$BD:DC=AB:AC=3:1$ であるから

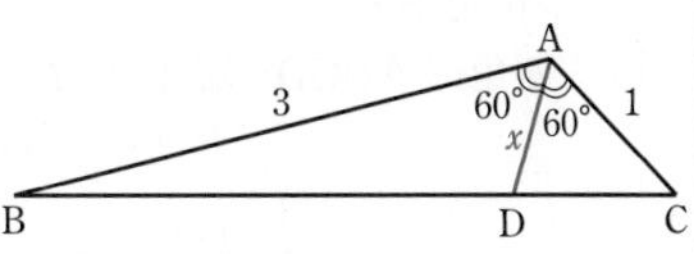

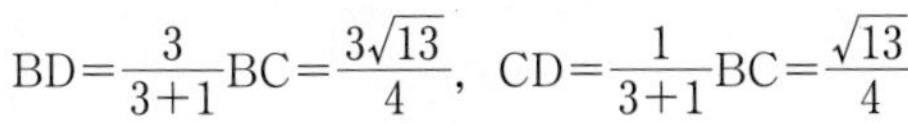
$$BD=\frac{3}{3+1}BC=\frac{3\sqrt{13}}{4},\ CD=\frac{1}{3+1}BC=\frac{\sqrt{13}}{4}$$
よって　$x^2=1\cdot3-\dfrac{3\sqrt{13}}{4}\cdot\dfrac{\sqrt{13}}{4}=3-\dfrac{39}{16}=\dfrac{9}{16}$
$x>0$ であるから　$x=\mathbf{AD=\dfrac{3}{4}}$

基本 例題 134　円に内接する四角形の面積 (1)

円に内接する四角形 ABCD において，AB=BC=1，BD=$\sqrt{7}$，DA=2 であるとき，次のものを求めよ。

(1) A　　(2) 辺 CD の長さ　　(3) 四角形 ABCD の面積 S

基本 131, 132

CHART & SOLUTION

円に内接する四角形

1 対角線で 2 つの三角形に分割する

2 四角形の対角の和は 180°

和は 180°

(1) まず，図をかく。△ABD の 3 辺がわかっているから，余弦定理により $\cos A$ から，A が求められる。

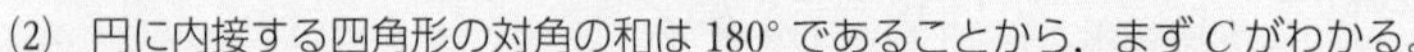

(2) 円に内接する四角形の対角の和は 180° であることから，まず C がわかる。

(3) 対角線 BD で分割されているから，S=△ABD+△BCD より求められる。

解答

(1) △ABD において，余弦定理により

$$\cos A=\frac{1^2+2^2-(\sqrt{7})^2}{2\cdot1\cdot2}=-\frac{1}{2}$$

よって　**$A=120°$**

⇐ $\cos A=\dfrac{AB^2+AD^2-BD^2}{2\cdot AB\cdot AD}$

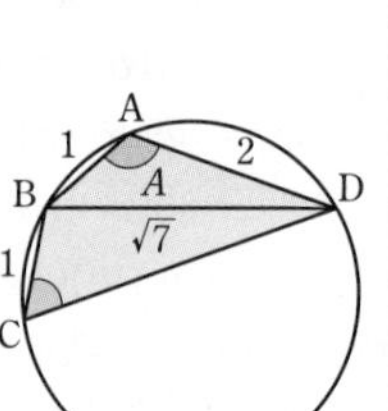

(2) 四角形 ABCD は円に内接するから

$A+C=180°$

よって　$C=180°-120°=60°$

△BCD において，CD=x とおくと，余弦定理により

$$(\sqrt{7})^2=1^2+x^2-2\cdot1\cdot x\cos 60°$$

⇐ $BD^2=CB^2+CD^2-2\cdot CB\cdot CD\cos C$

ゆえに　$x^2-x-6=0$

よって　$(x+2)(x-3)=0$

$x>0$ であるから　$x=3$　　すなわち　**CD=3**

(3) 四角形 ABCD の面積 S は

$$S=\triangle ABD+\triangle BCD$$
$$=\frac{1}{2}\cdot1\cdot2\sin120°+\frac{1}{2}\cdot1\cdot3\sin60°$$
$$=\frac{\sqrt{3}}{2}+\frac{3\sqrt{3}}{4}=\boldsymbol{\frac{5\sqrt{3}}{4}}$$

PRACTICE 134 ❷

円に内接する四角形 ABCD がある。AB=8，BC=3，BD=7，AD=5 であるとき，A と辺 CD の長さを求めよ。また，四角形 ABCD の面積 S を求めよ。

基本 例題 135 円に内接する四角形の面積 (2)

円に内接する四角形 ABCD において，AB=8，BC=10，CD=DA=3 である。このとき，四角形 ABCD の面積 S を求めよ。

基本 134

CHART & SOLUTION

円に内接する四角形

1 対角線で 2 つの三角形に分割する

2 四角形の対角の和は 180°

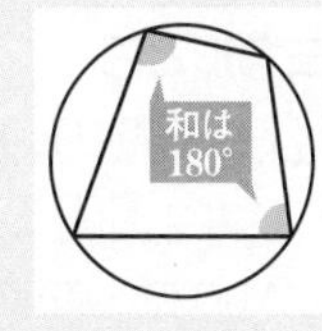

まず図をかいて，1 の方針に従い，対角線 BD での分割を考える。
2 から $C=180°-A$ であることに注意して，2 つの三角形でそれぞれ余弦定理を使って BD^2 を 2 通りに表し，$\cos A$ を求める。$\cos A$ の値がわかれば $\sin A$ の値も求められる。

解答

四角形 ABCD は円に内接するから

$C=180°-A$

⇦ $A+C=180°$

△ABD において，余弦定理により

$$BD^2=8^2+3^2-2\cdot8\cdot3\cos A$$
$$=73-48\cos A \quad \cdots\cdots ①$$

△BCD において，余弦定理により

$$BD^2=10^2+3^2-2\cdot10\cdot3\cos(180°-A)$$
$$=109+60\cos A \quad \cdots\cdots ②$$

⇦ $\cos(180°-\theta)=-\cos\theta$

①，② から　$73-48\cos A=109+60\cos A$

⇦ BD^2 を消去した形。

よって　$108\cos A=-36$　すなわち　$\cos A=-\dfrac{1}{3}$

⇦ A を求めることはできないが，$\cos A$ を求めることはできる。

$\sin A>0$ であるから　$\sin A=\sqrt{1-\left(-\dfrac{1}{3}\right)^2}=\dfrac{2\sqrt{2}}{3}$

また　$\sin C=\sin(180°-A)=\sin A$

⇦ $\sin(180°-\theta)=\sin\theta$

よって　$S=\triangle ABD+\triangle BCD$

$$=\frac{1}{2}\cdot8\cdot3\sin A+\frac{1}{2}\cdot10\cdot3\sin C$$
$$=27\sin A=27\cdot\frac{2\sqrt{2}}{3}=\mathbf{18\sqrt{2}}$$

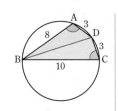

inf. 対角線 AC で四角形を分割して，上と同様にすると $\cos B=\dfrac{73}{89}$ が得られ，

$\sin B=\sqrt{1-\left(\dfrac{73}{89}\right)^2}=\dfrac{36\sqrt{2}}{89}$ となり，計算が煩雑になる。

PRACTICE 135③

円に内接する四角形 ABCD がある。AB=4，BC=5，CD=7，DA=10 のとき，四角形 ABCD の面積 S を求めよ。

基本 例題 136 三角形と外接円・内接円の半径

△ABC において，AB=6，BC=7，CA=5 のとき，外接円の半径 R，内接円の半径 r を，それぞれ求めよ。

p.210 基本事項 2，重要 139

CHART & SOLUTION

三角形と円

1　外接円の半径は正弦定理

2　内接円の半径は面積利用 ……❗

△ABC の外接円の半径 R は，正弦定理を利用して求める。
それには，3辺が与えられているから，ある内角の sin の値がわかればよい。

3辺 ⟶ 余弦定理 ⟶ cos ⟶ sin

内接円の半径 r は，三角形の面積と3辺の長さから求める。

$$S=\frac{1}{2}r(a+b+c)$$

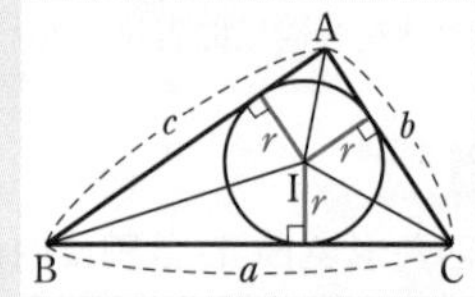

解答

余弦定理により　$\cos A=\dfrac{5^2+6^2-7^2}{2\cdot5\cdot6}=\dfrac{1}{5}$

$\sin A>0$ であるから

$$\sin A=\sqrt{1-\cos^2 A}=\sqrt{1-\left(\frac{1}{5}\right)^2}=\frac{2\sqrt{6}}{5}$$

❗ 正弦定理により　$\dfrac{BC}{\sin A}=2R$

よって　$\boldsymbol{R}=\dfrac{1}{2}\cdot7\cdot\dfrac{5}{2\sqrt{6}}=\boldsymbol{\dfrac{35\sqrt{6}}{24}}$

また，△ABC の面積を S とすると

❗ $S=\dfrac{1}{2}bc\sin A=\dfrac{1}{2}r(a+b+c)$

ゆえに　$\dfrac{1}{2}\cdot5\cdot6\cdot\dfrac{2\sqrt{6}}{5}=\dfrac{1}{2}r(7+5+6)$

整理して　$6\sqrt{6}=9r$

よって　$\boldsymbol{r}=\dfrac{6\sqrt{6}}{9}=\boldsymbol{\dfrac{2\sqrt{6}}{3}}$

⇦ どの角に注目してもよい。

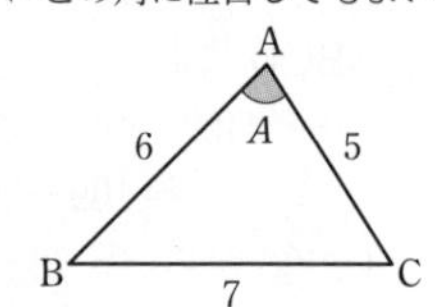

別解 （前半）
ヘロンの公式を用いると，
$2s=7+5+6$ から　$s=9$
よって
$S=\sqrt{9(9-7)(9-5)(9-6)}=6\sqrt{6}$
$S=\dfrac{1}{2}bc\sin A$ から
$\sin A=\dfrac{6\sqrt{6}}{\frac{1}{2}\cdot5\cdot6}=\dfrac{2\sqrt{6}}{5}$

PRACTICE 136❷

△ABC において，BC=17，CA=10，AB=9 とする。このとき，$\sin A$ の値，△ABC の面積，外接円の半径，内接円の半径を求めよ。

振り返り　図形の面積の考え方

ここまで面積を求める問題がたくさんありましたが，考え方のポイントを教えてください。

定理や公式を利用するだけでなく，**図形をいくつかの三角形に分割したり，図形の量を2通りに表したり** することがポイントです。

図形をいくつかの三角形に分割する

与えられた辺の長さや角の大きさの条件を活かすには，どのように分割するのがよいかを見極めよう。

例　**四角形 ABCD の面積** （*p*.213 例題 132(1)）

対角線 AC か BD で分割し，2つの三角形に分ける。

3つの角が 30°, 60°, 90° または 45°, 45°, 90° の直角三角形が出てくるときは，辺の比 $1:\sqrt{3}:2$ や $1:1:\sqrt{2}$ を利用するのもよい。

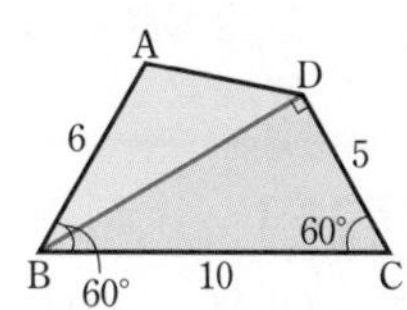

例　**正八角形の面積** （*p*.213 例題 132(2)）

正八角形を8個の合同な三角形に分ける。

⟶ 正多角形は，外接円の中心と頂点を結ぶ線分で分割する。

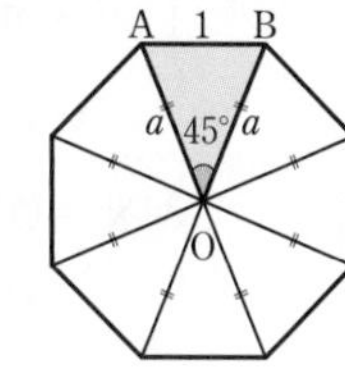

図形の量を2通りに表す

線分の長さなどを求める際に，面積などの同じ図形の量を2通りに表すことができれば，その等式から求めたいものが得られる。

例　**角の二等分線の長さ** （*p*.214 例題 133）

∠A の二等分線 AD の長さを x として，△ABC の面積を2通りに表す。

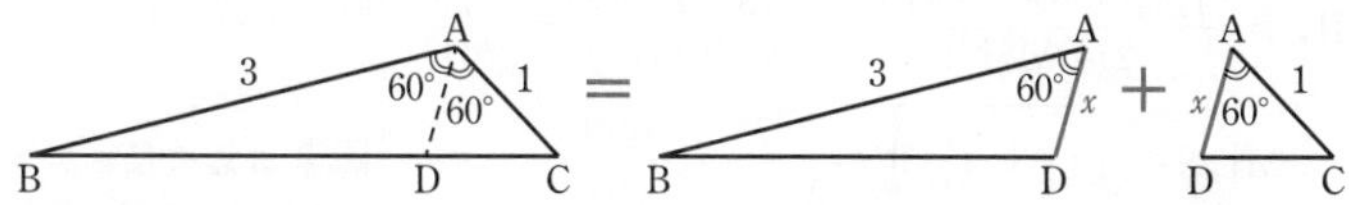

例　**内接円の半径** （*p*.218 例題 136）

内接円の半径を r として，△ABC の面積を2通りに表す。

$$\frac{1}{2}bc\sin A=\frac{1}{2}r(a+b+c)$$

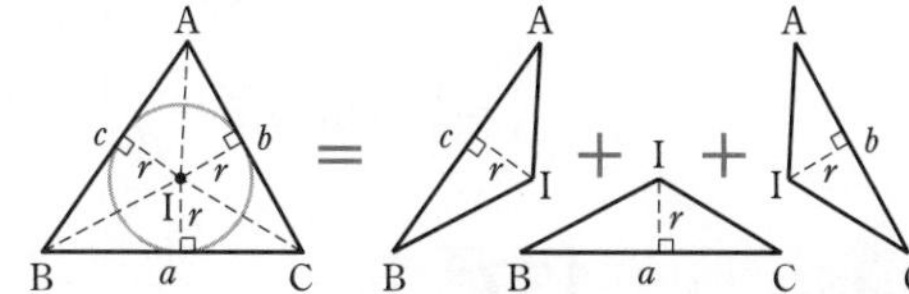

このような考え方は，これから学習する空間図形でも用いられるので，意識しながら学習を進めましょう。

基本 例題 137 立体の切り口

1辺の長さが6の正四面体 OABC がある。辺 OA の中点をL，辺 OB を 2：1 に分ける点をM，辺 OC を 1：2 に分ける点をNとする。△LMN の面積を求めよ。

基本 131，重要 141

CHART & THINKING

空間図形の問題　平面図形（三角形）を取り出す

△LMN の面積は，3辺の長さがわかれば求められるが，直接長さを調べるのは難しい。このようなときは，**各辺を含む他の三角形を取り出して考えよう**。例えば，辺 LM は △OLM の辺とみて，余弦定理により求める。辺 MN，NL はどの三角形の1辺とみればよいだろうか？

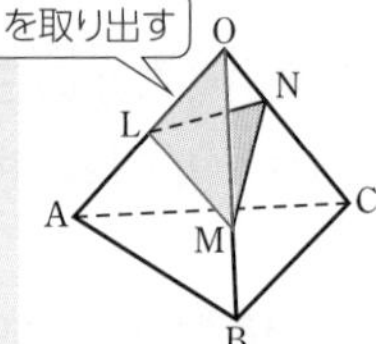

解答

△OLM，△OMN，△ONL において，余弦定理により

$$LM^2=OL^2+OM^2-2\cdot OL\cdot OM\cos 60^\circ$$
$$=3^2+4^2-2\cdot 3\cdot 4\cdot\frac{1}{2}=13$$
$$MN^2=OM^2+ON^2-2\cdot OM\cdot ON\cos 60^\circ$$
$$=4^2+2^2-2\cdot 4\cdot 2\cdot\frac{1}{2}=12$$
$$NL^2=ON^2+OL^2-2\cdot ON\cdot OL\cos 60^\circ$$
$$=2^2+3^2-2\cdot 2\cdot 3\cdot\frac{1}{2}=7$$

$LM>0$，$MN>0$，$NL>0$ であるから

$$LM=\sqrt{13},\ MN=2\sqrt{3},\ NL=\sqrt{7}$$

△LMN において，余弦定理により

$$\cos\angle MLN=\frac{LM^2+NL^2-MN^2}{2\cdot LM\cdot NL}=\frac{13+7-12}{2\cdot\sqrt{13}\cdot\sqrt{7}}=\frac{4}{\sqrt{91}}$$

よって　$\sin\angle MLN=\sqrt{1-\left(\frac{4}{\sqrt{91}}\right)^2}=\sqrt{\frac{75}{91}}=\frac{5\sqrt{3}}{\sqrt{91}}$

ゆえに　$\triangle LMN=\frac{1}{2}\cdot LM\cdot NL\sin\angle MLN$

$$=\frac{1}{2}\cdot\sqrt{13}\cdot\sqrt{7}\cdot\frac{5\sqrt{3}}{\sqrt{91}}=\mathbf{\frac{5\sqrt{3}}{2}}$$

⇐ $\angle LOM=\angle MON=\angle NOL=60^\circ$

inf. 3辺の長さが与えられた場合，ヘロンの公式から三角形の面積が求められるが，この場合は $2s=\sqrt{13}+2\sqrt{3}+\sqrt{7}$ となり，計算が煩雑になる。

PRACTICE 137③

1辺の長さが6の正四面体 ABCD について，辺 BC 上で $2BE=EC$ を満たす点をE，辺 CD の中点をMとする。〔大阪教育大〕

(1) 線分 AM，AE，EM の長さをそれぞれ求めよ。

(2) $\angle EAM=\theta$ とおくとき，$\cos\theta$ の値を求めよ。　(3) △AEM の面積を求めよ。

基本 例題 138 正四面体の高さと体積

1 辺の長さが a である正四面体 ABCD がある。
(1) この正四面体の高さを a の式で表せ。
(2) この正四面体の体積を a の式で表せ。

基本 137，重要 139

CHART & THINKING

空間図形の問題　平面図形（三角形）を取り出す

(1) 頂点 A から底面 BCD に垂線 AH を下ろすと，AH が正四面体の高さとなる。AH を求めるために，どの三角形を取り出せばよいだろうか？　AB＝AC＝AD であることに，まず注目しよう。更に，点 H は △BCD のどのような位置にあるかを考えよう。
(2) 四面体の体積の公式において，(1) で求めた「高さ」に加えて何を求めればよいかを判断しよう。

解答

(1) 正四面体の頂点 A から底面 △BCD に垂線 AH を下ろすと，
AB＝AC＝AD であるから

△ABH≡△ACH≡△ADH

よって　BH＝CH＝DH

ゆえに，点 H は △BCD の外接円の中心で，外接円の半径は BH である。

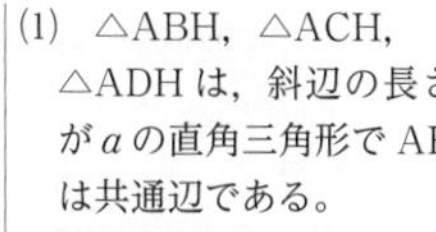

よって，△BCD において，正弦定理により

$$\mathrm{BH}=\frac{1}{2}\cdot\frac{a}{\sin 60^\circ}=\frac{a}{\sqrt{3}}$$

したがって

$$\mathrm{AH}=\sqrt{\mathrm{AB}^2-\mathrm{BH}^2}=\sqrt{a^2-\left(\frac{a}{\sqrt{3}}\right)^2}$$

$$=\sqrt{\frac{2}{3}a^2}=\boldsymbol{\frac{\sqrt{6}}{3}a}$$

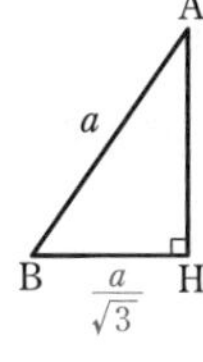

(2) △BCD の面積は

$$\frac{1}{2}\cdot a\cdot a\sin 60^\circ=\frac{\sqrt{3}}{4}a^2$$

よって，正四面体 ABCD の体積は

$$\frac{1}{3}\cdot\triangle\mathrm{BCD}\cdot\mathrm{AH}=\frac{1}{3}\cdot\frac{\sqrt{3}}{4}a^2\cdot\frac{\sqrt{6}}{3}a=\boldsymbol{\frac{\sqrt{2}}{12}a^3}$$

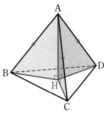

(1) △ABH，△ACH，△ADH は，斜辺の長さが a の直角三角形で AH は共通辺である。
直角三角形において，斜辺と他の 1 辺が等しいならば互いに合同 である。

⇦ $\frac{\mathrm{CD}}{\sin\angle\mathrm{DBC}}=2R$
CD＝a，∠DBC＝60°

⇦ △ABH に三平方の定理を適用。

⇦ △BCD の面積 $=\frac{1}{2}\mathrm{BD}\cdot\mathrm{BC}\sin\angle\mathrm{DBC}$

⇦ **（四面体の体積）** $=\frac{1}{3}\times$**（底面積）**$\times$**（高さ）**

PRACTICE 138[3]

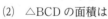

1 辺の長さが 3 の正四面体 ABCD において，頂点 A から底面 BCD に垂線 AH を下ろす。辺 AB 上に AE＝1 となる点 E をとるとき，次のものを求めよ。
(1) sin∠ABH　　(2) 四面体 EBCD の体積

重要 例題 139 正四面体と球

1辺の長さが a の正四面体 ABCD がある。 〔類 神戸女学院大〕

(1) 正四面体に外接する球の半径 R を a を用いて表せ。

(2) 正四面体に内接する球の半径 r を a を用いて表せ。

基本 136, 138

CHART & SOLUTION

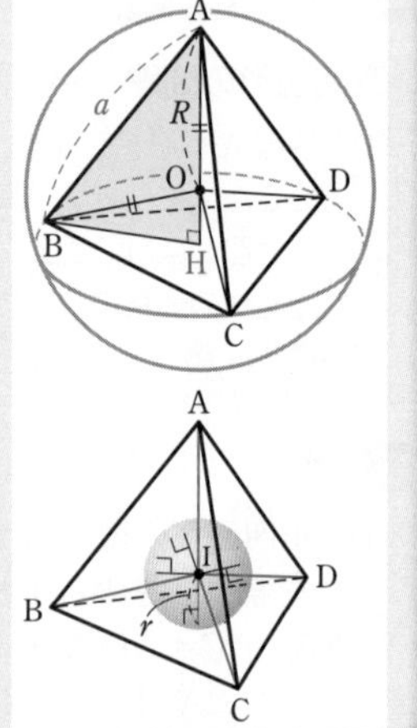

(1) 基本例題 138 と同様に，頂点Aから底面 △BCD に垂線 AH を下ろす。外接する球の中心をOとすると，

$OA=OB=OC=OD\ (=R)$

である。また，直線 AH 上の点Pに対して，PB=PC=PD であるから，O は直線 AH 上にある。

よって，**直角三角形 OBH に着目して考える。**

(2) 内接する球の中心を I とすると，I から正四面体の各面に下ろした垂線の長さは等しい。正四面体を I を頂点とする 4 つの合同な四面体に分けると，体積は

正四面体=4×(四面体 IBCD)

これから，半径 r を求める。

(例題 136 で三角形の内接円の半径を求めるとき，三角形を 3 つの三角形に分け，面積を利用したのと同様。)

← 四面体 IABC, IACD, IABD, IBCD

解答

(1) 頂点Aから底面 △BCD に垂線 AH を下ろし，外接する球の中心をOとすると，O は線分 AH 上にあり

$OA=OB=R$

ゆえに　$OH=AH-OA=\dfrac{\sqrt{6}}{3}a-R$

△OBH で三平方の定理から　$BH^2+OH^2=OB^2$

よって　$\left(\dfrac{a}{\sqrt{3}}\right)^2+\left(\dfrac{\sqrt{6}}{3}a-R\right)^2=R^2$

すなわち　$a^2-\dfrac{2\sqrt{6}}{3}aR=0$　ゆえに　$\boldsymbol{R=\dfrac{3}{2\sqrt{6}}a=\dfrac{\sqrt{6}}{4}a}$

← $AH=\dfrac{\sqrt{6}}{3}a$, $BH=\dfrac{a}{\sqrt{3}}$ は基本例題 138 (1) の結果を用いた。

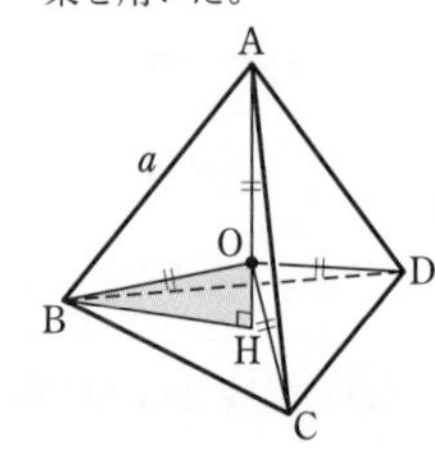

(2) 内接する球の中心を I とする。4 つの四面体 IABC, IACD, IABD, IBCD は合同であるから

$$V=4\times(\text{四面体 IBCD の体積})=4\left(\frac{1}{3}\cdot\triangle BCD\cdot r\right)$$
$$=4\cdot\frac{1}{3}\cdot\frac{\sqrt{3}}{4}a^2\cdot r=\frac{\sqrt{3}}{3}a^2r$$

$V=\dfrac{\sqrt{2}}{12}a^3$ から　$\dfrac{\sqrt{2}}{12}a^3=\dfrac{\sqrt{3}}{3}a^2r$　よって　$\boldsymbol{r=\dfrac{\sqrt{6}}{12}a}$

← $V=\dfrac{\sqrt{2}}{12}a^3$ は基本例題 138 (2) の結果を用いた。

PRACTICE 139③ 半径 1 の球に内接する正四面体の 1 辺の長さを求めよ。

重要 例題 140　三角形の面積の最小値

1 辺の長さが 2 の正三角形 ABC があり，辺 AB 上に点 D，辺 CA 上に点 E を，AD＝CE となるようにとる。四角形 DBCE の面積を S とする。
(1)　線分 DE の長さの最小値と，そのときの線分 AD の長さを求めよ。
(2)　S の最小値と，そのときの線分 AD の長さを求めよ。

基本 66, 121, 131

CHART & SOLUTION

AD＝CE＝x とすると，DE^2，S はそれぞれ x の 2 次関数で表される。

2 次関数の最大・最小　基本形 $a(x-p)^2+q$ に直して考える。ここで，**x の変域**に注意。

(1)　DE^2 は余弦定理を利用して求める。DE＞0 であるから，**DE^2 が最小となるとき，DE も最小** となる。

(2)　$S=\triangle\mathrm{ABC}-\triangle\mathrm{ADE}$ として S を x で表す。

解答

AD＝CE＝x とすると

$$0<x<2 \quad \cdots\cdots ①$$

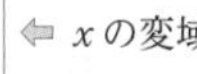

⇐ x の変域

(1)　△ADE において，余弦定理により

$$\begin{aligned}\mathrm{DE}^2&=x^2+(2-x)^2\\&\quad-2x(2-x)\cos 60^\circ\\&=x^2+4-4x+x^2-2x+x^2\\&=3x^2-6x+4\\&=3(x-1)^2+1\end{aligned}$$

⇐ $\mathrm{DE}^2=\mathrm{AD}^2+\mathrm{AE}^2-2\mathrm{AD}\cdot\mathrm{AE}\cos\angle\mathrm{DAE}$

⇐ $3x^2-6x+4=3(x^2-2x)+4=3\{(x-1)^2-1^2\}+4=3(x-1)^2+1$

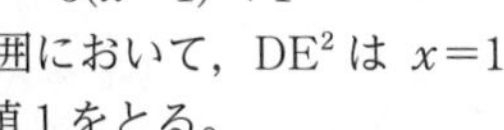

① の範囲において，DE^2 は $x=1$ で最小値 1 をとる。

DE＞0 であるから，DE は **AD＝1 で最小値 $\sqrt{1}=1$** をとる。

(2)　$S=\triangle\mathrm{ABC}-\triangle\mathrm{ADE}$

$$\begin{aligned}&=\frac{1}{2}\cdot2\cdot2\sin 60^\circ-\frac{1}{2}x(2-x)\sin 60^\circ=\frac{\sqrt{3}}{4}\{4-x(2-x)\}\\&=\frac{\sqrt{3}}{4}(x^2-2x+4)=\frac{\sqrt{3}}{4}\{(x-1)^2+3\}\end{aligned}$$

① の範囲において，S は **AD＝1 で最小値 $\dfrac{3\sqrt{3}}{4}$** をとる。

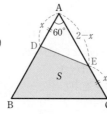

別解　S が最小 ⟺ △ADE が最大 と考えてもよい。
$\triangle\mathrm{ADE}=\dfrac{\sqrt{3}}{4}x(2-x)=\dfrac{\sqrt{3}}{4}\{-(x-1)^2+1\}$
$x=1$ で △ADE は最大。

PRACTICE 140③

△ABC において，AB＝x，BC＝2，CA＝$4-x$ とする。ただし，$1<x<3$ である。
(1)　$\angle\mathrm{ABC}=\theta$ とするとき，$\cos\theta$ と $\sin\theta$ の値を x で表せ。
(2)　△ABC の面積の最大値と，そのときの x の値を求めよ。〔類 東北学院大〕

重要 例題 141　四面体上の折れ線の最小値

四面体 ABCD があり，AB＝BC＝CA＝8，AD＝7 である。

$\cos\angle CAD=\dfrac{11}{14}$ のとき，次のものを求めよ。

(1)　辺 CD の長さ　　(2)　∠ACD の大きさ

(3)　辺 AC 上の点Eに対して，BE＋ED の最小値

基本 121, 137

CHART & THINKING

空間の問題　平面図形（三角形）を取り出す

(1), (2)　**求めるものを含む三角形はどれか** を見極めよう。

(3)　空間のままでは考えにくい。△ABC と △ACD を1つの平面上に広げ，**平面図形として考えよう。**

(1), (2) 辺 CD，∠ACD を含むのは △ACD

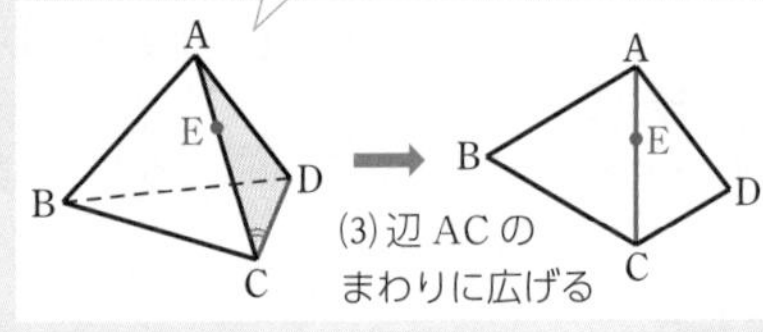

解答

(1)　△ACD において，余弦定理により

$CD^2=7^2+8^2-2\cdot7\cdot8\cos\angle CAD=25$

CD＞0 であるから　　**CD＝5**

(2)　△ACD に余弦定理を適用して

$$\cos\angle ACD=\frac{8^2+5^2-7^2}{2\cdot8\cdot5}=\frac{1}{2}$$

よって　　**∠ACD＝60°**

(3)　右の図のように，平面上の四角形 ABCD について考える。

3点 B，E，D が1つの直線上にあるとき，BE＋ED は最小になる。

よって，△BCD において，余弦定理により　　$BD^2=8^2+5^2-2\cdot8\cdot5\cos\angle BCD=129$

BD＞0 であるから　　$BD=\sqrt{129}$

したがって，求める最小値は　　$\boldsymbol{\sqrt{129}}$

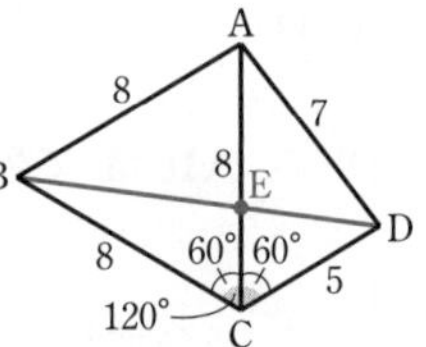

⇐ $\cos\angle CAD=\dfrac{11}{14}$

⇐ 四面体 ABCD の側面 △ABC，△ACD を平面上に広げる。

⇐ **最短経路** は **展開図で2点を結ぶ線分** になる。

⇐ ∠BCD
＝∠ACB＋∠ACD＝120°
$\cos 120°=-\dfrac{1}{2}$

INFORMATION　折れ線の長さの最小値

(3)　BE＋ED は折れ線の長さと考えられる。この長さは，折れ線がまっすぐに伸びて線分になるとき最小となる。 ⬅ **2点間の距離の最小値は，2点を結ぶ線分の長さ**

PRACTICE 141③

1辺の長さが a の正四面体 OABC において，辺 AB，BC，OC 上にそれぞれ点 P，Q，R をとる。頂点Oから，P，Q，R の順に3点を通り，頂点Aに至る最短経路の長さを求めよ。

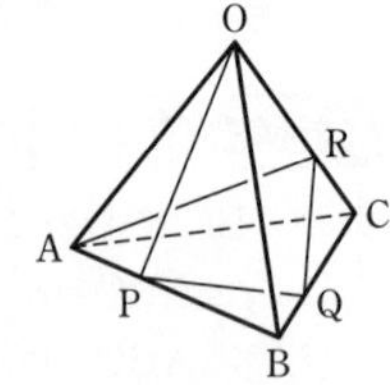

EXERCISES　15 三角形の面積，空間図形への応用

A

112❷ △ABC において，$\sin A : \sin B : \sin C = 5 : 7 : 8$ とする。このとき，$\cos C =$ ア☐ である。更に，辺 BC の長さが 1 であるとき，△ABC の面積は イ☐ である。　〔京都産大〕 ➲124, 131

113❸ 1 辺の長さが 10cm の正三角形の紙がある。この正三角形の頂点を A，B，C とし，辺 BC 上に BP=2cm である点 P をとる。頂点 A が点 P に重なるようにこの正三角形の紙を折るとき，辺 AB，AC と折り目の交点をそれぞれ D，E とする。このとき AD= ア☐ cm，AE= イ☐ cm，△ADE の面積は ウ☐ cm^2 である。　〔京都薬大〕 ➲131

114❸ 四角形 ABCD の対角線 AC と BD の長さを p，q，その対角線のなす角の 1 つを θ とするとき，四角形 ABCD の面積 S を p，q，θ で表せ。　〔日本福祉大〕 ➲132

115❸ 円に内接する四角形 ABCD において，AB=2，BC=1，CD=3 であり，$\cos\angle\text{BCD} = -\dfrac{1}{6}$ とする。このとき，AD= ア☐ であり，四角形 ABCD の面積は イ☐ である。　〔早稲田大〕 ➲134

116❸ △ABC の 3 辺の長さを a，b，c とする。$(a+b):(b+c):(c+a)=4:5:6$ で面積が $15\sqrt{3}$ であるような △ABC の外接円の半径 R，内接円の半径 r を，それぞれ求めよ。　〔類 東京農大〕 ➲136

117❸ 図のように，高さ 4，底面の半径 $\sqrt{2}$ の円錐が球 O と側面で接し，底面の中心 M でも接している。このとき，球 O の体積 V と表面積 S を求めよ。 ➲136, 137

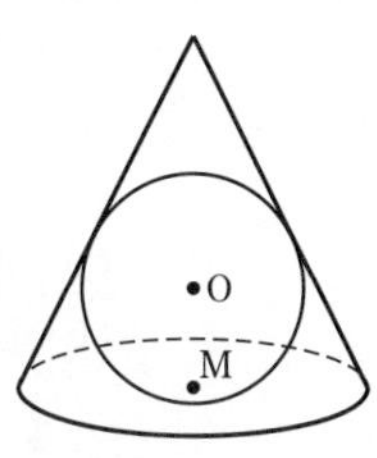

118❸ 四面体 ABCD において，AB=AC=3，∠BAC=90°，AD=2，BD=CD=$\sqrt{7}$ であり，辺 BC の中点を M とする。このとき，BC= ア☐，DM= イ☐，∠DAM= ウ☐° であり，四面体 ABCD の体積は エ☐ である。　〔千葉工大〕 ➲138

119❸ 四面体 OABC は ∠BOC=∠COA=∠AOB=90°，OA=2，OB=$\sqrt{2}$，OC=$2\sqrt{2}$ である。この四面体の体積，および，点 O と平面 ABC との距離を求めよ。 ➲138

HINT 119 「点 O と平面 ABC との距離」とは，点 O から平面 ABC に下ろした垂線の長さのこと。

EXERCISES　15 三角形の面積，空間図形への応用

B **120**❸ 右の図のように，△ABC の外部に3点D，E，F を△ABD，△BCE，△CAF がそれぞれ正三角形になるようにとる。△ABC の面積を S，3辺の長さを BC$=a$，CA$=b$，AB$=c$ とおくとき，次の問いに答えよ。

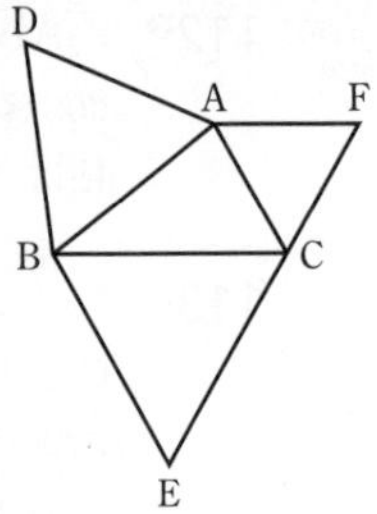

(1) $\angle BAC=\theta$ とおくとき，$\sin\theta$ を b，c，S を用いて，$\cos\theta$ を a，b，c を用いて表せ。

(2) DC^2 を a，b，c，S を用いて表せ。ただし，一般に $\cos(60°+\theta)=\dfrac{\cos\theta-\sqrt{3}\sin\theta}{2}$ が成り立つことを用いてもよい。

(3) 3つの正三角形の面積の平均を T とおくとき，DC^2 を S と T を用いて表せ。

〔類 熊本大〕 ➲129, 131

121❹ 半径1の円に内接する三角形 ABC は，AB$=$AC を満たしている。また，$\angle CAB=2\alpha$，AB$+$BC$+$CA$=l$，三角形 ABC の面積を S，三角形 ABC の内接円の半径を r とする。

(1) AC の長さを $\cos\alpha$ を用いて表せ。

(2) l を $\cos\alpha$ と $\sin\alpha$ を用いて表せ。

(3) S を $\cos\alpha$ と $\sin\alpha$ を用いて表せ。　(4) r を l と S を用いて表せ。

(5) r を $\sin\alpha$ を用いて表せ。

〔立教大〕 ➲136

122❹ 円に内接する四角形 ABCD において，DA$=2$AB，$\angle BAD=120°$ であり，対角線 BD，AC の交点をEとするとき，Eは線分 BD を $3:4$ に内分する。

(1) BD$=$ア□AB，AE$=$イ□AB である。

(2) CE$=$ウ□AB，BC$=$エ□AB である。

(3) AB：BC：CD：DA$=1$：オ□：カ□：2 である。

(4) 円の半径を1とすると，AB$=$キ□ であり，四角形 ABCD の面積 S は $S=$ク□ である。

〔類 慶応大〕 ➲135

123❹ 底面の半径が2，高さが $\sqrt{5}$ の直円錐がある。この直円錐の頂点をO，底面の直径の両端をA，Bとし，線分 OB の中点をPとするとき，側面上でAからPに至る最短距離を求めよ。

〔関西大〕 ➲141

HINT

120 (2) △ACD に余弦定理を利用。$\angle CAD=60°+\theta$

122 $m>0$，$n>0$ のとき，点Pが線分 AB 上にあって，AP：PB$=m:n$ が成り立つとき，点Pは線分 AB を $m:n$ に **内分** するという［詳しくは数学A］。AB$=k$ として，他の辺の長さを k で表す。円に内接する四角形において，対角線で作られる三角形の相似性を利用。

123 側面の展開図で考える。扇形の弧の長さと底面の円周の長さが等しいことから，扇形の中心角がわかる。空間図形の側面上での **最短経路** は，**展開図で2点を結ぶ線分** になる。

数学Ⅰ

データの分析

Select Study

— スタンダードコース：教科書の例題をカンペキにしたいきみに
— パーフェクトコース：教科書を完全にマスターしたいきみに
— 大学入学共通テスト準備・対策コース ※基例…基本例題，番号…基本例題の番号

Start 基例142 143 基例144 基例145 基例146 基例147 基例148 基例149 基例150 基例152 基例153 基例154 基例155

■ 例題一覧

16 データの整理，データの代表値

基本事項

1 データの整理

人の身長，体重や運動の記録などのように，ある特性を表す数量を **変量** といい，ある変量の測定値や観測値の集まりを **データ** という。データ全体の傾向をつかむために，データを整理する方法を工夫すると，全体の様子が見えてくる。

① **度数分布表**　データのとる値をいくつかの区間に区切って階級を定め，各階級に度数を対応させた表。各階級の真ん中の値を **階級値** という。

② **ヒストグラム**　度数分布表を柱状のグラフで表したもの。

2 データの代表値

データの分布の状態は，度数分布表やヒストグラムなどによって知ることができる。データ全体の特徴を適当な 1 つの数値で表すこともある。その数値をデータの **代表値** という。代表値としては，平均値・最頻値・中央値がよく用いられる。

① **平均値**　変量 x のデータの値が x_1，x_2，……，x_n であるとき，このデータの平均値 $\overline{x}$ は　$\boldsymbol{\overline{x}=\dfrac{1}{n}(x_1+x_2+\cdots\cdots+x_n)}$　←(平均値)$=\dfrac{(\text{データの値の総和})}{(\text{データの大きさ})}$

② **中央値**(**メジアン**)　データを値の大きさの順に並べたとき，中央の位置にくる値。データの大きさが偶数のときは，中央の 2 つの値の平均値。

③ **最頻値**(**モード**)　データにおいて，最も個数の多い値。データが度数分布表に整理されているときは，度数が最も大きい階級の階級値。

CHECK & CHECK

44　次のデータの平均値を求めよ。

(1)　15，21，13，19，20　　(2)　45，38，52，54，73，27，25，42

(3)　2，9，6，-9，1，-5，6，1，2，-3

2

45　次のデータの中央値を求めよ。

(1)　22，14，97，48，8　　(2)　51，39，20，11，38，50，20

(3)　33，40，64，59，60，62，20，91

2

46　次の表は，2 つの店舗で 1 週間に売れた，婦人服のサイズ別の販売数である。それぞれの最頻値を求めよ。

A店

サイズ(号)	5	7	9	11	13	15	計
販売数	4	65	92	98	18	10	287

B店

サイズ(号)	5	7	9	11	13	15	計
販売数	2	32	88	67	52	8	249

2

基本 例題 142 度数分布表，ヒストグラム

次のデータは，ある月のA市の最高気温の記録である。

20.7 20.1 14.5 10.9 12.1 19.1 16.3 13.1 14.6 20.2
23.2 14.3 20.1 17.4 11.2 7.4 11.5 16.5 19.9 18.1
25.5 14.2 10.1 16.7 16.7 19.9 15.7 15.4 23.4 20.1 (単位は °C)

(1) 階級の幅を 2°C として，度数分布表を作れ。ただし，階級は 6°C から区切り始めるものとする。

(2) (1)で作った度数分布表をもとにして，ヒストグラムをかけ。

p. 228 基本事項 1

CHART & SOLUTION

(1) **度数分布表** 階級の区切り始め，階級の幅が与えられている。6°C 以上 8°C 未満，8°C 以上 10°C 未満，…… の各階級に入るデータの数を数え，表にする。

(2) **ヒストグラム** (1)の度数分布表を柱状のグラフに表す。ヒストグラムの各長方形の高さが，各階級の度数を表すことになる。資料が視覚的にわかりやすい。なお，各長方形は間を空けずに隣り合うようにかく。

解答

(1)

階級 (°C)	度数
6 以上 8 未満	1
8 ～ 10	0
10 ～ 12	4
12 ～ 14	2
14 ～ 16	6
16 ～ 18	5
18 ～ 20	4
20 ～ 22	5
22 ～ 24	2
24 ～ 26	1
計	30

(2)

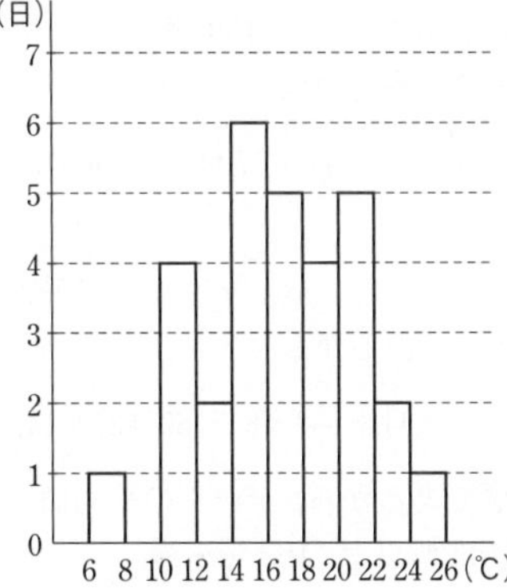

⇦ 6 °C 以上 8 °C 未満からスタートし，最高気温 25.5 °C が入る 24 °C 以上 26 °C 未満まで 10 個の階級に分ける。

inf. 階級の分け方
度数分布表の階級の幅は，データ全体の傾向がよく表されるように適切な大きさを選ぶことが大切である。自分で階級を分ける場合は，階級の数を 6～10 程度にすると，資料の特徴をつかみやすい。

PRACTICE 142[1]

次のデータは，ある鉄道の駅と駅の間の距離である。

1.99 2.21 1.45 1.23 1.05 0.79 1.28 0.79 0.95 0.59
1.09 1.11 0.52 0.76 1.57 0.72 1.12 1.81 1.22 0.86
1.42 1.32 0.74 1.46 1.21 1.61 1.50 1.19 0.89 (単位は km)

(1) 階級の幅を 0.2 km として，度数分布表を作れ。ただし，階級は 0.4 km から区切り始めるものとする。

(2) (1)で作った度数分布表をもとにして，ヒストグラムをかけ。

基本 例題 143　度数分布表と代表値

右の表は，ある店の 1 日の弁当の販売個数を 30 日間調べた結果の度数分布表である。

(1) データの最頻値は ア□ 個である。

(2) この表から階級値を用いて，データの平均値を求めると，イ□ 個である。

(3) 階級値を用いないで平均値を求めると，データの平均値は ウ□ 個以上，エ□ 個未満の範囲に入る。

階級(個)	度数
100 以上 120 未満	3
120 ～ 140	5
140 ～ 160	11
160 ～ 180	8
180 ～ 200	3
計	30

p. 228 基本事項 2

CHART & SOLUTION

階級に幅がある場合，階級値は階級の真ん中の値

(1) データが度数分布表に整理されているときは，度数が最も大きい階級の階級値が最頻値となる。

(3) データの平均値が最小となるのは，データの各値が階級内の最小の値となるとき。

解答

(1) 度数が最も大きい階級は 140 個以上 160 個未満であるから，その階級値は　150 個

よって，このデータの最頻値は　ア**150** 個

⇐ $\dfrac{140+160}{2}=150$

(2) 階級値を用いたデータの平均値は

$\dfrac{1}{30}(110\times3+130\times5+150\times11+170\times8+190\times3)$

$=$ イ**152** (個)

⇐ $\dfrac{4560}{30}$

(3) データの平均値が最小となるのは，データの各値が階級内の最小の値となるときであるから

$\dfrac{1}{30}(100\times3+120\times5+140\times11+160\times8+180\times3)=142$ (個)

また，階級の幅が 20 個であるから，データの平均値のとりうる値の範囲は　ウ**142** 個以上 エ**162** 個未満

⇐ データの平均値が最小となる場合は，(2) の結果から階級の幅 20 個の半分 10 個を引いて
$152-10=142$ (個)
と求めてもよい。

PRACTICE 143③

右の表は，ある都市の 1 日の最低気温を 30 日間測定した結果の度数分布表である。

(1) データの最頻値は ア□ ℃ である。

(2) この表から階級値を用いて，データの平均値を求めると，イ□ ℃ である。

(3) 階級値を用いないで平均値を求めると，データの平均値は ウ□ ℃ 以上，エ□ ℃ 未満の範囲に入る。

階級(℃)	度数
6 以上 8 未満	7
8 ～ 10	9
10 ～ 12	7
12 ～ 14	6
14 ～ 16	1
計	30

基本 例題 144 中央値のとりうる値，代表値からデータの決定

次のデータは，ある 6 店舗での精米 1 kg あたりの価格である。ただし，a の値は 0 以上の整数である。

500　490　496　530　480　a　(単位は円)

(1) a の値がわからないとき，このデータの中央値として何通りの値がありうるか。

(2) このデータの平均値が 502 円であるとき，a の値を求めよ。

p. 228 基本事項 2

CHART & SOLUTION

中央値　データを大きさの順に並べた中央の値

(1) データの大きさが 6 (偶数) であるから，中央値は小さい方から 3 番目と 4 番目の値の平均値である。まず，a 以外のデータを大きさの順に並べてみる。

解答

(1) データの大きさが 6 であるから，中央値は小さい方から 3 番目と 4 番目の値の平均値である。a 以外の価格を大きさの順に並べると　480，490，496，500，530

[1]　$a \leqq 490$ のとき

中央値は，$\dfrac{490+496}{2}=493$ の 1 通り。

[2]　$491 \leqq a \leqq 499$ のとき

中央値は　$\dfrac{a+496}{2}=\dfrac{a}{2}+248$

a は，$499-491+1=9$ 通りの値をとりうるから，中央値も 9 通り。

[3]　$500 \leqq a$ のとき

中央値は，$\dfrac{496+500}{2}=498$ の 1 通り。

以上から，中央値は $1+9+1=$ **11 (通り)** の値がありうる。

(2) 平均値が 502 円であるから

$$\frac{a+480+490+496+500+530}{6}=502$$

よって　$a+2496=3012$　　ゆえに　$\boldsymbol{a=516}$ **(円)**

[1]　a, 480, 490, 496, 500, 530
480, a, 490, 496, 500, 530

[2]　480, 490, a, 496, 500, 530
480, 490, 496, a, 500, 530

⇦ a が 491 以上 499 以下の整数値をとるとき，$\dfrac{a}{2}$ の値はすべて異なる。

[3]　480, 490, 496, 500, a, 530
480, 490, 496, 500, 530, a

inf. 中央値は，x を整数とするとき

$\dfrac{x+496}{2}$ $(490 \leqq x \leqq 500)$

とまとめることができる。
これから，$500-490+1=11$ (通り) としてもよい。

PRACTICE 144③

次のデータは，ある学校の生徒 10 人の英語のテストの得点である。ただし，a の値は 0 以上の整数である。

43　55　64　36　48　46　71　65　50　a

(1) a の値がわからないとき，10 人の得点の中央値として，何通りの値がありうるか。

(2) 10 人の得点の平均値が 54.0 点のとき，a の値を求めよ。

17 データの散らばり

基本事項

1 データの散らばりと四分位数

① **範囲** データの最大値から最小値を引いた差。データの散らばりの度合いを表す1つの量。範囲が大きいほど，データの散らばりの度合いが大きいと考えられる。

② **四分位数** データを値の大きさの順に並べたとき，4等分する位置にくる値。小さい方から順に **第1四分位数**，**第2四分位数**，**第3四分位数** といい，順に Q_1，Q_2，Q_3 で表す。Q_2 は中央値である。

注意 四分位数の定め方は，他にもいくつかある。

解説 四分位数を求める手順

1 データを値の大きさの順（小→大）に左から並べ，中央値を求める。これが第2四分位数 Q_2 となる。

2 中央値を境界として，左半分のデータを下位のデータ，右半分のデータを上位のデータとする。ただし，データの大きさが奇数のとき，中央値は，下位のデータにも上位のデータにも含めないものとする。

3 下位のデータの中央値を求める。この値が第1四分位数 Q_1 となる。上位のデータの中央値を求める。この値が第3四分位数 Q_3 となる。

データの大きさが奇数

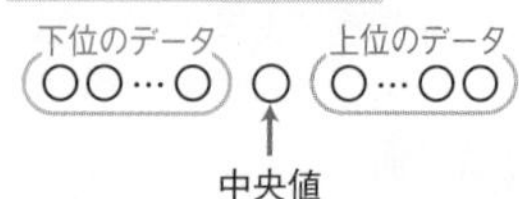

データの大きさが偶数

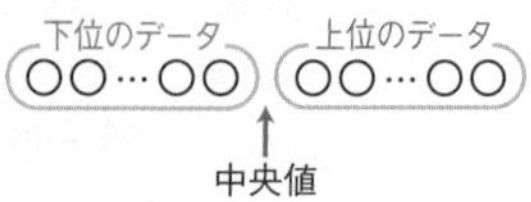

第3四分位数 Q_3 から第1四分位数 Q_1 を引いた差 Q_3-Q_1 を **四分位範囲** という。

補足 四分位範囲の半分 $\dfrac{Q_3-Q_1}{2}$ を **四分位偏差** という。

解説 四分位範囲は，データを値の大きさの順に並べたときの中央に並ぶ約50％のデータの散らばりの度合いを表している。よって，四分位範囲は，データの中に極端に離れた値がある場合でも，その影響を受けにくいといえる。また，四分位範囲，四分位偏差もデータの散らばりの度合いを表す1つの量であり，これらが大きいほど，データの散らばりの度合いが大きいと考えられる。

③ **箱ひげ図** データの最小値，第1四分位数，中央値，第3四分位数，最大値を箱と線（ひげ）で表現する図。箱ひげ図に平均値を記入することもある。

補足 箱ひげ図は縦に表示することもある。

解説 箱ひげ図ではヒストグラムほどにはデータの分布が詳しく表現されないが，大まかな様子はわかる。また，箱ひげ図はヒストグラムほど複雑な形ではないので，複数のデータについての箱ひげ図を並べてかくことも比較的容易である。そのため，箱ひげ図は複数のデータの分布を比較するのに有効である。

④ **外れ値**　データの中で，他の値から極端に離れた値のこと。外れ値の基準は複数あるが，例えば，次のような値を外れ値とする。

(第 1 四分位数－1.5×四分位範囲) 以下の値
(第 3 四分位数＋1.5×四分位範囲) 以上の値

2 分散と標準偏差

① **偏差**　データの各値 x から平均値 $\overline{x}$ を引いた差 $x-\overline{x}$

② **分散**　偏差の 2 乗の平均値。s^2 で表す。

$$s^2=\frac{1}{n}\{(x_1-\overline{x})^2+(x_2-\overline{x})^2+\cdots\cdots+(x_n-\overline{x})^2\}$$ ←(分散)=(偏差の 2 乗の平均値)

$$s^2=\overline{x^2}-(\overline{x})^2$$ ←(分散)=(x^2 のデータの平均値)−(x のデータの平均値)^2

③ **標準偏差**　分散の正の平方根。s で表す。

$$s=\sqrt{\frac{1}{n}\{(x_1-\overline{x})^2+(x_2-\overline{x})^2+\cdots\cdots+(x_n-\overline{x})^2\}}$$ ←(標準偏差)=$\sqrt{(分散)}$

一般に，分散・標準偏差が大きいほどデータの散らばりの度合いが大きく，分散・標準偏差が小さいほど，データの値が平均値の周りに集中する傾向にある。

3 変量の変換

変量 x のデータから $y=ax+b$ (a, b は定数) によって新しい変量 y のデータが得られるとき，x, y それぞれのデータの平均値を $\overline{x}$, $\overline{y}$, 分散を $s_x{}^2$, $s_y{}^2$, 標準偏差を s_x, s_y とすると，次の関係が成り立つ ($p.242$ 参照)。

① **平均値**　$\overline{y}=a\overline{x}+b$　② **分散**　$s_y{}^2=a^2s_x{}^2$　③ **標準偏差**　$s_y=|a|s_x$

CHECK & CHECK

47 次のデータは，ある年の札幌と那覇の降雨 (雪) がなかった日数を月別に並べたものである。それぞれのデータの範囲を求め，データの散らばりの度合いを比較せよ。

札幌	3	1	3	13	17	8	4	11	11	13	6	2
那覇	9	8	6	7	12	10	8	7	5	5	3	8

→ 1

48 次のデータの第 1 四分位数，第 2 四分位数，第 3 四分位数を求めよ。

5　14　17　9　10　20　12　11　15

→ 1

49 次のデータは，A さんの 15 日間にわたる通勤時間である。(単位は分)

51, 49, 52, 54, 48, 55, 50, 51,
53, 46, 57, 54, 58, 52, 50

このデータを箱ひげ図に表したものを，右の ① ～ ③ から選べ。

→ 1

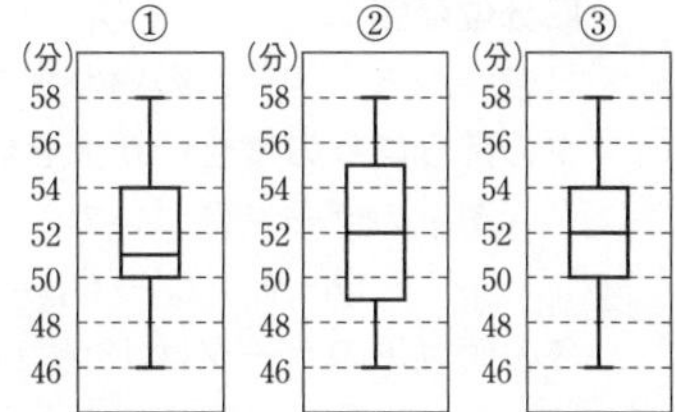

50 5 つの数 1, 3, 4, 10, 12 の平均値，標準偏差，分散を求めよ。ただし，小数第 2 位を四捨五入せよ。

→ 2

基本 例題 145 四分位範囲，外れ値

次のデータは，野球選手 2 人について 15 年間のホームランの本数を調べたものである。(単位は本)

A選手　17, 13, 38, 40, 55, 42, 48, 47, 49, 44, 47, 39, 48, 51, 49

B選手　7, 30, 21, 21, 29, 29, 44, 52, 41, 42, 34, 35, 38, 22, 42

(1) A選手，B選手のデータのそれぞれについて，四分位範囲を求めよ。また，データの散らばりの度合いが大きいのはどちらの選手か。得られた四分位範囲によって比較せよ。

(2) A選手のデータについて，外れ値の個数を求めよ。

p.232 基本事項 1

CHART & SOLUTION

四分位数　データを大きさの順に並べ 4 等分

(1) まず，データを大きさの順に並べ，四分位数と四分位範囲 Q_3-Q_1 を求める。
四分位範囲は，データの中央に並ぶ約 50％のデータの散らばりの度合いを表す。
⟶ 四分位範囲が **大きい** ほど，散らばりの度合いも **大きい** といえる。

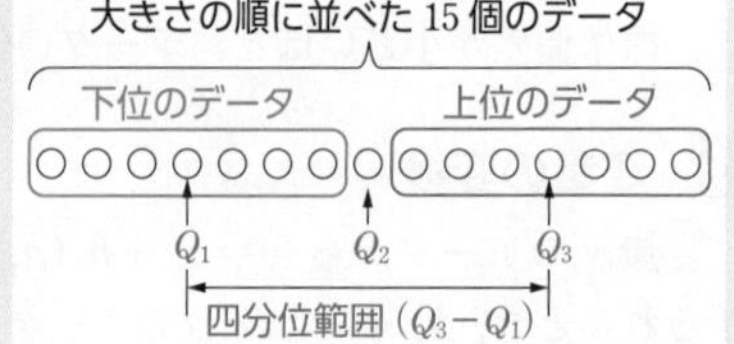

(2) 外れ値は，次のような値である。

$\{Q_1-1.5\times(Q_3-Q_1)\}$ 以下の値

または　$\{Q_3+1.5\times(Q_3-Q_1)\}$ 以上の値

Q_3-Q_1 は，(1) で求めた四分位範囲の値を利用する。

解答

(1) A選手，B選手のデータを大きさの順に並べると

A選手　13, 17, 38, 39, 40, 42, 44, 47, 47, 48, 48, 49, 49, 51, 55

B選手　7, 21, 21, 22, 29, 29, 30, 34, 35, 38, 41, 42, 42, 44, 52　(本)

A選手 について $Q_1=\underline{39}$, $Q_3=\underline{49}$ から

四分位範囲 は　$Q_3-Q_1=49-39=$ **10 (本)**

B選手 について $Q_1=\underline{22}$, $Q_3=\underline{42}$ から

四分位範囲 は　$Q_3-Q_1=42-22=$ **20 (本)**

B選手の方が四分位範囲が大きいから，**B選手の方がデータの散らばりの度合いが大きい** と考えられる。

⇐ データの大きさが 15 であるから，Q_2 は小さい方から 8 番目，Q_1 は小さい方から 4 番目，Q_3 は小さい方から 12 番目。

⇐ 10 本 < 20 本

(2) A選手のデータについて

$$Q_1-1.5(Q_3-Q_1)=39-1.5\times10=24$$

この値以下のデータは 13 と 17 である。

$$Q_3+1.5(Q_3-Q_1)=49+1.5\times10=64$$

この値以上のデータはない。

したがって，外れ値は 13 と 17 の **2 個** である。

INFORMATION ―― 外れ値について

❶ 外れ値の活用例

外れ値は，測定ミスや入力ミスによる異常値である場合もあるが，データを分析するときに活用されることもある。例えば，販売成績が並外れてよい人を外れ値として見つけ出し，その人の工夫を探ることで全体の販売成績を上げる手がかりを得ることができる可能性がある。

❷ 外れ値の代表値への影響

次のデータをXとする。

X：6, 7, 7, 10, 11, 13, 14, 15, 17, 20, 100

Xにおいて，$Q_1=7$，$Q_3=17$ であるから

$$Q_3+1.5(Q_3-Q_1)=17+1.5\times(17-7)=32$$

この値以上のデータは 100 であり，これは外れ値である。

データXから外れ値を除いたデータをYとする。

Y：6, 7, 7, 10, 11, 13, 14, 15, 17, 20

2種類のデータXとYの箱ひげ図は右のようになる。また，それぞれの代表値を比較すると，次の表のようになる。

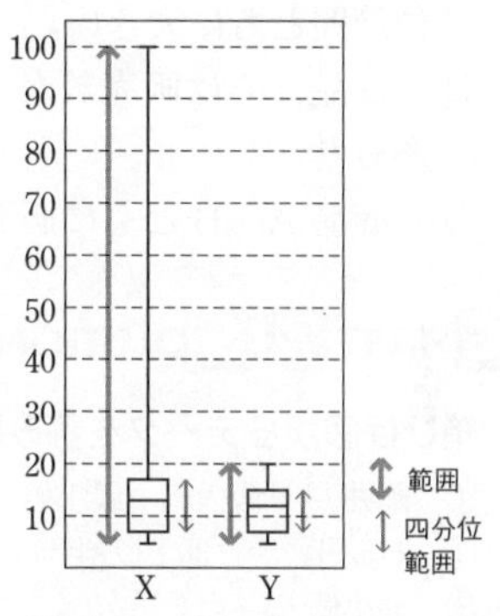

	範囲	平均値	中央値	四分位範囲
データX	94	20	13	10
データY	14	12	12	8

この表から，範囲と平均値は，他の代表値に比べてXとYの差が大きいことがわかる。したがって，範囲と平均値は外れ値の影響を受けやすいと考えられる。一方，中央値と四分位範囲は，外れ値の影響を受けにくいと考えられる。

データを扱うとき，外れ値をどのように扱うかは，その目的によって異なり，また，どのような統計量（平均値，中央値など）を考えるかも，目的によって異なってくる。

inf. 分散（$p.233$）や，後で学ぶ相関係数（$p.246$）も外れ値の影響を受けやすい。

参考 **外れ値を考慮した箱ひげ図**

A選手のデータの箱ひげ図を右のように表すこともある。この箱ひげ図では，外れ値を○で表し，箱ひげ図の左右のひげを，データから外れ値を除いたときの最小値・最大値まで引くようにしている。

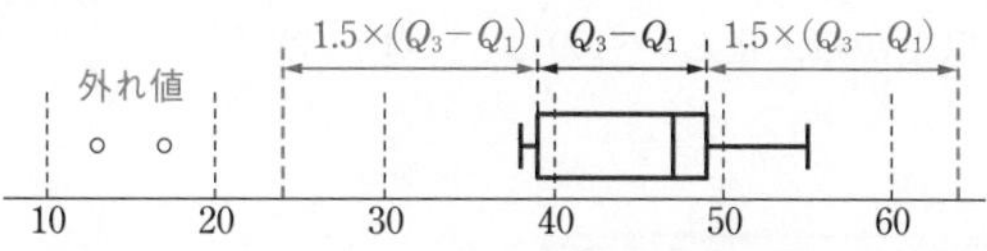

5章 17 データの散らばり

PRACTICE 145①

右の表は，変量 x，y のデータである。

x	2	3	4	7	8	8	9	9	10	10
y	5	5	5	7	7	7	7	8	9	13

(1) 変量 x，y のデータのそれぞれについて，四分位範囲を求めよ。また，データの散らばりの度合いが大きいのはどちらのデータか。得られた四分位範囲によって比較せよ。

(2) 変量 y のデータについて，外れ値の個数を求めよ。

基本 例題 146 箱ひげ図から読み取り

右の図は，ある商店の商品Aと商品Bの 30 日間にわたる販売数のデータの箱ひげ図である。この箱ひげ図から読み取れることとして正しいものを，次の ① ～ ③ からすべて選べ。

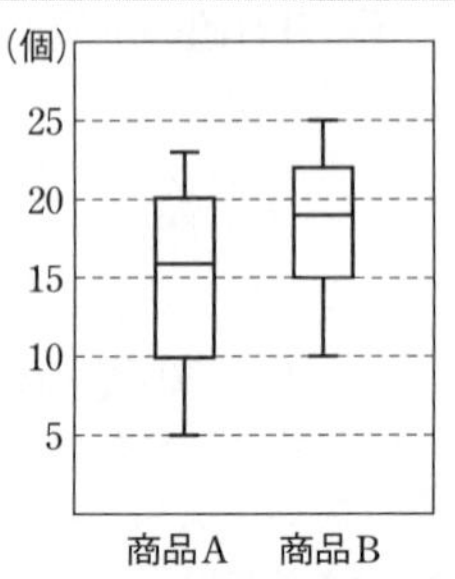

① 商品Aは，商品Bと比べて，販売数の範囲，四分位範囲ともに大きい。

② 商品Aでは販売数が 15 個以上の日が 15 日以上あった。

③ 商品 A，B ともに販売数が 10 個未満の日があった。

p. 232 基本事項 1

CHART & SOLUTION

箱ひげ図からデータを読み取る問題

① **範囲** は「最大値－最小値」を，**四分位範囲** は「箱の高さ」を比較。

② 「15 日」＝「30 日の半分」であるから，**中央値** (第 2 四分位数) に注目。

③ **最小値** に注目。

解答

① 範囲は，商品Aの方が商品Bより大きい。また，四分位範囲も，商品Aの方が商品Bより大きい。
よって，① は正しい。

⇦ (Aの範囲)＞15
(Bの範囲)＝15
(Aの四分位範囲)＝10
(Bの四分位範囲)＜10

② 商品Aのデータの中央値は 15 個より大きいから，販売数が 15 個以上の日が半数以上，すなわち 15 日以上あることがわかる。よって，② は正しい。

③ 商品Bのデータの最小値は 10 個である。よって，商品Bは販売数が 10 個未満の日がないから，③ は正しくない。

⇦ 5≦(Aのデータ)＜25
10≦(Bのデータ)≦25

以上から，正しいものは　①，②

PRACTICE 146❷

右の図は，400 人の生徒が受験したテストAとテストBの得点のデータの箱ひげ図である。この箱ひげ図から読み取れることとして正しいものを，次の ① ～ ④ からすべて選べ。

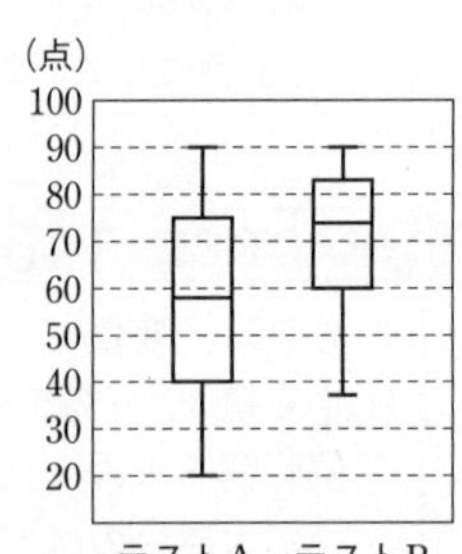

① テストAはテストBに比べて得点の四分位範囲が大きい。

② テストAでは 60 点以上の生徒が 200 人より多い。

③ テストBでは 80 点以上の生徒が 100 人以上いる。

④ テスト A，B ともに 30 点台の生徒がいる。

基本 例題 147 ヒストグラムと箱ひげ図

次の (1) ~ (3) のヒストグラムに対応している箱ひげ図を ① ~ ③ のうちから1つずつ選べ。

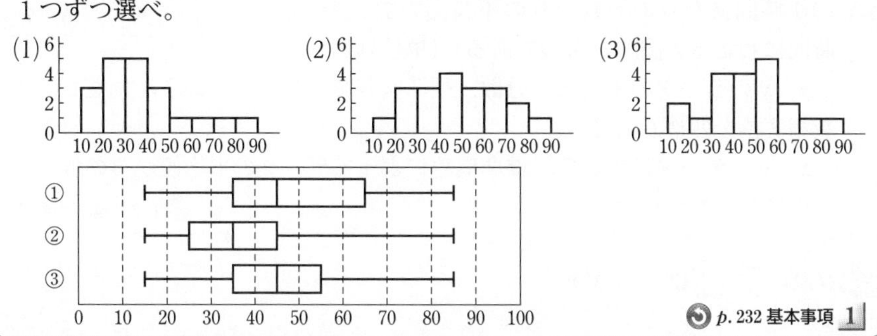

p. 232 基本事項 1

CHART & SOLUTION

ヒストグラムと箱ひげ図　最小値, Q_1, Q_2, Q_3, 最大値を読み取る

① ~ ③ の箱ひげ図から, 3 つのデータのそれぞれの最小値と最大値は等しいことが読み取れる。そこで, Q_1, Q_3 を比較する。

解答

3 つのデータの数はどれも 20 で, それぞれの最大値と最小値は一致する。

(1) ヒストグラムから, Q_1 は 20 以上 30 未満の階級にある。
　これを満たす箱ひげ図は　②

(2) ヒストグラムから, Q_3 は 60 以上 70 未満の階級にある。
　これを満たす箱ひげ図は　①

(3) ヒストグラムから, Q_3 は 50 以上 60 未満の階級にある。
　これを満たす箱ひげ図は　③

⇐ Q_1：小さい方から 5 番目と 6 番目の値の平均値

⇐ Q_3：大きい方から 5 番目と 6 番目の値の平均値

inf. 箱ひげ図の箱は, データの集まりの中心を表すから, (1) は左寄り, (2), (3) は中央寄りに箱がある箱ひげ図と考えられる。また, (3) は (2) に比べて中央部分にデータが集中しているから, 四分位範囲が小さくなる。以上より, 箱ひげ図は
(1) ②　　(2) ①　　(3) ③　に対応していることが読み取れる。

PRACTICE 147①

右のヒストグラムに対応している箱ひげ図を ① ~ ③ のうちから選べ。

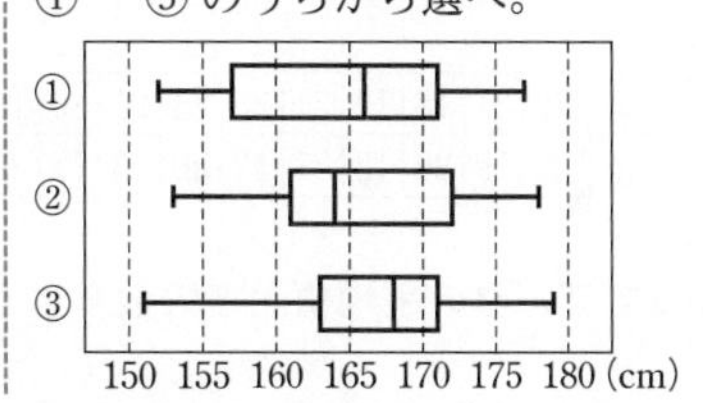

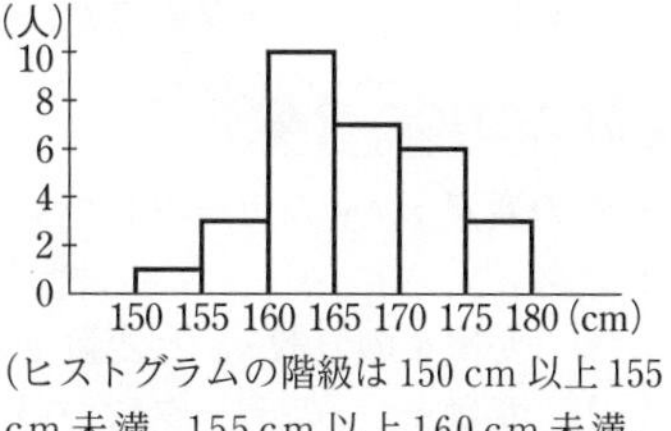

(ヒストグラムの階級は 150 cm 以上 155 cm 未満, 155 cm 以上 160 cm 未満, …… のようにとっている。)

基本 例題 148 分散，標準偏差

右の表は，ある製品を成型できる 2 台の工作機械 X，Y の 1 時間あたりのそれぞれの不良品の数 x，y を 5 時間にわたって調べたものである。(単位は個)

x	5	4	8	12	6
y	6	9	8	5	7

(1) x，y のデータの平均値，分散，標準偏差をそれぞれ求めよ。ただし，小数第 2 位を四捨五入せよ。

(2) x，y のデータについて，標準偏差によってデータの平均値からの散らばりの度合いを比較せよ。

p.233 基本事項 2

CHART & SOLUTION

分散 1 $s^2=\dfrac{1}{n}\{(x_1-\overline{x})^2+(x_2-\overline{x})^2+\cdots\cdots+(x_n-\overline{x})^2\}$

2 $s^2=\overline{x^2}-(\overline{x})^2$

(2) 標準偏差が大きければ，データの平均値からの散らばりの度合いが大きい。

解答

(1) x，y のデータの **平均値** をそれぞれ $\overline{x}$，$\overline{y}$ とすると

$$\overline{x}=\frac{1}{5}(5+4+8+12+6)=\frac{35}{5}=\mathbf{7}\,(\text{個})$$

$$\overline{y}=\frac{1}{5}(6+9+8+5+7)=\frac{35}{5}=\mathbf{7}\,(\text{個})$$

x，y のデータの **分散** をそれぞれ $s_x{}^2$，$s_y{}^2$ とすると

$$s_x{}^2=\frac{1}{5}\{(5-7)^2+(4-7)^2+(8-7)^2+(12-7)^2+(6-7)^2\}=\frac{40}{5}=\mathbf{8}$$

$$s_y{}^2=\frac{1}{5}\{(6-7)^2+(9-7)^2+(8-7)^2+(5-7)^2+(7-7)^2\}=\frac{10}{5}=\mathbf{2}$$

よって，**標準偏差** は　$s_x=\sqrt{8}\fallingdotseq\mathbf{2.8}\,(\text{個})$，$s_y=\sqrt{2}\fallingdotseq\mathbf{1.4}\,(\text{個})$

別解 分散の求め方 2を利用

$$s_x{}^2=\frac{1}{5}(5^2+4^2+8^2+12^2+6^2)-7^2=\frac{285}{5}-7^2=57-49=8$$

$$s_y{}^2=\frac{1}{5}(6^2+9^2+8^2+5^2+7^2)-7^2=\frac{255}{5}-7^2=51-49=2$$

(2) (1) から　$s_x>s_y$

ゆえに，**x のデータの方が，平均値からの散らばりの度合いが大きい** と考えられる。

PRACTICE 148②

右の変量 x，y のデータについて，次の問いに答えよ。

x	25	21	18	17	21	26	23	21	20	18
y	28	19	30	13	27	12	30	13	15	23

(1) 変量 x の分散 $s_x{}^2$ と変量 y の分散 $s_y{}^2$ を求めよ。

(2) 変量 x，y のデータについて，標準偏差によってデータの平均値からの散らばりの度合いを比較せよ。

ズームUP 分散を求める計算方法の工夫

分散の 2 つの計算式は，どのように使い分けたらよいのですか？

分散を求める 2 つの式の使い分け

変量 x のとる値が x_1，x_2，x_3，……，x_n の n 個あり，その平均値を $\overline{x}$ とすると

① $s^2=\dfrac{1}{n}\{(x_1-\overline{x})^2+(x_2-\overline{x})^2+\cdots\cdots+(x_n-\overline{x})^2\}$ （偏差の 2 乗の平均値）

② $s^2=\dfrac{1}{n}(x_1{}^2+x_2{}^2+\cdots\cdots+x_n{}^2)-(\overline{x})^2=\overline{x^2}-(\overline{x})^2$ （x^2 の平均値）−（平均値）^{2}

前ページの基本例題 **148** のように各データの値が 1 桁または 2 桁の小さい整数で，平均値も整数の場合は ①，② のどちらで計算しても大差はないが，データの値によっては使い分けられると計算がスムーズになる。

変量 x の値が大きい場合は，x^2 の値が大きくなるため，① を用いた方が早く計算できます。平均値が複雑な値になる場合は，偏差の 2 乗の値を求めることが大変ですから，② を用いた方が計算がスムーズです。

5章

17

データの散らばり

計算表の利用

データの個数が多い場合や，度数分布表でデータが与えられた場合は，**表を利用して対応を見やすくする**と，計算ミスを防げる。表は左の列から右の列に順に書き加えていくとよい。

例1 基本例題 **148** (1)

① の式を用いる場合

	x	$x-\overline{x}$	$(x-\overline{x})^2$
	5	−2	4
	4	−3	9
	8	1	1
	12	5	25
	6	−1	1
計	35	0	40

$\overline{x}=\dfrac{35}{5}=7$

$s_x{}^2=\dfrac{40}{5}=8$

←偏差の合計は必ず 0

② の式を用いる場合

	x	x^2
	5	25
	4	16
	8	64
	12	144
	6	36
計	35	285

$\overline{x}=\dfrac{35}{5}=7$

$s_x{}^2=\dfrac{285}{5}-7^2$
$=57-49=8$

例2 25 人の生徒に対する 6 点満点の小テストの結果が次の表の 1，2 列目のように度数分布表で与えられた場合

得点 x	人数 f	xf	x^2f
1	1	1	1
2	3	6	12
3	4	12	36
4	7	28	112
5	8	40	200
6	2	12	72
計	25	99	433

$\overline{x}=\dfrac{99}{25}=3.96$ (点)

$s^2=\dfrac{433}{25}-3.96^2$
$=17.32-15.6816$
$=1.6384\fallingdotseq1.6$

平均や分散の値を求めるために，3，4 列目に「得点×人数」，「(得点)^2×人数」を追加して計算するとよいです。

基本 例題 149 データの統合による平均値と分散

10 個のデータがある。そのうちの 5 個のデータの平均値は 4，標準偏差は 2 であり，残りの 5 個のデータの平均値は 8，標準偏差は 6 である。

(1) 全体の平均値を求めよ。

(2) 全体の分散を求めよ。

基本 148

CHART & SOLUTION

データの統合

各グループのデータの総和，データの 2 乗の総和を求める

統合したデータの総和，データの 2 乗の総和から平均値と分散を求める。

(1) $(平均値)=\dfrac{(データの総和)}{(データの大きさ)}$ (2) $(分散)=(2乗の平均値)-(平均値)^2$

解答

(1) 2 つのデータのグループをそれぞれ A，B とすると

A グループのデータの総和は　$4\times5=20$

B グループのデータの総和は　$8\times5=40$

ゆえに，全体のデータの総和は　$20+40=60$

データの大きさは 10 であるから，求める全体の平均値は

$\dfrac{60}{10}=\mathbf{6}$

(2) A グループのデータの 2 乗の平均値を a とすると

$2^2=a-4^2$　から　$a=4+16=20$

B グループのデータの 2 乗の平均値を b とすると

$6^2=b-8^2$　から　$b=36+64=100$

ゆえに，全体の 2 乗の平均値は

$$\frac{20\times5+100\times5}{10}=60$$

よって，求める全体の分散は

$$60-6^2=\mathbf{24}$$

⇐ (データの総和)＝(平均値)×(データの大きさ)

⇐ A，B のデータの大きさが同じであるから，全体の平均値は，$\dfrac{4+8}{2}=6$ としてもよい。

⇐ $(分散)=(標準偏差)^2=(2乗の平均値)-(平均値)^2$

⇐ 全体の 2 乗の総和は $a\times5+b\times5$

⇐ $(分散)=(2乗の平均値)-(平均値)^2$

PRACTICE 149③

ある集団は A と B の 2 つのグループで構成される。データを集計したところ，それぞれのグループの個数，平均値，分散は右の表のようになった。このとき，集団全体の平均値と分散を求めよ。

グループ	個数	平均値	分散
A	20	16	24
B	60	12	28

〔類 立命館大〕

基本 例題 150 データの修正による平均値・分散の変化

次のデータは，高校 1 年生 6 人の 1 年間の身長の伸びを記録したものである。

20，28，19，24，21，26 （単位は mm）

(1) このデータの平均値を求めよ。

(2) このデータの一部に誤りがあり，28 mm は正しくは 26 mm，19 mm は正しくは 20 mm，21 mm は正しくは 22 mm であった。この誤りを修正したとき，このデータの平均値，分散は修正前と比べて増加するか，減少するか，変化しないかを答えよ。

p. 233 基本事項 2

CHART & SOLUTION

データの修正

データの総和，偏差の 2 乗の総和の変化に注目

(2) 修正前と修正後で，データの大きさ 6 は変わらない。

平均値，分散を直接求めるより

$$(\text{平均値})=\frac{(\text{データの総和})}{(\text{データの大きさ})},\ (\text{分散})=\frac{(\text{偏差の 2 乗の総和})}{(\text{データの大きさ})}$$

であるから，修正前と修正後でデータの総和，偏差の 2 乗の総和がどう変化するかに注目する。……❶

解答

(1) このデータの平均値を $\overline{x}$ とすると

$$\overline{x}=\frac{1}{6}(20+28+19+24+21+26)=\frac{138}{6}=\mathbf{23\ (mm)}$$

❶ (2) データの修正によって，2 mm 減少するものが 1 つと，1 mm 増加するものが 2 つある。

よって，データの総和は変化しないから，**平均値は修正前と比べて変化しない。**

また，修正した 3 つのデータの偏差の 2 乗の和について

❶ 修正前は $(28-23)^2+(19-23)^2+(21-23)^2=45$

修正後は $(26-23)^2+(20-23)^2+(22-23)^2=19$

ゆえに，偏差の 2 乗の総和は減少するから，**分散は修正前と比べて減少する。**

⇐ 修正のある 3 つの値について，どれだけ変化するか調べる。

inf. 分散を求めると修正前 $\frac{32}{3}$，修正後 $\frac{19}{3}$ であり，修正前と比べて減少する。

PRACTICE 150❸

次のデータは，8 人の高校生の通学時間を調べたものである。

49，52，44，50，41，43，40，49 （単位は分）

(1) このデータの平均値を求めよ。

(2) このデータの一部に誤りがあり，52 分は正しくは 54 分，40 分は正しくは 38 分であった。この誤りを修正したとき，このデータの平均値，分散は修正前と比べて増加するか，減少するか，変化しないかを答えよ。

STEP UP 変量の変換と平均値，分散，標準偏差

平均を求めるためにデータの総和を計算したり，分散を求めるために2乗の値を計算したりすることは非常に煩雑になる場合がある。ここでは，変量を変換することによって，平均値や分散，標準偏差がどのように変化するかを考えてみよう。

例えば，変量xのデータが1，2，4，4，8の5個であるとき

平均は　$\overline{x}=\dfrac{1+2+4+4+8}{5}=\dfrac{19}{5}=3.8$　　分散は　$s_x{}^2=\dfrac{1^2+2^2+4^2+4^2+8^2}{5}-3.8^2=5.76$

標準偏差は　$s_x=\sqrt{5.76}=2.4$

(1)　変量xに3を加えた変量をyとする。すなわち　$y=x+3$　により変換すると

平均は　$\overline{y}=\dfrac{(1+3)+(2+3)+(4+3)+(4+3)+(8+3)}{5}=\dfrac{19+3\cdot5}{5}=\overline{x}+3=6.8$

分散は　$s_y{}^2=\dfrac{(1+3)^2+(2+3)^2+(4+3)^2+(4+3)^2+(8+3)^2}{5}-(3.8+3)^2$

$=\dfrac{(1^2+2^2+4^2+4^2+8^2)+2\cdot3\cdot(1+2+4+4+8)+5\cdot3^2}{5}-(3.8^2+2\cdot3\cdot3.8+3^2)$

$=\dfrac{1^2+2^2+4^2+4^2+8^2}{5}+2\cdot3\cdot3.8+3^2-(3.8^2+2\cdot3\cdot3.8+3^2)$

$=\dfrac{1^2+2^2+4^2+4^2+8^2}{5}-3.8^2=s_x{}^2=5.76$

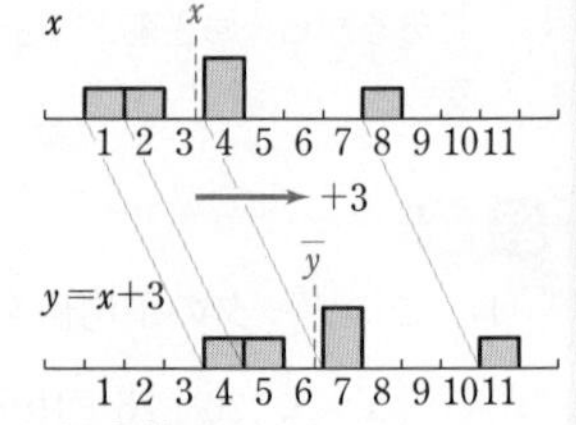

標準偏差は　$s_y=\sqrt{s_x{}^2}=s_x=2.4$

3を加える変換を行うと，平均も $+3$ だけ増加するが，偏差には影響を与えないので，散らばり具合を表す分散，標準偏差には変化がない。

(2)　変量xを2倍した変量をuとする。すなわち　$y=2x$　により変換すると

平均は　$\overline{y}=\dfrac{2(1+2+4+4+8)}{5}=2\cdot\dfrac{19}{5}=2\cdot\overline{x}=7.6$

分散は　$s_y{}^2=\dfrac{(2\cdot1)^2+(2\cdot2)^2+(2\cdot4)^2+(2\cdot4)^2+(2\cdot8)^2}{5}-(2\cdot3.8)^2$

$=\dfrac{2^2(1^2+2^2+4^2+4^2+8^2)}{5}-2^2\cdot3.8^2=2^2\left(\dfrac{1^2+2^2+4^2+4^2+8^2}{5}-3.8^2\right)$

$=2^2\cdot s_x{}^2=23.04$

標準偏差は　$s_y=\sqrt{2^2\cdot s_x{}^2}=2\cdot s_x=4.8$

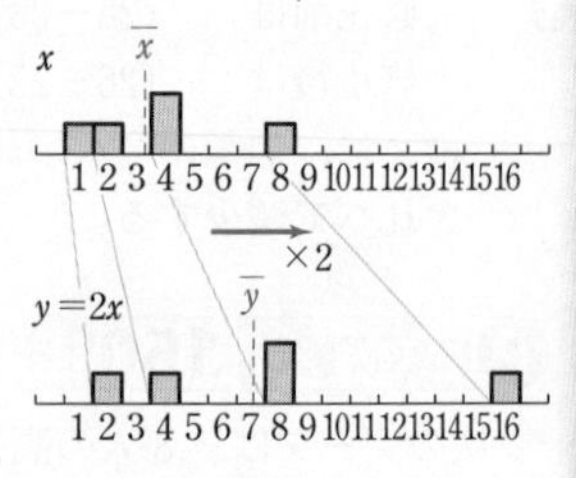

2倍する変換を行うと，平均も2倍され，偏差も2倍になる。また，分散は偏差の2乗であるから，もとの分散の2^2倍となる。更に，標準偏差は分散の正の平方根であるから，2倍の変換によって，標準偏差も2倍される。

一般に，次のことが成り立つ。

> 変量xを　$y=ax+b$（a，bは定数）により変換すると
> 平均：$\overline{y}=a\overline{x}+b$，　分散：$s_y{}^2=a^2s_x{}^2$，　標準偏差：$s_y=|a|s_x$

重要 例題 151 変量の変換（仮平均の利用）

次の変量 x のデータについて，以下の問いに答えよ。

844，893，872，844，830，865　（単位は点）

(1)　$u=x-830$ とおくことにより，変量 u のデータの平均値 $\overline{u}$ を求め，これを利用して変量 x のデータの平均値 $\overline{x}$ を求めよ。

(2)　$v=\dfrac{x-830}{7}$ とおくことにより，変量 x のデータの分散と標準偏差を求めよ。

p.233 基本事項 3，p.242 STEP UP

CHART & SOLUTION

(1)　$u=x-830$ より $x=u+830$ であるから　$\overline{x}=\overline{u}+830$

(2)　x，v のデータの分散をそれぞれ $s_x{}^2$，$s_v{}^2$ とすると，$x=7v+830$ であるから $s_x{}^2=7^2s_v{}^2$ である。よって，まずは $s_v{}^2$ を求める。

解答

(1)　変量 x と変量 u のデータの各値を表にすると，次のようになる。

x	844	893	872	844	830	865	計
u	14	63	42	14	0	35	168

よって，変量 u のデータの平均値は　$\overline{u}=\dfrac{168}{6}=\mathbf{28}$ **(点)**

ゆえに，変量 x のデータの平均値は，$x=u+830$ から

$\overline{x}=\overline{u}+830=28+830=\mathbf{858}$ **(点)**

(2)　変量 x，v，v^2 のデータの各値を表にすると，次のようになる。

x	844	893	872	844	830	865	計
v	2	9	6	2	0	5	24
v^2	4	81	36	4	0	25	150

よって，変量 v のデータの分散は

$$s_v{}^2=\overline{v^2}-(\overline{v})^2=\frac{150}{6}-\left(\frac{24}{6}\right)^2=9$$

ゆえに，変量 x のデータの **分散** は，$x=7v+830$ から

$s_x{}^2=7^2\cdot s_v{}^2=49\cdot 9=\mathbf{441}$

標準偏差 は　$s_x=7\cdot s_v=7\sqrt{9}=\mathbf{21}$ **(点)**

inf. (1)のように x から一定数を引くと計算が簡単になる。
一般には，この一定数を平均値に近いと思われる値にとるとよく，この値を **仮平均** という。

⇐ $x=u+b$ のとき
$\overline{x}=\overline{u}+b$

⇐ $(v-\overline{v})^2$ の平均値を求めてもよい。

⇐ $x=av+b$ のとき
$\overline{x}=a\overline{v}+b$
$s_x{}^2=a^2s_v{}^2$
$s_x=|a|s_v$

PRACTICE 151④

次の変量 x のデータは，ある地域の 6 つの山の高さである。以下の問いに答えよ。

1008，992，980，1008，984，980　（単位は m）

(1)　$u=x-1000$ とおくことにより，変量 x のデータの平均値 $\overline{x}$ を求めよ。

(2)　$v=\dfrac{x-1000}{4}$ とおくことにより，変量 x のデータの分散と標準偏差を求めよ。

EXERCISES　16 データの整理，データの代表値，17 データの散らばり

A

124[3] データ　1.61，4.12，3.71，2.87，2.48，2.13（単位は t）　は，ある町の6月から11月の間にゴミ集積場に集められたペットボトルのゴミの量である。

(1) 中央値と平均値を求めよ。

(2) 上記の6個の数値のうち1個が誤りであることがわかった。正しい数値に基づく中央値と平均値は，それぞれ 2.84 t と 3.02 t であるという。誤っている数値を選び，正しい数値を求めよ。 144

125[1] 右の図は30人の生徒に対して理科のテストを行った結果の得点を箱ひげ図にしたものである。この箱ひげ図のもとになった得点をヒストグラムにしたとき，対応するものを次の⓪～②から選べ。

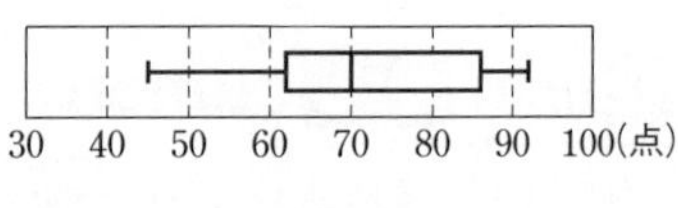

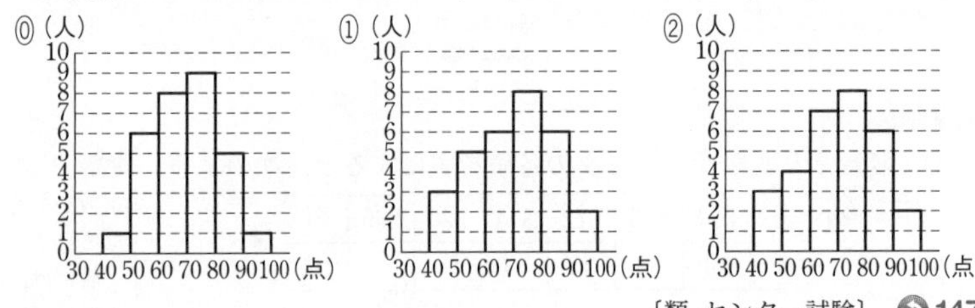

〔類 センター試験〕 147

126[3] ある高校3年生1クラスの生徒40人について，ハンドボール投げの飛距離のデータを取った。右の図は，このクラスで最初に取ったデータを箱ひげ図にまとめたものである。

0 5 10 15 20 25 30 35 40 45 50 (m)

後日，このクラスでハンドボール投げの記録を取り直した。次に示したA～Dは，最初に取った記録から今回の記録への変化の分析結果を記述したものである。a～dの各々が今回取り直したデータの箱ひげ図となる場合に，⓪～③の組合せのうち分析結果と箱ひげ図が **矛盾するもの** をすべて選べ。

⓪　A－a　　①　B－b　　②　C－c　　③　D－d

A：どの生徒の記録も下がった。　　B：どの生徒の記録も伸びた。

C：最初に取ったデータで上位 $\frac{1}{3}$ に入るすべての生徒の記録が伸びた。

D：最初に取ったデータで上位 $\frac{1}{3}$ に入るすべての生徒の記録が伸び，下位 $\frac{1}{3}$ に入るすべての生徒の記録は下がった。

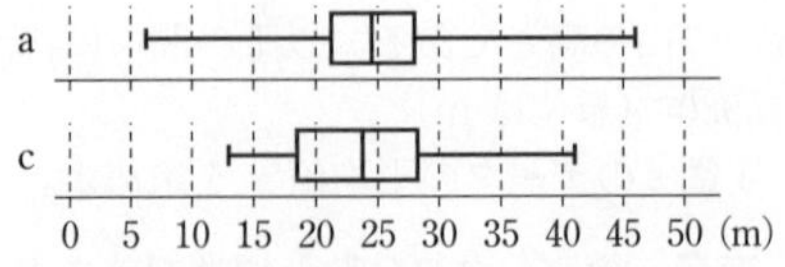

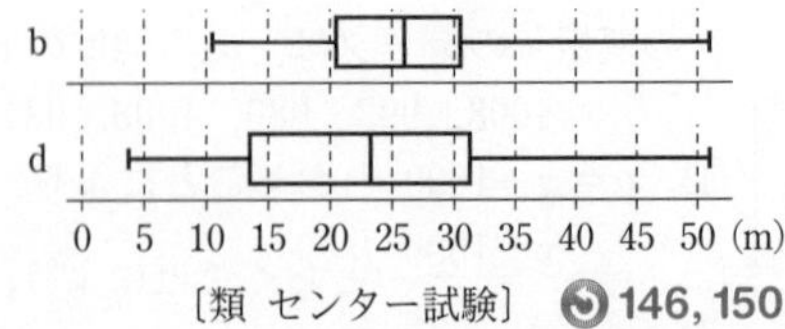

〔類 センター試験〕 146, 150

EXERCISES　16 データの整理，データの代表値，17 データの散らばり

B

127❸ 99 個の観測値からなるデータがある。四分位数について述べた次の⓪～⑤の記述のうち，どのようなデータでも成り立つものを 2 つ選べ。

⓪　平均値は第 1 四分位数と第 3 四分位数の間にある。

①　四分位範囲は標準偏差より大きい。

②　中央値より小さい観測値の個数は 49 個である。

③　最大値に等しい観測値を 1 個削除しても第 1 四分位数は変わらない。

④　第 1 四分位数より小さい観測値と，第 3 四分位数より大きい観測値とをすべて削除すると，残りの観測値の個数は 51 個である。

⑤　第 1 四分位数より小さい観測値と，第 3 四分位数より大きい観測値とをすべて削除すると，残りの観測値からなるデータの範囲はもとのデータの四分位範囲に等しい。　〔類 センター試験〕 → 145, 148, 150

128❸ 大豆を 1 粒ずつ箸(はし)でつかみ 30 秒間で隣の器へ移す個数を競う大会が行われた。以下のデータは，A ～ J の 10 選手が，30 秒間で隣の器へ移した大豆の個数 x（個）である。ただし，x のデータの平均値を $\overline{x}$ で表し，$x<25$ とする。

	A	B	C	D	E	F	G	H	I	J
x	22	21	16	a	13	15	24	b	12	14
$(x-\overline{x})^2$	16	9	4	c	25	9	d	4	36	16

(1)　$\overline{x}$ の値を求めよ。　(2)　a，b，c，d の値を求めよ。

(3)　x の分散と標準偏差を求めよ。ただし，小数第 2 位を四捨五入せよ。

→ 148

129❸ 3 つの正の数 a，b，c の平均値が 14，標準偏差が 8 であるとき，$a^2+b^2+c^2=$ ア□，$ab+bc+ca=$ イ□ である。　〔立命館大〕 → 148

HINT

127　データの大きさが 99 であることから，データを小さい順に並べたときに，第 1 四分位数，中央値，第 3 四分位数がそれぞれ何番目の値かを考える。選択肢が誤りであることを判断するときには，選択肢の内容が成り立たないような極端な例を考えるとよい。

128　(1)　例えば，A と B のデータから $\overline{x}$ を求める。

(2)　まず G のデータに着目して d を求める。

129　**(標準偏差)^2＝(2 乗の平均値)－(平均値)^2** を利用。$ab+bc+ca$ は，$(a+b+c)^2=a^2+b^2+c^2+2ab+2bc+2ca$ (p.20 参照) を利用して求める。

18 データの相関

基本事項

1 相関関係

① **散布図（相関図）** 2つの変量からなるデータを点として平面上に図示したもの。

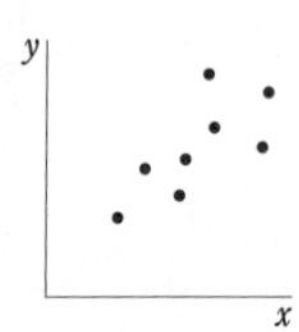

② **データの相関** 2つの変量からなるデータにおいて，一方が増えると他方が増える（減る）傾向がみられるとき，2つの変量の間には **正の（負の）相関がある** という。散布図では，点の分布は全体的に右上がり（右下がり）の傾向にある。

正と負のどちらの傾向もみられないときは，2つの変量の間には **相関がない** という。

補足 **正の（負の）相関関係がある，相関関係がない，** ということもある。

また，2つの変量の間に相関関係があるとき，散布図における点の分布が1つの直線に接近しているほど **相関が強い** といい，散らばっているほど **相関が弱い** という。

2 相関係数

① **共分散** 2つの変量 x，y からなるデータとして，n 個の値の組 $(x_1,\ y_1)$，$(x_2,\ y_2)$，……，$(x_n,\ y_n)$ が得られているとき，x の偏差と y の偏差の積 $(x_k-\overline{x})(y_k-\overline{y})$ の平均値を x と y の **共分散** といい，s_{xy} で表す。

$$s_{xy}=\frac{1}{n}\{(x_1-\overline{x})(y_1-\overline{y})+(x_2-\overline{x})(y_2-\overline{y})+\cdots\cdots+(x_n-\overline{x})(y_n-\overline{y})\}$$

解説 右の図のように散布図において，x の平均値 $\overline{x}$ と y の平均値 $\overline{y}$ を境界として，①，②，③，④ の4つの領域に分けて考える。①と③の領域に含まれる点 $(x_i,\ y_i)$ については $x_i-\overline{x}$ と $y_i-\overline{y}$ は同符号となるから，積 $(x_i-\overline{x})(y_i-\overline{y})$ は正の値をとる（正の相関）。

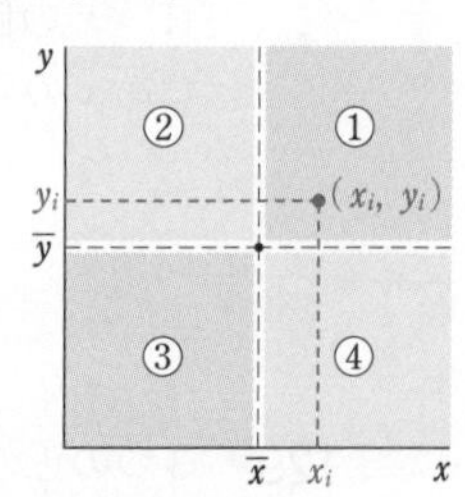

一方，②と④の領域に含まれる点について $x_i-\overline{x}$ と $y_i-\overline{y}$ は異符号となるから，積 $(x_i-\overline{x})(y_i-\overline{y})$ は負の値をとる（負の相関）。

したがって，x と y の間の相関関係を調べるのに，共分散の値を利用することができる。

② **相関係数** 相関の正負と強弱を表す値。

$$r=\frac{s_{xy}}{s_xs_y} \quad \leftarrow (\text{相関係数})=\frac{(x\text{ と }y\text{ の共分散})}{(x\text{ の標準偏差})\times(y\text{ の標準偏差})}$$

$$=\frac{\frac{1}{n}\{(x_1-\overline{x})(y_1-\overline{y})+\cdots\cdots+(x_n-\overline{x})(y_n-\overline{y})\}}{\sqrt{\frac{1}{n}\{(x_1-\overline{x})^2+\cdots\cdots+(x_n-\overline{x})^2\}}\sqrt{\frac{1}{n}\{(y_1-\overline{y})^2+\cdots\cdots+(y_n-\overline{y})^2\}}}$$

$$=\frac{(x_1-\overline{x})(y_1-\overline{y})+\cdots\cdots+(x_n-\overline{x})(y_n-\overline{y})}{\sqrt{\{(x_1-\overline{x})^2+\cdots\cdots+(x_n-\overline{x})^2\}\{(y_1-\overline{y})^2+\cdots\cdots+(y_n-\overline{y})^2\}}}$$

③　**相関係数と相関の様子**

相関係数 r の値については，$-1 \leqq r \leqq 1$ が成り立ち，r の値が 1 に近いほど正の相関が強く，r の値が -1 に近いほど負の相関が強い。相関関係がないとき，r は 0 に近い値をとる。

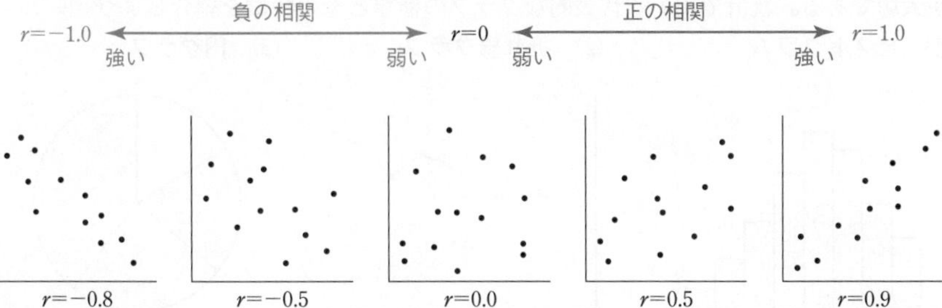

CHECK & CHECK

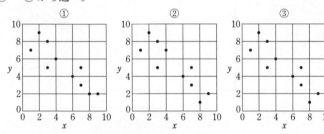

51　右の表は，2 つの変量 x，y についてのデータである。次の問いに答えよ。

番号	1	2	3	4	5	6	7	8	9	10
x	6	7	4	8	2	9	1	7	3	3
y	4	5	6	1	9	2	7	3	8	5

(1)　2 つの変量 x，y の散布図を，下の ① ～ ③ から選べ。

①　②　③

(2)　2 つの変量 x，y の共分散を求めよ。　1，2

52　2 つの変量 x，y からなるデータがある。x の標準偏差は 3.50，y の標準偏差は 3.25，x と y の共分散は 9.33 である。これらの数値を用いて，x と y の相関係数を計算せよ。ただし，小数第 3 位を四捨五入せよ。　2

53　ある高校 2 年生 20 人に対し，1 人 2 回ずつハンドボール投げの飛距離のデータを取ることにした。右の図は，1 回目のデータを横軸に，2 回目のデータを縦軸にとった散布図である。

1 回目のデータと 2 回目のデータの相関係数として正しいと思われるものを，次の ① ～ ④ から 1 つ選べ。

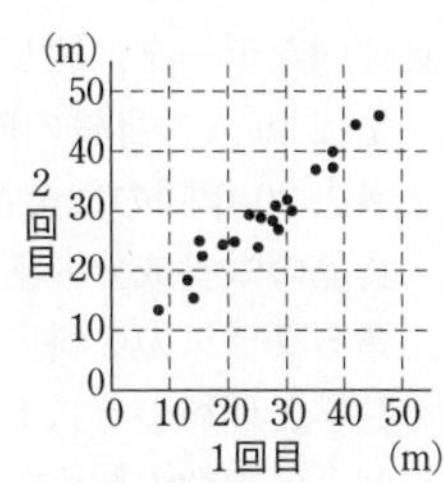

①　0.29　　②　0.93

③　-0.29　　④　-0.93　　2

STEP UP 統計のグラフの種類と特徴

統計をグラフで表すときは，グラフの特徴や欠点を理解した上で適切なものを選ぶことが大切である。統計で用いる代表的なグラフの種類とその特徴を紹介しよう。

(1) **ヒストグラム**

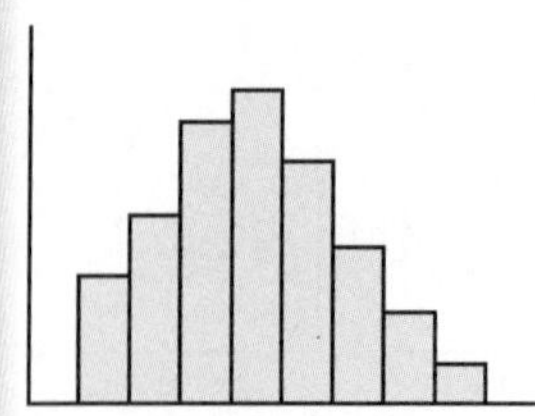

○ データの散らばり具合が一目でつかめる。
× 縦軸と横軸の幅の取り方によって異なった印象を与えてしまう。

(2) **折れ線グラフ**

○ 時系列によるデータの増減変化の様子がわかりやすい。
× 複数のデータを表示すると，線が重なって見づらくなる。

(3) **円グラフ**

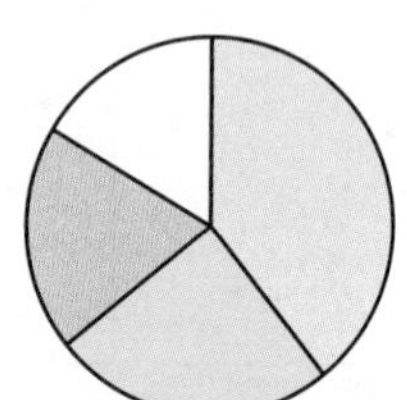

○ 各項目のデータ数が扇形の面積で表され，構成比の大小がわかりやすい。
× 要素が多くなると，扇形が小さくなり，見づらくなる。

(4) **箱ひげ図**

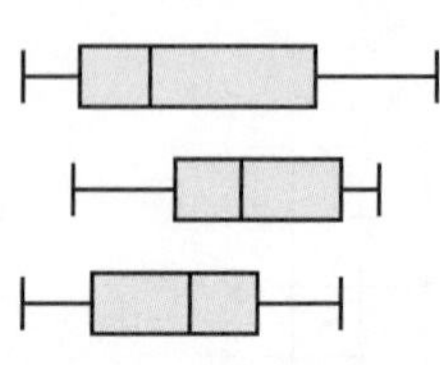

○ 複数のデータの散らばり具合が比較しやすい。
× データの大きさや階級の度数の違いを判断することができない。

(5) **散布図**

○ 2つのデータ間にどのような関係があるかが一目でつかむことができる。
× 3つ以上のデータ間の関係は示すことができない。

(6) **レーダーチャート**

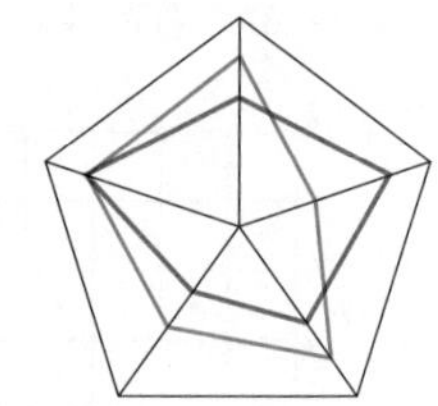

○ 複数のデータが1つのグラフで表されるので，傾向の違いがつかみやすい。
× 項目が多くなると判別しにくい。

上記以外にも統計のグラフには様々な種類があり，それぞれ，利点・欠点がある。
統計を活用するときには，自分が伝えたい目的に応じて，適切なグラフを使うことにより，説得力を高めることができる。

具体的なデータに適しているグラフの例をあげると次のようになる。
・生徒30人の身長の散らばり具合を調べる …… ヒストグラム
・過去20年間の就業者人口の変化を調べる …… 折れ線グラフ
・食品の栄養成分の割合を比較する …… 円グラフ
・あるクラスの3科目のテストの得点の散らばり具合を調べる …… 箱ひげ図
・数学と理科のテスト結果の関係を調べる …… 散布図
・個人の複数の種目の体力テストの結果と平均を比較する …… レーダーチャート

基本 例題 152 散布図と相関関係

次のような 2 つの変量 x, y のデータがある。これらについて，散布図をかき，x と y の間に相関があるかどうかを調べよ。また，相関がある場合には，正か負のどちらの相関であるかをいえ。

(1)

x	3	8	5	2	6	4	9	5	1	7
y	4	9	6	1	7	2	8	3	2	5

(2)

x	3.7	2.8	4.2	1.9	5.1	1.6	5.4	2.3	4.7	3.5
y	5.3	7.6	3.2	4.8	6.5	6.9	4.1	3.4	7.3	5.7

p. 246 基本事項 1

CHART & SOLUTION

相関関係は散布図をかいて判断

点が右上がりの直線に近い分布 → **正の相関**

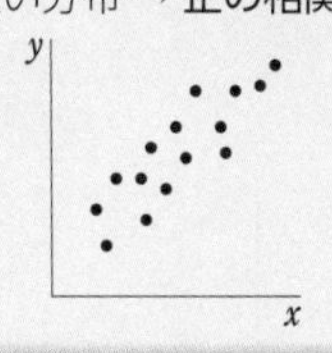

点が右下がりの直線に近い分布 → **負の相関**

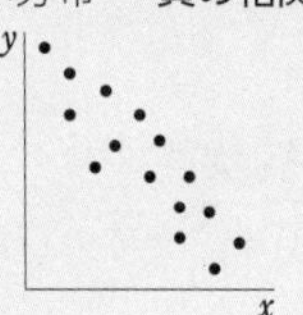

どちらの傾向も見られない → **相関がない**

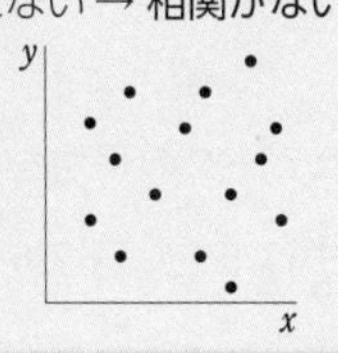

解答

(1)

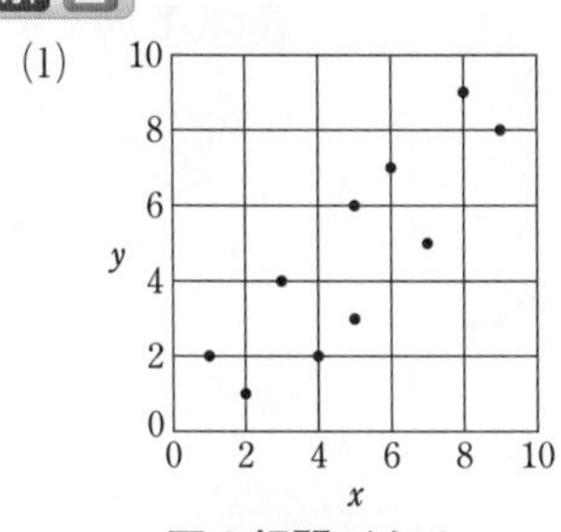

正の相関がある。

(2)

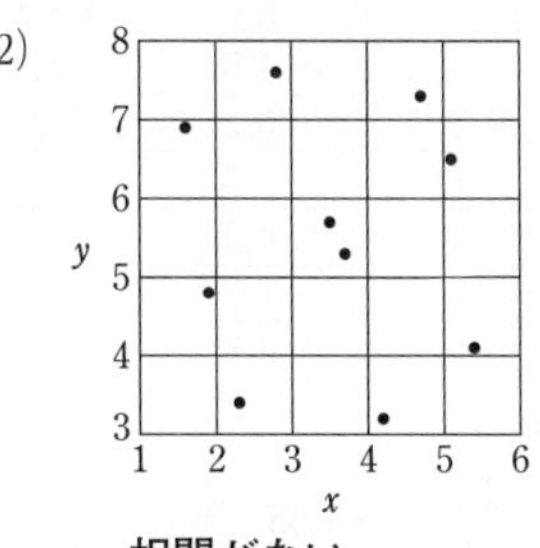

相関がない。

inf. このデータの相関係数を小数第 3 位で四捨五入すると (1) 0.86 (2) −0.05

PRACTICE 152 ❶

次のような 2 つの変量 x, y のデータがある。これらについて，散布図をかき，x と y の間に相関があるかどうかを調べよ。また，相関がある場合には，正か負のどちらの相関であるかをいえ。

(1)

x	6	7	4	8	2	9	1	7	3	3
y	4	5	6	1	9	2	7	3	8	5

(2)

x	59	76	67	77	63	58	72	61	74	65
y	418	789	325	666	543	733	475	529	365	650

(3)

x	7.7	6.8	8.2	5.9	9.1	5.6	9.4	6.3	8.7	7.5
y	3.4	2.7	4.2	0.8	3.5	1.3	4.1	0.9	2.5	1.6

基本 例題 153 相関係数

右の表は，ある運動部の生徒5人の 50 m 走のタイム x（秒）と反復横跳びの回数 y（回）を測定した結果である。この運動部の生徒5人の 50 m 走のタイムと反復横跳びの回数の間には，どのような相関関係があると考えられるか。相関係数 r を計算して答えよ。ただし，小数第3位を四捨五入せよ。

番号	1	2	3	4	5
x	7.9	7.5	7.6	7.7	7.3
y	52	60	58	54	61

p.246 基本事項 2

CHART & SOLUTION

相関係数 $r=\dfrac{(x_1-\overline{x})(y_1-\overline{y})+\cdots+(x_n-\overline{x})(y_n-\overline{y})}{\sqrt{(x_1-\overline{x})^2+\cdots+(x_n-\overline{x})^2}\sqrt{(y_1-\overline{y})^2+\cdots+(y_n-\overline{y})^2}}$ ……❶

$\overline{x}$，$\overline{y}$ を求め，$x-\overline{x}$，$y-\overline{y}$，$(x-\overline{x})(y-\overline{y})$，$(x-\overline{x})^2$，$(y-\overline{y})^2$ の表をつくる。

解答

x，y のデータの平均をそれぞれ $\overline{x}$，$\overline{y}$ とすると

$$\overline{x}=\frac{1}{5}(7.9+7.5+7.6+7.7+7.3)=\frac{38}{5}=7.6\ (\text{秒})$$

$$\overline{y}=\frac{1}{5}(52+60+58+54+61)=\frac{285}{5}=57\ (\text{回})$$

	x	y	$x-\overline{x}$	$y-\overline{y}$	$(x-\overline{x})(y-\overline{y})$	$(x-\overline{x})^2$	$(y-\overline{y})^2$
1	7.9	52	0.3	−5	−1.5	0.09	25
2	7.5	60	−0.1	3	−0.3	0.01	9
3	7.6	58	0	1	0	0	1
4	7.7	54	0.1	−3	−0.3	0.01	9
5	7.3	61	−0.3	4	−1.2	0.09	16
計	38	285			−3.3	0.2	60

上の表から，相関係数 r は

❶ $$r=\frac{-3.3}{\sqrt{0.2}\sqrt{60}}=\frac{-3.3}{\sqrt{12}}\fallingdotseq\mathbf{-0.95}$$

r は負で -1 に近いから，50 m 走のタイムと反復横跳びの回数の間には，**強い負の相関がある** と考えられる。

⇐ $r=\dfrac{-3.3}{2\sqrt{3}}=\dfrac{-3.3\sqrt{3}}{2\cdot3}$
$=\dfrac{-1.1}{2}\times\sqrt{3}$
$\fallingdotseq-0.55\times1.73$
$=-0.9515$

PRACTICE 153③

下の表は，10種類の飲料の価格 x（円）と1日の売り上げ個数 y（個）のデータである。

	1	2	3	4	5	6	7	8	9	10
x	115	95	110	120	105	115	100	110	125	105
y	45	64	48	24	42	30	53	40	34	60

価格と1日の売り上げ個数の間には，どのような相関関係があると考えられるか。相関係数 r を計算して答えよ。ただし，小数第3位を四捨五入せよ。

基本 例題 154 相関係数と傾向

右の表は，ある年の 9 県の年少人口（0 歳～ 14 歳）x（千人）と小児科医師数 y（人）のデータである。

番号	1	2	3	4	5	6	7	8	9
x	137	188	95	124	195	160	157	239	246
y	225	278	165	222	342	274	208	379	333

(1) x と y の相関係数を r とする。r の範囲として適切なものを，次の ① ～ ④ から選べ。

① $-1 \leqq r \leqq -0.7$　② $-0.3 \leqq r \leqq -0.1$

③ $0.1 \leqq r \leqq 0.3$　④ $0.7 \leqq r \leqq 1$

(2) 傾向として適切なものを，次の ① ～ ③ から選べ。

① 年少人口が増加するとき，小児科医師数が増加する傾向が認められる。

② 年少人口が増加するとき，小児科医師数が増加する傾向も減少する傾向も認められない。

③ 年少人口が増加するとき，小児科医師数が減少する傾向が認められる。

基本 152

解答

(1) x と y の散布図は右の図のようになる。散布図から，強い正の相関があることがわかる。よって，r として適切なものは　④

(2) 散布図から，年少人口が増加するとき，小児科医師数が増加する傾向が認められる。よって，傾向として適切なものは　①

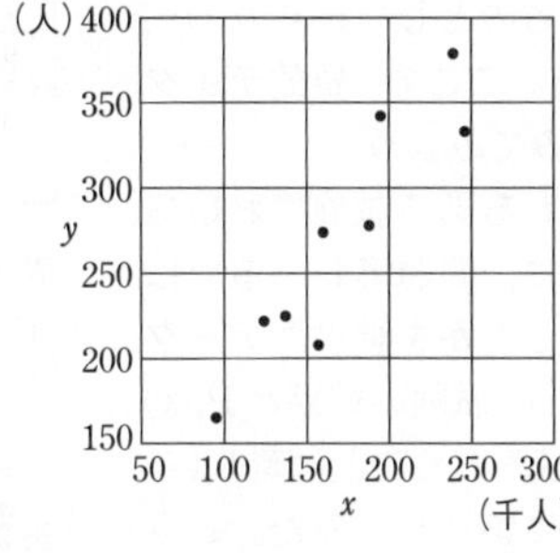

inf. 相関係数の値を求める問題ではなく，値の範囲を選ぶ問題では，直接計算する必要はない。**散布図から判断**する。
なお，計算結果を小数第 3 位で四捨五入すると 0.92 となる。

PRACTICE 154 ③

右の表は，10 人の生徒の通学時間 x（分）と運賃 y（円）のデータである。

	1	2	3	4	5	6	7	8	9	10
x	25	20	35	40	30	45	15	25	10	30
y	190	160	330	380	250	420	0	210	0	200

(1) x と y の相関係数を r とする。r の範囲として適切なものを，次の ① ～ ④ から選べ。

① $-1 \leqq r \leqq -0.7$　② $-0.3 \leqq r \leqq -0.1$

③ $0.1 \leqq r \leqq 0.3$　④ $0.7 \leqq r \leqq 1$

(2) 傾向として適切なものを，次の ① ～ ③ から選べ。

① 通学時間が増加するとき，運賃が増加する傾向が認められる。

② 通学時間が増加するとき，運賃が増加する傾向も減少する傾向も認められない。

③ 通学時間が増加するとき，運賃が減少する傾向が認められる。

STEP UP 相関関係と因果関係

原因とそれによって起こる結果との関係を **因果関係** という。相関関係と因果関係について考えてみよう。
例えば，47 都道府県のある期間の，熱中症による救急搬送人数と，都市公園の数のデータを調べたところ，相関係数が約 0.83 であった。この 2 つの変量の間には正の相関関係が認められる。しかし，公園の数が多いことが原因で救急搬送が増えることや，逆に，救急搬送が多いから公園の数が増えるといったことまでは断定できない。つまり，因果関係があるとは断定できない。
一般に，**2 つの変量の間に相関関係があるからといって，必ずしも因果関係があるとはいえない。**

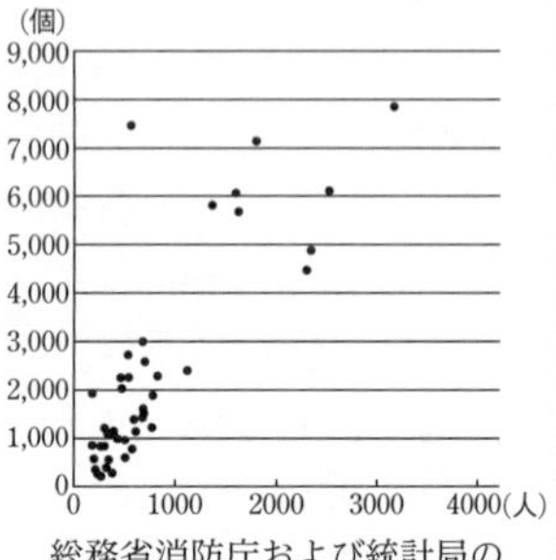

総務省消防庁および統計局のホームページより作成

STEP UP 分割表の利用

身長や体重のように，数値として得られるデータを **量的データ**，A 組，B 組などの所属クラスのように，数値ではないものとして得られるデータを **質的データ** という。ここで，質的データを整理して分析する例をみてみよう。
合格か不合格かが判定されるある試験において，受験者 100 人全員を対象に，問題集Pあるいは参考書Qを使用して学習したかを調べたデータが **表 1** である。この表から，試験の結果と P, Q の使用の関係性について読み取ることは難しい。
そこで，**表 2 ～ 4** のように整理してみた。こうすることにより，PとQが，どのくらい結果に影響しているかが読み取りやすくなる。**表 2，3** から，各教材の使用者のうちの合格者の割合を調べることができる。**表 4** は，更に細かく分割した表である。これにより，「P：使用 かつ Q：不使用」と「P：不使用 かつ Q：使用」を比較でき，PまたはQを単独で使用した場合の影響を比較することができる。
表 2 ～ 4 のような表を **分割表** または **クロス集計表** という。分割表は，アンケートの分析などさまざまな場面で活用されている。

表 1

生徒	試験の結果	問題集P	参考書Q
1	合格	使用	不使用
2	不合格	不使用	不使用
3	合格	使用	使用
……	……	……	……

表 2

	合	否	計	合格率
P：使用	37	24	61	60.7%
P：不使用	20	19	39	51.3%
計	57	43	100	

表 3

	合	否	計	合格率
Q：使用	31	15	46	67.4%
Q：不使用	26	28	54	48.1%
計	57	43	100	

表 4

		合	否	計	合格率
P：使用	Q：使用	12	7	19	63.2%
	Q：不使用	25	17	42	59.5%
P：不使用	Q：使用	19	8	27	70.4%
	Q：不使用	1	11	12	8.3%

inf. 全体集合 U は，$A\cap B$，$A\cap\overline{B}$，$\overline{A}\cap B$，$\overline{A}\cap\overline{B}$ の 4 つに分けられる。このことが分割表のしくみに関連している。

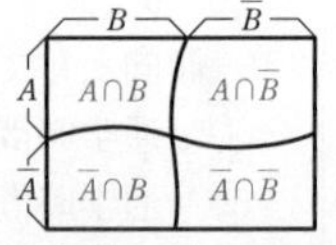

変量の変換と共分散，相関係数

2つの変量 x，y の共分散 s_{xy} や相関係数 r が，変量を1次式によって変換するとどのように変化するかを考えてみよう。

例えば，2つの変量 x，y についてのデータが右の表のように与えられているとき，

x	8	4	10	8	10
y	9	3	9	12	12

x，y のデータの平均値 $\overline{x}$，$\overline{y}$ は $\overline{x}=\frac{40}{5}=8$，$\overline{y}=\frac{45}{5}=9$，共分散は $s_{xy}=\frac{30}{5}=6$

標準偏差はそれぞれ $s_x=\sqrt{\frac{24}{5}}=\frac{2\sqrt{30}}{5}$，$s_y=\sqrt{\frac{54}{5}}=\frac{3\sqrt{30}}{5}$

相関係数は $r_{xy}=\frac{s_{xy}}{s_xs_y}=6\cdot\frac{5}{2\sqrt{30}}\cdot\frac{5}{3\sqrt{30}}=\frac{5}{6}\fallingdotseq 0.83$ となる。

ここで，$u=\frac{1}{2}x+4$，$v=\frac{1}{3}y+1$ により，変量 x，y をそれぞれ変量 u，v に変換したときの u，v の標準偏差をそれぞれ s_u，s_v，共分散を s_{uv} とすると，*p*.242のSTEP UPから

$$\overline{u}=\frac{1}{2}\overline{x}+4,\ \overline{v}=\frac{1}{3}\overline{y}+1,\ s_u=\left|\frac{1}{2}\right|s_x=\frac{1}{2}s_x,\ s_v=\left|\frac{1}{3}\right|s_y=\frac{1}{3}s_y$$

が成り立ち $(u-\overline{u})(v-\overline{v})=\left\{\left(\frac{1}{2}x+4\right)-\left(\frac{1}{2}\overline{x}+4\right)\right\}\left\{\left(\frac{1}{3}y+1\right)-\left(\frac{1}{3}\overline{y}+1\right)\right\}$

$$=\frac{1}{2}(x-\overline{x})\cdot\frac{1}{3}(y-\overline{y})=\frac{1}{6}(x-\overline{x})(y-\overline{y})$$

であることから，u，v の共分散と x，y の共分散の関係は $s_{uv}=\frac{1}{6}s_{xy}$ となる。

よって，u，v の相関係数 r_{uv} と，x，y の相関係数 r_{xy} の関係は

$$r_{uv}=\frac{s_{uv}}{s_us_v}=\frac{\frac{1}{6}s_{xy}}{\frac{1}{2}s_x\cdot\frac{1}{3}s_y}=\frac{s_{xy}}{s_xs_y}=r_{xy}$$

$(u$ と v の相関係数$)=\frac{(u\text{ と }v\text{ の共分散})}{(u\text{ の標準偏差})\times(v\text{ の標準偏差})}$

$=\frac{ac\times(x\text{ と }y\text{ の共分散})}{|a|\times(x\text{ の標準偏差})\times|c|\times(y\text{ の標準偏差})}$

$u=ax+b$
$v=cy+d$

$=\frac{(x\text{ と }y\text{ の共分散})}{(x\text{ の標準偏差})\times(y\text{ の標準偏差})}=(x$ と y の相関係数$)$

となり，変換によって相関係数は変化しないことがわかる。

一般に，次のことが成り立つ。

> 2つの変量 x，y をそれぞれ $u=ax+b$，$v=cy+d$（a，b，c，d は定数）により変換すると
>
> 共 分 散：$s_{uv}=acs_{xy}$
>
> 相関係数：$r_{uv}=\frac{s_{uv}}{s_us_v}=\frac{acs_{xy}}{|a|s_x\cdot|c|s_y}=\frac{acs_{xy}}{|ac|s_xs_y}=\begin{cases}r_{xy} & (ac>0\text{ のとき})\\ -r_{xy} & (ac<0\text{ のとき})\end{cases}$

相関係数は2つのデータの間の関係を表す数値であり，正の定数を掛けたり足したりしても相関の強弱は変化しない。ただし，いずれか一方のみに負の定数を掛けると相関係数の正負が逆転する。相関係数の不変性をテーマにした内容も問われることがある（*p*.261 EX 132参照）。

STEP UP 回帰直線

右の図は，$p.251$ 例題 154 のデータ[ある年の 9 県の年少人口 x (千人) と小児科医師数 y (人)] を散布図に表したものである。図から，このデータは強い正の相関があることがわかり，点がある直線の近くに並んでいるように見える。

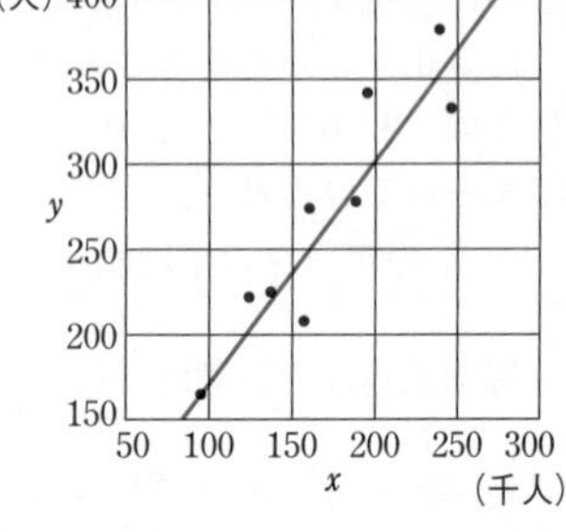

散布図において，点の配列にできるだけ合うように引いた直線を **回帰直線** という。右の図において，このデータの回帰直線を赤色の直線で示した。

2 つの変量 x, y からなるデータがあり，そのデータの平均値をそれぞれ $\overline{x}$，$\overline{y}$，標準偏差をそれぞれ s_x, s_y とし，x と y の相関係数を r とする。このとき，回帰直線の式は次のようになることが知られている。

$$\frac{y-\overline{y}}{s_y}=r\cdot\frac{x-\overline{x}}{s_x} \qquad \leftarrow y=\frac{rs_y}{s_x}x-\frac{rs_y}{s_x}\overline{x}+\overline{y}$$

上の散布図のデータでは，$\overline{x}\fallingdotseq 171.2$，$\overline{y}\fallingdotseq 269.6$，$s_x\fallingdotseq 47.81$，$s_y\fallingdotseq 66.92$，$r\fallingdotseq 0.9234$ であるから，回帰直線の式は，おおよそ

$$y=1.29x+48.3$$

となることがわかる。

回帰直線を利用することで，x，y の一方の値のみがわかっているときに，他方の値を推定することができる。ただし，相関が弱い (点の分布が直線的でない) 場合には，回帰直線による分析を行うことはできない。

● 回帰直線の利用例

例1　ばねの伸び x は，加えた力 y に比例することが知られている (フックの法則)。すなわち，ばね定数を k として，次のような式が成り立つ。

$$y=kx$$

実験により，ばねの伸び x と加えた力 y からなるデータを集め，回帰直線を求めると，直線の傾きからばね定数を求めることができる。

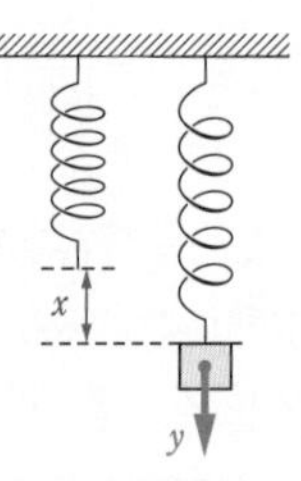

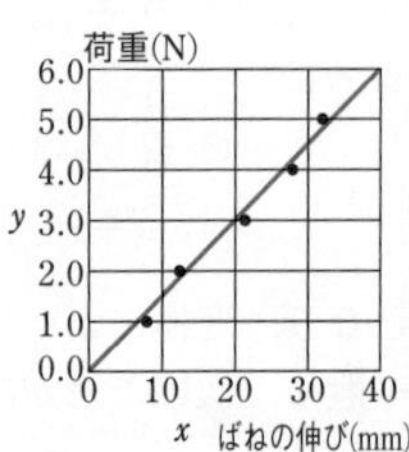

例2　アパートなどの賃貸物件を借りる場合を考えてみる。いくつかの物件について，駅からの距離 x と家賃 y からなるデータを集め，回帰直線をかいてみる。その直線の上側にある物件は割高であり，逆に，下側にある物件は割安であると考えることができる。

⇦ 実際にこのような分析を行う場合には，築年数，広さ，設備など，多くの変量を含むデータを扱うことになる。

19 仮説検定の考え方

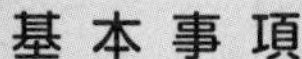

基本事項

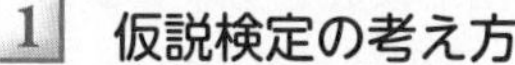

1 仮説検定の考え方

得られたデータをもとに，調べたい集団全体に対する仮説を立て，それが正しいかどうかを判断する手法を **仮説検定** という。

2 仮説検定の手順

ある主張が正しいかどうかを判断するための仮説検定は，次のような手順で行う。

① 正しいかどうか判断したい主張に対し，その主張に反する仮説を立てる。

② 基準となる確率を定め，仮説のもとで，得られたデータが起こる確率を調べる。

③ 調べた確率と，基準となる確率との大小を比較し，仮説が正しいかどうか判断する。

④ ③の結論に沿って，主張が正しいかどうかを判断する。

例 Aさんがコインを5回連続して投げたところ，5回とも表が出た。この結果からAさんは次のような主張をしているが，この主張は正しいと判断できるだろうか。

主張 このコインは表が出やすい

しかし，コインに細工がされていたのかもしれないし，5回とも表が出たのは単なる偶然かもしれない。そこで，Aさんの主張に対して，次の仮説を立てる。

⇐ 手順 ①

inf. 仮説検定において，正しいかどうか判断したい主張に反する仮定として立てた仮説を **帰無(きむ)仮説** といい，もとの主張を **対立仮説** という。

> **仮説** コインの表裏の出方は同様に確からしい。
> すなわち，コインを1回投げたとき，表が出る確率は $\frac{1}{2}$ である。

ここで，基準となる確率を0.05と定める。また，仮説のもとで，「コインを5回連続して投げて，5回とも表が出る」確率を求めると，およそ0.03である。

⇐ 手順 ②
確率を正確に求めると
$\left(\frac{1}{2}\right)^5=\frac{1}{32}=0.03125$

この0.03は，基準となる確率0.05より小さい。このとき，仮説のもとで珍しいことが起こったと考えるのではなく，そもそも仮説は正しくなかったと判断する。

⇐ 手順 ③

つまり，Aさんの「コインは表が出やすい」という主張は正しいと判断する。

⇐ 手順 ④

補足 基準となる確率は，0.05や0.01とすることが多い。

inf. ③において，仮説は正しくないと判断することを，仮説を **棄却する** という。

基本 例題 155 仮説検定による判断 (1)

ある企業が発売している製品を改良し，20 人にアンケートを実施したところ，15 人が「品質が向上した」と回答した。この結果から，製品の品質が向上したと判断してよいか。仮説検定の考え方を用い，基準となる確率を 0.05 として考察せよ。ただし，公正なコインを 20 枚投げて表が出た枚数を記録する実験を 200 回行ったところ，次の表のようになったとし，この結果を用いよ。

表の枚数	4	5	6	7	8	9	10	11	12	13	14	15	16	17	計
度数	1	2	7	15	25	30	37	32	23	16	8	3	0	1	200

CHART & SOLUTION

仮説検定を用いて考える問題では，次のような手順で進める。

① 「品質が向上した」という主張に反する，次のような仮説を立てる。

仮説　品質が向上したとはいえず，「品質が向上した」と回答する場合と，そうでない場合がまったくの偶然で起こる

② 仮説，すなわち，アンケートで「品質が向上した」と回答する確率が $\frac{1}{2}$ であるという仮定のもとで，20 人中 15 人以上が「品質が向上した」と回答する確率を調べる。確率を調べる際には，コイン投げの実験結果を用いる。

③ 調べた確率が基準となる確率より小さい場合，仮説は正しくないと判断する。

④ ③の結論から，「品質が向上した」という主張は正しいかどうか判断する。

解答

品質が向上した　…… [1]

の主張が正しいかどうかを判断するために，次の仮説を立てる。

仮説　品質が向上したとはいえず，「品質が向上した」と回答する場合と，そうでない場合がまったくの偶然で起こる　…… [2]

⇐ ① [1] の主張に反する仮説を立てる。

コイン投げの実験結果から，コインを 20 枚投げて表が 15 枚以上出る場合の相対度数は　$\frac{3+0+1}{200}=\frac{4}{200}=0.02$

⇐ ② [2] の仮説のもとで，確率を調べる。

すなわち，[2] の仮説のもとでは，15 人以上が「品質が向上した」と回答する確率は 0.02 程度であると考えられる。

これは 0.05 より小さいから，[2] の仮説は正しくなかったと考えられ，[1] は正しいと判断してよい。

⇐ ③ 基準となる確率との大小を比較する。

したがって，**製品の品質が向上したと判断してよい。**

⇐ ④ [1] の主張は正しいかどうか判断する。

PRACTICE 155❷

ある企業がイメージキャラクターを作成し，20 人にアンケートを実施したところ，13 人が「企業の印象が良くなった」と回答した。この結果から，企業の印象が良くなったと判断してよいか。仮説検定の考え方を用い，基準となる確率を 0.05 として考察せよ。ただし，上の例題のコイン投げの実験結果を用いよ。

ズームUP 仮説検定の考え方の注意点

仮説検定は，考え方のしくみからきちんと理解することが大切です。
ここでは，例題 **155** をもとに詳しくみていきましょう。

仮説検定の考え方のしくみ

もとの [1] の主張が正しいことを直接示すのが難しいとき，それに反する [2] の仮説を否定することによって，[1] が正しいことを示すのが，仮説検定の手法である。 のように考えられる理由についてみておこう。仮に，[2] の仮説が正しいとすると，15 人以上が「品質が向上した」と回答することは，0.02 程度の確率で起こる。これを踏まえると，

[2] の仮説は正しく，0.02 程度の確率でしか起きないような，非常に珍しいことが起きた

と考えることは 不自然 であり，それよりは，

[2] の仮説は間違いであり，[1] の「品質が向上した」は正しい

と考える方が 自然 である。このような考え方が，[1] の主張は正しいと判断することの根拠になっている。

仮説検定が有効なのは，主張したいことを示すより，それに反する仮説が正しくないことを示す方がやりやすいときです。

なお，[2] の仮説により，アンケートで 1 人が「品質が向上した」と回答する確率は $\frac{1}{2}$ とすることができる。これは公正なコインを 1 枚投げたときに表が出る確率と等しい。よって，20 人中 15 人以上が「品質が向上した」と回答する確率と，コインを 20 枚投げて 15 枚以上表が出る確率は等しいとみなすことができるから，コイン投げの実験結果を用いて確率を調べている。

仮説を否定できない場合

アンケートで「品質が向上した」と回答したのが，**20 人中 12 人であった場合**を考えよう。この場合，コインを 20 枚投げて表が 12 枚以上出るときの相対度数は $\frac{23+16+8+3+0+1}{200}=0.255$ であり，[2] の仮説のもとでは，12 人以上が「品質が向上した」と回答する確率は，0.255 程度である。これは基準の確率 0.05 より大きいから，[2] の**仮説は否定できない**。しかし，(*) [2] の仮説が否定できないからといって，「品質が向上したとはいえない」と判断するわけではなく，もとの [1] の主張と [2] の仮説の**どちらが正しいかは判断できなかった，と結論づけることになる**。注意しよう。

inf. 上の下線部 (∗) は，背理法 ($p.76$) で，矛盾を導けないからといって，否定した命題が真であるとはいえないことに似ている。

仮説検定　もとの主張に反する仮説のもとでは，出来事が起こる確率が **基準より小さい** ため，もとの主張が正しいと判断できる。

背理法　もとの命題が成り立たないと仮定すると **矛盾が導かれる** ため，もとの命題は真と結論する。

重要 例題 156 仮説検定による判断 (2)

X 地区における政党Aの支持率は $\frac{2}{3}$ であった。政党Aがある政策を掲げたところ，支持率が変化したのではないかと考え，アンケート調査を行うことにした。30 人に対しアンケートをとったところ，25 人が政党Aを支持すると回答した。この結果から，政党Aの支持率は上昇したと判断してよいか。仮説検定の考え方を用い，次の各場合について考察せよ。ただし，公正なさいころを 30 個投げて，1 から 4 までのいずれかの目が出た個数を記録する実験を 200 回行ったところ，次の表のようになったとし，この結果を用いよ。

1 ～ 4 の個数	12	13	14	15	16	17	18	19	20	21	22	23	24	25	26	27	計
度数	1	0	2	5	9	14	22	27	32	29	24	17	11	4	2	1	200

(1) 基準となる確率を 0.05 とする。　(2) 基準となる確率を 0.01 とする。

解答

支持率は上昇した　…… [1]

の主張が正しいかどうかを判断するために，次の仮説を立てる。

仮説　支持率は上昇したとはいえず，「支持する」と回答する確率は $\frac{2}{3}$ である …[2]

さいころを 1 個投げて 1 から 4 までのいずれかの目が出る確率は $\frac{2}{3}$ である。

さいころ投げの実験結果から，さいころを 30 個投げて 1 から 4 までのいずれかの目が 25 個以上出る場合の相対度数は　$\frac{4+2+1}{200}=\frac{7}{200}=0.035$

すなわち，[2] の仮説のもとでは，25 人以上が「支持する」と回答する確率は 0.035 程度であると考えられる。

(1) 0.035 は基準となる確率 0.05 より小さい。よって，[2] の仮説は正しくなかったと考えられ，[1] は正しいと判断してよい。
したがって，**支持率は上昇したと判断してよい。**

(2) 0.035 は基準となる確率 0.01 より大きい。よって，[2] の仮説は否定できず，[1] は正しいとは判断できない。
したがって，**支持率は上昇したとは判断できない。**

PRACTICE 156③

ある企業Xが，自社製品の鉛筆Aと，他社Yの鉛筆Bのうちどちらの方が書きやすいかを調査するアンケートを実施したところ，回答者全員のうち $\frac{2}{3}$ の人が，「A の方が書きやすい」と回答した。その後，他社YがBを改良したため，改めてアンケートを実施したところ，30 人中 14 人が「A の方が書きやすい」と回答した。B に比べて，A の書きやすさが下がったと判断してよいか。仮説検定の考え方を用い，次の各場合について考察せよ。ただし，上の例題のさいころ投げの実験結果を用いよ。

(1) 基準となる確率を 0.05 とする。　(2) 基準となる確率を 0.01 とする。

補充 例題 157 反復試行の確率と仮説検定

箱の中に白玉と黒玉が入っている。ただし，各色の玉は何個入っているかわからないものとする。箱から玉を1個取り出して色を調べてからもとに戻すことを8回繰り返したところ，7回白玉が出た。箱の中の白玉は黒玉より多いと判断してよいか。仮説検定の考え方を用い，基準となる確率を0.05として考察せよ。

基本 155

CHART & SOLUTION

「箱の中の白玉は黒玉より多い」という主張に対して，次の仮説を立てる。

仮説　白玉と黒玉は同じ個数である

そして，仮説，すなわち，箱から白玉を取り出す確率が $\frac{1}{2}$ であるという仮定のもとで，7回以上白玉を取り出す確率を求める。なお，箱から玉を取り出してもとに戻すことを8回繰り返すから，反復試行の確率（数学A）の考え方を用いて確率を求める。

反復試行の確率

1回の試行で事象 A の起こる確率を p とする。この試行を n 回行う反復試行で，A がちょうど r 回起こる確率は　$_{n}C_{r}p^{r}(1-p)^{n-r}$　ただし　$r=0,\ 1,\ \cdots\cdots,\ n$

なお，$_{n}C_{r}$ は異なる n 個のものから異なる r 個を取り出して作る組合せの総数である。

解答

箱の中の白玉は黒玉より多い　……[1]

の主張が正しいかどうかを判断するために，次の仮説を立てる。

仮説　箱の中の白玉と黒玉は同じ個数である　……[2]

[2] の仮説のもとで，箱から玉を1個取り出してもとに戻すことを8回繰り返すとき，7回以上白玉を取り出す確率は

$$_{8}C_{8}\left(\frac{1}{2}\right)^{8}\left(\frac{1}{2}\right)^{0}+{}_{8}C_{7}\left(\frac{1}{2}\right)^{7}\left(\frac{1}{2}\right)^{1}=\frac{1}{2^{8}}(1+8)=\frac{9}{256}=0.035\cdots\cdots$$

⇦ 黒玉を取り出す確率は $1-\frac{1}{2}=\frac{1}{2}$ である。

これは0.05より小さいから，[2] の仮説は誤りであると考えられ，[1] は正しいと判断できる。

したがって，**箱の中の白玉は黒玉より多いと判断してよい。**

inf.　条件が「8回繰り返したところ，6回白玉が出た」であるなら，6回以上白玉を取り出す確率は

$$_{8}C_{8}\left(\frac{1}{2}\right)^{8}\left(\frac{1}{2}\right)^{0}+{}_{8}C_{7}\left(\frac{1}{2}\right)^{7}\left(\frac{1}{2}\right)^{1}+{}_{8}C_{6}\left(\frac{1}{2}\right)^{6}\left(\frac{1}{2}\right)^{2}=\frac{1}{2^{8}}(1+8+28)=\frac{37}{256}=0.144\cdots\cdots$$

これは0.05より大きいから，白玉は黒玉より多いと判断できない。⇦ [2] の仮説は棄却されない。

なお，白玉を取り出す回数を X とすると，[1] の主張が正しい，つまり，白玉は黒玉より多いと判断できるための範囲は，例題の結果と合わせて考えると，$X\geqq 7$ である。

PRACTICE 157④

AとBがあるゲームを10回行ったところ，Aが7回勝った。この結果から，AはBより強いと判断してよいか。仮説検定の考え方を用い，基準となる確率を0.05として考察せよ。ただし，ゲームに引き分けはないものとする。

EXERCISES　18 データの相関，19 仮説検定の考え方

A

130❸ 次の表は，あるクラスの生徒 10 人に対して行われた，理科と社会のテスト (各 100 点満点) の得点等の一覧である。空欄の値はわかっていないものとして，(1)～(3) に答えよ。〔類 慶応大〕

生徒番号	①	②	③	④	⑤	⑥	⑦	⑧	⑨	⑩	平均	分散	共分散
理科	10	30	40	90	70	60	70		50	80	50		−270
社会	100	70	60		40	50	20	50		70	60	500	

(1) このデータの散布図として適切なものを，次の図(A)～(C)のうちから 1 つ選べ。

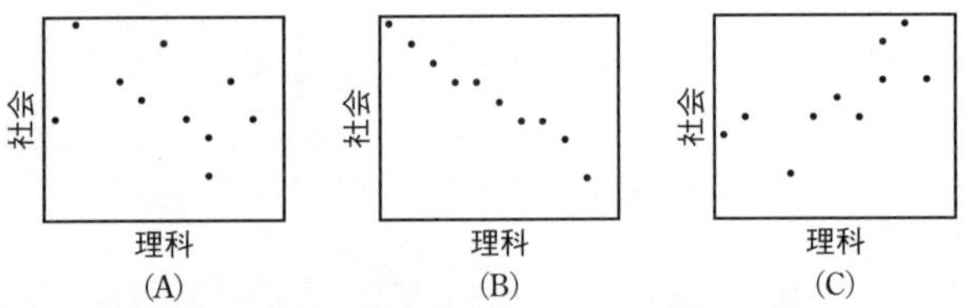

(2) 生徒 ⑧ の理科の得点，および，理科の得点の分散を求めよ。

(3) 理科と社会の得点の相関係数を求めよ。 148, 152, 153

131❷ A さんがあるコインを 10 回投げたところ，表が 7 回出た。
この結果から，A さんは，

「このコインは表が出やすい」

と主張しているが，この主張が正しいかどうかを仮説検定の考え方を用いて考察する。まず，「A さんの主張」に対し，次の仮説を立てる。

「仮説　このコインは公正である」

また，基準となる確率を 0.05 とする。
ここで，公正なさいころを 10 回投げて奇数の目が出た回数を記録する実験を 200 回行ったところ，次の表のようになった。

奇数の回数	1	2	3	4	5	6	7	8	9
度数	2	9	24	41	51	39	23	10	1

仮説のもとで，表が 7 回以上出る確率は，上の実験結果を用いると，ア□程度であることがわかる。このとき，「イ□。」と結論する。ア□に当てはまる数を求めよ。また，イ□に当てはまるものを，次の ⓪～⑤ のうちから 1 つ選べ。

⓪ 「A さんの主張」は正しくなかったと考えられ，「仮説」が正しい，すなわち，このコインは公正であると判断する

① 「A さんの主張」は否定できず，「A さんの主張」が正しい，すなわち，このコインは表が出やすいと判断する

EXERCISES　18 データの相関，19 仮説検定の考え方

A

② 「A さんの主張」は否定できず，「仮説」が正しいとは判断できない，すなわち，このコインは公正であるとは判断できない
③ 「仮説」は正しくなかったと考えられ，「A さんの主張」が正しい，すなわち，このコインは表が出やすいと判断する
④ 「仮説」は否定できず，「仮説」が正しい，すなわち，このコインは公正であると判断する
⑤ 「仮説」は否定できず，「A さんの主張」が正しいとは判断できない，すなわち，このコインは表が出やすいとは判断できない →155

B

132[❹] スキージャンプは，飛距離および空中姿勢の美しさを競う競技である。選手は斜面を滑り降り，斜面の端から空中に飛び出す。飛距離 D（単位は m）から得点 X が決まり，空中姿勢から得点 Y が決まる。ある大会における 58 回のジャンプについて考える。〔類 センター試験〕

(1) 得点 X，得点 Y および飛び出すときの速度 V（単位は km/h）について，図 1 の 3 つの散布図を得た。

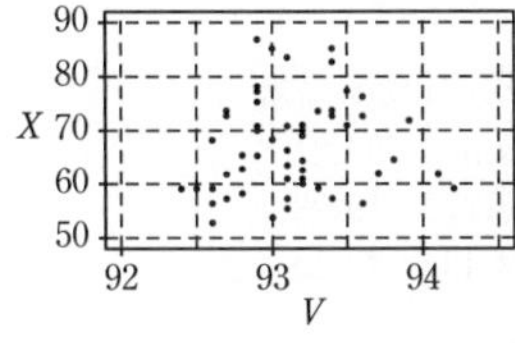

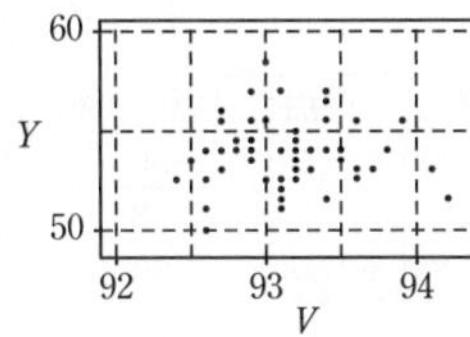

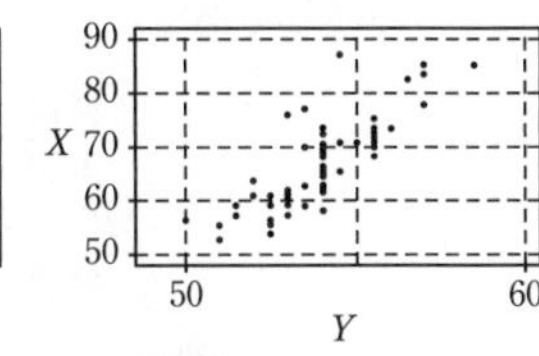

図 1　（出典：国際スキー連盟の Web ページにより作成）

図 1 から読み取れることとして正しいものを，次の⓪～⑥のうちから 3 つ選べ。

⓪ X と V の間の相関は，X と Y の間の相関より強い。
① X と Y の間には正の相関がある。
② V が最大のジャンプは，X も最大である。
③ V が最大のジャンプは，Y も最大である。
④ Y が最小のジャンプは，X は最小ではない。
⑤ X が 80 以上のジャンプは，すべて V が 93 以上である。
⑥ Y が 55 以上かつ V が 94 以上のジャンプはない。

(2) 得点 X は，飛距離 D から次の計算式によって算出される。

$$X = 1.80 \times (D - 125.0) + 60.0$$

このとき，X の分散は，D の分散の ア□ 倍になる。また，X と Y の共分散は，D と Y の共分散の イ□ 倍である。更に，X と Y の相関係数は，D と Y の相関係数の ウ□ 倍である。 →152, 154

HINT 132 (2) $p.242$，253 STEP UP 参照。

STEP UP 偏差値

これまでに学んだ平均値，標準偏差を用いて求められる値の中で，代表的なものとして偏差値があげられる。複数教科の試験を受けた場合，平均点が異なる場合が多いため，得点のみで各教科の実力の差を見極めることは難しい。偏差値を用いれば平均点が異なっていても各教科の実力の差を比較しやすい。偏差値は，平均値と標準偏差を用いて，次のように定義される。

> データの変量xに対し，xの平均値を$\overline{x}$，標準偏差をsで表すとき
> $y=\dfrac{x-\overline{x}}{s}\times10+50$ によって得られるyをxの **偏差値** という。

参考　偏差値の平均値は 50，標準偏差は 10 である。

大学入学共通テストの前身である大学入試センター試験では，毎年平均点に加え，標準偏差も発表されていた。それらの値を利用して，偏差値を算出することができる。

例　ある生徒の大学入試センター試験の国語・数学ＩＡ・英語の得点の結果は，次の表の通りであった。

科目	配点	得点	得点率 (%)	平均点	標準偏差
国語	200	160	80	129.39	36.01
数学ＩＡ	100	78	78	55.27	19.93
英語	200	160	80	112.43	42.15

3 教科の偏差値を求めると

国語　$\dfrac{160-129.39}{36.01}\times10+50\fallingdotseq58.50$

数学　$\dfrac{78-55.27}{19.93}\times10+50\fallingdotseq61.40$

英語　$\dfrac{160-112.43}{42.15}\times10+50\fallingdotseq61.29$

上の計算から，得点率で比較すると 3 教科の中で数学が最も低いが，偏差値で比較すると，数学が最も高いと判断できる。

偏差値を用いることで自分の相対位置（大まかな順位）がわかることがある。得点分布が正規分布（詳しくは数学Ｂで学習）になる場合，偏差値に対する上位からの割合（%）は次の表のようになることが知られている。

偏差値	75 …	70 …	65 …	60 …	55 …	50 …	45 …	40 …	35 …	30 …	25
%	0.6	2.3	6.7	15.9	30.9	50.0	69.1	84.1	93.3	97.7	99.4

50 万人が受験した試験で，ある生徒の偏差値が 65 であるならば，得点分布が正規分布になるものと仮定すると，500,000×0.067＝33,500 から，全国順位は約 33,500 位になる。

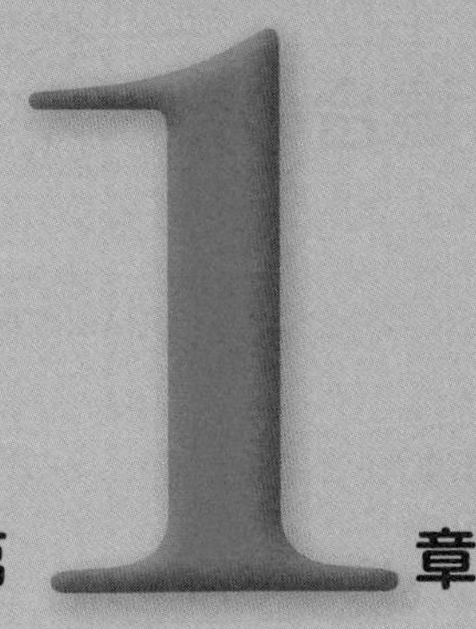

第1章

数学A
場合の数

Select Study

― スタンダードコース：教科書の例題をカンペキにしたいきみに
― パーフェクトコース：教科書を完全にマスターしたいきみに
― 大学入学共通テスト準備・対策コース　※基例…基本例題，番号…基本例題の番号

Start ― 基例1 ― 基例2 ― 3 ― 基例4 ― 基例5 ― 基例6 ― 基例7 ― 基例8 ― 基例12 ― 基例13 ― 基例14 ― 15 ― 基例16 ― 基例17 ― 基例18 ― 基例19 ― 基例23 ― 基例24 ― 25 ― 基例26 ― 基例27 ― 基例28 ― 基例29 ― 30

■ 例題一覧

1 集合の要素の個数，場合の数

基本事項

1 集合の要素の個数

個数定理 A，B を **有限集合**（要素の個数が有限である集合）とする。また，$n(P)$ は有限集合 P の要素の個数を表す。

① **和集合の要素の個数** 1 $n(A\cup B)=n(A)+n(B)-n(A\cap B)$

2 $A\cap B=\varnothing$ のとき $n(A\cup B)=n(A)+n(B)$

② **補集合の要素の個数** $n(\overline{A})=n(U)-n(A)$ ただし，U は全体集合

注意 本書では，上の ①，② を個数定理とよぶ。集合については数学Ⅰ $p.68$，69 も参照。

2 場合の数

すべての場合をもれなく書き出し，重複することなく数え上げる。

① **辞書式配列法** 辞書の単語のようにアルファベット順に並べる方法

② **樹形図（tree）** 次々と枝分かれしていく図で表す方法

例 集合 $\{a, b, c, d, e\}$ の部分集合で，3 個の要素からなるものをすべて求める。

要素がアルファベット順に並ぶように表すと，

$\{a, b, c\}$，$\{a, b, d\}$，$\{a, b, e\}$，$\{a, c, d\}$，
$\{a, c, e\}$，$\{a, d, e\}$，$\{b, c, d\}$，$\{b, c, e\}$，
$\{b, d, e\}$，$\{c, d, e\}$ の 10 通りある。

⇦ 1 つ目の要素が a の集合を書き上げ，続いて，1 つ目の要素が b の集合，c の集合の順に書き上げるとよい。

次のような樹形図をかき上げて考えてもよい。

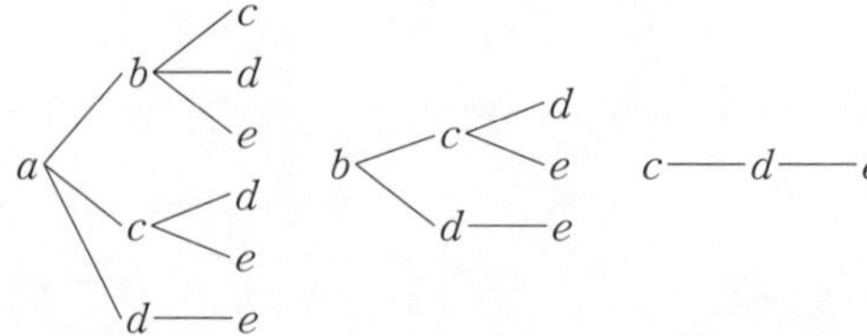

3 和の法則 （3 つ以上の事柄についても，同じように成り立つ。）

2 つの事柄 A，B は **同時には起こらない** とする。A の起こり方が a 通りあり，B の起こり方が b 通りあれば，**A または B の起こる場合は，$a+b$ 通り** ある。

4 積の法則 （3 つ以上の事柄についても，同じように成り立つ。）

事柄 A の起こり方が a 通りあり，**そのどの場合に対しても** 事柄 B の起こり方が b 通りあれば，**A が起こり，そして B が起こる場合は，$a\times b$ 通り** ある。

CHECK & CHECK

1 8 を 3 つの自然数の和として表す方法は何通りあるか。樹形図を利用して求めよ。ただし，加える順序は問わないものとする。 2

基本 例題 1　集合の要素の個数の計算

(1)　全体集合を $U=\{1,\ 2,\ 3,\ 4,\ 5,\ 6,\ 7\}$ とする。U の部分集合 $A=\{1,\ 3,\ 5,\ 6,\ 7\}$, $B=\{2,\ 3,\ 6,\ 7\}$ について，$n(A)$, $n(B)$, $n(A\cup B)$, $n(\overline{A})$ を求めよ。

(2)　集合 A, B が全体集合 U の部分集合で $n(U)=50$, $n(A)=30$, $n(B)=15$, $n(A\cap B)=10$ であるとき，次の集合の要素の個数を求めよ。

(ア)　$\overline{A}$　　(イ)　$\overline{A\cap B}$　　(ウ)　$A\cup B$　　(エ)　$\overline{A}\cap\overline{B}$

p. 264 基本事項 1

CHART & SOLUTION

集合の要素の個数の問題

図をかいて　1 順に求める　2 方程式を作る

(2)　1 の方針により，求めやすいものから順に，個数定理を用いて集合の要素の個数を求める。

(ア)　$n(\overline{A})=n(U)-n(A)$ を利用する。

(ウ)　$n(A\cup B)=n(A)+n(B)-n(A\cap B)$ を利用する。……❗

2 は基本例題 3 を参照。

解答

(1)　$\boldsymbol{n(A)=5}$,　$\boldsymbol{n(B)=4}$

$A\cup B=\{1,\ 2,\ 3,\ 5,\ 6,\ 7\}$ であるから　$\boldsymbol{n(A\cup B)=6}$

$\overline{A}=\{2,\ 4\}$ であるから　$\boldsymbol{n(\overline{A})=2}$

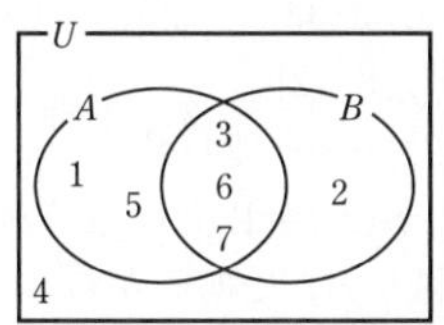

⇐ 左の図のような，集合の関係を表す図を **ベン図** という。

(2)　(ア)　$n(\overline{A})=n(U)-n(A)$

$=50-30=\mathbf{20}$ **(個)**

⇐ 補集合の要素の個数。

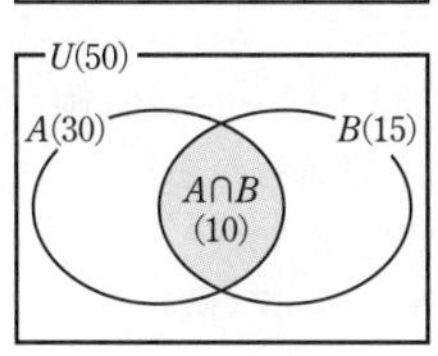

(イ)　$n(\overline{A\cap B})=n(U)-n(A\cap B)$

$=50-10=\mathbf{40}$ **(個)**

❗ (ウ)　$n(A\cup B)=n(A)+n(B)-n(A\cap B)$

$=30+15-10=\mathbf{35}$ **(個)**

⇐ 個数定理を利用。

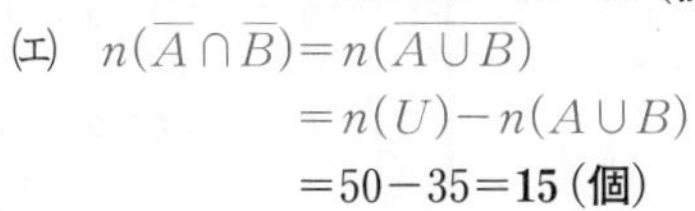

(エ)　$n(\overline{A}\cap\overline{B})=n(\overline{A\cup B})$

$=n(U)-n(A\cup B)$

$=50-35=\mathbf{15}$ **(個)**

⇐ **ド・モルガンの法則** $\overline{A}\cap\overline{B}=\overline{A\cup B}$

⇐ (ウ) の結果を利用。

PRACTICE 1[❶]

(1)　上の例題 (1) の集合 U, A, B について，$n(U)$, $n(\overline{B})$, $n(A\cap B)$, $n(\overline{A\cup B})$ を求めよ。

(2)　集合 A, B が全体集合 U の部分集合で $n(U)=80$, $n(A)=25$, $n(B)=40$, $n(A\cap B)=15$ であるとき，次の集合の要素の個数を求めよ。

(ア)　$\overline{A}$　　(イ)　$\overline{A\cap B}$　　(ウ)　$A\cup B$　　(エ)　$\overline{A}\cap\overline{B}$

基本 例題 2　整数の個数（2つの集合）

1から100までの整数のうち
(1)　3と8の少なくとも一方で割り切れる整数は何個あるか。
(2)　3で割り切れない整数は何個あるか。
(3)　3でも8でも割り切れない整数は何個あるか。　p.264 基本事項 1，基本1

CHART & SOLUTION

整数の個数　個数定理の利用

3で割り切れる数全体の集合をA，8で割り切れる数全体の集合をBとしたとき，ベン図をかいて，集合の**共通部分**や**和集合**，**補集合**をもとにして，まず求める集合がどう表されるのかを考える。そして，**個数定理**を利用して求める。
ド・モルガンの法則 $\overline{A}\cap\overline{B}=\overline{A\cup B}$ も活用する。

解答

1から100までの整数全体の集合を全体集合Uとし，そのうち
　3で割り切れる数全体の集合をA
　8で割り切れる数全体の集合をB
とする。このとき

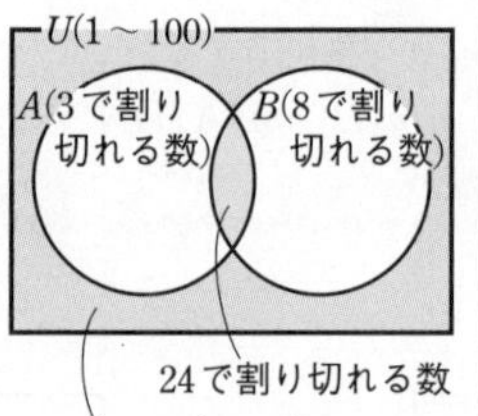

$A=\{3\cdot1,\ 3\cdot2,\ \cdots\cdots,\ 3\cdot33\}$
$B=\{8\cdot1,\ 8\cdot2,\ \cdots\cdots,\ 8\cdot12\}$
$A\cap B=\{24\cdot1,\ 24\cdot2,\ \cdots\cdots,\ 24\cdot4\}$
よって　$n(A)=33,\ n(B)=12,\ n(A\cap B)=4$

(1)　求める個数は $n(A\cup B)$ であるから
$$n(A\cup B)=n(A)+n(B)-n(A\cap B)=33+12-4=\mathbf{41}\ (\text{個})$$

(2)　求める個数は$n(\overline{A})$であるから
$$n(\overline{A})=n(U)-n(A)=100-33=\mathbf{67}\ (\text{個})$$

(3)　求める個数は $n(\overline{A}\cap\overline{B})$ であるから，(1)より
$$n(\overline{A}\cap\overline{B})=n(\overline{A\cup B})=n(U)-n(A\cup B)=100-41=\mathbf{59}\ (\text{個})$$

$A\cap B$ は，3でも8でも割り切れる数全体の集合，すなわち，**3と8の最小公倍数24で割り切れる数全体の集合**である。

⇐ $100\div3$ の商は33
$3\cdot33\leqq100$ であるが，$3\cdot34=102$ は100を超える。

(1)　3または8で割り切れる整数の個数。

(3)　3でも8でも割り切れない数全体の集合は $\overline{A}\cap\overline{B}$
ド・モルガンの法則
$\overline{A}\cap\overline{B}=\overline{A\cup B}$

PRACTICE 2②

1000以下の自然数のうち
(1)　2で割り切れるまたは7で割り切れる数は何個あるか。
(2)　2で割り切れない数は何個あるか。
(3)　2でも7でも割り切れない数は何個あるか。　〔類　南山大〕

整数の個数の問題の扱い方

問題文の「少なくとも」などの言葉を集合の条件に直すときに，どのようにすればよいのか迷っています。

まず，問題の内容を集合と結びつける必要があります。その上で，個数定理やド・モルガンの法則を利用します。詳しく見ていきましょう。

問題文の言葉をどのような条件に言い換えればよいのか

次のように，問題の内容と集合の記号を対応させることがポイントになる。

「AかつB」，「AでもBでも」，「A，Bともに」 $\longrightarrow$ $A\cap B$

「AまたはB」，「A，B少なくとも一方」 $\longrightarrow$ $A\cup B$

Aではない $\longrightarrow$ $\overline{A}$

1 から 100 までの整数全体の集合を U，その部分集合で 3 の倍数全体の集合を A，8 の倍数全体の集合をBとし，ベン図を対応させて考えるとわかりやすい。

(1) 「3 と 8 の少なくとも一方で割り切れる整数」とは，
「3 で割り切れる整数」か「8 で割り切れる整数」の集合。

$$n(A\cup B) = n(A) + n(B) - n(A\cap B)$$

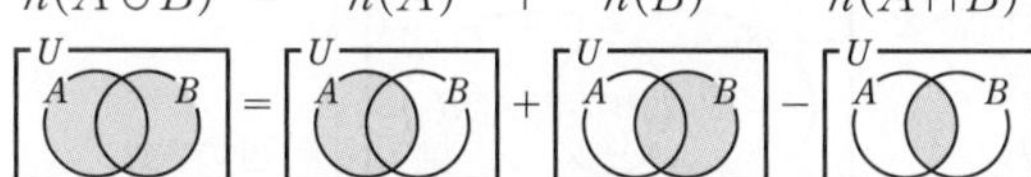

⇦3 の倍数の個数と 8 の倍数の個数の和は，3 と 8 の最小公倍数 24 の倍数を 2 回加えていることになるので注意。

(2) 「3 で割り切れない整数」の集合 $\overline{A}$ の個数 $n(\overline{A})$ は，
全体集合の個数 $n(U)$ から，集合Aの個数 $n(A)$ を引けばよいことがわかる。

$$n(\overline{A}) = n(U) - n(A)$$

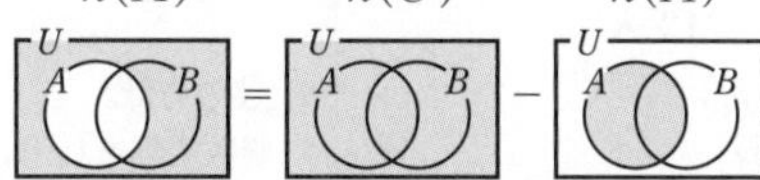

(3) 「3 でも 8 でも割り切れない整数」の集合 $\overline{A}\cap\overline{B}$ は，
ド・モルガンの法則 $\overline{A\cup B}=\overline{A}\cap\overline{B}$，$\overline{A\cap B}=\overline{A}\cup\overline{B}$
を利用して，集合の個数を求めよう。

$$n(\overline{A}\cap\overline{B}) = n(\overline{A\cup B}) = n(U) - n(A\cup B)$$

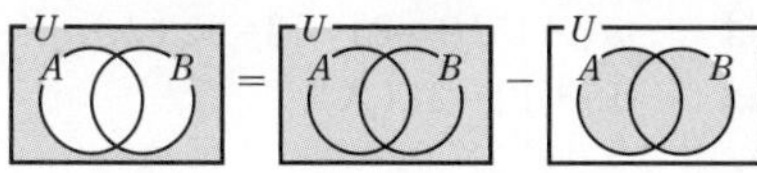

⇦補集合の個数は，(2) のように，全体集合の個数から引いて求める。

整数の個数の問題で個数定理やド・モルガンの法則を利用するときのポイントをまとめておきましょう。
・個数を求める整数の全体を集合で表し，問題の内容と集合の記号を対応させて考える。
・個数定理やド・モルガンの法則は式を暗記するのではなく，ベン図をかいて考える。

基本 例題 3 グループの人数と集合（2つの集合）

50人の生徒の中でバス通学の者は28人，自転車通学の者は25人，どちらでもない者は10人である。このとき，次の者の人数をそれぞれ求めよ。

(1) バスと自転車の両方で通学している者

(2) バスだけ，または自転車だけで通学している者

基本1

CHART & SOLUTION

集合の応用問題

図をかいて　1 順に求める　2 方程式を作る

全体集合を U とし，バス通学者の集合を A，自転車通学者の集合を B とすると

$n(U)=50$，$n(A)=28$，$n(B)=25$，$n(\overline{A}\cap\overline{B})=10$

(1) 求める人数は $n(A\cap B)$ である。

2 の方針により，求める人数を x として方程式を作る。

(2) 求める人数は $n((A\cap\overline{B})\cup(\overline{A}\cap B))$ で，下のベン図の赤色部分である。

解答

全体集合を U とし，バス通学者の集合を A，自転車通学者の集合を B とする。

(1) $n(A)+n(B)-n(A\cap B)+n(\overline{A\cup B})=n(U)$ であるから，求める人数を x 人とすると

$28+25-x+10=50$

よって　$x=13$　　したがって　**13人**

⇐ 2 の方針。

⇐ バス通学でも自転車通学でもない者の人数は $n(\overline{A}\cap\overline{B})=n(\overline{A\cup B})$

別解　$n(A\cap B)=n(A)+n(B)-n(A\cup B)$

ここで　$n(A\cup B)=n(U)-n(\overline{A\cup B})$

$=50-10=40$

よって　$n(A\cap B)=28+25-40=$ **13（人）**

⇐ 1 の方針。個数定理を利用。

(2) (1)から，

バスだけの通学者は　$n(A\cap\overline{B})=28-13=15$（人）　⇐ $n(A)-n(A\cap B)$

自転車だけの通学者は　$n(\overline{A}\cap B)=25-13=12$（人）　⇐ $n(B)-n(A\cap B)$

したがって，求める人数は　$15+12=$ **27（人）**

PRACTICE 3❷

生徒101人の中でバナナが好きな人が43人，イチゴが好きな人が39人，バナナとイチゴのどちらも好きでない人が51人いた。

(1) バナナとイチゴの両方を好きな人は何人か。

(2) バナナだけ，またはイチゴだけ好きな人は何人か。

基本 例題 4 樹形図の利用

ある競技は，6試合のうち3勝すれば勝ち抜きとなる。ただし，対戦相手は毎回異なり，引き分けはなく，3勝したらそれ以降の試合はない。最初に1勝したとき，この競技を勝ち抜くための勝敗の順は何通りあるか。

p. 264 基本事項 2

CHART & SOLUTION

場合の数

辞書式配列法 か 樹形図 を利用　　もれなく，重複なく

勝ちを○，負けを×で表し，6試合目までに○が3回出てくる場合の樹形図をかく。そのとき，一定の方針で，順序正しくかく。

解答

勝ちを○，負けを×で表し，最初に1勝したときに6試合目までに3勝する場合の樹形図をかくと，次のようになる。

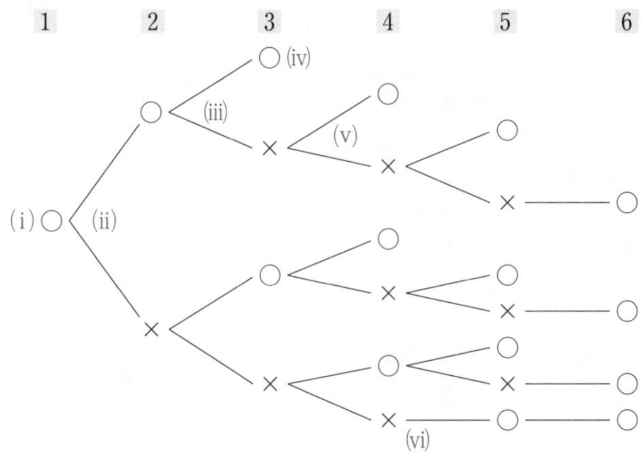

よって　　**10通り**

⇐ 分岐する場合，○を上にかき，×を下にかく。
(i)　1試合目は○
(ii)　2試合目は○，×に分岐。
(iii)　2試合目が○のとき，○，×に分岐。
(iv)　○−○−○ のとき，勝ち抜け。
(v)　○−○−×のとき，○，×に分岐。
これを6試合目まで繰り返す。ただし，途中で明らかに3勝できなくなった枝は考えなくてよい。例えば，(vi)で次に×となると，6試合目に○でも3勝できないから，(vi)から×となる枝はかかない。

PRACTICE 4②

1枚の硬貨を繰り返し投げ，表が3回出たら賞品がもらえるゲームをする。ただし，投げられる回数は5回までとし，3回目の表が出たらそれ以降は投げない。1回目に裏が出たとき，賞品がもらえるための表裏の出方の順は何通りあるか。

基本 例題 5 和の法則の利用

(1) 大小2個のさいころを投げるとき，目の和が5または6になる場合は何通りあるか。

(2) 同じ大きさで区別のできない3個のさいころを投げて，目の和が7の倍数になる場合は何通りあるか。

p.264 基本事項 3

CHART & SOLUTION

同時に起こらない場合の数　和の法則 ……❶

(1) 目の和が5または6になる場合は起こり方に重複はない。和の法則を使う。

(2) 目の和が7の倍数になるのは **目の和が7，14の2通り**。(1)と同様に，和の法則が使える。目の和が7のとき，6の目を含むと残りの目が2つとも1でも和が7より大きくなるから，6の目は含まれない。あらかじめ6を除いて考え，効率よく数える。

解答

(1) 大，小のさいころの目の数を，それぞれ x，y とし，出る目を $(x,\ y)$ で表す。

[1] $x+y=5$ のとき $(x,\ y)=(1,\ 4),\ (2,\ 3),\ (3,\ 2),\ (4,\ 1)$

[2] $x+y=6$ のとき $(x,\ y)=(1,\ 5),\ (2,\ 4),\ (3,\ 3),\ (4,\ 2),\ (5,\ 1)$

❶ よって，和の法則により　$4+5=$**9（通り）**

(2) 目の和は3以上18以下であるから，目の和が7の倍数になるのは7，14の2通りである。

3つのさいころの目を $\{□,\ □,\ □\}$ で表す。

[1] 目の和が7のとき

$\{1,\ 1,\ 5\},\ \{1,\ 2,\ 4\},\ \{1,\ 3,\ 3\},\ \{2,\ 2,\ 3\}$

[2] 目の和が14のとき

$\{2,\ 6,\ 6\},\ \{3,\ 5,\ 6\},\ \{4,\ 4,\ 6\},\ \{4,\ 5,\ 5\}$

❶ よって，和の法則により　$4+4=$**8（通り）**

大＼小	1	2	3	4	5	6
1	2	3	4	5	6	7
2	3	4	5	6	7	8
3	4	5	6	7	8	9
4	5	6	7	8	9	10
5	6	7	8	9	10	11
6	7	8	9	10	11	12

[1] の場合 ……

[2] の場合 ……

⇦ 区別できないさいころであるから，例えば $\{1,\ 1,\ 5\}$ と $\{5,\ 1,\ 1\}$ は同じ場合と考える。

INFORMATION　さいころの目の区別

「大小2個のさいころ」とは，「2個のさいころを **区別して考えよ**」ということである。例えば，$(x,\ y)=(1,\ 4)$ と $(x,\ y)=(4,\ 1)$ は **異なる目の出方** を表す。一方，「区別のできない2個のさいころ」のときは，$(1,\ 4)$ と $(4,\ 1)$ は **同じ目の出方** と考える。この目の出方を集合で $\{1,\ 4\}$ と表し，順序を考慮した $(1,\ 4)$ と区別する。

PRACTICE 5❷

(1) 大小2個のさいころを投げるとき，目の和が4または7になる場合は何通りあるか。

(2) 同じ大きさで区別のできない3個のさいころを投げて，目の和が8の倍数になる場合は何通りあるか。

基本 例題 6 積の法則の利用

(1) S市とT市の間に3つの別々の鉄道がある。次のとき，S市とT市を往復する方法は何通りあるか。

(ア) 往復で同じ鉄道を利用しないとき

(イ) 往復で同じ鉄道を利用してもよいとき

(2) 積 $(a+b+c+d+e)(x+y+z)$ を展開すると，項は何個できるか。

p. 264 基本事項 4

CHART & SOLUTION

ともに起こる場合の数 積の法則 ……❶

(1) 3つの別々の鉄道があるから，行きは3通りある。帰りは，(ア)，(イ)の条件によって異なる。

(2) a，b，c，d，e のどれか1つの選び方と x，y，z のどれか1つの選び方の積。

解答

(1) (ア) 往復で同じ鉄道を利用しないとき

S市からT市へ行くとき利用する鉄道の選び方は 3通り

そのおのおのに対して，T市からS市に帰るときに利用する鉄道の選び方は 2通り

❶ よって，積の法則により $3\times2=$**6（通り）**

(ア)
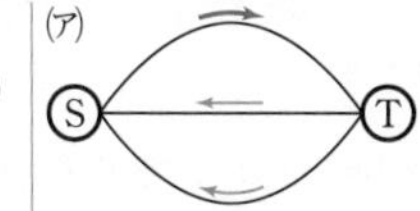

(イ) 往復で同じ鉄道を利用してもよいとき

S市からT市へ行くとき利用する鉄道の選び方は 3通り

そのおのおのに対して，T市からS市に帰るときに利用する鉄道の選び方は 3通り

❶ よって，積の法則により $3\times3=$**9（通り）**

(イ)
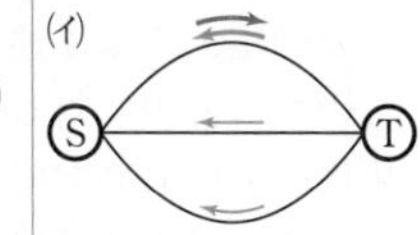

(2) $(a+b+c+d+e)(x+y+z)$ を展開したときの各項はすべて異なり，次の形になる。

$(a$，b，c，d，e のどれか1つ$)$ ⇐ 選び方は5通り。

$\times(x$，y，z のどれか1つ$)$ ⇐ 選び方は3通り。

よって，展開した式の項の個数は，積の法則により

❶ $5\times3=$**15（個）**

PRACTICE 6❷

(1) A市とB市の間に5つの別々のバス路線がある。次のとき，A市とB市を往復する方法は何通りあるか。

(ア) 往復で同じバス路線を利用しないとき

(イ) 往復で同じバス路線を利用してもよいとき

(2) 積 $(a+b+c+d)(p+q+r)(x+y)$ を展開すると，項は何個できるか。

基本 例題 7 約数の個数と総和 ①①①①①

360 の正の約数は全部で ア□ 個ある。また，その約数の総和は イ□ である。

〔類 芝浦工大〕 p. 264 基本事項 4

CHART & SOLUTION

約数・倍数の問題　素因数分解からスタート

例として，$12=2^2\cdot3$ の正の約数について考える。

ここで $p\neq0$ に対し $\boldsymbol{p^0=1}$ と定める（数学Ⅱで学習）。

12 の正の約数は

$2^a\cdot3^b$ $(\boldsymbol{a=0,\ 1,\ 2\ ;\ b=0,\ 1})$

と表され，組 $(a,\ b)$ のとり方だけ約数がある。

a は 3 通り，b は 2 通りの値をとるから，組 $(a,\ b)$ の **個数** は，積の法則により

3×2=6（個）（右の樹形図を参照）

		約数
2^0	3^0	$2^0\cdot3^0$
	3^1	$2^0\cdot3^1$
2^1	3^0	$2^1\cdot3^0$
	3^1	$2^1\cdot3^1$
2^2	3^0	$2^2\cdot3^0$
	3^1	$2^2\cdot3^1$

また，$2^2\cdot3^1$ の正の約数は，すべて $(2^0+2^1+2^2)(3^0+3^1)$ を展開したときの項として 1 つずつ出てくるから，約数の **総和** はこの式の値である。

解答

$360=2^3\cdot3^2\cdot5$ であるから，360 の正の約数は

$a=0,\ 1,\ 2,\ 3\ ;\quad b=0,\ 1,\ 2\ ;\quad c=0,\ 1$

として，$2^a\cdot3^b\cdot5^c$ と表される。

(ア)　a の定め方は 4 通り。

そのおのおのに対して，b の定め方は 3 通り。

更に，そのおのおのに対して，c の定め方は 2 通り。

よって，積の法則により　　$4\times3\times2=\boldsymbol{24}$（個）

(イ)　360 の正の約数は

$$(1+2+2^2+2^3)(1+3+3^2)(1+5)$$

を展開したときの項として 1 つずつ出てくる。

よって，求める総和は　　$15\times13\times6=\boldsymbol{1170}$

⇐ $2^0=1$，$3^0=1$，$5^0=1$

2) 360
2) 180
2) 90
3) 45
3) 15
　 5

INFORMATION　正の約数の個数と総和

自然数 N が $N=p^aq^br^c$ と素因数分解されるとき，N の正の約数の

個数は　$(a+1)(b+1)(c+1)$

総和は　$(1+p+\cdots\cdots+p^a)(1+q+\cdots\cdots+q^b)(1+r+\cdots\cdots+r^c)$

注意　上の内容については，数学A第 4 章「数学と人間の活動」でも学習する。

PRACTICE 7②

3500 の正の約数について

(1)　約数は全部でいくつあるか。　　(2)　(1) の約数の総和を求めよ。

基本 例題 8 (全体)−(～でない) の考えの利用

大小 2 個のさいころを投げるとき
(1) 目の積が偶数になる場合は何通りあるか。
(2) 目の積が 4 の倍数になる場合は何通りあるか。

p. 264 基本事項 3, 4

CHART & THINKING

場合の数の求め方　正確に，効率よく

(A である)=(全体)−(A でない) の活用 ……❗

直接求めると計算が大変になるときは，効率よく数える方法はないかを考えよう。
(1) (目の積が偶数)=(全体)−(目の積が奇数) と考えた方が計算量が少ない。
(2) 目の積が 4 の場合，8 の場合，……，36 の場合と考えるのは大変。そこで，2 つの目に 4 を含むか含まないかで場合分けをして考える。
→ さいころの目は，1，2，3，4，5，6 のいずれかである。4 を含まない場合は，偶数を何個含む必要があるだろうか？

解答

(1) 2 個のさいころの目の出方は　$6\times6=36$ (通り)
積が奇数になる場合は，2 つの目がともに奇数のときで
$3\times3=9$ (通り)
よって，目の積が偶数になる場合の数は
❗ $36-9=$**27 (通り)**

(2) 目の積が 4 の倍数になるのは，次の [1]，[2] の場合がある。
[1] 2 つの目のうち少なくとも 1 つが 4 の目の場合
2 つの目がともに 4 以外の目の場合の数は
❗ $5\times5=25$ (通り) であるから　$36-25=11$ (通り)
[2] 2 つの目がともに 4 以外の偶数の場合
$2\times2=4$ (通り)
[1]，[2] から，求める場合の数は　$11+4=$**15 (通り)**

別解 目の積が 4 の倍数でない場合は
[1] 2 つの目がともに奇数
[2] 大，小のさいころの目が順に
4 以外の偶数，奇数；または奇数，4 以外の偶数
のときであるから，求める場合の数は
❗ $36-(3\times3+2\times3+3\times2)=$**15 (通り)**

(1) 直接求めると，目の積が偶数になる場合は
[1] **2 つとも偶数**
[2] 大小の順に
偶数と奇数 または
奇数と偶数
[1] から $3\times3=9$
[2] から $3\times3+3\times3=18$
よって $9+18=$**27 (通り)**

(2)

大＼小	1	2	3	4	5	6
1	1	2	3	4	5	6
2	2	4	6	8	10	12
3	3	6	9	12	15	18
4	4	8	12	16	20	24
5	5	10	15	20	25	30
6	6	12	18	24	30	36

[1] の場合 ……
[2] の場合 ……

⇐ (全体) から (4 の倍数でない場合) を引く。

PRACTICE 8 ❸

大小 2 個のさいころを投げるとき
(1) 目の積が 3 の倍数になる場合は何通りあるか。
(2) 目の積が 6 の倍数になる場合は何通りあるか。

重要 例題 9 集合の要素の個数の最大と最小 ④④④④④

海外旅行者 100 人の携帯薬品を調べたところ，風邪薬が 75 人，胃薬が 80 人であった。風邪薬と胃薬を両方とも携帯した人数を m とするとき，m のとりうる最大値と最小値を求めよ。 〔北海道薬大〕 基本 3

CHART & SOLUTION

要素の個数の最大・最小

図をかいて　1 順に求める　2 方程式を作る ……!

$n(A\cap B)=n(A)+n(B)-n(A\cup B)$ の利用。

$n(A)+n(B)$ が一定なら，$n(A\cup B)$ が最小のとき $n(A\cap B)$ は最大，$n(A\cup B)$ が最大のとき $n(A\cap B)$ は最小になる。

解答

全体集合を U とし，風邪薬の携帯者の集合を A，胃薬の携帯者の集合を B とすると

$$n(A)=75,\ n(B)=80,\ n(A\cap B)=m$$

個数定理から　$n(A\cap B)=n(A)+n(B)-n(A\cup B)$

よって　$m=75+80-n(A\cup B)=155-n(A\cup B)$

[1] $n(A)<n(B)$ であるから，$n(A\cup B)$ が最小になるのは $A\subset B$ のとき，すなわち

$$n(A\cup B)=n(B)=80$$

のときである。

[2] $n(A)+n(B)>n(U)$ であるから，$n(A\cup B)$ が最大になるのは $A\cup B=U$ のとき，すなわち

$$n(A\cup B)=n(U)=100$$

のときである。

以上から，**m の最大値は**　$155-80=$**75**

m の最小値は　$155-100=$**55**

左の解答の方針は 1，別解 の方針は 2。

[1] $A\subset B$

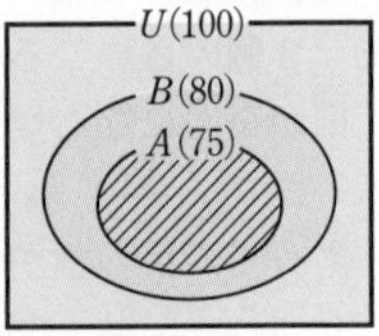

[2] $A\cup B=U$
$\Leftrightarrow \overline{A\cup B}=\varnothing$

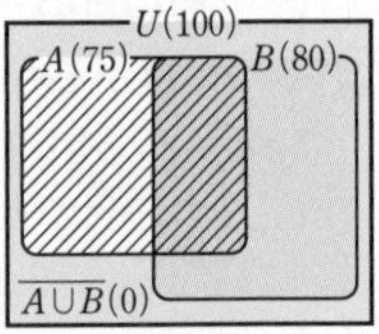

別解 右の図のように，要素の個数を定めると

! $$m+p=75,\ m+q=80,\ (75+80-m)+r=100$$

これから　$p=75-m,\ q=80-m,\ r=m-55$

$p\geqq 0,\ q\geqq 0,\ r\geqq 0$ であるから　$55\leqq m\leqq 75$

よって　**m の最大値は 75，m の最小値は 55**

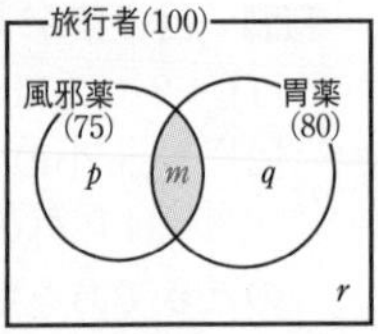

PRACTICE 9④

42 人の生徒のうち，自転車利用者は 35 人，電車利用者は 30 人である。このとき，どちらも利用していない生徒は多くても ア□ 人であり，両方とも利用している生徒は少なくても イ□ 人はいる。自転車だけ利用している生徒は少なくても ウ□ 人，多くても エ□ 人までである。

3つの集合

3つの集合についての共通部分，和集合

共通部分　$A\cap B\cap C$　A，B，Cのどれにも属する要素全体の集合。

和集合　$A\cup B\cup C$　A，B，Cの少なくとも1つに属する要素全体の集合。

3つの集合に関する性質

① $n(A\cup B\cup C)=n(A)+n(B)+n(C)$
$-n(A\cap B)-n(B\cap C)-n(C\cap A)+n(A\cap B\cap C)$
（個数定理の拡張）

② $\overline{A\cup B\cup C}=\overline{A}\cap\overline{B}\cap\overline{C}$，$\overline{A\cap B\cap C}=\overline{A}\cup\overline{B}\cup\overline{C}$
（ド・モルガンの法則の拡張）

解説 ① 全体集合をU，Uの部分集合をA，B，Cとし，右の図のように，各部分の要素の個数をa，b，c，d，e，f，gとする。

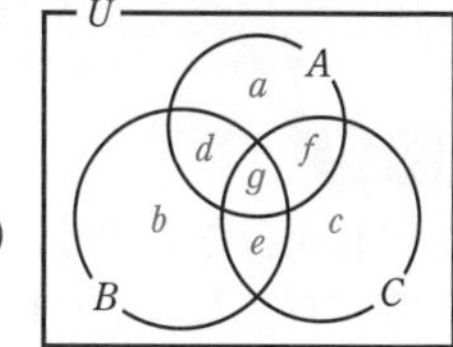

(右辺)$=(a+d+f+g)+(b+d+e+g)+(c+e+f+g)$
$-(d+g)-(e+g)-(f+g)+g$
$=a+b+c+d+e+f+g=$(左辺)

② $\overline{A\cup B\cup C}=\overline{(A\cup B)\cup C}=\overline{(A\cup B)}\cap\overline{C}=(\overline{A}\cap\overline{B})\cap\overline{C}=\overline{A}\cap\overline{B}\cap\overline{C}$
$\overline{A\cap B\cap C}=\overline{(A\cap B)\cap C}=\overline{(A\cap B)}\cup\overline{C}=(\overline{A}\cup\overline{B})\cup\overline{C}=\overline{A}\cup\overline{B}\cup\overline{C}$

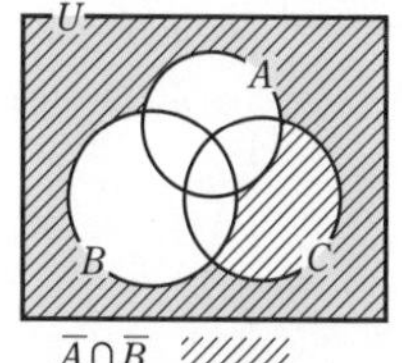

$\overline{A}\cap\overline{B}$
$(\overline{A}\cap\overline{B})\cap\overline{C}$

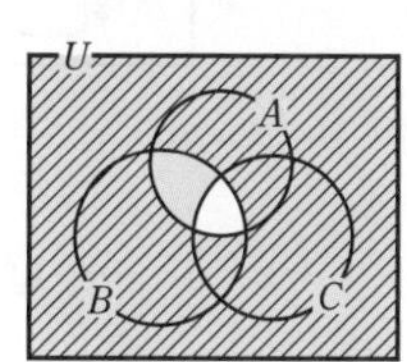

$\overline{A}\cup\overline{B}$
$(\overline{A}\cup\overline{B})\cup\overline{C}$

参考 2つの集合の個数定理について，以下の2つの等式（$p.264$参照）がある。

1　$n(A\cup B)=n(A)+n(B)-n(A\cap B)$

2　$A\cap B=\varnothing$ のとき　$n(A\cup B)=n(A)+n(B)$

上の2の等式は，1の特殊な場合（$A\cap B=\varnothing$）としてとらえることができる。

$A\cap B=\varnothing$ のとき，$n(A\cap B)=0$ となり，1と2の等式は一致する。

よって，2つの集合の個数定理は1だけ覚えればよい。

このことは，3つの集合の個数定理に関してもいえる。例えば，$A\cap B=\varnothing$ のとき，上の①の等式の「$-n(A\cap B)$」と「$+n(A\cap B\cap C)$」は0となり消えるが，このような特殊な場合の等式をいくつも覚えるよりも①だけを覚えた方が，合理的で忘れにくい。

重要 例題 10 グループの人数と集合（3つの集合）

100人のうち，A市に行ったことのある人は50人，B市に行ったことのある人は13人，C市に行ったことのある人は30人であった。A市とB市に行ったことのある人はx人，A市とC市に行ったことのある人は9人，B市とC市に行ったことのある人は10人であった。A市とB市とC市に行ったことのある人は3人，A市にもB市にもC市にも行ったことのない人は28人であった。このとき，xの値を求めよ。

基本3, p.275 STEP UP

CHART & SOLUTION

集合の応用問題

図をかいて　1　順に求める　2　方程式を作る

2の方針で解く。図において分割される各部分集合の要素の個数をかき込んでいく。
そして，残った部分の要素の個数をa，bとおいて考える。

解答

全体集合をUとし，A市，B市，C市に行ったことのある人全体の集合を，それぞれA，B，Cとする。
右の図のように，要素の個数a，bを定めると

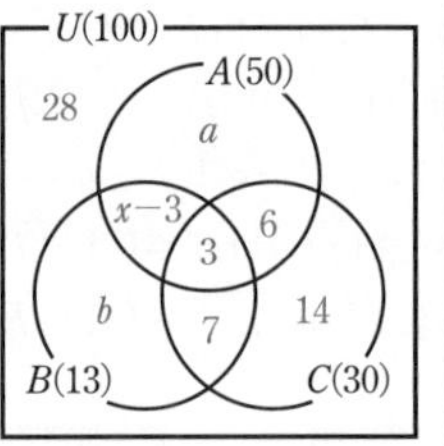

$a+(x-3)+3+6=50$

$b+(x-3)+3+7=13$

$a+b+14+(x-3)+7+6+3+28=100$

これらの式を整理すると

$a+x=44$ …… ①，　$b+x=6$ …… ②，

$a+b+x=45$ …… ③

① から　$a=44-x$

② から　$b=6-x$

これらを ③ に代入して整理すると　$-x+50=45$

よって　$\boldsymbol{x=5}$

$n(A\cap B\cap C)$ から要素の個数をかき込んでいく。

⇐ $n(A)=50$

⇐ $n(B)=13$

⇐ $n(U)=100$

PRACTICE 10③

ある高校の生徒140人を対象に，国語，数学，英語の3教科のそれぞれについて，得意か否かを調査した。その結果，国語が得意な人は86人，数学が得意な人は40人いた。そして，国語と数学がともに得意な人は18人，国語と英語がともに得意な人は15人，国語または英語が得意な人は101人，数学または英語が得意な人は55人いた。また，どの教科についても得意でない人は20人いた。このとき，3教科のすべてが得意な人は ア□ 人であり，3教科中1教科のみ得意な人は イ□ 人である。〔名城大〕

重要 例題 11 整数の個数（3 つの集合）

1 から 200 までの整数全体の集合を U とし，A，B，C を U の部分集合とする。A は 3 の倍数全体の集合，B は 5 の倍数全体の集合，C は 7 の倍数全体の集合である。このとき，$n(A\cap B\cap C)$，$n(A\cup B\cup C)$ を求めよ。

基本 2，重要 10

CHART & SOLUTION

整数の個数　個数定理の利用 ……❶

$A\cap B\cap C$ は 3 の倍数かつ 5 の倍数かつ 7 の倍数である数全体の集合，すなわち，3 と 5 と 7 の最小公倍数の倍数全体の集合である。

解答

$A\cap B\cap C$ は 3 と 5 と 7 の最小公倍数 105 の倍数全体の集合で，$A\cap B\cap C=\{105\cdot1\}$ であるから

$$\boldsymbol{n(A\cap B\cap C)=1}$$

⇐ $105\cdot2=210$ は 200 を超える。

また

❶ $$n(A\cup B\cup C)=n(A)+n(B)+n(C)-n(A\cap B)-n(B\cap C)-n(C\cap A)+n(A\cap B\cap C)$$

⇐ 3 つの集合 A，B，C の個数定理。

ここで

$A=\{3\cdot1,\ 3\cdot2,\ \cdots\cdots,\ 3\cdot66\}$ であるから　$n(A)=66$

$B=\{5\cdot1,\ 5\cdot2,\ \cdots\cdots,\ 5\cdot40\}$ であるから　$n(B)=40$

$C=\{7\cdot1,\ 7\cdot2,\ \cdots\cdots,\ 7\cdot28\}$ であるから　$n(C)=28$

⇐ $200\div3$ の商は 66 $3\cdot66\leqq200$ であるが，$3\cdot67=201$ は 200 を超える。

$A\cap B$ は 3 と 5 の最小公倍数 15 の倍数全体の集合で，$A\cap B=\{15\cdot1,\ 15\cdot2,\ \cdots\cdots,\ 15\cdot13\}$ であるから

$$n(A\cap B)=13$$

⇐ $200\div15$ の商は 13

$B\cap C$ は 5 と 7 の最小公倍数 35 の倍数全体の集合で，$B\cap C=\{35\cdot1,\ 35\cdot2,\ \cdots\cdots,\ 35\cdot5\}$ であるから

$$n(B\cap C)=5$$

⇐ $200\div35$ の商は 5

$C\cap A$ は 7 と 3 の最小公倍数 21 の倍数全体の集合で，$C\cap A=\{21\cdot1,\ 21\cdot2,\ \cdots\cdots,\ 21\cdot9\}$ であるから

$$n(C\cap A)=9$$

⇐ $200\div21$ の商は 9

よって　$\boldsymbol{n(A\cup B\cup C)}=66+40+28-13-5-9+1=\boldsymbol{108}$

PRACTICE 11④

150 以下の正の整数全体の集合 $\{150,\ 149,\ \cdots\cdots,\ 2,\ 1\}$ で，3 の倍数からなる部分集合を X，4 の倍数からなる部分集合を Y，5 の倍数からなる部分集合を Z とする。このとき，集合 $(X\cap Y)\cup Z$ の要素の個数は ア［　］個，集合 $X\cup Y\cup Z$ の要素の個数は イ［　］個である。〔摂南大〕

EXERCISES　1 集合の要素の個数，場合の数

A

1❶ 2つの集合を A，B とし，$n(A)+n(B)=10$ かつ $n(A\cup B)=7$ とするとき，$n(\overline{A}\cap B)+n(A\cap\overline{B})$ を求めよ。なお，$n(X)$ は，集合 X の要素の個数を表すものとする。〔神戸女学院大〕

➡2

2❸ 100 から 200 までの整数のうち，次のような整数は何個あるか。

(1) 4で割り切れない整数

(2) 4で割り切れるが，5で割り切れない整数

(3) 4でも5でも割り切れない整数

➡2

3❷ 10円硬貨6枚，100円硬貨4枚，500円硬貨2枚の全部または一部を使って支払える金額は何通りあるか。また，10円硬貨4枚，100円硬貨6枚，500円硬貨2枚のときは何通りあるか。〔神戸国際大〕

➡6

4❸ 6400 の正の約数について

(1) 偶数であるものの個数を求めよ。

(2) 5の倍数であるもののすべての和を求めよ。

➡7

5❸ 大中小3個のさいころを投げるとき，出る3つの目の積が4の倍数となる場合は何通りあるか。〔東京女子大〕

➡8

B

6❸ ある学級で，A，B 2種類の本について，それを読んだかどうかを調査した。その結果，Aを読んだ者は全体の $\dfrac{1}{2}$，Bを読んだ者は全体の $\dfrac{1}{3}$，両方とも読んだ者は全体の $\dfrac{1}{14}$，どちらも読まなかった者は10人であった。この学級の人数は何人か。〔広島文教女子大〕

➡3

7❹ 10を3つの自然数の和として表す方法は何通りあるか。また，4つの自然数の和として表す方法は何通りあるか。ただし，加える順序は問わないものとする。

➡5

HINT

6　図をかいて，方程式を作る

7　(前半)　3つの自然数を x，y，z $(x\geqq y\geqq z\geqq 1)$ として，x のとりうる値の範囲を求めると，$x+y+z\leqq x+x+x=3x$ から $10\leqq 3x$ となる。

2 順　列

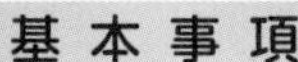

基本事項

1 順　列

いくつかのものを順に1列に並べるとき，その並びの1つ1つを **順列** という。
異なる n 個のものから異なる r 個を取り出して並べる順列を **n 個から r 個取る順列** といい，その総数を ${}_n\mathrm{P}_r$ で表す。ただし，$r \leqq n$ である。

$$ {}_n\mathrm{P}_r = \underbrace{n(n-1)(n-2)\cdots\cdots(n-r+1)}_{r\text{ 個の数の積}} = \frac{n!}{(n-r)!} $$

特に，$r=n$ のとき　${}_n\mathrm{P}_n = n(n-1)(n-2)\cdots\cdots 3\cdot 2\cdot 1$　⇦ n 個の数の積。
これを n の **階乗** といい，記号 $n!$ で表す。また，${}_n\mathrm{P}_0=1$，$0!=1$ と定める。
補足　${}_n\mathrm{P}_r$ の P は，「順列」を意味する英語 permutation の頭文字である。

2 円順列

いくつかのものを円形に並べる順列を **円順列** という。円順列では，回転して並びが同じになるものは同じ並び方とみなす。
異なる n 個のものの円順列の総数は　$\dfrac{{}_n\mathrm{P}_n}{n} = (n-1)!$

3 重複順列

異なる n 種類のものから重複を許して r 個取って並べる順列を，**n 個から r 個取る重複順列** といい，その総数は　n^r　(ただし，$r>n$ であってもよい。)

CHECK & CHECK

2 (1)　a, b, c, d, e の5個の文字から3個を取って1列に並べるとき，並べ方は何通りあるか。
(2)　7人の生徒が1列に並ぶとき，並び方は何通りあるか。　➲ 1

3　7人が円卓を囲んで座るとき，座り方は何通りあるか。　➲ 2

4 (1)　記号○と×を，重複を許して6個並べるとき，並べ方は何通りあるか。
(2)　4人が1回じゃんけんをするとき，手の出し方は全部で何通りあるか。　➲ 3

基本 例題 12 隣り合う順列，隣り合わない順列

男子5人，女子3人が1列に並ぶとき，次のような並び方は何通りあるか。
(1) 女子3人が皆隣り合う
(2) 女子どうしが隣り合わない

p.264 基本事項 4，p.279 基本事項 1

CHART & SOLUTION

隣り合う順列，隣り合わない順列

隣り合うものは　ひとまとめで扱い，まとめた中の順列も考える
隣り合わないものは　後から 間 や 両端 に入れる

(1) まず，女子3人を**ひとまとめ**にして並び方を考える。そして，**女子3人の並び方**(順列)を考える。

(2) 男子5人が並んで，**その間または両端**に女子が1人ずつ並べばよい。

解答

(1) 隣り合う女子3人をまとめて1組と考えると，この1組と男子5人が並ぶ方法は
$6!=6\cdot5\cdot4\cdot3\cdot2\cdot1=720$ (通り)
そのおのおのに対して，隣り合う女子3人の並び方は
$3!=3\cdot2\cdot1=6$ (通り)
よって，求める並び方の総数は
$720\times6=$**4320 (通り)**

(2) まず，男子5人が並ぶ方法は
$5!=5\cdot4\cdot3\cdot2\cdot1=120$ (通り)
次に，男子と男子の間および両端の6個の場所に，女子3人が並ぶ方法は
${}_6P_3=6\cdot5\cdot4=120$ (通り)
よって，求める並び方の総数は
$120\times120=$**14400 (通り)**

⇐ 先にひとまとめにする。
⇐ $(5+1)!$
⇐ まとめた中での順列。
⇐ 積の法則。
⇐ $4+2=6$
⇐ 6個の場所から3個取る順列。
⇐ 積の法則。

PRACTICE 12❷

男子4人，女子5人が1列に並ぶとき，次のような並び方は何通りあるか。
(1) 男子4人が皆隣り合う
(2) 男子どうしが隣り合わない

基本 例題 13 数字を並べてできる整数

1, 2, 3, 4 の 4 個の数字を並べ替えて 4 桁の整数を作る。このとき，異なる整数は全部で ア□ 通りできる。そのうち末尾が 4 となるものは イ□ 通りで，奇数となるものは ウ□ 通りである。

p.279 基本事項 1

CHART & SOLUTION

数字を並べてできる整数　各桁の数字の条件に注目

(ア) 例えば 1234, 1243, 1324, …… で
4 桁の整数 □□□□ ⟶ □□□□ **は，1, 2, 3, 4 の 4 個の順列** ⟶ **4!**

(イ) 例えば 1234, 1324, …… で
末尾が 4 ⟶ □□□4 ⟶ □□□ **は，1, 2, 3 の 3 個の順列** ⟶ **3!**

(ウ) 例えば 2341, 2143, …… で
一の位の数字が奇数 ⟶ □□□■ **で ■ は 1 または 3**
⟶ □□□ **は ■ の数以外の 3 個の順列** ⟶ **3!**

解答

(ア) 異なる 4 個の数字 1, 2, 3, 4 を 1 列に並べる順列の総数であるから　$4!=4\cdot3\cdot2\cdot1=$**24**（通り）

(イ) 千の位，百の位，十の位には 1, 2, 3 の 3 個の数字を並べて　$3!=3\cdot2\cdot1=$**6**（通り）

⇐ 末尾が 4 であるから，一の位の数字が 4

(ウ) 奇数であるから，一の位の数字は 1 または 3 で
2 通り
残りの千の位，百の位，十の位には，一の位の数字を除いた残りの 3 個の数字を並べて
$3!=3\cdot2\cdot1=6$（通り）
よって，奇数となるものは
$2\times6=$**12**（通り）

⇐ A は整数とする。
A が奇数
…A の一の位が奇数
A が偶数（2 の倍数）
…A の一の位が偶数
他の倍数の見分け方は INFORMATION 参照。

INFORMATION　倍数の見分け方

3 の倍数：各位の数の和が 3 の倍数　　4 の倍数：下 2 桁が 4 の倍数（00 含む）
9 の倍数：各位の数の和が 9 の倍数　　5 の倍数：一の位が 0 または 5

（詳しくは，p.431 の まとめ を参照。）

PRACTICE 13❷

1, 2, 3, 4, 5 の 5 個の数字を並べ替えて 5 桁の整数を作る。このとき，異なる整数は全部で ア□ 通りできる。そのうち末尾が 2 となるものは イ□ 通りで，奇数となるものは ウ□ 通りである。

基本 例題 14　0 を含む数字の順列

0, 1, 2, 3, 4 から異なる 3 個の数字を選んで作る 3 桁の整数は，全部で ア□ 個ある。そのうち 3 の倍数になるものは イ□ 個である。 基本 13

CHART & THINKING

0 を含む数字の順列　最高位の数は 0 でないことに注意

(ア)　0 を含む 5 個の数字から，3 桁の整数を作る。
何に注意すればよいだろうか？
百の位に 0 がくると，3 桁の整数にならない。
⟶ $_5P_3$ を答えとするのは誤り！
⟶ まず，百の位には **0 以外の 4 個の数字から 1 個選び，残りの位には百の位以外の 4 個の数字から 2 個取って並べる ⟶ $_4P_2$**

百　十　一
百：0 以外の 4 通り
十・一：百 に入れた数字を除く 4 個から 2 個並べる ⟶ $_4P_2$ (通り)

(イ)　3 の倍数になる 3 桁の整数は，**各位の数の和が 3 の倍数** ($p.281$ 参照)。
更に，0 を含むかどうかで場合分けして考える。

解答

(ア)　百の位には 0 以外の数字が入るから　　4 通り
そのおのおのに対して，十，一の位の数字の並べ方は，残りの 4 個から 2 個取る順列で　　$_4P_2=4\cdot3=12$ (通り)
よって，求める整数の個数は　　$4\times12=$**48** (個)

別解　0, 1, 2, 3, 4 から 3 個取って並べる順列の総数は
$_5P_3=5\cdot4\cdot3=60$ (通り)
このうち，百の位が 0 になるような 3 桁の整数は，全部で
$_4P_2=4\cdot3=12$ (通り)
よって，求める整数の個数は　　$60-12=$**48** (個)

(イ)　0, 1, 2, 3, 4 のうち和が 3 の倍数になる 3 数の選び方は
[1]　{0, 1, 2}, {0, 2, 4}　の 2 通り
[2]　{1, 2, 3}, {2, 3, 4}　の 2 通り
[1]　百の位は 0 でないから，各組について，3 桁の整数は
$2\times2!=4$ (個)
[2]　各組について，3 桁の整数は
$3!=3\cdot2\cdot1=6$ (個)
よって，3 の倍数になる 3 桁の整数の個数は
$4\times2+6\times2=$**20** (個)

⇦ 最高位の条件に注目。
⇦ 積の法則。
⇦ 最初は 0 も含めて計算し，後で処理する方法。
⇦ 012 など最高位が 0 になる 0□□の形の数を引く。
⇦ A が 3 の倍数の判定法：A の各位の数の和は 3 の倍数である。
⇦ [1]　0 を含む。
⇦ [2]　0 を含まない。

PRACTICE 14❷

7 個の数字 0, 1, 2, 3, 4, 5, 6 から異なる 3 個の数字を選んで 3 桁の整数を作る。次のような整数は何個作れるか。
(1)　3 桁の整数　　(2)　3 の倍数　　(3)　9 の倍数

基本 例題 15 塗り分け問題 (1)

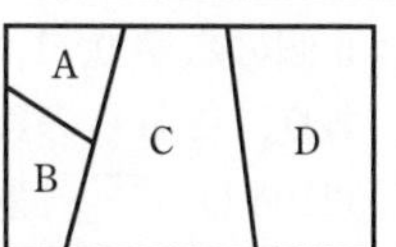

右の図で，A，B，C，D の境目がはっきりするように，赤，青，黄，白の 4 色の絵の具で塗り分けるとき

(1) すべての部分の色が異なる場合は何通りあるか。

(2) 同じ色を 2 回使ってもよいが，隣り合う部分は異なる色とする場合は何通りあるか。

CHART & SOLUTION

塗り分け問題 特別な領域（多くの領域と隣り合う，同色可）に着目

(1) A，B，C，D の文字を 1 列に並べる順列の数と同じ。

(2) 最も多くの領域と隣り合う C に着目し，C→A→B→D の順に塗っていくことを考える。

解答

(1) 塗り分け方の数は，異なる 4 個のものを 1 列に並べる方法の数に等しいから　$4!=\mathbf{24}$ **(通り)**

⇐ A B C D に異なる 4 色を並べる方法の数に等しい。

(2) C → A → B → D の順に塗る。

C，A，B は異なる色で塗るから，

C → A → B の塗り方は

$_4P_3=24$ (通り)

D は C としか隣り合わないから，

C の色以外の 3 通りの塗り方がある。

よって，塗り分ける方法は全部で

$24\times3=\mathbf{72}$ **(通り)**

C → A → B → D
4 × 3 × 2 × 3
(C の色を除く)(C と A の色を除く)(C の色を除く)

⇐ C は，A，B，D の 3 つの領域と隣り合う。A と B は，2 つの領域，D は 1 つの領域と隣り合う。

INFORMATION (2) の別解

塗り分けに使えるのは 4 色。C は 3 つの領域と隣り合うから，4 色と 3 色で塗り分ける 2 通りについて考えてみよう。

[1] 4 色の場合　(1) から　$4!=24$ (通り)

[2] 3 色の組合せは，どの 1 色を除くかを考えて　4 通り

その 3 色の組に対して，C → A → B の塗り方は　$3!=6$ (通り)

D は C と異なる色の 2 通りで塗り分けられる。

よって，3 色の塗り分け方は　$4\times6\times2=48$ (通り)

[1]，[2] から　$24+48=72$ (通り)

PRACTICE 15③

右の図の A，B，C，D，E 各領域を色分けしたい。隣り合った領域には異なる色を用い，指定された数だけの色は全部用いなければならない。塗り分け方はそれぞれ何通りか。

A B
C D E

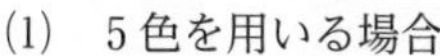

(1) 5 色を用いる場合　(2) 4 色を用いる場合

(3) 3 色を用いる場合　〔広島修道大〕

基本 例題 16 数字の順番

5 個の数字 0, 1, 2, 3, 4 を並べ替えてできる 5 桁の整数は，全部で ア[　　] 個あり，これらの整数を小さい順に並べたとき，40 番目の数は イ[　　] であり，32104 は ウ[　　] 番目の数である。　〔四日市大〕 基本 14

CHART & SOLUTION

数字の順番　要領よく数え上げる

(イ)　一番小さい 10234 から順列 (整数) の個数が 40 個になるまで適当なまとまりごとに個数を数えていく。

⟶ まず，万の位の数字を 1 で固定した場合の整数を 1□□□□ で表し，条件を満たす整数の個数を考える。

(ウ)　32104 より前に並んでいる順列 (整数) を 1□□□□，3 0□□□ などのように表して，個数を調べる。

解答

(ア)　万の位には 0 以外の数字が入るから　　4 通り

そのおのおのに対して，他の位は残りの 4 個の数字を並べて

$4!=24$ (通り)

よって，5 桁の整数は全部で　　$4\times24=$**96** (個)

(イ)　小さい方から順番に

1□□□□ の形の整数は　　$4!=24$ (個)

2 0□□□ の形の整数は　　$3!=6$ (個)　[計 30 個]

2 1□□□ の形の整数は　　$3!=6$ (個)　[計 36 個]

2 3 0□□ の形の整数は　　$2!=2$ (個)　[計 38 個]

40 番目の数は，2 3 1□□ の形の整数の最後で　**23140**

(ウ)　32104 より小さい整数のうち，小さい方から順番に

1□□□□，2□□□□ の形の整数はともに　　$4!$ 個

3 0□□□，3 1□□□ の形の整数はともに　　$3!$ 個

3 2 0□□ の形の整数は　　$2!$ 個

32104 は 3 2 0□□ の形の整数の次であるから

$4!\times2+3!\times2+2!+1=$**63** (番目)

⇦ 最高位の条件に注目。

inf.　(ウ) について
32104 より後ろに並んでいる順列 (整数) の個数を調べてもよい。
4□□□□ の形の整数は
$4!$ 個
3 4□□□ の形の整数は
$3!$ 個
3 2 4□□ の形の整数は
$2!$ 個
3 2 1□□ の形の整数は
32104，32140 であるから，
32104 より後ろには，
$4!+3!+2!+1=33$ (個)
の順列 (整数) がある。
よって　$96-33=$**63** (番目)

PRACTICE 16③

5 個の数字 0, 1, 2, 3, 4 を使って作った，各位の数字がすべて異なる 5 桁の整数について，これらの数を小さいものから順に並べたとする。ただし，同じ数字は 2 度以上使わないものとする。

(1)　43210 は何番目になるか。　　(2)　90 番目の数は何か。

(3)　30142 は何番目になるか。　　(4)　70 番目の数は何か。　〔産能大〕

基本 例題 17 円順列・じゅず順列

異なる5個の宝石がある。

(1) これらの宝石を机の上で円形に並べる方法は何通りあるか。

(2) これらの宝石で首飾りを作るとき，何種類の首飾りができるか。

(3) 5個の宝石から3個を取り出し，机の上で円形に並べる方法は何通りあるか。

p. 279 基本事項 2

CHART & SOLUTION

(2) 首飾りは裏返すことができ，右の2つは円順列としては異なるが，裏返すと一致する。裏返して同じものになる環状のものの順列を **じゅず順列** といい，その総数は **円順列の総数の半分** (ピンポイント解説参照)。

(3) 1列に並べると ${}_5\mathrm{P}_3$

これを同じ並べ方となる3通りで割る。

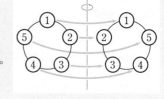

解答

(1) 異なる5個の宝石を机上で円形に並べる方法は

$$\frac{{}_5\mathrm{P}_5}{5}=(5-1)!=4!=\mathbf{24}\ (\text{通り})$$

← 1つのものを固定して他のものの順列を考えてもよい。すなわち，4個の宝石を1列に並べる順列と考えて 4! 通り。

(2) (1)の並べ方のうち，裏返して一致するものを同じものと考えて $\dfrac{(5-1)!}{2}=\mathbf{12}$ (種類)

(3) 異なる5個から3個取る順列 ${}_5\mathrm{P}_3$ には，円順列としては同じものが3通りずつあるから $\dfrac{{}_5\mathrm{P}_3}{3}=\mathbf{20}$ (通り)

← 一般に，異なる n 個のものから r 個取った円順列の総数は $\dfrac{{}_n\mathrm{P}_r}{r}$

ピンポイント解説 円順列とじゅず順列

円順列

回転して一致する並び方は同じとみなす。

じゅず順列

回転または裏返して一致する並び方は同じとみなす。

円順列の中には裏返すと一致するものが2つずつあるから，**じゅず順列の総数は円順列の総数の半分** である。すなわち，**異なる n 個のもののじゅず順列の総数は $\dfrac{(n-1)!}{2}$** である。

4個のものの円順列は $(4-1)!=6$ (通り)

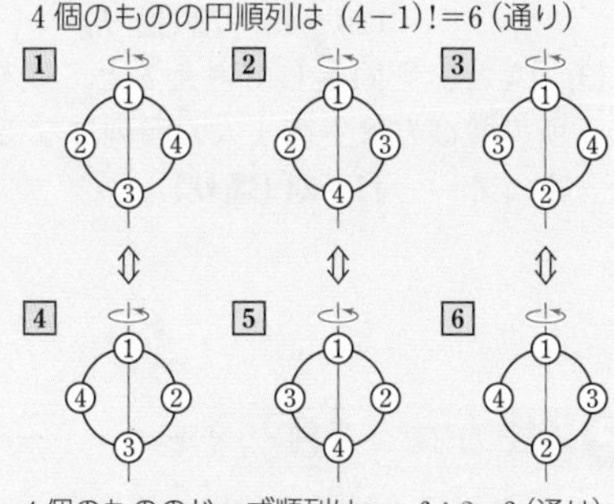

4個のもののじゅず順列は $6\div2=3$ (通り)

PRACTICE 17②

(1) 異なる7個の宝石で腕輪を作るとき，何種類の腕輪ができるか。

(2) 6人から4人を選んで円卓に座らせる方法は何通りあるか。

基本 例題 18 円順列の応用

6人の生徒 A, B, C, D, E, F が丸いテーブルに着く。このとき，次のような並び方は何通りあるか。

(1) A, B が隣り合う並び方

(2) A, B が隣り合わない並び方

(3) A, B が向かい合う並び方

p.279 基本事項 2，基本 17

CHART & SOLUTION

異なる n 個の円順列 $(n-1)!$

特定のものを固定して他のものの配列を考える ……❶

(1) 隣り合う A, B を **1つのものとみて**（枠に入れる），C, D, E, F との円順列を考える。次に，枠の中での A, B の並び方を考える。

(3) 向かい合う A, B を **固定して** 考える。

解答

(1) A, B をまとめて 1 組と考えると，この 1 組と残り 4 人の並び方は

$(5-1)!=4!=24$（通り）

そのおのおのに対して，A, B 2 人の並び方は

$2!=2$（通り）

よって，A, B が隣り合う並び方は

$24\times2=\mathbf{48}$ **（通り）**

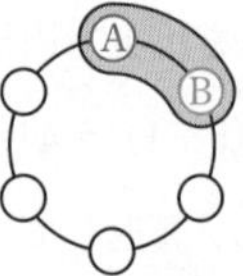

⇐ A, B を図のように枠に入れて考える。

(2) 6 人の生徒の並び方は

$(6-1)!=5!=120$（通り）

よって，A, B が隣り合わない並び方は

$120-48=\mathbf{72}$ **（通り）**

⇐ 全体から，(1) を引く。

❶ (3) AとBを固定して考えると，残りの 4 か所の並び方は生徒 4 人の順列になる。

よって　$4!=\mathbf{24}$ **（通り）**

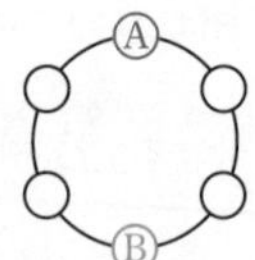

⇐ AとBを入れ替えても，回転すると重なるから，A, B の並び方は考えなくてよい。

PRACTICE 18❷

3 人の男子：松男，竹男，梅男と，3 人の女子：雪美，月美，花美の計 6 人全員が手をつないで輪を作る。このとき，次のような輪の作り方は何通りあるか。

(1) 松男と雪美が手をつなぐ。

(2) 男女が交互に手をつなぐ。

(3) 男子，女子ともに 3 人続けて手をつなぐ。

基本 例題 19 重複順列

(1) 0, 1, 2, 3 の 4 種類の数字を用いて，3 桁以下の正の整数は何個作れるか。ただし，同じ数字を繰り返し用いてもよいものとする。

(2) 7 人を，2 つの部屋 A, B に入れる方法は何通りあるか。また，区別をしない 2 つの部屋に入れる方法は何通りあるか。ただし，それぞれの部屋には少なくとも 1 人は入れるものとする。

p. 279 基本事項 3，基本 14

CHART & THINKING

重複順列 n^r

(1) **数字を並べてできる整数** 各桁の数字の条件に注目
最高位に 0 は使えないことに注意しよう。
3 桁，2 桁，1 桁，それぞれの場合に分けて考えよう。

百 ← 0 以外の 3 通り
十 一 ← 4 個から重複を許して 2 個取って並べる → 4^2 通り

(2) **区別をなくす場合** 同じものは何通りあるか考える
(前半) まず，空の部屋があってもよいとして，後で空になる場合を除く。
(後半) 区別をなくすと同じ入れ方になるものは，例えば，次のような 2 通りずつある (=「ペア」で現れる) ことに注意しよう。

例

A	B
1 2 3 4	5 6 7

と

A	B
5 6 7	1 2 3 4

解答

(1) 3 桁の整数は，百の位の数字が 0 以外であるから
$3\times4^2=48$ (個)
2 桁の整数は $3\times4=12$ (個)，1 桁の整数は 3 個
よって，3 桁以下の正の整数は $48+12+3=$ **63 (個)**

⇐ 百の位の数字の選び方は 0 以外の 3 通りで，十の位，一の位は 4 種類の数字のどれでもよい。

別解 2 桁の整数は百の位の数字が 0，1 桁の整数は百と十の位の数字が 0 とすると，3 桁以下の整数は 4^3 個
000 になる場合を除いて $4^3-1=$ **63 (個)**

⇐ 例えば
012 …… 2 桁の整数 12
003 …… 1 桁の整数 3

(2) 空の部屋があってもよいものとして 7 人を A，B の部屋に入れると，その方法は $2^7=128$ (通り)
一方の部屋が空になる場合を除くと
$128-2=$ **126 (通り)**
A，B の区別をなくすと
$126\div2=$ **63 (通り)**

⇐ 異なる 2 個から重複を許して 7 個取り出して並べる順列の総数と同じ。

⇐ 区別をなくすと，一致する場合がそれぞれ 2 通りずつある。

PRACTICE 19③

(1) 0, 1, 2, 3, 4, 5 の 6 種類の数字を用いて 4 桁以下の正の整数は何個作れるか。ただし，同じ数字を繰り返し用いてもよい。

(2) 9 人を，区別をしない 2 つの部屋に入れる方法は何通りあるか。ただし，それぞれの部屋には少なくとも 1 人は入れるものとする。

重要 例題 20 完全順列

5 人に招待状を送るため，あて名を書いた招待状と，それを入れるあて名を書いた封筒を作成した。招待状を全部間違った封筒に入れる方法は何通りあるか。 〔武庫川女子大〕 基本 4

CHART & SOLUTION

完全順列 樹形図利用 ……❗

1 から n までの数字を 1 列に並べた順列のうち，どの k 番目の数も k でないものを **完全順列** という。5 人を 1，2，3，4，5 とし，それぞれの人のあて名を書いた封筒を ①，②，③，④，⑤；招待状を $\boxed{1}$，$\boxed{2}$，$\boxed{3}$，$\boxed{4}$，$\boxed{5}$ とすると，問題の条件は　**ⓚ ≠ $\boxed{k}$ ($k=1,\ 2,\ 3,\ 4,\ 5$)**

よって，1 から 5 までの数字を 1 列に並べたとき，k 番目が k でない完全順列の総数を求めればよい。

解答

5 人を 1，2，3，4，5 とすると，求める場合の数は，1 から 5 までの数字を 1 列に並べたとき，k 番目が k ($k=1,\ 2,\ 3,\ 4,\ 5$) でないものの総数に等しい。

1 番目が 2 のとき，条件を満たす順列は，次の 11 通り。

❗

2—1—4—5—3
2—1—5—3—4

2—3—1—5—4
2—3—4—5—1
2—3—5—1—4

2—4—1—5—3
2—4—5—1—3
2—4—5—3—1

2—5—1—3—4
2—5—4—1—3
2—5—4—3—1

1 番目が 3，4，5 のときも条件を満たす順列は，同様に 11 通りずつある。よって，求める方法の数は　$11\times4=$**44 (通り)**

⇐ 1 番目が 2 であるから，2 番目は残りの 1，3，4，5 のいずれであっても，完全順列の条件を満たす。2 番目が 3 以外のときは，3 番目が 3 にならないように注意する。

INFORMATION ― 完全順列の総数について

$n=1$ のときはない。　　$n=2$ のときは　$\boxed{2}\boxed{1}$　の 1 個である。

$n=3$ のときは　$\boxed{2}\boxed{3}\boxed{1}$，$\boxed{3}\boxed{1}\boxed{2}$　の 2 個である。

一般に，n 個の数 1，2，……，n の完全順列の総数を $W(n)$ とすると，

$$W(n)=(n-1)\{W(n-1)+W(n-2)\}\quad(n\geqq3)$$

が成り立つ (右ページの STEP UP を参照)。

PRACTICE 20❸

5 人が参加するパーティーで，各自 1 つずつ用意したプレゼントを抽選をして全員で分け合うとき，特定の 2 人 A，B だけがそれぞれ自分が用意したプレゼントを受け取り，残り 3 人がそれぞれ自分が用意した以外のプレゼントを受け取る場合の数は ア［　　］である。また，1 人だけが自分が用意したプレゼントを受け取る場合の数は イ［　　］である。

STEP UP 完全順列

$p.288$ の INFORMATION で紹介した n 個のものの完全順列の総数 $W(n)$ を **モンモール数** という。モンモール数 $W(n)$ について，一般に次のことが成り立つ。

$$\boldsymbol{W(1)=0,\ W(2)=1,\ W(n)=(n-1)\{W(n-1)+W(n-2)\}\ (n \geqq 3)} \cdots\cdots ①$$

重要例題 20 では $n=5$ の完全順列の総数を求めたが，① の式を利用して求めてみよう。

ここで，5 枚のカード 1，2，3，4，5 を並べる場合を考える。

$n=1$ のとき　$W(1)=0$　1 枚のカード 1 を並べる場合，完全順列はない。

$n=2$ のとき　$W(2)=1$　2 1 の 1 通り

$n=3$ のとき　$W(3)=2$　2 3 1，3 1 2 の 2 通り

これは ① の式を利用すると

$$W(3)=(3-1)\{W(3-1)+W(3-2)\}$$
$$=2\{W(2)+W(1)\}=2\times(1+0)=2$$

同様にして

$n=4$ のとき　$W(4)=(4-1)\{W(4-1)+W(4-2)\}$
$$=3\{W(3)+W(2)\}=3\times(2+1)=9$$

$n=5$ のとき　$W(5)=(5-1)\{W(5-1)+W(5-2)\}$
$$=4\{W(4)+W(3)\}=4\times(9+2)=44$$
⇦ 重要例題 20 の解答と一致。

このように，求めることができる。

$n=5$ のとき，$W(5)=4\{W(4)+W(3)\}$ が成り立つことを示してみよう。

1 番目に並ぶカードは，2，3，4，5 の 4 通りある。

1 番目が 2 のとき，次のように場合分けして考える。

[1]　2 番目が 1 である並べ方

残りの 3，4，5 のカードは，3 枚のカードの完全順列であるから　$W(3)$ 通り

[1]　① ② ③ ④ ⑤
2 1 □ □ □
$W(3)$ ← 345 の完全順列

[2]　2 番目が 1 でない並べ方

1，3，4，5 のうち，1 は右図のように 3 ～ 5 番目にしか並べられないから，1 を 2 におき換えた 2，3，4，5 の並べ方と考えても同じである。すなわち，4 枚のカードの完全順列と同じ数だけあるから　$W(4)$ 通り

[2]　① ② ③ ④ ⑤
2 □ 1 □ □
2 □ □ 1 □
2 □ □ □ 1
⇓
② ③ ④ ⑤
□ □ □ □
$W(4)$ ← 2345 の完全順列

よって，1 番目が 2 である並べ方は
$\{W(3)+W(4)\}$ 通り

1 番目が 3，4，5 の場合も同様に考えられるから
$$W(5)=4\{W(4)+W(3)\}$$

参考　① のような関係式を **漸化式** という（数学Bで学ぶ）。

重要 例題 21 辞書式配列と順列

SHUDAI の 6 文字を全部使ってできる文字列 (順列) をアルファベット順の辞書式に並べる。ただし，ADHISU を 1 番目，ADHIUS を 2 番目，……，USIHDA を最後の文字列とする。

(1) 110 番目の文字列は何か。　　(2) 文字列 SHUDAI は何番目か。

〔類 広島修道大〕 基本 16

CHART & SOLUTION

文字列の順番　要領よく数え上げる

まず，使う 6 文字を A，D，H，I，S，U とアルファベット順に並べる。
先頭の文字を先に決めて，場合の数を考えていく。
アルファベットのままでは考えにくい場合は，これら 6 文字のアルファベットを適当な数字におき換えると考えやすくなることがある (inf. を参照)。

解答

(1) A，D，H，I，S，U の 6 文字について考える。

AD□□□□ の形の文字列は　　$4!=24$ (個)

よって，先頭の 2 文字が AD，AH，AI，AS である文字列は

$24\times4=96$ (個)

AUD□□□，AUH□□□ の形の文字列は

$3!\times2=12$ (個)　[計 108 個]

ゆえに，110 番目はAUI□□□ の形の文字列の 2 番目である。順に書き出すと　　AUIDHS，AUIDSH

したがって，110 番目の文字列は　　**AUIDSH**

(2) 先頭の 1 文字が A，D，H，I である文字列は

$5!\times4=480$ (個)

次に，SA□□□□，SD□□□□ の形の文字列は

$4!\times2=48$ (個)

SHA□□□，SHD□□□，SHI□□□ の形の文字列は

$3!\times3=18$ (個)

更に，SHUA□□ の形の文字列は　　$2!=2$ (個)

よって，SHUDAI は　　$480+48+18+2+1=$**549 (番目)**

⇐ $5!>110$ であるから，110 番目の文字列の先頭の文字は A

inf. 6 文字をアルファベット順に並べた A，D，H，I，S，U を 1，2，3，4，5，6 とおいて考えると以下のようになる。
12□□□□，13□□□□，14□□□□，15□□□□ の形のものは
$4!\times4=96$ (個)
162□□□，163□□□ の形のものは
$3!\times2=12$ (個) [計 108 個]
よって，109 番目は 164235，110 番目は 164253 である。
したがって，110 番目の文字列は　**AUIDSH**

PRACTICE 21④

(1) HGAKUEN の 7 文字から 6 文字を選んで文字列を作り，それを辞書式に配列するとき，GAKUEN は初めから数えて何番目の文字列か。ただし，同じ文字は繰り返して用いないものとする。〔北海学園大〕

(2) 異なる 5 つの文字 A，B，C，D，E を 1 つずつ，すべてを使ってできる順列を，辞書式配列法によって順に並べるとき，63 番目にある順列は何か。

重要 例題 22 塗り分け問題 (2)

立方体の各面に，隣り合った面の色は異なるように，色を塗りたい。ただし，立方体を回転させて一致する塗り方は同じとみなす。

(1) 異なる6色をすべて使って塗る方法は何通りあるか。

(2) 異なる5色をすべて使って塗る方法は何通りあるか。

p.279 基本事項 2，基本 15, 17，重要 33

CHART & SOLUTION

回転する面の塗り分け

ある面を固定して円順列（または じゅず順列）……❶

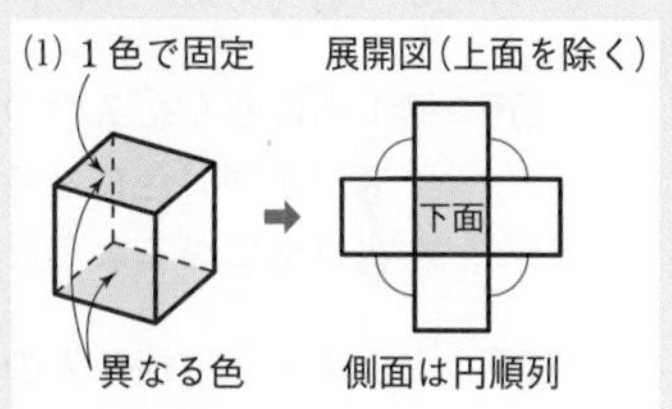

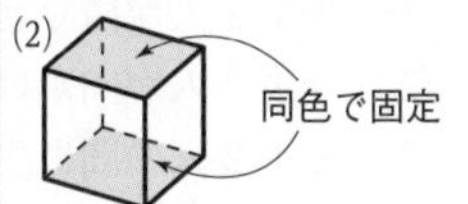

(1) 上面に1つの色を固定し，残り5面の塗り方を考える。まず，下面に塗る色を決めると，側面の塗り方は **円順列** を利用して求められる。

(2) 5色の場合，同じ色の面が2つある。その色で上面と下面を塗る。そして，側面の塗り方を考えるが，上面と下面は同色であるから，下の解答のように **じゅず順列** を利用することになる。

解答

(1) ある面を1つの色で塗り，それを上面に固定する。
このとき，下面の色は残りの色で塗るから　5通り
❶ そのおのおのに対して，側面の塗り方は，異なる4個の円順列で　$(4-1)!=3!=6$（通り）
よって　$5\times6=\mathbf{30}$ **（通り）**

(2) 2面を塗る色の選び方は5通り。
❶ その色で上面と下面を塗ると，そのおのおのに対して，側面の塗り方には，上下を裏返すと塗り方が一致する場合が含まれている。(*)
ゆえに，異なる4個のじゅず順列で
$$\frac{(4-1)!}{2}=\frac{3!}{2}=3\text{（通り）}$$
よって　$5\times3=\mathbf{15}$ **（通り）**

(1) 例えば，左の塗り方の上下を裏返すと右の塗り方と一致する。このような一致を防ぐため，上面に1色を固定している。

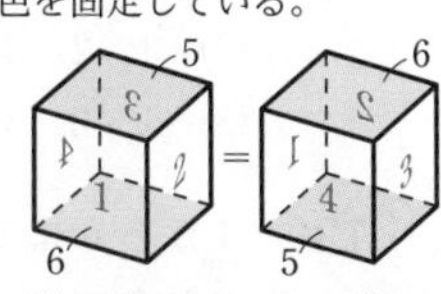

(*) 例えば，次の2つの塗り方（側面の色の並び方が，時計回り，反時計回りの違いのみで同じもの）は上下を裏返すと一致する。

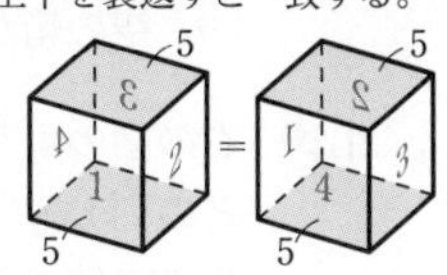

PRACTICE 22④

次のような立体の塗り分け方は何通りあるか。ただし，立体を回転させて一致する塗り方は同じとみなす。

(1) 正四角錐の各面を異なる5色すべてを使って塗る方法

(2) 正三角柱の各面を異なる5色すべてを使って塗る方法

EXERCISES　　2 順　列

A

8❸ 1から3までの各数字を1つずつ記入した赤色のボール3個と，1から2までの各数字を1つずつ記入した青色のボール2個と，1から2までの各数字を1つずつ記入した黒色のボール2個がある。これら7個のボールを横1列に並べる作業を行う。〔類　大阪経大〕

(1)　7個のボールの並べ方は全部で□通りある。

(2)　3個の赤色のボールが連続して並ぶような並べ方は□通りある。

(3)　2の数字が書かれたボールが両端にあるような並べ方は□通りある。

(4)　両端のボールの色が異なるような並べ方は□通りある。 →12

9❷ 横1列に並んだ7つのマス目を，赤，青，緑の3色すべてを使い，隣り合うマス目が同じ色にならないように塗り分けたい。このとき，マス目の色が左右対称になるような塗り分け方は何通りあるか求めよ。〔龍谷大〕 →15

10❷ 先生2人と生徒4人の計6人が円形のテーブルに着席するとき

(1)　先生2人が隣り合って着席する方法は何通りあるか。

(2)　先生2人が向かい合って着席する方法は何通りあるか。

(3)　先生2人の間に生徒1人が着席する方法は何通りあるか。 →18

11❸ 集合$\{a,\ b,\ c,\ d,\ e\}$の部分集合の個数を求めよ。 →19

B

12❹ 7つの数字1，2，3，4，5，6，7から同じ数字を繰り返し使わないで，整数を作るとき，次の問いに答えよ。〔島根大〕 →13

(1)　5桁の偶数は何通りできるか。

(2)　1，2，3，4のみを使ってできる4桁の整数すべての和を求めよ。

(3)　1，2，3，4，5，6，7を使ってできる4桁の整数すべての和を求めよ。

13❹ 1から6までの自然数の各数字を1つずつ記入した6枚のカードがある。これらをA，B，Cの3つの箱に分けて入れる。〔類　東京理科大〕

(1)　空の箱があってもよいものとすると，分け方は何通りあるか。

(2)　どれか1つの箱だけが空になる分け方は何通りあるか。

(3)　空の箱があってはならないとすると，分け方は何通りあるか。 →19

14❸ 右の図のようなマス目を考える。どの行（横の並び）にも，どの列（縦の並び）にも同じ数が現れないように1から4まで自然数を入れる場合の数Kを求めよ。〔類　埼玉大〕

2	1	3	4
1	4	2	3

→20

HINT

12　(2)　千，百，十，一の位に分けて考える。例えば　$1432=1000\times1+100\times4+10\times3+1\times2$

13　(2)　例えば，Aを空にして，B，Cに6枚のカードを入れる。このとき，B，Cのどちらも空でないことに注意する。

14　完全順列の問題。

3 組合せ

基本事項

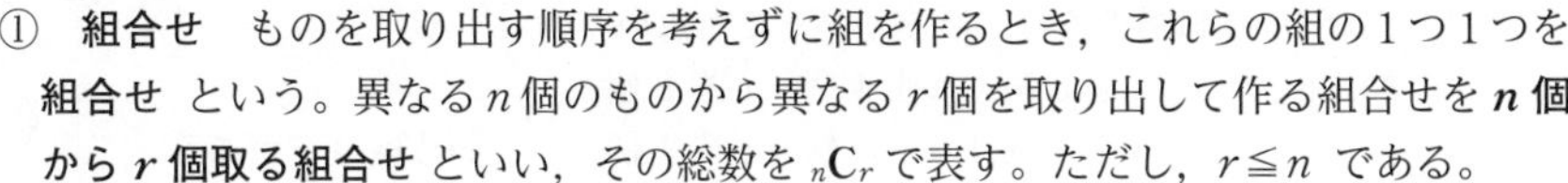

1 組合せ

① **組合せ**　ものを取り出す順序を考えずに組を作るとき，これらの組の1つ1つを **組合せ** という。異なる n 個のものから異なる r 個を取り出して作る組合せを **n 個から r 個取る組合せ** といい，その総数を ${}_n\mathrm{C}_r$ で表す。ただし，$r \leqq n$ である。

1　$\displaystyle {}_n\mathrm{C}_r=\frac{{}_n\mathrm{P}_r}{r!}=\frac{n(n-1)(n-2)\cdots\cdots(n-r+1)}{r(r-1)\cdots\cdots3\cdot2\cdot1}$　⇦ 分母・分子とも r 個の数の積。

特に　${}_n\mathrm{C}_1=n$，${}_n\mathrm{C}_n=1$

2　$\displaystyle {}_n\mathrm{C}_r=\frac{n!}{r!(n-r)!}$

また，${}_n\mathrm{C}_0=1$ と定める。

補足　${}_n\mathrm{C}_r$ のCは，「組合せ」を意味する英語 combination の頭文字である。

② **${}_n\mathrm{C}_r$ の性質**　1　${}_n\mathrm{C}_r={}_n\mathrm{C}_{n-r}$　　ただし　$0 \leqq r \leqq n$

2　${}_n\mathrm{C}_r={}_{n-1}\mathrm{C}_{r-1}+{}_{n-1}\mathrm{C}_r$　　ただし　$1 \leqq r \leqq n-1$，$n \geqq 2$

解説　②　1　n 個から r 個取ることは，n 個から $n-r$ 個取ることと同じであるから

${}_n\mathrm{C}_r={}_n\mathrm{C}_{n-r}$

2　n 個の中の特定の1個（Aとする）が，取り出す r 個の中に含まれる場合と，含まれない場合に分けて，その場合の数の和を考える。

[1]　${}_{n-1}\mathrm{C}_{r-1}$ は，A が r 個のうちに含まれているときに，残り $r-1$ 個をA以外の $n-1$ 個から選ぶときの場合の数である。

[2]　${}_{n-1}\mathrm{C}_r$ は，A が r 個のうちに含まれていないとき，r 個すべてをA以外の $n-1$ 個から選ぶときの場合の数である。

[1]，[2] の起こり方に重複はないから，和の法則により 2 が成り立つ。

また，$\displaystyle {}_n\mathrm{C}_r=\frac{n!}{r!(n-r)!}$ を用いて証明することもできる。解答編 $p.212$ を参照。

2 同じものを含む順列の総数

a が p 個，b が q 個，c が r 個あるとき，それら全部を1列に並べる順列の総数は

$$ {}_n\mathrm{C}_p\times{}_{n-p}\mathrm{C}_q=\frac{n!}{p!q!r!}\qquad ただし\quad p+q+r=n $$

解説　同じものが2種類のとき，すなわち，$r=0$ のときは，${}_{n-p}\mathrm{C}_q=1$ であり，順列の総数は $\displaystyle {}_n\mathrm{C}_p=\frac{n!}{p!q!}$ である。また，同じものが4種類以上のときの順列の総数も，同様に考えることができて，次のように表される。

n 個 のもののうち，**p 個** は同じもの，**q 個** は別の同じもの，**r 個** はまた別の同じもの，…… であるとき，これら **n 個** のもの全部を1列に並べる順列の総数は

$$ {}_n\mathrm{C}_p\times{}_{n-p}\mathrm{C}_q\times{}_{n-p-q}\mathrm{C}_r\times\cdots\cdots=\frac{n!}{p!q!r!\cdots\cdots}\qquad ただし\quad p+q+r+\cdots\cdots=n $$

3 重複組合せ

異なる n 個のものから **重複を許して** r 個取る組合せの総数は

$${}_{n+r-1}\mathrm{C}_r \quad （ただし，r>n であってもよい。）$$

この総数を ${}_n\mathrm{H}_r$ で表すことがある。

補足　${}_n\mathrm{H}_r$ のHは英語 homogeneous product (同次積) の頭文字である。

解説　3個の文字 a，b，c から，重複を許して6個取る組合せの総数を考えよう。
ただし，1個も取らない文字があってもよいものとする。
例えば，　aを3個，bを1個，cを2個
　aを1個，bを4個，cを1個　という取り方がある。
ここでは6個取る組合せを考えているから，これらを a→b→c の順に取った数だけ並べて aaabcc，abbbbc のように表す。更に，この組合せを○と|を用いて

aaabcc ⟷ ○○○|○|○○（a b c）
abbbbc ⟷ ○|○○○○|○（a b c）　のように表す。

すなわち，まずaの数だけ○を並べ，仕切り|を1つ入れる。そして，bの数だけ○を並べ，更に仕切りを1つ入れる。最後に，cの数だけ○を並べる。1個も取らない文字があってもよいから，仕切りが2つ続いたり，左端や右端にきたりすることもある。例えば，次のようになる。

aacccc ⟷ ○○||○○○○（a b c）　⇦ bは0個。
bbbbbb ⟷ |○○○○○○|（a b c）　⇦ a，cは0個。

このように，重複を許して6個取る組合せは，6個の○と2個の仕切り|を1列に並べる順列に，1つずつ対応する。すなわち，この組合せの総数は，8個の場所から6個の○を置く場所を選ぶ方法（2個の仕切り|を置く場所を選ぶ方法，でもよい）の総数に等しいことがわかる。したがって，求める組合せの総数は

$${}_8\mathrm{C}_6={}_8\mathrm{C}_2=\frac{8\cdot7}{2\cdot1}=28\ (通り)$$

一般に，異なる n 個のものから重複を許して r 個取る組合せの総数は，$n-1$ 個の仕切り|と r 個の○を並べる順列の総数に等しく，$(n-1)+r$ 個の場所から r 個の場所を選ぶ方法の総数に等しいから

$${}_{(n-1)+r}\mathrm{C}_r \quad すなわち \quad {}_{n+r-1}\mathrm{C}_r$$

○|○○|○|……
○は r 個，
|は $n-1$ 個

注意　r 個の○に仕切りを入れて，n 箇所の部分に分けるときは，$n-1$ 個の仕切りを入れればよい。

CHECK & CHECK

5 (1) 次の値を求めよ。

(ア) ${}_7\mathrm{C}_2$　(イ) ${}_8\mathrm{C}_5$　(ウ) ${}_5\mathrm{C}_0$　(エ) ${}_n\mathrm{C}_2$

(2) 12色の色鉛筆から4色の色鉛筆を選ぶ方法は何通りあるか。 ↻ 1

6 8個の数字 1，1，1，2，2，2，3，3 の全部を使って，8桁の整数を作るとき，何個の整数が作れるか。 ↻ 2

基本 例題 23 組合せの基本

1 から 14 までの 14 個の自然数の中から，異なる 3 個の数を取って組を作るとき，次のような組の数を求めよ。

(1) 奇数だけからなる組

(2) 1 を含む組

(3) 3 の倍数を少なくとも 1 個含む組

p. 293 基本事項 1

CHART & SOLUTION

異なる n 個から r 個取る組合せ

$${}_n\mathrm{C}_r=\frac{n!}{r!(n-r)!}=\frac{n(n-1)(n-2)\cdots\cdots(n-r+1)}{r(r-1)\cdots\cdots3\cdot2\cdot1}$$

組合せの計算では，上の式を利用する。

(2) 1 以外の 2 つの数字の組を考える。

(3) **(少なくとも 1 つは A)=(全体)−(すべて A でない)** を利用。

3 の倍数を 1 個も含まない組が何個あるかを求める。

解答

(1) 1 から 14 までの自然数の中には，奇数が 7 個ある。

よって　${}_7\mathrm{C}_3=\frac{7\cdot6\cdot5}{3\cdot2\cdot1}=$ **35 (個)**

(2) 1 を含む組は，残りの 13 個の自然数の中から，異なる 2 個の数を取って組を作ればよいから

$${}_{13}\mathrm{C}_2=\frac{13\cdot12}{2\cdot1}=\mathbf{78}\ (\text{個})$$

(3) 異なる 3 個の数の組は全部で　${}_{14}\mathrm{C}_3$ 個

1 から 14 までの自然数のうち，3 の倍数は 4 個あるから，3 の倍数を 1 個も含まない組は　${}_{10}\mathrm{C}_3$ 個

⇐ 3 の倍数は 3，6，9，12 の 4 個。

よって，3 の倍数を少なくとも 1 個含む組は

$${}_{14}\mathrm{C}_3-{}_{10}\mathrm{C}_3=\frac{14\cdot13\cdot12}{3\cdot2\cdot1}-\frac{10\cdot9\cdot8}{3\cdot2\cdot1}$$
$$=364-120$$
$$=\mathbf{244}\ (\text{個})$$

⇐ (全体)−(3 の倍数を含まない組)

PRACTICE 23②

11 人の生徒の中から 5 人の委員を次のように選ぶ方法は何通りあるか。

(1) 2 人の生徒 A，B がともに含まれるように選ぶ。

(2) 生徒 A または B の少なくとも 1 人が含まれるように選ぶ。

基本 例題 24 三角形の個数と組合せ

正十角形について，次の数を求めよ。
(1) 対角線の本数
(2) 正十角形の頂点のうちの 3 個を頂点とする三角形の個数
(3) (2)の三角形のうち，正十角形と 1 辺だけを共有する三角形の個数

p. 293 基本事項 1

CHART & SOLUTION

三角形の個数と組合せ

図形の個数の問題では，図形の決まり方に注目

三角形は 1 つの直線上にない 3 点を結んでできる。
(2) 正十角形の 10 個の頂点は，どの 3 点を選んでも 1 つの直線上にない。
(3) 共有する 1 辺に対して，三角形の第 3 の頂点の選び方を考える。

解答

(1) 異なる 10 個の頂点から 2 個の頂点を選ぶ方法は

$_{10}C_2$ 通り

この中には正十角形の 10 本の辺が含まれている。

よって $_{10}C_2-10=\dfrac{10\cdot9}{2\cdot1}-10=\mathbf{35}$ **(本)**

⇐ 辺または対角線は 2 個の頂点を結んでできる。

(2) 3 個の頂点で三角形が 1 個できるから，求める個数は

$_{10}C_3=\dfrac{10\cdot9\cdot8}{3\cdot2\cdot1}=\mathbf{120}$ **(個)**

⇐ 3 個の頂点の選び方が異なれば，三角形も異なる。

(3) 正十角形の 10 個の頂点を図のように定める。このとき，辺 AB だけを共有する三角形の第 3 の頂点の選び方は，A，B とその両隣の 2 点 C，J を除く，D，E，F，G，H，I の 6 通り。他の辺を共有する場合も同様であるから，求める個数は $6\times10=\mathbf{60}$ **(個)**

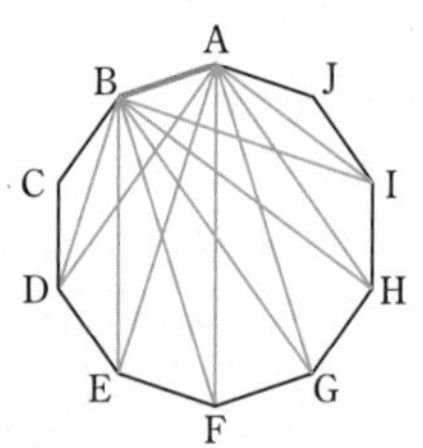

inf. 正十角形と 2 辺を共有する三角形は左の図の △ABC のように，隣接する 2 辺を共有する。よって，この場合は頂点の数だけあり，10 個となる。

INFORMATION　正 n 角形の対角線の本数

n 個の頂点から異なる 2 点を選んで結び，そこから辺になるものを除く。

よって，正 n 角形の対角線の本数は $_nC_2-n=\dfrac{n(n-3)}{2}$ **(本)**

PRACTICE 24❷

正八角形について，次の数を求めよ。
(1) 4 個の頂点を結んでできる四角形の個数
(2) 3 個の頂点を結んでできる三角形のうち，正八角形と辺を共有する三角形の個数

基本 例題 25　四角形の個数と組合せ

右の図のように，5本の平行線と，それらに直交する5本の平行線が，それぞれ両方とも同じ間隔 a $(a>0)$ で並んでいる。この10本の直線のうちの4本で囲まれる図形について，次の問いに答えよ。

(1)　長方形（正方形を含む）は全部で何個あるか。

(2)　正方形は全部で何個あるか。

基本 24

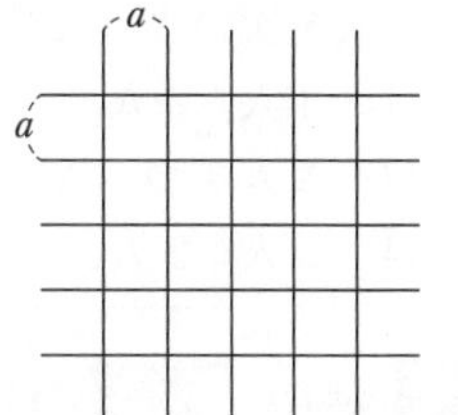

CHART & SOLUTION

四角形の個数と組合せ

長方形なら縦，横2本ずつの直線の組合せ ……❶

基本例題24と同様に，図形（長方形，正方形）の決まり方に注目する。
正方形を含めて，長方形は縦の2辺と横の2辺で1つ決まる。
よって，縦2本の直線の選び方が m 通り，横2本の直線の選び方が n 通りならば，長方形の総数は，**積の法則** から $m\times n$ 通り。

(2)　1辺の長さが a，$2a$，$3a$，$4a$ の4つの場合に分ける。

解答

❶ (1)　4本で囲まれる長方形は，縦，横2本ずつの直線の組合せでできるから，求める個数は

$${}_5C_2\times{}_5C_2=\left(\frac{5\cdot4}{2\cdot1}\right)^2=10^2=\mathbf{100}\ (\text{個})$$

❶ (2)　縦，横それぞれ5本の直線を用いてできる正方形は

[1]　隣り合う2本の直線で，1辺の長さが a の正方形

[2]　1本おきの2本の直線で，1辺の長さが $2a$ の正方形

[3]　2本おきの2本の直線で，1辺の長さが $3a$ の正方形

[4]　3本おきの2本の直線で，1辺の長さが $4a$ の正方形

よって，それぞれの正方形の個数は

[1] の場合　$4\times4=16$ (個)　　[2] の場合　$3\times3=9$ (個)

[3] の場合　$2\times2=4$ (個)　　[4] の場合　$1\times1=1$ (個)

したがって，求める正方形の個数は

$$16+9+4+1=\mathbf{30}\ (\text{個})$$

(2)　1辺の長さで場合を分けて考える。
[1]　縦の隣り合う2本の直線と，横の隣り合う2本の直線でできる正方形。

⇦ 和の法則。

PRACTICE 25③

座標平面において，7本の直線 $x=k$ $(k=0,\ 1,\ 2,\ \cdots\cdots,\ 6)$ と5本の直線 $y=l$ $(l=0,\ 1,\ 2,\ 3,\ 4)$ が交わってできる長方形（正方形を含む）は全部で ${}^{ア}\square$ 個あり，そのうち面積が4であるものは ${}^{イ}\square$ 個ある。

基本 例題 26 組分けの総数

9 人を次のように分ける方法は何通りあるか。

(1) 4 人，3 人，2 人の 3 組に分ける。

(2) 3 人ずつ，A，B，C の 3 組に分ける。　(3) 3 人ずつ 3 組に分ける。

(4) 5 人，2 人，2 人の 3 組に分ける。　〔類 東京経大〕 p.293 基本事項 1

CHART & SOLUTION

組分け問題　分けるものの区別，組の区別を明確に ……❶

まず，「9 人」は **異なる** から，区別できる。

また，(1)，(2)の「3 組」は **区別できる** が，(3)の「3 組」は **区別できない**。

(1) 3 組は人数の違いから **区別できる**。例えば，4 人の組を A，3 人の組を B，2 人の組を C とすることと同じ。

(2) 組に A，B，C の名称があるから，3 組は **区別できる**。

(3) 3 組は人数が同じで **区別できない**。(2)で，**A，B，C の区別をなくす**。
⟶ 3 人ずつに分けた組分けのおのおのに対し，A，B，C の区別をつけると，異なる 3 個の順列の数 3! 通りの組分けができるから，[(2)の数]÷3! が求める方法の数。

(4) 2 つの 2 人の組には区別がないことに注意。

解答

(1) 9 人から 4 人を選び，次に残った 5 人から 3 人を選ぶと，残りの 2 人は自動的に定まるから，分け方の総数は

$${}_9C_4\times{}_5C_3=\frac{9\cdot8\cdot7\cdot6}{4\cdot3\cdot2\cdot1}\times\frac{5\cdot4}{2\cdot1}=126\times10=\mathbf{1260}\text{ (通り)}$$

(2) A に入れる 3 人を選ぶ方法は　${}_9C_3$ 通り
B に入れる 3 人を，残りの 6 人から選ぶ方法は　${}_6C_3$ 通り
C には残りの 3 人を入れればよい。
よって，分け方の総数は

$${}_9C_3\times{}_6C_3=\frac{9\cdot8\cdot7}{3\cdot2\cdot1}\times\frac{6\cdot5\cdot4}{3\cdot2\cdot1}=84\times20=\mathbf{1680}\text{ (通り)}$$

❶ (3) (2)で，A，B，C の区別をなくすと，同じものが 3! 通りずつできるから，分け方の総数は

$$({}_9C_3\times{}_6C_3)\div3!=1680\div6=\mathbf{280}\text{ (通り)}$$

(4) A (5 人)，B (2 人)，C (2 人) の組に分ける方法は
${}_9C_5\times{}_4C_2$ 通り

❶ B，C の区別をなくすと，同じものが 2! 通りずつできるから，分け方の総数は　$({}_9C_5\times{}_4C_2)\div2!=756\div2=\mathbf{378}$ (通り)

(1) 2 人，3 人，4 人の順に選んでも結果は同じになる。よって，${}_9C_2\times{}_7C_3$ としてもよい。

(3)
A	B	C	
abc	*def*	*ghi*	A，B，C の区別がなければ同じ。
abc	*ghi*	*def*	
⋮			
ghi	*def*	*abc*	

PRACTICE 26❷

12 冊の異なる本を次のように分ける方法は何通りあるか。

(1) 5 冊，4 冊，3 冊の 3 組に分ける。　(2) 4 冊ずつ 3 人に分ける。

(3) 4 冊ずつ 3 組に分ける。　(4) 6 冊，3 冊，3 冊の 3 組に分ける。

ズームUP 組分けの問題 ―(2)と(3)の考え方の違い―

例題 26 の(2)と(3)の違いがわかりません。どうして(3)で $\div 3!$ とするのでしょうか？

まず，9人は「人」で異なるから区別します。そのことがわかりやすいように，9人にそれぞれ番号1，2，3，……，9をつけて表すことにします。その上で，具体的に見ていきましょう。

$\div 3!$ とする理由を，別の視点で考えてみよう。

例えば，9人を右のように3組に分けた場合について考えてみよう。
この3組にA，B，Cと名前をつけた場合，右のようなつけ方があり，この場合の数は，A，B，Cの異なる3個を並べる総数で，3!通りとなる。
他の組，例えば{1，4，7}，{2，5，8}，{3，6，9}についても，名前のつけ方は同様に3!通りある。

	{1，2，3}	{4，5，6}	{7，8，9}
3!通り	A	B	C
	A	C	B
	B	A	C
	B	C	A
	C	A	B
	C	B	A

(2)ではこれらを区別するが，(3)は単に「3組に分ける」とあり，A，B，Cのように，組の名前はつけない。
よって，単に3組に分ける方法の数を N とすると，そのおのおのに対して組の名前(A，B，C)をつける方法が3!通りずつあり，これが(2)の ${}_9C_3\times{}_6C_3$ 通りの分け方になるから　$N\times 3!={}_9C_3\times{}_6C_3$　したがって　$N=\dfrac{{}_9C_3\times{}_6C_3}{3!}$
これが $\div 3!$ とする理由である。

(4)の $\div 2!$ の意味は？

A組5人，B組2人，C組2人の3組に分ける方法は　${}_9C_5\times{}_4C_2$ 通り
ここで，例えば，

A{1，2，3，4，5}，B{6，7}，C{8，9}
A{1，2，3，4，5}，B{8，9}，C{6，7}

は異なる分け方であるが，A，B，Cの区別をとれば同じ分け方である。
組に名前をつけない方法の数を N とすると，同じ人数の2組にB，Cをつける方法が2!通りあるから　$N\times 2!={}_9C_5\times{}_4C_2$　したがって　$N=\dfrac{{}_9C_5\times{}_4C_2}{2!}$

5人の組は他の2人の組と人数が異なっているから，組の名前をなくしたとしても他の2人の組のどれかと同じになるようなことはありません。

基本 例題 27 同じものを含む順列

J，A，P，A，N，E，S，Eの8個の文字全部を使ってできる順列について，次のような並べ方は何通りあるか。
(1) 異なる並べ方
(2) JはPより左側にあり，かつPはNより左側にあるような並べ方

p.293 基本事項 2

CHART & SOLUTION

同じものを含む順列

1 **そのまま組合せの考え方で**

2 **公式 $\dfrac{n!}{p!q!r!\cdots\cdots}$ $(p+q+r+\cdots\cdots=n)$ を利用** ……❶

ここでは，上の 2 の方針で解く。

(2) まず，J，P，Nを**同じ文字Xとみなして**並べる。並べられた順列において，3つのXを左から順にJ，P，Nにおき換えれば条件を満たす順列となる。

例：XAXAXESE と並べ，JAPANESE とおき換える。

解答

(1) 8個の文字のうち，A，Eがそれぞれ2個ずつあるから

❶ $\dfrac{8!}{2!2!1!1!1!1!}=\dfrac{8\cdot7\cdot6\cdot5\cdot4\cdot3}{2\cdot1}=$**10080（通り）**

⇦ 1! は省略してもよい。

別解 8個の場所から2個のAの位置の決め方は　${}_8C_2$ 通り
残り6個の場所から2個のEの位置の決め方は　${}_6C_2$ 通り
残り4文字の位置の決め方は　4! 通り

⇦ 1 の方針。

よって　${}_8C_2\times{}_6C_2\times4!=\dfrac{8\cdot7}{2\cdot1}\times\dfrac{6\cdot5}{2\cdot1}\times4\cdot3\cdot2\cdot1$
$=$**10080（通り）**

⇦ 積の法則。

(2) 求める順列の総数は，J，P，Nが同じ文字，例えばX，X，Xであると考えて，3つのX，2つのA，2つのE，1つのSを1列に並べる方法の総数と同じである。

❶ よって　$\dfrac{8!}{3!2!2!1!}=\dfrac{8\cdot7\cdot6\cdot5\cdot4}{2\cdot1\times2\cdot1}=$**1680（通り）**

別解 1 の方針で解くと
${}_8C_3\times{}_5C_2\times{}_3C_2\times1$
$=\dfrac{8\cdot7\cdot6}{3\cdot2\cdot1}\times\dfrac{5\cdot4}{2\cdot1}\times3\times1$
$=$**1680（通り）**

POINT

並べるものの位置関係が決められた順列
位置関係が決められたものを，すべて同じものとみなす

PRACTICE 27❷

internetのすべての文字を使ってできる順列は ア[　　] 通りあり，そのうちどのtも，どのeより左側にあるものは イ[　　] 通りである。　〔法政大〕

基本 例題 28 最短経路の数

右の図のように，南北に 7 本，東西に 6 本の道がある。

(1)　O地点を出発し，A 地点を通り，P 地点へ最短距離で行く道順は何通りあるか。

(2)　O地点を出発し，B 地点を通り，P 地点へ最短距離で行く道順は何通りあるか。ただし，C 地点は通れないものとする。　〔類　島根大〕

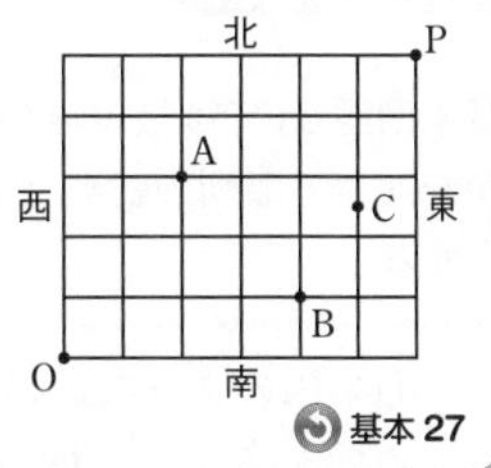

基本 27

CHART & SOLUTION

最短経路　同じものを含む順列で考える

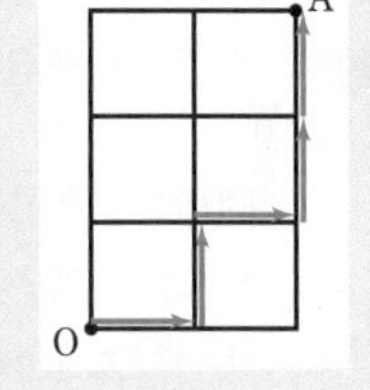

右へ 1 区画進むことを →，上へ 1 区画進むことを ↑ で表すとき，例えば右の図のようにO地点からA地点に最短距離で行く道順は →↑→↑↑ と表される。

最短経路の総数は → 2 個，↑ 3 個を 1 列に並べる **同じものを含む順列** の総数に等しい。

(1)　O→A，A→P と分けて考える。**積の法則** を利用。

(2)　O→B→P の道順の数から，O→B→C→P の道順の数を引けばよい。

解答

(1)　O地点からA地点までの道順は　$\dfrac{5!}{2!3!}=10$ (通り)

⇐ → 2 個，↑ 3 個の順列。

A地点からP地点までの道順は　$\dfrac{6!}{4!2!}=15$ (通り)

⇐ → 4 個，↑ 2 個の順列。

よって，求める道順は　$10\times15=$**150 (通り)**

⇐ 積の法則。

(2)　O地点からB地点までの道順は　$\dfrac{5!}{4!1!}=5$ (通り)

C地点も通れるとした場合，B地点からP地点までの道順は

$\dfrac{6!}{2!4!}=15$ (通り)

B地点からC地点を通り，P地点まで行く道順は

$\dfrac{2!}{1!1!}\times1\times\dfrac{3!}{1!2!}=2\times1\times3=6$ (通り)

よって，C地点を通らずにB地点からP地点まで行く道順は

$15-6=9$ (通り)

したがって，求める道順は　$5\times9=$**45 (通り)**

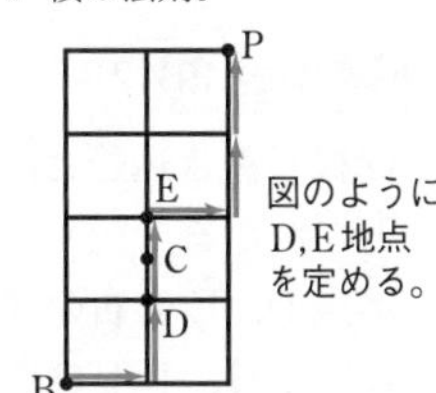

⇐ B→D　$\dfrac{2!}{1!1!}$ (通り)

D→C→E　1 (通り)

E→P　$\dfrac{3!}{1!2!}$ (通り)

PRACTICE 28②

右の図のP地点からQ地点に至る最短経路について

(1)　A地点を通る経路は何通りあるか。

(2)　B地点を通る経路は何通りあるか。ただし，C 地点は通れないものとする。

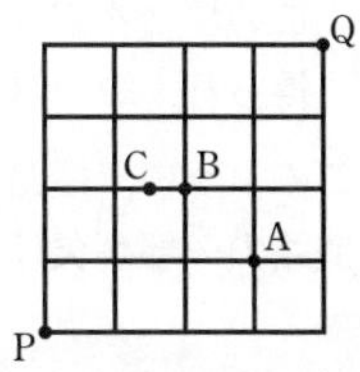

最短経路の数を書き込んで求める

基本例題 28 では最短経路の数を求めるとき，右へ進む記号 →，上へ進む記号 ↑ のいくつかを並べる順列の総数として考えた。ここでは，場合の数を書き込んで求める方法を紹介する。

右の図のような道路があり，2 地点を結ぶ最短距離の道順を考える。**地点Pまでの道順が p 通り，地点Qまでの道順が q 通りあるとき，地点Rまでの道順は，$p+q$ 通りある。**

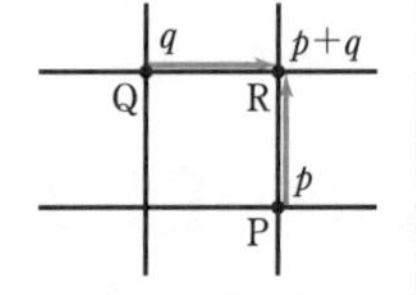

解説　地点PからRまでは 1 通りであるから，地点Pを通るRまでの道順は

$p\times1=p$ (通り)

同様に，地点Qを通るRまでの道順は　$q\times1=q$ (通り)

したがって，地点Rまでの道順は，和の法則から　$p+q$ (通り)

この方法で，基本例題 28 を解いてみよう。

基本例題 28 (1)

O地点を出発し，A地点に行くから，線分 OA を 1 つの対角線とする長方形内にあるそれぞれの地点までの道順の数を書き込む。更に，A地点からP地点までについても同様に書き込む。

この結果，O→Aの道順は 10 通り，O→A→Pの道順は **150 通り** あることがわかる。

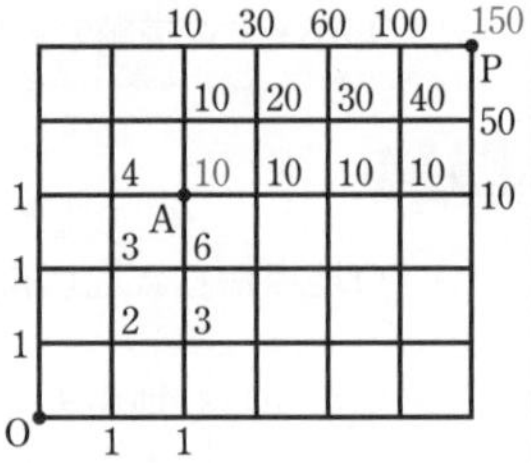

基本例題 28 (2)

同様に書き込むと，O→Bの道順は 5 通りであることがわかる。

地点D，E を右の図のように定める。C地点は通れないから，D→C→Eの場合はない。

よって，E地点までの道順は 5 通りであり，(5+10=)15 通りではないことに注意する。図から，O→B→Pの道順は **45 通り** あることがわかる。

いま，地点Cは通れないので，地点Cを通る道路が欠けた右下の図を考える。

この場合を書き込むと右上の図と同様の道順の数が得られ，O→B→Pの道順は **45 通り** ある。

このように，経路の数を書き込んで求める方法は，**道路の一部が欠けている場合に有効** である。

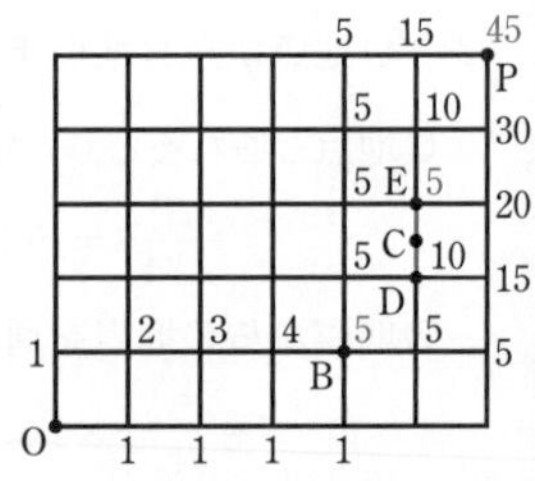

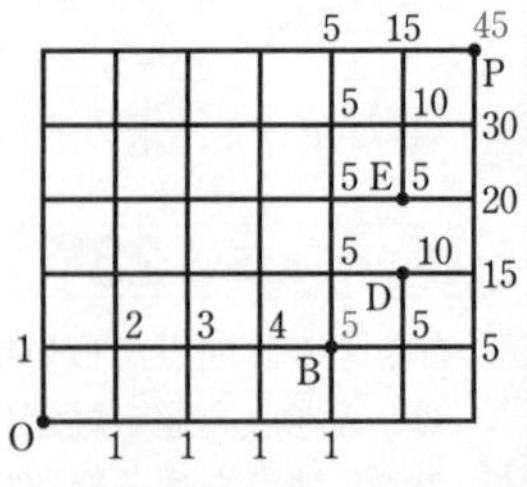

基本 例題 29 重複組合せの基本 ③③③③③

次の問いに答えよ。ただし，含まれない数字や文字があってもよい。

(1) 1，2，3，4 の 4 個の数字から重複を許して 3 個の数字を取り出す。このとき，作られる組の総数を求めよ。

(2) x，y，z の 3 種類の文字から作られる 8 次の項は何通りできるか。

p.294 基本事項 3

CHART & SOLUTION

重複組合せ　○と仕切り｜の活用

$p.294$ 基本事項 3 で示した ${}_n\mathrm{H}_r={}_{n+r-1}\mathrm{C}_r$ を直ちに使用してもよいが，慣れないうちは n と r を間違いやすい。次のように，**○と仕切り｜による順列** として考えた方が確実である。

(1) 異なる 4 個の数字から重複を許して **3 個** の数字を取り出す。
⟶ **3 個** の○と 3 個の仕切り｜の順列
例えば　○｜○○｜｜　は 1 が 1 個，2 が 2 個を表す。
　　　　1　2　3 4
　　　　｜○｜○｜○　は 2 が 1 個，3 が 1 個，4 が 1 個を表す。
　　　　1　2　3　4

(2) 異なる 3 個の文字から重複を許して **8 個** の文字を取り出す。
⟶ **8 個** の○と 2 個の仕切り｜の順列
例えば　○○○｜○｜○○○○　は x を 3 個，y を 1 個，z を 4 個取った場合で，
　　　　x　　y　　z
8 次の項 x^3yz^4 を表す。

解答

(1) 3 個の○と 3 個の｜の順列の総数が求める場合の数となるから　${}_6\mathrm{C}_3=\dfrac{6\cdot5\cdot4}{3\cdot2\cdot1}=$ **20 (通り)**

別解　求める組の総数は，4 種類の数字から重複を許して 3 個取り出す組合せの総数に等しいから

$${}_4\mathrm{H}_3={}_{4+3-1}\mathrm{C}_3={}_6\mathrm{C}_3=\mathbf{20}\ \text{(通り)}$$

(2) 8 個の○と 2 個の｜の順列の総数が求める場合の数となるから　${}_{10}\mathrm{C}_8={}_{10}\mathrm{C}_2=\dfrac{10\cdot9}{2\cdot1}=$ **45 (通り)**

別解　${}_3\mathrm{H}_8={}_{3+8-1}\mathrm{C}_8={}_{10}\mathrm{C}_8={}_{10}\mathrm{C}_2=$ **45 (通り)**

⇦ 6 個の場所から○を置く 3 個の場所を選ぶ総数。これは，同じものを含む順列の総数であり $\dfrac{6!}{3!3!}=20$ でもよい。

⇦ ${}_n\mathrm{H}_r={}_{n+r-1}\mathrm{C}_r$

⇦ $\dfrac{10!}{2!8!}=45$ でもよい。

PRACTICE 29③

(1) 8 個のりんごを A，B，C，D の 4 つの袋に分ける方法は何通りあるか。ただし，1 個も入れない袋があってもよいものとする。

(2) $(x+y+z)^5$ の展開式の異なる項の数を求めよ。

基本 例題 30 整数解の組の個数（重複組合せの利用）

(1) $x+y+z=7$ を満たす負でない整数解の組 $(x,\ y,\ z)$ は何個あるか。
(2) $x+y+z=10$ を満たす正の整数解の組 $(x,\ y,\ z)$ は何個あるか。

p.294 基本事項 3，基本 29

CHART & THINKING

整数解の組の個数　○と仕切り｜の活用

(1) 直接数え上げるのは大変である。問題を読みかえて，x，y，z の異なる 3 個の文字から重複を許して 7 個の文字を取り出すと考えよう。すなわち **7 個の○と 2 個の仕切り｜**の順列を考え，仕切りで分けられた 3 つの部分の○の個数を，左から順に x，y，z とする。

例えば　○○○｜○○｜○○ には　$(x,\ y,\ z)=(3,\ 2,\ 2)$
　　　　｜○○｜○○○○○ には　$(x,\ y,\ z)=(0,\ 2,\ 5)$

がそれぞれ対応する。

(2) x，y，z が正の整数であることに注意。(1)の考え方では 0 となる場合も含むから

$$x-1=X,\ y-1=Y,\ z-1=Z$$

とおき，**0 であってもよい $X\geqq0$，$Y\geqq0$，$Z\geqq0$** の整数解の場合（(1)と同じ）に帰着させる。これは，10 個の○のうち，まず 1 個ずつを x，y，z に割り振ってから，残った 7 個の○と 2 個の仕切り｜を並べることと同じである。

また，別解のように，10 個の○と 2 個の仕切り｜を使う方法でも考えてみよう。

解答

(1) 求める整数解の組の個数は，7 個の○と 2 個の｜を 1 列に並べる順列の総数と同じであるから

$${}_9C_7={}_9C_2=\mathbf{36}\ \textbf{（個）}$$

(2) $x-1=X$，$y-1=Y$，$z-1=Z$ とおくと

$$X\geqq0,\ Y\geqq0,\ Z\geqq0$$

このとき，$x+y+z=10$ から

$$(X+1)+(Y+1)+(Z+1)=10$$

よって　$X+Y+Z=7,\ X\geqq0,\ Y\geqq0,\ Z\geqq0$ …… Ⓐ

求める正の整数解の組の個数は，Ⓐ を満たす 0 以上の整数解 X，Y，Z の組の個数に等しいから，(1)の結果より　**36 個**

別解　10 個の○を並べる。　○○○○○○○○○○

このとき，○と○の間の 9 か所から 2 つを選んで仕切りを入れ　A｜B｜C

としたときの，A，B，C の部分にある○の数をそれぞれ x，y，z とすると，解が 1 つ決まるから　${}_9C_2=\mathbf{36}$ **（個）**

別解　求める整数解の組の個数は，3 種類の文字 x，y，z から重複を許して 7 個取る組合せの総数に等しいから　${}_3H_7={}_{3+7-1}C_7={}_9C_7$
$={}_9C_2=\mathbf{36}$ **（個）**

⇐ $x=X+1$，$y=Y+1$，$z=Z+1$ を代入。

⇐ 例えば
○○｜○○○○○｜○○○
は $(x,\ y,\ z)=(2,\ 5,\ 3)$ を表す。

PRACTICE 30③

(1) $x+y+z=9$ を満たす負でない整数解の組 $(x,\ y,\ z)$ は何個あるか。
(2) $x+y+z=7$ を満たす正の整数解の組 $(x,\ y,\ z)$ は何個あるか。

重要 例題 31　数字の順列(数の大小関係が条件)

次の条件を満たす整数の組 $(a,\ b,\ c,\ d)$ の個数を求めよ。

(1) $0<a<b<c<d<8$　　(2) $0\leqq a\leqq b\leqq c\leqq d\leqq 2$

基本 29, 30

CHART & THINKING

大小関係が条件となる数字の順列　読みかえて対応を考える

(1) 条件を満たす 4 つの整数は，すべて異なることに着目して考えてみよう。7 個の数字から 4 個の数字を選び，それらの数字を **小さい順に $\boldsymbol{a,\ b,\ c,\ d}$ に対応させる。**

(2) (1)とは違い，条件の式に ≦ を含むので，整数の組 $(a,\ b,\ c,\ d)$ は $(0,\ 0,\ 0,\ 0)$ から $(2,\ 2,\ 2,\ 2)$ まで，0, 1, 2 の 3 個の数字から重複を許して 4 個を選べばよい。
それらの数字を小さい順に $\boldsymbol{a,\ b,\ c,\ d}$ に対応させる。(重複組合せ)
重複組合せの考え方を，どう利用したらよいだろうか？
別解 として，(1)の考え方を利用する方法がある。
$A=a,\ B=b+1,\ C=c+2,\ D=d+3$ とすると，
$(a,\ b,\ c,\ d)=(0,\ 0,\ 0,\ 0),\ (0,\ 0,\ 0,\ 1),\ (0,\ 0,\ 1,\ 1),\ \cdots\cdots,\ (2,\ 2,\ 2,\ 2)$ が
$(A,\ B,\ C,\ D)=(0,\ 1,\ 2,\ 3),\ (0,\ 1,\ 2,\ 4),\ (0,\ 1,\ 3,\ 4),\ \cdots\cdots,\ (2,\ 3,\ 4,\ 5)$ に対応するから，$(A,\ B,\ C,\ D)$ は $0\leqq A<B<C<D\leqq 5$ を満たす整数の組を考える。

解答

(1) 1, 2, 3, ……, 7 の 7 個の数字から異なる 4 個を選び，小さい順に $a,\ b,\ c,\ d$ とすると，条件を満たす組が 1 つ決まる。
よって，求める組の個数は

$${}_7\mathrm{C}_4={}_7\mathrm{C}_3=\mathbf{35}\ (\text{個})$$

(2) 0, 1, 2 の 3 個の数字から重複を許して 4 個を選び，小さい順に $a,\ b,\ c,\ d$ とすると，条件を満たす組が 1 つ決まる。
よって，求める組の個数は

$${}_{3+4-1}\mathrm{C}_4={}_6\mathrm{C}_4=\mathbf{15}\ (\text{個})$$

⇐ 4 個の○と 2 個の仕切り｜の順列。例えば ○｜○○｜○ (0　1　2) は $(0,\ 1,\ 1,\ 2)$ を表す。

別解 $A=a,\ B=b+1,\ C=c+2,\ D=d+3$ とおくと，条件 $0\leqq a\leqq b\leqq c\leqq d\leqq 2$ は，$0\leqq A<B<C<D\leqq 5$ と同値である。
よって，0, 1, 2, 3, 4, 5 の 6 個の数字から 4 個の数字を選べばよい。
したがって　${}_6\mathrm{C}_4={}_6\mathrm{C}_2=\mathbf{15}\ (\text{個})$

PRACTICE 31[4]

次の条件を満たす整数の組 $(a,\ b,\ c,\ d,\ e)$ の個数を求めよ。

(1) $0<a<b<c<d<e<8$　　(2) $0\leqq a\leqq b<c\leqq d\leqq e\leqq 3$

重要例題 32 同じものを含む順列の応用 ①①①①①

白色カードが 5 枚，赤色カードが 2 枚，黒色カードが 1 枚ある。同じ色のカードは区別できないものとして，この 8 枚のカードを左から 1 列に並べるとき，次のような並べ方は，それぞれ何通りあるか。

(1) 赤色カードが隣り合う　　(2) 両端のカードの色が異なる

(3) 右端が白色カードで，赤色カードが隣り合わず，かつ，どの赤色カードも黒色カードと隣り合わない

p.293 基本事項 2，基本 8，12

CHART & SOLUTION

(1) 隣り合う ⟶ 1 つのものとみる (枠に入れる)。 基本例題 12

白 白 白 白 [赤 赤] 黒 白

(2) (Aでない)=(全体)−(Aである) の活用。すなわち 基本例題 8

(両端が異なる色)=(すべての並べ方)−(両端が同じ色)

(3) 隣り合わない ⟶ 後から 間 や 両端 に入れる 基本例題 12

[ ] 白 [赤] 白 [赤] 白 [ ] 白 [黒] 白

解答

(1) 2 枚の赤色カードを 1 枚とみなして $\frac{7!}{5!}=$**42 (通り)**

(2) 8 枚のカードの並べ方は，全部で $\frac{8!}{5!2!}=168$ (通り)

両端のカードが同じ色になる場合の数を求めると

[1] 両端が白色のとき　白色カード 3 枚，赤色カード 2 枚，黒色カード 1 枚を並べる方法の数で $\frac{6!}{3!2!}=60$ (通り)

[2] 両端が赤色のとき　白色カード 5 枚，黒色カード 1 枚を並べる方法の数で $\frac{6!}{5!}=6$ (通り)

よって，求める場合の数は　$168-(60+6)=$**102 (通り)**

(3) 白色カードを 5 枚並べ，その間と左端の 5 個の場所から 3 個の場所を選んで赤色カード 2 枚と黒色カード 1 枚を並べればよいから，求める場合の数は　${}_5C_3\cdot\frac{3!}{2!}=$**30 (通り)**

左の解答において，同じものを含む順列の数の求め方は，p.300 の CHART & SOLUTION の 2 の方式を使った。1 の方式なら
(1) ${}_7C_5\times2!$
(2) (全体)$={}_8C_5\times{}_3C_2$
(両端が白)$={}_6C_3\times{}_3C_2$
(両端が赤)$={}_6C_5$
(3) ${}_5C_3\times{}_3C_2$
となる。

⇐ 5 個の場所から 3 個の場所を選ぶ ⟶ ${}_5C_3$ 通り
赤 2 枚，黒 1 枚を並べる ⟶ $\frac{3!}{2!}$ 通り

PRACTICE 32③

NAGOYAJO の 8 個の文字をすべて並べてできる順列の中で，AA と OO という並びをともに含む順列は ア[　] 個あり，同じ文字が隣り合わない順列は イ[　] 個ある。

〔名城大〕

重要 例題 33 同じものを含む円順列・じゅず順列

ガラスでできた玉で，赤色のものが 6 個，黒色のものが 2 個，透明なものが 1 個ある。玉には，中心を通って穴が開いているとする。

(1) これらを 1 列に並べる方法は何通りあるか。

(2) これらを円形に並べる方法は何通りあるか。

(3) これらの玉に糸を通して首輪を作る方法は何通りあるか。

基本 18，重要 22

CHART & THINKING

(2) 円形に並べるときは，1 つのものを固定 の考え方が有効。固定した玉以外の並び方を考えるとき，どの玉を固定するのがよいだろうか？

(3) 「首輪を作る」とあるから，直ちに

じゅず順列＝円順列÷2

でよいだろうか？ すべて異なるものなら，じゅず順列で解決するが，ここでは，同じものを含むからうまくいかない。その理由を右の図をもとに考えてみよう。

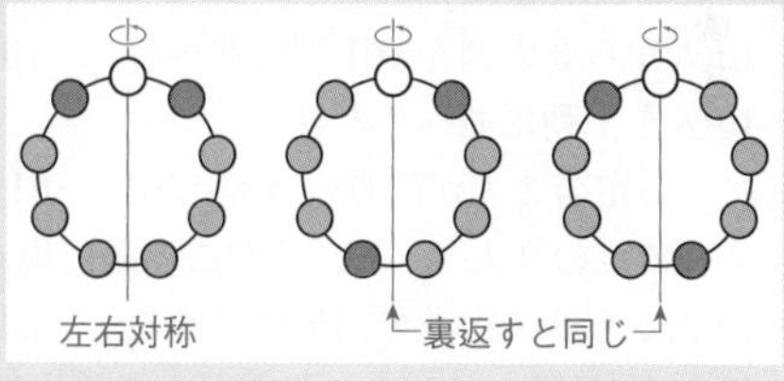

解答

(1) 1 列に並べる方法は $\dfrac{9!}{6!2!}=\dfrac{9\cdot8\cdot7}{2\cdot1}=$**252（通り）**

⇦ 同じものを含む順列。

(2) 透明な玉 1 個を固定して，残り 8 個を並べると考えて

$$\frac{8!}{6!2!}=\frac{8\cdot7}{2\cdot1}=\mathbf{28}\ \text{（通り）}$$

⇦ 赤玉 6 個，黒玉 2 個を 1 列に並べる場合の数。

(3) (2) の 28 通りのうち，図 [1] のように左右対称になるものは

4 通り

よって，図 [2] のように左右対称でない円順列は

28−4＝24（通り）

この 24 通りの 1 つ 1 つに対して，裏返すと一致するものが他に必ず 1 つずつあるから，首輪の作り方は

$$4+\frac{24}{2}=\mathbf{16}\ \text{（通り）}$$

[1]

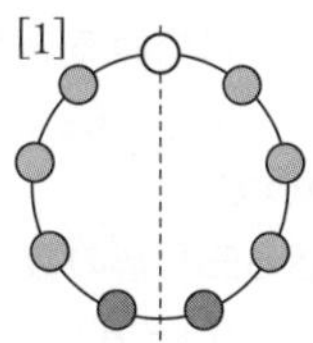

[2]

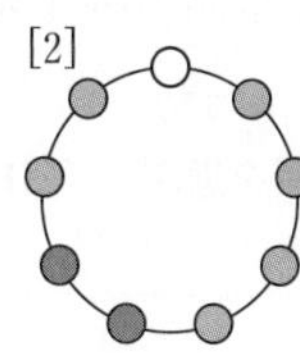

inf. (2) について，解答編 $p.213$ にすべてのパターンの図を掲載した。左右対称でないものは，裏返すと一致するものがペアで現れることを確認できるので参照してほしい。

PRACTICE 33④

白玉が 4 個，黒玉が 3 個，赤玉が 1 個あるとする。これらを 1 列に並べる方法は ア□ 通り，円形に並べる方法は イ□ 通りある。更に，これらの玉にひもを通し，輪を作る方法は ウ□ 通りある。〔近畿大〕

まとめ　場合の数のまとめ

これまでに学習してきた，場合の数，順列，組合せについて要点をまとめておこう。

(1) 集合の要素の個数，場合の数

・個数定理，ド・モルガンの法則 を用いて，集合の要素の個数を求める。

・場合の数を，樹形図，辞書式配列法 などを用いて，もれなく，重複なく 数え上げる。
計算においては，和の法則 と 積の法則 が基本となる。

・$360=2^3\cdot3^2\cdot5$ の正の約数の個数　$(3+1)(2+1)(1+1)$
　の正の約数の総和　$(1+2+2^2+2^3)(1+3+3^2)(1+5)$

・$(a+b)(p+q+r)(x+y)$ の展開式の項の数　$2\cdot3\cdot2$

(2) 順列

・10 人から 3 人選んで 1 列に並べる　${}_{10}\mathrm{P}_3$　順列

・10 人を 1 列に並べるとき
　(ア) 特定の 3 人が隣り合う並べ方　$8!\cdot3!$
　(イ) 特定の 3 人 A，B，C がこの順に現れる並べ方　$10!\div3!$

・10 人から 3 人選んで円形に並べる　${}_{10}\mathrm{P}_3\div3$　円順列

・異なる 10 個の玉から 3 個を選んで首飾りを作る　(円順列)$\div2$　じゅず順列

・10 人から学級委員，議長，書記を選ぶ　${}_{10}\mathrm{P}_3$

・10 人が学級委員，議長，書記のいずれかに立候補する　3^{10}　重複順列

(3) 組合せ

・10 人から 3 人を選ぶ　${}_{10}\mathrm{C}_3$　組合せ

・3 本の平行線と，それらに交わる 5 本の平行線によってできる平行四辺形の数
　${}_3\mathrm{C}_2\times{}_5\mathrm{C}_2$

・正 n 角形 $(n\geqq4)$ について
　(ア) 頂点を結んでできる三角形の数　${}_n\mathrm{C}_3$
　(イ) 対角線の数　${}_n\mathrm{C}_2-n$

・a 3 個，b 2 個，c 5 個の文字を 1 列に並べる　$\dfrac{10!}{3!2!5!}$　同じものを含む順列
　または　${}_{10}\mathrm{C}_3\times{}_7\mathrm{C}_2$

・3 種類の果物から 10 個を選ぶ　${}_3\mathrm{H}_{10}={}_{3+10-1}\mathrm{C}_{10}$　重複組合せ
（1 個も選ばれない果物があってもよい）

(4) 組分けの問題

・15 人を 8 人と 7 人の 2 つの組に分ける　${}_{15}\mathrm{C}_8$（または ${}_{15}\mathrm{C}_7$）

・15 人を 2 つの組に分ける　$(2^{15}-2)\div2$

・15 人を 6 人，5 人，4 人の 3 つの組に分ける　${}_{15}\mathrm{C}_6\times{}_9\mathrm{C}_5$

・15 人を 7 人，4 人，4 人の 3 つの組に分ける　${}_{15}\mathrm{C}_7\times{}_8\mathrm{C}_4\div2!$

・15 人を 5 人ずつの 3 つの組に分ける　${}_{15}\mathrm{C}_5\times{}_{10}\mathrm{C}_5\div3!$

・15 人を A，B，C の 3 つの組に分ける（0 人の組があってもよい）　3^{15}

EXERCISES　　3 組合せ

A

15② 次の式を満たす整数 $n(n \geqq 2)$ を求めよ。

(1) $2{}_n\mathrm{C}_{n-2}+{}_n\mathrm{C}_{n-1}=9$　　(2) ${}_8\mathrm{C}_6\times{}_n\mathrm{C}_{n-2}=1540$　→ p.293 1

16② 1から8までの整数の中から異なる3つを選ぶとき，次のような選び方は，それぞれ何通りあるか。〔類 八戸工大〕

(1) 最大の数が7以下で，最小の数が3以上である選び方

(2) 最大の数が6である選び方

(3) 最大の数が7以上である選び方　→ 23

17③ (1) 3辺の長さがそれぞれ3 cm，4 cm，5 cmである三角形を考え，各辺を1 cm間隔に等分する。このときの分点(各辺の両端，すなわち三角形の頂点を含む)の総数は $3+4+5=12$ である。これらの12個の点のうちの3個の点を頂点とする三角形の総数を求めよ。

(2) 平面上に，どの3本も同じ点で交わらない10本の直線がある。10本中2本だけが平行であるとき，それら10本の直線によってできる交点の個数および三角形の個数を求めよ。　→ 24

18③ 何人かの人をグループに分ける場合の数を考える。ただし，どのグループにも少なくとも1人は入るものとする。

(1) 5人を3つのグループに分ける場合の数は□通りである。

(2) 6人を3人ずつの2つのグループに分ける場合の数は□通りである。

(3) 男子5人，女子4人の合計9人を3人ずつの3つのグループに分ける場合の数は□通りである。ただし，どのグループにも男子と女子が含まれているものとする。〔類 関西大〕　→ 26

19③ 10個の文字，N，A，G，A，R，A，G，A，W，Aを左から右へ横1列に並べる。

(1) この10個の文字の並べ方は全部で何通りあるか。

(2) 「NAGARA」という連続した6文字が現れるような並べ方は全部で何通りあるか。

(3) N，R，Wの3文字が，この順に現れるような並べ方は全部で何通りあるか。ただし，N，R，Wが連続しない場合も含める。〔類 岐阜大〕

→ 27

EXERCISES　　3 組合せ

A

20③ 図のように立方体の隣接する 3 つの面 ABCD, BEFC, CFGD 上にそれぞれ縦横等間隔の線を描き，その線の上を通ることができるとする。次のそれぞれの場合に最短距離で通る道順は何通りあるかを求めよ。〔北海学園大〕

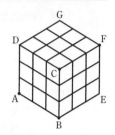

(1) 面 ABCD 上でAからCへ行く場合

(2) 面 ABCD, BEFC 上でAからFへ行く場合

(3) 面 ABCD, BEFC, CFGD 上でAからFへ行く場合

G D F C A E B

➡ 28

21③ x, y, z を整数とする。

(1) $1 \leqq x \leqq 5$, $1 \leqq y \leqq 5$, $1 \leqq z \leqq 5$ を満たす整数の組 (x, y, z) は全部で □ 組ある。

(2) $1 \leqq x < y < z \leqq 5$ を満たす整数の組 (x, y, z) は全部で □ 組ある。

(3) $1 \leqq x \leqq y \leqq z \leqq 5$ を満たす整数の組 (x, y, z) は全部で □ 組ある。

(4) $x+y+z=5$, $x \geqq 0$, $y \geqq 0$, $z \geqq 0$ を満たす整数の組 (x, y, z) は全部で □ 組ある。

(5) $x+y+z=5$, $x \geqq 1$, $y \geqq 1$, $z \geqq 1$ を満たす整数の組 (x, y, z) は全部で □ 組ある。〔大阪経大〕 ➡ 29, 30, 31

B

22③ 15 段の階段を 2 段または 3 段ずつ上る方法は ア□ 通りある。このうち，3 段ずつ上ることをちょうど 3 回含むような上り方は イ□ 通りある。

23③ 正四面体と正六面体の各面に絵の具で色を塗る。1 つの面には 1 色しか塗らない。また，回転させて一致する塗り方は同じとみなす。絵の具が 12 色あるとき，正四面体を面の色がすべて異なるように塗る塗り方は ア□ 通りである。また，絵の具が 8 色あるとき，正六面体を面の色がすべて異なるように塗る塗り方は イ□ 通りである。〔南山大〕 ➡ 22, 23

24④ 単語 mathematics から任意に 4 文字を取って作られる順列の数を求めよ。

〔いわき明星大〕 ➡ 27

25④ YOKOHAMA の 8 文字すべてを並べてできる順列の中で，AO という並びまたは OA という並びの少なくとも一方を含む順列の数を求めよ。

〔横浜国大〕 ➡ 32

HINT

21 (2) は組合せ，(3)～(5) は重複組合せを利用する。

22 2 段ずつ上る回数を x 回，3 段ずつ上る回数を y 回とすると $2x+3y=15$
このとき，$x \geqq 0$, $y \geqq 0$ であることに注意する。

23 まず，塗る色を選ぶ。

24 取り出す文字の組合せによって場合分けをする。

25 **(少なくとも一方を含む)＝(全体)－(両方とも含まない)**

数学A

確　率

4　事象と確率，確率の基本性質
5　独立な試行・反復試行の確率
6　条件付き確率，確率の乗法定理，期待値

Select Study

— スタンダードコース：教科書の例題をカンペキにしたいきみに
— パーフェクトコース：教科書を完全にマスターしたいきみに
— 大学入学共通テスト準備・対策コース ※基例…基本例題，番号…基本例題の番号

Start → 基例34 → 基例35 → 基例36 → 37 → 基例38 → 基例39 → 基例40 → 基例41 → 44 → 基例45 → 46 → 基例47 → 基例48 → 基例49 → 基例52 → 基例53 → 54 → 基例55 → 56 → 基例57 → 基例58 → 基例59 → 基例60

■ 例題一覧

	種類	番号	例題タイトル	難易度
4	基本	34	確率の基本	2
	基本	35	順列と確率	2
	基本	36	組合せと確率	3
	基本	37	じゃんけんの確率(1)	2
	基本	38	確率の加法定理（順列）	2
	基本	39	確率の加法定理（組合せ）	2
	基本	40	一般の和事象の確率	2
	基本	41	余事象の確率の利用	2
	重要	42	さいころの出る目の最小値	3
	重要	43	和事象・余事象の利用	4
5	基本	44	独立な試行の確率	2
	基本	45	独立な試行の確率と加法定理	2
	基本	46	連続して硬貨の表が出る確率	3
	基本	47	反復試行の確率の基本	2
	基本	48	点の移動と反復試行の確率	2
	基本	49	対戦ゲームの優勝確率	3
	重要	50	平面上の点の移動と反復試行	3
	重要	51	反復試行の確率 P_n の最大	5
6	基本	52	条件付き確率	2
	基本	53	確率の乗法定理(1)	2
	基本	54	確率の乗法定理(2)	2
	基本	55	確率の乗法定理(3)	3
	基本	56	じゃんけんの確率(2)	3
	基本	57	原因の確率	3
	基本	58	期待値の基本	2
	基本	59	取り出した数字の最大値の期待値	2
	基本	60	期待値と有利・不利	3
	重要	61	やや複雑なくじ引きの確率	3
	重要	62	ベイズの定理	4
	重要	63	図形と期待値	4

4 事象と確率，確率の基本性質

基本事項

1 試行と事象

同じ条件のもとで繰り返すことができ，その結果が偶然によって決まる実験や観測を **試行** という。また，試行の結果として起こる事柄を **事象** という。

1つの試行において，起こりうる結果全体を集合 U で表すとき，U 自身で表される事象を **全事象** という。U のただ1つの要素からなる集合で表される事象を **根元事象** という。また，決して起こらない事象，すなわち空集合 $\varnothing$ で表される事象を **空事象** という。

例　1個のさいころを投げる試行で，4以上の目が出るという事象を A とすると
全事象 $U=\{1,\ 2,\ 3,\ 4,\ 5,\ 6\}$　　事象 $A=\{4,\ 5,\ 6\}$
根元事象は $\{1\}$，$\{2\}$，$\{3\}$，$\{4\}$，$\{5\}$，$\{6\}$

2 確率の定義

ある試行において，どの根元事象が起こることも同程度に期待できるとき，これらの根元事象は **同様に確からしい** という。このような試行で，起こりうるすべての場合の数を N，事象 A の起こる場合の数を a とするとき，**事象 A の起こる確率 $P(A)$** を，次の式で定める。

$$\boldsymbol{P(A)=\frac{\text{事象 } A \text{ の起こる場合の数}}{\text{起こりうるすべての場合の数}}=\frac{a}{N}}$$

全事象を U とすると，$\boldsymbol{P(A)=\dfrac{n(A)}{n(U)}}$ と表される。　⇦ P は probability の頭文字。

補足　確率をとらえる方法にはいくつか考え方があり，上で述べた定義による確率は，数学的確率とよぶことがある。他にも，実験や観察によって得られる標本データに基づいて考える統計的確率などがある（$p.316$ STEP UP を参照）。

3 確率の基本性質

① **積事象と和事象**

一般に，事象 A，B において

A と B の **積事象** …… A と B が **ともに** 起こる事象で，$\boldsymbol{A\cap B}$ で表す。

A と B の **和事象** …… A **または** B が起こる事象で，$\boldsymbol{A\cup B}$ で表す。

② **排反事象**

2つの事象 A，B が決して同時に起こらない，すなわち，$A\cap B=\varnothing$ のとき，事象 A，B は互いに **排反** である，または，互いに **排反事象** であるという。

③ **確率の基本性質**

1　どのような事象 A についても　$\boldsymbol{0\leqq P(A)\leqq 1}$

特に，空事象 $\varnothing$ について　$\boldsymbol{P(\varnothing)=0}$　　全事象 U について　$\boldsymbol{P(U)=1}$

2　**確率の加法定理**　事象 A，B が互いに排反であるとき

$$\boldsymbol{P(A\cup B)=P(A)+P(B)}$$

補足　3 つ以上の事象については，その中のどの 2 つの事象も互いに排反であるとき，これらの事象は互いに **排反** である，または，互いに **排反事象** であるという。
確率の加法定理は，3 つ以上の排反事象に対しても，同じように成り立つ。
例えば，3 つの事象 A，B，C が互いに排反であるとき，3 つの事象のいずれかが起こる確率は $\boldsymbol{P(A\cup B\cup C)=P(A)+P(B)+P(C)}$ である。

4 一般の和事象の確率

2 つの事象 A，B について，次の等式が成り立つ。

$$\boldsymbol{P(A\cup B)=P(A)+P(B)-P(A\cap B)}$$

特に，A，B が互いに排反であるとき，$P(A\cap B)=0$ で，確率の加法定理が成り立つ。

補足　3 つの事象 A，B，C については，次の等式が成り立つ。

$$\boldsymbol{P(A\cup B\cup C)=P(A)+P(B)+P(C)-P(A\cap B)-P(B\cap C)-P(C\cap A)+P(A\cap B\cap C)}$$

これは，$p.275$ で示した，個数定理

$$n(A\cup B\cup C)=n(A)+n(B)+n(C)-n(A\cap B)-n(B\cap C)-n(C\cap A)+n(A\cap B\cap C)$$

の両辺を $n(U)$ で割ると，確率の定義により成り立つことがわかる。

5 余事象とその確率

① **余事象**

全事象を U とする。事象 A に対して，「A が起こらない」という事象を A の **余事象** といい，$\overline{A}$ で表す。

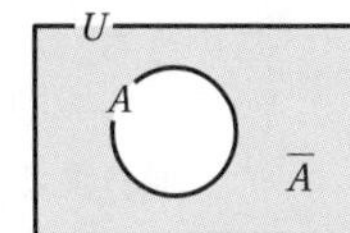

② **余事象と確率**

全事象 U の事象 A とその余事象 $\overline{A}$ について，次の等式が成り立つ。

$$\boldsymbol{P(A)+P(\overline{A})=1} \quad \text{すなわち} \quad \boldsymbol{P(\overline{A})=1-P(A)}$$

CHECK & CHECK

7 ①～⑤ の番号が 1 つずつ書かれた 5 個の玉が入った袋の中から，1 個の玉を取り出す試行において，偶数の玉が出る確率を求めよ。 ⟲ 2

8 2 個のさいころを同時に投げる試行において，「出る目の積が奇数になる」という事象を A，「出る目の積が 5 の倍数になる」という事象を B，「出る目の積が 12 の倍数になる」という事象を C とする。

(1) 事象 $A\cap B$ の要素をすべて書け。　(2) 確率 $P(A\cap B)$ を求めよ。
(3) 確率 $P(A\cup C)$ を求めよ。　(4) 確率 $P(A\cup B)$ を求めよ。

⟲ 1，2，3，4

9 1 から 50 までの番号の札から 1 枚引くとき，3 の倍数でない番号の札を引く確率を求めよ。 ⟲ 5

基本 例題 34 確率の基本

(1) 3 枚の硬貨を同時に投げるとき，2 枚は表，1 枚は裏が出る確率を求めよ。
(2) 3 個のさいころを同時に投げるとき，目の和が 5 になる確率を求めよ。

p. 312 基本事項 2

CHART & SOLUTION

確率 $\dfrac{a}{N}$ 根元事象に分けて，N と a を求める

確率の計算では，複数の **同じ形の硬貨やさいころであっても** 区別して考える。
N の計算 …… 目の出方は，(1) は 2^3 通り，(2) は 6^3 通り (重複順列)。
(1) 3 枚の硬貨を，例えば A，B，C と区別して，表，裏の出方を調べる。
(2) 3 個のさいころの目の数を x，y，z とするとき，$x+y+z=5$ となる組 $(x,\ y,\ z)$ が何通りあるのかを求める。

解答

(1) 起こりうるすべての場合の数は，3 枚の硬貨を同時に投げるときの表・裏の出方の総数であるから

2^3 通り

このうち，2 枚は表，1 枚は裏が出る場合は

(表，表，裏)，(表，裏，表)，(裏，表，表)

の 3 通りある。

よって，求める確率は $\dfrac{3}{2^3}=\mathbf{\dfrac{3}{8}}$

(2) 3 個のさいころを同時に投げるときの目の出方の総数は

6^3 通り

3 個のさいころの目の数を，x，y，z とする。
$x+y+z=5$ となる組 $(x,\ y,\ z)$ は

(1，1，3)，(1，2，2)，(1，3，1)，
(2，1，2)，(2，2，1)，(3，1，1)

の 6 通りある。

よって，求める確率は $\dfrac{6}{6^3}=\mathbf{\dfrac{1}{36}}$

⇐ 表・裏から重複を許して，3 個取る順列。

⇐ 3 枚の硬貨の表裏を (A，B，C) で表す。

⇐ $\dfrac{a}{N}$

inf. (2) 1 個のさいころを 3 回投げるときの確率として考えても同じこと。

⇐ (1，1，3)，(1，2，2) の 2 通りとするのは誤り。(右ページ参照)

⇐ $\dfrac{a}{N}$

PRACTICE 34❷

(1) 2 個のさいころを同時に投げるとき，2 個とも同じ目が出る確率と，2 個の目の和が奇数になる確率を，それぞれ求めよ。
(2) 2 個のさいころを同時に投げるとき，目の和が 10 以上になる確率を求めよ。

ピンポイント解説　「同様に確からしい」と根元事象の数え方

確率の考え方の基本に「同様に確からしい」ということがある。「同様に確からしい」とは，

どの場合が起こることも，同じ程度に期待できる

ということである。確率では，この「同様に確からしい」という考え方を前提として

見た目がまったく同じものでも区別して考える

ことがポイントになる。そこで，例題 34 とその解答をみてみよう。

例題 34 (1)　3 枚の硬貨を同時に投げるとき，2 枚は表，1 枚は裏が出る確率を求めよ。

〈答－1〉 すべての出方は (表，表，表)，(表，表，裏)，(表，裏，裏)，(裏，裏，裏) の 4 通り。

よって，求める確率は　$\boldsymbol{\frac{1}{4}}$　〈これは誤り！〉

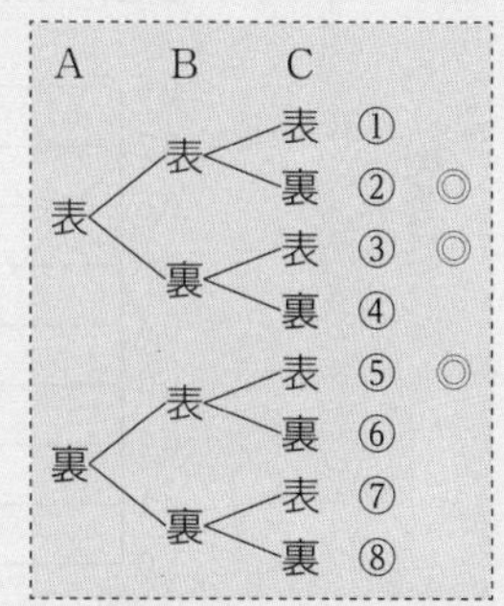

上の解答では，3 枚の硬貨の区別をせずに，すべての出方を 4 通りとしているが，3 枚の硬貨を A，B，C として区別すると，右の図のように表 2 枚，裏 1 枚の出方は ◎ の 3 通りあることがわかる。

〈答－1〉 の誤りは，(表，表，表) と (表，表，裏) が同じ程度に起こると考えている点である。右の図からわかるように，◎ の表 2 枚，裏 1 枚が出ることは，① の表 3 枚が出ることとは同じ程度に期待できない。つまり，**〈答－1〉** の (表，表，表)，(表，表，裏)，(表，裏，裏)，(裏，裏，裏) は **同様に確からしいとはいえない** のである。原因は「3 枚の硬貨」を **区別がつかないもの** として扱ったことにある。

よって，3 枚の硬貨がそれぞれ区別がつくものとして考えると，すべての出方は 8 通りで，このうち 2 枚は表，1 枚は裏が出るのは 3 通り (図の◎) であるから，求める確率は　$\boldsymbol{\frac{3}{8}}$

例題 34 (2)　3 個のさいころを同時に投げるとき，目の和が 5 になる確率を求めよ。

〈答－2〉 すべての目の和は，3 から 18 までの 16 通り。

目の和が 5 となるのは，(1，1，3)，(1，2，2) の 2 通り。

よって，求める確率は　$\frac{2}{16}=\boldsymbol{\frac{1}{8}}$　〈これは誤り！〉

〈答－2〉 の誤りも，さいころの目の和が 3 から 18 まで同じ程度に起こると考えている点である。

3 個のさいころを A，B，C として区別をすると，和が 3 となるのは，(A，B，C) が (1，1，1) の 1 通りであるが，和が 5 となるのは，右の図のように 6 通りある。このことからわかるように，和が 3 と和が 5 とでは同じ程度に期待できない。つまり，出た目の和が 3 から 18 までのそれぞれは，**同様に確からしいとはいえない** のである。

A	B	C	
1	1	3	①
	2	2	②
	3	1	③
2	1	2	④
	2	1	⑤
3	1	1	⑥

よって，3 個のさいころがそれぞれ区別がつくものとして考えると，すべての出方は 216 通りで，このうち和が 5 になるのは 6 通りであるから，求める確率は　$\frac{6}{216}=\boldsymbol{\frac{1}{36}}$

今後，ある事象が起こる確率を求めるときは，根元事象がすべて「同様に確からしい」かどうかを意識するようにしよう。

STEP UP 統計的確率

これまで学習してきた確率は，ある試行において1つの結果からなる根元事象がどれも同様に確からしい場合について考えてきた（これを **数学的確率** ということがある）。
しかし，実際の確率の問題では，同様に確からしいと考えられない場合もある。そのような場合の確率について考えてみよう。

下のグラフは，1枚の硬貨を繰り返し投げる試行において，表が出た割合，すなわち相対度数を示したものである。このグラフから，表が出た割合は，一定の値 0.5 とほぼ等しいとみなしてよいことがわかる。

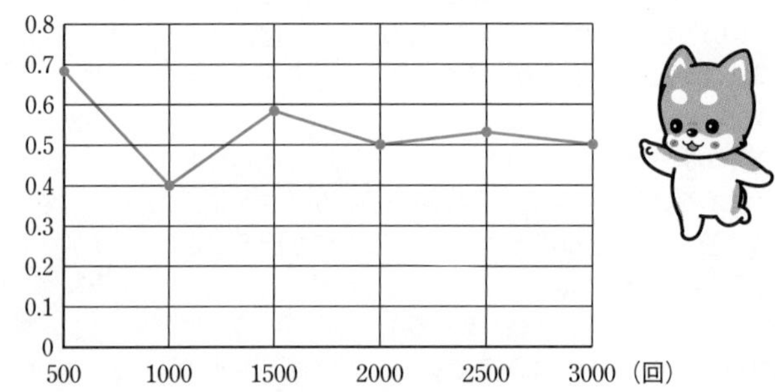

一般に，観察した資料の総数 N が十分大きいとき，事象を A の起こった度数 r を N で割った値（相対度数）$\dfrac{r}{N}$ が一定の値 p にほぼ等しいとみなされるとき，値 p を事象 A の **統計的確率** という。
つまり，硬貨を1回投げるとき表の出る統計的確率は 0.5，すなわち $\dfrac{1}{2}$ であるといえる。

例　右の表は，2009年から2018年までの日本の出生統計である。
出生児数に対する男児数の相対度数 $\dfrac{r}{N}$ の推移をみると，出生児が男児である統計的確率は 0.513 としてよいことがわかる。

年次	出生児数 N	男児数 r	$\dfrac{r}{N}$
2009	1,070,036	548,994	0.513
2010	1,071,305	550,743	0.514
2011	1,050,807	538,271	0.512
2012	1,037,232	531,781	0.513
2013	1,029,817	527,657	0.512
2014	1,003,609	515,572	0.514
2015	1,005,721	515,468	0.513
2016	977,242	502,012	0.514
2017	946,146	484,478	0.512
2018	918,400	470,851	0.513

基本 例題 35 順列と確率

男子 2 人，女子 4 人が次のように並ぶときの確率を求めよ。
(1) 6 人が 1 列に並ぶとき，男子 2 人が隣り合う確率
(2) 6 人が手をつないで輪を作るとき，男子 2 人が向かい合う確率

p. 312 基本事項 2，基本 12, 18

CHART & SOLUTION

確率の基本　N と a を求めて　$\frac{a}{N}$

場合の数 N や a の値を，**順列** の考え方で求める。
(1) まず，男子 2 人を **ひとまとめ (枠に入れる)** にして並べ方を考える。そして，**男子 2 人の並べ方 (枠の中で動かす)** を考える。
(2) 異なる n 個の円順列は　$(n-1)!$
向かい合う男子 2 人を固定 して考える。

解答

(1) 6 人が 1 列に並ぶ方法は　6! 通り　⇐ N
男子 2 人をまとめて 1 組と考えると，この 1 組と女子 4 人が並ぶ方法は　5! 通り　⇐ 例えば 女女女[男男]女 として，枠の中で動かす。
そのおのおのに対して，隣り合う男子 2 人の並び方は
2! 通り
よって，男子 2 人が隣り合う並び方は
5!×2! 通り　⇐ a
ゆえに，求める確率は　$\frac{5!\times2!}{6!}=\mathbf{\frac{1}{3}}$　⇐ $\frac{a}{N}$

(2) 6 人の円順列の総数は　$(6-1)!=5!$ (通り)　⇐ N
男子 2 人を 男$_1$，男$_2$ として，向かい合うように固定して考えると，女子 4 人の並び方は，4 人の順列となるから　⇐ 図のように，回転すると一致する並び方があるから，男子 2 人を固定して考える。

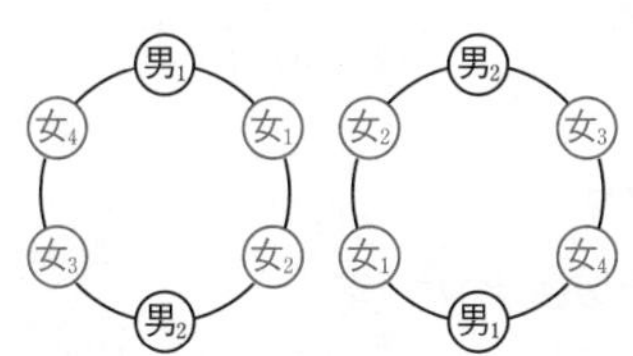

4! 通り　⇐ a
よって，求める確率は
$\frac{4!}{5!}=\mathbf{\frac{1}{5}}$　⇐ $\frac{a}{N}$

PRACTICE 35❷

男子 4 人，女子 3 人が次のように並ぶときの確率を求めよ。
(1) 7 人が 1 列に並ぶとき，女子 3 人が続けて並ぶ確率
(2) 7 人が手をつないで輪を作るとき，女子どうしが隣り合わない確率

2章 4 事象と確率，確率の基本性質

基本 例題 36 組合せと確率 ③

n は自然数とする。白玉が 5 個，赤玉が n 個入った袋の中から，玉を同時に 2 個取り出す。

(1) $n=3$ のとき，白玉と赤玉を 1 個ずつ取り出す確率を求めよ。

(2) 白玉を 2 個取り出す確率が $\frac{5}{18}$ のとき，n の値を求めよ。

p.312 基本事項 2，基本 23

CHART & SOLUTION

確率の基本 N と a を求めて $\frac{a}{N}$

場合の数 N や a の値を，**組合せ** の考え方で求める。

(1) 白玉 5 個，赤玉 3 個のすべてを区別し，異なる 8 個の玉から同時に 2 個取り出すと考えると，取り出し方は ${}_8C_2$ 通りある。この中で，白玉と赤玉を 1 個ずつ取り出す方法は ${}_5C_1\times{}_3C_1$ 通り。

(2) (1)と同様に考えると，**n についての方程式** ができるから，これを解けばよい。

解答

(1) 玉を同時に 2 個取り出す方法は　${}_8C_2$ 通り

白玉と赤玉を 1 個ずつ取り出す方法は　${}_5C_1\times{}_3C_1$ 通り

よって，求める確率は　$\frac{{}_5C_1\times{}_3C_1}{{}_8C_2}=\frac{5\times3}{28}=\mathbf{\frac{15}{28}}$

(2) 玉を同時に 2 個取り出す方法は

$${}_{n+5}C_2=\frac{(n+5)(n+4)}{2\cdot1}=\frac{1}{2}(n+5)(n+4)\ (\text{通り})$$

白玉を 2 個取り出す方法は　${}_5C_2=10$ (通り)

よって，白玉を 2 個取り出す確率は

$$\frac{10}{\frac{1}{2}(n+5)(n+4)}=\frac{20}{(n+5)(n+4)}$$

これが $\frac{5}{18}$ であるから　$\frac{20}{(n+5)(n+4)}=\frac{5}{18}$

整理すると　$(n+5)(n+4)=72$

ゆえに　$n^2+9n-52=0$　よって　$(n-4)(n+13)=0$

n は自然数であるから　$\mathbf{n=4}$

(1) 白玉 5 個に ①，②，③，④，⑤，赤玉 3 個に ①，②，③ と番号をつけると考える。

⇐ 玉の合計は $n+5$ 個。

⇐ N

⇐ a

⇐ $\frac{a}{N}$

⇐ n についての方程式。

PRACTICE 36③

n は自然数とする。白玉が n 個，赤玉が 6 個入った袋の中から，玉を同時に 2 個取り出す。

(1) $n=4$ のとき，白玉と赤玉を 1 個ずつ取り出す確率を求めよ。

(2) 赤玉を 2 個取り出す確率が $\frac{5}{12}$ のとき，n の値を求めよ。

基本 例題 37 じゃんけんの確率 (1)

(1) 2人でじゃんけんを1回するとき，勝負が決まる確率を求めよ。
(2) 3人でじゃんけんを1回するとき，ただ1人の勝者が決まる確率を求めよ。
(3) 3人でじゃんけんを1回するとき，あいこになる確率を求めよ。

p.312 基本事項 2

CHART & SOLUTION

じゃんけんの確率
勝つ人の手が決まれば，負ける人の手が決まる

(2) 誰が ただ1人の勝者か …… 3人から1人を選ぶから　3通り
どの手 で勝つか …… 「グー」「チョキ」「パー」の3通り
(3) あいこ になる …… 「3人とも同じ手」か「3人とも異なる手」の場合がある。

解答

(1) 2人の手の出し方の総数は　$3^2=9$ (通り)
1回で勝負が決まる場合，勝者の決まり方は　2通り
そのおのおのに対して，勝ち方がグー，チョキ，パーの3通りずつある。
よって，求める確率は　$\frac{2\times3}{9}=\boldsymbol{\frac{2}{3}}$

⇐1人の手の出し方は3通り，2人でじゃんけんをするから
3×3 通り

(2) 3人の手の出し方の総数は　$3^3=27$ (通り)
1回で勝負が決まる場合，勝者の決まり方は
$_3C_1=3$ (通り)
そのおのおのに対して，勝ち方がグー，チョキ，パーの3通りずつある。
よって，求める確率は　$\frac{3\times3}{27}=\boldsymbol{\frac{1}{3}}$

⇐1人の手の出し方は3通り，3人でじゃんけんをするから
$3\times3\times3$ 通り

(3) 3人の手の出し方の総数は　$3^3=27$ (通り)
あいこになる場合は，次の [1]，[2] のいずれかである。
[1] 3人が同じ手を出したとき
グー，チョキ，パーの3通りある。
[2] 3人がすべて異なる手を出したとき
3人が出した手はグー，チョキ，パーであるから，出した人を区別すると，3! 通りの出し方がある。
よって，求める確率は　$\frac{3+3!}{27}=\boldsymbol{\frac{1}{3}}$

[2] 3人をA，B，Cとすると

グー	チョキ	パー
A	B	C
A	C	B
B	A	C
B	C	A
C	A	B
C	B	A

PRACTICE 37❷

(1) 3人でじゃんけんを1回するとき，ちょうど2人の勝者が決まる確率を求めよ。
(2) 3人でじゃんけんを1回するとき，特定の1人だけが負ける確率を求めよ。

基本 例題 38 確率の加法定理（順列）

20 本のくじの中に当たりくじが 5 本ある。このくじを a，b 2 人がこの順に，1 本ずつ 1 回だけ引くとき，a，b それぞれの当たる確率を求めよ。ただし，引いたくじはもとに戻さないものとする。

p. 312 基本事項 3

CHART & SOLUTION

確率 $P(A\cup B)$　A，B が排反なら　$P(A)+P(B)$

b が当たる場合は，次の 2 つの事象に分かれる。

A：a が当たり，b も当たる　　B：a がはずれ，b は当たる

よって，事象 A，B の関係（$A\cap B=\varnothing$ かどうか）に注目する。

解答

a が当たる確率は　$\dfrac{5}{20}=\mathbf{\dfrac{1}{4}}$

⇐ $\dfrac{{}_5P_1}{{}_{20}P_1}$

次に，a，b 2 人がこの順にくじを 1 本ずつ引くとき，起こりうるすべての場合の数は　${}_{20}P_2=380$（通り）

⇐ 2 本のくじを取り出して，a，b の前に並べる場合の数。

このうち，b が当たる場合の数は

A：a が当たり，b も当たる場合　${}_5P_2=20$（通り）

B：a がはずれ，b が当たる場合　$15\times5=75$（通り）

A，B は互いに排反であるから，確率の加法定理により，

b が当たる確率は

$$P(A\cup B)=P(A)+P(B)=\frac{20}{380}+\frac{75}{380}=\frac{95}{380}=\mathbf{\frac{1}{4}}$$

⇐ 事象 A，B は同時に起こらない。

INFORMATION　当たりくじを引く確率は同じ

上の例題において，1 本目が当たる確率と 2 本目が当たる確率はともに $\dfrac{1}{4}$ で等しい。

一般に，当たりくじを引く確率は，引く順番に関係なく一定である。

また，引いたくじをもとに戻すものとすると，1 本目が当たる確率と 2 本目が当たる確率はともに $\dfrac{1}{4}$ である。したがって

当たりくじを引く確率は，引く順，もとに戻す，もとに戻さないに関係なく等しい。

PRACTICE 38❷

20 本のくじの中に当たりくじが 4 本ある。このくじを a，b，c 3 人がこの順に，1 本ずつ 1 回だけ引くとき，次の確率を求めよ。ただし，引いたくじはもとに戻さないものとする。

(1)　a が当たり，c も当たる確率　　(2)　a がはずれ，c が当たる確率

基本 例題 39 確率の加法定理(組合せ)

袋の中に白玉4個，赤玉5個が入っている。玉を同時に5個取り出すとき
(1) 白玉が2個，赤玉が3個出る確率を求めよ。
(2) 同じ色の玉が2個出る確率を求めよ。

p.312 基本事項 3

CHART & SOLUTION

確率 $P(A\cup B)$　A，B が排反なら　$P(A)+P(B)$

(2) (1)の場合か，または「白玉が3個，赤玉が2個出る」場合の確率である。これらの場合の関係(互いに排反であるかどうか)について注目する。

解答

9個の中から5個を取り出す方法は　${}_9\mathrm{C}_5=126$ (通り)

← 白玉4個と赤玉5個を合わせると9個。

(1) 白玉2個と赤玉3個を取り出す方法は

$${}_4\mathrm{C}_2\times{}_5\mathrm{C}_3=6\times10=60 \text{ (通り)}$$

よって，求める確率は　$\dfrac{60}{126}=\boldsymbol{\dfrac{10}{21}}$

(2) 同じ色の玉が2個出るという事象は，2つの事象

A：白玉が2個，赤玉が3個
B：白玉が3個，赤玉が2個

の和事象であり，これらは互いに排反である。

Aが起こる確率は，(1)から　$P(A)=\dfrac{60}{126}$

Bが起こる確率は　$P(B)=\dfrac{{}_4\mathrm{C}_3\times{}_5\mathrm{C}_2}{126}=\dfrac{4\times10}{126}=\dfrac{40}{126}$

よって，求める確率は，確率の加法定理により

$$P(A\cup B)=P(A)+P(B)=\frac{60}{126}+\frac{40}{126}=\frac{100}{126}=\boldsymbol{\frac{50}{63}}$$

← 約分しないのは，加法定理を使うときに分母がそろっていると計算しやすいため。このように，確率の計算では，最後に約分するとよい場合もある。

INFORMATION — 同時に取り出す確率と1個ずつ取り出す確率

上の例題では，「同時に5個取り出す」ときの確率であるが，「1個ずつ取り出し，取り出した玉は袋に戻さない」ときの確率としても，求める確率は同じである。
例えば，(1)において，起こりうるすべての場合の数Nは　$N={}_9\mathrm{P}_5={}_9\mathrm{C}_5\times5!$
白玉が2個，赤玉が3個出る場合の数aは　$a={}_4\mathrm{C}_2\times{}_5\mathrm{C}_3\times5!$
したがって　$\dfrac{a}{N}=\dfrac{{}_4\mathrm{C}_2\times{}_5\mathrm{C}_3}{{}_9\mathrm{C}_5}=\dfrac{6\times10}{126}=\dfrac{10}{21}$

PRACTICE 39❷

1から9までの番号を書いた札が1枚ずつ合計9枚ある。
この中から3枚取り出すとき，札の番号がすべて奇数である確率は ア□ である。
また，3枚の札の番号の和が奇数となる確率は イ□ である。

基本 例題 40 一般の和事象の確率

1 から 9 までの番号札が各数字 3 枚ずつ計 27 枚ある。札をよくかき混ぜてから 2 枚取り出すとき，次の確率を求めよ。

(1) 2 枚が同じ数字である確率

(2) 2 枚が同じ数字であるか，2 枚の数字の和が 5 以下である確率

p. 313 基本事項 4

CHART & SOLUTION

一般の和事象の確率

$$P(A\cup B)=P(A)+P(B)-P(A\cap B)$$

(2) 2 枚が同じ数字であるという事象を A，2 枚の数字の和が 5 以下であるという事象を B とすると，A と B は互いに排反ではない。
事象 $A\cap B$ が起こるのは，2 数の組が (1, 1), (2, 2) のときである。

解答

27 枚の札の中から 2 枚の札を取り出す方法は

$${}_{27}C_2=351 \text{（通り）}$$

⇦ $n(U)$

(1) 2 枚の札が同じ数字であるという事象を A とする。
取り出した 2 枚が同じ数字であるのは，同じ数字の 3 枚から 2 枚を取り出すときであるから，その場合の数は

$$9\times{}_3C_2=27 \text{（通り）}$$

⇦ 同じ数字となる数字は 1 ～ 9 の 9 通り。

よって，求める確率 $P(A)$ は　$P(A)=\dfrac{27}{351}=\boldsymbol{\dfrac{1}{13}}$

(2) 2 枚の札の数字の和が 5 以下であるという事象を B とする。
2 枚の数字の和が 5 以下である数の組は，次の 6 通りである。

$\{1, 1\}$, $\{1, 2\}$, $\{1, 3\}$, $\{1, 4\}$, $\{2, 2\}$, $\{2, 3\}$

ゆえに，その場合の数は

$$2\times{}_3C_2+4\times{}_3C_1\times{}_3C_1=42 \text{（通り）}$$

⇦ $\{1, 1\}$, $\{2, 2\}$ がそれぞれ ${}_3C_2$ 通り。残り 4 つの場合がそれぞれ ${}_3C_1\times{}_3C_1$ 通り。

また，2 枚が同じ数字で，かつ 2 枚の数字の和が 5 以下であるような数の組は $\{1, 1\}$, $\{2, 2\}$ だけであるから

$$n(A\cap B)=2\times{}_3C_2=6 \text{（通り）}$$

よって，求める確率 $P(A\cup B)$ は

$$P(A\cup B)=P(A)+P(B)-P(A\cap B)$$
$$=\frac{27}{351}+\frac{42}{351}-\frac{6}{351}=\frac{63}{351}=\boldsymbol{\frac{7}{39}}$$

⇦ $P(A\cap B)=\dfrac{n(A\cap B)}{n(U)}$

PRACTICE 40②

2 個のさいころを同時に投げるとき，出る目の最小値が 3 となるか，または，出る目の最大値が 4 となる確率を求めよ。

基本 例題 41 余事象の確率の利用

(1) 15 個の電球の中に 3 個の不良品が入っている。この中から同時に 3 個の電球を取り出すとき，少なくとも 1 個の不良品が含まれる確率を求めよ。

(2) さいころを 3 回投げて，出た目の数全部の和を X とする。このとき，$X>4$ となる確率を求めよ。

p. 313 基本事項 5

CHART & SOLUTION

「少なくとも～である」,「～でない」には 余事象の確率 ……❶

(1) 「**少なくとも** 1 個の不良品が含まれる」の余事象は「3 個とも不良品 **でない**」である。

(2) 「$X>4$」の場合の数は求めにくい。そこで，余事象を考える。「$X>4$」の余事象は「$X\leqq 4$」であり，X はさいころの出た目の和であるから，$X=3$，4 の場合の数を考える。

解答

(1) 15 個の電球から 3 個を取り出す方法は　${}_{15}C_3$ 通り

A：「少なくとも 1 個の不良品が含まれる」とすると，余事象 $\overline{A}$ は「3 個とも不良品でない」であるから，その確率は

$$P(\overline{A})=\frac{{}_{12}C_3}{{}_{15}C_3}=\frac{44}{91}$$

⇐ $\dfrac{\dfrac{12\cdot 11\cdot 10}{3\cdot 2\cdot 1}}{\dfrac{15\cdot 14\cdot 13}{3\cdot 2\cdot 1}}$

よって，求める確率は

❶ $$P(A)=1-P(\overline{A})=1-\frac{44}{91}=\mathbf{\frac{47}{91}}$$

⇐ 余事象の確率。

(2) A：「$X>4$」とすると，余事象 $\overline{A}$ は「$X\leqq 4$」である。

⇐「$X>4$」の余事象を「$X<4$」と間違えないように注意。

[1] $X=3$ となる目の出方は (1, 1, 1) の　1 通り

[2] $X=4$ となる目の出方は

(1, 1, 2), (1, 2, 1), (2, 1, 1) の　3 通り

目の出方は全部で 6^3 通りあるから，[1]，[2] より

$$P(\overline{A})=\frac{1}{6^3}+\frac{3}{6^3}=\frac{4}{6^3}=\frac{1}{54}$$

⇐ 事象 [1]，[2] は排反。

よって，求める確率は

❶ $$P(A)=1-P(\overline{A})=1-\frac{1}{54}=\mathbf{\frac{53}{54}}$$

⇐ 余事象の確率。

PRACTICE 41❷

(1) 10 本のうち当たりが 3 本入ったくじから同時に 2 本引くとき，少なくとも 1 本は当たりくじを引く確率を求めよ。

(2) 2 個のさいころを同時に投げるとき，出た目の数の積が 24 以下になる確率を求めよ。

2章 4 事象と確率，確率の基本性質

振り返り　余事象の確率を使う場面について

どのようなときに余事象の確率を使えばいいのかわかりません。

まず，**基本例題 41** (1) について詳しく見ていこう。

15 個の電球から 3 個を取り出す方法は　$_{15}C_3$ 通り

3 個の不良品が入っている 15 個の電球の中から，同時に 3 個の電球を取り出すとき，次の [1]～[4] の場合がある。

[1]　1 個も不良品が含まれない取り出し方は　$_{12}C_3$ 通り

[2]　1 個不良品が含まれる取り出し方は　$_3C_1\times{}_{12}C_2$ 通り

[3]　2 個不良品が含まれる取り出し方は　$_3C_2\times{}_{12}C_1$ 通り

[4]　すべてが不良品である取り出し方は　$_3C_3$ 通り

少なくとも 1 個の不良品が含まれる場合は [2]，[3]，[4] のときであり，これらは互いに排反であるから，その確率は　$\dfrac{_3C_1\times{}_{12}C_2}{_{15}C_3}+\dfrac{_3C_2\times{}_{12}C_1}{_{15}C_3}+\dfrac{_3C_3}{_{15}C_3}=\mathbf{\dfrac{47}{91}}$

このように直接計算すると大変である。

上の [1]～[4] がこの問題の全事象であり，少なくとも 1 個の不良品が含まれる事象を A ([2]～[4] の場合) とすると，不良品を 1 個も含まない事象 ([1] の場合) は $\overline{A}$ となる。

余事象の確率 $P(A)=1-P(\overline{A})$ を使った場合の計算は　$1-\dfrac{_{12}C_3}{_{15}C_3}=1-\dfrac{44}{91}=\mathbf{\dfrac{47}{91}}$

となり，計算量はかなり少なくなる。

次に，**基本例題 37** (3) を考えてみよう。じゃんけんの確率の問題でも，余事象を利用すると確率が求めやすい場合がある。

3 人でじゃんけんを 1 回するとき，あいこにならないのは，3 人の出した手が 2 種類であるときである。

⇐ 勝負がつくということ。

3 人が 2 種類の手を出すとき，出ない手はグー，チョキ，パーの 3 通りである。

3 人の手の出し方が 2^3-2 (通り) であるから，求める確率は

$$1-\frac{3\times(2^3-2)}{3^3}=\mathbf{\frac{1}{3}}$$

⇐ 例えば，グーとパーの 2 種類の場合，2^3 通りの中には，全員グーまたはパーの 2 通りを含んでいる。

この考え方は，人数が増えた場合にも利用できる。

n は $n\geqq2$ である整数として，n 人でじゃんけんをした場合のあいこになる確率は

$$1-\frac{3\times(2^n-2)}{3^n}=1-\frac{2^n-2}{3^{n-1}}$$

確率を求める場合，問題文に「**少なくとも**」や「**～でない**」があれば，余事象の確率を利用した方が求めやすいことはわかったと思います。また，じゃんけんの問題では，求める事象の余事象を考えることによって，確率の計算がらくになりました。次の例題も余事象の確率がポイントになりそうですね。

重要 例題 42　さいころの出る目の最小値

1 個のさいころを繰り返し 3 回投げるとき，次の確率を求めよ。
(1)　目の最小値が 2 以下である確率
(2)　目の最小値が 2 である確率

p. 313 基本事項 5

CHART & THINKING

「～以上」，「～以下」には　余事象の確率 ……!

(1)　最小値が 2 以下となるのはどのような場合があるかを調べてみよう。
2 以下の目が 1 回，2 回，3 回出る場合の確率を考え，それらの和を求めればよいのだが，
実際に計算すると，$\dfrac{{}_3C_1\times2\times4^2+{}_3C_2\times2^2\times4+2^3}{6^3}$ となり，計算が大変。
問題文は「3 回のうち **少なくとも** 1 回は 2 以下の目が出ればよい」といい換えることができるから，余事象の確率が利用できそうだと考えるとよい。

(2)　最小値が 2 となるのはどのようなときだろうか？
出る目がすべて 2 以上ならよいのだろうか？
右の図のように，出る目がすべて 2 以上，すなわち最小値が 2 以上の場合には，最小値が 2 でない場合が含まれていることがわかる。
3 回のうち **少なくとも** 1 回は 2 の目が出なければならないから，余事象の確率が利用できないだろうか？

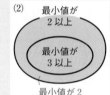

(2)
最小値が 2 以上
最小値が 3 以上
最小値が 2

解答

1 個のさいころを繰り返し 3 回投げるとき，目の出方は
6^3 通り

inf. 「3 個のさいころを同時に投げる」ときの確率と考えても同じこと。

(1)　A:「目の最小値が 2 以下」とすると，余事象 $\overline{A}$ は「目の最小値が 3 以上」であるから，$\overline{A}$ の起こる確率は

$$P(\overline{A})=\frac{4^3}{6^3}=\left(\frac{4}{6}\right)^3=\frac{8}{27}$$

⇐ 3 以上の目は，3，4，5，6 の 4 通り。

よって，求める確率は

! $$P(A)=1-P(\overline{A})=1-\frac{8}{27}=\boldsymbol{\frac{19}{27}}$$

(2)　目の最小値が 2 以上である確率は　$\dfrac{5^3}{6^3}=\dfrac{125}{216}$

⇐ 3 回とも 2 以上 6 以下の目が出る確率。

よって，(1) から，求める確率は

! $$\frac{125}{216}-\frac{8}{27}=\boldsymbol{\frac{61}{216}}$$

⇐ (最小値が 2 以上の確率) −(最小値が 3 以上の確率)

PRACTICE 42③

1 個のさいころを繰り返し 3 回投げるとき，次の確率を求めよ。
(1)　目の最大値が 6 である確率　　(2)　目の最大値が 4 である確率

重要 例題 43 和事象・余事象の利用 ④

カードが7枚ある。4枚にはそれぞれ赤色で1，2，3，4の数字が，残りの3枚にはそれぞれ黒色で0，1，2の数字が1つずつ書かれている。
これらのカードをよく混ぜてから横に1列に並べたとき
(1) 赤，黒2色が交互に並んでいる確率を求めよ。
(2) 同じ数字はすべて隣り合っている確率を求めよ。
(3) 同じ数字はどれも隣り合っていない確率を求めよ。 〔関西大〕 基本12

CHART & SOLUTION

「どれも〜でない」には　ド・モルガンの法則の利用

(3) A：赤1，黒1が隣り合う，B：赤2，黒2が隣り合う　として，$n(\overline{A}\cap\overline{B})$ を求める。
その際，(2)と次の関係を利用。

$$n(\overline{A}\cap\overline{B})=n(\overline{A\cup B})=n(U)-n(A\cup B)$$
$$=n(U)-\{n(A)+n(B)-n(A\cap B)\}$$

解答

7枚のカードを1列に並べる方法は　$7!$ 通り

(1) 赤，黒のカードを交互に並べる方法は　$4!\times3!$ 通り

よって，求める確率は　$\dfrac{4!\times3!}{7!}=\dfrac{3\cdot2\cdot1}{7\cdot6\cdot5}=\mathbf{\dfrac{1}{35}}$

(2) 赤の1と黒の1，赤の2と黒の2がいずれも隣り合う並べ方は $5!\times2!\times2!$ 通り であるから，求める確率は

$$\frac{5!\times2!\times2!}{7!}=\frac{2\cdot1\times2\cdot1}{7\cdot6}=\mathbf{\frac{2}{21}}$$

(3) 全事象を U，赤の1と黒の1が隣り合うという事象を A，赤の2と黒の2が隣り合うという事象を B とする。

$$n(\overline{A}\cap\overline{B})=n(\overline{A\cup B})=n(U)-n(A\cup B)$$
$$=n(U)-\{n(A)+n(B)-n(A\cap B)\}$$

ここで　$n(A)=n(B)=6!\times2!$

また，(2)から　$n(A\cap B)=5!\times2!\times2!$

ゆえに　$n(\overline{A}\cap\overline{B})=7!-(2\times6!\times2!-5!\times2!\times2!)$
$=22\cdot5!$

よって，求める確率は　$\dfrac{n(\overline{A}\cap\overline{B})}{n(U)}=\dfrac{22\cdot5!}{7!}=\mathbf{\dfrac{11}{21}}$

(1) 赤のカード4枚の間の3個の場所に黒のカードを並べる。
$4!\times3!$ は**積の法則**。

(2) 同じ数字は1と2のみ。
隣接するものは先に枠に入れて，枠の中で動かす。

⇐ ド・モルガンの法則
$\overline{A}\cap\overline{B}=\overline{A\cup B}$

⇐ $7!=42\cdot5!$
$2\times6!\times2!=24\cdot5!$
$5!\times2!\times2!=4\cdot5!$

PRACTICE 43④

1から200までの整数が1つずつ記入された200本のくじがある。これから1本を引くとき，それに記入された数が2の倍数でもなく，3の倍数でもない確率を求めよ。
〔岡山大〕

EXERCISES　4 事象と確率，確率の基本性質

A

26❷ (1) 1，2，3 の 3 種類の数字から重複を許して 3 つ選ぶ。選ばれた数の和が 3 の倍数となる組合せをすべて求めよ。

(2) 1 の数字を書いたカードを 3 枚，2 の数字を書いたカードを 3 枚，3 の数字を書いたカードを 3 枚，計 9 枚用意する。この中から無作為に，一度に 3 枚のカードを選んだとき，カードに書かれた数の和が 3 の倍数となる確率を求めよ。〔神戸大〕

→34

27❸ 9 枚のカードがあり，そのおのおのには I，I，D，A，I，G，A，K，U という文字が 1 つずつ書かれている。これら 9 枚のカードをよく混ぜて横 1 列に並べる。D，G，K，U のカードだけを見たとき，左から右へこの順序で並んでいる確率は ア［　］である。また，I のカードが 3 枚続いて並ぶ確率は イ［　］である。〔関西大〕

→27, 35

28❸ 6 本のくじのうち 1 本だけ当たりくじがある。このくじを続けて 1 本ずつ引くとき，3 回以内に当たる確率を求めよ。ただし，引いたくじはもとに戻さないものとする。

→38

29❷ A の袋には赤球 6 個と白球 4 個が，B の袋には赤球 4 個と白球 6 個が入っている。A，B の袋から，それぞれ任意に 2 個の球を同時に取り出すとき，取り出された 4 個がすべて同じ色である確率を求めよ。〔鶴見大〕

→39

30❸ 5 人で 1 回じゃんけんをする。このとき，1 人だけが勝つ確率は ア［　］であり，ちょうど 3 人が勝つ確率は イ［　］である。また，勝者も敗者も出ない確率は ウ［　］である。

→41

31❸ 1000 から 9999 までの 4 桁の整数の中から，その 1 つを無作為に選んだとき，同じ数字が 2 つ以上現れる確率を求めよ。〔立教大〕

→41

32❸ 大・中・小 3 個のさいころを同時に投げて，出た目の数をそれぞれ a，b，c とする。このとき，次の問いに答えよ。

(1) $\dfrac{1}{a}+\dfrac{1}{b}\geqq 1$ となる確率を求めよ。

(2) $\dfrac{1}{a}+\dfrac{1}{b}\geqq \dfrac{1}{c}$ となる確率を求めよ。〔滋賀大〕

EXERCISES　4 事象と確率，確率の基本性質

B

33④ 赤玉 2 個，白玉 2 個を円周上に並べるとき，同じ色の玉が隣り合わない確率は ア［　　］である。また，赤玉 2 個，白玉 2 個，青玉 2 個を円周上に並べるとき，同じ色の玉が隣り合わない確率は イ［　　］である。〔昭和女子大〕

→ 35

34③ 1 から 20 までの整数が 1 つずつ書かれた 20 枚のカードがある。

(1) 2 枚のカードを同時に取り出すとき，取り出した 2 枚のカードの整数の和が 3 の倍数になる確率を求めよ。

(2) 17 枚のカードを同時に取り出すとき，取り出した 17 枚のカードの整数の和が 3 の倍数になる確率を求めよ。〔鳥取大〕

→ 36

35④ 2 個のさいころを同時に投げて，出る 2 つの目の数のうち，小さい方（両者が等しいときはその数）を X，大きい方（両者が等しいときはその数）を Y とする。定数 a が 1 から 6 までのある整数とするとき，次のようになる確率を求めよ。

(1) $X>a$　　(2) $X \leqq a$

(3) $X=a$　　(4) $Y=a$　〔類 関西大〕

→ 42

36④ 3 個のさいころを同時に投げる。

(1) 3 個のうち，いずれか 2 個のさいころの目の和が 5 になる確率を求めよ。

(2) 3 個のうち，いずれか 2 個のさいころの目の和が 10 になる確率を求めよ。

(3) どの 2 個のさいころの目の和も 5 の倍数でない確率を求めよ。

→ 43

HINT

33 (ア) 赤玉 2 個を区別し，白玉 2 個も区別する。
(イ) まず 1 色（2 個）を除いて並べ，あとから除いた 1 色を入れると考えやすい。

34 (2) 取り出さない残りの 3 枚について考える。

35 (2) (1) の余事象の確率である。
(3) $X=a$ となるのは $X \leqq a$ の場合から $X \leqq a-1$ となる場合を除いたもの。
(4) (3) と同様に考える。

36 (1) は「1 と 4」または「2 と 3」の目を，(2) は「4 と 6」または「5 と 5」の目を含む場合を考える。
(3) (1)，(2) の結果を利用して，余事象の確率を考える。

5 独立な試行・反復試行の確率

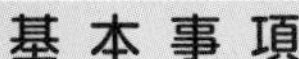

基本事項

1 独立な試行の確率

いくつかの試行において，どの試行の結果も他の試行の結果に影響を与えないとき，これらの試行は **独立** であるという。また，いくつかの独立な試行を同時に行うとか，あるいは続けて行うというように，これらの試行をまとめた試行を **独立試行** という。

2つの試行SとTが独立であるとき，Sで事象 A が起こり，かつTで事象 B が起こる確率を p とすると

$$\boldsymbol{p=P(A)\times P(B)}$$

独立な3つ以上の試行についても，同様の等式が成り立つ。

例　A，Bの2人がさいころを投げるとする。Aが1個のさいころを投げる試行とBが1個のさいころを投げる試行は独立であるから，例えば「Aは1の目が出て，Bは5以上の目が出る」という事象の確率は

$$\frac{1}{6}\times\frac{2}{6}=\frac{1}{18}$$

⇦「5以上の目」は，5，6の2通り。

2 反復試行の確率

同じ条件のもとでの試行の繰り返しを **反復試行** という。1つの試行を何回か繰り返すとき，これらの試行は互いに独立である。

1回の試行で事象 A の起こる確率を p とする。この試行を n 回行う反復試行で，A がちょうど r 回起こる確率は

$$\boldsymbol{{}_n\mathrm{C}_r p^r(1-p)^{n-r}}$$

注意　① p と $1-p$ の和は1，r と $n-r$ の和は n になる。$1-p$ は A が起こらない（すなわち $\overline{A}$ が起こる）確率を表し，$n-r$ は A が起こらない（すなわち $\overline{A}$ が起こる）回数を表す。

② $a>0$ のとき，$\boldsymbol{a^0=1}$ と定める。　${}_n\mathrm{C}_0p^0(1-p)^n=(1-p)^n$，${}_n\mathrm{C}_np^n(1-p)^0=p^n$

CHECK & CHECK

10　1個のさいころを，2回続けて投げる試行において，1回目は偶数の目が出て，2回目は4以下の目が出る確率を求めよ。 ⟲ 1

11　正しいものには○印を，正しくないものには×印をつける，○×式の問題が6題ある。この問題において，○印と×印をでたらめにつけるとき

(1)　3題だけ正解する確率を求めよ。

(2)　5題以上正解する確率を求めよ。 ⟲ 2

基本 例題 44 独立な試行の確率

(1) 1個のさいころと1枚の硬貨を同時に投げるとき，さいころは4以下の目が出て，硬貨は表が出る確率を求めよ。

(2) Aの袋には白玉6個，黒玉4個，また，Bの袋には白玉8個，黒玉2個が入っている。Aの袋から3個，Bの袋から2個の玉を取り出すとき，全部白玉である確率を求めよ。

p.329 基本事項 1

CHART & SOLUTION

独立な試行の確率

1 各試行が独立であるかどうかの確認

2 独立なら 積を計算

(1) Sは1個のさいころを投げる試行，Tは1枚の硬貨を投げる試行とすると，試行S，Tは **独立**。各試行での題意の事象が起こる確率を求めて掛ける。

(2) SはAの袋から3個の玉を取り出す試行，TはBの袋から2個の玉を取り出す試行とすると，試行S，Tは **独立**。(1)と同様に，それぞれの確率を求めて掛ける。

解答

(1) さいころを投げたとき4以下の目が出る確率は $\frac{4}{6}=\frac{2}{3}$ ⇐ 1, 2, 3, 4 の4通り。

硬貨を投げたとき表が出る確率は $\frac{1}{2}$

1個のさいころを投げる試行と1枚の硬貨を投げる試行は独立であるから，求める確率は $\frac{2}{3}\times\frac{1}{2}=\mathbf{\frac{1}{3}}$ ⇐ 独立なら積を計算

(2) Aの袋から白玉を3個取り出す確率は $\frac{{}_6C_3}{{}_{10}C_3}=\frac{1}{6}$ ⇐ 玉はすべて区別して考える。

Bの袋から白玉を2個取り出す確率は $\frac{{}_8C_2}{{}_{10}C_2}=\frac{28}{45}$

玉をAの袋から3個取り出す試行とBの袋から2個取り出す試行は独立であるから，求める確率は $\frac{1}{6}\times\frac{28}{45}=\mathbf{\frac{14}{135}}$ ⇐ 独立なら積を計算

PRACTICE 44②

(1) 1個のさいころと1枚の硬貨を同時に投げるとき，さいころは5以上の目が出て，硬貨は裏が出る確率を求めよ。

(2) 赤玉4個，白玉2個が入っている袋から，1個取り出し色を見てもとに戻し，更に1個取り出して色を見る。次の確率を求めよ。

(ア) 白玉，赤玉の順に取り出される確率

(イ) 取り出した2個がともに赤玉となる確率

基本 例題 45 独立な試行の確率と加法定理 ①①①①①

3 人の受験生 A, B, C がいる。おのおのの志望校に合格する確率を，それぞれ $\frac{4}{5}$, $\frac{3}{4}$, $\frac{2}{3}$ とするとき，次の確率を求めよ。

(1) 3 人とも合格する確率　　(2) 2 人だけ合格する確率

p.329 基本事項 1

CHART & SOLUTION

独立な試行と排反事象　独立なら 積を計算　排反なら 和を計算

A, B, C がそれぞれ志望校を受ける試行は **独立** である。

(2) 2 人だけ合格するには 3 つの場合があるので，それらが互いに **排反** かどうかを確認する。

解答

(1) A, B, C がそれぞれ志望校を受けることは，互いに独立であるから　$\frac{4}{5}\times\frac{3}{4}\times\frac{2}{3}=\mathbf{\frac{2}{5}}$

(2) 2 人だけが合格となるには

[1] A, B が合格で，C が不合格

[2] A, C が合格で，B が不合格

[3] B, C が合格で，A が不合格　　の場合がある。

[1], [2], [3] は互いに排反であるから，求める確率は

$\frac{4}{5}\times\frac{3}{4}\times\left(1-\frac{2}{3}\right)+\frac{4}{5}\times\left(1-\frac{3}{4}\right)\times\frac{2}{3}+\left(1-\frac{4}{5}\right)\times\frac{3}{4}\times\frac{2}{3}=\mathbf{\frac{13}{30}}$

⇐ 確率の加法定理。

inf. **独立と排反の比較**
試行 S, T が **独立**
… S, T が互いの結果に影響を与えない。
事象 A, B が **排反**
… A, B が決して同時に起こらない。

ピンポイント解説　独立と排反，求めた確率の計算

例題 45 (2) の「2 人だけ合格する」という事象は，合格を○，不合格を×とすると，右の [1], [2], [3] の場合がある。
A, B, C がそれぞれ志望校を受ける試行は独立であるから，それぞれの確率の積を求める。
また，[1], [2], [3] は互いに排反であるから，(2) の確率は [1]～[3] で求めた確率の和となる。

	A	B	C	確率
[1]	○	○	×	$\frac{4}{5}\times\frac{3}{4}\times\left(1-\frac{2}{3}\right)$
				+(和)
[2]	○	×	○	$\frac{4}{5}\times\left(1-\frac{3}{4}\right)\times\frac{2}{3}$
				+(和)
[3]	×	○	○	$\left(1-\frac{4}{5}\right)\times\frac{3}{4}\times\frac{2}{3}$

PRACTICE 45②

A, B, C の 3 人がある大学の入学試験を受けるとき，A, B, C の合格する確率はそれぞれ $\frac{3}{4}$, $\frac{2}{3}$, $\frac{2}{5}$ である。このとき，次の確率を求めよ。

(1) Aだけが合格する確率　　(2) Aを含めた 2 人だけが合格する確率

(3) 少なくとも 1 人が合格する確率

基本 例題 46 連続して硬貨の表が出る確率

次の確率を求めよ。

(1) 1枚の硬貨を4回投げたとき，表が続けて2回以上出る確率

(2) 1枚の硬貨を5回投げたとき，表が続けて2回以上出ることがない確率

p.329 基本事項 1

CHART & SOLUTION

3つ以上の独立な試行 ((1)は4つ (2)は5つ の独立な試行) の問題でも，
独立なら 積を計算 が適用できる。また，「続けて～回以上出る確率」の問題では，各回の結果を記号 (○や×) で表して場合分けをすると見通しがよい。

(1) 何回目から表が続けて出るかで場合分けする。

(2) 「～でない」には　余事象の確率

解答

各回について，表が出る場合を○，裏が出る場合を×，どちらが出てもよい場合を△で表す。

(1) 表が2回以上続けて出るのは，右のような場合である。

1回	2回	3回	4回
○	○	△	△
×	○	○	△
△	×	○	○

⇐ 1回目から続けて出る。
⇐ 2回目から続けて出る。
⇐ 3回目から続けて出る。

よって，求める確率は

$$\left(\frac{1}{2}\right)^2\times1^2+\left(\frac{1}{2}\right)^3\times1+1\times\left(\frac{1}{2}\right)^3=\boldsymbol{\frac{1}{2}}$$

(2) 表が2回以上続けて出るのは，右のような場合であり，その確率は

1回	2回	3回	4回	5回
○	○	△	△	△
×	○	○	△	△
△	×	○	○	△
○	×	×	○	○
×	○	×	○	○
×	×	×	○	○

(2) 余事象の確率。

⇐ 1回目から続けて出る。
⇐ 2回目から続けて出る。
⇐ 3回目から続けて出る。
⇐ 4回目から続けて出る。○○×○○は1回目から続けて出る場合に含まれる。

$$\left(\frac{1}{2}\right)^2\times1^3+\left(\frac{1}{2}\right)^3\times1^2+1\times\left(\frac{1}{2}\right)^3\times1+\left(\frac{1}{2}\right)^5+\left(\frac{1}{2}\right)^5+\left(\frac{1}{2}\right)^5=\frac{19}{32}$$

よって，求める確率は

$$1-\frac{19}{32}=\boldsymbol{\frac{13}{32}}$$

PRACTICE 46③

(1) 1枚のコインを8回投げるとき，表が5回以上続けて出る確率を求めよ。

(2) 1回の試行で事象 A の起こる確率を p とする。この試行を独立に10回行ったとき，A が続けて8回以上起こる確率を求めよ。

基本 例題 47 反復試行の確率の基本

当たりくじ 2 本を含む 8 本のくじがある。引いたくじはもとに戻して 1 本ずつ 5 回引くとき，次の確率を求めよ。

(1) 2 回だけ当たる確率　　(2) 4 回以上当たる確率

p. 329 基本事項 2

CHART & SOLUTION

反復試行の確率

1 反復試行であるかどうかの確認

2 確率 p と n，r をチェック　${}_nC_rp^r(1-p)^{n-r}$

引いたくじはもとに戻すから，8 本のくじから 1 本のくじを引く試行の **反復試行** である。

1 本引くとき，当たりくじを引く確率 ⟶ $p=\frac{2}{8}=\frac{1}{4}$，　5 回繰り返す ⟶ $n=5$

(1) $r=2$ の場合である。

(2) 4 回以上とあるから，4 回または 5 回当たる確率を求める。
各事象は互いに排反 であるから，**加法定理** を利用する。

解答

1 回の試行で，当たりくじを引く確率は　$\frac{2}{8}=\frac{1}{4}$

また，はずれくじを引く確率は　$1-\frac{1}{4}=\frac{3}{4}$　　⇐ $1-p$ を先に求めておくと，考えやすい。

(1) 5 回中 2 回だけ当たる確率は

$${}_5C_2\left(\frac{1}{4}\right)^2\left(\frac{3}{4}\right)^{5-2}=10\times\left(\frac{1}{4}\right)^2\times\left(\frac{3}{4}\right)^3=\mathbf{\frac{135}{512}}$$

(2) 5 回中 4 回以上当たるのは，「5 回中 4 回当たる」または「5 回中 5 回当たる」場合である。
これらの事象は互いに排反であるから，求める確率は

$${}_5C_4\left(\frac{1}{4}\right)^4\left(\frac{3}{4}\right)^{5-4}+\left(\frac{1}{4}\right)^5=5\times\left(\frac{1}{4}\right)^4\times\frac{3}{4}+\left(\frac{1}{4}\right)^5=\mathbf{\frac{1}{64}}$$

⇐ 確率の加法定理。

補足　1 回の試行で当たりくじを引く確率を p，はずれくじを引く確率を $1-p$ とする。また，当たりくじを引くことを○，はずれくじを引くことを×で表すと，5 回中 2 回だけ当たりくじを引く場合は

○○×××，○×○××，○××○×，○×××○，×○○××，
×○×○×，×○××○，××○○×，××○×○，×××○○
（5 個の位置から○の位置を 2 個選ぶことと同じ）

の ${}_5C_2=10$（通り）あるから，その確率は ${}_5C_2p^2(1-p)^3$ で求められる。

PRACTICE 47②

1 個のさいころを 4 回投げるとき，次の確率を求めよ。

(1) 1 の目がちょうど 3 回出る確率　　(2) 1 の目が 2 回以上出る確率

2章 5 独立な試行・反復試行の確率

基本 例題 48 点の移動と反復試行の確率 ②②②②②

x 軸上に点Pがある。さいころを投げて，6の約数の目が出たとき，Pは x 軸の正の方向に1だけ進み，6の約数でない目が出たとき，Pは x 軸の負の方向に1だけ進むことにする。さいころを4回投げたとき，原点から出発した点Pが原点にある確率は^{ア}□，$x=3$ の点にある確率は^{イ}□，$x=-2$ の点にある確率は^{ウ}□ である。 〔関西学院大〕 p.329 基本事項 2，基本 47

CHART & SOLUTION

反復試行と点の移動

まず，事柄が起こる回数を決定

さいころを4回投げるとき，各回の試行は独立であるから，その目の出方によって点Pを動かすことは **反復試行** である。

4回の試行で，6の約数の目が出る回数を r とすると，点Pの x 座標は　$x=1\cdot r+(-1)\cdot(4-r)$　$(r=0,\ 1,\ 2,\ 3,\ 4)$

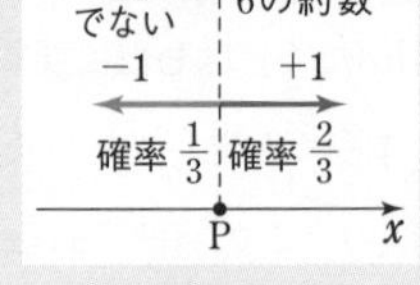

解答

さいころを1回投げたとき，6の約数の目，すなわち1，2，3，6が出る確率は　$\dfrac{4}{6}=\dfrac{2}{3}$

さいころを4回投げたとき，6の約数の目が r 回出るとすると，点Pの x 座標は

$$x=1\cdot r+(-1)\cdot(4-r)=2r-4\quad(r=0,\ 1,\ 2,\ 3,\ 4)$$

(ア)　$x=0$ のときであるから　$2r-4=0$

よって　$r=2$

ゆえに，求める確率は　${}_4C_2\left(\dfrac{2}{3}\right)^2\left(\dfrac{1}{3}\right)^{4-2}=\mathbf{\dfrac{8}{27}}$

(イ)　$x=3$ のときであるから　$2r-4=3$

これを満たす整数 r は存在しない。

よって，求める確率は　**0**

(ウ)　$x=-2$ のときであるから　$2r-4=-2$

よって　$r=1$

ゆえに，求める確率は　${}_4C_1\left(\dfrac{2}{3}\right)^1\left(\dfrac{1}{3}\right)^{4-1}=\mathbf{\dfrac{8}{81}}$

反復試行の確率 ${}_nC_rp^r(1-p)^{n-r}$ では **確率 p と n，r** をチェックする。

⇐ 6の約数の目が r 回出たとき，6の約数でない目は $4-r$ 回出る。

⇐ $r=\dfrac{7}{2}$

inf. (イ) さいころを4回投げた後の点Pの位置は $x=-4,\ -2,\ 0,\ 2,\ 4$ のいずれかであるから，$x=3$ となることはないため，その確率は0である。

PRACTICE 48②

x 軸上を動く点Aがあり，最初は原点にある。硬貨を投げて表が出たら正の方向に1だけ進み，裏が出たら負の方向に1だけ進む。硬貨を6回投げるものとして，以下の確率を求めよ。

(1) 点Aが原点に戻る確率

(2) 点Aが2回目に原点に戻り，かつ6回目に原点に戻る確率 〔埼玉大〕

基本 例題 49 対戦ゲームの優勝確率 ③③③③③

あるゲームでAチームがBチームに勝つ確率は $\frac{2}{3}$，BチームがAチームに勝つ確率は $\frac{1}{3}$ であるとする。A，Bがゲームをし，先に4ゲームを勝ったチームを優勝とする。

(1) 4ゲーム目で優勝チームが決まる確率を求めよ。

(2) 6ゲーム目で優勝チームが決まる確率を求めよ。

p. 329 基本事項 2

CHART & THINKING

n 回目で決着 ⟶ $(n-1)$ 回目までに着目

(2) Aが4勝2敗で優勝する確率を ${}_6C_4\left(\frac{2}{3}\right)^4\left(1-\frac{2}{3}\right)^2$ としては **誤り**！ この理由を考えてみよう。┈┈ は6ゲーム目までにAが4勝する確率であり，例えば，Aが4連勝した後で2連敗する場合も含まれているから，4ゲーム目で優勝が決まってしまう。

6ゲーム目までに優勝チームが決まらないようにするには，どうしたらよいだろうか？

解答

(1) 4ゲーム目で優勝チームが決まるのは，AチームまたはBチームが4連勝する場合であり，これらは互いに排反である。よって，求める確率は $\left(\frac{2}{3}\right)^4+\left(\frac{1}{3}\right)^4=\mathbf{\frac{17}{81}}$

⇦ A，Bのどちらが優勝してもよい。

⇦ 確率の加法定理。

(2) [1] 6ゲーム目でAチームが優勝する場合

5ゲーム目までにAチームが3勝し，6ゲーム目にAチームが勝つときであるから，その確率は

$${}_5C_3\left(\frac{2}{3}\right)^3\left(\frac{1}{3}\right)^2\times\frac{2}{3}=10\times\frac{2^4}{3^6}$$

⇦ ${}_nC_rp^r(1-p)^{n-r}$

[2] 6ゲーム目でBチームが優勝する場合

[1]と同様にして ${}_5C_3\left(\frac{1}{3}\right)^3\left(\frac{2}{3}\right)^2\times\frac{1}{3}=10\times\frac{2^2}{3^6}$

⇦ 5ゲーム目までにBが3勝し，6ゲーム目にBが勝つ場合。

[1]，[2]は互いに排反であるから，求める確率は

$$10\times\frac{2^4}{3^6}+10\times\frac{2^2}{3^6}=\mathbf{\frac{200}{729}}$$

⇦ 確率の加法定理。

PRACTICE 49③

AとBが試合をして，先に3勝した方を優勝とする。1回の試合でAが勝つ確率を $\frac{1}{3}$ とする。以下の問いに答えよ。ただし，引き分けはないものとする。

(1) Aが3試合目で優勝する確率を求めよ。

(2) Aが4試合目で優勝する確率を求めよ。

(3) Aが優勝する確率を求めよ。〔東北学院大〕

重要 例題 50 平面上の点の移動と反復試行

右の図のように，東西に4本，南北に4本の道路がある。地点Aから出発した人が最短の道順を通って地点Bへ向かう。このとき，途中で地点Pを通る確率を求めよ。ただし，各交差点で，東に行くか，北に行くかは等確率とし，一方しか行けないときは確率1でその方向に行くものとする。

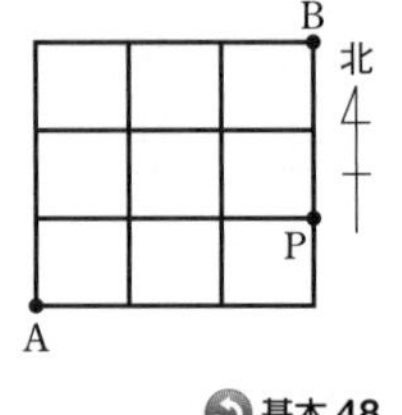

基本 48

CHART & THINKING

求める確率を $\dfrac{\text{A} \longrightarrow \text{P} \longrightarrow \text{B の経路の総数}}{\text{A} \longrightarrow \text{B の経路の総数}}$ から，$\dfrac{{}_4\mathrm{C}_3 \times 1}{{}_6\mathrm{C}_3}$ とするのは **誤り！**

この理由を考えてみよう。

は，どの最短の道順も同様に確からしい場合の確率で，本問は **道順によって確率が異なる** から，A ⟶ B の経路は **同様に確からしくない**。例えば，

A↑ →→→ P↑↑B の確率は　$\dfrac{1}{2}\times\dfrac{1}{2}\times\dfrac{1}{2}\times\dfrac{1}{2}\times1\times1=\dfrac{1}{16}$

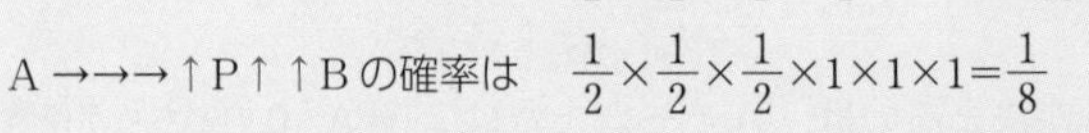

A →→→↑P↑↑B の確率は　$\dfrac{1}{2}\times\dfrac{1}{2}\times\dfrac{1}{2}\times1\times1\times1=\dfrac{1}{8}$

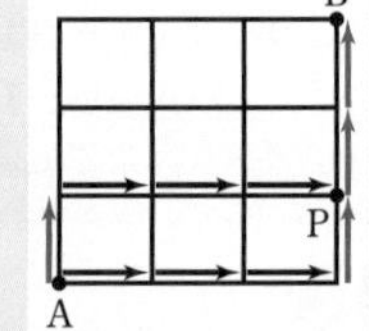

よって，Pを通る道順を，通る点で分けたらよいことがわかるが，どの点をとればよいだろうか？

解答

右の図のように，地点C，C′，P′をとる。

Pを通る道順には次の2つの場合があり，これらは互いに排反である。

[1]　道順 A ⟶ C′ ⟶ C ⟶ P ⟶ B

この確率は　$\dfrac{1}{2}\times\dfrac{1}{2}\times\dfrac{1}{2}\times1\times1\times1=\dfrac{1}{8}$

[2]　道順 A ⟶ P′ ⟶ P ⟶ B

この確率は　${}_3\mathrm{C}_2\left(\dfrac{1}{2}\right)^2\left(\dfrac{1}{2}\right)^1\times\dfrac{1}{2}\times1\times1=\dfrac{3}{16}$

よって，求める確率は　$\dfrac{1}{8}+\dfrac{3}{16}=\boldsymbol{\dfrac{5}{16}}$

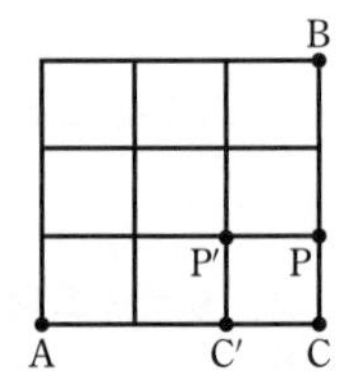

C → P は1通りの道順であることに注意。
[1]　→→→↑↑↑と進む。
[2]　○○○→↑↑と進む。
○には→2個と↑1個が入る。

PRACTICE 50③

右の図のように，東西に4本，南北に5本の道路がある。地点Aから出発した人が最短の道順を通って地点Bへ向かう。このとき，途中で地点Pを通る確率を求めよ。ただし，各交差点で，東に行くか，北に行くかは等確率とし，一方しか行けないときは確率1でその方向に行くものとする。

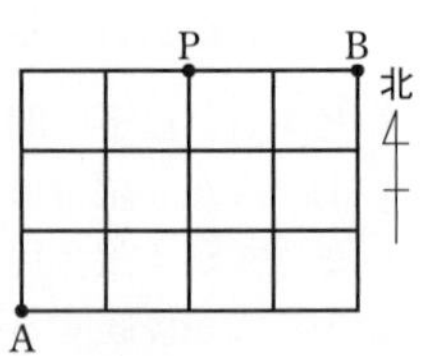

重要 例題 51　反復試行の確率 P_n の最大

10 本のくじの中に 2 本の当たりくじがある。当たりくじを 3 回引くまで繰り返しくじを引くものとする。ただし，一度引いたくじは毎回もとに戻す。
$n \geqq 3$ とし，n 回目で終わる確率を P_n とするとき　〔類 名古屋市大〕
(1) P_n を求めよ。　(2) P_n が最大となる n を求めよ。

基本 47, 49

CHART & SOLUTION

確率の大小比較　比 $\dfrac{P_{n+1}}{P_n}$ をとり，1 との大小を比べる

(2) P_n が最大となる n の値を求めるには，P_{n+1} と P_n の大小を比較すればよい。
確率の問題では，P_n が負の値をとらないことと，P_n が n の累乗を含む式で表されることから，比 $\dfrac{P_{n+1}}{P_n}$ をとり，1 との大小を比べる とよい。

解答

(1) n 回目で終わるのは，$(n-1)$ 回目までに 2 回当たりくじを引き，n 回目に 3 回目の当たりくじを引く場合である。

よって　$$P_n = {}_{n-1}\mathrm{C}_2\left(\frac{2}{10}\right)^2\left(\frac{8}{10}\right)^{n-3}\times\frac{2}{10}$$
$$= \frac{(n-1)(n-2)}{2}\left(\frac{4}{5}\right)^{n-3}\left(\frac{1}{5}\right)^3 \quad (n \geqq 3)$$

(2) $$\frac{P_{n+1}}{P_n} = \left\{\frac{n(n-1)}{2}\left(\frac{4}{5}\right)^{n-2}\left(\frac{1}{5}\right)^3\right\} \div \left\{\frac{(n-1)(n-2)}{2}\left(\frac{4}{5}\right)^{n-3}\left(\frac{1}{5}\right)^3\right\}$$
$$= \frac{4n}{5(n-2)}$$

$\dfrac{P_{n+1}}{P_n} > 1$ とすると　$\dfrac{4n}{5(n-2)} > 1$

すなわち　$4n > 5(n-2)$　これを解くと　$n < 10$

$\dfrac{P_{n+1}}{P_n} = 1$ とすると　$n = 10$　　$\dfrac{P_{n+1}}{P_n} < 1$ とすると　$n > 10$

よって，$3 \leqq n \leqq 9$ のとき　$P_n < P_{n+1}$，
$n = 10$ のとき　$P_n = P_{n+1}$，
$11 \leqq n$ のとき　$P_n > P_{n+1}$

ゆえに　$P_3 < P_4 < \cdots\cdots < P_9 < P_{10} = P_{11}$，$P_{10} = P_{11} > P_{12} > \cdots\cdots$

したがって，P_n が最大となる n の値は
$n = 10, 11$

(2) P_{n+1}
$= \dfrac{\{(n+1)-1\}\{(n+1)-2\}}{2} \times \left(\dfrac{4}{5}\right)^{(n+1)-3}\left(\dfrac{1}{5}\right)^3$
…… P_n の n の代わりに $n+1$ とおいたもの。

⇐ $5(n-2) > 0$ であるから，不等号の向きは変わらない。

P_n の大きさを棒の高さで表すと

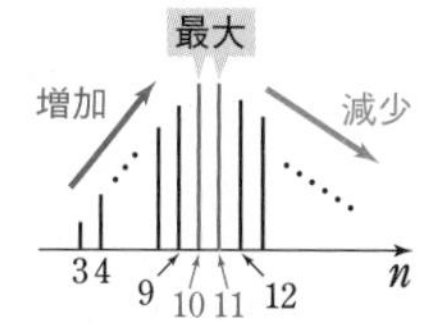

PRACTICE 51⑤

さいころを，1 の目が 3 回出るまで繰り返し投げるものとする。n 回目で終わる確率を P_n とするとき，次の問いに答えよ。ただし，$n \geqq 3$ とする。
(1) P_n を求めよ。　(2) P_n が最大となる n を求めよ。　〔類 九州工大〕

EXERCISES　5 独立な試行・反復試行の確率

A

37❷ 箱Aの中には赤玉 3 個，白玉 2 個の合計 5 個の玉があり，箱Bの中には赤玉 3 個，白玉 4 個の合計 7 個の玉がある。A，B からそれぞれ 2 個ずつ玉を取り出すとき，取り出した 4 個がすべて赤玉である確率は ア□ であり，取り出した 4 個のうち，赤玉が 2 個，白玉が 2 個である確率は イ□ である。 44, 45

38❸ 点Pは初め数直線上の原点Oにあり，さいころを 1 回投げるごとに，偶数の目が出たら数直線上を正の方向に 3，奇数の目が出たら負の方向に 2 だけ進む。
10 回さいころを投げたとき，点Pが原点Oにある確率は ア□ である。また，10 回さいころを投げたとき，点Pの座標が 19 以下である確率は イ□ である。 〔北里大〕 48

39❸ 円周上に点 A，B，C，D，E，F が時計回りにこの順に並んでいる。さいころを投げ，出た目が 1 または 2 のときは動点Pが時計回りに 2 つ隣の点に進み，出た目が 3，4，5，6 のときは，反時計回りに 1 つ隣の点に進む。点PがAを出発点として，さいころを 5 回投げて移動するとき，Bにいる確率を求めよ。 〔共立薬大〕 48

40❸ さいころを繰り返し n 回投げて，出た目の数を掛け合わせた積を X とする。すなわち，k 回目に出た目の数を Y_k とすると　$X=Y_1Y_2\cdots\cdots Y_n$
このとき，X が 3 で割り切れる確率 p_n を求めよ。 〔京都大〕

41❸ A，Bの 2 人があるゲームを繰り返し行う。1 回のゲームでAがBに勝つ確率は $\frac{2}{3}$，BがAに勝つ確率は $\frac{1}{3}$ であるとする。
(1) 先に 3 回勝った者を優勝とするとき，A が優勝する確率を求めよ。
(2) 一方の勝った回数が他方の勝った回数より 2 回多くなった時点で勝った回数の多い者を優勝とするとき，4 回目までにAの優勝する確率を求めよ。 49

42❸ A，Bの 2 人が次のようなゲームを行う。赤玉 2 個，白玉 1 個が入っている袋から玉を 1 個取り出し，色を調べてからもとに戻す。取り出した玉の色により，赤玉のときはAが 1 点を得て，白玉のときはBが 2 点を得る。この試行を繰り返し，先に 3 点以上得た方を勝ちとしてゲームを終了する。このとき，Bが勝つ確率は ア□ である。また，ゲームが 3 回目の試行により終了する確率は イ□ である。 〔東京慈恵会医大〕 49

EXERCISES　5 独立な試行・反復試行の確率

A

43③ 右の図のように，ある街には南北に走る道が 6 本，東西に走る道が 4 本ある。点Pから点Qまで最短経路の道順で進むこととする。その際，1 枚の硬貨を投げて，表が出たら東へ 1 区画，裏が出たら北へ 1 区画進む。硬貨の表と裏が出る確率は等しく $\frac{1}{2}$ である。また，点Qに到達する前に，最も東の道の交差点で硬貨の表が出た場合や，最も北の道の交差点で硬貨の裏が出た場合は，先へ進めないのでその交差点にとどまる。

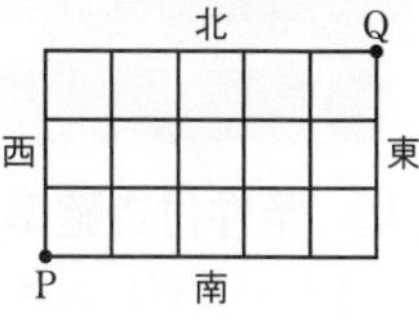

(1) 硬貨を最少回数の 8 回投げただけで点Qに到達できる確率を求めよ。
(2) 硬貨を 9 回投げ，ちょうど 9 回目に点Qに到達できる確率を求めよ。

〔類 法政大〕 ➲ 50

B

44③ ある花の 1 個の球根が 1 年後に 3 個，2 個，1 個，0 個（消滅）になる確率はそれぞれ $\frac{3}{10}$，$\frac{2}{5}$，$\frac{1}{5}$，$\frac{1}{10}$ であるとする。1 個の球根が 2 年後に 2 個になっている確率は □ である。

〔早稲田大〕 ➲ 45

45④ さいころを 1 の目が出るまで投げる。ただし，5 回投げて 1 の目が出なければそこで止める。それまでに出たさいころの目の和を得点とする。例えば，2，3，1 の順で目が出れば $2+3+1=6$（点），2，4，3，2，6 ならば $2+4+3+2+6=17$（点）となる。

(1) 4 以下の自然数 k に対して，k 回目に 1 の目が出て終了する確率を求めよ。
(2) 得点が 1，2，3，4，5 点である確率 $P(1)$，$P(2)$，$P(3)$，$P(4)$，$P(5)$ をそれぞれ求めよ。
(3) 得点が 27 点である確率 $P(27)$ を求めよ。

〔名古屋市立大〕 ➲ 27, 49

46⑤ n を 8 以上の自然数とする。1, 2, ……, n から，異なる 6 つの数を無作為に選び，それらを小さい順に並べかえたものを，$X_1<X_2<X_3<X_4<X_5<X_6$ とする。

(1) $X_3=5$ となる確率 p_n を求めよ。
(2) p_n を最大にする自然数 n を求めよ。

〔類 一橋大〕 ➲ 51

44 球根が 1 年後に 1 個，2 個，3 個になっている場合に分けて考える。
45 (3) 6 の目が 4 回出ても得点は 24 点であるから，27 点になるには 5 回投げる必要がある。
46 (1) X_1，X_2 は 1 から 4 までの数の中から異なる 2 つ，X_4，X_5，X_6 は 6 から n までの数から異なる 3 つを選ぶ。

6 条件付き確率，確率の乗法定理，期待値

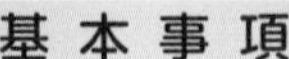

基本事項

1 条件付き確率

1つの試行における2つの事象 A, B について，事象 A が起こったとして，そのときに事象 B の起こる確率を，A が起こったときの B が起こる **条件付き確率** といい，$\boldsymbol{P_A(B)}$ で表す。

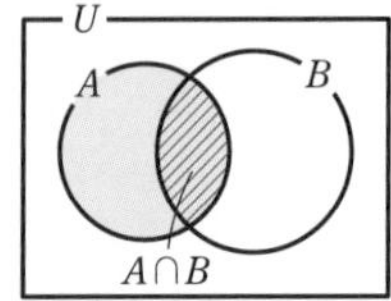

$P(A)\neq 0$ のとき　　$\boldsymbol{P_A(B)=\dfrac{n(A\cap B)}{n(A)}=\dfrac{P(A\cap B)}{P(A)}}$

2 確率の乗法定理

2つの事象 A, B がともに起こる確率 $P(A\cap B)$ は

$$\boldsymbol{P(A\cap B)=P(A)P_A(B)}$$

補足　Bが起こったときのAが起こる条件付き確率は

$$P_B(A)=\frac{P(A\cap B)}{P(B)}$$

よって，$P(A\cap B)$ は次のようにも表される。

$$\boldsymbol{P(A\cap B)=P(B)P_B(A)}$$

また，3つの事象 A, B, C について

$$\boldsymbol{P(A\cap B\cap C)=P(A)P_A(B)P_{A\cap B}(C)}$$

が成り立つ。4つ以上の事象についても，同様の式が成り立つ。

3 期待値

ある試行の結果によって値の定まる **変量 X** があって，X のとりうる値を $\boldsymbol{x_1}$, $\boldsymbol{x_2}$, ……, $\boldsymbol{x_n}$ とし，X がこれらの値をとる **確率** を，それぞれ $\boldsymbol{p_1}$, $\boldsymbol{p_2}$, ……, $\boldsymbol{p_n}$ とする。このとき，変量 X の **期待値**（または **平均**，**平均値**）$\boldsymbol{E}$ は

$$\boldsymbol{E=x_1p_1+x_2p_2+\cdots\cdots+x_np_n}\qquad \text{ただし}\quad p_1+p_2+\cdots\cdots+p_n=1$$

CHECK & CHECK

12　赤玉5個と白玉3個が入った袋から玉を1個取り出し，玉をもとに戻さずにもう1個取り出すとき，次の確率を求めよ。

(1)　1回目に赤玉が出たとき，2回目に白玉が出る確率

(2)　赤玉，白玉の順に出る確率　➡ 1, 2

13　1枚の硬貨を4回投げるとき，表が出る回数 X の期待値を求めよ。　➡ 3

基本 例題 52 条件付き確率

袋の中に，1 から 5 までの数字が書かれた赤玉と，1 から 4 までの数字が書かれた白玉が入っている。この袋から玉を 1 個取り出すとき，それが赤玉であるという事象を A，玉に書かれた数字が奇数である事象を B とする。このとき，次の確率を求めよ。

(1) $P(A\cap B)$　　(2) $P_A(B)$

p.340 基本事項 1

CHART & SOLUTION

条件付き確率 $P_A(B)=\dfrac{n(A\cap B)}{n(A)}$ **または** $P_A(B)=\dfrac{P(A\cap B)}{P(A)}$

全事象を U とし，$n(U)$，$n(A)$，$n(A\cap B)$ を求める。

(1) 確率の定義 $P(A\cap B)=\dfrac{n(A\cap B)}{n(U)}$ に従って求める。

(2) $n(A)$, $n(A\cap B)$ を求めているから $P_A(B)=\dfrac{n(A\cap B)}{n(A)}$ を利用して計算した方が早い。

解答

全事象を U とする。袋の中の玉の数は，右の表のようになる。よって

$n(U)=9$，$n(A)=5$，$n(A\cap B)=3$

	A	$\overline{A}$	計
B	3	2	5
$\overline{B}$	2	2	4
計	5	4	9

(1) $P(A\cap B)=\dfrac{n(A\cap B)}{n(U)}=\dfrac{3}{9}=\mathbf{\dfrac{1}{3}}$

(2) $P_A(B)=\dfrac{n(A\cap B)}{n(A)}=\mathbf{\dfrac{3}{5}}$

別解 $P(A)=\dfrac{n(A)}{n(U)}=\dfrac{5}{9}$，$P(A\cap B)=\dfrac{n(A\cap B)}{n(U)}=\dfrac{3}{9}$

よって　$P_A(B)=\dfrac{P(A\cap B)}{P(A)}=\dfrac{3}{9}\div\dfrac{5}{9}=\mathbf{\dfrac{3}{5}}$

$A\cap B$ は奇数が書かれた赤玉を取り出す事象。
(1)の $P(A\cap B)$ は，A と B が同時に起こる確率。
(2)の $P_A(B)$ は，A が起こるという前提のもとで B が起こる **条件付き確率**。

⇦ $P_A(B)=\dfrac{P(A\cap B)}{P(A)}$ を用いるため，$P(A)$ と $P(A\cap B)$ を求める。

INFORMATION　$P(A\cap B)$ と $P_A(B)$ の違いに注意

(1)の $P(A\cap B)$ は，取り出した玉が **赤玉かつ奇数**（＝奇数が書かれた赤玉）である確率であり，(2)の $P_A(B)$ は，取り出した玉が赤玉であるという前提のもとで，その赤玉に書かれた数字が **奇数** である確率である。

PRACTICE 52②

箱の中に，1 から 9 までの赤色の番号札 9 枚と，1 から 6 までの白色の番号札 6 枚が入っている。この箱から番号札を 1 枚引くとき，それが偶数の札であるという事象を A，赤色の札であるという事象を B とする。このとき，次の確率を求めよ。

(1) $P(A\cap B)$　　(2) $P_B(A)$

基本 例題 53 確率の乗法定理 (1)

当たりくじ 4 本を含む 12 本のくじがある。引いたくじはもとに戻さないものとして，次の確率を求めよ。

(1) A，B の 2 人がこの順に 1 本ずつ引くとき，A も B も当たる確率

(2) A，B，C の 3 人がこの順に 1 本ずつ引くとき，C だけがはずれる確率

p. 340 基本事項 2

CHART & SOLUTION

もとに戻さないでくじを引く場合の確率　乗法定理を適用 ……❶

引いたくじはもとに戻さないから，前に引いた人の「当たり」または「はずれ」により，次に引く人の「当たり」または「はずれ」の確率が変わってくる。

解答

A，B，C が当たる事象をそれぞれ A，B，C とする。

❶ (1) 求める確率は　$P(A\cap B)=P(A)P_A(B)$　⇐ 確率の乗法定理。

A が当たる確率 $P(A)$ は　$P(A)=\dfrac{4}{12}$

A が当たったとき，残りのくじは 11 本で当たりくじ 3 本を含むから，条件付き確率 $P_A(B)$ は　$P_A(B)=\dfrac{3}{11}$　⇐ 当たりくじは 3 本。

よって　$P(A\cap B)=\dfrac{4}{12}\times\dfrac{3}{11}=\boldsymbol{\dfrac{1}{11}}$

❶ (2) 求める確率は　$P(A\cap B\cap \overline{C})=P(A\cap B)P_{A\cap B}(\overline{C})$　⇐ A，B は当たる。

条件付き確率 $P_{A\cap B}(\overline{C})$ は，A，B が当たったとして，次に C がはずれるときの確率であるから　⇐ このとき C は，残りのくじが 10 本で，当たりくじを 2 本含むものからくじを引く。

$$P_{A\cap B}(\overline{C})=\frac{8}{10}$$

よって，(1) から

$$P(A\cap B\cap \overline{C})=P(A\cap B)P_{A\cap B}(\overline{C})=\frac{1}{11}\times\frac{8}{10}=\boldsymbol{\frac{4}{55}}$$

⇐ $P(A\cap B)=\dfrac{1}{11}$

INFORMATION　確率の乗法定理の解答について

上の解答では，**確率の乗法定理** をどのように適用しているかを明確に示した。右ページの「ズーム UP」では，より簡潔で直感的な記述を紹介している。ぜひ比較してほしい。PRACTICE 53 は，「ズーム UP」の内容を踏まえた解答になっている。

PRACTICE 53②

当たりくじ 3 本を含む 20 本のくじがある。引いたくじはもとに戻さないものとして，次の確率を求めよ。

(1) A，B の 2 人がこの順に 1 本ずつ引くとき，A がはずれ，B が当たる確率

(2) A，B，C の 3 人がこの順に 1 本ずつ引くとき，C だけが当たる確率

ズーム UP 確率の乗法定理を使いこなす！

乗法定理を使うとき，$P(B)$ と $P_A(B)$ の違いがわかりにくいです。

復元抽出と非復元抽出

もとに戻す試行を **復元抽出**，もとに戻さない試行を **非復元抽出** という。

[復元抽出]

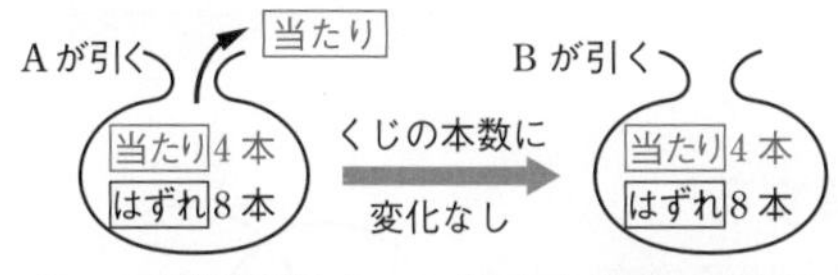

2 つの試行は独立 → **独立な事象の確率**

[非復元抽出]

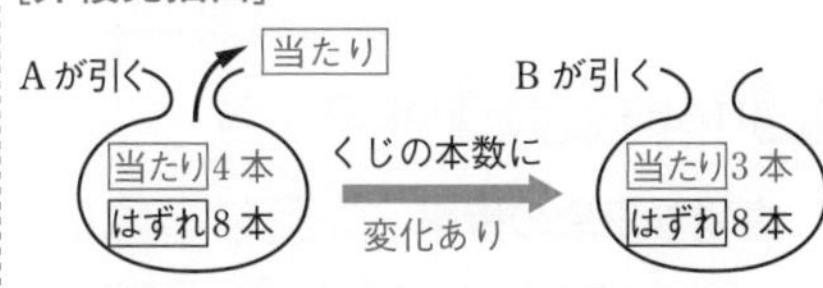

次の試行に影響あり → **条件付き確率**

復元抽出と非復元抽出の確率

Bが当たる確率を考えてみよう。

復元抽出の場合は，A が引くくじに影響を受けないから　$P(B)=\dfrac{{}_4C_1}{{}_{12}C_1}=\dfrac{1}{3}$

非復元抽出の場合は，A が引くくじに影響を受けるから，B が当たる確率は，次の [1]，[2] の場合を考えることになる。

　[1]　Aが当たり，B も当たる。
　[2]　Aがはずれ，B が当たる。　⇦ [1] と [2] は互いに排反。

[1]　A が当たる確率は　$P(A)=\dfrac{4}{12}$

このときBが当たりくじを引く確率は条件付き確率で　$P_A(B)=\dfrac{3}{11}$

[1] の確率は $P(A\cap B)$ で，乗法定理から $P(A)$ と条件付き確率 $P_A(B)$ の積となる。

$$P(A\cap B)=P(A)P_A(B)=\frac{4}{12}\times\frac{3}{11}=\frac{1}{11}$$

⇦ 事象の経過の順に確率の積になっている。

[2]　[1] と同様にして

$$P(\overline{A}\cap B)=P(\overline{A})P_{\overline{A}}(B)=\frac{8}{12}\times\frac{4}{11}=\frac{8}{33}$$

[1]，[2] から，非復元抽出において，B が当たる確率は

$$P(B)=P(A\cap B)+P(\overline{A}\cap B)=\frac{1}{11}+\frac{8}{33}=\frac{1}{3}$$

⇦ $P(B)$ は $P_A(B)+P_{\overline{A}}(B)$ ではないので注意。

inf.　非復元抽出の場合でも，順番に関係なく当たりくじを引く確率は $\dfrac{1}{3}$ である。(p.320 INFORMATION 参照)

条件付き確率の乗法定理は，事象の経過の状況の確率の積になっています。そう考えると直感的に理解しやすいですね。

基本 例題 54 確率の乗法定理 (2)

同じ大きさの白玉 5 個と赤玉 5 個が入っている袋から玉を 1 個取り出し，それが白玉のときは更に同じ大きさの白玉を 1 個加えてもとに戻し，それが赤玉のときは更に同じ大きさの赤玉を 2 個加えてもとに戻すことにする。この操作を 2 回繰り返すとき，次の確率を求めよ。

(1)　2 回目に白玉が出る確率　　　(2)　白玉と赤玉が 1 回ずつ出る確率

基本 53

CHART & SOLUTION

複雑な事象の確率　排反な事象に分解する

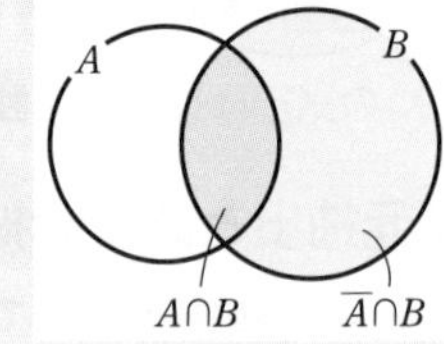

1 回目に白玉が出る事象を A，2 回目に白玉が出る事象を B とする。

(1)　$B=(A\cap B)\cup(\overline{A}\cap B)$ であり，$A\cap B$ と $\overline{A}\cap B$ は **排反事象** であるから，確率の **加法定理** により

$$P(B)=P(A\cap B)+P(\overline{A}\cap B)$$

右辺のそれぞれの確率は，**乗法定理** $\boldsymbol{P(A\cap B)=P(A)P_A(B)}$ を用いて計算する。

解答

1 回目に白玉が出る事象を A，2 回目に白玉が出る事象を B とする。

(1)　2 回目に白玉が出るのは

[1]　1 回目：白，2 回目：白　　[2]　1 回目：赤，2 回目：白

の場合があり，[1]，[2] は互いに排反であるから，求める確率は　$P(B)=P(A\cap B)+P(\overline{A}\cap B)$

$$=P(A)P_A(B)+P(\overline{A})P_{\overline{A}}(B)$$

$$=\frac{5}{10}\times\frac{6}{11}+\frac{5}{10}\times\frac{5}{12}=\boldsymbol{\frac{127}{264}}$$

⇐ $P_A(B)=\frac{5+1}{10+1}=\frac{6}{11}$

$P_{\overline{A}}(B)=\frac{5}{10+2}=\frac{5}{12}$

(2)　白玉と赤玉が 1 回ずつ出るのは

[1]　1 回目：白，2 回目：赤　　[2]　1 回目：赤，2 回目：白

の場合があり，[1]，[2] は互いに排反であるから，求める確率は　$P(A\cap\overline{B})+P(\overline{A}\cap B)$

$$=P(A)P_A(\overline{B})+P(\overline{A})P_{\overline{A}}(B)$$

$$=\frac{5}{10}\times\frac{5}{11}+\frac{5}{10}\times\frac{5}{12}=\boldsymbol{\frac{115}{264}}$$

⇐ $P_A(\overline{B})=\frac{5}{10+1}$

PRACTICE 54[2]

白玉 8 個と赤玉 3 個が入っている袋から玉を 1 個取り出し，その玉と同じ色の玉をもう 1 個追加して 2 個とも袋に戻すことにする。この操作を 2 回繰り返すとき，次の確率を求めよ。

(1)　2 回目に白玉が出る確率　　　(2)　白玉と赤玉が 1 回ずつ出る確率

基本 例題 55 確率の乗法定理 (3)

赤玉 5 個と白玉 10 個が入っている袋から無作為に玉を 1 個ずつ取り出す操作を続ける。ただし，取り出した玉は袋には戻さないものとする。このとき，次の確率を求めよ。

(1) 赤玉が先に袋の中からなくなる確率

(2) ちょうど赤玉が袋の中からなくなって，かつ，袋の中に白玉 5 個だけが残っている確率

〔類 姫路工大〕 基本 49

CHART & THINKING

n 回目の試行の確率 $(n-1)$ 回目までに着目 ……!

(1) 次のように排反な事象に分けて考えると，とても大変である。

[1] 最初から 5 回続けて赤玉を取り出す ⟶ ●●●●●○…○

[2] 最初の 5 回で赤玉 4 個，白玉 1 個を取り出し，6 回目に赤玉を取り出す

⟶ ●●●●○●○…○　●●●○●●○…○　●●○●●●○…○

●○●●●●○…○　○●●●●●○…○

…………

効率よく計算するには，「赤玉が先になくなる」という条件をどのように読みかえたらよいだろうか？

解答

(1) 先に赤玉がなくなるには，最後の 1 個が白玉であればよい。すなわち，14 回目までに赤玉 5 個と白玉 9 個を取り出せばよいから，求める確率は

⇦ (15−1) 回目まで。

$$\frac{{}_5C_5\times{}_{10}C_9}{{}_{15}C_{14}}=\frac{10}{15}=\boldsymbol{\frac{2}{3}}$$

⇦ $p.321$ INFORMATION で述べたように，「1 個ずつ戻さずに取り出す確率」と「同時に取り出す確率」は同じであるから，このように組合せで考えてよい。

(2) 9 回目までに，赤玉 4 個と白玉 5 個を取り出す確率は

$$\frac{{}_5C_4\times{}_{10}C_5}{{}_{15}C_9}=\frac{36}{143}$$

残りの赤玉 1 個と白玉 5 個の中から赤玉 1 個を取り出す確率は $\frac{1}{6}$ であるから，求める確率は

$$\frac{36}{143}\times\frac{1}{6}=\boldsymbol{\frac{6}{143}}$$

⇦ 乗法定理を利用。

PRACTICE 55③

袋の中に白球 4 個と黒球 5 個が入っている。この袋から球を 1 個ずつ取り出すことにする。ただし，取り出した球はもとへ戻さないこととする。

(1) 黒球が先に袋の中からなくなる確率を求めよ。

(2) ちょうど白球が袋の中からなくなって，かつ，袋の中に黒球 2 個だけが残っている確率を求めよ。

基本 例題 56 じゃんけんの確率 (2)

3 人でじゃんけんを繰り返して，1 人の勝者が決まるまで続ける。ただし，負けた人は次の回から参加できない。

(1) 1 回目で 1 人の勝者が決まる確率を求めよ。

(2) 2 回行って，初めて 1 人の勝者が決まる確率を求めよ。

基本 37, 54

CHART & SOLUTION

じゃんけんの確率

勝つ人の手が決まれば，負ける人の手が決まる

1 回目で 1 人の勝者が決まるのは，1 人だけが勝つときで，勝つ 1 人の手が決まれば，負ける 2 人の手も決まる。よって，勝ち方は 3 通りである。

(2) **排反な事象に分解** して求める。

解答

(1) 3 人が 1 回で出す手の数は全部で 3^3 通り

誰が勝つかが ${}_3C_1$ 通り　　どの手で勝つかが 3 通り

よって　$\dfrac{{}_3C_1\times 3}{3^3}=\boldsymbol{\dfrac{1}{3}}$

(2) 次の 2 つの場合があり，これらは互いに排反である。

[1] 1 回目で 3 人残ったまま，2 回目で勝者が決まる場合

1 回目は，3 人とも同じ手を出すか，または 3 人の手が異なるときであるから，その場合の数は　$3+{}_3P_3$ (通り)

[1] の場合の確率は　$\dfrac{3+{}_3P_3}{3^3}\times\dfrac{1}{3}=\dfrac{1}{9}$

⇐ 同じ手が 3 通り，異なる手が ${}_3P_3$ 通り。

[2] 1 回目で 2 人残り，2 回目で勝者が決まる場合

1 回目で 2 人が残るのは，1 人だけが負けるときである。

また，2 人のじゃんけんで勝負がつくのは　${}_2C_1\times 3$ (通り)

[2] の場合の確率は　$\dfrac{1}{3}\times\dfrac{{}_2C_1\times 3}{3^2}=\dfrac{2}{9}$

⇐ 1 人だけが勝つ確率と同じであるから，その確率は $\dfrac{1}{3}$

[1], [2] から，求める確率は

$\dfrac{1}{9}+\dfrac{2}{9}=\boldsymbol{\dfrac{1}{3}}$

⇐ 確率の加法定理。

PRACTICE 56[3]

3 人でじゃんけんを繰り返し行う。ただし，負けた人は次の回から参加できない。

(1) 2 回行って 2 回とも勝者が決まらない確率を求めよ。

(2) 2 回行って，初めて勝者が 2 人決まり，3 回目で 1 人の勝者が決まる確率を求めよ。

基本 例題 57 原因の確率 ③

ある部品を製造する機械 A, B があり，不良品の発生する割合は，A では 3 %，B では 5 % であるという。A からの部品と B からの部品が 7：3 の割合で大量に混ざっている中から 1 個を選び出すとき，それが不良品であるという事象を E とする。このとき，次の確率を求めよ。

(1) 確率 $P(E)$　　(2) 事象 E が起こった原因が，機械 A にある確率

CHART & SOLUTION

事象 E (結果) を条件とする事象 A (原因) の起こる確率

条件付き確率 $P_E(A)=\dfrac{P(E\cap A)}{P(E)}$ ……❶

(1) **排反な事象に分解** して求める。

(2) 「不良品である」ということがわかっている条件のもとで，それが機械Aの製品である確率 (**条件付き確率**) を求める。

解答

選び出した 1 個が，機械Aの製品であるという事象を A，機械Bの製品であるという事象を B とすると

$$P(A)=\frac{7}{10},\ P(B)=\frac{3}{10},\ P_A(E)=\frac{3}{100},\ P_B(E)=\frac{5}{100}$$

(1) 不良品には，機械Aで製造された不良品と機械Bで製造された不良品の 2 つの場合があり，これらは互いに排反であるから　$P(E)=P(A\cap E)+P(B\cap E)$

$$=P(A)P_A(E)+P(B)P_B(E)$$

$$=\frac{7}{10}\times\frac{3}{100}+\frac{3}{10}\times\frac{5}{100}=\boldsymbol{\frac{9}{250}}$$

(2) 求める確率は $P_E(A)$ であるから

❶ $$P_E(A)=\frac{P(E\cap A)}{P(E)}=\frac{P(A\cap E)}{P(E)}=\frac{21}{1000}\div\frac{9}{250}=\boldsymbol{\frac{7}{12}}$$

inf. 次のように，具体的な数を当てはめて考えると，問題の意味がわかりやすい。全部で 1000 個の製品を製造したと仮定すると

機械	製造数	不良品
A	700	21
B	300	15
計	1000	36

(1) の確率は　$\dfrac{36}{1000}=\boldsymbol{\dfrac{9}{250}}$

(2) の確率は　$\dfrac{21}{36}=\boldsymbol{\dfrac{7}{12}}$

INFORMATION ── 原因の確率

上の例題 (2) は，「不良品であった」という **“結果”** が条件として与えられ，「それが機械Aのものかどうか」という **“原因”** の確率を問題にしている。この意味から，(2) のような確率を **原因の確率** ということがある。

	A	B	
E	$A\cap E$ $\frac{7}{10}\times\frac{3}{100}$	$B\cap E$ $\frac{3}{10}\times\frac{5}{100}$	$\frac{9}{250}$
$\overline{E}$	$\frac{7}{10}\times\frac{97}{100}$	$\frac{3}{10}\times\frac{95}{100}$	$\frac{241}{250}$

PRACTICE 57③

ある集団は 2 つのグループ A，B から成り，A の占める割合は 40 % である。また，事象 E が発生する割合が，A では 1 %，B では 3 % である。この集団から選び出した 1 個について，事象 E が発生する確率を求めよ。また，事象 E が発生したときに，選び出された 1 個が B のグループに属している確率を求めよ。

基本 例題 58　期待値の基本

袋の中に赤玉 3 個，白玉 2 個，黒玉 1 個が入っている。この袋から玉を 2 個同時に取り出す。赤玉 1 個につき 1 点，白玉 1 個につき 2 点，黒玉 1 個につき 3 点もらえる。このとき，もらえる合計点の期待値を求めよ。

p. 340 基本事項 3

CHART & SOLUTION

期待値　変量 X の値と，その値をとる確率の積の和

期待値 $E=x_1p_1+x_2p_2+\cdots\cdots+x_np_n$ は，次の手順で求める。

① x_1～x_n (とりうる値) を求める。

② p_1～p_n (① の各値に対する確率) を求める。⟵ $p_1+p_2+\cdots+p_n=1$ を確認。

③ $E=x_1p_1+x_2p_2+\cdots\cdots+x_np_n$ を計算する。

解答

合計点をXとし，$X=k$ のときの確率を p_k で表す。

Xのとりうる値は　　$X=2,\ 3,\ 4,\ 5$

$X=2$ のとき　　2 個とも赤玉で　　$p_2=\dfrac{{}_3\mathrm{C}_2}{{}_6\mathrm{C}_2}=\dfrac{3}{15}$

⇦ 約分しない (他の確率と分母をそろえておく) 方が，後の計算がらく。

$X=3$ のとき

赤玉と白玉が 1 個ずつで　　$p_3=\dfrac{{}_3\mathrm{C}_1\times{}_2\mathrm{C}_1}{{}_6\mathrm{C}_2}=\dfrac{6}{15}$

$X=4$ のとき

赤玉と黒玉が 1 個ずつ，または 2 個とも白玉で

$$p_4=\frac{{}_3\mathrm{C}_1\times{}_1\mathrm{C}_1}{{}_6\mathrm{C}_2}+\frac{{}_2\mathrm{C}_2}{{}_6\mathrm{C}_2}=\frac{3+1}{15}=\frac{4}{15}$$

$X=5$ のとき

白玉と黒玉が 1 個ずつで

$$p_5=\frac{{}_2\mathrm{C}_1\times{}_1\mathrm{C}_1}{{}_6\mathrm{C}_2}=\frac{2}{15}$$

X	2	3	4	5	計
確率	$\frac{3}{15}$	$\frac{6}{15}$	$\frac{4}{15}$	$\frac{2}{15}$	1

⇦ (確率の和)$=1$ を確認。もし，1 にならなければ，「とりうる値の抜け」，「計算ミス」がある。

したがって，求める期待値は

$$2\times\frac{3}{15}+3\times\frac{6}{15}+4\times\frac{4}{15}+5\times\frac{2}{15}=\frac{50}{15}=\mathbf{\frac{10}{3}}\ \textbf{(点)}$$

PRACTICE 58❷

(1) 袋の中に赤玉 3 個，白玉 2 個，黒玉 1 個が入っている。この袋から玉を 3 個同時に取り出すとき，その中に含まれる赤玉の個数の期待値を求めよ。

(2) 表に 1，裏に 2 を記した 1 枚のコインCがある。

(ア) コインCを 1 回投げ，出る数 x について x^2+4 を得点とする。このとき，得点の期待値を求めよ。

(イ) コインCを 3 回投げるとき，出る数の和の期待値を求めよ。

基本 例題 59 取り出した数字の最大値の期待値

1 から 6 までの整数が 1 つずつ書かれたカードが 6 枚ある。この中から 4 枚のカードを無作為に取り出して得られる 4 つの整数のうちの最大のものを X とする。$X=k$ となる確率を p_k とするとき

(1) p_5 を求めよ。

(2) X の期待値 E を求めよ。

p. 340 基本事項 3，基本 58

CHART & SOLUTION

(1) $X=5$ …… 4 枚の整数の最大値が 5 であるから，4 枚のうち 1 枚が 5，残りの 3 枚を 1 ～ 4 から選ぶ。

(2) [1] まず，X の **とりうる値** の確認。$X=4,\ 5,\ 6$

[2] (1)と同じ方法で **確率** p_k ($k=4,\ 5,\ 6$) を求め，**期待値** を計算。

解答

(1) 起こりうるすべての場合の数は　${}_6C_4$ 通り

$X=5$ となるのは，1 枚が 5 で，残りの 3 枚を 1 ～ 4 から選ぶときであるから　${}_4C_3$ 通り

したがって　$p_5=\dfrac{{}_4C_3}{{}_6C_4}=\mathbf{\dfrac{4}{15}}$

(2) X のとりうる値は　$X=4,\ 5,\ 6$

(1)と同様に考えて

$$p_4=\frac{{}_3C_3}{{}_6C_4}=\frac{1}{15}$$

$$p_6=\frac{{}_5C_3}{{}_6C_4}=\frac{10}{15}$$

X	4	5	6	計
確率	$\frac{1}{15}$	$\frac{4}{15}$	$\frac{10}{15}$	1

⇦ 1 枚が 4 で，残りの 3 枚を 1 ～ 3 から選ぶ。

⇦ 計算しやすいように分母をそろえておくとよい。

したがって

$$E=4\times\frac{1}{15}+5\times\frac{4}{15}+6\times\frac{10}{15}=\frac{84}{15}=\mathbf{\frac{28}{5}}$$

INFORMATION

最大値が m になる確率は

(最大値が m 以下の確率)−(最大値が $m-1$ 以下の確率)

として求めることもできる。($p.325$ を参照)

上の例題について，最大値が 5 以下である場合の数は，1 ～ 5 から 4 枚選べばよいから ${}_5C_4$ 通り。また，最大値が 4 (以下) である場合の数は 1 通りであるから

$$p_5=\frac{{}_5C_4}{{}_6C_4}-\frac{1}{{}_6C_4}=\frac{5}{15}-\frac{1}{15}=\frac{4}{15}$$

⇦ 解答(1)の結果と一致。

PRACTICE 59❷

1 から 7 までの数字の中から，重複しないように 3 つの数字を無作為に選ぶ。その中の最小の数字を X とするとき，X の期待値 E を求めよ。

基本 例題 60 期待値と有利・不利

次のA，Bの2つのゲームのうち，どちらに参加する方が有利か。

A：1等1,000円が1本，2等500円が2本，3等200円が5本含まれる総数100本のくじの中から1本のくじを引く。ただし，はずれくじを引いた場合の賞金は0円とする。

B：5枚の10円硬貨を同時に投げるとき，表の出た硬貨をすべてもらえる。

CHART & SOLUTION

ゲームの有利・不利　期待値の大小で判断

A，Bのゲームの賞金の期待値をそれぞれ求めて，金額の大きい方が有利と判断する。

解答

A：賞金をX円とすると，次のような表ができる。

X	1000	500	200	0	計
確率	$\frac{1}{100}$	$\frac{2}{100}$	$\frac{5}{100}$	$\frac{92}{100}$	1

⇦(確率の和)=1 を確認。

したがって，賞金の期待値は

$$1000\times\frac{1}{100}+500\times\frac{2}{100}+200\times\frac{5}{100}+0\times\frac{92}{100}=30\ (\text{円})$$

B：kは整数，$0\leqq k\leqq 5$ とする。

5枚の10円硬貨を同時に投げるとき，表がk枚出る確率は

$${}_5\mathrm{C}_k\left(\frac{1}{2}\right)^k\left(1-\frac{1}{2}\right)^{5-k}\quad \text{すなわち}\quad {}_5\mathrm{C}_k\left(\frac{1}{2}\right)^5$$

したがって，賞金の期待値は

$$0\times{}_5\mathrm{C}_0\left(\frac{1}{2}\right)^5+10\times{}_5\mathrm{C}_1\left(\frac{1}{2}\right)^5+20\times{}_5\mathrm{C}_2\left(\frac{1}{2}\right)^5$$
$$+30\times{}_5\mathrm{C}_3\left(\frac{1}{2}\right)^5+40\times{}_5\mathrm{C}_4\left(\frac{1}{2}\right)^5+50\times{}_5\mathrm{C}_5\left(\frac{1}{2}\right)^5$$
$$=\left(\frac{1}{2}\right)^5(0+50+200+300+200+50)=\frac{800}{32}=25\ (\text{円})$$

⇦表が0枚のときは賞金は0円。

$30>25$ であるから，**Aのゲームに参加する方が有利。**

⇦賞金の期待値を比較。

PRACTICE 60③

1から6までの番号札がそれぞれ番号の数だけ用意されている。この中から1枚を取り出すとき，次のどちらが有利か。

① 出た番号と同じ枚数の100円硬貨をもらう。

② 偶数の番号が出たときだけ一律に700円をもらう。〔愛知大〕

重要 例題 61 やや複雑なくじ引きの確率

当たり3本，はずれ7本のくじをA，B 2人が引く。ただし，引いたくじはもとに戻さないものとする。
まずAが1本引き，はずれたときだけAがもう1本引く。次にBが1本引き，はずれたときだけBがもう1本引く。このとき，A，Bが当たりくじを引く確率 $P(A)$，$P(B)$ をそれぞれ求めよ。 〔類 大阪女子大〕 基本 54

CHART & SOLUTION

複雑な事象の確率　排反な事象に分解する

Bが当たりくじを引くには，次の3つの場合がある。

[1]　Aが1回目で当たり，Bが1回目か2回目に当たる。
[2]　Aが1回目ははずれて，2回目で当たり，Bが1回目か2回目に当たる。
[3]　Aが1回目も2回目もはずれて，Bが1回目か2回目に当たる。

本問のように複雑な事象については，変化のようすを **樹形図** で整理し，樹形図に確率を書き添えると考えやすい。

解答

Aが1回目で当たる確率は　$\dfrac{3}{10}$

Aが1回目ではずれ，2回目で当たる確率は

$$\frac{7}{10}\times\frac{3}{9}=\frac{7}{30}$$

これらの事象は互いに排反であるから

$$P(A)=\frac{3}{10}+\frac{7}{30}=\frac{16}{30}=\mathbf{\frac{8}{15}}$$

Bが当たりくじを引くには，次の3つの場合がある。

[1]　Aが1回目で当たり，Bが1回目か2回目に当たる
[2]　Aが1回目ではずれて，2回目で当たり，Bが1回目か2回目に当たる
[3]　Aが2回ともはずれて，Bが1回目か2回目に当たる

[1]，[2]，[3] は互いに排反であるから

$$P(B)=\frac{3}{10}\left(\frac{2}{9}+\frac{7}{9}\times\frac{2}{8}\right)+\frac{7}{10}\times\frac{3}{9}\left(\frac{2}{8}+\frac{6}{8}\times\frac{2}{7}\right)$$
$$+\frac{7}{10}\times\frac{6}{9}\left(\frac{3}{8}+\frac{5}{8}\times\frac{3}{7}\right)=\frac{1}{8}+\frac{13}{120}+\frac{3}{10}=\mathbf{\frac{8}{15}}$$

当たるときを○，はずれるときを×とすると

	A	B
[1]	○ $\frac{3}{10}$	○ $\frac{2}{9}$ ／ ×○ $\frac{7}{9}\cdot\frac{2}{8}$
[2]	×○ $\frac{7}{10}\cdot\frac{3}{9}$	○ $\frac{2}{8}$ ／ ×○ $\frac{6}{8}\cdot\frac{2}{7}$
[3]	×× $\frac{7}{10}\cdot\frac{6}{9}$	○ $\frac{3}{8}$ ／ ×○ $\frac{5}{8}\cdot\frac{3}{7}$

PRACTICE 61③

上の例題において，まずAが1本だけ引く。Aが当たれば，Bは引けない。Aがはずれたときは B は1本引き，はずれたときだけBがもう1本引く。このとき，A，Bが当たりくじを引く確率 $P(A)$，$P(B)$ をそれぞれ求めよ。

重要例題 62　ベイズの定理

3つの箱A，B，Cには，それぞれに黒玉，白玉，赤玉が入っている。それらの個数は右の表の通りである。無作為に1つの箱を選び，玉を1つ取り出す。このとき，次の確率を求めよ。

	A	B	C
黒玉	5	7	2
白玉	20	17	22
赤玉	15	60	24

(1)　取り出した玉が黒玉である確率

(2)　取り出した玉が黒玉のときに，それが箱Aから取り出された確率

〔学習院大〕 基本 57

CHART & SOLUTION

(2)　Aの箱を選ぶという事象をA，黒玉を取り出すという事象をKとすると，求める確率は，事象Kが起こったときの，事象Aが起こる **条件付き確率 $P_K(A)$** である。

解答

箱A，B，Cを選ぶという事象を，それぞれA，B，Cとし，黒玉を1個取り出すという事象をKとする。

(1)　$P(K)=P(A\cap K)+P(B\cap K)+P(C\cap K)$

$=P(A)P_A(K)+P(B)P_B(K)+P(C)P_C(K)$

$=\dfrac{1}{3}\times\dfrac{5}{40}+\dfrac{1}{3}\times\dfrac{7}{84}+\dfrac{1}{3}\times\dfrac{2}{48}$

$=\dfrac{1}{3}\left(\dfrac{1}{8}+\dfrac{1}{12}+\dfrac{1}{24}\right)=\boldsymbol{\dfrac{1}{12}}$

(2)　求める確率は　$P_K(A)=\dfrac{P(A\cap K)}{P(K)}=\dfrac{1}{24}\div\dfrac{1}{12}=\boldsymbol{\dfrac{1}{2}}$

(1)　1つの箱を選ぶ確率は$\dfrac{1}{3}$であり，玉の総数はA：40，B：84，C：48である。
乗法定理 を利用。

(2)　取り出した玉が黒玉……結果
それが箱Aから取り出されていた　……原因

INFORMATION　ベイズの定理

基本例題 57 において，$B=\overline{A}$ とおくと

$$P_E(A)=\frac{P(A)P_A(E)}{P(A)P_A(E)+P(\overline{A})P_{\overline{A}}(E)}$$

が成り立つ。また，重要例題 62 においても

$$P_K(A)=\frac{P(A)P_A(K)}{P(A)P_A(K)+P(B)P_B(K)+P(C)P_C(K)}$$

が成り立つ。これらの式を **ベイズの定理** という。

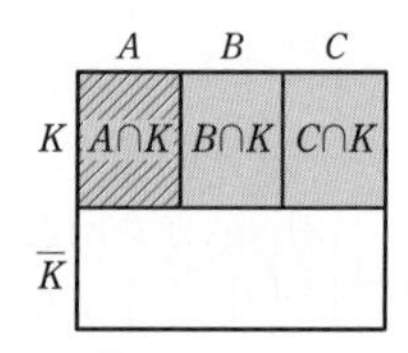

PRACTICE 62[4]

3つの箱A，B，Cには，それぞれに赤玉，白玉，黒玉が入っている。それらの個数は右の表の通りである。無作為に1箱選んで1個の玉を取り出す。このとき，次の確率を求めよ。

	A	B	C
赤玉	2	3	4
白玉	3	3	3
黒玉	3	2	3

(1)　取り出した玉が白玉である確率

(2)　取り出した玉が白玉のときに，それが箱Bから取り出された確率

STEP UP モンティ・ホール問題

次の問題は，アメリカのテレビ番組で行われたゲームで，話題になったものである。

> 3つあるドアの1つだけに賞品が隠されていて，残りの2つのドアははずれです。
> 司会者はどのドアに賞品が入っているかを知っています。
> あなたは，3つのドアのうち1つを開けて，賞品があればもらうことができます。
> あなたがドアを1つ選択した後，司会者が残った2つのドアのうち，はずれのドアを1つ開けて見せてくれます。
> ここで，司会者が「あなたが選んだドアを変更しますか？しませんか？」と問います。

数学的に導かれる確率と直感的に正しいと感じる確率が異なる有名な問題である。

「はずれのドアを開けて見せてもらってから，最初に選んだドアを変更してもそのままにしても，残りの2つのどちらかに賞品があるのだから，当たりはずれの確率は変わらない」と思うかもしれない。

3つのドアをA，B，Cとし，あなたは最初にAを選んだとする。この段階であなたが選んだドアに賞品がある確率は $\frac{1}{3}$ である。司会者がCを開けた段階で，賞品はAかBにあるから，「変更してもしなくても当たる確率は $\frac{1}{2}$ だ」と思いがちだが，これは間違い。

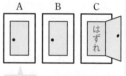

表を作って考えてみよう。

賞品がAにある場合，司会者はBまたはCのドアを開ける確率は $\frac{1}{2}$ である。司会者がはずれのドアを開けた後，賞品が当たる確率は

変更しない場合 $\frac{1}{3}$

変更した場合 $\frac{2}{3}$

○：当たり　×：はずれ
（　）内の数字は，司会者がそのドアを開ける確率

賞品があるドア	司会者が開けるドア	変更しない場合	変更した場合
A	B $\left(\frac{1}{2}\right)$	○	×
X A	C $\left(\frac{1}{2}\right)$	○	×
B	C (1)	×	○
C	B (1)	×	○

これを条件付き確率を用いて説明しよう。以下では，最初にAを選択し，司会者はCを開けるとして考えていくことにする。

A，B，Cに賞品があるという事象を A，B，C，司会者がCを開けるという事象を X とすると　$P(A)=P(B)=P(C)=\frac{1}{3}$，$P(X)=\frac{1}{3}\times\frac{1}{2}+\frac{1}{3}\times 1=\frac{1}{2}$

司会者がCを開けたときに，A，Bに賞品がある確率はそれぞれ $P_X(A)$，$P_X(B)$ で

$$P_X(A)=\frac{P(X\cap A)}{P(X)}=\frac{1}{6}\div\frac{1}{2}=\frac{1}{3},\ P_X(B)=\frac{P(X\cap B)}{P(X)}=\frac{1}{3}\div\frac{1}{2}=\frac{2}{3}$$

$P_X(A)<P_X(B)$ であるから，**ドアを変更した方がよい** といえる。

重要 例題 63 図形と期待値

1辺の長さが1の正六角形OABCDEがある。5つの頂点A, B, C, D, Eから無作為に選んだ異なる2つの頂点と，頂点Oで三角形 T を作るとき，T の周の長さの期待値を求めよ。

基本 58

CHART & SOLUTION

三角形のパターンを考える

三角形の頂点Oが固定されているから，T と正六角形が，辺を何本共有するかで分類する。パターンに分けた三角形のそれぞれの周の長さと，個数を考える。

解答

Oが固定されているから，残りの2つの頂点は5つの頂点A, B, C, D, Eから2つの頂点を選べば，1つ三角形ができる。

よって，三角形の総数は　${}_5C_2=10$ (個)

[1]　T が正六角形と2辺を共有するとき

T は頂角が 120° の二等辺三角形で，全部で3個できる。

このとき，周の長さは　$1+1+\sqrt{3}=2+\sqrt{3}$

[2]　T が正六角形と1辺を共有するとき

T は斜辺の長さが2，直角を挟む1辺の長さが1の直角三角形で，全部で6個できる。

このとき，周の長さは　$1+2+\sqrt{3}=3+\sqrt{3}$

[3]　T が正六角形と辺を共有しないとき

T は1辺の長さが $\sqrt{3}$ の正三角形で，1個できる。

このとき，周の長さは　$3\sqrt{3}$

周の長さ	$2+\sqrt{3}$	$3+\sqrt{3}$	$3\sqrt{3}$	計
確率	$\frac{3}{10}$	$\frac{6}{10}$	$\frac{1}{10}$	1

したがって，三角形 T の周の長さの期待値は

$$(2+\sqrt{3})\times\frac{3}{10}+(3+\sqrt{3})\times\frac{6}{10}+3\sqrt{3}\times\frac{1}{10}=\mathbf{\frac{12+6\sqrt{3}}{5}}$$

三角形のパターンは，次の3通り

[1]

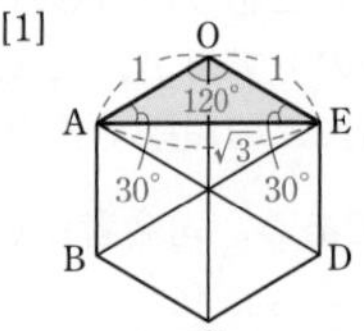

[2]

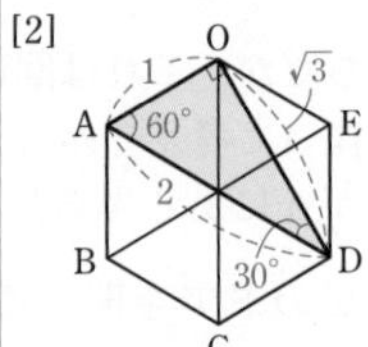

[3]

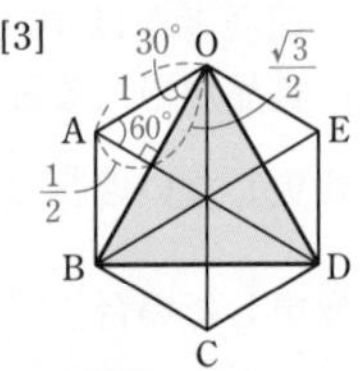

PRACTICE 63④

表に1，裏に2と書いてあるコインを2回投げて，1回目に出た数を x とし，2回目に出た数を y として，座標平面上の点 (x, y) を決める。ここで，表と裏の出る確率はともに $\frac{1}{2}$ とする。この試行を独立に2回繰り返して決まる2点と点 $(0, 0)$ とで定まる図形 (三角形または線分) について

(1)　図形が線分になる確率を求めよ。

(2)　図形の面積の期待値を求めよ。ただし，線分の面積は0とする。　〔東京学芸大〕

EXERCISES　6 条件付き確率，確率の乗法定理，期待値

A

47❷ ある鉄道の乗客のうち，全体の 45 % が定期券利用者で，全体の 20 % が学生の定期券利用者である。定期券利用者の中から任意に 1 人を選び出すとき，その人が学生である確率を求めよ。

→52

48❸ 2 つの事象 $E,\ F$ があって，確率 $P(E)=0.4,\ P_{\overline{E}}(F)=0.5,\ P_F(\overline{E})=0.6$ が与えられている。このとき，次の確率を求めよ。

(1) $P_F(E)$　(2) $P(E\cup F)$　(3) $P(F)$　〔成蹊大〕

→p.340 1，2

49❸ 箱の中に同じ大きさの 3 個の白玉が入っている。この箱に，箱の中の白玉と同じ大きさの赤玉を 1 個入れ，次に箱の中から 1 個の玉を取り出してこの玉は箱に戻さない。このような操作を 3 回繰り返すとき

(1) 箱の中に赤玉が 2 個以上入っている確率を求めよ。

(2) 箱の中に赤玉が 1 個入っている確率を求めよ。

→54

50❸ 4 人でじゃんけんをして，負けた者から順に抜けていき，最後に残った 1 人を優勝者とする。ただし，あいこの場合も 1 回のじゃんけんを行ったものとする。

(1) 1 回目で 2 人負け，2 回目で優勝者が決まる確率を求めよ。

(2) ちょうど 2 回目で優勝者が決まる確率を求めよ。

(3) ちょうど 2 回目で優勝者が決まった場合，1 回目があいこである条件付き確率を求めよ。　〔類 京都産大〕

→52, 56

51❸ 袋の中に白球 10 個，赤球 10 個，緑球 20 個が入っている。この中から球を 1 個取り出す。このときの球が白，赤，緑である事象をそれぞれ $W_1,\ R_1,\ G_1$ で表す。次に，取り出した球を袋の中に戻し，戻した球と同色の球 5 個を袋の中に新たに加える。最後にもう一度，球を 1 個取り出す。このときの球が白，赤，緑である事象をそれぞれ $W_2,\ R_2,\ G_2$ で表す。ただし，球は大きさ，重さなどは同じで取り出すまで区別はつかないとする。

(1) 条件つき確率 $P_{W_1}(W_2),\ P_{R_1}(W_2),\ P_{G_1}(W_2)$ をそれぞれ求めよ。

(2) 事象 W_2 の起こる確率を求めよ。

(3) 最後に取り出した球が白ならば 1 点，赤ならば 2 点，緑ならば 3 点が与えられるとするとき，得点の期待値を求めよ。　〔山梨大〕

→54, 58

EXERCISES　6 条件付き確率，確率の乗法定理，期待値

A

52❸ n，p は $2p \leqq n$ を満たす自然数とする。袋の中に赤球 p 個と白球 $n-p$ 個，あわせて n 個の球が入っている。この袋の中から p 個の球を無作為に取り出し，そのうち赤球が k 個のとき，得点 k が得られる。
(1) $n=5$，$p=2$ のとき，得点が 1 である確率を求めよ。
(2) $p=3$ とし，n は 6 以上の自然数とするとき，得点の期待値が $\frac{1}{2}$ 以下となる最小の n の値を求めよ。 〔宮崎大〕 58

B

53❸ 袋Aには白玉 4 個，袋Bには赤玉 4 個が入っている。ただし，すべての玉は同じ大きさであるとする。2 つの袋から同時に任意の玉を 1 個ずつ取り出して入れ替えるという操作を繰り返すとき，次の確率を求めよ。
(1) 4 回後，袋Aの中に赤玉 4 個が入っている確率
(2) 4 回後，もとの状態に戻る確率 〔類 東北学院大〕 54

54❸ ある病気Xにかかっている人が 4 % いる集団Aがある。病気Xを診断する検査で，病気Xにかかっている人が正しく陽性と判定される確率は 80 % である。また，この検査で病気Xにかかっていない人が誤って陽性と判定される確率は 10 % である。
(1) 集団Aのある人がこの検査を受けたところ陽性と判定された。この人が病気Xにかかっている確率はいくらか。
(2) 集団Aのある人がこの検査を受けたところ陰性と判定された。この人が実際には病気Xにかかっている確率はいくらか。 〔岐阜薬大〕 57

55❹ 右の図のように，1 辺の長さが 2 の正三角形のすべての頂点と各辺の中点に 1 から 6 の番号をつけ，さいころの出た目とこの番号を対応させる。さいころを 3 回投げて出た目の番号の点を互いに結んで図形を作る。このとき，できる図形の面積の期待値を求めよ。 63

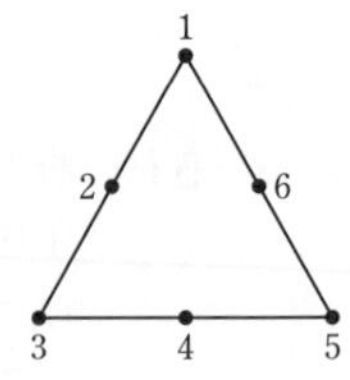

HINT
53 (2) 3 回後，袋Aの中に赤玉 1 個，白玉 3 個が入っていることが必要。
54 (1) 病気Xにかかっているという事象を X，陽性と判定されるという事象を Y とするとき，$P_Y(X)$ を求める。
55 できる図形は必ずしも三角形とは限らない。点や直線は面積 0 として扱う。

第3章

数学A

図形の性質

Select Study

— スタンダードコース：教科書の例題をカンペキにしたいきみに
— パーフェクトコース：教科書を完全にマスターしたいきみに
— 大学入学共通テスト準備・対策コース　※基例…基本例題，番号…基本例題の番号

Start — 基例64 — 基例65 — 基例66 — 基例67 — 68 — 基例69 — 基例70 — 71 — 基例74 — 基例75 — 基例76 — 基例77 — 基例81 — 基例82 — 83 — 基例85 — 基例86 — 87 — 88 — 基例89 — 90 — 基例91 — 92 — 基例94 — 基例95 — 基例96 — 97 — 99 — 基例100 — 101 — 102

■ 例題一覧

	種類	番号	例題タイトル	難易度
7	基本	64	三角形の角の二等分線と比	2
	基本	65	角の二等分線と比の利用	3
	基本	66	三角形の外心	2
	基本	67	三角形の外心と垂心	3
	基本	68	三角形の外心，垂心の利用	3
	基本	69	三角形の内心	2
	基本	70	三角形の重心と面積比	2
	基本	71	三角形の重心の利用	3
	重要	72	共点問題	3
	重要	73	中線定理の利用	3
8	基本	74	チェバの定理	2
	基本	75	メネラウスの定理と三角形の面積比	2
	基本	76	三角形の周の長さとの比較	2
	基本	77	三角形の辺と角の大小の利用	2
	重要	78	チェバの定理の逆	3
	重要	79	メネラウスの定理の逆	4
	重要	80	最短経路の問題	4
9	基本	81	円周角の性質と円に内接する四角形	2
	基本	82	円周角の定理の逆	2
	基本	83	四角形が円に内接することの証明	3
	重要	84	トレミーの定理	4
10	基本	85	三角形と内接円	2
	基本	86	接線と弦の作る角	2
	基本	87	接弦定理を用いた証明問題	3
	基本	88	接弦定理の逆	2
	基本	89	方べきの定理	3
	基本	90	方べきの定理の逆	3
	基本	91	共通接線の長さ	2
	基本	92	共通接線の利用	3
	重要	93	方べきの定理を利用した証明	4
11	基本	94	内分点，外分点の作図	1
	基本	95	いろいろな長さの線分の作図	2
	基本	96	作図 ($\sqrt{5}\,a$)	2
	基本	97	相似を利用する作図	3
	重要	98	作図 ($x^2+ax-b^2=0$ の解)	4
12	基本	99	直線と平面の位置関係	1
	基本	100	直線と平面の平行・垂直	2
	基本	101	多面体の面，辺，頂点の数	3
	基本	102	立方体と四面体の体積比	3

まとめ　中学で既習の用語

(1)　角に関連した用語

- **対頂角** ……　2 直線が交わってできる 4 つの角のうち，向かい合っている 2 つの角。
- **同位角，錯角**　　右の図のように，2 直線 ℓ，m に直線 n が交わってできる 8 個の角のうち，$\angle a$ と $\angle e$，$\angle b$ と $\angle f$，$\angle c$ と $\angle g$，$\angle d$ と $\angle h$ のような位置関係にある角を，それぞれ **同位角** という。また，$\angle b$ と $\angle h$，$\angle c$ と $\angle e$ のような位置関係にある角を，それぞれ **錯角** という。

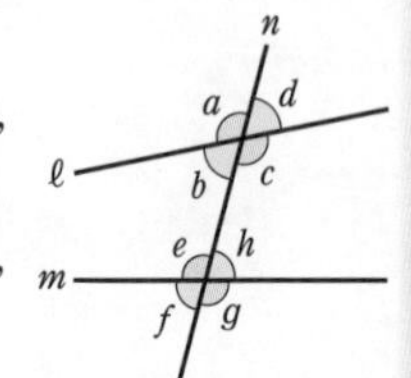

- **鋭角，鈍角**
  $0^\circ < \theta < 90^\circ$ である θ を **鋭角**，$90^\circ < \theta < 180^\circ$ である θ を **鈍角** という。

(2)　三角形に関連した用語

- **内角，外角**
  右の図のように，△ABC の辺 BC，辺 AC を延長した直線上にそれぞれ点 D，点 E をとる。このとき，∠ABC，∠BCA，∠CAB を **内角**，∠ACD，∠BCE を頂点 C の **外角** という。

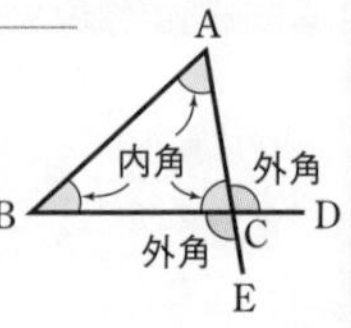

- **合同** ……　2 つの図形において，一方を移動したり裏返したりして，他方にぴったりと重ねることができるとき，**合同** であるという。
- **相似** ……　1 つの図形を，形を変えずに一定の比率に拡大または縮小して得られる図形は，もとの図形と **相似** であるという。
- **垂直二等分線** ……　線分の中点を通り，その線分と垂直に交わる直線。
- **角の二等分線** ……　角を 2 等分する半直線。
- **鋭角三角形**　……　3 つの内角がすべて鋭角である三角形。
- **直角三角形**　……　1 つの内角が直角である三角形。直角に対する辺を **斜辺** という。
- **鈍角三角形**　……　1 つの内角が鈍角である三角形。

(3)　円に関連した用語

右の図の円 O において，円周上に 3 点 A，B，C をとる。

- **弦**　　　…… 円周上の 2 点を結ぶ線分。
- **弧**　　　……　2 点 A，B を両端とする円周の一部を **弧 AB** といい，$\overset{\frown}{\mathrm{AB}}$ と表す。

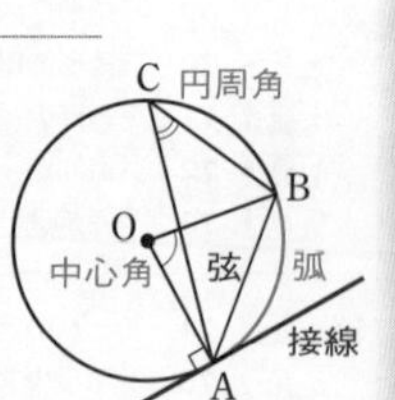

注意　普通，弧 AB というときは，長さが短い方の弧を表す。

- **中心角**　…… ∠AOB を弧 AB に対する **中心角** という。
- **円周角**　…… ∠ACB を弧 AB に対する **円周角** という。
- **円の接線** …… 円と 1 点だけを共有する直線。

(4)　四角形に関連した用語

- **対辺，対角** …… 四角形において，向かい合う辺，角のこと。
- **平行四辺形** ……　2 組の対辺がそれぞれ平行な四角形。

まとめ　中学で既習の基本事項・定理

(1) 角に関連した基本事項・定理

• **対頂角** …… 対頂角は等しい。

• **平行線と角**

直線 ℓ, m に直線 n が交わるとき,

[1] $\ell /\!/ m$ ならば, 同位角は等しい。

[2] $\ell /\!/ m$ ならば, 錯角は等しい。

[3] 同位角が等しいならば, $\ell /\!/ m$ である。

[4] 錯角が等しいならば, $\ell /\!/ m$ である。

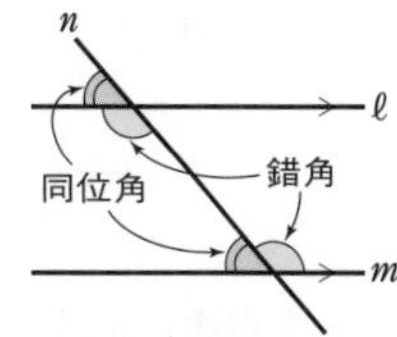

(2) 三角形に関連した基本事項・定理

• **三角形の角**

三角形の 3 つの内角の和は 180° である。また, 三角形の外角は, それと隣り合わない 2 つの内角の和に等しい。

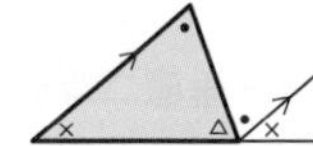

• **二等辺三角形**

[1] 二等辺三角形の 2 つの底角は等しい。

[2] 二等辺三角形の頂角の二等分線は, 底辺を垂直に 2 等分する。

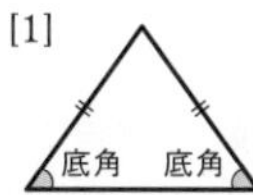

• **正三角形** …… 正三角形の 3 つの内角は等しい。

• **三平方の定理とその逆**

△ABC において

$$\angle C=90^\circ \iff BC^2+CA^2=AB^2 \ (a^2+b^2=c^2)$$

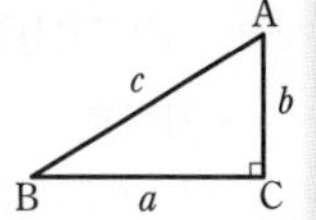

• **三角形の合同条件**

次のいずれか 1 つの条件が成り立つとき, 2 つの三角形は合同である。

[1] 3 辺がそれぞれ等しい。

[2] 2 辺とその間の角がそれぞれ等しい。

[3] 1 辺とその両端の角がそれぞれ等しい。

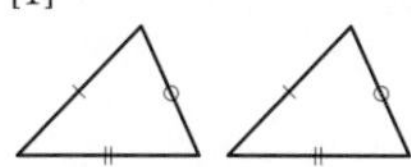

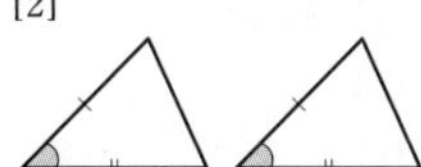

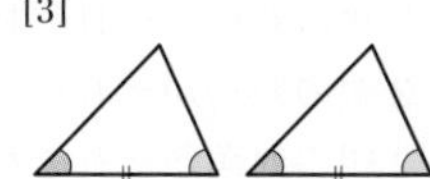

• **直角三角形の合同条件**

2 つの直角三角形は, 次のいずれか 1 つの条件が成り立つとき合同である。

[1] 斜辺と他の 1 辺がそれぞれ等しい。

[2] 斜辺と 1 つの鋭角がそれぞれ等しい。

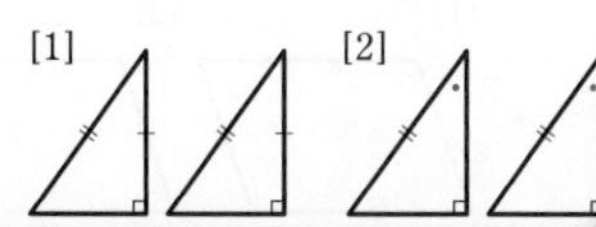

- **三角形の相似条件**

次のいずれか１つの条件が成り立つとき，２つの三角形は相似である。

[1]　３組の辺の比が等しい。

[2]　２組の辺の比が等しく，その間の角が等しい。

[3]　２組の角がそれぞれ等しい。

[1]

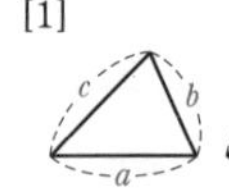

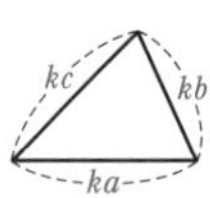

[2]

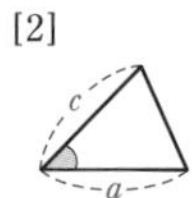

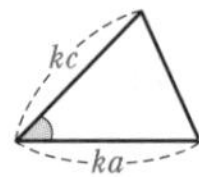

[3]

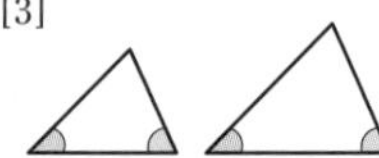

- **中点連結定理**

△ABC において，辺 AB，AC の中点をそれぞれ M，N とすると

$$MN /\!/ BC, \quad MN = \frac{1}{2}BC$$

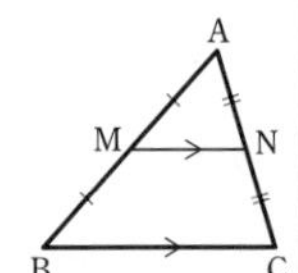

- **垂直二等分線**

点Pが線分 AB の垂直二等分線上にある。

⟺ 点Pが２点 A，B から等距離にある。

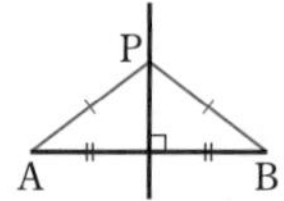

- **角の二等分線**

点Pが ∠ABC の二等分線上にある。

⟺ 点Pが２直線 BA，BC から等距離にある。

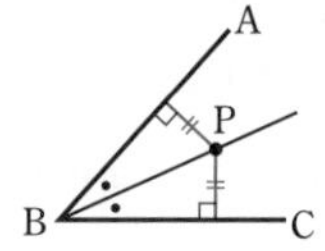

(3)　円に関連した基本事項・定理

- **円周角**

１つの弧に対する円周角の大きさは一定であり，その弧に対する中心角の大きさの半分である。

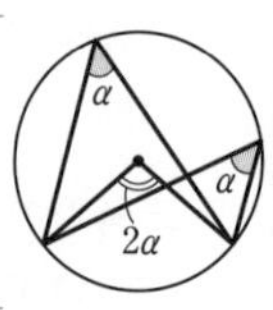

(4)　四角形に関連した基本事項・定理

- **平行四辺形になる条件**

次のいずれか１つの条件が成り立つとき，その四角形は平行四辺形である。

[1]　２組の対辺がそれぞれ平行である。

[2]　２組の対辺がそれぞれ等しい。

[3]　２組の対角がそれぞれ等しい。

[4]　１組の対辺が平行で，長さが等しい。

[5]　対角線がそれぞれの中点で交わる。

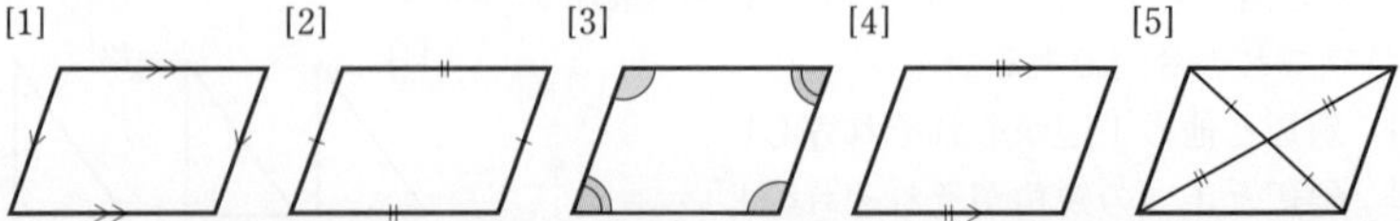

7 三角形の辺の比，外心，内心，重心

基本事項

1 線分の内分点・外分点

① **内分**

m，n を正の数とする。線分 AB 上の点Pが AP：PB＝m：n を満たすとき，点Pは線分 AB を m：n に **内分する** といい，点Pを **内分点** という。

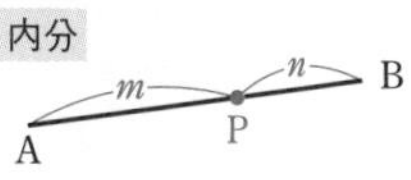

② **外分**

m，n を異なる正の数とする。線分 AB の延長上の点Qが AQ：QB＝m：n を満たすとき，点Qは線分 AB を m：n に **外分する** といい，点Qを **外分点** という。

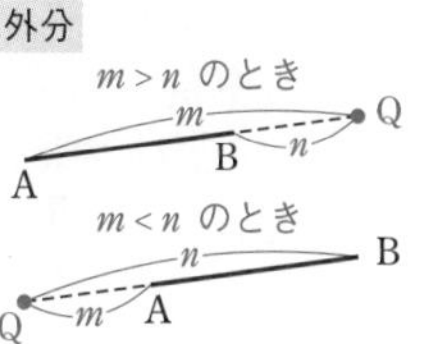

2 三角形の角の二等分線と比

1．平行な 2 直線に 1 直線が交わるとき，同位角，錯角はそれぞれ等しい。

2．△ABC の辺 AB 上に点Pがあり，辺 AC 上に点Qがあるとき(図 1 参照)

[1] PQ∥BC ⟺ AP：AB＝AQ：AC

[2] PQ∥BC ⟺ AP：PB＝AQ：QC

[3] PQ∥BC ⟹ AP：AB＝PQ：BC

(図 1) [1]

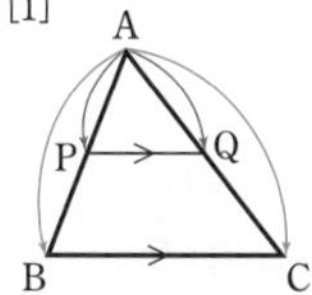

[2]

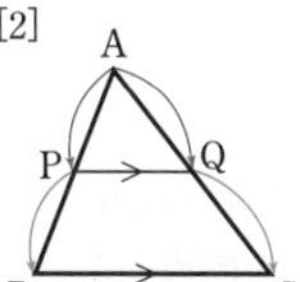

[3]

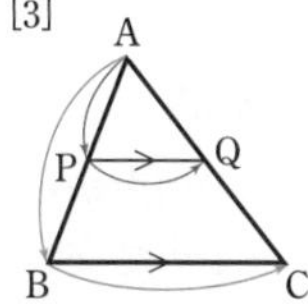

(図 2)

注意 ① [1]～[3] は，点Pが辺 AB のAを越える延長上，点Qが辺 AC のAを越える延長上にあっても成り立つ(図 2 参照)。

② [3] の逆「AP：AB＝PQ：BC ⟹ PQ∥BC」は成り立たない。

以上のことから，次の定理が成り立つ。

定理 1 △ABC の ∠A の二等分線と辺 BC との交点Pは，辺 BC を AB：AC に内分する(図 3 参照)。
すなわち，BP：PC＝AB：AC が成り立つ。

(図 3)

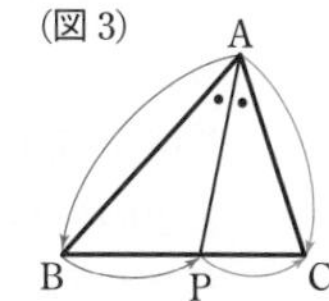

定理 2 AB≠AC である △ABC の頂点Aにおける外角の二等分線と辺 BC の延長との交点Qは，辺 BC を AB：AC に外分する(図 4 参照)。
すなわち，BQ：QC＝AB：AC が成り立つ。

(図 4)

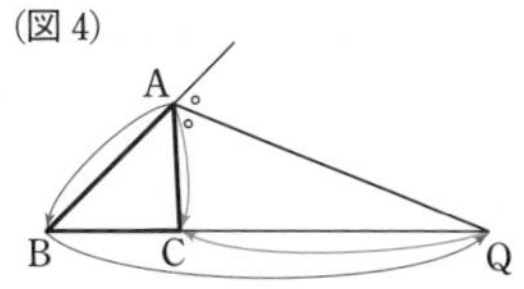

3 三角形の外心，内心，重心

定理 3　三角形の 3 辺の垂直二等分線は 1 点で交わる。その点をOとすると，Oは 3 つの頂点から等距離にある。よって，点Oを中心とする 3 つの頂点を通る円がかける。この円をその三角形の **外接円** といい，外接円の中心Oをその三角形の **外心** という。

定理 4　三角形の 3 つの内角の二等分線は 1 点で交わる。その点をＩとすると，Ｉは 3 つの辺から等距離にある。よって，点Ｉを中心とし，三角形の 3 辺に接する円がかける。この円をその三角形の **内接円** といい，内接円の中心Ｉをその三角形の **内心** という。

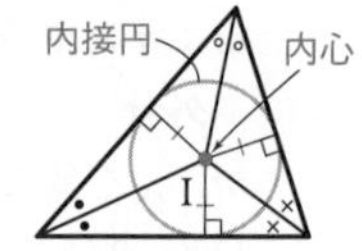

定理 5　三角形の 3 本の中線は 1 点で交わり，その点は各中線を 2：1 に内分する。この点をGとすると，Gをこの三角形の **重心** という。

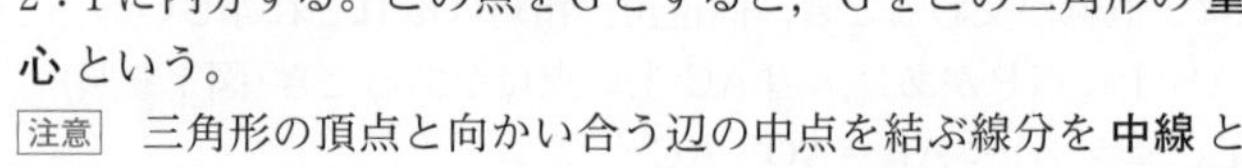

注意　三角形の頂点と向かい合う辺の中点を結ぶ線分を **中線** という。

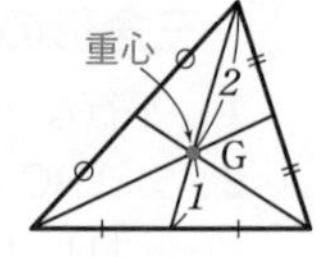

4 三角形の垂心，傍心

定理 6　三角形の 3 つの頂点から向かい合う辺，または，その延長に下ろした垂線は 1 点で交わる。この点をHとすると，Hをこの三角形の **垂心** という。

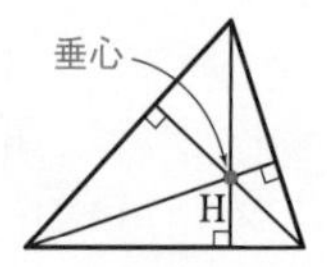

定理 7　三角形の 1 つの頂点における内角の二等分線と，他の 2 つの頂点における外角の二等分線は 1 点で交わる。この点を **傍心** という。また，傍心を中心として，1 辺と他の 2 辺の延長に接する円がかける。この円を三角形の **傍接円** という。1 つの三角形において，傍心は右図のように 3 つある。したがって，傍接円も 3 つある。

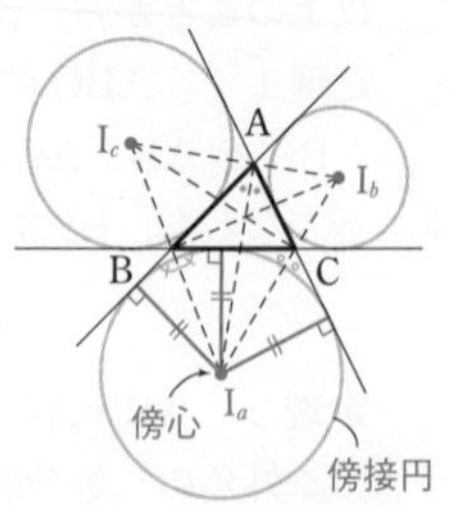

解説　**垂心**
頂点A，B，Cから対辺BC，CA，ABまたはその延長に下ろした垂線を，それぞれAD，BE，CFとし，A，B，Cを通り，向かい合う辺に平行な直線を引き，△PQRを作る。
△PQRにおいて，AD，BE，CFは辺QR，RP，PQの垂直二等分線であり，△PQRの外心Oで交わる。
証明は$p.367$ 基本例題67参照。
傍心　証明はEXERCISES 60参照。

注意　三角形の外心，内心，重心，垂心，傍心をまとめて **三角形の五心** という。

5 中線定理

定理8　△ABCの辺BCの中点をMとすると

$$AB^2+AC^2=2(AM^2+BM^2)$$

補足　中線定理を**パップス (Pappus) の定理** ともいう。

解説　頂点AからBCに下ろした垂線をAHとする。点Hが線分MC上またはMCのCを越える延長上にあるとすると，BM=CMであるから

$BH^2=(BM+MH)^2$，$CH^2=(BM-MH)^2$

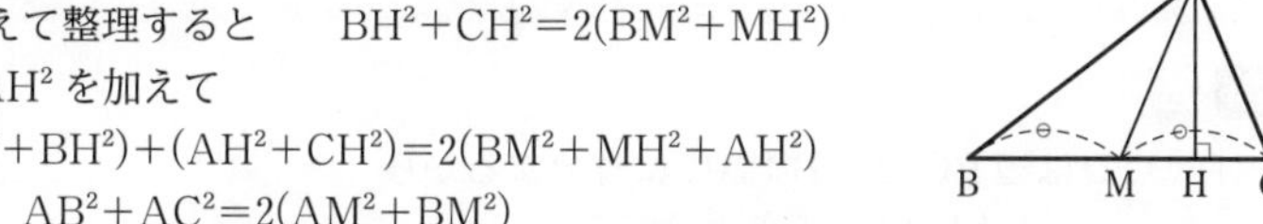

両辺を加えて整理すると　　$BH^2+CH^2=2(BM^2+MH^2)$
両辺に$2AH^2$を加えて

$(AH^2+BH^2)+(AH^2+CH^2)=2(BM^2+MH^2+AH^2)$

よって　　$AB^2+AC^2=2(AM^2+BM^2)$
点Hが線分MB上またはMBのBを越える延長上にあるときも同様に証明できる。

注意　上の図の垂線AHのように，問題解決のために新たに付け加える線分や直線のことを **補助線** という。

CHECK & CHECK

14　線分ABを1：4に内分する点Pと外分する点Qを下の図に記入せよ。　1

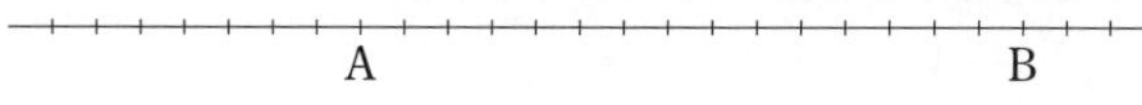

15　AB=4，BC=5，CA=2である△ABCの∠Aの二等分線と辺BCの交点をDとする。このとき，線分BDの長さを求めよ。　2

16　△ABCの外心をO，内心をI，重心をGとする。下の図の角α，βと線分の長さx，yを求めよ。　3

(1)
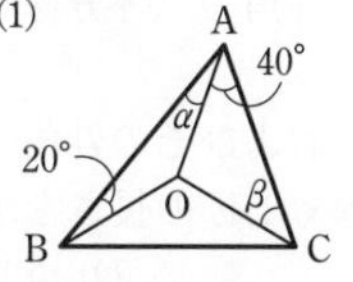

(2)
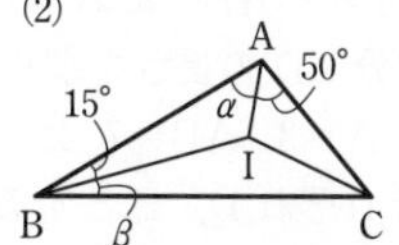

(3)
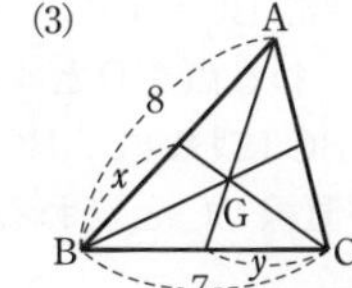

基本 例題 64 三角形の角の二等分線と比

(1) AB=3, BC=4, CA=6 である △ABC において，∠A の外角の二等分線が直線 BC と交わる点をDとする。線分 BD の長さを求めよ。

(2) AB=4, BC=3, CA=2 である △ABC において，∠A およびその外角の二等分線が直線 BC と交わる点を，それぞれ D，E とする。線分 DE の長さを求めよ。

p.361 基本事項 2

CHART & SOLUTION

三角形の角の二等分線によってできる線分比

(線分比)=(三角形の 2 辺の比)

内角の二等分線による線分比 ⟶ 内分

外角の二等分線による線分比 ⟶ 外分

右の図で，いずれも　**BP：PC=AB：AC**

各辺の大小関係を，できるだけ正確に図にかいて考える。

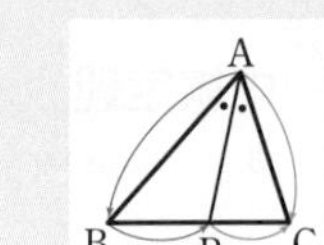

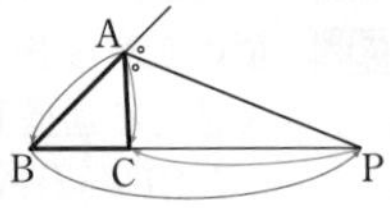

解答

(1) 点Dは辺 BC を AB：AC に外分するから

BD：DC=AB：AC

AB：AC=1：2 であるから　⇐ AB：AC=3：6

BD：DC=1：2

よって　BD=BC=**4**　⇐ BD：DC=1：2 から BD：BC=1：1

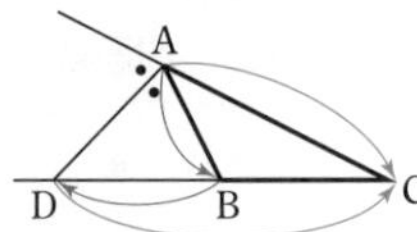

(2) 点Dは辺 BC を AB：AC に内分するから

BD：DC=AB：AC=2：1　⇐ AB：AC=4：2

ゆえに　$DC=\frac{1}{2+1}\times BC=1$

また，点Eは辺 BC を AB：AC に外分するから

BE：EC=AB：AC

=2：1

ゆえに　CE=BC=3

よって　DE=DC+CE

=1+3=**4**

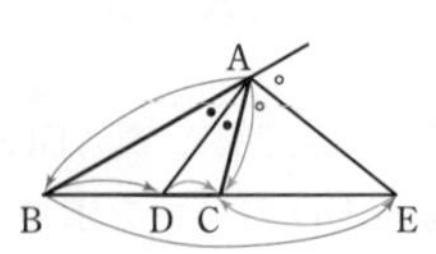

PRACTICE 64❷

(1) AB=8, BC=3, CA=6 である △ABC において，∠A の外角の二等分線が直線 BC と交わる点をDとする。線分 CD の長さを求めよ。

(2) △ABC において，BC=5, CA=3, AB=7 とする。∠A およびその外角の二等分線が直線 BC と交わる点をそれぞれ D，E とするとき，線分 DE の長さを求めよ。

〔(2) 埼玉工大〕

基本 例題 65 角の二等分線と比の利用

△ABC の ∠C, ∠B の二等分線が辺 AB, AC と交わる点を，それぞれ D, E とする。DE∥BC ならば，AB=AC となることを証明せよ。

p. 361 基本事項 2

CHART & SOLUTION

平面図形の証明問題　条件と結論を明確にする

「角の二等分線」と「平行線」に関する条件が与えられている。そして，示すべき結論は「辺の長さが等しい」ことである。条件から結論を示すために，「三角形の角の二等分線と比（定理 1）」と「平行線と線分の比」を利用して，AB, AC を含む比を考える。

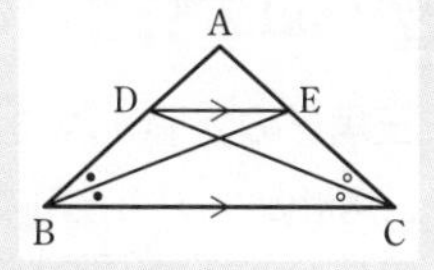

解答

直線 CD は ∠C の二等分線であるから

AD：DB=CA：CB ……①

直線 BE は ∠B の二等分線であるから

AE：EC=BA：BC ……②

一方，DE∥BC であるから

AD：DB=AE：EC ……③

①，③ から

CA：CB=AE：EC ……④

②，④ から

CA：CB=BA：BC

したがって　CA=BA

すなわち　AB=AC

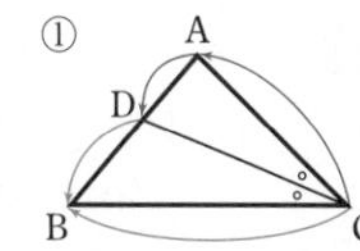

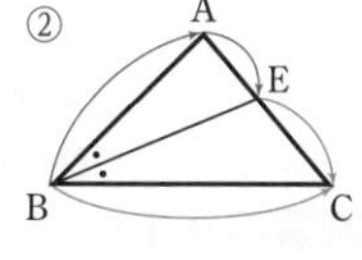

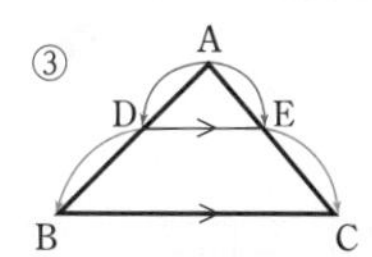

ピンポイント解説　平面図形の証明問題を解く手順

1. 問題文の平面図形に関する用語・記号を四角で囲む。
2. 与えられた条件をもとに図をかく。上の図で，等しい辺や角，平行な線分などに印をつける。場合によっては，補助線を引く。
3. 四角で囲んだ用語・記号から，適用できる定理の候補をあげ，その中から結論を示すのにふさわしいものはどれなのかを考える。そして，図を参照しながら，式を立てる。

この例題では……

∠C, ∠B の二等分線
⟹ 定理 1（三角形の角の二等分線と比）

DE∥BC
⟹ 平行線と線分の比

PRACTICE 65③

△ABC において，辺 BC の中点をMとし，∠AMB, ∠AMC の二等分線が辺 AB, AC と交わる点をそれぞれ D, E とする。このとき，DE∥BC であることを証明せよ。

基本 例題 66 三角形の外心

△ABC の外心をOとする。
右の図の角 α, β を求めよ。

(1)

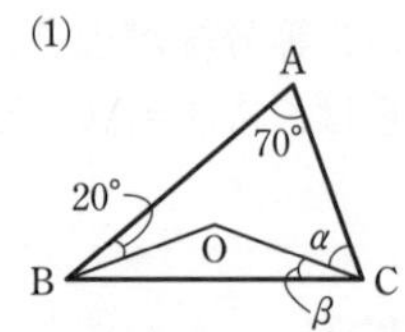

(2)

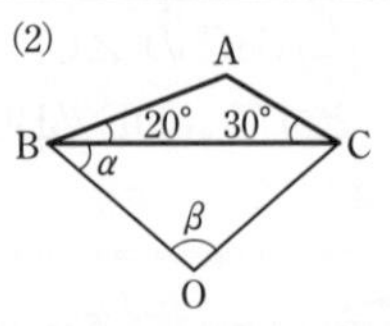

p. 362 基本事項 3

CHART & SOLUTION

三角形の外心　かくれている二等辺三角形を見つける

三角形の外心(外接円の中心)が 3 つの頂点から等距離にあることを利用。例えば，(1) において OA=OB であり，△OAB は OA=OB の二等辺三角形となる。(2) では，**外接円を考え**，円周角の定理を利用する。

解答

(1) ∠OAB=∠OBA=20° であるから

∠OAC=50°

よって　$\boldsymbol{\alpha=\angle OAC=50°}$　⇦ OA=OB

∠OBC=∠OCB=β であるから　⇦ OB=OC

$20°+70°+50°+2\beta=180°$

ゆえに　$\boldsymbol{\beta=20°}$

(1)

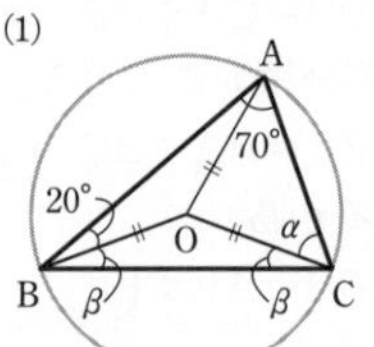

別解 (後半) ∠BOC=2∠BAC=140°　⇦ 円周角の定理を利用。**(中心角)=(円周角)×2**

∠OBC=∠OCB=β であるから

$$\beta=\frac{180°-140°}{2}=\mathbf{20°}$$

(2) ∠BAC=180°−(20°+30°)=130°

よって　$360°-\beta=2\angle BAC=260°$　⇦ 円周角の定理

ゆえに　$\boldsymbol{\beta=100°}$

∠OBC=∠OCB=α であるから　⇦ OB=OC

$$\alpha=\frac{180°-\beta}{2}=\mathbf{40°}$$

(2)

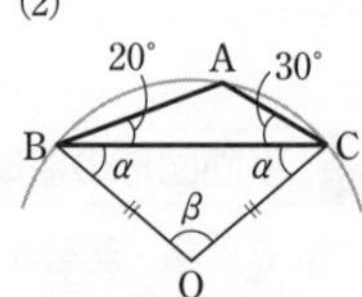

PRACTICE 66②

△ABC の外心をOとする。
右の図の角 α, β を求めよ。

(1)

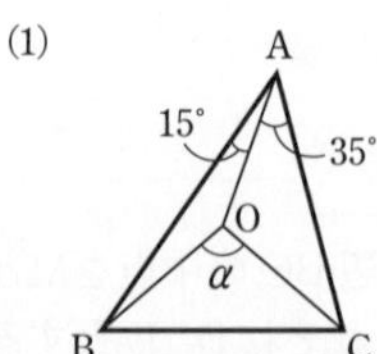

(2)

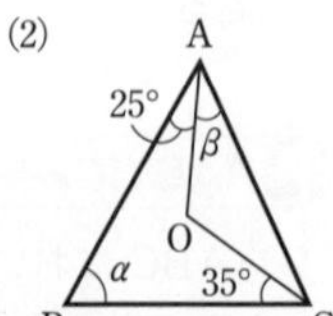

基本 例題 67 三角形の外心と垂心

△ABC の辺 BC, CA, AB の中点をそれぞれ L, M, N とする。△ABC の外心 O は △LMN の垂心であることを，次の 3 つのことを示すことにより証明せよ。ただし，△ABC は鋭角三角形または鈍角三角形とする。

OL⊥NM, ON⊥LM, OM⊥LN

p. 362 基本事項 3, 4

CHART & SOLUTION

三角形の外心と垂心

区別をはっきりと

外心 …… 3 辺の **垂直二等分線の交点**

垂心 …… 3 頂点から対辺またはその延長への **垂線の交点**

また，中点連結定理を利用する。この例題において，例えば △ABC と中点 N, M に対して

AN=NB, AM=MC ⟹ NM∥BC

解答

点 N, M はそれぞれ辺 AB, CA の中点であるから

NM∥BC …… ①

点 O は △ABC の外心であり，点 L は辺 BC の中点であるから

OL⊥BC …… ②

①, ② から OL⊥NM …… ③

同様に，点 L, M はそれぞれ辺 BC, CA の中点であり，ON⊥AB であるから

ON⊥LM …… ④

点 L, N はそれぞれ辺 BC, AB の中点であり，OM⊥CA であるから

OM⊥LN …… ⑤

③, ④, ⑤ から，点 O は △LMN の垂心である。

鋭角三角形

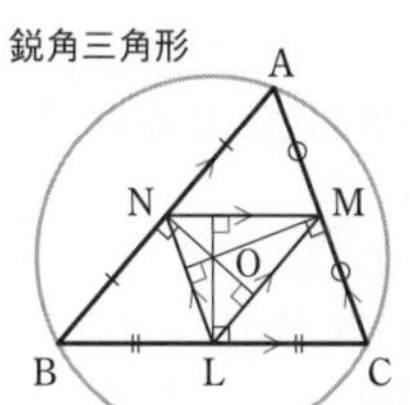

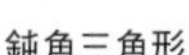

鈍角三角形

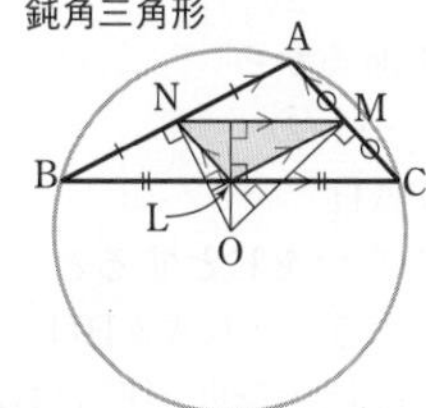

点 O が △ABC の外心
⟹ 点 O は辺 BC の垂直二等分線上にある。

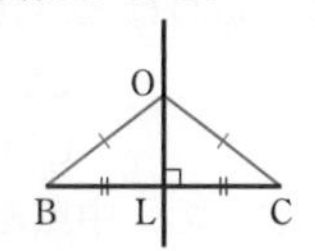

inf. △ABC が ∠A=90° の直角三角形の場合，△LMN は ∠L=90° の直角三角形となり，△ABC の外心 O（点 L）は △LMN の垂心となる。

inf. 単に「O が △LMN の垂心であることを証明せよ」という場合は，左の解答において，③～⑤ のうち 2 つを示せばよい。

PRACTICE 67③

外心と垂心が一致する △ABC は正三角形であることを証明せよ。

基本 例題 68 三角形の外心，垂心の利用

鋭角三角形 ABC の垂心をH，外心をOとし，Oから辺 BC に下ろした垂線を OM とする。また，△ABC の外接円の周上に点Kをとり，線分 CK が円の直径になるようにする。このとき，次のことを証明せよ。

(1) BK=2OM　　(2) 四角形 AKBH は平行四辺形である

(3) AH=2OM

p. 362 基本事項 3，4

CHART & THINKING

三角形の外心，垂心の利用　直角を有効利用する

(1) BK=2OM の式に現れる点に着目する。外心Oは直径 CK の中点である。また，OM は辺 BC の垂直二等分線である。
⟶ 点O，M が辺の中点である △BCK に着目しよう。すると，どのような定理を利用すればよいだろうか？ ……❗

(2) 四角形 AKBH は辺の長さの情報がないから，2 組の対辺の平行を示そう。

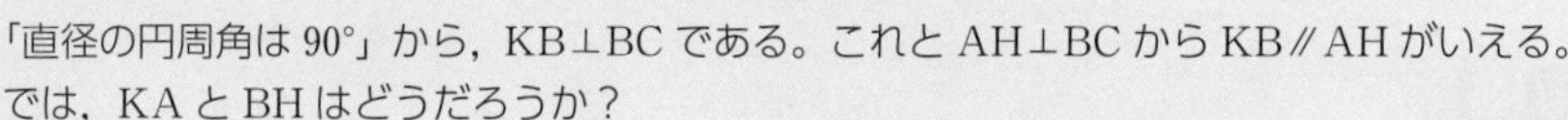

「直径の円周角は 90°」から，KB⊥BC である。これと AH⊥BC から KB∥AH がいえる。
では，KA と BH はどうだろうか？

解答

(1) 点Oは △ABC の外心であるから

CO=OK

CM=BM

❗ よって，中点連結定理により

BK=2OM

(2) AH と BC の交点をDとすると

AD⊥BC ……①

CK は外接円の直径であるから

KB⊥BC ……②

①，② から　KB∥AH

同様に，BH と AC の交点をEとすると，

KA⊥AC，BE⊥AC から　KA∥BH

ゆえに，四角形 AKBH は平行四辺形である。

(3) (2) から　BK=AH

(1) より，BK=2OM であるから

AH=2OM

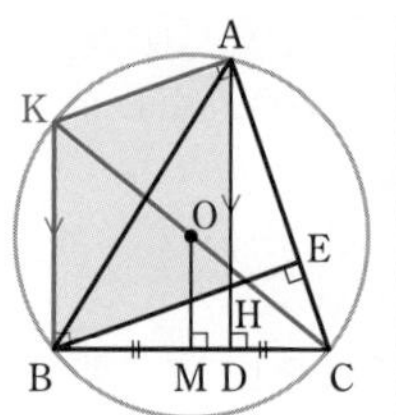

⇐ △ABC の外接円の半径。

⇐ OM は辺 BC の垂直二等分線。

⇐ 点Hは △ABC の垂心。

inf. この例題の結果は，△ABC が鈍角三角形のときも成り立つ。

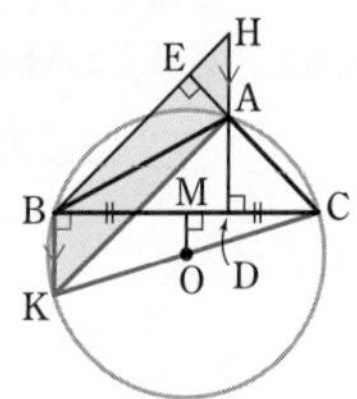

PRACTICE 68❸

鋭角三角形 ABC の垂心をH，外心をOとし，辺 BC の中点をM，線分 AH の中点をNとする。線分 MN の長さは △ABC の外接円の半径に等しいことを，AH=2OM が成り立つことを用いて証明せよ。

基本 例題 69 三角形の内心

(1) 図において，点 I は △ABC の内心である。$\angle A=x$，$\angle BIC=y$ とするとき，y を x で表せ。

(2) △ABC の内心を I とし，直線 AI と辺 BC の交点を D とする。AB=8，BC=7，AC=4 であるとき，AI：ID を求めよ。

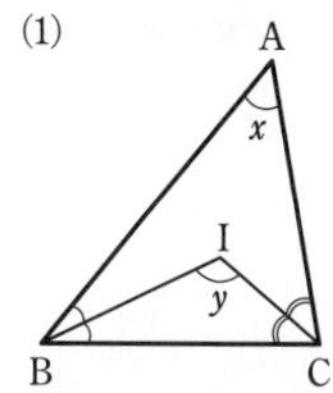

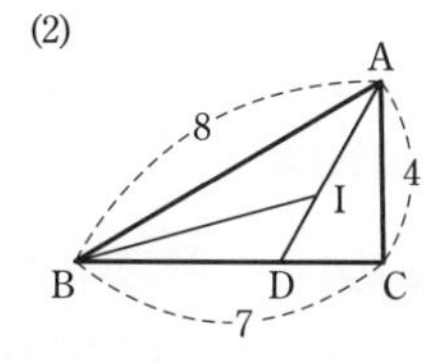

基本 64

CHART & SOLUTION

三角形の内心　角の二等分線に注目 ……❗

(1) 直線 BI，CI はそれぞれ ∠B，∠C の二等分線である。

(2) 角の二等分線によって，辺の比が線分の比に移る。△ABC において，直線 AD (AI) は ∠A の二等分線であるから　BD：DC=AB：AC

解答

(1) $y=180°-\left(\dfrac{1}{2}\angle B+\dfrac{1}{2}\angle C\right)=180°-\dfrac{1}{2}(\angle B+\angle C)$

$=180°-\dfrac{1}{2}(180°-\angle A)=180°-90°+\dfrac{x}{2}=\mathbf{90°+\dfrac{x}{2}}$

❗ (2) △ABC において，直線 AD は ∠A の二等分線であるから　BD：DC=AB：AC=2：1

よって　$BD=\dfrac{2}{3}BC=\dfrac{14}{3}$

❗ △ABD において，直線 BI は ∠B の二等分線であるから

$AI:ID=BA:BD=8:\dfrac{14}{3}=\mathbf{12:7}$

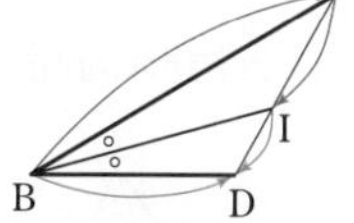

注意　後半は，直線 CI が ∠C の二等分線であることに着目し，$AI:ID=CA:CD=4:\dfrac{7}{3}=\mathbf{12:7}$ としてもよい。

⇦ BI は ∠B の二等分線。

⇦ 内角の和は 180°

(2) 内心 I と頂点 B を結ぶ。

⇦ AB：AC=8：4

⇦ (線分比)＝(三角形の 2 辺の比)

PRACTICE 69❷

△ABC の内心を I とする。

(1) 右の図の角 x を求めよ。

(2) 直線 BI と辺 AC の交点を E とする。AB=8，BC=7，AC=4 であるとき，BI：IE を求めよ。

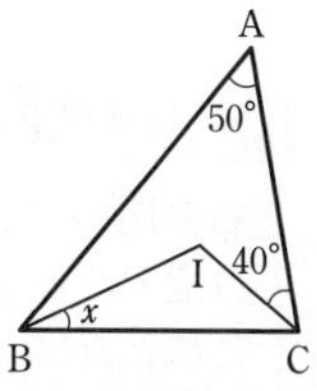

基本 例題 70 三角形の重心と面積比

右の図の△ABC において，点 M，N をそれぞれ辺 BC，AB の中点とし，線分 AM と CN の交点をGとする。
このとき，△GNM と△ABC の面積比を求めよ。

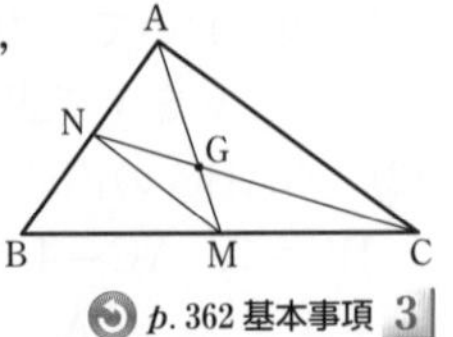

p. 362 基本事項 3

CHART & SOLUTION

三角形の重心　2：1 の比，辺の中点の活用

3 本の中線は，重心によって 2：1 に内分される。
2 つの三角形の面積比については，以下を利用する。
高さが等しい ⟶ 底辺の長さの比　　底辺の長さが等しい ⟶ 高さの比

解答

点Gは△ABC の重心であるから　　AG：GM＝2：1

⇐ 三角形の 2 本の中線は，重心で交わる。

よって　　$\triangle \mathrm{GNM}=\dfrac{1}{3}\triangle \mathrm{ANM}$ ……①

また，点Nは辺 AB の中点であるから

$\triangle \mathrm{ANM}=\dfrac{1}{2}\triangle \mathrm{ABM}$ ……②

⇐ △ANM と△ABM の比は AN：AB＝1：2

更に，点Mは辺 BC の中点であるから

$\triangle \mathrm{ABM}=\dfrac{1}{2}\triangle \mathrm{ABC}$ ……③

⇐ △ABM と△ABC の比は BM：BC＝1：2

①，②，③ から

$$\triangle \mathrm{GNM}=\frac{1}{3}\triangle \mathrm{ANM}=\frac{1}{3}\cdot\frac{1}{2}\triangle \mathrm{ABM}=\frac{1}{3}\cdot\frac{1}{2}\cdot\frac{1}{2}\triangle \mathrm{ABC}=\frac{1}{12}\triangle \mathrm{ABC}$$

よって　　△GNM：△ABC＝**1：12**

INFORMATION　三角形の面積比

等高 ⟶底辺の比
△ABD：△ABC
＝BD：BC

等底 ⟶高さの比
△PBC：△ABC
＝PD：AD
△ABP：△ACP
＝BD：DC

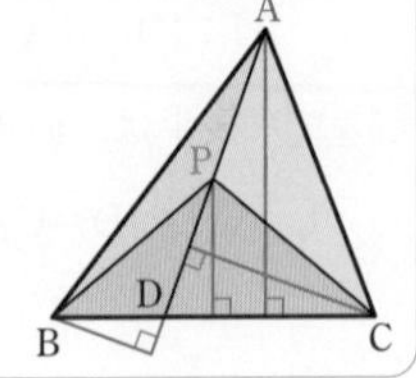

PRACTICE 70❷

右の図の△ABC において，G は△ABC の重心で線分 GD は辺 BC と平行である。
このとき，△DBC と△ABC の面積比を求めよ。

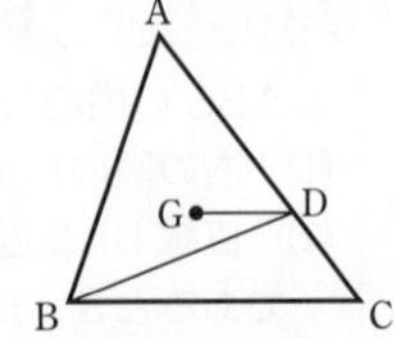

振り返り 外心・内心・垂心・重心の性質とその利用

三角形には外心・内心・垂心・重心と，いろいろな点がありますが，問題によってどの点のどんな性質に着目すればよいかわかりにくいです。

大切なのは，外心・内心・垂心・重心，それぞれの定義をしっかり押さえることです。そのとき，性質と関連付けて理解しましょう。

まず，それぞれの定義を，性質とともに確認しよう。

外心…… 3辺の 垂直二等分線 の交点
性　質・各頂点から等距離 にある
・外接円 の中心
利用例・二等辺三角形の性質の利用　(→ 基本例題 **66**)
・垂直二等分線の性質の利用　(→ 基本例題 **67**)
・外接円をかいて **円の性質** を利用　(→ 基本例題 **68**)

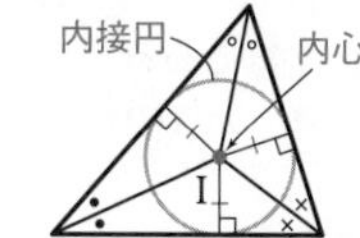

内心…… 3つの 内角の二等分線 の交点
性　質・各辺から等距離 にある
・内接円 の中心
利用例・**角の二等分線の比の性質** の利用　(→ 基本例題 **69**)

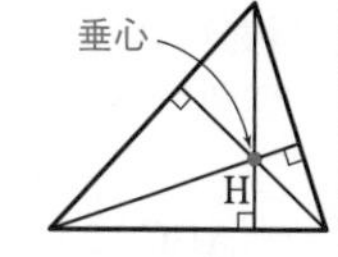

垂心…… 3頂点から対辺またはその延長への 垂線 の交点
利用例・垂線を引いて直角を利用　(→ 基本例題 **68**)

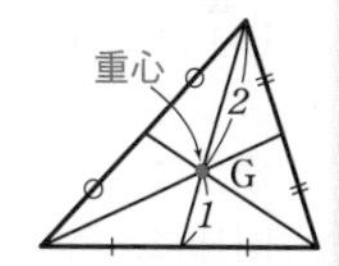

重心…… 3本の 中線 の交点
性　質・3本の中線を 2：1 に内分 する
利用例・**中線と辺の交点は辺の中点** であることの利用
(→ 基本例題 **70**)

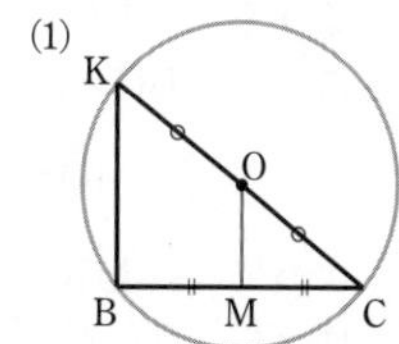

次に，基本例題 **67** を振り返ってみよう。
(1) では，外心の定義から，直線 OM が辺 BC の垂直二等分線であることに着目した。
(2) では，垂心の定義から，AH⊥BC，BH⊥CA であることと，「直径の円周角は 90°」を用いて，2組の対辺の平行を示した。
いずれも，外心，垂心の定義から考えて，証明の方針を立てていることがわかる。

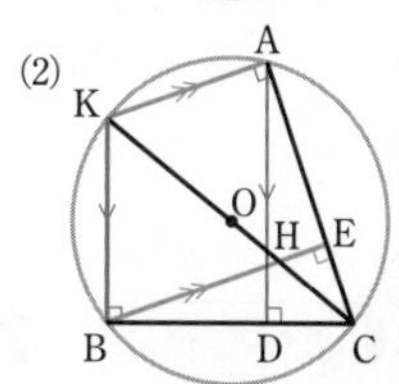

他に，基本例題 **70** も振り返ろう。重心という用語は現れないが，2本の中線に着目し重心が関係すると考えた。そして，重心の性質「2：1 の内分」を利用し，面積比を求めている。

数学の用語は，定義の意味を理解することが大切です。その上で，場面に応じて性質を使い分けましょう。では早速，ここで学んだことを用いて，次のページの例題を考えてみましょう。

3章 7 三角形の辺の比、外心、内心、重心

基本 例題 71　三角形の重心の利用

平行四辺形 ABCD の辺 BC の中点を E，辺 CD の中点を F とし，線分 AE，AF と対角線 BD の交点をそれぞれ M，N とすると

BM＝MN＝ND

であることを証明せよ。

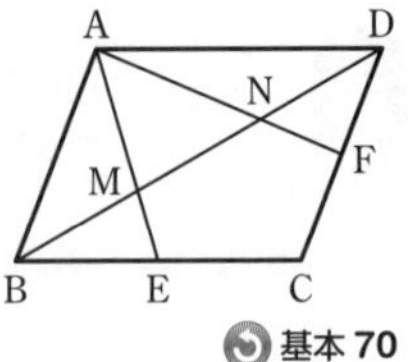

基本 70

CHART & THINKING

三角形の重心の利用　中点 ⟶ 中線 ⟶ 重心の活用

まず，平行四辺形に着目しよう。ある補助線を 1 本引くと，中点が現れる。どこに補助線を引けばよいだろうか？

⟶ 対角線 AC を引くとよい。AC，BD の交点を O とすると，O は AC と BD の中点であるから，AE，BO はともに △ABC の中線である。よって，点 M は重心であるから，BM：MO がわかる。△ACD ではどうだろうか？

平行四辺形の対角線は中点で交わる。

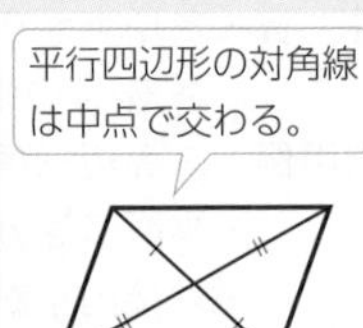

解答

線分 AC，BD の交点を O とする。

四角形 ABCD は平行四辺形であるから

AO＝OC，BO＝OD

△ABC において，点 M は中線 AE，BO の交点であるから，重心である。

よって　BM：MO＝2：1

ゆえに　BM＝2MO ……①

同様に，△ACD において，点 N は中線 AF，DO の交点であるから　DN＝2NO ……②

ここで，BO＝OD であるから

$$MO=\frac{1}{3}BO=\frac{1}{3}OD=ON$$

よって　MN＝MO＋ON＝2MO＝2ON ……③

ゆえに，①，②，③ から

BM＝2MO＝MN＝2ON＝ND

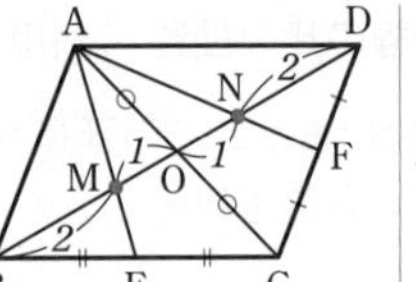

⇐ 2 本の対角線はそれぞれの中点で交わる。

⇐ **重心は 2 本の中線で決まる。**

⇐ 点 N は △ACD の重心。

⇐ ①，③ から BM＝2MO＝MN
②，③ から MN＝2ON＝ND

PRACTICE 71❸

平行四辺形 ABCD において，辺 BC の中点を M とし，AM と BD の交点を E とする。

このとき，△BME の面積と平行四辺形 ABCD の面積の比を求めよ。

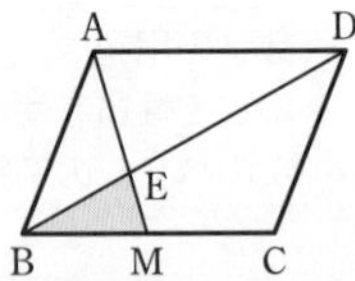

重要 例題 72 共点問題

AD∥BC である台形 ABCD において，辺 BC，DA を等しい比 $m:n$ に内分する点をそれぞれ P，Q とする。このとき，3 直線 AC，BD，PQ は 1 点で交わることを証明せよ。

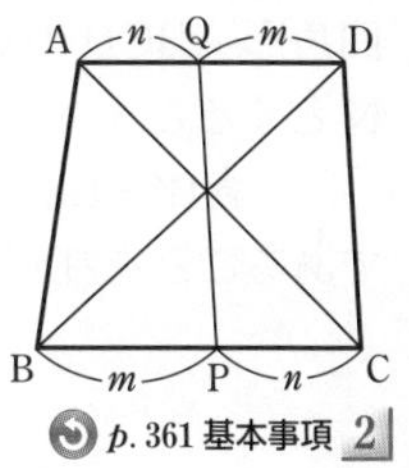

p. 361 基本事項 2

CHART & SOLUTION

3 直線が共点であることの証明

1 2 直線の交点を第 3 の直線が通る

2 2 直線ずつの交点が一致する

3 本以上の直線が **1 点で交わる** とき，これらの直線は **共点** であるという。
この例題では 2 の方針で，すなわち，「AC と BD の交点を R，AC と PQ の交点を R′ とするとき，点 R と点 R′ が一致する」ことを証明する。

解答

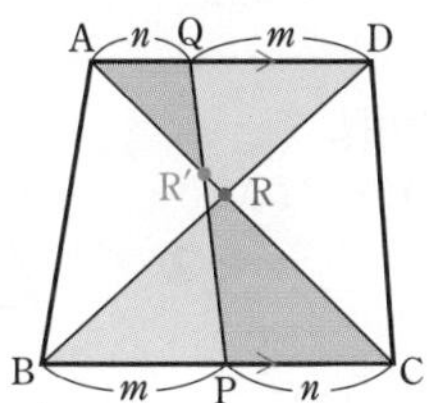

AC と BD の交点を R とすると

$\mathrm{AR:RC=AD:BC}$ ……①

AC と PQ の交点を R′ とすると

$\mathrm{AR':R'C=AQ:PC}$ ……②

ここで

$$\mathrm{AQ}=\frac{n}{m+n}\mathrm{AD},$$

$$\mathrm{PC}=\frac{n}{m+n}\mathrm{BC}$$

② に代入すると

$$\mathrm{AR':R'C}=\frac{n}{m+n}\mathrm{AD}:\frac{n}{m+n}\mathrm{BC}$$

$$=\mathrm{AD:BC} \quad ……③$$

よって，①，③ から

$\mathrm{AR:RC=AR':R'C}$

ゆえに，点 R と点 R′ は一致する。
したがって，3 直線 AC，BD，PQ は 1 点で交わる。

⇦ AD∥BC であるから，平行線と線分の比の性質を利用できる。

⇦ $\mathrm{AQ:QD}=n:m$
$\mathrm{PC:BP}=n:m$

⇦ R，R′ はともに線分 AC 上の点で，線分 AC を同じ比に内分する点。

PRACTICE 72③

AD∥BC，AD≠BC である台形 ABCD において，辺 AD，BC を等しい比 $m:n$ に内分する点をそれぞれ P，Q とする。このとき，3 直線 AB，CD，PQ は，1 点で交わることを証明せよ。

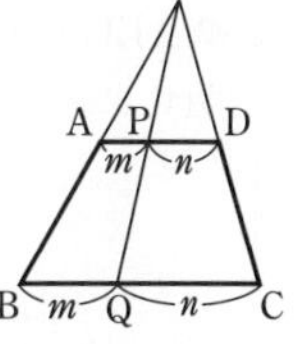

重要 例題 73 中線定理の利用

四角形 ABCD の対角線 BD, AC の中点をそれぞれ M, N とすると

$$AB^2+BC^2+CD^2+DA^2=AC^2+BD^2+4MN^2$$

であることを証明せよ。

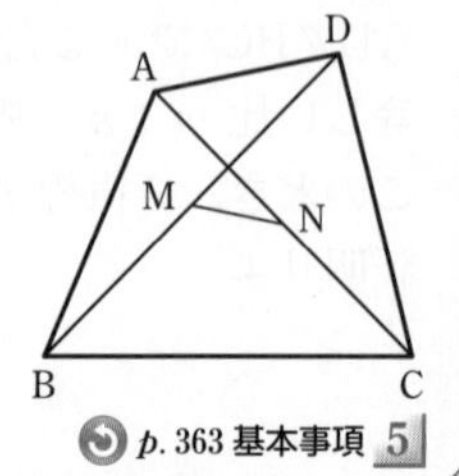

p. 363 基本事項 5

CHART & SOLUTION

(線分)² の問題

中線があれば中線定理

△ABD(中線 AM), △CDB(中線 CM), △MCA(中線 MN) に中線定理を適用して，証明すべき等式を導けばよい。

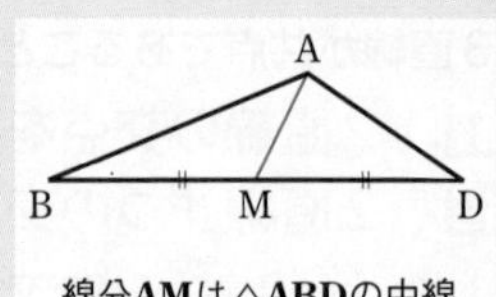

線分AMは△ABDの中線

解答

△ABD に中線定理を適用して

$AB^2+AD^2=2AM^2+2BM^2$ …… ①

△CDB に中線定理を適用して

$CD^2+CB^2=2CM^2+2BM^2$ …… ②

①+② から

$AB^2+BC^2+CD^2+DA^2$
$=2AM^2+4BM^2+2CM^2$

ここで，△MCA に中線定理を適用して

$MA^2+MC^2=2MN^2+2AN^2$

ゆえに

$$\begin{aligned}AB^2+BC^2+CD^2+DA^2&=2(AM^2+CM^2)+4BM^2\\&=2(2MN^2+2AN^2)+4BM^2\\&=4AN^2+4BM^2+4MN^2\\&=AC^2+BD^2+4MN^2\end{aligned}$$

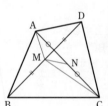

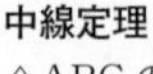

中線定理

△ABC の辺 BC の中点を M とすると

AB^2+AC^2
$=2(AM^2+BM^2)$

補助線 AM, CM, MN を引くとわかりやすい。

inf. 補助線 BN, DN, MN を引き，△BCA, △DAC, △NBD に中線定理を適用しても証明できる。

⇐ $4AN^2=(2AN)^2=AC^2$
$4BM^2=(2BM)^2=BD^2$

PRACTICE 73 ❸

△ABC の重心を G とするとき，次の等式が成り立つことを証明せよ。

$$AB^2+BC^2+CA^2=3(AG^2+BG^2+CG^2)$$

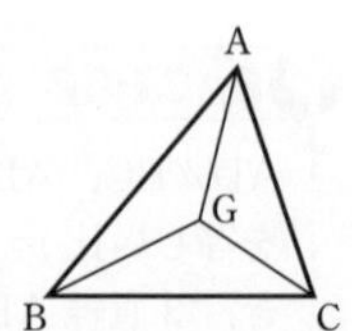

EXERCISES　7 三角形の辺の比，外心，内心，重心

A

56 ❷ △ABC の辺 BC の中点をMとし，∠AMB，∠AMC の二等分線が辺 AB，AC と交わる点を D，E とする。このとき，線分 DE の長さを求めよ。
ただし，BC=60，AM=20 とする。 64, 65

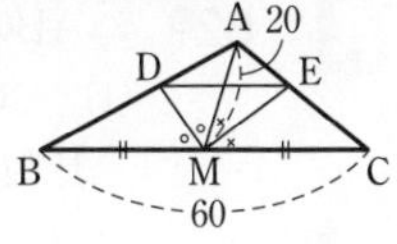

57 ❸ △ABC の ∠A の二等分線と辺 BC との交点Dは，辺 BC を AB：AC に内分する。このことを，次の 2 つの方法により，それぞれ証明せよ。

(1) 頂点Cを通る，直線 AB に平行な直線と直線 AD の交点をEとするとき，△ABD と △ECD に着目する。

(2) 点Dから直線 AB，AC に垂線を下ろし，△ABD と △ACD の面積に着目する。 65

58 ❸ △ABC において，外心Oの，辺 BC，CA，AB に関する対称点をそれぞれ P，Q，R とするとき，O は △PQR の垂心であることを証明せよ。 67, 68

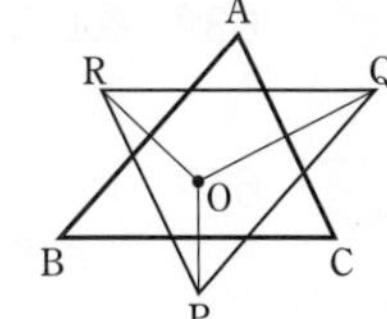

59 ❸ △ABC において，辺 BC，CA，AB に関して，内心 I と対称な点をそれぞれ P，Q，R とするとき，I は △PQR についてはどのような点か。 69

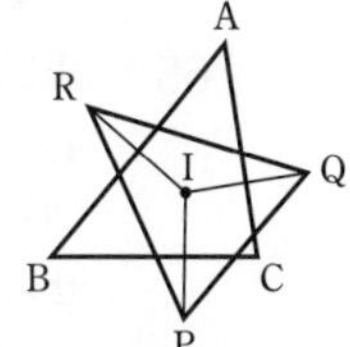

60 ❸ △ABC の頂点Aにおける内角の二等分線と，頂点Bにおける外角の二等分線と，頂点Cにおける外角の二等分線は 1 点で交わることを証明せよ。
p.362 4

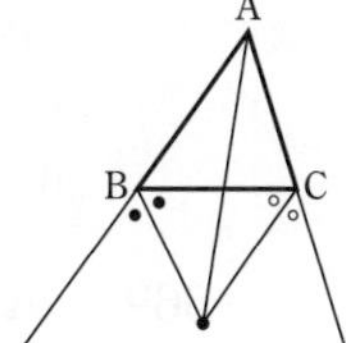

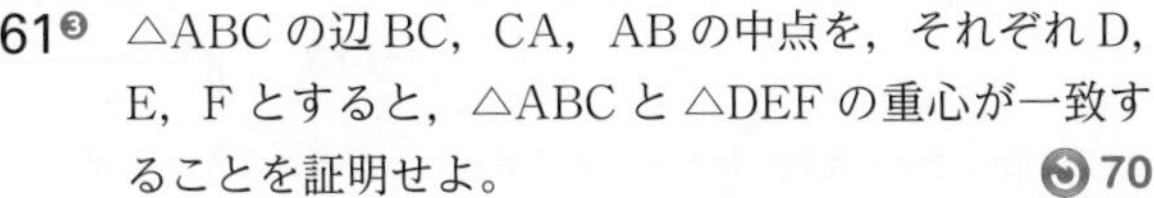

61 ❸ △ABC の辺 BC，CA，AB の中点を，それぞれ D，E，F とすると，△ABC と △DEF の重心が一致することを証明せよ。 70

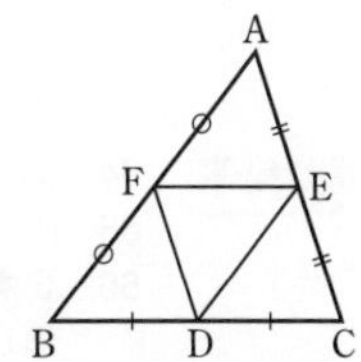

EXERCISES　7 三角形の辺の比，外心，内心，重心

A

62❸ △ABC の重心を G，外心を O，内心を I とする。

(1) BC>CA>AB のとき，△GBC，△GCA，△GAB の面積の大きさを比較すると，次のようになる。

△GBC ア□ △GCA ア□ △GAB

ア□ に当てはまるものを，次の ① ～ ③ のうちから 1 つ選べ。

① ＜　　② ＝　　③ ＞

(2) $\angle A=2a$，$\angle B=2b$，$\angle C=2c$ とすると，∠BIC＝イ□°＋ウ□ である。ゆえに，∠BIC＝125° のとき，∠BOC＝エ□° である。ただし，ウ□ については，当てはまるものを，次の ① ～ ⑥ のうちから 1 つ選べ。

① a　② b　③ c　④ $2a$　⑤ $2b$　⑥ $2c$

66, 69, 70

63❸ 重心と垂心が一致する △ABC は正三角形であることを証明せよ。

67, 70

B

64❹ (1) △ABC の内心を I とする。このとき，△ABI：△BCI：△CAI の比を求めよ。

(2) △ABC の内部に 1 点 P がある。△ABP＝△BCP＝△CAP の場合，P は △ABC のどのような点か。

69, 70

65❸ 正三角形でない △ABC の外心を O，重心を G，垂心を H とするとき，G は線分 OH 上にあって，OG：GH＝1：2 となることを，以下に従って証明せよ。

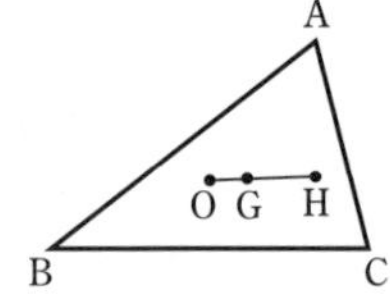

(1) 辺 BC の中点を L，線分 GH，AG の中点をそれぞれ M，N とするとき，四角形 OLMN は平行四辺形になることを証明せよ。ただし，AH＝2OL であることを利用してよい。

(2) 点 G は線分 OH 上にあることを証明せよ。

(3) OG：GH＝1：2 を証明せよ。

68, 71

66❹ △ABC の重心を G とするとき，△ABC の辺，中線およびそれらの延長上にない任意の点 P に対して，次の等式が成り立つことを証明せよ。

$$AP^2+BP^2+CP^2=AG^2+BG^2+CG^2+3GP^2$$

73

HINT

64 (2) 2 つの三角形の面積の比較には，どの辺を底辺として考えるかが重要。

65 (1) 1 組の平行で長さの等しい対辺の存在を示す。

66 まず，辺 BC の中点を L，線分 AG の中点を M とする。そして，いくつかの三角形に分解して，中線定理を適用する。⟶ **中線があれば中線定理**

8 三角形のいろいろな定理

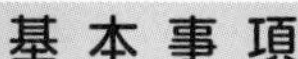

1 チェバの定理

定理 9　△ABC の 3 頂点 A，B，C と，三角形の辺上にもその延長上にもない点Oを結ぶ直線が，辺 BC，CA，AB またはその延長と交わるとき，交点をそれぞれ P，Q，R とすると

$$\frac{\mathbf{BP}}{\mathbf{PC}}\cdot\frac{\mathbf{CQ}}{\mathbf{QA}}\cdot\frac{\mathbf{AR}}{\mathbf{RB}}=\mathbf{1}$$

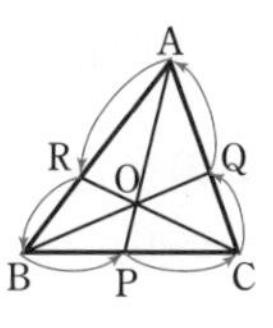

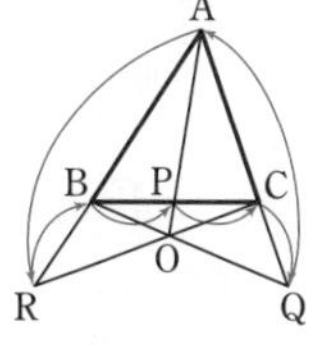

補足　右の図のように，定理における点Oは，三角形の外部にある場合もある。

2 チェバの定理の逆

定理 10　△ABC の辺 BC，CA，AB またはその延長上に，それぞれ点 P，Q，R があり，この 3 点のうちの 1 個または 3 個が辺上にあるとする。このとき，BQ と CR が交わり，かつ

$$\frac{BP}{PC}\cdot\frac{CQ}{QA}\cdot\frac{AR}{RB}=1$$

が成り立つならば，**3 直線 AP，BQ，CR は 1 点で交わる。**

解説　点 Q，R はともに辺上にあるか，辺上にないものとすると，点Pは辺 BC 上の点である。
2 直線 BQ，CR の交点をOとする。このとき，Oは 2 直線 AB，AC によってできる ∠BAC またはその対頂角の内部にあるから，直線 AO は辺 BC と交わる。
その交点を P′ とすると，チェバの定理

により　$\frac{BP'}{P'C}\cdot\frac{CQ}{QA}\cdot\frac{AR}{RB}=1$

仮定から　$\frac{BP}{PC}\cdot\frac{CQ}{QA}\cdot\frac{AR}{RB}=1$

ゆえに　$\frac{BP'}{P'C}=\frac{BP}{PC}$

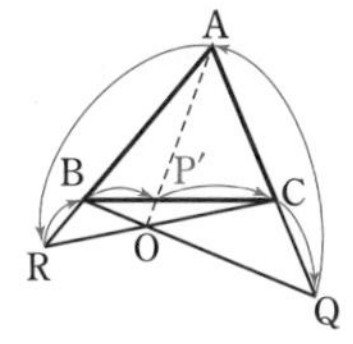

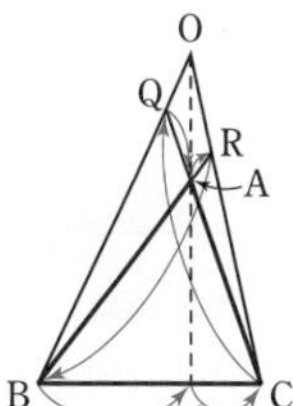

P，P′ はともに辺 BC 上にあるから，P′ はPに一致する。
よって，3 直線 AP，BQ，CR は 1 点Oで交わる。

3 メネラウスの定理

定理 11　△ABC の辺 BC，CA，AB またはその延長が，三角形の頂点を通らない 1 つの直線とそれぞれ点 P，Q，R で交わるとき

$$\frac{\mathbf{BP}}{\mathbf{PC}}\cdot\frac{\mathbf{CQ}}{\mathbf{QA}}\cdot\frac{\mathbf{AR}}{\mathbf{RB}}=\mathbf{1}$$

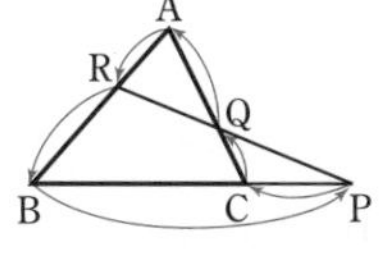

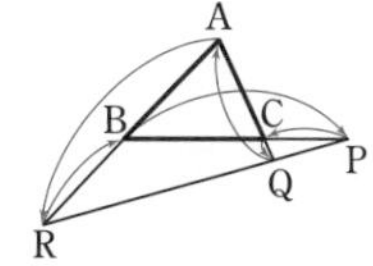

補足　右の図のように，点 P，Q，R が辺の延長上にある場合もある。

4 メネラウスの定理の逆

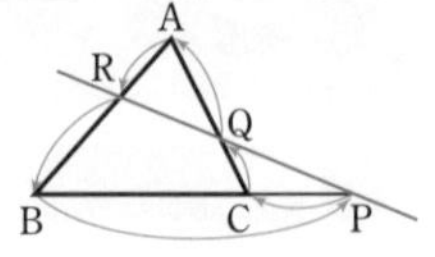

定理 12　△ABC の辺 BC，CA，AB またはその延長上に，それぞれ点 P，Q，R があり，この 3 点のうちの 1 個または 3 個が辺の延長上にあるとする。このとき

$$\frac{BP}{PC}\cdot\frac{CQ}{QA}\cdot\frac{AR}{RB}=1$$

が成り立つならば，**P，Q，R は 1 つの直線上にある。**

証明は $p.384$ の INFORMATION 参照。

5 三角形の 3 辺の長さの性質

定理 13　1 つの三角形において

1　2 辺の長さの和は，他の 1 辺の長さより大きい。

2　2 辺の長さの差は，他の 1 辺の長さより小さい。

三角形の成立条件　正の数 a，b，c に対して

a，b，c を 3 辺の長さとする三角形が存在する

$\iff$ $\boldsymbol{a<b+c}$，$\boldsymbol{b<c+a}$，$\boldsymbol{c<a+b}$ がすべて成り立つ

$\iff$ $\boldsymbol{|b-c|<a<b+c}$

補足　a，b，c のうち，a が最大であれば，三角形が存在するための条件は，$a<b+c$ だけでよい。

6 三角形の辺と角の大小関係

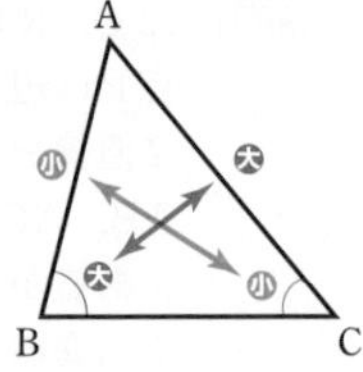

定理 14　1 つの三角形において

1　大きい辺に向かい合う角は，小さい辺に向かい合う角より大きい。

2　大きい角に向かい合う辺は，小さい角に向かい合う辺より大きい。

すなわち　AB＜AC $\iff$ ∠C＜∠B

CHECK & CHECK

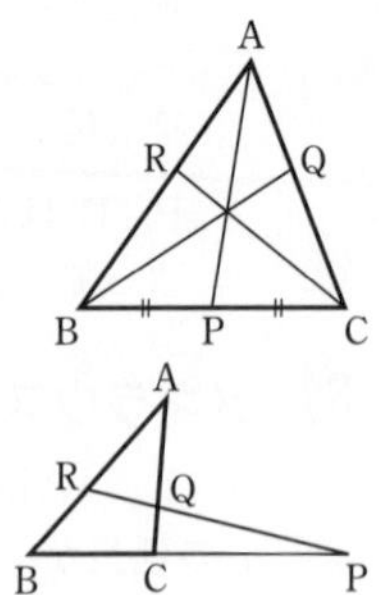

17　右の図において，AR：RB＝3：4，BP＝PC のとき AQ：QC を求めよ。　1

18　右の図において，AR：RB＝3：2，BP：CP＝5：3 のとき CQ：QA を求めよ。　3

19　3 辺の長さが次のような △ABC が存在するかどうかを調べよ。

(1)　AB＝2，BC＝3，CA＝7　　(2)　AB＝4，BC＝6，CA＝7　5

20　AB＝3，BC＝5，CA＝6 である △ABC の 3 つの角の大小を調べよ。　6

基本 例題 74　チェバの定理

(1)　1辺の長さが7の正三角形ABCがある。辺AB，AC上に AD=3，AE=6 となるように2点D，Eをとる。このとき，BEとCDの交点をF，直線AFとBCの交点をGとする。CGの長さを求めよ。

(2)　△ABCにおいて，AB=12，∠Aの二等分線と辺BCの交点をD，辺ABを5：4に内分する点をE，辺ACを5：6に内分する点をFとする。線分AD，CE，BFが1点で交わるとき，辺ACの長さを求めよ。

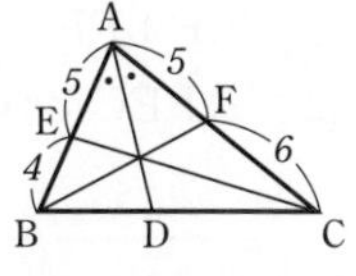

p.377 基本事項 1

CHART & SOLUTION

三角形と1点なら　チェバの定理

(1)　3直線CD，BE，AGは1点Fで交わっている。そこで，チェバの定理を用いて，CGの長さに関する等式を導く。

解答

(1)　CG=x とすると　　BG=$7-x$

チェバの定理により

$$\frac{\text{BG}}{\text{GC}}\cdot\frac{\text{CE}}{\text{EA}}\cdot\frac{\text{AD}}{\text{DB}}=1$$

よって　$\frac{7-x}{x}\cdot\frac{1}{6}\cdot\frac{3}{4}=1$

ゆえに　$x=\frac{7}{9}$　すなわち　CG=$\frac{7}{9}$

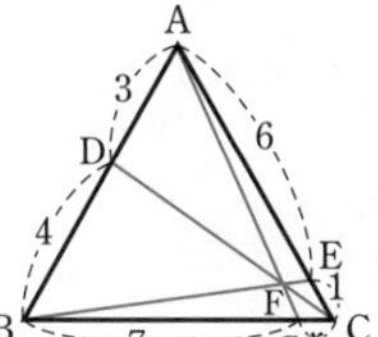

⇦ 3直線CD，BE，AGは1点Fで交わる。

⇦ $\frac{7-x}{x}=8$ から $7-x=8x$

(2)　チェバの定理により　$\frac{\text{BD}}{\text{DC}}\cdot\frac{\text{CF}}{\text{FA}}\cdot\frac{\text{AE}}{\text{EB}}=1$　……①

AE：EB=5：4 から　$\frac{\text{AE}}{\text{EB}}=\frac{5}{4}$　……②

AF：FC=5：6 から　$\frac{\text{CF}}{\text{FA}}=\frac{6}{5}$　……③

ここで AC=x とすると　BD：DC=AB：AC=12：x

ゆえに　$\frac{\text{BD}}{\text{DC}}=\frac{12}{x}$　…④　①～④から　$\frac{12}{x}\cdot\frac{6}{5}\cdot\frac{5}{4}=1$

よって　$x=18$　すなわち　AC=**18**

⇦ 3直線AD，CE，BFは1点で交わる。

⇦ (線分比)=(三角形の2辺の比)

PRACTICE 74❷

△ABCで辺ABを2：3に内分する点をP，辺ACを3：1に内分する点をQ，線分BQとCPの交点をRとする。直線ARと辺BCの交点をMとし，BC=22 であるとき，BMの長さを求めよ。〔類 武蔵大〕

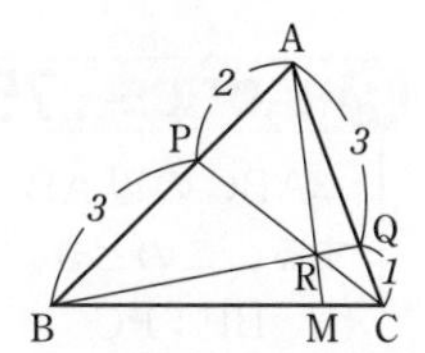

基本 例題 75 メネラウスの定理と三角形の面積比

△ABC の辺 AB を 1：2 に内分する点をD，辺 BC を 4：3 に内分する点を E，AE と CD の交点をFとするとき，次の比をそれぞれ求めよ。

(1) AF：FE

(2) △FEC：△ABC

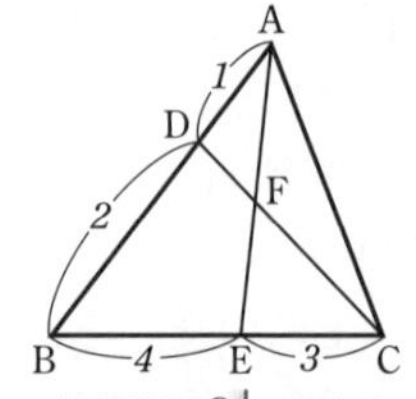

p.377 基本事項 3，基本 70

CHART & SOLUTION

三角形と1直線なら　メネラウスの定理

(1) △ABE の 3 辺またはその延長と直線 CD が交わっている。よって，△ABE と直線 CD についてメネラウスの定理を適用する。

(2) (1) の結果と，**三角形の面積比**

等高ならば底辺の比　等底ならば高さの比

を利用する (p.370 INFORMATION 参照)。

解答

(1) △ABE と直線 CD にメネラウスの定理を用いると

$$\frac{BC}{CE}\cdot\frac{EF}{FA}\cdot\frac{AD}{DB}=1$$

よって　$\frac{7}{3}\cdot\frac{EF}{FA}\cdot\frac{1}{2}=1$

ゆえに　$\frac{EF}{FA}=\frac{6}{7}$

よって　AF：FE=**7：6**

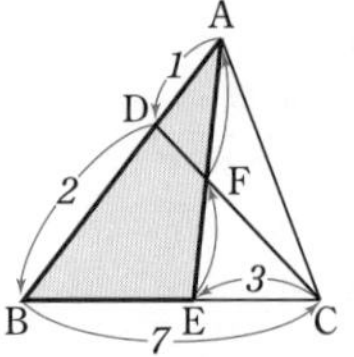

⇦ 求める比は AF：FE であるから，**辺 AE を含む三角形** と **点 F を通る直線** に着目する。

(2) (1) より，AF：FE=7：6 であるから

$$\triangle FEC=\frac{6}{13}\triangle AEC \quad \cdots\cdots ①$$

また，BE：EC=4：3 であるから

$$\triangle AEC=\frac{3}{7}\triangle ABC \quad \cdots\cdots ②$$

② を ① に代入して

$$\triangle FEC=\frac{6}{13}\cdot\frac{3}{7}\triangle ABC=\frac{18}{91}\triangle ABC$$

よって　△FEC：△ABC=**18：91**

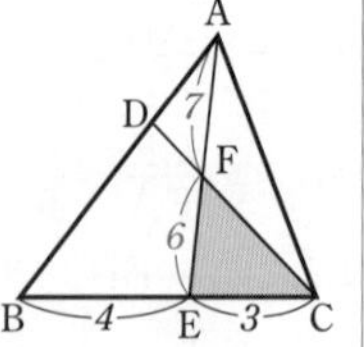

⇦ △FEC，△AEC は底辺をそれぞれ線分 FE，線分 AE とみると，高さが等しいから，面積比は底辺の比 FE：AE=6：(7+6) になる。

PRACTICE 75②

△ABC の辺 AB の中点を M，線分 CM の中点を N，直線 AN と辺 BC の交点を P とする。このとき，次の比をそれぞれ求めよ。

(1) BP：PC　(2) AN：NP　(3) △NPC：△ABC

基本 例題 76 三角形の周の長さとの比較

△ABC の内部の 1 点を P とするとき，

$AP+BP+CP>\frac{1}{2}(AB+BC+CA)$ を証明せよ。

p.378 基本事項 5

CHART & SOLUTION

辺の長さの比較

三角形では (2辺の長さの和)>(他の1辺の長さ)

三角形が存在するとき，常に (**2 辺の長さの和**)>(**他の 1 辺の長さ**) の関係が成り立つ。よって，3 つの三角形 ABP，BCP，CAP について，それぞれ辺の長さを比較する。

解答

△ABP において

$AP+BP>AB$ ……①

△BCP において

$BP+CP>BC$ ……②

△CAP において

$CP+AP>CA$ ……③

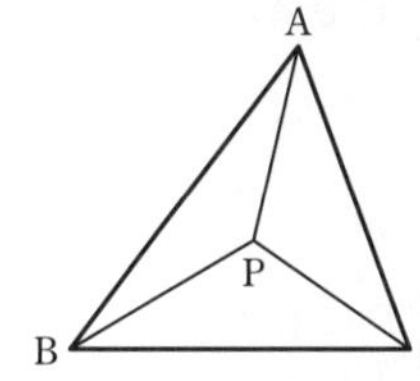

←(2 辺の長さの和)>(他の 1 辺の長さ)

①，②，③ の辺々をそれぞれ加えて

$2(AP+BP+CP)>AB+BC+CA$

よって $AP+BP+CP>\frac{1}{2}(AB+BC+CA)$

← $a>b$，$c>d$，$e>f$ ⟹ $a+c+e>b+d+f$

INFORMATION 凸 n 角形の周の長さとの比較

四角形 ABCD の内部の 1 点を P とし，4 つの三角形 ABP，BCP，CDP，DAP の辺の長さを比較すると，次のことが成り立つ。

$$AP+BP+CP+DP>\frac{1}{2}(AB+BC+CD+DA)$$

同様にして，凸 n 角形 (すべての内角が 180° より小さい n 角形) において，次のことが成り立つ。

(内部の 1 点から各頂点までの長さの和)>$\frac{1}{2}$(辺の長さの和)

PRACTICE 76❷

右の図のように，△ABC の内部の 1 点を T とし，線分 BT 上に点 P，線分 CT 上に点 Q をとる。
このとき，$AB+AC>BP+PQ+QC$ であることを示せ。

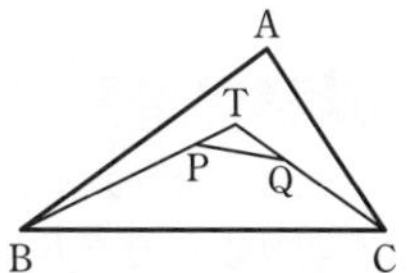

基本 例題 77 三角形の辺と角の大小の利用

△ABC の ∠A の二等分線が辺 BC と交わる点をDとするとき，AB>BD，AC>CD であることを証明せよ。

p.378 基本事項 6

CHART & SOLUTION

辺の長さの比較

角の大小にもち込む

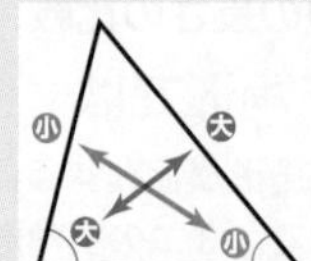

AB と BD の長さを直接比べる手がかりが見つからない。
よって，三角形において

(辺の大小) ⟺ (角の大小)

を利用する。
△ABD において，∠ADB と ∠BAD の大小関係を調べればよい。
AC，CD については △ADC で考える。

解答

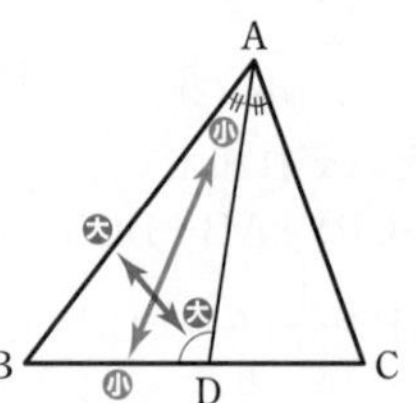

△ADC において，頂点Dにおける外角は，それと隣り合わない 2 つの内角の和に等しいから

∠ADB＝∠CAD＋∠ACD

ここで，∠CAD＝∠BAD であるから

← 直線 AD は ∠BAC の二等分線。

∠ADB＝∠BAD＋∠ACD

よって，△ABD において

∠ADB>∠BAD

← ∠ACD>0°

ゆえに　AB>BD

← (辺の大小) ⟺ (角の大小)

同様に

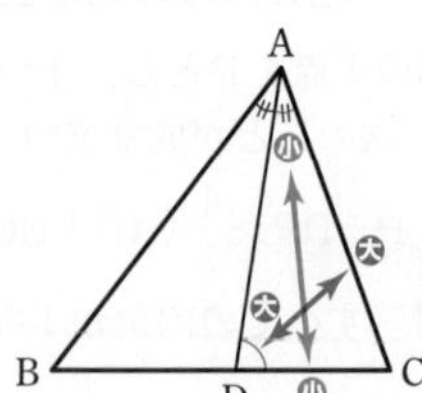

∠ADC＝∠BAD＋∠ABD
＝∠CAD＋∠ABD

← ∠BAD＝∠CAD

よって，△ADC において

∠ADC>∠CAD

← ∠ABD>0°

ゆえに　AC>CD

← (辺の大小) ⟺ (角の大小)

PRACTICE 77②

∠B＝90° の△ABC の辺 BC 上に点Pをとるとき，AB<AP<AC であることを証明せよ。ただし，点Pは頂点 B，C と異なる点とする。

重要 例題 78 チェバの定理の逆

(1) 三角形の3つの中線は1点で交わることをチェバの定理の逆を用いて証明せよ。

(2) △ABCの内接円と3辺BC, CA, ABとの接点を，それぞれP, Q, Rとするとき，3直線AP, BQ, CRは1点で交わる。このことを，チェバの定理の逆を用いて証明せよ。

p.377 基本事項 2

CHART & SOLUTION

チェバの定理の逆

3直線が共点であることの証明のしかたは，p.373で2通り紹介したが，**三角形の各頂点を通る3直線** の場合には，チェバの定理の逆も利用できる。
定理を適用するときは，**仮定** と **結論** に気をつける(下の 注意 参照)。

解答

(1) △ABCの中線をそれぞれAP，BQ，CRとすると，BP=PC，CQ=QA，AR=RB であるから

$$\frac{BP}{PC}\cdot\frac{CQ}{QA}\cdot\frac{AR}{RB}=1 \quad \cdots\cdots (*)$$

よって，チェバの定理の逆により，3直線AP，BQ，CRは1点で交わる。
ゆえに，三角形の3つの中線は1点で交わる。

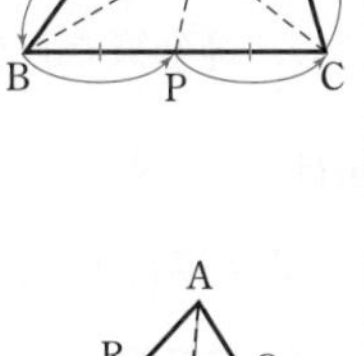

(2) △ABCの内心をIとすると

△IBP≡△IBR

よって　BP=BR=RB

同様に　CQ=PC，AR=QA

以上から
$$\frac{BP}{PC}\cdot\frac{CQ}{QA}\cdot\frac{AR}{RB}=\frac{RB}{PC}\cdot\frac{PC}{QA}\cdot\frac{QA}{RB}=1$$

よって，チェバの定理の逆により，3直線AP，BQ，CRは1点で交わる。

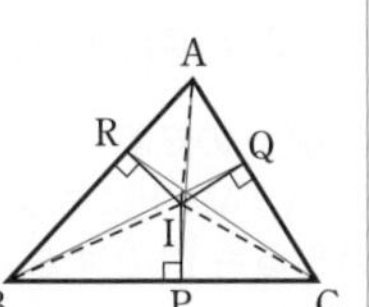

注意　チェバの定理を用いて(*)の式を導いたのではなく，BP=PC，CQ=QA，AR=RB であることより，(*)の左辺の値が1となることを計算で導いている。(*)が成り立つことがわかったから，チェバの定理の逆の仮定が満たされ，3つの中線が1点で交わることが示される。勘違いしやすいが，**仮定** と **結論** を正しく読み取ろう。

PRACTICE 78③

(1) m，n，l は正の数とする。△ABCにおいて，辺BCを $m:n$ に内分する点をP，辺CAを $l:m$ に内分する点をQ，辺ABを $n:l$ に内分する点をRとするとき，3直線AP，BQ，CRは1点で交わる。このことを，チェバの定理の逆を用いて証明せよ。

(2) 三角形の3つの内角の二等分線は1点で交わることをチェバの定理の逆を用いて証明せよ。

重要 例題 79　メネラウスの定理の逆

△ABC の ∠A の外角の二等分線が辺 BC の延長と交わるとき，その交点を D とする。∠B，∠C の二等分線と辺 AC，AB の交点をそれぞれ，E，F とすると，3 点 D，E，F は 1 つの直線上にあることを示せ。

p.378 基本事項 4，基本 75

CHART & SOLUTION

メネラウスの定理の逆

3 点 D，E，F のうち，点 D は △ABC の辺 BC の延長上にあり，点 E，F はそれぞれ辺 AC，AB 上にある。よって，$\dfrac{BD}{DC}\cdot\dfrac{CE}{EA}\cdot\dfrac{AF}{FB}=1$ を示すことにより，メネラウスの定理の逆から，3 点 D，E，F が 1 つの直線上にあることを証明できる。

解答

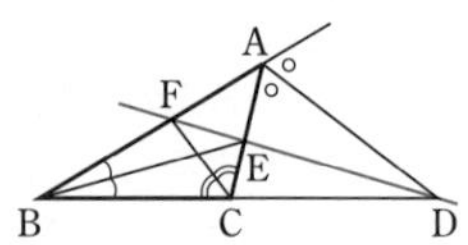

直線 AD は，∠A の外角の二等分線であるから

$$\frac{BD}{DC}=\frac{AB}{AC}\quad\cdots\cdots ①$$

また，直線 BE は ∠B の二等分線であるから　$\dfrac{CE}{EA}=\dfrac{BC}{BA}$ ……②

更に，直線 CF は ∠C の二等分線であるから　$\dfrac{AF}{FB}=\dfrac{CA}{CB}$ ……③

①，②，③ の辺々を掛けて　$\dfrac{BD}{DC}\cdot\dfrac{CE}{EA}\cdot\dfrac{AF}{FB}=\dfrac{AB}{AC}\cdot\dfrac{BC}{BA}\cdot\dfrac{CA}{CB}=1$

よって，メネラウスの定理の逆により，3 点 D，E，F は 1 つの直線上にある。

inf. 「メネラウスの定理の逆」の証明 （p.378 基本事項 4 参照）

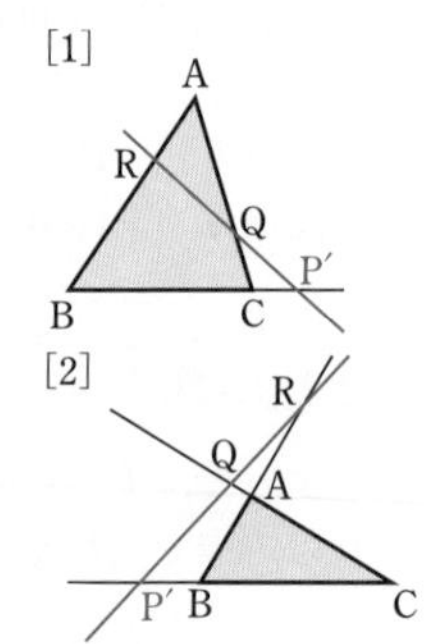

2 点 Q，R がそれぞれ辺 CA，AB 上にあるとき（図[1]参照），直線 QR と辺 BC の延長との交点を P′ とする。メネラウスの定理により　$\dfrac{BP'}{P'C}\cdot\dfrac{CQ}{QA}\cdot\dfrac{AR}{RB}=1$

仮定から　$\dfrac{BP}{PC}\cdot\dfrac{CQ}{QA}\cdot\dfrac{AR}{RB}=1$　　ゆえに　$\dfrac{BP'}{P'C}=\dfrac{BP}{PC}$

P，P′ はともに辺 BC の延長上にあるから，P′ は P と一致し，3 点 P，Q，R は 1 つの直線上にある。

2 点 Q，R がそれぞれ辺 CA，BA の延長上にあるとき（図[2]参照）も同様。

PRACTICE 79④

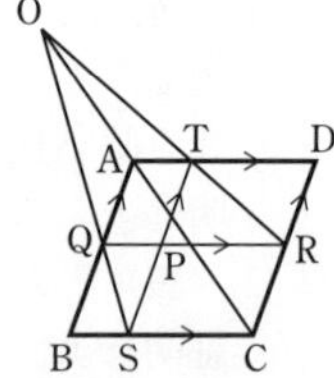

平行四辺形 ABCD 内の 1 点 P を通って，各辺に平行な直線を引き，辺 AB，CD，BC，DA との交点をそれぞれ Q，R，S，T とする。2 直線 QS，RT が点 O で交わるとき，O，A，C は 1 つの直線上にあることをメネラウスの定理の逆を用いて証明せよ。

重要 例題 80 最短経路の問題

図において，点Pは直線 ℓ 上に，点Q，R はそれぞれ半直線 OX，OY 上にあるものとする。

(1) AP+PB

(2) AQ+QR+RA

を最小にするには，それぞれ点P，Q，R をどのようにとればよいか。

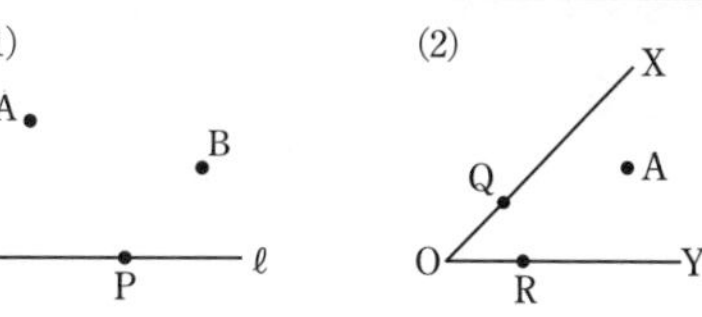

基本 76

CHART & SOLUTION

折れ線の最小　折れ線を1本の線分にのばす

右の図で，SP+PT が最小になるのは，折れ線 SPT が1本の線分になるときである。

点Aの (1) ℓ に関する対称点，(2) OX，OY に関する対称点をそれぞれとることからスタートする。

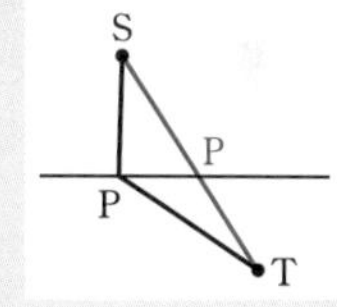

解答

(1) **直線 ℓ に関して点Aと対称な点 A′ をとると**

AP+PB=A′P+PB

A′P+PB が最小になるのは，3点 A′，P，B が1つの直線上にあるときである。

よって，**直線 A′B と ℓ の交点をPとすればよい。**

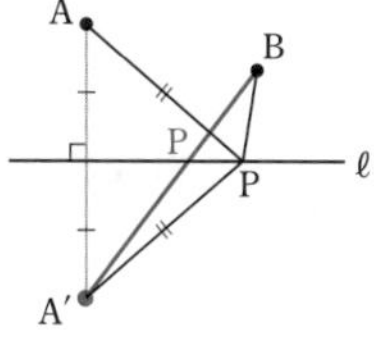

(2) **半直線 OX，OY に関して，点Aとそれぞれ対称な点 A′，A″ をとると**

AQ+QR+RA

=A′Q+QR+RA″

A′Q+QR+RA″ が最小になるのは，4点 A′，Q，R，A″ が1つの直線上にあるときである。

よって，**直線 A′A″ と半直線 OX，OY の交点をそれぞれQ，R とすればよい。**

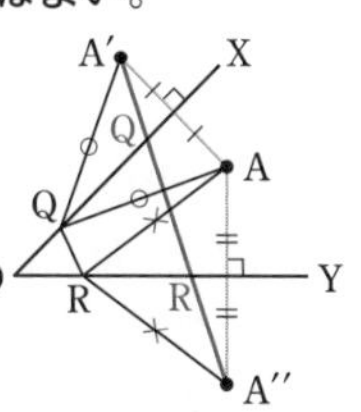

⇐ AQ=A′Q，RA=RA″

⇐ A′Q+QR+RA″ は折れ線 A′QRA″ の長さ。

PRACTICE 80④

鋭角 XOY の内部に，2点 A，B が右の図のように与えられている。半直線 OX，OY 上に，それぞれ点 P，Q をとり，AP+PQ+QB を最小にするには，P，Q をそれぞれどのような位置にとればよいか。

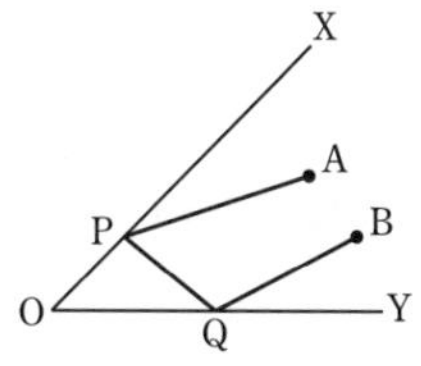

EXERCISES

A

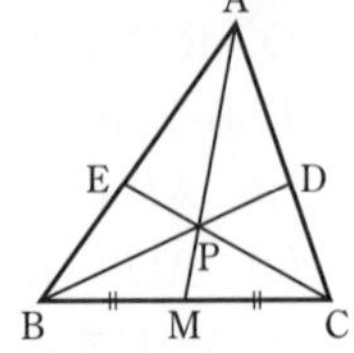

67❷ △ABC の辺 BC の中点を M とする。線分 AM 上に A，M と異なる点 P をとり，BP と辺 AC，CP と辺 AB の交点をそれぞれ D，E とする。

(1) DE∥BC であることを証明せよ。

(2) ED と AM の交点を Q とするとき，Q は線分 DE の中点であることを証明せよ。 74

68❸ 1 辺の長さ 1 の正三角形 ABC において，BC を 1：2 に内分する点を D，CA を 1：2 に内分する点を E，AB を 1：2 に内分する点を F とし，更に BE と CF の交点を P，CF と AD の交点を Q，AD と BE の交点を R とする。このとき，△PQR の面積を求めよ。 75

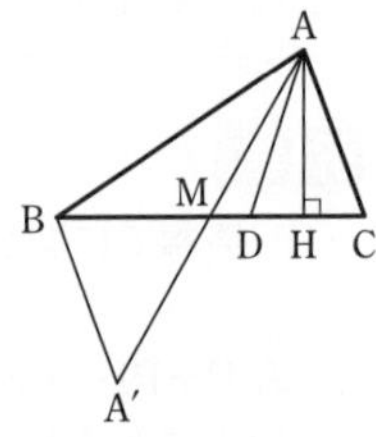

69❸ 鋭角三角形 ABC (AB＞AC) の，∠A の二等分線 AD，中線 AM，垂線 AH について，次のことを示せ。

(1) 図のように AM＝A′M として
∠BAM＜∠CAM

(2) ∠BAH＞∠CAH

(3) 二等分線 AD は中線 AM と垂線 AH の間にある。

77

B

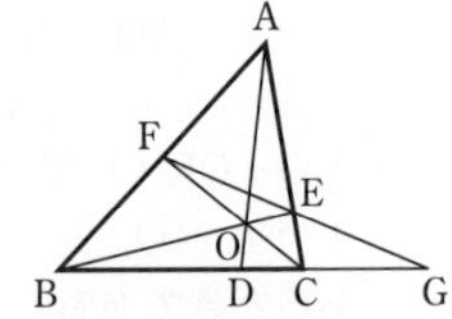

70❹ △ABC の内部の 1 点 O と 3 頂点を結ぶ直線が，辺 BC，CA，AB と交わる点をそれぞれ D，E，F とし，FE の E を越える延長が辺 BC の延長と交わる点を G とする。

(1) BD：DC＝BG：GC であることを証明せよ。

(2) O が △ABC の内心であるとき，∠DAG の大きさを求めよ。 74, 75

71❹ 四角形 ABCD の対角線 AC の長さがいずれの辺よりも小さいとき，対角線 BD の長さはいずれの辺よりも大きいことを証明せよ。 77

HINT

70 (2) 内心は頂角の二等分線上にあることと，(1) の結果を利用する。

71 △ABD において，∠BAD＝∠BAC＋∠CAD である。∠BAC と ∠ABC，∠CAD と ∠ADC の大小関係を利用して，∠BAD と ∠ABD の大小関係を調べる。

9 円の基本性質

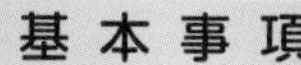

基本事項

1 円周角の定理

定理 15

1つの弧に対する円周角の大きさは一定であり，その弧に対する中心角の大きさの半分である。

特に ① 直径に対する円周角は直角である。

② 円周角が直角である弦は直径である。

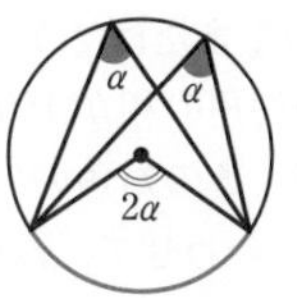

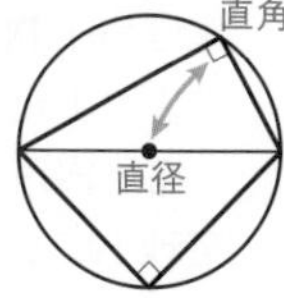

2 円周角と弧

定理 16　1つの円，または半径の等しい円において

1　等しい円周角に対する弧の長さは等しい。

2　長さの等しい弧に対する円周角は等しい。

また，円周角と弧の長さは比例する。

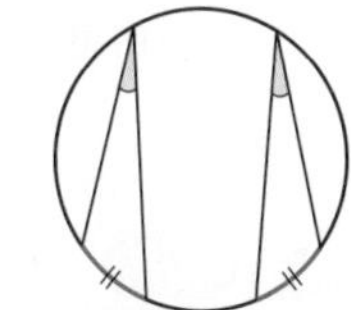

3 円の内部・外部の点と角の大小

定理 17　円の周上に3点A，Q，Bがあり，点Pが直線ABに関して点Qと同じ側にあるとき，次の [1]～[3] が成り立つ。

[1]　点Pが円の周上にある ⟹ ∠APB＝∠AQB

[2]　点Pが円の内部にある ⟹ ∠APB＞∠AQB

[3]　点Pが円の外部にある ⟹ ∠APB＜∠AQB

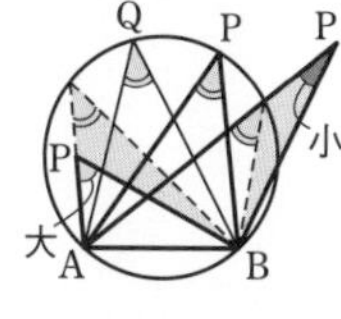

解説　[2]　Pが円の内部にあるとき

∠APB＝∠PQB＋∠PBQ＞∠PQB＝∠AQB

[3]　Pが円の外部にあるとき

∠APB＝∠AQB−∠PBQ＜∠AQB

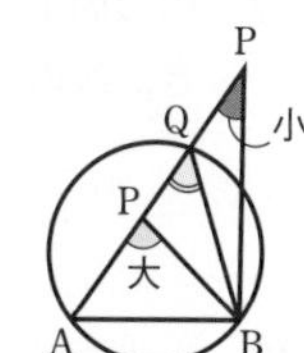

4 円周角の定理の逆

定理 18　4点A，B，P，Qについて，PとQが直線ABに関して同じ側にあって

∠APB＝∠AQB

が成り立つならば，4点A，B，P，Qは1つの円周上にある。

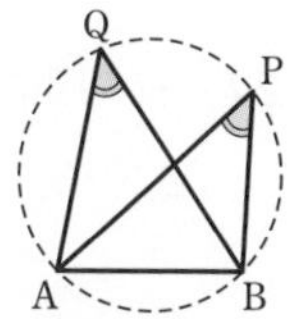

5 円に内接する四角形

一般に，多角形のすべての頂点が 1 つの円周上にあるとき，その多角形は円に **内接** するといい，その円を多角形の **外接円** という。

多角形の外接円
円に内接する多角形

定理 19　円に内接する四角形について，次の 1，2 が成り立つ。

1　対角の和は 180° である。

2　内角は，その対角の外角に等しい。

定理 20　次の 1 または 2 が成り立つ四角形は，円に内接する。

1　1 組の対角の和が 180° である。

2　内角が，その対角の外角に等しい。

α
$180°-\alpha$
α

定理 19，20 を合わせて，次のようにして覚えておくと便利。

円に内接する四角形 ⟺ (内角)+(対角)=180°

円に内接する四角形 ⟺ (内角)=(対角の外角)

注意　四角形において，1 つの角と向かい合う角を，その角の **対角** という。

解説　(内角)=(対角の外角) は (内角)+(対角)=180° から，次のように導かれる。
(内角)+(対角)=180° ⟶ (内角)=180°−(対角) ⟶ (内角)=(対角の外角)

21　右の図において，角 α を求めよ。
ただし，O は円の中心である。　1

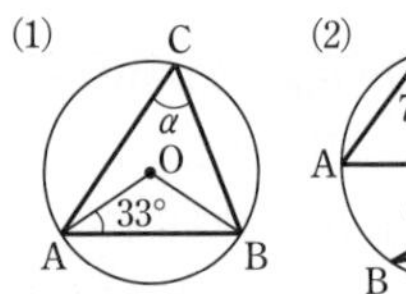

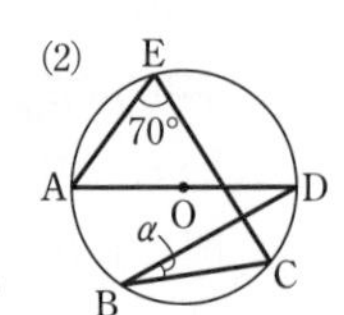

22　円の周上に 3 点 A，Q，B があり，点 P が直線 AB に関して点 Q と同じ側にあるとき，次の命題を背理法を用いて証明せよ。

$\angle APB > \angle AQB \Longrightarrow$ 点 P は円の内部にある　3

23　右の図の 4 点 A，B，C，D は 1 つの円周上にあるかどうかを答えよ。　4

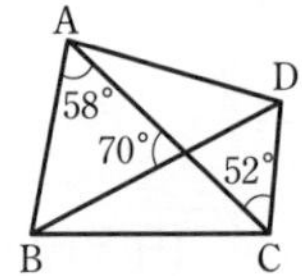

24　右の図において，x，y を求めよ。　5

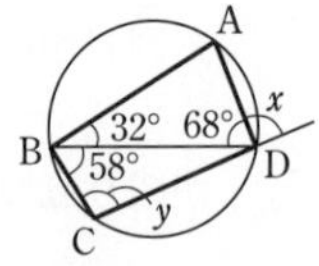

基本 例題 81 円周角の性質と円に内接する四角形

(1) 右の図において，x を求めよ。ただし，点Oは円の中心であり，$\overset{\frown}{AB}:\overset{\frown}{BC}:\overset{\frown}{CD}=3:1:2$ である。

(2) 右の図のように，円Oに内接する四角形 ABCD がある。$\angle OBC=37°$，$\angle CAD=33°$ のとき，$\angle BCD$ の大きさを求めよ。

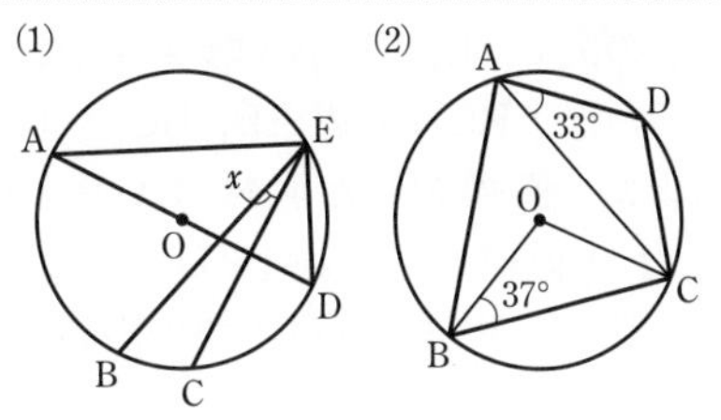

p. 387, 388 基本事項 1，2，5

CHART & SOLUTION

円周角の性質と円に内接する四角形

1 円周角と弧の長さは比例する　2 (内角)＋(対角)＝180°

(1) 弧の長さの比が与えられているから，$\angle AEB$ と $\angle CED$ は x で表せる。
また，AD は円Oの直径であるから，$\angle AED=90°$ である。

(2) 四角形 ABCD は円に内接するから，$\angle BCD=180°-\angle BAD$ である。
$\angle CAD$ は与えられているから，$\angle BAC$ を求めればよい。

解答

(1) 円周角と弧の長さは比例するから，$\overset{\frown}{AB}:\overset{\frown}{BC}:\overset{\frown}{CD}=3:1:2$ より

$$\angle AEB:\angle BEC:\angle CED=3:1:2$$

$\angle BEC=x$ であるから　$\angle AEB=3x$，$\angle CED=2x$

AD は円Oの直径であるから　$\angle AED=90°$　⇦ 直径に対する円周角は直角。

よって　$3x+x+2x=90°$　ゆえに　$6x=90°$

したがって　$\boldsymbol{x=15°}$

(2) △OBC において，OB＝OC であるから　⇦ OB，OC は円の半径。

$$\angle BOC=180°-2\times37°=106°$$

よって　$\angle BAC=\frac{1}{2}\angle BOC=\frac{1}{2}\times106°=53°$　⇦ (円周角)＝(中心角)×$\frac{1}{2}$

ゆえに　$\angle BAD=\angle BAC+\angle CAD=53°+33°=86°$

四角形 ABCD は円Oに内接するから

$$\angle BAD+\angle BCD=180°$$

よって　$\angle BCD=180°-\angle BAD=180°-86°=\boldsymbol{94°}$　⇦ 円に内接する四角形 ⟺ (内角)＋(対角)＝180°

PRACTICE 81②

(1) 右の図において，x を求めよ。ただし，点Oは円の中心であり，$\overset{\frown}{CD}:\overset{\frown}{DE}:\overset{\frown}{EA}=1:2:1$ である。

(2) 右の図のように，円Oに内接する四角形 ABCD がある。$\angle BAC=18°$，$\angle ABO=40°$ のとき，y を求めよ。

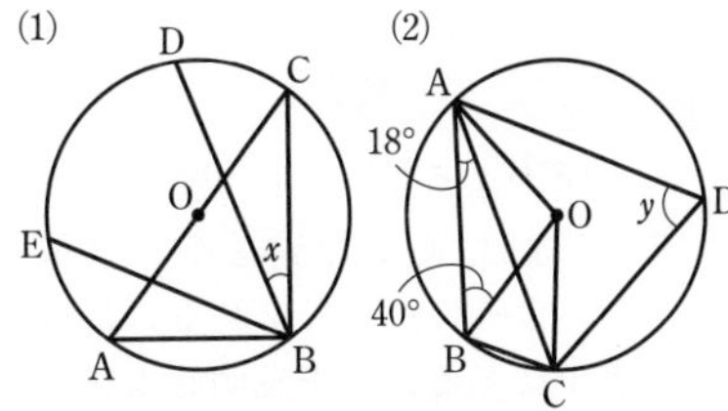

基本例題 82 円周角の定理の逆

右の図で，L，M，N はそれぞれ，円に内接する四角形 ABCD の辺 AB，BC，AD の中点である。また，直線 ML と直線 DA の交点を P，直線 NL と直線 CB の交点を Q とする。このとき，4 点 M，N，P，Q は 1 つの円周上にあることを証明せよ。

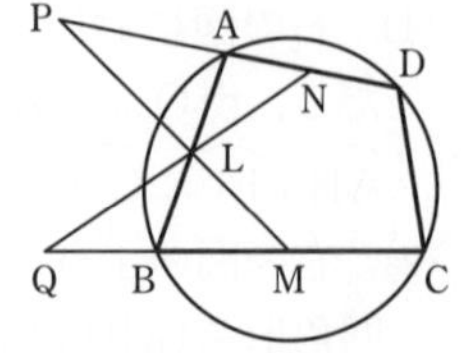

p.387 基本事項 4，基本 90

CHART & SOLUTION

1 つの円周上にあることの証明

1 円周角の定理の逆 ……❗

2 (内角)＝(対角の外角)，(内角)＋(対角)＝180° を示す

3 方べきの定理の逆

4 点 M，N，P，Q を通る円をかくと，示すべきことが ∠MPN＝∠MQN か，∠PMQ＝∠PNQ（1 円周角の定理の逆）であることがわかる。更に，これらの角と等しい角を平行条件などを利用してさがす。

なお，2 の解法は p.391 基本例題 83 参照，3 の解法は p.403 基本例題 90 参照。

解答

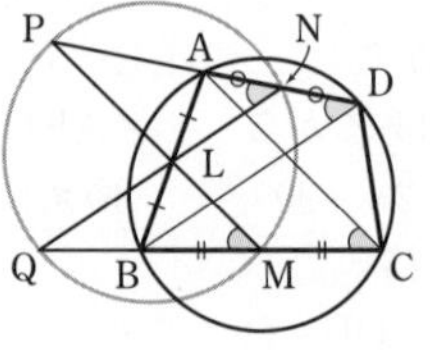

△ABC において，L，M はそれぞれ辺 AB，BC の中点であるから

LM∥AC　⇐ 中点連結定理

ゆえに　∠LMB＝∠ACB　…… ①　⇐ 同位角は等しい。

同様に △ABD において，L，N はそれぞれ辺 AB，AD の中点であるから

∠ANL＝∠ADB　…… ②

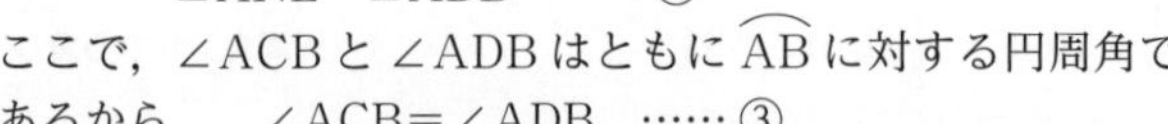

ここで，∠ACB と ∠ADB はともに $\overset{\frown}{AB}$ に対する円周角であるから　∠ACB＝∠ADB　…… ③

①，②，③ から　∠LMB＝∠ANL

❗ すなわち　∠PMQ＝∠PNQ

2 点 M，N は直線 PQ に関して同じ側にあるから，4 点 M，N，P，Q は 1 つの円周上にある。

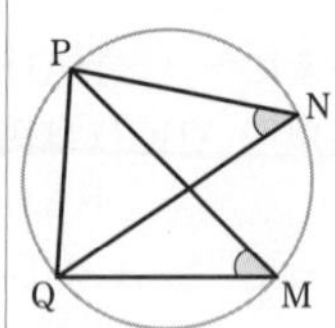

PRACTICE 82②

右の図のように，∠B＝90° である △ABC の辺 BC 上に点 D をとる（D は B，C とは異なる）。次に ∠ADE＝90°，∠DAE＝∠BAC となるように，点 E をとる。このとき，4 点 A，D，C，E は 1 つの円周上にあることを証明せよ。

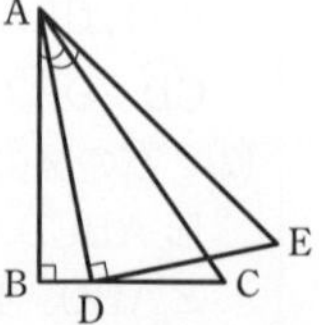

基本 例題 83 四角形が円に内接することの証明

右の図のように，鋭角三角形 ABC の頂点Aから BC に下ろした垂線を AD とし，D から AB，AC に下ろした垂線をそれぞれ DE，DF とするとき，B，C，F，E は1つの円周上にあることを証明せよ。

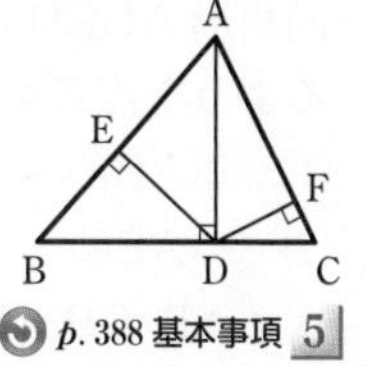

p. 388 基本事項 5

CHART & THINKING

1つの円周上にあることの証明

(内角)＝(対角の外角)，(内角)＋(対角)＝180° を示す

4つの点が1つの円周上にあることを示すには，隠れた円をさがそう。まず，四角形 AEDF に注目すると **2つの直角** があるので，**外接円** が見つかる。次に，補助線 EF を引き，四角形 BCFE が円に内接することを目指すが，どのような定理を利用すればよいだろうか？

解答

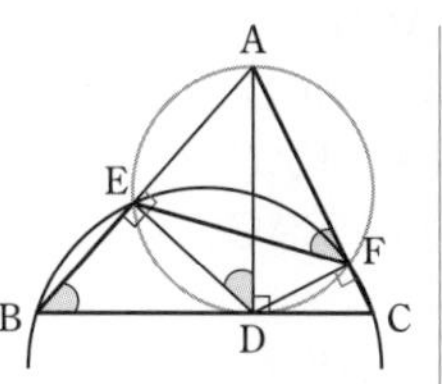

∠AED＝∠AFD＝90° であるから，四角形 AEDF は線分 AD を直径とする円に内接する。

⇐ (内角)＋(対角)＝180° であることを示した。

よって　∠AFE＝∠ADE　……①

⇐ 弧 AE に対する円周角。

ここで　∠ABD＝90°−∠DAB
　　　　　＝90°−∠DAE
　　　　　＝∠ADE　……②

①，② から　∠ABD＝∠AFE

⇐ すなわち ∠EBC＝∠AFE (内角)＝(対角の外角) であることを示した。

したがって，四角形 BCFE が円に内接するから，4点 B，C，F，E は1つの円周上にある。

INFORMATION ― 直角と円

解答の1行目～3行目で示したように，次のことがいえる。

1 直径は直角　直角は直径

2 直角2つで円(まる)くなる

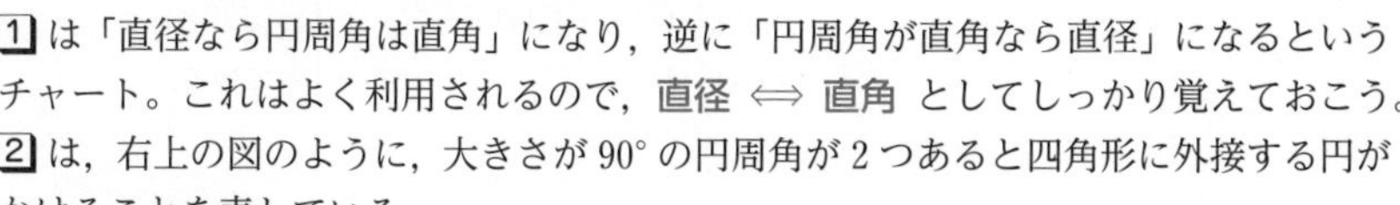

1 は「直径なら円周角は直角」になり，逆に「円周角が直角なら直径」になるというチャート。これはよく利用されるので，直径 ⟺ 直角 としてしっかり覚えておこう。

2 は，右上の図のように，大きさが 90° の円周角が2つあると四角形に外接する円がかけることを表している。

PRACTICE 83 ❸

右の図の正三角形 ABC で，辺 AB，AC 上にそれぞれ点 D (点 A，B とは異なる)，E (点 A，C とは異なる) をとり，BD＝AE となるようにする。BE と CD の交点を F とするとき，4点 A，D，F，E が1つの円周上にあることを証明せよ。

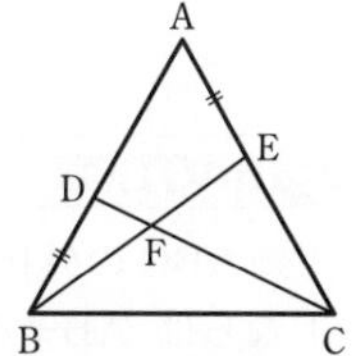

重要 例題 84 トレミーの定理

四角形 ABCD が円に内接するとき，対角線 BD 上に ∠BAE＝∠CAD となるような点Eをとる。次のことを証明せよ。

(1) △ABE∽△ACD

(2) △ABC∽△AED

(3) **AB·CD＋BC·DA＝AC·BD （トレミーの定理）**

CHART & SOLUTION

(1), (2) 2角相等で証明する。

(3) (1), (2) から，比の等式を求め，比の等式から積の等式を求める。

$a : b = c : d \Longrightarrow ad = bc$ [外項(外側)の積]＝[内項(内側)の積]

解答

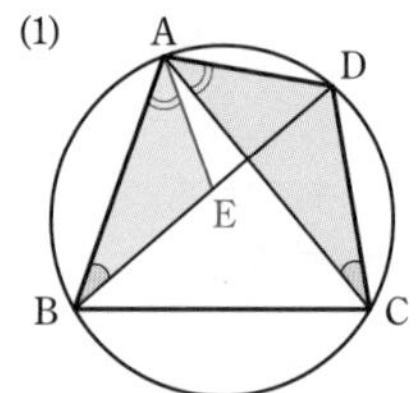

(1) △ABE と △ACD において

∠BAE＝∠CAD,

∠ABE＝∠ACD ⇦ ∠ABD＝∠ACD（弧 AD に対する円周角）

よって △ABE∽△ACD

(2) ∠BAC＝∠BAE＋∠EAC

＝∠CAD＋∠EAC

＝∠EAD

ゆえに，△ABC と △AED において

∠BAC＝∠EAD,

∠ACB＝∠ADE ⇦ ∠ACB＝∠ADB（弧 AB に対する円周角）

よって △ABC∽△AED

(3) (1) から AB：AC＝BE：CD

ゆえに AB·CD＝AC·BE ……①

(2) から BC：ED＝CA：DA

ゆえに BC·DA＝ED·CA ……②

①＋② から

AB·CD＋BC·DA＝AC·BE＋ED·CA

＝AC·(BE＋ED)

＝AC·BD

inf. (3) の **トレミーの定理** は，円に内接する四角形の2組の **対辺の積の和は，対角線の積に等しい** ことを表している。また，この定理は逆も成り立つことが知られている。

PRACTICE 84④

△ABC の外接円と ∠BAC の二等分線との交点を M とするとき，MA＝MB＋MC ならば AB＋AC＝2BC であることを，トレミーの定理を用いて証明せよ。

EXERCISES　　9 円の基本性質

A

72❸ 右の図で，$\angle APB=30^\circ$，$\angle PAC=60^\circ$，$\overset{\frown}{AB}+\overset{\frown}{CD}$ は円周の $\dfrac{2}{3}$ である。

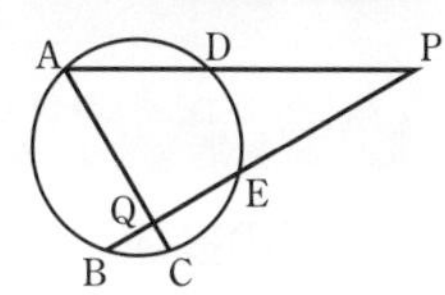

(1) $\overset{\frown}{CE}:\overset{\frown}{ED}$ を求めよ。

(2) $AQ=6$，$QC=1$ であるとき，線分 PD の長さを求めよ。　81

73❸ 図のように，円に内接する △ABC の ∠A の外角 ∠CAD の二等分線が円と再び交わる点を E，辺 BC の延長と交わる点を F とする。$AE=AC$ であるとき，$BE=CF$ であることを証明せよ。　81

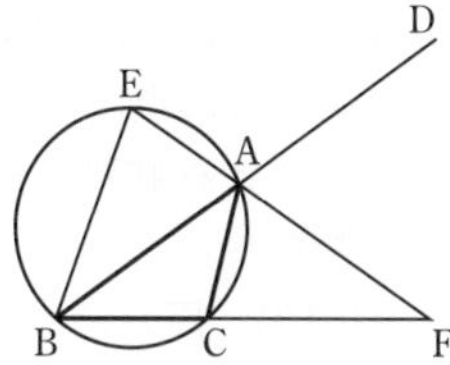

74❷ 右の図のように，$\angle A=90^\circ$ の直角三角形 ABC の外側に，正三角形 BAD と正三角形 ACE を作る。線分 CD と線分 BE の交点を P とするとき，4 点 C，E，A，P は 1 つの円周上にあることを証明せよ。　82

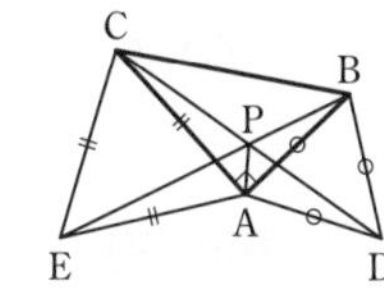

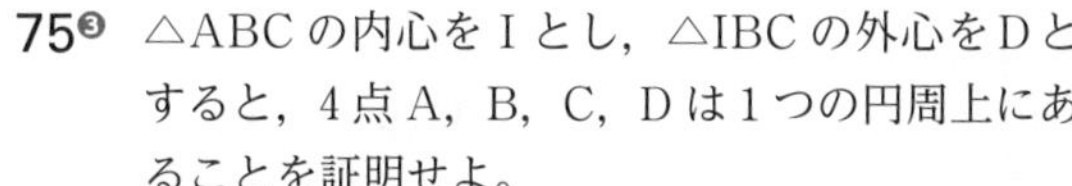

75❸ △ABC の内心を I とし，△IBC の外心を D とすると，4 点 A，B，C，D は 1 つの円周上にあることを証明せよ。　83

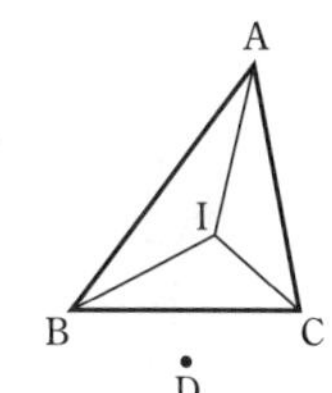

B

76❸ △ABC において，$\angle C=90^\circ$，$AB:AC=5:4$ とする。辺 BC の点 C 側の延長上に，$CA=CD$ となる点 D をとる。辺 AB の中点を E とし，点 B から直線 AD に下ろした垂線を BF とするとき，次の問いに答えよ。〔宮崎大〕

(1) $EF=EC$ を示せ。　(2) 面積比 △ABC：△CEF を求めよ。　82

77❹ 右の図のように，△ABC の外接円上の点 P から直線 AB，BC，CA に，それぞれ垂線 PD，PE，PF を下ろす。このとき，次のことを証明せよ。

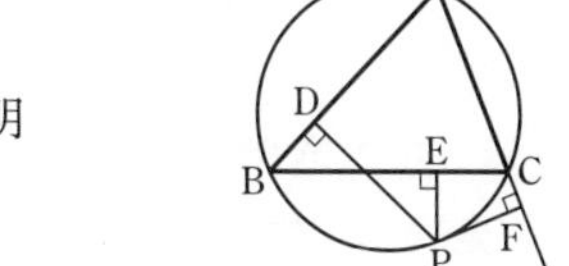

(1) $\angle PBD=\angle PEF$

(2) 3 点 D，E，F は 1 つの直線上にある。

（この直線を **シムソン線** という）　81, 83

HINT

76 (2) まず，∠CEF の大きさを調べ，△ABC，△CEF の面積を AB で表す。

77 (2) $\angle DEP+\angle PEF=180^\circ$ であることを示す。

10 円と直線，2つの円

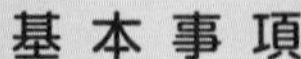

基本事項

1 円の接線

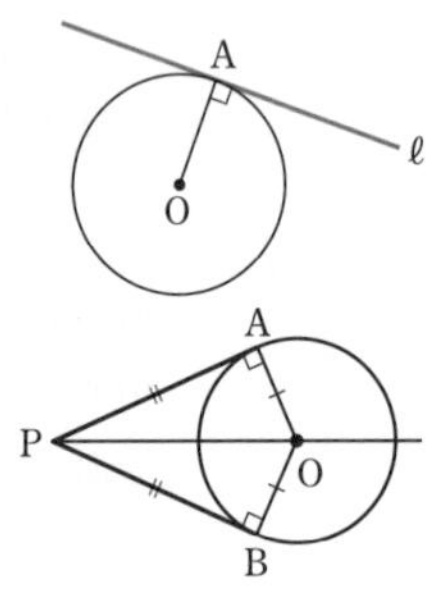

円Oの周上の点Aを通る直線 ℓ について

直線 ℓ が点Aで円Oに接する $\Longleftrightarrow$ $\mathrm{OA}\perp\ell$

が成り立つ。

円の外部の点から円に引くことができる接線は2本ある。

円の外部の点から円に接線を引いたとき，外部の点と接点の間の距離を **接線の長さ** という。

接線の長さについて，次の定理が成り立つ。

定理21　円の外部の1点Pからその円に引いた2本の接線の長さは等しい。

すなわち，右上の図において **PA=PB** が成り立つ。

2 円の接線と弦の作る角

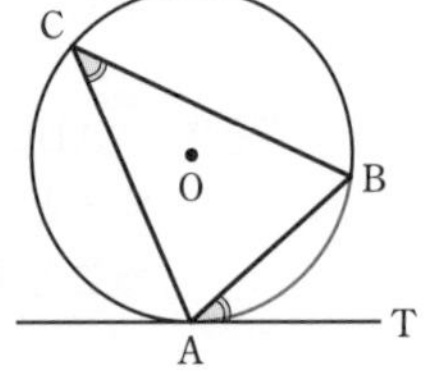

定理22(**接弦定理**)　円Oの弦ABと，その端点Aにおける接線ATが作る角 ∠BAT は，その角の内部にある弧ABに対する円周角 ∠ACB に等しい。

定理23(**接弦定理の逆**)　円Oの弧ABと半直線ATが直線ABの同じ側にあって，弧ABに対する円周角 ∠ACB が ∠BAT に等しいとき，直線ATは点Aで円Oに接する。

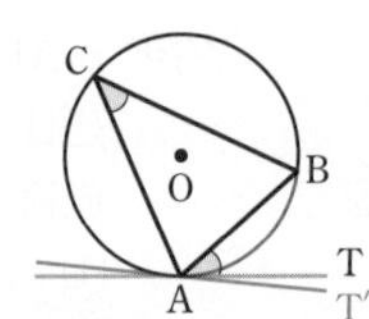

解説　定理23の証明

点Aを通る円Oの接線AT′を，∠BAT′ の内部に弧ABがあるように引くと，定理22により

∠ACB=∠BAT′

仮定より，∠ACB=∠BAT であるから，2直線AT，AT′は一致する。

ゆえに，直線ATは円Oに接する。

3 方べきの定理と逆

定理24　**方べきの定理Ⅰ**

円の2つの弦AB，CDの交点，またはそれらの延長の交点をPとすると，**PA·PB=PC·PD** が成り立つ(図1参照)。

補足　円の中心をO，半径を r とすると

$\mathrm{PA}\cdot\mathrm{PB}=|\mathrm{OP}^2-r^2|$　($p.403$ の inf. 参照)

(図1)

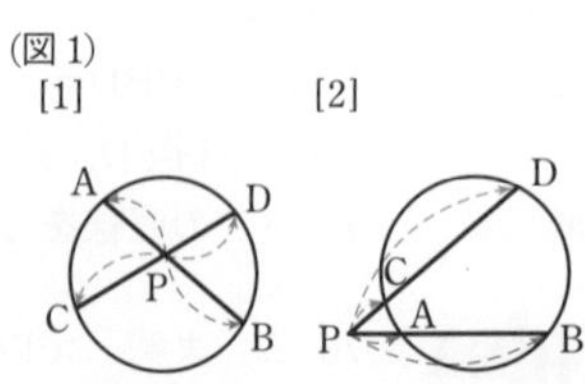

定理 25　方べきの定理Ⅱ

円の外部の点Pから円に引いた接線の接点をTとする。点Pを通ってこの円と 2 点 A，B で交わる直線を引くと，**PA・PB＝PT²** が成り立つ(図 2 参照)。

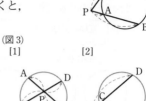

(図 2)

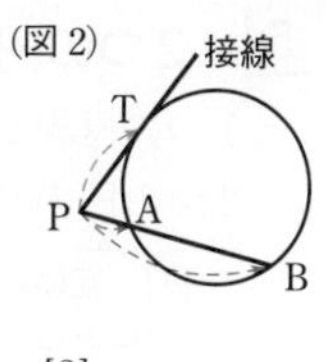

定理 26　方べきの定理Ⅰの逆

2 つの線分 AB と CD，または AB の延長と CD の延長が点Pで交わるとき，PA・PB＝PC・PD が成り立つならば，4 点 A，B，C，D は 1 つの円周上にある(図 3 参照)。

(図 3)

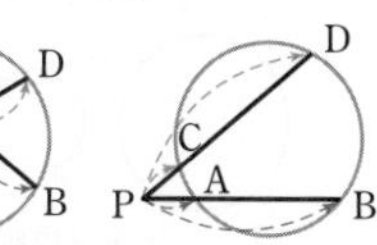

補足　方べきの定理Ⅱの逆も成り立つ($p.400$ 基本例題 88 参照)。

解説　定理 25 の証明

△ABT において，定理 22 から　　∠PTA＝∠ABT

よって，△PTA と △PBT において

∠P は共通，∠PTA＝∠PBT

ゆえに　　△PTA∽△PBT

よって　　PA：PT＝PT：PB

したがって　　PA・PB＝PT²

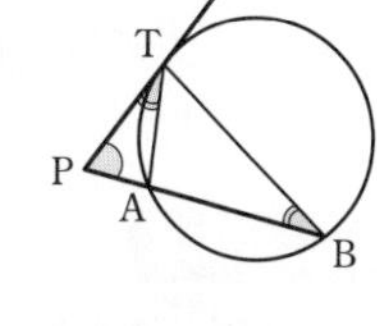

定理 26 の証明(図 4 の場合)

△PAC と △PDB において，条件から

PA・PB＝PC・PD

よって　　PA：PD＝PC：PB

また　　∠APC＝∠DPB

ゆえに　　△PAC∽△PDB

よって　　∠PAC＝∠PDB

(図 4)

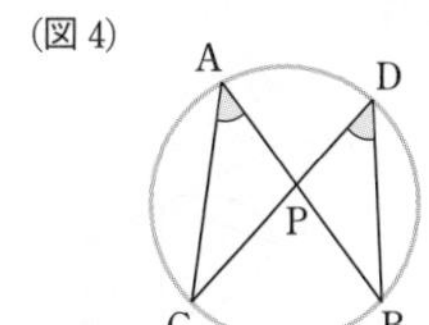

2 点 A，D は直線 CB に関して同じ側にあるから，円周角の定理の逆より，4 点 A，B，C，D は 1 つの円周上にある。

注意　図 5 の場合も，四角形が円に内接するための条件「内角がその対角の外角に等しい」を示すことで，同様に証明できる。

(図 5)

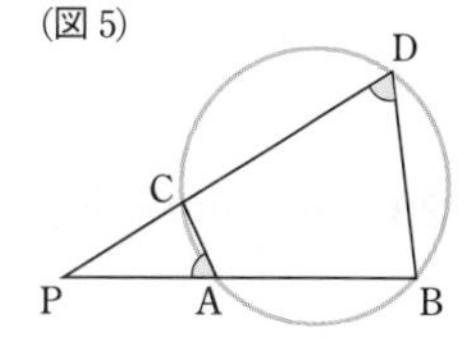

4　2 つの円の位置関係

半径がそれぞれ r，r' $(r>r')$ である 2 つの円の中心間の距離を d とすると，2 つの円の位置関係は，次の図の [1]～[5] のようになる。

[1]　互いに外部にある	[2]　外接する	[3]　2 点で交わる	[4]　内接する	[5]　一方が他方の内部にある
r　r'　d	接点　r　r'　d	r　r'　d	接点　r　d　r'	r　d　r'
$d>r+r'$	$d=r+r'$	$r-r'<d<r+r'$	$d=r-r'$	$d<r-r'$

注意　2 つの円が **接する** (上の図の[2]，[4]のように，2 つの円がただ 1 点を共有する)とき，この共有点を **接点** といい，接点は 2 つの円の中心を通る直線上にある。

5　2つの円の共通接線

1つの直線が，2つの円に接しているとき，この直線を2つの円の **共通接線** という。
2つの円の共通接線の本数は，2つの円の位置関係によって定まる。

[1]　互いに外部にある	[2]　外接する	[3]　2点で交わる	[4]　内接する	[5]　一方が他方の内部にある
共通内接線 共通外接線	共通内接線 共通外接線	共通外接線	共通外接線	共通接線なし
共通接線は4本	3本	2本	1本	0本

解説　2つの円が共通接線 ℓ の両側にあるとき，直線 ℓ を2つの円の **共通内接線** といい，共通接線 ℓ の同じ側にあるとき，直線 ℓ を2つの円の **共通外接線** という。

CHECK & CHECK

25　図において，直線PA，PB，ℓ は円Oの接線とする。下の図の角 α，β をそれぞれ求めよ。 1，2

(1)

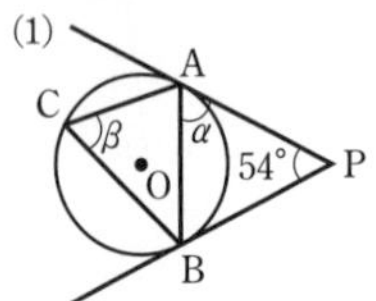

(2)

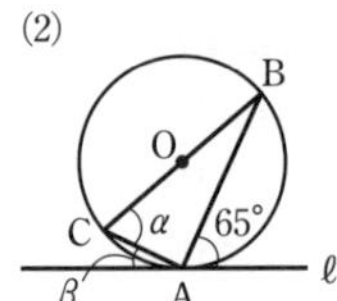

26　下の図の x を求めよ。ただし，(3)の図において，直線ABは円Oの接線とする。 3

(1)

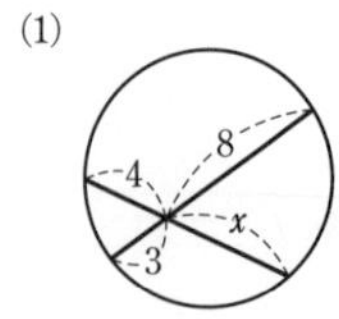

(2)

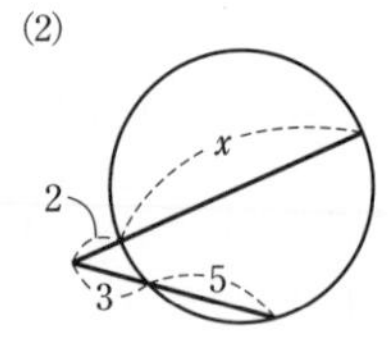

(3)

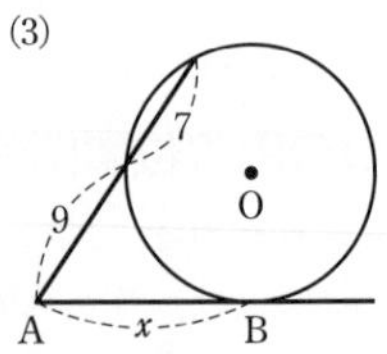

27　半径が異なる2つの円がある。2つの円は中心間の距離が7のとき外接し，中心間の距離が4のとき内接する。2つの円の半径を求めよ。 4

28　半径が7と4の2つの円の中心間の距離が次のような場合，2つの円の位置関係および共通接線の本数をいえ。

(1)　3　　(2)　5　　(3)　11　　(4)　13 4，5

基本 例題 85 三角形と内接円

(1) △ABC の各辺が下の図のように，点 P，Q，R で円に接している。このとき，線分 AQ，BC の長さを求めよ。

(2) 下の図の △ABC は ∠C=90° の直角三角形である。AB=5，BC=3，CA=4 とするとき，この △ABC に内接する円の半径 r を求めよ。

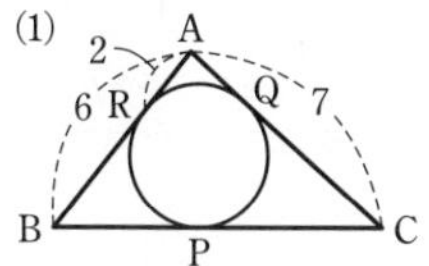

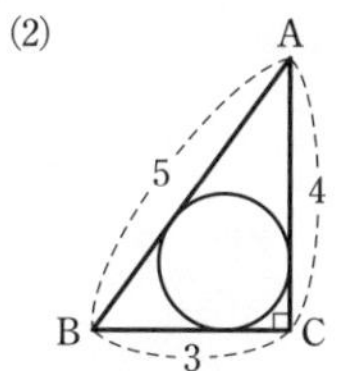

p. 394 基本事項 1

CHART & SOLUTION

円の接線の性質

接線 2 本で二等辺

円の外部の点からその円に引いた 2 本の接線の長さは等しい ことを利用する。

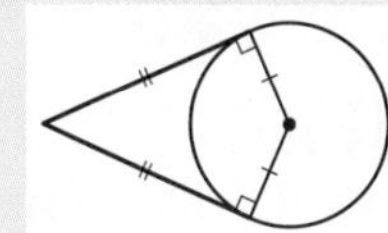

(2) 内接円の中心と接点を結ぶと，∠C を含む正方形ができることに着目する。

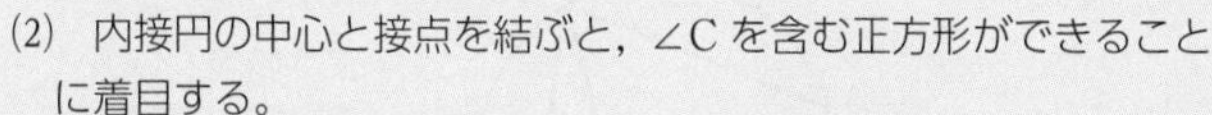

解答

(1) **AQ**$=$AR$=$**2**

BP=BR=6−2=4，CP=CQ=7−2=5 であるから

BC=BP+CP=4+5=**9**

(2) 内接円と辺 AB，BC，CA との接点をそれぞれ P，Q，R とする。

RC=r，QC=r であるから

AP=AR=$4-r$，BP=BQ=$3-r$

AP+BP=AB であるから

$(4-r)+(3-r)=5$

よって　$\boldsymbol{r=1}$

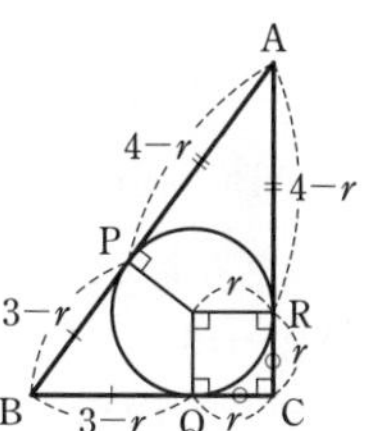

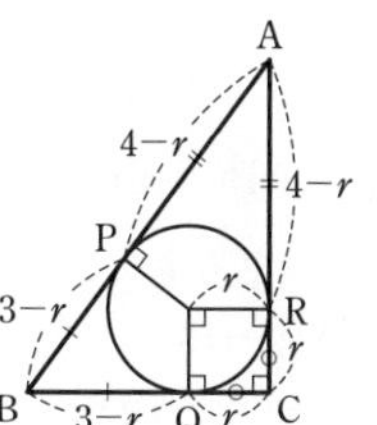

(1) [図: A, R, Q, B, P, C]

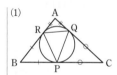

(2) 参考 △ABC の面積を2通りに考えると

$\frac{1}{2}(\mathrm{AB}+\mathrm{BC}+\mathrm{CA})r$

$=\frac{1}{2}\cdot\mathrm{BC}\cdot\mathrm{CA}$

これから解くこともできる。（数学 I で学習。）

PRACTICE 85[2]

(1) △ABC の内接円が辺 BC，CA，AB と接する点をそれぞれ D，E，F とする。AB=9，BC=10，CA=7 のとき AF+BD+CE の長さを求めよ。

(2) AB=13，BC=5，CA=12 である △ABC の内接円の半径を求めよ。

〔(2) 類 早稲田大〕

基本 例題 86 接線と弦の作る角

右の図で，直線 PQ は点Bにおける円の接線である。
$\overset{\frown}{\mathrm{AD}}=\overset{\frown}{\mathrm{DC}}$，$\angle\mathrm{ABP}=54^\circ$，$\angle\mathrm{CBQ}=24^\circ$ のとき，
$\angle\mathrm{BAD}$ の大きさを求めよ。

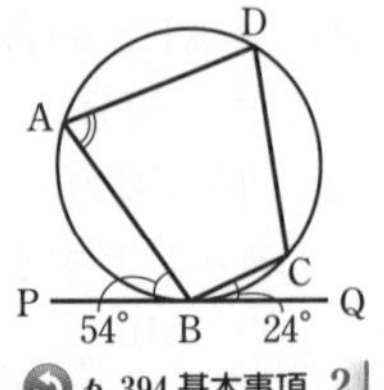

p. 394 基本事項 2

CHART & SOLUTION

接線と弦の作る角

接線と三角形で接弦定理 ……❗

補助線 BD を引く。
接線 PQ と △ABD から，**接弦定理** を利用できる。
その際，等しい角を間違えないように。

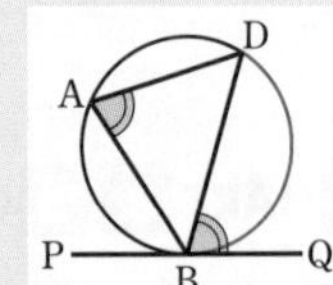

解答

$\angle\mathrm{ABC}=180^\circ-(54^\circ+24^\circ)=102^\circ$

$\overset{\frown}{\mathrm{AD}}=\overset{\frown}{\mathrm{DC}}$ であるから

$\angle\mathrm{ABD}=\angle\mathrm{DBC}$　⇦ 長さの等しい弧に対する円周角は等しい。

よって　$\angle\mathrm{DBC}=\dfrac{1}{2}\angle\mathrm{ABC}=51^\circ$　⇦ $2\angle\mathrm{DBC}=\angle\mathrm{ABC}$

直線 PQ は円の接線であるから

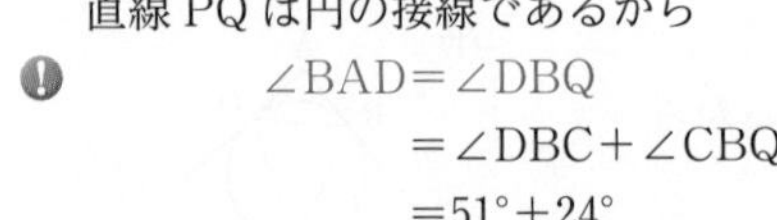

❗ $\angle\mathrm{BAD}=\angle\mathrm{DBQ}$

$=\angle\mathrm{DBC}+\angle\mathrm{CBQ}$

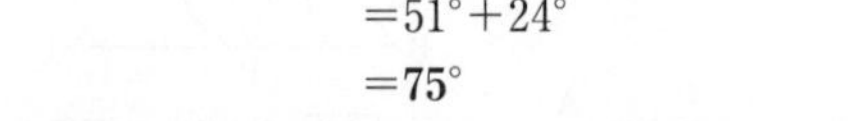

$=51^\circ+24^\circ$

$=\mathbf{75^\circ}$

⇦ △ABD（弦 BD）と接線 PQ に対して，接弦定理を適用する。

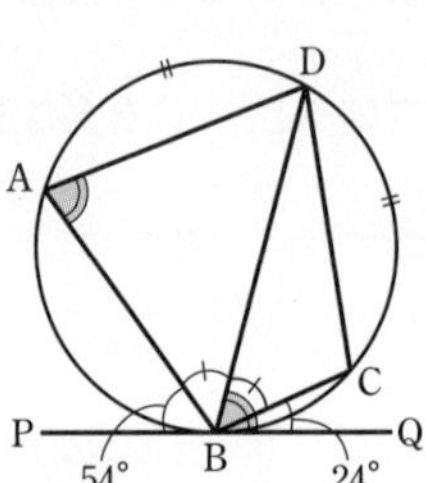

別解（$\angle\mathrm{ABD}=\angle\mathrm{DBC}$ を示した後の解答の別解）

ゆえに　$\angle\mathrm{ABD}=\dfrac{1}{2}\angle\mathrm{ABC}=51^\circ$

直線 PQ は円の接線であるから

❗ $\angle\mathrm{ADB}=\angle\mathrm{ABP}=54^\circ$

よって　$\angle\mathrm{BAD}=180^\circ-(\angle\mathrm{ABD}+\angle\mathrm{ADB})$

$=180^\circ-(51^\circ+54^\circ)$

$=\mathbf{75^\circ}$

⇦ △ABD（弦 AB）と接線 PQ に対して，接弦定理を適用する。

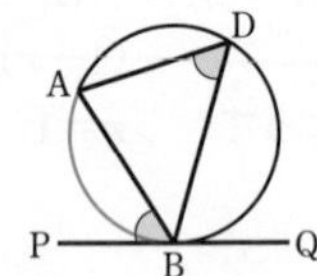

PRACTICE 86❷

右の図で，四角形 ABCD は円Oに内接し，直線 TT′ は点Bで円Oに接している。$\overset{\frown}{\mathrm{AB}}=\overset{\frown}{\mathrm{AD}}$，$\angle\mathrm{TBA}=47^\circ$ のとき，$\angle\mathrm{BCD}$，$\angle\mathrm{BAD}$ の大きさを求めよ。

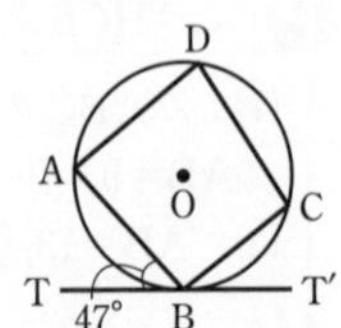

基本 例題 87 接弦定理を用いた証明問題

図のように，大きい円に小さい円が点Tで接している。点Sで小さい円に接する接線と大きい円との交点をA，Bとするとき，∠ATS と ∠BTS が等しいことを証明せよ。 〔神戸女学院大〕

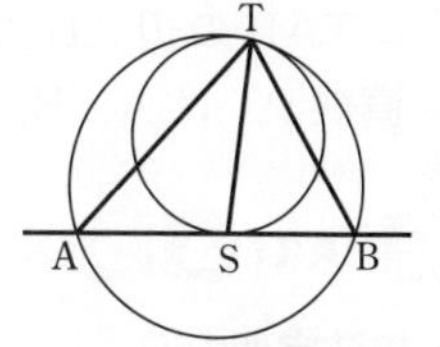

p. 394 基本事項 2

CHART & THINKING

接線と弦には　接弦定理

点Tにおける2つの円の接線と，補助線 SP（Pは線分 AT と小さい円との交点）を引き，**接弦定理** を利用する。接弦定理を用いて，結論にある ∠ATS や ∠BTS と等しい角にどんどん印をつけていき，三角形の角の和の性質に関連付けて証明することを目指そう。

解答

点Tにおける接線を引き，図のように点Cを定める。
また，線分 AT と小さい円との交点をPとし，点Sと点Pを結ぶ。
接点Tに対して，接線 TC は小さい円，大きい円の共通接線であるから

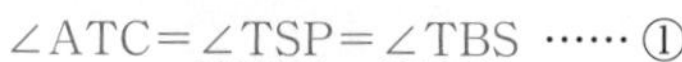

$\angle ATC = \angle TSP = \angle TBS$ ……①

接点Sに対して，接線 AB は小さい円の接線であるから

$\angle ASP = \angle ATS$ ……②

△TSB において

$\angle BTS + \angle TBS = \angle AST$

ここで　$\angle AST = \angle ASP + \angle TSP$

よって　$\angle BTS + \angle TBS = \angle ASP + \angle TSP$ ……③

①，③ から　$\angle BTS = \angle ASP$

ゆえに，② から　$\angle BTS = \angle ATS$

⇐ 2円が接する ⟶ 2円の共通接線が引ける。

⇐ 接弦定理

⇐ 接弦定理

⇐（三角形の外角）=（他の2つの内角の和）

3章 10 円と直線、2つの円

PRACTICE 87[3]

右の図のように，円Oに内接する △ABC とAにおける接線 ℓ がある。ただし，AC<BC とする。辺 BC 上に AD=BD となるように点Dをとり，線分 AD の延長と円Oの交点をE，線分 EC の延長と ℓ の交点をFとする。このとき，△ABC と △AEF が相似であることを証明せよ。

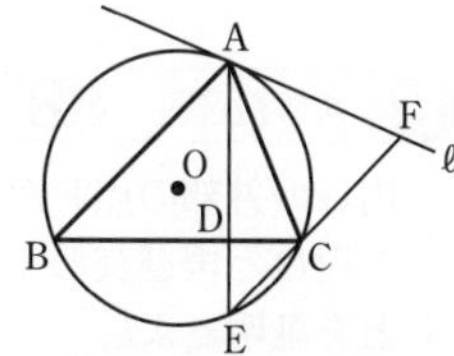

基本 例題 88 接弦定理の逆

△TABの辺ABの延長上に点Pがある。$PT^2=PA\cdot PB$ が成り立つとき，直線PTはA，B，Tを通る円に接することを示せ。 p.394 基本事項 2

CHART & SOLUTION

接弦定理の逆

3点A，B，Tを通る円をかくと，線分ATはその円の弦である。よって，直線PTと弦ATに対して，接弦定理の逆を適用する。

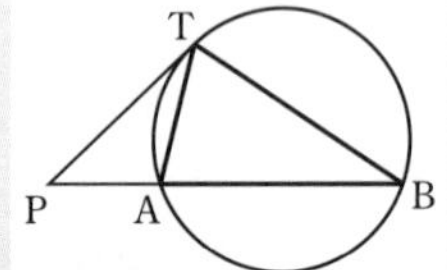

解答

△PATと△PTBにおいて，

$PT^2=PA\cdot PB$ から

$PA:PT=PT:PB$

また　$\angle TPA=\angle BPT$

よって　△PAT∽△PTB

ゆえに　$\angle PTA=\angle PBT$

したがって，接弦定理の逆により，直線PTはA，B，Tを通る円に接する。

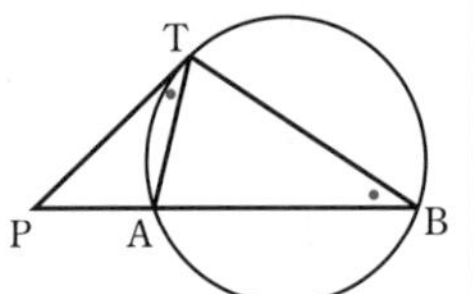

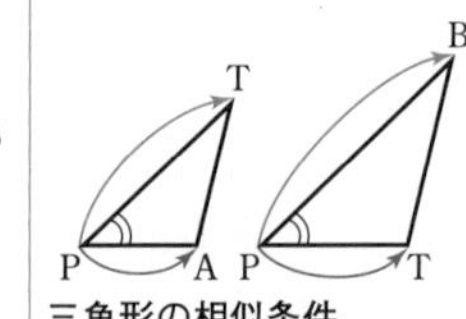

三角形の相似条件
2組の辺の比が等しく，その間の角が等しい。

INFORMATION　方べきの定理Ⅱの逆

この例題により，

定理25「方べきの定理Ⅱ」の逆，

すなわち次の定理が成り立つ。

定理　一直線上にない3点A，B，Tおよび線分ABの延長上に点Pがあって，$PA\cdot PB=PT^2$ ならば，直線PTはA，B，Tを通る円に接する。

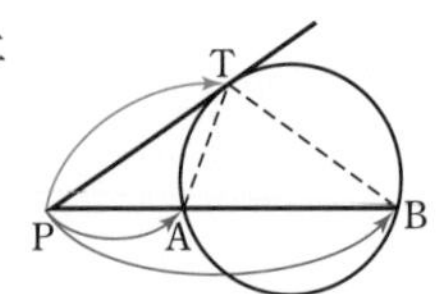

PRACTICE 88②

円Oの外部の点Pからこの円に接線PA，PBを引く。点Bを通り，PAと平行な直線が円Oと再び交わる点をCとするとき，直線ACは△PABの外接円の接線であることを証明せよ。

基本 例題 89 方べきの定理

AB=6, BC=8, CA=10 の直角三角形 ABC の外接円の中心をOとする。図のように，辺 BC 上に点Pをとり，線分 AP の延長と円Oとの交点をQとし，Qにおける円Oの接線と辺 AB の延長との交点をRとする。

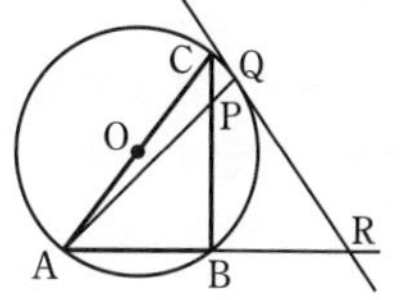

(1) BR=4 のとき，線分 QR の長さを求めよ。

(2) BP=6 のとき，線分 PQ の長さを求めよ。

p.394 基本事項 3，重要 93

CHART & SOLUTION

交わる2弦　2本の割線（かっせん）　接線と割線（かっせん）　には方べきの定理 ……❗

方べきの定理は，次の図のように3つの場合に適用できる。

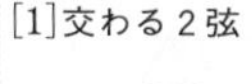

A, D, P, C, B

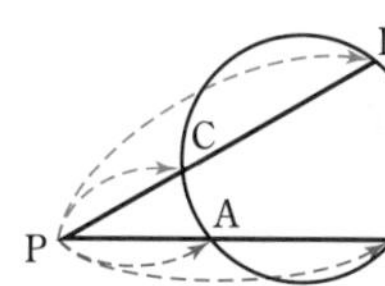

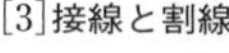

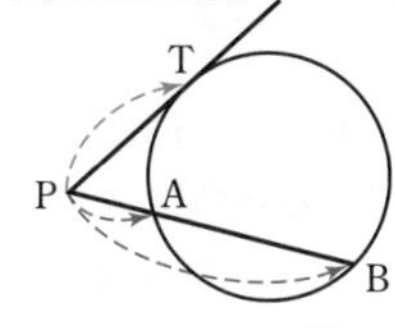

$PA \cdot PB = PC \cdot PD$　　　　$PA \cdot PB = PT^2$

なお，割線については下の 注意 参照。

解答

(1) 方べきの定理から

❗　　$RQ^2 = RB \cdot RA$

よって　$RQ^2 = 4 \cdot (4+6) = 40$

$QR>0$ であるから　$QR = \mathbf{2\sqrt{10}}$

(2) $AB = BP = 6$, $\angle ABP = 90^\circ$ であるから　$AP = 6\sqrt{2}$

方べきの定理から

❗　　$PA \cdot PQ = PB \cdot PC$

ゆえに　$6\sqrt{2}\,PQ = 6 \cdot (8-6) = 12$

よって　$PQ = \mathbf{\sqrt{2}}$

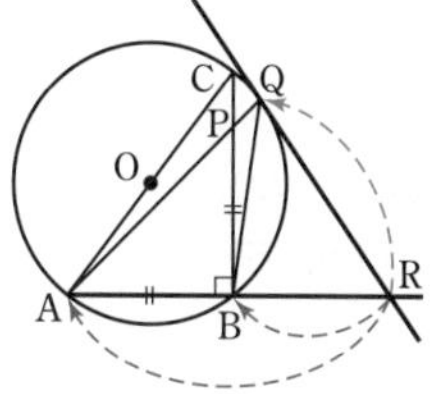

注意　円と2点で交わる直線を，その円の **割線**（かっせん） という。例えば，(1) において
　直線 RA は割線
であり，接線 RQ と割線 RA に対して，方べきの定理が適用できる。

⇦ 交わる2弦 AQ, BC に方べきの定理を適用。

PRACTICE 89③

右の図のように，円Oは円Bと2点 P, Q で交わり，更に，円Bの直径 FG と点 A，中心Bで交わっている。また，E は直線 PQ と直線 FG の交点である。$EA=x$, $AB=a$, $BG=b$ とするとき，x を a, b を用いて表せ。

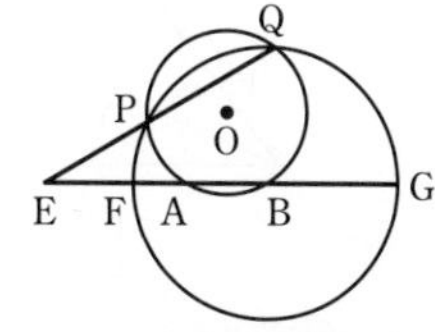

3章 10 円と直線，2つの円

まとめ 角度と比（長さ）の求め方

第3章でここまで扱った，角度や比（長さ）を求める問題について，そのポイントを，問題文で注意すべき用語（キーワード）とともにまとめておこう。
なお，証明問題のまとめについては$p.404$ を参照してほしい。

(1) 角度を求める問題のポイント

①キーワード …… **外心**
⇒**二等辺三角形** を利用
参照例題 … 基本例題 **66**

②キーワード …… **内心**
⇒**角の二等分線** を利用
参照例題 … 基本例題 **69**

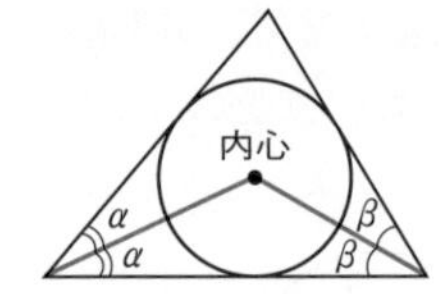

③キーワード …… **円に内接，四角形**
⇒**円に内接する四角形** を利用
参照例題 … 基本例題 **81**

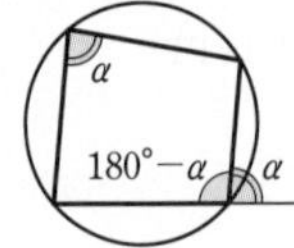

④キーワード …… **円，接線**
⇒**接弦定理** を利用
参照例題 … 基本例題 **86**

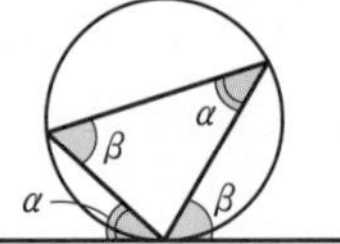

(2) 比（長さ）を求める問題のポイント

①キーワード …… **角の二等分線，内心**
⇒**内角，外角の二等分線と辺の比** を利用
参照例題 … 基本例題 **64，69**

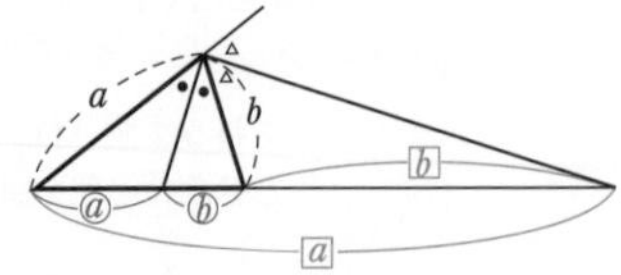

②キーワード …… **重心**
⇒**3本の中線は重心によって 2：1 に内分される** ことを利用
参照例題 … 基本例題 **70**

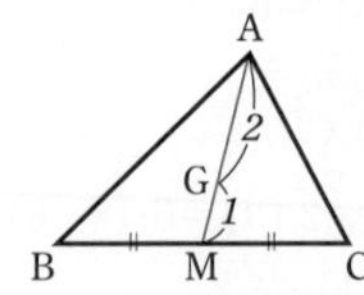

③キーワード …… **三角形，分点**
⇒**チェバの定理，メネラウスの定理** を利用
参照例題 … 基本例題 **74，75**

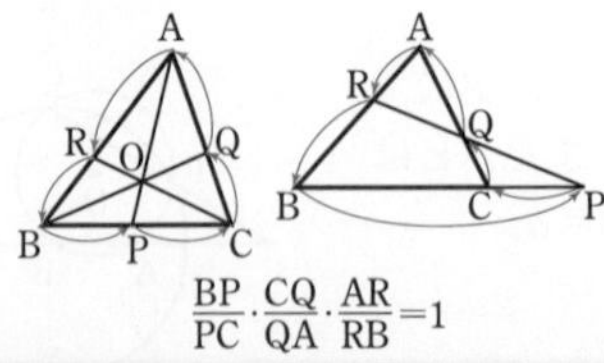

$$\frac{BP}{PC}\cdot\frac{CQ}{QA}\cdot\frac{AR}{RB}=1$$

④キーワード …… **円，直線，接線**
⇒**方べきの定理** を利用
参照例題 … 基本例題 **89**

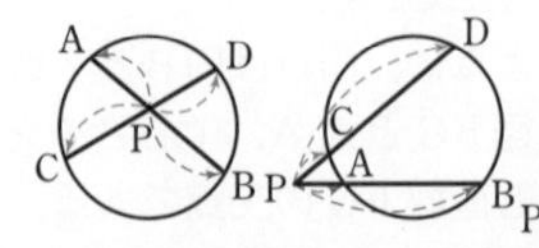

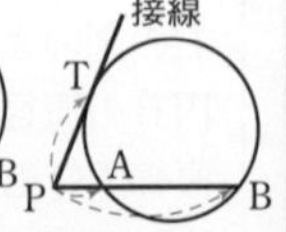

$PA\cdot PB=PC\cdot PD$　　$PA\cdot PB=PT^2$

基本 例題 90　方べきの定理の逆

点Aで外接する2円O, O′がある。Aにおける共通接線上の点Bを通る1本の直線が円Oと2点C, Dで交わり, Bを通る他の直線が円O′と2点E, Fで交わるとする。このとき, 4点C, D, E, Fは1つの円周上にあることを証明せよ。

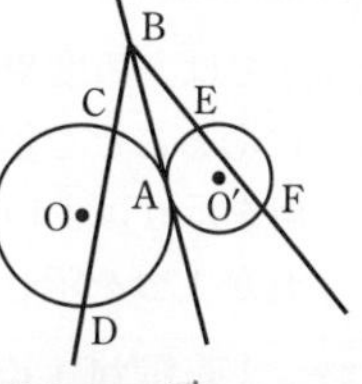

p. 394, 395 基本事項 3, 基本 82

CHART & SOLUTION

1つの円周上にあることの証明　方べきの定理の逆 ……❗

4点が1つの円周上にあることは,「円周角の定理の逆」,「内角と対角の和が180°」,「方べきの定理の逆」のいずれかを利用すれば示せるが, この問題では **角度についての情報がない** から,「方べきの定理の逆」を利用する方針で考える。
4点C, D, E, Fを通る円をかいてみると, 示すべきことが BC・BD=BE・BF であることが見えてくる。

解答

円Oにおいて, 方べきの定理から

$BC\cdot BD=BA^2$　　⇐ 接線BA, 割線BD

円O′において, 方べきの定理から

$BE\cdot BF=BA^2$　　⇐ 接線BA, 割線BF

❗ よって　$BC\cdot BD=BE\cdot BF$

ゆえに, 方べきの定理の逆から,
4点C, D, E, Fは1つの円周上にある。

inf. 方べきの定理 PA・PB=PC・PD において, PA・PB の値を **方べき** という。ここで, 円Oの半径を r とすると,

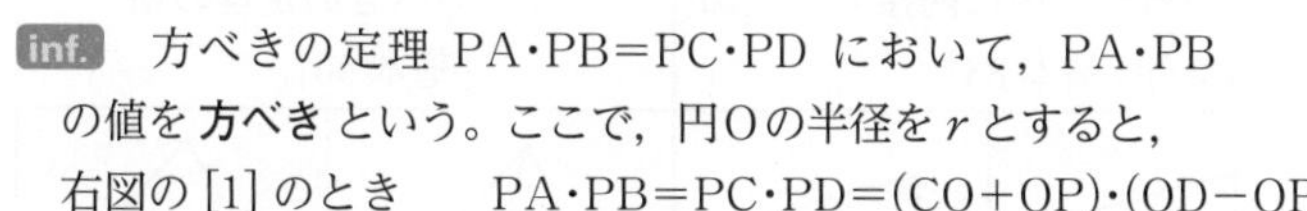

右図の[1]のとき　$PA\cdot PB=PC\cdot PD=(CO+OP)\cdot(OD-OP)$
$=(r+OP)\cdot(r-OP)=r^2-OP^2$

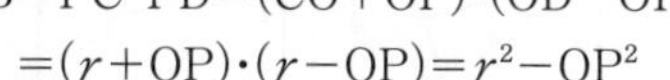

右図の[2]のときは, 同様の計算で　$PA\cdot PB=OP^2-r^2$

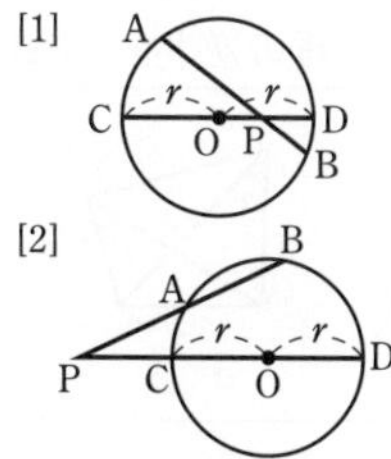

したがって, PA・PBの値は $|OP^2-r^2|$ に等しい。$|OP^2-r^2|$ は, 点Pが固定されていれば一定の値である。すなわち

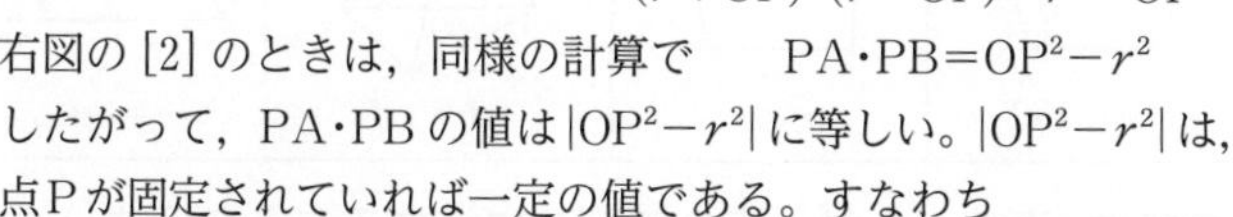

定点Pを通る直線が円Oと2点A, Bで交わるとき, PA・PBの値は常に一定である。

PRACTICE 90③

円Oに, 円外の点Pから接線PA, PBを引き, 線分ABとPOの交点Mを通る円Oの弦CDを引く。このとき, 4点P, C, O, Dは1つの円周上にあることを証明せよ。ただし, C, Dは直線PO上にないものとする。

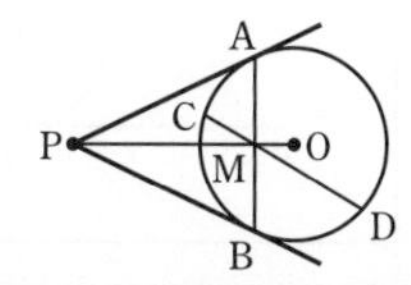

まとめ　平面図形のいろいろな条件

$p.402$ では，角度や比 (長さ) を求めるポイントをまとめたが，ここでは「3 点～が一直線上にあることを示せ。」，「～は円 … の接線であることを示せ。」などの証明問題について，何を示せばよいかをまとめておこう。(性質(1)～(4)について，①，②，…… のうちいずれか 1 つを示せばよい。)

(1)　3 直線が 1 点で交わるための条件 (共点条件)

① 2 直線の交点を第 3 の直線が通る
② 2 直線ずつの交点が一致する [重要 72]
③ チェバの定理の逆 [重要 78]

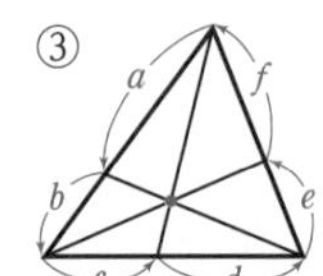

$$\frac{a}{b}\cdot\frac{c}{d}\cdot\frac{e}{f}=1$$

(2)　3 点が一直線上にあるための条件 (共線条件)

(3 点を A，B，C；ℓ をある直線とする。)

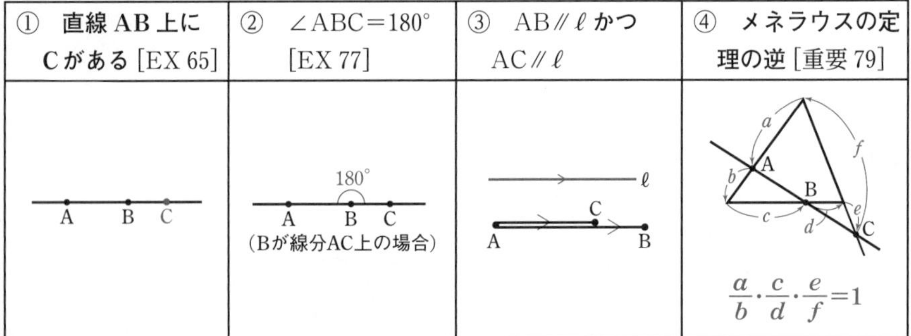

① 直線 AB 上に C がある [EX 65]	② ∠ABC＝180° [EX 77]	③ AB∥ℓ かつ AC∥ℓ	④ メネラウスの定理の逆 [重要 79]
A　B　C	180° A　B　C (Bが線分AC上の場合)	ℓ C A　B	a　f　A　b　B　c　e　d　C $\frac{a}{b}\cdot\frac{c}{d}\cdot\frac{e}{f}=1$

(3)　4 点が 1 つの円周上にあるための条件 (共円条件)

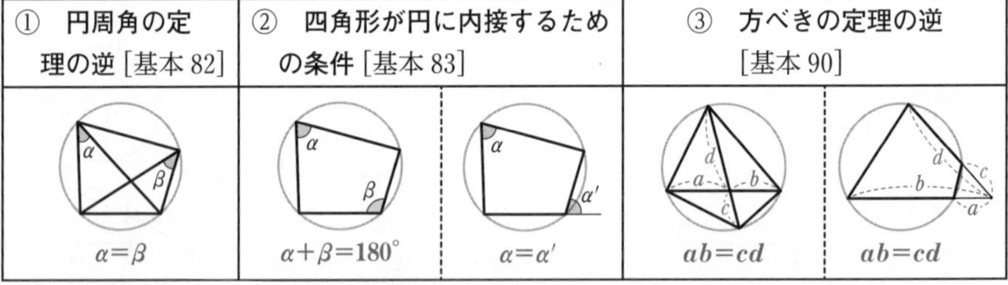

① 円周角の定理の逆 [基本 82]	② 四角形が円に内接するための条件 [基本 83]		③ 方べきの定理の逆 [基本 90]	
$\alpha=\beta$	$\alpha+\beta=180^\circ$	$\alpha=\alpha'$	$ab=cd$	$ab=cd$

(4)　接線であるための条件 (直線 PQ が，点 Q で円 O に接することを示す。)

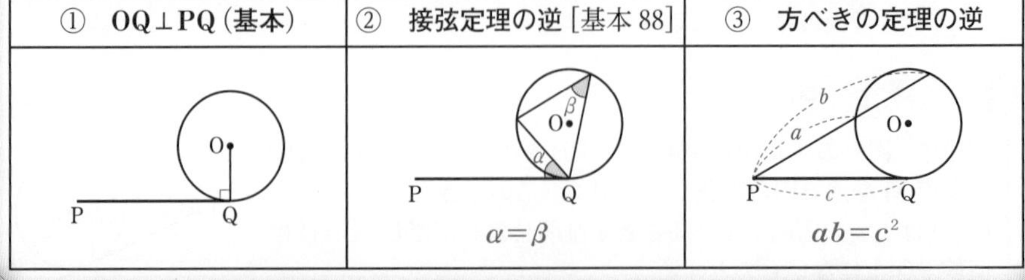

① OQ⊥PQ (基本)	② 接弦定理の逆 [基本 88]	③ 方べきの定理の逆
O P　Q	O　β　α P　Q $\alpha=\beta$	b　a　O P　c　Q $ab=c^2$

基本 例題 91 共通接線の長さ

右の図において，直線 AB は円 O，O′ に，それぞれ点 A，B で接している。円 O，O′ の半径を，それぞれ 5，4 とし，中心 O，O′ 間の距離を 6 とするとき，線分 AB の長さを求めよ。

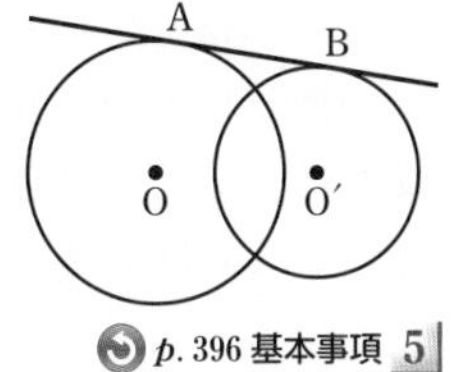

p. 396 基本事項 5

CHART & SOLUTION

2 つの円の接点間の距離

接線は半径に垂直　直角を作って三平方

直線 AB は，2 円 O，O′ の共通接線であるから　OA⊥AB，O′B⊥AB

⟶ 直角が出てくるから直角三角形を作り，三平方の定理を適用。

解答

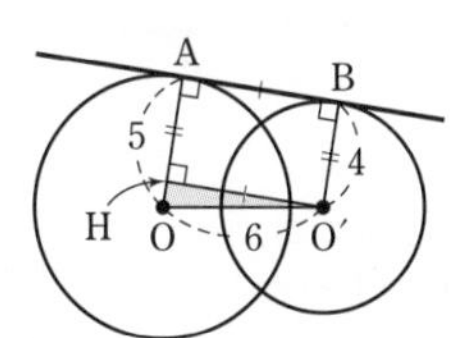

直線 AB は 2 つの円 O，O′ の共通接線であるから

　　OA⊥AB，O′B⊥AB

⇦ 接線は，接点を通る半径と垂直。

ゆえに，点 O′ から線分 OA に垂線 O′H を下ろすと，四角形 AHO′B は長方形となる。

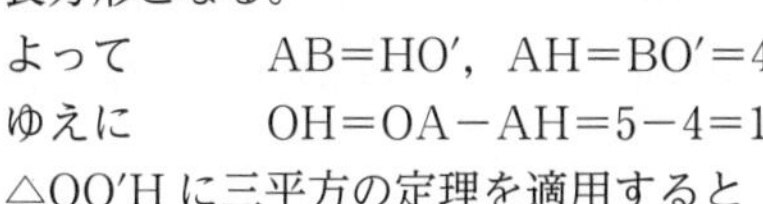

よって　　AB=HO′，AH=BO′=4

ゆえに　　OH=OA−AH=5−4=1

△OO′H に三平方の定理を適用すると

⇦ △OO′H は直角三角形。

$$O'H=\sqrt{6^2-1^2}=\sqrt{35}$$

⇦ $\sqrt{OO'^2-OH^2}$

すなわち　　**AB=$\sqrt{35}$**

INFORMATION　共通外接線の 2 つの接点間の距離

この例題において，円 O の半径を r，円 O′ の半径を r' とし，中心 O，O′ 間の距離を d とするとき，線分 AB の長さ（共通外接線の 2 つの接点間の距離）は $\sqrt{d^2-(r-r')^2}$ となる。また，2 つの円 O，O′ が互いに外部にある場合も，共通外接線の 2 つの接点間の距離は $\sqrt{d^2-(r-r')^2}$ となる（PRACTICE 91 の解答編参照）。

PRACTICE 91❷

右の図において，直線 AB は円 O，O′ に，それぞれ点 A，B で接している。円 O，O′ の半径を，それぞれ 4，2 とし，中心 O，O′ 間の距離を 8 とするとき，線分 AB の長さを求めよ。

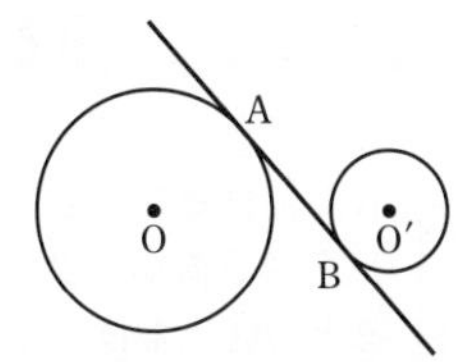

基本 例題 92 共通接線の利用

点Aで外接している2つの円がある。一方の円の周上の点Bにおける接線が，他方の円と2点C，Dで交わるとき，ABは∠CADの外角の二等分線であることを証明せよ。

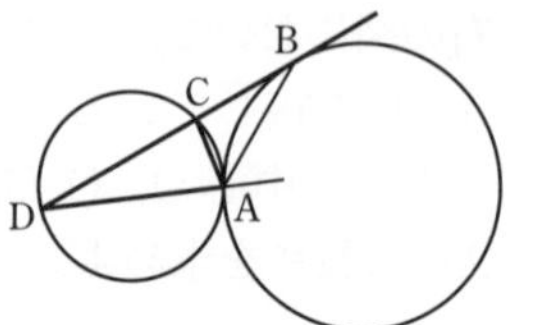

p. 394, 396 基本事項 1，2，5

CHART & THINKING

接する2円の問題　共通接線を引く ……❗

このままでは等しい角が見つからない。そこで，補助線を考える必要があるが，どこに引くか？「2つの円が点Aで外接している」という条件をまだ利用していないから，Aを通る共通接線を引いてみよう。
⟶ 接線2本で二等辺三角形ができることと，接弦定理を利用することで，等しい角を見つけることができる。

解答

❗ Aを通る共通内接線TAを引く。

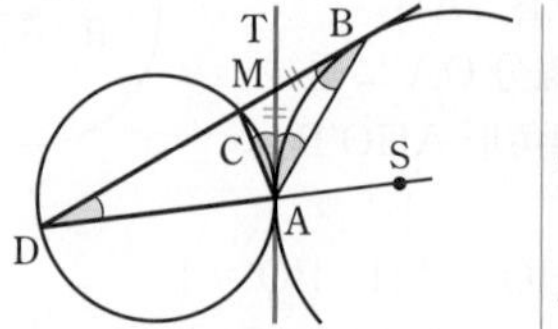

TAとBDの交点をMとすると

MA＝MB

⇐ 2直線MA，MBはともに，右側の円の接線。

よって

∠TAB＝∠DBA …… ①

⇐ △MABは二等辺三角形。

TAは左側の円の接線であるから

∠TAC＝∠ADC …… ②

⇐ 接弦定理

①，② から

∠BAC＝∠TAB＋∠TAC
　　　＝∠DBA＋∠ADC
　　　＝∠DBA＋∠ADB

ここで，直線DA上に図のように，点Sをとる。
このとき，∠DBA＋∠ADB＝∠BAS であるから

∠BAC＝∠BAS

⇐ ∠BASは，△ABDの∠Aの外角。

ゆえに，ABは∠CADの外角の二等分線である。

PRACTICE 92❸

点Pで外接する2つの円O，O′の共通外接線の接点をそれぞれC，Dとする。
Pを通る直線と2つの円O，O′との交点をそれぞれA，Bとすると AC⊥BD であることを証明せよ。

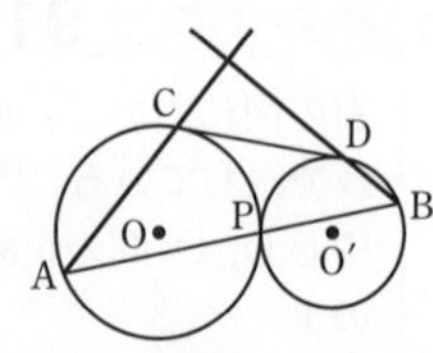

重要 例題 93 方べきの定理を利用した証明

右の図のように，円の弦 AB，CD の交点Eから BC に平行な直線を引き，線分 AD の延長との交点をFとする。また，F からこの円に接線 FG を引く。このとき，FG＝EF であることを証明せよ。

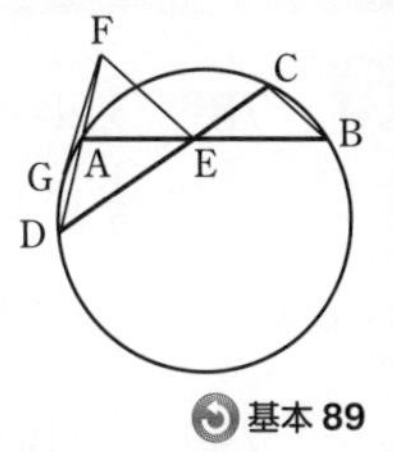

基本 89

CHART & THINKING

交わる 2 弦　2 本の割線（かっせん）　接線と割線（かっせん）　には方べきの定理

交わる 2 弦 AB，CD に方べきの定理を適用してもうまくいかない。そこで，まず，接線 FG と割線 FD のペアで方べきの定理を適用してみよう。⟶ $FG^2=FA\cdot FD$ となるが，$FG=EF$ を示すには $FE^2=FA\cdot FD$ が導かれるとよい。それには，接弦定理の逆を用いて，FE が接線，FD が割線となるような円を見つけ出すことを目指す。条件 BC∥EF も利用する。

解答

直線 FG は円の接線であるから，方べきの定理により

$$FG^2=FA\cdot FD \quad \cdots\cdots ①$$

また，条件より，BC∥EF であるから

$$\angle EBC=\angle AEF$$

⇦ 同位角が等しい。

また，∠ABC＝∠ADC であるから

$$\angle AEF=\angle ADE$$

⇦ 弧 AC に対する円周角。

ゆえに，接弦定理の逆により，直線 FE は △ADE の外接円の接線である。

よって，方べきの定理により

$$FE^2=FA\cdot FD \quad \cdots\cdots ②$$

①，②から　$FG^2=EF^2$

$FG>0$，$EF>0$ であるから

$$FG=EF$$

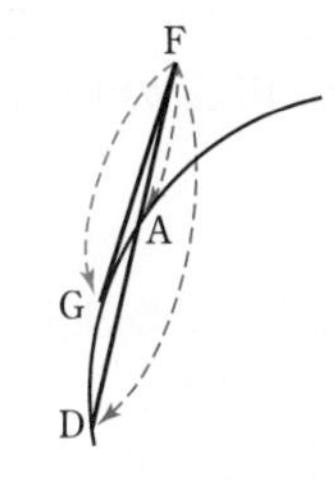

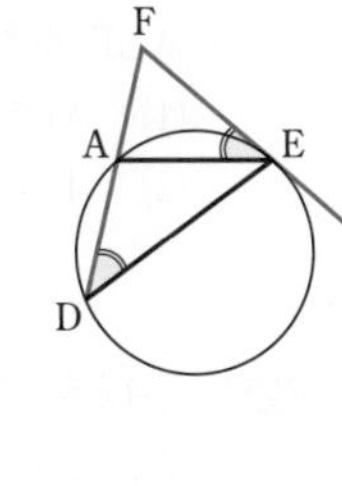

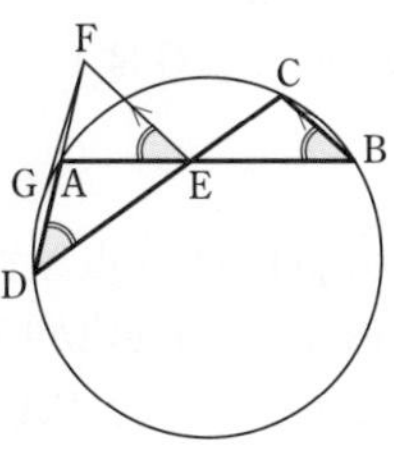

PRACTICE 93④

右の図のように，円に内接する四角形 ABCD の辺 AB，CD の延長の交点を E，辺 BC，AD の延長の交点を F とする。また，E，F からこの円に接線 EP，FQ を引く。このとき，$EP^2+FQ^2=EF^2$ であることを証明せよ。

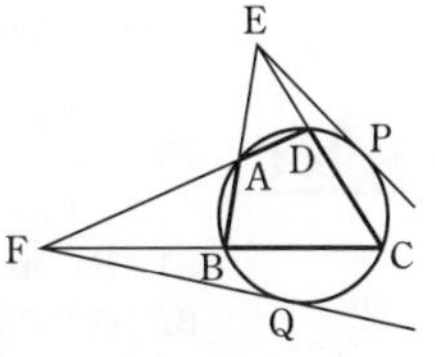

EXERCISES　　10 円と直線，2つの円

A

78③ 3辺の長さが a，b，c の直角三角形の外接円の半径が $\frac{3}{2}$，内接円の半径が $\frac{1}{2}$ のとき，次の問いに答えよ。ただし，$a \geqq b \geqq c$ とする。〔群馬大〕

(1) a の値を求めよ。　　(2) b と c の値を求めよ。 ➡85

79③ △ABC は AB=2，BC=4，CA=$2\sqrt{3}$ を満たしている。頂点Aから辺 BC に下ろした垂線を AD とし，線分 AD を直径とする円が2辺 AB，CA と交わる点をそれぞれ E，F とする。ただし，E，F はAと異なる点とする。

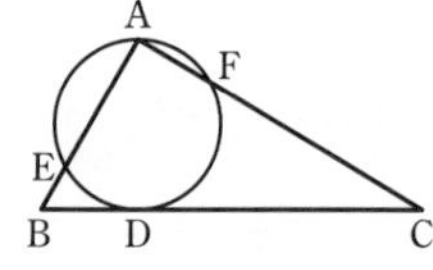

(1) 4点 E，B，C，F は1つの円周上にあることを示せ。
(2) △EBF の面積を求めよ。〔東京慈恵会医大〕 ➡87

80③ 平面上の直線 ℓ に同じ側で接する2つの円 C_1，C_2 があり，C_1 と C_2 も互いに外接している。ℓ，C_1，C_2 で囲まれた部分に，これら3つと互いに接する円 C_3 を作る。円 C_1，C_2 の半径をそれぞれ16，9とするとき，円 C_3 の半径を求めよ。〔類 筑波大〕 ➡91

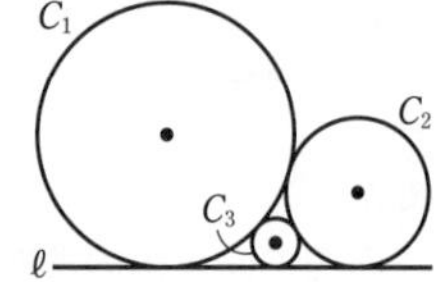

B

81③ AB=AC である二等辺三角形 ABC の底辺 BC 上に2点 F，G をとり，△ABC の外接円の弦 AFD，AGE を引くとき，次のことを証明せよ。

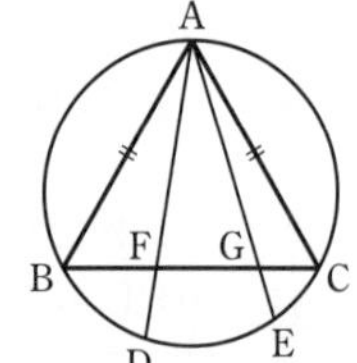

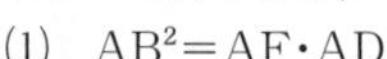
(1) $AB^2 = AF \cdot AD$
(2) 4点 D，E，F，G は1つの円周上にある ➡88, 89, 90

82④ 半径5，8の円 O，O′ が点Aで外接しているとき，この2円の共通外接線が円 O，O′ と接する点を B，C とする。また，BA の延長と円 O′ との交点をDとする。

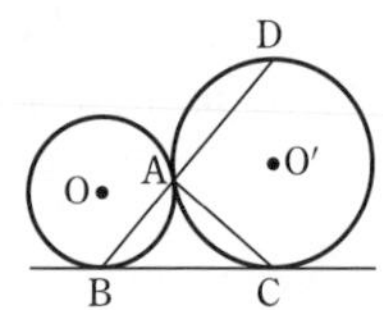

(1) AB⊥AC であることを証明せよ。
(2) 3点 C，O′，D は同一直線上にあることを証明せよ。
(3) AB：AC：BC を求めよ。 ➡92

HINT

79 (1) △ABC は ∠A=90°，∠B=60°，∠C=30° の直角三角形であることと AD は円の直径であることに注目。補助線 AD，ED，EF，DF を引く。
81 (1) 直線 AB が △BDF の外接円の接線であることを導く。
82 2つの円の共通内接線を引く。

11 作　図

基本事項

1 作　図

作図では，定規とコンパスを用いて次のことができる。

定　規　[1]　与えられた2点を通る直線(線分)を引くこと
　　　　　[2]　線分を延長すること

コンパス　[1]　与えられた1点を中心として，与えられた半径の円をかくこと
　　　　　[2]　直線上に，与えられた線分の長さを移すこと

それらの直線や円などの交点を求めて，次々と点，直線，円をかき，条件を満たす図形をかくことが **作図** である。

2 基本作図（中学数学で学習した内容。①，②，……は作図の順序を示す。）

1．線分 AB の垂直二等分線

① 線分の両端 A，B をそれぞれ中心として，等しい半径の円をかき，2つの円の交点を P，Q とする。

② 直線 PQ を引く。

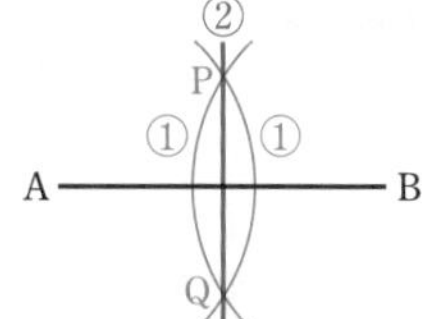

2．∠AOB の二等分線

① 点Oを中心とする適当な半径の円をかき，半直線 OA，OB との交点をそれぞれ P，Q とする。

② 2点 P，Q をそれぞれ中心として，等しい半径の円をかき，2つの円の交点の1つをRとする。

③ 半直線 OR を引く。

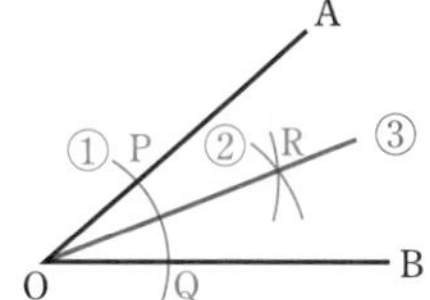

3．垂　線（点Pを通り，直線 ℓ に垂直な直線）

① 点Pを中心とする適当な半径の円をかき，直線 ℓ との交点を A，B とする。

② 2点 A，B をそれぞれ中心として，等しい半径の円をかき，2つの円の交点の1つをQとする。

③ 直線 PQ を引く。

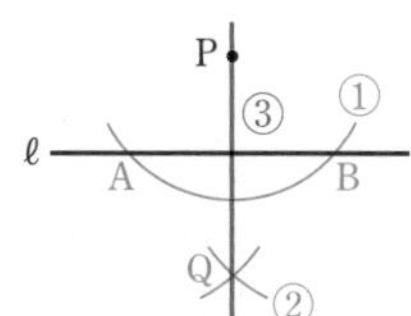

CHECK & CHECK

29　右の図のような三角形 ABC がある。このとき，次の点を作図せよ。

(1) 辺 AB，BC，CA から等しい距離にある点P

(2) 点 A，B，C から等しい距離にある点Q

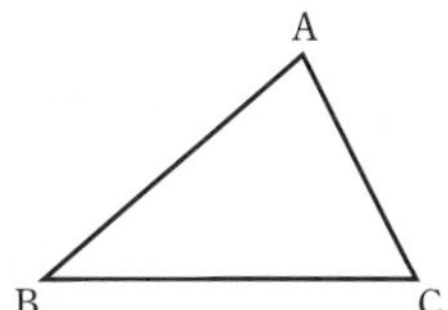

↻ 2

基本 例題 94 内分点，外分点の作図

与えられた線分 AB に対して，次の点を作図せよ。

A ―――― B

(1) 線分 AB を 3：1 に内分する点E

(2) 線分 AB を 5：1 に外分する点F

p. 409 基本事項 2

CHART & SOLUTION

線分 AB の $m：n$ の内分点，外分点の作図　平行線と線分の比を利用

(1) 点Aを通る AB 以外の半直線上であればコンパスを利用して AC：CD＝3：1 となる点C，D を自由にとることができる。そこで，平行線と線分の比を利用して，D，C を AB 上に移すことを考える。

(2) (1) と同様だが，F は外分点である。AB：BF＝4：1 であるから，② で AC：CD＝4：1 となるように点C，D をとればよい。

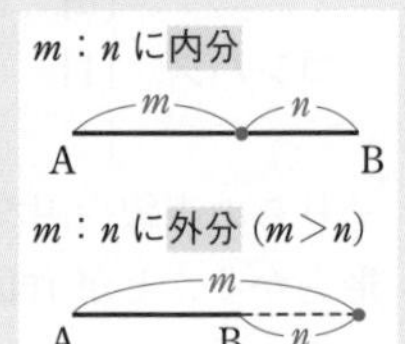

解答

(1) ① 点Aを通り，直線 AB と異なる半直線 ℓ を引く。

② ℓ 上に，AC：CD＝3：1 となるように点C，D をとる。

③ 点C を通り，直線 BD に平行な直線を引き，線分 AB との交点をE とする。点E が求める点である。

BD∥EC より AE：EB＝AC：CD であるから，点E は線分 AB を 3：1 に内分する点である。

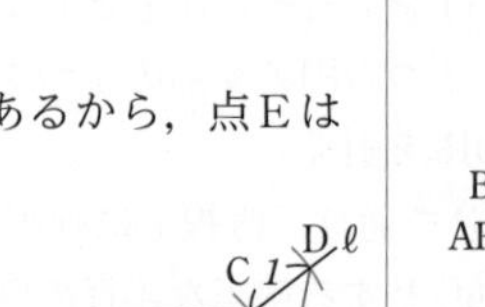

⇐ コンパスで等しい長さの線分をとっていく。点C は，線分 AD を 3：1 に内分する点。

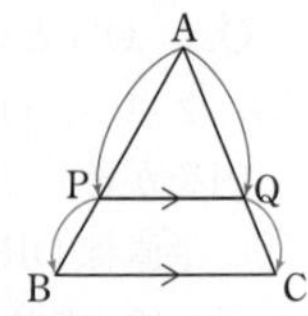

AP：PB＝AQ：QC

(2) ① 点Aを通り，直線 AB と異なる半直線 ℓ を引く。

② ℓ 上に，AC：CD＝4：1 となるように点C，D をとる。

③ 点D を通り，直線 BC に平行な直線を引き，直線 AB との交点をF とする。点F が求める点である。

⇐ 点C は，線分 AD を 4:1 に内分する点。

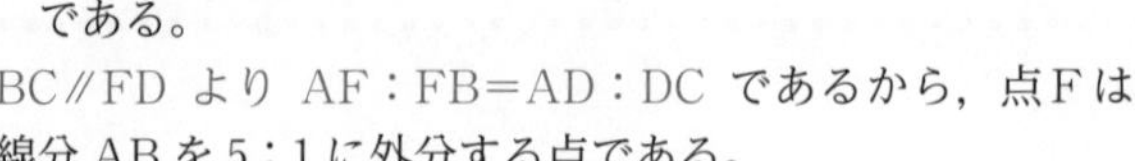

BC∥FD より AF：FB＝AD：DC であるから，点F は線分 AB を 5：1 に外分する点である。

PRACTICE 94[1]

与えられた線分 AB に対して，次の点を作図せよ。

A ―――― B

(1) 線分 AB を 3：2 に内分する点E

(2) 線分 AB を 3：1 に外分する点F

基本 例題 95 いろいろな長さの線分の作図

長さ a の線分 AB と，長さ b，c の 2 つの線分が与えられたとき，長さ $\dfrac{ac}{b}$ の線分を作図せよ。

A —a— B

—b—

—c—

p. 409 基本事項 2

CHART & SOLUTION

いろいろな長さの線分の作図

$x=\dfrac{ac}{b}$ とおくと　$a:x=b:c$

⟶ 平行線と線分の比を利用

長さ a，b，c の 3 つの線分が与えられているから，平行線に関する次の性質を利用できる。
右の図の △PQR において
　ST∥QR ならば PS：SQ＝PT：TR
が成り立つ。

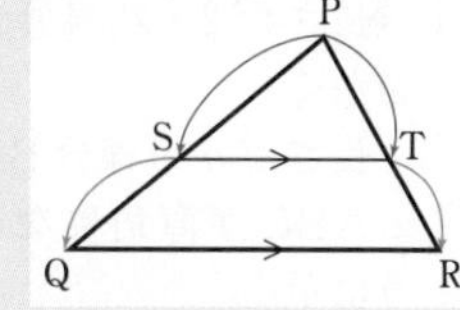

解答

① 点Aを通り，直線 AB と異なる半直線 ℓ を引く。

② ℓ 上に，AC＝b，CD＝c となるように点C，D をとる。ただし，C は線分 AD 上にとる。

③ 点Dを通り，直線 BC に平行な直線を引き，直線 AB との交点をEとする。線分 BE が求める線分である。

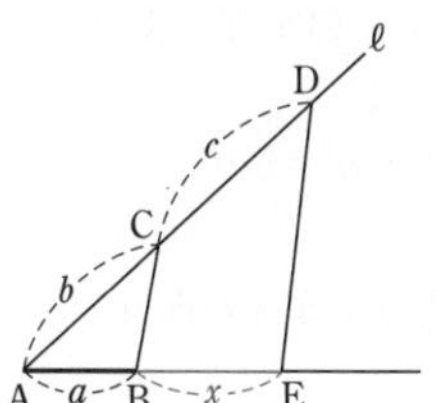

BE＝x とすると，BC∥ED から

$a:x=b:c$　　すなわち　　$x=\dfrac{ac}{b}$

よって，線分 BE は長さ $\dfrac{ac}{b}$ の線分である。

⇦ CHART&SOLUTION の △PQR で，PS＝a，SQ＝x，PT＝b，TR＝c とすればよい。

PRACTICE 95❷

長さ 1 の線分 AB および長さ a の線分が与えられたとき，長さ $\dfrac{1}{a}$ の線分を作図せよ。

A —1— B

—a—

基本 例題 96　作図 ($\sqrt{5}\,a$)

長さ a の線分が与えられたとき，$\sqrt{5}\,a$ の長さの線分を作図せよ。

p. 409 基本事項 2

CHART & SOLUTION

n は自然数，$\sqrt{n}$ は無理数のとき

$\sqrt{n}$ 倍の長さの線分の作図 ⟶ 三平方の定理の利用が有効

$(\sqrt{5}\,a)^2=(2a)^2+a^2$ であるから，$\sqrt{5}\,a$ は直角を挟む 2 辺の長さが $2a$ と a である直角三角形の斜辺の長さである。

解答

① 長さが $2a$ の線分 AB をかく。

② 長さが a の線分 BC を，∠ABC が直角になるようにかく。

③ 線分 AC を引く。線分 AC が求める線分である。

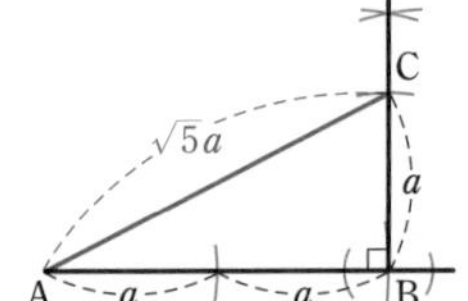

△ABC において，三平方の定理により

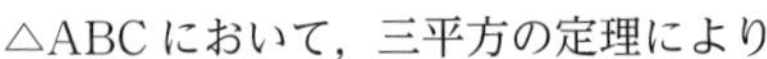

$$AC^2=AB^2+BC^2$$

すなわち　$AC^2=(2a)^2+a^2=5a^2$

ゆえに　$AC=\sqrt{5}\,a$

よって，線分 AC は長さ $\sqrt{5}\,a$ の線分である。

⇦ 長方形の対角線を利用する作図方法もある。下の INFORMATION 参照。

② 点 B を通る直線 AB の垂線を作図し，線分 BC の長さが a になる点 C を垂線上にとる。

⇦ ∠B=90°

⇦ AC>0

INFORMATION　$\sqrt{n}$ 倍の長さの線分の作図

作図の方法は，必ずしも 1 通りではない。

たとえば上の例題の場合，まず 1 辺が a の正方形の対角線をかくと $\sqrt{2}\,a$ の線分が得られる。

以下，1 辺が a で，他の 1 辺が $\sqrt{2}\,a$，$\sqrt{3}\,a$，$\sqrt{4}\,a$ である長方形の対角線の長さが，それぞれ $\sqrt{3}\,a$，$\sqrt{4}\,a$，$\sqrt{5}\,a$ であることを利用してかくことができる。

PRACTICE 96 を参照。

PRACTICE 96❷

長さ a の線分が与えられたとき，$\sqrt{3}\,a$ の長さの線分を作図せよ。

基本 例題 97 相似を利用する作図

右の図のように，Oを中心とする扇形 OAB がある。正方形 PQRS を，線分 OA 上に辺 QR があり，頂点Pが線分 OB 上，頂点Sが弧 AB 上にあるように作図せよ。

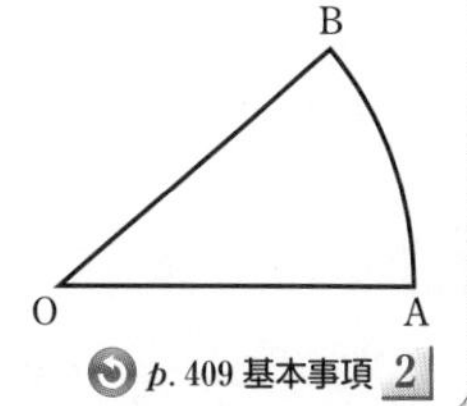

p. 409 基本事項 2

CHART & SOLUTION

相似を利用する作図

条件の一部を考えるとうまくいくことがある

条件を満たす図形をいきなり作図するのは難しい。そこで，条件を一部だけ満たす「**1辺が線分 OA 上にあり，1つの頂点が線分 OB 上にある正方形**」の作図を考える（すなわち，1つの頂点が弧 AB 上にあることは，最初は考えない）。
そして，正方形はすべて相似であるから，初めにかいた正方形を拡大し，頂点Sが弧 AB 上にあるように作図することを考える。

解答

① 線分 OB 上に点 P′ をとり，P′ から線分 OA に垂線 P′Q′ を引く。

② 線分 P′Q′ を1辺とする正方形 P′Q′R′S′ を，R′ が Q′ よりもAに近くなるようにかく。

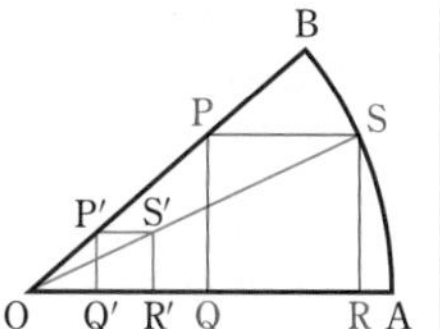

⇐ ①，② で，まず条件の一部を満たす正方形をかく。

③ 直線 OS′ と弧 AB の交点をSとし，Sから線分 OA に平行に引いた直線と線分 OB の交点をPとする。

④ S，P から線分 OA 上にそれぞれ垂線 SR，PQ を引く。
四角形 PQRS が求める正方形である。

このとき，平行線と線分の比の関係から

$$S'R' : SR = OS' : OS = P'S' : PS$$

$S'R' = P'S'$ であるから　　$SR = PS$

よって，四角形 PQRS は正方形であり，条件を満たす。

inf. 2つの四角形は，Oを相似の中心として相似の位置にある。

補足 2つの図形の対応する点どうしを通る直線がすべて1点Oに集まり，Oから対応する点までの距離の比がすべて等しいとき，それらの図形はOを **相似の中心** として **相似の位置** にあるという（中学で学習した）。

PRACTICE 97[3]

右の図のように，三角形 ABC がある。正方形 PQRS を，線分 BC 上に辺 QR があり，頂点Pが線分 AB 上，頂点Sが線分 AC 上にあるように作図せよ。

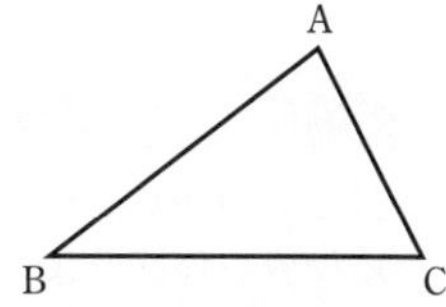

重要 例題 98 作図（$x^2+ax-b^2=0$ の解）

長さ a, b の線分が与えられたとき，2 次方程式 $x^2+ax-b^2=0$ の正の解を長さとする線分を作図せよ。

p. 409 基本事項 2

CHART & SOLUTION

2 次方程式 $x^2+ax-b^2=0$ の正の解の作図

$x^2+ax-b^2=0$ を変形すると

$$x(x+a)=b^2$$

これは，直径 a の円Oの外側の点P，円上の点 A, B, T を右の図のようにとったときの方べきの定理を表している。

したがって，右の図の線分 PA を作図すればよい。

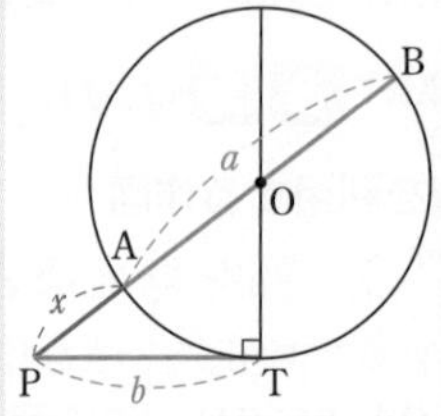

解答

① 長さ a の線分 CT を直径とする円Oをかく。

② 点Tにおいて CT の垂線を引き，その上に PT$=b$ となるように点Pをとる。

③ 直線 OP と円Oとの交点を，点Pに近い方から A, B とする。

線分 PA が求める線分である。

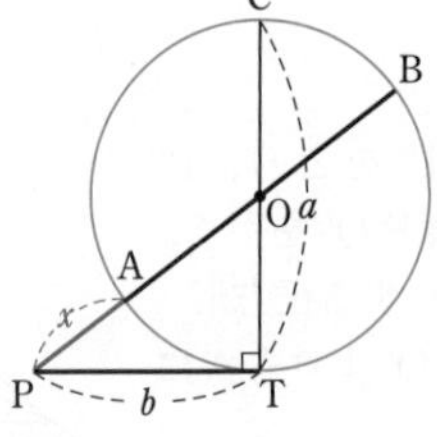

方べきの定理により

$$\mathrm{PA}\cdot\mathrm{PB}=\mathrm{PT}^2$$

よって，PA$=x$ とすると，PB$=$PA$+$AB$=x+a$ であるから

$$x(x+a)=b^2$$

ゆえに　$x^2+ax-b^2=0$

したがって，線分 PA が 2 次方程式 $x^2+ax-b^2=0$ の正の解を長さとする線分である。

inf. 2 次方程式 $x^2+ax-b^2=0$ の解は $x=\dfrac{-a\pm\sqrt{a^2+4b^2}}{2}$ であり，正の解は $\dfrac{-a+\sqrt{a^2+4b^2}}{2}$ 他の解は負となる。よって，$x(x+a)=b^2$ を満たす正の数 x は 1 つあり，解答のように作図した線分の長さは，$x^2+ax-b^2=0$ の正の解となる。

PRACTICE 98[4]

長さ a, b の線分が与えられたとき，2 次方程式 $x^2-ax-b^2=0$ の正の解を長さとする線分を作図せよ。

EXERCISES

A

83❸ 線分 AB とその上の定点Pがある。このとき，線分 AB を斜辺とする直角三角形 ABC を作り，線分 AC 上に点Q，線分 BC 上に点Rを，四角形 PQCR が正方形になるようにとって，正方形 PQCR を作図せよ。

→ *p.* 409

84❸ 円Oの周上および円の内部にそれぞれ定点 A，M が与えられている。
いま，点 M を通る弦 PQ を引いて，AM が ∠PAQ の二等分線となるようにしたい。そのような弦 PQ を作図せよ。

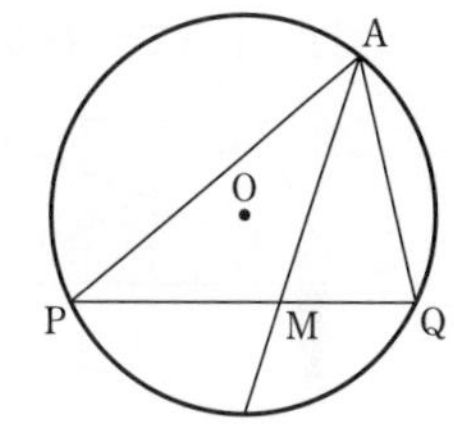

→ *p.* 409

85❸ 図のような半円Oを，弦を折り目として折る。このとき，折られた弧の部分が直径上の点Pにおいて，直径に接するような折り目の線分 AB を作図せよ。

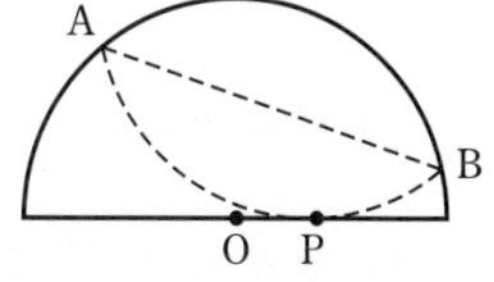

→ *p.* 409

86❸ 右の図のように，円Oと弦 AB がある。このとき，次の円を作図せよ。ただし，点 P，Q は A，B とは異なり，更に，弦 AB の垂直二等分線上にはないものとする。

(1) 弧 AB(長さが長い方の弧)上の点Pにおいて円Oに接し，かつ弦 AB に接する円

(2) 弦 AB 上の点Qにおいてこの弦に接し，かつ円Oに接する円

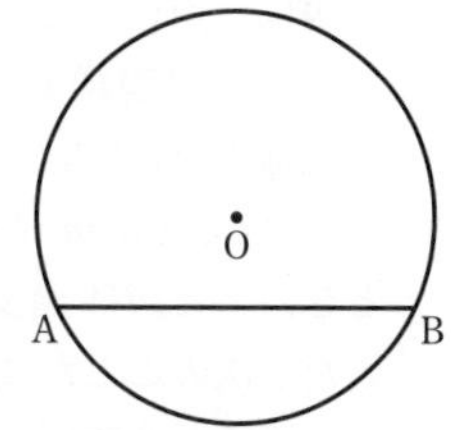

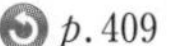
→ *p.* 409

B

87❹ 長さ l の線分と，1点Oから出る2つの半直線 a，b がある。a 上の点Aにおいて a に接し，かつ b から長さ l の線分を切り取る円を作図せよ。

→ 98

HINT 87 次の方べきの定理の逆が成り立つことを利用する。
「一直線上にない3点 A，B，T と，線分 AB の延長上の点Pについて，$PA \cdot PB = PT^2$ が成り立つならば，PT は3点 A，B，T を通る円に接する。」

12 空間図形

基本事項

1 2直線の位置関係

異なる2直線 ℓ, m の位置関係には，次の3つの場合がある。[1]，[2]の場合，2直線 ℓ, m は1つの平面上にある。

[1] **1点で交わる**　　[2] **平行である**　　[3] **ねじれの位置にある**

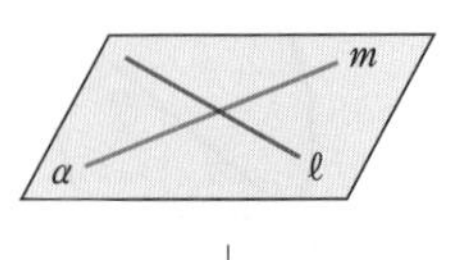

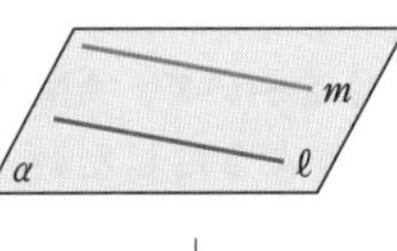

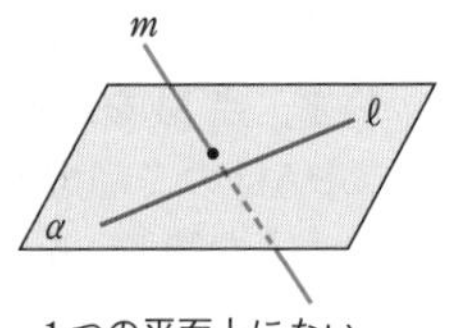

1つの平面上にない

2直線 ℓ, m が平行であるとき，$\boldsymbol{\ell /\!/ m}$ と書く。

注意　2直線 ℓ, m が一致する場合も，$\ell /\!/ m$ であると考えることにする。

3直線 ℓ, m, n について，$\boldsymbol{\ell /\!/ m}$，$\boldsymbol{m /\!/ n}$ **ならば** $\boldsymbol{\ell /\!/ n}$ である。

2直線 ℓ, m が平行でないとき，任意の1点Oを通り，ℓ, m に平行な直線を，それぞれ ℓ', m' とすると，ℓ' と m' は1つの平面上にある。このとき，ℓ' と m' のなす2つの角は，点Oをどこにとっても，一定である。
この角を **2直線 ℓ, m のなす角** という。
2直線 ℓ, m のなす角が直角のとき，ℓ と m は **垂直** であるといい，$\boldsymbol{\ell \perp m}$ と書く。垂直な2直線 ℓ と m が交わるとき，ℓ と m は **直交** するという。
また，次のことが成り立つ。

平行な2直線 m, n の一方に垂直な直線 ℓ は，他方にも垂直である。

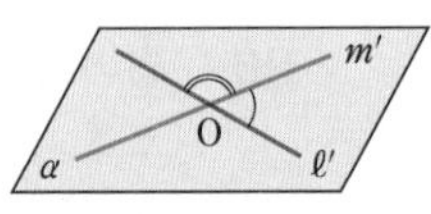

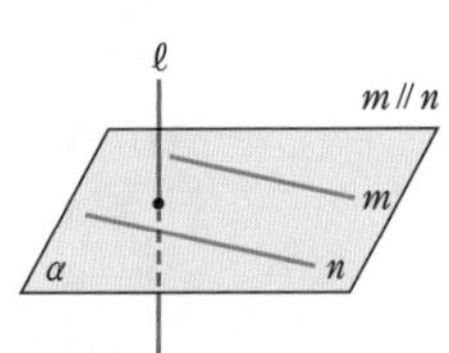

2 直線と平面の位置関係

直線 ℓ と平面 α の位置関係には，次の3つの場合がある。

[1] **ℓ は α に含まれる（ℓ は α 上にある）**　　[2] **1点で交わる**　　[3] **平行である**

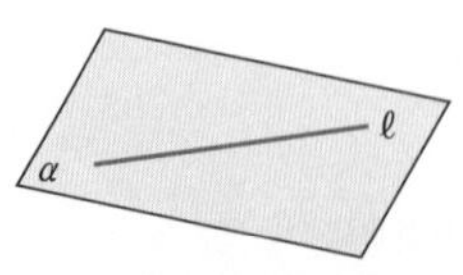

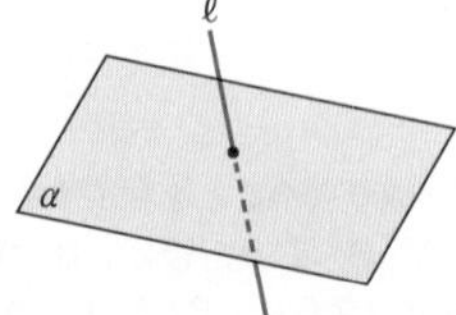

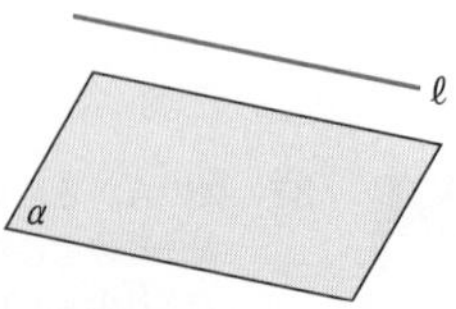

直線 ℓ と平面 α が平行であるとき，$\boldsymbol{\ell /\!/ \alpha}$ と書く。

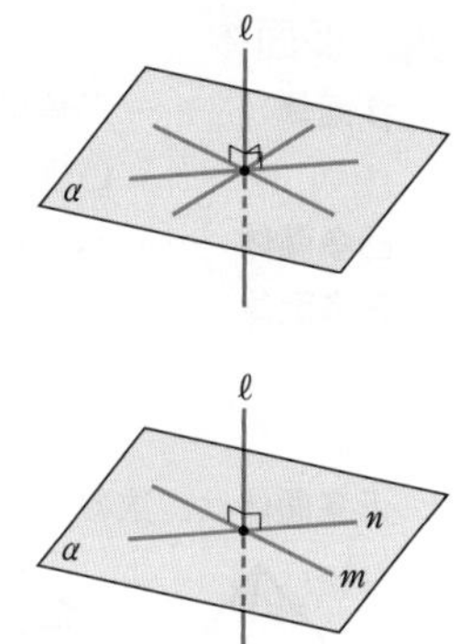

直線 ℓ が，平面 α 上のすべての直線に垂直であるとき，ℓ は α に **垂直** である，または ℓ は α に **直交** するといい，$\boldsymbol{\ell \perp \alpha}$ と書く。
このとき，ℓ を平面 α の **垂線** という。
また，直線と平面の垂直について，次が成り立つことが知られている。

直線 ℓ が，平面 α 上の交わる 2 直線 m，n に垂直ならば，直線 ℓ は平面 α に垂直である。

3 2平面の位置関係

異なる 2 平面 α，β の位置関係には，次の 2 つの場合がある。

[1] **交わる**

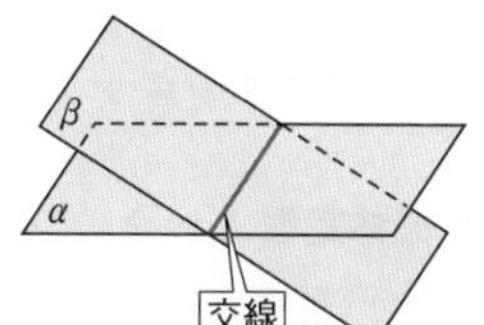

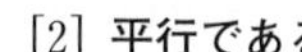
[2] **平行である**

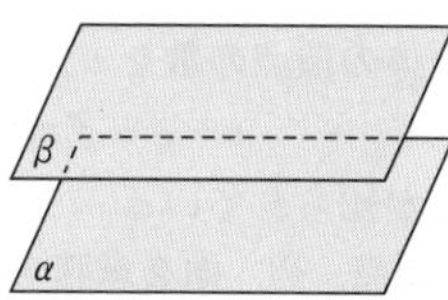

2 平面が交わるとき，その交わりは直線になり，その直線を **交線** という。2 平面 α，β が平行であるとき，$\boldsymbol{\alpha /\!/ \beta}$ と書く。

注意　2 平面 α，β が一致する場合も，$\alpha /\!/ \beta$ であると考えることにする。

交わる 2 平面の交線上の点から，各平面上で，交線に垂直に引いた 2 直線のなす角を **2 平面のなす角** という。
2 平面 α，β のなす角が直角のとき，α と β は **垂直** である，または **直交** するといい，$\boldsymbol{\alpha \perp \beta}$ と書く。

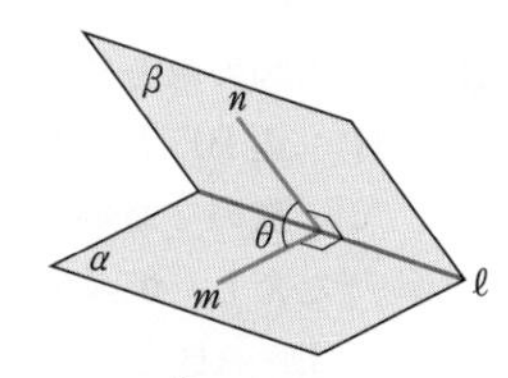

2 平面の垂直について，次のことが成り立つ。

平面 α に垂直な直線を含む平面は，α に垂直である。

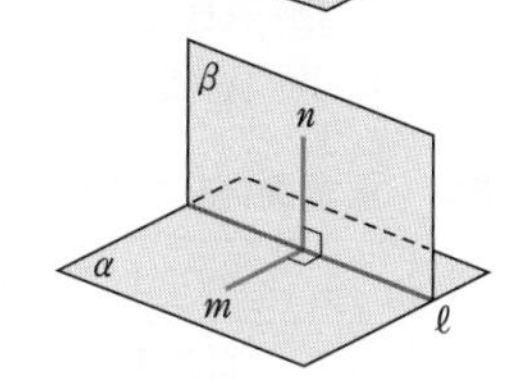

平面 α とその上の直線 ℓ がある。
このとき，α 上にない点A，α 上にあるが ℓ 上にない点O，および ℓ 上の点Bについて，次の **三垂線の定理** が成り立つ。

1　$\mathbf{OA} \perp \boldsymbol{\alpha}$，$\mathbf{OB} \perp \boldsymbol{\ell}$　ならば　$\mathbf{AB} \perp \boldsymbol{\ell}$
2　$\mathbf{OA} \perp \boldsymbol{\alpha}$，$\mathbf{AB} \perp \boldsymbol{\ell}$　ならば　$\mathbf{OB} \perp \boldsymbol{\ell}$
3　$\mathbf{OB} \perp \boldsymbol{\ell}$，$\mathbf{AB} \perp \boldsymbol{\ell}$，$\mathbf{OA} \perp \mathbf{OB}$　ならば　$\mathbf{OA} \perp \boldsymbol{\alpha}$

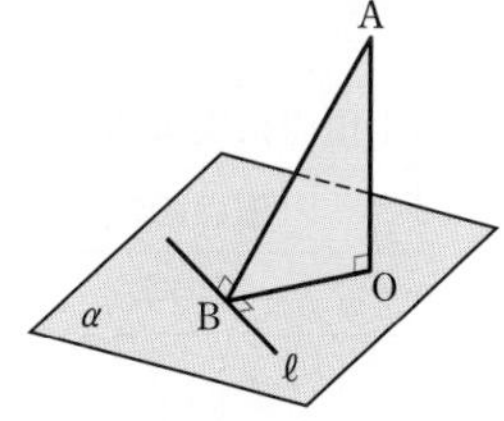

4 多面体

多面体 …… 三角錐や四角柱などのように，平面だけで囲まれた立体を **多面体** という。

凸多面体 …… へこみのない多面体を **凸多面体** という。

正多面体 …… 次の[1]，[2]を満たす凸多面体を **正多面体** という。

[1] 各面はすべて合同な正多角形である。

[2] 各頂点に集まる面の数はすべて等しい。

正多面体は，次の 5 種類しかないことが知られている。

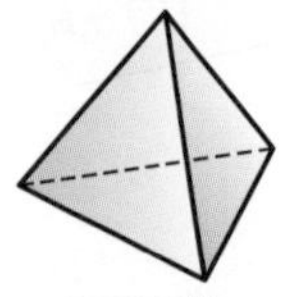
正四面体

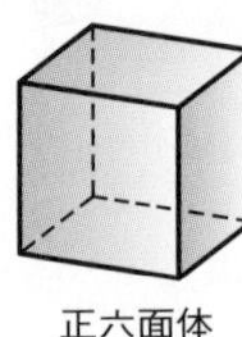
正六面体
（立方体）

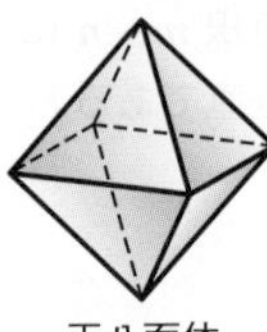
正八面体

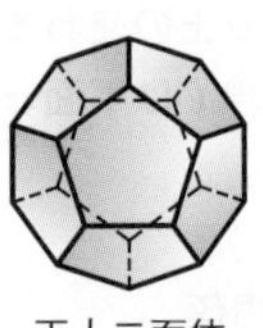
正十二面体

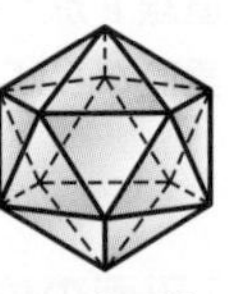
正二十面体

補足 正多面体が 5 種類しかないことについては，$p.423$ STEP UP を参照。

一般に，凸多面体の頂点の数を v，辺の数を e，面の数を f とすると

$$\boldsymbol{v-e+f=2}$$

が成り立つことが知られている。これを **オイラーの多面体定理** という。

補足 多面体の頂点，辺，面を意味する英語は，それぞれ vertex，edge，face である。

CHECK & CHECK

30 右の図の直方体において，$AD=AE=1$，$EF=\sqrt{3}$ である。

(1) 辺 BF と直交する辺を求めよ。

(2) 次の 2 直線のなす角 θ を求めよ。
ただし，$0^\circ \leqq \theta \leqq 90^\circ$ とする。

① AB と FG　② AE と BG

③ AF と CD

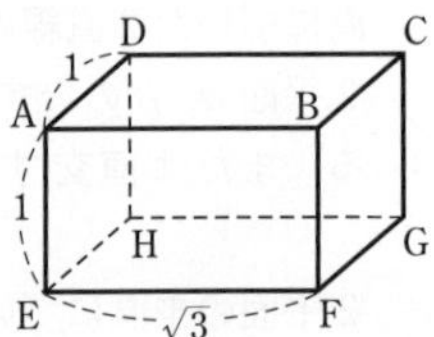

31 正多面体について，次の表を完成させよ。

	正四面体	正六面体	正八面体	正十二面体	正二十面体
面の数					
面の形					
1 頂点に集まる面の数					
頂点の数					
辺の数					

4

基本 例題 99 直線と平面の位置関係 ①①①①①

直方体 ABCD−EFGH について

(1) 辺 BF と平行な面を答えよ。

(2) 辺 CG と面 ABCD が垂直であることを示せ。

(3) 面 AEFB と平行な辺を答えよ。

(4) 面 AEFB と垂直な辺を答えよ。

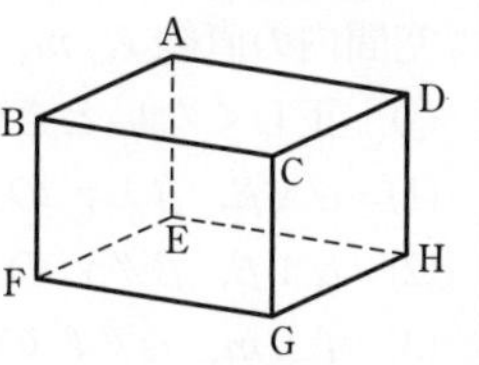

p. 416 基本事項 2

CHART & SOLUTION

直線と平面の垂直

2 本に垂直 ⟶ 平面上のすべての直線に垂直

(1) 直線 ℓ と平面 α が平行 ⟶ ℓ と α の共有点がない場合をいう。つまり，辺 BF と共有点をもつ面，辺 BF を含む面は辺 BF と平行ではない。

(2) 直線 ℓ と平面 α が交わるとき，その交点を通る α 上の 2 本の直線に ℓ が垂直であれば，ℓ と α は垂直である。このことを使って示す。

(3) 面 AEFB と平行な辺 ⟶ 面 AEFB に含まれず，共有点をもたない辺を考える。

(4) 面 AEFB と垂直な辺 ⟶ 面上の 2 本の直線に垂直な辺。

解答

(1) **面 AEHD，面 CGHD**

(2) 四角形 BFGC，CGHD は長方形であるから

$$\angle BCG = \angle DCG = 90°$$

よって，辺 CG は 2 本の直線 BC，CD と垂直である。
したがって，辺 CG と面 ABCD は垂直である。

(3) **辺 CD，辺 DH，辺 HG，辺 CG**

(4) **辺 AD，辺 BC，辺 FG，辺 EH**

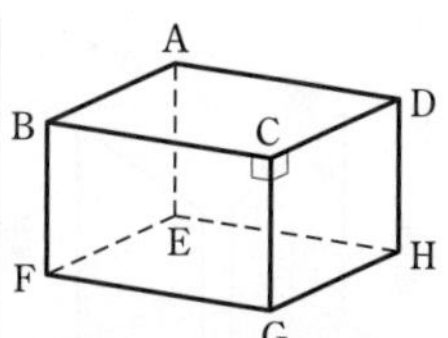

⇦ AD⊥AB，AD⊥AE であるから，AD は面 AEFB と垂直である。

PRACTICE 99①

(1) 平面 α の垂線 ℓ を平面 β が含むとき，平面 α と平面 β は垂直であるといえるか。

(2) 直方体 ABCD−EFGH において，面 EFGH の対角線 FH は辺 BF に垂直であるといえるか。

(1)

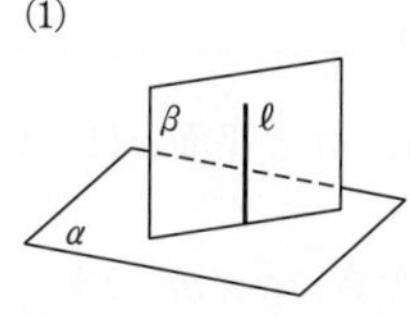

(2)

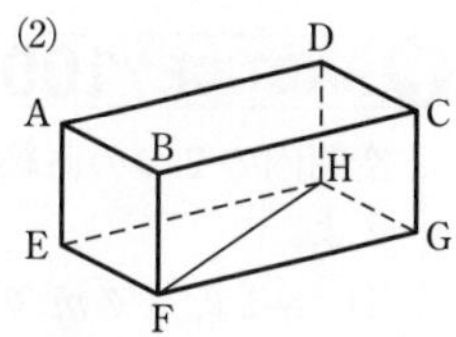

3章 12 空間図形

基本 例題 100 直線と平面の平行・垂直

空間内の直線 ℓ, m, n や，平面 α, β, γ について，次の記述が正しいときは○，正しくないときは×で答えよ。

(1) $\alpha \perp \beta$, $\beta \perp \gamma$ のとき，$\alpha /\!/ \gamma$ である。
(2) $\alpha \perp \beta$, $\beta /\!/ \gamma$ のとき，$\alpha \perp \gamma$ である。
(3) $\ell \perp m$, $\alpha /\!/ \ell$ のとき，$\alpha \perp m$ である。
(4) $\alpha /\!/ \ell$, $\beta /\!/ \ell$ のとき，$\alpha /\!/ \beta$ である。
(5) $\alpha \perp \ell$, $\beta /\!/ \ell$ のとき，$\alpha \perp \beta$ である。
(6) $\ell \perp m$, $m \perp n$ のとき，$\ell /\!/ n$ である。 p.416，417 基本事項 1，2，3

CHART & SOLUTION

平面・直線の平行，垂直

図をかいてみたり，ノートや下じき（平面として使う），えんぴつ（直線として使う）などを利用して，いろいろな場合を考えてみるとよい。
正しくない例（反例）が 1 つでもあれば，「×」が答えになる。

解答

(1) ×　(2) ○　(3) ×　(4) ×　(5) ○　(6) ×

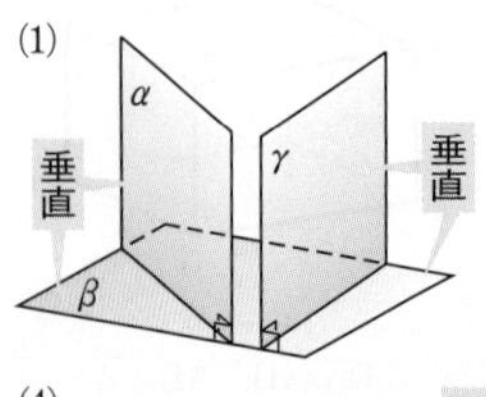

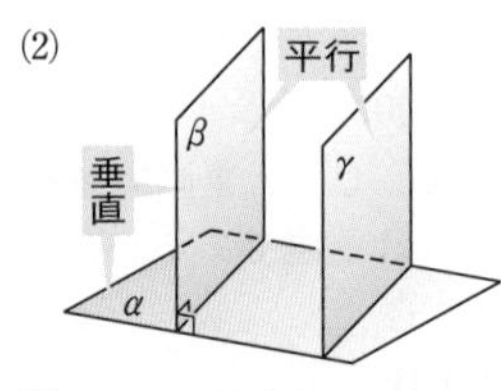

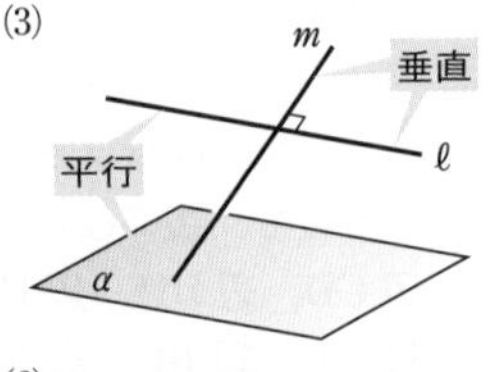

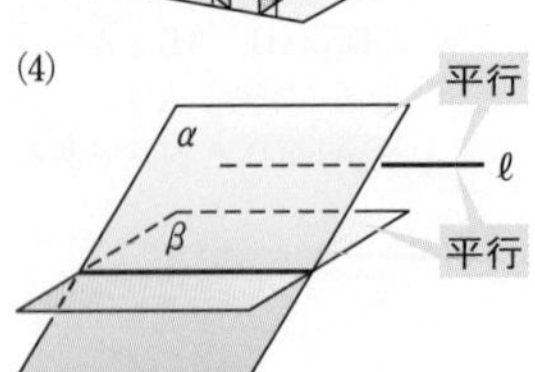

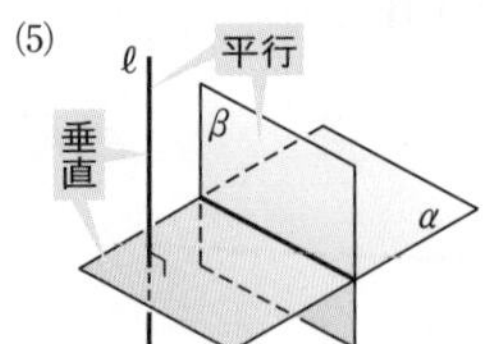

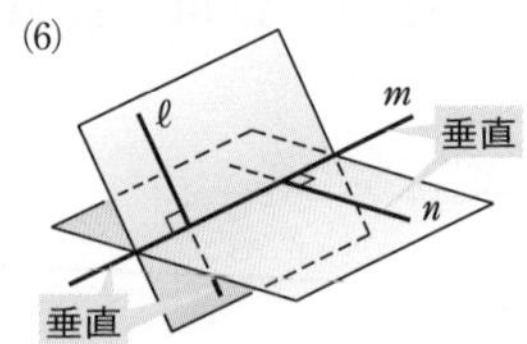

PRACTICE 100❷

空間内の 2 つの直線 ℓ, m と平面 α について，次の記述が正しいか正しくないかを答えよ。

(1) $\alpha \perp \ell$, $\ell /\!/ m$ のとき，$\alpha \perp m$ である。
(2) $\ell /\!/ \alpha$ かつ $m /\!/ \alpha$ ならば，$\ell /\!/ m$ である。
(3) $\ell /\!/ \alpha$ かつ $m \perp \alpha$ ならば，ℓ と平行で m と垂直な直線がある。

基本 例題 101 多面体の面，辺，頂点の数

正二十面体の各辺の中点を通る平面で，すべてのかどを切り取ってできる多面体の面の数 f，辺の数 e，頂点の数 v を，それぞれ求めよ。

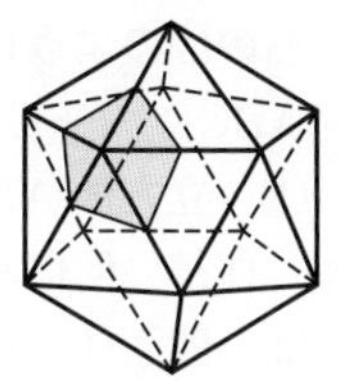

p. 418 基本事項 4

CHART & SOLUTION

このようなタイプの問題では，**切り取られる面の形や面の数に注目する。**
まず，もとの正二十面体について，頂点の数，辺の数を調べることから始める。
⟶ **正多面体の辺の数**　(1 つの面の辺の数)×(面の数)÷2
　正多面体の頂点の数　(1 つの面の頂点の数)×(面の数)÷(1 つの頂点に集まる面の数)
問題の多面体の頂点の数 v，辺の数 e，面の数 f の 3 つのうち，2 つがわかれば，残り 1 つは
オイラーの多面体定理　$\boldsymbol{v-e+f=2}$ から求められる。

解答

正二十面体は，各面が正三角形であり，1 つの頂点に集まる面の数は 5 である。したがって，正二十面体の

辺の数は　$3\times20\div2=30$
頂点の数は　$3\times20\div5=12$ ……①

次に，問題の多面体について考える。
正二十面体の 1 つのかどを切り取ると，新しい面として正五角形が 1 つできる。
① より，正五角形が 12 個できるから，この数だけ，正二十面体より面の数が増える。
したがって，**面の数は**　$\boldsymbol{f=20+12=32}$
辺の数は，正五角形が 12 個あるから　$\boldsymbol{e=5\times12=60}$
頂点の数は，オイラーの多面体定理から
$\boldsymbol{v=60-32+2=30}$

問題の多面体は，次の図のようになる。この多面体を
二十面十二面体
ということがある。

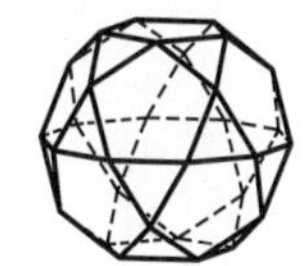

⇦ 正二十面体の各辺の中点が，問題の多面体の頂点になることに着目して，頂点の数から先に求めてもよい。

INFORMATION　オイラーの多面体定理の覚え方

次のように，$e=v+f-2$ の形にすると覚えやすい。

オイラーの多面体定理　$e=v+f-2$
線　は　帳　　面　に引け
(辺の数)＝(頂点の数)＋(面の数)－2

PRACTICE 101③

正十二面体の各辺の中点を通る平面で，すべてのかどを切り取ってできる多面体の面の数 f，辺の数 e，頂点の数 v を，それぞれ求めよ。

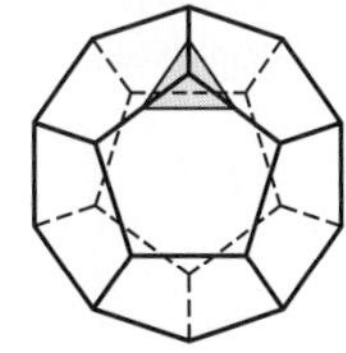

3章 12 空間図形

基本 例題 102 立方体と四面体の体積比

右の図のように，1辺の長さが 6 cm の立方体 ABCD−EFGH がある。このとき，次の問いに答えよ。

(1) 立方体 ABCD−EFGH の体積は，四面体 CFGH の体積の何倍か。

(2) 四面体 ACFH の体積を求めよ。

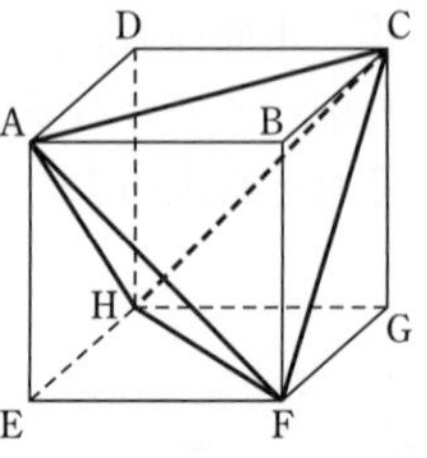

CHART & SOLUTION

(1) 四面体 CFGH の体積は $\frac{1}{3}\times\triangle\mathrm{FGH}\times\mathrm{CG}$

(2) 立方体の体積から，四面体 HACD，AEFH，FABC，CFGH の体積を引く。ここで，四面体 HACD，AEFH，FABC の体積はそれぞれ四面体 CFGH の体積と等しい。

解答

(1) 立方体 ABCD−EFGH の体積を $V_1\,\mathrm{cm}^3$，四面体 CFGH の体積を $V_2\,\mathrm{cm}^3$ とする。

$$V_1=6\times6\times6=216\ (\mathrm{cm}^3)$$

$$V_2=\frac{1}{3}\times\left(\frac{1}{2}\times6\times6\right)\times6=36\ (\mathrm{cm}^3)$$

$\frac{V_1}{V_2}=\frac{216}{36}=6$ より，V_1 は V_2 の **6 倍**である。

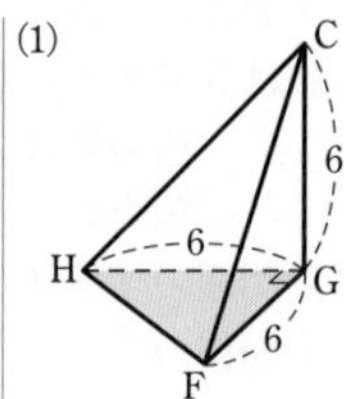

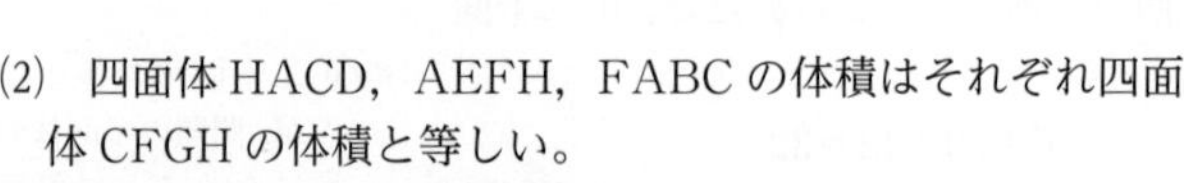

(2) 四面体 HACD，AEFH，FABC の体積はそれぞれ四面体 CFGH の体積と等しい。

したがって，求める体積は

$$V_1-4V_2=216-4\times36$$

$$=\mathbf{72\ (cm^3)}$$

⇦ 4つの四面体は，すべて合同である。

⇦ 四面体 ACFH は1辺の長さが $6\sqrt{2}$ の正四面体である。

PRACTICE 102③

1辺の長さが 6 cm の立方体がある。この立方体において，各面の対角線の交点を頂点とする正八面体の体積を求めよ。

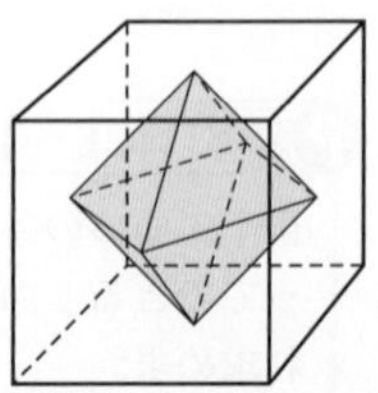

正多面体の種類

正多面体の面は，正三角形，正方形，正五角形以外にはない。この理由を考えてみよう。
まず，凸多面体について，次の重要な性質がある。

[1]　多面体の 1 つの頂点は，3 つ以上の面が集まってできている。

[2]　1 つの頂点に集まる角の大きさの和は 360° より小さい。 ⇦和が 360° の場合，平面になってしまう。

正多面体は，どの頂点にも同じ数の面が集まっているから，[1]，[2] より，正多面体の面になる正多角形の 1 つの角は $360^\circ\div3=120^\circ$ より小さい。
一方，正多角形の 1 つの角は，正三角形が 60°，正方形が 90°，正五角形が 108°，正六角形が 120° である。よって，正六角形が 1 つの頂点に集まっても多面体はできない。
したがって，正多面体の面は，正三角形，正方形，正五角形以外にはない。

次に，各面が正三角形である正多面体を作ると，正四面体，正八面体，正二十面体ができるが，それ以外にはないことを示してみよう。

1 つの頂点に集まる角の和↘

正四面体は，1 つの頂点に 3 つの正三角形が集まっていて　$60^\circ\times3=180^\circ<360^\circ$
正八面体は，1 つの頂点に 4 つの正三角形が集まっていて　$60^\circ\times4=240^\circ<360^\circ$
正二十面体は，1 つの頂点に 5 つの正三角形が集まっていて　$60^\circ\times5=300^\circ<360^\circ$

1 つの頂点に 6 つの正三角形が集まると，角の和は $60^\circ\times6=360^\circ$ で，平面になり不適。
よって，1 つの頂点に 6 つ以上の正三角形が集まることはできない。すなわち，各面が正三角形である正多面体は，正四面体，正八面体，正二十面体以外にはない。

各面が正方形である正多面体は立方体のみ，各面が正五角形である正多面体は正十二面体のみであることを同様に示すことができて，正多面体は＿＿＿の 5 種類しかないことがわかる。

inf.　準正多面体

正多面体はすべての面が合同で，どの頂点にも同じ数の面が集まる凸多面体であるが，この条件をゆるめると新たな立体を考えることができる。
次の [A] と [B] を満たす凸多面体を **準正多面体** という。

[A]　各面は正多角形からできている。　⇦正多角形は 1 種類でなくてもよい。

[B]　各頂点の周りの状態がすべて同じ。　⇦各頂点でできる多角錐がすべて合同。

準正多面体は全部で 13 種類あるが，その中から 2 つほど紹介しておこう。

① **立方八面体**　立方体の，各辺の中点を通る平面で 8 つの角を切り取ってできる多面体であり，各面は正三角形と正方形が交互に隣り合っている（$p.424$ EXERCISES 91 参照）。

② **切頂二十面体**　正二十面体の，各辺を 3 等分する点を通る平面で角を切り取ってできる多面体であり，各面は正五角形または正六角形となる。サッカーボールは，この立体に空気を入れて球状に近づけたものである。

①　②

A

88❶ 右の図は，直方体を辺 DH，BF を含む平面で切った立体である。

(1) 辺 AE と垂直な面をすべていえ。

(2) 面 ABD と垂直な面をすべていえ。

(3) 辺 BD とねじれの位置にある辺をすべていえ。

→99

89❷ 空間における直線 ℓ，m，n と平面 α，β，γ について，次の ① ～ ⑤ の中でいつも正しいといえるものを選べ。

① 3つの点を含む平面はただ1つである。

② $\ell\perp\alpha$ かつ $\ell\perp\beta$ ならば，$\alpha /\!/ \beta$ である。

③ ℓ，m が α に含まれ，$\ell\perp n$ かつ $m\perp n$ ならば，$n\perp\alpha$ である。

④ α，β の交線を ℓ とし，$\ell\perp\gamma$ ならば，$\alpha\perp\gamma$ である。

⑤ 四角錐において，頂点を共有しない2つの線分はすべてねじれの位置にある。

→100

90❷ 右の図のような，BC＝BD である四面体 ABCD において，点Aから平面 BCD に下ろした垂線を AO とする。点Oが ∠CBD の二等分線 BE 上にあるとき，AE⊥CD であることを証明せよ。

→p.416 2

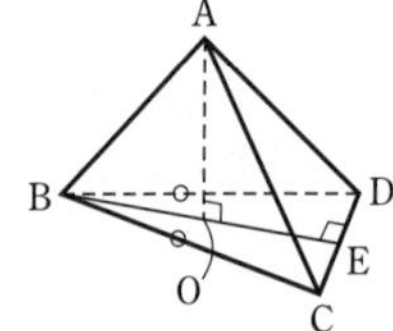

B

91❹ 右の図 [1] は，正六面体の各辺の中点を通る平面で8個のかどを切り取った多面体である。この多面体をXとする。右の図 [2] は，多面体Xについて，各辺の中点を通る平面でかどを切り取った多面体である。この多面体をYとする。

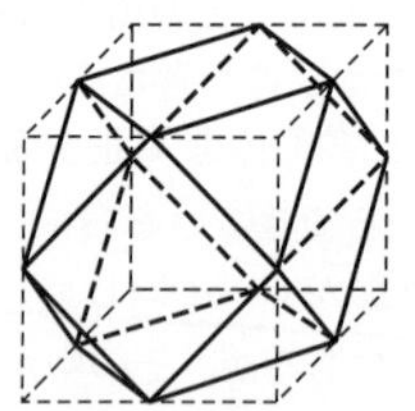

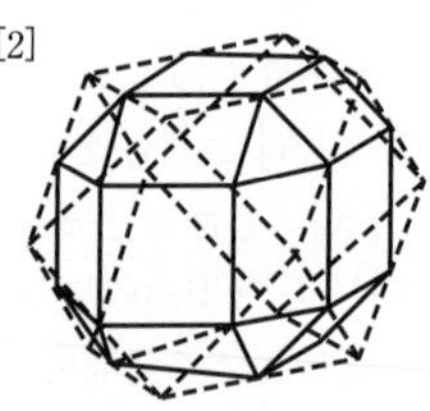

(1) 多面体Xの面の数，辺の数，頂点の数を，それぞれ求めよ。

(2) 多面体Yの面の数，辺の数，頂点の数を，それぞれ求めよ。

→101

HINT 91 切り取ることによって，面の数，辺の数，頂点の数がそれぞれどのように変わるかを考える。

第4章

数学A

数学と人間の活動

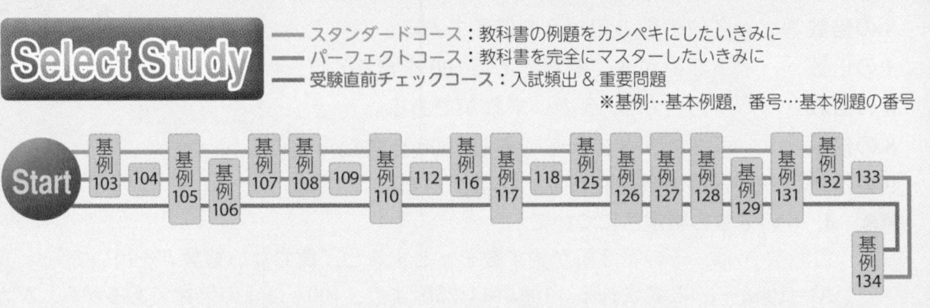

■ 例題一覧

	種類	番号	例題タイトル	難易度
13	基本	103	倍数であることの証明	2
	基本	104	倍数の判定法	2
	基本	105	n を含む式が自然数となる条件	2
	基本	106	正の約数の個数	3
	基本	107	最大公約数の応用問題（タイルの敷き詰め）	3
	基本	108	倍数，互いに素に関する証明	3
	基本	109	最大公約数，最小公倍数の性質	3
	基本	110	方程式の整数解 (1)	3
	重要	111	方程式の整数解 (2)	4
	重要	112	$n!$ に含まれる素因数の個数	3
	重要	113	素数の性質の利用	3
	重要	114	互いに素である自然数の個数	4
	重要	115	互いに素に関する証明	4
14	基本	116	割り算の余りの性質	2
	基本	117	余りによる整数の分類	2
	基本	118	連続する整数の積	3
	重要	119	a^k を m で割った余り	3
	重要	120	等式 $a^2+b^2=c^2$ に関する証明問題	4
	重要	121	3 次式 $f(n)$ が整数である条件	4
	重要	122	3 つの数がすべて素数となる条件	4
	補充	123	合同式の利用 (1)	3
	補充	124	合同式の利用 (2)	4
15	基本	125	最大公約数（互除法を利用）	1
	基本	126	1 次不定方程式の整数解 (1)	2
	基本	127	1 次不定方程式の整数解 (2)	2
	基本	128	1 次不定方程式の整数解の利用	2
	基本	129	1 次不定方程式の自然数解	3
	重要	130	分数方程式の自然数解	5
16	基本	131	10 進数 → n 進数の変換	2
	基本	132	平面上の点の座標と距離	2
	基本	133	空間の点の座標	1
	基本	134	空間の 2 点間の距離	3
	重要	135	n 進法の応用	3
	重要	136	n 進数の四則計算	3
	重要	137	N^n の一の位の数	4
	補充	138	有限小数，循環小数で表される条件	3

13 約数と倍数

基本事項

1 約数と倍数

2つの整数 a, b について，**ある整数 k を用いて $a=bk$ と表されるとき**，b は a の約数であるといい，a は b の**倍数**であるという。$a=bk$ のとき，$a=(-b)\cdot(-k)$ でもあるから，b が a の約数ならば $-b$ も a の約数である。

2 倍数の判定法

2の倍数 …… 一の位が 0，2，4，6，8 のいずれかである。
3の倍数 …… 各位の数の和が 3 の倍数である。
4の倍数 …… 下 2 桁が 4 の倍数である (00 を含む)。
5の倍数 …… 一の位が 0，5 のいずれかである。
8の倍数 …… 下 3 桁が 8 の倍数である (000 を含む)。
9の倍数 …… 各位の数の和が 9 の倍数である。

解説　**4，8 の倍数の判定法について**

自然数 N は，その下 2 桁が表す数を a とすると，負でない整数 k を用いて $N=100k+a$ と表される。$100k=4\cdot25k$ より，$100k$ は 4 の倍数であるから，N が 4 の倍数であるのは，a が 4 の倍数のときである。

また，N の下 3 桁が表す数を b とすると，負でない整数 l を用いて $N=1000l+b$ と表される。$1000l=8\cdot125l$ より，$1000l$ は 8 の倍数であるから，N が 8 の倍数であるのは，b が 8 の倍数のときである。

3 素数，合成数，素因数分解

① 2 以上の自然数で，正の約数が 1 とその数自身のみである数を **素数** といい，2 以上の自然数で，素数でない数を **合成数** という。

例　2，3，5，7，11，…… は素数であり，4，6，8，9，…… は合成数である。

② 整数がいくつかの整数の積で表されるとき，積を作る 1 つ 1 つの整数を，もとの整数の **因数** という。素数である因数を **素因数** といい，自然数を素数だけの積の形に表すことを **素因数分解** するという。

例　120 を素因数分解するには，右のように，120 を素数で次々と割っていけばよい。

$$120=2^3\cdot3\cdot5$$

```
2) 120
2)  60
2)  30
3)  15
     5
```

③ 合成数は必ず素因数分解でき，1 つの合成数の素因数分解は，積の順序を考えなければ，1通りであることが知られている。このことを，素因数分解の一意性という。

4 約数の個数

自然数 N の素因数分解が $N=p^a\cdot q^b\cdot r^c\cdots\cdots$ となるとき，

N の正の約数の個数は　$(a+1)(b+1)(c+1)\cdots\cdots$

N の正の約数の総和は　$(1+p+\cdots+p^a)(1+q+\cdots+q^b)(1+r+\cdots+r^c)\cdots\cdots$

5 最大公約数・最小公倍数とその性質

① 2つ以上の整数について，共通する約数をそれらの **公約数** といい，公約数のうち最大のものを **最大公約数** という。また，2つ以上の整数について，共通する倍数をそれらの **公倍数** といい，正の公倍数のうち最小のものを **最小公倍数** という。
一般に，**公約数は最大公約数の約数，公倍数は最小公倍数の倍数** である。
なお，0でない2つ以上の整数の最大公約数は常に正の数であるから，最大公約数，最小公倍数を求めるときは，正の数に限定して考えればよい。

補足 最大公約数をG.C.D. (Greatest Common Divisor) またはG.C.M. (Greatest Common Measure)，最小公倍数をL.C.M. (Least Common Multiple) ともいう。

例 (1) **72と120の最大公約数，最小公倍数**
素因数分解すると $72=2^3\cdot3^2$，$120=2^3\cdot3\cdot5$
最大公約数は，これらに共通な素因数をすべて取り出した積であるから $2^3\cdot3=24$
最小公倍数は，これらの素因数をすべて因数とする最小の正の整数であるから $2^3\cdot3^2\cdot5=360$

最大公約数 $2^3\cdot3$
$72=2^3\cdot3\cdot3$
$120=2^3\cdot3\quad\cdot5$
最小公倍数 $2^3\cdot3\cdot3\cdot5$

(2) **48と240と360の最大公約数，最小公倍数**
素因数分解すると
$48=2^4\cdot3$，$240=2^4\cdot3\cdot5$，$360=2^3\cdot3^2\cdot5$
(1)と同様に考えて
最大公約数は $2^3\cdot3=24$
最小公倍数は $2^4\cdot3^2\cdot5=720$

最大公約数 $2^3\cdot3$
$48=2^3\cdot3\cdot2$
$240=2^3\cdot3\cdot2\quad\cdot5$
$360=2^3\cdot3\quad\cdot3\cdot5$
最小公倍数 $2^3\cdot3\cdot2\cdot3\cdot5$

参考 例えば(2)では，3つの数を右のように表して，
最大公約数は，各素因数の指数が最も小さいものを
最小公倍数は，各素因数の指数が最も大きいものを
選んで掛けたものである。
なお，$a\neq0$ のとき $a^0=1$ である。

$48=2^4\cdot3^1\cdot5^0$
$240=2^4\cdot3^1\cdot5^1$
$360=2^3\cdot3^2\cdot5^1$
⇩ ⇩ ⇩
最大公約数 $2^3\cdot3^1\cdot5^0$
最小公倍数 $2^4\cdot3^2\cdot5^1$

② 2つの整数 a，b の最大公約数が1であるとき，a，b は **互いに素** であるという。
a，b，k は整数で，a，b は互いに素であるとすると，一般に次のことが成り立つ。
1 ak が b の倍数であるとき，k は b の倍数である。
2 a の倍数であり，b の倍数でもある整数は，ab の倍数である。

③ 2つの自然数 a，b の最大公約数を g，最小公倍数を l とする。
$a=ga'$，$b=gb'$ であるとすると，次のことが成り立つ。
1 a'，b' は互いに素　2 $l=ga'b'$　3 $ab=gl$

$a=g\cdot a'$
$b=g\quad\cdot b'$
$l=g\cdot a'\cdot b'$
$lg=g\cdot a'\cdot b'\cdot g$
a　b

CHECK & CHECK

32 次の2つの整数，3つの整数の最大公約数と最小公倍数を，素因数分解を利用してそれぞれ求めよ。
(1) 168，378　(2) 65，156，234

5

STEP UP 最大公約数・最小公倍数や素数に関する追加説明

● 筆算による最大公約数・最小公倍数の求め方

例 **72 と 120 の最大公約数，最小公倍数を求める。**

1 2つの数に共通な素因数で割れるだけ割っていく。

2 左側の素因数の積が最大公約数であり，最大公約数に一番下の2つの数を掛け合わせたものが最小公倍数である。

最大公約数は　$2^3 \cdot 3 = 24$

最小公倍数は　$24 \cdot 3 \cdot 5 = 360$

2)	72	120
2)	36	60
2)	18	30
3)	9	15
	3	5

互いに素

なお，3つの数の場合，筆算による求め方は次のようになる。

例 **48 と 240 と 360 の最大公約数，最小公倍数を求める。**

1 3つの数に共通な素因数で割れるだけ割っていく。

2 左側の素因数の積が最大公約数であり，最大公約数に一番下の3つの数の最小公倍数を掛け合わせたものが最小公倍数である。

最大公約数は　$2^3 \cdot 3 = 24$

下の3つの数 2，10 (=2・5)，15 (=3・5) の最小公倍数は

$2 \cdot 3 \cdot 5 = 30$ であるから，求める最小公倍数は　$24 \cdot 30 = 720$

2)	48	240	360
2)	24	120	180
2)	12	60	90
3)	6	30	45
	2	10	15

3つに共通な素因数はない

● 素数の求め方（エラトステネスのふるい）

一般に，次のことが成り立つ。

自然数 n が $\sqrt{n}$ 以下のすべての素数で割り切れなければ，n は素数である。……(＊)

(＊) を利用することで，自然数 n 以下の素数をすべて求めるのに次のような方法が考えられる。この求め方は，**エラトステネスのふるい** と呼ばれている。

例 $n=50$ のときについて。$7<\sqrt{50}<8$ であるから，$\sqrt{50}$ 以下の最大の素数は 7 である。

まず，1 から 50 までの自然数を書き並べる。

1 1は素数でないから，斜線＼を付けて消す。

2 素数 2 に○を付けて残し，2 以外の 2 の倍数に斜線＼を付けて消す。

3 2 のような作業を素数 3，5，7 について順に行う。

4 最後に，○も＼も付かずに残った数に○を付けると，○の付いた数が 50 以下の素数となる。　←― 4 では，11，13，17，19，23，29，31，37，41，43，47 に○を付けることになる。

＼1	②(○)	③(○)	＼4	⑤(○)	＼6	⑦(○)	＼8	＼9	＼10
⑪(○)	＼12	⑬(○)	＼14	＼15	＼16	⑰(○)	＼18	⑲(○)	＼20
＼21	＼22	㉓(○)	＼24	＼25	＼26	＼27	＼28	㉙(○)	＼30
㉛(○)	＼32	＼33	＼34	＼35	＼36	㊲(○)	＼38	＼39	＼40
㊶(○)	＼42	㊸(○)	＼44	＼45	＼46	㊼(○)	＼48	＼49	＼50

○が 50 以下の素数

参考 [(＊) の証明]　対偶「n が合成数ならば，$\sqrt{n}$ 以下の素数で n を割り切るものが存在する」が真であることを示す。　←合成数とは，2以上の自然数で素数でない数のこと。

n が合成数であるとき，2以上の自然数 a，b $(a \leqq b)$ を用いて $n=ab$ と表される。

$a \leqq b$ から　$a=\sqrt{a^2} \leqq \sqrt{ab}=\sqrt{n}$　すなわち　$a \leqq \sqrt{n}$

よって，n は $\sqrt{n}$ 以下の数 a を約数にもつから，n は a の素因数で割り切れる。そして，その素因数も $\sqrt{n}$ 以下である。すなわち，対偶が真であるから，(＊) が成り立つ。

基本 例題 103 倍数であることの証明

(1) 5の倍数かつ40の約数であるような整数aを求めよ。
(2) a, bは整数とする。次のことを証明せよ。
(ア) a, bが3の倍数ならば, $3a-4b$は3の倍数である。
(イ) a, $2a+b$が5の倍数ならば, bは5の倍数である。 p.426 基本事項 1

CHART & SOLUTION

「**aがbの倍数である**」ことは,「**bがaの約数である**」ことと同じであり, このとき, **整数kを用いて**
$$a=bk \quad \cdots\cdots !$$
と表される。このことを利用して解いていく。

(2) 特に,「**○ の倍数ならば =○k (kは整数)**」はよく用いられる。

$a=bk$ (bはaの約数, aはbの倍数)

解答

k, lは整数とする。

(1) aが5の倍数かつ40の約数であるから
! $a=5k$ …… ①, $40=al$ …… ② と表される。
①を②に代入して $40=5k\cdot l$ すなわち $8=kl$
よって, kは8の約数であるから $k=\pm1, \pm2, \pm4, \pm8$
したがって $\boldsymbol{a=\pm5, \pm10, \pm20, \pm40}$

(2) (ア) a, bは3の倍数であるから, $a=3k$, $b=3l$と表される。
よって $3a-4b=3\cdot3k-4\cdot3l=3(3k-4l)$
$3k-4l$は整数である(*)から, $3a-4b$は3の倍数である。

(イ) a, $2a+b$は5の倍数であるから, $a=5k$, $2a+b=5l$と表される。
よって $b=5l-2a=5l-2\cdot5k=5(l-2k)$
$l-2k$は整数であるから, bは5の倍数である。

inf. (1) 40の約数を書き並べ, その中から5の倍数を選び出す方法でもよい。

⇐ ①に代入。

(*) ___ の断りは重要。整数の和, 差, 積は整数であるから$3k$, $4l$, $3k-4l$はすべて整数である。

⇐ 2つのa, bの等式から, bを $=5\times$(整数)の形に変形する。

INFORMATION

(2)(ア)の解答において, aとbがともに3の倍数であっても, 等しいとは限らないから, $a=3k$, $b=3k$ のように同じ文字で表してはならない。a, bは別々の値をとる変数であるから, $a=3k$, $b=3l$ のように別の文字を用いて表す。

PRACTICE 103②

(1) 6の倍数かつ96の約数であるような整数aを求めよ。
(2) a, bは整数とする。次のことを証明せよ。
(ア) a, bが8の倍数ならば, $a-b$, $5a+4b$は8の倍数である。
(イ) $a-3b$, bが7の倍数ならば, aは7の倍数である。

基本 例題 104 倍数の判定法

(1) 百の位の数が 2 である 3 桁の自然数 A がある。A が 5 の倍数であり，3 の倍数であるとき，A を求めよ。

(2) ある 2 桁の自然数 B を 9 倍して 45 を足すと，百の位が 8，十の位が 2 であるとき，B を求めよ。

p. 426 基本事項 2

CHART & SOLUTION

倍数の判定法の利用

5 の倍数 ⟺ 一の位の数が 0 または 5

3 の倍数 ⟺ 各位の数の和が 3 の倍数

9 の倍数 ⟺ 各位の数の和が 9 の倍数

(2) 計算して出てきた数を C とおくと，C は 3 桁の自然数であることを確認する。C の一の位の数を x とすると，条件から $8+2+x$ は 9 の倍数である。

解答

(1) A の十の位，一の位の数をそれぞれ x，y とすると

A が 5 の倍数であるから　$y=0$ または $y=5$

A が 3 の倍数であるから，$2+x+y$ は 3 の倍数である。

$0 \leqq x \leqq 9$ であるから　$2+y \leqq 2+x+y \leqq 11+y$ …… ①

$y=0$ のとき，① は　$2 \leqq 2+x \leqq 11$

よって，$2+x=3,\ 6,\ 9$ から　$x=1,\ 4,\ 7$

$y=5$ のとき，① は　$7 \leqq 7+x \leqq 16$

よって，$7+x=9,\ 12,\ 15$ から　$x=2,\ 5,\ 8$

したがって　$\boldsymbol{A=210,\ 240,\ 270,\ 225,\ 255,\ 285}$

(2) B は 2 桁の自然数であるから　$10 \leqq B \leqq 99$

よって　$9 \cdot 10+45 \leqq 9B+45 \leqq 9 \cdot 99+45$

すなわち　$135 \leqq 9B+45 \leqq 936$

ゆえに，$9B+45$ は 3 桁の自然数であり，$9B+45=9(B+5)$ であるから 9 の倍数である。

よって，$9B+45$ の一の位の数を x とすると，$8+2+x$ すなわち $10+x$ は 9 の倍数である。

更に，$0 \leqq x \leqq 9$ であるから　$10 \leqq 10+x \leqq 19$

よって，$10+x=18$ すなわち $x=8$ となり　$9B+45=828$

したがって　$\boldsymbol{B=(828-45) \div 9=87}$

⇐ x は十の位の数。

⇐ 2 以上 11 以下の整数の中で 3 の倍数であるものを書き出す。

⇐ $10 \leqq B \leqq 99$ の各辺に 9 を掛け，更に 45 を加える。

⇐ 10 以上 19 以下で 9 の倍数は 18 のみ。

PRACTICE 104②

(1) 百の位の数が 3，十の位の数が 8 である 4 桁の自然数 A がある。A が 5 の倍数であり，3 の倍数であるとき，A を求めよ。

(2) ある 2 桁の自然数 B を 9 倍して 72 を足すと，百の位が 6，一の位が 5 であるとき，B を求めよ。

まとめ いろいろな倍数の判定法

p.426 の基本事項 2 で紹介できなかったものも含めて，いろいろな倍数の判定法をまとめておこう。

2の倍数 …… 一の位が 0，2，4，6，8 のいずれか (一の位が 2 の倍数)
3の倍数 …… 各位の数の和が 3 の倍数
4の倍数 …… 下 2 桁が 4 の倍数 (00 含む)
5の倍数 …… 一の位が 0，5 のいずれか (一の位が 5 の倍数)
6の倍数 …… 2 の倍数かつ 3 の倍数
7の倍数 …… 一の位から左へ 3 桁ごとに区切り，奇数番目の区画にある 3 桁以下の数の和と，偶数番目の区画にある 3 桁以下の数の和との差が 7 の倍数
8の倍数 …… 下 3 桁が 8 の倍数 (000 含む)
9の倍数 …… 各位の数の和が 9 の倍数
10の倍数 …… 一の位が 0
11の倍数 …… 一の位から見て，奇数番目の位の数の和と，偶数番目の位の数の和との差が 11 の倍数

これらの倍数の判定法のうち，7 の倍数と 11 の倍数について，具体例で紹介しよう。

● 7 の倍数の判定法

98076328 において，$a=98$，$b=76$，$c=328$ とすると

$$98076328=a\times10^6+b\times10^3+c$$
$$=(10^6-1)a+(10^3+1)b+(a+c)-b$$

ここで $10^6-1=999999=7\times142857$，$10^3+1=1001=7\times143$ ← 7 の倍数

よって，$(a+c)-b$ が 7 の倍数ならば，98076328 は 7 の倍数である。

ここで $(a+c)-b=(98+328)-76=350=7\times50$ ← 7 の倍数

したがって，98076328 は 7 の倍数である。

> 3 桁ごとに区切ると
> 98 | 076 | 328
> a　b　c
> $(a+c)-b$ が 7 の倍数ならば，98076328 は 7 の倍数である。

● 11 の倍数の判定法

92807 において，$a=9$，$b=2$，$c=8$，$d=0$，$e=7$ とすると

$$92807=a\times10^4+b\times10^3+c\times10^2+d\times10+e$$
$$=(10^4-1)a+(10^3+1)b+(10^2-1)c+(10+1)d+(a+c+e)-(b+d)$$

ここで $10^4-1=9999=11\times909$，$10^2-1=99=11\times9$，$10^3+1=1001=11\times91$，$10+1=11$ ← 11 の倍数

よって，$(a+c+e)-(b+d)$ が 11 の倍数ならば，92807 は 11 の倍数である。

ここで $(a+c+e)-(b+d)=(9+8+7)-(2+0)=22=11\times2$ ← 11 の倍数

したがって，92807 は 11 の倍数である。

基本 例題 105 n を含む式が自然数となる条件

(1) $\sqrt{600n}$ が自然数になるような最小の自然数 n を求めよ。

(2) $\dfrac{n^2}{40}$, $\dfrac{n^3}{81}$ がともに自然数となるような最小の自然数 n を求めよ。

p. 426 基本事項 3

CHART & THINKING

n の式が自然数となる条件　素因数分解からスタート

(1) $\sqrt{(n\text{ の式})}$ が自然数 $\Longleftrightarrow$ (n の式) が平方数 (ある自然数の 2 乗)

$\Longleftrightarrow$ 素因数分解したとき，各指数がすべて偶数。

600 を素因数分解した結果をもとに，n がどんな形に素因数分解されるとよいかを考えよう。

(2) 分数の値が自然数 $\Longleftrightarrow$ 分子が分母の倍数

分母の 40，81 を素因数分解して，n の素因数を見極めよう。

解答

(1) $\sqrt{600n}$ が自然数になるには，600n がある自然数の 2 乗になればよい。

600 を素因数分解すると

$$600=2^3\cdot3\cdot5^2$$

600 に $2\cdot3$ を掛けると

$$2^4\cdot3^2\cdot5^2=(2^2\cdot3\cdot5)^2$$

よって，求める自然数 n は　$\boldsymbol{n=2\cdot3=6}$

```
2)600
2)300
2)150
3) 75
5) 25
    5
```

(1) $2^3\cdot3\cdot5^2$ を変形すると $2^2\cdot5^2\times2^1\cdot3^1$ よって，(自然数)^2 の形の最小の自然数にするためには，$2\cdot3$ を掛ければよい。

(2) $40=2^3\cdot5$, $81=3^4$ であるから，求める自然数 n は 2, 3, 5 を素因数にもつ。

⇐ n^2 は $2^3\cdot5$ の倍数，n^3 は 3^4 の倍数。

最小の n を求めるから，a, b, c を自然数として $n=2^a\cdot3^b\cdot5^c$ とおいてよい。

$\dfrac{n^2}{40}=\dfrac{2^{2a}\cdot3^{2b}\cdot5^{2c}}{2^3\cdot5}$ が自然数となるための条件は

⇐ $(2^a\cdot3^b\cdot5^c)^2=2^{2a}\cdot3^{2b}\cdot5^{2c}$

$$2a\geqq3,\ 2c\geqq1 \quad\cdots\cdots ①$$

⇐ 約分して分母が 1 になる。

$\dfrac{n^3}{81}=\dfrac{2^{3a}\cdot3^{3b}\cdot5^{3c}}{3^4}$ が自然数となるための条件は

$$3b\geqq4 \quad\cdots\cdots ②$$

①，② を満たす最小の自然数 a, b, c は

⇐ $a\geqq\dfrac{3}{2}$, $b\geqq\dfrac{4}{3}$, $c\geqq\dfrac{1}{2}$

$$a=2,\ b=2,\ c=1$$

よって，求める自然数 n は　$\boldsymbol{n=2^2\cdot3^2\cdot5^1=180}$

PRACTICE 105❷

(1) $\sqrt{378n}$ が自然数になるような最小の自然数 n を求めよ。

(2) $\dfrac{n^3}{512}$, $\dfrac{n^2}{675}$ がともに自然数となるような最小の自然数 n を求めよ。

基本 例題 106　正の約数の個数

(1) 630 の正の約数の個数を求めよ。

(2) 自然数 N を素因数分解すると，素因数には p と 7 があり，これら以外の素因数はない。また，N の正の約数は 6 個，正の約数の総和は 104 である。素因数 p と自然数 N の値を求めよ。

p. 426 基本事項 4

CHART & SOLUTION

自然数 N の素因数分解が $N=p^a \cdot q^b \cdot r^c \cdots\cdots$ の正の約数について

個数は　$(a+1)(b+1)(c+1)\cdots\cdots$

総和は　$(1+p+p^2+\cdots+p^a)(1+q+q^2+\cdots+q^b)(1+r+r^2+\cdots+r^c)\cdots\cdots$

(2) 条件から $N=p^a \cdot 7^b$ (a，b は自然数) と表される。

よって，N の正の約数は　$(a+1)(b+1)$ 個

また，正の約数の総和は　$(1+p+p^2+\cdots+p^a)(1+7+7^2+\cdots+7^b)$

解答

(1) 630 を素因数分解すると　$630=2 \cdot 3^2 \cdot 5 \cdot 7$

よって，求める正の約数の個数は

$(1+1)(2+1)(1+1)(1+1)=2 \cdot 3 \cdot 2 \cdot 2=$ **24 (個)**

$$\begin{array}{r|l} 2 & 630 \\ 3 & 315 \\ 3 & 105 \\ 5 & 35 \\ & 7 \end{array}$$

⇐ 素因数 2, 3, 5, 7 の指数がそれぞれ 1, 2, 1, 1

⇐ 素因数の指数に 1 を加えたものの積。

(2) N の素因数には p と 7 以外はないから，

a，b を自然数として $N=p^a \cdot 7^b$ と表される。

N の正の約数が 6 個あるから　$(a+1)(b+1)=6$ ……(＊)

$a+1 \geqq 2$，$b+1 \geqq 2$ であるから

$a+1=2$，$b+1=3$　または　$a+1=3$，$b+1=2$

⇐ 素因数の指数に 1 を加えたものの積が，正の約数の個数。

⇐ (＊) から，$a+1$，$b+1$ はどちらも 6 の約数。

[1] $a+1=2$，$b+1=3$　すなわち　$a=1$，$b=2$ のとき

正の約数の総和が 104 であるから

$(1+p)(1+7+7^2)=104$

これを解くと　$p=\dfrac{47}{57}$　これは素数でないから不適。

[2] $a+1=3$，$b+1=2$　すなわち　$a=2$，$b=1$ のとき

$(1+p+p^2)(1+7)=104$

整理すると　$p^2+p-12=0$

これを解くと　$p=-4$，3　　適するのは　$\boldsymbol{p=3}$

このとき　$\boldsymbol{N=3^2 \cdot 7^1=63}$

⇐ 3 は素数であるから適する。

PRACTICE 106③

(1) 756 の正の約数の個数を求めよ。

(2) 自然数 N を素因数分解すると，素因数には p と 5 があり，これら以外の素因数はない。また，N の正の約数は 8 個，正の約数の総和は 90 である。素因数 p と自然数 N の値を求めよ。

基本 例題 107 最大公約数の応用問題（タイルの敷き詰め）

a は整数とする。縦 240 cm，横 396 cm の長方形の床に，1 辺の長さが a cm の大きさの正方形のタイルをすき間なく敷き詰めたい。このときの a の最大値を求めよ。また，このとき敷き詰められるタイルの枚数を求めよ。

p. 427 基本事項 5

CHART & SOLUTION

最大公約数の応用問題

最大公約数を求めるには，まず素因数分解

縦 240 cm，横 396 cm であるから，条件より

$240=a\times$(縦に並べる枚数)，　$396=a\times$(横に並べる枚数)

枚数は整数であるから，a は 240 と 396 の公約数である。
そして，このような a の最大値は，240 と 396 の最大公約数である。

解答

1 辺の長さが a cm の正方形のタイルを，縦に m 枚，横に n 枚並べるとすると　$240=am$，　$396=an$　……①
すなわち a は，240 と 396 の公約数である。
ゆえに，a の最大値は 240 と 396 の最大公約数である。

$$240=2^4\cdot3\cdot5,\quad 396=2^2\cdot3^2\cdot11$$

であるから，240 と 396 の最大公約数は　$2^2\cdot3=12$
よって，求める a の最大値は　$\boldsymbol{a=12}$
このとき，① から　$m=20$，$n=33$
したがって，求めるタイルの枚数は　$mn=20\cdot33=$ **660（枚）**

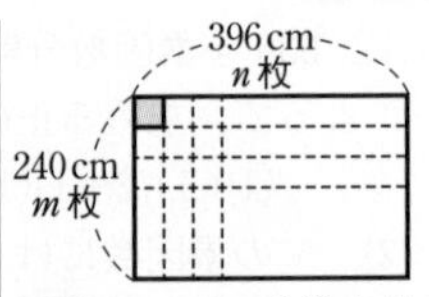

inf. 12 の正の約数を考えると，1 辺の長さが 1 cm，2 cm，3 cm，4 cm，6 cm，12 cm の正方形のタイルであれば床を敷き詰めることができる。

INFORMATION　長方形のタイルを並べて正方形を作る

上の例題では，長方形を正方形のタイルで敷き詰める問題を解くのに最大公約数を利用した。逆に，長方形のタイルを並べて正方形を作る問題では，公倍数を利用する。
例えば，縦 8 cm，横 6 cm のタイルを同じ向きにすき間なく並べてできる正方形の中で，最小のものを求める場合，長方形の辺の長さ 6 cm と 8 cm の最小公倍数 24 cm が求める正方形の 1 辺の長さとなる。

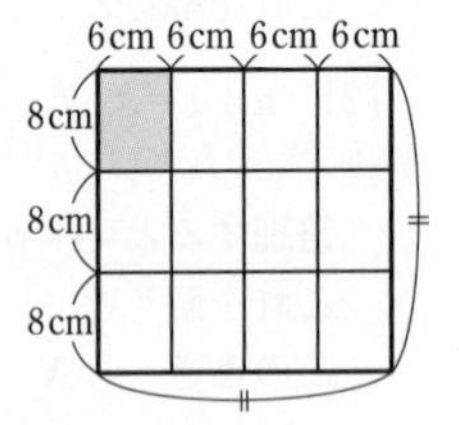

PRACTICE 107③

n 人の子どもに 252 個のチョコレートを a 個ずつ，360 個のキャンディーを b 個ずつ残さずすべて配りたい。n の最大値とそのときの a，b の値を求めよ。ただし，文字はすべて自然数を表す。

基本 例題 108 倍数，互いに素に関する証明

(1) a は自然数とする。$a+5$ は 4 の倍数であり，$a+3$ は 6 の倍数であるとき，$a+9$ は 12 の倍数であることを証明せよ。

(2) 自然数 a に対し，a と $a+1$ は互いに素であることを証明せよ。

p.426，427 基本事項 1，5

CHART & SOLUTION

倍数である，互いに素であることの証明

(1) m，n を自然数として $a+5=4m$，$a+3=6n$ と表される。そして，「**a の倍数かつ b の倍数ならば，a と b の最小公倍数の倍数**」であることを利用する。
また，a と b が互いに素のとき「**ak が b の倍数ならば，k は b の倍数**」であることを利用してもよい（別解 参照）。

(2) **互いに素である $\Leftrightarrow$ 最大公約数が 1**
最大公約数を g とおいて，$g=1$ であることを証明すればよい。
自然数 A，B について　$AB=1 \Leftrightarrow A=B=1$ を利用する。

解答

(1) $a+5$，$a+3$ は，自然数 m，n を用いて

$$a+5=4m,\ a+3=6n$$

と表される。

$$a+9=(a+5)+4=4m+4=4(m+1) \quad \cdots\cdots ①$$
$$a+9=(a+3)+6=6n+6=6(n+1) \quad \cdots\cdots ②$$

よって，① より $a+9$ は 4 の倍数であり，② より $a+9$ は 6 の倍数でもある。
したがって，$a+9$ は 4 と 6 の最小公倍数 12 の倍数である。

(2) a と $a+1$ の最大公約数を g とすると

$$a=mg,\ a+1=ng \quad (m,\ n \text{ は互いに素な自然数})$$

と表される。
$a=mg$ を $a+1=ng$ に代入すると

$$mg+1=ng \qquad \text{すなわち} \qquad (n-m)g=1$$

g は自然数であるから　　$n-m=1$，$g=1$
したがって，a と $a+1$ の最大公約数は 1 であるから，a と $a+1$ は互いに素である。

inf. **0 を含まない連続する 2 つの整数は互いに素である。**

別解 (1) ①，② から
$4(m+1)=6(n+1)$
すなわち
$2(m+1)=3(n+1)$
2 と 3 は互いに素であるから，$m+1$ は 3 の倍数である。よって，
$m+1=3k$（k は自然数）
と表される。ゆえに
$a+9=4(m+1)$
$=4\cdot 3k=12k$
したがって，$a+9$ は 12 の倍数である。

⇐ a を消去する。

⇐ 最大公約数は自然数。

⇐ a と $a+1$ が負の整数でも，同様に成り立つ。

PRACTICE 108③

(1) a は自然数とする。$a+5$ は 4 の倍数であり，$a+3$ は 9 の倍数であるとき，$a+21$ は 36 の倍数であることを証明せよ。

(2) n を自然数とするとき，$2n-1$ と $2n+1$ は互いに素であることを示せ。

〔(2) 広島修道大〕

基本 例題 109 最大公約数，最小公倍数の性質

(1) 90 と自然数 n の最大公約数が 15，最小公倍数が 3150 であるとき，n の値を求めよ。

(2) 最大公約数が 12，最小公倍数が 480 である 2 つの自然数の組をすべて求めよ。

p. 427 基本事項 5

CHART & SOLUTION

2 つの自然数 a，b の最大公約数 g，最小公倍数 l の性質

$a=ga'$，$b=gb'$ であるとすると

1 a'，b' は互いに素　　2 $l=ga'b'$　　3 $ab=gl$ ……❗

(1) 上の 3 を利用する。

(2) 条件から，a'，b' を互いに素な自然数として，2 つの自然数は $12a'$，$12b'$ と表される。
次に，上の 2 を利用すると　$12a'b'=480$

解答

❗ (1) 条件から　$90n=15\cdot3150$

これを解いて　$n=\dfrac{15\cdot3150}{90}=\mathbf{525}$　　⇦ 上の性質 3

別解 $90=15\cdot6$ であるから，自然数 k を用いて

$n=15k$　（k と 6 は互いに素）　　⇦ 上の性質 1

と表される。

最小公倍数が 3150 であるから　$3150=15\cdot6\cdot k$　　⇦ 上の性質 2

よって　$k=35$　　ゆえに　$n=15\cdot35=\mathbf{525}$　　⇦ 35 と 6 は互いに素。

(2) 2 つの自然数を a，b とすると，最大公約数が 12 である

❗ から，　$a=12a'$，$b=12b'$

と表される。ただし，a'，b' は互いに素な自然数である。

このとき，a，b の最小公倍数は $12a'b'$ と表されるから

$12a'b'=480$　　すなわち　$a'b'=40$

$a'b'=40$ を満たし，互いに素である a'，b' の組は，$a'<b'$ とすると

$(a',\ b')=(1,\ 40),\ (5,\ 8)$

よって　$(a,\ b)=(12,\ 480),\ (60,\ 96)$

したがって，求める 2 つの自然数の組は

$\mathbf{(12,\ 480),\ (60,\ 96)}$

⇦「互いに素」は重要。例えば $(a',\ b')=(4,\ 10)$ から $(a,\ b)=(48,\ 120)$ とすると，最大公約数は 24 となって不適。

PRACTICE 109③

(1) 238 と自然数 n の最大公約数が 14，最小公倍数が 1904 であるとき，n の値を求めよ。

(2) 2 桁の自然数 m，n $(m<n)$ の最大公約数は 10，最小公倍数は 100 である。このとき，m，n の値を求めよ。

基本 例題 110 方程式の整数解 (1)

次の等式を満たす整数 x, y の組をすべて求めよ。

(1) $(x-1)(y+1)=4$　　(2) $xy-3x-2y+3=0$　［(2) 創価大］

CHART & SOLUTION

方程式の整数解

(整数)×(整数)=(整数) の形にもち込む …… ❶

(1) 積が 4 となる 2 つの整数の組を考えればよい。

(2) $\boldsymbol{xy+ax+by=(x+b)(y+a)-ab}$ であることを利用して,
(整数)×(整数)=(整数) の形に変形する。

解答

(1) $(x-1)(y+1)=4$ において

x, y は整数であるから, $x-1$ と $y+1$ はともに整数である。 ⇦ この断りは重要。

積が 4 になる整数 $x-1$, $y+1$ の組は

$(x-1,\ y+1)=(1,\ 4),\ (2,\ 2),\ (4,\ 1),$
$(-1,\ -4),\ (-2,\ -2),\ (-4,\ -1)$ ⇦ 下の INFORMATION 参照。

よって, 求める x, y の組は

$\boldsymbol{(x,\ y)=(2,\ 3),\ (3,\ 1),\ (5,\ 0),}$
$\boldsymbol{(0,\ -5),\ (-1,\ -3),\ (-3,\ -2)}$ ⇦ 例えば, $x-1=1$, $y+1=4$ のとき $x=1+1=2$, $y=4-1=3$

(2) $xy-3x-2y=x(y-3)-2(y-3)-6$
$=(x-2)(y-3)-6$

よって, 等式は　$(x-2)(y-3)-6+3=0$

❶ すなわち　$(x-2)(y-3)=3$

x, y は整数であるから, $x-2$ と $y-3$ はともに整数である。 ⇦ この断りは重要。

積が 3 になる整数 $x-2$, $y-3$ の組は

$(x-2,\ y-3)=(1,\ 3),\ (3,\ 1),\ (-1,\ -3),\ (-3,\ -1)$ ⇦ 例えば, $x-2=1$, $y-3=3$ のとき $x=1+2=3$, $y=3+3=6$

よって, 求める x, y の組は

$\boldsymbol{(x,\ y)=(3,\ 6),\ (5,\ 4),\ (1,\ 0),\ (-1,\ 2)}$

INFORMATION — 負の数どうしの積を忘れないように注意！

(1) では積が 4 となる 2 つの整数について考えたが, 負の整数も含めて考える必要がある。解答のように　$(-1,\ -4),\ (-2,\ -2),\ (-4,\ -1)$
の組も積が 4 となる。負の数どうしの積については, 特に忘れやすいので注意しよう。

PRACTICE 110③

次の等式を満たす整数 x, y の組をすべて求めよ。

(1) $(x+2)(y-1)=-6$　　(2) $2xy-2x-5y=0$

重要 例題 111 方程式の整数解 (2)

次の等式を満たす自然数 x，y の組をすべて求めよ。

(1) $\dfrac{1}{3x}+\dfrac{1}{3y}=\dfrac{1}{2}$　　(2) $x^2=y^2+8$

基本 110

CHART & SOLUTION

方程式の整数解

(整数)×(整数)＝(整数) の形にもち込む

(1) 両辺に $6xy$ を掛けて分母を払うと，基本例題 110 (2) と似た形になる。
(2) y^2 を移項して左辺を積の形にする。
なお，いずれも x，y が自然数であることに注意する。

解答

(1) 両辺に $6xy$ を掛けて　$2y+2x=3xy$

よって　$3xy-2x-2y=0$

これを変形して　$(3x-2)(3y-2)=4$ ……①

x，y は自然数であるから，$3x-2$，$3y-2$ はともに整数である。

$x\geqq 1$，$y\geqq 1$ であるから　$3x-2\geqq 1$，$3y-2\geqq 1$

ゆえに，① から

$(3x-2,\ 3y-2)=(1,\ 4),\ (2,\ 2),\ (4,\ 1)$

これを満たす x，y のうち，ともに自然数となる組は

$(\boldsymbol{x},\ \boldsymbol{y})=(\mathbf{1},\ \mathbf{2}),\ (\mathbf{2},\ \mathbf{1})$

(2) $x^2=y^2+8$ から　$x^2-y^2=8$

よって　$(x+y)(x-y)=8$ ……①

x，y は自然数であるから，$x+y$，$x-y$ はともに整数であり，

$x+y>x-y$

また，$x+y>0$ であり，これと ① より　$x-y>0$

ゆえに，① から

$(x+y,\ x-y)=(8,\ 1),\ (4,\ 2)$

これを満たす x，y のうち，ともに自然数となる組は

$(\boldsymbol{x},\ \boldsymbol{y})=(\mathbf{3},\ \mathbf{1})$

⇐ $3xy-2x-2y$
$=x(3y-2)-\dfrac{2}{3}(3y-2)-\dfrac{4}{3}$
$=\left(x-\dfrac{2}{3}\right)(3y-2)-\dfrac{4}{3}$
$=\dfrac{1}{3}(3x-2)(3y-2)-\dfrac{4}{3}$

⇐ $3x-2=2$，$3y-2=2$ の解は $x=\dfrac{4}{3}$，$y=\dfrac{4}{3}$ よって，不適。

⇐ $x+y$ と $x-y$ の積が正となるから，$x-y$ も正。

⇐ $x+y=8$，$x-y=1$ の解は $x=\dfrac{9}{2}$，$y=\dfrac{7}{2}$ となり，不適。

PRACTICE 111[④]

次の等式を満たす自然数 x，y の組をすべて求めよ。

(1) $\dfrac{5}{x}+\dfrac{1}{2y}=1$　　(2) $x^2=y^2+12$

重要 例題 112　$n!$ に含まれる素因数の個数

1 から 30 までの自然数の積 $30!=30\cdot29\cdot\cdots\cdots\cdot2\cdot1$ を N とする。N を素因数分解したとき，次の問いに答えよ。

(1) 素因数 2 の個数を求めよ。　(2) 素因数 5 の個数を求めよ。

(3) N を計算すると，末尾には 0 が連続して何個並ぶか。 p.426 基本事項 3

CHART & THINKING

$n!=1\cdot2\cdot3\cdot\cdots\cdots\cdot(n-1)\cdot n$ の素因数 k の個数

1 から n までの k の倍数，k^2 の倍数，…… の個数の合計

(1) 30! には，右の表に付いた ○ の数だけ 2 が掛け合わされる。つまり，30 以下の自然数のうち，2 の倍数，2^2 の倍数，2^3 の倍数，…… の個数の合計が，30! に含まれる素因数 2 の個数になる。
なお，n 以下の自然数のうち，a の倍数の個数は，n を a で割った商として求められる。

	2	4	6	8	…	16	…	28	30
2	○	○	○	○		○		○	○
2^2		○		○		○		○	
2^3				○		○			
2^4						○			

(3) 末尾に 0 が 1 個現れるのはどのようなときだろうか？

解答

(1) 1 から 30 までの自然数のうち
2 の倍数の個数は，30 を 2 で割った商で　15 個
2^2 の倍数の個数は，30 を 2^2 で割った商で　7 個
2^3 の倍数の個数は，30 を 2^3 で割った商で　3 個
2^4 の倍数の個数は，30 を 2^4 で割った商で　1 個
よって，素因数 2 の個数は　$15+7+3+1=$**26（個）**

(2) (1) と同様に，5 の倍数は 6 個，5^2 の倍数は 1 個あるから，素因数 5 の個数は　$6+1=$**7（個）**

(3) (1)，(2) から，N を素因数分解したとき，素因数 2 は 26 個，素因数 5 は 7 個ある。
$2\cdot5=10$ であるから，N を計算すると，その数の末尾には 0 が連続して **7 個** 並ぶ。

⇐ 2^2 の倍数は素因数 2 を 2 個もつが，2 の倍数として 1 個，2^2 の倍数として 1 個数えればよい。

⇐ それぞれ $30\div5$，$30\div5^2$ の商。

⇐ 素因数 2 と 5 を掛けると末尾に 0 が 1 つ現れる。

⇐ 素因数 5 の個数分だけ 0 が並ぶ。

INFORMATION　末尾に並ぶ 0 の個数と素因数 5 の個数

一般に，1 から n までの積 $N=n!$ の素因数の個数は，2 よりも 5 の方が少ない。
したがって，N を計算すると，末尾に並ぶ 0 の個数は 素因数 5 の個数と一致 する。

PRACTICE 112③

$N=250!$ を素因数分解したとき，次の問いに答えよ。
(1) 素因数 5 の個数を求めよ。
(2) N を計算すると，末尾には 0 が連続して何個並ぶか。

重要 例題 113 素数の性質の利用

(1) $n^2-12n+27$ の値が素数となるような自然数 n をすべて求めよ。

(2) a, b を, $a<b$ を満たす自然数とするとき, $a+b=p$, $ab=q$ を満たす素数 p, q を求めよ。

p.426 基本事項 3

CHART & SOLUTION

積が素数となる条件

1 素数 p の正の約数は 1 と p のみ　2 偶数の素数は 2 だけ

(1) a, b を整数, p を素数とするとき

　$\boldsymbol{0<a<b,\ ab=p}$ **ならば** $\boldsymbol{a=1,\ b=p}$ (小さい方が 1)

　$\boldsymbol{a<b<0,\ ab=p}$ **ならば** $\boldsymbol{a=-p,\ b=-1}$ (大きい方が -1)

$n^2-12n+27=(n-3)(n-9)$ が素数のときは, $n-3$ と $n-9$ がともに正の場合と, ともに負の場合がある。

(2) 積が素数 $(ab=q)$ の条件と $a<b$ から, a と b が決まる。また, **偶数の素数は 2 だけである** ことを利用する。p, q の偶奇に注目。

解答

(1) $N=n^2-12n+27$ とすると

$$N=(n-3)(n-9)$$

[1] $n-3>n-9>0$ すなわち $n>9$ のとき

N が素数となるとき　$n-9=1$

よって　$n=10$

このとき, $n-3=7$ から $N=7$ となり, 適する。

[2] $n-9<n-3<0$ すなわち $1 \leqq n<3$ のとき

N が素数となるとき　$n-3=-1$

よって　$n=2$

このとき, $n-9=-7$ から $N=7$ となり, 適する。

[1], [2] から, 求める n の値は　$\boldsymbol{n=2,\ 10}$

(2) $ab=q$ と $a<b$ から　$a=1$, $b=q$

$a+b=p$ に代入して　$p=q+1$

$p>q$ であり, p と q の偶奇は異なるから　$q=2$

よって　$p=2+1=3$

$p=3$ は素数であるから, 条件を満たす。

したがって, 求める素数 p, q は　$\boldsymbol{p=3,\ q=2}$

⇐ まず N を因数分解。

⇐ $n-3$, $n-9$ がともに正の数なら小さい方が 1, ともに負の数なら大きい方が -1

⇐ 7 は素数。

⇐ n は自然数だから $n \geqq 1$

⇐ $1 \leqq n<3$ を満たす。

⇐ 7 は素数。

⇐ 素数 q の正の約数は 1 と q のみ。

⇐ $p-q=1$ (奇数) であるから, p, q の一方は奇数で, もう一方は偶数。

PRACTICE 113③

(1) n は自然数とする。次の値が素数となるような n をすべて求めよ。

(ア) $n^2-2n-24$　　(イ) $n^2-16n+28$

(2) a, b を自然数とするとき, $a+b=p+4$, $ab^2=q$ を満たす素数 p, q を求めよ。

ズームUP 素数の性質の利用

素数の問題はどう考えていけばよいのか，迷ってしまいます。

素数の定義は，「2 以上の整数で，1 とそれ自身以外に正の約数をもたない数」とシンプルです。これをどのように活かすかがポイントです。まず，次の性質 ①，② を押さえておきましょう。

① 素数 p の約数は ± 1 と $\pm p$ （正の約数は 1 と p の 2 個）
② 素数は 2 以上で，偶数の素数は 2 だけである。また，3 以上の素数はすべて奇数である。

「素数 p の約数は ± 1 と $\pm p$」の利用

この性質を利用すると，$(n-3)(n-9)$ が素数 p になるには，右の Ⓐ～Ⓓ の 4 つの場合が考えられる。
ここで，$n-9<n-3$ と，$1<p$，$-p<-1$ という大小関係を考慮すると，Ⓐ～Ⓓ のうち適するのは

Ⓑ $n-9=1$ と Ⓒ $\underline{n-3=-1}$

のみとなる。特に，＿＿（負の場合）は，$n-9=-1$ のような間違いをしやすいので注意したい。

	Ⓐ	Ⓑ	Ⓒ	Ⓓ
$n-3$	1	p	-1	$-p$
$n-9$	p	1	$-p$	-1
	×	○	○	×

「素数は 2 以上」，「偶数の素数は 2 だけ，3 以上の素数は奇数」の利用

まず，4 以上の偶数は，2×(2 以上の自然数) と表されるから，素数ではない。よって，**偶数の素数は 2 だけである**。
これから，2 以外の素数はすべて奇数であることもわかる。
p，q を異なる素数 $(p<q)$ とすると，$p \geqq 2$，$q \geqq 3$ であるから，

$p+q \geqq 5$，$pq \geqq 6$ といった不等式が成り立つ。

また，$p \pm q=$(奇数) や $pq=$(偶数)
のときは，p，q の一方は偶数，他方は奇数であるが，偶数の素数は 2 だけであるから，$p=2$ と決めることができる。
素数の性質を利用することで，このような値の決め方ができる。
(2) では，$ab=q$ から ① を利用して，$a=1$，$b=q$ を導いた後，その後の $a+b=p$ すなわち $p=q+1$ から p，q を導くのに ② を利用している。

以上のように，素数の問題では，積や和の形の式に，①，② の性質が威力を発揮することが多いです。また，素数には他にもさまざまな性質があります。次ページの STEP UP でまとめているので参考にしてください。

STEP UP 素数あれこれ

● 1を素数としないのはなぜ？

素数の定義は，「2以上の整数で，1とそれ自身以外に正の約数をもたない数」であるが，「1とそれ自身以外に正の約数をもたない」という条件だけで考えれば，1も素数でよいのではないか？という考えもあるだろう。しかし，1を素数としてしまうと，2以上の素数が満たす性質などが成り立たない場合が出てくる。

例えば，1を素数としてしまうと，$6=2\cdot3=1\cdot2\cdot3=1^2\cdot2\cdot3$ と何通りにも素因数分解できてしまうことになり，素因数分解の一意性（$p.426$ 3 ③）が成り立たなくなる。
また，$p.428$ の STEP UP で紹介した，エラトステネスのふるいにおいて，1を素数としてしまうと，最初に「1に ○ を付け，1以外の1の倍数に斜線 ＼ を付ける」という手順が加わるが，この操作により素数は1だけになってしまう。
このような不都合が生じてしまわないように，1は素数としない定義が採用されている。

● 素数の性質

素数について，前ページの ズーム UP で紹介した ①，② の他に，次のような性質もある。

③ 整数 a，b の積 ab が素数 p の倍数ならば，a または b は p の倍数である。
④ 素数 p は 1，2，……，$p-1$ のすべてと互いに素である。
⑤ 素数は無限に存在する。

④ は，例えば素数7は1，2，3，4，5，6すべてと互いに素であるということである。
⑤ の証明は，ユークリッドによる背理法を使った証明がよく知られているが，ここでは，$p.435$ 基本例題 108 (2) の結果「自然数 a と $a+1$ は互いに素である」を用いた証明を紹介しておく。これは，2006年にサイダックによって提示された証明である。

証明　n_1 を2以上の自然数とする。n_1 と n_1+1 は互いに素であるから，
$n_2=n_1(n_1+1)$ は異なる素因数を2個以上もつ。同様にして，
$n_3=n_2(n_2+1)=n_1(n_1+1)(n_1+2)$ は異なる素因数を3個以上もつ。
この操作は無限に続けることができるから，素数は無限に存在する。

例　$n_1=2$ とすると　$n_1+1=3$　2と3は互いに素であり，ともに素数である。
よって，素数が2つ見つかった。
次に，$n_2=n_1(n_1+1)=2\cdot3=6$ であり　$n_2+1=7$　6と7は互いに素であるから，
7は $6=2\cdot3$ と異なる素因数を少なくとも1つもつ。実際に7は素数であるから，
3つ目の素数が見つかった。以後，このような操作を無限に続けることができる。

● 素数の発見

素数の出現には規則性がなく，大きな素数を発見することは昔から数学における1つのテーマとなっている。コンピュータの発展とともに，大きな素数が発見されるようになってきた。今から約50年前，発見されていた最大の素数は約6000桁であったが，2018年時点では約2486万桁というとてつもなく大きな素数（$2^{82589933}-1$）が発見されている。また，値が大きくなると素因数分解の計算量も多くなる。特に，大きな桁数の合成数の素因数分解は難解である。これを利用して開発されたものが RSA 暗号という暗号技術である。数学の考えがコンピュータのセキュリティに活用されているのである。

重要 例題 114　互いに素である自然数の個数

(1) 56 以下の自然数で，56 と互いに素であるものの個数を求めよ。
(2) 165 以下の自然数で，165 と互いに素であるものの個数を求めよ。

p. 427 基本事項 5，基本 2，重要 11

CHART & THINKING

n 以下の自然数で，n と互いに素であるものの個数

$n-$(n と互いに素でない自然数の個数)

(A である)＝(全体)－(A でない) を利用して個数を求める。

(1) $56=2^3\cdot7$ に注目して，1～56 の 56 個からどのような条件を満たす数を除けばよいかを考えよう。⟶ 集合の要素の個数の問題と結びつける。ベン図をかくのもよい。

(2) (1) と同様である。$165=3\cdot5\cdot11$ であるから，3 つの集合の要素の個数と結びつける。

解答

(1) $56=2^3\cdot7$

また　$56\div2=28$，$56\div7=8$，

$56\div(2\cdot7)=4$

よって，56 以下の自然数で，2 の倍数または 7 の倍数の個数は

$28+8-4=32$

したがって，求める個数は

$56-32=$ **24 (個)**

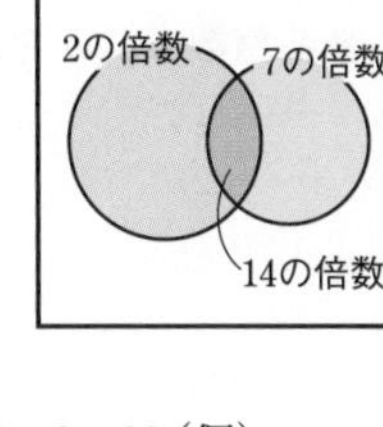

> (1) 56 と互いに素でない ⟺ 2 または 7 を素因数にもつ
>
> ⇐ $n(A\cup B)=n(A)+n(B)-n(A\cap B)$
>
> ⇐ 56－(2 の倍数または 7 の倍数)

別解　$56=2^3\cdot7$

56 以下の自然数のうち，奇数は　$56\div2=28$ (個)

7 の倍数で奇数は　$56\div7\div2=4$ (個)

したがって，求める個数は　$28-4=$ **24 (個)**

> ⇐ 56 は偶数であるから，28 個の奇数の中で考える。

(2) $165=3\cdot5\cdot11$

また　$165\div3=55$，$165\div5=33$，$165\div11=15$，

$165\div(3\cdot5)=11$，$165\div(5\cdot11)=3$，

$165\div(11\cdot3)=5$，$165\div(3\cdot5\cdot11)=1$

よって，165 以下の自然数で，3 の倍数または 5 の倍数または 11 の倍数の個数は

$55+33+15-11-3-5+1=85$

したがって，求める個数は

$165-85=$ **80 (個)**

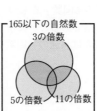

165以下の自然数
3の倍数
5の倍数
11の倍数

> (2) 165 と互いに素でない ⟺ 3 または 5 または 11 を素因数にもつ
>
> ⇐ $n(A\cup B\cup C)=n(A)+n(B)+n(C)-n(A\cap B)-n(B\cap C)-n(C\cap A)+n(A\cap B\cap C)$

PRACTICE 114④

(1) 432 以下の自然数で，432 と互いに素であるものの個数を求めよ。
(2) 735 以下の自然数で，735 と互いに素であるものの個数を求めよ。

重要 例題 115　互いに素に関する証明

2つの整数 a, b に対して，a と b が互いに素であるならば，$a+b$ と ab も互いに素であることを証明せよ。

CHART & SOLUTION

互いに素であることの証明

[1] 最大公約数が1を導く

[2] 背理法（間接証明法）の利用

本問の場合，基本例題108(2)のように「最大公約数が1」であることを直接証明するのは難しい。

そこで，$a+b$ と ab が

互いに素でない，すなわち，共通の素因数をもつ

と仮定して矛盾を導く方針（**背理法**）で証明しよう。

解答

a と b が互いに素であるときに，$a+b$ と ab が共通の素因数 p をもつと仮定すると，ある整数 m, n を用いて

$$a+b=pm \quad \cdots\cdots ①,$$
$$ab=pn \quad \cdots\cdots ②$$

と表される。

① から　$b=pm-a$

② に代入して　$a(pm-a)=pn$

したがって　$a^2=p(am-n)$

よって，a^2 は素因数 p をもつから，a も素因数 p をもつ。

そこで，$a=pk$（k は整数）とおいて，① に代入すると

$$pk+b=pm$$

ゆえに　$b=p(m-k)$

よって，b も素因数 p をもつ。

ゆえに，a と b は共通の素因数 p をもつ。

これは a と b が互いに素であることに矛盾する。

したがって，$a+b$ と ab は共通の素因数をもたない，すなわち互いに素である。

⇐ **背理法**（数学 I 参照）
$p \Longrightarrow q$ を証明するのに，$\overline{q}$ と仮定すると矛盾が生じることを示し，$p \Longrightarrow q$ が真であるとする証明法。

⇐ b を消去する。

⇐ a が素因数 p をもたないならば，a^2 も素因数 p をもたない。

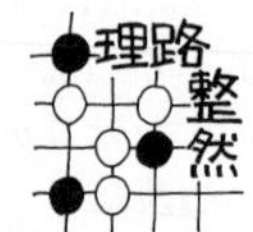

PRACTICE 115[4]

2つの整数 a, b に対して，$a+b$ と ab が互いに素ならば，a と b は互いに素であることを証明せよ。

EXERCISES　13 約数と倍数

A

92❷ 4つの数字 3, 4, 5, 6 を並べ替えてできる4桁の数を m とし，m の各位の数を逆順に並べてできる4桁の数を n とすると，$m+n$ は 99 の倍数となることを示せ。

➲104

93❸ $\dfrac{34}{5}$，$\dfrac{51}{10}$，$\dfrac{85}{8}$ のいずれに掛けても積が自然数となる分数のうち，最も小さいものを求めよ。

➲105

94❸ 3つの正の整数 40，56，n の最大公約数が 8，最小公倍数が 1400 のとき，n の値を求めよ。

➲109

B

95❹ 正の約数の個数が 28 個である最小の正の整数を求めよ。

➲106

96❹ $\sqrt{n^2+21}$ が自然数となるような自然数 n をすべて求めよ。

➲111

97❹ (1) $P=2x^2+11xy+12y^2-5y-2$ を因数分解せよ。
(2) $P=56$ を満たす自然数 x，y の値を求めよ。〔類 慶応大〕

➲111

98❺ p，q は素数で $p<q$ とする。また m，n は正の整数とし，$m \geqq 3$，$n \geqq 2$ とする。1 から p^mq^n までの整数のうち，p または q の倍数の個数が 240 個であるとする。これらの条件を満たす組 $(p,\ q,\ m,\ n)$ を求めよ。

➲112

H!NT

94 最大公約数の条件から，$n=8n'$（n' は正の整数）と表される。

95 求める整数を $p^aq^br^c\cdots$（p，q，r，… は $p<q<r<\cdots$ を満たす素数）と素因数分解すると，正の約数の個数は　$(a+1)(b+1)(c+1)\cdots\cdots$

96 $\sqrt{n^2+21}=m$（m は自然数）とおいて両辺を2乗すると　$n^2+21=m^2$
これを満たす自然数 m，n を求めればよい。

97 (1) 1つの文字について整理して，たすき掛け。
(2) $P=AB$ と因数分解できれば，$AB=56$ から A，B は 56 の約数。
A，B のとりうる値の範囲に注意する。

98 p，q，pq の倍数の個数は，それぞれ　$p^{m-1}q^n$，p^mq^{n-1}，$p^{m-1}q^{n-1}$
よって，$p^{m-1}q^n+p^mq^{n-1}-p^{m-1}q^{n-1}=240$ から　$p^{m-1}q^{n-1}(p+q-1)=240$

14 整数の割り算と商・余り

基本事項

1 整数の割り算における商と余り

整数 a と正の整数 b について

$$a=bq+r,\quad 0\leqq r<b$$

となる整数 q, r は1通りに定まる。上の等式 $a=bq+r$ において，q は a を b で割ったときの **商**，r は a を b で割ったときの **余り** という。$r=0$ のとき a は b で **割り切れる** といい，$r\neq 0$ のとき a は b で **割り切れない** という。

2 余りによる整数の分類

整数を正の整数 m で割ったときの余りに着目すると，すべての整数は，整数 k を用いて次のいずれかの形に表される。

mk,	$mk+1$,	……,	$mk+(m-1)$
余り 0	**余り 1**		**余り $m-1$**

例 $m=3$ のとき，整数 ……，-3, -2, -1, 0, 1, 2, 3, …… を3で割ったときの余りは ……，0, 1, 2, 0, 1, 2, 0, …… と，0, 1, 2, …… の繰り返しとなり，すべての整数は，整数 k を用いて $3k$, $3k+1$, $3k+2$ のいずれかで表される。

3 補足 和，差，積の余りの性質

m を正の整数とし，2つの整数 a, b を m で割ったときの余りを，それぞれ r, r' とすると，次のことが成り立つ。

1 **$a+b$ を m で割った余りは，$r+r'$ を m で割った余りに等しい。**

2 **$a-b$ を m で割った余りは，$r-r'$ を m で割った余りに等しい。**

3 **ab を m で割った余りは，rr' を m で割った余りに等しい。**

4 **a^k を m で割った余りは，r^k を m で割った余りに等しい。**（k は自然数）

解説 q, q' を整数として，$a=mq+r$, $b=mq'+r'$ とおく。

1 $a+b=(mq+r)+(mq'+r')=m(q+q')+r+r'$

よって，$a+b$ を m で割った余りは，$r+r'$ を m で割った余りに等しい。

2と3も同様にして示すことができる。

4 $a^2=(mq+r)^2=m^2q^2+2mqr+r^2=m(mq^2+2qr)+r^2$

mq^2+2qr は整数であるから，これを l とおくと

$a^3=a^2\cdot a=(ml+r^2)(mq+r)=m(mlq+lr+qr^2)+r^3$

以下繰り返すと，$a^k=mK+r^k$（K は整数）となり，a^k を m で割った余りは，r^k を m で割った余りに等しい。

CHECK & CHECK

33 次の a, b について，a を b で割ったときの商と余りを求めよ。

(1) $a=77$, $b=6$　(2) $a=195$, $b=13$　(3) $a=-60$, $b=7$ → 1

基本 例題 116 割り算の余りの性質

a, b は整数とする。a を 7 で割ると 3 余り，b を 7 で割ると 6 余る。次の数を 7 で割った余りを求めよ。

(1) $a+b$　(2) $a-b$　(3) ab　(4) a^2+b^2

p.446 基本事項 1，3

CHART & SOLUTION

和，差，積を m で割った余り

1 基本は $mq+r$ $(0 \leqq r < m)$ の形に変形 ……!

2 m で割った余りの和，差，積を m で割った余りと同じ

7 で割った余りを求めるから，k, l を整数として，$a=7k+3$, $b=7l+6$ と表し，**$7q+r$ (q, r は整数, $0 \leqq r < 7$)** の形に変形する (1の方針)。

別解 前ページの基本事項 3 を利用する (2の方針)。例えば，(1) では，$3+6=9$ を 7 で割った余りと等しい。

解答

a, b は整数 k, l を用いて，$a=7k+3$, $b=7l+6$ と表される。

! (1) $a+b=(7k+3)+(7l+6)=7(k+l)+9=7(k+l+1)+2$

よって，求める余りは **2**

⇐ $9=7\cdot1+2$

(2) $a-b=(7k+3)-(7l+6)=7(k-l)-3$

$=7(k-l-1)+4$

よって，求める余りは **4**

⇐ 余り r は $0 \leqq r < 7$ を満たす整数であるから，**-3 は誤り！**

(3) $ab=(7k+3)(7l+6)=7^2kl+7k\cdot6+3\cdot7l+3\cdot6$

$=7(7kl+6k+3l)+18$

$=7(7kl+6k+3l+2)+4$

よって，求める余りは **4**

⇐ $18=7\cdot2+4$

(4) $a^2+b^2=(7k+3)^2+(7l+6)^2$

$=7^2k^2+2\cdot7k\cdot3+3^2+7^2l^2+2\cdot7l\cdot6+6^2$

$=7(7k^2+6k+7l^2+12l)+45$

$=7(7k^2+6k+7l^2+12l+6)+3$

よって，求める余りは **3**

⇐ $45=7\cdot6+3$

別解 (1) 求める余りは $3+6=9$ を 7 で割った余りと同じで **2**

(2) 求める余りは $3-6=-3$ を 7 で割った余りと同じで **4**

(3) 求める余りは $3\cdot6=18$ を 7 で割った余りと同じで **4**

(4) 求める余りは $3^2+6^2=45$ を 7 で割った余りと同じで **3**

PRACTICE 116②

a, b は整数とする。a を 5 で割ると 2 余り，b を 5 で割ると 3 余る。次の数を 5 で割った余りを求めよ。

(1) $a+b$　(2) $a-b$　(3) ab　(4) a^2+b^2

基本 例題 117 余りによる整数の分類

n は整数とする。次のことを証明せよ。

(1) n^2+1 は 3 で割り切れない。

(2) n^2 を 4 で割った余りは 0 または 1 である。 p.446 基本事項 2，重要 120

CHART & SOLUTION

n の式を自然数 m で割る問題

m で割った余りによって n を分類して考える

(1) 3 で割るから，すべての整数 n を $\boldsymbol{3k}$, $\boldsymbol{3k+1}$, $\boldsymbol{3k+2}$ (k は整数) の形で表して，n^2+1 を 3 で割った余りを求める。

(2) 4 で割るから，すべての整数 n を $\boldsymbol{4k}$, $\boldsymbol{4k+1}$, $\boldsymbol{4k+2}$, $\boldsymbol{4k+3}$ (k は整数) の形で表して，n^2 を 4 で割った余りを求める。

解答

k を整数とする。

(1) [1] $n=3k$ のとき　$n^2+1=(3k)^2+1=3\cdot3k^2+1$

[2] $n=3k+1$ のとき

$n^2+1=(3k+1)^2+1=9k^2+6k+2=3(3k^2+2k)+2$

[3] $n=3k+2$ のとき

$n^2+1=(3k+2)^2+1=9k^2+12k+5=3(3k^2+4k+1)+2$

よって，n^2+1 を 3 で割った余りは 1 または 2 であるから，n^2+1 は 3 で割り切れない。

⇐ n を 3 で割った余りが 0, 1, 2 の各場合に分ける。

(2) [1] $n=4k$ のとき　$n^2=(4k)^2=4\cdot4k^2$

[2] $n=4k+1$ のとき

$n^2=(4k+1)^2=16k^2+8k+1=4(4k^2+2k)+1$

[3] $n=4k+2$ のとき

$n^2=(4k+2)^2=16k^2+16k+4=4(4k^2+4k+1)$

[4] $n=4k+3$ のとき

$n^2=(4k+3)^2=16k^2+24k+9=4(4k^2+6k+2)+1$

よって，n^2 を 4 で割った余りは 0 または 1 である。

別解 [1] $n=2k$ のとき　$n^2=(2k)^2=4\cdot k^2$

[2] $n=2k+1$ のとき

$n^2=(2k+1)^2=4k^2+4k+1=4(k^2+k)+1$

よって，n^2 を 4 で割った余りは 0 または 1 である。

⇐ n を 4 で割った余りが 0, 1, 2, 3 の各場合に分ける。

inf. (2) の 別解 は n を 2 で割った余りで分類した。本問ではこの方法で証明できたが，いつもうまくいくとは限らない。4 で割るときの余りについての問題では，**4 で割った余りによって分類するのが原則** である。

PRACTICE 117②

n は整数とする。次のことを証明せよ。

(1) $2n^2-n+1$ は 3 で割り切れない。

(2) n が 5 で割り切れないとき，n^2 を 5 で割った余りは 1 または 4 である。

ズーム UP 余りによる整数の分類

余りの問題では，**余りで分類する方法が有効なことが多い**です。
余りで分類するときの式の表し方は1通りではありません。いろいろな表し方について見てみましょう。

3で割った余りに着目する分類

整数を3で割った余りは0，1，2のいずれかであるから，n の式を3で割る問題では
$\boldsymbol{n=3k,\ 3k+1,\ 3k+2}$（$k$ は整数）の形で表して考えるとよい。
なお，例えば $4=3\cdot1+1=3\cdot2-2$ であるから，下の表のように

$\boldsymbol{n=3k,\ 3k-1,\ 3k-2}$　あるいは　$\boldsymbol{n=3k,\ 3k-1,\ 3k+1}$

という分類の方法も考えられる。

n	…	-1	0	1	2	3	4	…
$3k,\ 3k+1,\ 3k+2$	…	$3\cdot(-1)+2$	$3\cdot0$	$3\cdot0+1$	$3\cdot0+2$	$3\cdot1$	$3\cdot1+1$	…
$3k-2,\ 3k-1,\ 3k$	…	$3\cdot0-1$	$3\cdot0$	$3\cdot1-2$	$3\cdot1-1$	$3\cdot1$	$3\cdot2-2$	…
$3k-1,\ 3k,\ 3k+1$	…	$3\cdot0-1$	$3\cdot0$	$3\cdot0+1$	$3\cdot1-1$	$3\cdot1$	$3\cdot1+1$	…

特に，最後の表し方は，$\boldsymbol{n=3k,\ 3k\pm1}$（$k$ は整数）とまとめて書くことによって，計算の手間を減らせる場合がある。

別解　基本例題117(1)において，k を整数とすると

[1]　$n=3k$ のとき　　$n^2+1=(3k)^2+1=3\cdot3k^2+1$

[2]　$n=3k\pm1$ のとき

$n^2+1=(3k\pm1)^2+1=9k^2\pm6k+2=3(3k^2\pm2k)+2$

（複号同順）(＊)

よって，n^2+1 を3で割った余りは1または2であるから，n^2+1 は3で割り切れない。

(＊)**複号同順**とは，複号（±，∓）の＋，－がすべて上側またはすべて下側で適用されるという意味。左のような計算には必ず書いておく必要がある。

分類するときは，表す整数の範囲に注意！！

余りによる分類で，整数 n に範囲が指定されている場合は，注意が必要である。
例えば，自然数 n を3で割った余りに着目して分類する場合で，$3k$，$3k+1$，$3k+2$ と分類したとする。

このとき，$k=0$ とすると，3つの数は　0，1，2

　　　　　$k=1$ とすると，3つの数は　3，4，5　である。

よって，「0以上の整数 n」であるときは k を「0以上の整数」とすればよい。しかし，「自然数 n」であるときに k を「1以上の整数」としてしまうと，自然数1，2を表すことができない。このようなことを避けるには，例えば次のように表す必要がある。

$n=3k+1,\ 3k+2,\ 3(k+1)$　（k は0以上の整数）

$n=3k-2,\ 3k-1,\ 3k$　（k は1以上の整数）

整数を分類するときには，分類対象の整数がすべて含まれているかどうかを確認するようにしましょう。

基本 例題 118 連続する整数の積

n は整数とする。次のことを証明せよ。

(1) 連続する 2 つの整数の積は 2 の倍数である。

(2) 連続する 3 つの整数の積は 6 の倍数である。

(3) $n(n-1)(2n-1)$ は 6 の倍数である。

p.446 基本事項 2，重要 121

CHART & SOLUTION

連続する整数の積

2 連続なら 1 つは 2 の倍数　　3 連続なら 1 つは 3 の倍数

整数を正の整数 m で割った余りは 0, 1, ……, $m-1$ の繰り返しであるから，一般に，**連続する m 個の整数は，そのうち 1 つが m の倍数** である。

(1) 連続する 2 つの整数の 1 つは偶数 (2 の倍数) である。

(2) 連続する 3 つの整数の 1 つは 3 の倍数である。これと (1) を利用。

(3) k を整数として，n を $n=6k$, $6k+1$, $6k+2$, ……, $6k+5$ と 6 個に分類して証明してもよいが，計算が大変。そこで，与式を，(2) を利用できるように変形することを考える。

CHART　(1) は (2) のヒント，(2) は (3) のヒント

解答

(1) 整数 n, $n+1$ の一方は偶数，他方は奇数であるから

$$n(n+1)=(\text{偶数})\times(\text{奇数})=(\text{偶数})$$

よって，連続する 2 つの整数の積は 2 の倍数である。

(2) 整数 n, $n+1$, $n+2$ の 1 つは 3 の倍数であるから，
$n(n+1)(n+2)$ は 3 の倍数である。…… ①
また，(1)より n, $n+1$, $n+2$ のいずれかは 2 の倍数であるから，$n(n+1)(n+2)$ は 2 の倍数である。…… ②
①, ②より，$n(n+1)(n+2)$ は 3 の倍数かつ 2 の倍数であるから，連続する 3 つの整数の積は 6 の倍数である。

(3) $2n-1=(n-2)+(n+1)$ であるから

$$n(n-1)(2n-1)=n(n-1)\{(n-2)+(n+1)\}$$
$$=(n-2)(n-1)n+(n-1)n(n+1)$$

$(n-2)(n-1)n$ と $(n-1)n(n+1)$ はそれぞれ連続する 3 つの整数の積であるから，(2) により 6 の倍数である。
したがって，$n(n-1)(2n-1)$ は 6 の倍数である。

(3) には，次のような別解もある。

別解 1
$2n-1=2(n+1)-3$ から
(与式)$=2(n-1)n(n+1)-3(n-1)n$
$(n-1)n$ は 2 の倍数であるから，$3(n-1)n$ は 6 の倍数。

別解 2　(1) から
$n(n-1)$ は 2 の倍数。
$n=3k$, $3k+1$, $3k+2$ の場合に分けて，与式が 3 の倍数であることを示す。

PRACTICE 118③

n は整数とする。次のことを証明せよ。

(1) $n(n+1)(n+2)(n+3)$ は 24 の倍数である。

(2) $n(n+1)(n-4)$ は 6 の倍数である。

重要 例題 119 a^k を m で割った余り ①①①①①

(1) 7^{50} を 6 で割った余りを求めよ。

(2) 3^{30} を 8 で割った余りを求めよ。

(3) 5^{50} を 13 で割った余りを求めよ。

p.446 基本事項 3

CHART & SOLUTION

a^k を m で割った余り

(余り)^k を m で割った余りに等しいことを利用

(1) 7^{50} を 6 で割った余りは，7 を 6 で割った余り 1 の 50 乗を 6 で割った余りに等しい。

(2) $3<8$ であるから，(1) と同様にはできない。そこで，$3^{30}=9^{15}$ と変形し，それから (1) と同様にして求める。

(3) まずは，(2) と同様に $5^{50}=25^{25}$ と変形する。更に，25 を 13 で割った余り 12 について，$12^{25}=12\cdot144^{12}$ と変形して考えればよい。

解答

(1) 7 を 6 で割った余りは　1

よって，7^{50} を 6 で割った余りは，1^{50} すなわち 1 を 6 で割った余りに等しい。

したがって，求める余りは　**1**

(2) $3^{30}=(3^2)^{15}=9^{15}$

9 を 8 で割った余りは　1

よって，9^{15} を 8 で割った余りは，1^{15} すなわち 1 を 8 で割った余りに等しい。

したがって，求める余りは　**1**

⇐ $3^{30}=27^{10}$ を利用してもできるが，27 を 8 で割ると余りが 3
よって，3^{10} を 8 で割った余りを求めることになる。

(3) $5^{50}=(5^2)^{25}=25^{25}$

25 を 13 で割った余りは　12

よって，5^{50} を 13 で割った余りは，12^{25} を 13 で割った余りに等しい。更に

$$12^{25}=12\cdot(12^2)^{12}=12\cdot144^{12}$$

144 を 13 で割った余りは　1

ゆえに，12^{25} を 13 で割った余りは，$12\cdot1^{12}$ すなわち 12 を 13 で割った余りに等しい。

したがって，求める余りは　**12**

⇐ $12^{25}=12\cdot12^{24}$
$=12\cdot(12^2)^{12}$
$144=13\cdot11+1$

PRACTICE 119③

(1) 15^{30} を 7 で割った余りを求めよ。

(2) 7^{80} を 8 で割った余りを求めよ。

(3) 13^{30} を 17 で割った余りを求めよ。

重要 例題 120 等式 $a^2+b^2=c^2$ に関する証明問題

a, b, c, n は整数とする。

(1) n が 3 の倍数でないとき，n^2 を 3 で割った余りを求めよ。

(2) $a^2+b^2=c^2$ ならば，a, b のうち少なくとも 1 つは 3 の倍数であることを証明せよ。

基本 117

CHART & THINKING

証明の問題

直接がダメなら間接で　背理法

(2) のような「少なくとも 1 つ」の証明には間接証明法が有効である。背理法を利用するが，まずどのような仮定をすればよいだろうか？

また，(1) の結果を利用して矛盾を導くには，$a^2+b^2=c^2$ という式に対してどのような検討を行えばよいかを考えよう。

解答

(1) n が 3 の倍数でないとき，n は整数 k を用いて

$$3k+1 \quad または \quad 3k+2$$

と表される。

[1] $n=3k+1$ のとき

$$n^2=(3k+1)^2=9k^2+6k+1=3(3k^2+2k)+1$$

[2] $n=3k+2$ のとき

$$n^2=(3k+2)^2=9k^2+12k+4=3(3k^2+4k+1)+1$$

よって，n^2 を 3 で割った余りは **1** である。

(2) a, b がともに 3 の倍数でないと仮定する。

このとき，(1) により，a^2, b^2 を 3 で割った余りはともに 1 であるから，a^2+b^2 を 3 で割った余りは $1+1=2$ である。 …… ①

一方，c が 3 の倍数のとき，c^2 も 3 の倍数であり，

c が 3 の倍数でないとき，c^2 を 3 で割ると 1 余る。

よって，c^2 を 3 で割った余りは 0 または 1 である。 …… ②

①，② は $a^2+b^2=c^2$ であることに矛盾する。

ゆえに，$a^2+b^2=c^2$ ならば，a, b のうち少なくとも 1 つは 3 の倍数である。

別解 (1) n が 3 の倍数でないとき，k を整数として $n=3k\pm1$ と表される。
このとき
$n^2=(3k\pm1)^2$
$=3(3k^2\pm2k)+1$
（複号同順）
よって，n^2 を 3 で割った余りは **1** である。

⇐「少なくとも 1 つは●である」の否定は「ともに●でない」

⇐ 和の余りの性質 1 ($p.446$ 参照)

⇐ $a^2+b^2=c^2$ の左辺，右辺それぞれを 3 で割った余りを調べる。

⇐ a^2+b^2 と c^2 は 3 で割った余りが同じであることに矛盾。

PRACTICE 120 ④

a, b, c はどの 2 つも互いに素である自然数とする。$a^2+b^2=c^2$ であるとき，a, b の一方は偶数で他方は奇数であることを証明せよ。

重要 例題 121　3次式 $f(n)$ が整数である条件

整式 $f(x)=x^3+ax^2+bx+c$ (a, b, c は実数) を考える。$f(-1)$, $f(0)$, $f(1)$ がすべて整数ならば，すべての整数 n に対し，$f(n)$ は整数であることを示せ。

〔類　名古屋大〕　基本 118

CHART & THINKING

整式 $f(n)$ が整数

係数を整数で表すことを考える

$f(-1)=p$, $f(1)=q$ とおくと，p, q および $f(0)=c$ は整数である。そこで，a, b を p, q, c で表し，$f(n)$ を n, p, q, c の式にする。
この $f(n)$ の式に注目し，$f(n)$ が整数であることを示すには，どの文字について整理するのがよいかを見極めよう。

解答

$f(-1)=-1+a-b+c$, $f(0)=c$, $f(1)=1+a+b+c$

これらがすべて整数であるから，p, q を整数として
$f(-1)=p$, $f(1)=q$ とおける。
このとき，$f(-1)+f(1)=2(a+c)$ であるから

$$2(a+c)=p+q \qquad \text{ゆえに} \qquad a=\frac{p+q}{2}-c$$

これと $-1+a-b+c=p$ から

$$b=a+c-p-1=\frac{q-p}{2}-1$$

よって

$$\begin{aligned} f(n)&=n^3+an^2+bn+c \\ &=n^3+\left(\frac{p+q}{2}-c\right)n^2+\left(\frac{q-p}{2}-1\right)n+c \\ &=\frac{n^2-n}{2}p+\frac{n^2+n}{2}q+n^3-cn^2-n+c \\ &=\frac{n(n-1)}{2}p+\frac{n(n+1)}{2}q+n^3-cn^2-n+c \end{aligned}$$

$n(n-1)$, $n(n+1)$ はともに2の倍数であるから，
$\dfrac{n(n-1)}{2}$, $\dfrac{n(n+1)}{2}$ はともに整数である。
また，c は整数であるから，n^3-cn^2-n+c は整数である。
したがって，すべての整数 n に対し，$f(n)$ は整数である。

⇐ c は整数である。

参考　x が連続する3つの整数 m, $m+1$, $m+2$ に対して $f(x)$ が整数になるならば，すべての整数 n に対して $f(n)$ は整数になる。(証明は解答編 $p.325$)

⇐ n について整理した式では考えにくいので，p, q について整理。

⇐ 連続する2つの整数の積は2の倍数である。

PRACTICE 121 ④

$f(x)=ax^3+bx^2+cx$ は，$x=1$, -1, -2 で整数値 $f(1)=r$, $f(-1)=s$, $f(-2)=t$ をとるものとする。

(1) a, b, c をそれぞれ r, s, t の式で表せ。

(2) すべての整数 n について，$f(n)$ は整数になることを示せ。　〔岡山大〕

重要 例題 122　3 つの数がすべて素数となる条件

n を自然数とする。n, $n+2$, $n+4$ がすべて素数となるのは $n=3$ の場合だけであることを示せ。　〔早稲田大〕

基本 117

CHART & THINKING

方針が立てにくい問題

数値を代入して見当をつける

本問の場合，命題が成り立つことを証明するために何を示せばよいか，方針を立てるのが難しい。そこで，5 以上の素数 n について，$n+2$, $n+4$ の値を調べてみると右の表のようになり，素数にならない数を眺めていると共通点が見つかる。その共通点を手がかりに n の分類を考え，命題を証明できないだろうか？

n	5	7	11	13	17	19
$n+2$	7	**9**	13	**15**	19	**21**
$n+4$	**9**	11	**15**	17	**21**	23

解答

n が素数でないときは条件を満たさないから，n が素数である場合について考えればよい。

$n=2$ のとき　$n+2=4$, $n+4=6$ は素数ではない。

$n=3$ のとき　$n+2=5$, $n+4=7$ も素数である。

n が 5 以上の素数であるとき，n は自然数 k を用いて

$$3k+1 \quad \text{または} \quad 3k+2$$

と表される。

[1]　$n=3k+1$ のとき　$n+2=(3k+1)+2=3(k+1)$

$k+1$ は 2 以上の自然数であるから，$n+2$ は素数ではない。

[2]　$n=3k+2$ のとき　$n+4=(3k+2)+4=3(k+2)$

$k+2$ は 3 以上の自然数であるから，$n+4$ は素数ではない。

よって，n が 5 以上の素数であるとき，$n+2$ または $n+4$ は素数ではない。

以上から，n, $n+2$, $n+4$ がすべて素数となるのは $n=3$ の場合だけである。

上の表から，$n+2$, $n+4$ が 3 の倍数であると見当がつく。
よって，5 以上の素数 n については $n=3k+1$, $3k+2$ の場合に分けて，$n+2$, $n+4$ のどちらかが素数にならないことを示す。

⇐ $3\cdot1=3$ は素数であるから，＿＿の断りは重要。

INFORMATION　解法の糸口を見つけるために

整数の問題にはさまざまなタイプがあり，解法の糸口が見つけにくいこともある。このようなときは，上の例題のように

いくつかの値で実験 ⟶ 規則性などに注目し，解法の道筋を見出す

といった進め方をとる場合もある。数学では試行錯誤をすることも大切である。

PRACTICE 122④

3 つの数 p, $2p+1$, $4p+1$ がいずれも素数となるような自然数 p をすべて求めよ。　〔一橋大〕

STEP UP 名前の付いたいろいろな整数

❶ 双子素数と三つ子素数

n を自然数とする。$(n,\ n+2)$ の形をした素数の組を **双子素数** という。
また，$(n,\ n+2,\ n+6)$ または $(n,\ n+4,\ n+6)$ の形をした素数の組を **三つ子素数** という。具体的に，双子素数は　(3，5)，(5，7)，(11，13)，(17，19)，(29，31)，……
三つ子素数は　(5，7，11)，(7，11，13)，(11，13，17)，(13，17，19)，(17，19，23)，(37，41，43)，(41，43，47)，……
である。双子素数，三つ子素数とも無数にあることが予想されているが，そのことは現在 (2021 年) も証明されていない。

補足　$(n,\ n+2,\ n+4)$ の形の素数の組は三つ子素数とはいわない。この形の素数の組は，重要例題 122 の結果から，(3，5，7) しかないことがわかる。

❷ 完　全　数

その数自身を除くすべての正の約数の和が，その数に等しくなる自然数のことを **完全数** という。例えば，6 $(=1+2+3)$，28 $(=1+2+4+7+14)$ は完全数である。
実は，1 万以下の自然数の中で，完全数は 6，28，496，8128 の 4 個だけである。また，コンピュータが普及した現在 (2021 年) でも，完全数はわずか 51 個しか見つかっていないし，それらはすべて偶数であり，奇数の完全数は 1 個も見つかっていない。
完全数が有限個なのか無限にあるのかも，いまだに証明されていない。

❸ 完全数と素数

n を自然数とする。2^n-1 の形をした自然数を **メルセンヌ数** といい，メルセンヌ数のうち，素数であるものを **メルセンヌ素数** という。
具体的に，メルセンヌ数は　1，3，7，15，31，63，127，255，511，1023，……　で，このうち，〰〰 がメルセンヌ素数である。
2018 年時点で発見されている最大の素数も，メルセンヌ数である ($p.442$ 参照)。
また，「2^n-1 が素数であるような自然数 n に対して，$2^{n-1}(2^n-1)$ は完全数である」ということが，紀元前 3 世紀頃にギリシアの数学者ユークリッドの著書『原論』の中で示されている。よって，

$n=2$ から　$2(2^2-1)=6$，$n=3$ から　$2^2(2^3-1)=28$，$n=5$ から　$2^4(2^5-1)=496$

のように，メルセンヌ素数をもとにして，完全数を作成することができる。
なお，偶数の完全数で，$2^{n-1}(2^n-1)$ 以外の形に表されるものは存在しない，ということが，ユークリッドの時代から約 2000 年後の 18 世紀に，オイラーによって証明された。
この他にも，完全数と素数にはおもしろい関係がある。

$6=1+2+3$，$28=1+2+3+4+5+6+7$，$496=1+2+3+4+5+6+7+\cdots\cdots+31$

つまり，完全数 6，28，496 はそれぞれ，1 からメルセンヌ素数 3，7，31 までの連続したすべての自然数の和の形に表される。
このことは，数学 B で学習する数列の知識 (等差数列の和の公式) を使うと確認できるので，後で取り組んでみてほしい。

整数に関する重要な性質

整数に関する性質にはさまざまなものがありますが，問題に応じてどの性質を利用すればよいか，判断の難しい場合も多いです。これまでに学んできた内容のうち重要なものを，問題のタイプや考え方ごとにまとめておきましょう。

1 倍数であることの証明問題 例えば，次の方法がある。

① 基本 整数 a，b に対し，a が b の倍数（b が a の約数）であることをいうには，$a=bk$（k は整数）を示す。 基本 103

② **倍数の判定法** を利用する。

3 (9) の倍数 …… 各位の数の和が 3 (9) の倍数，
4 の倍数 …… 下 2 桁が 4 の倍数，
8 の倍数 …… 下 3 桁が 8 の倍数　　など。 基本 104

③ **連続する整数の積の形** を作り出し，次の性質を利用する。 基本 118

連続する 2 整数の積は 2 の倍数である。連続する 3 整数の積は 6 の倍数である。
一般に，連続する n 個の整数の積は $n!$ の倍数である。

いくつかの方法がありますが，使い分け方のコツはあるのでしょうか？

「● の倍数」という条件が与えられたら，まずは ＝●k（k は整数）と表すのが問題解決の第 1 歩となります。
② は，特定の位や，各位の和に関する条件が与えられたときなどに意識しましょう。
また，③ は，ある式が 2 や 6 の倍数であることを示す問題で意識するとよいでしょう。連続する整数の積は，n を整数として $n(n+1)$，$(n-1)n$；$n(n+1)(n+2)$，$(n-1)n(n+1)$ などと表されます。
その他にも次のページの 6 余りによる分類 の方法が有効な場合もあります。いろいろな問題に取り組んで，判断力を高めましょう。
次に，整数に関するその他の重要な性質も振り返っておきましょう。

2 約数の個数，総和に関する問題 次のことを利用する。

自然数 N が $N=p^aq^br^c\cdots\cdots$ と素因数分解されるとき，N の正の約数の

個数は $(a+1)(b+1)(c+1)\cdots\cdots$

総和は $(1+p+\cdots+p^a)(1+q+\cdots+q^b)(1+r+\cdots+r^c)\cdots\cdots$ 基本 106

3 素数の問題 特に重要なのは，次の 2 つの性質である。

① **素数 p の約数は ±1 と $\pm p$**（正の約数は 1 と p）

② **偶数の素数は 2 だけで，3 以上の素数はすべて奇数である。** 重要 113

4 最大公約数，最小公倍数の性質

自然数 a，b の最大公約数を g，最小公倍数を l とし，$a=ga'$，$b=gb'$ とすると

1 **a' と b' は互いに素**　2 **$l=ga'b'$**　3 **$ab=gl$** 基本 109

約数の個数や総和は，2 の公式を利用してスムーズに求めましょう。
素数については，$p.441$ の **ズーム** UP でも詳しく説明しましたが，素数が条件で与えられた問題では，3 ①，② を利用して，値の候補を絞りましょう。
また，4 は最大公約数・最小公倍数が関連する問題を解くうえでカギを握ることもあるので，押さえておきたいです。

5 互いに素に関する問題 a，b，k は整数とする。

性質 $\boldsymbol{a}$，$\boldsymbol{b}$ **が互いに素のとき，**$\boldsymbol{ak}$ **が** $\boldsymbol{b}$ **の倍数ならば** $\boldsymbol{k}$ **は** $\boldsymbol{b}$ **の倍数である。**

この性質はとても重要で，基本例題 108 (1) の 別解 やこの後で学ぶ 1 次不定方程式の整数解を求めるときに利用します。整数の等式の処理で，互いに素な 2 つの整数がある場合は，この性質の利用を意識しましょう。

※a と b が互いに素であることの証明問題には，次の方法がある。

（$\boldsymbol{a}$ と $\boldsymbol{b}$ の最大公約数）=1 を示す　または　**背理法を利用**　◉ 基本 108 (2)，重要 115

なお，a と b が互いに素でないときは，a，b がある素数 p を公約数にもち $a=pk$，$b=pl$（k，l は整数）と表される。

参考　**連続する 2 つの自然数は互いに素である。**（基本例題 108 (2) 参照。）
この性質は問題解決に有効な場合もあるので，覚えておくとよい。

6 余りによる分類

すべての整数 n は，ある自然数 m で割った余りによって，m 通りの表し方に分けられる。例えば，5 で割った余りは 0，1，2，3，4 の 5 通りがあり

$n=5k$，$n=5k+1$，$n=5k+2$，$n=5k+3$，$n=5k+4$ のいずれかで表される。

［$n=5k$，$n=5k\pm1$，$n=5k\pm2$ のように書くこともできる。］　◉ 基本 117，重要 120

すべての整数についての証明問題では，この分類法が有効な場合も多いです。
なお，どの数で割った余りで分類するかですが，● の倍数であることを示す問題や，● で割った余りに関する証明問題では，● で割った余りに注目して分類するとよいです。
また，次のページ以降で紹介する「合同式」の考え方も有効です。
合同式は，整数の問題を簡単に扱うことができる場合もあり，便利なので，興味があれば取り組んでみましょう。

STEP UP 合同式

合同式は，学習指導要領の範囲外の内容であるが，整数の問題を処理するときにはとても有用であるので，ここで扱っておく。

以下では，m は正の整数，a，b，c，d は整数とする。

[1] 合同式

$a-b$ が m の倍数であるとき，a と b は m を **法** として **合同** であるといい，
$\boldsymbol{a \equiv b \pmod{m}}$ と表す。このような式を **合同式** という。a と b が m を法として合同であることは，a を m で割った余りと，b を m で割った余りが等しいということと同じである。

補足　mod は法を意味する英語 modulus を略したものである。

例　$23=3\cdot7+2$，$5=3\cdot1+2$ であるから　$23-5=3\cdot6$（3 の倍数）
よって　$23\equiv5 \pmod{3}$　← 余りが等しいとき，合同である
$13=7\cdot1+6$，$-8=7\cdot(-2)+6$ であるから　$13-(-8)=7\cdot3$（7 の倍数）
よって　$13\equiv-8 \pmod{7}$　← 負の数を使ってもよい
$25=4\cdot6+1$ であるから　$25-1=4\cdot6$（4 の倍数）
よって　$25\equiv1 \pmod{4}$　← 余りそのものと合同

[2] 合同式の性質 1

1　**反射律**　$\boldsymbol{a\equiv a \pmod{m}}$
2　**対称律**　$\boldsymbol{a\equiv b \pmod{m}}$ **のとき**　$\boldsymbol{b\equiv a \pmod{m}}$
3　**推移律**　$\boldsymbol{a\equiv b \pmod{m}}$，$\boldsymbol{b\equiv c \pmod{m}}$ **のとき**　$\boldsymbol{a\equiv c \pmod{m}}$

注意　$a\equiv b \pmod{m}$，$b\equiv c \pmod{m}$ は，$a\equiv b\equiv c \pmod{m}$ と書いてもよい。

[3] 合同式の性質 2

$a\equiv c \pmod{m}$，$b\equiv d \pmod{m}$ のとき，次のことが成り立つ。

1　$\boldsymbol{a+b\equiv c+d \pmod{m}}$　　2　$\boldsymbol{a-b\equiv c-d \pmod{m}}$
3　$\boldsymbol{ab\equiv cd \pmod{m}}$　　4　自然数 n に対し　$\boldsymbol{a^n\equiv c^n \pmod{m}}$

この性質は，本質的には $p.446$ の 3 **和，差，積の余りの性質** と同じものである。
これらの性質から，合同式においても等式と同じように，**加法・減法・乗法の計算や移項が可能** であることがわかる。しかし，除法については取り扱いに注意が必要である。

5　**c と m が互いに素のとき**　$\boldsymbol{ac\equiv bc \pmod{m} \Longrightarrow a\equiv b \pmod{m}}$

証明　$ac\equiv bc \pmod{m}$ のとき，$ac-bc=(a-b)c$ が m の倍数であるから，
c と m が互いに素ならば，$a-b$ は m の倍数である。
すなわち　$a\equiv b \pmod{m}$　（＿＿の条件がないと成り立たない。）

例　$11\cdot5\equiv3\cdot5 \pmod{8}$ であり，5 と 8 は互いに素であるから　$11\equiv3 \pmod{8}$
$13\cdot2\equiv4\cdot2 \pmod{6}$ であるが，2 と 6 は互いに素ではないから，上の性質 5 は適用できない。実際に，13 を 6 で割った余りは 1，4 を 6 で割った余りは 4 で等しくなく，$13\equiv4 \pmod{6}$ は成り立たない。

合同式を利用して，これまでに学習してきた例題をいくつか解いてみよう。なお，合同式の式変形には，次の計算がよく用いられる。

kが整数のとき，$0\equiv km\ (\mathrm{mod}\ m)$ であるから　　$a\equiv a+km\ (\mathrm{mod}\ m)$

基本例題 116　a，b は整数とする。a を 7 で割ると 3 余り，b を 7 で割ると 6 余る。次の数を 7 で割った余りを求めよ。

(1)　$a+b$　　(2)　$a-b$　　(3)　ab　　(4)　a^2+b^2

解答　$a\equiv 3\ (\mathrm{mod}\ 7)$，$b\equiv 6\ (\mathrm{mod}\ 7)$ であるから

(1)　$a+b\equiv 3+6\equiv 9\equiv 2\ (\mathrm{mod}\ 7)$

よって，求める余りは　**2**

(2)　$a-b\equiv 3-6\equiv -3\equiv 4\ (\mathrm{mod}\ 7)$

よって，求める余りは　**4**

(3)　$ab\equiv 3\cdot 6\equiv 18\equiv 4\ (\mathrm{mod}\ 7)$

よって，求める余りは　**4**

(4)　$a^2+b^2\equiv 3^2+6^2\equiv 45\equiv 3\ (\mathrm{mod}\ 7)$

よって，求める余りは　**3**

別解 (4)
$a^2\equiv 3^2\equiv 9\equiv 2\ (\mathrm{mod}\ 7)$
$b^2\equiv 6^2\equiv 36\equiv 1\ (\mathrm{mod}\ 7)$
ゆえに　$a^2+b^2\equiv 3\ (\mathrm{mod}\ 7)$
よって，求める余りは　**3**

⇐ $45\equiv 45-6\cdot 7\equiv 3\ (\mathrm{mod}\ 7)$

$p.447$ の解答と比較すると，何度もでてくる「$7\times$(整数)」の項をすべて省略でき，簡潔に解答できることがわかる。

基本例題 117　(1)　n は整数とする。n^2+1 は 3 で割り切れないことを証明せよ。

解答　3 を法として，$n\equiv 0$，$n\equiv 1$，$n\equiv 2$ のいずれかが成り立つ。

$n\equiv 0$ のとき　　$n^2+1\equiv 0^2+1\equiv 1$

$n\equiv 1$ のとき　　$n^2+1\equiv 1^2+1\equiv 2$

$n\equiv 2$ のとき　　$n^2+1\equiv 2^2+1\equiv 5\equiv 2$

よって，n^2+1 を 3 で割ると余りが 1 または 2 となるから，n^2+1 は 3 で割り切れない。

⇐ $n\equiv 0\ (\mathrm{mod}\ 3)$ または $n\equiv 1\ (\mathrm{mod}\ 3)$ または $n\equiv 2\ (\mathrm{mod}\ 3)$ の意味。
＿＿の断りを入れたうえで，$(\mathrm{mod}\ 3)$ を省略することもある。

基本例題 119　(1)　7^{50} を 6 で割った余りを求めよ。

(2)　3^{30} を 8 で割った余りを求めよ。

(3)　5^{50} を 13 で割った余りを求めよ。

解答　(1)　$7\equiv 1\ (\mathrm{mod}\ 6)$ から

$7^{50}\equiv 1^{50}\equiv 1\ (\mathrm{mod}\ 6)$

よって，求める余りは　**1**

(2)　$3^2\equiv 9\equiv 1\ (\mathrm{mod}\ 8)$ から

$3^{30}\equiv (3^2)^{15}\equiv 1^{15}\equiv 1\ (\mathrm{mod}\ 8)$

よって，求める余りは　**1**

(3)　$5^2\equiv 25\equiv -1\ (\mathrm{mod}\ 13)$ から

$5^{50}\equiv (5^2)^{25}\equiv (-1)^{25}\equiv -1\equiv 12\ (\mathrm{mod}\ 13)$

よって，求める余りは　**12**

注意 (以下，mod 13 は省略)
(3)で $5^2\equiv 25\equiv 12$ を用いると
$5^{50}\equiv (5^2)^{25}\equiv 12^{25}\equiv 12\cdot (12^2)^{12}$
ここで，$12^2\equiv 144\equiv 1$ から
$5^{50}\equiv 12\cdot 1^{12}\equiv 12$
となり，計算がやや複雑。左の解答のように負の数を使うと簡潔である。

⇐ $-1\equiv -1+13\equiv 12\ (\mathrm{mod}\ 13)$

補充 例題 123 合同式の利用 (1)

文字はすべて整数とする。合同式を用いて，次の問いに答えよ。

(1) n を 7 で割った余りが 4 であるとき，n^2+2n+3 を 7 で割った余りを求めよ。

(2) $a^2+b^2=c^2$ ならば，a，b，c のうち少なくとも 1 つは 5 の倍数であることを証明せよ。

p.458，459 STEP UP

CHART & SOLUTION

整数の余りに関する問題　合同式を利用する

まず，$\boldsymbol{a\equiv b \pmod{m}}$，$\boldsymbol{0\leqq b<m}$ の形を作る。

(1) $n^2+2n+3\equiv b \pmod 7$，$0\leqq b<7$ となれば，求める余りは b

(2) 重要例題 120 と同様に，**背理法** を用いて証明する。

解答

(1) $n\equiv 4 \pmod 7$ のとき

$$n^2+2n+3\equiv 4^2+2\cdot 4+3\equiv 27\equiv 6 \pmod 7$$

よって，求める余りは　**6**

⇐ $27\equiv 27-3\cdot 7\equiv 6 \pmod 7$

(2) 5を法として考えると，整数 n が 5 の倍数でないとき，
$n\equiv 1$，$n\equiv 2$，$n\equiv 3$，$n\equiv 4$ のいずれかが成り立つ。

$n\equiv 1$ のとき　$n^2\equiv 1$　　$n\equiv 2$ のとき　$n^2\equiv 4$

$n\equiv 3$ のとき　$n^2\equiv 9\equiv 4$　　$n\equiv 4$ のとき　$n^2\equiv 16\equiv 1$

よって　$n^2\equiv 1$ または $n^2\equiv 4$

$a^2+b^2=c^2$ のとき，a，b，c がすべて 5 の倍数でないと仮定すると，a^2，b^2，c^2 はそれぞれ 1 または 4 と合同である。

[1] $a^2\equiv 1$，$b^2\equiv 1$ のとき　$a^2+b^2\equiv 2$

[2] $a^2\equiv 1$，$b^2\equiv 4$ のとき　$a^2+b^2\equiv 5\equiv 0$

[3] $a^2\equiv 4$，$b^2\equiv 1$ のとき　$a^2+b^2\equiv 5\equiv 0$

[4] $a^2\equiv 4$，$b^2\equiv 4$ のとき　$a^2+b^2\equiv 8\equiv 3$

$c^2\equiv 1$ または $c^2\equiv 4$ であるから，[1] ~ [4] は $a^2+b^2=c^2$ であることに矛盾する。

ゆえに，a，b，c のうち少なくとも 1 つは 5 の倍数である。

⇐ (mod 5) を省略するときは，必ず＿＿を断る。

⇐ ＿＿でなく $n\equiv\pm 1$，$n\equiv\pm 2$ としてもよい。この場合，$n^2\equiv 1$ または $n^2\equiv 4$ をすぐに求められる。

⇐ a^2+b^2 を 5 で割った余りは 0，2，3 のいずれかである。

参考　(2) [1] ~ [4] の考察は，右のような表にまとめて答えてもよい。

a^2	1	1	4	4
b^2	1	4	1	4
a^2+b^2	2	$5\equiv 0$	$5\equiv 0$	$8\equiv 3$

PRACTICE 123③

文字はすべて整数とする。合同式を用いて，次の問いに答えよ。

(1) n を 5 で割った余りが 3 であるとき，$2n^2+n+2$ を 5 で割った余りを求めよ。

(2) $a^2+b^2+c^2=d^2$ で d が 3 の倍数でないならば，a，b，c の中に 3 の倍数がちょうど 2 個あることを証明せよ。

補充 例題 124 合同式の利用 (2)

合同式を用いて，次の問いに答えよ。 〔(2) 類 学習院大〕

(1) 13^{100} を 9 で割った余りを求めよ。

(2) n が自然数のとき，$2^{6n-5}+3^{2n}$ は 11 で割り切れることを示せ。

p.458，459 STEP UP

CHART & SOLUTION

a^k を m で割った余り

まず，$a^n\equiv1 \pmod{m}$ となる n を見つける

(1) $13\equiv4 \pmod 9$ であるから，4^{100} を 9 で割った余りを考えればよい。
よって，$4^k\equiv1 \pmod 9$ となる k を見つけることができれば，累乗はすぐに計算できる。

(2) $2^{6n-5}+3^{2n}$ で，●^{nの式} の ● の数が異なるから考えにくいが，まず，2^6, 3^2 の 11 を法とする合同式を考えてみるとよい。
⟶ $2^6\equiv$■ (mod 11)，$3^2\equiv$■ (mod 11) と，■ が同じ数になることを利用する。

解答

(1) $13\equiv4 \pmod 9$ であり

$$4^2\equiv16\equiv7 \pmod 9$$

$$4^3\equiv4^2\cdot4\equiv7\cdot4\equiv28\equiv1 \pmod 9$$

よって $13^{100}\equiv4^{100}\equiv(4^3)^{33}\cdot4\equiv1^{33}\cdot4\equiv4 \pmod 9$

ゆえに，求める余りは　4

⇦ 13^2, 13^3, …… を考えてもよいが，4^2, 4^3, …… の方が計算しやすい。

⇦ $100=3\cdot33+1$

(2) $2^6\equiv64\equiv9 \pmod{11}$，$3^2\equiv9 \pmod{11}$ であり

$$2^{6n-5}=2^{6(n-1)+1}=(2^6)^{n-1}\cdot2$$

$$3^{2n}=(3^2)^n$$

よって

$$\begin{aligned}2^{6n-5}+3^{2n}&\equiv(2^6)^{n-1}\cdot2+(3^2)^n\\&\equiv9^{n-1}\cdot2+9^n\\&\equiv9^{n-1}(2+9)\\&\equiv9^{n-1}\cdot11\equiv0 \pmod{11}\end{aligned}$$

ゆえに，$2^{6n-5}+3^{2n}$ は 11 の倍数である。

⇦ $a^{m+n}=a^ma^n$, $a^{mn}=(a^m)^n$

⇦ $9^n=9^{n-1}\cdot9$

⇦ $n-1\geqq0$ であるから，9^{n-1} は整数。

POINT (2) 指数が n の 1 次式になっている項の和 $a^{pn+q}+b^{rn+s}+\cdots\cdots$ については，まず a^p, b^r, …… の合同式を考えるとよい。

PRACTICE 124④

合同式を用いて，次の問いに答えよ。

(1) 13^{2017} を 5 で割ったときの余りを求めよ。 〔類 名古屋市大〕

(2) すべての正の整数 n に対して，$3^{3n-2}+5^{3n-1}$ が 7 の倍数であることを証明せよ。 〔類 弘前大〕

EXERCISES　14 整数の割り算と商・余り

A

99② $n=2019$ とするとき，$4n^3+3n^2+2n+1$ を 7 で割った余りを求めよ。
〔立教大〕 →116

100③ (1) n は整数とし，$N=2n^3+4n$ とする。n が偶数のとき N は 24 で割り切れ，n が奇数のとき N は 4 で割り切れないことを示せ。
(2) 自然数 P が 2 でも 3 でも割り切れないとき，P^2-1 が 24 で割り切れることを証明せよ。 →117

101③ a，b を自然数とする。ab が 3 の倍数であるとき，a または b は 3 の倍数であることを証明せよ。 →120

102② 今日は日曜日で，10 日後は水曜日である。100 日後および 100 万日後はそれぞれ何曜日であるかを答えよ。 〔類 琉球大〕 → $p.446$ 1

B

103④ (1) m，n が整数のとき，m^3n-mn^3 は 6 の倍数であることを証明せよ。
(2) p，q，r $(p<q<r)$ を連続する 3 つの奇数とする。このとき，$pqr+pq+qr+rp+p+q+r+1$ は 48 で割り切れることを示せ。 →118

104④ n を正の整数とする。次のことを証明せよ。
(1) n^2+1 が 5 の倍数であることと，n を 5 で割ったときの余りが 2 または 3 であることは同値である。
(2) a は正の整数であり，$p=a^2+1$ は素数であるとする。このとき，n^2+1 が p の倍数であることと，n を p で割ったときの余りが a または $p-a$ であることは同値である。 〔お茶の水大〕

HINT

99 まず，2019 を 7 で割った余りを求める。
100 (2) P を 6 で割った余りで分類。その中で 2 でも 3 でも割り切れない場合を考える。
101 示すべき命題の対偶をとって証明する。
102 1 週間は 7 日であるから，7 で割った余りに注目。
103 (1) 連続する 3 つの整数の積が現れるように，m^3n-mn^3 を式変形する。
(2) まずは，$pqr+pq+qr+rp+p+q+r+1$ を因数分解する。
104 (1) n^2+1 が 5 の倍数 $\Longleftrightarrow$ n^2+1-5 が 5 の倍数
(2) n^2+1 が p の倍数 $\Longleftrightarrow$ n^2+1-p が p の倍数

15 ユークリッドの互除法と１次不定方程式

基本事項

1 ユークリッドの互除法

① 割り算と最大公約数

自然数 a, b について, a を b で割ったときの余りを r とすると,

a と b の最大公約数は, b と r の最大公約数に等しい。

② ユークリッドの互除法

整数 a, b の最大公約数を求めるには, 次の手順を繰り返せばよい。この方法を **ユークリッドの互除法** または単に **互除法** という。

[1] a を b で割ったときの余りを r とする。

[2] $r=0$ ならば, b が a と b の最大公約数である。

$r>0$ ならば, a を b に, b を r におき換えて, [1] に戻る。

この手順を繰り返すと, 余り r が小さくなり, r が 0 になって必ず終了する。

例　986 と 2059

$2059=986\cdot 2+87$

$986=87\cdot 11+29$

$87=29\cdot 3+0$

よって, 986 と 2059 の最大公約数は 29

2 １次不定方程式

① 互いに素である整数の性質

2 つの整数 a, b が互いに素であるとき, どんな整数 c についても, $ax+by=c$ を満たす整数 x, y が存在する (p. 472 のSTEP UP参照)。

② １次不定方程式と整数解

a, b, c は整数の定数で, $a\neq 0$, $b\neq 0$ とする。x, y の 1 次方程式 $ax+by=c$ を成り立たせる整数 x, y の組を, この方程式の **整数解** という。また, この方程式の整数解を求めることを, **1 次不定方程式を解く** という。

一般に, 2 つの整数 a, b が互いに素であるとき, 方程式 $ax+by=c$ の整数解の 1 つを $x=p$, $y=q$ とすると, すべての整数解は $\boldsymbol{x=bk+p}$, $\boldsymbol{y=-ak+q}$ (**k は整数**) と表される。

解説　方程式 $ax+by=c$ ……① の 1 組の解を $x=p$, $y=q$ とすると

$$ap+bq=c \quad \cdots\cdots ②$$

①−② から　$a(x-p)+b(y-q)=0$　すなわち　$a(x-p)=-b(y-q)$

a と b は互いに素であるから, $x-p$ は b の倍数である。

よって, $x-p=bk$ (k は整数) とおくと　$a\cdot bk=-b(y-q)$

ゆえに, すべての整数解は次の形で表される。

$$\boldsymbol{x=bk+p,\ y=-ak+q} \quad (\boldsymbol{k} \text{ は整数})$$

CHECK & CHECK

34 次の等式を満たす整数 x, y の組を 1 つ求めよ。

(1) $5x-3y=1$　　(2) $2x+3y=1$　　→ 2

基本 例題 125 最大公約数（互除法を利用） ①①①①①

次の 2 つの整数の最大公約数を，互除法を用いて求めよ。

(1) 143，319　　(2) 667，966　　(3) 1829，2077

p. 463 基本事項 1

CHART & SOLUTION

大きい 2 つの整数の最大公約数

ユークリッドの互除法の利用が有効

a を b で割った余りが r なら，次は b を r で割る。
これを繰り返して，$r=0$ となったときの b が求める最大公約数である。
(1) の計算は右のようになるが，筆算の利用が便利。

$319=143\cdot2+33$
$143=33\cdot4+11$
$33=11\cdot3+⓪$
よって，143 と 319 の最大公約数は 11

解答

(1) $319=143\cdot2+33$
$143=33\cdot4+11$
$33=11\cdot3+⓪$
よって，143 と 319 の最大公約数は **11**

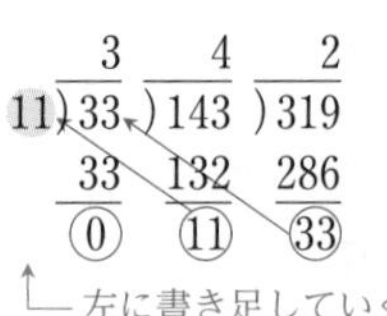

(2) $966=667\cdot1+299$
$667=299\cdot2+69$
$299=69\cdot4+23$
$69=23\cdot3+⓪$
よって，667 と 966 の最大公約数は **23**

(3) $2077=1829\cdot1+248$
$1829=248\cdot7+93$
$248=93\cdot2+62$
$93=62\cdot1+31$
$62=31\cdot2+⓪$
よって，1829 と 2077 の最大公約数は **31**

inf. (1) 各割り算は，横 319，縦 143 の長方形における，次のような操作に対応している（p. 434 基本例題 107 参照）。
① 長方形から，1 辺の長さ 143 の正方形を 2 個切り取ると，143×33 の長方形が残る。
② ① で残った長方形から，1 辺の長さ 33 の長方形を 4 個切り取ると，33×11 の長方形が残る。
③ ② で残った長方形から，1 辺の長さ 11 の正方形をちょうど 3 個切り取ることができる。
⟶ この正方形の 1 辺の長さ 11 が 319 と 143 の最大公約数。

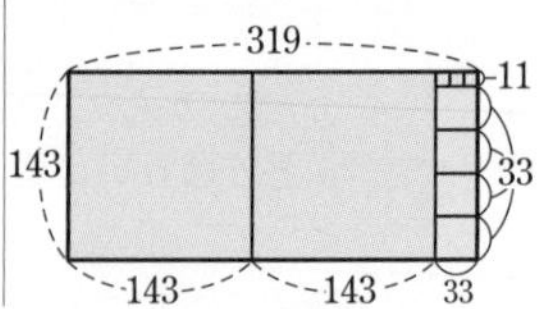

PRACTICE 125①

次の 2 つの整数の最大公約数を，互除法を用いて求めよ。

(1) 504，651　　(2) 899，1501　　(3) 2415，9345

基本 例題 126　1次不定方程式の整数解 (1)

次の等式を満たす整数 x，y の組を1つ求めよ。

(1)　$11x+19y=1$　　　　(2)　$11x+19y=5$

p.463 基本事項 1，2

CHART & SOLUTION

1次不定方程式の整数解

ユークリッドの互除法の利用

(1)　11 と 19 は互いに素である。まず，等式 $11x+19y=1$ の x の係数 11 と y の係数 19 に互除法の計算を行う。その際，$11<19$ であるから，11 を割る数，19 を割られる数として割り算の等式を作る。

$a=11$，$b=19$ とおいて，別解 のように求めてもよい。

(2)　x の係数と y の係数が (1) の等式と等しいから，(1) を利用できる。

(1) の等式の両辺を 5 倍すると　　$11(5x)+19(5y)=5$

よって，(1) で求めた解を $x=p$，$y=q$ とすると，$x=5p$，$y=5q$ が (2) の解になる。

解答

(1)　$19=11\cdot1+8$　　移項すると　$8=\boxed{19-11\cdot1}$

$11=8\cdot1+3$　　移項すると　$3=\boxed{11-8\cdot1}$

$8=3\cdot2+2$　　移項すると　$2=\boxed{8-3\cdot2}$

$3=2\cdot1+1$　　移項すると　$1=3-2\cdot1$

よって　$1=3-2\cdot1=3-(\boxed{8-3\cdot2})\cdot1$

$=8\cdot(-1)+3\cdot3=8\cdot(-1)+(\boxed{11-8\cdot1})\cdot3$

$=11\cdot3+8\cdot(-4)=11\cdot3+(\boxed{19-11\cdot1})\cdot(-4)$

$=11\cdot7+19\cdot(-4)$

すなわち　$11\cdot7+19\cdot(-4)=1$　……①

ゆえに，求める整数 x，y の組の1つは

$\boldsymbol{x=7,\ y=-4}$

(2)　① の両辺に 5 を掛けると

$11\cdot(7\cdot5)+19\cdot\{(-4)\cdot5\}=5$

すなわち　$11\cdot35+19\cdot(-20)=5$

よって，求める整数 x，y の組の1つは

$\boldsymbol{x=35,\ y=-20}$

注意　(2) の整数解には $x=-3$，$y=2$ という簡単なものもある。このような解が最初に発見できるなら，それを答としてもよい。

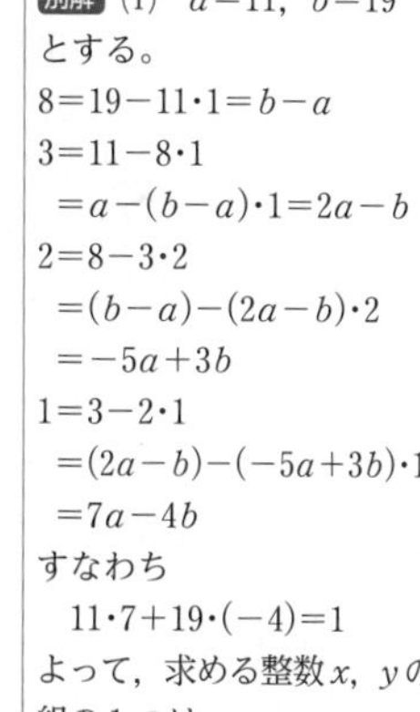

別解 (1)　$a=11$，$b=19$ とする。

$8=19-11\cdot1=b-a$

$3=11-8\cdot1$

$=a-(b-a)\cdot1=2a-b$

$2=8-3\cdot2$

$=(b-a)-(2a-b)\cdot2$

$=-5a+3b$

$1=3-2\cdot1$

$=(2a-b)-(-5a+3b)\cdot1$

$=7a-4b$

すなわち

$11\cdot7+19\cdot(-4)=1$

よって，求める整数 x，y の組の1つは

$\boldsymbol{x=7,\ y=-4}$

PRACTICE 126②

次の等式を満たす整数 x，y の組を1つ求めよ。

(1)　$19x+26y=1$　　　　(2)　$19x+26y=-2$

基本 例題 127 1次不定方程式の整数解 (2)

次の方程式の整数解をすべて求めよ。

(1) $3x-7y=1$ (2) $22x+37y=2$

p. 463 基本事項 2, 基本 126

CHART & SOLUTION

1次不定方程式 $ax+by=c$ の整数解

1組の解 $(p,\ q)$ を見つけて $a(x-p)+b(y-q)=0$ ……❶

(1) 係数が小さいから，1組の解が見つけやすい。

(2) 係数が大きいから，1組の解が見つけにくい。そこで，基本例題126のように

① $ax+by=1$ の整数解 $x=p,\ y=q$ を互除法を用いて求める。

② $ap+bq=1$ から，両辺に c を掛けて $a(cp)+b(cq)=c$

の手順で進める。最後の式と $ax+by=c$ から $a(x-cp)+b(y-cq)=0$

解答

(1) $3x-7y=1$ ……①

$x=5,\ y=2$ は，① の整数解の1つである。

よって $3\cdot5-7\cdot2=1$ ……②

❶ ①−② から $3(x-5)-7(y-2)=0$

すなわち $3(x-5)=7(y-2)$ ……③

3と7は互いに素であるから，$x-5$ は7の倍数である。

ゆえに，k を整数として，$x-5=7k$ と表される。

これを ③ に代入すると $y-2=3k$

よって，解は $\boldsymbol{x=7k+5,\ y=3k+2}$ （$\boldsymbol{k}$ は整数）

⇐ a，b が互いに素で，an が b の倍数ならば，n は b の倍数である。（a，b，n は整数）

(2) $22x+37y=2$ ……①

$x=-5,\ y=3$ は，$22x+37y=1$ の整数解の1つである。

よって $22\cdot(-5)+37\cdot3=1$

両辺に2を掛けると $22\cdot(-10)+37\cdot6=2$ ……②

❶ ①−② から $22(x+10)+37(y-6)=0$

すなわち $22(x+10)=-37(y-6)$ ……③

22と37は互いに素であるから，$x+10$ は37の倍数である。

ゆえに，k を整数として，$x+10=37k$ と表される。

これを ③ に代入すると $y-6=-22k$

よって，解は $\boldsymbol{x=37k-10,\ y=-22k+6}$ （$\boldsymbol{k}$ は整数）

⇐ $x=-5,\ y=3$ の求め方は，下の inf. を参照。

⇐ これ以降は (1) と同様。

inf. 22と37に互除法を用いると $37=22\cdot1+15 \longrightarrow 15=37-22\cdot1$,

$22=15\cdot1+7 \longrightarrow 7=22-15\cdot1$, $15=7\cdot2+1 \longrightarrow 1=15-7\cdot2$

よって $1=15-7\cdot2=15-(22-15\cdot1)\cdot2=22\cdot(-2)+15\cdot3$

$=22\cdot(-2)+(37-22\cdot1)\cdot3=22\cdot(-5)+37\cdot3$

PRACTICE 127②

次の方程式の整数解をすべて求めよ。

(1) $5x+7y=1$ (2) $35x-29y=3$

ズームUP 整数解の表現と1組の解を見つける別の方法

ここでは，1次不定方程式の解の表現方法や，1組の整数解を見つける別の方法について詳しく見てみましょう。

1組の解の取り方と一般解の表現

基本例題 127 (1) では，$3x-7y=1$ の1組の整数解として $x=5$, $y=2$ を見つけて解を求めた。1組の整数解はこれ以外にも，例えば，$x=-2$, $y=-1$ も解となる。この整数解を用いて，同様に解くと **$x=7k-2$, $y=3k-1$ (k は整数)** となる。

例題の解答と見た目が異なるが，この解は $x=7(k-1)+5$, $y=3(k-1)+2$ と変形でき，$k-1=k'$ とおき換えると，$x=7k'+5$, $y=3k'+2$ (k' は整数) となるから，例題の解答と同じものになっていることがわかる。

$x=7k-2$, $y=3k-1$

解としては同じもの！

$x=7k'+5$, $y=3k'+2$

係数を小さくして1組の整数解を見つける方法

基本例題 127 (2) では，方程式の係数が大きいため，1組の整数解が見つけにくい。そのため，inf. のように互除法を用いて1組の整数解を求めてもよいが，次のように方程式の係数を小さくしていくことにより，1組の整数解を求める方法もある。

別解 (2) $22x+37y=2$ ……① において

$37=22\cdot1+15$ から $22x+(22\cdot1+15)y=2$

ゆえに $15y+22(x+y)=2$

⇦ 係数が 37 と 22 から 22 と 15 になり，小さくなった。

$22=15\cdot1+7$ から $15y+(15\cdot1+7)(x+y)=2$

ゆえに $7(x+y)+15(x+2y)=2$

$x+y=m$, $x+2y=n$ とおくと $7m+15n=2$ …… (*)

⇦ 係数が 15 と 7 になり，1組の整数解が見つけやすくなった。

$m=-4$, $n=2$ は，$7m+15n=2$ の整数解の1つである。

よって $x+y=-4$, $x+2y=2$

これを解くと $x=-10$, $y=6$

⇦ これが①の1組の整数解である。

ゆえに，$22\cdot(-10)+37\cdot6=2$ …… ② が成り立つ。

以下，解答と同様。

私は，(*) の1組の整数解もすぐに見つけられなかったのですが…

大切なのは，**1組の整数解をとにかく見つける**ことです。(*) の段階で1組の整数解を見つけるのが難しいときは，次のような方法を考えてみましょう。

○更に係数を小さくして見つけやすくする。

⟶ $15=7\cdot2+1$ から $7(x+y)+(7\cdot2+1)(x+2y)=2$

更に，$(x+2y)+7(3x+5y)=2$ と変形し，$x+2y=2$, $3x+5y=0$ を解く。

○ (*) の右辺を1とした $7m+15n=1$ を考え，1組の解 $m=-2$, $n=1$ を見つける。その解を代入した $7\cdot(-2)+15\cdot1=1$ の両辺を2倍する。

基本 例題 128 1次不定方程式の整数解の利用

12 で割ると 1 余り，7 で割ると 4 余る 3 桁の自然数のうち最大の数を求めよ。

基本 127

CHART & SOLUTION

1次不定方程式の整数解の利用

条件から $ax+by=c$ の形に変形

条件を満たす自然数は，整数 x，y を用いて，$12x+1$，$7y+4$ と 2 通りに表される。そこで，まず方程式 $12x+1=7y+4$ の整数解を求め，それから題意の自然数を求める。

解答

求める自然数を n とすると，n は x，y を整数として，次のように表される。

$$n=12x+1,\quad n=7y+4$$

よって　$12x+1=7y+4$

すなわち　$12x-7y=3$　……①

$x=3$，$y=5$ は，$12x-7y=1$ の整数解の 1 つであるから

$$12\cdot3-7\cdot5=1$$

両辺に 3 を掛けると

$$12\cdot9-7\cdot15=3\quad\cdots\cdots②$$

①−② から　$12(x-9)-7(y-15)=0$

すなわち　$12(x-9)=7(y-15)$　……③

12 と 7 は互いに素であるから，③ を満たす整数 x は

$x-9=7k$　すなわち　$x=7k+9$　（k は整数）

と表される。

したがって　$n=12x+1=12(7k+9)+1=84k+109$

$84k+109$ が 3 桁で最大となるのは，$84k+109\leqq999$ を満たす k が最大のときであり，その値は　$k=10$

このとき　$n=84\cdot10+109=$ **949**

参考　上の解答では，$12x-7y=1$ の整数解の 1 つを求め，それから ③ を導いて解いた。
しかし，例えば $x=2$，$y=3$ が ① の整数解の 1 つであることに気がつけば，これを用いて解いてもよい。
本問のように，x，y の係数が比較的小さいときは，整数解の 1 つを直接見つけて解いてしまった方が早い場合もある。

⇦ a を b で割った商を q，余りを r とすると $a=bq+r$

⇦ まず，① の右辺を 1 とした方程式 $12x-7y=1$ の整数解を求める。

⇦ このとき　$y=12k+15$　x，y の一方が定まれば n も決まる。

⇦ $84k+109\leqq999$ から $k\leqq\dfrac{999-109}{84}=10.5\cdots\cdots$

⇦ $12\cdot2-7\cdot3=3$ と ① から $12(x-2)-7(y-3)=0$

PRACTICE 128②

11 で割ると 9 余り，5 で割ると 2 余る 3 桁の自然数のうち最大の数を求めよ。

基本 例題 129　1次不定方程式の自然数解

等式 $2x+3y=33$ を満たす自然数 x, y の組は ア[ ] 組ある。それらのうち x が2桁で最小である組は $(x,\ y)=($イ[ ], ウ[ ]$)$ である。〔福岡工大〕

基本 127, 重要 130

CHART & SOLUTION

方程式の自然数解

不等式で範囲を絞り込む

「x, y が自然数」すなわち $\boldsymbol{x\geqq 1}$, $\boldsymbol{y\geqq 1}$（あるいは $x>0$, $y>0$）という条件を利用して，最初から $\boldsymbol{x}$, $\boldsymbol{y}$ **の値の範囲を絞り込む** とよい。

別解　基本例題 127 と同様にして方程式 $2x+3y=33$ の整数解を求めた後で，x, y が自然数になるように絞り込んでもよい。

解答

$2x+3y=33$ から　$2x=33-3y$

すなわち　$2x=3(11-y)$ ……①

2と3は互いに素であるから，x は3の倍数である。……②

①において，$y\geqq 1$ であるから　$11-y\leqq 10$

よって　$2x\leqq 3\cdot 10=30$

更に，$x\geqq 1$ であるから　$1\leqq x\leqq 15$ ……③

②, ③ から　$x=3,\ 6,\ 9,\ 12,\ 15$

ゆえに，等式を満たす自然数 x, y の組は　ア**5** 組

それらのうち x が2桁で最小である組は　$(x,\ y)=($イ**12**, ウ**3**$)$

⇐ $11-y$ は2の倍数であるから，y は奇数。この条件から絞り込んでもよい。

⇐ それぞれの x に対して，y は自然数になる。

別解　$x=0$, $y=11$ は，$2x+3y=33$ ……① の整数解の1つであるから　$2\cdot 0+3\cdot 11=33$ ……②

①−② から　$2x+3(y-11)=0$

すなわち　$2x=-3(y-11)$

2と3は互いに素であるから，x は3の倍数である。

よって，k を整数として $x=3k$ と表される。

ゆえに　$y-11=-2k$

よって　$x=3k$, $y=-2k+11$ （k は整数）

$x\geqq 1$, $y\geqq 1$ であるから　$3k\geqq 1$, $-2k+11\geqq 1$

よって　$\dfrac{1}{3}\leqq k\leqq 5$

k は整数であるから　$k=1,\ 2,\ 3,\ 4,\ 5$

ゆえに，① を満たす自然数 x, y の組は　ア**5** 組

x が2桁で最小となるのは $k=4$ のときであり，

このときの組は　$(x,\ y)=($イ**12**, ウ**3**$)$

⇐ $2x=33-3y$ $=3(11-y)$ と変形してもよい。

⇐ $2\cdot 3k=-3(y-11)$

⇐ $-2k\geqq -10$ から $k\leqq 5$ 不等号の向きに注意。

⇐ x が2桁のとき $x=3k\geqq 10$

PRACTICE 129③　方程式 $9x+4y=50$ を満たす自然数 x, y の組を求めよ。

重要 例題 130 分数方程式の自然数解

$\dfrac{1}{x}+\dfrac{1}{y}+\dfrac{1}{z}=1$ かつ $x<y<z$ を満たす自然数 x，y，z の組をすべて求めよ。

〔神戸薬大〕 基本 129

CHART & THINKING

方程式の自然数解

1 (整数)×(整数)＝(整数) の形にもち込む

2 不等式で範囲を絞り込む

基本例題 110 と重要例題 111 では1のタイプを，基本例題 129 では2のタイプを学習した。
本問の方程式は重要例題 111 (1) と似た形の分数方程式ではあるが，未知数が 3 つあるため，分母を払って整数の積の形にもち込むのは無理。
そこで，ここは2の方針でいく。

x，y，z が自然数かつ $x<y<z$ から　$\dfrac{1}{z}<\dfrac{1}{y}<\dfrac{1}{x}$

これを利用すると　$\dfrac{1}{z}+\dfrac{1}{z}+\dfrac{1}{z}<\dfrac{1}{x}+\dfrac{1}{y}+\dfrac{1}{z}<\dfrac{1}{x}+\dfrac{1}{x}+\dfrac{1}{x}$

これと，$\dfrac{1}{x}+\dfrac{1}{y}+\dfrac{1}{z}=1$ から　$\dfrac{3}{z}<1<\dfrac{3}{x}$

$\dfrac{3}{z}<1$ から $z>3$ となるが，z の値の絞り込みにはならない。

$1<\dfrac{3}{x}$ から $x<3$ となることを利用して，まず x の値を絞り込む。

解答

$0<x<y<z$ であるから　$\dfrac{1}{z}<\dfrac{1}{y}<\dfrac{1}{x}$

⇐ $0<a<b$ のとき $\dfrac{1}{b}<\dfrac{1}{a}$

ゆえに　$\dfrac{1}{x}+\dfrac{1}{y}+\dfrac{1}{z}<\dfrac{1}{x}+\dfrac{1}{x}+\dfrac{1}{x}=\dfrac{3}{x}$

$\dfrac{1}{x}+\dfrac{1}{y}+\dfrac{1}{z}=1$ であるから　$1<\dfrac{3}{x}$

⇐ $x>0$ であるから，両辺に x を掛けると　$x<3$

よって　$x<3$

x は自然数であるから　$x=1$，2

[1]　$x=1$ のとき，等式は　$\dfrac{1}{y}+\dfrac{1}{z}=0$

　これを満たす自然数 y，z の組は存在しない。

[2]　$x=2$ のとき，等式は　$\dfrac{1}{y}+\dfrac{1}{z}=\dfrac{1}{2}$　……①

⇐ $\dfrac{1}{2}+\dfrac{1}{y}+\dfrac{1}{z}=1$ から。

　ここで，$0<y<z$ であるから　$\dfrac{1}{z}<\dfrac{1}{y}$

　ゆえに　$\dfrac{1}{y}+\dfrac{1}{z}<\dfrac{1}{y}+\dfrac{1}{y}=\dfrac{2}{y}$

① から　$\dfrac{1}{2}<\dfrac{2}{y}$

よって　$y<4$

$y>2$ を満たすものは　$y=3$

このとき，① から　$\dfrac{1}{z}=\dfrac{1}{2}-\dfrac{1}{y}=\dfrac{1}{2}-\dfrac{1}{3}=\dfrac{1}{6}$

ゆえに　$z=6$　　これは $y<z$ を満たす。

[1]，[2] から　$(\boldsymbol{x},\ \boldsymbol{y},\ \boldsymbol{z})=(\mathbf{2},\ \mathbf{3},\ \mathbf{6})$

⇐ $y>0$ であるから，両辺に $2y$ を掛けると　$y<4$

⇐ $x=2$，$x<y$ から　$y>2$

⇐ 条件を満たすかどうかの確認も大切。

別解　(① を求めるまでは同じ)

① の両辺に $2yz$ を掛けて

$$2z+2y=yz$$

よって　$yz-2y-2z=0$

$$y(z-2)-2(z-2)-4=0$$

ゆえに　$(y-2)(z-2)=4$

$2<y<z$ であるから

$$0<y-2<z-2$$

よって　$(y-2,\ z-2)=(1,\ 4)$

ゆえに　$(y,\ z)=(3,\ 6)$

したがって　$(\boldsymbol{x},\ \boldsymbol{y},\ \boldsymbol{z})=(\mathbf{2},\ \mathbf{3},\ \mathbf{6})$

⇐ ① は重要例題 111 (1) と同じタイプ。分母を払って
(整数)×(整数)=(整数)
の形にもち込む。

⇐ $x<y<z$ かつ $x=2$

INFORMATION ── 文字の大小関係が与えられていないときは？

方程式 $\dfrac{1}{x}+\dfrac{1}{y}+\dfrac{1}{z}=1$ の左辺は，x，y，z のどの 2 つを入れ替えても形が変わらない (x，y，z の対称式) ので，上で求めた解 $(x,\ y,\ z)=(2,\ 3,\ 6)$ の順番を入れ替えたものも，すべて方程式を満たす。

そこで，例えば「$\dfrac{1}{x}+\dfrac{1}{y}+\dfrac{1}{z}=1$ を満たす，異なる 3 つの自然数 x，y，z の組をすべて求めよ」のような問題の場合は

$x<y<z$ と仮定して解を求め，後からその仮定を外す

と考えて解くとよい。

解は，(2，3，6) の順番を入れ替えた ${}_3\mathrm{P}_3=3!=6$ (通り) あり

$$(x,\ y,\ z)=(2,\ 3,\ 6),\ (2,\ 6,\ 3),\ (3,\ 2,\ 6),$$
$$(3,\ 6,\ 2),\ (6,\ 2,\ 3),\ (6,\ 3,\ 2)$$

となる。

PRACTICE 130 ⑤

$\dfrac{1}{x}+\dfrac{1}{y}+\dfrac{1}{z}=\dfrac{1}{2}$ かつ $4\leqq x<y<z$ を満たす自然数 x，y，z の組をすべて求めよ。

1次不定方程式の整数解が存在するための条件

a, b は 0 でない整数とするとき，一般に次のことが成り立つ。

> $ax+by=1$ を満たす整数 x, y が存在する $\iff$ a と b は互いに素 ……(∗)

このことは，1 次方程式に関する重要な性質であり，1 次不定方程式が整数解をもつかどうかの判定にも利用できる。ここで，性質 (∗) を証明しておきたい。
まず，$\Longrightarrow$ については，次のように比較的簡単に証明できる。

[(∗) の $\Longrightarrow$ の証明]

$ax+by=1$ が整数解 $x=m$, $y=n$ をもつとする。
また，a と b の最大公約数を g とすると　$a=ga'$, $b=gb'$
と表され　$am+bn=g(a'm+b'n)=1$
よって，g は 1 の約数であるから　$g=1$
したがって，a と b は互いに素である。

⇦ a と b の最大公約数が 1 となることを示す方針。$p.435$ 基本例題 108 (2) 参照。

⇦ $a'm+b'n$ は整数，$g>0$

一方，$\Longleftarrow$ の証明については，次の定理を利用する。

定理　a と b は互いに素な自然数とするとき，b 個の整数
$a\cdot1$, $a\cdot2$, $a\cdot3$, ……, ab をそれぞれ b で割った余りはすべて互いに異なる。

証明　i, j を $1\leqq i<j\leqq b$ である自然数とする。
ai, aj をそれぞれ b で割った余りが等しいと仮定すると
$$aj-ai=bk\ (k \text{ は整数})\ と表される。$$
よって　$a(j-i)=bk$
a と b は互いに素であるから，$j-i$ は b の倍数である。…… ①
しかし，$1\leqq j-i\leqq b-1$ であるから，$j-i$ は b の倍数にはならず，① に矛盾している。
したがって，上の定理が成り立つ。

⇦ 背理法を利用。

⇦ 差が b の倍数。

⇦ **p, q は互いに素で，pr が q の倍数ならば，r は q の倍数である** (p, q, r は整数)。

[(∗) の $\Longleftarrow$ の証明]

a と b は互いに素であるから，上の定理により b 個の整数 $a\cdot1$, $a\cdot2$, $a\cdot3$, ……, ab をそれぞれ b で割った余りはすべて互いに異なる。ここで，整数を b で割ったときの余りは 0, 1, 2, ……, $b-1$ のいずれか (b 通り) であるから，ak を b で割った余りが 1 となるような整数 k $(1\leqq k\leqq b)$ が存在する。
ak を b で割った商を l とすると
$$ak=bl+1 \quad すなわち \quad ak+b(-l)=1$$
よって，$x=k$, $y=-l$ は $ax+by=1$ を満たす。
すなわち，$ax+by=1$ を満たす整数 x, y が存在することが示された。

⇦ 上の定理を利用。

⇦ このような論法は，**鳩の巣原理 (部屋割り論法)** と呼ばれる (数学 I で学習)。

STEP UP 百五減算

次のような，年齢を当てるクイズがある。

「私の年齢を 3 で割った余りは 1，5 で割った余りは 4，7 で割った余りは 1 です。
私の年齢を当ててください。ただし，105 歳より下です。」

どのように答えを出せばよいだろうか？　まず，実際に書き並べる方法で考えてみよう。
(書き並べる数字の個数が少なくてすむように，割る数の大きいものから考えるとよい。)

105 以下の自然数で，7 で割って余りが 1 であるものは

1，8，15，22，29，36，43，50，57，64，71，78，85，92，99

これらの中で，5 で割って余りが 4 であるものは　29，64，99

29，64，99 の中で，3 で割った余りが 1 であるのは 64 であるから，答えは　**64 歳**

他にも，次のように，1 次不定方程式を解くことで答えを出すこともできる。

求めたい年齢を n とすると，s，t，u を整数として，次のように表される。

$$n=3s+1,\ n=5t+4,\ n=7u+1$$

$3s+1=5t+4$ から　$3s-5t=3$　よって　$3(s-1)=5t$

3 と 5 は互いに素であるから，k を整数として　$t=3k$ ……①　と表される。

① を $5t+4=7u+1$ に代入して　$5\cdot 3k+4=7u+1$　すなわち　$7u-15k=3$ ……②

$u=9$，$k=4$ は，② の整数解の 1 つであるから

$7(u-9)-15(k-4)=0$　すなわち　$7(u-9)=15(k-4)$

7 と 15 は互いに素であるから，l を整数として　$u-9=15l$　と表される。

$u=15l+9$ を $n=7u+1$ に代入すると　$n=7(15l+9)+1=105l+64$

したがって，求める n は $l=0$ のときで　$n=64$　⟶ 答えは　**64 歳**

上のクイズは，実は次のことを利用して，簡単に答えを出すことができる。

> ある人の年齢を 3，5，7 でそれぞれ割ったときの余りを a，b，c とし，
> $N=70a+21b+15c$ とする。この N の値から 105 を繰り返し引き，105 より小さい数が得られたら，その数がその人の年齢である。

実際，$N=70\cdot 1+21\cdot 4+15\cdot 1=169$ であり，$169-105=$**64 (歳)** と求められる。
上に示した方法は，3，5，7 で割った余りからもとの数を求める和算の 1 つで，**百五減算**と呼ばれる。百五減算の方法が成り立つ理由を考えてみよう。

70 は 3 で割ると 1 余り，5 と 7 で割り切れる数，
21 は 5 で割ると 1 余り，7 と 3 で割り切れる数，
15 は 7 で割ると 1 余り，3 と 5 で割り切れる数　である。

よって，$70a$ は 3 で割ると a 余り，5 と 7 で割り切れる数，
$21b$ は 5 で割ると b 余り，7 と 3 で割り切れる数，
$15c$ は 7 で割ると c 余り，3 と 5 で割り切れる数　である。

ゆえに，$N=70a+21b+15c$ は 3 で割ると a 余り，5 で割ると b 余り，7 で割ると c 余る数となる。よって，n から 3，5，7 の最小公倍数の 105 を繰り返し引いた数も，3 で割ると a 余り，5 で割ると b 余り，7 で割ると c 余る数となるのである。

EXERCISES　15 ユークリッドの互除法と1次不定方程式

A

105❷ 次の等式を満たす整数 x, y の組を1つ求めよ。
(1) $9x+23y=3$　　(2) $13x-24y=5$ ➲126

106❷ 11で割ると2余り，6で割ると5余る4桁の自然数のうち最大の数を求めよ。 ➲128

107❸ x, y, z を正の整数とする。次の連立方程式を解け。
$$\begin{cases} x+y+z=19 \\ x+5y+10z=95 \end{cases}$$ ➲129

108❸ 3が記されたカードと7が記されたカードの2種類のカードが，全部で30枚以上ある。また，各カードの数字をすべて合計すると110になる。このとき，3のカード，7のカードの枚数をそれぞれ求めよ。 ➲129

B

109❸ 2つの自然数 m, n の最大公約数と $3m+4n$, $2m+3n$ の最大公約数は一致することを示せ。 ➲125

110❹ 次の等式を満たす自然数 x, y の組をすべて求めよ。
$$x^2-2xy+2y^2=13$$ ➲129

111❺ 次の等式を満たす自然数 x, y, z の組をすべて求めよ。
(1) $x+3y+z=10$
(2) $xyz=x+y+z$ $(x\leqq y\leqq z)$ ➲129, 130

112❺ (1) 2つの自然数の組 (a, b) は，条件 $a<b$ かつ $\dfrac{1}{a}+\dfrac{1}{b}<\dfrac{1}{4}$ を満たす。このような組 (a, b) のうち，b が最も小さいものをすべて求めよ。
(2) 3つの自然数の組 (a, b, c) は，条件 $a<b<c$ かつ $\dfrac{1}{a}+\dfrac{1}{b}+\dfrac{1}{c}<\dfrac{1}{3}$ を満たす。このような組 (a, b, c) のうち，c が最も小さいものをすべて求めよ。 〔一橋大〕
➲130

HINT

108 3のカード，7のカードの枚数をそれぞれ a, b として，方程式，不等式を作る。
109 $a=bq+r$ と表されるとき，a と b の最大公約数は b と r の最大公約数に等しい。
2つの式の関係を $a=bq+r$ の形に表す。
110 $(x-y)^2+y^2=13$ と変形し，**(実数)$^2\geqq 0$** を用いて y の値の範囲を絞り込む。
111 (1) $x\geqq 1$, $z\geqq 1$ を用いると，y の値の範囲が絞り込める。
(2) $x\leqq y\leqq z$ から　$x+y+z\leqq 3z$
これを利用して積 xy の値の範囲を絞り込む。
112 (1) まず，b のとりうる値の範囲を求める。

まとめ 不定方程式の解法のパターン

(1) 1次不定方程式

① $ax+by=c$ の整数解 (a と b は互いに素な整数) 基本 126, 127

⟶ まず，1組の解 $x=p$, $y=q$ を見つけることがカギ。簡単に見つからないときは，**互除法の計算** または **係数を小さくする方法** を利用する。解が見つかれば，$a(x-p)=-b(y-q)$ の形に変形することで，すべての整数解が求められる。

(2) いろいろな不定方程式

値の絞り込み と (整数)×(整数)=(整数) に変形 が2大方針。

② **自然数の解を求める問題では，不等式による値の絞り込みが有効**

⟶「●が自然数なら ●>0, ●≧1」を利用して値を絞る。

例 1. $2x+3y=33$ (x, y は自然数) の場合 基本 129

$y \geqq 1$ を利用して　$2x=3(11-y) \leqq 30$　　よって　$1 \leqq x \leqq 15$

この問題では $2x=3(11-y)$ から，x は3の倍数であることも利用。

例 2. $\dfrac{1}{x}+\dfrac{1}{y}+\dfrac{1}{z}=1$ $(0<x<y<z)$ の場合 [大小関係つき] 重要 130

$\dfrac{1}{z}<\dfrac{1}{y}<\dfrac{1}{x}$ を利用して　$1=\dfrac{1}{x}+\dfrac{1}{y}+\dfrac{1}{z}<\dfrac{3}{x}$　　よって　$x=1,\ 2$

注意 方程式が対称式の場合は，最初に大小関係 ($x \leqq y$, $x \leqq y \leqq z$ など) を仮定して進め，最後にその制限をはずす，という方法もある ($p.471$ 参照)。

③ **(実数)$^2 \geqq 0$ も値の絞り込みに有効**

⟶ (実数)^2 の形を作り出すことができるなら，(実数)^2=□ から □≧0 として値を絞ることを考えてみるのもよい。

例 3. $x^2-2xy+2y^2=13$, $x>0$, $y>0$ の場合 $p.474$ EX 110

$(x-y)^2+y^2=13$ から　$(x-y)^2=13-y^2 \geqq 0$　　$y^2 \leqq 13$ から　$y=1,\ 2,\ 3$

④ **(整数)×(整数)=(整数) に変形できるタイプ**

⟶「$AB=C$ (A, B, C は整数) ならば，A, B は C の約数」を利用する。

例 4. $xy-3x-2y+3=0$ の場合 基本 110 (2)

$(x-2)(y-3)-6+3=0$ から　　$(x-2)(y-3)=3$

後は，3の約数で，積が3となるような2つの整数の組として組 $(x-2,\ y-3)$ を具体的に書き上げる。

例 5. $x^2=y^2+8$ の場合 重要 111 (2)

$x^2-y^2=8$ から　　$(x+y)(x-y)=8$

この後で，8の約数で，積が8になるような2つの整数の組を書き上げるが，**$x+y$ と $x-y$ の大小関係に着目** (x, y は自然数であるから $x+y>x-y$) すると，更に候補を絞ることができる。

補足 上のタイプの他にも，**積の形 (整数)×(整数)=(整数)** に変形できる場合は，そのように変形して右辺の整数の約数を考えるのが原則である (EX 97 を参照)。

16 n 進法，座標

基本事項

1 n 進法

位取りの基礎となる数を **底** という。底を n として数を表す方法を **n 進法** といい，n 進法で表された数を **n 進数** という。ただし，n は 2 以上の自然数である。

n 進数は，その右下に $_{(n)}$ と書いて表す。例えば，2 進数 1101 は $1101_{(2)}$ と書く。

ただし，10 進数は普通 $_{(10)}$ を省略する。

n 進法の整数の各位は，右から $n^0(=1)$ の位，n^1 の位，n^2 の位，n^3 の位，…… であり，

n 進法の小数は，小数点以下が左から $\frac{1}{n^1}$ の位，$\frac{1}{n^2}$ の位，$\frac{1}{n^3}$ の位，…… となる。

例　$101_{(2)}=1\cdot2^2+0\cdot2^1+1\cdot2^0=5$

$$0.302_{(5)}=3\cdot\frac{1}{5^1}+0\cdot\frac{1}{5^2}+2\cdot\frac{1}{5^3}=\frac{77}{125}=0.616$$

2 平面上の点の座標

① **座標軸**　平面上に点Oをとり，O で互いに直交する 2 本の直線を，右の図のように定める。これらを，それぞれ **x 軸**，**y 軸** といい，まとめて **座標軸** という。また，点Oを **原点** という。

② **座標平面**　平面上に座標軸を定めると，その平面上の点Pの位置は，右の図のように 2 つの実数の組 $(a,\ b)$ で表される。この組 $(a,\ b)$ を点Pの **座標** といい，この点Pを **P$(a,\ b)$** と書く。原点Oの座標は $(0,\ 0)$ である。座標の定められた平面を **座標平面** という。

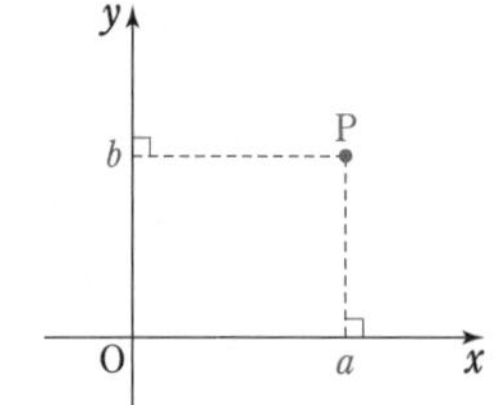

3 空間の点の座標

① **座標軸**　空間に点Oをとり，O で互いに直交する 3 本の数直線を，右の図のように定める。これらを，それぞれ **x 軸**，**y 軸**，**z 軸** といい，まとめて **座標軸** という。また，点Oを **原点** という。

② **座標平面**　x 軸と y 軸で定まる平面を **xy 平面**，y 軸と z 軸で定まる平面を **yz 平面**，z 軸と x 軸で定まる平面を **zx 平面** といい，これらをまとめて **座標平面** という。

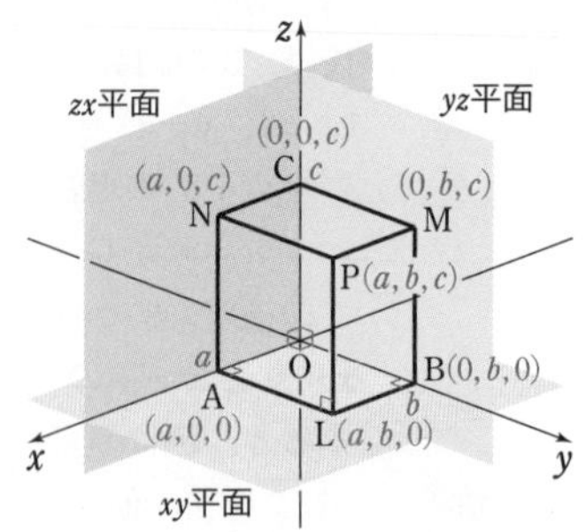

③　**座標空間**　空間の点Pに対して，Pを通り各座標軸に垂直な平面が，x 軸，y 軸，z 軸と交わる点を，それぞれ A，B，C とする。A，B，C の各座標軸上での座標が，それぞれ a，b，c のとき，3 つの実数の組

$$(\boldsymbol{a},\ \boldsymbol{b},\ \boldsymbol{c})$$

を点Pの **座標** といい，a，b，c をそれぞれ点Pの $\boldsymbol{x}$ **座標**，$\boldsymbol{y}$ **座標**，$\boldsymbol{z}$ **座標** という。この点Pを $\mathbf{P}(\boldsymbol{a},\ \boldsymbol{b},\ \boldsymbol{c})$ と書く。原点Oと，右上の図の点 A，B，C の座標は

$$\mathrm{O}(0,\ 0,\ 0),\ \mathrm{A}(a,\ 0,\ 0),\ \mathrm{B}(0,\ b,\ 0),\ \mathrm{C}(0,\ 0,\ c)$$

である。座標の定められた空間を **座標空間** という。

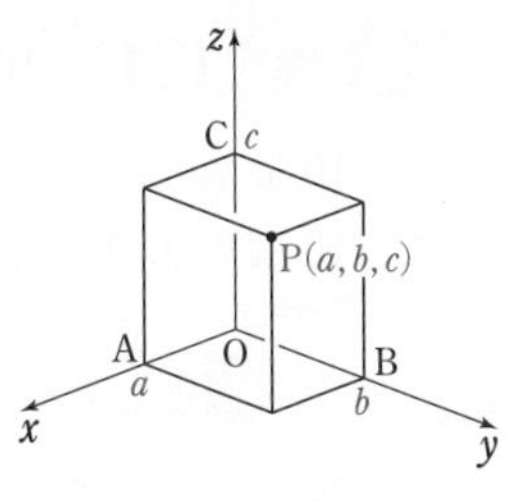

4　2点間の距離

①　座標平面上の 2 点 $\mathrm{A}(x_1,\ y_1)$，$\mathrm{B}(x_2,\ y_2)$ 間の距離は

$$\mathbf{AB}=\sqrt{(\boldsymbol{x}_2-\boldsymbol{x}_1)^2+(\boldsymbol{y}_2-\boldsymbol{y}_1)^2}$$

特に，原点Oと点 $\mathrm{A}(x_1,\ y_1)$ の距離は　　$\mathbf{OA}=\sqrt{\boldsymbol{x}_1{}^2+\boldsymbol{y}_1{}^2}$

②　座標空間上の 2 点 $\mathrm{A}(x_1,\ y_1,\ z_1)$，$\mathrm{B}(x_2,\ y_2,\ z_2)$ 間の距離は

$$\mathbf{AB}=\sqrt{(\boldsymbol{x}_2-\boldsymbol{x}_1)^2+(\boldsymbol{y}_2-\boldsymbol{y}_1)^2+(\boldsymbol{z}_2-\boldsymbol{z}_1)^2}$$

特に，原点Oと点 $\mathrm{A}(x_1,\ y_1,\ z_1)$ の距離は　　$\mathbf{OA}=\sqrt{\boldsymbol{x}_1{}^2+\boldsymbol{y}_1{}^2+\boldsymbol{z}_1{}^2}$

解説　①　直線 AB が座標軸に平行でないとき，右の図において　　$\mathrm{AC}=|x_2-x_1|$，$\mathrm{BC}=|y_2-y_1|$

直角三角形 ABC において，三平方の定理により

$$\mathrm{AB}^2=\mathrm{AC}^2+\mathrm{BC}^2$$

よって　　$\mathrm{AB}=\sqrt{\mathrm{AC}^2+\mathrm{BC}^2}$

$$=\sqrt{(x_2-x_1)^2+(y_2-y_1)^2}$$

特に，点Bが原点Oのとき，$x_2=y_2=0$ で

$$\mathrm{OA}=\sqrt{x_1{}^2+y_1{}^2}$$

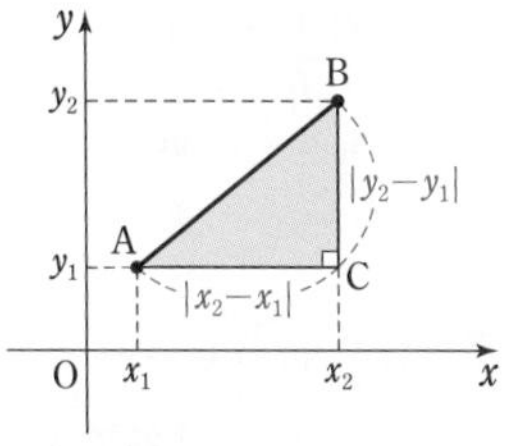

②　点Aを通り各座標平面に平行な 3 つの平面と，点Bを通り各座標平面に平行な 3 つの平面で，直方体 ACDE-FGBH ができるとき

$$\mathrm{AC}=|x_2-x_1|,\ \mathrm{CD}=|y_2-y_1|,\ \mathrm{DB}=|z_2-z_1|$$

ゆえに　$\mathrm{AB}^2=\mathrm{AD}^2+\mathrm{DB}^2=(\mathrm{AC}^2+\mathrm{CD}^2)+\mathrm{DB}^2$

よって　$\mathrm{AB}=\sqrt{(x_2-x_1)^2+(y_2-y_1)^2+(z_2-z_1)^2}$

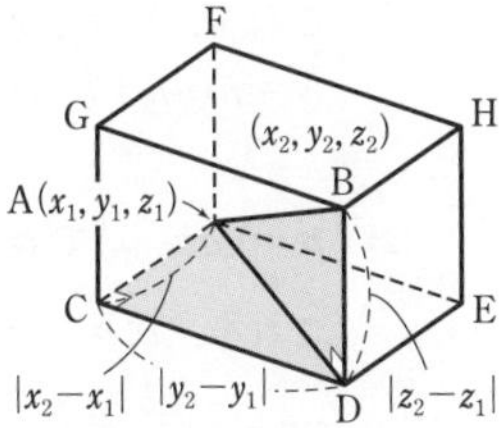

CHECK & CHECK

35　(1)　3 進数 $12022_{(3)}$ を 10 進法で表せ。

(2)　2 進数 $11.101_{(2)}$ を 10 進法で表せ。

1

基本 例題 131 10 進数 ⟶ n 進数の変換

(1) 10 進数 43 を，2 進法と 5 進法で表せ。
(2) 10 進数 0.3125 を，2 進法で表せ。

↻ p.476 基本事項 1

CHART & SOLUTION

10 進数 ⟶ n 進数の変換

(1) 10 進数の整数 N を n 進法に変換するとき
N を n で割った商と余りを求め，その商を n で割った商と余りを求め，……，商が 0 になったら，**出てきた余りを逆に並べる。**

(2) 10 進数の小数部分 p を n 進法に変換するとき
$p\times n$ の整数部分と小数部分を求め，(その小数部分)$\times n$ の整数部分と小数部分を求め，……，小数部分が 0 になったら，**出てきた整数部分を順に並べる。**

解答

下の計算から　(1) $43=\mathbf{101011}_{(2)}$，$43=\mathbf{133}_{(5)}$　(2) $0.3125=\mathbf{0.0101}_{(2)}$

(1)

		余り
2) 43		
2) 21	…	1 ↑
2) 10	…	1
2) 5	…	0
2) 2	…	1
2) 1	…	0
0	…	1

商が 0

		余り
5) 43		
5) 8	…	3 ↑
5) 1	…	3
0	…	1

商が 0

(2)

$$\begin{array}{r} 0.3125 \\ \times\quad 2 \\ \hline \boxed{0}.6250 \\ \times\quad 2 \\ \hline \boxed{1}.250 \\ \times\quad 2 \\ \hline \boxed{0}.50 \\ \times\quad 2 \\ \hline \boxed{1}.\ 0 \end{array}$$

整数部分 ↓

小数部分が 0

◀ (1) 商が 0 になったら，出てきた余りを逆に並べる。
(2) 小数部分のみを次々と 2 倍し，小数部分が 0 になったら，出てきた整数部分を順に並べる。

INFORMATION　底の変換の仕組み

上の計算で変換できる理由は，次のように考えると理解できる。

(1) $N=abc_{(n)}$ で表されるとすると　$N=a\cdot n^2+b\cdot n^1+c\cdot n^0=an^2+bn+c$
これを，次々と n で割ると

$$N=n(\underset{\text{商}}{an+b})+\underset{\text{余り}}{\boxed{c}} \longrightarrow an+b=n\cdot \underset{\text{商}}{a}+\underset{\text{余り}}{\boxed{b}} \longrightarrow a=n\cdot \underset{\text{商}}{0}+\underset{\text{余り}}{\boxed{a}}$$

(2) $p=0.abc_{(n)}$ で表されるとすると　$p=a\cdot\dfrac{1}{n^1}+b\cdot\dfrac{1}{n^2}+c\cdot\dfrac{1}{n^3}=\dfrac{a}{n}+\dfrac{b}{n^2}+\dfrac{c}{n^3}$
これを，次々と n 倍すると

$$np=\underset{\text{整数部分}}{\boxed{a}}+\underset{\text{小数部分}}{\frac{b}{n}+\frac{c}{n^2}} \longrightarrow n\left(\frac{b}{n}+\frac{c}{n^2}\right)=\underset{\text{整数部分}}{\boxed{b}}+\underset{\text{小数部分}}{\frac{c}{n}} \longrightarrow n\left(\frac{c}{n}\right)=\underset{\text{整数部分}}{\boxed{c}}+\underset{\text{小数部分}}{0}$$

PRACTICE 131❷

(1) 10 進数 28 を，2 進法と 3 進法で表せ。
(2) 10 進数 0.248 を，5 進法で表せ。

STEP UP いろいろな記数法

数を表す方法を **記数法** という。私たちは 0, 1, 2, 3, ……, 9 の 10 個の数字(アラビア数字)を用いて数を表しているが，アラビア数字以外の文字を使った記数法もある。いくつか紹介しておこう。いずれもアラビア数字が普及する前に使われた記数法である。

● 古代エジプトの記数法

紀元前の古代エジプトでは，ものの形をかたどった象形文字が使われていた。数を表す文字は次のようになる。

｜ ｜｜ ｜｜｜ …	∩	(巻いた縄)	(蓮の花)	(指)	(おたまじゃくし)	(人)
1 2 3	10	100	1000	10000	100000	1000000

※中村滋・室井和男『数学史 数学 5000 年の歩み』p.16 共立出版 2014 年 から

この記数法では，｜が 10 個集まると ∩ となり，∩ が 10 個集まると (巻いた縄) となるように，1 つの記号が 10 個集まるたびに新しい文字になるしくみになっている。そして，これらの数字を組み合わせて，左から書き並べることで，数字を表現した。

例　214　1234567

● ローマ数字による記数法

まず，基本になるのは I, V, X, L, C, D, M の 7 つの数字であり，これは右のように対応している。

ローマ数字	I	V	X	L	C	D	M
アラビア数字	1	5	10	50	100	500	1000

これ以外の数字は，上の 7 つの数字の和で考え，左から大きい順に，できるだけ使う文字数が少なくなるように並べて書く。また，I, X, C, M は 3 つまで同じ文字を重ねることができる。いくつか例を見てみよう。

2＝II　[1＋1]　　6＝VI　[5＋1]　　12＝XII　[10＋1＋1]

55＝LV　[50＋5]　　753＝DCCLIII　[500＋100＋100＋50＋1＋1＋1]

2022＝MMXXII　[1000＋1000＋10＋10＋1＋1]

ただし，同じ数字を 4 つ以上並べることはできない。そのため，4, 9, 40, 90 などを表すには，小さい数字を大きい数字の左に並べて書き，それが右の数字から左の数字を引いた数を表すものと考える。例えば　4＝IV　[－1(I)＋5(V)]　⇦ IIII と書くのはダメ。

この規則を踏まえ，更に例を見てみよう。

14＝XIV　[10＋(－1＋5)]　　45＝XLV　[(－10＋50)＋5]

99＝XCIX　[(－10＋100)＋(－1＋10)]　⇦ IC[－1＋100] とは書かない。

442＝CDXLII　[(－100＋500)＋(－10＋50)＋1＋1]

1997＝MCMXCVII　[1000＋(－100＋1000)＋(－10＋100)＋5＋1＋1]

以上，2 つの記数法を紹介したが，古代エジプトの記数法は，数字を表す文字が簡単ではないし，それらの文字を数の分だけすべて書くのがとても大変である。また，ローマ数字はしくみがやや複雑であるし，表記が長いものは区切りを入れないと読みにくい。実用性では，現代のアラビア数字を使った記数法の方が優れているといえるだろう。

2進数，16進数とコンピュータ

● コンピュータにおける2進数，16進数

コンピュータは，オン/オフの2つの状態を表す多くのスイッチからできている。すなわち，オンを1，オフを0と考えることで，2進数が構造の基本になっている。

例　電流が　流れる(1)，流れない(0)　　　電圧が　高い(1)，低い(0)

また，オン(1)，オフ(0)の2つの状態だけをとるものを **ビット** という。ビットは情報の量を表す最小単位であり，実際の情報はビットの並び方(**ビットパターン**)で表現する。

例えば，　1ビットで表されるのは　0，1の2^1通り　⇦ 2進数の1桁
　　　　　2ビットで表されるのは　00，01，10，11の2^2通り　⇦ 2進数の1桁・2桁
　　　　　3ビットで表されるのは　000，001，010，011，100，101，110，111の2^3通り　⇦ 2進数の1桁～3桁

の情報である。一般に，nビットでは2^n通りの情報を表すことができ，それは2進数とみれば1桁からn桁までの数である。

ところで，2進数は桁数が大きくなりやすいという欠点がある。情報の量が多くなるとビットパターンの配列も長くなって読みにくい。そのような場合は，4桁ごとに区切って表現することがあり，このときに使われるのが16進数である。

2進数	0000	0001	0010	0011	0100	0101	0110	0111	1000	1001	1010	1011	1100	1101	1110	1111
10進数	0	1	2	3	4	5	6	7	8	9	10	11	12	13	14	15
16進数	0	1	2	3	4	5	6	7	8	9	A	B	C	D	E	F

この対応表を使うと，2進数 $\rightleftarrows$ 16進数 の変換を機械的に行うことができる。
例えば，12ビットの110110110101について考えてみよう。
2進数$110110110101_{(2)}$ (10進数では3509)は　1101 1011 0101　と4桁ずつ区切ることで16進数では　$DB5_{(16)}$　となる。すなわち，12桁の2進数も，16進数で表すと3桁になる。このように，桁数の多い2進数は，10進数に変換するよりも16進数に変換する方が更に桁数も少なく，桁の対応もわかりやすい。

● コンピュータにおける文字の表現

コンピュータでは，文字1個に「文字コード」と呼ばれる数値1個を割り当て，その数値で文字を区別している。
「JISコード」という文字コードでは，半角文字は8ビット(=1バイト)の2進数，全角文字は16ビット(=2バイト)の2進数が与えられていて，例えば次のようになる。

文字	A(半角)	z(半角)	数(全角)	学(全角)
16進数表示	41	7A	3F74	3358
2進数表示	0100 0001	0111 1010	0011 1111 0111 0100	0011 0011 0101 1000

インターネットや表計算ソフトなどを利用して，自分の名前に使われている文字の文字コードを調べてみてはどうだろうか。なお，平仮名，片仮名，漢字，アルファベットに限らず，@，● などさまざまな記号にも文字コードが定められている。

基本 例題 132 平面上の点の座標と距離

平らな広場の地点Oを原点とし，東の方向を x 軸の正の向き，北の方向を y 軸の正の向きとする座標平面を考える。また，1 m を 1 の長さとする。
A君は点Oから東に 3 m，北に 1 m だけ移動した地点にいる。更に，B君はA君のいる地点から西に 2 m，南に 4 m だけ移動した地点にいる。
(1) A君，B君がいる地点の座標をそれぞれ求めよ。また，A君がいる地点とB君がいる地点の距離を求めよ。
(2) C君は地点Oから $\sqrt{5}$ m だけ，B君のいる地点から 5 m だけ離れた地点にいる。C君のいる地点の座標を求めよ。

p.476，477 基本事項 2，4

CHART & SOLUTION

距離の条件　2乗した形で扱う

(1) 座標平面上で，A君のいる地点，B君のいる地点を書き込んでみるとよい。
$P(x_1,\ y_1)$，$Q(x_2,\ y_2)$ のとき　$\mathbf{PQ}=\sqrt{(x_2-x_1)^2+(y_2-y_1)^2}$
(2) C君のいる地点の座標を $(x,\ y)$ として，距離の条件から x，y の連立方程式を作る。
なお，$OC=\sqrt{5}$ などの条件は，2乗して $\sqrt{\ }$ を外して扱うとよい。……❗

解答

(1) A君，B君のいる地点を A，B とすると，右の図から
A(3, 1)，B(1, −3)
また，求める距離は
$AB=\sqrt{(1-3)^2+(-3-1)^2}=\mathbf{2\sqrt{5}}$ **(m)**

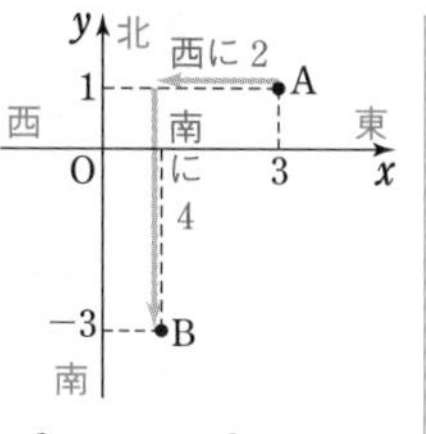

(2) C君のいる地点をCとし，$C(x,\ y)$ とする。$OC=\sqrt{5}$，$BC=5$ から　$OC^2=5$，$BC^2=25$ ❗
よって　$x^2+y^2=5$ …①，$(x-1)^2+(y+3)^2=25$ …②
②から　$x^2+y^2-2x+6y=15$
①を代入して変形すると　$x=3y-5$ ……③
③を①に代入して整理すると　$y^2-3y+2=0$
ゆえに　$(y-1)(y-2)=0$　よって　$y=1,\ 2$
③から　$y=1$ のとき　$x=-2$　$y=2$ のとき　$x=1$
したがって，求める座標は　**(−2, 1)，(1, 2)**

⇦ 点Bの位置は，座標平面上で点Aからの移動で考える。「西に 2 m 移動」とは，x 軸の負の方向に 2 移動，「南に 4 m 移動」とは，y 軸の負の方向に 4 移動ということである。

inf. C君のいる地点は，点Oを中心とする半径 $\sqrt{5}$ の円と，点Bを中心とする半径 5 の円の交点である。

(2)
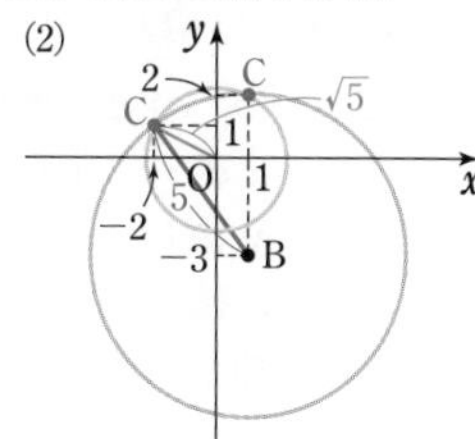

PRACTICE 132②

上の例題に関して，次の問いに答えよ。
(1) B君のいる地点から東に 2 m，南に 1 m だけ移動した地点をDとする。このとき，点Dの座標を求めよ。また，2点O，D間の距離を求めよ。
(2) C君はA君のいる地点から $\sqrt{5}$ m だけ，B君のいる地点から 3 m だけ離れた地点に移動した。このとき，C君がいる地点の座標を求めよ。

基本 例題 133 空間の点の座標

右図の直方体 OABC-DEFG について，次の点の座標を求めよ。

(1) 点F

(2) 点Fから xy 平面に下ろした垂線と xy 平面の交点B

(3) 点Fと yz 平面に関して対称な点P

(4) 点Pと y 軸に関して対称な点Q

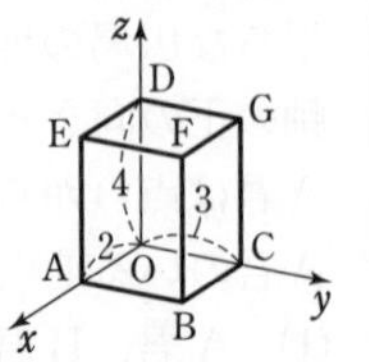

p. 476 基本事項 3

CHART & SOLUTION

空間の点の座標と対称な点の座標　座標の符号の変化に注意

(2) 点Fから xy 平面に垂線を下ろす ⟶ z 座標が 0 で，x，y 座標は同じ。

(3) 点Fと yz 平面に関して対称な点 ⟶ x 座標の符号を変える。y，z 座標は同じ。

(4) 点Pと y 軸に関して対称な点 ⟶ x，z 座標の符号を変える。y 座標は同じ。

解答

(1) **F(2, 3, 4)**　　(2) **B(2, 3, 0)**

(3) 図から **P(−2, 3, 4)**　　(4) 図から **Q(2, 3, −4)**

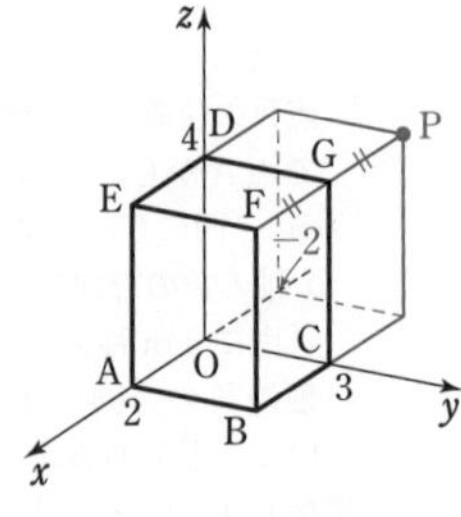

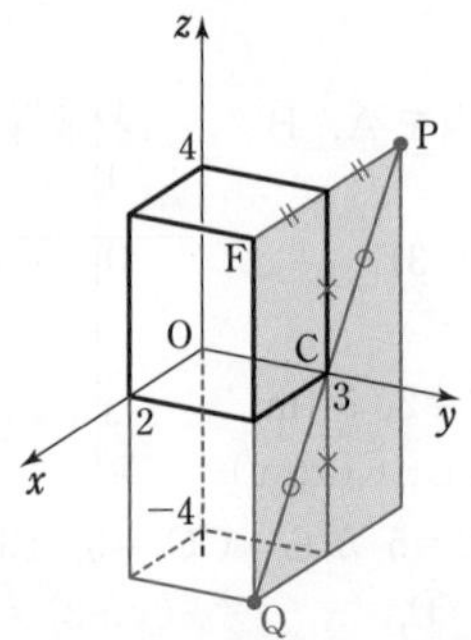

(2) 座標平面上の点は
xy 平面 … $(a,\ b,\ 0)$
yz 平面 … $(0,\ b,\ c)$
zx 平面 … $(a,\ 0,\ c)$
と表される。
なお，座標軸上の点は
x 軸上 … $(a,\ 0,\ 0)$
y 軸上 … $(0,\ b,\ 0)$
z 軸上 … $(0,\ 0,\ c)$
と表される。

inf. 点Qは，点Fの xy 平面に関する対称点でもある。

INFORMATION 座標軸，座標平面に関して対称な点

点 $(a,\ b,\ c)$ と，座標軸，座標平面に関して対称な点の座標は，次のようになる。

x 軸 …… $(a,\ -b,\ -c)$　　**xy 平面** …… $(a,\ b,\ -c)$

y 軸 …… $(-a,\ b,\ -c)$　　**yz 平面** …… $(-a,\ b,\ c)$

z 軸 …… $(-a,\ -b,\ c)$　　**zx 平面** …… $(a,\ -b,\ c)$

また，原点に関して対称な点の座標は　$(-a,\ -b,\ -c)$

PRACTICE 133[1]

点 P(6, −4, 2) に対して，次の点の座標を求めよ。

(1) 点Pから yz 平面に下ろした垂線と yz 平面の交点Q

(2) 点Pから x 軸に下ろした垂線と x 軸の交点R

(3) xy 平面に関して対称な点S　　(4) 原点Oに関して対称な点T

基本 例題 134 空間の2点間の距離

4点O(0, 0, 0), A(0, 2, 4), B(2, −2, 0), C(3, 0, 3) がある。
(1) 2点O, A間の距離, A, B間の距離をそれぞれ求めよ。
(2) 3点O, B, Cからの距離がともに $\sqrt{10}$ である点Qの座標を求めよ。

p.477 基本事項 4, 基本 132

CHART & SOLUTION

距離の条件　2乗した形で扱う

(1) 座標空間の2点間の距離の公式を用いる。
$A(x_1,\ y_1,\ z_1)$, $B(x_2,\ y_2,\ z_2)$ のとき $\mathbf{AB}=\sqrt{(x_2-x_1)^2+(y_2-y_1)^2+(z_2-z_1)^2}$

(2) 点Qの座標を $(x,\ y,\ z)$ として, 距離の条件を式に表し, x, y, z の連立方程式を解く。
なお, OQ=BQ などのままでは扱いにくいから, $OQ^2=BQ^2$ などとして扱う。

解答

(1) $\mathbf{OA}=\sqrt{0^2+2^2+4^2}=\sqrt{20}=\mathbf{2\sqrt{5}}$
$\mathbf{AB}=\sqrt{(2-0)^2+(-2-2)^2+(0-4)^2}=\sqrt{36}=\mathbf{6}$

(2) $Q(x,\ y,\ z)$ とすると, $OQ=BQ=CQ=\sqrt{10}$ から
$OQ^2=BQ^2=CQ^2=10$
$OQ^2=BQ^2$ から　$x^2+y^2+z^2=(x-2)^2+(y+2)^2+z^2$
よって　$-4x+4y+8=0$　すなわち　$-x+y+2=0$ …… ①
$OQ^2=CQ^2$ から　$x^2+y^2+z^2=(x-3)^2+y^2+(z-3)^2$
ゆえに　$-6x-6z+18=0$　すなわち　$x+z-3=0$ …… ②
$OQ^2=10$ から　$x^2+y^2+z^2=10$ …… ③
①, ② から　$y=x-2,\ z=-x+3$ …… ④
④ を ③ に代入して　$x^2+(x-2)^2+(-x+3)^2=10$
整理して　$3x^2-10x+3=0$
よって　$(x-3)(3x-1)=0$　ゆえに　$x=3,\ \frac{1}{3}$
④ から　$x=3$ のとき　$y=1,\ z=0$
$x=\frac{1}{3}$ のとき　$y=-\frac{5}{3},\ z=\frac{8}{3}$
よって, 点Qの座標は　$\mathbf{(3,\ 1,\ 0)}$, $\mathbf{\left(\frac{1}{3},\ -\frac{5}{3},\ \frac{8}{3}\right)}$

⇐ 座標平面における2点間の距離と同様。**z 座標が加わる。**

⇐ $OQ\geqq0$, $BQ\geqq0$, $CQ\geqq0$ であるから, $OQ=BQ=CQ$ と $OQ^2=BQ^2=CQ^2$ は同値である。
なお, 原点Oを含む OQ^2 を利用すると計算しやすいことが多い。

⇐ x の方程式を作る。

⇐
1	−3	→ −9
3	−1	→ −1
3	3	−10

PRACTICE 134③

4点O(0, 0, 0), A(1, 4, −2), B(2, 2, 0), C(0, 2, −2) がある。
(1) 2点O, A間の距離, A, B間の距離をそれぞれ求めよ。
(2) 3点O, B, Cからの距離がともに $2\sqrt{2}$ である点Qの座標を求めよ。

重要 例題 135 n 進法の応用

(1) 自然数 N を 5 進法，7 進法で表すと，それぞれ 3 桁の数 $abc_{(5)}$，$cab_{(7)}$ になるという。このとき，a，b，c の値を求めよ。

(2) 2 進法で表すと 10 桁となるような自然数は何個あるか。〔(2) 昭和女子大〕

p.476 基本事項 1

CHART & SOLUTION

n 進法で表された数　各位の数字は $n-1$ 以下

(1) $abc_{(5)}$，$cab_{(7)}$ をそれぞれ 10 進法で表して考える。……❗
その際，a，b，c は 4 以下，かつ $a \neq 0$，$c \neq 0$ であることに注意する。

(2) n 進法で表すと a 桁となる自然数 x について，$\boldsymbol{n^{a-1} \leqq x < n^a}$ が成り立つ。
また，$m \leqq x \leqq n$（m，n は整数）を満たす整数 x の個数は $n-m+1$ 個である。

解答

(1) 3 桁の数 $abc_{(5)}$，$cab_{(7)}$ を考えるから

$$1 \leqq a \leqq 4,\ 0 \leqq b \leqq 4,\ 1 \leqq c \leqq 4 \quad \cdots\cdots ①$$

⇦ 5 進数の各位は 4 以下，最高位の数字は 0 でない。

$N = abc_{(5)} = cab_{(7)}$ であるから

❗ $$a \cdot 5^2 + b \cdot 5^1 + c \cdot 5^0 = c \cdot 7^2 + a \cdot 7^1 + b \cdot 7^0$$

⇦ **10 進法で統一** して，等しいとおく。

整理すると　$9a + 2b - 24c = 0$

ゆえに　$2b = 3(8c - 3a)$ ……②

⇦ $8c-3a$ は整数。

2 と 3 は互いに素であるから，b は 3 の倍数である。

よって，① から　$b = 0,\ 3$

[1] $b=0$ のとき　② から　$3a = 8c$
これと ① を満たす整数 a，c は存在しない。

⇦ 3 と 8 は互いに素であるから，a は 8 の倍数。

[2] $b=3$ のとき　② から　$8c = 3a + 2$
これと ① から　$a=2$，$c=1$

⇦ $5 \leqq 3a+2 \leqq 14$ であるから　$8c=8$

以上により　$\boldsymbol{a=2,\ b=3,\ c=1}$

(2) 2 進法で表すと 10 桁となるような自然数を x とすると

$$2^{10-1} \leqq x < 2^{10} \quad \text{すなわち} \quad 2^9 \leqq x < 2^{10}$$

⇦ $2^{10} \leqq x < 2^{10+1}$ は誤り！

この不等式を満たす自然数 x の個数は

$$(2^{10}-1) - 2^9 + 1 = 2^{10} - 2^9 = 2^9(2-1) = 2^9 = \mathbf{512}\ (\text{個})$$

⇦ $2^9 \leqq x \leqq 2^{10}-1$ と考える。

別解　2 進法で表すと 10 桁となる自然数は，
$1□□□□□□□□□_{(2)}$ の □ に 0 または 1 を入れた数であるから　$2^9 = \mathbf{512}$（個）

⇦ 0，1 を 9 個並べる重複順列（基本例題 19 参照）。

PRACTICE 135③

(1) 10 進法で表された正の整数を 8 進法に直すと 3 桁の数 $abc_{(8)}$ となり，7 進法に直すと 3 桁の数 $cba_{(7)}$ となるとする。この数を 10 進法で書け。〔類 神戸女子薬大〕

(2) 4 進法で表すと 5 桁となるような自然数は何個あるか。

重要 例題 136 n 進数の四則計算

次の計算の結果を，[　] 内の記数法で表せ。

(1) $1111_{(2)}+110_{(2)}$ [2 進法]　(2) $3420_{(5)}-2434_{(5)}$ [5 進法]

(3) $1101_{(2)}\times101_{(2)}$ [2 進法]　(4) $1101001_{(2)}\div101_{(2)}$ [2 進法]

p.476 基本事項 1

CHART & SOLUTION

(1), (2) 2 進数の足し算，引き算では，次の計算がもとになる。

$0_{(2)}+0_{(2)}=0_{(2)}$, $0_{(2)}+1_{(2)}=1_{(2)}+0_{(2)}=1_{(2)}$, $1_{(2)}+1_{(2)}=10_{(2)}$

$0_{(2)}-0_{(2)}=0_{(2)}$, $1_{(2)}-0_{(2)}=1_{(2)}$, $1_{(2)}-1_{(2)}=0_{(2)}$, $10_{(2)}-1_{(2)}=1_{(2)}$

一般に，n 進数の足し算，引き算も，10 進数や 2 進数と同様に

繰り上がり $(n-1)_{(n)}+1_{(n)}=10_{(n)}$，繰り下がり $10_{(n)}-1_{(n)}=(n-1)_{(n)}$

に注意して計算する。

(3) 2 進数の掛け算では，次の計算がもとになる。筆算では，2 進数の足し算も行う。

$0_{(2)}\times0_{(2)}=0_{(2)}\times1_{(2)}=1_{(2)}\times0_{(2)}=0_{(2)}$, $1_{(2)}\times1_{(2)}=1_{(2)}$

2 進数の割り算は，10 進数の割り算と同様，掛け算と引き算を組み合わせて行う。

解答

(1) $1111_{(2)}+110_{(2)}=\mathbf{10101_{(2)}}$

```
 111
  1111
+  110
 10101
```

⇦ $1+1=2=10_{(2)}$ に注意して上の桁に 1 を上げる。

(2) $3420_{(5)}-2434_{(5)}=\mathbf{431_{(5)}}$

```
  11
  3420
 -2434
   431
```

⇦ 5 進法では　10−4=1，11−3=3，13−4=4

（↑ 6−3=3）

(3) $1101_{(2)}\times101_{(2)}=\mathbf{1000001_{(2)}}$

```
    1101
  ×  101
 111
    1101 ❶
  1101   ❷
 1000001 ❸
```

❶ 1101×1 の結果。
❷ 1101×100 の結果。
❸ 和を計算。(1) と同様に繰り上がりに注意。

(4) $1101001_{(2)}\div101_{(2)}=\mathbf{10101_{(2)}}$

```
        10101
101 ) 1101001
      101
        110
        101
          101
          101
            0
```

⇦ 2 進法では　110−101=1

⇦ 10 進法では $110_{(2)}=6$, $101_{(2)}=5$ であるから $6-5=1$

別解 **10 進数に直して計算し，最後に n 進数に直す** 方法で計算する。←── 確実な方法

(1) $1111_{(2)}+110_{(2)}=15+6=21=\mathbf{10101_{(2)}}$　(2) $3420_{(5)}-2434_{(5)}=485-369=116=\mathbf{431_{(5)}}$

(3) $1101_{(2)}\times101_{(2)}=13\times5=65=\mathbf{1000001_{(2)}}$

(4) $1101001_{(2)}\div101_{(2)}=105\div5=21=\mathbf{10101_{(2)}}$

PRACTICE 136 ❸

次の計算の結果を，[　] 内の記数法で表せ。

(1) $10010_{(2)}+10111_{(2)}$ [2 進法]　(2) $2422_{(5)}-1431_{(5)}$ [5 進法]

(3) $10111_{(2)}\times1011_{(2)}$ [2 進法]　(4) $110001_{(2)}\div111_{(2)}$ [2 進法]

重要 例題 137　N^n の一の位の数

(1) 18^{2020} を 10 進法で表すとき，一の位の数字を求めよ。
(2) 17^{18} を 5 進法で表すとき，一の位の数字を求めよ。

基本 131

CHART & SOLUTION

N^n (N, n は自然数) の一の位の数
一の位の数字のサイクルを見つける

(1) 18 の一の位の数字 8 に着目して
$8\times8=64$ から 18^2 の一の位の数字は　4
更に　$4\times8=32$, $2\times8=16$, $6\times8=48$
よって，18^n の一の位の数字は 8，4，2，6 の繰り返しになる。

(2) (1) と同様に考えて，まず 17^{18} を 10 進法で表したときの一の位の数字を求める。それを a とすると $17^{18}=10A+a$ (Aは正の整数) と表される。$10A$ を 5 進法で表すと一の位の数字は 0 であるから，a を 5 進法で表したときの一の位の数字が求める数字になる。

解答

(1) $8\times8=64$, $4\times8=32$, $2\times8=16$, $6\times8=48$ であるから，18^n を 10 進法で表したときの一の位の数字は，4 つの数 8，4，2，6 の繰り返しとなる。
ここで $2020=4\cdot505$ であるから，18^{2020} の一の位の数字は **6** である。

⇐ 2020 を 4 で割ると余りは 0
よって，4 つの数字 8，4，2，6 の 4 番目が一の位の数字。

(2) $7\times7=49$, $9\times7=63$, $3\times7=21$, $1\times7=7$ であるから，17^n を 10 進法で表したときの一の位の数字は，4 つの数 7，9，3，1 の繰り返しとなる。
ここで $18=4\cdot4+2$ であるから，17^{18} を 10 進法で表したときの一の位の数字は 9 である。
このとき $17^{18}=10A+9$ (Aは正の整数) と表され，$10A$ を 5 進法で表すと，一の位の数字は 0 である。

⇐ $10A$ を 5 で割ると割り切れるから，余りは 0

したがって，求める数字は 9 を 5 進法で表したときの一の位の数字であるから，$9=5^1+4$ により　**4**

⇐ 9 は 5 進法で $14_{(5)}$

PRACTICE 137④

(1) 47^{2022} を 10 進法で表すとき，一の位の数字を求めよ。　〔(1) 類 自治医大〕
(2) 13^{15} を 5 進法で表すとき，一の位の数字を求めよ。

EXERCISES　　16 n 進法，座標

A

113❷ (1) $21201_{(3)}+623_{(7)}$ を計算し，5 進数で答えよ。　〔(1) 広島修道大〕

(2) n は 5 以上の整数とする。10 進法で $(n+2)^2$ と表される数を n 進法で表せ。　〔(2) 大阪経大〕

(3) $\dfrac{3}{8}$ を 2 進法，3 進法の小数でそれぞれ表せ。　➡131

114❸ 0，1，2，3，4 の 5 種類の数字を用いて 1 以上の整数を作り，小さい順に並べる。

1，2，3，4，10，11，12，13，14，20，21，22，……

(1) 2001 は何番目の数であるか。

(2) 2001 番目の数を求めよ。　➡131

115❸ 2 点 A(1，2，−2)，B(3，4，−2) と xy 平面上の点Cに対して，三角形 ABC が正三角形になるような点Cの座標をすべて求めよ。　〔神戸薬大〕

➡134

116❸ (1) 自然数のうち，10 進法で表しても 5 進法で表しても 3 桁になるものは全部で何個あるか。

(2) 自然数のうち，10 進法で表しても 5 進法で表しても，ともに 4 桁になるものは存在しないことを示せ。　〔類 東京女子大〕

➡135

B

117❹ 10 進法で表された正の整数を 4 進法に直すと 3 桁の数 abc となり，6 進法に直すと 3 桁の数 pqr となるとする。また，$a+b+c=p+q+r$ である。この数を 10 進法で書け。　〔城西大〕

➡135

118❺ 座標平面上の点で，x 座標，y 座標ともに整数である点を格子点という。任意の 2 つの異なる格子点 P$(a,\ b)$，Q$(c,\ d)$ は点 T$\left(\sqrt{2},\ \dfrac{1}{3}\right)$ から等距離にないことを示せ。　〔関西学院大〕

➡134

HINT

117　6 進法で 3 桁の整数が 4 進法でも 3 桁であるから，p は大きな数ではない。$p \geqq 2$ とすると $pqr_{(6)} \geqq 2\cdot 6^2=72>4^3=1000_{(4)}$ となるから $p=1$ である。

118　背理法を利用。PT=QT となる格子点があると仮定して，矛盾を導く。距離の条件は 2 乗して扱う。

補充 例題 138 有限小数，循環小数で表される条件

(1) 次の分数のうち，循環小数で表されるものをすべて選べ。

$\frac{5}{8}$，$\frac{11}{15}$，$\frac{7}{20}$，$\frac{9}{32}$，$\frac{8}{65}$，$\frac{63}{110}$

(2) n は自然数とする。$\frac{19}{n}$ を小数で表したとき，整数部分が 1 以上の有限小数で表されるような n は何個あるか。

CHART & SOLUTION

分数は，整数，有限小数，循環小数のいずれかで表される。

また，一般に $\frac{m}{n}$ が整数でない既約分数のとき

① **分母 n の素因数は 2，5 だけからなる $\iff$ $\frac{m}{n}$ は有限小数**

② **分母 n の素因数は 2，5 以外のものがある $\iff$ $\frac{m}{n}$ は循環小数**

が成り立つ。つまり，有限小数であるか，循環小数であるかは，**分母の素因数に注目して判断** するとよい。(1) では ② を，(2) では ① を利用。

解答

(1) 6 つの分数はすべて既約分数である。分母を素因数分解すると，それぞれ　$8=2^3$，$15=3\cdot5$，$20=2^2\cdot5$，$32=2^5$，$65=5\cdot13$，$110=2\cdot5\cdot11$

循環小数は，分母の素因数に 2，5 以外のものがあるものを選んで　$\boldsymbol{\frac{11}{15}}$，$\boldsymbol{\frac{8}{65}}$，$\boldsymbol{\frac{63}{110}}$

⇐ まず，このことを確認。

⇐ (分子)÷(分母) を計算するより手早く調べられる。

(2) $\frac{19}{n}$ の整数部分は 1 以上であるから　$\frac{19}{n}>1$

n は自然数であるから　$1<n<19$　…… ①

分母 n の素因数が 2，5 だけからなるとき，有限小数となるから，① の範囲で素因数が 2，5 だけのものを求めると

$2^1\cdot5^0=2$，$2^2\cdot5^0=4$，$2^3\cdot5^0=8$，$2^4\cdot5^0=16$，
$2^0\cdot5^1=5$，$2^1\cdot5^1=10$

よって，$n=2$，4，5，8，10，16 の **6 個** ある。

⇐ 整数は有限小数ではないから，$\frac{19}{n}=1$，19 となるような n は除く。

⇐ $2^a\cdot5^b$ の形の数で ① を満たすものを求める。$b=0$，1 に着目。

PRACTICE 138③

(1) 次の分数のうち，有限小数で表されるものをすべて選べ。

$\frac{5}{16}$，$\frac{13}{30}$，$\frac{9}{40}$，$\frac{19}{56}$，$\frac{55}{144}$，$\frac{91}{250}$

(2) n は 2 桁の自然数とする。$\frac{23}{n}$ を小数で表したとき，循環小数となるような n は何個あるか。

Research&Work

● ここで扱うテーマについて

各分野の学習内容に関連する重要なテーマを取り上げました。各分野の学習をひと通り終えた後に取り組み，学習内容の理解を深めましょう。

■テーマ一覧

数学Ⅰ	数学A
① 絶対値を含む式の扱い，必要条件・十分条件 ② 2次関数の最大・最小 ③ 2次関数の文章題 ④ 2次関数のグラフの考察 ⑤ 三角比における重要定理 ⑥ データの分析の問題	① 条件付き確率の利用 ② 図形の性質における重要定理 ③ 1次不定方程式の応用

● 各テーマの構成について

各テーマは，解説（前半2ページ）と 問題に挑戦（後半2ページ）の計4ページで構成されています。

[1] 解説　各テーマについて，これまでに学んだことを振り返りながら，解説しています。また，基本的な問題として **確認**，やや発展的な問題として **やってみよう** を掲載しています。説明されている内容の確認を終えたら，これらの問題に取り組み，きちんと理解できているかどうかを確かめましょう。わからないときは，↻ で示された箇所に戻って復習することも大切です。

[2] 問題に挑戦　そのテーマの総仕上げとなる問題を掲載しています。前半の 解説 で学んだことも活用しながらチャレンジしましょう。大学入学共通テストにつながる問題演習として取り組むこともできます。

※ デジタルコンテンツについて

問題と関連するデジタルコンテンツを用意したテーマもあります。関数のグラフや図形を動かすことにより，問題で取り上げた内容を確認することができます。該当箇所に掲載したQRコードから，コンテンツに直接アクセスできます。

なお，下記のURL，または，右のQRコードから，Research & Workで用意したデジタルコンテンツの一覧にアクセスできます。

https://cds.chart.co.jp/books/104i2l0q58/sublist/9000000000

Research & Work 1 数学Ⅰ 絶対値を含む式の扱い，必要条件・十分条件

1 絶対値を含む方程式・不等式の振り返り

数学Ⅰの **例題 34～36** で，絶対値を含む方程式･不等式について学んだ。そこで学んだポイントは，**場合分け** をして絶対値記号をはずすことであった。

絶対値は　場合分け

[1]　$a \geqq 0$ のとき　$|a|=a$,　　$a<0$ のとき　$|a|=-a$　数学Ⅰ例題 35

また，$|\quad|=$(正の数) や $|\quad|<$(正の数) などの形になるときは，次のことを利用して解くと早い。

[2]　$c>0$ のとき　方程式 $|x|=c$ を満たす x の値は　$x=\pm c$

不等式 $|x|<c$ を満たす x の値の範囲は　$-c<x<c$

不等式 $|x|>c$ を満たす x の値の範囲は　$x<-c$, $c<x$

数学Ⅰ例題 34

これらのことを利用して，まず，次の「確認」に取り組んでみよう。

Q1　次の方程式，不等式を解け。

(1)　$|x-9|=3$　　(2)　$|x-4|<5$　　(3)　$|2x+1|-3 \geqq 0$　　(4)　$|x+1|=2x-4$

2 絶対値を含む関数のグラフ

次に，絶対値を含む式を関数とみて，そのグラフを考えてみよう。グラフをかくときも，絶対値は **場合分け** が基本である。　数学Ⅰ例題 100

例1　関数 $y=|2x-1|$

[1]　$2x-1 \geqq 0$　すなわち　$x \geqq \frac{1}{2}$ のとき

$y=2x-1$

[2]　$2x-1<0$　すなわち　$x<\frac{1}{2}$ のとき

$y=-(2x-1)=-2x+1$

よって，グラフは右の図のようになる。

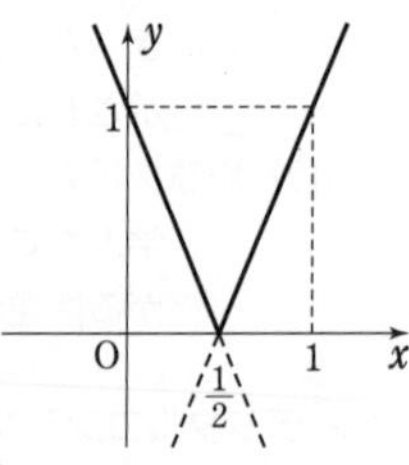

方程式や不等式の問題と同様，**(| |の中の式)=0 となる x の値を場合の分かれ目と** することがポイントである。

確認

Q2　関数 $y=|-3x+5|$ $(1 \leqq x \leqq 4)$ のグラフをかき，その値域を求めよ。

★自分の答えが正しいかどうかを，関数グラフソフトを利用して確認しよう。

関数グラフソフト →

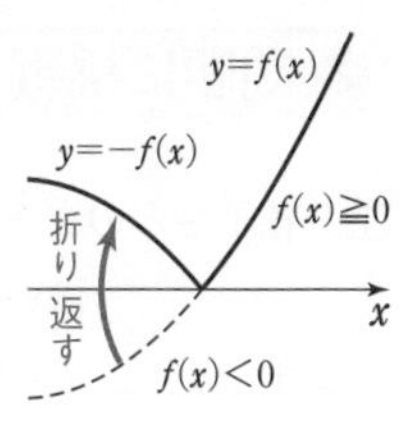

● **折り返してグラフをかく方法**

$y=|f(x)|$ の形の関数のグラフは，

$f(x) \geqq 0$ のとき　$|f(x)|=f(x)$,

$f(x)<0$ のとき　$|f(x)|=-f(x)$

であるから，$y=f(x)$ のグラフで **x 軸より下側の部分を x 軸に関して対称に折り返す** と得られる。この方法を用いると場合分けをせずにグラフをかくこともできる。

数学 I 例題 100

● **グラフと不等式の関係**

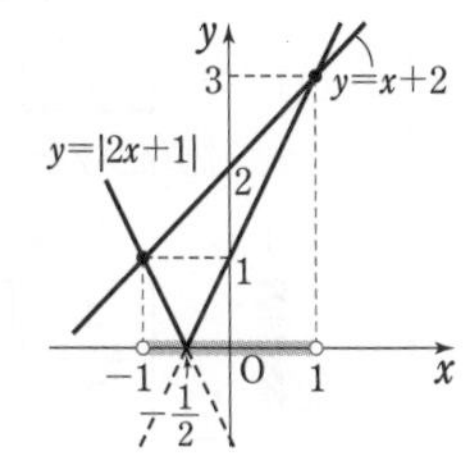

一般に，**$f(x)>g(x)$ ということは，$y=f(x)$ のグラフが $y=g(x)$ のグラフより上側にある** ということである。例えば，不等式 $x+2>|2x+1|$ では，$y=x+2$ のグラフが $y=|2x+1|$ のグラフより上側にあるような x の値の範囲を求めればよい。右の図の x 軸上で，赤色で示した部分がその範囲であるから，不等式の解は $-1<x<1$ である。複雑な場合分けが必要なときなど，この方法が有効になることがある。

数学 I 例題 102

3　必要条件・十分条件の振り返り

ここでテーマを変えて，必要条件・十分条件について振り返ろう。

2 つの条件 p, q において，

①　$p \Longrightarrow q$ が真であるとき　　q は p であるための　**必要条件**

p は q であるための　**十分条件**

②　$p \Longrightarrow q$ と $q \Longrightarrow p$ がともに真である（$p \Longleftrightarrow q$ が成り立つ）とき

q は p（p は q）であるための　**必要十分条件**

p.75 基本事項 3

であるという。次の具体例を見てみよう。

例2　命題「(ライオンである) ⟹ (哺乳類（ほにゅう）である)」は真であるから，
(哺乳類である) は (ライオンである) ための必要条件であり，
(ライオンである) は (哺乳類である) ための十分条件である。

逆の命題「(哺乳類である) ⟹ (ライオンである)」は偽である。なぜなら，反例として人間があげられるからである。　← 人間は哺乳類であるが，ライオンではない。

命題の真偽を判定するとき，**真をいうなら証明し，偽をいうなら反例をあげる** とよい。

やってみよう

問1　a は実数とする。次の □ に当てはまるものを，下の ①～④ のうちから選べ。

(1)　$|a+1|=2$ は $a^2+2a-3=0$ であるための □。

(2)　$|a-1|<2$ は $a^2-1<0$ であるための □。

(3)　$1<|a|<2$ は $-1<a<2$ であるための □。

①　必要条件であるが，十分条件でない　②　十分条件であるが，必要条件でない

③　必要十分条件である　④　必要条件でも十分条件でもない

● 問題に挑戦 ●

1 花子さんのクラスでは，数学の授業で次の不等式について考えた。

$|3x-6|<ax+b$ …… ① ただし，a，b は定数とする。

まず，$a=2$，$b=1$ のときの不等式 ① の解を求めよう。

花子さんは，ノートに次のように解いた。

花子さんのノート

$|3x-6|<2x+1$ …… ②

[1] $x\geqq$ ア のとき

絶対値記号をはずして，不等式 ② を解くと x イ ウ

よって，このときの ② を満たす x の値の範囲は

エ オ x カ キ …… ③

[2] $x<$ ア のとき

(a)

したがって，不等式 ② の解は， ＊ を求めることにより， コ となる。

(1) ア ， ウ ， エ ， キ に当てはまる数を答えよ。ただし， エ $\leqq$ キ とする。また， イ ， オ ， カ に当てはまるものを，次の⓪～③のうちから1つずつ選べ。ただし，同じものを繰り返し選んでもよい。

⓪ $>$　① $<$　② $\geqq$　③ $\leqq$

(2) 花子さんのノートにおいて，[2] $x<$ ア の場合の (a) の部分では，[1] $x\geqq$ ア の場合と同様にして，② を満たす x の値の範囲を求めている。そのxの値の範囲を ④ とするとき， ＊ に当てはまる内容として適切なものを，次の⓪～③のうちから2つ選べ。ただし，解答の順序は問わない。 ク ， ケ

⓪ ③ または ④ を満たす x の値の範囲

① ③ かつ ④ を満たす x の値の範囲

② ③，④ の少なくとも一方を満たす x の値の範囲

③ ③，④ をともに満たす x の値の範囲

(3) コ に当てはまるものを次の⓪～⑦のうちから1つ選べ。

⓪ $1\leqq x\leqq 7$　① $1<x\leqq 7$　② $1\leqq x<7$　③ $1<x<7$

④ $2\leqq x\leqq 7$　⑤ $2<x\leqq 7$　⑥ $2\leqq x<7$　⑦ $2<x<7$

(4) $y=|3x-6|$ のグラフと $y=2x+1$ のグラフが同じ座標平面上に表されたものとして最も適当なものを，次の⓪～⑤のうちから1つ選べ。 サ

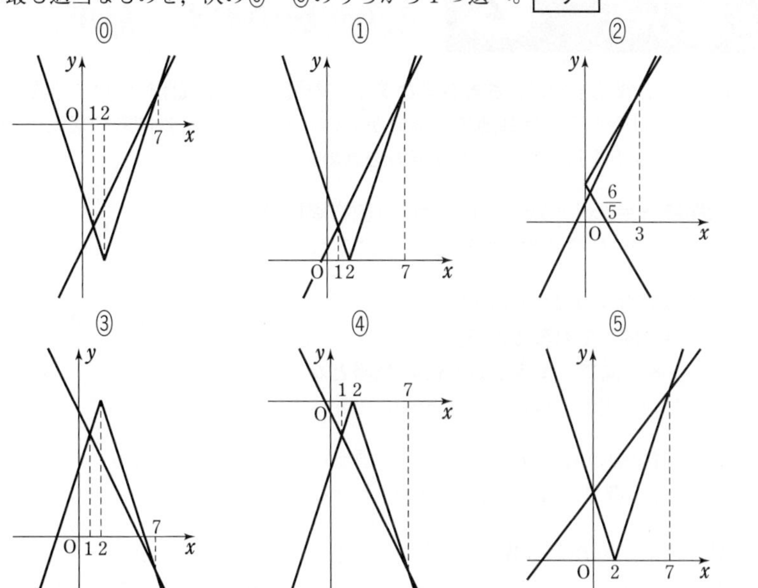

(5) $a=4$, $b=6$ のとき，不等式 ① を満たさない最大の整数 x を求めると，$x=$ シ である。

(6) 不等式 ① において，$a=0$ のときを考えると，

$b>0$ であることは，① を満たす実数 x が存在するための ス 。

また，不等式 ① において，$b=0$ のときを考えると，

$a>0$ であることは，① を満たす実数 x が存在するための セ 。

ス ， セ に当てはまるものを，次の⓪～③のうちから1つずつ選べ。ただし，同じものを繰り返し選んでもよい。

⓪ 必要条件であるが，十分条件でない

① 十分条件であるが，必要条件でない

② 必要十分条件である

③ 必要条件でも十分条件でもない

Research & Work 2 数学Ⅰ 2次関数の最大・最小

数学Ⅰの「2次関数」では，さまざまなタイプの最大・最小問題について学んだが，それらの問題における考え方は共通する部分が多い。ここでは，2次関数の最大値・最小値の求め方のポイントを振り返り，より実力を高めよう。

● 2次関数 $y=ax^2+bx+c$ のグラフ（放物線）の性質

まず，放物線に関する次の性質を押さえておこう。

下に凸の放物線の場合 $(a>0)$
① **軸に関して対称である。**
② **y 軸方向で，頂点が最も低い 位置となる。**
③ 軸から離れるほど，**y 軸方向に** 上がっていく。

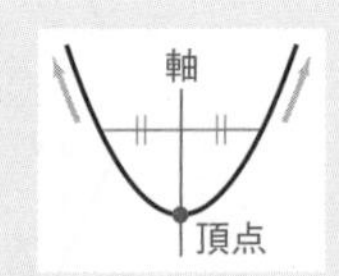

上に凸の放物線の場合 $(a<0)$，② は，頂点が最も高い 位置となり，③ は，軸から離れるほど下がっていく となる。

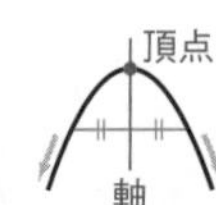

1 定義域に制限がある場合の最大・最小

2次関数の最大値・最小値は，グラフを利用して求める。まず，基本の問題を振り返ろう。例1 では，グラフと見比べながら，最大値・最小値を確認しておこう。

例1　$y=x^2+2x-1=(x+1)^2-2$　　← 基本形 $y=a(x-p)^2+q$ に変形

(1)　定義域が $-3\leqq x\leqq 0$ の場合
グラフ(1)から　**$x=-3$ で最大値 2，**
$x=-1$ で最小値 -2

(2)　定義域が $0\leqq x<2$ の場合
グラフ(2)から　**最大値はない，**
$x=0$ で最小値 -1

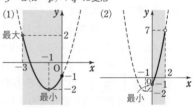

定義域に制限がある場合の最大値・最小値について，下に凸のグラフを例に，まとめておく。なお，上に凸の場合は，最大値と最小値を入れ替えて考えることになる。

● 最大値

2次関数の値は，軸から離れるほど大きくなる。また，2次関数のグラフは軸に関して対称であるから，軸から遠い方の定義域の端で最大となる。

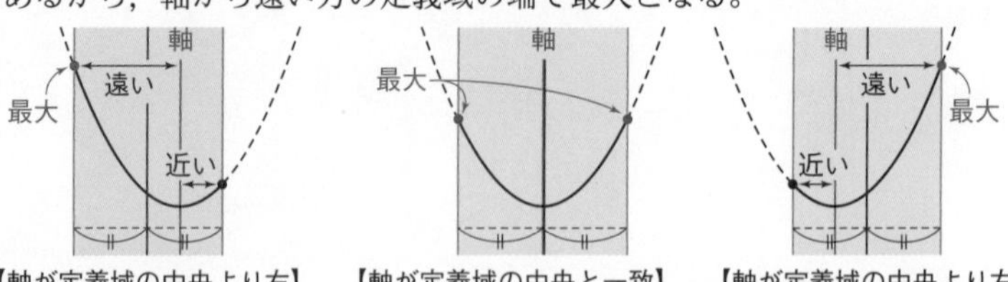

【軸が定義域の中央より右】　【軸が定義域の中央と一致】　【軸が定義域の中央より左】

● 最小値

2次関数の値は，放物線の軸に近いほど小さくなる。よって，軸が定義域に含まれる場合は，軸における y の値が最小値となり，軸が定義域に含まれない場合は，軸に近い方の定義域の端の値が最小値となる。

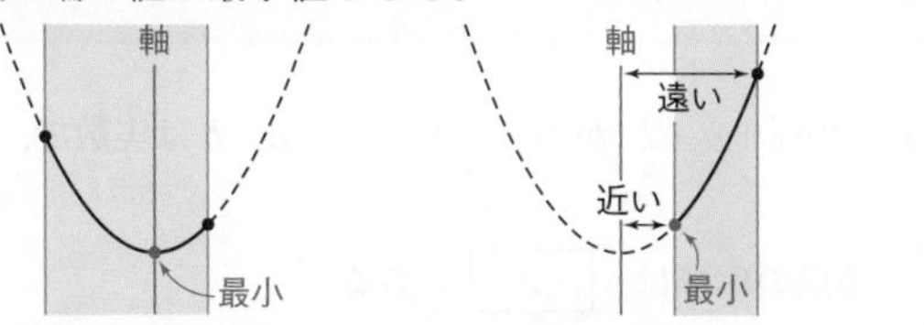

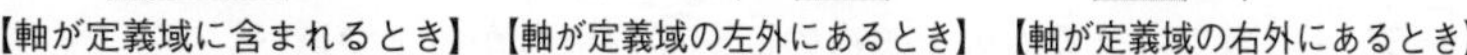

Q3 関数 $f(x)=-2x^2-4x+1$ の定義域として次の範囲をとるとき，各場合について，最大値，最小値があれば，それを求めよ。

(1) $-4\leqq x\leqq 0$　　(2) $-2<x\leqq 1$　　(3) $0\leqq x\leqq 3$

2 区間や式に文字を含む場合の最大・最小

数学Ⅰの **例題 63〜65** のように，区間や式に文字（定数）を含むため区間やグラフが動くタイプの問題では，文字の値によって **場合分け** が必要になる。タイプによって場合分けの仕方は異なるが，基本は 軸（頂点の x 座標）と区間の位置関係に着目する ことである。上の 1 で説明したことをふまえ，グラフをかいてていねいに考えよう。

次の 例2 は，定義域の一端が動く場合の問題である。**例題 63** では，最大値と最小値をそれぞれ求めたが，次のように最大値と最小値をまとめることもできる。

例2　$0\leqq x\leqq a$ $(a>0)$ における $y=x^2-4x+1$ の最大値と最小値　$y=(x-2)^2-3$

[1]　$0<a<2$ のとき　グラフ [1] から　**$x=0$ で最大値 1，$x=a$ で最小値 a^2-4a+1**

[2]　$2\leqq a<4$ のとき　グラフ [2] から　**$x=0$ で最大値 1，$x=2$ で最小値 -3**

[3]　$a=4$ のとき　グラフ [3] から　**$x=0$，4 で最大値 1，$x=2$ で最小値 -3**

[4]　$4<a$ のとき　グラフ [4] から　**$x=a$ で最大値 a^2-4a+1，$x=2$ で最小値 -3**

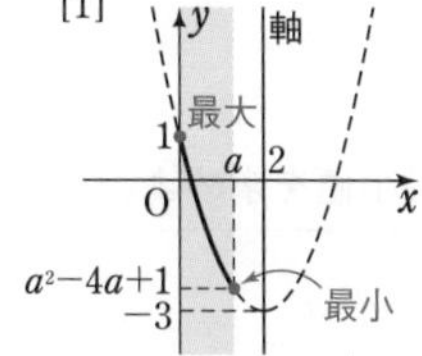

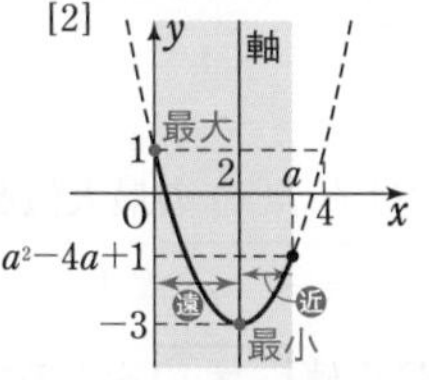

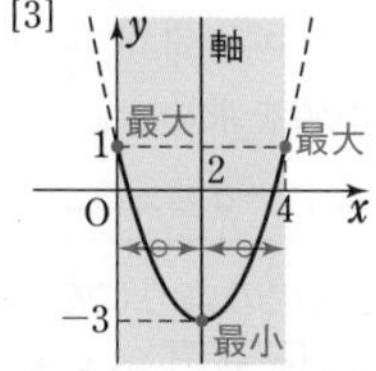

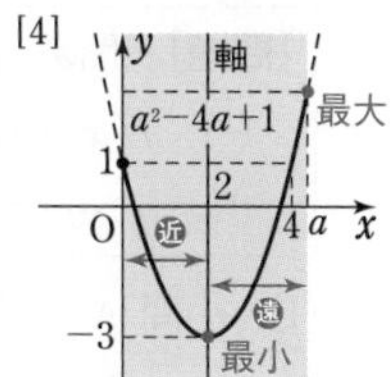

★ 例2 の関数について，実際に区間を動かして試せる関数グラフソフトを用意した。a の値を変化させ，区間を動かしたときに，最大値・最小値をとる位置が上の 例2 と同じであることを確認しよう。

関数グラフソフト →

定義域が変化する

a の値を変化させる

最大値

最小値

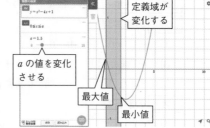

やってみよう

問2　a を定数とするとき，関数 $f(x)=-x^2+2ax$ $(0\leqq x\leqq 4)$ の最大値，および最小値を求めよ。

● 問題に挑戦 ●

2 〔1〕 関数 $f(x)=-x^2+2ax+a+b$ がある。ただし，a，b は実数で，$a>0$ とする。

(1) 放物線 $y=f(x)$ の頂点の座標は，[ア] である。

[ア] に当てはまるものを，次の⓪～③のうちから1つ選べ。

⓪ $(-a,\ -3a^2+a+b)$　　① $(-a,\ 3a^2+a+b)$

② $(a,\ -a^2+a+b)$　　③ $(a,\ a^2+a+b)$

(2) $0\leqq x\leqq 4$ における $f(x)$ の最大値を p，$2\leqq x\leqq 6$ における $f(x)$ の最大値を q とする。[イ] のとき，$p=q$ である。

[イ] に当てはまるものを，次の⓪～③のうちから1つ選べ。

⓪ $0<a<2$　　① $2\leqq a\leqq 4$　　② $4<a<6$　　③ $a\geqq 6$

(3) $0\leqq x\leqq 4$ における $f(x)$ の最小値が4，最大値が13となり，$2\leqq x\leqq 6$ における $f(x)$ の最大値が13となるという。このとき，a，b の値の組 $(a,\ b)$ は [ウ] である。

[ウ] に当てはまるものを，次の⓪～③のうちから1つ選べ。

⓪ $(1,\ 11)$　　① $(2,\ 7)$　　② $(3,\ 1)$　　③ $(4,\ 7)$

〔2〕 太郎さんと花子さんは，宿題に出された次の **[問題]** に取り組んでいる。

> **[問題]** 関数 $f(x)=x^2-2|x|$ について
> (A) $f(x)$ の最小値を求めよ。
> (B) $a>0$ とする。$-a\leqq x\leqq a$ における $f(x)$ の最大値と最小値を求めよ。

(1) 小問(A)の答えは次のようになる。

$f(x)$ は $x=$ [エ] のとき，最小値 [オ] をとる。

[エ]，[オ] に当てはまるものを，次の各解答群から1つずつ選べ。

[エ] の解答群

⓪ -1　　① 0　　② 1　　③ 2

④ -1 または 0　　⑤ -1 または 1　　⑥ -1 または 2

⑦ 0 または 1　　⑧ 0 または 2　　⑨ 1 または 2

[オ] の解答群

⓪ -2　　① -1　　② 0　　③ 1　　④ 2

(2) 小問(B)について，太郎さんと花子さんが話し合っている。

太郎：定義域が $-a \leqq x \leqq a$ というのは，これまで考えたことのない範囲だなぁ。

花子：数直線で表すと，右の図のようになるよ。

太郎：$-a \leqq x \leqq a$ の範囲は，$x=0$ について対称になっているね。

$-a$　0　a　x

$f(x)$ の最大値を $M(a)$，最小値を $m(a)$ とすると，小問(B)の答えは次のようになる。

$0<a<1$ のとき　$M(a)=$ [カ]，$m(a)=$ [キ]

$1 \leqq a<2$ のとき　$M(a)=$ [ク]，$m(a)=$ [ケ]

$2 \leqq a$ のとき　$M(a)=$ [コ]，$m(a)=$ [サ]

[カ]～[サ]に当てはまるものを，次の⓪～⑧のうちから1つずつ選べ。ただし，同じものを繰り返し選んでもよい。

⓪ -2　① -1　② 0　③ 1　④ 2

⑤ a^2-2a　⑥ a^2+2a　⑦ $-a^2-2a$　⑧ $-a^2+2a$

(3) $g(a)=M(a)-m(a)$ とすると，$y=g(a)$ のグラフの概形は [シ] である。

[シ]に当てはまるものを，次の⓪～④のうちから1つ選べ。ただし，いずれのグラフも原点は含まないものとする。

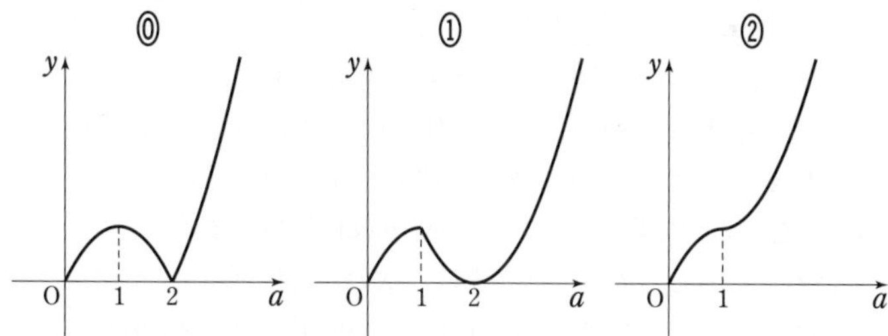

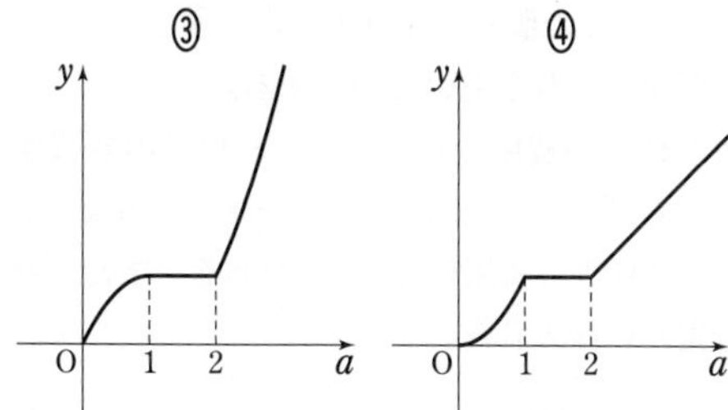

Research & Work 3 数学Ⅰ 2次関数の文章題

数学Ⅰの「2次関数」ではさまざまな問題の解法を学んだが，日常生活においても，2次関数が問題解決のために利用されることがある。そのような例をみてみよう。

1 文章題の解法

文章題を解くためには，次のことがポイントとなる。

文章題　条件を式に表す　表しやすいように変数を選ぶ　変数の変域に注意

数学Ⅰ例題 66，94

まず，適当な文字を用いて，問題の条件を式に表すことが出発点となる。そのとき，式に表しやすいような変数を選び，文字を定める。 ←問題で文字が与えられることもある。
また，文字（変数）について条件（変域）がつく場合もあるから，注意しておく。

それでは，次の［問題］を考えてみよう。

［問題］ 太郎さんのクラスでは，文化祭でお好み焼きの模擬店を出店することになり，お好み焼き1枚の価格をいくらにするか検討している。次の表は，過去の売り上げデータをまとめたものである。

1枚あたりの価格（円）	250	300	350
売り上げ数（枚）	300	250	200

また，以下において，消費税は考えないものとする。

(1) 太郎さんは，表から，売り上げ数が1枚あたりの価格に関する1次関数で表されると仮定した。1枚あたりの価格をx円，売り上げ数をy枚とするとき，yをxの式で表せ。ただし，x，yは自然数とする。

(2) (1)の仮定のもとで，太郎さんは，次のことに従って利益を考えることにした。ただし，1枚の価格は250円以上，350円以下の範囲とする。

- 売り上げ金額は，1枚あたりの価格と売り上げ数の積とする。
- 利益は，売り上げ金額から経費を引いた差とする。
- 経費は，材料費とガス代等の費用からなり，これ以外の経費はない。材料費は，1枚あたりの材料費と売り上げ数の積で求められる。1枚あたりの材料費は120円，ガス代等の費用は5000円である。また，材料は，売り上げ数に必要な分量だけ仕入れる。

利益をz円とし，zをxの式で表せ。

(3) (2)を利用して，太郎さんは，利益が最大となるようにお好み焼き1枚の価格を決めることにした。利益が最大となるようなxを求め，そのときの利益を求めよ。

2 問題の条件を式に表す

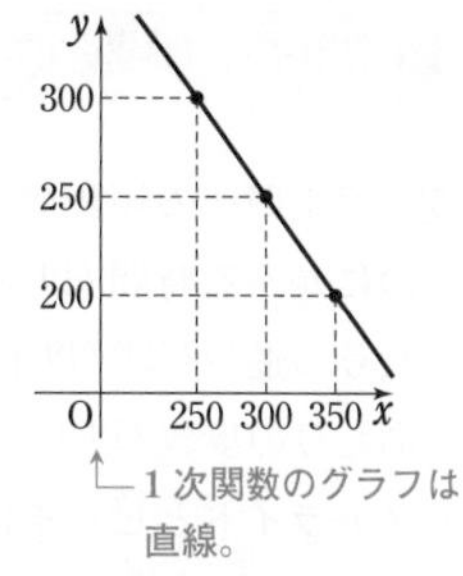

1次関数のグラフは直線。

[**問題**] を詳しくみていこう。この問題では，文字が与えられているので，これに従い，変数 x で式を表していく。
(1) は，「1次関数で表されると仮定した」とあるから，$y=ax+b$ の形で表される。表で与えられた x，y の値は，$y=ax+b$ を満たすから，代入して a，b についての連立方程式を作り，それを解けばよい。

Q4 [**問題**] の (1) を解け。

次に (2) では，この問題における売り上げ金額や利益，経費といった言葉の定義が与えられている。文章を読み，各言葉がどのような式で表されるかをきちんとつかむようにしよう。例えば，次のようになる。

(売り上げ金額)=(1枚あたりの価格)×(売り上げ数)
(経費)=(1枚あたりの材料費)×(売り上げ数)+(ガス代等の費用)
(利益)=(売り上げ金額)−(経費)

Q4 [**問題**] の (2) を解け。

3 変域に注意する

(3) は，(2) で求めた式について，最大値を求める問題である。ここでは，変数 x の変域に注意が必要である。変域を式に表すと次の通りである。

$250 \leqq x \leqq 350$，x は自然数　←(2) の問題文に1枚あたりの価格 x に関する条件がある。

これを定義域とみて，利益 z の最大値を求めよう。

Q4 [**問題**] の (3) を解け。

やってみよう

問3 次の表は，総菜を製造販売するある会社における，おにぎりAの1個あたりの価格と販売数の関係をまとめたものである。

1個あたりの価格 (円)	150	200	250
販売数 (個)	65	50	35

1個あたりの価格を x 円，販売数を y 個とし，y は x の1次関数で表されると仮定して考えることとする。また，価格 x は10円単位とし，$150 \leqq x \leqq 250$ を満たすとする。なお，以下において，消費税は考えないものとする。
(1) y を x の式で表せ。
(2) おにぎりAの1個あたりの価格と販売数の積を売り上げとする。売り上げが最大となる価格 x と販売数 y を求めよ。

● 問題に挑戦 ●

3　陸上競技の短距離 100 m 走では，100 m を走るのにかかる時間（以下，タイムと呼ぶ）は，1 歩あたりの進む距離（以下，ストライドと呼ぶ）と 1 秒あたりの歩数（以下，ピッチと呼ぶ）に関係がある。ストライドとピッチはそれぞれ以下の式で与えられる。

$$\text{ストライド (m/歩)} = \frac{100\ (\text{m})}{100\ \text{m を走るのにかかった歩数 (歩)}}$$

$$\text{ピッチ (歩/秒)} = \frac{100\ \text{m を走るのにかかった歩数 (歩)}}{\text{タイム (秒)}}$$

ただし，100 m を走るのにかかった歩数は，最後の 1 歩がゴールラインをまたぐこともあるので，小数で表される。以下，単位は必要のない限り省略する。

例えば，タイムが 10.81 で，そのときの歩数が 48.5 であったとき，ストライドは $\dfrac{100}{48.5}$ より約 2.06，ピッチは $\dfrac{48.5}{10.81}$ より約 4.49 である。

なお，小数の形で解答する場合，指定された桁数の 1 つ下の桁を四捨五入して答えよ。

(1)　ストライドを x，ピッチを z とおく。ピッチは 1 秒あたりの歩数，ストライドは 1 歩あたりの進む距離なので，1 秒あたりの進む距離すなわち平均速度は，x と z を用いて $\boxed{\text{ア}}$ (m/秒) と表される。

これより，タイムと，ストライド，ピッチとの関係は

$$\text{タイム} = \frac{100}{\boxed{\text{ア}}} \quad \cdots\cdots \text{①}$$

と表されるので，$\boxed{\text{ア}}$ が最大になるときにタイムが最もよくなる。ただし，タイムがよくなるとは，タイムの値が小さくなることである。

$\boxed{\text{ア}}$ に当てはまるものを，次の⓪～⑤のうちから 1 つ選べ。

⓪ $x+z$　　① $z-x$　　② xz

③ $\dfrac{x+z}{2}$　　④ $\dfrac{z-x}{2}$　　⑤ $\dfrac{xz}{2}$

(2) 男子短距離 100 m 走の選手である太郎さんは，① に着目して，タイムが最もよくなるストライドとピッチを考えることにした。
次の表は，太郎さんが練習で 100 m を 3 回走ったときのストライドとピッチのデータである。

	1 回目	2 回目	3 回目
ストライド	2.05	2.10	2.15
ピッチ	4.70	4.60	4.50

また，ストライドとピッチにはそれぞれ限界がある。太郎さんの場合，ストライドの最大値は 2.40，ピッチの最大値は 4.80 である。
太郎さんは，上の表から，ストライドが 0.05 大きくなるとピッチが 0.1 小さくなるという関係があると考えて，ピッチがストライドの 1 次関数として表されると仮定した。このとき，ピッチ z はストライド x を用いて

$$z=\boxed{\text{イウ}}\,x+\frac{\boxed{\text{エオ}}}{5} \quad \cdots\cdots ②$$

と表される。
② が太郎さんのストライドの最大値 2.40 とピッチの最大値 4.80 まで成り立つと仮定すると，x の値の範囲は次のようになる。

$$\boxed{\text{カ}}.\boxed{\text{キク}} \leqq x \leqq 2.40$$

$y=$ ア とおく。② を $y=$ ア に代入することにより，y を x の関数として表すことができる。太郎さんのタイムが最もよくなるストライドとピッチを求めるためには，カ.キク $\leqq x \leqq 2.40$ の範囲で y の値を最大にする x の値を見つければよい。
このとき，y の値が最大になるのは $x=\boxed{\text{ケ}}.\boxed{\text{コサ}}$ のときである。
よって，太郎さんのタイムが最もよくなるのは，ストライドが ケ.コサ のときであり，このとき，ピッチは $\boxed{\text{シ}}.\boxed{\text{スセ}}$ である。また，このときの太郎さんのタイムは，① により $\boxed{\text{ソ}}$ である。
$\boxed{\text{イウ}}$ ～ $\boxed{\text{スセ}}$ に当てはまる数を答えよ。また，$\boxed{\text{ソ}}$ に当てはまるものを，次の⓪～⑤のうちから 1 つ選べ。

⓪ 9.68　① 9.97　② 10.09
③ 10.33　④ 10.42　⑤ 10.55

〔類 共通テスト〕

Research & Work 4 数学Ⅰ 2次関数のグラフの考察

2次関数は，一般に次の形で表されることを学んだ。

$y=ax^2+bx+c$ ……① （a，b，c は定数，$a \neq 0$） p.91 基本事項 4

2次関数のグラフは放物線であり，a，b，c の値により，下に凸か上に凸か，開き具合，軸や頂点の位置などが決まる。ここでは，a，b，c の値を変化させたとき，グラフがどのように変化するかについて考えてみよう。

1 2次関数 $y=ax^2+bx+c$ の係数を変化させたときのグラフの変化

● c について

まず，グラフの変化への影響が小さい，係数 c から考えていこう。

└ c は $y=ax^2+bx+c$ のグラフと y 軸の交点の y 座標である。

① において，c の値のみを $c+q$ に変更した2次関数は，次のようになる。

$y=(ax^2+bx+c)+q$ ←（ ）の中は，c を変化させる前の2次関数の式。

この2次関数のグラフは，もとの $y=ax^2+bx+c$ のグラフを y 軸方向に q だけ平行移動させたものであることがわかる。したがって，c の値のみを変化させた場合，グラフは上下方向にのみ平行移動する。

数学Ⅰ例題 54

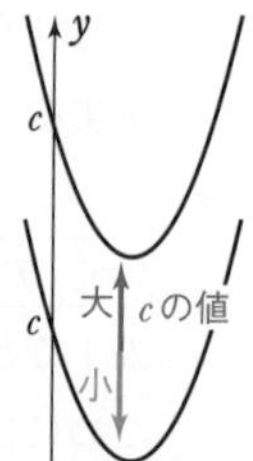

c の値のみを 大きく する ⟶ y 軸方向に 上向き に平行移動する

c の値のみを 小さく する ⟶ y 軸方向に 下向き に平行移動する

確認 Q5 関数 $y=ax^2+bx+c$ で，$a=1$，$b=4$，$c=-1$ とする。このとき，c の値のみを大きくして，$y=ax^2+bx+c$ のグラフが点 $(-2,\ 3)$ を通るようにしたい。このとき，c の値をいくら大きくすればよいか。次のうちから選べ。

① 1　② 3　③ 7　④ 8

関数グラフソフト

★自分の答えが正しいかどうかを，関数グラフソフトを利用して確認しよう。

● a について

係数 a の符号や絶対値は，放物線が下に凸か上に凸か，および，放物線の開き具合に関係する。

【下に凸か，上に凸か】

$a>0$ ⟶ 放物線は 下 に凸

$a<0$ ⟶ 放物線は 上 に凸

【開き具合】

$|a|$ の値を 大きく する ⟶ 開き具合は 小さく なる

$|a|$ の値を 小さく する ⟶ 開き具合は 大きく なる

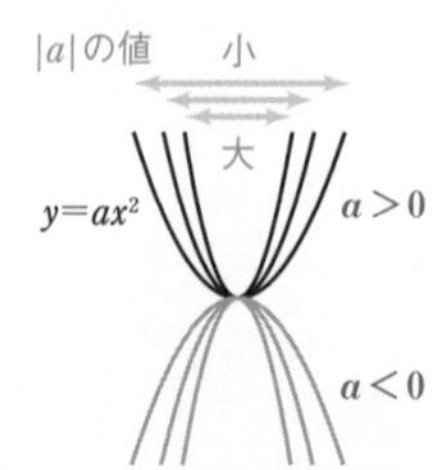

また，① を基本形に変形すると

$$y=a\left(x+\frac{b}{2a}\right)^2-\frac{b^2}{4a}+c \quad \text{よって，頂点の座標は} \quad \left(-\frac{b}{2a},\ -\frac{b^2}{4a}+c\right) \quad \cdots\cdots ②$$

頂点の x 座標も y 座標も，a を含む式で表されているから，a の値の変化によって頂点の位置は変わる。ここで，例えば，$b=-2$，$c=1$ $(y=ax^2-2x+1)$ とすると，頂点の座標は $\left(\frac{1}{a},\ \frac{a-1}{a}\right)$ と表される。このとき，頂点の x 座標または y 座標の符号が変わるような a の値を境目とし，場合分けをしてグラフの概形をかいたものが次の図である。なお，各グラフの下の（　）は，頂点の座標の符号を表している。

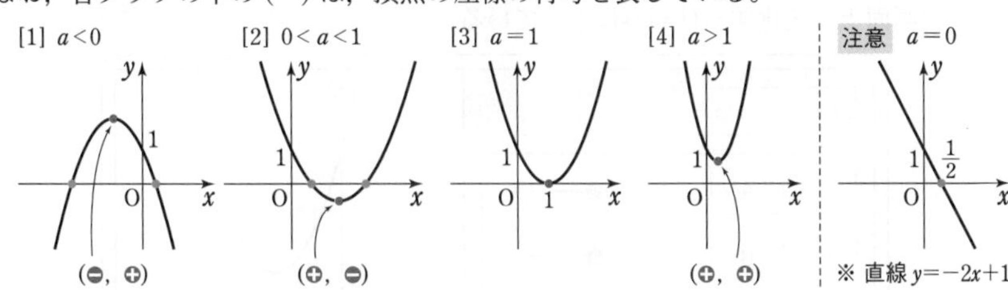

放物線は，[1] では上に凸，[2]～[4] では下に凸である。[2]～[4] では，a の値が大きくなるにつれ，放物線の開き具合が小さくなっていく。
このように，a の値を変化させると，グラフはさまざまな形に変化していく。また，各場合の放物線と x 軸の共有点の個数なども確認しておこう。

● **b について**

② からわかるように，a と同様，b も頂点の x 座標，y 座標のどちらにも含まれている。よって，b の値を変化させたときも，$y=ax^2+bx+c$ のグラフの変化は複雑である。場合分けをするなどして，丁寧に検討する必要がある。

確認

Q6　関数 $y=ax^2+bx+c$ で，$a=1$，$b=-4$，$c=1$ とする。このとき，b の値のみを変化させて，$y=ax^2+bx+c$ のグラフの軸が直線 $x=1$ と一致するようにしたい。b の値をどのように変化させればよいか。

関数グラフソフト

★自分の答えが正しいかどうかを，関数グラフソフトを利用して確認しよう。

やってみよう

問4　2 次関数 $f(x)=ax^2+bx+c$ の係数 a，b，c を変化させたときのグラフの変化について考える。

(1)　$y=f(x)$ のグラフが図Aであるとする。係数 b の値のみを大きくするとき，頂点が第 1 象限にあるようにグラフを移動することはできるか。

図A　　図B

(2)　$y=f(x)$ のグラフが図Bであるとする。x 軸の正の部分，負の部分にそれぞれ 1 つずつ共有点をもつようにグラフを動かすことができる場合を，次のうちから 2 つ選べ。

①　係数 a の値のみを大きくしていく。　②　係数 b の値のみを大きくしていく。
③　係数 c の値のみを大きくしていく。

● 問題に挑戦 ●

4 関数 $f(x)=ax^2+bx+c$ について，$y=f(x)$ のグラフをコンピュータのグラフ表示ソフトを用いて表示させる。このソフトでは，係数 a，b，c の値をそれぞれ図1の画面 [A]，[B]，[C] に入力すると，その値に応じたグラフが表示される。
更に，[A]，[B]，[C] それぞれの横にある ● を左に動かすと係数の値が減少し，右に動かすと係数の値が増加するようになっており，値の変化に応じて関数のグラフが画面上で変化する仕組みになっている。

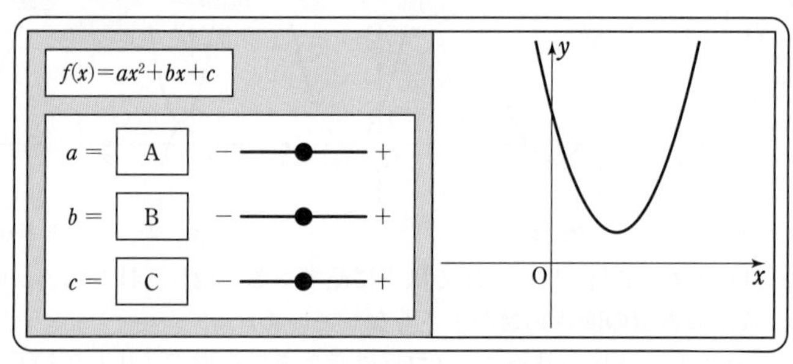

図1

(1) [A] に1を入力し，[B]，[C] にある値をそれぞれ入力したところ，図1のようなグラフが表示された。このときの b，c の値の組み合わせとして最も適当なものを，次の⓪～⑦のうちから1つ選べ。[ア]

⓪ $b=2$,　$c=3$　　① $b=2$,　$c=-3$
② $b=-2$,　$c=3$　　③ $b=-2$,　$c=-3$
④ $b=3$,　$c=2$　　⑤ $b=3$,　$c=-2$
⑥ $b=-3$,　$c=2$　　⑦ $b=-3$,　$c=-2$

(2) 最初，係数 a，b，c は(1)のときの値であるとする。
図1の状態から，グラフが x 軸と接するように移動させたい。
係数 c の値のみを変化させるとき，c の値を [イ] だけ小さくすると，グラフは x 軸と接する。
また，係数 b の値のみを変化させるとき，b の値を [ウ]＋[エ]$\sqrt{\text{[オ]}}$ だけ大きくする，または，[カキ]＋[ク]$\sqrt{\text{[ケ]}}$ だけ小さくすると，グラフは x 軸と接する。
[イ]～[ケ] に当てはまる数を答えよ。

(3) $a=1$ として，係数 b，c の値を変化させると，方程式 $f(x)=0$ は解 $x=1$，3 をもつという。このとき，$b=$ [コサ]，$c=$ [シ] である。

続いて，係数 b，c の値を $b=$ [コサ]，$c=$ [シ] で固定して，a の値を小さくした場合の方程式 $f(x)=0$ の解について考える。

$0<a<1$ のとき，方程式 $f(x)=0$ は [ス]。

$a=0$ のとき，方程式 $f(x)=0$ は [セ]。

$a<0$ のとき，方程式 $f(x)=0$ は [ソ]。

[コサ]，[シ] に当てはまる数を答えよ。また，[ス] ～ [ソ] については，最も適当なものを，次の⓪～⑤のうちから1つずつ選べ。

⓪ 実数解をもたない

① 実数解を1つだけもち，それは正の数である

② 実数解を1つだけもち，それは負の数である

③ 異なる2つの正の解をもつ

④ 異なる2つの負の解をもつ

⑤ 正の解と負の解を1つずつもつ

(4) $b=-6$，$c=3$ のとき，a の値を変化させて，$f(x)$ に関する不等式を考える。

不等式 $f(x)<0$ を満たす実数 x が存在するのは，a [タ] [チ] のときである。

また，すべての実数 x が不等式 $f(x)>0$ を満たすのは，a [ツ] [テ] のときである。

[チ]，[テ] に当てはまる数を答えよ。また，[タ]，[ツ] については，当てはまるものを次の⓪～④のうちから1つずつ選べ。

⓪ $=$　　① $>$　　② $<$　　③ $\geqq$　　④ $\leqq$

Research & Work

Research & Work 5 数学I 三角比における重要定理

1 三角比の基本的な定理・公式

図形と計量の分野では，多くの定理・公式を学んだ。ここでは，特に重要なものを取り上げるので，しっかり復習し，問題を解くうえで活用できるようにしておこう。

● 三角形に関する定理・公式

三角形の辺の長さ，角の大きさ，面積などを求めるとき，次の 3 つは特に重要である。

[1] 正弦定理

△ABC の外接円の半径を R とすると

$$\frac{a}{\sin A}=\frac{b}{\sin B}=\frac{c}{\sin C}=2R$$

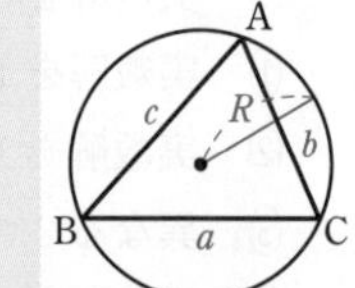

[2] 余弦定理

△ABC について

$$a^2=b^2+c^2-2bc\cos A,\quad b^2=c^2+a^2-2ca\cos B,\quad c^2=a^2+b^2-2ab\cos C$$

余弦定理から次の等式が導かれる。

$$\cos A=\frac{b^2+c^2-a^2}{2bc},\quad \cos B=\frac{c^2+a^2-b^2}{2ca},\quad \cos C=\frac{a^2+b^2-c^2}{2ab}$$

[3] △ABC の面積 S

$$S=\frac{1}{2}bc\sin A=\frac{1}{2}ca\sin B=\frac{1}{2}ab\sin C$$

➲ p.194，210 基本事項

また，これらの定理・公式は，与えられた条件に応じた使い分けが必要となる。例えば，正弦定理と余弦定理については，次のように使い分ける。 ➲ p.201 まとめ

- 三角形の 1 辺と 2 角が与えられている ⟶ 正弦定理
- 外接円の半径が関係する ⟶ 正弦定理
- 三角形の 2 辺とその間の角が与えられている ⟶ 余弦定理
- 三角形の 3 辺の長さが与えられている ⟶ 余弦定理

● $90°-\theta$，$90°+\theta$，$180°-\theta$ の三角比

鈍角の三角比に対しては，次の公式を利用して，鋭角の三角比に直して考えることも有効である。

[1] $90°-\theta$

$$\begin{cases}\sin(90°-\theta)=\cos\theta\\ \cos(90°-\theta)=\sin\theta\\ \tan(90°-\theta)=\dfrac{1}{\tan\theta}\end{cases}$$

$(0°\leqq\theta\leqq 90°)$

[2] $90°+\theta$

$$\begin{cases}\sin(90°+\theta)=\cos\theta\\ \cos(90°+\theta)=-\sin\theta\\ \tan(90°+\theta)=-\dfrac{1}{\tan\theta}\end{cases}$$

$(0°\leqq\theta\leqq 90°)$

[3] $180°-\theta$

$$\begin{cases}\sin(180°-\theta)=\sin\theta\\ \cos(180°-\theta)=-\cos\theta\\ \tan(180°-\theta)=-\tan\theta\end{cases}$$

$(0°\leqq\theta\leqq 180°)$

➲ p.174，181 基本事項

注意　$\tan(90°\pm\theta)$ の公式では $\theta\neq 0°$，$90°$ とし，$\tan(180°-\theta)$ の公式では $\theta\neq 90°$ とする。

右の図のように，直角三角形の 1 つの鋭角を θ とすると，もう 1 つの鋭角は $90^\circ-\theta$ であることから，[1] が成り立つことがわかる。[1] を用いると，鋭角の三角比はすべて 45° 以下の角の三角比で表すことができる。
これらの公式は，種類も多く，すべて覚えるのは大変であるから，直角三角形や単位円の図から導けるようになっておきたい。

$p.183$ INFORMATION

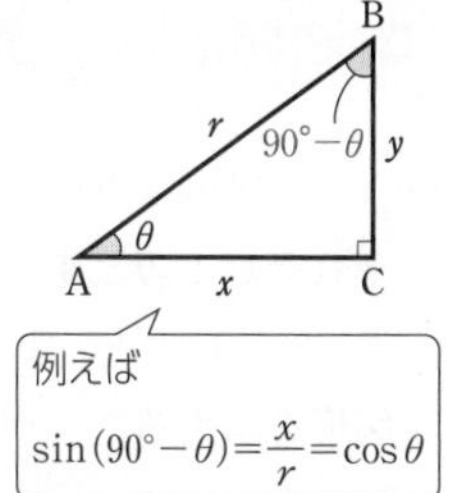

Q7 (1) $\cos 70^\circ+\cos 100^\circ-\sin 160^\circ+\sin 170^\circ$ の値を求めよ。

(2) $0^\circ<\theta<90^\circ$ とする。$\tan(90^\circ-\theta)\tan(180^\circ-\theta)$ を簡単にせよ。

(3) $\sin 44^\circ$ と等しいものを，次のうちから 2 つ選べ。

① $\sin 46^\circ$　② $\cos 46^\circ$　③ $\sin 136^\circ$　④ $\cos 136^\circ$

2 三角形の辺と角の大小関係

辺や角の大小比較を扱う三角形の問題では，次の定理を利用することも多い。この定理も確実に押さえておきたい。

$a<b \iff A<B$
$a=b \iff A=B$
$a>b \iff A>B$

$p.194$ 基本事項

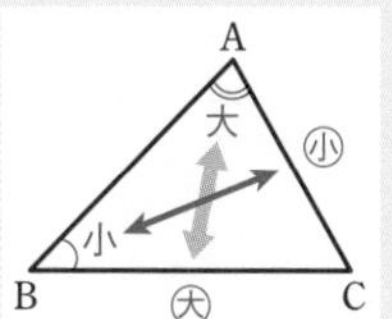

特に，三角形の最大の辺の対角が，三角形の最大の角であることや，鈍角三角形では鈍角が最大の角であることにも注意しましょう。

また，△ABC において，次のことを余弦定理と関連付けて理解しておこう。

$$\angle \mathrm{A} \text{ が鋭角} \iff 0^\circ<A<90^\circ \iff \cos A=\frac{b^2+c^2-a^2}{2bc}>0 \iff a^2<b^2+c^2$$

$$\angle \mathrm{A} \text{ が直角} \iff A=90^\circ \iff \cos A=\frac{b^2+c^2-a^2}{2bc}=0 \iff a^2=b^2+c^2$$

$$\angle \mathrm{A} \text{ が鈍角} \iff 90^\circ<A<180^\circ \iff \cos A=\frac{b^2+c^2-a^2}{2bc}<0 \iff a^2>b^2+c^2$$

確認

Q8 3 辺の長さが $x-1$，x，$x+1$ である三角形が鈍角三角形となるような x の値の範囲を求めよ。

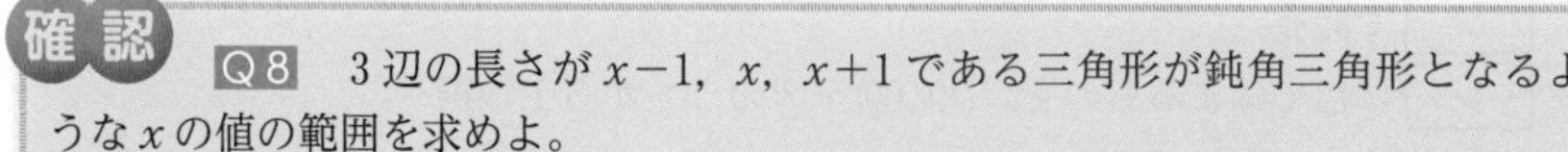

問5 △ABC において，$\dfrac{7}{\sin A}=\dfrac{5}{\sin B}=\dfrac{3}{\sin C}$ が成り立つとき

(1) △ABC の内角のうち，最大の角の大きさを求めよ。

(2) △ABC の内角のうち，2 番目に大きい角の正接を求めよ。

(3) △ABC の面積が $20\sqrt{3}$ のとき，△ABC の最大の辺の長さを求めよ。

● 問題に挑戦 ●

5　右の図のように，△ABC の外側に辺 AB，BC，CA をそれぞれ 1 辺とする正方形 ADEB，BFGC，CHIA をかき，2 点 E と F，G と H，I と D をそれぞれ線分で結んだ図形を考える。

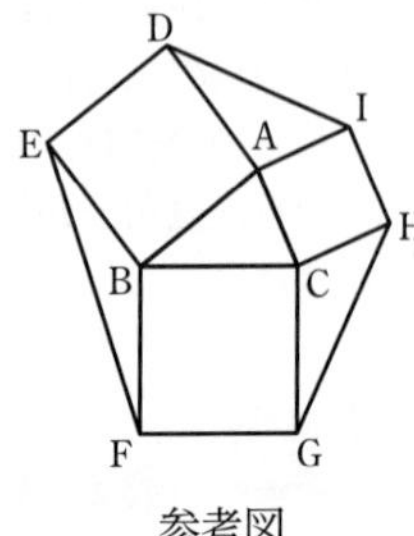

参考図

以下において，

$BC=a$，$CA=b$，$AB=c$

$\angle CAB=A$，$\angle ABC=B$，$\angle BCA=C$

とする。

(1)　$b=6$，$c=5$，$\cos A=\dfrac{3}{5}$ のとき，$\sin A=\dfrac{\boxed{ア}}{\boxed{イ}}$ であり，△ABC の面積は $\boxed{ウエ}$，△AID の面積は $\boxed{オカ}$ である。また，正方形 BFGC の面積は $\boxed{キク}$ である。

$\boxed{ア}$ ～ $\boxed{キク}$ に当てはまる数を答えよ。

(2)　正方形 BFGC，CHIA，ADEB の面積をそれぞれ S_1，S_2，S_3 とする。このとき，$S_1-S_2-S_3$ は

・$0°<A<90°$ のとき，$\boxed{ケ}$。

・$A=90°$ のとき，$\boxed{コ}$。

・$90°<A<180°$ のとき，$\boxed{サ}$。

$\boxed{ケ}$ ～ $\boxed{サ}$ に当てはまるものを，次の⓪～③のうちから 1 つずつ選べ。ただし，同じものを繰り返し選んでもよい。

⓪　0 である

①　正の値である

②　負の値である

③　正の値も負の値もとる

(3)　△AID，△BEF，△CGH の面積をそれぞれ T_1，T_2，T_3 とする。このとき，$\boxed{シ}$ である。

$\boxed{シ}$ に当てはまるものを，次の⓪～③のうちから 1 つ選べ。

⓪　$a<b<c$ ならば，$T_1>T_2>T_3$

①　$a<b<c$ ならば，$T_1<T_2<T_3$

②　A が鈍角ならば，$T_1<T_2$ かつ $T_1<T_3$

③　a，b，c の値に関係なく，$T_1=T_2=T_3$

(4) △ABC, △AID, △BEF, △CGH のうち，外接円の半径が最も小さいものを求める。

$0° < A < 90°$ のとき，ID［ス］BC であり

(△AID の外接円の半径)［セ］(△ABC の外接円の半径)

であるから，外接円の半径が最も小さい三角形は

・$0° < A < B < C < 90°$ のとき，［ソ］である。

・$0° < A < B < 90° < C$ のとき，［タ］である。

［ス］～［タ］に当てはまるものを，次の各解答群から 1 つずつ選べ。

［ス］,［セ］の解答群：同じものを繰り返し選んでもよい。

⓪ <　　① =　　② >

［ソ］,［タ］の解答群：同じものを繰り返し選んでもよい。

⓪ △ABC　　① △AID　　② △BEF　　③ △CGH

〔類 共通テスト〕

Research & Work 6 数学Ⅰ データの分析の問題

1 箱ひげ図に関する問題

箱ひげ図に関する問題では，**最大値・最小値，四分位数**に着目することがポイントとなる。特に，四分位数について，Q_1，Q_2，Q_3 は右図のようになる。
⟶ データの大きさ n を 4 で割った余りによって，4 パターンに分かれる。

次の Q9 のようなヒストグラムと対応した問題では，各四分位数が小さい方または大きい方から何番目かの見極めがカギとなる。右の図のことを知っておくと，Q_1，Q_2，Q_3 を手早く調べられるだろう。

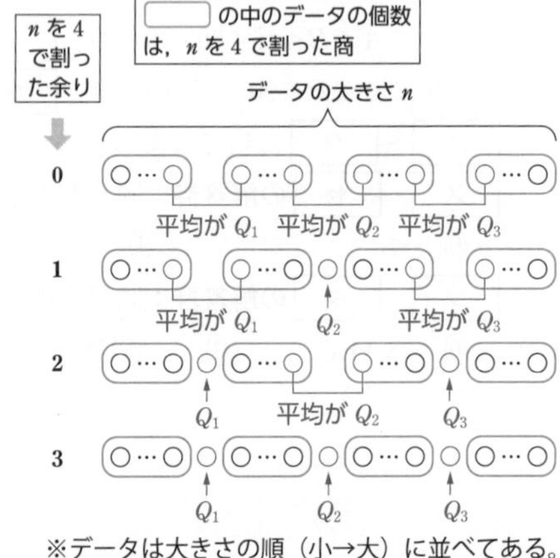

※データは大きさの順（小→大）に並べてある。

確認 Q9　右のヒストグラムに対応している箱ひげ図を①～④のうちから選べ。ただし，データの大きさは 30 である。

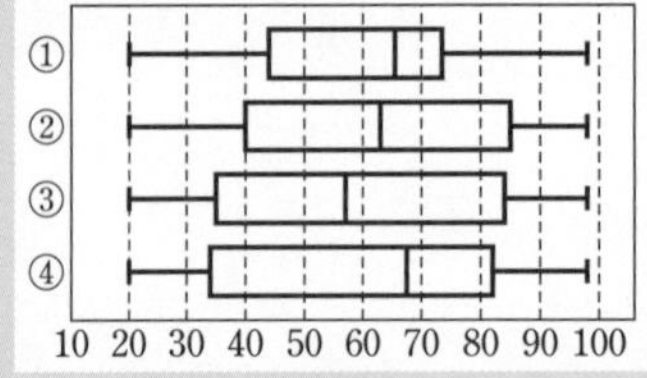

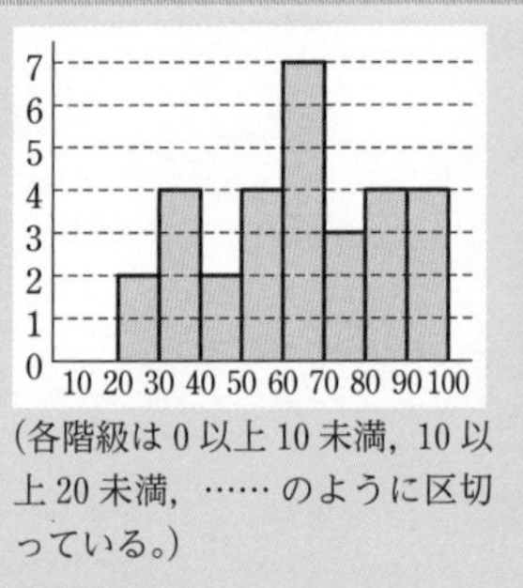

（各階級は 0 以上 10 未満，10 以上 20 未満，…… のように区切っている。）

2 データの平均値・分散，変量の変換，データの相関

平均値や分散は，定義に従って計算することが基本である。定義を振り返っておこう。

平均値 $\overline{x}$ は $\overline{x}=\dfrac{1}{n}(x_1+x_2+\cdots\cdots+x_n)$　← (平均値)＝$\dfrac{(\text{データの値の総和})}{(\text{データの大きさ})}$

分散 s^2 は $s^2=\dfrac{1}{n}\{(x_1-\overline{x})^2+(x_2-\overline{x})^2+\cdots+(x_n-\overline{x})^2\}$　← (分散)＝(偏差の 2 乗の平均値)

p.228，233 基本事項

分散は次の式を用いることも多い。使い分けられるようにしよう。p.239 ズーム UP

$$s^2=\frac{1}{n}(x_1{}^2+x_2{}^2+\cdots\cdots+x_n{}^2)-(\overline{x})^2=\overline{x^2}-(\overline{x})^2$$　← (x^2 の平均値)−(平均値)^2

また，平均値や分散を求める計算が煩雑な場合などにデータの変換を行うことがある。

このとき，次の公式を利用するとよい。 p.242 STEP UP

変量xのデータから，$y=ax+b$ (a, bは定数) によって新しい変量yのデータが得られるとき　**平均：$\overline{y}=a\overline{x}+b$**　**分散：$s_y{}^2=a^2s_x{}^2$**　**標準偏差：$s_y=|a|s_x$**

確認 Q 10　温度の単位として摂氏 (℃) と華氏 (°F) があり，摂氏での温度x℃に対し，華氏での温度y°F は，$y=\frac{9}{5}x+32$ により与えられる。
都市Aのある月の最高気温のデータについて考える。最高気温のデータの平均値が20℃のとき，その月の華氏での平均値は ア□ °F である。また，最高気温のデータの摂氏での分散をX，華氏での分散をYとすると，$\frac{Y}{X}=$ イ□ である。

また，散布図やデータの相関に関しては，次のことを再確認しておこう。

・散布図の点の分布が
- 右上がり ⟶ 正の相関
- 右下がり ⟶ 負の相関
- どちらでもない ⟶ 相関がない

・変量x, yからなるデータの相関係数rは

$$r=\frac{(x\text{ と }y\text{ の共分散})^{※}}{(x\text{ の標準偏差})\times(y\text{ の標準偏差})},\quad -1\leqq r\leqq 1$$

p.246，247 基本事項

$r=-1.0$ ⟵ 負の相関 ⟶ $r=0$ ⟵ 正の相関 ⟶ $r=1.0$
強い　弱い　弱い　強い

※xとyの共分散 $s_{xy}=\frac{1}{n}\{(x_1-\overline{x})(y_1-\overline{y})+(x_2-\overline{x})(y_2-\overline{y})+\cdots\cdots+(x_n-\overline{x})(y_n-\overline{y})\}$

やってみよう

問6　ある40人のクラスで試験が行われ，39人が受験して1人が欠席した。受験した39人の平均値は60点，分散は20であった。後日，欠席した1人が同じ試験を受験して，得点は60点であった。この点数を含めて計算し直した40人の平均値と分散は，計算し直す前の値と比べてどうなるか。空欄に当てはまるものを，次の①～③のうちからそれぞれ1つ選べ。　平均値：ア□　分散：イ□

①　変化しない　②　大きくなる　③　小さくなる

問7　2つの変量x, yからなるデータがある。x, yのデータの大きさはともに20であり，x, yの中央値はそれぞれ57.5，62.0，x, yの分散はそれぞれ77.2，25.8である。また，xとyの共分散は-37.4である。このとき，変量xとyの散布図として適切なものを，相関係数，中央値に注意して，次の①～④のうちから1つ選べ。

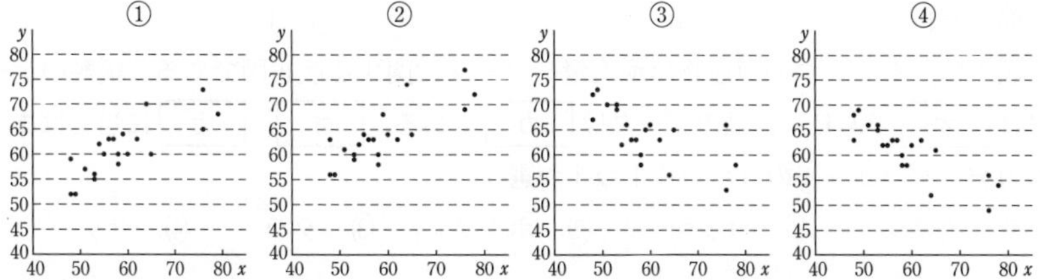

● 問題に挑戦 ●

6 次の表は，2006 年から 2016 年の 11 年間について，全国における海産物の総漁獲量を年ごとにまとめたものである。ただし，表中の数字の単位はすべて t (トン) であり，表中の平均値は小数点以下を四捨五入してある。

年	イワシ	サンマ	ホタテ	タラ	サケ
2006 年	52,503	244,586	271,928	206,794	218,907
2007 年	79,099	296,521	258,303	216,636	210,416
2008 年	34,857	354,727	310,205	211,038	167,497
2009 年	57,429	310,744	319,638	227,261	205,742
2010 年	70,159	207,488	327,087	251,166	164,616
2011 年	175,781	215,353	302,990	238,920	136,638
2012 年	135,236	221,470	315,387	229,823	128,502
2013 年	215,004	149,853	347,541	229,577	160,902
2014 年	195,726	228,647	358,982	194,920	146,641
2015 年	311,054	116,243	233,885	180,349	135,876
2016 年	378,142	113,828	213,710	134,236	96,360
平均値	154,999	223,587	296,332	210,975	161,100

魚種別漁獲量調査結果 (総務省統計局) (https://www.e-stat.go.jp) により作成。
イワシはマイワシのみ，タラはスケトウダラのみを計上している。

(1) 右の図の中で，イワシの漁獲量のデータの箱ひげ図を表すものは ア ，サンマの漁獲量のデータの箱ひげ図を表すものは イ である。 ア ， イ に当てはまるものを右の図の⓪～⑤のうちから 1 つずつ選べ。

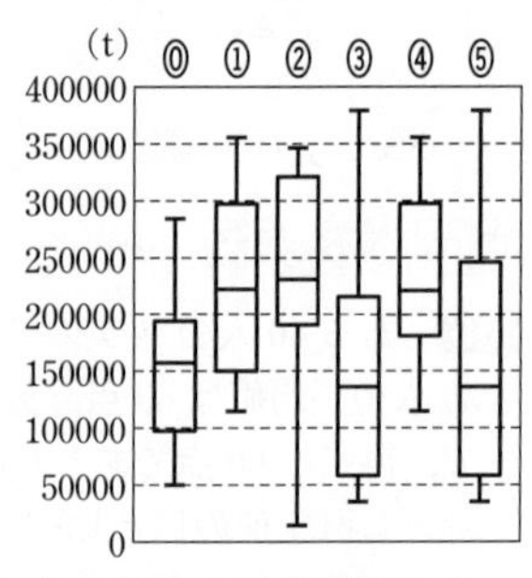

(2) 次の⓪～③のうち，漁獲量の変動の度合いを判断するものとして最も適当なものを 1 つ選べ。 ウ

⓪ 平均値　① 中央値　② 最頻値　③ 標準偏差

また， ウ の値がより エ に近いほど，漁獲量がより安定していると言える。 エ に当てはまる数値を，次の⓪～②のうちから 1 つ選べ。

⓪ −1　① 0　② 1

(3) 図 1 は，ある 2 つの海産物の漁獲量のデータに関する散布図である。縦軸のデータは オ であり，横軸のデータは カ である。 オ ， カ に当てはまるものを，次の⓪～④のうちから 1 つずつ選べ。

⓪ イワシ　① サンマ　② ホタテ　③ タラ　④ サケ

図 1

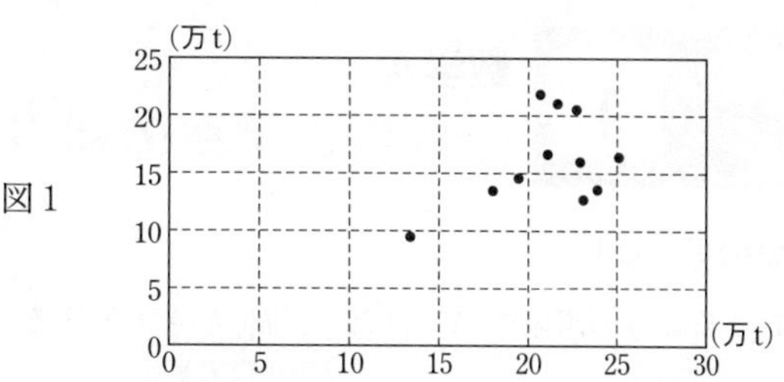

また，この散布図から読み取れることとして正しいものは，キ と ク である。

キ ，ク に当てはまるものを，次の⓪～③のうちから1つずつ選べ。ただし，解答の順序は問わない。

⓪ 強い負の相関関係がある。

① どちらの海産物も同じ年に最低の漁獲量を記録している。

② どちらの海産物も同じ年に漁獲量が 20 万 t を超えたことが 4 回ある。

③ 縦軸の海産物の漁獲量が少ない方から 5 番目の年における横軸の海産物の漁獲量は，横軸の海産物の漁獲量の平均値を下回っている。

(4) 次の (a)～(c) は，2つの海産物の漁獲量のデータにある変換を行ったときの標準偏差について述べた文章である。

(a) 各データをすべて 1000 で割ったとき，標準偏差はもとのデータのときと変わらない。

(b) 各データからその海産物の漁獲量の平均値を引いたとき，標準偏差はもとのデータのときと変わらない。

(c) 各データからその海産物の漁獲量の平均値を引いた値を 1000 で割ったとき，標準偏差はもとのデータのときと変わらない。

(a)～(c) の正誤の組み合わせとして正しいものは ケ である。

ケ に当てはまるものを，次の⓪～⑦のうちから1つ選べ。

	⓪	①	②	③	④	⑤	⑥	⑦
(a)	正	正	正	誤	正	誤	誤	誤
(b)	正	正	誤	正	誤	正	誤	誤
(c)	正	誤	正	正	誤	誤	正	誤

(5) 2017 年のホタテの漁獲量は，235,952 (t) であった。このとき，2006 年から 2017 年までの 12 年間のホタテの漁獲量の平均値は コ (t) となる。ただし，小数第 1 位を四捨五入するものとする。コ に当てはまるものを次の⓪～③のうちから 1 つ選べ。

⓪ 281300　　① 291300　　② 301300　　③ 311300

Research & Work

Research &Work 1 数学A 条件付き確率の利用

1 条件付き確率の振り返り

1つの試行における2つの事象をA，Bとし，$P(A)\neq 0$ とする。Aが起こったときにBが起こる **条件付き確率** は　$P_A(B)=\dfrac{P(A\cap B)}{P(A)}$　←$P_A(B)=\dfrac{n(A\cap B)}{n(A)}$ でもよい。

p.340 基本事項 1

例　ある学校の生徒90人が定員45名の2台のバスX，Yに分かれて乗るとき，右の表のようになった。この生徒90人の中から1人の生徒を選ぶとき，選ばれた生徒が「男子である」という事象をA，「バスXに乗っている」という事象をXとすると

$$P_A(X)=\frac{23}{44}\left[=\frac{n(A\cap X)}{n(A)}=\frac{P(A\cap X)}{P(A)}\right]$$

	男子	女子	計
バスX	23	22	45
バスY	21	24	45
計	44	46	90

↑条件付き確率は表を利用すると考えやすい。

確認　Q1 (1)　上の 例 において，生徒90人の中から1人の生徒を選ぶ。選ばれた生徒がバスYに乗っているときに，その生徒が女子である確率を求めよ。

(2)　箱の中に，1から7までの整数が1つずつ書かれた7枚の赤色のカードと，1から6までの整数が1つずつ書かれた6枚の黒色のカードが入っている。箱からカードを1枚取り出すとき，それが赤色のカードである事象をA，カードに書かれた整数が偶数である事象をBとする。このとき，確率$P_A(B)$を求めよ。

2 原因の確率

条件付き確率が関連する **原因の確率** の問題に，ここで改めて取り組んでおこう。

[問題1]　ある製品を製造する機械A，Bがあり，それぞれ製造した製品を検査している。検査結果は良品か不良品のどちらか一方のみであり，検査で不良品と判定される割合は，Aの製品は2%，Bの製品は5%である。Aの製品とBの製品が3:7の割合で大量にある中から無作為に製品を1個選び出すとき，それがAの製品であるという事象をA，Bの製品であるという事象をB，不良品であるという事象をEとする。このとき，事象Eが起こった原因が，機械Aにある確率$P_E(A)$を求めよ。

[問題1]の解答　これは，p.347の**基本例題57**と同様である。

条件より，$P(A)=\dfrac{3}{10}$，$P(B)=\dfrac{7}{10}$，$P_A(E)=\dfrac{2}{100}$，$P_B(E)=\dfrac{5}{100}$ であるから

$$P(E)=P(A\cap E)+P(B\cap E)=P(A)P_A(E)+P(B)P_B(E)$$　←確率の乗法定理

$$=\frac{3}{10}\times\frac{2}{100}+\frac{7}{10}\times\frac{5}{100}=\frac{41}{1000}$$

求める確率は　$P_E(A)=\dfrac{P(E\cap A)}{P(E)}=\dfrac{P(A\cap E)}{P(E)}=\dfrac{6}{1000}\div\dfrac{41}{1000}=\dfrac{6}{41}$

次に，条件を複雑にした［**問題 2**］を考えてみよう。

> ［**問題 2**］［**問題 1**］において，不良品と判定された製品を再検査することになった。再検査で不良品と判定される割合は，A の製品は 99 %，B の製品は 97 % である。再検査した製品の中から無作為に 1 個選び出すとき，その製品が再検査で良品と判定される確率を求めよ。ただし，1 回目の検査と再検査は互いの結果に影響がないものとする。

［問題 2］の解答　再検査で良品と判定されるのには，次の 2 つの場合がある。

［1］ 1 回目の検査で不良品と判定された製品が，A の製品であり，再検査で良品と判定される場合

［2］ 1 回目の検査で不良品と判定された製品が，B の製品であり，再検査で良品と判定される場合

状況が複雑で混乱しやすいので，下のように表にまとめると見通しよく考えることができます。

［1］について，1 回目の検査で不良品と判定された製品が，A の製品である確率は

$P_E(A)=\dfrac{6}{41}$　←［問題 1］で求めた。

再検査で，A の製品が良品と判定される確率は，条件から　$1-\dfrac{99}{100}=\dfrac{1}{100}$

1 回目の検査と再検査は互いの結果に影響がないから，［1］の確率は

$\dfrac{6}{41}\times\dfrac{1}{100}$　……①

同様にして，［2］の確率は

$\left(1-\dfrac{6}{41}\right)\times\left(1-\dfrac{97}{100}\right)=\dfrac{35}{41}\times\dfrac{3}{100}$　…②

（$1-\dfrac{6}{41}$ について）← これは $P_E(B)$ である。

［1］，［2］は互いに排反であるから，①，② より　$\dfrac{6}{41}\times\dfrac{1}{100}+\dfrac{35}{41}\times\dfrac{3}{100}=\mathbf{\dfrac{111}{4100}}$

［**問題 1**］

	不良品 (E)	良品	
A	$\dfrac{3}{10}\times\dfrac{2}{100}$	$\dfrac{3}{10}\times\dfrac{98}{100}$	$\dfrac{3}{10}$ ← $P(A)$
B	$\dfrac{7}{10}\times\dfrac{5}{100}$	$\dfrac{7}{10}\times\dfrac{95}{100}$	$\dfrac{7}{10}$ ← $P(B)$

$P(A)P_A(E)$（分子）　$P(E)$（分母）

「不良品と判定された」という条件のもとで考える。

［**問題 2**］（再検査）

	不良品	良品	
A	$\dfrac{6}{41}\times\dfrac{99}{100}$	$\dfrac{6}{41}\times\dfrac{1}{100}$	$\dfrac{6}{41}$ ← $P_E(A)$
B	$\dfrac{35}{41}\times\dfrac{97}{100}$	$\dfrac{35}{41}\times\dfrac{3}{100}$	$\dfrac{35}{41}$ ← $P_E(B)$

求める確率

条件付き確率とする。

やってみよう

問1　ある集団Gに属する人々は，2：3 の割合でA組とB組に分かれている。集団Gの人全員が，ある試験を受けた。この試験は合格か不合格かが判定され，A 組の人のうち 7 割，B 組の人のうち 6 割が合格した。

(1) 集団Gから無作為に 1 人を選ぶ。選んだ 1 人が不合格者のとき，その人がA組である確率を求めよ。

(2) この試験の不合格者全員が，再試験を受けた。再試験も合格か不合格かが判定され，再試験を受けたA組のうち 8 割，再試験を受けたB組のうち 7 割が合格した。再試験を受けた人から無作為に 1 人を選ぶとき，その人が不合格者である確率を求めよ。ただし，1 回目の試験と再試験は互いの結果に影響がないものとする。

● 問題に挑戦 ●

1 ある集団Gに所属するすべての人が，ウイルスXに感染しているかどうかの簡易検査を受けた。この簡易検査に関しては，次のことがわかっている。

(i) Xに **感染している** 場合，簡易検査で陽性と判定される確率は 90% である。
(ii) Xに **感染していない** 場合，簡易検査で陽性と判定される確率は 9% である。

また，検査結果は陽性か陰性のどちらか一方のみとし，それ以外の結果は出ないものとする。このとき，次の問いに答えよ。

(1) Xに感染している場合，簡易検査で陰性と判定される確率は アイ %である。
また，Xに感染していない場合，簡易検査で陰性と判定される確率は ウエ %である。
アイ，ウエ に当てはまる数を答えよ。

(2) 一般に，事象 A の確率を $P(A)$ で表す。また，事象 A の余事象を $\overline{A}$ と表し，2つの事象 A，B の和事象を $A\cup B$，積事象を $A\cap B$ と表す。
簡易検査の結果が陽性である事象を A，Xに感染している事象を F とする。
集団Gに所属するすべての人の中から無作為に1人選ぶとする。
このとき，選ばれた1人が，Xに感染している確率は オ であり，Xに感染していて，しかも簡易検査で陽性と判定される確率は カ である。
また，簡易検査で陽性と判定される確率は キ である。
更に，簡易検査で陽性と判定された場合，Xに感染している確率は ク である。
オ ～ ク に当てはまるものを，次の⓪～⑨のうちから1つずつ選べ。ただし，同じものを繰り返し選んでもよい。

⓪ $P(F)$
① $P(\overline{F})$
② $P(F\cap A)$
③ $P(F\cup A)$
④ $P(\overline{F}\cap A)$
⑤ $P(F\cap A)+P(\overline{F}\cap A)$
⑥ $P(F\cup A)+P(\overline{F}\cup A)$
⑦ $\dfrac{P(F\cap A)}{P(F\cap A)+P(\overline{F}\cap A)}$
⑧ $\dfrac{P(F\cap \overline{A})}{P(F\cap \overline{A})+P(\overline{F}\cap \overline{A})}$
⑨ $\dfrac{P(F\cup A)}{P(F\cup A)+P(\overline{F}\cup A)}$

(3) (2)の確率 オ を1%としたとき，確率 ク は $\dfrac{\text{ケコ}}{\text{サシス}}$ である。
ケコ，サシス に当てはまる数を答えよ。

集団Gに所属する人の中で，簡易検査で陽性と判定されたすべての人が精密検査を受けることになった。その精密検査を受けた人の中から無作為に1人選ぶとする。なお，この精密検査に関しては，次のことがわかっている。

> (iii) Xに **感染している** 場合，精密検査で陽性と判定される確率は99%である。
> (iv) Xに **感染していない** 場合，精密検査で陽性と判定される確率は1%である。

このとき，次の問いに答えよ。ただし，(2)の確率 [オ] は1%とし，簡易検査と精密検査は互いの結果に影響を及ぼさないものとする。

(4) 選ばれた1人が精密検査で **陰性** と判定される確率を，次の⓪～③のうちから1つ選べ。[セ]

⓪ $\frac{99}{5000}$　① $\frac{4901}{5000}$　② $\frac{1089}{10900}$　③ $\frac{9811}{10900}$

(5) 精密検査で **陰性** と判定された場合，Xに感染している確率を，次の⓪～③のうちから1つ選べ。[ソ]

⓪ $\frac{10}{11}$　① $\frac{10}{1089}$　② $\frac{10}{4901}$　③ $\frac{10}{9811}$

Research & Work 2 数学A 図形の性質における重要定理

数学Aの「図形の性質」では，さまざまな定理を学んだ。ここでは，チェバの定理，メネラウスの定理，方べきの定理を振り返り，問題に取り組もう。

1 チェバの定理，メネラウスの定理の振り返り

[1] 三角形と1点なら　チェバの定理

3直線AP，BQ，CRが1点で交わるとき

$$\frac{BP}{PC}\cdot\frac{CQ}{QA}\cdot\frac{AR}{RB}=1$$

数学A例題74

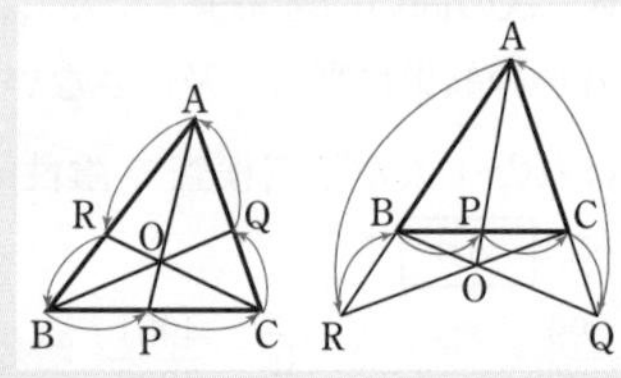

[2] 三角形と1直線なら　メネラウスの定理

3つの点P，Q，Rが1つの直線上にあるとき

$$\frac{BP}{PC}\cdot\frac{CQ}{QA}\cdot\frac{AR}{RB}=1$$

数学A例題75

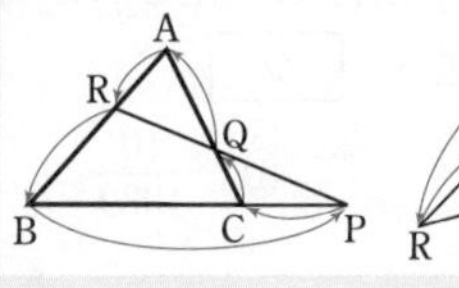

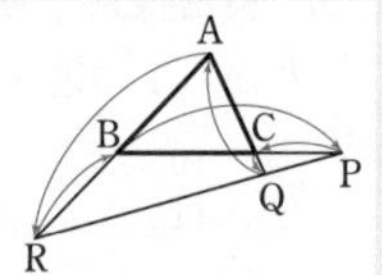

これらの定理は，同じ形の式で表されている。また，いずれも定理の逆が成り立つ。

左辺は，上の図のように，点Bを出発して，P，Q，Rを経由しながら3頂点を1周する形である。

ここで，次の問題を考えてみよう。

[問題] 四角形ABCDが円Oに外接している。辺AB，BC，CD，DAと円Oとの接点をそれぞれP，Q，R，Sとし，線分AP，BQ，CR，DSの長さをそれぞれa，b，c，dとする。3直線AC，PQ，RSのどの2本も平行でないとき

(1)　2直線AC，PQの交点をXとするとき，AX：XC＝a：cであることを示せ。

(2)　2直線AC，RSの交点をYとするとき，AY：YC＝AX：XCであることを示せ。

まずは，図をかこう。(1)のポイントは，点P，Q，R，Sが円の接点であるから，「円の外部の1点からその円に引いた2本の接線の長さは等しい」を利用することである。すなわち，PB＝BQ＝b，QC＝CR＝cといったように，線分の長さを求めることができる。

次に，△ABCに直線XQが交わっている形が見えるから，メネラウスの定理を利用することを考える。

三角形と1直線なら　メネラウスの定理

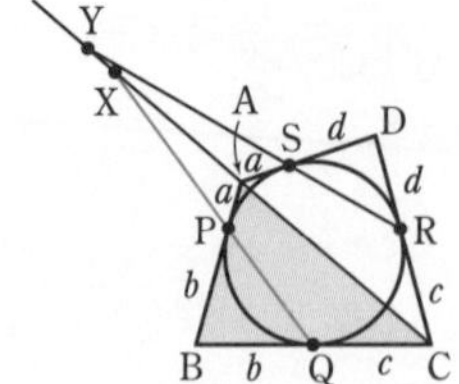

Q2　上の[問題]を解け。

inf. [**問題**](2)の結果より，点Xが辺 AC を外分する比と点Yが辺 AC を外分する比が等しいから，点XとYは一致する。すなわち，3 直線 AC，PQ，RS は 1 点で交わることがわかる。

★図形描画ソフトを利用して確認してみましょう。四角形 ABCD の形を変更しても，3 直線 AC，PQ，RS は 1 点で交わることがわかりますね。ただし，ソフトでは，4 点 P，Q，R，S の位置を動かしてください。

図形描画ソフト

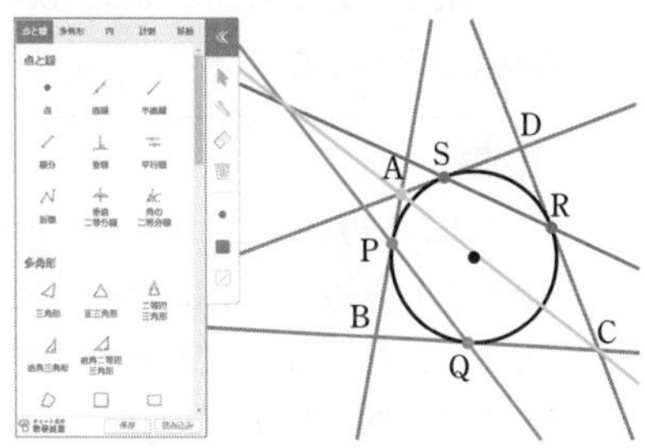

2 方べきの定理の振り返り

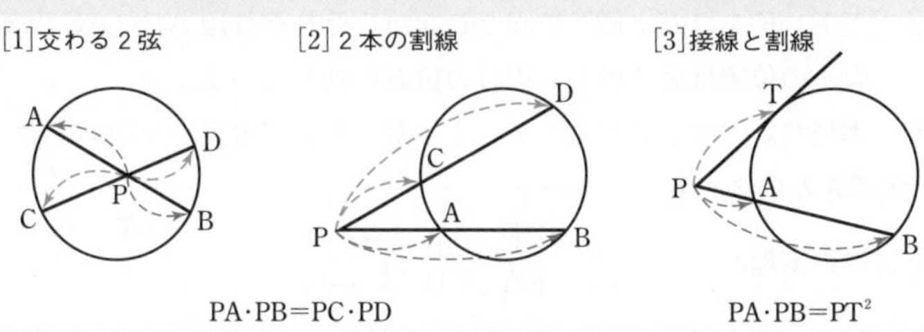

数学A例題 89

[2]（2 本の割線）の場合において，C=D となるときを考えると，C(D) は円の接点となる。その接点をTとすると，PA·PB=PC·PD において PC=PD=PT から，[3]（接線と割線）の PA·PB=PT^2 が得られる。また，チェバの定理，メネラウスの定理と同様に，方べきの定理も逆が成り立つことを押さえておこう。

確認 Q3 右の図のように 2 つの円の交点を P，Q とする。また，円と線分 PQ に交わる直線を引き，直線と円や線分との交点を図のように A，B，C，D，E とする。AB=6，BC=4，CD=3 であるとき，線分 DE の長さを求めよ。

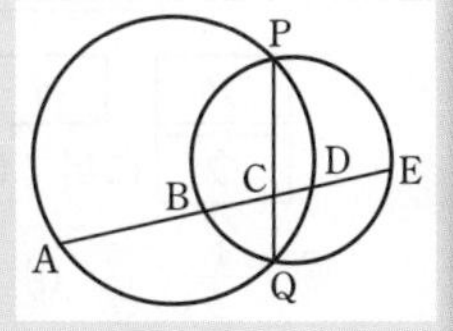

やってみよう

問2 三角形 ABC の辺 AB，AC 上にそれぞれ点 D，E を AD：AE=2：3 となるようにとる。直線 DE と直線 BC は点Fで交わるとし，BD：CE=3：1 とする。

(1) BF：CF を求めよ。

(2) 4 点 B，C，E，D が 1 つの円周上にあるとする。AD=$2a$，CE=b とおくとき，$5a=3b$ が成り立つことを示せ。また，EF：DE を求めよ。

Research & Work

● 問題に挑戦 ●

2 〔1〕 花子さんと太郎さんは，次の［**問題**］について，図形描画ソフトを使って考えてみることにした。

［**問題**］

△ABC の辺 AB 上（ただし，頂点 A，B を除く）の点を E とし，辺 AC 上に BC∥EF となるような点 F をとる。また，BF と CE の交点を P，直線 AP と辺 BC の交点を D とする。

このとき，比の値 $\dfrac{\mathrm{BD}}{\mathrm{DC}}$ を求めよ。

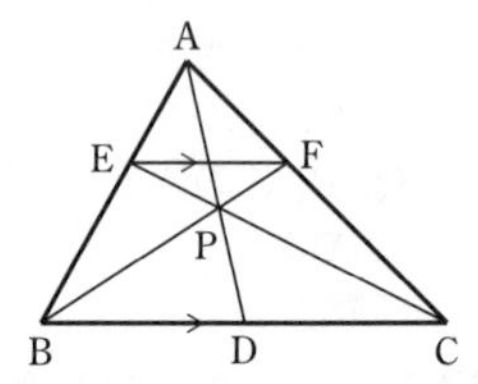

花子：点 E，F を BC∥EF を満たしながらそれぞれ辺 AB，AC 上で動かすと，点 P の位置は動くけど，点 D の位置は動かないよ。

太郎：本当だ。どうしてだろう…。そうだ，チェバの定理を用いて考えてみよう。

太郎さんのノート

チェバの定理から　$\dfrac{\mathrm{BD}}{\mathrm{DC}}\cdot\dfrac{\mathrm{CF}}{\mathrm{FA}}\cdot\dfrac{\mathrm{AE}}{\mathrm{EB}}=$ ア

AE：EB＝1：k （$k>0$） とすると　$\dfrac{\mathrm{AE}}{\mathrm{EB}}=\dfrac{1}{k}$

BC∥EF から　$\dfrac{\mathrm{BD}}{\mathrm{DC}}\cdot\dfrac{k}{\boxed{\text{イ}}}\cdot\dfrac{1}{k}=$ ア　　ゆえに　$\dfrac{\mathrm{BD}}{\mathrm{DC}}=$ ウ

太郎：比の値 $\dfrac{\mathrm{BD}}{\mathrm{DC}}$ が，点 E の位置に関係なく一定であることが示せたから，点 D は動かない，ということになるのだね。

(1) ア，イ に当てはまる数を答えよ。

(2) ウ に当てはまるものを，次の⓪～⑤のうちから 1 つ選べ。

⓪ $\dfrac{1}{2}$　① 1　② $\dfrac{2}{3}$　③ $\dfrac{3}{2}$　④ $\dfrac{4}{5}$　⑤ $\dfrac{5}{4}$

(3) ［**問題**］において，線分 AD と線分 EF の交点を Q とすると，$\dfrac{\mathrm{EQ}}{\mathrm{QF}}=$ エ となる。エ に当てはまるものを，次の⓪～⑤のうちから 1 つ選べ。

⓪ $\dfrac{1}{2}$　① 1　② $\dfrac{2}{3}$　③ $\dfrac{3}{2}$　④ $\dfrac{4}{5}$　⑤ $\dfrac{5}{4}$

〔2〕 右の図のように，△ABC の辺 AB，AC 上に，それぞれ点 E，F をとる。また，BF と CE の交点を P，直線 AP と辺 BC の交点を D，△AEP の外接円と直線 BP の交点で，点 P とは異なる点を Q とする。

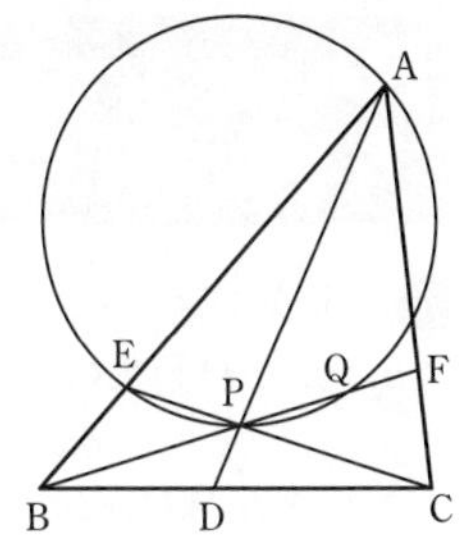

ここで，AB=12，BC=9，AE：EB=3：1，

BD：DC=4：5 であるという。このとき，

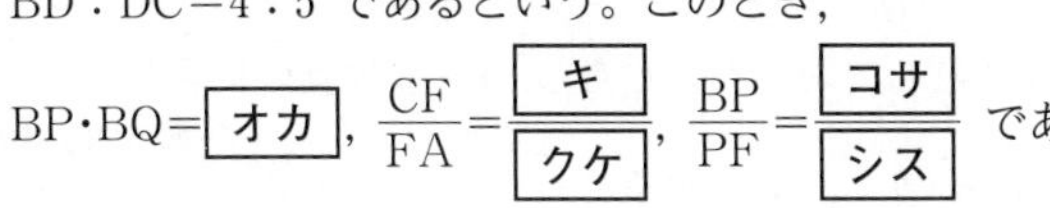

BP・BQ= オカ ，$\dfrac{\text{CF}}{\text{FA}}=\dfrac{\text{キ}}{\text{クケ}}$，$\dfrac{\text{BP}}{\text{PF}}=\dfrac{\text{コサ}}{\text{シス}}$ である。

また，4 点 D， ＊ は 1 つの円周上にある。

(4) オカ ～ シス に当てはまる数を答えよ。

(5) ＊ に当てはまるものを，次の⓪～⑦のうちから 2 つ選べ。ただし，解答の順序は問わない。 セ ， ソ

⓪ A，B，P	① A，C，E	② A，C，P	③ A，E，F
④ C，E，F	⑤ C，F，P	⑥ C，F，Q	⑦ C，P，Q

Research &Work 3 数学A 1次不定方程式の応用

1 1次不定方程式の振り返り

a, b, c は整数の定数で, $a \neq 0$, $b \neq 0$ とする。x, y の1次不定方程式

$$ax+by=c \quad \cdots\cdots ①$$

の解き方(整数解の求め方)を確認しておこう。ただし, a, b は互いに素とする。

$p.463$ 基本事項

[1] $ax+by=1$ の1組の整数解 $(p,\ q)$ を求める。

$$ap+bq=1 \quad \cdots\cdots ②$$

※ $(p,\ q)$ が簡単に求められないときは, ユークリッドの互除法 ($p.465$ 参照) を利用する。

[2] ② の両辺を c 倍して　　$a(cp)+b(cq)=c$ ……③

[3] ①−③ から　　$a(x-cp)+b(y-cq)=0$

すなわち　　$a(x-cp)=-b(y-cq)$

[4] a, b は互いに素であるから, $x-cp$ は b の倍数である。

よって, $x-cp=kb$ (k は整数) とおくと　　$a\cdot kb=-b(y-cq)$

以上から, ① のすべての整数解は　　$\boldsymbol{x=kb+cp,\ y=-ka+cq}$ (**k は整数**)

確認 Q4 次の方程式の整数解をすべて求めよ。また, (2) の整数解のうち, x が最小の自然数であるときの x, y の組を求めよ。

(1) $8x-3y=1$　　(2) $34x+23y=2$

2 油分け算

江戸時代の数学書『塵劫記』には, 次に示すような **油分け算** と呼ばれる問題が取り上げられている(単位をLとするなど, 表現は変えてある)。

> **[問題]** 10Lの桶(おけ)に油が10L入っている。7L入る枡(ます)と3L入る枡を1つずつ使って, この油を5Lずつに分ける手順を答えよ。

ただし, 桶や枡には目盛りがなく, 次の操作(a)～(c)しかできないものとして, 操作(a)の回数が最小となるような手順を考えよう。

(a) 桶から7L枡に7Lの油を入れる。　←7L枡は, 7L入る枡のこと。

(b) 7L枡から3L枡に移せるだけ油を移す。

(c) 3L枡から桶に3Lの油を戻す。

つまり, 途中では3L枡に油が入ることはあるが, 最終的には桶に5L, 7L枡に5Lの油が入ることになる。手順の途中までを模式図で表すと, 次のようになる。

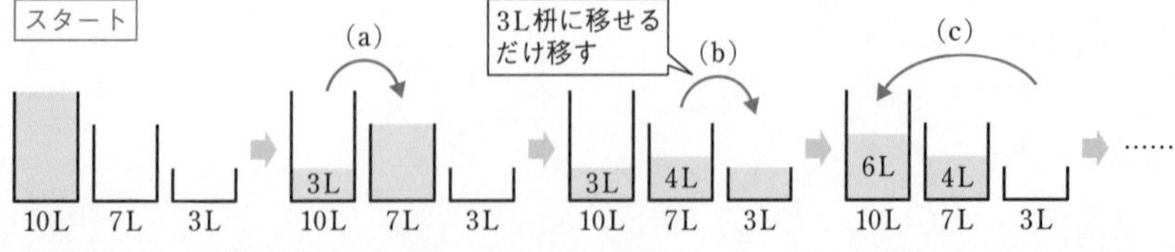

● 油分け算の解法

操作を終えるまでに，操作(a)を行う回数を x，操作(c)を行う回数を y とする。このとき，桶から枡に入る油の量の合計は $7x$ L，枡から桶に戻る油の量の合計は $3y$ L になる。油を5Lずつに分けたとき，桶から枡には5Lの油が入ることになるから，

$$7x-3y=5 \quad \cdots\cdots ④$$

が成り立つ。④を満たす自然数 x，y を求めると，油分け算の問題の手順がわかる。すなわち，**油分け算の問題を1次不定方程式の問題として考えることができる。**
前のページで振り返った1次不定方程式の解き方をふまえ，④を解いてみよう。

$x=2$，$y=3$ は，④の整数解の1つであるから　$7\cdot2-3\cdot3=5$ ……⑤
④−⑤から　$7(x-2)-3(y-3)=0$　すなわち　$7(x-2)=3(y-3)$ ……⑥
7と3は互いに素であるから，$x-2$ は3の倍数である。
ゆえに，k を整数として，$x-2=3k$ と表される。
これを⑥に代入すると　$y-3=7k$
したがって，④のすべての整数解は　$x=3k+2$，$y=7k+3$　（k は整数）

ここで，x が最小の自然数となるのは，$x=2$，$y=3$ $(k=0)$ である。よって，操作(a)を2回，操作(c)を3回行うことができるように，操作(b)を行えば，最小の回数で油を5Lずつに分けられることがわかる。実際の手順は，次の通りである。(　)の中は，(10L桶の油の量，7L枡の油の量，3L枡の油の量)を表すとする。

スタート
(10, 0, 0) →(a) (3, 7, 0) →(b) (3, 4, 3) →(c) (6, 4, 0) →(b)
［左下へ続く］
(6, 1, 3) →(c) (9, 1, 0) →(b) (9, 0, 1) →(a) (2, 7, 1) →(b)
［左下へ続く］
(2, 5, 3) →(c) (5, 5, 0)
ゴール

操作(a)は「7L」，(c)は「3L」を1つのまとまりとして油を移動させることに注意しよう。例えば，10L桶から7L枡へ6Lだけ入れることはできません。

● 油を分けることができない枡の容積について

上の油分け算では，枡の容積7L，3Lが**互いに素である**から，解を得ることができた。もし，互いに素でない容積の組み合わせだったらどうだろうか。
例えば，上の油分け算で，6Lと2Lの枡を使って油を分けるとすると，1次不定方程式は $6x-2y=5$ となる。これは，$2(3x-y)=5$ と変形できる。
$3x-y$ は整数であるから，左辺は偶数であるが，右辺は奇数である。
よって，これを満たすような**整数 x，y は存在しない**。すなわち，6Lと2Lの枡の組み合わせでは，油を5Lずつに分けることができないことがわかる。

やってみよう

問3　10Lの桶に油が10L入っている。5L入る枡と3L入る枡を1つずつ使って，この油を6Lと4Lに分ける手順を考える。ただし，桶や枡には目盛りがなく，次の操作(a)〜(c)しかできないものとする。操作(a)の回数が最小となるような手順を答えよ。
(a)　桶から5L枡に5Lの油を入れる。
(b)　5L枡から3L枡に移せるだけ油を移す。　　(c)　3L枡から桶に3Lの油を戻す。

● 問題に挑戦 ●

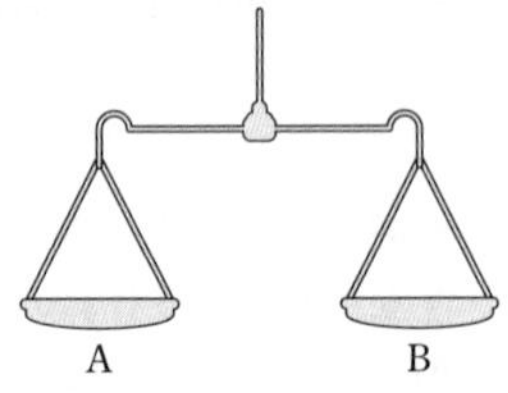

3 質量 M (g) の物体Xの質量を，天秤ばかりと分銅を用いて量る。天秤ばかりは支点の両側に皿A，Bが取り付けられており，両側の皿にのせたものの質量が等しいときに釣り合うように作られている。3 g と 14 g の分銅を数多く用意したとし，それぞれ何個でものせることができるものとする。

(1) 皿Aに物体Xと 14 g の分銅1個をのせ，皿Bに 3 g の分銅7個をのせると，天秤ばかりは釣り合った。このとき

$$M+14\times\boxed{\text{ア}}=3\times\boxed{\text{イ}}$$

が成り立ち，$M=\boxed{\text{ウ}}$ である。

$\boxed{\text{ア}}$ ～ $\boxed{\text{ウ}}$ に当てはまる数を答えよ。

(2) 皿Aに物体Xと 14 g の分銅 x 個を，皿Bに 3 g の分銅 y 個をのせると，天秤ばかりが釣り合うとする。このとき

$$-\boxed{\text{エオ}}x+\boxed{\text{カ}}y=M \quad \cdots\cdots ①$$

が成り立つ。

$M=1$ のとき，皿Aに物体Xと 14 g の分銅 $\boxed{\text{キ}}$ 個をのせ，皿Bに 3 g の分銅5個をのせると釣り合う。

よって，M がどのような自然数であっても，皿Aに物体Xと 14 g の分銅 $\boxed{\text{ク}}$ 個をのせ，皿Bに 3 g の分銅 $\boxed{\text{ケ}}$ 個をのせることで釣り合うことになる。

$\boxed{\text{エオ}}$ ～ $\boxed{\text{キ}}$ に当てはまる数を答えよ。また，$\boxed{\text{ク}}$，$\boxed{\text{ケ}}$ に当てはまるものを，次の⓪～⑤のうちから1つずつ選べ。ただし，同じものを選んでもよい。

⓪ $M-1$　　① M　　② $M+1$

③ $M+4$　　④ $2M-1$　　⑤ $5M$

(3) $M=20$ のとき，方程式 ① のすべての整数解は，整数 k を用いて

$x=$ コ $k+$ サシ ，$y=$ スセ $k+100$

と表すことができる。

したがって，14 g の分銅の個数が最小となるのは，

$x=$ ソ ，$y=$ タチ

のときである。

コ ～ タチ に当てはまる数を答えよ。

(4) $M=$ ウ とする。3 g と 14 g の分銅を，他の質量の分銅の組み合わせに変えると，分銅をどのようにのせても天秤ばかりが釣り合わない場合がある。この場合の分銅の質量の組み合わせを，次の⓪～③のうちから 2 つ選べ。ただし，2 種類の分銅は，皿 A，皿 B のいずれにも何個でものせることができるものとする。また，解答の順序は問わない。 ツ ， テ

⓪ 3 g と 10 g　　① 3 g と 27 g

② 10 g と 14 g　　③ 14 g と 27 g

CHECK & CHECK の解答（数学Ⅰ）

◎ CHECK & CHECK 問題の詳しい解答を示し，最終の答の数値などは太字で示した。

1 (1) **係数 2，次数 4**

x に着目すると，係数 $2ab$，次数 2

(2) **係数 -6，次数 4**

y と z に着目すると，係数 $-6x$，次数 3

(3) **係数 -1，次数 5**

a と c に着目すると，係数 $-b$，次数 4

2 (1) $\boldsymbol{-2x^3+x^2-3x+5}$

(2) $\boldsymbol{-x^2+(3y-2)x+(y^2-y+6)}$

3 (1) $A+B$

$=(5x^3-2x^2+3x+4)+(3x^3-5x^2+3)$

$=(5+3)x^3+(-2-5)x^2+3x+(4+3)$

$\boldsymbol{=8x^3-7x^2+3x+7}$

(2) $A-B$

$=(5x^3-2x^2+3x+4)-(3x^3-5x^2+3)$

$=5x^3-2x^2+3x+4-3x^3+5x^2-3$

$=(5-3)x^3+(-2+5)x^2+3x+(4-3)$

$\boldsymbol{=2x^3+3x^2+3x+1}$

4 (1) (ア) $x^4\cdot x^5=x^{4+5}=\boldsymbol{x^9}$

(イ) $(a^3)^2=a^{3\times2}=\boldsymbol{a^6}$

(ウ) $(-2xy^2)^3$

$=(-2)^3x^3(y^2)^3$

$=-8x^3y^{2\times3}$

$\boldsymbol{=-8x^3y^6}$

(エ) $(-ab)^2(-2a^3b)$

$=(-1)^2a^2b^2\times(-2)a^3b$

$=1\cdot(-2)a^{2+3}\cdot b^{2+1}$

$\boldsymbol{=-2a^5b^3}$

(2) (ア) $(4x-3y)^2$

$=(4x)^2-2\cdot4x\cdot3y+(3y)^2$

$\boldsymbol{=16x^2-24xy+9y^2}$

(イ) $(2a+3b)(a-2b)$

$=2\cdot1a^2+\{2\cdot(-2)+3\cdot1\}ab+3\cdot(-2)b^2$

$\boldsymbol{=2a^2-ab-6b^2}$

5 (1) $6a^2b-8ab=\boldsymbol{2ab(3a-4)}$

(2) $12m^2xy^2-4mx^2y^2+8m^3x^2$

$\boldsymbol{=4mx(3my^2-xy^2+2m^2x)}$

6 (1) $x^2-14x+49=x^2-2\cdot x\cdot7+7^2$

$=\boldsymbol{(x-7)^2}$

(2) $a^2+12ab+36b^2=a^2+2\cdot a\cdot6b+(6b)^2$

$=\boldsymbol{(a+6b)^2}$

(3) $25a^2-81=(5a)^2-9^2$

$=\boldsymbol{(5a+9)(5a-9)}$

(4) $9x^2-64y^2=(3x)^2-(8y)^2$

$=\boldsymbol{(3x+8y)(3x-8y)}$

(5) $25x^2+40xy+16y^2$

$=(5x)^2+2\cdot5x\cdot4y+(4y)^2$

$=\boldsymbol{(5x+4y)^2}$

(6) $9a^2-42ab+49b^2$

$=(3a)^2-2\cdot3a\cdot7b+(7b)^2$

$=\boldsymbol{(3a-7b)^2}$

(7) $x^2+5x+6=x^2+(2+3)x+2\cdot3$

$=\boldsymbol{(x+2)(x+3)}$

(8) $x^2-7x+12=x^2+(-3-4)x+(-3)\cdot(-4)$

$=\boldsymbol{(x-3)(x-4)}$

7 (1) $\dfrac{23}{4}=\boldsymbol{5.75}$

(2) $-\dfrac{1}{6}=-0.166\cdots\cdots$

$=\boldsymbol{-0.1\dot{6}}$

(3) $\dfrac{80}{11}=7.2727\cdots\cdots$

$=\boldsymbol{7.\dot{2}\dot{7}}$

(4) $\dfrac{877}{666}=1.3168168\cdots\cdots$

$=\boldsymbol{1.3\dot{1}6\dot{8}}$

8 (1) (ア) $|-2|=\boldsymbol{2}$

(イ) $|-7+3|=|-4|=\boldsymbol{4}$

(ウ) $|-4|-|6|=4-6=\boldsymbol{-2}$

(エ) $3<\pi<4$ であるから　$\pi-5<0$

よって　$|\pi-5|=-(\pi-5)=\boldsymbol{-\pi+5}$

(2) (ア) $|8-3|=|5|=\boldsymbol{5}$

(イ) $|5-(-2)|=|5+2|=|7|=\boldsymbol{7}$

(ウ) $|-4-(-1)|=|-4+1|=|-3|=\boldsymbol{3}$

9 (1) $\sqrt{(-7)^2}=\sqrt{49}=\sqrt{7^2}=\boldsymbol{7}$

別解　$\sqrt{(-7)^2}=|-7|=\boldsymbol{7}$

(2) $\sqrt{8}\sqrt{2}=\sqrt{8\cdot2}=\sqrt{16}=\sqrt{4^2}=\boldsymbol{4}$

別解　$\sqrt{8}=\sqrt{2^2\cdot2}=2\sqrt{2}$

よって　　$\sqrt{8}\sqrt{2}=2\sqrt{2}\sqrt{2}$
$=2(\sqrt{2})^2=4$

(3)　$\dfrac{\sqrt{245}}{\sqrt{5}}=\sqrt{\dfrac{245}{5}}=\sqrt{49}=\sqrt{7^2}=\mathbf{7}$

別解　$\sqrt{245}=\sqrt{7^2\cdot 5}=7\sqrt{5}$

よって　　$\dfrac{\sqrt{245}}{\sqrt{5}}=\dfrac{7\sqrt{5}}{\sqrt{5}}=\mathbf{7}$

10　$a<b$ ……①　のとき

(1)　①の両辺に3を加えて
$\boldsymbol{a+3<b+3}$

(2)　①の両辺から2を引いて
$\boldsymbol{a-2<b-2}$

(3)　①の両辺に正の数5を掛けて
$\boldsymbol{5a<5b}$

(4)　①の両辺に負の数 -4 を掛けて
$\boldsymbol{-4a>-4b}$

(5)　①の両辺に a を加えて
$a+a<b+a$

よって　　$\boldsymbol{2a<a+b}$

11　(1)　$x+3<2$

移項すると　　$x<2-3$

よって　　$\boldsymbol{x<-1}$

(2)　$2x\geqq 5$

両辺を正の数2で割って　　$\boldsymbol{x\geqq\frac{5}{2}}$

(3)　$-3x\leqq 4$

両辺を負の数 -3 で割って　　$\boldsymbol{x\geqq-\frac{4}{3}}$

12　(1)　右の図から
$\boldsymbol{0<x\leqq 3}$

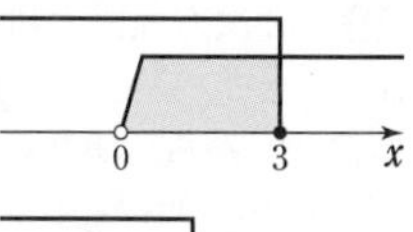

(2)　右の図から
$\boldsymbol{x\leqq-4}$

(3)　$x\geqq-2$,　$x>1$
から，右の図より
$\boldsymbol{x>1}$

13　(1)　$\boldsymbol{x=\pm 4}$　　(2)　$\boldsymbol{-1<x<1}$

(3)　$\boldsymbol{x\leqq-1,\ 1\leqq x}$

14　(1)　$B=\{4,\ 8,\ 12,\ 16,\ 20,\ 24\}$

(2)　(1)から　　$A\subset B$

15　$A=\{1,\ 2,\ 3,\ 4,\ 6,\ 9,\ 12,\ 18,\ 36\}$,
$B=\{1,\ 2,\ 3,\ 4,\ 5,\ 6,\ 7,\ 8,\ 9,\ 10\}$

であるから　$A\cap B=\{\mathbf{1,\ 2,\ 3,\ 4,\ 6,\ 9}\}$

16　(1)　$A\cap B=\{\mathbf{5}\}$

(2)　$A\cup B=\{\mathbf{1,\ 2,\ 3,\ 5,\ 6}\}$

(3)　$U=\{1,\ 2,\ 3,\ 4,\ 5,\ 6,\ 7\}$ であるから
$\overline{A}=\{\mathbf{2,\ 4,\ 6,\ 7}\}$

17　(1)　$A\cap B=\{\mathbf{2,\ 6}\}$

(2)　$\overline{A}=\{1,\ 3,\ 5,\ 8,\ 9\}$, $\overline{B}=\{4,\ 7,\ 8,\ 9\}$ であるから
$\overline{A}\cup\overline{B}=\{\mathbf{1,\ 3,\ 4,\ 5,\ 7,\ 8,\ 9}\}$

別解　(1)，ド・モルガンの法則から
$\overline{A}\cup\overline{B}=\overline{A\cap B}$
$=\{\mathbf{1,\ 3,\ 4,\ 5,\ 7,\ 8,\ 9}\}$

(3)　$A\cap B\cap C=\{\mathbf{6}\}$

(4)　$A\cup B\cup C=\{\mathbf{1,\ 2,\ 3,\ 4,\ 5,\ 6,\ 7,\ 8}\}$

18　①　「大きい」の意味が明確でないから，正しいか正しくないかが定まらない。よって，命題ではない。

②　28の正の約数は1, 2, 4, 7, 14, 28の6個である。よって，真の命題である。

③　$n=36$ のとき，n は4の倍数かつ6の倍数であるが，24の倍数でない。
よって，偽の命題である（$n=36$ が反例）。

19　①　$x=2\Longrightarrow x^2=4$ は　真
$x^2=4\Longrightarrow x=2$ は　偽（反例：$x=-2$）

②　$x=-2$ または $x=2\Longrightarrow x^2=4$ は　真
$x^2=4\Longrightarrow x=-2$ または $x=2$ は　真

③　$|x|>0\Longrightarrow x^2=4$ は　偽（反例：$x=1$）
$x^2=4\Longrightarrow |x|>0$ は　真

ゆえに　(1)　③　　(2)　①　　(3)　②

20　(1)　$\boldsymbol{x<y}$

(2)　$x>2$ かつ $x\leqq 4$
すなわち　$\boldsymbol{2<x\leqq 4}$

(3)　$\boldsymbol{x=1}$ **または** $\boldsymbol{y=1}$

21　**逆：「$\boldsymbol{x\leqq 2}$ または $\boldsymbol{y\leqq 2}$」
ならば　$\boldsymbol{x+y\leqq 4}$ である**

**対偶：「$\boldsymbol{x>2}$ かつ $\boldsymbol{y>2}$」
ならば $\boldsymbol{x+y>4}$ である**

**裏：$\boldsymbol{x+y>4}$ ならば
「$\boldsymbol{x>2}$ かつ $\boldsymbol{y>2}$」である**

22　(1)　$f(3)=-2\cdot 3+1=-6+1=\mathbf{-5}$

(2)　$f(0)=-2\cdot 0+1=\mathbf{1}$

(3) $f(-1)=-2(-1)+1$
$=2+1=\mathbf{3}$

(4) $f(1-a)=-2(1-a)+1$
$=-2+2a+1$
$=\mathbf{2a-1}$

23 (1) $y=x^2-4x+3=\{(x-2)^2-2^2\}+3$
$=\mathbf{(x-2)^2-1}$

(2) $y=3x^2+6x-1=3(x^2+2x)-1$
$=3\{(x+1)^2-1^2\}-1=3(x+1)^2-3\cdot1-1$
$=\mathbf{3(x+1)^2-4}$

(3) $y=2x^2-3x+2=2\left(x^2-\frac{3}{2}x\right)+2$

$=2\left\{\left(x-\frac{3}{4}\right)^2-\left(\frac{3}{4}\right)^2\right\}+2$

$=2\left(x-\frac{3}{4}\right)^2-2\cdot\left(\frac{3}{4}\right)^2+2$

$=\mathbf{2\left(x-\frac{3}{4}\right)^2+\frac{7}{8}}$

24 (1) x を $x-(-1)$ すなわち $x+1$，
y を $y-2$ でおき換えると
$y-2=(x+1)^2$
よって　$y-2=x^2+2x+1$
すなわち　$\mathbf{y=x^2+2x+3}$

(2) $f(x)=-2x^2+1$ とすると，求める関数は $-y=f(-x)$ であるから
$-y=-2(-x)^2+1$
すなわち　$\mathbf{y=2x^2-1}$

25 (1) 下に凸で，頂点は点 $(0,\ -3)$
よって，**$x=0$ で最小値 -3 をとる。**
また，y の値はいくらでも大きくなるから，**最大値はない。**

(2) 上に凸で，頂点は点 $(0,\ 1)$
よって，**$x=0$ で最大値 1 をとる。**
また，y の値はいくらでも小さくなるから，**最小値はない。**

(3) 下に凸で，頂点は点 $(2,\ 5)$
よって，**$x=2$ で最小値 5 をとる。**
また，y の値はいくらでも大きくなるから，**最大値はない。**

26 2 次関数 $y=ax^2+bx-1$ のグラフが点 $(1,\ 0)$ を通るための条件は
$0=a\cdot1^2+b\cdot1-1$
よって　$a+b=1$ ……①
点 $(-2,\ -15)$ を通るための条件は
$-15=a(-2)^2+b(-2)-1$
よって　$4a-2b=-14$
すなわち　$2a-b=-7$ ……②
①+② から　$3a=-6$
ゆえに　$\mathbf{a=-2}$
① から　$\mathbf{b=-a+1=3}$

27 $\begin{cases}2a-b+c=8 & \cdots\cdots ①\\ a-2b-3c=-5 & \cdots\cdots ②\\ 3a+3b+2c=9 & \cdots\cdots ③\end{cases}$
①×3 から　$6a-3b+3c=24$ ……④
②+④ から　$7a-5b=19$ ……⑤
①×2 から　$4a-2b+2c=16$ ……⑥
⑥−③ から　$a-5b=7$ ……⑦
⑤−⑦ から　$6a=12$
よって　$a=2$
$a=2$ を ⑦ に代入して　$2-5b=7$
よって　$b=-1$
$a=2,\ b=-1$ を ① に代入して
$4-(-1)+c=8$
よって　$c=3$
したがって　$\mathbf{a=2,\ b=-1,\ c=3}$

28 (1) $x-1=0$　または　$x+2=0$
よって　$\mathbf{x=1,\ -2}$

(2) $x=0$　または　$x+1=0$
よって　$\mathbf{x=0,\ -1}$

(3) $x=\pm\sqrt{\frac{8}{9}}=\mathbf{\pm\frac{2\sqrt{2}}{3}}$

29 2 次方程式の判別式を D とする。
(1) $D=3^2-4\cdot1\cdot(-2)=17$
$D>0$ から，実数解の個数は　**2 個**
(2) $D=(-20)^2-4\cdot4\cdot25=0$
$D=0$ から，実数解の個数は　**1 個**（重解）
(3) $D=(-1)^2-4\cdot2\cdot1=-7$
$D<0$ から，実数解の個数は　**0 個**

30 (1) 2 次方程式 $5x^2-4=0$ を解くと
$5x^2=4$　すなわち　$x^2=\frac{4}{5}$
ゆえに　$x=\pm\frac{2}{\sqrt{5}}$
よって，求める x 軸との共有点の座標は
$\mathbf{\left(\frac{2}{\sqrt{5}},\ 0\right),\ \left(-\frac{2}{\sqrt{5}},\ 0\right)}$

(2)　2 次方程式 $(x-2)(2x+3)=0$ を解くと

$$x=2,\ -\frac{3}{2}$$

よって，求める x 軸との共有点の座標は

$$\boldsymbol{(2,\ 0),\ \left(-\frac{3}{2},\ 0\right)}$$

(3)　2 次方程式 $(x+1)^2-4=0$ を解くと

$(x+1)^2=4$ から　　$x+1=\pm2$

ゆえに　　$x=-1\pm2$

すなわち　$x=1,\ -3$

よって，求める x 軸との共有点の座標は

$$\boldsymbol{(1,\ 0),\ (-3,\ 0)}$$

(4)　2 次方程式 $x^2-6x+1=0$ を，解の公式を用いて解くと

$$x=\frac{-(-3)\pm\sqrt{(-3)^2-1\cdot1}}{1}$$

$$=3\pm\sqrt{8}=3\pm2\sqrt{2}$$

よって，求める x 軸との共有点の座標は

$$\boldsymbol{(3+2\sqrt{2},\ 0),\ (3-2\sqrt{2},\ 0)}$$

31　2 次方程式の判別式を D とする。

(1)　$D=5^2-4\cdot1\cdot1=21$

$D>0$ から，共有点の個数は　**2 個**

(2)　$D=(-3)^2-4\cdot4\cdot5=-71$

$D<0$ から，共有点の個数は　**0 個**

(3)　$\dfrac{D}{4}=4^2-1\cdot16=0$

$D=0$ から，共有点の個数は　**1 個**

32　(1)　$(x-1)(x-2)=0$ を解くと

$x=1,\ 2$

よって，$(x-1)(x-2)>0$ の解は

$$\boldsymbol{x<1,\ 2<x}$$

(2)　$(2x+3)(x-4)=0$ を解くと

$$x=-\frac{3}{2},\ 4$$

よって，$(2x+3)(x-4)\leqq0$ の解は

$$\boldsymbol{-\frac{3}{2}\leqq x\leqq4}$$

(3)　$(x+3)^2\geqq0$ の解は

すべての実数

(4)　不等式は $(x-2)^2=0$ のときのみ成り立つから，$(x-2)^2\leqq0$ の解は

$$\boldsymbol{x=2}$$

33　(1)　$2x^2-3x+1$

$$=2\left(x^2-\frac{3}{2}x\right)+1$$

$$=2\left(x-\frac{3}{4}\right)^2-2\left(\frac{3}{4}\right)^2+1$$

$$=2\left(x-\frac{3}{4}\right)^2-\frac{1}{8}$$

よって，$y=2x^2-3x+1$ のグラフは図(1)のようになり，$y\geqq0$ となる部分がある。

ゆえに，**$2x^2-3x+1<0$ は常に成り立つ不等式ではない。**

(2)　$2x^2-4x+2=2(x^2-2x+1)$

$$=2(x-1)^2$$

よって，$y=2x^2-4x+2$ のグラフは図(2)のようになり，すべての実数 x について $y\geqq0$ である。

ゆえに，**$2x^2-4x+2\geqq0$ は常に成り立つ。**

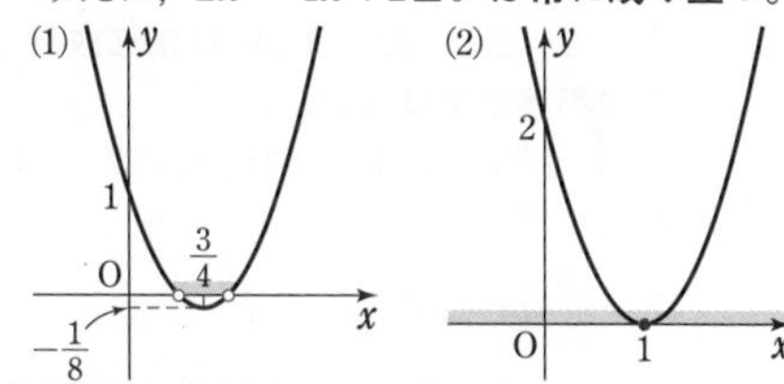

(3)　$2x^2-5x+4=2\left(x^2-\dfrac{5}{2}x\right)+4$

$$=2\left(x-\frac{5}{4}\right)^2-2\left(\frac{5}{4}\right)^2+4$$

$$=2\left(x-\frac{5}{4}\right)^2+\frac{7}{8}$$

よって，$y=2x^2-5x+4$ のグラフは図(3)のようになり，すべての実数 x について $y>0$ である。

ゆえに，**$2x^2-5x+4\leqq0$ は常に成り立たない。**

(4)　$2x^2-6x+4=2(x^2-3x)+4$

$$=2\left(x-\frac{3}{2}\right)^2-2\left(\frac{3}{2}\right)^2+4$$

$$=2\left(x-\frac{3}{2}\right)^2-\frac{1}{2}$$

よって，$y=2x^2-6x+4$ のグラフは図(4)のようになり，$y\leqq0$ となる部分がある。

ゆえに，**$2x^2-6x+4>0$ は常に成り立つ不等式ではない。**

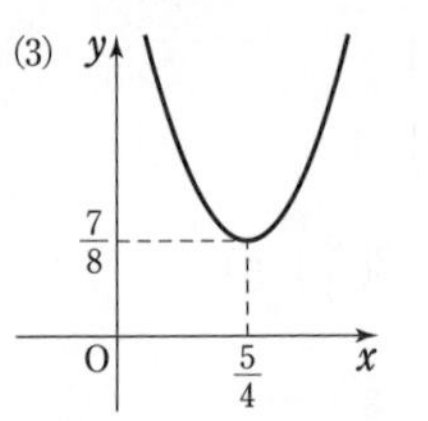

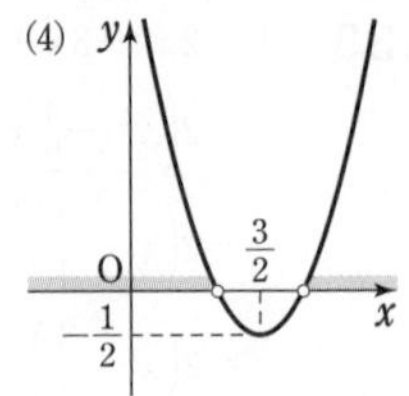

別解 (1) x^2 の係数は　　$2>0$

よって，$\boldsymbol{2x^2-3x+1<0}$ **は常に成り立つ不等式ではない。**

(2) x^2 の係数は　　$2>0$

$2x^2-4x+2=0$ の判別式を D とすると

$$\frac{D}{4}=(-2)^2-2\cdot2=0$$

$D=0$ から，$\boldsymbol{2x^2-4x+2\geqq0}$ **は常に成り立つ。**

(3) x^2 の係数は　　$2>0$

よって，$\boldsymbol{2x^2-5x+4\leqq0}$ **は常に成り立つ不等式ではない。**

(4) $2x^2-6x+4=0$ の判別式を D とすると

$$\frac{D}{4}=(-3)^2-2\cdot4=1$$

$D>0$ から，$\boldsymbol{2x^2-6x+4>0}$ **は常に成り立つ不等式ではない。**

inf. 下に凸の放物線が，常に x 軸の下側にあることはありえない。よって，判別式をとる必要はない ((1)，(3) 参照)。

注意 (1)，(3)

単に成り立たないことをいうのであれば，$x=0$ を代入して正となることを示せばよい。

34 $\sin\theta=\frac{BC}{AB}=\boldsymbol{\frac{5}{13}}$

$\cos\theta=\frac{AC}{AB}=\boldsymbol{\frac{12}{13}}$

$\tan\theta=\frac{BC}{AC}=\boldsymbol{\frac{5}{12}}$

35 (1) $\boldsymbol{\theta=34^\circ}$

(2) $\boldsymbol{\theta=72^\circ}$

(3) $\boldsymbol{\theta=58^\circ}$

36 (1) $\sin58^\circ=\sin(90^\circ-32^\circ)$

$=\boldsymbol{\cos32^\circ}$

(2) $\cos76^\circ=\cos(90^\circ-14^\circ)$

$=\boldsymbol{\sin14^\circ}$

(3) $\tan80^\circ=\tan(90^\circ-10^\circ)$

$=\boldsymbol{\frac{1}{\tan10^\circ}}$

37 (1) 図(1)から　　P$(-1,\ 1)$

よって　　$\boldsymbol{\sin135^\circ=\frac{1}{\sqrt{2}}}$

$\boldsymbol{\cos135^\circ=-\frac{1}{\sqrt{2}}}$

$\boldsymbol{\tan135^\circ=-1}$

(2) 図(2)から　　P$(-\sqrt{3},\ 1)$

よって　　$\boldsymbol{\sin150^\circ=\frac{1}{2}}$

$\boldsymbol{\cos150^\circ=-\frac{\sqrt{3}}{2}}$

$\boldsymbol{\tan150^\circ=-\frac{1}{\sqrt{3}}}$

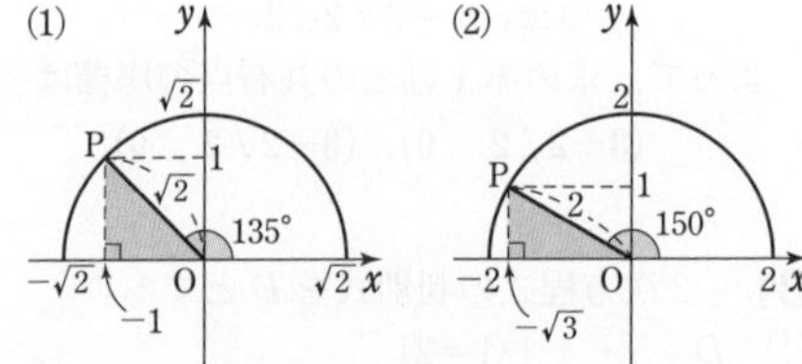

38 (1) $\sin111^\circ=\sin(180^\circ-69^\circ)$

$=\boldsymbol{\sin69^\circ}$

$=\boldsymbol{0.9336}$

(2) $\cos155^\circ=\cos(180^\circ-25^\circ)$

$=\boldsymbol{-\cos25^\circ}$

$=\boldsymbol{-0.9063}$

(3) $\tan173^\circ=\tan(180^\circ-7^\circ)$

$=\boldsymbol{-\tan7^\circ}$

$=\boldsymbol{-0.1228}$

39 求める角を $\theta\ (0^\circ<\theta<180^\circ)$ とする。

(1) 直線の傾きが -1 であるから

$\tan\theta=-1$

よって　　$\boldsymbol{\theta=135^\circ}$

(2) 直線の傾きが $\sqrt{3}$ であるから

$\tan\theta=\sqrt{3}$

よって　　$\boldsymbol{\theta=60^\circ}$

(3) 直線の傾きが $-\frac{1}{\sqrt{3}}$ であるから

$\tan\theta=-\frac{1}{\sqrt{3}}$

よって　　$\boldsymbol{\theta=150^\circ}$

40 (1) 正弦定理から　$\dfrac{c}{\sin C}=2R$

よって

$$\boldsymbol{c}=2R\sin C=2\cdot 4\sin 120^\circ$$
$$=2\cdot 4\cdot\frac{\sqrt{3}}{2}=\boldsymbol{4\sqrt{3}}$$

(2) 正弦定理から

$$\frac{a}{\sin A}=\frac{b}{\sin B}=2R$$

よって

$$\boldsymbol{b}=\sin B\cdot\frac{a}{\sin A}$$
$$=\sin 60^\circ\cdot\frac{2}{\sin 45^\circ}$$
$$=\frac{\sqrt{3}}{2}\cdot\frac{2}{\frac{1}{\sqrt{2}}}$$
$$=\sqrt{3}\cdot\sqrt{2}=\boldsymbol{\sqrt{6}}$$
$$\boldsymbol{R}=\frac{1}{2}\cdot\frac{a}{\sin A}=\frac{1}{2}\cdot\frac{2}{\sin 45^\circ}=\boldsymbol{\sqrt{2}}$$

41 (1) 余弦定理から

$$a^2=b^2+c^2-2bc\cos A$$
$$=3^2+(\sqrt{2})^2-2\cdot 3\cdot\sqrt{2}\cos 45^\circ$$
$$=9+2-6\sqrt{2}\cdot\frac{1}{\sqrt{2}}=5$$

$a>0$ であるから　$\boldsymbol{a=\sqrt{5}}$

(2) 余弦定理から

$$\cos B=\frac{c^2+a^2-b^2}{2ca}=\frac{8^2+5^2-7^2}{2\cdot 8\cdot 5}$$
$$=\frac{40}{2\cdot 8\cdot 5}=\frac{1}{2}$$

よって　$\boldsymbol{B=60^\circ}$

42 (1) $a^2=25$，$b^2+c^2=25$ から

$$a^2=b^2+c^2$$

ゆえに　$A=90^\circ$

よって，∠A は **直角** である。

(2) $a^2=64$，$b^2+c^2=61$ から

$$a^2>b^2+c^2$$

ゆえに　$A>90^\circ$

よって，∠A は **鈍角** である。

43 (1) $A=180^\circ-(B+C)$

$$=180^\circ-(30^\circ+105^\circ)$$
$$=45^\circ$$

よって，三角形 ABC の面積は

$$\frac{1}{2}bc\sin 45^\circ=\frac{1}{2}(\sqrt{6}-\sqrt{2})\cdot 2\cdot\frac{1}{\sqrt{2}}$$
$$=\frac{\sqrt{6}-\sqrt{2}}{\sqrt{2}}$$
$$=\frac{\sqrt{2}(\sqrt{3}-1)}{\sqrt{2}}$$
$$=\boldsymbol{\sqrt{3}-1}$$

(2) CD＝AB＝2 であるから，三角形 CDB の面積 S は

$$S=\frac{1}{2}\cdot 2\cdot 5\sin 120^\circ=\frac{5\sqrt{3}}{2}$$

よって，平行四辺形 ABCD の面積は

$$2S=\boldsymbol{5\sqrt{3}}$$

別解　A から辺 BC に垂線 AH を下ろすと，$B=180^\circ-120^\circ=60^\circ$ から

$$\mathrm{AH}=\mathrm{AB}\sin 60^\circ=2\cdot\frac{\sqrt{3}}{2}=\sqrt{3}$$

よって，平行四辺形において，底辺 BC に対する高さが AH であるから，求める面積は　$\mathrm{BC}\times\mathrm{AH}=\boldsymbol{5\sqrt{3}}$

44 (1) $\dfrac{1}{5}(15+21+13+19+20)=\dfrac{88}{5}$

$$=\boldsymbol{17.6}$$

(2) $\dfrac{1}{8}(45+38+52+54+73+27+25+42)$

$$=\frac{356}{8}=\boldsymbol{44.5}$$

(3) $\dfrac{1}{10}\{2+9+6+(-9)+1$

$$+(-5)+6+1+2+(-3)\}$$
$$=\frac{10}{10}=\boldsymbol{1}$$

45 (1) データを小さい順に並べると

8，14，22，48，97

データの大きさは 5 であるから，中央値は 3 番目の値である。

よって，中央値は　**22**

(2) データを小さい順に並べると

11，20，20，38，39，50，51

データの大きさは 7 であるから，中央値は 4 番目の値である。

よって，中央値は　**38**

(3) データを小さい順に並べると

20, 33, 40, 59, 60, 62, 64, 91

データの大きさは8であるから，中央値は4番目の値と5番目の値の平均値である。

よって，中央値は　$\frac{1}{2}(59+60)=\mathbf{59.5}$

46 **A店** のデータの最頻値は **11号**，**B店** のデータの最頻値は **9号** である。

47 **札幌** のデータの範囲は

$17-1=\mathbf{16}$ **(日)**

那覇 のデータの範囲は　$12-3=\mathbf{9}$ **(日)**

札幌の方が 範囲が大きいから，**データの散らばりの度合いが大きい** と考えられる。

48 データを大きさの順に並べると

5, 9, 10, 11, 12, 14, 15, 17, 20

第2四分位数 は　$Q_2=\mathbf{12}$

第1四分位数 は　$Q_1=\frac{9+10}{2}=\mathbf{9.5}$

第3四分位数 は　$Q_3=\frac{15+17}{2}=\mathbf{16}$

49 データを大きさの順に並べると

46, 48, 49, 50, 50, 51, 51, 52,
52, 53, 54, 54, 55, 57, 58

このデータの最小値，第1四分位数，中央値，第3四分位数，最大値は，順に

46, 50, 52, 54, 58

これらの値をとっている箱ひげ図は　③

50 平均値 $\bar{x}$ は

$$\bar{x}=\frac{1}{5}(1+3+4+10+12)=\frac{30}{5}=\mathbf{6}$$

分散 s^2 は

$$s^2=\frac{1}{5}\{(1-6)^2+(3-6)^2+(4-6)^2+(10-6)^2+(12-6)^2\}=\frac{90}{5}=\mathbf{18}$$

よって，標準偏差 s は

$$s=\sqrt{18}=3\sqrt{2}\fallingdotseq\mathbf{4.2}$$

別解　分散 s^2 は

$$s^2=\frac{1}{5}(1^2+3^2+4^2+10^2+12^2)-6^2=\mathbf{18}$$

51 (1) ①は番号4の $(x,\ y)=(8,\ 1)$ がない。

②は番号3の $(x,\ y)=(4,\ 6)$ がない。

よって，正しい散布図は　③

(2) x，y のデータの平均値は

$\bar{x}=\bar{y}=\frac{50}{10}=5$

	x	y	$x-\bar{x}$	$y-\bar{y}$	$(x-\bar{x})(y-\bar{y})$
1	6	4	1	−1	−1
2	7	5	2	0	0
3	4	6	−1	1	−1
4	8	1	3	−4	−12
5	2	9	−3	4	−12
6	9	2	4	−3	−12
7	1	7	−4	2	−8
8	7	3	2	−2	−4
9	3	8	−2	3	−6
10	3	5	−2	0	0
計	50	50			−56

上の表から，共分散は　$\frac{-56}{10}=\mathbf{-5.6}$

52 $s_x=3.50$，$s_y=3.25$，$s_{xy}=9.33$ から，相関係数 r は

$$r=\frac{s_{xy}}{s_xs_y}=\frac{9.33}{3.50\times3.25}=\frac{9.33}{11.375}=0.820\cdots$$

小数第3位を四捨五入して　$r=\mathbf{0.82}$

53 散布図から第1回目のデータと第2回目のデータの間には強い正の相関関係があると考えられるから　②

CHECK & CHECK の解答（数学A）

◎ CHECK & CHECK 問題の詳しい解答を示し，最終の答の数値などは太字で示した。

1 和が 8 となる 3 つの自然数の組は，右の樹形図から **5 通り**

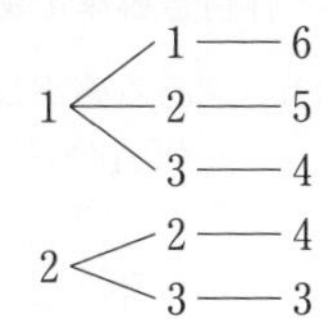

2 (1) ${}_5P_3=5\cdot4\cdot3=\mathbf{60}$ **(通り)**

(2) ${}_7P_7=7!=7\cdot6\cdot5\cdot4\cdot3\cdot2\cdot1=\mathbf{5040}$ **(通り)**

3 異なる 7 個のものの円順列の総数で

$(7-1)!=6!=\mathbf{720}$ **(通り)**

4 (1) 異なる 2 個のもの（○，×）から，重複を許して 6 個取って並べる順列の総数で

$2^6=\mathbf{64}$ **(通り)**

(2) 異なる 3 個のもの（グー，チョキ，パー）から，重複を許して 4 個取って並べる順列の総数で

$3^4=\mathbf{81}$ **(通り)**

5 (1) (ア) ${}_7C_2=\dfrac{7\cdot6}{2\cdot1}=\mathbf{21}$

(イ) ${}_8C_5={}_8C_3=\dfrac{8\cdot7\cdot6}{3\cdot2\cdot1}=\mathbf{56}$

(ウ) ${}_5C_0=\mathbf{1}$

(エ) ${}_nC_2=\dfrac{n(n-1)}{2\cdot1}=\boldsymbol{\dfrac{n(n-1)}{2}}$

(2) 異なる 12 個のものから 4 個取る組合せの総数であるから

${}_{12}C_4=\dfrac{12\cdot11\cdot10\cdot9}{4\cdot3\cdot2\cdot1}=\mathbf{495}$ **(通り)**

6 8 個の数字のうち，1 が 3 個，2 が 3 個，3 が 2 個あるから

$\dfrac{8!}{3!3!2!}=\mathbf{560}$ **(個)**

別解 3 個の同じ数字 1 の位置の定め方は，8 個の場所から 3 個の場所を選ぶ方法の数で，${}_8C_3$ 通りある。
そのおのおのに対して，3 個の同じ数字 2 の位置の定め方は，残り 5 個の場所から 3 個の場所を選ぶ方法の数で，${}_5C_3$ 通りある。
そして，2 個の同じ数字 3 は残りの 2 個の場所におく。

よって

${}_8C_3\times{}_5C_3\times{}_2C_2={}_8C_3\times{}_5C_2\times1$

$=\dfrac{8\cdot7\cdot6}{3\cdot2\cdot1}\times\dfrac{5\cdot4}{2\cdot1}$

$=\mathbf{560}$ **(個)**

7 5 個の玉を取り出す場合の数は全部で 5 通り

偶数の玉を取り出す場合は {②，④} の 2 通りある。

よって，求める確率は $\boldsymbol{\dfrac{2}{5}}$

8 2 個のさいころの出る目の数を m，n とする。

A：出る目の積が奇数になる場合は

$(m,\ n)=(1,\ 1),\ (1,\ 3),\ (1,\ 5),$
$(3,\ 1),\ (3,\ 3),\ (3,\ 5),$
$(5,\ 1),\ (5,\ 3),\ (5,\ 5)$ …… ①

B：出る目の積が 5 の倍数になる場合は

$(m,\ n)=(1,\ 5),\ (2,\ 5),\ (3,\ 5),$
$(4,\ 5),\ (5,\ 1),\ (5,\ 2),$
$(5,\ 3),\ (5,\ 4),\ (5,\ 5),$
$(5,\ 6),\ (6,\ 5)$ …… ②

C：出る目の積が 12 の倍数になる場合は

$(m,\ n)=(2,\ 6),\ (3,\ 4),\ (4,\ 3),$
$(4,\ 6),\ (6,\ 2),\ (6,\ 4),$
$(6,\ 6)$ …… ③

(1) ①，② から，事象 $A\cap B$ の要素は

$\mathbf{(1,\ 5),\ (3,\ 5),\ (5,\ 1),\ (5,\ 3),\ (5,\ 5)}$

(2) 2 個のさいころを同時に投げるとき，起こりうる場合の数は

$6\times6=36$ (通り)

よって，求める確率は (1) から $\boldsymbol{\dfrac{5}{36}}$

(3) 出る目の積が奇数になる場合は，① から 9 通り

出る目の積が 12 の倍数になる場合は，③ から 7 通り

$A\cap C=\varnothing$ であるから，求める確率は，確率の加法定理により

答 CHECK & CHECK

$$P(A\cup C)=P(A)+P(C)$$
$$=\frac{9}{36}+\frac{7}{36}=\frac{16}{36}=\mathbf{\frac{4}{9}}$$

(4) 出る目の積が5の倍数になる場合は，②から　11通り

よって，求める確率は

$$P(A\cup B)=P(A)+P(B)-P(A\cap B)$$
$$=\frac{9}{36}+\frac{11}{36}-\frac{5}{36}=\frac{15}{36}$$
$$=\mathbf{\frac{5}{12}}$$

9 「3の倍数でない番号の札を引く」という事象は，「3の倍数である番号の札を引く」という事象 A の余事象 $\overline{A}$ である。

1から50までの番号のうち，3の倍数である番号は

$3\cdot1$，$3\cdot2$，……，$3\cdot16$

の16個ある。

よって　$P(A)=\frac{16}{50}=\frac{8}{25}$

ゆえに，求める確率は

$$P(\overline{A})=1-P(A)$$
$$=1-\frac{8}{25}=\mathbf{\frac{17}{25}}$$

10 1個のさいころを投げる試行は各回独立である。

1回目に偶数の目が出る確率は　$\frac{3}{6}$

2回目に4以下の目が出る確率は　$\frac{4}{6}$

よって，求める確率は　$\frac{3}{6}\times\frac{4}{6}=\mathbf{\frac{1}{3}}$

11 1題につき，○印か×印をつけて正解となる確率は　$\frac{1}{2}$

(1) 6題中3題だけ正解する確率は

$${}_6C_3\left(\frac{1}{2}\right)^3\left(1-\frac{1}{2}\right)^{6-3}=\frac{20}{2^6}=\mathbf{\frac{5}{16}}$$

(2) 6題中5題または6題正解する確率であるから

$${}_6C_5\left(\frac{1}{2}\right)^5\left(1-\frac{1}{2}\right)^{6-5}+\left(\frac{1}{2}\right)^6=\frac{7}{2^6}=\mathbf{\frac{7}{64}}$$

12 (1) 1回目に赤玉が出る事象を A，2回目に白玉が出る事象を B とする。求める確率は，A が起こったときの B が起こる条件付き確率であるから　$P_A(B)=\mathbf{\frac{3}{7}}$

(2) 求める確率は，確率の乗法定理により

$$P(A\cap B)=P(A)P_A(B)$$
$$=\frac{5}{8}\times\frac{3}{7}=\mathbf{\frac{15}{56}}$$

13 1枚の硬貨を1回投げるとき，表が出る確率は $\frac{1}{2}$ である。

よって，$X=k$ $(k=0,\ 1,\ 2,\ 3,\ 4)$ である確率を p_k とすると

$$p_k={}_4C_k\left(\frac{1}{2}\right)^k\left(1-\frac{1}{2}\right)^{4-k}$$
$$={}_4C_k\left(\frac{1}{2}\right)^4$$

ゆえに，X の期待値は

$$0\times p_0+1\times p_1+2\times p_2+3\times p_3+4\times p_4$$
$$={}_4C_1\left(\frac{1}{2}\right)^4+2\times{}_4C_2\left(\frac{1}{2}\right)^4$$
$$+3\times{}_4C_3\left(\frac{1}{2}\right)^4+4\times{}_4C_4\left(\frac{1}{2}\right)^4$$
$$=\frac{1}{16}(4+12+12+4)$$
$$=\mathbf{2}\text{（回）}$$

14

15 BD：DC＝AB：AC＝2：1

よって

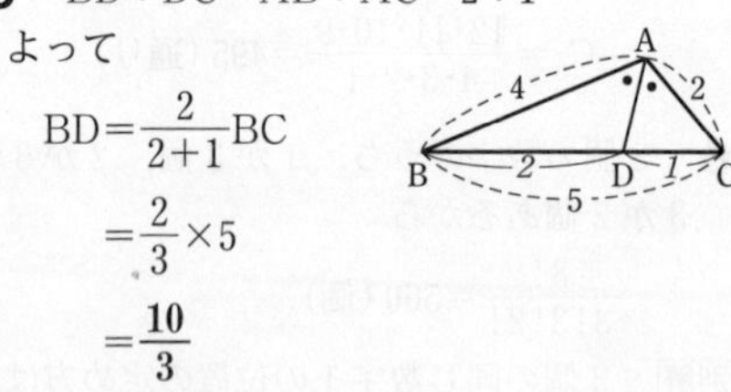

$$BD=\frac{2}{2+1}BC$$
$$=\frac{2}{3}\times5$$
$$=\mathbf{\frac{10}{3}}$$

16 (1) 点Oは△ABCの3つの頂点からの距離が等しいから

OA＝OB＝OC

よって

$\boldsymbol{\alpha=20^\circ}$，

$\boldsymbol{\beta=40^\circ}$

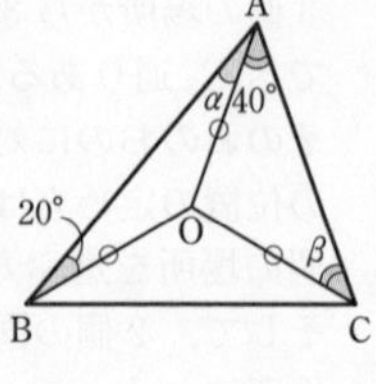

(2) 点Iは△ABCの3つの内角の二等分線上にあるから

$\boldsymbol{\alpha=50^\circ}$,

$\boldsymbol{\beta=15^\circ}$

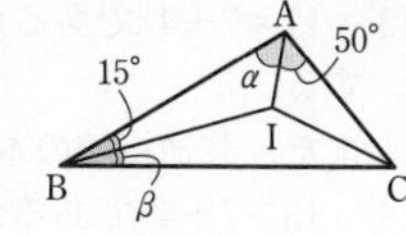

(3) 点Gは△ABCの3つの中線の交点であるから

$\boldsymbol{x=4}$, $\boldsymbol{y=\dfrac{7}{2}}$

17 チェバの定理により

$$\frac{BP}{PC}\cdot\frac{CQ}{QA}\cdot\frac{AR}{RB}=1$$

よって $\dfrac{1}{1}\cdot\dfrac{CQ}{QA}\cdot\dfrac{3}{4}=1$

ゆえに $\dfrac{CQ}{QA}=\dfrac{4}{3}$

よって AQ：QC=**3：4**

18 メネラウスの定理により

$$\frac{BP}{PC}\cdot\frac{CQ}{QA}\cdot\frac{AR}{RB}=1$$

よって $\dfrac{5}{3}\cdot\dfrac{CQ}{QA}\cdot\dfrac{3}{2}=1$

ゆえに $\dfrac{CQ}{QA}=\dfrac{3}{5}\cdot\dfrac{2}{3}=\dfrac{2}{5}$

よって CQ：QA=**2：5**

19 (1) $2+3<7$

であるから，与えられた線分を3辺とする△ABCは**存在しない。**

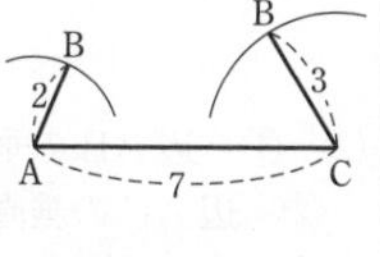

(2) $|4-6|<7<4+6$

であるから，与えられた線分を3辺とする△ABCは**存在する。**

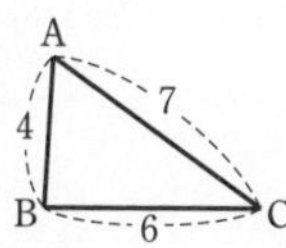

別解 最大の辺の長さは7であり，$7<4+6$ であるから，与えられた線分を3辺とする△ABCは**存在する。**

20 △ABCの3辺の長さの大小関係は

AB<BC<CA

よって，3つの角の大小関係は

∠C<∠A<∠B

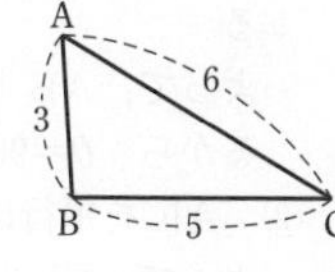

21 (1) OA=OB から

∠OBA=∠OAB=33°

よって

∠AOB=180°−33°×2=114°

ゆえに，円周角の定理により

$\alpha=\dfrac{1}{2}\angle AOB=\dfrac{1}{2}\times114^\circ=\boldsymbol{57^\circ}$

(2) 円周角の定理により

∠CED=∠CBD=α

ADは直径で，直径に対する円周角は90°であるから ∠AEC+∠CED=90°

よって 70°+α=90°

ゆえに $\boldsymbol{\alpha=20^\circ}$

22 点Pが円の内部にないと仮定すると，点Pは円周上にあるか，または円の外部にある。

Pが円周上にある ⟹ ∠APB=∠AQB

Pが円の外部にある ⟹ ∠APB<∠AQB

よって，どちらの場合も ∠APB>∠AQB であることに矛盾する。

ゆえに，点Pは円の内部にある。

23 図から

∠ABD

=180°−(58°+70°)

=52°

よって

∠ABD=∠ACD

ゆえに，4点A，B，C，Dは**1つの円周上にある。**

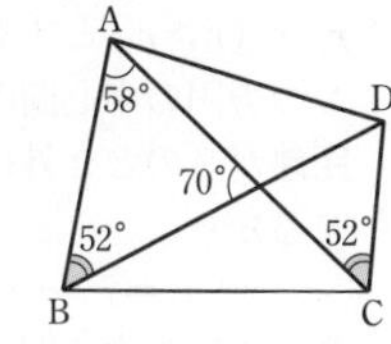

24 x=∠ABC=32°+58°=**90°**

∠BAD=180°−(32°+68°)=80°

よって

y=180°−80°=**100°**

25 (1) PA，PBはともに円Oの接線であるから

PA=PB

よって

$2\alpha+54^\circ=180^\circ$

ゆえに $\boldsymbol{\alpha=63^\circ}$

また，接弦定理から

$\boldsymbol{\beta=\alpha=63^\circ}$

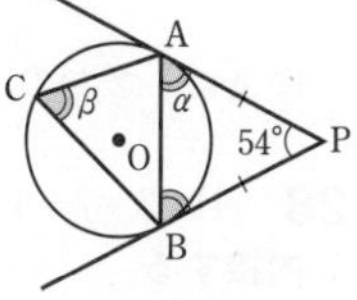

(2)　ℓ は円Oの接線であるから，接弦定理により

$\alpha=65^\circ$

また　$\beta=\angle ABC$

線分 BC は円Oの直径であるから

$\angle CAB=90^\circ$

よって　$\beta=\angle ABC=180^\circ-(65^\circ+90^\circ)$

$=25^\circ$

26　(1)　方べきの定理から

$4\cdot x=3\cdot 8$

よって　$x=6$

(2)　方べきの定理から

$2\cdot(2+x)=3\cdot(3+5)$

よって　$x=10$

(3)　方べきの定理から

$9\cdot(9+7)=x^2$

よって　$x^2=144$

$x>0$ であるから　$x=12$

27　2つの円の半径を r, r' $(r>r')$ とする。

2つの円の中心間の距離が7のとき外接するから

$r+r'=7$ …… ①

2つの円の中心間の距離が4のとき内接するから

$r-r'=4$ …… ②

①＋② から　$2r=11$

よって　$r=\dfrac{11}{2}$

① から　$r'=\dfrac{3}{2}$

ゆえに，2つの円の半径は　$\dfrac{3}{2}$, $\dfrac{11}{2}$

28　(1)　$3=7-4$ であるから，2つの円は**内接する。**

また，共通接線の本数は**1本**である。

(2)　$7-4<5<7+4$ であるから，2つの円は**2点で交わる。**

また，共通接線の本数は**2本**である。

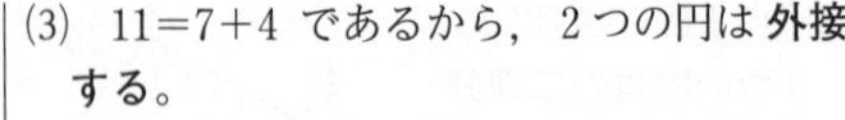

(3)　$11=7+4$ であるから，2つの円は**外接する。**

また，共通接線の本数は**3本**である。

(4)　$13>7+4$ であるから，2つの円は**互いに外部にある。**

また，共通接線の本数は**4本**である。

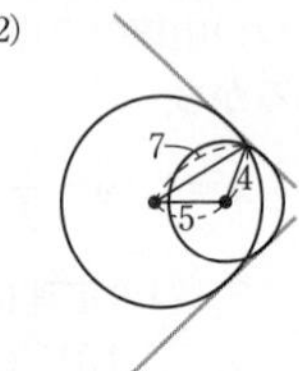

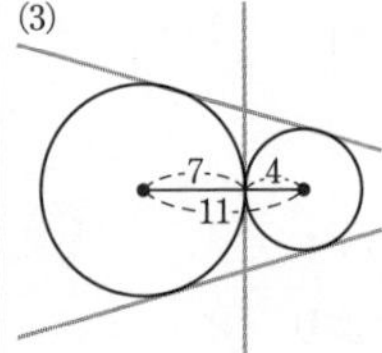

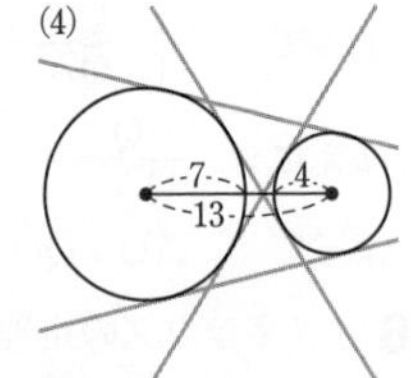

29　(1)　①　∠B の二等分線を引く。

②　∠C の二等分線を引く。

①, ② の直線の交点が点Pである。

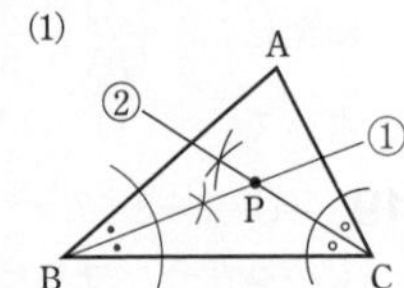

(2)　①　辺 AB の垂直二等分線を引く。

②　辺 AC の垂直二等分線を引く。

①, ② の直線の交点が点Qである。

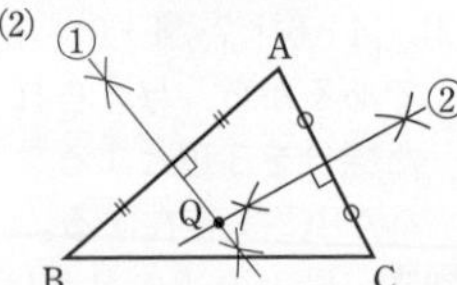

30　(1)　**AB, BC, EF, FG**

(2)　①　FG を平行に移動すると BC に重なる。

よって，AB と BC のなす角と同じであるから　$\theta=90^\circ$

②　AE を平行に移動すると BF に重なる。

よって，BF と BG のなす角と同じである。

三角形BFGは FB=FG の直角二等辺三角形であるから　$\theta=45°$

③　CDを平行に移動するとABに重なる。よって，AFとABのなす角と同じである。

三角形ABFは $AB=\sqrt{3}$，$BF=1$ の直角三角形であるから　$\theta=30°$

31

	正四面体	正六面体	正八面体	正十二面体	正二十面体
面の数	**4**	**6**	**8**	**12**	**20**
面の形	**正三角形**	**正方形**	**正三角形**	**正五角形**	**正三角形**
1頂点に集まる面の数	**3**	**3**	**4**	**3**	**5**
頂点の数	**4**	**8**	**6**	**20**	**12**
辺の数	**6**	**12**	**12**	**30**	**30**

32　(1)　$168=2^3\cdot3\cdot7$，$378=2\cdot3^3\cdot7$ であるから

最大公約数は　$2\cdot3\cdot7=\mathbf{42}$

最小公倍数は　$2^3\cdot3^3\cdot7=\mathbf{1512}$

(2)　$65=5\cdot13$，$156=2^2\cdot3\cdot13$，$234=2\cdot3^2\cdot13$ であるから

最大公約数は　13

最小公倍数は　$2^2\cdot3^2\cdot5\cdot13=\mathbf{2340}$

33　(1)　$77=6\cdot12+5$ から

商は12，余りは5

(2)　$195=13\cdot15+0$ から

商は15，余りは0

(3)　$-60=7\cdot(-9)+3$ から

商は−9，余りは3

34　(1)　$\boldsymbol{x=2,\ y=3}$

(2)　$\boldsymbol{x=-1,\ y=1}$

注意　(1)では $x=5$，$y=8$ や $x=-1$，$y=-2$ など，(2)では $x=2$，$y=-1$ や $x=5$，$y=-3$ など，他にも無数の解が存在する。

35　(1)　$12022_{(3)}$

$=1\cdot3^4+2\cdot3^3+0\cdot3^2+2\cdot3^1+2\cdot3^0$

$=81+54+0+6+2=\mathbf{143}$

(2)　$11.101_{(2)}$

$=1\cdot2^1+1\cdot2^0+1\cdot\dfrac{1}{2^1}+0\cdot\dfrac{1}{2^2}+1\cdot\dfrac{1}{2^3}$

$=2+1+\dfrac{1}{2}+0+\dfrac{1}{8}=\mathbf{3.625}$

PRACTICE，EXERCISES の解答（数学 I ）

PRACTICE，EXERCISES について，問題の要求している答の数値のみをあげ，図・証明は省略した。

第 1 章　数と式

●PRACTICE の解答

1　(1)　$5x^2+x-y+z$
x に着目すると，次数は 2，
定数項は $-y+z$
(2)　$-2p^3q+pq^2+3q^3-2p^2+5$
p と q に着目すると，次数は 4，
定数項は 5，
q に着目すると，次数は 3，
定数項は $-2p^2+5$

2　(1)　$-20x-2$
(2)　$-6x^3-60x^2+22x-6$

3　(1)　$a^5b^2+4a^4b^3-2a^4b^2c$
(2)　$6ax+9ay-4bx-6by$
(3)　$2t^5-6t^4-7t^3-13t^2-3t+20$

4　(1)　$4x^2+12xy+9y^2$
(2)　$9a^2-24ab+16b^2$　(3)　x^2-4y^2
(4)　$t^2-2t-15$　(5)　$2a^2-ab-15b^2$
(6)　$12x^2-xy-20y^2$　(7)　$16q^2-9p^2$

5　(1)　$27x^3+27x^2y+9xy^2+y^3$
(2)　$-m^3+6m^2n-12mn^2+8n^3$
(3)　$64x^3+27y^3$　(4)　$27a^3-b^3$

6　(1)　$x^2+y^2+z^2-2xy-2yz+2zx$
(2)　$4a^2+9b^2+25c^2+12ab$
$-30bc-20ca$
(3)　$a^4+6a^3+10a^2+3a-6$
(4)　x^4-5x^2+4
(5)　$x^2-y^2-z^2-2yz$

7　(1)　$16a^4-72a^2b^2+81b^4$
(2)　x^4-16　(3)　a^6+2a^3+1

8　(1)　$x^4-4x^3+x^2+6x$
(2)　$x^4-6x^3+7x^2+6x-8$
(3)　$x^8-2x^4y^4+y^8$
(4)　$a^4-2a^2b^2+4a^2bc-2a^2c^2+b^4-4b^3c$
$+6b^2c^2-4bc^3+c^4$
(5)　x^6-7x^3-8　(6)　$4x^4-17x^2+4$

9　(1)　$(x+1)(a-1)$　(2)　$(a-b)(x-y)y$
(3)　$4pq(x+3y)(x-3y)$
(4)　$(x+1)(x-9)$
(5)　$(x-2y)(x+7y)$
(6)　$\frac{1}{4}(4a-1)^2$

10　(1)　$(x-3)(3x-1)$
(2)　$(x+1)(3x+2)$
(3)　$(a+2)(3a-1)$
(4)　$(a-3)(4a+5)$
(5)　$(2p+3q)(3p-q)$
(6)　$(ax-b)(bx+a)$

11　(1)　$(x-3)(x^2+3x+9)$
(2)　$(4a+5b)(16a^2-20ab+25b^2)$
(3)　$x(x+2)(x^2-2x+4)$

12　(1)　$(x+y-1)(x+y-3)$
(2)　$(3a+b+2c)(3a-b-2c)$
(3)　$(x-y+z)(x+5y+z)$
(4)　$(x-z)(x^2+3y^2+z^2-3xy-3yz+zx)$

13　(1)　$(x-1)^2(x-4)^2$
(2)　$(x+3)^2(x-5)^2$
(3)　$(x^2+2)(x+2)(x-2)$
(4)　$(x+y)(x-y)(x+3y)(x-3y)$
(5)　$(4a^2+b^2)(2a+b)(2a-b)$

14　(1)　$(b-2)(2ab+a+1)$
(2)　$(4x+3)(x+y)(2x+y)$
(3)　$(a-c)(a^2+b^2+c^2+ac)$
(4)　$-(x-y)(x-2y)(3x-z)$

15　(1)　$(x+y+1)(x+2y+1)$
(2)　$(x+2y+1)(2x+y-2)$
(3)　$(x-y+2)(2x-y+3)$
(4)　$(x-2y-1)(2x+y-3)$

16　(1)　$(a+b-1)(ab+1)$
(2)　$(x-y)(x-1)(y-1)$
(3)　$-(a-b)(b-c)(c-a)$
(4)　$(a+b)(b+c)(c+a)$

17　(1)　$(x^2+x-1)(x^2-x-1)$
(2)　$(x^2+x+3)(x^2-x+3)$
(3)　$(a-1)(a^2+a+1)(a+2)(a^2-2a+4)$
(4)　$(x^4+1)(x^2+1)(x+1)(x-1)$

18　(1)　$(x^2+6x+3)(x^2+6x+10)$
(2)　$(x-4)^2(x^2-8x+6)$

19 (1) $(x+y-1)(x^2-xy+y^2+x+y+1)$
(2) $(x-2y-z)(x^2+4y^2+z^2+2xy-2yz+zx)$

20 (1) (ア) $\dfrac{7}{9}$ (イ) $\dfrac{41}{11}$ (ウ) $\dfrac{45}{37}$
(2) 5

21 (1) $-19\sqrt{2}-17\sqrt{3}$ (2) 8
(3) $35-12\sqrt{6}$ (4) $-34-7\sqrt{2}$
(5) $-5\sqrt{2}$ (6) $10+6\sqrt{3}$

22 (1) $\pi-2$ (2) $-ab^3$
(3) $x<-2$ のとき 3
$-2\leqq x<1$ のとき $-2x-1$
$1\leqq x$ のとき -3

23 (1) $\dfrac{5\sqrt{6}}{12}$ (2) $\sqrt{3}+\sqrt{2}$
(3) $\dfrac{8+3\sqrt{6}}{10}$ (4) $3+2\sqrt{7}$
(5) $\dfrac{2(3+\sqrt{3})}{3}$ (6) $1+3\sqrt{2}-3\sqrt{3}$

24 (1) $2\sqrt{6}$ (2) $\dfrac{2\sqrt{3}+3\sqrt{2}-\sqrt{30}}{12}$

25 (1) $x+y=-10$, $xy=1$ (2) 97

26 (1) 198
(2) $a+\dfrac{1}{a}=2\sqrt{3}$, $a^3+\dfrac{1}{a^3}=18\sqrt{3}$
(3) 7

27 (1) $a=4$, $b=\sqrt{10}-3$
(2) $b+\dfrac{1}{b}=2\sqrt{10}$, $b^2+\dfrac{1}{b^2}=38$

28 (1) $\sqrt{6}+1$ (2) $\sqrt{7}-\sqrt{2}$
(3) $2\sqrt{2}+\sqrt{3}$ (4) $\dfrac{\sqrt{10}-\sqrt{6}}{2}$

29 (1) $x>-7$ (2) $x\geqq 4$ (3) $x<-2$

30 (1) $x\leqq -\dfrac{7}{3}$ (2) 解はない
(3) $\dfrac{5}{3}<x\leqq\dfrac{11}{6}$

31 (1) $a>0$ のとき $x>\dfrac{1}{a}$
$a=0$ のとき 解はない
$a<0$ のとき $x<\dfrac{1}{a}$
(2) $a>-1$ のとき $x>2$
$a=-1$ のとき 解はない
$a<-1$ のとき $x<2$

32 (1) 42 本 (2) 3 km 以上

33 (1) 1, 3, 5 (2) $\dfrac{8}{5}\leqq a<3$

34 (1) $x=4$, -1 (2) $x<1$, $5<x$
(3) $\dfrac{1}{3}\leqq x\leqq\dfrac{5}{3}$

35 (1) $x=1$ (2) $x=-\dfrac{1}{4}$, $\dfrac{5}{2}$

36 (1) $\dfrac{4}{5}<x<4$ (2) $x\leqq -2$, $1\leqq x$
(3) $1<x<4$

●EXERCISES の解答

1 (1) $-x^2+5x-1$
(2) $-3x^2+3xy-4y^2$

2 (1) $-18a^{10}b^9$
(2) $x^5-2x^4+3x^3-5x^2+8x-6$
(3) $18x^2-9xy-14y^2$ (4) $-8a^3+27$
(5) $4a^2-b^2-c^2+2bc$
(6) $2x^4-12x^3+25x^2-21x-30$

3 x^4 の係数は -9
x^3 の係数は 25

4 (1) $8x^2+2y^2$ (2) $8xy$
(3) $2a^2+2b^2+2c^2-2ab-2bc-2ca$
(4) $6a^2b+2b^3$

5 $3x$

6 54

7 (1) 0 (2) $8ab$

8 (1) $a^2-b^2-c^2+d^2-2ad+2bc$
(2) $x^8+x^4y^4+y^8$
(3) x^8-1
(4) $a^3+b^3+c^3-3abc$
(5) $-a^4-b^4-c^4+2a^2b^2+2b^2c^2+2c^2a^2$

9 (1) $(a+b)(a-b)(x+1)(x-1)$
(2) $(x+2)(x-42)$
(3) $(2x-3)(4x-1)$
(4) $(3ab-7)(6ab+1)$
(5) $(ax-b)(bx-a)$

10 809

11 (1) $2(x+2y)(x^2-2xy+4y^2)$
(2) $(x-2)(x^2+5x+13)$

12 (1) $(x-y)(2x+y-1)$
(2) $(x+y-3)(3x+y+2)$
(3) $(x+2y-1)(3x-y+2)$
(4) $(x+y-z)(x-2y+z)$

13 (1) $3(a+b)(b+c)(c+a)$
(2) $(ab+a+b-1)(ab-a-b-1)$

14 $-(a-b)(b-c)(c-a)(a+b+c)$

15 $(a+b)(a+b+c)^2$

16 (1) $(x+2y)(x-2y)(4x^2+y^2)$
(2) $3(4x^2+9)(2x+3)(2x-3)$
(3) $(x+2)(x^2-2x+4)$
$\times(2x-1)(4x^2+2x+1)$
(4) $(x^2+2x+2)(x^2-2x+2)$
(5) $(x^2+3xy+y^2)(x^2-3xy+y^2)$

17 (1) 6 (2) 4 (3) 8 (4) 4

18 (1) $14+4\sqrt{3}-4\sqrt{7}-2\sqrt{21}$
(2) $-4-2\sqrt{6}$ (3) $10\sqrt{2}$
(4) $-2+\sqrt{7}$

19 ⑤ (理由) $\sqrt{\{(-2)^3\}^2}>0$,
$(-2)^3=-8<0$ であるから

20 $x^2+\dfrac{1}{x^2}=10$, $x^4+\dfrac{1}{x^4}=98$,
$x^6+\dfrac{1}{x^6}=970$

21 (1) a^2-2a (2) $-a^2$ (3) a^2

22 (1) $\sqrt{2}$ (2) $\dfrac{\sqrt{30}+2\sqrt{5}}{5}$

23 (1) 0 (2) $-5+4\sqrt{3}$

24 $x^2+y^2+z^2=18$,
$x^3+y^3+z^3=24\sqrt{3}$

25 $-10<\dfrac{1}{2}a-3b<\dfrac{1}{2}$

26 (1) $x>0$ (2) $x>8$ (3) $3<x<5$
(4) $-\dfrac{4}{5}<x<-\dfrac{2}{3}$ (5) $\dfrac{6}{5}\leqq x\leqq\dfrac{12}{5}$
(6) $x<-2$, $6<x$

27 (1) 正しくない。正しくない変形は
①⟶② (2) 正しい

28 58 個以上

29 (1) $a\geqq\dfrac{7}{12}$ (2) $a<\dfrac{1}{3}$
(3) $-\dfrac{2}{3}\leqq a<-\dfrac{1}{3}$

30 1 % 水溶液は 30 g まで
10 % 水溶液の使用は 46 g 以上 70 g 以下

31 (1) $x=6$, -2 (2) $x\leqq-5$, $\dfrac{1}{5}\leqq x$

第2章　集合と命題

●PRACTICE の解答

37 (1) $A\cap\overline{B}=\{2,\ 6\}$,
$\overline{A}\cup B=\{1,\ 3,\ 4,\ 5,\ 7,\ 8\}$
(2) $A=\{2,\ 4,\ 6,\ 8\}$, $B=\{3,\ 6,\ 9\}$

38 (1) ㋐ $A\cap B=\{x\mid-1\leqq x\leqq4\}$
㋑ $A\cup B=\{x\mid-3<x<5\}$
㋒ $\overline{A}=\{x\mid x<-1,\ 5\leqq x\}$
㋓ $\overline{A}\cup B=\{x\mid x\leqq4,\ 5\leqq x\}$
(2) $4\leqq k<5$

39 (1) $a=4$, $b=2$
(2) $A\cup B=\{2,\ 3,\ 4,\ 6,\ 11\}$

40 (1) $\{2,\ 4,\ 5,\ 7,\ 9\}$
(2) $\{2,\ 3,\ 5\}$

41 (1) 偽 (2) 偽 (3) 真

42 (1) ㋒ (2) ㋑ (3) ㋐

43～45 略

46 $a=8$, $b=-10$

47 (1) すべての自然数 n について
$n^2-2n-3\neq0$, 偽
(2) ある実数 x, y に対して
$x^2+2xy+y^2\leqq0$, 真

●EXERCISES の解答

32 $\varnothing$, $\{0\}$, $\{1\}$, $\{2\}$, $\{0,\ 1\}$, $\{0,\ 2\}$,
$\{1,\ 2\}$, $\{0,\ 1,\ 2\}$

33 (1) $\supset$ (2) $\in$ (3) $\cup$ (4) $\cap$

34 (1) $A=\{3,\ 6,\ 9,\ 12,\ 15\}$
(2) ② (3) $A\cap B=\{6,\ 12\}$
(4) 7 個, 最大の要素は 13

35 (1) $a=-3$, $A\cup B=\{-4,\ -1,\ 3,\ 5,\ 7\}$
(2) $-1\leqq a\leqq1$ (3) $3\leqq b<4$

36 略

37 (1) $x=-5$ または $y=\dfrac{1}{3}$
否定は $x\neq-5$ かつ $y\neq\dfrac{1}{3}$
(2) $x=2$ かつ $y=-7$
否定は $x\neq2$ または $y\neq-7$

38 (1) 偽 (2) 真 (3) 真

39 (1) ② (2) ③ (3) ③ (4) ④
(5) ① (6) ②

40 逆:「a, b, c のうち少なくとも 1 つが奇数ならば $a^2+b^2+c^2$ は奇数である」, 偽

対偶：「a，b，c がすべて偶数ならば $a^2+b^2+c^2$ は偶数である」，真

41 ④

42 略

43 (1) (ア) ① (2) (イ)，(ウ) ①，④
(3) (エ) ②

44 (1) (ア) 偽 (イ) 真
(2) $\frac{3}{2} \leqq a \leqq 2$

45 略

46 (1) 略 (2) $p=\frac{1}{3}$，$q=6$

第3章　2次関数

●PRACTICE の解答

48 (1) 値域は $-1 \leqq y \leqq 5$
$x=-1$ で最大値 5,
$x=2$ で最小値 -1
(2) 値域は $-1<y \leqq \frac{1}{3}$
$x=2$ で最大値 $\frac{1}{3}$，最小値はない

49 (1) $a=\frac{1}{2}$，$b=-1$ (2) $a=1$，$b=3$
(3) $a=\frac{1}{2}$，$b=\frac{5}{2}$

50 (ア) -3 (イ) -2 (ウ) -4
(エ) -2 (オ) -2 (カ) -4

51 図略
(1) 軸は 直線 $x=2$
頂点は 点 $(2,\ -4)$
(2) 軸は 直線 $x=\frac{3}{2}$
頂点は 点 $\left(\frac{3}{2},\ \frac{1}{4}\right)$
(3) 軸は 直線 $x=-2$
頂点は 点 $(-2,\ 4)$
(4) 軸は 直線 $x=\frac{5}{2}$
頂点は 点 $\left(\frac{5}{2},\ \frac{11}{2}\right)$
(5) 軸は 直線 $x=\frac{5}{6}$
頂点は 点 $\left(\frac{5}{6},\ -\frac{13}{12}\right)$
(6) 軸は 直線 $x=3$
頂点は 点 $(3,\ 4)$

52 (1) 正 (2) 負 (3) 正
(4) 0 (5) 0 (6) 正

53 (1) x 軸方向に 4，y 軸方向に -7 だけ平行移動したもの
(2) x 軸方向に $-\frac{5}{2}$，y 軸方向に $-\frac{35}{4}$ だけ平行移動する

54 (1) (ア) $y=2x+4$
(イ) $y=-x^2-5x-7$
$\left(y=-\left(x+\frac{5}{2}\right)^2-\frac{3}{4}\right)$

(2) $y=-2(x+2)^2+4$
$(y=-2x^2-8x-4)$

55 (1) $y=2x^2-3x+5$
$\left(y=2\left(x-\frac{3}{4}\right)^2+\frac{31}{8}\right)$
(2) $y=-2x^2-3x-5$
$\left(y=-2\left(x+\frac{3}{4}\right)^2-\frac{31}{8}\right)$
(3) $y=2x^2+3x+5$
$\left(y=2\left(x+\frac{3}{4}\right)^2+\frac{31}{8}\right)$

56 (1) $y=\frac{3}{2}x+1\ (-2\leqq x\leqq 2)$,
$y=-\frac{3}{2}x+1\ (-2\leqq x\leqq 2)$
(2) $(a,\ b)=\left(8,\ -\frac{1}{3}\right),\ \left(-8,\ -\frac{5}{7}\right)$

57 図略；$0\leqq x\leqq 1$ のとき　$y=x^2$
$1<x\leqq 2$ のとき　$y=(x-1)^2+1$
$2<x\leqq 3$ のとき　$y=(x-3)^2+1$
$3<x\leqq 4$ のとき　$y=(x-4)^2$

58 (1) $\left[\frac{1}{\sqrt{3}}\right]=0,\ \left[-\frac{1}{2}\right]=-1,$
$\frac{[-1]}{2}=-\frac{1}{2}$ (2) 略

59 (1) $x=1$ で最小値 -4，最大値はない
(2) $x=\frac{1}{4}$ で最大値 $\frac{1}{8}$，最小値はない
(3) $x=-\frac{2}{3}$ で最小値 $-\frac{7}{3}$，
最大値はない
(4) $x=\frac{3}{4}$ で最大値 $-\frac{31}{8}$，
最小値はない

60 (1) $x=\pm 2$ で最大値 8，
$x=0$ で最小値 -4
(2) $x=2$ で最小値 3，最大値はない
(3) $x=2$ で最小値 -2，最大値はない
(4) $x=0$ で最大値 1，最小値はない

61 (1) $c=-2$，
$x=-1$ で最小値 -5
(2) $c=-9$，
$x=-2$ で最小値 -41

62 $a=\frac{7}{2}$，$b=4$

63 (1) $0<a<3$ のとき
$x=a$ で最大値 $-a^2+6a$
$a\geqq 3$ のとき
$x=3$ で最大値 9
(2) $0<a<6$ のとき
$x=0$ で最小値 0
$a=6$ のとき
$x=0$，6 で最小値 0
$a>6$ のとき
$x=a$ で最小値 $-a^2+6a$

64 (1) $a<2$ のとき
$x=4$ で最大値 $-24a+53$
$a=2$ のとき　$x=0$，4 で最大値 5
$a>2$ のとき　$x=0$ で最大値 5
(2) $a<0$ のとき　$x=0$ で最小値 5
$0\leqq a\leqq 4$ のとき
$x=a$ で最小値 $-3a^2+5$
$a>4$ のとき
$x=4$ で最小値 $-24a+53$

65 (1) $a<\frac{9}{2}$ のとき
$x=a$ で最大値 a^2-9a
$a=\frac{9}{2}$ のとき
$x=\frac{9}{2},\ \frac{11}{2}$ で最大値 $-\frac{81}{4}$
$a>\frac{9}{2}$ のとき
$x=a+1$ で最大値 a^2-7a-9
(2) $a<4$ のとき
$x=a+1$ で最小値 a^2-7a-9
$4\leqq a\leqq 5$ のとき
$x=5$ で最小値 $a-25$
$a>5$ のとき
$x=a$ で最小値 a^2-9a

66 6

67 最小値は $10\sqrt{2}$ cm，正方形

68 (1) $y=\frac{1}{4}(x-1)^2+3$
$\left(y=\frac{1}{4}x^2-\frac{1}{2}x+\frac{13}{4}\right)$
(2) $y=(x-4)^2-3\ (y=x^2-8x+13)$
(3) $y=-(x-3)^2+10$
$(y=-x^2+6x+1)$

69 (1) $y=3x^2-6x-2$
(2) $y=-(x-3)(x+1)$
$(y=-x^2+2x+3)$

70 (1) 点$(1,\ -1)$
(2) $y=\frac{1}{2}(x+1)^2+3$
$\left(y=\frac{1}{2}x^2+x+\frac{7}{2}\right)$,
$y=\frac{1}{2}(x-5)^2-3$
$\left(y=\frac{1}{2}x^2-5x+\frac{19}{2}\right)$

71 $a=\frac{\sqrt{10}}{2},\ -\frac{2\sqrt{5}}{3}$

72 (1) $x=1,\ y=1$ で最小値 3
(2) $x=\frac{5}{2},\ y=5$ で最大値 $\frac{25}{2}$,
$x=5,\ y=0$ で最小値 0

73 $x=\frac{1}{3},\ y=\frac{1}{3}$ で最小値 $\frac{4}{3}$

74 (1) $x=\pm 2$ で最小値 -15,
最大値はない
(2) $x=-1,\ 3$ で最大値 9,
$x=1$ で最小値 -7

75 (1) $x=1,\ 2$ (2) $x=5,\ -\frac{7}{2}$
(3) $x=-\frac{3}{2},\ \frac{1}{6}$ (4) $x=\frac{3}{2},\ -\frac{1}{7}$
(5) $x=\pm\frac{\sqrt{15}}{5}$ (6) $x=1,\ -2$

76 (1) $x=\frac{-3\pm\sqrt{65}}{4}$ (2) $x=\frac{6\pm\sqrt{6}}{3}$
(3) $x=\frac{-2\pm\sqrt{10}}{2}$ (4) $x=\frac{8}{3},\ \frac{3}{2}$
(5) $x=\sqrt{2}$ (6) $x=\frac{9}{4},\ -\frac{1}{2}$

77 (1) $a=-132,\ x=-11$
(2) $a=-3$ のとき　$x=2$
$a=\frac{1}{2}$ のとき　$x=-5$
(3) $a=-\frac{1}{6},\ b=\frac{1}{6}$

78 (1) $k<\frac{9}{8}$ のとき　2 個
$k=\frac{9}{8}$ のとき　1 個
$k>\frac{9}{8}$ のとき　0 個
(2) $a=1$ のとき　$x=0$
$a=-3$ のとき　$x=1$

79 (1) $-6\leqq a<3,\ 3<a$
(2) $k=0$ のとき　$x=\frac{7\sqrt{10}}{20}$
$k=-2$ のとき　$x=\frac{\sqrt{10}}{2}$
$k=-5$ のとき　$x=\frac{\sqrt{10}}{5}$

80 3, 4, 5

81 $k=0$ のとき　共通解は $x=0$
$k=\frac{5}{22}$ のとき　共通解は $x=-\frac{1}{2}$

82 (1) $x=\pm 5$
(2) $x=-2,\ 1+\sqrt{5}$

83 (1) 1 個 $\left(\frac{1}{3},\ 0\right)$ (2) 0 個
(3) 2 個 $\left(\frac{4-\sqrt{19}}{3},\ 0\right)$, $\left(\frac{4+\sqrt{19}}{3},\ 0\right)$

84 $a>-\frac{1}{8}$ のとき　2 個
$a=-\frac{1}{8}$ のとき　1 個
$a<-\frac{1}{8}$ のとき　0 個

85 (1) $\frac{15}{4}$ (2) 3

86 (1) $a=4$ (2) $a>7$

87 (1) $x\leqq -2,\ 6\leqq x$
(2) $x<\frac{1}{3},\ \frac{1}{2}<x$ (3) $-2\leqq x\leqq 1$
(4) $1-\sqrt{3}\leqq x\leqq 1+\sqrt{3}$
(5) $\frac{5-\sqrt{73}}{8}<x<\frac{5+\sqrt{73}}{8}$
(6) $x<-3,\ 1<x$

88 (1) $\sqrt{2}$ 以外のすべての実数
(2) $x=3$ (3) すべての実数
(4) 解はない

89 $k<\frac{1}{4},\ \frac{9}{4}<k$ のとき 2 個
$k=\frac{1}{4},\ \frac{9}{4}$ のとき　1 個
$\frac{1}{4}<k<\frac{9}{4}$ のとき　0 個

90 $a=-1,\ b=-10$
91 $1 \leqq a \leqq 4$
92 $-7 \leqq a \leqq \dfrac{7}{3}$
93 (1) $-\dfrac{5}{3} \leqq x < \dfrac{1-\sqrt{5}}{2}$
(2) $2 \leqq x \leqq 4$ (3) 解はない
94 短い方の辺の長さを 1 m 以上 3 m 以下
95 (1) $a \leqq -4$ (2) $a > -4$
(3) $-4 < a \leqq \dfrac{1}{4},\ 1 \leqq a$
96 (1) $a < -6$ (2) $-6 < a < -2$
97 (1) $\dfrac{1+\sqrt{29}}{2} < a < 8$
(2) $a < \dfrac{1-\sqrt{29}}{2}$ (3) $a > 8$
98 $-2-\sqrt{7} < a < -3$
99 $2-2\sqrt{3} < a < 2$
100 図略 (1) $y \leqq 0$ (2) $y \leqq \dfrac{1}{2}$
(3) $0 \leqq y \leqq 6$ (4) $1 \leqq y < 4$
101 略
102 $x=-2,\ 1 \leqq x \leqq 3$
103 $a>2$ のとき $x<a+1,\ 2a-1<x$
$a=2$ のとき 3 以外のすべての実数
$a<2$ のとき $x<2a-1,\ a+1<x$
104 $(x,\ y)=\left(\pm\dfrac{\sqrt{10}}{2},\ 4\right)$ で最大値 $\dfrac{21}{2}$
$(x,\ y)=(0,\ -1)$ で最小値 -2
105 (1) $x<-1,\ \dfrac{5}{2}<x$
(2) $-3 \leqq a < -2,\ 3 < a \leqq 4$

●EXERCISES の解答

47 (1) $a=1,\ b=2$ (2) $a=-1,\ b=5$
48 (1) (ア) 270
(2) (イ) 420 (ウ) 840
49 $a=8,\ b=11$
50 (1) $y=x^2-1$ (2) $y=x^2-4x-1$
51 (1) $a>0,\ b>0,\ c<0$
(2) ③
52 $y=x^2+5x+3$ $\left(y=\left(x+\dfrac{5}{2}\right)^2-\dfrac{13}{4}\right)$
53 (1) $m(k)=-4k^2+24k$
(2) $k=3$, 最大値 36
54 ②, ③ ; ② は $x=2$ で最大値 7, $x=0$ で最小値 3, ③ は $x=2$ で最大値 5, $x=-1,\ 5$ で最小値 -13
55 (1) $x=0$ で最大値 0,
$x=2$ で最小値 $8(a+1)$
(2) $x=0$ で最大値 0,
$x=-a$ で最小値 $-2a^2$
(3) $x=0,\ 2$ で最大値 0,
$x=1$ で最小値 -2
(4) $x=2$ で最大値 $8(a+1)$,
$x=-a$ で最小値 $-2a^2$
(5) $x=2$ で最大値 $8(a+1)$,
$x=0$ で最小値 0
56 略
57 (ア) $\dfrac{20}{3}$ (イ) $\dfrac{25\sqrt{3}}{3}$
58 (1) $(x,\ y,\ z)=(2,\ 3,\ 1)$
(2) $(x,\ y,\ z)=\left(1,\ \dfrac{1}{2},\ \dfrac{1}{4}\right)$
59 (1) $y=5\left(x-\dfrac{3}{2}\right)^2-\dfrac{9}{4}$
$(y=5x^2-15x+9)$
(2) $y=3(x-1)^2$ $(y=3x^2-6x+3)$,
$y=\dfrac{1}{3}(x-5)^2$
$\left(y=\dfrac{1}{3}x^2-\dfrac{10}{3}x+\dfrac{25}{3}\right)$
(3) $y=(x+1)^2-1$ $(y=x^2+2x)$
60 (1) $p=5,\ y=5$
(2) $(p,\ y)=(7,\ 3),\ (8,\ 2)$
(3) $p=9,\ y=1$
61 $a=2,\ b=-5$ または $a=-2,\ b=3$
62 $a=-\dfrac{14}{3},\ b=1$
63 (1) $k=\pm 2\sqrt{10}$
(2) $(x,\ y)=(2,\ 4)$ で最大値 8
$(x,\ y)=(0,\ 8),\ (4,\ 0)$ で最小値 0
64 $x=0,\ y=0$ で最小値 2
65 (1) $x=\pm 1$ で最大値 5, 最小値はない
(2) $x=\dfrac{3}{4}$ で最大値 $\dfrac{71}{64}$, 最小値はない

66 (1) $x=\frac{2}{3},\ -\frac{1}{4}$ (2) $x=\frac{-3\pm\sqrt{89}}{2}$

(3) $x=2\sqrt{2},\ -\sqrt{2}$

(4) $x=\frac{11\pm\sqrt{17}}{4}$

67 (1) $(x,\ y)=(-1,\ 4),\ (4,\ -1)$

(2) $(x,\ y)=(1,\ -1),\ \left(1,\ \frac{1}{2}\right),$

$\left(-\frac{2}{3},\ -\frac{1}{3}\right)$

68 $a=-4$

69 (ア) 4 (イ) 16 (ウ) -2 (エ) -8

70 $k=0,\ 1,\ 2$

71 $1+\sqrt{5}$

72 (ア) -1 (イ) -1

73 (1) $a=-2$ のとき　解はない

$a=2$ のとき　解はすべての実数

$a\neq\pm2$ のとき　$x=-\frac{1}{a+2}$

(2) $p=-1$ のとき　$x=\frac{1}{2}$

$p=1$ のとき　$x=-\frac{1}{2}$

$p\neq\pm1$ のとき

$x=-\frac{1}{p+1},\ -\frac{1}{p-1}$

74 $a=2+2\sqrt{2}$ のとき

接点の座標は $(1+\sqrt{2},\ 0)$

$a=2-2\sqrt{2}$ のとき

接点の座標は $(1-\sqrt{2},\ 0)$

75 (1) $a<1$

(2) $a=1$　共有点の座標は $(1,\ 0)$

(3) $a>1$

76 $y=\frac{1}{3}(x+1)(x-5)$

$\left(y=\frac{1}{3}x^2-\frac{4}{3}x-\frac{5}{3}\right)$

77 (ア) -2 (イ) 3 (ウ) -11 (エ) -3

78 $(1,\ 1),\ (-1,\ 3)$

79 (ア) -1 (イ) $\frac{3}{2}$

80 $a<1,\ 1<a<\frac{4}{3}$ のとき　2個

$a=1,\ \frac{4}{3}$ のとき　1個

$a>\frac{4}{3}$ のとき　0個

81 略

82 $a=b=0$ または $a>b^2$

83 (ア) -8 (イ) 15

84 $3<a<\frac{73}{17}$

85 $\frac{7}{2}<a<7$

86 $x<-\sqrt{5},\quad -\frac{1}{\sqrt{2}}<x<\frac{1}{\sqrt{2}},\quad \sqrt{5}<x$

87 (1) $3<a<4$ (2) $1<a\leqq3,\ 4\leqq a<6$

88 $-1<a<0,\ \frac{7}{2}<a<4$

89 (1) 略

(2) $k<-4$ のとき 0 個

$k=-4$ のとき 1 個

$-4<k<2,\ \frac{9}{4}<k$ のとき 2 個

$k=2,\ \frac{9}{4}$ のとき 3 個

$2<k<\frac{9}{4}$ のとき 4 個

第4章　図形と計量

●PRACTICE の解答

106　AB$=2\sqrt{2}$，BC$=4\sqrt{2}$，CA$=2\sqrt{6}$

107　$5(\sqrt{3}+1)$ m

108　(1)　$\cos\theta=\frac{12}{13}$，$\tan\theta=\frac{5}{12}$

(2)　$\sin\theta=\frac{\sqrt{5}}{3}$，$\tan\theta=\frac{\sqrt{5}}{2}$

(3)　$\cos\theta=\frac{1}{3}$，$\sin\theta=\frac{2\sqrt{2}}{3}$

109　(1)　$\frac{5}{2}$　(2)　略

110　$\sin 15^\circ=\frac{\sqrt{6}-\sqrt{2}}{4}$

$\cos 15^\circ=\frac{\sqrt{6}+\sqrt{2}}{4}$

$\tan 15^\circ=2-\sqrt{3}$

$\sin 75^\circ=\frac{\sqrt{6}+\sqrt{2}}{4}$

$\cos 75^\circ=\frac{\sqrt{6}-\sqrt{2}}{4}$

$\tan 75^\circ=2+\sqrt{3}$

111　(1)　$\sqrt{3}$　(2)　1

112　(1)　$\theta=90^\circ$　(2)　$\theta=60^\circ$

(3)　$\theta=60^\circ$　(4)　$\theta=45^\circ$，135°

(5)　$\theta=135^\circ$　(6)　$\theta=150^\circ$

113　(1)　$\sin\theta=\frac{\sqrt{5}}{3}$，$\tan\theta=-\frac{\sqrt{5}}{2}$

(2)　$(\cos\theta,\ \tan\theta)$

$=\left(\frac{3\sqrt{5}}{7},\ \frac{2\sqrt{5}}{15}\right)$,

$\left(-\frac{3\sqrt{5}}{7},\ -\frac{2\sqrt{5}}{15}\right)$

(3)　$\cos\theta=-\frac{3}{5}$，$\sin\theta=\frac{4}{5}$

114　(1)　$\theta=15^\circ$　(2)　$\theta=30^\circ$

115　(1)　$\frac{t^2-1}{2}$　(2)　$-\frac{1}{2}t^3+\frac{3}{2}t$

(3)　$-\frac{1}{2}t^4+t^2+\frac{1}{2}$

116　$\frac{4-\sqrt{7}}{3}$

117　(1)　$60^\circ<\theta<120^\circ$

(2)　$60^\circ\leqq\theta\leqq180^\circ$

(3)　$0^\circ\leqq\theta<60^\circ$，$90^\circ<\theta\leqq180^\circ$

(4)　$0^\circ\leqq\theta\leqq45^\circ$，$135^\circ\leqq\theta\leqq180^\circ$

(5)　$0^\circ\leqq\theta<135^\circ$

(6)　$0^\circ\leqq\theta<90^\circ$，$120^\circ\leqq\theta\leqq180^\circ$

118　(1)　$\theta=60^\circ$，180°

(2)　$\theta=0^\circ$，45°，135°，180°

(3)　$0^\circ\leqq\theta<60^\circ$

(4)　$0^\circ\leqq\theta\leqq60^\circ$，$135^\circ\leqq\theta\leqq180^\circ$

119　(1)　$\theta=0^\circ$，180° で最大値 0,

$\theta=90^\circ$ で最小値 -3

(2)　$\theta=135^\circ$ で最小値 -3,

最大値はない

120　$R=5$，$c=5\sqrt{2}$

121　(1)　$b=\sqrt{37}$　(2)　$A=60^\circ$

(3)　$a=1+2\sqrt{2}$

122　(1)　$C=75^\circ$，$a=\sqrt{3}$，

$c=\frac{\sqrt{2}+\sqrt{6}}{2}$

(2)　$c=2$，$A=30^\circ$，$B=15^\circ$

123　$A=75^\circ$，$B=60^\circ$，$a=\frac{\sqrt{6}+\sqrt{2}}{2}$

または

$A=15^\circ$，$B=120^\circ$，$a=\frac{\sqrt{6}-\sqrt{2}}{2}$

124　$C=120^\circ$

125　$4<x<\sqrt{34}$

126　$25\sqrt{6}$ m

127　$\frac{20\sqrt{21}}{7}$ m

128　$3\sqrt{2}$

129　略

130　(1)　BC$=$AC の二等辺三角形

(2)　正三角形

131　(1)　$\cos B=\frac{9}{11}$，$S=6\sqrt{10}$

(2)　$b=2$，$C=90^\circ$

132　(1)　$10\sqrt{3}$　(2)　$\frac{3+2\sqrt{3}}{2}$

(3)　$3(2+\sqrt{3})$

133　$\frac{6\sqrt{3}}{5}$

134　$A=60^\circ$，CD$=5$，$S=\frac{55\sqrt{3}}{4}$

135　36

136　$\sin A=\frac{4}{5}$，△ABC$=36$,

外接円の半径は $\frac{85}{8}$,

内接円の半径は 2

137 (1) $AM=3\sqrt{3}, AE=2\sqrt{7}, EM=\sqrt{13}$

(2) $\frac{\sqrt{21}}{6}$ (3) $\frac{3\sqrt{35}}{2}$

138 (1) $\frac{\sqrt{6}}{3}$ (2) $\frac{3\sqrt{2}}{2}$

139 $\frac{2\sqrt{6}}{3}$

140 (1) $\cos\theta=\frac{2x-3}{x}$,

$\sin\theta=\frac{\sqrt{-3x^2+12x-9}}{x}$

(2) $x=2$ のとき最大値 $\sqrt{3}$

141 $\sqrt{7}\,a$

●EXERCISES の解答

90 (1) 11 (2) $\frac{4\sqrt{3}}{13}$ (3) $\sqrt{3}$

91 (1) 約 13° (2) 約 1°

92 (1) 5 (2) $\frac{1}{\sqrt{3}}$

93 順に $\frac{1}{\sqrt{10}}$, $2\sqrt{10}$

94 (1) $\frac{\sqrt{5}-1}{4}$

(2) $\sin 22.5^\circ=\frac{\sqrt{2-\sqrt{2}}}{2}$

$\cos 22.5^\circ=\frac{\sqrt{2+\sqrt{2}}}{2}$

$\tan 22.5^\circ=\sqrt{2}-1$

95 略

96 (1) 2 (2) 1

97 (1) $\sin 175^\circ<\sin 35^\circ<\sin 140^\circ$
$<\sin 70^\circ<\sin 105^\circ$

(2) $\sin 29^\circ<\tan 29^\circ<\cos 29^\circ$

98 $\frac{-32+\sqrt{2}}{12}$

99 $y=\frac{1}{\sqrt{3}}x$, $y=\sqrt{3}\,x$

100 (1) $-\frac{65}{8}$ (2) $\frac{9\sqrt{5}}{25}$

101 -5, $\frac{1}{5}$

102 (1) $\theta=60^\circ$ (2) $\theta=30^\circ$, 90°, 150°
(3) $\theta=120^\circ$ (4) $\theta=0^\circ$, 45°, 180°

103 (ア) 2 (イ) 2 (ウ) 1 (エ) 0°, 90°, 180°
(オ) 1 (カ) 45°, 135° (キ) $\frac{1}{2}$

104 $\cos A:\cos B:\cos C=13:11:(-7)$

105 (ア) 7 (イ) $\frac{7\sqrt{3}}{3}$ (ウ) $-\frac{1}{2}$ (エ) 120

106 (1) (ア) $a=3$ (イ) $b=1$, $c=1$
(2) 鋭角

107 (1) 順に $\frac{\sqrt{15}}{4}$, $-\frac{1}{4}$, $-\sqrt{15}$

(2) $\frac{192}{5}\pi\ \mathrm{m}^2$

108 略

109 (1) $\frac{2}{5}$ (2) $\frac{7\sqrt{2}}{10}$

110 略

111 $DE=a\cos A$

112 (ア) $\frac{1}{7}$ (イ) $\frac{2\sqrt{3}}{5}$

113 (ア) $\frac{14}{3}$ (イ) 7 (ウ) $\frac{49\sqrt{3}}{6}$

114 $S=\frac{1}{2}pq\sin\theta$

115 (ア) 3 (イ) $\frac{3\sqrt{35}}{4}$

116 $R=\frac{14\sqrt{3}}{3}$, $r=\sqrt{3}$

117 $V=\frac{4}{3}\pi$, $S=4\pi$

118 (ア) $3\sqrt{2}$ (イ) $\frac{\sqrt{10}}{2}$

(ウ) 45 (エ) $\frac{3\sqrt{2}}{2}$

119 体積 $\frac{4}{3}$, 距離 $\frac{2\sqrt{14}}{7}$

120 (1) $\sin\theta=\frac{2S}{bc}$, $\cos\theta=\frac{b^2+c^2-a^2}{2bc}$

(2) $DC^2=\frac{1}{2}(a^2+b^2+c^2)+2\sqrt{3}\,S$

(3) $DC^2=2\sqrt{3}\,(S+T)$

121 (1) $AC=2\cos\alpha$
(2) $l=4(1+\sin\alpha)\cos\alpha$
(3) $S=4\sin\alpha\cos^3\alpha$

(4) $r=\frac{2S}{l}$ (5) $r=2(1-\sin\alpha)\sin\alpha$

122 (ア) $\sqrt{7}$ (イ) $\frac{2\sqrt{7}}{7}$ (ウ) $\frac{6\sqrt{7}}{7}$
(エ) 3 (オ) 3 (カ) 2
(キ) $\frac{\sqrt{21}}{7}$ (ク) $\frac{6\sqrt{3}}{7}$

123 $\frac{3\sqrt{7}}{2}$

第5章 データの分析

●PRACTICE の解答

142 略
143 (1) (ア) 9 (2) (イ) 10
(3) (ウ) 9 (エ) 11
144 (1) 8通り (2) $a=62$
145 (1) xのデータの四分位範囲 5,
yのデータの四分位範囲 3；
xの方がデータの散らばりの度合いが大きい
(2) 1個
146 ①，③
147 ③
148 (1) $s_x{}^2=8$, $s_y{}^2=50$
(2) yのデータの方が，平均値からの散らばりの度合いが大きい
149 平均値 13，分散 30
150 (1) 46分
(2) 平均値は修正前と比べて変化しない
分散は修正前と比べて増加する
151 (1) $\overline{x}=992$ (m)
(2) 分散 144，標準偏差 12 m
152 図略 (1) 負の相関がある
(2) 相関がない
(3) 正の相関がある
153 相関係数 -0.83,
強い負の相関がある
154 (1) ④ (2) ①
155 企業の印象が良くなったとは判断できない
156 (1) Aの書きやすさが下がったと判断してよい
(2) Aの書きやすさが下がったとは判断できない
157 AはBより強いとは判断できない

●EXERCISES の解答

124 (1) 中央値 2.675 t，平均値 2.82 t
(2) 誤っている数値 1.61 t，正しい数値 2.81 t
125 ②
126 ⓪，②
127 ③，⑤
128 (1) 18個
(2) $a=23$, $b=20$, $c=25$, $d=36$
(3) 分散 18，標準偏差 4.2個
129 (ア) 780 (イ) 492
130 (1) (A) (2) 順に 0点，800
(3) $-\frac{27\sqrt{10}}{200}$
131 (ア) 0.17 (イ) ⑤
132 (1) ①，④，⑥
(2) (ア) 3.24 (イ) 1.8 (ウ) 1

PRACTICE，EXERCISES の解答（数学A）

PRACTICE，EXERCISES について，問題の要求している答の数値のみをあげ，図・証明は省略した。

第1章　場合の数

●PRACTICE の解答

1　(1)　順に　7，3，3，1
　(2)　(ア)　55　(イ)　65　(ウ)　50　(エ)　30
2　(1)　571 個　(2)　500 個　(3)　429 個
3　(1)　32 人　(2)　18 人
4　4 通り
5　(1)　9 通り　(2)　7 通り
6　(1)　(ア)　20 通り　(イ)　25 通り
　(2)　24 個
7　(1)　24 個　(2)　8736
8　(1)　20 通り　(2)　15 通り
9　(ア)　7　(イ)　23　(ウ)　5　(エ)　12
10　(ア)　12　(イ)　96
11　(ア)　40　(イ)　90
12　(1)　17280 通り　(2)　43200 通り
13　(ア)　120　(イ)　24　(ウ)　72
14　(1)　180 個　(2)　68 個　(3)　26 個
15　(1)　120 通り　(2)　72 通り　(3)　6 通り
16　(1)　96 番目　(2)　42310　(3)　50 番目
　(4)　34120
17　(1)　360 通り　(2)　90 通り
18　(1)　48 通り　(2)　12 通り　(3)　36 通り
19　(1)　1295 個　(2)　255 通り
20　(ア)　2 通り　(イ)　45 通り
21　(1)　1508 番目　(2)　CDBAE
22　(1)　30 通り　(2)　20 通り
23　(1)　84 通り　(2)　336 通り
24　(1)　70 個　(2)　40 個
25　(ア)　210　(イ)　33
26　(1)　27720 通り　(2)　34650 通り
　(3)　5775 通り　(4)　9240 通り
27　(ア)　5040　(イ)　840
28　(1)　16 通り　(2)　18 通り
29　(1)　165 通り　(2)　21 個
30　(1)　55 個　(2)　15 個
31　(1)　21 個　(2)　21 個
32　(ア)　720　(イ)　5760
33　(ア)　280　(イ)　35　(ウ)　19

●EXERCISES の解答

1　4
2　(1)　75 個　(2)　20 個　(3)　60 個
3　順に　104 通り，84 通り
4　(1)　24 個　(2)　15330
5　135 通り
6　42 人
7　順に　8 通り，9 通り
8　(1)　5040 通り　(2)　720 通り
　(3)　720 通り　(4)　3840 通り
9　18 通り
10　(1)　48 通り　(2)　24 通り　(3)　48 通り
11　32 個
12　(1)　1080 通り　(2)　66660
　(3)　3732960
13　(1)　729 通り　(2)　186 通り
　(3)　540 通り
14　216
15　(1)　$n=3$　(2)　$n=11$
16　(1)　10 通り　(2)　10 通り　(3)　36 通り
17　(1)　186 個　(2)　順に　44 個，112 個
18　(1)　25　(2)　10　(3)　180
19　(1)　15120 通り　(2)　60 通り
　(3)　2520 通り
20　(1)　20 通り　(2)　84 通り　(3)　148 通り
21　(1)　125　(2)　10　(3)　35　(4)　21
　(5)　6
22　(ア)　28　(イ)　20
23　(ア)　990　(イ)　840
24　2454 通り
25　7440 通り

第2章　確　率

●PRACTICE の解答

34　(1)　順に　$\frac{1}{6}$，$\frac{1}{2}$　(2)　$\frac{1}{6}$
35　(1)　$\frac{1}{7}$　(2)　$\frac{1}{5}$
36　(1)　$\frac{8}{15}$　(2)　$n=3$

37 (1) $\frac{1}{3}$ (2) $\frac{1}{9}$

38 (1) $\frac{3}{95}$ (2) $\frac{16}{95}$

39 (ア) $\frac{5}{42}$ (イ) $\frac{10}{21}$

40 $\frac{1}{3}$

41 (1) $\frac{8}{15}$ (2) $\frac{8}{9}$

42 (1) $\frac{91}{216}$ (2) $\frac{37}{216}$

43 $\frac{67}{200}$

44 (1) $\frac{1}{6}$ (2) (ア) $\frac{2}{9}$ (イ) $\frac{4}{9}$

45 (1) $\frac{3}{20}$ (2) $\frac{2}{5}$ (3) $\frac{19}{20}$

46 (1) $\frac{5}{64}$ (2) $p^8(3-2p)$

47 (1) $\frac{5}{324}$ (2) $\frac{19}{144}$

48 (1) $\frac{5}{16}$ (2) $\frac{3}{16}$

49 (1) $\frac{1}{27}$ (2) $\frac{2}{27}$ (3) $\frac{17}{81}$

50 $\frac{1}{2}$

51 (1) $P_n=\frac{(n-1)(n-2)}{2}\left(\frac{5}{6}\right)^{n-3}\left(\frac{1}{6}\right)^3$

$(n \geqq 3)$

(2) $n=12,\ 13$

52 (1) $\frac{4}{15}$ (2) $\frac{4}{9}$

53 (1) $\frac{51}{380}$ (2) $\frac{34}{285}$

54 (1) $\frac{8}{11}$ (2) $\frac{4}{11}$

55 (1) $\frac{4}{9}$ (2) $\frac{10}{63}$

56 (1) $\frac{1}{9}$ (2) $\frac{2}{27}$

57 順に $\frac{11}{500}$, $\frac{9}{11}$

58 (1) $\frac{3}{2}$ 個 (2) (ア) $\frac{13}{2}$ 点 (イ) $\frac{9}{2}$

59 2

60 ① が有利

61 $P(A)=\frac{3}{10}$, $P(B)=\frac{49}{120}$

62 (1) $\frac{7}{20}$ (2) $\frac{5}{14}$

63 (1) $\frac{3}{8}$ (2) $\frac{9}{16}$

●EXERCISES の解答

26 (1) $\{1,\ 1,\ 1\}$, $\{1,\ 2,\ 3\}$, $\{2,\ 2,\ 2\}$, $\{3,\ 3,\ 3\}$

(2) $\frac{5}{14}$

27 (ア) $\frac{1}{24}$ (イ) $\frac{1}{12}$

28 $\frac{1}{2}$

29 $\frac{4}{45}$

30 (ア) $\frac{5}{81}$ (イ) $\frac{10}{81}$ (ウ) $\frac{17}{27}$

31 $\frac{62}{125}$

32 (1) $\frac{1}{3}$ (2) $\frac{23}{27}$

33 (ア) $\frac{1}{3}$ (イ) $\frac{4}{15}$

34 (1) $\frac{32}{95}$ (2) $\frac{32}{95}$

35 (1) $\frac{(6-a)^2}{36}$ (2) $\frac{a}{3}-\frac{a^2}{36}$

(3) $\frac{13}{36}-\frac{a}{18}$ (4) $\frac{a}{18}-\frac{1}{36}$

36 (1) $\frac{5}{18}$ (2) $\frac{23}{108}$ (3) $\frac{29}{54}$

37 (ア) $\frac{3}{70}$ (イ) $\frac{31}{70}$

38 (ア) $\frac{105}{512}$ (イ) $\frac{121}{128}$

39 $\frac{122}{243}$

40 $1-\left(\frac{2}{3}\right)^n$

41 (1) $\frac{64}{81}$ (2) $\frac{52}{81}$

42 (ア) $\frac{11}{27}$ (イ) $\frac{4}{9}$

43 (1) $\frac{7}{32}$ (2) $\frac{49}{256}$

44 $\dfrac{169}{1250}$

45 (1) $\dfrac{1}{6}\left(\dfrac{5}{6}\right)^{k-1}$

(2) $P(1)=\dfrac{1}{6}$, $P(2)=0$, $P(3)=\dfrac{1}{36}$,
$P(4)=\dfrac{1}{36}$, $P(5)=\dfrac{7}{216}$

(3) $\dfrac{35}{7776}$

46 (1) $\dfrac{720(n-6)(n-7)}{n(n-1)(n-2)(n-3)(n-4)}$

(2) $n=9$, 10

47 $\dfrac{4}{9}$

48 (1) 0.4 (2) 0.7 (3) 0.5

49 (1) $\dfrac{21}{32}$ (2) $\dfrac{21}{64}$

50 (1) $\dfrac{4}{27}$ (2) $\dfrac{196}{729}$ (3) $\dfrac{13}{49}$

51 (1) $P_{W_1}(W_2)=\dfrac{1}{3}$, $P_{R_1}(W_2)=\dfrac{2}{9}$,
$P_{G_1}(W_2)=\dfrac{2}{9}$

(2) $\dfrac{1}{4}$ (3) $\dfrac{9}{4}$ 点

52 (1) $\dfrac{3}{5}$ (2) 18

53 (1) $\dfrac{9}{1024}$ (2) $\dfrac{11}{512}$

54 (1) $\dfrac{1}{4}$ (2) $\dfrac{1}{109}$

55 $\dfrac{13\sqrt{3}}{72}$

第3章　図形の性質

●PRACTICE の解答

64 (1) 9 (2) $\dfrac{21}{4}$

65 略

66 (1) $\alpha=100°$ (2) $\alpha=60°$, $\beta=30°$

67, **68** 略

69 (1) $x=25°$ (2) 15：4

70 1：3

71 1：12

72, **73** 略

74 18

75 (1) 2：1 (2) 3：1 (3) 1：12

76～**79** 略

80 半直線OXに関して点Aと対称な点をA′，半直線OYに関して点Bと対称な点をB′として，直線A′B′と半直線OXの交点をP，直線A′B′と半直線OYの交点をQとすればよい

81 (1) $x=22.5°$ (2) $y=68°$

82～**84** 略

85 (1) 13 (2) 2

86 順に 94°，86°

87, **88** 略

89 $x=\dfrac{b^2-a^2}{a}$

90 略

91 $2\sqrt{7}$

92～**98** 略

99 (1) いえる (2) いえる

100 (1) 正しい (2) 正しくない
(3) 正しい

101 $f=32$, $e=60$, $v=30$

102 36 cm^3

●EXERCISES の解答

56 24

57, **58** 略

59 外心

60, **61** 略

62 (1) (ア) ② (2) (イ) 90 (ウ) ①
(エ) 140

63 略

64 (1) AB：BC：CA (2) 重心

65～**67** 略

68 $\dfrac{\sqrt{3}}{28}$

69 略

70 (1) 略 (2) 90°

71 略

72 (1) 1：1 (2) 7

73～**75** 略

76 (1) 略 (2) 48：25

77 略

78 (1) $a=3$

(2) $b=\frac{4+\sqrt{2}}{2}$, $c=\frac{4-\sqrt{2}}{2}$

79 (1) 略 (2) $\frac{\sqrt{3}}{8}$

80 $\frac{144}{49}$

81 略

82 (1) 略 (2) 略 (3) $\sqrt{5}:2\sqrt{2}:\sqrt{13}$

83～87 略

88 (1) 面 ABD，面 EFH

(2) 面 AEFB，面 BFHD，面 DHEA

(3) 辺 AE，辺 EF，辺 EH

89 ②，④

90 略

91 (1) 順に 14，24，12

(2) 順に 26，48，24

第４章　数学と人間の活動

●PRACTICE の解答

103 (1) $a=\pm6,\ \pm12,\ \pm24,\ \pm48,\ \pm96$

(2) 略

104 (1) $A=1380,\ 4380,\ 7380,\ 2385,\ 5385,\ 8385$

(2) $B=67$

105 (1) $n=42$ (2) $n=360$

106 (1) 24 個 (2) $p=2$，$N=40$

107 $n=36$，$a=7$，$b=10$

108 略

109 (1) $n=112$

(2) $m=20$，$n=50$

110 (1) $(x,\ y)=(-1,\ -5),\ (0,\ -2),\ (1,\ -1),\ (4,\ 0),\ (-3,\ 7),\ (-4,\ 4),\ (-5,\ 3),\ (-8,\ 2)$

(2) $(x,\ y)=(3,\ 6),\ (5,\ 2),\ (2,\ -4),\ (0,\ 0)$

111 (1) $(x,\ y)=(6,\ 3),\ (10,\ 1)$

(2) $(x,\ y)=(4,\ 2)$

112 (1) 62 個 (2) 62 個

113 (1) (ア) $n=7$ (イ) $n=1,\ 15$

(2) $p=2$，$q=5$

114 (1) 144 個 (2) 336 個

115 略

116 (1) 0 (2) 4 (3) 1 (4) 3

117，118 略

119 (1) 1 (2) 1 (3) 16

120 略

121 (1) $a=\frac{r+3s-t}{6}$，$b=\frac{r+s}{2}$，$c=\frac{2r-6s+t}{6}$

(2) 略

122 $p=3$

123 (1) 3 (2) 略

124 (1) 3 (2) 略

125 (1) 21 (2) 1 (3) 105

126 (1) $x=11$，$y=-8$

(2) $x=-22$，$y=16$

127 (1) $x=7k+3$，$y=-5k-2$ （k は整数）

(2) $x=29k+15$，$y=35k+18$ （k は整数）

128 977

129 $(x,\ y)=(2,\ 8)$

130 $(x,\ y,\ z)=(4,\ 5,\ 20),\ (4,\ 6,\ 12)$

131 (1) 順に $11100_{(2)}$，$1001_{(3)}$

(2) $0.111_{(5)}$

132 (1) D$(3,\ -4)$，5 m

(2) $(1,\ 0)$，$\left(\frac{17}{5},\ -\frac{6}{5}\right)$

133 (1) $(0,\ -4,\ 2)$ (2) $(6,\ 0,\ 0)$

(3) $(6,\ -4,\ -2)$

(4) $(-6,\ 4,\ -2)$

134 (1) $\mathrm{OA}=\sqrt{21}$，$\mathrm{AB}=3$

(2) $(2,\ 0,\ -2)$，$\left(-\frac{2}{3},\ \frac{8}{3},\ \frac{2}{3}\right)$

135 (1) 220 (2) 768 個

136 (1) $101001_{(2)}$ (2) $441_{(5)}$

(3) $11111101_{(2)}$ (4) $111_{(2)}$

137 (1) 9 (2) 2

138 (1) $\frac{5}{16}$，$\frac{9}{40}$，$\frac{91}{250}$ (2) 78 個

●EXERCISES の解答

92 略

93 $\frac{40}{17}$

94 $n=200,\ 1400$

95 960

96 $n=2,\ 10$

97 (1) $P=(x+4y+1)(2x+3y-2)$
(2) $x=3,\ y=1$

98 $(p,\ q,\ m,\ n)=(2,\ 5,\ 4,\ 2)$

99 2

100, 101 略

102 100 日後は火曜日，100 万日後は月曜日

103, 104 略

105 (1) $x=-15,\ y=6$
(2) $x=-55,\ y=-30$

106 9935

107 $(x,\ y,\ z)=(5,\ 10,\ 4),\ (10,\ 1,\ 8)$

108 3 のカード 25 枚，7 のカード 5 枚
または 3 のカード 32 枚，7 のカード 2 枚

109 略

110 $(x,\ y)=(5,\ 2),\ (5,\ 3),\ (1,\ 3)$

111 (1) $(x,\ y,\ z)=(1,\ 1,\ 6),\ (2,\ 1,\ 5),\ (3,\ 1,\ 4),\ (4,\ 1,\ 3),\ (5,\ 1,\ 2),\ (6,\ 1,\ 1),\ (1,\ 2,\ 3),\ (2,\ 2,\ 2),\ (3,\ 2,\ 1)$
(2) $(x,\ y,\ z)=(1,\ 2,\ 3)$

112 (1) $(a,\ b)=(8,\ 9)$
(2) $(a,\ b,\ c)=(8,\ 10,\ 11),\ (9,\ 10,\ 11),\ (8,\ 9,\ 11)$

113 (1) $4034_{(5)}$ (2) $144_{(n)}$
(3) 順に $0.011_{(2)}$, $0.\dot{1}\dot{0}_{(3)}$

114 (1) 251 番目の数 (2) 31001

115 $(1,\ 4,\ 0),\ (3,\ 2,\ 0)$

116 (1) 25 個 (2) 略

117 48, 49, 50, 51

118 略

Research & Work の解答（数学Ⅰ）

◎ **確認** と **やってみよう** は詳しい解答を示し，最終の答の数値などを太字で示した。
また，**問題に挑戦** は，最終の答の数値のみを示した。詳しい解答を別冊解答編に掲載している。

1 絶対値を含む式の扱い，必要条件・十分条件

Q1 (1) $|x-9|=3$ から　$x-9=\pm 3$
すなわち　$x=9+3$　または　$x=9-3$
よって　$\boldsymbol{x=12,\ 6}$
(2) $|x-4|<5$ から　$-5<x-4<5$
よって　$\boldsymbol{-1<x<9}$
(3) $|2x+1|\geqq 3$ から
$2x+1\leqq -3,\ 3\leqq 2x+1$
よって　$2x\leqq -4,\ 2\leqq 2x$
ゆえに　$\boldsymbol{x\leqq -2,\ 1\leqq x}$
(4) [1] $x+1\geqq 0$　すなわち　$x\geqq -1$ のとき
$x+1=2x-4$
これを解いて　$x=5$
これは $x\geqq -1$ を満たす。
[2] $x+1<0$　すなわち　$x<-1$ のとき
$-(x+1)=2x-4$
これを解いて　$x=1$
これは $x<-1$ を満たさない。
よって，方程式の解は　$\boldsymbol{x=5}$

Q2 $-3x+5\geqq 0$　すなわち　$x\leqq \dfrac{5}{3}$ のとき
$y=-3x+5$
$-3x+5<0$　すなわち　$x>\dfrac{5}{3}$ のとき
$y=-(-3x+5)$
$=3x-5$
よって，$y=|-3x+5|$ $(1\leqq x\leqq 4)$ のグラフは **図の実線部分** である。
したがって，値域は
$\boldsymbol{0\leqq y\leqq 7}$

問1 (1) $|a+1|=2$ から　$a+1=\pm 2$
よって　$a=1,\ -3$
$a^2+2a-3=0$ から　$(a-1)(a+3)=0$
よって　$a=1,\ -3$
ゆえに，「$|a+1|=2 \iff a^2+2a-3=0$」が成り立つ。
よって，$|a+1|=2$ は $a^2+2a-3=0$ であるための必要十分条件である。(**③**)
(2) $|a-1|<2$ から　$-2<a-1<2$
よって　$-1<a<3$
$a^2-1<0$ から　$(a+1)(a-1)<0$
よって　$-1<a<1$
ゆえに，「$a^2-1<0 \Longrightarrow |a-1|<2$」は 真。
また，「$|a-1|<2 \Longrightarrow a^2-1<0$」は 偽。
(反例：$a=2$)
よって，$|a-1|<2$ は $a^2-1<0$ であるための必要条件であるが，十分条件でない。
(**①**)
(3) $1<|a|<2$ について，
$1<|a|$ を解くと　$a<-1,\ 1<a$
$|a|<2$ を解くと　$-2<a<2$
したがって，$1<|a|<2$ の解は
$-2<a<-1,\ 1<a<2$
ゆえに，「$1<|a|<2 \Longrightarrow -1<a<2$」は 偽。
$\left(\text{反例：}a=-\dfrac{3}{2}\right)$
また，「$-1<a<2 \Longrightarrow 1<|a|<2$」も 偽。
(反例：$a=0$)
よって，$1<|a|<2$ は $-1<a<2$ であるための必要条件でも十分条件でもない。
(**④**)

(問題に挑戦) 1 (1) (ア) 2　(イ) ①　(ウ) 7
(エ) 2　(オ) ③　(カ) ①　(キ) 7
(2) (ク) ⓪　(ケ) ② [または (ク) ②　(ケ) ⓪]
(3) (コ) ③　(4) (サ) ①　(5) (シ) 0
(6) (ス) ②　(セ) ①
(1 の詳しい解答は解答編 p.351～ 参照)

2 2次関数の最大・最小

Q3 $f(x)=-2(x^2+2x)+1=-2(x+1)^2+3$
(1) $-4\leqq x\leqq 0$ のとき，図(1)から，
$\boldsymbol{x=-1}$ **で最大値** $f(-1)=\boldsymbol{3}$，
$\boldsymbol{x=-4}$ **で最小値** $f(-4)=\boldsymbol{-15}$ をとる。

(2)　$-2<x\leqq1$ のとき，図(2)から，

$x=-1$ で最大値 $f(-1)=3$，

$x=1$ で最小値 $f(1)=-5$ をとる。

(3)　$0\leqq x\leqq3$ のとき，図(3)から，

$x=0$ で最大値 $f(0)=1$，

$x=3$ で最小値 $f(3)=-29$ をとる。

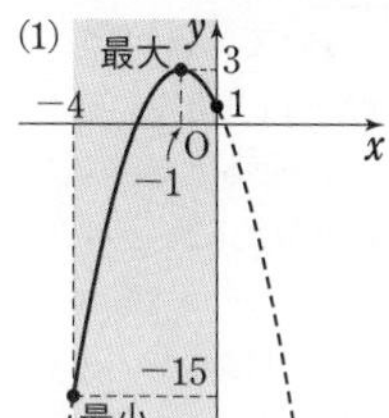

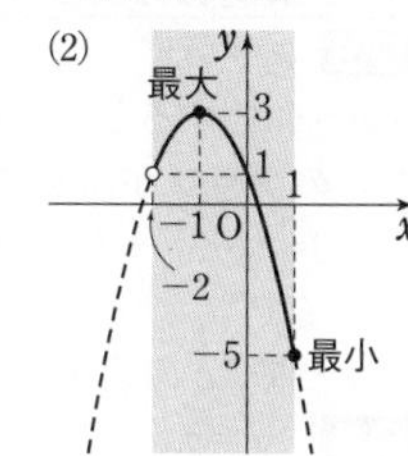

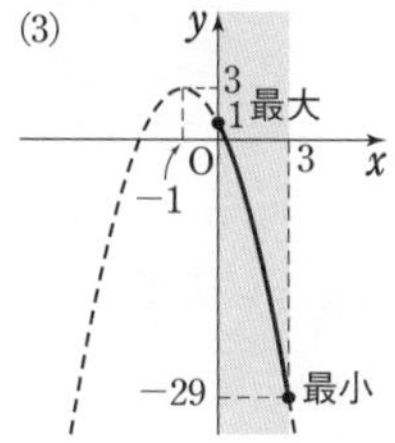

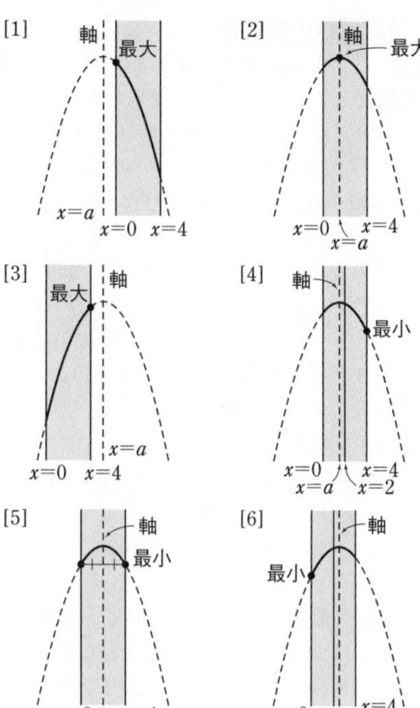

問2　$f(x)=-(x^2-2ax)=-(x-a)^2+a^2$

[1]　$a<0$ のとき　図[1]から，

$x=0$ で最大値 $f(0)=0$ をとる。

[2]　$0\leqq a\leqq4$ のとき　図[2]から，

$x=a$ で最大値 $f(a)=a^2$ をとる。

[3]　$4<a$ のとき　図[3]から，

$x=4$ で最大値

$f(4)=-4^2+2a\cdot4=8a-16$ をとる。

以上から

$a<0$ のとき　　$x=0$ で最大値　0

$0\leqq a\leqq4$ のとき　$x=a$ で最大値　a^2

$a>4$ のとき　　$x=4$ で最大値　$8a-16$

[4]　$a<2$ のとき　図[4]から，

$x=4$ で最小値 $f(4)=8a-16$ をとる。

[5]　$a=2$ のとき　図[5]から，

$x=0,\ 4$ で最小値 $f(0)=0$ をとる。

[6]　$2<a$ のとき　図[6]から，

$x=0$ で最小値 $f(0)=0$ をとる。

以上から

$a<2$ のとき　$x=4$ で最小値　$8a-16$

$a=2$ のとき　$x=0,\ 4$ で最小値　0

$a>2$ のとき　$x=0$ で最小値　0

注意　次のように，最大値と最小値をまとめて答えてもよい。

$a<0$ のとき　　$x=0$ で最大値　0

$x=4$ で最小値　$8a-16$

$0\leqq a<2$ のとき　$x=a$ で最大値　a^2

$x=4$ で最小値　$8a-16$

$a=2$ のとき　　$x=2$ で最大値　4

$x=0,\ 4$ で最小値　0

$2<a\leqq4$ のとき　$x=a$ で最大値　a^2

$x=0$ で最小値　0

$a>4$ のとき　　$x=4$ で最大値　$8a-16$

$x=0$ で最小値　0

(問題に挑戦) 2　[1]　(1)　(ア) ③

(2)　(イ) ①　(3)　(ウ) ②

[2]　(1)　(エ) ⑤　(オ) ①

(2)　(カ) ②　(キ) ⑤　(ク) ②　(ケ) ①　(コ) ⑤

(サ) ①

(3)　(シ) ③

(2 の詳しい解答は解答編 $p.354$～ 参照)

3 2次関数の文章題

Q4 (1) 1次関数と仮定するから，a，b を実数として，$y=ax+b$ と表される。
表より，$x=250$ のとき $y=300$ から
$300=250a+b$ …… ①
$x=300$ のとき $y=250$ から
$250=300a+b$ …… ②
①，② を解くと　$a=-1$，$b=550$
よって　$\boldsymbol{y=-x+550}$ …… ③
③ は，$x=350$，$y=200$ のとき成り立つ。
(2) 売り上げ金額は xy，経費は $120y+5000$ である。よって，利益 z は
$z=xy-(120y+5000)$
$=x(-x+550)-120(-x+550)-5000$
$\boldsymbol{=-x^2+670x-71000}$
(3) $z=-(x-335)^2+335^2-71000$
$=-(x-335)^2+41225$
x は自然数で，$250 \leqq x \leqq 350$ であるから，利益 z は $\boldsymbol{x=335}$ のとき最大となる。
また，利益の最大値は **41225** 円である。

問3 (1) 1次関数と仮定するから，a，b を実数として，$y=ax+b$ と表される。表より，$x=150$ のとき $y=65$ から
$65=150a+b$ …… ①
$x=200$ のとき $y=50$ から
$50=200a+b$ …… ②
①，② を解くと　$a=-\dfrac{3}{10}$，$b=110$
よって　$\boldsymbol{y=-\dfrac{3}{10}x+110}$ …… ③
③ は，$x=250$，$y=35$ のとき成り立つ。
(2) 売り上げを z 円とすると

$$z=xy=x\left(-\frac{3}{10}x+110\right)$$
$$=-\frac{3}{10}x^2+110x$$
$$=-\frac{3}{10}\left(x-\frac{550}{3}\right)^2+\frac{3}{10}\cdot\left(\frac{550}{3}\right)^2$$

ここで　$\dfrac{550}{3}=180+\dfrac{10}{3}$
x は 10 の倍数で，$150 \leqq x \leqq 250$ であるから，z は $\boldsymbol{x=180}$ のとき最大となる。このとき，③ から　$\boldsymbol{y}=-\dfrac{3}{10}\cdot 180+110\boldsymbol{=56}$

(問題に挑戦) 3 (1) (ア) ②
(2) (イウ) -2 (エオ) 44 (カ).(キク) 2.00 (ケ).(コサ) 2.20 (シ).(スセ) 4.40 (ソ) ③
(3 の詳しい解答は解答編 $p.357$～ 参照)

4 2次関数のグラフの考察

Q5 $y=ax^2+bx+c$ において，$a=1$，$b=4$ とすると　$y=x^2+4x+c$
このグラフが点 $(-2,\ 3)$ を通るとき
$3=(-2)^2+4\cdot(-2)+c$　ゆえに　$c=7$
ここで　$7-(-1)=8$
よって，c の値を 8 大きくすればよい。(④)

Q6 $y=ax^2+bx+c$ において，$a=1$，$c=1$ とすると

$$y=x^2+bx+1$$
$$=\left(x+\frac{b}{2}\right)^2-\frac{b^2}{4}+1$$

ゆえに，放物線の軸は直線 $x=-\dfrac{b}{2}$
これが $x=1$ と一致するから
$-\dfrac{b}{2}=1$　すなわち　$b=-2$
ここで　$-2-(-4)=2$
よって，b の値を **2 大きくすればよい。**

問4 $f(x)$ は 2 次関数であるから，$a \neq 0$ で　$f(x)=a\left(x+\dfrac{b}{2a}\right)^2-\dfrac{b^2}{4a}+c$
(1) 図Aのグラフについて，下に凸であることと軸の位置に注目すると
$a>0$，$-\dfrac{b}{2a}<0$　すなわち　$a>0$，$b>0$
したがって，b の値のみを大きくしたとき，$-\dfrac{b}{2a}$ は常に負の値をとる。
よって，**頂点が第1象限にあるようにグラフを移動することはできない。**
(2) 図Bのグラフについて，上に凸であること，軸の位置，グラフと y 軸の交点の位置に注目すると　$a<0$，$-\dfrac{b}{2a}<0$，$c<0$
すなわち　$a<0$，$b<0$，$c<0$ …… ①
2次関数のグラフが x 軸の正の部分，負の部分に，それぞれ1つずつ共有点をもつのは　[1] $a>0$ かつ $f(0)=c<0$
または　[2] $a<0$ かつ $f(0)=c>0$

のときである。

① のとき，a の値のみを大きくすると [1] の状態にできる。

また，① のとき，c の値のみを大きくすると [2] の状態にできる。

しかし，① のとき，b の値のみを大きくしても，[1]，[2] の状態にできない。

よって　⓪，③

(問題に挑戦) 4 (1) (ア) ②

(2) (イ) 2 (ウ) 2 (エ)√(オ) $2\sqrt{3}$ (カキ) -2 (ク)√(ケ) $2\sqrt{3}$

(3) (コサ) -4 (シ) 3 (ス) ③ (セ) ① (ソ) ⑤

(4) (タ) ② (チ) 3 (ツ) ① (テ) 3

(4 の詳しい解答は解答編 $p.359$～ 参照)

5 三角比における重要定理

Q7 (1) (与式)

$=\cos(90°-20°)+\cos(90°+10°)$
$\quad -\sin(180°-20°)+\sin(180°-10°)$
$=\sin 20°-\sin 10°-\sin 20°+\sin 10°$
$=\mathbf{0}$

(2) $(与式)=\dfrac{1}{\tan\theta}\cdot(-\tan\theta)=\mathbf{-1}$

(3) $0°\leqq 44°<46°\leqq 90°$ であるから

$\sin 46°\neq\sin 44°$

また　$\cos 46°=\cos(90°-44°)$
$=\sin 44°$

$\sin 136°=\sin(180°-44°)$
$=\sin 44°$

$\cos 136°=\cos(90°+46°)$
$=-\sin 46°$

以上から，$\sin 44°$ と等しいものは　②，③

Q8 $x-1<x<x+1$ であるから，3つの数 $x-1$，x，$x+1$ が三角形の3辺となる条件は　$x-1>0$　かつ　$x+1<(x-1)+x$

よって　$x>2$ …… ①

① のとき，最大の辺 $x+1$ の対角が鈍角になるための条件は

$(x+1)^2>(x-1)^2+x^2$

よって　$x(x-4)<0$

ゆえに　$0<x<4$ …… ②

① かつ ② から　$\mathbf{2<x<4}$

問5 (1) 正弦定理 $\dfrac{a}{\sin A}=\dfrac{b}{\sin B}=\dfrac{c}{\sin C}$

から　$a:b:c=\sin A:\sin B:\sin C$

条件から　$\sin A:\sin B:\sin C=7:5:3$

よって　$a:b:c=7:5:3$

ゆえに，$a=7k$，$b=5k$，$c=3k$ $(k>0)$ と表される。よって，$a>b>c$ であるから

$A>B>C$ …… ①

したがって，∠A が最も大きい内角である。

余弦定理により

$$\cos A=\frac{(5k)^2+(3k)^2-(7k)^2}{2\cdot 5k\cdot 3k}$$
$$=-\frac{15k^2}{30k^2}=-\frac{1}{2}$$

よって，求める角の大きさは　$A=\mathbf{120°}$

(2) ① から，2番目に大きい内角は ∠B である。余弦定理により

$$\cos B=\frac{(7k)^2+(3k)^2-(5k)^2}{2\cdot 7k\cdot 3k}=\frac{33k^2}{42k^2}=\frac{11}{14}$$

よって　$\tan^2 B=\dfrac{1}{\cos^2 B}-1=\left(\dfrac{14}{11}\right)^2-1$

$$=\frac{14^2-11^2}{11^2}=\frac{5^2\cdot 3}{11^2}$$

$B<90°$ より，$\tan B>0$ であるから

$$\tan B=\sqrt{\frac{5^2\cdot 3}{11^2}}=\mathbf{\frac{5\sqrt{3}}{11}}$$

(3) $\triangle ABC=\dfrac{1}{2}bc\sin A$

$$=\frac{1}{2}\cdot 5k\cdot 3k\cdot\sin 120°$$
$$=\frac{15\sqrt{3}}{4}k^2$$

条件から　$\dfrac{15\sqrt{3}}{4}k^2=20\sqrt{3}$

よって　$k^2=\dfrac{16}{3}$

$k>0$ から　$k=\dfrac{4\sqrt{3}}{3}$

ゆえに，最大の辺の長さは

$$a=7k=\mathbf{\frac{28\sqrt{3}}{3}}$$

(問題に挑戦) 5 (1) (ア) 4 (イ) 5 (ウエ) 12 (オカ) 12 (キク) 25

(2) (ケ) ② (コ) ⓪ (サ) ① (3) (シ) ③

(4) (ス) ② (セ) ② (ソ) ⓪ (タ) ③

(5 の詳しい解答は解答編 $p.362$～ 参照)

答

Research & Work

6 データの分析の問題

Q9 データの大きさが 30 であるから,
Q_1 は小さい方から 8 番目の値
Q_2 は小さい方から 15 番目と 16 番目の値の平均
Q_3 は大きい方から 8 番目の値
である。ヒストグラムから,
Q_1 は 40 以上 50 未満の階級
Q_2 は 60 以上 70 未満の階級
Q_3 は 80 以上 90 未満の階級
にある。
これらを同時に満たす箱ひげ図は ②

Q10 $y=\frac{9}{5}x+32$ …… ①
華氏での最高気温の平均値を $\overline{y}$, 摂氏での最高気温の平均値を $\overline{x}$ とすると, ① より,
$\overline{y}=\frac{9}{5}\overline{x}+32$ であるから, $\overline{x}=20$ のとき

$$\overline{y}=\frac{9}{5}\cdot 20+32={}^{ア}\mathbf{68}\ (°\mathrm{F})$$

また, ① より, $Y=\left(\frac{9}{5}\right)^2X$ であるから

$$\frac{Y}{X}={}^{イ}\frac{\mathbf{81}}{\mathbf{25}}$$

問6 欠席者以外の 39 人の得点を x_1, x_2, …, x_{39} とし, 欠席者の点数を含めて計算し直したときの平均値を y, 分散を z とする。
欠席者の得点は 60 点であるから

$$y=\frac{x_1+x_2+\cdots\cdots+x_{39}+60}{40}$$
$$=\frac{60\times 39+60}{40}=\frac{60\times(39+1)}{40}$$
$$=60$$

よって, 平均値は変化しない。(ア①)
また, 欠席者の得点は 60 点で, $y=60$ であるから

$$z=\frac{(x_1-y)^2+(x_2-y)^2+\cdots+(x_{39}-y)^2+(60-y)^2}{40}$$
$$=\frac{(x_1-y)^2+(x_2-y)^2+\cdots+(x_{39}-y)^2+(60-60)^2}{40}$$
$$=\frac{39}{40}\cdot\frac{(x_1-y)^2+(x_2-y)^2+\cdots+(x_{39}-y)^2}{39}$$
$$=\frac{39}{40}\cdot 20<20$$

よって, 分散は小さくなる。(イ③)

問7 x と y の相関係数 r は

$$r=\frac{-37.4}{\sqrt{77.2}\times\sqrt{25.8}}<0$$

ゆえに, 散布図の点は右下がりに分布するから, ③, ④ のどちらかである。
このうち, x の中央値が 57.5 で, y の中央値が 62.0 のものは ④

(問題に挑戦) 6 (1) (ア) ③ (イ) ①
(2) (ウ) ③ (エ) ①
(3) (オ) ④ (カ) ③
(キ) ① (ク) ③ [または (キ) ③ (ク) ①]
(4) (ケ) ⑤ (5) (コ) ①
(6 の詳しい解答は解答編 $p.365$~ 参照)

Research & Work の解答（数学A）

◎ **確認** と **やってみよう** は詳しい解答を示し，最終の答の数値などを太字で示した。
また，**問題に挑戦** は，最終の答の数値のみを示した。詳しい解答を別冊解答編に掲載している。

① 条件付き確率の利用

Q1 (1) 選ばれた生徒が「バスYに乗っている」という事象を Y,「女子である」という事象を B とすると，求める確率は

$$P_Y(B)=\frac{n(Y\cap B)}{n(Y)}=\frac{24}{45}=\mathbf{\frac{8}{15}}$$

(2) 箱から取り出したカードが赤色である確率は　$P(A)=\frac{7}{13}$

箱から取り出したカードが赤色で，かつ書かれた整数が偶数である確率は

$$P(A\cap B)=\frac{3}{13}$$

よって，求める確率は

$$P_A(B)=\frac{P(A\cap B)}{P(A)}=\frac{3}{13}\div\frac{7}{13}=\mathbf{\frac{3}{7}}$$

問1 (1) 選んだ1人がA組である事象を A，B組である事象を B，不合格である事象を E とすると，条件から

$$P(A)=\frac{2}{5},\ P(B)=\frac{3}{5},$$

$$P_A(E)=1-\frac{7}{10}=\frac{3}{10},$$

$$P_B(E)=1-\frac{6}{10}=\frac{4}{10}$$

不合格者には，A組である場合とB組である場合の2つの場合があり，これらは互いに排反である。よって

$$P(E)=P(A\cap E)+P(B\cap E)$$
$$=P(A)P_A(E)+P(B)P_B(E)$$
$$=\frac{2}{5}\times\frac{3}{10}+\frac{3}{5}\times\frac{4}{10}=\frac{18}{50}$$

求める確率は

$$P_E(A)=\frac{P(E\cap A)}{P(E)}=\frac{P(A\cap E)}{P(E)}$$
$$=\frac{6}{50}\div\frac{18}{50}=\mathbf{\frac{1}{3}}$$

(2) 再試験で不合格と判定されるのには，次の2つの場合がある。

[1] 1回目の試験での不合格者が，A組であり，再試験でも不合格である場合

[2] 1回目の試験での不合格者が，B組であり，再試験でも不合格である場合

[1] について，1回目の試験での不合格者が，A組である確率は，(1)から　$P_E(A)=\frac{1}{3}$

再試験で，A組の人が不合格と判定される確率は，条件から　$1-\frac{8}{10}=\frac{1}{5}$

1回目の試験と再試験は互いの結果に影響がないから，[1] の確率は　$\frac{1}{3}\times\frac{1}{5}$ ……①

同様にして，[2] の確率は

$$\left(1-\frac{1}{3}\right)\times\left(1-\frac{7}{10}\right)=\frac{2}{3}\times\frac{3}{10}\ \cdots\cdots②$$

[1]，[2] は互いに排反であるから，①，②より　$\frac{1}{3}\times\frac{1}{5}+\frac{2}{3}\times\frac{3}{10}=\mathbf{\frac{4}{15}}$

(問題に挑戦) ① (1) (アイ) 10　(ウエ) 91
(2) (オ) ⓪　(カ) ②　(キ) ⑤　(ク) ⑦
(3) (ケコ) 10　(サシス) 109
(4) (セ) ③　(5) (ソ) ③
(① の詳しい解答は解答編 p.368～ 参照。)

② 図形の性質における重要定理

Q2 (1) △ABC と直線 XQ にメネラウスの定理を用いると

$$\frac{\mathrm{AP}}{\mathrm{PB}}\cdot\frac{\mathrm{BQ}}{\mathrm{QC}}\cdot\frac{\mathrm{CX}}{\mathrm{XA}}=1$$

ここで，条件から

$$\mathrm{PB}=\mathrm{BQ}=b,\ \mathrm{QC}=\mathrm{CR}=c$$

よって　$\frac{a}{b}\cdot\frac{b}{c}\cdot\frac{\mathrm{CX}}{\mathrm{XA}}=1$

すなわち　$\frac{\mathrm{XC}}{\mathrm{AX}}=\frac{c}{a}$

ゆえに　$\mathrm{AX}:\mathrm{XC}=a:c$

(2) △ACD と直線 YR にメネラウスの定理を用いると

$$\frac{AS}{SD}\cdot\frac{DR}{RC}\cdot\frac{CY}{YA}=1$$

ここで，条件から

$AS=AP=a$，$DR=DS=d$

よって　$\frac{a}{d}\cdot\frac{d}{c}\cdot\frac{CY}{YA}=1$

ゆえに　$AY:YC=a:c$

(1) から　$AY:YC=AX:XC$

Q 3　2つの円それぞれにおいて，方べきの定理から

$CP\cdot CQ=CA\cdot CD=(6+4)\cdot 3=30$

$CP\cdot CQ=CB\cdot CE=4(3+DE)$

よって　$4(3+DE)=30$

これを解いて　$DE=\boldsymbol{\frac{9}{2}}$

問2　(1) △ABC と直線 DF にメネラウスの定理を用いると

$$\frac{AD}{DB}\cdot\frac{BF}{FC}\cdot\frac{CE}{EA}=1$$

すなわち　$\frac{AD}{AE}\cdot\frac{CE}{BD}\cdot\frac{BF}{CF}=1$

よって　$\frac{2}{3}\cdot\frac{1}{3}\cdot\frac{BF}{CF}=1$

ゆえに　$\frac{BF}{CF}=\frac{9}{2}$

したがって　$BF:CF=\boldsymbol{9:2}$

(2) 方べきの定理により

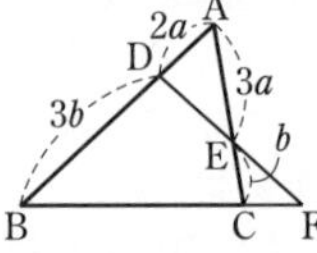

$AD\cdot AB=AE\cdot AC$

よって　$2a(2a+3b)$

$=3a(3a+b)$

ゆえに　$5a=3b$

また，△DBF と直線 AC にメネラウスの定理を用いると

$$\frac{BC}{CF}\cdot\frac{FE}{ED}\cdot\frac{DA}{AB}=1$$

したがって　$\frac{7}{2}\cdot\frac{EF}{DE}\cdot\frac{2a}{2a+3b}=1$

$3b=5a$ を代入すると　$\frac{EF}{DE}=1$

よって　$EF:DE=\boldsymbol{1:1}$

(問題に挑戦) [2]　［1］ (1) (ア) 1　(イ) 1

(2) (ウ) ①　(3) (エ) ①

［2］ (4) (オカ) 36　(キ) 5　(クケ) 12

(コサ) 17　(シス) 15

(5) (セ) ①　(ソ) ⑦ ［または (セ) ⑦　(ソ) ①］

([2] の詳しい解答は解答編 p.371～ 参照。)

[3] 1次不定方程式の応用

Q 4　(1) $8x-3y=1$ ……①

$x=2$，$y=5$ は，① の整数解の1つである。

よって　$8\cdot 2-3\cdot 5=1$ ……②

①－② から　$8(x-2)-3(y-5)=0$

すなわち　$8(x-2)=3(y-5)$ …③

8と3は互いに素であるから，$x-2$ は3の倍数である。

ゆえに，k を整数として，$x-2=3k$ と表される。

これを ③ に代入すると　$y-5=8k$

したがって，① のすべての整数解は

$\boldsymbol{x=3k+2,\ y=8k+5}$　**(k は整数)**

(2) $34x+23y=2$ ……①

$34=23\cdot 1+11$　移項すると　$11=34-23\cdot 1$

$23=11\cdot 2+1$　移項すると　$1=23-11\cdot 2$

よって　$1=23-11\cdot 2$

$=23-(34-23\cdot 1)\cdot 2$

$=34\cdot(-2)+23\cdot 3$

すなわち　$34\cdot(-2)+23\cdot 3=1$

両辺に2を掛けると

$34\cdot(-4)+23\cdot 6=2$ ……②

①－② から　$34(x+4)+23(y-6)=0$

すなわち　$34(x+4)=-23(y-6)$ …③

34と23は互いに素であるから，$x+4$ は23の倍数である。

ゆえに，k を整数として，$x+4=23k$ と表される。

これを ③ に代入すると　$y-6=-34k$

したがって，① のすべての整数解は

$\boldsymbol{x=23k-4,\ y=-34k+6}$　**(k は整数)**

また，x が最小の自然数となるのは $k=1$ のときであり　$\boldsymbol{x=19,\ y=-28}$

問3　操作 (a) を行う回数を x，操作 (c) を行う回数を y とする。このとき，桶から枡に入る油の量の合計は $5x$ L，枡から桶に戻る油の量の合計は $3y$ L になる。

油を 6 L と 4 L に分けるとき，桶から枡には 4 L の油が入ることになるから

$5x-3y=4$ ……①

が成り立つ。

ここで，$x=2$，$y=3$ は，$5x-3y=1$ の整数解の 1 つである。

よって　$5\cdot2-3\cdot3=1$

両辺に 4 を掛けると

$5\cdot8-3\cdot12=4$ ……②

①−② から　$5(x-8)-3(y-12)=0$

すなわち　$5(x-8)=3(y-12)$ …③

5 と 3 は互いに素であるから，$x-8$ は 3 の倍数である。

ゆえに，k を整数として，$x-8=3k$ と表される。

これを ③ に代入すると　$y-12=5k$

したがって，① のすべての整数解は

$x=3k+8$，$y=5k+12$ （k は整数）

また，x が最小の自然数となるのは

$k=-2$ のときであり　$x=2$，$y=2$

よって，操作(a)を 2 回，操作(c)を 2 回行うことができるように，操作(b)を行えばよい。

手順は，次の通りである。**ただし，(　)の中は，(10 L 桶の油の量，5 L 枡の油の量，3 L 枡の油の量) を表すとする。**

$(10,0,0)\xrightarrow[(a)]{}(5,5,0)\xrightarrow[(b)]{}(5,2,3)\xrightarrow[(c)]{}$

$(8,2,0)\xrightarrow[(b)]{}(8,0,2)\xrightarrow[(a)]{}(3,5,2)\xrightarrow[(b)]{}$

$(3,4,3)\xrightarrow[(c)]{}(6,4,0)$

(問題に挑戦) 3　(1)　(ア) 1　(イ) 7　(ウ) 7

(2)　(エオ) 14　(カ) 3　(キ) 1　(ク) ①　(ケ) ⑤

(3)　(コ) 3　(サシ) 20　(スセ) 14　(ソ) 2

(タチ) 16

(4)　(ツ) ①　(テ) ②［または (ツ) ②　(テ) ①］

(3 の詳しい解答は解答編 p.374～ 参照。)

答

Research&Work

INDEX

1. 用語の掲載ページ(右側の数字)を示した。
2. 主に初出のページを示した。関連するページを合わせて示したところもある。

【あ行】

【か行】

【さ行】

【た行】

【な行】

【は行】

【ま行】

【や行】

【ら行】

【わ行】

【記号】

資料1　平方根の近似値

1　覚えておくと便利な平方根の値（語呂合わせ）

ひと夜ひと夜に人見ごろ $\sqrt{2}=1.41421356\cdots\cdots$	人なみにおごれや $\sqrt{3}=1.7320508\cdots\cdots$
富士山ろくオーム鳴く $\sqrt{5}=2.2360679$	似よよくよく〔四捨五入〕 $\sqrt{6}=2.4494897\cdots\cdots$
菜　に 虫 いない $\sqrt{7}=2.6457513\cdots\cdots$	ニヤニヤ呼ぶな $\sqrt{8}=2.8284271\cdots\cdots$
ひとまるは3 色 2並ぶ $\sqrt{10}=3.1622776\cdots\cdots$	

注意　$\sqrt{6}$ の最後の「く」は四捨五入した値。
$\sqrt{7}$ の菜…ななの「な」。
$\sqrt{10}$ の 2 並ぶは 22 のこと。

2　開平法

平方根を筆算で求める方法を **開平法** という。
例えば，$\sqrt{628.5049}$ を計算する手順は，以下の通りである。

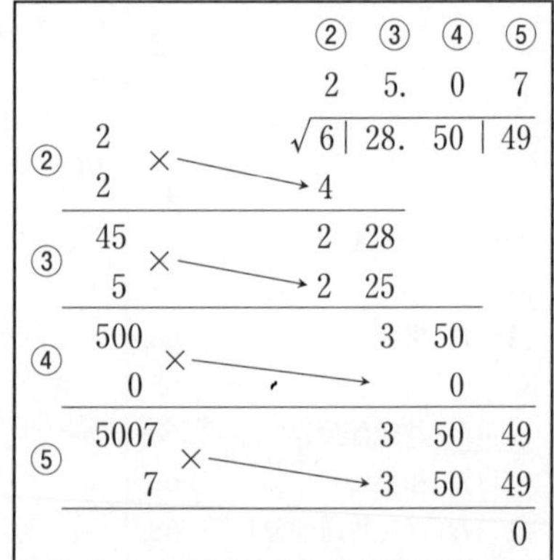

① まず，小数点を基準に 2 桁ずつ区切る。

② 最上位の 6 に注目し，平方した数が 6 以下になる最大の整数 2 を立てる。
左側に 2 を縦に重ねて書き，$2\times2=4$ を 6 の下に書く。

③ $2+2=4$ を書く。
$228\div4\square$ から 5 を立て，4 の右に 5 を縦に重ねて書く。
また，$45\times5=225$ を 228 の下に書く。

④ $45+5=50$ を書く。
$350\div50\square$ は $50\square$ の方が大きいから 0 を立て，50 の右に 0 を縦に重ねて書く。

⑤ 同様にして 7 を立てて計算する。
すると，右側は 0 となって計算が終わる。
こうして得られた 25.07 が $\sqrt{628.5049}$ の値である。

資料2　三角比の表

θ	$\sin\theta$	$\cos\theta$	$\tan\theta$
0°	0.0000	1.0000	0.0000
1°	0.0175	0.9998	0.0175
2°	0.0349	0.9994	0.0349
3°	0.0523	0.9986	0.0524
4°	0.0698	0.9976	0.0699
5°	0.0872	0.9962	0.0875
6°	0.1045	0.9945	0.1051
7°	0.1219	0.9925	0.1228
8°	0.1392	0.9903	0.1405
9°	0.1564	0.9877	0.1584
10°	0.1736	0.9848	0.1763
11°	0.1908	0.9816	0.1944
12°	0.2079	0.9781	0.2126
13°	0.2250	0.9744	0.2309
14°	0.2419	0.9703	0.2493
15°	0.2588	0.9659	0.2679
16°	0.2756	0.9613	0.2867
17°	0.2924	0.9563	0.3057
18°	0.3090	0.9511	0.3249
19°	0.3256	0.9455	0.3443
20°	0.3420	0.9397	0.3640
21°	0.3584	0.9336	0.3839
22°	0.3746	0.9272	0.4040
23°	0.3907	0.9205	0.4245
24°	0.4067	0.9135	0.4452
25°	0.4226	0.9063	0.4663
26°	0.4384	0.8988	0.4877
27°	0.4540	0.8910	0.5095
28°	0.4695	0.8829	0.5317
29°	0.4848	0.8746	0.5543
30°	0.5000	0.8660	0.5774
31°	0.5150	0.8572	0.6009
32°	0.5299	0.8480	0.6249
33°	0.5446	0.8387	0.6494
34°	0.5592	0.8290	0.6745
35°	0.5736	0.8192	0.7002
36°	0.5878	0.8090	0.7265
37°	0.6018	0.7986	0.7536
38°	0.6157	0.7880	0.7813
39°	0.6293	0.7771	0.8098
40°	0.6428	0.7660	0.8391
41°	0.6561	0.7547	0.8693
42°	0.6691	0.7431	0.9004
43°	0.6820	0.7314	0.9325
44°	0.6947	0.7193	0.9657
45°	0.7071	0.7071	1.0000

θ	$\sin\theta$	$\cos\theta$	$\tan\theta$
45°	0.7071	0.7071	1.0000
46°	0.7193	0.6947	1.0355
47°	0.7314	0.6820	1.0724
48°	0.7431	0.6691	1.1106
49°	0.7547	0.6561	1.1504
50°	0.7660	0.6428	1.1918
51°	0.7771	0.6293	1.2349
52°	0.7880	0.6157	1.2799
53°	0.7986	0.6018	1.3270
54°	0.8090	0.5878	1.3764
55°	0.8192	0.5736	1.4281
56°	0.8290	0.5592	1.4826
57°	0.8387	0.5446	1.5399
58°	0.8480	0.5299	1.6003
59°	0.8572	0.5150	1.6643
60°	0.8660	0.5000	1.7321
61°	0.8746	0.4848	1.8040
62°	0.8829	0.4695	1.8807
63°	0.8910	0.4540	1.9626
64°	0.8988	0.4384	2.0503
65°	0.9063	0.4226	2.1445
66°	0.9135	0.4067	2.2460
67°	0.9205	0.3907	2.3559
68°	0.9272	0.3746	2.4751
69°	0.9336	0.3584	2.6051
70°	0.9397	0.3420	2.7475
71°	0.9455	0.3256	2.9042
72°	0.9511	0.3090	3.0777
73°	0.9563	0.2924	3.2709
74°	0.9613	0.2756	3.4874
75°	0.9659	0.2588	3.7321
76°	0.9703	0.2419	4.0108
77°	0.9744	0.2250	4.3315
78°	0.9781	0.2079	4.7046
79°	0.9816	0.1908	5.1446
80°	0.9848	0.1736	5.6713
81°	0.9877	0.1564	6.3138
82°	0.9903	0.1392	7.1154
83°	0.9925	0.1219	8.1443
84°	0.9945	0.1045	9.5144
85°	0.9962	0.0872	11.4301
86°	0.9976	0.0698	14.3007
87°	0.9986	0.0523	19.0811
88°	0.9994	0.0349	28.6363
89°	0.9998	0.0175	57.2900
90°	1.0000	0.0000	なし

●編著者
チャート研究所

●表紙・カバーデザイン
有限会社アーク・ビジュアル・ワークス

●本文デザイン
デザイン・プラス・プロフ株式会社

●イラスト（先生，生徒）
有限会社アラカグラフィクス

初版　新制
第1刷　1996年2月1日　発行
改訂版
第1刷　1998年2月1日　発行
新課程
第1刷　2003年2月1日　発行
改訂版
第1刷　2006年10月1日　発行
新課程
第1刷　2011年9月1日　発行
改訂版
第1刷　2016年11月1日　発行
増補改訂版
第1刷　2018年10月1日　発行
新課程
第1刷　2021年11月1日　発行
第15刷　2025年1月20日　発行

編集・制作　チャート研究所
発行者　星野 泰也

ISBN978-4-410-10717-7

※解答・解説は数研出版株式会社が作成したものです。

チャート式® 解法と演習 数学 I+A

発行所
数研出版株式会社

〒101-0052 東京都千代田区神田小川町2丁目3番地3
〔振替〕00140-4-118431
〒604-0861 京都市中京区烏丸通竹屋町上る大倉町205番地
〔電話〕代表（075）231-0161
ホームページ　https://www.chart.co.jp
印刷　寿印刷株式会社

1 場合の数

❑ 集合の要素の個数

▷個数定理

・$n(A\cup B)=n(A)+n(B)-n(A\cap B)$

$A\cap B=\varnothing$ なら $n(A\cup B)=n(A)+n(B)$

・$n(\overline{A})=n(U)-n(A)$

・$n(A\cup B\cup C)=n(A)+n(B)+n(C)$
$-n(A\cap B)-n(B\cap C)-n(C\cap A)$
$+n(A\cap B\cap C)$

▷集合の要素の個数の性質

・$n(U)\geqq n(A\cup B)$

・$n(A\cap B)\leqq n(A)$　　$n(A\cap B)\leqq n(B)$

・$n(A\cup B)\leqq n(A)+n(B)$

❑ 場合の数

▷和の法則，積の法則

・和の法則　事柄 A，B の起こり方が，それぞれ a，b 通りで，A と B が同時に起こらないとき，A または B のどちらかが起こる場合の数は $a+b$ 通りである。

・積の法則　事柄 A の起こり方が a 通りあり，そのおのおのに対して事柄 B の起こり方が b 通りあるとすると，A と B がともに起こる場合の数は $a\times b$ 通りである。

❑ 順列・円順列・重複順列

▷順列の数

$${}_n\mathrm{P}_r=n(n-1)(n-2)\cdots\cdots(n-r+1)$$
$$=\frac{n!}{(n-r)!}\quad (0\leqq r\leqq n)$$

特に　${}_n\mathrm{P}_n=n!$

▷円順列の数　$(n-1)!$　$\left(=\dfrac{{}_n\mathrm{P}_n}{n}\right)$

▷じゅず順列の数　$\dfrac{(n-1)!}{2}$　$\left(=\dfrac{\text{円順列}}{2}\right)$

▷重複順列の数　n^r　($r>n$ であってもよい)

(例)　n 個の異なるものを

A，B 2 組に分ける　　2^n-2

A，B，C 3 組に分ける　$3^n-3(2^n-2)-3$

❑ 組合せ，同じものを含む順列

▷組合せの数

$${}_n\mathrm{C}_r=\frac{{}_n\mathrm{P}_r}{r!}=\frac{n!}{r!(n-r)!}\quad (0\leqq r\leqq n)$$

特に　${}_n\mathrm{C}_1=n$，${}_n\mathrm{C}_n=1$，${}_n\mathrm{C}_0=1$

▷${}_n\mathrm{C}_r$ の性質

${}_n\mathrm{C}_r={}_n\mathrm{C}_{n-r}$　$(0\leqq r\leqq n)$

${}_n\mathrm{C}_r={}_{n-1}\mathrm{C}_{r-1}+{}_{n-1}\mathrm{C}_r$　$(1\leqq r\leqq n-1,\ n\geqq 2)$

▷組分け

n 人を A 組 p 人，B 組 q 人，C 組 r 人に分ける

$${}_n\mathrm{C}_p\times{}_{n-p}\mathrm{C}_q$$

単に，3 組に分けるときには注意が必要。

3 組同数なら　$\div 3!$　　2 組同数なら　$\div 2!$

▷同じものを含む順列

$${}_n\mathrm{C}_p\times{}_{n-p}\mathrm{C}_q\times{}_{n-p-q}\mathrm{C}_r\times\cdots\cdots=\frac{n!}{p!q!r!\cdots\cdots}$$

ただし $p+q+r+\cdots\cdots=n$

▷重複組合せの数

${}_n\mathrm{H}_r={}_{n+r-1}\mathrm{C}_r$　($r>n$ であってもよい)

2 確　率

❑ 確率とその基本性質

▷確率の定義　事象 A の起こる確率 $P(A)$ は

$$P(A)=\frac{n(A)}{n(U)}=\frac{\text{事象}A\text{の起こる場合の数}}{\text{起こりうるすべての場合の数}}$$

▷基本性質　$0\leqq P(A)\leqq 1$，$P(\varnothing)=0$，$P(U)=1$

▷加法定理　事象 A，B が互いに排反のとき

$$P(A\cup B)=P(A)+P(B)$$

▷種々の定理

・$P(A\cup B)=P(A)+P(B)-P(A\cap B)$

・$P(A\cap\overline{B})=P(A)-P(A\cap B)$

$P(\overline{A}\cap B)=P(B)-P(A\cap B)$

▷余事象の確率　$P(\overline{A})=1-P(A)$

❑ 独立な試行，反復試行の確率

▷独立な試行の確率　2 つの独立な試行 S，T において，S では事象 A が起こり，T では事象 B が起こるという事象を C とすると

$$P(C)=P(A)P(B)$$

▷反復試行の確率　1 回の試行で事象 A の起こる確率が p であるとする。この試行を n 回繰り返すとき，事象 A がちょうど r 回起こる確率は

$${}_n\mathrm{C}_r p^r(1-p)^{n-r}$$

❑ 条件付き確率

▷条件付き確率　事象 A が起こったときに事象 B が起こる条件付き確率は

$$P_A(B)=\frac{P(A\cap B)}{P(A)}$$

▷確率の乗法定理　　$P(A\cap B)=P(A)P_A(B)$

❑ 期待値

▷期待値　変量 X のとりうる値を x_1，x_2，……，x_n とし，X がこれらの値をとる確率をそれぞれ p_1，p_2，……，p_n とすると，X の期待値 E は

$$E=x_1p_1+x_2p_2+\cdots\cdots+x_np_n$$

ただし $p_1+p_2+\cdots\cdots+p_n=1$

3 図形の性質 (1)

1 平面図形

❏ 三角形の辺の比

▷三角形の角の二等分線と比

・△ABC の ∠A の二等分線と辺 BC との交点 Pは，辺 BC を AB：AC に内分する。

・AB≠AC である △ABC の ∠A の外角の二等分線と辺 BC の延長との交点Qは，辺 BC を AB：AC に外分する。

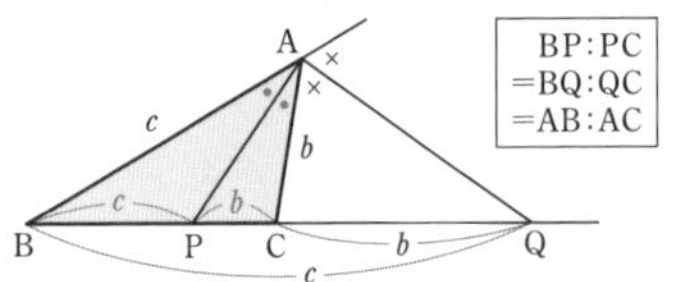

❏ 三角形の外心・内心・重心

▷外心・内心・重心

・外心……3 辺の垂直二等分線の交点。

・内心……3 つの内角の二等分線の交点。

・重心……3 つの中線の交点。重心は各中線を 2：1 に内分する。

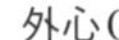

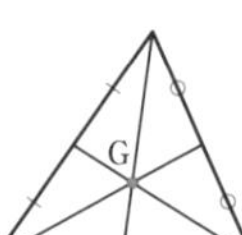

▷垂心　三角形の各頂点から向かい合う辺またはその延長に下ろした垂線の交点。

❏ チェバの定理，メネラウスの定理

▷チェバの定理

△ABC の頂点 A，B，C と辺上にもその延長上にもない点 Oを結ぶ直線が，向かい合う辺またはその延長とそれぞれ点 P，Q，R で交わるとき

$$\frac{BP}{PC}\cdot\frac{CQ}{QA}\cdot\frac{AR}{RB}=1$$

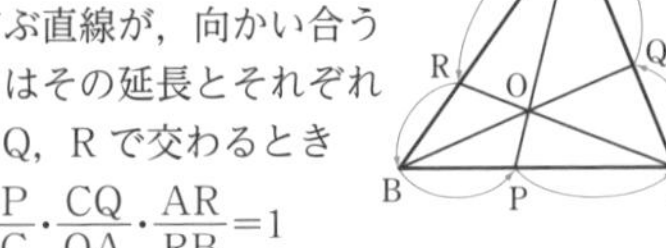

▷メネラウスの定理

△ABC の辺 BC，CA，AB またはその延長が，三角形の頂点を通らない直線 ℓ と，それぞれ点 P，Q，R で交わるとき

$$\frac{BP}{PC}\cdot\frac{CQ}{QA}\cdot\frac{AR}{RB}=1$$

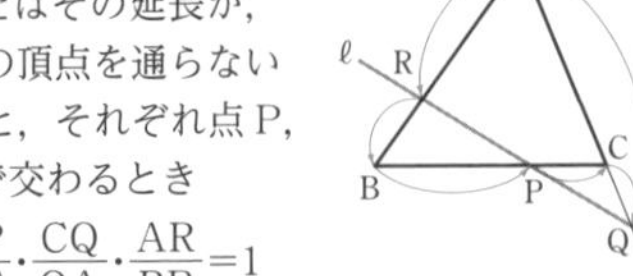

▷三角形の 3 辺の長さの性質

三角形の 3 辺の長さを a，b，c とすると

$|b-c|<a<b+c$　(三角形の成立条件)

▷三角形の辺と角の大小

(大きい辺に対する角)>(小さい辺に対する角)

(大きい角に対する辺)>(小さい角に対する辺)

❏ 円周角，円に内接する四角形

▷円周角の定理とその逆

右の図において

4 点 A，B，P，Q が 1 つの円周上にある

⟺ ∠APB＝∠AQB

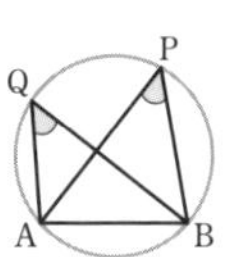

▷円に内接する四角形

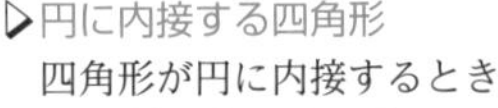

四角形が円に内接するとき，次の ①，② が成り立つ。

① 対角の和は 180° である。

② 内角は，その対角の外角に等しい。

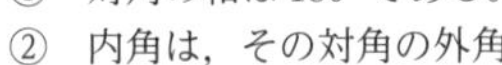

逆に，① または ② が成り立つ四角形は，円に内接する。

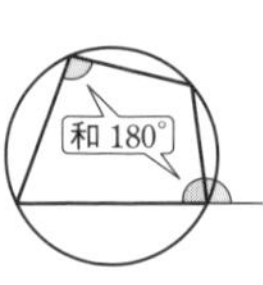

❏ 円と直線，方べきの定理，作図

▷円の接線

・右の図において

OA⊥PA

OB⊥PB

PA＝PB

▷接弦定理とその逆

右の図において

直線 AT が円Oの接線

⟺

∠ACB＝∠BAT

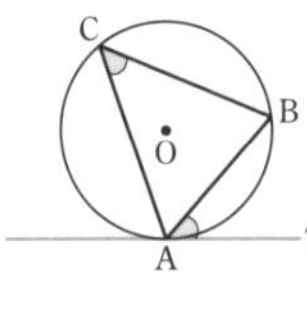

▷方べきの定理

[1] 円の 2 つの弦 AB，CD またはそれらの延長の交点をPとすると

PA・PB＝PC・PD

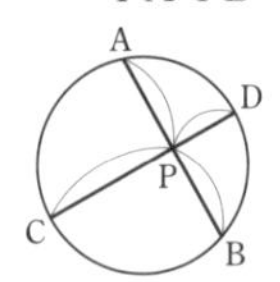

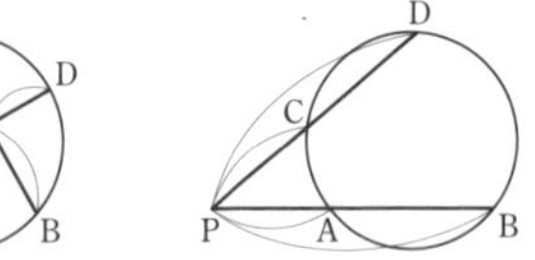

[2] 円の外部の点Pから円に引いた接線の接点をTとし，P を通りこの円と 2 点 A，B で交わる直線を引くと

PA・PB＝PT^2

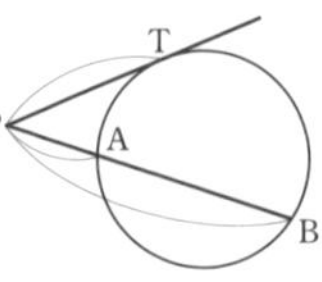

PRACTICE, EXERCISES の解答（数学 I ）

注意　・PRACTICE，EXERCISES の全問題文と解答例を掲載した。
・必要に応じて，HINT として，解答の前に問題の解法の手がかりや方針を示した。また，inf. として，補足事項や注意事項を示したところもある。
・主に本冊の CHART＆SOLUTION に対応した箇所を赤字で示した。

PR ①1　次の多項式の同類項をまとめて整理せよ。また，[　] 内の文字に着目したとき，その次数と定数項をいえ。

(1) $5y-4z+8x^2+5z-3x^2-6y+x$　[x]

(2) $p^3q+pq^2-2p^2-q^3-3p^3q+4q^3+5$　[p と q]，[q]

(1) $5y-4z+8x^2+5z-3x^2-6y+x$　⇦同類項に着目。

$=(8-3)x^2+x+(5-6)y+(-4+5)z$　⇦同類項をまとめる。

$=\boldsymbol{5x^2+x-y+z}$　⇦x について降べきの順。

よって，x に着目すると，次数は 2，定数項は $-y+z$

(2) $p^3q+pq^2-2p^2-q^3-3p^3q+4q^3+5$　⇦同類項に着目。

$=(1-3)p^3q+pq^2+(-1+4)q^3-2p^2+5$　⇦同類項をまとめる。

$=\boldsymbol{-2p^3q+pq^2+3q^3-2p^2+5}$　⇦p と q について降べきの順。

よって，p と q に着目すると，次数は 4，定数項は 5

また，q について降べきの順に整理すると

$3q^3+pq^2-2p^3q+(-2p^2+5)$

よって，q に着目すると，次数は 3，定数項は $-2p^2+5$

PR ②2　$A=2x^3+3x^2+5$，$B=x^3+3x+3$，$C=-x^3-15x^2+7x$ のとき，次の式を計算せよ。

(1) $4A+3(A-3B-C)-2(A-2C)$　　(2) $4A-2\{B-2(C-A)\}$

HINT　まず，与式を簡単にしてから，A，B，C に x の式を代入して計算。

(1) $4A+3(A-3B-C)-2(A-2C)$

$=4A+3A-9B-3C-2A+4C$　⇦$-(\ )$ は符号変え

$=5A-9B+C$　⇦同類項をまとめる。

$=5(2x^3+3x^2+5)-9(x^3+3x+3)+(-x^3-15x^2+7x)$　⇦A，B，C に x の式を代入。

$=10x^3+15x^2+25-9x^3-27x-27-x^3-15x^2+7x$

$=\boldsymbol{-20x-2}$　⇦同類項をまとめる。

別解　$4A+3(A-3B-C)-2(A-2C)=5A-9B+C$ から

$$\begin{array}{rrrrr} 5A= & 10x^3 & +15x^2 & \square & +25 \\ -9B= & -9x^3 & \square & -27x & -27 \\ +)\quad C= & -x^3 & -15x^2 & +7x & \\ \hline 5A-9B+C= & & & \boldsymbol{-20x} & \boldsymbol{-2} \end{array}$$

⇦縦書きの計算。欠けている次数の項の場所をあけておく。

(2) $4A-2\{B-2(C-A)\}=4A-2(B-2C+2A)$　⇦内側の（　）をはずす。

$=4A-2B+4C-4A=-2B+4C$　⇦同類項をまとめる。

$=-2(x^3+3x+3)+4(-x^3-15x^2+7x)$　⇦B，C に x の式を代入。

$=-2x^3-6x-6-4x^3-60x^2+28x$

$=\boldsymbol{-6x^3-60x^2+22x-6}$　⇦同類項をまとめる。

別解　$4A-2\{B-2(C-A)\}=-2B+4C$ から

$$\begin{array}{rl} -2B= & -2x^3 \quad \square \quad -6x-6 \\ +)\ 4C= & -4x^3-60x^2+28x \\ \hline -2B+4C= & \mathbf{-6x^3-60x^2+22x-6} \end{array}$$

⇐縦書きの計算。欠けている次数の項の場所をあけておく。

PR ①3 次の式を展開せよ。
(1) $(a^2b)^2(a+4b-2c)$　(2) $(3a-2b)(2x+3y)$　(3) $(3t+2t^3-4)(t^2-5-3t)$

(1) $(a^2b)^2(a+4b-2c)$
$=a^4b^2(a+4b-2c)$
$=a^4b^2\cdot a+a^4b^2\cdot 4b+a^4b^2(-2c)$
$=\boldsymbol{a^5b^2+4a^4b^3-2a^4b^2c}$

⇐指数法則
⇐分配法則

(2) $(3a-2b)(2x+3y)$
$=3a(2x+3y)-2b(2x+3y)$
$=\boldsymbol{6ax+9ay-4bx-6by}$

⇐分配法則
$(3a-2b)(2x+3y)$ ①②

(3) $(3t+2t^3-4)(t^2-5-3t)$
$=(2t^3+3t-4)(t^2-3t-5)$
$=2t^3(t^2-3t-5)+3t(t^2-3t-5)-4(t^2-3t-5)$
$=2t^5-6t^4-10t^3+3t^3-9t^2-15t-4t^2+12t+20$
$=\boldsymbol{2t^5-6t^4-7t^3-13t^2-3t+20}$

⇐(　)内を降べきの順に整理。
⇐分配法則
$(2t^3+3t-4)(t^2-3t-5)$ ①②③

別解　$(3t+2t^3-4)(t^2-5-3t)=(2t^3+3t-4)(t^2-3t-5)$ から

$$\begin{array}{rl} & 2t^3 \quad \square \quad +3t-4 \\ \times) & t^2-3t-5 \\ \hline & 2t^5 \quad + 3t^3-4t^2 \\ & -6t^4 \quad -9t^2+12t \\ & -10t^3 \quad -15t+20 \\ \hline & \mathbf{2t^5-6t^4-7t^3-13t^2-3t+20} \end{array}$$

⇐縦書きの計算。
$2t^3+3t-4=A$ とおくと
⇐$A\times t^2$
⇐$A\times(-3t)$
⇐$A\times(-5)$

inf.　慣れてきたら，係数だけ抜き出して右のように計算してもよい。

$$\begin{array}{rrrrrr} 2 & 0 & 3 & -4 & & \\ \times)\ 1 & -3 & -5 & & & \\ \hline 2 & 0 & 3 & -4 & & \\ & -6 & 0 & -9 & 12 & \\ & & -10 & 0 & -15 & 20 \\ \hline 2 & -6 & -7 & -13 & -3 & 20 \end{array}$$

⇐欠けている次数の項の場所には 0 を書く。

PR ①4 次の式を展開せよ。
(1) $(2x+3y)^2$　(2) $(3a-4b)^2$　(3) $(x+2y)(x-2y)$　(4) $(t+3)(t-5)$
(5) $(2a+5b)(a-3b)$　(6) $(3x-4y)(5y+4x)$　(7) $(3p+4q)(-3p+4q)$

(1) $(2x+3y)^2=(2x)^2+2\cdot 2x\cdot 3y+(3y)^2$
$=\boldsymbol{4x^2+12xy+9y^2}$

⇐$(a+b)^2=a^2+2ab+b^2$

(2) $(3a-4b)^2=(3a)^2-2\cdot 3a\cdot 4b+(4b)^2$
$=\boldsymbol{9a^2-24ab+16b^2}$

⇐$(a-b)^2=a^2-2ab+b^2$

(3) $(x+2y)(x-2y)=x^2-(2y)^2$
$=\boldsymbol{x^2-4y^2}$

⇐$(a+b)(a-b)=a^2-b^2$

(4) $(t+3)(t-5)=t^2+\{3+(-5)\}t+3(-5)$
$=\boldsymbol{t^2-2t-15}$

⇦$(x+a)(x+b)=x^2+(a+b)x+ab$

(5) $(2a+5b)(a-3b)=2\cdot1a^2+\{2\cdot(-3)+5\cdot1\}ab+5\cdot(-3)b^2$
$=\boldsymbol{2a^2-ab-15b^2}$

⇦$(ax+b)(cx+d)=acx^2+(ad+bc)x+bd$

(6) $(3x-4y)(5y+4x)=(3x-4y)(4x+5y)$
$=3\cdot4x^2+\{3\cdot5+(-4)\cdot4\}xy+(-4)\cdot5y^2$
$=\boldsymbol{12x^2-xy-20y^2}$

⇦$(ax+b)(cx+d)=acx^2+(ad+bc)x+bd$

(7) $(3p+4q)(-3p+4q)=(4q+3p)(4q-3p)$
$=(4q)^2-(3p)^2$
$=\boldsymbol{16q^2-9p^2}$

⇦$(a+b)(a-b)=a^2-b^2$

⇦$-9p^2+16q^2$ としてもよい。

別解　$(3p+4q)(-3p+4q)=-(3p+4q)(3p-4q)$
$=-(9p^2-16q^2)$
$=\boldsymbol{-9p^2+16q^2}$

⇦最初に－(マイナス)をくくり出す。

PR ②5　次の式を展開せよ。
(1) $(3x+y)^3$　(2) $(-m+2n)^3$　(3) $(4x+3y)(16x^2-12xy+9y^2)$
(4) $(3a-b)(9a^2+3ab+b^2)$

(1) $(3x+y)^3=(3x)^3+3(3x)^2\cdot y+3\cdot3x\cdot y^2+y^3$
$=\boldsymbol{27x^3+27x^2y+9xy^2+y^3}$

⇦$(a+b)^3=a^3+3a^2b+3ab^2+b^3$

(2) $(-m+2n)^3=(-m)^3+3(-m)^2\cdot2n+3(-m)(2n)^2+(2n)^3$
$=\boldsymbol{-m^3+6m^2n-12mn^2+8n^3}$

⇦$(a+b)^3=a^3+3a^2b+3ab^2+b^3$

別解　$(-m+2n)^3=(2n-m)^3$
$=(2n)^3-3(2n)^2\cdot m+3\cdot2n\cdot m^2-m^3$
$=8n^3-12mn^2+6m^2n-m^3$
$=\boldsymbol{-m^3+6m^2n-12mn^2+8n^3}$

⇦$(a-b)^3=a^3-3a^2b+3ab^2-b^3$

(3) $(4x+3y)(16x^2-12xy+9y^2)$
$=(4x+3y)\{(4x)^2-4x\cdot3y+(3y)^2\}$
$=(4x)^3+(3y)^3$
$=\boldsymbol{64x^3+27y^3}$

⇦$(a+b)(a^2-ab+b^2)=a^3+b^3$

(4) $(3a-b)(9a^2+3ab+b^2)=(3a-b)\{(3a)^2+3a\cdot b+b^2\}$
$=(3a)^3-b^3$
$=\boldsymbol{27a^3-b^3}$

⇦$(a-b)(a^2+ab+b^2)=a^3-b^3$

PR ②6　次の式を展開せよ。　[(4) 京都産大]
(1) $(x-y+z)^2$　(2) $(2a+3b-5c)^2$　(3) $(a^2+3a-2)(a^2+3a+3)$
(4) $(x^2+3x+2)(x^2-3x+2)$　(5) $(x+y+z)(x-y-z)$

(1) $(x-y+z)^2=\{(x-y)+z\}^2$
$=(x-y)^2+2(x-y)z+z^2$
$=(x^2-2xy+y^2)+2xz-2yz+z^2$
$=\boldsymbol{x^2+y^2+z^2-2xy-2yz+2zx}$

⇦$x-y=A$ とおくと $(A+z)^2=A^2+2Az+z^2$

⇦輪環の順に整理。

別解　$(x-y+z)^2=x^2+(-y)^2+z^2+2x(-y)+2(-y)z+2zx$
$=\boldsymbol{x^2+y^2+z^2-2xy-2yz+2zx}$

⇦$(a+b+c)^2$ の展開公式を用いる。

(2) $(2a+3b-5c)^2=\{(2a+3b)-5c\}^2$
$=(2a+3b)^2-2(2a+3b)\cdot 5c+(5c)^2$
$=(4a^2+12ab+9b^2)-20ac-30bc+25c^2$
$=\boldsymbol{4a^2+9b^2+25c^2+12ab-30bc-20ca}$

⇦$2a+3b=A$ とおくと $(A-5c)^2=A^2-10Ac+25c^2$

⇦輪環の順に整理。

別解 $(2a+3b-5c)^2=(2a)^2+(3b)^2+(-5c)^2+2\cdot 2a\cdot 3b+2\cdot 3b(-5c)+2(-5c)\cdot 2a$
$=\boldsymbol{4a^2+9b^2+25c^2+12ab-30bc-20ca}$

⇦$(a+b+c)^2$ の展開公式を用いる。

⇦輪環の順に整理。

(3) $(a^2+3a-2)(a^2+3a+3)=\{(a^2+3a)-2\}\{(a^2+3a)+3\}$
$=(a^2+3a)^2+(a^2+3a)-6$
$=(a^4+6a^3+9a^2)+a^2+3a-6$
$=\boldsymbol{a^4+6a^3+10a^2+3a-6}$

⇦$a^2+3a=A$ とおくと $(A-2)(A+3)=A^2+A-6$

(4) $(x^2+3x+2)(x^2-3x+2)=\{(x^2+2)+3x\}\{(x^2+2)-3x\}$
$=(x^2+2)^2-(3x)^2$
$=(x^4+4x^2+4)-9x^2$
$=\boldsymbol{x^4-5x^2+4}$

⇦$x^2+2=A$ とおくと $(A+3x)(A-3x)=A^2-9x^2$

(5) $(x+y+z)(x-y-z)=\{x+(y+z)\}\{x-(y+z)\}$
$=x^2-(y+z)^2$
$=x^2-(y^2+2yz+z^2)$
$=\boldsymbol{x^2-y^2-z^2-2yz}$

⇦$y+z=A$ とおくと $(x+A)(x-A)=x^2-A^2$

PR ②7 次の式を展開せよ。
(1) $(2a+3b)^2(2a-3b)^2$ (2) $(x^2+4)(x-2)(x+2)$ (3) $(a+1)^2(a^2-a+1)^2$

(1) $(2a+3b)^2(2a-3b)^2=\{(2a+3b)(2a-3b)\}^2$
$=\{(2a)^2-(3b)^2\}^2=(4a^2-9b^2)^2$
$=(4a^2)^2-2\cdot 4a^2\cdot 9b^2+(9b^2)^2$
$=\boldsymbol{16a^4-72a^2b^2+81b^4}$

⇦$\boldsymbol{A^2B^2=(AB)^2}$

⇦$\boldsymbol{(a+b)(a-b)=a^2-b^2}$

⇦$\boldsymbol{(a-b)^2=a^2-2ab+b^2}$

(2) $(x^2+4)(x-2)(x+2)=(x^2+4)(x^2-4)=(x^2)^2-4^2$
$=\boldsymbol{x^4-16}$

⇦$x^2=A$ とおくと $(A+4)(A-4)=A^2-4^2$

(3) $(a+1)^2(a^2-a+1)^2=\{(a+1)(a^2-a+1)\}^2$
$=(a^3+1)^2$
$=(a^3)^2+2\cdot a^3+1$
$=\boldsymbol{a^6+2a^3+1}$

⇦$\boldsymbol{A^2B^2=(AB)^2}$

⇦$a^3=A$ とおくと $(A+1)^2=A^2+2A+1$

PR ③8 次の式を展開せよ。 〔(5) 武庫川女子大, (6) 名古屋経大〕
(1) $x(x-2)(x-3)(x+1)$ (2) $(x+1)(x-1)(x-2)(x-4)$
(3) $(x-y)^2(x+y)^2(x^2+y^2)^2$ (4) $(a-b+c)^2(a+b-c)^2$
(5) $(x-2)(x+1)(x^2+2x+4)(x^2-x+1)$ (6) $(2x+1)(x+2)(2x-1)(x-2)$

(1) $x(x-2)(x-3)(x+1)=(x^2-2x)\{(x^2-2x)-3\}$
$=(x^2-2x)^2-3(x^2-2x)$
$=x^4-4x^3+4x^2-3x^2+6x$
$=\boldsymbol{x^4-4x^3+x^2+6x}$

⇦$x^2-2x=A$ とおくと $A(A-3)=A^2-3A$

(2) $(x+1)(x-1)(x-2)(x-4)$

$=(x+1)(x-4)\times(x-1)(x-2)$

$=\{(x^2-3x)-4\}\{(x^2-3x)+2\}$

$=(x^2-3x)^2-2(x^2-3x)-8$

$=x^4-6x^3+9x^2-2x^2+6x-8$

$=\boldsymbol{x^4-6x^3+7x^2+6x-8}$

⇐因数の定数項について
$1-4=-3$
$-1-2=-3$
よって，$(x+1)(x-4)$，$(x-1)(x-2)$ と組み合わせる。

(3) $(x-y)^2(x+y)^2(x^2+y^2)^2$

$=\{(x-y)(x+y)(x^2+y^2)\}^2$

$=\{(x^2-y^2)(x^2+y^2)\}^2$

$=(x^4-y^4)^2$

$=\boldsymbol{x^8-2x^4y^4+y^8}$

⇐$\boldsymbol{A^2B^2C^2=(ABC)^2}$
まず ABC を計算。

⇐$(x^4)^2=x^{4\times2}=x^8$

(4) $(a-b+c)^2(a+b-c)^2$

$=[\{a-(b-c)\}\{a+(b-c)\}]^2$

$=\{a^2-(b-c)^2\}^2$

$=a^4-2a^2(b-c)^2+\{(b-c)^2\}^2$

$=a^4-2a^2(b^2-2bc+c^2)+(b^2-2bc+c^2)^2$

$=a^4-2a^2b^2+4a^2bc-2a^2c^2$
$\quad+b^4+4b^2c^2+c^4-4b^3c-4bc^3+2b^2c^2$

$=\boldsymbol{a^4-2a^2b^2+4a^2bc-2a^2c^2+b^4-4b^3c+6b^2c^2-4bc^3+c^4}$

⇐$\boldsymbol{A^2B^2=(AB)^2}$
$b-c=A$ とおくと
$(a-A)(a+A)=a^2-A^2$

⇐$(a+b+c)^2$ の展開公式を用いる。

(5) $(x-2)(x+1)(x^2+2x+4)(x^2-x+1)$

$=(x-2)(x^2+2x+4)\times(x+1)(x^2-x+1)$

$=(x^3-8)(x^3+1)$

$=\boldsymbol{x^6-7x^3-8}$

⇐$(a+b)(a^2-ab+b^2)$，$(a-b)(a^2+ab+b^2)$ の展開公式が使える組み合わせを見つける。

(6) $(2x+1)(x+2)(2x-1)(x-2)$

$=(2x+1)(2x-1)\times(x+2)(x-2)$

$=(4x^2-1)(x^2-4)$

$=\boldsymbol{4x^4-17x^2+4}$

⇐$(a+b)(a-b)$ の展開公式が使える組み合わせを見つける。

別解　$(2x+1)(x+2)(2x-1)(x-2)$

$=(2x^2+5x+2)(2x^2-5x+2)$

$=\{2(x^2+1)+5x\}\{2(x^2+1)-5x\}$

$=4(x^2+1)^2-(5x)^2$

$=4(x^4+2x^2+1)-25x^2$

$=\boldsymbol{4x^4-17x^2+4}$

⇐$x^2+1=A$ とおくと
$(2A+5x)(2A-5x)$
$=4A^2-25x^2$

PR ①9　次の式を因数分解せよ。

(1) $a(x+1)-(x+1)$　(2) $(a-b)xy+(b-a)y^2$　(3) $4pqx^2-36pqy^2$

(4) x^2-8x-9　(5) $x^2+5xy-14y^2$　(6) $4a^2-2a+\dfrac{1}{4}$

(1) $a(x+1)-(x+1)=\boldsymbol{(x+1)(a-1)}$

⇐共通因数は $x+1$

(2) $(a-b)xy+(b-a)y^2=(a-b)xy-(a-b)y^2$

$=(a-b)y(x-y)$

$=\boldsymbol{(a-b)(x-y)y}$

⇐$b-a=-(a-b)$ とみる。

⇐共通因数は $(a-b)y$

(3) $4pqx^2-36pqy^2=4pq(x^2-9y^2)$
$=\mathbf{4pq(x+3y)(x-3y)}$

⇐共通因数は $4pq$
⇐$a^2-b^2=(a+b)(a-b)$

(4) $x^2-8x-9=x^2+\{1+(-9)\}x+1\cdot(-9)$
$=\mathbf{(x+1)(x-9)}$

⇐足して -8，掛けて -9 となるのは 1，-9

(5) $x^2+5xy-14y^2=x^2+(-2y+7y)x+(-2y)\cdot 7y$
$=\mathbf{(x-2y)(x+7y)}$

⇐足して $5y$，掛けて $-14y^2$ となるのは $-2y$，$7y$

(6) $4a^2-2a+\frac{1}{4}=\frac{1}{4}(16a^2-8a+1)$
$=\frac{1}{4}\{(4a)^2-2\cdot 4a\cdot 1+1^2\}$
$=\mathbf{\frac{1}{4}(4a-1)^2}$

⇐$\frac{1}{4}$ でくくり，(　) の中に分数がない形にする。

別解 $4a^2-2a+\frac{1}{4}=(2a)^2-2\cdot 2a\cdot\frac{1}{2}+\left(\frac{1}{2}\right)^2$
$=\mathbf{\left(2a-\frac{1}{2}\right)^2}$

⇐$a^2-2ab+b^2=(a-b)^2$ を直接適用する。

PR ②10 次の式を因数分解せよ。
(1) $3x^2-10x+3$　(2) $3x^2+5x+2$　(3) $3a^2+5a-2$
(4) $4a^2-7a-15$　(5) $6p^2+7pq-3q^2$　(6) $abx^2+(a^2-b^2)x-ab$

(1) $3x^2-10x+3=\mathbf{(x-3)(3x-1)}$
(2) $3x^2+5x+2=\mathbf{(x+1)(3x+2)}$
(3) $3a^2+5a-2=\mathbf{(a+2)(3a-1)}$
(4) $4a^2-7a-15$
$=\mathbf{(a-3)(4a+5)}$
(5) $6p^2+7pq-3q^2$
$=\mathbf{(2p+3q)(3p-q)}$
(6) $abx^2+(a^2-b^2)x-ab$
$=\mathbf{(ax-b)(bx+a)}$

(1)
1 ╳ -3 → -9
3 ╳ -1 → -1
3　3　-10

(2)
1 ╳ 1 → 3
3 ╳ 2 → 2
3　2　5

(3)
1 ╳ 2 → 6
3 ╳ -1 → -1
3　-2　5

(4)
1 ╳ -3 → -12
4 ╳ 5 → 5
4　-15　-7

(5)
2 ╳ $3q$ → $9q$
3 ╳ $-q$ → $-2q$
6　$-3q^2$　$7q$

(6)
a ╳ $-b$ → $-b^2$
b ╳ a → a^2
ab　$-ab$　a^2-b^2

inf. (4) のたすき掛けで 2, 2 ╳ ●, ● の形はあり得ない。
なぜなら，この場合は，たすき掛けが右のようになり，a の係数が -7（奇数）になることはないからである。

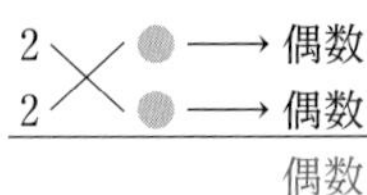

PR ②11 次の式を因数分解せよ。
(1) x^3-27　(2) $64a^3+125b^3$　(3) x^4+8x

(1) $x^3-27=x^3-3^3$
$=(x-3)(x^2+x\cdot 3+3^2)$
$=\mathbf{(x-3)(x^2+3x+9)}$

⇐$a^3-b^3=(a-b)(a^2+ab+b^2)$

(2) $64a^3+125b^3=(4a)^3+(5b)^3$
$=(4a+5b)\{(4a)^2-4a\cdot 5b+(5b)^2\}$
$=\mathbf{(4a+5b)(16a^2-20ab+25b^2)}$

⇐$a^3+b^3=(a+b)(a^2-ab+b^2)$

(3) $x^4+8x=x(x^3+8)$
$=x(x^3+2^3)$
$=x(x+2)(x^2-x\cdot 2+2^2)$
$=\boldsymbol{x(x+2)(x^2-2x+4)}$

⇦共通因数をくくり出す。

PR ②12 次の式を因数分解せよ。
(1) $(x+y)^2-4(x+y)+3$ (2) $9a^2-b^2-4bc-4c^2$
(3) $(x+y+z)(x+3y+z)-8y^2$ (4) $(x-y)^3+(y-z)^3$

(1) $(x+y)^2-4(x+y)+3$
$=\{(x+y)-1\}\{(x+y)-3\}$
$=\boldsymbol{(x+y-1)(x+y-3)}$

⇦A^2-4A+3
$=(A-1)(A-3)$

(2) $9a^2-b^2-4bc-4c^2$
$=9a^2-(b^2+4bc+4c^2)$
$=(3a)^2-(b+2c)^2$
$=\{3a+(b+2c)\}\{3a-(b+2c)\}$
$=\boldsymbol{(3a+b+2c)(3a-b-2c)}$

⇦$(3a)^2-A^2$
$=(3a+A)(3a-A)$

(3) $(x+y+z)(x+3y+z)-8y^2$
$=\{(x+z)+y\}\{(x+z)+3y\}-8y^2$
$=(x+z)^2+4y(x+z)+3y^2-8y^2$
$=(x+z)^2+4y(x+z)-5y^2$
$=\{(x+z)-y\}\{(x+z)+5y\}$
$=\boldsymbol{(x-y+z)(x+5y+z)}$

⇦$x+z=A$ とおくと
$(A+y)(A+3y)-8y^2$
$=A^2+4yA+3y^2-8y^2$
$=A^2+4yA-5y^2$
$=(A-y)(A+5y)$

別解 $x+y+z=A$ とおくと　$x+3y+z=A+2y$
よって
$(x+y+z)(x+3y+z)-8y^2=A(A+2y)-8y^2$
$=A^2+2Ay-8y^2=(A+4y)(A-2y)$
$=\{(x+y+z)+4y\}\{(x+y+z)-2y\}$
$=\boldsymbol{(x+5y+z)(x-y+z)}$

⇦$x+3y+z=B$ とおくと
$(B-2y)B-8y^2$
$=B^2-2By-8y^2$
$=(B+2y)(B-4y)$

別解 $\dfrac{(x+y+z)+(x+3y+z)}{2}=x+2y+z$ であることから
$(x+y+z)(x+3y+z)-8y^2$
$=\{(x+2y+z)-y\}\{(x+2y+z)+y\}-8y^2$
$=(x+2y+z)^2-y^2-8y^2$
$=(x+2y+z)^2-9y^2$
$=\{(x+2y+z)+3y\}\{(x+2y+z)-3y\}$
$=\boldsymbol{(x+5y+z)(x-y+z)}$

⇦和と差の積の形に変形する方法。
⇦$x+2y+z=A$ とおくと
$(A-y)(A+y)-8y^2$
$=A^2-y^2-8y^2$
$=A^2-9y^2$
$=(A+3y)(A-3y)$

(4) $(x-y)^3+(y-z)^3$
$=\{(x-y)+(y-z)\}\{(x-y)^2-(x-y)(y-z)+(y-z)^2\}$
$=(x-z)\{x^2-2xy+y^2-(xy-xz-y^2+yz)+y^2-2yz+z^2\}$
$=(x-z)(x^2-2xy+y^2-xy+xz+y^2-yz+y^2-2yz+z^2)$
$=\boldsymbol{(x-z)(x^2+3y^2+z^2-3xy-3yz+zx)}$

⇦$x-y=A$, $y-z=B$ とおくと
A^3+B^3
$=(A+B)(A^2-AB+B^2)$

PR ③13 次の式を因数分解せよ。 [(2) 専修大]

(1) $(x^2-5x)^2+8(x^2-5x)+16$
(2) $(x^2-2x-16)(x^2-2x-14)+1$
(3) x^4-2x^2-8
(4) $x^4-10x^2y^2+9y^4$
(5) $16a^4-b^4$

(1) $(x^2-5x)^2+8(x^2-5x)+16=\{(x^2-5x)+4\}^2$
$=\{(x-1)(x-4)\}^2$
$=\boldsymbol{(x-1)^2(x-4)^2}$

⇐$x^2-5x=A$ とおくと $A^2+8A+16=(A+4)^2$

(2) $(x^2-2x-16)(x^2-2x-14)+1$
$=\{(x^2-2x)-16\}\{(x^2-2x)-14\}+1$
$=(x^2-2x)^2-30(x^2-2x)+224+1$
$=(x^2-2x)^2-30(x^2-2x)+225$
$=\{(x^2-2x)-15\}^2=\{(x+3)(x-5)\}^2$
$=\boldsymbol{(x+3)^2(x-5)^2}$

⇐$x^2-2x=A$ とおくと
$(A-16)(A-14)+1$
$=A^2-30A+224+1$
$=A^2-30A+225$
$=(A-15)^2$

別解 $(x^2-2x-16)(x^2-2x-14)+1$
$=(x^2-2x-16)\{(x^2-2x-16)+2\}+1$
$=(x^2-2x-16)^2+2(x^2-2x-16)+1$
$=\{(x^2-2x-16)+1\}^2$
$=(x^2-2x-15)^2=\{(x+3)(x-5)\}^2$
$=\boldsymbol{(x+3)^2(x-5)^2}$

⇐$x^2-2x-16=A$ とおくと
$A(A+2)+1$
$=A^2+2A+1$
$=(A+1)^2$

別解 $(x^2-2x-16)(x^2-2x-14)+1$
$=\{(x^2-2x-15)-1\}\{(x^2-2x-15)+1\}+1$
$=(x^2-2x-15)^2-1+1=(x^2-2x-15)^2$
$=\{(x+3)(x-5)\}^2=\boldsymbol{(x+3)^2(x-5)^2}$

⇐$x^2-2x-15=A$ とおくと $(A-1)(A+1)+1$
$=A^2-1+1=A^2$

(3) $x^4-2x^2-8=(x^2)^2-2x^2-8$
$=(x^2+2)(x^2-4)$
$=\boldsymbol{(x^2+2)(x+2)(x-2)}$

⇐$x^2=A$ とおくと
A^2-2A-8
$=(A+2)(A-4)$

(4) $x^4-10x^2y^2+9y^4=(x^2)^2-10x^2y^2+9(y^2)^2$
$=(x^2-y^2)(x^2-9y^2)$
$=\boldsymbol{(x+y)(x-y)(x+3y)(x-3y)}$

⇐$x^2=A$, $y^2=B$ とおくと $A^2-10AB+9B^2$
$=(A-B)(A-9B)$

(5) $16a^4-b^4=(4a^2)^2-(b^2)^2$
$=(4a^2+b^2)(4a^2-b^2)$
$=\boldsymbol{(4a^2+b^2)(2a+b)(2a-b)}$

⇐$4a^2=A$, $b^2=B$ とおくと A^2-B^2
$=(A+B)(A-B)$

PR ②14 次の式を因数分解せよ。 [(2) 法政大]

(1) $2ab^2-3ab-2a+b-2$
(2) $8x^3+12x^2y+4xy^2+6x^2+9xy+3y^2$
(3) $a(a^2+b^2)-c(b^2+c^2)$
(4) $-3x^3+(9y+z)x^2-3y(z+2y)x+2y^2z$

(1) $2ab^2-3ab-2a+b-2$
$=(2b^2-3b-2)a+b-2$
$=(b-2)(2b+1)a+(b-2)$
$=(b-2)\{(2b+1)a+1\}$
$=\boldsymbol{(b-2)(2ab+a+1)}$

⇐**最低次数の a について整理。**

⇐$b-2$ が共通因数。

⇐{ }の中を整理。

(2) $8x^3+12x^2y+4xy^2+6x^2+9xy+3y^2$
$=(4x+3)y^2+3x(4x+3)y+2x^2(4x+3)$
$=(4x+3)(y^2+3xy+2x^2)$
$=(4x+3)(y+x)(y+2x)$
$=\mathbf{(4x+3)(x+y)(2x+y)}$

⇦最低次数の y について整理。
⇦$4x+3$ が共通因数。
⇦積が $2x^2$，和が $3x$ となるのは x と $2x$

(3) $a(a^2+b^2)-c(b^2+c^2)$
$=a^3+ab^2-b^2c-c^3$
$=(a-c)b^2+(a^3-c^3)$
$=(a-c)b^2+(a-c)(a^2+ac+c^2)$
$=(a-c)\{b^2+(a^2+ac+c^2)\}$
$=\mathbf{(a-c)(a^2+b^2+c^2+ac)}$

⇦ b の次数が最低。
⇦$a^3-c^3=(a-c)(a^2+ac+c^2)$
⇦共通因数 $a-c$ をくくり出す。

(4) $-3x^3+(9y+z)x^2-3y(z+2y)x+2y^2z$
$=-3x^3+9x^2y+x^2z-3xyz-6xy^2+2y^2z$
$=(x^2-3xy+2y^2)z-3x^3+9x^2y-6xy^2$
$=(x^2-3xy+2y^2)z-3x(x^2-3xy+2y^2)$
$=(z-3x)(x^2-3xy+2y^2)$
$=(z-3x)(x-y)(x-2y)$
$=\mathbf{-(x-y)(x-2y)(3x-z)}$

⇦ z の次数が最低。
⇦z について整理。
⇦$x^2-3xy+2y^2$ が共通因数。
⇦これを答えとしても正解である。

PR ②15 次の式を因数分解せよ。　〔(1) 石巻専修大〕

(1) $x^2+3xy+2y^2+2x+3y+1$　　(2) $2x^2+5xy+2y^2-3y-2$
(3) $2x^2-3xy+y^2+7x-5y+6$　　(4) $2x^2-3xy-2y^2-5x+5y+3$

(1) $x^2+3xy+2y^2+2x+3y+1$
$=x^2+(3y+2)x+2y^2+3y+1$
$=x^2+(3y+2)x+(y+1)(2y+1)$ Ⓐ
$=\{x+(y+1)\}\{x+(2y+1)\}$ Ⓑ
$=\mathbf{(x+y+1)(x+2y+1)}$

Ⓐ
1	1 → 2
2	1 → 1
2	1　3

Ⓑ
1	$y+1$ → $y+1$
1	$2y+1$ → $2y+1$
1	$(y+1)(2y+1)$　$3y+2$

⇦x について整理。
⇦定数項（y の2次式）を因数分解。

(2) $2x^2+5xy+2y^2-3y-2$
$=2x^2+5yx+(y-2)(2y+1)$ Ⓐ
$=\{x+(2y+1)\}\{2x+(y-2)\}$ Ⓑ
$=\mathbf{(x+2y+1)(2x+y-2)}$

Ⓐ
1	−2 → −4
2	1 → 1
2	−2　−3

Ⓑ
1	$2y+1$ → $4y+2$
2	$y-2$ → $y-2$
2	$(y-2)(2y+1)$　$5y$

⇦定数項（y の2次式）を因数分解。

(3) $2x^2-3xy+y^2+7x-5y+6$
$=2x^2+(-3y+7)x+y^2-5y+6$
$=2x^2+(-3y+7)x+(y-2)(y-3)$
$=\{x-(y-2)\}\{2x-(y-3)\}$ Ⓐ
$=\mathbf{(x-y+2)(2x-y+3)}$

Ⓐ
1	$-(y-2)$ → $-2y+4$
2	$-(y-3)$ → $-y+3$
2	$(y-2)(y-3)$　$-3y+7$

⇦x について整理。
⇦定数項（y の2次式）を因数分解。

別解 $2x^2-3xy+y^2+7x-5y+6$
$=y^2+(-3x-5)y+2x^2+7x+6$
$=y^2+(-3x-5)y+(x+2)(2x+3)$ Ⓐ

Ⓐ
1	2 → 4
2	3 → 3
2	6　7

⇦y^2 の係数が1であるから，y について整理すると早い。

$=\{y-(x+2)\}\{y-(2x+3)\}$ Ⓑ
$=(y-x-2)(y-2x-3)$
$=\boldsymbol{(x-y+2)(2x-y+3)}$

Ⓑ $\begin{array}{ll|l} 1 & -(x+2) \longrightarrow & -x-2 \\ 1 & -(2x+3) \longrightarrow & -2x-3 \\ \hline 1 & (x+2)(2x+3) & -3x-5 \end{array}$

⇦これを答えとしてもよい。

(4) $2x^2-3xy-2y^2-5x+5y+3$
$=2x^2+(-3y-5)x-(2y^2-5y-3)$
$=2x^2+(-3y-5)x-(y-3)(2y+1)$ Ⓐ
$=\{x-(2y+1)\}\{2x+(y-3)\}$ Ⓑ
$=\boldsymbol{(x-2y-1)(2x+y-3)}$

⇦$\boldsymbol{x}$ について整理。

⇦定数項（y の 2 次式）を因数分解。

Ⓐ $\begin{array}{ll|l} 1 & -3 \longrightarrow & -6 \\ 2 & 1 \longrightarrow & 1 \\ \hline 2 & -3 & -5 \end{array}$

Ⓑ $\begin{array}{ll|l} 1 & -(2y+1) \longrightarrow & -4y-2 \\ 2 & y-3 \longrightarrow & y-3 \\ \hline 2 & -(y-3)(2y+1) & -3y-5 \end{array}$

inf. 2 次の 3 つの項を先に因数分解する方法。

(1) $x^2+3xy+2y^2+2x+3y+1$
$=(x+y)(x+2y)+(2x+3y)+1$
$=\{(x+y)+1\}\{(x+2y)+1\}$ Ⓐ
$=\boldsymbol{(x+y+1)(x+2y+1)}$

Ⓐ $\begin{array}{ll|l} x+y & 1 \longrightarrow & x+2y \\ x+2y & 1 \longrightarrow & x+y \\ \hline (x+y)(x+2y) & 1 & 2x+3y \end{array}$

(2) $2x^2+5xy+2y^2-3y-2$
$=(x+2y)(2x+y)-3y-2$ Ⓐ
$=\{(x+2y)+1\}\{(2x+y)-2\}$ Ⓑ
$=\boldsymbol{(x+2y+1)(2x+y-2)}$

Ⓐ $\begin{array}{ll|l} 1 & 2y \longrightarrow & 4y \\ 2 & y \longrightarrow & y \\ \hline 2 & 2y^2 & 5y \end{array}$

Ⓑ $\begin{array}{ll|l} x+2y & 1 \longrightarrow & 2x+y \\ 2x+y & -2 \longrightarrow & -2x-4y \\ \hline (x+2y)(2x+y) & -2 & -3y \end{array}$

(3) $2x^2-3xy+y^2+7x-5y+6$
$=(x-y)(2x-y)+(7x-5y)+6$ Ⓐ
$=\{(x-y)+2\}\{(2x-y)+3\}$ Ⓑ
$=\boldsymbol{(x-y+2)(2x-y+3)}$

Ⓐ $\begin{array}{ll|l} 1 & -y \longrightarrow & -2y \\ 2 & -y \longrightarrow & -y \\ \hline 2 & y^2 & -3y \end{array}$

Ⓑ $\begin{array}{ll|l} x-y & 2 \longrightarrow & 4x-2y \\ 2x-y & 3 \longrightarrow & 3x-3y \\ \hline (x-y)(2x-y) & 6 & 7x-5y \end{array}$

(4) $2x^2-3xy-2y^2-5x+5y+3$
$=(x-2y)(2x+y)+(-5x+5y)+3$ Ⓐ
$=\{(x-2y)-1\}\{(2x+y)-3\}$ Ⓑ
$=\boldsymbol{(x-2y-1)(2x+y-3)}$

Ⓐ $\begin{array}{ll|l} 1 & -2y \longrightarrow & -4y \\ 2 & y \longrightarrow & y \\ \hline 2 & -2y^2 & -3y \end{array}$

Ⓑ $\begin{array}{ll|l} x-2y & -1 \longrightarrow & -2x-y \\ 2x+y & -3 \longrightarrow & -3x+6y \\ \hline (x-2y)(2x+y) & 3 & -5x+5y \end{array}$

PR ③16 次の式を因数分解せよ。 [(4) 旭川大]

(1) $a^2b+ab^2+a+b-ab-1$ (2) $x^2(y-1)+y^2(1-x)+x-y$
(3) $a^2(b-c)+b^2(c-a)+c^2(a-b)$ (4) $a^2(b+c)+b^2(c+a)+c^2(a+b)+2abc$

(1) $a^2b+ab^2+a+b-ab-1$
$=ba^2+(b^2-b+1)a+(b-1)$
$=\{a+(b-1)\}(ba+1)$
$=\boldsymbol{(a+b-1)(ab+1)}$

⇦$\boldsymbol{a}$ について整理。

⇦ $\begin{array}{ll|l} 1 & b-1 \longrightarrow & b^2-b \\ b & 1 \longrightarrow & 1 \\ \hline b & b-1 & b^2-b+1 \end{array}$

別解 $a^2b+ab^2+a+b-ab-1$
$=ab(a+b)+(a+b)-(ab+1)$

$=(a+b)(ab+1)-(ab+1)$

$=\boldsymbol{(ab+1)(a+b-1)}$

⇦$ab+1$ が共通因数。

(2)　$x^2(y-1)+y^2(1-x)+x-y$

$=(y-1)x^2+y^2-y^2x+x-y$

$=(y-1)x^2-(y^2-1)x+y^2-y$　⇦**x について整理。**

$=(y-1)x^2-(y+1)(y-1)x+y(y-1)$　⇦係数，定数項を因数分解。

$=(y-1)\{x^2-(y+1)x+y\}$　⇦共通因数をくくり出す。

$=(y-1)(x-1)(x-y)$　⇦これを答えとしてもよい。

$=\boldsymbol{(x-y)(x-1)(y-1)}$

別解　$x^2(y-1)+y^2(1-x)+x-y$

$=x^2y-x^2+y^2-xy^2+x-y$

$=(x^2y-xy^2)-(x^2-y^2)+(x-y)$

$=xy(x-y)-(x+y)(x-y)+(x-y)$　⇦$x-y$ が共通因数。

$=(x-y)(xy-x-y+1)$

$=(x-y)\{(y-1)x-(y-1)\}$　⇦$xy-x-y+1$ を因数分解。

$=\boldsymbol{(x-y)(x-1)(y-1)}$

(3)　$a^2(b-c)+b^2(c-a)+c^2(a-b)$

$=(b-c)a^2+b^2c-b^2a+c^2a-c^2b$

$=(b-c)a^2-(b^2-c^2)a+b^2c-bc^2$　⇦**a について整理。**

$=(b-c)a^2-(b+c)(b-c)a+bc(b-c)$　⇦係数，定数項を因数分解。

$=(b-c)\{a^2-(b+c)a+bc\}$　⇦共通因数をくくり出す。

$=(b-c)(a-b)(a-c)$　⇦これを答えとしてもよい。

$=\boldsymbol{-(a-b)(b-c)(c-a)}$　⇦輪環の順に整理。

(4)　$a^2(b+c)+b^2(c+a)+c^2(a+b)+2abc$

$=(b+c)a^2+b^2c+b^2a+c^2a+c^2b+2abc$

$=(b+c)a^2+(b^2+2bc+c^2)a+b^2c+bc^2$　⇦**a について整理。**

$=(b+c)a^2+(b+c)^2a+bc(b+c)$　⇦係数，定数項を因数分解。

$=(b+c)\{a^2+(b+c)a+bc\}$　⇦共通因数をくくり出す。

$=(b+c)(a+b)(a+c)$　⇦これを答えとしてもよい。

$=\boldsymbol{(a+b)(b+c)(c+a)}$　⇦輪環の順に整理。

PR ④17　次の式を因数分解せよ。

(1)　x^4-3x^2+1　　(2)　x^4+5x^2+9

(3)　a^6+7a^3-8　　(4)　x^8-1

(1)　$x^4-3x^2+1=(x^4-2x^2+1)-x^2$

$=(x^2-1)^2-x^2$　⇦**(　)^2−(　)^2 の形を作る。**

$=\{(x^2-1)+x\}\{(x^2-1)-x\}$

$=\boldsymbol{(x^2+x-1)(x^2-x-1)}$

(2)　$x^4+5x^2+9=(x^4+6x^2+9)-x^2=(x^2+3)^2-x^2$　⇦**(　)^2−(　)^2 の形を作る。**

$=\{(x^2+3)+x\}\{(x^2+3)-x\}$

$=\boldsymbol{(x^2+x+3)(x^2-x+3)}$

(3) $a^6+7a^3-8=(a^3)^2+7a^3-8$
$=(a^3-1)(a^3+8)$
$=\boldsymbol{(a-1)(a^2+a+1)(a+2)(a^2-2a+4)}$

⇦ $a^3=A$ とおくと
A^2+7A-8
$=(A-1)(A+8)$

(4) $x^8-1=(x^4)^2-1^2$
$=(x^4+1)(x^4-1)$
$=(x^4+1)(x^2+1)(x^2-1)$
$=\boldsymbol{(x^4+1)(x^2+1)(x+1)(x-1)}$

PR ④18 次の式を因数分解せよ。
(1) $(x+1)(x+2)(x+4)(x+5)-10$　　(2) $(x^2-4x+3)(x^2-12x+35)-9$

(1) $(x+1)(x+2)(x+4)(x+5)-10$
$=(x+1)(x+5)\times(x+2)(x+4)-10$
$=(x^2+6x+5)(x^2+6x+8)-10$
$=\{(x^2+6x)+5\}\{(x^2+6x)+8\}-10$
$=(x^2+6x)^2+13(x^2+6x)+30$
$=\{(x^2+6x)+3\}\{(x^2+6x)+10\}$
$=\boldsymbol{(x^2+6x+3)(x^2+6x+10)}$

⇦ 4つの1次式の定数項について
$1+5=2+4=6$
から，$(x+1)(x+5)$，$(x+2)(x+4)$ の組み合わせを考える。

(2) $(x^2-4x+3)(x^2-12x+35)-9$
$=(x-1)(x-3)(x-5)(x-7)-9$
$=(x-1)(x-7)\times(x-3)(x-5)-9$
$=(x^2-8x+7)(x^2-8x+15)-9$
$=\{(x^2-8x)+7\}\{(x^2-8x)+15\}-9$
$=(x^2-8x)^2+22(x^2-8x)+96$
$=\{(x^2-8x)+16\}\{(x^2-8x)+6\}$
$=\boldsymbol{(x-4)^2(x^2-8x+6)}$

⇦まず，2つの2次式を因数分解してみる。

⇦ 4つの1次式の定数項について
$-1-7=-3-5=-8$
から，$(x-1)(x-7)$，$(x-3)(x-5)$ の組み合わせを考える。

PR ③19 次の式を因数分解せよ。
(1) $x^3+3xy+y^3-1$　　(2) $x^3-8y^3-z^3-6xyz$

(1) $x^3+3xy+y^3-1$
$=x^3+y^3+(-1)^3-3\cdot x\cdot y\cdot(-1)$
$=\{x+y+(-1)\}\{x^2+y^2+(-1)^2-xy-y\cdot(-1)-(-1)\cdot x\}$
$=(x+y-1)(x^2+y^2+1-xy+y+x)$
$=\boldsymbol{(x+y-1)(x^2-xy+y^2+x+y+1)}$

⇦ $\boldsymbol{a^3+b^3+c^3-3abc}$
$\boldsymbol{=(a+b+c)(a^2+b^2+c^2-ab-bc-ca)}$
を利用。
$a\to x$，$b\to y$，$c\to -1$ とおく。

別解　$x^3+3xy+y^3-1$
$=(x^3+y^3)+3xy-1$
$=(x+y)^3-3xy(x+y)+3xy-1$
$=\{(x+y)^3-1^3\}-3xy(x+y-1)$
$=\{(x+y)-1\}\{(x+y)^2+(x+y)\cdot1+1^2\}-3xy(x+y-1)$
$=(x+y-1)\{(x+y)^2+x+y+1\}-3xy(x+y-1)$
$=(x+y-1)(x^2+2xy+y^2+x+y+1-3xy)$
$=\boldsymbol{(x+y-1)(x^2-xy+y^2+x+y+1)}$

⇦ x^3+y^3 を変形。

⇦ $(x+y)^3$ と -1^3 のペア。

⇦共通因数は $x+y-1$

⇦( )内を整理。

(2) $x^3-8y^3-z^3-6xyz$
$=x^3+(-2y)^3+(-z)^3-3\cdot x\cdot(-2y)\cdot(-z)$
$=\{x+(-2y)+(-z)\}\times$
$\{x^2+(-2y)^2+(-z)^2-x(-2y)-(-2y)(-z)-(-z)x\}$
$=\boldsymbol{(x-2y-z)(x^2+4y^2+z^2+2xy-2yz+zx)}$

⇐$\boldsymbol{a^3+b^3+c^3-3abc=(a+b+c)(a^2+b^2+c^2-ab-bc-ca)}$ を利用。
$a\to x$, $b\to -2y$, $c\to -z$ とおく。

別解　$x^3-8y^3-z^3-6xyz$
$=\{x^3-(2y)^3\}-z^3-6xyz$
$=(x-2y)^3+3\cdot x\cdot 2y\cdot(x-2y)-z^3-6xyz$
$=\{(x-2y)^3-z^3\}+6xy(x-2y)-6xyz$
$=\{(x-2y)-z\}\{(x-2y)^2+(x-2y)z+z^2\}+6xy(x-2y-z)$
$=(x-2y-z)\{(x-2y)^2+(x-2y)z+z^2+6xy\}$
$=\boldsymbol{(x-2y-z)(x^2+4y^2+z^2+2xy-2yz+zx)}$

⇐$a^3-b^3=(a-b)^3+3ab(a-b)$

⇐$x-2y=A$ とおくと $A^3-B^3=(A-B)(A^2+AB+B^2)$

⇐共通因数は $x-2y-z$

PR ②20

(1) 次の循環小数を分数で表せ。
(ア) $0.\dot{7}$　(イ) $3.\dot{7}\dot{2}$　(ウ) $1.\dot{2}1\dot{6}$

(2) $\dfrac{10}{7}$ を小数で表したとき，小数第 100 位の数字を求めよ。

(1) (ア) $x=0.\dot{7}$ とおくと，右の計算から

$$x=\boldsymbol{\frac{7}{9}}$$

$$\begin{array}{rl} 10x= & 7.77\cdots\cdots \\ -)\quad x= & 0.77\cdots\cdots \\ \hline 9x= & 7 \end{array}$$

⇐循環部分がそろうように両辺を 10 倍する。
⇐循環部分が消える。

(イ) $x=3.\dot{7}\dot{2}$ とおくと，右の計算から

$$x=\frac{369}{99}=\boldsymbol{\frac{41}{11}}$$

$$\begin{array}{rl} 100x= & 372.7272\cdots\cdots \\ -)\quad x= & 3.7272\cdots\cdots \\ \hline 99x= & 369 \end{array}$$

⇐循環部分がそろうように両辺を 100 倍する。
⇐循環部分が消える。

(ウ) $x=1.\dot{2}1\dot{6}$ とおくと，右の計算から　$x=\dfrac{1215}{999}=\boldsymbol{\dfrac{45}{37}}$

$$\begin{array}{rl} 1000x= & 1216.216216\cdots \\ -)\quad x= & 1.216216\cdots \\ \hline 999x= & 1215 \end{array}$$

⇐循環部分がそろうように両辺を 1000 倍する。
⇐循環部分が消える。

(2) $\dfrac{10}{7}=1.428571428571\cdots\cdots=1.\dot{4}2857\dot{1}$

よって，小数点以下で 428571 の 6 個の数字が循環する。

$$100=6\cdot 16+4$$

であるから，小数第 100 位は 428571 の 4 番目の数字で **5**

⇐428571 を□とすると $1.\underbrace{\square\square\cdots\cdots\square}_{16\text{個}}\underbrace{4285}_{4\text{個}}$

PR ①21

次の式を計算せよ。

(1) $\sqrt{27}-5\sqrt{50}+3\sqrt{8}-4\sqrt{75}$　(2) $(\sqrt{11}-\sqrt{3})(\sqrt{11}+\sqrt{3})$
(3) $(2\sqrt{2}-\sqrt{27})^2$　(4) $(3+4\sqrt{2})(2-5\sqrt{2})$
(5) $(\sqrt{10}-2\sqrt{5})(\sqrt{5}+\sqrt{10})$　(6) $(1+\sqrt{3})^3$

(1) $\sqrt{27}-5\sqrt{50}+3\sqrt{8}-4\sqrt{75}$
$=\sqrt{3^2\cdot 3}-5\sqrt{5^2\cdot 2}+3\sqrt{2^2\cdot 2}-4\sqrt{5^2\cdot 3}$
$=3\sqrt{3}-5\cdot 5\sqrt{2}+3\cdot 2\sqrt{2}-4\cdot 5\sqrt{3}$
$=3\sqrt{3}-25\sqrt{2}+6\sqrt{2}-20\sqrt{3}$
$=\boldsymbol{-19\sqrt{2}-17\sqrt{3}}$

⇐$\boldsymbol{a>0}$，$\boldsymbol{k>0}$ **のとき** $\boldsymbol{\sqrt{k^2a}=k\sqrt{a}}$

⇐$\sqrt{3}=a$，$\sqrt{2}=b$ とすると $3a-25b+6b-20a$ の計算。

(2) $(\sqrt{11}-\sqrt{3})(\sqrt{11}+\sqrt{3})=(\sqrt{11})^2-(\sqrt{3})^2$
$=11-3=\mathbf{8}$

⇦$\sqrt{11}=a$, $\sqrt{3}=b$ とすると $(a-b)(a+b)$ の計算。

(3) $(2\sqrt{2}-\sqrt{27})^2=(2\sqrt{2})^2-2\cdot2\sqrt{2}\cdot\sqrt{27}+(\sqrt{27})^2$
$=8-4\sqrt{2}\cdot3\sqrt{3}+27$
$=\mathbf{35-12\sqrt{6}}$

⇦$(a-b)^2$
$=a^2-2ab+b^2$

(4) $(3+4\sqrt{2})(2-5\sqrt{2})=6-15\sqrt{2}+8\sqrt{2}-40$
$=\mathbf{-34-7\sqrt{2}}$

⇦分配法則を利用。

(5) $(\sqrt{10}-2\sqrt{5})(\sqrt{5}+\sqrt{10})=(\sqrt{2}\cdot\sqrt{5}-\sqrt{2}\sqrt{10})(\sqrt{5}+\sqrt{10})$
$=\sqrt{2}(\sqrt{5}-\sqrt{10})(\sqrt{5}+\sqrt{10})$
$=\sqrt{2}(5-10)=\mathbf{-5\sqrt{2}}$

⇦$5\sqrt{2}+10-10-10\sqrt{2}$
$=\mathbf{-5\sqrt{2}}$ のように計算してもよい。

(6) $(1+\sqrt{3})^3=1^3+3\cdot1^2\cdot\sqrt{3}+3\cdot1\cdot(\sqrt{3})^2+(\sqrt{3})^3$
$=1+3\sqrt{3}+9+3\sqrt{3}$
$=\mathbf{10+6\sqrt{3}}$

⇦$(a+b)^3$
$=a^3+3a^2b+3ab^2+b^3$

PR ②22 次の式の根号をはずして簡単にせよ。 [(3) 類 福岡工大]

(1) $\sqrt{(2-\pi)^2}$ (2) $\sqrt{a^2b^6}$ $(a<0,\ b>0)$ (3) $\sqrt{x^2-2x+1}-\sqrt{x^2+4x+4}$

(1) $\sqrt{(2-\pi)^2}=|2-\pi|$
$2-\pi<0$ であるから $|2-\pi|=-(2-\pi)$
すなわち $\sqrt{(2-\pi)^2}=\boldsymbol{\pi-2}$

⇦$\sqrt{A^2}=|A|$
⇦$2<\pi$
⇦$A<0$ のとき
$|A|=-A$

(2) $a<0$, $b>0$ であるから
$\sqrt{a^2b^6}=\sqrt{(ab^3)^2}=|ab^3|=\boldsymbol{-ab^3}$

⇦$ab^3<0$

(3) $P=\sqrt{x^2-2x+1}-\sqrt{x^2+4x+4}$ とおくと
$P=\sqrt{(x-1)^2}-\sqrt{(x+2)^2}=|x-1|-|x+2|$
したがって
[1] $\boldsymbol{x<-2}$ **のとき**, $x-1<0$, $x+2<0$ であるから
$P=-(x-1)-\{-(x+2)\}=-x+1+x+2$
$=\mathbf{3}$
[2] $\boldsymbol{-2\leqq x<1}$ **のとき**, $x-1<0$, $x+2\geqq0$ であるから
$P=-(x-1)-(x+2)=-x+1-x-2$
$=\boldsymbol{-2x-1}$
[3] $\boldsymbol{1\leqq x}$ **のとき**, $x-1\geqq0$, $x+2>0$ であるから
$P=x-1-(x+2)=x-1-x-2$
$=\mathbf{-3}$

⇦$\sqrt{a^2}=|a|$
⇦$|x-1|$
$=\begin{cases}-(x-1) & (x<1)\\ x-1 & (x\geqq1)\end{cases}$
$|x+2|$
$=\begin{cases}-(x+2) & (x<-2)\\ x+2 & (x\geqq-2)\end{cases}$
[1] $x<-2$
[2] $-2\leqq x<1$
[3] $1\leqq x$
の3通りの場合分け。

PR ②23 次の式を，分母を有理化して簡単にせよ。 [(5) 関東学院大]

(1) $\dfrac{3\sqrt{2}}{2\sqrt{3}}-\dfrac{\sqrt{3}}{3\sqrt{2}}+\dfrac{1}{2\sqrt{6}}$ (2) $\dfrac{1}{\sqrt{3}-\sqrt{2}}$ (3) $\dfrac{\sqrt{3}+\sqrt{2}}{2\sqrt{3}-\sqrt{2}}$

(4) $\dfrac{-27+\sqrt{7}}{5-3\sqrt{7}}$ (5) $\dfrac{\sqrt{3}-\sqrt{2}}{2\sqrt{3}+\sqrt{6}}+\dfrac{\sqrt{3}+\sqrt{2}}{2\sqrt{3}-\sqrt{6}}$

(6) $\dfrac{1}{1+\sqrt{2}}-\dfrac{2}{\sqrt{2}+\sqrt{3}}+\dfrac{1}{\sqrt{3}+2}$

(1) $\dfrac{3\sqrt{2}}{2\sqrt{3}}-\dfrac{\sqrt{3}}{3\sqrt{2}}+\dfrac{1}{2\sqrt{6}}$

$=\dfrac{3\sqrt{2}\times\sqrt{3}}{2\sqrt{3}\times\sqrt{3}}-\dfrac{\sqrt{3}\times\sqrt{2}}{3\sqrt{2}\times\sqrt{2}}+\dfrac{\sqrt{6}}{2\sqrt{6}\times\sqrt{6}}$

⇐各項の分母を有理化。

$=\dfrac{3\sqrt{6}}{6}-\dfrac{\sqrt{6}}{6}+\dfrac{\sqrt{6}}{12}=\dfrac{6\sqrt{6}-2\sqrt{6}+\sqrt{6}}{12}=\boldsymbol{\dfrac{5\sqrt{6}}{12}}$

(2) $\dfrac{1}{\sqrt{3}-\sqrt{2}}=\dfrac{\sqrt{3}+\sqrt{2}}{(\sqrt{3}-\sqrt{2})(\sqrt{3}+\sqrt{2})}$

$=\dfrac{\sqrt{3}+\sqrt{2}}{(\sqrt{3})^2-(\sqrt{2})^2}=\dfrac{\sqrt{3}+\sqrt{2}}{3-2}=\boldsymbol{\sqrt{3}+\sqrt{2}}$

⇐分母・分子に $\sqrt{3}+\sqrt{2}$ を掛ける。

(3) $\dfrac{\sqrt{3}+\sqrt{2}}{2\sqrt{3}-\sqrt{2}}=\dfrac{(\sqrt{3}+\sqrt{2})(2\sqrt{3}+\sqrt{2})}{(2\sqrt{3}-\sqrt{2})(2\sqrt{3}+\sqrt{2})}$

$=\dfrac{6+\sqrt{6}+2\sqrt{6}+2}{(2\sqrt{3})^2-(\sqrt{2})^2}=\dfrac{8+3\sqrt{6}}{12-2}$

$=\boldsymbol{\dfrac{8+3\sqrt{6}}{10}}$

⇐分母・分子に $2\sqrt{3}+\sqrt{2}$ を掛ける。

(4) $\dfrac{-27+\sqrt{7}}{5-3\sqrt{7}}=\dfrac{27-\sqrt{7}}{3\sqrt{7}-5}=\dfrac{(27-\sqrt{7})(3\sqrt{7}+5)}{(3\sqrt{7}-5)(3\sqrt{7}+5)}$

$=\dfrac{81\sqrt{7}+135-21-5\sqrt{7}}{(3\sqrt{7})^2-5^2}$

$=\dfrac{114+76\sqrt{7}}{63-25}=\dfrac{38(3+2\sqrt{7})}{38}$

$=\boldsymbol{3+2\sqrt{7}}$

⇐ $\dfrac{-27+\sqrt{7}}{5-3\sqrt{7}}$ のまま有理化すると，分母が負の数になってしまうので，分母・分子に -1 を掛けてから有理化するとよい。

(5) $\dfrac{\sqrt{3}-\sqrt{2}}{2\sqrt{3}+\sqrt{6}}+\dfrac{\sqrt{3}+\sqrt{2}}{2\sqrt{3}-\sqrt{6}}$

$=\dfrac{(\sqrt{3}-\sqrt{2})(2\sqrt{3}-\sqrt{6})+(\sqrt{3}+\sqrt{2})(2\sqrt{3}+\sqrt{6})}{(2\sqrt{3}+\sqrt{6})(2\sqrt{3}-\sqrt{6})}$

⇐通分すると同時に分母が有理化される。

$=\dfrac{(6-3\sqrt{2}-2\sqrt{6}+2\sqrt{3})+(6+3\sqrt{2}+2\sqrt{6}+2\sqrt{3})}{(2\sqrt{3})^2-(\sqrt{6})^2}$

$=\dfrac{4(3+\sqrt{3})}{6}=\boldsymbol{\dfrac{2(3+\sqrt{3})}{3}}$

(6) $\dfrac{1}{1+\sqrt{2}}-\dfrac{2}{\sqrt{2}+\sqrt{3}}+\dfrac{1}{\sqrt{3}+2}$

$=\dfrac{1}{\sqrt{2}+1}-\dfrac{2}{\sqrt{3}+\sqrt{2}}+\dfrac{1}{2+\sqrt{3}}$

⇐有理化したときに分母が正となるように，$1+\sqrt{2}$ は $\sqrt{2}+1$ とする。$\sqrt{2}+\sqrt{3}$，$\sqrt{3}+2$ も同様。

$=\dfrac{\sqrt{2}-1}{(\sqrt{2}+1)(\sqrt{2}-1)}-\dfrac{2(\sqrt{3}-\sqrt{2})}{(\sqrt{3}+\sqrt{2})(\sqrt{3}-\sqrt{2})}$

$+\dfrac{2-\sqrt{3}}{(2+\sqrt{3})(2-\sqrt{3})}$

⇐各項の分母を有理化。

$=\dfrac{\sqrt{2}-1}{2-1}-\dfrac{2\sqrt{3}-2\sqrt{2}}{3-2}+\dfrac{2-\sqrt{3}}{4-3}$

$=(\sqrt{2}-1)-(2\sqrt{3}-2\sqrt{2})+(2-\sqrt{3})$

$=\boldsymbol{1+3\sqrt{2}-3\sqrt{3}}$

⇐$\sqrt{2}-1-2\sqrt{3}+2\sqrt{2}+2-\sqrt{3}$

PR ③24

(1) $(\sqrt{2}+\sqrt{3}+\sqrt{5})(\sqrt{2}+\sqrt{3}-\sqrt{5})$ を計算せよ。

(2) $\dfrac{1}{\sqrt{2}+\sqrt{3}+\sqrt{5}}$ の分母を有理化せよ。

(1) $(\sqrt{2}+\sqrt{3}+\sqrt{5})(\sqrt{2}+\sqrt{3}-\sqrt{5})$
$=\{(\sqrt{2}+\sqrt{3})+\sqrt{5}\}\{(\sqrt{2}+\sqrt{3})-\sqrt{5}\}$
$=(\sqrt{2}+\sqrt{3})^2-(\sqrt{5})^2$
$=(2+2\sqrt{6}+3)-5=\boldsymbol{2\sqrt{6}}$

⇦おき換えは頭の中で。
$(A+\sqrt{5})(A-\sqrt{5})$
$=A^2-(\sqrt{5})^2$

(2) $\dfrac{1}{\sqrt{2}+\sqrt{3}+\sqrt{5}}$
$=\dfrac{\sqrt{2}+\sqrt{3}-\sqrt{5}}{\{(\sqrt{2}+\sqrt{3})+\sqrt{5}\}\{(\sqrt{2}+\sqrt{3})-\sqrt{5}\}}$
$=\dfrac{\sqrt{2}+\sqrt{3}-\sqrt{5}}{(\sqrt{2}+\sqrt{3})^2-(\sqrt{5})^2}=\dfrac{\sqrt{2}+\sqrt{3}-\sqrt{5}}{2\sqrt{6}}$
$=\dfrac{(\sqrt{2}+\sqrt{3}-\sqrt{5})\sqrt{6}}{2\sqrt{6}\cdot\sqrt{6}}$
$=\boldsymbol{\dfrac{2\sqrt{3}+3\sqrt{2}-\sqrt{30}}{12}}$

⇦(1) を利用。

⇦更に分母の有理化の操作。

PR ③25

$x=\dfrac{\sqrt{2}+\sqrt{3}}{\sqrt{2}-\sqrt{3}}$, $y=\dfrac{\sqrt{2}-\sqrt{3}}{\sqrt{2}+\sqrt{3}}$ のとき，次の式の値を求めよ。

(1) $x+y$, xy　　(2) x^2-xy+y^2

(1) $\boldsymbol{x+y}=\dfrac{\sqrt{2}+\sqrt{3}}{\sqrt{2}-\sqrt{3}}+\dfrac{\sqrt{2}-\sqrt{3}}{\sqrt{2}+\sqrt{3}}$
$=\dfrac{(\sqrt{2}+\sqrt{3})^2+(\sqrt{2}-\sqrt{3})^2}{(\sqrt{2}-\sqrt{3})(\sqrt{2}+\sqrt{3})}$
$=\dfrac{(5+2\sqrt{6})+(5-2\sqrt{6})}{-1}=\boldsymbol{-10}$

$\boldsymbol{xy}=\dfrac{\sqrt{2}+\sqrt{3}}{\sqrt{2}-\sqrt{3}}\cdot\dfrac{\sqrt{2}-\sqrt{3}}{\sqrt{2}+\sqrt{3}}=\boldsymbol{1}$

⇦通分すると同時に分母が有理化される。

(2) $x^2-xy+y^2=(x^2+y^2)-xy$
$=\{(x+y)^2-2xy\}-xy$
$=(x+y)^2-3xy$
$=(-10)^2-3\cdot1=100-3=\boldsymbol{97}$

⇦対称式は基本対称式で表せる。
$\boldsymbol{x^2+y^2=(x+y)^2-2xy}$

PR ③26

(1) $x=\dfrac{\sqrt{2}+1}{\sqrt{2}-1}$, $y=\dfrac{\sqrt{2}-1}{\sqrt{2}+1}$ のとき，x^3+y^3 の値を求めよ。

(2) $a=\sqrt{3}+\sqrt{2}$ のとき，$a+\dfrac{1}{a}$, $a^3+\dfrac{1}{a^3}$ の値をそれぞれ求めよ。

(3) $x+y+z=xy+yz+zx=2\sqrt{2}+1$, $xyz=1$ のとき，$\dfrac{x}{yz}+\dfrac{y}{zx}+\dfrac{z}{xy}$ の値を求めよ。

(1) $x+y=\dfrac{\sqrt{2}+1}{\sqrt{2}-1}+\dfrac{\sqrt{2}-1}{\sqrt{2}+1}$
$=\dfrac{(\sqrt{2}+1)^2+(\sqrt{2}-1)^2}{(\sqrt{2}-1)(\sqrt{2}+1)}$

⇦通分すると同時に分母が有理化される。

$$=\frac{(3+2\sqrt{2})+(3-2\sqrt{2})}{2-1}=6$$

$$xy=\frac{\sqrt{2}+1}{\sqrt{2}-1}\cdot\frac{\sqrt{2}-1}{\sqrt{2}+1}=1$$

よって　$x^3+y^3=(x+y)^3-3xy(x+y)$
$=6^3-3\cdot1\cdot6=216-18=\mathbf{198}$

CHART 対称式は基本対称式で表す

(2) $\boldsymbol{a+\frac{1}{a}}=\sqrt{3}+\sqrt{2}+\frac{1}{\sqrt{3}+\sqrt{2}}$
$=\sqrt{3}+\sqrt{2}+\frac{\sqrt{3}-\sqrt{2}}{3-2}=\mathbf{2\sqrt{3}}$

⇐ $\frac{1}{\sqrt{3}+\sqrt{2}}=\frac{\sqrt{3}-\sqrt{2}}{(\sqrt{3}+\sqrt{2})(\sqrt{3}-\sqrt{2})}$

$\boldsymbol{a^3+\frac{1}{a^3}}=\left(a+\frac{1}{a}\right)^3-3\cdot a\cdot\frac{1}{a}\left(a+\frac{1}{a}\right)$
$=(2\sqrt{3})^3-3\cdot2\sqrt{3}$
$=24\sqrt{3}-6\sqrt{3}=\mathbf{18\sqrt{3}}$

⇐ $\boldsymbol{a^3+b^3=(a+b)^3-3ab(a+b)}$

(3) $\frac{x}{yz}+\frac{y}{zx}+\frac{z}{xy}=\frac{x^2+y^2+z^2}{xyz}$
$=\frac{(x+y+z)^2-2(xy+yz+zx)}{xyz}$
$=\frac{(2\sqrt{2}+1)^2-2(2\sqrt{2}+1)}{1}$
$=(2\sqrt{2}+1)\{(2\sqrt{2}+1)-2\}$
$=(2\sqrt{2})^2-1^2=\mathbf{7}$

⇐ $\boldsymbol{a^2+b^2+c^2=(a+b+c)^2-2(ab+bc+ca)}$

⇐ $(2\sqrt{2}+1)$ でくくる。

PR ③27　$1+\sqrt{10}$ の整数部分を a，小数部分を b とするとき，次の値を求めよ。
(1) a，b　　(2) $b+\frac{1}{b}$，$b^2+\frac{1}{b^2}$

(1) $3<\sqrt{10}<4$ であるから，$\sqrt{10}$ の整数部分は　3
よって，$1+\sqrt{10}$ の整数部分は　$\boldsymbol{a}=1+3=\mathbf{4}$
小数部分は　$\boldsymbol{b}=(1+\sqrt{10})-4$
$=\mathbf{\sqrt{10}-3}$

⇐ $\sqrt{9}<\sqrt{10}<\sqrt{16}$ から $3<\sqrt{10}<4$

⇐ (小数部分)＝(数)－(整数部分)

(2) (1) から　$\boldsymbol{b+\frac{1}{b}}=\sqrt{10}-3+\frac{1}{\sqrt{10}-3}$
$=\sqrt{10}-3+\frac{\sqrt{10}+3}{10-9}=\mathbf{2\sqrt{10}}$

⇐ $\frac{1}{\sqrt{10}-3}=\frac{\sqrt{10}+3}{(\sqrt{10}-3)(\sqrt{10}+3)}$

よって　$\boldsymbol{b^2+\frac{1}{b^2}}=\left(b+\frac{1}{b}\right)^2-2b\cdot\frac{1}{b}$
$=(2\sqrt{10})^2-2\cdot1=\mathbf{38}$

⇐ $\boldsymbol{x^2+y^2=(x+y)^2-2xy}$

PR ③28　2重根号をはずして，次の式を簡単にせよ。　[(3) 東京海洋大]
(1) $\sqrt{7+2\sqrt{6}}$　(2) $\sqrt{9-2\sqrt{14}}$　(3) $\sqrt{11+4\sqrt{6}}$　(4) $\sqrt{4-\sqrt{15}}$

(1) $\sqrt{7+2\sqrt{6}}=\sqrt{(6+1)+2\sqrt{6\cdot1}}=\sqrt{(\sqrt{6}+\sqrt{1})^2}$
$=\sqrt{6}+\sqrt{1}=\mathbf{\sqrt{6}+1}$

(2) $\sqrt{9-2\sqrt{14}}=\sqrt{(7+2)-2\sqrt{7\cdot2}}=\sqrt{(\sqrt{7}-\sqrt{2})^2}=\boldsymbol{\sqrt{7}-\sqrt{2}}$

⇦$\sqrt{7}-\sqrt{2}>0$

(3) $\sqrt{11+4\sqrt{6}}=\sqrt{11+2\cdot2\sqrt{6}}=\sqrt{11+2\sqrt{24}}$
$=\sqrt{(8+3)+2\sqrt{8\cdot3}}$
$=\sqrt{8}+\sqrt{3}=\boldsymbol{2\sqrt{2}+\sqrt{3}}$

⇦中の $\sqrt{\ }$ の前の数字を 2 にする。

(4) $\sqrt{4-\sqrt{15}}=\sqrt{\dfrac{8-2\sqrt{15}}{2}}=\dfrac{\sqrt{(5+3)-2\sqrt{5\cdot3}}}{\sqrt{2}}$
$=\dfrac{\sqrt{5}-\sqrt{3}}{\sqrt{2}}=\dfrac{(\sqrt{5}-\sqrt{3})\sqrt{2}}{\sqrt{2}\cdot\sqrt{2}}$
$=\boldsymbol{\dfrac{\sqrt{10}-\sqrt{6}}{2}}$

⇦中の $\sqrt{\ }$ の前の数字を 2 にする。
⇦$\sqrt{5}-\sqrt{3}>0$
⇦分母を有理化。

PR ②29 次の不等式を解け。

(1) $4x+5>3x-2$　(2) $9-x\leqq2x-3$　(3) $\dfrac{4-x}{2}>7+2x$

(1) 移項すると　$4x-3x>-2-5$
すなわち　$\boldsymbol{x>-7}$

⇦x の項を左辺に，定数項を右辺に移項。

(2) 移項すると　$-x-2x\leqq-3-9$
すなわち　$-3x\leqq-12$
両辺を -3 で割って　$\boldsymbol{x\geqq4}$

⇦負の数で割ると，不等号の向きが変わる。

(3) 両辺に 2 を掛けて　$4-x>2(7+2x)$
右辺を展開して　$4-x>14+4x$
移項して整理すると　$-5x>10$
両辺を -5 で割って　$\boldsymbol{x<-2}$

⇦不等号の向きが変わる。

PR ②30 次の不等式を解け。

(1) $\begin{cases}4x+1<3x-1\\2x-1\geqq5x+6\end{cases}$　(2) $\begin{cases}2x+3>x+2\\3x>4x+2\end{cases}$　(3) $2(x-3)+5<5x-6\leqq\dfrac{3x+4}{3}$

(1) $4x+1<3x-1$ から　$x<-2$ …… ①
$2x-1\geqq5x+6$ から　$-3x\geqq7$
よって　$x\leqq-\dfrac{7}{3}$ …… ②
①と②の共通範囲を求めて　$\boldsymbol{x\leqq-\dfrac{7}{3}}$

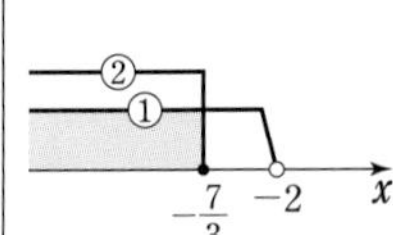

(2) $2x+3>x+2$ から　$x>-1$ …… ①
$3x>4x+2$ から　$-x>2$
よって　$x<-2$ …… ②
①と②の共通範囲はないから，この連立不等式の **解はない**。

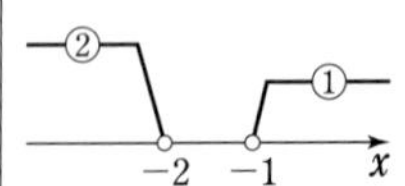

(3) $2(x-3)+5<5x-6$ から　$-3x<-5$
よって　$x>\dfrac{5}{3}$ …… ①
$5x-6\leqq\dfrac{3x+4}{3}$ から　$15x-18\leqq3x+4$

⇦(3)は連立不等式
$\begin{cases}2(x-3)+5<5x-6\\5x-6\leqq\dfrac{3x+4}{3}\end{cases}$
と同じ。

よって　$12x \leqq 22$　ゆえに　$x \leqq \frac{11}{6}$　…… ②

①と②の共通範囲を求めて　$\boldsymbol{\frac{5}{3} < x \leqq \frac{11}{6}}$

PR ③31　a を定数とする。次の不等式を解け。
(1) $ax-1>0$　(2) $x-2>2a-ax$

(1) $ax-1>0$ から　$ax>1$

[1] $\boldsymbol{a>0}$ **のとき**　$\boldsymbol{x>\frac{1}{a}}$

[2] $\boldsymbol{a=0}$ **のとき**　不等式 $0 \cdot x>1$ には **解はない。**

[3] $\boldsymbol{a<0}$ **のとき**　$\boldsymbol{x<\frac{1}{a}}$

⇐$a=0$ の場合があるので，すぐに両辺を a で割ってはいけない。
$a>0$，$a=0$，$a<0$ で場合に分ける。

(2)　$x-2>2a-ax$
移項すると　$x+ax>2a+2$
よって　$(a+1)x>2(a+1)$
[1] $a+1>0$ すなわち $a>-1$ のとき
両辺を正の数 $a+1$ で割って　$x>2$
[2] $a+1=0$ すなわち $a=-1$ のとき
不等式 $0 \cdot x>2 \cdot 0$ には解はない。
[3] $a+1<0$ すなわち $a<-1$ のとき
両辺を負の数 $a+1$ で割って　$x<2$

⇐$a+1$ は正の数なので，不等号の向きはそのまま。

⇐$a+1$ は負の数なので，不等号の向きは逆になる。

[1]～[3] から
$\boldsymbol{a>-1}$ **のとき**　$\boldsymbol{x>2}$
$\boldsymbol{a=-1}$ **のとき　解はない**
$\boldsymbol{a<-1}$ **のとき**　$\boldsymbol{x<2}$

PR ③32　(1) 兄弟が合わせて 52 本の鉛筆を持っている。いま，兄が弟に自分が持っている鉛筆のちょうど $\frac{1}{3}$ をあげてもまだ兄の方が多く，更に 3 本あげると弟の方が多くなる。兄が初めに持っていた鉛筆の本数を求めよ。
(2) A地点から 5 km 離れたB地点まで行くのに，初めは毎時 5 km の速さで歩き，途中から毎時 10 km の速さで走ることにする。B地点に着くまでの所要時間を 42 分以下にしたいとき，毎時 10 km の速さで走る距離を何 km 以上にすればよいか。

HINT　(2) **時間 $=\frac{距離}{速さ}$**　また，速さは毎時 (1時間単位) で与えられているから，単位をそろえる。
例えば　42 分 $=\frac{42}{60}$ 時間

(1) 初めに兄が x 本，弟が $(52-x)$ 本の鉛筆を持っていたとする。兄の鉛筆の $\frac{1}{3}$ を弟にあげても兄の方が多いから

$$x-\frac{1}{3}x>(52-x)+\frac{1}{3}x$$

⇐左辺が兄，右辺が弟の鉛筆の本数。

整理して　$\frac{4}{3}x>52$　よって　$x>\frac{3}{4} \cdot 52=39$　…… ①

更に，兄が弟に 3 本あげると弟の方が多くなるから

$$x-\frac{1}{3}x-3<(52-x)+\frac{1}{3}x+3$$

整理して　$\frac{4}{3}x<58$　　よって　$x<\frac{3}{4}\cdot 58=43.5$　…… ②

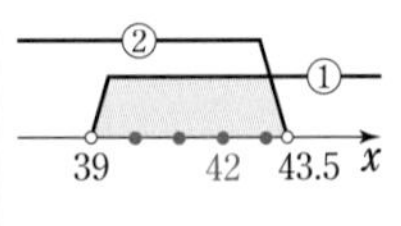

①と②の共通範囲を求めて　　$39<x<43.5$

x は 3 で割り切れる整数であるから　　$x=42$

したがって，兄が初めに持っていた鉛筆は　**42 本**

⇦解の吟味。最初に兄が，ちょうど $\frac{1}{3}$ を弟にあげることから。

(2) 毎時 10 km の速さで走る距離を x km とすると，毎時 5 km の速さで歩く距離は $(5-x)$ km である。

また，毎時 10 km の速さで走る時間は　$\frac{x}{10}$ 時間

毎時 5 km の速さで歩く時間は　$\frac{5-x}{5}$ 時間

⇦時間＝$\frac{距離}{速さ}$

問題の条件を不等式で表すと　$\frac{x}{10}+\frac{5-x}{5}\leqq\frac{42}{60}$

⇦$\frac{42}{60}=\frac{7}{10}$ 単位を時間で表す。

両辺に 10 を掛けて　　$x+2(5-x)\leqq 7$

よって　　$-x\leqq -3$　すなわち　$x\geqq 3$

⇦不等号の向きが変わる。

したがって，毎時 10 km の速さで走る距離を **3 km 以上** にすればよい。

PR ③33

(1) 不等式 $x+\frac{1}{6}>\frac{5}{3}x-\frac{9}{2}$ を満たす正の奇数 x をすべて求めよ。

(2) 不等式 $5(x-a)\leqq -2(x-3)$ を満たす最大の整数が 2 であるとき，定数 a の値の範囲を求めよ。

(1) $x+\frac{1}{6}>\frac{5}{3}x-\frac{9}{2}$ から　　$6x+1>10x-27$

⇦両辺に 6 を掛けて分母を払う。

整理して　　$-4x>-28$

よって　　$x<7$

これを満たす正の奇数 x は　**1，3，5**

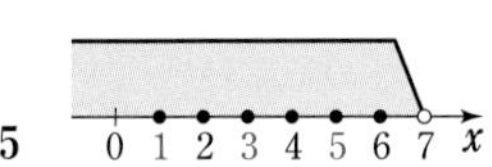

⇦7 は含まれない。

(2) $5(x-a)\leqq -2(x-3)$ から　　$x\leqq\frac{5a+6}{7}$　…… ①

⇦展開して整理。

① を満たす最大の整数が 2 となるのは

$$2\leqq\frac{5a+6}{7}<3$$

のときである。

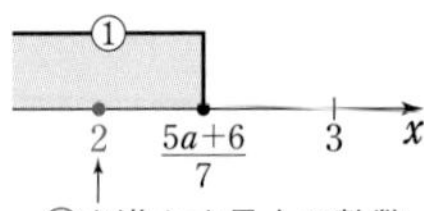

ゆえに　　$14\leqq 5a+6<21$

よって　　$\boldsymbol{\frac{8}{5}\leqq a<3}$

⇦$2<\frac{5a+6}{7}<3$ とか $2\leqq\frac{5a+6}{7}\leqq 3$ などとしないように等号の有無に注意する。

PR ②34

次の方程式・不等式を解け。

(1) $|2x-3|=5$　　(2) $|x-3|>2$　　(3) $3|1-x|\leqq 2$

(1) $|2x-3|=5$ から　　$2x-3=\pm 5$

⇦$|X|=5$ ならば $X=\pm 5$

すなわち　$2x=3+5$　または　$2x=3-5$

よって　　$\boldsymbol{x=4,\ -1}$

(2) $|x-3|>2$ から　$x-3<-2,\ 2<x-3$

よって　$\boldsymbol{x<1,\ 5<x}$

⇦$|X|>2$ ならば $X<-2,\ 2<X$

(3) $3|1-x|\leqq 2$ から　$|1-x|\leqq\dfrac{2}{3}$

よって　$-\dfrac{2}{3}\leqq 1-x\leqq\dfrac{2}{3}$

⇦$|X|\leqq\dfrac{2}{3}$ ならば $-\dfrac{2}{3}\leqq X\leqq\dfrac{2}{3}$

各辺から1を引いて　$-\dfrac{5}{3}\leqq -x\leqq -\dfrac{1}{3}$

各辺に -1 を掛けて　$\dfrac{5}{3}\geqq x\geqq\dfrac{1}{3}$　すなわち　$\boldsymbol{\dfrac{1}{3}\leqq x\leqq\dfrac{5}{3}}$

PR ③35 次の方程式を解け。
(1) $|x-3|=2x$　　(2) $|x|+2|x-1|=x+3$

(1) [1] $x-3\geqq 0$ すなわち $x\geqq 3$ のとき　$x-3=2x$　⇦$|x-3|=x-3$

これを解いて　$x=-3$　これは $x\geqq 3$ を満たさない。　⇦場合分けの条件を確認。

[2] $x-3<0$ すなわち $x<3$ のとき　$-(x-3)=2x$　⇦$|x-3|=-(x-3)$

これを解いて　$x=1$　これは $x<3$ を満たす。　⇦場合分けの条件を確認。

よって，方程式の解は　$\boldsymbol{x=1}$

(2) [1] $x\geqq 1$ のとき　$x+2(x-1)=x+3$　⇦$x>0,\ x-1\geqq 0$

これを解いて　$x=\dfrac{5}{2}$　これは $x\geqq 1$ を満たす。　⇦場合分けの条件を確認。

[2] $0\leqq x<1$ のとき　$x-2(x-1)=x+3$　⇦$x\geqq 0,\ x-1<0$

これを解いて　$x=-\dfrac{1}{2}$　これは $0\leqq x<1$ を満たさない。　⇦場合分けの条件を確認。

[3] $x<0$ のとき　$-x-2(x-1)=x+3$　⇦$x<0,\ x-1<0$

これを解いて　$x=-\dfrac{1}{4}$　これは $x<0$ を満たす。　⇦場合分けの条件を確認。

よって，方程式の解は　$\boldsymbol{x=-\dfrac{1}{4},\ \dfrac{5}{2}}$

PR ③36 次の不等式を解け。　〔(1) 千葉工大〕
(1) $|3x-4|<2x$　　(2) $3|x+1|\geqq x+5$　　(3) $3|x-3|+|x|<7$

(1) [1] $3x-4\geqq 0$ すなわち $x\geqq\dfrac{4}{3}$ のとき　$3x-4<2x$

これを解いて　$x<4$

これと $x\geqq\dfrac{4}{3}$ の共通範囲は　$\dfrac{4}{3}\leqq x<4$　…… ①

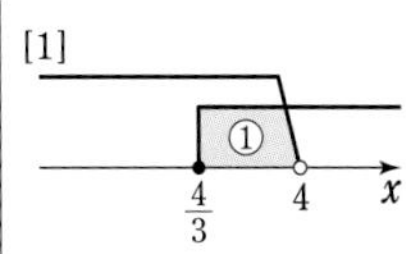

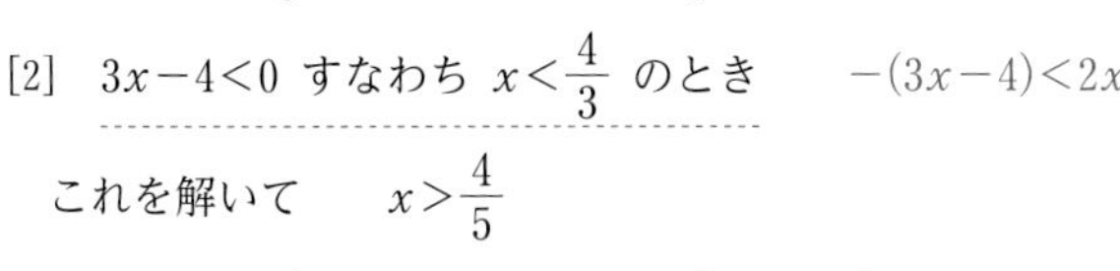

[2] $3x-4<0$ すなわち $x<\dfrac{4}{3}$ のとき　$-(3x-4)<2x$

これを解いて　$x>\dfrac{4}{5}$

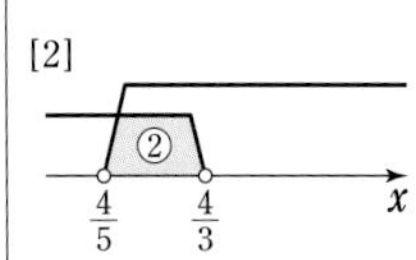

これと $x<\dfrac{4}{3}$ の共通範囲は　$\dfrac{4}{5}<x<\dfrac{4}{3}$　…… ②

不等式の解は①と②を合わせた範囲であるから

$$\boldsymbol{\frac{4}{5}<x<4}$$

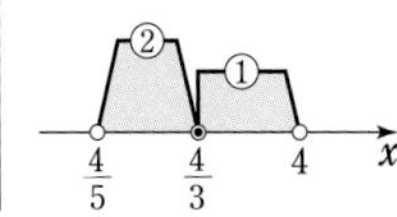

(2) [1] $x+1 \geqq 0$ すなわち $x \geqq -1$ のとき $3(x+1) \geqq x+5$

よって $2x \geqq 2$

これを解いて $x \geqq 1$

これと $x \geqq -1$ の共通範囲は $x \geqq 1$ …… ①

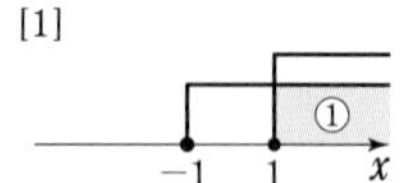

[2] $x+1<0$ すなわち $x<-1$ のとき $-3(x+1) \geqq x+5$

よって $-4x \geqq 8$

これを解いて $x \leqq -2$

これと $x<-1$ の共通範囲は $x \leqq -2$ …… ②

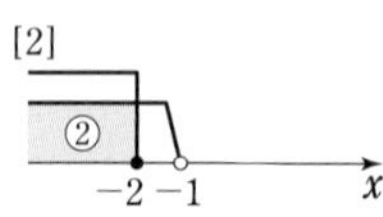

不等式の解は①と②を合わせた範囲であるから

$x \leqq -2,\ 1 \leqq x$

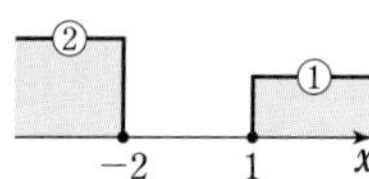

(3) [1] $x<0$ のとき $-3(x-3)-x<7$

よって $-4x<-2$

これを解いて $x>\frac{1}{2}$

これと $x<0$ の共通範囲はない。

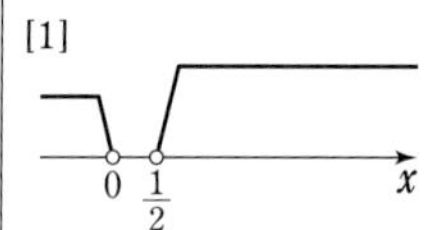

[2] $0 \leqq x<3$ のとき $-3(x-3)+x<7$

よって $-2x<-2$

これを解いて $x>1$

これと $0 \leqq x<3$ の共通範囲は $1<x<3$ …… ①

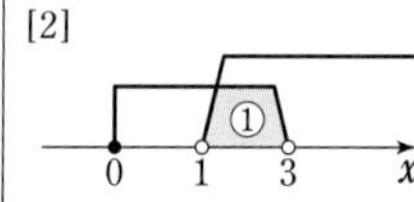

[3] $3 \leqq x$ のとき $3(x-3)+x<7$

よって $4x<16$

これを解いて $x<4$

これと $3 \leqq x$ の共通範囲は $3 \leqq x<4$ …… ②

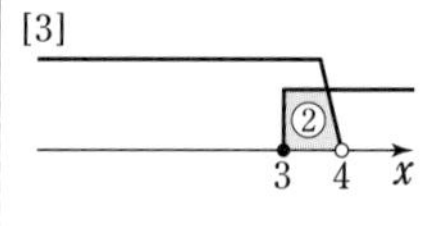

不等式の解は ① と ② を合わせた範囲であるから

$1<x<4$

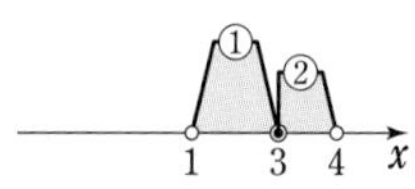

EX ②1

(1) $2x^2-3x+1$ との和が x^2+2x になる式を求めよ。
(2) $5x^2-2xy+y^2$ から引くと $8x^2-5xy+5y^2$ になる式を求めよ。

(1) 求める式を P とすると

$$P+(2x^2-3x+1)=x^2+2x$$

よって $P=(x^2+2x)-(2x^2-3x+1)$
$=x^2+2x-2x^2+3x-1$
$=\boldsymbol{-x^2+5x-1}$

⇦$-(\ \ )$ は符号変え

(2) 求める式を P とすると

$$(5x^2-2xy+y^2)-P=8x^2-5xy+5y^2$$

よって $P=(5x^2-2xy+y^2)-(8x^2-5xy+5y^2)$
$=5x^2-2xy+y^2-8x^2+5xy-5y^2$
$=\boldsymbol{-3x^2+3xy-4y^2}$

⇦$-(\ \ )$ は符号変え

EX ②2

次の(1)は計算をせよ。(2)～(6)は式を展開せよ。
(1) $2a^2b\times(-3ab)^2\times(-a^2b^2)^3$　(2) $(x^3+x-3)(x^2-2x+2)$
(3) $(6x-7y)(3x+2y)$　(4) $(3-2a)(4a^2+6a+9)$
(5) $(2a+c-b)(2a+b-c)$　(6) $(x^2-3x+6)(2x^2-6x-5)$

HINT (3), (4) 展開の公式を利用。
(5), (6) おき換えを利用。

(1) $2a^2b\times(-3ab)^2\times(-a^2b^2)^3=2a^2b\cdot 9a^2b^2(-a^6b^6)$
$=\{2\cdot 9\cdot(-1)\}a^{2+2+6}\cdot b^{1+2+6}$
$=\boldsymbol{-18a^{10}b^9}$

⇦$-a^2b^2=(-1)a^2b^2$
⇦指数法則

(2) $(x^3+x-3)(x^2-2x+2)$
$=x^3(x^2-2x+2)+x(x^2-2x+2)-3(x^2-2x+2)$
$=x^5-2x^4+2x^3+x^3-2x^2+2x-3x^2+6x-6$
$=\boldsymbol{x^5-2x^4+3x^3-5x^2+8x-6}$

⇦分配法則

別解
$$\begin{array}{rrrrrr} & x^3 & & +x & -3 & \\ \times) & x^2 & -2x & +2 & & \\ \hline x^5 & & +x^3 & -3x^2 & & \\ & -2x^4 & & -2x^2 & +6x & \\ & & 2x^3 & & +2x & -6 \\ \hline x^5 & -2x^4 & +3x^3 & -5x^2 & +8x & -6 \end{array}$$

⇦縦書きの計算。
欠けている次数の項の場所をあけておく。

(3) $(6x-7y)(3x+2y)=6\cdot 3x^2+(6\cdot 2y-7y\cdot 3)x+(-7y)\cdot(2y)$
$=\boldsymbol{18x^2-9xy-14y^2}$

⇦$(ax+b)(cx+d)$
$=acx^2+(ad+bc)x$
$+bd$

(4) $(3-2a)(4a^2+6a+9)=-(2a-3)\{(2a)^2+2a\cdot 3+3^2\}$
$=-\{(2a)^3-3^3\}$
$=-(8a^3-27)=\boldsymbol{-8a^3+27}$

⇦$(a-b)(a^2+ab+b^2)$
$=a^3-b^3$

別解 $(3-2a)(4a^2+6a+9)=(3-2a)(9+6a+4a^2)$
$=(3-2a)\{3^2+3\cdot 2a+(2a)^2\}$
$=3^3-(2a)^3$
$=\boldsymbol{27-8a^3}$

(5) $(2a+c-b)(2a+b-c)=\{2a-(b-c)\}\{2a+(b-c)\}$
$=(2a)^2-(b-c)^2$
$=4a^2-(b^2-2bc+c^2)$
$\boldsymbol{=4a^2-b^2-c^2+2bc}$

⇦$b-c=A$ とおくと
$(2a-A)(2a+A)$
$=4a^2-A^2$

(6) $(x^2-3x+6)(2x^2-6x-5)$
$=\{(x^2-3x)+6\}\{2(x^2-3x)-5\}$
$=2(x^2-3x)^2+(-5+12)(x^2-3x)-30$
$=2(x^4-6x^3+9x^2)+7(x^2-3x)-30$
$=2x^4-12x^3+18x^2+7x^2-21x-30$
$\boldsymbol{=2x^4-12x^3+25x^2-21x-30}$

⇦$x^2-3x=A$ とおくと
$(A+6)(2A-5)$
$=2A^2+(-5+12)A-30$
$=2A^2+7A-30$

EX ②3

$(x^3-4x^2+3x-1)(x^2-5x+2)$ を展開したときの x^4 および x^3 の係数を求めよ。

展開して x^4 になる項は，x^3 と $-5x$，$-4x^2$ と x^2 の組み合わせである。
よって，**x^4 の係数は**
$1\cdot(-5)+(-4)\cdot1=-5-4=\boldsymbol{-9}$
展開して x^3 になる項は，x^3 と 2，$-4x^2$ と $-5x$，$3x$ と x^2 の組み合わせである。
よって，**x^3 の係数は**
$1\cdot2+(-4)\cdot(-5)+3\cdot1=2+20+3=\boldsymbol{25}$

inf.
$(x^3-4x^2+3x-1)(x^2-5x+2)$
… x^4 となる組み合わせ
… x^3 となる組み合わせ

⇦すべてを展開するのではなく，展開すると x^4 および x^3 の項になる組み合わせを考える。

EX ②4

次の式を簡単にせよ。
(1) $(2x+y)^2+(2x-y)^2$　(2) $(2x+y)^2-(2x-y)^2$
(3) $(a-b)^2+(b-c)^2+(c-a)^2$　(4) $(a+b)^3-(a-b)^3$

(1) $(2x+y)^2+(2x-y)^2=(4x^2+4xy+y^2)+(4x^2-4xy+y^2)$
$\boldsymbol{=8x^2+2y^2}$

(2) $(2x+y)^2-(2x-y)^2=(4x^2+4xy+y^2)-(4x^2-4xy+y^2)$
$=4x^2+4xy+y^2-4x^2+4xy-y^2$
$\boldsymbol{=8xy}$

(3) $(a-b)^2+(b-c)^2+(c-a)^2$
$=(a^2-2ab+b^2)+(b^2-2bc+c^2)+(c^2-2ca+a^2)$
$\boldsymbol{=2a^2+2b^2+2c^2-2ab-2bc-2ca}$

(4) $(a+b)^3-(a-b)^3$
$=(a^3+3a^2b+3ab^2+b^3)-(a^3-3a^2b+3ab^2-b^3)$
$=a^3+3a^2b+3ab^2+b^3-a^3+3a^2b-3ab^2+b^3$
$\boldsymbol{=6a^2b+2b^3}$

HINT　展開の公式を利用。

別解　本冊 $p.24$ ～の因数分解を利用してもよい。
(2) (与式)
$=\{(2x+y)+(2x-y)\}$
$\times\{(2x+y)-(2x-y)\}$
$=4x\cdot2y=\boldsymbol{8xy}$
(4) (与式)
$=\{(a+b)-(a-b)\}$
$\times\{(a+b)^2+(a+b)$
$\times(a-b)+(a-b)^2\}$
$=2b(3a^2+b^2)$
$\boldsymbol{=6a^2b+2b^3}$

EX ③5

ある多項式から $-2x^2+5x-3$ を引くところを，誤ってこの式を加えたので，答えが $-4x^2+13x-6$ になった。正しい答えを求めよ。

ある多項式を A とすると

$$A+(-2x^2+5x-3)=-4x^2+13x-6$$

ゆえに　$A=(-4x^2+13x-6)-(-2x^2+5x-3)$

$$=-4x^2+13x-6+2x^2-5x+3$$

$$=-2x^2+8x-3$$

⇦$-(\ \ )$ は符号変え

よって，正しい答えは

$$A-(-2x^2+5x-3)$$

$$=(-2x^2+8x-3)-(-2x^2+5x-3)$$

$$=-2x^2+8x-3+2x^2-5x+3=\boldsymbol{3x}$$

⇦$-(\ \ )$ は符号変え

別解　ある多項式を A とし，$-2x^2+5x-3=P$，$-4x^2+13x-6=Q$ とおくと

$A+P=Q$　　よって　　$A=Q-P$

正しい答えは $A-P$ であるから

$$A-P=(Q-P)-P=Q-2P$$

$$=(-4x^2+13x-6)-2(-2x^2+5x-3)$$

$$=\boldsymbol{3x}$$

⇦ある多項式 A を求める問題ではないので，左のように，与えられた多項式だけから正しい答えが求められる。

⇦$-4x^2+13x-6$
$+4x^2-10x+6$

EX ③6　$(2x+3y+z)(x+2y+3z)(3x+y+2z)$ を展開したときの xyz の係数を求めよ。　〔立教大〕

$(2x+3y+z)(x+2y+3z)(3x+y+2z)$ の展開式で xyz の項は，x，y，z を含む項をそれぞれ1つずつ掛けたときに現れる。
これらの項は

$2x\cdot2y\cdot2z$，$2x\cdot3z\cdot y$，$3y\cdot x\cdot2z$，$3y\cdot3z\cdot3x$，
$z\cdot x\cdot y$，$z\cdot2y\cdot3x$

の6つであるから，xyz の係数は

$$8+6+6+27+1+6=\boldsymbol{54}$$

⇦例えば，
$2x+3y+z$ の「$2x$」，
$x+2y+3z$ の「$2y$」，
$3x+y+2z$ の「$2z$」
を掛けたときに現れる項は　$2x\cdot2y\cdot2z$

EX ③7　次の式を簡単にせよ。ただし，n は自然数とする。
(1)　$2(-ab)^n+3(-1)^{n+1}a^nb^n+a^n(-b)^n$
(2)　$(a+b+c)^2-(a-b+c)^2+(a+b-c)^2-(a-b-c)^2$

HINT　(2)　おき換えを利用して，スムーズに計算。

(1)　$2(-ab)^n+3(-1)^{n+1}a^nb^n+a^n(-b)^n$

$$=2(-1)^na^nb^n+3(-1)(-1)^na^nb^n+a^n(-1)^nb^n$$

$$=2(-1)^na^nb^n-3(-1)^na^nb^n+(-1)^na^nb^n$$

$$=(-1)^na^nb^n(2-3+1)=\boldsymbol{0}$$

⇦各項に共通な項を指数法則を利用して作る。

(2)　$a+b=A$，$a-b=B$ とおくと

$$(a+b+c)^2-(a-b+c)^2+(a+b-c)^2-(a-b-c)^2$$

$$=(A+c)^2-(B+c)^2+(A-c)^2-(B-c)^2$$

$$=(A^2+2Ac+c^2)-(B^2+2Bc+c^2)$$

$$+(A^2-2Ac+c^2)-(B^2-2Bc+c^2)$$

$$=2A^2-2B^2=2(a+b)^2-2(a-b)^2$$

$$=2(a^2+2ab+b^2)-2(a^2-2ab+b^2)$$

⇦A を $a+b$，B を $a-b$ に戻す。

$=2a^2+4ab+2b^2-2a^2+4ab-2b^2$
$=\boldsymbol{8ab}$

別解 $(a+b+c)^2-(a-b+c)^2+(a+b-c)^2-(a-b-c)^2$
$=(a^2+b^2+c^2+2ab+2bc+2ca)$
$-(a^2+b^2+c^2-2ab-2bc+2ca)$
$+(a^2+b^2+c^2+2ab-2bc-2ca)$
$-(a^2+b^2+c^2-2ab+2bc-2ca)$
$=\boldsymbol{8ab}$

⇐$(a+b+c)^2$ の展開公式を用いる。

別解 $(a+b+c)^2-(a-b+c)^2+(a+b-c)^2-(a-b-c)^2$
$=\{(a+b+c)+(a-b+c)\}\{(a+b+c)-(a-b+c)\}$
$+\{(a+b-c)+(a-b-c)\}\{(a+b-c)-(a-b-c)\}$
$=(2a+2c)\cdot 2b+(2a-2c)\cdot 2b$
$=4ab+4bc+4ab-4bc=\boldsymbol{8ab}$

⇐因数分解 $A^2-B^2=(A+B)(A-B)$ の利用。

EX ③8 次の式を展開せよ。
(1) $(a-b+c-d)(a+b-c-d)$
(2) $(x^2+xy+y^2)(x^2-xy+y^2)(x^4-x^2y^2+y^4)$ 〔沖縄国際大〕
(3) $(x-1)(x^4+1)(x^3+x^2+x+1)$
(4) $(a+b+c)(a^2+b^2+c^2-ab-bc-ca)$
(5) $(a+b+c)(a+b-c)(a-b+c)(-a+b+c)$

(1) $(a-b+c-d)(a+b-c-d)$
$=\{(a-d)-(b-c)\}\{(a-d)+(b-c)\}$
$=(a-d)^2-(b-c)^2$
$=(a^2-2ad+d^2)-(b^2-2bc+c^2)$
$=\boldsymbol{a^2-b^2-c^2+d^2-2ad+2bc}$

⇐2つの括弧内で符号が同じものと，異なるものにグループ分けしてみる。

(2) $(x^2+xy+y^2)(x^2-xy+y^2)(x^4-x^2y^2+y^4)$
$=\{(x^2+y^2)+xy\}\{(x^2+y^2)-xy\}(x^4-x^2y^2+y^4)$
$=\{(x^2+y^2)^2-(xy)^2\}(x^4-x^2y^2+y^4)$
$=(x^4+2x^2y^2+y^4-x^2y^2)(x^4-x^2y^2+y^4)$
$=\{(x^4+y^4)+x^2y^2\}\{(x^4+y^4)-x^2y^2\}$
$=(x^4+y^4)^2-(x^2y^2)^2$
$=x^8+2x^4y^4+y^8-x^4y^4$
$=\boldsymbol{x^8+x^4y^4+y^8}$

⇐前から順に計算。
⇐$x^2+y^2=A$ とおくと $(A+xy)(A-xy)=A^2-x^2y^2$
⇐$x^4+y^4=A$ とおくと $(A+x^2y^2)(A-x^2y^2)=A^2-x^4y^4$

(3) $(x-1)(x^4+1)(x^3+x^2+x+1)$
$=\{(x-1)(x^3+x^2+x+1)\}(x^4+1)$
$=\{(x^4+x^3+x^2+x)-(x^3+x^2+x+1)\}(x^4+1)$
$=(x^4-1)(x^4+1)$
$=\boldsymbol{x^8-1}$

⇐$x-1$ と x^3+x^2+x+1 を組み合わせる。

別解 $(x-1)(x^4+1)(x^3+x^2+x+1)$
$=(x-1)(x^4+1)\{(x+1)(x^2+1)\}$
$=(x-1)(x+1)(x^2+1)(x^4+1)$
$=(x^2-1)(x^2+1)(x^4+1)$
$=(x^4-1)(x^4+1)=\boldsymbol{x^8-1}$

⇐$x^3+x^2+x+1=(x+1)(x^2+1)$ を利用。

(4) $(a+b+c)(a^2+b^2+c^2-ab-bc-ca)$

$=\{a+(b+c)\}\{a^2-(b+c)a+(b^2-bc+c^2)\}$

$=a\{a^2-(b+c)a+(b^2-bc+c^2)\}$

$\quad+(b+c)\{a^2-(b+c)a+(b^2-bc+c^2)\}$

$=a^3-(b+c)a^2+(b^2-bc+c^2)a$

$\quad+(b+c)a^2-(b+c)^2a+(b+c)(b^2-bc+c^2)$

$=a^3+(b^2-bc+c^2)a-(b^2+2bc+c^2)a+(b^3+c^3)$

$=\boldsymbol{a^3+b^3+c^3-3abc}$

⇦aについて整理。

⇦分配法則

inf. (4)の展開式は公式として利用してもよい。

(5) $(a+b+c)(a+b-c)(a-b+c)(-a+b+c)$

$=\{(a+b)+c\}\{(a+b)-c\}\times\{c+(a-b)\}\{c-(a-b)\}$

$=\{(a+b)^2-c^2\}\{c^2-(a-b)^2\}$

$=-(a+b)^2(a-b)^2+\{(a+b)^2+(a-b)^2\}c^2-c^4$

$=-\{(a+b)(a-b)\}^2+(a^2+2ab+b^2+a^2-2ab+b^2)c^2-c^4$

$=-(a^2-b^2)^2+(2a^2+2b^2)c^2-c^4$

$=-(a^4-2a^2b^2+b^4)+2a^2c^2+2b^2c^2-c^4$

$=\boldsymbol{-a^4-b^4-c^4+2a^2b^2+2b^2c^2+2c^2a^2}$

⇦おき換えと組み合わせを工夫する。

⇦$A^2B^2=(AB)^2$

⇦輪環の順に整理。

EX ②9

次の式を因数分解せよ。

(1) $(a^2-b^2)x^2+b^2-a^2$　(2) $x^2-40x-84$　(3) $8x^2-14x+3$

(4) $18a^2b^2-39ab-7$　(5) $abx^2-(a^2+b^2)x+ab$

(1) $(a^2-b^2)x^2+b^2-a^2=(a^2-b^2)x^2-(a^2-b^2)$

$=(a^2-b^2)(x^2-1)$

$=\boldsymbol{(a+b)(a-b)(x+1)(x-1)}$

⇦共通因数は a^2-b^2

⇦$\boldsymbol{a^2-b^2}$
$=\boldsymbol{(a+b)(a-b)}$

(2) $x^2-40x-84=x^2+\{2+(-42)\}x+2\cdot(-42)$

$=\boldsymbol{(x+2)(x-42)}$

⇦足して -40，掛けて -84 になる2数は
$2,\ -42$

(3) $8x^2-14x+3=\boldsymbol{(2x-3)(4x-1)}$

2	-3 →	-12
4	-1 →	-2
8	3	-14

⇦**たすき掛け**

(4) $18a^2b^2-39ab-7=\boldsymbol{(3ab-7)(6ab+1)}$

3	-7 →	-42
6	1 →	3
18	-7	-39

⇦$18(ab)^2-39ab-7$ と考えて **たすき掛け**。

(5) $abx^2-(a^2+b^2)x+ab$

$=\boldsymbol{(ax-b)(bx-a)}$

a	$-b$ →	$-b^2$
b	$-a$ →	$-a^2$
ab	ab	$-(a^2+b^2)$

⇦**たすき掛け**

EX ②10

$x=199,\ y=-98,\ z=102$ のとき，$x^2+4xy+3y^2+z^2$ の値を求めよ。　〔京都産大〕

$x^2+4xy+3y^2+z^2=(x^2+4xy+4y^2)-y^2+z^2$

$=(x+2y)^2+z^2-y^2$

$=(x+2y)^2+(z+y)(z-y)$

$=(199-196)^2+4\cdot200$

$=9+800=\boldsymbol{809}$

HINT $x^2+4xy+4y^2$ ならば $=(x+2y)^2$ と変形できることに注目し，与式に y^2 を加えて引く。

EX ②11 次の式を因数分解せよ。

(1) $2x^3+16y^3$ (2) $(x+1)^3-27$

(1) $2x^3+16y^3=2(x^3+8y^3)$
$=2\{x^3+(2y)^3\}$
$=\mathbf{2(x+2y)(x^2-2xy+4y^2)}$

⇦a^3+b^3
$=(a+b)(a^2-ab+b^2)$

(2) $(x+1)^3-27=(x+1)^3-3^3$
$=\{(x+1)-3\}\{(x+1)^2+3(x+1)+3^2\}$
$=(x-2)\{(x^2+2x+1)+3x+3+9\}$
$=\mathbf{(x-2)(x^2+5x+13)}$

⇦a^3-b^3
$=(a-b)(a^2+ab+b^2)$

EX ②12 次の式を因数分解せよ。

(1) $2x^2-xy-y^2-x+y$ 〔常葉学園大〕 (2) $3x^2+y^2+4xy-7x-y-6$ 〔北海道薬大〕
(3) $3x^2+5xy-2y^2-x+5y-2$ 〔京都産大〕 (4) $x^2-2y^2-z^2+3yz-xy$ 〔広島女学院大〕

(1) $2x^2-xy-y^2-x+y$
$=2x^2+(-y-1)x-y(y-1)$
$=\mathbf{(x-y)(2x+y-1)}$

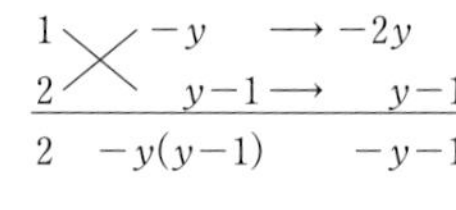

⇦x について整理。

別解 $2x^2-xy-y^2-x+y$
$=(x-y)(2x+y)-(x-y)$
$=\mathbf{(x-y)(2x+y-1)}$

⇦$x-y$ が共通因数。

(2) $3x^2+y^2+4xy-7x-y-6$
$=3x^2+(4y-7)x+y^2-y-6$
$=3x^2+(4y-7)x+(y+2)(y-3)$Ⓐ
$=\{x+(y-3)\}\{3x+(y+2)\}$
$=\mathbf{(x+y-3)(3x+y+2)}$

Ⓐ 1 ╳ $y-3 \longrightarrow 3y-9$
3 ╳ $y+2 \longrightarrow y+2$
$4y-7$

⇦x について整理。

⇦(2)～(4)：たすき掛けの ac，bd は省略した。

別解 $3x^2+y^2+4xy-7x-y-6$
$=y^2+(4x-1)y+3x^2-7x-6$
$=y^2+(4x-1)y+(x-3)(3x+2)$Ⓐ
$=\{y+(x-3)\}\{y+(3x+2)\}$Ⓑ
$=\mathbf{(x+y-3)(3x+y+2)}$

Ⓐ 1 ╳ $-3 \longrightarrow -9$
3 ╳ $2 \longrightarrow 2$
-7

Ⓑ 1 ╳ $x-3 \longrightarrow x-3$
1 ╳ $3x+2 \longrightarrow 3x+2$
$4x-1$

⇦y^2 の係数が 1 であるから，y について整理すると早い。

⇦定数項（x の 2 次式）を因数分解。

(3) $3x^2+5xy-2y^2-x+5y-2$
$=3x^2+(5y-1)x-(2y^2-5y+2)$
$=3x^2+(5y-1)x-(y-2)(2y-1)$Ⓐ
$=\mathbf{(x+2y-1)(3x-y+2)}$Ⓑ

Ⓐ 1 ╳ $-2 \longrightarrow -4$
2 ╳ $-1 \longrightarrow -1$
-5

Ⓑ 1 ╳ $2y-1 \longrightarrow 6y-3$
3 ╳ $-(y-2) \longrightarrow -y+2$
$5y-1$

⇦x について整理。

⇦定数項（y の 2 次式）を因数分解。

(4) $x^2-2y^2-z^2+3yz-xy$
$=x^2-yx-(2y^2-3yz+z^2)$
$=x^2-yx-(y-z)(2y-z)$Ⓐ
$=\mathbf{(x+y-z)(x-2y+z)}$Ⓑ

Ⓐ 1 ╳ $-z \longrightarrow -2z$
2 ╳ $-z \longrightarrow -z$
$-3z$

Ⓑ 1 ╳ $y-z \longrightarrow y-z$
1 ╳ $-(2y-z) \longrightarrow -2y+z$
$-y$

⇦x について整理。

⇦定数項（y の 2 次式）を因数分解。

EX ③13

次の式を因数分解せよ。

(1) $(a+b+c)^3-a^3-b^3-c^3$ 〔愛知学泉大〕

(2) $(a^2-1)(b^2-1)-4ab$ 〔岐阜女子大〕

(1) $(a+b+c)^3-a^3-b^3-c^3$

$=\{(a+b+c)^3-a^3\}-(b^3+c^3)$

$=\{(a+b+c)-a\}\{(a+b+c)^2+(a+b+c)a+a^2\}$

$\quad-(b+c)(b^2-bc+c^2)$

$=(b+c)(3a^2+b^2+c^2+3ab+2bc+3ca)$

$\quad-(b+c)(b^2-bc+c^2)$

$=(b+c)\{(3a^2+b^2+c^2+3ab+2bc+3ca)-(b^2-bc+c^2)\}$

$=(b+c)(3a^2+3ab+3bc+3ca)$

$=3(b+c)\{a^2+(b+c)a+bc\}$

$=3(b+c)(a+b)(a+c)$

$=\boldsymbol{3(a+b)(b+c)(c+a)}$

⇦ $\boldsymbol{a^3-b^3=(a-b)(a^2+ab+b^2)}$
$\boldsymbol{a^3+b^3=(a+b)(a^2-ab+b^2)}$
$\boldsymbol{(a+b+c)^2=a^2+b^2+c^2+2ab+2bc+2ca}$

⇦ 3 が共通因数。

⇦これを答えとしても正解。

⇦輪環の順に整理。

別解　$(a+b+c)^3-a^3-b^3-c^3$

$=\{(a+b)+c\}^3-(a^3+b^3)-c^3$

$=(a+b)^3+3(a+b)^2c+3(a+b)c^2+c^3$

$\quad-\{(a+b)^3-3ab(a+b)\}-c^3$

$=3(a+b)c^2+3(a+b)^2c+3ab(a+b)$

$=3(a+b)\{c^2+(a+b)c+ab\}$

$=3(a+b)(c+a)(c+b)$

$=\boldsymbol{3(a+b)(b+c)(c+a)}$

⇦ $\boldsymbol{a^3+b^3=(a+b)^3-3ab(a+b)}$

⇦ $\boldsymbol{c}$ について整理。

⇦ $a+b$ が共通因数。

⇦これを答えとしても正解。

⇦輪環の順に整理。

(2) $(a^2-1)(b^2-1)-4ab$

$=a^2b^2-a^2-b^2+1-4ab$

$=(b^2-1)a^2-4ba-(b^2-1)$

$=(b+1)(b-1)a^2-4ba-(b+1)(b-1)$

$=\{(b+1)a+(b-1)\}\{(b-1)a-(b+1)\}$

$=\boldsymbol{(ab+a+b-1)(ab-a-b-1)}$

⇦ $\boldsymbol{a}$ について整理。

$$\begin{array}{lcl} b+1 & \diagdown\!\!\!\diagup & b-1 \longrightarrow \quad b^2-2b+1 \\ b-1 & & -(b+1) \longrightarrow \ -b^2-2b-1 \\ \hline (b+1)(b-1) & & -(b+1)(b-1) \qquad -4b \end{array}$$

別解　$(a^2-1)(b^2-1)-4ab$

$=a^2b^2-a^2-b^2+1-4ab$

$=(a^2b^2-2ab+1)-(a^2+2ab+b^2)$

$=(ab-1)^2-(a+b)^2$

$=\{(ab-1)+(a+b)\}\{(ab-1)-(a+b)\}$

$=(ab-1+a+b)(ab-1-a-b)$

$=\boldsymbol{(ab+a+b-1)(ab-a-b-1)}$

⇦$(\quad)^2-(\quad)^2$ の形を作る。

EX ③14

$a^3b-ab^3+b^3c-bc^3+c^3a-ca^3$ を因数分解せよ。 〔横浜市大〕

$a^3b-ab^3+b^3c-bc^3+c^3a-ca^3$

$=(b-c)a^3-(b^3-c^3)a+(b^3c-bc^3)$

$=(b-c)a^3-(b-c)(b^2+bc+c^2)a+bc(b+c)(b-c)$

⇦ $\boldsymbol{a}$ について整理。

⇦ $b-c$ が共通因数。

$=(b-c)\{a^3-(b^2+bc+c^2)a+bc(b+c)\}$
$=(b-c)\{(-a+c)b^2+(-ca+c^2)b+a^3-ac^2\}$
$=(b-c)\{(c-a)b^2+c(c-a)b-a(c+a)(c-a)\}$
$=(b-c)(c-a)\{b^2+cb-a(c+a)\}$
$=(b-c)(c-a)\{(b-a)c+b^2-a^2\}$
$=(b-c)(c-a)(b-a)(c+b+a)$
$=\boldsymbol{-(a-b)(b-c)(c-a)(a+b+c)}$

⇦{ }内は a について3次式なので，次数の低い b に着目，b について整理すると，$c-a$ が共通因数。
⇦{ }内を c について整理。
⇦輪環の順に整理。

EX ③15 $a^3+3a^2b+3ab^2+b^3+2ca^2+4abc+2cb^2+ac^2+bc^2$ を因数分解せよ。〔摂南大〕

$a^3+3a^2b+3ab^2+b^3+2ca^2+4abc+2cb^2+ac^2+bc^2$
$=(a+b)c^2+2(a^2+2ab+b^2)c+(a^3+3a^2b+3ab^2+b^3)$
$=(a+b)c^2+2(a+b)^2c+(a+b)^3$
$=(a+b)\{c^2+2(a+b)c+(a+b)^2\}$
$=(a+b)\{c+(a+b)\}^2=\boldsymbol{(a+b)(a+b+c)^2}$

⇦**c について整理。**
⇦展開公式 $\boldsymbol{(a+b)^3=a^3+3a^2b+3ab^2+b^3}$ を逆に利用する。
$a+b$ が共通因数。

inf. $a^3+3a^2b+3ab^2+b^3$ の因数分解は次のようにしてもよい。

$a^3+3a^2b+3ab^2+b^3=(a^3+b^3)+3ab(a+b)$
$=(a+b)(a^2-ab+b^2)+3ab(a+b)$
$=(a+b)\{(a^2-ab+b^2)+3ab\}$
$=(a+b)(a^2+2ab+b^2)$
$=(a+b)(a+b)^2=(a+b)^3$

⇦組み合わせを考える。
⇦$\boldsymbol{a^3+b^3=(a+b)(a^2-ab+b^2)}$

EX ④16 次の式を因数分解せよ。
(1) $4x^4-15x^2y^2-4y^4$ (2) $48x^4-243$ 〔武蔵大〕 (3) $8x^6+63x^3-8$
(4) x^4+4 (5) $x^4-7x^2y^2+y^4$

(1) $4x^4-15x^2y^2-4y^4=4(x^2)^2-15x^2y^2-4(y^2)^2$
$=(x^2-4y^2)(4x^2+y^2)$
$=\boldsymbol{(x+2y)(x-2y)(4x^2+y^2)}$

⇦ 1 ╳ $-4y^2$ ⟶ $-16y^2$
4 y^2 ⟶ y^2
4 $-4y^4$ $-15y^2$

(2) $48x^4-243=3(16x^4-81)$
$=3\{(4x^2)^2-9^2\}$
$=3(4x^2+9)(4x^2-9)$
$=\boldsymbol{3(4x^2+9)(2x+3)(2x-3)}$

⇦共通因数をくくり出す。
⇦$\boldsymbol{a^2-b^2=(a+b)(a-b)}$

(3) $8x^6+63x^3-8=8(x^3)^2+63x^3-8$
$=(x^3+8)(8x^3-1)$
$=(x^3+2^3)\{(2x)^3-1^3\}$
$=\boldsymbol{(x+2)(x^2-2x+4)(2x-1)(4x^2+2x+1)}$

1 ╳ 8 ⟶ 64
8 -1 ⟶ -1
8 -8 63

⇦$x^3=A$ とおくと
$8A^2+63A-8$
$=(A+8)(8A-1)$
⇦$\boldsymbol{a^3+b^3=(a+b)(a^2-ab+b^2)}$
$\boldsymbol{a^3-b^3=(a-b)(a^2+ab+b^2)}$

(4) $x^4+4=(x^2)^2+4x^2+4-4x^2$
$=(x^2+2)^2-(2x)^2$
$=\{(x^2+2)+2x\}\{(x^2+2)-2x\}$
$=\boldsymbol{(x^2+2x+2)(x^2-2x+2)}$

⇦**$(\ )^2-(\ )^2$ の形を作る。**

(5) $x^4-7x^2y^2+y^4=(x^2)^2+2x^2y^2+(y^2)^2-9x^2y^2$
$=(x^2+y^2)^2-(3xy)^2$
$=\{(x^2+y^2)+3xy\}\{(x^2+y^2)-3xy\}$
$=\boldsymbol{(x^2+3xy+y^2)(x^2-3xy+y^2)}$

⇦(　)^2−(　)^2 の形を作る。

EX ②17

x が次の値をとるとき，$|x+2|+|x-2|$ の値を求めよ。
(1) $x=3$　(2) $x=1$　(3) $x=-4$　(4) $x=\sqrt{2}$

(1) $|3+2|+|3-2|=|5|+|1|=5+1=\boldsymbol{6}$
(2) $|1+2|+|1-2|=|3|+|-1|=3+1=\boldsymbol{4}$
(3) $|-4+2|+|-4-2|=|-2|+|-6|=2+6=\boldsymbol{8}$
(4) $|\sqrt{2}+2|+|\sqrt{2}-2|=(\sqrt{2}+2)-(\sqrt{2}-2)=\boldsymbol{4}$

⇦ $|a|=\begin{cases} a & (a\geqq 0) \\ -a & (a<0)\end{cases}$

⇦$0<\sqrt{2}<2$

EX ③18

次の式を計算せよ。
(1) $(2+\sqrt{3}-\sqrt{7})^2$　(2) $(1+\sqrt{2}+\sqrt{3})(1-\sqrt{2}-\sqrt{3})$
(3) $(\sqrt{2}+1)^3+(\sqrt{2}-1)^3$　(4) $\dfrac{1}{2+\sqrt{5}}+\dfrac{1}{\sqrt{5}+\sqrt{6}}+\dfrac{1}{\sqrt{6}+\sqrt{7}}$

(1) $(2+\sqrt{3}-\sqrt{7})^2=\{(2+\sqrt{3})-\sqrt{7}\}^2$
$=(2+\sqrt{3})^2-2(2+\sqrt{3})\sqrt{7}+(\sqrt{7})^2$
$=4+4\sqrt{3}+3-4\sqrt{7}-2\sqrt{21}+7$
$=\boldsymbol{14+4\sqrt{3}-4\sqrt{7}-2\sqrt{21}}$

⇦$2+\sqrt{3}=A$ とおくと $(A-\sqrt{7})^2$ の計算。

別解　$(2+\sqrt{3}-\sqrt{7})^2$
$=2^2+(\sqrt{3})^2+(-\sqrt{7})^2$
$+2\cdot2\cdot\sqrt{3}+2\cdot\sqrt{3}\cdot(-\sqrt{7})+2\cdot(-\sqrt{7})\cdot2$
$=4+3+7+4\sqrt{3}-2\sqrt{21}-4\sqrt{7}$
$=\boldsymbol{14+4\sqrt{3}-4\sqrt{7}-2\sqrt{21}}$

⇦$(a+b+c)^2$ $=a^2+b^2+c^2+2ab$ $+2bc+2ca$ を利用。

(2) $(1+\sqrt{2}+\sqrt{3})(1-\sqrt{2}-\sqrt{3})$
$=\{1+(\sqrt{2}+\sqrt{3})\}\{1-(\sqrt{2}+\sqrt{3})\}$
$=1^2-(\sqrt{2}+\sqrt{3})^2=1-(2+2\sqrt{6}+3)$
$=\boldsymbol{-4-2\sqrt{6}}$

⇦$\sqrt{2}+\sqrt{3}=A$ とおくと $(1+A)(1-A)$ の計算。

(3) $(\sqrt{2}+1)^3+(\sqrt{2}-1)^3$
$=\{(\sqrt{2})^3+3(\sqrt{2})^2+3\sqrt{2}+1\}+\{(\sqrt{2})^3-3(\sqrt{2})^2+3\sqrt{2}-1\}$
$=2\{(\sqrt{2})^3+3\sqrt{2}\}=2(2\sqrt{2}+3\sqrt{2})$
$=2\cdot5\sqrt{2}=\boldsymbol{10\sqrt{2}}$

⇦$(a+b)^3$ $=a^3+3a^2b+3ab^2+b^3$ $(a-b)^3$ $=a^3-3a^2b+3ab^2-b^3$ を利用。

別解　$(\sqrt{2}+1)^3+(\sqrt{2}-1)^3$
$=\{(\sqrt{2}+1)+(\sqrt{2}-1)\}^3$
$-3(\sqrt{2}+1)(\sqrt{2}-1)\{(\sqrt{2}+1)+(\sqrt{2}-1)\}$
$=(2\sqrt{2})^3-3\{(\sqrt{2})^2-1^2\}\cdot2\sqrt{2}$
$=16\sqrt{2}-3\cdot1\cdot2\sqrt{2}=\boldsymbol{10\sqrt{2}}$

⇦a^3+b^3 $=(a+b)^3-3ab(a+b)$ を利用。

別解　$(\sqrt{2}+1)^3+(\sqrt{2}-1)^3$
$=\{(\sqrt{2}+1)+(\sqrt{2}-1)\}$
$\times\{(\sqrt{2}+1)^2-(\sqrt{2}+1)(\sqrt{2}-1)+(\sqrt{2}-1)^2\}$

⇦a^3+b^3 $=(a+b)(a^2-ab+b^2)$ を利用。

$=2\sqrt{2}\{(3+2\sqrt{2})-1+(3-2\sqrt{2})\}$
$=2\sqrt{2}\cdot 5=\mathbf{10\sqrt{2}}$

(4) $\dfrac{1}{2+\sqrt{5}}+\dfrac{1}{\sqrt{5}+\sqrt{6}}+\dfrac{1}{\sqrt{6}+\sqrt{7}}$

$=\dfrac{1}{\sqrt{5}+2}+\dfrac{1}{\sqrt{6}+\sqrt{5}}+\dfrac{1}{\sqrt{7}+\sqrt{6}}$

$=\dfrac{\sqrt{5}-2}{(\sqrt{5}+2)(\sqrt{5}-2)}+\dfrac{\sqrt{6}-\sqrt{5}}{(\sqrt{6}+\sqrt{5})(\sqrt{6}-\sqrt{5})}$
$\quad+\dfrac{\sqrt{7}-\sqrt{6}}{(\sqrt{7}+\sqrt{6})(\sqrt{7}-\sqrt{6})}$

$=\dfrac{\sqrt{5}-2}{5-4}+\dfrac{\sqrt{6}-\sqrt{5}}{6-5}+\dfrac{\sqrt{7}-\sqrt{6}}{7-6}$

$=(\sqrt{5}-2)+(\sqrt{6}-\sqrt{5})+(\sqrt{7}-\sqrt{6})$
$=\mathbf{-2+\sqrt{7}}$

⇐各項の分母の前後を入れ替える。元のまま有理化してもよいが，分母が負となり計算が煩雑。

EX ②19 次の計算は誤りである。①から⑥の等号の中で誤っているものをすべてあげ，誤りと判断した理由を述べよ。

$8=\sqrt{64}=\sqrt{2^6}=\sqrt{(-2)^6}=\sqrt{\{(-2)^3\}^2}=(-2)^3=-8$ 〔宮崎大〕
①　②　③　④　⑤　⑥

$8=\sqrt{8^2}=\sqrt{64}$ であるから，①は正しい。
$64=2^6=(-2)^6=\{(-2)^3\}^2$ であるから
$\sqrt{64}=\sqrt{2^6}=\sqrt{(-2)^6}=\sqrt{\{(-2)^3\}^2}$
よって，②，③，④は正しい。
また，$\sqrt{\{(-2)^3\}^2}>0$，$(-2)^3=-8<0$ であるから，⑤は誤りである。
更に，$(-2)^3=-8$ であるから，⑥は正しい。
したがって，①から⑥の等号の中で誤っているものは
⑤ （理由） $\sqrt{\{(-2)^3\}^2}>0$，$(-2)^3=-8<0$ であるから。

⇐$a\geqq 0$ のとき $\sqrt{a^2}=a$

⇐$\sqrt{●}>0$

EX ③20 $x=\sqrt{2}+\sqrt{3}$ のとき，$x^2+\dfrac{1}{x^2}$，$x^4+\dfrac{1}{x^4}$，$x^6+\dfrac{1}{x^6}$ の値を求めよ。〔立教大〕

$x=\sqrt{2}+\sqrt{3}$ であるから

$\dfrac{1}{x}=\dfrac{1}{\sqrt{2}+\sqrt{3}}=\dfrac{1}{\sqrt{3}+\sqrt{2}}=\dfrac{\sqrt{3}-\sqrt{2}}{(\sqrt{3}+\sqrt{2})(\sqrt{3}-\sqrt{2})}$
$=\sqrt{3}-\sqrt{2}$

よって　$x+\dfrac{1}{x}=(\sqrt{2}+\sqrt{3})+(\sqrt{3}-\sqrt{2})=2\sqrt{3}$

ゆえに　$\boldsymbol{x^2+\dfrac{1}{x^2}}=\left(x+\dfrac{1}{x}\right)^2-2$
$=(2\sqrt{3})^2-2=\mathbf{10}$

$\boldsymbol{x^4+\dfrac{1}{x^4}}=\left(x^2+\dfrac{1}{x^2}\right)^2-2$
$=10^2-2=\mathbf{98}$

⇐分母を有理化する際，分母が負とならないように $\sqrt{2}$ と $\sqrt{3}$ を入れ替える。

⇐$\left(x+\dfrac{1}{x}\right)^2=x^2+2+\dfrac{1}{x^2}$ から。

⇐$\left(x^2+\dfrac{1}{x^2}\right)^2=x^4+2+\dfrac{1}{x^4}$ から。

$$\boldsymbol{x^6+\frac{1}{x^6}}=\left(x^2+\frac{1}{x^2}\right)^3-3\left(x^2+\frac{1}{x^2}\right)$$
$$=10^3-3\cdot10=\mathbf{970}$$

⇦ $\left(x^2+\frac{1}{x^2}\right)^3=x^6+3x^2+\frac{3}{x^2}+\frac{1}{x^6}$ から。

別解 $\boldsymbol{x^6+\frac{1}{x^6}}=\left(x^2+\frac{1}{x^2}\right)\left(x^4-1+\frac{1}{x^4}\right)$
$$=10(98-1)=\mathbf{970}$$

⇦ $a^3+b^3=(a+b)(a^2-ab+b^2)$

EX ③21 次の場合について，$-\sqrt{(-a)^2}+\sqrt{a^2(a-1)^2}$ の根号をはずし，簡単にせよ。
(1) $a\geqq1$　(2) $0\leqq a<1$　(3) $a<0$

$$-\sqrt{(-a)^2}+\sqrt{a^2(a-1)^2}=-\sqrt{a^2}+\sqrt{a^2}\sqrt{(a-1)^2}$$
$$=-|a|+|a||a-1|$$
$$=|a|(|a-1|-1)\quad\cdots\cdots ①$$

CHART $\sqrt{A^2}=|A|$

(1) $a\geqq1$ のとき　$a\geqq0$，$a-1\geqq0$
ゆえに　$|a|=a$，$|a-1|=a-1$
よって，①は　$a(a-1-1)=\boldsymbol{a^2-2a}$

(2) $0\leqq a<1$ のとき　$a-1<0$
ゆえに　$|a|=a$，$|a-1|=-(a-1)$
よって，①は　$a\{-(a-1)-1\}=\boldsymbol{-a^2}$

(3) $a<0$ のとき　$a-1<0$
ゆえに　$|a|=-a$，$|a-1|=-(a-1)$
よって，①は　$-a\{-(a-1)-1\}=\boldsymbol{a^2}$

inf. ①における，2つの絶対値記号のはずし方
$|a|$ については
　$a\geqq0$，$a<0$
$|a-1|$ については
　$a\geqq1$，$a<1$
と場合分けされる。
全体としては(1)～(3)のように3通りに場合分けされる。

EX ④22 (1) $\dfrac{1}{1+\sqrt{2}+\sqrt{3}}+\dfrac{1}{1+\sqrt{2}-\sqrt{3}}-\dfrac{1}{1-\sqrt{2}+\sqrt{3}}-\dfrac{1}{1-\sqrt{2}-\sqrt{3}}$ を簡単にせよ。〔法政大〕
(2) $a★b=\sqrt{\dfrac{a}{a-b}+\dfrac{a+b}{a}}$ と定義する。$(\sqrt{6}+1)★2$ を分母に根号を含まない数で表せ。

(1) $\dfrac{1}{1+\sqrt{2}+\sqrt{3}}+\dfrac{1}{1+\sqrt{2}-\sqrt{3}}-\dfrac{1}{1-\sqrt{2}+\sqrt{3}}$
$-\dfrac{1}{1-\sqrt{2}-\sqrt{3}}$

$$=\frac{(1+\sqrt{2}-\sqrt{3})+(1+\sqrt{2}+\sqrt{3})}{(1+\sqrt{2}+\sqrt{3})(1+\sqrt{2}-\sqrt{3})}-\frac{(1-\sqrt{2}-\sqrt{3})+(1-\sqrt{2}+\sqrt{3})}{(1-\sqrt{2}+\sqrt{3})(1-\sqrt{2}-\sqrt{3})}$$

⇦それぞれ有理化するより前後2項ずつ通分した方がスムーズ。

$$=\frac{2(1+\sqrt{2})}{(1+\sqrt{2})^2-(\sqrt{3})^2}-\frac{2(1-\sqrt{2})}{(1-\sqrt{2})^2-(\sqrt{3})^2}$$

⇦おき換えは頭の中で。
$A^2-(\sqrt{3})^2$，$B^2-(\sqrt{3})^2$

$$=\frac{2(1+\sqrt{2})}{(3+2\sqrt{2})-3}-\frac{2(1-\sqrt{2})}{(3-2\sqrt{2})-3}$$
$$=\frac{2(1+\sqrt{2})+2(1-\sqrt{2})}{2\sqrt{2}}$$

⇦2で約分。

$$=\frac{1+\sqrt{2}+1-\sqrt{2}}{\sqrt{2}}$$
$$=\frac{2}{\sqrt{2}}=\frac{2\cdot\sqrt{2}}{\sqrt{2}\cdot\sqrt{2}}=\boldsymbol{\sqrt{2}}$$

⇦分母を有理化。

(2) $(\sqrt{6}+1)★2$

$$=\sqrt{\frac{\sqrt{6}+1}{\sqrt{6}-1}+\frac{\sqrt{6}+3}{\sqrt{6}+1}}$$

$$=\sqrt{\frac{(\sqrt{6}+1)^2+(\sqrt{6}+3)(\sqrt{6}-1)}{(\sqrt{6}-1)(\sqrt{6}+1)}}$$

$$=\sqrt{\frac{(7+2\sqrt{6})+(6+2\sqrt{6}-3)}{6-1}}$$

$$=\sqrt{\frac{10+4\sqrt{6}}{5}}=\frac{\sqrt{10+2\sqrt{24}}}{\sqrt{5}}$$

$$=\frac{\sqrt{(6+4)+2\sqrt{6\cdot4}}}{\sqrt{5}}=\frac{\sqrt{6}+\sqrt{4}}{\sqrt{5}}$$

$$=\frac{\sqrt{6}+2}{\sqrt{5}}=\frac{(\sqrt{6}+2)\sqrt{5}}{\sqrt{5}\cdot\sqrt{5}}$$

$$=\boldsymbol{\frac{\sqrt{30}+2\sqrt{5}}{5}}$$

⇦通分すると同時に分母が有理化される。

⇦中の $\sqrt{\ }$ の前の数字を 2 にする。

CHART 2重根号
中の $\sqrt{\ }$ を $2\sqrt{\ }$ の形に
$a>0,\ b>0$ のとき
$\sqrt{(a+b)+2\sqrt{ab}}$
$=\sqrt{a}+\sqrt{b}$

EX ④23 $a=2-\sqrt{3}$ とするとき，次の値を求めよ。
(1) a^2-4a+1　　(2) a^3-6a^2+5a+1

(1) $a-2=-\sqrt{3}$ であるから　$(a-2)^2=(-\sqrt{3})^2$

ゆえに　$a^2-4a+4=3$

よって　$a^2-4a+1=\mathbf{0}$

別解　$a^2-4a+1=(2-\sqrt{3})^2-4(2-\sqrt{3})+1$
$=4-4\sqrt{3}+3-8+4\sqrt{3}+1=\mathbf{0}$

(2) (1)から　$a^2=4a-1$

よって　$a^3=a^2\cdot a=(4a-1)a=4a^2-a$
$=4(4a-1)-a=16a-4-a=15a-4$

ゆえに　a^3-6a^2+5a+1
$=(15a-4)-6(4a-1)+5a+1$
$=15a-4-24a+6+5a+1$
$=-4a+3$
$=-4(2-\sqrt{3})+3$
$=\mathbf{-5+4\sqrt{3}}$

⇦右辺を $\sqrt{\ }$ だけにして両辺を 2 乗する。

⇦直接代入して求める。

⇦次数を下げる。

⇦a の 1 次式で表される。

⇦$a=2-\sqrt{3}$ を代入。

EX ④24 $x+y+z=2\sqrt{3}$，$xy+yz+zx=-3$，$xyz=-6\sqrt{3}$ のとき，$x^2+y^2+z^2$，$x^3+y^3+z^3$ の値をそれぞれ求めよ。

$\boldsymbol{x^2+y^2+z^2}=(x+y+z)^2-2(xy+yz+zx)$
$=(2\sqrt{3})^2-2(-3)$
$=12+6=\mathbf{18}$

$\boldsymbol{x^3+y^3+z^3}=(x+y+z)\{x^2+y^2+z^2-(xy+yz+zx)\}+3xyz$
$=2\sqrt{3}\{18-(-3)\}+3(-6\sqrt{3})$
$=42\sqrt{3}-18\sqrt{3}=\mathbf{24\sqrt{3}}$

⇦$\boldsymbol{(a+b+c)^2=a^2+b^2+c^2+2ab+2bc+2ca}$

⇦$\boldsymbol{a^3+b^3+c^3-3abc=(a+b+c)\times(a^2+b^2+c^2-ab-bc-ca)}$

EX ②25

2つの数 a，b の値の範囲が $-2\leqq a\leqq 1$，$0<b<3$ のとき，$\frac{1}{2}a-3b$ のとりうる値の範囲を求めよ。

$-2\leqq a\leqq 1$ から　$-1\leqq \frac{1}{2}a\leqq \frac{1}{2}$ …… ①

$0<b<3$ から　$0>-3b>-9$

すなわち　$-9<-3b<0$

①の各辺から $3b$ を引いて　$-1-3b\leqq \frac{1}{2}a-3b\leqq \frac{1}{2}-3b$

ここで　$-9<-3b$ から　$-1-9<-1-3b$

よって　$-10<\frac{1}{2}a-3b$

また　$-3b<0$ から　$\frac{1}{2}-3b<\frac{1}{2}+0$

よって　$\frac{1}{2}a-3b<\frac{1}{2}$

したがって　$\boldsymbol{-10<\frac{1}{2}a-3b<\frac{1}{2}}$

[別解]　$-2\leqq a\leqq 1$ から　$-1\leqq \frac{1}{2}a\leqq \frac{1}{2}$ …… ①

$0<b<3$ から　$-9<-3b<0$ …… ②

①，②の各辺を加えて　$\boldsymbol{-10<\frac{1}{2}a-3b<\frac{1}{2}}$

⇐本冊 p.54 [1] 不等式の性質を利用。

⇐$a<b$，$b<c$ ならば $a<c$

⇐$a<b$，$b<c$ ならば $a<c$

⇐ $a\leqq b$
+) $c<d$
$a+c<b+d$

EX ②26

次の不等式を解け。

(1) $5(x-3)<3(2x-5)$　(2) $0.2x-7.1>-0.5(x+3)$

(3) $\begin{cases}\dfrac{3x+4}{3}-\dfrac{x-2}{2}>x-\dfrac{1}{6}\\ -2(x-2)<x-5\end{cases}$　(4) $-\frac{2x+1}{6}<\frac{x+1}{2}<\frac{1}{4}x+\frac{1}{3}$

(5) $|5x-9|\leqq 3$　(6) $\sqrt{(x-2)^2}>4$

(1) 展開して　$5x-15<6x-15$

ゆえに　$-x<0$

よって　$\boldsymbol{x>0}$

(2) 両辺に10を掛けて　$2x-71>-5(x+3)$

展開して整理すると　$7x>56$

よって　$\boldsymbol{x>8}$

(3) $\frac{3x+4}{3}-\frac{x-2}{2}>x-\frac{1}{6}$ の両辺に6を掛けて

$2(3x+4)-3(x-2)>6x-1$

よって　$-3x>-15$

ゆえに　$x<5$ …… ①

$-2(x-2)<x-5$ から　$-3x<-9$

よって　$x>3$ …… ②

①と②の共通範囲を求めて　$\boldsymbol{3<x<5}$

⇐移項して整理。

⇐不等号の向きが変わる。

⇐係数を整数にする。

⇐係数を整数にする。

⇐不等号の向きが変わる。

⇐不等号の向きが変わる。

(4) $-\dfrac{2x+1}{6}<\dfrac{x+1}{2}$ の両辺に 6 を掛けて

$-(2x+1)<3(x+1)$ ⇦係数を整数にする。

よって　$-5x<4$　ゆえに　$x>-\dfrac{4}{5}$ …… ①　⇦不等号の向きが変わる。

$\dfrac{x+1}{2}<\dfrac{1}{4}x+\dfrac{1}{3}$ の両辺に 12 を掛けて

$6(x+1)<3x+4$ ⇦係数を整数にする。

よって　$3x<-2$

ゆえに　$x<-\dfrac{2}{3}$ …… ②

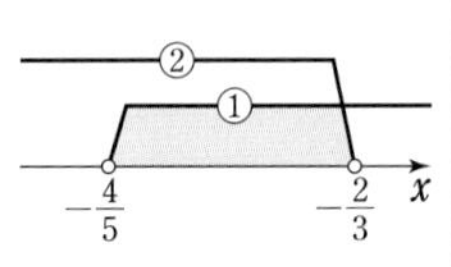

①と②の共通範囲を求めて　$\boldsymbol{-\dfrac{4}{5}<x<-\dfrac{2}{3}}$

⇦$-\dfrac{4}{5}=-0.8$,
$-\dfrac{2}{3}=-0.66\cdots$

(5) $|5x-9|\leqq 3$ から　$-3\leqq 5x-9\leqq 3$

⇦$|X|\leqq 3$ ならば $-3\leqq X\leqq 3$

各辺に 9 を加えて　$6\leqq 5x\leqq 12$

各辺を 5 で割って　$\boldsymbol{\dfrac{6}{5}\leqq x\leqq\dfrac{12}{5}}$

(6) $\sqrt{(x-2)^2}=|x-2|$ であるから，与えられた不等式は

$|x-2|>4$

ゆえに　$x-2<-4,\ 4<x-2$

よって　$\boldsymbol{x<-2,\ 6<x}$

⇦$\sqrt{A^2}=|A|$

⇦$|X|>4$ ならば $X<-4,\ 4<X$

EX ②27　次の(1)，(2)における不等式Ⓐを，順に①，②，③の式に変形し，③をⒶの解として導いた。解③は正しいか正しくないかを答えよ。正しくない場合は，Ⓐ ⟶ ①，① ⟶ ②，② ⟶ ③ のうちどの変形が正しくないかをいえ。ただし，a は実数の定数とする。

(1) Ⓐ：$\sqrt{2}x+3>2x+1$,　①：$(\sqrt{2}-2)x>-2$,　②：$x>\dfrac{-2}{\sqrt{2}-2}$,　③：$x>\sqrt{2}+2$

(2) Ⓐ：$a^2|x|-1<a^2-|x|$,　①：$(a^2+1)|x|<a^2+1$,　②：$|x|<1$,　③：$-1<x<1$

(1) Ⓐ：$\sqrt{2}x+3>2x+1$ の 3 を右辺に，$2x$ を左辺にそれぞれ移項すると　$(\sqrt{2}-2)x>-2$　⟵ ①が導かれた。

$\sqrt{2}-2<0$ であるから，両辺を $\sqrt{2}-2$ で割ると　⇦$\sqrt{2}<2$

$x<\dfrac{-2}{\sqrt{2}-2}$　⟵ ②は導かれない。　⇦負の数で割ると，不等号の向きが変わる。

$\dfrac{-2}{\sqrt{2}-2}=\dfrac{2}{2-\sqrt{2}}=\dfrac{2(2+\sqrt{2})}{(2-\sqrt{2})(2+\sqrt{2})}=2+\sqrt{2}$ であるから，

Ⓐの解は　$x<2+\sqrt{2}$　⟵ ③とは異なる。

よって，解③は **正しくない。**

また，**正しくない変形は**　① ⟶ ②

⇦$\dfrac{-2}{\sqrt{2}-2}=2+\sqrt{2}$ であるから，②：$x>\dfrac{-2}{\sqrt{2}-2}$ ⟶ ③：$x>\sqrt{2}+2$ の変形は正しい。

(2) Ⓐ：$a^2|x|-1<a^2-|x|$ の -1 を右辺に，$-|x|$ を左辺に移項すると　$(a^2+1)|x|<a^2+1$　⟵ ①が導かれた。

$a^2+1>0$ であるから，両辺を a^2+1 で割ると　⇦**(実数)$^2\geqq 0$**

$|x|<1$　⟵ ②が導かれた。　⇦正の数で割ると，不等号の向きが変わらない。

したがって　$-1<x<1$　⟵ ③が導かれた。

よって，解③は **正しい。**

EX ③28

あるデパートの友の会の会費は 2000 円で，会員はこのデパートの品物を 7 % 引きで買うことができる。1 個 500 円の品物を買うとき，何個以上買うと，友の会に入会して買った方が，入会せずに買うより合計金額が安くなるか。ただし，消費税は考えない。

500 円の品物を x 個買うとすると，代金は　　$500x$ 円

友の会の会員の場合の代金は，会費と合わせると

$$2000+500x\times0.93=2000+465x\ (\text{円})$$

友の会に入会して買った方が安くなるとき

$$2000+465x<500x$$

よって　　$35x>2000$

ゆえに　　$x>\dfrac{2000}{35}=57.1\cdots\cdots$

x は整数であるから　　$x\geqq58$

したがって　　**58 個以上**

⇐ 7 % を小数で表すと $\dfrac{7}{100}=0.07$

⇐解の吟味。

EX ③29

x についての連立不等式 $\begin{cases}x>3a+1\\2x-1>6(x-2)\end{cases}$ の解が，次の条件を満たすような定数 a の値の範囲を求めよ。

(1)　解が存在しない。　　(2)　解に 2 が含まれる。

(3)　解に含まれる整数が 3 つだけとなる。　〔神戸学院大〕

$x>3a+1$　…… ①

$2x-1>6(x-2)$ から　　$x<\dfrac{11}{4}$　…… ②

⇐ $2x-1>6x-12$ から $-4x>-11$

(1)　①，② を同時に満たす x が存在しないための条件は

$$\frac{11}{4}\leqq3a+1$$

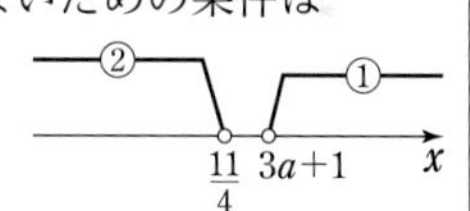

よって　　$\boldsymbol{a\geqq\dfrac{7}{12}}$

⇐ $\dfrac{11}{4}<3a+1$ としないように注意。

(2)　$x=2$ は ② を満たすから，$x=2$ が ① を満たす条件を求めて　　$2>3a+1$

よって　　$\boldsymbol{a<\dfrac{1}{3}}$

⇐①に $x=2$ を代入すると，不等式が成り立つ。

(3)　(1) の結果から，$a<\dfrac{7}{12}$ のとき連立不等式の解は

$$3a+1<x<\frac{11}{4}\quad\cdots\cdots\ ③$$

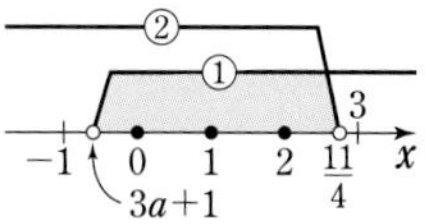

となる。

③ を満たす整数 x の個数が 3 個，

すなわち，整数解が $x=0,\ 1,\ 2$ となるための条件は

$$-1\leqq3a+1<0$$

よって　　$\boldsymbol{-\dfrac{2}{3}\leqq a<-\dfrac{1}{3}}$

⇐ $-1\leqq3a+1\leqq0$ とか $-1<3a+1<0$ などとしないように注意する。

EX ④30 ある物質を水で溶かした 1 %，5 %，10 % の水溶液がある。これら 2 種または 3 種の水溶液を混ぜ合わせて，7.3 % の水溶液を 100 g 作る場合，1 % 水溶液は何 g まで使用することが可能か。また，10 % 水溶液の使用にはどのような制限があるか。〔名城大〕

1 %，5 %，10 % の水溶液の使用量をそれぞれ x g，y g，z g とすると，問題の条件から

$x+y+z=100$ …… ①　⇦合計 100 g

$0.01x+0.05y+0.1z=0.073\times100$ …… ②　⇦溶けている物質の量。

②から　$x+5y+10z=730$ …… ③　⇦係数を整数にする。

①から　$z=100-x-y$

これを③に代入して

$x+5y+10(100-x-y)=730$　⇦ z を消去する。

よって　$9x+5y=270$

$y\geqq0$ であるから　$5y=270-9x\geqq0$

これを解いて　$x\leqq30$

よって，**1 % 水溶液は 30 g まで** 使用可能である。

また，①から　$y=100-x-z$

これを③に代入して

$x+5(100-x-z)+10z=730$　⇦ y を消去する。

よって　$-4x+5z=230$

$x\geqq0$ であるから　$4x=5z-230\geqq0$

これを解いて　$z\geqq46$ …… ④

③−① から　$4y+9z=630$　⇦ x を消去する。

$y\geqq0$ であるから　$4y=630-9z\geqq0$

これを解いて　$z\leqq70$ …… ⑤

④，⑤の共通範囲を求めて　$46\leqq z\leqq70$

ゆえに，**10 % 水溶液の使用は 46 g 以上 70 g 以下** に限られる。

別解　(後半)　$0\leqq x\leqq30$ …… ④ とする。

①，③ から y を消去すると

$4x-5z=-230$　すなわち　$x=\dfrac{5z-230}{4}$

これを ④ に代入して　$0\leqq\dfrac{5z-230}{4}\leqq30$

各辺に 4 を掛けて　$0\leqq5z-230\leqq120$

よって　$230\leqq5z\leqq350$

すなわち　$46\leqq z\leqq70$

ゆえに，**10 % 水溶液の使用は 46 g 以上 70 g 以下** に限られる。

EX ④31 次の方程式・不等式を解け。
(1) $||x-2|-1|=3$　　(2) $|2x-3|\leqq|3x+2|$

(1) [1] $x\geqq2$ のとき，方程式は　$|(x-2)-1|=3$
すなわち　$|x-3|=3$　　よって　$x-3=\pm3$
ゆえに　$x=6,\ 0$
これらのうち，$x\geqq2$ を満たすのは　$x=6$

[2] $x<2$ のとき，方程式は　$|-(x-2)-1|=3$
すなわち　$|x-1|=3$　　よって　$x-1=\pm3$
ゆえに　$x=4,\ -2$
これらのうち，$x<2$ を満たすのは　$x=-2$

以上から，方程式の解は　$\boldsymbol{x=6,\ -2}$

⇦$|x-2|$ の中の $x-2$ が 0 となる x の値 2 に注目して場合分けをすると，次のことが利用できる。
$c>0$ のとき，$|x|=c$ を満たす x の値は $x=\pm c$

別解 $||x-2|-1|=3$ から　$|x-2|-1=\pm3$
よって　$|x-2|=4,\ -2$
$|x-2|=4$ から　$x-2=\pm4$　これを解いて　$x=6,\ -2$
$|x-2|=-2$ を満たす x は存在しない。
以上から，方程式の解は　$\boldsymbol{x=6,\ -2}$

⇦外側の絶対値記号をはずす。

⇦$|x-2|\geqq0,\ -2<0$

(2) [1] $x<-\dfrac{2}{3}$ のとき $2x-3<0,\ 3x+2<0$ であるから
$$-(2x-3)\leqq-(3x+2)$$
これを解いて　$x\leqq-5$
これと $x<-\dfrac{2}{3}$ の共通範囲は　$x\leqq-5$ …… ①

⇦$2x-3,\ 3x+2$ が 0 となる x の値は，それぞれ $\dfrac{3}{2},\ -\dfrac{2}{3}$ であるから
$x<-\dfrac{2}{3},\quad -\dfrac{2}{3}\leqq x<\dfrac{3}{2},\quad \dfrac{3}{2}\leqq x$ の 3 通りの場合に分ける。

[2] $-\dfrac{2}{3}\leqq x<\dfrac{3}{2}$ のとき $2x-3<0,\ 3x+2\geqq0$ であるから
$$-(2x-3)\leqq3x+2$$
すなわち　$5x\geqq1$　　これを解いて　$x\geqq\dfrac{1}{5}$
これと $-\dfrac{2}{3}\leqq x<\dfrac{3}{2}$ の共通範囲は　$\dfrac{1}{5}\leqq x<\dfrac{3}{2}$ …… ②

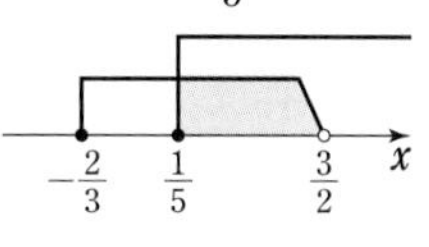

[3] $x\geqq\dfrac{3}{2}$ のとき $2x-3\geqq0,\ 3x+2\geqq0$ であるから
$$2x-3\leqq3x+2$$
これを解いて　$x\geqq-5$
これと $x\geqq\dfrac{3}{2}$ の共通範囲は
$x\geqq\dfrac{3}{2}$ …… ③

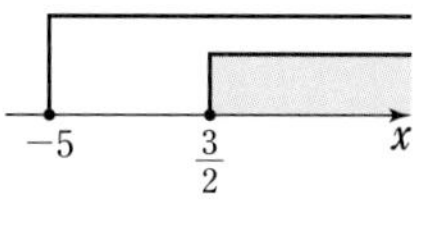

不等式の解は①，②，③を合わせた範囲であるから
$$\boldsymbol{x\leqq-5,\ \frac{1}{5}\leqq x}$$

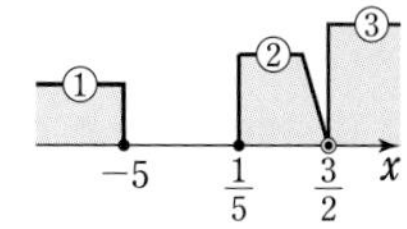

PR ②37

(1) $U=\{1, 2, 3, 4, 5, 6, 7, 8\}$ を全体集合とする。U の部分集合 $A=\{2, 5, 6\}$, $B=\{1, 3, 5\}$ について，集合 $A\cap\overline{B}$, $\overline{A}\cup B$ を求めよ。

(2) 1桁の自然数を全体集合 U とし，その2つの部分集合 A, B について，$\overline{A}\cap B=\{3, 9\}$, $A\cap\overline{B}=\{2, 4, 8\}$, $\overline{A}\cap\overline{B}=\{1, 5, 7\}$ が成り立つとき，集合 A, B を求めよ。

(1) $A\cap B=\{5\}$

よって，右の図のようになり

$\boldsymbol{A\cap\overline{B}=\{2, 6\}}$

$\boldsymbol{\overline{A}\cup B=\{1, 3, 4, 5, 7, 8\}}$

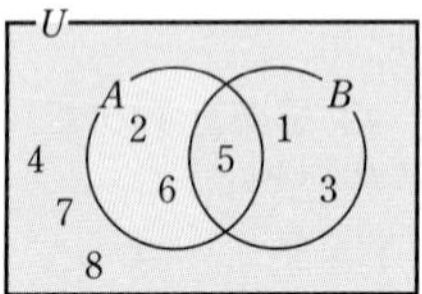

(2) 条件から右の図のようになる。

よって，集合 A, B は

$\boldsymbol{A=\{2, 4, 6, 8\}}$

$\boldsymbol{B=\{3, 6, 9\}}$

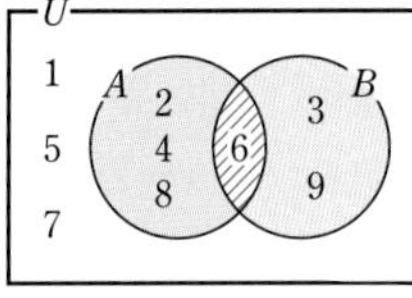

CHART 集合の要素 ベン図の活用

(1) $A\cap\overline{B}$:
$\overline{A}\cup B$:

⇦わかる要素からベン図に書き込んでいく。最後に書き込むのは $6\,(A\cap B)$

inf. (2) の解答から $A=(A\cap\overline{B})\cup(A\cap B)$, $B=(\overline{A}\cap B)\cup(A\cap B)$ であることが確かめられる。

PR ②38

実数全体を全体集合とし，$A=\{x\mid -1\leqq x<5\}$, $B=\{x\mid -3<x\leqq 4\}$, $C=\{x\mid k-6<x<k+1\}$ (k は定数) とする。

(1) 次の集合を求めよ。

(ア) $A\cap B$　(イ) $A\cup B$　(ウ) $\overline{A}$　(エ) $\overline{A}\cup B$

(2) $A\subset C$ となる k の値の範囲を求めよ。

(1) 右の図から

(ア) $\boldsymbol{A\cap B=\{x\mid -1\leqq x\leqq 4\}}$

(イ) $\boldsymbol{A\cup B=\{x\mid -3<x<5\}}$

(ウ) $\boldsymbol{\overline{A}=\{x\mid x<-1,\ 5\leqq x\}}$

(エ) $\boldsymbol{\overline{A}\cup B=\{x\mid x\leqq 4,\ 5\leqq x\}}$

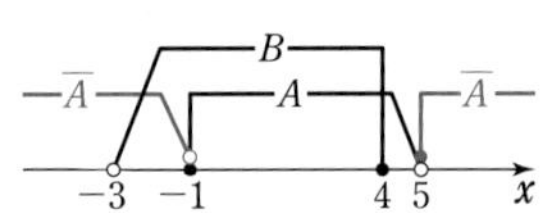

(2) $A\subset C$ となるための条件は

$k-6<-1$ …… ①

$5\leqq k+1$ …… ②

が同時に成り立つことである。

① から　$k<5$

② から　$4\leqq k$

共通範囲を求めて　$\boldsymbol{4\leqq k<5}$

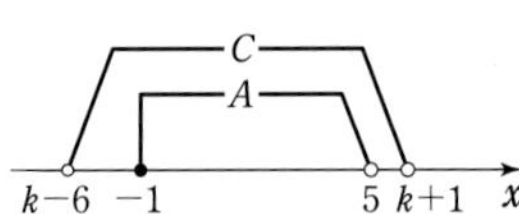

⇦集合の要素が不等式で表されているときは，数直線を利用する。

⇦$k=5$ のとき $C=\{x\mid -1<x<6\}$ であるから，$A\subset C$ とはならない。等号の有無に注意する。

PR ③39

整数を要素とする2つの集合 $A=\{2, 6, 5a-a^2\}$, $B=\{3, 4, 3a-1, a+b\}$ がある。また，$A\cap B=\{4, 6\}$ とする。

(1) 定数 a, b の値を求めよ。

(2) $A\cup B$ を求めよ。

(1) $A\cap B=\{4, 6\}$ より，$4\in A$ であるから

$5a-a^2=4$　すなわち　$a^2-5a+4=0$ …… ①

よって　$(a-1)(a-4)=0$　ゆえに　$a=1, 4$

⇦条件から，$6\in A$, $4\in B$ はわかっている。

同様に，$6 \in B$ であるから

$3a-1=6$ …… ②　または　$a+b=6$ …… ③

② から　$a=\frac{7}{3}$　これは ① を満たさず，不適。

[1] $a=1$ のとき，③ から　$1+b=6$　よって　$b=5$

このとき　$A=\{2, 6, 4\}$，$B=\{3, 4, 2, 6\}$

ゆえに，$A \cap B=\{2, 4, 6\}$ となり，不適。

⇦$a=1$ のとき $3a-1=2$

[2] $a=4$ のとき，③ から　$4+b=6$　よって　$b=2$

このとき　$A=\{2, 6, 4\}$，$B=\{3, 4, 11, 6\}$

ゆえに，$A \cap B=\{4, 6\}$ となり，適する。

⇦$a=4$ のとき $3a-1=11$

したがって　$\boldsymbol{a=4,\ b=2}$

(2) (1) より，$A=\{2, 6, 4\}$，$B=\{3, 4, 11, 6\}$ であるから

$\boldsymbol{A \cup B=\{2, 3, 4, 6, 11\}}$

PR ②40

集合 U を 1 から 9 までの自然数の集合とする。U の部分集合 A，B，C について，次のことが成り立っている。

$B=\{1, 4, 8, 9\}$，$A \cup B=\{1, 2, 4, 5, 7, 8, 9\}$，$A \cup C=\{1, 2, 4, 5, 6, 7, 9\}$，

$A \cap B=\{4, 9\}$，$A \cap C=\{7\}$，$B \cap C=\{1\}$，$A \cap B \cap C=\varnothing$

(1) 集合 A を求めよ。　(2) 集合 $\overline{B} \cap \overline{C}$ を求めよ。

(1) 条件から，右の図のようになる。

よって，集合 A は

$A=\{\boldsymbol{2, 4, 5, 7, 9}\}$

(2) 右の図から

$\overline{B} \cap \overline{C}=\{\boldsymbol{2, 3, 5}\}$

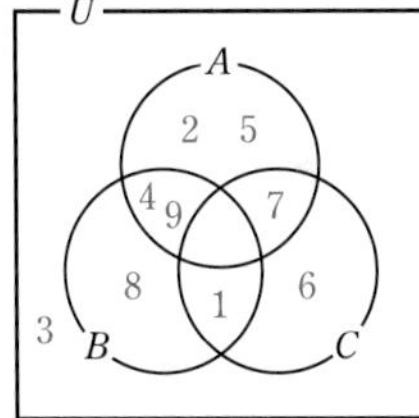

⇦$A \cap B \cap C=\varnothing$ であるから，まず，$A \cap B$，$A \cap C$，$B \cap C$ の要素を書き込む。

⇦$\overline{B} \cap \overline{C}=\overline{B \cup C}$

PR ①41

次の命題の真偽を調べよ。ただし，(2)，(3) は集合を用いて調べよ。

(1) 実数 a，b について，$a<1$，$b<1$ ならば $ab<1$

(2) 実数 x について，$|x|>2$ ならば $x>2$

(3) 実数 x について，$|x+2|<1$ ならば $|x|<3$

(1) $a<1$，$b<1$ とする。

$a=-1$，$b=-2$ のとき $a<1$，$b<1$ であるが，$ab<1$ でない。

よって，命題は　**偽**

⇦反例

(2) $P=\{x \mid |x|>2\}$，$Q=\{x \mid x>2\}$ とする。

$P=\{x \mid x<-2,\ 2<x\}$ であるから，$P \subset Q$ は成り立たない。

よって，命題は　**偽**

⇦$c>0$ のとき $|x|>c \iff x<-c,\ c<x$

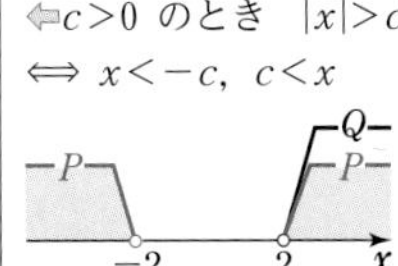

inf. 問題文に「集合を用いて」と書いてなければ

偽：反例 $x=-3$

のような，反例をあげて偽であることを述べる解答でもよい。

(3)　$P=\{x \mid |x+2|<1\}$，$Q=\{x \mid |x|<3\}$ とする。

$|x+2|<1$ から　　$-1<x+2<1$

よって　　$-3<x<-1$

ゆえに　　$P=\{x \mid -3<x<-1\}$

一方　　$Q=\{x \mid -3<x<3\}$

したがって，$P\subset Q$ が成り立つ。

よって，命題は　**真**

⇐$c>0$ のとき $|x|<c \iff -c<x<c$

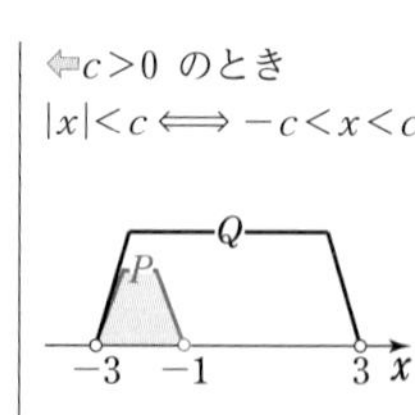

PR ①42　文字はすべて実数とする。次の □ に当てはまるものを，下の(ア)～(エ)から選べ。

(1)　$x=2$ は $x^2-5x+6=0$ であるための □。

(2)　$ac=bc$ は $a=b$ であるための □。

(3)　$a=b$ は $a^2+b^2=2ab$ であるための □。

(ア)　必要十分条件である　(イ)　必要条件であるが十分条件ではない

(ウ)　十分条件であるが必要条件ではない　(エ)　必要条件でも十分条件でもない

(1)　$x^2-5x+6=0$ ならば $(x-2)(x-3)=0$ であるから

$x=2$ または $x=3$

したがって

$x=2 \Longrightarrow x=2$ または $x=3$ は　真

$x=2$ または $x=3 \Longrightarrow x=2$ は　偽（反例：$x=3$）

ゆえに　　(ウ)

⇐$x=2 \underset{\times}{\overset{\bigcirc}{\rightleftarrows}} x^2-5x+6=0$

(2)　$ac=bc \Longrightarrow a=b$ は　偽（反例：$c=0$，$a\neq b$）

$a=b \Longrightarrow ac=bc$ は　真

ゆえに　　(イ)

⇐$ac=bc \underset{\bigcirc}{\overset{\times}{\rightleftarrows}} a=b$

(3)　$a=b \Longrightarrow a^2+b^2=2ab$ は　真

$a^2+b^2=2ab$ ならば $a^2-2ab+b^2=0$

すなわち，$(a-b)^2=0$ であるから　$a=b$

よって，$a^2+b^2=2ab \Longrightarrow a=b$ は　真

ゆえに　　(ア)

⇐$a=b \underset{\bigcirc}{\overset{\bigcirc}{\rightleftarrows}} a^2+b^2=2ab$

PR ②43　文字はすべて実数とする。次の命題を，対偶を利用して証明せよ。

(1)　$x+y>a$ ならば「$x>a-b$ または $y>b$」

(2)　x についての方程式 $ax+b=0$ がただ1つの解をもつならば $a\neq 0$

(1)　与えられた命題の対偶は

「$x\leqq a-b$ かつ $y\leqq b$」ならば $x+y\leqq a$

これを証明する。

⇐命題 $p\Longrightarrow q$ の対偶は $\overline{q}\Longrightarrow\overline{p}$

$x\leqq a-b$，$y\leqq b$ から　　$x+y\leqq(a-b)+b$

すなわち　　$x+y\leqq a$

ゆえに，対偶は真であるから，もとの命題も真である。

⇐$a\leqq b$，$c\leqq d$ ならば $a+c\leqq b+d$

(2) 与えられた命題の対偶は

$a=0$ ならば「x についての方程式 $ax+b=0$ は解をもたないか，または２つ以上の解をもつ」

これを証明する。

$ax=-b$ において

$a=0$，$b\neq0$ ならば　解をもたない

$a=0$，$b=0$ ならば　無数の解をもつ

ゆえに，対偶は真であるから，もとの命題も真である。

⇦「$ax+b=0$ がただ１つの解をもつ」の否定は「$ax+b=0$ が解をもたないか，２つ以上の解をもつ」

PR ②44 $\sqrt{2}+\sqrt{3}$ が無理数であることを証明せよ。ただし，$\sqrt{2}$，$\sqrt{3}$ がともに無理数であることは知られているものとする。

$\sqrt{2}+\sqrt{3}$ が無理数でないと仮定すると，$\sqrt{2}+\sqrt{3}$ は有理数である。

$\sqrt{2}+\sqrt{3}=r$（r は有理数）とおくと　$\sqrt{3}=r-\sqrt{2}$

両辺を２乗して　$3=r^2-2\sqrt{2}r+2$

よって　$2\sqrt{2}r=r^2-1$

$r\neq0$ であるから　$\sqrt{2}=\dfrac{r^2-1}{2r}$　…… ①

r^2-1，$2r$ は有理数であるから，① の右辺も有理数となり，$\sqrt{2}$ が無理数であることに矛盾する。

したがって，$\sqrt{2}+\sqrt{3}$ は無理数である。

inf. $\sqrt{2}=r-\sqrt{3}$ の両辺を２乗して $\sqrt{3}=\dfrac{r^2+1}{2r}$ を導いてもよい。

PR ③45 命題「n は整数とする。n^2 が７の倍数ならば，n は７の倍数である」は真である。これを利用して，$\sqrt{7}$ が無理数であることを証明せよ。

$\sqrt{7}$ が無理数でないと仮定する。

このとき $\sqrt{7}$ はある有理数に等しいから，１以外に正の公約数をもたない２つの自然数 a，b を用いて，$\sqrt{7}=\dfrac{a}{b}$ と表される。

⇦ a と b は互いに素。

ゆえに　$a=\sqrt{7}b$

両辺を２乗すると　$a^2=7b^2$　…… ①

よって，a^2 は７の倍数である。

a^2 が７の倍数ならば，a も７の倍数であるから，k を自然数として $a=7k$ と表される。

⇦下線部分の命題が真であることの証明には対偶を利用する。

これを ① に代入すると

$49k^2=7b^2$

すなわち　$b^2=7k^2$

よって，b^2 は７の倍数であるから，b も７の倍数である。

ゆえに，a と b は公約数７をもつ。

これは，a と b が１以外に正の公約数をもたないことに矛盾する。

⇦互いに素であることに矛盾。

したがって，$\sqrt{7}$ は無理数である。

PR ③46 $\sqrt{3}$ は無理数である。$\dfrac{7+a\sqrt{3}}{2+\sqrt{3}}=b+9\sqrt{3}$ を満たす有理数 a，b の値を求めよ。

与式の左辺を変形して

$$\frac{7+a\sqrt{3}}{2+\sqrt{3}}=\frac{(7+a\sqrt{3})(2-\sqrt{3})}{(2+\sqrt{3})(2-\sqrt{3})}$$

$$=(14-3a)+(2a-7)\sqrt{3}$$

⇐分母の有理化。

⇐$\sqrt{3}$ について整理。

ゆえに　$(14-3a)+(2a-7)\sqrt{3}=b+9\sqrt{3}$

$14-3a$，$2a-7$，b，9 は有理数であり，$\sqrt{3}$ は無理数である。

⇐**この断りは重要。**

よって　$14-3a=b$，$2a-7=9$

これを解いて　$\boldsymbol{a=8}$，$\boldsymbol{b=-10}$

⇐a，b，c，d は有理数，$\sqrt{l}$ は無理数とする。$a+b\sqrt{l}=c+d\sqrt{l}$ のとき $a=c$，$b=d$

別解　与式の分母を払うと

$$7+a\sqrt{3}=(b+9\sqrt{3})(2+\sqrt{3})$$

右辺を展開して整理すると

⇐(右辺) $=2b+b\sqrt{3}+18\sqrt{3}+27$

$$7+a\sqrt{3}=(2b+27)+(b+18)\sqrt{3}$$

7，a，$2b+27$，$b+18$ は有理数であり，$\sqrt{3}$ は無理数である。

⇐**この断りは重要。**

ゆえに　$7=2b+27$，$a=b+18$

よって　$\boldsymbol{a=8}$，$\boldsymbol{b=-10}$

問題 (**本冊** *p.*85)

(1)　AさんとBさんはアルバイトでともに週 4 日勤務している。このとき，A さんとBさんがともに勤務する日が毎週少なくとも 1 日あることを示せ。

(2)　分数 $a=\dfrac{m}{n}$ (m，n は整数で $n>0$) が無限小数になるとき，a は循環小数であることを示せ。

(1)　AさんとBさん 2 人の 1 週間あたりの出勤日は合計 $4+4=8$ (日) である。1 週間は 7 日しかないから，A さんと Bさんがともに勤務する日が毎週少なくとも 1 日ある。

(2)　a は無限小数であるから，m を n で割る筆算を行うと計算は無限に繰り返され，各段階の割り算の余りは 1，2，……，$n-1$ のいずれかである。
よって，n 回目の割り算までにはそれまでに出てきた余りと同じ余りが出てきて，その後の割り算はその間の割り算の繰り返しとなる。したがって，a は循環小数となる。

HINT　**鳩の巣原理**
「……が少なくとも 1 つ存在する」ことを証明するのに
「n 室の部屋に $n+1$ 人を入れると，2 人以上入っている部屋が少なくとも 1 室はある」という事実を利用する方法。

PR ③47 次の命題の否定を述べよ。また，その真偽を調べよ。
(1)　少なくとも 1 つの自然数 n について　$n^2-2n-3=0$
(2)　任意の実数 x，y に対して　$x^2+2xy+y^2>0$

(1)　否定：**すべての自然数 n について　$n^2-2n-3\neq0$**
真偽：反例として　$n=3$
ゆえに　**偽**

⇐$3^2-2\cdot3-3=0$

(2)　否定：**ある実数 x，y に対して　$x^2+2xy+y^2\leqq0$**
真偽：$x^2+2xy+y^2=(x+y)^2$ であるから，$x+y=0$ を満たす実数 x，y に対して，$x^2+2xy+y^2=0$ が成り立つ。
ゆえに　**真**

⇐$x^2+2xy+y^2\leqq0$ を満たす x，y が存在すればよい。
例えば $x=y=0$

EX ②32　$\{0,\ 1,\ 2\}$ の部分集合をすべて書け。

要素の個数が0の部分集合は　$\varnothing$
要素の個数が1の部分集合は　$\{0\}$, $\{1\}$, $\{2\}$
要素の個数が2の部分集合は　$\{0,\ 1\}$, $\{0,\ 2\}$, $\{1,\ 2\}$
要素の個数が3の部分集合は　$\{0,\ 1,\ 2\}$

⇐$\varnothing$と $\{0\}$ は異なる集合。
inf.　要素の個数が n の集合の部分集合は 2^n 通り。この問題の場合は $2^3=8$ 通り。詳しくは数学Aで学習する。

EX ②33　A を有理数全体の集合，B を無理数全体の集合，空集合を $\varnothing$ と表す。次の □ の中に集合の記号 $\in$, $\ni$, $\subset$, $\supset$, $\cup$, $\cap$ の中から適するものを入れよ。

(1)　A □ $\{0\}$　　(2)　$\sqrt{28}$ □ B
(3)　$A=\{0\}$ □ A　　(4)　$\varnothing=A$ □ B　〔類　センター試験〕

(1)　0は有理数で集合 A の要素であるから，集合 $\{0\}$ は A の部分集合である。
よって　$A\supset\{0\}$

(2)　$\sqrt{28}=2\sqrt{7}$ は無理数であるから，集合 B の要素である。
よって　$\sqrt{28}\in B$

(3)　$A\supset\{0\}$ であるから　$A=\{0\}\cup A$

(4)　集合 A と集合 B のどちらにも属する要素はない。すなわち，共通部分はないから　$\varnothing=A\cap B$

⇐ $A\ni 0$ と $A\supset\{0\}$ の記号の区別をきちんとつける。0は要素であり，$\{0\}$ は集合である。

⇐$P\supset Q \Longleftrightarrow P\cup Q=P$

⇐有理数であり，かつ，無理数であるような数は存在しない。

EX ③34　$U=\{x|x$ は15以下の正の整数$\}$ を全体集合とする。U の部分集合 A, B, C について，$A=\{x|x$ は3の倍数, $x\in U\}$, $C=\{2,\ 3,\ 5,\ 7,\ 9,\ 11,\ 13,\ 15\}$ であり，$C=(A\cup B)\cap(\overline{A\cap B})$ が成り立っている。

(1)　集合 A を要素を書き並べる形で表せ。

(2)　斜線部分が集合 C を表している図として最も適当なものを，次の⓪～③の中から1つ選べ。

⓪
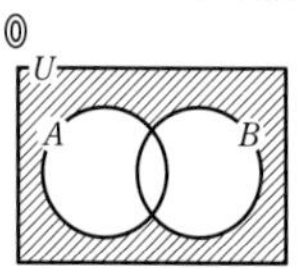

①
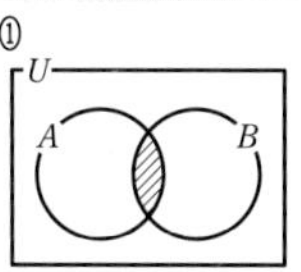

②
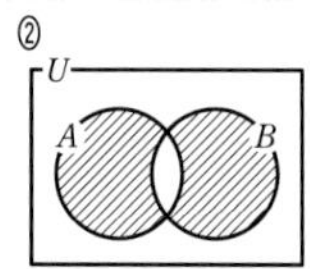

③
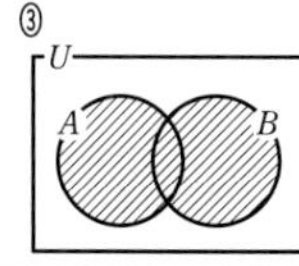

(3)　$A\cap B=A\cap\overline{C}$ であることに注意して，集合 $A\cap B$ を要素を書き並べる形で表せ。

(4)　集合 B の要素の個数と，B の要素のうち最大のものを求めよ。　〔類　共通テスト〕

HINT　(4)　(1), (3) の結果から $A\cap\overline{B}$ の要素を，(2), (3) の結果から $\overline{A}\cap B$ の要素を順に求める。

(1)　$\boldsymbol{A=\{3,\ 6,\ 9,\ 12,\ 15\}}$

(2)　C は $A\cup B$ と $\overline{A\cap B}$ の共通部分であるから
　②

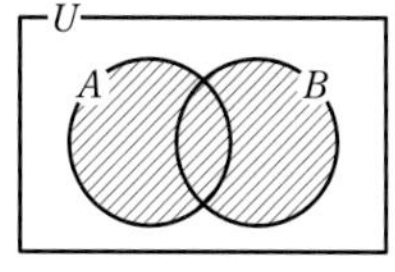

$A\cup B$

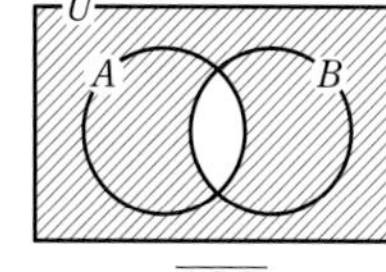

$\overline{A\cap B}$

(3)　$\overline{C}=\{1,\ 4,\ 6,\ 8,\ 10,\ 12,\ 14\}$ であるから
$\boldsymbol{A\cap B}=A\cap\overline{C}=\boldsymbol{\{6,\ 12\}}$

(4)　(1), (3) の結果から　$A\cap\overline{B}=\{3,\ 9,\ 15\}$

(2), (3) の結果から

$\overline{A}\cap B=\{2,\ 5,\ 7,\ 11,\ 13\}$

よって

$B=\{2,\ 5,\ 6,\ 7,\ 11,\ 12,\ 13\}$

ゆえに，集合 B の要素は **7 個**で，

最大の要素は 13 である。

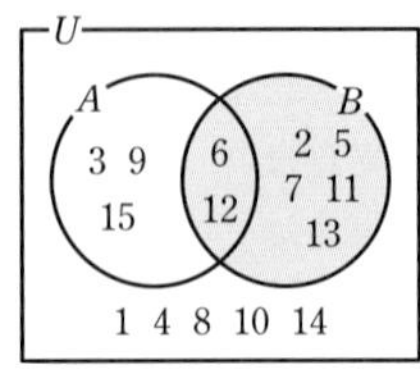

⇐ $\overline{A}\cap B$ は，C から $A\cap\overline{B}$ を除いたもの。

inf. (3) で与えられた $A\cap B=A\cap\overline{C}$ が成り立つことは，(2) の結果より，$\overline{C}$ は右の図の斜線部分であることからわかる。同様に，$B\cap\overline{C}=A\cap B$ でもある。

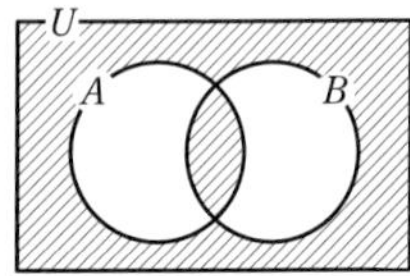

EX ③35

次の実数の部分集合に関する問いに答えよ。 〔(1) 流通科学大〕

(1) 2つの集合 $A=\{3,\ 5,\ a^2+5a+13\}$，$B=\{a-1,\ a+2,\ |a|,\ a^2+2a+4\}$ について，$A\cap B=\{3,\ 7\}$ であるように，a の値を定め，$A\cup B$ を求めよ。

(2) $A=\{x\,|\,|x|<2\}$，$B=\{x\,|\,|x-a|<3\}$ とする。$A\cap B=A$ となるための a に関する条件を求めよ。

(3) $C=\{x\,|\,|x|\leqq b,\ x$ は整数$\}$ のとき，(2) の A に対して $\overline{A}\cap C$ の要素の個数が 4 個であるように，b の値の範囲を定めよ。

HINT (2), (3) 要素の条件が不等式で表されている集合に関しては，**数直線** を利用するとよい。

(1) $A\cap B=\{3,\ 7\}$ より $7\in A$ であるから $a^2+5a+13=7$

⇐ $A\cap B=\{3,\ 7\}$ $\Longrightarrow 3\in A$ かつ $7\in A$

よって $a^2+5a+6=0$ すなわち $(a+2)(a+3)=0$

ゆえに $a=-2,\ -3$

[1] $a=-2$ のとき

$B=\{-3,\ 0,\ 2,\ 4\}$ となり，$7\notin B$ であるから不適。

[2] $a=-3$ のとき

$B=\{-4,\ -1,\ 3,\ 7\}$ となり，$A\cap B=\{3,\ 7\}$ で適する。

したがって $\boldsymbol{a=-3}$

このとき，$A=\{3,\ 5,\ 7\}$，$B=\{-4,\ -1,\ 3,\ 7\}$ であるから

$\boldsymbol{A\cup B=\{-4,\ -1,\ 3,\ 5,\ 7\}}$

⇐ 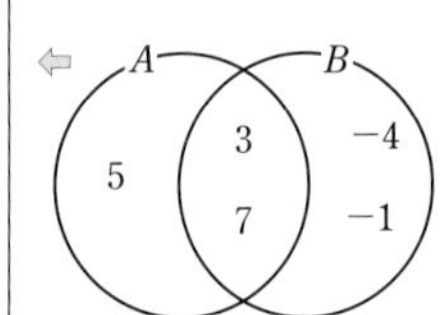

(2) $|x|<2$ から $-2<x<2$

よって $A=\{x\,|\,-2<x<2\}$

$|x-a|<3$ から $-3<x-a<3$

⇐各辺に a を加えて $-3+a<x-a+a<3+a$

すなわち $a-3<x<a+3$

よって $B=\{x\,|\,a-3<x<a+3\}$

$A\cap B=A$ のとき，$A\subset B$ であるから，集合 A，B を数直線で表すと，右の図のようになる。

ゆえに，求める条件は

$a-3\leqq -2$ かつ $2\leqq a+3$

⇐ $a-3<-2$ かつ $2<a+3$ としないように！

これを解いて $\boldsymbol{-1\leqq a\leqq 1}$

(3) $|x|\leqq b$ すなわち $-b\leqq x\leqq b$ を満たす x が存在するとき

$b\geqq 0$

$\overline{A}\cap C$ は整数の集合で，$\overline{A}\cap C$ の要素の個数がちょうど4個となるのは，図から

$\overline{A}\cap C=\{-3,\ -2,\ 2,\ 3\}$

のときである。

よって，b の値の範囲は　　$\boldsymbol{3\leqq b<4}$

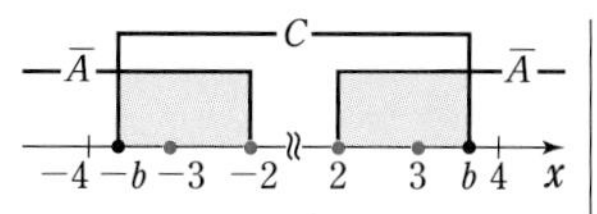

⇐$A=\{x|-2<x<2\}$ であるから $\overline{A}=\{x|x\leqq -2,\ 2\leqq x\}$

⇐$3\leqq b\leqq 4$ としないように！

EX ④36　9で割り切れる整数全体の集合を A，15で割り切れる整数全体の集合を B とする。$C=\{x+y|x\in A,\ y\in B\}$ とするとき，C は3で割り切れる整数全体の集合と一致することを示せ。　〔東京女子大〕

HINT　3で割り切れる整数全体の集合を D として　$C\subset D$ かつ $C\supset D$ を示す。

3で割り切れる整数全体の集合を D とする。

[1]　$C\subset D$ を示す。

任意の $z\in C$ に対して

$z=x+y,\ x=9l,\ y=15m$ （$l,\ m$ は整数）

と表されるから

$z=9l+15m=3(3l+5m)$

$3l+5m$ は整数であるから，z は3で割り切れる。

よって　　$z\in D$

ゆえに　　$C\subset D$ …… ①

[2]　$C\supset D$ を示す。

任意の $z\in D$ に対して，$z=3n$ （n は整数）と表されて，

$3n=18n+(-15n)$

$18n\in A,\ -15n\in B$ であるから，$x=18n,\ y=-15n$ とすると　　$z=x+y$　　よって　　$z\in C$

ゆえに　　$C\supset D$ …… ②

したがって，①，② から　　$C=D$

すなわち，C は3で割り切れる整数全体の集合と一致する。

⇐$A=\{x|x=9l,\ l$ は整数$\}$，$B=\{y|y=15m,\ m$ は整数$\}$ と表される。

[1]，[2]　$C\subset D$ は，$z\in C$ ならば $z\in D$ すなわち，z が3で割り切れる整数であることを示す。$C\supset D$ は，$z=3n\in D$ に対して，z が9で割り切れる整数と15で割り切れる整数の和で表されることを示す。

⇐$18n=9(2n)\in A$

EX ②37　$x,\ y$ は実数とする。次の各条件を「かつ」，「または」を用いてそれぞれ表せ。また，その否定も「かつ」，「または」を用いてそれぞれ表せ。

(1)　$(x+5)(3y-1)=0$　　(2)　$(x-2)^2+(y+7)^2=0$

(1)　与式から　　$x+5=0$ または $3y-1=0$

すなわち　　$\boldsymbol{x=-5}$ **または** $\boldsymbol{y=\frac{1}{3}}$

また，この **否定は**　　$\boldsymbol{x\neq -5}$ **かつ** $\boldsymbol{y\neq \frac{1}{3}}$

(2)　与式から　　$(x-2)^2=0$ かつ $(y+7)^2=0$

すなわち　　$\boldsymbol{x=2}$ **かつ** $\boldsymbol{y=-7}$

また，この **否定は**　　$\boldsymbol{x\neq 2}$ **または** $\boldsymbol{y\neq -7}$

⇐$\overline{p \text{ または } q} \iff \overline{p}$ かつ $\overline{q}$

⇐$a^2+b^2=0 \iff a^2=0$ かつ $b^2=0 \iff a=0$ かつ $b=0$

⇐$\overline{p \text{ かつ } q} \iff \overline{p}$ または $\overline{q}$

EX ②38 実数x, yが $(x-y)^2<2$ を満たすとき，xとyは近いということにする。x, y, zを実数とするとき，次の命題の真偽を調べよ。

(1) xとyが近く，yとzが近ければ，xとzは近い。

(2) xとyが近ければ，$x+z^2$と$y+z^2$は近い。

(3) 0がx, yの両方に近くなければ，$x^2+y^2 \geqq 4$ が成り立つ。〔類 専修大〕

(1) $x=0$, $y=1$, $z=2$ とすると，

$(x-y)^2=(0-1)^2=1<2$, $(y-z)^2=(1-2)^2=1<2$ であるから，xとyは近く，yとzも近いが

$$(x-z)^2=(0-2)^2=4>2$$

よって，xとzは近いとはいえないから **偽**

(2) $(x-y)^2<2$ のとき

$$\{(x+z^2)-(y+z^2)\}^2=(x-y)^2<2$$

よって，$x+z^2$と$y+z^2$は近いといえるから **真**

(3) 0がx, yの両方に近くないとき

$(x-0)^2 \geqq 2$, $(y-0)^2 \geqq 2$ すなわち $x^2 \geqq 2$, $y^2 \geqq 2$

が成り立つ。各辺を加えて $x^2+y^2 \geqq 4$

よって **真**

CHART 命題の真偽

1 真をいうなら証明

2 偽をいうなら反例

⇦反例がすぐに見つからない場合は，真であることが考えられるので，証明をしてみる。(3)でも同様。

EX ②39 次の(1)~(6)の文中の空欄に当てはまるものを，下の選択肢 ①～④ のうちから1つ選べ。ただし，x, yはともに実数とする。

(1) 「$x>0$」は「$x \geqq 0$」のための□。

(2) 「$x=0$」は「$x^2+y^2=0$」のための□。

(3) 「$xy=0$」は「$x=0$ かつ $y=0$」のための□。

(4) 「$x^2+y^2=1$」は「$x+y=0$」のための□。

(5) 「すべてのxについて $xy=0$ である」は「$y=0$」のための□。

(6) 「$(xy)^2$が無理数である」は「xまたはyが無理数である」のための□。

［選択肢］ ① 必要十分条件である
② 十分条件であるが必要条件ではない
③ 必要条件であるが十分条件ではない
④ 必要条件でも十分条件でもない
〔慶応大〕

(1) 「$x>0 \Longrightarrow x \geqq 0$」は真。

また，「$x \geqq 0 \Longrightarrow x>0$」は偽。 (反例)：$x=0$

よって，十分条件である。

したがって ②

pは十分条件

(2) 「$x=0 \Longrightarrow x^2+y^2=0$」は偽。 (反例)：$x=0$, $y=1$

「$x^2+y^2=0 \Longrightarrow x=0$」は真。

よって，必要条件である。

したがって ③

⇦$p \underset{○}{\overset{×}{\rightleftarrows}} q$

pは必要条件

(3) 「$xy=0 \Longrightarrow x=0$ かつ $y=0$」は偽。

(反例)：$x=0$, $y=1$

「$x=0$ かつ $y=0 \Longrightarrow xy=0$」は真。

よって，必要条件である。

したがって ③

⇦$p \underset{○}{\overset{×}{\rightleftarrows}} q$

pは必要条件

(4) 「$x^2+y^2=1 \Longrightarrow x+y=0$」は偽。
(反例)：$x=0$，$y=1$
また，「$x+y=0 \Longrightarrow x^2+y^2=1$」も偽。
(反例)：$x=0$，$y=0$
よって，必要条件でも十分条件でもない。
したがって　④

⇐ $p \overset{\times}{\underset{\times}{\rightleftarrows}} q$
p はどちらでもない

(5) 「すべての x について $xy=0$ である $\Longrightarrow$ $y=0$」は真。
また，「$y=0 \Longrightarrow$ すべての x について $xy=0$ である」も真。
よって，必要十分条件である。
したがって　①

⇐ $p \overset{\bigcirc}{\underset{\bigcirc}{\rightleftarrows}} q$
p は必要十分条件

(6) 「$(xy)^2$ が無理数である $\Longrightarrow$ x または y が無理数である」は真。
また，「x または y が無理数である $\Longrightarrow$ $(xy)^2$ が無理数である」は偽。　(反例)：$x=\sqrt{2}$，$y=0$
よって，十分条件である。
したがって　②

⇐ $(xy)^2$ が無理数
$\Longrightarrow xy$ が無理数
$\Longrightarrow x$ または y が無理数

⇐ $p \overset{\bigcirc}{\underset{\times}{\rightleftarrows}} q$
p は十分条件

EX ②40

整数 a，b，c に関する次の命題の逆と対偶を述べ，それらの真偽を述べよ。
「$a^2+b^2+c^2$ が奇数ならば a，b，c のうち少なくとも1つは奇数である」

逆：「a，b，c のうち少なくとも1つが奇数ならば $a^2+b^2+c^2$ は奇数である」
逆は　**偽**　(反例：$a=1$，$b=1$，$c=0$)
対偶：「a，b，c がすべて偶数ならば $a^2+b^2+c^2$ は偶数である」
対偶は　**真**
(証明)　a，b，c がすべて偶数ならば，整数 k，l，m を用いて
$a=2k$，$b=2l$，$c=2m$ と表され

$$a^2+b^2+c^2=(2k)^2+(2l)^2+(2m)^2=2(2k^2+2l^2+2m^2)$$

$2k^2+2l^2+2m^2$ は整数であるから，$a^2+b^2+c^2$ は偶数である。

命題「$p \Longrightarrow q$」の
逆 は　「$q \Longrightarrow p$」
対偶 は「$\overline{q} \Longrightarrow \overline{p}$」

⇐少なくとも1つは p の否定は　すべて $\overline{p}$

⇐ n が偶数のとき $n=2k$
n が奇数のとき
$n=2k+1$ (k は整数) と表される。

EX ②41

命題「$p \Longrightarrow q$」について，条件 p を満たすものの集合を P，条件 q を満たすものの集合を Q とする。命題「$p \Longrightarrow q$」が真であるとき，その対偶について，□が成り立つ。空欄に当てはまるものを，次の①～④のうちから1つ選べ。
①　$\overline{P} \subset Q$　　②　$\overline{P} \subset \overline{Q}$　　③　$\overline{Q} \subset P$　　④　$\overline{Q} \subset \overline{P}$　　〔西南学院大〕

命題「$p \Longrightarrow q$」が真であるから，その対偶「$\overline{q} \Longrightarrow \overline{p}$」も真である。
このとき，$\overline{Q} \subset \overline{P}$ が成り立つから　④

U
Q
P

EX ②42

有理数と無理数の和は無理数であることを証明せよ。　〔浜松大〕

x を有理数，y を無理数とし，$x+y$ が無理数でないと仮定すると，$x+y$ は有理数である。
ここで，$x+y=a$ (a は有理数) とおくと　　$y=a-x$

HINT
背理法で証明する。

a, x は有理数であるから, $a-x$ も有理数となり, y が無理数であることに矛盾する。
よって, 有理数と無理数の和は無理数である。

EX ③43 三角形に関する条件 p, q, r を次のように定める。
p : 3つの内角がすべて異なる　　　q : 直角三角形でない
r : 45° の内角は1つもない
条件 p の否定を $\overline{p}$ で表し, 同様に $\overline{q}$, $\overline{r}$ はそれぞれ条件 q, r の否定を表すものとする。このとき, □ に当てはまるものを, それぞれの選択肢から選べ。
(1) 命題「$r \Longrightarrow (p$ または $q)$」の対偶は「ア□ $\Longrightarrow \overline{r}$」である。
[選択肢] ⓪ (p かつ q)　① ($\overline{p}$ かつ $\overline{q}$)
② ($\overline{p}$ または q)　③ ($\overline{p}$ または $\overline{q}$)
(2) 命題「$(p$ または $q) \Longrightarrow r$」に対する反例となっている三角形は イ□ と ウ□ である。
[選択肢] ⓪ 直角二等辺三角形　① 内角が 30°, 45°, 105° の三角形
② 正三角形　③ 3辺の長さが 3, 4, 5 の三角形
④ 頂角が 45° の二等辺三角形
(3) r は $(p$ または $q)$ であるための エ□。
[選択肢] ⓪ 必要十分条件である　① 必要条件であるが, 十分条件ではない
② 十分条件であるが, 必要条件ではない
③ 必要条件でも十分条件でもない　〔類 センター試験〕

(1) 「$r \Longrightarrow (p$ または $q)$」の対偶は
「$\overline{(p \text{ または } q)} \Longrightarrow \overline{r}$」 すなわち 「$(\overline{p}$ かつ $\overline{q}) \Longrightarrow \overline{r}$」
よって ア①

⇐命題「$p \Longrightarrow q$」の対偶は「$\overline{q} \Longrightarrow \overline{p}$」

(2) ⓪～④ のそれぞれについて, 条件 p, q, $(p$ または $q)$, r を満たすかどうかを調べると, 次の表のようになる。ただし, ○ は満たすこと, × は満たさないことを表す。

	p	q	p または q	r
⓪	×	×	×	×
①	○	○	○	×
②	×	○	○	○
③	○	×	○	○
④	×	○	○	×

「$(p$ または $q) \Longrightarrow r$」の反例は, $(p$ または $q)$ を満たし, r を満たさないものであるから
イ①, ウ④ (イ④, ウ①でもよい。)

(3) 「$r \Longrightarrow (p$ または $q)$」の対偶は 「$(\overline{p}$ かつ $\overline{q}) \Longrightarrow \overline{r}$」
$\overline{p}$: 3つの内角のうち, 少なくとも2つは等しい
$\overline{q}$: 直角三角形である
$\overline{r}$: 45° の内角が少なくとも1つある
$\overline{p}$ を満たす三角形は, 二等辺三角形である。
よって, $(\overline{p}$ かつ $\overline{q})$ を満たす三角形は, 直角二等辺三角形である。
直角二等辺三角形は, 内角が 45°, 45°, 90° であるから $\overline{r}$ を満

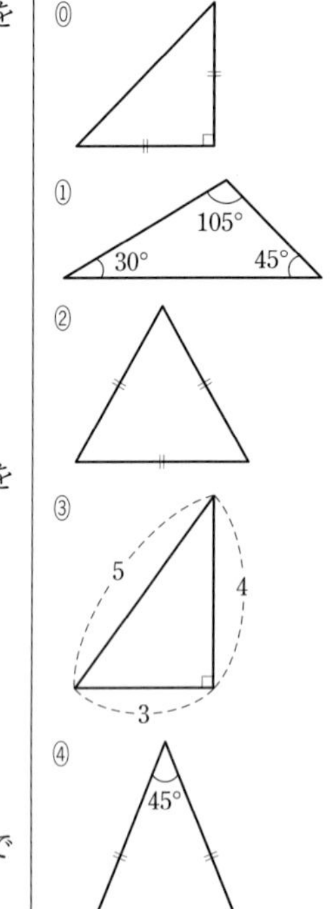

たす。
よって，対偶「($\overline{p}$ かつ $\overline{q}$) $\Longrightarrow \overline{r}$」は真である。
ゆえに，「$r \Longrightarrow$ (p または q)」も真である。
一方，(2) より「(p または q) $\Longrightarrow r$」は反例があるから偽である。よって，r は (p または q) であるための十分条件であるが，必要条件ではない。
ゆえに　　エ②

⇐ $r \underset{\times}{\overset{\bigcirc}{\rightleftarrows}}$ (p または q)
r は十分条件

EX ③44
(1) 次の命題の真偽を調べよ。ただし，a，b は整数とする。
(ア) a^2+b^2 が偶数ならば，ab は奇数である。
(イ) a^2+b^2 が偶数ならば，$a+b$ は偶数である。
(2) x は実数，a は正の定数とする。$2<x<3$ が $a<x<2a$ の十分条件となるような a の値の範囲を求めよ。

(1) (ア) **偽**　(反例：$a=2$，$b=2$)
(イ) **真**　(証明)　対偶は
「$a+b$ が奇数ならば，a^2+b^2 は奇数である。」
これを証明する。$a+b$ が奇数ならば，整数 k を用いて
$a+b=2k+1$ と表される。

$$\begin{aligned} a^2+b^2 &= (a+b)^2-2ab \\ &= (2k+1)^2-2ab \\ &= 2(2k^2+2k-ab)+1 \end{aligned}$$

$2k^2+2k-ab$ は整数であるから，a^2+b^2 は奇数である。
よって，対偶が真であるから，与えられた命題も真である。

(2) $2<x<3$ を p，$a<x<2a$ を q とすると，p が q の十分条件となるのは，
命題 $p \Longrightarrow q$ が真
となるときである。
よって，$P=\{x|2<x<3\}$，$Q=\{x|a<x<2a\}$ とすると，
$P\subset Q$ が成り立てばよいから
$a\leqq 2$ かつ $3\leqq 2a$
ゆえに，求める a の値の範囲は

$$\boldsymbol{\frac{3}{2}\leqq a\leqq 2}$$

CHART
命題の真偽
1 真をいうなら証明
2 偽をいうなら反例

⇐対偶を利用。
命題 $p \Longrightarrow q$ とその対偶 $\overline{q} \Longrightarrow \overline{p}$ の真偽は一致する。

inf. $a+b$ が奇数ならば，a，b の一方が偶数で他方は奇数である。このことを利用して a^2+b^2 が奇数であることを示してもよい。

⇐ $p \underset{\times}{\overset{\bigcirc}{\rightleftarrows}} q$
p は十分条件

EX ③45
n は整数とする。
(1) n^2 が5の倍数ならば，n は5の倍数であることを証明せよ。
(2) $\sqrt{5}$ が無理数であることを証明せよ。

(1) 対偶「n が5の倍数でないならば，n^2 は5の倍数でない」を証明する。
n が5の倍数でないとき，整数 k を用いて

$$n=5k+1,\ 5k+2,\ 5k+3,\ 5k+4$$

のいずれかの形に表される。
[1] $n=5k+1$ のとき

$$n^2=(5k+1)^2=25k^2+10k+1=5(5k^2+2k)+1$$

⇐対偶を利用。

⇐5で割ると1余る。

[2]　$n=5k+2$ のとき

$$n^2=(5k+2)^2=25k^2+20k+4=5(5k^2+4k)+4$$

⇦5で割ると4余る。

[3]　$n=5k+3$ のとき

$$n^2=(5k+3)^2=25k^2+30k+9=5(5k^2+6k+1)+4$$

⇦5で割ると4余る。

[4]　$n=5k+4$ のとき

$$n^2=(5k+4)^2=25k^2+40k+16=5(5k^2+8k+3)+1$$

⇦5で割ると1余る。

ゆえに，$5k^2+2k$，$5k^2+4k$，$5k^2+6k+1$，$5k^2+8k+3$ はそれぞれ整数であるから，いずれの場合も，n^2 は5の倍数とはならない。

よって，対偶が真であるから，もとの命題は真である。

(2)　$\sqrt{5}$ が無理数でないと仮定する。

このとき $\sqrt{5}$ はある有理数に等しいから，1以外に正の公約数をもたない2つの自然数 a，b を用いて

⇦a と b は互いに素。

$$\sqrt{5}=\frac{a}{b}$$

⇦$\frac{a}{b}$ は既約分数。

と表される。

ゆえに　　$a=\sqrt{5}b$

両辺を2乗すると　　$a^2=5b^2$　…… ①

よって，a^2 は5の倍数である。

(1) より，a^2 が5の倍数ならば，a も5の倍数であるから，k を自然数として $a=5k$ と表される。

これを ① に代入して　　$25k^2=5b^2$

すなわち　　$b^2=5k^2$

よって，b^2 は5の倍数であるから，(1) より，b も5の倍数である。ゆえに，a と b は公約数5をもつ。

これは，a と b が1以外に正の公約数をもたないことに矛盾する。

したがって，$\sqrt{5}$ は無理数である。

EX ③46

(1)　a，b，c，d を有理数，x を無理数とするとき，

「$a+bx=c+dx$ ならば，$a=c$ かつ $b=d$」

が成り立つことを証明せよ。

(2)　$(p+\sqrt{2})(q+3\sqrt{2})=8+7\sqrt{2}$ を満たす有理数 p，q $(p<q)$ の値を求めよ。

(1)　$a+bx=c+dx$ を変形して

$$(b-d)x=c-a \quad \cdots\cdots ①$$

$b \neq d$ と仮定すると，① から　　$x=\dfrac{c-a}{b-d}$

⇦背理法を利用する。

この左辺は無理数，右辺は有理数となり矛盾する。

したがって，$b=d$ である。

このとき，① から　　$a=c$

⇦$b=d$ のとき $0\cdot x=c-a$ から $a=c$

したがって，「$a+bx=c+dx$ ならば $a=c$ かつ $b=d$」が成り立つ。

(2)　左辺を展開して

$$(pq+6)+(3p+q)\sqrt{2}=8+7\sqrt{2}$$

⇦$\sqrt{2}$ について整理。

p，q は有理数であるから，$pq+6$，$3p+q$ も有理数である。

⇦この断りは重要。

また，8，7 は有理数で，$\sqrt{2}$ は無理数である。

ゆえに，(1) の結果から

$$pq+6=8 \quad \cdots\cdots ①，\quad 3p+q=7 \quad \cdots\cdots ②$$

② から　　$q=-3p+7$　…… ③

① に代入して　　$p(-3p+7)+6=8$

⇦ q を消去する。

よって　　$3p^2-7p+2=0$

ゆえに　　$(p-2)(3p-1)=0$

⇦ 1 ＼／ −2 ⟶ −6
　 3 ／＼ −1 ⟶ −1
　 3　　2　　−7

したがって　　$p=\frac{1}{3}$，2

③から　　$p=\frac{1}{3}$ のとき　$q=6$，　$p=2$ のとき　$q=1$

⇦ここで終わりにしてはいけない。

条件より，$p<q$ であるから

$$\boldsymbol{p=\frac{1}{3},\ q=6}$$

PR ②**48**

次の関数の値域を求めよ。また，最大値，最小値があれば，それを求めよ。

(1) $y=-2x+3\quad(-1\leqq x\leqq 2)$　　(2) $y=\dfrac{2}{3}x-1\quad(0<x\leqq 2)$

(1) この関数のグラフは，直線 $y=-2x+3$ の $-1\leqq x\leqq 2$ に対応する部分であり

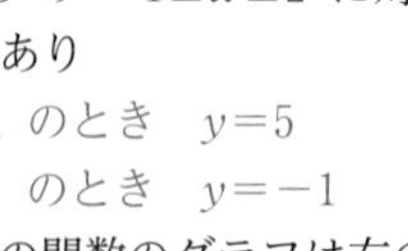

$x=-1$ のとき　$y=5$

$x=2$ 　のとき　$y=-1$

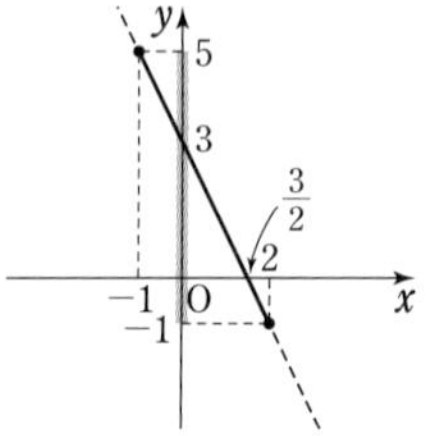

⇦傾きは -2 で右下がり。

よって，この関数のグラフは右の図の実線部分であり，その**値域は　$-1\leqq y\leqq 5$**

また，**$x=-1$ で最大値 5，$x=2$ で最小値 -1** をとる。

(2) この関数のグラフは，直線 $y=\dfrac{2}{3}x-1$ の $0<x\leqq 2$ に対応する部分であり

⇦傾きは $\dfrac{2}{3}$ で右上がり。

$x=0$ のとき　$y=-1$

$x=2$ のとき　$y=\dfrac{1}{3}$

よって，この関数のグラフは右の図の実線部分であり，その**値域は　$-1<y\leqq\dfrac{1}{3}$**

また，**$x=2$ で最大値 $\dfrac{1}{3}$** をとり，**最小値はない。**

⇦「最小値 -1」は誤り。

PR ③**49**

次の条件を満たすように，定数 a，b の値を定めよ。

(1) 1次関数 $f(x)=ax+b$ について，$f(0)=-1$ かつ $f(2)=0$ である。

(2) 1次関数 $y=ax+b$ のグラフが2点 $(-1,\ 2)$，$(3,\ 6)$ を通る。

(3) 関数 $y=ax+b$ の定義域が $-3\leqq x\leqq 1$ のとき，値域が $1\leqq y\leqq 3$ となる。ただし，$a>0$ とする。

(1) $f(0)=a\cdot 0+b=b$，$f(2)=a\cdot 2+b=2a+b$

$f(0)=-1$ であるから　$b=-1$　…… ①

$f(2)=0$　であるから　$2a+b=0$　…… ②

⇦① を ② に代入すると $2a=1$

①，② を解くと　**$a=\dfrac{1}{2}$，$b=-1$**

(2) グラフが点 $(-1,\ 2)$ を通るから　$2=-a+b$　…… ①

点 $(3,\ 6)$ を通るから　$6=3a+b$　…… ②

①，② を解くと　**$a=1$，$b=3$**

⇦②−① から　$4a=4$
よって　$a=1$
① から　$b=2+1=3$

(3) $a>0$ であるから，この関数は x の値が増加すると，y の値は増加する。

よって，$x=-3$ のとき　$y=1$，$x=1$ のとき　$y=3$

ゆえに　$-3a+b=1$，$a+b=3$

これを解くと　**$a=\dfrac{1}{2}$，$b=\dfrac{5}{2}$**　これは $a>0$ を満たす。

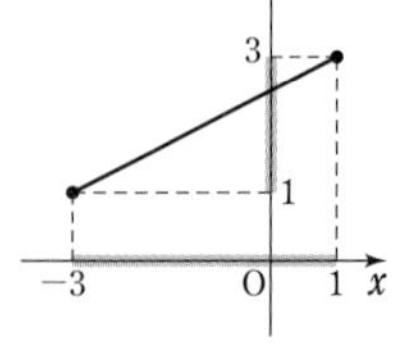

PR ①50

2 次関数 $y=-3(x+2)^2-4$ のグラフは，2 次関数 $y=$ ア□ x^2 のグラフを，x 軸方向に イ□，y 軸方向に ウ□ だけ平行移動したものであり，軸は直線 $x=$ エ□，頂点は点 (オ□，カ□) である。

$y=-3(x+2)^2-4$ は

$y=-3\{x-(-2)\}^2-4$

と表される。

そのグラフは，2 次関数 $y=$ ア$\boldsymbol{-3x^2}$ のグラフを

x 軸方向に イ$\boldsymbol{-2}$，

y 軸方向に ウ$\boldsymbol{-4}$

だけ平行移動したものであり

軸は直線 $x=$ エ$\boldsymbol{-2}$，頂点は点 (オ$\boldsymbol{-2}$，カ$\boldsymbol{-4}$) である。

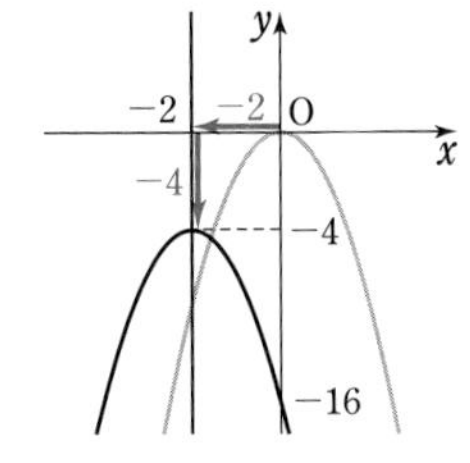

⇦平行移動では x^2 の係数は変わらない。

PR ②51

次の 2 次関数のグラフをかけ。また，その軸と頂点を求めよ。

(1) $y=x^2-4x$　　(2) $y=-x^2+3x-2$　　(3) $y=2x^2+8x+12$

(4) $y=-2x^2+10x-7$　　(5) $y=3x^2-5x+1$　　(6) $y=-\frac{1}{3}x^2+2x+1$

(1) $x^2-4x=(x-2)^2-2^2$

よって　$y=(x-2)^2-4$

したがって，グラフは **右の図** のようになる。

また　**軸は 直線 $\boldsymbol{x=2}$，**

頂点は 点 $\boldsymbol{(2,\ -4)}$

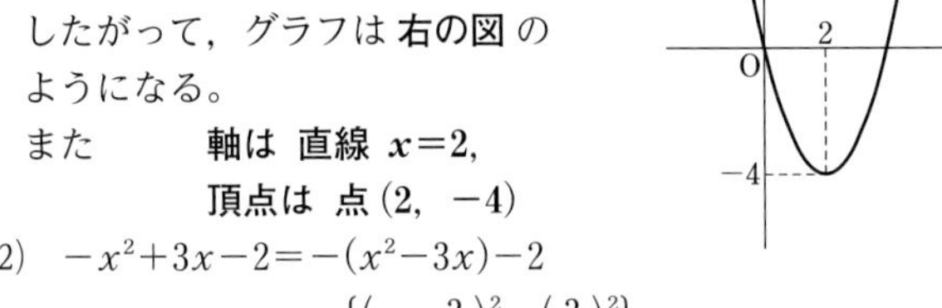

⇦点 $(2,\ -4)$ を原点とみて，$y=x^2$ のグラフをかく。**グラフには，$\boldsymbol{y}$ 軸との交点の $\boldsymbol{y}$ 座標も忘れずに記入する。**

(2) $-x^2+3x-2=-(x^2-3x)-2$

$$=-\left\{\left(x-\frac{3}{2}\right)^2-\left(\frac{3}{2}\right)^2\right\}-2$$

$$=-\left(x-\frac{3}{2}\right)^2+\frac{9}{4}-2$$

⇦計算ミスしないように { } を使うとよい。

よって　$y=-\left(x-\frac{3}{2}\right)^2+\frac{1}{4}$

したがって，グラフは **右の図** のようになる。

また　**軸は 直線 $\boldsymbol{x=\frac{3}{2}}$，**

頂点は 点 $\boldsymbol{\left(\frac{3}{2},\ \frac{1}{4}\right)}$

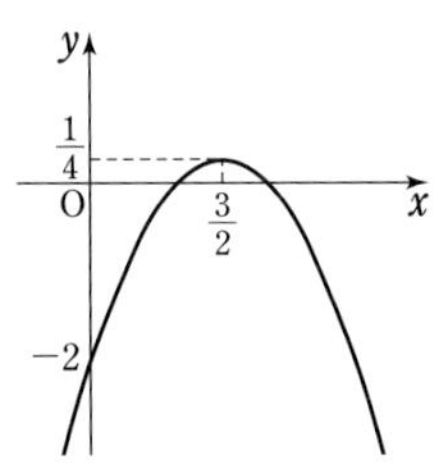
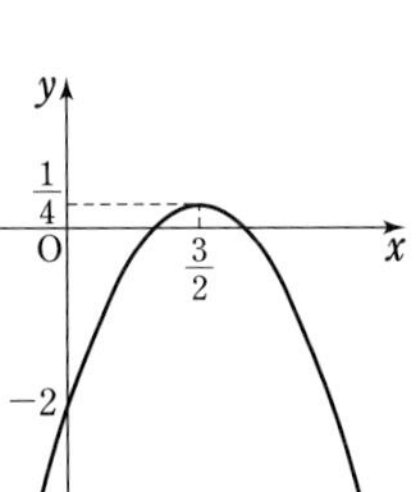

⇦点 $\left(\frac{3}{2},\ \frac{1}{4}\right)$ を原点とみて，$y=-x^2$ のグラフをかく。

(3) $2x^2+8x+12=2(x^2+4x)+12$

$=2\{(x+2)^2-2^2\}+12$

$=2(x+2)^2-8+12$

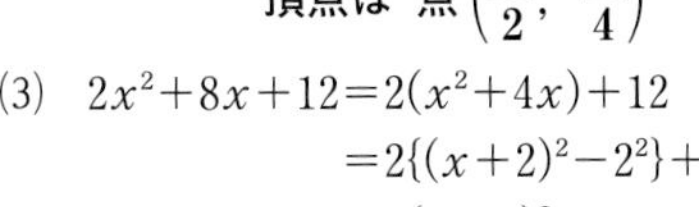

⇦計算ミスしないように { } を使うとよい。

よって　$y=2(x+2)^2+4$

したがって，グラフは **右の図** のようになる。

また　**軸は 直線 $\boldsymbol{x=-2}$，**

頂点は 点 $\boldsymbol{(-2,\ 4)}$

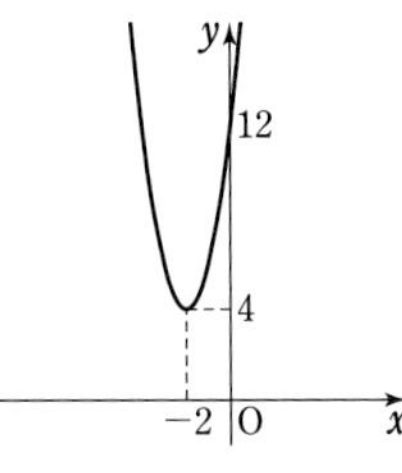

⇦点 $(-2,\ 4)$ を原点とみて，$y=2x^2$ のグラフをかく。

(4) $-2x^2+10x-7=-2(x^2-5x)-7$

$$=-2\left\{\left(x-\frac{5}{2}\right)^2-\left(\frac{5}{2}\right)^2\right\}-7$$

$$=-2\left(x-\frac{5}{2}\right)^2+\frac{25}{2}-7$$

⇦計算ミスしないように{ }を使うとよい。

よって　$y=-2\left(x-\frac{5}{2}\right)^2+\frac{11}{2}$

したがって，グラフは **右の図** のようになる。

また　**軸は 直線 $x=\frac{5}{2}$，**

頂点は 点 $\left(\frac{5}{2},\ \frac{11}{2}\right)$

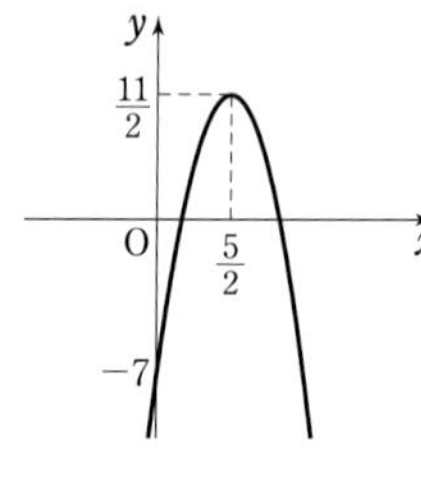

⇦点 $\left(\frac{5}{2},\ \frac{11}{2}\right)$ を原点とみて，$y=-2x^2$ のグラフをかく。

(5) $3x^2-5x+1=3\left(x^2-\frac{5}{3}x\right)+1=3\left\{\left(x-\frac{5}{6}\right)^2-\left(\frac{5}{6}\right)^2\right\}+1$

$$=3\left(x-\frac{5}{6}\right)^2-\frac{25}{12}+1$$

⇦計算ミスしないように{ }を使うとよい。

よって　$y=3\left(x-\frac{5}{6}\right)^2-\frac{13}{12}$

したがって，グラフは **右の図** のようになる。

また　**軸は 直線 $x=\frac{5}{6}$，**

頂点は 点 $\left(\frac{5}{6},\ -\frac{13}{12}\right)$

⇦点 $\left(\frac{5}{6},\ -\frac{13}{12}\right)$ を原点とみて，$y=3x^2$ のグラフをかく。

(6) $-\frac{1}{3}x^2+2x+1=-\frac{1}{3}(x^2-6x)+1$

$$=-\frac{1}{3}\{(x-3)^2-3^2\}+1$$

$$=-\frac{1}{3}(x-3)^2+3+1$$

⇦計算ミスしないように{ }を使うとよい。

よって　$y=-\frac{1}{3}(x-3)^2+4$

したがって，グラフは **右の図** のようになる。

また　**軸は 直線 $x=3$，**

頂点は 点 $(3,\ 4)$

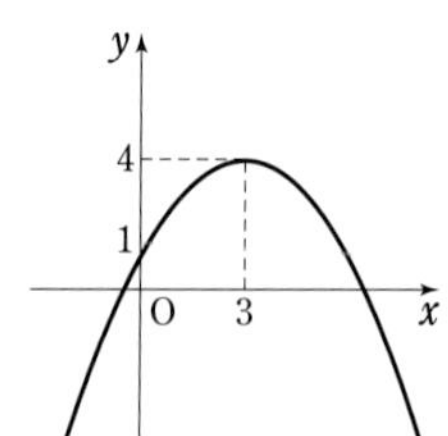

⇦点 (3, 4) を原点とみて，$y=-\frac{1}{3}x^2$ のグラフをかく。

PR ③52　右の図のような 2 次関数 $y=ax^2+bx+c$ のグラフについて，次の値の正，0，負を判定せよ。

(1) a　　(2) b

(3) c　　(4) b^2-4ac

(5) $a+b+c$　　(6) $a-b+c$

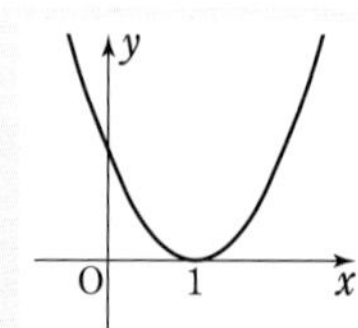

$$ax^2+bx+c=a\left(x^2+\frac{b}{a}x\right)+c$$
$$=a\left\{\left(x+\frac{b}{2a}\right)^2-\left(\frac{b}{2a}\right)^2\right\}+c$$
$$=a\left(x+\frac{b}{2a}\right)^2-a\left(\frac{b}{2a}\right)^2+c$$
$$=a\left(x+\frac{b}{2a}\right)^2-\frac{b^2-4ac}{4a}$$

⇐「2次関数」とあるから　$a\neq0$

⇐平方完成する。実際の答案では，この式変形を省略してもよい。

よって，放物線 $y=ax^2+bx+c$ の

軸は　直線 $x=-\frac{b}{2a}$

頂点の y 座標は　$-\frac{b^2-4ac}{4a}$

y 軸との交点の y 座標は　c

⇐グラフと y 軸との交点の y 座標は，関数の式に $x=0$ を代入して求める。

(1)　グラフは，下に凸の放物線であるから，a は **正**

(2)　グラフから，軸は直線 $x=1$

よって　$-\frac{b}{2a}=1$　ゆえに　$b=-2a$

(1) より，$a>0$ であるから，b は **負**

⇐$b=-2a$ から，a と b は異符号。

(3)　グラフが y 軸の正の部分と交わるから，c は **正**

(4)　グラフから，頂点の y 座標が 0

よって　$-\frac{b^2-4ac}{4a}=0$　ゆえに　$b^2-4ac=\mathbf{0}$

inf.
放物線 $y=ax^2+bx+c$ について
x 軸と1点で接する
⟺ $b^2-4ac=0$
が成り立つ（本冊 $p.139$ 以降を参照）。

(5)　$x=1$ のとき　$y=a+b+c$

グラフから，$x=1$ のとき　$y=0$

よって　$a+b+c=\mathbf{0}$

(6)　$x=-1$ のとき　$y=a-b+c$

グラフから，$x=-1$ のとき　$y>0$

よって　$a-b+c$ は **正**

⇐グラフから $x\neq1$ のとき　$y>0$

別解　(1), (2), (3) から　$a>0$,　$-b>0$,　$c>0$

よって　$a-b+c=a+(-b)+c>0$

ゆえに　**正**

PR ②53　(1)　放物線 $y=-x^2+3x-1$ は，放物線 $y=-x^2-5x+2$ をどのように平行移動したものか。
(2)　放物線 $y=3x^2-6x+5$ は，どのように平行移動すると放物線 $y=3x^2+9x$ に重なるか。

(1)　$y=-x^2+3x-1=-\left(x-\frac{3}{2}\right)^2+\frac{5}{4}$　…… ①

放物線 ① の頂点を A とすると　$\mathrm{A}\left(\frac{3}{2},\ \frac{5}{4}\right)$

$y=-x^2-5x+2=-\left(x+\frac{5}{2}\right)^2+\frac{33}{4}$　…… ②

放物線 ② の頂点を B とすると　$\mathrm{B}\left(-\frac{5}{2},\ \frac{33}{4}\right)$

⇐$-(x^2-3x)-1$
$=-\left\{\left(x-\frac{3}{2}\right)^2-\left(\frac{3}{2}\right)^2\right\}-1$
$=-\left(x-\frac{3}{2}\right)^2+\left(\frac{3}{2}\right)^2-1$

⇐$-(x^2+5x)+2$
$=-\left\{\left(x+\frac{5}{2}\right)^2-\left(\frac{5}{2}\right)^2\right\}+2$
$=-\left(x+\frac{5}{2}\right)^2+\left(\frac{5}{2}\right)^2+2$

点Bを x 軸方向に p，y 軸方向に q だけ移動したときに点Aに重なるとすると

$$-\frac{5}{2}+p=\frac{3}{2},\quad \frac{33}{4}+q=\frac{5}{4}$$

これを解いて　$p=4$，$q=-7$

よって，放物線①は，放物線②を

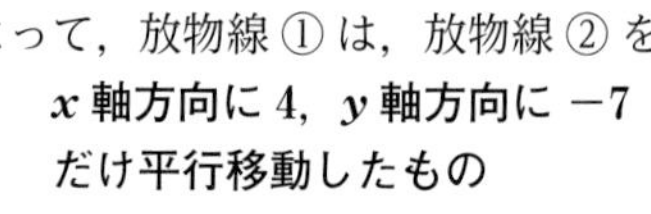

x 軸方向に4，y 軸方向に -7
だけ平行移動したもの

である。

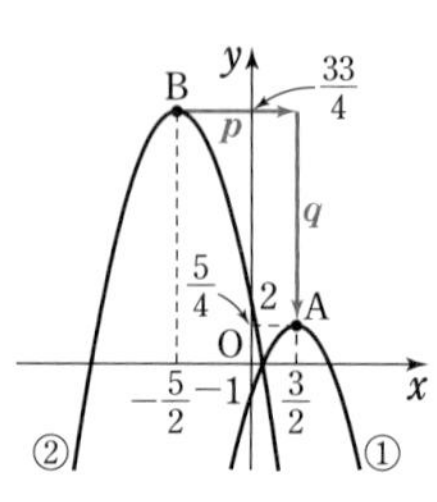

別解 (1)（後半）頂点の座標の差は

$$\frac{3}{2}-\left(-\frac{5}{2}\right)=4,$$

$$\frac{5}{4}-\frac{33}{4}=-7$$

よって，x 軸方向に4，y 軸方向に -7 だけ平行移動。

(2)　$y=3x^2-6x+5=3(x-1)^2+2$　…… ①

放物線①の頂点をAとすると　A$(1,\ 2)$

$$y=3x^2+9x=3\left(x+\frac{3}{2}\right)^2-\frac{27}{4}\quad \cdots\cdots ②$$

放物線②の頂点をBとすると　$\mathrm{B}\left(-\frac{3}{2},\ -\frac{27}{4}\right)$

点Aを x 軸方向に p，y 軸方向に q だけ移動したときに点Bに重なるとすると

$$1+p=-\frac{3}{2},\quad 2+q=-\frac{27}{4}$$

これを解いて　$p=-\frac{5}{2}$，$q=-\frac{35}{4}$

よって，放物線①を

x 軸方向に $-\frac{5}{2}$，y 軸方向に $-\frac{35}{4}$ だけ平行移動する

と放物線②に重なる。

⇐ $3(x^2-2x)+5$
$=3\{(x-1)^2-1^2\}+5$
$=3(x-1)^2-3+5$

⇐ $3(x^2+3x)$
$=3\left\{\left(x+\frac{3}{2}\right)^2-\left(\frac{3}{2}\right)^2\right\}$
$=3\left(x+\frac{3}{2}\right)^2-3\left(\frac{3}{2}\right)^2$

別解 (2)（後半）頂点の座標の差は

$$-\frac{3}{2}-1=-\frac{5}{2},$$

$$-\frac{27}{4}-2=-\frac{35}{4}$$

よって，x 軸方向に $-\frac{5}{2}$，y 軸方向に $-\frac{35}{4}$ だけ平行移動。

PR ②54

(1) 次の直線および放物線を，x 軸方向に -3，y 軸方向に1だけ平行移動して得られる直線および放物線の方程式を求めよ。

(ア) 直線 $y=2x-3$　　(イ) 放物線 $y=-x^2+x-2$

(2) x 軸方向に2，y 軸方向に -1 だけ平行移動すると放物線 $y=-2x^2+3$ に重なるような放物線の方程式を求めよ。

(1) (ア) 求める方程式は

$$y-1=2\{x-(-3)\}-3$$

すなわち　$y=2x+6-3+1$

よって　$\boldsymbol{y=2x+4}$

(イ) 求める方程式は

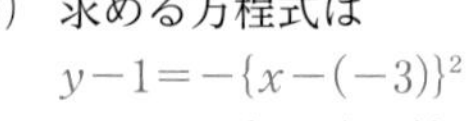

$$y-1=-\{x-(-3)\}^2+\{x-(-3)\}-2$$

すなわち

$$y=-x^2-6x-9+x+3-2+1$$

よって　$\boldsymbol{y=-x^2-5x-7}$

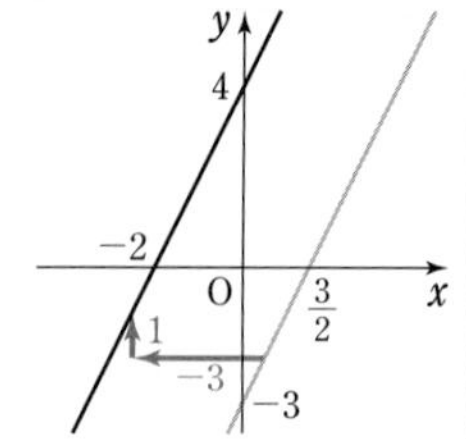

⇐ x に $x-(-3)$，y に $y-1$ を代入。

別解　放物線 $y=-x^2+x-2$

すなわち $y=-\left(x-\dfrac{1}{2}\right)^2-\dfrac{7}{4}$ の

頂点は点 $\left(\dfrac{1}{2},\ -\dfrac{7}{4}\right)$ である。

これを

x 軸方向に -3，y 軸方向に 1

だけ平行移動すると

$\left(\dfrac{1}{2}-3,\ -\dfrac{7}{4}+1\right)$　すなわち　$\left(-\dfrac{5}{2},\ -\dfrac{3}{4}\right)$

よって，移動後の放物線の方程式は

$$\boldsymbol{y=-\left(x+\frac{5}{2}\right)^2-\frac{3}{4}}\ \ (y=-x^2-5x-7\ \text{でもよい})$$

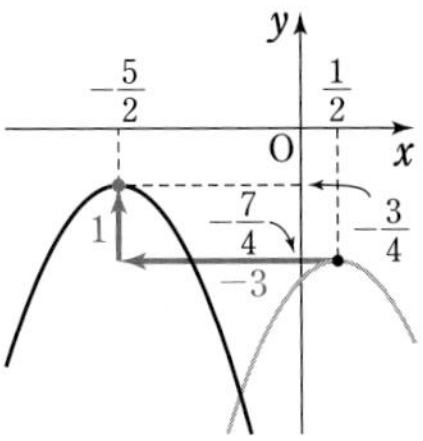

⇦頂点の移動に着目。

⇦$-(x^2-x)-2$
$=-\left\{\left(x-\dfrac{1}{2}\right)^2-\left(\dfrac{1}{2}\right)^2\right\}-2$
$=-\left(x-\dfrac{1}{2}\right)^2+\left(\dfrac{1}{2}\right)^2-2$

⇦頂点 $(p,\ q)$ を x 軸方向に -3，y 軸方向に 1 だけ平行移動すると
　点 $(p-3,\ q+1)$
これが，平行移動した放物線の頂点となる。

⇦$y=-x^2-5x-\dfrac{25}{4}-\dfrac{3}{4}$

(2)　放物線 $y=-2x^2+3$ を

x 軸方向に -2，y 軸方向に 1 だけ平行移動する

と，求める放物線になる。

ゆえに　$y-1=-2\{x-(-2)\}^2+3$

よって　$\boldsymbol{y=-2(x+2)^2+4}$

$(y=-2x^2-8x-4$ でもよい$)$

⇦**逆の平行移動** を考えて，放物線 $y=-2x^2+3$ をもとの位置に戻す。

⇦$y=-2(x^2+4x+4)+4$

PR ①55

放物線 $y=-2x^2+3x-5$ を，次の直線または点に関して，それぞれ対称移動して得られる放物線の方程式を求めよ。

(1)　x 軸　　(2)　y 軸　　(3)　原点

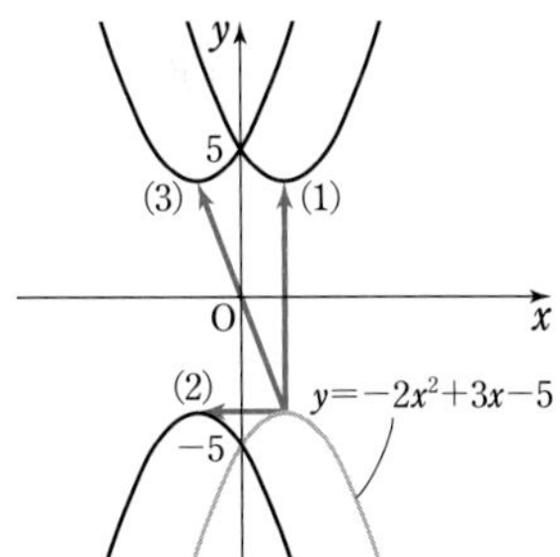

(1)　$-y=-2x^2+3x-5$

すなわち　$\boldsymbol{y=2x^2-3x+5}$

(2)　$y=-2(-x)^2+3(-x)-5$

すなわち　$\boldsymbol{y=-2x^2-3x-5}$

(3)　$-y=-2(-x)^2+3(-x)-5$

すなわち　$y=-(-2x^2-3x-5)$

よって　$\boldsymbol{y=2x^2+3x+5}$

別解　放物線 $y=-2x^2+3x-5$　すなわち

$y=-2\left(x-\dfrac{3}{4}\right)^2-\dfrac{31}{8}$ は頂点が点 $\left(\dfrac{3}{4},\ -\dfrac{31}{8}\right)$ で

上に凸である。

(1)　x 軸に関して対称移動すると，頂点は点 $\left(\dfrac{3}{4},\ \dfrac{31}{8}\right)$ で下に凸の放物線となるから

$$\boldsymbol{y=2\left(x-\frac{3}{4}\right)^2+\frac{31}{8}}\ \ (y=2x^2-3x+5\ \text{でもよい})$$

⇦y 座標の符号を入れ替える。上に凸が下に凸に変わる。

(2)　y 軸に関して対称移動すると，頂点は点 $\left(-\dfrac{3}{4},\ -\dfrac{31}{8}\right)$ で上に凸の放物線となるから

$$\boldsymbol{y=-2\left(x+\frac{3}{4}\right)^2-\frac{31}{8}}\ \ (y=-2x^2-3x-5\ \text{でもよい})$$

⇦x 座標の符号を入れ替える。

3章
PR

(3) 原点に関して対称移動すると，頂点は点$\left(-\dfrac{3}{4},\ \dfrac{31}{8}\right)$で下に凸の放物線となるから

$$y=2\left(x+\frac{3}{4}\right)^2+\frac{31}{8}\quad (y=2x^2+3x+5\ \text{でもよい})$$

⇦ x 座標，y 座標ともに符号を入れ替える。上に凸が下に凸に変わる。

PR ③56

(1) 定義域が $-2\leqq x\leqq 2$，値域が $-2\leqq y\leqq 4$ である 1 次関数を求めよ。
(2) 関数 $y=ax+b\ (b\leqq x\leqq b+1)$ の値域が $-3\leqq y\leqq 5$ であるとき，定数 a, b の値を求めよ。

(1) 求める 1 次関数を $y=ax+b\ (a\neq 0)$ とする。

⇦「1 次関数」であるから $a\neq 0$

$x=-2$ のとき　$y=-2a+b$
$x=2$ のとき　$y=2a+b$

[1] $a>0$ のとき
この関数は x の値が増加すると y の値も増加するから，$x=2$ で最大値 4，$x=-2$ で最小値 -2 をとる。
よって　$2a+b=4$,　$-2a+b=-2$
これを解いて　$a=\dfrac{3}{2}$,　$b=1$
これは $a>0$ を満たす。

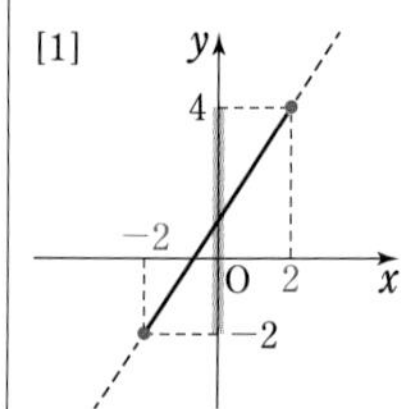

[2] $a<0$ のとき
この関数は x の値が増加すると y の値は減少するから，$x=-2$ で最大値 4，$x=2$ で最小値 -2 をとる。
よって　$-2a+b=4$,　$2a+b=-2$
これを解いて　$a=-\dfrac{3}{2}$,　$b=1$
これは $a<0$ を満たす。

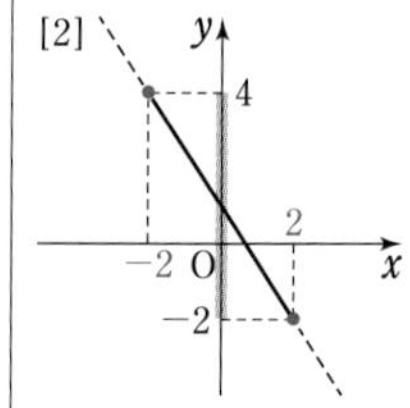

[1]，[2] から，求める 1 次関数は

$$y=\frac{3}{2}x+1\ (-2\leqq x\leqq 2),\quad y=-\frac{3}{2}x+1\ (-2\leqq x\leqq 2)$$

(2) $x=b$ のとき　$y=ab+b$
$x=b+1$ のとき　$y=a(b+1)+b$

[1] $a>0$ のとき
この関数は x の値が増加すると y の値も増加するから，$x=b+1$ で最大値 5，$x=b$ で最小値 -3 をとる。
よって　$a(b+1)+b=5$ ...... ①
　　　　$ab+b=-3$ ...... ②
① − ② から　$a=8$
これは $a>0$ を満たす。
これを ② に代入して　$b=-\dfrac{1}{3}$

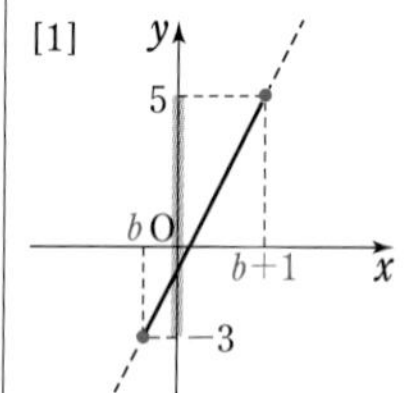

⇦ $8b+b=-3$

[2] $a=0$ のとき
この関数は　$y=b$
このとき，値域は $y=b$ であり，$-3\leqq y\leqq 5$ に適さない。

⇦ $a=0$ の場合を忘れないように。$y=b$ は定数関数。

[3]　$a<0$ のとき

この関数は x の値が増加すると y の値は減少するから，$x=b$ で最大値 5，$x=b+1$ で最小値 -3 をとる。

よって　$ab+b=5$ …… ③

$a(b+1)+b=-3$ …… ④

④−③ から　$a=-8$　これは $a<0$ を満たす。

これを ③ に代入して　$b=-\dfrac{5}{7}$

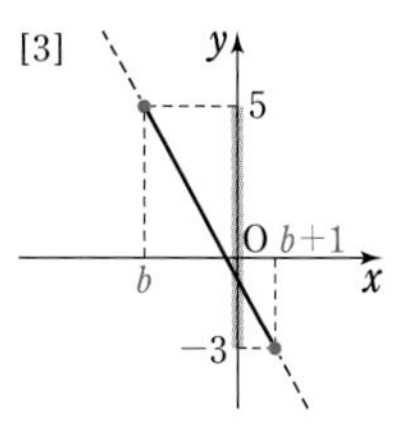

⇦$-8b+b=5$

[1]〜[3] から　$(\boldsymbol{a},\ \boldsymbol{b})=\left(8,\ -\dfrac{1}{3}\right),\ \left(-8,\ -\dfrac{5}{7}\right)$

3章 PR

PR ④57　1辺の長さが1の正方形 ABCD がある。点 P が頂点 A を出発し，毎秒 1 の速さでA→B→C→D→Aの順に辺上を1周するとき，線分 AP を1辺とする正方形の面積 y を，出発後の時間 x(秒) の関数で表し，そのグラフをかけ。ただし，点 P が点 A にあるときは $y=0$ とする。

x 秒間に点 P は長さ x だけ移動するから，

条件より，x の変域は　$0\leqq x\leqq 4$

⇦正方形の周囲の長さは4である。

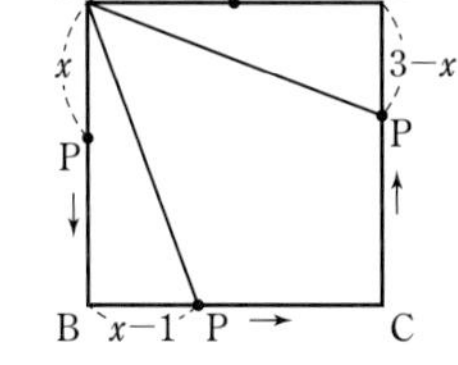

[1]　$x=0,\ 4$ のとき

点 P は点 A にあるから　$y=0$

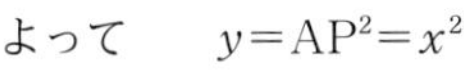

[2]　$0<x\leqq 1$ のとき

点 P は辺 AB 上にあり　$AP=x$

よって　$y=AP^2=x^2$

[3]　$1<x\leqq 2$ のとき

点 P は辺 BC 上にあり，三平方の定理から

$AP^2=AB^2+BP^2$

⇦$BP=x-AB=x-1$

よって　$y=AP^2=1^2+(x-1)^2$

$=(x-1)^2+1$

⇦頂点 $(1,\ 1)$，軸 $x=1$ の放物線。

[4]　$2<x\leqq 3$ のとき

点 P は辺 CD 上にあり，三平方の定理から

$AP^2=AD^2+DP^2$

⇦$DP=1-PC$ $=1-(x-2)=3-x$

よって　$y=AP^2=1^2+(3-x)^2$

$=(x-3)^2+1$

⇦頂点 $(3,\ 1)$，軸 $x=3$ の放物線。

[5]　$3<x<4$ のとき

点 P は辺 DA 上にあるから

$y=AP^2=(4-x)^2$

$=(x-4)^2$

⇦$AP=1-PD$ $=1-(x-3)=4-x$

⇦頂点 $(4,\ 0)$，軸 $x=4$ の放物線。

[1]〜[5] から

$0\leqq x\leqq 1$ のとき　$y=x^2$

$1<x\leqq 2$ のとき　$y=(x-1)^2+1$

$2<x\leqq 3$ のとき　$y=(x-3)^2+1$

$3<x\leqq 4$ のとき　$y=(x-4)^2$

グラフは **右の図の実線部分** である。

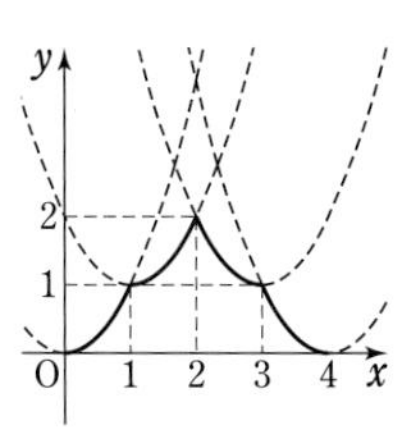

⇦$x=0$，$y=0$ は $y=x^2$ に，$x=4$，$y=0$ は $y=(x-4)^2$ に含まれる。

PR ④58

$[a]$ は実数 a を超えない最大の整数を表すものとする。

(1) $\left[\dfrac{1}{\sqrt{3}}\right]$, $\left[-\dfrac{1}{2}\right]$, $\dfrac{[-1]}{2}$ の値を求めよ。

(2) 関数 $y=2[x]$ と $y=[2x]$ のグラフを $-1\leqq x\leqq 2$ の範囲でかけ。

(1) $\dfrac{1}{\sqrt{3}}=\dfrac{\sqrt{3}}{3}$ から，$\dfrac{\sqrt{3}}{3}$，$-\dfrac{1}{2}$，-1 を数直線上に表すと，次の図のようになる。

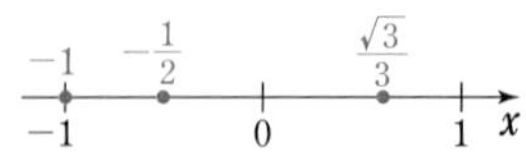

⇐ $0\leqq\dfrac{\sqrt{3}}{3}<1$

$-1\leqq-\dfrac{1}{2}<0$

$-1\leqq-1<0$

よって　$\left[\dfrac{1}{\sqrt{3}}\right]=\mathbf{0}$，$\left[-\dfrac{1}{2}\right]=\mathbf{-1}$，$\dfrac{[-1]}{2}=\dfrac{-1}{2}=\mathbf{-\dfrac{1}{2}}$

(2) $y=2[x]$ について

$-1\leqq x<0$ のとき　$[x]=-1$ から　$y=-2$

$0\leqq x<1$ のとき

$[x]=0$ から　$y=0$

$1\leqq x<2$ のとき

$[x]=1$ から　$y=2$

$x=2$ のとき

$[x]=2$ から　$y=4$

よって，$y=2[x]\ (-1\leqq x\leqq 2)$ のグラフは **右の図** のようになる。

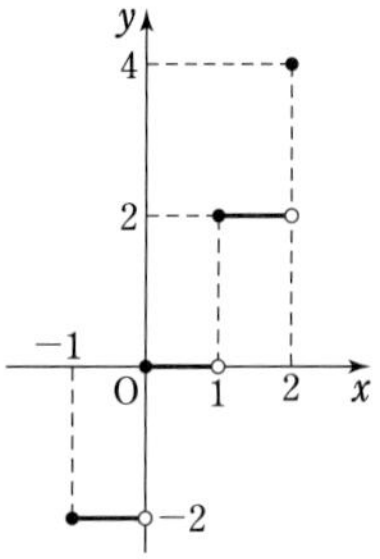

⇐ $-1\leqq x\leqq 2$ 内の整数値 $n=-1,\ 0,\ 1,\ 2$ を $n\leqq x<n+1$ に代入して場合分けする。

次に，$y=[2x]$ について

$-1\leqq x<-\dfrac{1}{2}$ のとき　$-2\leqq 2x<-1$

すなわち $[2x]=-2$ から　$y=-2$

$-\dfrac{1}{2}\leqq x<0$ のとき　$-1\leqq 2x<0$

すなわち $[2x]=-1$ から　$y=-1$

$0\leqq x<\dfrac{1}{2}$ のとき　$0\leqq 2x<1$

すなわち $[2x]=0$ から　$y=0$

$\dfrac{1}{2}\leqq x<1$ のとき　$1\leqq 2x<2$

すなわち $[2x]=1$ から　$y=1$

$1\leqq x<\dfrac{3}{2}$ のとき　$2\leqq 2x<3$

すなわち $[2x]=2$ から　$y=2$

$\dfrac{3}{2}\leqq x<2$ のとき　$3\leqq 2x<4$

すなわち $[2x]=3$ から　$y=3$

$x=2$ のとき　$2x=4$

すなわち $[2x]=4$ から　$y=4$

⇐ n が自然数のとき
$[2x]=n$
$\iff n\leqq 2x<n+1$
よって　$\dfrac{n}{2}\leqq x<\dfrac{n+1}{2}$
これに，$-1\leqq x\leqq 2$ のとき $-2\leqq 2x\leqq 4$ であるから，この範囲内の整数値
$n=-2,\ -1,\ 0,\ 1,\ 2,\ 3,\ 4$
を代入して場合分けする。

⇐ この結果を見てもわかるように，$2[x]\neq[2x]$ である。

よって，$y=[2x]$ $(-1\leqq x\leqq 2)$ のグラフは **右の図** のようになる。

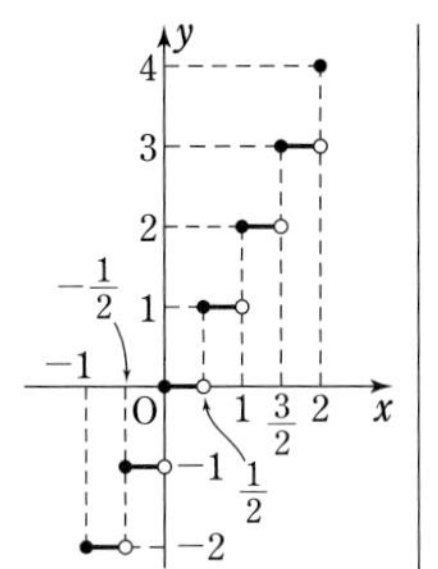

PR ②59 次の2次関数に最大値，最小値があれば，それを求めよ。

(1) $y=x^2-2x-3$　　(2) $y=-2x^2+x$

(3) $y=3x^2+4x-1$　　(4) $y=-2x^2+3x-5$

(1) $x^2-2x-3=\{(x-1)^2-1^2\}-3$
$=(x-1)^2-1-3$

ゆえに，この2次関数は

$y=(x-1)^2-4$

と表される。

グラフは下に凸の放物線で，頂点は点 $(1,\ -4)$ である。

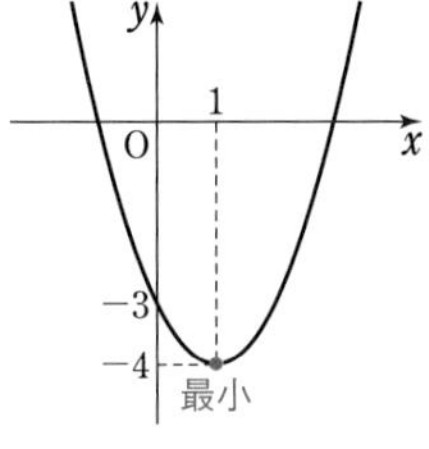

よって，$\boldsymbol{x=1}$ **で最小値 $\boldsymbol{-4}$** をとる。

また，y の値はいくらでも大きくなるから，**最大値はない**。

inf. 実際の答案にはグラフをかかなくてもよい。頭の中で，グラフをイメージしよう。
また，基本形に変形するときは，計算ミスしないように{ }を使うとよい。

(2) $-2x^2+x=-2\left\{\left(x-\frac{1}{4}\right)^2-\left(\frac{1}{4}\right)^2\right\}=-2\left(x-\frac{1}{4}\right)^2+2\left(\frac{1}{4}\right)^2$

ゆえに，この2次関数は

$y=-2\left(x-\frac{1}{4}\right)^2+\frac{1}{8}$

と表される。

グラフは上に凸の放物線で，頂点は点 $\left(\frac{1}{4},\ \frac{1}{8}\right)$ である。

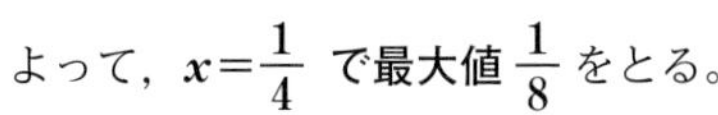

よって，$\boldsymbol{x=\frac{1}{4}}$ **で最大値 $\boldsymbol{\frac{1}{8}}$** をとる。

また，y の値はいくらでも小さくなるから，**最小値はない**。

(3) $3x^2+4x-1=3\left\{\left(x+\frac{2}{3}\right)^2-\left(\frac{2}{3}\right)^2\right\}-1$

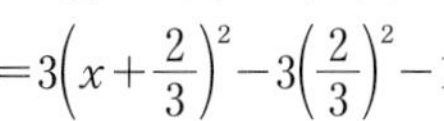

$=3\left(x+\frac{2}{3}\right)^2-3\left(\frac{2}{3}\right)^2-1$

ゆえに，この2次関数は

$y=3\left(x+\frac{2}{3}\right)^2-\frac{7}{3}$

と表される。

グラフは下に凸の放物線で，頂点は点 $\left(-\frac{2}{3},\ -\frac{7}{3}\right)$ である。

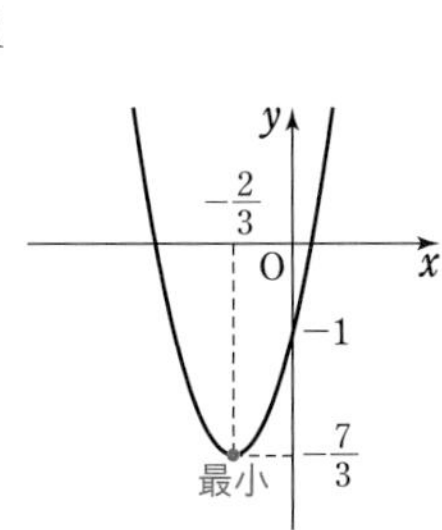

よって，$\boldsymbol{x=-\frac{2}{3}}$ で**最小値** $\boldsymbol{-\frac{7}{3}}$ をとる。

また，y の値はいくらでも大きくなるから，**最大値はない。**

(4) $-2x^2+3x-5=-2\left\{\left(x-\frac{3}{4}\right)^2-\left(\frac{3}{4}\right)^2\right\}-5$

$=-2\left(x-\frac{3}{4}\right)^2+2\left(\frac{3}{4}\right)^2-5$

ゆえに，この 2 次関数は

$y=-2\left(x-\frac{3}{4}\right)^2-\frac{31}{8}$

と表される。

グラフは上に凸の放物線で，頂点は

点 $\left(\frac{3}{4},\ -\frac{31}{8}\right)$ である。

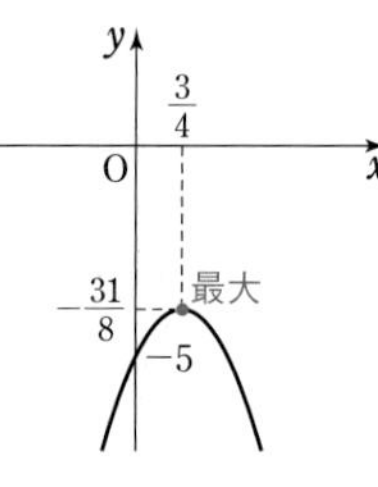

よって，$\boldsymbol{x=\frac{3}{4}}$ で**最大値** $\boldsymbol{-\frac{31}{8}}$ をとる。

また，y の値はいくらでも小さくなるから，**最小値はない。**

PR ②60 次の関数に最大値，最小値があれば，それを求めよ。

(1) $y=3x^2-4$ $(-2\leqq x\leqq 2)$ (2) $y=2x^2-4x+3$ $(x\geqq 2)$

(3) $y=x^2-4x+2$ $(-2<x\leqq 4)$ (4) $y=-x^2-6x+1$ $(0\leqq x<2)$

(1) 関数 $y=3x^2-4\ (-2\leqq x\leqq 2)$ のグラフは，頂点が点 $(0,\ -4)$ で，下に凸の放物線の一部である。

⇐軸 $(x=0)$ は定義域内の中央。

よって，関数のグラフは図の実線部分である。

⇐$x=-2$ のとき $y=8$
$x=2$ のとき $y=8$

したがって

$\boldsymbol{x=\pm 2}$ で**最大値** $\boldsymbol{8}$，　⇐両端

$\boldsymbol{x=0}$ で**最小値** $\boldsymbol{-4}$ をとる。　⇐頂点

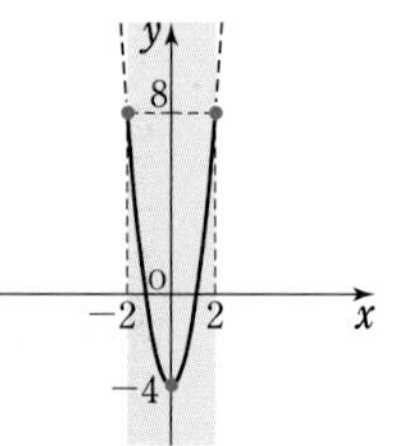

(2) $2x^2-4x+3=2\{(x-1)^2-1^2\}+3$

$=2(x-1)^2+1$

ゆえに，関数 $y=2x^2-4x+3\ (x\geqq 2)$ のグラフは，頂点が点 $(1,\ 1)$ で，下に凸の放物線の一部である。

⇐軸 $(x=1)$ は定義域の左外。

よって，関数のグラフは図の実線部分である。

⇐$x=2$ のとき $y=3$

したがって

$\boldsymbol{x=2}$ で**最小値** $\boldsymbol{3}$ をとり，　⇐左端

最大値はない。

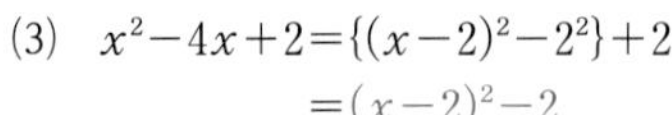

(3) $x^2-4x+2=\{(x-2)^2-2^2\}+2$

$=(x-2)^2-2$

ゆえに，関数 $y=x^2-4x+2\ (-2<x\leqq 4)$ のグラフは，頂点が点 $(2,\ -2)$ で，下に凸の放物線の一部である。

⇐軸 $(x=2)$ は定義域内の右寄り。

よって，関数のグラフは図の実線部分である。
したがって

$x=2$ で最小値 -2　をとり，
最大値はない。

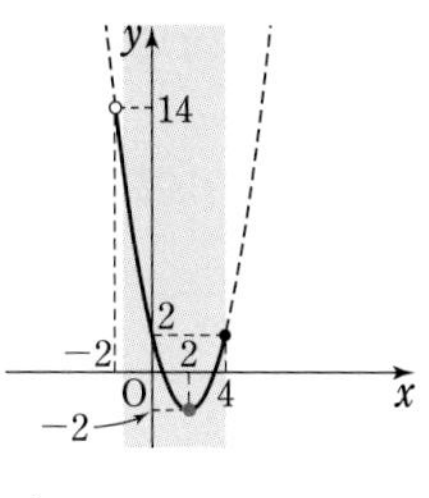

⇦$x=-2$ のとき $y=14$
　$x=4$　のとき $y=2$

⇦頂点

⇦**左端の $x=-2$ は定義域に含まれないから，「最大値 14」は誤り。**

(4)　$-x^2-6x+1=-\{(x+3)^2-3^2\}+1$
$\qquad\qquad\qquad\quad =-(x+3)^2+10$

ゆえに，関数 $y=-x^2-6x+1\ (0 \leqq x<2)$ のグラフは，頂点が点 $(-3,\ 10)$ で，上に凸の放物線の一部である。
よって，関数のグラフは図の実線部分である。
したがって

$x=0$ で最大値 1　をとり，
最小値はない。

⇦軸 $(x=-3)$ は定義域の左外。

⇦$x=0$ のとき $y=1$
　$x=2$ のとき $y=-15$

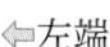左端

⇦**右端の $x=2$ は定義域に含まれないから，「最小値 -15」は誤り。**

PR ②61　次の関数の最大値が 7 となるように，定数 c の値を定めよ。また，そのときの最小値を求めよ。
(1)　$y=3x^2+6x+c\ (-2 \leqq x \leqq 1)$　　　(2)　$y=-2x^2+12x+c\ (-2 \leqq x \leqq 2)$

(1)　$y=3x^2+6x+c$ を変形すると
$\qquad y=3(x+1)^2+c-3$
$-2 \leqq x \leqq 1$ であるから，この関数は

$\qquad x=1$　　で最大値
$\qquad x=-1$　で最小値

をとる。

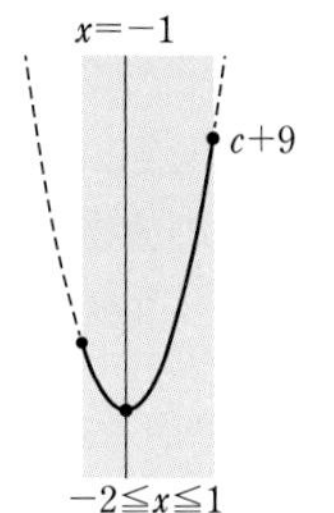

⇦頂点は点 $(-1,\ c-3)$，軸 $(x=-1)$ は定義域内の左寄り。

⇦右端

⇦頂点

$x=1$ のとき　　$y=c+9$
最大値が 7 となるための条件は　　$c+9=7$
よって　　**$c=-2$**
また，**$x=-1$ で最小値** $c-3=$**-5** をとる。

⇦$c=-2$ を代入。

別解　$y=3(x+1)^2+c-3$ から，この関数のグラフは下に凸の放物線で，軸は直線 $x=-1$ である。
軸は定義域の中央である $x=-\dfrac{1}{2}$ よりも左寄りにあるから，$x=1$ で最大値をとる。

$\qquad x=1$ のとき　　$y=c+9$

最大値が 7 となるための条件は　　$c+9=7$
よって　　**$c=-2$**
このとき，**$x=-1$ で最小値** $c-3=$**-5** をとる。

⇦グラフをかかない解法。
放物線
$y=ax^2+bx+c\ (a \neq 0)$
の軸は直線 $x=-\dfrac{b}{2a}$
(本冊 $p.91$ 参照)

⇦**下に凸 ⟶ 軸から遠いほど y の値は大きい。**

3章 PR

(2) $y=-2x^2+12x+c$ を変形すると

$y=-2(x-3)^2+c+18$

$-2\leqq x\leqq 2$ であるから，この関数は

$x=2$ で最大値

$x=-2$ で最小値

をとる。

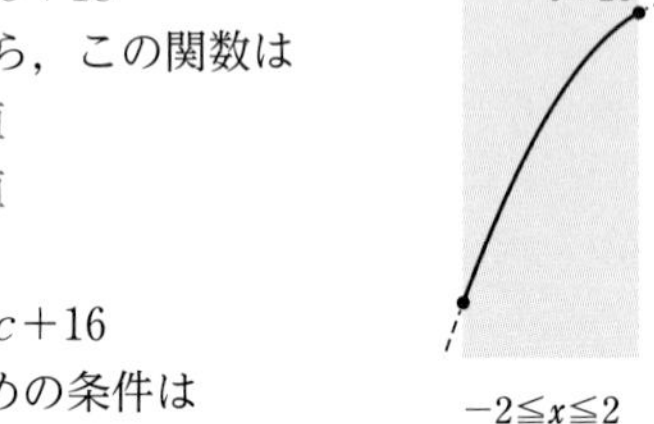

⇦頂点は点 $(3,\ c+18)$，軸 $(x=3)$ は定義域の右外。

⇦右端

⇦左端

$x=2$ のとき　$y=c+16$

最大値が 7 となるための条件は

$c+16=7$

ゆえに　$\boldsymbol{c=-9}$

また，$\boldsymbol{x=-2}$ **で最小値** $c-32=\boldsymbol{-41}$ をとる。

⇦$c=-9$ を代入。

別解　$y=-2(x-3)^2+c+18$ から，この関数のグラフは上に凸の放物線で，軸は直線 $x=3$ である。

⇦グラフをかかない解法。

軸は定義域の右外にあるから，$x=2$ で最大値，$x=-2$ で最小値をとる。

⇦**上に凸 ⟶ 軸から遠いほど $\boldsymbol{y}$ の値は小さい。**

$x=2$ のとき　$y=c+16$

最大値が 7 となるための条件は　$c+16=7$

よって　$\boldsymbol{c=-9}$

このとき，$\boldsymbol{x=-2}$ **で最小値** $c-32=\boldsymbol{-41}$ をとる。

PR ③62　$a>0$ とする。関数 $f(x)=ax^2-4ax+b\ (1\leqq x\leqq 4)$ の最大値が 4，最小値が -10 のとき，定数 a，b の値を求めよ。

$f(x)=a(x-2)^2-4a+b\ (1\leqq x\leqq 4)$

$y=f(x)$ のグラフは下に凸の放物線となり，$x=4$ で最大値，$x=2$ で最小値をとる。

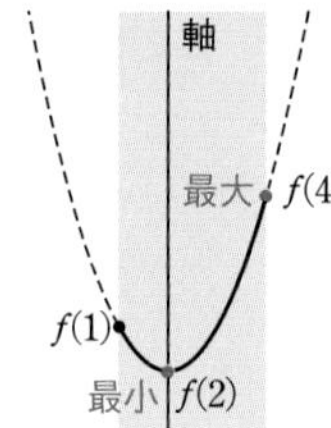

⇦頂点は点 $(2,\ -4a+b)$，軸 $(x=2)$ は定義域内の左寄り。

⇦軸から遠い端で最大，頂点で最小。

$f(4)=b$，$f(2)=-4a+b$ であるから

$b=4$，$-4a+b=-10$

これを解くと　$\boldsymbol{a=\dfrac{7}{2}}$，$\boldsymbol{b=4}$

これは $a>0$ を満たす。

⇦a の条件の確認。

PR ③63　a は正の定数とする。$0\leqq x\leqq a$ における関数 $f(x)=-x^2+6x$ について
(1) 最大値を求めよ。　(2) 最小値を求めよ。

$f(x)=-x^2+6x=-(x-3)^2+9$

この関数のグラフは上に凸の放物線で，軸は直線 $x=3$ である。

⇦本冊の基本例題 63 のグラフは下に凸であるが，この問題は上に凸のグラフであることに注意。

(1) 軸 $x=3$ が定義域 $0\leqq x\leqq a$ に含まれるかどうかを考える。

[1] $0<a<3$ のとき

図 [1] から，$x=a$ で最大となる。

最大値は　$f(a)=-a^2+6a$

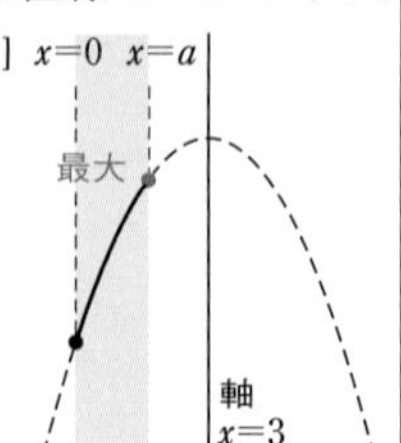

[1] 軸が定義域の右外にあるから，軸に近い定義域の右端で最大となる。

[2]　$3 \leqq a$ のとき

図 [2] から，$x=3$ で最大となる。

最大値は　　$f(3)=9$

[1]，[2] から

$0<a<3$ のとき

$x=a$ で最大値 $-a^2+6a$

$a \geqq 3$ のとき

$x=3$ で最大値 9

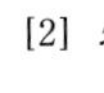

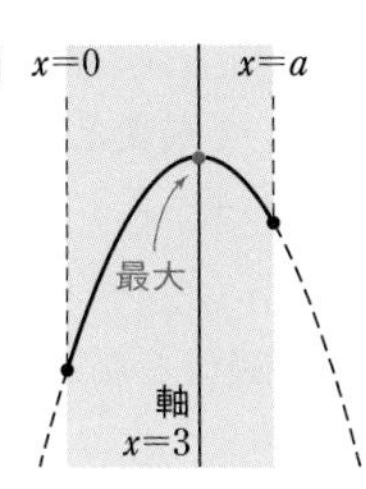

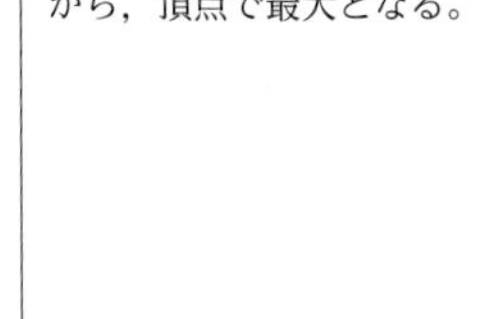

[2] 軸が定義域内にあるから，頂点で最大となる。

(2)　定義域 $0 \leqq x \leqq a$ の中央の値は $\dfrac{a}{2}$ である。

[3]　$0<\dfrac{a}{2}<3$ すなわち $0<a<6$ のとき

図 [3] から，$x=0$ で最小となる。

最小値は　　$f(0)=0$

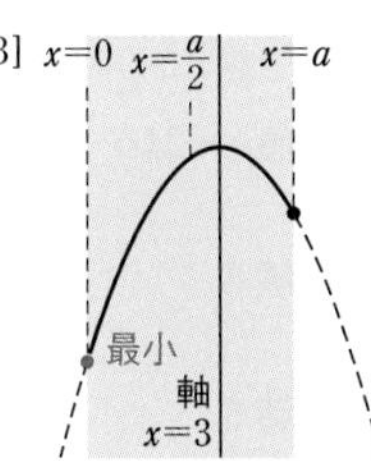

[3] 軸が定義域の中央 $x=\dfrac{a}{2}$ より右にあるから，$x=0$ の方が軸より遠い。

よって　$f(0)<f(a)$

[4]　$\dfrac{a}{2}=3$ すなわち $a=6$ のとき

図 [4] から，$x=0$，6 で最小となる。

最小値は　　$f(0)=f(6)=0$

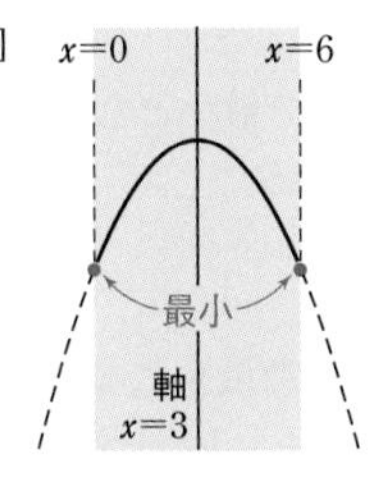

[4] 軸が定義域の中央 $x=\dfrac{a}{2}$ に一致するから，軸と $x=0$，$a\,(=6)$ との距離が等しい。

よって　$f(0)=f(a)$

[5]　$3<\dfrac{a}{2}$ すなわち $6<a$ のとき

図 [5] から，$x=a$ で最小となる。

最小値は　　$f(a)=-a^2+6a$

[3]～[5] から

$0<a<6$ のとき

$x=0$　　で最小値 0

$a=6$ のとき

$x=0$，6 で最小値 0

$a>6$ のとき

$x=a$　　で最小値 $-a^2+6a$

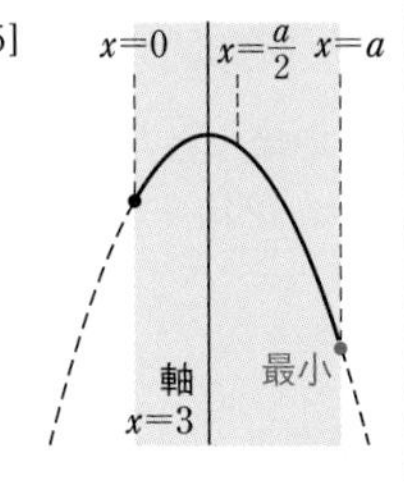

[5] 軸が定義域の中央 $x=\dfrac{a}{2}$ より左にあるから，$x=a$ の方が軸から遠い。

よって　$f(0)>f(a)$

PR ③64　a は定数とする。関数 $f(x)=3x^2-6ax+5\ (0 \leqq x \leqq 4)$ について

(1)　最大値を求めよ。　　(2)　最小値を求めよ。

$f(x)=3x^2-6ax+5=3(x-a)^2-3a^2+5$

この関数のグラフは下に凸の放物線で，軸は直線 $x=a$ である。

⇦基本形に変形。

(1)　定義域 $0 \leqq x \leqq 4$ の中央の値は 2 である。

[1]　$a<2$ のとき

図 [1] から，$x=4$ で最大となる。

最大値は

$f(4)=3\cdot4^2-6a\cdot4+5$

$=-24a+53$

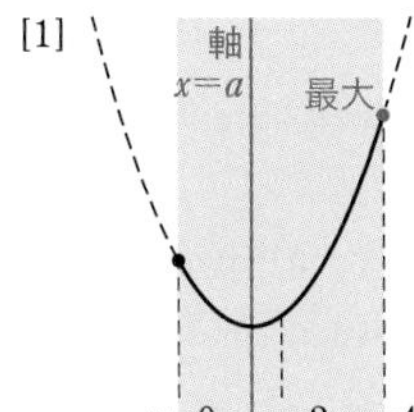

[1] 軸が定義域の中央 $x=2$ より左にあるから，$x=4$ の方が軸より遠い。

よって　$f(0)<f(4)$

[2]　$a=2$ のとき

図 [2] から，$x=0$，4 で最大となる。

最大値は　　$f(0)=f(4)=5$

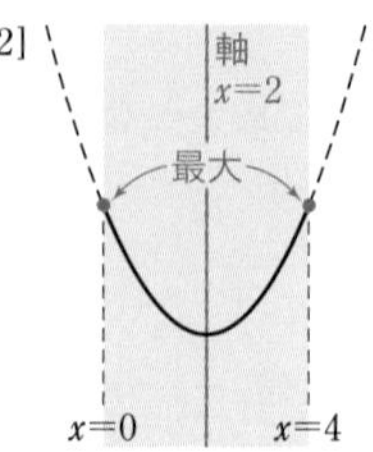

[2] 軸が定義域の中央 $x=2$ に一致するから，軸と $x=0$，4 の距離が等しい。
よって　$f(0)=f(4)$

[3]　$2<a$ のとき

図 [3] から，$x=0$ で最大となる。

最大値は　　$f(0)=5$

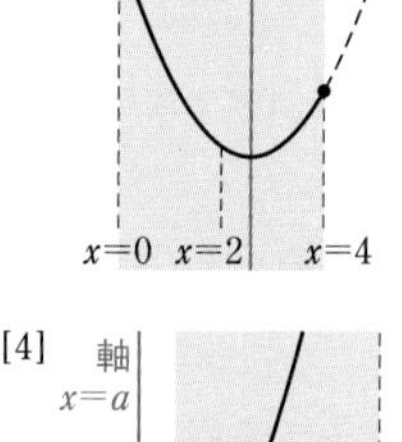

[3] 軸が定義域の中央 $x=2$ より右にあるから，$x=0$ の方が軸より遠い。
よって　$f(0)>f(4)$

[1]～[3] から

$a<2$ のとき

$x=4$　　で最大値 $-24a+53$

$a=2$ のとき

$x=0$，4 で最大値 5

$a>2$ のとき

$x=0$　　で最大値 5

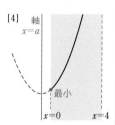

(2)　[4]　$a<0$ のとき

図 [4] から，$x=0$ で最小となる。

最小値は　　$f(0)=5$

[4] 軸が定義域の左外にあるから，定義域の左端で最小となる。

[5]　$0\leqq a\leqq 4$ のとき

図 [5] から，$x=a$ で最小となる。

最小値は　　$f(a)=-3a^2+5$

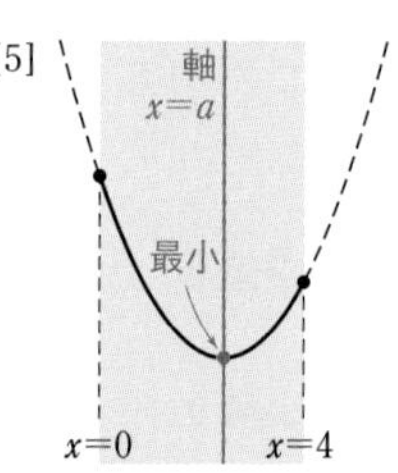

[5] 軸が定義域内にあるから頂点で最小となる。

[6]　$4<a$ のとき

図 [6] から，$x=4$ で最小となる。

最小値は　　$f(4)=-24a+53$

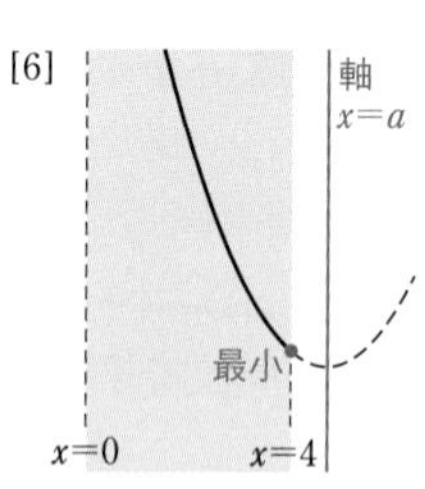

[6] 軸が定義域の右外にあるから，定義域の右端で最小となる。

[4]～[6] から

$a<0$ のとき

$x=0$ で最小値 5

$0\leqq a\leqq 4$ のとき

$x=a$ で最小値 $-3a^2+5$

$a>4$ のとき

$x=4$ で最小値 $-24a+53$

⇦場合分けは，例えば $a\leqq 0$，$0<a\leqq 4$，$a>4$ としてもよい。

PR ③65　a は定数とする。$a\leqq x\leqq a+1$ における関数 $f(x)=x^2-10x+a$ について

(1)　最大値を求めよ。　　(2)　最小値を求めよ。

$f(x)=x^2-10x+a=(x-5)^2+a-25$

⇦基本形に変形。

この関数のグラフは下に凸の放物線で，軸は直線 $x=5$ である。

(1)　定義域 $a\leqq x\leqq a+1$ の中央の値は $a+\dfrac{1}{2}$ である。

⇦$\dfrac{a+(a+1)}{2}=a+\dfrac{1}{2}$

[1]　$a+\frac{1}{2}<5$　すなわち　$a<\frac{9}{2}$　のとき

図 [1] から，$x=a$ で最大となる。
最大値は　$f(a)=a^2-9a$

[1] 軸が定義域の中央 $x=a+\frac{1}{2}$ より右にあるから，$x=a$ の方が軸より遠い。
よって　$f(a)>f(a+1)$

[2]　$a+\frac{1}{2}=5$　すなわち　$a=\frac{9}{2}$　のとき

図 [2] から，$x=\frac{9}{2}$，$\frac{11}{2}$ で最大となる。

最大値は　$f\left(\frac{9}{2}\right)=f\left(\frac{11}{2}\right)=-\frac{81}{4}$

[2] 軸が定義域の中央 $x=a+\frac{1}{2}$ に一致するから，軸と $x=a$, $a+1$ の距離が等しい。
よって　$f(a)=f(a+1)$

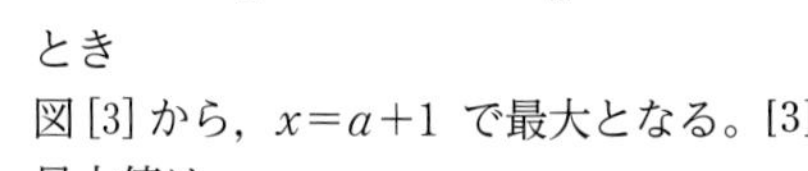

[3]　$5<a+\frac{1}{2}$　すなわち　$\frac{9}{2}<a$　のとき

図 [3] から，$x=a+1$ で最大となる。
最大値は

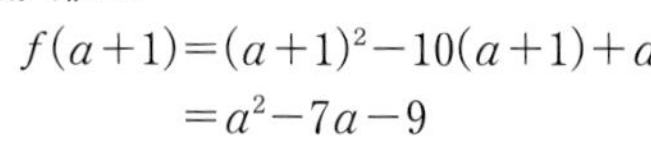

$f(a+1)=(a+1)^2-10(a+1)+a$
$=a^2-7a-9$

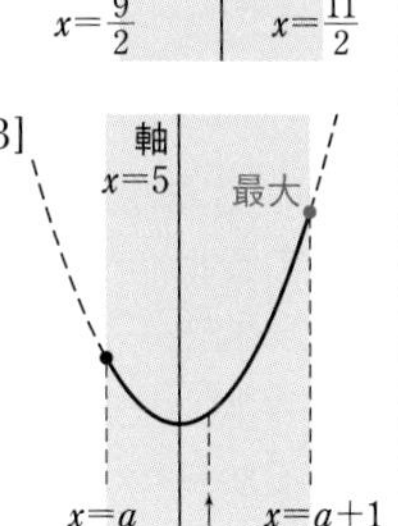

[3] 軸が定義域の中央 $x=a+\frac{1}{2}$ より左にあるから，$x=a+1$ の方が軸より遠い。
よって　$f(a)<f(a+1)$

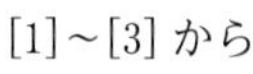

[1]～[3] から

$a<\frac{9}{2}$ のとき
$x=a$ で最大値 a^2-9a

$a=\frac{9}{2}$ のとき
$x=\frac{9}{2}$，$\frac{11}{2}$ で最大値 $-\frac{81}{4}$

$a>\frac{9}{2}$ のとき　$x=a+1$ で最大値 a^2-7a-9

(2)　[4]　$a+1<5$　すなわち　$a<4$　のとき

図 [4] から，$x=a+1$ で最小となる。
最小値は
$f(a+1)=a^2-7a-9$

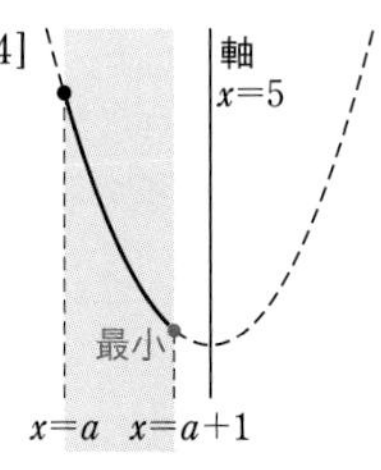

[4] 軸が定義域の右外にあるから，定義域の右端で最小となる。

[5]　$a\leqq 5\leqq a+1$　すなわち　$4\leqq a\leqq 5$　のとき

図 [5] から，$x=5$ で最小となる。
最小値は
$f(5)=a-25$

[5] 軸が定義域内にあるから，頂点で最小となる。

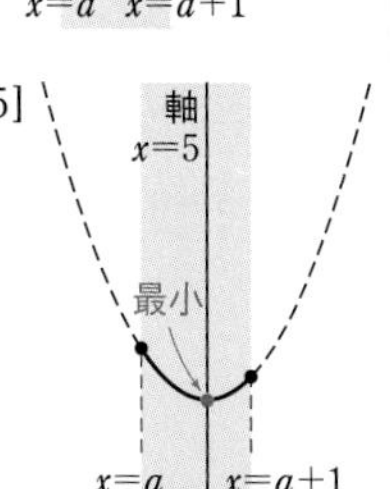

[6]　$5<a$　のとき

図 [6] から，$x=a$ で最小となる。
最小値は　$f(a)=a^2-9a$

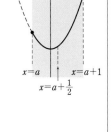

[6] 軸が定義域の左外にあるから，定義域の左端で最小となる。

[4]~[6] から

$a<4$ のとき

$x=a+1$ で最小値 a^2-7a-9

$4\leqq a\leqq 5$ のとき

$x=5$ で最小値 $a-25$

$a>5$ のとき

$x=a$ で最小値 a^2-9a

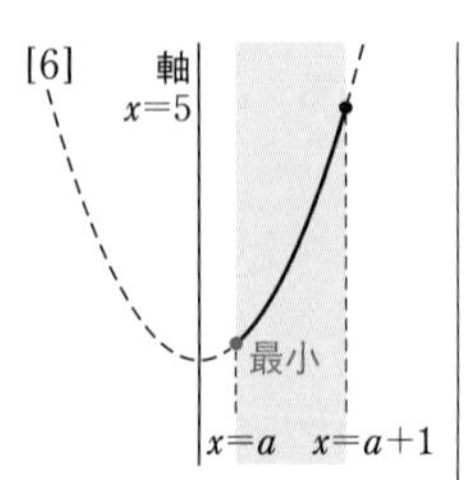

PR ②66

AC=BC，AB=6 の直角二等辺三角形 ABC の中に，縦の長さが等しい 2 つの長方形を右の図のように作る。2 つの長方形の面積の和が最大になるように作ったとき，その最大値を求めよ。

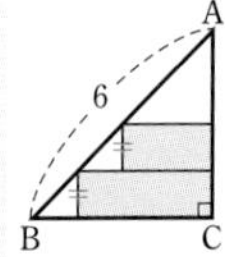

与えられた条件から

$$\mathrm{AC}=\mathrm{BC}=\frac{6}{\sqrt{2}}=3\sqrt{2}$$

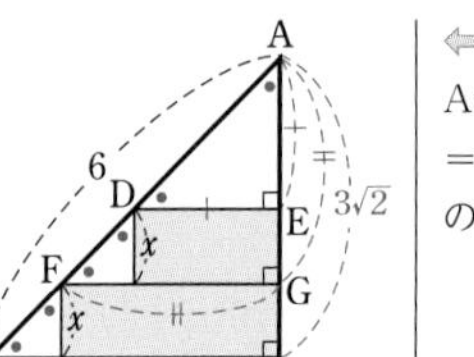

図のように，点 D，E，F，G をとり，長方形の縦の長さを x とすると

$$\mathrm{DE}=\mathrm{AE}=\mathrm{AC}-\mathrm{CE}=3\sqrt{2}-2x$$

$$\mathrm{FG}=\mathrm{AG}=\mathrm{AC}-\mathrm{GC}=3\sqrt{2}-x$$

また，$0<\mathrm{CE}<\mathrm{AC}$ であるから

$0<2x<3\sqrt{2}$　すなわち　$0<x<\dfrac{3\sqrt{2}}{2}$　…… ①

2 つの長方形の面積の和を y とすると

$$y=x(3\sqrt{2}-2x)+x(3\sqrt{2}-x)$$
$$=-3x^2+6\sqrt{2}x$$
$$=-3(x-\sqrt{2})^2+6$$

① において，y は $x=\sqrt{2}$ で最大値 **6** をとる。

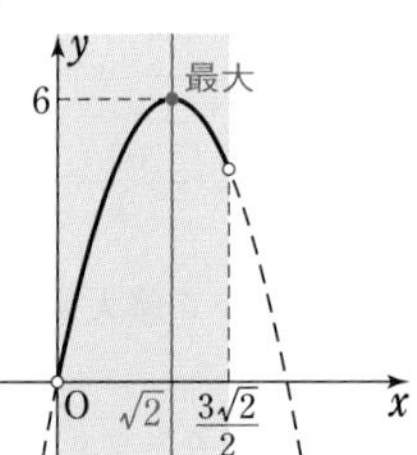

別解　(DE$=3\sqrt{2}-2x$ までと ① は上と同じ)

3 つの直角二等辺三角形の面積の和を T とすると

$$T=2\times\frac{1}{2}x^2+\frac{1}{2}(3\sqrt{2}-2x)^2=3x^2-6\sqrt{2}x+9$$
$$=3(x-\sqrt{2})^2+3$$

① において，T は $x=\sqrt{2}$ で最小値 3 をとる。

このとき 2 つの長方形の面積の和は最大となるから，求める

最大値は　$\dfrac{1}{2}(3\sqrt{2})^2-3=6$

⇐△ABC は AC：BC：AB $=1:1:\sqrt{2}$ の直角二等辺三角形。

⇐長方形の横の長さを，それぞれ求めている。

⇐xのとりうる値の範囲。

⇐長方形の面積は (縦の長さ)×(横の長さ)

⇐$-3x^2+6\sqrt{2}x$ $=-3(x^2-2\sqrt{2}x)$ $=-3(x-\sqrt{2})^2+3\cdot(\sqrt{2})^2$

⇐軸 $x=\sqrt{2}$ は ① の範囲内にあるから，軸のところで最大となる。

⇐2 つの長方形を除いた 3 つの直角二等辺三角形の面積の和が最小となるときを考える。

⇐△ABC の面積から引く。

PR ②67 周の長さが 40cm である長方形において，対角線の長さの最小値を求めよ。また，そのとき，どのような長方形になるか。

長方形の縦の長さを $x$cm とすると，横の長さは $(20-x)$cm
また，$x>0$ かつ $20-x>0$ から

$0<x<20$ …… ①

⇦ x のとりうる値の範囲。

長方形の対角線の長さを $l$cm とすると

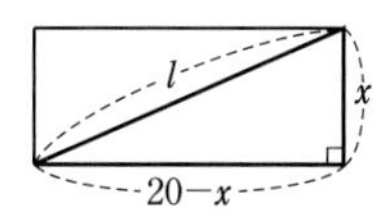

$$l^2=x^2+(20-x)^2$$
$$=2x^2-40x+400$$
$$=2(x-10)^2+200$$

⇦三平方の定理

① において，l^2 は $x=10$ で最小値 200 をとる。

⇦軸 $x=10$ は①の範囲内。

$l>0$ であるから，l^2 が最小となるとき l も最小となる。

⇦**この断りは重要。**

よって，対角線の長さ l の **最小値は** $\sqrt{200}=\mathbf{10\sqrt{2}}$ **(cm)**
このとき，横の長さも $20-x=10$(cm) であるから，対角線の長さが最小となるのは **正方形** のときである。

PR ②68 次の条件を満たす 2 次関数を求めよ。
(1) グラフの頂点が点 $(1,\ 3)$ で，点 $(-1,\ 4)$ を通る。
(2) グラフの軸が直線 $x=4$ で，2 点 $(2,\ 1)$，$(5,\ -2)$ を通る。
(3) $x=3$ で最大値 10 をとり，$x=-1$ のとき $y=-6$ である。

(1) 頂点が点 $(1,\ 3)$ であるから，求める 2 次関数は

$$y=a(x-1)^2+3$$

と表される。グラフが点 $(-1,\ 4)$ を通るから

$4=4a+3$　　これを解くと　$a=\dfrac{1}{4}$

⇦ $x=-1$，$y=4$ を代入すると $4=a(-1-1)^2+3$

よって　$\boldsymbol{y=\dfrac{1}{4}(x-1)^2+3}$

$\left(y=\dfrac{1}{4}x^2-\dfrac{1}{2}x+\dfrac{13}{4}\right.$ でもよい$\left.\right)$

⇦ $y=\dfrac{1}{4}(x^2-2x+1)+3$
$=\dfrac{1}{4}x^2-\dfrac{1}{2}x+\dfrac{1}{4}+3$

(2) 軸が直線 $x=4$ であるから，求める 2 次関数は

$$y=a(x-4)^2+q$$

と表される。グラフが 2 点 $(2,\ 1)$，$(5,\ -2)$ を通るから

$1=4a+q$ …… ①

⇦ $1=a(2-4)^2+q$

$-2=a+q$ …… ②

⇦ $-2=a(5-4)^2+q$

①−② から　$3=3a$　　ゆえに　$a=1$
② から　$q=-3$
よって　$\boldsymbol{y=(x-4)^2-3}$　($y=x^2-8x+13$ でもよい)

⇦ $y=(x^2-8x+16)-3$

(3) $x=3$ で最大値 10 をとるから，求める 2 次関数は

⇦最大値をもつ ⟶ $a<0$

$$y=a(x-3)^2+10\ (a<0)$$

と表される。$x=-1$ のとき $y=-6$ であるから

$-6=16a+10$　すなわち　$16a=-16$

⇦ $x=-1$，$y=-6$ を代入すると
$-6=a(-1-3)^2+10$

よって　$a=-1$　　これは $a<0$ を満たす。
ゆえに　$\boldsymbol{y=-(x-3)^2+10}$　($y=-x^2+6x+1$ でもよい)

⇦ $y=-(x^2-6x+9)+10$

PR ②69 2 次関数のグラフが次の 3 点を通るとき，その 2 次関数を求めよ。
(1) $(-1,\ 7)$, $(0,\ -2)$, $(1,\ -5)$　　(2) $(1,\ 4)$, $(3,\ 0)$, $(-1,\ 0)$

(1) 求める 2 次関数を $y=ax^2+bx+c$ とする。
グラフが 3 点 $(-1,\ 7)$, $(0,\ -2)$, $(1,\ -5)$ を通るから

$$\begin{cases} a-b+c=7 & \cdots\cdots ① \\ c=-2 & \cdots\cdots ② \\ a+b+c=-5 & \cdots\cdots ③ \end{cases}$$

② を ① と ③ に代入して　$a-b=9$ ……④
　$a+b=-3$ ……⑤
④+⑤ から　$2a=6$　ゆえに　$a=3$
⑤ に代入して　$3+b=-3$　よって　$b=-6$
したがって，求める 2 次関数は　$\boldsymbol{y=3x^2-6x-2}$

(2) グラフは x 軸と 2 点 $(3,\ 0)$, $(-1,\ 0)$ で交わるから，求める 2 次関数は

$$y=a(x-3)(x+1)$$

と表される。グラフが点 $(1,\ 4)$ を通るから

$$4=a(1-3)(1+1)$$

よって　$a=-1$
したがって，求める 2 次関数は

$$\boldsymbol{y=-(x-3)(x+1)}\quad (y=-x^2+2x+3 \text{ でもよい})$$

別解 求める 2 次関数を $y=ax^2+bx+c$ とする。
グラフが 3 点 $(1,\ 4)$, $(3,\ 0)$, $(-1,\ 0)$ を通るから

$$\begin{cases} a+b+c=4 & \cdots\cdots ① \\ 9a+3b+c=0 & \cdots\cdots ② \\ a-b+c=0 & \cdots\cdots ③ \end{cases}$$

①−③ から　$2b=4$　よって　$b=2$
②−① から　$8a+2b=-4$　すなわち　$4a+b=-2$
$b=2$ を代入して　$4a=-4$
よって　$a=-1$
① に $a=-1$, $b=2$ を代入して　$-1+2+c=4$
よって　$c=3$
したがって，求める 2 次関数は　$\boldsymbol{y=-x^2+2x+3}$

CHART 頂点，軸の条件がないときは 一般形 $\boldsymbol{y=ax^2+bx+c}$ からスタート

⇦代入法

⇦加減法

CHART 通る点が $(\alpha,\ 0)$, $(\beta,\ 0)$ のときは分解形 $\boldsymbol{y=a(x-\alpha)(x-\beta)}$ からスタート

⇦$4=-4a$

⇦$b=2$ を ①, ② に代入して
$a+c=2$, $9a+c=-6$
これを解いて
$a=-1$, $c=3$
としてもよい。

PR ③70 (1) 放物線 $y=x^2-3x-1$ を平行移動して 2 点 $(1,\ -1)$, $(2,\ 0)$ を通るようにしたとき，その放物線の頂点を求めよ。
(2) 放物線 $y=\dfrac{1}{2}x^2$ を平行移動した曲線で，点 $(1,\ 5)$ を通り，頂点が直線 $y=-x+2$ 上にある放物線の方程式を求めよ。

(1) 移動後の放物線の方程式を $y=x^2+bx+c$ とする。
放物線が 2 点 $(1,\ -1)$, $(2,\ 0)$ を通るから

$$b+c=-2,\quad 2b+c=-4$$

これを解いて　$b=-2$, $c=0$

⇦頂点や軸の位置はわからないから，**一般形** で考える。

ゆえに，方程式は　　$y=x^2-2x=(x-1)^2-1$

よって，求める頂点は　　**点 $(1,\ -1)$**

(2)　求める放物線の頂点が直線 $y=-x+2$ 上にあるから，頂点の座標は $(p,\ -p+2)$ と表される。

よって，求める方程式は

$$y=\frac{1}{2}(x-p)^2-p+2 \quad \cdots\cdots ①$$

と表される。放物線が点 $(1,\ 5)$ を通るから

$$5=\frac{1}{2}(1-p)^2-p+2 \quad すなわち \quad p^2-4p-5=0$$

ゆえに　　$(p+1)(p-5)=0$

よって　　$p=-1,\ 5$

$p=-1$ のとき，① は

$$\boldsymbol{y=\frac{1}{2}(x+1)^2+3} \quad \left(y=\frac{1}{2}x^2+x+\frac{7}{2} \text{ でもよい}\right)$$

$p=5$ のとき，① は

$$\boldsymbol{y=\frac{1}{2}(x-5)^2-3} \quad \left(y=\frac{1}{2}x^2-5x+\frac{19}{2} \text{ でもよい}\right)$$

inf.　(1)　x 軸との交点 $(2,\ 0)$ が含まれているので，分解形 $y=(x-2)(x-\beta)$ からスタートしてもよい。

⇦頂点の座標を利用するから，**基本形** で考える。

⇦両辺を 2 倍して整理。

3章

PR

PR ④71　関数 $f(x)=-x^2-ax+2a^2$ $(0\leqq x\leqq 1)$ について，最大値が 5 となるとき，定数 a の値を求めよ。〔類　国士舘大〕

$$f(x)=-\left(x+\frac{a}{2}\right)^2+\frac{9}{4}a^2$$

$y=f(x)$ のグラフは上に凸の放物線で，軸は直線 $x=-\dfrac{a}{2}$

[1]　$-\dfrac{a}{2}<0$　すなわち　$a>0$ のとき

右のグラフから，$x=0$ で最大値 $f(0)=2a^2$ をとる。

よって　　$2a^2=5$

ゆえに　　$a^2=\dfrac{5}{2}$

よって　　$a=\pm\dfrac{\sqrt{10}}{2}$

$a>0$ を満たすものは　　$a=\dfrac{\sqrt{10}}{2}$

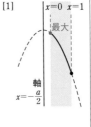

[1]

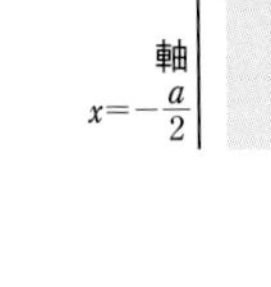

[2]　$0\leqq -\dfrac{a}{2}\leqq 1$　すなわち　$-2\leqq a\leqq 0$ のとき

右のグラフから，$x=-\dfrac{a}{2}$ で最大値

$f\left(-\dfrac{a}{2}\right)=\dfrac{9}{4}a^2$ をとる。

よって　　$\dfrac{9}{4}a^2=5$

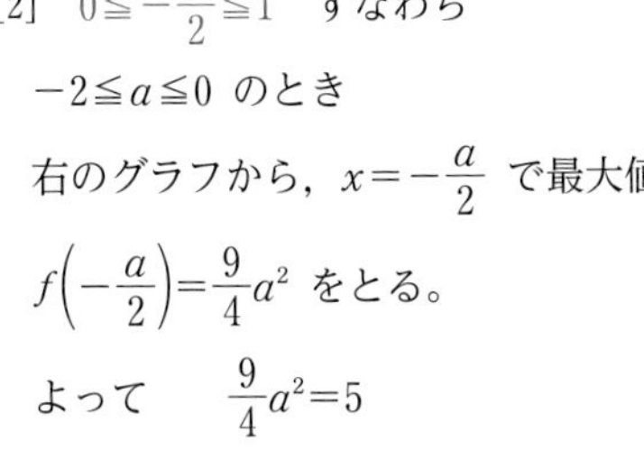

[2]

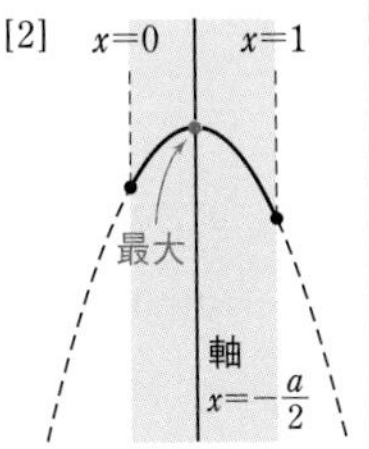

⇦基本形に変形。

⇦[1] 軸が定義域の左外にあるから，定義域の左端で最大となる。

⇦条件から，最大値は 5 である。

⇦$a=-\dfrac{\sqrt{10}}{2}$ は適さない。

⇦[2] 軸が定義域内にあるから，頂点で最大となる。

ゆえに　$a^2=\frac{20}{9}$

よって　$a=\pm\frac{2\sqrt{5}}{3}$

$-2\leqq a\leqq 0$ を満たすものは　$a=-\frac{2\sqrt{5}}{3}$

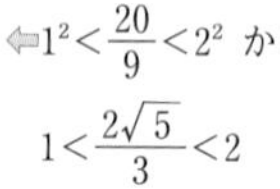

[3]　$1<-\frac{a}{2}$　すなわち　$a<-2$ のとき

右のグラフから，$x=1$ のとき最大値 $f(1)=2a^2-a-1$ をとる。

よって　$2a^2-a-1=5$

ゆえに　$2a^2-a-6=0$

よって　$(a-2)(2a+3)=0$

ゆえに　$a=2,\ -\frac{3}{2}$

これらは $a<-2$ に適さない。

⇐[3] 軸が定義域の右外にあるから，定義域の右端で最大となる。

[1]～[3] から　$\boldsymbol{a=\frac{\sqrt{10}}{2},\ -\frac{2\sqrt{5}}{3}}$

PR ③72　(1)　$x+2y=3$ のとき，x^2+2y^2 の最小値を求めよ。
(2)　$2x+y=10\ (1\leqq x\leqq 5)$ のとき，xy の最大値および最小値を求めよ。　〔(2) 常葉学園大〕

(1)　$x+2y=3$ から　$x=3-2y$　…… ①

よって　$x^2+2y^2=(3-2y)^2+2y^2$
$=6y^2-12y+9$
$=6(y-1)^2+3$

⇐x を消去する。

⇐基本形に変形。

ゆえに，$y=1$ で最小値 3 をとる。

このとき，① から　$x=1$

⇐$x=3-2\cdot1=1$

よって，$\boldsymbol{x=1,\ y=1}$ **で最小値 3**　をとる。

⇐**最小値を与える x，y の値も示すようにしよう。**

(2)　$2x+y=10$ から　$y=10-2x$　…… ①

よって　$xy=x(10-2x)$
$=-2x^2+10x$
$=-2\left(x-\frac{5}{2}\right)^2+\frac{25}{2}$　…… ②

⇐y を消去する。

⇐基本形に変形。

$1\leqq x\leqq 5$ において，② は

$x=\frac{5}{2}$ で最大値 $\frac{25}{2}$，

$x=5$ で最小値 0

をとる。① から

$x=\frac{5}{2}$ のとき　$y=5$

$x=5$ のとき　$y=0$

⇐② のグラフの軸は直線 $x=\frac{5}{2}$ で定義域内の左寄り。よって，軸から遠い右端で最小値をとる。

⇐$y=10-2\cdot\frac{5}{2}=5$

⇐$y=10-2\cdot5=0$

したがって，$\boldsymbol{x=\frac{5}{2},\ y=5}$ **で最大値** $\boldsymbol{\frac{25}{2}}$，

$\boldsymbol{x=5,\ y=0}$　**で最小値 0**　をとる。

⇐**最大値・最小値を与える x，y の値も示すようにしよう。**

PR ④73　x，y を実数とする。$6x^2+6xy+3y^2-6x-4y+3$ の最小値とそのときの x，y の値を求めよ。〔類 北星学園大〕

$$\begin{aligned}
&6x^2+6xy+3y^2-6x-4y+3\\
&=6x^2+6(y-1)x+3y^2-4y+3\\
&=6\left\{\left(x+\frac{y-1}{2}\right)^2-\left(\frac{y-1}{2}\right)^2\right\}+3y^2-4y+3\\
&=6\left(x+\frac{y-1}{2}\right)^2-\frac{3(y-1)^2}{2}+3y^2-4y+3\\
&=6\left(x+\frac{y-1}{2}\right)^2-\frac{3}{2}(y^2-2y+1)+3y^2-4y+3\\
&=6\left(x+\frac{y-1}{2}\right)^2+\frac{3}{2}y^2-y+\frac{3}{2}\\
&=6\left(x+\frac{y-1}{2}\right)^2+\frac{3}{2}\left\{\left(y-\frac{1}{3}\right)^2-\left(\frac{1}{3}\right)^2\right\}+\frac{3}{2}\\
&=6\left(x+\frac{y-1}{2}\right)^2+\frac{3}{2}\left(y-\frac{1}{3}\right)^2+\frac{4}{3}
\end{aligned}$$

x，y は実数であるから

$$\left(x+\frac{y-1}{2}\right)^2\geqq 0,\ \left(y-\frac{1}{3}\right)^2\geqq 0$$

よって，$x+\dfrac{y-1}{2}=0$，$y-\dfrac{1}{3}=0$　すなわち

$x=\dfrac{1}{3}$，$y=\dfrac{1}{3}$ で最小値 $\dfrac{4}{3}$

をとる。

⇦ y を定数と考え，x について整理。

⇦基本形 $a(x-p)^2+q$ に変形。

inf.　x を定数と考えて平方完成すると
$3\left(y+x-\dfrac{2}{3}\right)^2+3\left(x-\dfrac{1}{3}\right)^2+\dfrac{4}{3}$

⇦ y の2次式も基本形 $b(y-r)^2+s$ に変形。

CHART　aX^2+bY^2+k（$a>0$，$b>0$，k は定数）は $X=Y=0$ で最小値 k をとる

PR ⑤74
(1)　関数 $y=x^4-8x^2+1$ の最大値，最小値を求めよ。
(2)　$-1\leqq x\leqq 3$ のとき，関数 $y=(x^2-2x)(6-x^2+2x)$ の最大値，最小値を求めよ。

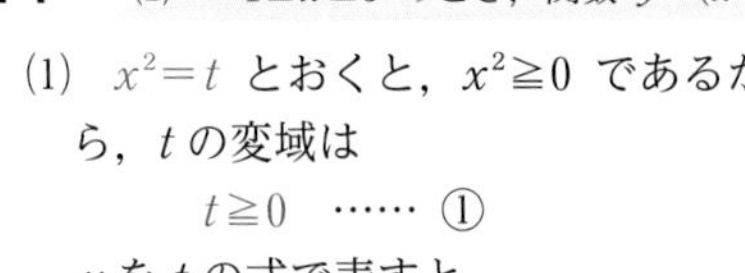

(1)　$x^2=t$ とおくと，$x^2\geqq 0$ であるから，t の変域は

$t\geqq 0$　…… ①

y を t の式で表すと

$y=t^2-8t+1=(t-4)^2-15$

① における t の関数 y のグラフは図の実線部分である。

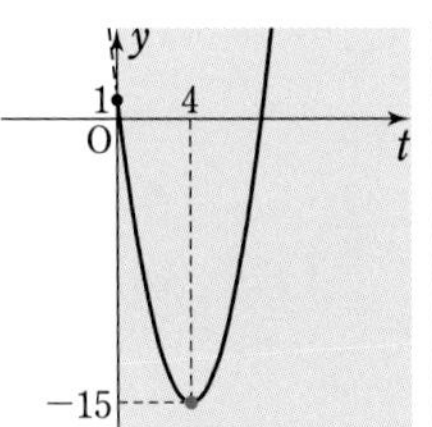

① において，y は

$t=4$ で最小値 -15 をとり，

最大値はない。

$t=4$ のとき　$x^2=4$　よって　$x=\pm 2$

したがって，**$x=\pm 2$ で最小値 -15 をとり，最大値はない。**

⇦(実数)$^2\geqq 0$

⇦頂点 $(4,\ -15)$，下に凸の放物線。

⇦ $t\geqq 0$ であるから，最大値はない。

(2)　$y=(x^2-2x)(6-x^2+2x)$

$=-(x^2-2x)^2+6(x^2-2x)$

$x^2-2x=t$ とおくと

$t=(x-1)^2-1\ (-1\leqq x\leqq 3)$

x の関数 t のグラフは図 [1] の実線部分で，t の変域は

$-1\leqq t\leqq 3$　…… ①

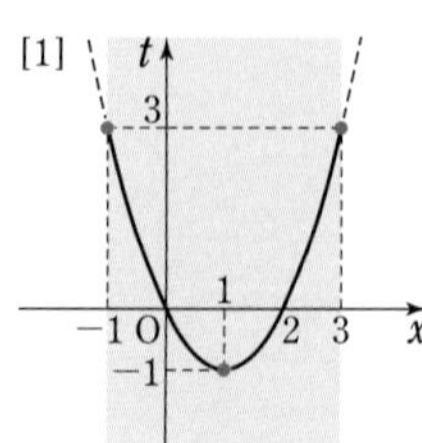

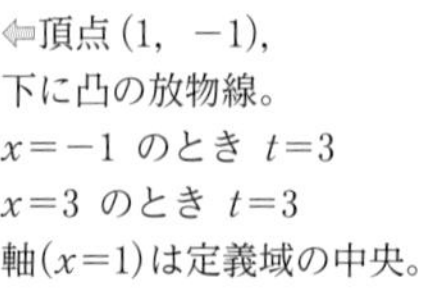

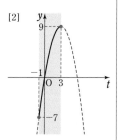

⇐頂点 $(1,\ -1)$，下に凸の放物線。$x=-1$ のとき $t=3$　$x=3$ のとき $t=3$　軸 $(x=1)$ は定義域の中央。

y を t の式で表すと

$y=-t^2+6t$

$=-(t-3)^2+9$

① における t の関数 y のグラフは図 [2] の実線部分である。

[2]

⇐頂点 $(3,\ 9)$，上に凸の放物線。軸 $(t=3)$ は定義域の右端。

① において，y は

$t=3$　で最大値 9

$t=-1$ で最小値 -7　をとる。

図 [1] のグラフから

$t=3$ のとき　　$x=-1,\ 3$

$t=-1$ のとき　　$x=1$

したがって　**$x=-1,\ 3$ で最大値 9，$x=1$ で最小値 -7**

PR ①75　次の 2 次方程式を解け。

(1)　$x^2-3x+2=0$　　(2)　$2x^2-3x-35=0$　　(3)　$12x^2+16x-3=0$

(4)　$14x^2-19x-3=0$　　(5)　$5x^2-3=0$　　(6)　$(2x+1)^2-9=0$

(1)　左辺を因数分解して

$(x-1)(x-2)=0$

よって　　**$x=1,\ 2$**

⇐$x-1=0$ または $x-2=0$

(2)　左辺を因数分解して

$(x-5)(2x+7)=0$

よって　　**$x=5,\ -\dfrac{7}{2}$**

1	−5 ⟶	−10
2	7 ⟶	7
2	−35	−3

⇐$x-5=0$ または $2x+7=0$

(3)　左辺を因数分解して

$(2x+3)(6x-1)=0$

よって　　**$x=-\dfrac{3}{2},\ \dfrac{1}{6}$**

2	3 ⟶	18
6	−1 ⟶	−2
12	−3	16

⇐$2x+3=0$ または $6x-1=0$

(4)　左辺を因数分解して

$(2x-3)(7x+1)=0$

よって　　**$x=\dfrac{3}{2},\ -\dfrac{1}{7}$**

2	−3 ⟶	−21
7	1 ⟶	2
14	−3	−19

⇐$2x-3=0$ または $7x+1=0$

(5)　$x^2=\dfrac{3}{5}$ であるから　　**$x=\pm\sqrt{\dfrac{3}{5}}=\pm\dfrac{\sqrt{15}}{5}$**

⇐分母を有理化。

(6)　$(2x+1)^2=9$ であるから　　$2x+1=\pm 3$

よって　　$x=\dfrac{-1\pm 3}{2}$　　ゆえに　　**$x=1,\ -2$**

PR ②76 次の2次方程式を解け。

(1) $2x^2+3x-7=0$　(2) $3x^2-12x+10=0$　(3) $\dfrac{x^2}{6}+\dfrac{x}{3}-\dfrac{1}{4}=0$

(4) $6(x^2+4)=25x$　(5) $\sqrt{2}x^2-4x+2\sqrt{2}=0$　(6) $8(x-1)^2+2(x-1)-15=0$

(1) $x=\dfrac{-3\pm\sqrt{3^2-4\cdot2\cdot(-7)}}{2\cdot2}=\mathbf{\dfrac{-3\pm\sqrt{65}}{4}}$

⇦$x=\dfrac{-b\pm\sqrt{b^2-4ac}}{2a}$

(2) $3x^2-2\cdot6x+10=0$ であるから

$x=\dfrac{-(-6)\pm\sqrt{(-6)^2-3\cdot10}}{3}=\mathbf{\dfrac{6\pm\sqrt{6}}{3}}$

⇦$b=2b'$ 型で $b'=-6$

⇦$x=\dfrac{-b'\pm\sqrt{b'^2-ac}}{a}$

(3) 両辺に12を掛けて　$2x^2+4x-3=0$

すなわち，$2x^2+2\cdot2x-3=0$ であるから

$x=\dfrac{-2\pm\sqrt{2^2-2\cdot(-3)}}{2}=\mathbf{\dfrac{-2\pm\sqrt{10}}{2}}$

⇦係数を整数にする。

⇦$b=2b'$ 型で $b'=2$

⇦$x=\dfrac{-b'\pm\sqrt{b'^2-ac}}{a}$

(4) 整理すると，$6x^2-25x+24=0$ であるから

$x=\dfrac{-(-25)\pm\sqrt{(-25)^2-4\cdot6\cdot24}}{2\cdot6}=\dfrac{25\pm\sqrt{49}}{12}=\dfrac{25\pm7}{12}$

よって　$\mathbf{x=\dfrac{8}{3},\ \dfrac{3}{2}}$

⇦$x=\dfrac{-b\pm\sqrt{b^2-4ac}}{2a}$

⇦$\dfrac{25+7}{12}=\dfrac{32}{12}=\dfrac{8}{3}$，$\dfrac{25-7}{12}=\dfrac{18}{12}=\dfrac{3}{2}$

別解　$6x^2-25x+24=0$ の左辺を因数分解して　$(2x-3)(3x-8)=0$

よって　$\mathbf{x=\dfrac{3}{2},\ \dfrac{8}{3}}$

2 ╲╱	−3 ⟶	−9
3 ╱╲	−8 ⟶	−16
6	24	−25

(5) 両辺を $\sqrt{2}$ で割ると　$x^2-2\sqrt{2}x+2=0$

よって　$x=\dfrac{-(-\sqrt{2})\pm\sqrt{(-\sqrt{2})^2-1\cdot2}}{1}$

$=\sqrt{2}\pm\sqrt{0}=\mathbf{\sqrt{2}}$

⇦$b=2b'$ 型で $b'=-\sqrt{2}$

⇦$x=\dfrac{-b'\pm\sqrt{b'^2-ac}}{a}$

別解　両辺を $\sqrt{2}$ で割ると　$x^2-2\sqrt{2}x+2=0$

ゆえに　$(x-\sqrt{2})^2=0$　よって　$\mathbf{x=\sqrt{2}}$

⇦$x^2-2\sqrt{2}x+(\sqrt{2})^2=(x-\sqrt{2})^2$

(6) $x-1=A$ とおくと，$8A^2+2A-15=0$ であるから

$A=\dfrac{-1\pm\sqrt{1^2-8\cdot(-15)}}{8}=\dfrac{-1\pm\sqrt{121}}{8}=\dfrac{-1\pm11}{8}$

よって　$A=\dfrac{5}{4},\ -\dfrac{3}{2}$

$x=A+1$ に代入して　$\mathbf{x=\dfrac{9}{4},\ -\dfrac{1}{2}}$

⇦$b=2b'$ 型で $b'=1$

⇦$\dfrac{-1+11}{8}=\dfrac{5}{4}$，$\dfrac{-1-11}{8}=-\dfrac{3}{2}$

⇦$x-1=A$ から。

別解　$x-1=A$ とおくと　$8A^2+2A-15=0$

$8A^2+2A-15=0$ の左辺を因数分解して

$(4A-5)(2A+3)=0$

よって　$A=\dfrac{5}{4},\ -\dfrac{3}{2}$

$x=A+1$ に代入して　$\mathbf{x=\dfrac{9}{4},\ -\dfrac{1}{2}}$

4 ╲╱	−5 ⟶	−10
2 ╱╲	3 ⟶	12
8	−15	2

inf.　おき換えを利用した方がスムーズであるが，展開して整理すると

$8x^2-14x-9=0$

因数分解して

$(4x-9)(2x+1)=0$

よって　$x=\dfrac{9}{4},\ -\dfrac{1}{2}$

としてもよい。

PR ②77

(1) $x=12$ が2次方程式 $x^2-x+a=0$ の解であるとき，a の値ともう1つの解を求めよ。 〔福岡工大〕

(2) 2次方程式 $x^2+(a+4)x+a-3=0$ の解の1つが a であるとき，他の解を求めよ。

(3) 方程式 $ax^2+bx+1=0$ が2つの解 -2，3 をもつとき，定数 a，b の値を求めよ。

(1) $x=12$ が与えられた方程式の解であるから

$$12^2-12+a=0$$

ゆえに　$\boldsymbol{a=-132}$

このとき，方程式は　$x^2-x-132=0$

左辺を因数分解して　$(x+11)(x-12)=0$

よって，もう1つの解は　$\boldsymbol{x=-11}$

⇦$x=12$ を代入すると成り立つ。

⇦$x=12$ が解の1つであることを利用して因数分解。

(2) $x=a$ が与えられた方程式の解であるから

$$a^2+(a+4)a+a-3=0$$

ゆえに　$2a^2+5a-3=0$

左辺を因数分解して　$(a+3)(2a-1)=0$

よって　$a=-3,\ \dfrac{1}{2}$

⇦$x=a$ を代入すると成り立つ。

⇦
1	╲╱	3 ⟶	6
2	╱╲	−1 ⟶	−1
2		−3	5

[1] $a=-3$ のとき　方程式は　$x^2+x-6=0$

左辺を因数分解して　$(x-2)(x+3)=0$

よって　$x=2,\ -3$

[2] $a=\dfrac{1}{2}$ のとき　方程式は　$x^2+\dfrac{9}{2}x-\dfrac{5}{2}=0$

すなわち　$2x^2+9x-5=0$

左辺を因数分解して　$(x+5)(2x-1)=0$

よって　$x=-5,\ \dfrac{1}{2}$

⇦$x=a$ すなわち $x=\dfrac{1}{2}$ が解の1つであることを利用して因数分解。

[1]，[2] から，他の解は

$$\boldsymbol{a=-3 \text{ のとき } x=2,\ a=\frac{1}{2} \text{ のとき } x=-5}$$

(3) 与えられた方程式は2つの解をもつから，2次方程式である。

よって　$a\neq 0$

$x=-2$ が与えられた方程式の解であるから

$$a\cdot(-2)^2+b\cdot(-2)+1=0$$

すなわち　$4a-2b+1=0$ …… ①

⇦$x=-2$ を代入すると成り立つ。

$x=3$ が与えられた方程式の解であるから

$$a\cdot 3^2+b\cdot 3+1=0$$

すなわち　$9a+3b+1=0$ …… ②

⇦$x=3$ を代入すると成り立つ。

①×3+②×2 から　$30a+5=0$

よって　$\boldsymbol{a=-\dfrac{1}{6}}$　　これは $a\neq 0$ を満たす。

① に代入して　$4\cdot\left(-\dfrac{1}{6}\right)-2b+1=0$

よって　$\boldsymbol{b=\dfrac{1}{6}}$

inf.　2次方程式 $ax^2+bx+c=0$ の2つの解を α, β とすると

$$\boldsymbol{\alpha+\beta=-\frac{b}{a},\quad \alpha\beta=\frac{c}{a}}$$

が成り立つ。これを2次方程式の **解と係数の関係** といい，数学Ⅱで学習する。これを使うと，(3)は

$$-\frac{b}{a}=-2+3=1,\qquad \frac{1}{a}=(-2)\cdot 3=-6$$

よって　　$\boldsymbol{a=-\frac{1}{6},\ b=\frac{1}{6}}$

⇐本冊 $p.171$ 参照。

⇐$-\frac{b}{a}=1$ から $b=-a$

PR ②78

(1)　2次方程式 $2x^2+3x+k=0$ の実数解の個数を調べよ。

(2)　2次方程式 $4x^2+2(a-1)x+1-a=0$ が重解をもつように，定数 a の値を定め，そのときの重解を求めよ。

(1)　2次方程式の判別式を D とすると

$$D=3^2-4\cdot 2\cdot k=9-8k$$

$D>0$ すなわち $\boldsymbol{k<\frac{9}{8}}$ のとき　　実数解は　**2個**

$D=0$ すなわち $\boldsymbol{k=\frac{9}{8}}$ のとき　　実数解は　**1個**

$D<0$ すなわち $\boldsymbol{k>\frac{9}{8}}$ のとき　　実数解は　**0個**

(2)　2次方程式の判別式を D とすると

$$\frac{D}{4}=(a-1)^2-4(1-a)=a^2+2a-3$$
$$=(a-1)(a+3)$$

2次方程式が重解をもつための条件は $D=0$ であるから

$$(a-1)(a+3)=0$$

よって　　$a=1,\ -3$

重解は $x=-\frac{2(a-1)}{2\cdot 4}=-\frac{a-1}{4}$ であるから

$\boldsymbol{a=1}$ **のとき**　　$\boldsymbol{x=0}$

$\boldsymbol{a=-3}$ **のとき**　　$\boldsymbol{x=1}$

⇐2次方程式 $ax^2+bx+c=0$ の重解は　$x=-\frac{b}{2a}$

PR ③79

(1)　x の2次方程式 $(a-3)x^2+2(a+3)x+a+5=0$ が実数解をもつように，定数 a の値の範囲を定めよ。

(2)　x の方程式 $kx^2+2\sqrt{10}x-k-7=0$ がただ1つの実数解をもつとき，定数 k の値を求めよ。また，そのときの方程式の解を求めよ。　　［(2) 類 大阪産大］

(1)　2次方程式であるから　　$a-3\neq 0$　　よって　　$a\neq 3$

⇐(x^2 の係数)$\neq 0$

2次方程式の判別式を D とすると

$$\frac{D}{4}=(a+3)^2-(a-3)(a+5)=4a+24$$

⇐$2b'$ 型は $\frac{D}{4}$ を利用。

2次方程式が実数解をもつための条件は $D\geqq 0$ であるから

$$4a+24\geqq 0$$

よって　　$a\geqq -6$

$a\neq 3$ であるから　　$\boldsymbol{-6\leqq a<3,\ 3<a}$

⇐$a\neq 3$ かつ $a\geqq -6$

(2) [1] $k=0$ のとき　$2\sqrt{10}x-7=0$

よって，ただ 1 つの実数解 $x=\frac{7}{2\sqrt{10}}=\frac{7\sqrt{10}}{20}$ をもつ。

⇐x の方程式 ⟶ 1 次方程式の場合も考える。
⇐分母を有理化。

[2] $k\neq0$ のとき

方程式は 2 次方程式で，判別式を D とすると

$$\frac{D}{4}=(\sqrt{10})^2-k(-k-7)=k^2+7k+10=(k+2)(k+5)$$

2 次方程式がただ 1 つの実数解をもつための条件は $D=0$ であるから

⇐2 次方程式が重解をもつ場合である。

$$(k+2)(k+5)=0$$

これを解いて　$k=-2,\ -5$

これらは $k\neq0$ を満たす。

重解は $x=-\frac{2\sqrt{10}}{2k}=-\frac{\sqrt{10}}{k}$ であるから

⇐2 次方程式 $ax^2+bx+c=0$ の重解は　$x=-\frac{b}{2a}$

$k=-2$ のとき　$x=\frac{\sqrt{10}}{2}$

$k=-5$ のとき　$x=\frac{\sqrt{10}}{5}$

以上から　**$k=0$ のとき　$x=\frac{7\sqrt{10}}{20}$**

$k=-2$ のとき　$x=\frac{\sqrt{10}}{2}$

$k=-5$ のとき　$x=\frac{\sqrt{10}}{5}$

PR ②80　連続した 3 つの自然数のうち，最小のものの平方が，他の 2 数の和に等しい。この 3 数を求めよ。

最小のものを n とすると，他の 2 数は $n+1$, $n+2$ と表される。

⇐連続した自然数。

条件から　$n^2=(n+1)+(n+2)$

すなわち　$n^2-2n-3=0$　よって　$(n+1)(n-3)=0$

⇐解は $n=-1,\ 3$

n は自然数であるから　$n=3$

⇐**解の吟味**。n は自然数。

ゆえに，求める 3 数は　**3, 4, 5**

別解　最小のものを $n-1$ とすると，他の 2 数は n, $n+1$ と表される。

⇐連続した自然数。

条件から　$(n-1)^2=n+(n+1)$

すなわち　$n^2-4n=0$　よって　$n(n-4)=0$

⇐解は $n=0,\ 4$

$n-1$ は自然数であるから　$n=4$

⇐**解の吟味**。$n-1$ は自然数。

ゆえに，求める 3 数は　**3, 4, 5**

PR ④81　x の方程式 $x^2-(k-3)x+5k=0$, $x^2+(k-2)x-5k=0$ がただ 1 つの共通解をもつように定数 k の値を定め，その共通解を求めよ。

共通解を $x=\alpha$ とすると

⇐$x=\alpha$ を代入したとき，2 つの方程式が成り立つ。

$$\alpha^2-(k-3)\alpha+5k=0 \quad \cdots\cdots ①$$

$$\alpha^2+(k-2)\alpha-5k=0 \quad \cdots\cdots ②$$

①＋② から　$2\alpha^2+\alpha=0$

よって　$\alpha(2\alpha+1)=0$

ゆえに　$\alpha=0,\ -\frac{1}{2}$

[1]　$\alpha=0$ のとき　①から　$k=0$

このとき，方程式はそれぞれ　$x^2+3x=0,\ x^2-2x=0$

となり，解はそれぞれ　$x=0,\ -3$；　$x=0,\ 2$

よって，確かにただ1つの共通解 $x=0$ をもつ。

[2]　$\alpha=-\frac{1}{2}$ のとき

①から　$\left(-\frac{1}{2}\right)^2-(k-3)\cdot\left(-\frac{1}{2}\right)+5k=0$

よって　$22k-5=0$　ゆえに　$k=\frac{5}{22}$

このとき，方程式はそれぞれ

$$x^2+\frac{61}{22}x+\frac{25}{22}=0 \quad \cdots\cdots ①'$$

$$x^2-\frac{39}{22}x-\frac{25}{22}=0 \quad \cdots\cdots ②'$$

となり，①′ の解は　$x=-\frac{1}{2},\ -\frac{25}{11}$

②′ の解は　$x=-\frac{1}{2},\ \frac{25}{11}$

よって，確かにただ1つの共通解 $x=-\frac{1}{2}$ をもつ。

以上から　**$k=0$ のとき　共通解は $x=0$**

$k=\frac{5}{22}$ のとき　共通解は $x=-\frac{1}{2}$

inf.　方程式 $f(x)=0,\ g(x)=0$ を同時に満たす解 $x=\alpha$ は，方程式 $f(x)+g(x)=0$ も満たすが，$f(x)+g(x)=0$ の解がすべて $f(x)=0,\ g(x)=0$ の解になるとは限らない (例：$x^2-3x+2=0,\ x^2+x-2=0$ のとき，和は $2(x^2-x)=0$ この解 $x=0, 1$ のうち $x=0$ はもとの方程式を満たさない)。上の解答では，①＋② を満たす α が存在するように，① から k の値を定めているが，この α と k が ② でも成り立つことを，[1] と [2] において方程式を実際に解くことで十分条件を確認している。

⇦定数項 (k の項) を消去。α^2 の項を消去すると $(2k-5)\alpha-10k=0$ となり，この後の計算が非常に煩雑になる。

⇦②に代入しても同じ。

⇦$x(x+3)=0$, $x(x-2)=0$

⇦十分条件の確認。

⇦$\frac{1}{4}+\frac{k-3}{2}+5k=0$ から $1+2(k-3)+20k=0$

⇦それぞれ両辺に 22 を掛けて因数分解すると $(2x+1)(11x+25)=0$, $(2x+1)(11x-25)=0$

⇦十分条件の確認。

⇦$f(x)$, $g(x)$ は x の多項式を表している。

3章 PR

PR ③82　次の方程式を解け。
(1)　$x^2-|x|-20=0$　　(2)　$x^2-2|x+1|=2$

(1)　[1]　$x\geqq 0$ のとき　$x^2-x-20=0$

左辺を因数分解して　$(x+4)(x-5)=0$

よって　$x=-4,\ 5$

このうち，$x\geqq 0$ を満たすものは　$x=5$

⇦場合の分かれ目は $x=0$

⇦この確認を忘れずに。

[2] $x<0$ のとき　$x^2+x-20=0$

左辺を因数分解して　$(x-4)(x+5)=0$

よって　$x=4,\ -5$

このうち，$x<0$ を満たすものは　$x=-5$　⇦この確認を忘れずに。

以上から，求める解は　$\boldsymbol{x=\pm 5}$

別解　$|x|=t\ (\geqq 0)$ とおくと，$t^2=|x|^2=x^2$ であることから

与えられた方程式は　$t^2-t-20=0$

左辺を因数分解して　$(t+4)(t-5)=0$

$t\geqq 0$ であるから　$t=5$

$|x|=5$ から　$\boldsymbol{x=\pm 5}$

(2) [1] $x+1\geqq 0$ すなわち $x\geqq -1$ のとき　⇦場合の分かれ目は $x=-1$

$x^2-2(x+1)=2$

整理して　$x^2-2x-4=0$

よって　$x=1\pm\sqrt{5}$

このうち，$x\geqq -1$ を満たすものは　$x=1+\sqrt{5}$　⇦この確認を忘れずに。

[2] $x+1<0$ すなわち $x<-1$ のとき

$x^2+2(x+1)=2$

整理して　$x^2+2x=0$

左辺を因数分解して　$x(x+2)=0$

よって　$x=0,\ -2$

このうち，$x<-1$ を満たすものは　$x=-2$　⇦この確認を忘れずに。

以上から，求める解は　$\boldsymbol{x=-2,\ 1+\sqrt{5}}$

PR ②83　次の 2 次関数のグラフと x 軸の共有点の個数，および共有点があるものはその座標をそれぞれ求めよ。

(1) $y=9x^2-6x+1$　(2) $y=x^2-x+1$　(3) $y=3x^2-8x-1$

$y=0$ とおいた 2 次方程式の判別式を D とする。

(1) $D=(-6)^2-4\cdot 9\cdot 1=36-36=0$

$D=0$ から，グラフと x 軸の共有点の個数は　**1 個**

2 次方程式 $9x^2-6x+1=0$ を解くと，左辺を因数分解して

$(3x-1)^2=0$

ゆえに　$x=\frac{1}{3}$ (重解)

よって，グラフと x 軸の共有点の座標は

$\boldsymbol{\left(\frac{1}{3},\ 0\right)}$

(1)

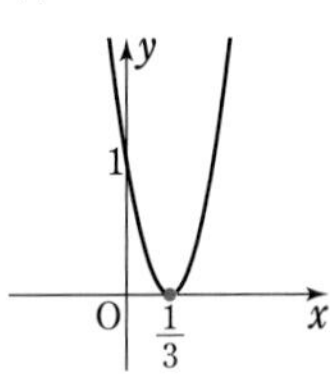

(2) $D=(-1)^2-4\cdot 1\cdot 1=1-4=-3$

$D<0$ から，グラフと x 軸の共有点の個数は　**0 個**

(2)

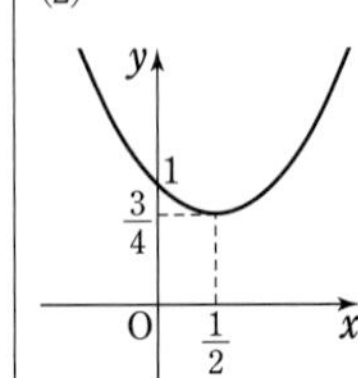

(3)　$\frac{D}{4}=(-4)^2-3\cdot(-1)=16+3=19$

$D>0$ から，グラフと x 軸の共有点の個数は　**2 個**

2 次方程式 $3x^2-8x-1=0$ を解くと，解の公式から

$$x=\frac{-(-4)\pm\sqrt{(-4)^2-3\cdot(-1)}}{3}=\frac{4\pm\sqrt{19}}{3}$$

よって，グラフと x 軸の共有点の座標は

$$\left(\frac{4-\sqrt{19}}{3},\ 0\right),\ \left(\frac{4+\sqrt{19}}{3},\ 0\right)$$

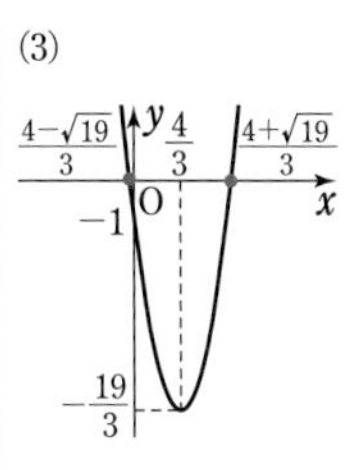

3章
PR

PR ②84　a は定数とする。放物線 $y=2x^2+3x-a+1$ と x 軸の共有点の個数を求めよ。

2 次方程式 $2x^2+3x-a+1=0$ の判別式を D とすると

$$D=3^2-4\cdot2(-a+1)=9+8a-8=8a+1$$

放物線 $y=2x^2+3x-a+1$ と x 軸の共有点の個数は

$D>0$　すなわち　$\boldsymbol{a>-\frac{1}{8}}$ **のとき　2 個**　　⇦$8a+1>0$

$D=0$　すなわち　$\boldsymbol{a=-\frac{1}{8}}$ **のとき　1 個**　　⇦$8a+1=0$

$D<0$　すなわち　$\boldsymbol{a<-\frac{1}{8}}$ **のとき　0 個**　　⇦$8a+1<0$

別解　$y=2x^2+3x-a+1=2\left(x^2+\frac{3}{2}x\right)-a+1$　　⇦基本形に変形。

$$=2\left\{\left(x+\frac{3}{4}\right)^2-\left(\frac{3}{4}\right)^2\right\}-a+1$$

$$=2\left(x+\frac{3}{4}\right)^2-a-\frac{1}{8}$$

この放物線は下に凸で頂点 P の y 座標は $-a-\frac{1}{8}$ である。　　⇦グラフが下に凸であることを断る。

P が x 軸の下側にあるとき，共有点の個数は 2 個である。　　⇦頂点と x 軸の位置関係によって求める。

よって　　$-a-\frac{1}{8}<0$

すなわち　$\boldsymbol{a>-\frac{1}{8}}$ **のとき　2 個**

P が x 軸上にあるとき，共有点の個数は 1 個である。

よって　　$-a-\frac{1}{8}=0$

すなわち　$\boldsymbol{a=-\frac{1}{8}}$ **のとき　1 個**

P が x 軸の上側にあるとき，共有点の個数は 0 個である。

よって　　$-a-\frac{1}{8}>0$

すなわち　$\boldsymbol{a<-\frac{1}{8}}$ **のとき　0 個**

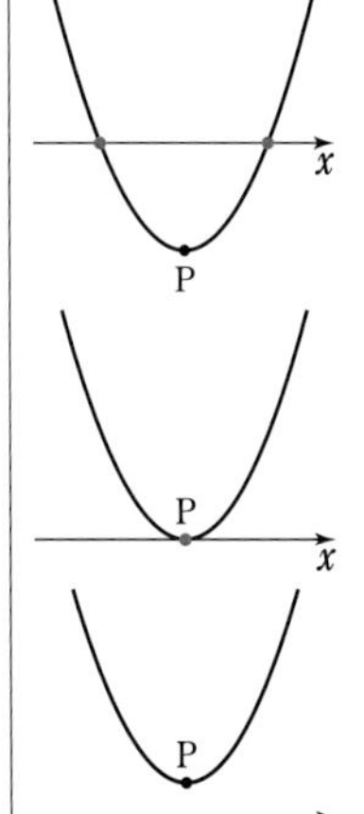

PR ③85 次の 2 次関数のグラフが x 軸から切り取る線分の長さを求めよ。
(1) $y=4x^2-7x-11$　(2) $y=-4x^2+4ax-a^2+9$（ただし，a は定数）

(1) $4x^2-7x-11=0$ の左辺を因数分解して

$$(x+1)(4x-11)=0$$

これを解くと　$x=-1,\ \dfrac{11}{4}$

よって，x 軸から切り取る線分の長さは

$$\frac{11}{4}-(-1)=\frac{11}{4}+1=\mathbf{\frac{15}{4}}$$

1	╲╱	1 →	4
4	╱╲	−11 →	−11
4		−11	−7

(2) $-4x^2+4ax-a^2+9=0$ から　$4x^2-4ax+a^2-9=0$

$$4x^2-4ax+a^2-9=(2x-a)^2-3^2$$
$$=(2x-a+3)(2x-a-3)$$

と変形できるから，$(2x-a+3)(2x-a-3)=0$ を解くと

$$x=\frac{a-3}{2},\ \frac{a+3}{2}$$

よって，x 軸から切り取る線分の長さは

$$\frac{a+3}{2}-\frac{a-3}{2}=\frac{6}{2}=\mathbf{3}$$

⇐ $y=-4x^2+4ax-a^2+9$
$=-4\left(x-\dfrac{a}{2}\right)^2+9$
頂点の y 座標が 9 で一定であるから，a が変わると **グラフは x 軸に平行に動く**。よって，x 軸から切り取る線分の長さは a の値に関係なく一定。

⇐ $\dfrac{a+3}{2}>\dfrac{a-3}{2}$ である。

PR ③86 a は定数とする。放物線 $y=x^2-2x+a$ について
(1) 直線 $y=2x$ と接するように a の値を定めよ。
(2) 直線 $y=2x+3$ と共有点をもたないように a の値の範囲を定めよ。

(1) $y=x^2-2x+a$ …… ①，$y=2x$ …… ② とする。

①，② から y を消去すると

$$x^2-2x+a=2x$$

整理すると　$x^2-4x+a=0$ …… ③

2 次方程式 ③ の判別式を D とすると

$$\frac{D}{4}=(-2)^2-1\cdot a=4-a$$

放物線 ① と直線 ② が接するための条件は，2 次方程式 ③ が重解をもつことであるから

$D=0$　すなわち　$\boldsymbol{a=4}$

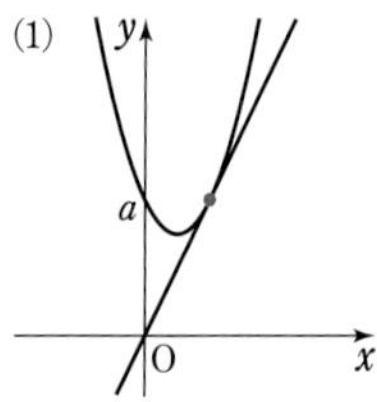

(2) $y=x^2-2x+a$ …… ①，$y=2x+3$ …… ② とする。

①，② から y を消去すると

$$x^2-2x+a=2x+3$$

整理すると　$x^2-4x+a-3=0$ …… ③

2 次方程式 ③ の判別式を D とすると

$$\frac{D}{4}=(-2)^2-1\cdot(a-3)=-a+7$$

放物線 ① と直線 ② が共有点をもたないための条件は，2 次方程式 ③ が実数解をもたないことであるから

$D<0$　すなわち　$\boldsymbol{a>7}$

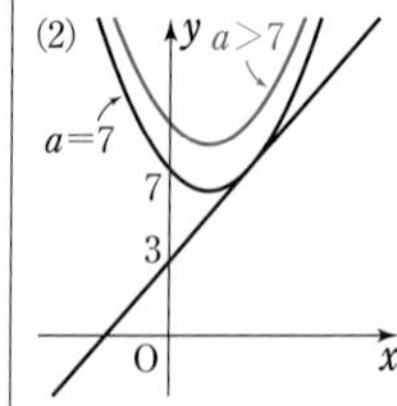

PR ①87 次の２次不等式を解け。
(1) $x^2-4x-12\geqq 0$　(2) $6x^2-5x+1>0$　(3) $-x^2-x+2\geqq 0$
(4) $x^2-2x-2\leqq 0$　(5) $4x^2-5x-3<0$　(6) $2x-3>-x^2$

(1) $x^2-4x-12=0$ から
$(x+2)(x-6)=0$
これを解くと
$x=-2,\ 6$
よって，不等式の解は
$\boldsymbol{x\leqq -2,\ 6\leqq x}$

⇐グラフが x 軸上も含み上側にある x の値の範囲。

別解 $(x+2)(x-6)\geqq 0$ から　$\boldsymbol{x\leqq -2,\ 6\leqq x}$

(2) $6x^2-5x+1=0$ から
$(3x-1)(2x-1)=0$
これを解くと
$x=\dfrac{1}{3},\ \dfrac{1}{2}$

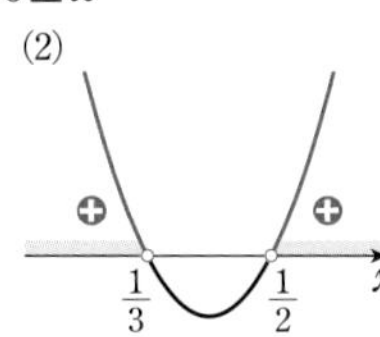

$$\begin{array}{ccc} 3 & -1 \longrightarrow & -2 \\ 2 & -1 \longrightarrow & -3 \\ \hline 6 & 1 & -5 \end{array}$$

よって，不等式の解は
$\boldsymbol{x<\dfrac{1}{3},\ \dfrac{1}{2}<x}$

⇐グラフが x 軸の上側にある x の値の範囲。

別解 $(3x-1)(2x-1)>0$ から　$\boldsymbol{x<\dfrac{1}{3},\ \dfrac{1}{2}<x}$

(3) 両辺に -1 を掛けて　$x^2+x-2\leqq 0$

⇐２次の係数を正にする。

$x^2+x-2=0$ から
$(x+2)(x-1)=0$

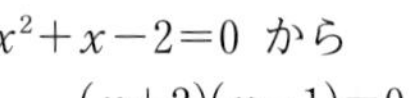

これを解くと　$x=-2,\ 1$
よって，不等式の解は
$\boldsymbol{-2\leqq x\leqq 1}$

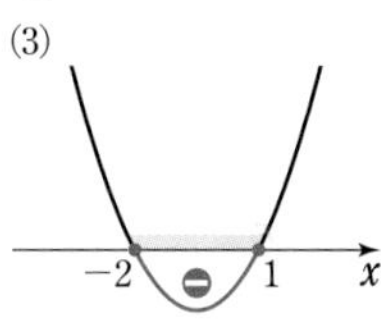

⇐グラフが x 軸上も含み下側にある x の値の範囲。

別解 両辺に -1 を掛けて　$x^2+x-2\leqq 0$
$(x+2)(x-1)\leqq 0$ から　$\boldsymbol{-2\leqq x\leqq 1}$

(4) $x^2-2x-2=0$ を解くと
$x=1\pm\sqrt{3}$
よって，不等式の解は
$\boldsymbol{1-\sqrt{3}\leqq x\leqq 1+\sqrt{3}}$

⇐解の公式利用。
$b=2b'$ 型で $b'=1$

⇐グラフが x 軸上も含み下側にある x の値の範囲。

(5) $4x^2-5x-3=0$ を解くと
$x=\dfrac{5\pm\sqrt{73}}{8}$

⇐解の公式利用。

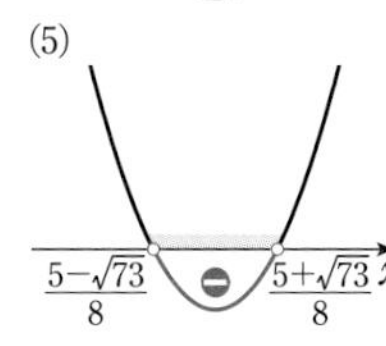

よって，不等式の解は

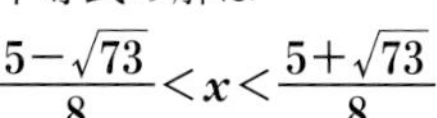

$\boldsymbol{\dfrac{5-\sqrt{73}}{8}<x<\dfrac{5+\sqrt{73}}{8}}$

⇐グラフが x 軸の下側にある x の値の範囲。

(6) 与式を変形すると　$x^2+2x-3>0$
$x^2+2x-3=0$ から
$(x+3)(x-1)=0$
これを解くと　$x=-3,\ 1$

よって，不等式の解は

$x<-3,\ 1<x$

⇦グラフが x 軸の上側にある x の値の範囲。

別解　与式を変形すると　$x^2+2x-3>0$

$(x+3)(x-1)>0$ から　$x<-3,\ 1<x$

PR ①88　次の 2 次不等式を解け。

(1) $x^2+2>2\sqrt{2}x$　(2) $-2x^2+12x-18\geqq 0$

(3) $2x^2-8x+13>0$　(4) $-2x^2+3x-6>0$

(1) 整理すると　$x^2-2\sqrt{2}x+2>0$

$x^2-2\sqrt{2}x+2=(x-\sqrt{2})^2$ であるから，不等式は

$(x-\sqrt{2})^2>0$

よって，不等式 $x^2+2>2\sqrt{2}x$ の解は

$\sqrt{2}$ 以外のすべての実数

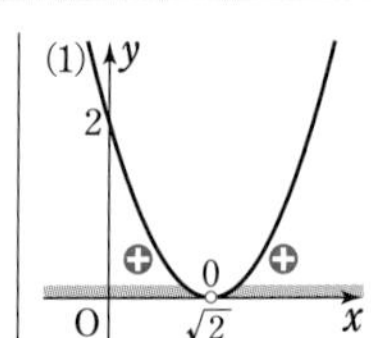

(2) 両辺を -2 で割ると　$x^2-6x+9\leqq 0$

$x^2-6x+9=(x-3)^2$ であるから，不等式は

$(x-3)^2\leqq 0$

よって，不等式 $-2x^2+12x-18\geqq 0$ の解は

$x=3$

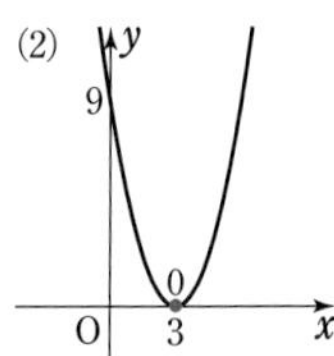

(3) $2x^2-8x+13=2(x-2)^2+5$ であるから，不等式は

$2(x-2)^2+5>0$

よって，不等式 $2x^2-8x+13>0$ の解は

すべての実数

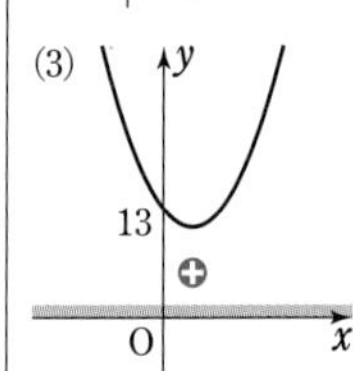

別解　x^2 の係数は 2 で正である。

2 次方程式 $2x^2-8x+13=0$ の判別式を D とすると

$$\frac{D}{4}=(-4)^2-2\cdot 13=-10$$

$D<0$ から，すべての実数 x について　$2x^2-8x+13>0$

よって，不等式 $2x^2-8x+13>0$ の解は

すべての実数

(4) 両辺に -1 を掛けて　$2x^2-3x+6<0$

⇦両辺に -1 を掛けると不等号の向きが逆になる。

$2x^2-3x+6=2\left(x-\frac{3}{4}\right)^2+\frac{39}{8}>0$ であるから，

$2x^2-3x+6<0$ を満たす実数 x は存在しない。

よって，不等式 $-2x^2+3x-6>0$ の

解はない

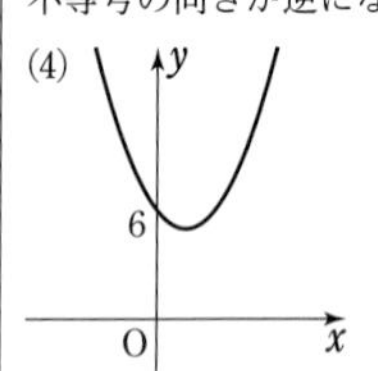

別解　両辺に -1 を掛けて　$2x^2-3x+6<0$

x^2 の係数は 2 で正である。

2 次方程式 $2x^2-3x+6=0$ の判別式を D とすると

$$D=(-3)^2-4\cdot 2\cdot 6=-39$$

$D<0$ から，すべての実数 x について　$2x^2-3x+6>0$

よって，不等式 $-2x^2+3x-6>0$ の

解はない

PR ②89　x の2次方程式 $x^2+(2k-1)x-3k^2+9k-2=0$ の実数解の個数を求めよ。

2次方程式 $x^2+(2k-1)x-3k^2+9k-2=0$ の判別式を D とすると　$D=(2k-1)^2-4\cdot1\cdot(-3k^2+9k-2)$

$=4k^2-4k+1+12k^2-36k+8$

$=16k^2-40k+9$

$=(4k-1)(4k-9)$

$D>0$ となるのは　$(4k-1)(4k-9)>0$　　⇐異なる2つの実数解

これを解いて　$k<\frac{1}{4},\ \frac{9}{4}<k$

$D=0$ となるのは　$(4k-1)(4k-9)=0$　　⇐重解

これを解いて　$k=\frac{1}{4},\ \frac{9}{4}$

$D<0$ となるのは　$(4k-1)(4k-9)<0$　　⇐実数解をもたない

これを解いて　$\frac{1}{4}<k<\frac{9}{4}$

以上により　**$k<\frac{1}{4},\ \frac{9}{4}<k$ のとき　2個**

$k=\frac{1}{4},\ \frac{9}{4}$ のとき　1個

$\frac{1}{4}<k<\frac{9}{4}$ のとき　0個

PR ③90　x についての2次不等式 $ax^2+9x+2b>0$ の解が $4<x<5$ となるように，定数 a，b の値を定めよ。

条件から，2次関数 $y=ax^2+9x+2b$ のグラフは，$4<x<5$ のときだけ x 軸の上側にある。

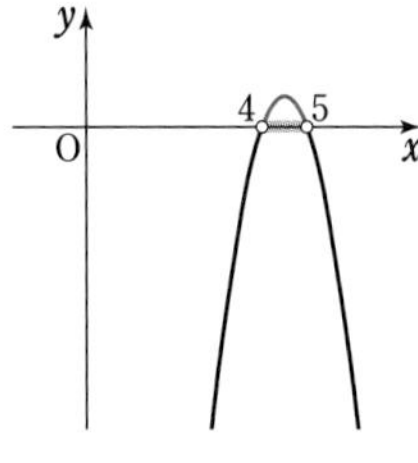

すなわち，上に凸の放物線で2点 $(4,\ 0)$，$(5,\ 0)$ を通るから　　⇐(x^2 の係数)<0　⇐$x=4,\ 5$ のとき $y=0$

$a<0$

$0=16a+36+2b$ …… ①

$0=25a+45+2b$ …… ②

⇐②−① から $9a+9=0$
よって　$a=-1$
① に代入して
$20+2b=0$
よって　$b=-10$

①，② を解いて　**$a=-1,\ b=-10$**

これは $a<0$ を満たす。

別解　$4<x<5$ を解とする2次不等式の1つは

$(x-4)(x-5)<0$

と表される。

左辺を展開して　$x^2-9x+20<0$

両辺に -1 を掛けて　$-x^2+9x-20>0$

x の係数は9であるから，$ax^2+9x+2b>0$ の係数と比較すると　$a=-1,\ 2b=-20$

⇐x の係数と不等号の向きを，与式に合わせる。(本冊 $p.151$ inf. 参照)

よって　**$a=-1,\ b=-10$**

inf. **$\alpha<\beta$ のとき　$(x-\alpha)(x-\beta)<0$ の解は　$\alpha<x<\beta$**

が成り立つことは既に学んでいるが，逆に

$\alpha<x<\beta$ のとき　　$\alpha<x$ から　$x-\alpha>0$

$x<\beta$ から　$x-\beta<0$

よって　　$(x-\alpha)(x-\beta)<0$

⇐正と負の積は負。

すなわち

$\alpha<x<\beta$ を解とする 2 次不等式の 1 つは

$(x-\alpha)(x-\beta)<0$

である。結局，$a>0$ として

$a(x-\alpha)(x-\beta)<0 \iff \alpha<x<\beta$

が成り立つ。同様に，以下の関係も成り立つ。

$a(x-\alpha)(x-\beta)\leqq 0 \iff \alpha\leqq x\leqq\beta$

$a(x-\alpha)(x-\beta)>0 \iff x<\alpha,\ \beta<x$

$a(x-\alpha)(x-\beta)\geqq 0 \iff x\leqq\alpha,\ \beta\leqq x$

PR ②91　すべての実数 x について，不等式 $(a-1)x^2-2(a-1)x+3\geqq 0$ が成り立つように，定数 a の値の範囲を定めよ。

[1]　$a=1$ のとき

$(左辺)=3>0$

よって，$a=1$ のとき，常に不等式は成り立つ。

⇐$a=1$ のとき，2 次不等式ではない。

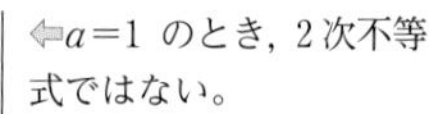

[2]　$a\neq 1$ のとき，2 次方程式 $(a-1)x^2-2(a-1)x+3=0$ の判別式を D とすると，常に不等式が成り立つ条件は

$a-1>0$ …… ①　かつ　$\dfrac{D}{4}\leqq 0$ …… ②

① から　　$a>1$ …… ③

また　　$\dfrac{D}{4}=\{-(a-1)\}^2-(a-1)\cdot 3$

$=(a-1)\{(a-1)-3\}$

$=(a-1)(a-4)$

② から　　$(a-1)(a-4)\leqq 0$

よって　　$1\leqq a\leqq 4$ …… ④

③ と ④ の共通範囲は　　$1<a\leqq 4$

[1] または [2] が成り立てばよいから　　**$1\leqq a\leqq 4$**

$a-1>0$ のとき

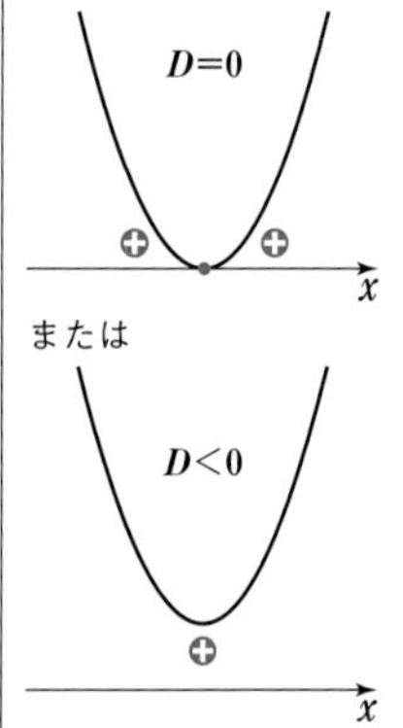

PR ③92　$f(x)=x^2-2ax-a+6$ について，$-1\leqq x\leqq 1$ で常に $f(x)\geqq 0$ となる定数 a の値の範囲を求めよ。

$-1\leqq x\leqq 1$ で常に $f(x)\geqq 0$ となるための条件は，この範囲における関数 $y=f(x)$ の最小値が 0 以上であることである。

$f(x)=x^2-2ax-a+6$

$=(x-a)^2-a^2-a+6$

であるから，$y=f(x)$ のグラフは下に凸の放物線で，その軸は直線 $x=a$ である。

⇐次の図のような場合もあるので，判別式だけでは解けない。

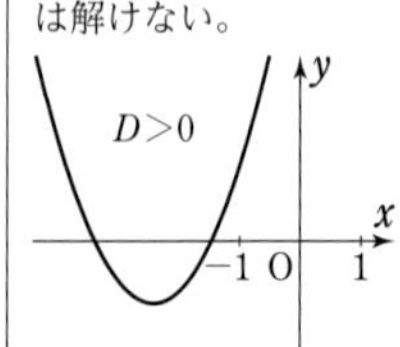

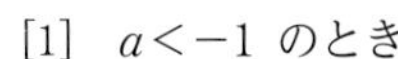

[1]　$a<-1$ のとき

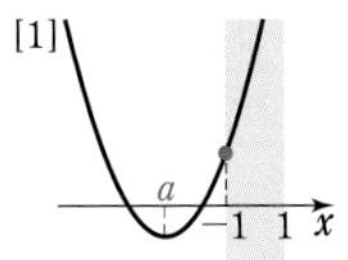

$f(x)$ は $x=-1$ で最小となる。
ゆえに　$f(-1)=a+7\geqq 0$
よって　$a\geqq -7$
これと $a<-1$ の共通範囲は
$-7\leqq a<-1$ …… ①

[1]　軸 $(x=a)$ が定義域の左外にある場合。定義域の左端で最小となる。

⇐**場合分けの条件を確認。**

[2]　$-1\leqq a\leqq 1$ のとき

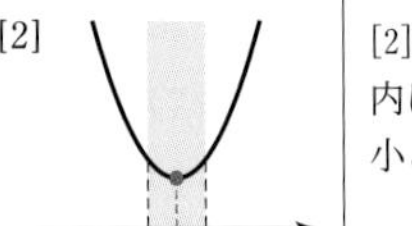

$f(x)$ は $x=a$ で最小となる。
ゆえに　$f(a)=-a^2-a+6\geqq 0$
よって　$a^2+a-6\leqq 0$
左辺を変形して
$(a+3)(a-2)\leqq 0$
これを解いて
$-3\leqq a\leqq 2$
これと $-1\leqq a\leqq 1$ の共通範囲は
$-1\leqq a\leqq 1$ …… ②

[2]　軸 $(x=a)$ が定義域内にある場合。頂点で最小となる。

⇐**場合分けの条件を確認。**

[3]　$1<a$ のとき
$f(x)$ は $x=1$ で最小となる。
ゆえに　$f(1)=-3a+7\geqq 0$
よって　$a\leqq\dfrac{7}{3}$
これと $1<a$ の共通範囲は
$1<a\leqq\dfrac{7}{3}$ …… ③

[3]　軸 $(x=a)$ が定義域の右外にある場合。定義域の右端で最小となる。

⇐**場合分けの条件を確認。**

求める a の値の範囲は，①，②，③ を合わせて

$$\boldsymbol{-7\leqq a\leqq\frac{7}{3}}$$

PR ②93　次の不等式を解け。　〔(2) 千葉工大〕

(1) $\begin{cases} x^2>1+x \\ x\leqq 15-6x^2 \end{cases}$　(2) $2\leqq x^2-x\leqq 4x-4$　(3) $\begin{cases} x^2+3x+2\leqq 0 \\ x^2-x-2<0 \end{cases}$

(1) $\begin{cases} x^2>1+x & \cdots\cdots ① \\ x\leqq 15-6x^2 & \cdots\cdots ② \end{cases}$ とする。

① を変形すると　$x^2-x-1>0$
$x^2-x-1=0$ を解くと

$$x=\frac{-(-1)\pm\sqrt{(-1)^2-4\cdot1\cdot(-1)}}{2\cdot1}=\frac{1\pm\sqrt{5}}{2}$$

よって，① の解は

$$x<\frac{1-\sqrt{5}}{2},\quad \frac{1+\sqrt{5}}{2}<x \quad\cdots\cdots ③$$

② を変形すると　$6x^2+x-15\leqq 0$
ゆえに　$(3x+5)(2x-3)\leqq 0$
よって　$-\dfrac{5}{3}\leqq x\leqq\dfrac{3}{2}$ …… ④

⇐2次の係数を正にする。

⇐
3	5 → 10
2	−3 → −9
6	−15　1

③ と ④ の共通範囲を求めて

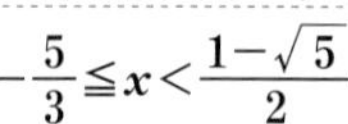

$$-\frac{5}{3} \leqq x < \frac{1-\sqrt{5}}{2}$$

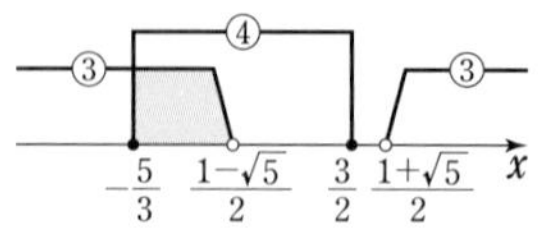

⇐ $-\frac{5}{3} < \frac{1-\sqrt{5}}{2} < \frac{3}{2} < \frac{1+\sqrt{5}}{2}$

(2) $2 \leqq x^2 - x \leqq 4x - 4$ から

$\begin{cases} 2 \leqq x^2 - x & \cdots\cdots ① \\ x^2 - x \leqq 4x - 4 & \cdots\cdots ② \end{cases}$ とする。

⇐ $A \leqq B \leqq C$ は $\begin{cases} A \leqq B \\ B \leqq C \end{cases}$ と同じ。

① を変形すると　$x^2 - x - 2 \geqq 0$

ゆえに　$(x+1)(x-2) \geqq 0$

よって　$x \leqq -1,\ 2 \leqq x$　…… ③

② を変形すると　$x^2 - 5x + 4 \leqq 0$

ゆえに　$(x-1)(x-4) \leqq 0$

よって　$1 \leqq x \leqq 4$　…… ④

③ と ④ の共通範囲を求めて　$\boldsymbol{2 \leqq x \leqq 4}$

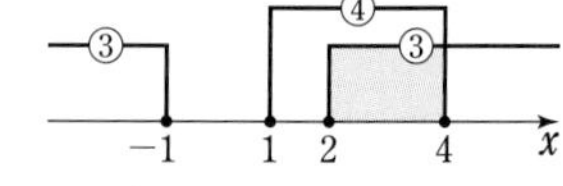

(3) $\begin{cases} x^2 + 3x + 2 \leqq 0 & \cdots\cdots ① \\ x^2 - x - 2 < 0 & \cdots\cdots ② \end{cases}$ とする。

① から　$(x+1)(x+2) \leqq 0$

よって　$-2 \leqq x \leqq -1$　…… ③

② から　$(x+1)(x-2) < 0$

よって　$-1 < x < 2$　…… ④

③ と ④ の共通範囲はないから,

この連立不等式の **解はない**。

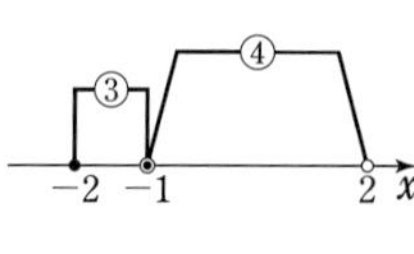

PR ②94 半径 4 m の円形の池の周りに, 同じ幅の花壇を造りたい。花壇の面積が $9\pi\ \mathrm{m}^2$ 以上かつ $33\pi\ \mathrm{m}^2$ 以下になるようにするには, 花壇の幅をどのようにすればよいか。〔西南学院大〕

花壇の幅を x m とすると　$x > 0$　…… ①

⇐ x の変域

このとき, 花壇の面積は　$\pi(4+x)^2 - \pi \cdot 4^2 = \pi(x^2 + 8x)\ (\mathrm{m}^2)$

条件から　$9\pi \leqq \pi(x^2 + 8x) \leqq 33\pi$

各辺を π で割って　$9 \leqq x^2 + 8x \leqq 33$

$9 \leqq x^2 + 8x$ から　$x^2 + 8x - 9 \geqq 0$

ゆえに　$(x+9)(x-1) \geqq 0$

よって　$x \leqq -9,\ 1 \leqq x$　…… ②

$x^2 + 8x \leqq 33$ から　$x^2 + 8x - 33 \leqq 0$

ゆえに　$(x+11)(x-3) \leqq 0$

よって　$-11 \leqq x \leqq 3$　…… ③

①, ②, ③ の共通範囲を求めて

$1 \leqq x \leqq 3$

したがって, 花壇の幅を

1 m 以上 3 m 以下

にすればよい。

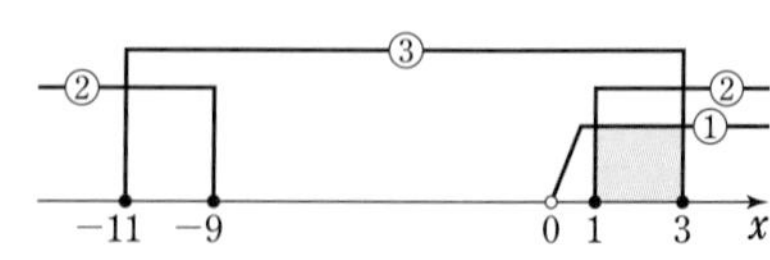

PR ③95 2 つの 2 次方程式 $x^2 - x + a = 0$, $x^2 + 2ax - 3a + 4 = 0$ について, 次の条件を満たす定数 a の値の範囲を求めよ。

(1) 両方とも実数解をもつ　(2) 少なくとも一方が実数解をもたない

(3) 一方だけが実数解をもつ

$x^2-x+a=0$ …… ①, $x^2+2ax-3a+4=0$ …… ②

とし，それぞれの判別式を D_1, D_2 とすると

$$D_1=(-1)^2-4\cdot1\cdot a=1-4a$$

$$\frac{D_2}{4}=a^2-1\cdot(-3a+4)=(a-1)(a+4)$$

⇐a^2+3a-4

(1) ①，② が両方とも実数解をもつための条件は

$D_1\geqq0$ かつ $D_2\geqq0$

$D_1\geqq0$ から　$1-4a\geqq0$　よって　$a\leqq\frac{1}{4}$ …… ③

$D_2\geqq0$ から　$(a-1)(a+4)\geqq0$

よって　$a\leqq-4$, $1\leqq a$ …… ④

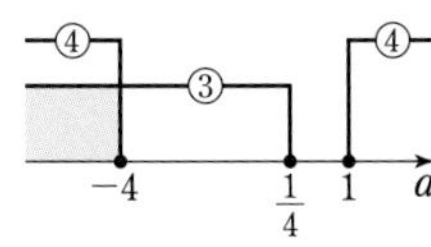

求める a の値の範囲は，③ と ④ の共通範囲であるから　$\boldsymbol{a\leqq-4}$

⇐③∩④(共通部分)

(2) ①，② の少なくとも一方が実数解をもたないための条件は

$D_1<0$ または $D_2<0$

$D_1<0$ から　$1-4a<0$　よって　$a>\frac{1}{4}$ …… ⑤

$D_2<0$ から　$(a-1)(a+4)<0$

よって　$-4<a<1$ …… ⑥

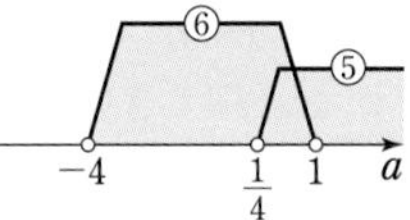

求める a の値の範囲は，⑤ と ⑥ を合わせた範囲であるから

$\boldsymbol{a>-4}$

別解　両方とも実数解をもつ条件は，(1) から

$a\leqq-4$ …… Ⓐ

よって，Ⓐ の範囲以外ならば，少なくとも一方は実数解をもたないから

$\boldsymbol{a>-4}$

⇐⑤∪⑥(和集合)

(3) ①，② の一方だけが実数解をもつための条件は

$D_1\geqq0$, $D_2\geqq0$ の一方だけが成り立つこと

である。

したがって，③，④ の一方だけが成り立つ a の値の範囲を求めて

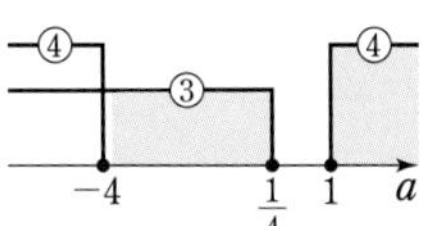

$\boldsymbol{-4<a\leqq\frac{1}{4},\ 1\leqq a}$

⇐($D_1\geqq0$ かつ $D_2<0$) または ($D_1<0$ かつ $D_2\geqq0$) として求めてもよい。

PR ②96　実数を係数とする2次方程式 $x^2-2ax+a+6=0$ が，次の条件を満たすとき，定数 a の値の範囲を求めよ。

(1) 正の解と負の解をもつ。　(2) 異なる2つの負の解をもつ。　［類 鳥取大］

$f(x)=x^2-2ax+a+6$ とすると，$y=f(x)$ のグラフは下に凸の放物線で，その軸は直線 $x=a$ である。

⇐軸は $x=-\frac{-2a}{2\cdot1}$

(1) 方程式 $f(x)=0$ が正の解と負の解をもつための条件は，$y=f(x)$ のグラフが x 軸の正の部分と負の部分で交わることであるから　$f(0)<0$

よって　$a+6<0$　したがって　$\boldsymbol{a<-6}$

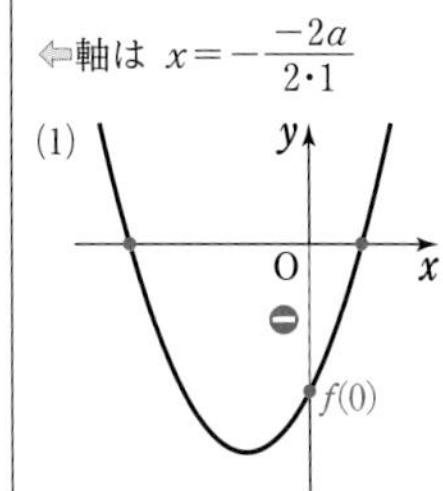

(2) 方程式 $f(x)=0$ が異なる2つの負の解をもつための条件は，$y=f(x)$ のグラフが x 軸の負の部分と，異なる2点で交わることである。よって，$f(x)=0$ の判別式を D とすると，次のことが同時に成り立つ。

[1] $D>0$ [2] 軸が $x<0$ の範囲にある
[3] $f(0)>0$

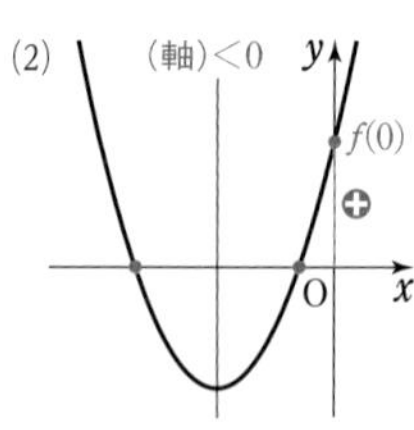

[1] $\dfrac{D}{4}=(-a)^2-1\cdot(a+6)=a^2-a-6$
$=(a+2)(a-3)$

$D>0$ から $(a+2)(a-3)>0$

よって $a<-2,\ 3<a$ ······ ①

[2] $a<0$ ······ ②

[3] $f(0)=a+6$ $f(0)>0$ から $a+6>0$

よって $a>-6$ ······ ③

①, ②, ③ の共通範囲を求めて

$-6<a<-2$

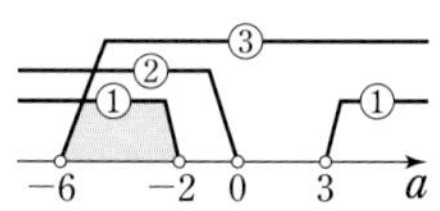

PR
③**97**

2 次方程式 $x^2-2ax+a+7=0$ について考える。次のものを求めよ。
(1) 1 より大きい異なる 2 つの解をもつための a の値の範囲
(2) 1 より小さい異なる 2 つの解をもつための a の値の範囲
(3) 1 より大きい解と 1 より小さい解をもつための a の値の範囲

$f(x)=x^2-2ax+a+7$ とすると, $y=f(x)$ のグラフは下に凸の放物線で, その軸は直線 $x=a$ である。

⇦軸は $x=-\dfrac{-2a}{2\cdot1}$

(1) 方程式 $f(x)=0$ が 1 より大きい異なる 2 つの解をもつための条件は, $y=f(x)$ のグラフが x 軸の $x>1$ の部分と, 異なる 2 点で交わることである。よって, $f(x)=0$ の判別式を D とすると, 次のことが同時に成り立つ。

[1] $D>0$ [2] 軸が $x>1$ の範囲にある
[3] $f(1)>0$

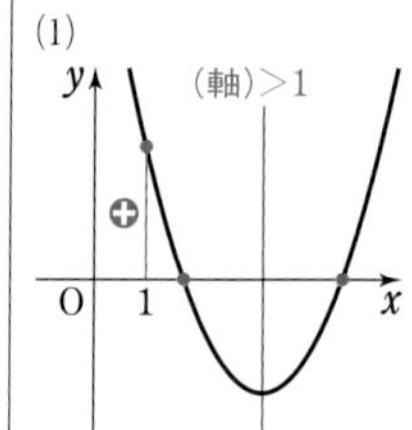

[1] $\dfrac{D}{4}=(-a)^2-1\cdot(a+7)=a^2-a-7$

$D>0$ から $a^2-a-7>0$

よって $a<\dfrac{1-\sqrt{29}}{2},\ \dfrac{1+\sqrt{29}}{2}<a$ ······ ①

⇦$a^2-a-7=0$ とすると $a=\dfrac{1\pm\sqrt{29}}{2}$

[2] $a>1$ ······ ②

[3] $f(1)>0$ から $8-a>0$

よって $a<8$ ······ ③

①, ②, ③ の共通範囲を求めて

$\dfrac{1+\sqrt{29}}{2}<a<8$

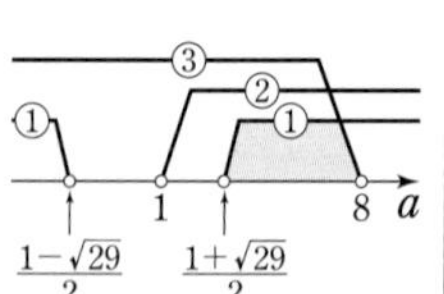

⇦$\sqrt{25}<\sqrt{29}<\sqrt{36}$ から $5<\sqrt{29}<6$

(2) 方程式 $f(x)=0$ が 1 より小さい異なる 2 つの解をもつための条件は, (1) と同様に考えて

[1] $D>0$ [2] 軸が $x<1$ の範囲にある
[3] $f(1)>0$

が同時に成り立つことである。

[1], [3] は (1) と同じ。

[2] $a<1$ ······ ②′

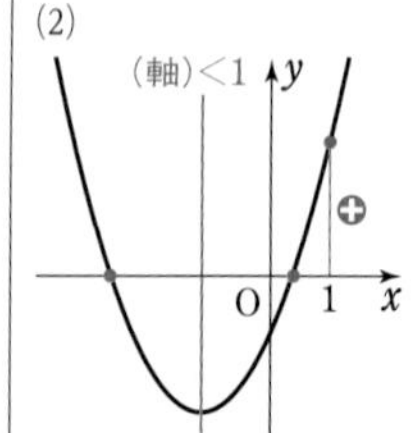

①, ②′, ③ の共通範囲を求めて

$$a<\frac{1-\sqrt{29}}{2}$$

(3)　方程式 $f(x)=0$ が 1 より大きい解と 1 より小さい解をもつための条件は，$y=f(x)$ のグラフが x 軸の $x>1$ の部分と $x<1$ の部分で交わることであるから　　$f(1)<0$

よって　　$8-a<0$

したがって　　$a>8$

(3)

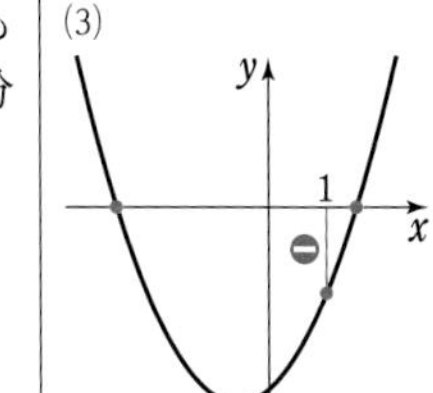

PR ③98　2 次方程式 $x^2-a^2x-4a+2=0$ の異なる 2 つの実数解を α, β とするとき，$1<\alpha<2<\beta$ を満たすように，定数 a の値の範囲を定めよ。

$f(x)=x^2-a^2x-4a+2$ とする。

$y=f(x)$ のグラフは下に凸の放物線であるから，$1<\alpha<2<\beta$ となるための条件は，右の図より

$f(1)>0$　かつ　$f(2)<0$

である。

$f(1)>0$ から　　$1^2-a^2\cdot1-4a+2>0$

すなわち　　$a^2+4a-3<0$

よって　　$-2-\sqrt{7}<a<-2+\sqrt{7}$　…… ①

⇦$a^2+4a-3=0$ の解は $a=-2\pm\sqrt{7}$

$f(2)<0$ から　　$2^2-a^2\cdot2-4a+2<0$

すなわち　　$2a^2+4a-6>0$　　よって　　$a^2+2a-3>0$

ゆえに　　$(a-1)(a+3)>0$

これを解いて

$a<-3$, $1<a$　…… ②

① と ② の共通範囲を求めて

$$-2-\sqrt{7}<a<-3$$

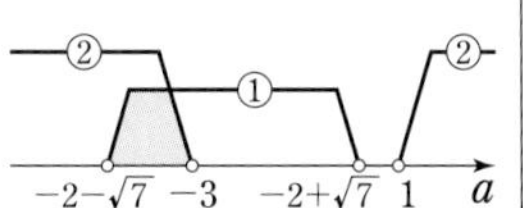

⇦$2<\sqrt{7}<3$ から $0<-2+\sqrt{7}<1$, $-3<-\sqrt{7}<-2$ から $-5<-2-\sqrt{7}<-4$

PR ③99　2 次方程式 $x^2+ax-a^2+a-1=0$ が $-3<x<3$ の範囲に異なる 2 つの実数解をもつような定数 a の値の範囲を求めよ。

$f(x)=x^2+ax-a^2+a-1$ とすると，$y=f(x)$ のグラフは下に凸の放物線で，その軸は直線 $x=-\dfrac{a}{2}$ である。

⇦軸は $x=-\dfrac{a}{2\cdot1}$

方程式 $f(x)=0$ が $-3<x<3$ の範囲に異なる 2 つの実数解をもつための条件は，$y=f(x)$ のグラフが x 軸の $-3<x<3$ の部分と異なる 2 点で交わることである。

よって，$f(x)=0$ の判別式を D とすると，次のことが同時に成り立つ。

[1]　$D>0$　　[2]　軸が $-3<x<3$ の範囲にある

[3]　$f(-3)>0$　　[4]　$f(3)>0$

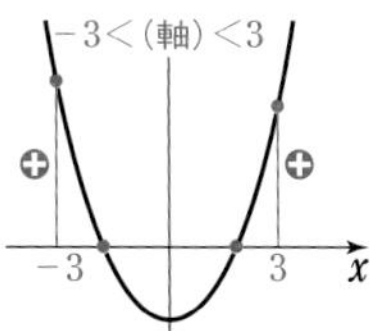

[1]　$D=a^2-4\cdot1\cdot(-a^2+a-1)=5a^2-4a+4$

$=5\left(a-\dfrac{2}{5}\right)^2+\dfrac{16}{5}>0$

よって，$D>0$ は常に成り立つ。

[2]　$-3<-\dfrac{a}{2}<3$ から　　$-6<a<6$　…… ①

[3]　$f(-3)=-a^2-2a+8$　　$f(-3)>0$ から

$-a^2-2a+8>0$　すなわち　$a^2+2a-8<0$

これを解いて　　$-4<a<2$　…… ②

⇐$(a+4)(a-2)<0$

[4]　$f(3)=-a^2+4a+8$　　$f(3)>0$ から

$-a^2+4a+8>0$　すなわち　$a^2-4a-8<0$

$a^2-4a-8=0$ の解は　　$a=2\pm2\sqrt{3}$

よって　$2-2\sqrt{3}<a<2+2\sqrt{3}$　…… ③

⇐$a=-(-2)$
$\pm\sqrt{(-2)^2-1\cdot(-8)}$

①，②，③ の共通範囲を求めて

$2-2\sqrt{3}<a<2$

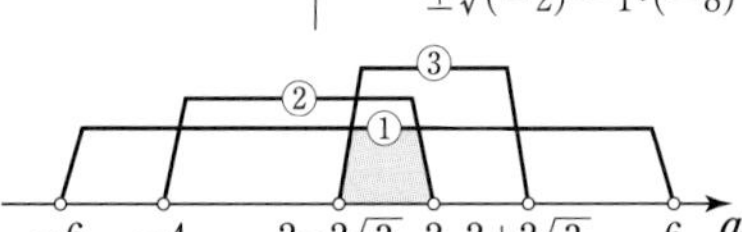

PR ③100　次の関数のグラフをかき，その値域を求めよ。

(1)　$y=-|x+1|$　　(2)　$y=|x|-|2x-1|$

(3)　$y=|2x+4|$　$(-3\leqq x\leqq1)$　　(4)　$y=|x|+1$　$(-3<x\leqq2)$

(1)　$x+1\geqq0$ すなわち $x\geqq-1$ のとき

$y=-(x+1)=-x-1$

$x+1<0$　すなわち　$x<-1$ のとき

$y=-\{-(x+1)\}=x+1$

よって，$y=-|x+1|$ のグラフは **右の図の実線部分** である。

したがって，値域は　　**$y\leqq0$**

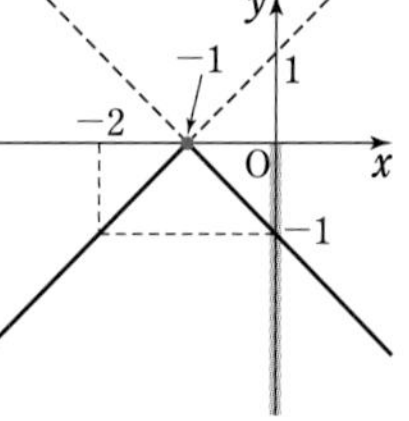

⇐$x=-1$ のとき　$y=0$

(2)　$x<0$ のとき

$y=-x-\{-(2x-1)\}=x-1$

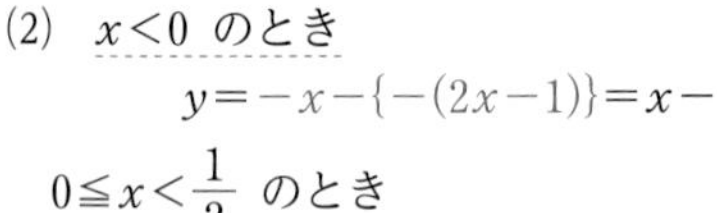

$0\leqq x<\dfrac{1}{2}$ のとき

$y=x-\{-(2x-1)\}=3x-1$

$x\geqq\dfrac{1}{2}$ のとき

$y=x-(2x-1)=-x+1$

よって，$y=|x|-|2x-1|$ のグラフは **右の図の実線部分** である。

したがって，値域は　　**$y\leqq\dfrac{1}{2}$**

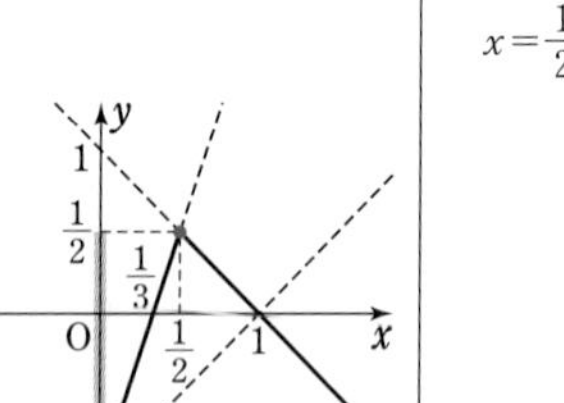

⇐$x=0$　のとき　$y=-1$
$x=\dfrac{1}{2}$ のとき $y=\dfrac{1}{2}$

(3)　$2x+4 \geqq 0$ すなわち $x \geqq -2$ のとき

$y=2x+4$

$2x+4<0$ すなわち $x<-2$ のとき

$y=-(2x+4)$

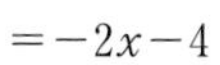

$=-2x-4$

よって，$y=|2x+4|\ (-3 \leqq x \leqq 1)$ の

グラフは **右の図の実線部分** である。

したがって，値域は　　$\boldsymbol{0 \leqq y \leqq 6}$

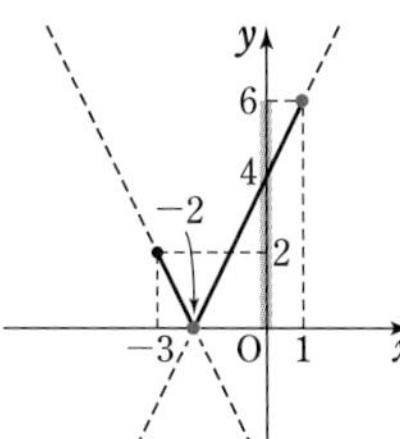

⇦ $x=-3$ のとき　$y=2$
　$x=-2$ のとき　$y=0$
　$x=1$　のとき　$y=6$

(4)　$x \geqq 0$ のとき　　$y=x+1$

$x<0$ のとき　　$y=-x+1$

よって，$y=|x|+1\ (-3<x \leqq 2)$ の

グラフは **右の図の実線部分** である。

したがって，値域は　　$\boldsymbol{1 \leqq y < 4}$

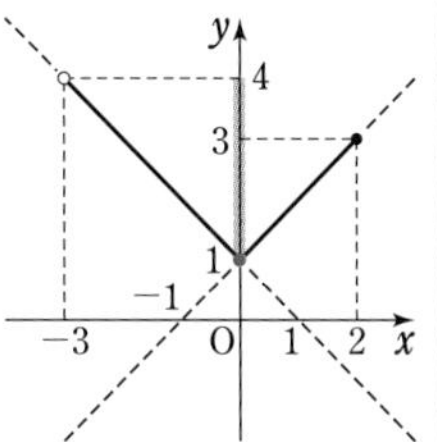

⇦ $x=-3$ のとき　$y=4$
　$x=0$　のとき　$y=1$
　$x=2$　のとき　$y=3$

inf.　$y=|x|+1$ のグラフは $y=|x|$ のグラフを y 軸方向に1だけ平行移動したもの。

PR ③101　次の関数のグラフをかけ。

(1)　$y=x^2-3|x|+2$　　(2)　$y=|2x^2-4x-6|$　〔類 富山県大〕

(3)　$y=|x+1|(x-2)$

(1)　$x \geqq 0$ のとき

$y=x^2-3x+2$

$=\left(x-\dfrac{3}{2}\right)^2-\dfrac{1}{4}$

$x<0$ のとき

$y=x^2+3x+2$

$=\left(x+\dfrac{3}{2}\right)^2-\dfrac{1}{4}$

よって，$y=x^2-3|x|+2$ のグラフは，**右の図の実線部分** である。

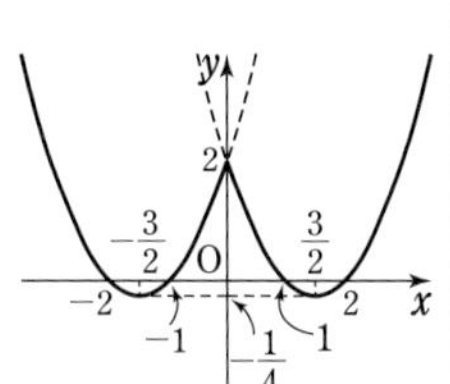

(1)　x 軸との共有点の x 座標は
$x \geqq 0$ のとき
$x^2-3x+2=0$ から
　$(x-1)(x-2)=0$
　よって　$x=1,\ 2$
$x<0$ のとき
　$x^2+3x+2=0$ から
　$(x+1)(x+2)=0$
　よって　$x=-1,\ -2$
グラフは直線 $x=0$（y 軸）に関して対称である。

(2)　$y=|2x^2-4x-6|=2|(x+1)(x-3)|$

$(x+1)(x-3) \geqq 0$ すなわち $x \leqq -1,\ 3 \leqq x$ のとき

$y=2x^2-4x-6$

$=2(x-1)^2-8$

$(x+1)(x-3)<0$ すなわち

$-1<x<3$ のとき

$y=-(2x^2-4x-6)$

$=-2(x-1)^2+8$

よって，$y=|2x^2-4x-6|$ のグラフは，**右の図の実線部分** である。

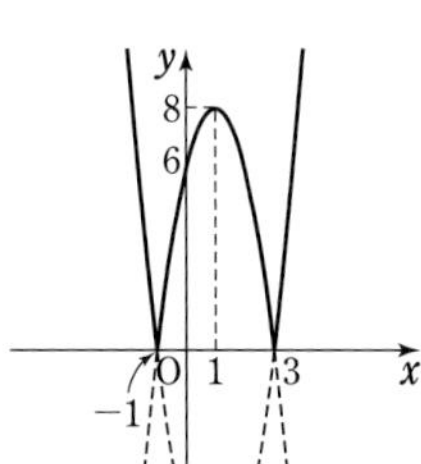

(2)　inf.　$y=|f(x)|$ のグラフは，$y=f(x)$ のグラフで x 軸より下側の部分を x 軸に関して対称に折り返して得られる。
グラフは直線 $x=1$ に関して対称である。

(3) $x+1\geqq 0$ すなわち $x\geqq -1$ のとき

$y=(x+1)(x-2)=x^2-x-2$

$=\left(x-\dfrac{1}{2}\right)^2-\dfrac{9}{4}$

$x+1<0$ すなわち $x<-1$ のとき

$y=-(x+1)(x-2)$

$=-x^2+x+2$

$=-\left(x-\dfrac{1}{2}\right)^2+\dfrac{9}{4}$

よって，$y=|x+1|(x-2)$ のグラフは，**右の図の実線部分** である。

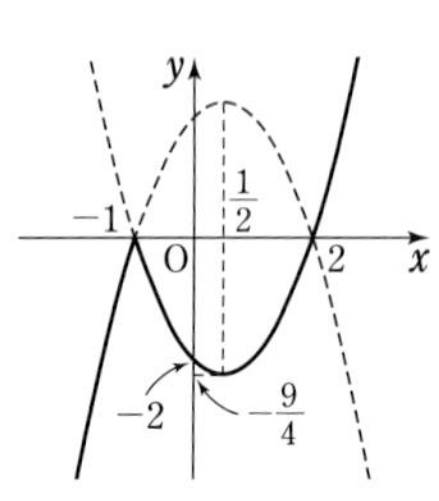

(3) x 軸との共有点の x 座標は
$|x+1|(x-2)=0$ から
$|x+1|=0$ または
$x-2=0$
よって　$x=-1,\ 2$

PR ③102 不等式 $|x^2-4|\leqq x+2$ を解け。

[1] $x^2-4\geqq 0$ すなわち $x\leqq -2,\ 2\leqq x$ のとき

与えられた不等式は　$x^2-4\leqq x+2$

よって　$x^2-x-6\leqq 0$

ゆえに　$(x+2)(x-3)\leqq 0$

これを解いて　$-2\leqq x\leqq 3$

$x\leqq -2,\ 2\leqq x$ との共通範囲は

$x=-2,\ 2\leqq x\leqq 3$ …… ①

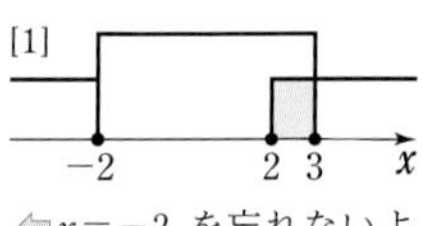

⇦$x=-2$ を忘れないように注意。

[2] $x^2-4<0$ すなわち $-2<x<2$ のとき

与えられた不等式は　$-(x^2-4)\leqq x+2$

よって　$x^2+x-2\geqq 0$

ゆえに　$(x+2)(x-1)\geqq 0$

これを解いて　$x\leqq -2,\ 1\leqq x$

$-2<x<2$ との共通範囲は　$1\leqq x<2$ …… ②

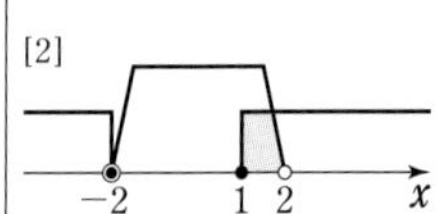

求める解は，① と ② を合わせた範囲であるから

$\boldsymbol{x=-2,\ 1\leqq x\leqq 3}$

別解　$y=|x^2-4|$ は

$x\leqq -2,\ 2\leqq x$ のとき　$y=x^2-4$

$-2<x<2$ のとき　$y=-(x^2-4)=-x^2+4$

よって，$y=|x^2-4|$ のグラフと $y=x+2$ のグラフは右の図のようになる。

グラフの交点の x 座標は

$x\leqq -2,\ 2\leqq x$ のとき

$x^2-4=x+2$ から　$x=-2,\ 3$

$-2<x<2$ のとき

$-x^2+4=x+2$ から　$x=1$

求める解は，$y=|x^2-4|$ のグラフが $y=x+2$ のグラフの下側にある，または共有点をもつ x の値の範囲である。

よって，図から　$\boldsymbol{x=-2,\ 1\leqq x\leqq 3}$

inf. 不等式
$f(x)\leqq g(x)$ の解 ⟺
$y=f(x)$ のグラフが
$y=g(x)$ のグラフより
下側にある，または共有点をもつ x の値の範囲。

⇦$x^2-x-6=0$ から
$(x+2)(x-3)=0$

⇦$x^2+x-2=0$ から
$(x-1)(x+2)=0$
$-2<x<2$ から
$x=-2$ は適さない。

PR ③103 次の x についての不等式を解け。ただし，a は定数とする。

$$x^2-3ax+2a^2+a-1>0$$ 〔法政大〕

$x^2-3ax+2a^2+a-1>0$ から

$x^2-3ax+(a+1)(2a-1)>0$

よって　$\{x-(a+1)\}\{x-(2a-1)\}>0$　…… ①

[1]　$a+1<2a-1$ すなわち $a>2$ のとき

①の解は　$x<a+1,\ 2a-1<x$

[2]　$a+1=2a-1$ すなわち $a=2$ のとき

不等式①は　$(x-3)^2>0$

①の解は　3 以外のすべての実数

[3]　$a+1>2a-1$ すなわち $a<2$ のとき

①の解は　$x<2a-1,\ a+1<x$

[1]～[3] から　**$a>2$ のとき　$x<a+1,\ 2a-1<x$**

$a=2$ のとき　3 以外のすべての実数

$a<2$ のとき　$x<2a-1,\ a+1<x$

inf.　「x が 3 以外のすべての実数をとる」ことは，「$x<3,\ 3<x$」と表すこともできる。

よって　$a\geqq 2$ のとき　$x<a+1,\ 2a-1<x$

$a<2$ のとき　$x<2a-1,\ a+1<x$

と答えても正解である。

$$\begin{array}{ccc} 1 & -(a+1) \longrightarrow & -a-1 \\ 1 & -(2a-1) \longrightarrow & -2a+1 \\ \hline 1 & (a+1)(2a-1) & -3a \end{array}$$

⇐$a+1$ と $2a-1$ の大小を比較する。

⇐$a=2$ のとき $a+1=2a-1=3$

⇐$(x-\alpha)^2>0$ の解は α 以外のすべての実数。

⇐「$a>2$ のとき」と「$a\leqq 2$ のとき」でもよい。

PR ④104 $x,\ y$ が $2x^2+y^2-4y-5=0$ を満たすとき，x^2+2y の最大値と最小値を求めよ。

$2x^2+y^2-4y-5=0$ から　$x^2=-\dfrac{1}{2}(y^2-4y-5)$　…… ①

$x^2\geqq 0$ であるから　$-\dfrac{1}{2}(y^2-4y-5)\geqq 0$

すなわち　$y^2-4y-5\leqq 0$

よって　$(y+1)(y-5)\leqq 0$

ゆえに　$-1\leqq y\leqq 5$　…… ②

このとき　$x^2+2y=-\dfrac{1}{2}(y^2-4y-5)+2y$

$=-\dfrac{1}{2}y^2+4y+\dfrac{5}{2}$

$=-\dfrac{1}{2}(y-4)^2+\dfrac{21}{2}$

この式を $f(y)$ とすると，② の範囲で $f(y)$ は

$y=4$　で最大値 $\dfrac{21}{2}$

$y=-1$ で最小値 -2

をとる。

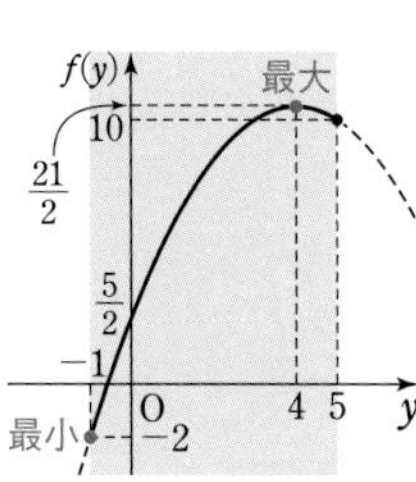

⇐x を消去する方針。

⇐消去する文字 x の条件 $(x^2\geqq 0)$ を，残る文字 y の条件 $(-1\leqq y\leqq 5)$ におき換える。

⇐$-\dfrac{1}{2}(y^2-8y)+\dfrac{5}{2}$
$=-\dfrac{1}{2}\{(y-4)^2-4^2\}+\dfrac{5}{2}$

⇐軸 $(y=4)$ は定義域内の右寄り。左端で最小。

⇐$f(-1)$
$=-\dfrac{1}{2}(-1-4)^2+\dfrac{21}{2}$
$=-2$

また，① から

$y=4$ のとき　$x^2=-\frac{1}{2}(4^2-4\cdot4-5)=\frac{5}{2}$

よって　$x=\pm\frac{\sqrt{10}}{2}$

$y=-1$ のとき　$x^2=-\frac{1}{2}\{(-1)^2-4(-1)-5\}=0$

よって　$x=0$

したがって　$\boldsymbol{(x,\ y)=\left(\pm\frac{\sqrt{10}}{2},\ 4\right)}$ **で最大値** $\boldsymbol{\frac{21}{2}}$

$\boldsymbol{(x,\ y)=(0,\ -1)}$ **で最小値** $\boldsymbol{-2}$

PR ④105

(1) 不等式 $2x^2-3x-5>0$ を解け。

(2) (1)の不等式を満たし，同時に，不等式 $x^2+(a-3)x-2a+2<0$ を満たす x の整数値がただ1つであるように，定数 a の条件を定めよ。〔成城大〕

(1) 左辺を因数分解すると　$(x+1)(2x-5)>0$

これを解いて　$\boldsymbol{x<-1,\ \frac{5}{2}<x}$ …… ①

⇦ 1 ╳ 1 → 2 / 2 ╳ −5 → −5 / 2 −5 −3

(2) $x^2+(a-3)x-2(a-1)<0$ から　$(x-2)(x+a-1)<0$

⇦ 1 ╳ −2 → −2 / 1 ╳ $a-1$ → $a-1$ / 1 $-2(a-1)$ $a-3$

よって

$2<-a+1$ すなわち $a<-1$ のとき
　$2<x<-a+1$
$-a+1=2$ すなわち $a=-1$ のとき
　$(x-2)^2<0$ から　解なし
$-a+1<2$ すなわち $-1<a$ のとき
　$-a+1<x<2$
…… ②

⇦ 2 と $-a+1$ の大小を比較。

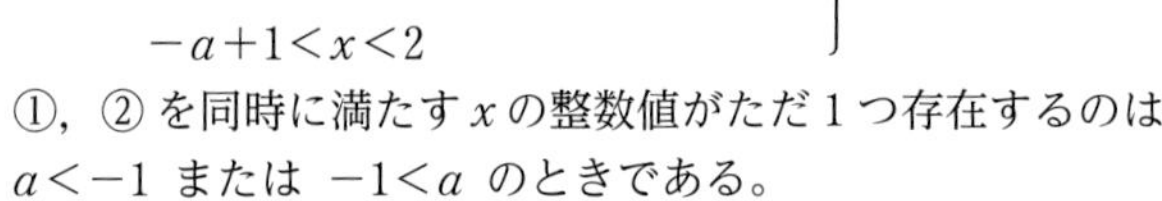

①，② を同時に満たす x の整数値がただ1つ存在するのは $a<-1$ または $-1<a$ のときである。

[1] $a<-1$ のとき

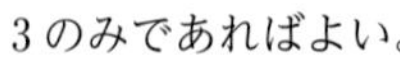

$\frac{5}{2}<x<-a+1$ の範囲の整数が3のみであればよい。

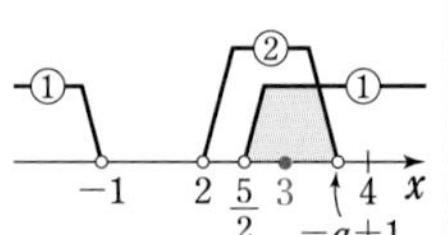

ゆえに　$3<-a+1\leqq4$

よって　$-3\leqq a<-2$

⇦ $3\leqq-a+1\leqq4$ や $3<-a+1<4$ などとしないように注意。

[2] $-1<a$ のとき

$-a+1<x<-1$ の範囲の整数が -2 のみであればよい。

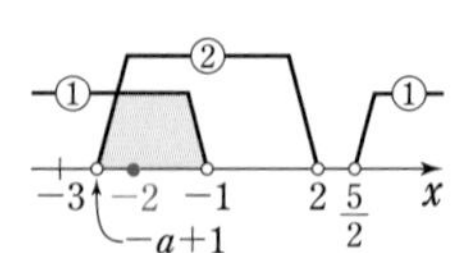

ゆえに　$-3\leqq-a+1<-2$

よって　$3<a\leqq4$

⇦ [1] と同様。$-a+1=-2$ は適さない。$-a+1=-3$ は適する。

以上から　$\boldsymbol{-3\leqq a<-2,\ 3<a\leqq4}$

EX ③47

関数 $y=ax+b\ (1\leqq x\leqq 2)$ の値域が $3\leqq y\leqq 4$ である。
(1) $a>0$ のとき，定数 a，b の値を求めよ。
(2) $a<0$ のとき，定数 a，b の値を求めよ。

(1) $a>0$ のとき，この関数は x の値が増加すると y の値も増加する。
よって　$x=1$ のとき　$y=3$，$x=2$ のとき　$y=4$
ゆえに　$a+b=3$，$2a+b=4$
これを解くと　$\boldsymbol{a=1,\ b=2}$
これは $a>0$ を満たす。

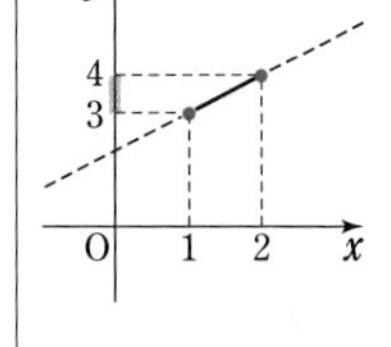

(2) $a<0$ のとき，この関数は x の値が増加すると y の値は減少する。
よって　$x=1$ のとき　$y=4$，$x=2$ のとき　$y=3$
ゆえに　$a+b=4$，$2a+b=3$
これを解くと　$\boldsymbol{a=-1,\ b=5}$
これは $a<0$ を満たす。

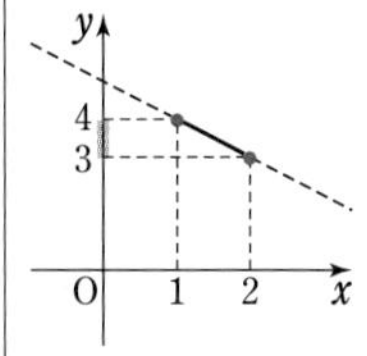

EX ③48

ある学校で，清掃のためプールの水を完全に抜くことにした。ただし，ポンプで毎分一定の量を排水するものとする。排水を開始してから t 分後におけるプールの水の残量を $V\ \mathrm{m}^3$ とするとき，表のような結果が得られた。

t	100	300	600
V	370	ア□	120

(1) 表の ア□ にあてはまる数を求めよ。
(2) 排水開始前のプールの水の量は イ□ m^3 である。また，排水を開始してからちょうど ウ□ 分後に完全に水がなくなる。

(1) 毎分一定の量を排水するから，$V=at+b$ と表される。
$t=100$ のとき $V=370$ であるから　$370=100a+b$　…… ①
$t=600$ のとき $V=120$ であるから　$120=600a+b$　…… ②
①，② を解いて　$a=-\dfrac{1}{2}$，$b=420$
よって　$V=-\dfrac{1}{2}t+420$　…… ③
$t=300$ のとき　$V=-\dfrac{1}{2}\cdot 300+420=$ ア **270**

⇐ V は t の1次関数。
⇐ ②−① から
$500a=-250$
よって　$a=-\dfrac{1}{2}$
① に代入して
$b=370-100\left(-\dfrac{1}{2}\right)$
$=420$

(2) 排水開始前のプールの水の量は，$t=0$ のときの V の値である。
③ から　$-\dfrac{1}{2}\cdot 0+420=$ イ **420** (m^3)
また，完全に水がなくなるのは $V=0$ となるときである。
③ から　$0=-\dfrac{1}{2}t+420$
よって　$t=$ ウ **840** (分後)

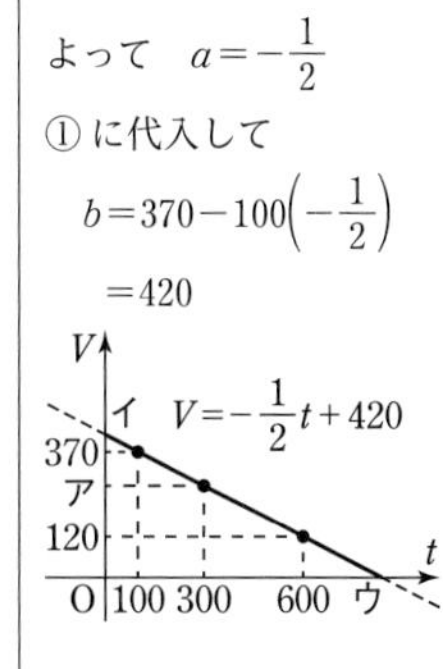

EX ②49

放物線 $y=2x^2+ax+b$ を x 軸方向に 2，y 軸方向に -3 だけ平行移動したところ，放物線 $y=2x^2$ と重なった。定数 a，b の値を求めよ。

放物線 $y=2x^2$ を x 軸方向に -2, y 軸方向に 3 だけ平行移動した放物線の方程式は

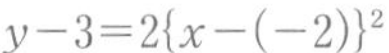

$$y-3=2\{x-(-2)\}^2$$

すなわち　$y=2x^2+8x+11$

これが放物線 $y=2x^2+ax+b$ であるから　$\boldsymbol{a=8,\ b=11}$

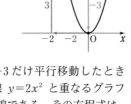

⇐**逆の平行移動** を考えて，放物線 $y=2x^2$ をもとの位置に戻す。

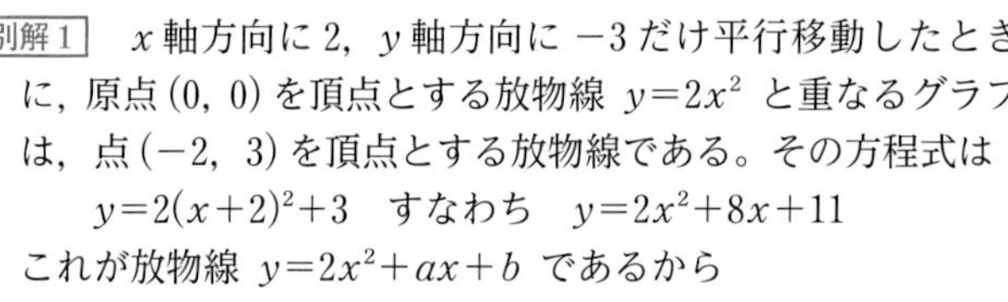

別解 1　x 軸方向に 2, y 軸方向に -3 だけ平行移動したときに，原点 (0, 0) を頂点とする放物線 $y=2x^2$ と重なるグラフは，点 $(-2,\ 3)$ を頂点とする放物線である。その方程式は

$y=2(x+2)^2+3$　すなわち　$y=2x^2+8x+11$

これが放物線 $y=2x^2+ax+b$ であるから

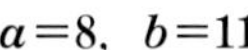

$$\boldsymbol{a=8,\ b=11}$$

⇐頂点の移動を考える。

⇐x^2 の係数は変わらない。

別解 2　放物線 $y=2x^2+ax+b$ を x 軸方向に 2, y 軸方向に -3 だけ平行移動した放物線の方程式は

$$y-(-3)=2(x-2)^2+a(x-2)+b$$

すなわち　$y=2x^2+(a-8)x+(-2a+b+5)$

これが放物線 $y=2x^2$ と重なるから

$$a-8=0,\quad -2a+b+5=0$$

これを解いて　$\boldsymbol{a=8,\ b=11}$

⇐$\begin{cases} x \longrightarrow x-2 \\ y \longrightarrow y-(-3) \end{cases}$

⇐上の方程式と係数を比較する。

EX ②50　2 次関数 $y=x^2-4x+3$ のグラフ C と点 $\mathrm{A}(0,\ -1)$ について，次の (1), (2) のグラフが表す 2 次関数を求めよ。

(1)　C を x 軸方向に平行移動したもので，点 A を通るグラフ

(2)　C を y 軸方向に平行移動したもので，点 A を通るグラフ

$$x^2-4x+3=(x-2)^2-2^2+3=(x-2)^2-1$$

であるから，グラフ C は，頂点が点 $(2,\ -1)$, y 軸との交点の座標が (0, 3) の放物線である。

(1)　グラフ C が，点 $\mathrm{A}(0,\ -1)$ を通るためには，右の図から，x 軸方向に -2 だけ平行移動すればよい。

よって，求める 2 次関数は

$$y=\{x-(-2)-2\}^2-1$$

すなわち　$\boldsymbol{y=x^2-1}$

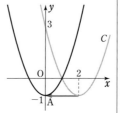

⇐グラフ C の頂点の座標は $(2,\ -1)$, 点 A は $(0,\ -1)$ で，y 座標が等しい。よって，x 軸方向に $0-2=-2$ だけ平行移動すればよい。

別解　C を x 軸方向に p だけ平行移動したグラフが表す 2 次関数は

$$y=(x-p)^2-4(x-p)+3 \quad \cdots\cdots ①$$

① のグラフが点 $\mathrm{A}(0,\ -1)$ を通るとき

$$-1=(0-p)^2-4(0-p)+3$$

よって　$p^2+4p+4=0$

これを解いて　$(p+2)^2=0$　ゆえに　$p=-2$

このとき ① は　$y=(x+2)^2-4(x+2)+3$

すなわち　$\boldsymbol{y=x^2-1}$

⇐$y=f(x-p)$

⇐点 A の座標を ① に代入。

(2)　グラフ C が点 A$(0,\ -1)$ を通るためには，右の図から，y 軸方向に -4 だけ平行移動すればよい。
よって，求める2次関数は

$y-(-4)=x^2-4x+3$

すなわち　$\boldsymbol{y=x^2-4x-1}$

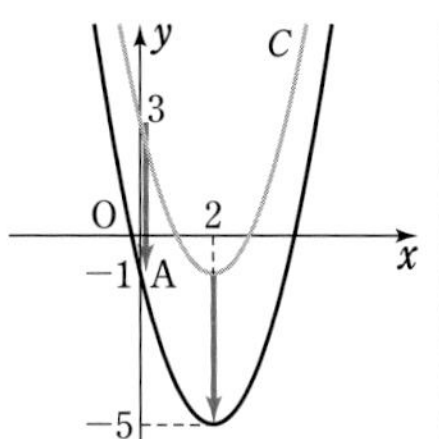

⇦グラフ C と y 軸との交点の座標は $(0,\ 3)$，点Aの座標は $(0,\ -1)$ で，x 座標が等しい。よって，y 軸方向に $-1-3=-4$ だけ平行移動すればよい。

3章 EX

別解　C を y 軸方向に q だけ平行移動したグラフが表す2次関数は

$y=x^2-4x+3+q$ …… ②

⇦$y=f(x)+q$

② のグラフが点 A$(0,\ -1)$ を通るとき

$-1=0^2-4\cdot0+3+q$　　よって　$q=-4$

⇦点Aの座標を ② に代入。

このとき ② は　$y=x^2-4x+3-4$

すなわち　$\boldsymbol{y=x^2-4x-1}$

EX ③51

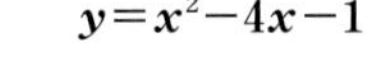

2次関数 $y=ax^2+bx+c$ のグラフをコンピュータのグラフ表示ソフトを用いて表示させる。このソフトでは，図の画面上の $\boxed{A}$，$\boxed{B}$，$\boxed{C}$ にそれぞれ係数 a，b，c の値を入力すると，その値に応じたグラフが表示される。
いま，$\boxed{A}$，$\boxed{B}$，$\boxed{C}$ にある値を入力すると，右の図のようなグラフが表示された。

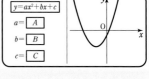

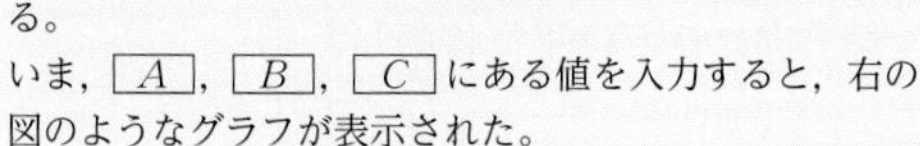

(1)　a，b，c の符号を答えよ。
(2)　a，c の値を変えずに，b の値だけを変化させるとき，変化するものを次の中からすべて選べ。
　①　放物線の頂点の y 座標の符号
　②　放物線と y 軸との交点の y 座標
　③　放物線の軸 $x=p$ について p の符号
　④　放物線と x 軸の共有点の個数

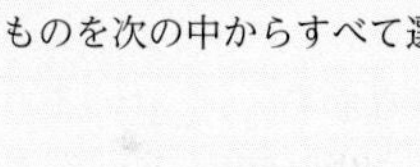

$$ax^2+bx+c=a\left(x+\frac{b}{2a}\right)^2-\frac{b^2-4ac}{4a}$$

⇦基本形に変形。

よって，放物線 $y=ax^2+bx+c$ の軸は直線 $x=-\dfrac{b}{2a}$，頂点の y 座標は $-\dfrac{b^2-4ac}{4a}$，y 軸との交点の y 座標は c である。

⇦頂点が点 $\left(-\dfrac{b}{2a},\ -\dfrac{b^2-4ac}{4a}\right)$

(1)　グラフが下に凸の放物線であるから　$\boldsymbol{a>0}$

軸が $x<0$ の部分にあるから　$-\dfrac{b}{2a}<0$

$a>0$ であるから　$\boldsymbol{b>0}$

グラフが y 軸の負の部分と交わるから　$\boldsymbol{c<0}$

(2)　a，c の値は変えないから，$a>0$，$c<0$ として考える。

①：すべての実数 b に対して $b^2\geqq0$ であり，$a>0$，$c<0$ から　$b^2-4ac>0$　よって　$-\dfrac{b^2-4ac}{4a}<0$

⇦$ac<0$

⇦$-\dfrac{1}{4a}<0$

ゆえに，頂点の y 座標の符号は変化しない。

②：グラフと y 軸の交点の y 座標は c であるから，変化しない。

⇦$c<0$

③：軸を直線 $x=p$ とすると　　$p=-\dfrac{b}{2a}$

$a>0$ であるから　　$b>0$ のとき　$p<0$,
$b=0$ のとき　$p=0$,
$b<0$ のとき　$p>0$

したがって，p の符号は変化する。

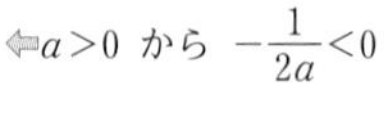

④：① より，頂点の y 座標は常に負で，グラフは下に凸であるから，グラフと x 軸の共有点の個数は常に 2 個である。

よって，放物線と x 軸の共有点の個数は変化しない。

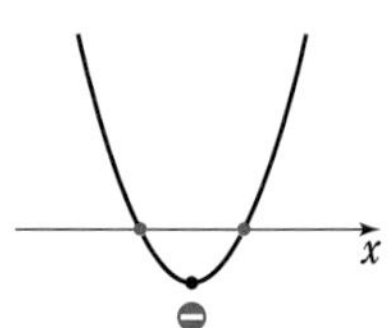

以上から，変化するものは　　③

EX ③52 ある放物線を x 軸方向に 1，y 軸方向に -2 だけ平行移動した後，x 軸に関して対称移動したところ，放物線 $y=-x^2-3x+3$ となった。もとの放物線の方程式を求めよ。

放物線 $y=-x^2-3x+3$ を x 軸に関して対称移動すると

$$-y=-x^2-3x+3$$

すなわち　　$y=x^2+3x-3$

この放物線を x 軸方向に -1，y 軸方向に 2 だけ平行移動したものがもとの放物線である。

よって，求める方程式は

$$y-2=\{x-(-1)\}^2+3\{x-(-1)\}-3$$

すなわち　　$y=(x+1)^2+3(x+1)-1$

したがって　　$\boldsymbol{y=x^2+5x+3}$

⇐**x 軸対称**
$\boldsymbol{y=f(x)\to -y=f(x)}$

⇐$y=x^2+2x+1$
$+3x+3-1$
$=x^2+5x+3$

別解　もとの放物線の頂点を $(p,\ q)$ とすると，もとの放物線は

$$y=(x-p)^2+q$$

と表される。

点 $(p,\ q)$ を x 軸方向に 1，y 軸方向に -2 だけ移動し，更に x 軸に関して対称移動すると

$$(p,\ q)\longrightarrow(p+1,\ q-2)\longrightarrow(p+1,\ -(q-2))$$

よって，点 $(p+1,\ -q+2)$ に移る。

これが，放物線 $y=-x^2-3x+3$ すなわち

$y=-\left(x+\dfrac{3}{2}\right)^2+\dfrac{21}{4}$ の頂点 $\left(-\dfrac{3}{2},\ \dfrac{21}{4}\right)$ と一致するから

$$p+1=-\frac{3}{2},\quad -q+2=\frac{21}{4}$$

すなわち　$p=-\dfrac{5}{2}$，$q=-\dfrac{13}{4}$

したがって，もとの放物線の方程式は

$$y=\left\{x-\left(-\frac{5}{2}\right)\right\}^2-\frac{13}{4}$$

すなわち　$\boldsymbol{y=\left(x+\dfrac{5}{2}\right)^2-\dfrac{13}{4}}$ （$y=x^2+5x+3$ でもよい）

⇐頂点の移動を考える。

⇐x 軸に関して対称移動した放物線が上に凸であるから，もとの放物線は下に凸。

⇐**x 軸対称**
$\boldsymbol{(a,\ b)\to(a,\ -b)}$

EX ③53

k は定数とし，2次関数 $y=x^2+4kx+24k$ の最小値を $m(k)$ とする。
(1) $m(k)$ を k の式で表せ。
(2) $m(k)$ を最大にする k の値と，$m(k)$ の最大値を求めよ。〔類 東京情報大〕

(1) $y=x^2+4kx+24k$ を変形すると
$y=(x+2k)^2-4k^2+24k$
よって　$\boldsymbol{m(k)=-4k^2+24k}$

(2) $m(k)=-4(k-3)^2+36$
よって，$m(k)$ を最大にする k の値は　$\boldsymbol{k=3}$
$m(k)$ の **最大値** は　**36**

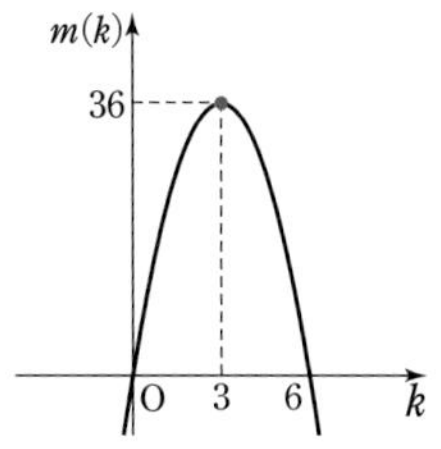

⇦$x=-2k$ で最小値 $-4k^2+24k$ をとる。
⇦k についての2次関数の最大値を求める。グラフは頂点 (3, 36)，上に凸の放物線。

EX ②54

次の①～④の関数のうち，$x=2$ で最大値をとるものを2つ選び，更にその関数の最大値と最小値を求めよ。
① $y=-3x+4$ $(0\leqq x\leqq 2)$　② $y=x^2+3$ $(-1\leqq x\leqq 2)$
③ $y=-2x^2+8x-3$ $(-1\leqq x\leqq 5)$　④ $y=3(x+1)(x-3)$ $(-2\leqq x\leqq 2)$

①：$-3<0$ であるから，$y=-3x+4$ のグラフは右下がりの直線である。よって，$x=0$ で最大値をとる。
②：$y=x^2+3$ のグラフは下に凸の放物線で，軸は y 軸である。
軸は定義域の中央である $x=\frac{1}{2}$ より左寄りにあるから，定義域の右端の $x=2$ で最大値 $2^2+3=7$ をとる。
また，$x=0$ で最小値3をとる。
③：$y=-2x^2+8x-3$ は $y=-2(x-2)^2+5$ と変形できる。
よって，グラフは上に凸の放物線で，軸は直線 $x=2$ である。
ゆえに，$x=2$ で最大値5をとる。
また，軸は定義域の中央と一致するから，$x=-1$，5 で最小値 $-2(-1)^2+8(-1)-3=-13$ をとる。
④：$y=3(x+1)(x-3)$ は $y=3(x^2-2x-3)=3(x-1)^2-12$ と変形できる。
よって，グラフは下に凸の放物線で，軸は直線 $x=1$ である。
軸は定義域の中央である y 軸より右寄りにあるから，定義域の左端の $x=-2$ で最大となる。
以上から，$x=2$ で最大値をとるものは　②，③
② は $x=2$ で最大値7，$x=0$ で最小値3　をとる。
③ は $x=2$ で最大値5，$x=-1$，5 で最小値 -13　をとる。

⇦1次関数 ⟶ 直線
⇦下に凸 ⟶ 軸から遠いほど y の値は大きい。
⇦頂点は点 (0, 3)
⇦基本形に変形。
⇦軸から右端・左端までの距離が等しい。

inf.
$\boldsymbol{y=a(x-\alpha)(x-\beta)}$ **(分解形)** のグラフは2点 $(\alpha, 0)$，$(\beta, 0)$ を通る。このことを利用すると，軸は直線 $x=\frac{-1+3}{2}$ すなわち $x=1$ と手早く調べられる。

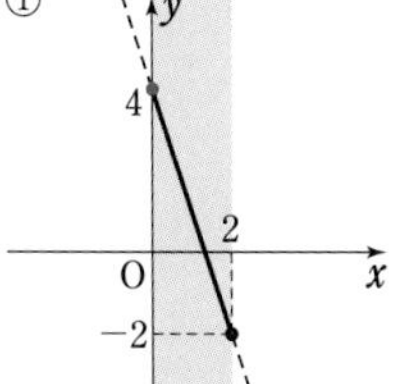

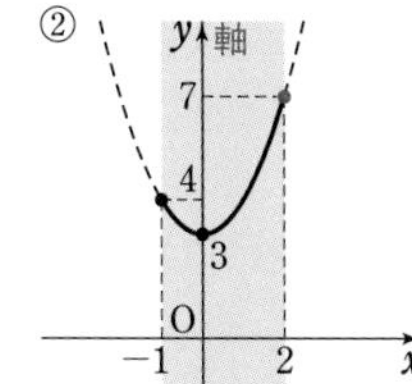

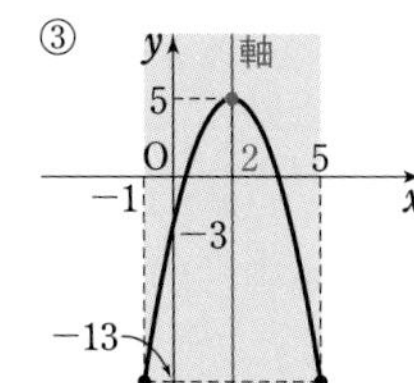

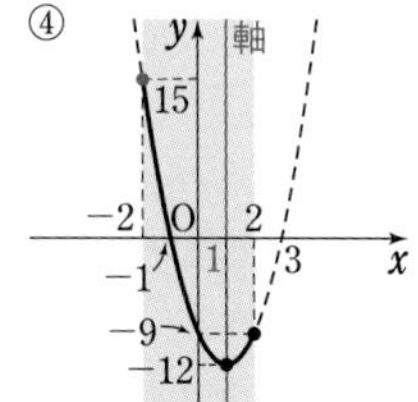

EX ③55 a は定数とする。関数 $y=2x^2+4ax$ $(0\leqq x\leqq 2)$ の最大値，最小値を，次の各場合について，それぞれ求めよ。

(1) $a\leqq -2$ (2) $-2<a<-1$ (3) $a=-1$

(4) $-1<a<0$ (5) $a\geqq 0$

$$y=2x^2+4ax=2(x+a)^2-2a^2$$

この関数のグラフは下に凸の放物線で，頂点は点 $(-a,\ -2a^2)$，軸は直線 $x=-a$ である。

また　$x=0$ のとき　$y=0$，　$x=2$ のとき　$y=8(a+1)$

(1)～(5) のそれぞれの場合のグラフは，図のようになる。

⇦まず基本形に変形。係数に文字を含んでいても，初めにやる作業は同じ。

(1)

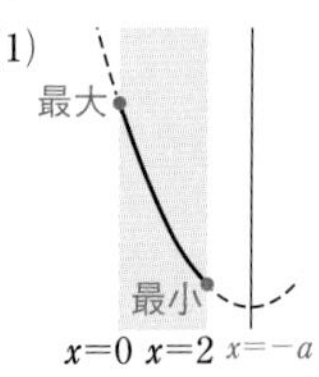

(1) $a\leqq -2$ のとき

$2\leqq -a$ であるから

$x=0$ で最大値 0

$x=2$ で最小値 $8(a+1)$

⇦定義域の中央は $x=1$

軸 $(x=-a)$ が

(1) 定義域の右外

(2) 定義域内の右寄り

(3) 定義域内の中央

(4) 定義域内の左寄り

(5) 定義域の左外

(2)

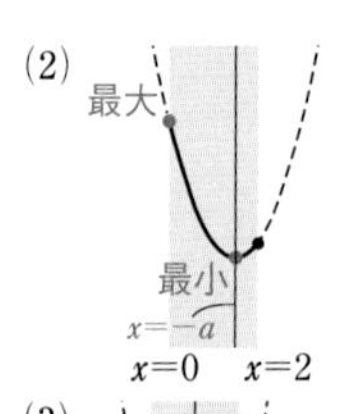

(2) $-2<a<-1$ のとき

$1<-a<2$ であるから

$x=0$ で最大値 0

$x=-a$ で最小値 $-2a^2$

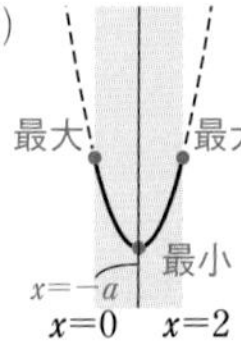

(3) $a=-1$ のとき

$-a=1$ であるから

$x=0,\ 2$ で最大値 0

$x=1$ で最小値 -2

(4)

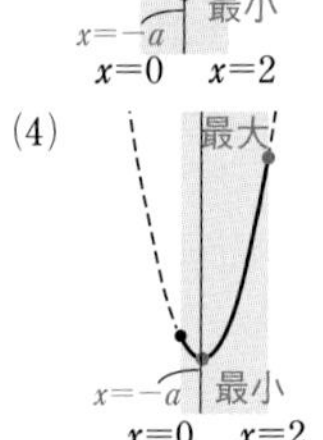

(4) $-1<a<0$ のとき

$0<-a<1$ であるから

$x=2$ で最大値 $8(a+1)$

$x=-a$ で最小値 $-2a^2$

(5)

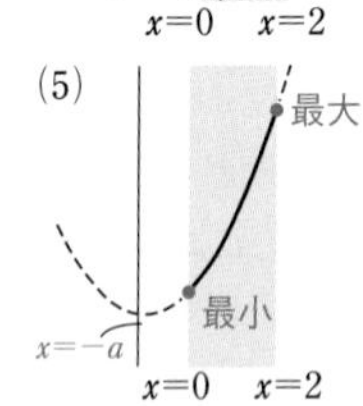

(5) $a\geqq 0$ のとき

$-a\leqq 0$ であるから

$x=2$ で最大値 $8(a+1)$

$x=0$ で最小値 0

inf. **最大値のみ** が問われている場合は，**軸が定義域の中央より右，中央，中央より左** すなわち

$a<-1$，$a=-1$，$a>-1$

の3つに場合分け。

最小値のみ が問われている場合は，**軸が定義域の右外，内，左外**

すなわち

$a<-2$，$-2\leqq a\leqq 0$，$0<a$

の3つに場合分け。自分で a の値を場合分けするときは，最大値と最小値を別々に考えるとよい。

EX ③56 2次関数 $f(x)=-x^2+2x$ の $a\leqq x\leqq a+2$ における最大値，最小値は a の関数であり，これをそれぞれ $F(a)$，$G(a)$ と表す。この関数 $F(a)$，$G(a)$ のグラフをかけ。

$$f(x)=-x^2+2x=-(x-1)^2+1 \quad Ⓐ$$

2次関数 $f(x)$ のグラフは上に凸の放物線で，軸は直線 $x=1$ である。

$a\leqq x\leqq a+2$ の中央の値は　$x=a+1$

また　　$f(a)=-(a-1)^2+1$　Ⓐ の x に a を代入。

$f(a+2)=-(a+1)^2+1$

Ⓐ の x に $a+2$ を代入。

$F(a)$ について

[1]　$a+2<1$ すなわち $a<-1$ のとき

$f(x)$ は $x=a+2$ で最大値をとるから

$F(a)=f(a+2)=-(a+1)^2+1$

[2]　$a\leqq 1\leqq a+2$ すなわち $-1\leqq a\leqq 1$ のとき

$f(x)$ は $x=1$ で最大値をとるから

$F(a)=f(1)=1$

[3]　$1<a$ のとき

$f(x)$ は $x=a$ で最大値をとるから

$F(a)=f(a)=-(a-1)^2+1$

[1] ~ [3] から

$a<-1$ のとき　$F(a)=-(a+1)^2+1$

$-1\leqq a\leqq 1$ のとき　$F(a)=1$

$a>1$ のとき　$F(a)=-(a-1)^2+1$

よって，a の関数 $F(a)$ のグラフは **右の図の実線部分** である。

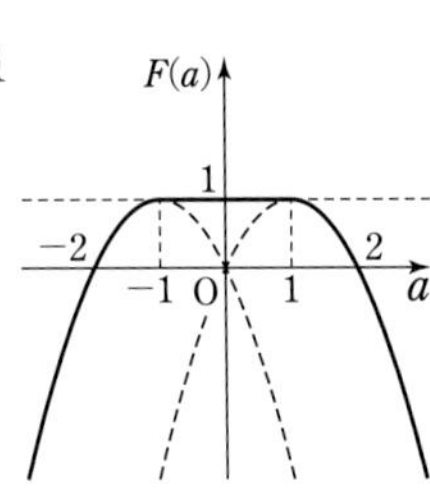

$G(a)$ について

[4]　$a+1<1$ すなわち $a<0$ のとき

$f(x)$ は $x=a$ で最小値をとるから

$G(a)=f(a)$

$=-(a-1)^2+1$

[5]　$a+1=1$ すなわち $a=0$ のとき

$f(x)$ は $x=0,\ 2$ で最小値をとるから

$G(a)=f(0)=f(2)=0$

[6]　$1<a+1$ すなわち $0<a$ のとき

$f(x)$ は $x=a+2$ で最小値をとるから

$G(a)=f(a+2)$

$=-(a+1)^2+1$

[4] ~ [6] から

$a<0$ のとき　$G(a)=-(a-1)^2+1$

$a=0$ のとき　$G(a)=0$

$a>0$ のとき　$G(a)=-(a+1)^2+1$

よって，a の関数 $G(a)$ のグラフは **右の図の実線部分** である。

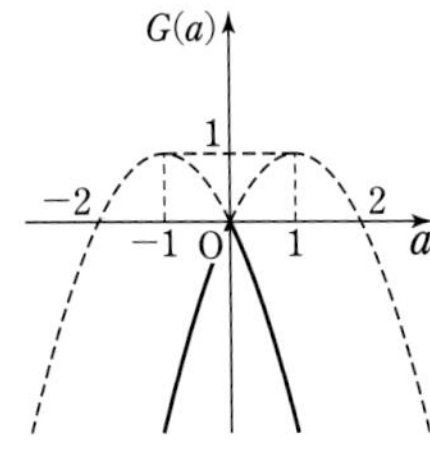

[1]　軸が定義域の右外。

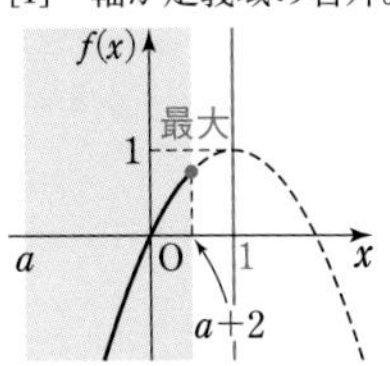

[2]　軸が定義域内。

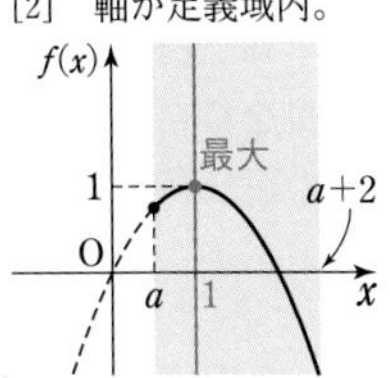

[3]　軸が定義域の左外。

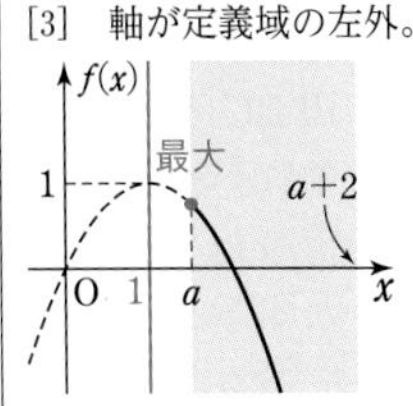

[4]　軸が定義域の中央より右。

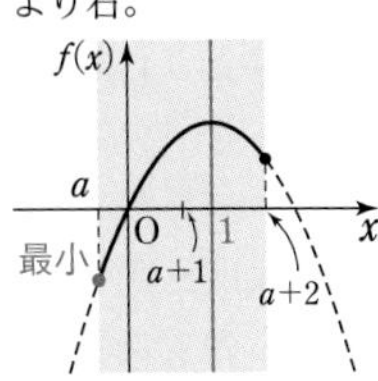

[5]　軸が定義域の中央。

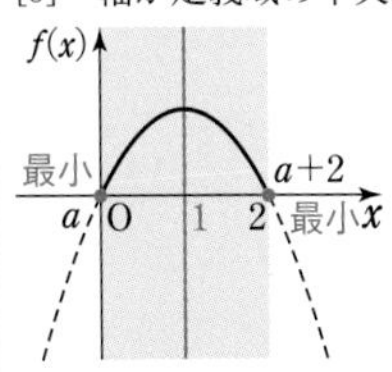

[6]　軸が定義域の中央より左。

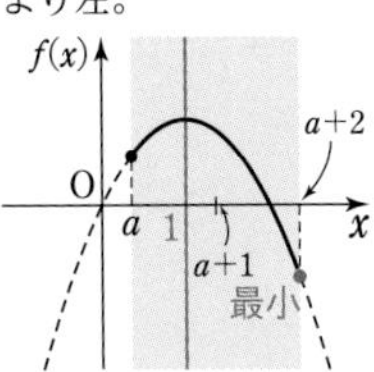

EX ③57

1 辺の長さが 10 cm の正三角形の折り紙 ABC がある。
辺 AB 上の点Dと辺 AC 上の点Eを，線分 DE と辺 BC が平行になるようにとる。線分 DE で折り紙を折るとき，三角形 ADE のうち，四角形 BCED と重なり合う部分の面積を S とする。S が最大となるのは線分 DE の長さが ^{ア}□ cm のときであり，このとき $S=^{イ}$□ cm² である。

〔青山学院大〕

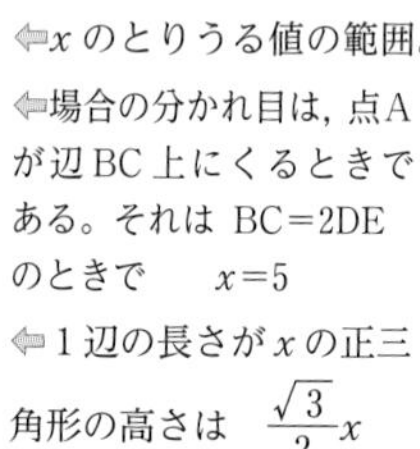

線分 DE の長さを x cm とすると　$0<x<10$

⇦x のとりうる値の範囲。

[1]　$0<x\leqq 5$ のとき

⇦場合の分かれ目は，点Aが辺 BC 上にくるときである。それは BC=2DE のときで　$x=5$

重なり合う部分は，1 辺の長さが x cm の正三角形となるから

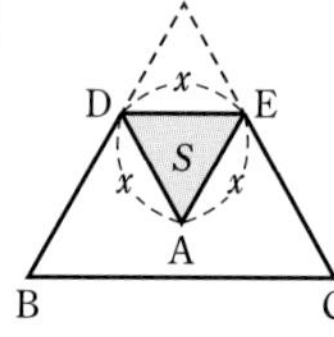

$$S=\frac{1}{2}\cdot x\cdot\frac{\sqrt{3}}{2}x=\frac{\sqrt{3}}{4}x^2\ (\text{cm}^2)$$

⇦ 1 辺の長さが x の正三角形の高さは　$\frac{\sqrt{3}}{2}x$

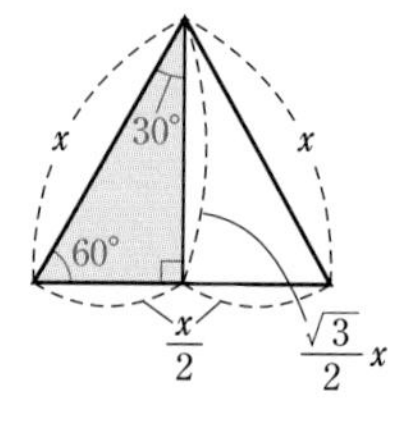

[2]　$5<x<10$ のとき

重なり合う部分は台形になる。
辺 BC と線分 AD，AE の交点を，それぞれ F，G とする。
折り返す前の頂点Aの位置を A′ とすると，A′D=A′E=x (cm)
であるから

$$\text{BD}=\text{CE}=10-x\ (\text{cm})$$

△BDF，△CEG は正三角形であるから　BF=CG=$10-x$ (cm)

よって　$\text{FG}=\text{BC}-\text{BF}-\text{CG}=10-2(10-x)$
$=2x-10$ (cm)

S は正三角形 ADE の面積から正三角形 AFG の面積を引いたものであるから

$$S=\frac{\sqrt{3}}{4}x^2-\frac{\sqrt{3}}{4}(2x-10)^2$$
$$=\frac{\sqrt{3}}{4}\{x^2-(2x-10)^2\}$$
$$=-\frac{\sqrt{3}}{4}(3x^2-40x+100)$$
$$=-\frac{\sqrt{3}}{4}\left\{3\left(x^2-\frac{40}{3}x\right)+100\right\}$$
$$=-\frac{\sqrt{3}}{4}\left\{3\left(x-\frac{20}{3}\right)^2-3\left(\frac{20}{3}\right)^2+100\right\}$$
$$=-\frac{\sqrt{3}}{4}\left\{3\left(x-\frac{20}{3}\right)^2-\frac{100}{3}\right\}$$
$$=-\frac{3\sqrt{3}}{4}\left(x-\frac{20}{3}\right)^2+\frac{25\sqrt{3}}{3}\ (\text{cm}^2)$$

⇦[1] の結果，すなわち 1 辺の長さが x の正三角形の面積は $\frac{\sqrt{3}}{4}x^2$ であることを利用。

[1], [2] から，S のグラフは右の図のようになる。

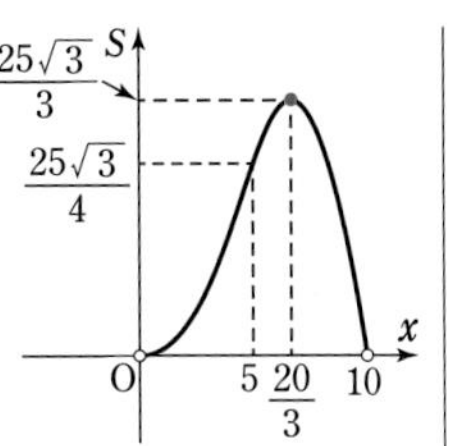

よって，S は $x=\frac{20}{3}$ で最大値 $\frac{25\sqrt{3}}{3}$ をとる。

したがって，S が最大となるのは，線分 DE の長さが ${}^{ア}\boldsymbol{\frac{20}{3}}$ cm のときであり，このとき $S={}^{イ}\boldsymbol{\frac{25\sqrt{3}}{3}}$ (cm²) である。

EX ②58　次の連立方程式を解け。

(1) $\begin{cases} x+y+z=6 \\ 3x-y-3z=0 \\ x-2y+5z=1 \end{cases}$　　(2) $\begin{cases} \frac{1}{x}+\frac{2}{y}+\frac{1}{z}=9 \\ \frac{1}{x}-\frac{2}{y}+\frac{3}{z}=9 \\ \frac{1}{x}+\frac{1}{y}-\frac{3}{z}=-9 \end{cases}$

(1) $\begin{cases} x+\ y+\ z=6 & \cdots\cdots ① \\ 3x-\ y-3z=0 & \cdots\cdots ② \\ x-2y+5z=1 & \cdots\cdots ③ \end{cases}$ とする。

①+② から　$4x-2z=6$

すなわち　$2x-z=3$　……④

①×2+③ から　$3x+7z=13$　……⑤

④×7+⑤ から　$17x=34$　よって　$x=2$

このとき　$z=1$　ゆえに　$y=3$

よって，解は　$(\boldsymbol{x},\ \boldsymbol{y},\ \boldsymbol{z})=(\boldsymbol{2},\ \boldsymbol{3},\ \boldsymbol{1})$

⇐消去しやすい y を消去する。

(2) $\frac{1}{x}=X$，$\frac{1}{y}=Y$，$\frac{1}{z}=Z$ とおくと，連立方程式は

$\begin{cases} X+2Y+\ Z=9 & \cdots\cdots ① \\ X-2Y+3Z=9 & \cdots\cdots ② \\ X+\ Y-3Z=-9 & \cdots\cdots ③ \end{cases}$ となる。

①−② から　$4Y-2Z=0$

すなわち　$2Y-Z=0$　……④

①−③ から　$Y+4Z=18$　……⑤

④ から　$Z=2Y$

⑤ に代入して　$9Y=18$　よって　$Y=2$

このとき　$Z=4$　ゆえに　$X=1$

したがって　$\frac{1}{x}=1$，$\frac{1}{y}=2$，$\frac{1}{z}=4$

すなわち　$(\boldsymbol{x},\ \boldsymbol{y},\ \boldsymbol{z})=\left(\boldsymbol{1},\ \boldsymbol{\frac{1}{2}},\ \boldsymbol{\frac{1}{4}}\right)$

⇐X，Y，Z の連立方程式を解く。
消去しやすいXを消去する。

⇐$Y+4\cdot2Y=18$

⇐$X=\frac{1}{x}$，$Y=\frac{1}{y}$，$Z=\frac{1}{z}$ と戻して x，y，z の値を求める。

EX ③59 2次関数のグラフが次の条件を満たすとき，その2次関数を求めよ。
(1) 頂点が放物線 $y=x^2-3x$ の頂点と一致し，点 $(0,\ 9)$ を通る。
(2) 頂点が x 軸上にあり，2点 $(2,\ 3)$，$(-1,\ 12)$ を通る。 〔(2) 追手門学院大〕
(3) 放物線 $y=x^2-3x+4$ を平行移動したもので，点 $(2,\ 8)$ を通り，その頂点は放物線 $y=-x^2$ 上にある。

(1) $y=x^2-3x$ を変形すると $y=\left(x-\frac{3}{2}\right)^2-\frac{9}{4}$

よって，このグラフの頂点は点 $\left(\frac{3}{2},\ -\frac{9}{4}\right)$ である。

ゆえに，求める2次関数は $y=a\left(x-\frac{3}{2}\right)^2-\frac{9}{4}$ と表される。

⇦頂点がわかった
⟶ **基本形**からスタート。

グラフが点 $(0,\ 9)$ を通るから $9=\frac{9}{4}a-\frac{9}{4}$

これを解くと $a=5$

よって $\boldsymbol{y=5\left(x-\frac{3}{2}\right)^2-\frac{9}{4}}$ $(y=5x^2-15x+9$ でもよい)

⇦$y=5\left(x^2-3x+\frac{9}{4}\right)-\frac{9}{4}$

(2) 頂点が x 軸上にあるから，頂点の y 座標は 0
よって，求める2次関数は $y=a(x-p)^2$ と表される。
グラフが2点 $(2,\ 3)$，$(-1,\ 12)$ を通るから

⇦頂点が x 軸上
⟶ **基本形**からスタート。

$3=a(2-p)^2$ …… ①
$12=a(-1-p)^2$ …… ②

⇦$12=a(-1-p)^2$
変形して $4\cdot 3=a(1+p)^2$

①，② から $4a(2-p)^2=a(1+p)^2$
$a\neq 0$ から $4(2-p)^2=(1+p)^2$
すなわち $p^2-6p+5=0$
よって $(p-1)(p-5)=0$
ゆえに $p=1,\ 5$

⇦$16-16p+4p^2$
$=1+2p+p^2$ から
$3p^2-18p+15=0$

$p=1$ のとき，① から $a=3$
$p=5$ のとき，① から $3=9a$ よって $a=\frac{1}{3}$

したがって $\boldsymbol{y=3(x-1)^2}$，$\boldsymbol{y=\frac{1}{3}(x-5)^2}$

$\left(y=3x^2-6x+3,\ y=\frac{1}{3}x^2-\frac{10}{3}x+\frac{25}{3}\right.$ でもよい$\left.\right)$

(3) 求める2次関数は，放物線 $y=x^2-3x+4$ を平行移動したものであるから，x^2 の係数は1である。
また，放物線の頂点が，放物線 $y=-x^2$ 上にあるから，頂点の座標は $(p,\ -p^2)$ と表される。
よって，求める2次関数は $y=(x-p)^2-p^2$ と表される。

⇦放物線の平行移動
⟶ **2次の係数は不変。**

⇦放物線 $y=-x^2$ 上の点 $(p,\ -p^2)$ が頂点
⟶ **基本形**
$y=a(x-p)^2-p^2$

グラフが点 $(2,\ 8)$ を通るから $8=(2-p)^2-p^2$
ゆえに $8=4-4p+p^2-p^2$ すなわち $4p=-4$
よって $p=-1$
したがって $\boldsymbol{y=(x+1)^2-1}$ $(y=x^2+2x$ でもよい)

EX ④60

A社はチョコレートを販売している。販売個数 y 個（y は1以上の整数）は，販売価格 p 円（1個当たりの値段）に対して次で定められる。

$$y=10-p$$

(1) A社の売上が最大となる販売価格 p の値，および，そのときの販売個数 y の値を求めよ。ただし，売上とは販売価格と販売個数の積とする。

(2) y 個のチョコレートの販売にかかる総費用 $c(y)$ は，$c(y)=y^2$ で表される。このとき，A社の利益（売上から総費用を引いた差）が最大となる販売価格 p の値，および，そのときの販売個数 y の値を求めよ。

(3) (2)において，総費用 $c(y)$ が変化し，$c(y)=y^2+20y-20$ となったとき，A社の利益が最大となる販売価格 p の値，および，そのときの販売個数 y の値を求めよ。　〔早稲田大〕

販売個数 y 個，販売価格 p 円に対して，$y=10-p$ であり，y は1以上の整数であるから

$$10-p\geqq 1 \quad すなわち \quad p\leqq 9$$

y が整数であるから，p は整数で　$0\leqq p\leqq 9$

このとき　$1\leqq y\leqq 10$

⇦p，y の値の範囲を求める。

(1) A社の売上を z 円とすると

$$z=py=p(10-p)$$
$$=-p^2+10p$$
$$=-(p-5)^2+25$$

⇦販売価格と販売個数の積。

よって，$0\leqq p\leqq 9$ において，z は $p=5$ で最大となる。

$p=5$ のとき　$y=10-5=5$

したがって　$\boldsymbol{p=5,\ y=5}$

(2) A社の利益を w 円とする。

総費用 $c(y)$ が $c(y)=y^2$ のとき

$$w=z-c(y)=py-y^2$$
$$=(10-y)y-y^2=-2y^2+10y$$
$$=-2\left(y-\frac{5}{2}\right)^2+\frac{25}{2}$$

⇦売上から総費用を引いた差。

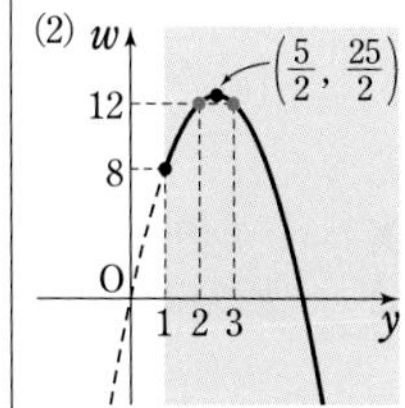

y は $1\leqq y\leqq 10$ を満たす整数であるから，w は $y=2,\ 3$ で最大となる。

$y=2$ のとき　$p=10-2=8$

$y=3$ のとき　$p=10-3=7$

したがって　$\boldsymbol{(p,\ y)=(7,\ 3),\ (8,\ 2)}$

(3) 総費用 $c(y)$ が $c(y)=y^2+20y-20$ のとき

$$w=z-c(y)=(10-y)y-(y^2+20y-20)$$
$$=-2y^2-10y+20=-2\left(y+\frac{5}{2}\right)^2+\frac{65}{2}$$

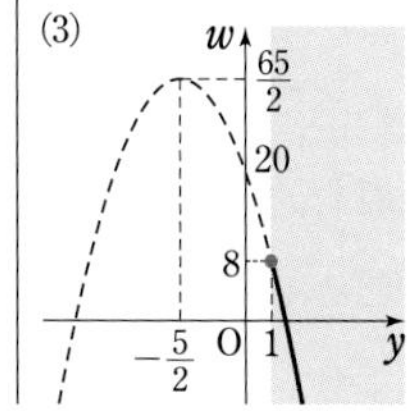

y は $1\leqq y\leqq 10$ を満たす整数であるから，w は $y=1$ で最大となる。

$y=1$ のとき　$p=10-1=9$

したがって　$\boldsymbol{p=9,\ y=1}$

EX ④61 $-1 \leqq x \leqq 2$ の範囲において，x の関数 $f(x)=ax^2-2ax+a+b$ の最大値が 3 で，最小値が -5 であるとき，定数 a，b の値を求めよ。 〔近畿大〕

$f(x)=ax^2-2ax+a+b$
$=a(x^2-2x+1)+b$
$=a(x-1)^2+b$

⇦単に「関数」であるから，$a=0$，$a>0$，$a<0$ で場合分け。

[1] $a=0$ のとき
$f(x)=b$（定数）となり，最大値が 3，最小値が -5 であることに適さない。

⇦定数関数

[2] $a>0$ のとき
$y=f(x)$ のグラフは下に凸の放物線で，軸は直線 $x=1$ であるから，右の図のようになり，$x=-1$ で最大，$x=1$ で最小となる。

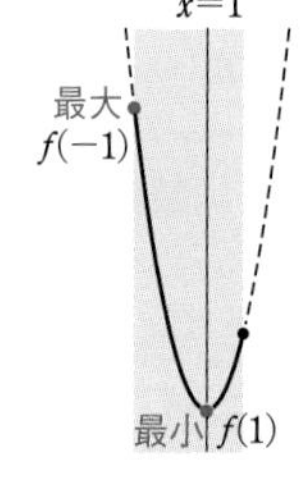

⇦軸（$x=1$）は定義域内で右寄り。よって，左端で最大，頂点で最小となる。

$f(-1)=4a+b$，$f(1)=b$ であるから
$4a+b=3$，$b=-5$
これを解いて　$a=2$，$b=-5$
これは $a>0$ を満たす。

⇦$b=-5$ を $4a+b=3$ に代入すると $4a-5=3$

⇦**条件を満たすことの確認。**

[3] $a<0$ のとき
$y=f(x)$ のグラフは上に凸の放物線で，軸は直線 $x=1$ であるから，右の図のようになり，$x=1$ で最大，$x=-1$ で最小となる。

⇦軸（$x=1$）は定義域内の右寄り。よって，左端で最小，頂点で最大となる。

$f(1)=b$，$f(-1)=4a+b$ であるから
$b=3$，$4a+b=-5$
これを解いて　$a=-2$，$b=3$
これは $a<0$ を満たす。

⇦$b=3$ を $4a+b=-5$ に代入すると $4a+3=-5$

⇦**条件を満たすことの確認。**

[1]～[3] から　$\boldsymbol{a=2,\ b=-5}$　**または**　$\boldsymbol{a=-2,\ b=3}$

EX ④62 2 次関数 $y=x^2+ax+b$ が，$0 \leqq x \leqq 3$ の範囲で最大値 1 をとり，$0 \leqq x \leqq 6$ の範囲で最大値 9 をとるとき，定数 a，b の値を求めよ。

$$y=\left\{x^2+ax+\left(\frac{a}{2}\right)^2\right\}-\left(\frac{a}{2}\right)^2+b$$
$$=\left(x+\frac{a}{2}\right)^2-\frac{a^2}{4}+b$$

よって，グラフは下に凸の放物線で，頂点が
点 $\left(-\dfrac{a}{2},\ -\dfrac{a^2}{4}+b\right)$，軸が直線 $x=-\dfrac{a}{2}$ である。
ここで，$f(x)=x^2+ax+b$ とする。
また，定義域 $0 \leqq x \leqq 3$ の中央の値は $\dfrac{3}{2}$，
定義域 $0 \leqq x \leqq 6$ の中央の値は 3
である。

inf.　2 次関数 $y=ax^2+bx+c$ の軸は直線 $x=-\dfrac{b}{2a}$
軸の方程式が必要な場合は，平方完成をしなくても，これで求めればよい。

[1]　$-\frac{a}{2} \leqq \frac{3}{2}$ すなわち $a \geqq -3$ のとき

$0 \leqq x \leqq 3$ の範囲では，$x=3$ で最大値をとる。

また，$0 \leqq x \leqq 6$ の範囲では，$x=6$ で最大値をとる。

ここで，$f(3)=9+3a+b$,

$f(6)=36+6a+b$ であるから，

$f(3)=1$，$f(6)=9$ とすると

$3a+b=-8$ …… ①，$6a+b=-27$ …… ②

②−① から　$3a=-19$　よって　$a=-\frac{19}{3}$

これは $a \geqq -3$ を満たさない。

⇦軸が定義域 $0 \leqq x \leqq 3$ の中央より左。

⇦軸が定義域 $0 \leqq x \leqq 6$ の中央より左。

⇦**条件を満たすかどうかの確認。**

[2]　$\frac{3}{2} < -\frac{a}{2} < 3$ すなわち $-6 < a < -3$ のとき

$0 \leqq x \leqq 3$ の範囲では，$x=0$ で最大値をとる。

また，$0 \leqq x \leqq 6$ の範囲では，$x=6$ で最大値をとる。

ここで，$f(0)=b$,

$f(6)=36+6a+b$ であるから，

$f(0)=1$，$f(6)=9$ とすると

$b=1$ …… ③，$6a+b=-27$ …… ④

③ を ④ に代入して　$6a=-28$

よって　$a=-\frac{14}{3}$　これは $-6 < a < -3$ を満たす。

⇦軸が定義域 $0 \leqq x \leqq 3$ の中央より右。

⇦軸が定義域 $0 \leqq x \leqq 6$ の中央より左。

⇦**条件を満たすかどうかの確認。**

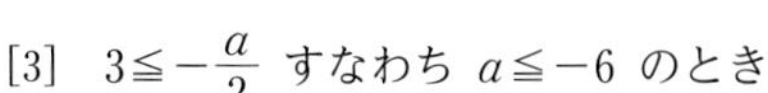

[3]　$3 \leqq -\frac{a}{2}$ すなわち $a \leqq -6$ のとき

$0 \leqq x \leqq 3$ の範囲では，$x=0$ で最大値をとる。

また，$0 \leqq x \leqq 6$ の範囲でも，$x=0$ で最大値をとり，問題の条件を満たさない。

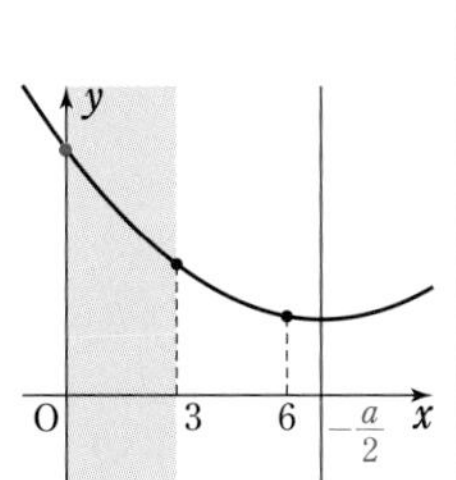

⇦軸が定義域 $0 \leqq x \leqq 3$ の中央より右。

⇦軸が定義域 $0 \leqq x \leqq 6$ の中央より右。

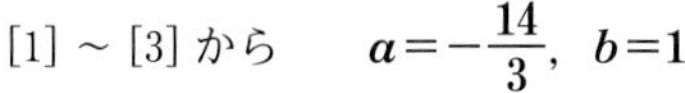

[1] ~ [3] から　$\boldsymbol{a=-\frac{14}{3}}$，$\boldsymbol{b=1}$

EX ③63　(1)　$x+3y=k$ のとき，x^2+y^2 の最小値は 4 である。定数 k の値を求めよ。
(2)　$x \geqq 0$，$y \geqq 0$，$2x+y=8$ のとき，xy の最大値と最小値を求めよ。

(1)　$x+3y=k$ から　$x=k-3y$ …… ①

これを x^2+y^2 に代入すると

$$x^2+y^2=(k-3y)^2+y^2$$
$$=k^2-6ky+9y^2+y^2$$
$$=10y^2-6ky+k^2$$

⇦x を消去する。

$=10\left\{\left(y-\frac{3}{10}k\right)^2-\left(\frac{3}{10}k\right)^2\right\}+k^2$

$=10\left(y-\frac{3}{10}k\right)^2+\frac{k^2}{10}$　　⇦基本形に変形する。

よって，$y=\frac{3}{10}k$ で最小値 $\frac{k^2}{10}$ をとる。

このとき，① から　　$x=k-3\cdot\frac{3}{10}k=\frac{k}{10}$　　⇦条件式から x の値を求める。

最小値は 4 であるから　　$\frac{k^2}{10}=4$　　すなわち　　$k^2=40$

したがって　　$\boldsymbol{k=\pm 2\sqrt{10}}$

(2)　$2x+y=8$ から　　$y=-2x+8$ …… ①

これを xy に代入すると

$xy=x(-2x+8)$　　⇦ y を消去する。

$=-2x^2+8x$

$=-2(x^2-4x+2^2)+2\cdot 2^2$

$=-2(x-2)^2+8$ …… ②

$x\geqq 0$，$y=-2x+8\geqq 0$ であるから　　⇦ $y\geqq 0$ から x の変域にも制限が出てくる。$\longrightarrow x\leqq 4$

$0\leqq x\leqq 4$

この範囲において，② は　　⇦軸 $(x=2)$ は定義域の中央。

$x=2$　　で最大値 8

$x=0$，4 で最小値 0　をとる。

$f(x)$, $f(x)=-2(x-2)^2+8$, 8, O, 2, 4, x

① から　　$x=2$ のとき　$y=4$　　⇦ $y=-4+8$

$x=0$ のとき　$y=8$　　⇦ $y=0+8$

$x=4$ のとき　$y=0$　　⇦ $y=-8+8$

よって，$(\boldsymbol{x},\ \boldsymbol{y})=(\boldsymbol{2},\ \boldsymbol{4})$　　**で最大値 8，**

$(\boldsymbol{x},\ \boldsymbol{y})=(\boldsymbol{0},\ \boldsymbol{8})$，$(\boldsymbol{4},\ \boldsymbol{0})$ **で最小値 0** をとる。

EX ④64　$x\geqq 0$，$y\geqq 0$ のとき，x，y の関数 $f(x,\ y)=x^2-4xy+5y^2+2y+2$ の最小値を求めよ。また，このときの x，y の値を求めよ。　〔北星学園大〕

$f(x,\ y)=x^2-4xy+5y^2+2y+2$

$=\{(x-2y)^2-(2y)^2\}+5y^2+2y+2$　　⇦ y を定数と考え，x について基本形に変形。

$=(x-2y)^2+y^2+2y+2$

$=(x-2y)^2+\{(y+1)^2-1^2\}+2$　　⇦ y の 2 次式も基本形に変形。

$=(x-2y)^2+(y+1)^2+1$

$x\geqq 0$，$y\geqq 0$ のとき　　$y+1\geqq 1$，$x-2y$ はすべての実数　　⇦ $x\geqq 0$，$y\geqq 0$ で $x-2y$ はすべての実数値をとる。

よって　　$(y+1)^2\geqq 1$，$(x-2y)^2\geqq 0$

ゆえに　　$f(x,\ y)\geqq 2$　　⇦ $f(x,\ y)\geqq 0+1+1=2$

したがって，$y+1=1$，$x-2y=0$，すなわち

$\boldsymbol{x=0}$，$\boldsymbol{y=0}$ **で最小値 2** をとる。

EX ⑤65　次の関数に最大値，最小値があれば，それを求めよ。

(1)　$y=-2x^4+4x^2+3$　　(2)　$y=(2x^2-3x+2)(-2x^2+3x-1)+1$

(1)　$x^2=t$ とおくと，$x^2 \geqq 0$ から，t の変域は　$t \geqq 0$　… ①

⇦おき換えた文字の変域にも注意。

また　$y=-2t^2+4t+3$

$=-2(t-1)^2+5$

⇦頂点 (1, 5)，上に凸の放物線。

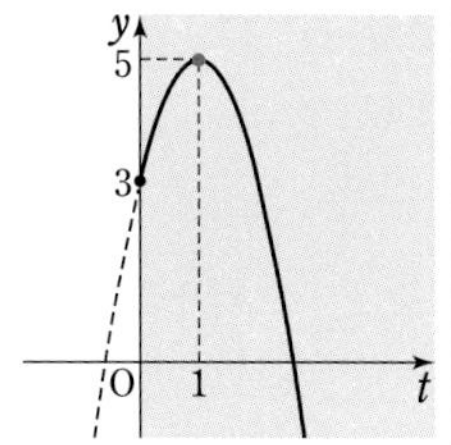

① における t の関数 y のグラフは，右の図の実線部分である。

① の範囲で，y は

$t=1$ で最大値 5 をとり，

最小値はない。

$t=1$ のとき　$x^2=1$　これを解いて　$x=\pm 1$

したがって，**$x=\pm 1$ で最大値 5 をとり，最小値はない。**

(2)　$y=(2x^2-3x+2)(-2x^2+3x-1)+1$

$=\{(2x^2-3x)+2\}\{-(2x^2-3x)-1\}+1$　…… Ⓐ

$=-(2x^2-3x)^2-3(2x^2-3x)-1$

$2x^2-3x=t$ とおくと　$t=2\left(x-\dfrac{3}{4}\right)^2-\dfrac{9}{8}$

⇦$-2x^2+3x=t$ とおいてもよい。

よって，t の変域は

$t \geqq -\dfrac{9}{8}$　…… ①

また　$y=-t^2-3t-1$

$=-\left(t+\dfrac{3}{2}\right)^2+\dfrac{5}{4}$

⇦頂点 $\left(-\dfrac{3}{2},\ \dfrac{5}{4}\right)$，上に凸の放物線。

① における t の関数 y のグラフは，右の図の実線部分である。

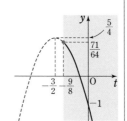

① の範囲で，y は

$t=-\dfrac{9}{8}$ で最大値 $\dfrac{71}{64}$ をとり，最小値はない。

⇦Ⓐ から
$\left(-\dfrac{9}{8}+2\right)\left\{-\left(-\dfrac{9}{8}\right)-1\right\}+1$
$=\dfrac{7}{8}\cdot\dfrac{1}{8}+1=\dfrac{71}{64}$

$t=-\dfrac{9}{8}$ のとき　$-\dfrac{9}{8}=2\left(x-\dfrac{3}{4}\right)^2-\dfrac{9}{8}$

すなわち　$\left(x-\dfrac{3}{4}\right)^2=0$　よって　$x=\dfrac{3}{4}$

したがって，**$x=\dfrac{3}{4}$ で最大値 $\dfrac{71}{64}$ をとり，最小値はない。**

EX ②66　次の2次方程式を解け。

(1)　$\dfrac{1}{5}x^2-\dfrac{1}{12}x-\dfrac{1}{30}=0$　(2)　$0.1x^2+0.3x-2=0$　〔広島国際学院大〕

(3)　$x^2-\sqrt{2}\,x-4=0$　〔日本歯大〕　(4)　$2(x-2)^2-3(x-2)-1=0$

(1)　両辺に 60 を掛けると　$12x^2-5x-2=0$

⇦係数を整数にする。

よって　$x=\dfrac{-(-5)\pm\sqrt{(-5)^2-4\cdot 12\cdot(-2)}}{2\cdot 12}$

$=\dfrac{5\pm\sqrt{121}}{24}=\dfrac{5\pm 11}{24}$

⇦$\dfrac{5+11}{24}=\dfrac{16}{24}=\dfrac{2}{3}$，
$\dfrac{5-11}{24}=\dfrac{-6}{24}=-\dfrac{1}{4}$

ゆえに　**$x=\dfrac{2}{3},\ -\dfrac{1}{4}$**

別解　$12x^2-5x-2=0$ であるから，
左辺を因数分解して
$(3x-2)(4x+1)=0$

$$\begin{array}{ccccc} 3 & \diagdown\!\!\!\diagup & -2 & \longrightarrow & -8 \\ 4 & & 1 & \longrightarrow & 3 \\ \hline 12 & & -2 & & -5 \end{array}$$

よって　$x=\dfrac{2}{3},\ -\dfrac{1}{4}$

(2)　両辺に 10 を掛けると　$x^2+3x-20=0$

⇦係数を整数にする。

よって　$x=\dfrac{-3\pm\sqrt{3^2-4\cdot1\cdot(-20)}}{2\cdot1}=\dfrac{-3\pm\sqrt{89}}{2}$

(3)　$x=\dfrac{-(-\sqrt{2})\pm\sqrt{(-\sqrt{2})^2-4\cdot1\cdot(-4)}}{2\cdot1}$

$=\dfrac{\sqrt{2}\pm\sqrt{18}}{2}=\dfrac{\sqrt{2}\pm3\sqrt{2}}{2}$

⇦$\dfrac{\sqrt{2}+3\sqrt{2}}{2}=\dfrac{4\sqrt{2}}{2}$
$=2\sqrt{2}$，
$\dfrac{\sqrt{2}-3\sqrt{2}}{2}=\dfrac{-2\sqrt{2}}{2}$
$=-\sqrt{2}$

よって　$x=2\sqrt{2},\ -\sqrt{2}$

別解　左辺を因数分解して
$(x-2\sqrt{2})(x+\sqrt{2})=0$

$$\begin{array}{ccccc} 1 & \diagdown\!\!\!\diagup & -2\sqrt{2} & \longrightarrow & -2\sqrt{2} \\ 1 & & \sqrt{2} & \longrightarrow & \sqrt{2} \\ \hline 1 & & -4 & & -\sqrt{2} \end{array}$$

よって　$x=2\sqrt{2},\ -\sqrt{2}$

(4)　$x-2=A$ とおくと，$2A^2-3A-1=0$ であるから

$A=\dfrac{-(-3)\pm\sqrt{(-3)^2-4\cdot2\cdot(-1)}}{2\cdot2}=\dfrac{3\pm\sqrt{17}}{4}$

よって　$x=A+2=\dfrac{3\pm\sqrt{17}}{4}+2=\dfrac{11\pm\sqrt{17}}{4}$

⇦$x-2=A$ から。

EX ③67　次の連立方程式を解け。

(1) $\begin{cases} x+y=3 \\ x^2+y^2=17 \end{cases}$　　(2) $\begin{cases} x^2-xy-2y^2=0 \\ x^2+xy-y=1 \end{cases}$

(1) $\begin{cases} x+y=3 & \cdots\cdots ① \\ x^2+y^2=17 & \cdots\cdots ② \end{cases}$ とする。

⇦① から $x=3-y$ として x を消去してもよい。

① から　$y=3-x$　……③
③ を ② に代入すると　$x^2+(3-x)^2=17$

⇦$x^2+9-6x+x^2=17$ から　$2x^2-6x-8=0$

整理すると　$x^2-3x-4=0$
よって　$(x+1)(x-4)=0$
ゆえに　$x=-1,\ 4$
③ から　$x=-1$ のとき　$y=4$　$x=4$ のとき　$y=-1$
したがって　$(\boldsymbol{x},\ \boldsymbol{y})=(-1,\ 4),\ (4,\ -1)$

⇦$\begin{cases} x=-1 \\ y=4 \end{cases}$，$\begin{cases} x=4 \\ y=-1 \end{cases}$ と同じ。

(2) $\begin{cases} x^2-xy-2y^2=0 & \cdots\cdots ① \\ x^2+xy-y=1 & \cdots\cdots ② \end{cases}$ とする。

① から　$(x+y)(x-2y)=0$
よって　$x=-y$ または $x=2y$

⇦$AB=0 \Longleftrightarrow$ $A=0$ または $B=0$

[1]　$x=-y$ のとき
② に代入して整理すると　$-y=1$　よって　$y=-1$
ゆえに　$x=1$

⇦$y^2-y^2-y=1$

[2]　$x=2y$ のとき
② に代入して整理すると　$6y^2-y-1=0$

⇦$4y^2+2y^2-y=1$

よって　$(2y-1)(3y+1)=0$　　ゆえに　$y=\frac{1}{2},\ -\frac{1}{3}$

$x=2y$ から　　$y=\frac{1}{2}$ のとき　　$x=1$

$y=-\frac{1}{3}$ のとき　$x=-\frac{2}{3}$

したがって　　$(\boldsymbol{x},\ \boldsymbol{y})=(\boldsymbol{1},\ \boldsymbol{-1}),\ \left(\boldsymbol{1},\ \boldsymbol{\frac{1}{2}}\right),\ \left(\boldsymbol{-\frac{2}{3}},\ \boldsymbol{-\frac{1}{3}}\right)$

⇐ 2╲╱ $-1 \longrightarrow -3$
3╱╲ $1 \longrightarrow 2$
6　-1　-1

EX ②68 2次方程式 $x^2-2x-8=0$ の2つの実数解のうち，小さい方の解は，x の2次方程式 $x^2-4ax+a^2+12=0$ の解の1つになる。このとき，a の値を求めよ。

$x^2-2x-8=0$ の左辺を因数分解して　　$(x+2)(x-4)=0$

よって　　$x=-2,\ 4$

小さい方の解 $x=-2$ が，もう1つの2次方程式

$x^2-4ax+a^2+12=0$ の解であるから

$$(-2)^2-4a\cdot(-2)+a^2+12=0$$

整理して　　$a^2+8a+16=0$　　すなわち　　$(a+4)^2=0$

ゆえに　　$\boldsymbol{a=-4}$

⇐後者の2次方程式に $x=-2$ を代入する。

EX ②69 x の2次方程式 $x^2+(m-8)x+m=0$ が重解をもつとき，定数 m の値は ア□ または イ□ であり，$m=$ア□ のときの重解を x_1，$m=$イ□ のときの重解を x_2 とすると，$x_1+x_2=$ウ□，$x_1x_2=$エ□ である。ただし，ア□<イ□ とする。〔名古屋商大〕

与えられた2次方程式の判別式を D とすると

$$D=(m-8)^2-4m=m^2-20m+64=(m-4)(m-16)$$

この2次方程式が重解をもつための条件は $D=0$ であるから

$$(m-4)(m-16)=0$$

これを解いて　　$m=$ア$\boldsymbol{4}$，イ$\boldsymbol{16}$

重解は $x=-\frac{m-8}{2}$ であるから

$m=4$ のとき　$x_1=2$　　$m=16$ のとき　$x_2=-4$

よって　　$x_1+x_2=2-4=$ウ$\boldsymbol{-2}$，$x_1x_2=2(-4)=$エ$\boldsymbol{-8}$

⇐$m^2-16m+64-4m=0$

⇐ア□<イ□ から。

⇐2次方程式 $ax^2+bx+c=0$ の重解は $x=-\frac{b}{2a}$

EX ③70 x に関する方程式 $kx^2-2(k+3)x+k+10=0$ が実数解をもつような負でない整数 k をすべて求めよ。

[1]　$k=0$ のとき

方程式は　　$-6x+10=0$

よって，実数解 $x=\frac{5}{3}$ をもつ。

[2]　$k>0$ のとき

方程式は2次方程式で，判別式を D とすると

$$\frac{D}{4}=\{-(k+3)\}^2-k(k+10)=-4k+9$$

実数解をもつための条件は $D\geqq 0$ であるから

$$-4k+9\geqq 0$$

⇐「方程式」としか書かれていないから，$k=0$（1次方程式）の場合も考える。

⇐k は負でない整数。

⇐$k^2+6k+9-k^2-10k=-4k+9$

よって　$k \leqq \frac{9}{4}$　$k>0$ から　$0<k \leqq \frac{9}{4}$

これを満たす整数 k の値は　$k=1,\ 2$

[1], [2] から　$\boldsymbol{k=0,\ 1,\ 2}$

⇦$k>0$ は場合分けの条件。

EX ②71 正方形がある。この正方形の縦の長さを 1 cm 長くし，横の長さを 2 cm 短くして長方形を作ったところ，その面積が正方形の面積の半分になったという。このとき，正方形の 1 辺の長さは □ cm である。 〔愛知工大〕

正方形の 1 辺の長さを x cm とすると　$x>2$ …… ①

与えられた条件から

$$(x+1)(x-2)=\frac{1}{2}x^2$$

整理すると　$x^2-2x-4=0$

これを解くと　$x=-(-1)\pm\sqrt{(-1)^2-1\cdot(-4)}$

$=1\pm\sqrt{5}$

① から　$x=1+\sqrt{5}$

よって，求める長さは　$\boldsymbol{1+\sqrt{5}}$ **cm**

⇦x の係数が偶数 ⟶ $b=2b'$ 型

⇦解の吟味。

EX ④72 m を 0 でない実数とする。2 つの 2 次方程式 $x^2-(m+1)x-m^2=0$ と $x^2-2mx-m=0$ がただ 1 つの共通解をもつとき，m の値は ア□ であり，そのときの共通解は $x=$ イ□ である。

共通解を $x=\alpha$ とすると

$\alpha^2-(m+1)\alpha-m^2=0$ …… ①

$\alpha^2-2m\alpha-m=0$ …… ②

①−② から　$(m-1)\alpha-m^2+m=0$

すなわち　$(m-1)\alpha-m(m-1)=0$

ゆえに　$(m-1)(\alpha-m)=0$

よって　$m=1$ または $\alpha=m$

[1] $m=1$ のとき

2 つの方程式は，ともに $x^2-2x-1=0$ となる。

この 2 次方程式の解は

$$x=\frac{-(-1)\pm\sqrt{(-1)^2-1\cdot(-1)}}{1}=1\pm\sqrt{2}$$

となり，共通解を 2 つもつから，適さない。

[2] $\alpha=m$ のとき

① から　$m^2-(m+1)m-m^2=0$

ゆえに　$-m(m+1)=0$

$m\neq0$ であるから　$m=-1$

このとき，2 つの方程式は

$$x^2-1=0,\quad x^2+2x+1=0$$

となり，解はそれぞれ

$$x=\pm1;\quad x=-1\ (\text{重解})$$

よって，確かにただ 1 つの共通解 $x=-1$ をもつ。

[1], [2] から，$m=$ ア $\boldsymbol{-1}$ のとき　共通解は $x=$ イ $\boldsymbol{-1}$

⇦$x=\alpha$ を代入したとき，2 つの方程式が成り立つ。

⇦α^2 の項を消去する。

⇦$m-1$ が共通因数。

⇦$m-1=0$ または $\alpha-m=0$

⇦「$\frac{D}{4}=2>0$ から，異なる 2 つの実数解をもつ」としてもよい。

⇦共通解の個数の条件を満たさない。

⇦②に代入しても結果は同じ。

⇦問題の条件。

⇦$(x+1)(x-1)=0$, $(x+1)^2=0$

EX ④73　a, p は定数とする。次の x についての方程式の実数解を求めよ。
(1) $a^2x-2=4x-a$　〔九州東海大〕 (2) $(p^2-1)x^2+2px+1=0$

(1) 方程式を変形して　$(a^2-4)x=2-a$

よって　$(a+2)(a-2)x=-(a-2)$ …… ①

[1] $a=-2$ のとき

① から　$0\cdot x=4$　これを満たす x の値はない。

⇦$0\cdot x$ は 4 になることはない。

[2] $a=2$ のとき

① から　$0\cdot x=0$

これはすべての x について成り立つ。

⇦$0\cdot x$ はどんな x の値についても 0 となる。

[3] $(a+2)(a-2)\neq0$ すなわち $a\neq-2$ かつ $a\neq2$ のとき

$$x=-\frac{a-2}{(a+2)(a-2)}=-\frac{1}{a+2}$$

[1]～[3] から　**$a=-2$ のとき　解はない**

$a=2$ のとき　解はすべての実数

$a\neq\pm2$ のとき　$x=-\dfrac{1}{a+2}$

(2) 方程式を変形して

$(p+1)(p-1)x^2+2px+1=0$ …… ①

[1] $p=-1$ のとき

① から　$-2x+1=0$　よって　$x=\dfrac{1}{2}$

⇦$p=\pm1$ のとき，① は 1 次方程式になる。

[2] $p=1$ のとき

① から　$2x+1=0$　よって　$x=-\dfrac{1}{2}$

[3] $(p+1)(p-1)\neq0$ すなわち $p\neq-1$ かつ $p\neq1$ のとき

① の左辺を因数分解して

$\{(p+1)x+1\}\{(p-1)x+1\}=0$

⇦
$p+1 \quad 1 \longrightarrow p-1$
$p-1 \quad 1 \longrightarrow p+1$
$p^2-1 \quad 1 \quad 2p$

$p+1\neq0$, $p-1\neq0$ であるから

$$x=-\frac{1}{p+1},\ -\frac{1}{p-1}$$

[1]～[3] から　**$p=-1$ のとき　$x=\dfrac{1}{2}$**

$p=1$ のとき　$x=-\dfrac{1}{2}$

$p\neq\pm1$ のとき　$x=-\dfrac{1}{p+1},\ -\dfrac{1}{p-1}$

EX ②74　放物線 $y=x^2-ax+a+1$ が x 軸と接するように，定数 a の値を定めよ。また，そのときの接点の座標を求めよ。

2 次方程式 $x^2-ax+a+1=0$ の判別式を D とすると

$D=(-a)^2-4\cdot1\cdot(a+1)=a^2-4a-4$

⇦$D=b^2-4ac$

グラフが x 軸と接するための条件は　$D=0$

すなわち　$a^2-4a-4=0$

⇦$b=2b'$ 型の 2 次方程式。

これを解いて　$a=\dfrac{-(-2)\pm\sqrt{(-2)^2-1\cdot(-4)}}{1}=2\pm\sqrt{8}$

$=2\pm2\sqrt{2}$

また，$D=0$ のとき，接点の座標は　$\left(\dfrac{a}{2},\ 0\right)$

よって　$\boldsymbol{a=2+2\sqrt{2}}$ **のとき　接点の座標は　$\boldsymbol{(1+\sqrt{2},\ 0)}$**

$\boldsymbol{a=2-2\sqrt{2}}$ **のとき　接点の座標は　$\boldsymbol{(1-\sqrt{2},\ 0)}$**

⇐$y=\left(x-\dfrac{a}{2}\right)^2-\dfrac{a^2}{4}+a+1$ から，$-\dfrac{a^2}{4}+a+1=0$ として求めてもよい。

⇐頂点で接する。頂点の x 座標は　$x=-\dfrac{-a}{2\cdot1}=\dfrac{a}{2}$

EX ②75

2 次関数 $y=x^2-2x+a$ のグラフが，次の条件に適するように，定数 a の値の範囲を定めよ。また，(2) では共有点の座標も求めよ。

(1) x 軸との共有点の個数が 2 個　　(2) x 軸との共有点の個数が 1 個

(3) x 軸との共有点の個数が 0 個

2 次方程式 $x^2-2x+a=0$ の判別式を D とすると

$$\frac{D}{4}=(-1)^2-1\cdot a=1-a$$

(1) x 軸との共有点の個数が 2 個であるための条件は　$D>0$

よって　$1-a>0$　　ゆえに　$\boldsymbol{a<1}$

(2) x 軸との共有点の個数が 1 個であるための条件は　$D=0$

よって　$1-a=0$　　ゆえに　$\boldsymbol{a=1}$

このとき，共有点の x 座標は　$x=-\dfrac{-2}{2\cdot1}=1$

よって，**共有点の座標は　(1, 0)**

(3) x 軸との共有点の個数が 0 個であるための条件は　$D<0$

よって　$1-a<0$　　ゆえに　$\boldsymbol{a>1}$

⇐ $y=(x-1)^2+a-1$ から，頂点の y 座標 $a-1$ の符号で考えてもよい。

(1) $a-1<0$

(2) $a-1=0$

(3) $a-1>0$

⇐$y=ax^2+bx+c$ のグラフと x 軸との接点の x 座標は　$x=-\dfrac{b}{2a}$

EX ③76

グラフの頂点が点 (2, −3) で，x 軸から切り取る線分の長さが 6 である 2 次関数を求めよ。〔山梨学院大〕

2 次関数のグラフは軸に関して対称である。

また，軸が直線 $x=2$ であるから，2 次関数のグラフと x 軸との交点の x 座標は $x=-1,\ 5$ である。

よって，求める 2 次関数は

$$y=a(x+1)(x-5)$$

と表される。

点 (2, −3) を通るから

$$-3=a(2+1)(2-5)$$

これを解くと　$a=\dfrac{1}{3}$

したがって，求める 2 次関数は

$$\boldsymbol{y=\frac{1}{3}(x+1)(x-5)}\quad\left(y=\frac{1}{3}x^2-\frac{4}{3}x-\frac{5}{3}\ \text{でもよい}\right)$$

別解　求める 2 次関数のグラフは，頂点が点 (2, −3) であり，x 軸と異なる 2 点で交わるから

$$y=a(x-2)^2-3\quad(a>0)$$

と表される。

⇐$2-3=-1,\ 2+3=5$

⇐グラフが x 軸上の 2 点 $(\alpha,\ 0)$, $(\beta,\ 0)$ を通る 2 次関数は　$y=a(x-\alpha)(x-\beta)$

⇐頂点の y 座標が負で，x 軸と異なる 2 点で交わるから $a>0$ となる。

$a(x-2)^2-3=0$ とすると

$$a(x-2)^2=3 \quad \text{すなわち} \quad (x-2)^2=\frac{3}{a}$$

よって　$x=2\pm\sqrt{\frac{3}{a}}$

x 軸から切り取る線分の長さが 6 であることから

$$2+\sqrt{\frac{3}{a}}-\left(2-\sqrt{\frac{3}{a}}\right)=6$$

整理して　$\sqrt{\frac{3}{a}}=3$　　両辺を 2 乗して　$\frac{3}{a}=9$

ゆえに　$a=\frac{1}{3}$　　これは $a>0$ を満たす。

よって，求める 2 次関数は　$\boldsymbol{y=\frac{1}{3}(x-2)^2-3}$

⇦ x 軸との共有点の x 座標を求める。

⇦ $2+\sqrt{\frac{3}{a}}>2-\sqrt{\frac{3}{a}}$

⇦ $\frac{3}{a}=9$ から $a=\frac{3}{9}=\frac{1}{3}$

3章 EX

EX ③77

$y=2x^2-4x+5$ のグラフ G を y 軸方向に k だけ平行移動したグラフを H とする。グラフ H が x 軸と異なる 2 点で交わるとき，その 2 点の間の距離は $\sqrt{^{ア}\square(k+^{イ}\square)}$ である。よって，グラフ H を x 軸方向に平行移動して，$2\leqq x\leqq 6$ の範囲で x 軸と異なる 2 点で交わるようにできるとき，k のとりうる値の範囲は $^{ウ}\square\leqq k<^{エ}\square$ である。〔類 共通テスト〕

グラフ H の方程式は $y=2x^2-4x+5+k$ と表される。

2 次方程式 $2x^2-4x+5+k=0$ …… ① の判別式を D とすると　$\frac{D}{4}=(-2)^2-2(5+k)=-2k-6$

グラフ H が x 軸と異なる 2 点で交わるための条件は

$D>0$　すなわち　$-2k-6>0$

ゆえに　$k<-3$ …… ②

このとき，① の解は　$x=\frac{2\pm\sqrt{-2k-6}}{2}$

よって，グラフ H が x 軸から切り取る線分の長さは

$$\frac{2+\sqrt{-2k-6}}{2}-\frac{2-\sqrt{-2k-6}}{2}$$
$$=\sqrt{-2k-6}=\sqrt{^{ア}\boldsymbol{-2}(k+^{イ}\boldsymbol{3})}$$

グラフ H を x 軸方向に平行移動して，$2\leqq x\leqq 6$ の範囲で x 軸と異なる 2 点で交わるようにできるためには，この線分の長さが 4 以下であればよい。

よって　$\sqrt{-2(k+3)}\leqq 4$

両辺を 2 乗して　$-2(k+3)\leqq 16$

ゆえに　$k\geqq -11$ …… ③

②，③ から　$^{ウ}\boldsymbol{-11}\leqq k<^{エ}\boldsymbol{-3}$

⇦① は $b=2b'$ 型の 2 次方程式。

⇦ $\frac{2+\sqrt{-2k-6}}{2}>\frac{2-\sqrt{-2k-6}}{2}$

⇦ $\sqrt{-2(k+3)}>0$

⇦ $k+3\geqq -8$

EX ③78 2つの放物線 $y=x^2-x+1$, $y=-x^2-x+3$ の2つの共有点の座標を求めよ。

$y=x^2-x+1$ …… ①, $y=-x^2-x+3$ …… ② とする。

①, ② から y を消去すると

$$x^2-x+1=-x^2-x+3$$

整理して　$x^2=1$　　これを解いて　$x=\pm1$

① から　$x=1$ のとき　$y=1$

$x=-1$ のとき　$y=3$

よって, 共有点の座標は　**(1, 1), (−1, 3)**

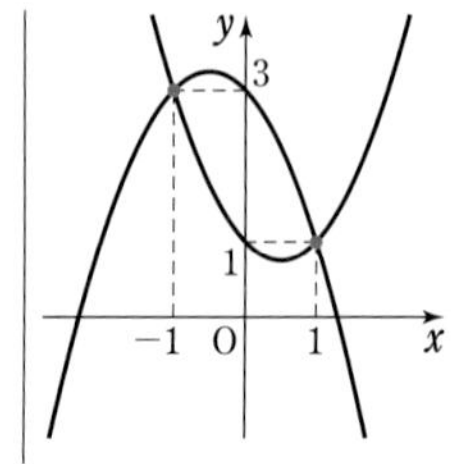

EX ④79 放物線 $y=\frac{1}{2}x^2$ は, x 軸方向に ア□, y 軸方向に イ□ だけ平行移動すると, 直線 $y=-x$ と直線 $y=3x$ の両方に接する。

放物線 $y=\frac{1}{2}x^2$ を x 軸方向に p, y 軸方向に q だけ平行移動した放物線は　$y=\frac{1}{2}(x-p)^2+q$

すなわち　$y=\frac{1}{2}x^2-px+\frac{1}{2}p^2+q$ …… ①

① と $y=-x$ から y を消去すると

$$\frac{1}{2}x^2-px+\frac{1}{2}p^2+q=-x$$

よって　$x^2-2(p-1)x+p^2+2q=0$ …… ②

① と $y=3x$ から y を消去すると

$$\frac{1}{2}x^2-px+\frac{1}{2}p^2+q=3x$$

ゆえに　$x^2-2(p+3)x+p^2+2q=0$ …… ③

②, ③ の判別式をそれぞれ D_1, D_2 とすると

$$\frac{D_1}{4}=(p-1)^2-(p^2+2q)=-2p-2q+1$$

$$\frac{D_2}{4}=(p+3)^2-(p^2+2q)=6p-2q+9$$

放物線 ① が直線 $y=-x$ と直線 $y=3x$ の両方に接するための条件は　$D_1=0$ かつ $D_2=0$

よって　$-2p-2q+1=0$, $6p-2q+9=0$

この2式を連立して解くと　$p=$ ア $\mathbf{-1}$, $q=$ イ $\boldsymbol{\frac{3}{2}}$

⇐ 2つの判別式を区別するために, D_1, D_2 としている。

⇐ (第2式)−(第1式) から　$8p+8=0$

EX ④80 a は定数とする。2つの関数 $y=x^2-4$ と $y=a(x+1)^2$ のグラフの共有点の個数を調べよ。
〔類 東京学芸大〕

$x^2-4=a(x+1)^2$ とすると

$$(a-1)x^2+2ax+a+4=0 \quad \cdots\cdots ①$$

この方程式の実数解の個数が, 求める共有点の個数である。

⇐ 2つの式から y を消去する。

[1]　$a=1$ のとき

①は　$2x+5=0$

これを解いて　$x=-\dfrac{5}{2}$

よって，2つのグラフの共有点は　1個

[2]　$a \neq 1$ のとき

2次方程式①の判別式をDとすると

$$\frac{D}{4}=a^2-(a-1)(a+4)=-3a+4$$

$D>0$ すなわち $a<\dfrac{4}{3}$ のとき

$a \neq 1$ であるから　$a<1,\ 1<a<\dfrac{4}{3}$

このとき，2つのグラフの共有点は　2個

$D=0$ すなわち $a=\dfrac{4}{3}$ のとき

2つのグラフの共有点は　1個

$D<0$ すなわち $\dfrac{4}{3}<a$ のとき

2つのグラフは共有点をもたない。

[1]，[2]から，2つのグラフの共有点の個数は

$a<1,\ 1<a<\dfrac{4}{3}$ のとき　2個　　$a=1,\ \dfrac{4}{3}$ のとき　1個

$a>\dfrac{4}{3}$ のとき　0個

⇦①は2次方程式であるとは限らない。

$a=1$ のとき

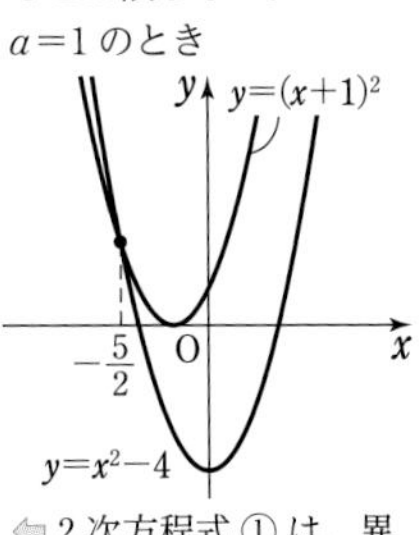

⇦2次方程式①は，異なる2つの実数解をもつ。

⇦2次方程式①は，重解をもつ。

⇦2次方程式①は，実数解をもたない。

EX ②81　関数 $y=mx^2-4(m+1)x+m+3$ のグラフは，定数mの値によらず常にx軸と共有点をもつことを示せ。

[1]　$m=0$ のとき

与えられた関数は1次関数 $y=-4x+3$ となり，直線 $y=-4x+3$ はx軸と点$\left(\dfrac{3}{4},\ 0\right)$で交わるから，適する。

[2]　$m \neq 0$ のとき

2次方程式 $mx^2-4(m+1)x+m+3=0$ …… ①

の判別式をDとすると

$$\begin{aligned}\frac{D}{4}&=\{-2(m+1)\}^2-m(m+3)\\&=4(m^2+2m+1)-m^2-3m\\&=3m^2+5m+4=3\left(m^2+\frac{5}{3}m\right)+4\\&=3\left\{\left(m+\frac{5}{6}\right)^2-\frac{25}{36}\right\}+4\\&=3\left(m+\frac{5}{6}\right)^2+\frac{23}{12}\end{aligned}$$

よって，常に $D>0$ である。

[1]

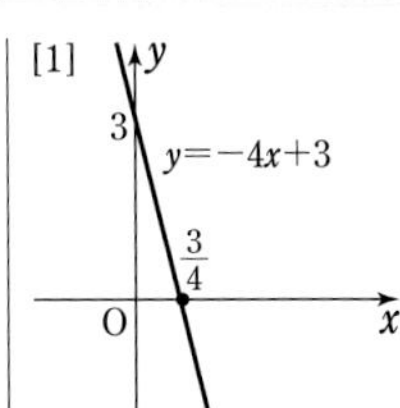

⇦$3m^2+5m+4=0$ の判別式を D' とすると

$D'=5^2-4\cdot3\cdot4$
$=-23<0$

したがって，m^2 の係数が正で，実数解をもたないことから

$3m^2+5m+4>0$

が常に成り立つとしてもよい。

したがって，① は常に異なる 2 つの実数解をもつから，グラフは x 軸と常に異なる 2 点で交わる。
以上から，与えられた関数のグラフは定数 m の値によらず常に x 軸と共有点をもつ。

EX ③82 すべての実数 x に対して，$ax^2+2bx+1>0$ となるための実数 a，b の条件を求めよ。

$ax^2+2bx+1>0$ …… ① とする。
[1]　$a=0$ のとき　　① は　　$2bx+1>0$
この不等式がすべての実数 x に対して成り立つための条件は
$b=0$

⇐2 次不等式でない場合も考える。

[2]　$a \neq 0$ のとき
2 次方程式 $ax^2+2bx+1=0$ の判別式を D とすると，不等式 ① がすべての実数 x に対して成り立つための条件は
$a>0$ かつ $D<0$

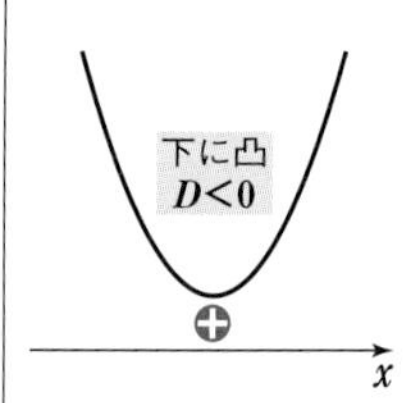

$\frac{D}{4}=b^2-a$ であるから，$D<0$ とすると　　$b^2-a<0$
すなわち　　$a>b^2$
$b^2 \geqq 0$ であるから，$a>b^2$ のとき $a>0$ は満たされる。

⇐$a>b^2 \geqq 0$

以上から，求める条件は
$a=b=0$　または　$a>b^2$

EX ③83 a，b を定数とし，$x^2-5x+6 \leqq 0$ …… ①，$x^2+ax+b<0$ …… ② とする。①，② を同時に満たす x の値はなく，① または ② を満たす x の値の範囲が $2 \leqq x<5$ であるとき，$a=$ ア□，$b=$ イ□ である。

HINT　条件から，まず不等式 ② の解はどうなるか考える。

不等式 ① から　　$(x-2)(x-3) \leqq 0$
これを解いて　　$2 \leqq x \leqq 3$
①，② を同時に満たす x の値はなく，① または ② を満たす x の値の範囲が $2 \leqq x<5$ であるから，
不等式 ② の解は　　$3<x<5$ …… ③
となる。

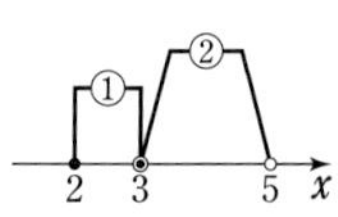

③ は，2 次関数 $y=x^2+ax+b$ のグラフが $3<x<5$ のときだけ x 軸より下側にあること，すなわち下に凸の放物線が 2 点 $(3,\ 0)$，$(5,\ 0)$ を通ることと同じである。

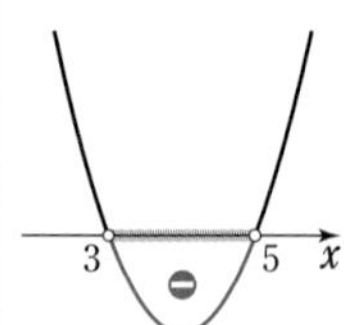

ゆえに　　$3^2+3a+b=0$ …… ④
　　　　　$5^2+5a+b=0$ …… ⑤

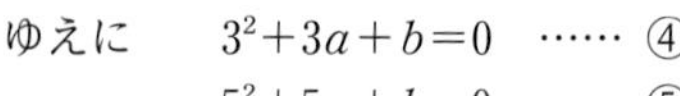

⑤−④ から　　$2a+16=0$
よって　　$a=$ ア**-8**
これを ④ に代入して　　$9-24+b=0$
よって　　$b=$ イ**15**

別解　(後半)　$3<x<5$ を解とする 2 次不等式の 1 つは
$(x-3)(x-5)<0$

⇐一般には
$a>0$，
$a(x-3)(x-5)<0$

左辺を展開して　$x^2-8x+15<0$ …… ⑥

② と ⑥ の係数を比較して　$a=$ ア$\mathbf{-8}$, $b=$ イ$\mathbf{15}$

EX ③84 2次方程式 $2x^2-3ax+a+1=0$ の1つの実数解が $0<x<1$ の範囲にあり，他の実数解が $4<x<6$ の範囲にある。このとき，定数 a の値の範囲を求めよ。

$f(x)=2x^2-3ax+a+1$ とする。
$y=f(x)$ のグラフは下に凸の放物線であるから，求める条件は図より

$f(0)>0$ かつ $f(1)<0$ かつ
$f(4)<0$ かつ $f(6)>0$

である。

⇦グラフをかいて条件を求める。

$f(0)>0$ から　$a+1>0$
よって　$a>-1$ …… ①

$f(1)<0$ から　$2\cdot1^2-3a\cdot1+a+1<0$
よって　$a>\dfrac{3}{2}$ …… ②

$f(4)<0$ から　$2\cdot4^2-3a\cdot4+a+1<0$
よって　$a>3$ …… ③

$f(6)>0$ から　$2\cdot6^2-3a\cdot6+a+1>0$
よって　$a<\dfrac{73}{17}$ …… ④

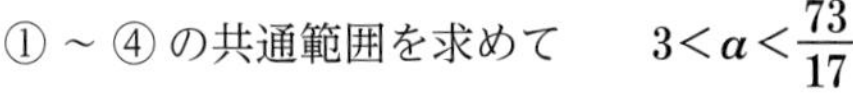

① ~ ④ の共通範囲を求めて　$\boldsymbol{3<a<\dfrac{73}{17}}$

別解　$f(x)=2x^2-3ax+a+1$ とする。$f(x)=0$ の解が $0<x<1$ と $4<x<6$ に1つずつ存在する条件は

$f(0)f(1)<0$　かつ　$f(4)f(6)<0$

である。

$f(0)f(1)<0$ から　$(a+1)(2-3a+a+1)<0$
よって　$(a+1)(2a-3)>0$
すなわち　$a<-1,\ \dfrac{3}{2}<a$ …… ⑤

$f(4)f(6)<0$ から　$(32-12a+a+1)(72-18a+a+1)<0$
よって　$(-11a+33)(-17a+73)<0$
これから　$(a-3)(17a-73)<0$
したがって　$3<a<\dfrac{73}{17}$ …… ⑥

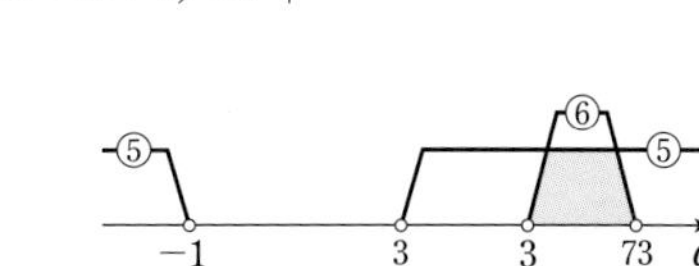

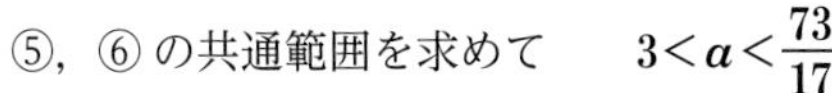

⑤, ⑥ の共通範囲を求めて　$\boldsymbol{3<a<\dfrac{73}{17}}$

inf.　一般に，2次方程式 $ax^2+bx+c=0$ が $p<x<q$, $r<x<s$ で，それぞれ1つずつ解をもつ条件は，a の符号に関係なく
$f(p)f(q)<0$ かつ $f(r)f(s)<0$

EX ③85 $a\geqq0$ とする。方程式 $ax^2+(a+7)x+2a-7=0$ の異なる2つの実数解がともに $-3<x<3$ の範囲にあるような定数 a の値の範囲を求めよ。　〔類 立命館大〕

方程式が異なる2つの実数解をもつから　$a\neq0$
したがって　$a>0$ …… ①

⇦$a=0$ のとき，1次方程式となる。

① のとき，$f(x)=ax^2+(a+7)x+2a-7$ とすると，$y=f(x)$ のグラフは下に凸の放物線で，その軸は直線 $x=-\dfrac{a+7}{2a}$ である。

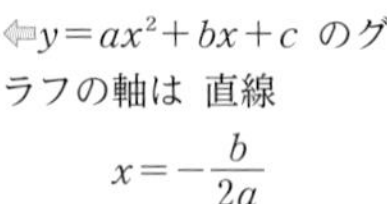

⇦$y=ax^2+bx+c$ のグラフの軸は 直線
$x=-\dfrac{b}{2a}$

方程式 $f(x)=0$ が $-3<x<3$ の範囲に異なる 2 つの実数解をもつための条件は，$y=f(x)$ のグラフが x 軸の $-3<x<3$ の部分と異なる 2 点で交わることである。
よって，$f(x)=0$ の判別式を D とすると，次のことが同時に成り立つ。

[1] $D>0$　　[2] 軸が $-3<x<3$ の範囲にある
[3] $f(-3)>0$　　[4] $f(3)>0$

[1] $D=(a+7)^2-4\cdot a\cdot(2a-7)=-7a^2+42a+49$
$=-7(a^2-6a-7)=-7(a+1)(a-7)$
$D>0$ から　$(a+1)(a-7)<0$
よって　$-1<a<7$　① から　$0<a<7$ …… ②

[2] $-3<-\dfrac{a+7}{2a}<3$ とし，両辺に $-2a(<0)$ を掛けると

$$6a>a+7>-6a$$

⇦負の数を掛けると不等号の向きが変わる。

$6a>a+7$ から　$a>\dfrac{7}{5}$ …… ③
$a+7>-6a$ から　$a>-1$ …… ④
③，④ の共通範囲は　$a>\dfrac{7}{5}$ …… ⑤
これは ① を満たす。

[3] $f(-3)=8a-28$　$f(-3)>0$ から　$8a-28>0$
よって　$a>\dfrac{7}{2}$ …… ⑥　これは ① を満たす。

[4] $f(3)=14a+14$　$f(3)>0$ から　$14a+14>0$
よって　$a>-1$　① から　$a>0$ …… ⑦

②，⑤，⑥，⑦ の共通範囲を求めて　$\boldsymbol{\dfrac{7}{2}<a<7}$

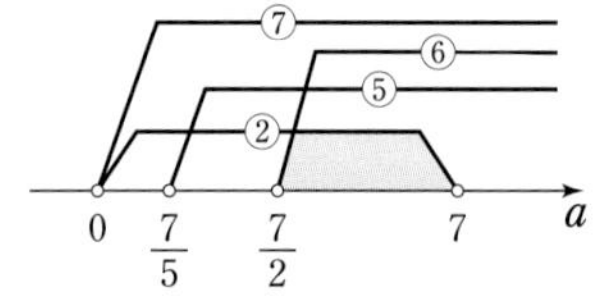

EX ④86　4 次不等式 $2x^4-11x^2+5>0$ を解け。

$x^2=t$ とおくと　$t\geqq 0$ …… ①
⇦(実数)$^2\geqq 0$
また，不等式は
$2t^2-11t+5>0$
よって　$(t-5)(2t-1)>0$
⇦まず，t についての 2 次不等式を解く。
これを解くと　$t<\dfrac{1}{2}$，$5<t$
① から　$0\leqq t<\dfrac{1}{2}$，$5<t$
すなわち　$0\leqq x^2<\dfrac{1}{2}$，$5<x^2$ …… Ⓐ
⇦t を x^2 に戻す。

$0 \leqq x^2 < \frac{1}{2}$ を解くと

$0 \leqq x^2$ から　　x はすべての実数

$x^2 < \frac{1}{2}$ から　　$x^2 - \frac{1}{2} < 0$

因数分解して　　$\left(x + \frac{1}{\sqrt{2}}\right)\left(x - \frac{1}{\sqrt{2}}\right) < 0$

ゆえに　　$-\frac{1}{\sqrt{2}} < x < \frac{1}{\sqrt{2}}$

よって，$0 \leqq x^2 < \frac{1}{2}$ の解は　$-\frac{1}{\sqrt{2}} < x < \frac{1}{\sqrt{2}}$ …… ①

$5 < x^2$ を解くと　　$x^2 - 5 > 0$

因数分解して　　$(x + \sqrt{5})(x - \sqrt{5}) > 0$

ゆえに　　$x < -\sqrt{5}$，$\sqrt{5} < x$ …… ②

よって，① と ② の範囲を合わせて

$$\boldsymbol{x < -\sqrt{5},\ -\frac{1}{\sqrt{2}} < x < \frac{1}{\sqrt{2}},\ \sqrt{5} < x}$$

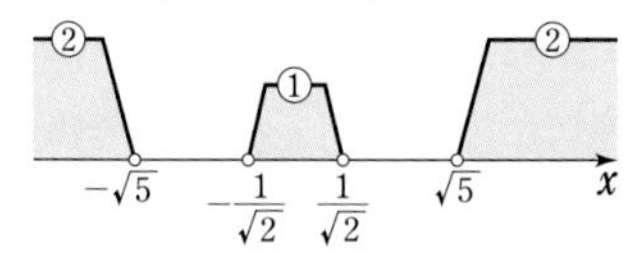

⇦不等式 Ⓐ は「$0 \leqq x^2 < \frac{1}{2}$ または $5 < x^2$」という意味である。

⇦「x はすべての実数」と $-\frac{1}{\sqrt{2}} < x < \frac{1}{\sqrt{2}}$ の共通範囲。

⇦共通な範囲がないから「解なし」などという間違いをしないように！

⇦$0 \leqq x^2 < \frac{1}{2}$ または $5 < x^2$

EX ④87

x についての次の 3 つの 2 次方程式がある。ただし，a は定数とする。

$$x^2 + ax + a + 3 = 0,\ x^2 - 2(a-2)x + a = 0,\ x^2 + 4x + a^2 - a - 2 = 0$$

(1) これらの 2 次方程式がいずれも実数解をもたないような a の値の範囲を求めよ。

(2) これらの 2 次方程式の中で 1 つだけが実数解をもつような a の値の範囲を求めよ。

〔類 北星学園大〕

$x^2 + ax + a + 3 = 0$ …… ①，$x^2 - 2(a-2)x + a = 0$ …… ②，$x^2 + 4x + a^2 - a - 2 = 0$ …… ③ とし，①，②，③ の判別式をそれぞれ D_1，D_2，D_3 とすると

$$D_1 = a^2 - 4 \cdot 1 \cdot (a+3) = a^2 - 4a - 12$$
$$= (a+2)(a-6)$$
$$\frac{D_2}{4} = \{-(a-2)\}^2 - 1 \cdot a = a^2 - 5a + 4$$
$$= (a-1)(a-4)$$
$$\frac{D_3}{4} = 2^2 - 1 \cdot (a^2 - a - 2) = -(a^2 - a - 6)$$
$$= -(a+2)(a-3)$$

(1) ①，②，③ がいずれも実数解をもたないための条件は

$D_1 < 0$　かつ　$D_2 < 0$　かつ　$D_3 < 0$

$D_1 < 0$ から　　$(a+2)(a-6) < 0$

よって　　$-2 < a < 6$ …… ④

$D_2 < 0$ から　　$(a-1)(a-4) < 0$

よって　　$1 < a < 4$ …… ⑤

HINT　3 つの 2 次方程式の，それぞれの判別式 D についての正，負を考える。数直線を利用するとわかりやすい。

$D_3<0$ から　　$-(a+2)(a-3)<0$

よって

$a<-2,\ 3<a$　……⑥

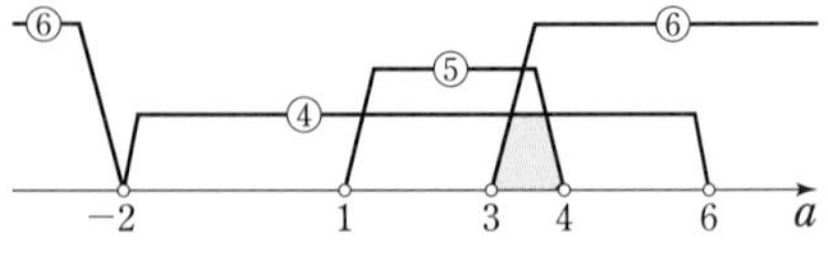

④，⑤，⑥ の共通範囲を求めて

$3<a<4$

(2)　①，②，③ が実数解をもつための条件は，それぞれ

$D_1\geqq 0,\ D_2\geqq 0,\ D_3\geqq 0$

$D_1\geqq 0$ から　　$a\leqq -2,\ 6\leqq a$　……⑦

$D_2\geqq 0$ から　　$a\leqq 1,\ 4\leqq a$　……⑧

$D_3\geqq 0$ から　　$-2\leqq a\leqq 3$　……⑨

⑦，⑧，⑨ のうち，1つだけが成り立つ a の値の範囲が求めるものである。

したがって，右の図から

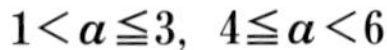

$1<a\leqq 3,\ 4\leqq a<6$

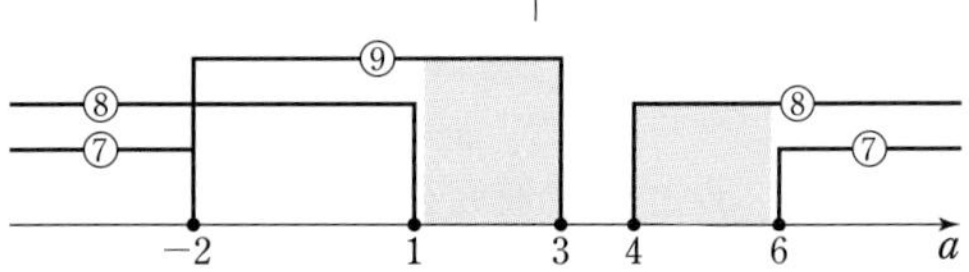

EX ④88　a を0でない実数の定数とする。x の方程式 $ax^2+2(a-2)x+2a-7=0$ が異なる2つの負の実数解をもつような a の値の範囲を求めよ。　〔類 関西学院大〕

$f(x)=ax^2+2(a-2)x+2a-7$ とすると，$y=f(x)$ のグラフの軸は直線 $x=-\dfrac{a-2}{a}$ である。

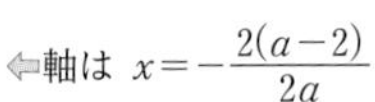

⇦軸は $x=-\dfrac{2(a-2)}{2a}$

求める条件は，$y=f(x)$ のグラフが x 軸の負の部分と，異なる2点で交わることである。

また，$f(x)=0$ の判別式を D とすると

$$\frac{D}{4}=(a-2)^2-a\cdot(2a-7)=-a^2+3a+4$$
$$=-(a^2-3a-4)$$
$$=-(a+1)(a-4)$$

[1]　$a>0$ のとき

$y=f(x)$ のグラフは下に凸の放物線であるから，次のことが同時に成り立つ。

(i)　$D>0$　(ii)　軸が $x<0$ の範囲にある

(iii)　$f(0)>0$

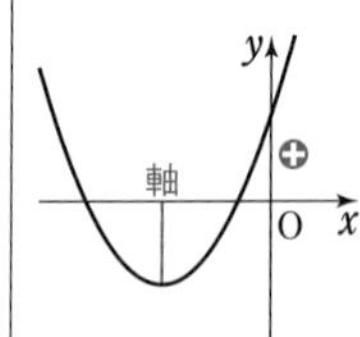

(i)　$D>0$ から　　$-(a+1)(a-4)>0$

よって　　$-1<a<4$　……①

(ii)　$-\dfrac{a-2}{a}<0,\ a>0$ から　　$a>2$　……②

⇦$-\dfrac{a-2}{a}<0$ において $a>0$ から $-(a-2)<0$ よって $a-2>0$

(iii)　$f(0)>0$ から　　$2a-7>0$

よって　　$a>\dfrac{7}{2}$　……③

①～③ と $a>0$ との共通範囲は　　$\dfrac{7}{2}<a<4$

[2]　$a<0$ のとき

$y=f(x)$ のグラフは上に凸の放物線であるから，次のことが同時に成り立つ。

(i)　$D>0$　　(ii)　軸が $x<0$ の範囲にある

(iii)　$f(0)<0$

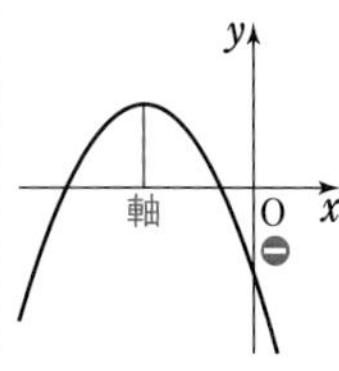

(i)　$D>0$ から　　$-(a+1)(a-4)>0$

よって　　$-1<a<4$　…… ④

(ii)　$-\dfrac{a-2}{a}<0$，$a<0$ から　　$a<2$　…… ⑤

⇐ $-\dfrac{a-2}{a}<0$ において $a<0$ から $-(a-2)>0$ よって $a-2<0$

(iii)　$f(0)<0$ から　　$2a-7<0$

よって　　$a<\dfrac{7}{2}$　…… ⑥

④～⑥と $a<0$ との共通範囲は　　$-1<a<0$

したがって，条件を満たす a の値の範囲は

$$-1<a<0,\ \frac{7}{2}<a<4$$

EX ④89　(1)　関数 $y=|x^2-x-2|-2x$ のグラフをかけ。
(2)　方程式 $|x^2-x-2|=2x+k$ の異なる実数解の個数を調べよ。

(1)　$x^2-x-2=(x+1)(x-2)$ であるから

$(x+1)(x-2)\geqq 0$ すなわち $x\leqq -1,\ 2\leqq x$ のとき

$y=(x^2-x-2)-2x$
$=x^2-3x-2$
$=\left(x-\dfrac{3}{2}\right)^2-\dfrac{17}{4}$

CHART 絶対値 場合に分ける **$A\geqq 0$ のとき $|A|=A$　$A<0$ のとき $|A|=-A$**

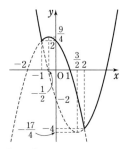

$(x+1)(x-2)<0$ すなわち

$-1<x<2$ のとき

$y=-(x^2-x-2)-2x$
$=-x^2-x+2$
$=-\left(x+\dfrac{1}{2}\right)^2+\dfrac{9}{4}$

よって，グラフは **右の図の実線部分** である。

⇐ $x=-1$ のとき $y=2$，$x=2$ のとき $y=-4$

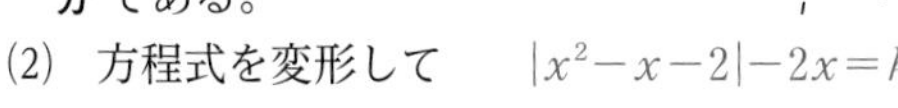
(2)　方程式を変形して　　$|x^2-x-2|-2x=k$

求める実数解の個数は，(1)で求めたグラフと直線 $y=k$ の共有点の個数と等しいから

⇐直線 $y=k$ を上下に動かしながら，共有点の個数を調べる。頂点やグラフが折れ曲がるところに注目。

$k<-4$ のとき 0 個

$k=-4$ のとき 1 個

$-4<k<2,\ \dfrac{9}{4}<k$ のとき 2 個

$k=2,\ \dfrac{9}{4}$ のとき 3 個

$2<k<\dfrac{9}{4}$ のとき 4 個

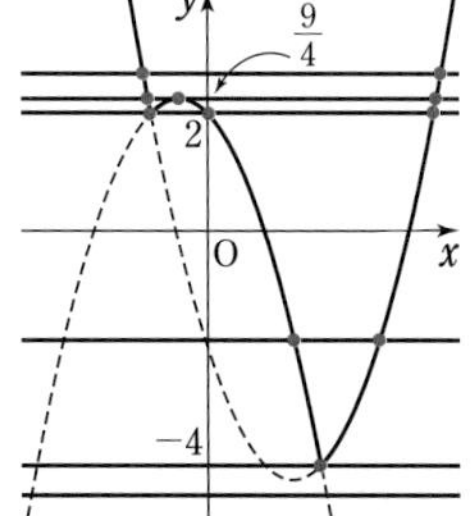

PR ①106 右の図において，線分 AB，BC，CA の長さを求めよ。

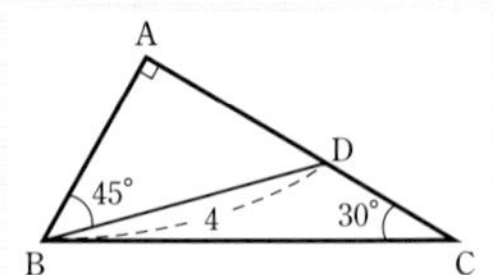

直角三角形 BAD において

$\cos 45^\circ=\dfrac{AB}{BD}$ から　　$\mathbf{AB}=BD\cos 45^\circ=4\cdot\dfrac{1}{\sqrt{2}}=\mathbf{2\sqrt{2}}$

直角三角形 CAB において

$\sin 30^\circ=\dfrac{AB}{BC}$ から　　$\mathbf{BC}=\dfrac{AB}{\sin 30^\circ}=2\sqrt{2}\div\dfrac{1}{2}=\mathbf{4\sqrt{2}}$

$\cos 30^\circ=\dfrac{CA}{BC}$ から　　$\mathbf{CA}=BC\cos 30^\circ=4\sqrt{2}\cdot\dfrac{\sqrt{3}}{2}=\mathbf{2\sqrt{6}}$

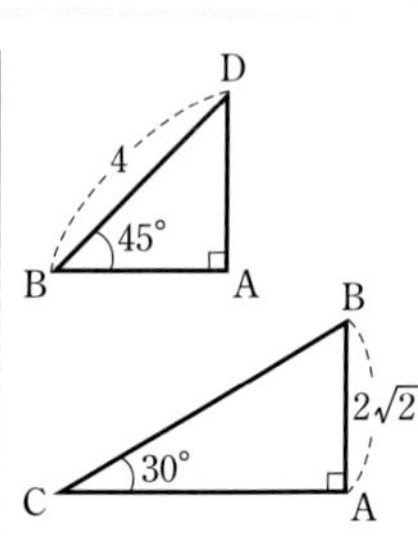

別解　直角三角形 BAD において

$AB:AD:BD=1:1:\sqrt{2}$ から

$AB=\dfrac{BD}{\sqrt{2}}$

よって　　$\mathbf{AB}=\dfrac{4}{\sqrt{2}}=\mathbf{2\sqrt{2}}$

直角三角形 CAB において

$AB:BC:CA=1:2:\sqrt{3}$ から

$BC=2AB$，$CA=\sqrt{3}\,AB$

よって　　$\mathbf{BC}=2\cdot 2\sqrt{2}=\mathbf{4\sqrt{2}}$

$\mathbf{CA}=\sqrt{3}\cdot 2\sqrt{2}=\mathbf{2\sqrt{6}}$

⇦三角比を用いないで求める方法。

⇦$\dfrac{AB}{1}\left(=\dfrac{AD}{1}\right)=\dfrac{BD}{\sqrt{2}}$

⇦$\dfrac{AB}{1}=\dfrac{BC}{2}=\dfrac{CA}{\sqrt{3}}$

PR ③107 平地に立っている木の高さを知るために，木の前方の地点 A から測った木の頂点の仰角が 30°，A から木に向かって 10m 近づいた地点 B から測った仰角が 45° であった。木の高さを求めよ。

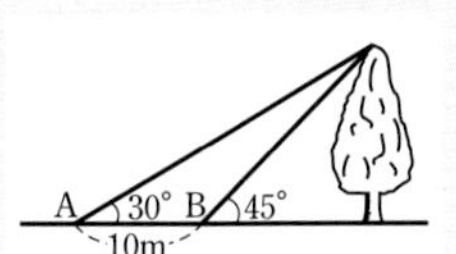

木の高さを h m，木の根元と B との距離を x m とすると，

$\tan 30^\circ=\dfrac{h}{10+x}$ から

$h=(10+x)\tan 30^\circ$

$=(10+x)\dfrac{1}{\sqrt{3}}$ …… ①

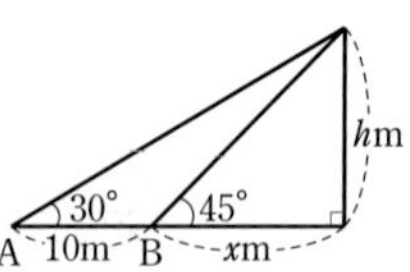

⇦$\tan 30^\circ=\dfrac{1}{\sqrt{3}}$

また，$\tan 45^\circ=\dfrac{h}{x}$ から

$h=x\tan 45^\circ=x$ …… ②

⇦$\tan 45^\circ=1$

①，② から

$h=(10+h)\dfrac{1}{\sqrt{3}}$

よって　　$\sqrt{3}\,h=10+h$

ゆえに　　$(\sqrt{3}-1)h=10$

したがって　$h=\frac{10}{\sqrt{3}-1}=\frac{10(\sqrt{3}+1)}{(\sqrt{3}-1)(\sqrt{3}+1)}$

$=\frac{10(\sqrt{3}+1)}{2}=\mathbf{5(\sqrt{3}+1)(m)}$

⇐分母の有理化。
分母・分子に $\sqrt{3}+1$ を掛ける（本冊 $p.46$ 参照）。
$(\sqrt{3}-1)(\sqrt{3}+1)$
$=(\sqrt{3})^2-1^2=3-1=2$

4章 PR

PR ②108　θ は鋭角とする。$\sin\theta$, $\cos\theta$, $\tan\theta$ のうち 1 つが次の値をとるとき，各場合について残りの 2 つの三角比の値を求めよ。〔類　北里大〕

(1) $\sin\theta=\frac{5}{13}$　(2) $\cos\theta=\frac{2}{3}$　(3) $\tan\theta=2\sqrt{2}$

(1) $\sin^2\theta+\cos^2\theta=1$ から

$$\cos^2\theta=1-\sin^2\theta=1-\left(\frac{5}{13}\right)^2$$
$$=1-\frac{25}{169}=\frac{144}{169}$$

$\cos\theta>0$ であるから

⇐鋭角の三角比の値はすべて正。

$$\boldsymbol{\cos\theta}=\sqrt{\frac{144}{169}}=\sqrt{\frac{12^2}{13^2}}=\mathbf{\frac{12}{13}}$$

また　$\boldsymbol{\tan\theta}=\frac{\sin\theta}{\cos\theta}=\frac{5}{13}\div\frac{12}{13}=\mathbf{\frac{5}{12}}$

(2) $\sin^2\theta+\cos^2\theta=1$ から

$$\sin^2\theta=1-\cos^2\theta=1-\left(\frac{2}{3}\right)^2=1-\frac{4}{9}=\frac{5}{9}$$

$\sin\theta>0$ であるから

⇐鋭角の三角比の値はすべて正。

$$\boldsymbol{\sin\theta}=\sqrt{\frac{5}{9}}=\mathbf{\frac{\sqrt{5}}{3}}$$

また　$\boldsymbol{\tan\theta}=\frac{\sin\theta}{\cos\theta}=\frac{\sqrt{5}}{3}\div\frac{2}{3}=\mathbf{\frac{\sqrt{5}}{2}}$

⇐$\frac{\sqrt{5}}{3}\div\frac{2}{3}=\frac{\sqrt{5}}{3}\times\frac{3}{2}$

(3) $1+\tan^2\theta=\frac{1}{\cos^2\theta}$ から

$$\frac{1}{\cos^2\theta}=1+(2\sqrt{2})^2=1+8=9$$

⇐$\cos^2\theta=\frac{1}{1+\tan^2\theta}$ として $\tan\theta$ の値を代入してもよい。

よって　$\cos^2\theta=\frac{1}{9}$

$\cos\theta>0$ であるから

$$\boldsymbol{\cos\theta}=\sqrt{\frac{1}{9}}=\mathbf{\frac{1}{3}}$$

$\tan\theta=\frac{\sin\theta}{\cos\theta}$ から

$$\boldsymbol{\sin\theta}=\tan\theta\times\cos\theta=2\sqrt{2}\times\frac{1}{3}=\mathbf{\frac{2\sqrt{2}}{3}}$$

別解　(3)（後半）
$\sin\theta>0$ から
$\boldsymbol{\sin\theta}$
$=\sqrt{1-\cos^2\theta}$
$=\sqrt{1-\frac{1}{9}}=\frac{2\sqrt{2}}{3}$

PR ②109　(1) $\cos^2 15^\circ+\cos^2 30^\circ+\cos^2 45^\circ+\cos^2 60^\circ+\cos^2 75^\circ$ の値を求めよ。

(2) △ABC の ∠A, ∠B, ∠C の大きさを，それぞれ A, B, C で表すとき，等式 $\left(1+\tan^2\frac{A}{2}\right)\sin^2\frac{B+C}{2}=1$ が成り立つことを証明せよ。

(1)　$\cos 75^\circ = \cos(90^\circ - 15^\circ) = \sin 15^\circ$ であるから

$$\cos^2 15^\circ + \cos^2 75^\circ = \cos^2 15^\circ + \sin^2 15^\circ = 1$$

よって

$$\cos^2 15^\circ + \cos^2 30^\circ + \cos^2 45^\circ + \cos^2 60^\circ + \cos^2 75^\circ$$
$$= (\cos^2 15^\circ + \sin^2 15^\circ) + \cos^2 30^\circ + \cos^2 45^\circ + \cos^2 60^\circ$$
$$= 1 + \left(\frac{\sqrt{3}}{2}\right)^2 + \left(\frac{1}{\sqrt{2}}\right)^2 + \left(\frac{1}{2}\right)^2 = \mathbf{\frac{5}{2}}$$

(2)　$A+B+C=180^\circ$ であるから　　$B+C=180^\circ - A$

よって

$$\left(1+\tan^2\frac{A}{2}\right)\sin^2\frac{B+C}{2} = \left(1+\tan^2\frac{A}{2}\right)\sin^2\frac{180^\circ - A}{2}$$
$$= \left(1+\tan^2\frac{A}{2}\right)\sin^2\left(90^\circ - \frac{A}{2}\right)$$
$$= \left(1+\tan^2\frac{A}{2}\right)\cos^2\frac{A}{2}$$
$$= \frac{1}{\cos^2\frac{A}{2}} \cdot \cos^2\frac{A}{2} = 1$$

⇐$\cos(90^\circ - \theta) = \sin\theta$

⇐$\sin^2\theta + \cos^2\theta = 1$

別解　(1)
$\cos 60^\circ = \cos(90^\circ - 30^\circ)$
$= \sin 30^\circ$ から
(与式)
$= (\cos^2 15^\circ + \sin^2 15^\circ)$
$+ (\cos^2 30^\circ + \sin^2 30^\circ)$
$+ \cos^2 45^\circ$
$= 1 + 1 + \frac{1}{2} = \mathbf{\frac{5}{2}}$

⇐$\sin(90^\circ - \theta) = \cos\theta$

⇐$1 + \tan^2\theta = \dfrac{1}{\cos^2\theta}$

PR ③110　右の図を利用して，次の値を求めよ。
$\sin 15^\circ$,　$\cos 15^\circ$,　$\tan 15^\circ$,　$\sin 75^\circ$,　$\cos 75^\circ$,　$\tan 75^\circ$

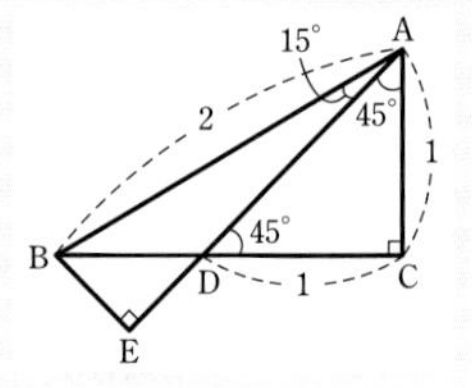

HINT　15° の三角比は直角三角形 ABE に着目。
まず，線分 BD の長さを求め，これをもとに，線分 BE，AE の長さを求める。

$\mathrm{BC} = \sqrt{\mathrm{AB}^2 - \mathrm{AC}^2} = \sqrt{2^2 - 1^2} = \sqrt{3}$ であるから

$$\mathrm{BD} = \mathrm{BC} - \mathrm{CD} = \sqrt{3} - 1$$

△BED は ∠E=90° の直角二等辺三角形であるから

$$\mathrm{DE} = \mathrm{BE} = \frac{\mathrm{BD}}{\sqrt{2}} = \frac{\sqrt{3}-1}{\sqrt{2}} = \frac{\sqrt{6}-\sqrt{2}}{2}$$

また，$\mathrm{AD} = \sqrt{2}\,\mathrm{AC} = \sqrt{2}$ であるから

$$\mathrm{AE} = \mathrm{AD} + \mathrm{DE} = \sqrt{2} + \frac{\sqrt{6}-\sqrt{2}}{2} = \frac{\sqrt{6}+\sqrt{2}}{2}$$

よって，直角三角形 ABE において

$$\mathbf{\sin 15^\circ} = \frac{\mathrm{BE}}{\mathrm{AB}} = \frac{\sqrt{6}-\sqrt{2}}{2} \div 2 = \mathbf{\frac{\sqrt{6}-\sqrt{2}}{4}}$$

$$\mathbf{\cos 15^\circ} = \frac{\mathrm{AE}}{\mathrm{AB}} = \frac{\sqrt{6}+\sqrt{2}}{2} \div 2 = \mathbf{\frac{\sqrt{6}+\sqrt{2}}{4}}$$

$$\mathbf{\tan 15^\circ} = \frac{\mathrm{BE}}{\mathrm{AE}} = \frac{\sqrt{6}-\sqrt{2}}{2} \div \frac{\sqrt{6}+\sqrt{2}}{2}$$
$$= \frac{\sqrt{6}-\sqrt{2}}{\sqrt{6}+\sqrt{2}} = \frac{(\sqrt{6}-\sqrt{2})^2}{(\sqrt{6}+\sqrt{2})(\sqrt{6}-\sqrt{2})}$$
$$= \frac{8-2\sqrt{12}}{6-2} = \frac{8-4\sqrt{3}}{4} = \mathbf{2-\sqrt{3}}$$

⇐三平方の定理
または
AC : BC = 1 : $\sqrt{3}$

A 15° 2 B 75° E　AE $=\frac{\sqrt{6}+\sqrt{2}}{2}$，BE $=\frac{\sqrt{6}-\sqrt{2}}{2}$

⇐$\tan 15^\circ = \dfrac{\sin 15^\circ}{\cos 15^\circ}$ として求めてもよい。

⇐分母の有理化。

また　　$\sin 75^\circ=\sin(90^\circ-15^\circ)=\cos 15^\circ=\dfrac{\sqrt{6}+\sqrt{2}}{4}$

$\cos 75^\circ=\cos(90^\circ-15^\circ)=\sin 15^\circ=\dfrac{\sqrt{6}-\sqrt{2}}{4}$

$\tan 75^\circ=\tan(90^\circ-15^\circ)=\dfrac{1}{\tan 15^\circ}=\dfrac{1}{2-\sqrt{3}}$

$=\dfrac{2+\sqrt{3}}{(2-\sqrt{3})(2+\sqrt{3})}=2+\sqrt{3}$

inf.　$\angle ABE=75^\circ$ から

$\sin 75^\circ=\dfrac{AE}{AB}$

$\cos 75^\circ=\dfrac{BE}{AB}$

$\tan 75^\circ=\dfrac{AE}{BE}$

として求めてもよい。

PR ②111　(1)　$\sin 75^\circ+\sin 120^\circ-\cos 150^\circ+\cos 165^\circ$ の値を求めよ。
(2)　$\sin 160^\circ\cos 70^\circ+\cos 20^\circ\sin 70^\circ$ の値を求めよ。　〔(2) 東北芸工大〕

(1)　$\sin 120^\circ=\dfrac{\sqrt{3}}{2}$, $\cos 150^\circ=-\dfrac{\sqrt{3}}{2}$

$\cos 165^\circ=\cos(90^\circ+75^\circ)=-\sin 75^\circ$

よって　　$\sin 75^\circ+\sin 120^\circ-\cos 150^\circ+\cos 165^\circ$

$=\sin 75^\circ+\dfrac{\sqrt{3}}{2}-\left(-\dfrac{\sqrt{3}}{2}\right)-\sin 75^\circ$

$=2\cdot\dfrac{\sqrt{3}}{2}=\sqrt{3}$

⇦$\cos(90^\circ+\theta)=-\sin\theta$ を用いて，90° 未満の角度にする。

別解　$\sin 75^\circ=\sin(90^\circ-15^\circ)=\cos 15^\circ$

$\cos 165^\circ=\cos(180^\circ-15^\circ)=-\cos 15^\circ$

よって　　$\sin 75^\circ+\sin 120^\circ-\cos 150^\circ+\cos 165^\circ$

$=\cos 15^\circ+\dfrac{\sqrt{3}}{2}-\left(-\dfrac{\sqrt{3}}{2}\right)-\cos 15^\circ$

$=2\cdot\dfrac{\sqrt{3}}{2}=\sqrt{3}$

⇦$\sin(90^\circ-\theta)=\cos\theta$
$\cos(180^\circ-\theta)=-\cos\theta$
を用いて，45° 未満の角度の 15° にそろえる。

(2)　$\sin 160^\circ=\sin(180^\circ-20^\circ)=\sin 20^\circ$

$\cos 70^\circ=\cos(90^\circ-20^\circ)=\sin 20^\circ$

$\sin 70^\circ=\sin(90^\circ-20^\circ)=\cos 20^\circ$

よって　　$\sin 160^\circ\cos 70^\circ+\cos 20^\circ\sin 70^\circ$

$=\sin 20^\circ\sin 20^\circ+\cos 20^\circ\cos 20^\circ$

$=\sin^2 20^\circ+\cos^2 20^\circ$

$=1$

⇦$\sin(180^\circ-\theta)=\sin\theta$
$\cos(90^\circ-\theta)=\sin\theta$
$\sin(90^\circ-\theta)=\cos\theta$
を用いて，45° 未満の角度の 20° にそろえる。

⇦$\sin^2\theta+\cos^2\theta=1$

PR ②112　$0^\circ\leqq\theta\leqq 180^\circ$ のとき，次の等式を満たす θ を求めよ。

(1)　$\sin\theta=1$　　(2)　$\cos\theta=\dfrac{1}{2}$　　(3)　$\tan\theta=\sqrt{3}$

(4)　$2\sin\theta=\sqrt{2}$　　(5)　$\sqrt{2}\cos\theta+1=0$　　(6)　$\sqrt{3}\tan\theta+1=0$

HINT　(4)～(6)　まず，$\sin\theta=$○，$\cos\theta=$△，$\tan\theta=$□ の形に変形する。

(1)　半径1の半円周上で，y 座標が1となる点は，図の点Pである。
求める θ は，$\angle AOP$ であるから
$\theta=90^\circ$

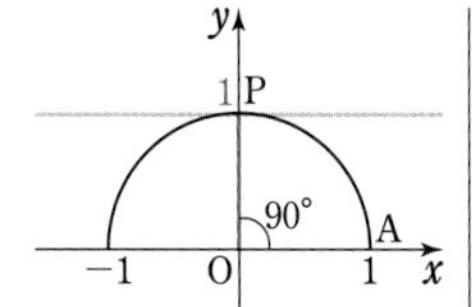

⇦半径1の半円の周上にある点 $P(x,\ y)$ について　$\sin\theta=y$

(2) 半径 1 の半円周上で，x 座標が $\frac{1}{2}$ となる点は，図の点 P である。
求める θ は，∠AOP であるから
$\theta=60°$

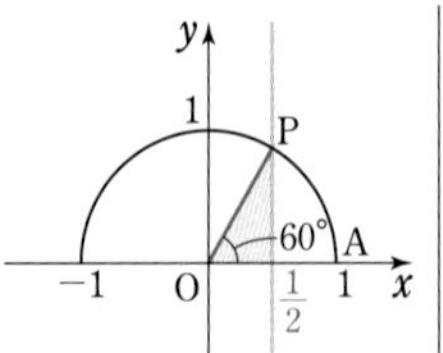

⇦半径 1 の半円の周上にある点 P(x, y) について　$\cos\theta=x$

(3) 直線 $x=1$ 上で，y 座標が $\sqrt{3}$ となる点を T とすると，直線 OT と半径 1 の半円の共有点は，図の点 P である。
求める θ は，∠AOP であるから
$\theta=60°$

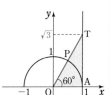

⇦点 T(1, m) について　$\tan\theta=m$

(4) $2\sin\theta=\sqrt{2}$ から　　$\sin\theta=\frac{1}{\sqrt{2}}$
半径 1 の半円周上で，y 座標が $\frac{1}{\sqrt{2}}$ となる点は，図の 2 点 P，Q である。

求める θ は，∠AOP と ∠AOQ であるから
$\theta=45°$，$135°$

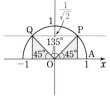

⇦$\sin\theta=\frac{\sqrt{2}}{2}=\frac{1}{\sqrt{2}}$

(5) $\sqrt{2}\cos\theta+1=0$ から

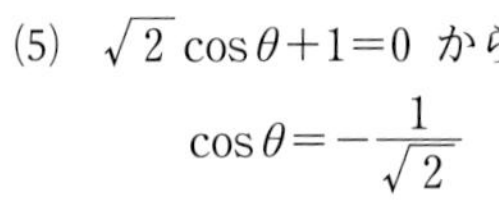

$\cos\theta=-\frac{1}{\sqrt{2}}$

半径 1 の半円周上で，x 座標が $-\frac{1}{\sqrt{2}}$ となる点は，図の点 P である。
求める θ は，∠AOP であるから
$\theta=135°$

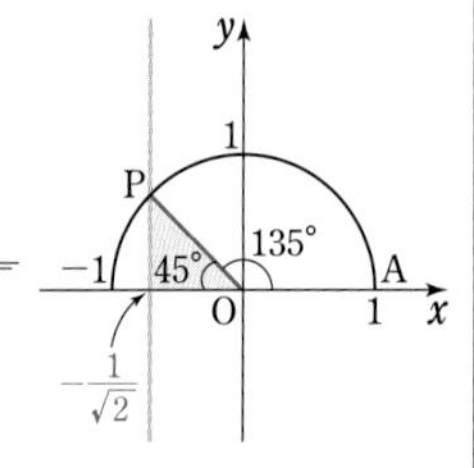

(6) $\sqrt{3}\tan\theta+1=0$ から
$\tan\theta=-\frac{1}{\sqrt{3}}$
直線 $x=1$ 上で，y 座標が $-\frac{1}{\sqrt{3}}$ となる点を T とすると，直線 OT と半径 1 の半円の共有点は，図の点 P である。
求める θ は，∠AOP であるから
$\theta=150°$

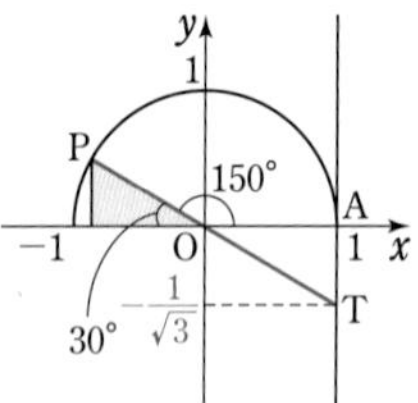

inf. (1)～(6) において，左の解答は解説も含めて書いてある。実際の答案では，与えられた三角比の値から，すぐに θ を答えて構わない。

PR ②113 $0^\circ \leqq \theta \leqq 180^\circ$ とする。$\sin\theta$，$\cos\theta$，$\tan\theta$ のうち1つが次の値をとるとき，各場合について残りの2つの三角比の値を求めよ。

(1) $\cos\theta=-\dfrac{2}{3}$　　(2) $\sin\theta=\dfrac{2}{7}$　　(3) $\tan\theta=-\dfrac{4}{3}$

(1) $\sin^2\theta=1-\cos^2\theta=1-\left(-\dfrac{2}{3}\right)^2=\dfrac{5}{9}$

⇦$\sin^2\theta+\cos^2\theta=1$ から $\sin^2\theta=1-\cos^2\theta$

$0^\circ \leqq \theta \leqq 180^\circ$ のとき，$\sin\theta \geqq 0$ であるから

$$\boldsymbol{\sin\theta}=\sqrt{\frac{5}{9}}=\boldsymbol{\frac{\sqrt{5}}{3}}$$

また　$\boldsymbol{\tan\theta}=\dfrac{\sin\theta}{\cos\theta}=\dfrac{\sqrt{5}}{3}\div\left(-\dfrac{2}{3}\right)=\boldsymbol{-\dfrac{\sqrt{5}}{2}}$

(2) $\sin\theta=\dfrac{2}{7}$ から，$0^\circ<\theta<90^\circ$ または $90^\circ<\theta<180^\circ$ である。

⇦$\sin\theta>0$ であるから，θ は鋭角・鈍角の両方が考えられる。

$$\cos^2\theta=1-\sin^2\theta=1-\left(\frac{2}{7}\right)^2=\frac{45}{49}$$

[1] $0^\circ<\theta<90^\circ$ のとき，$\cos\theta>0$ であるから

$$\cos\theta=\sqrt{\frac{45}{49}}=\frac{3\sqrt{5}}{7}$$

また　$\tan\theta=\dfrac{\sin\theta}{\cos\theta}=\dfrac{2}{7}\div\dfrac{3\sqrt{5}}{7}$

$$=\frac{2}{3\sqrt{5}}=\frac{2\sqrt{5}}{15}$$

⇦分母の有理化。

[2] $90^\circ<\theta<180^\circ$ のとき，$\cos\theta<0$ であるから

$$\cos\theta=-\sqrt{\frac{45}{49}}=-\frac{3\sqrt{5}}{7}$$

また　$\tan\theta=\dfrac{\sin\theta}{\cos\theta}=\dfrac{2}{7}\div\left(-\dfrac{3\sqrt{5}}{7}\right)$

$$=-\frac{2}{3\sqrt{5}}=-\frac{2\sqrt{5}}{15}$$

⇦分母の有理化。

[1]，[2] から

$$\boldsymbol{(\cos\theta,\ \tan\theta)=\left(\frac{3\sqrt{5}}{7},\ \frac{2\sqrt{5}}{15}\right),\ \left(-\frac{3\sqrt{5}}{7},\ -\frac{2\sqrt{5}}{15}\right)}$$

(3) $\dfrac{1}{\cos^2\theta}=1+\tan^2\theta=1+\left(-\dfrac{4}{3}\right)^2=\dfrac{25}{9}$

⇦$1+\tan^2\theta=\dfrac{1}{\cos^2\theta}$

よって　$\cos^2\theta=\dfrac{9}{25}$

$0^\circ \leqq \theta \leqq 180^\circ$，$\tan\theta=-\dfrac{4}{3}<0$ であるから　$90^\circ<\theta<180^\circ$

⇦$\tan\theta<0$ であるから，θ は鈍角。

ゆえに　$\cos\theta<0$

よって　$\boldsymbol{\cos\theta=-\dfrac{3}{5}}$

また　$\boldsymbol{\sin\theta}=\tan\theta\cdot\cos\theta=\left(-\dfrac{4}{3}\right)\cdot\left(-\dfrac{3}{5}\right)$

$$=\boldsymbol{\frac{4}{5}}$$

⇦$\tan\theta=\dfrac{\sin\theta}{\cos\theta}$ から $\sin\theta=\tan\theta\cdot\cos\theta$

4章 PR

PR ③114 次の2直線のなす鋭角 θ を求めよ。

(1) $y=-x+1,\ y=-\dfrac{1}{\sqrt{3}}x$ (2) $y=\sqrt{3}x-2,\ y=\dfrac{1}{\sqrt{3}}x+\dfrac{1}{\sqrt{3}}$

(1) 2直線 $y=-x+1,\ y=-\dfrac{1}{\sqrt{3}}x$ の $y>0$ の部分と x 軸の正の向きとのなす角を，それぞれ $\alpha,\ \beta$ とすると，$0°<\alpha<180°,\ 0°<\beta<180°$ で

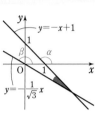

$$\tan\alpha=-1,\ \tan\beta=-\frac{1}{\sqrt{3}}$$

⇐$\tan 135°=-1,\ \tan 150°=-\dfrac{1}{\sqrt{3}}$

よって $\alpha=135°,\ \beta=150°$

図から，求める鋭角 θ は

$$\boldsymbol{\theta}=\beta-\alpha=150°-135°=\mathbf{15°}$$

⇐$\alpha<\beta$ から $\theta=\beta-\alpha$

(2) 2直線 $y=\sqrt{3}x-2,\ y=\dfrac{1}{\sqrt{3}}x+\dfrac{1}{\sqrt{3}}$ の $y>0$ の部分と x 軸の正の向きとのなす角を，それぞれ $\alpha,\ \beta$ とすると，$0°<\alpha<180°,\ 0°<\beta<180°$ で

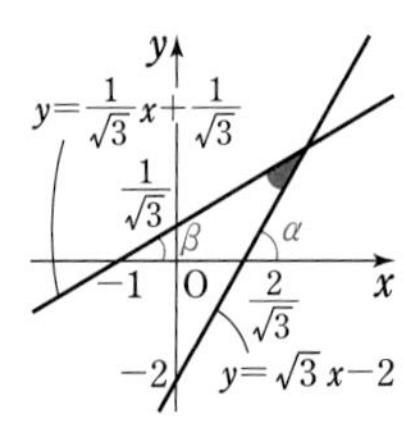

$$\tan\alpha=\sqrt{3},\ \tan\beta=\frac{1}{\sqrt{3}}$$

⇐$\tan 60°=\sqrt{3},\ \tan 30°=\dfrac{1}{\sqrt{3}}$

よって $\alpha=60°,\ \beta=30°$

図から，求める鋭角 θ は

$$\boldsymbol{\theta}=\alpha-\beta=60°-30°=\mathbf{30°}$$

⇐$\alpha>\beta$ から $\theta=\alpha-\beta$

PR ③115 $0°\leqq\theta\leqq180°$，$\sin\theta+\cos\theta=t$ のとき，次の式の値を t の式で表せ。

(1) $\sin\theta\cos\theta$ (2) $\sin^3\theta+\cos^3\theta$ (3) $\sin^4\theta+\cos^4\theta$

(1) $\sin\theta+\cos\theta=t$ の両辺を2乗すると

$$\sin^2\theta+2\sin\theta\cos\theta+\cos^2\theta=t^2$$

⇐$(a+b)^2=a^2+2ab+b^2$

ゆえに $1+2\sin\theta\cos\theta=t^2$

⇐$\sin^2\theta+\cos^2\theta=1$

よって $\sin\theta\cos\theta=\boldsymbol{\dfrac{t^2-1}{2}}$

(2) (1)の結果を利用して

$$\sin^3\theta+\cos^3\theta=(\sin\theta+\cos\theta)(\sin^2\theta-\sin\theta\cos\theta+\cos^2\theta)$$
$$=(\sin\theta+\cos\theta)(1-\sin\theta\cos\theta)$$
$$=t\left(1-\frac{t^2-1}{2}\right)=\boldsymbol{-\frac{1}{2}t^3+\frac{3}{2}t}$$

⇐$a^3+b^3=(a+b)(a^2-ab+b^2)$

別解 (1)の結果を利用して

$$\sin^3\theta+\cos^3\theta=(\sin\theta+\cos\theta)^3-3\sin\theta\cos\theta(\sin\theta+\cos\theta)$$
$$=t^3-3\cdot\frac{t^2-1}{2}\cdot t$$
$$=\boldsymbol{-\frac{1}{2}t^3+\frac{3}{2}t}$$

⇐$a^3+b^3=(a+b)^3-3ab(a+b)$

⇐$t^3-\dfrac{3}{2}t(t^2-1)=t^3-\dfrac{3}{2}t^3+\dfrac{3}{2}t$

(3) (1)の結果を利用して

$$\sin^4\theta+\cos^4\theta=(\sin^2\theta+\cos^2\theta)^2-2(\sin\theta\cos\theta)^2$$
$$=1^2-2\left(\frac{t^2-1}{2}\right)^2$$
$$=-\frac{1}{2}t^4+t^2+\frac{1}{2}$$

⇐ $a^4+b^4=(a^2+b^2)^2-2a^2b^2$

⇐ $1-2\cdot\frac{1}{4}(t^2-1)^2=1-\frac{1}{2}(t^4-2t^2+1)$

PR ④116 $0°\leqq\theta\leqq180°$ の θ に対し，関係式 $\cos\theta-\sin\theta=\frac{1}{2}$ が成り立つとき，$\tan\theta$ の値を求めよ。

$\cos\theta-\sin\theta=\frac{1}{2}$ から　　$\cos\theta=\sin\theta+\frac{1}{2}$ …… ①

これを $\sin^2\theta+\cos^2\theta=1$ に代入して

$$\sin^2\theta+\left(\sin\theta+\frac{1}{2}\right)^2=1$$

⇐ $\left(\sin\theta+\frac{1}{2}\right)^2=\sin^2\theta+2\sin\theta\times\frac{1}{2}+\left(\frac{1}{2}\right)^2$

整理して　　$2\sin^2\theta+\sin\theta-\frac{3}{4}=0$

ゆえに　　$8\sin^2\theta+4\sin\theta-3=0$　　⇐両辺に4を掛ける。

ここで，$\sin\theta=t$ とおくと　　$8t^2+4t-3=0$

これを解くと　　$t=\frac{-1\pm\sqrt{7}}{4}$

⇐ $t=\frac{-2\pm\sqrt{2^2-8(-3)}}{8}=\frac{-2\pm\sqrt{28}}{8}$

$0°\leqq\theta\leqq180°$ であるから　　$0\leqq t\leqq1$

これを満たすのは，$\frac{-1-\sqrt{7}}{4}<0$，$\frac{1}{4}<\frac{-1+\sqrt{7}}{4}<\frac{1}{2}$ であるから

⇐ $2<\sqrt{7}<3$ であるから $1<-1+\sqrt{7}<2$ よって $\frac{1}{4}<\frac{-1+\sqrt{7}}{4}<\frac{1}{2}$

$$t=\frac{-1+\sqrt{7}}{4}\quad \text{すなわち}\quad \sin\theta=\frac{-1+\sqrt{7}}{4}$$

① から　　$\cos\theta=\frac{-1+\sqrt{7}}{4}+\frac{1}{2}=\frac{1+\sqrt{7}}{4}$

よって

$$\tan\theta=\frac{\sin\theta}{\cos\theta}=\frac{-1+\sqrt{7}}{4}\div\frac{1+\sqrt{7}}{4}$$
$$=\frac{\sqrt{7}-1}{\sqrt{7}+1}=\frac{(\sqrt{7}-1)^2}{(\sqrt{7}+1)(\sqrt{7}-1)}$$
$$=\frac{4-\sqrt{7}}{3}$$

⇐分母の有理化。

別解　$\cos\theta=0$ とすると，$\sin\theta=1$ となり関係式を満たさないから　　$\cos\theta\neq0$

⇐ $0°\leqq\theta\leqq180°$ から $\cos\theta=0$ のとき $\theta=90°$

よって，$\cos\theta$ で関係式の両辺を割って

$$1-\frac{\sin\theta}{\cos\theta}=\frac{1}{2\cos\theta}$$

⇐ $\frac{\sin\theta}{\cos\theta}=\tan\theta$

ゆえに　　$\frac{1}{\cos\theta}=2(1-\tan\theta)$

$1+\tan^2\theta=\frac{1}{\cos^2\theta}$ であるから

$$1+\tan^2\theta=\{2(1-\tan\theta)\}^2$$

よって　　$3\tan^2\theta-8\tan\theta+3=0$

$\tan\theta=t$ とおくと　$3t^2-8t+3=0$

これを解いて　$t=\dfrac{4\pm\sqrt{7}}{3}$

ここで，$\cos\theta=\sin\theta+\dfrac{1}{2}$ であるから

$\cos\theta>\sin\theta\geqq 0$

ゆえに　$0\leqq\tan\theta<1$

⇐各辺を $\cos\theta\,(>0)$ で割る。

したがって　$\tan\theta=\boldsymbol{\dfrac{4-\sqrt{7}}{3}}$

⇐$2<\sqrt{7}<3$

別解　$\cos\theta-\sin\theta=\dfrac{1}{2}$ の両辺を 2 乗して

$1-2\sin\theta\cos\theta=\dfrac{1}{4}$　したがって　$\sin\theta\cos\theta=\dfrac{3}{8}$

⇐$(\cos\theta-\sin\theta)^2=\dfrac{1}{4}$
$\cos^2\theta-2\sin\theta\cos\theta+\sin^2\theta=\dfrac{1}{4}$

ゆえに　$\tan\theta=\dfrac{\sin\theta}{\cos\theta}=\dfrac{\sin\theta\cos\theta}{\cos^2\theta}=\dfrac{3}{8}(1+\tan^2\theta)$

よって　$3\tan^2\theta-8\tan\theta+3=0$

以下，上の別解と同様。

⇐分母・分子に $\cos\theta$ を掛ける。
$\dfrac{1}{\cos^2\theta}=1+\tan^2\theta$

PR
④**117**

$0^\circ\leqq\theta\leqq 180^\circ$ のとき，次の不等式を満たす θ の範囲を求めよ。

(1) $\sin\theta>\dfrac{\sqrt{3}}{2}$　(2) $\cos\theta\leqq\dfrac{1}{2}$　(3) $\tan\theta<\sqrt{3}$

(4) $2\sin\theta\leqq\sqrt{2}$　(5) $\sqrt{2}\cos\theta+1>0$　(6) $\tan\theta+\sqrt{3}\geqq 0$

(1) $\sin\theta=\dfrac{\sqrt{3}}{2}$ を満たす θ を求めると　$\theta=60^\circ,\ 120^\circ$

よって，図から求める θ の範囲は

$\boldsymbol{60^\circ<\theta<120^\circ}$

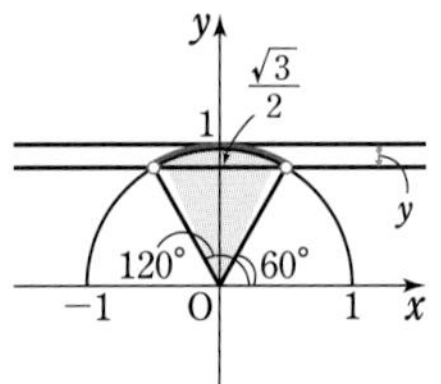

(2) $\cos\theta=\dfrac{1}{2}$ を満たす θ を求めると

$\theta=60^\circ$

よって，図から求める θ の範囲は

$\boldsymbol{60^\circ\leqq\theta\leqq 180^\circ}$

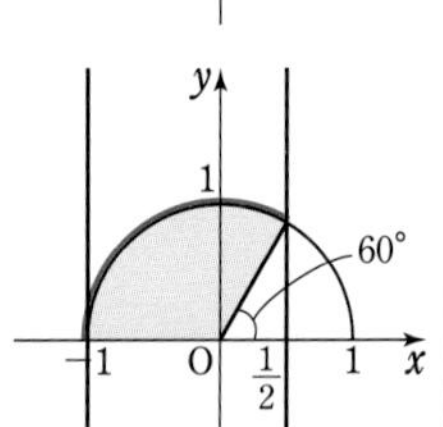

⇐$\leqq 180^\circ$ を書き落とさないように。

(3) $\tan\theta=\sqrt{3}$ を満たす θ を求めると　$\theta=60^\circ$

よって，図から求める θ の範囲は

$\boldsymbol{0^\circ\leqq\theta<60^\circ,\ 90^\circ<\theta\leqq 180^\circ}$

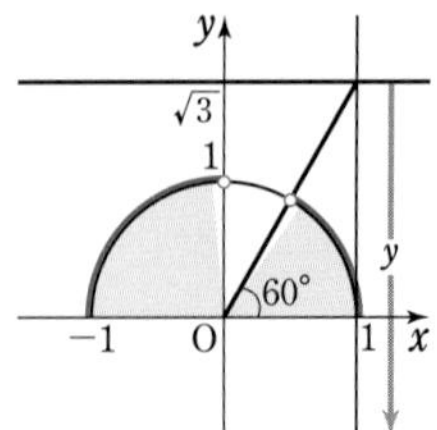

⇐$\boldsymbol{90^\circ<\theta\leqq 180^\circ}$ を書き落とさないように。
また，$\tan\theta$ は $\theta=90^\circ$ では定義されないので
$\boldsymbol{90^\circ\leqq\theta\leqq 180^\circ}$ **としては誤り。**

(4)　$2\sin\theta \leqq \sqrt{2}$ から　　$\sin\theta \leqq \dfrac{1}{\sqrt{2}}$

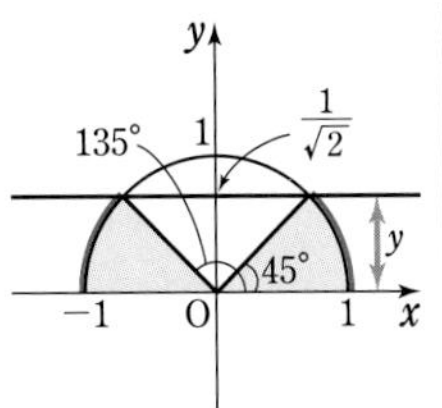

$\sin\theta = \dfrac{1}{\sqrt{2}}$ を満たす θ を求めると

$\theta = 45°,\ 135°$

よって，図から求める θ の範囲は

$\mathbf{0° \leqq \theta \leqq 45°,\ 135° \leqq \theta \leqq 180°}$

⇐0°≦ と ≦180° を書き落とさないように。

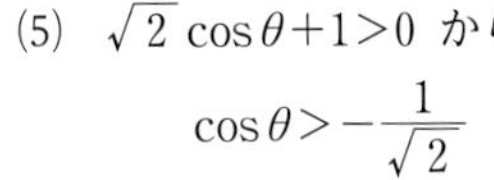

(5)　$\sqrt{2}\cos\theta + 1 > 0$ から

$\cos\theta > -\dfrac{1}{\sqrt{2}}$

$\cos\theta = -\dfrac{1}{\sqrt{2}}$ を満たす θ を求めると　　$\theta = 135°$

よって，図から求める θ の範囲は

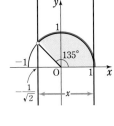

$\mathbf{0° \leqq \theta < 135°}$

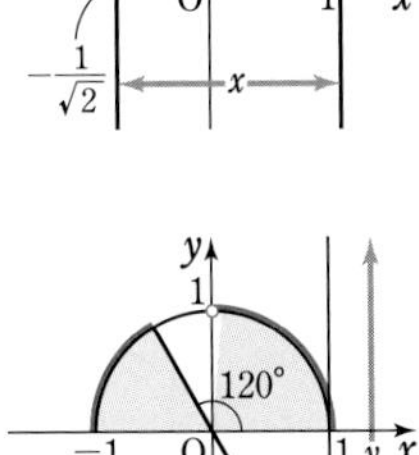

⇐0°≦ を書き落とさないように。

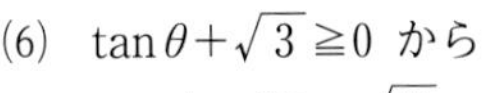

(6)　$\tan\theta + \sqrt{3} \geqq 0$ から

$\tan\theta \geqq -\sqrt{3}$

$\tan\theta = -\sqrt{3}$ を満たす θ を求めると　　$\theta = 120°$

よって，図から求める θ の範囲は

$\mathbf{0° \leqq \theta < 90°,\ 120° \leqq \theta \leqq 180°}$

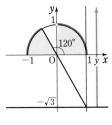

⇐0°≦θ<90° を書き落とさないように。また，$\theta \neq 90°$ なので ≦90° としては誤り。

PR
④**118**

$0° \leqq \theta \leqq 180°$ のとき，次の方程式・不等式を解け。

(1)　$2\sin^2\theta - \cos\theta - 1 = 0$　　(2)　$\sqrt{2}\cos^2\theta + \sin\theta - \sqrt{2} = 0$

(3)　$2\sin^2\theta - 3\cos\theta < 0$　　(4)　$\tan^2\theta + (1-\sqrt{3})\tan\theta - \sqrt{3} \leqq 0$

(1)　$\sin^2\theta + \cos^2\theta = 1$ より，$\sin^2\theta = 1 - \cos^2\theta$ であるから

$2(1-\cos^2\theta) - \cos\theta - 1 = 0$

整理して　　$2\cos^2\theta + \cos\theta - 1 = 0$

$\cos\theta = t$ とおくと，$0° \leqq \theta \leqq 180°$ から　$-1 \leqq t \leqq 1$ …… ①

このとき，与えられた方程式は　　$2t^2 + t - 1 = 0$

⇐$(t+1)(2t-1) = 0$

ゆえに　　$t = -1,\ \dfrac{1}{2}$　　　これらは ① を満たす。

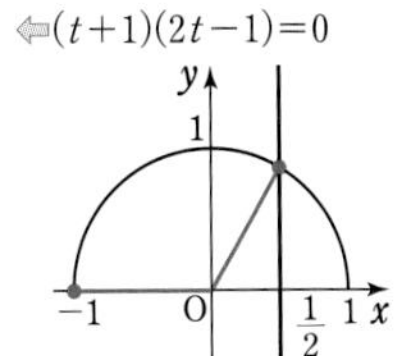

よって

$t = -1$　すなわち　$\cos\theta = -1$ のとき　　$\theta = 180°$

$t = \dfrac{1}{2}$　すなわち　$\cos\theta = \dfrac{1}{2}$ のとき　　$\theta = 60°$

したがって，求める解は　　$\boldsymbol{\theta = 60°,\ 180°}$

(2)　$\sin^2\theta + \cos^2\theta = 1$ より，$\cos^2\theta = 1 - \sin^2\theta$ であるから

$\sqrt{2}(1-\sin^2\theta) + \sin\theta - \sqrt{2} = 0$

整理して　$\sqrt{2}\sin^2\theta-\sin\theta=0$

$\sin\theta=t$ とおくと，$0°\leqq\theta\leqq180°$ から　$0\leqq t\leqq1$ …… ①

このとき，与えられた方程式は　$\sqrt{2}t^2-t=0$

ゆえに　$t=0,\ \dfrac{1}{\sqrt{2}}$　　これらは ① を満たす。

よって

$t=0$　すなわち　$\sin\theta=0$ のとき　$\theta=0°,\ 180°$

$t=\dfrac{1}{\sqrt{2}}$　すなわち　$\sin\theta=\dfrac{1}{\sqrt{2}}$ のとき　$\theta=45°,\ 135°$

したがって，求める解は　$\boldsymbol{\theta=0°,\ 45°,\ 135°,\ 180°}$

⇦$t(\sqrt{2}t-1)=0$

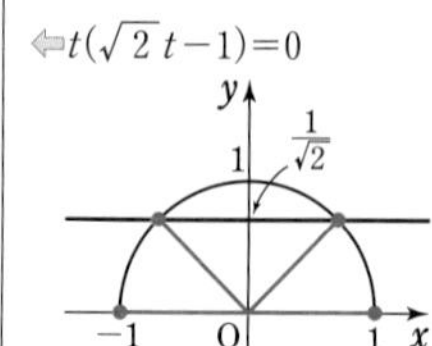

(3)　$\sin^2\theta+\cos^2\theta=1$ より，$\sin^2\theta=1-\cos^2\theta$ であるから

$2(1-\cos^2\theta)-3\cos\theta<0$

整理して　$2\cos^2\theta+3\cos\theta-2>0$

$\cos\theta=t$ とおくと，$0°\leqq\theta\leqq180°$ から　$-1\leqq t\leqq1$ …… ①

このとき，与えられた不等式は　$2t^2+3t-2>0$

よって　$t<-2,\ \dfrac{1}{2}<t$

① との共通範囲を求めて　$\dfrac{1}{2}<t\leqq1$

すなわち　$\dfrac{1}{2}<\cos\theta\leqq1$

したがって，求める解は　$\boldsymbol{0°\leqq\theta<60°}$

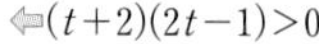

⇦$(t+2)(2t-1)>0$

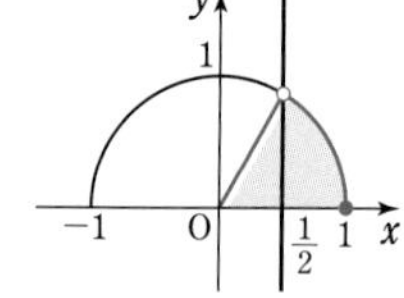

(4)　$\tan^2\theta+(1-\sqrt{3})\tan\theta-\sqrt{3}\leqq0$

$\tan\theta=t$ とおくと，$0°\leqq\theta\leqq180°$ であるから，$\theta\neq90°$ のとき t はすべての実数値をとる。

このとき，与えられた不等式は　$t^2+(1-\sqrt{3})t-\sqrt{3}\leqq0$

よって　$(t+1)(t-\sqrt{3})\leqq0$

ゆえに　$-1\leqq t\leqq\sqrt{3}$

すなわち　$-1\leqq\tan\theta\leqq\sqrt{3}$

したがって，求める解は　$\boldsymbol{0°\leqq\theta\leqq60°,\ 135°\leqq\theta\leqq180°}$

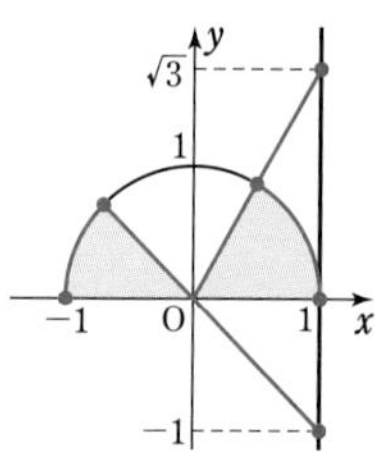

PR ⑤119　$0°\leqq\theta\leqq180°$ のとき，次の関数の最大値，最小値を求めよ。また，そのときの θ の値を求めよ。

(1)　$y=\cos^2\theta-2\sin\theta-1$　　(2)　$y=2\tan^2\theta+4\tan\theta-1$

(1)　$y=\cos^2\theta-2\sin\theta-1=(1-\sin^2\theta)-2\sin\theta-1$

$=-\sin^2\theta-2\sin\theta$

⇦$\sin^2\theta+\cos^2\theta=1$ から $\cos^2\theta=1-\sin^2\theta$

$\sin\theta=t$ とおくと，$0°\leqq\theta\leqq180°$ であるから

$0\leqq t\leqq1$ …… ①

y を t の式で表すと

$y=-t^2-2t=-(t+1)^2+1$

① の範囲において，y は

$t=0$ で 最大値 0

$t=1$ で 最小値 -3 をとる。

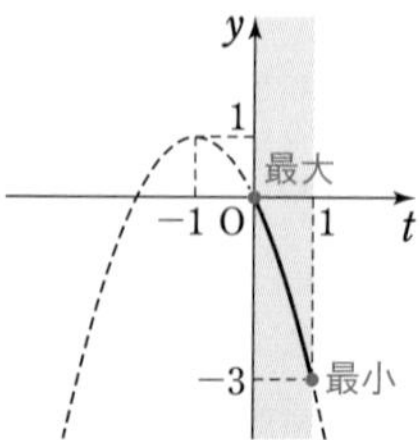

⇦基本形に変形。上に凸の放物線で，軸 $(t=-1)$ は定義域の左外であるから，左端で最大，右端で最小となる。

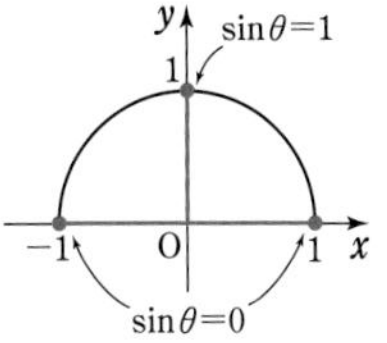
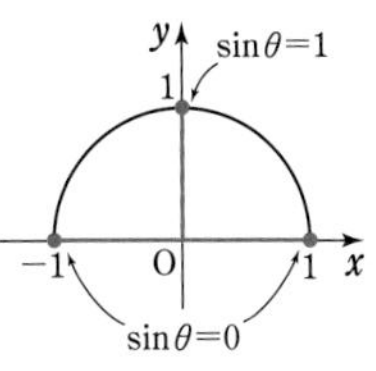

$0° \leqq \theta \leqq 180°$ であるから

　　$t=0$ となるのは，$\sin\theta=0$ から　　$\theta=0°,\ 180°$

　　$t=1$ となるのは，$\sin\theta=1$ から　　$\theta=90°$

よって　　$\boldsymbol{\theta=0°,\ 180°}$ で **最大値 0**

　　　　　$\boldsymbol{\theta=90°}$　　で **最小値 −3**

(2)　$\tan\theta=t$ とおくと，$0° \leqq \theta \leqq 180°$ であるから，$\theta \neq 90°$ のとき

t はすべての実数値をとる。

y を t の式で表すと

　　$y=2t^2+4t-1=2(t+1)^2-3$　　⇦基本形に変形。

ゆえに，y は

　　$t=-1$ で 最小値 -3 をとり，

　　最大値はない。

$0° \leqq \theta \leqq 180°$ であるから

　　$t=-1$ となるのは，$\tan\theta=-1$ から　　$\theta=135°$

よって　　$\boldsymbol{\theta=135°}$ で **最小値 −3** をとり，

　　　　　最大値はない。

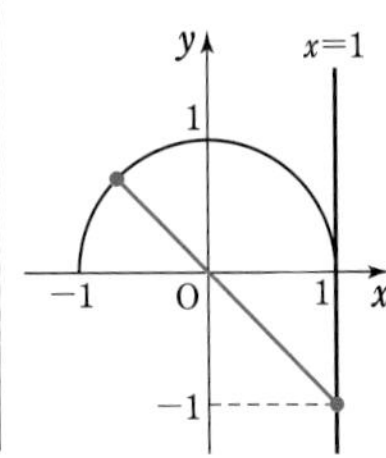

PR ②120

△ABC において，外接円の半径をRとする。$A=30°$，$B=105°$，$a=5$ のとき，R と c を求めよ。

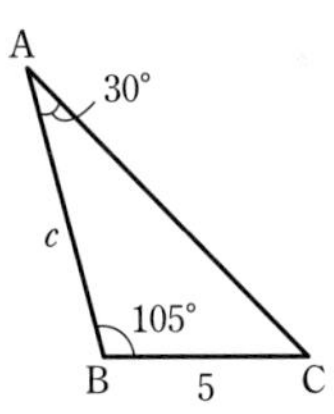

正弦定理により　　$\dfrac{5}{\sin 30°}=2R$　　⇦$\dfrac{a}{\sin A}=2R$

よって　　$\boldsymbol{R}=\dfrac{1}{2}\cdot\dfrac{5}{\frac{1}{2}}\boldsymbol{=5}$　　⇦$R=\dfrac{1}{2}\cdot\dfrac{5}{\sin 30°}$ で $\sin 30°=\dfrac{1}{2}$

また　　$C=180°-(A+B)$

　　　　$=180°-(30°+105°)=45°$　　⇦c を求めるためにまずはCを求める。

正弦定理により　　$\dfrac{5}{\sin 30°}=\dfrac{c}{\sin 45°}$

よって　　$\boldsymbol{c}=\dfrac{5\sin 45°}{\sin 30°}=\dfrac{5\cdot\frac{1}{\sqrt{2}}}{\frac{1}{2}}\boldsymbol{=5\sqrt{2}}$

⇦$c=2R\sin C$
$=2\cdot 5\cdot\dfrac{1}{\sqrt{2}}=5\sqrt{2}$
として求めてもよい。

PR ②121

△ABC において，次のものを求めよ。

(1)　$c=3$，$a=4$，$B=120°$ のとき　b　　　(2)　$a=\sqrt{21}$，$b=4$，$c=5$ のとき　A

(3)　$b=\sqrt{2}$，$c=3$，$C=45°$ のとき　a

(1)　余弦定理により

$$b^2=3^2+4^2-2\cdot 3\cdot 4\cos 120°=9+16-24\cdot\left(-\frac{1}{2}\right)=37$$

⇦$b^2=c^2+a^2-2ca\cos B$

$b>0$ であるから　　$\boldsymbol{b=\sqrt{37}}$

(2) 余弦定理により

$$\cos A=\frac{4^2+5^2-(\sqrt{21})^2}{2\cdot4\cdot5}=\frac{20}{2\cdot4\cdot5}=\frac{1}{2}$$

よって　$\boldsymbol{A=60°}$

⇦$\cos A=\dfrac{b^2+c^2-a^2}{2bc}$

(3) 余弦定理により

$$3^2=a^2+(\sqrt{2})^2-2a\cdot\sqrt{2}\cos 45°$$

⇦$c^2=a^2+b^2-2ab\cos C$

すなわち　$9=a^2+2-2\sqrt{2}a\cdot\dfrac{1}{\sqrt{2}}$

整理して　$a^2-2a-7=0$

これを解いて　$a=1\pm2\sqrt{2}$

$a>0$ であるから　$\boldsymbol{a=1+2\sqrt{2}}$

⇦解の公式（$b=2b'$ 型）から　$a=-(-1)\pm\sqrt{(-1)^2-1\cdot(-7)}$

PR ②122 次の各場合について，△ABC の残りの辺の長さと角の大きさを求めよ。
(1) $A=60°$，$B=45°$，$b=\sqrt{2}$　(2) $a=\sqrt{2}$，$b=\sqrt{3}-1$，$C=135°$

(1) $\boldsymbol{C}=180°-(A+B)=\boldsymbol{75°}$

正弦定理により

$$\frac{a}{\sin 60°}=\frac{\sqrt{2}}{\sin 45°}$$

よって　$\boldsymbol{a}=\dfrac{\sqrt{2}\sin 60°}{\sin 45°}=\boldsymbol{\sqrt{3}}$

A, B, C, 60°, 45°, c, a, √2

余弦定理により

$$(\sqrt{3})^2=(\sqrt{2})^2+c^2-2\sqrt{2}c\cos 60°$$

$c^2-\sqrt{2}c-1=0$ を解いて　$c=\dfrac{\sqrt{2}\pm\sqrt{6}}{2}$

$c>0$ であるから　$\boldsymbol{c=\dfrac{\sqrt{2}+\sqrt{6}}{2}}$

別解 (後半)
$\boldsymbol{c}=a\cos 45°+b\cos 60°$
$=\sqrt{3}\cdot\dfrac{\sqrt{2}}{2}+\sqrt{2}\cdot\dfrac{1}{2}$
$=\boldsymbol{\dfrac{\sqrt{6}+\sqrt{2}}{2}}$
(本冊 $p.200$ 基本例題 123 参照)

(2) 余弦定理により

$$c^2=(\sqrt{2})^2+(\sqrt{3}-1)^2-2\sqrt{2}(\sqrt{3}-1)\cos 135°$$
$$=2+(4-2\sqrt{3})+2(\sqrt{3}-1)=4$$

$c>0$ であるから　$\boldsymbol{c=2}$

余弦定理により

$$\cos A=\frac{(\sqrt{3}-1)^2+2^2-(\sqrt{2})^2}{2(\sqrt{3}-1)\cdot2}$$
$$=\frac{(4-2\sqrt{3})+4-2}{4(\sqrt{3}-1)}$$
$$=\frac{2\sqrt{3}(\sqrt{3}-1)}{4(\sqrt{3}-1)}=\frac{\sqrt{3}}{2}$$

ゆえに　$\boldsymbol{A=30°}$

よって　$\boldsymbol{B}=180°-(C+A)=180°-(135°+30°)=\boldsymbol{15°}$

inf. $c=2$ を求めた後，B を求めようとすると
$\cos B=\dfrac{2^2+(\sqrt{2})^2-(\sqrt{3}-1)^2}{2\cdot2\cdot\sqrt{2}}=\dfrac{\sqrt{6}+\sqrt{2}}{4}$ となって，B が求められない。このような場合は A を求めればよい。

PR ②123　△ABC において，$C=45°$，$b=\sqrt{3}$，$c=\sqrt{2}$ のとき，A，B，a を求めよ。

余弦定理により　$(\sqrt{2})^2=a^2+(\sqrt{3})^2-2a\cdot\sqrt{3}\cos 45°$

⇦ $c^2=a^2+b^2-2ab\cos C$

よって　$2=a^2+3-2\sqrt{3}a\cdot\dfrac{1}{\sqrt{2}}$

整理して　$a^2-\sqrt{6}a+1=0$

これを解いて　$a=\dfrac{\sqrt{6}\pm\sqrt{2}}{2}$

⇦ 2つの解はともに正。

4章 PR

[1]　$a=\dfrac{\sqrt{6}+\sqrt{2}}{2}$ のとき

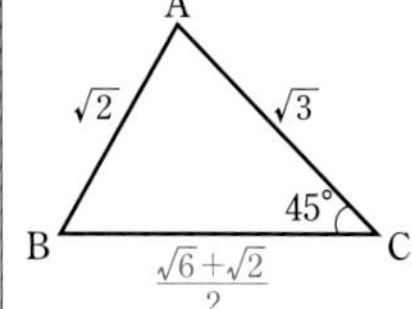

$$\cos B=\frac{(\sqrt{2})^2+\left(\frac{\sqrt{6}+\sqrt{2}}{2}\right)^2-(\sqrt{3})^2}{2\cdot\sqrt{2}\cdot\frac{\sqrt{6}+\sqrt{2}}{2}}=\frac{2+\frac{8+4\sqrt{3}}{4}-3}{\sqrt{2}(\sqrt{6}+\sqrt{2})}$$

$$=\frac{1+\sqrt{3}}{2(\sqrt{3}+1)}=\frac{1}{2}$$

よって　$B=60°$

ゆえに　$A=180°-(B+C)=180°-(60°+45°)=75°$

[2]　$a=\dfrac{\sqrt{6}-\sqrt{2}}{2}$ のとき

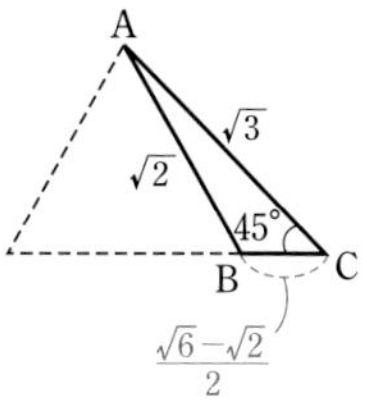

$$\cos B=\frac{(\sqrt{2})^2+\left(\frac{\sqrt{6}-\sqrt{2}}{2}\right)^2-(\sqrt{3})^2}{2\cdot\sqrt{2}\cdot\frac{\sqrt{6}-\sqrt{2}}{2}}=\frac{2+\frac{8-4\sqrt{3}}{4}-3}{\sqrt{2}(\sqrt{6}-\sqrt{2})}$$

$$=\frac{1-\sqrt{3}}{2(\sqrt{3}-1)}=-\frac{1}{2}$$

よって　$B=120°$

ゆえに　$A=180°-(B+C)=180°-(120°+45°)=15°$

[1]，[2] から　$\boldsymbol{A=75°,\ B=60°,\ a=\dfrac{\sqrt{6}+\sqrt{2}}{2}}$ **または**

$\boldsymbol{A=15°,\ B=120°,\ a=\dfrac{\sqrt{6}-\sqrt{2}}{2}}$

別解　正弦定理により　$\dfrac{\sqrt{3}}{\sin B}=\dfrac{\sqrt{2}}{\sin 45°}$

よって　$\sin B=\dfrac{\sqrt{3}\sin 45°}{\sqrt{2}}=\dfrac{\sqrt{3}}{2}$

$0°<B<180°-C$ より，$0°<B<135°$ であるから

$B=60°$ または $120°$

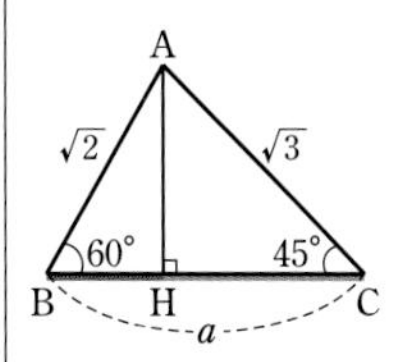

[1]　$B=60°$ のとき

$A=180°-(B+C)=180°-(60°+45°)=75°$

また　$a=\sqrt{2}\cos 60°+\sqrt{3}\cos 45°$

$=\dfrac{\sqrt{2}}{2}+\dfrac{\sqrt{3}}{\sqrt{2}}=\dfrac{\sqrt{2}+\sqrt{6}}{2}$

⇦ $a=\text{BH}+\text{CH}$

[2] $B=120^\circ$ のとき

$$A=180^\circ-(B+C)$$
$$=180^\circ-(120^\circ+45^\circ)=15^\circ$$

また $a=\sqrt{2}\cos120^\circ+\sqrt{3}\cos45^\circ$

$$=-\frac{\sqrt{2}}{2}+\frac{\sqrt{3}}{\sqrt{2}}=\frac{\sqrt{6}-\sqrt{2}}{2}$$

[1], [2] から **$A=75^\circ$, $B=60^\circ$, $a=\dfrac{\sqrt{6}+\sqrt{2}}{2}$ または**

$A=15^\circ$, $B=120^\circ$, $a=\dfrac{\sqrt{6}-\sqrt{2}}{2}$

A, $\sqrt{3}$, 120°, $\sqrt{2}$, 45°, H, B, C, a

[2] $\angle ABH=60^\circ$ であるから

$a=CH-BH$
$=\sqrt{3}\cos45^\circ-\sqrt{2}\cos60^\circ$

と求めてもよい。

inf. **第 1 余弦定理と第 2 余弦定理**

第 1 余弦定理 $\begin{cases} a=b\cos C+c\cos B \cdots\cdots ① \\ b=c\cos A+a\cos C \cdots\cdots ② \\ c=a\cos B+b\cos A \cdots\cdots ③ \end{cases}$ と

第 2 余弦定理 $\begin{cases} a^2=b^2+c^2-2bc\cos A \cdots\cdots ④ \\ b^2=c^2+a^2-2ca\cos B \cdots\cdots ⑤ \\ c^2=a^2+b^2-2ab\cos C \end{cases}$ は,

その一方からもう一方を導くことができる。

第 1 余弦定理から第 2 余弦定理

① の両辺に a を掛けて $a^2=ab\cos C+ca\cos B$

② の両辺に b を掛けて $b^2=bc\cos A+ab\cos C$

これらの辺々を引いて $a^2-b^2=ca\cos B-bc\cos A$ …… ⑥

③ の両辺に c を掛けて $c^2=ca\cos B+bc\cos A$ …… ⑦

⑥−⑦ から $a^2-b^2-c^2=-2bc\cos A$

よって $a^2=b^2+c^2-2bc\cos A$

他の 2 式も, 同様にして導かれる。

⇐①〜③ から $\cos B$ と $\cos C$ を消去する。

第 2 余弦定理から第 1 余弦定理

④+⑤ から $a^2+b^2=a^2+b^2+2c^2-2bc\cos A-2ca\cos B$

整理すると $c=a\cos B+b\cos A$

他の 2 式も, 同様にして導かれる。

⇐第 2 余弦定理の 2 つずつを辺々加えると第 1 余弦定理が得られる。

PR ②124 △ABC において, $\sin A:\sin B:\sin C=5:16:19$ のとき, この三角形の最も大きい角の大きさを求めよ。

正弦定理により

$$a:b:c=\sin A:\sin B:\sin C$$

よって $a:b:c=5:16:19$

ゆえに, $k\,(k>0)$ を用いて $a=5k$, $b=16k$, $c=19k$ と表されるから, 辺 AB が最大の辺で, ∠C が最大の角である。

余弦定理により

$$\cos C=\frac{(5k)^2+(16k)^2-(19k)^2}{2\cdot5k\cdot16k}=\frac{-80k^2}{2\cdot5\cdot16k^2}=-\frac{1}{2}$$

したがって, 最大の角の大きさは **$C=120^\circ$**

inf. $a:b=p:q$ のとき, $k>0$ として $a=pk$, $b=qk$ と表される。
3 つの比 $a:b:c=p:q:r$ のときも同じ。

⇐$16^2=256$, $19^2=361$

PR ③125

3辺の長さが3，5，x である三角形が鋭角三角形となるように，x の値の範囲を定めよ。

$a=\mathrm{BC}=3,\ b=\mathrm{CA}=5,\ c=\mathrm{AB}=x$ とおいて，△ABC を考える。
三角形の成立条件から

$3<5+x,\ 5<x+3,\ x<3+5$

整理して　$-2<x,\ 2<x,\ x<8$

共通範囲を求めて　$2<x<8$ …… ①

$a=3$ は最大辺ではないから，∠A は最大角ではない。
よって，∠A は鈍角または直角にはならない。すなわち，∠A は ① を満たす実数 x に対して鋭角である。

∠B が鋭角のとき　$b^2<c^2+a^2$ から　$5^2<x^2+3^2$

よって　$x^2>16$

$x>0$ であるから　$x>4$ …… ②

∠C が鋭角のとき　$c^2<a^2+b^2$ から　$x^2<3^2+5^2$

よって　$x^2<34$

$x>0$ であるから　$0<x<\sqrt{34}$ …… ③

△ABC が鋭角三角形となるのは，3つの内角がすべて鋭角となるときであるから，①，②，③ の共通範囲を求めて

$\boldsymbol{4<x<\sqrt{34}}$

HINT　∠A が鋭角 $\Longleftrightarrow a^2<b^2+c^2$

別解　（① を求める）
三角形の成立条件から
$|5-3|<x<5+3$
すなわち　$2<x<8$

⇐①，②，③ をすべて満たす範囲。

4章 PR

PR ③126

50 m 離れた2地点 A，B から川を隔てた対岸の2地点 P，Q を計測したところ，図のような値が得られた。このとき，P，Q 間の距離を求めよ。

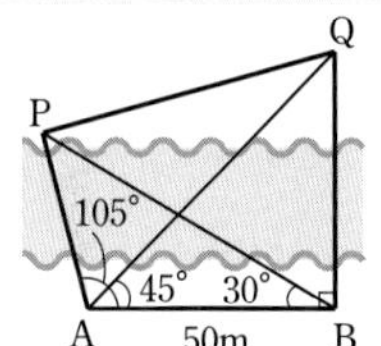

$\angle\mathrm{QAB}=45^\circ,\ \angle\mathrm{QBA}=90^\circ$ であるから，△QAB は直角二等辺三角形である。

よって　$\mathrm{AQ}=\sqrt{2}\,\mathrm{AB}=50\sqrt{2}$ (m)

△ABP において

$\angle\mathrm{APB}=180^\circ-(\angle\mathrm{PAB}+\angle\mathrm{PBA})=45^\circ$

正弦定理により　$\dfrac{\mathrm{AP}}{\sin 30^\circ}=\dfrac{50}{\sin 45^\circ}$

よって　$\mathrm{AP}=\dfrac{50\sin 30^\circ}{\sin 45^\circ}=25\sqrt{2}$ (m)

△APQ において

$\angle\mathrm{PAQ}=\angle\mathrm{PAB}-\angle\mathrm{QAB}=60^\circ$

余弦定理により

$\mathrm{PQ}^2=(25\sqrt{2})^2+(50\sqrt{2})^2-2\cdot 25\sqrt{2}\cdot 50\sqrt{2}\cos 60^\circ$

$=(25\sqrt{2})^2\left(1+2^2-2\cdot 2\cdot\dfrac{1}{2}\right)=25^2\cdot 2(1+4-2)=25^2\cdot 6$

$\mathrm{PQ}>0$ であるから　$\mathrm{PQ}=\boldsymbol{25\sqrt{6}}$ **(m)**

⇐$\angle\mathrm{APB}=180^\circ-(105^\circ+30^\circ)=45^\circ$

⇐$\mathrm{AP}=\dfrac{50\cdot\frac{1}{2}}{\frac{1}{\sqrt{2}}}=25\sqrt{2}$

⇐$\angle\mathrm{PAQ}=105^\circ-45^\circ=60^\circ$

⇐$\mathrm{PQ}^2=\mathrm{AP}^2+\mathrm{AQ}^2-2\mathrm{AP}\cdot\mathrm{AQ}\cos\angle\mathrm{PAQ}$

PR ③127 水平な地面の地点Hに，地面に垂直にポールが立っている。2つの地点A，Bからポールの先端を見ると，仰角はそれぞれ30°と60°であった。また，地面上の測量ではA，B間の距離が20 m，∠AHB=60°であった。このとき，ポールの高さを求めよ。ただし，目の高さは考えないものとする。

ポールの先端をP，ポールの高さを

PH$=x$ m とおく。

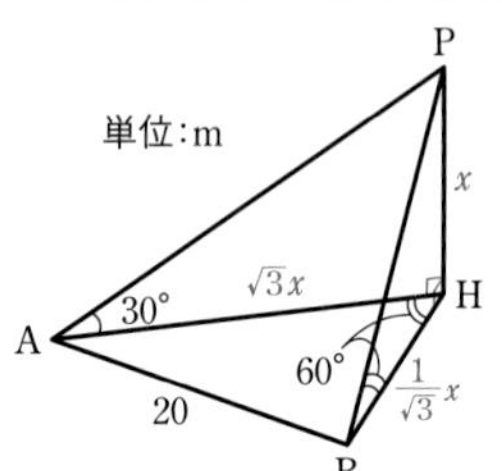

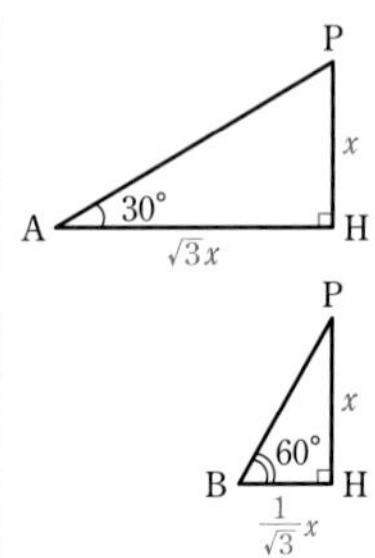

直角三角形APHにおいて

$\tan 30^\circ=\dfrac{x}{\text{AH}}$ から

$$\text{AH}=\frac{x}{\tan 30^\circ}=\sqrt{3}\,x\ (\text{m})$$

直角三角形BPHにおいて

$\tan 60^\circ=\dfrac{x}{\text{BH}}$ から

$$\text{BH}=\frac{x}{\tan 60^\circ}=\frac{x}{\sqrt{3}}\ (\text{m})$$

△ABHにおいて，余弦定理により

$$20^2=(\sqrt{3}\,x)^2+\left(\frac{x}{\sqrt{3}}\right)^2-2\cdot\sqrt{3}\,x\cdot\frac{x}{\sqrt{3}}\cos 60^\circ$$

よって　　$x^2=\dfrac{3\cdot 20^2}{7}$

$x>0$ であるから　　$x=\dfrac{20\sqrt{21}}{7}$

⇦$x=\dfrac{20\sqrt{3}}{\sqrt{7}}=\dfrac{20\sqrt{21}}{7}$

したがって，ポールの高さは　　$\boldsymbol{\dfrac{20\sqrt{21}}{7}}$ **m**

⇦高さは約13.1 m

PR ③128 AB=6，BC=4，CA=5 の三角形ABCの∠Bの二等分線が辺ACと交わる点をDとするとき，線分BDの長さを求めよ。

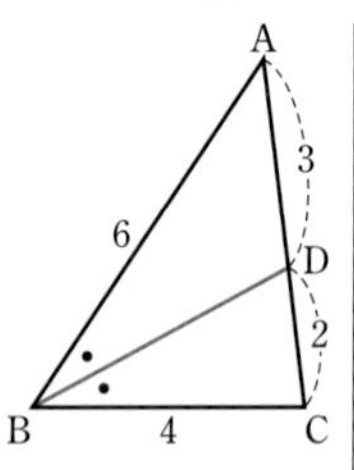

線分BDは∠Bの二等分線であるから

$$\text{CD}:\text{DA}=\text{BC}:\text{BA}$$

AB=6，BC=4，CA=5 から

$$\text{CD}=\frac{2}{2+3}\cdot 5=2$$

⇦CD：DA=2：3 から $\text{CD}=\dfrac{2}{2+3}\text{CA}$

△ABCにおいて，余弦定理により

$$\cos C=\frac{4^2+5^2-6^2}{2\cdot 4\cdot 5}=\frac{1}{8}$$

⇦$\dfrac{16+25-36}{2\cdot4\cdot5}=\dfrac{5}{2\cdot4\cdot5}$

よって，△BCDにおいて，余弦定理により

$$\text{BD}^2=4^2+2^2-2\cdot 4\cdot 2\cdot\frac{1}{8}=18$$

⇦$16+4-2=18$

BD>0 であるから　　$\text{BD}=\sqrt{18}=\boldsymbol{3\sqrt{2}}$

PR ③129

△ABC において，次の等式が成り立つことを証明せよ。

(1)　$(b-c)\sin A+(c-a)\sin B+(a-b)\sin C=0$

(2)　$c(\cos B-\cos A)=(a-b)(1+\cos C)$

(1)　△ABC の外接円の半径を R とすると，正弦定理により

$$(b-c)\sin A+(c-a)\sin B+(a-b)\sin C$$
$$=(b-c)\cdot\frac{a}{2R}+(c-a)\cdot\frac{b}{2R}+(a-b)\cdot\frac{c}{2R}$$
$$=\frac{ab-ca+bc-ab+ca-bc}{2R}$$
$$=0$$

したがって，与えられた等式は成り立つ。

⇐左辺を変形して，右辺 $(=0)$ を導く方針で証明する。

$\sin A=\frac{a}{2R}$，$\sin B=\frac{b}{2R}$，$\sin C=\frac{c}{2R}$ を代入。

(2)　余弦定理により

$$c(\cos B-\cos A)-(a-b)(1+\cos C)$$
$$=c(\cos B-\cos A)-(a-b)-(a-b)\cos C$$
$$=c\left(\frac{c^2+a^2-b^2}{2ca}-\frac{b^2+c^2-a^2}{2bc}\right)-(a-b)$$
$$-(a-b)\cdot\frac{a^2+b^2-c^2}{2ab}$$
$$=\frac{c^2+a^2-b^2}{2a}-\frac{b^2+c^2-a^2}{2b}-a+b$$
$$-\frac{a^2+b^2-c^2}{2b}+\frac{a^2+b^2-c^2}{2a}$$
$$=\frac{(c^2+a^2-b^2)+(a^2+b^2-c^2)}{2a}$$
$$-\frac{(b^2+c^2-a^2)+(a^2+b^2-c^2)}{2b}-a+b$$
$$=\frac{2a^2}{2a}-\frac{2b^2}{2b}-a+b$$
$$=0$$

したがって，与えられた等式は成り立つ。

⇐(左辺)−(右辺) を変形して，$=0$ を導く方針で証明する。

$\cos A=\frac{b^2+c^2-a^2}{2bc}$，$\cos B=\frac{c^2+a^2-b^2}{2ca}$，$\cos C=\frac{a^2+b^2-c^2}{2ab}$ を代入。

⇐分母が同じものをまとめる。

別解　第1余弦定理 $a=b\cos C+c\cos B$，$b=c\cos A+a\cos C$ を用いて

$$(\text{左辺})=c\cos B-c\cos A=(a-b\cos C)-(b-a\cos C)$$
$$=(a-b)+(a-b)\cos C=(a-b)(1+\cos C)$$
$$=(\text{右辺})$$

⇐本冊 $p.200$ 参照。

⇐左辺を変形して，右辺を導く方針で証明。

PR ③130

次の等式を満たす △ABC はどのような形をしているか。

(1)　$b\sin^2 A+a\cos^2 B=a$

(2)　$\frac{a}{\cos A}=\frac{b}{\cos B}=\frac{c}{\cos C}$　〔松本歯大〕

(1)　$b\sin^2 A+a\cos^2 B=a$ に $\cos^2 B=1-\sin^2 B$ を代入して

$$b\sin^2 A+a(1-\sin^2 B)=a$$

よって　$b\sin^2 A-a\sin^2 B=0$ ……①

△ABC の外接円の半径を R とすると，正弦定理により

⇐sin と cos が混在した式はどちらか1種類で表す。

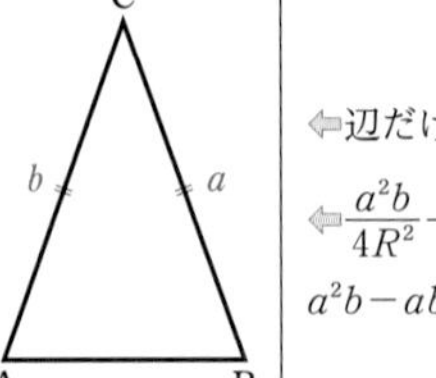

$$\sin A=\frac{a}{2R},\ \sin B=\frac{b}{2R}$$

これらを ① に代入して

$$b\left(\frac{a}{2R}\right)^2-a\left(\frac{b}{2R}\right)^2=0$$

ゆえに　　$ab(a-b)=0$

$ab\neq0$ であるから　　$a=b$

よって，△ABC は　**BC＝AC の二等辺三角形**

⇦辺だけの関係に直す。

⇦$\frac{a^2b}{4R^2}-\frac{ab^2}{4R^2}=0$ から
$a^2b-ab^2=0$

⇦単に「二等辺三角形」だけでは不十分。

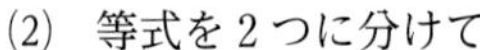

(2)　等式を 2 つに分けて

$$\begin{cases}\dfrac{a}{\cos A}=\dfrac{b}{\cos B}\ \cdots\cdots\ ①\\[2mm] \dfrac{b}{\cos B}=\dfrac{c}{\cos C}\ \cdots\cdots\ ②\end{cases}$$

とする。余弦定理により

$$\cos A=\frac{b^2+c^2-a^2}{2bc},\ \cos B=\frac{c^2+a^2-b^2}{2ca},$$

$$\cos C=\frac{a^2+b^2-c^2}{2ab}$$

⇦等式の分割
$A=B=C$
$\Longleftrightarrow A=B$ かつ $B=C$

これらを ①，② に代入すると

$$\begin{cases}a\cdot\dfrac{2bc}{b^2+c^2-a^2}=b\cdot\dfrac{2ca}{c^2+a^2-b^2}\ \cdots\cdots\ ①'\\[2mm] b\cdot\dfrac{2ca}{c^2+a^2-b^2}=c\cdot\dfrac{2ab}{a^2+b^2-c^2}\ \cdots\cdots\ ②'\end{cases}$$

⇦辺だけの関係式に直す。

①′ から　　$\dfrac{1}{b^2+c^2-a^2}=\dfrac{1}{c^2+a^2-b^2}$

ゆえに　　$b^2+c^2-a^2=c^2+a^2-b^2$

よって　　$2a^2=2b^2$　　すなわち　　$a^2=b^2$

$a>0,\ b>0$ であるから　　$a=b$ …… ③

⇦①′ から
$\frac{2abc}{b^2+c^2-a^2}=\frac{2abc}{c^2+a^2-b^2}$
$2abc\neq0$ であるから，両辺を $2abc$ で割ると
$\frac{1}{b^2+c^2-a^2}=\frac{1}{c^2+a^2-b^2}$

②′ から　　$\dfrac{1}{c^2+a^2-b^2}=\dfrac{1}{a^2+b^2-c^2}$

ゆえに　　$c^2+a^2-b^2=a^2+b^2-c^2$

よって　　$2b^2=2c^2$　　すなわち　　$b^2=c^2$

$b>0,\ c>0$ であるから　　$b=c$ …… ④

③，④ から　　$a=b=c$

したがって，△ABC は　**正三角形**

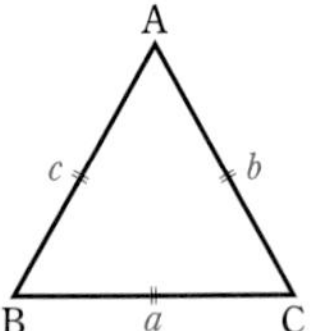

別解　△ABC の外接円の半径を R とすると，正弦定理により

$$a=2R\sin A,\ b=2R\sin B,\ c=2R\sin C$$

⇦角だけの関係に直す解法。

これらを与式に代入すると

$$\frac{2R\sin A}{\cos A}=\frac{2R\sin B}{\cos B}=\frac{2R\sin C}{\cos C}$$

ゆえに　　$\tan A=\tan B=\tan C$

⇦$\frac{\sin\theta}{\cos\theta}=\tan\theta$

$0^\circ<A<180^\circ,\ 0^\circ<B<180^\circ,\ 0^\circ<C<180^\circ$ であるから

$$A=B=C$$

⇦$A=B=C=60^\circ$

よって，△ABC は　**正三角形**

PR ②131 △ABC において，面積を S で表す。次のものを求めよ。ただし，(2) は鈍角三角形ではないものとする。
(1) $a=11,\ b=7,\ c=6$ のとき　$\cos B,\ S$
(2) $a=\sqrt{2},\ c=\sqrt{6},\ S=\sqrt{2}$ のとき　$b,\ C$

(1) 余弦定理により

$$\cos B=\frac{6^2+11^2-7^2}{2\cdot6\cdot11}=\frac{108}{2\cdot6\cdot11}=\frac{9}{11}$$

$\sin B>0$ であるから

$$\sin B=\sqrt{1-\cos^2 B}=\sqrt{1-\left(\frac{9}{11}\right)^2}=\frac{2\sqrt{10}}{11}$$

⇦ $\dfrac{\sqrt{11^2-9^2}}{11}=\dfrac{\sqrt{(11+9)(11-9)}}{11}=\dfrac{\sqrt{40}}{11}$

よって　$S=\dfrac{1}{2}ca\sin B=\dfrac{1}{2}\cdot6\cdot11\cdot\dfrac{2\sqrt{10}}{11}=6\sqrt{10}$

別解 (1)（後半）
ヘロンの公式（本冊 p.211）を用いると，
$2s=11+7+6$ から
$s=12$
よって
$S=\sqrt{12\cdot1\cdot5\cdot6}$
$=6\sqrt{10}$

(2) $S=\dfrac{1}{2}ca\sin B$ から　$\sqrt{2}=\dfrac{1}{2}\cdot\sqrt{6}\cdot\sqrt{2}\sin B$

ゆえに　$\sin B=\dfrac{2}{\sqrt{6}}$

△ABC は鈍角三角形ではないから
$0°<B\leqq90°$

よって，$\cos B\geqq0$ であるから

$$\cos B=\sqrt{1-\sin^2 B}=\sqrt{1-\left(\frac{2}{\sqrt{6}}\right)^2}=\frac{1}{\sqrt{3}}$$

⇦ $\sqrt{1-\dfrac{4}{6}}=\sqrt{\dfrac{1}{3}}$

余弦定理により

$$b^2=(\sqrt{6})^2+(\sqrt{2})^2-2\cdot\sqrt{6}\cdot\sqrt{2}\cdot\frac{1}{\sqrt{3}}=4$$

⇦ $b^2=6+2-4=4$

$b>0$ であるから　$b=2$

また，$S=\dfrac{1}{2}ab\sin C$ から

$$\sqrt{2}=\frac{1}{2}\cdot\sqrt{2}\cdot2\sin C$$

ゆえに　$\sin C=1$
よって　$C=90°$

別解 (後半)　$\cos C=\dfrac{a^2+b^2-c^2}{2ab}=\dfrac{(\sqrt{2})^2+2^2-(\sqrt{6})^2}{2\sqrt{2}\cdot2}=0$

よって　$C=90°$

inf. $a=\sqrt{2},\ b=2,\ c=\sqrt{6}$ から $a^2+b^2=c^2$ が成り立つことに気づけば，三平方の定理から $C=90°$ がわかる。

PR ②132 次のような図形の面積を求めよ。
(1) AD∥BC，AB=5，BC=6，DA=2，∠ABC=60° の四角形 ABCD
(2) AB=2，BC=$\sqrt{3}+1$，CD=$\sqrt{2}$，$B=60°$，$C=75°$ の四角形 ABCD
(3) 1辺の長さが1の正十二角形

求める面積を S とする。

(1) 台形 ABCD の高さは　$5\sin60°=\dfrac{5\sqrt{3}}{2}$

よって　$S=\dfrac{1}{2}(2+6)\cdot\dfrac{5\sqrt{3}}{2}=10\sqrt{3}$

⇦台形の面積は
$\dfrac{1}{2}\times$(上底＋下底)$\times$(高さ)

別解　辺 BC 上に AB // DE となる点 E をとると

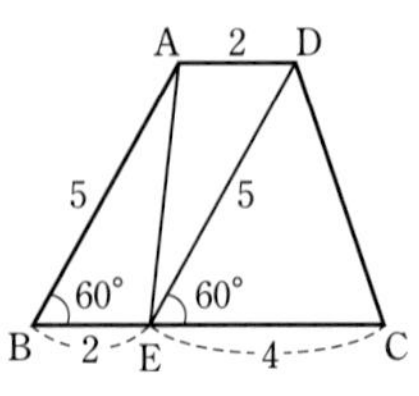

$\angle DEC = \angle ABC = 60^\circ$

$DE = AB = 5$

$BE = AD = 2$

$EC = BC - BE = 6 - 2 = 4$

四角形 ABED は平行四辺形である。

よって　$S = \square ABED + \triangle DEC$

$= 2 \times \triangle ABE + \triangle DEC$

$= 2 \times \frac{1}{2} \cdot 2 \cdot 5 \sin 60^\circ + \frac{1}{2} \cdot 4 \cdot 5 \sin 60^\circ$　　⇦ $\sin 60^\circ = \frac{\sqrt{3}}{2}$

$= \mathbf{10\sqrt{3}}$

(2)　△ABC において，余弦定理により　　⇦ BD で分割すると cos 75° がすぐに求められない。

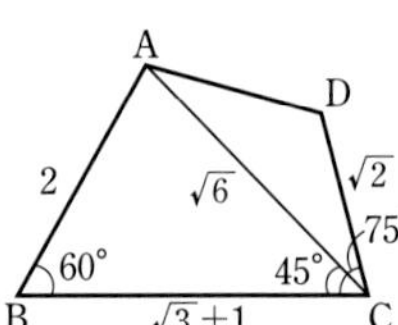

$AC^2 = 2^2 + (\sqrt{3}+1)^2 - 2 \cdot 2(\sqrt{3}+1) \cos 60^\circ$　　⇦ $\cos 60^\circ = \frac{1}{2}$

$= 6$

$AC > 0$ であるから　　$AC = \sqrt{6}$

△ABC において，余弦定理により

$\cos \angle ACB = \frac{(\sqrt{3}+1)^2 + (\sqrt{6})^2 - 2^2}{2(\sqrt{3}+1) \cdot \sqrt{6}}$

$= \frac{2\sqrt{3}+6}{2\sqrt{6}(\sqrt{3}+1)}$

$= \frac{2\sqrt{3}(1+\sqrt{3})}{2\sqrt{6}(\sqrt{3}+1)}$

$= \frac{1}{\sqrt{2}}$

⇦ ∠ACB は以下のように求めてもよい。
正弦定理により
$\frac{2}{\sin \angle ACB} = \frac{\sqrt{6}}{\sin 60^\circ}$
よって
$\sin \angle ACB = \frac{2 \sin 60^\circ}{\sqrt{6}}$
$= \frac{1}{\sqrt{2}}$
$\angle ACB < 75^\circ$ であるから　　$\angle ACB = 45^\circ$

よって　　$\angle ACB = 45^\circ$

ゆえに　　$\angle ACD = 75^\circ - 45^\circ = 30^\circ$

したがって

$S = \triangle ABC + \triangle ACD$

$= \frac{1}{2} \cdot 2(\sqrt{3}+1) \sin 60^\circ + \frac{1}{2} \cdot \sqrt{6} \cdot \sqrt{2} \sin 30^\circ$　　⇦ $\sin 60^\circ = \frac{\sqrt{3}}{2}$，$\sin 30^\circ = \frac{1}{2}$

$= \mathbf{\frac{3+2\sqrt{3}}{2}}$

(3)　図のように，正十二角形を 12 個の合同な三角形に分けると　　⇦ 外接円の中心 O を通る対角線で分割。

$AB = 1$，$\angle AOB = 360^\circ \div 12 = 30^\circ$

$OA = OB = a$ とすると，△AOB において，余弦定理により

$1^2 = a^2 + a^2 - 2a \cdot a \cos 30^\circ$

整理して　$1 = (2-\sqrt{3})a^2$　　⇦ $\triangle AOB = \frac{1}{2} a^2 \sin 30^\circ$ であるから a^2 の値を求める。

よって　　$a^2 = \frac{1}{2-\sqrt{3}} = 2+\sqrt{3}$

したがって

$$S=12\triangle \mathrm{OAB}$$
$$=12\cdot\frac{1}{2}a^2\sin 30^\circ$$
$$=6(2+\sqrt{3})\cdot\frac{1}{2}$$
$$=\mathbf{3(2+\sqrt{3})}$$

PR ③133　AB=3, AC=2, ∠BAC=60° の △ABC において，∠A の二等分線と BC との交点を D とするとき，線分 AD の長さを求めよ。〔南山大〕

AD=x とする。

△ABD+△ADC=△ABC から

$$\frac{1}{2}\cdot 3\cdot x\sin 30^\circ+\frac{1}{2}\cdot x\cdot 2\sin 30^\circ$$
$$=\frac{1}{2}\cdot 3\cdot 2\sin 60^\circ$$

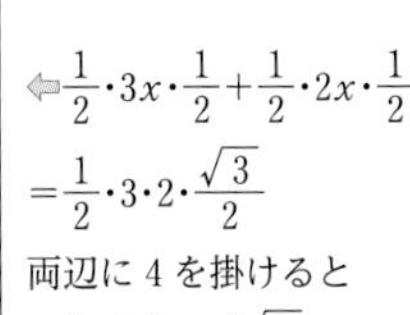

⇐ $\frac{1}{2}\cdot 3x\cdot\frac{1}{2}+\frac{1}{2}\cdot 2x\cdot\frac{1}{2}=\frac{1}{2}\cdot 3\cdot 2\cdot\frac{\sqrt{3}}{2}$
両辺に 4 を掛けると
$3x+2x=6\sqrt{3}$

よって　　$3x+2x=6\sqrt{3}$

ゆえに　　$x=\frac{6\sqrt{3}}{5}$　　すなわち　　$\mathbf{AD=\frac{6\sqrt{3}}{5}}$

PR ②134　円に内接する四角形 ABCD がある。AB=8, BC=3, BD=7, AD=5 であるとき，A と辺 CD の長さを求めよ。また，四角形 ABCD の面積 S を求めよ。

△ABD において余弦定理により

$$\cos A=\frac{8^2+5^2-7^2}{2\cdot 8\cdot 5}$$
$$=\frac{1}{2}$$

⇐ $\cos A=\frac{\mathrm{AB}^2+\mathrm{AD}^2-\mathrm{BD}^2}{2\cdot\mathrm{AB}\cdot\mathrm{AD}}$

よって　　$\mathbf{A=60^\circ}$

四角形 ABCD は円に内接するから

$$A+C=180^\circ$$

よって　　$C=180^\circ-60^\circ=120^\circ$

△BCD において，CD=x とおくと，余弦定理により

$$7^2=3^2+x^2-2\cdot 3\cdot x\cos 120^\circ$$

⇐ $\mathrm{BD}^2=\mathrm{CB}^2+\mathrm{CD}^2-2\cdot\mathrm{CB}\cdot\mathrm{CD}\cos C$

ゆえに　　$x^2+3x-40=0$

よって　　$(x-5)(x+8)=0$

$x>0$ であるから　　$x=5$　　すなわち　　**CD=5**

四角形 ABCD の面積 S は

$$\mathbf{S}=\triangle \mathrm{ABD}+\triangle \mathrm{BCD}$$
$$=\frac{1}{2}\cdot 8\cdot 5\sin 60^\circ+\frac{1}{2}\cdot 3\cdot 5\sin 120^\circ$$
$$=10\sqrt{3}+\frac{15\sqrt{3}}{4}$$
$$=\mathbf{\frac{55\sqrt{3}}{4}}$$

PR ③135 円に内接する四角形 ABCD がある。AB=4, BC=5, CD=7, DA=10 のとき，四角形 ABCD の面積 S を求めよ。

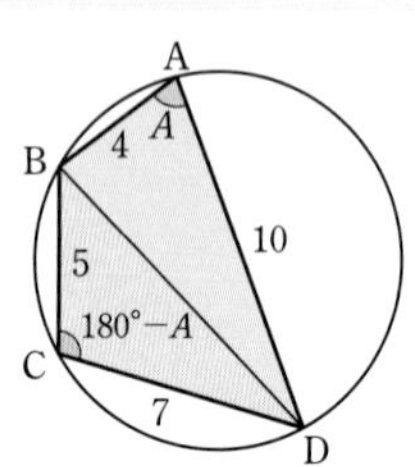

四角形 ABCD は円に内接するから

$$A+C=180°$$

よって　$C=180°-A$

△ABD において，余弦定理により

$$BD^2=10^2+4^2-2\cdot10\cdot4\cos A$$
$$=116-80\cos A \quad \cdots\cdots ①$$

△BCD において，余弦定理により

$$BD^2=7^2+5^2-2\cdot7\cdot5\cos(180°-A)$$
$$=74+70\cos A \quad \cdots\cdots ②$$

⇐$\cos(180°-\theta)=-\cos\theta$

①，② から　$116-80\cos A=74+70\cos A$

⇐BD^2 を消去した形。

よって　$\cos A=\dfrac{7}{25}$

⇐A を求めることはできないが，$\cos A$ を求めることはできる。

$\sin A>0$ であるから

$$\sin A=\sqrt{1-\left(\frac{7}{25}\right)^2}=\frac{24}{25}$$

⇐$\sqrt{1-\left(\frac{7}{25}\right)^2}=\sqrt{\frac{(25+7)(25-7)}{25^2}}=\frac{\sqrt{32\cdot18}}{25}=\frac{4\sqrt{2}\cdot3\sqrt{2}}{25}$

また　$\sin C=\sin(180°-A)=\sin A=\dfrac{24}{25}$

⇐$\sin(180°-\theta)=\sin\theta$

よって　$S=\triangle ABD+\triangle BCD$

$$=\frac{1}{2}\cdot10\cdot4\cdot\frac{24}{25}+\frac{1}{2}\cdot7\cdot5\cdot\frac{24}{25}=\mathbf{36}$$

⇐$\frac{1}{2}(10\cdot4+7\cdot5)\cdot\frac{24}{25}$

PR ②136 △ABC において，BC=17, CA=10, AB=9 とする。このとき，$\sin A$ の値，△ABC の面積，外接円の半径，内接円の半径を求めよ。

余弦定理により

$$\cos A=\frac{10^2+9^2-17^2}{2\cdot10\cdot9}=-\frac{108}{2\cdot10\cdot9}=-\frac{3}{5}$$

$\sin A>0$ であるから

$$\mathbf{\sin A}=\sqrt{1-\cos^2 A}$$
$$=\sqrt{1-\left(-\frac{3}{5}\right)^2}=\mathbf{\frac{4}{5}}$$

よって　$\mathbf{\triangle ABC}=\dfrac{1}{2}AB\cdot AC\sin A$

$$=\frac{1}{2}\cdot9\cdot10\cdot\frac{4}{5}=\mathbf{36}$$

別解 （前半）
ヘロンの公式を用いると，
$2s=17+10+9$ から
$s=18$
よって
△ABC
$=\sqrt{s(s-a)(s-b)(s-c)}$
$=\sqrt{18\cdot1\cdot8\cdot9}=\mathbf{36}$
$\triangle ABC=\dfrac{1}{2}bc\sin A$ から
$\mathbf{\sin A}=\dfrac{36}{\frac{1}{2}\cdot10\cdot9}=\mathbf{\dfrac{4}{5}}$

△ABC の外接円，内接円の半径をそれぞれ R, r とすると，正弦定理により

$$\boldsymbol{R}=\frac{BC}{2\sin A}=\frac{17}{2\cdot\frac{4}{5}}=\mathbf{\frac{85}{8}}$$

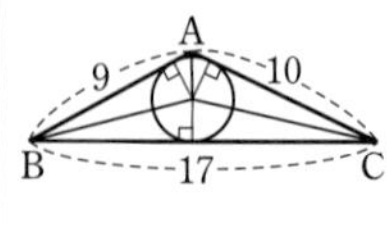

また　$\triangle ABC=\dfrac{1}{2}r(17+10+9)$

⇐$\boldsymbol{S=\frac{1}{2}r(a+b+c)}$

△ABC=36 であるから　$36=18r$　よって　$\boldsymbol{r=2}$

PR ③137　1辺の長さが6の正四面体 ABCD について，辺 BC 上で $2\mathrm{BE}=\mathrm{EC}$ を満たす点を E，辺 CD の中点を M とする。
(1) 線分 AM，AE，EM の長さをそれぞれ求めよ。
(2) $\angle\mathrm{EAM}=\theta$ とおくとき，$\cos\theta$ の値を求めよ。
(3) △AEM の面積を求めよ。〔大阪教育大〕

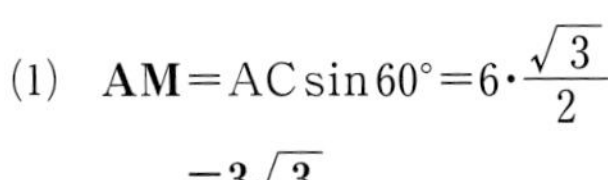

(1) $\mathbf{AM}=\mathrm{AC}\sin60^\circ=6\cdot\dfrac{\sqrt{3}}{2}$

$\mathbf{=3\sqrt{3}}$

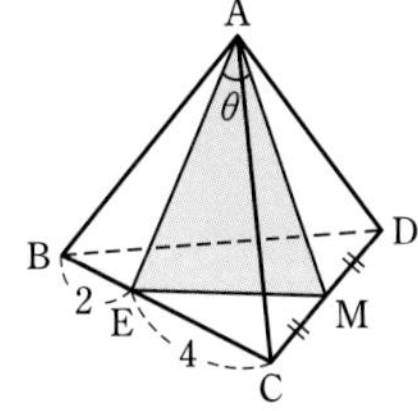

⇐線分 AM，AE，EM を3辺とする三角形を取り出す。△ACD は正三角形。

△ABE において，余弦定理により

$\mathrm{AE}^2=\mathrm{AB}^2+\mathrm{BE}^2-2\mathrm{AB}\cdot\mathrm{BE}\cos60^\circ$　⇐$\angle\mathrm{ABE}=60^\circ$

$=6^2+2^2-2\cdot6\cdot2\cdot\dfrac{1}{2}=28$

$\mathrm{AE}>0$ であるから　$\mathbf{AE}=\sqrt{28}\mathbf{=2\sqrt{7}}$

△ECM において，余弦定理により

$\mathrm{EM}^2=\mathrm{CE}^2+\mathrm{CM}^2-2\mathrm{CE}\cdot\mathrm{CM}\cos60^\circ$　⇐$\angle\mathrm{ECM}=60^\circ$

$=4^2+3^2-2\cdot4\cdot3\cdot\dfrac{1}{2}=13$

$\mathrm{EM}>0$ であるから　$\mathbf{EM=\sqrt{13}}$

(2) △AEM において，余弦定理により

$$\cos\theta=\frac{\mathrm{AE}^2+\mathrm{AM}^2-\mathrm{EM}^2}{2\mathrm{AE}\cdot\mathrm{AM}}=\frac{28+27-13}{2\cdot2\sqrt{7}\cdot3\sqrt{3}}=\frac{42}{12\sqrt{21}}=\boldsymbol{\frac{\sqrt{21}}{6}}$$

(3) $0^\circ<\theta<180^\circ$ より，$\sin\theta>0$ であるから

$$\sin\theta=\sqrt{1-\cos^2\theta}=\sqrt{1-\left(\frac{\sqrt{21}}{6}\right)^2}=\frac{\sqrt{15}}{6}$$

よって　$\triangle\mathrm{AEM}=\dfrac{1}{2}\mathrm{AE}\cdot\mathrm{AM}\sin\theta=\dfrac{1}{2}\cdot2\sqrt{7}\cdot3\sqrt{3}\cdot\dfrac{\sqrt{15}}{6}$

$=\boldsymbol{\dfrac{3\sqrt{35}}{2}}$

PR ③138 1辺の長さが3の正四面体ABCDにおいて，頂点Aから底面BCDに垂線AHを下ろす。辺AB上に AE=1 となる点Eをとるとき，次のものを求めよ。
(1) $\sin\angle\mathrm{ABH}$　　(2) 四面体EBCDの体積

(1) △ABH≡△ACH≡△ADH であるから

$$\mathrm{BH}=\mathrm{CH}=\mathrm{DH}$$

ゆえに，点Hは△BCDの外接円の中心で，外接円の半径はBHである。
よって，△BCDにおいて，正弦定理により $\dfrac{3}{\sin 60^\circ}=2\mathrm{BH}$

ゆえに　$\mathrm{BH}=\sqrt{3}$

よって　$\mathrm{AH}=\sqrt{\mathrm{AB}^2-\mathrm{BH}^2}=\sqrt{3^2-(\sqrt{3})^2}=\sqrt{6}$

したがって　$\sin\angle\mathrm{ABH}=\dfrac{\mathrm{AH}}{\mathrm{AB}}=\boldsymbol{\dfrac{\sqrt{6}}{3}}$

⇐直角三角形の斜辺と他の1辺の長さが等しい。△ABH，△ACH，△ADHは直角三角形で，斜辺は AB=AC=AD，AHは共通。

⇐$\dfrac{\mathrm{CD}}{\sin\angle\mathrm{DBC}}=2R$
CD=3，∠DBC=60°

別解 (解答の4行目までは上と同じ)
よって，点Hは△BCDの外心である。また，正三角形の外心と重心は一致するから，点Hは底面の△BCDの重心でもある。線分BHの延長と辺CDとの交点をFとすると

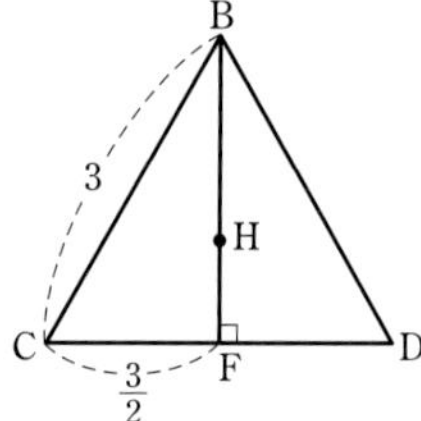

⇐重心については数学Aで詳しく学ぶ。

$$\mathrm{BH}=\frac{2}{3}\mathrm{BF}=\frac{2}{3}\cdot\frac{3}{2}\sqrt{3}=\sqrt{3}$$

⇐BH：HF=2：1
CF：BF=1：$\sqrt{3}$

したがって

$$\cos\angle\mathrm{ABH}=\frac{\mathrm{BH}}{\mathrm{AB}}=\frac{\sqrt{3}}{3}$$

$0^\circ<\angle\mathrm{ABH}<180^\circ$ より，$\sin\angle\mathrm{ABH}>0$　であるから

$$\sin\angle\mathrm{ABH}=\sqrt{1-\left(\frac{\sqrt{3}}{3}\right)^2}=\sqrt{\frac{6}{9}}=\boldsymbol{\frac{\sqrt{6}}{3}}$$

⇐$\sin^2\theta+\cos^2\theta=1$

(2) △BCDの面積は

$$\frac{1}{2}\cdot3\cdot3\sin 60^\circ=\frac{9\sqrt{3}}{4}$$

⇐$\dfrac{1}{2}\mathrm{BD}\cdot\mathrm{BC}\sin\angle\mathrm{DBC}$

また，底面を△BCDとしたときの四面体EBCDの高さは

$$\mathrm{BE}\sin\angle\mathrm{ABH}=2\cdot\frac{\sqrt{6}}{3}=\frac{2\sqrt{6}}{3}$$

よって，四面体EBCDの体積は

$$\frac{1}{3}\cdot\triangle\mathrm{BCD}\cdot\frac{2\sqrt{6}}{3}=\frac{1}{3}\cdot\frac{9\sqrt{3}}{4}\cdot\frac{2\sqrt{6}}{3}=\boldsymbol{\frac{3\sqrt{2}}{2}}$$

⇐角錐，円錐の体積は $\dfrac{1}{3}\times$(底面積)$\times$(高さ)

PR ③139 半径1の球に内接する正四面体の1辺の長さを求めよ。

正四面体を ABCD とし，1辺の長さを a とする。
また，頂点Aから △BCD に垂線 AH を下ろす。球の中心をOとすると

$$\mathrm{OA}=\mathrm{OB}=\mathrm{OC}=\mathrm{OD}=1$$

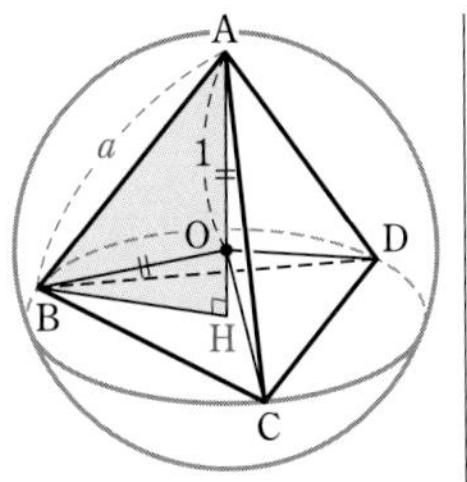

直角三角形 ABH，ACH，ADH は，斜辺が等しく，AH が共通であるから合同で

$$\mathrm{BH}=\mathrm{CH}=\mathrm{DH}$$

したがって，H は △BCD の外接円の中心である。

△BCD において，正弦定理により　$\dfrac{a}{\sin 60^\circ}=2\mathrm{BH}$

⇦BH は △BCD の外接円の半径。

よって　$\mathrm{BH}=\dfrac{a}{2\sin 60^\circ}=\dfrac{a}{\sqrt{3}}$

$$\mathrm{AH}=\sqrt{\mathrm{AB}^2-\mathrm{BH}^2}$$

$$=\sqrt{a^2-\left(\frac{a}{\sqrt{3}}\right)^2}=\frac{\sqrt{6}}{3}a$$

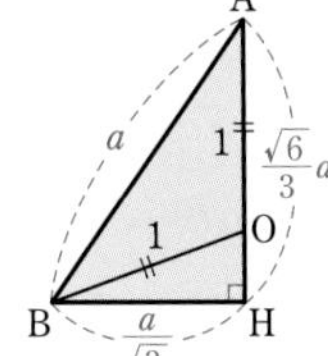

直角三角形 OBH において，
$\mathrm{BH}^2+\mathrm{OH}^2=\mathrm{OB}^2$ から

$$\left(\frac{a}{\sqrt{3}}\right)^2+\left(\frac{\sqrt{6}}{3}a-1\right)^2=1^2$$

ゆえに　$a^2-\dfrac{2\sqrt{6}}{3}a=0$　　よって　$a\left(a-\dfrac{2\sqrt{6}}{3}\right)=0$

$a>0$ であるから　$a=\boldsymbol{\dfrac{2\sqrt{6}}{3}}$

別解 （AH を求めるところまでは同じ）

4つの四面体 OBCD，OCDA，ODAB，OABC は合同で

4×(四面体 OBCD の体積)＝正四面体 ABCD の体積

よって，$4\cdot\dfrac{1}{3}\triangle\mathrm{BCD}\cdot\mathrm{OH}=\dfrac{1}{3}\triangle\mathrm{BCD}\cdot\mathrm{AH}$ から

$$4\mathrm{OH}=\mathrm{AH}$$

したがって　$4\left(\dfrac{\sqrt{6}}{3}a-1\right)=\dfrac{\sqrt{6}}{3}a$　　ゆえに　$\sqrt{6}\,a=4$

よって　$a=\dfrac{4}{\sqrt{6}}=\boldsymbol{\dfrac{2\sqrt{6}}{3}}$

PR ③140 △ABC において，$AB=x$，$BC=2$，$CA=4-x$ とする。ただし，$1<x<3$ である。
(1) $\angle ABC=\theta$ とするとき，$\cos\theta$ と $\sin\theta$ の値を x で表せ。
(2) △ABC の面積の最大値と，そのときの x の値を求めよ。〔類 東北学院大〕

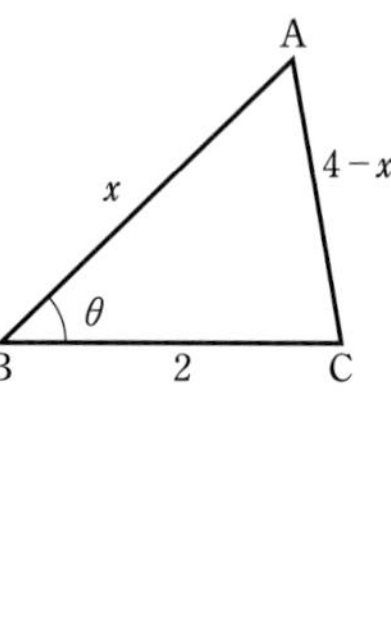

(1) △ABC において，余弦定理により

$$\boldsymbol{\cos\theta}=\frac{x^2+2^2-(4-x)^2}{2x\cdot 2}=\boldsymbol{\frac{2x-3}{x}}$$

$0°<\theta<180°$ より $\sin\theta>0$ であるから

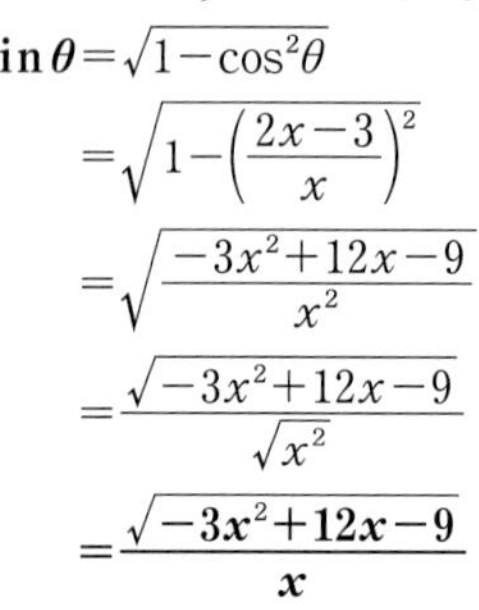

$$\boldsymbol{\sin\theta}=\sqrt{1-\cos^2\theta}$$
$$=\sqrt{1-\left(\frac{2x-3}{x}\right)^2}$$
$$=\sqrt{\frac{-3x^2+12x-9}{x^2}}$$
$$=\frac{\sqrt{-3x^2+12x-9}}{\sqrt{x^2}}$$
$$=\boldsymbol{\frac{\sqrt{-3x^2+12x-9}}{x}}$$

(2) △ABC の面積を S とすると

$$S=\frac{1}{2}\cdot x\cdot 2\cdot\sin\theta=\sqrt{-3x^2+12x-9}$$

ここで，$f(x)=-3x^2+12x-9$ とすると

$$f(x)=-3(x^2-4x)-9=-3\{(x-2)^2-2^2\}-9$$
$$=-3(x-2)^2+3$$

$1<x<3$ であるから，$f(x)$ は $x=2$ のとき最大値 3 をとる。
よって，S は **$x=2$ のとき最大値 $\sqrt{3}$** をとる。

⇐ $\cos\theta=\dfrac{AB^2+BC^2-CA^2}{2AB\cdot BC}$

⇐ $-3x^2+12x-9=3(x-1)(3-x)$
$1<x<3$ のとき，
$x-1>0$，$3-x>0$ から
$3(x-1)(3-x)>0$

⇐ $x>0$ から $\sqrt{x^2}=x$

⇐ $S=\dfrac{1}{2}AB\cdot BC\sin\theta$

⇐ $f(x)$ が最大
⟺ S が最大

PR ③141 1 辺の長さが a の正四面体 OABC において，辺 AB，BC，OC 上にそれぞれ点 P，Q，R をとる。頂点 O から，P，Q，R の順に 3 点を通り，頂点 A に至る最短経路の長さを求めよ。

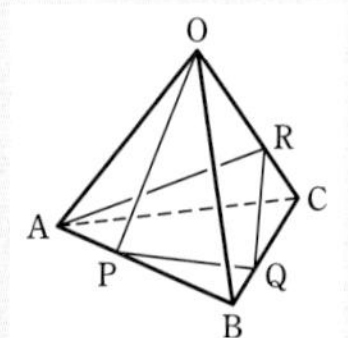

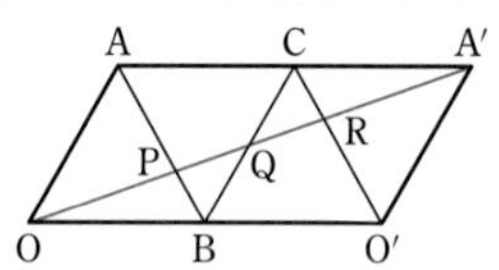

右の図のような展開図を考えると，四角形 AOO′A′ は平行四辺形であり，求める最短経路の長さは，図の線分 OA′ の長さである。
△OAA′ において $OA=a$，$AA'=2a$，
$\angle OAA'=2\cdot 60°=120°$ であるから，余弦定理により

$$OA'^2=AA'^2+OA^2-2AA'\cdot OA\cos 120°$$
$$=(2a)^2+a^2-2\cdot 2a\cdot a\cdot\left(-\frac{1}{2}\right)=7a^2$$

$a>0$，$OA'>0$ であるから　$OA'=\sqrt{7}a$
よって，求める最短経路の長さは　$\boldsymbol{\sqrt{7}a}$

⇐ **平面上の 2 点間を結ぶ最短の経路は，2 点を結ぶ線分** である。

EX ③90

AB=13, BC=15, CA=8 の △ABC において，点 A から辺 BC に垂線 AD を下ろす。このとき，次の値を求めよ。

(1) BD の長さ　　(2) $\sin\angle B$　　(3) $\tan\angle C$

(1) $BD=x$ とすると，直角三角形 ABD において

$AD^2=13^2-x^2$ …… ①

また，直角三角形 ACD において

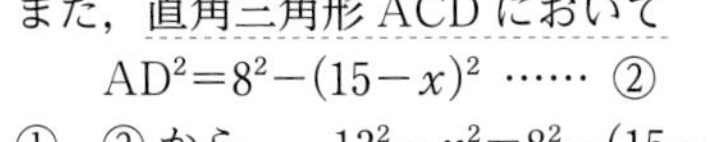

$AD^2=8^2-(15-x)^2$ …… ②

①，② から　$13^2-x^2=8^2-(15-x)^2$

整理して　$30x=330$

ゆえに　$x=11$

よって　$BD=\mathbf{11}$

⇐三平方の定理 $AD^2=AB^2-BD^2=AC^2-CD^2$

⇐$169-x^2=64-(225-30x+x^2)$ から $330=30x$

別解　△ABC において，余弦定理により

$$\cos\angle B=\frac{13^2+15^2-8^2}{2\cdot13\cdot15}=\frac{11}{13}$$

よって　$BD=AB\cos\angle B=13\cdot\frac{11}{13}=\mathbf{11}$

⇐本冊 p.194 以降で学習する余弦定理を利用した別解。 $\cos B=\frac{c^2+a^2-b^2}{2ca}$

(2) (1) から　$AD^2=13^2-11^2=48$

ゆえに　$AD=\sqrt{48}=4\sqrt{3}$

よって　$\sin\angle B=\frac{AD}{AB}=\mathbf{\frac{4\sqrt{3}}{13}}$

別解　$\sin\angle B>0$ から

$$\sin\angle B=\sqrt{1-\cos^2\angle B}=\sqrt{1-\left(\frac{11}{13}\right)^2}=\mathbf{\frac{4\sqrt{3}}{13}}$$

⇐(1) の 別解 利用。

⇐$\sin^2B+\cos^2B=1$

(3) (1) から　$CD=BC-BD=15-11=4$

よって，直角三角形 ADC において，(2) から

$$\tan\angle C=\frac{AD}{CD}=\frac{4\sqrt{3}}{4}=\mathbf{\sqrt{3}}$$

inf.　$0^\circ<\angle C<90^\circ$ であるから，$\tan\angle C=\sqrt{3}$ より，$\angle C=60^\circ$ であることがわかる。

EX ②91

道路や鉄道の傾斜具合を表す言葉に勾配（こうばい）がある。「三角比の表」を用いて，次の問いに答えよ。

(1) 道路の勾配には，百分率（%，パーセント）がよく用いられる。百分率は，水平方向に 100 m 進んだときに，何 m 標高が高くなるかを表す。ある道路では，23% と表示された標識がある。この道路の傾斜は約何度か。

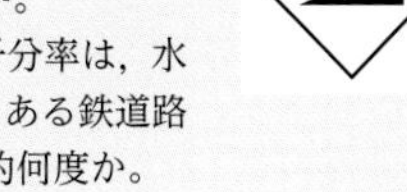

(2) 鉄道の勾配には，千分率（‰，パーミル）がよく用いられる。千分率は，水平方向に 1000 m 進んだときに，何 m 標高が高くなるかを表す。ある鉄道路線では，18‰ と表示された標識がある。この鉄道路線の傾斜は約何度か。

(1) この道路の勾配は 23% であるから，水平方向に 100 m 進んだとき，標高は 23 m 高くなる。

この道路の傾斜を θ とすると　$\tan\theta=\frac{23}{100}=0.23$

三角比の表から　$\tan13^\circ=0.2309$, $\tan14^\circ=0.2493$

ゆえに，13° の方が近い値であるから　$\theta\fallingdotseq13^\circ$

よって，この道路の傾斜は　**約 13°**

(1)

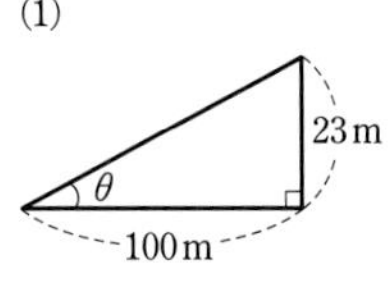

(2)　この鉄道路線の勾配は 18‰ であるから，水平方向に 1000 m 進んだとき，標高は 18 m 高くなる。

この鉄道路線の傾斜を θ とすると　$\tan\theta=\dfrac{18}{1000}=0.018$

三角比の表から　$\tan 1^\circ=0.0175$，$\tan 2^\circ=0.0349$

ゆえに，1° の方が近い値であるから　$\theta \fallingdotseq 1^\circ$

よって，この鉄道路線の傾斜は　**約 1°**

(2)

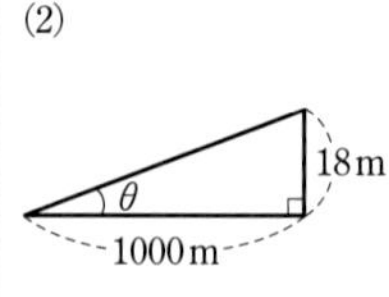

EX ②92

次の式を簡単にせよ。

(1)　$(\cos\theta+2\sin\theta)^2+(2\cos\theta-\sin\theta)^2$　$(0^\circ<\theta<90^\circ)$

(2)　$\tan(45^\circ+\theta)\tan(45^\circ-\theta)\tan 30^\circ$　$(0^\circ<\theta<45^\circ)$

(1)　$(\cos\theta+2\sin\theta)^2+(2\cos\theta-\sin\theta)^2$

$=(\cos^2\theta+4\cos\theta\sin\theta+4\sin^2\theta)$
$\quad+(4\cos^2\theta-4\cos\theta\sin\theta+\sin^2\theta)$

$=5\cos^2\theta+5\sin^2\theta=5(\sin^2\theta+\cos^2\theta)=\mathbf{5}$

⇐ $\sin^2\theta+\cos^2\theta=1$

(2)　$\tan(45^\circ+\theta)\tan(45^\circ-\theta)\tan 30^\circ$

$=\tan\{90^\circ-(45^\circ-\theta)\}\tan(45^\circ-\theta)\tan 30^\circ$

$=\dfrac{1}{\tan(45^\circ-\theta)}\cdot\tan(45^\circ-\theta)\tan 30^\circ=\tan 30^\circ=\boldsymbol{\dfrac{1}{\sqrt{3}}}$

⇐ $(45^\circ+\theta)+(45^\circ-\theta)=90^\circ$ に着目。

⇐ $\tan(90^\circ-\theta)=\dfrac{1}{\tan\theta}$

EX ③93

$0^\circ<\theta<90^\circ$ で，$\tan\theta=3$ のとき，$\cos\theta$，$\dfrac{1-\sin\theta}{\cos\theta}+\dfrac{\cos\theta}{1-\sin\theta}$ の値を，それぞれ求めよ。

〔類　東亜大〕

$\dfrac{1}{\cos^2\theta}=1+\tan^2\theta=1+3^2=10$

⇐ $1+\tan^2\theta=\dfrac{1}{\cos^2\theta}$ から $\cos^2\theta=\dfrac{1}{1+\tan^2\theta}$

よって　$\cos^2\theta=\dfrac{1}{10}$

$0^\circ<\theta<90^\circ$ では，$\cos\theta>0$ であるから

$\boldsymbol{\cos\theta=\sqrt{\dfrac{1}{10}}=\dfrac{1}{\sqrt{10}}}$

また　$\boldsymbol{\dfrac{1-\sin\theta}{\cos\theta}+\dfrac{\cos\theta}{1-\sin\theta}}=\dfrac{(1-\sin\theta)^2+\cos^2\theta}{\cos\theta(1-\sin\theta)}$

⇐通分

$=\dfrac{1-2\sin\theta+\sin^2\theta+\cos^2\theta}{\cos\theta(1-\sin\theta)}$

⇐ $\sin^2\theta+\cos^2\theta=1$

$=\dfrac{2(1-\sin\theta)}{\cos\theta(1-\sin\theta)}=\dfrac{2}{\cos\theta}$

$=\dfrac{2}{\dfrac{1}{\sqrt{10}}}=\mathbf{2\sqrt{10}}$

別解　(後半)

$\boldsymbol{\dfrac{1-\sin\theta}{\cos\theta}+\dfrac{\cos\theta}{1-\sin\theta}}=\dfrac{1}{\cos\theta}-\tan\theta+\dfrac{1}{\dfrac{1}{\cos\theta}-\tan\theta}$

⇐ $\cos\theta$ と $\tan\theta$ で表す。

$=\sqrt{10}-3+\dfrac{1}{\sqrt{10}-3}$

$=\sqrt{10}-3+\sqrt{10}+3=\mathbf{2\sqrt{10}}$

別解　（後半）

$$\frac{\mathbf{1-\sin\theta}}{\mathbf{\cos\theta}}+\frac{\mathbf{\cos\theta}}{\mathbf{1-\sin\theta}}=\frac{\cos\theta(1-\sin\theta)}{\cos^2\theta}+\frac{\cos\theta(1+\sin\theta)}{1-\sin^2\theta}$$

$$=\frac{\cos\theta(1-\sin\theta)+\cos\theta(1+\sin\theta)}{\cos^2\theta}$$

$$=\frac{2\cos\theta}{\cos^2\theta}=\frac{2}{\cos\theta}$$

$$=\mathbf{2\sqrt{10}}$$

⇐$\cos\theta$ だけで表す。

EX ③94

(1)　右の図を利用して，$\sin 18^\circ$ の値を求めよ。

(2)　右の図を利用して，$\sin 22.5^\circ$，$\cos 22.5^\circ$，$\tan 22.5^\circ$ の値を求めよ。

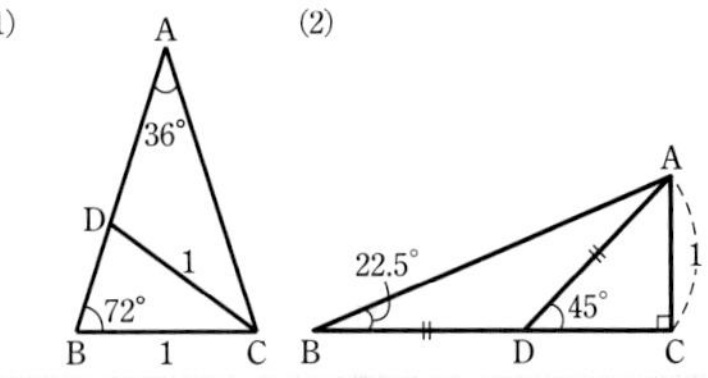

HINT　特殊な角の三角比を求めるには，その角を内角にもつ直角三角形を作ればよい。

(1)　$\angle ACB=180^\circ-(36^\circ+72^\circ)=72^\circ$

$\angle DCB=180^\circ-(\angle DBC+\angle BDC)=180^\circ-72^\circ\times 2=36^\circ$

⇐$BC=DC=1$ から $\angle DBC=\angle BDC=72^\circ$

$\triangle ABC$ と $\triangle CDB$ において

$\angle BAC=\angle DCB=36^\circ$，$\angle ACB=\angle CBD=72^\circ$

ゆえに　$\triangle ABC\backsim\triangle CDB$

⇐2角が等しい。
相似形は，**頂点が対応するように順に並べて書く。**

よって，$\dfrac{BC}{AB}=\dfrac{DB}{CD}$ から　$BC\cdot CD=AB\cdot DB$ …… ①

また，$\angle DCA=36^\circ$ であるから　$DC=DA$

⇐$\angle DCA=\angle ACB-\angle DCB=72^\circ-36^\circ=36^\circ$

ゆえに，$AD=CD=BC=1$ であり，$DB=x$ とおくと

$AB=AD+DB=1+x$ であるから，① は

$1^2=(1+x)x$

よって　$x^2+x-1=0$

これを解いて　$x=\dfrac{-1\pm\sqrt{5}}{2}$

$x>0$ であるから　$x=\dfrac{-1+\sqrt{5}}{2}$

すなわち　$DB=\dfrac{\sqrt{5}-1}{2}$

別解　(1)（後半）
$\angle A$ の二等分線を考え，
$AB=\dfrac{\sqrt{5}+1}{2}$ から
$\sin 18^\circ=\dfrac{1}{2}\div\dfrac{\sqrt{5}+1}{2}$
$=\dfrac{\sqrt{5}-1}{4}$
と求めてもよい。

$\triangle CDB$ において，頂角 C の二等分線と辺 BD の交点を E とすると

$\angle DCE=18^\circ$，$\angle CDE=72^\circ$，$\angle CED=90^\circ$

ゆえに　$\sin 18^\circ=\dfrac{DE}{CD}=DE=\dfrac{DB}{2}=\mathbf{\dfrac{\sqrt{5}-1}{4}}$

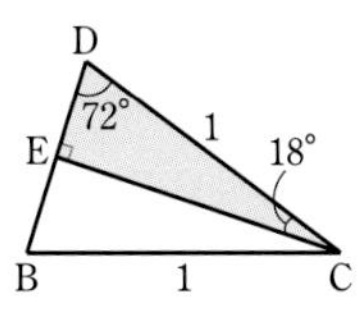

(2)　$\triangle ADC$ は $\angle C=90^\circ$ の直角二等辺三角形であるから

$CD=CA=1$，$AD=\sqrt{2}$

また，条件から　$BD=AD=\sqrt{2}$

よって　$BC=BD+CD=\sqrt{2}+1$

直角三角形 ABC において

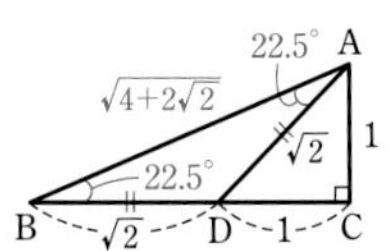

$$AB=\sqrt{(\sqrt{2}+1)^2+1^2}=\sqrt{4+2\sqrt{2}}$$

したがって

$$\sin 22.5^\circ=\frac{AC}{AB}=\frac{1}{\sqrt{4+2\sqrt{2}}}=\frac{\sqrt{2-\sqrt{2}}}{\sqrt{2(2+\sqrt{2})(2-\sqrt{2})}}$$

$$=\frac{\sqrt{2-\sqrt{2}}}{\sqrt{2(4-2)}}=\boldsymbol{\frac{\sqrt{2-\sqrt{2}}}{2}}$$

$$\cos 22.5^\circ=\frac{BC}{AB}=\frac{\sqrt{2}+1}{\sqrt{4+2\sqrt{2}}}=\frac{(\sqrt{2}+1)\sqrt{2-\sqrt{2}}}{2}$$

$$=\frac{\sqrt{(\sqrt{2}+1)^2(2-\sqrt{2})}}{2}=\boldsymbol{\frac{\sqrt{2+\sqrt{2}}}{2}}$$

$$\tan 22.5^\circ=\frac{AC}{BC}=\frac{1}{\sqrt{2}+1}=\frac{\sqrt{2}-1}{(\sqrt{2}+1)(\sqrt{2}-1)}$$

$$=\boldsymbol{\sqrt{2}-1}$$

⇐ 2 重根号（本冊 $p.52$）。和が 4 で積が 2 である 2 つの実数は $2\pm\sqrt{2}$ であるから
$\sqrt{4+2\sqrt{2}}$
$=\sqrt{2+\sqrt{2}}+\sqrt{2-\sqrt{2}}$
となり，2 重根号ははずれない。

⇐$\sin 22.5^\circ$ の計算から
$\frac{1}{\sqrt{4+2\sqrt{2}}}=\frac{\sqrt{2-\sqrt{2}}}{2}$

inf. $\cos 22.5^\circ$
$=\sqrt{1-\sin^2 22.5^\circ}$
として求めてもよい。

EX ④95 △ABC において，$\angle A=\alpha$，$\angle B=\beta$，$\angle C=90^\circ$ とするとき，次の不等式が成り立つことを証明せよ。
(1) $\sin\alpha+\sin\beta>1$　　(2) $\cos\alpha+\cos\beta>1$

(1) △ABC において
$BC+CA>AB$
が成り立つ。

また，$\sin\alpha=\frac{BC}{AB}$，$\sin\beta=\frac{CA}{AB}$
であるから

$$\sin\alpha+\sin\beta=\frac{BC}{AB}+\frac{CA}{AB}=\frac{BC+CA}{AB}>\frac{AB}{AB}=1$$

よって　$\sin\alpha+\sin\beta>1$

(2) △ABC において，$CA+BC>AB$ が成り立つ。
また，$\cos\alpha=\frac{CA}{AB}$，$\cos\beta=\frac{BC}{AB}$ であるから

$$\cos\alpha+\cos\beta=\frac{CA}{AB}+\frac{BC}{AB}=\frac{CA+BC}{AB}>\frac{AB}{AB}=1$$

よって　$\cos\alpha+\cos\beta>1$

⇐三角形において，
2 辺の長さの和は他の 1 辺の長さより大きい。

inf. $\beta=90^\circ-\alpha$ から
$\sin\beta=\sin(90^\circ-\alpha)$
$=\cos\alpha$
よって，(1) は
$\sin\alpha+\cos\alpha>1$
すなわち，すべての鋭角 α について，正弦と余弦の和は 1 より大きい。

EX ②96 次の式を簡単にせよ。
(1) $(\cos 110^\circ-\cos 160^\circ)^2+(\sin 70^\circ+\cos 70^\circ)^2$
(2) $\tan^2\theta+(1-\tan^4\theta)(1-\sin^2\theta)$

(1) $\cos 110^\circ=\cos(180^\circ-70^\circ)=-\cos 70^\circ$
$\cos 160^\circ=\cos(90^\circ+70^\circ)=-\sin 70^\circ$
よって

$$(\cos 110^\circ-\cos 160^\circ)^2+(\sin 70^\circ+\cos 70^\circ)^2$$
$$=(-\cos 70^\circ+\sin 70^\circ)^2+(\sin 70^\circ+\cos 70^\circ)^2$$
$$=(\cos^2 70^\circ-2\cos 70^\circ\sin 70^\circ+\sin^2 70^\circ)$$
$$+(\sin^2 70^\circ+2\sin 70^\circ\cos 70^\circ+\cos^2 70^\circ)$$
$$=2(\sin^2 70^\circ+\cos^2 70^\circ)=\boldsymbol{2}$$

⇐$\cos(180^\circ-\theta)=-\cos\theta$
⇐$\cos(90^\circ+\theta)=-\sin\theta$
⇐$\sin^2\theta+\cos^2\theta=1$

別解　$\cos 110^\circ=\cos(90^\circ+20^\circ)=-\sin 20^\circ$

$\cos 160^\circ=\cos(180^\circ-20^\circ)=-\cos 20^\circ$

$\sin 70^\circ=\sin(90^\circ-20^\circ)=\cos 20^\circ$

$\cos 70^\circ=\cos(90^\circ-20^\circ)=\sin 20^\circ$

⇐$\cos(90^\circ+\theta)=-\sin\theta$

⇐$\cos(180^\circ-\theta)=-\cos\theta$

⇐$\sin(90^\circ-\theta)=\cos\theta$

⇐$\cos(90^\circ-\theta)=\sin\theta$

よって

$$
\begin{aligned}
&(\cos 110^\circ-\cos 160^\circ)^2+(\sin 70^\circ+\cos 70^\circ)^2\\
&=(-\sin 20^\circ+\cos 20^\circ)^2+(\cos 20^\circ+\sin 20^\circ)^2\\
&=(\sin^2 20^\circ-2\sin 20^\circ\cos 20^\circ+\cos^2 20^\circ)\\
&\quad+(\cos^2 20^\circ+2\sin 20^\circ\cos 20^\circ+\sin^2 20^\circ)\\
&=2(\sin^2 20^\circ+\cos^2 20^\circ)\\
&=\mathbf{2}
\end{aligned}
$$

(2)
$$
\begin{aligned}
&\tan^2\theta+(1-\tan^4\theta)(1-\sin^2\theta)\\
&=\tan^2\theta+(1+\tan^2\theta)(1-\tan^2\theta)\cos^2\theta\\
&=\tan^2\theta+\frac{1}{\cos^2\theta}(1-\tan^2\theta)\cos^2\theta\\
&=\tan^2\theta+1-\tan^2\theta\\
&=\mathbf{1}
\end{aligned}
$$

⇐$a^2-b^2=(a+b)(a-b)$,
$1-\sin^2\theta=\cos^2\theta$

⇐$1+\tan^2\theta=\dfrac{1}{\cos^2\theta}$

EX ③97　次の三角比の値を，小さい順に並べよ。

(1)　$\sin 35^\circ$, $\sin 70^\circ$, $\sin 105^\circ$, $\sin 140^\circ$, $\sin 175^\circ$

(2)　$\sin 29^\circ$, $\cos 29^\circ$, $\tan 29^\circ$　　〔(2) 摂南大〕

(1)　$\sin 105^\circ=\sin(180^\circ-75^\circ)=\sin 75^\circ$

$\sin 140^\circ=\sin(180^\circ-40^\circ)=\sin 40^\circ$

$\sin 175^\circ=\sin(180^\circ-5^\circ)=\sin 5^\circ$

⇐$\sin(180^\circ-\theta)=\sin\theta$ を用いて，90° 未満の角度にする。

$0^\circ\leqq\theta\leqq 90^\circ$ のとき，θ の値が大きいほど $\sin\theta$ の値も大きくなるから

$\sin 5^\circ<\sin 35^\circ<\sin 40^\circ<\sin 70^\circ<\sin 75^\circ$

よって　$\mathbf{\sin 175^\circ<\sin 35^\circ<\sin 140^\circ<\sin 70^\circ<\sin 105^\circ}$

(2)　$\cos 30^\circ<\cos 29^\circ<\cos 0^\circ$ であるから

$\dfrac{\sqrt{3}}{2}<\cos 29^\circ<1$ …… ①

⇐$0^\circ\leqq\theta\leqq 90^\circ$ のとき，θ の値が**大きい**ほど，$\cos\theta$ の値は**小さく**なる。

$\tan 0^\circ<\tan 29^\circ<\tan 30^\circ$ であるから

$0<\tan 29^\circ<\dfrac{1}{\sqrt{3}}=\dfrac{\sqrt{3}}{3}$ …… ②

⇐$0^\circ\leqq\theta<90^\circ$ のとき，θ の値が**大きい**ほど，$\tan\theta$ の値も**大きく**なる。

①，② から　$\tan 29^\circ<\cos 29^\circ$ …… ③

⇐$\dfrac{\sqrt{3}}{3}<\dfrac{\sqrt{3}}{2}$

また，$\tan\theta=\dfrac{\sin\theta}{\cos\theta}$ から　$\dfrac{\tan 29^\circ}{\sin 29^\circ}=\dfrac{1}{\cos 29^\circ}$

① から　$\dfrac{1}{\cos 29^\circ}>1$　　ゆえに　$\dfrac{\tan 29^\circ}{\sin 29^\circ}>1$

よって　$\sin 29^\circ<\tan 29^\circ$ …… ④

③，④ から　$\mathbf{\sin 29^\circ<\tan 29^\circ<\cos 29^\circ}$

⇐$\sin 29^\circ$ と $\tan 29^\circ$ の大小を調べるために，$\dfrac{\tan 29^\circ}{\sin 29^\circ}$ と 1 の大小を調べる。

EX ③98 $0° \leqq \theta \leqq 180°$，$\cos\theta=-\dfrac{1}{3}$ のとき，$\sin\theta\tan\theta+\dfrac{\cos\theta}{\tan\theta}$ の値を求めよ。

$$\sin^2\theta=1-\cos^2\theta=1-\left(-\frac{1}{3}\right)^2=\frac{8}{9}$$

$\sin\theta \geqq 0$ であるから

$$\sin\theta=\sqrt{\frac{8}{9}}=\frac{2\sqrt{2}}{3}$$

また　$\tan\theta=\dfrac{\sin\theta}{\cos\theta}=\dfrac{2\sqrt{2}}{3}\div\left(-\dfrac{1}{3}\right)=-2\sqrt{2}$

よって

$$\sin\theta\tan\theta+\frac{\cos\theta}{\tan\theta}=\frac{2\sqrt{2}}{3}\cdot(-2\sqrt{2})+\left(-\frac{1}{3}\right)\div(-2\sqrt{2})$$
$$=-\frac{8}{3}+\frac{1}{6\sqrt{2}}=-\frac{8}{3}+\frac{\sqrt{2}}{12}$$
$$=\boldsymbol{\frac{-32+\sqrt{2}}{12}}$$

⇐$\sin^2\theta+\cos^2\theta=1$ から $\sin^2\theta=1-\cos^2\theta$

inf.　(与式)
$=\sin\theta\cdot\dfrac{\sin\theta}{\cos\theta}+\cos\theta\cdot\dfrac{\cos\theta}{\sin\theta}$
$=\dfrac{\sin^2\theta}{\cos\theta}+\dfrac{\cos^2\theta}{\sin\theta}$
と変形すると，$\tan\theta$ の値を求めなくても与式の値が求められる。

⇐分母の有理化。
$\dfrac{1\times\sqrt{2}}{6\sqrt{2}\times\sqrt{2}}=\dfrac{\sqrt{2}}{12}$

EX ③99 原点を通り，直線 $y=x$ となす角が $15°$ である直線は 2 本引ける。これらの直線の方程式を求めよ。

直線 $y=x$ と x 軸の正の向きとのなす角を θ とすると

$\tan\theta=1$

$0° \leqq \theta \leqq 180°$ であるから　$\theta=45°$

求める直線は，$y=x$ の上下に 2 本引けて，求める直線と x 軸の正の向きとのなす角は

$45°-15°=30°$　または　$45°+15°=60°$

ゆえに，求める直線は，傾きが

$\tan 30°=\dfrac{1}{\sqrt{3}}$　または　$\tan 60°=\sqrt{3}$

で，原点を通る直線である。

よって，求める直線の方程式は　$\boldsymbol{y=\dfrac{1}{\sqrt{3}}x}$，　$\boldsymbol{y=\sqrt{3}\,x}$

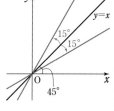

⇐直線 $y=mx$ と x 軸の正の向きとのなす角を θ とすると $m=\tan\theta$ $(\theta \neq 90°)$

EX ④100 $0° \leqq \theta \leqq 180°$ とする。$\sin\theta+\cos\theta=\dfrac{1}{\sqrt{5}}$ のとき，次の式の値を求めよ。

(1) $\tan^3\theta+\dfrac{1}{\tan^3\theta}$　　(2) $\sin^3\theta-\cos^3\theta$

(1) $\sin\theta+\cos\theta=\dfrac{1}{\sqrt{5}}$ の両辺を 2 乗すると

$$\sin^2\theta+2\sin\theta\cos\theta+\cos^2\theta=\frac{1}{5}$$

よって　$1+2\sin\theta\cos\theta=\dfrac{1}{5}$

ゆえに　$\sin\theta\cos\theta=-\dfrac{2}{5}$ ……①

⇐$\sin^2\theta+\cos^2\theta=1$

また　$\tan\theta+\dfrac{1}{\tan\theta}=\dfrac{\sin\theta}{\cos\theta}+\dfrac{\cos\theta}{\sin\theta}$

$=\dfrac{\sin^2\theta+\cos^2\theta}{\cos\theta\sin\theta}$

$=\dfrac{1}{-\frac{2}{5}}=-\dfrac{5}{2}$

⇐$\sin^2\theta+\cos^2\theta=1$, $\sin\theta\cos\theta=-\dfrac{2}{5}$ を代入。

よって　$\tan^3\theta+\dfrac{1}{\tan^3\theta}$

$=\left(\tan\theta+\dfrac{1}{\tan\theta}\right)^3-3\left(\tan\theta+\dfrac{1}{\tan\theta}\right)$

$=\left(-\dfrac{5}{2}\right)^3-3\left(-\dfrac{5}{2}\right)$

$=-\dfrac{125}{8}+\dfrac{15}{2}=\boldsymbol{-\dfrac{65}{8}}$

⇐$\boldsymbol{a}^3+\boldsymbol{b}^3=(\boldsymbol{a}+\boldsymbol{b})^3-3\boldsymbol{ab}(\boldsymbol{a}+\boldsymbol{b})$ の利用。$3\tan\theta\cdot\dfrac{1}{\tan\theta}=3$

(2)　① から　$(\sin\theta-\cos\theta)^2=\sin^2\theta-2\sin\theta\cos\theta+\cos^2\theta$

$=1-2\left(-\dfrac{2}{5}\right)=\dfrac{9}{5}$

⇐$\sin^2\theta+\cos^2\theta=1$, $\sin\theta\cos\theta=-\dfrac{2}{5}$ を代入。

$\sin\theta\geqq0$, $\sin\theta\cos\theta=-\dfrac{2}{5}<0$ から　$\cos\theta<0$

よって　$\sin\theta-\cos\theta>0$

⇐(正)−(負)=(正)+(正)

ゆえに　$\sin\theta-\cos\theta=\sqrt{\dfrac{9}{5}}=\dfrac{3}{\sqrt{5}}=\dfrac{3\sqrt{5}}{5}$

これと ① から

$\sin^3\theta-\cos^3\theta$

$=(\sin\theta-\cos\theta)(\sin^2\theta+\sin\theta\cos\theta+\cos^2\theta)$

$=\dfrac{3\sqrt{5}}{5}\left\{1+\left(-\dfrac{2}{5}\right)\right\}$

$=\boldsymbol{\dfrac{9\sqrt{5}}{25}}$

⇐$\boldsymbol{a}^3-\boldsymbol{b}^3=(\boldsymbol{a}-\boldsymbol{b})(\boldsymbol{a}^2+\boldsymbol{ab}+\boldsymbol{b}^2)$
(後半)　$\sin^3\theta-\cos^3\theta=(\sin\theta-\cos\theta)^3+3\sin\theta\cos\theta\times(\sin\theta-\cos\theta)$ を利用してもよい。

EX ④101　$0^\circ\leqq\theta\leqq180^\circ$ とする。$10\cos^2\theta-24\sin\theta\cos\theta-5=0$ のとき，$\tan\theta$ の値を求めよ。

$\cos\theta=0$ は，$10\cos^2\theta-24\sin\theta\cos\theta-5=0$ を満たさない。
よって　$\cos\theta\neq0$　すなわち　$\theta\neq90^\circ$
与式の両辺を $\cos^2\theta$ で割って

⇐与式に $\cos\theta=0$ を代入すると (左辺)$=-5$，(右辺)$=0$ となって与式を満たさない。

$10-24\cdot\dfrac{\sin\theta}{\cos\theta}-5\cdot\dfrac{1}{\cos^2\theta}=0$

$10-24\tan\theta-5(1+\tan^2\theta)=0$

⇐$\dfrac{\sin\theta}{\cos\theta}=\tan\theta$, $\dfrac{1}{\cos^2\theta}=1+\tan^2\theta$

ゆえに　$5\tan^2\theta+24\tan\theta-5=0$
左辺を変形して　$(\tan\theta+5)(5\tan\theta-1)=0$
$0^\circ\leqq\theta\leqq180^\circ$，$\theta\neq90^\circ$ のとき $\tan\theta$ は任意の実数値をとる。
したがって　$\tan\theta=\boldsymbol{-5,\ \dfrac{1}{5}}$

EX ④102 $0^\circ \leqq \theta \leqq 180^\circ$ とする。次の方程式を解け。

(1) $2\sin^2\theta-5\cos\theta+1=0$ (2) $2\cos^2\theta+3\sin\theta-3=0$

(3) $\sin\theta\tan\theta=-\dfrac{3}{2}$ (4) $\sqrt{2}\sin\theta=\tan\theta$

(1) $2\sin^2\theta-5\cos\theta+1=0$ に $\sin^2\theta=1-\cos^2\theta$ を代入して

$$2(1-\cos^2\theta)-5\cos\theta+1=0$$

整理すると $2\cos^2\theta+5\cos\theta-3=0$

左辺を変形して $(\cos\theta+3)(2\cos\theta-1)=0$

よって $\cos\theta=-3$ または $\cos\theta=\dfrac{1}{2}$

$0^\circ \leqq \theta \leqq 180^\circ$ から $-1 \leqq \cos\theta \leqq 1$

したがって $\cos\theta=\dfrac{1}{2}$

これを満たす θ は $\boldsymbol{\theta=60^\circ}$

⇐$\cos\theta$ の 2 次方程式。

1	╲╱	3 ⟶	6
2	╱╲	−1 ⟶	−1
2		−3	5

⇐$\cos\theta=-3$ は適さない。

(2) $2\cos^2\theta+3\sin\theta-3=0$ に $\cos^2\theta=1-\sin^2\theta$ を代入して

$$2(1-\sin^2\theta)+3\sin\theta-3=0$$

整理すると $2\sin^2\theta-3\sin\theta+1=0$

左辺を変形して $(\sin\theta-1)(2\sin\theta-1)=0$

よって $\sin\theta=1$ または $\sin\theta=\dfrac{1}{2}$

$0^\circ \leqq \theta \leqq 180^\circ$ から $0 \leqq \sin\theta \leqq 1$

したがって，両方とも適する。

ゆえに $\sin\theta=1,\ \dfrac{1}{2}$

これを満たす θ は $\boldsymbol{\theta=30^\circ,\ 90^\circ,\ 150^\circ}$

⇐$\sin\theta$ の 2 次方程式。

1	╲╱	−1 ⟶	−2
2	╱╲	−1 ⟶	−1
2		1	−3

(3) $\sin\theta\tan\theta=-\dfrac{3}{2}$ から $\dfrac{\sin^2\theta}{\cos\theta}=-\dfrac{3}{2}$

両辺に $2\cos\theta$ を掛けて

$$2\sin^2\theta=-3\cos\theta$$

$\sin^2\theta=1-\cos^2\theta$ を代入して

$$2(1-\cos^2\theta)=-3\cos\theta$$

整理すると $2\cos^2\theta-3\cos\theta-2=0$

左辺を変形して $(\cos\theta-2)(2\cos\theta+1)=0$

よって $\cos\theta=2$ または $\cos\theta=-\dfrac{1}{2}$

$0^\circ \leqq \theta \leqq 180^\circ$ から $-1 \leqq \cos\theta \leqq 1$

したがって $\cos\theta=-\dfrac{1}{2}$

これを満たす θ は $\boldsymbol{\theta=120^\circ}$

このとき，$\cos\theta \neq 0$ であるから，これが求める解である。

⇐$\tan\theta=\dfrac{\sin\theta}{\cos\theta}$ を代入。

⇐$\cos\theta$ の 2 次方程式。

1	╲╱	−2 ⟶	−4
2	╱╲	1 ⟶	1
2		−2	−3

⇐$\cos\theta=2$ は適さない。

⇐$\tan\theta=\dfrac{\sin\theta}{\cos\theta}$ において，分母 $\neq 0$ の確認。

(4) $\sqrt{2}\sin\theta=\tan\theta$ から

$$\sqrt{2}\sin\theta=\frac{\sin\theta}{\cos\theta}$$

⇐$\tan\theta=\dfrac{\sin\theta}{\cos\theta}$ を代入。

両辺に $\cos\theta$ を掛けて　$\sqrt{2}\sin\theta\cos\theta=\sin\theta$

変形して　$\sin\theta(\sqrt{2}\cos\theta-1)=0$

よって　$\sin\theta=0$ または $\cos\theta=\dfrac{1}{\sqrt{2}}$

$0°\leqq\theta\leqq180°$ から　$0\leqq\sin\theta\leqq1$, $-1\leqq\cos\theta\leqq1$

したがって，両方とも適する。

ゆえに　$\sin\theta=0$, $\cos\theta=\dfrac{1}{\sqrt{2}}$

これを満たす θ は　$\boldsymbol{\theta=0°,\ 45°,\ 180°}$

このとき，$\cos\theta\neq0$ であるから，これが求める解である。

⇐両辺を $\sin\theta$ で割って，$\sqrt{2}\cos\theta=1$ としないように。

⇐$\tan\theta=\dfrac{\sin\theta}{\cos\theta}$ において，分母 $\neq0$ の確認。

EX ④103　$0°\leqq\theta\leqq180°$ のとき，$y=\sin^4\theta+\cos^4\theta$ とする。$\sin^2\theta=t$ とおくと，$y=$ ア□ t^2- イ□ $t+$ ウ□ と表されるから，y は $\theta=$ エ□ のとき最大値 オ□，$\theta=$ カ□ のとき最小値 キ□ をとる。

$\cos^4\theta=(\cos^2\theta)^2=(1-\sin^2\theta)^2$ であるから

$$y=\sin^4\theta+(1-\sin^2\theta)^2=(\sin^2\theta)^2+(1-\sin^2\theta)^2$$

$\sin^2\theta=t$ とおくと，$0°\leqq\theta\leqq180°$ のとき　$0\leqq t\leqq1$ …… ①

y を t の式で表すと　$y=t^2+(1-t)^2=$ ア$\mathbf{2}t^2-$ イ$\mathbf{2}t+$ ウ$\mathbf{1}$

$$=2(t^2-t)+1=2\left(t-\frac{1}{2}\right)^2+\frac{1}{2}$$

① の範囲において，y は

$t=0$, 1 で最大値 1，$t=\dfrac{1}{2}$ で最小値 $\dfrac{1}{2}$

をとる。$0°\leqq\theta\leqq180°$ では，$\sin\theta\geqq0$ であるから

$t=0$　となるとき，$\sin^2\theta=0$ から　$\sin\theta=0$

よって　$\theta=0°$, $180°$

$t=1$　となるとき，$\sin^2\theta=1$ から　$\sin\theta=1$

ゆえに　$\theta=90°$

$t=\dfrac{1}{2}$ となるとき，$\sin^2\theta=\dfrac{1}{2}$ から　$\sin\theta=\dfrac{1}{\sqrt{2}}$

よって　$\theta=45°$, $135°$

したがって　$\theta=$ エ$\mathbf{0°,\ 90°,\ 180°}$ のとき最大値 オ$\mathbf{1}$

$\theta=$ カ$\mathbf{45°,\ 135°}$　のとき最小値 キ$\boldsymbol{\dfrac{1}{2}}$

⇐$\sin^2\theta+\cos^2\theta=1$

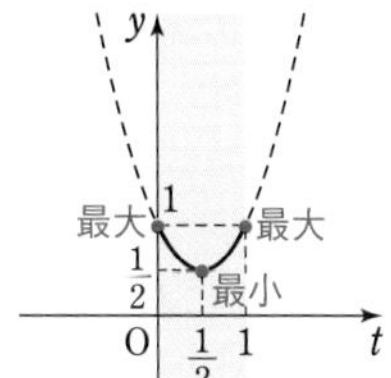

inf.　y の式を，$\sin^2\theta$ を消去することで $\cos^2\theta$ の式に直して解くこともできるが，後で θ の値を求めるときに，やや手間がかかる。

EX ②104　三角形 ABC において，$\sin A:\sin B:\sin C=3:5:7$ とするとき，比 $\cos A:\cos B:\cos C$ を求めよ。〔東北学院大〕

正弦定理により　$a:b:c=\sin A:\sin B:\sin C$

よって　$a:b:c=3:5:7$

ゆえに，$a=3k$, $b=5k$, $c=7k$ $(k>0)$ と表される。

余弦定理により

$$\cos A=\frac{(5k)^2+(7k)^2-(3k)^2}{2\cdot5k\cdot7k}=\frac{65k^2}{2\cdot5\cdot7k^2}=\frac{13}{14}$$

⇐$\cos A=\dfrac{b^2+c^2-a^2}{2bc}$

$$\cos B=\frac{(7k)^2+(3k)^2-(5k)^2}{2\cdot 7k\cdot 3k}=\frac{33k^2}{2\cdot 7\cdot 3k^2}=\frac{11}{14}$$

⇐$\cos B=\dfrac{c^2+a^2-b^2}{2ca}$

$$\cos C=\frac{(3k)^2+(5k)^2-(7k)^2}{2\cdot 3k\cdot 5k}=\frac{-15k^2}{2\cdot 3\cdot 5k^2}=-\frac{1}{2}$$

⇐$\cos C=\dfrac{a^2+b^2-c^2}{2ab}$

したがって　　$\mathbf{\cos A:\cos B:\cos C}=\dfrac{13}{14}:\dfrac{11}{14}:\left(-\dfrac{1}{2}\right)$

$=\mathbf{13:11:(-7)}$

EX
③**105**

四角形 ABCD において，AB=8，BC=5，CD=DA=3，$A=60^\circ$ のとき，対角線 BD の長さは，ア□ である。また，△ABD の外接円の半径 R は，$R=$イ□ となる。更に，$\cos C=$ウ□ であるから，角 C の大きさは，エ□° である。〔昭和女子大〕

△ABD において，余弦定理により

$$BD^2=AB^2+AD^2-2\cdot AB\cdot AD\cos A$$
$$=8^2+3^2-2\cdot 8\cdot 3\cos 60^\circ$$
$$=64+9-2\cdot 8\cdot 3\cdot\frac{1}{2}=49$$

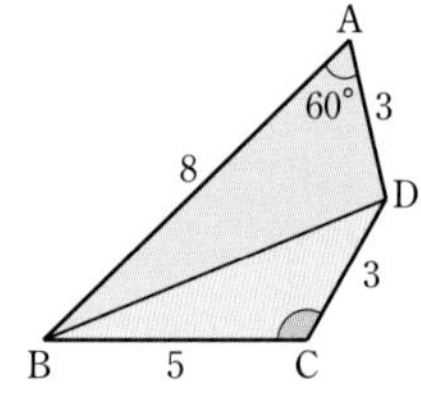

BD>0 であるから　　BD=ア**7**

また，正弦定理により　　$\dfrac{BD}{\sin A}=2R$

よって　　$R=\dfrac{1}{2}\cdot\dfrac{7}{\sin 60^\circ}=\dfrac{1}{2}\cdot\dfrac{7}{\frac{\sqrt{3}}{2}}=\dfrac{7}{\sqrt{3}}=$イ$\mathbf{\dfrac{7\sqrt{3}}{3}}$

△BCD において，余弦定理により

$$\cos C=\frac{BC^2+CD^2-BD^2}{2\cdot BC\cdot CD}=\frac{5^2+3^2-7^2}{2\cdot 5\cdot 3}=-\frac{15}{2\cdot 3\cdot 5}=\text{ウ}\ \mathbf{-\frac{1}{2}}$$

ゆえに　　$C=$エ$\mathbf{120^\circ}$

inf. 四角形 ABCD において，(対角の和)=180° ($A+C=B+D=180^\circ$) ならば，4 頂点 A，B，C，D は同じ円周上にあることが知られている。すなわち，△ABD の外接円と四角形 ABCD の外接円は一致する (数学 A で詳しく学習する)。

EX
③**106**

(1) △ABC において，次のものを求めよ。
(ア) $A=60^\circ$，$c=1+\sqrt{6}$，$a+b=5$ のとき　a
(イ) $A=60^\circ$，$a=1$，$\sin A=2\sin B-\sin C$ のとき　b，c　〔(イ) 京都産大〕
(2) △ABC において，$b=2$，$c=\sqrt{5}+1$，$A=60^\circ$ のとき，C は鋭角，直角，鈍角のいずれであるかを調べよ。〔(2) 類　岡山理科大〕

(1) (ア) $a+b=5$ から　　$b=5-a$

余弦定理により

$$a^2=(5-a)^2+(1+\sqrt{6})^2-2(5-a)(1+\sqrt{6})\cos 60^\circ$$

⇐(右辺) $=25-10a+a^2+1+2\sqrt{6}+6-2\{5+5\sqrt{6}-(1+\sqrt{6})a\}\cdot\dfrac{1}{2}$

整理して　　$(9-\sqrt{6})a=3(9-\sqrt{6})$

よって　　$\mathbf{a=3}$

(イ) △ABC の外接円の半径を R とする。

正弦定理と $a=1$ から　　$\dfrac{1}{\sin 60^\circ}=2R$

よって　　$R=\dfrac{1}{\sqrt{3}}$

ゆえに　　$\sin B=\dfrac{\sqrt{3}}{2}b$，$\sin C=\dfrac{\sqrt{3}}{2}c$

$\sin A=2\sin B-\sin C$ に代入して

$$\frac{\sqrt{3}}{2}=\sqrt{3}\,b-\frac{\sqrt{3}}{2}c$$

よって　$2b-c=1$　…… ①

また，余弦定理により　$1^2=b^2+c^2-2bc\cos 60°$

ゆえに　$b^2+c^2-bc=1$ …… ②

① から　$c=2b-1$　…… ③

③ を ② に代入して　$b^2+(2b-1)^2-b(2b-1)=1$

よって　$b^2-b=0$　すなわち　$b(b-1)=0$

$b>0$ から　$\boldsymbol{b=1}$　③ から　$\boldsymbol{c=1}$

⇐$\cos A=\cos 60°=\frac{1}{2}$

⇐b^2+4b^2-4b+1
$-2b^2+b=1$

(2) 余弦定理により

$$a^2=2^2+(\sqrt{5}+1)^2$$
$$-2\cdot 2(\sqrt{5}+1)\cos 60°$$
$$=4+(6+2\sqrt{5})-4(\sqrt{5}+1)\cdot\frac{1}{2}$$
$$=8$$

A, $60°$, $\sqrt{5}+1$, 2, B, a, C

⇐$a^2=b^2+c^2-2bc\cos A$

$a>0$ であるから　$a=2\sqrt{2}$

ゆえに　$a^2+b^2-c^2$

$$=(2\sqrt{2})^2+2^2-(\sqrt{5}+1)^2$$
$$=6-2\sqrt{5}>0$$

よって，C は **鋭角** である。

⇐$a^2+b^2-c^2>0$
$\Longleftrightarrow \dfrac{a^2+b^2-c^2}{2ab}>0$
$\Longleftrightarrow \cos C>0$
$\Longleftrightarrow$ C は鋭角

EX ③107 近くの公園に円形のプールがある。ある日，このプールの広さを測定しようと考え，私と友人は巻尺とチョークを持って出かけた。プールの縁の 3 ヵ所にチョークで印を付け，それぞれを A，B，C とした。AB，BC，CA の水平距離を測定すると，それぞれ 9 m，6 m，12 m であった。
(1) ∠ABC の正弦，余弦，正接の値を求めよ。
(2) このプールの面積を求めよ。　〔類 鳥取大〕

(1) $\angle\mathrm{ABC}=\theta$ とおくと　$0°<\theta<180°$

余弦定理により

$$\boldsymbol{\cos\theta}=\frac{\mathrm{AB}^2+\mathrm{BC}^2-\mathrm{CA}^2}{2\mathrm{AB}\cdot\mathrm{BC}}=\frac{9^2+6^2-12^2}{2\cdot 9\cdot 6}=\boldsymbol{-\frac{1}{4}}$$

$0°<\theta<180°$ であるから　$\sin\theta>0$

よって　$\boldsymbol{\sin\theta}=\sqrt{1-\cos^2\theta}=\sqrt{1-\left(-\frac{1}{4}\right)^2}=\boldsymbol{\frac{\sqrt{15}}{4}}$

また　$\boldsymbol{\tan\theta}=\frac{\sin\theta}{\cos\theta}=\frac{\sqrt{15}}{4}\div\left(-\frac{1}{4}\right)=\boldsymbol{-\sqrt{15}}$

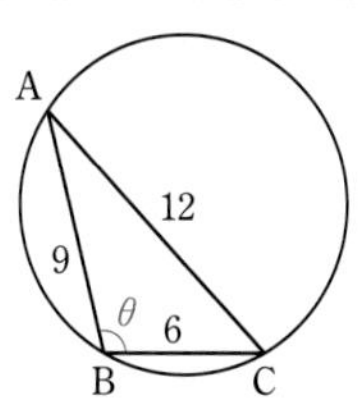

(2) 円形プールの半径を R とすると，正弦定理により

$$2R=\frac{\mathrm{CA}}{\sin\theta}\qquad よって\qquad R=\frac{\mathrm{CA}}{2\sin\theta}=\frac{12}{2\cdot\frac{\sqrt{15}}{4}}=\frac{24}{\sqrt{15}}$$

⇐プールは △ABC の外接円。

したがって，プールの面積 S は

$$S=\pi R^2=\pi\cdot\frac{24^2}{15}=\boldsymbol{\frac{192}{5}\pi}\ (\mathbf{m}^2)$$

EX ③108 △ABC において，辺 BC の中点を M とするとき，等式 $AB^2+AC^2=2(AM^2+BM^2)$ （中線定理）を証明せよ。

△ABC において，余弦定理により

$$\cos B=\frac{AB^2+BC^2-AC^2}{2\cdot AB\cdot BC}$$
$$=\frac{AB^2+4BM^2-AC^2}{4AB\cdot BM}\ \cdots\cdots\ ①$$

△ABM において，余弦定理により

$$\cos B=\frac{AB^2+BM^2-AM^2}{2\cdot AB\cdot BM}\ \cdots\cdots\ ②$$

①，② から　$\dfrac{AB^2+4BM^2-AC^2}{4AB\cdot BM}=\dfrac{AB^2+BM^2-AM^2}{2AB\cdot BM}$

よって　$AB^2+4BM^2-AC^2=2(AB^2+BM^2-AM^2)$

ゆえに　$AB^2+AC^2=2(AM^2+BM^2)$

inf. 三角形の頂点と対辺の中点を結ぶ線分を **中線** といい，$\boldsymbol{AB^2+AC^2=2(AM^2+BM^2)}$ は △ABC の **中線定理** とよばれている。詳しくは数学Aで学習する。

別証

$\angle AMB=\theta$ とおくと $\angle AMC=180^\circ-\theta$

△ABM で余弦定理から

$AB^2=AM^2+BM^2-2AM\cdot BM\cos\theta$ …… Ⓐ

△AMC で余弦定理から

$AC^2=AM^2+CM^2-2AM\cdot CM\cos(180^\circ-\theta)$

$=AM^2+CM^2+2AM\cdot CM\cos\theta$ …… Ⓑ

BM=CM であるから，Ⓐ+Ⓑ より

$AB^2+AC^2=2(AM^2+BM^2)$

EX ③109 △ABC において，∠BAC の二等分線と辺 BC の交点を D とする。AB=5，AC=2，AD=$2\sqrt{2}$ とする。

(1) $\dfrac{CD}{BD}$ の値を求めよ。　(2) $\cos\angle BAD$ の値を求めよ。　〔類 防衛大〕

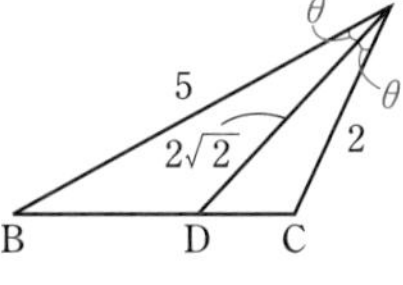

(1) 線分 AD は ∠BAC の二等分線であるから

BD：CD=AB：AC

よって　$\dfrac{CD}{BD}=\dfrac{AC}{AB}=\boldsymbol{\dfrac{2}{5}}$

(2) $\angle BAD=\theta$ とすると　$\angle CAD=\theta$

△ABD において，余弦定理により

$$BD^2=AB^2+AD^2-2AB\cdot AD\cos\theta$$
$$=25+8-2\cdot5\cdot2\sqrt{2}\cos\theta$$
$$=33-20\sqrt{2}\cos\theta$$

△ACD において，余弦定理により

$$CD^2=AC^2+AD^2-2AC\cdot AD\cos\theta$$
$$=4+8-2\cdot2\cdot2\sqrt{2}\cos\theta$$
$$=12-8\sqrt{2}\cos\theta$$

ここで，$\dfrac{CD}{BD}=\dfrac{2}{5}$ より，5CD=2BD であるから

$$25CD^2=4BD^2$$

よって　$25(12-8\sqrt{2}\cos\theta)=4(33-20\sqrt{2}\cos\theta)$

すなわち　$120\sqrt{2}\cos\theta=168$

したがって　$\cos\theta=\dfrac{168}{120\sqrt{2}}=\boldsymbol{\dfrac{7\sqrt{2}}{10}}$

⇦本冊 p.206 基本例題 128 (1) 参照。

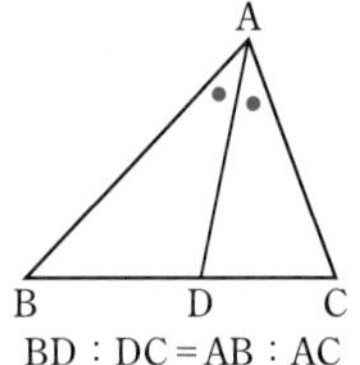

BD：DC=AB：AC

EX ③110

△ABC において，次の等式が成り立つことを証明せよ。
$(b^2+c^2-a^2)\tan A=(c^2+a^2-b^2)\tan B$

△ABC の外接円の半径を R とする。
余弦定理，正弦定理により

$$(b^2+c^2-a^2)\tan A=(b^2+c^2-a^2)\frac{\sin A}{\cos A}=2bc\cos A\cdot\frac{1}{\cos A}\cdot\frac{a}{2R}=\frac{abc}{R}$$

$$(c^2+a^2-b^2)\tan B=(c^2+a^2-b^2)\frac{\sin B}{\cos B}=2ca\cos B\cdot\frac{1}{\cos B}\cdot\frac{b}{2R}=\frac{abc}{R}$$

よって　$(b^2+c^2-a^2)\tan A=(c^2+a^2-b^2)\tan B$

⇐$\tan\theta=\dfrac{\sin\theta}{\cos\theta}$

⇐$a^2=b^2+c^2-2bc\cos A$ から　$b^2+c^2-a^2=2bc\cos A$，$\dfrac{a}{\sin A}=2R$ から $\sin A=\dfrac{a}{2R}$
右辺も同様である。

EX ④111

鋭角三角形である △ABC の頂点 B，C から，それぞれの対辺に下ろした垂線を BD，CE とする。BC$=a$，∠A の大きさを A で表すとき，線分 DE の長さを a，A を用いて表せ。なお，線分 PQ に対し ∠PRQ$=90°$ ならば，点 R は線分 PQ を直径とする円周上にあることを使ってよいものとする。

∠BDC$=$∠BEC$=90°$ であるから，与えられた条件より，4 点 B，C，D，E は線分 BC を直径とする円Oの周上にある。
△ABD は ∠ADB$=90°$ の直角三角形であるから

$$\angle\mathrm{ABD}=90°-A$$

また，△BDE は円Oに内接する。
よって，正弦定理により

$$\frac{\mathrm{DE}}{\sin\angle\mathrm{EBD}}=a$$

ゆえに　**DE**$=a\sin\angle\mathrm{EBD}=a\sin\angle\mathrm{ABD}$
$=a\sin(90°-A)=\boldsymbol{a\cos A}$

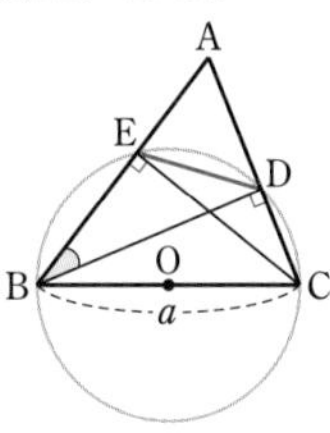

⇐∠BDC$=$∠BEC であるから，円周角の定理の逆により 4 点は同一円周上にある。更に円周角が 90° であるから，BC は直径。
⇐円 O は △BDE の外接円。外接円の直径は a

⇐$\sin(90°-\theta)=\cos\theta$

EX ②112

△ABC において，$\sin A:\sin B:\sin C=5:7:8$ とする。このとき，$\cos C=$ ア□ である。更に，辺 BC の長さが 1 であるとき，△ABC の面積は イ□ である。〔京都産大〕

正弦定理により　BC：CA：AB$=\sin A:\sin B:\sin C$
条件から　$\sin A:\sin B:\sin C=5:7:8$
よって　BC：CA：AB$=5:7:8$
ゆえに，$k\,(k>0)$ を用いて BC$=5k$，CA$=7k$，AB$=8k$ と表されるから，余弦定理により　$\cos C=\dfrac{(5k)^2+(7k)^2-(8k)^2}{2\cdot5k\cdot7k}=$ ア $\boldsymbol{\dfrac{1}{7}}$

更に，BC$=1$ であるとき，$5k=1$ より　$k=\dfrac{1}{5}$

このとき　CA$=7\cdot\dfrac{1}{5}=\dfrac{7}{5}$

また，$\sin C>0$ であるから

$$\sin C=\sqrt{1-\cos^2C}=\sqrt{1-\left(\frac{1}{7}\right)^2}=\frac{4\sqrt{3}}{7}$$

⇐$\dfrac{a}{\sin A}=\dfrac{b}{\sin B}=\dfrac{c}{\sin C}$ から　$a:b:c=\sin A:\sin B:\sin C$

⇐$\cos C=\dfrac{\mathrm{BC}^2+\mathrm{CA}^2-\mathrm{AB}^2}{2\cdot\mathrm{BC}\cdot\mathrm{CA}}$

よって，△ABC の面積は

$$\frac{1}{2}\mathrm{BC}\cdot\mathrm{CA}\sin C=\frac{1}{2}\cdot1\cdot\frac{7}{5}\cdot\frac{4\sqrt{3}}{7}={}^{イ}\boldsymbol{\frac{2\sqrt{3}}{5}}$$

EX ③113 1辺の長さが 10 cm の正三角形の紙がある。この正三角形の頂点を A，B，C とし，辺 BC 上に BP=2cm である点 P をとる。頂点 A が点 P に重なるようにこの正三角形の紙を折るとき，辺 AB，AC と折り目の交点をそれぞれ D，E とする。このとき AD=ア☐cm，AE=イ☐cm，△ADE の面積は ウ☐cm² である。 〔京都薬大〕

HINT △ADE≡△PDE であるから AD=PD，AE=PE
△DBP，△CEP に余弦定理を用いる。

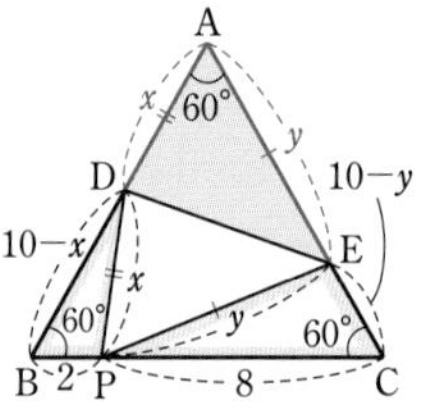

条件より △ADE≡△PDE

(ア) AD=DP=x とすると

BD=$10-x$

△DBP において，余弦定理により

$x^2=(10-x)^2+2^2$
$\quad-2(10-x)\cdot2\cos60°$

⇐ $x^2=100-20x+x^2+4$
$-20+2x$

よって $x^2=x^2-18x+84$

ゆえに $x=\dfrac{14}{3}$

したがって AD=$\boldsymbol{\dfrac{14}{3}}$(cm)

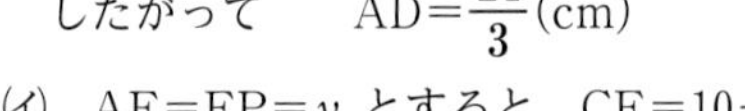

(イ) AE=EP=y とすると CE=$10-y$ また CP=8

△CEP において，余弦定理により

$y^2=8^2+(10-y)^2-2\cdot8(10-y)\cos60°$

⇐ $y^2=64+100-20y+y^2$
$-80+8y$

よって $y^2=y^2-12y+84$ ゆえに $y=7$

したがって AE=**7**(cm)

(ウ) $\triangle\mathrm{ADE}=\dfrac{1}{2}\cdot\mathrm{AD}\cdot\mathrm{AE}\sin60°=\dfrac{1}{2}\cdot\dfrac{14}{3}\cdot7\cdot\dfrac{\sqrt{3}}{2}$

$=\boldsymbol{\dfrac{49\sqrt{3}}{6}}(\mathrm{cm}^2)$

EX ③114 四角形 ABCD の対角線 AC と BD の長さを p，q，その対角線のなす角の1つを θ とするとき，四角形 ABCD の面積 S を p，q，θ で表せ。 〔日本福祉大〕

対角線 AC と BD の交点を O，∠AOB=θ，AO=x，BO=y とすると OC=$p-x$，OD=$q-y$

したがって

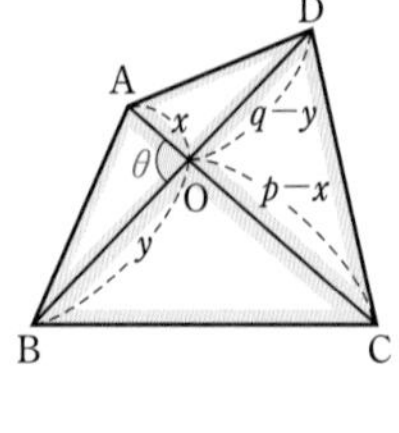

CHART
対角線で三角形に分割

$S=\triangle\mathrm{AOB}+\triangle\mathrm{BOC}$
$\quad+\triangle\mathrm{COD}+\triangle\mathrm{DOA}$

$=\dfrac{1}{2}xy\sin\theta$

$+\dfrac{1}{2}y(p-x)\sin(180°-\theta)$

$+\dfrac{1}{2}(p-x)(q-y)\sin\theta+\dfrac{1}{2}x(q-y)\sin(180°-\theta)$

$=\dfrac{1}{2}\{xy+y(p-x)+(p-x)(q-y)+x(q-y)\}\sin\theta$

$=\dfrac{1}{2}(xy+py-xy+pq-py-qx+xy+qx-xy)\sin\theta$

$\boldsymbol{=\dfrac{1}{2}pq\sin\theta}$

⇐$\sin(180^\circ-\theta)=\sin\theta$

別解　頂点 A，C をそれぞれ通り対角線 BD に平行な直線と，頂点 B，D をそれぞれ通り対角線 AC に平行な直線を引き，それらの交点を図のように P，Q，R，S とする。

四角形 PQRS は平行四辺形であり

$SR=AC=p$，$QR=BD=q$

また，対角線 AC と BD の交点を O，$\angle AOB=\theta$ とすると

$\angle SRQ=\angle AOB=\theta$

よって，平行四辺形 PQRS の面積を S_1 とすると

$\boldsymbol{S}=\dfrac{1}{2}S_1=\dfrac{1}{2}\cdot 2\triangle SRQ$

$=\triangle SRQ=\dfrac{1}{2}SR\cdot QR\sin\angle SRQ$

$\boldsymbol{=\dfrac{1}{2}pq\sin\theta}$

⇐$\triangle PAB\equiv\triangle OBA$ などから。

EX ③115　円に内接する四角形 ABCD において，AB=2，BC=1，CD=3 であり，$\cos\angle BCD=-\dfrac{1}{6}$ とする。このとき，AD=ア□ であり，四角形 ABCD の面積は イ□ である。〔早稲田大〕

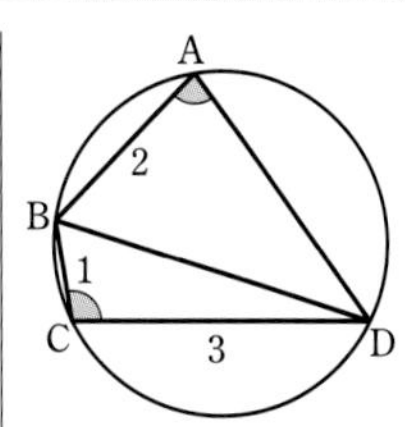

△BCD において，余弦定理により

$BD^2=BC^2+CD^2-2BC\cdot CD\cos\angle BCD$

$=1^2+3^2-2\cdot 1\cdot 3\cdot\left(-\dfrac{1}{6}\right)=11$ …… ①

また，△ABD において，余弦定理により

$BD^2=AB^2+AD^2-2AB\cdot AD\cos\angle BAD$ …… ②

四角形 ABCD は円に内接するから

$\angle BCD+\angle BAD=180^\circ$

よって　$\angle BAD=180^\circ-\angle BCD$

ゆえに　$\cos\angle BAD=\cos(180^\circ-\angle BCD)$

$=-\cos\angle BCD=\dfrac{1}{6}$

⇐$\cos(180^\circ-\theta)=-\cos\theta$

①，② から　$11=2^2+AD^2-2\cdot 2\cdot AD\cdot\dfrac{1}{6}$

よって　$3AD^2-2AD-21=0$

ゆえに　$(AD-3)(3AD+7)=0$

$AD>0$ であるから　AD=ア**3**

ここで　$\sin\angle\mathrm{BCD}=\sqrt{1-(\cos\angle\mathrm{BCD})^2}$

$$=\sqrt{1-\left(-\frac{1}{6}\right)^2}=\frac{\sqrt{35}}{6}$$

また　$\sin\angle\mathrm{BAD}=\sin(180^\circ-\angle\mathrm{BCD})=\sin\angle\mathrm{BCD}$

よって，四角形 ABCD の面積は

$$\triangle\mathrm{ABD}+\triangle\mathrm{BCD}$$

$$=\frac{1}{2}\mathrm{AB}\cdot\mathrm{AD}\sin\angle\mathrm{BAD}+\frac{1}{2}\mathrm{BC}\cdot\mathrm{CD}\sin\angle\mathrm{BCD}$$

$$=\frac{1}{2}\cdot2\cdot3\cdot\frac{\sqrt{35}}{6}+\frac{1}{2}\cdot1\cdot3\cdot\frac{\sqrt{35}}{6}$$

$$={}^{イ}\,\boldsymbol{\frac{3\sqrt{35}}{4}}$$

⇐$\sin(180^\circ-\theta)=\sin\theta$

EX ③116　△ABC の 3 辺の長さを a，b，c とする。$(a+b):(b+c):(c+a)=4:5:6$ で面積が $15\sqrt{3}$ であるような △ABC の外接円の半径 R，内接円の半径 r を，それぞれ求めよ。〔類 東京農大〕

$(a+b):(b+c):(c+a)=4:5:6$ から

$$a+b=4k,\ b+c=5k,\ c+a=6k\ (k>0)$$

と表される。

辺々を加えると　$2(a+b+c)=15k$

よって　$a+b+c=\dfrac{15}{2}k$ …… ①

$a+b=4k$ と ① から　$c=\dfrac{15}{2}k-4k=\dfrac{7}{2}k$

同様にして　$a=\dfrac{15}{2}k-5k=\dfrac{5}{2}k$，$b=\dfrac{15}{2}k-6k=\dfrac{3}{2}k$

ここで，$\dfrac{k}{2}=h\ (h>0)$ とおくと

$$a=5h,\ b=3h,\ c=7h$$

余弦定理により　$\cos C=\dfrac{25h^2+9h^2-49h^2}{2\cdot5h\cdot3h}=-\dfrac{1}{2}$

よって　$C=120^\circ$

△ABC の面積が $15\sqrt{3}$ であるから

$$\frac{1}{2}\cdot5h\cdot3h\sin120^\circ=15\sqrt{3}$$

ゆえに　$\dfrac{15\sqrt{3}}{4}h^2=15\sqrt{3}$

よって　$h^2=4$　　$h>0$ から　$h=2$

ゆえに　$a=10$，$b=6$，$c=14$

正弦定理により　$2R=\dfrac{14}{\sin120^\circ}=\dfrac{2\times14}{\sqrt{3}}$

よって　$\boldsymbol{R}=\dfrac{14}{\sqrt{3}}=\boldsymbol{\dfrac{14\sqrt{3}}{3}}$

次に，△ABC の内接円の中心を I とすると

$$\triangle\mathrm{ABC}=\triangle\mathrm{IBC}+\triangle\mathrm{ICA}+\triangle\mathrm{IAB}$$

inf.
$$\begin{cases}a+b=4k & \cdots\cdots ①\\ b+c=5k & \cdots\cdots ②\\ c+a=6k & \cdots\cdots ③\end{cases}$$
③−② から
$a-b=k$ …… ④
①+④ から　$2a=5k$
よって　$a=\dfrac{5}{2}k$
これを ①，③ に代入して b，c を求めてもよい。

⇐後の計算をスムーズにするため。

⇐$\cos C=\dfrac{-15h^2}{30h^2}=-\dfrac{1}{2}$

⇐$\cos A$，$\cos B$ を求めると $\cos A=\dfrac{11}{14}$，$\cos B=\dfrac{13}{14}$ となり，A，B を求めることはできない。しかし，$\sin A=\sqrt{1-\cos^2 A}$ などから h の値は求めることができる。

CHART　外接円の半径は正弦定理

CHART　内接円の半径は面積利用

ゆえに　$15\sqrt{3}=\dfrac{1}{2}r(10+6+14)=\mathbf{15r}$

よって　$\boldsymbol{r=\sqrt{3}}$

⇐$\dfrac{1}{2}\cdot 10r+\dfrac{1}{2}\cdot 6r+\dfrac{1}{2}\cdot 14r=\dfrac{1}{2}\cdot 30r$

EX ③117

図のように，高さ 4，底面の半径 $\sqrt{2}$ の円錐が球Oと側面で接し，底面の中心 M でも接している。
このとき，球Oの体積 V と表面積 S を求めよ。

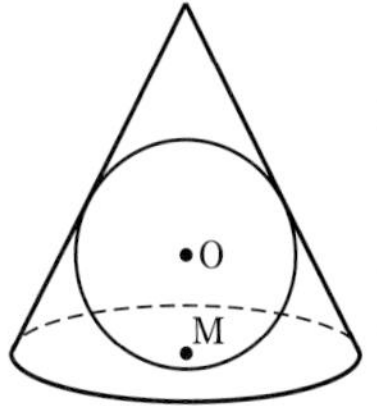

HINT　円錐の頂点と点 O，M を通る平面で切ると，球の切り口である円は，円錐の切り口である二等辺三角形の内接円となる。
(球Oの半径)=(内接円の半径) となるから，二等辺三角形の面積を利用して，球Oの半径を求める。

円錐の頂点をAとすると，Aと点Mを通る平面で円錐を切ったときの切り口の図形は右の図のような二等辺三角形 ABC になる。

⇐切り口では，△ABC に円Oが内接している。

図から

$$AB=AC=\sqrt{AM^2+BM^2}$$
$$=\sqrt{4^2+(\sqrt{2})^2}=3\sqrt{2}$$

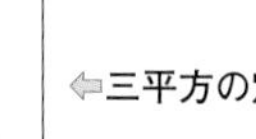

⇐**三平方の定理**

球の半径を r とすると

$$\triangle ABC=\frac{1}{2}r(2\sqrt{2}+2\cdot 3\sqrt{2})=4\sqrt{2}\,r$$

⇐$\boldsymbol{S=\dfrac{1}{2}r(a+b+c)}$

一方　$\triangle ABC=\dfrac{1}{2}\cdot BC\cdot AM=\dfrac{1}{2}\cdot 2\sqrt{2}\cdot 4=4\sqrt{2}$

$4\sqrt{2}\,r=4\sqrt{2}$ から　$r=1$

よって　$V=\dfrac{4}{3}\pi r^3=\boldsymbol{\dfrac{4}{3}\pi}$，$S=4\pi r^2=\boldsymbol{4\pi}$

⇐半径 r の球の体積を V，表面積を S とすると
$\boldsymbol{V=\dfrac{4}{3}\pi r^3}$，$\boldsymbol{S=4\pi r^2}$

EX ③118

四面体 ABCD において，$AB=AC=3$，$\angle BAC=90°$，$AD=2$，$BD=CD=\sqrt{7}$ であり，辺 BC の中点を M とする。このとき，$BC=$ ア□，$DM=$ イ□，$\angle DAM=$ ウ□° であり，四面体 ABCD の体積は エ□ である。　〔千葉工大〕

△ABC は $AB=AC$ の直角二等辺三角形であるから　$BC=$ ア$\boldsymbol{3\sqrt{2}}$

△DBC は $BD=CD$ の二等辺三角形であるから

$$DM=\sqrt{BD^2-BM^2}$$
$$=\sqrt{(\sqrt{7})^2-\left(\frac{3\sqrt{2}}{2}\right)^2}$$
$$=\text{イ}\ \boldsymbol{\frac{\sqrt{10}}{2}}$$

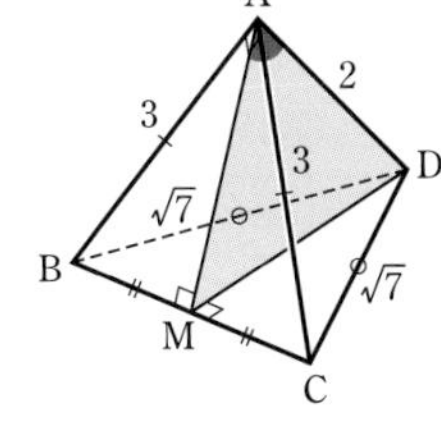
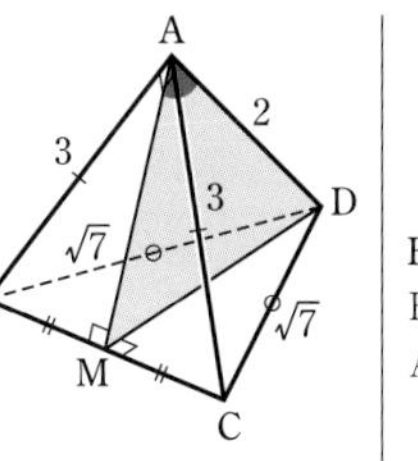

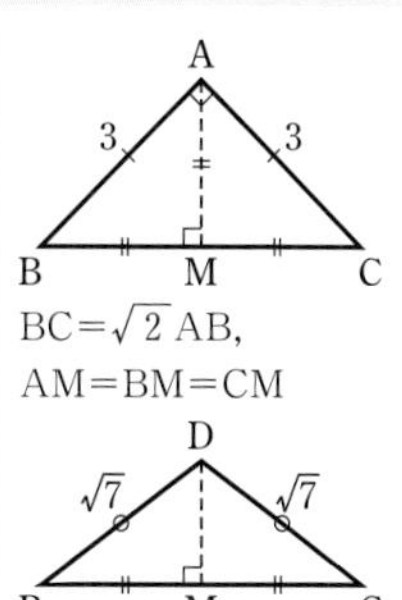

$BC=\sqrt{2}\,AB$，
$AM=BM=CM$

△ABM は $AM=BM$ の直角二等辺三角形であるから

$$AM=BM=\frac{3\sqrt{2}}{2}$$

⇐$\angle B=45°$，$\angle AMB=90°$ から。上の △ABC の図参照。

△AMD において，余弦定理により

$$\cos\angle DAM=\frac{AD^2+AM^2-DM^2}{2\cdot AD\cdot AM}$$

$$=\frac{2^2+\left(\frac{3\sqrt{2}}{2}\right)^2-\left(\frac{\sqrt{10}}{2}\right)^2}{2\cdot 2\cdot\frac{3\sqrt{2}}{2}}=\frac{1}{\sqrt{2}}$$

よって　$\angle DAM=^{ウ}\mathbf{45°}$

ここで　$\triangle ABC=\frac{1}{2}\cdot AB\cdot AC=\frac{9}{2}$

また　$AD\sin\angle DAM=2\cdot\frac{1}{\sqrt{2}}=\sqrt{2}$

よって

$$(\text{四面体 ABCD の体積})=\frac{1}{3}\cdot\triangle ABC\cdot AD\sin\angle DAM$$

$$=\frac{1}{3}\cdot\frac{9}{2}\cdot\sqrt{2}=^{エ}\mathbf{\frac{3\sqrt{2}}{2}}$$

⇐△ABC を底面，ADsin∠DAM を高さと考える。

別解　(エ)　BC⊥DM，BC⊥AM であるから　　BC⊥△AMD

また　$\triangle AMD=\frac{1}{2}\cdot AM\cdot AD\sin\angle DAM$

$$=\frac{1}{2}\cdot\frac{3\sqrt{2}}{2}\cdot 2\cdot\sin 45°=\frac{3}{2}$$

よって　$(\text{四面体 ABCD の体積})=\left(\frac{1}{3}\cdot\triangle AMD\cdot BM\right)\times 2$

$$=\frac{1}{3}\cdot\frac{3}{2}\cdot\frac{3\sqrt{2}}{2}\times 2=^{エ}\mathbf{\frac{3\sqrt{2}}{2}}$$

⇐BC⊥DM，BC⊥AM から，DM，AM を含む平面 (△AMD) も BC に垂直。

⇐四面体 ABCD は △AMD に関して対称。△AMD を底面，BM を高さと考えて，四面体 BAMD の体積を求める。

EX ③119　四面体 OABC は $\angle BOC=\angle COA=\angle AOB=90°$，$OA=2$，$OB=\sqrt{2}$，$OC=2\sqrt{2}$ である。この四面体の体積，および，点 O と平面 ABC との距離を求めよ。

条件より，OC は平面 OAB と垂直になる。
ゆえに，四面体 OABC の体積 V は

$$V=\frac{1}{3}\cdot\triangle OAB\cdot OC$$

$$=\frac{1}{3}\left(\frac{1}{2}\cdot 2\cdot\sqrt{2}\right)\cdot 2\sqrt{2}=\mathbf{\frac{4}{3}}$$

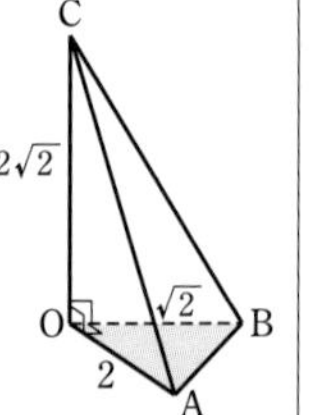

⇐底面 OAB，高さ OC として計算。

直角三角形 OBC，OCA，OAB において

$$BC=\sqrt{(\sqrt{2})^2+(2\sqrt{2})^2}=\sqrt{10}$$

$$CA=\sqrt{(2\sqrt{2})^2+2^2}=2\sqrt{3}$$

$$AB=\sqrt{2^2+(\sqrt{2})^2}=\sqrt{6}$$

⇐三平方の定理

inf.　3 辺の長さが整数ではないから，ヘロンの公式利用では計算が煩雑になる。

△ABC において，余弦定理により

$$\cos\angle CAB=\frac{CA^2+AB^2-BC^2}{2CA\cdot AB}$$

$$=\frac{(2\sqrt{3})^2+(\sqrt{6})^2-(\sqrt{10})^2}{2\cdot 2\sqrt{3}\cdot\sqrt{6}}$$

⇐$\frac{12+6-10}{12\sqrt{2}}=\frac{8}{12\sqrt{2}}$

$$=\frac{2}{3\sqrt{2}}=\frac{\sqrt{2}}{3}$$

よって，$\sin\angle\mathrm{CAB}>0$ から

$$\sin\angle\mathrm{CAB}=\sqrt{1-(\cos\angle\mathrm{CAB})^2}$$
$$=\sqrt{1-\frac{2}{9}}=\frac{\sqrt{7}}{3}$$

ゆえに，$\triangle\mathrm{ABC}$ の面積は

$$\triangle\mathrm{ABC}=\frac{1}{2}\cdot\mathrm{CA}\cdot\mathrm{AB}\sin\angle\mathrm{CAB}$$
$$=\frac{1}{2}\cdot2\sqrt{3}\cdot\sqrt{6}\cdot\frac{\sqrt{7}}{3}=\sqrt{14}$$

点 O と平面 ABC との距離を h とすると，四面体 OABC の体積 V は

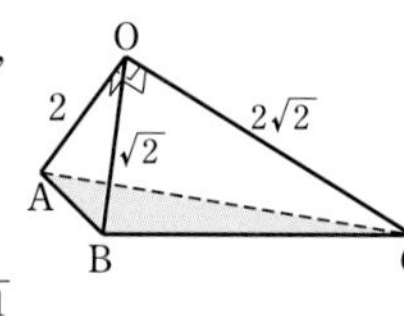

$$V=\frac{1}{3}\cdot\triangle\mathrm{ABC}\cdot h$$

⇦底面 ABC，高さ h として計算。

よって　$h=\dfrac{3V}{\triangle\mathrm{ABC}}=\dfrac{3}{\sqrt{14}}\cdot\dfrac{4}{3}=\boldsymbol{\dfrac{2\sqrt{14}}{7}}$

EX ③120

右の図のように，$\triangle\mathrm{ABC}$ の外部に3点 D，E，F を $\triangle\mathrm{ABD}$，$\triangle\mathrm{BCE}$，$\triangle\mathrm{CAF}$ がそれぞれ正三角形になるようにとる。
$\triangle\mathrm{ABC}$ の面積を S，3辺の長さを $\mathrm{BC}=a$，$\mathrm{CA}=b$，$\mathrm{AB}=c$ とおくとき，次の問いに答えよ。

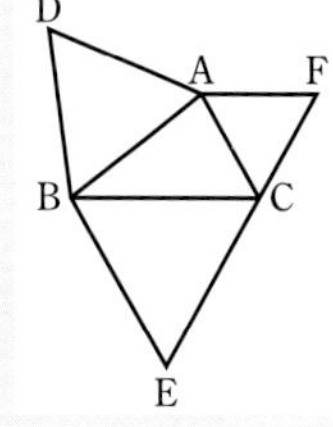

(1)　$\angle\mathrm{BAC}=\theta$ とおくとき，$\sin\theta$ を b，c，S を用いて，$\cos\theta$ を a，b，c を用いて表せ。

(2)　DC^2 を a，b，c，S を用いて表せ。ただし，一般に $\cos(\theta+60^\circ)=\dfrac{\cos\theta-\sqrt{3}\sin\theta}{2}$ が成り立つことを用いてもよい。

(3)　3つの正三角形の面積の平均を T とおくとき，DC^2 を S と T を用いて表せ。　〔類　熊本大〕

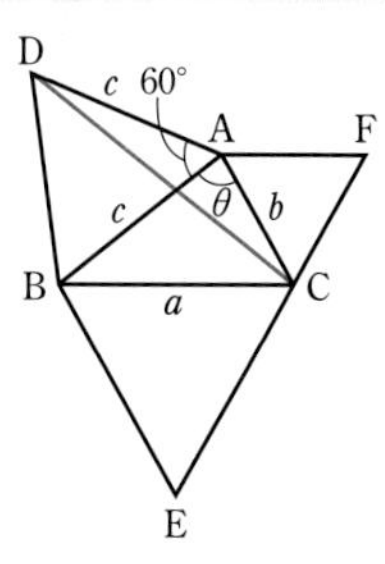

(1)　$S=\dfrac{1}{2}bc\sin\theta$ から　　$\boldsymbol{\sin\theta=\dfrac{2S}{bc}}$

余弦定理から　　$\boldsymbol{\cos\theta=\dfrac{b^2+c^2-a^2}{2bc}}$

(2)　$\angle\mathrm{BAD}=60^\circ$ であるから，$\triangle\mathrm{ACD}$ において，余弦定理により

$$\mathbf{DC}^2=\mathrm{AD}^2+\mathrm{AC}^2-2\mathrm{AD}\cdot\mathrm{AC}\cos(\theta+60^\circ)$$
$$=c^2+b^2-2bc\cdot\frac{\cos\theta-\sqrt{3}\sin\theta}{2}$$
$$=b^2+c^2-2bc\left(\frac{1}{2}\cdot\frac{b^2+c^2-a^2}{2bc}-\frac{\sqrt{3}}{2}\cdot\frac{2S}{bc}\right)$$
$$=b^2+c^2-\frac{1}{2}(b^2+c^2-a^2)+2\sqrt{3}S$$
$$\boldsymbol{=\frac{1}{2}(a^2+b^2+c^2)+2\sqrt{3}S}$$

(3)　$T=\dfrac{1}{3}\left(\dfrac{1}{2}a^2\sin60^\circ+\dfrac{1}{2}b^2\sin60^\circ+\dfrac{1}{2}c^2\sin60^\circ\right)$

$$=\frac{1}{3}\cdot\frac{\sqrt{3}}{4}(a^2+b^2+c^2)=\frac{\sqrt{3}}{12}(a^2+b^2+c^2)$$

⇦$T=\dfrac{1}{3}(\triangle\mathrm{BCE}+\triangle\mathrm{CAF}+\triangle\mathrm{ABD})$

よって　　$a^2+b^2+c^2=\dfrac{12}{\sqrt{3}}T=4\sqrt{3}\,T$

(2) から

$$\mathbf{DC}^2=\frac{1}{2}(a^2+b^2+c^2)+2\sqrt{3}\,S=\frac{1}{2}\cdot 4\sqrt{3}\,T+2\sqrt{3}\,S$$
$$=\mathbf{2\sqrt{3}\,(S+T)}$$

EX ④121 半径 1 の円に内接する三角形 ABC は，AB=AC を満たしている。また，$\angle\mathrm{CAB}=2\alpha$，$\mathrm{AB}+\mathrm{BC}+\mathrm{CA}=l$，三角形 ABC の面積を S，三角形 ABC の内接円の半径を r とする。

(1) AC の長さを $\cos\alpha$ を用いて表せ。　(2) l を $\cos\alpha$ と $\sin\alpha$ を用いて表せ。

(3) S を $\cos\alpha$ と $\sin\alpha$ を用いて表せ。　(4) r を l と S を用いて表せ。

(5) r を $\sin\alpha$ を用いて表せ。　〔立教大〕

(1) △ABC の外心を O，O から辺 CA に下ろした垂線を OD とすると

⇦外心は，三角形の 3 辺の垂直二等分線の交点。

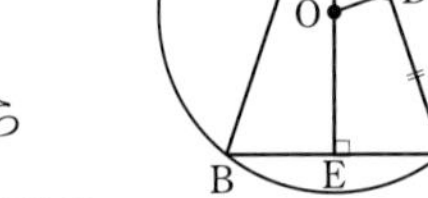

$$\mathrm{AC}=2\mathrm{AD}$$

また，AB=AC より，

$\angle\mathrm{OAC}=\dfrac{1}{2}\angle\mathrm{CAB}=\alpha$ であるから

$$\mathbf{AC}=2\mathrm{AD}=2\mathrm{OA}\cos\alpha=\mathbf{2\cos\alpha}$$

⇦$\cos\alpha=\dfrac{\mathrm{AD}}{\mathrm{OA}}$
OA は円の半径。

別解　△ABC において，正弦定理により

$$\frac{\mathrm{AC}}{\sin\angle\mathrm{ABC}}=2\cdot 1$$

ゆえに　　$\mathrm{AC}=2\sin\angle\mathrm{ABC}$

$\angle\mathrm{ABC}+\alpha=90°$ であるから

$$\mathbf{AC}=2\sin(90°-\alpha)=\mathbf{2\cos\alpha}$$

⇦$\sin(90°-\theta)=\cos\theta$

(2) 直線 OA と辺 BC の交点を E とすると，E は辺 BC の中点であり，$\angle\mathrm{OEC}=90°$ となるから，(1) より

$$\mathrm{BC}=2\mathrm{CE}=2\mathrm{AC}\sin\alpha=4\cos\alpha\sin\alpha$$

⇦$\sin\alpha=\dfrac{\mathrm{CE}}{\mathrm{AC}}$

よって　　$\boldsymbol{l}=\mathrm{AB}+\mathrm{BC}+\mathrm{CA}=2\mathrm{AC}+\mathrm{BC}$

$$=2\cdot 2\cos\alpha+4\cos\alpha\sin\alpha=\mathbf{4(1+\sin\alpha)\cos\alpha}$$

(3) (1) から　　$\mathrm{AE}=\mathrm{AC}\cos\alpha=2\cos^2\alpha$

⇦$\cos\alpha=\dfrac{\mathrm{AE}}{\mathrm{AC}}$

よって，(2) から

$$\boldsymbol{S}=\frac{1}{2}\mathrm{BC}\cdot\mathrm{AE}$$
$$=\frac{1}{2}\cdot 4\cos\alpha\sin\alpha\cdot 2\cos^2\alpha=\mathbf{4\sin\alpha\cos^3\alpha}$$

(4) $S=\dfrac{1}{2}lr$ であるから　　$\boldsymbol{r}=\dfrac{\mathbf{2S}}{\boldsymbol{l}}$

⇦$S=\dfrac{1}{2}r(a+b+c)$

(5) (2)，(3)，(4) から

$$\boldsymbol{r}=\frac{2\cdot 4\sin\alpha\cos^3\alpha}{4(1+\sin\alpha)\cos\alpha}$$
$$=\frac{2(1-\sin^2\alpha)\sin\alpha}{1+\sin\alpha}$$
$$=\mathbf{2(1-\sin\alpha)\sin\alpha}$$

⇦$\cos^2\alpha=1-\sin^2\alpha$
$=(1+\sin\alpha)(1-\sin\alpha)$

EX ④122 円に内接する四角形ABCDにおいて，DA=2AB，∠BAD=120° であり，対角線BD，ACの交点をEとするとき，Eは線分BDを 3：4 に内分する。

(1) BD=ア□AB，AE=イ□AB である。

(2) CE=ウ□AB，BC=エ□AB である。

(3) AB：BC：CD：DA=1：オ□：カ□：2 である。

(4) 円の半径を1とすると，AB=キ□ であり，四角形ABCDの面積 S は $S=$ ク□ である。

〔類 慶応大〕

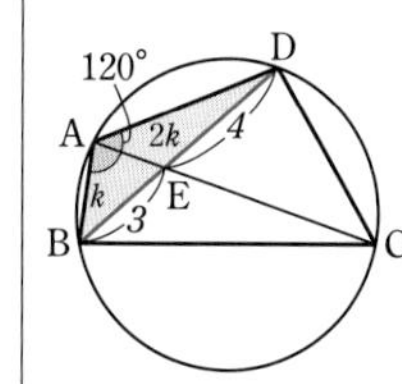

(1) $AB=k$ $(k>0)$ とすると　$DA=2AB=2k$

△ABD において，余弦定理により

$$BD^2=k^2+(2k)^2-2\cdot k\cdot 2k\cos 120^\circ$$
$$=k^2+4k^2+2k^2=7k^2$$

よって，$BD>0$，$k>0$ から

$BD=\sqrt{7}k$　すなわち　$BD=$ ア $\sqrt{7}$ AB

また　$\cos\angle ABD=\dfrac{k^2+(\sqrt{7}k)^2-(2k)^2}{2\cdot k\cdot\sqrt{7}k}=\dfrac{2}{\sqrt{7}}$

更に　$BE=\dfrac{3}{3+4}BD=\dfrac{3}{7}\cdot\sqrt{7}k=\dfrac{3}{\sqrt{7}}k$

△ABE において，余弦定理により

$$AE^2=k^2+\left(\frac{3}{\sqrt{7}}k\right)^2-2k\cdot\frac{3}{\sqrt{7}}k\cos\angle ABD$$
$$=k^2+\frac{9}{7}k^2-\frac{12}{7}k^2=\frac{4}{7}k^2$$

ゆえに，$AE>0$，$k>0$ から

$AE=\dfrac{2}{\sqrt{7}}k$　すなわち　$AE=$ イ $\dfrac{2\sqrt{7}}{7}$ AB

(2) △AED∽△BEC で，相似比は

⇦2角が等しい。（円周角の定理から）

$$AE:BE=\frac{2}{\sqrt{7}}k:\frac{3}{\sqrt{7}}k=2:3$$

よって　$CE=\dfrac{3}{2}DE$，$BC=\dfrac{3}{2}AD$

ゆえに　$CE=\dfrac{3}{2}\cdot\dfrac{4}{7}BD=\dfrac{6\sqrt{7}}{7}k$，$BC=3k$

したがって　$CE=$ ウ $\dfrac{6\sqrt{7}}{7}$ AB，$BC=$ エ **3** AB

(3) △ABE∽△DCE で，相似比は

⇦2角が等しい。

$$AE:DE=AE:\frac{4}{3}BE$$
$$=\frac{2}{\sqrt{7}}k:\frac{4}{\sqrt{7}}k=1:2$$

よって　$DC=2AB=2k$

以上から

$$AB:BC:CD:DA=k:3k:2k:2k$$
$=1：$ オ **3**：カ **2**：2

(4) △ABD において，正弦定理により $\dfrac{BD}{\sin 120^\circ}=2\cdot 1$

⇦外接円の半径 $R=1$

よって　$BD=2\sin 120^\circ=\sqrt{3}$

一方　$BD=\sqrt{7}\,AB$

ゆえに　$\sqrt{7}\,AB=\sqrt{3}$

よって　$AB=\dfrac{\sqrt{3}}{\sqrt{7}}=^{キ}\boldsymbol{\dfrac{\sqrt{21}}{7}}$

したがって

$$S=\triangle ABD+\triangle CBD$$
$$=\frac{1}{2}k\cdot 2k\sin 120^\circ+\frac{1}{2}\cdot 3k\cdot 2k\sin(180^\circ-120^\circ)$$
$$=\frac{\sqrt{3}}{2}k^2+\frac{3\sqrt{3}}{2}k^2=2\sqrt{3}\,k^2=2\sqrt{3}\,AB^2$$
$$=2\sqrt{3}\cdot\left(\frac{\sqrt{3}}{\sqrt{7}}\right)^2=^{ク}\boldsymbol{\frac{6\sqrt{3}}{7}}$$

⇦∠BCD
$=180^\circ-\angle BAD$
$=180^\circ-120^\circ=60^\circ$
円に内接する四角形の対角の和は 180°

EX ④**123** 底面の半径が 2，高さが $\sqrt{5}$ の直円錐がある。この直円錐の頂点を O，底面の直径の両端を A，B とし，線分 OB の中点を P とするとき，側面上で A から P に至る最短距離を求めよ。〔関西大〕

三平方の定理から

$$OA=\sqrt{2^2+(\sqrt{5})^2}=3$$

直円錐の底面の円周の長さは

$$2\pi\cdot 2=4\pi$$

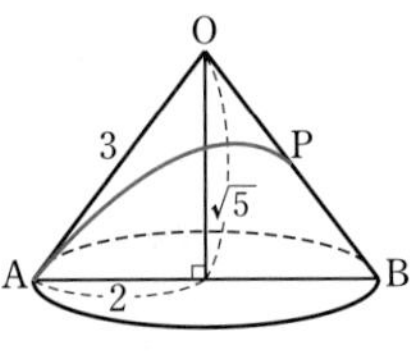

OA で切ったときの直円錐の側面の展開図において，全円周の長さは

$$2\pi\cdot 3=6\pi$$

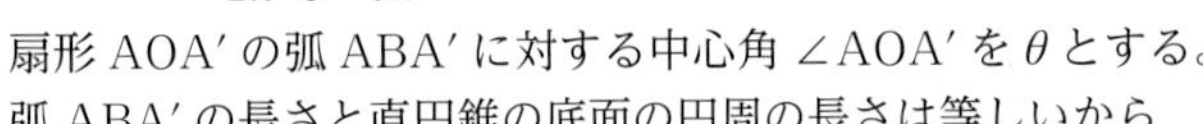

扇形 AOA′ の弧 ABA′ に対する中心角 ∠AOA′ を θ とする。
弧 ABA′ の長さと直円錐の底面の円周の長さは等しいから

$$6\pi\cdot\frac{\theta}{360^\circ}=4\pi$$

⇦$\theta=360^\circ\cdot\dfrac{4\pi}{6\pi}=240^\circ$

ゆえに　$\theta=240^\circ$

側面上において，A から P に至る最短経路は，展開図では線分 AP になる。
よって，△OAP において

$$\angle AOP=\frac{1}{2}\theta=120^\circ$$

$$OA=3,\ OP=\frac{3}{2}$$

ゆえに，余弦定理により

$$AP^2=\left(\frac{3}{2}\right)^2+3^2-2\cdot\frac{3}{2}\cdot 3\cos 120^\circ=\frac{63}{4}$$

⇦$\cos 120^\circ=-\dfrac{1}{2}$

AP>0 であるから　$AP=\sqrt{\dfrac{63}{4}}=\boldsymbol{\dfrac{3\sqrt{7}}{2}}$

PR ①142

次のデータは，ある鉄道の駅と駅の間の距離である。

1.99　2.21　1.45　1.23　1.05　0.79　1.28　0.79　0.95　0.59
1.09　1.11　0.52　0.76　1.57　0.72　1.12　1.81　1.22　0.86
1.42　1.32　0.74　1.46　1.21　1.61　1.50　1.19　0.89　（単位は km）

(1) 階級の幅を 0.2km として，度数分布表を作れ。ただし，階級は 0.4km から区切り始めるものとする。
(2) (1)で作った度数分布表をもとにして，ヒストグラムをかけ。

(1)

階級(km)	度数
0.4 以上 0.6 未満	2
0.6 ～ 0.8	5
0.8 ～ 1.0	3
1.0 ～ 1.2	5
1.2 ～ 1.4	5
1.4 ～ 1.6	5
1.6 ～ 1.8	1
1.8 ～ 2.0	2
2.0 ～ 2.2	0
2.2 ～ 2.4	1
計	29

(2)

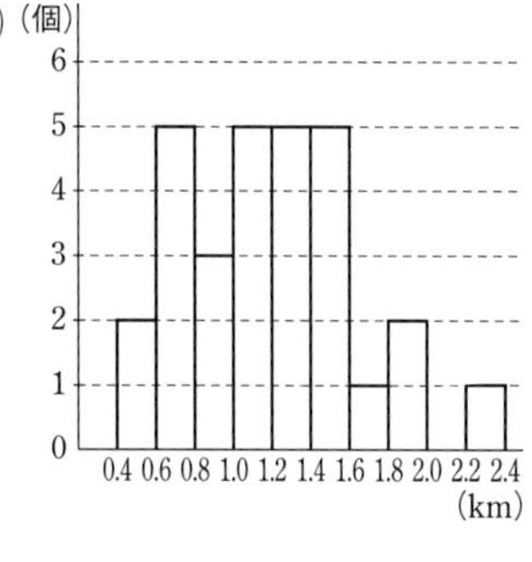

⇐0.4km 以上 0.6km 未満からスタートし，最大値 2.21km が入る 2.2km 以上 2.4km 未満まで 10 個の階級に分ける。

5章 PR

PR ③143

右の表は，ある都市の 1 日の最低気温を 30 日間測定した結果の度数分布表である。

(1) データの最頻値は ア□ °C である。
(2) この表から階級値を用いて，データの平均値を求めると，イ□ °C である。
(3) 階級値を用いないで平均値を求めると，データの平均値は ウ□ °C 以上，エ□ °C 未満の範囲に入る。

階級(°C)	度数
6 以上 8 未満	7
8 ～ 10	9
10 ～ 12	7
12 ～ 14	6
14 ～ 16	1
計	30

(1) 度数が最も大きい階級は 8°C 以上 10°C 未満であるから，
その階級値は　9°C
よって，このデータの最頻値は　ア**9**°C

⇐$\frac{8+10}{2}=9$

(2) 階級値を用いたデータの平均値は

$$\frac{1}{30}(7\times7+9\times9+11\times7+13\times6+15\times1)=\frac{300}{30}$$
$$=^{イ}\mathbf{10}\ (°C)$$

(3) データの平均値が最小となるのは，データの各値が階級内の最小の値となるときであるから

$$\frac{1}{30}(6\times7+8\times9+10\times7+12\times6+14\times1)=\frac{270}{30}$$
$$=9\ (°C)$$

⇐(2)の結果から階級の幅 2°C の半分 1°C を引いて 10−1=9 (°C) と求めてもよい。

また，階級の幅が 2°C であるから，データの平均値のとりうる値の範囲は　ウ**9** °C 以上 エ**11**°C 未満

inf. 平均値を求める場合，(2)のように度数分布表の階級値から求めると計算量は少なくてすむ。一般に，データの個々の値から求める平均値と，度数分布表から階級値を用いて得られる平均値は一致しないが，その差は大きくない。

PR ③144 次のデータは，ある学校の生徒 10 人の英語のテストの得点である。ただし，a の値は 0 以上の整数である。

43　55　64　36　48　46　71　65　50　a

(1) a の値がわからないとき，10 人の得点の中央値として，何通りの値がありうるか。

(2) 10 人の得点の平均値が 54.0 点のとき，a の値を求めよ。

(1) データの大きさが 10 であるから，中央値は小さい方から 5 番目と 6 番目の値の平均値である。

a 以外の得点を大きさの順に並べると

36，43，46，48，50，55，64，65，71

この 9 個のデータの中央値は　50

よって，a を含めた 10 個のデータについて

[1] $a \leqq 48$ のとき

中央値は，$\dfrac{48+50}{2}=49$ の 1 通り。

[2] $49 \leqq a \leqq 54$ のとき

中央値は　$\dfrac{a+50}{2}=\dfrac{a}{2}+25$

a は，$54-49+1=6$ 通りの値をとりうるから，中央値も 6 通り。

[3] $55 \leqq a$ のとき

中央値は，$\dfrac{50+55}{2}=52.5$ の 1 通り。

以上から，中央値は $1+6+1=$**8（通り）** の値がありうる。

(2) 平均値が 54.0 点であるから

$$\frac{1}{10}(43+55+64+36+48+46+71+65+50+a)=54.0$$

よって　$478+a=540$　ゆえに　$\boldsymbol{a=62}$ **（点）**

[1] —— a ——
36，43，46，48，50，55，64，65，71

[2] —— a ——
36，43，46，48，50，55，64，65，71

⇐ a が 49 以上 54 以下の整数値をとるとき，$\dfrac{a}{2}$ の値はすべて異なる。

[3] —— a ——
36，43，46，48，50，55，64，65，71

inf. 中央値は，x を整数とするとき

$\dfrac{x+50}{2}$ $(48 \leqq x \leqq 55)$

とまとめることができる。これから，$55-48+1=8$（通り）としてもよい。

PR ①145 右の表は，変量 x，y のデータである。

x	2	3	4	7	8	8	9	9	10	10
y	5	5	5	7	7	7	7	8	9	13

(1) 変量 x，y のデータのそれぞれについて，四分位範囲を求めよ。また，データの散らばりの度合いが大きいのはどちらのデータか。得られた四分位範囲によって比較せよ。

(2) 変量 y のデータについて，外れ値の個数を求めよ。

(1) x のデータ について，$Q_1=4$，$Q_3=9$ から

四分位範囲 は　$Q_3-Q_1=9-4$
$=\boldsymbol{5}$

y のデータ について，$Q_1=5$，$Q_3=8$ から

四分位範囲 は　$Q_3-Q_1=8-5$
$=\boldsymbol{3}$

x の方が四分位範囲が大きいから，**x の方がデータの散らばりの度合いが大きい** と考えられる。

⇐データの大きさが 10 であるから，Q_2 は 5 番目と 6 番目の平均，Q_1 は 3 番目，Q_3 は 8 番目。

⇐$5>3$

(2)　変量 y のデータについて

$$Q_1-1.5(Q_3-Q_1)=5-1.5\times3=0.5$$

この値以下のデータはない。

$$Q_3+1.5(Q_3-Q_1)=8+1.5\times3=12.5$$

この値以上のデータは 13 である。

したがって，外れ値は 13 の **1 個** である。

⇐外れ値は，$Q_1-1.5(Q_3-Q_1)$ 以下または $Q_3+1.5(Q_3-Q_1)$ 以上の値。

PR ②146 右の図は，400 人の生徒が受験したテストAとテストBの得点のデータの箱ひげ図である。この箱ひげ図から読み取れることとして正しいものを，次の ① ～ ④ からすべて選べ。

① テストAはテストBに比べて得点の四分位範囲が大きい。
② テストAでは 60 点以上の生徒が 200 人より多い。
③ テストBでは 80 点以上の生徒が 100 人以上いる。
④ テストA，Bともに 30 点台の生徒がいる。

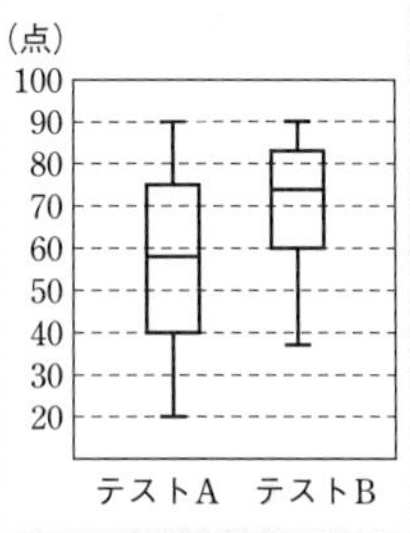

① 四分位範囲は，テストAの方がテストBより大きいから，①は正しい。

② テストAのデータの中央値は 60 点より小さいから，テストAで 60 点以上の生徒は 200 人以下である。
よって，② は正しくない。

③ テストBのデータの第 3 四分位数は 80 点より大きいから，テストBで 80 点以上の生徒は 100 人以上いる。
よって，③ は正しい。

④ テストAの最小値，第 1 四分位数はそれぞれ 20点，40 点であるから，テストAに 30 点台がいるかどうかはこの箱ひげ図からはわからない。よって，④ は正しいとはいえない。

以上から，正しいものは　①，③

⇐(Aの四分位範囲)>30
(Bの四分位範囲)<30

⇐テストBのデータの最小値は 30 点台であるから，テストBには 30 点台の生徒がいる。

PR ①147 右のヒストグラムに対応している箱ひげ図を ① ～ ③ のうちから選べ。

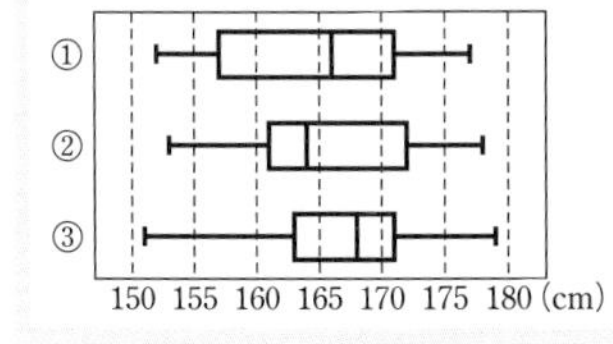

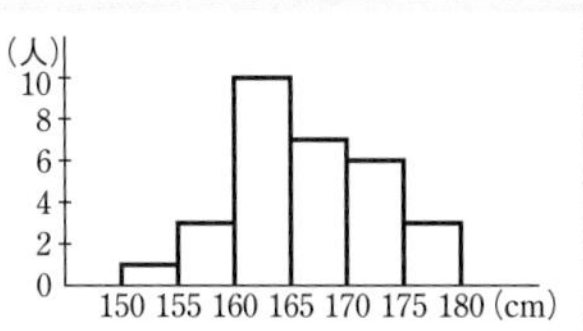

(ヒストグラムの階級は 150 cm 以上 155 cm 未満，155 cm 以上 160 cm 未満，……のようにとっている。)

ヒストグラムから，Q_1 は 160 cm 以上 165 cm 未満の階級にあり，Q_2 は 165 cm 以上 170 cm 未満の階級にある。

これらを同時に満たす箱ひげ図は　③

⇐3 つの箱ひげ図は，最大値，最小値，Q_3 が同じ階級にあるから，Q_1 と Q_2 を調べる。データの大きさが 30 であるから，Q_2 は 15 番目と 16 番目の平均，Q_1 は 8 番目。

PR ②148 右の変量 x, y のデータについて，次の問いに答えよ。

x	25	21	18	17	21	26	23	21	20	18
y	28	19	30	13	27	12	30	13	15	23

(1) 変量 x の分散 $s_x{}^2$ と変量 y の分散 $s_y{}^2$ を求めよ。

(2) 変量 x, y のデータについて，標準偏差によってデータの平均値からの散らばりの度合いを比較せよ。

(1) x, y のデータの平均値をそれぞれ $\overline{x}$, $\overline{y}$ とすると

$$\overline{x}=\frac{1}{10}(25+21+18+17+21+26+23+21+20+18)=\frac{210}{10}=21$$

$$\overline{y}=\frac{1}{10}(28+19+30+13+27+12+30+13+15+23)=\frac{210}{10}=21$$

x, y のデータの分散 $s_x{}^2$, $s_y{}^2$ は

$$s_x{}^2=\frac{1}{10}\{(25-21)^2+(21-21)^2+(18-21)^2+(17-21)^2+(21-21)^2+(26-21)^2+(23-21)^2+(21-21)^2+(20-21)^2+(18-21)^2\}$$

$$=\frac{80}{10}=\mathbf{8}$$

$$s_y{}^2=\frac{1}{10}\{(28-21)^2+(19-21)^2+(30-21)^2+(13-21)^2+(27-21)^2+(12-21)^2+(30-21)^2+(13-21)^2+(15-21)^2+(23-21)^2\}$$

$$=\frac{500}{10}=\mathbf{50}$$

(2) (1) から標準偏差は　$s_x=\sqrt{8}=2\sqrt{2}$, $s_y=\sqrt{50}=5\sqrt{2}$　よって　$s_x<s_y$

ゆえに，**y のデータの方が，平均値からの散らばりの度合いが大きい** と考えられる。

PR ③149 ある集団はAとBの2つのグループで構成される。データを集計したところ，それぞれのグループの個数，平均値，分散は右の表のようになった。このとき，集団全体の平均値と分散を求めよ。〔類 立命館大〕

グループ	個数	平均値	分散
A	20	16	24
B	60	12	28

集団全体の平均値は　$\frac{1}{80}(20\times16+60\times12)=\frac{1040}{80}=\mathbf{13}$

⇐集団全体のデータの大きさは 20+60=80

グループA，Bのデータの2乗の平均値をそれぞれ a, b とすると，分散がそれぞれ 24, 28 であることから

$$\begin{cases}a-16^2=24\\ b-12^2=28\end{cases}\quad よって\quad \begin{cases}a=280\\ b=172\end{cases}$$

⇐(分散)=(2乗の平均値)−(平均値)^2

したがって，集団全体のデータの値の2乗の和は

$$20\times280+60\times172=5600+10320=15920$$

よって，集団全体の分散は　$\frac{15920}{80}-13^2=199-169=\mathbf{30}$

⇐(分散)=(2乗の平均値)−(平均値)^2

PR ③150 次のデータは，8人の高校生の通学時間を調べたものである。

49, 52, 44, 50, 41, 43, 40, 49 (単位は分)

(1) このデータの平均値を求めよ。

(2) このデータの一部に誤りがあり，52分は正しくは54分，40分は正しくは38分であった。この誤りを修正したとき，このデータの平均値，分散は修正前と比べて増加するか，減少するか，変化しないかを答えよ。

(1)　このデータの平均値を $\overline{x}$ とすると

$$\overline{x}=\frac{1}{8}(49+52+44+50+41+43+40+49)$$

$$=\frac{368}{8}=\mathbf{46}\ (\textbf{分})$$

(2)　データの修正によって，2分増加するものが1つと，2分減少するものが1つある。

⇦修正のある2つの値について，どれだけ変化するか調べる。

よって，データの総和は変化しないから，**平均値は修正前と比べて変化しない。**

また，修正した2つのデータの偏差の2乗の和について

修正前は　　$(52-46)^2+(40-46)^2=72$

修正後は　　$(54-46)^2+(38-46)^2=128$

ゆえに，偏差の2乗の総和は増加するから，**分散は修正前と比べて増加する。**

inf.　分散を求めると
修正前18，修正後25
であり，修正前と比べて増加する。

別解　分散について

修正した2つのデータはともに平均値から遠ざかるから，**分散は修正前と比べて増加する。**

PR ④151　次の変量 x のデータは，ある地域の6つの山の高さである。以下の問いに答えよ。

1008，992，980，1008，984，980　(単位は m)

(1)　$u=x-1000$ とおくことにより，変量 x のデータの平均値 $\overline{x}$ を求めよ。

(2)　$v=\frac{x-1000}{4}$ とおくことにより，変量 x のデータの分散と標準偏差を求めよ。

(1)　変量 x と変量 u のデータの各値を表にすると，次のようになる。

x	1008	992	980	1008	984	980	計
u	8	−8	−20	8	−16	−20	−48

⇦仮平均を1000と考えた場合である。

よって，変量 u のデータの平均値は

$$\overline{u}=\frac{-48}{6}=-8\ (\mathrm{m})$$

ゆえに，変量 x のデータの平均値は，$x=u+1000$ から

$$\overline{\boldsymbol{x}}=\overline{u}+1000=-8+1000=\mathbf{992}\ (\mathbf{m})$$

(2)　変量 x，v，v^2 のデータの各値を表にすると，次のようになる。

x	1008	992	980	1008	984	980	計
v	2	−2	−5	2	−4	−5	−12
v^2	4	4	25	4	16	25	78

よって，変量 v のデータの分散は

$$s_v{}^2=\overline{v^2}-(\overline{v})^2=\frac{78}{6}-\left(\frac{-12}{6}\right)^2=9$$

ゆえに，変量 x のデータの **分散** は，$x=4v+1000$ から

$$s_x{}^2=4^2\cdot s_v{}^2=16\cdot 9=\mathbf{144}$$

標準偏差 は　　$s_x=4\cdot s_v=4\sqrt{9}=\mathbf{12}\ (\mathbf{m})$

⇦$x=av+b$ のとき
$\overline{x}=a\overline{v}+b$
$s_x{}^2=a^2s_v{}^2$
$s_x=|a|s_v$

PR ①152 次のような2つの変量 x, y のデータがある。これらについて，散布図をかき，x と y の間に相関があるかどうかを調べよ。また，相関がある場合には，正か負のどちらの相関であるかをいえ。

(1)

x	6	7	4	8	2	9	1	7	3	3
y	4	5	6	1	9	2	7	3	8	5

(2)

x	59	76	67	77	63	58	72	61	74	65
y	418	789	325	666	543	733	475	529	365	650

(3)

x	7.7	6.8	8.2	5.9	9.1	5.6	9.4	6.3	8.7	7.5
y	3.4	2.7	4.2	0.8	3.5	1.3	4.1	0.9	2.5	1.6

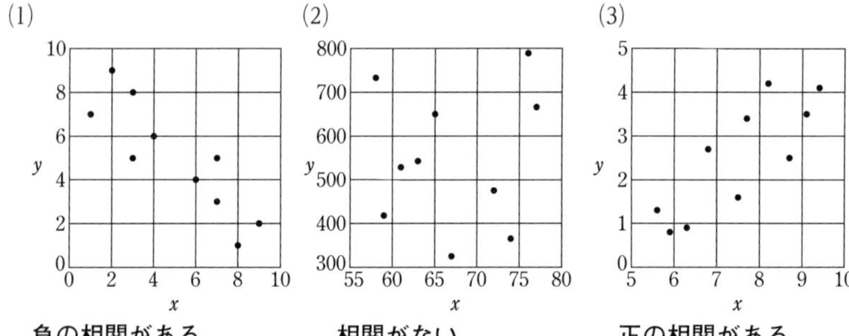

負の相関がある。　　**相関がない。**　　**正の相関がある。**

inf. このデータの相関係数を小数第3位で四捨五入すると

(1) -0.88　　(2) 0.10　　(3) 0.82

PR ③153 下の表は，10種類の飲料の価格 x (円) と1日の売り上げ個数 y (個) のデータである。

	1	2	3	4	5	6	7	8	9	10
x	115	95	110	120	105	115	100	110	125	105
y	45	64	48	24	42	30	53	40	34	60

価格と1日の売り上げ個数の間には，どのような相関関係があると考えられるか。相関係数 r を計算して答えよ。ただし，小数第3位を四捨五入せよ。

x, y のデータの平均をそれぞれ $\overline{x}$, $\overline{y}$ とすると

$$\overline{x}=\frac{1}{10}(115+95+110+120+105+115+100+110+125+105)=\frac{1100}{10}=110\ (円)$$

$$\overline{y}=\frac{1}{10}(45+64+48+24+42+30+53+40+34+60)=\frac{440}{10}=44\ (個)$$

	x	y	$x-\overline{x}$	$y-\overline{y}$	$(x-\overline{x})(y-\overline{y})$	$(x-\overline{x})^2$	$(y-\overline{y})^2$
1	115	45	5	1	5	25	1
2	95	64	−15	20	−300	225	400
3	110	48	0	4	0	0	16
4	120	24	10	−20	−200	100	400
5	105	42	−5	−2	10	25	4
6	115	30	5	−14	−70	25	196
7	100	53	−10	9	−90	100	81
8	110	40	0	−4	0	0	16
9	125	34	15	−10	−150	225	100
10	105	60	−5	16	−80	25	256
計	1100	440			−875	750	1470

上の表から，相関係数 r は

$$r=\frac{-875}{\sqrt{750}\sqrt{1470}}=-\frac{5}{6}\doteqdot\mathbf{-0.83}$$

r は負で -1 に近いから，飲料の価格と 1 日の売り上げ個数の間には，**強い負の相関がある** と考えられる。

⇐ $r=\frac{-875}{\sqrt{750}\sqrt{1470}}$
$=\frac{-5^3\cdot7}{\sqrt{3\cdot5^2\cdot10}\sqrt{3\cdot7^2\cdot10}}$
$=\frac{-5^3\cdot7}{3\cdot5\cdot7\cdot10}=-\frac{5}{6}$

PR ③154 右の表は，10 人の生徒の通学時間 x(分)と運賃 y(円)のデータである。

	1	2	3	4	5	6	7	8	9	10
x	25	20	35	40	30	45	15	25	10	30
y	190	160	330	380	250	420	0	210	0	200

(1) x と y の相関係数を r とする。r の範囲として適切なものを，次の ① ～ ④ から選べ。
　① $-1\leqq r\leqq-0.7$　② $-0.3\leqq r\leqq-0.1$　③ $0.1\leqq r\leqq0.3$　④ $0.7\leqq r\leqq1$
(2) 傾向として適切なものを，次の ① ～ ③ から選べ。
　① 通学時間が増加するとき，運賃が増加する傾向が認められる。
　② 通学時間が増加するとき，運賃が増加する傾向も減少する傾向も認められない。
　③ 通学時間が増加するとき，運賃が減少する傾向が認められる。

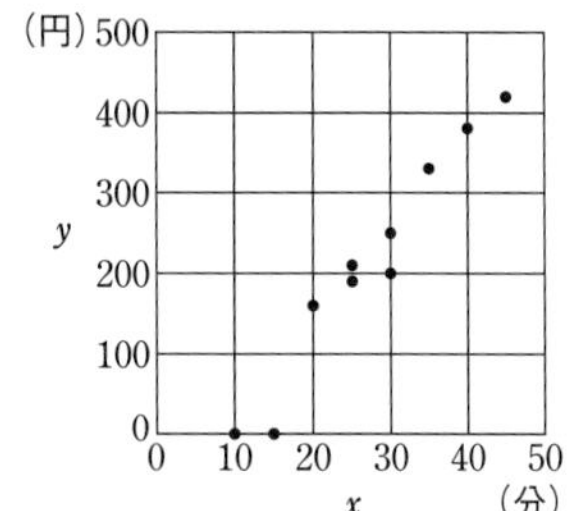

(1) x と y の散布図は右の図のようになる。散布図から，強い正の相関があることがわかる。よって，r として適切なものは　④

(2) 散布図から，通学時間が増加するとき，運賃が増加する傾向が認められる。
よって，傾向として適切なものは　①

PR ②155 ある企業がイメージキャラクターを作成し，20 人にアンケートを実施したところ，13 人が「企業の印象が良くなった」と回答した。この結果から，企業の印象が良くなったと判断してよいか。仮説検定の考え方を用い，基準となる確率を 0.05 として考察せよ。ただし，公正なコインを 20 枚投げて表が出た枚数を記録する実験を 200 回行ったところ，次の表のようになったとし，この結果を用いよ。

表の枚数	4	5	6	7	8	9	10	11	12	13	14	15	16	17	計
度数	1	2	7	15	25	30	37	32	23	16	8	3	0	1	200

企業の印象が良くなった　…… [1]
の主張が正しいかどうか判断するために，次の仮説を立てる。

仮説　企業の印象が良くなったとはいえず，「企業の印象が良くなった」と回答する場合と，そうでない場合がまったくの偶然で起こる　…… [2]

⇐① [1] の主張に反する仮説 を立てる。

コイン投げの実験結果から，コインを 20 枚投げて表が 13 枚以上出る場合の相対度数は　$\frac{16+8+3+0+1}{200}=\frac{28}{200}=0.14$

⇐② [2] の仮説のもとで，確率を調べる。

すなわち，[2] の仮説のもとでは，13 人以上が「企業の印象が良くなった」と回答する確率は 0.14 程度であると考えられる。
これは 0.05 より大きいから，[2] の仮説は否定できず，[1] が正しいとは判断できない。
したがって，**企業の印象が良くなったとは判断できない。**

⇐③ 基準となる確率との大小を比較する。
⇐④ [1] の主張は正しいかどうか判断する。

5章
PR

PR ③156 ある企業Xが，自社製品の鉛筆Aと，他社Yの鉛筆Bのうちどちらの方が書きやすいかを調査するアンケートを実施したところ，回答者全員のうち $\frac{2}{3}$ の人が，「Aの方が書きやすい」と回答した。その後，他社YがBを改良したため，改めてアンケートを実施したところ，30人中14人が「Aの方が書きやすい」と回答した。Bに比べて，Aの書きやすさが下がったと判断してよいか。仮説検定の考え方を用い，次の各場合について考察せよ。ただし，公正なさいころを30個投げて，1から4までのいずれかの目が出た個数を記録する実験を200回行ったところ，次の表のようになったとし，この結果を用いよ。

1～4の個数	12	13	14	15	16	17	18	19	20	21	22	23	24	25	26	27	計
度数	1	0	2	5	9	14	22	27	32	29	24	17	11	4	2	1	200

(1) 基準となる確率を0.05とする。　(2) 基準となる確率を0.01とする。

Aの書きやすさが下がった　…… [1]
の主張が正しいかどうかを判断するために，次の仮説を立てる。

仮説　Aの書きやすさは下がったとはいえず，「Aの方が書きやすい」と回答する確率は $\frac{2}{3}$ である　…… [2]

さいころを1個投げて1から4までのいずれかの目が出る確率は $\frac{2}{3}$ である。さいころ投げの実験結果から，さいころを30個投げて1から4までのいずれかの目が14個以下出る場合の相対度数は　$\frac{1+0+2}{200}=\frac{3}{200}=0.015$

すなわち，[2] の仮説のもとでは，14人以下が「Aの方が書きやすい」と回答する確率は0.015程度であると考えられる。

(1) 0.015は基準となる確率0.05より小さい。よって，[2] の仮説は正しくなかったと考えられ，[1] は正しいと判断してよい。したがって，**Aの書きやすさが下がったと判断してよい。**

(2) 0.015は基準となる確率0.01より大きい。よって，[2] の仮説は否定できず，[1] は正しいとは判断できない。
したがって，**Aの書きやすさが下がったとは判断できない。**

⇦「Aの書きやすさが下がった」すなわち「Aの方が書きやすい」と回答する人が減ったかどうか判断したいから，14人以下が回答する確率を調べる。

PR ④157 AとBがあるゲームを10回行ったところ，Aが7回勝った。この結果から，AはBより強いと判断してよいか。仮説検定の考え方を用い，基準となる確率を0.05として考察せよ。ただし，ゲームに引き分けはないものとする。

AはBより強い　…… [1]
の主張が正しいかどうかを判断するために，次の仮説を立てる。

仮説　AとBの強さは同等である ……[2]

[2] の仮説のもとで，ゲームを10回行って，Aが7回以上勝つ確率は

$${}_{10}C_{10}\left(\frac{1}{2}\right)^{10}\left(\frac{1}{2}\right)^{0}+{}_{10}C_{9}\left(\frac{1}{2}\right)^{9}\left(\frac{1}{2}\right)^{1}+{}_{10}C_{8}\left(\frac{1}{2}\right)^{8}\left(\frac{1}{2}\right)^{2}+{}_{10}C_{7}\left(\frac{1}{2}\right)^{7}\left(\frac{1}{2}\right)^{3}$$
$$=\frac{1}{2^{10}}(1+10+45+120)=\frac{176}{1024}=0.171\cdots\cdots$$

これは0.05より大きいから，[2] の仮説は否定できず，[1] が正しいとは判断できない。
したがって，**AはBより強いとは判断できない。**

⇦反復試行の確率。AとBの強さが同等のとき，1回のゲームでAが勝つ確率は $\frac{1}{2}$，Bが勝つ確率は $1-\frac{1}{2}=\frac{1}{2}$ である。

EX ③124

データ　1.61，4.12，3.71，2.87，2.48，2.13（単位は t）　は，ある町の 6 月から 11 月の間にゴミ集積場に集められたペットボトルのゴミの量である。

(1)　中央値と平均値を求めよ。

(2)　上記の 6 個の数値のうち 1 個が誤りであることがわかった。正しい数値に基づく中央値と平均値は，それぞれ 2.84 t と 3.02 t であるという。誤っている数値を選び，正しい数値を求めよ。

(1)　データを大きさの順に並べると

1.61，2.13，2.48，2.87，3.71，4.12

データの大きさが 6 であるから，中央値は小さい方から 3 番目と 4 番目の値の平均値である。

よって，**中央値** は　$\frac{1}{2}(2.48+2.87)=\mathbf{2.675}\ (\mathrm{t})$

平均値 は

$$\frac{1}{6}(1.61+4.12+3.71+2.87+2.48+2.13)=\frac{16.92}{6}$$
$$=\mathbf{2.82}\ (\mathrm{t})$$

(2)　正しいデータの平均値は(1)で求めたものより 0.2 t 大きいからどれかが 1.2 t 少ない。

データの値から 1 つ選んで 1.2 t を加えた結果，中央値が 2.84 t になるものは，1.61 t のみである。

よって，**誤っている数値は**　**1.61 t**

正しい数値は　**2.81 t**

⇐$3.02-2.82=0.2$

⇐$0.2\times6=1.2$

⇐中央値が(1)で求めたものより大きいので，誤っている数値は 1.61，2.13，2.48，2.87 のいずれか。

EX ①125

右の図は 30 人の生徒に対して理科のテストを行った結果の得点を箱ひげ図にしたものである。この箱ひげ図のもとになった得点をヒストグラムにしたとき，対応するものを次の ⓪ ～ ② から選べ。

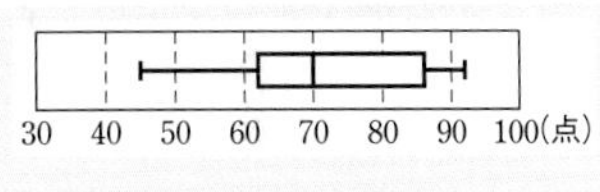

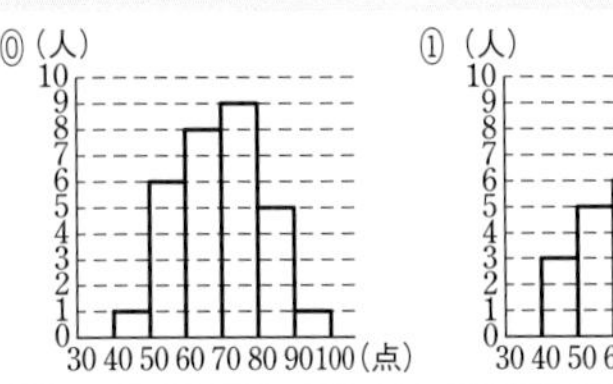

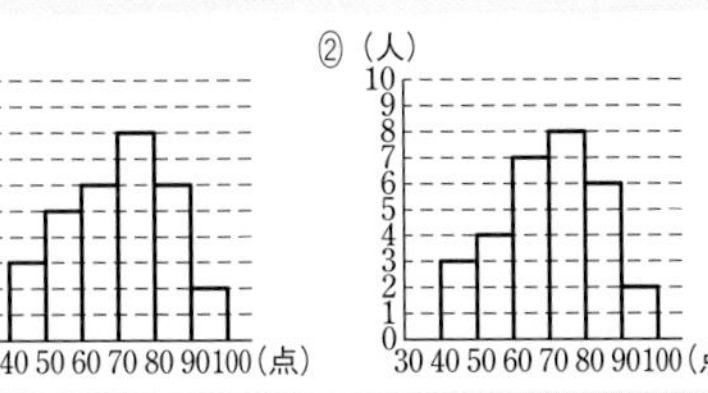

［類 センター試験］

箱ひげ図から，Q_1 は 60 点台，Q_3 は 80 点台である。

ヒストグラム ① の Q_1 は 50 点台であるから適さない。

ヒストグラム ⓪ の Q_3 は 70 点台であるから適さない。

ヒストグラム ② は条件を満たすから，箱ひげ図のもとになった得点をヒストグラムにしたとき，対応するものは ② である。

⇐最大値と最小値の入る階級は等しいから，Q_1 と Q_3 を比較する。
Q_1：下から 8 番目
Q_3：上から 8 番目

EX ③126 ある高校3年生1クラスの生徒40人について，ハンドボール投げの飛距離のデータを取った。右の図は，このクラスで最初に取ったデータを箱ひげ図にまとめたものである。

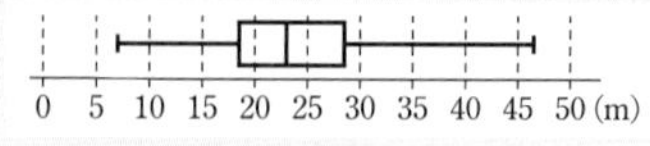

後日，このクラスでハンドボール投げの記録を取り直した。次に示したA～Dは，最初に取った記録から今回の記録への変化の分析結果を記述したものである。a～dの各々が今回取り直したデータの箱ひげ図となる場合に，⓪～③の組合せのうち分析結果と箱ひげ図が **矛盾するもの** をすべて選べ。

⓪ A—a　① B—b　② C—c　③ D—d

A：どの生徒の記録も下がった。
B：どの生徒の記録も伸びた。
C：最初に取ったデータで上位 $\frac{1}{3}$ に入るすべての生徒の記録が伸びた。
D：最初に取ったデータで上位 $\frac{1}{3}$ に入るすべての生徒の記録が伸び，下位 $\frac{1}{3}$ に入るすべての生徒の記録は下がった。

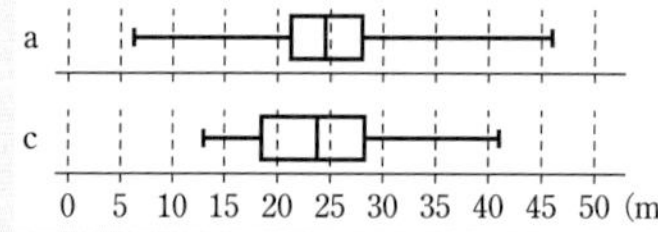

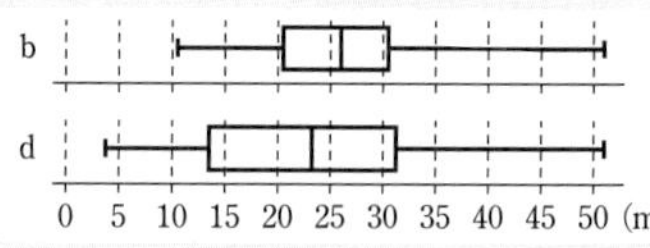

［類 センター試験］

⓪ aの箱ひげ図は最初のデータよりも第1四分位数が大きくなっているから，矛盾している。
① bの箱ひげ図は最初のデータよりも最大値，第3四分位数，中央値，第1四分位数，最小値すべてが大きくなっているから，矛盾しているとはいえない。
② cの箱ひげ図は最初のデータよりも最大値が小さくなっているから，矛盾している。
③ dの箱ひげ図は最初のデータよりも最大値と第3四分位数が大きくなっており，第1四分位数と最小値が小さくなっているから，矛盾しているとはいえない。

よって，分析結果と箱ひげ図が矛盾するものは　**⓪，②**

⇐⓪では他にも中央値も大きくなっている。矛盾する場合はいずれか1つの反例を示せればよい。

EX ③127 99個の観測値からなるデータがある。四分位数について述べた次の⓪～⑤の記述のうち，どのようなデータでも成り立つものを2つ選べ。

⓪ 平均値は第1四分位数と第3四分位数の間にある。
① 四分位範囲は標準偏差より大きい。
② 中央値より小さい観測値の個数は49個である。
③ 最大値に等しい観測値を1個削除しても第1四分位数は変わらない。
④ 第1四分位数より小さい観測値と，第3四分位数より大きい観測値とをすべて削除すると，残りの観測値の個数は51個である。
⑤ 第1四分位数より小さい観測値と，第3四分位数より大きい観測値とをすべて削除すると，残りの観測値からなるデータの範囲はもとのデータの四分位範囲に等しい。

［類 センター試験］

⓪，①　98 個の観測値が 0 で，残りの 1 個の観測値が 99 であるデータをAとする。データAにおいて

平均値は　$\dfrac{98\cdot 0+99}{99}=1$

第 1 四分位数は　0

第 3 四分位数は　0

ゆえに，平均値が第 1 四分位数と第 3 四分位数の間にない場合があることがわかる。

よって，⓪は正しくない。

また，データAにおいて

四分位範囲は　$0-0=0$

標準偏差は　$\sqrt{\dfrac{1}{99}\{98\cdot(0-1)^2+(99-1)^2\}}$

$=\sqrt{\dfrac{98(1+98)}{99}}=\sqrt{98}=7\sqrt{2}$

ゆえに，四分位範囲が標準偏差より小さい場合があることがわかる。よって，①は正しくない。

⇐(平均値)$=\dfrac{(\text{データの値の総和})}{(\text{データの大きさ})}$

⇐(四分位範囲)$=Q_3-Q_1$

⇐(標準偏差)$=\sqrt{(\text{分散})}$ $=\sqrt{(\text{偏差})^2\text{の平均値}}$

5章 EX

②　観測値を大きさの順に並べたとき，小さい方から 50 番目の観測値が中央値であるから，49 番目の観測値と中央値が等しいならば，中央値より小さい観測値の個数は 48 個以下になる。よって，正しくない。

③　最大値に等しい観測値を 1 個削除すると，残りの観測値からなるデータの大きさは 98 であり，そのデータの第 1 四分位数は値の小さい方から 25 番目の値である。

これはもとのデータの第 1 四分位数と同じである。

よって，正しい。

④　観測値を大きさの順に並べたとき，小さい方から 25 番目の観測値が第 1 四分位数であるから，24 番目の観測値と第 1 四分位数が等しいならば，第 1 四分位数より小さい観測値の個数が 23 個となる場合がある。このとき，第 3 四分位数より大きい観測値が 24 個ならば，第 1 四分位数より小さい観測値と，第 3 四分位数より大きい観測値とをすべて削除した残りの観測値の個数は　$99-23-24=52$

よって，正しくない。

24 個　Q_1　24 個　Q_2　24 個　Q_3　24 個

○ … ○ ○ ○ … ○ ○ ○ … ○ ○ ○ … ○

↑

この値が Q_1 と等しいとき，これより小さい値は 23 個となる場合がある。

⑤　第 1 四分位数より小さい観測値と，第 3 四分位数より大きい観測値とをすべて削除すると，残りの観測値からなるデータの最大値，最小値は，それぞれもとのデータの第 3 四分位数，第 1 四分位数に等しい。

ゆえに，残りの観測値からなるデータの範囲は，もとのデータの四分位範囲に等しい。よって，正しい。

⇐(範囲)=(最大値)−(最小値)

以上から，正しいものは　③，⑤

EX ③128 大豆を1粒ずつ箸（はし）でつかみ30秒間で隣の器へ移す個数を競う大会が行われた。以下のデータは，A～Jの10選手が，30秒間で隣の器へ移した大豆の個数 x（個）である。ただし，x のデータの平均値を $\overline{x}$ で表し，$x<25$ とする。

	A	B	C	D	E	F	G	H	I	J
x	22	21	16	a	13	15	24	b	12	14
$(x-\overline{x})^2$	16	9	4	c	25	9	d	4	36	16

(1) $\overline{x}$ の値を求めよ。　(2) a，b，c，d の値を求めよ。
(3) x の分散と標準偏差を求めよ。ただし，小数第2位を四捨五入せよ。

(1) Aのデータに着目すると
$x=22$，$(x-\overline{x})^2=16$ から　$(22-\overline{x})^2=16$
よって　$22-\overline{x}=\pm4$
ゆえに　$\overline{x}=18,\ 26$ …… ①
Bのデータに着目すると
$x=21$，$(x-\overline{x})^2=9$ から　$(21-\overline{x})^2=9$
よって　$21-\overline{x}=\pm3$
ゆえに　$\overline{x}=18,\ 24$ …… ②
①，② から　$\overline{x}=\mathbf{18}$ **(個)**

別解　① と $x<25$ から　$\overline{x}<25$
これと ① から　$\overline{x}=\mathbf{18}$ **(個)**

(2) Gのデータに着目すると　$d=(24-18)^2=36$
x のデータの総和は　$18\times10=180$
よって　$22+21+16+a+13+15+24+b+12+14=180$
ゆえに　$a=43-b$ …… ③
Hのデータに着目すると
$(b-18)^2=4$ から　$b-18=\pm2$
よって　$b=16,\ 20$
$b=16$ のとき，③ から $a=27$ となり，$x<25$ に適さない。
$b=20$ のとき，③ から $a=23$ となり，$x<25$ に適する。
よって　$a=23,\ b=20$
ゆえに　$c=(23-18)^2=25$
したがって　$\boldsymbol{a=23,\ b=20,\ c=25,\ d=36}$

(3) 偏差の2乗の和は
$16+9+4+25+25+9+36+4+36+16=180$
よって，**分散** は　$\dfrac{1}{10}\times180=\mathbf{18}$
ゆえに，**標準偏差** は　$\sqrt{18}=3\sqrt{2}\fallingdotseq\mathbf{4.2}$ **(個)**

⇐A，B，C，E，F，I，Jのいずれか2つに着目する。

⇐C：$(16-18)^2=4$
E：$(13-18)^2=25$
F：$(15-18)^2=9$
I：$(12-18)^2=36$
J：$(14-18)^2=16$
で適する。

⇐b の値が2通り出る。与えられた条件から絞り込む。

EX ③129 3つの正の数 a，b，c の平均値が14，標準偏差が8であるとき，$a^2+b^2+c^2=$ ア□，$ab+bc+ca=$ イ□ である。〔立命館大〕

平均値が14であるから　$\dfrac{1}{3}(a+b+c)=14$
よって　$a+b+c=42$ …… ①
標準偏差が8であるから，分散は $8^2=64$ である。

よって　$\frac{1}{3}(a^2+b^2+c^2)-14^2=64$

ゆえに　$a^2+b^2+c^2=$ ア**780** …… ②

ここで

$(a+b+c)^2=a^2+b^2+c^2+2(ab+bc+ca)$

であるから

$ab+bc+ca=\frac{1}{2}\{(a+b+c)^2-(a^2+b^2+c^2)\}$

①，② を代入して

$ab+bc+ca=\frac{1}{2}(42^2-780)=$ イ**492**

⇦(分散)＝(標準偏差)^2 ＝(2乗の平均値)−(平均値)^2

⇦本冊 $p.20$ POINT 参照

EX ③130　次の表は，あるクラスの生徒10人に対して行われた，理科と社会のテスト(各100点満点)の得点等の一覧である。空欄の値はわかっていないものとして，(1)～(3) に答えよ。

生徒番号	①	②	③	④	⑤	⑥	⑦	⑧	⑨	⑩	平均	分散	共分散
理科	10	30	40	90	70	60	70		50	80	50		−270
社会	100	70	60		40	50	20	50		70	60	500	

(1)　このデータの散布図として適切なものを，次の図(A)～(C)のうちから1つ選べ。

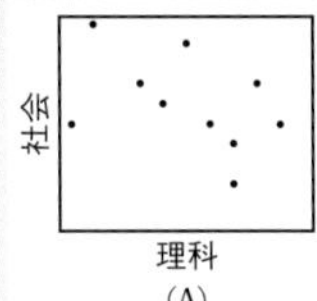

(A)

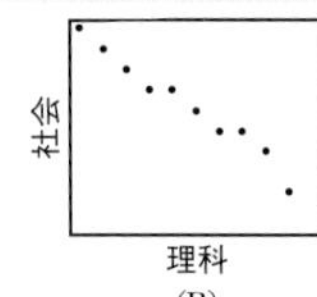

(B)

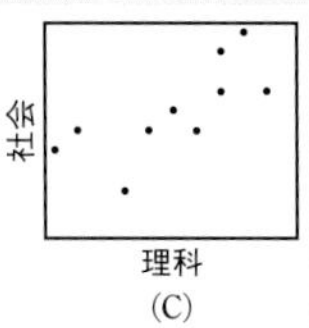

(C)

(2)　生徒 ⑧ の理科の得点，および，理科の得点の分散を求めよ。

(3)　理科と社会の得点の相関係数を求めよ。　〔類 慶応大〕

(1)　生徒 ① について，社会は100点満点であるが，理科は10点で，低い方から1番目か2番目である。
このことから，散布図の候補は(A)か(B)となる。
また，理科には70点で得点が同じ生徒が2人いる。
このことから，(A)，(B)のうち，適切な散布図は(**A**)である。

(2)　生徒 ⑧ の理科の得点を x とすると，理科の得点の平均が50点であることから

$$\frac{1}{10}(10+30+40+90+70+60+70+x+50+80)=50$$

よって　$500+x=500$

ゆえに　$x=\mathbf{0}$ (点)

また，理科の得点の偏差の2乗の和は

$$(10-50)^2+(30-50)^2+(40-50)^2+(90-50)^2+(70-50)^2$$
$$+(60-50)^2+(70-50)^2+(0-50)^2+(50-50)^2+(80-50)^2$$
$$=8000$$

よって，理科の得点の分散は

$$\frac{8000}{10}=\mathbf{800}$$

⇦まず，最大値や最小値に注目。

⇦(B)で横軸方向にみていくと，理科の得点は全員異なる。

⇦分散は(偏差)^2 の平均値

(3) 理科と社会の得点の相関係数は

$$\frac{-270}{\sqrt{800}\times\sqrt{500}}=-\frac{\mathbf{27\sqrt{10}}}{\mathbf{200}}$$

⇦ 2 つの変量 x と y の相関係数は
$$\frac{(x\text{と}y\text{の共分散})}{(x\text{の標準偏差})(y\text{の標準偏差})}$$

EX
②**131**

Aさんはコインを 10 回投げたところ，表が 7 回出た。
この結果から，A さんは，
「このコインは表が出やすい」
と主張しているが，この主張が正しいかどうかを仮説検定の考え方を用いて考察する。まず，「Aさんの主張」に対し，次の仮説を立てる。
「仮説　このコインは公正である」
また，基準となる確率を 0.05 とする。
ここで，公正なさいころを 10 回投げて奇数の目が出た回数を記録する実験を 200 回行ったところ，次の表のようになった。

奇数の回数	1	2	3	4	5	6	7	8	9
度数	2	9	24	41	51	39	23	10	1

[2] の仮説のもとで，表が 7 回以上出る確率は，上の実験結果を用いると，ア□ 程度であることがわかる。このとき，「イ□。」と結論する。
ア□ に当てはまる数を求めよ。また，イ□ に当てはまるものを，次の⓪～⑤のうちから 1 つ選べ。

⓪ 「Aさんの主張」は正しくなかったと考えられ，「仮説」が正しい，すなわち，このコインは公正であると判断する
① 「Aさんの主張」は否定できず，「Aさんの主張」が正しい，すなわち，このコインは表が出やすいと判断する
② 「Aさんの主張」は否定できず，「仮説」が正しいとは判断できない，すなわち，このコインは公正であるとは判断できない
③ 「仮説」は正しくなかったと考えられ，「Aさんの主張」が正しい，すなわち，このコインは表が出やすいと判断する
④ 「仮説」は否定できず，「仮説」が正しい，すなわち，このコインは公正であると判断する
⑤ 「仮説」は否定できず，「Aさんの主張」が正しいとは判断できない，すなわち，このコインは表が出やすいとは判断できない

「このコインは表が出やすい」
の主張が正しいかどうかを判断するために，次の仮説を立てる。
「仮説　このコインは公正である」
さいころ投げの実験結果から，さいころを 10 回投げて奇数の目が 7 回以上出る場合の相対度数は

$$\frac{23+10+1}{200}=\frac{34}{200}=0.17$$

「仮説」のもとでは，コインを 10 回投げて，表が 7 回以上出る確率は ア**0.17** 程度であり，これは基準となる確率 0.05 より大きい。よって，「仮説」は否定できず，「Aさんの主張」が正しいとは判断できない。
したがって，このコインは表が出やすいとは判断できない。
(イ⑤)

⇦「仮説」が誤りであったとはいえないが，これは，「仮説」が正しいことを意味しているわけではない。
よって，④は誤り。

EX ④132 スキージャンプは，飛距離および空中姿勢の美しさを競う競技である。選手は斜面を滑り降り，斜面の端から空中に飛び出す。飛距離 D（単位は m）から得点 X が決まり，空中姿勢から得点 Y が決まる。ある大会における 58 回のジャンプについて考える。〔類 センター試験〕

(1) 得点 X，得点 Y および飛び出すときの速度 V（単位は km/h）について，図 1 の 3 つの散布図を得た。

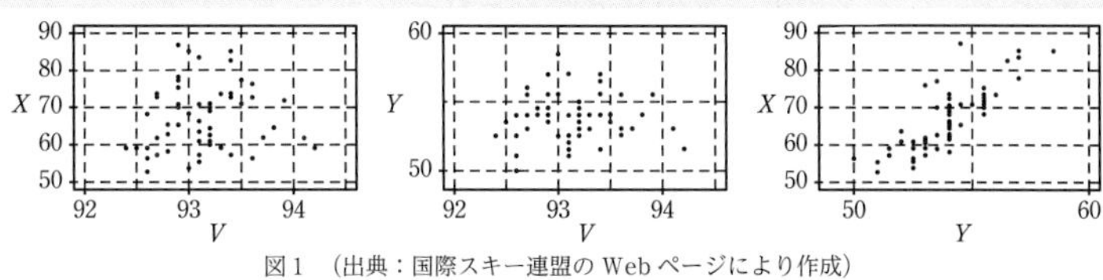

図 1 （出典：国際スキー連盟の Web ページにより作成）

図 1 から読み取れることとして正しいものを，次の ⓪ ～ ⑥ のうちから 3 つ選べ。

⓪ X と V の間の相関は，X と Y の間の相関より強い。
① X と Y の間には正の相関がある。
② V が最大のジャンプは，X も最大である。
③ V が最大のジャンプは，Y も最大である。
④ Y が最小のジャンプは，X は最小ではない。
⑤ X が 80 以上のジャンプは，すべて V が 93 以上である。
⑥ Y が 55 以上かつ V が 94 以上のジャンプはない。

(2) 得点 X は，飛距離 D から次の計算式によって算出される。

$$X=1.80\times(D-125.0)+60.0$$

このとき，X の分散は，D の分散の ア□ 倍になる。また，X と Y の共分散は，D と Y の共分散の イ□ 倍である。更に，X と Y の相関係数は，D と Y の相関係数の ウ□ 倍である。

(1) ⓪ X と V，X と Y の散布図から，X と Y の相関の方が，X と V の相関より強いことが読み取れる。
よって，正しくない。

① X と Y の散布図から，X と Y の間には正の相関があることが読み取れる。よって，正しい。

② X と V の散布図から，V が最大のジャンプは X が最大でないことが読み取れる。よって，正しくない。

③ Y と V の散布図から，V が最大のジャンプは Y が最大でないことが読み取れる。よって，正しくない。

④ X と Y の散布図から，Y が最小のジャンプは X が最小でないことが読み取れる。よって，正しい。

⑤ X と V の散布図から，X が 80 以上のジャンプでも V が 93 未満のものがあることが読み取れる。
よって，正しくない。

⑥ Y と V の散布図から，Y が 55 以上のジャンプはすべて V が 94 未満であることが読み取れる。よって，正しい。

以上から，正しいものは ①，④，⑥

⇦散布図で，点の分布が 1 つの直線に接近しているほど，相関が強いという。

⇦ 2 つの変量について，一方が増えると他方が増える傾向がみられるとき，正の相関があるという。

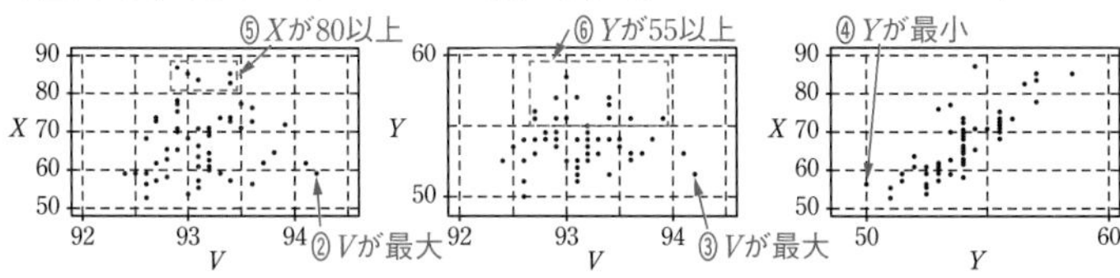

(2)　$X=1.80\times(D-125.0)+60.0=1.8D-165$ であるから，
X，Y，D のデータの分散をそれぞれ $s_X{}^2$，$s_Y{}^2$，$s_D{}^2$ とすると

$$s_X{}^2=1.8^2 s_D{}^2=3.24 s_D{}^2$$

よって，X の分散は，D の分散の ア**3.24** 倍となる。
X と Y，D と Y のデータの共分散をそれぞれ s_{XY}，s_{DY} とすると

$$s_{XY}=1.8 s_{DY}$$

よって，X と Y の共分散は，D と Y の共分散の イ**1.8** 倍である。
更に，X と Y，D と Y のデータの相関係数をそれぞれ r_{XY}，r_{DY} とすると，相関係数の定義から

$$r_{XY}=\frac{s_{XY}}{s_X s_Y}=\frac{1.8 s_{DY}}{1.8 s_D \cdot s_Y}=\frac{s_{DY}}{s_D s_Y}$$
$$=r_{DY}$$

よって，X と Y の相関係数は，D と Y の相関係数の ウ**1** 倍である。

⇐本冊 $p.242$ STEP UP
変量 x を $y=ax+b$ により変換すると
分散：$s_y{}^2=a^2 s_x{}^2$

⇐本冊 $p.253$ STEP UP
変量 x を $y=ax+b$ により変換すると，z，x の共分散 s_{zx} と z，y の共分散 s_{zy} の関係は
$s_{zy}=a s_{zx}$

⇐本冊 $p.242$ STEP UP
変量 x を $y=ax+b$ により変換すると
標準偏差：$s_y=|a|s_x$

inf.　本冊 $p.253$ STEP UP でも説明したように，相関係数は，2 つのデータの間の関係を表す数値であり，正の定数を掛けたり，ある定数を加えても相関の強弱は変わらない。よって，$r_{XY}=r_{DY}$ となることは明らかである。

PRACTICE, EXERCISES の解答（数学A）

注意 ・PRACTICE，EXERCISES の全問題文と解答例を掲載した。
・必要に応じて，HINT として，解答の前に問題の解法の手がかりや方針を示した。また，inf. として，補足事項や注意事項を示したところもある。
・主に本冊の CHART&SOLUTION や CHART&THINKING に対応した箇所を赤字で示した。

PR ①1

(1) 全体集合を $U=\{1,\ 2,\ 3,\ 4,\ 5,\ 6,\ 7\}$ とする。U の部分集合 $A=\{1,\ 3,\ 5,\ 6,\ 7\}$，$B=\{2,\ 3,\ 6,\ 7\}$ について，$n(U)$，$n(\overline{B})$，$n(A\cap B)$，$n(\overline{A\cup B})$ を求めよ。
(2) 集合 A，B が全体集合 U の部分集合で $n(U)=80$，$n(A)=25$，$n(B)=40$，$n(A\cap B)=15$ であるとき，次の集合の要素の個数を求めよ。
(ア) $\overline{A}$ (イ) $\overline{A\cap B}$ (ウ) $A\cup B$ (エ) $\overline{A}\cap\overline{B}$

(1) $\boldsymbol{n(U)=7}$
$\overline{B}=\{1,\ 4,\ 5\}$ であるから $\boldsymbol{n(\overline{B})=3}$
$A\cap B=\{3,\ 6,\ 7\}$ であるから $\boldsymbol{n(A\cap B)=3}$
$\overline{A\cup B}=\{4\}$ であるから $\boldsymbol{n(\overline{A\cup B})=1}$

(2) (ア) $n(\overline{A})=n(U)-n(A)$
$=80-25=\boldsymbol{55}$ **(個)**
⇐補集合の要素の個数。

(イ) $n(\overline{A\cap B})=n(U)-n(A\cap B)$
$=80-15=\boldsymbol{65}$ **(個)**

(ウ) $n(A\cup B)=n(A)+n(B)-n(A\cap B)$
$=25+40-15=\boldsymbol{50}$ **(個)**
⇐個数定理を利用。

(エ) $n(\overline{A}\cap\overline{B})=n(\overline{A\cup B})$
$=n(U)-n(A\cup B)$
$=80-50=\boldsymbol{30}$ **(個)**
⇐ド・モルガンの法則 $\overline{A}\cap\overline{B}=\overline{A\cup B}$
⇐(ウ) の結果を利用。

PR ②2

1000 以下の自然数のうち
(1) 2 で割り切れるまたは 7 で割り切れる数は何個あるか。
(2) 2 で割り切れない数は何個あるか。
(3) 2 でも 7 でも割り切れない数は何個あるか。 〔類 南山大〕

1000 以下の自然数全体の集合を全体集合 U とし，そのうち
2 で割り切れる数全体の集合を A
7 で割り切れる数全体の集合を B
とする。このとき

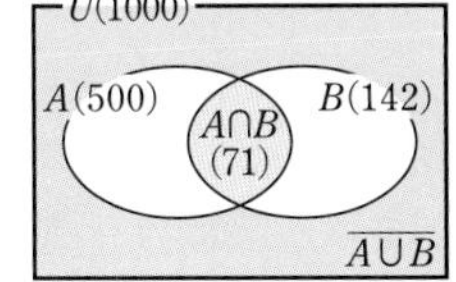

$A=\{2\cdot1,\ 2\cdot2,\ \cdots\cdots,\ 2\cdot500\}$
$B=\{7\cdot1,\ 7\cdot2,\ \cdots\cdots,\ 7\cdot142\}$
$A\cap B=\{14\cdot1,\ 14\cdot2,\ \cdots\cdots,\ 14\cdot71\}$
⇐1000÷7 の商は 142
⇐$A\cap B$ は，2 と 7 の最小公倍数 14 で割り切れる数全体の集合である。

よって $n(A)=500$，$n(B)=142$，$n(A\cap B)=71$
(1) 求める個数は $n(A\cup B)$ であるから
$n(A\cup B)=n(A)+n(B)-n(A\cap B)$
$=500+142-71=\boldsymbol{571}$ **(個)**

(2) 求める個数は $n(\overline{A})$ であるから

$$n(\overline{A})=n(U)-n(A)$$
$$=1000-500$$
$$=\mathbf{500}\ (\text{個})$$

(3) 求める個数は $n(\overline{A}\cap\overline{B})$ であるから

$$n(\overline{A}\cap\overline{B})=n(\overline{A\cup B})$$
$$=n(U)-n(A\cup B)$$
$$=1000-571$$
$$=\mathbf{429}\ (\text{個})$$

⇦ド・モルガンの法則 $\overline{A}\cap\overline{B}=\overline{A\cup B}$

PR ②3 生徒101人の中でバナナが好きな人が43人，イチゴが好きな人が39人，バナナとイチゴのどちらも好きでない人が51人いた。
(1) バナナとイチゴの両方を好きな人は何人か。
(2) バナナだけ，またはイチゴだけ好きな人は何人か。

全体集合を U とし，バナナが好きな人の集合を A，イチゴが好きな人の集合を B とする。

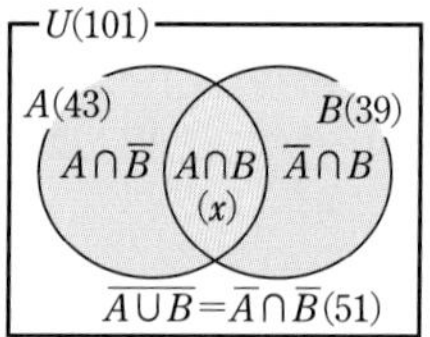

(1) $n(A)+n(B)-n(A\cap B)$
$+n(\overline{A\cup B})=n(U)$
であるから，求める人数を x 人とすると $43+39-x+51=101$
よって $x=32$ したがって **32人**

⇦バナナもイチゴも好きでない人の人数は $n(\overline{A}\cap\overline{B})=n(\overline{A\cup B})$

(2) (1)から，バナナだけ好きな人は
$n(A\cap\overline{B})=43-32=11$ (人)

⇦$n(A)-n(A\cap B)$

また，イチゴだけ好きな人は
$n(\overline{A}\cap B)=39-32=7$ (人)

⇦$n(B)-n(A\cap B)$

したがって，求める人数は $11+7=\mathbf{18}$ **(人)**

PR ②4 1枚の硬貨を繰り返し投げ，表が3回出たら賞品がもらえるゲームをする。ただし，投げられる回数は5回までとし，3回目の表が出たらそれ以降は投げない。1回目に裏が出たとき，賞品がもらえるための表裏の出方の順は何通りあるか。

表を○，裏を×で表し，最初に裏が出たときに5回目までに3回表が出る場合の樹形図をかくと，次のようになる。

⇦分岐する場合，○を上にかき，×を下にかく。

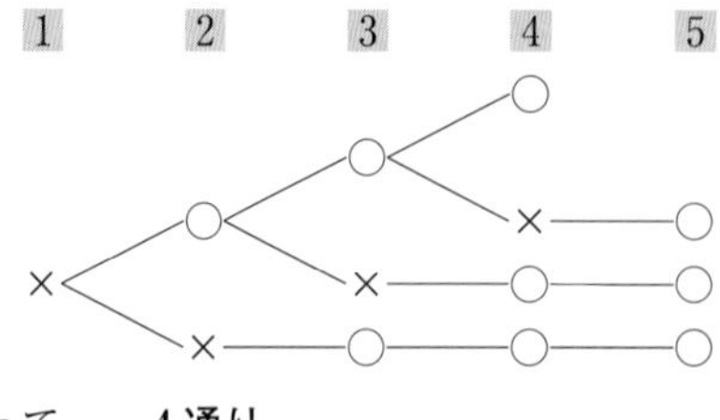

よって **4通り**

PR ②5
(1) 大小2個のさいころを投げるとき，目の和が4または7になる場合は何通りあるか。
(2) 同じ大きさで区別のできない3個のさいころを投げて，目の和が8の倍数になる場合は何通りあるか。

(1) 大，小のさいころの目の数を，それぞれ x，y とし，出る目を (x, y) で表す。

[1] $x+y=4$ のとき　$(x, y)=(1, 3), (2, 2), (3, 1)$

[2] $x+y=7$ のとき　$(x, y)=(1, 6), (2, 5), (3, 4), (4, 3), (5, 2), (6, 1)$

よって，和の法則により　$3+6=$**9（通り）**

大＼小	1	2	3	4	5	6
1	2	3	4	5	6	7
2	3	4	5	6	7	8
3	4	5	6	7	8	9
4	5	6	7	8	9	10
5	6	7	8	9	10	11
6	7	8	9	10	11	12

[1] の場合 ……
[2] の場合 ……

(2) 目の和は3以上18以下であるから，目の和が8の倍数になるのは8，16の2通りである。

3つのさいころの目を{□，□，□}で表す。

[1] 目の和が8のとき

{1, 1, 6}，{1, 2, 5}，{1, 3, 4}，{2, 2, 4}，{2, 3, 3}

[2] 目の和が16のとき

{4, 6, 6}，{5, 5, 6}

よって，和の法則により　$5+2=$**7（通り）**

⇐区別できないさいころであるから，例えば，{1, 1, 6}と{6, 1, 1}は同じ場合と考える。

PR ②6
(1) A市とB市の間に5つの別々のバス路線がある。次のとき，A市とB市を往復する方法は何通りあるか。
(ア) 往復で同じバス路線を利用しないとき
(イ) 往復で同じバス路線を利用してもよいとき
(2) 積 $(a+b+c+d)(p+q+r)(x+y)$ を展開すると，項は何個できるか。

(1) (ア) 往復で同じバス路線を利用しないとき

A市からB市へ行くとき利用するバス路線の選び方は

5通り

そのおのおのに対して，B市からA市に帰るときに利用するバス路線の選び方は　4通り

よって，積の法則により　$5\times4=$**20（通り）**

(ア)

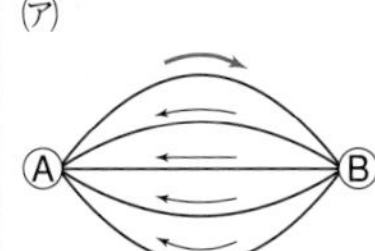

(イ) 往復で同じバス路線を利用してもよいとき

A市からB市へ行くとき利用するバス路線の選び方は

5通り

そのおのおのに対して，B市からA市に帰るときに利用するバス路線の選び方は　5通り

よって，積の法則により　$5\times5=$**25（通り）**

(イ)

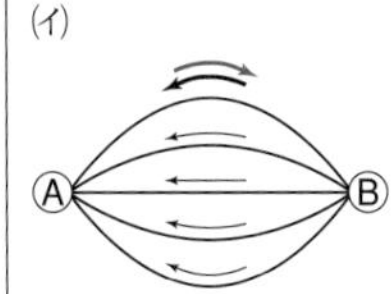

(2) $(a+b+c+d)(p+q+r)(x+y)$ を展開したときの各項はすべて異なり，次の形になる。

(a, b, c, d のどれか1つ)　⇐選び方は4通り。
×(p, q, r のどれか1つ)　⇐選び方は3通り。
×(x か y のどちらか1つ)　⇐選び方は2通り。

よって，展開した式の項の個数は，積の法則により

$4\times3\times2=$**24（個）**

PR ②7

3500 の正の約数について

(1) 約数は全部でいくつあるか。　　(2) (1)の約数の総和を求めよ。

$3500=2^2\cdot5^3\cdot7$ であるから，3500 の正の約数は

$a=0,\ 1,\ 2$；　$b=0,\ 1,\ 2,\ 3$；　$c=0,\ 1$

として，$2^a\cdot5^b\cdot7^c$ と表される。

(1) a の定め方は 3 通り。

そのおのおのに対して，b の定め方は 4 通り。

更に，そのおのおのに対して，c の定め方は 2 通り。

よって，積の法則により

$3\times4\times2=$**24 (個)**

(2) 3500 の正の約数は

$(1+2+2^2)(1+5+5^2+5^3)(1+7)$

を展開したときの項として 1 つずつ出てくる。

よって，求める総和は

$7\times156\times8=$**8736**

⇐ 2)3500
2)1750
5) 875
5) 175
5) 35
     7

PR ③8

大小 2 個のさいころを投げるとき

(1) 目の積が 3 の倍数になる場合は何通りあるか。

(2) 目の積が 6 の倍数になる場合は何通りあるか。

(1) 2 個のさいころの目の出方は全部で

$6\times6=36$ (通り)

目の積が 3 の倍数になるのは，2 個のさいころの目のうち少なくとも 1 つが 3 または 6 の目の場合である。

2 つの目がともに 3 と 6 以外の目である場合の数は

$4\times4=16$ (通り)

よって，求める場合の数は

$36-16=$**20 (通り)**

(2) 目の積が 6 の倍数になるには，目の積が 3 の倍数であり，かつ，2 つの目のうち少なくとも 1 つが偶数の場合である。

よって，(1)の結果から目の積が奇数の 3 の倍数となる場合を除けばよい。

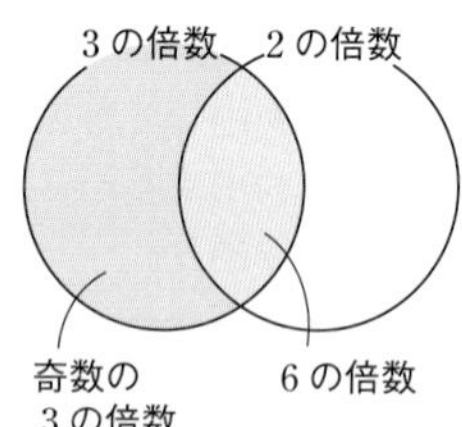

目の積が奇数の 3 の倍数になるのは，2 つの目がともに奇数であり，その中の少なくとも 1 つが 3 の目の場合であるから

$3\times3-2\times2=5$ (通り)

よって，求める場合の数は

$20-5=$**15 (通り)**

(2) $6=2\cdot3$ であるから，6 の倍数は，3 の倍数で偶数のものである。
よって，(3 の倍数全体) −(奇数の 3 の倍数) の方針で求める。

⇐ 2 つとも奇数の場合から，2 つとも 1, 5 の場合を除く。

PR ④9 42 人の生徒のうち，自転車利用者は 35 人，電車利用者は 30 人である。このとき，どちらも利用していない生徒は多くても ア[　] 人であり，両方とも利用している生徒は少なくても イ[　] 人はいる。自転車だけ利用している生徒は少なくても ウ[　] 人，多くても エ[　] 人までである。

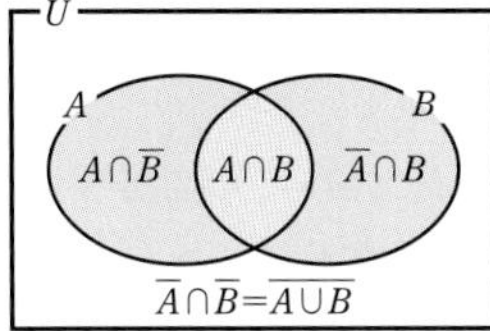

全体集合を U とし，自転車利用者の集合を A，電車利用者の集合を B とすると

$n(A)=35,\ n(B)=30$

どちらも利用していない生徒の人数は

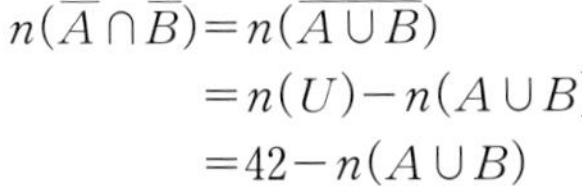

$$n(\overline{A}\cap\overline{B})=n(\overline{A\cup B})=n(U)-n(A\cup B)=42-n(A\cup B)$$

両方とも利用している生徒の人数は

$$n(A\cap B)=n(A)+n(B)-n(A\cup B)=35+30-n(A\cup B)=65-n(A\cup B)$$

自転車だけ利用している生徒の人数は

$$n(A\cap\overline{B})=n(A\cup B)-n(B)=n(A\cup B)-30$$

[1] $n(A)+n(B)>n(U)$ であるから，$n(A\cup B)$ が最大になるのは $A\cup B=U$ のとき，すなわち $n(A\cup B)=n(U)=42$ のときである。
このとき，$n(A\cap B)$ は最小，$n(A\cap\overline{B})$ は最大となる。
よって，$n(A\cap B)$ の最小値は　$65-42=$ イ**23** (人)
$n(A\cap\overline{B})$ の最大値は　$42-30=$ エ**12** (人)

[2] $n(A)>n(B)$ であるから，$n(A\cup B)$ が最小になるのは $A\supset B$ のとき，すなわち $n(A\cup B)=n(A)=35$ のときである。
このとき，$n(\overline{A}\cap\overline{B})$ は最大，$n(A\cap\overline{B})$ は最小となる。
よって，$n(\overline{A}\cap\overline{B})$ の最大値は　$42-35=$ ア**7** (人)
$n(A\cap\overline{B})$ の最小値は　$35-30=$ ウ**5** (人)

別解　自転車だけ利用している生徒の人数を a，電車だけ利用している生徒の人数を b，両方とも利用している生徒の人数を c，どちらも利用していない生徒の人数を d とすると

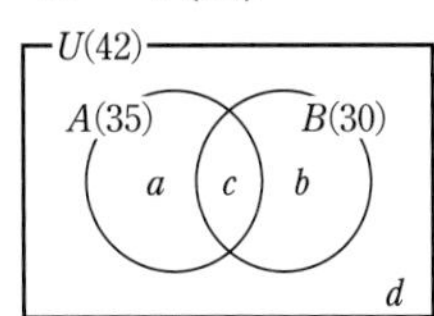

$a+c=35,\ b+c=30,$
$(35+30-c)+d=42$

これから　$a=35-c,\ b=30-c,\ d=c-23$
$a\geqq 0,\ b\geqq 0,\ d\geqq 0$ であるから　イ$\mathbf{23}\leqq c\leqq 30$
このとき　ウ$\mathbf{5}\leqq a\leqq$ エ$\mathbf{12}$,　$0\leqq d\leqq$ ア$\mathbf{7}$

HINT　自転車利用者，電車利用者の集合をそれぞれ A，B とし，どちらも利用していない生徒の人数を $n(A\cup B)$ を用いて表す。

⇐個数定理。

[1] $A\cup B=U \iff \overline{A\cup B}=\varnothing$

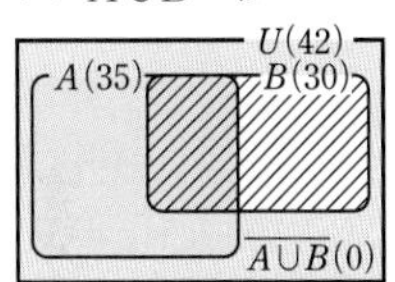

[2] $A\supset B$

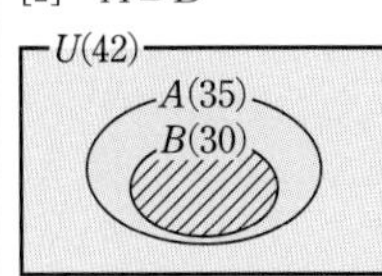

⇐$n(A\cup B)+n(\overline{A\cup B})=n(U)$

PR ③**10**

ある高校の生徒 140 人を対象に，国語，数学，英語の 3 教科のそれぞれについて，得意か否かを調査した。その結果，国語が得意な人は 86 人，数学が得意な人は 40 人いた。そして，国語と数学がともに得意な人は 18 人，国語と英語がともに得意な人は 15 人，国語または英語が得意な人は 101 人，数学または英語が得意な人は 55 人いた。また，どの教科についても得意でない人は 20 人いた。このとき，3 教科のすべてが得意な人は ^{ア}□人であり，3 教科中 1 教科のみ得意な人は ^{イ}□人である。〔名城大〕

全体集合を U とし，国語，数学，英語が得意な人全体の集合をそれぞれ A，B，C とする。

右の図のように，要素の個数 a，b，c，x，y を定めると

ベン図に個数をかき込んでいく。

⇦まず，$n(A\cap B\cap C)=x$ とおく。

$a+(18-x)+(15-x)+x=86$　⇦$n(A)=86$

$b+(18-x)+y+x=40$　⇦$n(B)=40$

$a+c+(18-x)+(15-x)+y+x=101$　⇦$n(A\cup C)=101$

$b+c+(18-x)+(15-x)+y+x=55$　⇦$n(B\cup C)=55$

$a+b+c+(18-x)+y+(15-x)+x+20=140$　⇦$n(U)=140$

これらの式を整理すると

$a-x=53$ ……①，　$b+y=22$ ……②

$a+c-x+y=68$ ……③，　$b+c-x+y=22$ ……④

$a+b+c-x+y=87$ ……⑤

④，⑤ から　$a=65$　よって，① から　$x=12$

③，⑤ から　$b=19$　よって，② から　$y=3$

⇦整理した式から求めやすい値をさがす。

したがって　$c=12$

(ア)　$n(A\cap B\cap C)=x=\mathbf{12}$

(イ)　$a+b+c=65+19+12=\mathbf{96}$

別解　右の図のように，要素の個数を a，b，c，d，e，f，g と定めると

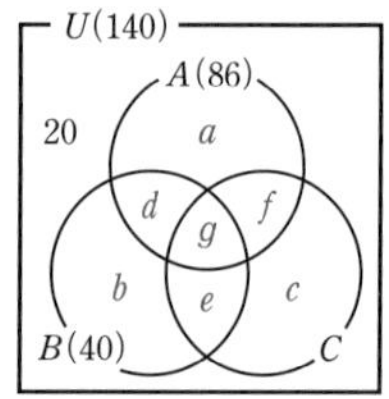

$n(U)=a+b+c+d+e+f+g+20=140$ ……①

$n(A)=a+d+f+g=86$ ……②

$n(B)=b+d+e+g=40$ ……③

$n(A\cap B)=d+g=18$ ……④

$n(A\cap C)=f+g=15$ ……⑤

$n(A\cup C)=a+c+d+e+f+g=101$ ……⑥

$n(B\cup C)=b+c+d+e+f+g=55$ ……⑦

inf.　文字の位置をそろえて方程式を書くと，計算間違いをしにくくなる。

① から

$n(A\cup B\cup C)=a+b+c+d+e+f+g=120$ ……⑧

⑧−⑦ から　$a=65$　⑧−⑥ から　$b=19$

⑧−③ から　$c+f=15$ ……⑨

⑧−② から　$c+e=15$ ……⑩

⑧−⑤ から　$c+d+e=21$ ……⑪

⑧−④ から　$c+e+f=18$ ……⑫

⑫−⑨ から　$e=3$　よって，⑩ から　$c=12$

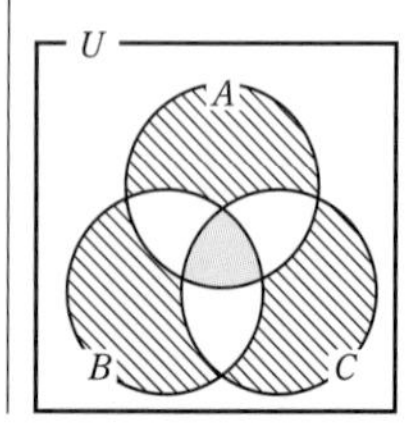

また，⑪ から　$d=6$　　⑫ から　$f=3$

よって，⑤ から　$g=12$

(ア)　$n(A\cap B\cap C)=g=\mathbf{12}$

(イ)　$a+b+c=65+19+12=\mathbf{96}$

(ア) は g を，(イ) は $a+b+c$ を求めればよいことがわかる。

PR ④11

150 以下の正の整数全体の集合 {150, 149, ……, 2, 1} で，3 の倍数からなる部分集合を X，4 の倍数からなる部分集合を Y，5 の倍数からなる部分集合を Z とする。このとき，集合 $(X\cap Y)\cup Z$ の要素の個数は ア□ 個，集合 $X\cup Y\cup Z$ の要素の個数は イ□ 個である。
〔摂南大〕

$n((X\cap Y)\cup Z)=n(X\cap Y)+n(Z)-n((X\cap Y)\cap Z)$

$n(X\cup Y\cup Z)=n(X)+n(Y)+n(Z)$
$\qquad -n(X\cap Y)-n(Y\cap Z)-n(Z\cap X)$
$\qquad +n(X\cap Y\cap Z)$

⇐ $X\cap Y$ を A とおくと $n(A\cup Z)$ $=n(A)+n(Z)-n(A\cap Z)$

$X=\{3\cdot 1,\ 3\cdot 2,\ \cdots\cdots,\ 3\cdot 50\}$ であるから　$n(X)=50$　　⇐150÷3 の商は 50

$Y=\{4\cdot 1,\ 4\cdot 2,\ \cdots\cdots,\ 4\cdot 37\}$ であるから　$n(Y)=37$　　⇐150÷4 の商は 37

$Z=\{5\cdot 1,\ 5\cdot 2,\ \cdots\cdots,\ 5\cdot 30\}$ であるから　$n(Z)=30$　　⇐150÷5 の商は 30

$X\cap Y$ は 3 と 4 の最小公倍数 12 の倍数全体の集合で

$X\cap Y=\{12\cdot 1,\ 12\cdot 2,\ \cdots\cdots,\ 12\cdot 12\}$　　⇐150÷12 の商は 12

よって　$n(X\cap Y)=12$

$Y\cap Z$ は 4 と 5 の最小公倍数 20 の倍数全体の集合で

$Y\cap Z=\{20\cdot 1,\ 20\cdot 2,\ \cdots\cdots,\ 20\cdot 7\}$　　⇐150÷20 の商は 7

よって　$n(Y\cap Z)=7$

$Z\cap X$ は 5 と 3 の最小公倍数 15 の倍数全体の集合で

$Z\cap X=\{15\cdot 1,\ 15\cdot 2,\ \cdots\cdots,\ 15\cdot 10\}$　　⇐150÷15 の商は 10

よって　$n(Z\cap X)=10$

$X\cap Y\cap Z$ は 3 と 4 と 5 の最小公倍数 60 の倍数全体の集合で

$X\cap Y\cap Z=\{60\cdot 1,\ 60\cdot 2\}$　　⇐150÷60 の商は 2

よって　$n(X\cap Y\cap Z)=2$

したがって

$n((X\cap Y)\cup Z)=12+30-2=$ ア**40**

$n(X\cup Y\cup Z)=50+37+30-12-7-10+2=$ イ**90**

PR ②12

男子 4 人，女子 5 人が 1 列に並ぶとき，次のような並び方は何通りあるか。

(1)　男子 4 人が皆隣り合う

(2)　男子どうしが隣り合わない

(1)　隣り合う男子 4 人をまとめて 1 組と考えると，この 1 組と女子 5 人が並ぶ方法は　　⇐男子を枠に入れる。女女[男男男男]女女女

$6!=6\cdot 5\cdot 4\cdot 3\cdot 2\cdot 1=720$ (通り)　　⇐$(5+1)!$

そのおのおのに対して，隣り合う男子 4 人の並び方は

$4!=4\cdot 3\cdot 2\cdot 1=24$ (通り)　　⇐枠の中の並び方を考える。

よって，求める並び方の総数は

$720\times 24=\mathbf{17280}$ **(通り)**　　⇐積の法則。

(2) まず，女子 5 人が並ぶ方法は

$5!=5\cdot4\cdot3\cdot2\cdot1=120$ (通り)

次に，女子と女子の間および両端の 6 個の場所に，男子 4 人が並ぶ方法は

${}_6P_4=6\cdot5\cdot4\cdot3=360$ (通り)

よって，求める並び方の総数は

$120\times360=$ **43200 (通り)**

⇦先に女子が並び，□女□女□女□女□女□の□に男子を入れる。

⇦6 個の場所から 4 個取る順列。

⇦積の法則。

PR ②13 1，2，3，4，5 の 5 個の数字を並べ替えて 5 桁の整数を作る。このとき，異なる整数は全部で ア□ 通りできる。そのうち末尾が 2 となるものは イ□ 通りで，奇数となるものは ウ□ 通りである。

(ア) 異なる 5 個の数字 1，2，3，4，5 を 1 列に並べる順列の総数であるから

$5!=5\cdot4\cdot3\cdot2\cdot1=$ **120** (通り)

(イ) 万の位，千の位，百の位，十の位には 1，3，4，5 の 4 個の数字を並べて

$4!=4\cdot3\cdot2\cdot1=$ **24** (通り)

(ウ) 奇数であるから，一の位の数字は 1 または 3 または 5 で

3 通り

残りの万の位，千の位，百の位，十の位には，一の位の数字を除いた残りの 4 個の数字を並べて

$4!=4\cdot3\cdot2\cdot1=24$ (通り)

よって，奇数となるものは

$3\times24=$ **72** (通り)

⇦慣れてきたら直ちに $5!=120$ と答えてよい。

⇦一の位が奇数。

⇦積の法則。

PR ②14 7 個の数字 0，1，2，3，4，5，6 から異なる 3 個の数字を選んで 3 桁の整数を作る。次のような整数は何個作れるか。

(1) 3 桁の整数　(2) 3 の倍数　(3) 9 の倍数

(1) 百の位には 0 以外の数字が入るから

6 通り

そのおのおのに対して，十，一の位の数字の並べ方は，残りの 6 個から 2 個取る順列で

${}_6P_2=6\cdot5=30$ (通り)

よって，求める整数の個数は

$6\times30=$ **180 (個)**

⇦**最高位の条件に注目。**

⇦積の法則。

(2) 3 の倍数になるのは，各位の数字の和が 3 の倍数のときである。

7 個の数字のうち和が 3 の倍数になる 3 数の選び方は

[1] {0，1，2}，{0，1，5}，{0，2，4}，{0，3，6}，{0，4，5} の 5 通り

[2] {1，2，3}，{1，2，6}，{1，3，5}，{1，5，6}，{2，3，4}，{2，4，6}，{3，4，5}，{4，5，6} の 8 通り

⇦**A が 3 の倍数の判定法：A の各位の数字の和は 3 の倍数である。**

⇦[1] 0 を含む。

⇦[2] 0 を含まない。

[1]　百の位は0でないから，各組について，3桁の整数は

$2\times2!=4$（個）

[2]　各組について，3桁の整数は

$3!=6$（個）

よって，3の倍数になる3桁の整数の個数は

$4\times5+6\times8=$ **68（個）**

⇦百の位の数字は0以外の2個の数字から選んで2通り。十の位，一の位の数字は百の位の数字を除いた2個の数字を並べて　2! 通り。

(3)　9の倍数になるのは，各位の数字の和が9の倍数のときである。

7個の数字のうち和が9の倍数になる3数の選び方は

[1]　{0, 3, 6}, {0, 4, 5} の2通り

[2]　{1, 2, 6}, {1, 3, 5}, {2, 3, 4} の3通り

[1]　百の位は0でないから，各組について，3桁の整数は

$2\times2!=4$（個）

[2]　各組について，3桁の整数は

$3!=6$（個）

よって，9の倍数になる3桁の整数の個数は

$4\times2+6\times3=$ **26（個）**

⇦ **B が9の倍数の判定法：B の各位の数字の和は9の倍数である。**

⇦9の倍数は3の倍数でもあるから，(2)[1][2] の3の倍数の中から選べばよい。

PR ③15　右の図のA, B, C, D, E各領域を色分けしたい。隣り合った領域には異なる色を用い，指定された数だけの色は全部用いなければならない。塗り分け方はそれぞれ何通りか。

(1)　5色を用いる場合　　(2)　4色を用いる場合

(3)　3色を用いる場合　〔広島修道大〕

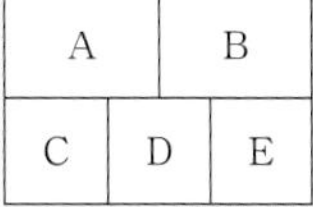

HINT　(2)　最も多くの領域と隣り合うDに着目。(3) も同様。

(1)　塗り分け方の数は，異なる5個のものを1列に並べる方法の数に等しいから

$5!=$ **120（通り）**

(2)　D → A → B → C → E の順に塗る。

D, A, Bは異なる色で塗るから，D → A → B の塗り方は

${}_4P_3=24$（通り）

CはA, Dと隣り合うから，Cの塗り方は　2通り

EはB, Dと隣り合うから，Eの塗り方は　2通り

このうち，3色しか使わない1通りを除いて，C → E の塗り方は

$2\times2-1=3$（通り）

よって，求める塗り分け方の総数は

$24\times3=$ **72（通り）**

D → A → B → C → E

4 × 3 × 2 × 3

Dの色を除く　DとAの色を除く

⇦A, B, C, Eの4つの領域と隣り合うDから始める。

(3) D → A → B → C → E の順に塗る。

D → A → B の塗り方は

$3!=6$ (通り)

そのおのおのに対し，C，E の塗り方は 1 通りずつある。

よって，求める塗り分け方の総数は

$6\times1\times1=$**6 (通り)**

D → A → B → C → E

3 × 2 × 1 × 1 × 1

Dの色を除く　DとAの色を除く　DとAの色を除く　DとBの色を除く

A		B
C	D	E

PR ③16　5 個の数字 0，1，2，3，4 を使って作った，各位の数字がすべて異なる 5 桁の整数について，これらの数を小さいものから順に並べたとする。ただし，同じ数字は 2 度以上使わないものとする。

(1) 43210 は何番目になるか。　(2) 90 番目の数は何か。

(3) 30142 は何番目になるか。　(4) 70 番目の数は何か。　〔産能大〕

(1) 43210 は，できる 5 桁の整数の中で最も大きい数，すなわち最後の数であるから　$4\times4!=$**96 (番目)**

(2) 小さい方から順番に

1□□□□ の形の整数は　$4!=24$ (個)

同様に，2□□□□，3□□□□ の形の整数もそれぞれ

24 個　[計 72 個]

40□□□ の形の整数は　$3!=6$ (個)

同様に，41□□□，42□□□ の形の整数もそれぞれ

6 個　[計 90 個]

したがって，90 番目の数は　**42310**

(3) (2) から，24310 は 48 番目の数である。

よって，30124 が 49 番目で，30142 は **50 番目**になる。

(4) (2) から，72 番目の数は 34210 である。

よって，71 番目の数が 34201 で，70 番目の数は **34120** になる。

別解　(1) より，96 番目が 43210 であるから，大きいものから順に
95 番目……43201,
94 番目……43120,
93 番目……43102,
92 番目……43021,
91 番目は 43012 となり，
90 番目は **42310** である。

⇐48 番目の数からたどるよりも，72 番目の数からたどる方が早い。

PR ②17　(1) 異なる 7 個の宝石で腕輪を作るとき，何種類の腕輪ができるか。

(2) 6 人から 4 人を選んで円卓に座らせる方法は何通りあるか。

(1) 異なる 7 個のものの円順列は

$(7-1)!=6!$ (通り)

このうち，裏返して同じになるものが 2 つずつあるから

$\dfrac{6!}{2}=$**360 (通り)**

(2) 6 人から 4 人を選んで並べる順列 ${}_6P_4$ には，円順列としては同じものが 4 通りずつあるから

$\dfrac{{}_6P_4}{4}=$**90 (通り)**

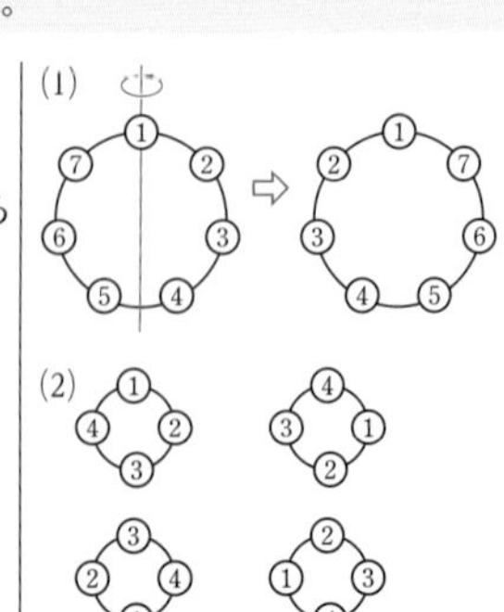

PR ②18 3人の男子：松男，竹男，梅男と，3人の女子：雪美，月美，花美の計6人全員が手をつないで輪を作る。このとき，次のような輪の作り方は何通りあるか。
(1) 松男と雪美が手をつなぐ。
(2) 男女が交互に手をつなぐ。
(3) 男子，女子ともに3人続けて手をつなぐ。

(1) 松男と雪美をまとめて1組と考えると，この1組と残り4人が輪を作る方法は　$(5-1)!$ 通り
松男と雪美の並び方は　$2!$ 通り
よって，求める輪の作り方は
$$(5-1)!\times 2!=\mathbf{48}\ (\textbf{通り})$$

⇦1組と残り4人のうち，1組または1人を固定して1列に並べる。

(2) 男子3人が輪を作る方法は　$(3-1)!$ 通り
男子3人の間の3か所に女子3人を並べる方法は　$3!$ 通り
よって，求める輪の作り方は
$$(3-1)!\times 3!=\mathbf{12}\ (\textbf{通り})$$

(2)

(3) 男子3人，女子3人をそれぞれひとまとめにして輪を作る方法は　$(2-1)!$ 通り
男子3人，女子3人の並び方はそれぞれ　$3!$ 通り
よって，求める輪の作り方は
$$(2-1)!\times 3!\times 3!=\mathbf{36}\ (\textbf{通り})$$

(3)
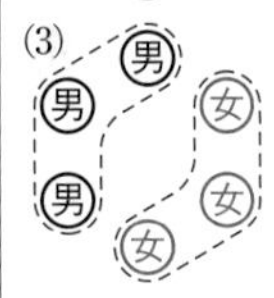

PR ③19 (1) 0, 1, 2, 3, 4, 5 の6種類の数字を用いて4桁以下の正の整数は何個作れるか。ただし，同じ数字を繰り返し用いてもよい。
(2) 9人を，区別をしない2つの部屋に入れる方法は何通りあるか。ただし，それぞれの部屋には少なくとも1人は入れるものとする。

(1) 4桁の整数において，千の位は0以外の数字であるから，その選び方は　5通り
百の位，十の位，一の位は6種類の数字のどれでもよいから，その選び方は　6^3 通り
よって，4桁の整数は　$5\times 6^3=1080$ (個)
3桁の整数において，百の位は0以外の数字であるから，その選び方は　5通り
十の位，一の位は6種類の数字のどれでもよいから，その選び方は　6^2 通り
よって，3桁の整数は　$5\times 6^2=180$ (個)
2桁の整数において，十の位は0以外の数字であるから，その選び方は　5通り
一の位は6種類の数字のどれでもよいから，その選び方は
6通り
よって，2桁の整数は　$5\times 6=30$ (個)
1桁の正の整数は　5個
したがって，求める個数は
$$1080+180+30+5=\mathbf{1295}\ (\textbf{個})$$

⇦千の位が0だと4桁の整数は作れない。

⇦ 百　十　一
↑　↑　↑
6通り　6通り　6通り
異なる n 種類のものから，重複を許して r 個取る **重複順列** の総数は　$\boldsymbol{n^r}$

⇦0は正の整数ではない。

別解　各位の4つの数字に，0から5までの数字を用いて4桁以下の整数を作ると

$6^4=1296$ (個)

そのうち，0000の場合を除くと，求める正の整数は全部で

$6^4-1=$ **1295 (個)**

⇐例えば
0154… 3桁の整数154
0015… 2桁の整数15
0004… 1桁の整数4
と考える。

(2)　2つの部屋を仮に A，B とする。空の部屋があってもよいものとして，9人を A，B の部屋に入れる方法は

$2^9=512$ (通り)

⇐異なる2個から重複を許して9個取り出して並べる順列の総数と同じ。

一方の部屋が空になる場合を除いて

$512-2=510$ (通り)

⇐空になる場合は2通り。

最後に，A，B の区別をなくして，求める場合の数は

$510\div2=$ **255 (通り)**

⇐区別をなくすと，一致する場合がそれぞれ2通りずつある。

PR ③20　5人が参加するパーティーで，各自1つずつ用意したプレゼントを抽選をして全員で分け合うとき，特定の2人 A，B だけがそれぞれ自分が用意したプレゼントを受け取り，残り3人がそれぞれ自分が用意した以外のプレゼントを受け取る場合の数は ア[　] である。
また，1人だけが自分が用意したプレゼントを受け取る場合の数は イ[　] である。

A，B，C，D，E 5人のそれぞれが用意したプレゼントを a，b，c，d，e とする。

HINT　(ア)と(イ)の違いに注意。(ア)は **特定の2人**，(イ)は（特定されていない）**1人**。

(ア)　特定の2人 A，B だけが自分が用意したプレゼントを受け取り，他の3人が自分が用意した以外のプレゼントを受け取るとすると，求める場合の数は

(A，B，C，D，E)=(a，b，d，e，c)，
(a，b，e，c，d)

の **2通り** である。

⇐$n=3$ のときの完全順列。

(イ)　A だけが自分が用意したプレゼントを受け取るとき，B，C，D，E の4人を順に並べ，それに対するプレゼントを樹形図で表すと

B	C	D	E
c	b	e	d
c	d	e	b
c	e	b	d
d	b	e	c
d	e	b	c
d	e	c	b
e	b	c	d
e	d	b	c
e	d	c	b

CHART　完全順列　樹形図利用

よって　9通り

したがって，5人のうち1人だけが自分が用意したプレゼントを受け取る場合の数は　$9\times5=$ **45 (通り)**

⇐これは $n=4$ の完全順列の個数である。

PR ④21　(1)　HGAKUEN の7文字から6文字を選んで文字列を作り，それを辞書式に配列するとき，GAKUEN は初めから数えて何番目の文字列か。ただし，同じ文字は繰り返して用いないものとする。〔北海学園大〕

(2)　異なる5つの文字 A，B，C，D，E を1つずつ，すべてを使ってできる順列を，辞書式配列法によって順に並べるとき，63番目にある順列は何か。

(1) GAKUEN より前に並んでいる順列のうち

[1] A□□□□□, E□□□□□ のものは　$_6P_5\times2$ 個

[2] GAE□□□, GAH□□□ のものは　$_4P_3\times2$ 個

[3] GAKE□□, GAKH□□, GAKN□□ のものは　$_3P_2\times3$ 個

[4] GAKUE□ のものは　GAKUEH

したがって　$_6P_5\times2+{}_4P_3\times2+{}_3P_2\times3+1+1$

$=1440+48+18+1+1=$**1508 (番目)**

(2) A□□□□ のものは　$4!=24$ (個)

B□□□□ のものは　$4!=24$ (個)　[計 48 個]

CA□□□ のものは　$3!=6$ (個)　[計 54 個]

CB□□□ のものは　$3!=6$ (個)　[計 60 個]

CDA□□ のものは　$2!=2$ (個)　[計 62 個]

よって, 63 番目は　**CDBAE**

(1) 7 文字を辞書式に並べると　A, E, G, H, K, N, U

(2) $4!=24$, $3!=6$, $2!=2$ である。
63 を 24 ずつ分けると
$63=24\times2+15$
15 を 6 ずつ分けると
$15=6\times2+3$
3 を 2 ずつ分けると
$3=2\times1+1$
よって
$63=24\times2+6\times2+2\times1+1$

⇐CDB□□ の □□ は AE または EA

PR ④22 次のような立体の塗り分け方は何通りあるか。ただし，立体を回転させて一致する塗り方は同じとみなす。
(1) 正四角錐の各面を異なる 5 色すべてを使って塗る方法
(2) 正三角柱の各面を異なる 5 色すべてを使って塗る方法

(1) 底面の正方形の塗り方は　5 通り
そのおのおのに対して, 側面の塗り方は, 異なる 4 個の円順列で　$(4-1)!=3!=6$ (通り)
よって　$5\times6=$**30 (通り)**

(2) 2 つの正三角形の面を上面と下面にして考える。
上面と下面を塗る方法は
$_5P_2=5\cdot4=20$ (通り)
そのおのおのに対して, 側面の塗り方には, 上下を裏返すと塗り方が一致する場合が含まれている。
ゆえに, 異なる 3 個のじゅず順列で
$$\frac{(3-1)!}{2}=\frac{2!}{2}=1 \text{ (通り)}$$
よって　$20\times1=$**20 (通り)**

(1)

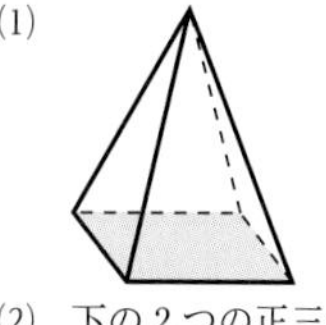

(2) 下の 2 つの正三角柱の塗り方は, 上下を裏返すと一致する。

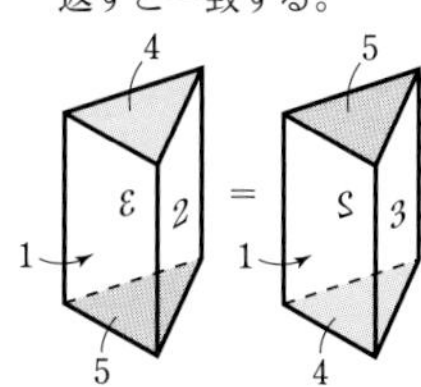

PR ②23 11 人の生徒の中から 5 人の委員を次のように選ぶ方法は何通りあるか。
(1) 2 人の生徒 A, B がともに含まれるように選ぶ。
(2) 生徒 A または B の少なくとも 1 人が含まれるように選ぶ。

(1) A, B の 2 人を先に選んでおき, 残りの 9 人から 3 人を選ぶと考えて
$$_9C_3=\frac{9\cdot8\cdot7}{3\cdot2\cdot1}=\textbf{84 (通り)}$$

(2) 11人から5人を選ぶ方法は $_{11}C_5$ 通り

A，B以外の9人から5人を選ぶ方法は $_9C_5$ 通り

よって，AまたはBの少なくとも1人が含まれるように選ぶ方法は

$$_{11}C_5-{}_9C_5={}_{11}C_5-{}_9C_4=\frac{11\cdot10\cdot9\cdot8\cdot7}{5\cdot4\cdot3\cdot2\cdot1}-\frac{9\cdot8\cdot7\cdot6}{4\cdot3\cdot2\cdot1}$$

$$=462-126=\mathbf{336}\ (\textbf{通り})$$

⇦全体の選び方。

⇦A，Bともに含まれない選び方。

⇦(少なくとも1つは□)=(全体)−(すべて□でない)

PR ②24 正八角形について，次の数を求めよ。

(1) 4個の頂点を結んでできる四角形の個数

(2) 3個の頂点を結んでできる三角形のうち，正八角形と辺を共有する三角形の個数

(1) 4個の頂点で四角形が1個できるから，求める個数は

$$_8C_4=\frac{8\cdot7\cdot6\cdot5}{4\cdot3\cdot2\cdot1}=\mathbf{70}\ (\textbf{個})$$

(2) 正八角形の頂点を右の図のように定める。

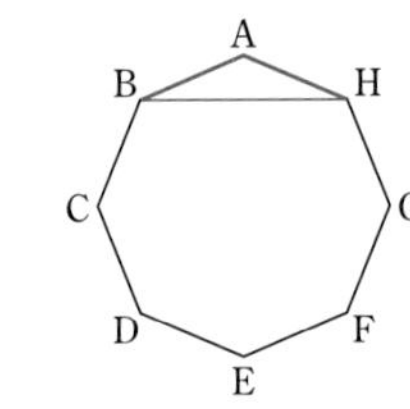

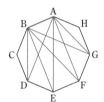

[1] 正八角形と1辺だけを共有する場合

辺ABだけを共有する三角形の第3の頂点の選び方は4通り。

他の1辺だけを共有する場合も同様であるから，できる三角形の個数は

$4\times8=32$ (個)

[2] 正八角形と2辺を共有する場合

2辺HA，ABを共有する三角形は△HABの1つだけである。

よって，できる三角形の個数は

$1\times8=8$ (個)

したがって，正八角形と辺を共有する三角形の個数は

$32+8=\mathbf{40}$ **(個)**

(2) 共有する辺の本数は1本，2本の2通りの場合がある。

⇦A，Bとそのすぐ両隣の2点を除くから $8-(2+2)=4$ (通り)

⇦共有する2辺は，正八角形の隣接する2辺。

⇦正八角形の隣接する2辺の組は 8組。

⇦和の法則。

PR ③25 座標平面において，7本の直線 $x=k$ $(k=0,\ 1,\ 2,\ \cdots\cdots,\ 6)$ と5本の直線 $y=l$ $(l=0,\ 1,\ 2,\ 3,\ 4)$ が交わってできる長方形(正方形を含む)は全部で ^{ア}□個あり，そのうち面積が4であるものは ^{イ}□個ある。

(ア) 7本の x 軸に垂直な平行線から2本，5本の y 軸に垂直な平行線から2本を選ぶと長方形が1個できる。

よって $_7C_2\times{}_5C_2=\dfrac{7\cdot6}{2\cdot1}\times\dfrac{5\cdot4}{2\cdot1}=21\times10=\mathbf{210}$ **(個)**

(イ) 面積が4であるような長方形は，長方形の縦，横の長さが次の[1]～[3]のような場合である。

[1] 縦1，横4のとき $4\times3=12$ (個)

[2] 縦2，横2のとき $3\times5=15$ (個)

[3] 縦4，横1のとき $1\times6=6$ (個)

[1]，[2]，[3]から $12+15+6=\mathbf{33}$ **(個)**

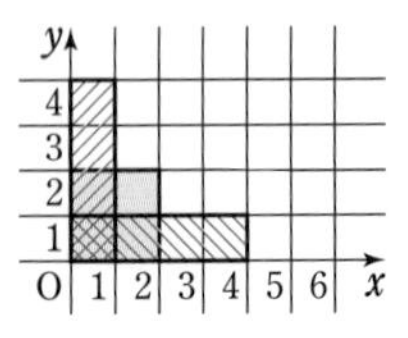

⇦和の法則。

PR ②26　12冊の異なる本を次のように分ける方法は何通りあるか。
(1)　5冊，4冊，3冊の3組に分ける。　(2)　4冊ずつ3人に分ける。
(3)　4冊ずつ3組に分ける。　(4)　6冊，3冊，3冊の3組に分ける。

(1)　12冊から5冊を選び，次に残った7冊から4冊を選ぶと，残りの3冊は自動的に定まる。
よって，分け方の総数は

$${}_{12}C_5\times{}_7C_4=\frac{12\cdot11\cdot10\cdot9\cdot8}{5\cdot4\cdot3\cdot2\cdot1}\times\frac{7\cdot6\cdot5}{3\cdot2\cdot1}$$
$$=792\times35=\mathbf{27720}\ (\textbf{通り})$$

⇐ ${}_7C_4={}_7C_3$

(2)　3人をA，B，Cとする。
Aに分ける4冊を選ぶ方法は　${}_{12}C_4$ 通り
Bに分ける4冊を残り8冊から選ぶ方法は　${}_8C_4$ 通り
Cには残り4冊を分ければよい。
よって，分け方の総数は

$${}_{12}C_4\times{}_8C_4=\frac{12\cdot11\cdot10\cdot9}{4\cdot3\cdot2\cdot1}\times\frac{8\cdot7\cdot6\cdot5}{4\cdot3\cdot2\cdot1}$$
$$=495\times70=\mathbf{34650}\ (\textbf{通り})$$

⇐3人を異なる3組と考える。

(3)　(2)でA，B，Cの区別をなくすと，同じ分け方が3!通りずつできる。
よって，分け方の総数は　$34650\div3!=\mathbf{5775}$ **(通り)**

⇐4冊ずつの3組にA，B，Cの組の順列(3!通り)を対応させたものが(2)である。

(4)　A(6冊)，B(3冊)，C(3冊)の組に分ける方法は

$${}_{12}C_6\times{}_6C_3=\frac{12\cdot11\cdot10\cdot9\cdot8\cdot7}{6\cdot5\cdot4\cdot3\cdot2\cdot1}\times\frac{6\cdot5\cdot4}{3\cdot2\cdot1}$$
$$=924\times20=18480\ (通り)$$

ここで，B，Cの区別をなくすと，同じ分け方が2!通りずつできる。
よって，分け方の総数は　$18480\div2!=\mathbf{9240}$ **(通り)**

⇐同じ冊数が2組あるから　$\div2!$

PR ②27　internetのすべての文字を使ってできる順列は ア___ 通りあり，そのうちどのtも，どのeより左側にあるものは イ___ 通りである。　〔法政大〕

(ア)　8個の文字のうち，e，n，tはそれぞれ2個ずつ，i，rはそれぞれ1個ずつあるから，求める順列は

$$\frac{8!}{2!2!2!1!1!}=\frac{8\cdot7\cdot6\cdot5\cdot4\cdot3}{2\cdot1\times2\cdot1}=\mathbf{5040}\ (通り)$$

(ア)　i n t e r n e t

⇐1!は省略してもよい。

(イ)　t，eを同じ記号○とみなして，○，○，○，○，n，n，i，rの8個の順列を作り，できたそれぞれの順列の4つの○に左から順にt，t，e，eを入れる。
よって，求める順列は

$$\frac{8!}{4!2!1!1!}=\frac{8\cdot7\cdot6\cdot5}{2\cdot1}=\mathbf{840}\ (通り)$$

(イ)　i n ○○ r n ○○

別解　組合せの考え方で解くと，次のようになる。

(ア)　2個の同じ文字eの位置の定め方は，8個の場所から2個の場所を選ぶ方法の数で　　$_8C_2$ 通り

そのおのおのに対して，2個の同じ文字nの位置の定め方は，残り6個の場所から2個の場所を選ぶ方法の数で

$_6C_2$ 通り

更に，そのおのおのに対して，2個の同じ文字tの位置の定め方は，残り4個の場所から2個の場所を選ぶ方法の数で　　$_4C_2$ 通り

残った2個の場所には，異なる2個の文字i，rを並べて

2! 通り

したがって，求める順列の総数は

$$_8C_2\times{}_6C_2\times{}_4C_2\times2!=\frac{8\cdot7}{2\cdot1}\times\frac{6\cdot5}{2\cdot1}\times\frac{4\cdot3}{2\cdot1}\times2$$
$$=\mathbf{5040}\text{（通り）}$$

(イ)　4個の○，2個のn，1個のi，1個のrを1列に並べると考える。

別解 の(ア)と同様にして，順列の総数は

$$_8C_4\times{}_4C_2\times2!=\frac{8\cdot7\cdot6\cdot5}{4\cdot3\cdot2\cdot1}\times\frac{4\cdot3}{2\cdot1}\times2$$
$$=\mathbf{840}\text{（通り）}$$

⇐同じ文字であるから，区別できない。よって，2個の場所を選ぶだけでよい。

⇐異なる2個の順列であるから，$_2C_2$ ではない。

⇐4個の○の位置の定め方は，8個の場所から4個の場所を選ぶ方法の数。

PR ②28　右の図のP地点からQ地点に至る最短経路について

(1)　A地点を通る経路は何通りあるか。

(2)　B地点を通る経路は何通りあるか。ただし，C地点は通れないものとする。

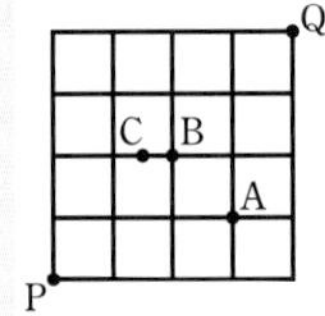

(1)　P→A の最短経路は

$$\frac{4!}{3!1!}=4\text{（通り）}$$

A→Q の最短経路は

$$\frac{4!}{1!3!}=4\text{（通り）}$$

よって，求める最短経路の総数は

$$4\times4=\mathbf{16}\text{（通り）}$$

⇐→3個，↑1個の順列。

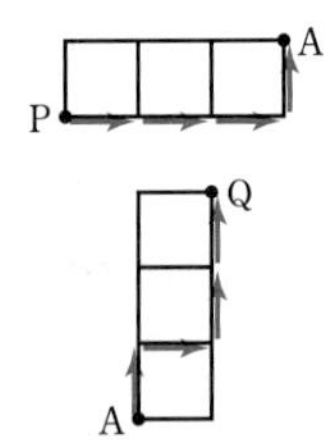

⇐→1個，↑3個の順列。

⇐積の法則。

(2)　図のようにD地点を定める。

C地点も通れるとした場合，

P→B の最短経路は

$$\frac{4!}{2!2!}=6\text{（通り）}$$

P→D→C→B の最短経路は

$$\frac{3!}{1!2!}\times1=3\text{（通り）}$$

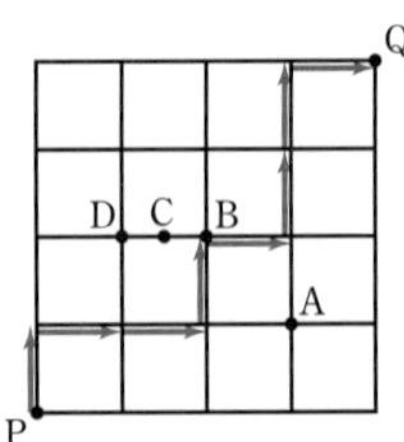

⇐→2個，↑2個の順列。

⇐Cを通りBに行く経路（必ずDを通る）。

よって，C地点を通らずにP地点からB地点まで行く最短経路は　　$6-3=3$(通り)

⇐(Cを通らない)＝(全体)−(Cを通る)

B→Qの最短経路は　　$\frac{4!}{2!2!}=6$(通り)

したがって，求める最短経路の総数は　　$3\times6=$**18(通り)**

⇐積の法則。

別解　P地点からQ地点に至る経路の数を書き込んでいくと，右の図のようになる。

よって　　**18通り**

⇐本冊 $p.302$ 参照。

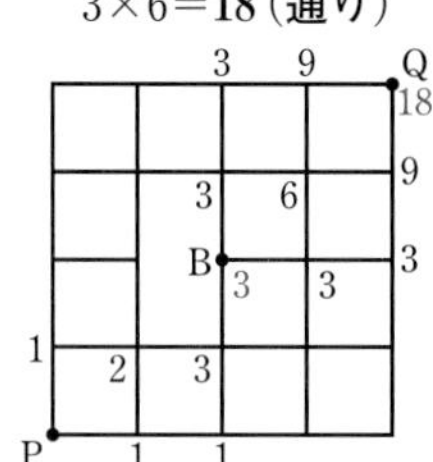

PR ③29

(1)　8個のりんごをA，B，C，Dの4つの袋に分ける方法は何通りあるか。ただし，1個も入れない袋があってもよいものとする。

(2)　$(x+y+z)^5$ の展開式の異なる項の数を求めよ。

(1)　8個の○でりんごを表し，3個の｜で仕切りを表す。
このとき，8個の○と3個の｜の順列の総数が求める場合の数となるから

$${}_{11}C_8={}_{11}C_3=\frac{11\cdot10\cdot9}{3\cdot2\cdot1}=\mathbf{165}\text{(通り)}$$

⇐例えば
○○｜○｜○○○｜○○
は(A，B，C，D)
＝(2，1，3，2)を表す。

別解　異なる4つの袋A，B，C，Dから重複を許して8個取る組合せの数と同じであるから

$${}_4H_8={}_{4+8-1}C_8={}_{11}C_8={}_{11}C_3=\mathbf{165}\text{(通り)}$$

⇐${}_nH_r={}_{n+r-1}C_r$

(2)　$(x+y+z)^5$ を展開したときの各項は，x，y，z から重複を許して5個取り，それらを掛け合わせて得られる。
5個の○で x，y，z を表し，2個の｜で仕切りを表す。
このとき，5個の○と2個の｜の順列の総数が求める場合の数となるから

$${}_7C_5={}_7C_2=\frac{7\cdot6}{2\cdot1}=\mathbf{21}\text{(個)}$$

⇐例えば
○○｜○｜○○
x　y　z
は x^2yz^2 を表す。

別解　異なる3個の文字から重複を許して5個取る組合せであるから　${}_3H_5={}_{3+5-1}C_5={}_7C_2=\mathbf{21}$(個)

PR ③30

(1)　$x+y+z=9$ を満たす負でない整数解の組 $(x,\ y,\ z)$ は何個あるか。

(2)　$x+y+z=7$ を満たす正の整数解の組 $(x,\ y,\ z)$ は何個あるか。

(1)　求める整数解の組の個数は，9個の○と2個の｜を1列に並べる順列の総数と同じであるから

$${}_{11}C_9={}_{11}C_2=\frac{11\cdot10}{2\cdot1}=\mathbf{55}\text{(個)}$$

⇐$\frac{11!}{2!9!}$ でもよい。

別解　求める整数解の組の個数は，3種類の文字 x，y，z から重複を許して9個取る組合せの総数と等しいから

$${}_3H_9={}_{3+9-1}C_9={}_{11}C_9={}_{11}C_2=\mathbf{55}\text{(個)}$$

(2) $x-1=X$, $y-1=Y$, $z-1=Z$ とおくと

$$X \geqq 0,\ Y \geqq 0,\ Z \geqq 0$$

このとき，$x+y+z=7$ から

$$(X+1)+(Y+1)+(Z+1)=7$$

よって　$X+Y+Z=4$, $X \geqq 0$, $Y \geqq 0$, $Z \geqq 0$ …… Ⓐ

求める正の整数解の組の個数は，Ⓐを満たす 0 以上の整数解 X, Y, Z の組の個数に等しい。

これは，4 個の○と 2 個の｜を 1 列に並べる順列の総数と同じであるから

$$_6C_4={}_6C_2=\frac{6\cdot5}{2\cdot1}=\mathbf{15}\ (\text{個})$$

別解　$_3H_4={}_{3+4-1}C_4={}_6C_4={}_6C_2=\mathbf{15}$ (個)

⇦ $\frac{6!}{2!4!}$ でもよい。

別解　○を 7 個並べる。

求める正の整数解の組の個数は，○と○の間 6 か所から 2 つを選んで仕切り｜を入れる方法の総数と等しいから

$$_6C_2=\mathbf{15}\ (\text{個})$$

⇦例えば
○○○｜○○｜○○
は $(x,\ y,\ z)=(3,\ 2,\ 2)$ を表す。

PR ④31　次の条件を満たす整数の組 $(a,\ b,\ c,\ d,\ e)$ の個数を求めよ。

(1) $0<a<b<c<d<e<8$　　(2) $0 \leqq a \leqq b < c \leqq d \leqq e \leqq 3$

(1) 1, 2, 3, ……, 7 の 7 個の数字から異なる 5 個を選び，小さい順に a, b, c, d, e とすると，条件を満たす組が 1 つ決まる。

よって，求める組の個数は　$_7C_5={}_7C_2=\mathbf{21}$ (個)

(2) $0<c \leqq 3$ から　$c=1,\ 2,\ 3$

[1] $c=1$ のとき　$0 \leqq a \leqq b < 1$, $1 \leqq d \leqq e \leqq 3$

これを満たす $(a,\ b)$ は，$(0,\ 0)$ の 1 個である。

$(d,\ e)$ は，1, 2, 3 の 3 個の数字から重複を許して 2 個の数字を選び，小さい順に並べて d, e とすると，条件を満たす組が 1 つ決まる。

⇦2 個の○と 2 個の仕切り｜の順列。例えば
○|○|
1　2　3
は $(1,\ 2)$ を表す。

よって，$(d,\ e)$ の組の個数は　$_{3+2-1}C_2={}_4C_2=6$ (個)

ゆえに，$(a,\ b,\ c,\ d,\ e)$ の組の個数は　$1\times6=6$ (個)

[2] $c=2$ のとき　$0 \leqq a \leqq b < 2$, $2 \leqq d \leqq e \leqq 3$

これを満たす $(a,\ b)$ は，0, 1 の 2 個の数字から重複を許して 2 個の数字を選び，小さい順に並べて a, b とすると，条件を満たす組が 1 つ決まる。

よって，$(a,\ b)$ の組の個数は　$_{2+2-1}C_2={}_3C_2=3$ (個)

$(d,\ e)$ は，2, 3 の 2 個の数字から重複を許して 2 個の数字を選ぶから，組の個数は同様に 3 個である。

ゆえに，$(a,\ b,\ c,\ d,\ e)$ の組の個数は　$3\times3=9$ (個)

[3] $c=3$ のとき　$0 \leqq a \leqq b < 3$, $3 \leqq d \leqq e \leqq 3$

これを満たす $(a,\ b)$ は，0, 1, 2 の 3 個の数字から重複を許して 2 個の数字を選び，小さい順に並べて a, b とすると，条件を満たす組が 1 つ決まる。

よって，$(a,\ b)$ の組の個数は　$_{3+2-1}C_2={}_4C_2=6$ (個)

$(d,\ e)$ は，$(3,\ 3)$ の1個である。

ゆえに，$(a,\ b,\ c,\ d,\ e)$ の組の個数は　$6\times1=6$ (個)

よって，求める組の個数は　$6+9+6=\mathbf{21}$ **(個)**

別解　$A=a$，$B=b+1$，$C=c+1$，$D=d+2$，$E=e+3$ とおくと，条件 $0\leqq a\leqq b<c\leqq d\leqq e\leqq 3$ は，$0\leqq A<B<C<D<E\leqq 6$ と同値である。

よって，0，1，2，3，4，5，6 の7個の数字から5個の数字を選べばよい。

したがって　$_7C_5={}_7C_2=\mathbf{21}$ **(個)**

⇦$b<c\leqq d$ から，$C=c+2$ とおかずに $C=c+1$ とする。これは $(B,\ C,\ D)=(2,\ 3,\ 4)$ のとき，$(b,\ c,\ d)=(1,\ 2,\ 2)$ とするための工夫である。本冊 $p.305$ CHART&THINKING 参照。

inf.　このような不等式を満たす整数解の組を求める問題で，不等号＜，≦が混在する場合は注意が必要である。

特に 別解 では，次のように a，b，c，d，e にプラスする数字を工夫すると考えやすい。

≦の場合は，前の文字よりプラスする数字を1つ増やす。

＜のときは，プラスする数字は前の文字と同じにする。

⇦$d\leqq e$ のとき，$D=d+2$，$E=e+3$
$d<e$ のとき，$D=d+2$，$E=e+2$

PR ③32　NAGOYAJO の8個の文字をすべて並べてできる順列の中で，AA と OO という並びをともに含む順列は ア□ 個あり，同じ文字が隣り合わない順列は イ□ 個ある。　〔名城大〕

(ア)　AA，OO をそれぞれ1個の文字とみなし，N，G，Y，J，AA，OO の6個の文字を1列に並べる場合の数を求めると

$6!=\mathbf{720}$ **(個)**

(イ)　8個の文字の順列の総数は

$$\frac{8!}{2!2!}=\frac{8\cdot7\cdot6\cdot5\cdot4\cdot3}{2\cdot1}=10080\ (個)$$

⇦2つの A，2つの O，1つの N，1つの G，1つの Y，1つの J の計8個。

[1]　AA の並びを含み，OO の並びを含まないもの

AA を1つの文字とみなし，N，G，Y，J，AA の5個の文字を並べ，その間と両端の6か所から2か所を選んで O，O を並べればよいから

$$5!\times{}_6C_2=120\times\frac{6\cdot5}{2\cdot1}=1800\ (個)$$

⇦分けるものの違いに注意！
この問題では，2個の O (区別できない) を間や両端に入れるから $_6C_2$
一方，本冊 $p.280$ 基本例題 12 (2) は，女子3人 (区別できる) を間や両端に入れるから $_6P_3$

[2]　OO の並びを含み，AA の並びを含まないもの

OO を1つの文字とみなし，[1] と同様に考えて

$5!\times{}_6C_2=1800$ (個)

よって，求める個数は

$10080-(720+1800\times2)=\mathbf{5760}$ **(個)**

inf.　(イ) の [1] と [2] は，例えば次のような並べ方がある。

[1]　○ Ⓝ ○ Ⓖ Ⓞ Ⓨ ○ Ⓙ Ⓞ (AA) ○

[2]　○ Ⓝ Ⓐ Ⓖ ○ Ⓨ Ⓐ Ⓙ ○ (OO) ○

PR ④33 白玉が 4 個，黒玉が 3 個，赤玉が 1 個あるとする。これらを 1 列に並べる方法は ア□ 通り，円形に並べる方法は イ□ 通りある。更に，これらの玉にひもを通し，輪を作る方法は ウ□ 通りある。〔近畿大〕

白玉 4 個，黒玉 3 個，赤玉 1 個を 1 列に並べる方法は

$$\frac{8!}{4!3!}=\frac{8\cdot7\cdot6\cdot5}{3\cdot2\cdot1}={}^{ア}\mathbf{280}\text{（通り）}$$

⇦同じものを含む順列。

円形に並べる方法は，赤玉 1 個を固定して，残り 7 個を並べると考えて

$$\frac{7!}{4!3!}=\frac{7\cdot6\cdot5}{3\cdot2\cdot1}={}^{イ}\mathbf{35}\text{（通り）}$$

⇦白玉 4 個，黒玉 3 個を 1 列に並べる方法の数。

この 35 通りのうち，例えば図 [1] のように，赤玉を通る直線に関して対称な円順列は，残りの黒玉 2 個の並べ方を考えて

3 通り

⇦直線上に黒玉 1 個を並べる。（直線上に白玉 1 個を並べる場合は，直線に対称な円順列はない。）

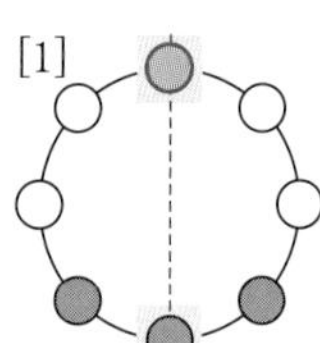

[1]

よって，図 [2] のように左右対称でない円順列は

35−3＝32（通り）

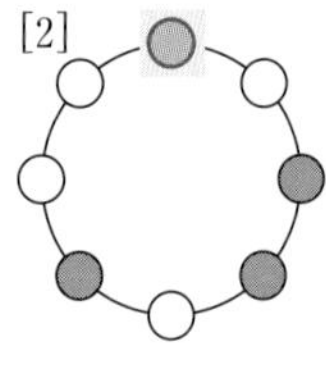

[2]

この 32 通りの 1 つ 1 つに対して，裏返すと一致するものが他に必ず 1 つずつあるから，輪の作り方は

$$3+\frac{32}{2}={}^{ウ}\mathbf{19}\text{（通り）}$$

■本冊 *p*.293 基本事項 1 ② ${}_n\mathrm{C}_r$ の性質の，${}_n\mathrm{C}_r=\dfrac{n!}{r!(n-r)!}$ を用いた証明

1　$${}_n\mathrm{C}_{n-r}=\frac{n!}{(n-r)!\{n-(n-r)\}!}=\frac{n!}{(n-r)!r!}={}_n\mathrm{C}_r$$

2　$${}_{n-1}\mathrm{C}_{r-1}+{}_{n-1}\mathrm{C}_r=\frac{(n-1)!}{(r-1)!\{(n-1)-(r-1)\}!}+\frac{(n-1)!}{r!\{(n-1)-r\}!}$$

$$=\frac{(n-1)!}{(r-1)!(n-r)!}+\frac{(n-1)!}{r!(n-r-1)!}$$

$$=\frac{(n-1)!}{r!(n-r)!}\{r+(n-r)\}=\frac{n!}{r!(n-r)!}={}_n\mathrm{C}_r$$

inf.　**本冊 p.307 重要例題 33 (2)**

赤玉 6 個，黒玉 2 個，透明な玉 1 個の円順列の 28 通りすべての並べ方。
左右対称でないものは，裏返すと一致する番号を（　）に示した。

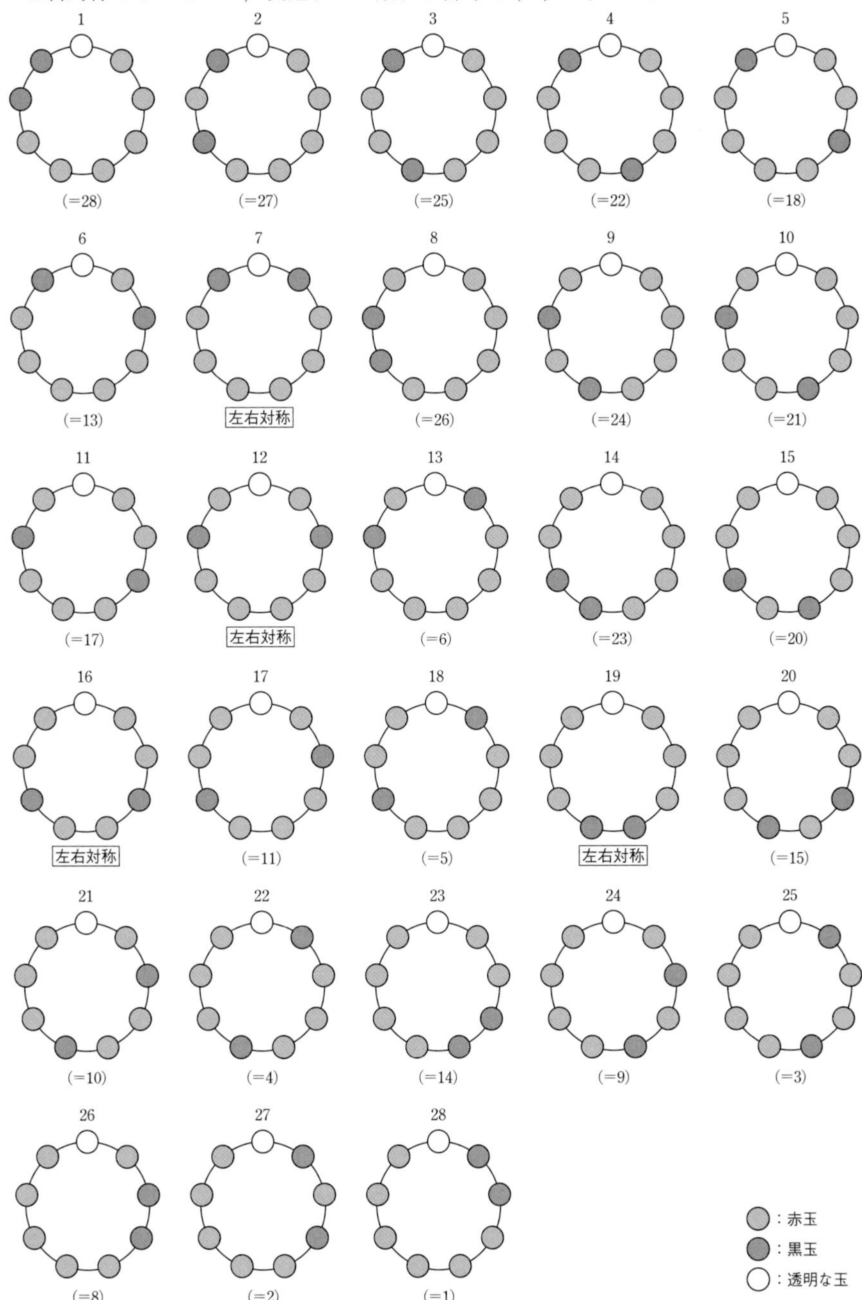

EX ①1 2つの集合を A, B とし, $n(A)+n(B)=10$ かつ $n(A\cup B)=7$ とするとき, $n(\overline{A}\cap B)+n(A\cap\overline{B})$ を求めよ。なお, $n(X)$ は, 集合 X の要素の個数を表すものとする。
〔神戸女学院大〕

$n(A\cap B)=10-7=3$

右の図から

$n(\overline{A}\cap B)+n(A\cap\overline{B})$

$=n(A\cup B)-n(A\cap B)=7-3=\mathbf{4}$

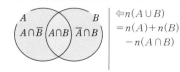

A B $A\cap\overline{B}$ $A\cap B$ $\overline{A}\cap B$

⇐$n(A\cup B)=n(A)+n(B)-n(A\cap B)$

EX ③2 100から200までの整数のうち, 次のような整数は何個あるか。
(1) 4で割り切れない整数
(2) 4で割り切れるが, 5で割り切れない整数
(3) 4でも5でも割り切れない整数

100から200までの整数全体を全体集合 U とし, そのうち
4で割り切れる数全体の集合を A
5で割り切れる数全体の集合を B とする。

このとき $A=\{4\cdot25,\ 4\cdot26,\ \cdots\cdots,\ 4\cdot50\}$
$B=\{5\cdot20,\ 5\cdot21,\ \cdots\cdots,\ 5\cdot40\}$
$A\cap B=\{20\cdot5,\ 20\cdot6,\ \cdots\cdots,\ 20\cdot10\}$

⇐100から200までの整数の部分集合。

よって $n(A)=50-25+1=26$
$n(B)=40-20+1=21$
$n(A\cap B)=10-5+1=6$

⇐$+1$ を忘れないように注意。

また $n(U)=200-100+1=101$

(1) 求める個数は $n(\overline{A})$ であるから

$n(\overline{A})=n(U)-n(A)$
$=101-26=\mathbf{75}$ **(個)**

(2) 求める個数は $n(A\cap\overline{B})$ であるから

$n(A\cap\overline{B})=n(A)-n(A\cap B)$
$=26-6=\mathbf{20}$ **(個)**

U(100〜200) A B $A\cap\overline{B}$ $A\cap B$

⇐4で割り切れるが, 5で割り切れない整数の個数。

(3) 求める個数は $n(\overline{A}\cap\overline{B})$ である。

$n(\overline{A}\cap\overline{B})=n(\overline{A\cup B})=n(U)-n(A\cup B)$

⇐**ド・モルガンの法則** $\overline{A}\cap\overline{B}=\overline{A\cup B}$

ここで, $n(A\cup B)$ は

$n(A\cup B)=n(A)+n(B)-n(A\cap B)$
$=26+21-6=41$ (個)

⇐個数定理。

よって $n(\overline{A}\cap\overline{B})=101-41=\mathbf{60}$ **(個)**

EX ②3 10円硬貨6枚, 100円硬貨4枚, 500円硬貨2枚の全部または一部を使って支払える金額は何通りあるか。また, 10円硬貨4枚, 100円硬貨6枚, 500円硬貨2枚のときは何通りあるか。
〔神戸国際大〕

[1] **10円硬貨6枚, 100円硬貨4枚, 500円硬貨2枚のとき**

10円硬貨の使い方は 0枚から6枚の7通り
100円硬貨の使い方は 0枚から4枚の5通り
500円硬貨の使い方は 0枚から2枚の3通り

⇐同じ金額を2通り以上の硬貨の組合せで表すことができない設定であることに注意。

ただし，全部 0 枚の場合は支払うことができない。
また，硬貨の組合せが異なれば，金額も異なる。
よって，支払える金額は

$$7\times5\times3-1=\mathbf{104}\ (\textbf{通り})$$

⇦ 0 円の場合を除く。

[2]　**10 円硬貨 4 枚，100 円硬貨 6 枚，500 円硬貨 2 枚のとき**
100 円硬貨 6 枚と 500 円硬貨 2 枚で

0 円，100 円，200 円，……，1600 円

の 17 通りの金額ができる。
このとき，10 円硬貨の使い方は　0 枚から 4 枚の 5 通り
ただし，全部 0 枚の場合は支払うことができない。
よって，支払える金額は

$$17\times5-1=\mathbf{84}\ (\textbf{通り})$$

⇦ 100 円硬貨 6 枚と 500 円硬貨 2 枚で
　$7\times3=21$（通り）
の金額ができるわけではないことに注意。
500 円，600 円，1000 円，1100 円は，それぞれ 2 通りの硬貨の組合せが考えられるから，金額は
　$21-4=17$（通り）

EX ③4
6400 の正の約数について
(1)　偶数であるものの個数を求めよ。
(2)　5 の倍数であるもののすべての和を求めよ。

$6400=2^8\cdot5^2$ であるから，6400 の正の約数は

$$2^a\cdot5^b\ (a=0,\ 1,\ 2,\ \cdots\cdots,\ 8;\quad b=0,\ 1,\ 2)$$

と表される。

CHART
素因数分解からスタート

(1)　正の約数のうち偶数であるものは

$$2^a\cdot5^b\ (a=1,\ 2,\ \cdots\cdots,\ 8;\quad b=0,\ 1,\ 2)$$

と表される。
a の定め方は 8 通りあり，そのおのおのに対して，b の定め方が 3 通りあるから，積の法則により

$$8\times3=\mathbf{24}\ (\textbf{個})$$

⇦ $a=0$ すなわち 5^b（$b=0,\ 1,\ 2$）以外。

(2)　正の約数のうち 5 の倍数であるものは

$$2^a\cdot5^b\ (a=0,\ 1,\ 2,\ \cdots\cdots,\ 8;\quad b=1,\ 2)$$

と表され

$$(1+2+2^2+2^3+2^4+2^5+2^6+2^7+2^8)(5+5^2)$$

を展開したときの項として 1 つずつ出てくる。
よって，求める和は

$$511\times30=\mathbf{15330}$$

⇦ $b=0$ すなわち 2^a（$a=0,\ 1,\ 2,\ \cdots\cdots,\ 8$）以外。

EX ③5
大中小 3 個のさいころを投げるとき，出る 3 つの目の積が 4 の倍数となる場合は何通りあるか。〔東京女子大〕

大中小 3 個のさいころを投げるとき，その目の出方は

$$6\times6\times6=216\ (\text{通り})$$

目の積が 4 の倍数とならないのは，次の 2 つの場合がある。

⇦（A である）＝（全体）−（A でない）

[1]　3 つの目がすべて奇数の場合

$$3\times3\times3=27\ (\text{通り})$$

⇦ 3 つの目のうち 2 つ以上が偶数なら，積は 4 の倍数になる。

[2]　2つの目が奇数で，残りの1つの目が2または6の場合
2または6の目が出るさいころが大中小の3通りあるから
$(3\times3\times2)\times3=54$（通り）
よって，求める場合の数は
$216-(27+54)=216-81=\mathbf{135}$ **(通り)**

⇐2または6の目が，小のさいころの目のとき
$3\times3\times2$ 通り

別解　目の積が4の倍数となるのは，次の3つの場合がある。
[1]　1つの目が4で，残りの2つの目が奇数の場合
4の目が出るさいころが大，中，小の3通りあるから
$(1\times3\times3)\times3=27$（通り）
[2]　2つの目が偶数で，残りの1つの目が奇数の場合
奇数の目が出るさいころが大，中，小の3通りあるから
$(3\times3\times3)\times3=81$（通り）
[3]　3つの目がすべて偶数の場合
$3\times3\times3=27$（通り）
よって，和の法則により，求める場合の数は
$27+81+27=\mathbf{135}$ **(通り)**

⇐重複がないように気をつけて場合分けする。

⇐奇数の目が，大のさいころの目のとき
$3\times3\times3$ 通り

EX ③6　ある学級で，A，B 2種類の本について，それを読んだかどうかを調査した。その結果，Aを読んだ者は全体の $\frac{1}{2}$，Bを読んだ者は全体の $\frac{1}{3}$，両方とも読んだ者は全体の $\frac{1}{14}$，どちらも読まなかった者は10人であった。この学級の人数は何人か。〔広島文教女子大〕

全体集合を U とし，Aを読んだ者全体，Bを読んだ者全体の集合をそれぞれ A，B とする。
学級の人数を x 人とすると

$$n(A\cup B)=n(A)+n(B)-n(A\cap B)$$
$$=\frac{1}{2}x+\frac{1}{3}x-\frac{1}{14}x$$

また　$n(A\cup B)=n(U)-n(\overline{A\cup B})$
$=x-10$

よって　$\frac{1}{2}x+\frac{1}{3}x-\frac{1}{14}x=x-10$

ゆえに　$x=42$

したがって，学級の人数は　**42人**

HINT　学級の人数を x 人とおいて，AまたはBを読んだ者の人数を2通りに表す。

⇐**ド・モルガンの法則**
$\overline{A\cup B}=\overline{A}\cap\overline{B}$

⇐両辺に42を掛けて
$21x+14x-3x$
$=42x-420$

EX ④7　10を3つの自然数の和として表す方法は何通りあるか。また，4つの自然数の和として表す方法は何通りあるか。ただし，加える順序は問わないものとする。

inf.　実際には数え上げた方が早い。しかし，数え上げが常に可能とは限らないから，一般的な解法を示すことにする。

[1]　10を3つの自然数の和として表す方法
3つの自然数を x，y，z とし
$x+y+z=10$，$x\geqq y\geqq z\geqq1$
とすると

⇐加える順序を問わないから，$x\geqq y\geqq z\geqq1$ と設定し，まず x のとりうる値の範囲を求める。

$3x \geqq x+y+z=10$　　よって　　$x \geqq \dfrac{10}{3}$

x は自然数であるから　　$x \geqq 4$

また，$y \geqq z \geqq 1$ から　　$x \leqq 8$

したがって　　$4 \leqq x \leqq 8$

$x=4$ のとき　　$y+z=6$

よって，$(y,\ z)=(4,\ 2),\ (3,\ 3)$ の 2 通り。

$x=5$ のとき　　$y+z=5$

よって，$(y,\ z)=(4,\ 1),\ (3,\ 2)$ の 2 通り。

$x=6$ のとき　　$y+z=4$

よって，$(y,\ z)=(3,\ 1),\ (2,\ 2)$ の 2 通り。

$x=7$ のとき　　$y+z=3$

よって，$(y,\ z)=(2,\ 1)$ の 1 通り。

$x=8$ のとき　　$y+z=2$

よって，$(y,\ z)=(1,\ 1)$ の 1 通り。

したがって，10 を **3 つの自然数の和として表す方法は**

$2+2+2+1+1=$**8 (通り)**

[2]　10 を 4 つの自然数の和として表す方法

4 つの自然数を $x,\ y,\ z,\ w$ とし

$x+y+z+w=10,\ x \geqq y \geqq z \geqq w \geqq 1$

とすると

$4x \geqq x+y+z+w=10$　　よって　　$x \geqq \dfrac{5}{2}$

x は自然数であるから　　$x \geqq 3$

また，$y \geqq z \geqq w \geqq 1$ から　　$x \leqq 7$

したがって　　$3 \leqq x \leqq 7$

$x=3$ のとき　　$y+z+w=7$

よって，$(y,\ z,\ w)=(3,\ 3,\ 1),\ (3,\ 2,\ 2)$ の 2 通り。

$x=4$ のとき　　$y+z+w=6$

よって，$(y,\ z,\ w)=(4,\ 1,\ 1),\ (3,\ 2,\ 1),\ (2,\ 2,\ 2)$ の 3 通り。

$x=5$ のとき　　$y+z+w=5$

よって，$(y,\ z,\ w)=(3,\ 1,\ 1),\ (2,\ 2,\ 1)$ の 2 通り。

$x=6$ のとき　　$y+z+w=4$

よって，$(y,\ z,\ w)=(2,\ 1,\ 1)$ の 1 通り。

$x=7$ のとき　　$y+z+w=3$

よって，$(y,\ z,\ w)=(1,\ 1,\ 1)$ の 1 通り。

したがって，10 を **4 つの自然数の和として表す方法は**

$2+3+2+1+1=$**9 (通り)**

⇐$x \geqq y,\ x \geqq z \Longrightarrow x+x+x \geqq x+y+z$

⇐$10=x+y+z \geqq x+z+z=x+2z \geqq x+2$

⇐$4 \geqq y \geqq z \geqq 1$

別解　z について，とりうる値の範囲を求めると $3z \leqq x+y+z=10$，$z \geqq 1$ から $1 \leqq z \leqq 3$　$z=1,\ 2,\ 3$ で場合分け。

⇐$10=x+y+z+w \geqq x+w+w+w =x+3w \geqq x+3$

⇐$3 \geqq y \geqq z \geqq w \geqq 1$

別解　w について，とりうる値の範囲を求めると $4w \leqq x+y+z+w=10$，$w \geqq 1$ から $1 \leqq w \leqq 2$　$w=1,\ 2$ で場合分け。

EX ③8 1から3までの各数字を1つずつ記入した赤色のボール3個と，1から2までの各数字を1つずつ記入した青色のボール2個と，1から2までの各数字を1つずつ記入した黒色のボール2個がある。これら7個のボールを横1列に並べる作業を行う。

(1) 7個のボールの並べ方は全部で□通りある。
(2) 3個の赤色のボールが連続して並ぶような並べ方は□通りある。
(3) 2の数字が書かれたボールが両端にあるような並べ方は□通りある。
(4) 両端のボールの色が異なるような並べ方は□通りある。〔類 大阪経大〕

(1) $7!=\mathbf{5040}$ (通り)

(2) 3個の赤色のボール1組と残りの4個の並べ方は
$5!$ 通り
赤色のボール3個の並べ方は　$3!$ 通り
よって，求める並べ方は　$5!\times3!=\mathbf{720}$ (通り)

⇦先にひとまとめにする。
⇦まとめた中での順列。

(3) 2の数字が書かれたボール3個を両端に並べる方法は
${}_3P_2$ 通り
残りの5個の並べ方は　$5!$ 通り
よって，求める並べ方は　${}_3P_2\times5!=\mathbf{720}$ (通り)

(4) 両端のボールの色が同じになるのは，次の場合がある。
[1] 両端のボールの色が赤色のとき
両端の並べ方は　${}_3P_2$ 通り
残りの5個の並べ方は　$5!$ 通り
よって　${}_3P_2\times5!=720$ (通り)
[2] 両端のボールの色が青色のとき
両端の並べ方は　${}_2P_2$ 通り
残りの5個の並べ方は　$5!$ 通り
よって　${}_2P_2\times5!=240$ (通り)
[3] 両端のボールの色が黒色のとき
[2]と同様にして　240通り
以上から，両端のボールの色が同じになるような並べ方は
$720+240+240=1200$ (通り)
したがって，求める並べ方の総数は
$5040-1200=\mathbf{3840}$ (通り)

⇦両端のボールの色が異なる場合を数え上げるのは大変である。同じ色になる場合を求めて，全体から引くとよい。
(Aである)
=(全体)−(Aでない)

⇦和の法則。

EX ②9 横1列に並んだ7つのマス目を，赤，青，緑の3色すべてを使い，隣り合うマス目が同じ色にならないように塗り分けたい。このとき，マス目の色が左右対称になるような塗り分け方は何通りあるか求めよ。〔龍谷大〕

マス目を左から順に[1]，[2]，[3]，[4]，……，[7]として，
[4]→[3]→[2]→[1]の順に塗る。
[4]の塗り方は3通り。ここで塗った色をaとする。
[3]の塗り方は，[4]以外の色で2通り。ここで塗った色をbとし，残りの色をcとする。

⇦左右対称であるから，[1]，[2]，[3]，[4]について考えればよい。

2, 1 の色の組は $(c,\ a)$, $(c,\ b)$, $(a,\ c)$ の3通り。
したがって，求める塗り分け方の総数は，積の法則により
$3\times2\times3=$**18（通り）**

⇦$(a,\ b)$ は2色だけを使うことになり不適。

EX ②10　先生2人と生徒4人の計6人が円形のテーブルに着席するとき
(1)　先生2人が隣り合って着席する方法は何通りあるか。
(2)　先生2人が向かい合って着席する方法は何通りあるか。
(3)　先生2人の間に生徒1人が着席する方法は何通りあるか。

先生2人をA，B，生徒4人をa，b，c，dとする。

(1)　先生A，Bをまとめて1組と考えると，この1組と残りの生徒4人が円形のテーブルに着席する方法は
$(5-1)!=4!$（通り）
そのおのおのに対して，先生の並び方は
$2!$ 通り
よって　$4!\times2!=$**48（通り）**

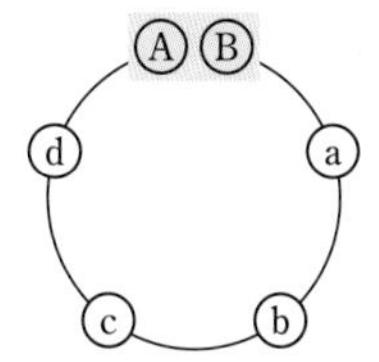

⇦先生が隣り合う ⟶ 先生をひとまとめにする。

(2)　Aを固定すると，Bの席はその向かいであるから1通りに決まる。
よって，求める方法の数は生徒4人が1列に並ぶ方法の数と同じで
$4!=$**24（通り）**

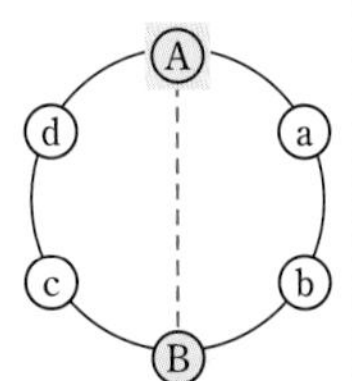

⇦Aを固定しているから，BとAを入れ替えて2通りとはしない。

(3)　先生の間に着席する生徒を1人選ぶ方法は　4通り
そのおのおのに対して，先生の並び方は
$2!$ 通り
先生2人と間の生徒1人の計3人をまとめて1組と考えると，この1組と残りの生徒3人が円形のテーブルに着席する方法は
$(4-1)!=3!$ 通り
よって，求める方法の数は
$4\times2!\times3!=$**48（通り）**

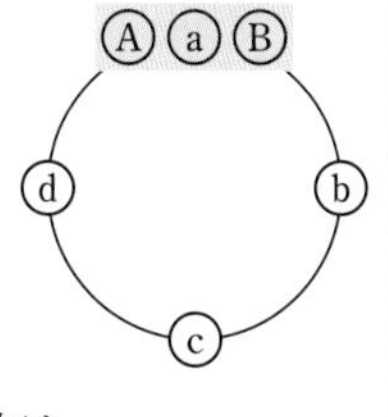

⇦先生の間に生徒1人 ⟶ 先生2人とその間の生徒1人をひとまとめにする。

EX ③11　集合 $\{a,\ b,\ c,\ d,\ e\}$ の部分集合の個数を求めよ。

集合 $\{a,\ b,\ c,\ d,\ e\}$ の要素の個数は　5個
それぞれの要素が部分集合に属するか，属さないかを決めると，部分集合が1つ決まる。
よって，部分集合の個数は　$2^5=$**32（個）**

注意　5個の要素がすべて部分集合に属さないとき，その部分集合は空集合 $\varnothing$ である。

EX ④12 7つの数字1, 2, 3, 4, 5, 6, 7から同じ数字を繰り返し使わないで，整数を作るとき，次の問いに答えよ。

(1) 5桁の偶数は何通りできるか。

(2) 1, 2, 3, 4のみを使ってできる4桁の整数すべての和を求めよ。

(3) 1, 2, 3, 4, 5, 6, 7を使ってできる4桁の整数すべての和を求めよ。 〔島根大〕

(1) 偶数であるから，一の位の数字は2または4または6で

3通り

残りの万の位，千の位，百の位，十の位の数字の並べ方は，残りの6個から4個取る順列で $_6P_4$ 通り

よって，5桁の偶数は

$3\times{}_6P_4=3\times6\cdot5\cdot4\cdot3=$ **1080 (通り)**

(2) 千の位，百の位，十の位，一の位に分けて考える。

千の位について

1□□□, 2□□□, 3□□□, 4□□□ の形の整数はそれぞれ 3! 通り

よって，1, 2, 3, 4のみを使ってできるすべての4桁の整数において，千の位の数字の和は

$1\times3!+2\times3!+3\times3!+4\times3!=(1+2+3+4)\times3!=60$

百の位について

□1□□, □2□□, □3□□, □4□□ の形の整数はそれぞれ 3! 通り

よって，1, 2, 3, 4のみを使ってできるすべての4桁の整数において，百の位の数字の和は

$1\times3!+2\times3!+3\times3!+4\times3!=(1+2+3+4)\times3!=60$

同様にして，十の位，一の位の数字の和はともに60である。

したがって，求める和は

$1000\times60+100\times60+10\times60+1\times60$

$=(1000+100+10+1)\times60$

$=$ **66660**

(3) (2)と同様に考える。

千の位について

1□□□の形の整数は $_6P_3$ 通り

千の位の数字が2, 3, 4, 5, 6, 7である整数もそれぞれ

$_6P_3$ 通り

よって，1, 2, 3, 4, 5, 6, 7を使ってできるすべての4桁の整数において，千の位の数字の和は

$(1+2+3+4+5+6+7)\times{}_6P_3=28\times6\cdot5\cdot4=3360$

同様にして，百の位，十の位，一の位の数字の和はすべて

3360

したがって，求める和は

$(1000+100+10+1)\times3360=$ **3732960**

HINT (2), (3) まず，4桁の整数の各位の数字の和を求める。

⇐千の位が1のとき，百の位，十の位，一の位には，残り3個の数字2, 3, 4を並べる。

⇐各位ごとに計算する。各位の数字の和に1000, 100, 10, 1を掛けて和をとる。

EX ④13

1から6までの自然数の各数字を1つずつ記入した6枚のカードがある。これらをA, B, Cの3つの箱に分けて入れる。
(1) 空の箱があってもよいものとすると，分け方は何通りあるか。
(2) どれか1つの箱だけが空になる分け方は何通りあるか。
(3) 空の箱があってはならないとすると，分け方は何通りあるか。　〔類 東京理科大〕

(1) 1枚のカードを3つの箱A, B, Cに入れる方法は
3通り
よって，6枚のカードを3つの箱A, B, Cに入れる方法は
$3^6=$**729(通り)**

⇦異なる3個から重複を許して6個取り出して並べる順列の総数と同じ。

(2) Aを空にして，6枚のカードを2つの箱B, Cに入れる方法は　2^6 通り
この場合において，B, Cのうち一方の箱が空になる場合を除いて　$2^6-2=62$(通り)
同様に，Bだけ，Cだけを空にする方法はそれぞれ
62通り
よって，求める場合の数は
$62\times3=$**186(通り)**

⇦1枚のカードを2つの箱B, Cに入れる方法は2通り。

(3) 2つの箱が空になる場合は　3通り
よって，空の箱がない場合は
$729-186-3=$**540(通り)**

⇦カードが入っている箱は AまたはBまたはC

⇦(全体)−(1つの箱だけが空)−(2つの箱が空)

EX ③14

右の図のようなマス目を考える。どの行(横の並び)にも，どの列(縦の並び)にも同じ数が現れないように1から4まで自然数を入れる入れ方の場合の数 K を求めよ。　〔類 埼玉大〕

2	1	3	4
1	4	2	3

1行目には1, 2, 3, 4を並べるから　4!通り
例えば，1行目の並びが1234のとき，条件を満たす2行目の並びは，次の9通り。

2 ＜ 1—4—3 / 3—4—1 / 4—1—3
3 ＜ 1—4—2 / 4 ＜ 1—2 / 2—1
4 ＜ 1—2—3 / 3 ＜ 1—2 / 2—1

1行目の並びが1234でない場合も，条件を満たす2行目の並びが9通りずつあるから
$K=4!\times9=24\times9=$**216**

⇦$_4P_4$

⇦異なる4個のものの**完全順列**の数。

⇦積の法則。

EX ②15 次の式を満たす整数 n $(n \geqq 2)$ を求めよ。

(1) $2{}_nC_{n-2}+{}_nC_{n-1}=9$　　(2) ${}_8C_6 \times {}_nC_{n-2}=1540$

(1) $2{}_nC_{n-2}+{}_nC_{n-1}=2{}_nC_2+{}_nC_1$

$$=2\times\frac{n(n-1)}{2\cdot1}+n=n^2$$

よって　$n^2=9$

n は 2 以上の整数であるから　$\boldsymbol{n=3}$

⇦${}_nC_r={}_nC_{n-r}$ から ${}_nC_{n-2}={}_nC_{n-(n-2)}$ ${}_nC_{n-1}={}_nC_{n-(n-1)}$

(2) ${}_8C_6 \times {}_nC_{n-2}={}_8C_2\times{}_nC_2$

$$=\frac{8\cdot7}{2\cdot1}\times\frac{n(n-1)}{2\cdot1}=14n(n-1)$$

よって　$14n(n-1)=1540$

ゆえに　$n^2-n-110=0$

よって　$(n-11)(n+10)=0$

n は 2 以上の整数であるから　$\boldsymbol{n=11}$

⇦${}_nC_r={}_nC_{n-r}$

EX ②16 1 から 8 までの整数の中から異なる 3 つを選ぶとき，次のような選び方は，それぞれ何通りあるか。

(1) 最大の数が 7 以下で，最小の数が 3 以上である選び方

(2) 最大の数が 6 である選び方

(3) 最大の数が 7 以上である選び方　〔類 八戸工大〕

(1) 3，4，5，6，7 の 5 個から 3 個を選ぶ方法であるから

${}_5C_3={}_5C_2=$ **10 (通り)**

(2) 6 を先に選んでおき，1，2，3，4，5 の 5 個から 2 個を選ぶと考えて　${}_5C_2=$ **10 (通り)**

⑥①②③④⑤⑦⑧
↓ ${}_5C_2$
⑥○○
(最大の数が 6)

(3) 1，2，3，4，5，6，7，8 の 8 個から 3 個を選ぶ方法は

${}_8C_3=56$ (通り)

最大の数が 6 以下である選び方は，1，2，3，4，5，6 の 6 個から 3 個を選ぶと考えて

${}_6C_3=20$ (通り)

よって，最大の数が 7 以上である選び方は

$56-20=$ **36 (通り)**

⇦(全体)−(最大の数が 6 以下)

別解　最大の数が 7 である選び方は，7 を先に選んでおき，1，2，3，4，5，6 の 6 個から 2 個を選ぶと考えて

${}_6C_2=15$ (通り)

最大の数が 8 である選び方は，8 を先に選んでおき，1，2，3，4，5，6，7 の 7 個から 2 個を選ぶと考えて

${}_7C_2=21$ (通り)

よって，最大の数が 7 以上である選び方は

$15+21=$ **36 (通り)**

⇦和の法則。

EX
③**17**

(1)　3辺の長さがそれぞれ 3cm, 4cm, 5cm である三角形を考え，各辺を 1cm 間隔に等分する。このときの分点 (各辺の両端，すなわち三角形の頂点を含む) の総数は $3+4+5=12$ である。これらの 12 個の点のうちの 3 個の点を頂点とする三角形の総数を求めよ。

(2)　平面上に，どの 3 本も同じ点で交わらない 10 本の直線がある。10 本中 2 本だけが平行であるとき，それら 10 本の直線によってできる交点の個数および三角形の個数を求めよ。

(1)　12 個の点から 3 個の点を選ぶ方法は　$_{12}C_3$ 通り

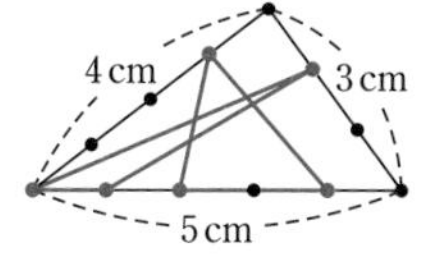

このうち，1つの直線上にある 3 個の点の組合せが

$_6C_3+{}_5C_3+{}_4C_3$ (通り)

あり，それら 3 点で三角形は作れない。

⇦長さが 5cm である辺上の 6 個の点は，どの 3 個の点を選んでも 1 つの直線上にある。他の 2 辺についても同様。

よって，求める三角形の総数は

$_{12}C_3-({}_6C_3+{}_5C_3+{}_4C_3)=220-(20+10+4)$
$=\mathbf{186}$ **(個)**

(2)　平行な 2 本の直線のうち 1 本の直線 ℓ を除くと，他の 9 本の直線はいずれも 2 本ずつで 1 個の交点をもち，どの 3 本も同じ点を通らないから

交点の個数は　$_9C_2$ 個
三角形の個数は　$_9C_3$ 個

⇦平行な 2 本の直線のうちの 1 本を除いて，平行でない 9 本の直線について考える。
次に，残りの 1 本を加えて，増える交点，三角形を考える。

次に，除いた直線 ℓ を加えると，ℓ に平行でない 8 本の直線と交わって，交点が 8 個増える。

また，ℓ に平行でない 8 本の直線のうちの 2 本 ($_8C_2$ 組) と ℓ の作る三角形の数 $_8C_2$ だけ三角形は増える。

したがって

交点の個数は　$_9C_2+8=36+8=\mathbf{44}$ **(個)**
三角形の個数は　$_9C_3+{}_8C_2=84+28=\mathbf{112}$ **(個)**

別解　10 本の直線がどれも平行でないとすると

交点の個数は　$_{10}C_2$ 個
三角形の個数は　$_{10}C_3$ 個

実際には，2 本の直線が平行であるから

交　点 ⟶ 平行な 2 本の直線で交点が 1 個減って
$_{10}C_2-1=45-1=\mathbf{44}$ **(個)**

⇦平行な 2 本の直線では交点はできない。

三角形 ⟶ 平行な 2 本の直線と平行でない他の 1 本 ($_8C_1$ 組) で三角形が $_8C_1$ 個減って
$_{10}C_3-{}_8C_1=120-8=\mathbf{112}$ **(個)**

⇦平行な 2 本を含む 3 本の直線では三角形はできない。

EX ③18 何人かの人をグループに分ける場合の数を考える。ただし，どのグループにも少なくとも 1 人は入るものとする。

(1) 5 人を 3 つのグループに分ける場合の数は ☐ 通りである。

(2) 6 人を 3 人ずつの 2 つのグループに分ける場合の数は ☐ 通りである。

(3) 男子 5 人，女子 4 人の合計 9 人を 3 人ずつの 3 つのグループに分ける場合の数は ☐ 通りである。ただし，どのグループにも男子と女子が含まれているものとする。〔類 関西大〕

(1) 3 つのグループを A，B，C とする。

5 人を A(1 人)，B(1 人)，C(3 人) に分け，A，B の区別をなくすと考えると $({}_5C_1\times{}_4C_1)\div 2!=10$ (通り)

⇐1 人，1 人のグループは区別できない。

また，5 人を A(2 人)，B(2 人)，C(1 人) に分けるときも同様に考えて $({}_5C_2\times{}_3C_2)\div 2!=15$ (通り)

⇐2 人，2 人のグループは区別できない。

よって，分け方の総数は $10+15=\mathbf{25}$ (通り)

(2) 6 人を A(3 人)，B(3 人) に分け，A，B の区別をなくすと考えると ${}_6C_3\div 2!=\mathbf{10}$ (通り)

(3) A(男，男，女)，B(男，男，女)，C(男，女，女) に分け，A，B の区別をなくすと考えると

$$({}_5C_2\times{}_4C_1)\times({}_3C_2\times{}_3C_1)\div 2!=\mathbf{180} \text{ (通り)}$$

EX ③19 10 個の文字，N，A，G，A，R，A，G，A，W，A を左から右へ横 1 列に並べる。

(1) この 10 個の文字の並べ方は全部で何通りあるか。

(2) 「NAGARA」という連続した 6 文字が現れるような並べ方は全部で何通りあるか。

(3) N，R，W の 3 文字が，この順に現れるような並べ方は全部で何通りあるか。ただし，N，R，W が連続しない場合も含める。〔類 岐阜大〕

(1) 10 個の文字のうち，A が 5 個，G が 2 個あるから

$$\frac{10!}{5!2!}=\frac{10\cdot 9\cdot 8\cdot 7\cdot 6}{2\cdot 1}=\mathbf{15120} \text{ (通り)}$$

(2) 「NAGARA」をまとめて 1 組と見て，これと G，A，W，A の計 5 個の並べ方を考える。A が 2 個あるから

$$\frac{5!}{2!}=\mathbf{60} \text{ (通り)}$$

(3) 求める順列の総数は，N，R，W が同じ文字，例えば X，X，X であると考えて，X が 3 個，A が 5 個，G が 2 個を 1 列に並べる方法の総数と同じである。

⇐並べられた順列において，3 つの X を左から順に N，R，W におき換えれば条件を満たす順列になる。

よって $$\frac{10!}{3!5!2!}=\frac{10\cdot 9\cdot 8\cdot 7\cdot 6}{3\cdot 2\cdot 1\cdot 2\cdot 1}=\mathbf{2520} \text{ (通り)}$$

EX ③20 図のように立方体の隣接する 3 つの面 ABCD，BEFC，CFGD 上にそれぞれ縦横等間隔の線を描き，その線の上を通ることができるとする。次のそれぞれの場合に最短距離で通る道順は何通りあるかを求めよ。

(1) 面 ABCD 上で A から C へ行く場合

(2) 面 ABCD，BEFC 上で A から F へ行く場合

(3) 面 ABCD，BEFC，CFGD 上で A から F へ行く場合

〔北海学園大〕

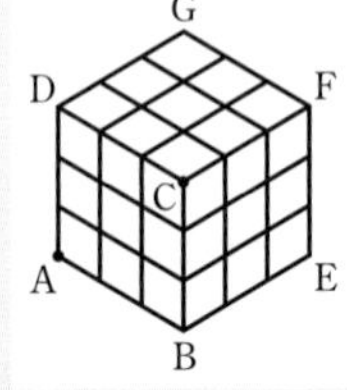

右の展開図において，
　右へ1区画進むことを →，
　上へ1区画進むことを ↑　で表す。

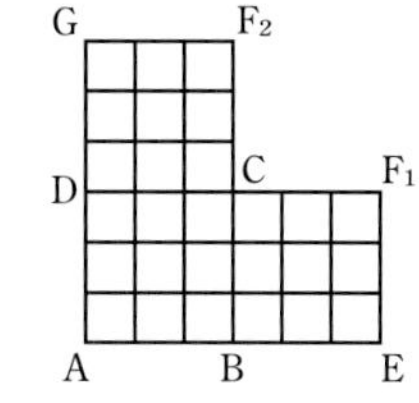

HINT　立方体の最短経路は展開図で考えるとわかりやすい。

(1)　最短距離で通る道順は，→3個，↑3個の順列で表されるから

$$\frac{6!}{3!3!}=\mathbf{20}\ (\textbf{通り})$$

⇦同じものを含む順列。

(2)　AからF_1への道順であり，→6個，↑3個の順列で表されるから　$\frac{9!}{6!3!}=\mathbf{84}$ **(通り)**

(3)　面ABCD，CFGD上でAからFへ行く場合は，AからF_2への道順であり，(2)と同様 84通りある。
この場合と(2)の場合は，A⟶C⟶F と進む場合が重複しているから

$$20\times1=20\ (\text{通り})$$

を重複して数えている。
よって，求める場合の数は　$84+84-20=\mathbf{148}$ **(通り)**

⇦A⟶C 20通り
　C⟶F　1通り

EX ③21

x, y, z を整数とする。
(1)　$1\leqq x\leqq5$, $1\leqq y\leqq5$, $1\leqq z\leqq5$ を満たす整数の組 $(x,\ y,\ z)$ は全部で［　］組ある。
(2)　$1\leqq x<y<z\leqq5$ を満たす整数の組 $(x,\ y,\ z)$ は全部で［　］組ある。
(3)　$1\leqq x\leqq y\leqq z\leqq5$ を満たす整数の組 $(x,\ y,\ z)$ は全部で［　］組ある。
(4)　$x+y+z=5$, $x\geqq0$, $y\geqq0$, $z\geqq0$ を満たす整数の組 $(x,\ y,\ z)$ は全部で［　］組ある。
(5)　$x+y+z=5$, $x\geqq1$, $y\geqq1$, $z\geqq1$ を満たす整数の組 $(x,\ y,\ z)$ は全部で［　］組ある。
〔大阪経大〕

(1)　x, y, z はそれぞれ5通りずつあるから

$$5^3=\mathbf{125}\ (\text{組})$$

⇦異なる5個のものから3個取る **重複順列**。

(2)　1から5までの整数から3個を選び，小さい順に x, y, z とすればよいから

$${}_5C_3={}_5C_2=\mathbf{10}\ (\text{組})$$

(3)　条件を満たす整数の組 $(x,\ y,\ z)$ の数は，1から5までの整数から重複を許して3個を選び，小さい順に x, y, z とすればよい。これは，3個の○と4個の｜を1列に並べる順列の総数と等しいから

$${}_7C_3=\mathbf{35}\ (\text{組})$$

別解　${}_5H_3={}_{5+3-1}C_3={}_7C_3=\mathbf{35}$ (組)

⇦例えば ｜｜○○｜｜○ (1 2 3 4 5) は $(x,\ y,\ z)=(3,\ 3,\ 5)$ を表す。

(4)　条件を満たす整数の組 $(x,\ y,\ z)$ の数は，異なる3種類のものから，重複を許して5個取る組合せの数である。これは，5個の○と2個の｜を1列に並べる順列の総数と等しいから

$${}_7C_5={}_7C_2=\mathbf{21}\ (\text{組})$$

別解　${}_3H_5={}_{3+5-1}C_5={}_7C_5={}_7C_2=\mathbf{21}$ (組)

⇦例えば ○｜○○｜○○ (x y z) は $(x,\ y,\ z)=(1,\ 2,\ 2)$ を表す。

(5) $x-1=X$, $y-1=Y$, $z-1=Z$ とおくと

$X \geqq 0$, $Y \geqq 0$, $Z \geqq 0$

このとき, $x+y+z=5$ から　$X+Y+Z=2$

よって, (4) と同様に考えると, 2 個の ○ と 2 個の | を 1 列に並べる順列の総数と等しいから

${}_4C_2=\mathbf{6}$ (組)

別解1　○ を 5 個並べる。

条件を満たす整数の組 (x, y, z) の数は, ○ と ○ の間 4 か所から 2 つを選んで仕切り | を入れる方法の数と等しいから

${}_4C_2=\mathbf{6}$ (組)

⇦例えば ○|○○○|○ (x y z) は $(x, y, z)=(1, 3, 1)$ を表す。

別解2　($X+Y+Z=2$ までは上と同様。)

${}_3H_2={}_{3+2-1}C_2={}_4C_2=\mathbf{6}$ (組)

EX ③22　15 段の階段を 2 段または 3 段ずつ上る方法は ア□ 通りある。このうち, 3 段ずつ上ることをちょうど 3 回含むような上り方は イ□ 通りある。

x, y は 0 以上の整数とする。

2 段で上る回数を x 回, 3 段で上る回数を y 回とすると

$2x+3y=15$　…… ①

$2x \geqq 0$ から　$15-3y \geqq 0$　すなわち　$y \leqq 5$

y は 0 以上の整数であるから　$y=0, 1, 2, 3, 4, 5$

これを ① に代入し, x も整数となる組は

$(x, y)=(6, 1), (3, 3), (0, 5)$

2 段 6 回, 3 段 1 回で上る方法は　$\dfrac{7!}{6!}=7$ (通り)

2 段 3 回, 3 段 3 回で上る方法は　$\dfrac{6!}{3!3!}=$ イ**20** (通り)

3 段 5 回で上る方法は　1 通り

よって, 上り方は全部で　$7+20+1=$ ア**28** (通り)

inf.　① を変形して
$2x=3(5-y)$
左辺が偶数であるから, 右辺も偶数である。
3 は奇数であるから, $5-y$ が偶数となる。
$0 \leqq y \leqq 5$ であるから
$y=1, 3, 5$

EX ③23　正四面体と正六面体の各面に絵の具で色を塗る。1 つの面には 1 色しか塗らない。また, 回転させて一致する塗り方は同じとみなす。絵の具が 12 色あるとき, 正四面体を面の色がすべて異なるように塗る塗り方は ア□ 通りである。また, 絵の具が 8 色あるとき, 正六面体を面の色がすべて異なるように塗る塗り方は イ□ 通りである。〔南山大〕

(ア)　4 色の選び方は　${}_{12}C_4=495$ (通り)

底面に 1 色を固定すると, 側面の塗り方は異なる 3 個の円順列で　$(3-1)!=2$ (通り)

よって　$495 \times 2=\mathbf{990}$ (通り)

⇦まず, 塗る色を選ぶ。

CHART
ある面を固定して円順列

(イ)　6 色の選び方は　${}_8C_6={}_8C_2=28$ (通り)

上面に 1 色を固定すると, 下面の色は　5 通り

そのおのおのに対して, 側面の塗り方は異なる 4 個の円順列で　$(4-1)!=6$ (通り)

よって　$28 \times 5 \times 6=\mathbf{840}$ (通り)

⇦まず, 塗る色を選ぶ。

EX ④24 単語 mathematics から任意に 4 文字を取って作られる順列の数を求めよ。〔いわき明星大〕

mathematics は，m 2 個，a 2 個，t 2 個，h 1 個，e 1 個，i 1 個，c 1 個，s 1 個の計 8 種類 11 個からできている。

[1]　同じ文字を 2 個ずつ含む場合

文字の組合せは m，a，t から 2 種類選ぶから　$_3C_2$ 通り

組合せの 1 つ，例えば mmaa に対して，順列は

$$\frac{4!}{2!2!}=6\text{ (通り)}$$

よって，[1] の場合の数は　$_3C_2\times 6=3\times 6=18$ (通り)

[2]　同じ文字 2 個を 1 組だけ含む場合

m，a，t から 1 種類選ぶ方法は　$_3C_1$ 通り

そのおのおのに対して，残りの 2 文字はその他の 7 種類の文字から 2 つ取る場合の数で　$_7C_2$ 通り

よって，文字の組合せは　$_3C_1\times {}_7C_2=3\times 21=63$ (通り)

組合せの 1 つ，例えば mmat に対して，順列は

$$\frac{4!}{2!}=12\text{ (通り)}$$

ゆえに，[2] の場合の数は　$63\times 12=756$ (通り)

[3]　すべて異なる文字からなる場合

m，a，t，h，e，i，c，s の 8 種類から 4 種類を選んで 1 列に並べる順列である。

よって，[3] の場合の数は　$_8P_4=1680$ (通り)

以上から，求める順列の数は　$18+756+1680=$ **2454 (通り)**

HINT　同じものを含む 11 個から 4 個を取り出して並べる順列の問題。要領よく場合分けし，それぞれの場合について計算する。

⇐和の法則。

EX ④25 YOKOHAMA の 8 文字すべてを並べてできる順列の中で，AO という並びまたは OA という並びの少なくとも一方を含む順列の数を求めよ。〔横浜国大〕

AO，OA の並びをともに含まない順列は，4 文字 Y，K，H，M の両端とその間の 5 個の場所に

[1]　A，A，O，O　　[2]　AA，O，O

[3]　OO，A，A　　[4]　OO，AA

のどれかを入れると得られる。

その入れ方は

[1]　$_5C_2\times {}_3C_2=10\times 3=30$ (通り)

[2]　$_5C_1\times {}_4C_2=5\times 6=30$ (通り)

[3]　[2] と同様にして　30 通り

[4]　$_5C_1\times {}_4C_1=5\times 4=20$ (通り)

4 文字 Y，K，H，M の順列は　$4!=24$ (通り)

8 文字の順列の総数は　$\dfrac{8!}{2!2!}=10080$ (通り)

⇐○Ⓨ○Ⓚ○Ⓗ○Ⓜ○

[1]　5 個の場所のうちの 2 個の場所に A を入れ，残りの 3 個の場所のうちの 2 個の場所に O を入れる。

[4]　$_5P_2$ (両端とその間の 5 個の場所に異なる 2 個 OO，AA を並べる順列) と考えてもよい。

したがって，求める順列の数は

$$10080-24\times(30+30+30+20)$$
$$=10080-24\times110=10080-2640$$
$$=\mathbf{7440}$$ **(通り)**

⇦(少なくとも一方を含む)=(全体)−(両方とも含まない)

inf. [1]～[4] は，例えば次のような並べ方がある。

[1] A Y O K O H A M ○

[2] O Y AA K ○ H O M ○

[3] ○ Y A K ○ H OO M A

[4] ○ Y OO K AA H ○ M ○

PR ②34

(1)　2 個のさいころを同時に投げるとき，2 個とも同じ目が出る確率と，2 個の目の和が奇数になる確率を，それぞれ求めよ。
(2)　2 個のさいころを同時に投げるとき，目の和が 10 以上になる確率を求めよ。

(1)　2 個のさいころを同時に投げるときの目の出方の総数は

6^2 通り

⇐1 個のさいころの目の出方は 6 通り。

2 個とも同じ目が出る場合の数は

(1, 1), (2, 2), (3, 3),
(4, 4), (5, 5), (6, 6)

の 6 通りある。

よって，**2 個とも同じ目が出る確率は**

$$\frac{6}{6^2}=\mathbf{\frac{1}{6}}$$

⇐$\frac{a}{N}$

2 個の目の和が奇数になるのは，一方が奇数で他方が偶数の場合である。

(奇数, 偶数) の場合　3×3 通り
(偶数, 奇数) の場合　3×3 通り

⇐奇数は 1, 3, 5 の 3 通り，偶数は 2, 4, 6 の 3 通り。

ゆえに，2 個の目の和が奇数になる場合の数は

$3\times3+3\times3=18$ (通り)

よって，**2 個の目の和が奇数になる確率は**

$$\frac{18}{6^2}=\mathbf{\frac{1}{2}}$$

⇐$\frac{a}{N}$

(2)　2 個のさいころを同時に投げるときの目の出方の総数は

6^2 通り

⇐N

2 個のさいころの目の数を，x, y とする。

$x+y\geqq10$ となる組 (x, y) は

(4, 6), (5, 5), (5, 6),
(6, 4), (6, 5), (6, 6)

⇐$x+y$ は 10, 11, 12 のいずれか。

の 6 通りある。

⇐a

よって，求める確率は　$\frac{6}{6^2}=\mathbf{\frac{1}{6}}$

⇐$\frac{a}{N}$

PR ②35

男子 4 人，女子 3 人が次のように並ぶときの確率を求めよ。
(1)　7 人が 1 列に並ぶとき，女子 3 人が続けて並ぶ確率
(2)　7 人が手をつないで輪を作るとき，女子どうしが隣り合わない確率

(1)　7 人が 1 列に並ぶ方法は　$7!$ 通り

⇐N

女子 3 人をまとめて 1 組と考えると，この 1 組と男子 4 人が並ぶ方法は　$5!$ 通り

⇐例えば
男男男[女女女]男
として，枠の中で動かす。

そのおのおのに対して，女子 3 人の並び方は

$3!$ 通り

よって，女子 3 人が続けて並ぶ並び方は

$5!\times3!$ 通り

⇐a

ゆえに，求める確率は　$\frac{5!\times3!}{7!}=\mathbf{\frac{1}{7}}$

⇐$\frac{a}{N}$

(2)　7 人の円順列の総数は　　$(7-1)!=6!$ (通り)

まず，男子を円形に並べ，男子と男子の間に女子を並べると考えればよい。

男子 4 人の円順列は　　$(4-1)!=3!$ (通り)

男子と男子の間の 4 か所に女子 3 人が 1 人ずつ並ぶ方法は

$${}_4P_3 \text{ 通り}$$

よって，女子どうしが隣り合わない並び方は

$$3!\times{}_4P_3 \text{ 通り}$$

ゆえに，求める確率は　　$\dfrac{3!\times{}_4P_3}{6!}=\mathbf{\dfrac{1}{5}}$

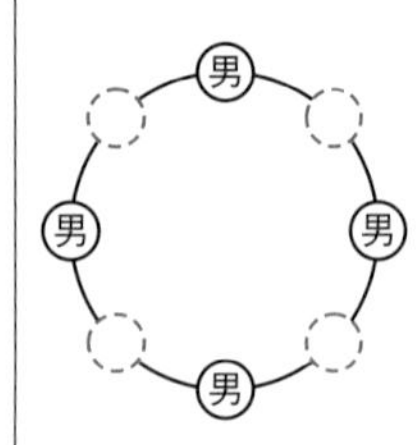

PR ③36　n は自然数とする。白玉が n 個，赤玉が 6 個入った袋の中から，玉を同時に 2 個取り出す。

(1)　$n=4$ のとき，白玉と赤玉を 1 個ずつ取り出す確率を求めよ。

(2)　赤玉を 2 個取り出す確率が $\dfrac{5}{12}$ のとき，n の値を求めよ。

(1)　玉を同時に 2 個取り出す方法は　　${}_{10}C_2$ 通り

白玉と赤玉を 1 個ずつ取り出す方法は　　${}_4C_1\times{}_6C_1$ 通り

よって，求める確率は　　$\dfrac{{}_4C_1\times{}_6C_1}{{}_{10}C_2}=\dfrac{4\times6}{45}=\mathbf{\dfrac{8}{15}}$

(1)　白玉 4 個に①，②，③，④，赤玉 6 個に①，②，③，④，⑤，⑥と番号をつけると考える。

(2)　玉を同時に 2 個取り出す方法は

$${}_{n+6}C_2=\frac{(n+6)(n+5)}{2\cdot1}=\frac{1}{2}(n+6)(n+5) \text{ (通り)}$$

赤玉を 2 個取り出す方法は　　${}_6C_2=15$ (通り)

よって，赤玉を 2 個取り出す確率は

$$\frac{15}{\frac{1}{2}(n+6)(n+5)}=\frac{30}{(n+6)(n+5)}$$

これが $\dfrac{5}{12}$ であるから　　$\dfrac{30}{(n+6)(n+5)}=\dfrac{5}{12}$

整理すると　　$(n+6)(n+5)=72$

ゆえに　　$n^2+11n-42=0$

よって　　$(n-3)(n+14)=0$

n は自然数であるから　　$\boldsymbol{n=3}$

⇐玉の合計は $n+6$ 個。

⇐N

⇐a

⇐$\dfrac{a}{N}$

⇐n についての方程式。

PR ②37　(1)　3 人でじゃんけんを 1 回するとき，ちょうど 2 人の勝者が決まる確率を求めよ。

(2)　3 人でじゃんけんを 1 回するとき，特定の 1 人だけが負ける確率を求めよ。

(1)　3 人の手の出し方の総数は　　$3^3=27$ (通り)

1 回で勝負が決まる場合，勝者の決まり方は

$${}_3C_2=3 \text{ (通り)}$$

そのおのおのに対して，勝ち方がグー，チョキ，パーの 3 通りずつある。

よって，求める確率は　　$\dfrac{3\times3}{27}=\mathbf{\dfrac{1}{3}}$

⇐どの 1 人が負けるかを考えてもよい。
${}_3C_1=3$ (通り)

(2)　1回のじゃんけんで特定の1人の負け方がグー，チョキ，パーの3通りある。

よって，求める確率は　$\frac{3}{27}=\mathbf{\frac{1}{9}}$

PR ②38

20本のくじの中に当たりくじが4本ある。このくじをa，b，c 3人がこの順に，1本ずつ1回だけ引くとき，次の確率を求めよ。ただし，引いたくじはもとに戻さないものとする。
(1)　aが当たり，cも当たる確率
(2)　aがはずれ，cが当たる確率

a，b，cがこの順に続いて引くとき，起こりうるすべての場合の数は

$_{20}P_3=6840$ (通り)

(1)　aが当たり，cも当たるには，次の2つの場合がある。

A：aが当たり，bが当たり，cが当たる場合
B：aが当たり，bがはずれ，cが当たる場合

Aが起こる場合の数は

$_4P_3=24$ (通り)

Bが起こる場合の数は

$4\times16\times3=192$ (通り)

A，Bは互いに排反であるから，求める確率は

$$P(A\cup B)=P(A)+P(B)$$
$$=\frac{24}{6840}+\frac{192}{6840}=\frac{216}{6840}=\mathbf{\frac{3}{95}}$$

(2)　aがはずれ，cが当たるには，次の2つの場合がある。

C：aがはずれ，bが当たり，cが当たる場合
D：aがはずれ，bがはずれ，cが当たる場合

Cが起こる場合の数は

$16\times{}_4P_2=192$ (通り)

Dが起こる場合の数は

$_{16}P_2\times4=960$ (通り)

C，Dは互いに排反であるから，求める確率は

$$P(C\cup D)=P(C)+P(D)$$
$$=\frac{192}{6840}+\frac{960}{6840}=\frac{1152}{6840}=\mathbf{\frac{16}{95}}$$

$A\cap B=\varnothing$ であるとき
$P(A\cup B)=P(A)+P(B)$

inf.　**確率の乗法定理**
(本冊 p.340 参照) を使うと，くじ引きの問題は簡単に答えられる。
例えば，(1)の$P(A)$，$P(B)$，(2)の$P(C)$，$P(D)$は，次のようにして求められる。

$P(A)=\frac{4}{20}\cdot\frac{3}{19}\cdot\frac{2}{18}=\frac{1}{285}$

$P(B)=\frac{4}{20}\cdot\frac{16}{19}\cdot\frac{3}{18}=\frac{8}{285}$

$P(C)=\frac{16}{20}\cdot\frac{4}{19}\cdot\frac{3}{18}=\frac{8}{285}$

$P(D)=\frac{16}{20}\cdot\frac{15}{19}\cdot\frac{4}{18}=\frac{8}{57}$

また，基本例題38で確率の乗法定理を使うと，bの当たる確率は次のようにして求められる。

$P(A)=\frac{5}{20}\cdot\frac{4}{19}=\frac{20}{380}$

$P(B)=\frac{15}{20}\cdot\frac{5}{19}=\frac{75}{380}$

$P(A)+P(B)=\frac{1}{4}$

PR ②39

1から9までの番号を書いた札が1枚ずつ合計9枚ある。
この中から3枚取り出すとき，札の番号がすべて奇数である確率は ア[　　] である。
また，3枚の札の番号の和が奇数となる確率は イ[　　] である。

9枚から3枚取り出す方法は　$_9C_3=84$ (通り)

(ア)　札の番号のうち，奇数は　1，3，5，7，9

すべて奇数となる選び方は　$_5C_3=10$ (通り)

よって，求める確率は　$\frac{10}{84}=\mathbf{\frac{5}{42}}$

(イ) 3枚の札の番号の和が奇数となるのは，次の2つの場合がある。

A：3枚すべてが奇数

B：2枚が偶数で1枚が奇数

Aが起こる確率は，(ア)から　$P(A)=\dfrac{10}{84}$

Bが起こる確率は　$P(B)=\dfrac{{}_4C_2\times{}_5C_1}{84}=\dfrac{30}{84}$

A，Bは互いに排反であるから，求める確率は

$$P(A\cup B)=P(A)+P(B)$$
$$=\frac{10}{84}+\frac{30}{84}=\frac{40}{84}=\mathbf{\frac{10}{21}}$$

⇦約分は最後に行う。

⇦札の番号のうち，偶数は　2，4，6，8

⇦確率の加法定理。

PR ②40 2個のさいころを同時に投げるとき，出る目の最小値が3となるか，または，出る目の最大値が4となる確率を求めよ。

目の出方は，全部で　$6^2=36$（通り）

出る目の最小値が3となる事象をA

出る目の最大値が4となる事象をBとする。

2個のさいころの出る目の数を，x，yとする。

事象Aが起こるのは，$(x,\ y)$が

(3，3)，(3，4)，(3，5)，(3，6)，

(4，3)，(5，3)，(6，3)

のときで，その場合の数は　7通り

事象Bが起こるのは，$(x,\ y)$が

(1，4)，(2，4)，(3，4)，(4，4)，

(4，1)，(4，2)，(4，3)

のときで，その場合の数は　7通り

事象 $A\cap B$ が起こるのは，$(x,\ y)$が

(3，4)，(4，3)

のときで，その場合の数は　2通り

よって，求める確率 $P(A\cup B)$ は

$$P(A\cup B)=P(A)+P(B)-P(A\cap B)$$
$$=\frac{7}{36}+\frac{7}{36}-\frac{2}{36}=\frac{12}{36}=\mathbf{\frac{1}{3}}$$

⇦事象A，Bは互いに**排反ではない。**
$A\cap B$，すなわち出る目の最小値が3で，かつ出る目の最大値が4となる場合が起こりうる。

	1	2	3	4	5	6
1				●		
2				●		
3			○	●	○	○
4	●	●	●	●		
5			○			
6			○			

○はAの要素
●はBの要素
●は $A\cap B$ の要素

PR ②41 (1) 10本のうち当たりが3本入ったくじから同時に2本引くとき，少なくとも1本は当たりくじを引く確率を求めよ。
(2) 2個のさいころを同時に投げるとき，出た目の数の積が24以下になる確率を求めよ。

(1) 10本のくじから2本を引く方法は　${}_{10}C_2$通り

A:「少なくとも1本は当たりくじを引く」とすると，余事象$\overline{A}$は「2本ともはずれくじを引く」であるから，その確率は

$$P(\overline{A})=\frac{{}_7C_2}{{}_{10}C_2}=\frac{7}{15}$$

⇦はずれくじは7本。

よって，求める確率は

$$P(A)=1-P(\overline{A})=1-\frac{7}{15}=\mathbf{\frac{8}{15}}$$

⇦余事象の確率。

別解　少なくとも 1 本は当たりくじとなるには，次の 2 つの場合がある。

A：2 本とも当たりくじ

B：1 本は当たりくじ，1 本ははずれくじ

A が起こる確率は　$P(A)=\frac{{}_3C_2}{{}_{10}C_2}=\frac{1}{15}$

B が起こる確率は　$P(B)=\frac{{}_3C_1\times{}_7C_1}{{}_{10}C_2}=\frac{7}{15}$

A，B は互いに排反であるから，求める確率は

$$P(A\cup B)=P(A)+P(B)$$

$$=\frac{1}{15}+\frac{7}{15}=\mathbf{\frac{8}{15}}$$

⇦確率の加法定理。

(2)　A：「目の数の積が 24 以下」とすると，余事象 $\overline{A}$ は「目の数の積が 24 より大きい」である。

⇦$\overline{A}$ は「目の数の積は 24 以上」ではない。

このときの 2 個のさいころの目の出方は

(5, 5)，(5, 6)，(6, 5)，(6, 6) の　　4 通り

⇦目の数の積は 25，30，36 の場合。

目の出方は全部で 6^2 通りあるから

$$P(\overline{A})=\frac{4}{6^2}=\frac{1}{9}$$

よって，求める確率は

$$P(A)=1-P(\overline{A})=1-\frac{1}{9}=\mathbf{\frac{8}{9}}$$

⇦余事象の確率。

PR ③42　1 個のさいころを繰り返し 3 回投げるとき，次の確率を求めよ。
(1)　目の最大値が 6 である確率　　(2)　目の最大値が 4 である確率

1 個のさいころを繰り返し 3 回投げるとき，目の出方は

6^3 通り

(1)　目の最大値が 6 以下である確率は　　1

目の最大値が 5 以下である確率は　　$\frac{5^3}{6^3}=\frac{125}{216}$

⇦(最大値が 6 の確率)
=(最大値が 6 以下の確率)
−(最大値が 5 以下の確率)

よって，求める確率は　　$1-\frac{125}{216}=\mathbf{\frac{91}{216}}$

⇦少なくとも 1 回は 6 が出る確率。

(2)　目の最大値が 4 以下である確率は　　$\frac{4^3}{6^3}=\left(\frac{4}{6}\right)^3=\frac{8}{27}$

目の最大値が 3 以下である確率は　　$\frac{3^3}{6^3}=\left(\frac{3}{6}\right)^3=\frac{1}{8}$

よって，求める確率は　　$\frac{8}{27}-\frac{1}{8}=\mathbf{\frac{37}{216}}$

inf.　目の最大値が 4 である場合の数は
$4^3-3^3=37$ (通り)

PR ④43 1から200までの整数が1つずつ記入された200本のくじがある。これから1本を引くとき，それに記入された数が2の倍数でもなく，3の倍数でもない確率を求めよ。〔岡山大〕

200本のくじから1本のくじを引いたとき，それに記入された数が2の倍数，3の倍数である事象をそれぞれ A，B とする。
記入された数が2の倍数でもなく，3の倍数でもない事象は $\overline{A}\cap\overline{B}$ すなわち $\overline{A\cup B}$ で表され

$$P(\overline{A\cup B})=1-P(A\cup B)$$
$$P(A\cup B)=P(A)+P(B)-P(A\cap B)$$

ここで，$A\cap B$ は，記入された数が $2\times3=6$ の倍数である事象であり，$\dfrac{200}{2}=100$，$\dfrac{200}{3}=66.6\cdots\cdots$，$\dfrac{200}{6}=33.3\cdots\cdots$ であるから

$$n(A)=100,\ n(B)=66,\ n(A\cap B)=33$$

よって　$P(A\cup B)=\dfrac{100}{200}+\dfrac{66}{200}-\dfrac{33}{200}=\dfrac{133}{200}$

したがって，求める確率は

$$P(\overline{A}\cap\overline{B})=P(\overline{A\cup B})=1-P(A\cup B)$$
$$=1-\frac{133}{200}=\mathbf{\frac{67}{200}}$$

⇦**ド・モルガンの法則**
$\overline{A}\cap\overline{B}=\overline{A\cup B}$

⇦$A\cap B\neq\varnothing$ であるから和事象の確率。

⇦余事象の確率。

PR ②44 (1) 1個のさいころと1枚の硬貨を同時に投げるとき，さいころは5以上の目が出て，硬貨は裏が出る確率を求めよ。
(2) 赤玉4個，白玉2個が入っている袋から，1個取り出し色を見てもとに戻し，更に1個取り出して色を見る。次の確率を求めよ。
(ア) 白玉，赤玉の順に取り出される確率
(イ) 取り出した2個がともに赤玉となる確率

(1) さいころを投げたとき5以上の目が出る確率は

$$\frac{2}{6}=\frac{1}{3}$$

硬貨を投げたとき裏が出る確率は　$\dfrac{1}{2}$

1個のさいころを投げる試行と1枚の硬貨を投げる試行は独立であるから，求める確率は　$\dfrac{1}{3}\times\dfrac{1}{2}=\mathbf{\dfrac{1}{6}}$

(2) 1回目に玉を取り出す試行と，2回目に玉を取り出す試行は独立である。

白玉，赤玉が取り出される確率はそれぞれ　$\dfrac{1}{3}$，$\dfrac{2}{3}$

(ア) 白玉，赤玉の順に取り出される確率は

$$\frac{1}{3}\times\frac{2}{3}=\mathbf{\frac{2}{9}}$$

(イ) 取り出した2個がともに赤玉となる確率は

$$\frac{2}{3}\times\frac{2}{3}=\mathbf{\frac{4}{9}}$$

⇦5，6の2通り。

⇦独立なら積を計算

⇦1個取り出し，もとに戻さないで更に1個取り出すときは，試行は独立でない。

⇦赤玉，赤玉の順に取り出される確率。

PR ②45

A, B, Cの3人がある大学の入学試験を受けるとき，A, B, Cの合格する確率はそれぞれ $\frac{3}{4}$, $\frac{2}{3}$, $\frac{2}{5}$ である。このとき，次の確率を求めよ。

(1)　Aだけが合格する確率

(2)　Aを含めた2人だけが合格する確率

(3)　少なくとも1人が合格する確率

(1)　Aだけが合格するとき, B, C は不合格となるから，求める確率は

$$\frac{3}{4}\times\left(1-\frac{2}{3}\right)\times\left(1-\frac{2}{5}\right)=\frac{3}{4}\times\frac{1}{3}\times\frac{3}{5}=\mathbf{\frac{3}{20}}$$

(2)　Aを含めた2人だけが合格となるには

[1]　A，Bが合格で，Cが不合格

[2]　A，Cが合格で，Bが不合格

の場合がある。

[1]，[2]は互いに排反であるから，求める確率は

$$\frac{3}{4}\times\frac{2}{3}\times\left(1-\frac{2}{5}\right)+\frac{3}{4}\times\left(1-\frac{2}{3}\right)\times\frac{2}{5}$$

$$=\frac{3}{10}+\frac{1}{10}=\mathbf{\frac{2}{5}}$$

(3)　少なくとも1人が合格するという事象は，3人とも不合格であるという事象の余事象である。

3人とも不合格になる確率は

$$\left(1-\frac{3}{4}\right)\times\left(1-\frac{2}{3}\right)\times\left(1-\frac{2}{5}\right)=\frac{1}{20}$$

よって，求める確率は　$1-\frac{1}{20}=\mathbf{\frac{19}{20}}$

⇦A，B，Cが受験することは，互いに独立。

⇦(不合格の確率)＝1−(合格の確率)

⇦確率の加法定理。

⇦余事象の確率。

PR ③46

(1)　1枚のコインを8回投げるとき，表が5回以上続けて出る確率を求めよ。

(2)　1回の試行で事象 A の起こる確率を p とする。この試行を独立に10回行ったとき，A が続けて8回以上起こる確率を求めよ。

(1)　表を○，裏を×，どちらが出てもよい場合を△で表す。

表が5回以上続けて出るのは，次のような場合である。

1回	2回	3回	4回	5回	6回	7回	8回
○	○	○	○	○	△	△	△
×	○	○	○	○	○	△	△
△	×	○	○	○	○	○	△
△	△	×	○	○	○	○	○

各回の試行は独立であるから，求める確率は

$$\left(\frac{1}{2}\right)^5\times1^3+\left(\frac{1}{2}\right)^6\times1^2+1\times\left(\frac{1}{2}\right)^6\times1+1^2\times\left(\frac{1}{2}\right)^6=\mathbf{\frac{5}{64}}$$

⇦何回目から，表が5回以上続けて出るか，によって場合分けする。

⇦1回目から続けて出る。

⇦2回目から続けて出る。

⇦3回目から続けて出る。

⇦4回目から続けて出る。

(2) 各回の試行は独立であるから

[1] 1回目から A が続けて8回以上起こる確率は

$$p^8\times1\times1=p^8$$

[2] 1回目は A が起こらず，2回目から A が続けて8回以上起こる確率は

$$(1-p)\times p^8\times1=p^8(1-p)$$

[3] 2回目は A が起こらず，3回目から A が続けて8回起こる確率は

$$1\times(1-p)\times p^8=p^8(1-p)$$

A が続けて8回以上起こるのは，[1]，[2]，[3] のいずれかの場合であり，これらは互いに排反であるから，求める確率は

$$p^8+p^8(1-p)+p^8(1-p)=\boldsymbol{p^8(3-2p)}$$

⇐(1)のように記号で表すと，[1] の場合は
○○○○○○○○△△
[2] の場合は
×○○○○○○○○△
[3] の場合は
△×○○○○○○○○

PR ②47

1個のさいころを4回投げるとき，次の確率を求めよ。
(1) 1の目がちょうど3回出る確率
(2) 1の目が2回以上出る確率

HINT 1個のさいころを4回投げる試行は **反復試行** である。⟶ $\boldsymbol{{}_n\mathrm{C}_r p^r(1-p)^{n-r}}$

1個のさいころを1回投げて

1の目が出る確率は $\dfrac{1}{6}$ ⇐p

1の目が出ない確率は $1-\dfrac{1}{6}=\dfrac{5}{6}$ ⇐$1-p$

(1) 4回のうち3回1の目が出る確率は

$${}_4\mathrm{C}_3\left(\frac{1}{6}\right)^3\left(\frac{5}{6}\right)^{4-3}=4\times\frac{5}{6^4}=\boldsymbol{\frac{5}{324}}$$

⇐$n=4$，$r=3$

(2) 1の目が2回以上出るという事象 A の余事象 $\overline{A}$ は，

[1] 1の目が1回も出ない

[2] 1の目が1回だけ出る

の2つの事象の和事象であり，[1]，[2] は互いに排反である。

[1] の場合の確率は $\left(\dfrac{5}{6}\right)^4=\dfrac{5^4}{6^4}$ ⇐4回とも2～6の目が出る確率。

[2] の場合の確率は ${}_4\mathrm{C}_1\left(\dfrac{1}{6}\right)^1\left(\dfrac{5}{6}\right)^{4-1}=4\times\dfrac{5^3}{6^4}$

よって $P(\overline{A})=\dfrac{5^4}{6^4}+4\times\dfrac{5^3}{6^4}=\dfrac{125}{144}$ ⇐確率の加法定理。

ゆえに，求める確率は

$$P(A)=1-P(\overline{A})=1-\frac{125}{144}=\boldsymbol{\frac{19}{144}}$$

⇐余事象の確率。

PR ②48

x 軸上を動く点Aがあり，最初は原点にある。硬貨を投げて表が出たら正の方向に1だけ進み，裏が出たら負の方向に1だけ進む。硬貨を6回投げるものとして，以下の確率を求めよ。
(1) 点Aが原点に戻る確率
(2) 点Aが2回目に原点に戻り，かつ6回目に原点に戻る確率　〔埼玉大〕

(1) 硬貨を6回投げたとき，表が r 回出るとすると，点Aの x 座標は

$$x=1\cdot r+(-1)\cdot(6-r)=2r-6\ (r=0,\ 1,\ \cdots\cdots,\ 6)$$

x 座標が0のとき，$2r-6=0$ とすると　$r=3$

よって，求める確率は，6回のうち表が3回，裏が3回出る確率であるから

$${}_6C_3\left(\frac{1}{2}\right)^3\left(\frac{1}{2}\right)^{6-3}=\frac{20}{2^6}=\mathbf{\frac{5}{16}}$$

(2) 最初の2回で表が1回，裏が1回出て，残りの4回で表が2回，裏が2回出る場合であるから，その確率は

$${}_2C_1\left(\frac{1}{2}\right)^1\left(\frac{1}{2}\right)^{2-1}\times{}_4C_2\left(\frac{1}{2}\right)^2\left(\frac{1}{2}\right)^{4-2}=\frac{2\cdot6}{2^6}=\mathbf{\frac{3}{16}}$$

補足　最初の2回と，残りの4回の **試行は独立** であるから，それぞれの確率の積が，求める確率となる。

⇐裏は $6-r$ 回。

⇐原点に戻る ⟶ $x=0$

⇐${}_nC_rp^r(1-p)^{n-r}$ で $n=6$，$r=3$，$p=\frac{1}{2}$

⇐ ＿ の回数の求め方は(1)と同様。
前半は $1\cdot r+(-1)\cdot(2-r)=0$ から　$r=1$
後半は $1\cdot r+(-1)\cdot(4-r)=0$ から　$r=2$

PR ③49

AとBが試合をして，先に3勝した方を優勝とする。1回の試合でAが勝つ確率を $\frac{1}{3}$ とする。以下の問いに答えよ。ただし，引き分けはないものとする。
(1) Aが3試合目で優勝する確率を求めよ。
(2) Aが4試合目で優勝する確率を求めよ。
(3) Aが優勝する確率を求めよ。　〔東北学院大〕

(1) Aが3連勝する確率であるから　$\left(\frac{1}{3}\right)^3=\mathbf{\frac{1}{27}}$

(2) 3試合目まででAが2勝，Bが1勝して，4試合目でAが勝てばよいから，求める確率は

$${}_3C_2\left(\frac{1}{3}\right)^2\left(1-\frac{1}{3}\right)^1\times\frac{1}{3}=\mathbf{\frac{2}{27}}$$

(3) Aが優勝するまでの試合数は，3，4，5のいずれかである。
5試合目でAが優勝するには，4試合目まででAが2勝，Bが2勝して，5試合目でAが勝てばよいから，その確率は

$${}_4C_2\left(\frac{1}{3}\right)^2\left(1-\frac{1}{3}\right)^2\times\frac{1}{3}=\frac{8}{81}$$

(1)，(2)，(3)は互いに排反であるから，Aが優勝する確率は

$$\frac{1}{27}+\frac{2}{27}+\frac{8}{81}=\mathbf{\frac{17}{81}}$$

⇐4試合目までにAが3勝すると考えるのは間違い。

⇐Bが勝つ確率は，Aが負ける確率と同じであるから　$1-\frac{1}{3}$

⇐確率の加法定理。

PR ③50 右の図のように，東西に 4 本，南北に 5 本の道路がある。地点 A から出発した人が最短の道順を通って地点 B へ向かう。このとき，途中で地点 P を通る確率を求めよ。ただし，各交差点で，東に行くか，北に行くかは等確率とし，一方しか行けないときは確率 1 でその方向に行くものとする。

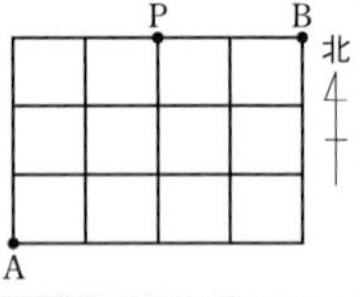

HINT　P を通る道順を，通る点で分けて確率を計算する。

右の図のように，地点 C，D，C′，D′，P′ をとる。

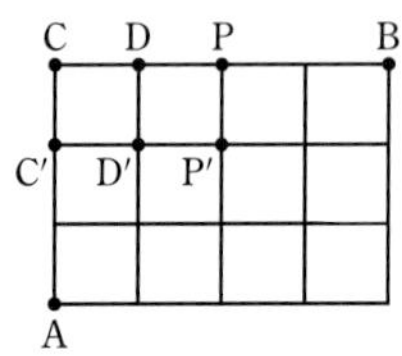

P を通る道順には次の 3 つの場合があり，これらは互いに排反である。

[1]　道順 A⟶C′⟶C⟶P⟶B

この確率は

$$\frac{1}{2}\times\frac{1}{2}\times\frac{1}{2}\times1\times1\times1\times1=\frac{1}{8}$$

[2]　道順 A⟶D′⟶D⟶P⟶B

この確率は　$${}_3C_1\left(\frac{1}{2}\right)^1\left(\frac{1}{2}\right)^2\times\frac{1}{2}\times1\times1\times1=3\times\left(\frac{1}{2}\right)^4=\frac{3}{16}$$

[3]　道順 A⟶P′⟶P⟶B

この確率は　$${}_4C_2\left(\frac{1}{2}\right)^2\left(\frac{1}{2}\right)^2\times\frac{1}{2}\times1\times1=6\times\left(\frac{1}{2}\right)^5=\frac{3}{16}$$

よって，求める確率は　$\frac{1}{8}+\frac{3}{16}+\frac{3}{16}=\boldsymbol{\frac{1}{2}}$

[1]　↑↑↑→→→→と進む。

[2]　○○○↑→→→と進む。○には，→ 1 個と↑ 2 個が入る。

[3]　○○○○↑→→と進む。○には，→ 2 個と↑ 2 個が入る。

⇦確率の加法定理。

PR ⑤51 さいころを，1 の目が 3 回出るまで繰り返し投げるものとする。n 回目で終わる確率を P_n とするとき，次の問いに答えよ。ただし，$n\geqq3$ とする。

(1)　P_n を求めよ。　(2)　P_n が最大となる n を求めよ。〔類 九州工大〕

(1)　n 回目で終わるのは，$(n-1)$ 回目までに 2 回 1 の目が出て，n 回目に 3 回目の 1 の目が出る場合であるから

$$\boldsymbol{P_n}={}_{n-1}C_2\left(\frac{1}{6}\right)^2\left(\frac{5}{6}\right)^{n-3}\times\frac{1}{6}$$
$$=\boldsymbol{\frac{(n-1)(n-2)}{2}\left(\frac{5}{6}\right)^{n-3}\left(\frac{1}{6}\right)^3\quad(n\geqq3)}$$

(2)　$$\frac{P_{n+1}}{P_n}=\left\{\frac{n(n-1)}{2}\left(\frac{5}{6}\right)^{n-2}\left(\frac{1}{6}\right)^3\right\}\div\left\{\frac{(n-1)(n-2)}{2}\left(\frac{5}{6}\right)^{n-3}\left(\frac{1}{6}\right)^3\right\}$$
$$=\frac{5n}{6(n-2)}$$

⇦P_{n+1} は P_n の n の代わりに $n+1$ とおいたもの。

$\frac{P_{n+1}}{P_n}>1$ とすると　$\frac{5n}{6(n-2)}>1$

すなわち　$5n>6(n-2)$　　これを解くと　$n<12$

⇦$6(n-2)>0$ であるから，不等号の向きは変わらない。

$\frac{P_{n+1}}{P_n}=1$ とすると　$n=12$

$\frac{P_{n+1}}{P_n}<1$ とすると　$n>12$

よって，$3 \leqq n \leqq 11$ のとき　$P_n < P_{n+1}$,
$n=12$ のとき　$P_n = P_{n+1}$,
$13 \leqq n$ のとき　$P_n > P_{n+1}$

ゆえに　$P_3 < P_4 < \cdots\cdots < P_{11} < P_{12} = P_{13}$,
$P_{12} = P_{13} > P_{14} > \cdots\cdots$

したがって，P_n が最大となる n の値は　$\boldsymbol{n=12,\ 13}$

⇐ n は 3 以上の整数。

PR ②52 箱の中に，1 から 9 までの赤色の番号札 9 枚と，1 から 6 までの白色の番号札 6 枚が入っている。この箱から番号札を 1 枚引くとき，それが偶数の札であるという事象を A，赤色の札であるという事象を B とする。このとき，次の確率を求めよ。
(1) $P(A\cap B)$　　(2) $P_B(A)$

全事象を U とする。箱の中の札の数は，右の表のようになる。よって
$n(U)=15$，$n(B)=9$，$n(A\cap B)=4$

	A	$\overline{A}$	計
B	4	5	9
$\overline{B}$	3	3	6
計	7	8	15

⇐ $A\cap B$ は赤色で偶数の番号札を引く事象。

(1) $P(A\cap B)=\dfrac{n(A\cap B)}{n(U)}=\boldsymbol{\dfrac{4}{15}}$

⇐ A と B が同時に起こる確率。

(2) $P_B(A)=\dfrac{n(B\cap A)}{n(B)}=\dfrac{n(A\cap B)}{n(B)}=\boldsymbol{\dfrac{4}{9}}$

⇐ B が起こるという前提のもとで A が起こる **条件付き確率**。

別解　$P(B)=\dfrac{n(B)}{n(U)}=\dfrac{9}{15}$,

$P(B\cap A)=\dfrac{n(B\cap A)}{n(U)}=\dfrac{n(A\cap B)}{n(U)}=\dfrac{4}{15}$

よって　$P_B(A)=\dfrac{P(B\cap A)}{P(B)}=\dfrac{4}{15}\div\dfrac{9}{15}=\boldsymbol{\dfrac{4}{9}}$

⇐ $P_B(A)=\dfrac{P(B\cap A)}{P(B)}$ を用いるため，$P(B)$ と $P(B\cap A)$ を求める。

PR ②53 当たりくじ 3 本を含む 20 本のくじがある。引いたくじはもとに戻さないものとして，次の確率を求めよ。
(1) A，B の 2 人がこの順に 1 本ずつ引くとき，A がはずれ，B が当たる確率
(2) A，B，C の 3 人がこの順に 1 本ずつ引くとき，C だけが当たる確率

A，B，C が当たる事象をそれぞれ A，B，C とする。

(1) 求める確率は　$P(\overline{A}\cap B)=P(\overline{A})P_{\overline{A}}(B)$

⇐確率の乗法定理。

A がはずれる確率 $P(\overline{A})$ は　$P(\overline{A})=\dfrac{17}{20}$

A がはずれたとして，次に B が当たる確率 $P_{\overline{A}}(B)$ は

$P_{\overline{A}}(B)=\dfrac{3}{19}$

⇐当たり 3 本，はずれ 16 本のくじから引く。

よって，求める確率は

$P(\overline{A}\cap B)=\dfrac{17}{20}\times\dfrac{3}{19}=\boldsymbol{\dfrac{51}{380}}$

(2) 求める確率は

$P(\overline{A}\cap\overline{B}\cap C)=P(\overline{A}\cap\overline{B})P_{\overline{A}\cap\overline{B}}(C)$
$=P(\overline{A})P_{\overline{A}}(\overline{B})P_{\overline{A}\cap\overline{B}}(C)$

⇐C だけが当たるから，A と B ははずれる。

まず，A がはずれる確率 $P(\overline{A})$ は　$P(\overline{A})=\dfrac{17}{20}$

Aがはずれたとして，次にBがはずれる確率 $P_{\overline{A}}(\overline{B})$ は

$$P_{\overline{A}}(\overline{B})=\frac{16}{19}$$

⇦当たり3本，はずれ16本のくじから引く。

A，Bがはずれたとして，次にCが当たる確率 $P_{\overline{A}\cap\overline{B}}(C)$ は

$$P_{\overline{A}\cap\overline{B}}(C)=\frac{3}{18}$$

⇦当たり3本，はずれ15本のくじから引く。

よって，求める確率は

$$P(\overline{A}\cap\overline{B}\cap C)=P(\overline{A})P_{\overline{A}}(\overline{B})P_{\overline{A}\cap\overline{B}}(C)$$
$$=\frac{17}{20}\times\frac{16}{19}\times\frac{3}{18}=\boldsymbol{\frac{34}{285}}$$

PR ②54 白玉8個と赤玉3個が入っている袋から玉を1個取り出し，その玉と同じ色の玉をもう1個追加して2個とも袋に戻すことにする。この操作を2回繰り返すとき，次の確率を求めよ。
(1) 2回目に白玉が出る確率　(2) 白玉と赤玉が1回ずつ出る確率

1回目に白玉が出る事象を A，2回目に白玉が出る事象を B とする。

CHART 複雑な事象の確率　排反な事象に分解する

(1) 2回目に白玉が出るのは

[1] 1回目：白，2回目：白

[2] 1回目：赤，2回目：白

の場合があり，[1]，[2] は互いに排反である。

よって，求める確率は

$$P(B)=P(A\cap B)+P(\overline{A}\cap B)$$
$$=P(A)P_A(B)+P(\overline{A})P_{\overline{A}}(B)$$
$$=\frac{8}{11}\times\frac{9}{12}+\frac{3}{11}\times\frac{8}{12}=\boldsymbol{\frac{8}{11}}$$

⇦袋の中の玉の総数は
1回目：8+3=11（個）
2回目：11−1+2=12（個）

(2) 白玉と赤玉が1回ずつ出るのは

[1] 1回目：白，2回目：赤

[2] 1回目：赤，2回目：白

の場合があり，[1]，[2] は互いに排反である。

よって，求める確率は

$$P(A\cap\overline{B})+P(\overline{A}\cap B)=P(A)P_A(\overline{B})+P(\overline{A})P_{\overline{A}}(B)$$
$$=\frac{8}{11}\times\frac{3}{12}+\frac{3}{11}\times\frac{8}{12}=\boldsymbol{\frac{4}{11}}$$

PR ③55 袋の中に白球4個と黒球5個が入っている。この袋から球を1個ずつ取り出すことにする。ただし，取り出した球はもとへ戻さないこととする。
(1) 黒球が先に袋の中からなくなる確率を求めよ。
(2) ちょうど白球が袋の中からなくなって，かつ，袋の中に黒球2個だけが残っている確率を求めよ。

(1) 先に黒球がなくなるには，最後の1個が白球であればよい。
すなわち，8回目までに白球3個と黒球5個を取り出せばよいから，求める確率は

⇦(9−1)回目まで。

$$\frac{{}_4C_3\times{}_5C_5}{{}_9C_8}=\boldsymbol{\frac{4}{9}}$$

⇦「同時に取り出す確率」として考えてよい。

(2)　6回目までに，白球3個と黒球3個を取り出す確率は

$$\frac{{}_4C_3\times{}_5C_3}{{}_9C_6}=\frac{10}{21}$$

残りの白球1個と黒球2個の中から白球1個を取り出す確率は $\frac{1}{3}$ であるから，求める確率は　$\frac{10}{21}\times\frac{1}{3}=\mathbf{\frac{10}{63}}$

⇦乗法定理を利用。

PR ③56　3人でじゃんけんを繰り返し行う。ただし，負けた人は次の回から参加できない。
(1)　2回行って2回とも勝者が決まらない確率を求めよ。
(2)　2回行って，初めて勝者が2人決まり，3回目で1人の勝者が決まる確率を求めよ。

(1)　2回とも3人残ったままの場合である。

⇦2人残れば，勝者が2人決まる。

3人が1回で出す手の数は全部で　3^3 通り
1回目で3人とも残るのは，3人とも同じ手を出すか，または3人の手が異なるときであるから，その場合の数は

$$3+{}_3P_3=9\ (\text{通り})$$

⇦同じ手が3通り，異なる手が ${}_3P_3$ 通り。

この場合の確率は　$\frac{9}{3^3}=\frac{1}{3}$

2回目で3人とも残る確率も　$\frac{1}{3}$

したがって，求める確率は　$\frac{1}{3}\times\frac{1}{3}=\mathbf{\frac{1}{9}}$

(2)　1回目で3人とも残るから，(1)よりその確率は　$\frac{1}{3}$

2回目で勝者が2人決まるのは，1人だけが負けるときである。この場合，
　　誰が負けるかが　${}_3C_1$ 通り
　　どの手で負けるかが　3通り

よって，この場合の確率は　$\frac{{}_3C_1\times 3}{3^3}=\frac{1}{3}$

⇦1人だけが勝つ確率と同じ。

3回目で，1人の勝者が決まるのは，
　　どちらが勝つかが　${}_2C_1$ 通り
　　どの手で勝つかが　3通り

よって，この場合の確率は　$\frac{{}_2C_1\times 3}{3^2}=\frac{2}{3}$

したがって，求める確率は　$\frac{1}{3}\times\frac{1}{3}\times\frac{2}{3}=\mathbf{\frac{2}{27}}$

inf.　3人でじゃんけんをするとき，その結果と確率は次のようになる。

　　勝者が2人決まる確率　……$\frac{1}{3}$

　　勝者が1人決まる確率　……$\frac{1}{3}$

　　あいこになる確率　……$\frac{1}{3}$

また，2人のときは次のようになる。

勝者が決まる確率 ……$\dfrac{2}{3}$

あいこになる確率 ……$\dfrac{1}{3}$

よって，(1), (2) はそれぞれ次のような場合であり，求める確率は，矢印の下に書かれた数の積を計算して求めることができる。

(1) 3人 $\xrightarrow[\frac{1}{3}]{\text{1回目}}$ 3人 $\xrightarrow[\frac{1}{3}]{\text{2回目}}$ 3人

⇦ $\dfrac{1}{3}\times\dfrac{1}{3}=\mathbf{\dfrac{1}{9}}$

(2) 3人 $\xrightarrow[\frac{1}{3}]{\text{1回目}}$ 3人 $\xrightarrow[\frac{1}{3}]{\text{2回目}}$ 2人 $\xrightarrow[\frac{2}{3}]{\text{3回目}}$ 1人

⇦ $\dfrac{1}{3}\times\dfrac{1}{3}\times\dfrac{2}{3}=\mathbf{\dfrac{2}{27}}$

PR ③57 ある集団は2つのグループA，Bから成り，Aの占める割合は40％である。また，事象Eが発生する割合が，Aでは1％，Bでは3％である。この集団から選び出した1個について，事象Eが発生する確率を求めよ。また，事象Eが発生したときに，選び出された1個がBのグループに属している確率を求めよ。

選び出した1個が，グループAに属するという事象をA，グループBに属するという事象をBとすると

$$P(A)=\frac{40}{100}=\frac{2}{5},\ P(B)=\frac{60}{100}=\frac{3}{5},$$

$$P_A(E)=\frac{1}{100},\ P_B(E)=\frac{3}{100}$$

事象Eが発生する確率は $P(E)$ であるから

$$P(E)=P(A\cap E)+P(B\cap E)$$
$$=P(A)P_A(E)+P(B)P_B(E)$$
$$=\frac{2}{5}\times\frac{1}{100}+\frac{3}{5}\times\frac{3}{100}=\mathbf{\frac{11}{500}}$$

事象Eが発生したときに，選び出された1個がBのグループに属している確率は $P_E(B)$ であるから

$$P_E(B)=\frac{P(E\cap B)}{P(E)}=\frac{P(B\cap E)}{P(E)}=\frac{9}{500}\div\frac{11}{500}=\mathbf{\frac{9}{11}}$$

inf. 2つのグループ全体で1000個のものがあるとする。

グループ	個数	E
A	400	4
B	600	18
計	1000	22

$P(E)$ は $\dfrac{22}{1000}=\mathbf{\dfrac{11}{500}}$

$P_E(B)$ は $\dfrac{18}{22}=\mathbf{\dfrac{9}{11}}$

PR ②58 (1) 袋の中に赤玉3個，白玉2個，黒玉1個が入っている。この袋から玉を3個同時に取り出すとき，その中に含まれる赤玉の個数の期待値を求めよ。
(2) 表に1，裏に2を記した1枚のコインCがある。
(ア) コインCを1回投げ，出る数xについてx^2+4を得点とする。このとき，得点の期待値を求めよ。
(イ) コインCを3回投げるとき，出る数の和の期待値を求めよ。

(1) 袋の中には，全部で $3+2+1=6$（個）の玉が入っているから，この袋から3個の玉を取り出す方法は

$${}_6C_3=20\ (\text{通り})$$

取り出した3個に含まれる赤玉の個数をXとする。
Xのとりうる値は　　$X=0,\ 1,\ 2,\ 3$
取り出した3個の玉のうち
$X=0$ である場合の数は　　${}_3C_3=1$ (通り)
$X=1$ である場合の数は　　${}_3C_1\times{}_3C_2=9$ (通り)
$X=2$ である場合の数は　　${}_3C_2\times{}_3C_1=9$ (通り)
$X=3$ である場合の数は　　${}_3C_3=1$ (通り)

⇦白玉2個，黒玉1個である場合の数。

X	0	1	2	3	計
確率	$\frac{1}{20}$	$\frac{9}{20}$	$\frac{9}{20}$	$\frac{1}{20}$	1

⇦(確率の和)=1 を確認。

よって，求める期待値は

$$0\times\frac{1}{20}+1\times\frac{9}{20}+2\times\frac{9}{20}+3\times\frac{1}{20}=\frac{30}{20}=\boldsymbol{\frac{3}{2}}\ (個)$$

⇦とりうる値が0である項は0になるから，計算式に書かなくてもよい。
期待値は確率ではないから，1より大きくなりうる。問題によっては，負の数にもなりうる。

(2) (ア) 出る数xのとりうる値と得点，およびその確率を表にまとめると，右のようになる。

x	1	2	計
得点	5	8	
確率	$\frac{1}{2}$	$\frac{1}{2}$	1

よって，求める期待値は

$$5\times\frac{1}{2}+8\times\frac{1}{2}=\boldsymbol{\frac{13}{2}}\ (点)$$

(イ) 和をXとすると，Xのとりうる値は　　$X=3,\ 4,\ 5,\ 6$
$X=3$ となるのは，3回とも表が出る場合であるから，その確率は　　$\left(\frac{1}{2}\right)^3=\frac{1}{8}$

⇦表を①，裏を②とすると，①3回，①2回・②1回，①1回・②2回，②3回　の場合がある。

$X=4$ となるのは，3回のうち表が2回，裏が1回出た場合であるから，その確率は　　${}_3C_2\left(\frac{1}{2}\right)^2\left(\frac{1}{2}\right)=\frac{3}{8}$

⇦反復試行の確率として計算。

$X=5$ となるのは，3回のうち表が1回，裏が2回出た場合であるから，その確率は　　${}_3C_1\left(\frac{1}{2}\right)\left(\frac{1}{2}\right)^2=\frac{3}{8}$

$X=6$ となるのは，3回とも裏が出る場合であるから，その確率は
$\left(\frac{1}{2}\right)^3=\frac{1}{8}$

X	3	4	5	6	計
確率	$\frac{1}{8}$	$\frac{3}{8}$	$\frac{3}{8}$	$\frac{1}{8}$	1

⇦(確率の和)=1 を確認。

よって，求める期待値は

$$3\times\frac{1}{8}+4\times\frac{3}{8}+5\times\frac{3}{8}+6\times\frac{1}{8}=\frac{36}{8}=\boldsymbol{\frac{9}{2}}$$

PR ②59 1から7までの数字の中から，重複しないように3つの数字を無作為に選ぶ。その中の最小の数字を X とするとき，X の期待値 E を求めよ。

起こりうるすべての場合の数は　${}_7C_3=35$（通り）

X のとりうる値は　$X=1,\ 2,\ 3,\ 4,\ 5$

⇐最小の数字のうち，5が最大となる。

$X=1$ となるのは，1以外の6つの数字から2つの数字を選ぶときであるから　${}_6C_2=15$（通り）

$X=2$ となるのは，3以上の5つの数字から2つの数字を選ぶときであるから　${}_5C_2=10$（通り）

$X=3$ となるのは，4以上の4つの数字から2つの数字を選ぶときであるから　${}_4C_2=6$（通り）

$X=4$ となるのは，5以上の3つの数字から2つの数字を選ぶときであるから　${}_3C_2=3$（通り）

$X=5$ となるのは，6以上の2つの数字から2つの数字を選ぶときであるから　1通り

X	1	2	3	4	5	計
確率	$\frac{15}{35}$	$\frac{10}{35}$	$\frac{6}{35}$	$\frac{3}{35}$	$\frac{1}{35}$	1

⇐(確率の和)=1 を確認。

よって，求める期待値 E は

$$E=1\times\frac{15}{35}+2\times\frac{10}{35}+3\times\frac{6}{35}+4\times\frac{3}{35}+5\times\frac{1}{35}=\frac{70}{35}=\mathbf{2}$$

PR ③60 1から6までの番号札がそれぞれ番号の数だけ用意されている。この中から1枚を取り出すとき，次のどちらが有利か。

① 出た番号と同じ枚数の100円硬貨をもらう。

② 偶数の番号が出たときだけ一律に700円をもらう。　〔愛知大〕

$1+2+3+\cdots\cdots+6=21$ から，番号札は全部で21枚ある。

21枚の番号札から1枚を取り出した札の番号を X とすると，

X のとりうる値は　$X=1,\ 2,\ 3,\ 4,\ 5,\ 6$

X	1	2	3	4	5	6	計
確率	$\frac{1}{21}$	$\frac{2}{21}$	$\frac{3}{21}$	$\frac{4}{21}$	$\frac{5}{21}$	$\frac{6}{21}$	1

⇐(確率の和)=1 を確認。

①，② の場合の期待値をそれぞれ E_1，E_2 とすると

$$E_1=100\times\frac{1}{21}+200\times\frac{2}{21}+300\times\frac{3}{21}+400\times\frac{4}{21}+500\times\frac{5}{21}+600\times\frac{6}{21}$$

$$=\frac{100}{21}(1+4+9+16+25+36)=\frac{100\times91}{21}=\frac{1300}{3}\ (\text{円})$$

⇐$\frac{1300}{3}=433.\dot{3}$

$$E_2=700\times\frac{2}{21}+700\times\frac{4}{21}+700\times\frac{6}{21}=\frac{700\times12}{21}=400\ (\text{円})$$

$\frac{1300}{3}>400$ から　$E_1>E_2$

よって，**① が有利** である。

PR ③61 当たり３本，はずれ７本のくじをＡ，Ｂ２人が引く。ただし，引いたくじはもとに戻さないものとする。まずＡが１本だけ引く。Ａが当たれば，Ｂは引けない。Ａがはずれたときは B は１本引き，はずれたときだけ B がもう１本引く。このとき，A，B が当たりくじを引く確率 $P(A)$，$P(B)$ をそれぞれ求めよ。

Aが当たりくじを引く確率は　　$\boldsymbol{P(A)=\frac{3}{10}}$

Bが当たりくじを引くには，次の２つの場合がある。

[1]　Aが１回目ではずれくじを引いた後，Bが１回目に当たりくじを引く

[2]　Aが１回目ではずれくじを引いた後，Bが１回目にはずれくじを引き，Bが２回目に当たりくじを引く

[1] の場合の確率は　　$\frac{7}{10}\times\frac{3}{9}=\frac{7}{10}\times\frac{1}{3}$

[2] の場合の確率は　　$\frac{7}{10}\times\frac{6}{9}\times\frac{3}{8}=\frac{7}{10}\times\frac{1}{4}$

[1]，[2] は互いに排反であるから

$$\boldsymbol{P(B)}=\frac{7}{10}\left(\frac{1}{3}+\frac{1}{4}\right)=\boldsymbol{\frac{49}{120}}$$

⇐当たるときを○，はずれるときを×とすると

	A		B
[1]	×	——	○
	$\frac{7}{10}$		$\frac{3}{9}$
[2]	×	——	×○
	$\frac{7}{10}$		$\frac{6}{9}\cdot\frac{3}{8}$

PR ④62 ３つの箱Ａ，Ｂ，Ｃには，それぞれに赤玉，白玉，黒玉が入っている。それらの個数は右の表の通りである。無作為に１箱選んで１個の玉を取り出す。このとき，次の確率を求めよ。

(1)　取り出した玉が白玉である確率

(2)　取り出した玉が白玉のときに，それが箱Bから取り出された確率

	A	B	C
赤玉	2	3	4
白玉	3	3	3
黒玉	3	2	3

箱Ａ，Ｂ，Ｃを選ぶという事象を，それぞれ A，B，C とし，白玉を１個取り出すという事象を W とする。

(1)　$P(W)=P(A\cap W)+P(B\cap W)+P(C\cap W)$

$$=P(A)P_A(W)+P(B)P_B(W)+P(C)P_C(W)$$

$$=\frac{1}{3}\times\frac{3}{8}+\frac{1}{3}\times\frac{3}{8}+\frac{1}{3}\times\frac{3}{10}$$

$$=\frac{1}{8}+\frac{1}{8}+\frac{1}{10}$$

$$=\boldsymbol{\frac{7}{20}}$$

(2)　求める確率は　　$P_W(B)=\frac{P(B\cap W)}{P(W)}=\frac{1}{8}\div\frac{7}{20}=\boldsymbol{\frac{5}{14}}$

(1)　１つの箱を選ぶ確率は $\frac{1}{3}$ であり，玉の総数は
Ａ：8，Ｂ：8，Ｃ：10
である。
乗法定理 を利用。

(2)　取り出した玉が白玉 ……結果
それが箱Bから取り出されていた ……原因

⇐$P(W\cap B)=P(B\cap W)$

PR ④63

表に1，裏に2と書いてあるコインを2回投げて，1回目に出た数をxとし，2回目に出た数をyとして，座標平面上の点$(x,\ y)$を決める。ここで，表と裏の出る確率はともに$\frac{1}{2}$とする。
この試行を独立に2回繰り返して決まる2点と点$(0,\ 0)$とで定まる図形（三角形または線分）について
(1) 図形が線分になる確率を求めよ。
(2) 図形の面積の期待値を求めよ。ただし，線分の面積は0とする。〔東京学芸大〕

HINT (2) 図形の対称性に着目。同じ直線上に並ばないような3点で三角形ができる。合同な三角形ごとに分類する。

(1) 1回の試行において決まる点は
A(1, 1)，B(1, 2)，C(2, 1)，D(2, 2)
の4点であり，各点に決まる確率は，
それぞれ$\frac{1}{4}$である。

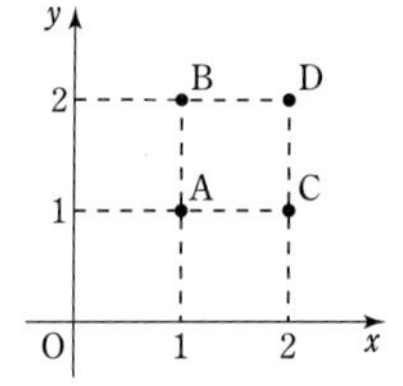

⇦ $\frac{1}{2}\times\frac{1}{2}=\frac{1}{4}$

図形が線分となるのは，1回目と2回目が同一の点になる場合の4通りと
(1回目の点，2回目の点)=(A，D)，(D，A)
の2通りの計6通り。
よって，求める確率は　$6\times\left(\frac{1}{4}\right)^2=\boldsymbol{\frac{3}{8}}$

(2) [1] 図形が△OAB，△OACとなるのは，1回目，2回目の点が(A，B)，(B，A)，(A，C)，(C，A)の4通り。
このとき　$\triangle OAB=\triangle OAC=\frac{1}{2}$

⇦辺AB，ACを底辺とみて　$\frac{1}{2}\times1\times1=\frac{1}{2}$

また，この場合の確率は　$4\times\left(\frac{1}{4}\right)^2=\frac{1}{4}$

[2] 図形が△OBCとなるのは，1回目，2回目の点が(B，C)，(C，B)の2通り。
このとき　$\triangle OBC=\triangle OAB+\triangle OAC+\triangle ABC$
$=\frac{1}{2}\times2+\frac{1}{2}=\frac{3}{2}$
また，この場合の確率は　$2\times\left(\frac{1}{4}\right)^2=\frac{1}{8}$

[3] 図形が△OBD，△OCDとなるのは，1回目，2回目の点が(B，D)，(D，B)，(C，D)，(D，C)の4通り。
このとき　$\triangle OBD=\triangle OCD=\frac{1}{2}\times1\times2=1$

⇦辺BD，CDを底辺とみる。

また，この場合の確率は　$4\times\left(\frac{1}{4}\right)^2=\frac{1}{4}$

よって，面積の期待値は
$\frac{1}{2}\times\frac{1}{4}+\frac{3}{2}\times\frac{1}{8}+1\times\frac{1}{4}=\frac{2+3+4}{16}=\boldsymbol{\frac{9}{16}}$

面積	0	$\frac{1}{2}$	$\frac{3}{2}$	1	計
確率	$\frac{3}{8}$	$\frac{1}{4}$	$\frac{1}{8}$	$\frac{1}{4}$	1

EX ②26

(1) 1, 2, 3 の 3 種類の数字から重複を許して 3 つ選ぶ。選ばれた数の和が 3 の倍数となる組合せをすべて求めよ。

(2) 1 の数字を書いたカードを 3 枚，2 の数字を書いたカードを 3 枚，3 の数字を書いたカードを 3 枚，計 9 枚用意する。この中から無作為に，一度に 3 枚のカードを選んだとき，カードに書かれた数の和が 3 の倍数となる確率を求めよ。〔神戸大〕

選ばれた 3 数の組合せを $\{a,\ b,\ c\}$ のように表す。

(1) 3 数の和は 3 以上 9 以下であるから，選ばれた 3 数の和が 3 の倍数となるのは，和が 3, 6, 9 となる場合である。
よって，求める組合せは

$$\{\mathbf{1,\ 1,\ 1}\},\ \{\mathbf{1,\ 2,\ 3}\},\ \{\mathbf{2,\ 2,\ 2}\},\ \{\mathbf{3,\ 3,\ 3}\}$$

(2) 9 枚のカードから 3 枚を取り出す方法は　${}_9C_3$ 通り
このうち，カードに書かれた数の和が 3 の倍数となるのは，数字の組合せが (1) のようになる場合である。
$\{1,\ 1,\ 1\}$ のとき　${}_3C_3=1$ (通り)
同様に，$\{2,\ 2,\ 2\}$, $\{3,\ 3,\ 3\}$ のとき，それぞれ　1 通り
$\{1,\ 2,\ 3\}$ のとき　${}_3C_1\times{}_3C_1\times{}_3C_1=27$ (通り)
よって，求める確率は　$\dfrac{1\times3+27}{{}_9C_3}=\dfrac{30}{84}=\mathbf{\dfrac{5}{14}}$

⇦ 9 枚のカードをすべて区別して考える。

⇦ 1, 2, 3 のカードは 3 枚ずつあるから，それぞれ 3 通りずつある。

EX ③27

9 枚のカードがあり，そのおのおのには I, I, D, A, I, G, A, K, U という文字が 1 つずつ書かれている。これら 9 枚のカードをよく混ぜて横 1 列に並べる。D, G, K, U のカードだけを見たとき，左から右へこの順序で並んでいる確率は ア[　　] である。また，I のカードが 3 枚続いて並ぶ確率は イ[　　] である。〔関西大〕

HINT　確率では，区別できないものでも異なるものとして考える。

9 枚のカードの並べ方は全部で　9! 通り

(ア) D, G, K, U のカードが，左から右へこの順に並ぶ場合の数は，これら 4 枚のカードが区別できない場合と考えて

$$\frac{9!}{4!}\ \text{通り}$$

よって，求める確率は　$\dfrac{\frac{9!}{4!}}{9!}=\dfrac{1}{4!}=\mathbf{\dfrac{1}{24}}$

(イ) I のカード 3 枚を 1 枚のカードと考えると，カードは全部で 7 枚で，その並べ方は　7! 通り
更に，I のカード 3 枚の並べ方が　3! 通り
よって，I のカードが 3 枚続いて並ぶ場合の数は

$$7!\times3!\ \text{通り}$$

したがって，求める確率は　$\dfrac{7!\times3!}{9!}=\mathbf{\dfrac{1}{12}}$

⇦ 9 枚のカードをすべて異なるものと考える。

⇦並び方を固定する
→D, G, K, U のカードをすべて同じとみなす。

⇦計算は最後にまとめてすればよい。

⇦ I 以外の 6 枚のカードと合わせて 1+6=7 (枚)

⇦ $\dfrac{7!\cdot3!}{9!}=\dfrac{3\cdot2\cdot1}{9\cdot8}$

EX ③28 6本のくじのうち1本だけ当たりくじがある。このくじを続けて1本ずつ引くとき，3回以内に当たる確率を求めよ。ただし，引いたくじはもとに戻さないものとする。

[1] 1回目で当たる確率は $\dfrac{1}{6}$

[2] 2回目で当たる場合

くじを2本引く場合の数は

$${}_6P_2=30\ (\text{通り})$$

1回目がはずれで2回目が当たる場合の数は

$$5\times1=5\ (\text{通り})$$

よって，2回目で当たる確率は $\dfrac{5}{30}=\dfrac{1}{6}$

[3] 3回目で当たる場合

くじを3本引く場合の数は

$${}_6P_3=120\ (\text{通り})$$

1回目，2回目がはずれで3回目が当たる場合の数は

$${}_5P_2\times1=20\ (\text{通り})$$

よって，3回目で当たる確率は $\dfrac{20}{120}=\dfrac{1}{6}$

[1]，[2]，[3] は互いに排反であるから，求める確率は

$$\frac{1}{6}+\frac{1}{6}+\frac{1}{6}=\mathbf{\frac{1}{2}}$$

HINT
[1] 1回目で当たる
[2] 2回目で当たる
[3] 3回目で当たる
の3つの排反事象に分けて考える。

⇐6本中，はずれくじは5本。

inf. **確率の乗法定理**を使うと

[2] $\dfrac{5}{6}\times\dfrac{1}{5}=\dfrac{1}{6}$

[3] $\dfrac{5}{6}\times\dfrac{4}{5}\times\dfrac{1}{4}=\dfrac{1}{6}$

EX ②29 Aの袋には赤球6個と白球4個が，Bの袋には赤球4個と白球6個が入っている。A，Bの袋から，それぞれ任意に2個の球を同時に取り出すとき，取り出された4個がすべて同じ色である確率を求めよ。 〔鶴見大〕

取り出した球が4個とも赤球である事象を R，白球である事象を W とする。

このとき，R，W は互いに排反である。

A，B 2つの袋から，それぞれ2個の球を同時に取り出す場合の数は ${}_{10}C_2\times{}_{10}C_2$ 通り

R は，Aから取り出した2個の球が赤球，Bから取り出した2個の球も赤球である事象で，その場合の数は

$${}_6C_2\times{}_4C_2\ \text{通り}$$

よって $P(R)=\dfrac{{}_6C_2\times{}_4C_2}{{}_{10}C_2\times{}_{10}C_2}=\dfrac{2}{45}$

また，W はAから取り出した2個の球が白球，Bから取り出した2個の球も白球である事象で，その場合の数は

$${}_4C_2\times{}_6C_2\ \text{通り}$$

よって $P(W)=\dfrac{{}_4C_2\times{}_6C_2}{{}_{10}C_2\times{}_{10}C_2}=\dfrac{2}{45}$

したがって，求める確率 $P(R\cup W)$ は

$$P(R\cup W)=P(R)+P(W)$$
$$=\frac{2}{45}+\frac{2}{45}=\mathbf{\frac{4}{45}}$$

HINT 4個が同じ色
⟶ 赤球と白球の場合に分けて考える。

⇐A，Bの赤球は，それぞれ6個，4個。

⇐4個とも赤球の確率。

⇐4個とも白球の確率。

CHART
確率 $P(A\cup B)$
A，B が排反なら
$P(A)+P(B)$

EX ③30 5人で1回じゃんけんをする。このとき，1人だけが勝つ確率は ア□ であり，ちょうど3人が勝つ確率は イ□ である。また，勝者も敗者も出ない確率は ウ□ である。

5人の手の出し方は，1人につきグー，チョキ，パーの3通りの出し方があるから，全部で　3^5 通り　⇦重複順列。

(ア)　1人だけが勝つ場合，勝者の決まり方は　5通り
そのおのおのに対して，勝ち方がグー，チョキ，パーの
3通り

よって，求める確率は　$\dfrac{5\times3}{3^5}=\mathbf{\dfrac{5}{81}}$

(イ)　ちょうど3人が勝つ場合，勝者の決まり方は　${}_5C_3$ 通り　⇦${}_5C_3={}_5C_2$
そのおのおのに対して，勝ち方がグー，チョキ，パーの
3通り

よって，求める確率は　$\dfrac{{}_5C_3\times3}{3^5}=\mathbf{\dfrac{10}{81}}$

(ウ)　A：「勝者も敗者も出ない」とすると，余事象 $\overline{A}$ は「勝者が決まる」である。
勝者が決まるのは，1人，2人，3人，4人が勝つ場合である。
(ア)，(イ) と同様に考えると

2人が勝つ確率は　$\dfrac{{}_5C_2\times3}{3^5}=\dfrac{10}{81}$

4人が勝つ確率は　$\dfrac{{}_5C_4\times3}{3^5}=\dfrac{5}{81}$　⇦${}_5C_4={}_5C_1$

よって，求める確率は　$1-\left(\dfrac{5}{81}+\dfrac{10}{81}+\dfrac{10}{81}+\dfrac{5}{81}\right)=\mathbf{\dfrac{17}{27}}$　⇦余事象の確率。

別解　勝者が決まる手の出し方は，手の出し方が2種類のときであり，グーとチョキだけの場合　(2^5-2) 通り　⇦全員がグーまたはチョキの場合（2通り）を除く。
チョキとパーだけ，パーとグーだけの場合も，(2^5-2) 通りずつあるから，手の出し方が2種類となるのは
$(2^5-2)\times3$ 通り

よって，求める確率は　$1-\dfrac{(2^5-2)\times3}{3^5}=\mathbf{\dfrac{17}{27}}$　⇦余事象の確率。

EX ③31 1000から9999までの4桁の整数の中から，その1つを無作為に選んだとき，同じ数字が2つ以上現れる確率を求めよ。〔立教大〕

1000から9999までの4桁の整数の中から，その1つを無作為に選ぶ方法は

HINT　**余事象**，すなわち，同じ数字が現れない場合を求める。

$9999-1000+1=9000$（通り）

これらの4桁の整数のうち，
A：「同じ数字が現れる」とすると，余事象 $\overline{A}$ は「同じ数字が現れない」，すなわち「各桁の数字がすべて異なる」である。
この場合の数を求める。
千の位は0以外の数字から選んで　9通り　⇦1～9の9通り。

残りの百，十，一の位の数字の並べ方は，残りの 9 個から 3 個取る順列で　${}_9P_3$ 通り

⇦千の位の数字を除く，0 を含めた 9 個から 3 個取る順列。

ゆえに，各桁の数字がすべて異なる場合の数は　$9\times{}_9P_3$ 通り

よって，同じ数字が現れない確率 $P(\overline{A})$ は

$$P(\overline{A})=\frac{9\times{}_9P_3}{9000}=\frac{9\times9\cdot8\cdot7}{9000}=\frac{63}{125}$$

したがって，同じ数字が 2 つ以上現れる確率は

$$P(A)=1-P(\overline{A})=1-\frac{63}{125}=\mathbf{\frac{62}{125}}$$

⇦余事象の確率。

EX ③32 大・中・小 3 個のさいころを同時に投げて，出た目の数をそれぞれ a，b，c とする。このとき，次の問いに答えよ。〔滋賀大〕

(1) $\frac{1}{a}+\frac{1}{b}\geqq1$ となる確率を求めよ。　(2) $\frac{1}{a}+\frac{1}{b}\geqq\frac{1}{c}$ となる確率を求めよ。

(1) [1] $a=1$ のとき　b の目は 1 ～ 6 の　6 通り

⇦結果は c の値にはよらないので，2 個のさいころの目のみについて考えればよい。

[2] $a=2$ のとき　$b=1$，2 の　2 通り

[3] $a=3$ のとき　$b=1$ の　1 通り

$a=4$，5，6 のときも同様に 1 通りずつ

[1]，[2]，[3] から，求める確率は　$\frac{6+2+1\times4}{6^2}=\mathbf{\frac{1}{3}}$

(2) $\frac{1}{a}+\frac{1}{b}\geqq\frac{1}{6}+\frac{1}{6}=\frac{1}{3}$ である。

⇦$a\leqq6$ から $\frac{1}{a}\geqq\frac{1}{6}$，$b\leqq6$ から $\frac{1}{b}\geqq\frac{1}{6}$

[1] $c=3$，4，5，6 のとき

a，b は何であっても不等式が成り立つから，いずれも 36 通りずつ

⇦$c\geqq3$ であるから $\frac{1}{c}\leqq\frac{1}{3}\leqq\frac{1}{a}+\frac{1}{b}$

[2] $c=2$ のとき

$\frac{1}{a}+\frac{1}{b}\geqq\frac{1}{2}$ を満たす a，b を求める。

$a=1$，2，3 のとき

$-\frac{1}{a}\leqq-\frac{1}{3}$ から　$\frac{1}{2}-\frac{1}{a}\leqq\frac{1}{2}-\frac{1}{3}=\frac{1}{6}$

⇦$a\leqq3$

また　$\frac{1}{6}\leqq\frac{1}{b}$

⇦$b\leqq6$

よって，すべての b に対して $\frac{1}{a}+\frac{1}{b}\geqq\frac{1}{2}$ が成り立ち，いずれも 6 通りずつ

$a=4$ のとき　$b=1$，2，3，4 の　4 通り

⇦$\frac{1}{b}\geqq\frac{1}{4}$

$a=5$ のとき　$b=1$，2，3 の　3 通り

⇦$\frac{1}{b}\geqq\frac{3}{10}$

$a=6$ のとき　$b=1$，2，3 の　3 通り

⇦$\frac{1}{b}\geqq\frac{1}{3}$

[3] $c=1$ のとき

(1)の結果から　12 通り

[1]，[2]，[3] から，求める確率は

$$\frac{36\times4+(6\times3+4+3+3)+12}{6^3}=\frac{184}{216}=\mathbf{\frac{23}{27}}$$

EX ④33　赤玉2個，白玉2個を円周上に並べるとき，同じ色の玉が隣り合わない確率は ア[　　] である。また，赤玉2個，白玉2個，青玉2個を円周上に並べるとき，同じ色の玉が隣り合わない確率は イ[　　] である。〔昭和女子大〕

HINT　赤玉1個を固定して考える。
確率では，同じ色の玉は異なるもの（区別がつく）と考える。

赤玉を R_1，R_2，白玉を W_1，W_2 とする。

(ア)　赤玉2個，白玉2個を円周上に並べる方法は，全部で

$(4-1)!=3!=6$（通り）

⇦R_1 を固定して円順列。

右の図の ○ の位置に白玉を入れればよいから，その並べ方の総数は

$2!=2$（通り）

R_1
R_2

よって，求める確率は　$\dfrac{2}{6}=\mathbf{\dfrac{1}{3}}$

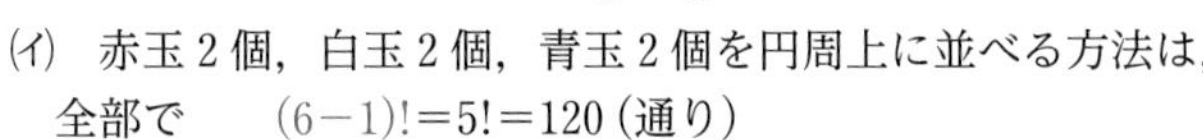

(イ)　赤玉2個，白玉2個，青玉2個を円周上に並べる方法は，全部で　$(6-1)!=5!=120$（通り）

[1]　青玉2個を除いたものが，(ア)の形の場合
右の図の ○ の位置に青玉を入れればよいから，その並べ方の総数は

${}_4P_2\times2=24$（通り）

⇦白玉の入れ方は2通り。

[2]　青玉2個を除いたものが，(ア)以外の形の場合

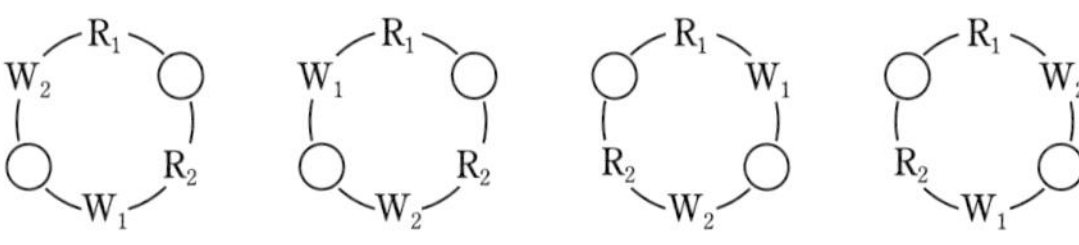

⇦赤玉の入れ方それぞれに対し，白玉の入れ方は2通り。

上の図の ○ の位置に青玉を入れればよいから，その並べ方の総数は　$2!\times4=8$（通り）

[1]，[2] から同じ色の玉が隣り合わない場合の数は

$24+8=32$（通り）

よって，求める確率は　$\dfrac{32}{120}=\mathbf{\dfrac{4}{15}}$

EX ③34　1から20までの整数が1つずつ書かれた20枚のカードがある。
(1)　2枚のカードを同時に取り出すとき，取り出した2枚のカードの整数の和が3の倍数になる確率を求めよ。
(2)　17枚のカードを同時に取り出すとき，取り出した17枚のカードの整数の和が3の倍数になる確率を求めよ。〔鳥取大〕

(1)　20枚のカードから2枚を取り出す方法は全部で

${}_{20}C_2=\dfrac{20\cdot19}{2\cdot1}=190$（通り）

HINT (1)　1から20までの整数を，3で割った余りでグループ分けする。

3で割ったときの余りに着目して，1から20までの整数を次の3つの組 A，B，C に分ける。

$A=\{3,\ 6,\ 9,\ 12,\ 15,\ 18\}$
$B=\{1,\ 4,\ 7,\ 10,\ 13,\ 16,\ 19\}$
$C=\{2,\ 5,\ 8,\ 11,\ 14,\ 17,\ 20\}$

⇦A, B, C はそれぞれ3で割った余りが0, 1, 2のグループ。

2枚のカードの整数の和が3の倍数になるのは,
[1] A から2枚取り出す
[2] B, C からそれぞれ1枚取り出す
のいずれかであり, それぞれの場合の数は

⇦m, n を整数とすると, B, C の要素はそれぞれ $3m+1$, $3n+2$ の形で表される。これらの和は $(3m+1)+(3n+2)$ $=3(m+n+1)$ であり, 3の倍数となる。

[1] ${}_6C_2=\dfrac{6\cdot5}{2\cdot1}=15$ (通り)

[2] ${}_7C_1\times{}_7C_1=7\times7=49$ (通り)

よって, 求める確率は $\dfrac{15+49}{190}=\dfrac{64}{190}=\mathbf{\dfrac{32}{95}}$

(2) 1から20までの和
$$1+2+3+\cdots\cdots+20=210$$
は3の倍数である。
よって, 17枚のカードの整数の和が3の倍数になるのは, 取り出さない残りの3枚のカードの整数の和が3の倍数になるときである。

⇦取り出す17枚について考えるのは大変なので, 残りの3枚のカードについて考える。

残す3枚のカードの取り出し方は
[1] A から3枚取り出す
[2] A, B, C からそれぞれ1枚取り出す
[3] B から3枚取り出す
[4] C から3枚取り出す
のいずれかであり, それぞれの場合の数は

[1] ${}_6C_3=\dfrac{6\cdot5\cdot4}{3\cdot2\cdot1}=20$ (通り)

[2] ${}_6C_1\times{}_7C_1\times{}_7C_1=6\times7\times7=294$ (通り)

[3] ${}_7C_3=\dfrac{7\cdot6\cdot5}{3\cdot2\cdot1}=35$ (通り)

[4] ${}_7C_3=35$ (通り)

また, 3枚残す場合の数は ${}_{20}C_3$ 通り
よって, 求める確率は

⇦17枚取り出す場合の数 ${}_{20}C_{17}$ 通りと同じ。

$$\frac{20+294+35+35}{{}_{20}C_3}=\frac{384}{\dfrac{20\cdot19\cdot18}{3\cdot2\cdot1}}=\frac{384}{20\cdot19\cdot3}$$
$$=\frac{64}{19\cdot10}=\mathbf{\frac{32}{95}}$$

EX ④35 2個のさいころを同時に投げて, 出る2つの目の数のうち, 小さい方 (両者が等しいときはその数) を X, 大きい方 (両者が等しいときはその数) を Y とする。定数 a が1から6までのある整数とするとき, 次のようになる確率を求めよ。 〔類 関西大〕
(1) $X>a$ (2) $X\leqq a$ (3) $X=a$ (4) $Y=a$

2個のさいころを同時に投げるとき, 目の出方は 6^2 通り

(1)　$X>a$ となる場合は，$X \geqq a+1$ であるから，その場合の数は $1 \leqq a \leqq 5$ として，$a+1$，$a+2$，……，5，6 の異なる $6-(a+1)+1=6-a$（個）の中から重複を許して 2 個取り出す順列の数で　$(6-a)^2$ 通り

これは，$a=6$ のときも成り立つ。

よって，求める確率は

$$\frac{(6-a)^2}{6^2}=\frac{(6-a)^2}{36}$$

⇐(1)　小さい方の数が $(a+1)$ 以上になる確率。

⇐$X>6$ となる場合はない，すなわち 0 通り。

(2)　(1)の余事象の確率であるから

$$1-\frac{(6-a)^2}{36}=\frac{36-(36-12a+a^2)}{36}$$

$$=\frac{a}{3}-\frac{a^2}{36}$$

⇐「小さい方の数が a より大きい」という事象の余事象である。

(3)　$2 \leqq a \leqq 6$ のとき，$X \leqq a-1$ となる確率は，(2)の確率において，a に $a-1$ を代入すると得られる。

$X=a$ となる確率は，$X \leqq a$ となる確率から $X \leqq a-1$ となる確率を引いて

$$\left(\frac{a}{3}-\frac{a^2}{36}\right)-\left\{\frac{a-1}{3}-\frac{(a-1)^2}{36}\right\}$$

$$=\frac{a-(a-1)}{3}-\frac{a^2-(a-1)^2}{36}$$

$$=\frac{1}{3}-\frac{2a-1}{36}=\frac{13}{36}-\frac{a}{18} \quad \cdots\cdots ①$$

$a=1$ のとき，すなわち $X=1$ となる確率は，少なくとも 1 個は 1 の目が出る確率で

$$1-\frac{5^2}{6^2}=\frac{11}{36}$$

したがって，① は $a=1$ のときも成り立つから，$X=a$ $(1 \leqq a \leqq 6)$ となる確率は　$\frac{13}{36}-\frac{a}{18}$

別解　(3)　一方が a，他方が $a+1$，$a+2$，……，5，6 のとき
$(6-a)\times 2!$ 通り
2 つとも a のとき 1 通り
よって
$$\frac{(6-a)\times 2!+1}{36}=\frac{13}{36}-\frac{a}{18}$$

⇐2 個とも 2 以上の目が出る確率は　$\frac{5^2}{6^2}$

(4)　$Y=a$ となる場合の数は，$Y \leqq a$ の場合の数から $Y \leqq a-1$ の場合の数を引いたものである。

$Y \leqq a$ となる場合の数は，1，2，……，$a-1$，a の a 個の中から重複を許して 2 個を取り出す順列の数で　a^2 通り

$2 \leqq a \leqq 6$ のとき，$Y \leqq a-1$ となる場合の数は，1，2，……，$a-2$，$a-1$ の中から重複を許して 2 個を取り出す順列の数で　$(a-1)^2$ 通り

よって，$Y=a$ となる場合の数は　$a^2-(a-1)^2$（通り）

$a=1$ のとき，$Y=1$ となるのは 1 通りであり，このときも成り立つ。

ゆえに，求める確率は　$\frac{a^2-(a-1)^2}{36}=\frac{a}{18}-\frac{1}{36}$

別解　(4)　一方が a，他方が 1，2，……，$a-1$ のとき $(a-1)\times 2!$ 通り
2 つとも a のとき 1 通り
よって
$$\frac{(a-1)\times 2!+1}{36}=\frac{a}{18}-\frac{1}{36}$$

⇐2 個の目の数がともに 1 のとき。

EX ④36 3個のさいころを同時に投げる。

(1) 3個のうち，いずれか2個のさいころの目の和が5になる確率を求めよ。

(2) 3個のうち，いずれか2個のさいころの目の和が10になる確率を求めよ。

(3) どの2個のさいころの目の和も5の倍数でない確率を求めよ。

HINT (3)「3個のうち，どの2個のさいころの目の和も5でも10でもない」という事象の確率。

すべての目の出方は　$6^3=216$ (通り)

(1) 条件を満たす目の組について

$\{1, 4, 2\}$, $\{1, 4, 3\}$, $\{1, 4, 5\}$, $\{1, 4, 6\}$, $\{2, 3, 1\}$, $\{2, 3, 4\}$, $\{2, 3, 5\}$, $\{2, 3, 6\}$ はそれぞれ $3!$ 通りある。

$\{1, 4, 1\}$, $\{1, 4, 4\}$, $\{2, 3, 2\}$, $\{2, 3, 3\}$ はそれぞれ $\dfrac{3!}{2!}$ 通りある。

ゆえに，全部で場合の数は　$3!\times8+\dfrac{3!}{2!}\times4=60$ (通り)

よって，求める確率は　$\dfrac{60}{216}=\boldsymbol{\dfrac{5}{18}}$

⇐目の和が5 ⟶「1と4」または「2と3」

⇐異なる3個を並べる。

⇐同じものを2個含む3個を並べる。

(2) 条件を満たす目の組について

$\{4, 6, 1\}$, $\{4, 6, 2\}$, $\{4, 6, 3\}$, $\{4, 6, 5\}$ はそれぞれ $3!$ 通りある。

$\{4, 6, 4\}$, $\{4, 6, 6\}$, $\{5, 5, 1\}$, $\{5, 5, 2\}$, $\{5, 5, 3\}$, $\{5, 5, 4\}$, $\{5, 5, 6\}$ はそれぞれ $\dfrac{3!}{2!}$ 通りある。

更に，$\{5, 5, 5\}$ は1通りある。

ゆえに，全部で場合の数は　$3!\times4+\dfrac{3!}{2!}\times7+1=46$ (通り)

よって，求める確率は　$\dfrac{46}{216}=\boldsymbol{\dfrac{23}{108}}$

⇐目の和が10 ⟶「4と6」または「5と5」

⇐異なる3個を並べる。

⇐同じものを2個含む3個を並べる。

(3) 全事象を U とする。

3個のうち，いずれか2個のさいころの目の和が

5になる事象，10になる事象

をそれぞれ A, B とする。

(1), (2) で共通する目の組は $\{1, 4, 6\}$ で $3!$ 通りあるから

$$n(A\cap B)=3!=6$$

よって

$$\begin{aligned} n(\overline{A}\cap\overline{B})&=n(\overline{A\cup B})\\ &=n(U)-n(A\cup B)\\ &=n(U)-\{n(A)+n(B)-n(A\cap B)\}\\ &=216-(60+46-6)\\ &=116 \end{aligned}$$

ゆえに，求める確率は　$\dfrac{116}{216}=\boldsymbol{\dfrac{29}{54}}$

⇐ド・モルガンの法則 $\overline{A}\cap\overline{B}=\overline{A\cup B}$

EX ②37 箱Aの中には赤玉3個，白玉2個の合計5個の玉があり，箱Bの中には赤玉3個，白玉4個の合計7個の玉がある。A，Bからそれぞれ2個ずつ玉を取り出すとき，取り出した4個がすべて赤玉である確率は ア□ であり，取り出した4個のうち，赤玉が2個，白玉が2個である確率は イ□ である。

(ア) 箱Aから赤玉を2個取り出す確率は　$\dfrac{{}_3C_2}{{}_5C_2}=\dfrac{3}{10}$

箱Bから赤玉を2個取り出す確率は　$\dfrac{{}_3C_2}{{}_7C_2}=\dfrac{1}{7}$

これらの試行は独立であるから，取り出した4個がすべて赤玉である確率は　$\dfrac{3}{10}\times\dfrac{1}{7}=\mathbf{\dfrac{3}{70}}$

⇦独立なら積を計算

(イ) 取り出した4個のうち，赤玉が2個，白玉が2個であるのは，次の[1]～[3]の場合である。

[1] 箱Aから赤玉2個，箱Bから白玉2個を取り出す場合

その確率は　$\dfrac{{}_3C_2}{{}_5C_2}\times\dfrac{{}_4C_2}{{}_7C_2}$

[2] 箱Aから赤玉1個，白玉1個，箱Bから赤玉1個，白玉1個を取り出す場合

その確率は　$\dfrac{{}_3C_1\times{}_2C_1}{{}_5C_2}\times\dfrac{{}_3C_1\times{}_4C_1}{{}_7C_2}$

[3] 箱Aから白玉2個，箱Bから赤玉2個を取り出す場合

その確率は　$\dfrac{{}_2C_2}{{}_5C_2}\times\dfrac{{}_3C_2}{{}_7C_2}$

[1]，[2]，[3]は互いに排反であるから，求める確率は

$$\frac{{}_3C_2}{{}_5C_2}\times\frac{{}_4C_2}{{}_7C_2}+\frac{{}_3C_1\times{}_2C_1}{{}_5C_2}\times\frac{{}_3C_1\times{}_4C_1}{{}_7C_2}+\frac{{}_2C_2}{{}_5C_2}\times\frac{{}_3C_2}{{}_7C_2}$$

$$=\frac{3\times6+6\times12+1\times3}{10\times21}=\mathbf{\frac{31}{70}}$$

⇦確率の加法定理。

EX ③38 点Pは初め数直線上の原点Oにあり，さいころを1回投げるごとに，偶数の目が出たら数直線上を正の方向に3，奇数の目が出たら負の方向に2だけ進む。
10回さいころを投げたとき，点Pが原点Oにある確率は ア□ である。また，10回さいころを投げたとき，点Pの座標が19以下である確率は イ□ である。〔北里大〕

さいころを1回投げて，偶数の目が出る事象を A とすると

$$P(A)=\frac{3}{6}=\frac{1}{2}\qquad また\qquad 1-P(A)=\frac{1}{2}$$

さいころを10回投げたとき，偶数の目が x 回出たとすると，点Pの座標は

⇦奇数の目は $10-x$ 回出る。

$$3\cdot x+(-2)\cdot(10-x)=5x-20\ (x=0,\ 1,\ \cdots\cdots,\ 10)$$

(ア) 点Pが原点Oにあるとき　$5x-20=0$

これを解くと　$x=4$

よって，求める確率は，10回のうち A がちょうど4回起こる確率であるから

$${}_{10}C_4\left(\frac{1}{2}\right)^4\left(\frac{1}{2}\right)^6=210\cdot\frac{1}{2^{10}}=\mathbf{\frac{105}{512}}$$

⇐反復試行の確率。

(イ) 点Pの座標が 19 以下であるとき

$$5x-20\leqq 19$$

これを解くと　$x\leqq\frac{39}{5}$ …… ①

x は $0\leqq x\leqq 10$ を満たす整数であるから，① を満たす x は

$$x=0,\ 1,\ 2,\ 3,\ 4,\ 5,\ 6,\ 7$$

$x=8,\ 9,\ 10$ のいずれかとなる場合の確率は

$${}_{10}C_8\left(\frac{1}{2}\right)^8\left(\frac{1}{2}\right)^2+{}_{10}C_9\left(\frac{1}{2}\right)^9\left(\frac{1}{2}\right)^1+\left(\frac{1}{2}\right)^{10}$$

$$=({}_{10}C_2+{}_{10}C_1+1)\left(\frac{1}{2}\right)^{10}$$

$$=56\cdot\frac{1}{2^{10}}=\frac{7}{128}$$

⇐直接求めるのは計算が大変。余事象の確率を利用する。

⇐${}_nC_r={}_nC_{n-r}$

したがって，求める確率は　$1-\frac{7}{128}=\mathbf{\frac{121}{128}}$

EX ③39 円周上に点 A, B, C, D, E, F が時計回りにこの順に並んでいる。さいころを投げ，出た目が 1 または 2 のときは動点Pが時計回りに 2 つ隣の点に進み，出た目が 3 ，4 ，5 ，6 のときは，反時計回りに 1 つ隣の点に進む。点PがAを出発点として，さいころを 5 回投げて移動するとき，B にいる確率を求めよ。〔共立薬大〕

HINT　5 回の試行で，1 または 2 の目が出る回数を k 回とする。
Pは円周上を移動するから，P がBにいるための k の値は 1 通りとは限らない。

さいころを 1 回投げたとき，1 または 2 の目が出る確率は

$$\frac{2}{6}=\frac{1}{3}$$

⇐$p=\frac{1}{3}$

さいころを 5 回投げたとき，1 または 2 の目が k 回出る確率は

$${}_5C_k\left(\frac{1}{3}\right)^k\left(\frac{2}{3}\right)^{5-k}\ \cdots\cdots\ ①$$

⇐$n=5$

時計回りに 1 つ隣の点に進む移動を +1，反時計回りに 1 つ隣の点に進む移動を −1 と表すと，A を出発点として，5 回投げたときのPの移動は

$$2\cdot k+(-1)\cdot(5-k)=3k-5\ (k=0,\ 1,\ \cdots\cdots,\ 5)$$

で表される。

$k=0$ のとき　$3k-5=-5$
$k=1$ のとき　$3k-5=-2$
$k=2$ のとき　$3k-5=1$
$k=3$ のとき　$3k-5=4$
$k=4$ のとき　$3k-5=7$
$k=5$ のとき　$3k-5=10$

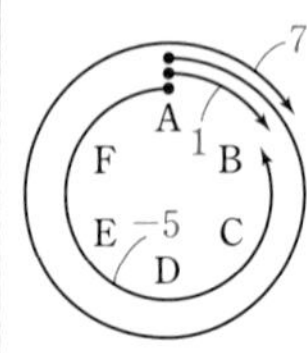

このうち，P がBにいるのは

$k=0$ または $k=2$ または $k=4$

の場合である。

ゆえに，① から

$k=0$ となる確率は　${}_5C_0\left(\frac{2}{3}\right)^5=\frac{32}{243}$

$k=2$ となる確率は　${}_5C_2\left(\frac{1}{3}\right)^2\left(\frac{2}{3}\right)^3=\frac{80}{243}$

$k=4$ となる確率は　${}_5C_4\left(\frac{1}{3}\right)^4\left(\frac{2}{3}\right)^1=\frac{10}{243}$

よって，PがBにいる確率は　$\frac{32}{243}+\frac{80}{243}+\frac{10}{243}=\mathbf{\frac{122}{243}}$

inf.　$k=0, 2, 4$ の求め方について
PがBにいるのは
$3k-5=1+6m$
（m は整数）
の場合である。
整理して
$k=2(m+1)$
$0 \leqq k \leqq 5$ から
$k=0, 2, 4$
（k は偶数）

EX ③40　さいころを繰り返し n 回投げて，出た目の数を掛け合わせた積を X とする。すなわち，k 回目に出た目の数を Y_k とすると　$X=Y_1Y_2\cdots\cdots Y_n$
このとき，X が3で割り切れる確率 p_n を求めよ。〔京都大〕

X が3で割り切れる事象の余事象，すなわち X が3で割り切れない場合は，Y_1，Y_2，……，Y_n がすべて，1か2か4か5のときである。
ゆえに，この事象が起こる確率は

$$\left(\frac{4}{6}\right)^n=\left(\frac{2}{3}\right)^n$$

よって　$p_n=\mathbf{1-\left(\frac{2}{3}\right)^n}$

CHART　余事象が近道
X が3で割り切れない確率をまず求める。

⇐さいころを n 回投げて n 回とも1, 2, 4, 5の目が出る確率。
さいころを繰り返し投げる試行は独立。
独立なら積を計算

EX ③41　A，Bの2人があるゲームを繰り返し行う。1回のゲームでAがBに勝つ確率は $\frac{2}{3}$，BがAに勝つ確率は $\frac{1}{3}$ であるとする。
(1)　先に3回勝った者を優勝とするとき，Aが優勝する確率を求めよ。
(2)　一方の勝った回数が他方の勝った回数より2回多くなった時点で勝った回数の多い者を優勝とするとき，4回目までにAの優勝する確率を求めよ。

HINT　Aの勝敗を○，×で表すと
(1)　○○○，{○○×}○，{○○××}○
(2)　○○，{○×}○○
ただし，{　}内の○，×は順番を問わない。

(1)　Aが優勝するには
[1]　3回目　[2]　4回目　[3]　5回目
で優勝する場合があり，これらは互いに排反である。

[1] の場合の確率は　$\left(\frac{2}{3}\right)^3=\frac{8}{27}$

[2]　3回目までにAが2勝し，4回目にAが勝つときであるから，その確率は

$${}_3C_2\left(\frac{2}{3}\right)^2\left(\frac{1}{3}\right)^1\times\frac{2}{3}=\frac{8}{27}$$

反復試行の確率
$\mathbf{{}_nC_r p^r(1-p)^{n-r}}$

⇐n 回目で決着 ⟶ $(n-1)$ 回目までに着目

[3]　4回目までにAが2勝し，5回目にAが勝つときであるから，その確率は

$${}_4C_2\left(\frac{2}{3}\right)^2\left(\frac{1}{3}\right)^2\times\frac{2}{3}=\frac{16}{81}$$

よって，求める確率は　$\frac{8}{27}+\frac{8}{27}+\frac{16}{81}=\mathbf{\frac{64}{81}}$

(2)　Aが4回目までに優勝するには

[1]　2回目　　[2]　4回目

で優勝する場合があり，これらは互いに排反である。

[1]の場合の確率は　$\left(\frac{2}{3}\right)^2=\frac{4}{9}$

[2]　2回目までにAが1勝し，3回目，4回目にAが連勝するときであるから，その確率は

$${}_2C_1\left(\frac{2}{3}\right)^1\left(\frac{1}{3}\right)^1\times\left(\frac{2}{3}\right)^2=\frac{16}{81}$$

よって，求める確率は　$\frac{4}{9}+\frac{16}{81}=\mathbf{\frac{52}{81}}$

⇐確率の加法定理。

EX ③42　A，Bの2人が次のようなゲームを行う。赤玉2個，白玉1個が入っている袋から玉を1個取り出し，色を調べてからもとに戻す。取り出した玉の色により，赤玉のときはAが1点を得て，白玉のときはBが2点を得る。この試行を繰り返し，先に3点以上得た方を勝ちとしてゲームを終了する。このとき，Bが勝つ確率は ア□ である。また，ゲームが3回目の試行により終了する確率は イ□ である。〔東京慈恵会医大〕

HINT　(ア)　Bが何回目の試行で勝つかで場合分けをする。

1回の試行において，赤玉，白玉を取り出す確率は，それぞれ $\frac{2}{3}$，$\frac{1}{3}$ である。

(ア)　Bが勝つのは次の場合である。

⇐白玉が2個出ればBが勝つ（Bが4点を得る）。4回目までに，A，Bどちらかの得点が3点以上となるから，5回目以降の試行は考えない。

[1]　2回目の試行で勝つ

1回目と2回目でともに白玉を取り出せばよいから，その確率は

$$\left(\frac{1}{3}\right)^2$$

[2]　3回目の試行で勝つ

2回目までに赤玉1個と白玉1個を取り出し，3回目に白玉を取り出せばよいから，その確率は

$${}_2C_1\left(\frac{2}{3}\right)^1\left(\frac{1}{3}\right)^1\times\frac{1}{3}=\frac{4}{3^3}$$

[3]　4回目の試行で勝つ

3回目までに赤玉を2個，白玉を1個取り出し，4回目に白玉を取り出せばよいから，その確率は

$${}_3C_2\left(\frac{2}{3}\right)^2\left(\frac{1}{3}\right)^1\times\frac{1}{3}=\frac{12}{3^4}=\frac{4}{3^3}$$

[1]，[2]，[3] は互いに排反であるから，求める確率は

$$\left(\frac{1}{3}\right)^2+\frac{4}{3^3}+\frac{4}{3^3}=\mathbf{\frac{11}{27}}$$

⇦確率の加法定理。

(イ)　ゲームが3回目の試行により終了するのは，次の場合である。

⇦A，Bのどちらが勝ってもよい。

[4]　3回目の試行でAが勝つ

3回目まですべて赤玉を取り出せばよいから，その確率は

$$\left(\frac{2}{3}\right)^3=\frac{8}{3^3}$$

[5]　3回目の試行でBが勝つ

(ア)の [2] から，その確率は　$\dfrac{4}{3^3}$

[4]，[5] は互いに排反であるから，求める確率は

$$\frac{8}{3^3}+\frac{4}{3^3}=\mathbf{\frac{4}{9}}$$

⇦確率の加法定理。

EX ③43

右の図のように，ある街には南北に走る道が6本，東西に走る道が4本ある。点Pから点Qまで最短経路の道順で進むこととする。その際，1枚の硬貨を投げて，表が出たら東へ1区画，裏が出たら北へ1区画進む。硬貨の表と裏が出る確率は等しく $\dfrac{1}{2}$ である。また，点Qに到達する前に，最も東の道の交差点で硬貨の表が出た場合や，最も北の道の交差点で硬貨の裏が出た場合は，先へ進めないのでその交差点にとどまる。

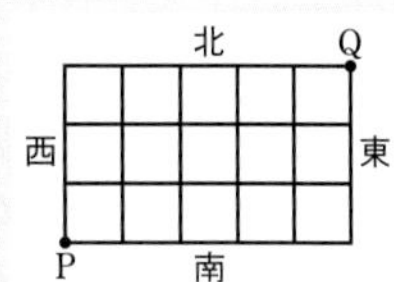

(1)　硬貨を最少回数の8回投げただけで点Qに到達できる確率を求めよ。

(2)　硬貨を9回投げ，ちょうど9回目に点Qに到達できる確率を求めよ。　〔類　法政大〕

HINT　反復試行の確率を利用。

(2)　8回投げた後，点Qの1区画分西の点に到達している場合と，点Qの1区画分南の点に到達している場合に分ける。

(1)　8回投げて点Qに到達できるのは，表が5回，裏が3回出るときである。

よって，求める確率は

$${}_8C_5\left(\frac{1}{2}\right)^5\left(\frac{1}{2}\right)^3=\frac{{}_8C_3}{2^8}=\frac{56}{2^8}=\mathbf{\frac{7}{32}}$$

⇦→5個，↑3個の順列は ${}_8C_5$ 通り。

(2)　右の図のように，点R，Sをとる。

ちょうど9回目に点Qに到達できるのは，次の [1]，[2] の場合である。

[1]　8回目に点Rにいて，9回目に表が出る。

[2]　8回目に点Sにいて，9回目に裏が出る。

[1]　8回目までに表が4回，裏が4回出ているから，この場合の確率は

$${}_8C_4\left(\frac{1}{2}\right)^4\left(\frac{1}{2}\right)^4\times\frac{1}{2}=\frac{70}{2^9}$$

⇦表が5回以上出ると，点Rより東へ進んでしまう。

[2]　8回目までに表が6回，裏が2回出ているから，この場合の確率は

$${}_8C_6\left(\frac{1}{2}\right)^6\left(\frac{1}{2}\right)^2\times\frac{1}{2}=\frac{28}{2^9}$$

[1]，[2] は互いに排反であるから，求める確率は

$$\frac{70}{2^9}+\frac{28}{2^9}=\frac{98}{2^9}=\mathbf{\frac{49}{256}}$$

⇦裏が3回以上出ると，点Sより北へ進んでしまう。

EX ③**44**

ある花の1個の球根が1年後に3個，2個，1個，0個（消滅）になる確率はそれぞれ $\frac{3}{10}$，$\frac{2}{5}$，$\frac{1}{5}$，$\frac{1}{10}$ であるとする。1個の球根が2年後に2個になっている確率は □ である。　〔早稲田大〕

[1]　球根が1年後に1個になっている場合
1年後 ⟶ 2年後で1個の球根が2個になればよいから

$$\frac{1}{5}\times\frac{2}{5}=\frac{2}{25}$$

[2]　球根が1年後に2個になっている場合
1年後 ⟶ 2年後で2個になるのは次の場合である。

(i)　2個の球根がそれぞれ1個になる場合で，その確率は

$$\frac{2}{5}\times\left(\frac{1}{5}\right)^2=\frac{2}{5^3}$$

(ii)　2個の球根のうち1個が消滅し，残り1個が2個になる場合で，その確率は

$$\frac{2}{5}\times{}_2C_1\cdot\frac{1}{10}\cdot\frac{2}{5}=\frac{2^2}{5^3}$$

(i)，(ii) は互いに排反であるから，1年後に2個になり，2年後に2個になる確率は

$$\frac{2}{5^3}+\frac{2^2}{5^3}=\frac{6}{125}$$

[3]　球根が1年後に3個になっている場合
1年後 ⟶ 2年後で2個になるのは次の場合である。

(i)　3個の球根のうち2個が消滅し，残り1個が2個になる場合で，その確率は

$$\frac{3}{10}\times{}_3C_2\cdot\left(\frac{1}{10}\right)^2\cdot\frac{2}{5}=\left(\frac{3}{50}\right)^2$$

(ii)　3個の球根のうち1個が消滅し，残り2個がそれぞれ1個になる場合で，その確率は

$$\frac{3}{10}\times{}_3C_1\cdot\frac{1}{10}\cdot\left(\frac{1}{5}\right)^2=\left(\frac{3}{50}\right)^2$$

(i)，(ii) は互いに排反であるから，1年後に3個になり，2年後に2個になる確率は

$$\left(\frac{3}{50}\right)^2+\left(\frac{3}{50}\right)^2=\frac{9}{1250}$$

球根を○，消滅を×で表す。

1年後　2年後

[1]　○⟶○<○○

[2]
(i)
(ii)

[3]
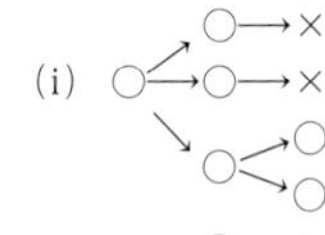
(ii)

[1]，[2]，[3] は互いに排反であるから，求める確率は

$$\frac{2}{25}+\frac{6}{125}+\frac{9}{1250}=\mathbf{\frac{169}{1250}}$$

EX ④45　さいころを１の目が出るまで投げる。ただし，５回投げて１の目が出なければそこで止める。それまでに出たさいころの目の和を得点とする。例えば，2，3，1 の順で目が出れば $2+3+1=6$ (点)，2，4，3，2，6 ならば $2+4+3+2+6=17$ (点) となる。
(1)　4 以下の自然数 k に対して，k 回目に１の目が出て終了する確率を求めよ。
(2)　得点が 1，2，3，4，5 点である確率 $P(1)$，$P(2)$，$P(3)$，$P(4)$，$P(5)$ をそれぞれ求めよ。
(3)　得点が 27 点である確率 $P(27)$ を求めよ。　〔名古屋市立大〕

HINT　(2)　各得点の場合を具体的に考える。
(3)　6 の目が 4 回出ても得点は 24 点であるから，27 点になるには 5 回投げる必要がある。

(1)　k 回目 ($k \leqq 4$) で終了するのは，$k-1$ 回目まで１の目以外の目が出て k 回目に１の目が出る場合であるから

$$\left(\frac{5}{6}\right)^{k-1}\times\frac{1}{6}=\mathbf{\frac{1}{6}\left(\frac{5}{6}\right)^{k-1}}$$

(2)　得点を T とする。

$T=1$ のとき　　１回目に１の目が出るときであるから

$$\mathbf{P(1)=\frac{1}{6}}$$

$T=2$ となる場合はないから　　$\mathbf{P(2)=0}$

⇐さいころを２回投げるとき，１回目は２以上の目が出るから，$T=2$ となる目の出方はない。

$T=3$ のとき
１回目に２の目，２回目に１の目が出るときであるから

$$\mathbf{P(3)}=\left(\frac{1}{6}\right)^2=\mathbf{\frac{1}{36}}$$

$T=4$ のとき
１回目に３の目，２回目に１の目が出るときであるから

$$\mathbf{P(4)}=\left(\frac{1}{6}\right)^2=\mathbf{\frac{1}{36}}$$

$T=5$ のときは，次の場合がある。

⇐１回目に３の目が出ると，T は４または６以上となる。

[1]　１回目に４の目，２回目に１の目が出る
[2]　１回目と２回目に２の目，３回目に１の目が出る
[1]，[2] は互いに排反であるから

$$\mathbf{P(5)}=\left(\frac{1}{6}\right)^2+\left(\frac{1}{6}\right)^3=\mathbf{\frac{7}{216}}$$

⇐確率の加法定理。

(3)　6 の目が 4 回出ても得点は $6\times4=24$ (点) であるから，27 点になるには 5 回投げる必要がある。
6 の目が 4 回出て，5 回目に 1 の目が出るとすると

$$T=24+1=25\ (\text{点})$$

よって，5 回目は 2 以上の目が出る。

⇐１の目が出て終了することはない。

k 回目のさいころの目を x_k ($k=1$，2，……，5) とすると

$$x_1+x_2+x_3+x_4+x_5=27 \quad (2\leqq x_k\leqq 6)$$

まず，$x_1\leqq x_2\leqq x_3\leqq x_4\leqq x_5$ となる解を求める。

$x_k=6$ となる変数 x_k の個数に着目すると，解は

[1]　6 が 4 個のとき　　(3, 6, 6, 6, 6)

[2]　6 が 3 個のとき　　(4, 5, 6, 6, 6)

[3]　6 が 2 個のとき　　(5, 5, 5, 6, 6)

次に，x_k の大小を入れ替えたすべての解 $(x_1,\ x_2,\ x_3,\ x_4,\ x_5)$ の個数を求めると

[1] のとき　　5 個

[2] のとき　　$\dfrac{5!}{1!1!3!}=20$ (個)

[3] のとき　　$\dfrac{5!}{3!2!}=10$ (個)

以上から，解 $(x_1,\ x_2,\ x_3,\ x_4,\ x_5)$ の個数は

$$5+20+10=35\ (個)$$

1 つの解 $(x_1,\ x_2,\ x_3,\ x_4,\ x_5)$ が起こる確率は $\left(\dfrac{1}{6}\right)^5$ であるから，求める確率 $P(27)$ は

$$P(27)=\left(\frac{1}{6}\right)^5\times 35=\mathbf{\frac{35}{7776}}$$

⇐ 5 回投げる必要があるから
$x_k\neq 1$ $(k=1,\ 2,\ 3,\ 4)$
また，5 回目も 1 の目以外が出るから
$x_5\neq 1$

⇐ 6 が 1 個のとき，得点は 26 点以下である。

⇐ 例えば，[3] は 5 を 3 個，6 を 2 個並べる順列の総数を求める。

EX ⑤46

n を 8 以上の自然数とする。1, 2, ……, n から，異なる 6 つの数を無作為に選び，それらを小さい順に並べかえたものを，$X_1<X_2<X_3<X_4<X_5<X_6$ とする。

(1) $X_3=5$ となる確率 p_n を求めよ。

(2) p_n を最大にする自然数 n を求めよ。〔類 一橋大〕

CHART **確率の大小比較　比 $\dfrac{p_{n+1}}{p_n}$ をとり，1 との大小を比べる**

(1) $X_3=5$ となるのは，1 から 4 までの 4 個の数の中から異なる 2 つの数を X_1, X_2 として選び，6 から n までの $(n-5)$ 個の数の中から異なる 3 つの数を X_4, X_5, X_6 として選ぶ場合である。

その選び方は　　${}_4C_2\times{}_{n-5}C_3$ 通り

よって，$X_3=5$ となる確率 p_n は

$$p_n=\frac{{}_4C_2\times{}_{n-5}C_3}{{}_nC_6}=\boldsymbol{\frac{720(n-6)(n-7)}{n(n-1)(n-2)(n-3)(n-4)}}$$

(2)
$$\frac{p_{n+1}}{p_n}=\frac{720(n-5)(n-6)}{(n+1)n(n-1)(n-2)(n-3)}\div\frac{720(n-6)(n-7)}{n(n-1)(n-2)(n-3)(n-4)}=\frac{(n-5)(n-4)}{(n+1)(n-7)}$$

$\dfrac{p_{n+1}}{p_n}<1$ とすると　　$(n-5)(n-4)<(n+1)(n-7)$

両辺を展開して　　$n^2-9n+20<n^2-6n-7$

⇐ 6 から n までの数の個数は　$n-6+1=n-5$

⇐ ${}_{n-5}C_3=\dfrac{(n-5)(n-6)(n-7)}{3\cdot 2\cdot 1}$

⇐ $n\geqq 8$ から
$(n+1)(n-7)>0$

⇐ $\dfrac{p_{n+1}}{p_n}<1 \iff p_n>p_{n+1}$

整理すると　　$3n>27$

ゆえに　　$n>9$

$\dfrac{p_{n+1}}{p_n}=1$ とすると　　$n=9$

$\dfrac{p_{n+1}}{p_n}>1$ とすると　　$n<9$

よって，$n=8$ のとき　　$p_n<p_{n+1}$

$n=9$ のとき　　$p_n=p_{n+1}$

$10\leqq n$ のとき　　$p_n>p_{n+1}$

ゆえに　　$p_8<p_9=p_{10}$，$p_9=p_{10}>p_{11}>p_{12}>\cdots\cdots$

したがって，p_n を最大にする自然数 n は　　$\boldsymbol{n=9,\ 10}$

EX ②47 ある鉄道の乗客のうち，全体の 45% が定期券利用者で，全体の 20% が学生の定期券利用者である。定期券利用者の中から任意に 1 人を選び出すとき，その人が学生である確率を求めよ。

選び出された乗客が定期券利用者であるという事象を A，学生であるという事象を B とすると

$$P(A)=\frac{45}{100},\ P(A\cap B)=\frac{20}{100}$$

よって，求める確率は

$$P_A(B)=\frac{P(A\cap B)}{P(A)}=\frac{20}{100}\div\frac{45}{100}=\boldsymbol{\frac{4}{9}}$$

⇐A が起こったときの B が起こる **条件付き確率**。

EX ③48 2 つの事象 E，F があって，確率 $P(E)=0.4$，$P_{\overline{E}}(F)=0.5$，$P_F(\overline{E})=0.6$ が与えられている。このとき，次の確率を求めよ。

(1) $P_F(E)$　　(2) $P(E\cup F)$　　(3) $P(F)$　　〔成蹊大〕

(1) $P_F(E)=1-P_F(\overline{E})=1-0.6=\boldsymbol{0.4}$

⇐$P_F(E)+P_F(\overline{E})=\dfrac{P(F\cap E)}{P(F)}+\dfrac{P(F\cap\overline{E})}{P(F)}=\dfrac{P(F)}{P(F)}=1$

(2) 余事象を考えて

$$P(E\cup F)=1-P(\overline{E\cup F})$$
$$=1-P(\overline{E}\cap\overline{F})$$

ここで　　$P(\overline{E}\cap\overline{F})=P(\overline{E})P_{\overline{E}}(\overline{F})$　　⇐乗法定理。

与えられた条件より

$P(\overline{E})=1-P(E)=1-0.4=0.6$　　⇐余事象の確率。

$P_{\overline{E}}(\overline{F})=1-P_{\overline{E}}(F)=1-0.5=0.5$　　⇐(1) と同様に示す。

よって　　$P(\overline{E}\cap\overline{F})=0.6\times0.5=0.3$　　⇐乗法定理。

ゆえに　　$P(E\cup F)=1-0.3=\boldsymbol{0.7}$

(3) 和事象の確率を考えて

$$P(E\cup F)=P(E)+P(F)-P(E\cap F)$$
$$=P(E)+P(F)-P(F)P_F(E)$$

⇐$P(E\cap F)=P(F\cap E)$

(1)，(2) の結果を代入すると

$$0.7=0.4+P(F)-P(F)\times0.4$$

ゆえに　　$0.6\times P(F)=0.3$

よって　　$P(F)=\boldsymbol{0.5}$

別解 ((3) → (1) → (2) の順に求める場合)

$P_{\overline{E}}(F)=0.5$ から $\dfrac{P(\overline{E}\cap F)}{P(\overline{E})}=0.5$

$P(E)=0.4$ であるから

$P(\overline{E}\cap F)=0.5\times P(\overline{E})$

$=0.5\times(1-0.4)=0.3$ …… ①

$P_F(\overline{E})=0.6$ から $\dfrac{P(\overline{E}\cap F)}{P(F)}=0.6$

① から $\dfrac{0.3}{P(F)}=0.6$ よって $\boldsymbol{P(F)=0.5}$

ゆえに $P(E\cap F)=P(F)-P(\overline{E}\cap F)=0.5-0.3=0.2$

よって $\boldsymbol{P_F(E)}=\dfrac{P(E\cap F)}{P(F)}=\dfrac{0.2}{0.5}=\boldsymbol{0.4}$

また $\boldsymbol{P(E\cup F)}=P(E)+P(F)-P(E\cap F)$

$=0.4+0.5-0.2=\boldsymbol{0.7}$

⇐(1) $P_F(E)$, (2) $P(E\cup F)$ は, $P(E)$, $P(F)$, $P(E\cap F)$ で表される。そこで, 左の解答では, 与えられた条件から $P(F)$, $P(E\cap F)$ を求めている。

⇐(3) の答。

⇐(1) の答。

⇐(2) の答。

EX ③49 箱の中に同じ大きさの3個の白玉が入っている。この箱に, 箱の中の白玉と同じ大きさの赤玉を1個入れ, 次に箱の中から1個の玉を取り出してこの玉は箱に戻さない。このような操作を3回繰り返すとき

(1) 箱の中に赤玉が2個以上入っている確率を求めよ。

(2) 箱の中に赤玉が1個入っている確率を求めよ。

(1) 各回の操作の終了後, 箱の中の玉の個数の推移は, 次のようになる。

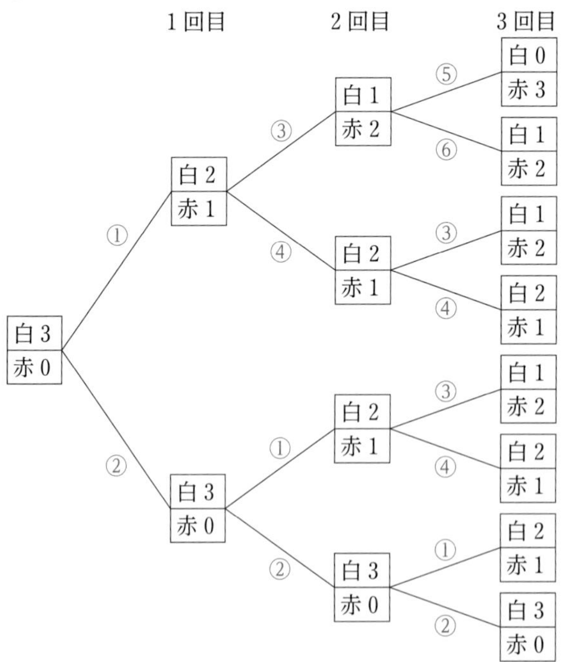

⇐操作の終了後の状態から, 赤玉を1個追加し, 上の分岐は白玉を取り出す場合, 下の分岐は赤玉を取り出す場合を表す。

①〜⑥ の各推移において，

① は，(白 3 個，赤 1 個) の状態から，白玉を 1 個取り出す場合であるから，その確率は　$\frac{3}{4}$

② は，(白 3 個，赤 1 個) の状態から，赤玉を 1 個取り出す場合であるから，その確率は　$\frac{1}{4}$

⇦① の余事象であるから $1-\frac{3}{4}=\frac{1}{4}$

③ は，(白 2 個，赤 2 個) の状態から，白玉を 1 個取り出す場合であるから，その確率は　$\frac{2}{4}=\frac{1}{2}$

④ は，(白 2 個，赤 2 個) の状態から，赤玉を 1 個取り出す場合であるから，その確率は　$\frac{2}{4}=\frac{1}{2}$

⇦③ の余事象であるから $1-\frac{1}{2}=\frac{1}{2}$

⑤ は，(白 1 個，赤 3 個) の状態から，白玉を 1 個取り出す場合であるから，その確率は　$\frac{1}{4}$

⑥ は，(白 1 個，赤 3 個) の状態から，赤玉を 1 個取り出す場合であるから，その確率は　$\frac{3}{4}$

⇦⑤ の余事象であるから $1-\frac{1}{4}=\frac{3}{4}$

よって，3 回の操作終了後に赤玉が 2 個以上となるのは，

① ⟶ ③ ⟶ ⑤ (赤 3)，　① ⟶ ③ ⟶ ⑥ (赤 2)，
① ⟶ ④ ⟶ ③ (赤 2)，　② ⟶ ① ⟶ ③ (赤 2)

⇦推移図参照。

の 4 つの場合があり，これらは互いに排反である。

したがって，求める確率は

$$\frac{3}{4}\times\frac{1}{2}\times\frac{1}{4}+\frac{3}{4}\times\frac{1}{2}\times\frac{3}{4}+\frac{3}{4}\times\frac{1}{2}\times\frac{1}{2}+\frac{1}{4}\times\frac{3}{4}\times\frac{1}{2}=\mathbf{\frac{21}{32}}$$

(2)　3 回の操作終了後に赤玉が 0 個となるのは，

② ⟶ ② ⟶ ② の場合である。

⇦3 回とも，追加した赤玉を取り出すという操作が行われている。

よって，その確率は　$\left(\frac{1}{4}\right)^3=\frac{1}{64}$

ゆえに，求める確率は，(1) の結果を利用すると

$$1-\left(\frac{1}{64}+\frac{21}{32}\right)=\mathbf{\frac{21}{64}}$$

⇦$\frac{1}{64}+\frac{21}{32}$ は，赤玉 0 個または 2 個以上である確率を表す。

別解　3 回の操作終了後に赤玉が 1 個となるのは，

① ⟶ ④ ⟶ ④，② ⟶ ① ⟶ ④，② ⟶ ② ⟶ ①

の 3 つの場合があり，これらは互いに排反である。

⇦推移図参照。

したがって，求める確率は

$$\frac{3}{4}\times\frac{1}{2}\times\frac{1}{2}+\frac{1}{4}\times\frac{3}{4}\times\frac{1}{2}+\frac{1}{4}\times\frac{1}{4}\times\frac{3}{4}=\mathbf{\frac{21}{64}}$$

EX ③50 4人でじゃんけんをして，負けた者から順に抜けていき，最後に残った1人を優勝者とする。ただし，あいこの場合も1回のじゃんけんを行ったものとする。〔類 京都産大〕

(1) 1回目で2人負け，2回目で優勝者が決まる確率を求めよ。

(2) ちょうど2回目で優勝者が決まる確率を求めよ。

(3) ちょうど2回目で優勝者が決まった場合，1回目があいこである条件付き確率を求めよ。

4人が1回で出す手の数は全部で　3^4 通り

(1) 1回目で負ける2人の選び方は　${}_4C_2$ 通り

どの手で負けるかが　3通り

よって，1回目で2人負ける確率は　$\dfrac{{}_4C_2\times3}{3^4}=\dfrac{2}{9}$

また，2人が1回で出す手の数は全部で　3^2 通り

2回目で負ける1人の選び方は　${}_2C_1$ 通り

どの手で負けるかが　3通り

よって，2回目で1人負ける確率は　$\dfrac{{}_2C_1\times3}{3^2}=\dfrac{2}{3}$

ゆえに，1回目で2人負け，2回目で優勝者が決まる確率は

$$\frac{2}{9}\times\frac{2}{3}=\boldsymbol{\frac{4}{27}}$$

(2) ちょうど2回目で優勝者が決まるのは，次の[1]，[2]，[3]の場合がある。

[1] 1回目があいこで，2回目で3人負ける場合

1回目があいこになるのは，4人の手が1種類，または3種類のときである。

1種類のとき　3通り

3種類のとき，4人の手の出し方の組合せは

(グー，グー，チョキ，パー)，
(グー，チョキ，チョキ，パー)，
(グー，チョキ，パー，パー)

のいずれかであるから　$\dfrac{4!}{2!}\times3=36$ (通り)

よって，1回目があいこになる確率は　$\dfrac{3+36}{3^4}=\dfrac{13}{27}$

また，2回目で負ける3人の選び方は　${}_4C_3$ 通り

どの手で負けるかが　3通り

よって，2回目で3人負ける確率は　$\dfrac{{}_4C_3\times3}{3^4}=\dfrac{4}{27}$

ゆえに，1回目があいこで，2回目で3人負ける場合の確率は

$$\frac{13}{27}\times\frac{4}{27}=\frac{52}{729}\quad\cdots\cdots\ ①$$

[2] 1回目で1人負けて，2回目で2人負ける場合

1回目で負ける1人の選び方は　${}_4C_1$ 通り

どの手で負けるかが　3通り

⇦残った2人で，2回目を行う。

⇦確率の乗法定理。

⇦1回目で負ける人数によって，場合分けする。なお，ちょうど2回目で優勝者が決まるから，1回目で3人負けることはない。

⇦同じものを含む順列。

⇦2回目も4人で行う。

⇦確率の乗法定理。

よって，1回目で1人負ける確率は　$\dfrac{{}_4C_1\times3}{3^4}=\dfrac{4}{27}$

また，3人が1回で出す手の数は全部で　3^3 通り

2回目で負ける2人の選び方は　${}_3C_2$ 通り

どの手で負けるかが　3通り

⇦残った3人で，2回目を行う。

よって，2回目で2人負ける確率は　$\dfrac{{}_3C_2\times3}{3^3}=\dfrac{1}{3}$

ゆえに，1回目で1人負け，2回目で2人負ける場合の確率は

$$\frac{4}{27}\times\frac{1}{3}=\frac{4}{81}$$

⇦確率の乗法定理。

[3]　1回目で2人負け，2回目で1人負ける場合

(1)から，その確率は　$\dfrac{4}{27}$

[1]，[2]，[3]は互いに排反であるから，ちょうど2回目で優勝者が決まる確率は

$$\frac{52}{729}+\frac{4}{81}+\frac{4}{27}=\boldsymbol{\frac{196}{729}}\quad\cdots\cdots ②$$

⇦確率の加法定理。

(3)　ちょうど2回目で優勝者が決まるという事象を A，1回目があいこであるという事象を B とすると，

① より $P(A\cap B)=\dfrac{52}{729}$，② より $P(A)=\dfrac{196}{729}$ である。

求める確率は $P_A(B)$ であるから

$$P_A(B)=\frac{P(A\cap B)}{P(A)}=\frac{52}{729}\div\frac{196}{729}=\boldsymbol{\frac{13}{49}}$$

⇦条件付き確率。

EX ③51　袋の中に白球10個，赤球10個，緑球20個が入っている。この中から球を1個取り出す。このときの球が白，赤，緑である事象をそれぞれ W_1，R_1，G_1 で表す。次に，取り出した球を袋の中に戻し，戻した球と同色の球5個を袋の中に新たに加える。最後にもう一度，球を1個取り出す。このときの球が白，赤，緑である事象をそれぞれ W_2，R_2，G_2 で表す。ただし，球は大きさ，重さなどは同じで取り出すまで区別はつかないとする。

(1)　条件つき確率 $P_{W_1}(W_2)$，$P_{R_1}(W_2)$，$P_{G_1}(W_2)$ をそれぞれ求めよ。

(2)　事象 W_2 の起こる確率を求めよ。

(3)　最後に取り出した球が白ならば1点，赤ならば2点，緑ならば3点が与えられるとするとき，得点の期待値を求めよ。　〔山梨大〕

(1)　事象 W_1 が起こったとすると，袋の中は白球15個，赤球10個，緑球20個となる。

⇦ $P_{W_1}(W_2)$ は，1回目に白球を取り出し，取り出した白球と白球5個を加えて戻して，更に白球を取り出す条件付き確率。

よって　$\boldsymbol{P_{W_1}(W_2)}=\dfrac{15}{15+10+20}=\boldsymbol{\dfrac{1}{3}}$

同様に考えて　$\boldsymbol{P_{R_1}(W_2)}=\dfrac{10}{45}=\boldsymbol{\dfrac{2}{9}}$

$\boldsymbol{P_{G_1}(W_2)}=\dfrac{10}{45}=\boldsymbol{\dfrac{2}{9}}$

(2) $P(W_2)=P(W_1)P_{W_1}(W_2)+P(R_1)P_{R_1}(W_2)+P(G_1)P_{G_1}(W_2)$

$$=\frac{10}{40}\times\frac{1}{3}+\frac{10}{40}\times\frac{2}{9}+\frac{20}{40}\times\frac{2}{9}$$

$$=\mathbf{\frac{1}{4}}$$

⇐(1) を利用。

(3) $P(R_2)=P(W_2)=\frac{1}{4}$

⇐白球と赤球の数は等しい。

$P(G_2)=1-P(W_2)-P(R_2)$

$$=1-\frac{1}{4}-\frac{1}{4}=\frac{2}{4}$$

⇐余事象を利用して求められる。

得点	1	2	3	計
確率	$\frac{1}{4}$	$\frac{1}{4}$	$\frac{2}{4}$	1

よって，求める得点の期待値は

$$1\times\frac{1}{4}+2\times\frac{1}{4}+3\times\frac{2}{4}=\mathbf{\frac{9}{4}}\ \textbf{(点)}$$

EX ③52

n，p は $2p\leqq n$ を満たす自然数とする。袋の中に赤球 p 個と白球 $n-p$ 個，あわせて n 個の球が入っている。この袋の中から p 個の球を無作為に取り出し，そのうち赤球が k 個のとき，得点 k が得られる。

(1) $n=5$，$p=2$ のとき，得点が 1 である確率を求めよ。

(2) $p=3$ とし，n は 6 以上の自然数とするとき，得点の期待値が $\frac{1}{2}$ 以下となる最小の n の値を求めよ。 〔宮崎大〕

(1) 赤球 2 個と白球 3 個が入っている袋の中から 2 個の球を無作為に取り出し，そのうち赤球が 1 個である確率を求めればよい。

よって $\dfrac{{}_2C_1\times{}_3C_1}{{}_5C_2}=\mathbf{\dfrac{3}{5}}$

(2) $p=3$，$n\geqq6$ のとき，赤球 3 個と白球 $n-3$ 個が入っている袋の中から 3 個の球を無作為に取り出すことを考える。

赤球が 1 個である場合の数は ${}_3C_1\times{}_{n-3}C_2$ 通り

赤球が 2 個である場合の数は ${}_3C_2\times{}_{n-3}C_1$ 通り

赤球が 3 個である場合の数は ${}_3C_3\times{}_{n-3}C_0$ 通り

よって，得点の期待値は

$$1\times\frac{{}_3C_1\times{}_{n-3}C_2}{{}_nC_3}+2\times\frac{{}_3C_2\times{}_{n-3}C_1}{{}_nC_3}+3\times\frac{{}_3C_3\times{}_{n-3}C_0}{{}_nC_3}$$

$$=\frac{6}{n(n-1)(n-2)}\left\{\frac{3}{2}(n-3)(n-4)+6(n-3)+3\right\}$$

$$=\frac{6}{n(n-1)(n-2)}\times\frac{3}{2}(n^2-3n+2)=\frac{9}{n}$$

得点の期待値が $\frac{1}{2}$ 以下であるとき $\frac{9}{n}\leqq\frac{1}{2}$

⇐不等式の両辺に n（自然数）をかけても不等号の向きは変わらない。

これを解いて $n\geqq18$

したがって，求める最小の n の値は **18**

EX
③**53**

袋Aには白玉4個，袋Bには赤玉4個が入っている。ただし，すべての玉は同じ大きさであるとする。2つの袋から同時に任意の玉を1個ずつ取り出して入れ替えるという操作を繰り返すとき，次の確率を求めよ。
(1)　4回後，袋Aの中に赤玉4個が入っている確率
(2)　4回後，もとの状態に戻る確率　〔類 東北学院大〕

(1)　各回とも，袋Aから白玉，袋Bから赤玉を取り出す場合であるから，求める確率は

$$1^2\times\left(\frac{3}{4}\right)^2\times\left(\frac{2}{4}\right)^2\times\left(\frac{1}{4}\right)^2=\mathbf{\frac{9}{1024}}$$

(1)　袋Aの白玉は，1回の試行のたびに1個ずつ減り，袋Bの赤玉は，1回の試行のたびに1個ずつ減る。特に，1回目は赤玉と白玉の交換が必ず行われる。

(2)　4回後に，もとの状態に戻るためには，3回後に
袋A：白3個，赤1個　　袋B：白1個，赤3個
となっていなければならない。
条件を満たすような袋A，Bの中の玉の個数の推移を考えると，次のようになる。

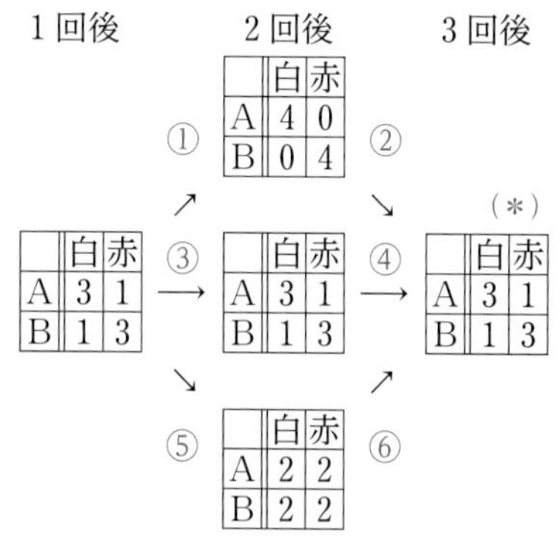

(2)　2回目の玉の取り出し方は4通りあり，推移①，③，⑤は次の場合である。
①：袋Aから赤玉，袋Bから白玉
③：袋Aから白玉，袋Bから白玉，または袋Aから赤玉，袋Bから赤玉
⑤：袋Aから白玉，袋Bから赤玉
3回目の取り出し方は自動的に決まる。

[1]　1回後の状態になる確率は　1^2

[2]　①～⑥の各推移において
①は，袋Aから赤玉，袋Bから白玉を取り出す場合であるから，その確率は

$$\frac{1}{4}\times\frac{1}{4}=\left(\frac{1}{4}\right)^2$$

②は，1回目の操作と同じであるから，その確率は　1^2
よって，①→②と推移する確率は

$$\left(\frac{1}{4}\right)^2\times1^2=\frac{1}{16}$$

③，④は，2つの袋から同じ色の玉を取り出す場合であるから，その確率はともに

$$\frac{3}{4}\times\frac{1}{4}+\frac{1}{4}\times\frac{3}{4}=\frac{3}{8}$$

⇐袋Aから白玉，袋Bから白玉，または袋Aから赤玉，袋Bから赤玉を取り出す。

よって，③→④と推移する確率は

$$\frac{3}{8}\times\frac{3}{8}=\frac{9}{64}$$

⑤ は，袋Aから白玉，袋Bから赤玉を取り出す場合であるから，その確率は

$$\frac{3}{4}\times\frac{3}{4}=\left(\frac{3}{4}\right)^2$$

⑥ は，袋Aから赤玉，袋Bから白玉を取り出す場合であるから，その確率は

$$\frac{2}{4}\times\frac{2}{4}=\left(\frac{2}{4}\right)^2$$

よって，⑤ ⟶ ⑥ と推移する確率は

$$\left(\frac{3}{4}\right)^2\times\left(\frac{2}{4}\right)^2=\frac{9}{64}$$

[3]　3回後の（＊）の状態から，もとの状態に戻る確率は，図の ① の確率に等しいから　$\left(\frac{1}{4}\right)^2$

[1]，[2]，[3] から，求める確率は

$$1^2\times\left(\frac{1}{16}+\frac{9}{64}+\frac{9}{64}\right)\times\left(\frac{1}{4}\right)^2=\boldsymbol{\frac{11}{512}}$$

⇦例えば，① ⟶ ② と推移し，もとの状態に戻る確率は　$1^2\times\frac{1}{16}\times\left(\frac{1}{4}\right)^2$

EX ③54　ある病気Xにかかっている人が4％いる集団Aがある。病気Xを診断する検査で，病気Xにかかっている人が正しく陽性と判定される確率は80％である。また，この検査で病気Xにかかっていない人が誤って陽性と判定される確率は10％である。

(1)　集団Aのある人がこの検査を受けたところ陽性と判定された。この人が病気Xにかかっている確率はいくらか。

(2)　集団Aのある人がこの検査を受けたところ陰性と判定された。この人が実際には病気Xにかかっている確率はいくらか。　〔岐阜薬大〕

病気Xにかかっているという事象を X，陽性と判定されるという事象を Y とすると

$$P(X)=\frac{4}{100},\quad P(\overline{X})=\frac{96}{100},\quad P_X(Y)=\frac{80}{100},$$

$$P_X(\overline{Y})=\frac{20}{100},\ P_{\overline{X}}(Y)=\frac{10}{100},\ P_{\overline{X}}(\overline{Y})=\frac{90}{100}$$

⇦$P_X(Y)+P_X(\overline{Y})$ $=\frac{P(X\cap Y)}{P(X)}+\frac{P(X\cap\overline{Y})}{P(X)}$ $=\frac{P(X)}{P(X)}=1$

(1)　陽性と判定されるのは，病気Xにかかっている場合と，かかっていない場合があり，それらの事象は互いに排反であるから

$$\begin{aligned}P(Y)&=P(X\cap Y)+P(\overline{X}\cap Y)\\&=P(X)P_X(Y)+P(\overline{X})P_{\overline{X}}(Y)\\&=\frac{4}{100}\times\frac{80}{100}+\frac{96}{100}\times\frac{10}{100}=\frac{1280}{10000}\end{aligned}$$

⇦乗法定理を利用。

求める確率は $P_Y(X)$ であるから

$$\begin{aligned}P_Y(X)&=\frac{P(Y\cap X)}{P(Y)}=\frac{P(X\cap Y)}{P(Y)}\\&=\frac{320}{10000}\div\frac{1280}{10000}=\frac{32}{128}=\boldsymbol{\frac{1}{4}}\end{aligned}$$

(2)　$P(\overline{Y})=P(X\cap\overline{Y})+P(\overline{X}\cap\overline{Y})$

$=P(X)P_X(\overline{Y})+P(\overline{X})P_{\overline{X}}(\overline{Y})$

$=\dfrac{4}{100}\times\dfrac{20}{100}+\dfrac{96}{100}\times\dfrac{90}{100}=\dfrac{8720}{10000}$

⇦乗法定理を利用。

求める確率は $P_{\overline{Y}}(X)$ であるから

$$P_{\overline{Y}}(X)=\frac{P(\overline{Y}\cap X)}{P(\overline{Y})}=\frac{P(X\cap\overline{Y})}{P(\overline{Y})}$$

$$=\frac{80}{10000}\div\frac{8720}{10000}=\frac{8}{872}=\mathbf{\frac{1}{109}}$$

EX ④55

右の図のように，1 辺の長さが 2 の正三角形のすべての頂点と各辺の中点に 1 から 6 の番号をつけ，さいころの出た目とこの番号を対応させる。さいころを 3 回投げて出た目の番号の点を互いに結んで図形を作る。このとき，できる図形の面積の期待値を求めよ。

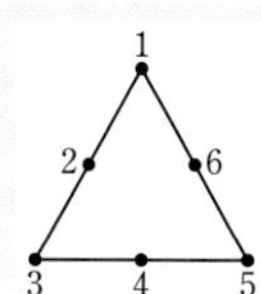

できる図形の面積を X とする。

すべての場合の数は　　6^3 通り

また，三角形は異なる 3 点からなるから，1 個の三角形に対して，その場合の数は $3!$ 通りである。

[1]　できる図形が点または線分のとき　　$X=0$

[2]　できる図形が，1 辺の長さが 1 の正三角形のとき

その正三角形の 1 辺を底辺として考えると，高さは $\dfrac{\sqrt{3}}{2}$ である。

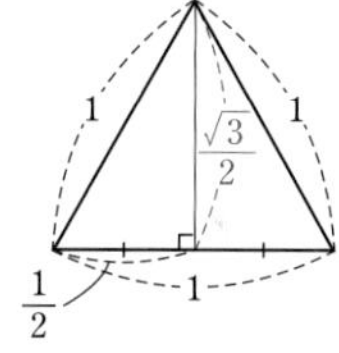

[2]

よって　　$X=\dfrac{1}{2}\times1\times\dfrac{\sqrt{3}}{2}=\dfrac{\sqrt{3}}{4}$

このような三角形は 4 個あるから，場合の数は

$4\times3!=4\times6=24$ (通り)

[3]　できる図形が，1 辺の長さが 2 の正三角形のとき

その正三角形の 1 辺を底辺として考えると，高さは $\sqrt{3}$ である。

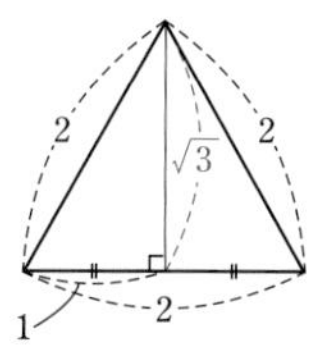

⇦相似比を使うと，[2] の面積の 4 倍となることがすぐにわかる。

よって　　$X=\dfrac{1}{2}\times2\times\sqrt{3}=\sqrt{3}$

このような三角形は 1 個あるから，場合の数は

$1\times3!=6$ (通り)

[4]　できる図形が直角三角形のとき

[3] から高さは $\sqrt{3}$ である。

よって　　$X=\dfrac{1}{2}\times1\times\sqrt{3}=\dfrac{\sqrt{3}}{2}$

このような三角形は 6 個あるから，場合の数は

$6\times3!=6\times6=36$ (通り)

[4]

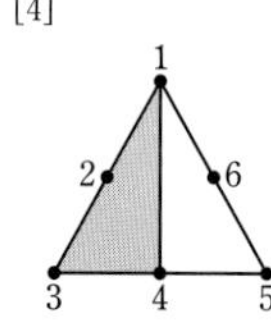

[5] できる図形が，正三角形でない二等辺三角形のとき

その三角形の等しい2辺を除いた残りの1辺の長さは ① から　　$\sqrt{3}$

その辺を底辺として考えると，高さは $\dfrac{1}{2}$ である。

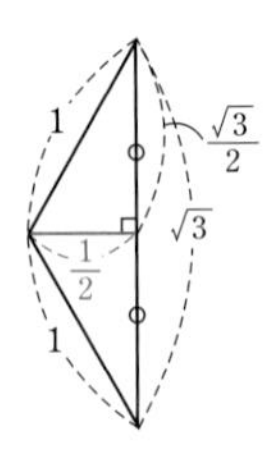

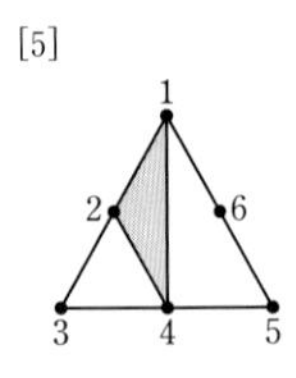

よって　　$X=\dfrac{1}{2}\times\sqrt{3}\times\dfrac{1}{2}=\dfrac{\sqrt{3}}{4}$

このような三角形は6個あるから，場合の数は

$$6\times3!=6\times6=36\text{（通り）}$$

以上から

$X=\dfrac{\sqrt{3}}{4}$ となる確率は　　$\dfrac{24+36}{6^3}=\dfrac{10}{36}$

⇦[2]，[5] の場合。

$X=\sqrt{3}$ となる確率は　　$\dfrac{6}{6^3}=\dfrac{1}{36}$

⇦[3] の場合。

$X=\dfrac{\sqrt{3}}{2}$ となる確率は　　$\dfrac{36}{6^3}=\dfrac{6}{36}$

⇦[4] の場合。

$X=0$ となる確率は　　$1-\left(\dfrac{10}{36}+\dfrac{1}{36}+\dfrac{6}{36}\right)=\dfrac{19}{36}$

⇦$X=0$ の確率は期待値に影響を及ぼさないから，計算しなくてもよい。

X	0	$\dfrac{\sqrt{3}}{4}$	$\sqrt{3}$	$\dfrac{\sqrt{3}}{2}$	計
確率	$\dfrac{19}{36}$	$\dfrac{10}{36}$	$\dfrac{1}{36}$	$\dfrac{6}{36}$	1

したがって，求める期待値は

$$0\times\frac{19}{36}+\frac{\sqrt{3}}{4}\times\frac{10}{36}+\sqrt{3}\times\frac{1}{36}+\frac{\sqrt{3}}{2}\times\frac{6}{36}=\mathbf{\frac{13\sqrt{3}}{72}}$$

PR ②64

(1) AB=8, BC=3, CA=6 である △ABC において, ∠A の外角の二等分線が直線 BC と交わる点を D とする。線分 CD の長さを求めよ。

(2) △ABC において, BC=5, CA=3, AB=7 とする。∠A およびその外角の二等分線が直線 BC と交わる点をそれぞれ D, E とするとき, 線分 DE の長さを求めよ。　〔(2) 埼玉工大〕

(1) 点Dは辺 BC を AB：AC に外分するから

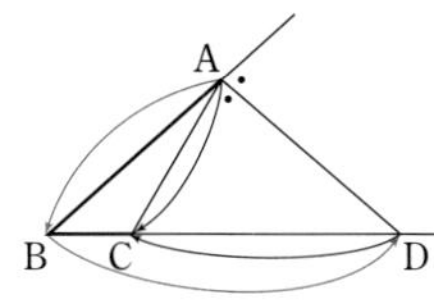

　BD：DC=AB：AC=8：6 　⇦(線分比)=(三角形の 2 辺の比)

　　=4：3

ゆえに　CD=3BC=**9**　⇦BC：CD=1：3

別解 (BD：DC=4：3 までは同様。)

よって　4DC=3BD=3(BC+CD)　⇦$a:b=c:d$ ならば $bc=ad$

　　=9+3CD

ゆえに　CD=**9**

(2) 点Dは辺 BC を AB：AC に内分するから

　BD：DC=AB：AC=7：3

ゆえに　$DC=\frac{3}{7+3}\times BC=\frac{3}{2}$

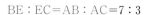

また, 点Eは辺 BC を AB：AC に外分するから

　BE：EC=AB：AC=7：3

ゆえに　$CE=\frac{3}{4}\times BC=\frac{15}{4}$

⇦BC：CE=4：3

よって　$DE=DC+CE=\frac{3}{2}+\frac{15}{4}=\mathbf{\frac{21}{4}}$

PR ③65

△ABC において, 辺 BC の中点をMとし, ∠AMB, ∠AMC の二等分線が辺 AB, AC と交わる点をそれぞれ D, E とする。このとき, DE∥BC であることを証明せよ。

HINT 問題文の「∠AMB, ∠AMC の二等分線」,「DE∥BC」に着目する。

△MAB において, 直線 MD は ∠M の二等分線であるから

　AD：DB=MA：MB ……①

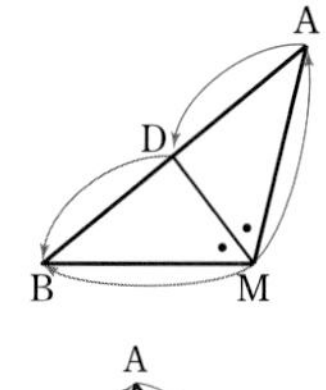

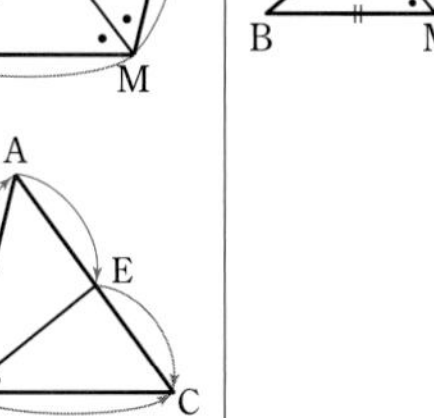

△MCA において, 直線 ME は ∠M の二等分線であるから

　AE：EC=MA：MC ……②

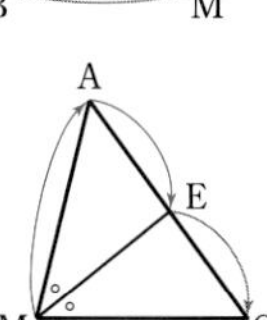

Mは辺 BC の中点であるから

　MB=MC ……③

①, ③ から

　AD：DB=MA：MC ……④

②, ④ から

　AD：DB=AE：EC

よって, 平行線と線分の比の性質から　DE∥BC

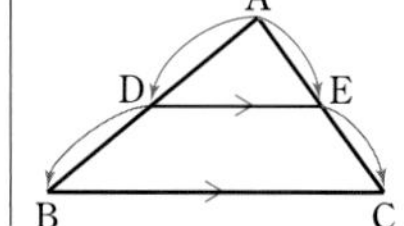

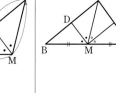

PR ②66　△ABC の外心をOとする。
右の図の角 α, β を求めよ。

(1)
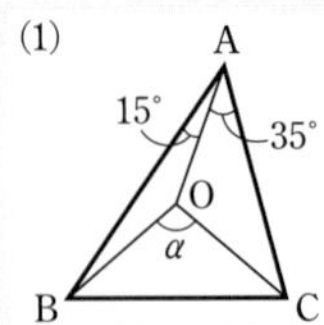

(2)
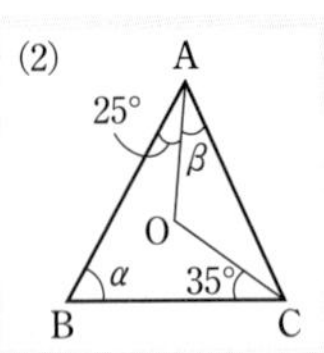

(1)　$\boldsymbol{\alpha}=2\angle BAC=2(15^\circ+35^\circ)$
　　$=\mathbf{100^\circ}$

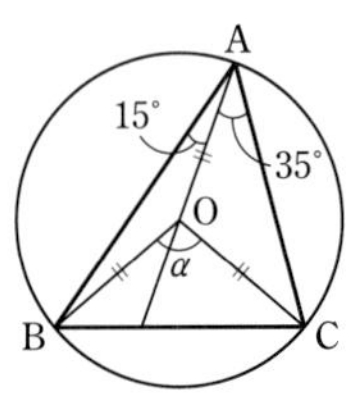

⇦円周角の定理を利用。
(中心角)=(円周角)×2

別解　$\angle OBA=\angle OAB=15^\circ$,
$\angle OCA=\angle OAC=35^\circ$ から
$\boldsymbol{\alpha}=15^\circ\times2+35^\circ\times2=\mathbf{100^\circ}$

⇦△ABO の ∠O における外角と，△AOC の ∠O における外角の和。

(2)　$\angle OBA=\angle OAB=25^\circ$　⇦OB＝OA
$\angle OBC=\angle OCB=35^\circ$　⇦OB＝OC
よって　$\boldsymbol{\alpha}=25^\circ+35^\circ=\mathbf{60^\circ}$　⇦$\alpha=\angle OBA+\angle OBC$
また　$\angle OCA=\angle OAC=\beta$　⇦OC＝OA
$(25^\circ+\beta)+60^\circ+(35^\circ+\beta)=180^\circ$　⇦△ABC の内角の和は 180°
したがって　$\boldsymbol{\beta}=\mathbf{30^\circ}$

別解　(β を求める別解)
$180^\circ-2\beta=2\alpha=120^\circ$　⇦円周角の定理
よって　$\boldsymbol{\beta}=\dfrac{180^\circ-120^\circ}{2}=\mathbf{30^\circ}$

PR ③67　外心と垂心が一致する △ABC は正三角形であることを証明せよ。

△ABC の外心をOとすると
　　$OB=OC$　…… ①　⇦△OBC は OB＝OC の二等辺三角形。
また，頂点Aから辺 BC に下ろした垂線を AD とする。

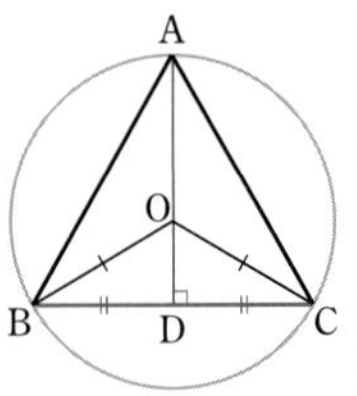

点Oは，条件より △ABC の垂心でもあるから，点Oは AD 上にある。　⇦△ABC の 3 頂点から対辺に下ろした垂線はすべて垂心Oを通る。
よって　　$OD\perp BC$　…… ②
①，② から，点Dは辺 BC の中点である。
ゆえに，頂点Aは辺 BC の垂直二等分線上にある。
よって　　$AB=AC$　…… ③
また，頂点 B から辺 CA に下ろした垂線を BE とすると，同様にして
　　$OC=OA$
　　$OE\perp CA$
よって，点Eは辺 CA の中点であり，　⇦CE＝AE 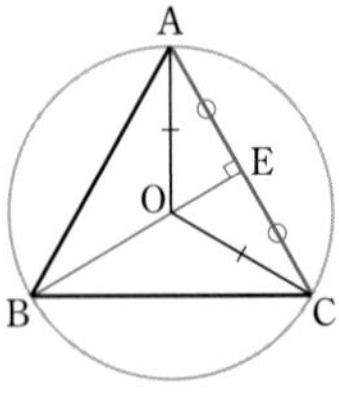
頂点Bは辺 CA の垂直二等分線上にある。
ゆえに　　$BC=BA$　…… ④
③，④ から　　$AB=BC=CA$
したがって，△ABC は正三角形である。

PR ③68 鋭角三角形 ABC の垂心をH，外心をOとし，辺 BC の中点を M，線分 AH の中点をNとする。線分 MN の長さは △ABC の外接円の半径に等しいことを，AH=2OM が成り立つことを用いて証明せよ。

線分 AH の中点がNであるから

$$\mathrm{AN}=\frac{1}{2}\mathrm{AH}=\mathrm{OM} \quad \cdots\cdots ①$$

⇐AH=2OM から $\frac{1}{2}$AH=OM

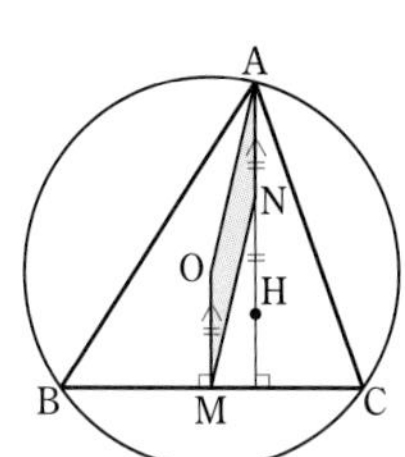

点Hは △ABC の垂心であるから

AH⊥BC

点Nは AH 上にあるから

AN⊥BC　…… ②

一方，OM は辺 BC の垂直二等分線であるから　OM⊥BC　…… ③

②，③ から

AN∥OM　…… ④

⇐$m \perp \ell$, $n \perp \ell \Longrightarrow m \parallel n$

①，④ から，四角形 AOMN は平行四辺形である。

⇐向かい合う 2 辺が平行で，その長さが等しい。

よって　OA=MN

ゆえに，線分 MN の長さは△ABC の外接円の半径に等しい。

⇐線分 OA は △ABC の外接円の半径。

PR ②69 △ABC の内心を I とする。
(1) 右の図の角 x を求めよ。
(2) 直線 BI と辺 AC の交点をEとする。
AB=8，BC=7，AC=4 であるとき，BI：IE を求めよ。

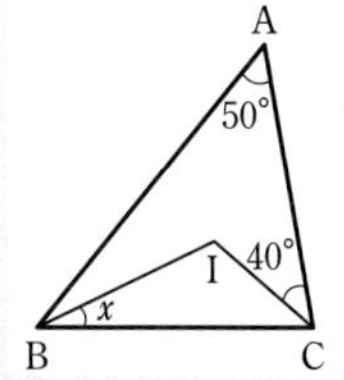

(1) ∠ICB=∠ICA=40°，∠IBA=∠IBC=x
三角形の内角の和は 180° であるから

$$2x+50°+40°\times 2=180°$$

よって　$\boldsymbol{x=25°}$

(2) △ABC において，直線 BE は ∠B の二等分線であるから

AE：EC=BA：BC
=8：7

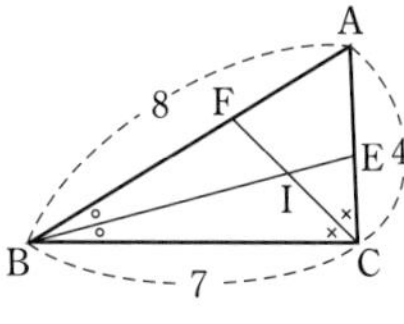

よって　$\mathrm{AE}=\dfrac{8}{8+7}\mathrm{AC}$

$=\dfrac{32}{15}$

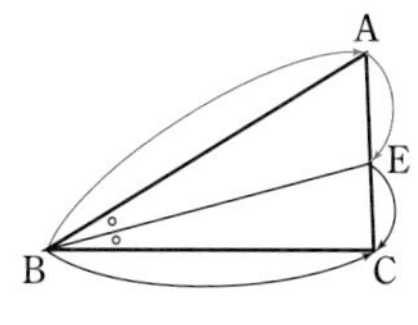

△ABE において，直線 AI は ∠A の二等分線であるから

BI：IE=AB：AE

$=8:\dfrac{32}{15}$

$=\boldsymbol{15:4}$

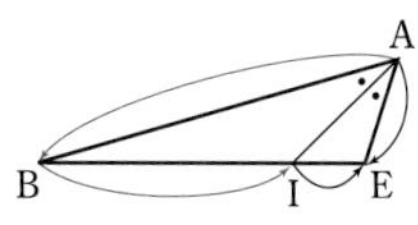

inf. (2) メネラウスの定理（本冊 $p.377$）の利用。

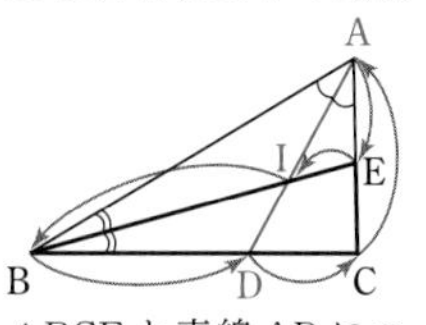

△BCE と直線 AD について，メネラウスの定理により $\dfrac{\mathrm{BD}}{\mathrm{DC}}\cdot\dfrac{\mathrm{CA}}{\mathrm{AE}}\cdot\dfrac{\mathrm{EI}}{\mathrm{IB}}=1$ が成り立つ。

$\dfrac{\mathrm{BD}}{\mathrm{DC}}=\dfrac{\mathrm{AB}}{\mathrm{AC}}=\dfrac{8}{4}=2$,

$\dfrac{\mathrm{CA}}{\mathrm{AE}}=\dfrac{\mathrm{CE}+\mathrm{EA}}{\mathrm{AE}}$

$=\dfrac{\mathrm{CE}}{\mathrm{AE}}+1=\dfrac{\mathrm{BC}}{\mathrm{BA}}+1=\dfrac{15}{8}$

よって，$2\cdot\dfrac{15}{8}\cdot\dfrac{\mathrm{EI}}{\mathrm{IB}}=1$

となり BI：IE=15：4

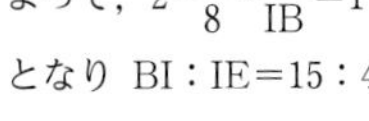

PR ②70 右の図の△ABC において，G は△ABC の重心で線分 GD は辺 BC と平行である。
このとき，△DBC と△ABC の面積比を求めよ。

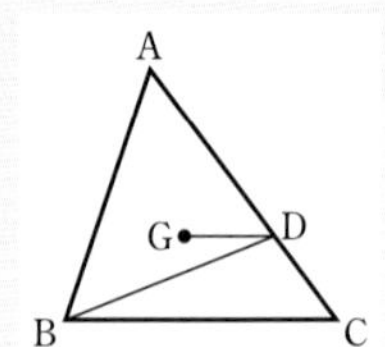

直線 AG と辺 BC の交点をEとする。
GD∥EC であり，G は△ABC の重心であるから

AD：DC＝AG：GE＝2：1

このとき

△DBC：△ABC＝DC：AC
＝**1：3**

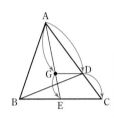

HINT 直線 AG と辺 BC の交点をEとし，補助線 AE を引く。

⇦中線は，重心によって 2：1 に内分される。

⇦高さが共通，底辺の長さの比が 1：3

PR ③71 平行四辺形 ABCD において，辺 BC の中点をMとし，AM と BD の交点をEとする。
このとき，△BME の面積と平行四辺形 ABCD の面積の比を求めよ。

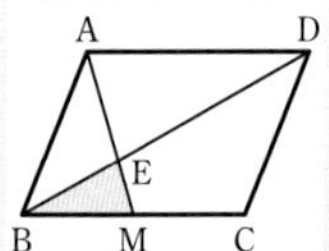

HINT 補助線 AC を引き，△ABC の重心がEであることを示す。

線分 AC，BD の交点をFとする。
△ABC において，点Eは中線 AM，BF の交点であるから，重心である。
よって　AE：EM＝2：1
したがって

$$\triangle \mathrm{BME}=\frac{1}{3}\triangle \mathrm{BMA}$$
$$=\frac{1}{3}\times\frac{1}{2}\triangle \mathrm{ABC}$$
$$=\frac{1}{3}\times\frac{1}{2}\times\frac{1}{2}▱\mathrm{ABCD}$$
$$=\frac{1}{12}▱\mathrm{ABCD}$$

ゆえに　△BME：▱ABCD＝**1：12**

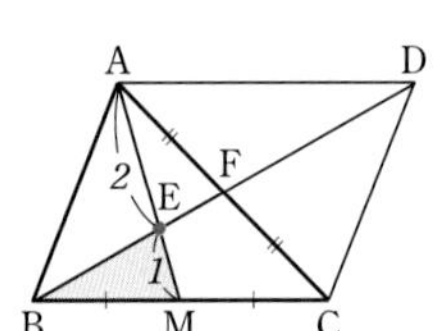

⇦平行四辺形の 2 本の対角線は，それぞれの中点で交わる。

⇦△BME … 底辺 ME
△BMA … 底辺 MA
高さは共通

⇦▱は平行四辺形を表す記号。

⇦$\frac{1}{12}$：1

PR ③72 AD∥BC，AD≠BC である台形 ABCD において，辺 AD，BC を等しい比 $m:n$ に内分する点をそれぞれ P，Q とする。このとき，3 直線 AB，CD，PQ は，1 点で交わることを証明せよ。

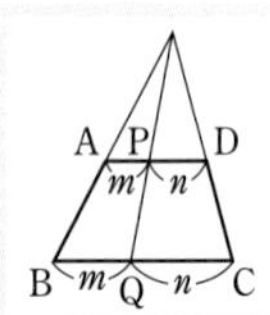

HINT　3直線が共点である（1点で交わる）ことの証明。AB と PQ の交点，CD と PQ の交点が一致することを示す。

AB と PQ の交点を R とすると，

　　AP：PD $=m:n$，BQ：QC $=m:n$

であるから

　　AP：BQ＝PD：QC　…… ①

ここで，AP∥BQ から

　　AP：BQ＝RP：RQ　…… ②

①，② から

　　PD：QC＝RP：RQ

　　　　　＝PR：RQ　…… ③

また，PQ と CD の交点を R′ とすると，

PD∥QC から

　　PD：QC＝R′P：R′Q

　　　　　＝PR′：R′Q　…… ④

③，④ から

　　PR：RQ＝PR′：R′Q

よって，点 R と点 R′ は一致するから，3直線 AB，CD，PQ は1点で交わる。

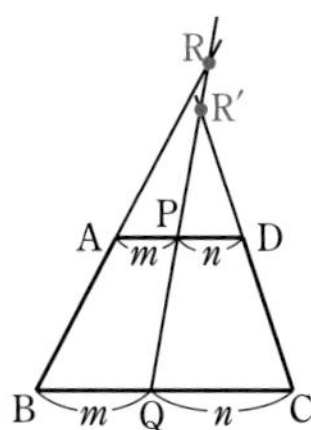

⇐AP $=\frac{m}{n}$PD，BQ $=\frac{m}{n}$QC であるから AP：BQ＝PD：QC

⇐平行線と線分の比の性質

⇐平行線と線分の比の性質

⇐R，R′ はともに直線 PQ 上の点で，線分 PQ を等しい比に外分する点。

PR
③**73**

△ABC の重心を G とするとき，次の等式が成り立つことを証明せよ。

$$AB^2+BC^2+CA^2=3(AG^2+BG^2+CG^2)$$

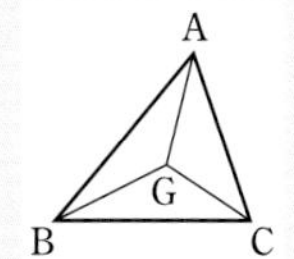

HINT　重心 G は3本の中線上にあるから，三角形の各頂点と G を結んだ線分の長さは，中線の長さの $\frac{2}{3}$ 倍である。

辺 BC，CA，AB の中点を，それぞれ L，M，N とする。

△ABC に中線定理を適用して

　$AB^2+AC^2=2AL^2+2BL^2$　…… ①

　$BC^2+BA^2=2BM^2+2CM^2$　…… ②

　$CA^2+CB^2=2CN^2+2AN^2$　…… ③

点 G は重心であるから

$$AL=\frac{3}{2}AG,\ BM=\frac{3}{2}BG,\ CN=\frac{3}{2}CG$$

よって，①＋②＋③ から

$$2(AB^2+BC^2+CA^2)$$
$$=2(AL^2+BM^2+CN^2)+2(BL^2+CM^2+AN^2)$$

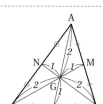

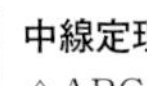

中線定理
△ABC の辺 BC の中点を M とすると
AB^2+AC^2
$=2(AM^2+BM^2)$

⇐AG：GL＝2：1 など。

$$=2\left\{\left(\frac{3}{2}\mathrm{AG}\right)^2+\left(\frac{3}{2}\mathrm{BG}\right)^2+\left(\frac{3}{2}\mathrm{CG}\right)^2\right\}$$

$$+2\left\{\left(\frac{1}{2}\mathrm{BC}\right)^2+\left(\frac{1}{2}\mathrm{CA}\right)^2+\left(\frac{1}{2}\mathrm{AB}\right)^2\right\}$$

$$=\frac{9}{2}(\mathrm{AG}^2+\mathrm{BG}^2+\mathrm{CG}^2)+\frac{1}{2}(\mathrm{AB}^2+\mathrm{BC}^2+\mathrm{CA}^2)$$

ゆえに　$\frac{3}{2}(\mathrm{AB}^2+\mathrm{BC}^2+\mathrm{CA}^2)=\frac{9}{2}(\mathrm{AG}^2+\mathrm{BG}^2+\mathrm{CG}^2)$

よって　$\mathrm{AB}^2+\mathrm{BC}^2+\mathrm{CA}^2=3(\mathrm{AG}^2+\mathrm{BG}^2+\mathrm{CG}^2)$

⇦$\mathrm{BL}=\frac{1}{2}\mathrm{BC}$

$\mathrm{CM}=\frac{1}{2}\mathrm{CA}$

$\mathrm{AN}=\frac{1}{2}\mathrm{AB}$

PR ②74　△ABC で辺 AB を 2：3 に内分する点をP，辺 AC を 3：1 に内分する点をQ，線分 BQ と CP の交点をRとする。直線 AR と辺 BC の交点をMとし，BC=22 であるとき，BM の長さを求めよ。　〔類 武蔵大〕

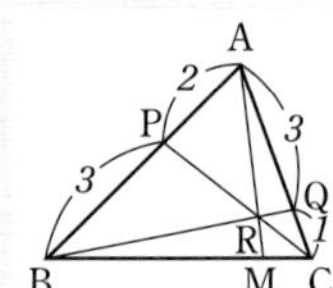

BM$=x$ とすると　MC$=22-x$

チェバの定理により

$$\frac{\mathrm{BM}}{\mathrm{MC}}\cdot\frac{\mathrm{CQ}}{\mathrm{QA}}\cdot\frac{\mathrm{AP}}{\mathrm{PB}}=1$$

よって　$\frac{x}{22-x}\cdot\frac{1}{3}\cdot\frac{2}{3}=1$

ゆえに　$x=18$　すなわち　BM$=$**18**

CHART 三角形と 1 点なら チェバの定理

⇦$\frac{x}{22-x}=\frac{9}{2}$ から

$2x=9(22-x)$

よって　$11x=9\cdot 22$

PR ②75　△ABC の辺 AB の中点をM，線分 CM の中点をN，直線 AN と 辺 BC の交点をPとする。このとき，次の比をそれぞれ求めよ。

(1)　BP：PC　　(2)　AN：NP　　(3)　△NPC：△ABC

(1)　△MBC と直線 AP に メネラウスの定理を用いると

$$\frac{\mathrm{BP}}{\mathrm{PC}}\cdot\frac{\mathrm{CN}}{\mathrm{NM}}\cdot\frac{\mathrm{MA}}{\mathrm{AB}}=1$$

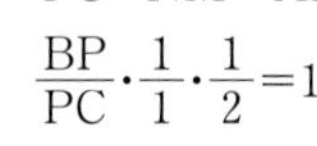

よって　$\frac{\mathrm{BP}}{\mathrm{PC}}\cdot\frac{1}{1}\cdot\frac{1}{2}=1$

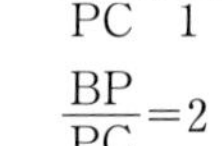

ゆえに　$\frac{\mathrm{BP}}{\mathrm{PC}}=2$

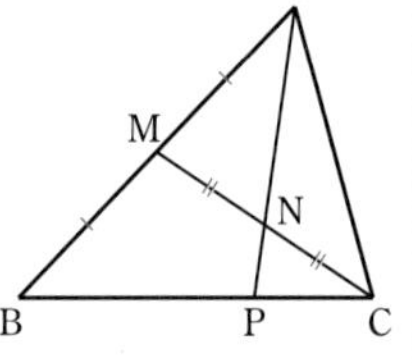

したがって　BP：PC$=$**2：1**

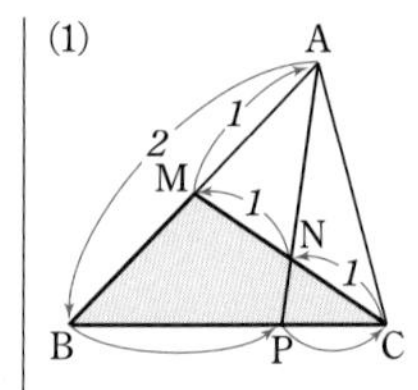

(2)　△ABP と直線 CM にメネラウスの定理を用いると

$$\frac{\mathrm{BC}}{\mathrm{CP}}\cdot\frac{\mathrm{PN}}{\mathrm{NA}}\cdot\frac{\mathrm{AM}}{\mathrm{MB}}=1$$

ここで　$\frac{\mathrm{BC}}{\mathrm{CP}}=\frac{\mathrm{BP}+\mathrm{PC}}{\mathrm{PC}}=\frac{\mathrm{BP}}{\mathrm{PC}}+1$

(1)より，$\frac{\mathrm{BP}}{\mathrm{PC}}=2$ であるから　$\frac{\mathrm{BC}}{\mathrm{CP}}=2+1=3$

よって　$3\cdot\frac{\mathrm{PN}}{\mathrm{NA}}\cdot\frac{1}{1}=1$　　ゆえに　$\frac{\mathrm{PN}}{\mathrm{NA}}=\frac{1}{3}$

したがって　AN：NP$=$**3：1**

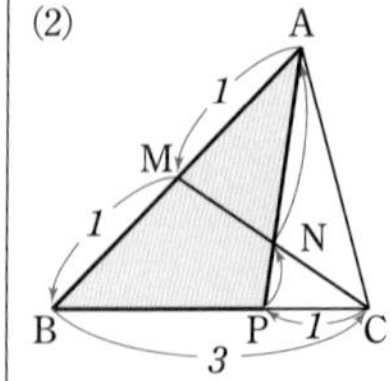

(3)　(2) より，AN：NP＝3：1 であるから

$$\triangle \mathrm{NPC}=\frac{1}{4}\triangle \mathrm{APC} \quad \cdots\cdots ①$$

(1) より，BP：PC＝2：1 であるから

$$\triangle \mathrm{APC}=\frac{1}{3}\triangle \mathrm{ABC} \quad \cdots\cdots ②$$

② を ① に代入して

$$\triangle \mathrm{NPC}=\frac{1}{4}\cdot\frac{1}{3}\triangle \mathrm{ABC}=\frac{1}{12}\triangle \mathrm{ABC}$$

ゆえに　　△NPC：△ABC＝**1：12**

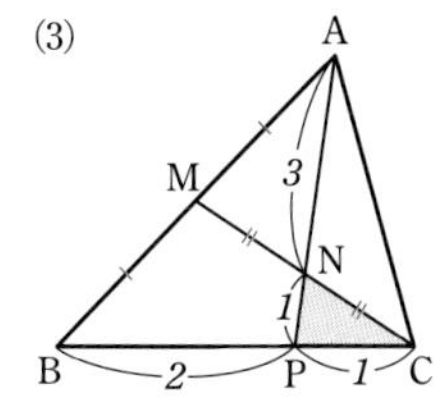

⇦△NPC，△APC は，底辺をそれぞれ線分 NP，線分 AP とみると，高さが等しいから，面積比は底辺の比
NP：AP＝1：(3＋1)
になる。

PR ②76　右の図のように，△ABC の内部の1点をTとし，線分 BT 上に点 P，線分 CT 上に点Qをとる。
このとき，AB＋AC＞BP＋PQ＋QC であることを示せ。

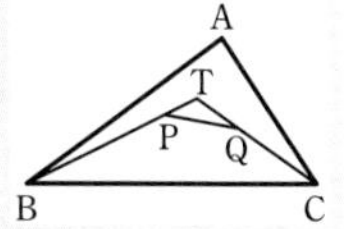

HINT　△ABC の内部を三角形に分割して考える。

線分 BT の延長と辺 AC の交点を R とする。
このとき

BT＋TC＝(BP＋PT)＋(TQ＋QC)
＝BP＋(PT＋TQ)＋QC
＞BP＋PQ＋QC　…… ①

⇦△TPQ において PT＋TQ＞PQ

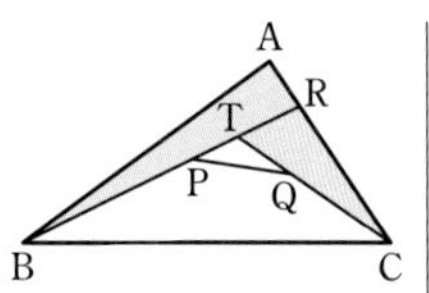

また　AB＋AC＝AB＋(AR＋RC)
＝(AB＋AR)＋RC
＞BR＋RC
＝(BT＋TR)＋RC
＝BT＋(TR＋RC)
＞BT＋TC　…… ②

⇦△ABR において AB＋AR＞BR

⇦△RTC において TR＋RC＞TC

①，② から　　AB＋AC＞BP＋PQ＋QC

別解　線分 BT の延長と辺 AC の交点をRとし，線分 PQ の延長と辺 AC の交点をSとする。

⇦すなわち，補助線 PR，QS を引く。

△ABR において
AB＋AR＞BP＋PR　…… ③

⇦AB＋AR＞BR

△RPS において
PR＋RS＞PQ＋QS　…… ④

⇦PR＋RS＞PS

△SQC において
QS＋SC＞QC　　…… ⑤

③，④，⑤ の辺々をそれぞれ加えると
(AB＋AR)＋(PR＋RS)＋(QS＋SC)
＞(BP＋PR)＋(PQ＋QS)＋QC

すなわち

$AB+(AR+RS+SC)$
$>BP+PQ+QC$

⇦両辺から PR+QS を引く。

したがって

$AB+AC>BP+PQ+QC$

⇦AR+RS+SC=AC

PR ②77 ∠B=90° の△ABCの辺BC上に点Pをとるとき，AB<AP<AC であることを証明せよ。ただし，点Pは頂点B，Cと異なる点とする。

△ABP において

∠APB<90°

ゆえに　∠APB<∠ABP

よって　AB<AP　…… ①

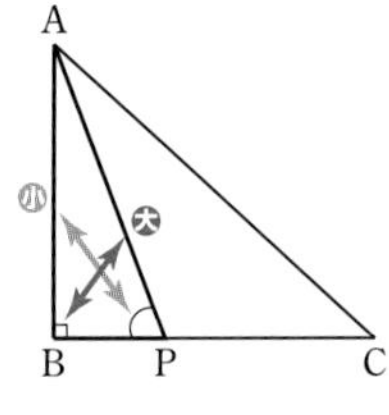

⇦(辺の大小)⟺(角の大小)

次に，△ABC において

∠ACB+∠CAB=180°−90°
=90°

よって，∠ACB<90° であるから

⇦∠CAB>0°

∠ACP<90°　…… ②

また，∠APC=90°+∠BAP であるから　∠APC>90°　…… ③

⇦外角の性質

⇦∠BAP>0°

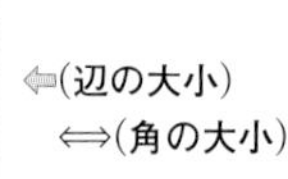

②，③ から，△APC において

∠ACP<∠APC

ゆえに　AP<AC　…… ④

⇦(辺の大小)⟺(角の大小)

①，④ から

AB<AP<AC

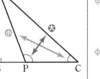

PR ③78 (1) m，n，l は正の数とする。△ABC において，辺BCを $m:n$ に内分する点をP，辺CAを $l:m$ に内分する点をQ，辺ABを $n:l$ に内分する点をRとするとき，3直線AP，BQ，CRは1点で交わる。このことを，チェバの定理の逆を用いて証明せよ。
(2) 三角形の3つの内角の二等分線は1点で交わることをチェバの定理の逆を用いて証明せよ。

(1) △ABC において

$$\frac{BP}{PC}\cdot\frac{CQ}{QA}\cdot\frac{AR}{RB}$$
$$=\frac{m}{n}\cdot\frac{l}{m}\cdot\frac{n}{l}$$
$$=1$$

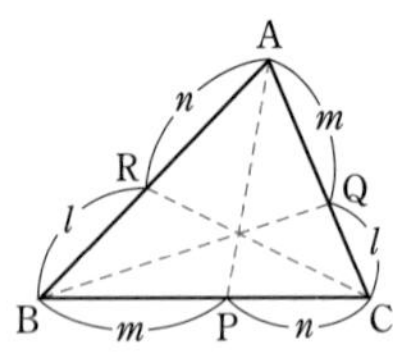

ゆえに，チェバの定理の逆により，3直線AP，BQ，CRは1点で交わる。

⇦チェバの定理の逆の仮定は満たされる。

(2) △ABC において，∠A，∠B，∠C の二等分線と辺BC，CA，ABの交点をそれぞれD，E，Fとする。

ADは∠Aの二等分線であるから

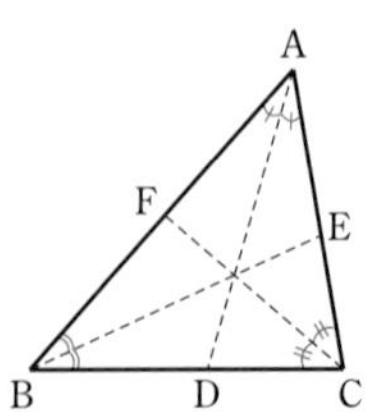

$$\frac{BD}{DC}=\frac{AB}{AC} \quad \cdots\cdots ①$$

BE は ∠B の二等分線であるから

$$\frac{CE}{EA}=\frac{BC}{BA} \quad \cdots\cdots ②$$

CF は ∠C の二等分線であるから

$$\frac{AF}{FB}=\frac{CA}{CB} \quad \cdots\cdots ③$$

①，②，③ から　$\frac{BD}{DC}\cdot\frac{CE}{EA}\cdot\frac{AF}{FB}=\frac{AB}{AC}\cdot\frac{BC}{BA}\cdot\frac{CA}{CB}=1$

よって，チェバの定理の逆により，３直線 AD，BE，CF は１点で交わる。

ゆえに，三角形の３つの内角の二等分線は１点で交わる。

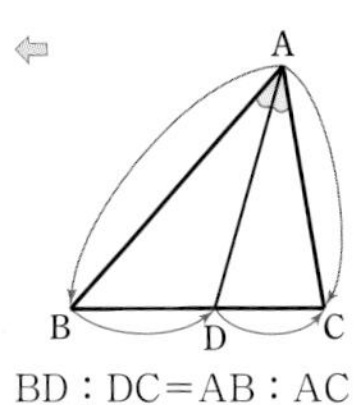

BD：DC＝AB：AC

すなわち　$\frac{BD}{DC}=\frac{AB}{AC}$

PR ④79　平行四辺形 ABCD 内の１点Ｐを通って，各辺に平行な直線を引き，辺 AB，CD，BC，DA との交点をそれぞれ Q，R，S，T とする。２直線 QS，RT が点Ｏで交わるとき，O，A，C は１つの直線上にあることをメネラウスの定理の逆を用いて証明せよ。

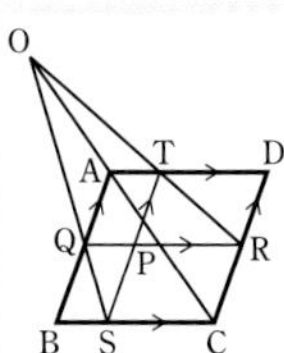

△PQS と直線 OR にメネラウスの定理を用いると　$\frac{QR}{RP}\cdot\frac{PT}{TS}\cdot\frac{SO}{OQ}=1$

QR＝BC，RP＝CS，PT＝QA，TS＝AB

であるから　$\frac{BC}{CS}\cdot\frac{QA}{AB}\cdot\frac{SO}{OQ}=1$

すなわち　$\frac{QA}{AB}\cdot\frac{BC}{CS}\cdot\frac{SO}{OQ}=1$

よって，△BSQ と３点 O，A，C について，メネラウスの定理の逆により，３点 O，A，C は１つの直線上にある。

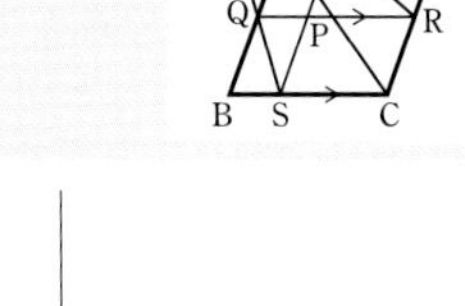

⇦四角形 QBCR，PSCR，AQPT，ABST は平行四辺形。

PR ④80　鋭角 XOY の内部に，２点 A，B が右の図のように与えられている。半直線 OX，OY 上に，それぞれ点 P，Q をとり，AP＋PQ＋QB を最小にするには，P，Q をそれぞれどのような位置にとればよいか。

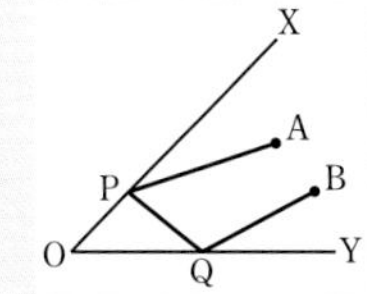

半直線 OX に関して点Ａと対称な点を A′，半直線 OY に関して点Ｂと対称な点を B′ とすると

AP＝A′P，BQ＝B′Q

であるから

AP＋PQ＋QB

＝A′P＋PQ＋QB′

A′P＋PQ＋QB′ が最小になるの

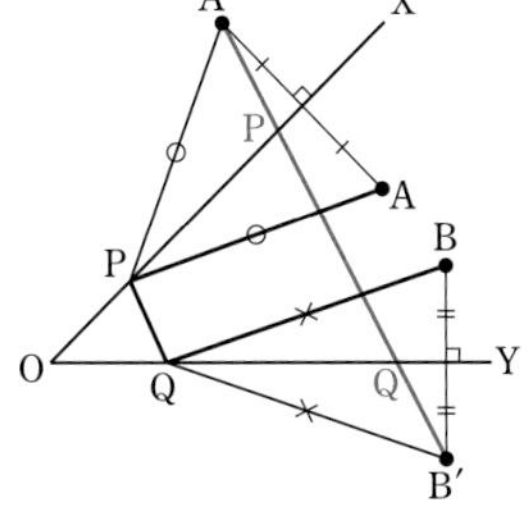

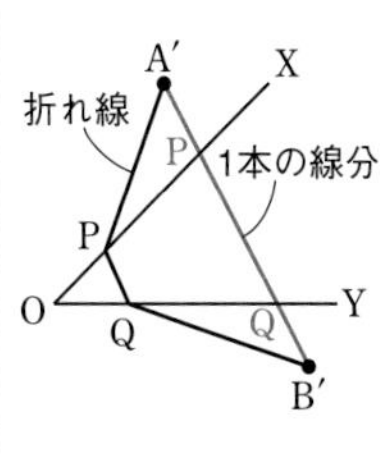

は，4点 A′，P，Q，B′ が1つの直線上にあるときである。
したがって，**半直線 OX に関して点Aと対称な点を A′，半直線 OY に関して点Bと対称な点を B′ として，直線 A′B′ と半直線 OX の交点を P，直線 A′B′ と半直線 OY の交点を Q とすればよい。**

PR ②81

(1) 右の図において，x を求めよ。ただし，点Oは円の中心であり，$\overset{\frown}{CD}:\overset{\frown}{DE}:\overset{\frown}{EA}=1:2:1$ である。

(2) 右の図のように，円Oに内接する四角形 ABCD がある。∠BAC＝18°，∠ABO＝40° のとき，y を求めよ。

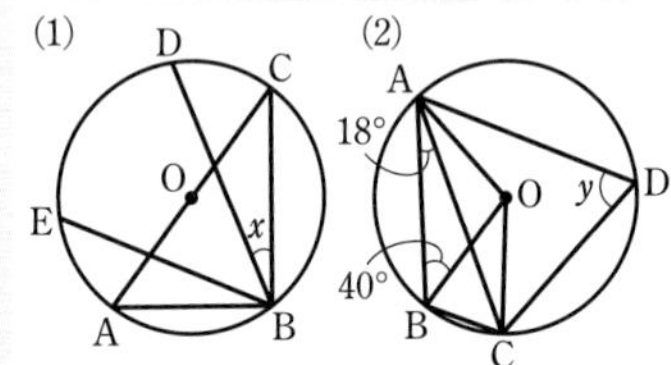

(1) 円周角と弧の長さは比例するから，

$\overset{\frown}{CD}:\overset{\frown}{DE}:\overset{\frown}{EA}=1:2:1$ より

$\angle DBC:\angle EBD:\angle ABE=1:2:1$

$\angle DBC=x$ であるから

$\angle EBD=2x,\ \angle ABE=x$

AC は円Oの直径であるから　　$\angle ABC=90°$

よって　　$x+2x+x=90°$

ゆえに　　$4x=90°$　　したがって　　$\boldsymbol{x=22.5°}$

⇦直径に対する円周角は直角。

(2) $\angle BOC=2\angle BAC=36°$

△OBC において，OB＝OC であるから

$$\angle OBC=\frac{180°-36°}{2}=72°$$

よって　　$\angle ABC=\angle ABO+\angle OBC=40°+72°=112°$

四角形 ABCD は円Oに内接するから

$\angle ABC+\angle ADC=180°$

ゆえに　　$\boldsymbol{y}=\angle ADC=180°-112°=\boldsymbol{68°}$

⇦(中心角)＝(円周角)×2

⇦OB，OC は円の半径。

⇦**円に内接する四角形 ⇔(内角)＋(対角)＝180°**

別解　$\angle BOC=2\angle BAC=36°$

△OAB において，OA＝OB から

$\angle AOB=180°-2\times 40°=100°$

よって　　$\angle AOC=\angle AOB+\angle BOC=100°+36°=136°$

円周角の定理から

$$\boldsymbol{y}=\angle ADC=\frac{1}{2}\angle AOC=\boldsymbol{68°}$$

⇦∠ADC は弧 AC に対する円周角。

PR ②82

右の図のように，∠B＝90° である △ABC の辺 BC 上に点Dをとる (DはB，C とは異なる)。次に ∠ADE＝90°，∠DAE＝∠BAC となるように，点Eをとる。このとき，4点 A，D，C，E は1つの円周上にあることを証明せよ。

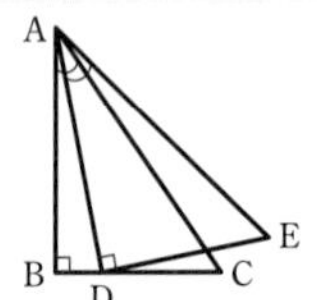

△ABC と △ADE において
　　∠ABC＝∠ADE＝90°,
　　∠BAC＝∠DAE
ゆえに　∠ACB＝∠AED
よって　∠ACD＝∠AED
2点C, Eは直線ADに関して同じ側にあるから, 4点A, D, C, Eは1つの円周上にある。

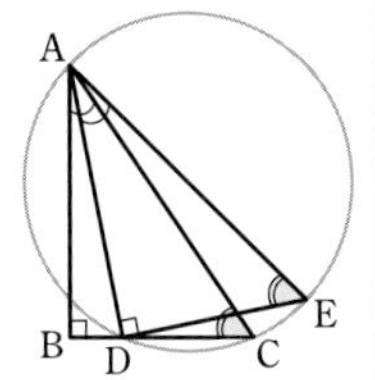

⇦2つの角が等しいから残りの角も等しい。

⇦この円は, 線分AEを直径とする円である。

PR ③83

右の図の正三角形ABCで, 辺AB, AC上にそれぞれ点D(点A, Bとは異なる), E(点A, Cとは異なる)をとり, BD＝AE となるようにする。BEとCDの交点をFとするとき, 4点A, D, F, Eが1つの円周上にあることを証明せよ。

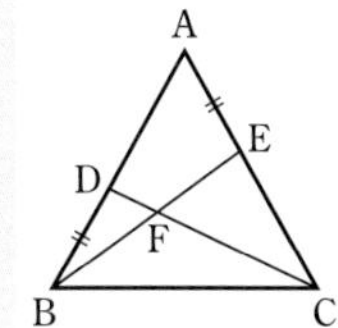

△DBC と △EAB において
　　DB＝EA, BC＝AB,
　　∠DBC＝∠EAB
よって　△DBC≡△EAB
ゆえに　∠BDC＝∠AEB
したがって, 四角形ADFEが円に内接するから, 4点A, D, F, Eは1つの円周上にある。

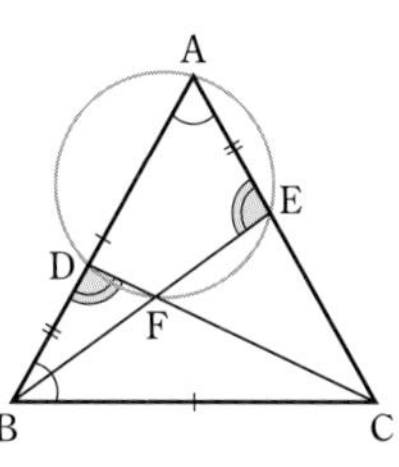

⇦△ABCは正三角形であるから　BC＝AB, ∠ABC＝∠CAB＝60°

⇦(内角)＝(対角の外角)であることを示した。

PR ④84

△ABCの外接円と∠BACの二等分線との交点をMとするとき, MA＝MB＋MC ならば AB＋AC＝2BC であることを, トレミーの定理を用いて証明せよ。

四角形ABMCは円に内接するから,
トレミーの定理を適用して
　AB・MC＋BM・CA＝AM・BC ……①
∠BAM＝∠MAC から
　　$\overparen{\mathrm{MB}}=\overparen{\mathrm{MC}}$
よって　MB＝MC ……②
②から
　　MA＝MB＋MC＝2MC ……③
①に②, ③を代入して
　　AB・MC＋MC・CA＝2MC・BC
両辺をMCで割って
　　AB＋AC＝2BC

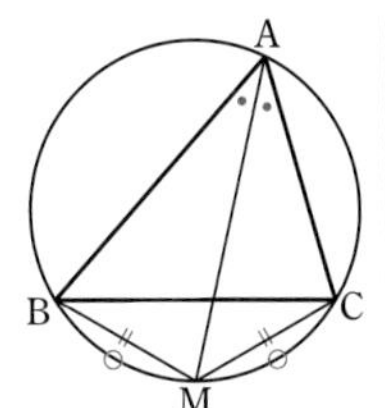

⇦円周角が等しい
⟶弧の長さが等しい

⇦長さの等しい弧に対する弦の長さは等しい。

⇦仮定の式を利用。

⇦MC≠0

PR ②85

(1) △ABCの内接円が辺BC, CA, ABと接する点をそれぞれD, E, Fとする。AB＝9, BC＝10, CA＝7 のとき AF＋BD＋CE の長さを求めよ。
(2) AB＝13, BC＝5, CA＝12 である△ABCの内接円の半径を求めよ。　〔(2) 類 早稲田大〕

HINT (2) △ABCがどんな三角形かを考える。

(1)　AE＝AF，BF＝BD，CD＝CE

であるから

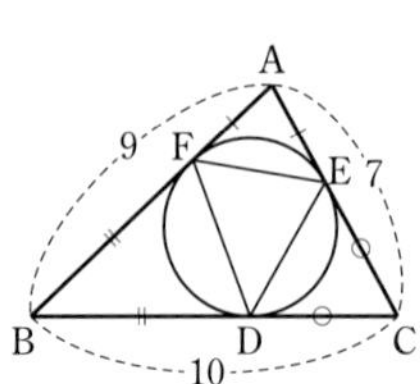

AB＋BC＋CA

＝AF＋FB＋BD＋DC＋CE＋EA

＝2AF＋2BD＋2CE

＝2(AF＋BD＋CE)

ここで，AB＝9，BC＝10，CA＝7 であるから

AB＋BC＋CA＝9＋10＋7＝26

よって　　2(AF＋BD＋CE)＝26

ゆえに　　AF＋BD＋CE＝**13**

⇦例えば，△AFE は AF＝AE の二等辺三角形である。

⇦(AF＋EA)＋(BD＋FB)＋(CE＋DC)

(2)　AB^2＝169，BC^2＝25，CA^2＝144 であるから

$AB^2＝BC^2＋CA^2$

よって，△ABC は ∠C＝90° の直角三角形である。

内接円と辺 AB，BC，CA との接点をそれぞれ P，Q，R とする。

内接円の半径を r とすると

AP＝AR＝12－r，BP＝BQ＝5－r

AP＋BP＝AB であるから

$(12-r)+(5-r)=13$

ゆえに　　$r=2$

よって，△ABC の内接円の半径は　**2**

⇦三平方の定理の逆

⇦内接円の中心をOとすると，四角形 OQCR は正方形となるから

RC＝QC＝r

PR
②**86**

右の図で，四角形 ABCD は円Oに内接し，直線 TT′ は点Bで円Oに接している。

$\overset{\frown}{AB}=\overset{\frown}{AD}$，∠TBA＝47° のとき，∠BCD，∠BAD の大きさを求めよ。

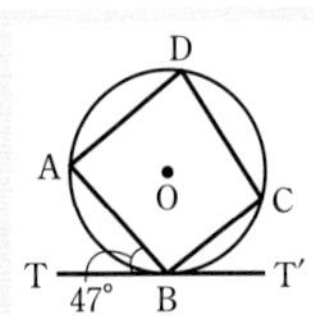

HINT　補助線 AC を引く。

直線 TT′ は円Oの接線であるから

∠ACB＝∠TBA＝47°

$\overset{\frown}{AD}=\overset{\frown}{AB}$ であるから

∠ACD＝∠ACB＝47°

よって

∠BCD＝∠ACB＋∠ACD

＝47°＋47°

＝94°

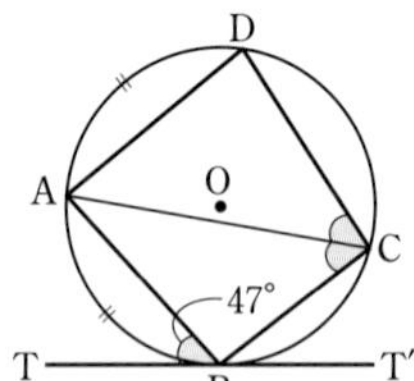

⇦△ABC (弦 AB) と接線 TT′ に対して，接弦定理を適用する。

⇦長さの等しい弧に対する円周角は等しい。

四角形 ABCD は円Oに内接しているから

∠BAD＋∠BCD＝180°

ゆえに　　**∠BAD**＝180°－∠BCD＝180°－94°

＝86°

CHART
(内角)＋(対角)＝180°

PR ③87

右の図のように，円Oに内接する△ABCとAにおける接線 ℓ がある。ただし，AC<BC とする。辺BC上に AD=BD となるように点Dをとり，線分ADの延長と円Oの交点をE，線分ECの延長と ℓ の交点をFとする。このとき，△ABCと△AEFが相似であることを証明せよ。

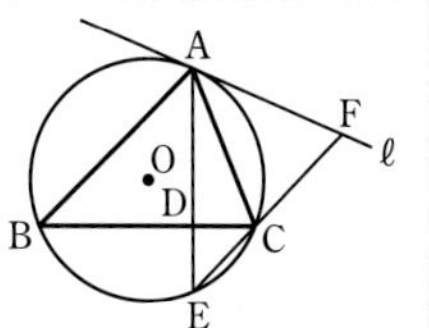

HINT　円周角の定理，接弦定理を利用して，2組の等しい角を見つける。

△ABCと△AEFにおいて

　　∠ABC=∠AEF　…… ①

△ABDは二等辺三角形であるから

　　∠BAD=∠ABD

また，直線 ℓ は円Oの接線であるから

　　∠ABC=∠CAF

ゆえに　∠BAD=∠CAF

よって　∠BAC=∠BAD+∠CAD

　　　　=∠CAF+∠CAD

　　　　=∠EAF　…… ②

①，②から　△ABC∽△AEF

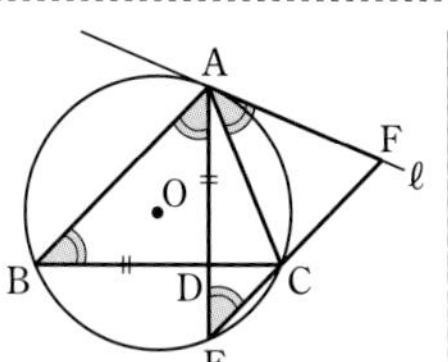

⇦∠ABC=∠AEC（ともに弧ACに対する円周角）

⇦△ABC（弦AC）と接線 ℓ に対して，接弦定理を適用する。

⇦2組の角がそれぞれ等しい。

PR ②88

円Oの外部の点Pからこの円に接線PA，PBを引く。点Bを通り，PAと平行な直線が円Oと再び交わる点をCとするとき，直線ACは△PABの外接円の接線であることを証明せよ。

右の図のように，直線PB上に点Tをとる。PA∥BC から

　　∠APB=∠CBT

直線PTは円Oの接線であるから

　　∠CBT=∠CAB

よって　∠APB=∠CAB

ゆえに，接弦定理の逆により，直線ACは△PABの外接円の接線である。

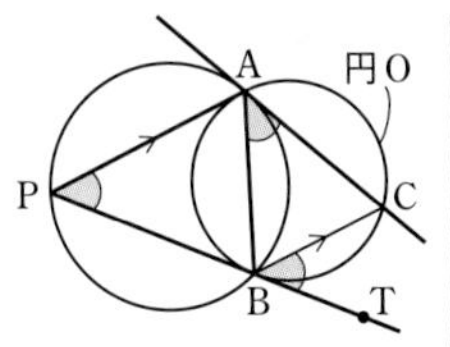

⇦同位角は等しい。

⇦△ABC（弦BC）と接線PTに対して，接弦定理を適用する。

PR ③89

右の図のように，円Oは円Bと2点P，Qで交わり，更に，円Bの直径FGと点A，中心Bで交わっている。また，Eは直線PQと直線FGの交点である。EA=x，AB=a，BG=b とするとき，x を a，b を用いて表せ。

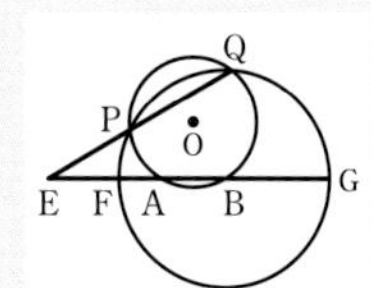

円Oについて，方べきの定理から

　　EP・EQ=EA・EB

円Bについて，方べきの定理から

　　EP・EQ=EF・EG

よって　EA・EB=EF・EG

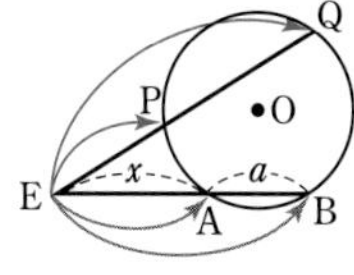

⇦EPQ，EABはともに点Eから引いた円Oの割線。

⇦EPQ，EFGはともに点Eから引いた円Bの割線。

EA$=x$, AB$=a$, BG$=b$ より,
FB$=b$ であるから

$$EA\cdot EB=x(x+a)$$
$$EF\cdot EG=(EB-FB)\cdot EG$$
$$=(x+a-b)(x+a+b)$$

ゆえに　$x(x+a)=(x+a-b)(x+a+b)$
よって　$x^2+ax=x^2+2ax+a^2-b^2$
ゆえに　$ax=b^2-a^2$
よって　$\boldsymbol{x=\dfrac{b^2-a^2}{a}}$

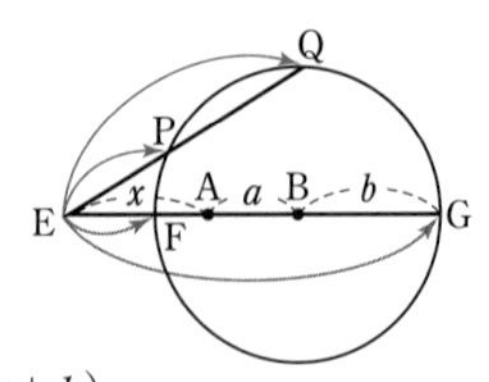

⇐FG は円Bの直径であるから
FB=(円Bの半径)
=BG

⇐$\{(x+a)-b\}\{(x+a)+b\}$
$=(x+a)^2-b^2$

⇐AB<FB=BG から
$b>a$

PR ③90 円Oに, 円外の点Pから接線 PA, PB を引き, 線分 AB と PO の交点Mを通る円Oの弦 CD を引く。このとき, 4点 P, C, O, D は1つの円周上にあることを証明せよ。ただし, C, D は直線 PO 上にないものとする。

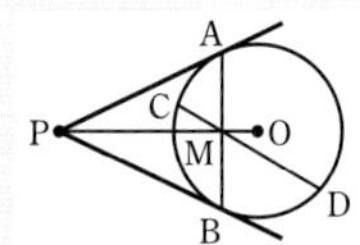

HINT　方べきの定理の逆を利用する。MP・MO=MC・MD を示せばよい。

∠PAO=∠PBO=90° であるから,
4点 A, P, B, O は1つの円周上にある。
その円において, 方べきの定理から
MA・MB=MP・MO
円Oにおいて, 方べきの定理から
MA・MB=MC・MD
よって　MP・MO=MC・MD
ゆえに, 方べきの定理の逆から, 4点 P, C, O, D は1つの円周上にある。

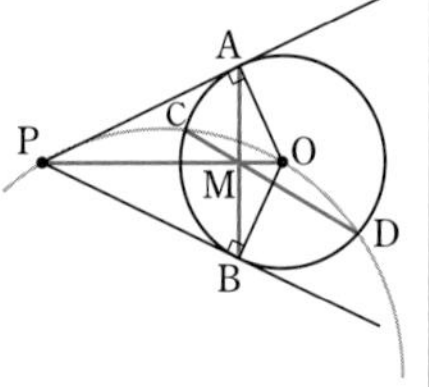

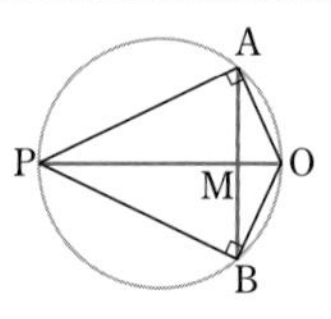

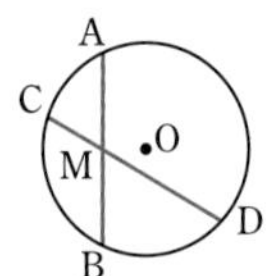

PR ②91 右の図において, 直線 AB は円 O, O′ に, それぞれ点 A, B で接している。円 O, O′ の半径を, それぞれ 4, 2 とし, 中心 O, O′ 間の距離を 8 とするとき, 線分 AB の長さを求めよ。

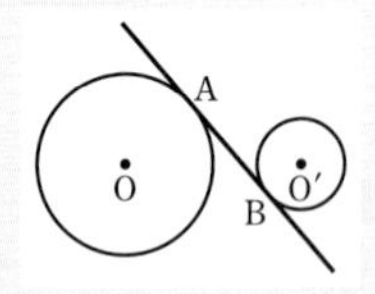

直線 AB は 2 つの円 O, O′ の共通接線であるから
OA⊥AB, O′B⊥AB
ゆえに, 点 O′ から直線 OA に垂線 O′H を下ろすと, 四角形 ABO′H は長方形となる。
よって　AB=HO′, AH=BO′=2
ゆえに　OH=OA+AH=4+2=6

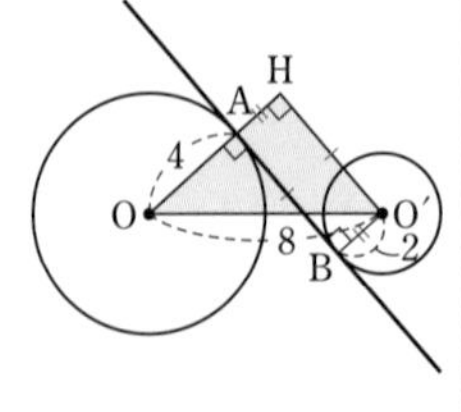

HINT　直角三角形を作り, 三平方の定理を適用。

⇐接線は, 接点を通る半径と垂直。

$\triangle$OO′H に三平方の定理を適用すると

$$\mathrm{O'H}=\sqrt{8^2-6^2}$$
$$=2\sqrt{7}$$

よって　　AB$=$**$2\sqrt{7}$**

⇦ $\triangle$OO′H は $\angle \mathrm{H}=90^\circ$ の直角三角形であるから $\mathrm{O'H}=\sqrt{\mathrm{OO'}^2-\mathrm{OH}^2}$

inf.　右の図のように，２つの円 O，O′ が互いに外部にある場合，共通外接線の２つの接点間の距離（線分 AB の長さ）は右の図から

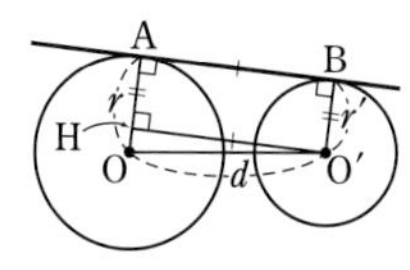

⇦$d>r+r'$ の場合。

$$\mathrm{AB}=\mathrm{O'H}=\sqrt{\mathrm{OO'}^2-\mathrm{OH}^2}$$
$$=\sqrt{d^2-(r-r')^2}$$

3章
PR

PR
③92　点Pで外接する２つの円 O，O′ の共通外接線の接点をそれぞれ C，D とする。
Pを通る直線と２つの円 O，O′ との交点をそれぞれ A，B とすると AC⊥BD であることを証明せよ。

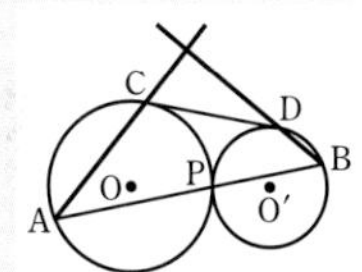

Pを通る共通内接線を引き，CD との交点をQとすると

$\angle$QCP$=\angle$QPC，
$\angle$QDP$=\angle$QPD

⇦$\triangle$QCP，$\triangle$QDP は二等辺三角形となる。

よって

$\angle$DCP$+\angle$CPD$+\angle$PDC
$=\angle$QCP$+(\angle$QPC$+\angle$QPD$)+\angle$QDP
$=2(\angle$QPC$+\angle$QPD$)$

ゆえに　　$2(\angle$QPC$+\angle$QPD$)=180^\circ$

⇦$\triangle$CPD の内角の和は 180°

よって　　$\angle$QPC$+\angle$QPD$=90^\circ$　…… ①

ここで，接弦定理から

$\angle$QPC$=\angle$CAP，$\angle$QPD$=\angle$DBP　…… ②

CHART
接線と三角形で接弦定理
$\triangle$CAP（弦 PC）と接線 PQ，$\triangle$DPB（弦 PD）と接線 PQ に対して，それぞれ接弦定理を適用する。

①，② から

$\angle$CAP$+\angle$DBP$=90^\circ$

２直線 AC，BD の交点をRとすると

$\angle$ARB$=180^\circ-(\angle$RAB$+\angle$RBA$)$
$=180^\circ-90^\circ$
$=90^\circ$

⇦$\triangle$RAB の内角の和は 180°

したがって　　AC⊥BD

別解　（① を導くまでの別解）

Pを通る共通接線を引き，CD との交点をQとすると

QC$=$QP$=$QD

よって，$\triangle$CPD は線分 CD を直径とする円に内接する。

ゆえに　$\angle$QPC$+\angle$QPD$=\angle$CPD$=90^\circ$

⇦直径は直角

PR ④93 右の図のように，円に内接する四角形 ABCD の辺 AB，CD の延長の交点をE，辺 BC，AD の延長の交点をFとする。また，E，F からこの円に接線 EP，FQ を引く。このとき，$EP^2+FQ^2=EF^2$ であることを証明せよ。

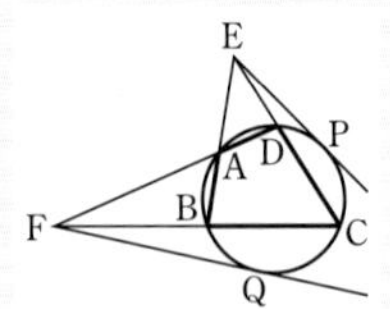

方べきの定理から

$EP^2=EA\cdot EB$ …… ①

$FQ^2=FA\cdot FD$ …… ②

⇦直線 EP，直線 FQ は円の接線。

ここで，3点 A，F，B を通る円と EF の交点をKとする。

方べきの定理から

$EA\cdot EB=EK\cdot EF$

これを ① に代入して

$EP^2=EK\cdot EF$ …… ③

四角形 KFBA は円に内接するから

$\angle AKF=\angle ABC$

円に内接する四角形
⟺(内角)=(対角の外角)

また，四角形 ABCD は円に内接するから

$\angle ABC=\angle ADE$

ゆえに　$\angle AKF=\angle ADE$

よって，4点 A，D，E，K は1つの円周上にある。

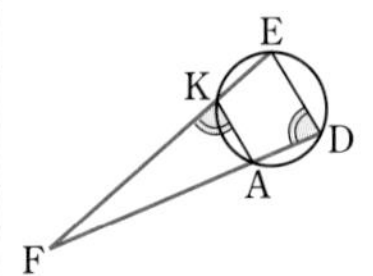

ゆえに，方べきの定理から

$FA\cdot FD=FK\cdot FE$

これを ② に代入して

$FQ^2=FK\cdot FE$ …… ④

③＋④ から

$$EP^2+FQ^2=EK\cdot EF+FK\cdot FE$$
$$=(EK+FK)\cdot EF$$
$$=EF^2$$

⇦EK＋KF＝EF

PR ①94 与えられた線分 AB に対して，次の点を作図せよ。
(1) 線分 AB を 3：2 に内分する点E
(2) 線分 AB を 3：1 に外分する点F

(1) ① 点Aを通り，直線 AB と異なる半直線 ℓ を引く。

② ℓ 上に，AC：CD＝3：2 となるように点 C，D をとる。

⇦点Cは，線分 AD を 3：2 に内分する点。

③ 点Cを通り，直線 BD に平行な直線を引き，線分 AB との交点をEとする。点Eが求める点である。

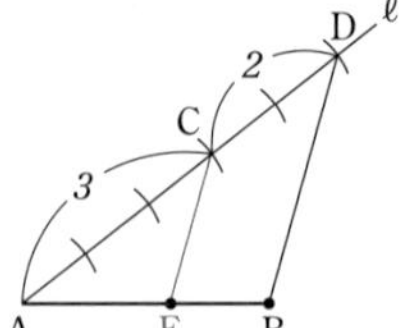

BD∥EC より AE：EB＝AC：CD であるから，点Eは線分 AB を 3：2 に内分する点である。

(2) ①　点 A を通り，直線 AB と異なる半直線 ℓ を引く。

②　ℓ 上に，AC：CD＝2：1 となるように点 C，D をとる。

③　点 D を通り，直線 BC に平行な直線を引き，直線 AB との交点を F とする。点 F が求める点である。

BC∥FD より AF：FB＝AD：DC であるから，点 F は線分 AB を 3：1 に外分する点である。

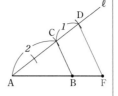

⇦点 C は，線分 AD を 2：1 に内分する点。

PR ②95　長さ 1 の線分 AB および長さ a の線分が与えられたとき，長さ $\dfrac{1}{a}$ の線分を作図せよ。

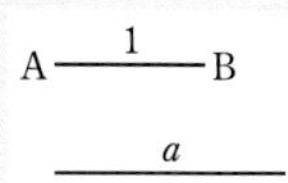

①　点 A を通り，直線 AB と異なる半直線 ℓ を引く。

②　ℓ 上に，AC＝a，CD＝1 となるように点 C，D をとる。ただし，点 C は線分 AD 上にとる。

③　点 D を通り，直線 BC に平行な直線を引き，直線 AB との交点を E とする。線分 BE が求める線分である。

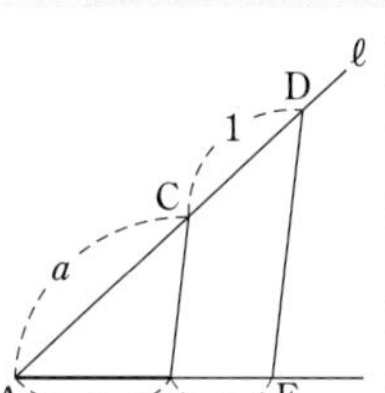

BE＝x とすると，BC∥ED から

$$1 : x = a : 1 \quad \text{すなわち} \quad x = \frac{1}{a}$$

よって，線分 BE は長さ $\dfrac{1}{a}$ の線分である。

⇦$x=\dfrac{1}{a}$ とおくと
$1 : x = a : 1$
平行線と線分の比を利用できるような図を作る。

PR ②96　長さ a の線分が与えられたとき，$\sqrt{3}\,a$ の長さの線分を作図せよ。

①　1 辺の長さ a の正方形 ABCD をかき，対角線 BD を引く。

②　線分 BC の C を越える延長上に，BD＝BE となる点 E をとり，E を通る直線 BE の垂線と直線 AD との交点を F とする。

③　線分 BF を引く。これが求める線分である。

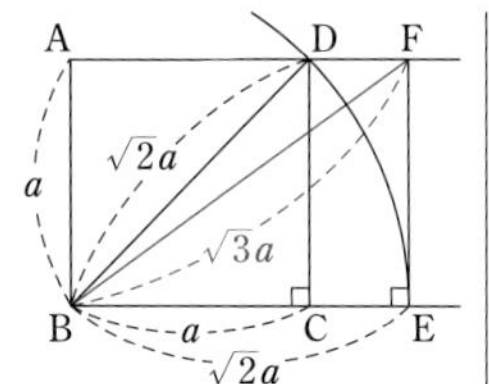

△BCD において，三平方の定理により

$$BD^2 = BC^2 + CD^2 \quad \text{すなわち} \quad BD^2 = a^2 + a^2 = 2a^2$$

ゆえに　$BD = \sqrt{2}\,a$

△BEF において，三平方の定理により

$$BF^2 = BE^2 + EF^2 \quad \text{すなわち} \quad BF^2 = 2a^2 + a^2 = 3a^2$$

⇦∠BCD＝90°
⇦BD＞0
⇦∠BEF＝90°

ゆえに　　$BF=\sqrt{3}a$

よって，線分 BF は長さ $\sqrt{3}a$ の線分である。

⇦BF＞0

別解

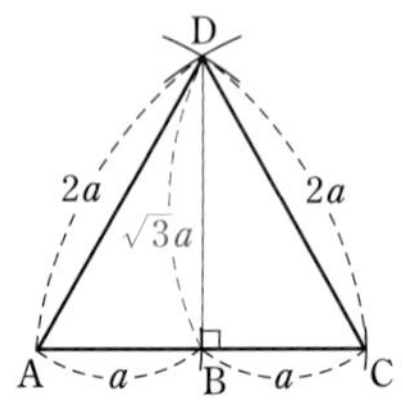

① 1辺の長さ a の線分 AB のBを越える延長上に，AB＝BC となる点Cをとる。

② AD＝CD＝AC となる点Dをとり，線分 BD を引く。これが求める線分である。

△ACD は1辺の長さ $2a$ の正三角形で，AB＝a であるから

$$AD:AB:BD=2:1:\sqrt{3}$$

よって，線分 BD は長さ $\sqrt{3}a$ の線分である。

⇦Bは辺 AC の中点。

PR ③**97**　右の図のように，三角形 ABC がある。正方形 PQRS を，線分 BC 上に辺 QR があり，頂点Pが線分 AB 上，頂点Sが線分 AC 上にあるように作図せよ。

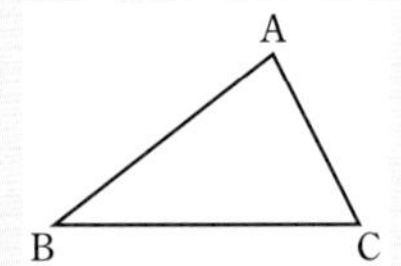

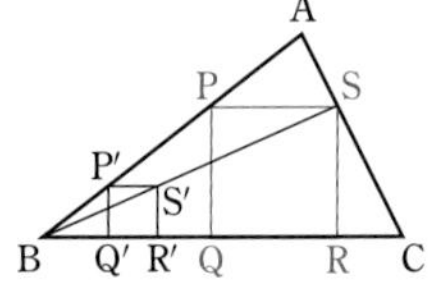

① 線分 AB 上に点 P′ をとり，P′ から線分 BC に垂線 P′Q′ を引く。

② 線分 P′Q′ を1辺とする正方形 P′Q′R′S′ を，R′ が Q′ よりもCに近くなるようにかく。

③ 直線 BS′ と線分 AC の交点をSとし，Sから線分 BC に平行に引いた直線と線分 AB の交点をPとする。

④ S，Pから線分 BC 上にそれぞれ垂線 SR，PQ を引く。四角形 PQRS が求める正方形である。

⇦①，②で，まず条件の一部を満たす正方形をかく。

このとき，平行線と線分の比の関係から

$$S'R':SR=BS':BS=P'S':PS$$

S′R′＝P′S′ であるから　　SR＝PS

よって，四角形 PQRS は正方形であり，条件を満たす。

inf.　2つの四角形は，Bを相似の中心として相似の位置にある。

PR ④**98**　長さ a，b の線分が与えられたとき，2次方程式 $x^2-ax-b^2=0$ の正の解を長さとする線分を作図せよ。

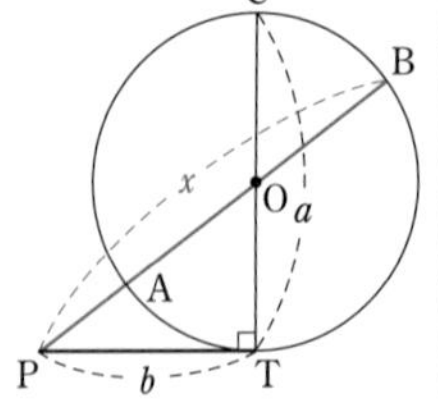

① 長さ a の線分 CT を直径とする円Oをかく。

② TにおいてCTの垂線を引き，その上に PT＝b となるようにPをとる。

③ 直線 OP と円Oとの交点を，Pに近い方からA，Bとする。線分 PB が求める線分である。

inf.　重要例題 98 と同様に，2次方程式 $x^2-ax-b^2=0$ の解は $x=\frac{a\pm\sqrt{a^2+4b^2}}{2}$ であり，正の解は

$$\frac{a+\sqrt{a^2+4b^2}}{2}$$

他の解は負となる。

方べきの定理により　　$PA \cdot PB = PT^2$

よって，$PB = x$ とすると，$PA = PB - AB = x - a$ であるから

$$(x-a)x = b^2$$

ゆえに　　$x^2 - ax - b^2 = 0$

したがって，線分 PB が 2 次方程式 $x^2 - ax - b^2 = 0$ の正の解を長さとする線分である。

PR ①99

(1) 平面 α の垂線 ℓ を平面 β が含むとき，平面 α と平面 β は垂直であるといえるか。

(2) 直方体 ABCD-EFGH において，面 EFGH の対角線 FH は辺 BF に垂直であるといえるか。

(1)

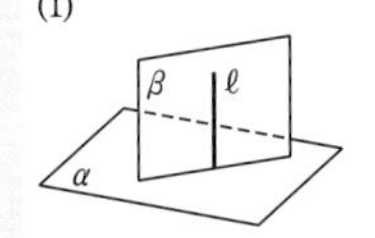

(2)

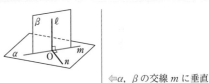

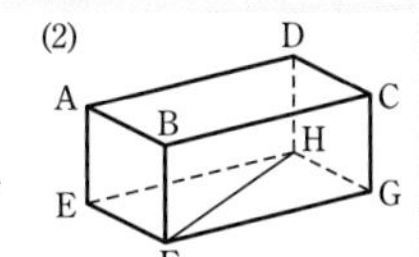

(1) ℓ と α との交点を O，α と β との交線を m，O を通り，m に垂直な α 上の直線を n とする。

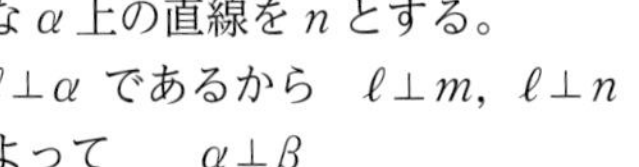

$\ell \perp \alpha$ であるから　$\ell \perp m$，$\ell \perp n$

よって　　$\alpha \perp \beta$

したがって，平面 α と平面 β は垂直であると **いえる。**

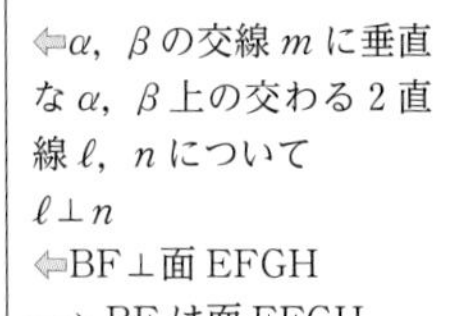

⇦α，β の交線 m に垂直な α，β 上の交わる 2 直線 ℓ，n について $\ell \perp n$

(2) $BF \perp EF$，$BF \perp FG$ であるから　　$BF \perp$ 面 EFGH

対角線 FH は面 EFGH 上にあるから　　$FH \perp BF$

したがって，面 EFGH の対角線 FH は辺 BF に垂直であると **いえる。**

⇦$BF \perp$ 面 EFGH
⟶ BF は面 EFGH 上のすべての直線に垂直。

PR ②100

空間内の 2 つの直線 ℓ，m と平面 α について，次の記述が正しいか正しくないかを答えよ。

(1) $\alpha \perp \ell$，$\ell /\!/ m$ のとき，$\alpha \perp m$ である。

(2) $\ell /\!/ \alpha$ かつ $m /\!/ \alpha$ ならば，$\ell /\!/ m$ である。

(3) $\ell /\!/ \alpha$ かつ $m \perp \alpha$ ならば，ℓ と平行で m と垂直な直線がある。

(1) **正しい**

(1)

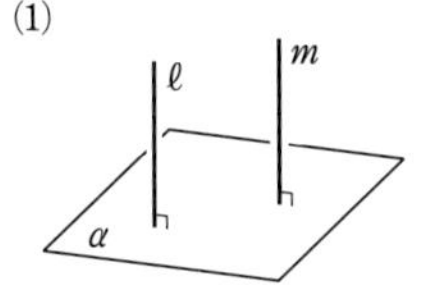

(2) $\ell /\!/ \alpha$ かつ $m /\!/ \alpha$ であっても，ℓ と m がねじれの位置にあることがある。

よって，**正しくない。**

⇦まず平面 α を考えて，それに対し，直線 ℓ，m がどうなるかを考えてみる。

(3) **正しい**

(2)

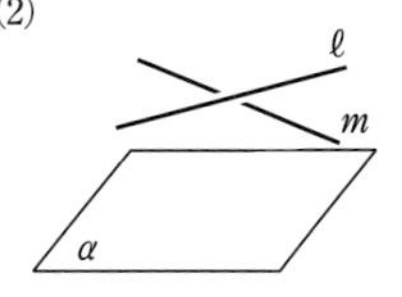

(3)

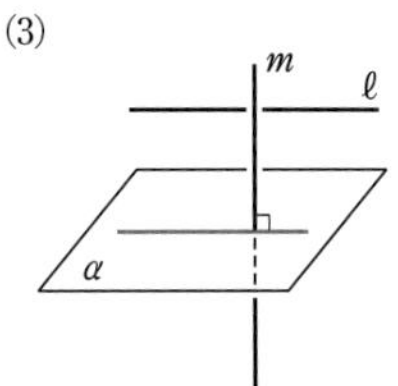

PR ③101 正十二面体の各辺の中点を通る平面で，すべてのかどを切り取ってできる多面体の面の数 f，辺の数 e，頂点の数 v を，それぞれ求めよ。

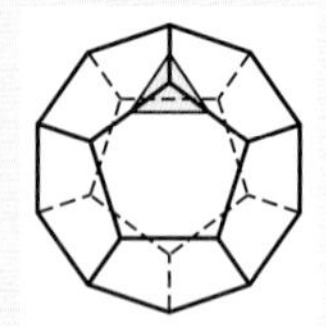

正十二面体は，各面が正五角形であり，1つの頂点に集まる面の数は3である。したがって，正十二面体の

辺の数は　$5\times12\div2=30$

頂点の数は　$5\times12\div3=20$ …… ①

次に，問題の多面体について考える。

正十二面体の1つのかどを切り取ると，新しい面として正三角形が1つできる。

① より，正三角形が20個できるから，この数だけ，正十二面体より面の数が増える。

したがって，面の数は　$f=12+20=\mathbf{32}$

辺の数は，正三角形が20個あるから　$e=3\times20=\mathbf{60}$

頂点の数は，オイラーの多面体定理から

$v=60-32+2=\mathbf{30}$

問題の多面体は，

二十面十二面体

である。これは基本例題101と同じ多面体である。

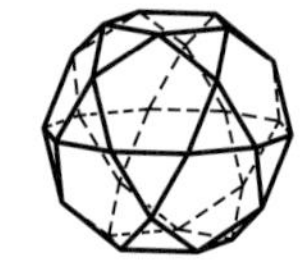

⇦正十二面体の各辺の中点が，問題の多面体の頂点になることに着目して，頂点の数から先に求めてもよい。

PR ③102 1辺の長さが6 cmの立方体がある。この立方体において，各面の対角線の交点を頂点とする正八面体の体積を求めよ。

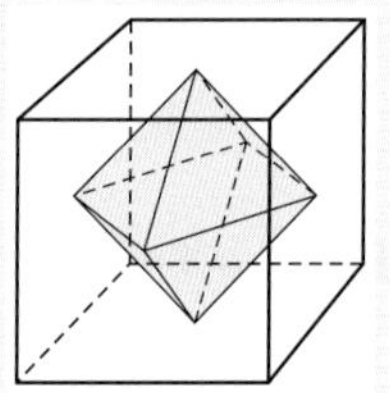

正八面体を上下2つの合同な四角錐に分けて考える。

四角錐の底面積は，右の図から

$$6\times6-\left(\frac{1}{2}\times3\times3\right)\times4=18\ (\text{cm}^2)$$

よって，求める体積は

$$\left(\frac{1}{3}\times18\times3\right)\times2=\mathbf{36\ (cm^3)}$$

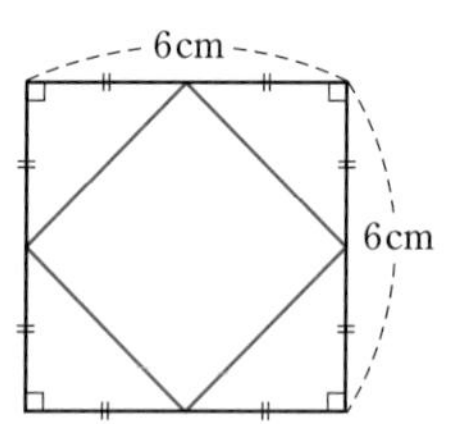

⇦問題の図を上から見た図。

⇦$(3\sqrt{2})^2=18$ としてもよい。

⇦合同な四角錐2つの体積。

EX ②56

△ABC の辺 BC の中点を M とし，∠AMB，∠AMC の二等分線が辺 AB，AC と交わる点を D，E とする。このとき，線分 DE の長さを求めよ。ただし，BC=60，AM=20 とする。

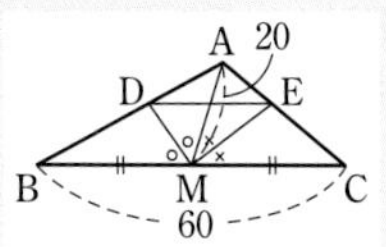

MD は ∠AMB の二等分線であるから

$$\mathrm{AD}:\mathrm{DB}=\mathrm{MA}:\mathrm{MB}=20:\frac{60}{2}$$

$$=2:3 \quad \cdots\cdots ①$$

⇦(線分比)＝(三角形の 2 辺の比)

同様に，ME は ∠AMC の二等分線であるから

AE：EC＝MA：MC＝2：3　…… ②

①，② から　　DE // BC

⇦AD：DB＝AE：EC

ゆえに　　DE：BC＝AD：AB＝2：(2＋3)＝2：5

⇦平行線と線分の比

よって　　$\mathrm{DE}=\frac{2}{5}\mathrm{BC}=\frac{2}{5}\cdot 60=$**24**

EX ③57

△ABC の ∠A の二等分線と辺 BC との交点Dは，辺 BC を AB：AC に内分する。このことを，次の 2 つの方法により，それぞれ証明せよ。

(1) 頂点Cを通る，直線 AB に平行な直線と直線 AD の交点をEとするとき，△ABD と △ECD に着目する。

(2) 点Dから直線 AB，AC に垂線を下ろし，△ABD と △ACD の面積に着目する。

(1) △ABD と △ECD において，

AB // CE から

∠BAD＝∠CED …… ①

⇦錯角

また　∠ADB＝∠EDC

⇦対頂角

よって　△ABD∽△ECD

⇦2 組の角がそれぞれ等しい (三角形の相似条件)。

ゆえに　BD：CD＝AB：EC …… ②

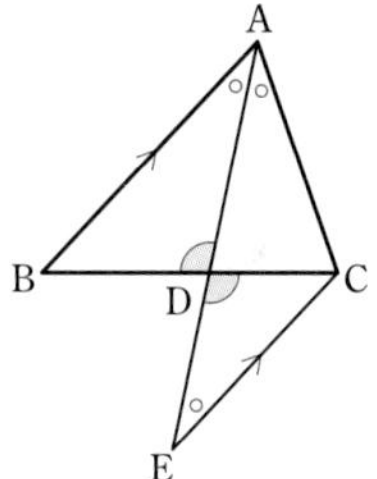

一方，∠BAD＝∠CAD であるから，

① より　∠CED＝∠CAD

よって　EC＝AC　…… ③

⇦△CAE は二等辺三角形。

②，③ から

BD：DC＝AB：AC

(2) 点Dから直線 AB，AC に下ろした垂線を，それぞれ DP，DQ とする。

△APD と △AQD において

∠APD＝∠AQD＝90°，

∠DAP＝∠DAQ，

AD は共通

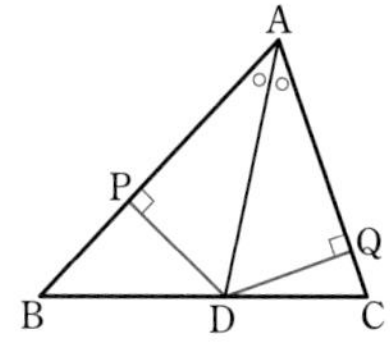

⇦斜辺と 1 つの鋭角がそれぞれ等しい (直角三角形の合同条件)。

よって　　△APD≡△AQD

ゆえに　　DP＝DQ

したがって　　△ABD：△ACD＝AB：AC　…… ④

⇦2 つの三角形の高さが等しいから，面積比は底辺の長さの比となる。⑤も同様。

また，△ABD と △ACD について

△ABD：△ACD＝BD：DC　…… ⑤

④，⑤ から　　BD：DC＝AB：AC

EX ③58 △ABC において，外心 O の，辺 BC，CA，AB に関する対称点をそれぞれ P，Q，R とするとき，O は △PQR の垂心であることを証明せよ。

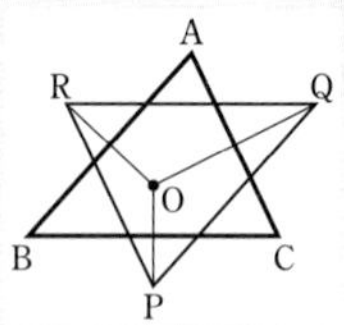

HINT 平行四辺形の性質をうまく利用する。例えば，「向かい合う 2 辺は平行で，その長さが等しい」。

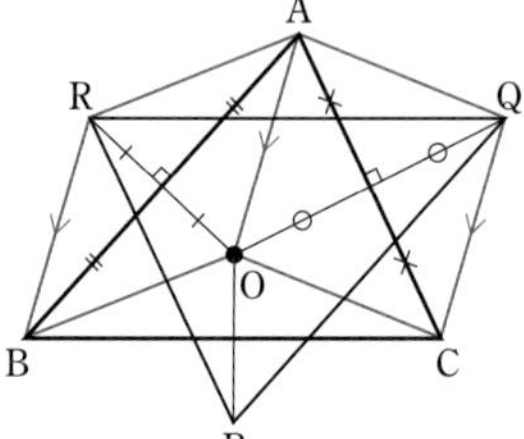

線分 AB と 線分 RO は互いに他を 2 等分しているから，四角形 ARBO は平行四辺形である。
よって
　　RB∥AO，RB＝AO …… ①
線分 AC と 線分 QO は互いに他を 2 等分しているから，四角形 AOCQ は平行四辺形である。
よって

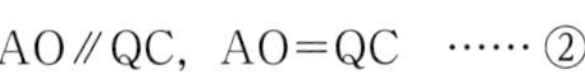

　　AO∥QC，AO＝QC　…… ②
①，② から
　　RB∥QC，RB＝QC
したがって，四角形 RBCQ は平行四辺形である。
ゆえに　RQ∥BC
RQ∥BC，OP⊥BC から　OP⊥RQ
同様にして　OQ⊥PR，OR⊥QP
よって，O は △PQR の垂心である。

⇦四角形の 2 本の対角線がそれぞれの中点で交わるとき，その四角形は平行四辺形である。

inf.　△ABC が ∠A＝90° の直角三角形の場合，△ABC の外心 O と点 P は一致し，PR⊥PQ となる。このとき，点 P(点 O) は △PQR の垂心である。

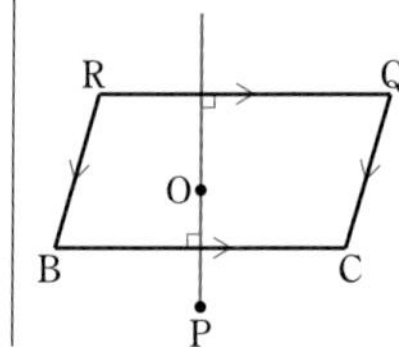

EX ③59 △ABC において，辺 BC，CA，AB に関して，内心 I と対称な点をそれぞれ P，Q，R とするとき，I は △PQR についてはどのような点か。

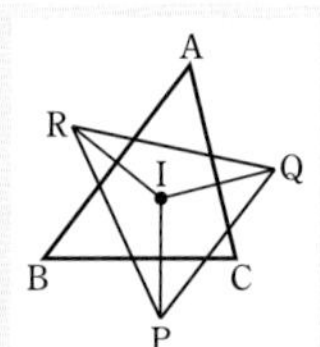

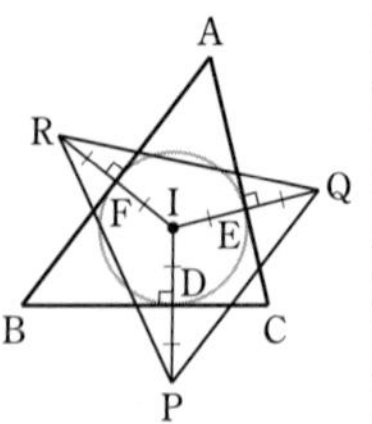

IP⊥BC，IQ⊥CA，IR⊥AB である。
また，IP と BC，IQ と CA，IR と AB の交点を，それぞれ D，E，F とすると，I は △ABC の内心であるから
　　ID＝IE＝IF　…… ①
また，P，Q，R は内心 I と各辺に関して対称な点であるから
　　IP＝2ID，IQ＝2IE，IR＝2IF　…… ②
①，② から　IP＝IQ＝IR
したがって，I は △PQR の **外心** である。

HINT　三角形の内接円と 3 辺との接点は，3 辺に関して内心と対称な点と内心を結ぶ線分のそれぞれの中点となる。

EX ③60

△ABC の頂点Aにおける内角の二等分線と，頂点Bにおける外角の二等分線と，頂点Cにおける外角の二等分線は１点で交わることを証明せよ。

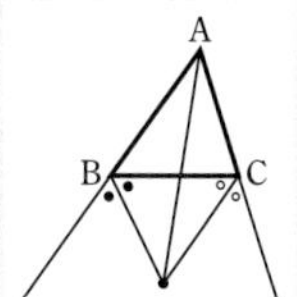

HINT　∠B，∠C の外角の二等分線の交点が，∠A の二等分線上にあることを示す。

∠B，∠C の外角の二等分線の交点をPとする。

点Pから辺 BC，CA，AB またはその延長に下ろした垂線を PD，PE，PF とする。

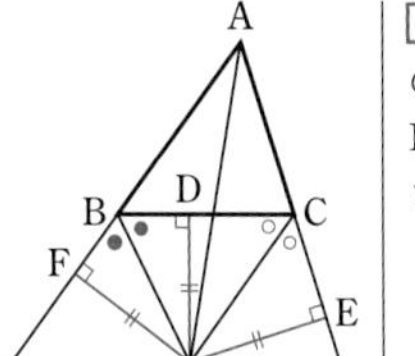

inf.　本冊 p.362 定理７の**傍心** I_a **の証明問題**。I_b，I_c も同様にして証明される。

△PCD と △PCE において

∠PDC＝∠PEC＝90°,

∠PCD＝∠PCE,

PC は共通

ゆえに　△PCD≡△PCE

⇦直角三角形の合同。斜辺と１鋭角がそれぞれ等しい。

よって　PD＝PE　…… ①

同様に，△PBD≡△PBF から

PD＝PF　…… ②

①，② から　PF＝PE

よって　△PAF≡△PAE

⇦直角三角形の合同。斜辺と他の１辺がそれぞれ等しい。

ゆえに　∠PAF＝∠PAE

したがって，AP は ∠A の二等分線である。

よって，∠A の二等分線と，∠B，∠C の外角の二等分線は１点で交わる。

EX ③61

△ABC の辺 BC，CA，AB の中点を，それぞれ D，E，F とすると，△ABC と △DEF の重心が一致することを証明せよ。

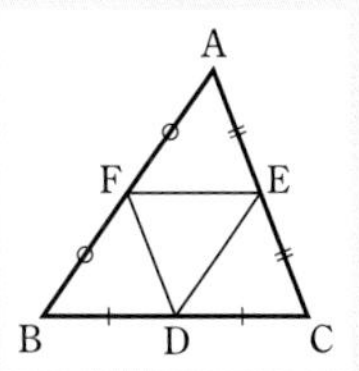

AD と FE の交点を L，CF と DE の交点をMとし，△ABC の重心をGとする。

HINT　中点連結定理を適用する。

△ABC において，中点連結定理を適用して

DF∥CA，ED∥AB

よって，四角形 AFDE は平行四辺形であるから

FL＝LE

⇦平行四辺形の２本の対角線は互いの中点で交わる。

ゆえに，DL は△DEF の中線である。

…… ①

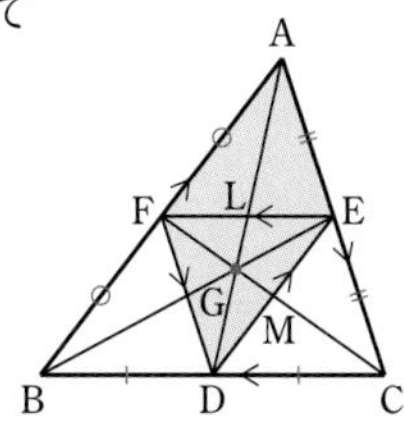

同様に，FE // BC，DF // CA であるから，四角形 FDCE は平行四辺形である。

⇦中点連結定理を適用。

よって　　DM＝ME

⇦平行四辺形の性質から。

ゆえに，FM は △DEF の中線である。 …… ②

①，② より，△DEF において，G は中線 DL，FM の交点であるから，△DEF の重心である。

⇦重心は 2 本の「中線」で決まる。

よって，△ABC と △DEF の重心は一致する。

EX
③**62**

△ABC の重心を G，外心を O，内心を I とする。

(1) BC＞CA＞AB のとき，△GBC，△GCA，△GAB の面積の大きさを比較すると，次のようになる。

△GBC ア□ △GCA ア□ △GAB

ア□ に当てはまるものを，次の ①～③ のうちから 1 つ選べ。

① ＜　　② ＝　　③ ＞

(2) ∠A＝$2a$，∠B＝$2b$，∠C＝$2c$ とすると，∠BIC＝イ□°＋ウ□ である。
ゆえに，∠BIC＝125° のとき，∠BOC＝エ□° である。
ただし，ウ□ については，当てはまるものを，次の ①～⑥ のうちから 1 つ選べ。

① a　② b　③ c　④ $2a$　⑤ $2b$　⑥ $2c$

(1) 辺 BC，CA，AB の中点をそれぞれ D，E，F とする。
G は △ABC の重心であるから

AG：GD＝BG：GE＝CG：GF＝2：1

⇦重心の性質

よって　　△GBC＝$\frac{1}{3}$△ABC

△GCA＝$\frac{1}{3}$△ABC

△GAB＝$\frac{1}{3}$△ABC

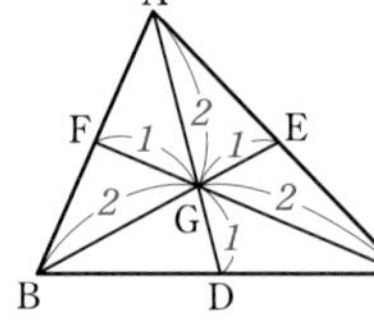

⇦△GBC と △ABC は底辺 BC が共通で，高さの比は GD：AD＝1：3 である。他の三角形も同様。

ゆえに

△GBC＝△GCA＝△GAB　（ア②）

(2) ∠A＋∠B＋∠C＝180° から

$2a+2b+2c=180°$

⇦三角形の内角の和

ゆえに　　$a+b+c=90°$

I は内心であるから

∠IBC＝b，∠ICB＝c

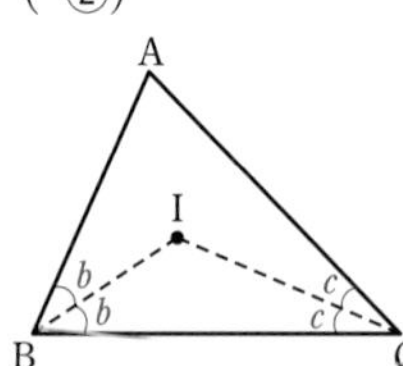

⇦内心は，3 つの内角の二等分線の交点。

よって　　∠BIC＝180°－$(b+c)$

＝180°－$(90°-a)$

＝イ**90°＋$\boldsymbol{a}$**　（ウ①）

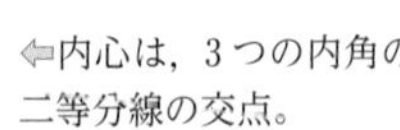

⇦$a+b+c=90°$ から
$b+c=90°-a$

したがって，∠BIC＝125° のとき

$90°+a=125°$

よって　　$a=35°$

ゆえに　　∠BOC＝2∠A＝$4a$

＝エ**140°**

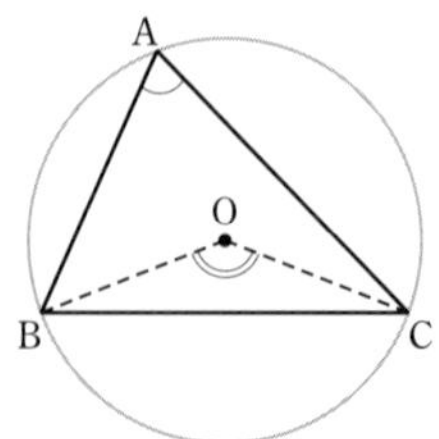

⇦点 O は外接円の中心であり，中心角 ∠BOC は円周角 ∠A の 2 倍。

EX ③63　重心と垂心が一致する△ABC は正三角形であることを証明せよ。

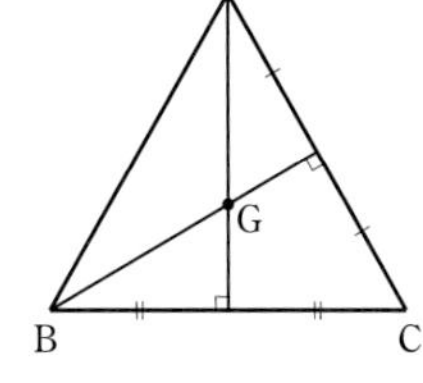

△ABC の重心をGとすると，直線 AG は△ABC の中線であるから，直線 AG は線分 BC を 2 等分する。　…… ①
また，G は△ABC の垂心でもあるから　　AG⊥BC　…… ②
①，② から，直線 AG は線分 BC の垂直二等分線である。
ゆえに　　AB＝AC　…… ③
同様に，Gが△ABC の重心であることから，直線 BG は線分 CA を 2 等分する。
また，G は△ABC の垂心でもあるから
　　BG⊥CA
ゆえに，直線 BG は線分 CA の垂直二等分線であるから
　　BC＝BA　…… ④
③，④ から　　AB＝BC＝CA
したがって，△ABC は正三角形である。

inf.　PRACTICE 67 で，外心と垂心が一致する三角形は正三角形であることを証明した。
一般に，**ある三角形において，その外心，垂心，内心，重心のうちの 2 つが一致するならば，その三角形は正三角形である**ことが知られている。

EX ④64　(1)　△ABC の内心を I とする。このとき，△ABI：△BCI：△CAI の比を求めよ。
(2)　△ABC の内部に 1 点Pがある。△ABP＝△BCP＝△CAP の場合，P は△ABC のどのような点か。

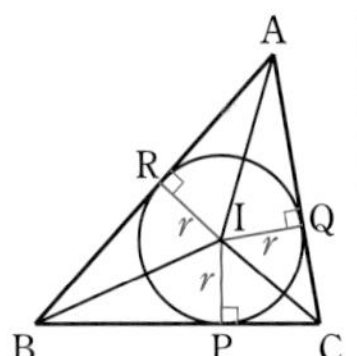

(1)　点 I から辺 BC，CA，AB に下ろした垂線を IP，IQ，IR とする。
I は△ABC の内心であるから，内接円の半径を r とすると
　　IP＝IQ＝IR＝r
ゆえに
　　△ABI：△BCI：△CAI
$$=\frac{1}{2}\mathrm{AB}\cdot\mathrm{IR}:\frac{1}{2}\mathrm{BC}\cdot\mathrm{IP}:\frac{1}{2}\mathrm{CA}\cdot\mathrm{IQ}$$
$$=\frac{r}{2}\mathrm{AB}:\frac{r}{2}\mathrm{BC}:\frac{r}{2}\mathrm{CA}$$
＝**AB：BC：CA**

HINT　本冊 p.370 INFORMATION **三角形の面積比** を参照。
　等高 ⟶ 底辺の比
　等底 ⟶ 高さの比

⇦それぞれ辺 AB，BC，CA を底辺として考えている。

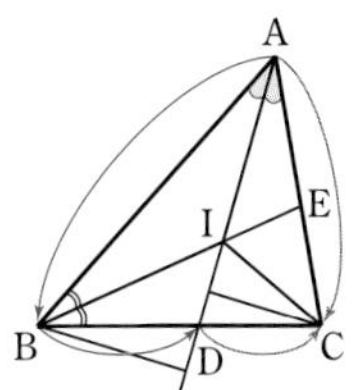

別解　AI と BC の交点を D，BI と CA の交点をEとする。
このとき
　　△ABI：△CAI＝△IBD：△IDC
　　　　　　　　＝BD：DC
AD は∠A の二等分線であるから
　　BD：DC＝AB：AC
ゆえに　　△ABI：△CAI＝AB：AC　…… ①
同様に考えて

⇦角の二等分線と比の定理(本冊 p.361 定理 1)を適用する。
⇦△ABI と△CAI の比は，△ABI (底辺 AI) の高さと△CAI (底辺 AI) の高さの比に等しい。
また，△IBD と△IDC の比は，底辺 BD と DC の比に等しい。

$\triangle ABI : \triangle BCI = BA : BC$ …… ②

①, ② から

$\triangle ABI : \triangle BCI : \triangle CAI =$ **AB : BC : CA**

(2) APとBCの交点をD, BPとCAの交点をEとする。

$\triangle ABP = \triangle CAP$ であるから，それぞれの三角形の底辺をAPと考えると

$BD = DC$

すなわち，ADは△ABCの中線である。 …… ①

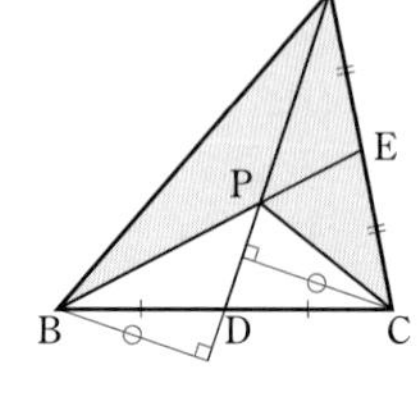

同様に考えて，$\triangle ABP = \triangle BCP$ であるから

$AE = EC$

すなわち，BEは△ABCの中線である。 …… ②

①, ② から，Pは△ABCの **重心** である。

(2) 2つの三角形の面積が等しいとき，底辺の長さが等しいなら高さも等しい。

⇦重心は2本の「中線」で決まる。

EX ③65 正三角形でない△ABCの外心をO，重心をG，垂心をHとするとき，Gは線分OH上にあって，OG : GH = 1 : 2 となることを，以下に従って証明せよ。

(1) 辺BCの中点をL，線分GH，AGの中点をそれぞれM，Nとするとき，四角形OLMNは平行四辺形になることを証明せよ。ただし，$AH = 2OL$ であることを利用してよい。

(2) 点Gは線分OH上にあることを証明せよ。

(3) $OG : GH = 1 : 2$ を証明せよ。

(1) Oは外心であるから

$OL \perp BC$ …… ①

また　$AH \perp BC$ …… ②

$AH = 2OL$ …… ③

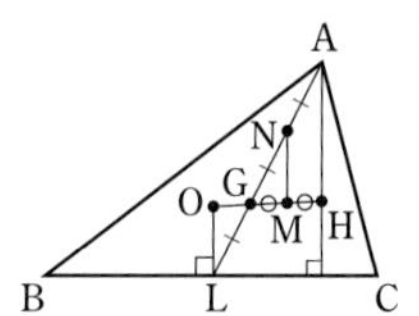

⇦③が成り立つことの証明は，基本例題68を参照。

一方，△GHAにおいて，中点連結定理により

$NM /\!/ AH$ …… ④

$NM = \frac{1}{2} AH$ …… ⑤

①, ②, ④ から

$NM /\!/ OL$

また，③, ⑤ から

$NM = OL$

よって，四角形OLMNは平行四辺形である。

⇦1組の対辺が平行で，長さが等しい。

(2) 点Gは重心であるから

$AG : GL = 2 : 1$

点NはAGの中点であるから

$NG : GL = 1 : 1$

よって，Gは平行四辺形OLMNの対角線の中点である。

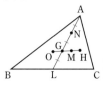

ゆえに，対角線 OM は線分 AL とGで交わるから，Gは線分 OH 上にある。

(3)　$OG=GM=\frac{1}{2}GH$ であるから

$$OG:GH=1:2$$

⇦点 M は線分 GH の中点。

補足　外心，重心，垂心が通る直線（この問題の直線 OH）を **オイラー線** という。なお，正三角形の外心，内心，重心，垂心は一致するため，正三角形ではオイラー線は定義できない。

EX ④66　△ABC の重心をGとするとき，△ABC の辺，中線およびそれらの延長上にない任意の点Pに対して，次の等式が成り立つことを証明せよ。

$$AP^2+BP^2+CP^2=AG^2+BG^2+CG^2+3GP^2$$

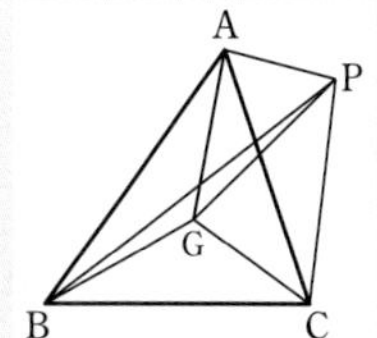

辺 BC の中点を L，線分 AG の中点をMとする。

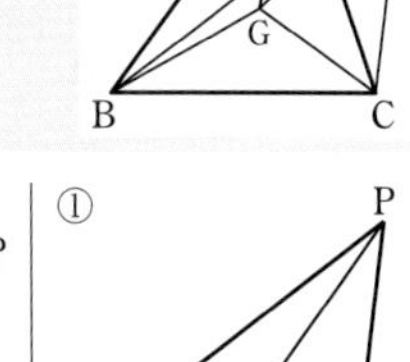

△PBC に中線定理を適用して

$PB^2+PC^2=2PL^2+2BL^2$　…… ①

△PAG に中線定理を適用して

$PA^2+PG^2=2PM^2+2AM^2$ …… ②

①，② から

$AP^2+BP^2+CP^2$

$=2PL^2+2BL^2+2PM^2+2AM^2-GP^2$　…… ③

また，△PML に中線定理を適用して

$PM^2+PL^2=2PG^2+2MG^2$　…… ④

④ を ③ の右辺に代入して

$AP^2+BP^2+CP^2=3GP^2+4MG^2+2BL^2+2AM^2$　…… ⑤

更に，△GBC に中線定理を適用して

$GB^2+GC^2=2GL^2+2BL^2$　…… ⑥

⑥ から　$2BL^2=GB^2+GC^2-2GL^2$

これを ⑤ の右辺に代入して

$AP^2+BP^2+CP^2=BG^2+CG^2+3GP^2$

$+4MG^2+2AM^2-2GL^2$　…… ⑦

ここで，$AM=MG=GL$ であるから

$4MG^2+2AM^2-2GL^2=4MG^2$

$=(2MG)^2$

$=AG^2$　…… ⑧

よって，⑦，⑧ から

$AP^2+BP^2+CP^2=AG^2+BG^2+CG^2+3GP^2$

①
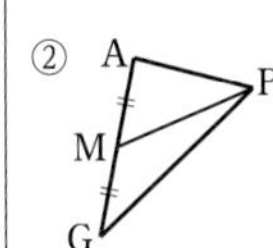

②
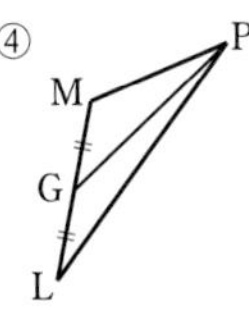

④
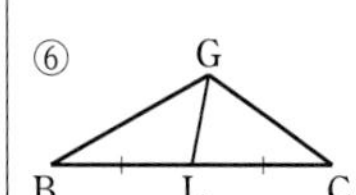

⑥

EX ②67　△ABC の辺 BC の中点を M とする。線分 AM 上に A，M と異なる点 P をとり，BP と辺 AC，CP と辺 AB の交点をそれぞれ D，E とする。
(1) DE∥BC であることを証明せよ。
(2) ED と AM の交点を Q とするとき，Q は線分 DE の中点であることを証明せよ。

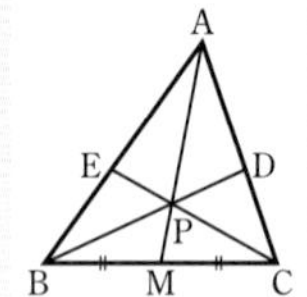

(1) チェバの定理により

$$\frac{BM}{MC}\cdot\frac{CD}{DA}\cdot\frac{AE}{EB}=1$$

BM=MC であるから

$$\frac{AE}{EB}=\frac{AD}{DC}$$

よって　　DE∥BC

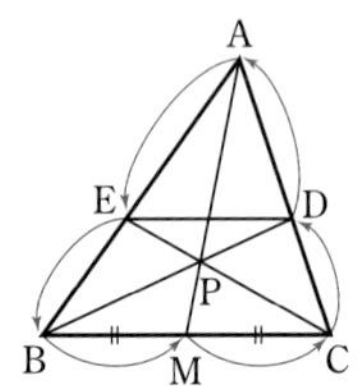

⇦ $\frac{CD}{DA}\cdot\frac{AE}{EB}=1$

(2) △AED において，チェバの定理により

$$\frac{AB}{BE}\cdot\frac{EQ}{QD}\cdot\frac{DC}{CA}=1 \quad \cdots\cdots ①$$

ここで，DE∥BC から

$$\frac{AB}{BE}=\frac{CA}{DC} \quad \cdots\cdots ②$$

② を ① に代入すると

$$\frac{CA}{DC}\cdot\frac{EQ}{QD}\cdot\frac{DC}{CA}=1 \qquad よって \qquad \frac{EQ}{QD}=1$$

したがって，Q は線分 DE の中点である。

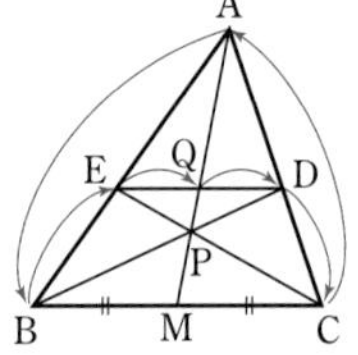

⇦(1) の結果を利用。

⇦平行線と線分の比

EX ③68　1 辺の長さ 1 の正三角形 ABC において，BC を 1：2 に内分する点を D，CA を 1：2 に内分する点を E，AB を 1：2 に内分する点を F とし，更に BE と CF の交点を P，CF と AD の交点を Q，AD と BE の交点を R とする。このとき，△PQR の面積を求めよ。

△ABD と直線 CF にメネラウスの定理を用いると

$$\frac{AF}{FB}\cdot\frac{BC}{CD}\cdot\frac{DQ}{QA}=1$$

よって　$\frac{1}{2}\cdot\frac{3}{2}\cdot\frac{DQ}{QA}=1$

ゆえに　DQ：QA=4：3 …… ①

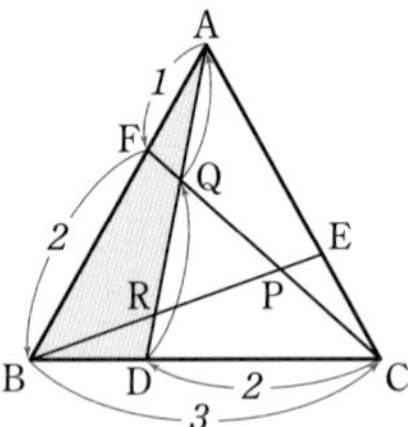

△ADC と直線 BE にメネラウスの定理を用いると

$$\frac{AR}{RD}\cdot\frac{DB}{BC}\cdot\frac{CE}{EA}=1$$

よって　$\frac{AR}{RD}\cdot\frac{1}{3}\cdot\frac{1}{2}=1$

ゆえに　AR：RD=6：1 …… ②

①，② から　AQ：QR：RD=3：3：1

同様にして　CP：PQ：QF=3：3：1

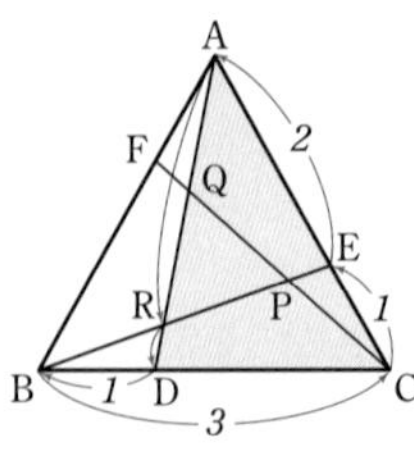

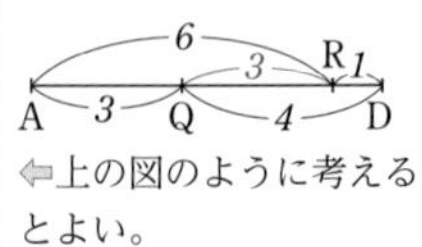

⇦上の図のように考えるとよい。

よって　　$\triangle \mathrm{PQR}=\frac{1}{2}\triangle \mathrm{CQR}$

$=\frac{1}{2}\cdot\frac{3}{7}\triangle \mathrm{CAD}$

$=\frac{1}{2}\cdot\frac{3}{7}\cdot\frac{2}{3}\triangle \mathrm{ABC}$

$=\frac{1}{7}\triangle \mathrm{ABC}$

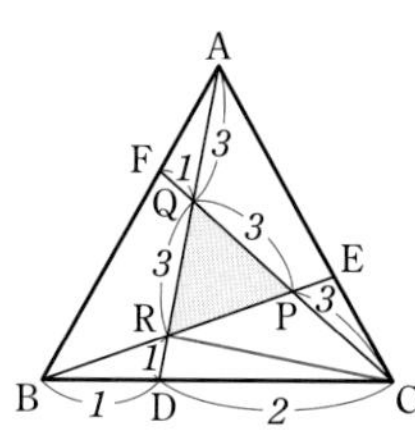
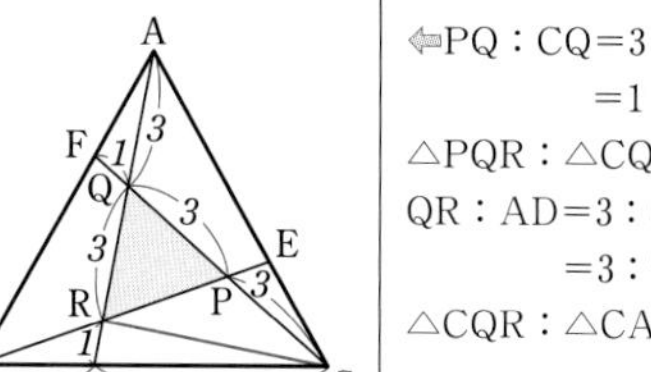

⇐PQ : CQ=3 : (3+3)
　　=1 : 2 から
△PQR : △CQR=1 : 2
QR : AD=3 : (3+3+1)
　　=3 : 7 から
△CQR : △CAD=3 : 7

$\triangle \mathrm{ABC}=\frac{1}{2}\cdot 1\cdot\frac{\sqrt{3}}{2}=\frac{\sqrt{3}}{4}$ であるから

$\triangle \mathrm{PQR}=\frac{1}{7}\cdot\frac{\sqrt{3}}{4}=\boldsymbol{\frac{\sqrt{3}}{28}}$

別解　(① を導くまでは同じ)

① から　　$\triangle \mathrm{AQC}=\frac{3}{7}\triangle \mathrm{ADC}=\frac{3}{7}\cdot\frac{2}{3}\triangle \mathrm{ABC}=\frac{2}{7}\triangle \mathrm{ABC}$

同様にして

$\triangle \mathrm{BRA}=\frac{3}{7}\triangle \mathrm{BEA}=\frac{3}{7}\cdot\frac{2}{3}\triangle \mathrm{BCA}=\frac{2}{7}\triangle \mathrm{ABC}$

$\triangle \mathrm{CPB}=\frac{3}{7}\triangle \mathrm{CFB}=\frac{3}{7}\cdot\frac{2}{3}\triangle \mathrm{CAB}=\frac{2}{7}\triangle \mathrm{ABC}$

よって　　$\triangle \mathrm{PQR}=\triangle \mathrm{ABC}-(\triangle \mathrm{AQC}+\triangle \mathrm{BRA}+\triangle \mathrm{CPB})$

$=\triangle \mathrm{ABC}-3\cdot\frac{2}{7}\triangle \mathrm{ABC}=\frac{1}{7}\triangle \mathrm{ABC}$

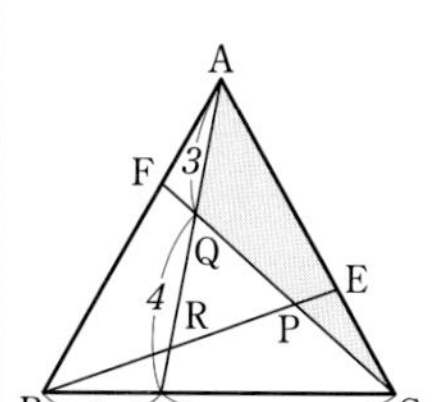

$\triangle \mathrm{ABC}=\frac{1}{2}\cdot 1\cdot\frac{\sqrt{3}}{2}=\frac{\sqrt{3}}{4}$ であるから

$\triangle \mathrm{PQR}=\frac{1}{7}\cdot\frac{\sqrt{3}}{4}=\boldsymbol{\frac{\sqrt{3}}{28}}$

EX ③69

鋭角三角形 ABC (AB>AC) の，∠A の二等分線 AD，中線 AM，垂線 AH について，次のことを示せ。

(1)　図のように AM=A′M として　　∠BAM<∠CAM

(2)　∠BAH>∠CAH

(3)　二等分線 AD は中線 AM と垂線 AH の間にある。

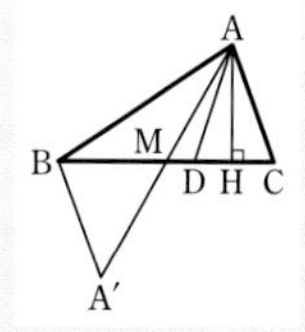

HINT　(3)　AD，AM，AH はすべて点Aを通る。そこで，これらの直線と AB，または AC とでできる角に注目する。

(1)　AM=A′M，BM=CM であるから，
四角形 ABA′C は平行四辺形である。

よって　　AC=A′B

AC<AB であるから

　　A′B<AB

ゆえに　　∠BAA′<∠BA′A

すなわち　∠BAM<∠BA′M

∠BA′M=∠CAM であるから

　　∠BAM<∠CAM

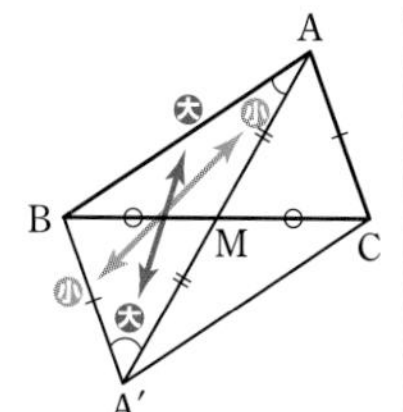

⇐2 本の対角線がそれぞれの中点で交わる四角形は平行四辺形。

⇐(角の大小)
　⟺(辺の大小)

⇐BA′∥AC

(2) △ABH と △ACH の内角と外角の関係から

$\angle B+\angle BAH=\angle AHC=90°$

$\angle C+\angle CAH=\angle AHB=90°$

⇦AH⊥BC

よって

$\angle B+\angle BAH=\angle C+\angle CAH$

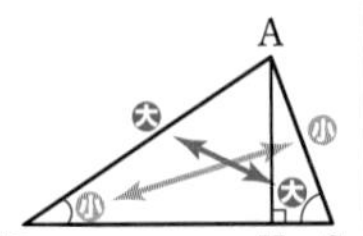

ここで，△ABC において

AB>AC

よって　∠C>∠B

ゆえに　∠B+∠BAH>∠B+∠CAH

⇦∠C+∠CAH >∠B+∠CAH

したがって　∠BAH>∠CAH

(3) AD は ∠A の二等分線であるから

$\angle BAD=\angle CAD=\dfrac{1}{2}\angle A$

(1) より ∠BAM<∠CAM であるから

$\angle BAM<\dfrac{1}{2}\angle A=\angle BAD$

よって，中線 AM は AD に関してBの側にある。

また，(2) より ∠BAH>∠CAH であるから

$\angle CAH<\dfrac{1}{2}\angle A=\angle CAD$

よって，垂線 AH は AD に関してCの側にある。

ゆえに，二等分線 AD は中線 AM と垂線 AH の間にある。

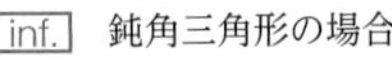

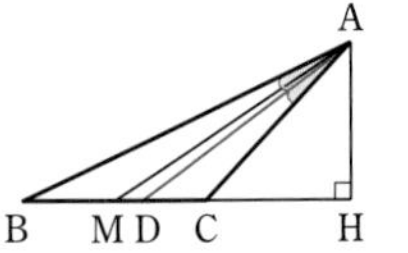

EX ④70 △ABC の内部の1点Oと3頂点を結ぶ直線が，辺 BC，CA，AB と交わる点をそれぞれ D，E，F とし，FE のEを越える延長が辺 BC の延長と交わる点をGとする。

(1) BD：DC=BG：GC であることを証明せよ。

(2) Oが △ABC の内心であるとき，∠DAG の大きさを求めよ。

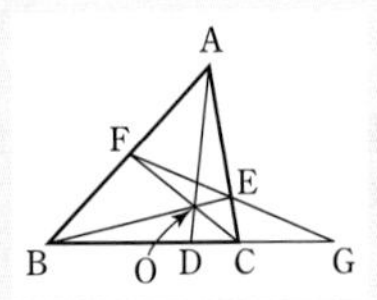

(1) △ABC において，チェバの定理により

$\dfrac{BD}{DC}\cdot\dfrac{CE}{EA}\cdot\dfrac{AF}{FB}=1$ …… ①

また，△ABC と直線 FG にメネラウスの定理を用いると

$\dfrac{BG}{GC}\cdot\dfrac{CE}{EA}\cdot\dfrac{AF}{FB}=1$ …… ②

①，② から　$\dfrac{BD}{DC}=\dfrac{BG}{GC}$

よって　BD：DC=BG：GC

(2) 直線 AO は ∠BAC の二等分線であるから

⇦Oが △ABC の内心。

BD：DC=AB：AC

⇦**(線分比)=(三角形の 2 辺の比)**

これと (1) の結果より

AB：AC=BG：GC

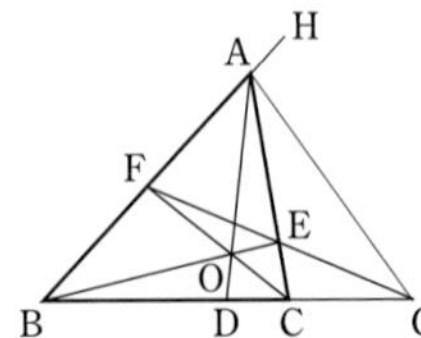

よって，直線 AG は $\angle BAC$ の外角の二等分線である。
ゆえに，半直線 BA の延長上の点を Hとすると

$$\begin{aligned}\angle DAG &= \angle DAC + \angle CAG \\ &= \frac{1}{2}\angle BAC + \frac{1}{2}\angle CAH \\ &= \frac{1}{2}(\angle BAC + \angle CAH) \\ &= \frac{1}{2}\cdot 180^\circ = \mathbf{90^\circ}\end{aligned}$$

⇦ $\angle DAC = \angle DAB$
　$\angle CAG = \angle GAH$

EX ④71 四角形 ABCD の対角線 AC の長さがいずれの辺よりも小さいとき，対角線 BD の長さはいずれの辺よりも大きいことを証明せよ。

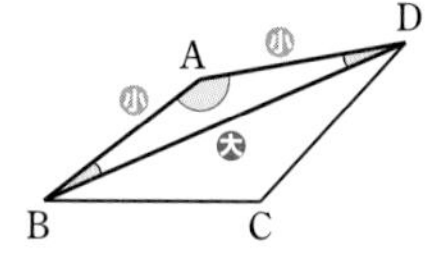

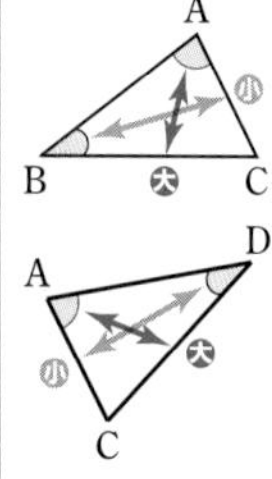

$\triangle ABC$ において，$BC > AC$ であるから

　$\angle BAC > \angle ABC$ …… ①

$\triangle ACD$ において，$CD > AC$ であるから

　$\angle CAD > \angle ADC$ …… ②

①，② の各辺を加えて

　$\angle BAC + \angle CAD > \angle ABC + \angle ADC$

すなわち　$\angle BAD > \angle ABC + \angle ADC$

よって，$\triangle ABD$ において

　$\angle BAD > \angle ABD$，$\angle BAD > \angle ADB$

ゆえに　$BD > AD$，$BD > AB$ …… ③

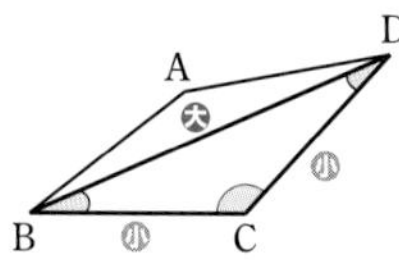

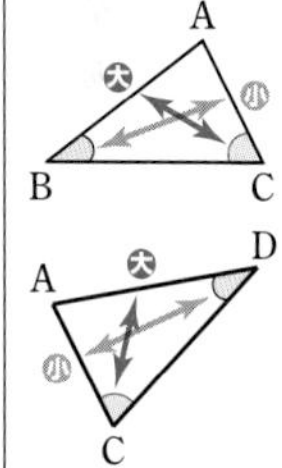

$\triangle ABC$ において，$AB > AC$ であるから

　$\angle ACB > \angle ABC$ …… ④

$\triangle ACD$ において，$AD > AC$ であるから

　$\angle ACD > \angle ADC$ …… ⑤

④，⑤ の各辺を加えて

　$\angle ACB + \angle ACD > \angle ABC + \angle ADC$

すなわち　$\angle BCD > \angle ABC + \angle ADC$

よって，$\triangle BCD$ において

　$\angle BCD > \angle CBD$，$\angle BCD > \angle BDC$

ゆえに　$BD > CD$，$BD > BC$ …… ⑥

③，⑥ から，対角線 BD の長さはいずれの辺よりも大きい。

EX ③72

右の図で，$\angle APB=30^\circ$，$\angle PAC=60^\circ$，$\overset{\frown}{AB}+\overset{\frown}{CD}$ は円周の $\frac{2}{3}$ である。

(1) $\overset{\frown}{CE}:\overset{\frown}{ED}$ を求めよ。

(2) $AQ=6$，$QC=1$ であるとき，線分 PD の長さを求めよ。

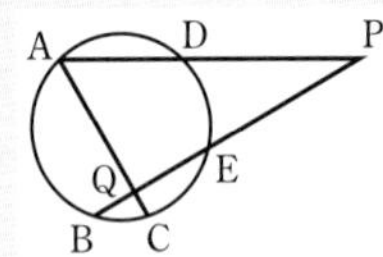

HINT (1) 円周角が中心角の半分であることを利用。
(2) $\triangle PDE\equiv\triangle ACE$ であることを示す。

(1) $\overset{\frown}{AB}+\overset{\frown}{CD}$ が円周の $\frac{2}{3}$ であるから

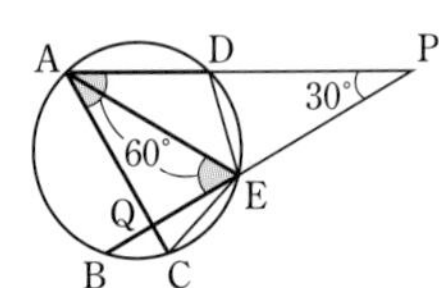

$\angle AEB+\angle CAD=\frac{1}{2}\times\left(360^\circ\times\frac{2}{3}\right)$
$=120^\circ$

⇦弧 AB と弧 CD の中心角の和は　$360^\circ\times\frac{2}{3}$

$\angle CAD=60^\circ$ であるから
$\angle AEB=60^\circ$

$\angle APE=30^\circ$ であるから
$\angle EAP=\angle AEB-\angle APE=60^\circ-30^\circ=30^\circ$

⇦$\angle AEB$ は，$\triangle AEP$ における $\angle E$ の外角。

ゆえに　$\angle CAE=\angle CAD-\angle EAD=60^\circ-30^\circ=30^\circ$

よって　$\overset{\frown}{CE}:\overset{\frown}{ED}=\angle CAE:\angle EAD=$**1：1**

⇦円周角と弧の長さは比例する。

(2) $\triangle PDE$ と $\triangle ACE$ において

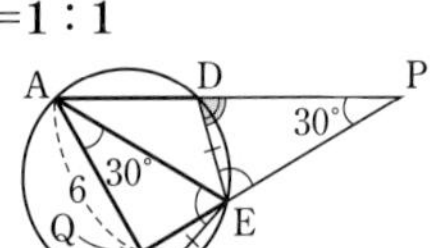

$\angle DPE=\angle CAE=30^\circ$

四角形 ACED は円に内接するから

$\angle PDE=\angle ACE$ ……①

⇦(内角)=(対角の外角)

ゆえに　$\angle PED=\angle AEC$ ……②

(1) より，$\overset{\frown}{ED}=\overset{\frown}{CE}$ であるから

$ED=EC$ ……③

①，②，③ から　$\triangle PDE\equiv\triangle ACE$

⇦1辺とその両端の角がそれぞれ等しい。

よって　$PD=AC=6+1=$**7**

EX ③73

図のように，円に内接する $\triangle ABC$ の $\angle A$ の外角 $\angle CAD$ の二等分線が円と再び交わる点を E，辺 BC の延長と交わる点を F とする。$AE=AC$ であるとき，$BE=CF$ であることを証明せよ。

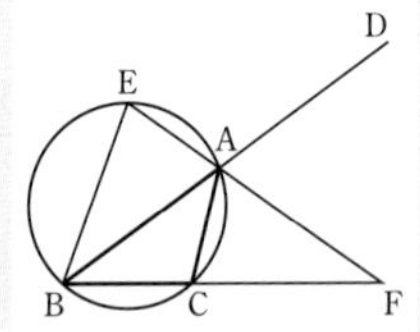

$\triangle BAE$ と $\triangle FAC$ において　$AE=AC$ …… ①

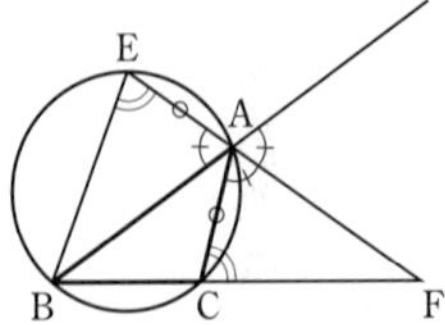

$\angle DAF=\angle FAC$，$\angle DAF=\angle BAE$ であるから

⇦$\angle DAF$ と $\angle BAE$ は対頂角。

$\angle BAE=\angle FAC$ …… ②

ここで，四角形 AEBC は円に内接しているから

$\angle AEB=\angle ACF$ …… ③

⇦(内角)=(対角の外角)

①，②，③ より，1辺とその両端の角がそれぞれ等しいから

$\triangle BAE\equiv\triangle FAC$　　よって　$BE=CF$

EX ②74 右の図のように，$\angle A=90°$ の直角三角形 ABC の外側に，正三角形 BAD と正三角形 ACE を作る。線分 CD と線分 BE の交点をPとするとき，4点 C，E，A，P は1つの円周上にあることを証明せよ。

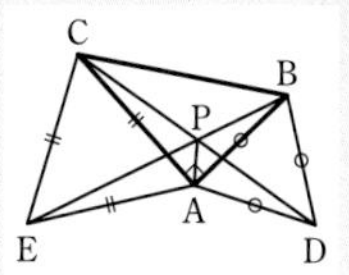

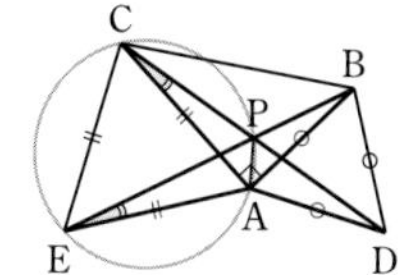

△ABE と △ADC において

$AB=AD$

$AE=AC$

$\angle EAB=150°=\angle CAD$

よって　△ABE≡△ADC

ゆえに　$\angle BEA=\angle DCA$　すなわち　$\angle PEA=\angle PCA$

2点 C，E は直線 AP に関して同じ側にあるから，4点 C，E，A，P は1つの円周上にある。

⇦$\angle EAC=\angle BAD=60°$，$\angle CAB=90°$

⇦2辺とその間の角がそれぞれ等しい。

⇦円周角の定理の逆

EX ③75 △ABC の内心を I とし，△IBC の外心をDとすると，4点 A，B，C，D は1つの円周上にあることを証明せよ。

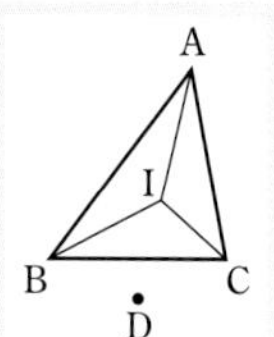

$\angle A=2\alpha$，$\angle B=2\beta$，$\angle C=2\gamma$ とおく。

点Dは △IBC の外心であるから

$$\angle BIC=\frac{1}{2}(360°-\angle BDC)$$

$$=180°-\frac{1}{2}\angle BDC \quad \cdots\cdots ①$$

一方　$\angle BIC=(\alpha+\beta)+(\alpha+\gamma)$

$$=2\alpha+\beta+\gamma \quad \cdots\cdots ②$$

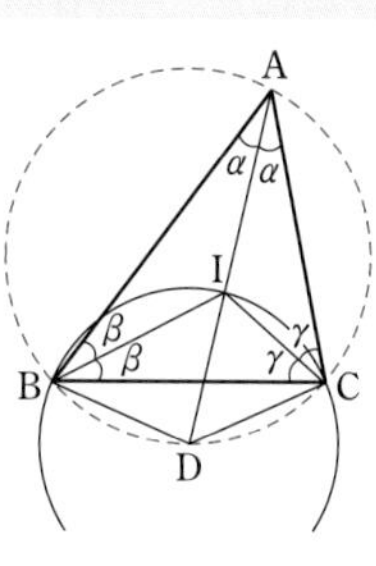

⇦円周角 $\angle BIC$ $=(\text{中心角 } \angle BDC)\times\frac{1}{2}$

⇦$\angle BIC=\angle BID+\angle CID$

①，② から

$$2\alpha+\beta+\gamma=180°-\frac{1}{2}\angle BDC$$

両辺を2倍して

$$4\alpha+2\beta+2\gamma=360°-\angle BDC$$

$$2\alpha+(2\alpha+2\beta+2\gamma)=360°-\angle BDC$$

$$2\alpha+180°=360°-\angle BDC$$

よって　$2\alpha+\angle BDC=180°$

ゆえに，4点 A，B，C，D は1つの円周上にある。

⇦$2\alpha+2\beta+2\gamma$ は，△ABC の内角の和。

⇦(内角)+(対角)=180°

別解　△IBC の外接円において，円周角の定理により　$\angle IDC=2\angle IBC=2\beta$

同様に　$\angle IDB=2\gamma$

よって　$\angle BDC=2\beta+2\gamma$

ゆえに，四角形 ABCD において

$$\angle A+\angle D=2\alpha+(2\beta+2\gamma)=180°$$

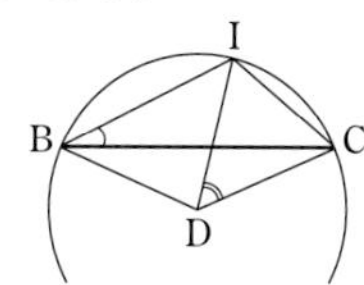

⇦$\overset{\frown}{IC}$ に対して (中心角)=(円周角)×2

EX ③76 △ABC において，∠C=90°，AB：AC=5：4 とする。辺 BC の点C側の延長上に，CA=CD となる点Dをとる。辺 AB の中点をEとし，点Bから直線 AD に下ろした垂線を BF とするとき，次の問いに答えよ。
(1) EF=EC を示せ。　(2) 面積比 △ABC：△CEF を求めよ。〔宮崎大〕

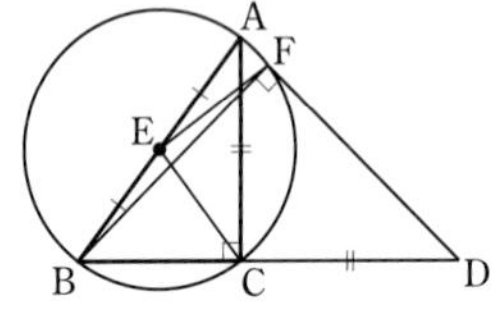

(1) ∠ACB=∠AFB=90°
よって，円周角の定理の逆により，4点 A，B，C，F は線分 AB を直径とする円周上にある。
点Eはこの円の中心であるから
EF=EC

⇦まず，図をかく。
⇦直角2つで円(まる)くなる。
⇦E は辺 AB の中点。

(2) △ACD は ∠ACD=90° の直角二等辺三角形であるから
∠ADC=45°
また，△BDF の内角に注目して
∠DBF=180°−(∠ADC+∠BFD)
=180°−45°−90°=45°
$\overset{\frown}{\text{CF}}$ に対する円周角と中心角の関係から
∠CEF=2∠CBF=90°
よって　△ABC：△CEF=$\frac{1}{2}$AC・BC：$\frac{1}{2}$EC・EF
ここで，三平方の定理から　AB：AC：BC=5：4：3
ゆえに　AC=$\frac{4}{5}$AB，BC=$\frac{3}{5}$AB
また　EC=EF=$\frac{1}{2}$AB
よって　△ABC：△CEF
$=\frac{1}{2}\cdot\frac{4}{5}\text{AB}\cdot\frac{3}{5}\text{AB}:\frac{1}{2}\cdot\frac{1}{2}\text{AB}\cdot\frac{1}{2}\text{AB}$
$=\frac{6}{25}\text{AB}^2:\frac{1}{8}\text{AB}^2=$**48：25**

⇦CA=CD
⇦円周角の2倍。
∠CBF=∠DBF=45°
⇦△ABC は辺の長さの比が 5：4：3 の直角三角形。

EX ④77 右の図のように，△ABC の外接円上の点Pから直線 AB，BC，CA に，それぞれ垂線 PD，PE，PF を下ろす。このとき，次のことを証明せよ。
(1) ∠PBD=∠PEF
(2) 3点 D，E，F は1つの直線上にある。
(この直線を **シムソン線** という)

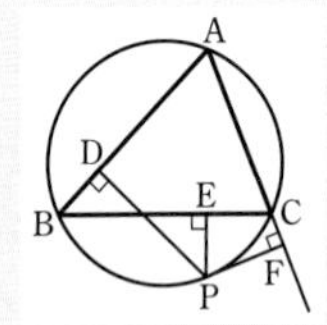

HINT (1) 補助線 BP，CP を引いて，円に内接する四角形を作る。
(2) ∠DEP+∠PEF=180° を示せばよい。

(1) 四角形 ABPC は円に内接するから
∠PBD=∠PCF　…… ①
∠PFC=∠PEC=90° であるから，
四角形 CEPF は円に内接する。
よって　∠PCF=∠PEF　…… ②
①，② から　∠PBD=∠PEF

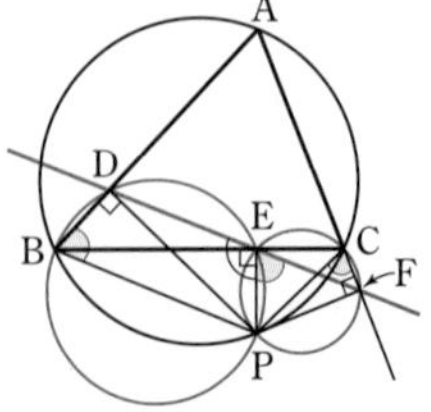

⇦(内角)=(対角の外角)
⇦直角2つで円(まる)くなる。
⇦$\overset{\frown}{\text{PF}}$ に対する円周角。

(2)　∠BDP＝∠BEP＝90° であるから，
四角形 BPED は円に内接する。
ゆえに　∠DEP＋∠PBD＝180°　…… ③
(1) の結果と ③ から
$\angle DEP+\angle PEF=180^\circ$
よって，3点 D，E，F は1つの直線上にある。

⇦直角2つで円(まる)くなる。
⇦(内角)＋(対角)＝180°

EX ③78

3辺の長さが a，b，c の直角三角形の外接円の半径が $\frac{3}{2}$，内接円の半径が $\frac{1}{2}$ のとき，次の問いに答えよ。ただし，$a\geqq b\geqq c$ とする。
(1)　a の値を求めよ。　(2)　b と c の値を求めよ。〔群馬大〕

HINT　(1)　直径 ⟺ 直角 を利用。

(1)　$a\geqq b\geqq c$ であるから，直角三角形の斜辺の長さは a である。直角三角形の斜辺の長さは外接円の直径の長さと等しいから　$\boldsymbol{a}=2\times\frac{3}{2}=\mathbf{3}$

⇦直角三角形では，斜辺が最も大きい。

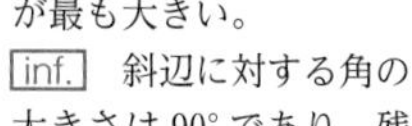

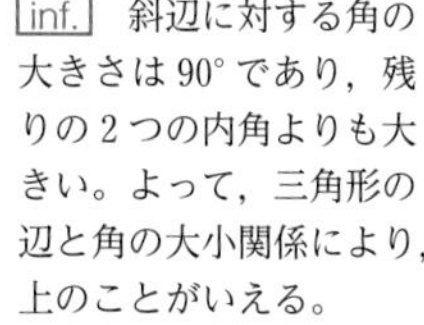

inf.　斜辺に対する角の大きさは 90° であり，残りの2つの内角よりも大きい。よって，三角形の辺と角の大小関係により，上のことがいえる。

(2)　題意の直角三角形を右の図のように △ABC と表し，内接円との接点を D，E，F と定める。
$AE=\frac{1}{2}$，$AF=\frac{1}{2}$ であるから
$BD=BF=c-\frac{1}{2}$，
$CD=CE=b-\frac{1}{2}$

⇦内接円の半径は $\frac{1}{2}$
⇦接線の長さは等しい。

BD＋CD＝BC であるから　$\left(c-\frac{1}{2}\right)+\left(b-\frac{1}{2}\right)=3$
よって　$b+c=4$　…… ①
また，三平方の定理により　$b^2+c^2=3^2$　…… ②
①，② から，c を消去して　$2b^2-8b+7=0$
よって　$b=\frac{-(-4)\pm\sqrt{(-4)^2-2\cdot7}}{2}=\frac{4\pm\sqrt{2}}{2}$
このとき，① から　$c=\frac{4\mp\sqrt{2}}{2}$　(複号同順)
$b\geqq c$ であるから　$\boldsymbol{b}=\frac{\mathbf{4}+\sqrt{\mathbf{2}}}{\mathbf{2}}$，$\boldsymbol{c}=\frac{\mathbf{4}-\sqrt{\mathbf{2}}}{\mathbf{2}}$

⇦① から $c=4-b$
これを ② に代入し，整理する。

EX ③79

△ABC は AB＝2，BC＝4，CA＝$2\sqrt{3}$ を満たしている。頂点Aから辺 BC に下ろした垂線を AD とし，線分 AD を直径とする円が2辺 AB，CA と交わる点をそれぞれ E，F とする。ただし，E，F はAと異なる点とする。
(1)　4点 E，B，C，F は1つの円周上にあることを示せ。
(2)　△EBF の面積を求めよ。〔東京慈恵会医大〕

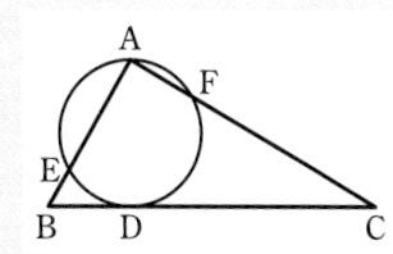

(1)　BC：CA：AB＝2：$\sqrt{3}$：1

よって，△ABC は

$\angle A=90°$，$\angle B=60°$，$\angle C=30°$

の直角三角形である。

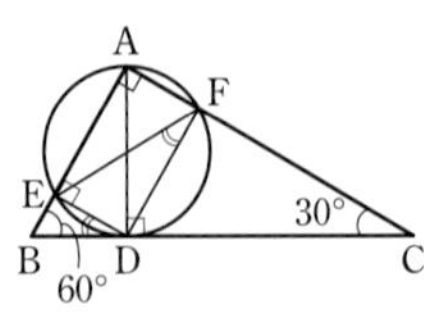

AD は円の直径であるから

$\angle AED=90°$

⇦直径に対する円周角は 90°

ゆえに，△BED において

$\angle BDE=180°-60°-90°=30°$

直線 BD は円の接線であるから

$\angle EFD=\angle BDE=30°$

⇦接弦定理

また，$\angle AFD=90°$ であるから　　$\angle DFC=90°$

⇦AD は円の直径。

よって　　$\angle EBC+\angle EFC=60°+(30°+90°)=180°$

⇦**対角の和が 180° ⟹ 四角形は円に内接**

したがって，4 点 E，B，C，F は 1 つの円周上にある。

(2)　$\triangle EBF=\dfrac{1}{2}BE\cdot AF=\dfrac{1}{2}\cdot\dfrac{1}{2}\cdot\dfrac{\sqrt{3}}{2}=\boldsymbol{\dfrac{\sqrt{3}}{8}}$

⇦(底辺)＝BE，(高さ)＝AF

EX
③**80**

平面上の直線 ℓ に同じ側で接する 2 つの円 C_1，C_2 があり，C_1 と C_2 も互いに外接している。ℓ，C_1，C_2 で囲まれた部分に，これら 3 つと互いに接する円 C_3 を作る。円 C_1，C_2 の半径をそれぞれ 16，9 とするとき，円 C_3 の半径を求めよ。　〔類　筑波大〕

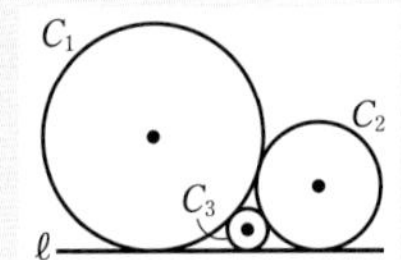

円 C_1，C_2，C_3 の中心をそれぞれ O_1，O_2，O_3 とし，円 C_3 の半径を r とする。

また，円 C_1，C_2，C_3 と直線 ℓ との接点をそれぞれ A_1，A_2，A_3 とする。

直線 ℓ は円 C_1，C_2 の接線であるから

$O_1A_1\perp\ell$，$O_2A_2\perp\ell$

よって，O_2 から直線 O_1A_1 に垂線 O_2B_1 を下ろすと，四角形 $A_1A_2O_2B_1$ は長方形となる。

ゆえに　　$O_1B_1=O_1A_1-B_1A_1=O_1A_1-O_2A_2$

$=16-9=7$

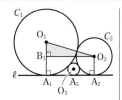

$\triangle O_1O_2B_1$ は直角三角形であるから，三平方の定理により

$O_2B_1=\sqrt{O_1O_2{}^2-O_1B_1{}^2}=\sqrt{(16+9)^2-7^2}$

$=24$　…… ①

⇦外接する 2 つの円の中心間の距離は，半径の和。

また，O_3 から直線 O_1A_1 に垂線 O_3B_2 を下ろすと，$\triangle O_1O_3B_2$ は直角三角形であるから，三平方の定理により

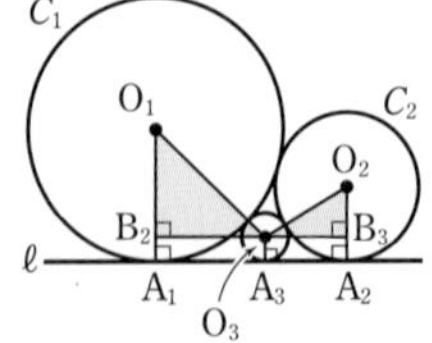

$O_3B_2=\sqrt{O_1O_3{}^2-O_1B_2{}^2}$

$=\sqrt{(16+r)^2-(16-r)^2}$

$=\sqrt{64r}$

$=8\sqrt{r}$　…… ②

⇦$O_1B_2=O_1A_1-B_2A_1$
$=O_1A_1-O_3A_3$

同様に，O_3 から直線 O_2A_2 に垂線 O_3B_3 を下ろすと，$\triangle O_2O_3B_3$ は直角三角形であるから，三平方の定理により

$$O_3B_3=\sqrt{O_3O_2{}^2-O_2B_3{}^2}=\sqrt{(9+r)^2-(9-r)^2}$$
$$=\sqrt{36r}=6\sqrt{r} \quad \cdots\cdots ③$$

⇦$O_2B_3=O_2A_2-B_3A_2$
$=O_2A_2-O_3A_3$

ここで，$O_2B_1=A_1A_2$，$O_3B_2+O_3B_3=B_2B_3=A_1A_2$ であるから

$$O_2B_1=O_3B_2+O_3B_3 \quad \cdots\cdots ④$$

⇦四角形 $A_1A_2B_3B_2$ も長方形である。

①，②，③ を ④ に代入して　　$24=8\sqrt{r}+6\sqrt{r}$

よって　　$\sqrt{r}=\dfrac{12}{7}$　　　ゆえに　　$r=\dfrac{\mathbf{144}}{\mathbf{49}}$

⇦両辺を 2 乗する。

EX ③81

AB＝AC である二等辺三角形 ABC の底辺 BC 上に 2 点 F，G をとり，△ABC の外接円の弦 AFD，AGE を引くとき，次のことを証明せよ。

(1)　$AB^2=AF\cdot AD$

(2)　4 点 D，E，F，G は 1 つの円周上にある。

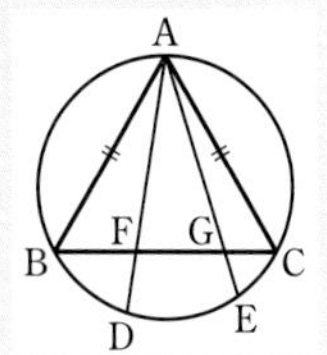

HINT　(2)　4 点 D，E，F，G を通る円をかいてみると，示すべきことが $AF\cdot AD=AG\cdot AE$ であることが見えてくる。

(1)　円周角の定理から

$$\angle ADB=\angle ACB$$

⇦$\overset{\frown}{AB}$ に対する円周角。

AB＝AC から

$$\angle ABC=\angle ACB$$

よって　$\angle ADB=\angle ABC$

ゆえに，直線 AB は △BDF の外接円の接線である。

したがって，方べきの定理から

$$AB^2=AF\cdot AD \quad \cdots\cdots ①$$

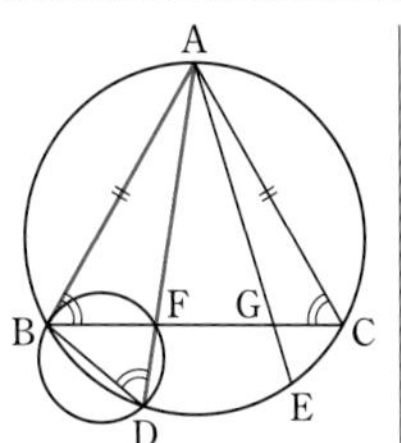
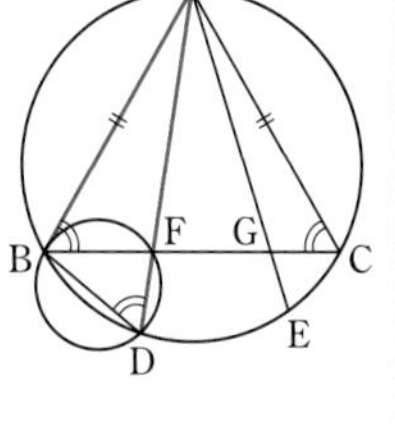

⇦接弦定理の逆

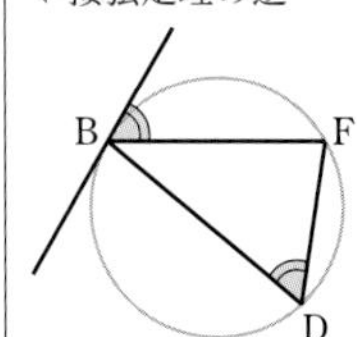

(2)　円周角の定理から

$$\angle AEC=\angle ABC$$

AB＝AC から

$$\angle ABC=\angle ACB$$

よって　$\angle AEC=\angle ACB$

ゆえに，直線 AC は △CGE の外接円の接線である。

したがって，方べきの定理から

$$AC^2=AG\cdot AE \quad \cdots\cdots ②$$

AB＝AC であるから，①，② より

$$AF\cdot AD=AG\cdot AE$$

よって，方べきの定理の逆から，4 点 D，E，F，G は 1 つの円周上にある。

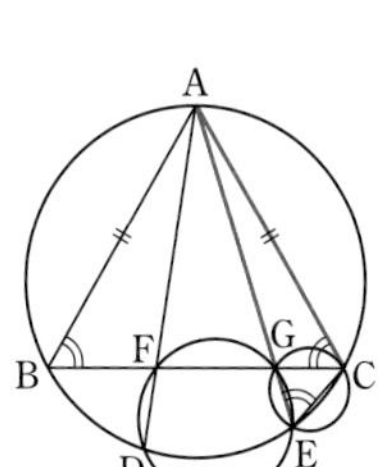

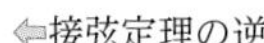
⇦接弦定理の逆

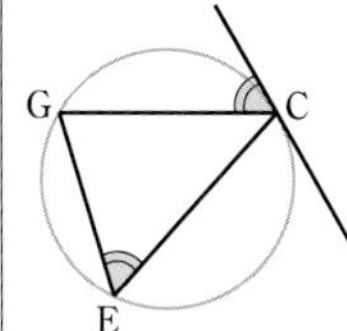

EX ④82 半径 5，8 の円 O，O′ が点Aで外接しているとき，この 2 円の共通外接線が円 O，O′ と接する点を B，C とする。また，BA の延長と円 O′ との交点をDとする。

(1) AB⊥AC であることを証明せよ。

(2) 3点 C，O′，D は同一直線上にあることを証明せよ。

(3) AB：AC：BC を求めよ。

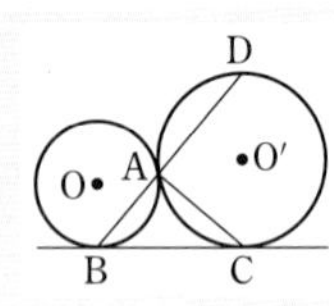

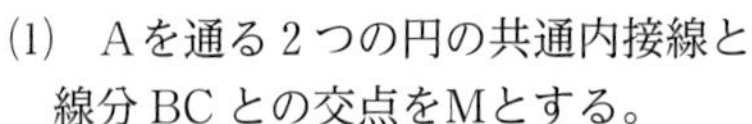

(1) Aを通る 2 つの円の共通内接線と線分 BC との交点をMとする。

MA，MB は円Oの接線であるから

　　MA＝MB

同様に　MA＝MC

よって　MA＝MB＝MC

したがって，点Aは線分 BC を直径とする円周上にあるから

　　∠BAC＝90°　すなわち　AB⊥AC

CHART 接線 2 本で二等辺

⇦直径に対する円周角は 90°

(2) (1)から　AC⊥AD

よって，△ACD は ∠A＝90° の直角三角形である。

ゆえに，CD は円 O′ の直径である。

よって，3点 C，O′，D は同一直線上にある。

⇦∠CO′D＝2×∠A＝180° から，C，O′，D は同一直線上にある，としてもよい。

(3) 円 O′ に方べきの定理を適用して

　　$BC^2=BA\cdot BD$

よって　$AB^2:BC^2=AB^2:BA\cdot BD$

　　$=BA:BD$ …… ①

⇦AB>0

(2)より，OB∥DO′ であるから

　　$BA:BD=OA:OO'=5:(5+8)$

　　$=5:13$ …… ②

⇦平行線と線分の比

①，② から　$AB^2:BC^2=5:13$ …… ③

同様に考えて　$AC^2:BC^2=O'A:O'O=8:(8+5)$

　　$=8:13$ …… ④

⇦点 O と O′，点 B と C を入れ替えて考える。

③，④ から　$AB^2:AC^2:BC^2=5:8:13$

よって　$AB:AC:BC=\boldsymbol{\sqrt{5}:2\sqrt{2}:\sqrt{13}}$

⇦AB>0, AC>0, BC>0

EX ③83 線分 AB とその上の定点 P がある。このとき，線分 AB を斜辺とする直角三角形 ABC を作り，線分 AC 上に点 Q，線分 BC 上に点 R を，四角形 PQCR が正方形になるようにとって，正方形 PQCR を作図せよ。

① 線分 AB を直径とする，中心が O の円をかく。

② 点Oを通り，AB に垂直な直線と，円との交点の 1 つを M とする。

③ 直線 MP と円の交点のうち，M でない方をCとし，点Pから線分 AC に下ろした垂線を PQ，点Pから線分 BC に下ろした垂線を PR とする。

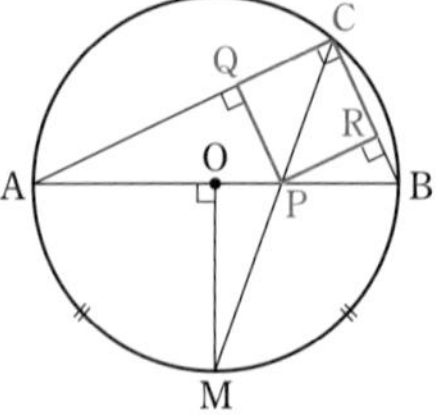

④　4点P，Q，C，Rを頂点とする四角形をかく。
この四角形PQCRが求める正方形である。
△PQCと△PRCにおいて，
∠ACB=90°，∠ACM=∠BCM であるから
∠ACM=∠BCM=45°
∠PQC=∠PRC=90°
よって　△PQC≡△PRC
ゆえに，四角形PQCRは，4辺の長さが等しく，4つの内角が直角であるから正方形である。

⇦ABは直径，$\overset{\frown}{\mathrm{AM}}=\overset{\frown}{\mathrm{BM}}$

⇦△PQCと△PRCは直角二等辺三角形。

EX ③84　円Oの周上および円の内部にそれぞれ定点A，Mが与えられている。いま，Mを通る弦PQを引いて，AMが∠PAQの二等分線となるようにしたい。そのような弦PQを作図せよ。

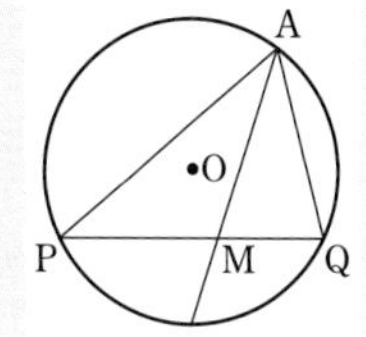

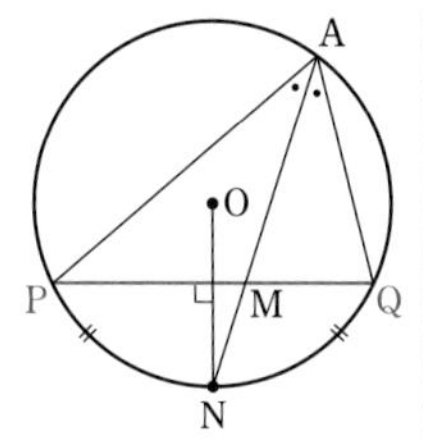

①　直線AMと円Oとの交点のうち，Aでない方をNとし，線分ONを引く。
②　点Mを通り，線分ONに垂直な直線と円との交点をP，Qとする。
③　線分PQを引く。これが求める弦PQである。
線分PQは半径ONに垂直であるから，
$\overset{\frown}{\mathrm{PN}}=\overset{\frown}{\mathrm{QN}}$ である。
よって，∠PAN=∠QAN が成り立つ。

⇦等しい弧に対する円周角は等しい。

EX ③85　図のような半円Oを，弦を折り目として折る。このとき，折られた弧の部分が直径上の点Pにおいて，直径に接するような折り目の線分ABを作図せよ。

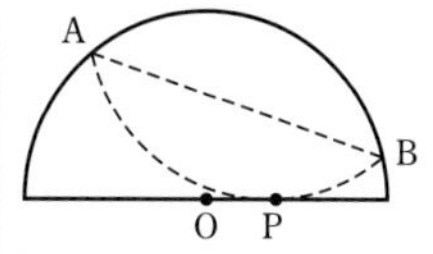

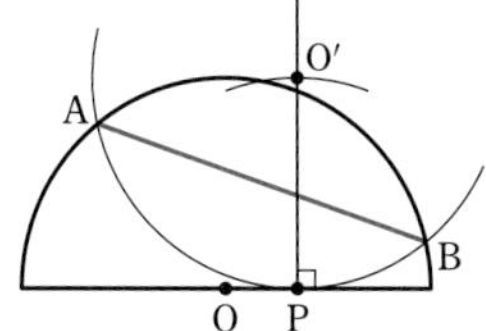

①　点Pを通り，直径に垂直な直線を引く。
②　①の垂線上に半円Oの半径と等しい長さの線分O′Pをとる。
③　点O′を中心として，半円Oと等しい半径の円をかく。
④　半円Oと円O′の2つの交点をA，Bとすると，線分ABが折り目の線分となる。
∠OPO′=90° であるから，円O′は点Pにおいて直線OPに接する。

また，円Oと円O′は半径が等しいから，共通の弦ABに対して対称である。
よって，弦ABと円Oで囲まれた部分と，弦ABと円O′で囲まれた部分は合同である。
したがって，線分ABが折り目の線分である。

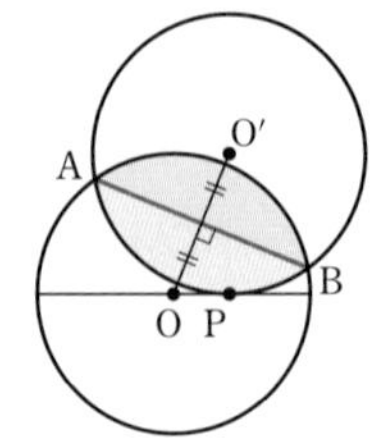

⇦半円Oを円Oとして考えるとわかりやすい。

⇦ABは線分OO′の垂直二等分線である。

EX ③86 右の図のように，円Oと弦ABがある。このとき，次の円を作図せよ。ただし，点P，QはA，Bとは異なり，更に，弦ABの垂直二等分線上にはないものとする。
(1) 弧AB(長さが長い方の弧)上の点Pにおいて円Oに接し，かつ弦ABに接する円
(2) 弦AB上の点Qにおいてこの弦に接し，かつ円Oに接する円

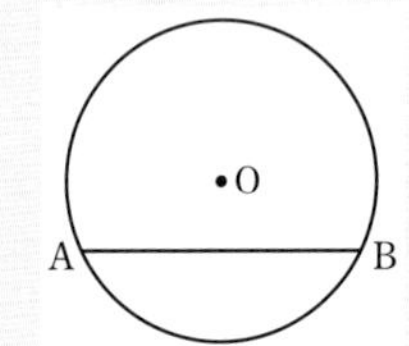

(1) ① 点Oを通る弦ABの垂線と弧AB(長さが短い方の弧)との交点をMとし，弦PMと弦ABの交点をRとする。
② 点Rを通る弦ABの垂線と線分OPとの交点をO′とする。
③ 点O′を中心とする半径O′Pの円をかく。この円が求める円である。

点Pにおける円Oの接線は，OPに垂直であるからO′Pに垂直である。よって，円O′はPにおいて円Oと接する。
また，O′R//OM であるから　　O′P：O′R＝OP：OM
よって　　O′P＝O′R
したがって，円O′は点Rにおいて弦ABに接する。

⇦点Pにおける円Oの接線と円O′の接線は一致する。

⇦OP，OMは円Oの半径であるから OP＝OM

⇦O′R⊥AB，O′Rは円O′の半径。

(2) ① 点Oを通る弦ABの垂線と円Oとの交点をMとし，直線QMと円Oの交点をSとする。
② 点Qを通る弦ABの垂線と線分OSとの交点をO′とする。
③ 点O′を中心とする半径O′Sの円をかく。これが求める円である。

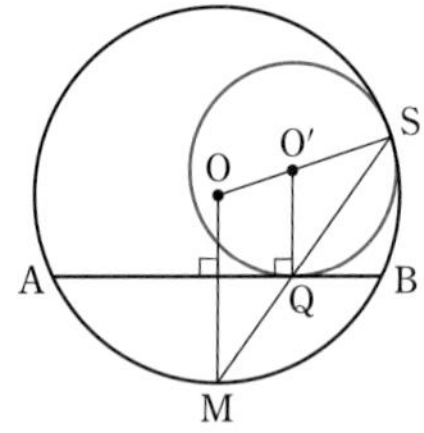

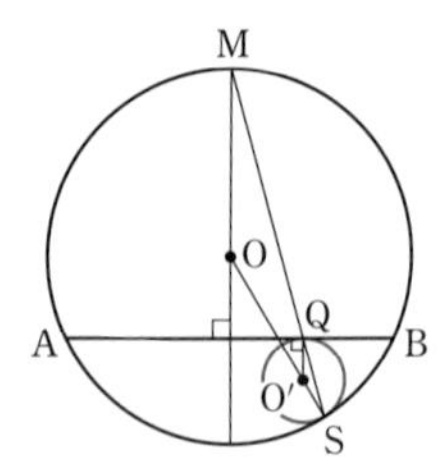

点Sにおける円Oの接線は，OSに垂直であるからO′Sに垂直である。
よって，円O′は点Sにおいて円Oと接する。
また，O′Q//OM であるから
O′S：O′Q＝OS：OM
よって　　O′S＝O′Q
したがって，円O′はQにおいて弦ABに接する。

⇦点Sにおける円Oの接線と円O′の接線は一致する。

⇦OS，OMは円Oの半径であるから OS＝OM

⇦O′Q⊥AB，O′Qは円O′の半径。

EX ④87 長さ l の線分と，1点Oから出る2つの半直線 a, b がある。a 上の点Aにおいて a に接し，かつ b から長さ l の線分を切り取る円を作図せよ。

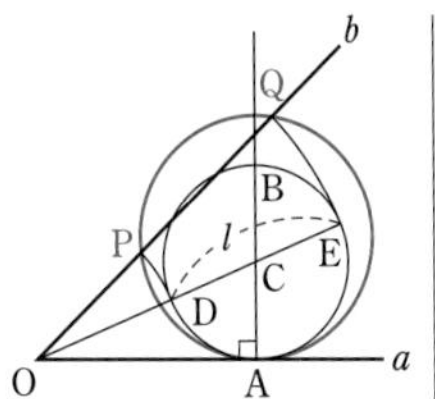

① 点Aを通り，a に垂直な直線を引き，その上に $AB=l$ となる点Bを，a に関して b の側にとる。

② 線分ABを直径とする円をかき，その中心をCとする。

③ 直線OCと円Cとの交点をD，Eとし，b 上に $OD=OP$，$OE=OQ$ となるように点P，Qをとる。

④ 3点A，P，Qを通る円をかく。この円が求める円である。

⇦3点A，P，Qを通る円の中心は，2つの弦の垂直二等分線の交点。

方べきの定理により　$OD\cdot OE=OA^2$

また，$OD=OP$，$OE=OQ$ であるから

$$OD\cdot OE=OP\cdot OQ$$

よって　$OP\cdot OQ=OA^2$

したがって，方べきの定理の逆により，3点A，P，Qを通る円は a に接する。

また，$PQ=DE=l$ であるから，b から長さ l の線分を切り取る。

EX ①88 右の図は，直方体を辺DH，BFを含む平面で切った立体である。
(1) 辺AEと垂直な面をすべていえ。
(2) 面ABDと垂直な面をすべていえ。
(3) 辺BDとねじれの位置にある辺をすべていえ。

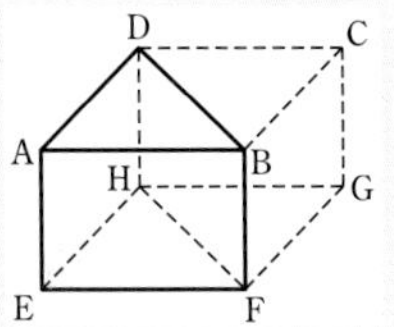

(1) $AE\perp AB$，$AE\perp AD$ であるから　$AE\perp$ 面ABD

$AE\perp EF$，$AE\perp EH$ であるから　$AE\perp$ 面EFH

辺AEは面AEFBおよび面AEHDに含まれる。

また，辺AEと面BFHDは平行である。

よって，辺AEと垂直な面は

面ABD，面EFH

⇦面上の交わる2本の直線に垂直であるから，面と垂直。

(2) 面ABDと直線AE，BF，DHは垂直である。

よって，面ABDと垂直な面は

面AEFB，面BFHD，面DHEA

(2) 平面 α に垂直な直線 ℓ を含む平面 β は，α に垂直であることを利用する。

(3) 辺BDと平行な辺は　辺FH

辺BDと交わる辺は　辺AB，AD，BF，DH

求める辺は，この5つの辺と辺BD自身を除いて

辺AE，辺EF，辺EH

別解 辺BDとねじれの位置にある辺は，辺BDと平行でなく，かつ同じ平面上にないから

辺AE，辺EF，辺EH

EX ②89 空間における直線 ℓ, m, n と平面 α, β, γ について，次の①～⑤の中でいつも正しいといえるものを選べ。
① 3つの点を含む平面はただ1つである。
② $\ell\perp\alpha$ かつ $\ell\perp\beta$ ならば，$\alpha /\!/ \beta$ である。
③ ℓ, m が α に含まれ，$\ell\perp n$ かつ $m\perp n$ ならば，$n\perp\alpha$ である。
④ α, β の交線を ℓ とし，$\ell\perp\gamma$ ならば，$\alpha\perp\gamma$ である。
⑤ 四角錐において，頂点を共有しない2つの線分はすべてねじれの位置にある。

① 3つの点が一直線上にあるとき，その3点を含む平面は無数にある。よって，正しくない。

⇦図をかくなどしていろいろな場合を考えてみる。

② 正しい

①

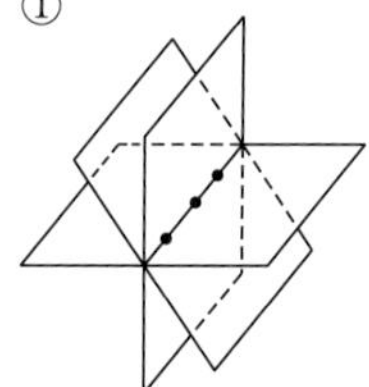

②

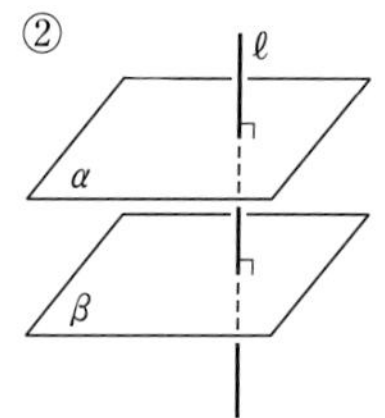

③ $\ell /\!/ m$ のとき，$\ell\perp n$ かつ $m\perp n$ であって，n が α に含まれていることがある。よって，正しくない。

④ 正しい

③

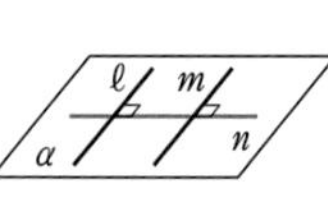

④

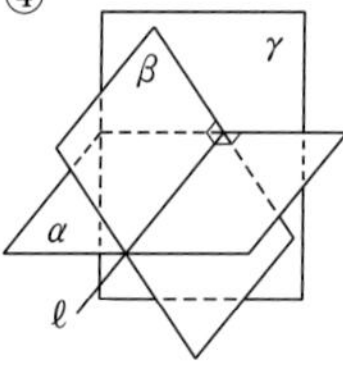

⑤ 底面の向かい合う辺は，頂点を共有しないが，ねじれの位置にない。
よって，正しくない。

以上から，正しいものは ②，④

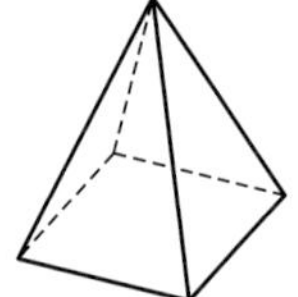

⇦底面の向かい合う辺は，平行か交わるかのどちらかである。

EX ②90 右の図のような，BC=BD である四面体ABCDにおいて，点Aから平面BCDに下ろした垂線をAOとする。点Oが∠CBDの二等分線BE上にあるとき，AE⊥CD であることを証明せよ。

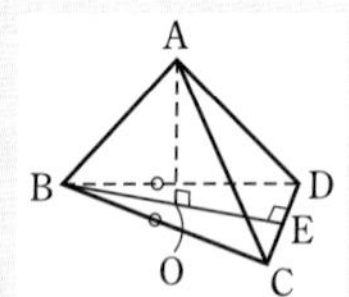

AOと平面BCDは垂直であるから

AO⊥CD …… ①

⇦CDは平面BCD上にある。

△BCDにおいて，BC=BD であるから

BE⊥CD …… ②

⇦二等辺三角形の頂角の二等分線は，底辺を垂直に2等分する。

①，②から，辺CDは，2直線AO，BEの定める平面ABEに垂直である。

したがって，AE⊥CD である。

⇦AEは平面ABE上にある。

EX ④91

右の図 [1] は，正六面体の各辺の中点を通る平面で 8 個のかどを切り取った多面体である。この多面体を X とする。
右の図 [2] は，多面体 X について，各辺の中点を通る平面でかどを切り取った多面体である。この多面体を Y とする。

[1]
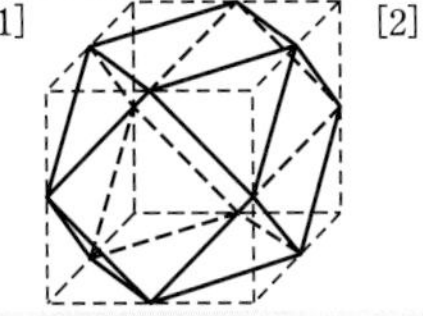

[2]
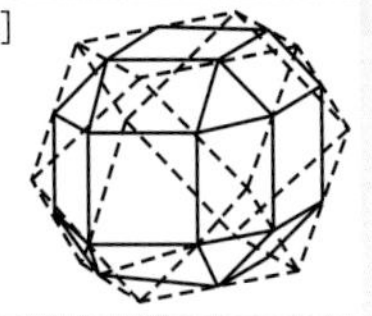

(1)　多面体 X の面の数，辺の数，頂点の数を，それぞれ求めよ。
(2)　多面体 Y の面の数，辺の数，頂点の数を，それぞれ求めよ。

(1)　面は正六面体の各面で残った面が 6 面あり，切り取ることによって，できた面が正六面体の各頂点に 1 つずつできるから，**面の数は**　$6+8=\mathbf{14}$
辺は切り取った三角錐によってできる辺だけあるから，**辺の数は**　$3\times8=\mathbf{24}$
1 つの頂点を 2 つの正方形が共有していて，正方形は 6 個あるから，**頂点の数は**　$4\times6\div2=\mathbf{12}$

(2)　多面体 Y には，1 辺の長さがもとの正六面体の面の半分の正方形が，正六面体を 2 回切り取って残った 6 面に 1 つずつあり，多面体 X の各頂点を含む立体を切り取ることによって，長方形の面が 12 面でき，正三角形が多面体 X を切り取って残った正方形以外の 8 面に 1 つずつある。
よって，**面の数は**　$6+12+8=\mathbf{26}$
1 つの辺を 2 つの面が共有しているから，**辺の数は**
$$(6\times4+12\times4+8\times3)\div2=\mathbf{48}$$
1 つの頂点を 4 つの面が共有しているから，**頂点の数は**
$$(6\times4+12\times4+8\times3)\div4=\mathbf{24}$$

⇐(1)，(2) とも，面の数，辺の数，頂点の数のうち，2 つを求めたら，残りはオイラーの多面体定理を利用して求めてもよい。

⇐$v=12$，$e=24$，$f=14$ であるから，オイラーの多面体定理
$v-e+f=2$
が成り立つ。

⇐多面体 Y についても，オイラーの多面体定理が成り立つことがわかる。

PR ②103

(1) 6 の倍数かつ 96 の約数であるような整数 a を求めよ。
(2) a, b は整数とする。次のことを証明せよ。
　(ア) a, b が 8 の倍数ならば，$a-b$, $5a+4b$ は 8 の倍数である。
　(イ) $a-3b$, b が 7 の倍数ならば，a は 7 の倍数である。

k, l は整数とする。

(1) a が 6 の倍数かつ 96 の約数であるから

$a=6k$ …… ①, $96=al$ …… ② と表される。

① を ② に代入して　$96=6k\cdot l$　すなわち　$16=kl$

よって，k は 16 の約数であるから

$k=\pm1$, ±2, ±4, ±8, ±16

したがって　$\boldsymbol{a=\pm6,\ \pm12,\ \pm24,\ \pm48,\ \pm96}$

(2) (ア) a, b は 8 の倍数であるから，$a=8k$, $b=8l$ と表される。よって　$a-b=8k-8l=8(k-l)$,

$5a+4b=5\cdot8k+4\cdot8l=8(5k+4l)$

$k-l$, $5k+4l$ は整数であるから，$a-b$, $5a+4b$ は 8 の倍数である。

(イ) $a-3b=7k$, $b=7l$ と表される。

よって　$a=7k+3b=7k+3\cdot7l=7(k+3l)$

$k+3l$ は整数であるから，a は 7 の倍数である。

HINT 「a が b の倍数」であることは，「b が a の約数」であることと同じで，整数 k を用いて
$a=bk$
と表される。

⇐$a=b$ とは限らないから，$a=8k$, $b=8k$ としてはいけない。

⇐ ＿＿ の断りは重要。
整数の和，差，積は整数であるから，$k-l$, $5k$, $4l$, $5k+4l$ はすべて整数である。

PR ②104

(1) 百の位の数が 3，十の位の数が 8 である 4 桁の自然数 A がある。A が 5 の倍数であり，3 の倍数であるとき，A を求めよ。
(2) ある 2 桁の自然数 B を 9 倍して 72 を足すと，百の位が 6，一の位が 5 であるとき，B を求めよ。

(1) A の千の位，一の位の数をそれぞれ x, y とすると

A が 5 の倍数であるから　$y=0$　または　$y=5$

A が 3 の倍数であるから　$x+3+8+y$ は 3 の倍数である。

$1\leqq x\leqq9$ であるから　$y+12\leqq x+y+11\leqq y+20$ …… ①

$y=0$ のとき，① は　$12\leqq x+11\leqq20$

よって，$x+11=12$, 15, 18 から　$x=1$, 4, 7

$y=5$ のとき，① は　$17\leqq x+16\leqq25$

ゆえに，$x+16=18$, 21, 24 から　$x=2$, 5, 8

したがって　$\boldsymbol{A=1380,\ 4380,\ 7380,\ 2385,\ 5385,\ 8385}$

(2) B は 2 桁の自然数であるから　$10\leqq B\leqq99$

よって　$9\cdot10+72\leqq9B+72\leqq9\cdot99+72$

すなわち　$162\leqq9B+72\leqq963$

ゆえに，$9B+72$ は 3 桁の自然数であり，$9B+72=9(B+8)$ であるから 9 の倍数である。

よって，$9B+72$ の十の位の数を x とすると，$6+x+5$ すなわち $11+x$ は 9 の倍数である。

更に，$0\leqq x\leqq9$ であるから　$11\leqq11+x\leqq20$

よって，$11+x=18$ すなわち $x=7$ となり　$9B+72=675$

したがって　$\boldsymbol{B=(675-72)\div9=67}$

⇐x は千の位の数。

⇐12 以上 20 以下の整数の中で 3 の倍数であるものを書き出す。

⇐11 以上 20 以下で 9 の倍数は 18 のみ。

PR ②105

(1) $\sqrt{378n}$ が自然数になるような最小の自然数 n を求めよ。

(2) $\dfrac{n^3}{512}$，$\dfrac{n^2}{675}$ がともに自然数となるような最小の自然数 n を求めよ。

(1) $\sqrt{378n}$ が自然数になるには，$378n$ がある自然数の 2 乗になればよい。

378 を素因数分解すると　$378=2\cdot3^3\cdot7$

378 に $2\cdot3\cdot7$ を掛けると　$2^2\cdot3^4\cdot7^2=(2\cdot3^2\cdot7)^2$

よって，求める自然数 n は　$\boldsymbol{n=2\cdot3\cdot7=42}$

$$\begin{array}{r|l} 2 & 378 \\ 3 & 189 \\ 3 & 63 \\ 3 & 21 \\ & 7 \end{array}$$

(1) $2\cdot3^3\cdot7$ を変形すると　$3^2\cdot2^1\cdot3^1\cdot7^1$
よって，(自然数)^2 の形の最小の自然数にするためには，$2\cdot3\cdot7$ を掛ければよい。

(2) $512=2^9$，$675=3^3\cdot5^2$ であるから，求める自然数 n は 2，3，5 を素因数にもつ。

⇐n^3 は 2^9 の倍数，n^2 は $3^3\cdot5^2$ の倍数。

最小の n を求めるから，a，b，c を自然数として

$n=2^a\cdot3^b\cdot5^c$ とおいてよい。

$\dfrac{n^3}{512}=\dfrac{2^{3a}\cdot3^{3b}\cdot5^{3c}}{2^9}$ が自然数となるための条件は

⇐$(2^a\cdot3^b\cdot5^c)^3=2^{3a}\cdot3^{3b}\cdot5^{3c}$

$3a\geqq9$　…… ①

⇐約分して分母が 1 になる。

$\dfrac{n^2}{675}=\dfrac{2^{2a}\cdot3^{2b}\cdot5^{2c}}{3^3\cdot5^2}$ が自然数となるための条件は

$2b\geqq3$，$2c\geqq2$　…… ②

①，② を満たす最小の自然数 a，b，c は

$a=3$，$b=2$，$c=1$

⇐$a\geqq3$，$b\geqq\dfrac{3}{2}$，$c\geqq1$

よって，求める自然数 n は　$\boldsymbol{n=2^3\cdot3^2\cdot5^1=360}$

PR ③106

(1) 756 の正の約数の個数を求めよ。

(2) 自然数 N を素因数分解すると，素因数には p と 5 があり，これら以外の素因数はない。また，N の正の約数は 8 個，正の約数の総和は 90 である。素因数 p と自然数 N の値を求めよ。

(1) 756 を素因数分解すると　$756=2^2\cdot3^3\cdot7$

⇐素因数 2，3，7 の指数がそれぞれ 2，3，1

よって，求める正の約数の個数は

$(2+1)(3+1)(1+1)=3\cdot4\cdot2=$**24 (個)**

⇐素因数の指数に 1 を加えたものの積。

$$\begin{array}{r|l} 2 & 756 \\ 2 & 378 \\ 3 & 189 \\ 3 & 63 \\ 3 & 21 \\ & 7 \end{array}$$

(2) N の素因数には p と 5 以外はないから，

a，b を自然数として $N=p^a\cdot5^b$ と表される。

N の正の約数が 8 個あるから　$(a+1)(b+1)=8$

⇐素因数の指数に 1 を加えたものの積が，正の約数の個数。

$a+1\geqq2$，$b+1\geqq2$ であるから

$a+1=2$，$b+1=4$　または　$a+1=4$，$b+1=2$

[1]　$a+1=2$，$b+1=4$　すなわち　$a=1$，$b=3$ のとき

正の約数の総和が 90 であるから

$(1+p)(1+5+5^2+5^3)=90$

⇐$156(1+p)=90$

これを解くと　$p=-\dfrac{11}{26}$

よって　$1+p=\dfrac{15}{26}$

これは素数でないから不適。

[2]　$a+1=4$，$b+1=2$　すなわち　$a=3$，$b=1$ のとき

$(1+p+p^2+p^3)(1+5)=90$

よって　$1+p+p^2+p^3=15$

ゆえに　$p(p^2+p+1)=14$

14の正の約数は1，2，7，14で，pは素数であるから，これを満たすpの値は　$\boldsymbol{p=2}$
このとき　$\boldsymbol{N}=2^3\cdot5^1=\mathbf{40}$

⇦$p=7$ は不適。

PR ③107 n人の子どもに252個のチョコレートをa個ずつ，360個のキャンディーをb個ずつ残さずすべて配りたい。nの最大値とそのときのa，bの値を求めよ。ただし，文字はすべて自然数を表す。

n人の子どもに252個のチョコレートをa個ずつ，360個のキャンディーをb個ずつ配るとすると

$$252=na,\ 360=nb \quad \cdots\cdots ①$$

すなわち，nは252と360の公約数である。
ゆえに，nの最大値は252と360の最大公約数である。

$$252=2^2\cdot3^2\cdot7,\ 360=2^3\cdot3^2\cdot5$$

であるから，252と360の最大公約数は　$2^2\cdot3^2=36$
よって，nの最大値は　$\boldsymbol{n=36}$
このとき，①から　$\boldsymbol{a=7,\ b=10}$

⇦最大公約数を求めるには，まず素因数分解。

⇦$252=36\cdot a$，$360=36\cdot b$

PR ③108 (1) aは自然数とする。$a+5$ は4の倍数であり，$a+3$ は9の倍数であるとき，$a+21$ は36の倍数であることを証明せよ。
(2) nを自然数とするとき，$2n-1$ と $2n+1$ は互いに素であることを示せ。　[(2) 広島修道大]

(1) $a+5$，$a+3$ は，自然数m，nを用いて

$$a+5=4m,\ a+3=9n$$

と表される。

$$a+21=(a+5)+16=4m+16=4(m+4) \quad \cdots\cdots ①$$
$$a+21=(a+3)+18=9n+18=9(n+2) \quad \cdots\cdots ②$$

よって，①より$a+21$は4の倍数であり，②より$a+21$は9の倍数でもある。
したがって，$a+21$は4と9の最小公倍数36の倍数である。　……(＊)

inf. (＊)について，4と9は互いに素であるから，4と9の最小公倍数は $4\cdot9=36$ である。一方，基本例題108(1)では，4と6は互いに素でないから，$4\cdot6=24$ は最小公倍数ではないことに注意。

別解 (②を導くところまでは同じ)
①，②から　$4(m+4)=9(n+2)$
4と9は互いに素であるから，$m+4$ は9の倍数である。
したがって，$m+4=9k$（kは自然数）と表される。
ゆえに　$a+21=4(m+4)=4\cdot9k=36k$
したがって，$a+21$ は36の倍数である。

⇦このとき，$n+2$ は4の倍数である。したがって $n+2=4k$ と表されるから $a+21=9\cdot4k=36k$ としてもよい。

(2) $2n-1$と$2n+1$の最大公約数をgとすると

$$2n-1=ga \quad \cdots\cdots ①,\ 2n+1=gb \quad \cdots\cdots ②$$
（a，bは互いに素である自然数）

と表される。②−①から　$2=g(b-a)$
gは自然数であるから　$g=1$　または　$g=2$
$2n-1$，$2n+1$は奇数であるから，gも奇数である。
よって　$g=1$
ゆえに，$2n-1$と$2n+1$の最大公約数は1であるから，$2n-1$と$2n+1$は互いに素である。

⇦$g=1$ を示す方針。

⇦gは2の正の約数。

⇦奇数の公約数はすべて奇数。

PR ③109
(1) 238 と自然数 n の最大公約数が 14，最小公倍数が 1904 であるとき，n の値を求めよ。
(2) 2 桁の自然数 m，n $(m<n)$ の最大公約数は 10，最小公倍数は 100 である。このとき，m，n の値を求めよ。

(1) 条件から　$238n=14\cdot1904$

これを解いて　$\boldsymbol{n}=\dfrac{14\cdot1904}{238}=\mathbf{112}$

⇐2 つの自然数 a，b の最大公約数を g，最小公倍数を l とすると，$ab=gl$ が成り立つ。

別解　$238=14\cdot17$ であるから，自然数 k を用いて

$n=14k$（k と 17 は互いに素）

と表される。

最小公倍数が 1904 であるから　$1904=14\cdot17\cdot k$

よって　$k=8$　　ゆえに　$\boldsymbol{n}=\mathbf{14\cdot8=112}$

⇐8 と 17 は互いに素。

(2) 2 桁の自然数 m，n の最大公約数が 10 であるから，

$m=10m'$，$n=10n'$

と表される。ただし，m'，n' は互いに素な自然数で，$m'<n'$ である。

このとき，m，n の最小公倍数は $10m'n'$ と表されるから

$10m'n'=100$　すなわち　$m'n'=10$

⇐2 つの自然数 m，n の最大公約数を g，最小公倍数を l とすると，$l=gm'n'$ が成り立つ。

$m'n'=10$，$m'<n'$ を満たし，互いに素である m'，n' の組は

$(m',\ n')=(1,\ 10),\ (2,\ 5)$

よって　$(m,\ n)=(10,\ 100),\ (20,\ 50)$

このうち，m，n が 2 桁の自然数であるものは

$\boldsymbol{m=20,\ n=50}$

PR ③110
次の等式を満たす整数 x，y の組をすべて求めよ。
(1) $(x+2)(y-1)=-6$　　(2) $2xy-2x-5y=0$

(1) $(x+2)(y-1)=-6$ において

x，y は整数であるから，$x+2$ と $y-1$ はともに整数である。

⇐**この断りは重要。**

積が -6 になる整数 $x+2$，$y-1$ の組は

$(x+2,\ y-1)=(1,\ -6),\ (2,\ -3),\ (3,\ -2),\ (6,\ -1),$
$(-1,\ 6),\ (-2,\ 3),\ (-3,\ 2),\ (-6,\ 1)$

⇐例えば $x+2=1$，$y-1=-6$ のとき　$x=1-2=-1$，$y=-6+1=-5$

よって，求める x，y の組は

$\boldsymbol{(x,\ y)=(-1,\ -5),\ (0,\ -2),\ (1,\ -1),\ (4,\ 0),}$
$\boldsymbol{(-3,\ 7),\ (-4,\ 4),\ (-5,\ 3),\ (-8,\ 2)}$

(2) $2xy-2x-5y=2x(y-1)-5(y-1)-5$
$=(2x-5)(y-1)-5$

⇐$\boldsymbol{xy+ax+by=(x+b)(y+a)-ab}$

ゆえに，与式を変形すると

$(2x-5)(y-1)=5$

x，y は整数であるから，$2x-5$ と $y-1$ はともに整数である。

⇐**この断りは重要。**

積が 5 になる整数 $2x-5$，$y-1$ の組は

$(2x-5,\ y-1)=(1,\ 5),\ (5,\ 1),\ (-1,\ -5),\ (-5,\ -1)$

⇐例えば $2x-5=1$，$y-1=5$ のとき　$x=\dfrac{1+5}{2}=3$，$y=5+1=6$

よって，求める x，y の組は

$\boldsymbol{(x,\ y)=(3,\ 6),\ (5,\ 2),\ (2,\ -4),\ (0,\ 0)}$

PR ④111 次の等式を満たす自然数 x, y の組をすべて求めよ。

(1) $\dfrac{5}{x}+\dfrac{1}{2y}=1$　　(2) $x^2=y^2+12$

(1) 両辺に $2xy$ を掛けて　$10y+x=2xy$

よって　$2xy-x-10y=0$

これを変形して　$(x-5)(2y-1)=5$ …… ①

x, y は自然数であるから，$x-5$, $2y-1$ はともに整数である。

$x\geqq 1$, $y\geqq 1$ であるから　$x-5\geqq -4$, $2y-1\geqq 1$

ゆえに，① から　$(x-5,\ 2y-1)=(1,\ 5),\ (5,\ 1)$

これを満たす x, y のうち，ともに自然数となる組は

$(\boldsymbol{x},\ \boldsymbol{y})=(\mathbf{6},\ \mathbf{3}),\ (\mathbf{10},\ \mathbf{1})$

⇐ $2xy-x-10y$ $=x(2y-1)-5(2y-1)-5$ $=(x-5)(2y-1)-5$

⇐いずれも適する。

(2) $x^2=y^2+12$ から　$x^2-y^2=12$

よって　$(x+y)(x-y)=12$ …… ①

x, y は自然数であるから，$x+y$, $x-y$ はともに整数であり

$x+y>x-y$

また，$x+y>0$ であり，これと ① から　$x-y>0$

ゆえに，① から

$(x+y,\ x-y)=(12,\ 1),\ (6,\ 2),\ (4,\ 3)$

これを満たす x, y のうち，ともに自然数となる組は

$(\boldsymbol{x},\ \boldsymbol{y})=(\mathbf{4},\ \mathbf{2})$

⇐ $x+y$ と $x-y$ の積が正となるから，$x-y$ も正。

⇐ $(x+y,\ x-y)=(6,\ 2)$ のみが適する。

PR ③112 $N=250!$ を素因数分解したとき，次の問いに答えよ。

(1) 素因数5の個数を求めよ。

(2) N を計算すると，末尾には0が連続して何個並ぶか。

(1) 1から250までの自然数のうち，

5の倍数の個数は，　250を5で割った商で　50個

5^2 の倍数の個数は，　250を 5^2 で割った商で　10個

5^3 の倍数の個数は，　250を 5^3 で割った商で　2個

よって，素因数5の個数は　$50+10+2=$ **62（個）**

⇐ 5^2 の倍数は素因数5を2個もつが，5の倍数として1個，5^2 の倍数として1個数えればよい。

(2) 1から250までの自然数のうち2の倍数の個数は，125個である。

よって，素因数2の個数は125個以上あるから，素因数5の個数よりも多い。

$2\cdot 5=10$ であるから，N を計算したとき末尾に並ぶ0の個数は素因数5の個数に等しい。

ゆえに，(1) から　**62個**

⇐（因数10の個数）＝（因数5の個数）

PR ③113 (1) n は自然数とする。次の値が素数となるような n をすべて求めよ。

(ア) $n^2-2n-24$　　(イ) $n^2-16n+28$

(2) a, b を自然数とするとき，$a+b=p+4$, $ab^2=q$ を満たす素数 p, q を求めよ。

(1) (ア) $N=n^2-2n-24$ とすると　$N=(n+4)(n-6)$

N が素数となるとき，n は自然数であるから，$n+4$, $n-6$ はともに自然数であり　$0<n-6<n+4$

⇐ $N>0$, $n+4>0$ から $n-6>0$

よって　$n-6=1$　　ゆえに　$n=7$

このとき，$n+4=11$ から $N=11$ となり，適する。

よって，求める n の値は　$\boldsymbol{n=7}$

⇐小さい方が1

⇐11は素数。

(イ) $N=n^2-16n+28$ とすると　$N=(n-2)(n-14)$

[1] $n-2>n-14>0$ すなわち $n>14$ のとき

Nが素数となるとき　$n-14=1$

よって　$n=15$

このとき，$n-2=13$ から $N=13$ となり，適する。

[2] $n-14<n-2<0$ すなわち $1 \leqq n<2$ のとき

Nが素数となるとき　$n-2=-1$

よって　$n=1$

このとき，$n-14=-13$ から $N=13$ となり，適する。

[1]，[2] から，求める n の値は　$\boldsymbol{n=1,\ 15}$

⇐$n-2$，$n-14$ がともに正の数なら小さい方が1，ともに負の数なら大きい方が -1

⇐13は素数。

⇐nは自然数であるから $n \geqq 1$

(2) $ab^2=q$ から　$a=q$，$b=1$

$a+b=p+4$ に代入して　$q+1=p+4$

すなわち　$q=p+3$

$p<q$ であり，pとqの偶奇は異なるから　$p=2$

よって　$q=2+3=5$

$q=5$ は素数であるから，条件を満たす。

したがって，求める素数 p，q は　$\boldsymbol{p=2,\ q=5}$

⇐$b \geqq 2$ とすると，b^2 は合成数であるから，不適。

⇐$q-p=3$（奇数）であるから，p，q の一方は奇数で，もう一方は偶数。

PR ④114

(1) 432以下の自然数で，432と互いに素であるものの個数を求めよ。
(2) 735以下の自然数で，735と互いに素であるものの個数を求めよ。

(1) $432=2^4 \cdot 3^3$

また　$432 \div 2=216$，$432 \div 3=144$，$432 \div (2 \cdot 3)=72$

よって，432以下の自然数で，2の倍数または3の倍数の個数は　$216+144-72=288$

したがって，求める個数は　$432-288=\boldsymbol{144}$ **(個)**

別解　$432=2^4 \cdot 3^3$

432以下の自然数のうち，奇数は　$432 \div 2=216$（個）

3の倍数で奇数は　$432 \div 3 \div 2=72$（個）

したがって，求める個数は　$216-72=\boldsymbol{144}$ **(個)**

⇐432は偶数であるから，216個の奇数の中で考える。

(2) $735=3 \cdot 5 \cdot 7^2$

また　$735 \div 3=245$，$735 \div 5=147$，$735 \div 7=105$，

$735 \div (3 \cdot 5)=49$，$735 \div (5 \cdot 7)=21$，$735 \div (7 \cdot 3)=35$，

$735 \div (3 \cdot 5 \cdot 7)=7$

よって，735以下の自然数で，3の倍数または5の倍数または7の倍数の個数は

$$245+147+105-49-21-35+7=399$$

したがって，求める個数は　$735-399=\boldsymbol{336}$ **(個)**

⇐735以下の自然数のうち，3の倍数全体，5の倍数全体，7の倍数全体をそれぞれ A，B，C で表すと　$n(A \cup B \cup C)$
$=n(A)+n(B)+n(C)$
$-n(A \cap B)-n(B \cap C)$
$-n(C \cap A)$
$+n(A \cap B \cap C)$

PR ④115

2つの整数 a，b に対して，$a+b$ と ab が互いに素ならば，a と b は互いに素であることを証明せよ。

$a+b$ と ab が互いに素であるときに，a と b が共通の素因数 p をもつと仮定すると，ある整数 m，n を用いて

$a=pm$，$b=pn$　と表される。

このとき　$a+b=pm+pn=p(m+n)$

$ab=pm\cdot pn=p(pmn)$

$m+n$，pmn は整数であるから，$a+b$ と ab は共通の素因数 p をもつ。

これは $a+b$ と ab が互いに素であることに矛盾する。

したがって，a と b は共通の素因数をもたない，すなわち互いに素である。

⇐本問の場合，以下の証明では p が素数であることは必ずしも必要ないので，「1より大きい公約数 p をもつ」として進めてもよい。

PR ②116　a，b は整数とする。a を5で割ると2余り，b を5で割ると3余る。次の数を5で割った余りを求めよ。

(1) $a+b$　(2) $a-b$　(3) ab　(4) a^2+b^2

a，b は整数 k，l を用いて，$a=5k+2$，$b=5l+3$ と表される。

(1) $a+b=(5k+2)+(5l+3)=5(k+l)+5=5(k+l+1)$

よって，求める余りは　**0**

(2) $a-b=(5k+2)-(5l+3)=5(k-l)-1$

$=5(k-l-1)+4$

よって，求める余りは　**4**

⇐余り r は $0\leqq r<5$ を満たす整数であるから，**-1 は誤り！**

(3) $ab=(5k+2)(5l+3)=5^2kl+5k\cdot 3+2\cdot 5l+2\cdot 3$

$=5(5kl+3k+2l)+6$

$=5(5kl+3k+2l+1)+1$

⇐$6=5\cdot 1+1$

よって，求める余りは　**1**

(4) $a^2+b^2=(5k+2)^2+(5l+3)^2$

$=5^2k^2+2\cdot 5k\cdot 2+2^2+5^2l^2+2\cdot 5l\cdot 3+3^2$

$=5(5k^2+4k+5l^2+6l)+13$

$=5(5k^2+4k+5l^2+6l+2)+3$

⇐$13=5\cdot 2+3$

よって，求める余りは　**3**

別解　(1) 求める余りは　$2+3=5$ を5で割った余りと同じで　**0**

(2) 求める余りは　$2-3=-1$ を5で割った余りと同じで　**4**

(3) 求める余りは　$2\cdot 3=6$ を5で割った余りと同じで　**1**

(4) 求める余りは　$2^2+3^2=13$ を5で割った余りと同じで　**3**

PR ②117　n は整数とする。次のことを証明せよ。

(1) $2n^2-n+1$ は3で割り切れない。

(2) n が5で割り切れないとき，n^2 を5で割った余りは1または4である。

k を整数とする。

(1) [1] $n=3k$ のとき

$2n^2-n+1=2(3k)^2-3k+1=3(6k^2-k)+1$

⇐n を3で割った余りが0，1，2の各場合に分ける。

[2] $n=3k+1$ のとき

$2n^2-n+1=2(3k+1)^2-(3k+1)+1=18k^2+9k+2$

$=3(6k^2+3k)+2$

[3]　$n=3k+2$ のとき

$$2n^2-n+1=2(3k+2)^2-(3k+2)+1=18k^2+21k+7$$
$$=3(6k^2+7k+2)+1$$

よって，$2n^2-n+1$ を3で割った余りは1または2であるから，$2n^2-n+1$ は3で割り切れない。

(2)　[1]　$n=5k+1$ のとき

$$n^2=(5k+1)^2=25k^2+10k+1=5(5k^2+2k)+1$$

[2]　$n=5k+2$ のとき

$$n^2=(5k+2)^2=25k^2+20k+4=5(5k^2+4k)+4$$

[3]　$n=5k+3$ のとき

$$n^2=(5k+3)^2=25k^2+30k+9=5(5k^2+6k+1)+4$$

[4]　$n=5k+4$ のとき

$$n^2=(5k+4)^2=25k^2+40k+16=5(5k^2+8k+3)+1$$

よって，n が5で割り切れないとき，n^2 を5で割った余りは1または4である。

⇐n は5で割り切れないから，n を5で割った余りが，1，2，3，4の各場合に分ける。

別解　[1]と[4]，[2]と[3]を複号でまとめて

[1]　$n=5k\pm1$ のとき
$n^2=5(5k^2\pm2k)+1$

[2]　$n=5k\pm2$ のとき
$n^2=5(5k^2\pm4k)+4$

（複号同順）

4章 PR

PR ③118　n は整数とする。次のことを証明せよ。
(1)　$n(n+1)(n+2)(n+3)$ は24の倍数である。　(2)　$n(n+1)(n-4)$ は6の倍数である。

(1)　連続する4つの整数 n，$n+1$，$n+2$，$n+3$ のうち2つは2の倍数であり，そのうちの1つは4の倍数であるから，
$n(n+1)(n+2)(n+3)$ は8の倍数である。…… ①
また，連続する4つの整数 n，$n+1$，$n+2$，$n+3$ のいずれかは3の倍数であるから，
$n(n+1)(n+2)(n+3)$ は3の倍数である。…… ②
①，②より，$n(n+1)(n+2)(n+3)$ は8の倍数かつ3の倍数であるから，$n(n+1)(n+2)(n+3)$ は24の倍数である。

⇐4つの整数の中には，4の倍数，4で割ると2余る数が1つずつある。
$4k(4l+2)=8k(2l+1)$
（k，l は整数）

(2)　$n(n+1)(n-4)=n(n+1)\{(n+2)-6\}$

$$=n(n+1)(n+2)-6n(n+1)$$

ここで，連続する3つの整数の積 $n(n+1)(n+2)$ は6の倍数であり，$6n(n+1)$ も6の倍数であるから，$n(n+1)(n-4)$ は6の倍数である。

⇐連続する3つの整数の積の形を作る。

PR ③119
(1)　15^{30} を7で割った余りを求めよ。
(2)　7^{80} を8で割った余りを求めよ。
(3)　13^{30} を17で割った余りを求めよ。

(1)　15を7で割った余りは　1
よって，15^{30} を7で割った余りは，1^{30} すなわち1を7で割った余りに等しい。
したがって，求める余りは　**1**

⇐$15=7\cdot2+1$

(2)　$7^{80}=(7^2)^{40}=49^{40}$
49を8で割った余りは　1
よって，49^{40} を8で割った余りは，1^{40} すなわち1を8で割った余りに等しい。

⇐$49=8\cdot6+1$

したがって，求める余りは　**1**

(3)　$13^{30}=(13^2)^{15}=169^{15}$

169 を 17 で割った余りは　16

⇐$169=17\cdot 9+16$

よって，13^{30} を 17 で割った余りは，16^{15} を 17 で割った余りに等しい。更に

$$16^{15}=16\cdot(16^2)^7=16\cdot 256^7$$

⇐$16^{15}=16\cdot 16^{14}$
$=16\cdot(16^2)^7$
$256=17\cdot 15+1$

256 を 17 で割った余りは　1

ゆえに，16^{15} を 17 で割った余りは，$16\cdot 1^7$ すなわち 16 を 17 で割った余りに等しい。

したがって，求める余りは　**16**

PR ④120　a，b，c はどの 2 つも互いに素である自然数とする。$a^2+b^2=c^2$ であるとき，a，b の一方は偶数で他方は奇数であることを証明せよ。

a と b は互いに素であるから，ともに偶数ということはない。

⇐ともに偶数ならば，公約数 2 をもつ。

a，b がともに奇数であると仮定すると，

$$a=2k+1,\ b=2l+1\ (k,\ l \text{ は 0 以上の整数})$$

と表される。

⇐$a=2k-1$，$b=2l-1$（k，l は自然数）でもよい。

このとき　$a^2+b^2=(2k+1)^2+(2l+1)^2$
$=(4k^2+4k+1)+(4l^2+4l+1)$
$=4(k^2+l^2+k+l)+2$

$a^2+b^2=c^2$ であるから　　$c^2=4(k^2+l^2+k+l)+2$

よって　　$c^2=2\{2(k^2+l^2+k+l)+1\}$　…… ①

ゆえに，c^2 は偶数であるから，c は偶数である。

⇐整数 n について
n が偶数 ⟺ n^2 が偶数
n が奇数 ⟺ n^2 が奇数

よって　　$c=2m$　（m は自然数）

これを ① に代入して　　$4m^2=2\{2(k^2+l^2+k+l)+1\}$

ゆえに　　$2m^2=2(k^2+l^2+k+l)+1$　…… ②

② の左辺は偶数，右辺は奇数であるから，矛盾。

したがって，a，b の一方は偶数で他方は奇数である。

PR ④121　$f(x)=ax^3+bx^2+cx$ は，$x=1$，-1，-2 で整数値 $f(1)=r$，$f(-1)=s$，$f(-2)=t$ をとるものとする。
(1)　a，b，c をそれぞれ r，s，t の式で表せ。
(2)　すべての整数 n について，$f(n)$ は整数になることを示せ。　〔岡山大〕

(1)　$f(1)=r$，$f(-1)=s$，$f(-2)=t$ から

$a+b+c=r$　…… ①，$-a+b-c=s$　…… ②，
$-8a+4b-2c=t$　…… ③

⇐この条件から，まず a，b，c の連立方程式を作る。

①＋② から　　$2b=r+s$　すなわち　$b=\dfrac{r+s}{2}$

⇐a と c を消去。

これを ①，③ に代入して整理すると

$2a+2c=r-s$　…… ④，
$8a+2c=2r+2s-t$　…… ⑤

⑤−④ から　　$6a=r+3s-t$　すなわち　$a=\dfrac{r+3s-t}{6}$

これを ④ に代入して整理すると　$c=\dfrac{2r-6s+t}{6}$

したがって　$\boldsymbol{a=\dfrac{r+3s-t}{6},\ b=\dfrac{r+s}{2},\ c=\dfrac{2r-6s+t}{6}}$

⇐ $\dfrac{r+3s-t}{3}+2c$ $=r-s$ から $2c=\dfrac{3r-3s-(r+3s-t)}{3}$ よって　$c=\dfrac{2r-6s+t}{6}$

(2)　(1)の結果から

$$f(n)=\frac{r+3s-t}{6}n^3+\frac{r+s}{2}n^2+\frac{2r-6s+t}{6}n$$
$$=\frac{1}{6}\{(r+3s-t)n^3+3(r+s)n^2+(2r-6s+t)n\}$$
$$=\frac{1}{6}\{r(n^3+3n^2+2n)+s(3n^3+3n^2-6n)+t(-n^3+n)\}$$

⇐ r, s, t について整理。

$$=\frac{1}{6}\{rn(n+1)(n+2)+3s(n-1)n(n+2)-t(n-1)n(n+1)\}$$
$$=\frac{rn(n+1)(n+2)}{6}+\frac{s(n-1)n(n+2)}{2}-\frac{t(n-1)n(n+1)}{6}$$

r, s, t は整数であり，また，連続する2整数の積は2の倍数となり，連続する3整数の積は6の倍数になる。

⇐ $n(n+1)(n+2)$ と $(n-1)n(n+1)$ は6の倍数，$(n-1)n$ は2の倍数。

よって，$\dfrac{rn(n+1)(n+2)}{6}$, $\dfrac{s(n-1)n(n+2)}{2}$, $\dfrac{t(n-1)n(n+1)}{6}$ はすべて整数である。

したがって，すべての整数 n について，$f(n)$ は整数になる。

本冊 p.453　重要例題 121 参考 の 証明

$m+1=A$ とし，$g(x)=f(A+x)$ とする。

$$g(x)=f(A+x)=(A+x)^3+a(A+x)^2+b(A+x)+c$$
$$=x^3+(3A+a)x^2+(3A^2+2Aa+b)x+A^3+A^2a+Ab+c$$

また　$g(-1)=f(A-1)=f(m)$,

$g(0)=f(A)=f(m+1)$,

$g(1)=f(A+1)=f(m+2)$

よって，条件から $g(-1)$, $g(0)$, $g(1)$ はすべて整数である。

ゆえに，重要例題121の結果から，すべての整数 n に対して $g(n)$ は整数になる。

$f(n)=g(n-A)$ であるから，すべての整数 n に対して $f(n)$ は整数になる。

PR ④122　3つの数 p, $2p+1$, $4p+1$ がいずれも素数となるような自然数 p をすべて求めよ。　〔一橋大〕

p が素数でないときは条件を満たさないから，p が素数である場合について考えればよい。

$p=2$ のとき　$2p+1=5$ は素数だが $4p+1=9$ は素数ではない。

$p=3$ のとき　$2p+1=7$, $4p+1=13$ も素数である。

p が5以上の素数であるとき，p は自然数 k を用いて

$3k+1$　または　$3k+2$　と表される。

[1]　$p=3k+1$ のとき

$2p+1=2(3k+1)+1=3(2k+1)$

$2k+1$ は3以上の自然数であるから，$2p+1$ は素数ではない。

いろいろな素数 p について $2p+1$, $4p+1$ の値を調べてみる。

p	$2p+1$	$4p+1$
2	5	9
3	7	13
5	11	**21**
7	**15**	29
11	23	**45**
13	**27**	53
⋮	⋮	⋮

[2] $p=3k+2$ のとき

$$4p+1=4(3k+2)+1=3(4k+3)$$

$4k+3$ は7以上の自然数であるから，$4p+1$ は素数ではない。
以上から，p，$2p+1$，$4p+1$ がいずれも素数となるような自然数 p は　　**$p=3$**

p が5以上の素数のときは $2p+1$，$4p+1$ のいずれかが3の倍数になると見当がつく。

PR ③123 文字はすべて整数とする。合同式を用いて，次の問いに答えよ。
(1) n を5で割った余りが3であるとき，$2n^2+n+2$ を5で割った余りを求めよ。
(2) $a^2+b^2+c^2=d^2$ で d が3の倍数でないならば，a，b，c の中に3の倍数がちょうど2個あることを証明せよ。

(1) $n\equiv3\pmod{5}$ のとき

$$2n^2+n+2\equiv2\cdot3^2+3+2\equiv23\equiv3\pmod{5}$$

よって，求める余りは　**3**

⇦$23\equiv23-5\cdot4$
$\equiv3\pmod{5}$

(2) 3を法として考えると，整数 n に対し，$n\equiv0$，$n\equiv1$，$n\equiv2$ のいずれかが成り立ち

$n\equiv0$ のとき　$n^2\equiv0$　　$n\equiv1$ のとき　$n^2\equiv1$

$n\equiv2$ のとき　$n^2\equiv4\equiv1$

よって，$n^2\equiv0$，$n^2\equiv1$ のいずれかが成り立つから

[1] $a^2\equiv0$，$b^2\equiv0$，$c^2\equiv0$ のとき　　$a^2+b^2+c^2\equiv0$
[2] $a^2\equiv0$，$b^2\equiv0$，$c^2\equiv1$ のとき　　$a^2+b^2+c^2\equiv1$
[3] $a^2\equiv0$，$b^2\equiv1$，$c^2\equiv0$ のとき　　$a^2+b^2+c^2\equiv1$
[4] $a^2\equiv0$，$b^2\equiv1$，$c^2\equiv1$ のとき　　$a^2+b^2+c^2\equiv2$
[5] $a^2\equiv1$，$b^2\equiv0$，$c^2\equiv0$ のとき　　$a^2+b^2+c^2\equiv1$
[6] $a^2\equiv1$，$b^2\equiv0$，$c^2\equiv1$ のとき　　$a^2+b^2+c^2\equiv2$
[7] $a^2\equiv1$，$b^2\equiv1$，$c^2\equiv0$ のとき　　$a^2+b^2+c^2\equiv2$
[8] $a^2\equiv1$，$b^2\equiv1$，$c^2\equiv1$ のとき　　$a^2+b^2+c^2\equiv3\equiv0$

また，d は3の倍数でないから　　$d^2\equiv1$
$a^2+b^2+c^2\equiv1$ となるのは，[2]，[3]，[5] のいずれかの場合であるから，a，b，c の中に3の倍数がちょうど2つある。

⇦3の倍数に関する証明であるから，3を法とする合同式を考える。

⇦$d\equiv1$ または $d\equiv2$
このとき　$d^2\equiv1$

PR ④124 合同式を用いて，次の問いに答えよ。
(1) 13^{2017} を5で割ったときの余りを求めよ。〔類　名古屋市大〕
(2) すべての正の整数 n に対して，$3^{3n-2}+5^{3n-1}$ が7の倍数であることを証明せよ。〔類　弘前大〕

(1) $13\equiv3\pmod{5}$ であり

$$3^2\equiv9\equiv4\pmod{5}$$
$$3^4\equiv(3^2)^2\equiv4^2\equiv16\equiv1\pmod{5}$$

よって　　$13^{2017}\equiv3^{2017}\equiv(3^4)^{504}\cdot3\equiv1^{504}\cdot3\equiv3\pmod{5}$

ゆえに，求める余りは　**3**

⇦$3^2\equiv9\equiv4\pmod{5}$
$3^3\equiv4\cdot3\equiv2\pmod{5}$
$3^4\equiv2\cdot3\equiv1\pmod{5}$
と考えてもよい。

(2) $3^3\equiv27\equiv6\pmod{7}$，$5^3\equiv125\equiv6\pmod{7}$ であり

$$3^{3n-2}=3^{3(n-1)+1}=(3^3)^{n-1}\cdot3$$
$$5^{3n-1}=5^{3(n-1)+2}=(5^3)^{n-1}\cdot5^2$$

よって　　$3^{3n-2}+5^{3n-1}\equiv(3^3)^{n-1}\cdot3+(5^3)^{n-1}\cdot5^2$

$$\equiv6^{n-1}\cdot3+6^{n-1}\cdot25$$

⇦$a^{m+n}=a^m\cdot a^n$
$a^{mn}=(a^m)^n$

$\equiv 6^{n-1}(3+25)$

$\equiv 6^{n-1}\cdot 28 \equiv 0 \pmod 7$　　⇐$28\equiv 0 \pmod 7$

ゆえに，$3^{3n-2}+5^{3n-1}$ は 7 の倍数である。

PR ①125 次の 2 つの整数の最大公約数を，互除法を用いて求めよ。

(1) 504，651　　(2) 899，1501　　(3) 2415，9345

(1) $651=504\cdot 1+147$

$504=147\cdot 3+63$

$147=63\cdot 2+21$

$63=21\cdot 3+⓪$

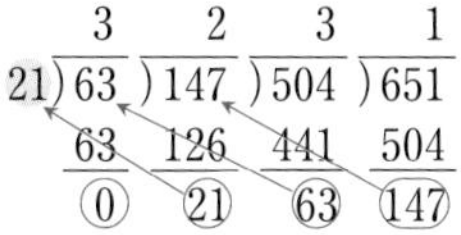

よって，504 と 651 の最大公約数は　**21**

(2) $1501=899\cdot 1+602$

$899=602\cdot 1+297$

$602=297\cdot 2+8$

$297=8\cdot 37+1$

$8=1\cdot 8+⓪$

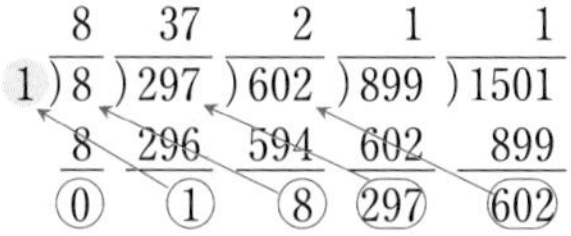

よって，899 と 1501 の最大公約数は　**1**　　⇐899 と 1501 は互いに素である。

(3) $9345=2415\cdot 3+2100$

$2415=2100\cdot 1+315$

$2100=315\cdot 6+210$

$315=210\cdot 1+105$

$210=105\cdot 2+⓪$

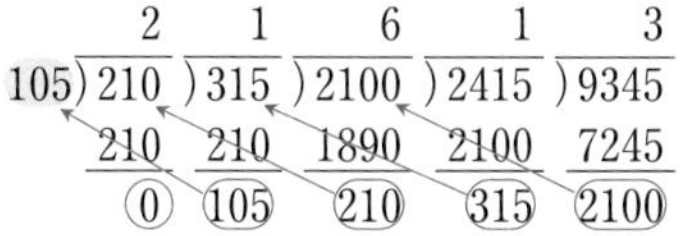

よって，2415 と 9345 の最大公約数は　**105**

PR ②126 次の等式を満たす整数 x，y の組を 1 つ求めよ。

(1) $19x+26y=1$　　(2) $19x+26y=-2$

(1) $26=19\cdot 1+7$　移項すると　$7=26-19\cdot 1$

$19=7\cdot 2+5$　移項すると　$5=19-7\cdot 2$

$7=5\cdot 1+2$　移項すると　$2=7-5\cdot 1$

$5=2\cdot 2+1$　移項すると　$1=5-2\cdot 2$

よって　$1=5-2\cdot 2=5-(7-5\cdot 1)\cdot 2$

$=7\cdot(-2)+5\cdot 3=7\cdot(-2)+(19-7\cdot 2)\cdot 3$

$=19\cdot 3+7\cdot(-8)=19\cdot 3+(26-19\cdot 1)\cdot(-8)$

$=19\cdot 11+26\cdot(-8)$

すなわち　$19\cdot 11+26\cdot(-8)=1$　…… ①

したがって，求める整数 x，y の組の 1 つは

$\boldsymbol{x=11,\ y=-8}$

(2) ① の両辺に -2 を掛けると

$19\cdot\{11\cdot(-2)\}+26\cdot\{(-8)\cdot(-2)\}=-2$

すなわち　$19\cdot(-22)+26\cdot 16=-2$

したがって，求める整数 x，y の組の 1 つは

$\boldsymbol{x=-22,\ y=16}$

別解 (1) $a=19$，$b=26$ とする。

$7=26-19\cdot 1=b-a$

$5=19-7\cdot 2$

$=a-2(b-a)=3a-2b$

$2=7-5\cdot 1$

$=(b-a)-(3a-2b)$

$=-4a+3b$

$1=5-2\cdot 2$

$=(3a-2b)-2(-4a+3b)$

$=11a-8b$

すなわち

$19\cdot 11+26\cdot(-8)=1$

よって，求める整数 x，y の組の 1 つは

$\boldsymbol{x=11,\ y=-8}$

PR ②**127** 次の方程式の整数解をすべて求めよ。
(1) $5x+7y=1$　　(2) $35x-29y=3$

(1)　$5x+7y=1$ …… ①

$x=3,\ y=-2$ は，① の整数解の1つである。

よって　$5\cdot 3+7\cdot(-2)=1$ …… ②

①−② から　$5(x-3)+7(y+2)=0$

すなわち　$5(x-3)=-7(y+2)$ …… ③

5と7は互いに素であるから，$x-3$ は7の倍数である。

ゆえに，k を整数として，$x-3=7k$ と表される。

これを ③ に代入すると　$y+2=-5k$

よって，解は　$\boldsymbol{x=7k+3,\ y=-5k-2}$ （$\boldsymbol{k}$ **は整数**）

⇦$x=1,\ 2,$ …… と代入して，y が整数になる場合をさがす。

⇦$\boldsymbol{a}$，$\boldsymbol{b}$ **が互いに素で，$\boldsymbol{an}$ が $\boldsymbol{b}$ の倍数ならば，$\boldsymbol{n}$ は $\boldsymbol{b}$ の倍数である。**（$a,\ b,\ n$ は整数）

(2)　$35x-29y=3$ …… ①

$x=5,\ y=6$ は，$35x-29y=1$ の整数解の1つである。

よって　$35\cdot 5-29\cdot 6=1$

両辺に3を掛けると

$35\cdot 15-29\cdot 18=3$ …… ②

①−② から　$35(x-15)-29(y-18)=0$

すなわち　$35(x-15)=29(y-18)$ …… ③

35と29は互いに素であるから，$x-15$ は29の倍数である。

ゆえに，k を整数として，$x-15=29k$ と表される。

これを ③ に代入すると　$y-18=35k$

よって，解は　$\boldsymbol{x=29k+15,\ y=35k+18}$ （$\boldsymbol{k}$ **は整数**）

⇦$\boldsymbol{a}$，$\boldsymbol{b}$ **が互いに素で，$\boldsymbol{an}$ が $\boldsymbol{b}$ の倍数ならば，$\boldsymbol{n}$ は $\boldsymbol{b}$ の倍数である。**（$a,\ b,\ n$ は整数）

参考　（$x=5,\ y=6$ の互除法による求め方）

35と29に互除法を用いると

$35=29\cdot 1+6$　移項すると　$6=\boxed{35-29\cdot 1}$

$29=6\cdot 4+5$　移項すると　$5=\boxed{29-6\cdot 4}$

$6=5\cdot 1+1$　移項すると　$1=6-5\cdot 1$

よって　$1=6-5\cdot 1=6-(\boxed{29-6\cdot 4})\cdot 1$

$=29\cdot(-1)+6\cdot 5=29\cdot(-1)+(\boxed{35-29\cdot 1})\cdot 5$

$=35\cdot 5+29\cdot(-6)$

すなわち　$35\cdot 5-29\cdot 6=1$

別解　（本冊 $p.467$ ズームUPで紹介した「方程式の係数を小さくする方法」による解法）

$35x-29y=3$ …… ① において

$35=29\cdot 1+6$ から　$(29\cdot 1+6)x-29y=3$

ゆえに　$6x+29(x-y)=3$

$29=6\cdot 4+5$ から　$6x+(6\cdot 4+5)(x-y)=3$

ゆえに　$5(x-y)+6(5x-4y)=3$ …… (∗)

$x-y=m,\ 5x-4y=n$ とおくと

$5m+6n=3$ …… (∗∗)

$m=-3,\ n=3$ は，$5m+6n=3$ の整数解の1つである。

⇦係数が35と29から29と6になり，小さくなった。

⇦係数が6と5になり，1組の整数解が見つけやすくなった。

よって　$x-y=-3$，$5x-4y=3$
これを解くと　$x=15$，$y=18$
ゆえに，$35\cdot15-29\cdot18=3$ …… ② が成り立つ。
以下，解答と同様。

⇦これが ① の１組の整数解である。

参考　１組の整数解の見つけ方として，次の方法もある。
（方法１）(*) から更に係数を下げて見つけやすくする。
$5(x-y)+6(5x-4y)=3$ において
$6=5\cdot1+1$ から　$5(x-y)+(5\cdot1+1)(5x-4y)=3$
ゆえに　$(5x-4y)+5(6x-5y)=3$
$5x-4y=m'$，$6x-5y=n'$ とおくと
$$m'+5n'=3$$
$m'=3$，$n'=0$ は，$m'+5n'=3$ の整数解の１つである。
よって　$5x-4y=3$，$6x-5y=0$
これを解くと　$x=15$，$y=18$

⇦一方の係数が１になれば，すぐに見つかる。

（方法２）(**) の右辺を１とした $5m+6n=1$ を考える。
$m=-1$，$n=1$ は，$5m+6n=1$ の整数解の１つであるから，$5\cdot(-1)+6\cdot1=1$ が成り立つ。この式の両辺に３を掛けると　$5\cdot(-3)+6\cdot3=3$
すなわち，$m=-3$，$n=3$ は，$5m+6n=3$ …… (**) の整数解の１つである。以下同様。

4章
PR

PR ②128　11 で割ると９余り，５で割ると２余る３桁の自然数のうち最大の数を求めよ。

求める自然数を n とすると，n は x, y を整数として，次のように表される。
$$n=11x+9,\quad n=5y+2$$
よって　$11x+9=5y+2$
すなわち　$5y-11x=7$ …… ①
$y=-2$，$x=-1$ は，$5y-11x=1$ の整数解の１つであるから
$$5\cdot(-2)-11\cdot(-1)=1$$
両辺に７を掛けると
$$5\cdot(-14)-11\cdot(-7)=7 \quad \cdots\cdots ②$$
①−② から　$5(y+14)-11(x+7)=0$
すなわち　$5(y+14)=11(x+7)$ …… ③
５と 11 は互いに素であるから，③ を満たす整数 x は
$$x+7=5k \quad \text{すなわち} \quad x=5k-7 \quad (k \text{ は整数})$$
と表される。
したがって　$n=11x+9=11(5k-7)+9$
$=55k-68$
$55k-68$ が３桁で最大となるのは，$55k-68\leqq999$ を満たす k が最大のときであり，その値は　$k=19$
このとき　$n=55\cdot19-68=$ **977**

⇦a を b で割った商を q，余りを r とすると
$a=bq+r$

⇦まず，① の右辺を１とした方程式 $5y-11x=1$ の整数解を求める。
別解　① から直接整数解 x，y の１つ（$x=3$，$y=8$ など）を求めてもよい。その場合，$5\cdot8-11\cdot3=7$ を ② として計算を進めればよい。

⇦$55k-68\leqq999$ から
$k\leqq\dfrac{999+68}{55}$
$=19.4$

PR ③129 方程式 $9x+4y=50$ を満たす自然数 x, y の組を求めよ。

$9x+4y=50$ から　$9x=50-4y$

すなわち　$9x=2(25-2y)$ …… ①

9 と 2 は互いに素であるから，x は 2 の倍数である。 …… ②

① において，$y \geqq 1$ であるから　$25-2y \leqq 23$

よって　$9x \leqq 2 \cdot 23=46$

更に，$x \geqq 1$ であるから　$1 \leqq x \leqq \frac{46}{9}$ …… ③

②，③ から　$x=2$, 4

$y=\frac{50-9x}{4}$ であるから，x, y がともに自然数となる組は

$(\boldsymbol{x}, \boldsymbol{y})=(\mathbf{2}, \mathbf{8})$

⇦ **a, b が互いに素で，an が b の倍数ならば，n は b の倍数である。**
(a, b, n は整数)

⇦ x の値の範囲を絞り込む。　$\frac{46}{9}=5.1……$

⇦ $x=4$ のときは $y=\frac{7}{2}$ で不適。

PR ⑤130 $\frac{1}{x}+\frac{1}{y}+\frac{1}{z}=\frac{1}{2}$ かつ $4 \leqq x<y<z$ を満たす自然数 x, y, z の組をすべて求めよ。

$0<x<y<z$ であるから　$\frac{1}{z}<\frac{1}{y}<\frac{1}{x}$

よって　$\frac{1}{x}+\frac{1}{y}+\frac{1}{z}<\frac{1}{x}+\frac{1}{x}+\frac{1}{x}=\frac{3}{x}$

$\frac{1}{x}+\frac{1}{y}+\frac{1}{z}=\frac{1}{2}$ であるから　$\frac{1}{2}<\frac{3}{x}$

ゆえに　$\frac{1}{6}<\frac{1}{x}$　　よって　$x<6$

ゆえに　$4 \leqq x<6$

x は自然数であるから　$x=4$, 5

[1] $x=4$ のとき，等式は　$\frac{1}{y}+\frac{1}{z}=\frac{1}{4}$ …… ①

ここで，$0<y<z$ であるから　$\frac{1}{z}<\frac{1}{y}$

よって　$\frac{1}{y}+\frac{1}{z}<\frac{1}{y}+\frac{1}{y}=\frac{2}{y}$

① から　$\frac{1}{4}<\frac{2}{y}$　　ゆえに　$\frac{1}{8}<\frac{1}{y}$

よって　$y<8$　　ゆえに　$4<y<8$

y は自然数であるから　$y=5$, 6, 7

$y=5$ のとき，① は　$\frac{1}{5}+\frac{1}{z}=\frac{1}{4}$　　よって　$z=20$

これは $y<z$ を満たす。

$y=6$ のとき，① は　$\frac{1}{6}+\frac{1}{z}=\frac{1}{4}$　　よって　$z=12$

これは $y<z$ を満たす。

$y=7$ のとき，① は　$\frac{1}{7}+\frac{1}{z}=\frac{1}{4}$　　よって　$z=\frac{28}{3}$

これは条件を満たさない。

⇦ **$0<a<b$ のとき $\frac{1}{b}<\frac{1}{a}$**

⇦ 条件 $4 \leqq x$ を忘れずに。

⇦ $\frac{1}{4}+\frac{1}{y}+\frac{1}{z}=\frac{1}{2}$

⇦ $x=4$, $x<y$ より $4<y$

⇦ $\frac{1}{z}=\frac{1}{20}$

⇦ $\frac{1}{z}=\frac{1}{12}$

⇦ $\frac{1}{z}=\frac{3}{28}$

⇦ z が自然数でない。

[2]　$x=5$ のとき，等式は　$\frac{1}{y}+\frac{1}{z}=\frac{3}{10}$　…… ②

ここで，$0<y<z$ であるから　$\frac{1}{z}<\frac{1}{y}$

よって　$\frac{1}{y}+\frac{1}{z}<\frac{1}{y}+\frac{1}{y}=\frac{2}{y}$

② から　$\frac{3}{10}<\frac{2}{y}$　　ゆえに　$\frac{3}{20}<\frac{1}{y}$

よって　$y<\frac{20}{3}=6.6\cdots\cdots$　　ゆえに　$5<y\leqq 6$

y は自然数であるから　$y=6$

このとき，② は　$\frac{1}{6}+\frac{1}{z}=\frac{3}{10}$　　よって　$z=\frac{15}{2}$

これは条件を満たさない。

[1]，[2] から　$(\boldsymbol{x},\ \boldsymbol{y},\ \boldsymbol{z})=(\mathbf{4},\ \mathbf{5},\ \mathbf{20}),\ (\mathbf{4},\ \mathbf{6},\ \mathbf{12})$

⇐$\frac{1}{5}+\frac{1}{y}+\frac{1}{z}=\frac{1}{2}$

参考　① の分母を払うと　$yz-4y-4z=0$
よって　$(y-4)(z-4)=16$
ここで，$4<y<z$ から　$0<y-4<z-4$
ゆえに　$(y-4,\ z-4)=(1,\ 16),\ (2,\ 8)$
よって　$(y,\ z)=(5,\ 20),\ (6,\ 12)$

PR ②131
(1)　10 進数 28 を，2 進法と 3 進法で表せ。
(2)　10 進数 0.248 を，5 進法で表せ。

(1)　下の計算から　$28=\mathbf{11100}_{(2)}$，$28=\mathbf{1001}_{(3)}$
(2)　下の計算から　$0.248=\mathbf{0.111}_{(5)}$

(1)
```
2)28   余り     3)28   余り
2)14 … 0   ↑   3) 9 … 1   ↑
2) 7 … 0   |   3) 3 … 0   |
2) 3 … 1   |   3) 1 … 0   |
2) 1 … 1   |      0 … 1   |
   0 … 1   |
```

(2)
```
        0.248
整数  ×     5
部分    1.240
 |    ×     5
 |      1.20
 |    ×    5
 ↓      1.0
```

(1)　商が 0 になったら，出てきた余りを逆に並べる。
(2)　小数部分のみを次々と 5 倍し，小数部分が 0 になったら，出てきた整数部分を順に並べる。

PR ②132
平らな広場の地点Oを原点とし，東の方向を x 軸の正の向き，北の方向を y 軸の正の向きとする座標平面を考える。また，1 m を 1 の長さとする。A君は点Oから東に 3 m，北に 1 m だけ移動した地点にいる。更に，B君は点Oから東に 1 m，南に 3 m だけ移動した地点にいる。
(1)　B君のいる地点から東に 2 m，南に 1 m だけ移動した地点をDとする。このとき，点Dの座標を求めよ。また，2 点 O，D 間の距離を求めよ。
(2)　C君はA君のいる地点から $\sqrt{5}$ m だけ，B君のいる地点から 3 m だけ離れた地点に移動した。このとき，C君がいる地点の座標を求めよ。

(1)　B君のいる地点をBとすると
$B(1,\ -3)$
右の図から　$\mathbf{D\,(3,\ -4)}$
また，求める距離は
$OD=\sqrt{3^2+(-4)^2}=\mathbf{5\ (m)}$

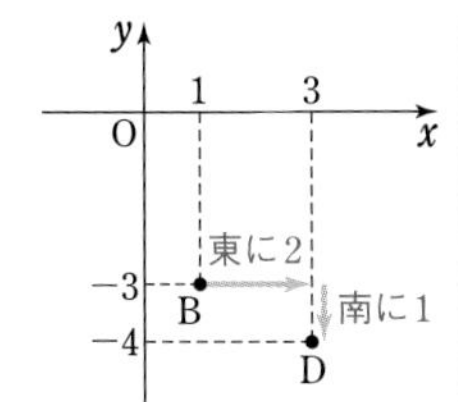

(2)　A君，C君のいる地点をそれぞれ A，C とする。
$A(3,\ 1)$ であり，点Cの座標を $(x,\ y)$ とすると，
$AC=\sqrt{5}$，$BC=3$ から　$AC^2=(\sqrt{5})^2$，$BC^2=3^2$

⇐座標平面上で，点Bからの移動で考える。

⇐原点Oと点 $(a,\ b)$ の距離は　$\sqrt{a^2+b^2}$

⇐**距離の条件は 2 乗して扱う。**

4章 PR

よって　$(x-3)^2+(y-1)^2=5$ …… ①,
$(x-1)^2+(y+3)^2=9$ …… ②

①−② から　$-4x+8-8y-8=-4$

ゆえに　$x=-2y+1$ …… ③

③ を ① に代入して　$(-2y-2)^2+(y-1)^2=5$

整理すると　$5y^2+6y=0$　よって　$y(5y+6)=0$

ゆえに　$y=0,\ -\dfrac{6}{5}$

③ から　$y=0$ のとき　$x=1$

$y=-\dfrac{6}{5}$ のとき　$x=\dfrac{12}{5}+1=\dfrac{17}{5}$

したがって，求める座標は　$\mathbf{(1,\ 0)}$，$\left(\mathbf{\dfrac{17}{5}},\ \mathbf{-\dfrac{6}{5}}\right)$

⇦① の左辺を展開すると $(x^2-6x+9)+(y^2-2y+1)=5$
② の左辺を展開すると $(x^2-2x+1)+(y^2+6y+9)=9$

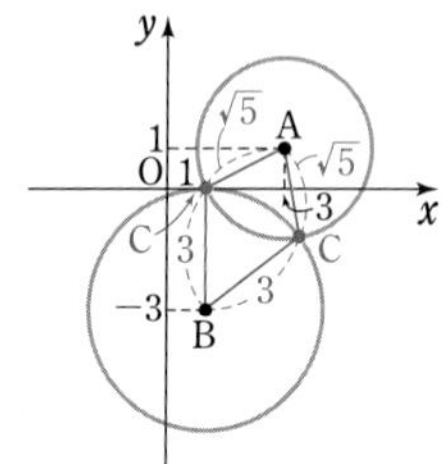

PR
①**133**

点P(6, −4, 2) に対して，次の点の座標を求めよ。
(1) 点Pから yz 平面に下ろした垂線と yz 平面の交点Q
(2) 点Pから x 軸に下ろした垂線と x 軸の交点R
(3) xy 平面に関して対称な点S　　(4) 原点Oに関して対称な点T

図から
(1) **Q(0, −4, 2)**
(2) **R(6, 0, 0)**
(3) **S(6, −4, −2)**
(4) **T(−6, 4, −2)**

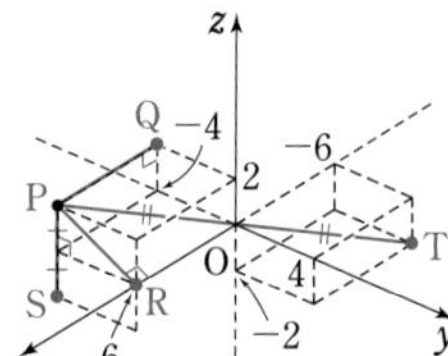

(3), (4)　本冊 $p.482$ の INFORMATION を利用すると，符号に注目するだけで求められる。

PR
③**134**

4点O(0, 0, 0), A(1, 4, −2), B(2, 2, 0), C(0, 2, −2) がある。
(1) 2点O, A間の距離，A, B間の距離をそれぞれ求めよ。
(2) 3点O, B, Cからの距離がともに $2\sqrt{2}$ である点Qの座標を求めよ。

(1) $\mathbf{OA}=\sqrt{1^2+4^2+(-2)^2}=\mathbf{\sqrt{21}}$

$\mathbf{AB}=\sqrt{(2-1)^2+(2-4)^2+\{0-(-2)\}^2}=\sqrt{9}=\mathbf{3}$

(2) Q$(x,\ y,\ z)$ とすると，$OQ=BQ=CQ=2\sqrt{2}$ から
$OQ^2=BQ^2=CQ^2=8$

$OQ^2=BQ^2$ から　$x^2+y^2+z^2=(x-2)^2+(y-2)^2+z^2$

よって　$-4x-4y+8=0$　すなわち　$x+y=2$ …… ①

$OQ^2=CQ^2$ から　$x^2+y^2+z^2=x^2+(y-2)^2+(z+2)^2$

ゆえに　$-4y+4z+8=0$　すなわち　$y-z=2$ …… ②

$OQ^2=8$ から　$x^2+y^2+z^2=8$ …… ③

①, ② から　$x=-y+2,\ z=y-2$ …… ④

④ を ③ に代入して　$(-y+2)^2+y^2+(y-2)^2=8$

整理して　$3y^2-8y=0$　よって　$y(3y-8)=0$

ゆえに　$y=0,\ \dfrac{8}{3}$

⇦座標平面における2点間の距離と同様。z 座標が加わる。

⇦**距離の条件は2乗して扱う。**

⇦OQ^2（原点Oを含む条件）を多く使うとよい。
なお，$OQ^2=BQ^2$，$OQ^2=CQ^2$，$BQ^2=CQ^2$ からは $x,\ y,\ z$ の値を求められない。●$=8$ の条件も利用する。

⇦y の方程式を作る。

④ から　$y=0$ のとき　$x=2,\ z=-2$

$y=\dfrac{8}{3}$ のとき　$x=-\dfrac{2}{3},\ z=\dfrac{2}{3}$

よって，点Qの座標は　$(\mathbf{2},\ \mathbf{0},\ \mathbf{-2}),\ \left(-\dfrac{\mathbf{2}}{\mathbf{3}},\ \dfrac{\mathbf{8}}{\mathbf{3}},\ \dfrac{\mathbf{2}}{\mathbf{3}}\right)$

PR ③135
(1) 10 進法で表された正の整数を 8 進法に直すと 3 桁の数 $abc_{(8)}$ となり，7 進法に直すと 3 桁の数 $cba_{(7)}$ となるとする。この数を 10 進法で書け。〔類 神戸女子薬大〕
(2) 4 進法で表すと 5 桁となるような自然数は何個あるか。

(1) 3 桁の数 $abc_{(8)}$，$cba_{(7)}$ を考えるから

$1\leqq a\leqq 6,\ 0\leqq b\leqq 6,\ 1\leqq c\leqq 6$ …… ①

⇦7 進法の各位は 6 以下，最高位の数字は 0 でない。

このとき　$abc_{(8)}=a\cdot 8^2+b\cdot 8^1+c\cdot 8^0=64a+8b+c$

$cba_{(7)}=c\cdot 7^2+b\cdot 7^1+a\cdot 7^0=49c+7b+a$

よって　$64a+8b+c=49c+7b+a$

整理すると　$b=48c-63a=3(16c-21a)$ …… ②

ゆえに，b は 3 の倍数であるから，① より　$b=0,\ 3,\ 6$

[1] $b=0$ のとき　② から　$21a=16c$
これと ① を満たす整数 a，c は存在しない。

⇦21 と 16 は互いに素であるから，a は 16 の倍数。

[2] $b=3$ のとき　② から　$21a=16c-1$
これと ① を満たす整数は　$a=3,\ c=4$

⇦$15\leqq 16c-1\leqq 95$ から $21a=21,\ 42,\ 63,\ 84$

[3] $b=6$ のとき　② から　$21a=16c-2$
これと ① を満たす整数 a，c は存在しない。

⇦$a=1,\ 2,\ 3,\ 4$ に対して c は整数にならない。

以上から　$a=3,\ b=3,\ c=4$

よって，求める数は

$334_{(8)}=3\cdot 8^2+3\cdot 8^1+4\cdot 8^0=\mathbf{220}$

⇦$433_{(7)}$ を求めてもよい。

(2) 4 進法で表すと 5 桁となるような自然数を x とすると

$4^{5-1}\leqq x<4^5$　すなわち　$4^4\leqq x<4^5$

⇦$4^5\leqq x<4^{5+1}$ は誤り！

この不等式を満たす自然数 x の個数は

$(4^5-1)-4^4+1=4^5-4^4=4^4(4-1)$

$=4^4\cdot 3=\mathbf{768}$ **(個)**

別解　4 進法で表すと 5 桁となる自然数は，○□□□□$_{(4)}$ の ○ に 1 ～ 3，□ に 0 ～ 3 のいずれかを入れた数であるから

$3\cdot 4^4=\mathbf{768}$ **(個)**

⇦最高位に 0 は入らないことに注意。

PR ③136
次の計算の結果を，[ ] 内の記数法で表せ。
(1) $10010_{(2)}+10111_{(2)}$　[2 進法]
(2) $2422_{(5)}-1431_{(5)}$　[5 進法]
(3) $10111_{(2)}\times 1011_{(2)}$　[2 進法]
(4) $110001_{(2)}\div 111_{(2)}$　[2 進法]

(1) $10010_{(2)}+10111_{(2)}=\mathbf{101001}_{(2)}$

```
  1 11
   10010
+  10111
  101001
```

(2) $2422_{(5)}-1431_{(5)}=\mathbf{441}_{(5)}$

```
  11
  2422
- 1431
   441
```

⇦5 進法では

```
 12      13
- 3     - 4
  4       4
  ↑       ↑
7-3=4   8-4=4
```

(3) $10111_{(2)} \times 1011_{(2)} = \mathbf{11111101}_{(2)}$

$$\begin{array}{r} 10111 \\ \times\ 1011 \\ \hline 10111 \\ 10111 \\ 10111 \\ \hline 11111101 \end{array}$$

(4) $110001_{(2)} \div 111_{(2)} = \mathbf{111}_{(2)}$

$$\begin{array}{r} 111 \\ 111\overline{)110001} \\ 111 \\ \hline 1010 \\ 111 \\ \hline 111 \\ 111 \\ \hline 0 \end{array}$$

⇐2 進法では $\begin{array}{r} 1100 \\ -)\ 111 \\ \hline 101 \end{array}$ $\begin{array}{r} 1010 \\ -)\ 111 \\ \hline 11 \end{array}$

別解 10 進法に直して計算し，最後に n 進法に直す方法で計算。

(1) $10010_{(2)} + 10111_{(2)} = 18 + 23 = 41 = \mathbf{101001}_{(2)}$

(2) $2422_{(5)} - 1431_{(5)} = 362 - 241 = 121 = \mathbf{441}_{(5)}$

(3) $10111_{(2)} \times 1011_{(2)} = 23 \times 11 = 253 = \mathbf{11111101}_{(2)}$

(4) $110001_{(2)} \div 111_{(2)} = 49 \div 7 = 7 = \mathbf{111}_{(2)}$

PR ④137

(1) 47^{2022} を 10 進法で表すとき，一の位の数字を求めよ。 〔(1) 類 自治医大〕

(2) 13^{15} を 5 進法で表すとき，一の位の数字を求めよ。

(1) $7 \times 7 = 49$，$9 \times 7 = 63$，$3 \times 7 = 21$，$1 \times 7 = 7$ であるから，47^n を 10 進法で表したときの一の位の数字は，4 つの数 7，9，3，1 の繰り返しになる。

ここで，$2022 = 4 \cdot 505 + 2$ であるから，47^{2022} の一の位の数字は **9** である。

⇐2022 を 4 で割ると，余りは 2　よって，4 つの数字 7，9，3，1 の 2 番目が一の位の数字。

(2) $3 \times 3 = 9$，$9 \times 3 = 27$，$7 \times 3 = 21$，$1 \times 3 = 3$ であるから，13^n を 10 進法で表したときの一の位の数字は，4 つの数 3，9，7，1 の繰り返しになる。

ここで，$15 = 4 \cdot 3 + 3$ であるから，13^{15} を 10 進法で表したときの一の位の数字は 7 である。

このとき，$13^{15} = 10A + 7$（A は正の整数）と表され，$10A$ を 5 進法で表すと，一の位の数字は 0 である。

⇐$10A$ を 5 で割ると割り切れるから，余りは 0

したがって，求める数字は，7 を 5 進法で表したときの一の位の数字であるから，$7 = 5^1 + 2$ より　**2**

⇐7 を 5 進法で表すと $12_{(5)}$

参考 自然数 N を n 進法で表したときの一の位は，N を n で割ったときの余りに等しい。

したがって，PRACTICE 137 は合同式を用いて，次のように解いてもよい。

別解 (1) 47^{2022} を 10 で割った余りを求めればよい。

$$47^2 \equiv 7^2 \equiv 49 \equiv -1 \pmod{10}$$

ゆえに　$47^{2022} \equiv (47^2)^{1011} \equiv (-1)^{1011} \equiv -1$

$\equiv 9 \pmod{10}$

⇐$-1 \equiv 9 \pmod{10}$

よって，求める数字は　**9**

(2)　13^{15} を 5 で割った余りを求めればよい。

$$13^2 \equiv 3^2 \equiv 9 \equiv -1 \pmod{5}$$

ゆえに　$13^{15} \equiv (13^2)^7 \cdot 13 \equiv (-1)^7 \cdot 3$

$\equiv -3 \equiv 2 \pmod{5}$

よって，求める数字は　**2**

⇐$13 \equiv 3 \pmod{5}$

⇐$-3 \equiv 2 \pmod{5}$

PR ③138

(1)　次の分数のうち，有限小数で表されるものをすべて選べ。

$$\frac{5}{16},\ \frac{13}{30},\ \frac{9}{40},\ \frac{19}{56},\ \frac{55}{144},\ \frac{91}{250}$$

(2)　n は 2 桁の自然数とする。$\dfrac{23}{n}$ を小数で表したとき，循環小数となるような n は何個あるか。

(1)　6 つの分数はすべて既約分数である。

分母を素因数分解すると，それぞれ

$16=2^4$，$30=2\cdot3\cdot5$，$40=2^3\cdot5$，

$56=2^3\cdot7$，$144=2^4\cdot3^2$，$250=2\cdot5^3$

有限小数は，分母の素因数が 2, 5 だけからなるものを選んで

$$\boldsymbol{\frac{5}{16},\ \frac{9}{40},\ \frac{91}{250}}$$

(2)　2 桁の自然数は全部で 90 個ある。

このうち，$\dfrac{23}{n}$ が整数となるのは，$n=23$ のみである。

また，n の素因数が 2，5 だけからなるとき，$\dfrac{23}{n}$ は有限小数となる。このような 2 桁の n は

$2^4\cdot5^0=16$，$2^5\cdot5^0=32$，$2^6\cdot5^0=64$，

$2^1\cdot5^1=10$，$2^2\cdot5^1=20$，$2^3\cdot5^1=40$，$2^4\cdot5^1=80$，

$2^0\cdot5^2=25$，$2^1\cdot5^2=50$

の 9 個ある。

更に，$n=23\cdot2=46$，$n=23\cdot2^2=92$ のとき，それぞれ $\dfrac{23}{46}=0.5$，$\dfrac{23}{92}=0.25$ であるから，有限小数となる。

よって，求める n の個数は　$90-1-(9+2)=$ **78 (個)**

HINT　$\dfrac{m}{n}$ が整数でない既約分数のとき

n の素因数は 2, 5 だけ

⟺ $\dfrac{m}{n}$ は有限小数

n の素因数に 2, 5 以外を含む

⟺ $\dfrac{m}{n}$ は循環小数

⇐分数 $\dfrac{m}{n}$ は，整数，有限小数，循環小数のいずれかである。循環小数となるものを直接求めるのは複雑なので，**(全体)−(整数の個数)−(有限小数の個数)** により求める。

EX ②92 4つの数字3，4，5，6を並べ替えてできる4桁の数をmとし，mの各位の数を逆順に並べてできる4桁の数をnとすると，$m+n$は99の倍数となることを示せ。

$3+4+5+6=18$ であるから，3，4，5，6を並べ替えてできる4桁の数m，nは9の倍数である。
よって，$m+n$は9の倍数である。 …… ①
また，$m=1000a+100b+10c+d$（a，b，c，dは3，4，5，6のいずれかで，すべて互いに異なる）とすると

$$\begin{aligned}m+n&=(1000a+100b+10c+d)+(1000d+100c+10b+a)\\&=1001(a+d)+110(b+c)\\&=11\{91(a+d)+10(b+c)\}\end{aligned}$$

ゆえに，$m+n$は11の倍数である。 …… ②
①，②から，$m+n$は99の倍数である。

⇐9の倍数 ⟺ 各位の数の和が9の倍数
⇐9の倍数の和は9の倍数。
⇐nはmの各位の数を逆順に並べたもの。
⇐$1001=11\cdot91$
⇐9と11は互いに素。

EX ③93 $\dfrac{34}{5}$，$\dfrac{51}{10}$，$\dfrac{85}{8}$のいずれに掛けても積が自然数となる分数のうち，最も小さいものを求めよ。

求める分数を$\dfrac{b}{a}$（a，bは互いに素である自然数）とする。

$\dfrac{34}{5}\times\dfrac{b}{a}$ は自然数となるから
　aは34の約数，bは5の倍数 …… ①
$\dfrac{51}{10}\times\dfrac{b}{a}$ は自然数となるから
　aは51の約数，bは10の倍数 …… ②
$\dfrac{85}{8}\times\dfrac{b}{a}$ は自然数となるから
　aは85の約数，bは8の倍数 …… ③
求める分数$\dfrac{b}{a}$を最小にするには，aを最大にし，bを最小にするとよい。よって，①，②，③から
　aは34と51と85の最大公約数，
　bは5と10と8の最小公倍数
とすればよい。
したがって　$a=17$，$b=40$
よって，求める分数は　$\boldsymbol{\dfrac{40}{17}}$

inf. 本問では$\dfrac{34}{5}$，$\dfrac{51}{10}$，$\dfrac{85}{8}$がすべて既約分数である。この場合は左の解答でよい。しかし，例えば$\dfrac{9}{6}$や$\dfrac{15}{12}$など既約分数でない場合は，まず約分して$\dfrac{3}{2}$，$\dfrac{5}{4}$のように既約分数に直しておく必要がある。

⇐$34=2\cdot17$，$51=3\cdot17$，$85=5\cdot17$ から　$a=17$
5，$10=2\cdot5$，$8=2^3$ から
$b=2^3\cdot5=40$

EX ③94 3つの正の整数40，56，nの最大公約数が8，最小公倍数が1400のとき，nの値を求めよ。

最大公約数が8であるから，$n=8n'$（n'は正の整数）と表される。
$40=8\cdot5$，$56=8\cdot7$，$n=8n'$ の最小公倍数が $1400=8\cdot5^2\cdot7$ であるから，5，7，n'の最小公倍数が$5^2\cdot7$である。
よって　$n'=5^2$，$5^2\cdot7$　　ゆえに　$n=8\cdot5^2$，$8\cdot5^2\cdot7$
したがって　$\boldsymbol{n=200,\ 1400}$

⇐$5=5^1\cdot7^0$，$7=5^0\cdot7^1$，$5^2\cdot7=5^2\cdot7^1$ であるから
$n'=5^2\cdot7^a$（$a=0$，1）

EX ④95 正の約数の個数が 28 個である最小の正の整数を求めよ。

求める正の整数を n とする。
$n=p^aq^br^c\cdots\cdots$ ($p, q, r, \cdots$ は, $p<q<r<\cdots$ を満たす素数)
と素因数分解すると, 正の約数の個数 k は
$k=(a+1)(b+1)(c+1)\cdots\cdots$ である。

[1] $n=p^a$ のとき
$k=a+1$ であるから　$a+1=28$　よって　$a=27$
最小となるのは, $p=2$ のときであるから　$n=2^{27}$

⇦最小の素因数は 2 であるから, $p=2$ のとき最小。

[2] $n=p^aq^b$ のとき
$k=(a+1)(b+1)$ であるから　$(a+1)(b+1)=28$
最小となるのは, $p=2$, $q=3$, $a\geqq b\geqq 1$ のときであるから
$(a+1,\ b+1)=(14,\ 2),\ (7,\ 4)$
よって　$(a,\ b)=(13,\ 1),\ (6,\ 3)$
ゆえに　$n=2^{13}\cdot 3$ または $n=2^6\cdot 3^3$

[3] $n=p^aq^br^c$ のとき
$k=(a+1)(b+1)(c+1)$ であるから
$(a+1)(b+1)(c+1)=28$
最小となるのは, $p=2$, $q=3$, $r=5$, $a\geqq b\geqq c\geqq 1$ のときであるから　$(a+1,\ b+1,\ c+1)=(7,\ 2,\ 2)$
よって　$(a,\ b,\ c)=(6,\ 1,\ 1)$
ゆえに　$n=2^6\cdot 3\cdot 5$

[4] $n=p^aq^br^cs^d$ のとき
$k=(a+1)(b+1)(c+1)(d+1)$ であるから
$(a+1)(b+1)(c+1)(d+1)=28$
これを満たす $a\geqq b\geqq c\geqq d\geqq 1$ である整数 a, b, c, d は存在しない。

以上から, 求める最小の正の整数は　$2^6\cdot 3\cdot 5=\mathbf{960}$

⇦[1], [2], [3] の結果について
$2^{27}=2^6\cdot 2^{21}$
$2^{13}\cdot 3=2^6\cdot 2^7\cdot 3$,
$2^6\cdot 3^3$,　$2^6\cdot 3\cdot 5$
ここで
$2^{21}>2^7\cdot 3>3^3>3\cdot 5$

EX ④96 $\sqrt{n^2+21}$ が自然数となるような自然数 n をすべて求めよ。

$\sqrt{n^2+21}=m$ (m は自然数)とおくと　$n^2+21=m^2$

⇦$(\sqrt{n^2+21})^2=m^2$

よって　$m^2-n^2=21$
ゆえに　$(m+n)(m-n)=21$　…… ①
m, n は自然数であるから, $m+n$, $m-n$ は 21 の約数である。

⇦21の約数は 1, 3, 7, 21

$1\leqq m-n<m+n\leqq 21$ に注意すると, ① から

⇦① で $m+n>0$ から $m-n>0$

$\begin{cases} m+n=21 \\ m-n=1 \end{cases}$ …… ②　または　$\begin{cases} m+n=7 \\ m-n=3 \end{cases}$ …… ③

② を解くと　$m=11$, $n=10$
これらは自然数であるから, 適する。
③ を解くと　$m=5$, $n=2$
これらは自然数であるから, 適する。
したがって　$\boldsymbol{n=2,\ 10}$

EX ④97

(1) $P=2x^2+11xy+12y^2-5y-2$ を因数分解せよ。
(2) $P=56$ を満たす自然数 x, y の値を求めよ。 〔類 慶応大〕

(1) $\boldsymbol{P}=2x^2+11yx+(4y+1)(3y-2)$
$=\boldsymbol{(x+4y+1)(2x+3y-2)}$

(2) x, y は自然数であるから　$x \geqq 1$, $y \geqq 1$
また, $x+4y+1$, $2x+3y-2$ は整数であり
$x+4y+1 \geqq 1+4 \cdot 1+1=6$
$2x+3y-2 \geqq 2 \cdot 1+3 \cdot 1-2=3$
よって, $P=56$ を満たす整数 $x+4y+1$, $2x+3y-2$ の組は
$(x+4y+1,\ 2x+3y-2)=(7,\ 8),\ (8,\ 7),\ (14,\ 4)$
[1] $(x+4y+1,\ 2x+3y-2)=(7,\ 8)$ のとき
$x=\dfrac{22}{5}$, $y=\dfrac{2}{5}$
x, y は自然数であるから, 不適。
[2] $(x+4y+1,\ 2x+3y-2)=(8,\ 7)$ のとき
$x=3$, $y=1$
x, y は自然数であるから, 適する。
[3] $(x+4y+1,\ 2x+3y-2)=(14,\ 4)$ のとき
$x=-3$, $y=4$
x, y は自然数であるから, 不適。
[1], [2], [3] から, $P=56$ を満たす自然数 x, y の値は
$\boldsymbol{x=3,\ y=1}$

$1 \times 4y+1 \longrightarrow 8y+2$
$2 \times 3y-2 \longrightarrow 3y-2$
$2\ \ (4y+1)(3y-2)\ \ 11y$

⇦$56=2^3 \cdot 7$ から。

⇦$x+4y=6$ …… ①, $2x+3y=10$ …… ② とすると, ①×2−② から　$5y=2$
よって　$y=\dfrac{2}{5}$
① から
$x=6-4 \cdot \dfrac{2}{5}=\dfrac{22}{5}$

⇦$x=-3<0$ は自然数でない。

EX ⑤98

p, q は素数で $p<q$ とする。また m, n は正の整数とし, $m \geqq 3$, $n \geqq 2$ とする。1 から p^mq^n までの整数のうち, p または q の倍数の個数が 240 個であるとする。これらの条件を満たす組 $(p,\ q,\ m,\ n)$ を求めよ。

1 から p^mq^n までの整数のうち,
p の倍数の個数は　$p^{m-1}q^n$
q の倍数の個数は　p^mq^{n-1}
pq の倍数の個数は　$p^{m-1}q^{n-1}$
よって, p または q の倍数の個数は
$p^{m-1}q^n+p^mq^{n-1}-p^{m-1}q^{n-1}=p^{m-1}q^{n-1}(p+q-1)$
一方, $240=2^4 \cdot 3 \cdot 5$ であるから
$p^{m-1}q^{n-1}(p+q-1)=2^4 \cdot 3 \cdot 5$ …… ①
p が奇数であると仮定すると, q は素数で $p<q$ であるから奇数である。このとき, ① の左辺は奇数となるが, これは ① の右辺が偶数であることに矛盾する。
よって, p は偶数かつ素数であるから　$p=2$
① から　$2^{m-1}q^{n-1}(q+1)=2^4 \cdot 3 \cdot 5$ …… ②
$m \geqq 3$ かつ $q+1$ は偶数であるから　$2 \leqq m-1 \leqq 3$
これを満たす正の整数 m の値は　$m=3,\ 4$
q は 3 以上の奇数, $n \geqq 2$ であるから, ② より　$q^{n-1}=3,\ 5$

⇦$p^mq^n \div p$
⇦$p^mq^n \div q$
⇦$p^mq^n \div pq$

⇦2 以外の素数はすべて奇数。

⇦② の右辺の 2 の指数は　4
よって　$m-1 \leqq 3$

[1]　$m=3$ のとき，② は　$q^{n-1}(q+1)=2^2\cdot 3\cdot 5$　…… ③

$q^{n-1}=3$ のとき　$n=2$，$q=3$　これは ③ を満たさない。

$q^{n-1}=5$ のとき　$n=2$，$q=5$　これは ③ を満たさない。

[2]　$m=4$ のとき，② は　$q^{n-1}(q+1)=2\cdot 3\cdot 5$　…… ④

$q^{n-1}=3$ のとき　$n=2$，$q=3$　これは ④ を満たさない。

$q^{n-1}=5$ のとき　$n=2$，$q=5$　これは ④ を満たす。

したがって　$(p, q, m, n)=(2, 5, 4, 2)$

4章 EX

EX ②99　$n=2019$ とするとき，$4n^3+3n^2+2n+1$ を 7 で割った余りを求めよ。〔立教大〕

$2019=7\times 288+3$ である。

$7\times 288=m$ とおくと

$$4n^3+3n^2+2n+1=4(m+3)^3+3(m+3)^2+2(m+3)+1$$
$$=4(m^3+9m^2+27m+27)+3(m^2+6m+9)+2(m+3)+1$$
$$=4m^3+39m^2+128m+142$$
$$=m(4m^2+39m+128)+7\cdot 20+2$$

ここで，$m(4m^2+39m+128)$，$7\cdot 20$ はともに 7 の倍数である。

よって，求める余りは　**2**

別解　$2019=7\times 288+3$ から　$n=2019\equiv 3 \pmod 7$

よって　$4n^3+3n^2+2n+1\equiv 4\cdot 3^3+3\cdot 3^2+2\cdot 3+1$
$$\equiv 108+27+6+1$$
$$\equiv 3+6+6+1\equiv 16\equiv 2 \pmod 7$$

したがって，求める余りは　**2**

⇦2019 を 7 で割ると，商 288，余り 3

⇦おき換えを利用。

⇦$(a+b)^3=a^3+3a^2b+3ab^2+b^3$

⇦m は 7 の倍数。

⇦合同式を利用。

⇦合同式の性質を利用。

⇦$108\equiv 3 \pmod 7$
$27\equiv 6 \pmod 7$
$16\equiv 2 \pmod 7$

EX ③100　(1)　n は整数とし，$N=2n^3+4n$ とする。n が偶数のとき N は 24 で割り切れ，n が奇数のとき N は 4 で割り切れないことを示せ。

(2)　自然数 P が 2 でも 3 でも割り切れないとき，P^2-1 が 24 で割り切れることを証明せよ。

(1)　[1]　n が偶数　すなわち　$n=2k$（k は整数）のとき

$$N=2(2k)^3+4\cdot 2k=16k^3+8k=8k(2k^2+1)$$

(i)　$k=3l$（l は整数）のとき

$$N=8\cdot 3l\{2(3l)^2+1\}=24l\{2(3l)^2+1\}$$

(ii)　$k=3l\pm 1$（l は整数）のとき

$$N=8(3l\pm 1)\{2(3l\pm 1)^2+1\}=8(3l\pm 1)(18l^2\pm 12l+3)$$
$$=24(3l\pm 1)(6l^2\pm 4l+1)\quad（複号同順）$$

以上から，n が偶数のとき N は 24 で割り切れる。

[2]　n が奇数　すなわち　$n=2k+1$（k は整数）のとき

$$N=2(2k+1)^3+4(2k+1)=2(8k^3+12k^2+6k+1)+(8k+4)$$
$$=16k^3+24k^2+20k+6=4(4k^3+6k^2+5k+1)+2$$

よって，n が奇数のとき N は 4 で割り切れない。

(2)　自然数は k を 0 以上の整数として $6k+1$，$6k+2$，$6k+3$，$6k+4$，$6k+5$，$6(k+1)$ のいずれかで表される。

このうち，2 でも 3 でも割り切れないのは $6k+1$，$6k+5$ である。

⇦以下，$k(2k^2+1)$ が 3 で割り切れることを示す。

⇦整数 k を $3l-1$，$3l$，$3l+1$ と分類し，(ii) で $3l-1$ と $3l+1$ の場合をまとめた解答とした。

⇦4 で割った余りが 2

⇦すべての場合を調べるのは大変。ここで，調べる必要がない場合を除いておく。

[1] $P=6k+1$ のとき

$P^2-1=(P+1)(P-1)=(6k+2)\cdot 6k=12k(3k+1)$

k が偶数のとき，$12k$ が 24 の倍数であり，P^2-1 は 24 で割り切れる。また，k が奇数のとき，$3k+1$ は偶数となり，P^2-1 は 24 で割り切れる。

⇐3×(奇数) は奇数。

[2] $P=6k+5$ のとき

$P^2-1=(P+1)(P-1)=(6k+6)(6k+4)=12(k+1)(3k+2)$

k が偶数のとき，$3k+2$ は偶数となり，P^2-1 は 24 で割り切れる。また，k が奇数のとき，$k+1$ は偶数となり，P^2-1 は 24 で割り切れる。

したがって，いずれの場合も題意は成り立つ。

EX ③101 a，b を自然数とする。ab が 3 の倍数であるとき，a または b は 3 の倍数であることを証明せよ。

与えられた命題の対偶は，

「a，b がともに 3 の倍数でないならば，ab は 3 の倍数でない」

k，l を 0 以上の整数とすると，a，b がともに 3 の倍数でないのは，次の [1]～[4] のいずれかの場合である。

⇐直接証明するのは難しいので，対偶が真であることを証明する。

[1] $a=3k+1$，$b=3l+1$ のとき

$ab=(3k+1)(3l+1)=3(3kl+k+l)+1$

[2] $a=3k+1$，$b=3l+2$ のとき

$ab=(3k+1)(3l+2)=3(3kl+2k+l)+2$

[3] $a=3k+2$，$b=3l+1$ のとき

$ab=(3k+2)(3l+1)=3(3kl+k+2l)+2$

[4] $a=3k+2$，$b=3l+2$ のとき

$ab=(3k+2)(3l+2)=3(3kl+2k+2l+1)+1$

よって，[1]～[4] のいずれの場合も ab は 3 の倍数でない。

したがって，対偶が真であるから，もとの命題は真である。

EX ②102 今日は日曜日で，10 日後は水曜日である。100 日後および 100 万日後はそれぞれ何曜日であるかを答えよ。 〔類 琉球大〕

曜日は日，月，火，水，木，金，土の 7 日周期であるから，n 日後の曜日は n を 7 で割った余りによって分類される。

⇐1 週間は 7 日あることに注目。

日	月	火	水	木	金	土
今日	1	2	3	4	5	6
7	8	9	10	11	12	13
14	15	…………				

n を 7 で割った余りを r とすると，$r=0$，1，2，3，4，5，6 のとき，日曜日から n 日後の曜日はそれぞれ日，月，火，水，木，金，土となる。

$100=14\times7+2$ より，今日から **100 日後は火曜日**となる。

また，$1000000=142857\times7+1$ であるから，今日から **100 万日後は月曜日**となる。

別解 $n\equiv0$，1，2，3，4，5，6 $\pmod{7}$ のとき，日曜日から n 日後の曜日はそれぞれ日，月，火，水，木，金，土となる。

⇐合同式を利用。

$100=14\cdot7+2$ から　　$100\equiv2 \pmod{7}$

よって，日曜日から **100 日後は火曜日**となる。

また　　$1000000 \equiv 100^3 \equiv 2^3 \equiv 8 \equiv 1 \pmod{7}$
ゆえに，日曜日から **100 万日後は月曜日**となる。

⇦合同式を利用した解答では，$1000000 \div 7$ の計算を避けられる。

EX ④103
(1) m，n が整数のとき，m^3n-mn^3 は6の倍数であることを証明せよ。
(2) p，q，$r\ (p<q<r)$ を連続する3つの奇数とする。このとき，$pqr+pq+qr+rp+p+q+r+1$ は 48 で割り切れることを示せ。

(1) $m^3n-mn^3=(m^3n-mn)-(mn^3-mn)$
$=mn(m^2-1)-mn(n^2-1)$
$=mn(m-1)(m+1)-mn(n-1)(n+1)$
$=n(m-1)m(m+1)-m(n-1)n(n+1)$
連続する3つの整数 $m-1$，m，$m+1$ の積
$(m-1)m(m+1)$ は6の倍数である。
同様に，$(n-1)n(n+1)$ も6の倍数である。
よって，m^3n-mn^3 は6の倍数である。

⇦連続する3つの整数の積
$(m-1)m(m+1)=m^3-m$
が現れるように式変形をする。

(2) $pqr+pq+qr+rp+p+q+r+1$
$=(qr+q+r+1)p+qr+q+r+1$
$=(p+1)(qr+q+r+1)$
$=(p+1)\{(r+1)q+r+1\}$
$=(p+1)(q+1)(r+1)$
ここで，p，q，r は連続する3つの奇数であるから，
$p=2n-1$，$q=2n+1$，$r=2n+3$（n は整数）と表される。
よって
$(p+1)(q+1)(r+1)=\{(2n-1)+1\}\{(2n+1)+1\}\{(2n+3)+1\}$
$=2n\cdot 2(n+1)\cdot 2(n+2)$
$=8n(n+1)(n+2)$
n，$n+1$，$n+2$ は連続する3つの整数であるから，
$n(n+1)(n+2)$ は6の倍数である。
したがって，$8n(n+1)(n+2)$ すなわち
$pqr+pq+qr+rp+p+q+r+1$ は，48 で割り切れる。

⇦p について整理。
⇦q について整理。
⇦まず因数分解をする。それから，p，q，r が連続する3つの奇数である条件を利用して証明する。
⇦$8n(n+1)(n+2)$ は，$8\cdot 6$ の倍数。

EX ④104
n を正の整数とする。次のことを証明せよ。
(1) n^2+1 が5の倍数であることと，n を5で割ったときの余りが2または3であることは同値である。
(2) a は正の整数であり，$p=a^2+1$ は素数であるとする。このとき，n^2+1 が p の倍数であることと，n を p で割ったときの余りが a または $p-a$ であることは同値である。〔お茶の水大〕

(1) n^2+1 が5の倍数 $\Longleftrightarrow n^2-4$ が5の倍数
$\Longleftrightarrow (n+2)(n-2)$ が5の倍数
$\Longleftrightarrow n+2$ または $n-2$ が5の倍数
$\Longleftrightarrow n$ を5で割った余りは2または3

⇦5は素数。

参考　$n+2$ が5の倍数のとき，ある整数 k を用いて $n+2=5k$ と表されるから
$n=5k-2=5(k-1)+3$

(2) n^2+1 が p の倍数

$\iff n^2+1-p$ が p の倍数

$\iff n^2-a^2$ が p の倍数 ⇐$n^2+1-(a^2+1)$

$\iff (n+a)(n-a)$ が p の倍数

$\iff n+a$ または $n-a$ が p の倍数 ⇐p は素数。

$\iff n$ を p で割ったときの余りは a または $p-a$

参考 $n+a$ が p の倍数のとき，ある整数 l を用いて $n+a=pl$ と表されるから　$n=pl-a=p(l-1)+p-a$

EX ②105 次の等式を満たす整数 x, y の組を1つ求めよ。
(1) $9x+23y=3$　(2) $13x-24y=5$

(1) $23=9\cdot2+5$　移項すると　$5=23-9\cdot2$

$9=5\cdot1+4$　移項すると　$4=9-5\cdot1$

$5=4\cdot1+1$　移項すると　$1=5-4\cdot1$

⇐割り算の等式を(余り)=(割られる数)−(割る数)×(商) の形に変形する。

よって　$1=5-4\cdot1$

$=5-(9-5\cdot1)\cdot1$

$=5\cdot2-9\cdot1$

$=(23-9\cdot2)\cdot2-9\cdot1$

$=9\cdot(-5)+23\cdot2$

⇐右辺の割る数に直前の式の右辺を代入する。

すなわち　$9\cdot(-5)+23\cdot2=1$

両辺に3を掛けると

$9\cdot(-15)+23\cdot6=3$

したがって，求める整数 x, y の組の1つは

$\boldsymbol{x=-15,\ y=6}$

別解 （本冊 p.467 ズームUPで紹介した「方程式の係数を小さくする方法」による解法）

$9x+23y=3$ …… ①　において

$23=9\cdot2+5$ から　$9x+(9\cdot2+5)y=3$

ゆえに　$5y+9(x+2y)=3$

$9=5\cdot1+4$ から　$5y+(5\cdot1+4)(x+2y)=3$

ゆえに　$4(x+2y)+5(x+3y)=3$

⇐この時点で，$y=-3$, $x+2y=2$ に気づいたら，これを解いて　$x=8$, $y=-3$ としてもよい。

$x+2y=m$, $x+3y=n$ とおくと　$4m+5n=3$

$m=2$, $n=-1$ は，$4m+5n=3$ の整数解の1つである。

よって　$x+2y=2$, $x+3y=-1$

これを解くと　$x=8$, $y=-3$

したがって，求める整数 x, y の組の1つは

$\boldsymbol{x=8,\ y=-3}$

⇐$x=-15$, $y=6$ とは異なる組。

(2) $-24=13\cdot(-2)+2$　移項すると　$2=-24-13\cdot(-2)$

$13=2\cdot6+1$　移項すると　$1=13-2\cdot6$

よって　$1=13-2\cdot6$

$=13-\{-24-13\cdot(-2)\}\cdot6$

$=13\cdot(-11)-24\cdot(-6)$

すなわち　$13\cdot(-11)-24\cdot(-6)=1$

両辺に5を掛けると

$$13\cdot(-55)-24\cdot(-30)=5$$

したがって，求める整数 x，y の組の1つは

$$\boldsymbol{x=-55,\ y=-30}$$

別解　$13x-24y=5$ …… ①　において

$24=13\cdot1+11$ から　$13x-(13\cdot1+11)y=5$

ゆえに　$11(-y)+13(x-y)=5$

$13=11\cdot1+2$ から　$11(-y)+(11\cdot1+2)(x-y)=5$

ゆえに　$2(x-y)+11(x-2y)=5$

$11=2\cdot5+1$ から　$2(x-y)+(2\cdot5+1)(x-2y)=5$

ゆえに　$(x-2y)+2(6x-11y)=5$

$x-2y=m$，$6x-11y=n$ とおくと　$m+2n=5$

$m=1$，$n=2$ は，$m+2n=5$ の整数解の1つである。

よって　$x-2y=1$，$6x-11y=2$

これを解くと　$x=-7$，$y=-4$

したがって，求める整数 x，y の組の1つは

$$\boldsymbol{x=-7,\ y=-4}$$

⇐「方程式の係数を小さくする方法」による解法。

⇐この時点で $x-y=-3$，$x-2y=1$ に気づいたら，これを解いて　$x=-7$，$y=-4$ としてもよい。

⇐$x=-55$，$y=-30$ とは異なる組。

EX ②106　11で割ると2余り，6で割ると5余る4桁の自然数のうち最大の数を求めよ。

求める自然数を n とすると，n は x，y を整数として，次のように表される。

$$n=11x+2,\quad n=6y+5$$

よって　$11x+2=6y+5$

すなわち　$11x-6y=3$ …… ①

$x=-1$，$y=-2$ は，$11x-6y=1$ の整数解の1つであるから

$$11\cdot(-1)-6\cdot(-2)=1$$

両辺に3を掛けると

$$11\cdot(-3)-6\cdot(-6)=3 \quad \cdots\cdots ②$$

①−② から　$11(x+3)-6(y+6)=0$

すなわち　$11(x+3)=6(y+6)$ …… ③

11と6は互いに素であるから，③ を満たす整数 x は

$x+3=6k$　すなわち　$x=6k-3$　(k は整数)

と表される。

したがって　$n=11x+2=11(6k-3)+2=66k-31$

$66k-31$ が4桁で最大となるのは，$66k-31\leqq9999$ を満たす k が最大のときであり，その値は　$k=151$

このとき　$n=66\cdot151-31=\mathbf{9935}$

⇐① の解として，例えば $x=3$，$y=5$ を見つけたら，$11x-6y=1$ の解を求める必要がない。この場合，$11\cdot3-6\cdot5=3$ を ② として計算を進めればよい。

⇐$66k-31<10000$ でもよい。

EX ③107　x，y，z を正の整数とする。次の連立方程式を解け。

$$\begin{cases} x+y+z=19 \\ x+5y+10z=95 \end{cases}$$

$$\begin{cases} x+y+z=19 & \cdots\cdots ① \\ x+5y+10z=95 & \cdots\cdots ② \end{cases}$$ とする。

②−① から　$4y+9z=76$　$\cdots\cdots$ ③

⇦1文字消去して，2文字の不定方程式を導く。

よって　$9z=4(19-y)$　$\cdots\cdots$ ④

9 と 4 は互いに素であるから，z は 4 の倍数である。

したがって，k を整数として，$z=4k$ と表される。

これを ④ に代入すると

$$9\cdot4k=4(19-y) \quad すなわち \quad 19-y=9k$$

よって，③ の整数解は　$y=-9k+19,\ z=4k$

これを ① に代入すると

$$x+(-9k+19)+4k=19 \quad すなわち \quad x=5k$$

$x,\ y,\ z$ は正の整数であるから

$$5k>0,\ -9k+19>0,\ 4k>0$$

ゆえに　$0<k<\dfrac{19}{9}$

⇦k の範囲を絞り込む。

k は整数であるから　$k=1,\ 2$

よって，求める解は　$\boldsymbol{(x,\ y,\ z)=(5,\ 10,\ 4),\ (10,\ 1,\ 8)}$

EX ③108 3 が記されたカードと 7 が記されたカードの 2 種類のカードが，全部で 30 枚以上ある。また，各カードの数字をすべて合計すると 110 になる。このとき，3 のカード，7 のカードの枚数をそれぞれ求めよ。

3，7 のカードの枚数をそれぞれ $x,\ y$ とすると，条件から

$$x+y \geqq 30 \ \cdots\cdots ①,\quad 3x+7y=110 \ \cdots\cdots ②$$

$x=4,\ y=14$ は，② の整数解の 1 つであるから

$$3\cdot4+7\cdot14=110 \ \cdots\cdots ③$$

⇦まず，1 次不定方程式 ② を解く。それには ② に $x=1,\ 2,\ 3,\ 4,\ \cdots\cdots$ と代入することで，解を 1 つ見つける。$3x+7y=1$ の 1 つの解は $x=-2,\ y=1$ であることを利用する方法も考えられる。

②−③ から　$3(x-4)+7(y-14)=0$

すなわち　$3(x-4)=-7(y-14)$　$\cdots\cdots$ ④

3 と 7 は互いに素であるから，④ を満たす整数 x は

$$x-4=7k \quad すなわち \quad x=7k+4 \quad (k は整数)$$

と表される。④ から　$3\cdot7k=-7(y-14)$

よって　$y-14=-3k$　すなわち　$y=14-3k$

ここで，$x \geqq 1,\ y \geqq 1$ であるから　$7k+4 \geqq 1,\ 14-3k \geqq 1$

⇦2 種類のカードがあるから，各カードは 1 枚以上ある。

$7k+4 \geqq 1$ から　$k \geqq -\dfrac{3}{7}$　　$14-3k \geqq 1$ から　$k \leqq \dfrac{13}{3}$

ゆえに　$-\dfrac{3}{7} \leqq k \leqq \dfrac{13}{3}$　$\cdots\cdots$ ⑤

⇦$-\dfrac{3}{7}=-0.4\cdots$，$\dfrac{13}{3}=4.3\cdots$ より，⑤ から $k=0,\ 1,\ 2,\ 3,\ 4$

また　$x+y=(7k+4)+(14-3k)=4k+18$

① から　$4k+18 \geqq 30$　よって　$k \geqq 3$　$\cdots\cdots$ ⑥

⑤，⑥ をともに満たす整数 k は　$k=3,\ 4$

$k=3$ のとき　$x=7\cdot3+4=25,\ y=14-3\cdot3=5$

$k=4$ のとき　$x=7\cdot4+4=32,\ y=14-3\cdot4=2$

したがって　**3 のカード 25 枚，7 のカード 5 枚**

　　または　**3 のカード 32 枚，7 のカード 2 枚**

EX ③109 2つの自然数 m, n の最大公約数と $3m+4n$, $2m+3n$ の最大公約数は一致することを示せ。

$3m+4n=(2m+3n)\cdot 1+m+n$,

$2m+3n=(m+n)\cdot 2+n$,　$m+n=n\cdot 1+m$

よって，$3m+4n$ と $2m+3n$，$2m+3n$ と $m+n$，$m+n$ と n，n と m の最大公約数はすべて等しい。

したがって，m, n の最大公約数と $3m+4n$, $2m+3n$ の最大公約数は一致する。

⇦$3m+4n$ と $2m+3n$ の最大公約数を，互除法を用いて求める要領で考える。

別解　$\begin{cases} 3m+4n=a \\ 2m+3n=b \end{cases}$ …… ① とおくと $\begin{cases} m=3a-4b \\ n=3b-2a \end{cases}$ …… ②

m と n の最大公約数を d，a と b の最大公約数を e とする。

① より，a と b は d で割り切れるから，d は a と b の公約数である。ゆえに　$d \leqq e$ …… ③

同様に，② より，e は m と n の公約数で　$e \leqq d$ …… ④

③，④ から　$d=e$　よって，最大公約数は一致する。

⇦$m=dm'$, $n=dn'$, $a=ea'$, $b=eb'$ とする。

① は $\begin{cases} d(3m'+4n')=a \\ d(2m'+3n')=b \end{cases}$

② は $\begin{cases} e(3a'-4b')=m \\ e(3b'-2a')=n \end{cases}$

EX ④110 次の等式を満たす自然数 x, y の組をすべて求めよ。

$$x^2-2xy+2y^2=13$$

$x^2-2xy+2y^2=13$ から　$(x-y)^2+y^2=13$ …… ①

よって　$(x-y)^2=13-y^2 \geqq 0$　ゆえに　$y^2 \leqq 13$

⇦(実数)$^2 \geqq 0$

したがって　$y=1, 2, 3$

[1]　$y=1$ のとき，① は　$(x-1)^2+1^2=13$

　よって　$(x-1)^2=12$　これを満たす自然数 x はない。

⇦以下，$y=1, 2, 3$ それぞれの場合について，等式を満たす自然数 x が存在するか調べる。

[2]　$y=2$ のとき，① は　$(x-2)^2+2^2=13$

　よって　$(x-2)^2=9$　ゆえに　$x-2=\pm 3$

　x は自然数であるから　$x=5$

[3]　$y=3$ のとき，① は　$(x-3)^2+3^2=13$

　よって　$(x-3)^2=4$　ゆえに　$x-3=\pm 2$

　よって　$x=5, 1$　この x の値は適する。

[1]，[2]，[3] から　$\boldsymbol{(x, y)=(5, 2), (5, 3), (1, 3)}$

別解　等式から　$x^2-2yx+2y^2-13=0$

⇦x について整理。

　この x についての2次方程式が実数解をもつから，判別式を

⇦x が自然数であるとき，x は実数でもある。

　D とすると　$\dfrac{D}{4}=(-y)^2-1\cdot(2y^2-13)=-y^2+13$

　$D \geqq 0$ であるから　$-y^2+13 \geqq 0$

　よって　$y^2 \leqq 13$　以後の解答は同様。

参考　y について整理して，x の範囲から求めると，次のようになる。

　y についての2次方程式 $2y^2-2xy+x^2-13=0$ の判別式を

　D' とすると　$\dfrac{D'}{4}=(-x)^2-2\cdot(x^2-13)=-x^2+26$

　$D' \geqq 0$ であるから　$-x^2+26 \geqq 0$　すなわち　$x^2 \leqq 26$

　よって　$x=1, 2, 3, 4, 5$

したがって，5つのxの値について等式を満たすyが存在するかどうか調べることになり，別解の方法と比べてやや手間がかかる。

EX ⑤111 次の等式を満たす自然数x，y，zの組をすべて求めよ。
(1) $x+3y+z=10$　　(2) $xyz=x+y+z$ $(x\leqq y\leqq z)$

(1) $x+3y+z=10$ から　$3y=10-(x+z)\leqq 10-(1+1)$

よって　$3y\leqq 8$

yは自然数であるから　$y=1,\ 2$

[1] $y=1$ のとき　$x+z=7$

x，zは自然数であるから

$(x,\ z)=(1,\ 6),\ (2,\ 5),\ (3,\ 4),\ (4,\ 3),\ (5,\ 2),\ (6,\ 1)$

[2] $y=2$ のとき　$x+z=4$

x，zは自然数であるから

$(x,\ z)=(1,\ 3),\ (2,\ 2),\ (3,\ 1)$

以上から，求める組は

$(\boldsymbol{x},\ \boldsymbol{y},\ \boldsymbol{z})=\boldsymbol{(1,\ 1,\ 6),\ (2,\ 1,\ 5),\ (3,\ 1,\ 4),\ (4,\ 1,\ 3),}$
$\boldsymbol{(5,\ 1,\ 2),\ (6,\ 1,\ 1),\ (1,\ 2,\ 3),\ (2,\ 2,\ 2),}$
$\boldsymbol{(3,\ 2,\ 1)}$

⇦$x\geqq 1$，$z\geqq 1$ であるから
$x+z\geqq 1+1$
よって
$-(x+z)\leqq -(1+1)$
↑
向きが変わる。

(2) $1\leqq x\leqq y\leqq z$ であるから

$xyz=x+y+z\leqq z+z+z=3z$

よって　$xy\leqq 3$

$1\leqq x\leqq y$ であるから

$(x,\ y)=(1,\ 1),\ (1,\ 2),\ (1,\ 3)$

[1] $(x,\ y)=(1,\ 1)$ のとき，等式は　$z=2+z$

これを満たす自然数zはない。(*)

[2] $(x,\ y)=(1,\ 2)$ のとき，等式は　$2z=3+z$

よって　$z=3$　　このとき，$x\leqq y\leqq z$ は満たされる。

[3] $(x,\ y)=(1,\ 3)$ のとき，等式は　$3z=4+z$

よって　$z=2$　　このとき，$y>z$ となり不適。

[1]，[2]，[3] から　$(\boldsymbol{x},\ \boldsymbol{y},\ \boldsymbol{z})=\boldsymbol{(1,\ 2,\ 3)}$

⇦$xyz\leqq 3z$ の両辺を$z\,(>0)$ で割ると
$xy\leqq 3$

⇦$x=1$，$y=1$ をもとの等式に代入。
(*) $z=2+z$ から　$0=2$

⇦この条件を満たすかどうかの確認を忘れずに。

EX ⑤112
(1) 2つの自然数の組$(a,\ b)$は，条件 $a<b$ かつ $\dfrac{1}{a}+\dfrac{1}{b}<\dfrac{1}{4}$ を満たす。このような組$(a,\ b)$のうち，bが最も小さいものをすべて求めよ。
(2) 3つの自然数の組$(a,\ b,\ c)$は，条件 $a<b<c$ かつ $\dfrac{1}{a}+\dfrac{1}{b}+\dfrac{1}{c}<\dfrac{1}{3}$ を満たす。このような組$(a,\ b,\ c)$のうち，cが最も小さいものをすべて求めよ。　〔一橋大〕

(1) $0<a<b$ から　$\dfrac{1}{a}>\dfrac{1}{b}$　　よって　$\dfrac{2}{b}<\dfrac{1}{a}+\dfrac{1}{b}<\dfrac{1}{4}$

すなわち　$\dfrac{2}{b}<\dfrac{1}{4}$　　よって　$b>8$

$b=9$ のとき　$\dfrac{1}{a}+\dfrac{1}{9}<\dfrac{1}{4}$　　ゆえに　$\dfrac{1}{a}<\dfrac{5}{36}$

⇦まず，bのとりうる値の範囲を求める。

よって　$a>\frac{36}{5}$　a は自然数であるから　$a \geqq 8$

また，$a<b$ から　$a<9$　ゆえに　$a=8$　⇦$8 \leqq a<9$

したがって　$(\boldsymbol{a},\ \boldsymbol{b})=(8,\ 9)$

(2)　$0<a<b<c$ から　$\frac{1}{a}>\frac{1}{b}>\frac{1}{c}$

よって　$\frac{3}{c}<\frac{1}{a}+\frac{1}{b}+\frac{1}{c}<\frac{1}{3}$　ゆえに　$c>9$　⇦まず，c のとりうる値の範囲を求める。

[1]　$c=10$ のとき　$\frac{1}{a}+\frac{1}{b}<\frac{1}{3}-\frac{1}{10}=\frac{7}{30}$

また，$a<b<10$ であるから，$\frac{1}{a}+\frac{1}{b}$ の最小値は

$$\frac{1}{8}+\frac{1}{9}=\frac{17}{72}$$

$\frac{17}{72}>\frac{7}{30}$ であるから，不適。　⇦$\frac{17}{72}=\frac{85}{360}$，$\frac{7}{30}=\frac{84}{360}$

[2]　$c=11$ のとき　$\frac{1}{a}+\frac{1}{b}<\frac{1}{3}-\frac{1}{11}=\frac{8}{33}$

また，$a<b<11$ である。

(i)　$b=10$ のとき　$\frac{1}{a}<\frac{8}{33}-\frac{1}{10}=\frac{47}{330}$ から　$a \geqq 8$　⇦$a>\frac{330}{47}$，a は自然数。

$a<10$ であるから　$a=8,\ 9$

(ii)　$b=9$ のとき　$\frac{1}{a}<\frac{8}{33}-\frac{1}{9}=\frac{13}{99}$ から　$a \geqq 8$　⇦$a>\frac{99}{13}$，a は自然数。

$a<9$ であるから　$a=8$　⇦$8 \leqq a<9$

(iii)　$b \leqq 8$ のとき　$\frac{1}{a}<\frac{8}{33}-\frac{1}{8}=\frac{31}{264}$ から　$a \geqq 9$ となり，不適。　⇦$a>\frac{264}{31}$，a は自然数。

[1]，[2] により

$(\boldsymbol{a},\ \boldsymbol{b},\ \boldsymbol{c})=(8,\ 10,\ 11),\ (9,\ 10,\ 11),\ (8,\ 9,\ 11)$

EX ②113

(1)　$21201_{(3)}+623_{(7)}$ を計算し，5進数で答えよ。　〔(1) 広島修道大〕

(2)　n は5以上の整数とする。10進法で $(n+2)^2$ と表される数を n 進法で表せ。　〔(2) 大阪経大〕

(3)　$\frac{3}{8}$ を2進法，3進法の小数でそれぞれ表せ。

(1)　$21201_{(3)}$，$623_{(7)}$ をそれぞれ10進法で表すと　⇦底が異なったままでは計算できないので，いったん10進法に直す。

$21201_{(3)}=2\cdot3^4+1\cdot3^3+2\cdot3^2+0\cdot3^1+1\cdot3^0$
$=208$

$623_{(7)}=6\cdot7^2+2\cdot7^1+3\cdot7^0=311$

よって　$21201_{(3)}+623_{(7)}=519$

ゆえに，519を5進法で表すと，右の計算から

$\boldsymbol{4034_{(5)}}$

		余り
5)	519	
5)	103	… 4
5)	20	… 3
5)	4	… 0
	0	… 4

(2)　$(n+2)^2=n^2+4n+4$

n^2 の係数1，n の係数4，定数項4はいずれも5より小さいから，$(n+2)^2$ を n 進法で表すと　$\boldsymbol{144_{(n)}}$

(3) $\frac{3}{8}\times2=0+\frac{3}{4}$, $\frac{3}{4}\times2=1+\frac{1}{2}$, $\frac{1}{2}\times2=1$

よって　$\frac{3}{8}=\mathbf{0.011}_{(2)}$

$\frac{3}{8}\times3=1+\frac{1}{8}$, $\frac{1}{8}\times3=0+\frac{3}{8}$

以下，同じ計算の繰り返しとなるから

$\frac{3}{8}=\mathbf{0.\dot{1}\dot{0}}_{(3)}$

⇦小数部分を次々に2倍し，整数部分を取り出して並べる。

⇦循環小数になる。

別解　$3=11_{(2)}$, $8=1000_{(2)}$ であるから，右の計算により

$\frac{3}{8}=\mathbf{0.011}_{(2)}$

$$\begin{array}{r} 0.011 \\ 1000\overline{)\,11} \\ \underline{1000} \\ 1000 \\ \underline{1000} \\ 0 \end{array}$$

⇦2進数で(分子)÷(分母)を計算。

また，$3=10_{(3)}$, $8=22_{(3)}$ であるから，右の計算により

$\frac{3}{8}=\mathbf{0.\dot{1}\dot{0}}_{(3)}$

$$\begin{array}{r} 0.10\cdots\cdots \\ 22\overline{)\,10} \\ \underline{22} \\ 10 \end{array}$$

⇦3進数で(分子)÷(分母)を計算。

⇦以下同じ計算が続く。

EX ③114

0，1，2，3，4の5種類の数字を用いて1以上の整数を作り，小さい順に並べる。

1，2，3，4，10，11，12，13，14，20，21，22，……

(1) 2001は何番目の数であるか。

(2) 2001番目の数を求めよ。

1，2，3，4，10，11，12，13，14，20，21，22，……は，1以上の5進数を小さい順に並べたものと同じである。

(1) $2001_{(5)}=2\cdot5^3+1=251$

したがって，2001は

251番目の数

⇦5進数の2001を10進数で表すことと同じ。

(2) 右の計算から

$2001=31001_{(5)}$

したがって，2001番目の数は

31001

$$\begin{array}{r|rl} 5 & 2001 & \text{余り} \\ 5 & 400 & \cdots 1 \\ 5 & 80 & \cdots 0 \\ 5 & 16 & \cdots 0 \\ 5 & 3 & \cdots 1 \\ & 0 & \cdots 3 \end{array}$$

⇦10進数の2001を5進数で表すことと同じ。

EX ③115

2点A(1, 2, −2), B(3, 4, −2)とxy平面上の点Cに対して，三角形ABCが正三角形になるような点Cの座標をすべて求めよ。〔神戸薬大〕

点Cはxy平面上にあるから，点Cの座標は$(x, y, 0)$と表される。AB=BC=CA から　$AB^2=BC^2=CA^2$

$AB^2=BC^2$ から

$(3-1)^2+(4-2)^2+\{-2-(-2)\}^2=(x-3)^2+(y-4)^2+\{0-(-2)\}^2$

よって　$(x-3)^2+(y-4)^2=4$　…… ①

$BC^2=AC^2$ から

$(x-3)^2+(y-4)^2+\{0-(-2)\}^2=(x-1)^2+(y-2)^2+\{0-(-2)\}^2$

⇦xy平面上の点 ⟶ z座標が0

⇦距離の条件は2乗して扱う。

ゆえに　$-6x+9-8y+16=-2x+1-4y+4$

⇦x^2, y^2 が消える。

よって　$y=-x+5$ …… ②

② を ① に代入すると　$(x-3)^2+(-x+1)^2=4$

ゆえに　$x^2-4x+3=0$　　よって　$(x-1)(x-3)=0$

ゆえに　$x=1,\ 3$

② から　$x=1$ のとき　$y=4$,　$x=3$ のとき　$y=2$

したがって，点Cの座標は　**(1, 4, 0), (3, 2, 0)**

EX ③116

(1) 自然数のうち，10 進法で表しても 5 進法で表しても 3 桁になるものは全部で何個あるか。

(2) 自然数のうち，10 進法で表しても 5 進法で表しても，ともに 4 桁になるものは存在しないことを示せ。　〔類 東京女子大〕

自然数を N とする。

(1) 10 進法で表すと 3 桁であるから　$10^2 \leqq N < 10^3$

よって　$100 \leqq N < 1000$ …… ①

5 進法で表すと 3 桁であるから　$5^2 \leqq N < 5^3$

ゆえに　$25 \leqq N < 125$ …… ②

⇦$5^2=100_{(5)}$
$5^3=1000_{(5)}$

①, ② の共通範囲は　$100 \leqq N < 125$

したがって，10 進法で表しても 5 進法で表しても 3 桁になるものは全部で　**25 個**

⇦$124-100+1=25$

(2) (1) と同様に考えると

$10^3 \leqq N < 10^4$ から　$1000 \leqq N < 10000$ …… ③

$5^3 \leqq N < 5^4$ から　$125 \leqq N < 625$ …… ④

③, ④ の共通範囲はないから，10 進法で表しても 5 進法で表しても，ともに 4 桁になるものは存在しない。

EX ④117

10 進法で表された正の整数を 4 進法に直すと 3 桁の数 abc となり，6 進法に直すと 3 桁の数 pqr となるとする。また，$a+b+c=p+q+r$ である。この数を 10 進法で書け。　〔城西大〕

$a+b+c=p+q+r$ …… ① とする。

$abc_{(4)}=a\cdot4^2+b\cdot4^1+c=16a+4b+c$

$pqr_{(6)}=p\cdot6^2+q\cdot6^1+r=36p+6q+r$

よって　$16a+4b+c=36p+6q+r$ …… ②

pqr は 3 桁の 6 進数であるから，p は 1 以上 5 以下の整数である。ここで，$p \geqq 2$ とすると

$pqr_{(6)}=36p+6q+r \geqq 36\cdot2=72$

3 桁の 4 進数の最大値は

$333_{(4)}=3\cdot4^2+3\cdot4^1+3=63$

⇦ 4 進法でも 6 進法でも 3 桁の数であるから，p はあまり大きな数ではない。

よって，$p \geqq 2$ のとき ② は成り立たない。

ゆえに　$p=1$

このとき，② は　$16a+4b+c=36+6q+r$ …… ③

③ から $16a+4b+c \geqq 36$ であり，$4b+c \leqq 4\cdot3+3=15$ であるから　$16a \geqq 21$　よって　$a=2,\ 3$

⇦$\dfrac{21}{16} \leqq a \leqq 3$

[1] $a=2$ のとき

③ から　$16\cdot2+4b+c=36+6q+r$

よって　$4b+c=6q+r+4$ …… ④

① から　$2+b+c=1+q+r$

よって　$b+c=q+r-1$ …… ⑤

④，⑤ から　$3b=5q+5=5(q+1)$ …… ⑥

abc は4進数であるから，b は0以上3以下の整数である。

よって，⑥ を満たす b の値はないから，不適。

⇦① に $p=1$, $a=2$ を代入。

⇦3と5は互いに素であるから，b は5の倍数。また，右辺は正。

[2]　$a=3$ のとき

③ から　$16\cdot3+4b+c=36+6q+r$

よって　$4b+c=6q+r-12$ …… ⑦

① から　$3+b+c=1+q+r$

よって　$b+c=q+r-2$ …… ⑧

⑦，⑧ から　$3b=5q-10=5(q-2)$ …… ⑨

abc は4進数であるから，b は0以上3以下の整数である。

pqr は6進数であるから，q は0以上5以下の整数である。

よって，⑨ を満たす b，q の値は　$b=0$，$q=2$

以上から，① は　$3+0+c=1+2+r$　すなわち　$c=r$

また　$abc_{(4)}=16\cdot3+c=48+c$

abc は4進数であるから，c は0以上3以下の整数である。

したがって，求める数は　$48+c=$**48，49，50，51**

EX ⑤118　座標平面上の点で，x 座標，y 座標ともに整数である点を格子点という。任意の2つの異なる格子点 P$(a,\ b)$，Q$(c,\ d)$ は点 T$\left(\sqrt{2},\ \dfrac{1}{3}\right)$ から等距離にないことを示せ。　〔関西学院大〕

点Tから等距離にある2つの異なる格子点P，Qが存在すると仮定する。

⇦直接証明はしにくいから，間接証明法（背理法）を利用。「……がない」の否定は「……がある（存在する）」

PT=QT　すなわち　PT^2=QT^2 から

$$(a-\sqrt{2})^2+\left(b-\frac{1}{3}\right)^2=(c-\sqrt{2})^2+\left(d-\frac{1}{3}\right)^2$$

ゆえに　$a^2-2\sqrt{2}a+b^2-\dfrac{2}{3}b=c^2-2\sqrt{2}c+d^2-\dfrac{2}{3}d$

よって　$3a^2+3b^2-2b-3c^2-3d^2+2d+6(c-a)\sqrt{2}=0$

a，b，c，d は整数であるから

$3a^2+3b^2-2b-3c^2-3d^2+2d=0$ …… ①，$c-a=0$ …… ②

⇦x，y が有理数であるとき，$x+y\sqrt{2}=0$ ならば $x=y=0$ であること（数学Ⅰで学習）を利用。

② から　$c=a$

これを ① に代入すると　$3a^2+3b^2-2b-3a^2-3d^2+2d=0$

ゆえに　$3(b^2-d^2)-2(b-d)=0$

よって　$(b-d)\{3(b+d)-2\}=0$

b，d は整数であるから，$3(b+d)$ は3の倍数となり

$3(b+d)-2\neq0$

⇦$3(b+d)-2$ は3で割ると1余る数で，これは0にならない。

ゆえに　$b-d=0$　　よって　$b=d$

$a=c$ かつ $b=d$ であるから，2点P，Qは一致し，矛盾である。

ゆえに，2つの異なる格子点P，Qは点Tから等距離にない。

R&W（問題に挑戦）1

花子さんのクラスでは，数学の授業で次の不等式について考えた。

$|3x-6|<ax+b$ …… ①　ただし，a，b は定数とする。

まず，$a=2$，$b=1$ のときの不等式 ① の解を求めよう。

花子さんは，ノートに次のように解いた。

花子さんのノート

$|3x-6|<2x+1$ …… ②

[1]　$x≧$ ア のとき

絶対値記号をはずして，不等式 ② を解くと　x イ ウ

よって，このときの ② を満たす x の値の範囲は

エ オ x カ キ …… ③

[2]　$x<$ ア のとき

(a)

したがって，不等式 ② の解は，＊ を求めることにより，コ となる。

(1) ア，ウ，エ，キ に当てはまる数を答えよ。ただし，エ $≦$ キ とする。また，イ，オ，カ に当てはまるものを，次の⓪～③のうちから1つずつ選べ。ただし，同じものを繰り返し選んでもよい。

⓪ $>$　① $<$　② $≧$　③ $≦$

(2) 花子さんのノートにおいて，[2]　$x<$ ア の場合の (a) の部分では，[1]　$x≧$ ア の場合と同様にして，② を満たす x の値の範囲を求めている。

その x の値の範囲を ④ とするとき，＊ に当てはまる内容として適切なものを，次の⓪～③のうちから2つ選べ。ただし，解答の順序は問わない。ク，ケ

⓪ ③ または ④ を満たす x の値の範囲　① ③ かつ ④ を満たす x の値の範囲

② ③，④ の少なくとも一方を満たす x の値の範囲

③ ③，④ をともに満たす x の値の範囲

(3) コ に当てはまるものを次の⓪～⑦のうちから1つ選べ。

⓪ $1≦x≦7$　① $1<x≦7$　② $1≦x<7$　③ $1<x<7$

④ $2≦x≦7$　⑤ $2<x≦7$　⑥ $2≦x<7$　⑦ $2<x<7$

(4) $y=|3x-6|$ のグラフと $y=2x+1$ のグラフが同じ座標平面上に表されたものとして最も適当なものを，次の⓪～⑤のうちから1つ選べ。サ

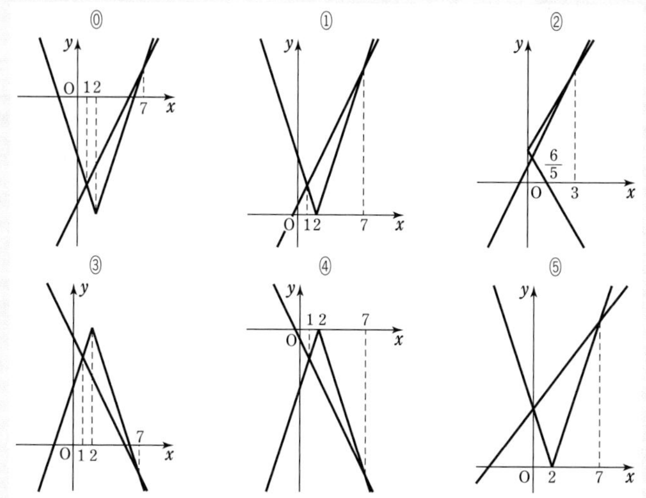

(5) $a=4$，$b=6$ のとき，不等式 ① を満たさない最大の整数 x を求めると，$x=$ シ である。

(6) 不等式 ① において，$a=0$ のときを考えると，

$b>0$ であることは，① を満たす実数 x が存在するための ス 。

また，不等式①において，$b=0$ のときを考えると，

$a>0$ であることは，①を満たす実数 x が存在するための［セ］。

［ス］，［セ］に当てはまるものを，次の⓪～③のうちから1つずつ選べ。ただし，同じものを繰り返し選んでもよい。

⓪ 必要条件であるが，十分条件でない　① 十分条件であるが，必要条件でない
② 必要十分条件である　③ 必要条件でも十分条件でもない

(1) [1] $3x-6 \geqq 0$ すなわち $x \geqq {}^{ア}\mathbf{2}$ のとき

不等式②は　$3x-6<2x+1$

これを解いて　$x<{}^{ウ}\mathbf{7}$　（^{イ}①）

②を満たす x の値の範囲は，$x \geqq 2$ との共通範囲をとって

${}^{エ}\mathbf{2} \leqq x < {}^{キ}\mathbf{7}$　（^{オ}③，^{カ}①）　…… ③

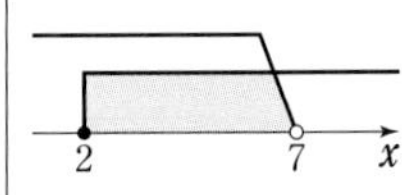

(2), (3) [2] $3x-6<0$ すなわち $x<2$ のとき

不等式②は　$-(3x-6)<2x+1$

これを解いて　$x>1$

②を満たす x の値の範囲は，$x<2$ との共通範囲をとって

$1<x<2$　…… ④

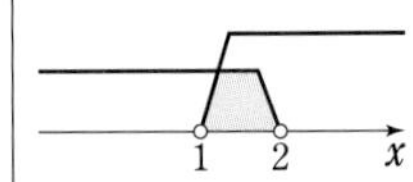

ここで，③と④は，実数全体を $x \geqq 2$ と $x<2$ の場合に分けて，②を満たす x の値の範囲として求めたものであるから，いずれか一方が成立すればよい。ゆえに，③または④を満たす範囲をとったものが不等式②の解となる。

よって，［＊］に当てはまる内容として適するものは

^{ク}⓪，^{ケ}②　（または ^{ク}②，^{ケ}⓪）

したがって，不等式②の解は　$1<x<7$　（^{コ}③）

⇦③，④のいずれか一方を満たせばよいから，③と④の和集合をとる。

(4) $y=|3x-6|$ について

$x \geqq 2$ のとき，$|3x-6|=3x-6$ から　$y=3x-6$

$x<2$ のとき，$|3x-6|=-(3x-6)$ から　$y=-3x+6$

よって，$y=|3x-6|$ のグラフは，$y=3x-6$ $(x \geqq 2)$ のグラフと $y=-3x+6$ $(x<2)$ のグラフを合わせたものである。

このグラフと $y=2x+1$ のグラフが同じ座標平面上に表されたものは　^{サ}①

⇦$y=3x-6$ のグラフの x 軸より下側の部分を x 軸に関して対称に折り返したものと考えてもよい。

(5) $a=4$，$b=6$ のとき，①は　$|3x-6|<4x+6$　…… ⑤

[1] $x \geqq 2$ のとき

不等式⑤は　$3x-6<4x+6$

これを解いて　$-12<x$

⑤を満たす x の値の範囲は，$x \geqq 2$ との共通範囲をとって

$x \geqq 2$　…… ⑥

[2] $x<2$ のとき

不等式⑤は　$-(3x-6)<4x+6$

これを解いて　$x>0$

②を満たす x の値の範囲は，$x<2$ との共通範囲をとって

$0<x<2$　…… ⑦

不等式⑤の解は，⑥と⑦を合わせた範囲であるから

$x>0$

これを満たさない最大の整数は，$x={}^{シ}\mathbf{0}$ である。

⇦下の図のようにグラフをかいて，$y=|3x-6|$ のグラフより，$y=4x+6$ のグラフの方が上側にある x の値の範囲を求めてもよい。

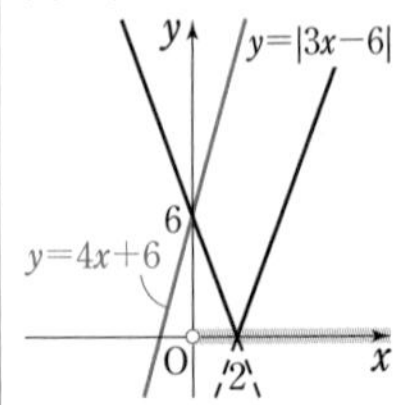

(6) (ス) $a=0$ のとき，① は　$|3x-6|<b$

不等式 $|3x-6|<b$ の解は，$y=b$ のグラフが，$y=|3x-6|$ のグラフの上側にある x の値の範囲である。

$b>0$ のとき，$y=|3x-6|$ と $y=b$ のグラフは，右の図のようになる。

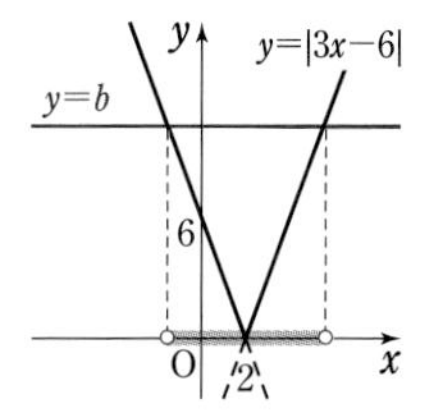
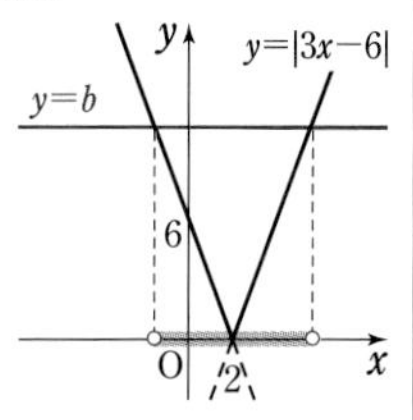

ゆえに，「$b>0 \iff |3x-6|<b$ を満たす実数 x が存在する」が成り立つ。

よって，$b>0$ であることは，① を満たす実数 x が存在するための必要十分条件である。(ス ②)

⇦ $b=0$ のとき，① は $|3x-6|<0$ であり，これを満たす x は存在しないことに注意。

(ス) の 別解　$|3x-6|<b$　…… ①

$b>0$ ならば，$-b<3x-6<b$ から

$$\frac{6-b}{3}<x<\frac{6+b}{3}$$

⇦ $6-b<6+b$

ゆえに，① を満たす実数 x が存在する。

よって，「$b>0 \Longrightarrow$ ① を満たす実数 x が存在する」は 真。

逆に，① を満たす実数 x が存在するとき，その x を x_0 とすると

$$0\leqq|3x_0-6|<b$$

が成り立つから　$b>0$

よって，「① を満たす実数 x が存在する $\Longrightarrow b>0$」は 真。

ゆえに，$b>0$ であることは，① を満たす実数 x が存在するための必要十分条件である。(ス ②)

(セ) $b=0$ のとき，① は　$|3x-6|<ax$

不等式 $|3x-6|<ax$ の解は，$y=ax$ のグラフが，$y=|3x-6|$ のグラフの上側にある x の値の範囲である。

$a>0$ のとき，$y=|3x-6|$ と $y=ax$ のグラフは，右の図のようになる。

⇦ $y=|3x-6|$ のグラフより，$y=ax$ のグラフの方が上側にあるような x の値が存在する。すなわち，不等式 $|3x-6|<ax$ を満たす x は存在する。

ゆえに，

「$a>0 \Longrightarrow |3x-6|<ax$ を満たす実数 x が存在する」は 真。

また，$a=-4$ のとき，$|3x-6|<ax$ を満たす実数 x は存在するが，$a>0$ ではない。

ゆえに，

「$|3x-6|<ax$ を満たす実数 x が存在する $\Longrightarrow a>0$」は 偽。

よって，$a>0$ であることは，① を満たす実数 x が存在するための十分条件であるが，必要条件ではない。(セ ①)

⇦ $a<-3$ のとき，$y=|3x-6|$ のグラフより，$y=ax$ のグラフの方が上側にあるような x の値が存在する。

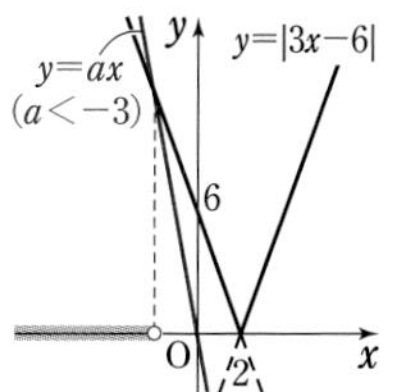

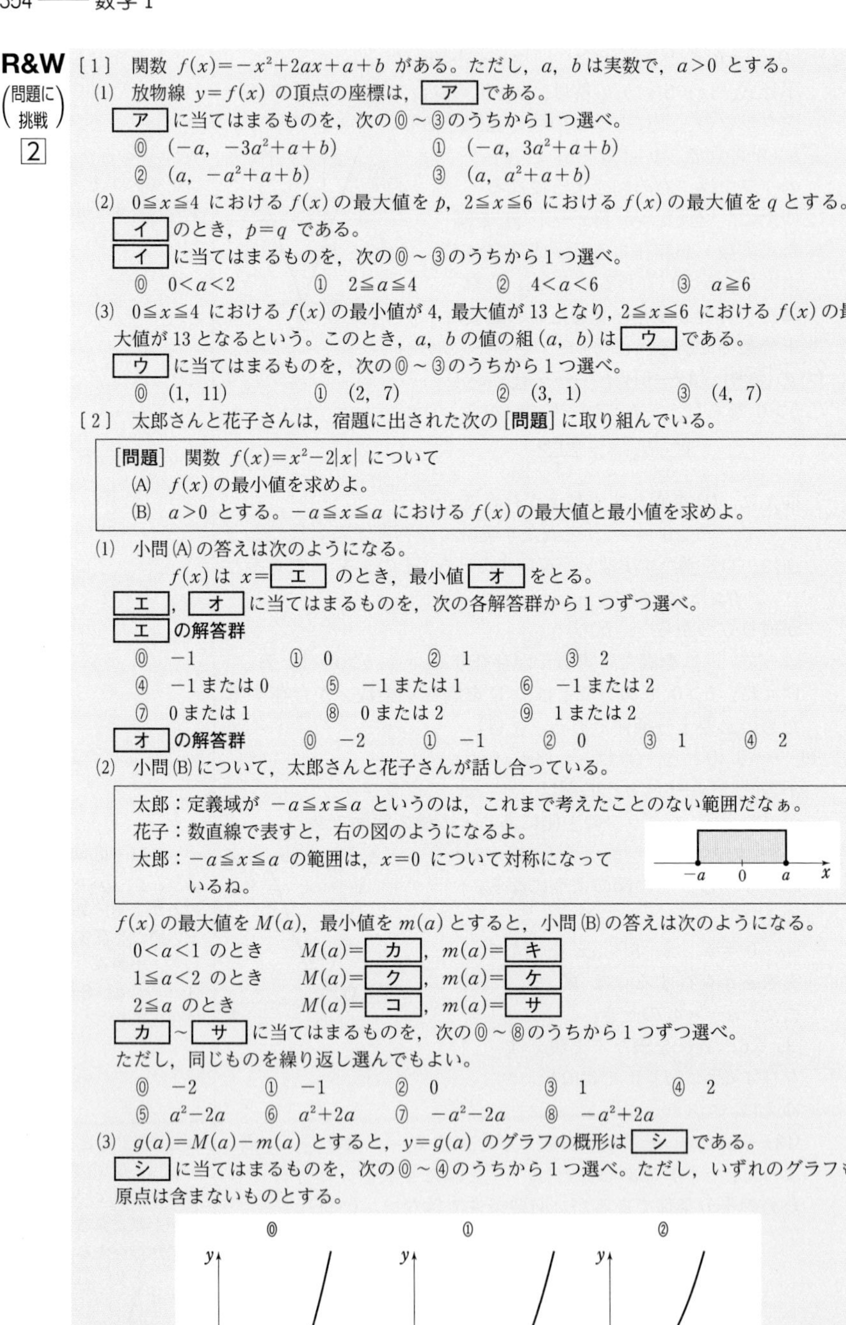

R&W（問題に挑戦）2

［1］ 関数 $f(x)=-x^2+2ax+a+b$ がある。ただし，a，b は実数で，$a>0$ とする。

(1) 放物線 $y=f(x)$ の頂点の座標は，[ア] である。

[ア] に当てはまるものを，次の⓪～③のうちから1つ選べ。

⓪ $(-a,\ -3a^2+a+b)$　① $(-a,\ 3a^2+a+b)$

② $(a,\ -a^2+a+b)$　③ $(a,\ a^2+a+b)$

(2) $0\leqq x\leqq 4$ における $f(x)$ の最大値を p，$2\leqq x\leqq 6$ における $f(x)$ の最大値を q とする。

[イ] のとき，$p=q$ である。

[イ] に当てはまるものを，次の⓪～③のうちから1つ選べ。

⓪ $0<a<2$　① $2\leqq a\leqq 4$　② $4<a<6$　③ $a\geqq 6$

(3) $0\leqq x\leqq 4$ における $f(x)$ の最小値が4，最大値が13となり，$2\leqq x\leqq 6$ における $f(x)$ の最大値が13となるという。このとき，a，b の値の組 $(a,\ b)$ は [ウ] である。

[ウ] に当てはまるものを，次の⓪～③のうちから1つ選べ。

⓪ $(1,\ 11)$　① $(2,\ 7)$　② $(3,\ 1)$　③ $(4,\ 7)$

［2］ 太郎さんと花子さんは，宿題に出された次の **[問題]** に取り組んでいる。

> **[問題]** 関数 $f(x)=x^2-2|x|$ について
> (A) $f(x)$ の最小値を求めよ。
> (B) $a>0$ とする。$-a\leqq x\leqq a$ における $f(x)$ の最大値と最小値を求めよ。

(1) 小問(A)の答えは次のようになる。

$f(x)$ は $x=$ [エ] のとき，最小値 [オ] をとる。

[エ]，[オ] に当てはまるものを，次の各解答群から1つずつ選べ。

[エ] の解答群

⓪ -1　① 0　② 1　③ 2

④ -1 または 0　⑤ -1 または 1　⑥ -1 または 2

⑦ 0 または 1　⑧ 0 または 2　⑨ 1 または 2

[オ] の解答群　⓪ -2　① -1　② 0　③ 1　④ 2

(2) 小問(B)について，太郎さんと花子さんが話し合っている。

> 太郎：定義域が $-a\leqq x\leqq a$ というのは，これまで考えたことのない範囲だなぁ。
> 花子：数直線で表すと，右の図のようになるよ。
> 太郎：$-a\leqq x\leqq a$ の範囲は，$x=0$ について対称になっているね。

$f(x)$ の最大値を $M(a)$，最小値を $m(a)$ とすると，小問(B)の答えは次のようになる。

$0<a<1$ のとき　$M(a)=$ [カ]，$m(a)=$ [キ]

$1\leqq a<2$ のとき　$M(a)=$ [ク]，$m(a)=$ [ケ]

$2\leqq a$ のとき　$M(a)=$ [コ]，$m(a)=$ [サ]

[カ] ～ [サ] に当てはまるものを，次の⓪～⑧のうちから1つずつ選べ。ただし，同じものを繰り返し選んでもよい。

⓪ -2　① -1　② 0　③ 1　④ 2

⑤ a^2-2a　⑥ a^2+2a　⑦ $-a^2-2a$　⑧ $-a^2+2a$

(3) $g(a)=M(a)-m(a)$ とすると，$y=g(a)$ のグラフの概形は [シ] である。

[シ] に当てはまるものを，次の⓪～④のうちから1つ選べ。ただし，いずれのグラフも原点は含まないものとする。

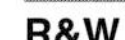

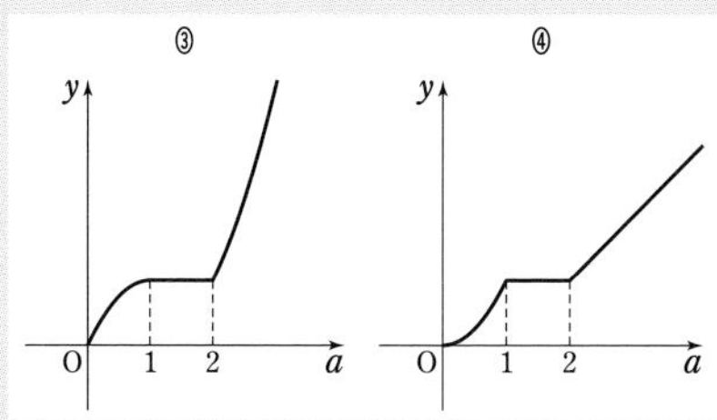

［1］ (1) $f(x)=-x^2+2ax+a+b=-(x^2-2ax)+a+b$
$=-(x-a)^2+a^2+a+b$

よって，放物線 $y=f(x)$ の頂点の座標は $(a,\ a^2+a+b)$ (ア③)

(2) (1)から，放物線の軸は直線 $x=a$ である。

[1] $0<a<2$ のとき
図[1]より，$p=f(a)$，$q=f(2)$ であり
$f(a)>f(2)$ すなわち $p\neq q$

[1] 軸は，$0\leqq x\leqq 4$ の中，$2\leqq x\leqq 6$ の左外。

[2] $2\leqq a\leqq 4$ のとき
図[2]より，$p=f(a)$，$q=f(a)$ であるから $p=q$

[2] 軸は，$0\leqq x\leqq 4$ の中，$2\leqq x\leqq 6$ でも中。

[3] $4<a<6$ のとき
図[3]より，$p=f(4)$，$q=f(a)$ であり
$f(4)<f(a)$ すなわち $p\neq q$

[3] 軸は，$0\leqq x\leqq 4$ の右外，$2\leqq x\leqq 6$ の中。

[4] $a\geqq 6$ のとき
図[4]より，$p=f(4)$，$q=f(6)$ であり
$f(4)<f(6)$ すなわち $p\neq q$

[4] 軸は，$0\leqq x\leqq 4$ の右外，$2\leqq x\leqq 6$ でも右外。

よって，$2\leqq a\leqq 4$ (イ①) のとき，$p=q$ となる。

[1]

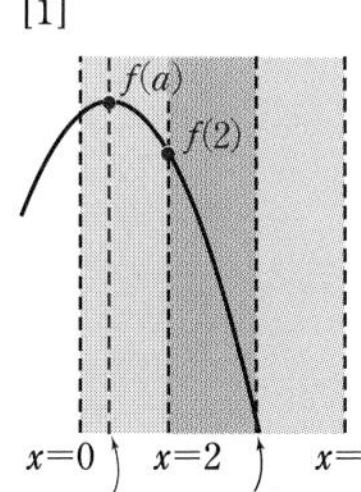

[2]

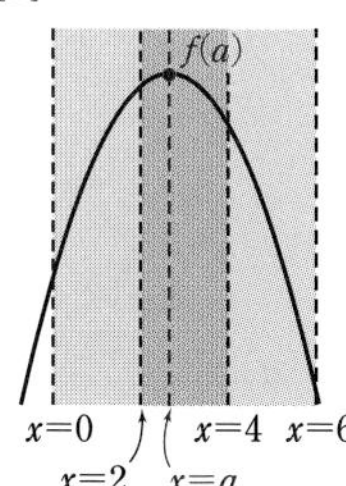

[3]

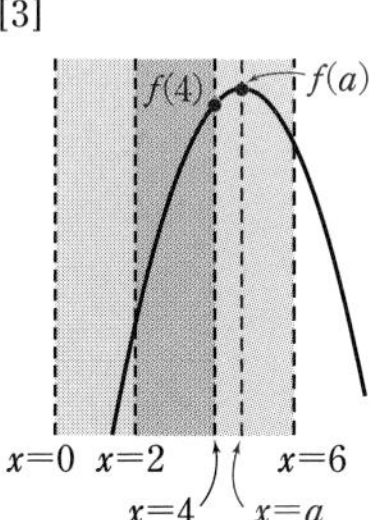

[4]

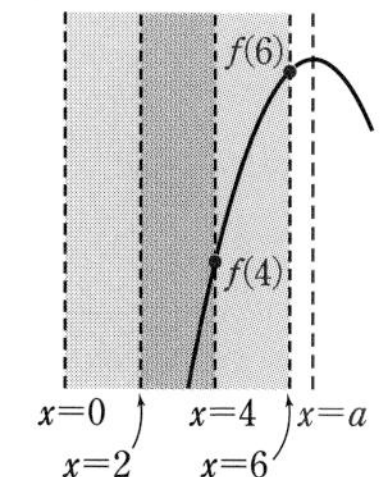

(3) 条件で与えられた 2 つの最大値がともに 13 で同じであるから，(2)より，$2\leqq a\leqq 4$ を満たす。
最大値は，$f(a)=a^2+a+b$ であるから
$a^2+a+b=13$ …… ①
$0\leqq x\leqq 4$ における最小値は，$f(0)=a+b$ であるから
$a+b=4$ …… ②
①−② から $a^2=9$
$2\leqq a\leqq 4$ から $a=3$
このとき，② から $b=1$
したがって，求める組 $(a,\ b)$ は $(3,\ 1)$ (ウ②)

⇦図[2]から，定義域の両端のうち，軸から遠いのは，$x=0$ の方である。

［2］ (1) $x \geqq 0$ のとき　$f(x)=x^2-2x=(x-1)^2-1$

$x<0$ のとき　$f(x)=x^2+2x=(x+1)^2-1$

⇐$A \geqq 0$ のとき $|A|=A$
$A<0$ のとき $|A|=-A$

よって，$y=f(x)$ のグラフは右の図の実線部分のようになる。
ゆえに，$f(x)$ は $x=-1$，1 のとき，最小値 -1 をとる。（エ⑤，オ①）

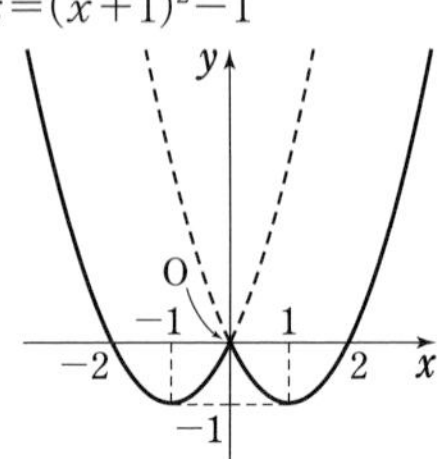

⇐$x \geqq 0$ の範囲では，$f(x)=(x-1)^2-1$ のグラフを，$x<0$ の範囲では，$f(x)=(x+1)^2-1$ のグラフをかく。

(2) [1] $0<a<1$ のとき

$x=0$ で最大値をとるから　$M(a)=f(0)=0$

$x=a$，$-a$ で最小値をとるから　$m(a)=f(\pm a)=a^2-2a$

（カ②，キ⑤）

[2] $1 \leqq a<2$ のとき

$x=0$ で最大値をとるから　$M(a)=f(0)=0$

$x=-1$，1 で最小値をとるから　$m(a)=f(\pm 1)=-1$

（ク②，ケ①）

[3] $2 \leqq a$ のとき

$x=a$，$-a$ で最大値をとるから　$M(a)=f(\pm a)=a^2-2a$

$x=-1$，1 で最小値をとるから　$m(a)=f(\pm 1)=-1$

（コ⑤，サ①）

⇐$x=0$ からスタートし，a の値を大きくして x 軸上の負の方向，正の方向の両方に定義域を広げる考え方で最大・最小となる場合を調べるとよい。
また，(1)の結果から，定義域に $x=\pm 1$ を含む場合，最小値は $m(a)=f(\pm 1)$ となる。

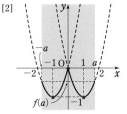

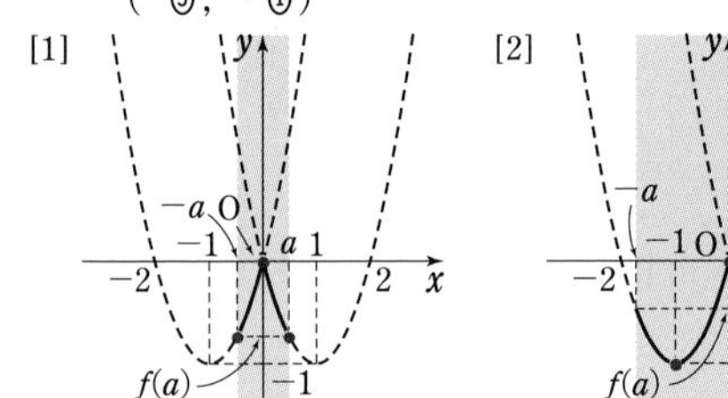

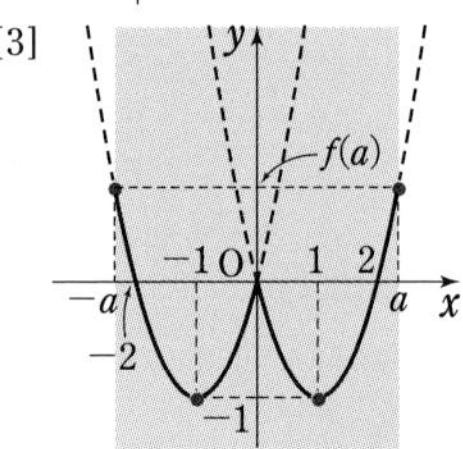

(3) (2)から

[1] $0<a<1$ のとき　$g(a)=M(a)-m(a)$
$=-a^2+2a=-(a-1)^2+1$

[2] $1 \leqq a<2$ のとき　$g(a)=M(a)-m(a)$
$=1$

[3] $2 \leqq a$ のとき　$g(a)=M(a)-m(a)$
$=a^2-2a+1=(a-1)^2$

よって，$y=g(a)$ のグラフの概形は，右の図の実線部分である。ただし，原点を除く。（シ③）

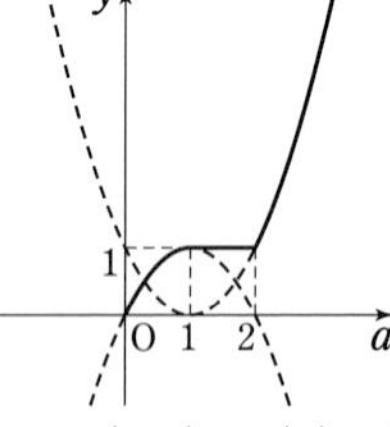

参考　$f(-x)=(-x)^2-2|-x|=x^2-2|x|=f(x)$ が成り立つ。一般に，**$f(-x)=f(x)$ が成り立つとき，$y=f(x)$ のグラフは y 軸に関して対称である**。また，定義域 $-a \leqq x \leqq a$ も y 軸に関して対称である。よって，(2)は $0 \leqq x \leqq a$ における $f(x)$ の最大値，最小値を求めると，対称性を利用することで，$-a \leqq x \leqq 0$ における $f(x)$ の最大値，最小値もわかる。

R&W (問題に挑戦) 3

陸上競技の短距離 100 m 走では，100 m を走るのにかかる時間 (以下，タイムと呼ぶ) は，1 歩あたりの進む距離 (以下，ストライドと呼ぶ) と 1 秒あたりの歩数 (以下，ピッチと呼ぶ) に関係がある。ストライドとピッチはそれぞれ以下の式で与えられる。

$$\text{ストライド (m/歩)}=\frac{100\ (\text{m})}{\text{100 m を走るのにかかった歩数 (歩)}}$$

$$\text{ピッチ (歩/秒)}=\frac{\text{100 m を走るのにかかった歩数 (歩)}}{\text{タイム (秒)}}$$

ただし，100 m を走るのにかかった歩数は，最後の 1 歩がゴールラインをまたぐこともあるので，小数で表される。以下，単位は必要のない限り省略する。

例えば，タイムが 10.81 で，そのときの歩数が 48.5 であったとき，ストライドは $\frac{100}{48.5}$ より約 2.06，ピッチは $\frac{48.5}{10.81}$ より約 4.49 である。

なお，小数の形で解答する場合，指定された桁数の 1 つ下の桁を四捨五入して答えよ。

(1) ストライドを x，ピッチを z とおく。ピッチは 1 秒あたりの歩数，ストライドは 1 歩あたりの進む距離なので，1 秒あたりの進む距離すなわち平均速度は，x と z を用いて [ア] (m/秒) と表される。これより，タイムと，ストライド，ピッチとの関係は

$$\text{タイム}=\frac{100}{\boxed{\text{ア}}}\quad\cdots\cdots ①$$

と表されるので，[ア] が最大になるときにタイムが最もよくなる。ただし，タイムがよくなるとは，タイムの値が小さくなることである。

[ア] に当てはまるものを，次の⓪～⑤のうちから 1 つ選べ。

⓪ $x+z$　　① $z-x$　　② xz

③ $\frac{x+z}{2}$　　④ $\frac{z-x}{2}$　　⑤ $\frac{xz}{2}$

(2) 男子短距離 100 m 走の選手である太郎さんは，① に着目して，タイムが最もよくなるストライドとピッチを考えることにした。

次の表は，太郎さんが練習で 100 m を 3 回走ったときのストライドとピッチのデータである。

	1 回目	2 回目	3 回目
ストライド	2.05	2.10	2.15
ピッチ	4.70	4.60	4.50

また，ストライドとピッチにはそれぞれ限界がある。太郎さんの場合，ストライドの最大値は 2.40，ピッチの最大値は 4.80 である。

太郎さんは，上の表から，ストライドが 0.05 大きくなるとピッチが 0.1 小さくなるという関係があると考えて，ピッチがストライドの 1 次関数として表されると仮定した。このとき，ピッチ z はストライド x を用いて

$$z=\boxed{\text{イウ}}\,x+\frac{\boxed{\text{エオ}}}{5}\quad\cdots\cdots ②$$

と表される。

② が太郎さんのストライドの最大値 2.40 とピッチの最大値 4.80 まで成り立つと仮定すると，x の値の範囲は次のようになる。

$$\boxed{\text{カ}}.\boxed{\text{キク}}\leqq x\leqq 2.40$$

$y=$[ア] とおく。② を $y=$[ア] に代入することにより，y を x の関数として表すことができる。太郎さんのタイムが最もよくなるストライドとピッチを求めるためには，[カ].[キク] $\leqq x\leqq 2.40$ の範囲で y の値を最大にする x の値を見つければよい。

このとき，y の値が最大になるのは $x=$[ケ].[コサ] のときである。

よって，太郎さんのタイムが最もよくなるのは，ストライドが [ケ].[コサ] のときであり，このとき，ピッチは [シ].[スセ] である。また，このときの太郎さんのタイムは，① により [ソ] である。

[イウ] ~ [スセ] に当てはまる数を答えよ。また，[ソ] に当てはまるものを，次の⓪～⑤のうちから1つ選べ。

⓪ 9.68　　① 9.97　　② 10.09
③ 10.33　　④ 10.42　　⑤ 10.55

〔類 共通テスト〕

(1) 平均速度すなわち1秒あたりの進む距離は

(1秒あたりの歩数)×(1歩あたりの進む距離)

$=z\times x=xz$ （ア ②）

よって　タイム$=\dfrac{100}{xz}$ …… ①

(2) 1次関数と仮定するから，a，b を実数として，$z=ax+b$ と表される。表より，

$x=2.05$ のとき，$z=4.7$ から　$4.7=2.05a+b$ …… (A)

$x=2.1$ のとき，$z=4.6$ から　$4.6=2.1a+b$ …… (B)

(A)−(B) から　$0.1=-0.05a$　よって　$a=-2$

ゆえに，(A) から　$b=4.7-2.05\times(-2)=8.8=\dfrac{44}{5}$

よって　$z=$ イウ $\mathbf{-2}x+$ エオ $\dfrac{\mathbf{44}}{5}$ …… ②

② は，$x=2.15$，$z=4.5$ のとき成り立つ。

$z\leqq 4.80$ であるから　$-2x+\dfrac{44}{5}\leqq 4.80$

これを解くと　$x\geqq 2$

$x\leqq 2.40$ であるから，x の値の範囲は

カ $\mathbf{2}.$ キク $\mathbf{00}\leqq x\leqq 2.40$ …… ③

$y=xz$ とすると，② から

$$y=x\left(-2x+\frac{44}{5}\right)=-2x^2+\frac{44}{5}x=-2\left(x-\frac{11}{5}\right)^2+\frac{242}{25}$$

③ において，y は　$x=\dfrac{11}{5}$ すなわち $x=$ ケ $\mathbf{2}.$ コサ $\mathbf{20}$ のときに最大値 $\dfrac{242}{25}$ をとる。

このとき　$z=-2\cdot\dfrac{11}{5}+\dfrac{44}{5}=\dfrac{22}{5}=$ シ $\mathbf{4}.$ スセ $\mathbf{40}$

また，① よりタイムは

$$100\div\frac{242}{25}=\frac{1250}{121}=10.330\cdots\fallingdotseq 10.33$$ （ソ ③）

[別解] 100 m を走るのにかかった歩数を h，タイムを t とすると，

$x=\dfrac{100}{h}$，$z=\dfrac{h}{t}$ から

(平均速度)

$=\dfrac{100}{t}=\dfrac{100}{h}\cdot\dfrac{h}{t}$

$=xz$

⇦ストライドが 0.05 大きくなるとピッチが 0.1 小さくなることに着目し，$a=\dfrac{-0.1}{0.05}=-2$ と考えてもよい。

⇦問題文の「ピッチの最大値 4.80」から。

⇦問題文の「ストライドの最大値 2.40」から。

⇦変域 ③ において，y の最大値を求める。

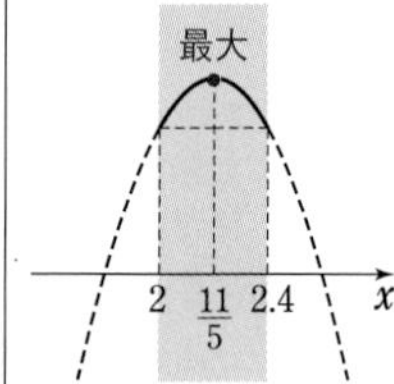

R&W (問題に挑戦) 4

関数 $f(x)=ax^2+bx+c$ について，$y=f(x)$ のグラフをコンピュータのグラフ表示ソフトを用いて表示させる。このソフトでは，係数 a，b，c の値をそれぞれ図1の画面 [A]，[B]，[C] に入力すると，その値に応じたグラフが表示される。更に，[A]，[B]，[C] それぞれの横にある●を左に動かすと係数の値が減少し，右に動かすと係数の値が増加するようになっており，値の変化に応じて関数のグラフが画面上で変化する仕組みになっている。

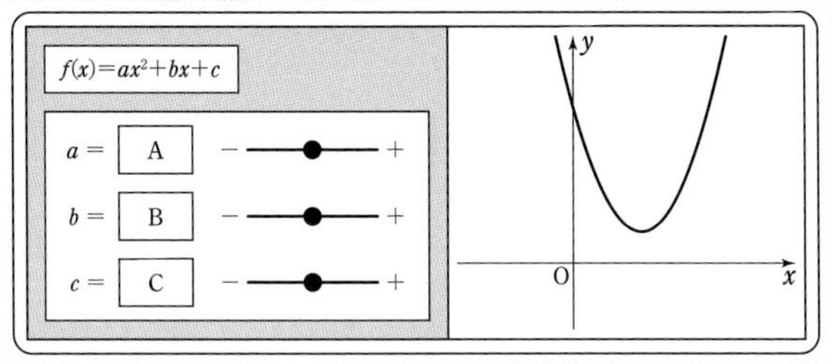

$f(x)=ax^2+bx+c$

$a=$ [A] − ● +

$b=$ [B] − ● +

$c=$ [C] − ● +

y O x

図1

(1) [A] に1を入力し，[B]，[C] にある値をそれぞれ入力したところ，図1のようなグラフが表示された。このときの b，c の値の組み合わせとして最も適当なものを，次の⓪～⑦のうちから1つ選べ。[ア]

⓪ $b=2$，$c=3$　　① $b=2$，$c=-3$
② $b=-2$，$c=3$　　③ $b=-2$，$c=-3$
④ $b=3$，$c=2$　　⑤ $b=3$，$c=-2$
⑥ $b=-3$，$c=2$　　⑦ $b=-3$，$c=-2$

(2) 最初，係数 a，b，c は(1)のときの値であるとする。
図1の状態から，グラフが x 軸と接するように移動させたい。
係数 c の値のみを変化させるとき，c の値を [イ] だけ小さくすると，グラフは x 軸と接する。
また，係数 b の値のみを変化させるとき，b の値を [ウ]＋[エ]$\sqrt{[オ]}$ だけ大きくする，または，[カキ]＋[ク]$\sqrt{[ケ]}$ だけ小さくすると，グラフは x 軸と接する。
[イ]～[ケ] に当てはまる数を答えよ。

(3) $a=1$ として，係数 b，c の値を変化させると，方程式 $f(x)=0$ は解 $x=1$，3 をもつという。このとき，$b=$[コサ]，$c=$[シ] である。
続いて，係数 b，c の値を $b=$[コサ]，$c=$[シ] で固定して，a の値を小さくした場合の方程式 $f(x)=0$ の解について考える。
　$0<a<1$ のとき，方程式 $f(x)=0$ は [ス]。
　$a=0$ のとき，方程式 $f(x)=0$ は [セ]。
　$a<0$ のとき，方程式 $f(x)=0$ は [ソ]。
[コサ]，[シ] に当てはまる数を答えよ。また，[ス]～[ソ] については，最も適当なものを，次の⓪～⑤のうちから1つずつ選べ。

⓪ 実数解をもたない
① 実数解を1つだけもち，それは正の数である
② 実数解を1つだけもち，それは負の数である
③ 異なる2つの正の解をもつ
④ 異なる2つの負の解をもつ
⑤ 正の解と負の解を1つずつもつ

(4) $b=-6$，$c=3$ のとき，a の値を変化させて，$f(x)$ に関する不等式を考える。
不等式 $f(x)<0$ を満たす実数 x が存在するのは，a [タ] [チ] のときである。
また，すべての実数 x が不等式 $f(x)>0$ を満たすのは，a [ツ] [テ] のときである。
[チ]，[テ] に当てはまる数を答えよ。また，[タ]，[ツ] については，当てはまるものを次の⓪～④のうちから1つずつ選べ。

⓪ $=$　　① $>$　　② $<$　　③ $\geqq$　　④ $\leqq$

$a \neq 0$ のとき，2 次方程式 $f(x)=0$ の判別式をDとする。

(1)　$a=1$ のとき　　$f(x)=x^2+bx+c=\left(x+\dfrac{b}{2}\right)^2-\dfrac{b^2}{4}+c$

よって，頂点の座標は　$\left(-\dfrac{b}{2},\ -\dfrac{b^2}{4}+c\right)$

図 1 に表示されているグラフについて，x 軸との共有点の個数，軸の位置，y 軸との交点に注目すると

$$D=b^2-4c<0,\ -\frac{b}{2}>0,\ f(0)=c>0$$

すなわち　　$b<0,\ c>0,\ b^2<4c$

⓪～⑦の中で，この 3 つの不等式を満たすものは

②　$b=-2,\ c=3$　だけである。

ゆえに　　(ア)　②

⇐まず，$f(0)=c>0$ から，c が負の値である①，③，⑤，⑦が除かれる。更に，$b<0$ から，b が正の値である⓪，④が除かれる。残った②，⑥のうち，$b^2<4c$ を満たすものは，②のみである。

(2)　$a=1,\ b=-2$ として c の値のみを変化させる。

ここで　　$\dfrac{D}{4}=1-c$

グラフが x 軸と接するとき，$D=0$ であるから　　$c=1$

$1-3=-2$ であるから，c の値を ^イ**2** だけ小さくするとグラフは x 軸と接する。

⇐2 次関数のグラフが x 軸と接するとき，判別式 $D=0$

また，$a=1,\ c=3$ として b の値のみを変化させる。

ここで　　$D=b^2-12$

グラフが x 軸と接するとき，$D=0$ であるから　　$b^2=12$

よって　　$b=\pm 2\sqrt{3}$

最初 b の値が $b=-2$ であったとする。

b の値を -2 から p だけ大きくして $2\sqrt{3}$ になるとすると

$-2+p=2\sqrt{3}$　すなわち　$p=$ ^ウ**2**$+$^エ**2**$\sqrt{^オ\mathbf{3}}$

また，b の値を -2 から q だけ小さくして $-2\sqrt{3}$ になるとすると

$-2-q=-2\sqrt{3}$　すなわち　$q=$ ^カキ**−2**$+$^ク**2**$\sqrt{^ケ\mathbf{3}}$

(3)　$a=1$ とすると　　$f(x)=x^2+bx+c$

方程式 $f(x)=0$ が $x=1,\ 3$ を解にもつから

$$f(1)=0,\ f(3)=0$$

すなわち　　$1+b+c=0,\ 9+3b+c=0$

これを解くと　　$b=$ ^コサ**−4**，$c=$ ^シ**3**

⇐$y=f(x)$ のグラフが 2 点 $(1,\ 0)$，$(3,\ 0)$ を通るから
$f(x)=(x-1)(x-3)$
ゆえに
$f(x)=x^2-4x+3$
と考えてもよい。

次に，$b=-4,\ c=3$ とすると　　$f(x)=ax^2-4x+3$

[1]　$0<a<1$ のとき

$$f(x)=a\left(x-\frac{2}{a}\right)^2-\frac{4}{a}+3$$

$y=f(x)$ のグラフは下に凸の放物線で

$$\frac{D}{4}=4-3a>0$$

⇐$a<1$ から　$-3a>-3$
よって　$4-3a>4-3>0$

軸の位置について　　$\dfrac{2}{a}>0$

また　　$f(0)=3>0$

よって，$f(x)=0$ は異なる 2 つの正の解をもつ。(^ス③)

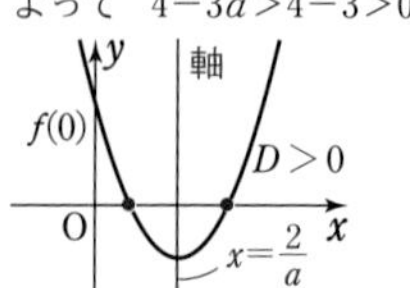

[2]　$a=0$ のとき　　$f(x)=-4x+3$

よって，$f(x)=0$ の解は $x=\dfrac{3}{4}$ であるから，実数解を 1 つだけもち，それは正の数である。(セ①)

[3]　$a<0$ のとき

$y=f(x)$ のグラフは上に凸の放物線で　　$f(0)=3>0$

よって，$f(x)=0$ は正の解と負の解を 1 つずつもつ。(ソ⑤)

⇦$a=0$，$a<0$ のときのグラフはそれぞれ次のようになる。

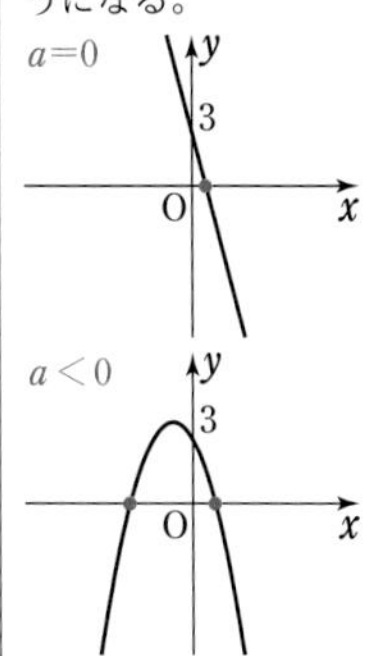

(4)　$b=-6$，$c=3$ とすると　　$f(x)=ax^2-6x+3$

[1]　$a>0$ のとき，$f(x)<0$ を満たす x が存在するのは，$y=f(x)$ のグラフが x 軸と異なる 2 つの共有点をもつときである。よって　　$D>0$

$\dfrac{D}{4}=9-3a$ から　　$9-3a>0$　　すなわち　　$a<3$

$a>0$ であるから　　$0<a<3$

[2]　$a=0$ のとき，$f(x)=-6x+3$ であるから，$f(x)<0$ を満たす x は存在する。

[3]　$a<0$ のとき，$y=f(x)$ のグラフは上に凸の放物線であるから，$f(x)<0$ を満たす x は存在する。

[1]～[3] から　　$a<$ チ**3** (タ②)

また，すべての実数 x が $f(x)>0$ を満たすのは，$y=f(x)$ のグラフが下に凸で，x 軸と共有点をもたないときである。

よって　　　$a>0$　かつ　$D<0$

$D<0$ から　　$9-3a<0$　すなわち　$a>3$

これは $a>0$ を満たす。

したがって　　$a>$ テ**3** (ツ①)

R&W（問題に挑戦）**5**

右の図のように，△ABC の外側に辺 AB，BC，CA をそれぞれ1辺とする正方形 ADEB，BFGC，CHIA をかき，2点EとF，GとH，IとDをそれぞれ線分で結んだ図形を考える。
以下において，

BC$=a$，CA$=b$，AB$=c$

$\angle$CAB$=A$，$\angle$ABC$=B$，$\angle$BCA$=C$

とする。

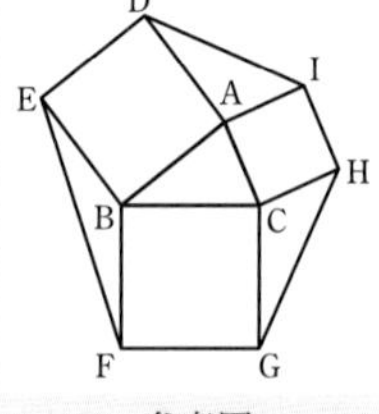

参考図

(1) $b=6$，$c=5$，$\cos A=\dfrac{3}{5}$ のとき，$\sin A=\dfrac{\boxed{ア}}{\boxed{イ}}$ であり，
△ABC の面積は $\boxed{ウエ}$，△AID の面積は $\boxed{オカ}$ である。また，正方形 BFGC の面積は $\boxed{キク}$ である。
$\boxed{ア}$～$\boxed{キク}$ に当てはまる数を答えよ。

(2) 正方形 BFGC，CHIA，ADEB の面積をそれぞれ S_1，S_2，S_3 とする。このとき，$S_1-S_2-S_3$ は

・$0°<A<90°$ のとき，$\boxed{ケ}$。

・$A=90°$ のとき，$\boxed{コ}$。

・$90°<A<180°$ のとき，$\boxed{サ}$。

$\boxed{ケ}$～$\boxed{サ}$ に当てはまるものを，次の⓪～③のうちから1つずつ選べ。ただし，同じものを繰り返し選んでもよい。

⓪ 0である
① 正の値である
② 負の値である
③ 正の値も負の値もとる

(3) △AID，△BEF，△CGH の面積をそれぞれ T_1，T_2，T_3 とする。このとき，$\boxed{シ}$ である。
$\boxed{シ}$ に当てはまるものを，次の⓪～③のうちから1つ選べ。

⓪ $a<b<c$ ならば，$T_1>T_2>T_3$
① $a<b<c$ ならば，$T_1<T_2<T_3$
② A が鈍角ならば，$T_1<T_2$ かつ $T_1<T_3$
③ a，b，c の値に関係なく，$T_1=T_2=T_3$

(4) △ABC，△AID，△BEF，△CGH のうち，外接円の半径が最も小さいものを求める。
$0°<A<90°$ のとき，ID $\boxed{ス}$ BC であり

（△AID の外接円の半径）$\boxed{セ}$（△ABC の外接円の半径）

であるから，外接円の半径が最も小さい三角形は

・$0°<A<B<C<90°$ のとき，$\boxed{ソ}$ である。

・$0°<A<B<90°<C$ のとき，$\boxed{タ}$ である。

$\boxed{ス}$～$\boxed{タ}$ に当てはまるものを，次の各解答群から1つずつ選べ。

$\boxed{ス}$，$\boxed{セ}$ **の解答群**：同じものを繰り返し選んでもよい。

⓪ ＜　　① ＝　　② ＞

$\boxed{ソ}$，$\boxed{タ}$ **の解答群**：同じものを繰り返し選んでもよい。

⓪ △ABC　　① △AID　　② △BEF　　③ △CGH

〔類 共通テスト〕

(1) $\sin^2 A=1-\cos^2 A=1-\left(\dfrac{3}{5}\right)^2=\dfrac{16}{25}$

$\sin A>0$ から　　$\sin A={}^{ア}_{イ}\dfrac{\mathbf{4}}{\mathbf{5}}$

よって　　△ABC$=\dfrac{1}{2}bc\sin A=\dfrac{1}{2}\cdot 6\cdot 5\cdot\dfrac{4}{5}={}^{ウエ}\mathbf{12}$

また　　$\angle$IAD$=360°-(90°+90°+A)$
$=180°-A$

ゆえに

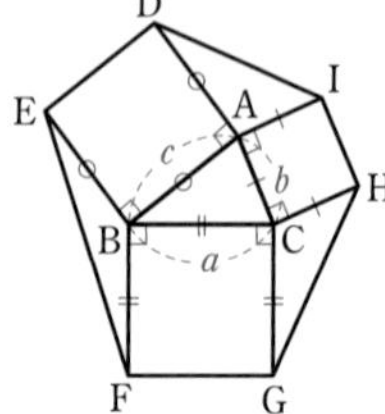

$\sin\angle IAD=\sin(180^\circ-A)=\sin A=\frac{4}{5}$

⇦$\sin(180^\circ-\theta)=\sin\theta$

$AI=AC=b=6$, $AD=AB=c=5$ であるから

$\triangle AID=\frac{1}{2}\cdot 6\cdot 5\cdot\frac{4}{5}=$ [オカ]**12**

⇦$\triangle AID=\frac{1}{2}bc\sin\angle IAD$

正方形 BFGC の面積は a^2 である。

△ABC において，余弦定理により　$a^2=b^2+c^2-2bc\cos A$

よって，正方形 BFGC の面積は

$a^2=6^2+5^2-2\cdot 6\cdot 5\cdot\frac{3}{5}=$ [キク]**25**

(2)　$S_1=a^2$, $S_2=b^2$, $S_3=c^2$ であるから

$S_1-S_2-S_3=a^2-b^2-c^2$

△ABC において，$0^\circ<A<90^\circ$ のとき

$a^2<b^2+c^2$　　よって　　$S_1-S_2-S_3<0$　([ケ]②)

$A=90^\circ$ のとき

$a^2=b^2+c^2$　　よって　　$S_1-S_2-S_3=0$　([コ]⓪)

$90^\circ<A<180^\circ$ のとき

$a^2>b^2+c^2$　　よって　　$S_1-S_2-S_3>0$　([サ]①)

⇦ $0^\circ<A<90^\circ$
$\Longleftrightarrow\ \cos A=\frac{b^2+c^2-a^2}{2bc}>0$
$\Longleftrightarrow\ a^2<b^2+c^2$
$A=90^\circ$
$\Longleftrightarrow\ \cos A=\frac{b^2+c^2-a^2}{2bc}=0$
$\Longleftrightarrow\ a^2=b^2+c^2$
$90^\circ<A<180^\circ$
$\Longleftrightarrow\ \cos A=\frac{b^2+c^2-a^2}{2bc}<0$
$\Longleftrightarrow\ a^2>b^2+c^2$

(3)　△ABC の面積を T とすると

$T=\frac{1}{2}bc\sin A=\frac{1}{2}ca\sin B=\frac{1}{2}ab\sin C$

(1) と同様に考えて

$T_1=\frac{1}{2}AI\cdot AD\sin\angle IAD=\frac{1}{2}bc\sin A$

よって　　$T_1=T$

T_2 についても T_1 と同様に考えて

$T_2=\frac{1}{2}BE\cdot BF\sin\angle EBF=\frac{1}{2}ca\sin B$

よって　　$T_2=T$

T_3 についても，同様にして $T_3=T$ が示される。

以上により，a, b, c の値に関係なく

$T_1=T_2=T_3\ (=T)$　([シ]③)

(4)　△ABC と △AID において，$AC=AI=b$, $AB=AD=c$ であるから，ID と BC の大小関係は，$\angle IAD$ と A の大小関係と一致する。

$0^\circ<A<90^\circ$ のとき，$\angle IAD=180^\circ-A$ から

$90^\circ<\angle IAD<180^\circ$

よって　　$\angle IAD>A$

したがって　$ID>BC$　([ス]②)

⇦∠A が鋭角のとき，∠IAD は鈍角。

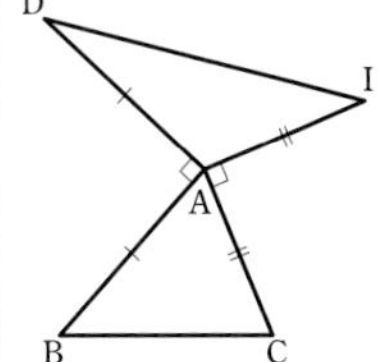

△ABC, △AID, △BEF, △CGH の外接円の半径を，それぞれ R, R_1, R_2, R_3 とする。

このとき，それぞれの三角形において，正弦定理により

$2R=\frac{a}{\sin A}=\frac{b}{\sin B}=\frac{c}{\sin C}$　…… ①

$2R_1=\frac{ID}{\sin\angle IAD}=\frac{ID}{\sin A}$　…… ②

$$2R_2=\frac{\mathrm{EF}}{\sin\angle\mathrm{EBF}}=\frac{\mathrm{EF}}{\sin B}$$

$$2R_3=\frac{\mathrm{GH}}{\sin\angle\mathrm{GCH}}=\frac{\mathrm{GH}}{\sin C}\quad\cdots\cdots ③$$

ID>BC　すなわち　ID>a　であるから

$$\frac{\mathrm{ID}}{\sin A}>\frac{a}{\sin A}$$

①，② から　$2R_1>2R$

⇐$\sin A>0$

よって　$R_1>R$　(セ②)

同様に考えて，$0°<B<90°$，$0°<C<90°$ のとき

EF>b，GH>c　よって　$R_2>R$，$R_3>R$

ゆえに，R，R_1，R_2，R_3 のうち，最小なのは R である。

したがって，$0°<A<B<C<90°$ のとき，外接円の半径が最も小さい三角形は　△ABC　(ソ⓪)

$90°<C$ のとき，∠GCH$=180°-C$ から

$0°<\angle\mathrm{GCH}<90°$　よって　$\angle\mathrm{GCH}<C$

⇐∠C が鈍角のとき，∠GCH は鋭角。

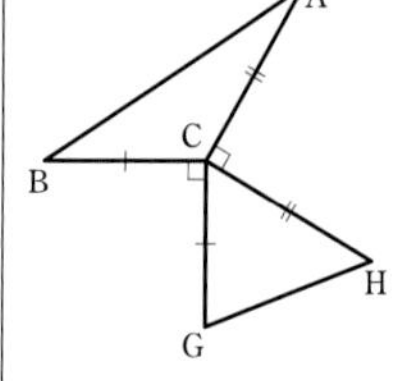

ゆえに　GH$<c$

よって　$\dfrac{\mathrm{GH}}{\sin C}<\dfrac{c}{\sin C}$

①，③ から　$2R_3<2R$

したがって　$R_3<R$

$0°<A<B<90°$ のとき，$R_1>R$，$R_2>R$ であるから，

R，R_1，R_2，R_3 のうち，最小なのは R_3 である。

したがって，$0°<A<B<90°<C$ のとき，外接円の半径が最も小さい三角形は　△CGH　(タ③)

R&W
(問題に挑戦)
6

次の表は，2006 年から 2016 年の 11 年間について，全国における海産物の総漁獲量を年ごとにまとめたものである。ただし，表中の数字の単位はすべて t（トン）であり，表中の平均値は小数点以下を四捨五入してある。

年	イワシ	サンマ	ホタテ	タラ	サケ
2006 年	52,503	244,586	271,928	206,794	218,907
2007 年	79,099	296,521	258,303	216,636	210,416
2008 年	34,857	354,727	310,205	211,038	167,497
2009 年	57,429	310,744	319,638	227,261	205,742
2010 年	70,159	207,488	327,087	251,166	164,616
2011 年	175,781	215,353	302,990	238,920	136,638
2012 年	135,236	221,470	315,387	229,823	128,502
2013 年	215,004	149,853	347,541	229,577	160,902
2014 年	195,726	228,647	358,982	194,920	146,641
2015 年	311,054	116,243	233,885	180,349	135,876
2016 年	378,142	113,828	213,710	134,236	96,360
平均値	154,999	223,587	296,332	210,975	161,100

魚種別漁獲量調査結果（総務省統計局）(https://www.e-stat.go.jp) により作成。
イワシはマイワシのみ，タラはスケトウダラのみを計上している。

(1) 右の図の中で，イワシの漁獲量のデータの箱ひげ図を表すものは ア ，サンマの漁獲量のデータの箱ひげ図を表すものは イ である。
ア ， イ に当てはまるものを右の図の⓪～⑤のうちから 1 つずつ選べ。

(2) 次の⓪～③のうち，漁獲量の変動の度合いを判断するものとして最も適当なものを 1 つ選べ。 ウ

⓪ 平均値　① 中央値　② 最頻値
③ 標準偏差

また， ウ の値がより エ に近いほど，漁獲量がより安定していると言える。 エ に当てはまる数値を，次の⓪～②のうちから 1 つ選べ。

⓪ −1　① 0　② 1

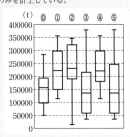

(3) 図 1 は，ある 2 つの海産物の漁獲量のデータに関する散布図である。縦軸のデータは オ であり，横軸のデータは カ である。 オ ， カ に当てはまるものを，次の⓪～④のうちから 1 つずつ選べ。

⓪ イワシ　① サンマ　② ホタテ　③ タラ　④ サケ

図 1

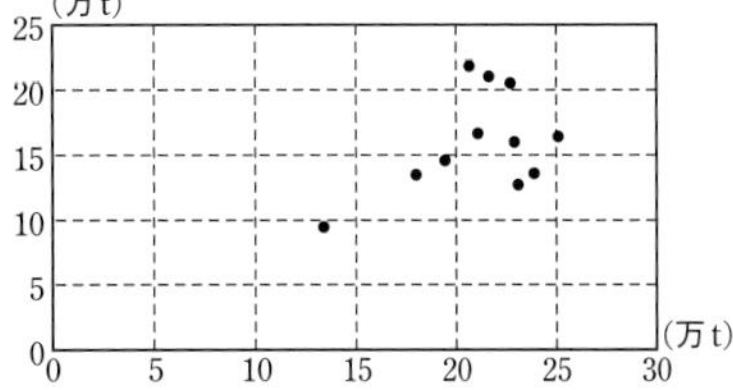

また，この散布図から読み取れることとして正しいものは， キ と ク である。
キ ， ク に当てはまるものを，次の⓪～③のうちから 1 つずつ選べ。ただし，解答の順序は問わない。

⓪ 強い負の相関関係がある。
① どちらの海産物も同じ年に最低の漁獲量を記録している。
② どちらの海産物も同じ年に漁獲量が 20 万 t を超えたことが 4 回ある。
③ 縦軸の海産物の漁獲量が少ない方から 5 番目の年における横軸の海産物の漁獲量は，横軸の海産物の漁獲量の平均値を下回っている。

(4) 次の(a)～(c)は，2つの海産物の漁獲量のデータにある変換を行ったときの標準偏差について述べた文章である。

(a) 各データをすべて1000で割ったとき，標準偏差はもとのデータのときと変わらない。

(b) 各データからその海産物の漁獲量の平均値を引いたとき，標準偏差はもとのデータのときと変わらない。

(c) 各データからその海産物の漁獲量の平均値を引いた値を1000で割ったとき，標準偏差はもとのデータのときと変わらない。

(a)～(c)の正誤の組み合わせとして正しいものは［ケ］である。

［ケ］に当てはまるものを，次の⓪～⑦のうちから1つ選べ。

	⓪	①	②	③	④	⑤	⑥	⑦
(a)	正	正	正	誤	正	誤	誤	誤
(b)	正	正	誤	正	誤	正	誤	誤
(c)	正	誤	正	正	誤	誤	正	誤

(5) 2017年のホタテの漁獲量は，235,952(t)であった。このとき，2006年から2017年までの12年間のホタテの漁獲量の平均値は［コ］(t)となる。ただし，小数第1位を四捨五入するものとする。［コ］に当てはまるものを次の⓪～③のうちから1つ選べ。

⓪ 281300　　① 291300　　② 301300　　③ 311300

(1) イワシの漁獲量のデータの最大値，最小値，Q_3は，

最大値：378,142　　最小値：34,857　　Q_3：215,004

であるから，これらを満たす箱ひげ図は ア③

また，サンマの漁獲量のデータの最大値，最小値，Q_1は，

最大値：354,727　　最小値：113,828　　Q_1：149,853

であるから，これらを満たす箱ひげ図は イ①

(1) データの大きさが11であるから，Q_3は大きい方から3番目の値，Q_1は小さい方から3番目の値である。イワシの箱ひげ図は，最大値と最小値から，候補が③と⑤に絞られる。Q_3から③と判断できる。サンマは，最大値と最小値から，候補が①と④に絞られ，Q_1から①と判断できる。

(2) (ウ) 漁獲量の変動の度合いは，漁獲量のデータの散らばりの度合いのことである。選択肢のうち，データの散らばりの度合いを表すものは，標準偏差(ウ③)である。

(エ) 漁獲量が安定しているということは，データの散らばりの度合いが小さいということ，すなわち標準偏差の値が小さいということである。

標準偏差は0以上の値をとるから，標準偏差がより0(エ①)に近い方が，漁獲量がより安定しているといえる。

(2)

平均値：$\dfrac{(\text{データの総和})}{(\text{データの大きさ})}$

中央値：データを値の大きさの順に並べたとき，中央にくる値。

最頻値：データにおいて，最も個数の多い値。

これらからデータの散らばりの度合いは，一般にはわからない。

(3) (オ)，(カ) 縦軸のデータについて，10万t未満の値が1つだけある。このことから，縦軸のデータはサケである。(オ④)

また，横軸のデータについて，最大値は25万tよりやや大きく30万t未満の範囲にある。このことから，横軸のデータはタラである。(カ③)

(キ)，(ク) ⓪ 散布図の点の分布は右上がりの直線に近いから，正の相関関係があるといえる。よって，正しくない。

⇦正の相関関係があるときは，点の分布が右上がりの傾向にあり，負の相関関係があるときは，点の分布が右下がりの傾向にある。

図 2

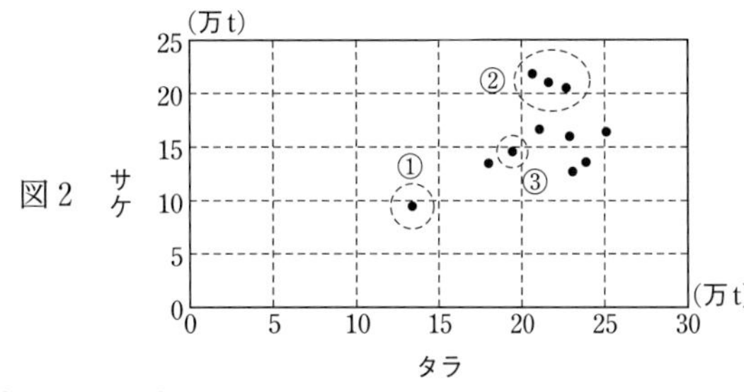

① 図 2 の ① の点線内の点は，横軸，縦軸のどちらもデータの最小値になっている。つまり，この年にどちらも最低の漁獲量であったことがわかるから，正しい。

⇐2016 年のサケ，タラのデータ。

② 横軸，縦軸のどちらもデータが 20 万 t を上回るのは，図 2 の ② の点線内の 3 点だけである。
すなわち，どちらの海産物も同じ年に漁獲量が 20 万 t を超えたのは 3 回だけであるから，正しくない。

⇐2006 年，2007 年，2009 年の 3 回だけ。

③ 縦軸のデータについて，値が小さい方から 5 番目を表す点は，図 2 の ③ の点線内の点であり，この点の横軸のデータの値は 20 万 t 未満である。
ここで，問題文の表から，横軸 (タラ) のデータの平均値は 210,975 t で，これは 20 万 t より大きい。よって，正しい。

⇐2014 年のサケ，タラのデータ。

以上から，正しいものは　キ①，ク③ (またはキ③，ク①)

(4) 変量 x のデータの平均値を $\overline{x}$，標準偏差を s_x とする。
$u=ax+b$ (a，b は定数) によって新しい変量 u のデータが得られるとき，u のデータの標準偏差を s_u とすると

$$s_u=|a|s_x \quad \cdots\cdots \ (*)$$

が成り立つ。

(a) $u=\dfrac{1}{1000}x$ としたときであるから　$s_u=\dfrac{1}{1000}s_x$

よって　$s_u \fallingdotseq s_x$

(b) $u=x-\overline{x}$ としたときであるから　$s_u=s_x$

(c) $u=\dfrac{x-\overline{x}}{1000}$ としたときであるから　$s_u=\dfrac{1}{1000}s_x$

よって　$s_u \fallingdotseq s_x$

以上から　(a) 誤　(b) 正　(c) 誤　(ケ⑤)

(4) それぞれ
(a) $a=\dfrac{1}{1000}$，$b=0$
(b) $a=1$，$b=-\overline{x}$
(c) $a=\dfrac{1}{1000}$，$b=-\dfrac{\overline{x}}{1000}$
と考える。(*) において，b は無関係であることに注意。

(5) ホタテのデータの 11 年間の平均値が 296,332 t であり，新たに追加する 2017 年の漁獲量が 235,952 t であるから，12 年間の平均値は

$$\frac{296332\times11+235952}{12}=\frac{296332\times12-296332+235952}{12}$$
$$=296332-\frac{60380}{12}=296332-5032+\frac{1}{3}$$
$$=291300+\frac{1}{3}\fallingdotseq 291300\ (\mathrm{t})$$

よって　コ①

⇐もとの平均値より小さい値を追加するから，12 年間の平均値はもとの平均値より小さくなる。

⇐$\dfrac{60380}{12}=\dfrac{15095}{3}$
$=\dfrac{5032\times3-1}{3}$
$=5032-\dfrac{1}{3}$

R&W（問題に挑戦）1

ある集団Gに所属するすべての人が，ウイルスXに感染しているかどうかの簡易検査を受けた。この簡易検査に関しては，次のことがわかっている。

> (i) Xに **感染している** 場合，簡易検査で陽性と判定される確率は90%である。
> (ii) Xに **感染していない** 場合，簡易検査で陽性と判定される確率は9%である。

また，検査結果は陽性か陰性のどちらか一方のみとし，それ以外の結果は出ないものとする。このとき，次の問いに答えよ。

(1) Xに感染している場合，簡易検査で陰性と判定される確率は［アイ］%である。
また，Xに感染していない場合，簡易検査で陰性と判定される確率は［ウエ］%である。
［アイ］，［ウエ］に当てはまる数を答えよ。

(2) 一般に，事象 A の確率を $P(A)$ で表す。また，事象 A の余事象を $\overline{A}$ と表し，2つの事象 A，B の和事象を $A\cup B$，積事象を $A\cap B$ と表す。
簡易検査の結果が陽性である事象を A，Xに感染している事象を F とする。
集団Gに所属するすべての人の中から無作為に1人選ぶとする。
このとき，選ばれた1人が，Xに感染している確率は［オ］であり，Xに感染していて，しかも簡易検査で陽性と判定される確率は［カ］である。
また，簡易検査で陽性と判定される確率は［キ］である。
更に，簡易検査で陽性と判定された場合，Xに感染している確率は［ク］である。
［オ］～［ク］に当てはまるものを，次の⓪～⑨のうちから1つずつ選べ。ただし，同じものを繰り返し選んでもよい。

⓪ $P(F)$　　① $P(\overline{F})$
② $P(F\cap A)$　　③ $P(F\cup A)$
④ $P(\overline{F}\cap A)$　　⑤ $P(F\cap A)+P(\overline{F}\cap A)$
⑥ $P(F\cup A)+P(\overline{F}\cup A)$　　⑦ $\dfrac{P(F\cap A)}{P(F\cap A)+P(\overline{F}\cap A)}$
⑧ $\dfrac{P(F\cap \overline{A})}{P(F\cap \overline{A})+P(\overline{F}\cap \overline{A})}$　　⑨ $\dfrac{P(F\cup A)}{P(F\cup A)+P(\overline{F}\cup A)}$

(3) (2)の確率［オ］を1%としたとき，確率［ク］は $\dfrac{[ケコ]}{[サシス]}$ である。
［ケコ］，［サシス］に当てはまる数を答えよ。

集団Gに所属する人の中で，簡易検査で陽性と判定されたすべての人が精密検査を受けることになった。その精密検査を受けた人の中から無作為に1人選ぶとする。なお，この精密検査に関しては，次のことがわかっている。

> (iii) Xに **感染している** 場合，精密検査で陽性と判定される確率は99%である。
> (iv) Xに **感染していない** 場合，精密検査で陽性と判定される確率は1%である。

このとき，次の問いに答えよ。ただし，(2)の確率［オ］は1%とし，簡易検査と精密検査は互いの結果に影響を及ぼさないものとする。

(4) 選ばれた1人が精密検査で **陰性** と判定される確率を，次の⓪～③のうちから1つ選べ。［セ］
⓪ $\dfrac{99}{5000}$　① $\dfrac{4901}{5000}$　② $\dfrac{1089}{10900}$　③ $\dfrac{9811}{10900}$

(5) 精密検査で **陰性** と判定された場合，Xに感染している確率を，次の⓪～③のうちから1つ選べ。［ソ］
⓪ $\dfrac{10}{11}$　① $\dfrac{10}{1089}$　② $\dfrac{10}{4901}$　③ $\dfrac{10}{9811}$

(1) (i), (ii) から，簡易検査に関して，次のようになる。

	陽性	陰性	計
Xに感染している	90％	(アイ)	100％
Xに感染していない	9％	(ウエ)	100％

⇦「感染している」，「感染していない」や，「陽性」，「陰性」が混乱しやすいので，表にまとめておくとよい。

よって，X に感染している場合，簡易検査で陰性と判定される確率は　100−90=アイ**10** (％)

また，X に感染していない場合，簡易検査で陰性と判定される確率は　100−9=ウエ**91** (％)

(2) Xに感染している確率は $P(F)$ である。(オ⓪)

Xに感染していて，しかも簡易検査で陽性と判定される確率は $P(F\cap A)$ である。(カ②)

⇦「～していて，しかも」は「かつ」と同じ。

簡易検査で陽性と判定される確率は $P(A)$ である。

⇦$P(A)$ は選択肢にないから，別の表し方がないか，選択肢と見比べながら考える。

$P(A)$ には，次の 2 つの場合がある。

[1] Xに感染していて，かつ簡易検査で陽性と判定される場合

[2] Xに感染していなくて，かつ簡易検査で陽性と判定される場合

[1] の確率は　$P(F\cap A)$

[2] の確率は　$P(\overline{F}\cap A)$

[1]，[2] は互いに排反であるから

$$P(A)=P(F\cap A)+P(\overline{F}\cap A)\ (キ⑤)$$

⇦**確率の加法定理**
A，B が排反なら
$P(A\cup B)$
$=P(A)+P(B)$

簡易検査で陽性と判定された場合，Xに感染している確率は

$P_A(F)=\dfrac{P(F\cap A)}{P(A)}$ である。

⇦**条件付き確率**
$P(A)$ は (キ) から。

よって　$P_A(F)=\dfrac{P(F\cap A)}{P(F\cap A)+P(\overline{F}\cap A)}$ (ク⑦)

(3) 確率の乗法定理から

⇦**確率の乗法定理**
$\boldsymbol{P(A\cap B)=P(A)P_A(B)}$

$$P(F\cap A)=P(F)P_F(A),\quad P(\overline{F}\cap A)=P(\overline{F})P_{\overline{F}}(A)$$

$P(F)$ はXに感染している確率であるから

$$P(F)=0.01$$

⇦(オ) の確率 1％

$P_F(A)$はXに感染している場合，簡易検査で陽性と判定される確率であるから，(i) より　$P_F(A)=0.9$

⇦問題文の (i) の確率 90％

よって　$P(F\cap A)=0.01\times0.9$ …… ①

⇦$P(F\cap A)=P(F)P_F(A)$

また，$P(\overline{F})$ はXに感染していない確率であるから

$$P(\overline{F})=1-0.01=0.99$$

⇦(オ) の確率の余事象。

$P_{\overline{F}}(A)$ はXに感染していない場合，簡易検査で陽性と判定される確率であるから，(ii) より　$P_{\overline{F}}(A)=0.09$

⇦問題文の (ii) の確率 9％

よって　$P(\overline{F}\cap A)=0.99\times0.09$ …… ②

⇦$P(\overline{F}\cap A)=P(\overline{F})P_{\overline{F}}(A)$

①，② から　$P_A(F)=\dfrac{0.01\times0.9}{0.01\times0.9+0.99\times0.09}$

$$=\frac{90}{90+99\times9}=\frac{9\cdot10}{9(10+99)}$$

$$=\frac{ケコ\ \mathbf{10}}{サシス\ \mathbf{109}}$$

⇦分母・分子に 10000 を掛けて，小数をなくすと，見通しがよくなる。

(4) 精密検査で陰性と判定されるのは，次の 2 つの場合がある。

[3] 簡易検査で陽性と判定された人が，Xに感染していて，精密検査で陰性と判定される場合

[4] 簡易検査で陽性と判定された人が，Xに感染していなくて，精密検査で陰性と判定される場合

[3] について，＿＿の確率は，(3) から $\dfrac{10}{109}$

＿＿の確率は，(iii) から $1-\dfrac{99}{100}$

簡易検査と精密検査は互いの結果に影響を及ぼさないから，[3] の確率は

$$\frac{10}{109}\times\left(1-\frac{99}{100}\right)=\frac{10}{109}\times\frac{1}{100} \quad \cdots\cdots ③$$

同様にして，[4] の確率は (3) と (iv) から

$$\left(1-\frac{10}{109}\right)\times\left(1-\frac{1}{100}\right)=\frac{99}{109}\times\frac{99}{100} \quad \cdots\cdots ④$$

[3]，[4] は互いに排反であるから，③，④ より

$$\frac{10}{109}\times\frac{1}{100}+\frac{99}{109}\times\frac{99}{100}=\frac{9811}{10900} \quad (^{セ}③) \quad \cdots\cdots ⑤$$

(精密検査)

	陽性	陰性 (B)		
F'	$\frac{10}{109}\times\frac{99}{100}$	$\frac{10}{109}\times\frac{1}{100}$	$\frac{10}{109}$	$\leftarrow P_A(F)$
$\overline{F'}$	$\frac{99}{109}\times\frac{1}{100}$	$\frac{99}{109}\times\frac{99}{100}$	$\frac{99}{109}$	$\leftarrow P_A(\overline{F})$

(4) の確率

(5) 精密検査で陰性と判定される事象を B，簡易検査で陽性と判定された場合Xに感染している事象を F' とすると，求める確率は

$$P_B(F')=\frac{P(F'\cap B)}{P(B)}\left(=\frac{③}{⑤}\right)$$

$$=\left(\frac{10}{109}\times\frac{1}{100}\right)\div\frac{9811}{10900}=\frac{10}{9811} \quad (^{ソ}③)$$

⇦(4) 以降，簡易検査で陽性と判定されたという条件のもとで話が進められている。また，精密検査は，簡易検査で陽性と判定された人すべてが受けている。

⇦独立なら　積を計算

⇦排反なら　和を計算
99^2 は $(100-1)^2$ として展開公式を用いてもよい。

⇦条件付き確率

R&W (問題に挑戦) 2

〔1〕 花子さんと太郎さんは，次の［問題］について，図形描画ソフトを使って考えてみることにした。

［問題］
△ABCの辺AB上（ただし，頂点A，Bを除く）の点をEとし，辺AC上に BC∥EF となるような点Fをとる。また，BFとCEの交点をP，直線APと辺BCの交点をDとする。
このとき，比の値 $\dfrac{BD}{DC}$ を求めよ。

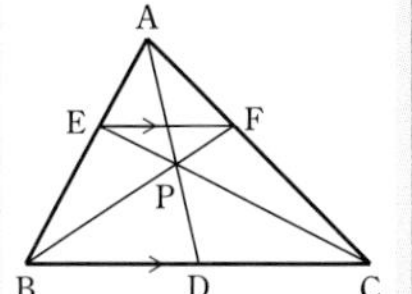

花子：点E，Fを BC∥EF を満たしながらそれぞれ辺AB，AC上で動かすと，点Pの位置は動くけど，点Dの位置は動かないよ。
太郎：本当だ。どうしてだろう…。そうだ，チェバの定理を用いて考えてみよう。

太郎さんのノート

チェバの定理から　$\dfrac{BD}{DC}\cdot\dfrac{CF}{FA}\cdot\dfrac{AE}{EB}=$ ［ア］

AE：EB＝1：k $(k>0)$ とすると　$\dfrac{AE}{EB}=\dfrac{1}{k}$

BC∥EF から　$\dfrac{BD}{DC}\cdot\dfrac{k}{［イ］}\cdot\dfrac{1}{k}=$ ［ア］　ゆえに　$\dfrac{BD}{DC}=$ ［ウ］

太郎：比の値 $\dfrac{BD}{DC}$ が，点Eの位置に関係なく一定であることが示せたから，点Dは動かない，ということになるのだね。

(1) ［ア］，［イ］に当てはまる数を答えよ。
(2) ［ウ］に当てはまるものを，次の⓪～⑤のうちから1つ選べ。

⓪ $\dfrac{1}{2}$　① 1　② $\dfrac{2}{3}$　③ $\dfrac{3}{2}$　④ $\dfrac{4}{5}$　⑤ $\dfrac{5}{4}$

(3) ［問題］において，線分ADと線分EFの交点をQとすると，$\dfrac{EQ}{QF}=$ ［エ］となる。

［エ］に当てはまるものを，次の⓪～⑤のうちから1つ選べ。

⓪ $\dfrac{1}{2}$　① 1　② $\dfrac{2}{3}$　③ $\dfrac{3}{2}$　④ $\dfrac{4}{5}$　⑤ $\dfrac{5}{4}$

〔2〕 右の図のように，△ABCの辺AB，AC上に，それぞれ点E，Fをとる。また，BFとCEの交点をP，直線APと辺BCの交点をD，△AEPの外接円と直線BPの交点で，点Pとは異なる点をQとする。
ここで，AB＝12，BC＝9，AE：EB＝3：1，BD：DC＝4：5 であるという。このとき，

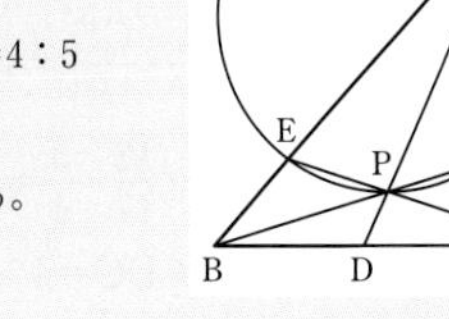

BP・BQ＝［オカ］，$\dfrac{CF}{FA}=\dfrac{［キ］}{［クケ］}$，$\dfrac{BP}{PF}=\dfrac{［コサ］}{［シス］}$ である。

また，4点D，［＊］は1つの円周上にある。

(4) ［オカ］～［シス］に当てはまる数を答えよ。
(5) ［＊］に当てはまるものを，次の⓪～⑦のうちから2つ選べ。ただし，解答の順序は問わない。［セ］，［ソ］

⓪ A，B，P　① A，C，E　② A，C，P　③ A，E，F
④ C，E，F　⑤ C，F，P　⑥ C，F，Q　⑦ C，P，Q

〔1〕 (1), (2) チェバの定理により  $\dfrac{BD}{DC}\cdot\dfrac{CF}{FA}\cdot\dfrac{AE}{EB}=$ ア**1**

AE：EB＝1：k ($k>0$) とすると

$\dfrac{AE}{EB}=\dfrac{1}{k}$

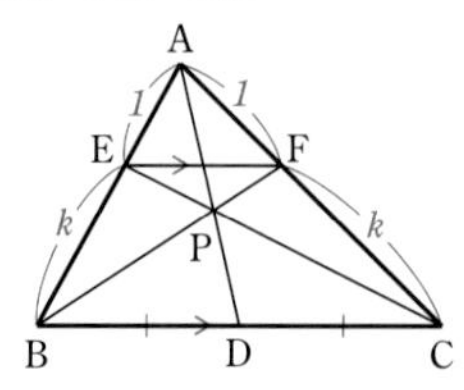

BC∥EF から

AF：FC＝AE：EB＝1：k ⇦平行線と線分の比

よって $\dfrac{CF}{FA}=\dfrac{k}{1}$

ゆえに $\dfrac{BD}{DC}\cdot\dfrac{k}{{}^{イ}\mathbf{1}}\cdot\dfrac{1}{k}=1$ よって $\dfrac{BD}{DC}=1$ (ウ①) ⇦k を含まない。

(3) EQ∥BD であるから

EQ：BD＝AE：AB＝1：$(1+k)$ ⇦AE：AB ＝AE：(AE＋EB)

よって $EQ=\dfrac{BD}{1+k}$

また，QF∥DC であるから

QF：DC＝AF：AC＝1：$(1+k)$ ⇦AF：AC ＝AF：(AF＋FC)

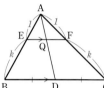

ゆえに $QF=\dfrac{DC}{1+k}$

したがって $\dfrac{EQ}{QF}=\dfrac{BD}{DC}=1$ (エ①)

〔2〕 (4) AB＝12，AE：EB＝3：1 から

$BE=\dfrac{1}{4}AB=\dfrac{1}{4}\cdot12=3$

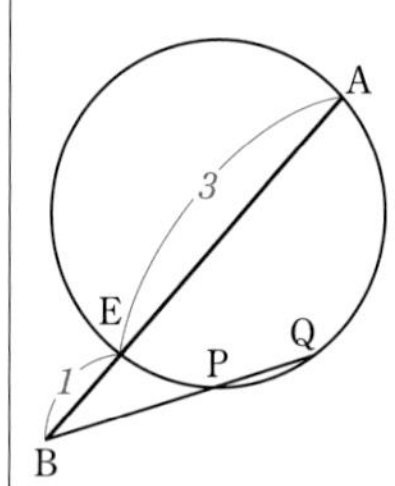

よって，方べきの定理により

BP・BQ＝BE・BA＝3・12＝オカ**36** …… ①

チェバの定理により $\dfrac{AE}{EB}\cdot\dfrac{BD}{DC}\cdot\dfrac{CF}{FA}=1$

AE：EB＝3：1，BD：DC＝4：5 から

$\dfrac{3}{1}\cdot\dfrac{4}{5}\cdot\dfrac{CF}{FA}=1$ ゆえに $\dfrac{CF}{FA}=\dfrac{{}^{キ}\mathbf{5}}{{}_{クケ}\mathbf{12}}$

また，△BCF と直線 AD について，メネラウスの定理により

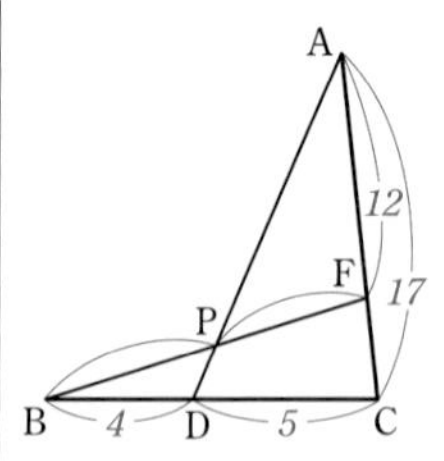

$\dfrac{BP}{PF}\cdot\dfrac{FA}{AC}\cdot\dfrac{CD}{DB}=1$

よって $\dfrac{BP}{PF}\cdot\dfrac{12}{17}\cdot\dfrac{5}{4}=1$ ゆえに $\dfrac{BP}{PF}=\dfrac{{}^{コサ}\mathbf{17}}{{}_{シス}\mathbf{15}}$

(5) BC＝9，BD：DC＝4：5 から

$BD=\dfrac{4}{9}BC=\dfrac{4}{9}\cdot9=4$

よって BD・BC＝4・9＝36 …… ②

①，② から BP・BQ＝BD・BC …… ③

BE・BA＝BD・BC …… ④

方べきの定理の逆により，③ から，4 点 D，C，P，Q は 1 つの円周上にある。 ⇦方べきの定理は逆も成り立つ。

また，④ から，4 点 D，A，C，E も 1 つの円周上にある。

よって セ①，ソ⑦ (または セ⑦，ソ①)

参考　(5)の①，⑦以外の選択肢について。

まず，3点D，A，Pは1つの直線上にあるから，これらの3点を含む場合，1つの円周上にない。よって，点A，Pを含む⓪，②は不適である。

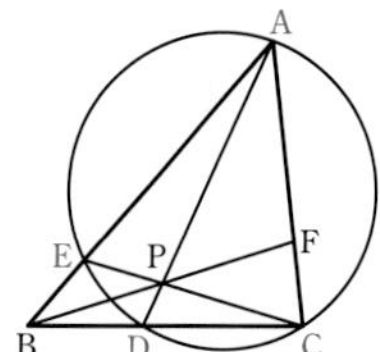

次に，解答から，4点D，A，C，Eは1つの円周上にある（右上の図）。ゆえに，△DAEの外接円は点Cを通るから，点Fを通ることはない。よって，③は不適である。同様に，△DCEの外接円は点Aを通るから，点Fを通ることはない。よって，④は不適である。

同じように，4点D，C，P，Qを通る円（右下の図）に注目することで，⑤，⑥が不適であることがわかる。

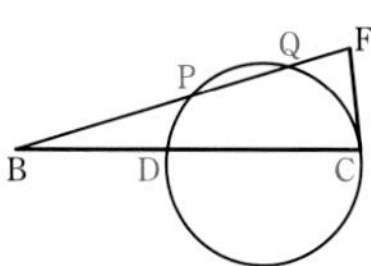

R&W (問題に挑戦) [3]

質量 M (g) の物体Xの質量を，天秤ばかりと分銅を用いて量る。天秤ばかりは支点の両側に皿A，Bが取り付けられており，両側の皿にのせたものの質量が等しいときに釣り合うように作られている。3 g と 14 g の分銅を数多く用意したとし，それぞれ何個でものせることができるものとする。

A　B

(1) 皿Aに物体Xと 14 g の分銅 1 個をのせ，皿Bに 3 g の分銅 7 個をのせると，天秤ばかりは釣り合った。このとき

$$M+14\times[ア]=3\times[イ]$$

が成り立ち，$M=$[ウ] である。

[ア]～[ウ] に当てはまる数を答えよ。

(2) 皿Aに物体Xと 14 g の分銅 x 個を，皿Bに 3 g の分銅 y 個をのせると，天秤ばかりが釣り合うとする。このとき

$$-[エオ]x+[カ]y=M \quad \cdots\cdots ①$$

が成り立つ。$M=1$ のとき，皿Aに物体Xと 14 g の分銅 [キ] 個をのせ，皿Bに 3 g の分銅 5 個をのせると釣り合う。よって，M がどのような自然数であっても，皿Aに物体Xと 14 g の分銅 [ク] 個をのせ，皿Bに 3 g の分銅 [ケ] 個をのせることで釣り合うことになる。

[エオ]～[キ] に当てはまる数を答えよ。また，[ク]，[ケ] に当てはまるものを，次の⓪～⑤のうちから1つずつ選べ。ただし，同じものを選んでもよい。

⓪ $M-1$　① M　② $M+1$
③ $M+4$　④ $2M-1$　⑤ $5M$

(3) $M=20$ のとき，方程式 ① のすべての整数解は，整数 k を用いて

$$x=[コ]k+[サシ],\quad y=[スセ]k+100$$

と表すことができる。

したがって，14 g の分銅の個数が最小となるのは，$x=$[ソ]，$y=$[タチ] のときである。

[コ]～[タチ] に当てはまる数を答えよ。

(4) $M=$[ウ] とする。3 g と 14 g の分銅を，他の質量の分銅の組み合わせに変えると，分銅をどのようにのせても天秤ばかりが釣り合わない場合がある。この場合の分銅の質量の組み合わせを，次の⓪～③のうちから2つ選べ。ただし，2種類の分銅は，皿A，皿Bのいずれにも何個でものせることができるものとする。また，解答の順序は問わない。[ツ]，[テ]

⓪ 3 g と 10 g　① 3 g と 27 g
② 10 g と 14 g　③ 14 g と 27 g

(1) 皿Aに物体Xと 14 g の分銅 1 個をのせ，皿Bに 3 g の分銅 7 個をのせると天秤ばかりは釣り合ったことから

$$M+14\times{}^{ア}\mathbf{1}=3\times{}^{イ}\mathbf{7}$$

これを解くと　$M={}^{ウ}\mathbf{7}$

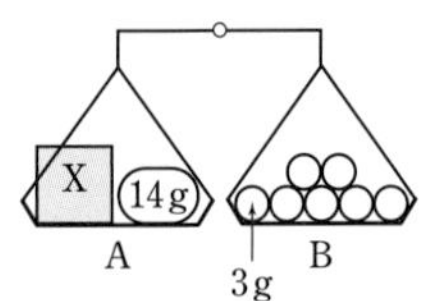

(2) 皿Aに物体Xと 14 g の分銅 x 個をのせ，皿Bに 3 g の分銅 y 個をのせると天秤ばかりが釣り合うとすると

$$M+14x=3y \quad すなわち \quad -{}^{エオ}\mathbf{14}x+{}^{カ}\mathbf{3}y=M \quad \cdots\cdots ①$$

① において，$M=1$，$y=5$ とすると

$$-14x+3\cdot5=1 \qquad ゆえに \qquad x=1$$

よって，$M=1$ のとき，皿Aに物体Xと 14 g の分銅 ${}^{キ}\mathbf{1}$ 個をのせ，皿Bに 3 g の分銅 5 個をのせると釣り合う。

$x=1$，$y=5$ は方程式 $-14x+3y=1$ の整数解の1つであるから　$-14\cdot1+3\cdot5=1$

両辺を M 倍すると　$-14\cdot M+3\cdot5M=M$ ……②

したがって，M がどのような自然数であっても，皿Aに物体Xと 14 g の分銅 M (^{ク}①) 個をのせ，皿Bに 3 g の分銅 $5M$ (^{ケ}⑤) 個をのせることで釣り合う。

⇐整数 M がどのような値であっても，① を満たす1組の整数解を ② から求めることができる。

(3) ①，② において，$M=20$ とすると

$-14x+3y=20$ …… ①′

$-14\cdot 20+3\cdot 100=20$ …… ②′

①′−②′ から　$-14(x-20)+3(y-100)=0$

すなわち　$14(x-20)=3(y-100)$ …… ③

14 と 3 は互いに素であるから，$x-20$ は 3 の倍数である。

ゆえに，k を整数として，$x-20=3k$ と表される。

これを ③ に代入すると　$y-100=14k$

したがって，$M=20$ のとき，方程式 ① のすべての整数解は

$x=$ ^コ^**$3k$**$+$ ^サシ^**20**，$y=$ ^スセ^**$14k$**$+100$ (k は整数) …… ④

④ を満たす自然数のうち，x が最小となるのは $k=-6$ のときであるから，14 g の分銅の個数が最小となるのは

$x=$ ^ソ^**2**，$y=$ ^タチ^**16**

のときである。

⇐ $3k+20>0$
$k>-\frac{20}{3}$
よって $k=-6$

(4) a g の分銅と b g の分銅をそれぞれいくつかのせて天秤ばかりが釣り合うとき，不定方程式 $ax+by=7$ は整数解をもつ。よって，分銅の質量を係数とする不定方程式が整数解をもつかどうかを考える。

⇐物体Xと同じ皿にのせる場合は負の整数解をもつ，と考える。

⓪　$3x+10y=7$ は，整数解 $x=-1$，$y=1$ をもつ。

①　$3x+27y=7$ を変形すると　$3(x+9y)=7$

$x+9y$ は整数であるから，左辺は 3 の倍数であるが，右辺は 3 の倍数ではない。したがって，$3x+27y=7$ は整数解をもたない。

⇐係数 a，b が互いに素であるとき，整数解をもつ(本冊 $p.472$ STEP UP 参照)。

②　$10x+14y=7$ を変形すると　$2(5x+7y)=7$

$5x+7y$ は整数であるから，左辺は偶数であるが，右辺は奇数である。したがって，$10x+14y=7$ は整数解をもたない。

③　$14x+27y=7$ は，整数解 $x=14$，$y=-7$ をもつ。

以上から　^ツ^①，^テ^② (または ^ツ^②，^テ^①)

※解答・解説は数研出版株式会社が作成したものです。

発行所
数研出版株式会社

〒101-0052 東京都千代田区神田小川町２丁目３番地３
〔振替〕00140-4-118431
〒604-0861 京都市中京区烏丸通竹屋町上る大倉町205番地
〔電話〕代表（075）231-0161
ホームページ　https://www.chart.co.jp
印刷　寿印刷株式会社
乱丁本・落丁本はお取り替えします。　240914

「チャート式」は，登録商標です。